ENCYCLOPÉDIE
METHODIQUE,

OU

PAR ORDRE DE MATIERES;

PAR UNE SOCIÉTÉ DE GENS DE LETTRES,
DE SAVANS ET D'ARTISTES;

Précédée d'un Vocabulaire universel, *servant de Table pour tout l'Ouvrage, ornée des Portraits de MM.* DIDEROT & D'ALEMBERT, *premiers Éditeurs de l'*Encyclopédie.

ENCYCLOPÉDIE MÉTHODIQUE.

AGRICULTURE,

PAR MM. TESSIER, THOUIN et BOSC, de l'Institut de France, du Conseil d'Agriculture près le Ministre de l'intérieur, de la Société royale et centrale d'Agriculture, et autres Sociétés savantes, nationales ou étrangères.

TOME SEPTIÈME.

DICTIONNAIRE
DE LA CULTURE DES ARBRES ET DE L'AMÉNAGEMENT DES FORÊTS,

PAR MM. BOSC et BAUDRILLARD, Employé supérieur de l'Administration forestière.

A PARIS,

Chez Mme. veuve AGASSE, Imprimeur-Libraire, rue des Poitevins, n°. 6.

M. DCCCXXI.

AVERTISSEMENT.

Les savans préliminaires que mes collaborateurs Tessier, Thouin et Bonaterre ont placés à la tête de la partie de l'*Encyclopédie méthodique* que compléte le volume aujourd'hui livré au Public, me dispensent d'entrer dans aucun développement sur les avantages de la culture en général et sur ceux de celle des arbres en particulier. Je dois donc me borner à justifier la mémoire de M. Panckoucke d'avoir séparé cette culture des autres, quelqu'inconvénient qu'il y eût à le faire.

A l'époque où M. Panckoucke conçut le grand et hardi projet de refondre l'ancienne *Encyclopédie*, pour la mettre au niveau des connoissances d'alors, c'est-à-dire, en 1786, le goût de la culture des arbres étoit extrêmement circonscrit.

Après M. Thouin, en ce temps, comme encore aujourd'hui, à la tête de tous ceux qui en étudioient la théorie et la pratique, il n'y avoit que des amateurs qui eussent quelques connoissances, et ils étoient ou fort occupés par les fonctions de leurs places, ou plus disposés à se procurer des jouissances qu'à instruire les autres. Cependant M. Thouin, étonné de l'immensité de l'engagement que M. Panckoucke exigeoit de lui, chercha, parmi ces amateurs, celui qui pourroit le mieux le seconder, et il détermina M. Fougeroux de Bondaroy, neveu et élève du célèbre Duhamel, héritier de son goût pour la culture des arbres, ainsi que de la plus grande partie de ses propriétés, à se charger spécialement de la culture des arbres de pleine terre et de l'aménagement des forêts, pour, les articles qu'il fourniroit, être imprimés, à leur rang alphabétique, avec ceux de MM. THOUIN, TESSIER et autres. Mais M. FOUGEROUX DE BONDAROY étoit âgé, étoit infirme, et par caractère remettoit toujours au lendemain ce qu'il avoit projeté de faire la veille : aussi, quand les premières feuilles fournies par mes collaborateurs furent prêtes à être livrées à l'impression, n'avoit-il pas encore écrit une ligne et ne put-il indiquer une époque pour remplir ses engagemens. Il devint donc indispensable à M. PANCKOUCKE, ou de retarder indéfiniment la publication du manuscrit du *Dictionnaire d'Agriculture*, ou de faire paroître séparément, malgré les graves inconvéniens qui en devoient résulter relativement à l'ensemble de cette partie de son entreprise, la partie dont s'étoit chargé M. FOUGEROUX DE BONDAROY. C'est à cette dernière détermination qu'il s'arrêta, et il fit imprimer, en conséquence, au verso du faux titre du premier volume du *Dictionnaire d'Agriculture*, la note suivante : *L'ouvrage de M. Fougeroux de Bondaroy sur les bois et forêts formera un Dictionnaire séparé, dont la première partie paroîtra l'année prochaine.* Malgré cette promesse, la première partie de l'ouvrage de M. FOUGEROUX DE BONDAROY ne parut pas en 1787, car son état physique et moral s'aggravoit de jour en jour. Il ne put fournir, aux pressantes sollicitations de M. PANCKOUCKE, que deux ou trois feuilles, dont la moitié n'étoit pas de lui; enfin la mort vint le frapper en 1789.

Alors la révolution éclatoit; alors le commerce de la librairie s'anéantissoit. M. PANCKOUCKE fut forcé d'abord de ralentir, ensuite de suspendre l'impression de l'*Encyclopédie méthodique*, et par conséquent il ne fut plus question du *Traité des Arbres et de l'Aménagement des forêts*.

Lorsque l'ordre commença à se rétablir, M. PANCKOUCKE n'étoit plus. Son commerce étoit passé entre les mains de M. AGASSE, son gendre.

Ce fut donc lui qui me proposa, en 1810, de me charger, seul, par l'impossibilité où se trouvoient MM. Tessier et Thouin de reprendre la suite du travail auquel ils s'étoient engagés originairement, de compléter la partie de l'Agriculture de l'*Encyclopédie méthodique*, ce que j'ai fait depuis le mot Fenil jusqu'à la fin de l'alphabet, en me rapprochant, autant que possible, du plan primitif, dont plusieurs des collaborateurs suppléans s'étoient trop écartés, à mon avis. Au reste, j'ai procédé, comme le Public a pu en juger, d'après les mêmes erremens que ceux des savans cités plus haut, qui sont mes premiers maîtres.

Aujourd'hui j'offre au Public le *Dictionnaire de la culture des Arbres et de l'Aménagement des forêts*, que devoit rédiger M. Fougeroux de Bondaroy, Dictionnaire qui doit terminer cette partie de l'*Encyclopédie*. M. Baudrillard, si instruit dans la science forestière, a dû être appelé à y coopérer, et il l'a été. J'ai cru indispensable d'y insérer, comme supplément, les connoissances acquises sur les cultures de toutes les sortes, depuis 1786 jusqu'aujourd'hui, et je l'ai fait. Ainsi donc les deux Dictionnaires sont intimement liés l'un à l'autre, et on ne peut, en parcourant ou les six premiers volumes ou le dernier, supposer un article oublié ou pas assez développé, sans chercher le même article dans le dernier ou dans les six premiers.

Comme M. Baudrillard est mon seul collaborateur et qu'il a signé ses articles, j'ai pu me dispenser de signer les miens. Tous ceux qui ne portent point de nom sont donc de moi.

BOSC.

Mai 1821.

A

AAL. Arbres cités par Rumphius comme propres à l'île d'Amboine, où leur écorce sert à aromatiser le vin de sagou. On ignore le genre de ces arbres.

AALCLIM. Nom de pays d'une BAUHINE de l'Inde, qui s'emploie en médecine comme émolliente.

AAVORA. Synonyme d'AVOIRA.

ABUBANGAY. Plante dont on mange les feuilles en guise d'oseille. Il est à croire que c'est la BEGONE DE L'INDE.

ABUBAYE. Synonyme de PAPAYER.

ABABOUY. Nom de pays de la XIMÉNIE.

ABACA. C'est le BANANIER aux Philippines.

ABACADO. Le LAURIER AVOCATIER porte ce nom.

ABAISSEMENT DES HANCHES ET DE LA CROUPE. (*Médecine vétérinaire.*) Mouvement que fait le cheval lorsqu'il passe du repos au mouvement, & qui est d'autant plus marqué, que cet animal est plus vigoureux. Il faut donc y faire attention, lorsqu'on en achète un, & pour cela le faire partir brusquement au trot sur un terrain plat. *Voyez* CHEVAL.

ABAISSER UNE BRANCHE. On dit plus communément RABAISSER.

ABALON. Nom de l'HELONIAS dans les ouvrages d'Adanson.

ABAMA. Nom donné par Adanson au genre aujourd'hui appelé NARTÈCE.

ABANDION. Synonyme de BULBOCODE.

ABANGA. On donne ce nom au fruit d'un PALMIER de l'île Saint-Thomas.

ABANUS. Nom arabe du PLAQUEMINIER ÉBÈNE.

ABAPUS. Synonyme de GETHYLIS.

ABATAGE, sub. masc. L'action d'abattre les bois. L'ordonnance du mois d'août 1669 défend de rien abattre dans les forêts, à compter du 15 avril jusqu'au 1er octobre (1). En cas de contravention, elle prononce contre les adjudicataires une amende & la confiscation des objets coupés.

Presque tous les auteurs qui ont parlé des bois, les marchands qui les exploitent, les ouvriers qui les mettent en œuvre, s'accordent également à prétendre que la saison exclusivement convenable à l'*abatage* des arbres est celle de l'hiver. On croit généralement qu'après la chute des feuilles, les végétaux contiennent moins de séve que pendant le reste de l'année; qu'ainsi les bois abattus en novembre, décembre, &c., doivent arriver plus tôt à l'état de siccité qu'on desire, pour les employer aux divers usages des arts.

M. Duhamel du Monceau, connu par ses travaux aussi nombreux qu'utiles, s'est justement défié de toutes ces idées reçues. Il a consulté l'expérience (1), & l'expérience a démontré que, s'il est quelqu'époque où les bois renferment une moindre quantité de séve, cette époque est constamment en juin & juillet. D'exactes pesées faites, de mois en mois, sur des pièces de même essence, de même âge, de même volume, prises toutes d'ailleurs dans le même terroir, dans la même situation, à la même exposition, ne laissent aucun doute à cet égard.

On ajoute que la séve n'éprouvant point de fermentation durant les froids, le bois qu'on coupe alors n'a pas à courir le danger qu'elle l'altère.

Ce raisonnement n'admettroit guère de réplique, si l'hiver contribuoit efficacement à sécher les arbres abattus; mais il n'en est pas ainsi. Tant que dure l'absence du soleil, le bois séparé de sa souche, comme le bois sur pied, ne se dépouille sensiblement d'aucune humidité : à très-peu de chose près les chaleurs y retrouvent toute la séve de l'automne. Un *abatage* précoce n'évitera donc pas cette fermentation, si vraiment elle doit avoir lieu.

Laissons d'ailleurs les raisonnemens; M. Duhamel nous met encore à portée de parler d'après l'expérience. « J'ai fait, dit-il (2), abattre dans » chacun des mois de l'année 1733 quatre chê- » neaux d'environ huit à neuf pouces de dia- » mètre. J'ai eu l'attention d'en faire abattre deux » dans les premiers jours, & deux autres à la fin de » chaque mois. J'ai fait réduire en soliveaux ces » arbres aussitôt qu'ils ont été abattus, & je les ai » déposés sous un hangar, où ils sont restés jusqu'à » la fin de l'année 1736. Alors je les ai fait tirer » pour les examiner. Comme la plupart avoient

(1) Titre XV, article 40.

(1) *Voyez* celui de ses ouvrages intitulé : *de l'Exploitation des bois*, liv. III, chap. V.

(2) *Ibidem.*

» de l'aubier sur les arêtes, voici en quel état j'ai » trouvé cet aubier, ce qu'il n'est pas inutile de » connoître; car l'aubier étant un bois imparfait, il semble raisonnable de conclure que ce » qui altère sensiblement l'aubier & en peu de » temps, causera bientôt le même dommage au » bois, & l'a peut-être déjà causé d'une manière » moins sensible. »

Nota. Chaque mois présente une épreuve sur six soliveaux. Leur total seroit donc soixante-douze, mais deux d'entr'eux se trouvèrent égarés.

Abatage de	Soliveaux dont l'aubier s'est retrouvé en bon état.	Soliveaux dont l'aubier s'est retrouvé en mauvais état.	Soliveaux qui lors de leur équarrissage, n'avoient point d'aubier.	Soliveaux perdus.
Janvier	2	2	1	1
Février	4	2	0	0
Mars	2	3	1	0
Avril	1	3	2	0
Mai	5	0	1	0
Juin	6	0	0	0
Juillet	5	0	1	0
Août	3	0	3	0
Septembre	4	1	1	0
Octobre	4	0	2	0
Novembre	2	2	1	1
Décembre	1	3	2	0

Cette expérience prouve certainement que l'aubier des 24 arbres abattus en mai, juin, juillet, août, septembre, octobre, avoit moins souffert que l'aubier des 24 autres abattus en novembre, décembre, janvier, février, mars & avril.

Il restoit à découvrir si le bois des mêmes soliveaux donneroit les mêmes résultats. On sent qu'un espace de quelques années n'auroit pu l'altérer comme l'aubier. Pour avancer sa décomposition, il falloit donc recourir à des moyens factices. M. Duhamel fit enfouir à demi plusieurs de ces pièces, en ne perdant point de vue la date des coupes. Au bout de trois ans il déterra la portion enfouie, & chaque *abatage* offrit indistinctement des pièces gâtées & des pièces saines. « Ce n'est donc pas, conclut l'auteur (1), la » saison dans laquelle les bois ont été coupés » qui a pu occasionner la prompte pourriture de » quelques-uns de ces pieux; mais le tempérament des arbres, dont les uns sont de nature à » durer long-temps, & les autres ont une disposition prochaine à se pourrir. J'ai encore (en » 1763) plusieurs de ces pièces au sec & dans un » lieu frais: tout ce qui n'est pas aubier est bon. »

Le même observateur voulut encore s'assurer si la différence des saisons choisies pour l'*abatage* n'influeroit pas sur la force des bois. Cette nouvelle épreuve s'exécuta sur seize autres chênes qu'on coupa successivement depuis le 24 décembre jusqu'au 14 novembre suivant. Leur circonférence étoit de 24 à 30 pouces : on les équarrit à mesure, &, pendant trois ans entiers, on les tint à couvert sous un toit. On les mit ensuite dans un four où la chaleur étoit très-vive. Ils y séjournèrent deux fois vingt-quatre heures. Alors on les divisa par barreaux d'un équarrissage absolument semblable; & les ayant placés tour à tour sur deux tréteaux écartés, on chargea le milieu jusqu'à ce qu'ils rompissent.

« On vit, dit M. Duhamel (1), une variété » considérable entre les barreaux qui ont été pris » de la même pièce de bois; & de quelque manière que l'on combine ces expériences, il n'est » pas possible de reconnoître de différence constante entre les bois qui ont été abattus, soit » dans le courant de l'hiver, soit en été, au printemps ou en automne; ce qui me détermine à » conclure que les bois abattus en différentes » saisons ont à peu près une force pareille, » pourvu qu'ils soient également secs. »

Examinons maintenant ce qu'on doit penser des diverses lunaisons relativement à l'*abatage*.

Si l'on interroge les bûcherons, les charpentiers, la plupart des architectes & des auteurs mêmes qui se sont attachés à l'étude des bois (2), tous assurent que les phases de la lune sont un point essentiel à consulter. Caron, dont l'ouvrage est un des plus estimés en ce genre, écrit « qu'il » faut, autant qu'on le peut, observer que toutes » sortes de bois, & particulièrement le chêne, » soient coupés dans le décours; qu'il en devient » meilleur & se conserve mieux que s'il l'étoit » depuis la nouvelle lune jusqu'à son plein, l'aubier en étant plus ferme. »

Cette assertion suppose nécessairement une influence bien reconnue de la lune sur les végé-

(1) *Exploitation des bois*, liv. III, chap. V.

(1) *Exploitation des bois*, liv. III, chap. V.
(2) Le Muet, Jousse, Gautier, Mésange, &c.

taux. Admettons-la cette influence; mais alors pourquoi refuser au croissant les effets qu'on prête au décours? A l'une comme à l'autre époque, cet astre réfléchit pareille quantité de lumière : la chaleur qui peut en résulter doit donc être égale. A l'une comme à l'autre époque, sa distance de la terre se trouve aussi la même; la compression ou l'attraction qu'il exerce alors ne diffèrent donc absolument en rien. Quelle est d'ailleurs pour nous la chaleur de la lune, si le thermomètre le plus sensible n'en annonce point l'existence? comment ensuite son attraction ou sa compression agiroient-elles sur les bois de manière à constituer subitement leur bonne ou leur mauvaise qualité? Un arbre qu'on abat ne meurt pas comme un animal qu'on égorge; long-temps après sa chute il conserve encore son organisation : les plantards & les greffes en fournissent la preuve. Coupés dès l'automne, les plantards, au printemps suivant, poussent d'excellentes racines. Les greffes tirées depuis plusieurs mois réussissent tout aussi sûrement que les greffes employées à l'instant. Enfin les arbres eux-mêmes, lorsqu'on les abat en hiver, ne manquent guère de reproduire encore des feuilles & des bourgeons, quand les chaleurs d'avril mettent en mouvement la séve dont ils sont abreuvés. Or, si des troncs isolés conservent aussi long-temps jusqu'à leur faculté végétative, comment concevoir que les bois abattus, par exemple, le premier jour du croissant d'une lune quelconque, seront inférieurs à d'autres qu'on auroit coupés le dernier jour de la lune précédente (1)?

M. Duhamel a fait mieux encore que de raisonner; il a pesé, à quatre reprises différentes, tant pendant le décours que pendant le croissant, des bois semblables, & qu'on venoit d'abattre. Sur trois épreuves, ceux coupés durant le croissant l'emportèrent par leur poids. On mit à couvert les pièces des quatre expériences, & trois ans après, c'est-à-dire, lorsqu'elles furent complétement séches, on les soumit à une pesée nouvelle. Toutes celles des *abatages* pendant le croissant se trouvèrent alors & sans exception les plus pesantes, & conséquemment les meilleures. Nous sommes loin, au reste, d'inférer que l'époque des lunaisons soit la vraie cause de cette supériorité : elle provenoit certainement plutôt de la qualité des arbres, malgré les soins qu'on avoit apportés à les choisir & de même essence & de même bonté. Mais enfin, dans quatre expériences consécutives, & conduites par un homme très-éclairé, rien du moins ne s'est montré favorable aux coupes qui s'opèrent pendant le décours (2).

(1) *Exploitation des bois*, même livre & même chapitre.

(2) Un auteur très-moderne & très-recommandable d'ailleurs, par d'excellentes observations relatives aux bois, M. Tellès d'Acosta, grand-maître des eaux & forêts de France, préfère l'*abatage* en pleine lune à l'*abatage* en décours. Mais M. d'Acosta n'a fait sur cet objet aucune expérience particulière. Il présente simplement l'opinion des ouvriers & des marchands qu'il a consultés. Ainsi les sentimens varient d'une province à l'autre, & cette contrariété seule prouve assez que les marchands comme les ouvriers n'ont rien examiné, & que chacun d'eux tient mécaniquement au préjugé de son canton. Voyez *Instruction sur les bois de la marine*, tit. IX, Paris, 1782.

Il nous reste une dernière question à discuter. Doit-on, pour l'*abatage* des bois, avoir égard ou non aux vents qui règnent?

Beaucoup de gens soutiennent l'affirmative. Si cependant il est prouvé que ces grands végétaux, quoiqu'enlevés de leur souche, ne changent d'état que long-temps après, sur quel avantage pourra-t-on raisonnablement compter en les coupant même pendant les vents les plus secs? Sans doute leur extérieur alors présentera moins d'humidité; mais, abattus, comme lorsqu'ils sont debout, ils demeureront également susceptibles de partager toutes les vicissitudes prochaines de l'atmosphère. « Je conviens néanmoins, reprend » M. Duhamel (1), que les arbres qu'on aura » coupés dans une année où les vents auront » presque toujours été au sud, ou sud-est, ou » sud-ouest, seront plus exposés à s'altérer que » ceux qui l'auront été dans une année où les » vents de nord & de nord-ouest ou de nord est » auront régné plus fréquemment. Mais il me » paroît très-inutile de consulter les vents qui » pourront souffler dans les temps précisément » qu'on abat, puisqu'on ne peut être sûr que tel » ou tel vent qui régneroit alors ne changera » pas en peu de temps. Si un vent de sud succédoit alors à un vent de nord, il est certain qu'il » produiroit son effet sur les bois nouvellement » abattus.

» J'ai aussi, dit encore M. Duhamel, prêté » attention aux fentes & aux gerçures de tous les » bois que j'ai fait abattre..... Il m'a paru que ceux » qui avoient été abattus au printemps & en été » n'étoient guère plus gercés que les autres. »

D'après ce que nous venons d'exposer, on se croira sans doute exempt de s'asservir pour la coupe des futaies à des époques particulières ou de saisons, ou de mois, ou de jours, comme aussi de consulter la sécheresse ou l'humidité des vents qui règnent. Toutes ces attentions, même réunies, ne perfectionneroient point un bois médiocre, & jamais leur négligence ne diminuera les qualités d'un bon.

Si cependant on vouloit obtenir des souches, un nouveau recru, je conseillerois d'abattre avant le printemps; car toute souche qui n'est pas garnie de brins, quand les chaleurs surviennent, se

(1) Ouvrage, livre & chapitre déjà cités.

dessèche d'ordinaire & ne repousse plus. Mais, d'un autre côté, les jets qui renaissent de ces parties durcies, usées par l'âge, sont constamment si foibles, que le mieux seroit d'enlever toujours la souche avec l'arbre. Tel est le sentiment de M. Duhamel (1), & soixante ans d'une expérience raisonnée lui donnoient de grands droits à prononcer.

En Catalogne & dans le Roussillon on n'abat le chêne que pendant les mois de juillet & d'août. M. Boyer, constructeur à Toulon, dit qu'il en est de même dans le royaume de Naples & dans plusieurs contrées de l'Italie. Les Hollandais ne pratiquent leurs coupes importantes que dans l'été (2). Tout concourt donc à prouver que l'*abatage*, restreint à la seule saison de l'hiver, soumis d'ailleurs aux phases lunaires, n'a d'autre fondement que la routine & les préjugés locaux.

Qu'on suspende les coupes durant les fortes gelées, qu'on les suspende surtout pendant les grands vents; la moindre pratique enseigne ces deux exceptions. Dans les gelées fortes, les arbres sont trop disposés à se rompre en tombant. Dans les grands vents ils tombent avant que la hache ait achevé les entailles; & souvent cette chute anticipée arrache du tronc des fragmens dont la soustraction met hors de service une portion importante de sa longueur. Dans les grands vents d'ailleurs on ne conduit plus l'arbre, il maîtrise l'ouvrier; cependant, pour la conservation de certaines branches, comme aussi pour les arbres voisins, il est intéressant que le côté de la chute ne soit point à la décision du hasard (3).

Des différentes manières d'abattre.

Suivant les réglemens relatifs aux forêts, « les » futaies doivent être coupées le plus bas que » faire se pourra, à la coignée, à fleur de terre, » en sorte que les brins de cepées n'excèdent pas » la superficie de la terre (4). » Les marchands appellent cette coupe *à la blanche taille.*

(1) « Ces souches, nécessairement fort grosses, étant » coupées à fleur de terre, comme le veut l'ordonnance, » poussent à la vérité quelques jets entre le bois & l'écorce; mais comme l'aire de la coupe ne se recouvre » jamais d'écorce, le bois se pourrit & endommage la naissance des nouveaux jets, que le vent ensuite éclate très- » aisément. Les racines de ces arbres abattus périssent pour » la plupart en terre, & les autres se trouvent usées. On » peut donc dire qu'une haute futaie, ainsi abattue, ne » peut jamais faire par la suite une belle futaie ni un beau » taillis. C'est là, suivant moi, une des plus grandes causes » de la destruction des forêts. Pour y remédier, je pense » qu'il ne faudroit adjuger les hautes futaies qu'à condi- » tion d'arracher les arbres. » *Traité des semis & plantations,* liv. VI, chap. VII.

(2) *Exploitation des bois*, liv. III, chap. V.

(3) *Ibidem.*

(4) Ordonnance de 1669, tit. XV, art. 42.

Une autre manière est d'extraire la terre qui recouvre le pied, de couper à leur naissance toutes les racines latérales, & d'enlever avec l'arbre toute sa culée : cette autre manière est appelée *coupe à noire-cul* ou *coupe en pivotant.*

On a vu plus haut combien peu le rejet des vieilles souches dédommageoit du sacrifice qu'il faut faire des souches mêmes lorsqu'on abat à la blanche taille, & le bois qu'on laisse en terre n'est pas l'unique perte qu'entraîne cette méthode. Les entailles prolongées qu'elle nécessite retranchent encore du tronc une partie précieuse, & d'autant plus considérable que l'arbre a plus de diamètre & par conséquent plus de valeur.

On épargneroit du moins cette partie du tronc en employant la scie. Malheureusement les ordonnances en ont proscrit l'usage, &, sans examen ultérieur, on s'est persuadé que la scie n'étoit point admissible, que son frottement brûloit le bois, qu'à plus d'un pied de distance elle en détruisoit l'organisation, qu'enfin les souches sur lesquelles elle passoit ne repoussoient jamais (1).

M. Duhamel fit cependant couper différentes branches, les unes à la coignée, les autres avec l'instrument condamné, en laissant à chacune un chicot ou moignon d'environ six pouces de longueur. « Toutes ces branches (2) ont produit » des bourgeons, à la seule différence qu'aux » branches qui avoient été coupées à la coignée, » une partie de ces bourgeons sortoit d'entre le » bois & l'écorce, au lieu qu'aux branches sciées, » presque tous les bourgeons sortoient un pouce » ou deux au-dessous de l'endroit scié. »

Voilà sur le même fait une contrariété certainement bien manifeste! tout l'article *abatage* en présente de semblables. Mais quand un homme habile, & d'ailleurs incapable d'en imposer, oppose constamment l'expérience à ce qui n'est que routine aveugle, & souvent entêtement, il me semble qu'on est exempt de flotter longtemps dans l'incertitude.

Nous décrirons ci-après les moyens d'enlever les arbres, non-seulement avec leur souche, mais encore avec leurs principales racines. *Voyez* le mot ARRACHER. (*Article de M.* DE SEPT-FONTAINES.)

ABATARDISSEMENT. Ce mot s'applique à un animal domestique ou à une plante cultivée, appartenant à une race qui est affoiblie par une circonstance quelconque. Il est synonyme de DÉGÉNÉRATION.

ABAT-FOIN. On donne ce nom dans quelques lieux à une ouverture faite au plancher du FENIL, lorsqu'il est au-dessus de l'ECURIE, de l'ETABLE

(1) *Instruction sur les bois de la marine*, tit. IX.

(2) *Exploitation des bois*, liv. III, chap. VII.

ou de la BERGERIE, & par lequel on jette la nourriture aux animaux.

Si un *abat-foin* est commode, il offre l'inconvénient de favoriser constamment l'action des exhalaisons sur les fourrages, & de donner lieu, au moment du service, au développement d'une poussière souvent considérable. Pour diminuer ces inconvéniens, il convient de le placer dans un coin & de le garnir d'un couloir en bois.

ABATIA. *Abatia.* Genre de plantes de la polyandrie monogynie, voisin du MOUTALIER & de l'AZARA, qui réunit deux arbres du Pérou dont l'introduction n'a pas encore eu lieu dans nos jardins.

ABATIS. Synonyme de COUPE en langage forestier. On a fait un grand *abatis* dans cette forêt, est une expression fréquemment employée. *Voyez* ABATAGE ET BOIS.

ABATTEMENT. *Médecine vétérinaire.* Symptôme de la plupart des maladies dans les animaux, & qui disparoît avec la maladie. Il est aussi quelquefois la suite de l'excès de la fatigue ou du manque de nourriture. Les excitans le font quelquefois momentanément disparoître; le repos est le meilleur remède qu'on puisse directement lui opposer.

ABAVI. C'est le BAOBAB.

ABCÈS, *maladie des arbres.* On donne ce nom à un écoulement sanieux qui se montre sur le tronc de quelques arbres, principalement aux deux époques des mouvemens annuels de la séve, & qui est produit par l'extravasion de cette séve, soit par l'effet d'une lésion extérieure de l'écorce, soit par celui d'une maladie interne, telle que la CARIE SÈCHE, le CARREAU, &c.

Lorsqu'un *abcès* est la suite de l'infiltration des eaux pluviales, causée par la cassure ou de la coupe d'une branche, il s'appelle GOUTIÈRE.

On ne connoît pas d'autre moyen de guérison des *abcès* des arbres que leur amputation jusqu'au vif; mais ce moyen défigure presque toujours le tronc, & souvent accélère sa perte. Beaucoup de jardiniers suppléent cette opération en recouvrant l'*abcès* d'ONGUENT DE SAINT-FIACRE, d'ARGILE, de PLATRE, &c., ce qui réussit quelquefois, mais ce qui plus souvent augmente le mal, la sanie s'étendant d'autant plus loin dans l'intérieur du tronc, qu'elle est gênée dans sa sortie.

ABDELAVI. Espèce de MELON cultivé en Egypte.

ABÉADAIRE. Le SPILANTE ACMELLE porte ce nom.

ABÉCÉDAIRE. Nom de l'AGAVE D'AMÉRIQUE aux environs de Perpignan, où il est employé comme propre à former des HAIES.

ABELICÉE. Genre de plantes qui ne paroît pas différer du PLANÈRE.

ABELMOSC. C'est la KETMIE AMBRETTE.

ABÉREME. *Aberemoa.* Arbre de Cayenne qui seul constitue un genre, & que nous ne cultivons pas en Europe.

ABILDGAARDIE. *Abildgaardia.* Genre de plantes établi aux dépens des SOUCHETS. *Voyez* ce mot.

ABIME. On appelle souvent ainsi des trous très-profonds & dont les parois sont à pic, lesquels, dans les pays à couches, ou existent d'ancienne date, ou se sont formés instantanément. Leur origine est due à l'action des eaux inférieures. Je ne les cite que pour recommander aux cultivateurs de les entourer ou de murs, ou de haies, ou de palissades, ou de barrières pour empêcher les hommes ou les animaux d'y tomber pendant la nuit.

ABLE. Petit poisson du genre CYPRIN, qui est très-abondant dans certaines rivières & qu'on pêche pour en retirer l'ESSENCE D'ORIENT, matière qui entoure ses écailles & avec laquelle on fabrique les perles.

Après que ce poisson a été dépouillé de cette matière, on l'emploie dans beaucoup de lieux à l'engrais des terres; mais il ne faut pas le prodiguer, parce qu'il donne un mauvais goût aux productions.

Ce poisson est très-avantageux à introduire dans les étangs où il y a des brochets, car il multiplie beaucoup.

ABOLBODE. *Abolboda.* Genre de plantes de la triandrie monogynie & de la famille des restiacées, qui réunit deux espèces de l'Amérique méridionale. Comme elles ne sont pas encore introduites dans nos cultures, je n'ai rien à en dire de plus.

ABOLE. *Abola.* Genre de plantes qui ne diffère pas de celui appelé CINNA.

ABOUGRI, RABOUGRI, RACHITIS, RAFAUT. Expressions admises pour désigner les bois mal-venans, d'un aspect désagréable, & sur lesquels on ne doit fonder aucune espérance de réussite. D'après l'ordonnance de 1669 (1), les grands-maîtres avoient, dans les forêts du Roi, la faculté de faire remplacer ces plants vicieux, par de nouveaux plants.

Depuis l'édit de 1716, les mêmes officiers doivent simplement dresser procès-verbal des dégradations, & le Conseil décide.

Différentes causes peuvent également concourir à rendre les bois *abougris* : 1°. la qualité du sol; 2°. l'ombre & le dégouttement d'arbres anciens,

(1) Tit. III, art. 16.

lorsqu'ils sont très-multipliés; 3°. la fatigue de la souche, quand on l'épuise par des coupes trop fréquentes.

Les deux dernières causes sont faciles à prévenir. Pour l'une, il s'agit de mettre plus d'intervalle entre les exploitations; pour l'autre, de réduire le nombre des arbres anciens; & le seul changement d'espèces remédiera certainement à la première, car il n'est pas de terrain qui ne soit propre à la végétation : l'art consiste à ne le point contrarier.

Quelques auteurs confondent les mots *abougri*, *rabougri*, *rachitis*, *rafaut*, avec celui *abrouti* : mais c'est de leur part une erreur. *Voyez* ABROUTI. (*Article de M.* DE SEPT-FONTAINES.)

ABOUZALA. Arbre de Madagascar dont le genre n'est pas connu. Ses feuilles s'emploient en décoction dans les maladies du cœur.

ABRACA-PALO. Un des noms de l'ANGREC NOUEUX.

ABRICOT. Fruit de l'ABRICOTIER.

ABRICOT-SAUVAGE. C'est, à Cayenne, le fruit du COUROUPITE.

ABRICOTÉE. Variétés de PÊCHE & de PRUNE.

ABRICOTIER. *Armeniaca.* Arbre du genre des PRUNIERS, originaire des montagnes de l'Asie mineure, & qui se cultive en France depuis l'arrivée des Phocéens à Marseille, pour son fruit d'une belle forme, d'un excellent goût, d'une odeur suave, surtout dans les départemens du Midi.

Le véritable *abricotier* sauvage n'est point connu, quoique Michaux & Olivier l'aient vu en Perse. Ainsi je suis obligé de donner ici, comme type de l'espèce, le franc, c'est-à-dire, celui qui provient des semis des amandes d'une des variétés cultivées.

On cultive un assez grand nombre de variétés d'abricots, & on en obtient fréquemment de nouvelles dans les pépinières. Les indiquer toutes seroit fort long & fort peu utile. Je me contenterai donc de mentionner celles qui sont le plus recherchées dans les jardins des environs de Paris.

L'ABRICOT PRÉCOCE mûrit dans les premiers jours de juillet. Il a rarement plus d'un pouce & demi de diamètre. (*Voyez* Duhamel, pl. 1re.) Sa chair est jaune & musquée dans le midi de la France, d'où le nom d'*abricot musqué* qu'il y porte, & son amande amère. Ses semences le reproduisent, de sorte qu'il n'a pas besoin d'être greffé.

L'ABRICOT BLANC. Il ne diffère presque du précédent que parce que sa chair est blanche & a un léger goût de pêche. Il se reproduit également par ses noyaux; mais on préfère le greffer sur *Damas noir.* Une grande chaleur lui est avantageuse.

L'ABRICOT ANGOUMOIS. Sa forme est alongée & sa couleur rouge, soit en dehors, soit en dedans. (*Voyez* Duhamel, pl. 3.) On peut passer une épingle par les trous servant de communication entre son amande & sa chair; c'est un des meilleurs; son amande est douce, surtout dans le Midi. L'arbre dont il provient aime les terres calcaires, le grand air & la liberté; aussi produit-il peu en espalier.

L'ABRICOT COMMUN. C'est un des plus gros, son diamètre étant souvent de deux pouces. Il se colore peu & devient presque toujours galeux du côté du soleil. (*Voyez* Duhamel, pl. 2.) Sa chair est jaune, pâteuse & peu aromatique. On le cultive beaucoup pour la vente, parce qu'il charge considérablement & exige moins de chaleur pour mûrir que la plupart des autres.

L'ABRICOT ROYAL, trouvé depuis peu à la pépinière du Luxembourg, est plus gros & a la peau plus unie que celle du précédent; mais sa chair ne paroît pas beaucoup meilleure. On le reconnoît à la large rainure qu'offre la suture de son noyau.

L'ABRICOT DE PROVENCE diffère de l'Angoumois, principalement parce que ses deux moitiés sont d'inégale grosseur, & qu'il est légèrement aplati. Comme lui, il est très-coloré; mais sa chair, quoique très-vineuse & très-aromatique, est inférieure à la sienne.

L'ABRICOT DE HOLLANDE se rapproche encore beaucoup de l'angoumois par la couleur & la saveur, mais il est plus sphérique & a la chair plus fondante. *Voyez* Duhamel, pl. 4. C'est greffé sur PRUNIER-SAINT-JULIEN, qu'il prospère le mieux.

L'ABRICOT DE PORTUGAL est petit, arrondi, peu coloré, même du côté du soleil. Sa chair est fine, délicate, fondante, avec un noyau alongé. (*Voy.* Duhamel, pl. 5.) Il mûrit au milieu d'août. L'arbre qui le produit est très-peu vigoureux.

L'ABRICOT ALBERGE est petit, aplati, un peu alongé. Sa peau est d'un jaune brun, rougeâtre du côté du soleil. Sa chair est fondante, légèrement acide & amère. Il se multiplie de noyau. L'arbre qui le fournit n'aime que le plein vent.

L'ABRICOT D'ALEXANDRIE, se voit rarement dans les jardins de Paris, mais il est très-estimé dans le Midi, à raison de sa saveur très-sucrée. Il est de grosseur moyenne.

L'ABRICOT-PÊCHE ou ABRICOT DE NANCY, DE WIRTEMBERG, DE NUREMBERG. C'est le plus gros & le plus variable dans sa forme, sa couleur & sa saveur. (*Voyez* Duhamel, pl. 6.) Il est excellent quand il mûrit bien, mais cela lui arrive rarement dans le climat de Paris. Son noyau est très renflé, contient une amande amère, & le reproduit. On peut passer une épingle par les trous qui servent de communication entre cette amande & la chair. L'arbre qui le porte est très-vigoureux, charge beaucoup & supporte fort bien le plein vent.

L'ABRICOT À FEUILLES DE PRUNIER & l'ABRICOT VIOLET, qu'on appelle l'ABRICOT DU PAPE, sont une seule espèce sous trois formes différentes. (*Voyez* le *Nouveau Duhamel*, par Turpin & Poiteau, où elle est figurée.) Sa peau est d'un rouge obscur & sa chair d'un rouge de sang. Il n'est mangeable que dans sa parfaite maturité. On le cultive uniquement par curiosité.

Ce que je viens de dire fait voir que la plupart des variétés d'abricots se reproduisent par le semis de leur noyau; mais ce moyen est cependant peu employé, & cela parce que les arbres qui en proviennent sont fort lents à croître, & par conséquent à porter du fruit. En effet, ce n'est guère qu'à sa sixième année qu'un *abricotier* de semis commence à se faire, & dès sa seconde année celui qui est greffé sur amandier en produit quelques-uns.

Comme les amandes, les noyaux d'abricots doivent être semés avant l'hiver ou stratifiés avec de la terre pendant cette saison : dans le second cas, les amandes sont ordinairement germées & on les met en terre, après avoir cassé l'extrémité de la radicule, lorsque les gelées ne sont plus à craindre, c'est-à-dire, à la fin de mars ou au commencement d'avril. On les place, dans l'un & l'autre cas, à six pouces de distance, dans des rigoles écartées d'un pied & profondes d'un à deux pouces, selon que le terrain est plus compacte ou plus léger.

Comme le pivot est utile aux arbres en plein vent, on sème ordinairement en place les noyaux destinés à rendre leur espèce, & alors on ne leur pince pas la radicule.

Au bout de deux ans on repique le plant qui est provenu du semis en rigole & qui est arrivé à un ou deux pieds de hauteur, en quinconce à deux pieds d'écartement.

Le plant repiqué reçoit les mêmes façons que dans la planche du semis, c'est-à-dire, qu'on lui donne un labour d'hiver & deux ou trois binages d'été.

L'hiver qui suit celui de la plantation on recèpe, rez terre, tous les plants qui ont, le plus souvent, la tige mal faite ou trop garnie des branches, pour déterminer la sortie de pousses plus droites & plus vigoureuses, pousses dont on enlève les plus foibles dans l'intervalle des deux séves, la seule conservée, acquérant, ordinairement, avant l'hiver, toute la hauteur qu'avoit la tige qu'elle remplace.

Les pieds d'*abricotiers* sont taillés en crochet pendant l'hiver de l'année suivante & peuvent être, ou mis en place, ou greffés pendant celui qui lui succède, quoiqu'ils gagnent à rester quatre ans dans la pépinière.

C'est le plus souvent en écusson, quoique toutes puissent y être applicables, que se fait la greffe de l'*abricotier*, tant sur lui-même que sur prunier & sur amandier.

Cette dernière greffe est peu pratiquée, parce qu'elle est sujette à se décoller; cependant elle convient lorsqu'on veut faire des plantations dans des terrains très-secs & très-sablonneux.

L'observation constante, sans qu'on en connoisse la cause, est que la greffe de l'*abricotier* sur les pruniers cérisette & damas rouge donne de meilleurs fruits que celle sur les autres variétés.

Elle constate également, mais ici on sait que c'est à cause de la gomme, que les *abricotiers* d'Angoumois, de Provence & les albergiers veulent être greffés sur des pruniers venus de noyau. Ceux greffés sur pruniers provenant de rejetons, s'épuisent promptement par suite de leur foiblesse & de leur tendance à tracer.

Généralement les *abricotiers* réussissent mieux & donnent des fruits plus nombreux & plus savoureux en plein vent qu'en espalier; cependant on donne, autour des grandes villes, cette disposition à quelques-uns, principalement à l'*abricotier-pêche*, pour assurer la maturité de leurs fruits, qui, d'ailleurs, sont alors plus gros. Dans ce cas on préfère les demi-tiges aux nains, & la greffe sur amandier à la greffe sur prunier, laquelle produit des fruits plus précoces. Comme on peut difficilement les assujettir à la taille du pêcher, on leur applique celle du POIRIER. *Voyez* EVENTAIL.

Les *abricotiers* en plein vent sont ou totalement abandonnés à eux-mêmes, & alors on se contente de les débarrasser de leur bois mort & d'arrêter leurs GOURMANDS, ou taillés en VASE, autrement BUISSON, à 2, 4, 6, 8 pieds de terre.

Ce dernier mode est préféré dans les jardins des environs de Paris, parce qu'il fait durer plus long-temps les arbres, les empêche de se dégarnir de branches par le bas, & leur fait porter de plus beaux fruits.

La distance à mettre entre les *abricotiers*, soit en espalier, soit en plein vent, est d'environ trois toises dans les mauvais terrains, & six toises dans les bons. On gagne toujours à les écarter davantage.

La taille des buissons ne peut pas être aussi rigoureuse que celle des poiriers de la même disposition, mais il faut s'en rapprocher le plus possible. Elle a lieu au moment où la fleur commence à se développer. On doit constamment supprimer les branches qui ont crû dans l'intérieur, & couper court les branches à fruit, & longues les branches à bois, pour égaliser la production du fruit chaque année.

Il arrive fréquemment que les gelées du printemps frappent les *abricotiers* au moment de leur floraison, & alors leur récolte est perdue; mais cela n'influe pas, comme dans la vigne & dans d'autres arbres, sur celle de l'année suivante, parce que les feuilles ne sont pas ordinairement développées à cette époque, & que ce sont elles & l'absence du fruit qui déterminent l'abondance des productions subséquentes.

Dans les années où la floraison s'est passée dans les circonstances les plus favorables, cette abondance est telle qu'il faut, si on veut avoir de beaux & bons fruits, en ôter le quart, la moitié, même les trois quarts. A Montreuil on n'y manque jamais, un gros abricot précoce se vendant, à Paris, dix fois plus qu'un petit abricot tardif.

Une fois noué, les abricots ne craignent plus que la grêle & l'excès de la sécheresse, excès qui les empêche de grossir & les fait même tomber avant leur maturité, &, s'ils arrivent à cette époque, leur ôte toute saveur.

Souvent on ôte une partie des feuilles des *abricotiers* pour donner au soleil le moyen de colorer leurs fruits. Cette opération, exécutée modérément, remplit son objet, mais exagérée, elle produit les mêmes effets que la sécheresse, & nuit aux produits de l'année suivante.

Les abricots sont d'autant meilleurs qu'ils naissent dans un climat chaud, dans une terre plus légère & à une exposition plus méridionale. On ne peut en manger à Paris quand on est accoutumé à ceux de la Provence & du Languedoc. Au rapport de Pockoke, d'Olivier & autres voyageurs, ceux de la Perse sont des boules de miel parfumé, auxquelles aucun autre fruit n'est comparable.

Non-seulement les abricots se mangent tels qu'on vient de les cueillir, mais on en fabrique des compotes, des marmelades, des confitures, des liqueurs de table, des pâtes sèches. Ces dernières, qui se conservent deux ou trois ans, sont l'objet d'un commerce de quelqu'importance pour plusieurs cantons de la France.

Le bois de l'*abricotier* est d'un gris jaune & rouge; on l'emploie aux ouvrages de tour; il pèse 49 livres 12 onces 7 gros par pied cube.

ABROME. *Abroma*. Genre de plantes établi aux dépens des CACAOYERS, & qui renferme deux espèces, l'ABROME FASTUEUSE & l'ABROME A FEUILLES ALONGÉES, originaires des Indes, ni l'une ni l'autre cultivées dans nos serres, & sur lesquelles il n'y a par conséquent rien à dire ici.

ABRONE. *Tricratus*. Plante annuelle, de la monadelphie monogynie, qui croît naturellement dans la Californie, & qui se cultive dans nos écoles de botanique. On sème ses graines dans des pots sur couche nue, & on tient les pieds qu'elles ont donnés à une-demie ombre.

Quoiqu'assez belle lorsqu'elle est en fleur, la disposition rampante des tiges de l'*abrone* ne permet pas de l'employer à l'ornement des parterres. Elle a déjà disparu deux ou trois fois du Jardin du Muséum, parce que ses graines ne mûrissent pas toujours dans le climat de Paris; mais il en a été renvoyé par ceux du midi de l'Europe qui en avoient reçu de cet établissement.

ABROTOME femelle. C'est la SANTOLINE.

ABROTOME mâle. C'est l'AURONE.

ABROUTIS, ABROUTISSEMENT. C'est, en terme forestier, le délit causé par un animal qui a brouté les pousses des arbres, délit qui est puni par une amende d'autant plus forte, que le bois dans lequel il a eu lieu est plus jeune.

En effet, lorsque le sommet d'une pousse (bourgeon), qui sort immédiatement de la racine, est coupé la première année de sa naissance, non-seulement sa végétation est retardée, les rameaux qui se développent sur ses côtés sont sujets à être gelés faute d'AOUTEMENT; & alors il est rare que l'arbre puisse se former; il risque de rester en buisson.

Le même effet a lieu tant que la pousse n'est pas arrivée au point que les chevaux & les vaches ne peuvent plus atteindre la FLÈCHE, c'est-à-dire, à la pousse qui continue la tige de l'arbre.

Le mal est encore plus grand lorsque le broutement a lieu sur un BRIN, c'est-à-dire, un arbre venu de graine.

On ne peut donc punir trop sévèrement ceux qui laissent aller les bestiaux dans les taillis, non-seulement par rapport au droit de propriété, mais encore à raison du dommage qui en résulte pour la société en général. C'est d'après ces derniers principes qu'il est défendu, même au propriétaire, d'envoyer ses bestiaux dans ses bois avant qu'ils aient atteint l'âge de sept ans, & qu'on devroit défendre la conservation des cerfs, des chevreuils & des daims dans tout lieu planté en bois.

L'*abroutissement* est d'autant plus à redouter, que les bois sont en plus mauvais terrain, parce que là le défaut de force végétative ne permet pas aux bourgeons latéraux supérieurs de reprendre la perpendiculaire. Mais s'il est nuisible lorsqu'il a lieu sur le rameau qui continue la tige, il est avantageux quand il ne s'exerce que sur les bourgeons latéraux, parce qu'alors il produit l'effet de la TAILLE EN CROCHET. *Voyez* ce mot.

Il peut donc être souvent bon de mettre les bestiaux dans les taillis de quatre, cinq & six ans.

Les plus dangereux des bestiaux pour les bois sont les chèvres, parce qu'elles aiment mieux les bourgeons des arbres que les feuilles des graminées & autres plantes des pâturages. Après elles viennent les brebis, puis les vaches & les boeufs. Les chevaux & les ânes recherchent peu les bourgeons & les feuilles des arbres.

Chaque arbre est aimé des bestiaux à un degré différent.

différent. Il en est, comme des aunes en bourgeons, auxquels ils ne touchent jamais.

L'*abroutissement* du chêne, au printemps, donne, aux BÊTES A CORNES, la MALADIE DU SANG.

ABSUS. *Absus.* Genre établi aux dépens des CASSES.

ABUFALI. Genre de plantes établi sur le THYMBRA EN ÉPI.

ABUMON. Nom d'une espèce d'AGAPANTHE.

ABUTA. *Abuta.* Arbuste du genre des MÉNISPERMES, originaire de Cayenne, dont les racines sont employées en Europe contre les coliques néphrétiques & les calculs. Il n'est pas encore cultivé dans nos jardins.

ABUTUA. *Abutua.* Deux arbustes grimpans, l'un de la Cochinchine & l'autre de la côte d'Afrique, constituent le genre de ce nom, qui a été établi par Loureiro.

Ces deux arbustes, fort voisins des PAREIRES, ne se cultivent ni dans leur pays natal, ni dans nos jardins; ainsi je n'ai rien à en dire.

ACÆNE. *Acena.* Genre de plantes qui ne diffère pas de celui appelé ANCISTRE.

ACAIA. On donne ce nom à Cayenne au MOZAMBÉ, & au Brésil au MOMBIN.

ACALALIS. Arbrisseau d'Égypte, qui appartient peut-être au genre ACACIE, mais qu'on ne connoît que fort incomplétement.

ACAMETL. Espèce du genre AGAVE.

ACANE. *Acana.* Genre de plantes qui paroît devoir être réuni aux BEJARS. Il renferme deux arbustes du Pérou qui ne sont pas encore cultivés dans nos jardins.

ACANTHODION. *Acanthodium.* Genre de plantes extrêmement voisin des ACANTHES. Il ne renferme qu'une espèce naturelle à l'Égypte, & qui ne se cultive pas dans nos jardins.

ACANTHOPHORE. *Acanthophora.* Genre de plantes de la famille des VARECS, qui renferme cinq espèces étrangères aux mers de l'Europe & qu'on ne peut pas cultiver.

ACAPATLI. Nom de pays de l'IVA FRUTESCENT.

ACARICABA. On donne ce nom à l'HYDROCOTILE EN OMBELLE.

ACARIDE. Famille d'insectes parmi laquelle il se trouve des espèces qui sont très-nuisibles aux agriculteurs, tels que les IXODES du MOUTON, du CHEVAL, du CHIEN, &c., qui causent la GALE de ces animaux, telles que la MITTE DU FROMAGE. *Voyez* ce mot.

ACARNE. *Acarna.* Genre de plantes établi pour placer l'ATRACTYLIDE PRISONNIÈRE. *Voy.* ce mot & celui CIRSELLE.

ACAWERIA. C'est l'OPHYOXYLLE à Ceylan.

ACCOUPLEMENT. *Voyez* aux mots GÉNÉRATION, FÉCONDATION, ESPÈCE & RACE.

ACCRUS. Synonyme de REJETONS.

Il est des arbres qui se multiplient beaucoup plus facilement par des *accrus* que d'autres : ainsi le peuplier grisard, l'orme, le prunier en fournissent beaucoup plus que le chêne, que le frêne, que le poirier.

On peut augmenter le nombre naturel des *accrus* en coupant, ou seulement en blessant les racines des arbres, en les mettant à l'air, &c.

L'emploi des *accrus* est très-fréquent pour multiplier les arbres; cependant il est constant que ceux auxquels ils donnent naissance ne sont jamais aussi vigoureux, ni d'une aussi longue durée que ceux provenant de semences. De plus, leurs racines étant plus disposées à tracer, ils épuisent plus rapidement le sol & nuisent davantage aux récoltes. *Voyez* PLANTATION.

Souvent il y a impossibilité d'empêcher les *accrus* des arbres fruitiers ou des avenues de se multiplier, ce qui contrarie beaucoup les vrais amis de la culture.

Après trente ans d'usage, les *accrus* des bords des forêts appartiennent au propriétaire de la forêt. Ainsi celui des champs voisins doit les faire arracher de temps en temps & faire constater son bornage.

ACERAS. *Aceras.* Genre de plantes établi pour placer l'OPHRISE-HOMME.

ACHACANA. CACTE du Pérou dont on mange la racine. Il se rapproche beaucoup du CACTE MAMILLAIRE.

ACHANACA. Plante de l'Inde dont le fruit est employé contre le mal vénérien. On ignore à quel genre elle appartient.

ACHANIE. *Achania.* Genre de plantes qui ne diffère pas de celui appelé MAUVISQUE.

ACHAOAVAN-ABIAT. Plante qui paroît se rapprocher de la CINERAIRE MARITIME.

ACHAPALAS. Plante voisine des PITCAIRNES, de la moelle de laquelle les habitans de la Nouvelle-Andalousie se nourrissent. Elle ne se cultive pas en Europe.

ACHARIE. *Acharia.* Genre de plantes de la monœcie triandrie, qui ne contient qu'une espèce dont on ne connoît pas le pays natal, & qui ne se cultive pas dans nos jardins.

ACHIA, ACHIAR ou ACHAR. Rejetons du BAMBOU confit dans le vinaigre & dont on fait une grande consommation dans l'Inde, en guise de CORNICHONS. On en apporte quelquefois en Europe.

ACHIME. *Achimus.* Plante de l'Inde qui, selon quelques botanistes, doit être réunie aux TROPHIS, & selon d'autres former un genre particulier qui a été appelé STREBLE par Loureiro. On ne la cultive pas dans les jardins d'Europe.

ACHIMENE. *Achimenes.* Genre de plantes qui a été appelé aussi CYRILLE par Lheritier, TREVIRANE par Willdenow, & COLUMNÉE par Lamarck. *Voyez* ce dernier mot.

ACHIO. Un des noms du ROUCOU.

ACHIRA. Le BALISIER s'appelle ainsi au Pérou.

ACHIROPHORE. *Achirophora.* Genre de plantes établi pour placer la PORCELLE MINIME. *Voyez* ce mot.

ACHMÉE. *Achmea.* Plante du Pérou qui constitue un genre dans l'hexandrie monogynie & dans la famille des asperges. Nous ne la cultivons pas dans nos jardins.

ACHNATHERON. *Achnatherum.* Nouveau genre de graminées établi pour quelques AGROSTIDES qui n'ont pas les caractères des autres.

ACHNERIE. *Achneria.* Autre genre de graminées qui ne contient qu'une espèce, laquelle faisoit partie des ERIACHNES de R. Brown.

ACHNODONTON. Encore un genre de graminées qui réunit quelques espèces de FLÉOLES & de PHALARIDES. *Voyez* ces mots.

ACHOCHON. Synonyme de LEONIE.

ACHONRON. Espèce de MYRTHE.

ACHOU. C'est le BRESILLET.

ACHOVAN. On donne ce nom à une espèce de CAMOMILLE.

ACHYOULOU. Une MALPIGHIE porte ce nom.

ACHYRONIE. *Achyronia.* Arbuste de la Nouvelle-Hollande, qui seul constitue un genre dans la diadelphie décandrie. Nous ne le cultivons pas dans nos jardins.

ACHYRY. Espèce de PERIPLOCA des Antilles.

ACIA ou ACION. *Acia.* Genre de plantes qui ne diffère pas du GOUPI.

ACIANTHE. *Acianthus.* Genre de plantes de la gynandrie diandrie & de la famille des orchidées, qui renferme trois espèces originaires de la Nouvelle-Hollande & qui ne paroissent pas pouvoir être cultivées dans nos jardins.

ACICARPHE. *Acicarpha.* Genre de plantes de l'Amérique méridionale, qui seule forme un genre dans la syngénésie séparée & dans la famille des cynarocéphales. On ne la cultive pas en Europe.

ACIDE. On appelle ainsi une substance solide, liquide ou gazeuze, qui est piquante sur la langue, qui rougit la plupart des couleurs bleues végétales, qui forme des sels avec les alkalis, les terres, les métaux, &c.

Les cultivateurs faisant emploi de quelques *acides*, je crois devoir les mentionner ici.

L'ACIDE SULFURIQUE est la combinaison du soufre avec l'oxigène. On l'appeloit jadis *huile de vitriol.* Avec la CHAUX il forme le GYPSE ou *pierre à plâtre*; avec l'ARGILE, l'ALUN; avec la POTASSE, le SULFATE DE POTASSE ou *tartre vitriolé*; avec la SOUDE, le SULFATE DE SOUDE ou *sel de Glauber*; avec la MAGNESIE, le SULFATE DE MAGNESIE ou *sel d'Epsom*, *sel de Sedlitz*; ces trois derniers sels sont d'un grand usage comme purgatifs; avec le FER, le SULFATE DE FER ou *vitriol vert*, ou *couperose verte*; avec le CUIVRE, le SULFATE DE CUIVRE ou *vitriol bleu*, ou *couperose bleue*, poison très-violent; avec le ZINC, le SULFATE DE ZINC ou *vitriol blanc.*

L'*acide sulfurique* très-étendu d'eau (une goutte pour chaque verre), a une agréable acidité & peut être employé en boisson dans les chaleurs & dans les maladies putrides. Moins affoibli, il favorise singulièrement le blanchiment des toiles écrues.

Lorsque l'*acide sulfurique* contient une plus grande quantité d'oxigène, il devient gazeux & s'appelle *acide sulfureux.* On l'obtient en brûlant le soufre. Il est mortel pour tous les animaux qui le respirent, mais très-propre à blanchir le linge, à faire disparoître les taches de fruits, &c. *Voy.* SOUFRE.

L'ACIDE NITRIQUE est la combinaison de l'azote avec l'oxigène. Il ne diffère de l'air athmosphérique que par ses proportions. Combiné avec la potasse, il forme le NITRE ou SALPÊTRE, sel qui est d'un grand usage en médecine & entre dans la composition de la poudre à canon. La *pierre infernale* est du nitrate d'argent fondu.

L'ACIDE MURIATIQUE est le constituant, avec la soude, du sel marin, si utile dans la cuisine: surchargé d'oxigène, il est très-propre à blanchir instantanément les toiles & à ôter les taches produites par les végétaux; mêlé avec l'acide nitrique, il forme l'*eau régale* qui est le dissolvant de l'or; combiné avec l'AMMONIAC, il produit le sel de ce nom, dont l'emploi dans la médecine & dans les arts est fort étendu.

L'ACIDE ACÉTIQUE est une des parties constituantes des végétaux dont on le retire par la distillation. Etendu d'eau, il forme le vinaigre dont on fait une si grande consommation dans les cuisines, dans la médecine & dans les arts.

Les ACIDES MALIQUE, CITRIQUE, TARTAREUX, &c., qui se trouvent également dans les végétaux, n'en sont que des modifications. *Voyez* pour le surplus le *Dictionnaire de Chimie*.

Des cultivateurs doivent toujours avoir une provision de vinaigre pour en donner en boisson à leurs ouvriers & à leurs bestiaux pendant les chaleurs de l'été. *Voyez* son article.

L'ACIDE CARBONIQUE, qui est la combinaison du CARBONE & de l'OXIGÈNE, joue un grand rôle dans la végétation. Il est par conséquent bien important que les cultivateurs connoissent les phénomènes qu'il présente. Toujours il est ou fixe, c'est l'AIR FIXE de quelques auteurs, ou sous forme de GAZ, c'est le GAZ ACIDE CARBONIQUE. Dans ce dernier état il ne diffère physiquement de l'air que par sa plus grande pesanteur, car il est invisible comme lui. On en trouve toujours dans les couches inférieures de l'atmosphère; mais il n'est pas inhérent à leur composition, car il tend constamment à se combiner. Il ne peut entretenir ni la vie des animaux, ni la combustion. Les végétaux en fermentation en développent de grandes quantités, principalement le vin, la bière. L'eau l'absorbe, mais ne le retient pas long-temps; de-là la nécessité de tenir les eaux minérales gazeuses, soit naturelles, soit artificielles, dans des bouteilles bien bouchées.

L'état d'un homme ou d'un animal qui a perdu la respiration, & par suite le mouvement, pour avoir respiré du gaz acide carbonique, s'appelle ASPHYXIE. Tant que le corps n'a pas perdu toute sa chaleur naturelle, il y a espoir de sauver cet homme ou cet animal par le moyen des excitans & l'insufflation de l'air dans les poumons. *Voyez* ASPHYXIE & NOYÉ.

L'*Acide carbonique* se combine avec les mêmes corps que les autres *acides*; avec la CHAUX, il forme la PIERRE CALCAIRE; avec la POTASSE, la SOUDE, le FER, le CUIVRE, le ZINC, des carbonates.

Tous les végétaux donnent de l'*acide carbonique*, non-seulement par la fermentation, mais encore par la combustion. Mais d'où vient-il, dira-t-on peut-être? sans doute & de l'atmosphère dont il est soutiré par les feuilles, ainsi que le constatent les expériences d'Ingenhouze, de Sennebier, de Théod. de Saussure & d'un grand nombre d'autres physiciens, & des racines où il entre avec l'eau de la végétation. C'est à Sennebier qu'on doit de connoître que le gaz *acide carbonique* est décomposé par la partie verte des feuilles, que le carbone entre comme partie constituante de ces feuilles, ainsi que du bois, & que l'oxigène est versé dans l'atmosphère dont il amélioroit la composition. Le dernier de ces physiciens a de plus reconnu:

1°. Que la végétation des plantes est arrêtée par leur exposition au soleil dans des vases contenant de la chaux éteinte pour absorber tout l'*acide carbonique* de leur atmosphère.

2°. Que l'air qui contient un douzième d'*acide carbonique* est plus favorable à la végétation que celui ordinaire, & que celui qui en contient une plus grande quantité est mortel pour les plantes, qui ne peuvent en décomposer davantage.

3°. Que le terreau qui fournit ce gaz à la couche inférieure de l'atmosphère est avantageux sous ce rapport, lorsqu'il est à l'air libre, mais souvent devient nuisible lorsqu'il est recouvert d'une cloche ou d'un châssis. Les jardiniers disent que le plant est FONDU lorsqu'il périt par cette cause.

4°. L'eau chargée d'*acide carbonique* semble d'abord n'avoir pas d'effets sur les plantes, mais ensuite elle accélère beaucoup leur végétation.

5°. Les plantes nourries dans une atmosphère surchargée d'*acide carbonique* fournissent une plus grande quantité de carbone; dans ce cas, il faut les tenir au soleil, car elles périssent plus ou moins promptement à l'ombre.

6°. Le gaz *acide carbonique* pur s'oppose à la germination des graines.

Voyez, pour le surplus, les articles correspondans du *Dictionnaire de Chimie*.

ACIDOTON. *Acidoton*. Arbrisseau originaire de la Jamaïque, que Jussieu a réuni aux ADELIES, mais qui en paroît fort distinct.

On cultive cet arbrisseau depuis fort long-temps dans nos orangeries, où il fleurit tous les ans, mais où il ne donne jamais de fruit. Il se multiplie fort facilement de rejetons qu'on enlève au printemps, & plus difficilement de boutures qu'on place dans des pots sur couches & sous châssis. Les pieds qui proviennent de ces deux sortes de multiplications se repiquent l'année suivante & se conduisent comme les vieux. Une terre à demi consistante & des arrosemens fréquens en été sont favorables à l'accroissement de cet arbuste, qui ne porte aucun intérêt à tous autres qu'aux botanistes.

ACIER. L'emploi que font les cultivateurs des différentes sortes d'*acier* doit les déterminer à étudier les caractères auxquels on reconnoît leur bonté. Je n'entreprendrai pas ici de développer ces caractères, attendu que cela ne peut se faire en peu de mots, & que ce n'est réellement que par la pratique qu'on s'en forme une idée positive; mais j'engagerai à faire, soit à la forge, soit à l'user, toutes les observations qui peuvent conduire à n'employer ni les *aciers* trop durs, ni les *aciers* trop tendres.

ACINARIA. On donne ce nom au VAREC FLOTTANT.

ACINIER. Le NÉFLIER AUBÉPINE porte ce nom dans quelques lieux.

ACINOPHORE. *Acinophorus*. Champignon originaire de Pensylvanie, qui forme seul un genre. Il ne peut être cultivé en Europe.

ACINOS. Le THYM BASILIC & le CLINOPODE COMMUN portent ce nom.

ACIOCA. Plante qu'on substitue au THÉ DU PARAGUAY, mais dont le genre n'est pas connu.

ACLADION. *Acladium*. Genre de plantes établi aux dépens des MOISISSURES.

ACLADODE. *Acladoda*. Arbrisseau du Pérou, constituant seul, dans la dioecie octandrie & dans la famille des saponacées, un genre fort voisin des TALISIERS. On ne le cultive pas en Europe.

ACOMAT. *Homalium*. Genre de plantes de la polyandrie trigynie & de la famille des rosacées, qui réunit deux espèces d'arbres de l'Amérique méridionale, dont l'un, l'ACOMAT A GRAPPES, se cultive dans nos serres.

Comme cet arbre a été apporté vivant de l'île Saint-Thomas, on n'a encore pu le multiplier que par marcottes en l'air, marcottes qui prennent assez difficilement racine. Il exige une terre consistante, des arrosemens fréquens en été & une grande chaleur en hiver.

L'ACOMAT A ÉPI est le ROUCOUIER d'Aublet.

L'ACOMAT A CLOCHES est un HÉISTER.

L'ACOMAT BLANC est un SYMPLOQUE.

L'ACOMAT VIOLET n'est pas connu sous son nom générique.

ACONTAONIA. Espèce du genre AGATY.

ACOSTE. *Acosta*. Deux genres de plantes portent ce nom, tous deux ne contenant qu'une espèce. L'une de ces espèces, originaire de la Cochinchine, a été depuis réunie aux AIRELLES; l'autre, qui est un arbrisseau du Pérou à rameaux grimpans & épineux, à feuilles alternes & à fruit bon à manger, se rapproche beaucoup du MOUTABIÉ.

On ne cultive ni l'une ni l'autre de ces espèces dans nos jardins.

ACOTYLÉDONS. Classe des plantes dont les graines n'ont point de cotylédons, ou mieux dont la petitesse des graines ne permet pas de voir les cotylédons. Elle est composée de six familles, les HÉPATIQUES, les LICHENS, les HYPOXYLONS, les CHAMPIGNONS, les ALGUES. *Voyez* ces mots.

ACOUCI. Espèce d'APOCIN.

ACOULERON. Nom vulgaire d'un CACTE.

ACOULIARANNE. C'est l'EUPHORBE EN TÊTE.

ACOURILLI. La TAMONE LAPPULACÉE porte ce nom.

ACOURVA. *Acourva*. Arbre de la Guyane, qui seul forme un genre dans la diadelphie décandrie. Nous ne le cultivons pas dans nos jardins.

ACOUTÉ. Synonyme d'HYDNE.

ACREMONION. *Acremonium*. Genre de plantes établi aux dépens des MOISISSURES.

ACRONICHIE. *Acronichia*. Forster a donné ce nom au genre appelé HENNÉ par les autres botanistes.

ACRORION. Il y a quelques motifs de croire que c'est la NIVÉOLE D'ÉTÉ.

ACROSARQUE. Sorte de fruit dont les GROSEILLERS & les CHÈVRE-FEUILLES offrent des exemples.

ACROSTICHE. *Acrostiche*. Genre de plantes établi par R. Brown pour quelques plantes qui ne diffèrent pas des STYPHÉLIES.

ACSIN. Nom arabe du LISERON.

ACTIGÉE. *Actigea*. Genre de plantes de la famille des champignons, fort voisin des VESSE-LOUPS, & qui renferme deux espèces, l'une de l'Amérique septentrionale, l'autre de Sicile.

ACTINÉE. *Actinea*. Arbrisseau de Buenos-Ayres, qui seul constitue un genre dans la syngénésie séparée & dans la famille des corymbifères. Nous ne le cultivons pas dans nos jardins.

ACTINELLE. *Actinella*. Arbrisseau d'Amérique, qui seul constitue un genre dans la syngénésie superflue.

On ne le cultive pas dans nos jardins.

ACTINOCARPE. *Actinocarpos*. Genre de plantes établi par R. Brown. Les espèces qu'il contient sont originaires de la Nouvelle-Hollande & ne se cultivent pas dans nos jardins.

ACTINOCARPE. *Actinocarpus*. Genre de plantes qui ne diffère pas de celui appelé DAMASONION. *Voyez* ce mot & celui FLUTEAU.

ACTINOCHLOE. *Actinochloa*. Genre de plantes de la famille des graminées, qui a été aussi appelé CHONDROSION.

ACTINOPHYLLE. *Actinophyllum*. Genre de plantes si rapproché des SCIODAPHYLLES, qu'il n'y a pas d'apparence qu'il doive être conservé.

ACTINOTE. *Actinotus*. Plante de la Nouvelle-Hollande, qui seule constitue un genre dans la pentandrie monogynie. Elle ne se cultive pas dans nos jardins.

ACUA. Nom indien de l'AMOME A LARGES FEUILLES.

ACUNNA. *Acunna*. Genre de plantes qui rentre dans celui appelé BÉJARE.

ACYNOS. Espèce de THYM.

ACYPHILLE. *Acyphilla.* Genre de plantes qui ne diffère pas assez des LASERS pour être conservé.

ADAKAMANGEN. C'est le SPHÉRANTE de l'Inde.

ADAKODIEN. APOCINÉE qui s'emploie dans l'Inde contre les maladies des yeux.

ADALY. Les brames appellent ainsi la VERVEINE NODIFLORE.

ADAMASAN. On appelle ainsi le BADAMIER au Malabar.

ADAMBE. Un des noms du LAGESTROME.

ADAMBO. Une MUNCHAUSIE & une QUAMOCLITE portent ce nom.

ADAMSIE. *Adamsia.* Plante qui seule constitue un genre dans la décandrie. Nous ne la possédons pas dans nos jardins.

ADATHODE. *Adathoda.* Genre établi aux dépens des CARMANTINES, mais qui n'a pas été adopté.

ADENANTHOS. *Adenanthos.* Genre de plantes établi par Labillardière pour placer quatre arbrisseaux de la Nouvelle-Hollande fort voisins des PROTÉES. Aucune de ces espèces n'est cultivée dans nos jardins.

ADENOCARPE. *Adenocarpus.* Genre de plantes établi par Decandolle aux dépens des CYTISES. *Voyez* ce mot.

ADENODE. *Adenoda.* Arbre de la Cochinchine, qui seul constitue un genre dans la dodécandrie monogynie. Il ne se cultive pas dans nos jardins.

ADENOPHORE. *Adenophorus.* Genre de plantes établi aux dépens des VARECS, & dont aucune des espèces ne peut, par conséquent se cultiver.

ADENOPHYLLE. Synonyme de SCHLECHTENDALE.

ADENOS. Sorte de COTON.

ADENOSÈNE. *Adenosena.* Plante herbacée de la Nouvelle-Hollande, qui constitue seule un genre dans la didynamie gymnospermie & dans la famille des acanthes. Nous ne la possédons pas vivante en Europe.

ADENOSTÈME. *Adenostema.* Genre de plantes qui s'appelle aussi LAVINIE & GOMORTÈGUE.

ADENOSTYLE. *Adenostylis.* Genre de plantes établi pour placer la CACALIE DES ALPES.

ADHAR. Les Arabes nomment ainsi le NARD SCHENANTHE.

ADICETON. Scopoli a donné ce nom à un genre établi aux dépens des ALYSSES.

ADIMA. C'est une SAUVAGÉSIE.

ADLIN. Nom arabe du PASTEL.

ADMIRABLE. Variété de PÊCHE.

ADOLI. Deux arbrisseaux de Madagascar, fort voisins des NERPRUNS, portent ce nom. Nous ne les cultivons pas dans nos jardins.

ADOULATI. Espèce d'ÉRITHROSPERME.

ADRACHNÉ. *Voyez* ANDRACHNÉ.

ADULASSO. La CARMANTINE BIVALVE porte ce nom.

ADULTE. Animal qui est parvenu à toute sa croissance.

On n'employoit autrefois les animaux domestiques aux travaux des champs, ainsi qu'à la propagation de l'espèce, que lorsqu'ils étoient devenus *adultes*, & l'on y gagnoit en définitif, puisqu'on leur donnoit, par cela seul, plus de force & de durée.

Aujourd'hui on veut jouir aussitôt que possible; on met les chevaux à la charrue à deux ou trois ans; on les emploie à la monte aussitôt qu'ils le desirent : aussi nos races sont-elles affoiblies. *Voyez* CHEVAL, BÊTES A CORNE & RACE.

ADUPLA. Nom donné à un genre qui ne diffère pas suffisamment du MARISQUE.

ADURION. Nom arabe du SUMAC.

ADYSELON. Scopoli a donné ce nom à un genre établi aux dépens des ALYSSES.

ÆIDIE. *Voyez* ÉCIDIE.

ÆGERITE. Genre de CHAMPIGNONS établi par Persoon aux dépens des MOISISSURES. *Voyez* ce mot.

ÆGIALITIS. *Ægialitis.* Genre de plantes dont les espèces croissent naturellement à la Nouvelle-Hollande & ne se cultivent pas dans nos jardins.

ÆGICÈRE. *Ægiceras.* Genre établi aux dépens des MANGLES.

ÆGICON. Synonyme d'ÆGYLIPE.

ÆGINÉTIE. *Æginetia.* Genres qui faisoient partie, l'un des OROBANCHES, l'autre des CARPHALES. *Voyez* ces mots.

ÆGIPHILE. *Ægiphila.* Arbrisseau de la Martinique, où il est connu sous le nom vulgaire de *bois de fer*, *de bois cabrit*, qui seul constitue un genre dans la tétrandrie monogynie & dans la famille des pyrénacées.

Cet arbrisseau, ainsi qu'un autre qui n'en diffère que par la grandeur de ses feuilles, se cultive dans les serres du Jardin du Muséum d'histoire naturelle, où on lui donne une terre à demi consistante, qu'on renouvelle tous les deux ans, & des arrosemens assez abondans en été. Il ne se multiplie que par boutures faites sur couche & sous châssis, au printemps, boutures qui, au reste, réussissent assez bien, & dont les produits se cultivent comme les vieux pieds.

ÆGIRITE. Un des noms du CHAMPIGNON DU PEUPLIER.

ÆGLI. *Ægli.* Genre établi pour placer le TAPIER MARMELOS, qui s'écarte des autres par ses caractères.

ÆGOPIGON. Synonyme de MAPROUNIER.

ÆGOPODE. *Ægopodium.* Genre de plantes réuni aux BOUCAGES par Lamarck.

ÆGOPOGON. *Ægopogon.* Genre de plantes de la famille des graminées, qui renferme trois espèces, deux d'Amérique & une de l'Inde. On n'en cultive aucune dans nos jardins.

ÆHAL. *Voyez* CASSE DES BOUTIQUES.

ÆLHIN. SOUCHET de Ceylan.

ÆLISPHACOS. C'est la SAUGE OFFICINALE en Grèce.

ÆMBARELLA. C'est, dit-on, un NOYER à Ceylan, ce qui est difficile à croire, n'y ayant point d'espèce de ce genre dans les pays chauds.

ÆMBILLA. La CÉANOTHE ASIATIQUE porte ce nom.

ÆMBULA. *Æbilya.* Espèce d'OXALIDE.

ÆPALA. Le LAPULIER BARTRAMIE s'appelle ainsi dans son pays natal.

ÆRIDIE. *Ærides.* Plante parasite, fort voisine des ANGRECS, qui croît naturellement sur les arbres en Chine & en Cochinchine sans s'implanter dans leur substance, & dont j'ai vu un pied à Paris végéter, sans terre, dans un panier suspendu au plafond de la chambre de l'abbé Nolin, seulement au moyen de l'eau dont on l'arrosoit de temps en temps. Loureiro rapporte que ses fleurs sont très-odorantes.

AÉROLITES. Pierres tombées du ciel.

Les anciens auteurs ont souvent fait mention de pluies de pierres, mais les modernes n'y croyoient pas, lorsqu'un phénomène de ce genre, arrivé dans l'Inde, fit ouvrir les yeux aux savans d'Europe, & qu'un autre, qui eut lieu le 6 floréal an 11, auprès de l'Aigle, prouva la réalité de ce dernier. En effet, les circonstances du phénomène de l'Aigle furent observées par un si grand nombre de personnes instruites, & ses résultats furent constatés par un membre de l'Académie des sciences, d'une manière si positive, qu'il ne fut plus permis d'en douter.

Depuis, on a répété la même observation dans un très-grand nombre de contrées en Europe, en Asie & en Amérique, & partout les pierres tombées se sont trouvées identiques.

Toujours les *aérolites* semblent sortir d'un fort petit nuage qui se montre par un temps serein, & toujours leur chute est accompagnée d'un bruit comparable à la décharge de plusieurs canons. Elles éclatent en tombant & s'enfoncent plus ou moins dans la terre.

En parlant de ce phénomène, je n'ai ici d'autre but que d'éveiller l'attention des habitans de la campagne, afin qu'ils ne négligent point de faire connoître aux savans les chutes de pierres dont ils auroient été témoins.

AERUA. *Aerua.* Genre de plantes de la polygamie décandrie, fort voisin des ILLÉCÈBRES.

Les espèces qu'il renferme ne se cultivent pas dans nos jardins.

AÈS. Synonyme de MYRTE.

ÆTHAKALA. Espèce de HARICOT cultivé à Ceylan.

ÆTHALION. Synonyme de FULIGO.

ÆTHIONÈME. *Æthionema.* Genre de plantes établi par Aiton pour placer le THLASPI DES ROCHERS. *Voyez* ce mot.

ÆTOXICON. *Ætoxicon.* Arbre du Pérou dont le fruit est vénéneux, & qui seul constitue un genre dans la dioecie pentandrie. On ne le cultive pas dans nos jardins.

ÆTUNDUPYALY. Espèce de SAINFOIN naturel à Ceylan.

AFATONIER. Nom vulgaire du PRUNIER de Briançon.

AFATRACHE. Arbrisseau de Madagascar dont l'écorce est odorante.

AFÉ. Espèce de POLYPODE de l'Inde dont les racines se mangent.

AFFENAGE. Synonyme de donner le FOIN aux bestiaux.

AFFICHER LES ÉCHALAS, c'est-à-dire, les EFFILER, les AIGUISER.

AFFOLÉ. Terme de fleuriste, qui signifie qu'une ANEMONE, qu'une RENONCULE a poussé beaucoup de feuilles & point de fleurs.

Beaucoup de circonstances peuvent sans doute causer l'affolement, mais on ne connoît bien que celle qui est due à un terrain gras & à une année pluvieuse. *Voyez* FEUILLES & ÉCIMER.

AFFOLOIR. Synonyme de CROISSANT.

AFFRANCHIR. Synonyme de CHATRER.

AFFRANCHISSEUR. Ceux qui font métier de CHATRER les bestiaux.

AFIORUM. Variété de LIN qui croît dans le Levant.

AFON RANOUNOU. EUPHORBE arborescente de Ceylan.

AFOUTH ou AFOUCHE. FIGUIERS de l'île de France avec l'écorce desquels on fabrique des cordes, & dont le bois, lorsqu'il est pourri, tient lieu d'AMADOU.

AFRONSA. FRAISIER des Alpes dont le calice est fort grand, & dont le fruit a la saveur de la framboise.

AFZELIE. *Afzelia.* Trois genres de plantes portent ce nom.

Des mousses depuis réunies aux WEISSIES.

Une GERARDE, *girardia afzeliana*, Mich., que j'ai observée en Caroline, & qui diffère assez des autres pour constituer un genre distinct.

Enfin, des légumineuses d'Afrique. Ce dernier réunit trois espèces qui se cultivent dans les serres des environs de Londres, mais qui ne sont pas encore dans les nôtres & dont la culture ne nous est pas connue; ce sont les AFZELIES CASSIOÏDE, LUISANTE & A LARGES FEUILLES.

AGA. *Voyez* CHARDON DE SYRIE.

AGALANCÉE. Un des noms de l'EGLANTIER. *Voyez* ROSIER.

AGALOUSSÉS. C'est le HOUX.

AGALUGEN. Synonyme d'AGALOCHE.

AGAPANTHE. *Agapanthus.* Genre de plantes établi aux dépens des CRINOLES. *Voyez* à leur article, où la culture de la seule espèce qu'il contient, la CRINOLE D'AFRIQUE, est indiquée.

AGASSIN. On désigne ainsi, dans quelques vignobles, le bouton le plus bas des bourgeons de la vigne, lequel ne donne jamais de grappe.

AGASTACHYS. *Agastachys.* Arbrisseau de la Nouvelle-Hollande qui constitue seul, selon R. Brown, un genre dans la tétrandrie monogynie & dans la famille des protétoïdes. Cet arbrisseau n'est pas cultivé dans nos jardins.

AGATACHÉE. *Agatacha.* Genre de plantes établi pour placer la CINÉRAIRE AMELLOÏDE. *Voyez* ce mot.

AGATHÉE. *Agathea.* Autre nom donné au même genre.

AGATHIS. *Agathis.* Genre établi pour placer le PIN DAMARA, bel arbre originaire de l'Inde, qui ne se cultive pas dans nos jardins.

AGATHOMESIS. Synonyme de CALOMERIAS.

AGATOSME. *Agatosma.* Genre de plantes établi aux dépens des DIOSMA.

AGATY. Nom de pays des SESBAN.

AGENILILAC. Nom de pays du LILAS DE PERSE.

AGERATRON. Les Grecs donnent ce nom à une espèce d'ACHILLÉE.

AGERIC. Adamson appelle ainsi le PRINOS.

AGERITE. *Agerita.* Genre de champignon établi par Persoon, & qui renferme trois espèces qui croissent sur l'écorce des arbres.

AGERIC. C'est l'HÉLIOTROPE DE L'INDE.

AGGRAVÉ. Maladie des pattes des chiens, produite par des contusions, & qui ordinairement se guérit en peu de jours par le simple repos. Lorsque la suppuration a lieu, il faut entourer la patte d'un cataplasme émollient.

AGIHALID. Petit arbrisseau de la Haute-Egypte, d'abord placé parmi les XIMENIES, & dont Jussieu fait un genre particulier. Ses fruits sont purgatifs & ses feuilles acides.

AGLAÉ. *Aglaea.* Genre établi pour placer le GLAYEUL A FEUILLES DE GRAMINÉES.

AGLAJA. *Aglaja.* Genre de plantes établi pour placer un arbrisseau de la Cochinchine, où il se cultive à raison de l'excellente odeur de ses fleurs, mais que nous ne possédons pas encore dans nos jardins. Il est fort voisin des MURRAIS & encore plus des GATILIERS.

AGLATIA. Fruit dont les anciens Egyptiens faisoient la récolte en hiver. J'ignore quel est l'arbre qui le fournit.

AGNACAT. On donne ce nom au LAURIER AVOCATIER à Saint-Domingue.

AGON. C'est un des noms de la BUGRANE.

AGOULALY. Nom de pays des CLAVALIERS.

AGOUMANS DES BOIS. On appelle ainsi le PHYTOLACCA DECANDRE à la Martinique.

AGOUREDELIN. *Voyez* CUSCUTE.

AGRA. Bois de senteur fort estimé en Chine. On ne connoît pas le nom botanique de l'arbre qui le fournit.

AGRAHALID. On appelle ainsi le CELASTRE A FEUILLES DE BUIS en Arabie.

AGRAM. Le CHIENDENT porte ce nom dans le département du Gers.

AGRANTE. *Agrantus.* Genre de plantes établi aux dépens des AGROSTIDES.

AGRASOL. Synonyme de GROSEILLER ÉPINEUX.

AGREFONS ou AGREVONS. Un des noms du HOUX COMMUN.

AGRENAS. Le PRUNIER SAUVAGE se nomme ainsi dans le midi de la France.

AGRETTA. C'est ainsi qu'on appelle l'OSEILLE RONDE aux environs de Montpellier.

AGRIOSTAN. Espèce d'IVRAIE.

AGRIPHYLLE. *Agriphyllum.* Genre de plantes de la syngénésie fustranée & de la famille des corymbifères, établi aux dépens du GORTÈRES. Il a été aussi appelé APULYE, ROHRIE & BERKHEYE.

AGROPYRON. *Agropyron.* Genre de graminées établi aux dépens des FROMENS, & qui a pour type le CHIENDENT.

AGROSTÈME. *Voyez* GITHAGE.

AGROUMA. C'est en Italie le CITRONIER, & en France le PRUNELLIER.

AGUACATÉ. Nom de pays du LAURIER AVOCAT.

AGUAPÉ. Espèces de NÉNUPHAR.

AGUARAPONDA. Espèce d'HÉLIOTROPE.

AGUILLON. Nom vulgaire du CERFEUIL PEIGNE DE VENUS.

AGUL. Le SAINFOIN ALHAGI porte ce nom en Perse.

AGUTIGUEPO. Nom brasilien de la THALIE GÉNICULÉE.

AHAATE. COROSSOLIER dont le fruit se mange.

AHATA-HORIAC. Plante aquatique de l'Inde, qui se rapproche de la VALISNIÈRE.

AHEDAVA. *Voyez* DAVA.

AHEGASTE. Grand arbre des Indes, dont les racines fournissent une couleur rouge.

AHE-PAITRI. Espèce de SAUVAGESIE.

AHETS-BOULE. Un des nombreux noms du CHANVRE.

AHUGAS. Nom d'un COROSSOLIER.

AIARARI. Espèce de BOIS JAUNE.

AIBEIG. Nom d'un POLYPODE.

AICHE. Synonyme d'ACHÉE.

AIDIE. *Aidia.* Grand arbre de la Cochinchine qui seul constitue un genre dans la pentandrie monogynie & dans la famille des chèvre-feuilles. Nous ne le possédons pas encore en Europe.

AIDOURANGA. Un des noms de l'INDIGO.

AIERSA. Un des noms de l'IRIS FAUVE.

AIGAIL ou AIGUAIL. Nom de la rosée dans le midi de la France.

AIGRINE. Nom du petit-lait mêlé avec du son pour donner à manger aux COCHONS dans le midi de la France.

AIGUERE ou AIGUIÈRE. Synonyme de MAÎTRE ou de RIGOLE, c'est-à-dire, sillon plus large & plus profond, creusé dans le but de donner écoulement aux eaux pluviales. *Voyez* LABOUR.

On ne peut trop multiplier les *aiguères* dans les terrains argileux ou pourvus de sources superficielles.

AIGUILLED. Synonyme d'AIGUILLON à bœuf.

AILLAM. Le SORBIER DES OISEAUX porte ce nom.

AILLEFER. Espèce d'AIL.

AILLER. Nom vulgaire de l'AGARIC ALLIACÉ.

AILLET. Nom vulgaire de l'AIL.

AILLOSSE. Nom de la terre argileuse mêlée de cailloux qui constitue les LANDES de Bordeaux. C'est le GROU de plusieurs autres lieux.

AIMIL. Arbre des Philippines, avec la féve duquel les voyageurs peuvent se désaltérer. On ignore à quel genre il appartient.

AIN-PARITI. Espèce de KETMIE dont les fleurs sont très-belles.

AIPHANE. *Aiphanes.* PALMIER de la Nouvelle-Andalousie, qui seul constitue un genre dans l'hexandrie monogynie. Il ne se cultive pas en Europe.

AIPI. Nom vulgaire d'une CYNANQUE.

AIRAI. L'opération d'ARROSER les prés se nomme ainsi dans le département des Deux-Sèvres.

AIROPSIS. *Airopsis.* Genre de plantes de la famille des graminées, qui renferme deux espèces alternativement placées parmi les CANCHES, les AGROSTIDES & les MILLETS. Il rentre dans ceux appelés VILFA & SPHEROBOLE.

AISSADO. Synonyme de PIOCHE.

AISSELLE. Variété de BETTERAVE.

AISY. PETIT-LAIT AIGRI qui sert dans le Jura pour retirer tout le FROMAGE contenu dans le petit-lait frais.

AIZI. C'est le FROMENT retrait aux environs de Boulogne.

AJICUBA. Arbre du Japon dont le fruit se mange. Est-ce l'AUCUBA que nous cultivons, mais qui ne fructifie pas dans nos orangeries?

AJOU-HOU-HA. C'est l'OCOTÉE.

AJOUVÉ. Genre de plantes établi par Aublet, mais depuis réuni aux LAURIERS. C'est le DOUGLASSIER de Schreber.

AKAENDA. C'est un CALYPTRANTE.

AKAKA-PUDA. Le ROSSOLIS DE L'INDE porte ce nom.

AKEKACOUA. *Voy.* RAISINIER D'AMÉRIQUE.

AKEESIE. *Akeesia.* Grand arbre d'Afrique naturalisé en Amérique, & qui seul forme un genre dans l'octandrie monogynie & dans la famille des savoniers, voisin des CUPANIS & des PAULINIES. On mange ses fruits crus ou cuits. Il ne se cultive pas encore dans nos serres.

ALACALYONA. Espèce de COROSSOL.

ALACOALY. Nom de l'AGAVE FÉTIDE dans son pays natal.

ALACU. C'est la CASSE GLANDULEUSE.

ALADER. Synonyme d'ALATERNE.

ALADYS. *Voyez* CURCUMA LONG.

ALAFIA. Arbrisseau grimpant de Madagascar, voisin des PÉRIPLOQUES, qui seul constitue un genre. Nous ne le possédons pas dans nos jardins.

ALAGAO. Arbrisseau des Philippines qui paroît appartenir aux ANDARÈSES, & dont on fait usage contre les maux de tête & de ventre.

ALAINE. L'ABSINTHE porte ce nom aux environs d'Angers.

ALAMATOU. Il y a lieu de croire que cet arbre de Madagascar appartient au genre FLACCOURT. Ses fruits se mangent.

ALAMBIC. *Voyez* DISTILLATION.

ALAMONT. Synonyme de SEP. *Voyez* CHARRUE.

ALANGUILAN. Un des noms du CANANG AROMATIQUE.

ALAPA. C'est la BARDANE.

ALATERNE. Arbuste du genre des NERPRUNS, qui croît naturellement dans le midi de l'Europe, ainsi que sur la côte septentrionale d'Afrique, & qui se cultive dans nos jardins, où il conserve ses feuilles tout l'hiver.

Quinze à vingt pieds est la plus grande hauteur à laquelle parvienne l'*alaterne* dans son pays natal. On le voit rarement s'élever à plus de la moitié de cette dimension dans le climat de Paris.

C'est à faire des haies qu'on emploie le plus fréquemment les *alaternes* dans le midi de la France. Lorsque leur tronc est de la grosseur du bras, on le réserve pour l'ébénisterie, son bois étant susceptible d'un beau poli & prenant facilement les couleurs. Les branches servent à chauffer le four. On substitue quelquefois ses baies à celles du Nerprun dans la médecine & pour la préparation du vert de vessie.

La culture de l'*alaterne*, dans le climat de Paris, demande quelques soins, attendu qu'il craint les fortes gelées de l'hiver, & même, les deux premières années, celles de l'automne, quelque foibles qu'elles soient : en conséquence c'est dans des terrines remplies de terre factice, c'est-à-dire, composée de terre franche, de terre de bruyère & de terreau, qu'on sème ses graines, qu'il faut faire venir du Midi, car il n'en donne jamais de fertiles au nord de Lyon, pour pouvoir rentrer le plant dans l'orangerie aux approches des froids. Il est bon de les envoyer stratifiées dans la terre humide, à raison de ce qu'elles ne lèvent qu'après un an, & même point du tout, lorsqu'elles ont été desséchées. Les débarrasser de leur pulpe, comme quelques auteurs le conseillent, est plus nuisible qu'utile, par le motif précité. Pour accélérer leur germination, on peut enterrer la terrine dans une couche à châssis. Les arrosemens ne doivent pas leur être ménagés.

Ce n'est qu'à la seconde année que les pieds d'*alaternes* sont assez forts pour pouvoir être transplantés en pleine terre, dans un lieu exposé à l'ouest s'il se peut. On exécute cette opération au printemps, lorsque les gelées ne sont plus à craindre. La distance à mettre entre les pieds est de quinze à vingt pouces. Là ils sont couverts, pendant l'hiver, avec de la fougère ou des feuilles sèches, & binés deux ou trois fois pendant l'été. On peut enlever les plus forts deux ans après pour les mettre définitivement en place, & le reste l'année suivante.

La multiplication des *alaternes* a encore lieu par marcottes, qui prennent racines dans l'année si elles sont faites avec des branches de la dernière pousse & que le sol soit humide & chaud : dans le cas contraire, il devient nécessaire de former une ligature ou d'enlever un anneau d'écorce à chaque branche. Le produit de cette multiplication peut n'être relevé que la seconde année, & alors se mettre directement en place.

Lorsque, dans les hivers très-rigoureux, les tiges des *alaternes* ont été en partie gelées, il convient plutôt de les couper rez terre que de les débarrasser simplement de leurs branches mortes, attendu que la repousse des racines forme un buisson d'un aspect beaucoup plus agréable.

Les boutures d'*alaternes* faites dans des pots, sur couche à châssis, peuvent réussir; mais on pratique rarement cette méthode de multiplication, parce que ses résultats sont moins vigoureux & plus sensibles aux froids.

Peu d'arbres varient autant pour la grandeur, la forme & la couleur de ses feuilles : les plus jolies sont celles dont les feuilles sont marbrées & bordées de jaune.

Ces variétés se propagent par la greffe sur l'espèce, greffe qui réussit presque toujours lorsqu'elle est faite au printemps, en écusson, à œil poussant.

Le placement des *alaternes* dans les jardins paysagers n'est pas indifférent. C'est contre les murs & à une petite distance des massifs qu'ils produisent le plus d'effet. On doit éviter de les exposer au grand soleil & de les planter dans une terre trop humide.

ALATIER. Un des noms de la VIORNE MANSIENNE.

ALBAJGA. Le PSORALIER GLANDULEUX s'appelle ainsi.

ALBERAC. *Voyez* DAUPHINELLE STAPHISAIGRE.

ALBERGAINE. *Voyez* MÉLONGÈNE.

ALBERGINE. Synonyme d'AUBERGINE.

ALBOTI. Synonyme de GRAPPE. *Voy.* VIGNE.

ALBOTIN. Nom arabe du TÉRÉBINTHE.

ALBOUCOR. Liqueur retirée de l'arbre de l'ENCENS. *Voyez* BROSWALE.

ALBUGO. (*Médecine vétérinaire.*) Maladie des yeux des animaux domestiques. On la reconnoît à une tache blanche qui couvre en tout ou en partie la cornée transparente, & à l'inflammation & au larmoiement de la circonférence de l'œil. Elle paroît avoir plusieurs causes, telles que des coups, le fréquent passage brusque de l'obscurité à une vive lumière. Une légère suppuration la caractérise. Souvent elle se guérit d'elle-même, ou par une simple application d'eau tiède aiguisée d'eau-de-vie. Quelquefois elle se complique & exige la saignée, un séton, des purgations répétées.

Lorsque l'*albugo* ne cède pas promptement à ces remèdes, il y a à craindre la perte de l'œil, & même la mort de l'animal ; mais ce dernier accident est fort rare.

Des écuries ou des étables peu éclairées & peu aérées sont fréquemment la cause de l'*albugo*.

ALBUMINE. Le blanc d'ŒUF porte ce nom dans le langage scientifique.

On trouve de l'*albumine* dans la partie séreuse du sang, dans l'humeur vitrée de l'œil, dans le lait, la lymphe, dans les crucifères & beaucoup d'autres végétaux, mais jamais dans le bois. Elle se reconnoît à la propriété de se coaguler & de devenir blanche par l'action de la chaleur.

L'*albumine* sert à coller, à vernir les tableaux, à clarifier les vins, les liqueurs, & à d'autres petits usages économiques.

ALCANA. Un des noms de la BUGLOSE TEIGNANTE & du HENNÉ.

ALCHACHENINGE. Nom ancien de la CORINDE & du COQUERET.

ALCHARAD. Nom égyptien de l'ACACIE NILOTIQUE.

ALCHEMECH. Espèce de TRUFFE.

ALCHIMELECH. C'est ou un MELILOT ou une TRIGONELLE.

ALCHIMINIER. Espèce de NÉFLIER.

ALCHOOL ou ALKOOL. On ne devroit appeler ainsi que l'ESPRIT-DE-VIN entièrement privé d'eau & d'autres principes étrangers ; mais ce nom est devenu synonyme d'esprit-de-vin & même d'eau-de-vie dans les écrits de quelques chimistes.

On emploie fréquemment l'*alchool*, en prenant ce mot dans les deux dernières acceptions, dans l'économie domestique, dans la médecine humaine & vétérinaire ; mais on n'en fait usage, pour des analyses chimiques, que lorsqu'il est très-pur. *Voyez* VIN, ESPRIT-DE-VIN & EAU-DE-VIE.

ALCHORNÉE. *Alchornea.* Plante de la Jamaïque qui seule constitue un genre dans la diœcie monadelphie & dans la famille des tithymaloïdes. Son écorce, sous le nom d'*alcornoque*, est employée contre les maladies du poumon & du foie. On ne la cultive pas en Europe.

ACIBIADION. Ancien nom de la VIPERINE.

ALCINE. *Alcina.* Plante annuelle du Mexique, qui seule constitue un genre dans la syngénésie & dans la famille des corymbifères. On la cultive dans nos écoles de botanique, où sa graine se sème, au printemps, dans des pots sur couche nue, & où ses jeunes pieds se transplantent en pleine terre, à une exposition chaude, aussitôt qu'ils ont acquis deux ou trois pouces de haut.

Cette plante est frappée de mort dès les premières gelées de l'automne, mais elle a déjà amené assez de graines à maturité pour pouvoir être multipliée l'année suivante.

ALCORNOQUE. *Voyez* ALCHORNÉE.

ALCYONIDION. *Alcyonidion.* Genre de plantes établi par Lamouroux aux dépens de ULVES.

Ce genre renferme huit espèces qui ne sont ni ne peuvent être cultivées.

ALDÉE. *Aldea.* Plante vivace du Chili, qui paroît avoir de grands rapports avec l'HELIOTROPE PENNÉE & l'HYDROPHYLLE MAGELLANIQUE, & qu'on regarde comme formant seule un genre dans la pentandrie monogynie. On ne la cultive pas dans nos jardins.

ALDINE. On a donné ce nom, 1°. à un genre établi sur un arbre de la Jamaïque qui ressemble beaucoup à l'ASPALAT EBÈNE; 2°. à un autre genre mal observé, qui a pour type la CARMANTINE GANDARUSSE.

ALECTORIE. *Alectoria.* Nouveau genre de plantes établi aux dépens des LICHENS de Linnæus. *Voyez* ce mot.

ALECTOROLOPHE. *Alectorolophus.* Genre de plantes qui a pour type la COCRÈTE DES PRÉS & la COCRÈTE HÉRISSÉE. Il ne paroît pas devoir être adopté.

ALECTRE. *Alectra.* Plante annuelle qui croît au Cap de Bonne-Espérance, sur le bord des rivières, & qui seule constitue un genre dans la didynamie angiospermie.

Cette plante ne se cultive pas dans nos jardins.

ALECTRION. *Alectrion.* Genre de plantes de la famille des saponacées, dont les caractères sont encore incomplétement connus.

ALECTROBAPHOS. Nom donné par les Grecs à plusieurs plantes, entr'autres au VELAR ALLIAIRE, à la SAUGE DES PRÉS & aux COCRÈTES.

ALÉPIDE. *Alepida.* Plante d'Afrique qui seule constitue un genre très-voisin des PANICAUTS. Nous ne la cultivons pas en Europe.

ALEPYRE. *Alepyrum.* Genre de plantes qui rentre dans celui appelé VAROQUIER par Poiret.

ALEURISME. *Aleurisma.* Genre de plantes établi aux dépens des MOISISSURES.

ALÉVRITE. *Camirium.* Genre de plantes fort voisin du CROTON, qui renferme trois espèces, dont une se cultive dans les serres du Jardin du Muséum d'histoire naturelle de Paris, mais que je ne sache pas qu'on ait encore pu multiplier. On lui donne une terre à demi consistante & des arrosemens abondans en été. Cette espèce est le CROTON DES MOLUQUES DE LINNÆUS, connu vulgairement sous le nom d'AMBINUX dans son pays natal, & dont les fruits s'appellent NOIX DE BANCOUL dans le commerce.

ALFONSIE. *Alfonsia.* PALMIERS de la Nouvelle-Grenade qui constituent un genre dans la monœcie monadelphie.

Nous ne les possédons pas dans nos jardins.

ALFORÉSIE. Genre de PALMIER établi par Humboldt, Bonpland & Kunth. Aucune de ses espèces n'est cultivée en Europe.

ALFREDIE. *Alfredia.* Genre de plantes établi pour placer la QUENOUILLE A FLEURS PENCHÉES.

ALGODAMOS. C'est le FROMAGER HEPTANDRE.

ALGOROVA. ACACIE du Pérou dont les gousses servent de nourriture aux bestiaux.

ALHAMET. C'est l'HARMALE.

ALHANER. Nom vulgaire de l'APOCIN DE SYRIE.

ALHENNA. Synonyme d'HENNÉ.

ALIBOUFIER. *Styrax.* Genre de plantes de la décandrie monogynie & de la famille des ébénacées, dans lequel entrent cinq espèces d'arbres, dont quatre se cultivent dans nos jardins & deux fournissent des remèdes à la médecine. Voyez *Illustrations des Genres* de Lamarck, pl. 369.

Espèces.

1. L'ALIBOUFIER officinal.
Styrax officinalis. Linn. ♄ Du midi de la France.

2. L'ALIBOUFIER glabre.
Styrax lævigatum. Hort. Kew. ♄ De l'Amérique septentrionale.

3. L'ALIBOUFIER à grandes feuilles.
Styrax grandifolium. Hort. Kew. De l'Amérique septentrionale.

4. L'ALIBOUFIER pulvérulent.
Styrax pulverulentum. Mich. ♄ De l'Amérique septentrionale.

5. L'ALIBOUFIER benzoin.
Styrax benzoin. Dry. ♄ De Ceylan.

Culture.

Les quatre premières espèces sont celles qui se cultivent dans nos écoles de botanique : toutes demandent une terre fraîche, légère, & craignent les fortes gelées. On les multiplie principalement de graines tirées de leur pays natal, graines qu'on sème dans des terrines sur couche à châssis, & qu'on rentre dans l'orangerie aux approches de l'hiver. Au bout de deux ans le plant se repique dans les pots, qu'on traite de même. Enfin, à quatre à cinq ans, les pieds peuvent être hasardés en pleine terre, à l'exposition du sud-ouest ou du nord-ouest.

Ces *aliboufiers* se multiplient aussi, mais rarement, parce que leurs produits se conservent peu, de marcottes qui, lorsqu'elles sont faites avec des branches de l'année précédente, que l'été est chaud & qu'on les arrose convenablement, peuvent être le plus souvent levées au printemps suivant, quoiqu'il vaille mieux les laisser deux ans réunies à la mère.

Ces *aliboufiers* font un bel effet lorsqu'ils sont en fleurs, ainsi que j'ai eu occasion de l'observer dans leur pays natal; mais ils ont toujours une chétive apparence dans nos jardins, par l'effet des gelées qui les frappent souvent, & dont on peut difficilement les garantir par des couvertures de fougère & de feuilles sèches. Lorsqu'on les laisse dans des pots pour pouvoir les abriter de ces gelées, ils restent constamment bas, grêles, & ne donnent que quelques fleurs.

C'est de la première espèce que provient la résine appelée *storax solide*, dont on fait un fréquent usage en médecine & dans l'art du parfumeur.

La dernière forme le véritable BENZOIN, dont l'emploi est encore plus étendu, & qu'on substitue souvent à l'ENCENS.

ALISIER. *Voyez* ALIZIER.

ALISMOÏDES. Famille de plantes qui renferme les genres BUTOME, FLUTEAU, ALISMA, FLÉCHIÈRE, SCHEUCHZERIE & TROSCART.

ALISMORKIS. *Alismorkis.* Genre établi dans la famille des ORCHIDÉES, mais dont aucune des espèces n'est cultivée.

ALIUMEIZ. Nom du FIGUIER SYCOMORE en Égypte.

ALIZIER. *Cratægus.* Genre de plantes de l'icosandrie monogynie & de la famille des rosacées, renfermant quelques arbres de nos forêts, qui, à raison de la variation des parties de leur fructification, ont été tantôt placés parmi les NEFLIERS, tantôt parmi les POIRIERS, tantôt parmi les SORBIERS. Ils ont cependant un caractère commun dans leurs feuilles larges & fortement dentées, & dans leurs fleurs toujours en corymbes terminaux. *Voyez* pl. 433 des *Illustrations des Genres* de Lamarck.

Espèces.

1. L'ALIZIER blanc.
Cratægus aria. Linn. ♄ Indigène.
2. L'ALIZIER torminal.
Cratægus torminalis. Linn. Indigène.
3. L'ALIZIER à feuilles larges.
Cratægus latifolia. Lamarck. ♄ Indigène.
4. L'ALIZIER nain.
Cratægus humilis. Lamarck. ♄ Indigène.

Culture.

La première espèce est un grand arbre qui croît naturellement dans les forêts situées sur les montagnes calcaires, & qu'on cultive dans nos jardins d'agrément, à raison de la beauté de sa forme & de son feuillage, dont la blancheur contraste avec le vert des autres. Je l'ai vu extrêmement abondant dans celles de la Haute-Marne, de la Haute-Saône & de la Côte-d'Or, parce qu'on le regardoit comme un arbre fruitier, & qu'en conséquence on le réservoit toujours lors des coupes, à moins qu'il ne fût absolument sur le retour. Son bois est extrêmement recherché & se paie plus cher qu'aucun autre, lorsqu'il est d'un certain volume, pour faire des vis de pressoirs, étant liant & tenace au plus haut degré, quoiqu'il ne soit pas dur. Les tourneurs l'emploient pour faire des flûtes, des fifres & autres petits articles. On en fabrique des meubles qui prennent bien le poli & la teinture. Ses fruits se mangent après qu'ils ont été laissés se BLOSSIR sur la paille, & on les fait entrer dans la composition d'une espèce de mauvais poiré qu'on appelle *boisson* en Bourgogne.

Malheureusement cet arbre, intéressant sous tant de rapports, croît avec une extrême lenteur, & pour acquérir toute sa hauteur (trente à quarante pieds) & toute sa grosseur (un pied & demi), il lui faut plus d'un siècle : aussi ne peut-on pas le cultiver avec profit, franc de pied, dans les pépinières marchandes, où il devroit rester dix à douze ans avant d'avoir acquis la valeur d'un poirier de trois à quatre ans ; aussi n'en trouve-t-on que de greffés sur épine, sur coignassier, sur poirier, sur pommier.

On multiplie cet arbre par le semis de ses graines en pleine terre, dans un terrain léger & sec, par marcottes, par racines & par rejetons, dont il fournit assez abondamment.

Ses graines se tiennent stratifiées dans du sable frais jusqu'au printemps, qu'on les met en terre, à quelques pouces les unes des autres, dans des rigoles profondes au plus d'un pouce. On bine le plant qu'elles ont produit deux à trois fois par an. Au printemps de la troisième année on relève le plant pour le repiquer dans une autre place, à la distance de vingt-cinq à trente pouces. Là il reçoit les façons précédentes jusqu'à ce qu'on le mette définitivement en place, c'est-à-dire, ainsi que je l'ai déjà dit, pendant dix ou douze ans. Il meurt toujours beaucoup de pieds, quelques soins qu'on prenne, à la première & à la seconde transplantation, à raison de la longueur du pivot & du peu de chevelu dont il est accompagné.

Lorsqu'on veut introduire l'*alizier blanc* dans une forêt, le seul moyen économique est d'en semer les graines, réservées pendant l'hiver, comme il a été dit plus haut, dans des petites fossettes formées d'un seul coup de houe.

La multiplication par marcottes n'est point difficile lorsqu'on a un gros pied coupé rez terre, lequel fournit tous les ans des pousses qu'on couche après l'hiver suivant. *Voyez* MÈRE.

On emploie rarement la voie des racines, mais fréquemment, dans le voisinage des forêts & dans les jardins paysagers, celle des REJETONS, quoique leur transplantation soit encore plus incertaine que celle du plant crû dans les pépinières.

C'est isolé, à quelque distance des massifs, que l'*alizier* doit être placé dans les jardins paysagers. Il ne produit aucun effet dans les massifs & s'y conserve même fort difficilement. On cherche, dans sa jeunesse, à lui donner une tête régulière, au moyen d'une taille intelligente, mais ensuite il perd toujours à être touché par la serpette.

Il y a une variété de cet *alizier* à longues feuilles & à fruit en forme de poire, de la grosseur du pouce, que quelques personnes regardent comme une espèce; elle est connue sous le nom d'*alouche de Bourgogne*, pays où on la cultive comme arbre fruitier dans les vergers & autour des champs. Elle mérite en effet la préférence, sous tous les rapports, sur l'espèce; mais combien elle est inférieure aux plus mauvaises variétés de poires! On la greffe ordinairement sur le POIRIER SAUVAGEON.

La seconde espèce, vulgairement connue sous le nom d'*allier*, diffère beaucoup de la première par son feuillage, & elle s'élève moins haut; mais tout ce qu'on vient de lire lui convient parfaitement. J'engage les amateurs à ne pas aussi négliger son emploi dans la décoration des jardins paysagers, car réellement elle y produit d'excellens effets.

La troisième espèce est vulgairement connue des pépiniéristes de Paris sous le nom d'*alizier de Fontainebleau*. Elle tient le milieu entre le genre dont il est ici question & celui des NÉFLIERS. On l'emploie fréquemment à la décoration des jardins, où ses touffes, fort garnies de branches & de feuilles, lui méritent une place distinguée. C'est sur le bord des massifs & isolée le long des allées, qu'il convient de la placer. Elle ne s'élève pas ordinairement à plus de quinze à vingt pieds. La greffe sur épine est le moyen le plus ordinaire de la multiplier, & il suffit aux besoins du commerce.

La dernière espèce est naturelle aux montagnes élevées. On l'appelle quelquefois *alizier du Mont-d'Or*, parce qu'elle a été trouvée dans cette partie de l'Auvergne. On la cultive beaucoup dans les pépinières des environs de Paris, où on la multiplie de graines, dont elle donne abondamment, & par greffe sur l'épine. Son beau vert-foncé & son peu de hauteur (trois à quatre pieds au plus) la rendent propre à servir à l'ornement des jardins paysagers, où on la voit en effet souvent isolée dans les corbeilles de terre de bruyère ou le long des allées.

Voyez, pour le surplus, aux mots POIRIER, POMMIER, NÉFLIER & SORBIER.

ALIZIER. Le MICOCOULIER porte quelquefois ce nom dans le midi de la France.

ALKARAZAS. Les habitans de l'Espagne méridionale & de l'Afrique septentrionale donnent ce nom à des vases peu épais, de médiocre grandeur, formés d'argile sablonneuse & peu cuite, dans lesquels ils mettent l'eau destinée à leur boisson, pour la rafraîchir par l'exposition de ces vases au soleil.

Cette singulière propriété des *alkarazas* ne tient pas à la nature de l'argile dont ils sont composés, comme on le croit communément, mais à la petite quantité d'eau qui transsude par leurs pores, & qui, pour se transformer en vapeur, enlève du calorique à la portion restée dans l'intérieur. On peut produire le même effet avec des vases de métal fort minces, qu'on entoure de linges imbibés d'eau, & encore mieux d'alchool.

Il seroit fort à desirer que les cultivateurs qui font usage de l'eau de rivière ou de marre fussent pourvus d'*alkarazas* pendant la moisson, car la grande chaleur de la saison & les travaux forcés qu'ils exécutent alors, leur causent souvent des fièvres bilieuses, des coups de sang & autres maladies dont ils se garantiroient par le moyen d'une boisson fraîche, légèrement aiguisée de vinaigre.

Partout on peut fabriquer des *alkarazas* & les vendre au meilleur marché possible, c'est-à-dire, trois à quatre sous au plus, puisque, pour eux, l'argile la plus commune est la meilleure. Il faut leur donner la forme élevée & le diamètre des pots à l'eau ordinaires. On dit que, pour les rendre plus poreux, on fait entrer dans cette argile, au moment où on la met sur le tour, quelques pincées de sel dont les grains laissent, en fondant, un plus grand nombre de vides dans les parois du vase.

ALKER. Synonyme d'ALGUE ou de VAREC.

ALKITRAN. Résine du CÈDRE du Liban.

ALKOOL. *Voyez* ALCHOOL.

ALLAHONDA. Nom de pays d'une GRENADILLE de Ceylan.

ALLAITEMENT. (*Médecine vétérinaire.*) Cette fonction des femelles des animaux domestiques donnant lieu à quelques accidens, il est bon que j'en dise un mot.

Quelquefois le pis se durcit & devient douloureux: il faut alors retirer le nourrisson, traire la mère avec le plus de précautions possible, & mettre sur la partie un cataplasme émollient, qu'on renouvelle tous les jours. En même temps on donne des lavemens, une nourriture rafraîchissante & une boisson nitrée.

Dans quelques cantons on ne laisse jamais teter les jeunes animaux. Cette pratique contre nature n'est pas dans le cas d'être approuvée, car il est de fait que plus les petits consomment de lait dans les premiers jours de leur vie, & plus ils deviennent forts. Cependant on ne peut se dispenser d'allaiter artificiellement ceux de ces petits dont la mère est morte, dont la mère n'a pas de lait, dont la mère repousse les approches, &c. Dans ce cas on les accoutume à boire dans un vase, en leur mettant la tête dans ce vase & le doigt dans la bouche. On attache aussi au fond du vase un tampon de toile figuré comme un pis, qu'on appelle *la poupée*, qu'ils s'accoutument à teter.

Généralement les animaux domestiques refusent de donner à teter à d'autres petits qu'aux leurs ; cependant, lorsqu'ils ont perdu le leur, & même, sans cela, avec quelques soins, on parvient quelquefois à leur en faire adopter un autre. Les chèvres sont moins difficiles à cet égard que les jumens, les vaches & les brebis.

Lorsque le lait manque d'abord aux mères nouvellement accouchées, il est quelquefois difficile de le faire paroître, mais on doit toujours l'espérer lorsque le retard de sa sécrétion est sans cause apparente. Pour cela il est nécessaire de substituer des herbes aux nourritures sèches, de leur faire boire de l'eau blanche nitrée, de leur faire prendre un exercice modéré, &c.

ALLANTODIE. *Allantodia*. Genre établi aux dépens des POLYPODES. Il ne se voit aucune de ses espèces dans nos jardins.

ALLASIE. *Allasia*. Grand arbre de la côte orientale d'Afrique, qui seul constitue un genre dans la tétrandrie monogynie. Il ne se cultive pas dans nos jardins.

ALLOUIA. C'est un GALANGA & la POMME DE TERRE.

ALLUGAS. Synonyme d'HELLENIE.

ALLUS. Nom arabe du GOUET SERPENTAIRE.

ALMACHARAN. C'est la GLAUCIENNE.

ALMACIGO. *Voyez* GOMART GUMMIFÈRE.

ALMERLEM. L'AMARANTHINE de Sicile porte ce nom.

ALMEZERION. Nom arabe de la CAMELÉE.

ALMIZELILLO. Nom péruvien de la MOSCAIRE & de la STRAMOINE EN ARBRE.

ALOÈS PITE. *Voyez* AGAVE & FURCRÉE.

ALŒXILE. *Alœxilum*. Synonyme d'AGALOCHE.

ALOUCAIOUA. Synonyme de CASSE VELUE.

ALOUCHE. C'est le fruit d'une espèce d'ALIZIER.

ALOUCHI. Gomme résine formée par le CANNELIER BLANC.

ALOUCHIER. Synonyme d'ALIZIER.

ALOUTIBA. L'ACACIE A LARGES FEUILLES porte ce nom.

ALOUZOA. *Alouzoa*. Genre de plantes qui ne diffère pas de celui appelé HEMIMERIDE.

ALPAME. *Alpama*. Arbrisseau des Indes encore peu connu, & qui ne se cultive pas dans nos jardins. On fait avec son suc un onguent fort employé contre la gale, les ulcères, &c.

ALSADAR. C'est le MICOCOULIER.

ALSASAFAT. Nom arabe de la LUZERNE.

ALSEBRAN. L'EUPHORBE A FEUILLES DE CYPRÈS s'appelle ainsi.

ALSEESCERA. Nom arabe de la BRYONE.

ALSINÉES. Famille de plantes proposée par Decandolle, pour séparer des caryophyllées les genres dont le calice, comme celui de la MORGELINE, seroit polyphylle ou profondément divisé.

ALSODÉE. *Alsodeia*. Genre de plantes de la monadelphie pentandrie & de la famille des VIOLETTES, établi par du Petit-Thouars pour placer six espèces qu'il a observées à Madagascar.

Aucune de ces espèces ne se cultive dans nos serres.

ALSOPHILE. *Alsophila*. Genre établi par R. Brown, aux dépens des POLYPODES.

ALSTENSTEINIE. *Alstensteinia*. Genre de plantes de la gynandrie diandrie & de la famille des orchidées, qui réunit deux espèces originaires du Pérou, qui ne se cultivent pas dans nos jardins.

ALTAMISA. Espèce de COREOPE du Pérou.

ALTERNANTHÈRE. *Alternanthera*. Genre de plantes établi pour placer l'ILLECÈBRE SESSILE.

ALTHÉRIE. *Altheria*. Du Petit-Thouars a donné ce nom à un genre de la monadelphie pentandrie & de la famille des tiliacées.

Les espèces qu'il renferme sont originaires de Madagascar & ne se cultivent pas en Europe.

ALTISE. *Altica*. Genre d'insectes de la classe des coléoptères, dont il est très-utile que les cultivateurs apprennent à connoître les différentes espèces, à raison des dommages qu'elles leur causent, surtout dans les semis de CHOUX, de RAVES, de COLZA, de RADIS, &c. Ces espèces, au nombre d'une trentaine, sont connues vulgairement sous les noms de *puce*, de *tiquet*, de *tiquet*, de *puceron*, de *pucerotte*. Elles sont petites, offrent généralement des couleurs brillantes, & sautent avec une grande vivacité par le moyen de leurs pattes postérieures, dont les cuisses sont excessivement grosses.

Les générations des *altises* se succèdent pendant toute l'année : aussi sont-elles quelquefois si multipliées, que, malgré leur petitesse, en peu d'heures elles dévorent, ainsi que leurs larves, qui sont des vers alongés, à six pattes & à tête munie de mâchoires cornées, le semis le plus étendu.

Ce sont les espèces suivantes qui sont le plus à redouter dans le climat de Paris.

L'ALTISE BLEUE, *altica oleracea*, Fab. Sa longueur est d'une ligne. Elle se jette sur toutes les crucifères, dont elle force quelquefois d'abandonner la culture pendant plusieurs années. Les seuls moyens directs qu'on puisse opposer à ses ravages, mais qu'on ne peut employer sur les semis de raves, de colza, de navette, &c., sont des arrosemens avec des décoctions de plantes âcres ou de mauvaise odeur, des aspersions de cendre, de suie, de chaux éteinte. Les variations de l'atmosphère sont les seuls moyens de destruction sur lesquels les cultivateurs doivent compter. En effet, il ne faut qu'une pluie froide, continuée deux ou trois jours, ou une grande chaleur pendant le même espace de temps, pour faire périr toutes les larves & une partie des insectes parfaits.

Cependant quelques personnes se sont fort bien trouvées d'avoir enterré dans la planche de leur semis des pots de terre vernissés, à ventre renflé, d'un demi-pied de haut, dans lesquels les *altises* tombent en sautant, & dont elles ne peuvent plus sortir. J'engage à ne pas négliger cette indication, même pour les semis en plein champ.

Les canards recherchent cet insecte & en diminuent beaucoup le nombre.

L'ALTISE DU CHOU, qui est noire, avec une tache couleur de rouille sur les élytres.

L'ALTISE NOIRE, qui est de cette couleur, avec la base des antennes & les pattes brunes.

L'ALTISE BEDAUDE, qui est de même couleur, avec le corselet rougeâtre.

L'ALTISE HOLSATIQUE, qui est de même couleur, avec un point rouge à l'extrémité des élytres.

L'ALTISE PAILLETTE, qui est de même couleur, avec le corselet & les élytres cendrés.

Toutes ces espèces vivent comme la première, aux dépens des plantes de la famille des crucifères, mais elles sont ordinairement moins communes qu'elle.

L'ALTISE DE LA MAUVE, *altica fulvipes*, Fab., est bleue, avec la tête, le corselet & les pattes fauves. Elle ronge les feuilles de la mauve, de la guimauve, & autres plantes de la même famille.

L'ALTISE RUBIS est d'un vert brillant, a la tête & le corselet dorés, & les pattes fauves. Elle vit aux dépens du saule, dont les feuilles sont quelquefois changées par elle & sa larve, en réseau semblable à de la dentelle.

L'ALTISE PLUTUS, *altica helxines*, Fab., est d'un vert-doré très-brillant. C'est aux dépens du sarrazin & autres plantes du même genre qu'elle se nourrit.

ALU. Espèce de CARDAMOME.

ALUCITE. Genre d'insectes établi par Fabricius, aux dépens des TEIGNES de Linnæus. C'est parmi les espèces qu'il rassemble que se trouvent les TEIGNES des GRAINS & celle des CÉRÉALES, qui causent de si grandes pertes aux cultivateurs des pays chauds. Il en a été fait mention au mot TEIGNE.

ALUMINE. Terre qui sert de base à l'alun, & qui ne diffère de l'ARGILE que par une plus grande pureté. On ne la trouve pas dans la nature.

ALVA-QUILLA. C'est le PSORALIER QUADRANGULAIRE.

ALVIES. Nom vulgaire du PIN CEMBRO.

ALVIN, ALVINAGE. Jeunes POISSONS qu'on réserve dans la pêche des ÉTANGS, pour les repeupler après qu'on leur a rendu l'eau. *Voyez* ces mots.

ALVINIERS. Petits étangs destinés à fournir de l'alvin aux grands. On ne les connoît pas en France, mais ils sont fréquens en Allemagne. Leurs avantages sont décrits au mot ÉTANG.

ALYPON. On croit que c'est une GLOBULAIRE.

ALYSICARPE. *Alysicarpus.* Genre de la famille des légumineuses, qui ne diffère pas de celui appelé HALLIER.

ALYXIE. *Alyxia.* Genre de plantes établi sur des espèces de la Nouvelle-Hollande qui n'ont pas encore été apportées dans nos jardins.

ALZAROR. Synonyme d'AZAROLIER.

ALZATÉE. *Alzatea.* Arbre du Pérou qui seul forme un genre dans la pentandrie monogynie. Nous ne le possédons pas dans nos jardins.

AMACASA. Nom de pays de la MORELLE LYCIOÏDE.

AMADOU. Matière préparée avec une ou plusieurs espèces de BOLETS, & rendue propre à s'enflammer facilement par le choc d'un briquet contre une pierre siliceuse.

Combien de cultivateurs ignorent ce que c'est que l'*amadou* dont ils se servent journellement, & qui le paient chèrement, tandis qu'ils pourroient s'en procurer pour rien, en visitant les vieux arbres qui entourent leur demeure!

Le BOLET ONGUICULÉ, qui sert le plus généralement à sa fabrication, est un champignon qui croît sur les CHÊNES, les HÊTRES, les FRÊNES, les POIRIERS, les POMMIERS, &c. Il a la forme, la couleur & souvent le double de grosseur d'un sabot de cheval. Il vit un assez grand nombre d'années, mais c'est entre six & douze ans qu'il est le plus avantageux à employer pour le transformer en *amadou.*

Après avoir détaché les bolets de l'arbre à la fin de l'automne, on en ôte de suite l'écorce à l'aide d'un gros couteau ou d'une serpe, ensuite on met le cœur, qui alors cède sous le doigt comme une pelotte, pendant quelques jours dans l'eau, puis on le bat avec un maillet sur une planche ou une pierre polie, jusqu'à ce qu'il soit bien assoupli.

Après cette opération on coupe la masse en tranches d'une à deux lignes d'épaisseur, le plus souvent en laissant les tranches liées entr'elles, & on les bât de nouveau; on les étire de droite & de gauche avec la main, puis on les fait sécher.

Lorsque ces tranches sont bien sèches, on les bat & on les étire encore jusqu'à ce qu'elles soient extrêmement souples, puis on les trempe ou dans une dissolution plus ou moins forte de salpêtre, c'est l'*amadou brun*, ou dans une dissolution de poudre à canon, c'est l'*amadou noir.* Ce dernier s'enflamme plus rapidement que le premier, c'est souvent un inconvénient; mais il a de plus celui de tacher les doigts : en conséquence le premier, lorsqu'il est bien préparé, est toujours dans le cas d'être préféré.

Dans cet état l'*amadou* n'a plus besoin, pour être employé, que d'être séché & frotté dans les mains, dans le but de l'assouplir de nouveau. Il se conserve un temps indéterminé lorsqu'il est renfermé dans un lieu très-sec.

On peut suppléer l'*amadou* par des chiffons brûlés & par des poils enlevés sur les CHARDONS & autres plantes.

AMADOUVIER. Espèce de BOLET avec lequel se fait l'AMADOU.

AMAIOA. *Amaioua.* Genre de plantes que quelques botanistes ont réuni aux HAMELS. Il ne renferme qu'une espèce, qui est un arbre de Cayenne non encore introduit dans nos jardins.

AMALAGO. C'est la même chose que POIVRE MALAMIRI.

AMALI. Nom indien de la VERVEINE BIFLORE.

AMALTHÉE. Sorte de fruit. C'est celui des AIGREMOINES.

AMANDE. C'est la graine de l'AMANDIER.

AMANDE DUNDO. Fruit d'une espèce de QUATELÉ.

AMANDE DE TERRE. Synonyme d'ARACHIDE.

AMANDIER. *Amygdalus.* Genre de plantes de l'icosandrie monogynie & de la famille des rosacées, dont on connoît une demi-douzaine d'espèces, toutes intéressantes sous le point de vue de l'agrément, & l'une très-importante pour le produit de ses fruits, les amandes.

Le PÊCHER appartient à ce genre; mais l'étendue & la perfection de sa culture m'obligent de le rendre l'objet d'un article spécial.

1. AMANDIER commun.
Amygdalus communis. Linn. ♄ De l'Orient.
2. AMANDIER oriental.
Amygdalus orientalis. Linn. ♄ De l'Orient.
3. AMANDIER cotonneux.
Amygdalus incana. Linn. ♄ Du Caucase.
4. AMANDIER de Tournefort.
Amygdalus georgica. Desfont. ♄ De Géorgie.
5. AMANDIER nain.
Amygdalus nana. Linn. ♄ De la Chine.

La culture de l'*amandier* en Europe remonte probablement à l'époque de l'arrivée des colonies grecques en Italie, en Espagne & à Marseille; car cet arbre étant originaire de l'Asie mineure, a dû n'être pas oublié, par elles, dans leur émigration.

Quoi qu'il en soit, l'*amandier* est en ce moment l'objet d'un produit très-important pour les parties méridionales de l'Europe. On peut même en tirer quelqu'utilité fort avant dans le Nord, au moins comme propre à la greffe du pêcher.

Quoique le climat où croît naturellement l'*amandier* ne soit guère plus chaud que celui de nos départemens méridionaux, il fleurit de si bonne heure dans ces derniers (au commencement de janvier), qu'il arrive souvent que ses fruits manquent par suite des gelées. Cet inconvénient est encore plus fréquent dans le climat de Paris & plus au nord, & de plus, les fruits y ont bien moins de saveur & de durée de conservation, de sorte qu'on ne l'y cultive que très-secondairement pour la récolte de ces fruits.

On peut croire que c'est seulement depuis Marseille jusqu'à Valence, & depuis Fréjus jusqu'à Perpignan, qu'il est réellement avantageux en France de cultiver l'*amandier;* mais il est quelques vallées du Dauphiné & des Cévennes où il prospère également. Il craint le trop grand chaud comme le trop grand froid. Les climats humides lui sont très-contraires, comme j'ai été à portée de l'observer dans l'Amérique septentrionale, Caroline du Sud.

On appelle *amande* le fruit de l'*amandier*, comme je l'ai déjà observé.

Tous les arbres cultivés depuis long-temps, & sous des climats différens, donnent des variétés; ainsi l'*amandier* doit en offrir, & celles qu'il offre sont si nombreuses, qu'à peine sur cent pieds on en trouve un ou deux de semblables. Il est quelques-unes de ces variétés qui forment des races & qui se reproduisent plus souvent que les autres lorsqu'on les sème dans le même canton; cependant c'est

par

par la greffe qu'il faut les multiplier si on veut être certain de leur identité.

D'abord on divise les variétés en deux classes, dont les extrémités sont très-distinctes, les amandes amères qui sortent probablement du type de l'espèce, & les amandes douces qui sont celles qu'on cultive le plus généralement.

Les amandes amères, mangées en grande quantité, peuvent donner la mort, le principe de leur amertume étant l'acide prussique : aussi ne les emploie-t-on qu'à faire de l huile, de la pâte de toilette; aussi, si souvent on conserve les arbres qui les portent, ne les multiplie-t-on pas par la greffe, & ne distingue-t-on aucune de leurs variétés.

Ce sont donc les *amandiers* à amandes douces qui feront principalement l'objet de cet article.

Les amandes douces offrent deux séries de variétés, celles à coque dure & celles à coque tendre, c'est-à-dire, qui peuvent être brisées par le seul effort des dents, & même du pouce. Toutes sont d'autant plus recherchées qu'elles sont plus grosses ou plus multipliées, & que l'arbre qui les porte fleurit plus tard; cependant il en est de petites dont la saveur est plus delicate, & de hâtives dont on aime à avoir quelques pieds.

On appelle AMANDIER FRANC les variétés à petit fruit, à coque très-dure & bombée, qu'on emploie, dans le climat de Paris, à la greffe du pêcher. Il y a lieu de croire que ce sont celles qui, parmi les douces, se rapprochent le plus du type sauvage.

L'AMANDIER A GROS FRUIT ET COQUE DURE est celui qui se cultive le plus fréquemment dans le midi de la France, & auquel peut s'appliquer ce que j'ai dit plus haut de l'importance des produits de cet arbre.

L'AMANDIER A GROS FRUIT ET COQUE TENDRE, autrement nommé *amandier des dames*, *abelan* ou *abrillan*, est d'un grand produit dans les années où sa fleur ne coule pas, parce que son fruit est très-recherché pour les desserts. Il fleurit plus tard que le précédent, & est par conséquent moins sujet aux désastreux effets des gelées du printemps.

L'AMANDIER SULTANE & l'AMANDIER PISTACHIER ne diffèrent du précédent que par la grosseur de leurs fruits, ceux du dernier atteignant rarement un demi-pouce de long.

Ces trois dernières variétés passent pour être plus délicates que la première, mais elles doivent être mangées avant la fin de l'hiver, car elles rancissent très-facilement. Elles donnent aussi moins d'huile, ce qui doit engager à n'en cultiver qu'autant qu'on est assuré d'en vendre pour la consommation.

Je dois dire un mot de l'AMANDIER-PÊCHE, dont le brou a beaucoup d'épaisseur & se rapproche quelquefois de celui de la PÊCHE, ce qui a fait croire à quelques personnes que cette dernière n'étoit qu'une variété de l'amande; opinion qui ne peut se soutenir lorsqu'on considère la différence de contexture de l'enveloppe osseuse. Cet *amandier* pousse plus vigoureusement que les autres, mais il ne peut servir à la greffe, qui réussit difficilement sur lui, comme sur toutes les variétés amères, au nombre desquelles il se trouve.

La hauteur de l'*amandier* surpasse quelquefois quarante pieds, mais généralement elle est entre vingt & trente. Il est même bon de l'empêcher de s'élever au-dessus de la première de ces mesures, pour qu'il se branche davantage & pour qu'on puisse plus facilement faire la récolte de ses fruits. Il est rare qu'il conserve une belle tête au-delà de sa dixième année, perdant successivement de grosses branches, sans qu'on puisse toujours en deviner la cause. Le tailler est presque toujours nuisible. Le RAPPROCHER (*voyez* ce mot) semble le rajeunir, mais le fait le plus souvent périr. Le vrai principe de sa culture, c'est d'en planter tous les ans & d'arracher, avant leur entier dépérissement, ceux qui sont les plus vieux.

Ainsi, les seuls soins qu'ils demandent sont un labour & un émondement des branches mortes au commencement de l'hiver.

Il est très-rare qu'on place l'*amandier* en espalier, & il n'y subsiste pas long-temps. Il en est de même lorsqu'on le met en quenouille, en vase, &c.

Il flue de l'écorce des *amandiers*, soit naturellement, soit par incision, une gomme d'abord blanche & transparente, ensuite brune & opaque, qui sert en médecine & dans les arts. Sa surabondance annonce la fin de l'arbre & indique qu'il convient de l'arracher.

Les fleurs de l'*amandier* paroissant de très-bonne heure au printemps, embellissent toujours les jardins & les campagnes. Elles varient en grandeur, depuis six lignes jusqu'à plus d'un pouce; en couleur, depuis le rose foncé jusqu'au blanc; en nombre, depuis quelques-unes jusqu'à des milliers sur chaque branche. Ainsi que je l'ai déjà dit, les unes s'épanouissent de très-bonne heure, les autres un mois plus tard. Il y en a de doubles de diverses grandeur & couleur qui subsistent beaucoup plus long-temps, & qu'on préfère, pour cette raison, dans les jardins de pur agrément.

Une terre légère & sèche, mais cependant fertile, est celle où les *amandiers* prospèrent le mieux & durent plus long-temps. Ils craignent au dernier point celles qui sont aquatiques. L'exposition du midi leur est la plus favorable dans le climat de Paris, quant à la qualité du fruit; mais c'est à celle du nord où leurs récoltes sont le plus assurées, parce qu'ils y fleurissent plus tard. C'est l'arbre des collines. Il fait fort bien dans les vignes, auxquelles il nuit peu, à raison du petit nombre de ses branches & de ses feuilles.

La transplantation de l'*amandier* doit être faite à la fin de l'automne, c'est-à-dire, dès qu'il a perdu la plus grande partie de ses feuilles (il en est des variétés qui les gardent presque tout l'hiver), attendu que poussant le premier au printemps, il faut donner à la terre le temps de se tasser autour de ses racines. On ne le prive, pour cette opération, ni d'une partie de ses racines, ni d'une partie de ses branches, comme pour tant d'autres arbres, ce qui suppose qu'elle n'a lieu que pour des arbres de deux ou trois ans, les seuls qu'il soit ordinairement utile de planter.

Dans le midi de la France, où il fait un objet important de revenu, comme je l'ai déjà observé, on place l'*amandier* en ligne sur la lisière des champs ou en quinconce, dans les champs mêmes. Il alterne souvent avec l'olivier. La distance entre les pieds varie suivant la bonté du sol, cette distance devant être plus considérable dans le meilleur. On peut arbitrer, sans craindre de se tromper, celle de vingt-cinq pieds comme la plus convenable, terme moyen, parce qu'il est très-important que l'ombre des uns ne nuise ni aux autres, ni aux cultures qu'on peut faire entr'eux.

C'est à la troisième ou quatrième année que les *amandiers* commencent à porter du fruit, & alors il est peu abondant, mais fort gros. A huit ans il est dans toute sa force.

Quelques agriculteurs ont proposé de déchausser les *amandiers* pendant l'hiver pour retarder leur floraison, & par conséquent assurer leurs récoltes; d'autres ont cru qu'on pourroit produire le même résultat en les greffant sur prunier, arbre d'une végétation réellement plus tardive; d'autres en les tenant en buisson. Comme le terrain, la variété, l'année, déterminent l'époque de la floraison des *amandiers*, il n'a pas été possible de constater d'une manière positive la valeur de ces moyens; mais je déclare, après avoir beaucoup observé, que je ne vois de certain que le choix des variétés réellement tardives dans un terrain donné, variétés qui se montrent toujours dans un semis un peu considérable, & parmi lesquelles il doit s'en trouver à fruit doux, gros & abondant.

Une bonne variété une fois acquise, on la greffera; & si elle perd de sa précocité, ce sera de si peu, qu'il y aura rarement à s'en plaindre.

J'ai déjà observé que les *amandiers* à fruit à coque tendre étoient plus foibles & plus tardifs que les autres.

On greffe l'*amandier* presqu'exclusivement en écusson à œil dormant, c'est-à-dire, à la séve d'août, mais on peut lui substituer toutes les autres sortes de greffes. Ainsi que je l'ai déjà observé, ce n'est guère que les variétés à coques tendres qui se placent sur lui : aussi en cultiveroit-on peu pour cet objet, s'il ne servoit, dans le centre & le nord de la France, de sujet pour la greffe des pêchers destinés à être plantés dans les terrains secs & légers.

Comme cet emploi est très-considérable, principalement aux environs de Paris, je dois entrer dans quelques détails à son égard, après avoir parlé de la récolte des amandes & de leur emploi dans l'économie domestique.

A l'époque de la maturité, le brou des amandes s'ouvre naturellement, & celles qui sont le mieux constituées tombent, mais c'est le plus petit nombre. La plupart sont retenues, soit parce que leur brou ne s'ouvre pas assez, soit parce qu'elles sont collées contre ce brou par de la gomme. Ainsi, si on ne veut pas attendre que ce brou tombe de lui-même, ce qu'on ne doit jamais vouloir, parce qu'il ne tombe qu'en hiver, & même quelquefois au printemps, surtout dans les variétés amères à petit fruit, il faut ou les cueillir à la main, ou les faire tomber avec une gaule (long bâton mince). C'est presque toujours au second de ces moyens, comme plus expéditif, qu'on s'arrête, quoiqu'il nuise à l'arbre lorsqu'il n'est pas employé avec les précautions convenables. Monter sur l'arbre est souvent dangereux, à raison de la fragilité des branches. Employer ces échelles doubles est fort coûteux. Un long bâton, ou fendu par le bout, dans la fente duquel on introduit l'amande, ou terminé par un crochet de fer, au moyen duquel on tire à soi l'amande, sont, dans les petites cultures, d'un emploi avantageux.

Immédiatement après la récolte des amandes, on les porte au grenier & on les y étend jusqu'à ce que leur brou se soit complétement ouvert, ensuite on les en sépare & on les laisse, dans la même situation, compléter leur dessiccation. Les laisser à l'air libre, comme on le fait dans quelques lieux, est moins bien, attendu que toujours la fraîcheur des nuits, & souvent la pluie, retarde leur dessiccation. Ce n'est que lorsqu'elles sont séchées avec excès qu'on peut les mettre dans des sacs ou dans des tonneaux, car elles perdent de leur bonté & par conséquent de leur valeur lorsqu'elles sont moisies.

Les amandes doivent toutes être vendues dans le commencement de l'hiver, parce qu'elles sont exposées à rancir au retour des chaleurs, & alors ne sont plus marchandes.

Les amandes douces, soit avant leur complète maturité, soit dans les trois mois qui la suivent, sont fort agréables au goût : les enfans surtout les aiment avec passion. Il ne faut cependant pas en manger trop, parce qu'elles sont fort indigestes.

Ainsi que je l'ai déjà observé, on tire des amandes, soit douces, soit amères, de l'huile d'un usage étendu, tant dans la médecine que dans la parfumerie, & ce, soit naturellement, en pressant les amandes réduites en pâte, soit en les faisant légèrement griller, ou en les arrosant d'eau bouillante. Cette huile, surtout celle obtenue au moyen de la chaleur, rancit promptement; en conséquence on ne la retire généralement qu'au moment du besoin.

En Espagne on substitue quelquefois les amandes-douces, en tout ou en partie, dans la fabrication du chocolat.

Le reste des amandes dont on a tiré l'huile, s'appelle *pâte d'amande*, & sert dans la toilette des dames comme cosmétique adoucissant, de sorte qu'on en trouve toujours à-vendre chez les parfumeurs des grandes villes.

Les amandes douces ne se servent pas seulement en nature sur nos tables; on en fait des dragées, du nougat brun & blanc; on les fait entrer dans beaucoup de sortes de pâtisseries. Leur émulsion avec de l'eau d'orge & du sucre constitue l'orgeat.

Les amandes amères, outre la fabrication de l'huile, servent à celle des massepains & de quelques autres sucreries d'un manger agréable, mais dangereux, surtout pour les perroquets, les serins & autres petits animaux.

Les feuilles de l'*amandier* sont une excellente nourriture pour les chèvres & les moutons, lorsqu'on les mêle, en petite quantité, avec d'autres fourrages. Il est bien des propriétaires, dans le midi de la France, qui ne tirent aucun parti de certaines portions arides & rocailleuses de leurs terres, qui pourroient en obtenir d'importans revenus, seulement en les plantant d'*amandiers*, qu'ils couperoient rez terre, par moitié, tous les deux ans, au milieu de l'été, pour servir de fourrage vert dans cette saison & de fourrage sec pendant l'hiver. Ces *amandiers* donneroient peu, sans doute; mais il est si facile de les entremêler avec des semis annuels, qu'ils protégeroient de leur ombre, que cette considération est de nulle importance.

On tire parti du bois de l'*amandier* dans l'ébénisterie & dans la menuiserie. Il est rougeâtre & passablement dur. Sa gomme se vend comme celle du cerisier, dont elle diffère fort peu.

Les amandes conservées au grenier rancissant & se desséchant pendant l'hiver, & celles mises en terre avant l'hiver étant dans le cas d'être mangées par les mulots, d'être gelées après leur germination, il est indispensable de les stratifier dans une cave, ou sous un gros tas de fumier ou de feuilles, pour leur conserver leur humidité & empêcher les inconvéniens précités. Pour cet effet on les met dans des vases, en couche alternative avec la même épaisseur de terre, & on enterre ces vases à la surface du sol lorsqu'ils sont dans l'intérieur, & à deux pieds de cette surface lorsqu'ils sont à l'extérieur. Au mois d'avril, époque où les amandes sont presque toujours toutes germées, on les ôte & on les plante, une à une, en rangées écartées d'un à deux pieds, selon l'objet qu'on a en vue, après avoir pincé l'extrémité de leur germe pour empêcher le pivot de se former, dans une rigole creusée avec un plantoir, rigole qu'on recouvre avec un rateau. La profondeur de leur enfouissement doit être d'environ un pouce, car à deux pouces elles sont exposées à pourrir, & à moins d'un pouce à se dessécher. Par cette pratique on a l'avantage de ne planter que des amandes dont la végétation est assurée, quoique même alors il en manque souvent, tandis qu'en les plantant non germées, on est fondé à craindre qu'il n'en lève jamais plus que la moitié.

Les amandes nées dans le pays sont toujours, surtout dans le nord, préférables à celles venues de loin. On doit, d'après ce que j'ai annoncé plus haut, constamment repousser celles qui sont amères.

Des arrosemens pendant les sécheresses du printemps & pendant les chaleurs de l'été sont souvent nécessaires.

La pousse des jeunes *amandiers* est si active, pour peu que le terrain soit bon & la saison favorable, que presque toujours ils ont acquis deux & même trois pieds de hauteur avant l'époque de la greffe en écusson à œil dormant: ainsi on les greffe la même année, lorsque l'objet est de les transformer en pêches pour espaliers, ce qui est un immense avantage pour les pépiniéristes qui spéculent sur la vente. C'est au plus à deux pouces de terre qu'on place cette GREFFE.

Au printemps de l'année suivante on coupe la tête de l'*amandier*, & il est transformé en un PECHER; qu'on conduit comme il sera dit à l'article de cet arbre.

Les sujets sur lesquels la greffe n'a pas repris sont greffés une seconde fois l'automne suivant, soit à la même élévation de terre, soit, ce qui est mieux, à quatre pieds de haut, pour faire des demi-tiges ou des pleins-vents. Lorsque cette seconde greffe manque encore, il y a lieu de croire que le sujet porte des amandes amères, & il vaut mieux l'arracher que de persister à le regreffer, encore qu'on puisse espérer de réussir.

Outre ces *amandiers* à fleurs doubles, on voit, dans nos jardins d'agrément, des *amandiers* à feuilles panachées de jaune ou de blanc. Ces deux dernières variétés se greffent comme les premières, & quoiqu'elles soient de moins d'effet, on peut en tirer parti, lorsqu'on sait les placer convenablement.

L'*amandier* oriental se cultive également dans les jardins d'agrément, & s'y fait remarquer, soit lorsqu'il est en fleurs, soit lorsqu'il est en fruits, par le contraste de la couleur de ses feuilles, qui sont blanches, avec celle des autres arbres. On peut le reproduire de ses graines, dont il donne tous les ans, mais on préfère le faire par la greffe sur l'*amandier* commun.

L'*amandier* cotonneux & celui de Tournefort sont moins beaux, & ne se voient que dans les écoles de botanique.

Quant à l'*amandier* nain, il se cultive beaucoup dans les parterres, surtout sa variété double, à raison de sa beauté lorsqu'il est en fleur. Il ne s'élève qu'à environ trois pieds. On le multiplie de marcottes & de drageons. On peut aussi le greffer sur le commun, mais il n'y subsiste qu'un an ou deux, à raison de la différence de leur grosseur naturelle.

AMANOIER. *Amanoa*. Arbre de la Guiane, qui seul constitue un genre dans la pentandrie monogynie. Il ne se cultive pas dans nos jardins.

AMANTIE. *Amantia*. Genre de plantes établi pour placer quelques VARECS de la Nouvelle-Hollande.

AMAPA. Arbre laiteux de Cayenne, dont la décoction des feuilles est employée contre le pian.

AMARACUS. C'est l'ORIGAN MARJOLAINE.

AMAREL. Synonyme de CERISIER MAHALEB.

AMARGOSCIBA. C'est l'AZEDERACH de l'Inde.

AMARINIER. Synonyme d'OZIER.

AMAROUN. La GESSE PHACA & l'ORNITHOPE SCORPIOIDE portent ce nom.

AMASPERME. *Amasperma*. Genre de plantes établi aux dépens des CONFERVES marines.

AMBA. C'est le fruit du MANGUIER.

AMBAIBA. Nom vulgaire du COULEQUIN.

AMBAITINGA. Il paroît que c'est l'arbre précédent.

AMBA-PAIA. On croit que c'est le fruit du PAPAYER.

AMBARE. Arbre de l'Inde dont le fruit est jaune & se confit pour être mangé.

AMBARVALE. Espèce de POLYGALA.

AMBARVATE. C'est le CYTISE des Indes.

AMBAVILLE. On appelle ainsi dans l'île de la Réunion, le MILLEPERTUIS LANCÉOLÉ & d'autres plantes, à feuilles menues, qui croissent sur le sommet des montagnes.

AMBELLA. Synonyme de CYCAS.

AMBELLE. Le NÉNUPHAR LOTUS porte ce nom.

AMBERBOA ou AMBERBOI. Un des noms de la CENTAURÉE ODORANTE.

AMBETTI. Nom brame de quelques arbres à feuilles acides, telles que des BEGONES, des KETMIES, des SONNERATIES.

AMBINUX. Synonyme de NOIX DE BANCOUL. *Voyez* ALVRITES.

AMBLYODE. C'est le même genre que celui appelé MELEJIE.

AMBO. Un des noms du MANGUIER.

AMBON. Espèce de MOMBIN.

AMBORA. *Voyez* TAMBOUL.

AMBOTAY. Espèce de COROSSOLIER.

AMBOUTON. Plante de Madagascar employée à noircir les dents & à rendre l'haleine agréable. On ignore à quel genre elle doit se rapporter.

AMBREVADE. Un des noms du CYTISE des Indes.

AMBROME. *Voyez* ABROME.

AMBUYA EMBO. Espèce d'ARISTOLOCHE.

AMCER ou AMECER. C'est couper, avant l'hiver, les sarmens de la vigne les plus foibles, c'est-à-dire, sur lesquels on ne doit pas tailler au printemps. Cette opération anticipée n'a pour but que du bois pour le chauffage. *Voyez* VIGNE.

AMELI. Arbrisseau de l'Inde, qui, seul, constitue un genre dans la pentandrie monogynie. La décoction de ses feuilles s'emploie contre les coliques, & ses racines passent pour être résolutives. On ne le cultive pas dans les jardins d'Europe.

AMELIÉ. Synonyme d'AMANDIER.

AMELINE. Nom vulgaire de la CENTAURÉE LAINEUSE.

AMÉLIORATION. Rien n'est stable dans la nature; donc un domaine qu'on n'améliore pas, ne pouvant rester dans le même état, se détériore nécessairement.

De ce fait incontestable se déduit la nécessité de toujours tendre à augmenter ses produits, soit en perfectionnant ses procédés de culture, soit en substituant des productions plus avantageuses à celles qui avoient été préférées jusqu'alors.

Il est impossible de fixer, d'une manière générale, le mode d'*amélioration* le plus avantageux, attendu qu'il change non-seulement de domaine à domaine, mais encore de propriétaire à propriétaire, même d'année à année. Ainsi un sol sec & sablonneux ne peut être cultivé fructueusement de la même manière qu'un sol humide & argileux; ainsi un homme très-instruit, accoutumé à méditer, ne conduit pas ses opérations comme un cultivateur ignorant & soumis aux préjugés; ainsi, lorsque les oliviers ont été gelés, la culture des plantes oléagineuses est plus profitable que celle des céréales; de plus, chaque partie de l'agriculture exige un mode propre d'*amélioration* qui dépend du climat, du sol, de la position pécuniaire dans laquelle on se trouve. Tantôt on doit préférer les bois, tantôt les prairies, tantôt les vignes, tantôt les céréales, tantôt les animaux domestiques. L'*amélioration* de ces derniers n'est pas partout la même : ici ce sont les chevaux de trait, là les vaches laitières, là les mérinos, là les oies, &c., qui donnent le plus de profit, & sur lesquels on doit par conséquent spéculer de préférence.

Toutes les fois qu'un domaine ne rend pas annuellement en revenu net, les frais de nourriture & d'entretien du propriétaire prelevés, une somme double de l'intérêt du montant de son prix d'achat & de la somme employée à son exploitation, il n'est pas en état d'*amélioration*.

Comme il arrive fréquemment que le domaine le mieux régi ne fournit pas le revenu qu'on en attendoit, soit par des causes naturelles, telles que des grêles, des inondations, des gelées, une mortalité de bestiaux, &c., soit par des causes politiques, l'invasion de l'ennemi, un impôt sur l'objet principal de sa culture, une surabondance telle dans la production de cet objet, que sa valeur commune soit au-dessous de ce qu'il coûte, &c., il est toujours nécessaire que son propriétaire possède un capital disponible, susceptible de lui permettre de rétablir ses pertes ou d'attendre de meilleures circonstances. Il est même des genres de culture, comme les vignes, qui sont toujours ruineuses lorsqu'on n'a pas le moyen d'attendre un moment de vente avantageuse de leurs produits.

Ce n'est peut-être que dans les États-Unis de l'Amérique septentrionale que les cultivateurs sont en position de tendre constamment & de parvenir toujours à améliorer leur culture, parce qu'ils sont presque tous propriétaires, que leur propriété est d'une étendue considérable, que leur instruction est généralement bonne, qu'aucune loi ne peut gêner leur industrie : aussi la richesse agricole de cet heureux pays s'augmente-t-elle avec une rapidité inconcevable. Que peut faire un fermier pour l'*amélioration*, lorsqu'il n'a qu'un bail de neuf ans? Que peut faire un propriétaire, relativement au même objet, lorsqu'il ne peut opérer que sur quelques perches de terrain? Que peut concevoir un paysan qui ne sait ni lire ni écrire, & qui n'est jamais sorti de son village? Quelle spéculation peut-on faire sur la culture de la vigne, lorsque tous les ans les impôts sur le vin augmentent, soit à la vigne, soit au lieu de la consommation, soit aux frontières?

AMÉNAGEMENT (*terme de forêts*). Ce mot paroît provenir du latin barbare *admainagium*, composé de *ad*, vers, à, & de *mainagium*, qui a signifié *mansio*, demeure, l'action de conduire, d'apporter, d'amener à son habitation, d'*aménager*, de mettre ses meubles en ordre. Aussi, dans l'origine, n'appliquoit-on ce mot qu'à l'action de débiter les bois en pièces de charpente ou autrement; & il étoit synonyme d'exploiter, de transporter ces bois pour les approvisionnemens. Depuis, ce mot a été diversement entendu par les auteurs forestiers. Chailland dit que l'*aménagement* consiste dans le récépage des bois abroutis & le repeuplement des places vagues; ce qui n'est qu'une partie de l'*aménagement*, tel que nous l'entendons aujourd'hui. Dumont & quelques autres semblent indiquer que l'*aménagement* se rapporte à la régénération d'une forêt, & qu'il consiste en quelque sorte à la meubler de différentes espèces d'arbres appropriés à la nature du sol & propres aux besoins de la consommation. Cette définition est incomplète, puisqu'elle n'indique pas tout ce qui constitue l'*aménagement* dans sa signification actuelle. M. Dralet, ne considérant ce mot que dans son acception la plus simple, le définit l'art de déterminer les parties qui doivent être coupées, chaque année, dans une forêt, de manière à procurer les produits les plus avantageux, tant au propriétaire actuel qu'à ses successeurs. Voici la définition que j'en ai donnée pour les forêts de l'Etat, dans mon *Annuaire forestier* de 1811. « C'est » l'art de diviser les forêts en coupes successives, » ou de régler l'étendue & l'âge des coupes an» nuelles, de manière à assurer une succession » constante de produits pour le plus grand intérêt » de la conservation des forêts, de la consomma» tion en général & du trésor public. »

Je place en première ligne l'intérêt de la conservation des forêts, parce que les bois étant une production lente du temps, tout *aménagement* qui tendroit à abréger le terme des exploitations pour multiplier les jouissances, augmenter momentanément les revenus, seroit un attentat aux droits sacrés de la postérité. J'ai traité cette matière avec de grands développemens dans les différens Mémoires que j'ai publiés à ce sujet. J'en reproduirai les principes dans la seconde section de cet article.

L'*aménagement* des forêts est donc ce que les anciennes ordonnances appeloient *réglement, la mise en ordre des forêts*. On procédoit quelquefois à ce réglement par RÉFORMATION. Mais l'*aménagement* n'étoit qu'une partie de la réformation, qui avoit deux objets : la réparation des dommages causés par les abus & malversations des officiers, marchands, riverains & usagers, & le rétablissement de l'ordre pour la conservation.

Établissons d'abord ce qui se pratique d'après les réglemens.

SECTION PREMIÈRE.

Des aménagemens suivant les réglemens.

Nous emploierons dans cette première section une partie des excellens articles du *Traité du régime forestier*, par M. Dralet, ainsi qu'il a bien voulu nous le permettre.

Autrefois les maîtrises obtenoient, pour chaque forêt qui n'avoit pas été aménagée, un arrêt du Conseil, que l'on appeloit *arrêt de réformation* ou *d'aménagement*. Cet arrêt ordonnoit la reconnoissance & la fixation des limites, l'abornement, le creusement des fossés nécessaires, l'arpentage & le levé du plan des parties dégradées, & le repeuplement des clairières.

Toutes ces opérations s'exécutoient consécutivement à la réquisition du procureur du Roi dans la forêt qui étoit l'objet de l'arrêt obtenu; lorsqu'elles étoient terminées, on s'occupoit successivement des autres forêts du ressort.

La marche de l'administration actuelle n'est pas la même.

Le réglement des limites, l'abornement & l'ouverture des fossés s'opéroient par des mesures générales, que l'on peut regarder actuellement comme indépendantes de l'*aménagement*.

D'autres mesures générales sont prescrites pour les récépages & les repeuplemens.

Ainsi, l'*aménagement* d'une forêt ne comprend plus aujourd'hui que le mode d'exploitation auquel elle doit être soumise, l'âge auquel les coupes doivent être faites, & les réserves à y établir.

Mode d'exploitation.

On connoît trois modes d'exploiter les bois; savoir: 1°. la coupe à *tire & aire*; 2°. la coupe par pieds d'arbres, *en jardinant*; 3°. la coupe par *éclaircie* ou *expurgades*.

Le premier de ces modes est le seul qui soit autorisé par les anciennes lois; elles veulent que les coupes se fassent par contenance & de proche en proche, sans rien laisser en arrière. (*Ordonnance de François I*^er^., *du mois de juillet* 1544. — *Etats de Blois, du mois de novembre* 1576. — *Edit de Henri III, du mois de mai* 1579. — *Ordonnance de Louis XIV, du mois d'août* 1669.)

Le second mode, qui consiste à couper par pieds d'arbres en jardinant, est autorisé dans les forêts de sapins, dans les forêts de hêtres & de sapins. (*Décret du* 30 *thermidor an* 13.)

Elle est encore autorisée sur les arbres épars & dans les boqueteaux disséminés, surtout lorsque les arbres qui doivent être abattus peuvent tomber dans des vides ou sur des lisières des forêts. (*Décision du ministre des finances, rapportée dans une circulaire du* 20 *août* 1806, *n°.* 334.)

Quant à l'exploitation par éclaircies ou expurgades, & qui consiste à enlever à différens âges des coupes, les bois morts, dépérissans & les morts-bois qui se trouvent surabondans & nuisibles à la croissance des taillis ou futaies, elle n'est autorisée par aucune loi. Mais, lorsqu'il est nécessaire de faire l'application de ce mode d'exploitation à une forêt, & surtout aux futaies pleines, l'administration le propose au Gouvernement pour en obtenir l'autorisation.

Age des coupes.

L'âge auquel une exploitation quelconque peut être déterminée, dépend des circonstances locales; cependant les réglemens ont posé quelques principes. L'ordonnance de 1580 permettoit de couper les taillis de châtaigniers à l'âge de sept ans; les ordonnances de 1563, 1573, 1587, 1588 & 1669 défendent d'abattre les taillis des autres essences avant l'âge de dix ans.

Depuis l'ordonnance de 1669, les arrêts du Conseil qui ont ordonné l'*aménagement* de bois des communes & des ecclésiastiques, ainsi que les décrets & ordonnances rendus en dernier lieu, fixent l'âge des coupes à vingt-cinq ans; il y a très-peu d'exceptions à cet égard.

En général, si le sol est bon, on obtient des produits en matières beaucoup plus considérables, lorsqu'on recule l'époque des coupes jusqu'à vingt-cinq, trente, quarante, cinquante & soixante ans.

Quant aux futaies, les ordonnances de 1544, 1572 & 1587 en régloient les coupes à cent ans; mais leurs dispositions n'ont point été renouvelées par l'ordonnance de 1669, elles sont tombées en désuétude. Il est d'usage d'aménager en futaie les bois où les arbres profitent jusqu'à quatre vingt ou cent ans & plus.

Réserves.

Pour fournir des ressources aux constructions civiles & navales, on a senti, dans tous les temps, la nécessité de destiner une portion de chaque forêt à croître en futaie. Cette précaution consiste en une étendue déterminée de bois que l'on appelle *défends*, *réserve*, ou en une quantité d'arbres qu'on appelle *baliveaux*, *arbres de réserve*.

En 1573 il fut ordonné qu'une partie des bois domaniaux seroit mise en *défends*, & dans plusieurs réformations l'on a en effet désigné certains triages pour croître en futaie; mais cette mesure n'a pas été exécutée d'une manière générale, si ce n'est dans les bois des communes, des ecclésiastiques & établissemens publics, pour lesquels l'ordonnance de 1669, confirmative des ordonnances de 1573 & 1597, a prescrit que la quatrième partie seroit toujours tenue en nature de futaie.

Quant aux baliveaux, que l'on appelle aussi *futaies sur taillis*, *futaies éparses*, &, dans quelques provinces, *des sur-taillis*, les plus anciennes ordonnances veulent qu'il en soit établi dans toutes les coupes. (*Ordonnances de* 1554, 1563, 1575, 1576 & 1585.)

L'ordonnance de 1669 ne fait pas mention du

nombre de baliveaux à réserver dans les taillis des forêts royales, elle prescrit seulement une réserve uniforme de vingt baliveaux par hectare de futaie; mais on est dans l'usage d'étendre aux forêts de l'Etat les dispositions de cette ordonnance, qui veulent qu'il soit réservé dans les bois communaux trente-deux baliveaux par hectare de taillis. (*Ordonnance de* 1669, *titre XV*, *art.* 12, & *tit. XXIV*, *art.* 3.)

Dans la pratique on ne borne pas le nombre des baliveaux à celui prescrit par les réglemens, on en conserve toujours un nombre beaucoup plus considérable. Il est même d'usage d'ordonner aux communes qui obtiennent la coupe de leurs quarts de réserve, de conserver cinquante baliveaux de l'âge par hectare, outre tous les anciens & modernes, sains & d'espérance.

Aperçu des opérations relatives à l'aménagement.

Dans les *aménagemens* on doit reconnoître & constater la situation des forêts & leur aspect, leur abornement & consistance, leur état actuel, l'ordre usité pour leur exploitation & les ressources qu'elles présentent; la nature du sol, les essences dominantes, leur âge & degré de croissance, celles qu'il convient d'y favoriser ou d'introduire par rapport au sol, à la consommation du pays, au commerce & aux constructions de tous genres; la distance des ports de mer, des routes, canaux & rivières flottables & navigables, & les débouchés qu'on peut établir; les cantons propres à laisser croître en futaie, ceux qui ne conviennent qu'aux taillis, & les coupes autour desquelles il seroit avantageux de conserver des bordures; l'âge auquel il convient de régler la coupe des uns & des autres pour en obtenir le plus haut degré d'accroissement & le plus haut prix du bois; l'étendue des vides & clairières, les endroits abroutis & malvenans, les terrains marécageux, les moyens les plus économiques de repeuplement, récépage & desséchement; les délits les plus fréquens, les moyens de les réprimer, les usages & affectations, & les moyens propres à les restreindre, suivant la possibilité des forêts.

Il est entendu qu'on ne procède à aucun *aménagement* qu'après s'être assuré que la forêt n'est point dans le cas de sortir des mains du Gouvernement.

Le projet d'*aménagement* doit être contenu dans un procès-verbal dressé par l'inspecteur forestier.

Ce procès verbal est transmis au conseiller d'état, directeur-général, par le conservateur, qui y joint ses observations & son avis.

L'*aménagement* est ensuite fixé par une ordonnance rendue sur le rapport du ministre des finances. (*Circulaire du* 14 *floréal an* 12, *n°.* 203.)

Le procès-verbal dont il s'agit ne doit pas seulement contenir le projet d'*aménagement*, il doit renfermer tous les renseignemens qui peuvent éclairer le Gouvernement & déterminer sa décision.

Des instructions concernant les aménagemens.

Le travail des *aménagemens* étoit trop important pour qu'il n'excitât pas un véritable intérêt. L'administration forestière s'est occupée de donner à ce travail la perfection dont il étoit susceptible; elle a en conséqnence rédigé successivement plusieurs instructions que nous allons indiquer. Nous y joindrons l'indication des dispositions ordonnées par le Gouvernement.

Une proclamation de l'Assemblée nationale, du 20 août 1790, relative aux domaines & bois, renferme l'invitation aux administrations de communiquer leurs vues sur le meilleur plan d'*aménagement* des forêts nationales, des bois communaux, & même des bois des particuliers.

L'instruction du 7 prairial an 9, art. 26, contient la même invitation aux conservateurs.

Un arrêté du Gouvernement, du 27 messidor an 10, particulier pour les forêts des départemens de la rive gauche du Rhin, ordonne qu'il sera procédé aux arpentage, *aménagement* & bornage de ces forêts.

Une circulaire de l'administration, du 14 floréal an 12, n°. 203, contient une instruction pour l'*aménagement* des bois communaux, invite les arpenteurs à se pénétrer de leurs obligations, les prévient que les prix fixés pour les arpentages & réarpentages par la loi du 16 nivôse an 9, ne sauroient être appliqués constamment aux bois communaux; charge les conservateurs de prendre l'attache des préfets pour l'*aménagement* de ces bois; ordonne la rédaction & l'envoi à l'administration d'un procès-verbal indicatif du nom du bois à aménager, & des divers renseignemens propres à éclairer le Gouvernement; prévient qu'on ne doit procéder à aucun *aménagement sans un arrêté du Gouvernement.* Les mesures qui doivent précéder l'exécution, consistent à faire choix d'un arpenteur probe, instruit; on doit profiter du levé du plan des territoires des communes, ordonné par les arrêtés du Gouvernement, des 12 brumaire an 11 & 27 vendémiaire an 12.

L'instruction est suivie d'un modèle de soumission à souscrire par les arpenteurs.

Une circulaire du 25 janvier 1809, n°. 387, ordonne la suspension du paiement du dernier quart de la rétribution due aux arpenteurs chargés de l'*aménagement* des bois des communes, jusqu'à l'approbation donnée à leur travail par l'administration; elle ordonne en outre l'insertion de cette disposition dans les soumissions à souscrire par les arpenteurs pour la mise en règle des bois communaux.

L'administration ayant remarqué qu'elle pouvoit encore amélioer le travail des *aménagemens* & le rendre plus régulier, s'est déterminée à rédiger une nouvelle instruction plus complète que les précédentes, en adoptant des mesures qu'elle avoit cru prudent de n'introduire que successivement dans les opérations des arpenteurs.

Ce fut l'objet de la circulaire du 20 septembre 1813, n°. 503, & d'un nouveau modèle de soumission. L'ensemble de ce travail renferme les principales dispositions à suivre dans cette partie du service. Nous nous bornerons à présenter ici un extrait de différentes notes rédigées sur cet objet par feu M. Chanlaire, notre collaborateur aux *Annales forestières*.

L'*aménagement*, sous le rapport de l'art, est la fixation sur le terrain de l'ordre dans lequel les coupes d'une forêt entière, ou de simples parties de bois, doivent être exploitées, & de l'époque où cette exploitation doit avoir lieu.

Les opérations d'art que comporte un *aménagement* se divisent en deux parties distinctes & jusqu'à un certain point indépendantes l'une de l'autre, quoique composant toutes deux l'ensemble d'un même travail.

La 1re. partie, qu'on nomme *préparatoire*, se compose, 1°. du levé du plan de la partie de bois qu'il s'agit d'aménager; 2°. de la reconnoissance & de la fixation des limites; 3°. du Mémoire statistique & descriptif servant à donner tous les détails qui la concernent; 4°. enfin, du projet de l'*aménagement* qu'on regarde comme le plus utile d'y établir.

La 2e. partie, appelée *définitive*, a pour objet l'exécution sur le terrain de l'*aménagement* adopté; ce qui comprend, 1°. la délimitation & l'assiette, tant des triages (c'est-à-dire, des divisions principales ou séries de coupes), que de chacune des coupes particulières que règle l'*aménagement*; 2°. l'ouverture des tranchées ou lignes séparatives, soit des triages, soit des coupes à y exploiter successivement; 3°. la mise au net & les expéditions tant du procès-verbal constatant que l'aménagement est exécuté, que des plans & autres pièces à l'appui.

Reprenons ces points dans l'ordre où ils viennent d'être indiqués, pour chacune des deux parties de travail, & donnons quelques détails qui trouvent naturellement leur place ici.

§. 1er. *Travail préparatoire.*

Il comprend, avons-nous dit :

1°. Le levé du plan du bois à aménager.

2°. La reconnoissance & la fixation de ses limites.

3°. Le Mémoire descriptif & statistique de ce bois.

4°. Enfin, le projet de l'*aménagement* le plus convenable à y établir.

N°. 1er. *Le levé du plan* s'exécute suivant les procédés ordinaires. On se borne à dire ici que, pour la bonne confection de ce travail, il faut commencer par former un canevas trigonométrique qui, en facilitant le rattachement du plan du bois que l'on veut décrire, aux points fixes environnans, assure l'harmonie de tous les détails de l'opération, en donnant des moyens aussi simples que certains de la vérifier.

N°. 2. *La reconnoissance & la fixation des limites* du bois à aménager s'opèrent en conformité des règles & instructions données sur cette partie du service, & qu'il seroit trop long d'exposer ici.

N°. 3. *Le Mémoire statistique* ou descriptif a pour objet les détails à donner sur la situation de la forêt à aménager; sur la nature du sol de cette forêt; sur les substances minérales que ce sol peut recéler; sur l'essence & la qualité des bois qui composent sa superficie; sur la consistance & les âges divers, tant du taillis que des baliveaux qui le surmontent; sur l'état des fossés & des bornes de la forêt; sur les routes, chemins, rivières, canaux de navigation ou de flottage qui traversent ou se trouvent à proximité; sur les maisons, bâtimens ou usines placées dans l'intérieur ou qui peuvent en dépendre; sur les enclaves & sur ce dont ces enclaves se composent; sur les droits d'usage dont la forêt peut être grévée; sur les établissemens ou lieux de consommation des coupes; sur les produits des dernières années & sur le taux moyen du produit annuel; sur le débit du bois & le prix courant des marchandises qu'on en obtient; sur les améliorations dont peut être susceptible la forêt à aménager; sur les délits auxquels elle est exposée; sur les frais de garde; enfin, sur la chasse & le genre d'*aménagement* le plus en usage dans le voisinage, & sur ses motifs. On peut consulter à cet égard le plan général de statistique forestière qui termine le *Traité de l'aménagement des forêts*, par M. Dralet.

N°. 4. *Le projet d'aménagement* à établir se combine d'après ces données; il doit embrasser, 1°. le mode d'exploitation, soit celui des coupes par contenance, soit celui des coupes en jardinant; 2°. le nombre d'arbres à couper chaque année, si le mode de jardinage est adopté; l'âge auquel doivent être faites les exploitations par contenance, ou la division de la forêt en un nombre de coupes relatif à cet âge, si c'est le mode d'exploitation par contenance; 3°. la désignation du triage ou du quartier qu'il convient de mettre en défends, s'il y a lieu; le nombre de baliveaux à réserver par hectare, & leur distribution. Il doit présenter aussi des vues sur le mode d'exploitation des baliveaux dépérissans, & faire connoître s'il convient de les adjuger en même temps que le taillis, comme cela se pratique dans le plus grand nombre d'arrondissemens, ou s'il ne faut en faire

la

la vente que l'année suivante. Le premier mode présente l'avantage de n'avoir qu'un adjudicataire, de prévenir une longue fréquentation de bestiaux & de voitures dans les coupes, & d'obtenir par conséquent une vidange plus prompte, ce qui est important pour la conservation & le succès des renaissans. Mais le second mode a aussi ses avantages; il facilite le choix des arbres à réserver pour la marine dans les bois dont les taillis très-épais rendroient ce choix difficile avant son exploitation. L'administration a permis de suivre à cet égard l'usage établi dans chaque forêt. (*Circulaires du 28 frimaire an 10, n°. 58, & du 2 floréal de la même année, n°. 87.*)

§. 2. *Travail définitif.*

Il a pour objet la fixation sur le terrain, de l'*aménagement* une fois qu'il est définitivement adopté, & ce travail comprend:

1°. La délimitation des divisions en triages & en coupes des bois à aménager;

2°. L'ouverture des tranchées séparatives de ces divisions;

3°. La mise au net & les expéditions des pièces & plans constatant l'*aménagement*.

N°. 1er. *La délimitation des divisions* d'après lesquelles se règle l'exploitation annuelle, est la partie importante, puisque ce travail a véritablement pour but de régler ce qui doit être annuellement exploité, & l'époque où la coupe doit avoir lieu. On sent que dans un bois peu considérable, qui ne comporte qu'une coupe à faire annuellement sur un seul point, la fixation de l'*aménagement* sur le terrain se réduit à la délimitation des coupes réglées pour chacune des années de la révolution adoptée dans cet *aménagement*. Mais dans les forêts de grande étendue, où il est nécessaire d'établir plusieurs coupes à exploiter dans la même année & sur différens points, on établit d'abord des divisions principales, dans chacune desquelles on règle un ordre de coupes particulier. Ces grandes divisions se nomment assez généralement *triages* ou *séries de coupes*, & l'âge des coupes de chaque série peut n'être pas le même à raison de la variété du sol, des essences dont il est peuplé, ou enfin de la nature des débouchés plus ou moins avantageux résultant de la situation de telle ou telle partie de la forêt.

N°. 2. *L'ouverture des tranchées* destinées à indiquer ces divisions sur le terrain, ne s'opère pas dans les grandes forêts à la même époque de l'*aménagement* que dans les bois moins étendus, & qui ne comportent qu'une série de coupes.

En effet, quand il est question d'aménager une grande forêt, susceptible d'offrir plusieurs de ces séries, on commence par bien fixer le nombre des séries qu'il paroît convenable d'établir, & par déterminer (même avant qu'il soit question de lever le plan de la forêt) la forme, ainsi que l'étendue de chaque série. Les lignes qui doivent séparer ces séries sont tracées sur un croquis du plan qui, présentant approximativement le périmètre ou la figure de l'ensemble de la forêt, donne la facilité de bien indiquer la direction de ces lignes; elles sont le plus ordinairement *droites*, à moins que des circonstances ou les accidens du terrain ne forcent à les faire obliquer.

Une fois que le nombre des séries est réglé & la composition de chacune d'elles déterminée, on ouvre sur le terrain les lignes séparatives de ces séries, ce qui facilite singulièrement le levé du plan de l'intérieur de la forêt; de sorte que, sous un rapport, cette ouverture des lignes de séries pourroit être mise au nombre des opérations préparatoires, telles que le levé du plan & la reconnoissance des limites.

Ces lignes devant servir de chemin de vidange, ont une largeur convenable à leur destination: cette largeur varie suivant la nature du sol & son exposition, qui influent beaucoup sur la variabilité de ces chemins; mais en général elle est de *six* à *huit mètres*.

Les tranchées destinées à séparer les coupes, soit dans chaque série d'une forêt, soit dans les bois qui n'offrent qu'une coupe annuelle & dès-lors qu'une seule série, ne s'ouvrent que lors de l'exécution sur le terrain de l'*aménagement* définitivement adopté: elles n'ont souvent qu'un mètre ou deux au plus de largeur; mais, pour faciliter la vidange, il faut combiner leur direction de manière qu'elles aboutissent, dans les grandes forêts, aux lignes séparatives des séries, & dans les bois n'ayant qu'une série de coupes, à une ligne principale qu'on nomme assez ordinairement *magistrale* ou *haut trait*, à laquelle on donne de quatre à six mètres de largeur pour le passage des voitures servant à la vidange des bois.

N°. 3. *La mise au net* des procès-verbaux, plans & autres pièces constatant l'exécution entière de l'*aménagement*, & faisant connoître les bases sur lesquelles il repose, complète le travail.

Nous nous bornons à dire que pour la construction, comme pour la copie des plans, il existe des règles adoptées dans les divers ministères, & que ces règles sont suivies depuis 1804 dans tous les travaux de ce genre exécutés par ordre du Gouvernement.

Comme elles tendent au perfectionnement de cette partie de l'art de l'arpenteur, les géomètres chargés de l'*aménagement* des forêts de l'Etat & des communes s'y conforment nécessairement: ajoutons qu'en général tout géomètre instruit sentira la nécessité de s'y conformer de même pour la bonne exécution de son travail particulier.

Deuxième section.

Théorie des aménagemens, ou dissertation sur les aménagemens considérés sous les rapports physiques & économiques.

J'ai publié dans les *Annales forestières* des années 1810, 1811 & suivantes, plusieurs Mémoires sur l'*aménagement* des forêts en général. Je vais les placer ici, en y faisant les changemens & additions qui me paroîtront utiles. Je traiterai au mot Exploitation, des opérations qui se rapportent à cet objet dans notre système ordinaire d'exploitation & dans le système des éclaircies.

Je diviserai cette section en trois parties ou dissertations : la première sera consacrée aux différens modes d'*aménagemens*; la seconde aura pour objet les futaies de chêne & de hêtre; la troisième traitera des taillis.

PREMIÈRE PARTIE.

Examen des différens modes d'aménagement.

Chap. Ier. *Considérations générales.*

Je vais, dans cette première partie, passer en revue les différens modes d'*aménagement*, rendre compte des opinions auxquelles ils ont donné lieu, & examiner les résultats de ces *aménagemens* par rapport aux produits & à la reproduction, & par rapport aux bois de marine.

Ce dernier objet est d'une grande importance, & c'est peut-être parce que d'anciens auteurs de traités d'*aménagement* ne lui ont pas donné le degré d'attention qu'il méritoit, qu'on trouve dans leurs ouvrages des propositions qui ne tendent pas toujours à opérer l'augmentation de nos ressources en bois de marine. Quelques-uns ont plus visé au *maximum* des produits en bois de chauffage & de service ordinaire, qu'en bois propres à la construction des vaisseaux. D'autres ont même proposé de supprimer le mode d'exploitation qui nous offre le plus de ressources en ce genre; je veux dire l'exploitation avec réserve de baliveaux sur taillis.

Avant de procéder aux *aménagemens*, on doit faire les visites & reconnoissances que nous avons indiquées plus haut, sous le titre d'*Aperçu des opérations relatives à l'aménagement*. C'est d'après ces reconnoissances, qui ont pour objet de constater toutes les circonstances locales, qu'on se détermine à adopter tel ou tel *aménagement*, & c'est à l'aide des renseignemens qu'elles procurent, qu'on peut faire l'application des principes sur la matière.

On aménage en taillis les bois où les arbres dépérissent après 60 ou 70 ans; & on peut aménager en futaie ceux où les arbres profitent jusqu'à 80 ou 100 ans & plus.

Chap. II. *Des réserves prescrites par l'ordonnance.*

Les forêts & bois s'exploitent en futaies pleines & en taillis. Le premier mode, abstraction faite des considérations que nous venons d'exposer, a lieu surtout dans les pays riches en forêts, tels que l'Allemagne & la Russie, & quelques parties de la France.

Le mode d'exploitation en taillis est suivi plus particulièrement dans les Etats populeux, parce que dans les premiers temps les forêts y ont été moins ménagées, soit par les défrichemens, soit par les mauvaises exploitations qui ont amené les anciennes futaies à l'état de taillis, & souvent à l'état de friches. En effet, on remarque par les anciens procès-verbaux de réformation, & notamment par ceux de M. de Froidour, que les forêts avoient été dégradées par les exploitations fréquentes & sans règles, & surtout par les exploitations en jardinant. Mais alors le désordre a fait naître l'ordre; & des réglemens conservateurs, en arrêtant les progrès de la dévastation, ont prescrit des règles sur les coupes, & ordonné la réserve d'un certain nombre d'arbres pour assurer les repeuplemens & fournir ensuite les pièces nécessaires aux constructions.

Le dernier de nos réglemens forestiers, qui renferme des dispositions générales sur cet objet, est celui de 1669. Il prescrit de réserver dans les bois de l'Etat dix arbres par arpent de futaie parmi ceux de la plus belle venue, & de chêne s'il se peut; & quant aux taillis, de réserver tous les baliveaux anciens & modernes, avec seize baliveaux par arpent de l'âge du taillis, en permettant néanmoins d'*abattre les réserves qui pourroient empêcher le taillis de pousser.*

C'est l'utilité de ces réserves qui a été l'objet d'une controverse entre les auteurs forestiers. Je vais entrer dans la discussion, en traitant successivement des futaies pleines & des taillis.

Chap. III. *Des futaies pleines, & des différentes manières de les exploiter.*

Les futaies pleines s'établissent dans les meilleurs fonds. Celles qui sont composées de bois à feuilles, c'est-à-dire, de bois autres que les bois résineux, s'exploitent dans l'intérieur de la France, par contenance à tire & aire, & à la réserve de vingt baliveaux par hectare, pris parmi ceux de la plus belle venue, & d'essence de chêne autant que possible. Les âges auxquels il convient de fixer les coupes, dépendent absolument des localités.

Je vois par les états de la statistique forestière,

que les âges auxquels nos futaies sont aménagées varient depuis 80 ans jusqu'à 200 & 250 ans. Mais les âges les plus ordinaires sont de 100 à 120 ans. Quelques futaies sont exploitées à 150 & 180 ans, & fort peu à 200 ans & plus. Quant aux demi-futaies, elles s'exploitent à 40, 50, 60 & 70 ans.

Nous ferons connoître, dans la seconde partie de cet article, les rapports des produits, en bois & en argent, des différens âges d'*aménagement*.

Quant aux futaies d'abres résineux, tels que les pins, sapins & mélèzes, comme ces arbres ne se reproduisent que de semences, on les exploite à des âges très-variables, & assez généralement en jardinant, quoique ce mode ait bien des inconvéniens, ainsi que nous l'expliquerons plus loin.

Tout le monde convient que le mode prescrit par nos réglemens pour l'exploitation des futaies de chêne & de hêtre, n'est pas non plus le plus avantageux, ni pour les produits en nature, ni pour la facilité du repeuplement. Mais celui des coupes par *éclaircies*, qui procure aux futaies un accroissement rapide & une régénération facile, est sujet à des abus; & c'est pour cette raison que nos réglemens ont préféré le premier. On n'ignoroit point les avantages physiques des éclaircies ou *expurgades*; car plusieurs auteurs, tels que de Froidour, Buffon, Duhamel & Varenne de Fenille, les ont considérées comme infiniment utiles à l'accroissement des bois. Mais de Froidour, considérant tous les abus qui résultent de ce mode, surtout dans les taillis, les regardoit comme un monstre en matière de forêts; Buffon, comme une opération qu'il faudroit pour ainsi dire faire par ses mains. Varenne de Fenille conseille aux propriétaires de la faire faire sous leurs yeux; & Duhamel, en exprimant le desir que ces expurgades soient pratiquées par les particuliers, soutient qu'elles ruineront les bois de l'Etat & ceux des établissemens publics.

Les auteurs qui sont venus ensuite, & nommément M. de Perthuis, ont reconnu dans les éclaircies les mêmes avantages & les mêmes inconvéniens. M. de Perthuis fils, qui a rédigé l'article *Aménagement* du nouveau *Cours d'agriculture*, pense que les mêmes motifs qui ont fait proscrire les éclaircies dans les forêts de l'Etat subsistent dans toute leur force, & que les particuliers eux-mêmes ne voudront pas les admettre dans leurs forêts.

Voilà sans doute des autorités imposantes, & même on ne peut nier que la méthode des coupes par éclaircies dans les bois régis par une grande administration, ne prête réellement à des abus. Je tâcherai cependant de diminuer les préventions qu'elle a inspirées, & d'indiquer les modifications qui pourroient la faire admettre dans quelques futaies du Gouvernement. Si je réussis, j'aurai établi un point important d'économie forestière; car il est reconnu que les futaies exploitées par éclaircies fournissent des produits bien plus considérables, & de plus belles pièces de marine, que les futaies qu'on abandonne à elles-mêmes jusqu'au moment de leur exploitation. Je vais, avant tout, exposer brièvement cette méthode, telle qu'elle a été suivie dans plusieurs forêts des départemens de Rhin & Moselle, de la Sarre, du Mont-Tonnerre & de la Roër, lorsque ces pays faisoient partie de la France. Je puiserai la description de ce mode d'exploitation dans les ouvrages de Hartig & de Burgsdorf que j'ai traduits, & dans les opérations même de la commission d'*aménagement*, qui avoit été établie pour ces départemens; opérations qui se trouvent détaillées dans une instruction rédigée par M. Lintz, membre de cette commission.

CHAP. IV. *De l'exploitation des futaies de chêne & de hêtre par éclaircies ou coupes successives.*

On prend pour exemple une futaie de hêtre, parce que les principes d'après lesquels on opère pour cette essence peuvent s'appliquer, sauf quelques modifications, aux autres espèces propres à être aménagées en futaie.

Une jeune futaie de hêtre est souvent mêlée de chênes, frênes, érables, bois blancs, &c. Plusieurs considérations physiques qu'il est aisé de sentir, & qui sont d'ailleurs développées dans les ouvrages allemands que j'ai fait connoître, exigent que la consistance de cette forêt soit serrée.

Mais il arrive une époque où l'accroissement se ralentit d'une manière sensible; où le sol, surchargé de brins superflus, ne peut plus fournir à la masse des végétaux une nourriture suffisante; où l'air ne peut plus circuler. Les brins doués d'une constitution plus heureuse & plus forte, ou placés dans un fonds plus riche & plus profond que les autres, s'élèvent au-dessus de ceux-ci, les dominent, les oppriment & les privent de l'air & du soleil; un dépérissement sensible se fait remarquer. C'est alors que la forêt appelle la main de l'homme; c'est alors que la végétation dépérissante exige de prompts secours; enfin, c'est à cette époque qu'il faut procéder à l'utile opération à laquelle on a donné les noms d'*expurgade*, de *nettoiement* & d'*extraction de bois dépérissans*.

Le moment où cette opération devient nécessaire s'annonce aux yeux; mais il ne peut être fixé au même terme pour toutes les futaies. Il dépend du climat, de l'exposition, de la qualité du sol, de l'état de la jeune futaie & de sa consistance plus ou moins serrée.

Dans plusieurs forêts ces nettoiemens s'opèrent successivement vers les trentième, soixantième & quatre-vingt-dixième années, tandis que dans d'autres forêts une seule ou deux éclaircies sont suffisantes. Mais ces opérations exigent de la part des agens forestiers une grande attention, beaucoup de discernement, de l'expérience, de la patience & du zèle; car autrement le mal seroit plus grand que le bien qu'on auroit voulu produire.

Par la même raison qu'on ne peut assigner une époque fixe & générale pour opérer les nettoiemens, on ne peut déterminer le nombre exact des perches ou jeunes arbres qu'il convient de réserver dans chacune de ces opérations. Si on se permettoit à cet égard des indications précises, on retomberoit dans l'inconvénient des méthodes générales. Il s'agit ici de procurer le bien-être de la forêt, & c'est son état seul qu'il faut consulter.

« Une fois, dit M. Lintz, les bois dépérissans » extraits, ou, si on aime mieux, les coupes préparatoires terminées, & la futaie ayant presque » acquis la hauteur à laquelle elle doit s'élever, » elle s'étendra vigoureusement par la cime, acquerra de la force & de la solidité, & les couches concentriques augmenteront visiblement » en grosseur. Alors les arbres approcheront de » cette vigueur qui signale dans tous les êtres l'âge » de la virilité & de la reproduction.

» Ce terme, qui tient à l'*individualité* d'une forêt, a été porté par la commission d'*aménagement* » à l'âge de 110 à 120 ans, pour plusieurs masses » de futaies de hêtre dans la conservation de » Coblentz. »

Lorsque ces futaies sont parvenues à cet âge, on y établit l'assiette des coupes dites de *réensemencement*.

La destination des arbres qu'on réserve dans ces coupes est d'une grande importance; car c'est d'eux qu'on attend le repeuplement de la futaie.

Le nom de *coupe de réensemencement*, qu'on donne à cette exploitation, en indique le but; & celui de *coupe sombre* ou *serrée*, sous lequel on la désigne encore, nous peint l'état où doit être la coupe après l'exploitation. On a dû laisser assez d'arbres, dans ce premier abattis, pour que leurs branches pussent se toucher & fournir un ombrage épais qu'on peut appeler *sombre*.

Sans vouloir fixer précisément le nombre d'arbres à réserver dans une coupe de réensemencement, M. Lintz assure que, d'après le comptage qu'il en a fait plusieurs fois, il a trouvé que le terme moyen de ces réserves, dans une futaie de hêtre mêlée de chênes & âgée de 110 à 120 ans, étoit de 150 à 160 par hectare.

Ce mode d'exploitation en coupe serrée présente de grands avantages; il procure à la coupe un ensemencement abondant de graines de bonne qualité provenant d'arbres sains; il s'oppose à la crue du gazon & des mauvaises herbes qui empêcheroient les graines de germer, si une bonne année de semences tardoit à arriver; il fournit un ombrage & un abri nécessaire aux jeunes plants de hêtre, qui sont si délicats dans leur jeunesse & sujets à périr par la gelée & la sécheresse; & par cet état serré des arbres de réserve, il empêche que la terre légère qui recouvre les petits plants à peine enracinés, ne se dessèche à sa surface. D'ailleurs le semis ne reçoit dans cet état qu'autant de lumière, d'air & de pluie qu'il lui en faut au moment de sa naissance. Enfin, le mode des coupes serrées procure l'avantage bien essentiel d'empêcher que les vents ne dispersent le lit de feuilles qui favorisent la germination de la semence, qui protège les racines des jeunes plants contre la gelée & la sécheresse, & leur fournit par la suite les sucs nourriciers qui leur sont nécessaires.

On laisse la coupe dans cet état jusqu'à ce qu'elle soit couverte en grande partie de plants de huit à douze pouces, ce qui exige au moins trois ou quatres ans; & comme à cet âge ils ont besoin d'air, on enlève alors une partie des arbres réservés lors de la coupe d'ensemencement. Cette seconde exploitation, qui porte sur tous les arbres entourés d'un recru complet, s'appelle *coupe claire* ou *secondaire*. Enfin, trois ou quatre ans après, lorsque la coupe est entièrement repeuplée, on y fait la troisième exploitation, dite *coupe définitive*. Elle enlève tous les arbres restans, à l'exception de ceux qui sont destinés à parcourir une seconde révolution, & qui par conséquent ne seront abattus qu'après 110 ou 120 ans.

Cette dernière réserve, qui doit être d'un grand secours pour les constructions civiles & navales, ne peut nuire à la jeune futaie si le choix en est fait avec discernement, & si elle n'est composée que de douze à seize arbres par hectare.

Lorsque ces exploitations sont terminées, on abandonne la coupe à elle-même, jusqu'à ce qu'elle ait besoin d'être nettoyée par les éclaircies dont nous avons parlé en premier lieu.

Cette manière de traiter les futaies exige, comme on l'a vu, de six à sept opérations pour une seule que nous faisons d'après le mode ordinaire.

Ces opérations sont bien payées par la quantité des produits, par la meilleure qualité des bois, par la promptitude & l'abondance des repeuplemens naturels, & l'avantage de recourir rarement aux semis artificiels. Puissent ces avantages, qui contre-balancent si puissamment les inconvéniens attachés à ce système, engager les particuliers à l'introduire dans leurs forêts, & le Gouvernement à ne point le proscrire entièrement des siennes, mais bien à en permettre l'application aux futaies où l'administration le croira avantageux !

Il est évident qu'on n'attend pas que toutes les exploitations qu'on vient de décrire aient eu lieu sur une coupe pour passer à la seconde; il faut au contraire entamer cette seconde division de la futaie l'année qui suit la coupe d'ensemencement sur la première, & ainsi de suite, de manière qu'il y a quelquefois six à sept coupes sur lesquelles on revient successivement.

J'indiquerai plus loin les principales opérations de l'*aménagement* des futaies qu'on destine à être exploitées d'après ce mode.

Je reviens à l'examen des futaies pleines exploitées d'après l'ordonnance.

CHAP. V. *Des futaies pleines en général, considérées par rapport aux bois de marine.*

Quelle que soit la manière d'exploiter les futaies pleines, on n'y trouvera jamais en bois courbes les ressources que nous offrent les futaies sur taillis. D'un autre côté, les arbres crus en massif sont ordinairement d'un bois plus tendre & plus léger que celui des arbres qui ont joui, pendant la durée de leur croissance, des avantages de l'air & de la lumière. Mais ils fournissent en revanche un grand nombre de belles pièces qu'on ne pourroit trouver ailleurs, telles que des quilles, des baux, des iloires ou des précintes, & autres pièces droites ou d'une légère courbure. On y trouve bien aussi des bois courbans, courbes & fourchus, mais beaucoup moins que dans les futaies sur taillis, que sur les lisières des forêts, & que dans tous les endroits où les arbres croissent isolés & exposés plus particulièrement aux influences atmosphériques.

« Dans les bois bien touffus, dit Duhamel, » les arbres qui cherchent l'air s'élèvent pour en » jouir; & les plus foibles d'entr'eux ne semblent » croître que pour empêcher par leur ombre les » plus vigoureux de produire des branches, puisqu'ils périssent ordinairement après que ceux-ci » ont pris le dessus au point de les étouffer, en » interceptant aux autres la transpiration qui est » une des principales causes de l'ascension de la » sève. Les arbres d'un bois touffu ne peuvent jamais jouir de l'air ni du soleil que par leur » cime; ils s'élèvent, pour ainsi dire, à l'envi les » uns des autres pour profiter de l'air, & particulièrement de l'action du soleil qui est absolument nécessaire à la végétation des plantes.

» Au contraire, sur les bords des bois touffus, » environnés de vagues, de landes ou de terres » labourables, les arbres s'inclinent & étendent » leurs branches du côté de ces terrains : on voit » bien qu'ils sont forcés de prendre cette direction par les arbres qui sont derrière eux; mais » la principale raison est, comme nous venons de » le dire, qu'ils cherchent l'air, & que par conséquent ils s'inclinent & poussent leurs branches vers le côté où ils en trouvent davantage. » C'est cette tendance vers l'endroit où ils peuvent » jouir de l'air, qui fait que les arbres plantés dans » les lisières, ou ceux qui sont isolés, poussent » plus de branches que ceux qui sont rassemblés » en massif. Dans le dernier cas, les branches les » plus basses périssent faute de transpiration, & » celles de la cime en deviennent plus vigoureuses; au lieu que les branches des arbres isolés, pouvant jouir pleinement du bénéfice de » l'air & du soleil, s'étendent avec force & fournissent beaucoup de bois courbes.

» Indépendamment de cette raison physique, » les arbres qui sont produits par de vieilles souches, & la plupart de ceux qu'on élève de marcottes & de boutures, ont rarement une disposition aussi naturelle à croître bien droits que » ceux qui sont sortis immédiatement des semences; néanmoins on aperçoit encore qu'entre » ceux-ci, les uns ont une disposition naturelle à » s'élever, pendant que d'autres s'étendent beaucoup en branches. »

Duhamel parle ensuite de la supériorité des bois courbes naturels sur ceux que l'on courbe après les avoir abattus, & il finit par dire qu'on peut avoir de bons bois courbes lorsqu'on exploitera des arbres qui auront pris cette forme dans les lisières, ou lorsque les arbres sont isolés, & qu'il est persuadé que la marine en auroit en abondance & de très-bons, si, par une exacte police, on pouvoit parvenir à ménager les arbres des haies ou les palis, qui sont si communs dans les pays de bocages (1).

On voit par ce qui précède, & la raison & l'expérience le prouvent, que ce n'est point dans l'intérieur des futaies pleines que l'on peut trouver le plus de ressources pour la marine, mais que c'est dans les bordures & les lisières des forêts & dans les arbres isolés. Tous les jours on a des preuves de cette vérité dans les vieilles bordures que l'on fait exploiter, & ces preuves seroient encore bien plus multipliées, sans l'usage où l'on est dans plusieurs forêts d'élaguer les bois qui bordent les routes & les chemins. Ces élagages, qui ont pour objet de conserver à ces routes toute leur largeur & de les assainir, privent la marine de sa plus belle ressource en bois courbes. On devroit donc les restreindre beaucoup, malgré les avantages qu'ils présentent pour la propreté des chemins, & c'est surtout dans les forêts de chênes

(1) Dans la ci-devant Bretagne & en Normandie les propriétés sont entourées de haies, & souvent les forêts elles-mêmes sont défendues par ces sortes de clôtures. Combien de ressources on ménageroit à la marine, si les chênes & les ormes qui croissent sur ces haies n'étoient pas mutilés par des élagages continuels! Ce seroient les meilleures courbes que l'on pourroit se procurer.

qu'on devroit en user sobrement, en n'élaguant que les branches inférieures.

Quoique les futaies pleines ne produisent pas autant de bois propres à la marine que les réserves isolées ou en bordures, on ne peut néanmoins partager l'opinion de Pannelier d'Annel, qui disoit positivement que *si tous les bois du royaume étoient attendus en massif de futaie, ils ne fourniroient pas de quoi construire un seul vaisseau.* Cette erreur a été relevée par tous ceux qui ont écrit après lui, & nommément par Tellès d'Acosta, qui cite plusieurs forêts réglées à cent cinquante & deux cents ans, qui fournissent de très-beaux bois de construction, & qui ajoute que tous les bois de marine que la France faisoit venir du royaume de Casan, en Russie, étoient pris dans les forêts en massif qui bordent la droite du Volga; qu'il en étoit de même de ceux de Prusse & des autres bois qui venoient de Hambourg. M. Dralet cite de son côté plusieurs forêts de haute futaie dans lesquelles les constructeurs de marine trouvent de grandes ressources, telles que les forêts de Cranon dans la ci-devant Bretagne, & celles de Lourdes & de Quersan, dans le département des Hautes-Pyrénées. Je pourrois ajouter les forêts de Soignes, près Bruxelles; de Mormal, dans le département du Nord; de Villers-Cotterets & de Coucy, dans le département de l'Aisne; de Senonches, dans celui d'Eure & Loire; les forêts des bords du Rhin, celles des provinces illyriennes, & une infinité d'autres qui fournissent de belles pièces de marine. Si Pannelier avoit dit que les futaies en massif ne produisoient pas beaucoup de bois courbes, il auroit dit une vérité incontestable; mais le paradoxe qu'il avance plus loin prouve que telle n'étoit pas son opinion: il prétend que les arbres qui croissent ensemble, & serrés les uns près des autres, ne viennent jamais droits. Assurément il faudroit n'avoir aucune idée des lois de la végétation, ou n'avoir jamais vu de futaie, pour ne pas reconnoître précisément le contraire de cette singulière assertion. En effet, n'est-ce pas dans les futaies pleines que se trouvent les arbres les plus droits & les mieux filés, & par conséquent les pièces les plus longues que l'on puisse employer dans les constructions civiles & navales? S'il étoit besoin de prouver une vérité aussi constante, aussi générale, aussi absolue, on citeroit les immenses forêts de la Russie, qui presque toutes sont en futaie, & dont on tire les plus beaux mâts de l'Univers; on citeroit surtout celles du royaume de Casan dont on a déjà parlé, celles des provinces de Wiatka, Irkutsk, Kiow, Kostroma, Minsk, Nichegorod, Orel, Perm & Podolsk, d'où l'on peut tirer annuellement des millions d'arbres pour les constructions & la mâture.

Le même auteur reproche au bois des futaies pleines d'être plus léger & plus tendre que celui des arbres sur taillis. Ce reproche est mieux fondé que les autres; mais comme il y a une foule d'ouvrages pour lesquels cette qualité de bois suffit; que d'ailleurs ce bois est très-propre aux ouvrages de fente, de charpente, & à tous ceux qui exigent de la flexibilité, on ne peut disconvenir des avantages considérables que procure ce genre d'*aménagement.* J'insisterai donc avec Duhamel, Varenne de Fenille, de Perthuis, M. Dralet & tous nos bons auteurs, sur la nécessité de conserver les futaies pleines situées dans les bons terrains. Mais j'indiquerai plus loin un moyen qui me paroît propre à leur faire produire plus de bois courbes & de meilleure qualité qu'elles n'en produisent dans leur état ordinaire d'exploitation.

CHAP. VI. *Des taillis & des futaies sur taillis. Circonstances où les baliveaux sont nuisibles ou avantageux.*

Les taillis s'exploitent par coupes réglées à des âges qui doivent varier suivant la nature du sol & des essences dont ils sont composés. Il est peu de terrains où il ne soit avantageux d'attendre jusqu'à dix ans. Il y a, quant aux produits en matières, un grand avantage à reculer l'époque des coupes jusqu'à vingt-cinq, trente, quarante, cinquante & soixante ans, lorsque le sol peut le permettre.

Nous présenterons des calculs sur cet objet dans la deuxième partie ci après; mais, en attendant, nous dirons que la plupart des taillis, dans les bois du Gouvernement, sont aménagés de vingt à trente ans, ainsi que cela résulte des états de la statistique forestière.

L'ordonnance veut qu'on réserve trente-deux baliveaux par hectare de taillis, destinés à former des étalons ou porte-graines pour les repeuplemens, & à devenir des arbres robustes pour les constructions civiles & navales. Mais, pour atteindre ce double but, il faut que les réserves soient faites dans des terrains qui puissent les nourrir, & que l'époque des coupes ne soit pas trop rapprochée. Ces propositions seront démontrées par la suite.

Comme l'objet principal de nos recherches est de nous assurer du mode d'exploitation le plus favorable à la formation des bois pour la marine, c'est particulièrement sous ce point de vue que nous allons considérer les futaies sur taillis. La chose est assez importante, surtout par rapport aux forêts qui avoisinent les rivières navigables & les ports de mer, pour qu'en l'examinant on ne doive pas se laisser détourner par quelques légers inconvéniens. Il faut savoir sacrifier les intérêts secondaires à un intérêt majeur, ou plutôt à la nécessité qui commande souverainement. Si donc il étoit démontré que les baliveaux sur taillis fournissent la plus grande quantité de bois courbes, certes les inconvéniens qu'on a reprochés à ce genre d'*aménagement* ne devroient pas être mis en balance avec ces précieux avantages. Examinons donc si les réserves que l'on fait dans les taillis offrent à la marine des ressources réelles, & si les reproches qu'on leur a faits peuvent motiver le rejet d'un mode recommandable sous cet important rapport.

L'expérience prouve que les arbres isolés poussent beaucoup de branches, & que les vents, les neiges, le givre, la pluie & autres circonstances atmosphériques, leur font prendre des formes plus ou moins irrégulières. Ces formes, qui sont rares dans les futaies pleines, où les arbres, pressés les uns par les autres, s'élèvent toujours en droite ligne, sont précieuses pour les constructions navales. Or, c'est dans les futaies sur taillis que se rencontrent les circonstances propres à produire ces effets. On y voit des arbres dont la tête, ayant été trop forte pour la tige lors de l'exploitation des taillis, a forcé cette tige à s'incliner & en a fait un arbre courbant; d'autres qui, s'étant d'abord courbés, se sont relevés peu à peu pour reprendre la direction verticale, & se sont ensuite rejetés dans le sens opposé, ce qui a produit une double courbure en forme de revers, & les a rendus propres à former des cornières ou estains, & lorsque ces arbres sont d'une forte dimension, des lisses d'ourdi ou barres d'arcasses; d'autres qui ont produit de fortes branches, qui forment avec le tronc des courbes précieuses; enfin, il en est qui se divisent en deux grosses branches, plus ou moins fortes & écartées, & qui fournissent ainsi des fourcats, des varangues acculées, des courbes & des courbatons.

Ces diverses configurations sont évidemment le résultat d'une végétation en plein air & de l'action libre des météores. Mais il est encore une autre cause qui concourt à rendre propres à la marine les réserves sur taillis : c'est que souvent ces arbres proviennent de souche, & que cette origine influe toujours sur la courbure de l'arbre, tandis que les brins de semences ont plus de tendance à s'élever en droite ligne. Je suis loin de croire cependant qu'il faille préférer les arbres crus sur souche aux brins provenus de semences, attendu que les premiers sont ordinairement viciés, surtout quand les souches qui les ont produits sont vieilles, & attendu d'ailleurs que les causes qui déterminent la courbure des arbres dans les taillis sont assez nombreuses. On s'étonnera peut-être de cette dernière assertion, vu la difficulté de tirer beaucoup de pièces courbes, même des futaies sur taillis. Mais on reviendra de sa surprise quand on fera attention que, sur quatre arbres marqués pour la marine comme présentant des formes avantageuses, souvent il en reste à peine un, après les vérifications successives des préposés de la marine, qu'on puisse employer dans les constructions, & cela parce qu'on y a découvert des vices intérieurs : c'est donc moins par le défaut de la configuration particulière des arbres, que par les vices qui leur sont inhérens, que les pièces de marine sont rares dans les taillis. Mais ces vices diminueront à mesure qu'on apportera plus de soin & plus d'attention dans le choix des baliveaux, & qu'on n'en réservera plus indifféremment dans toutes sortes de terrains & à tout âge de taillis. On doit attendre de cette attention & d'une bonne surveillance sur l'emploi des pièces marquées pour la marine, les résultats les plus satisfaisans.

Il paroît démontré par les raisons physiques qu'on vient d'exposer, comme il l'est par l'expérience, que le système des futaies sur taillis est le plus propre à la production des bois courbes, & qu'une légère amélioration dans ce système & une bonne surveillance peuvent entretenir l'abondance dans nos chantiers de construction.

Voyons maintenant les reproches qu'on a faits aux réserves sur taillis, & les moyens qu'on a proposés pour les remplacer.

Parmi les adversaires des baliveaux sur taillis, qui ont appuyé leur opinion sur des expériences, on compte MM. de Réaumur, de Buffon, Duhamel & Varenne de Fenille.

Réaumur présenta un Mémoire à l'Académie des sciences en 1721, pour démontrer le tort que les baliveaux faisoient aux bois, surtout dans les taillis coupés à dix ans. Buffon partagea cette opinion, & l'appuya d'une expérience où il avoit reconnu que la gelée du printemps faisoit beaucoup de tort aux taillis surchargés de baliveaux. On avoit conservé dans un taillis tous les baliveaux de quatre coupes successives; & dans un autre, voisin du premier, & situé sur un terrain absolument semblable, on n'avoit conservé que les baliveaux de la dernière coupe. Il a reconnu que la gelée avoit fait un si grand tort au premier, que l'autre taillis l'avoit devancé de cinq ans sur douze. Il attribue cette différence à l'ombre & à l'humidité que les baliveaux jetoient sur le taillis, & à l'obstacle qu'ils formoient au desséchement de cette humidité, en interrompant l'action du vent & du soleil. M. de Buffon dit encore que le bois des baliveaux n'est pas de bonne qualité, que les glands qui tombent des chênes réservés n'opèrent pas toujours les repeuplemens qu'on s'en promet, parce que le petit nombre de plants qui lève est bientôt étouffé par l'ombre continuelle & le manque d'air, ou supprimé par le dégouttement de l'arbre & par la gelée qui est toujours plus vive près de la surface de la terre, ou enfin détruit par les obstacles que ces jeunes plants trouvent dans un terrain traversé d'une infinité de racines & d'herbes de toute espèce. Il convient cependant que l'on voit quelques arbres de brins dans les taillis, que ces arbres viennent de graines, attendu que le chêne ne se multiplie point par rejetons au loin & ne pousse pas de la racine. Mais ces arbres de brins, dit-il, sont ordinairement dans les endroits clairs, loin des gros baliveaux, & sont dus aux mulots ou aux oiseaux, qui, en transplantant les glands, en sèment une grande quantité. De ces diverses observations, M. de Buffon conclud que la meilleure manière d'exploiter les taillis ordinaires est de faire coupe nette, en laissant le moins de baliveaux qu'il est possible.

Nous examinerons plus loin les motifs qui devoient, à l'époque où ce grand naturaliste s'occupoit des forêts, lui donner des préventions contre le système des futaies sur taillis. Mais avant de passer à cet examen, consultons l'auteur qui s'est le plus occupé de cet objet : Duhamel, dont l'opinion a tant d'influence pour tout ce qui intéresse l'économie forestière, & dont les principes sont en effet toujours conformes aux lois de la saine physique. Il vouloit, en sage économe, proportionner les divers produits à nos différens genres de besoins; & voyant que les taillis souffroient de la présence des réserves, & ne produisoient point en bois de chauffage & de petits ouvrages ce qu'on en pouvoit attendre, il a proposé de les en dégager & de remplacer ces réserves de diverses manières. Ses moyens ont paru avantageux, & l'on ne peut douter qu'ils ne le soient en effet; mais les besoins de la marine, devenus plus considérables, exigent, outre l'emploi de ces moyens, la conservation des réserves sur taillis qu'ils étoient destinés à remplacer. Voici, au reste, l'opinion de cet observateur relativement aux baliveaux sur taillis.

Il considère ces arbres comme nécessaires pour opérer le repeuplement des coupes par la grande quantité de graines dont ils se chargent & qu'ils laissent tomber, raison pour laquelle les anciens réglemens les désignoient sous le nom d'*étalons*. Mais il ne pense pas qu'ils aient rempli un autre objet qu'on avoit en vue, celui d'en obtenir des bois de construction. Sous ce rapport ils lui paroissent inutiles, & il assure en outre qu'ils sont nuisibles dans toutes les circonstances, soit que les taillis reposent sur un mauvais ou sur un bon fonds, soit qu'on exploite ces taillis à douze ou vingt-cinq ans. Il se fonde sur ce que, dans les mauvais terrains, les baliveaux ne peuvent donner des pièces de service & qu'ils s'emparent du peu de nourriture que fournit le sol; sur ce que, dans les bons terrains où l'on exploite les taillis à 25 ans, les arbres de ces taillis élevés près les uns des autres filent beaucoup, qu'ils acquièrent de 25 à 30 pieds de haut, tandis qu'ils n'ont souvent que 12, 15 ou 20 pouces de grosseur; sur ce que, enfin, les taillis étant abattus, ces baliveaux menus & trop foibles pour supporter leur propre tête se versent de côté & d'autre, que le givre & le vent les font ployer, & qu'ils sont tellement fatigués que la plupart meurent en cime.

Relativement à la première assertion qui concerne les baliveaux en mauvais terrains, on ne peut qu'en reconnoître l'exactitude, & que voter avec l'auteur la réduction de ces baliveaux au nombre strictement nécessaire pour les repeuplemens, toutes les fois qu'un sol maigre ou sans profondeur sera reconnu incapable de nourrir de la futaie. Mais ce qu'il dit concernant les réserves dans les taillis en bons fonds, âgés de 25 à 30 ans, ne nous paroît pas aussi exact, & d'ailleurs ce qu'il considère comme des accidens fâcheux pour ces arbres, est souvent ce qui les rend propres aux constructions navales. En effet, l'agitation que reçoivent ces jeunes arbres lorsqu'ils sont tout-à-coup isolés, la pesanteur de leur tête, celle des neiges & des pluies qui les font courber, enfin la liberté qu'ils ont d'étendre leurs branches, sont autant de circonstances qui leur font contracter des formes irrégulières, qui presque toutes deviennent utiles dans la construction des vaisseaux. Ces entraves naturelles qui les empêchent de continuer leur croissance verticale, pour varier leur configuration, ne sont donc pas des inconvéniens dont on doive charger le système des futaies sur taillis. Ce sont au contraire les meilleurs effets de ce système, du moins sous le point de vue que nous fixons, & quand ils ne sont point portés à l'excès (1).

Nous ne regardons pas non plus comme généralement exacte l'observation de Duhamel, que les arbres meurent en cime par la fatigue qu'ils éprouvent; car si le terrain est bon, c'est-à-dire, substantiel & profond, si l'exposition est avantageuse, & si les baliveaux sont bien choisis, bien espacés & d'âge suffisant, ils ne tardent pas à prendre assez de force pour résister aux intempéries & continuer une belle croissance. Mais il faut la réunion de toutes ces circonstances pour atteindre le but que s'est proposé l'ordonnance; car si à un terrain de peu de profondeur se joint une exposition défavorable par rapport aux vents, on a tout à craindre pour la conservation des baliveaux. L'expérience le prouve chaque jour. J'ai observé, nommément dans la forêt de Villers-Cotterets, qu'il y avoit plusieurs cantons où les réserves faites sur les coupes de futaies en exploitation y mouroient en cime, tandis que dans d'autres cantons elles étoient belles & bien conservées; & j'ai reconnu que les premiers étoient exposés à la violence des vents d'ouest & du nord-ouest, lorsque les autres en

(1) Parmi les causes accidentelles qui font prendre diverses courbures aux arbres, il en est une que M. Michaux fils a souvent remarquée dans les forêts de l'Amérique septentrionale, où il croît plusieurs espèces de lianes. Ces plantes sarmenteuses s'attachent aux arbres en différens sens & leur font prendre des formes très-variées & précieuses pour la marine. Il est vrai qu'elles font quelquefois mourir l'arbre à force de le serrer, ce qui les a fait appeler *les bourreaux des arbres*, & que d'un autre côté elles ralentissent sa croissance en pompant, à son préjudice, une partie des sucs destinés à le nourrir. Quoi qu'il en soit, on pourroit faire l'essai d'un semblable moyen, en plantant au pied de quelques arbres des plantes sarmenteuses, telles que la bignone grimpante, la clématite, la vigne ordinaire, la vigne vierge, &c.

étoient

étoient abîtés par la futaie restante, parce qu'on avoit commencé les coupes en allant de l'est vers l'ouest. C'est une observation fort importante & qui doit engager les forestiers à consulter la direction des grands vents pour commencer, autant que possible, les exploitations vers les endroits les plus éloignés de ces vents, & conserver successivement des abris contre leur violence. Il en est de même des vents de mer, contre lesquels on doit toujours se ménager des abris, surtout en arbres verts. Un forestier malhabile provoqueroit la coupe des lisières exposées à ces vents, parce qu'il y remarqueroit le dépérissement des arbres; mais il ne tarderoit pas à faire la même remarque dans la coupe suivante.

Deux autres causes concourent encore à faire mourir les baliveaux en cime dans les premières années qui suivent les exploitations: la première, c'est que ces baliveaux étant dégarnis tout-à-coup des arbres qui les entouroient & les entretenoient dans une atmosphère humide, ils ont à supporter une température trop forte pour leur constitution; la deuxième, c'est que l'air libre provoque l'éruption de nombreux bourgeons sur toute la longueur de la tige, qui se charge alors d'une grande quantité de branches. Cette production nouvelle absorbe la séve, l'empêche de gagner la sommité de l'arbre, & il résulte de cette révolution que la tête, qui recevoit précédemment beaucoup de nourriture, s'en trouve privée en peu de temps & dépérit. Mais on a aussi remarqué, & je l'ai vérifié moi-même dans plusieurs forêts, que beaucoup de ces arbres qui s'étoient d'abord couronnés, avoient fini par se former une nouvelle tête lorsque les causes de cet accident avoient diminué ou disparu. Ces inconvéniens ne détruisent donc point la vérité, que les baliveaux bien choisis & convenablement espacés, que l'on réserve en bon fonds & sur des taillis de 25 à 30 ans, sont les meilleures ressources que l'on puisse procurer à la marine, tant par la forme que par la qualité des bois. On l'avoit si bien reconnu cette vérité, que, par des réglemens postérieurs à l'ordonnance, on a défendu d'exploiter les taillis des ecclésiastiques & des communautés d'habitans avant 25 ans révolus.

Il est probable, comme l'observe très-bien M. de Perthuis, qu'à l'époque où Duhamel & Buffon ont écrit sur les bois, le plus grand nombre de forêts présentoient les inconvéniens qu'on leur a reprochés, c'est-à-dire, que les coupes étoient chargées d'une grande quantité d'arbres n'ayant presque point de tige & présentant des têtes énormes qui offusquoient le taillis. Ce mal provenoit de ce que les réserves avoient été faites dans de jeunes taillis de 10 à 20 ans & en trop grande quantité. Mais, ajoute M. de Perthuis, si ces hommes célèbres avoient observé les futaies sur des taillis de classe requise & convenablement aménagés, ils auroient vu que la hauteur de la tige & la largeur de tête de ces arbres sont toujours relatives à l'âge d'*aménagement* des taillis, toutes choses égales d'ailleurs; par exemple, que les futaies sur taillis aménagés à vingt ans & au-dessous ont peu de tige & une large tête; que celles des taillis aménagés à vingt-cinq ans ont déjà moins de largeur de tête & un peu plus de hauteur de tige; enfin, que les futaies de taillis aménagés à 36 ans & au-dessus ont encore beaucoup moins de largeur de tête & beaucoup plus de hauteur de tige. Il assure ensuite que les baliveaux paient bien leur place, & que si Buffon & Duhamel ont attribué des inconvéniens graves aux futaies sur taillis, ces inconvéniens n'étoient que l'effet d'un *aménagement* trop rapproché & du trop grand nombre de réserves faites à chaque coupe.

Les observations de M. de Perthuis sont si exactes, que dans la ci-devant Lorraine, où les taillis de l'État s'exploitent presque tous à 30 & 35 ans, & les taillis communaux à 25 & 30 ans, les nombreuses réserves qu'on y a faites, d'après les lois particulières du pays, ont fourni de très-beaux arbres & maintenu les forêts dans le meilleur état (1).

Quant aux arbres dont les tiges sont basses, comme ceux des taillis de 10 à 12 ans, Duhamel pense qu'ils sont moins exposés aux inconvéniens qu'il a reprochés à ceux des taillis de 25 ans; cependant il dit que, lorsqu'ils sont isolés, ils ne manquent guère de pousser des branches de tous côtés, de mettre toutes leurs productions en branches, de former des arbres raffaux ou rabougris, & de faire ce que l'on appelle *le pommier*; il ajoute que ces sortes d'arbres ne promettent rien de satisfaisant pour les ouvrages de quelqu'importance, & qu'on ne peut guère espérer que d'en faire du bois à brûler, dont l'espèce même n'est pas estimée. Son opinion est fondée sur ce que tous ces bois, qui, dans leur jeunesse, étoient renfermés dans un taillis épais, ont leur écorce tendre, & que, lorsqu'ils sont mis à découvert, ils sont exposés, les uns à être endommagés par la gelée, les autres par le soleil; de sorte que la plupart de ces arbres renferment par la suite des vices intérieurs. Il fait cependant quelques exceptions en faveur des ventes situées en bon fonds & peu exposées au vent, où quelques-uns des baliveaux qui ont des tiges élevées pourroient former de beaux arbres; mais il assure que ces cas sont rares, & que quand ils se rencontrent, le taillis en souffre beaucoup. Il en place la cause dans la quantité de baliveaux qui s'augmente de seize par arpent à chaque coupe,

(1) Le nombre de réserves fixé en Lorraine par l'arrêt du Conseil du 2 mars 1765, étoit pour le taillis de douze baliveaux & dix futaies par arpent du pays, & pour la futaie, de quinze arbres par arpent aussi du pays; ce qui fait cinquante-cinq dans les premiers & trente-sept dans les autres par arpent d'ordonnance.

& dont les branches considérables (des anciens & des modernes) offusquent le taillis.

On ne peut contester l'exactitude de ces observations, en ce qu'elles portent sur les réserves faites dans les jeunes taillis de 10 à 12 ans; cependant il est à observer que l'ordonnance de 1669 a prévu le cas où les baliveaux pourroient empêcher les taillis de croître, & qu'alors elle permet de les faire abattre. A la vérité il vaudroit mieux en diminuer le nombre dans les taillis que la mauvaise qualité du sol oblige de couper à des époques rapprochées, & même n'en laisser que pour produire des semences, puisque dans ces sortes de taillis il est rare d'obtenir de beaux arbres. On devroit aussi diminuer de beaucoup le nombre des réserves dans les taillis, quoique situés en bon fonds, lorsque ces taillis sont composés d'essences telles que le châtaignier, le bouleau, le marceau, le coudrier, &c., qu'on exploite assez fréquemment pour faire des échalas, des cercles & autres menus ouvrages; parce que la fréquence des coupes ameneroit un balivage si nombreux qu'il n'y auroit bientôt plus de taillis.

Après avoir établi que les réserves font du tort aux taillis, Duhamel assure que, de leur côté, les taillis nuisent aux arbres de réserve par la quantité de sucs qu'ils tirent de la terre, & par l'abondante transpiration qui entretient un air humide au-dessus d'eux, & qui peut rendre les bourgeons plus endommageables par la gelée. Cependant il met ces inconvéniens au-dessous de celui qui résulte de la présence de baliveaux qui empêchent que le vent ne dissipe ces exhalaisons, & font que les taillis qu'ils couvrent sont très-fréquemment endommagés par les gelées. Nous avons déjà rapporté l'opinion conforme de Buffon, & l'expérience faite sur deux taillis semblables, dont celui débarrassé de baliveaux avoit devancé l'autre de cinq ans sur douze. Ce physicien, qui regardoit la gelée du printemps comme le fléau des taillis, avoit taché d'en prévenir les mauvais effets en étudiant la manière dont elle agit. Il résulte des expériences qu'il a faites à cet égard, que la gelée agit bien plus violemment à l'exposition du nord, qu'elle fait tout périr à l'abri du vent, tandis qu'elle épargne tout dans les endroits où il peut passer librement. Un moyen, dit-il, de préserver quelques endroits des taillis, seroit, quand on les abat, de commencer la coupe du côté du nord.

Les mauvais effets que Réaumur, Duhamel & Buffon ont attribués aux nombreuses réserves qui surchargent les taillis, sont vrais dans les endroits humides par eux-mêmes & privés de courant d'air: plusieurs forêts en offrent l'exemple, & je l'ai vérifié surtout dans la forêt d'Orléans, où des espaces considérables de taillis situés en bas fonds & offusqués par les réserves qui retenoient l'humidité, avoient été victimes des grandes gelées. C'est dans des situations semblables qu'on doit diminuer le balivage, & procurer aux taillis un air libre & sec par tous les moyens possibles. Mais, dans les endroits plus élevés, plus à découvert & plus exposés à l'action du vent, on n'aura pas à craindre les inconvéniens de la gelée, ou du moins ils y seront beaucoup plus rares. Quant au précepte que donne Buffon de commencer les coupes du côté du nord, il est susceptible de modifications suivant les localités; car dans les forêts exposées aux vents de mer, dans celles où les vents du nord & du nord-ouest soufflent avec violence, il faut leur conserver des abris de ces côtés-là, ainsi que le prouve l'observation faite dans la forêt de Villers-Cotterets.

Duhamel trouve encore que les baliveaux qu'on réserve dans les hautes futaies sont exposés à un inconvénient de plus que les autres: comme on choisit, dit-il, par préférence les arbres qui sont venus de semence, souvent leurs racines s'étant étendues dans le terreau des feuilles de la superficie, elles sont foibles & tiennent à un sol léger, ce qui fait que le vent les renverse aisément.

Cette observation est juste, & je l'ai vérifiée dans la forêt de Villers-Cotterets, où les chablis sont très-fréquens dans les jeunes ventes. Mais indépendamment de la cause assignée par Duhamel, il en est encore d'autres qui sont: le peu de profondeur du sol, la hauteur considérable des baliveaux, qui est hors de toute proportion avec leur foible diamètre, & l'état serré où étoient ces arbres avant l'exploitation, état qui n'a pas permis aux racines de s'étendre assez pour former à l'arbre une assiette solide; car on sait que les racines ne s'étendent & ne grossissent que dans la proportion de l'accroissement des branches. Le mode d'exploitation des futaies pleines par coupes successives préviendroit ces pertes énormes, puisque les douze ou quinze réserves par hectare qu'on laisseroit sur la coupe après les différentes exploitations, n'auroient été mises à découvert que par gradation, & qu'elles se trouveroient ainsi préparées à supporter les intempéries & affermies contre les ouragans.

M. Hartig, grand-maître des forêts de la Prusse, dans un ouvrage publié en 1808, qu'il a bien voulu m'envoyer, a donné un fort bon traité de l'*aménagement* des taillis. Il observe aussi que, dans les coupes surchargées de baliveaux, la recrue des taillis ne peut prospérer, parce qu'elle est privée de l'air, du soleil & de la pluie; mais que dans les coupes à blanc étoc, l'inconvénient contraire fait périr la repousse, parce que le soleil, en desséchant la terre, enlève l'humidité nécessaire à la nourriture des souches, inconvénient qui se fait d'autant plus remarquer que les terrains sont plus maigres & plus exposés aux grandes chaleurs; d'où il conclut qu'il est très-utile de conserver des abris contre l'ardeur du soleil, & que le nombre des baliveaux doit être calculé d'après leur force & l'ampleur de leur tête, de manière que l'ombre qu'ils projettent recouvre la vingtième & même la seizième partie de la surface du sol. Cependant il ne veut pas qu'on réserve de trop fortes tiges, attendu qu'elles donnent une ombre qui séjourne trop long-temps à la même place, qu'elles retiennent les eaux pluviales, & qu'elles étouffent bien plus le taillis que ne feroit une quantité plus considérable de plus petits brins qui, pris ensemble, ombragent la même surface, mais dont l'ombre est plus divisée.

Il distingue en général deux espèces de taillis, les *taillis purs* & les *taillis avec réserve de futaies*. Par taillis purs, il entend ceux dans lesquels on n'élève point d'arbres pour les constructions. Cependant, pour fournir de l'ombre à la coupe & des semences pour le repeuplement, il conseille d'y réserver à chaque exploitation, lorsque le taillis est aménagé à 30 ou 40 ans, de 75 à 100 brins par hectare, choisis parmi les plus beaux. Mais à la coupe suivante on enlève tous ces baliveaux pour en réserver un pareil nombre de l'âge du taillis.

Quant aux taillis sur lesquels on élève des arbres pour les constructions, M. Hartig pense qu'ils ne produisent pas la même quantité de bois que les futaies pleines ou les taillis purs, & il recommande de ne point faire une réserve trop forte des gros arbres, parce qu'elle nuiroit trop à la croissance du taillis. Il veut même qu'à chaque coupe on ébranche un peu les baliveaux, pour empêcher qu'ils n'étouffent le taillis & pour les faire monter. Le nombre de baliveaux à réserver à chaque coupe seroit, suivant lui, de 25 à 30 par hectare. Je reviendrai sur les propositions de cet auteur.

Enfin, on a reproché aux baliveaux sur taillis de produire de mauvaises pièces de construction. Varenne de Fenille, qui ne veut point de baliveaux sur taillis, convient que le bois d'un baliveau est plus dur & plus dense que celui d'un arbre semblable crû en massif, dans le cas où celui-ci auroit été gêné dans sa croissance; mais il pense que le baliveau n'est pas plus fort, parce qu'il est très-chargé de nœuds, & que les nœuds affoiblissent le bois de plus d'un quart, comme le remarque Buffon. Il ajoute que les coups subits de soleil après une violente gelée, les alternatives de froid & de chaud & les violens orages produisent des gélivures, des chancres, des gouttières, des roulures, des brisures, des accidens enfin qui détruisent la plus grande partie de nos baliveaux, & il pense que les arbres de futaies qu'on éclairciroit suivant sa méthode seroient exempts de ces défauts, comme aussi de ceux qu'on reproche aux arbres des massifs de futaie non éclaircis. M. Plinquet va plus loin : il affirme d'une manière générale que la charpente qui provient des futaies pleines est infiniment supérieure à celle qui provient des baliveaux sur taillis.

On voit qu'il y a dans ces reproches l'exagération qui accompagne toujours l'esprit de système. Nous ne disconvenons pas que les baliveaux sur taillis ne soient quelquefois exposés aux inconvéniens dont on vient de parler; mais l'expérience prouve qu'on tire de ces arbres un parti très-avantageux pour les constructions, & qu'ils fournissent presqu'exclusivement des bois courbes à la marine. Cet avantage seul contre-balance tous les reproches qu'on fait à cette méthode. D'ailleurs il est incontestable que, comme bois de chauffage, celui des baliveaux sur taillis est bien préférable au bois des arbres crûs en massif.

CHAP. VII. *Des bordures & bouquets de futaie qui ont été proposés comme moyens propres à remplacer les baliveaux sur taillis.*

Pour remédier à tous les inconvéniens dont on vient de parler, Duhamel a proposé, 1°. de réserver, comme le veut l'ordonnance, les parois & les arbres de lisière, qui serviroient à marquer les limites des coupes & à répandre du gland pour le repeuplement du taillis; 2°. de ne réserver que six baliveaux par arpent, qu'on laisseroit subsister à toutes les coupes du taillis, sans en laisser un plus grand nombre; on les choisiroit vers le milieu de la pièce, qu'il suppose de douze arpens, loin des parois, & aux endroits qui paroîtroient les moins garnis; 3°. de réserver, au bord de la pièce & dans le meilleur terrain, une quantité équivalente à seize baliveaux par arpent, qu'on prendroit parmi les plus beaux brins & qu'on espaceroit de six à neuf pieds, en abattant, comme taillis, les plus foibles & ceux de médiocre essence; 4°. de faire cette réserve, autant que possible, du côté du midi & de l'est, afin qu'au printemps les vents du nord & d'ouest puissent dissiper l'humidité & préserver le taillis de la gelée; 5°. de permettre, à chaque coupe de taillis, d'abattre dans cette réserve les arbres foibles qui seroient étouffés par les autres, & d'augmenter la réserve d'une quantité de baliveaux pareille à celle précédemment réservée; 6°. de faire cette réserve en massif ou en lisière, suivant les circonstances particulières qui pourroient déterminer à prendre l'un ou l'autre parti; 7°. enfin, d'abattre ces réserves lorsqu'elles commenceroient à donner des signes de dépérissement, ici plus tôt, là plus tard, suivant la différente qualité du terrain.

Parmi les avantages que Duhamel fait résulter de la méthode qu'il propose, il place en première ligne celui d'obtenir des bois tors pour la marine, tant du pourtour de ces réserves que des six baliveaux du milieu de chaque arpent, ainsi que des pieds corniers, des parois & des tournans, & ensuite celui d'assurer le repeuplement des coupes par les baliveaux réservés dans le milieu de ces coupes & par les arbres de lisière.

Ces moyens de remplacer le balivage ordinaire

ont paru propres à remplir l'objet qu'on s'étoit proposé, & la plupart des auteurs qui ont écrit après Duhamel les ont recommandés. Cependant Pannelier d'Annel, qui ne vouloit ni grands ni petits massifs de futaies, s'est élevé contre le nouveau système de balivage qu'on proposoit de substituer à celui prescrit par l'ordonnance. « Les » bouquets de futaie, a-t-il dit, les lisières, les » bordures (n'importe la forme & le nom), » sont de moindres massifs, mais sont toujours » des massifs : ils en ont tous les inconvéniens, » & ne participent à aucun des avantages des arbres » isolés. Si l'on y rencontre quelquefois, ainsi » que dans les grands massifs de futaie, des arbres » de valeur, ils proviennent des réserves an- » ciennes. »

De son côté Tellès d'Acosta a pensé qu'on ne pouvoit admettre la méthode de Duhamel que pour une petite partie de bois; que d'ailleurs rien n'annonçoit qu'elle fût préférable à la pratique ordinaire. Il s'est également prononcé contre une proposition de Duhamel, qui tendoit aussi à supprimer les baliveaux, en réservant une lisière dans tout le contour des forêts, & des cordons de taillis de six pieds de large, au pourtour de chaque coupe. Ce projet a paru à Tellès d'Acosta devoir nuire à la recrue des bois, parce que les coupes annuelles seroient privées d'air & de soleil si elles étoient composées d'un petit nombre d'arpens. Il propose lui-même de laisser des lisières, mais d'une cepée seulement, sur les chemins & les routes pratiquées dans les bois. Il dit que ces lisières fourniront des courbes & des bois très-durs pour le service de la marine; mais que pour empêcher qu'elles fassent du tort aux taillis, il suffit de laisser tous les bois qui se trouvent dans les alignemens. On doit entendre par la proposition de Tellès d'Acosta qu'on ne doit laisser de bordures que sur les routes & chemins, & non hors de ces alignemens autour des coupes; que de plus ces bordures ne doivent être composées que d'une seule cepée sur chaque alignement.

Je partage assez l'opinion de Tellès sur les inconvéniens qu'il y auroit de laisser un cordon de taillis de six pieds de large autour de chaque coupe dans l'intérieur des bois. Ces cordons multipliés pourroient en effet intercepter le passage de l'air & nuire au taillis. Mais je ne puis être de son avis lorsqu'il dit que les bordures à laisser sur les routes & chemins ne doivent renfermer qu'une cepée dans leur largeur. Il me paroît bien plus avantageux de fixer la largeur de ces bordures suivant l'exposition & la largeur même des chemins, des routes & autres endroits où elles seront conservées. Ainsi, elles devront être plus larges au midi & à l'est qu'aux autres expositions; sur les bords des grandes routes, sur les reins des forêts & vis-à-vis des clairières que sur les chemins ordinaires, les routes de chasse, les allées & autres communications de peu de largeur. Par exemple, elles pourroient être de dix mètres de large sur les grandes routes, aux reins des forêts & vis-à-vis des terrains vides; de huit mètres sur les chemins ordinaires, & de cinq sur les routes de chasse, en les augmentant d'un cinquième au midi & au levant. Mais il sera alors important de dégager ces bordures de toutes les brindilles & cepées qui ne pourroient vivre jusqu'à la seconde révolution, ou qui empêcheroient de prospérer les brins d'espérance marqués en réserve, & qui, d'ailleurs, intercepteroient le passage de l'air. Il seroit même utile d'élaguer un peu les brins conservés. Au surplus, ces indications pourront être modifiées suivant les terrains & la quantité de brins d'espérance qui s'y trouveront : je pense encore qu'on ne peut pas prescrire de laisser des bordures partout, car il y a beaucoup d'endroits où elles ne prospéreroient point. Dans ce cas, il faut interrompre la bordure, en coupant sur son alignement tout le bois qui se trouveroit placé en mauvais fonds. J'ai reconnu le mauvais effet d'une pratique contraire dans la forêt de Senart, où l'on avoit laissé des bordures sur toute la longueur d'une route, sans distinction d'essence ni de terrain.

Au moyen des précautions que je viens d'indiquer, on ouvrira des passages multipliés à l'air & à la lumière; on favorisera la croissance des réserves, & on évitera des pertes de produits assez considérables.

Mais il me paroît indispensable qu'en adoptant le système des bordures, tel qu'il vient d'être modifié, on conserve encore les baliveaux ordinaires sur l'étendue de la coupe, toutes les fois que le sol pourra nourrir de la futaie.

CHAP. VIII. *Observations de physiologie végétale en faveur des bordures, ou examen des circonstances naturelles qui influent sur la direction des arbres, & qui peuvent leur faire contracter des formes utiles aux constructions navales.*

On remarque que tous les végétaux, arbres & plantes, recherchent constamment l'air & la lumière, & qu'ils se dirigent toujours vers les endroits où ces fluides sont le plus abondans. Duhamel observe, dans son *Traité de la physique des arbres*, que, quand on met des plantes ou des arbustes, qui poussent vigoureusement, en différens endroits d'une chambre ou d'une croisée, toutes les pousses tendres perdent leur perpendicularité pour se diriger vers cette croisée. On sait aussi que des plantes, mises contre un mur ou à l'extérieur d'une croisée fermée, se courbent du côté de l'air libre, & que, si on les retourne du côté du mur ou de la croisée, peu d'heures suffisent, quand ce sont des plantes herbacées, pour que la tige se replie sur elle-même & se dirige de nouveau vers la lumière. Cette force d'attraction est telle, que des arbres, formant palissade, & retenus par de forts crochets de fer, brisent souvent ces crochets

& déplacent les pierres dans lesquelles ils sont scellés. Ce sont des faits que tout le monde a pu observer. Enfin, on sait que les branches des arbres, dans les forêts, sont plus fortes & s'étendent davantage du côté des vides & des clairières que du côté du plein bois.

Ces phénomènes ont occupé un grand nombre de physiciens. Bonnet, Duhamel, Sennebier, Tessier & autres ont fait des expériences curieuses relativement à l'influence de la lumière sur les végétaux. Mais il nous suffira de parler de celles qui se rapportent à l'inclinaison des arbres & de leurs branches.

Une courte analyse des observations faites par Bonnet & Duhamel sur la direction des tiges & sur la mutation des différentes parties des plantes, me paroît nécessaire pour faire connoître le parti qu'on peut tirer de ces observations, à l'effet de favoriser la formation des bois propres aux constructions navales.

Bonnet, ayant semé des haricots dans une cave, observa que, dans le jour, les tiges s'inclinoient vers le soupirail, & que, dans la nuit, elles se redressoient un peu. « La même chose arrive en plein air, dit Duhamel; car on peut remarquer que souvent les arbres isolés poussent plus vigoureusement du côté du midi que du côté du nord : néanmoins cet effet est souvent dérangé par la vigueur des racines, parce que les arbres poussent avec plus de force du côté où les racines sont plus vigoureuses.

» La direction des tiges du côté de l'air, ajoute l'auteur de la *Physique des arbres*, est bien autrement sensible dans les massifs d'un bois : un jeune arbre, qui se trouve entouré de tous côtés par de grands arbres qui ne lui laissent d'air qu'au-dessus de lui, pousse tout droit, toujours en s'élevant, mais prenant peu de corps; de sorte que cet arbre, fort mince, gagne en peu de temps la hauteur de ceux qui l'environnent.

» J'ai particulièrement fait cette observation sur un chêne-vert qui étoit planté entre des cyprès beaucoup plus grands que lui; il s'éleva en un an de près de quatre pieds, & en peu d'années il gagna la hauteur des principales branches de ces cyprès : quand sa tête se trouva assez élevée pour profiter de l'air, il cessa de croître en hauteur & prit de la grosseur.

» Si un jeune arbre, planté dans le massif d'un bois, n'a pas la liberté de l'air au-dessus de sa tête, mais, qu'à une certaine distance il se trouve une clairière, toutes ses productions tendront à gagner l'air que leur fournit cette claire-voie; de sorte qu'elles s'inclineront de ce côté-là, comme les arbustes placés dans une chambre s'inclinent vers la croisée.

» On sait que toutes les branches des arbres plantés en espalier, le long d'un mur, s'en écartent pour gagner l'air, & il m'a paru que les branches des arbres frappées par le soleil du midi s'en écartoient plus que celles des arbres plantés à l'exposition du nord. »

Tout ce qui vient d'être extrait de Duhamel est incontestable, & je n'ai jamais remarqué un fait qui fût contraire aux expériences qu'il rapporte. Je me suis même assuré que ce qu'il dit de la plus grande inclinaison des arbres à l'exposition du midi étoit fort exact. J'ai vu des rangées d'arbres plantées au midi devant des maisons élevées qui ne leur permettoient pas de recevoir d'air ni de lumière du côté du nord; ces arbres, pour chercher l'air au midi, s'étoient inclinés au point que plusieurs d'entr'eux formoient, avec le terrain, des angles aigus.

Duhamel fait ensuite une observation qui ne me paroît pas de la même exactitude que celles qui précèdent. Il dit qu'en examinant avec attention la direction des branches des arbres touffus, on remarque assez ordinairement que les branches du haut font un angle plus aigu avec la tige que les branches du bas. Cela est vrai; mais la cause à laquelle il rapporte cette différence n'est peut-être pas la seule qui la produise : il attribue cet écartement des branches du bas à ce qu'elles s'inclinent pour chercher l'air. Je ne pense pas que ce soit là la cause principale de cet écartement, car il a lieu dans toutes les positions où puissent se trouver les arbres, même dans celles où leur tête est plus exposée à l'air & à la lumière que ne le sont leurs branches inférieures. On peut s'en convaincre dans les hauts taillis où les futaies réservées n'ont que le tiers ou le quart de leur hauteur au-dessus du plein bois; nonobstant cette circonstance, qui, d'après l'opinion de Duhamel, devroit causer l'écartement des branches supérieures, puisqu'elles reçoivent beaucoup plus d'air & plus de lumière que celles d'en bas, & à l'extérieur de l'arbre qu'à l'intérieur, on remarque toujours que le contraire arrive, & que les angles formés par les branches inférieures sont infiniment plus ouverts que ceux décrits par les branches de la cime. Mais quelles seront alors les causes de l'inclinaison qui a lieu successivement dans les branches des arbres en commençant toujours par celles d'en bas? Elles résident principalement dans l'alongement que ces branches reçoivent chaque année; dans leur propre poids, qui augmente à raison de cet alongement & de leur grossissement; dans le poids de l'air qui pèse sur elles, & qui est d'autant plus considérable que leur surface est plus grande, comme dans le hêtre, dans le cèdre du Liban, les pins & sapins; elles résident encore dans la pesanteur des feuilles & leur persistance pendant l'hiver; dans la surchage des eaux pluviales, des neiges & du givre; dans l'oblitération des vaisseaux de la partie inférieure des branches & la distension des fibres de la partie supérieure, où la séve abonde en raison du rétrécissement des vaisseaux de dessous. Ces causes réunies me paroissent plus efficaces que la cause unique supposée par Duhamel. D'ailleurs, les arbres en plein air reçoivent les rayons de la lumière dans toutes les parties de leur surface, & même beaucoup plus vers leur cime que plus bas, & cependant l'inclinaison des branches inférieures est toujours plus considérable.

« C'est probablement, continue Duhamel, cette même raison (celle qu'il a indiquée) qui produit le parallélisme des branches des arbres qui sont plantés sur une colline, suivant l'observation de M. Dodart, où l'on voit qu'un arbre planté sur la croupe d'une montagne élève sa tige suivant une ligne perpendiculaire, & que ses branches sont à peu près parallèles au terrain. Comme les branches opposées à la montagne doivent plus profiter que celles qui sont du côté même de la montagne, & comme elles doivent se porter en dehors, elles forceront les branches d'en bas de baisser, au lieu que cette cause ne subsistant pas du côté de la montagne, il en résultera le parallélisme que ce naturaliste a remarqué.

» Une observation encore bien singulière, c'est qu'un arbre qui vient de semence élève sa tige fort droite; il en est de même d'une bouture qu'on feroit d'une tige droite; mais celle qu'on feroit avec les branches latérales & des jets courbes sur l'arbre, se courbe beaucoup, surtout si c'est un arbre dont le bois soit fort dur. »

Cette dernière observation seroit de quelqu'importance pour l'objet qui nous occupe, si le chêne & l'orme se reproduisoient de bouture; car elle donneroit les moyens de multiplier à volonté les bois courbes de petite & même de moyenne dimension. Je dis de petite dimension, parce qu'il est reconnu que les arbres provenus de boutures ne sont jamais aussi forts que ceux qui proviennent de semence. Mais ce moyen de reproduction ne leur convient pas, quoique plusieurs auteurs, & nommément Varenne de Fenille, annoncent que l'orme vient de bouture. Cet arbre se reproduit très-bien de rejets qu'on appelle *crossettes*, & c'est même par ce moyen qu'on multiplie l'orme tortillard, dont les semences ne reproduisent pas toujours cette variété. Je suis persuadé qu'une plantation faite de rejetons, pris parmi ceux qui présenteroient quelque courbure, fourniroit beaucoup plus de pièces courbes pour la marine & le charronnage, qu'une autre qui seroit faite avec des plants de semence.

Je renvoie au *Traité de la physique des arbres* de Duhamel pour la suite des expériences & des observations faites par cet habile naturaliste & par Bonnet. On y verra que les plantes en général se dirigent constamment vers la lumière; que plus elles sont dans l'obscurité, moins il y a de transpiration, & plus elles sont étiolées; que les tiges ne sont pas les seules parties qui s'inclinent vers le jour; que certaines plantes penchent leurs fleurs du côté du soleil; qu'elles quittent leur perpendicularité & s'inclinent par leur sommet, de façon qu'elles présentent leur disque à cet astre; que pour cet effet les fleurs changent de situation comme le soleil; que le matin elles regardent l'orient, à midi le sud, & le soir l'occident: mouvement qu'on appelle *nutation* des plantes, & qui se fait, ajoute Duhamel, non par une torsion de la tige, mais par une nutation réelle, ou parce que les fibres de la tige se raccourcissent du côté de l'astre. On y reconnoîtra également que les épis de blé qui, en s'inclinant par le poids des grains, forment ce qu'on appelle le *cou d'oie*, ne penchent presque jamais du côté du nord; mais qu'ils ne s'inclinent que depuis le point du levant jusqu'au couchant; que les feuilles des arbres présentent leur face supérieure au ciel, & que si on les tourne vers la terre, elles ne tardent pas à reprendre leur position naturelle; enfin, que la chaleur & l'humidité ont peu ou point d'influence sur le phénomène dont il s'agit, & que c'est principalement à la lumière qu'on doit attribuer les différentes nutations.

M. Tessier a fait sur ce sujet des expériences curieuses, rapportées dans les *Mémoires de l'Académie des sciences* en 1783, & mentionnées par M. Bosc dans le *Nouveau Cours d'agriculture*. M. Tessier en conclud que l'inclinaison des branches, dans ce cas, est en raison de leur jeunesse, de leur distance à la lumière, de la couleur des corps placés devant elles, de la facilité plus ou moins grande des tiges pour sortir de terre.

L'influence de la lumière sur les arbres ne se borne pas aux effets dont nous venons de parler; elle augmente la densité du bois, & par conséquent sa force & sa pesanteur. Quant aux autres effets qu'elle produit sur les plantes en général, comme d'augmenter leur vigueur, d'assurer leur fécondité, de donner de la saveur à toutes leurs parties, d'en tirer le gaz oxigène en décomposant l'acide carbonique, nous n'en parlerons pas ici, attendu qu'ils n'ont pas un rapport direct avec la question que nous traitons.

A l'égard des autres observations, elles sont très-importantes pour l'économie forestière, par les conséquences qu'on peut en déduire & les applications qu'on peut en faire à l'éducation des arbres destinés à la marine. Il en résulte, en effet, que toutes les fois que des arbres seront privés de la lumière d'un côté, ou qu'ils en recevront moins que d'un autre, ils se courberont & étendront leurs branches vers l'air libre; que leur inclinaison sera en raison de l'intensité de la lumière, & par conséquent plus forte du côté du midi que du côté du nord; plus grande dans les endroits spacieux que dans les endroits resserrés, & plus sensible dans les jeunes arbres que dans les autres. Ainsi, dans les forêts, les arbres qui en formeront les lisières, qui borderont les routes & les clairières, ceux qui se trouveront sur les penchans des collines, & tous ceux qui seront appuyés sur des murs ou dominés par quelqu'élévation, se courberont vers les lieux qu'ils trouveront libres, & ils y étendront leurs branches, & par conséquent leurs racines dans la même proportion; car on sait qu'il existe un rapport intime entre ces deux productions. De plus, les arbres crûs isolément ou convenablement espacés, & qui jouiront des bienfaits de l'air & de la lumière, produiront un bois plus solide.

Ces arbres en général offriront donc les formes & les qualités recherchées pour la marine: les formes, parce qu'ils présenteront beaucoup de courbes, soit dans leur tige, soit dans leurs branches; & les qualités, parce que leur bois sera plus ferme, plus dense, moins corruptible & par conséquent plus propre aux constructions navales, que celui des arbres crûs en massifs serrés, dont le tissu est ordinairement lâche & toute la contexture imprégnée d'une quantité considérable de fluides fermentescibles.

CHAP. IX. *Résumé de la dissertation contenue dans cette première partie.*

On a fait voir que le mode d'exploitation par *expurgade*, *éclaircissement* ou *coupes successives*, pour les futaies pleines, est le plus favorable à la croissance des arbres, à la qualité des bois, & au repeuplement naturel des futaies; que si les difficultés qu'il présente, dans une grande administration, ne permettent pas de l'admettre indistinctement pour toutes les futaies & dans toutes les localités, on ne doit pas non plus le proscrire généralement, & qu'on doit au contraire en permettre l'application toutes les fois qu'elle aura paru avantageuse à l'administration générale; mais que les particuliers soigneux & intelligens ne peuvent se dispenser de l'admettre dans leurs bois; que les arbres crûs en massif de futaie sont ordinairement d'un bois plus tendre & plus léger que celui des arbres qui ont joui de l'air & de la lumière; que, quoiqu'ils présentent des formes moins utiles pour la marine, on tire cependant du milieu des futaies pleines des pièces de longueur, difficiles à trouver dans tout autre endroit; qu'on en tire aussi des arbres droits & d'une légère courbure, des bois de fente, de charpente, de menuiserie, & beaucoup d'autres qui sont propres à une infinité d'ouvrages qui exigent de la flexibilité; que cependant nos principales ressources en bois courbes résident dans les futaies sur taillis, dans les arbres épars, les *bordures* & les *lisières*; que ces ressources augmenteront à mesure qu'on apportera plus de soins dans le choix & l'espacement des baliveaux, & que l'exploitation des taillis situés en bons fonds sera retardée jusqu'à 30, 40, 50 & 60 ans, suivant les terrains; que les reproches faits aux futaies sur taillis sont fondés, surtout par rapport aux taillis situés en mauvais fonds qu'on exploite de 10 à 15 ans; qu'il ne faut faire de réserves dans ces sortes de bois que pour en assurer le repeuplement & abriter le jeune taillis; que, dans les taillis coupés à 25 ans & au-dessus, les futaies ayant beaucoup moins de largeur de tête & une tige plus élevée, elles n'offusquent point autant le jeune bois & fournissent beaucoup de pièces utiles; qu'on ne peut cependant disconvenir du tort qu'elles font aux taillis, surtout quand l'*aménagement* est trop rapproché & le nombre des réserves trop grand; qu'on ne doit pas trop multiplier les baliveaux dans les endroits humides & privés d'air, parce que les taillis y deviennent bien plus endommageables par les gelées; que les réserves, soit en bordures, soit en petits massifs, proposées par Duhamel pour tenir lieu de baliveaux, d'arbres modernes & anciens, produiroient certainement de très-bons bois de marine; mais qu'elles ne seroient point suffisantes, & qu'on doit dans les bons fonds, non-seulement faire ces réserves en bordures, mais encore conserver & même augmenter le nombre de baliveaux prescrit par l'ordonnance, malgré le tort qu'ils feront aux taillis, attendu que c'est le meilleur moyen d'assurer des ressources à la marine.

Toute cette dissertation se réduit donc à prouver ces vérités: les baliveaux font quelquefois du tort aux taillis, mais ils sont indispensables pour le repeuplement des coupes, & pour fournir des bois propres aux constructions navales; plus les terrains sont bons & les coupes éloignées, plus ces arbres sont utiles; néanmoins on ne doit pas trop les multiplier, surtout dans les endroits humides & privés d'air; il est nécessaire de les abattre à des époques rapprochées dans les terrains maigres où ils ne profitent point: s'ils sont utiles dans ces terrains & dans ceux brûlés par le soleil, c'est surtout pour abriter le jeune taillis & favoriser le repeuplement. Un bon moyen de suppléer à l'insuffisance des baliveaux, considérés comme bois de construction, c'est de conserver des bordures, & même des bouquets de futaie.

Ajoutons une vérité importante qui sort naturellement des observations ci-dessus: pour avoir de beaux baliveaux propres aux usages de la marine, il faut les réserver dans des taillis de 25, 30, 40 & 50 ans; les particuliers ne peuvent aménager leurs bois qu'à 18 ou 20 ans, parce qu'ils perdroient sous le rapport des produits pécuniaires s'ils attendoient davantage pour les couper; donc il n'y a que les bois tenus par le Gouvernement qui puissent offrir des ressources réelles à la marine & aux constructions.

DEUXIÈME PARTIE.

Des futaies de chênes et de hêtres; de leur aménagement.

CHAP. Ier. *De l'utilité des futaies pleines en général, & de l'avantage de ce genre d'aménagement pour les grandes constructions & pour le panage.*

Nous allons appuyer par des calculs la théorie

que nous venons d'établir relativement aux futaies pleines, en commençant par exposer l'utilité de ces futaies en général.

Plusieurs auteurs ont critiqué le mode actuel d'*aménagement* des futaies pleines. Ils ont trouvé que le terme de leur exploitation, fixé quelquefois à 250 & 300 ans, étoit beaucoup trop éloigné; que ces futaies étoient en trop grande masse; qu'elles étoient privées d'air & étouffées par des brins superflus & des bois blancs; que dans cet état elles croissoient lentement & ne produisoient que des bois de foible qualité. Frappés de ces inconvéniens, ils ont voté la suppression des futaies en massif.

Les vices de cet *aménagement* sont grands, sans doute; mais ne peut-on pas y remédier, & dans le cas même de cette impossibilité, doit-on renoncer à élever des futaies pleines? On ne le pense pas, & cette opinion est fondée sur les ressources qu'elles présentent, même dans leur état actuel.

Defroidour, qui écrivoit avant l'ordonnance de 1669, regardoit le réglement de 1561, qui avoit ordonné que le tiers de tous le bois du domaine & autres seroit conservé pour croître en futaie, comme ayant empêché la ruine entière des forêts du Roi, qu'on réduisoit toutes en taillis, & comme ayant aussi empêché la dissipation des bois des ecclésiastiques. Les futaies lui paroissoient d'ailleurs indispensables pour pourvoir aux nécessités publiques, & ménager à chaque pays une ressource dans les cas d'incendie.

Duhamel regardoit les futaies comme pouvant procurer aux familles des sommes considérables pour acquitter des dettes, établir des enfans, réparer des bâtimens, &c., & il applaudissoit beaucoup aux sages dispositions de l'ordonnance qui avoit mis des entraves à la cupidité des usufruitiers, en leur prescrivant de conserver un quart de leurs bois pour croître en futaie, afin de subvenir aux besoins du public, & de fournir de temps en temps aux usufruitiers eux-mêmes des ressources pour rétablir les églises, chapelles, hôpitaux, abbayes, fermes & autres bâtimens dépendans de leurs bénéfices. Il pensoit au surplus que l'Etat, en conservant des futaies pour fournir du bois aux constructions, ne perdoit rien du côté des produits en argent, parce qu'il étoit indifférent, dans une forêt de 2,000 arpens, de vendre annuellement 20 arpens de futaie de l'âge de 100 ans, ou 100 arpens de taillis de 20 ans (1).

Plusieurs auteurs ont considéré les futaies sous les mêmes points de vue d'utilité, & de ce nombre se trouvent MM. de Réaumur, de Buffon, Tellès d'Acosta, Varenne de Fenille, de Perthuis, Clausse, Dralet, Hartig, Burgsdorf, Laurop, &c.

On ne peut nier en effet qu'elles ne soient de la plus grande utilité. Elles fournissent, comme nous l'avons dit précédemment, de belles pièces droites ou d'une légère courbure, qu'on emploie dans la construction des vaisseaux, & qu'on ne pourroit trouver ailleurs; elles donnent beaucoup de bois de fente & autres, propres à une infinité d'ouvrages qui exigent de la souplesse & de l'élasticité; elles sont indispensables dans les besoins extraordinaires, tels que ceux occasionnés par les incendies, les inondations, la guerre & autres événemens imprévus; on y trouve des poutres propres aux grandes constructions, à celles des palais, des églises, des théâtres, des ports, des ponts, des digues, des fortifications & d'un grand nombre d'usines; elles offrent des ressources pécuniaires dans les momens difficiles (1). On peut donc les regarder comme des magasins d'approvisionnemens nécessaires dans une infinité de circonstances, & comme propres d'ailleurs à rassurer la population sur les besoins à venir. C'est particulièrement sous ce point de vue qu'elles ont été considérées par les anciens réglemens, qui ont obligé les communes & gens de main-morte à mettre en réserve le quart de leurs bois pour croître en futaie. Elles sont encore utiles pour le pacage & la glandée, objets d'une haute importance pour la nourriture des bestiaux. D'un autre côté, elles servent de retraite au gros gibier, qui, s'il n'est pas trop multiplié, ne peut leur faire de tort pendant plus des trois quarts de leur durée, tandis qu'il nuit presque toujours aux taillis. Elles sont éminemment utiles par l'heureuse influence qu'elles exercent sur l'atmosphère, en rompant la violence des ouragans, en attirant & divisant les orages, en entretenant la fraîcheur & l'humidité, principe radical de toute végétation, & en donnant naissance aux sources & aux rivières, qui tariroient par la suppression des grandes masses de futaies, & notamment de celles qui recouvrent les montagnes, où d'ailleurs elles s'opposent à l'éboulement des terres & aux avalanches. L'ancien & le nouveau continent offrent des exemples nombreux du tarissement ou de l'engorgement des rivières, occasionné par la destruction des forêts & le déboisement des montagnes. C'est surtout dans l'Amérique septentrionale que se font remarquer ces révolutions étonnantes. La disparition des masses de futaies, incendiées par les habitans, a causé l'anéantissement de rivières considérables, & amené des chaleurs & des sécheresses jusqu'alors inconnues dans plusieurs parties de ces vastes contrées.

La suppression des futaies auroit d'ailleurs un grand inconvénient par rapport à la consommation;

(1) Nous ferons connoître, dans le cours de ce Mémoire, les véritables rapports des produits en bois & en argent, des futaies & des taillis.

(1) On se rappelle à cette occasion le dévouement d'un grand ministre pour la cause d'un grand prince. Sully fit couper à blanc étoc la forêt de Rosny, qui lui appartenoit, pour en offrir le produit à Henri IV, que la guerre avoit mis dans le cas d'accepter ce secours.

tion; car en supposant même qu'on ne les abattît que successivement & en suivant l'ordre déjà établi pour leur coupe, il en résulteroit, pendant quelque temps, une augmentation considérable de produits en matières, qui habitueroit les consommateurs à en user sans discrétion, & leur rendroit d'autant plus sensible la diminution de cet objet de consommation, & le surhaussement du prix, qui succéderoient à cette abondance accidentelle. En effet, cette abondance ne dureroit que pendant le temps nécessaire à la réduction des futaies à l'état de taillis; & à cette époque la masse des produits en matières seroit au-dessous de ce qu'elle est dans l'état actuel; car il est reconnu que les futaies pleines, bien conduites, donnent plus de bois que les taillis dans le même espace de temps, c'est-à-dire, qu'une futaie située en bon fonds & exploitée à 150 ans, donne une masse de bois plus considérable que celle qu'un taillis de même étendue, situé sur un fonds analogue & aménagé à 25 ans, peut fournir par les six coupes qu'on y exécute dans le même espace de temps. Cette vérité sera pleinement démontrée dans le troisième chapitre de cette seconde partie.

Sous tous les rapports, les futaies méritent donc d'être conservées & améliorées par tous les soins qui dépendent de l'homme, surtout dans les forêts de l'Etat, des communes & des établissemens publics, dont elles forment près d'un quart de la masse, si on y comprend les demi-futaies.

Examinons maintenant quel seroit le moyen de les rendre plus productives que dans leur état actuel.

CHAP. II. *Des éclaircies comme moyens propres à accélérer l'accroissement des futaies & à les régénérer.*

Nous avons déjà dit que le moyen le plus certain d'accélérer l'accroissement des futaies pleines, & d'augmenter la masse & la qualité de leurs produits, étoit l'exploitation par éclaircies ou coupes successives, dont les principes se trouvent décrits dans plusieurs ouvrages français, & notamment dans ceux de Varenne de Fenille & de de Perthuis, mais dont la pratique est expliquée par MM. de Burgsdorf, Hartig, Laurop & plusieurs autres forestiers allemands, qui ont complété les avantages de ce système en le faisant servir au réensemencement naturel des futaies. Nous avons rapporté aussi les difficultés attachées à ce mode d'exploitation dans une grande administration. Il nous reste maintenant à examiner si ces difficultés & tous les inconvéniens que l'on reproche au système des éclaircies peuvent véritablement contre-balancer les avantages de ce système. Pour cet effet, nous allons établir ces avantages par des calculs tirés, tant des méthodes proposées par Varenne de Fenille & de Perthuis, que de celle de M. Hartig.

Cet examen nous oblige à rappeler succinctement les principes de ces méthodes.

1°. Varenne de Fenille, dont les expériences sur les bois sont si précieuses, a reconnu & calculé tous les avantages des éclaircies, quoiqu'il ne les ait exécutées que sur de petites parties; mais son esprit observateur & la rigueur qu'il mettoit dans ses estimations, doivent inspirer la plus grande confiance. Il proposoit d'éclaircir, non-seulement les futaies, mais encore les taillis. Nous le suivrons particulièrement dans ce qu'il dit, concernant les futaies.

« Le but qu'on se propose, dit-il, en établissant une futaie, est d'obtenir la plus grande » quantité de bois dans le plus petit espace & le » moins de temps possible; d'où il suit qu'il ne » faut établir des futaies que sur un terrain profond & fertile (1); qu'il est à propos d'espacer » les arbres, de manière que, sans qu'il y ait aucune place perdue, ils ne puissent se nuire réciproquement ni ralentir mutuellement leur croissance; qu'il seroit désavantageux, hormis le cas » d'un service urgent, de couper des arbres d'espérance suffisamment espacés, avant qu'ils aient » acquis leur *maximum* d'accroissement individuel. »

Cet auteur compare l'accroissement des arbres espacés convenablement avec celui des arbres crus en massif trop serré, & le résultat de sa comparaison est qu'il y a un avantage infini à débarrasser les bois des brins superflus, qui disputent aux autres la nourriture que fournit le terrain.

Il suppose un arpent de taillis, de l'âge de 20 ans, en très-bon fonds, que l'on veuille élever en futaie : cet arpent contiendra à cet âge, d'après les données de Duhamel, 900 brins de 20 pieds d'élévation à la distance de 7 pieds 4 pouces.

A 21 ans, on enlevera la moitié des brins, ce qui les réduira à 450; à 40 ans, on enlevera 200 brins; à 60 ans, on coupera 110 brins sur les 250 restans; à 80 ans, on abattra la moitié des 140 brins qui restoient; à 100 ans, la futaie contiendra 70 pieds d'arbres espacés à la distance de 26 pieds $\frac{1}{4}$; & si ces arbres continuent à croître uniformément, on attendra jusqu'à 150 ans pour en faire la coupe. A cette époque, on les abattra; on extirpera les souches, & on semera le terrain pour renouveler la futaie. L'auteur, d'après l'opinion où il étoit que les baliveaux étoient plus nuisibles qu'utiles, ne propose point d'en réserver, même pour faciliter le repeuplement. Nous verrons plus loin qu'aucun des auteurs français qui ont parlé des éclaircies, ne s'est occupé du réensemencement naturel.

Varenne de Fenille établit en même temps la comparaison de la valeur de cet arpent, ainsi élevé en futaie & éclaircie, avec celle qu'il auroit eue

(1) Il veut que le terrain ait deux pieds & demi à trois pieds de profondeur au moins.

s'il eût été exploité tous les 20 ans. Pour cet effet, il suppose que le grossissement moyen des brins de la futaie est de 3 lignes de diamètre ou de 9 lignes de tour annuellement (quoiqu'il soit quelquefois de 12 & 16 lignes), & que tout le bois sera réduit en bois de chauffage ; il observe qu'il n'aura point égard à l'augmentation de hauteur que les arbres auront pu prendre au-dessus de 20 pieds, depuis 20 ans jusqu'à 80, quoiqu'à cet âge l'élévation des arbres soit bien plus considérable. Ces élémens ne peuvent faire suspecter ses calculs d'exagération.

A 20 ans, les brins du taillis, qu'on a supposé grossir de 3 lignes de diamètre par année, avoient 5 pouces de diamètre à 3 pieds de terre, & 20 pieds d'élévation. A 40 ans, ceux qui auront été conservés lors de l'éclaircie de 20 ans, auront 10 pouces de diamètre ; à 60 ans, les brins réservés dans l'éclaircie de 40 ans auront 15 pouces de diamètre ; à 80 ans, les brins restans de la dernière éclaircie de 60 ans auront 20 pouces de diamètre.

Maintenant, pour connoître l'accroissement des brins d'après ces suppositions, l'auteur prend le carré du diamètre dont l'arbre a grossi à chaque révolution ; parce que les cercles, & par conséquent les cylindres de même hauteur, sont entre eux comme les carrés de leur diamètre. Mais j'observe qu'il a fait une erreur de calcul dans le carré du diamètre des 900 brins composant son taillis de 20 ans, & que cette erreur a influé sur toutes ses opérations arithmétiques. Le diamètre individuel des 900 brins étant de 5 pouces, le carré de 5 est de 25, qui, multiplié par 900, qui est le nombre de brins, donne 22 500. Or, le premier antécédent de toutes les règles de proportion à faire, devoit être ce nombre 22,500, & il n'est dans les calculs de l'auteur que de 12,500. Ses résultats sont donc erronés. Je procéderai d'après ses autres données, en rectifiant cette erreur.

Les 450 brins coupés à 20 ans avoient 5 pouces de diamètre, ce qui fait en carrant ce diamètre & en multipliant le carré par le nombre de brins coupés, 11,250 pouces carrés. Le taillis étant estimé 120 francs, les 450 brins qui en formoient la moitié valent 60 francs. Les 200 brins coupés à 40 ans avoient chacun 10 pouces de diamètre, dont le carré pour les 200 est de 20,000 pouces carrés. Si 11,250 ont donné 60 francs, combien donneront 20,000? On a cette proportion, 11,250 : 60 :: 20,000 : 106 francs 66 centimes.

Les 110 brins que l'on coupe à 60 ans ont 15 pouces de diamètre, dont le carré, multiplié par 110, est de 24,750. Ainsi on a cette proportion, 11,250 : 60 :: 24,750 : 132 francs.

Les 70 arbres que l'on coupe à 80 ans ont 20 pouces de diamètre, dont le carré, multiplié par 70, est de 28,000 ; on a cette proportion, 11,250 : 60 :: 28,000 : 149 francs 34 centimes.

Les 70 arbres restans auront à 100 ans, suivant l'auteur, au moins 30 pieds de tige, portant 15 pouces d'équarrissage au gros bout, & 9 à 10 pouces à l'autre extrémité. En cet état, il les estime (en 1792) à 18 francs dans le département de l'Ain ; ils représenteront donc une valeur de 1,260 francs. Mais si ces arbres continuent à croître & qu'on en diffère la coupe jusqu'à 150 ans, ils acquerront depuis 100 ans une augmentation de valeur égale à 1,575 francs, c'est-à-dire, qu'ils vaudront 2,835 francs à 150 ans.

Réunissant ces valeurs, on a :

Pour la première révolution.	60 fr.	» c.
Pour la deuxième.	106	66
Pour la troisième.	132	»
Pour la quatrième	149	34
Et pour la cinquième à 150 ans. .	2,835	»
Total.	3,283 fr.	» c.

Les calculs de l'auteur portoient ce produit à 3,593 francs 40 centimes, à cause de l'erreur qu'il avoit commise. Quoi qu'il en soit, les 3,283 francs ci-dessus donnent par feuille 21 francs 88 cent., au lieu que l'*aménagement* en taillis n'eût donné que 6 francs.

Mais comme l'auteur ne calcule ici que le *maximum* simple de la valeur du bois, sans égard à l'intérêt de l'argent, il ne dissimule pas que les rapports changeront en faisant entrer ce nouvel élément dans la combinaison des calculs ; car il est clair, dit-il, que si le propriétaire se détermine à vendre son arpent de l'âge de 100 ans 1,260 francs, ce capital, joint aux intérêts pendant 50 ans, s'élevera à 4,410 francs ; tandis que si la coupe du même arpent est différée pendant cinquante ans de plus, elle n'équivaudra qu'à 2,835 francs, perte à laquelle il faut ajoûter celle de la croissance, pendant environ 50 ans, du semis qui auroit été fait.

Au surplus, Varenne de Fenille pense que, quant aux forêts du Gouvernement, on doit métamorphoser en futaies la plus grande partie des taillis qui en seront susceptibles, & qu'on ne doit permettre l'abattage d'une forêt que lorsqu'il est reconnu que les arbres qui la composent sont parvenus à leur *maximum* d'accroissement individuel.

Nous allons maintenant suivre M. de Perthuis dans l'exposé de sa méthode, qui tient le milieu entre celle de Varenne de Fenille & celle des Allemands, c'est-à-dire, qui est plus perfectionnée que la première & moins complète que la dernière, en ce qu'elle ne parle pas du repeuplement naturel qui distingue si avantageusement la méthode allemande.

2°. M. de Perthuis, avant de passer à l'exposition de son système, démontre aussi la nécessité de prolonger l'époque des exploitations dans les bons terrains, & celle d'établir des futaies pleines pour prévenir la disette des grands arbres. Mais il n'entend point parler de ces futaies abandonnées à la nature, & situées sur des terrains qui n'ont pas assez de qualité pour nourrir les arbres pendant la durée de leur *aménagement*. Il rapporte à cette occasion que les plus belles parties de futaies de la forêt de Fontainebleau, aménagées à 300 ans, ne se vendoient, avant la révolution, que de 3,000 à 3,500 livres l'arpent, parce qu'elles étoient clair-semées (effet de leur trop grand âge); ce qui ne représentoit que 11 livres 13 sous 4 deniers pour le prix de la feuille. Enfin, il reproche aux vieilles futaies abandonnées à la nature, des vices qui en font rejeter les arbres par les architectes & les constructeurs de marine, & l'inconvénient de présenter beaucoup de vides laissés par les essences, qui n'ont pu atteindre la révolution de l'*aménagement*. Il ajoute qu'on est obligé de remplacer ces vieilles futaies par des plantations, parce qu'elles sont incapables d'aucune reproduction lorsqu'elles sont abattues. Cependant, M. de Perthuis fixe à 225 ans l'*aménagement* des futaies qu'il propose d'éclaircir. On verra plus loin que ce terme est encore trop long. Mais il a trouvé qu'à cet âge le produit d'un arpent de futaie éclaircie, calculé d'après le prix moyen du bois en 1788, seroit de 20,449 liv., faisant plus de 90 livres pour le prix de la feuille. Voici maintenant l'exposé de son système.

Il suppose une futaie âgée de 30 ans, située sur un bon terrain semblable à ceux qui forment la septième classe de son système général d'*aménagement*, c'est-à-dire, où les bois présentent à 25 ans une hauteur de 40 à 50 pieds. Il prescrit d'y faire à cet âge un premier éclaircissement, tel que les arbres restans se trouvent espacés d'environ 3 pieds 3 pouces (1 mètre 5 centimètres); à 60 ans, un second éclaircissement, tel que ces arbres soient espacés d'environ 6 pieds 6 pouces (2 mètres 11 centimètres); à 90 ans, un troisième éclaircissement, tel que les arbres soient espacés de 13 pieds (4 mètres 22 centimètres); & à 120 ans, un quatrième, tel que les arbres restans soient espacés d'environ 26 pieds (8 mètres 46 centimètres).

On voit que la distance à laisser entre les arbres restans augmente du double à chaque éclaircissement, & qu'il s'agit par conséquent d'enlever chaque fois la moitié de ces arbres après la première éclaircie.

M. de Perthuis estime que le deuxième éclaircissement enlevera 300 tiges par arpent; le troisième, 180; le quatrième, 35; & qu'il restera pour la coupe définitive 70 arbres.

Il démontre que les éclaircissemens, loin d'être onéreux, seront profitables; & que la valeur du premier, quoique peu considérable, excédera encore les frais de main-d'œuvre. Quant aux trois autres, ils présentent des produits très-avantageux.

Il recommande de ne pas forcer les premiers éclaircissemens, parce qu'on ne retrouveroit plus les distances dans lesquelles il faut faire le dernier, & conséquemment les 70 arbres qui doivent rester sur chaque arpent de ces futaies; que d'ailleurs de trop grands éclaircissemens empêcheroient les tiges des arbres de prendre de l'élévation. Il recommande aussi, & avec beaucoup de raison, de choisir pour réserves, dans ces éclaircissemens, les essences les meilleures, & parmi elles, les arbres les plus beaux, les plus sains & les plus vigoureux. Il y a encore quelques formes d'arbres qui lui paroissent d'autant plus précieuses à conserver pour la marine, qu'elles se trouvent rarement dans les forêts: ce sont les chênes de courbure uniforme, & les chênes fourchus à une certaine hauteur de tige, dont les deux branches présentent de fortes dimensions.

Les bons effets de ces éclaircissemens se trouvent très-bien décrits par cet excellent observateur, & il en conclud qu'à 120 ans, les arbres des futaies ainsi éclaircies auront déjà de 4 à 6 pieds de tour (1 mètre 30 centimètres à 2 mètres); à 150 ans, de 5 à 9 pieds (1 mètre 60 centimètres à 3 mètres): à 225 ans, de 8 à 12 pieds (2 mètres 60 centimètres à 4 mètres); & que leur tige pourra prendre une hauteur de 30 à 70 pieds (10 à 23 mètres).

D'un autre côté, ces arbres étant toujours choisis à chaque éclaircissement parmi les plus beaux, les plus sains & les plus vigoureux, il s'en trouvera bien peu de gâtés à 225 ans, & ils offriront alors à la marine, aux constructions civiles, &c., des pièces de bois des plus grandes dimensions.

Quant au tort que pourroient faire ces éclaircies par la chute des arbres & leur sortie, l'auteur fait observer que le premier éclaircissement fixé à 30 ans ne produira que des perches que l'on pourra tirer à bras d'hommes de dessous les bois restans; que le deuxième éclaircissement produira des arbres de petites dimensions, dont la sortie pourra causer quelques dommages aux arbres restans; mais que déjà cet éclaircissement procure entr'eux un espacement de 6 pieds & demi, intervalle qui permettra de les enlever en traîneaux ou en charretins (1); qu'au troisième éclaircissement, les arbres restans se trouveront espacés de 13 pieds, & qu'alors ces dommages seront moins multipliés; qu'enfin, au quatrième, cet espacement sera de 26 pieds, & l'exploitant aura toute la place nécessaire à son exploitation (2).

(1) Ce second éclaircissement est celui qui présente le plus de difficulté, soit dans le système de M. de Perthuis, soit dans celui de M. Hartig. Cependant on peut l'exécuter sans causer beaucoup de dommage à la jeune futaie, en prenant les précautions qui seront indiquées dans le quatrième chapitre de cette seconde partie.

(2) L'expérience que m'offrent tous les ans les pépinières confiées à ma surveillance, peut faire croire que M. de Perthuis, dont j'adopte au reste les principes & dont j'ai suivi la pratique avec le succès le plus complet, indique un trop long terme au premier éclairci. Il est généralement reconnu que les premières années influent prodigieusement sur l'avenir des arbres; & en effet, c'est lorsque leur parenchyme n'est pas encore consolidé, lorsque les canaux séveux ont les plus grandes dimensions, que leur accroissement est le plus rapide. Aussi, dans les pépinières, rabat-on rez-terre, à deux ou trois ans & pendant l'hiver, tous les plants mal venans, pour, en supprimant à diverses reprises, dans le courant de l'été suivant, tous les brins qu'ils ont

On ne peut disconvenir des grands avantages attachés à la méthode proposée par M. de Perthuis. Mais l'auteur s'est arrêté au point le plus important du système des éclaircies; il ne s'est point occupé du repeuplement de la futaie, qui forme chez les Allemands l'objet essentiel de leur manière d'exploiter. Sous ce rapport sa méthode est incomplète, & présente, quoiqu'à un degré plus foible, l'un des vices reprochés à l'usage ordinaire. En effet, on ne peut obtenir de recrus sur des souches de 225 ans; & comme d'un autre côté on abattroit, lors de la coupe définitive, les brins qui auroient pu pousser depuis le dernier éclaircissement opéré à 120 ans, il en résulteroit que la futaie éprouveroit encore beaucoup de difficultés pour se repeupler. Quoi qu'il en soit, M. de Perthuis a donné une grande preuve de sagacité en traçant une méthode dont il n'avoit point vu le modèle, & en se rencontrant sous tant de rapports avec des auteurs à lui inconnus qui écrivoient d'après l'expérience sur ce point d'économie forestière. S'il n'a pas tout prévu, c'est qu'il n'est point donné à l'homme de faire une découverte complète dans un premier essai, & l'on ne peut douter que M. de Perthuis n'eût deviné tout le système, s'il eût eu le temps d'expérimenter sa méthode.

3°. Celle de M. Hartig, fondée sur une longue expérience, obvie à l'inconvénient dont je viens de parler, en ce qu'elle assure le repeuplement naturel de la futaie. Elle présente encore un autre avantage, celui d'un *aménagement* plus rapproché & plus productif. L'auteur allemand borne cet *aménagement* à 120 ans pour les futaies de hêtre, & à 160 ou 180 pour celles de chêne, & il paroît qu'au moyen des éclaircies qui favorisent considérablement la croissance des arbres, ces termes sont suffisans pour obtenir des pièces de fortes dimensions. Mais ce qui distingue surtout la méthode de M. Hartig, c'est, comme je viens de le dire, son système de repeuplement, système aussi simple qu'il est avantageux.

Dans cette méthode, qui se pratique dans beaucoup de futaies de l'Allemagne & même dans les pays de la rive gauche du Rhin, qui faisoient partie de la France (1), on fait aussi des éclaircies à des époques à peu près semblables à celles fixées par M. de Perthuis. Elles se continuent jusqu'à 80 & 90 ans pour les futaies de hêtres, & jusqu'à 140 & 160 ans pour celles de chêne; ensuite, lorsque la futaie de hêtre a atteint l'âge de 110 à 120, ou la futaie de chêne, celui de 160 à 180 ans, suivant les terrains & les climats, on y fait une coupe dite de *réensemencement* ou *coupe sombre*, dans laquelle on réserve assez d'arbres pour que leurs branches puissent se toucher; ce nombre de réserves est ordinairement de 150 à 160 par hectare. Puis, lorsque les jeunes plants provenus des semences tombées des arbres réservés ont acquis de 8 à 10 pouces (21 à 32 centimètres) de haut, on procède à une seconde exploitation dans laquelle on enlève tous les arbres entourés d'un semis suffisant, & 3 ou 4 ans après on opère la coupe définitive, en ne réservant que 12 à 16 baliveaux par hectare.

Dans ces dernières coupes qu'on n'a faites que successivement en 9 ou 10 ans, les arbres à semences, réservés chaque fois & à une égale distance, donnent lieu à un repeuplement abondant en brins de semences, empêchent le terrain de s'engazonner & de se dessécher, retiennent la couche de feuilles mortes qui le recouvre, abritent les jeunes plants, & produisent en un mot tous les bons effets d'une régénération complète. Il n'y a donc point de doute qu'en adoptant le système des éclaircies, on ne doive en augmenter les avantages par la manière d'opérer les dernières coupes suivant le mode de M. Hartig.

Comparons maintenant, d'après les estimations

---

pousses, excepté le plus beau, faire parvenir ce dernier, avant l'hiver, à une hauteur & à une grosseur souvent triple de celle de la tige coupée. Je ne donnerai pas ici la théorie de cette opération, que j'ai développée dans divers articles du *Nouveau Dictionnaire d'Agriculture*, en treize volumes, imprimé chez Déterville, & principalement au mot *Pépinière*; mais je demanderai qu'on l'applique aux jeunes bois dans l'année même de leur repousse. Sans doute, elle donnera lieu à une dépense considérable, parce qu'elle s'étendra sur de grands espaces, & demandera à être faite avec lenteur; mais ses résultats seront si profitables, à mon avis, qu'il est à croire qu'on ne regrettera pas les sommes qu'elle aura coûtées.

Ce que je dis ici ne s'applique qu'aux taillis, parce que je suis convaincu qu'il ne peut pas être avantageux de former une futaie autrement que de semence, & que dans ce cas les arbres sont censés n'avoir qu'une seule tige.

Ainsi donc, au mois d'août de la première année de la recrue d'un bois, des ouvriers intelligens se porteront vers chaque souche, & enleveront avec la serpette, le plus près possible du tronc, toutes les pousses foibles, toutes celles qui s'éloignent beaucoup de la direction perpendiculaire, toutes celles qui seront trop près des autres, toutes celles qui seront fourchues, de sorte qu'il n'en restera que six, dix, quinze, plus ou moins, selon la grosseur de la souche & la vigueur dont elle sera pourvue.

Cet ébourgeonnement n'empêchera pas les éclaircies que conseille M. de Perthuis; elle les rendra seulement moins nécessaires, ou permettra de les retarder davantage.

Et qu'on examine des bois la seconde, la troisième, enfin chaque année après leur recrue jusqu'à leur nouvelle coupe: on verra la nature faire ce que je conseille ici, c'est-à-dire, que les pousses les plus foibles périront successivement. Or, qui ne jugera pas que la sève qui a servi à alimenter les tiges mortes, auroit servi à augmenter les dimensions en hauteur & en grosseur des tiges restantes?

Je regrette de n'être pas à portée d'exécuter en grand & comparativement l'opération que je conseille, & je fais des vœux pour que quelque propriétaire se détermine à me suppléer.

(*Note communiquée à l'auteur par M. Bosc.*)

(1) J'ai eu occasion, lorsque j'étois en Allemagne, de voir plusieurs forêts traitées de cette manière, & j'ai été frappé du bel état de ces forêts. C'est surtout dans celles des environs de Cologne, de Brülh & de Bonn, que j'ai fait cette observation.

des auteurs que nous venons d'analyser, les produits des futaies pleines éclaircies, avec ceux des futaies non éclaircies & des taillis (1).

CHAP. III. *Comparaison des produits en matières & en argent des futaies pleines éclaircies, avec ceux des futaies non éclaircies & des taillis.*

Nous avons fait connoître les calculs de Varenne de Fenille, desquels il résulte qu'un arpent de futaie aménagé à 150 ans & éclairci tous les 20 ans, depuis 20 jusqu'à 100 ans, donne en valeur simple la somme de 3,283 francs (6,566 francs par hectare), ce qui fait 21 francs 88 centimes pour le prix de la feuille; tandis qu'un arpent de taillis coupé tous les 20 ans ne donne, *mais sans les intérêts*, que 900 francs en 150 ans, faisant 6 francs seulement pour le prix de la feuille.

M. de Perthuis ayant estimé, suivant le prix moyen du bois en 1788, le produit en argent d'un hectare de futaie pleine éclaircie, essence de chêne, & aménagée à 225 ans, a trouvé qu'il étoit, déduction faite des frais de conservation & du bénéfice du marchand, de 40,387 francs 36 centimes, qui, divisés par 225, donnent pour prix de la feuille 179 francs 50 centimes par hectare, tandis que, suivant la remarque du même auteur, certaines bonnes parties de la forêt de Fontainebleau, aménagées à 300 ans, mais non éclaircies, ne se vendoient avant la révolution que 3,500 francs l'arpent — 7,000 francs l'hectare, & qu'en 1778 des futaies de 200 ans, aussi abandonnées à la nature, ne s'étoient vendues dans la forêt de Compiègne que 2,830 francs l'arpent — 5,660 francs l'hectare. En prenant le terme moyen des prix pour ces deux forêts, on trouve que le prix d'un hectare non éclairci est de 6,330 fr., qui, divisés par 250, terme moyen de 300 & de 200 ans, ne donnent pour prix de la feuille d'un hectare que 25 francs 32 centimes. Il y auroit donc en faveur des futaies éclaircies une différence de 154 francs 18 centimes par hectare pour le prix de la feuille, c'est-à-dire, de plus de $\frac{6}{7}$.

D'un autre côté, M. de Perthuis a comparé le produit de ces futaies éclaircies avec celui des gaulis aménagés à 70 ans, & il a trouvé que le produit de ces gaulis n'étoit que de 9,177 francs 24 centimes par hectare; ce qui ne faisoit que 131 francs 10 centimes pour le prix de la feuille. D'où il résultoit que la différence en faveur de la futaie éclaircie étoit encore de 48 francs 40 centimes pour chaque feuille ou année commune de produit. Cependant les terrains étoient supposés de la même qualité. La différence est encore plus grande si on compare l'estimation des futaies pleines éclaircies avec celle des gaulis *sans futaies*; car le prix moyen de la feuille de ces gaulis n'est que de 68 francs 48 centimes par hectare, ce qui fait entre la valeur de la feuille de ces gaulis sans futaies & celle des futaies pleines éclaircies, une différence de 111 francs 2 centimes à l'avantage des futaies pleines, c'est-à-dire, de plus de moitié.

Il résulte de ces calculs que l'intérêt du Gouvernement seroit non-seulement d'élever des futaies pleines, & de les traiter suivant la méthode de M. de Perthuis, mais encore de prolonger l'*aménagement* des gaulis & des taillis autant que les terrains le permettent, & d'y faire des réserves de baliveaux. Nous reviendrons sur les propositions de cet auteur lorsque nous parlerons des taillis; mais, en attendant, voici les résultats de ses calculs suivant les prix du bois en 1788, qu'il a fixés à 48 liv. la corde pour le *maximum*, & à 3 livres 10 sous pour le *minimum*; ce qui fait pour le prix moyen 25 livres 15 sous la corde.

Il suppose la corde de bois de chauffage de 8 pieds de couche sur 4 pieds 6 pouces de hauteur, & 3 pieds 6 pouces de longueur de bûche, total 126 pieds cubes; & celle de charbonnage, des mêmes longueur & hauteur, & 2 pieds 6 pouces de longueur de bûche, total 90 pieds cubes.

TABLEAU *du produit des taillis, suivant l'âge de leur aménagement*, avec & sans futaie.

AGES des taillis.	PRIX moyen de la feuille d'un hectare de taillis.			
	Sans futaie.		Avec futaie. *Déduction faite du tort de la futaie.*	
12 ans.	9 f.	69 c.	12 f.	35 c.
16	11	46	14	36
25	13	44	18	97
35	31	70	46	67
50	49	85	87	54
60	65	67	119	83
70	68	86	131	12
Futaie éclaircie.	225	"	179	50

On voit par ces résultats que le prix de la feuille du taillis *avec futaie*, déduction faite du tort que la futaie peut faire au taillis, est beaucoup plus considérable que celui de la feuille des taillis *sans futaie*, & que d'un autre côté il s'accroît dans une progression étonnante, à mesure que l'*aménagement* est plus prolongé, puisque dans l'*aménagement* à 70 ans il est de 131 fr. 12 cent., tandis qu'il n'est que de 12 francs 35 centimes dans l'*aménagement* à 12 ans. Il est vrai que dans le système d'*aménagement* de M. de Perthuis, les terrains des taillis destinés à un *aménagement* plus prolongé sont de qualité supérieure à ceux des taillis d'un *aménagement* borné. L'auteur suppose aussi que les futaies ne nuiront pas beaucoup aux taillis si l'on suit les principes qu'il a établis pour fixer

(1) Je réduirai, d'après notre système décimal, les calculs de ces auteurs.

l'époque de l'exploitation de chaque classe de ces taillis.

On doit conclure qu'il est d'autant plus avantageux de retarder l'exploitation que le terrain sera plus substantiel & profond, & que l'on doit élever des futaies dans les fonds de première qualité, à moins de circonstances qui s'y opposent. *Cependant il est à observer que si les aménagemens prolongés donnent le maximum des produits en matières, & des bois de plus belles dimensions & de meilleure qualité que les aménagemens bornés à un certain âge, ils ne procurent pas toujours le maximum des produits en argent*, comme on pourroit le croire d'après les calculs de M. de Perthuis. En effet, cet auteur n'a point fait entrer dans ses calculs tous les élémens qui devoient les composer. Il a bien parlé des frais de conservation qu'il a fixés à 2 francs par hectare annuellement, du bénéfice du marchand, & du tort que les arbres-futaies peuvent faire au taillis, & il a déduit tous ces frais ou dommages des produits bruts pour déterminer le revenu net du propriétaire; mais il n'a point fait entrer en compte, au profit des taillis exploités à des époques rapprochées, l'intérêt résultant de rentrées de fonds plus fréquentes. On ne doit pas sans doute lui en faire un reproche, car dans un traité d'*aménagement* des forêts du Gouvernement, l'objet principal n'est point d'en obtenir le *maximum* des produits en argent, mais bien le *maximum* des produits en matières. Or, il est incontestable que, dans les bons terrains, les *aménagemens* prolongés donnent ce *maximum* des produits en matières. Nous allons cependant faire connoître, d'après les expériences & les calculs de M. Hartig, les véritables rapports qui existent entre les taillis & les futaies, tant pour les produits en bois que pour ceux en argent.

M. Hartig a pris pour exemple un arpent, mesure du Rhin (40 ares 34 centiares), essence de hêtre, aménagé à 120 ans, situé en bon fonds & traité d'après sa méthode. Il a calculé le prix du bois à raison de 3 & 4 florins la corde de 144 pieds cubes du Rhin (7 francs 92 cent. à 10 francs 56 centimes pour 5 stères 46 centistères), & l'intérêt de l'argent à 3 pour 100. Voici, réduits d'après notre système décimal, les résultats sommaires des calculs qu'il présente dans un nouvel ouvrage qu'il a publié en 1808.

Un hectare de futaie de hêtre, situé & traité comme il vient d'être dit, donne, en 120 ans, 490 mètres cubes de *masse réelle* ou *solidité de bois*, faisant, en mesure ordinaire avec les interstices, 846 stères, à quoi il faut ajouter 53 voitures de branchages. Ces bois, estimés suivant les prix ci-dessus établis, donnent en argent 1,956 francs 77 centimes de principal, & 1,583 francs 74 cent. pour les intérêts & intérêts des intérêts; ce qui forme un revenu total de 3,540 francs 51 cent. Ces résultats divisés par 120 donnent pour chaque année, savoir: en bois, 4 mètres 83 décimètres cubes ou solidité, faisant en mesure ordinaire 7 stères 5 centistères, & à peu près une demi-charretée de branchages; & en argent, 27 francs pour le prix de la feuille.

D'après les calculs du même auteur, un hectare de taillis de même essence, coupé tous les 30 ans, produit en 120 ans 266 mètres cubes ou solidité de bois, représentant en mesure ordinaire avec les interstices 487 stères & 56 charretées de branchages, en argent, 1,020 francs 93 centimes pour le prix du bois, & 4,404 francs 36 centimes pour les intérêts & intérêts des intérêts: *revenu total*, 5,925 francs 29 centimes. Ces sommes, divisées par 120 ans, donnent pour chaque année 2 mètres 216 décimètres cubes ou solidité, faisant en mesure ordinaire 4 stères 6 centistères, & environ une demi charretée de branchages; & pour le prix de la feuille, 45 francs 21 centimes.

Il résulte de ces calculs, fondés sur des expériences nombreuses, que les futaies pleines éclaircies donnent des produits en matières beaucoup plus considérables que les taillis; mais qu'à raison de l'intérêt de l'argent, qui doit entrer en compte au profit de ces derniers, les produits en argent sont beaucoup plus forts pour les taillis que pour les futaies. En effet, quoique les produits en bois des futaies soient à ceux des taillis comme 846 sont à 487, les produits en argent de ces mêmes futaies ne sont avec ceux des taillis que dans la proportion de 3,540 à 5,425. Ainsi les futaies produisent presqu'une fois plus de bois, & cependant près de deux cinquièmes de moins en argent.

Si l'on compare maintenant, & toujours d'après M. Hartig, les produits d'un taillis composé de bouleau & de charme, également situé en bon fonds & exploité tous les 30 ans, à ceux des futaies, on trouvera que les produits en argent sont encore bien plus considérables du côté des taillis. Un hectare de taillis de cette espèce donne en 120 ans 334 mètres cubes ou solidité de bois, représentant en mesure ordinaire 597 stères & 90 charretées de branches; en argent, 1,204 francs 16 centimes pour le prix principal, & 5,608 francs 53 centimes pour les intérêts: *total*, 6,812 francs 69 centimes. Ce qui, divisé par 120, donne annuellement 2 mètres 783 décimètres cubes ou de masse réelle de bois, faisant environ 5 stères en mesure ordinaire; & pour le prix de la feuille, 56 francs 77 centimes.

On voit par les tableaux de comparaison dressés par M. de Hartig, & dont je n'ai fait qu'indiquer les résultats,

1°. Que les futaies exploitées par éclaircies donnent en 120 ans, y compris la coupe définitive, une masse de bois double de ce que donnent dans le même espace de temps les taillis aménagés à 30 ans;

2°. Que l'*aménagement* en futaies procure une bien plus grande quantité de bois de corde que l'*aménagement* en taillis; car, d'après les calculs du même auteur, un hectare de futaie de hêtre donne en 120 ans 575 stères de fortes bûches & 271 stères de rondins, tandis qu'un hectare de taillis de même essence ne donne que 66 stères 4 décistères de grosses bûches, & 420 stères 5 décistères de rondins. Quant au taillis de bouleau & de charme, il donne une fois plus de grosses-bûches que le taillis de hêtre. Ainsi, le rapport d'une futaie de hêtre à un taillis de même essence est pour le gros bois : : 52 : 6, & celui d'une même futaie de hêtre à un taillis de bouleau & de charme : : 52 : 12;

3°. Que cependant, à l'âge de 60 ans, un hectare de futaie de hêtre n'a procuré par les éclaircies que 28 à 29 mètres cubes ou solidité de bois, tandis qu'un hectare de taillis de même essence en a procuré 119;

4°. Que le produit en argent d'un hectare de futaie à 120 ans, époque de la coupe définitive, n'est que de 3,540 francs 51 centimes, tandis que celui d'un hectare de taillis de même essence se trouve être de 5,925 francs 29 centimes, à cause de l'intérêt de l'argent, qui est de 4,404 francs 26 centimes pour le taillis, & seulement de 1,583 francs 74 centimes pour la futaie; d'où il suit qu'en 120 ans un hectare de taillis rapporte en argent 2,384 francs 78 centimes de plus que la futaie, c'est-à-dire, presque deux cinquièmes de plus.

Mais il est à observer que M. Hartig a établi tous ses calculs sur les bois réduits en cordes; qu'il ne les a considérés que comme bois de chauffage, & que par conséquent il n'a point fait entrer en compte la différence très-grande du prix des bois d'œuvre & de construction à celui des bois de chauffage; que, d'un autre côté, il n'a point évalué la glandée & le pacage, qui sont des objets d'une haute importance dans les futaies éclaircies. Ces objets, comme il l'observe lui-même, doivent élever de beaucoup les revenus des futaies.

Il demeure donc constant que si l'intérêt du particulier est de préférer l'*aménagement* en taillis, il n'en est pas de même à l'égard du Gouvernement, qui doit avoir en vue le *maximum* des produits en matières, les besoins des générations futures, & ceux de l'agriculture & des arts. D'un autre côté, le Gouvernement ne peut être assimilé à un particulier sous le rapport de l'intérêt des capitaux; il possède des futaies, & ces futaies, conduites d'après les bons principes, doivent donner en *principal* des produits même plus considérables que les taillis. Il n'y a donc en faveur des taillis que l'*intérêt* résultant de rentrées de fonds plus fréquentes; & cet avantage peut-il contrebalancer celui de donner aux arts & à la consommation en général des produits plus abondans & de meilleure qualité? Une dernière considération en faveur des futaies, c'est que le Gouvernement est le plus grand consommateur en bois de construction; & qu'en se ménageant des ressources à cet égard dans ses propres bois, il s'évite des dépenses considérables qu'il seroit obligé de faire pour s'en procurer ailleurs.

Mais il est également constant que, pour tirer le meilleur parti possible des futaies pleines, il est nécessaire de les traiter d'après la méthode de M. Hartig.

Deux sortes de coupes sont à distinguer dans cette méthode: les premières sont les éclaircissemens que l'on commence sur une jeune futaie de 25 à 30 ans, & que l'on continue tous les 20 ou 30 ans jusqu'à 90, 120 ou 140 ans, suivant les essences & les circonstances locales. Elles ont, comme nous l'avons déjà dit, pour objet principal, de donner de l'air à la futaie & de la débarrasser des bois blancs & autres bois dépérissans, qui disputeroient la nourriture aux tiges bien venantes des bonnes essences. Leur produit n'est pas considérable; car, d'après les calculs de M. Hartig, les trois éclaircies qui précèdent la coupe du réensemencement dans les futaies de hêtre ne produisent par hectare, en 90 ans, que 110 mètres cubes ou solidité de bois, tandis qu'un hectare de taillis produit, par les trois coupes qui s'y font dans le même espace de temps, 192 mètres cubes de bois, c'est-à-dire, $\frac{3}{4}$ de plus. Le produit en argent pour cet espace de temps est dans une proportion même beaucoup plus foible, n'étant que dans le rapport de 1,286 à 4,764, ou des $\frac{2}{7}$ du produit des taillis. Maintenant, si l'on fait entrer en compte la moindre valeur qui doit résulter de la difficulté d'opérer les éclaircies, le produit de ces éclaircies diminuera encore. Mais, sous le rapport des produits à venir, les éclaircies doivent être considérées comme infiniment utiles, & d'ailleurs le peu qu'elles rapportent est toujours un produit de plus, puisque les futaies abandonnées à la nature, ne donnent rien jusqu'à l'époque de leur exploitation.

Nous n'avons parlé des éclaircies que d'une manière générale, & par comparaison de ce mode d'exploitation avec celui des coupes à tire & aire. Nous exposerons, en traitant de l'exploitation des forêts, les principes de ce système, & le moyen de le mettre à exécution dans les différentes positions où peuvent se trouver les forêts.

TROISIÈME PARTIE.

De l'aménagement des taillis.

CHAP. Ier. *Observations préliminaires.*

Nous examinerons dans cette partie les questions principales qui intéressent l'*aménagement* des taillis, sous le rapport des produits & de la reproduction. Il nous sera peut-être difficile d'éviter des détails assez longs, parce que nous voulons motiver convenablement les propositions que nous aurons à faire. Nous nous sommes d'ailleurs imposé l'obligation de rendre compte, dans nos Mémoires, des expériences faites par nos bons auteurs, & cette méthode qui nous a déjà servi à éclaircir plusieurs difficultés, est d'autant plus nécessaire dans cette occasion, que la matière a occupé des physiciens d'un grand mérite. Un travail de ce genre, sur les différentes parties de l'économie forestière, est devenu indispensable pour tirer parti des observations répandues dans une foule d'ouvrages plus ou moins recommandables. Ce n'est point une nouvelle composition originale que la science réclame : elle est assez riche; mais ses richesses sont éparses; mais les vérités qu'elle renferme sont mêlées d'erreurs & suivies quelquefois de fausses conséquences. A quoi serviroient un système de plus ajouté à tant de systèmes & des hypothèses nouvelles, nous dirons plus; des nouvelles expériences? A multiplier les doutes & les incertitudes. Ce qu'il faut, c'est une analyse raisonnée des expériences faites en différens temps & en différens lieux; ce sont des conséquences bien déduites de ces expériences, & une doctrine établie sur ce que la science & la législation peuvent admettre à la fois; car il ne suffit pas qu'un système soit, physiquement parlant, meilleur, il faut aussi qu'il puisse se prêter aux règles de l'administration, sans quoi il doit rester dans la classe des théories.

Nous ne nous dissimulons point les difficultés d'un semblable travail, qui exige des recherches & des connoissances fort étendues; mais s'il ne nous est pas permis de le rendre parfait, nous tâcherons au moins, par notre exactitude à rapporter & à comparer les objets de nos recherches, de ne pas rester trop loin du but.

Nous allons d'abord essayer de fixer les idées sur le caractère distinctif des taillis & sur celui des futaies.

§. Ier. *De la définition des taillis & des futaies.*

Une bonne définition est une chose toujours difficile : *omnis definitio periculosa*. Cette vérité, qui trouve ici une application particulière, auroit peut-être dû nous détourner du projet de donner une définition des taillis & des futaies; mais les recherches que nous avons faites nous ont paru offrir quelqu'intérêt, & nous nous sommes déterminés à les présenter.

La plupart des auteurs forestiers & des commentateurs des ordonnances nous disent que les *taillis* sont des bois que l'on coupe avant l'âge de 40 ans, & que les *futaies* sont ceux qui s'exploitent après cet âge. Cette distinction est assez juste pour un grand nombre d'espèces de bois; mais elle ne convient pas à toutes, & elle ne nous apprend point d'ailleurs la différence naturelle qui doit exister entre un taillis & une futaie, ni le caractère propre à l'un & à l'autre. Elle est donc insuffisante & fautive.

Le mot *taillis* vient de *talea*, taille, branche coupée. Ce mot s'appliquoit autrefois plus particulièrement aux bois que l'on coupoit fort jeunes, c'est-à-dire, à dix ou quinze ans, & l'on remarque que les *aménagemens* fixés pour les taillis avant l'ordonnance de 1669, ne se prolongeoient pas beaucoup au-delà de cet âge. M. Defroidour, dans son instruction pour les ventes des bois du Roi (1), annonce comme une espèce de révolution qu'il auroit opérée dans l'*aménagement* des forêts de la grande maîtrise de l'Ile-de-France, d'avoir réglé les coupes de plusieurs taillis à 15, 16, 18 & 20 ans. Il dit que le bois taillis est celui qu'on coupe de 10 en 10 ans, & il rappelle les ordonnances de 1563, 1573, 1587 & 1588, qui avoient défendu que l'on coupât, non seulement les bois du Roi, mais encore les bois des communautés ecclésiastiques & séculières, & même ceux des particuliers, avant l'âge de 10 ans. Il paroît donc bien certain qu'autrefois les taillis se coupoient très-jeunes, & qu'ils tiroient leur dénomination de la fréquence des coupes. On les appeloit aussi *bois de serpe*, apparemment parce que la serpe suffisoit pour le façonnage de ces bois, & *bois de coupe* lorsqu'ils étoient au-dessus de 10 ans jusqu'à 30. Après cet âge, les bois prenoient la dénomination de *futaie* (2).

Par la suite l'expérience ayant appris qu'il y avoit beaucoup d'avantages, tant pour la prospérité des baliveaux réservés, que pour l'utilité des produits en matières, à éloigner l'époque de la coupe des taillis, on les aménagés à 20, 25, 30 & 40 ans, & on leur a toujours conservé la même dénomination. Il y a même aujourd'hui des bois aménagés à 50 & 60 ans, qu'on appelle encore *taillis*, *hauts taillis*. Ainsi, petit à petit, cette dénomination a pris une signification plus étendue, puisqu'elle ne désignoit d'abord que des bois fréquemment *coupés*, *taillés*, & qu'aujourd'hui elle s'applique aussi aux bois aménagés à des époques assez reculées. On doit la respecter pour tous les bois auxquels peut convenir la définition que les Latins avoient donnée des taillis. Voici cette définition tirée du Digeste, & rapportée au mot *Taillis*, dans l'ouvrage de Saint-Yon, imprimé en 1610 : *Sylva cædua est quæ in hoc habetur, ut cædatur; vel quæ succisa rursùs ex stirpibus aut radicibus renascitur.* (Dig. de verb. signif.) Ainsi, UN TAILLIS EST UN BOIS QUI, ÉTANT COUPÉ, SE REPRODUIT, OU DE SOUCHES OU DE RACINES. C'est aussi la définition que l'on a adoptée en Allemagne : *Ein ganzer District Welcher aus solchem holze (Stockauschl g, Wurzelholz), besteht, wird niederwald genannt* (3). D'après cette définition, il n'est pas exact de dire, du moins d'une manière générale & absolue, qu'un taillis est un bois que l'on coupe avant 40 ans, puisqu'il est plusieurs espèces de bois qui,

(1) Ouvrage terminé en 1668.
(2) *Voyez* de Saint-Yon, au mot *Taillis*.
(3) Hartig, *Anweisung sur holzzucht*.

après

après cet âge, se reproduisent encore de souches.

Mais quand l'exploitation est tellement différée, que le repeuplement doit se faire beaucoup plus par les semences que par les souches, c'est alors que les bois doivent prendre le nom de *futaie*, & s'appeler *futaie sur souches*, si c'est un taillis qu'on a laissé élever en futaie, & *futaie de brins*, si elle provient de semences. En effet, le mot *futaie* vient de *fust*, haute tige, ce qui indique qu'il ne convient qu'aux bois destinés à parvenir à leur plus haut degré d'élévation, & par conséquent à se repeupler de semences.

Voilà donc deux moyens de reproduction, qui fondent la distinction principale qu'il y a entre les taillis & les futaies. D'après cela, je pense qu'on pourroit établir cette définition : *un taillis est un bois que l'on coupe à un âge tel qu'il puisse se reproduire de souches & de racines, tandis qu'une futaie est celui qui est destiné à n'être abattu qu'à un âge où la reproduction ne se fera guère que par les semences.*

Cette définition nous montre la nature & la propriété des deux états de bois dont il s'agit, & le mode de reproduction particulier à chacun. Elle me semble réunir les conditions nécessaires à une définition d'histoire naturelle, qui sont de présenter l'exposition courte & précise des principales qualités propres & distinctives des choses qu'on veut faire connoître. Les exceptions rares que l'on citeroit ne peuvent en altérer la justesse; car de ce que, dans la coupe d'un bois de 80 à 100 ans, on voit quelques souches fournir des rejets, on ne doit pourtant pas conclure que la définition soit vicieuse, & il suffit que l'espoir du repeuplement soit fondé principalement sur les semis naturels, pour que le bois, dans l'état où il se trouve, soit classé parmi le futaies (1).

On distingue au surplus les taillis & les futaies suivant leurs âges : on appelle *jeune taillis* celui de 10 ans & au-dessous; *moyen taillis*, celui de 15 à 25 ans; *hauts taillis*, *hautes tailles* ou *gaulis*, ceux de 25, 30, 40, 50 ans & plus; *jeune futaie* ou *recrue de futaie*, celle qui commence à s'élever; *demi-futaie*, celle de 40 à 60 ans; *haute futaie*, celle de 100 ans; *vieille* ou *ancienne futaie*, celle de 150 à 200 ans & plus.

J'observe enfin que la distinction qui a été établie plus haut, quoique fondée sur la nature même & conforme aux anciennes définitions, n'a pas pour objet de déterminer le sens dans lequel doivent être entendus les mots *taillis* & *futaie* en matières de droit. Je ne la présente que comme une définition d'histoire naturelle, & je renvoie aux mots TAILLIS & FUTAIE du *Dictionnaire forestier*, au Code civil, &c., pour avoir l'interprétation nécessaire sous ce dernier rapport. J'observe encore qu'elle ne concerne que les taillis & les futaies en massif. Quant aux baliveaux & futaies sur taillis, ils prennent aussi différentes dénominations suivant les âges.

On appelle *baliveaux de l'âge* ceux qu'on réserve lors de l'exploitation du taillis; *modernes*, ceux de la dernière coupe, & *anciens*, ceux des coupes précédentes.

§. II. *Des produits & de la reproduction.*

Deux objets principaux sont à considérer dans l'exploitation en taillis; savoir : les *produits* & la *reproduction*.

Il y a deux sortes de produits, celui *en matière* & celui *en argent*. En général, il faut consulter l'un & l'autre, pour déterminer convenablement l'*aménagement* d'une forêt; mais on doit, dans certain cas, avoir plus d'égard à l'un qu'à l'autre, & c'est pour ne les avoir pas assez distingués, que quelques auteurs ont donné des règles fautives sur l'art des *aménagemens*. Ils ont confondu dans des préceptes généraux, l'intérêt du propriétaire particulier, avec celui du Gouvernement. Le premier se trouve souvent obligé de tirer de ses bois le plus haut produit en argent, tandis que le Gouvernement doit presque toujours viser au *maximum* des produits en matières, pour satisfaire aux besoins de la consommation. Les règles à suivre par ces deux classes de propriétaires, ne sont donc pas les mêmes; & quand on a dit que le Gouvernement devoit aménager ses forêts comme celles des particuliers, on a avancé une grande erreur. Les anciens réglemens avoient bien prévu que les bois des particuliers ne pourroient pas être soumis à des *aménagemens* aussi prolongés que ceux de l'Etat, & c'est pour cette raison qu'ils se sont bornés à défendre qu'ils fussent coupés avant l'âge de 10 ans.

J'ai déjà fait observer que le moyen d'obtenir le *maximum* des produits en matières, étoit de retarder les exploitations autant que la nature des terrains pouvoit le permettre; mais que si on calculoit les intérêts des capitaux, ce *maximum* ne donnoit pas toujours celui en argent, puisqu'une futaie de 120 ans, qui avoit fourni presqu'une fois plus de bois qu'un taillis coupé quatre fois, de 30 en 30 ans, n'avoit rapporté que les $\frac{3}{5}$ de ce que ce taillis avoit produit en principal & intérêts.

Quant à la *reproduction*, elle se fait plus ou moins bien, suivant les espèces de bois, leur âge, la saison où on les coupe, le climat, la qualité, la situation & l'exposition du terrain, la manière dont se fait l'exploitation, &c. &c. Ce sont autant de circonstances qu'il faut encore observer, pour déterminer les *aménagemens*, & pour opérer les exploitations.

Tous les bois à feuilles, c'est-à-dire, tous les

(1) On voit par le tableau qui termine cet article, que les souches de quelques arbres peuvent repousser jusqu'à cent quarante & deux cents ans. Mais ces âges sont les plus élevés auxquels la reproduction puisse avoir lieu, & on ne fondera jamais l'espoir d'une renaissance complète sur des souches aussi vieilles.

bois autres que ceux résineux, se reproduisent de souches, & quelques-uns de racines. Cette reproduction se renouvelle à chaque coupe de taillis, tant que les souches ou racines conservent la vigueur nécessaire pour former & produire de nouveaux jets. Mais M. Hartig pense, en se fondant sur l'expérience, qu'une souche de taillis ne vit & ne se conserve pas autant de temps qu'elle eût vécu, si la première tige n'en eût pas été séparée, & si on n'eût pas soumis cette souche à des amputations aussi souvent répétées. On ne peut donc pas compter, par exemple, sur la longévité du chêne, pour croire qu'un taillis de cette espèce, où il ne se feroit ni semis ni plantation, puisse se conserver pendant plusieurs siècles. Il est certain que les coupes fatiguent les racines & hâtent la caducité des souches, & que plus ces coupes sont rapprochées, plus la reproduction est affoiblie. Il existe à la vérité des espèces de bois dont les souches vivent & reproduisent pendant des siècles; mais il en est bien plus qui ne peuvent supporter l'exploitation en taillis que pendant peu de temps, & qui reproduisent à peine deux ou trois fois, si la révolution est fixée à 20 ou 30 ans.

La différence que l'on remarque, dit M. Hartig, à l'égard de la durée des souches, entre chaque espèce de bois, doit servir de guide pour déterminer l'époque où il faut couper les bois qui proviennent de semences. Ainsi, quand on aura à faire la première coupe d'un bois élevé de semences, on devra, pour quelques espèces, l'exécuter dans le premier âge, pour obtenir un bon recru; tandis que pour d'autres, on pourra la différer assez longtemps, sans compromettre la renaissance. Il est sans doute peu de bois qui ne puissent se reproduire de souches jusqu'à l'âge de 30 ans; cependant il en est beaucoup dont la pousse est d'autant plus foible, qu'on attend davantage à la couper, & qui finissent par ne plus rien produire, si on laisse trop vieillir les tiges.

Il est donc important, avant de fixer un *aménagement*, d'examiner les espèces de bois qui peuplent la forêt, les proportions dans lesquelles ces espèces sont mélangées, la durée ordinaire des souches de chaque espèce, l'âge nécessaire pour qu'elles produisent les qualités de bois qu'on veut obtenir, &c.

Le tableau ci-après, composé par M. Hartig, me paroît d'un grand intérêt pour cet objet. Il fait connoître les bois qui conviennent le mieux à l'exploitation en taillis; l'âge auquel il faut couper ceux qui proviennent *de semences*, pour obtenir un bon recru; le nombre d'années qu'il faut à un taillis, pour produire des bois d'une certaine grosseur; enfin, jusqu'à quel âge les souches des différentes sortes de bois peuvent donner une repousse suffisante. J'observe, sur ce dernier objet, qu'il s'agit de l'âge des souches, & non de celui des brins du taillis.

La seconde colonne de ce tableau indique le mode de reproduction des bois, c'est-à-dire, s'ils se reproduisent de souches ou de racines. Il y est dit, que le chêne se reproduit rarement de racines; cependant, j'ai observé dans plusieurs forêts un assez grand nombre de plants provenus de racines, & on sait qu'on obtient d'assez beaux brins de cette espèce. On les préfère même aux brins sur souche dans les balivages.

TABLEAU faisant connoître l'âge où les bois repoussent le mieux de souches, celui que doivent avoir les taillis de chaque espèce pour produire des bois d'une certaine grosseur, et la durée des souches dans l'exploitation en taillis.

NOMS des espèces de bois.	MANIÈRE de se reproduire, soit de souches, soit de racines.	AGES auxquels on peut couper les *bois provenus de semences*, pour obtenir un bon crû.	AGES auxquels on peut couper les taillis dans les terrains de moyennes qualités & dans les climats tempérés, pour obtenir des Rondins.	Ramilles.	AGES les plus élevés auxquels les souches peuvent encore donner un bon recru, lorsqu'elles ont déjà été exploitées une ou plusieurs fois.
		ans au plus	de ans	de ans	ans au plus
Chêne.	De souches, rarement de racines.	20 — 60	20 à 30	10 à 15	150 — 200
Hêtre.	*idem.*	20 — 40	20 à 30	10 à 15	60 — 90
Charme.	*id.*	20 — 40	20 à 30	10 à 15	80 — 100
Erable.	*id.*	20 — 40	20 à 30	10 à 15	80 — 120
Orme.	*id.*	20 — 60	20 à 30	10 à 15	100 — 150
Frêne.	*id.*	20 — 40	20 à 30	10 à 15	80 — 120
Bouleau.	*id.*	20 — 30	20 à 30	10 à 15	50 — 60
Aune.	*id.*	20 — 30	15 à 25	8 à 12	50 — 80
Tilleul.	*id.*	20 — 60	15 à 25	8 à 12	100 — 150
Alizier des bois. *Crategus torminalis.*	*id.*	20 — 30	20 à 30	10 à 15	50 — 80
Allouchier, ou Alizier blanc. *Crategus aria.*	*id.*	20 — 30	20 à 30	10 à 15	50 — 80
Tremble.	de racines, rarement de souches.	15 — 30	15 à 20	6 à 8	Le tremble ne repousse que de racines dans la vieillesse.
Peupliers.	De souches & de racines.	15 — 25	15 à 30	6 à 8	40 — 60
Saules.	*id.*	15 — 25	10 à 20	6 à 8	30 — 40
Tous les arbrisseaux de la première grandeur.	*id.*	10 — 20	— —	6 à 8	20 — 40

Au tableau ci-dessus, j'ajouterai le châtaignier qui s'exploite très-bien en taillis, à l'âge de 12 à 15 ans, pour en faire des cercles & des échalas.

§. III. *Cas où l'on doit aménager en taillis.*

Nous ne parlerons que des principes généraux à cet égard.

L'*aménagement* en taillis est adopté pour le plus grand nombre des bois & forêts, composés d'arbres à feuilles; & il doit avoir lieu dans les cas suivans :

Premier cas.

Lorsque le bois est composé d'essences qui ne sont pas susceptibles de devenir de gros arbres, & qui parviennent au plus grand accroissement dont ils sont capables vers le milieu de leur âge, on doit l'aménager en taillis, & l'exploiter à des époques qui soient en rapport avec leur peu de longévité.

Deuxième cas.

Quand le bois est situé sur un terrain trop maigre pour qu'il puisse prendre beaucoup d'accroissement, c'est encore le cas de l'aménager en taillis. Si on vouloit le laisser croître en futaie, il dépériroit faute de nourriture, & se dégarniroit, au lieu que, dans l'exploitation en taillis, les souches pourvoient à la reproduction, & les pousses qui en proviennent se trouvent alimentées par des racines, qui, étant comparativement beaucoup plus fortes qu'elles, pendant plusieurs années, leur fournissent une nourriture suffisante jusqu'à ce que ces brins soient devenus assez forts pour ne pouvoir plus subsister dans ce terrain, & marquer ainsi l'époque de la nouvelle exploitation.

Troisième cas.

Quand une forêt, en nature de futaie, se trouve épuisée par des coupes forcées, & qu'elle ne peut plus donner, sous cette forme d'*aménagement*, des produits suffisans pour la consommation actuelle, on est forcé alors, pour ne pas manquer de bois, de l'exploiter en taillis, soit pour toujours, soit pendant un certain temps. Cette exploitation, dans laquelle l'âge des coupes sera rapproché, donnera, pour les besoins présens, plus de bois que si on eût conservé la division de la forêt telle qu'elle étoit fixée par l'*aménagement* en futaie. Mais comme il est démontré que les taillis dans une révolution donnée, par exemple 120 ans, produisent moins de bois que les futaies, on devra, dès que les circonstances le permettront, rendre à la forêt son premier *aménagement*. Pour cet effet, il conviendra de procéder petit à petit, & de réserver, à chaque exploitation du taillis, un nombre de baliveaux assez considérable pour former la nouvelle futaie.

Quatrième cas.

Le propriétaire particulier n'a point d'intérêt à laisser croître ses bois en futaie, à moins de circonstances rares. Il a, au contraire, un intérêt réel à suivre l'*aménagement* en taillis. Il tirera ainsi de sa propriété des produits rapprochés, dont la valeur calculée avec les intérêts & les intérêts des intérêts, lui formera, dans un temps donné, un capital beaucoup plus considérable que celui qu'il auroit des coupes en futaies qu'il lui faudroit attendre fort long-temps. Cependant, si ce propriétaire possédoit une haute futaie dans laquelle il y auroit des bois de tout âge en quantité suffisante pour lui donner des produits annuels proportionnés à l'étendue de la forêt, & que, d'un autre côté, il fût tenu d'exploiter cette forêt en *bon père de famille*, il devroit s'abstenir de convertir sa forêt en taillis, parce que ce seroit diminuer beaucoup ses produits en nature, & par conséquent ses revenus en argent. Dans ce cas, il exploitera sa futaie par éclaircie pour favoriser l'accroissement du bois, le repeuplement naturel, & pour obtenir des produits annuels en bois de chauffage dans les éclaircies, & des grands arbres dans les dernières exploitations. Mais hors le cas que nous venons de poser, c'est-à-dire, toutes les fois qu'un propriétaire pourra user de sa chose sans avoir égard aux intérêts de la société, il trouvera un avantage particulier à couper ses bois en taillis, & il complétera son système d'exploitation, s'il admet la méthode des éclaircies périodiques & du réensemencement naturel, telle que nous l'avons fait connoître.

Tels sont les cas où l'*aménagement* en taillis est nécessaire ou utile.

Nous avons, en parlant des futaies, démontré que, sous le rapport des produits en bois, l'*aménagement* en futaie étoit beaucoup plus avantageux que l'*aménagement* en taillis; nous ne reviendrons point ici sur cet objet.

Mais nous allons présenter la série des expériences qui ont été faites sur l'accroissement des taillis, pour en déduire l'*aménagement* le plus avantageux sous les rapports des produits en matières & en argent, & de la reproduction.

Chap. II. *De l'accroissement des taillis, & des différens âges auxquels il est avantageux de les couper.*

Il n'y a point de partie dans l'économie forestière, sur laquelle on ait fait autant d'expériences que sur l'accroissement des taillis, & sur laquelle aussi on ait présenté des résultats plus variés. Que l'on consulte les ouvrages de Duhamel, Buffon, Tellès d'Acosta, Pinguet, Juge de Saint-Martin, Varenne de Fenille, de Perthuis, Fontayne, Hassenfratz, Dralet, Burgsdorf, Hartig, Warnek, & de tous les physiciens qui se sont occupés de cet objet; on verra que les résultats qu'ils ont présentés, diffèrent entr'eux d'une manière quelquefois étonnante. Cela tient, sans doute, au mode suivi dans ces expériences, aux localités où elles ont été faites, à la consistance plus ou moins serrée des taillis, & à d'autres circonstances particulières qui n'auront pas été bien appréciées. Cependant ces expériences se réunissent toutes pour prouver quelques points de doctrine forestière, & surtout l'avantage des *aménagemens* prolongés dans les bons fonds.

Je vais présenter, le plus succinctement possible, l'analyse de ces expériences.

1°. M. de Buffon (1), en parlant de l'âge auquel on doit couper les taillis, disoit que c'étoit celui où l'accroissement des bois commençoit à diminuer, & il faisoit observer que, dans les premières années, le bois croissoit de plus en plus, c'est-à-dire, que la production de la seconde année étoit plus considérable que celle de la première année; l'accroissement de la troisième, plus grand que celui de la seconde, & qu'ainsi l'accroissement du bois augmentoit jusqu'à un certain âge, après quoi il diminuoit. « C'est ce point, ce *maximum*, » ajoutoit-il, qu'il faut saisir pour tirer de son » taillis tout l'avantage & tout le profit possibles. » Mais comment le reconnoître? comment s'assurer de cet instant? Il n'y a que des expériences faites en grand, des expériences longues & pénibles, des expériences telles que » M. Réaumur les a indiquées, qui puissent nous

(1) *Histoire naturelle*, partie expérimentale.

» apprendre l'âge où les bois commencent à croître » de moins en moins. Ces expériences consistent » à couper & peser, tous les ans, le produit de » quelques espèces de bois pour comparer l'aug- » mentation annuelle, & reconnoître, au bout de » plusieurs années, l'âge où elle commence à di- » minuer. » Il est évident, par cette proposition, que Buffon n'avoit en vue que le *maximum* des produits en matières, qui est en effet le plus important pour la consommation, abstraction faite de quelques espèces de bois, qu'il faut exploiter jeunes pour certains usages.

Mais les expériences qu'il conseilloit de faire étoient d'une exécution bien difficile, & Réaumur, qui les avoit indiquées, ne se le dissimuloit pas lui-même. Varenne de Fenille trouva qu'elles seroient, non-seulement peu praticables, mais encore insuffisantes & fautives; & il s'occupa de rechercher une méthode à l'aide de laquelle un propriétaire pût reconnoître de combien son taillis, situé en bon comme en mauvais terrain, auroit augmenté chaque année en valeur intrinsèque. Plusieurs autres physiciens ont fait des expériences sur cet objet : comme il est important de connoître ces expériences & d'en comparer les résultats, je vais en faire passer les tableaux sous les yeux du lecteur, en lui faisant remarquer les points où ces résultats diffèrent entr'eux, & ceux où ils se réunissent pour démontrer quelques vérités essentielles.

2°. Duhamel estime (1) que les bois de chêne, soit taillis, haut taillis ou demi-futaie, en un mot, les jeunes bois *en très-bon fonds*, croissent en hauteur d'environ un pied chaque année, jusqu'à 60 ou 80 ans; qu'après cet âge, ils s'élèvent très-peu, mais qu'ils grossissent pendant long-temps, à peu près *d'un demi-pouce chaque année*, c'est-à-dire, que le cercle qui marque la crue de chaque année, a environ une *ligne d'épaisseur*, en supposant toutefois qu'il y a des années plus ou moins favorables à la végétation, & qu'il s'agisse d'un bon terrain. Quant aux bois blancs qui ont la séve plus hâtive & plus abondante, il dit qu'ils croissent & grossissent plus promptement, au moins de moitié; mais qu'ils vivent beaucoup moins long-temps.

D'après son estimation, un brin de chêne mesuré à 4 ou 5 pieds de terre, peut avoir :

1°. A 20 ans, 10 pouces de grosseur sur 20 pieds de hauteur;

2°. A 25 ans, 12 à 13 pouces de grosseur sur 25 pieds de hauteur;

3°. A 30 ans, 15 pouces de grosseur sur 30 pieds de hauteur.

Quant aux baliveaux anciens ou modernes, il dit : *qu'ils croissent très-peu en hauteur;* mais qu'ils grossissent moitié plus que les brins de taillis, à peu près de 9 lignes par an; en sorte que les cercles annuels ont environ une ligne & demie d'épaisseur, à compter de la coupe du taillis où ces arbres ont été réservés.

J'ai réduit, dans le tableau suivant, ces évaluations d'accroissement, tant des brins de taillis que des baliveaux, & des produits en matières & en argent, des uns & des autres, à différens âges.

(1) *Exploitation des bois*, tome I, page 173.

TABLEAU déduit des observations de Duhamel sur l'accroissement progressif des taillis et des baliveaux, et sur les produits, en matières et en argent, des uns et des autres, à différens âges, prenant pour exemple un arpent en bon fonds.

Ages des taillis.	BRINS DE TAILLIS. Nombre par arpent.	Groffeur. Pouces.	Hauteur. Pieds.	PRODUITS en Cordes.	Fagots.	Valeur des taillis en argent.	BALIVEAUX. DE DIFFÉRENS âges.	Leur hauteur. Pieds.	Leur groffeur. Pouces.	Equarriffage. Pouces.	Nombre de folives par arbre.	NOMBRE de Baliveaux à réferver à chaque coupe (1).	À ABATTRE à chaque coupe.	de folives par arbre abattu.	Valeur des arbres abattus à raifon de 1 l. 10 f. par folive (en 1784).	Produit total des taillis & baliveaux abattus.	Prix de la feuille.
20	900	10	20	8	800	120	Baliveaux de l'âge.	20	10	»	»	24 baliveaux de l'âge.	. . . .	» (2)	»	liv. 206	liv. f. 10 6
							Modernes de 40 ans.		24	5	»	8 modernes.	12 mod. de 40 ans.	»	18 f.		
							Anciens de 60. . . .		40	8	3	8 anciens de 60 ans.	. . . .	»	»		
							— de 80		54	11	50	. . . .	8 anciens de 80 ans.	$5\frac{5}{8}$	68		
25	900	12 à 13	25	12	1200	180	Baliveaux de l'âge.	25	12 à 13	»	»	24 baliveaux de l'âge.	. . . .	»	»	333	13 6
							Modernes de 50 ans.		30	6	2	8 modernes	12 mod. de 50 ans.	2	36		
							Anciens de 75 ans.		50	10	6	8 anciens de 75 ans	. . . .	»	»		
							— de 100		66	13	$9\frac{1}{4}$	. . . .	8 anciens de 100 ans.	$9\frac{1}{4}$	117		
30	900	15	30	18	1800	270	Baliveaux de l'âge.	30	15	»	»	24 baliveaux de l'âge.	. . . .	»	»	548	18 5
							Modernes de 60 ans.		36	7	3	8 modernes.	12 mod. de 60 ans.	3	54		
							Anciens de 90 ans.		60	12	10	8 anciens de 90 ans.	. . . .	»	»		
							— de 120		84	16 à 17	$18\frac{2}{3}$	. . . .	8 anciens de 120 ans.	$18\frac{2}{3}$	224		

(1) Comme il s'agit d'un bon terrain, l'auteur fuppofe que l'on réfervera vingt-quatre baliveaux de l'âge par arpent, avec huit modernes & huit anciens des trois âges. Il fuppofe auffi qu'il aura péri quatre modernes par la violence des vents & par la chute des arbres exploités.

(2) Trop foibles pour fournir des folives. Il faut à peu près douze pièces pour une corde de bois à brûler.

On voit par ce tableau que, dans le taillis de 20 ans, les brins, ainsi que les baliveaux qu'on y réserve, ne dépassent point la hauteur de 20 pieds, tandis qu'elle est de 30 dans les taillis de 30 ans; que dans les uns & dans les autres, les baliveaux augmentent en grosseur, d'environ 9 lignes par an, depuis la coupe du taillis; que dans la période de 30 ans, chaque moderne produit trois solives, & chaque ancien de 4 âges 18 solives $\frac{2}{3}$, ce qui fait 185 solives $\frac{2}{3}$; tandis que dans les taillis de 20 ans, les modernes, trop foibles pour produire des solives, ne donnent qu'environ une corde de bois à brûler ou quelques petites espèces de charpente, & que les anciens de 4 âges ne donnent que 43 solives; que par conséquent le nombre des solives produit par le premier, est à celui que produit le second comme 185 $\frac{2}{3}$ est à 43, plus une corde de bois; que la masse de bois que donnent les brins de taillis dans la période de 30 ans, est presque double de celle produite par le taillis de 20 ans; qu'enfin, les produits en argent, abstraction faite de l'intérêt, sont de 548 francs pour l'*aménagement* à 30 ans, lorsqu'ils ne sont que de 206 francs pour l'*aménagement* à 20 ans, ce qui établit pour le prix de la feuille un rapport de 18 à 10. Observons encore que l'auteur n'a point estimé les branches des réserves abattues, & que le produit de ces branches étant beaucoup plus considérable dans les anciens que dans les jeunes taillis, il eût été également à l'avantage des taillis de 30 ans. J'ajouterai à tous ces avantages que les bois de 30 ans sont de meilleure qualité même pour le chauffage; qu'ils se vendent plus cher; que les souches, moins fatiguées, reproduisent un plus beau recru; que les bruyères sont étouffées dans les taillis d'un certain âge; que la dent du bétail & les gelées du printemps font plus de tort aux jeunes bourgeons qu'aux taillis plus âgés; que les jeunes taillis de chêne ne donnent point de glands, au lieu que dans ceux de 20 à 25 ans, il se trouve beaucoup de brins qui en donnent, & que ce n'est que dans les taillis de 25 à 30 ans qu'on peut espérer d'avoir des arbres propres aux constructions navales, attendu que dans ceux qui s'exploitent plus jeunes, ils forment ordinairement *le pommier*, circonstance qui, d'ailleurs, nuit beaucoup aux taillis. Il paroît donc bien démontré par le tableau ci-dessus, que l'on doit prolonger les *aménagemens* des taillis autant que la qualité du terrain le permet, c'est-à-dire, jusqu'à ce que les bois soient arrivés à leur maturité.

Si maintenant on a égard à l'intérêt de l'argent, les rapports ne seront plus les mêmes. Cependant, en ne calculant que les intérêts simples (& je pense que ce sont les seuls qu'on doive faire entrer en compte), on trouve encore que l'avantage se trouve du côté des taillis de 30 ans. En effet, l'intérêt à 5 pour 100, pendant 10 ans, de 206 francs, produit du taillis de 20 ans, n'est que de 103 francs, qui, réunis au principal, ne forment qu'une somme de 309 francs; & en y joignant la valeur actuelle du taillis, qu'on peut supposer être de 103 francs, le total n'est que de 413, tandis que le prix du taillis de 30 ans est de 548 francs. Il n'y a donc que le cumul des intérêts qui puisse faire donner la préférence aux *aménagemens* bornés; & encore faut-il qu'il y ait une très-grande distance entre les *aménagemens*, pour que ce cumul d'intérêts produise des résultats de quelqu'importance; car, si la différence d'un *aménagement* à l'autre, toutes choses égales d'ailleurs, n'est que de 5 ou de 10 ans, comme dans le tableau ci-dessus, le cumul des intérêts n'apporte que fort peu de différence dans la valeur numéraire. J'ai, pour m'en assurer, calculé les intérêts de 206 francs, cumulés chaque année pendant dix ans, & j'ai trouvé que ce principal augmenté ainsi annuellement de l'intérêt de l'intérêt, ne produisoit que 319 francs 56 centimes, qui, avec la valeur actuelle du taillis sur pied, ne forme qu'un total de 422 francs 56 centimes. Il n'y a donc que 10 fr. 56 centimes de différence, résultant de ce cumul annuel d'intérêts pendant 10 ans.

J'ai aussi comparé les produits pendant 60 ans, en principal & intérêts, des 2 arpens de taillis mentionnés au tableau précédent, en supposant qu'à chaque coupe seulement, le propriétaire feroit le placement de ces produits. Voici les résultats :

Arpent de taillis aménagé à 20 ans.		*Arpent de taillis aménagé à 30 ans.*	
A 20 ans, 1re coupe.	206 f.	A 30 ans, 1re coupe.	548 f.
Intérêt jusqu'à 40 ans.	206	Intérêt jusqu'à 60 ans.	822
A 40 ans, 2e coupe.	206	A 60 ans, 2e coupe.	548
Produit jusqu'à 40 ans.	618	Total.	1918 f.
Intérêt jusqu'à 60 ans.	618		
A 60 ans, 3e coupe.	206		
Total.	1442 f.		

L'avantage est encore pour l'*aménagement* à 30 ans.

On peut conclure de ces calculs que le *maximum* du produit en argent suivra le *maximum* du produit en matières, toutes les fois qu'il n'y aura pas une longue distance entre les âges fixés par les *aménagemens*. Mais aussi les rapports du produit en argent seront d'autant plus à l'avantage des *aménagemens* bornés à 25 ou 30 ans, que les *aménagemens* qu'on leur opposera seront fixés à des époques plus éloignées, par exemple, à 90, 100 ou 120 ans. Nous avons fait connoître ces rapports dans notre deuxième partie.

Ce qu'on vient de dire sur l'avantage des *aménagemens* fixés à longs termes ne convient point à tous les taillis, & Duhamel, ainsi que tous les auteurs & praticiens, reconnoît qu'il faut avoir égard aux modifications apportées par la nature du terrain, l'essence des taillis, la situation & le débit des bois. Il y a des terrains assez mauvais pour ne pouvoir nourrir un taillis que juſqu'à 10 ans, & ſi on le laiſſoit ſur pied juſqu'à 30 ans, on le trouveroit entièrement dégradé. Le propriétaire éprouveroit donc une perte réelle, au lieu de jouir des avantages que promettent les ſpéculations rapportées plus haut. Relativement aux eſſences, il y en a, telles que les bois blancs & le châtaignier, qu'il faut couper jeunes pour en tirer le meilleur parti; & quant à la ſituation & au débit qui peut être plus avantageux dans certains lieux, il faut conſidérer ſi l'on eſt à portée d'une rivière navigable, parce que dans ce cas il y aura de l'avantage à voiturer les pièces les plus peſantes, les bois de cordes, ou ce qui tiendroit le plus de place, comme les fagots & les bourrées; au lieu que s'il y a une grande diſtance pour rendre les marchandiſes au port, on préférera de convertir le bois en charbon, & dans ce cas, l'âge le plus avantageux pour abattre les taillis, eſt celui où ils peuvent fournir beaucoup de cordes à charbon. On prendra le même parti quand on ſera dans un pays où il y a des uſines qui conſomment une grande quantité de charbon. On trouvera de l'avantage à faire beaucoup de fagots aux environs des grandes routes & dans le voiſinage des fours qui en conſomment. Si l'on eſt dans un pays où l'on tanne beaucoup de cuirs, on abattra les taillis à l'âge où leur écorce eſt dans l'état requis pour ce travail; il faut pour cela que les chênes aient 9 à 12 ou 15 pouces de circonférence (1).

Enfin, dans les pays vignobles, où l'on fait une grande conſommation d'échalas de brins & de cerceaux, il faut abattre les taillis de châtaignier, de chêne, de bouleau, de marceau & de ſaule, plus ou moins gros, ſuivant la groſſeur des futailles qu'il s'agit de relier.

Revenons à l'accroiſſement des taillis, & continuons de préſenter l'analyſe des expériences & des obſervations faites ſur ce ſujet important.

3°. Pannelier d'Annel, en propoſant la ſuppreſſion de toutes les futaies pleines, penſoit que le meilleur *aménagement* des forêts conſiſtoit à les exploiter aux âges auxquels les ſouches repouſſent encore, & où les baliveaux ſe ſoutiennent, profitent & peuvent devenir de beaux arbres, en les réſervant en certain nombre pour être coupés aux termes où ils doivent être attendus. Il ajoutoit que ces âges étoient ceux de 20 à 40 ans; que c'étoit aux révolutions compriſes entre ces deux termes qu'il convenoit de couper tous les bois ſans en exploiter aucun au-deſſous de 20 ans (à l'exception des bois plantés en coudrier, châtaignier, bourſault, &c.), ni plus tard qu'à 40 ans. Mais il n'appuie ſes propoſitions que ſur des hypothèſes, & nullement ſur des faits poſitifs. Ainſi, quoique ces âges puiſſent être, en général, les plus profitables pour les produits en matières & en argent dans l'exploitation des taillis, nous ne devons nous y arrêter qu'autant que les expériences faites ſur cet objet confirmeront qu'ils ſont en effet les plus avantageux.

4°. Tellès d'Acoſta, en rendant compte des obſervations de Duhamel, & en inſiſtant avec lui ſur la néceſſité de retarder juſqu'à 30 ans au moins la coupe des taillis de chêne ſitués en bons fonds, annonce que les expériences faites à Saint-Dizier, dans la ci-devant Champagne, ne s'accordent pourtant point avec celles de Duhamel; que dans ce pays l'accroiſſement des taillis eſt de plus de 6 lignes par an, à compter de l'année où il y a 20 ans de faits, & 7 à 8 pouces de gros; qu'à 30 ans le taillis a 25 pouces de gros, ce qui fait 1 pouce 4 lignes d'accroiſſement par année pendant 20 ans.

Voici les réſultats qu'il préſente pour un arpent de taillis ſitués en bons fonds :

BRINS DE TAILLIS.				ARBRES FUTAIES.	
Années d'âge.	Groſſeur des brins.	Cordes de Rondins.	Fagots.	Age.	Nombre de pièces par arbre.
20 ans.	»	14	1000	40	1 $\frac{1}{2}$
25 ans.	»	17	1100	80	4 à 5
30 ans.	25	20 à 24	1200	100	10 à 15

Ces expériences ne s'accordent point, en effet, avec celles de Duhamel. D'un côté, on remarque que l'accroiſſement des brins du taillis évalué par Duhamel à 6 lignes de groſſeur par année, eſt évalué par Tellès à 16 lignes, depuis la vingtième année du taillis. D'un autre côté, les produits des baliveaux ſont beaucoup plus conſidérables chez Duhamel que dans l'ouvrage de Tellès d'Acoſta.

« Ce qu'il y a de plus extraordinaire encore, dit Varenne de Fenille, qui a comparé ces deux expériences, c'eſt d'y voir que l'arpent de Duhamel, qu'il ſuppoſe compoſé à 30 ans de brins de 15 pouces de gros ou 5 pouces de diamètre, donne 18 cordes & 1800 fagots, tandis que l'arpent de Saint-Dizier, également ſurchargé de baliveaux, & portant des brins de 25 pouces de gros & 8 pouces $\frac{1}{3}$ de diamètre, rapporte au plus 24 cordes & 1200 fagots. Comme les cylindres de même hauteur, continue Varenne de Fenille, ſont entre eux comme les carrés du diamètre de leur baſe, l'arpent ſuppoſé de Duhamel eſt à l'arpent de Saint-Dizier, comme le carré de 5 eſt au carré de 8 $\frac{1}{3}$, ou comme 25 eſt à 69 $\frac{4}{9}$. Ainſi, il eſt clair,

ou

(1) Duhamel, *Exploitation des taillis.*

ou que Duhamel s'est trompé en partant d'une fausse supposition, ou que l'arpent de Saint-Dizier ne porte pas 900 brins, ou qu'il devoit donner au moins 47 cordes. »

J'observerai à cet égard que Duhamel n'a fait que des suppositions, & qu'en établissant que le nombre des brins du taillis seroit de 900 à tout âge, & que l'accroissement seroit uniforme, il a nécessairement commis une erreur; car il est reconnu que le nombre des brins d'un taillis diminue toujours à mesure que ce taillis avance en âge, & que l'accroissement varie beaucoup suivant l'âge & la consistance plus ou moins serrée du bois. Quant aux produits présentés par le grand-maître des forêts de la Champagne, ils paroissent fondés sur l'expérience, & il est clair que l'arpent dont il parle ne comportoit pas 900 brins à l'âge de 30 ans. Quoi qu'il en soit, les suppositions de Duhamel, & les faits rapportés par Tellès d'Acosta, prouvent également qu'il y a un très-grand avantage à retarder les exploitations des taillis de chêne, situés en bons terrains, jusqu'à 30 ans & plus, & que le moyen d'accroître encore le revenu, est de réserver des futaies.

5°. Voici un troisième tableau des accroissemens successifs d'un arpent de taillis pendant 40 ans, extrait de l'ouvrage de M. Juge de Saint-Martin.

Années.	Grosseur des brins.	Cordes.	Fagots.	Valeur.	PRIX de la feuille.
10	7 pouc.	»	1000	9 l. » f.	9 l. » f. » d.
15	8 $\frac{1}{2}$	»	1250	112 10	7 10 »
20	11	8	500	141 »	7 1 »
25	14	12	700	217 »	8 13 7
30	15	18	950	301 10	10 1 »
35	......	25	1200	418 »	11 18 10
40	20	26	1200	527 »	13 3 6
	Plus 100 pièces d'équarrissage à 1 liv.				

Suivant cet auteur, le grossissement annuel auroit donc été de 8 lignes $\frac{4}{10}$ pendant les 10 premières années, de 3 lignes $\frac{3}{5}$ pendant les 5 années suivantes, de 7 lignes $\frac{1}{5}$ de 15 à 20 ans, du même nombre de lignes depuis 20 jusqu'à 25, d'une ligne seulement depuis 25 jusqu'à 30, & de la même quantité de 30 à 40.

Ces variations dans le grossissement annuel paroîtront étonnantes; car, comment supposer qu'un brin de taillis qui avoit 7 pouces de grosseur à 10 ans, n'eût augmenté que de 1 pouce 6 lignes pendant les 5 années suivantes; qu'ensuite l'augmentation ait été de 3 pouces pour le même nombre d'années; qu'elle ait continué à être la même encore, depuis 25 jusqu'à 30 ans? L'expérience qui nous apprend que les arbres grossissent de plus en plus pendant les premières années, contredit ces varations, à moins qu'on n'admette que la température ait influé sur la végétation, au point de la rendre presque nulle dans quelques années, & de la favoriser beaucoup dans d'autres. Au reste, je ne me charge point de concilier toutes les contradictions que l'on trouve dans les expériences relatives à l'accroissement des bois. Je n'ai d'autre but que de prouver l'utilité des *aménagemens à longs termes* dans les bons terrains, & le tableau que je viens de présenter, s'accorde avec ceux qui le précèdent, sur ce point d'économie forestière. On y voit, en effet, que les produits en matières & en argent augmentent dans des proportions avantageuses, vers la trentième & la quarantième année.

6°. Mais, autant les *aménagemens* à longs termes sont avantageux dans les bons terrains, autant ils sont désastreux dans les mauvais. Plinguet, dans son *Traité sur les réformations des forêts*, regarde comme l'une des principales causes du dépérissement de la forêt d'Orléans, le trop grand âge auquel se faisoient les coupes. Le sol de cette forêt est généralement mauvais; il est composé d'une première couche de 6 à 15 pouces d'épaisseur de terre propre à la végétation, reposant tantôt sur de la glaise, tantôt sur un sable jaune ou rougeâtre. Un fonds de cette qualité ne pouvoit réclamer de longs *aménagemens*, puisque, d'après Buffon & d'autres naturalistes, il faut au moins un pied & demi de bonne terre, pour élever des bois de 40 ans; 2 pieds & demi pour élever des bois de 60 à 70 ans; & 3 pieds & demi au moins, pour produire des futaies de 100 ans.

Cependant, un réglement de 1543 avoit porté les usances à 100 ans; elles furent ensuite réduites à 50 ans, & en 1751, la majeure partie fut réglée à 40 ans. Mais M. Plinguet regardoit l'arrêt de 1719, qu'on n'avoit point exécuté, comme infiniment sage, en ce qu'il avoit réduit les usances à 30 ans dans les meilleurs fonds, & à 25 & 20 ans dans les moindres terrains. Il pensoit même qu'on ne devoit couper à 30 ans que les bois de cette forêt situés dans le fonds de première qualité, & que le plus souvent l'*aménagement* devoit être fixé à 25, 20, 15 & même 10 ans.

Les observations de M. Plinguet sur les âges trop avancés auxquels se font les coupes dans la forêt d'Orléans, paroissent fondées. En effet, il y a des taillis qu'on auroit dû couper à 25 ou 30 ans, & qui sont aménagés à 80 & 90 ans. Les bois, loin d'y croître, dépérissent, se couronnent, &, lorsqu'on les abat, ils ne reproduisent presque point de recrus; mais le nouvel *aménagement* de cette forêt sera un des bienfaits de l'administration actuelle, en ce qu'il tend à rapprocher les coupes. Il n'est cependant pas exact de dire que, dans les fonds de première qualité de cette forêt, les bois doivent être coupes à 30 ans; car M. le conservateur m'a fait voir en 1808, dans l'arrondissement de Fleury, une réserve de 40 ans qui est de la plus belle venue. Le fonds en est bon & paroît pouvoir nourrir la futaie jusqu'à 120 & 150 ans. De semblables réserves se font dans chaque sous-inspection, pour suppléer aux futaies sur taillis qui sont généralement mauvaises dans cette forêt.

Quant aux baliveaux, M. Plinguet les regardoit comme généralement pernicieux pour le taillis. Cette opinion de la part d'un forestier, dont la plupart des observations avoient porte sur la forêt d'Orléans, n'est point étonnante; car les baliveaux n'y prospèrent guère. Il rapporte une observation qui est assez importante, concernant les effets de la gelée sur les arbres; c'est que, dans les hivers assez rigoureux pour faire geler & fendre la tige des arbres, soit baliveaux, soit taillis, on remarque dans les forêts qu'un baliveau ancien se rompt plutôt qu'un brin de taillis de 30 ans; celui de 30, plutôt que celui de 20, & ce dernier, plutôt que le brin de dix ans. Il en donne la raison: un ancien se fend plutôt qu'un jeune, parce qu'étant plus gros, contenant plus de tubes ligneux convertis en glace, l'effort se faisant en raison de la masse de séve congelée & tuméfiée, il doit rompre plutôt que le jeune arbre, dont la masse congelée se trouve beaucoup moindre. D'un autre côté, les tubes ligneux de l'ancien, étant plus formés, plus durs, il doit se fendre plus sûrement que le taillis de 30 ans, dont les tubes sont beaucoup plus élastiques, & se prêtent davantage aux tuméfactions de la gelée.

Peu de forêts se trouvent plus exposées aux effets de la gelée que celle d'Orléans, parce que le sol en est maigre & plat, & que la glaise, qui forme la seconde ou la troisième couche, s'oppose aux infiltrations de l'eau. Aussi a-t-elle beaucoup souffert des hivers de 1709, 1740, 1776 & 1788. Mais les fossés considérables, soit de défense, soit d'assainissement, qui y ont été faits depuis plusieurs années, diminueront ces effets, en soutirant les eaux qui entretenoient une trop grande humidité dans plusieurs parties de cette forêt.

M. Plinguet n'étoit point d'avis que les particuliers élevassent des futaies, & il pensoit que leur intérêt étoit plutôt de faire cinq coupes de 20 en 20 ans, que de n'en faire qu'une seule à 100 ans. Il appuyoit son opinion sur les calculs suivans:

Le produit de la première coupe, supposé de 100 livres pour un arpent âgé de vingt ans, fera un premier capital de.	100 liv.
Intérêt de ces 100 livres pendant 80 ans.	400
A 40 ans, la deuxième coupe donnera un second capital de.	100
Intérêt de ce second capital pendant 60 ans.	300
A 60 ans, la troisième coupe donnera un troisième capital de.	100
Intérêt de ce capital pendant 40 ans.	200
A 80 ans, la quatrième coupe donnera un quatrième capital de.	100
Intérêt pendant 20 ans.	100
A 100 ans, la cinquième coupe donnera un capital de.	100
Intérêt	»
Total en capitaux & intérêts.	1500 liv.

« Ainsi, ajoute M. Plinguet, le père de famille » qui n'auroit peut-être pas vendu 1,500 livres » son arpent de bois à 100 ans, aura joui & il » aura retiré cette somme; & même si l'on veut » calculer & y ajouter les intérêts des intérêts, » il aura retiré beaucoup au delà (1). »

Il en conclud que le Gouvernement, les princes, les gens de main-morte, les établissemens publics, sont les seuls qui puissent élever des futaies; que même il est à desirer que ces futaies soient aménagées à des âges qui sortent de la proportion donnée par le plus ou moins de qualité & de bonté du sol.

Aucune de ces observations ne contredit ce qui a été avancé sur l'utilité des *aménagemens* à longs termes pour les bois du Gouvernement, situés en bon fonds. Elles prouvent seulement que le particulier ne doit pas être guidé par les mêmes vues que le Gouvernement, & que son avantage consiste dans des rentrées de fonds plus fréquentes & dans l'intérêt qu'ils lui rapportent. Au surplus, nous ne devons admettre dans ces dissertations que les calculs établis sur des expériences; & quoique ceux qu'on vient de rapporter puissent être exacts, ils ne pourroient servir de règle qu'autant que l'auteur auroit fait connoître, par des expériences bien faites, les rapports, en matières & en argent, du produit d'un arpent coupé cinq fois en 100 ans, avec le produit d'un même arpent coupé une seule fois en 100 ans.

(1) M. Noirot, arpenteur-vérificateur près la Conservation de Dijon, a publié un ouvrage sur l'*aménagement* des forêts des particuliers, qui me paroît contenir d'excellentes observations, des calculs bien établis, & des conséquences fort bien déduites. Les observations qu'il renferme ne font que confirmer les principes que j'ai établis sur la différence des vues qui doivent diriger le Gouvernement & les particuliers dans l'*aménagement* de leurs forêts.

Quant à la valeur progreſſive qu'un taillis peut acquérir à meſure qu'il avance en âge, M. Plinguet en donne l'idée ſuivante : il établit que ce n'eſt qu'à 4 ans que l'on peut compter pour quelque choſe la repouſſe d'un taillis, & qu'elle dédommageroit des frais de récépage. Suppoſant donc qu'à un an, le récépage coûte 9 livres, il dit qu'à 2 ans il ne coûtera plus que 6 livres, à 3 ans que 3 livres, & plus rien à 4 ans, parce que les brins de 4 feuilles feront du menu liage, qui indemniſera des frais de récépage. Il ſuppoſe enſuite qu'à 5 ans le taillis d'un arpent vaudra 10 livres; à 6 ans, 20 livres; à 7 ans, 30 livres, & ainſi de ſuite juſqu'à 16 ans que l'arpent vaudra 120 livres. Mais il ajoute que tout ceci ne convient qu'à un bois coupé aſſez jeune, pour ne point éprouver de retard dans ſon accroiſſement, & qu'il n'en ſera pas de même d'un bois fatigué & d'un âge outré.

Pour prouver la néceſſité de ne point trop différer la coupe d'un taillis, ſi l'on veut ménager les ſouches, il fait remarquer la quantité de ſucs ſéveux qu'il faut à un taillis parvenu à 25, 30 & 60 ans, comparativement à celle qui ſuffit à un taillis plus jeune, & les efforts progreſſifs que les ſouches doivent faire à meſure que le bois avance en âge. Il regarde donc la coupe d'un taillis comme un moyen de repos que l'on procure aux ſouches, puiſque, pendant les premières années de la repouſſe, la dépenſe de la ſéve ſera moins forte. Ces obſervations me paroiſſent juſtes, & il en réſulte une nouvelle donnée pour fixer l'époque de la coupe d'un taillis; il faut donc calculer, non-ſeulement quels ſeront les produits en matières & en argent de tel ou tel âge, mais encore ſi à cet âge la ſouche ne ſera pas épuiſée par les efforts qu'elle devra faire dans les dernières années qui précéderont la coupe du taillis. D'un autre côté, ſi on coupe les bois trop jeunes, on fatigue encore les ſouches, parce que les racines qui ne pouſſent qu'en raiſon du développement des tiges & des branches, reſtent dans un état de foibleſſe qui ne promet rien d'avantageux pour la reproduction. Ces combinaiſons de calculs rendent très-difficile l'art d'aménager les taillis. Auſſi y a-t-il autant de manières de les traiter, qu'il y a de manières de voir & d'intérêts différens. L'uſufruitier n'aménagera pas comme le propriétaire particulier, ni celui-ci comme le Gouvernement : l'un voudra des produits fréquens, ſans s'occuper de l'avenir ni des beſoins de la conſommation; l'autre ne pourra viſer au *maximum* des produits en bois, parce qu'il éprouveroit de la perte du côté des produits en argent. Il n'y a donc que le Gouvernement qui ne meurt point & dont les vues embraſſent l'avenir, qui adoptera le ſyſtème qui réunira le plus d'avantages ſous les rapports combinés des produits en matières & en argent, & de la reproduction.

Je reviens aux calculs préſentés par M. Plinguet. Il admet le fait que les bois croiſſent de plus en plus, juſqu'à un certain âge, & qu'enſuite leur accroiſſement ſe ralentit & diminue de plus en plus, juſqu'à ce qu'il ceſſe abſolument. Puis il ſuppoſe que la nature bien repoſée, après la coupe du taillis, reprendra ſon ancienne vigueur, & que l'arpent dont il a parlé augmentera en valeur de 10 livres chaque année, depuis la cinquième juſqu'à la ſeizième; de 20 livres depuis la ſeizième juſqu'à la vingtième; & de 30 livres depuis la vingt-cinquième juſqu'à la trentième année.

Voici les tableaux qu'il a dreſſés ſur ces ſuppoſitions :

Tableau figuré de la progreſſion des bois, depuis leur âge de 5 ans juſqu'à celui de 16, dans lequel on ſuppoſe qu'à 5 ans l'arpent vaut 10 livres; qu'il profite de 10 livres chaque année, & par conſéquent que la raiſon ou différence qui conſtitue cette progreſſion arithmétique, eſt le nombre 10.

PRIX de l'arpent diviſé par l'âge du bois.		VALEUR de la feuille dans chacune des années de l'âge du bois. liv.	ſ.	d.		DIFFÉRENCE du prix de la feuille d'une année à l'autre. liv.	ſ.	d.
10 liv. / 5 ans.	=	2	»	»				
					..... de 5 à 6 ans	1	6	8
20 liv. / 6 ans.	=	3	6	8				
					..... 6 — 7	»	19	
30 liv. / 7 ans.	=	4	6	8 4/7				
					..... 7 — 8	»	14	4
40 liv. / 8 ans.	=	5	»	»				
					..... 8 — 9	»	11	1
50 liv. / 9 ans.	=	5	11	1 1/3				
					..... 9 — 10	»	8	11
60 liv. / 10 ans.	=	6	»	»				
					..... 10 — 11	»	7	3
70 liv. / 11 ans.	=	6	7	3 3/11				
					..... 11 — 12	»	6	1
80 liv. / 12 ans.	=	6	13	4				
					..... 12 — 13	»	5	1
90 liv. / 13 ans.	=	6	18	5 7/13				
					..... 13 — 14	»	4	5
100 liv. / 14 ans.	=	7	2	10 2/7				
					..... 14 — 15	»	3	10
110 liv. / 15 ans.	=	7	6	8				
					..... de 15 — 16 ans.	»	3	4
120 liv. / 16 ans.	=	7	10	»				

Tableau figuré de la progression des bois, depuis 17 ans jusqu'à 25, dans lequel on suppose qu'à 17 ans, l'arpent vaut 140 livres; qu'il profite de 20 livres chaque année, & que, par conséquent, la raison ou différence qui constitue cette progression arithmétique, est le nombre 20.

PRIX de l'arpent divisé par l'âge du bois.	VALEUR de la feuille dans chacune des années de l'âge du bois. liv.	f.	d.		DIFFÉRENCE du prix de la feuille d'une année à l'autre. sous	d.
140 liv. / 17 ans.	= 8	4	$8\frac{8}{11}$			
				..... de 17 à 18 ans	13	1
160 liv. / 18 ans.	= 8	17	$9\frac{6}{18}$			
				..... 18 — 19	11	8
180 liv. / 19 ans.	= 9	9	$5\frac{15}{19}$			
				..... 19 — 20	10	7
200 liv. / 20 ans.	= 10	»	»			
				..... 20 — 21	9	$6\frac{16}{21}$
220 liv. / 21 ans.	= 10	9	$6\frac{6}{21}$			
				..... 21 — 22	8	8
240 liv. / 22 ans.	= 10	18	$2\frac{4}{22}$			
				..... 22 — 23	8	5
260 liv. / 23 ans.	= 11	6	$7\frac{7}{23}$			
				..... 23 — 24	6	9
280 liv. / 24 ans.	= 11	13	4			
				..... de 24 à 25 ans	6	8
300 liv. / 25 ans.	= 12	»	»			

Tableau figuré de la progression des bois, depuis 26 ans jusqu'à 30, dans lequel on suppose qu'à 26 ans l'arpent vaut 330 livres; qu'il profite de 30 livres chaque année, & que, par conséquent, la raison ou la différence qui constitue cette progression arithmétique, est le nombre 30.

PRIX de l'arpent divisé par l'âge du bois.	VALEUR de la feuille dans chacune des années de l'âge du bois. liv.	f.	d.		DIFFÉRENCE du prix de la feuille d'une année à l'autre. sous	d.
330 liv. / 26 ans.	= 12	13	10			
				..... de 26 à 27 ans	12	10
360 liv. / 27 ans.	= 13	6	8			
				..... 27 — 28	11	10
390 liv. / 28 ans.	= 13	18	$6\frac{24}{28}$			
				..... 28 — 29	11	1
420 liv. / 29 ans.	= 14	9	$7\frac{25}{29}$			
				..... de 29 à 30 ans	10	5
450 liv. / 30 ans.	= 15	»	»			

« On observera, continue M. Plinguet, que, dans ces progressions, qui sont représentatives de l'accroissement annuel des bois, plus l'âge avance, c'est-à-dire, plus le bois marche vers sa perfection, moins la différence du produit d'une année au produit d'une autre année, doit être grande. Ainsi, plus on laisse profiter son bois, plus on a à gagner, pourvu qu'on l'arrête & qu'on le coupe un peu avant qu'il soit parfaitement mûr; c'est-à-dire, lorsqu'il est sur le point de ne plus profiter si on le laisse sur pied.

» Par conséquent, les différences doivent être en raison inverse de la proportion & raison droite qui constitue la progression de l'âge.

» En effet, dans le premier des exemples ci-dessus, pendant que la valeur de la feuille va en ascendant, depuis 2 livres jusqu'à 7 liv. 10 sous, les différences des feuilles d'une année à l'autre sont descendantes depuis 1 livre 6 sous 8 deniers, jusqu'à 3 sous 4 deniers, parce que, plus l'âge avance, plus le bois prend de prix; & parce que, plus le bois prend de prix, moindre est la différence d'une année à l'autre.

» Quand cette différence deviendra nulle & égale à zéro, alors les bois seront sur le repos: ils resteront là pendant un peu de temps, comme s'ils se soutenoient en bon état, par leur propre substance; & ensuite, ils s'en retourneront, ils périront, ils décroîtront par une progression descendante, dont les différences deviendront ascendantes.

» Ce sont ces observations bien faites sur le local dans les forêts, comparées ensuite, avec les opérations anciennes & nouvelles des maîtrises, dont il faut faire le relevé dans leurs greffes, qui, entre les mains d'un artiste intelligent, connoisseur en bois, & habile à différencier les terrains, doivent opérer ce qu'on peut appeler véritablement la réformation des bois d'une forêt, ainsi que le choix bien fait de l'âge propice pour les couper. »

L'auteur fait remarquer aussi combien il est nécessaire que les personnes chargées de proposer un *aménagement*, étudient la nature en physiciens, en naturalistes, en économistes; & il pense qu'il seroit même utile que le Gouvernement formât des sujets pour ce genre de travail.

Relativement à l'influence de l'âge sur la qualité du bois, il dit que l'arbre augmente de bonté, de densité & de pesanteur en proportion arithmétique, jusqu'à ce qu'il soit arrivé à sa perfection. Alors le bois de ses différentes parties devient d'égale pesanteur. Dans le cours de son accroissement, c'est pareillement en proportion arithmétique que cette pesanteur diminue depuis le pied de l'arbre jusqu'à son sommet, ainsi que de son centre à son aubier ou circonférence; mais une fois qu'il est arrivé à sa perfection, le centre ou l'axe s'obstrue, il se dessèche, il devient plus léger que l'aubier, l'arbre se creuse, & tout cela s'opère graduellement, suivant le concours des circonstances qui contribuent à sa nutrition & à sa progression.

Ce que dit M. Plinguet, sur l'augmentation de la qualité des bois à mesure qu'ils croissent, & la diminution progressive de cette qualité lorsqu'ils sont sur le retour, a été constaté par des expériences de Buffon, de Duhamel, de Varenne de Fenille, de Hartig, &c., sur la pesanteur, la force de résistance & la combustibilité des bois à différens âges. Il en résulte, que l'âge où le bois arrive à sa perfection, est aussi celui où il a le plus de pesanteur, le plus de force & le plus d'effet à la combustion.

Quant aux calculs de l'auteur sur la progression des taillis, il est à remarquer qu'ils sont établis sur la supposition d'un accroissement uniforme pendant un espace de temps déterminé. Il suppose, dans le premier tableau, que cet accroissement vaudra 10 livres par an, depuis 5 jusqu'à 16 ans; dans le second, que cette augmentation annuelle sera de 20 livres depuis 17 ans jusqu'à 25; & dans le troisième tableau, qu'elle sera de 30 livres depuis 26 jusqu'à 30 ans. Les résultats de ces calculs peuvent être exacts, mais la marche suivie par l'auteur n'est pas celle que suit la nature, l'accroissement du bois n'étant pas uniforme dans une période déterminée, comme il l'a supposé, & ne passant pas de suite du simple au double pendant une autre période. Il paroît, d'après les expériences de Laurent Carniani sur la progression des bois, que cette progression seroit pendant 10 ans dans la proportion suivante : savoir, la première année, comme 1, & les 9 autres, comme 4, 9, 15, 22, 30, 40, 54, 70 & 92. Il résulte de ces rapports, que celui qui fait 2 coupes de 5 en 5 ans, ne reçoit pas en totalité la moitié de ce qu'il obtiendroit en ne faisant qu'une coupe au bout de 10 ans, puisqu'il ne reçoit que 112, produit des 5 premières années, tandis qu'il auroit reçu 337, produit des 10 années consécutives.

7°. L'auteur qui paroît avoir mis le plus d'exactitude dans ses recherches sur l'accroissement des bois, & avoir embrassé cet objet dans toutes ses parties, est Varenne de Fenille. Nous allons indiquer la marche qu'il a suivie & les résultats qu'il a obtenus, parce que ce n'est qu'en rapprochant ainsi, & en comparant un grand nombre d'expériences, qu'on peut tirer des conséquences utiles à la meilleure manière d'aménager les taillis.

Varenne de Fenille, étonné de la discordance des faits rapportés dans les divers ouvrages forestiers sur l'accroissement des bois, a cherché une méthode qui pût donner plus de précision aux règles à suivre sur l'âge où l'on doit couper les taillis. Il reconnoît, avec Buffon, que *c'est le plus haut point d'accroissement qu'il faut saisir pour tirer d'un taillis tout l'avantage possible*; &, convaincu de cette vérité, il a pensé que le meilleur moyen de reconnoître ce *maximum* étoit un instrument qui mesurât les accroissemens successifs avec exactitude.

Pour plus de clarté, il réduit la question à ses plus simples élémens, & ne considère les taillis que comme des bois de chauffage & sans baliveaux.

Puis, il examine ce qui arrive dans un taillis fraîchement coupé. Ce taillis, dès la première année, jette une quantité innombrable de surgeons, dont à peine il doit subsister la centième partie par la suite. Comme les souches fournissent une nourriture surabondante, l'élancement des brins est plus accéléré que dans un ancien taillis, les feuilles sont plus larges, leur fanage est plus brillant, & le cours de la séve ne s'arrête qu'à l'approche des premières gelées. Aussi ces jeunes tiges, encore herbacées, sont très-sensibles aux gelées de l'hiver suivant, &, s'il est rigoureux, il en périt beaucoup. Telle est la première cause de la diminution des brins d'un taillis, indiquée par l'auteur.

A 4 ou 5 ans, si le bois est situé dans un terrain fertile & profond, & si le bétail en a été soigneusement écarté, les brins sont encore très-rapprochés; mais si on pénètre dans l'intérieur, on aperçoit, dans la grosseur des jeunes pousses, des variations considérables qui comprennent depuis 1 jusqu'à 4 & 5 pouces de tour. A cette époque la partie ligneuse a encore peu de densité, & les fortes gelées sont toujours à craindre. On doit s'attendre que tout le menu bois sera étouffé par la suite, soit par le défaut d'air, soit plutôt encore par défaut de nourriture.

Telles sont les autres causes de la mort d'un grand nombre de brins du taillis.

A l'âge de 8 à 10 ans, continue l'auteur, le taillis commence de lui-même à s'éclaircir; mais il y reste encore beaucoup de brindilles, qui périroient indubitablement si l'on différoit la coupe. Il estime que les principaux brins peuvent être alors moyennement à la distance de 3 pieds entre eux, & que l'arpent contiendroit plus de 5000 brins, si le bétail, le giber & les maraudeurs n'y portoient aucun dommage, & s'il ne s'y rencontroit absolument aucune clairière.

Il compare un taillis de 10 ans à un carré de pépinière dont on n'auroit espacé les arbres qu'à 3 pieds en tous sens. Cet espace suffisant pour qu'ils y acquièrent 6 à 7 pouces de gros, devient insuffisant passé ce point, & alors les brins languissent & grossissent peu, parce qu'ils se dérobent mutuellement la nourriture. C'est cette considération qui avoit porté Varenne de Fenille à proposer l'éclaircie des taillis; opération qu'il a exécutée avec beaucoup de succès. Il avoit laissé dans la première éclaircie les plus beaux brins à une distance moyenne de 6 pieds; ce qui faisoit 14 à 1500 brins par arpent. Ces brins avoient pris au moins 5 pieds d'élévation en 3 ans. Il se proposoit de faire une seconde éclaircie lorsque l'accroissement se seroit ralenti, & de donner aux brins la distance moyenne de 7 pieds, ce qui auroit fait les 900 brins par arpent supposés par Duhamel. Enfin, il pensoit qu'on devoit abattre à 25 ans les trois quarts des brins conservés, & réserver 225 arbres choisis, bien venans, élancés, vigoureux, qu'il conseilloit de laisser croître en futaies, en les éclaircissant encore par la suite jusqu'à ce qu'il n'en restât plus que le tiers. Il modifie ensuite les règles qu'il vient de donner quant à l'âge où il faut faire les éclaircies, & il pense qu'à l'égard des bois dont les coupes ont été réglées de tout temps à 20 ou 25 ans, on pourroit retarder la première éclaircie, & peut être même n'en faire qu'une, parce que les souches étant plus séparées & les clairières plus fréquentes, il y a plus d'espace pour nourrir les jeunes brins, & qu'il y croît par conséquent moins de brindilles. Il ajoute avec raison que, pour que les brins s'élancent en hauteur & grossissent tout à la fois, *il faut qu'ils ne soient ni trop, ni trop peu serrés*. Quant à la manière d'exécuter ces éclaircies, il veut qu'elles se fassent à la journée & à forfait, en présence du maître ou d'un homme affidé, & qu'on n'abandonne jamais la dépouille qui en provient aux ouvriers, en déduction du prix de leur travail.

Mais que les taillis aient été éclaircis ou non, il assure que la règle qu'il va établir pour connoître leur plus haut point d'accroissement, leur sera également applicable.

Il distingue dans l'accroissement deux sortes de *maximum*, celui d'un arbre considéré individuellement, & celui d'un taillis considéré en masse.

Le *maximum individuel* se prolonge, suivant lui, jusqu'à l'instant où l'arbre commence à s'altérer dans le cœur; mais il ne s'en occupe point ici, parce que ce *maximum individuel* ne concerne que les arbres de futaie & d'avenue.

Quant au *maximum* d'un taillis, *considéré en masse*, il le sous-divise en simple & en composé (1).

« Le *simple*, dit-il, qu'on pourroit également nommer *maximum physique* ou *absolu*, est le point où, indépendamment de toute adjonction étrangère, l'accroissement du taillis commence à décliner physiquement.

» Dans le *maximum composé*, il entre une donnée de plus, savoir : l'intérêt pécuniaire qu'eût rapporté le prix du taillis vendu, & dont on est privé lorsqu'on diffère la vente. Nous ne nous occuperons du *maximum composé* qu'après avoir établi la théorie du *maximum simple*. »

L'auteur distingue d'abord l'accroissement du grossissement. « Le dernier peut avoir commencé à décroître, quoique l'accroissement continue d'augmenter. Soit, par exemple, un brin de taillis de l'âge de 22 ans, qui ait grossi de 12 lignes par année commune. Sa circonférence sera de 240 lignes; son diamètre de 80 lignes (environ), & le carré de ce diamètre de 6,400 lignes carrées.

» Si on divise ces 6,400 lignes carrées par 20, le quotient donne 320 lignes carrées, nombre qui exprime une quantité proportionnelle à celle dont ce brin a crû moyennement chaque année.

» Supposé maintenant que le grossissement de ce brin commence à décroître à cette époque, & qu'amaigri successivement par le voisinage des autres brins, il ne prenne plus que 11 lignes de gros à la 21e. année, 10 lignes à la 22e., 9 lignes à la 23e., 8 lignes à la 24e., 7 lignes à la 25e., &c., ce brin, par la supposition, aura à 21 ans, 251 lignes de circonférence, ou 83 lignes & demie de diamètre, dont le carré est égal à 7,000 lignes carrées (plus une fraction). Mais les cylindres de même hauteur sont entr'eux comme les carrés du diamètre de leur base; donc le brin de 20 ans est au brin de 21 ans comme 6,400 est à 7,000.

» La différence entre 6,400 & 7,000 est de 600. Donc il y a eu à la 21e. année beaucoup d'accroissement, quoique le grossissement ait diminué, puisque jusque-là l'accroissement moyen, calculé sur 20 ans, n'avoit été que de 320, & que nous le trouvons de 600.

» On peut faire un calcul semblable pour chaque année; mais afin d'abréger l'exemple, passons de suite à la 25e. année.

» Par la supposition, le brin aura en circonférence : premièrement les 240 lignes qu'il avoit à l'âge de 20 ans, plus 11, plus 10, plus 9, plus 8, plus 7 lignes de grosseur, acquises pendant les 5 années suivantes : total, 285 lignes. Son diamètre alors sera de 95 lignes, & le carré de ce diamètre sera égal à 9025 lignes carrées. Divisez 9025 par 25, vous aurez au quotient 361, nombre qui représente l'accroissement moyen pris sur 25 ans.

» Sur quoi, deux remarques importantes à faire: la première, que malgré la diminution successive dans le grossissement, l'accroissement moyen est néanmoins plus fort qu'il ne l'étoit à l'âge de 20 ans, puisqu'il n'étoit alors que de 320 lignes, & que nous venons de le trouver de 361.

» La 2e., que l'accroissement total étoit représenté à l'âge de 20 ans par le nombre 6400, & 5 ans après par le nombre 9025; différence très-forte, & qui montre déjà l'avantage qui se trouve à avoir différé la coupe.

» A la 26e. année, le brin, par la supposition, aura 291 lignes de circonférence, 97 lignes de diamètre, dont le carré est égal à 9409 lignes carrées.

» La différence entre 9025, carré du diamètre d'un brin supposé à 25 ans, & 9409, carré de ce même brin supposé à 26 ans, n'est plus que de 384 lignes carrées. Mais l'accroissement moyen de ce brin, à l'âge de 25 ans, étoit de 361 lignes; donc il n'y a plus de bénéfice à suspendre la coupe; donc, à l'âge de 25 ans, il avoit acquis, à fort peu

(1) Ce qui va suivre n'étant pas de nature à être analysé, j'ai dû le copier textuellement.

de chose près, son plus haut point d'accroissement (1).

» Cette démonstration est la base de ce qui me reste à dire. Ce qui a été démontré à l'égard d'un seul brin, est applicable à tous les brins à la fois qui composent un arpent de taillis, quel que soit le grossissement que l'on suppose à chacun d'eux, & quel que soit l'âge du bois. Les données, & conséquemment les résultats, peuvent être différens; mais les principes, mais la formule du calcul, sont & demeurent essentiellement les mêmes.

» Tous les brins d'un taillis ne se ressemblent pas, sans doute, ils sont inégaux en grosseur; aussi ne proposé-je pas de juger de tout un taillis par un seul individu. Mais on en jugera par une approximation qui s'éloignera très-peu de l'exactitude rigoureuse, si l'on choisit un certain nombre de brins dans les différentes classes de grosseur, & dans les différentes espèces d'arbres qui forment l'essence du taillis, pour en former une moyenne proportionnelle & la soumettre au calcul, d'après la formule suivante :

» 1°. Choisissez 20 brins, ou en tel nombre que vous voudrez. Vous les désignerez, numéroterez & décrirez de manière qu'on puisse aisément les reconnoître aux années suivantes.

» 2°. Mesurez le diamètre de chacun d'eux, au moyen du compas courbe (2). Prenez votre mesure constamment à la même hauteur, à 3 pieds, par exemple, parce que les arbres ne sont jamais parfaitement ronds; mesurez-les par le plus grand diamètre : l'opération s'en fait plus facilement.

» 3°. Carrez chacun de ces diamètres.

» 4°. Additionnez les 20 produits : formez-en un total.

(1) « On conçoit, ajoute l'auteur, que si le déclin du grossissement se fait avec plus de lenteur, le *maximum* sera nécessairement prolongé. Par exemple, en supposant que le grossissement se soit maintenu uniformément jusqu'à l'âge de vingt ans, & qu'à dater de cette époque il n'ait décliné que d'une demi-ligne par an, on demande à quel âge ce taillis aura acquis son *maximum?*

» Le calcul démontrera que c'est à trente-trois ans : car, par l'hypothèse, la circonférence à trente-deux ans d'âge = 240 + 105 = 345.

» Le diamètre = 115.

» Le carré de 115 = 13,225.

» 13,225 divisé par 32 = 413. Ce dernier nombre représente l'accroissement moyen pendant trente-deux ans.

» A trente-trois ans d'âge la circonférence = 350 & demi.

» Le diamètre = 196 $\frac{5}{6}$.

» Le carré du diamètre = $\frac{1}{36}$.

» La différence de 13,650 à 13,225 est de 425 qui s'éloigne très-peu de 413, accroissement moyen des trente-deux années précédentes. »

(2) Voyez la figure de ce compas dans l'ouvrage de l'auteur. On peut aussi mesurer le diamètre avec un instrument semblable à celui dont se servent les cordonniers pour leurs mesures, pourvu qu'il soit suffisamment gradué, ou employer les rubans métriques des gardes.

» 5°. Divisez ce total par le nombre des brins choisis.

» 6°. Divisez le quotient de votre première division par le nombre des années du taillis. Ce dernier nombre, au second quotient, vous donnera la moyenne proportionnelle ou croissance moyenne du taillis, pendant les années qui ont précédé le mesurage.

» 7°. Recommencez la même opération une année après, & à la même époque (1). Comparez les deux quotiens de l'article 6. Leur différence vous donnera juste l'accroissement du taillis pendant la dernière année. »

Exemple :

Soit un taillis âgé de 15 ans, dont il s'agisse de connoître l'accroissement pendant la 16e. année.

(1) On choisira 5 brins parmi les petits, 10 parmi les moyens, 5 parmi les grands.

(2) (3) (4) Supposons que le mesurage soit conforme à ce qui est indiqué ci-après :

Premier Tableau (de Varenne de Fenille).

NUMÉROS.	DIAMÈTRE.	CARRÉ DU DIAMÈTRE, réduit en lignes carrées.
1	30 lignes.	900
2	29	841
3	28	784
4	31	761
5	32	1024
6	35	1225
7	33	1089
8	34 $\frac{1}{2}$	1190 $\frac{1}{4}$
9	36	1296
10	34	1156
11	37	1369
12	36 $\frac{1}{2}$	1332 $\frac{1}{4}$
13	38	1444
14	38 $\frac{1}{2}$	1482 $\frac{1}{4}$
15	36	1296
16	44	1936
17	45	2025
18	46 $\frac{1}{2}$	2116 $\frac{1}{4}$
19	47	2209
20	48	2304
		27980

» (5) Divisez 27,980 par 20, nombre des brins choisis, le quotient 1399 peut être considéré comme moyenne proportionnelle, ou le brin moyen de tous les brins du taillis.

(1) Il est important que l'opération se fasse lorsque le grossissement de l'année a cessé, c'est-à-dire, après la chute des feuilles, & par un temps à peu près semblable chaque année; car on sait, d'après les expériences de Hales & de Duhamel, que le diamètre des arbres augmente dans les temps humides, & qu'il diminue dans les temps secs.

» (6) Enfin, divisez 1399 par 15, nombre des années du taillis, vous aurez pour quotient 93¼ quinzièmes, & ce dernier nombre exprimera le grossissement moyen du taillis pendant chacune des quinze années.

» (7) Recommencez un semblable mesurage sur les mêmes numéros, l'année suivante, & supposons que chaque numéro ait grossi, pendant la 16e. année, conformément au second tableau ci-après :

Second Tableau.

NUMÉROS.	DIAMÈTRE.	CARRÉ DU DIAMÈTRE.
1	36	1296
2	35	1225
3	34	1156
4	38	1445
5	39	1521
6	43	1849
7	40	1600
8	42	1764
9	44	1936
10	46	2016
11	45	2025
12	47	2209
13	47	2209
14	48	2304
15	45	2025
16	53	2709
17	54	2916
18	55	3025
19	57	3249
20	57	3249
		41827

» Ces 41,827 divisés par 20, nombre des brins, donnent au quotient 2091 $\frac{7}{20}$, qui, divisés par 16, nombre des années, donnent au quotient 130 $\frac{1}{16}$.

» Donc, l'accroissement de la 16e. année excède l'accroissement moyen des 15 premières années dans le rapport (en négligeant les fractions) de 130 à 93; c'est-à-dire, de plus d'un tiers en sus.

» Continuez chaque année les mesurages jusqu'à ce que le calcul prouve qu'il n'y a presque plus de différence entre le dernier accroissement & l'*accroissement moyen pris sur toutes les années précédentes;* alors, le taillis sera parvenu à ce point, à cet instant passé lequel il n'y auroit presque plus que de la perte à en différer la coupe. »

Il est important d'observer que la comparaison doit toujours s'établir entre le dernier accroissement & l'accroissement moyen de toutes les années précédentes, comme le dit Varenne de Fenille, & que c'est le seul moyen de s'assurer s'il y a du gain ou de la perte à faire la coupe de son taillis. Je fais cette observation, parce que l'auteur ne me paroît pas avoir assez insisté sur cette partie de ses calculs. En effet, si pendant 20 ans le taillis a crû moyennement chaque année de 12 lignes de circonférence, & qu'à la 21e. année l'accroissement ne soit plus que de 11 lignes, il est évident que cet accroissement diminue, & que dès-lors, plus on différera la coupe, plus il y aura de perte du côté des produits en matières. C'est donc entre la *moyenne proportionnelle de toutes les années précédentes* & le *dernier accroissement* qu'il faut établir la comparaison.

Maximum composé.

Mais, jusqu'à présent, l'auteur ne s'est occupé que du *maximum* simple, absolu, physique, tel que la nature le donne. Il va s'occuper maintenant du *maximum* composé, c'est-à-dire, du *maximum* en matière & en argent. Il n'y auroit lieu à considérer que le *maximum* simple, si le propriétaire devoit lui-même consommer son bois; mais le plus ordinairement il le vend, & s'il diffère de l'abattre, il perd l'intérêt du prix de la vente, plus l'intérêt des intérêts, si ce retard se prolonge pendant plusieurs années. Il est donc important, dit l'auteur, que le propriétaire s'assure si la mieux-value en matières, qu'il obtiendra en différant sa coupe, le dédommagera surabondamment de la perte qu'il est dans le cas de faire sur les intérêts, & comment il doit agir en économe attentif.

Pour résoudre ce nouveau problême, Varenne de Fenille prend pour la moyenne proportionnelle d'un bois taillis de 16 arpens, un brin qui grossisse uniformément de 4 lignes de diamètre par an, & il suppose la valeur de ce taillis égale à 1600 liv., à raison de 100 liv. par arpent de l'âge de 10 ans.

La première colonne *du tableau ci-après* marque le nombre des années du taillis; la seconde, l'accroissement successif du diamètre de la moyenne proportionnelle, à raison de 4 lignes par an; la troisième, le carré de chacun de ces diamètres (& chaque ligne carrée, par l'hypothèse, équivaut à 20); la quatrième colonne indique la quantité de lignes carrées dont le carré du diamètre a augmenté chaque année sur l'année précédente.

« La sixième colonne exige une explication. Puisque le taillis valoit, par hypothèse, 1600 liv., à la fin de la 10e. année, il est clair que sa production a été, année commune, de 160 livres; & que s'il eût été coupé & vendu à 10 ans, le terrain eût acquis, à la 11e. année, une valeur égale à ces mêmes 160 liv. Or, on se prive de cette valeur en s'abstenant de le couper à la fin de la 10e. année. Voilà ce que j'ai appelé (colonne 6), valeur perdue par la non-reproduction.

» Cette perte s'exprime par le quotient d'une division, dont la valeur acquise par le bois depuis sa dernière coupe, est le *dividende*, & le nombre des années qu'il a vécu, le *diviseur*. Ainsi, dans l'hypothèse, à la 12e. année, cette perte est exprimée par 176, quotient de 1936 (valeur du taillis à l'âge de 11 ans) divisé par 11. Semblablement, à la 13e. année, cette perte est exprimée par 192, quotient

quotient de 2304, divisé par 12; ainsi des autres.

» Mais cette perte, ou plutôt cette déduction commune au *maximum* simple & au *maximum* composé, est encore augmentée dans le *maximum* composé par la perte des intérêts dont il est fait mention dans la colonne 7; ils augmentent, comme on voit, en proportion de ce que la valeur du taillis a augmenté pendant toutes les années qui ont précédé l'année quelconque d'où l'on part pour supputer cette valeur.

» La colonne 8 donne le total des deux pertes prises ensemble.

» Enfin, la colonne 9 fait la balance de la mieux-value de l'accroissement annuel (mentionné à la colonne 4), avec le total de la perte.

Troisième Tableau.

AGE.	DIAMÈTRE	CARRÉ du diamètre.	DIFFÉRENCE de l'accroissement d'une année quelconque sur la précédente.	VALEUR en argent.	VALEUR perdue par la non-reproduction du terrain pendant l'année précédente.	INTÉRÊTS perdus par défaut de vente.	TOTAL de la perte.	EXCÉDANT du gain sur la perte.
	lignes.	lignes.	lignes.	livres.	livres.	liv. ſ.	liv. ſ.	liv. ſ.
9	36	1296	»	1296	»	» »	» »	» »
10	40	1600	304	1600	»	» »	» »	» »
11	44	1936	336	1936	160	80 »	240 »	96 »
12	48	2304	368	2304	176	96 16	272 16	95 4
13	52	2704	400	2704	192	115 5	307 4	93 4
14	56	3136	432	3136	208	135 4	343 4	88 16
15	60	3600	464	3600	224	156 16	380 16	83 4
16	64	4096	496	4096	240	180 »	420 »	76 »
17	68	4624	528	4624	256	204 16	460 16	67 4
18	72	5184	560	5184	272	231 4	503 4	56 16
19	76	5776	592	5776	288	259 4	547 4	44 16
20	80	6400	624	6400	304	288 16	592 16	31 4
21	84	7056	656	7056	320	320 »	640 »	16 »
22	88	7744	688	7744	336	352 16	688 16	perte 16

» Ce tableau démontre qu'à supposer qu'un taillis croisse d'une manière uniforme, sans augmenter ni diminuer son grossissement annuel, alors le *maximum* composé, le plus haut point d'accroissement utile que l'on cherche, se trouve à la fin de la 21ᵉ. année, puisqu'en ne coupant qu'à la 22ᵉ. on commence à être en perte.

» Que le grossissement soit lent ou prompt, pourvu qu'il soit uniforme, le *maximum* composé n'en portera pas moins constamment sur la 21ᵉ. année. Les mêmes principes & les mêmes conséquences s'appliquent à l'une comme à l'autre hypothèses.

» Voyez le tableau ci-après, où, à l'uniformité près dans le grossissement de la moyenne proportionnelle, toutes les autres données sont différentes; mais le résultat est absolument semblable.

Quatrième Tableau.

AGE	DIAMÈTRE.	CARRÉ du diamètre.	DIFFÉRENCE d'une année quelconque sur la précédente.		VALEUR en argent.	VALEUR perdue par la non-reproduction.	INTÉRÊTS perdus par défaut de vente.		TOTAL de la perte.		EXCÉDANT du gain sur la perte.	
	lignes.	lignes.	lignes.	liv.	livres.	livres.	liv.	s.	liv.	s.	liv.	s.
10	20	400	»	»	1200	»	»	»	»	»	»	»
11	22	484	84	252	1452	120	60	»	180	»	72	»
12	24	576	92	276	1728	132	72	12	204	12	71	8
13	26	676	100	300	2028	144	86	8	230	8	69	12
14	28	784	108	324	2352	156	101	8	257	8	66	12
15	30	900	116	348	2700	168	117	12	285	12	62	8
16	32	1024	124	372	3072	180	135	»	315	»	57	»
17	34	1156	132	396	3468	192	152	12	345	12	50	8
18	36	1296	140	420	3888	204	173	8	377	8	42	12
19	38	1444	148	444	4332	216	194	8	410	8	33	12
20	40	1600	156	468	4800	228	216	12	444	12	23	8
21	42	1764	164	492	5292	240	240	»	480	»	12	»
22	44	1936	172	516	5808	252	264	12	516	12	perte	12

» D'où provient donc cet axiome & ce principe dont l'expérience confirme la justesse, que les coupes doivent être plus rapprochées dans les mauvais terrains que dans les bons? C'est uniquement parce que, dans les mauvais sols, les brins s'affament mutuellement beaucoup plus vîte que dans les sols riches & profonds, & que le grossissement des tiges cesse beaucoup plutôt d'être uniforme. Dans cette occurence, un propriétaire attentif pourra se servir avec succès de la méthode que j'ai indiquée, afin d'étudier & de reconnoître par des mesurages le temps où il convient de couper.

» Mais il n'en est pas moins vrai & démontré, que tout excellent que soit un terrain, le *maximum* utile au propriétaire qui veut vendre, ne se prolonge pas au-delà de la 21e. année, à moins, qu'au moyen des éclaircies dont j'ai parlé, le grossissement après 20 ans, loin de se ralentir, n'augmentât; qu'au lieu, par exemple, de continuer d'être de 12 lignes moyennement, il s'élevât à 14 ou 16. Cela peut arriver; il y a même des probabilités que cela arrivera; mais l'expérience peut seule nous éclairer à cet égard, & je ne crois pas qu'elle ait été faite (1).

» L'usage presqu'universellement suivi dans le royaume, par les grands propriétaires, de régler la coupe de leurs taillis à 20 ans, s'éloigne donc fort peu, comme on voit, de ce qu'annonce notre théorie par rapport au *maximum* composé. Il me semble que cela devoit être. Des calculs par approximation, souvent répétés, ont dû naturellement conduire à des résultats peu différens de ceux que nous avons rigoureusement démontrés. »

Après avoir ainsi exposé sa méthode & les avantages qu'il y a de différer, au moins jusqu'à 20 ans, la coupe des taillis situés en bon fonds, pour obtenir le *maximum* composé, & même à un terme beaucoup plus éloigné, si on y fait des

(1) Il est assez remarquable qu'aucun de nos auteurs qui ont conseillé les éclaircies n'ait eu connoissance de ce qui se pratiquoit à cet égard dans les forêts de l'Allemagne, & que ce soit ma traduction de l'ouvrage de M. Hartig qui ait fait connoître tous les bons effets de ces éclaircies. Il ne l'est pas moins que ces auteurs, qui ne pouvoient raisonner d'après aucune expérience, aient pu établir leur système sur des principes si certains, que ce qu'ils avoient annoncé s'est trouvé conforme à ce que la pratique avoit démontré dans un pays voisin. Cela prouve qu'il ne faut pas rejeter une théorie que le raisonnement seul auroit fondée, & qu'on doit l'examiner toutes les fois que les résultats qu'elle promet ne sont pas invraisemblables.

Quant à ce que dit Varenne de Fenille sur la probabilité d'une augmentation d'accroissement après les éclaircies, j'ai suffisamment expliqué cette augmentation dans le cours de mon Mémoire. Au surplus, l'auteur rapporte lui-même un fait, duquel il résulte qu'un orme qu'il avoit abattu treize ans après que la futaie où il se trouvoit avoit été enlevée, avoit grossi moyennement de vingt lignes pendant ces treize années, tandis que son grossissement moyen n'avoit été que de neuf lignes par an pendant les vingt-six années précédentes. Il n'y a donc point de doute qu'au moyen des éclaircies, le grossissement n'augmente même après vingt ans, & que le propriétaire ne trouve du bénéfice à prolonger audelà de cette époque la coupe de son taillis, toutes les fois qu'il pratiquera les éclaircies & que son taillis sera situé en bon fonds.

éclaircies, Varenne de Fenille fait plusieurs remarques assez importantes. Il observe que les années ne sont pas également favorables à la végétation, & que leur vicissitude influe nécessairement sur l'épaisseur des couches ligneuses. Divers accidens, un été froid & pluvieux, ou sec & brûlant, un déluge d'insectes, &c., peuvent déranger la marche ordinaire de la nature; mais les gelées du printemps sont l'événement le plus à redouter pour les taillis. — En mesurant les arbres pour en étudier le *maximum*, il convient par conséquent d'avoir égard à ces événemens particuliers; sans quoi, d'après le mesurage, on pourroit prendre pour une diminution permanente dans l'accroissement celle qui ne seroit qu'accidentelle.

Il est certain que la végétation varie d'une année à l'autre d'une manière étonnante, ainsi qu'on peut le voir par la différence d'épaisseur des couches ligneuses sur les bois abattus. Les grandes sécheresses, en enlevant l'humidité de la terre & de l'atmosphère, privent les racines & les feuilles des fluides qu'elles auroient aspirés pour la nourriture de l'arbre; les canaux séveux se rétrécissent & les feuilles tombent de bonne heure. Le contraire arrive dans les étés chauds & pluvieux; la végétation acquiert une grande vigueur, & l'arbre pousse & grossit d'une manière remarquable; preuve l'année 1811, dont le printemps a été humide & chaud. Les froids engourdissent la vie végétale; la force attractive des feuilles & des racines se ralentit, & ensemble le mouvement des séves ascendante & descendante; il ne se forme que peu de *cambium*, & par conséquent qu'une foible épaisseur d'aubier. Les chenilles viennent-elles dévorer les feuilles au printemps : l'arbre ne reçoit plus les fluides qu'elles aspiroient dans l'atmosphère, & il n'y a que peu ou point d'accroissement tout le temps que dure la perte de ces feuilles. Enfin, les gelées du printemps, si elles arrivent après le développement des feuilles, les font périr & produisent le même effet que les insectes; elles arrêtent le mouvement de la séve, tuméfient le corps ligneux, occasionnent souvent la désorganisation de l'aubier, & donnent lieu à des crevasses, à la gelivure, & à d'autres accidens non moins funestes à l'économie végétale. Toutes ces circonstances doivent être appréciées dans les expériences sur l'accroissement annuel des arbres.

Varenne de Fenille n'a eu aucun égard, dans ses calculs, à la hauteur que les taillis acquièrent par succession d'années, parce qu'il a cru pouvoir faire entrer cet accroissement en compensation avec la quantité assez considérable des petits brins étouffés sous la masse des tiges plus vigoureuses. Mais comme, à 20 ans, il subsiste assez peu de brindilles, il pense qu'à cet âge l'accroissement en hauteur d'un taillis pourroit entrer comme donnée utile dans le calcul, & que cette donnée ne fera qu'ajouter au bénefice de la prolongation des coupes. — Il fait encore consister le bénéfice de cette prolongation, jusqu'à 32 ans, par exemple, dans l'avantage d'obtenir des bois de charpente, & de procurer aux brins plus de bois parfait & moins d'aubier. Comme, d'un autre côté, plus les couches annuelles sont épaisses, plus le bois acquiert de force, de densité, de dureté, & moins les couches sont nombreuses, il en conclut avec raison qu'il est très-avantageux de faire des éclaircies, qui favoriseront le grossissement. Enfin, plus un taillis est jeune, plus il est exposé aux funestes effets de la gelée, de la grêle, aux dégâts du bétail, de la bête fauve, &c. Ce sont autant de motifs pour éloigner les coupes; d'ailleurs, la dépense de la clôture revient moins fréquemment. L'auteur auroit pu ajouter qu'un taillis coupé trop jeune ne peut étouffer les bruyères, genêts, ronces & autres plantes parasites qui disparoissent toujours sous les taillis plus âgés; qu'en abattant trop souvent un bois, on fatigue les racines, & que comme les bois ne produisent de racines que proportionnellement à ce qu'ils croissent en branches, on fait, par des abattages trop fréquens, un tort considérable au recru. — Il combat fortement l'usage où l'on est en Bresse de couper les taillis à 9 ans, & pour prouver le tort que les propriétaires se font, il rappelle que d'après son 3e. tableau, la valeur de deux coupes d'un arpent de taillis exploité à 9 ans, n'est à celle du taillis coupé à 18 ans, que dans les rapports de 2400 francs à 5184, ou 12 à 28. — Du reste, il pense que les devoirs d'une grande administration & que les vues générales & profondes qui déterminent ses décisions, ne doivent pas être circonscrits dans les limites étroites où peut, où doit même se renfermer un simple citoyen, sage économe, & que cette économie qui, à l'égard d'un père de famille, seroit digne de louange, pourroit devenir très-blâmable dans un administrateur qui ne sauroit pas sacrifier l'intérêt du moment à un grand intérêt public, à un intérêt qui se perpétue d'âge en âge. Il assure donc, & son opinion est celle de nos meilleurs auteurs, que les bois de l'Etat ne doivent être abattus que lorsqu'ils ont acquis le plus haut point d'accroissement physique, le *maximum* simple. Ainsi, le propriétaire particulier se dirigera d'après le *maximum* composé, c'est-à-dire, d'après les calculs réunis des produits en matières & en argent, tandis que le Gouvernement ne doit se diriger que d'après le *maximum* simple, ou le plus haut produit en matières, & ce plus haut produit suivra toujours les *aménagemens* à longs termes, autant que le permettra la qualité des terrains. Puissent ces vérités écarter enfin les doutes sur l'utilité des forêts possédées & administrées par l'Etat!

Je ne suivrai pas plus long temps M. Varenne dans ses excellentes observations; il faut les lire dans l'ouvrage même. Je me bornerai seulement à rappeler que ses calculs l'ont porté à penser que si le particulier devoit couper à 20 ans ses bois situés en bons fonds, le Gouvernement ne s'écarteroit pas beaucoup du *maximum* d'accroiſſement, en réglant à 30 ans la coupe de ſes taillis ſitués ſur des terrains ſemblables (1).

8°. Si maintenant nous jetons les yeux ſur le travail de M. de Perthuis, nous nous convaincrons de plus en plus de l'avantage des *aménagemens* à longs termes. Cet auteur a donné le tableau comparatif ci-après, du produit des bois ſur les différentes eſpèces de terrains, d'après l'âge de leur *aménagement*, tel que le lui avoient fourni les réſultats des nombreuſes exploitations qu'il avoit faites.

Il annonce que pour ſimplifier ſes calculs, il n'a opéré que ſur des bois de chêne ſans mélange, ou de hêtre ſans mélange, ou ſur des bois garnis de ces deux eſſences. Il a compris le charbonnage & les bourrées dans ces évaluations, afin d'être plus exact dans les produits; & pour ne pas multiplier les colonnes du tableau, il a compté 4 cordes ½ de charbonnage & 150 bourrées pour une corde de bois de chauffage. La corde de bois dont il eſt queſtion, eſt celle dite *de vente*, de 5 pieds de hauteur ſur 8 pieds de couche; les bûches de 3 pieds 6 pouces de longueur ſur 6 pouces de tour au petit bout. Cette corde contient par conſéquent 140 pieds cubes.

TABLEAU *du produit des bois en matières, ſur les différens ſols & d'après l'âge de leur aménagement.*

AGE d'aménagement.	Produit ſur les plus mauvais ſols.	Produit ſur les meilleurs ſols.	Produit moyen.	OBSERVATIONS.
à ans.	cordes.	cordes.	cordes.	
10	2	4 2/4	3 1/4	Si le ſol le meilleur eſt en chêne mélangé de charme, le bois produira d'autant moins de matières, que le charme ſera en plus grande abondance.
15	2 2/4	9	5 3/4	
20	3 2/4	15	9 1/4	
25	5 2/4	21	13 1/4	
30	6 2/4	27	16 1/4	
35	7	35	21	
40	7	42	24 2/4	Le charme diminue auſſi la quantité de bois d'induſtrie que l'on pourroit en retirer, parce qu'il n'en eſt pas ſuſceptible.
50	6	56	31	
60	5	70	37 2/4	
70	3	80	41 2/4	
80	2	90	46 2/4	
90	1	96	48 2/4	Il faudroit faire de ſemblables déductions, ſi les bois étoient mélangés de bois blancs qui commencent à dépérir à 40 ans, & qui diſparoiſſent enſuite à 130.
100		102	51	
120		114	57	
140		124	62	
150		128	64	
200		135	67	
250		120	60	
300		110	55	

(1) C'eſt auſſi à cet âge qu'ils ſont le plus généralement aménagés. (*Voyez* page 81.)

S'il y avoit en France autant de bois placés ſur les mauvais terrains que ſur les bons, le produit moyen pourroit ſervir à évaluer les produits en matières de tous les bois de la France dans leurs différens *aménagemens;* mais l'auteur tient pour certain qu'il y a peu de bois ſur les terrains les plus mauvais, & il eſtime que pour avoir des données auſſi juſtes que poſſible pour faire cette appréciation, il faudroit ajouter un ſixième à chaque article des produits moyens de ce tableau comparatif.

Avant de paſſer aux conſéquences qui réſultent de ces différens produits, l'auteur fait obſerver :

1°. Que l'on convertit dix fois plus de menus bois en charbon qu'en fagots, & qu'alors une corde de bois de chauffage vaut mieux ſous ce rapport que 4 cordes & demie de charbonnage, parce qu'elle produit plus de charbon;

2°. Que les bois âgés de 10 ans, ne produiſent point de bois de moule;

3°. Que ceux âgés de 15 ans, en produiſent très-peu;

4°. Qu'à 20 ans, les taillis en produiſent davantage, & qu'à 25 ans & au-deſſus, le produit s'augmente progreſſivement juſqu'à ce qu'il commence à dépérir;

5°. Que le prix du bois de moule provenu de bois âgés de 15 ans, eſt inférieur à celui qui provient de bois plus âgés, & que la progreſſion de ce prix eſt toujours à l'avantage de ces derniers juſqu'à l'âge de 50 ans;

6°. Qu'au-deſſus de cet âge, la qualité du bois de chauffage provenu de taillis ou gaulis, ou futaies, va en *décroiſſant à meſure qu'ils vieilliſſent*, de manière qu'à 150 & 200 ans, ſa qualité n'eſt plus qu'égale à celle du bois de chauffage pris dans des taillis de 25 ans;

7°. Que le bois ſous un même volume pèſe moins à 10 qu'à 20 ans; à 20 ans qu'à 30; à 40 ans qu'à 50; & *qu'après cet âge, ſa peſanteur ſpécifique diminue à meſure qu'il vieillit davantage.* Il y a donc beaucoup plus de matière combuſtible dans une corde de bois rondin de 25 à 70 ans que dans une corde de bois de chauffage tirée de taillis de 15 à 20 ans; il s'enſuit donc, que ſi, à 25 ans, & en ſuppoſant les peſanteurs ſpécifiques des bois de 25 ans & de 15 à 20 ans, dans le rapport de 6 à 5, un arpent de bois produit 18 cordes de bois de chauffage; ces 18 cordes entretiendront un feu auſſi long-temps que 21 cordes de bois priſes dans un taillis de 15 à 20 ans : avantage toujours croiſſant à meſure que la peſanteur ſpécifique du bois augmente;

8°. Que plus les bois ſont jeunes, & moins ils ſont ſuſceptibles d'être employés en bois à œuvrer. De 10 à 20 ans, ils ne peuvent fournir que des cerceaux & des échalas communs; à 25 ans, ils en préſentent déjà une certaine quantité, & ils en produiſent d'autant plus, & d'une qualité d'autant meilleure, qu'ils ne ſont coupés qu'à l'âge que la nature a fixé pour la maturité.

En présentant les observations ci-dessus, M. de Perthuis a eu pour objet de démontrer de plus en plus l'avantage des *aménagemens* prolongés jusqu'à un certain âge ; mais il me paroît s'être trompé en énonçant, d'une manière générale, que les bois à 50 ans perdoient de leur pesanteur spécifique, & par conséquent de leur qualité pour le chauffage. Pour admettre cette opinion, il faudroit admettre aussi que l'âge de 50 ans est celui où les taillis des meilleurs fonds cesseroient de croître, & où les bois seroient dans leur perfection. Mais il a été reconnu par les expériences de plusieurs physiciens, que tant que les bois croissent en hauteur & en grosseur, ils augmentent aussi en densité, en pesanteur, en force & en qualité pour le chauffage. Ce n'est que lorsque l'accroissement se ralentit sensiblement que ces qualités diminuent, parce qu'alors le centre de l'arbre venant à s'obstruer, le bois du cœur se desseche faute de nourriture suffisante, & devient plus léger que le bois de la circonférence : effet qui arrive plus tôt ou plus tard, & qui est proportionné à la profondeur, à la différence du terrain & aux circonstances qui peuvent prolonger ou raccourcir le temps de l'accroissement des arbres. D'après les expériences de Buffon, le bois augmente en pesanteur & en force jusqu'à un certain âge dans une progression arithmétique, après quoi cette pesanteur diminue à peu près dans la même proportion ; mais ces effets varient prodigieusement suivant les climats & les différens terrains. Duhamel a prouvé aussi qu'on ne devoit s'arrêter à l'âge ni à la grosseur pour décider du temps où il faut les abattre ; que cet âge étoit celui où ils cessoient de profiter. De son côté, M. Hartig a calculé la pesanteur des bois & leur qualité pour le chauffage, à différens âges, & l'on ne voit pas qu'il y ait un âge fixe où ils aient plus de densité & où ils produisent un meilleur chauffage ; ces expériences prouveroient même plutôt contre que pour l'opinion de M. de Perthuis, en ce que, assez ordinairement, les bois au-dessus de 50 ans produisent un meilleur chauffage qu'avant cet âge ; il résulte en effet, du tableau que j'ai placé à la suite de l'ouvrage de M. Hartig, que les bois de 80, 90, 100 & 120 ans, valent pour la plupart un tiers de plus que ceux au-dessous de 50 ans. Ainsi, on ne peut pas dire d'une manière absolue, qu'à cet âge les bois perdent de leur qualité pour le feu, parce que si cette assertion étoit vraie pour quelques taillis, elle ne le seroit point pour ceux dont l'accroissement se prolonge au-delà de ce terme.

Je reviens aux conséquences que M. de Perthuis a déduites de son tableau précédent. En voici l'analyse, qui prouve que dans les âges inférieurs, deux arpens ne produisent souvent pas autant de bois qu'un seul arpent dans les *aménagemens* plus prolongés, & que, dans ce dernier cas, les bois d'œuvre vont toujours en augmentant.

	AGES.	Nombre d'arpens.	Cordes de bois.	QUALITÉS des Bois suivant les âges.
1°.	10 ans.	2	$6\frac{1}{2}$	Bois de chauffage de la qualité la plus inférieure.
	20	1	$9\frac{1}{4}$	*Id.* qualité moins inférieure.
2°.	15	2	$11\frac{1}{2}$	Bois de chauffage très-médiocre.
	30	1	$16\frac{1}{4}$	*Id.* de bien meilleure qualité.
3°.	20	2	$18\frac{1}{2}$	Bois de chauffage assez bon.
	40	1	$24\frac{1}{2}$	*Id.* d'une qualité bien supérieure.
4°.	25	2	$26\frac{1}{2}$	Bois de chauffage d'un bon usage.
	50	1	31	*Id.* de première qualité, & bois propre aux marchandises d'industrie.
5°.	30	2	$33\frac{1}{2}$	Bois de chauffage de fort bonne qualité.
	60	1	$37\frac{1}{2}$	*Id.* de semblable qualité & plus de bois à œuvrer.
6°.	35	2	42	Bois de chauffage de bonne qualité.
	70	1	41	*Id.* un peu inférieur, mais beaucoup de bois d'industrie.
7°.	40	2	49	Bois de chauffage d'une excellente qualité.
	80	1	$46\frac{1}{2}$	*Id.* de qualité inférieure, mais beaucoup plus de bois d'œuvre.
8°.	50	2	62	Bois de chauffage de première qualité.
	100	1	51	*Id.* qualité toujours inférieure, mais encore plus de bois à œuvrer.
9°.	60	2	75	Bois de chauffage d'une qualité inférieure à celui de 50 ans.
	120	1	57	La quantité de bois d'œuvre augmente toujours.
10°.	70	2	83	
	140	1	72	Des bois à œuvrer encore en plus grande quantité, & des marchandises plus chères.

	AGES.	Nombre d'arpens.	Cordes de bois.	QUALITÉS des Bois suivant les âges.
11°.	100ans	2	102	Les bois d'œuvre augmentent encore en plus grand nombre.
	200	1	67	
12°.	150	2	128	Bois de chauffage encore assez bon.
	300	1	35	On tire un grand profit de ces bois lorsque les arbres se trouvent encore sains à cet âge; ce qui n'arrive pas toujours.

« Ces rapprochemens sont frappans, dit l'auteur, & peuvent servir de réponse aux partisans des *aménagemens* rapprochés; mais comme je l'ai déjà observé, pour déterminer encore mieux le véritable produit moyen des bois, il faudroit augmenter d'un sixième chaque article de la colonne des produits moyens de mon tableau qui a servi à faire ces rapprochemens, & alors la différence du produit des bois, suivant leur âge d'*aménagement*, se trouveroit encore plus à l'avantage des longs *aménagemens* lorsque toutefois la nature du sol, les essences & les localités le permettront. »

M. de Perthuis ne s'est pas borné à faire connoître les avantages des *aménagemens* prolongés, sous le rapport des produits en matières; il a encore formé un grand nombre de tableaux par lesquels il démontre que les produits des coupes, en argent, seront d'autant plus considérables que l'accroissement aura été plus reculé. J'ai déjà présenté dans ce Mémoire l'extrait de ses tableaux, où l'on a vu que le prix de la feuille, qui n'étoit que de 12 francs 35 centimes pour les taillis de 12 ans, s'élevoit jusqu'à 131 francs 12 centimes pour ceux de 70 ans. Mais j'ai fait observer en même temps que l'auteur n'ayant point eu égard à l'intérêt de l'argent, sa proposition d'aménager à longs termes ne convenoit pas autant aux propriétaires particuliers qu'au Gouvernement. J'ai fait connoître aussi les expériences de M. Hartig, desquelles il résulte que des taillis aménagés à 30 ans ne donnent en 4 coupes que la moitié des produits en matières de ce que donne une futaie de 120 ans, mais que dans cet espace de temps les intérêts de l'argent élevoient le revenu des taillis à $\frac{2}{3}$ au-dessus de celui des futaies.

Après avoir démontré que l'intérêt du Gouvernement & celui de la consommation exigeoient que les bois de l'État fussent aménagés à des âges aussi prolongés que les circonstances locales peuvent le permettre, M. de Perthuis indique un moyen simple de reconnoître la maturité des bois dans les différentes espèces de terrains. Nous avons vu que Varenne de Fenille conseilloit de s'assurer du grossissement annuel des brins d'un taillis, & de couper ces taillis lorsque le grossissement de la dernière année n'atteignoit plus la moyenne proportionnelle des années précédentes. C'étoit donc sur l'accroissement en circonférence qu'il fondoit sa méthode de vérification. M. de Perthuis a établi la sienne sur l'accroissement en hauteur; elle n'exige l'emploi d'aucun instrument; elle ne consiste que dans l'inspection des pousses annuelles, soit des baliveaux, soit des brins de taillis. L'auteur avoit remarqué qu'à un certain âge, l'alongement annuel des branches verticales des taillis présentoit de grandes différences suivant les terrains; que sur les mauvais, les pousses diminuoient progressivement de longueur, à mesure que les taillis avançoient en âge, tandis que dans les bons elles restoient long-temps de la même longueur; par exemple, que la pousse annuelle des taillis de 12 à 15 ans, situés sur de mauvais terrains, n'étoit plus que de 2 à 6 lignes, lorsque sur les bons elle étoit encore de 12 à 24 pouces; que depuis 15 à 25 ans, la pousse des taillis en mauvais fonds n'étoit plus *que de la hauteur du bourgeon*, quelquefois même que la cime des taillis commençoit à se dessécher, mais que leur tige grossissoit encore; que si elle ne gagnoit plus rien en hauteur, elle produisoit un bois de chauffage plus gros, plus pesant, plus durable au feu (1), & qui se vendoit plus cher que celui du même taillis coupé à un âge moins avancé. L'âge de 25 ans lui paroissoit celui de la maturité des taillis placés sur les plus mauvais terrains, maturité qu'on pouvoit reconnoître *à la cessation de leurs pousses annuelles*.

Telle est la méthode proposée par M. de Perthuis pour classer & aménager les taillis. Il recommande d'observer de préférence les pousses de chêne, & à défaut de chêne, celles du hêtre, ensuite celles du charme ou du châtaignier, & de faire ces observations sur les baliveaux de 20 à 30 ans, & à défaut de ceux-ci, sur les taillis de 20 à 25 ans.

Il divise les bois en 7 classes, chacune déterminée par la longueur des pousses annuelles sur les différens terrains, à un âge commun. Dans ces 7 classes ne sont pas comprises les futaies pleines.

1°. *Classement des bois déterminé par les pousses annuelles des baliveaux de 20 à 30 ans.*

Première classe. L'auteur comprend dans cette classe tous les bois dont les pousses annuelles des baliveaux ne s'alongent plus à l'âge de 20 ans & au-dessous, & tous ceux dont les arbres ou plu-

(1) Cette observation est conforme aux expériences de M. Hartig sur la combustibilité des bois.

ſieurs d'entr'eux ſe couronnent à 30 ans & au-deſſous.

Deuxième claſſe. Tous les bois dont les pouſſes annuelles des baliveaux ne s'alongent plus à 25 ans, & dont pluſieurs ſe couronnent à 30 ans.

Troiſième claſſe. Tous les bois dont les mêmes pouſſes ceſſent de s'alonger à 30 ans, & dont pluſieurs ſe couronnent à 35 ans.

Quatrième claſſe. Tous les bois dont les mêmes pouſſes s'alongent à 20 ans de 4 à 8 pouces; à 25 ans, de 2 à 4 pouces; & à 30 ans, de 1 à 2 pouces.

Cinquième claſſe. Tous les bois dont les mêmes pouſſes s'alongent à 20 ans de 8 à 12 pouces; à 25 ans, de 4 à 8 pouces; & à 30 ans, de 2 à 4 pouces.

Sixième claſſe. Tous les bois dont les pouſſes s'alongent à 20 ans de 12 à 18 pouces; à 25 ans, de 8 à 15 pouces; & à 30 ans, de 6 à 12 pouces.

Septième claſſe. Enfin, l'auteur comprend dans cette dernière claſſe tous les bois qui, à ces différens âges, pouſſent encore plus vigoureuſement.

M. de Perthuis répond à ceux qui regardent cette diviſion comme étant d'une application difficile dans les *aménagemens*, que les erreurs que l'on pourroit commettre en plaçant dans une claſſe des bois qui devroient appartenir à la claſſe précédente ou à la claſſe ſuivante, ne pourroient jamais être bien graves, & qu'au ſurplus, il eſt impoſſible de confondre ceux qui doivent être rangés dans les premières claſſes avec ceux des trois dernières.

2°. *Claſſement des bois par la hauteur des taillis à un âge commun.*

Première claſſe. Tous les taillis qui, à 20 ans, ne préſentent que 6 à 9 pieds de hauteur, & dont les pouſſes annuelles ne s'alongent plus.

Deuxième claſſe. Tous les taillis qui, à 25 ans, n'ont qu'une hauteur de 9 à 12 pieds. Sur cette eſpèce de terrain les taillis ne prennent plus de hauteur à cet âge, & ſouvent plus tôt.

Troiſième claſſe. Les bois dont les taillis ne préſentent à 25 ans qu'une hauteur de 12 à 15 pieds. Dans cette claſſe, les bois ne prennent plus de hauteur entre 25 & 30 ans.

Quatrième claſſe. Les bois dont les taillis ne préſentent à 25 ans qu'une hauteur de 20 à 25 pieds. Ces bois ne prennent plus de hauteur de 30 à 35 ans.

Cinquième claſſe. Les bois dont les taillis à 25 ans préſentent une hauteur de 20 à 25 pieds, & qui prennent encore de la hauteur à 40 ans, & même à 50 ans.

Sixième claſſe. Les bois dont les taillis à 25 ans préſentent une hauteur de 25 à 35 pieds. Les taillis de cette claſſe croiſſent encore à 70 ans, 80 & 100 ans.

Septième claſſe. L'auteur place dans la *ſeptième claſſe* tous les bois dont les taillis, à 25 ans, préſentent une hauteur de 40 à 50 pieds. Les bois de cette claſſe prennent encore de la hauteur à 100 & 120 ans, & quelquefois même au-deſſus de cet âge.

Je ferai connoître plus loin les objections que l'on a faites contre cette méthode de claſſification.

M. de Perthuis établit enſuite l'*aménagement* des bois des différentes claſſes qu'il vient de décrire.

J'ai réuni dans le tableau ci-après l'analyſe de ſes propoſitions, tant ſur les *aménagemens* de chaque claſſe, que ſur le nombre des baliveaux de tous âges à conſerver lors de chaque coupe.

Aménagement des bois des différentes claſſes.

Numéros des Claſſes, en commençant par les plus mauvais terrains.	Termes des aménagemens.	Baliveaux à réſerver par hectare. De l'âge.	De 2 âges.	De 3 âges.	De 4 âges.	TOTAL.	OBSERVATIONS.
1re claſſe.	25 ans	48	»	»	»	48	Ne ſont réſervés que pour fournir les graines & ſeront abattus à la coupe ſuivante.
2e. id.	25	48	8	»	»	56	
3e. id.	25	40	8	2	»	50	
4e. id.	35	. .	. .	. .	. .	. .	Si le chêne, ou le hêtre, ou le frêne, ou le châtaignier, ou tous enſemble y *ſont en quantité* dominante.
		34	16	8	»	58	
	30	. .	. .	. .	. .	. .	Si ce ſont les autres eſſences qui dominent.
5e. id.	50	34	16	8	»	58	Si les meilleures eſſences dominent.
	40	34	16	8	2	60	Si les autres eſſences dominent.
6e. id.	60	34	16	8	2	60	Si les meilleures eſſences dominent.
	50	34	16	8	2	60	Si les autres eſſences dominent.
7e. id.	70	34	16	4	»	54	Si les meilleures eſſences dominent.
	60	34	16	6	2	58	Si ce ſont les autres eſſences.
	50	34	16	8	2	60	Si le bouleau domine.

M. de Perthuis fils, qui a publié l'ouvrage de feu M. ſon père, en a auſſi préſenté l'analyſe dans les articles qu'il a inſérés dans le nouveau *Dictionnaire d'Agriculture*. Mais il y a fait quelques changemens dans ce dernier ouvrage. Il n'établit que 5 claſſes au lieu de 7, pour l'*aménagement* des taillis, qu'il fixe à 20 ans pour la première claſſe, à 25 ans pour la ſeconde, à 30 & 35 ans pour la troiſième, à 40 & 50 ans pour la quatrième, & 50, 60 & 70 pour la cinquième, ſuivant les eſſences qui dominent.

Ces deux auteurs proposent aussi quelques exceptions pour les cas suivans : 1°. Lorsque les bois des premières classes sont composés en majeure partie de coudriers, de châtaigniers, de marceaux, ou quelquefois même de frênes & de chênes, & qu'ils se trouvent dans des localités où le cerceau, l'échalas, les fagots & les bourrées se vendent sur la place à un prix excédant celui relatif du bois de chauffage, il conseille de les aménager, savoir : à 12 ans, si le coudrier domine, & à 16, si ce sont les autres essences. 2°. Lorsque les bois des dernières classes, peuplés en quantité dominante des essences de la plus grande longévité, sont situés dans des localités privées de débouchés, & où conséquemment le bois de chauffage est à vil prix, il conseille alors de les aménager en futaies pleines. Il pense, au surplus, que les *aménagemens* qu'il a proposés pour les troisième, quatrième & cinquième classes, ne peuvent être adoptés que par les grands propriétaires, qui sont en position de pouvoir attendre le bénéfice qui doit résulter de l'éloignement des coupes.

9°. M. Hassenfratz a présenté dans son *Traité de l'art du charpentier*, un grand nombre d'observations sur la croissance des arbres; mais comme elles s'appliquent principalement aux futaies, & qu'elles ne font point connoître les quantités de stères de bois produites par les taillis à différens âges, je n'en parlerai pas.

10°. M. Fontayne, dans un Mémoire sur l'administration des forêts, imprimé en l'an 9 (1801), mettoit au nombre des causes qui avoient concouru au dépérissement des forêts, l'usage assez ordinaire de couper les bois trop jeunes. Il en rappelle tous les inconvéniens, dont les plus remarquables sont de n'obtenir que du fagotage, point de beau bois de chauffage, point de futaie, point de bois de service, parce que les brins qu'on réserve dans les coupes de très-jeunes taillis, étant une fois aérés, ne s'élèvent plus & ne produisent que des branches latérales. L'âge de 35 à 40 ans lui paroissoit être en général l'époque la plus favorable pour exploiter les taillis; plus tard, le recru seroit trop clair, lent & difficile. Cependant il pense que les taillis de charme pourroient n'être coupés qu'à 45 ou 50 ans.

Suivant lui, la différence des produits en matières & en argent des *aménagemens* à 25, à 30 & 35 ans, seroit, en prenant pour exemple un hectare situé en bon fonds, celle ci-après :

25 ans.	20 cordes de bois marchand, à 6 f.	120 f.	200 f.
	40 *idem* de bois de charbon, à 2	80	
30 ans.	30 cordes de bois marchand, à 6	180	290
	55 *idem* de bois de charbon, à 2	110	
35 ans.	40 cordes de bois marchand, à 6	240	390
	75 *idem* de bois de charbon, à 2	150	

Dans ces produits, l'auteur ne compte pas les bois de service & autres provenant de la futaie surnuméraire & dépérissante.

11°. M. Dralet rapporte que l'*aménagement* de 20 & 25 ans est celui qui, dans tous les temps, a paru convenir au plus grand nombre des forêts, c'est-à-dire, à celles qui sont assises sur des terrains d'une médiocre qualité.

« C'est à cet âge, dit-il, que vers 1669, M. Defroidour aménagea la plupart des forêts du Midi, notamment celles appartenant aux communes; c'est l'âge de 25 ans qui fut fixé par l'édit de 1719, & l'arrêt du conseil d'Etat du 9 mars 1729, pour la coupe des bois des ecclésiastiques & des communautés d'habitans. Pannelier d'Annel prétend qu'aucun taillis ne doit être coupé avant l'âge de 20 ans. M. Clausse assure que c'est à l'âge de 20 à 25 ans que doivent être coupés les taillis excrus sur des fonds médiocres. Enfin, ajoute M. Dralet, j'ai tous les jours occasion de me convaincre que dans les forêts des pays méridionaux de la France, cet *aménagement* est le plus généralement convenable; & long-temps avant que mes fonctions m'appelassent dans ces contrées, j'avois fait les mêmes observations sur le sol forestier de la ci-devant province de Lorraine. »

M. Dralet parle ensuite de l'*aménagement* à 30 ans, qui, suivant Tellès d'Acosta, étoit le plus avantageux pour les forêts de la ci-devant Champagne, & qui, suivant Varenne de Fenille, ne s'éloigne pas beaucoup, quant aux bois nationaux situés en bons fonds, du *maximum* qui a fait l'objet de ses recherches.

L'âge de 35 à 40 ans paroît à M. Dralet convenir assez généralement à la coupe des taillis où domine la charmille.

Il pense, au surplus, que les taillis de châtaigniers doivent être coupés à 5, 6 & 7 ans; que l'âge de 10 ans convient aux bois situés dans les terrains où il n'y a pas de fond, & il assure que dans le Midi il y a beaucoup de bois de particuliers dont les tiges se couvrent de mousse & les cimes se dessèchent vers l'âge de 10 ans; que, dans la Belgique, c'est à cet âge que s'exploitent beaucoup de taillis, parce qu'on y a besoin de gaules & de perches pour la culture du houblon, usage qui est encore suivi dans les pays de grands vignobles, où la vigne se cultive en hautins ou avec des échalas. Il rappelle aussi l'assertion de Duhamel & de M. Fontayne, que le meilleur charbon est celui qui se fait avec de jeunes rondins. Enfin, les âges de 15, 16 & 18 ans, auxquels M. Defroidour avoit aménagé les forêts de la généralité de l'Ile-de-France, lui paroissent avoir été sagement déterminés, & il dit qu'on trouve aussi dans les départemens méridionaux des forêts qui doivent être ainsi aménagées.

Je pourrois pousser plus loin l'examen des observations faites sur l'accroissement des taillis, & sur les âges auxquels on doit les aménager; mais je craindrois de fatiguer le lecteur, & je pense, au surplus, qu'il est inutile de rapporter un plus grand nombre d'observations. Les expériences & les opinions que je viens d'analyser, sont suffisantes pour fonder les principes du meilleur *aménagement* des taillis.

Il paroît que l'*aménagement* de 20 à 30 ans est celui qui réunit le plus de suffrages pour la plupart des taillis de la France, & qu'il y a fort peu de terrains qui ne puissent nourrir le bois jusqu'à 20 ans. Ce dernier âge seroit donc le moindre terme auquel il seroit permis de fixer la coupe des taillis dans les terrains de foible qualité, & on devroit porter l'*aménagement* des autres taillis jusqu'à 25, 30, 40, 50 ans & plus, selon que les terrains s'éloigneroient davantage de cette foible qualité. J'ai voulu m'assurer si la pratique étoit d'accord avec les indications de la théorie, & j'ai trouvé, en consultant les états de la statistique forestière, que nos *aménagemens* de taillis ne s'écartoient pas beaucoup de ces indications. En effet, la plupart sont fixés de 20 à 30 ans. Cependant il y en a beaucoup au-dessous de cette période, & je ne doute point que parmi ceux-ci, le plus grand nombre ne puissent être portés à 20 ans. Voici un court aperçu de nos *aménagemens* en général.

Arrondissemens forestiers.

PARIS. Plus de la moitié des taillis aménagés à 20 ans & au-dessous. Près du tiers, de 21 à 30 ans. Un dixième, de 31 à 40. Le reste, de 41 à 50. Les futaies, de 80 à 120 ans. *Essences dominantes :* chêne, hêtre, bouleau, charme, châtaignier.

TROYES. Les taillis sont généralement aménagés de 20 à 30 ans; beaucoup à 25. Presque tous les taillis sont mélangés de futaies, & il y a aussi beaucoup de demi-futaies. *Essences dominantes :* chêne, hêtre, charme, bouleau, tremble.

ROUEN. Les *aménagemens* des taillis varient depuis 10 ans jusqu'à 30 ans. Les demi-futaies, aménagées à 40, 50, 60 & 70 ans. Les futaies, à 100 ans. *Essences dominantes :* chêne, hêtre, bouleau, charme, quelques pins & sapins.

CAEN. Beaucoup de taillis à 20 ans & au-dessous. Le reste, à 25, 30 & 40. Les futaies, à 100 & 120 ans. *Essences dominantes :* chêne, hêtre, bouleau, tremble, aune, peuplier, saule. Beaucoup de vides & de bruyères.

RENNES. Presque tous les taillis, de 20 à 30 ans. Beaucoup à 25 ans. Beaucoup de futaies, à 120 ans; le reste, à 100 & 130 ans. *Essences dominantes :* chêne, hêtre, bouleau, tremble, pin, châtaignier.

ANGERS. Beaucoup de taillis à 20 & au-dessous. Le reste, de 20 à 30. Beaucoup de futaies, de 100 à 150 ans. *Essences dominantes :* chêne, hêtre, bouleau, pin maritime.

ORLÉANS. Beaucoup de taillis à 20, 24 & 25 ans. Le reste, au-dessous de 20, & à 30 & 40. Les futaies, de 75 à 200 ans. *Essences dominantes :* chêne, hêtre, charme, tremble, bouleau.

POITIERS. Beaucoup d'*aménagemens* de taillis à 20 & 25 ans. Il y en a au-dessous de cet âge, & au-dessus, comme à 30, 40 & 50 ans. Les futaies, à 100 & 120 ans. *Essences dominantes :* chêne, châtaignier, hêtre, érable.

MOULINS. Beaucoup de taillis, de 15 à 25 ans. Il y en a à 30, 40 & 50 ans. Les futaies, de 80 à 100, 120, 150 & 180 ans. Beaucoup de futaies dans les montagnes de l'Auvergne & autres, sont composées de hêtres & sapins, qui s'exploitent en jardinant.

BORDEAUX. La plupart des taillis aménagés de 20 à 25 ans. *Essences dominantes :* chêne & pin maritime, charme, chêne noir, chêne-liége, châtaignier. Il y a plus de 60,000 hectares de sables, landes & bruyères dans la Gironde.

PAU. Presque point de taillis. La plupart des forêts des Pyrénées sont en futaies mélangées de hêtres & de sapins, que l'on coupe en jardinant. *Essences dominantes :* hêtre, sapin, chêne.

TOULOUSE. Beaucoup de taillis, de 20 à 25 ans. Il y en a au-dessus de cet âge jusqu'à 40 ans. Il y a beaucoup de futaies & de demi-futaies; la plupart composées de hêtres & de sapins, que l'on exploite en jardinant. Environ le cinquième de chêne est en massif de futaie. *Essences dominantes :* hêtre & sapin sur les montagnes; chêne blanc, chêne bâtard, chêne rouvre & hêtre dans les forêts de plaine.

MONTPELLIER. Peu de taillis; ils sont aménagés à 10, 15, 20 & 30 ans. Les futaies & demi-futaies sont composées, notamment dans les Pyrénées orientales, de hêtres, chênes, pins & sapins mélangés; quelques pins d'essences pures. Elles s'exploitent en jardinant & à divers âges.

NÎMES. Les taillis, de 10 à 20 ans. Les futaies sont composées, pour la plupart, de pins, sapins & hêtres mélangés, que l'on coupe en jardinant. *Essences dominantes :* chêne-vert, chêne blanc, pin, sapin & hêtre.

AIX. Il y a beaucoup de futaies, la plupart en pins, sapins & hêtres; quelques-unes en essences pures; d'autres, & c'est dans les Alpes, sont mêlées de sapins, de quelques mélèzes & d'ifs. Les futaies d'essences mélangées s'exploitent en jardinant, à divers âges : 60, 80, 100, 120 & 180 ans. Le reste des forêts est en taillis composés de chêne ordinaire, de chêne-liége, d'érable, &c.

GRENOBLE. La plupart des forêts & futaies composées de sapins, épicéas, hêtres & chênes, qu'on exploite en jardinant.

DIJON. Presque tous les taillis sont aménagés à 20, 25 & 30 ans; la plupart à 25. Les *essences dominantes* sont le chêne, le hêtre & le charme.

Besançon. Beaucoup de taillis, de 20 à 30 ans. Quelques-uns au-dessous de 20, & d'autres de 30 à 40 ans. Il y a des futaies & des demi-futaies. Les futaies du Jura sont mêlées de sapins, de hêtres & de chênes, qu'on exploite en jardinant. *Essences dominantes :* chêne, hêtre, charme & sapin.

Strasbourg. Les *aménagemens* des taillis très-prolongés; ils sont communément de 30, 40 & 50 ans. Il y en a cependant à 15 & 20 ans. Près de la moitié des forêts est en futaies. *Essences dominantes :* pin, sapin, hêtre, chêne & bois blanc.

Nancy. Presque tous les bois aménagés à 20, 30 & 40 ans. Les futaies dans les Vosges sont mêlées de sapins, chênes & hêtres, qui s'exploitent en jardinant. *Essences dominantes :* chêne, charme, hêtre & sapin.

Metz. Presque tous les taillis à 25 & 30 ans. Les demi-futaies, à 40 & 50 ans. *Essences dominantes :* chêne, hêtre, bouleau.

Lille. Beaucoup de taillis, à 20 ans & au-dessous. Le reste, à 25 & 30 ans. Les futaies, à 90, 100 & 250 ans. *Essences dominantes :* chêne, hêtre, charme, bouleau, tilleul.

Amiens. Les taillis, à 15, 20 & 25 ans. Beaucoup de futaies, à 120 & 130 ans. Les demi futaies en réserves à 30 & 40 ans. *Essences dominantes :* chêne, hêtre, charme, bouleau, tremble, tilleul.

Corse. Point de taillis. Les futaies sont composées de pins maritimes, de laricio, qu'on appelle *larix* dans le pays, de chênes, hêtres & chênes-verts. Il y a des ifs & des genévriers. Les futaies s'exploitent en jardinant.

On voit, par ce tableau, que la plupart de nos taillis sont aménagés de 20 à 30 ans. Il s'en trouve cependant un assez grand nombre dont l'*aménagement* est borné à des âges au-dessous de 20 ans. Quant aux futaies, il en existe peu dont l'*aménagement* dépasse 120 & 130 ans. Celles qui sont mélangées d'arbres à feuilles & d'arbres résineux s'exploitent généralement en jardinant, mode vicieux que nous avons suffisamment combattu, & qui devroit faire place à l'exploitation par éclaircies.

Résumé de cette dernière partie du présent Mémoire.

Nous avons établi dans cette dernière partie les caractères principaux qui distinguent les futaies pleines des taillis, & la définition de ces deux états de bois tirée de leur état de reproduction. Nous avons en même temps appelé l'attention du lecteur sur la nécessité de consulter les produits présumables en nature & en argent, pour déterminer l'*aménagement* d'une forêt, & sur la diversité des vues qui doivent, à cet égard, guider le Gouvernement & les propriétaires particuliers.

Une autre considération à faire entrer dans les projets d'*aménagement* est celle de la reproduction, qui est plus ou moins avantageuse, suivant les âges auxquels se coupent les différentes espèces de bois dans tel ou tel terrain. En effet, un propriétaire qui couperoit ses bois fréquemment, soit pour profiter d'une cherté momentanée, soit pour satisfaire à des besoins pressans, les ruineroit infailliblement, en fatiguant les souches; en mettant obstacle au développement des racines qui ne croissent que dans la proportion des branches & des feuilles; en exposant plus souvent les recrus aux effets de la gelée & aux abroutissemens; en s'opposant au repeuplement par les semences qu'auroient données les brins des taillis dans un âge avancé; en favorisant la multiplication des genêts, des bruyères & autres plantes nuisibles, qui ne sont étouffées que sous les taillis d'une certaine force. D'un autre côté, il est d'observation que les bois ne se reproduisent pas en taillis aussi long-temps qu'ils auroient vécu s'ils n'eussent pas été coupés, & que plus les coupes sont rapprochées, plus la reproduction est affoiblie. D'où il suit qu'un taillis exploité fréquemment donne un recru plus chétif & exige plus de réparation, qu'un taillis dont les coupes sont plus éloignées.

Mais si, au contraire, on retarde trop l'exploitation d'une forêt, les souches dépérissent, un grand nombre d'essences disparoissent, & les clairières se forment. Il est donc certain que la reproduction est l'objet principal qu'on doit se proposer dans l'*aménagement* d'une forêt, & l'expérience qui a démontré cette vérité prouve également que l'on obtiendra le *maximum* des produits en matières, toutes les fois que l'on retardera assez l'exploitation pour que les bois soient en état de donner les plus belles productions. Mais quelle sera cette époque, utile à la fois à l'intérêt présent & à l'intérêt de l'avenir? C'est celle où le dernier accroissement, comparé à l'accroissement moyen des années précédentes, commencera à diminuer; observation qu'on peut faire en comparant les produits des coupes aménagées à des âges différens sur des terrains semblables. Il est entendu qu'on ne parle point ici de l'intérêt de l'argent, qui, comme nous l'avons souvent observé, ne doit pas entrer comme donnée dans l'*aménagement* des forêts de l'Etat, où l'on doit tendre uniquement à obtenir les plus forts produits en matière & la plus belle reproduction.

Les expériences faites sur la croissance des taillis par un grand nombre de physiciens & dans différentes localités, s'accordent toutes à démontrer l'utilité des *aménagemens* prolongés dans les fonds qui ont quelque qualité & pour les essences qui en sont susceptibles. Il résulte en effet de ces expériences, que l'*aménagement* à 20 ans ne donne souvent pas la moitié des produits en nature de ce que donne l'*aménagement* à 30 ans; que si l'intérêt des capitaux peut engager le propriétaire particulier à couper ses bois à 20 ans, celui du Gouvernement qui ne considère que le *maximum physique*, est d'attendre 30, 35 & même 40 ans; que ce dernier âge convient surtout aux bois où le charme est l'essence dominante; que les bois gagnent en pesanteur, en force & en qualité pour tous les usages, lorsqu'ils parviennent à leur maturité; que les éclaircies, qu'on ne peut trop recommander aux particuliers, leur donneroient des produits intermédiaires qui les mettroient en état d'attendre un plus long terme pour la coupe de leurs bois, & augmenteroient considérablement leurs produits en favorisant le grossissement des brins de leurs taillis.

Quant aux taillis situés dans des fonds médiocres, l'âge de 20 à 25 ans est plus généralement convenable pour leur exploitation; celui de 12 à 15 ans peut être adopté lorsque les bois sont composés en grande partie de coudriers, de châtaigniers, de marceaux, ou quelquefois de frênes & de chênes dans les localités où le cerceau, l'échalas, les fagots & les bourrées se vendent mieux que le bois de chauffage; celui de 10 ans est le plus bas auquel on puisse aménager les bois situés dans des terrains où il n'y a pas de fond. C'est aussi ce dernier âge qui a été fixé par les réglemens comme le terme avant lequel les particuliers ne pouvoient faire la coupe de leurs taillis.

Enfin, les bois de l'Etat, situés en bons fonds, composés d'essences de la plus grande longévité, & placés dans des localités privées de débouchés, ou dans celles où les bois d'œuvre & de construction trouvent du débit, doivent être attendus en futaies.

Quant aux moyens de s'assurer de l'âge où l'accroissement des bois diminue, on en a proposé plusieurs, tels que le cubage & la pesée des bois exploités sur un même canton à des âges différens; le mesurage d'un certain nombre de brins pendant plusieurs années; l'examen des branches & leur inclinaison vers l'horizon, l'examen des pousses annuelles, &c.

Je parlerai de ces moyens & de quelques autres au mot EXPLOITATION; je réunirai les divers signes ou caractères qui annoncent la maturité des bois. Mais je pense que le moyen le plus sûr & le plus facile est celui proposé par M. de Perthuis, qui consiste à s'assurer de la longueur des pousses de chaque année, en faisant cette observation de préférence sur les baliveaux de chênes ou sur les brins de taillis de cette espèce. L'époque où ces pousses ne s'alongent plus que de la longueur du bourgeon, est celle qui marque la maturité des bois.

J'ai fait connoître qu'assez généralement les taillis de la France étoient aménagés de 20 à 30 ans; que ceux dont l'*aménagement* étoit au-dessous de 20 ans, pourroient donner des produits plus avantageux, si, comme tous les bons auteurs le conseillent, on en retardoit l'exploitation jusqu'à 20 ans & au-dessus; que cependant il y a des localités où les *aménagemens* au-dessous de cet âge peuvent être maintenus.

Enfin, il résulte des expériences des auteurs que j'ai cités, que le produit moyen en bois d'un hectare situé dans un fonds de qualité ordinaire, peut être évalué de la manière suivante, d'après les différens âges du bois:

A	10 ans,	environ	6 cordes ½.
A	15 ans,	—	12 *id.*
A	20 ans,	—	20 *id.*
A	25 ans,	—	28 *id.*
A	30 ans,	—	36 *id.*
A	40 ans,	—	46 *id.*
Futaie A	120 ans,	—	212 *id.* & environ 50 voitures de branches.

Ainsi, celui qui coupe son taillis à dix ans, ne livre à la consommation que 26 cordes de bois par les 4 coupes qu'il fait en 40 ans, tandis que le taillis qui n'est coupé qu'une seule fois dans le même espace de temps, procure 46 cordes. Si l'on compare maintenant le produit d'une futaie de 120 ans avec celui d'un taillis coupé tous les 10 ans, on trouve que le rapport du produit de la futaie est à celui du taillis comme 17 à 6.

De ces observations naissent deux vérités incontestables: la première, c'est que les *aménagemens* à longs termes sont infiniment plus avantageux à l'approvisionnement en bois de toute espèce, que les *aménagemens* fixés à des âges bornés; la seconde, c'est que les particuliers ne pouvant en général différer leurs coupes jusqu'à 25, 30 & 40 ans, leurs bois sont moins utiles à la consommation générale que ne le sont les bois de l'Etat & ceux des communes, dont les coupes sont beaucoup plus retardées.

Si donc tout le sol forestier passoit dans le domaine des particuliers, on verroit inévitablement les produits en matières diminuer, de manière à ne plus suffire aux besoins de la consommation.

On verroit de plus une disette absolue de bois de construction, puisqu'on ne peut en élever dans les taillis de 10 à 15 ans, & enfin la destruction de toutes nos ressources en bois de marine.

Pourquoi ces vérités proclamées tant de fois, l'objet d'une législation qui remonte à des temps si reculés, démontrées par l'expérience comme elles avoient été aperçues par la saine raison, pourquoi, dis-je, ces vérités importantes sont-elles aujourd'hui si peu appréciées? Sully, Colbert, Defroidoure, Buffon, Duhamel, Réaumur, n'osera-t-on plus vous citer? & cette postérité que vous embrassiez dans votre prévoyance, ne profitera-t-elle point de vos sages avertissemens?

TROISIÈME SECTION.

De l'aménagement proprement dit des futaies, traitées d'après la méthode du réensemencement naturel.

Nous avons détaillé toutes les opérations qui constituent la méthode importante du réensemencement naturel des futaies. Nous allons compléter ce qui concerne cet objet, en exposant le mode d'*aménagement* de ces futaies. On verra que son exécution exige des connoissances étendues. C'est l'une des principales parties de la science forestière; elle est enseignée avec beaucoup de soin en Allemagne, & M. Hartig, qui a porté le flambeau de sa grande expérience sur tous les points de l'économie forestière, l'a traitée avec la profondeur qui caractérise ses écrits, dans son ouvrage allemand *sur la taxation & la description des forêts.* (2 vol. in-4°.) Mais les détails dans lesquels il entre sont beaucoup trop étendus pour un article de dictionnaire.

M. Lintz, ex-membre de la commission d'*aménagement* pour les forêts de la rive gauche du Rhin, sous l'administration française, & aujourd'hui employé comme inspecteur dans le grand-duché du Bas-Rhin, a publié en 1812, dans les *Annales forestières françaises*, & en 1816, dans les *Annales allemandes*, les principaux détails de ce genre d'*aménagement*, qu'il a extraits en grande partie des ouvrages de M. Hartig. Il a rédigé aussi un petit traité de l'*aménagement* des forêts, d'après la base qui avoit été adoptée pour celles de la conservation dont le siége étoit à Coblentz. C'est de l'analyse de ce traité que nous composerons notre article.

CHAP. Ier. *Comment on doit procéder à l'aménagement des forêts soumises au système des éclaircies ou du réensemencement naturel.*

§. Ier. *Observations préliminaires sur cet objet.*

M. Lintz, après avoir rappelé les considérations qui ont dû déterminer l'*aménagement* des forêts pour en assurer la conservation & les soustraire à des exploitations arbitraires & mal calculées, s'occupe particulièrement de celles qu'on exploite par éclaircies. Il fait remarquer que dans ces forêts l'exploitation d'une coupe ne se fait pas en une seule fois comme dans les autres; & qu'indépendamment des éclaircies périodiques, il s'y fait ordinairement trois exploitations successives à l'époque où le bois est devenu *exploitable*. Ces exploitations sont, 1°. *la coupe d'ensemencement*; 2°. *la coupe d'éclaircissement* ou *coupe claire*; 3°. *la coupe définitive*. On sait que le repeuplement naturel d'un canton où l'on a établi la coupe de réensemencement, est subordonné à diverses circonstances qui le retardent ou l'avancent comparativement à un autre canton; d'où il suit qu'on ne peut assigner une époque précise aux coupes secondaires. D'un autre côté, comme c'est l'*exploitabilité* (1) seule d'une forêt qui doit régler la première exploitation, la coupe sombre, il seroit illusoire de vouloir déterminer long-temps à l'avance l'âge où telle ou telle coupe sera exploitée, & par conséquent de diviser les futaies en *coupes annuelles*. On reviendra sur cet objet. Cependant il faut avoir une base, un régulateur pour faire les exploitations. On l'obtient en formant des séries, des périodes qui renferment les coupes que l'on fera dans un temps donné. M. Hartig a pris pour base de son système d'*aménagement*, la période de 30 ans, c'est-à-dire, qu'il détermine une quantité de coupes ou de divisions de forêt, dans lesquelles les exploitations pourront s'étendre pendant 30 ans. Mais pour s'assurer que la même quantité de bois sera coupée annuellement, il la fixe, lors de l'*aménagement*, par l'estimation des produits actuels & futurs de la forêt. Cette division par périodes de 30 ans, dans lesquelles on coupe successivement à mesure qu'elles arrivent en tour d'exploitation, laisse beaucoup de latitude à l'officier forestier, puisqu'au lieu de procéder, comme chez nous, par coupes annuelles déterminées à l'avance, il est le maître d'asseoir ses exploitations dans une étendue qui comprend la valeur de 30 coupes. On sent déjà que pour faire marcher ce système, il faut des agens fort instruits & capables de se guider par l'inspection des bois compris dans la période ou division à exploiter en 30 ans. Une autre difficulté s'attache à ces grandes divisions; c'est qu'il est difficile de vérifier si l'officier forestier, pendant qu'il exploite une période, ne fait point couper plus de bois que l'*aménagement* ne l'a prescrit; difficulté qui est d'autant plus grande en France, que nous n'exploitons point par nous-mêmes comme en Allemagne, & que nous ne connoissons pas toujours les quantités de bois que les adjudicataires retirent de leurs exploitations.

La commission d'*aménagement* des départemens de la rive gauche, ayant senti ces inconvéniens & la nécessité de créer une méthode plus analogue à nos institutions & à l'organisation des forêts en France, avoit basé ses opérations, dans les futaies, sur une division *décennale*; c'est-à-dire, qu'elle avoit arrêté que chaque exploitation, soit extraction de bois dépérissant, soit coupe de réensemencement, soit coupe secondaire, qui se feroit pendant une période de 10 ans, seroit désignée & marquée sur la carte figurative du triage; que l'étendue de chacune de ces exploitations seroit portée dans l'état général de l'*aménagement* de chaque triage, & que les produits figureroient dans les colonnes respectives de la période *décennale* pendant laquelle ces coupes auroient lieu.

Nul doute que cette division par décennies ne soit en France préférable à celle de 30 ans.

§. II. *Des opérations qui précèdent celles de l'aménagement.*

L'*aménagement* des forêts doit être précédé de

(1) J'emploie ce mot, ainsi que celui d'*exploitable*, parce que nous n'en avons point d'autres pour désigner l'état d'une forêt qui, eu égard aux circonstances locales, & non à la maturité du bois, est arrivée à l'âge qui en doit déterminer l'exploitation.

leur abornement & arpentage; c'est par le plan géométrique & par les détails renfermés dans le procès-verbal d'arpentage que l'on parvient à connoître les lieux. Il est important que l'arpenteur ait des connoissances forestières & puisse aider le forestier par ses observations, de même qu'il est nécessaire que le forestier ne soit pas étranger aux connoissances de la géométrie. Ces deux officiers pourront alors travailler de concert & se rectifier mutuellement.

Lorsque les limites de la forêt sont fixées & qu'on en connoît la contenance, l'officier forestier, chargé de l'*aménagement*, doit y faire une visite générale, en se faisant accompagner de l'arpenteur. Il examinera dans cette visite l'âge & la nature du bois, la qualité du terrain, le climat, l'exposition, & en général l'état dans lequel se trouve la forêt, & les améliorations qu'elle réclame. La qualité du terrain se juge par la nature des substances qui le composent, par leur état de mélange, par sa profondeur, & surtout par l'état de la végétation des arbres qui y croissent. Il y a plusieurs sortes de climats; le climat géographique & le climat local. Ce dernier, qui varie d'un lieu à l'autre, d'un canton à un canton voisin, dépend de circonstances locales, telles que la situation plus ou moins élevée du terrain du voisinage des eaux, des courans d'air, &c. Ces deux sortes de climats doivent être soigneusement constatées & prises en considération. L'exposition marque son influence sur la croissance des arbres d'une manière non moins sensible que le climat & la nature du sol.

On pourra déjà, dans le cours de cette opération, déterminer d'une manière générale l'exploitation future de chaque district, & indiquer au géomètre les divisions principales & les sous-divisions.

Une fois que la visite préliminaire dans une forêt a été faite, & qu'on a examiné toutes les circonstances dont nous avons parlé, reconnu les cantons bons à être exploités, ceux qui sont composés de bois encore trop jeunes, les qualités de bois recherchées par les consommateurs, les débouchés & moyens de débit ou de transport, &c., on pourra déterminer quelles sont les parties de la forêt à exploiter, soit en taillis, soit en futaies. On procédera ensuite à la délimitation des districts.

§. III. *Des districts, divisions & sous-divisions.*

Pour saisir d'un coup d'œil, dit M. Lintz, les parties dont une forêt est composée, pour rapprocher les divers objets que nous y rencontrons & faciliter la distribution périodique des produits; enfin, pour éviter des longueurs dans les descriptions, on divise les forêts en *districts*, *divisions* & *sous-divisions*, désignés sur la carte. Cette classification ne doit pas être faite au hasard; il faut, au contraire, qu'elle soit faite avec discernement & qu'elle remplisse le double objet, 1°. d'être régulière autant que possible ; 2°. de renfermer dans un même district ou dans une même division des parties semblables. Observons cependant que plus elle sera régulière, moins les parties encadrées seront homogènes; que souvent la première de ces considérations doit céder à la seconde. Il est vrai que rien n'est plus simple ni plus séduisant que l'emploi des lignes droites dans une division de forêt; l'utilité de ces belles percées a été démontrée; mais il convient quelquefois de les négliger, principalement pour les forêts montueuses, où la séparation des districts par des lignes droites ne seroit pas toujours sans de graves inconvéniens. Là où la circonstance varie à chaque pas, ainsi que le mode d'exploitation, on fera bien de baser la division d'une forêt sur celle tracée par la nature même; il vaut mieux voir quelques difformités dans le dessin, que d'augmenter les sous-divisions dont l'accumulation prouve presque toujours, ou le défaut ou le désordre d'un *aménagement* tracé dans le cabinet, sans avoir consulté ni la nature ni le terrain. Tout ce qui vient d'être dit a peu de rapport avec les taillis, dont la division se fait facilement & presque toujours par des parallèles qui se coupent à angle droit.

On aura soin de comprendre, autant possible, dans chacun des districts, des bois de même nature & de même *consistance*, c'est-à-dire, de même venue & également serrés. Cependant comme il y a des cas où cela seroit, sinon impossible, du moins désavantageux, on les compose quelquefois de deux, trois & de plusieurs divisions qui seront différemment traitées. L'une, par exemple, de ces divisions pourra être un bois résineux & l'autre un bois à feuilles; la 1re. pourra être un taillis & la 2e. une partie de futaie, &c., c'est-à-dire, que les différentes divisions dans lesquelles un district se partage, ne sont jamais comprises dans la même exploitation. En cela elles diffèrent essentiellement des sous-divisions, qui, quant à la consistance, peuvent être fort différentes entre elles, dans le moment où se font les opérations; mais qui doivent être amenées au même point au bout d'un certain temps limité, & à la fin de la révolution de la forêt. Pour mieux faire sentir la différence qu'il y a entre les *divisions* & les *sous-divisions*, M. Lintz compare les premières aux espèces dont le type est invariable, & les dernières aux variétés, qui disparoissent & finissent par se confondre.

Le tableau A indique les districts, divisions & sous-divisions d'une forêt; les districts sont marqués par des chiffres, les divisions par les lettres majuscules initiales de l'alphabet, & les sous-divisions par des petites lettres. Un état semblable est nécessaire au taxateur (estimateur) pour confectionner la description d'une forêt.

§. IV. *De la division des taillis en coupes réglées.*

Nous avons vu que la division en coupes annuelles des futaies dont le repeuplement se fait par le réensemencement naturel, ne seroit d'aucune utilité, & que celle par exploitation décennale doit lui être préférée.

Il n'en est pas de même dans les taillis; au contraire, la division en coupe annuelle leur convient très-bien, si toutefois leur étendue est assez considérable pour qu'on puisse y faire une vente chaque année.

Plusieurs auteurs qui tiennent beaucoup à égaliser les produits annuels, règlent cette division d'après la qualité du sol. Cette mesure peut être nécessaire dans un petit pays, où l'emploi de chaque ressource est calculé avec une précision qui seroit minutieuse dans un grand Etat. On n'entrevoit pas d'ailleurs le but d'une telle précaution dans une forêt dont une partie est en nature de futaie & l'autre en nature de taillis; car, en supposant que dans une année le produit des taillis soit de la moitié plus foible que celui de l'année suivante, rien n'empêchera, dans ce cas, de renforcer le produit du taillis par une plus forte exploitation de la futaie. Le contraire auroit lieu l'année suivante.

§. V. *De l'accroissement des bois d'une forêt, & de la nécessité de les constater.*

Le moment où il conviendra d'abattre une forêt ne peut être trouvé, ni le produit de sa révolution déterminé, si l'accroissement des bois dans les différentes époques de leur vie, n'est pas connu. Il est donc nécessaire, avant de fixer le terme de la maturité des futaies & des taillis, & avant de faire un état des produits des districts, de s'occuper de cet objet important, & de constater à différentes époques de la vie végétale, la force de l'accroissement.

Veut-on savoir, par exemple, à quel âge une jeune futaie de 60 ans sera exploitable, & quel sera son produit au bout de la révolution donnée? On voit d'abord que cette double connoissance ne peut être basée que sur son analogie avec une forêt semblable, parvenue au moment de son exploitation & dont le produit est connu; & que, par conséquent, il est indispensable que les agens chargés de cette opération apportent beaucoup de soins à établir une comparaison entre des districts différens en âge, mais soumis aux mêmes influences locales & portant l'empreinte du même caractère.

Des tables d'expérience, dans lesquelles on aura porté le produit de plusieurs exploitations, avec des observations sur la consistance, le sol, &c. de la partie de forêt exploitée, seront à cet égard de la plus grande utilité; elles soulagent beaucoup le travail de l'esprit.

On sait bien que ces sortes de calculs, qui reposent sur des suppositions plus ou moins exactes, n'approchent jamais de la précision mathématique; mais on sait aussi qu'on s'écartera d'autant moins de la vérité, que les parties qu'on comparera entre elles, seront plus homogènes. C'est à la sagacité & à l'expérience du forestier, qu'il appartient d'établir de pareilles analogies.

Le calcul de l'accroissement des bois *exploitables*, n'est pas à beaucoup près assujetti aux mêmes difficultés: les couches concentriques & annuelles d'un arbre parvenu à un certain âge, sont si marquées, les augmentations en volume si visibles, & l'espace de temps sur lequel il s'agit de juger si bien déterminé, qu'on peut compter sur l'exactitude desirable dans les résultats.

Rien, en effet, n'est plus facile que de parvenir à la connoissance parfaite des accroissemens périodiques d'un arbre, depuis son âge adulte jusqu'à sa décrépitude. C'est principalement sur les expériences & observations faites sur l'accroissement d'un bois parvenu à un certain dégré de maturité, que nous sommes obligés de baser les calculs des produits en bois des exploitations.

Toute recherche faite antérieurement à cette époque, quelque savante que soit l'hypothèse sur laquelle elle s'appuie, peut être illusoire; qu'on ait compté les plants ou les perches d'un jeune bois; que leur hauteur, leur grosseur nous soient parfaitement connues; il ne nous sera certainement pas permis d'établir un calcul sur ces foibles indices; car, n'avons-nous pas l'expérience que les jeunes bois d'un fonds très-riche ne sont ordinairement pas aussi peuplés vers l'âge de 30 à 40 ans, que d'autres parties de forêt d'un sol moins bon, & ne voyons-nous pas souvent qu'une jeune futaie de la plus belle venue trompe nos espérances dans un âge plus avancé? Des phénomènes semblables se passent tous les jours sous nos yeux, & nous apprennent qu'on ne peut jamais être trop circonspect ou trop sévère dans le choix & l'usage de ces sortes d'observations. L'expérience & l'inspection de l'ensemble, c'est-à-dire, de tout ce qui peut influer sur la prospérité d'une forêt, nous paroissent donc des garans plus sûrs de l'exactitude des résultats, que ces calculs purement hypothétiques.

§. VI. *De l'exploitabilité d'une forêt & de la révolution à déterminer.*

Un des objets les plus importans dont s'occupe l'*aménagement* des forêts, c'est la durée de leurs révolutions. Il y a autant de danger à en précipiter l'époque, qu'il y en a à la trop reculer.

L'exploitabilité des bois dépend de leur maturité & de leur accroissement; la révolution doit se régler d'après le même principe; cependant, des circonstances particulières donnent quelquefois lieu à une modification indispensable.

La futaie est parvenue à sa maturité, lorsqu'elle est en état de se repeupler par le réensemencement naturel; le taillis est toujours exploitable, en ne confidérant que la maturité, pourvu que le repeuplement par les rejets & par les racines soit assuré.

Le plus fort accroissement d'une futaie n'a jamais lieu avant l'âge de la fécondité, de manière que ces deux principes, qui constituent son exploitabilité, ne se font jamais opposition.

Il n'en est pas de même des bois taillis; il y en a qui sont placés dans un fonds riche, & qu'on pourroit laisser sur pied jusqu'à l'âge de 50 à 60 ans, si on ne devoit pas présumer avec raison que leur repeuplement souffriroit beaucoup de ce retard; il est donc plus sage, en ce dernier cas, de faire un petit sacrifice en produit pour assurer la reproduction & l'intérêt permanent de la forêt.

On peut donc dire que l'exploitabilité d'une forêt, se détermine par le *maximum* des produits consécutifs de plusieurs révolutions.

Mais on s'aperçoit que la connoissance du *maximum* des produits ne peut être acquise, sans posséder celle de l'accroissement; que par conséquent il importe beaucoup de connoître, avant de déterminer l'exploitabilité, l'âge où la force végétative se prononce le plus vigoureusement, de comparer les produits respectifs de la même forêt, exploitée en différentes époques, & de fixer ainsi l'âge auquel la forêt peut & doit être exploitée, afin de réunir le plus d'avantages, tant pour les propriétaires actuels que pour ceux qui leur succéderont.

Observons encore que l'époque de l'exploitabilité d'une forêt, qui nous promet le *maximum* des produits en bois, n'est pas toujours celle du *maximum* en argent. Le particulier, qui ne considère pas sa forêt dans ses rapports avec l'utilité publique, mais qui la regarde, au contraire, comme un objet de commerce, ne la traitera pas d'après les mêmes principes que le Gouvernement, qui ne s'arrête pas à ces idées mercantiles, & qui s'occupe de conserver aux générations futures le dépôt qui lui a été légué.

§. VII. *De la description des districts & de l'estimation de leurs produits présens & futurs.*

La division d'une forêt en districts, divisions & sous-divisions, & les expériences sur l'accroissement étant faites, & la révolution de la futaie & du taillis déterminée, on procède à la description des districts, en s'occupant en même temps de l'état des produits qui doit l'accompagner.

L'état des produits d'un district, sans la description qui doit renfermer toutes les notes & observations qui peuvent intéresser l'économie forestière, ne seroit intelligible que pour celui qui l'auroit fait, & la *description* d'un district, sans l'état des produits, ne rempliroit pas l'objet qu'on se propose de faire connoître, c'est-à-dire, les ressources auxquelles on peut prétendre, & ne mettroit pas à même d'établir une balance entre les produits de chaque décennie de la révolution.

Le premier tableau ci-après est celui qui avoit été adopté dans les forêts de la rive gauche du Rhin pour modèle des descriptions des districts. Ces descriptions doivent être aussi briéves que possible, & ne comprendre que les caractères principaux de la forêt.

Le mode d'exploitation d'une forêt se règle suivant la révolution & les principes de culture adoptés: l'estimation des bois sur pied, combinée avec les lois de l'accroissement, sert de base à la recherche des produits des differentes exploitations.

Divers moyens s'emploient pour parvenir à une connoissance exacte de la consistance & du produit actuel des forêts.

L'estimation des bois, au moyen des *arpens d'essais*, est employée avec avantage, tandis que quelquefois, surtout dans les parties de forêts uniformes, le comptage & l'estimation par classes lui est préféré.

L'estimation par pied d'arbres n'est préférable que dans certains cas, & lorsque les deux premières méthodes ne peuvent être appliquées.

Plusieurs taxateurs (estimateurs) se servent de ce dernier moyen pour faire une estimation de la réserve définitive des jeunes futaies. M. Lintz dit qu'il n'entrevoit pas la nécessité ni le but de cette opération, qui ne contribue en rien à l'évaluation des exploitations futures, dont le produit est basé sur la consistance plus ou moins pleine & l'accroissement plus ou moins rapide des jeunes bois.

Il ajoute que l'expérience qu'il a acquise dans ce travail, lui a prouvé que, si d'un côté il est indispensable qu'on s'étaye des principes d'une saine théorie, il ne faut pas non plus s'en rendre esclave.

Ainsi, en apportant aux opérations de l'*aménagement* tous les soins & la précision qui doivent les caractériser, il ne s'agit pas de vouloir suivre à la lettre tous les procédés recommandés par tel ou tel auteur: ce seroit souvent perdre le temps en minuties dont l'application ne rendroit le travail ni plus parfait, ni plus intéressant; car ce qui, dans une forêt, paroît mériter une attention particulière, n'est d'aucune utilité dans telle autre.

La théorie s'occupe à donner des principes généraux qui embrassent tous les cas qui peuvent se présenter dans la pratique; mais ce seroit se donner beaucoup de peine pour rien, que de recourir à des moyens compliqués, lorsqu'un jugement sain & un certain tact acquis par l'expérience y peuvent suppléer.

§. VIII. *De l'état général de l'aménagement des forêts.*

Lorsque la description d'un triage ou d'une forêt est faite, on réunit les différens états des produits particuliers pour en composer l'état général.

Avant de faire ce travail, purement mécanique, on fera bien de faire les totaux des produits de chaque décennie, & de les comparer entr'eux; car nous savons que *la succession constante des produits* est une des premières obligations de l'*aménagement*; qui doit toujours être rempli, si toutefois le produit total de la forêt n'est pas diminué par cette répartition uniforme dans les époques successives de la révolution.

Supposant que, d'après l'exploitabilité d'une futaie réglée à 120 ans, la coupe de réensemencement d'un district quelconque dût être assise dans la sixième décennie; supposant encore qu'il fût vrai, d'après le résumé des produits, que la sixième décennie donnera 20,000 stères, & la septième 12,000, & que le produit de l'exploitation du district dont s'agit, s'élève à 3000 stères, pendant la sixième décennie; alors il n'y aura aucun inconvénient de reculer cette exploitation de quelques années, si toutefois la consistance ou d'autres raisons importantes ne s'opposent pas à cet ajournement. On aura, par ce moyen, sans porter préjudice à l'intérêt de la forêt, rapproché les produits des deux décennies.

Les extractions des bois dépérissans donnent à cet égard de grandes facilités.

Souvent il importe peu que ces nettoiemens soient faits 10 ans plus tôt ou plus tard qu'on l'avoit d'abord fixé, de sorte qu'on est alors libre de renforcer les décennies foibles par le transport de ces exploitations des décennies plus fortes.

Mais on aura l'attention de ne jamais faire un changement semblable lorsqu'il pourroit pécher contre les principes & devenir désavantageux à la forêt; car alors il vaut infiniment mieux que la répartition des produits soit inégale, qu'une partie de forêt soit coupée avant sa maturité ou réservée jusqu'à sa décrépitude.

Le lecteur qui voudra se donner la peine d'examiner les tableaux ci-après, sera à même de juger, en comparant l'état d'*aménagement* avec la description, comment on s'acquitte de la double obligation de ne pas s'écarter des principes de l'exploitabilité, sans nuire ou déroger à la succession constante des produits.

Il est difficile d'atteindre ce double but dans une forêt qui a été autrefois irrégulièrement traitée, & il est presqu'impossible de parfaitement remplir l'une de ces deux conditions, sans porter quelqu'atteinte à l'autre.

§. IX. *Des moyens d'assurer l'exécution des travaux de l'aménagement.*

L'*aménagement* d'une forêt, quelque parfait & achevé qu'il puisse être, ne sera pas cependant couronné de tout le succès qu'on a le droit d'en attendre, si les conditions suivantes ne sont pas remplies.

1°. Les forêts aménagées doivent être traitées suivant les principes établis dans les descriptions, & être exploitées aux époques indiquées dans les états d'*aménagement*.

2°. Les améliorations proposées & arrêtées par l'administration générale des forêts, doivent être ponctuellement exécutées à l'époque indiquée dans l'état d'amélioration.

3°. Une vérification sera faite, au moins tous les dix ans, à l'effet de s'assurer de la conformité des cahiers avec l'état des forêts.

Quant au 1er. article concernant la stricte exécution des principes établis par l'*aménagement*, il est aisé de voir qu'elle repose entièrement sur le zèle & l'intelligence des agens locaux; il est donc essentiel que ceux-ci soient non-seulement des hommes entièrement dévoués à leur état, mais encore qu'ils aient les connoissances requises, pour remplir les obligations qui leur sont imposées.

Il est également certain que le produit de plusieurs districts n'approchera pas de celui qui figure sur les états, si les améliorations ne sont pas faites, ou même si elles le sont trop tard.

C'est donc un devoir des agens locaux de fixer en temps utile l'attention des chefs supérieurs sur cet objet.

Quant à la vérification à faire de temps en temps dans les parties de bois exploitées, elle aura essentiellement pour objet de constater si ces districts ont été traités d'après les principes adoptés, si les produits estimatifs des états coïncident avec ceux des exploitations, & enfin, si aucune anticipation n'a été faite sur le produit réel de la forêt. Il seroit très-avantageux que les employés forestiers, chacun en ce qui concerne son arrondissement, fussent tenus d'inscrire, dans un registre particulier, des notes sur l'exploitation des ventes annuelles, en faisant mention de leur étendue & des produits qui en proviennent, des améliorations faites, & en général de tout ce qui peut se rapporter à la mission de l'agent vérificateur, & de l'éclairer dans ses recherches.

M. Lintz proposoit, pour assurer l'exécution des travaux de l'*aménagement*, de nommer des agens dans chaque conservation où l'*aménagement* des forêts auroit eu lieu, pour y exercer une surveillance permanente, faire de temps en temps la vérification dont il parle, & de rabaisser ou rehausser, suivant les circonstances, la quantité de bois à exploiter annuellement. Mais ces fonctions entrent dans les attributions des inspecteurs-généraux.

CHAPITRE II.

Application des principes ci-dessus.

M. Lintz a donné pour exemple l'application des principes qui viennent d'être rappelés, l'*aménagement* qu'il avoit exécuté dans la forêt de Kirkel, qui faisoit partie de l'inspection de Sarrebruck, département de la Sarre. Nous en extrairons quelques

ques tableaux, avec les détails qui en font connoître les objets.

§. Ier. *Observations générales sur la situation, les limites et l'étendue de la forêt de Kirkel.*

La forêt de Kirkel, divisée en 14 districts, est située sur le ban des communes de Kirkel & de Bierbach.

Les n°s. 1, 2, 3, 4 & 5, la plus grande partie du n°. 11 & les n°s. 12, 13 & 14 sont enclavés dans le ban de la première commune, & les n°s. 6, 7, 8, 9, 10 & une partie du n°. 11, dans celui de la dernière.

Les limites sont; savoir :

Au nord, les terres des communes de Limbach & de Woerschweiler;

A l'est, des terres de la commune de Bierbach;

Au sud, la forêt domaniale de Bierbach;

A l'ouest, des terres des communes de Kirkel, Neuhaeusel & de Limbach.

Cette forêt contient 666 hectares 52 ares 86 centiares. Presque tous les districts qui la composent sont très-montueux & occupent une position élevée.

§. II. *Sur l'état & la consistance de ce triage en général.*

Jusqu'à présent ce triage entier, provenant du duc de Deux-Ponts, a été traité en futaie. La médiocrité du sol & de la consistance de plusieurs districts nous a conduit à faire un changement dans ce mode de culture, & j'ai proposé d'en exploiter une partie comme taillis & d'ensemencer une autre en graine de pins.

La grande quantité de gibier de tout genre qui se nourrissoit autrefois dans cette forêt, étoit la cause principale de sa dégradation.

Aucune coupe réglée n'a pu y être faite; les suites du furetage, dont l'application étoit ici en vogue, sont trop connues pour ne pas s'apercevoir que ce triage n'est pas, à beaucoup près, dans le meilleur état.

Il n'y existe pas un seul district exploité dans ce temps, qui ne soit peuplé de bois venus en différentes époques; cependant la consistance de ces bois y est assez forte, & la plus grande partie de la forêt offre encore un vieux massif duquel pourra renaître un jour une belle futaie, dont sans doute le produit sera plus fort du double que celui des exploitations actuelles.

L'essence dominante dans ce triage est le hêtre; le chêne & le charme y sont plus ou moins mêlés.

§. III. *Des plantes forestières qu'on trouve dans ce triage.*

En jetant un coup d'œil sur cette forêt, en remarquant qu'aux changemens fréquens de l'exposition des districts, elle réunit la diversité de la position, quelquefois basse, plus souvent élevée, tantôt en plaine, tantôt montagneuse; en observant que le sol même admet des variétés infinies pour sa qualité, on est tenté de croire que la *Flore forestière* de cette forêt est très-riche. Cependant, si on fait des recherches sur cet objet, on est surpris de s'apercevoir que, non-seulement la plupart des arbustes ordinaires, tels que le néflier, l'amelanchier, le genêt épineux & celui des teinturiers, l'épine-vinette, le fusain, le bourguépine, &c., ne s'y trouvent pas, mais encore qu'une quantité d'arbres très-communs dans les autres forêts, comme le tilleul, les érables, l'orme, le frêne, l'alisier blanc & torminal, y manquent.

Il est vrai que le sol (qui en général a le sable pour terre dominante), quoiqu'il varie souvent pour la qualité, est néanmoins toujours le même quant à la nature des principes constituans.

Je suis loin cependant, dit M. Lintz, de vouloir en conclure que cette nature constante du sol soit la cause unique de cette disette en essences forestières; mais il seroit possible qu'elle y eût contribué.

Deux espèces de bois assez communes dans les parties marécageuses du triage de Limbach se rencontrent aussi dans cette forêt, mais plus rarement : c'est le *betula tomentosa* & le *vaccinium uliginosum* de Linné. Ces deux essences sont assez rares dans les autres forêts de la 28e. conservation; c'est pourquoi j'en fais ici mention.

§. IV. *Du terrain de la forêt, des mines & carrières.*

Le sable est la terre dominante dans tous les districts de ce triage; il est plus ou moins allié de terre glaise, mais jamais en assez grande quantité pour pouvoir le nommer *sable gras*. Souvent on voit la roche de sable à jour, sans être couverte d'une couche de terre végétale : tel est l'état du sol des divisions B des n°s. 8 & 14; il est au contraire fort bon dans une grande partie du n°. 1 & dans les n°s. 9, 10 & 11.

Le sol, qui est en général très-montueux, présente le tableau d'une infinité de collines & de côtes, souvent très-rapides, coupées par des vallons très-profonds. Il est hérissé, sur plusieurs points, de rochers immenses, & partage les inconvéniens & les avantages des forêts placées dans un fonds de cette nature. Des veines de terre excellente alternent avec d'autres terrains impropres à la culture des bois, & à côté des sous-bois on voit des arbres superbes qui s'élèvent fort haut. Plusieurs districts ont été arrêtés dans leur végétation par l'enlèvement continuel des feuilles qui auroient amendé le sol.

Une surveillance sévère, pour prévenir cet abus, produira le meilleur effet.

Aucune mine n'a été exploitée jusqu'à présent dans ce triage; plusieurs districts fournissent un grès de bon grain, propre à la bâtisse.

§. V. *Du climat, des ouragans, givres & gelées.*

Le climat de cette forêt est en général froid, surtout dans les six premiers numéros, qui s'étendent sur une hauteur assez élevée. Les n°s. 3, 4 & 12, jusqu'à présent, ont souffert le plus par la neige & les vents.

Les gelées sont le plus à craindre dans le n°. 11 & dans la partie basse du n°. 5; elles viennent de détruire pendant deux années consécutives les jeunes plants de chêne & de hêtre : c'est pendant le mois de mai que la forêt a essuyé cette perte.

Le moyen d'obvier à ce dégât, c'est de creuser des fossés, qui serviront à mettre le terrain à sec.

§. VI. *Prix des bois & débouchés.*

Le prix actuel du stère de bois de hêtre, dans ce triage, est de 2 francs 50 centimes environ. Il est cependant à présumer que dans peu d'années il augmentera du double. Le débit le plus considérable s'en fait à Deux-Ponts ou aux environs de cette ville.

Les bois de construction sont recherchés de plus loin.

Les arbres de marine, dont cette forêt a fourni une quantité assez considérable, sont transportés au dépôt de Sarrebruck.

Les plus beaux hêtres sont réservés & fendus par quartiers, pour en faire des sabots & des pelles, qui sont transportés dans l'intérieur de la France & à l'étranger.

§. VII. *Espérance en bois de marine.*

Quoique le hêtre soit l'essence dominante dans cette forêt, le chêne cependant y est également abondant, & acquiert dans presque tous les districts de belles dimensions; aussi tous les districts qui vont être exploités successivement, offrent des ressources dans ce genre.

La division A, du n°. 1, est particulièrement peuplée en beaux chênes, & les anciennes réserves dans les n°s. 9, 10 & 11, prouvent que cette essence s'y plaît fort bien.

Les arbres venus dans ce terrain sont très-estimés, par les qualités supérieures qui les font préférer à ceux qui croissent dans les forêts voisines.

§. VIII. *Délits qui se commettent dans cette forêt.*

Cette forêt est très-exposée au vol. Plusieurs villages & fermes qui sont à sa proximité, doivent être retenus dans leurs entreprises par une exacte surveillance : tels sont les villages de Kirkel & de Limbach; qui sont très-dangereux, le premier pour le n°. 14, & le dernier pour les n°s. 1, 3 & 4; les n°s. 6 & 7 exigent, pour ainsi dire, la présence permanente du garde, à cause de la proximité des fermes dites *Schwarzenacker*, *Ober* & *Unter-Woerschweiler*, *Guttenbrunnen*, *Glashutter*, des villages nommés *Boeden* & *Einoed*, & du passage sur la grande route de Paris à Mayence.

L'exercice de quelques droits d'usage dont jouissent plusieurs communes & fermes, nécessite que le garde forestier redouble d'activité.

Nous observons cependant ici qu'il seroit très-avantageux pour cette forêt qu'il existât une maison forestière dans son enceinte.

En effet, tous les villages qui pourroient servir à la résidence du forestier sont situés à une des extrémités des bois confiés à sa garde, & au bas du mont sur lequel ils s'étendent. Il est aisé de se convaincre combien cet éloignement est nuisible, & de quelle utilité seroit au contraire, pour la conservation de la forêt, la demeure du garde dans son centre.

C'est dans la vue de procurer à cette forêt, moyennant une dépense modique, des avantages réels & importans, que nous proposons à l'administration générale des forêts de vouloir bien consentir à ce qu'une maison forestière y soit construite. Le lieu propre à cet établissement seroit le n°. 11, district dit *Tiefenthal*, parce que sortant de ce point, situé sur la hauteur, & au milieu de la forêt, la surveillance seroit aussi facile alors qu'elle est pénible dans ce moment.

§. IX. *Droits d'usage exercés dans cette forêt.*

Les cinq triages de Neuhaeusel, Limbach, Kirkel, Bierbach & Rohrbach, n'en composoient qu'un seul sous le gouvernement du prince de Deux-Ponts.

Cette masse de forêt, connue sous le nom de *forêt de Kirkel*, étoit surveillée par un garde forestier chef, qui avoit plusieurs aides-gardes sous ses ordres.

Les droits d'usage qui pèsent sur cette forêt sont exercés par les communes ci-après.....

Ici on donne successivement les noms des communes usagères, en faisant connoître les titres & les décisions en vertu desquels elles jouissent.

§. X. *Exploitabilité de cette forêt, & principes de culture d'après lesquels elle sera traitée.*

La révolution de la futaie a été fixée à 120 ans & celle du taillis à 40. La futaie s'exploitera par les coupes de réensemencement, d'éclaircissement & définitive, précédées, quand il sera jugé nécessaire, par les extractions de bois dépérissans : il est démontré qu'en négligeant ces dernières, la futaie ne parvient pas au degré de perfection qu'on peut en attendre.

Considérant que l'accroissement lent de cette forêt pendant les quarante premières années, exige que les jeunes bois soient élevés dans un état trèsferré, & que le produit peu considérable que donneroit un nettoiement anticipé ne compenseroit pas les soins & le travail minutieux d'une telle opération, nous avons jugé convenable de proposer cette extraction vers l'âge de 60 ans.

Les coupes de réensemencement seront dirigées, autant que les circonstances locales le permettront, de l'est à l'ouest.

L'expérience ayant prouvé que dans cette forêt on peut compter, tous les six à sept ans, sur un repeuplement assez complet, nous avons adopté pour base de la répartition des coupes secondaires, que les coupes d'éclaircissement & celles définitives seront exploitées dans la décennie suivante, après la coupe de réensemencement.

En nous réglant d'après le comptage fait dans les jeunes bois de 50 à 60 ans, nous avons fixé le nombre des jeunes arbres à conserver après l'extraction à 1200 & jusqu'à 1400 pieds par hectare; 500 à 600 arbres seront réservés après la deuxième extraction à faire dans les parties peuplées en pins.

Les coupes de réensemencement les plus régulièrement exploitées nous ont servi de modèle pour régler la réserve nécessaire au repeuplement naturel. Elle sera composée de 180 arbres, à réduire cependant à 160, & à moins dans les districts qui seront exploités dans un âge plus avancé que 120 ans, & dans le cas qu'elle se compose principalement d'arbres anciens & modernes.

Le succès d'un repeuplement dépend essentiellement du choix des arbres réservés, qui doivent être d'une constitution propre à porter beaucoup de graines.

La coupe d'éclaircissement ne doit, dans aucun cas, enlever que les arbres entourés d'un beau recru des essences de hêtre & de chêne.

La réserve définitive par hectare sera composée de douze à quinze arbres de l'âge de 120 ans.

Ce nombre nous paroît réunir le double avantage de ne pas fatiguer les jeunes coupes d'un ombrage trop épais, & de fournir en même temps des gros bois d'une forte dimension.

Nous observons que cette dernière réserve, destinée à survivre jusque vers la fin de la seconde révolution, sera choisie parmi les arbres les plus sains, qui ne doivent être ni trop forts & à tiges trop longues, ni avoir la couronne trop rameuse: dans le premier cas, on risque de les voir renversés par les vents, & dans le dernier, ils retardent, comme il a été dit, la végétation.

Dans cette forêt, le chêne sera toujours préféré au hêtre pour la réserve, & cela pour les raisons suivantes:

1°. Parce que cette première essence y acquiert une hauteur considérable, & que son bois est d'un tissu fort & serré, & d'une excellente qualité;

2°. Pour nous ménager des ressources pour la marine;

3°. Parce que cette essence gêne moins la jeune futaie que celle de hêtre.

Il est à desirer que les coupes secondaires se fassent en deux exploitations, savoir, par la coupe d'éclaircissement & par celle définitive. La belle venue de la jeune futaie dépend surtout de la bonne exploitation des coupes secondaires, en hâtant le plus que l'on pourra la vidange, qui doit toujours être terminée vers la fin du mois d'avril. L'état déplorable dans lequel nous voyons souvent des districts assez considérables, ne peut être attribué qu'à l'omission de l'une ou de l'autre de ces deux précautions.

Il est donc urgent que la coupe de réensemencement soit faite avec la plus grande attention pour assurer la réussite d'un bon repeuplement, & que les coupes secondaires soient dirigées avec la même attention pour pouvoir se promettre une belle futaie.

La conservation & la prospérité de nos forêts dépendent essentiellement des soins assidus & de l'expérience éclairée des agens locaux.

Il y a des cas que l'on ne peut prévoir, & c'est là que la sagacité & le zèle de l'agent local doivent se faire remarquer.

Dans certaines circonstances & époques, le parcours des porcs est nécessaire, & dans d'autres nuisible.

L'enlèvement des feuilles mortes sera entièrement prohibé, au moins pendant une dixaine d'années, dans les n°s. 1, 2, 3, 4, 5 & 13, & dans la division B du n°. 14. L'entrée des bêtes à cornes sera défendue quelques années avant l'assiette des coupes de réensemencement. La jeune futaie ne sera déclarée défensable avant qu'elle n'ait au moins 40 ans, & le taillis ne le sera point avant l'âge de 10 ans.

Les bois de taillis seront toujours coupés rez de terre, & leur exploitation ne commencera point avant le mois de mars.

§. XI. *Suite des exploitations.*

La grande faute qui a été faite dans l'exploitation de cette forêt est d'avoir placé, il y a quinze ans, l'assiette d'une coupe dans le n°. 11.

Ce district, qui fut peuplé de bois superbes, comme l'on peut s'en convaincre encore par les bois réservés, n'auroit pas dû être entamé avant les n°s. 6 & 7, qui sont mal fournis & les plus avancés en âge.

C'est aussi par ces derniers que commencera la série des coupes qui se suivront, d'après l'âge des bois & d'après le terme d'exploitabilité adopté.

Il est un principe forestier bien établi, c'est celui de diriger les exploitations de manière à entamer successivement les districts voisins.

Nous n'avons pas perdu de vue cette règle, & nous ne nous en sommes écartés que lorsque son application auroit donné lieu à des pertes trop considérables.

Les coupes de réensemencement & définitives dans les parties à repeupler en pins pendant la première décennie, se feront avant ou après la onzième ou la douzième décennie, époque pendant laquelle les coupes de cette nature s'exploiteront dans le triage voisin, dit *Bierbach.*

Il nous a paru avantageux de ne pas accumuler les produits des bois résineux de ces deux triages au même moment.

Nous avons par conséquent réparti les extractions de manière que les coupes des parties qui sont en bon sol soient faites après les deux dernières décennies de la révolution de 120 ans, & celles des autres, dont le sol est mauvais, avant ce temps.

Telles sont les observations que nous avons cru devoir placer avant la description particulière des districts. D'autres remarques, qui ne se rapportent qu'à une ou à quelques parties de cette forêt, trouveront leur place dans cette dernière, qui renferme tous les détails qui nous ont paru assez intéressans pour y être insérés.

§. XII. *Description particulière des districts.*

N°. 1. HOHEKOPF.

Ce district est limité, au nord, par le n°. 3, à l'est, par le n°. 2, au sud, par le n°. 13, & à l'ouest, par les champs.

	h.	a.	c.
La contenance de ce district est de	41	86	66
dont chemins.	»	88	00
sol forestier	40	98	66

Il se partage en deux divisions, A & B, dont la première sera traitée en futaie de hêtre, & la deuxième en futaie de pins.

Division A *du n°.* 1.

Les limites de cette division sont, au nord, à l'est & à l'ouest, les mêmes que celles du district entier; au sud, elle touche à la division B.

	h.	a.	c.
Cette division contient.	36	60	66
dont chemins.	»	68	00
sol forestier.	35	92	66

Cette division, qui a une position très-élevée, s'étend sur une tête de montagne qui a une forme conique, & dont la pente principale va vers le sud-ouest.

Le sol est en partie bon & en partie médiocre; il est composé de sable, de terre végétale & d'un peu de terre glaise.

Celui des districts suivans est composé des mêmes élémens, quoiqu'il diffère souvent, tant pour la profondeur que pour le mélange.

Cette division est une futaie de hêtres & de chênes en nombre égal, qui ont différens âges. Nous regardons 100 ans comme terme moyen.

Ce désordre, qui se retrouve dans presque tous les districts de cette forêt, provient du mauvais système qu'on avoit adopté autrefois pour l'exploitation de ce triage, livré pendant une longue série d'années aux dévastations du furetage & d'un jardinage déréglé.

La consistance de ce district est assez bonne, & l'accroissement des bois y est rapide.

La sous-division (A), qui contient 2 hectares 16 centiares, doit être mise en rapport forestier pendant la quatrième décennie, lors de la coupe de réensemencement de la division entière.

La sous-division (B), qui contient 4 hectares 30 ares, non comprise dans l'étendue du district, est également une place vague, qui, à cause de la proximité de la grande route de Mayence à Paris, ne pourra guère être mise en nature de forêt, & il conviendra de la réserver comme terre forestière au profit du garde du triage.

Une extraction des bois dépérissans aura lieu dans la deuxième décennie, la coupe de réensemencement dans la quatrième, les coupes d'éclaircissement & définitive dans la cinquième, & une extraction dans la jeune futaie pendant la dixième décennie.

350 arbres par hectare seront réservés après la première extraction;

160 arbres dans la coupe du réensemencement;

12 arbres dans celle définitive;

1200 perches dans la deuxième extraction.

ÉTAT du produit de la division A *du n°.* 1.

MODE d'exploitation de la division.	DÉCENNIES.	ÉTENDUE des exploitations.			PRODUIT de chaque exploitation.	PRODUIT total de la division.	OBSERVATIONS.
COUPES		H.	A.	C.	Stères.	Stères.	
par extraction . .	2e.	34	60	50	1584	10,656	La sous-division (A) de 2 hectares 16 centiares sera repeuplée en glands & faînes. Un fossé sera fait le long des terres limitrophes.
de réensemencement	4e.	34	60	50	2640		
d'éclaircissement & définitive. .	5e.	34	60	50	4752		
par extraction . .	10e.	36	60	66	1680		

Division B *du n°.* 1.

Cette division est limitée, au nord-ouest & au nord-est, par la division A du même district; au sud, par le n°. 13, & à l'ouest par le ban communal de Kirkel & Neuhaeusel.

	h.	a.	c.
Sa contenance est de.	5	26	00
dont chemins.	»	20	00
sol forestier.	5	06	00

L'exposition de cette division est celle de l'ouest.

Le sol est mauvais, aride, pierreux & peu propre à la culture des bois.

La consistance est aussi mauvaise que le sol; elle n'est composée que de quelques chênes & hêtres âgés de 110 ans, mal venus & étant sur le retour.

Le sol de cette division étant trop mauvais pour y élever un bois feuillu, nous avons jugé convenable de la séparer de la division (A), & nous l'avons destinée à être ensemencée en pin, *pinus silvestris*.

En conséquence, les bois y existans dans ce moment seront abattus à blanc étoc dans la première décennie.

Une extraction aura lieu dans la septième, la coupe de réensemencement dans la dixième, & les coupes d'éclaircissement & définitive dans la onzième décennie.

1200 perches seront réservées, après l'extraction, & 120 arbres après les coupes de réensemencement.

État du produit de la division B *du n°.* 1.

MODE d'exploitation de la division.	DÉCENNIES.	ÉTENDUE des exploitations. H.	A.	C.	PRODUIT de chaque exploitation. Stères.	PRODUIT total de la division. Stères.	OBSERVATIONS.
Coupes à blanc étoc. . .	1re.	5	26	00	640		Cette division sera ensemencée en pins. Pendant la première décennie, le fossé de la division A sera prolongé.
par extraction. .	7e.	5	26	00	160		
de réensemencement.	10e.	5	26	00	640	2,080	
d'éclaircissement & définitive. .	11e.	5	26	00	640		

N°. 2. Sauberg.

Les limites de ce district sont au nord les n°s. 4 & 5, à l'est les n°s. 12 & 13, au sud le n°. 13, & à l'ouest le n°. 4.

	h.	a.	c.
Le district contient.	23	57	82
dont chemins.	»	88	00
sol forestier	22	69	82

Il s'étend sur une côte assez élevée, qui a son penchant vers l'est.

Le sol en est médiocre; il est même mauvais dans certains endroits.

Ce district est peuplé en hêtres, chênes & bouleaux, âgés de 70 ans & d'une consistance peu serrée.

L'accroissement peu considérable de cette partie de forêt, dans un âge avancé, nous a déterminé à proposer qu'elle soit aménagée comme taillis, & nous avons fixé la révolution à 40 ans.

Ce district comprend dans l'ordre des coupes annullées, les n°s. 14, 15, 16, 17 & 18.

La coupe du réensemencement (j'appelle ainsi la première coupe de cette demi-futaie), parce que le taillis doit être élevé de la semence, aura lieu pendant la seconde, & la coupe définitive pendant la troisième décennie.

Le taillis sera exploité à la sixième & à la dixième décennie.

100 arbres par hectare seront réservés à la coupe du réensemencement;

60 arbres par hectare dans celle définitive & dans chaque coupe du taillis.

État du produit du district n° 2, dit Sauberg.

MODE d'exploitation du district.	DÉCENNIES.	ÉTENDUE des exploitations.			PRODUIT de chaque exploitation.	PRODUIT total du district.	OBSERVATIONS.
Coupes		H.	A.	C.	Stères.	Stères.	
de réensemencement. . . .	2ᵉ.	23	57	82	1760	9,056	
définitive.	3ᵉ.	23	57	82	1408		
du taillis.	6ᵉ.	23	57	82	2944		
Idem.	10ᵉ.	23	57	82	2944		

N°. 3. Gengelsberg.

Ce district est limité au nord par des terres appartenant à la commune de Limbach, à l'est par le n°. 4, au sud par le n°. 1, & à l'ouest par des terres de la commune déjà citée.

	h.	a.	c.
La contenance de ce district est de	41	58	34
dont chemins	»	61	20
sol forestier	40	97	14
dont places vides. .	13	11	90

Ce district, dont la partie supérieure a une position élevée, s'étend vers le nord-ouest.

Le sol est en partie médiocre & en partie mauvais.

La consistance de ce district est la même que celle du numéro précédent. La qualité inférieure du sol & le mauvais état des bois nous ont déterminé à traiter ce district dorénavant comme taillis, & de suivre ici le même mode d'*aménagement* que pour le numéro précédent.

Ce district formera en conséquence la série de dix coupes annuelles, à compter du n°. 31 jusqu'au n°. 40, compris dans la partie des bois de ce triage, destinée à être traitée en taillis.

La coupe de réensemencement de ce district sera exploitée successivement pendant la quatrième, & celle définitive dans la cinquième décennie.

La coupe du taillis aura lieu pendant la huitième & la douzième décennie.

La réserve pour ces différentes coupes est la même que celle fixée pour les numéros précédens.

Les sous-divisions (A) & (B), la	h.	a.	c.
première contenant	6	94	14
& la seconde.	6	17	76

seront repeuplées par semis en chênes & charmes dans les premières années.

Toute la partie du district située vers les champs, du côté du nord-ouest, doit en même temps être garnie d'un fossé.

Ce district étant très-pauvre en terre végétale, il est nécessaire que le bétail en soit entièrement exclus pendant la première révolution de quarante ans, & surtout que l'enlèvement des feuilles mortes y soit sévèrement prohibé.

État du produit du district n° 3, dit Gengelsberg.

MODE d'exploitation du district.	DÉCENNIES.	ÉTENDUE des exploitations.			PRODUIT de chaque exploitation.	PRODUIT total du district.	OBSERVATIONS.
Coupes		H.	A.	C.	Stères.	Stères.	
de réensemencement	4ᵉ.	41	58	34	3,200	16,000	
définitive. . . .	5ᵉ.	41	58	34	2,560		
du taillis	8ᵉ.	41	58	34	5,120		
Idem	12ᵉ.	41	58	34	5,120		

Nous bornerons à ces exemples ce que nous avons à dire de la description des districts. Ils présentent la plupart des circonstances que le forestier doit indiquer dans cette description. Nous allons passer aux états généraux qu'a rédigés M. Lintz, savoir, celui de la contenance de la forêt qui nous sert d'exemple, celui de sa description, celui de l'*aménagement*, & celui des améliorations. Mais nous nous contenterons de donner les numéros & les titres des colonnes; cela suffira pour faire connoître la manière dont on doit construire les tableaux.

A. *État de la contenance de la forêt de Kirkel.*

Nota. Cet état se compose de sept titres principaux & de onze colonnes.

1re colonne : Numéros des districts ou cantons de forêt.
2e *idem* : Noms des districts ou *idem*.
3e & 4e *idem* : Dénomination des { divisions. / sous-divisions.
5e, 6e & 7e *id.* : Étendue des { districts, hect., are, c. / divisions, h. a. c. / sous-divisions, h. a. c.
8e & 9e *idem* : Contenance des Chemins à déduire des { divisions, h. a. c. / districts, h. a. c.
10e *idem* : Contenance totale de la forêt, h. a. c.
11e *idem* : Observations. On y fait connoître les places vides à repeupler.

Tableau faisant connoître l'étendue, la consistance, l'exposition, le sol, l'âge & l'état du bois de la forêt de Kirkel.

Nota. Ce tableau est composé de plusieurs titres principaux, qui se divisent en titres secondaires & en vingt colonnes.

1er titre ou colonne : Nom & étendue de la forêt.
2e titre ou colonne : Numéros des districts.
3e titre ou colonne : Noms des districts.
4e titre ou colonne : Divisions.
5e titre ou colonne : Étendue & consistance des districts & des divisions.

Ce dernier titre se divise en plusieurs titres secondaires & en neuf colonnes.

Futaie. { Bois à feuilles. { Chênes, hectare, are, centiare. / Hêtres, hect. a. c. / Espèces mêlées, hect. a. c. } Bois résineux. { Pins, hect. a. c. / Sapins, hect. a. c. / Espèces mêlées, hect. a. c. } }
Taillis . . . . { Chênes, hect. a. c. / Bouleaux, hect. a. c. / Espèces mêlées, hect. a. c. }

14e colonne : Étendue totale des districts, h. a. c.
15e *idem* : Expositions des districts ou des divisions.
16e *idem* : Nature du sol.
17e *idem* : Qualité du sol.
18e *idem* : Âge des bois.
19e *idem* : État des bois.
20e *idem* : Observations.

État général de l'aménagement de la forêt de Kirkel par ordre des numéros, avec indication du produit par exploitation, division, district & décennie.

Nota. Ce tableau est composé de neuf titres, dont quelques-uns se divisent en titres secondaires & en colonnes.

1er *titre.* Nom de la forêt & sa contenance totale, qui est de 666 hectares 52 ares 86 centiares.
2e *titre.* Numéros des districts.
3e *titre.* Noms des districts.
4e *titre.* Étendue des { districts. / divisions.
5e *titre.* Mode d'exploitation des districts ou des divisions dans les décennies indiquées.

On fait connoître dans cette colonne, pour chaque étendue des exploitations, les opérations à faire, telles que extraction, réensemencement, éclaircissement, coupe définitive, coupe à blanc étoc, coupe des taillis.

6e *titre.* Étendue des exploitations. On indique le nombre d'hectares, ares & centiares que contient chaque exploitation de la décennie.

7e *titre.* Décennies. Ce titre embrasse douze colonnes, dans lesquelles on indique le produit de chaque exploitation. Voici le texte de chaque colonne & les quantités qui y sont portées pour exemple.

1re colonne . . .	1809 à 1819.	stères. .	640
2e *idem*. . . .	1819 à 1829.	stères. .	1584
3e *idem*. . . .	1829 à 1839.	stères. .	»
4e *idem*. . . .	1839 à 1849.	stères. .	2640
5e *idem*. . . .	1849 à 1859.	stères. .	4752
6e *idem*. . . .	1859 à 1869.	stères. .	»
7e *idem*. . . .	1869 à 1879.	stères. .	160
8e *idem*. . . .	1879 à 1889.	stères. .	»
9e *idem*. . . .	1889 à 1899.	stères. .	»
10e *idem*. . . .	1899 à 1909.	stères. .	2320
11e *idem*. . . .	1909 à 1919.	stères. .	649
12e *idem*. . . .	1919 à 1929.	stères. .	»

8e *titre.* Produit { des coupes, stères. / des divisions, stères. / des districts, stères.

Nota. On donne les détails désignés par les titres & colonnes, & on additionne les quantités d'abord pour chaque district, & ensuite pour la totalité.

Etat des améliorations à faire dans la forêt de Kirkel, avec indication des époques pendant lesquelles il sera nécessaire de les entreprendre, d'après le projet d'aménagement arrêté le. . . . .

Nota. Cet état est composé de seize colonnes.

1re colonne : Nom & contenance de la forêt.
2e *idem* : Numéros des districts.
3e *idem* : Noms des districts.
4e *idem* : Étendue des districts.
5e *idem* : Divisions.
6e *idem* : Décennies dans lesquelles les améliorations auront lieu.
7e *idem* : Fossés à ouvrir. *Mètres.*

Semis & plantations à faire. {
8e *idem* : Chênes, h. a. c.
9e *idem* : Hêtres, h. a. c.
10e *idem* : Chênes & hêtres, h. a. c.
11e *idem* : Bouleaux, h. a. c.
12e *idem* : Pins, h. a. c.
13e *idem* : Autres essences, h. a. c.
14e *idem* : Quantité de graines à semer.
15e *idem* : Nombre de plants à employer.
16e *idem* : Observations. }

Second mémoire de M. Lintz.

Nous avons imprimé ce Mémoire dans nos *Annales forestières de 1812.*

L'auteur y traite ces deux questions :

1°. *L'aménagement des forêts doit-il avoir pour objet la connoissance de leurs produits en nature?*

2°. *La division en coupes annuelles des futaies (traitées d'après la théorie du repeuplement naturel) présente-t-elle les mêmes avantages que pour les taillis?*

L'auteur pense que la recherche des produits en nature, *des futaies*, est indispensable pour assurer *la succession égale & constante de ces produits.* C'est d'après ces observations qu'il définit l'*aménagement : Le travail qui a pour but d'établir un mode de culture & d'exploitation raisonné, dont l'application assure les produits les plus avantageux dans une succession égale & constante.*

L'*aménagement* des taillis, dit-il, est à peu de chose près restreint dans les bornes étroites d'une opération géométrique. Le sol, le climat, les essences & quelques autres circonstances accessoires déterminent leur révolution. Leur produit présumé étant facile à trouver, la division en coupes annuelles se fait sans aucune difficulté. Leur étendue suit la raison inverse des produits. La suite non interrompue des exploitations est trop avantageuse pour s'en écarter. Si même, comme il arrive fréquemment, on se voyoit obligé de remettre des parties *exploitables*, d'entamer de foibles renaissans, & de passer ensuite aux taillis plus âgés ; ce petit désordre, inséparable des premières opérations régulières, disparoîtra à la seconde révolution, qui procurera une belle série décroissante.

Il n'en est pas de même à l'égard des futaies, dont le rapport & l'*aménagement* sont d'un ordre supérieur. Je commence par observer qu'il n'est presque jamais possible d'établir dans ces forêts une suite d'exploitations non interrompue, sans faire violence à la nature & sans éprouver des pertes souvent irréparables. En effet, quel est le forestier qui, ayant observé une futaie, ignore qu'elle se compose ordinairement de parties qui s'éloignent autant les unes des autres par l'âge, qu'elles diffèrent entr'elles par la consistance? Si cette irrégularité est quelquefois l'image de l'abondance, elle est aussi très-souvent le résultat d'un vice dans le traitement de la forêt. Cette diversité est infinie : on voit des futaies exploitables à côté de recrus qui sont encore loin de leur maturité, & des parties qui diffèrent autant par l'âge qu'elles sont rapprochées par leur situation locale. Vouloir établir une exploitation successive dans ces bois, soit en réservant les parties les plus âgées jusqu'à la coupe des parties les plus jeunes, soit en coupant le jeune bois lorsqu'il est encore incapable de se reproduire par les semis naturels, ce seroit abandonner les bois âgés au dépérissement, &c, à l'égard des autres, sacrifier l'espoir de la postérité, en contrariant les vues de la nature.

Ce qui vient d'être dit, suffit pour prouver que *la succession locale des coupes dans les futaies seroit très-désavantageuse*, & que ces divisions ne doivent suivre aucun autre principe que celui de l'*exploitabilité* (1).

On sait que l'exploitation des futaies (traitées d'après la théorie du réensemencement naturel) se fait, non compris les nettoiemens, en trois coupes, dont la première s'appelle *coupe de réensemencement* ou *coupe serrée*, la seconde, *coupe d'éclaircissement*, & la troisième, *coupe définitive.*

On sait aussi que, sous un climat tempéré, abstraction faite des modifications apportées par la nature de chaque essence dont la futaie se compose, par l'état plus ou moins serré de la coupe de réensemencement & par l'exposition, il faut ordinairement, dans nos futaies de chêne & de hêtre, six à sept ans avant que les jeunes plants soient en assez grand nombre & assez forts pour qu'on puisse enlever une partie des arbres laissés lors de la coupe serrée.

La nature, qui suit des lois particulières, dont nous ne connoissons que les effets, ne s'embarrasse guère des divisions annuelles que nous traçons sur les terrains, dont nous abandonnons le repeuplement à sa fécondité ; & il arrive souvent que telle coupe qui vient d'être exploitée en réensemencement se trouve être parfaitement repeuplée, lorsque d'anciennes exploitations sont encore dépourvues de toute recrue ; mais le forestier sait que les coupes secondaires, qu'on ne peut resserrer dans les limites que la géométrie leur auroit tracées, sont d'un rapport important & d'un produit deux & trois fois plus fort que celui de la coupe serrée.

A quoi serviroit donc de déterminer d'avance, d'*année en année*, les coupes de réensemencement, lorsque ces divisions ne seront d'aucune utilité pour les coupes secondaires? De quelle utilité seroit d'ailleurs cette indication des coupes annuelles à asseoir dans les futaies?

Le produit annuel, suivant l'idée que nous avons de l'*aménagement*, *doit être égal & constant ;* du moins on doit chercher à s'y procurer cette égalité de produits annuels, autant que possible, & ne s'en écarter que lorsqu'on y est forcé par les circonstances : or, le produit des coupes claires en définitive ne peut pas être déterminé d'avance, & la détermination sur une étendue donnée seroit une indication fausse & illusoire.

(1) L'*exploitabilité* & la *maturité* des bois, quoiqu'analogues dans leur acception, ne sont pas synonymes. La première est réglée par l'art, tandis que c'est la nature qui fixe le terme de l'autre.

J'observerai

J'observerai en dernier lieu que l'employé qui ne seroit pas forestier, &, auquel les connoissances de son état ne seroient pas familières, ne se trouvera pas plus soulagé dans l'exercice de ses fonctions, qui sont celles de conserver & d'améliorer les forêts, lorsque l'*aménagement* lui apprendra qu'il faut opérer dans tel numéro de la suite des coupes annuelles, que si on eût confié à son expérience & à sa sagacité la variation des exploitations dans tel ou tel district, ou dans telle division.

Dans le dernier cas, ses opérations seront d'accord avec la nature & les circonstances, tandis qu'étant lié par l'ordre des exploitations annuelles, il se verra souvent obligé de proposer une coupe serrée, lorsqu'il sera certain, par l'inspection des lieux, que c'est une éclaircie qu'il faut faire, ou bien il sera forcé d'opérer une coupe secondaire avant que la nature ait pourvu au réensemencement qui doit précéder cette exploitation.

M. Lintz fait observer ensuite, relativement à l'avantage de se procurer des produits *égaux* dans une succession constante; que ce but ne peut pas être atteint dans une forêt irrégulière, & qui depuis long-temps n'auroit pas été traitée avec méthode; mais qu'on ne doit pas moins tendre à arriver à ce résultat.

Il insiste sur l'importance de former l'état matériel des produits, comme étant une condition indispensable de l'*aménagement*, & il s'attache à démontrer que *la succession égale & constante* de ces produits ne peut être un des résultats de l'*aménagement*, qu'autant que l'*estimation* en sera ajoutée à la division géométrique des futaies.

Je sais bien, dit-il, que les partisans du système de la division des forêts en parties, soit égales entr'elles par leur étendue, soit proportionnelles aux moyens productifs du sol (système qui séduit par sa simplicité), prétendent qu'il est beaucoup plus facile de comparer deux terrains entr'eux & de régler l'étendue des exploitations, suivant *la qualité du sol*, que de rapporter tous les calculs à l'*accroissement des bois*; ils ont l'air de douter de la certitude des produits futurs, & en cela ils n'ont pas tout-à-fait tort, parce qu'il n'y a pas de calculs qui, dans la pratique, ne subissent quelque modification; mais je demande s'il est plus facile à l'estimateur, chargé de régler les exploitations successives d'une forêt, de découvrir les rapports productifs entre plusieurs districts, par la simple inspection de la qualité des terrains & des bois sur pied, que de parvenir à ce but, en consultant les produits de l'exploitation des parties de bois coupées à leur maturité, & qui, par leur nature & leur consistance, sont semblables à celles soumises à l'examen?

Je demande encore s'il n'est pas constant que le résultat d'observations fondées sur des faits certains, n'a pas plus de droit à notre confiance qu'un tâtonnement vague & insuffisant, qui n'a rien en sa faveur que la simplicité de son procédé.

Sans doute qu'une théorie simple, mais profonde, qui part d'un premier principe, auquel se rattachent tous les faits particuliers que l'on observe, mérite la préférence sur une méthode dont l'application sera difficile & compliquée, surtout si ses résultats ne sont pas plus heureux; mais lorsque cette méthode est puisée dans la nature même, lorsque ce n'est que par elle qu'on approche de la vérité, alors les difficultés attachées à une telle entreprise ne peuvent être un motif pour l'abandonner.

La connoissance des produits ne peut donc être retranchée des opérations de l'*aménagement* sans détruire l'objet de cet *aménagement* lui-même. Sans cette connoissance, la statistique forestière, qui est une des branches principales de la statistique politique, sera très-incomplète; sans elle, la succession égale des produits ne peut pas être assurée, & les cahiers d'*aménagement* seront restreints dans les bornes d'un bulletin purement descriptif, intéressant pour les apprentis, mais qui n'obtiendra jamais la considération particulière qui est la récompense des travaux auxquels le bien public est intéressé.

Maintenant que je crois avoir mis en évidence que la recherche des produits est inséparable des *aménagemens*, qu'elle doit être réunie à la division du terrain, & que les indications des exploitations dans la futaie ne peuvent être *annuelles*, il reste à s'entendre sur les exploitations *successives*.

Ce que nous avons dit des futaies doit suffire pour prouver que l'on ne peut indiquer à l'avance les années où devront se faire les coupes secondaires; que c'est la nature qui en règle les époques, & qu'il n'y a que le produit total, provenant de la masse des exploitations de réensemencement, d'éclaircissement & définitive d'un district ou d'une division de district d'une contenance connue, qui puisse être déterminé avec certitude.

Les règles de l'art doivent fixer d'avance le moment auquel l'exploitation d'un district doit être commencée, en y établissant la coupe serrée; les mêmes règles doivent encore faire connoître dans quelle année la dernière coupe définitive y doit être assise.

Les exploitations successives doivent donc au moins comprendre autant d'années qu'il en faut, depuis l'assiette de la coupe de réensemencement jusqu'à la coupe définitive, & l'étendue de ces coupes doit fournir, par la masse des exploitations, un produit égal à celui annuel, multiplié par le nombre de ces années.

Je crois que, presque dans tous les départemens de la France, le terme moyen du temps qui s'écoule entre une première & dernière coupe, est de dix ans. On seroit donc tenté de croire que les exploitations successives peuvent être déterminées par époques décennales; mais si on considère qu'une coupe de réensemencement bien établie ne donne que le quart, rarement le tiers du produit total des trois exploitations, on sait par conséquent (si on ne veut pas s'écarter de la succession égale des produits) qu'on est obligé, pour obtenir le produit annuel, de faire la coupe de réensemencement trois fois plus grande que ne seroit une coupe du même produit, si les trois exploitations se réunissoient en une seule.

Or, un district dont la masse de bois fournit pendant dix années le produit annuel déterminé, ne peut pourvoir à la même délivrance qu'environ pendant trois ans en coupes de réensemencement. Alors, comme il n'y a presque pas d'année dont la récolte en graines forestières soit nulle, & qu'il y a bien quelques plants épars qui se présentent dans les premières années, après la coupe serrée on pourroit déjà faire un léger éclaircissement; mais les inconvéniens des exploitations répétées mal-à-propos sur un même terrain sont trop connus pour les relever ici : nous savons au contraire qu'on ne peut guère compter sur un repeuplement assez avancé pour qu'on puisse entreprendre la coupe d'éclaircissement avant cinq ans, dans les pays d'une température modérée, & avant huit sous les climats un peu durs : il résulteroit donc une stagnation dans l'exploitation qui seroit contraire au premier principe de l'*aménagement*.

Il paroît donc prouvé que la succession des produits égaux ne peut être déterminée de dix en dix ans; cette détermination, combinée avec la division de la futaie sur le terrain, se fait mieux de vingt à vingt ans (1). Pour éclaircir cette proposition par un exemple, supposons qu'une futaie de 950 hectares soit aménagée à 120 ans, c'est-à-dire, que l'exploitation définitive des coupes de cette futaie se fasse à 120 ans; supposons encore que les exploitations successives soient réglées de la manière suivante; savoir :

160 hect. à couper	dans la 1re.	période	de	20 ans.
180 ————	dans la 2e.	*idem*	de	*id.*
170 ————	dans la 3e.	*idem*	de	*id.*
140 ————	dans la 4e.	*idem*	de	*id.*
150 ————	dans la 5e.	*idem*	de	*id.*
150 ————	dans la 6e.	*idem*	de	*id.*
950				120

(1) Les belles futaies de hêtre du pays de Nassau-Dillenburg ont été divisées par M. Hartig, qui a dirigé leur *aménagement* en parties de trente en trente ans, c'est-à-dire, que les districts de chaque triage réunis dans un même *aménagement* sont classés dans quatre périodes de trente ans chacune.

Le climat froid de ce pays, dans lequel les coupes se repeuplent très-lentement, & la grande confiance que M. Hartig a placée avec raison dans les lumières des agens forestiers locaux, qui ont tous coopéré aux opérations de l'*aménagement*, sont les deux raisons qui lui ont fait préférer les périodes de trente ans à celles de vingt.

Je pense cependant qu'en France il eût préféré la division périodique de vingt ans.

Supposons d'un autre côté que le produit total présumé des 160 hectares destinés à être exploités dans la première période de vingt ans ait été estimé à 76,000 stères; que par conséquent le produit annuel de la période soit de 3,800 stères (1).

Supposons enfin que dans les cantons qui vont être exploités pendant cette première période, la coupe de réensemencement enlève le tiers des produits réunis (y compris les accroissemens progressifs de la réserve pendant les coupes secondaires), alors cette coupe de réensemencement s'étendra annuellement sur une contenance de 24 hectares, vu qu'il faudroit la masse de bois provenant des exploitations réunies de 8 hectares pour obtenir les 3,800 stères qui font l'objet de ce même produit annuel.

Les cinq premières années, pendant lesquelles il ne se fera probablement aucune éclaircie, feront donc porter la coupe serrée sur une étendue de 120 hectares; les coupes secondaires qui, suivant notre supposition, commenceront à la sixième année, fourniroient notre produit jusqu'à la seizième année; mais comme il faut dix ans pour terminer l'exploitation entière d'une coupe de futaie, en comptant de la coupe de réensemencement jusqu'à celle définitive, & que les 40 hectares intacts qui restent, déduction faite de 120 hectares sur 160, doivent par conséquent être entamés dans les premières années de la deuxième décennie de la période, on ne terminera donc pas en entier, dans les quinze premières années, la coupe définitive de 120 hectares sur lesquels s'est portée la coupe de réensemencement pendant les cinq premières années : la continuation de cette coupe sur les 40 hectares restans remplacera le produit de la coupe définitive, réservé sur les 120 hectares & transféré aux cinq dernières années, pendant lesquelles l'exploitation entière des districts se terminera.

Il est évident que le produit des coupes de réensemencement ne peut se séparer de celui des coupes secondaires, parce qu'il est impossible de prévoir d'avance l'époque & les effets des repeuplemens naturels sur lesquels se règlent toutes les autres opérations.

Si, dans cette année, on a jugé à propos d'asseoir une coupe du premier genre, l'année d'après, les circonstances auront peut-être engagé à faire une coupe définitive; un autre moment, une coupe d'éclaircissement prendra son tour, ou la réunion de deux coupes de deux ordres sera avantageuse.

M. Lintz conclud de tout ce qui vient d'être dit :

1°. Que les *aménagemens* doivent faire connoître les produits en nature des forêts.

2°. Que la division en coupes annuelles d'une

(1) Il est à observer que le produit annuel peut varier dans chacune des six périodes; cependant il ne doit pas changer sans des raisons particulières.

futaie, traitée d'après la théorie du réensemencement naturel, ne présente aucune utilité.

3°. Que les forêts de cet ordre n'admettent que la division en autant de parties (dont, bien entendu, chacune peut se composer d'un ou de plusieurs districts) qu'il y a de périodes de vingt ans dans la révolution.

4°. Que le *produit annuel* de la futaie peut & doit même être un résultat des opérations de l'*aménagement*, mais que l'*étendue des coupes annuelles* n'en peut pas être donnée.

5°. Que le forestier ne doit jamais se permettre de proposer une coupe hors de la série périodique dans laquelle il exerce; que l'assiette des coupes dans cette série doit se baser sur les règles prescrites dans les cahiers d'*aménagement*, mais que la force & l'étendue des exploitations ne peuvent se régler que sur le produit annuel de la période.

(*Article communiqué par M.* BAUDRILLART.)

AMENTACÉES. Famille de plantes qui doit intéresser infiniment les cultivateurs, à raison des genres qui y entrent, qui sont ceux des PEUPLIERS, des SAULES, des BOULEAUX, des AUNES, des COUDRIERS, des CHARMES, des HÊTRES, des CHATAIGNIERS, des PLATANES, & même des ORMES. Ses caractères sont: fleurs monoïques ou dioïques, disposées en chatons & privées de pétales.

AMERA. Espèce de MOMBIN.

AMERI. C'est l'INDIGO.

AMERIMNON. *Amerimnon*. Deux arbres d'Amérique portent ce nom. Ils forment seuls un genre dans la diadelphie décandrie. On ne les cultive pas dans nos jardins.

AMI DE L'HOMME. Nom vulgaire du GAILLET ACCROCHANT.

AMIROLE. *Amirola*. Arbrisseau du Pérou qui constitue, dans la monœcie polyandrie, un genre autrement appelé LAGUNEE. Nous ne le cultivons pas dans nos jardins.

AMMACO-MACHO. Espèce de SCÆVOLE.

AMMONIAC. Gomme-résine qui nous vient de l'Orient & qui est fournie par une FERULE. On l'emploie fréquemment en médecine, comme résolutive, antihystérique & antiasthmatique.

AMMONIAC. On appelle ainsi, dans le commerce, un sel qui se retiroit exclusivement jadis dans les déserts de l'Egypte, auprès du temple de Jupiter Ammon, de la suie des cheminées dans lesquelles on brûloit de la bouse de chameau & de vache en place de bois, & qui est composé d'ACIDE MURIATIQUE & d'alcali volatil, sel qu'aujourd'hui on forme de toutes pièces dans nos laboratoires, & qu'on emploie dans les arts & dans la médecine.

Ce mot s'applique aussi dans le langage de la science, à la base du *sel ammoniac*, c'est-à-dire, à l'alcali volatil.

Toutes les matières animales & quelques végétales, comme les plantes de la famille des crucifères, fournissent ce dernier *ammoniac* par la putréfaction: il joue donc un grand rôle dans la nature. Il est facilement absorbé par le charbon; de-là l'avantage d'enterrer dans le charbon les viandes dont on craint l'altération; de-là la pratique de mettre du charbon dans les vases où on fait bouillir des viandes altérées.

La propriété de l'*ammoniac pur* (*alcali volatil fluor des anciens chimistes*), & même du CARBONATE D'AMMONIAC (*alcali volatil concret, sel d'Angleterre des anciens chimistes*), d'être très-sudorifique & éminemment stimulant, le rend d'un usage fréquent en médecine; aussi les agriculteurs isolés ne doivent jamais se refuser à en avoir un flacon chez eux pour en faire avaler quelques goutes & en frotter les lèvres, l'anus, &c. des personnes, 1°. qui seroient tombées en asphyxie en entrant dans une cave, en descendant dans un puits, dans une fosse d'aisance, qui se seroient exposées aux effets délétères du gaz acide carbonique dégagé du charbon en combustion, du vin en fermentation, &c.; 2° qui auroient été mordues par une vipère, par un chien enragé, quoique, dans ce dernier cas, la cautérisation de la plaie avec un fer rouge ne doive pas être négligée.

AMMYRSINE. *Ammyrsine*. Genre établi pour placer le LÈDE A FEUILLES DE BUIS.

AMOLAGO. Espèce de POIVRE.

AMOMÉES. Synonyme de DRYMMYRRHYZÉES.

AMOMIE. Un des noms du MURIER BLANC.

AMONGEABA. On croit que c'est, au Brésil, la HOUQUE EN ÉPI.

AMORI. Les MOUTONS attaqués du tournis s'appellent ainsi dans le département de la Haute-Garonne.

AMORPHA. *Amorpha*. Genre de plantes de la diadelphie décandrie & de la famille des légumineuses, qui renferme quatre arbrisseaux qui se cultivent en pleine terre dans les jardins de Paris. Il se voit figuré pl. 621 des *Illustrations des genres* de Lamarck.

Espèces.

1. L'AMORPHA arborescent.

Amorpha fruticosa. Linn. ♄ De l'Amérique septentrionale.

2. L'AMORPHA frutescent.

Amorpha frutescens. Walt. ♄ De l'Amérique septentrionale.

3. L'AMORPHA glabre.

Amorpha glabra. Desf. ♄ De l'Amérique septentrionale.

4. L'AMORPHA herbacé.

Amorpha nana. Mich. ♄ De l'Amérique septentrionale.

Culture.

J'ai observé toutes ces espèces dans leur pays natal. Les frutescentes croissent dans les terrains argileux & fertiles, & l'herbacée, mal nommée, car sa base est ligneuse, dans ceux qui sont sablonneux & arides.

On appelle vulgairement *indigo bâtard* la première espèce, la seule commune dans nos jardins paysagers, & qui est si peu différente des deux autres, qu'on pourroit les considérer comme ses variétés, si elles ne se trouvoient pas sauvages dans leur pays natal. On les multiplie par graines, qui mûrissent fort bien dans nos climats, par marcottes, par rejetons, par racines, & même quelquefois par boutures. La première manière doit être préférée, puisque c'est elle qui donne les produits les plus abondans & les plus rustiques.

Quoique les jeunes *amorphas* soient susceptibles d'être gelés, on sème la graine en pleine terre, au printemps, dans un sol léger, mais frais, à l'exposition du sud-ouest, en rayons écartés d'un pied. Le plant est laissé deux ans dans la place où il a levé, en lui donnant deux ou trois binages pendant l'été & en le couvrant de feuilles sèches ou de fougère pendant l'hiver. Au printemps de la troisième année, on le repique, à deux pieds de distance, dans une planche bien préparée, où on lui continue les mêmes soins pendant l'été. Deux ou trois ans après, les pieds sont assez forts pour être mis en place.

C'est isolés, au milieu des gazons, ou le long des allées, à quelque distance des massifs, que les *amorphas* produisent le plus d'effet. Les gelées, qui frappent souvent l'extrémité de leurs pousses nouvelles, déterminent la sortie d'un plus grand nombre de ces pousses au printemps suivant, de sorte que cet inconvénient tourne à l'avantage du pied, qui en prend une forme plus régulière, qui en devient plus touffu, & qui porte un plus grand nombre d'épis de fleurs. Lorsque, mais cela est extrêmement rare, la tige entière meurt par suite d'un hiver très-rigoureux, il convient de la couper rez-terre, pour donner lieu à la repousse de bourgeons vigoureux qui rétabliront la touffe deux ans après.

Les marcottes d'*amorpha* prennent des racines dans l'année, lorsqu'elles sont faites avec le jeune bois. On traite les pieds qu'elles fournissent comme les plants de deux ans.

On pratique très-peu la multiplication des *amorphas* par boutures, à raison de l'incertitude du succès de ce moyen & de l'infériorité de vigueur des pieds qui en proviennent.

La séparation des rejetons & des racines a lieu en hiver & réussit presque toujours.

Je n'ai pas pu obtenir d'indigo des feuilles de cet arbrisseau, quoique j'aie successivement employé tous les moyens connus.

La dernière espèce a été cultivée dans le Jardin du Muséum & dans plusieurs pépinières; mais comme elle ne donnoit pas de graines, & qu'elle étoit plus sensible à la gelée que la précédente, elle a fini par disparoître.

AMOURETTE. La LUZERNE EN ARBRE, une espèce d'ACACIE, la MORELLE ÉPINEUSE, la LYCHNIDE FLEUR DE COUCOU, les BRIZES, les petites espèces de SAXIFRAGES, portent ce nom.

AMOURETTE DE SAINT-CHRISTOPHE. C'est, à Saint-Domingue, la VOLKAMÈRE ÉPINEUSE.

AMOURIER. Synonyme de MURIER.

AMOUROCHE. On appelle ainsi la MAROUTTE.

AMPA. Espèce de FIGUIER de Madagascar.

AMPALI. Synonyme de MURIER-RAPE.

AMPATHROUT. On donne ce nom à une GREWIE à Madagascar.

AMPE. TRAGIE de Madagascar.

AMPELANG-THI-FOUHÉ. Espèce de GENTIANELLE.

AMPELOPRASE. Espèce d'AIL.

AMPELOPSIS. *Ampelopsis.* Genre de plantes qui enlève trois espèces à celui des VIGNES, espèces toutes cultivées dans nos jardins, savoir, la VIGNE EN ARBRE, la VIGNE-VIERGE & la VIGNE A FEUILLES EN CŒUR.

AMPEUTRE. Synonyme d'ÉPEAUTRE.

AMPHIPOGON. *Amphipogon.* Genre de plantes de la triandrie digynie & de la famille des graminées, qui réunit cinq espèces originaires de la Nouvelle-Hollande. Nous ne les cultivons pas dans nos jardins.

AMPHISARQUE. Sorte de FRUIT.

AMPHITRETIE. Ce sont les CHAMPIGNONS SPONGIEUX.

AMPHORKIS. *Amphorkis.* Genre établi dans la gynandrie diandrie & dans la famille des orchidées, pour placer deux espèces, originaires de Madagascar, qui ne se cultivent pas en Europe.

AMPIAM. *Voyez* OPIUM.

AMPONDRE. C'est la SPATHE des fleurs des PALMIERS dont on se sert en guise de vaisselle.

AMPOU-FOURCHI. Nom vulgaire d'un MICOCOULIER de Bourbon.

AMPOULAO. Un des noms de l'OLIVIER.

AMPOULES. Tubérosités qui naissent sous l'épiderme de la peau des chevaux, sans causes apparentes, principalement au printemps, & qui ne paroissent pas les faire souffrir. On pourroit les confondre avec le farcin, mais leur peu de durée les en distingue fort bien. Elles se guérissent d'elles-mêmes, à la suite d'une légère suppuration, terminée par une escarre. Des alimens rafraîchissans, des lavemens purgatifs & le repos sont les seuls moyens qu'il convienne d'employer pour aider le travail de la nature.

AMPOULETA. La VALÉRIANE-MACHE porte ce nom.

AMPOULI. Plante de Madagascar dont le nom du genre n'est pas connu. On l'emploie contre les défaillances.

AMSALERIRA. Un des noms du CICCA DISTIQUE.

AMULI. Nom indien d'une GRATIOLE & d'une HOTTONE.

AMUSER LA SÉVE. Expression employée à Montreuil, & dont l'application est extrêmement juste.

On amuse la séve d'un membre trop vigoureux d'un espalier, en le taillant peu & long, tandis qu'on rapproche beaucoup les branches du membre opposé; alors ce dernier pousse des bourgeons très-vigoureux qui rétablissent l'équilibre. On amuse la séve dans une greffe, en laissant quelques bourgeons sur le sujet au-dessus ou au-dessous d'elle, pour y attirer la séve; bourgeons qu'on supprime dès que l'œil de la greffe est suffisamment développé. *Voyez* SÉVE.

Il faut beaucoup d'intelligence pour bien conduire l'amusement de la séve; mais on est assuré d'obtenir, par son moyen, des résultats très-avantageux. *Voyez* ESPALIER, GREFFE, TAILLE.

AMUYONG. Fruit d'un CARDAMOME.

AMVALLIS. *Voyez* CICCA.

AMWAGHARA. Le MANGUIER porte ce nom à Ceylan.

ANACHARIS. *Anacharis.* Petite plante aquatique du Brésil, qui forme seule un genre dans la diœcie monadelphie & dans la famille des hydrocharidées. Nous ne la cultivons pas en Europe.

ANACO. Un des noms du FILAO.

ANACOCK. Un HARICOT porte ce nom.

ANACOLUPPA. On croit que c'est la VERVEINE NODIFLORE.

ANADENIE. *Anadenia.* Genre de plantes de la tétrandrie monogynie & de la famille des protées, qui renferme trois arbrisseaux de la Nouvelle-Hollande, dont aucun n'est cultivé en France.

ANAGYRE. *Anagyris fœtida.* Linn. Arbrisseau du midi de l'Europe & des côtes septentrionales de l'Afrique, qui seul constitue un genre dans la décandrie monogynie & dans la famille des légumineuses.

Cet arbrisseau, dont l'écorce est fétide, ce qui lui a fait donner le nom de *bois puant*, s'élève à huit à dix pieds, se cultive difficilement dans le climat de Paris, attendu qu'il gèle souvent lorsqu'il y est planté en pleine terre, & qu'il pousse très-foiblement lorsqu'on le tient en pot pour pouvoir le rentrer dans l'orangerie pendant l'hiver: en conséquence, & d'autant plus qu'il n'offre aucun autre agrément que son feuillage, on ne l'y voit que dans les écoles de botanique & chez les amateurs de collections.

C'est de graines tirées de son pays natal, car il n'en donne presque jamais dans celui précité, qu'on le multiplie le plus souvent; cependant ses marcottes s'enracinent assez facilement lorsqu'elles sont constamment entretenues en état de fraîcheur.

On sème les graines de l'*anagyre* dans des terrines placées sur couches à châssis. Le plant se repique l'année suivante dans de petits pots, qu'on place pendant l'été contre un mur exposé au midi, & qu'on arrose fréquemment. Pendant l'hiver ces pots sont rentrés dans l'orangerie. A cinq à six ans on peut mettre les pieds en pleine terre, dans un terrain un peu fort & une exposition chaude, où on les empaillera pendant l'hiver.

Peyrille & Loiseleur de Longchamps ont constaté que la décoction des feuilles étoit purgative & quelquefois vomitive à la dose de deux à six gros.

L'ANAGYRE GLAUQUE ne paroît qu'une variété du précédent.

ANAKUEY. SENSITIVE à Madagascar.

ANALOGIE. Les agriculteurs sont souvent dans le cas d'appliquer leurs observations sur l'*analogie* des terres, des expositions, des espèces de plantes, &c. Il faut donc qu'ils l'étudient sans cesse.

Ainsi, s'ils placent dans un sol argileux & exposé au nord, une plante qui a réussi dans un sol sablonneux & exposé au midi, ils sont exposés à perdre le fruit de leurs dépenses & de leurs peines, faute d'avoir fait attention au défaut d'*analogie* entre ces deux sortes de terrains & d'exposition.

Ainsi, si on veut greffer un poirier sur un cerisier, sur un amandier, il ne reprendra certainement pas, par défaut d'*analogie* entre lui & ces deux espèces d'arbres; mais il reprendra si on le greffe sur le coignassier, sur le pommier, sur l'épine, qui appartiennent à sa famille.

Les effets de l'*analogie* se font sentir, même sur les races des animaux domestiques. Un lévrier s'accouple moins volontiers avec un barbet qu'avec un chien couchant, & ce dernier avec un basset qu'avec un épagneul.

ANANACHICARIRI. PALMIER du Brésil qui se rapproche du LONTAR.

ANANAS DES BOIS. Nom vulgaire de la CARAGATE à épis tronqués.

ANANEMIE. *Ananemia*. Genre de plantes aussi appelé KNOWTONIE, qui renferme cinq à six espèces. L'ADONIDE DU CAP lui sert de type.

ANANTALI MARAVARA. Nom malabar de l'EPIDENDRE A FEUILLES OVALES.

ANAPARUA. C'est le POTHOS GRIMPANT.

ANARGASI. Arbre des Philippines dont l'écorce se file. On ignore le genre auquel il appartient.

ANARRHINE. *Anarrhine*. Genre de plantes établi pour séparer des MUFLIERS (*antirrhinum* Linn.) les espèces dont les fleurs n'ont point de palais.

ANARTHIE. *Anarthia*. Genre établi par R. Brown. *Voyez* VIRAGINE.

ANASCHOVADI. C'est l'ELÉPHANTOPE SCABRE.

ANASCHUNDA. La MORELLE DU PÉROU porte ce nom.

ANATE. Le ROUCOU porte ce nom.

ANATHÈRE. *Anatherum*. Nouveau genre de graminées fort voisin des BARBONS. Les espèces qu'il renferme sont originaires de la Nouvelle-Hollande & ne se cultivent pas dans nos jardins.

ANAXETON. *Anaxeton*. Genre de plantes établi aux dépens des PERLIÈRES, mais non adopté.

ANAZE. Arbre de l'Inde dont les parties de la fructification ne sont point connues, & qui ne se cultive pas dans nos jardins.

ANBLATE. *Anblatum*. Genre de plantes depuis réuni aux CLANDESTINES.

ANCHOACHA. On croit que c'est l'ABUTILON BLANC.

ANCHOAS. Nom mexicain du GINGEMBRE.

ANCHORY. Un des noms du GRIAS.

ANDA. Arbre du Brésil, voisin des ALVRITES, dont les amandes sont purgatives & le brou astringent.

ANDANAHYRIA. C'est la CROTALAIRE RÉTUSE.

ANDARA. Nom de pays de l'ACACIE CENDRÉE.

ANDERSONE. *Andersonia*. Genre de plantes de la pentandrie monogynie & de la famille des bicornes, fort voisin des SPRINGELIES. Il ne renferme qu'une espèce qui ne se voit pas encore dans nos jardins.

ANDERTH. Synonyme de COQUELICOT.

ANDI MALLERI. On appelle ainsi le NYCTAGE BELLE-DE-NUIT.

ANDIRA. L'ANGELIN & l'HIRTELLE portent ce nom.

ANDRACHAHARA. Synonyme de JOUBARBE.

ANDRÉE. *Andrœa*. Genre de plantes de la famille des MOUSSES.

ANDREUSIE. *Andreusia*. Genre de plantes de la pentandrie monogynie & de la famille des plaqueminiers, autrement appelé MYOPORE & POGONIE, qui réunit quatre arbrisseaux qui se cultivent dans nos jardins.

Espèces.

1. L'ANDREUSIE glabre.
Andreusia glabra. Vent. ♄ De la Nouvelle-Hollande.

2. L'ANDREUSIE rude.
Andreusia scabra. And. ♄ De la Nouvelle-Hollande.

3. L'ANDREUSIE à feuilles étroites.
Andreusia angustifolia. And. ♄ De la Nouvelle-Hollande.

4. L'ANDREUSIE débile.
Andreusia debilis. And. ♄ De la Nouvelle-Hollande.

Culture.

Ces arbrisseaux demandent la terre de bruyère & l'orangerie. On les multiplie assez facilement de marcottes & de boutures faites, les premières à toutes les époques de l'année, les secondes au printemps, dans des pots sur couche & sous châssis.

ANDROCYMBION. *Androcymbium*. Genre établi pour placer quelques espèces de MELANTHES.

ANDROGINETTE. *Stachygynondrum*. Genre de plantes établi aux dépens des LYCOPODES.

ANDROMÈDE. *Andromeda*. Genre de plantes de la décandrie monogynie & de la famille des bicornes (*Ericae* Juss.), qui renferme près de trente espèces d'arbustes, la plupart d'un aspect agréable, & dont une assez grande partie se cultive dans les jardins des environs de Paris. Il est figuré pl. 365 des *Illustrations des Genres* de Lamarck.

Espèces.

1. L'ANDROMÈDE en arbre.
Andromeda arborea. Linn. ♄ De l'Amérique septentrionale.

2. L'ANDROMÈDE du Maryland.
Andromeda mariana. Linn. ♄ De l'Amérique septentrionale.

3. L'ANDROMÈDE à feuilles de cassiné.
Andromeda speciosa. Mich. ♄ De l'Amérique septentrionale. *Variété à feuilles glauques.*

4. L'ANDROMÈDE luisant.
Andromeda nitida. Mich. ♄ De l'Amérique septentrionale.

5. L'ANDROMÈDE coriacé.
Andromeda coriacea. Ait. ♄ De l'Amérique septentrionale.

6. L'ANDROMÈDE à feuilles aiguës.
Andromeda acuminata. Ait. ♄ De l'Amérique septentrionale.

7. L'ANDROMÈDE axillaire.
Andromeda axillaris. Ait. ♄ De l'Amérique septentrionale.

8. L'ANDROMÈDE paniculé.
Andromeda paniculata. Linn. ♄ De l'Amérique septentrionale. *Variété à rameaux verts.*

9. L'ANDROMÈDE velouté.
Andromeda canescens. Desf. ♄ De l'Amérique septentrionale.

10. L'ANDROMÈDE à grappes.
Andromeda racemosa. Linn. ♄ De l'Amérique septentrionale.

11. L'ANDROMÈDE ferrugineuse.
Andromeda ferruginea. Linn. ♄ De l'Amérique septentrionale.

12. L'ANDROMÈDE caliculé.
Andromeda caliculata. Linn. ♄ De l'Amérique septentrionale & du nord de l'Europe. *Variétés à feuilles plus étroites & à feuilles crépues.*

13. L'ANDROMÈDE à feuilles de polion.
Andromeda polifolia. Linn. ♄ Du nord de l'Europe.

14. L'ANDROMÈDE de Labrador.
Andromeda labradorica. Bosc. ♄ De l'Amérique septentrionale.

15. L'ANDROMÈDE du Canada.
Andromeda canadensis. Bosc. ♄ De l'Amérique septentrionale.

16. L'ANDROMÈDE fasciculé.
Andromeda fasciculata. Swartz. ♄ De la Jamaïque.

17. L'ANDROMÈDE de la Jamaïque.
Andromeda jamaicensis. Swartz. ♄ De la Jamaïque.

18. L'ANDROMÈDE octandre.
Andromeda octandra. Swartz. ♄ De la Jamaïque.

19. L'ANDROMÈDE à feuilles de saule.
Andromeda salicifolia. Lamarck. ♄ De l'île de France.

20. L'ANDROMÈDE à feuilles de buis.
Andromeda buxifolia. Lamarck. ♄ De l'île de Bourbon.

21. L'ANDROMÈDE à feuilles de pyrole.
Andromeda pyrolifolia. Du Petit-Th. ♄ De l'île de Bourbon.

22. L'ANDROMÈDE à feuilles de houx.
Andromeda ilicifolia. Lagasca. ♄ Du Pérou.

23. L'ANDROMÈDE rougeâtre.
Andromeda rubiginosa. Pers. ♄ De l'île de Saint-Thomas.

24. L'ANDROMÈDE du Japon.
Andromeda japonica. Willd. ♄ Du Japon.

25. L'ANDROMÈDE des rochers.
Andromeda rupestris. Forst. ♄ De la Nouvelle-Zélande.

26. L'ANDROMÈDE à feuilles réticulées.
Andromeda anastomosans. Linn. ♄ De la Nouvelle-Grenade.

27. L'ANDROMÈDE à bractées.
Andromeda bracteata. Cav. ♄ Du Brésil.

28. L'ANDROMÈDE à feuilles velues.
Andromeda eryophylla. Vand. ♄ Du Brésil.

Culture.

Les quinze premières espèces se voient dans nos jardins, & quoique d'un aspect & d'une époque de floraison très-variables, n'offrent point de différences dans leur culture. La terre de bruyère & une exposition ombragée leur sont indispensables. Elles aiment les arrosemens pendant les chaleurs de l'été. On les multiplie par le semis de leurs graines, par le déchirement de leurs vieux pieds, ou par éclats de racines en hiver. La première seule se refuse à ces derniers genres de multiplication. Cette même 1re., ainsi que les 4e., 5e., 7e. & 11e., sont quelquefois atteintes par les gelées; mais la première seule en souffre assez pour ne pouvoir arriver à toute la grandeur & la beauté qui lui est propre.

Le semis des graines d'*andromède* se fait dans des terrines remplies de terre de bruyère, terrines qui s'enterrent contre un mur exposé au nord ou sur une couche sourde à châssis. On ne doit recouvrir ces graines que de quelques brins de mousses, & il faut qu'elles soient arrosées fréquemment, mais peu à la fois, pendant les chaleurs de l'été. On rentrera dans l'orangerie, pendant l'hiver, celles de ces terrines qui contiendroient les semis des quatre espèces indiquées plus haut, & les autres seront laissées en plein air, couvertes seulement de quelques feuilles sèches. Le plant se relève la seconde année pour être mis, seul à seul, dans d'autres pots ou en pleine terre, à six ou huit pouces de distance. La quatrième ou cinquième année, il est propre à être planté définitivement.

C'est pendant l'hiver qu'on multiplie les *andromèdes* par séparation des vieux pieds & déchirement des racines, moyens qui suffisent le plus souvent aux besoins du commerce. Ces opérations sont très-faciles à exécuter, d'un succès presque certain, & peuvent se renouveler tous les ans, lorsque la terre de bruyère est de bonne qualité & suffisamment profonde.

Entre l'*andromède en arbre*, qui s'élève à une douzaine de pieds, & celle *à feuilles de polion*, qui arrive à peine à un pied, il y en a de toutes les hauteurs : ainsi on peut les placer par étages. Elles contrastent fort bien les unes avec les autres par la couleur de leurs feuilles, l'époque de leur floraison, la disposition de leurs fleurs, qui, en général, sont blanches & de peu d'apparence. Il est bon de couper les vieux pieds, de loin en loin, pour les renouveler, & de donner à tous des binages annuels pour augmenter la vigueur de leur végétation.

C'est moi qui ai apporté le premier en France l'*andromède à feuilles de cassiné*, & sa variété; & en cela j'ai fait un cadeau aux amateurs, car elle est une des plus belles du genre.

ANDROPHILAX. Synonyme de WENDLANDE.

ANDROPHORE. Quelques botanistes appellent ainsi les ÉTAMINES à plusieurs anthères.

ANDRYALE. *Voyez* ANDRIALE.

ANÉÉBONG. PALMIER des Moluques dont le chou est très-bon à manger.

ANEGEM. Nom arabe du DICTAME.

ANEILEME. *Aneleima*. Genre de plantes qui sépare des COMMELINES celles qui n'ont pas de bractées.

ANÉMIE. *Anemia*. Genre établi aux dépens des OSMONDES.

ANFRUS. On appelle ainsi, à la Guadeloupe, le MARANTA ARONDINACÉ.

ANGAR. Toit supporté par des pièces de bois, & sous lequel les récoltes & les instrumens de l'agriculture peuvent être mis à l'abri du soleil & de la pluie.

Quand on considère les avantages des *angars*, on ne peut concevoir comment il s'en trouve si peu dans les exploitations rurales. Sans doute il est des cantons où le défaut de bois rend leur construction très-dispendieuse, mais aussi il en est beaucoup où cette construction ne doit presque coûter que la main-d'œuvre; car qu'est-ce que valent souvent une vingtaine de pieds d'arbres de quinze à vingt pieds de long, quelques centaines de perches & deux milliers de bottes de paille de seigle?

Un *angar* propre à tous les usages, il est vrai, devroit être entouré de murs de trois côtés; mais ces murs peuvent être, sans inconvéniens, en terre, en torchis, en pierres sèches, &c., puisqu'ils sont à l'abri de la pluie & qu'ils ne supportent pas le toit.

Non-seulement les *angars* servent à déposer momentanément les récoltes qui sont dans le cas d'être soumises à des opérations subséquentes, comme le chanvre, le lin, les pois, les haricots, &c., mais encore les voitures, les charrues, les harnois & autres objets dont les alternatives du chaud & du froid, du sec & de l'humide, accélèrent la destruction. Il y a souvent à gagner, sous ces derniers rapports, en une seule année, ce qu'a pu occasionner la construction entière du *angard*.

C'est sous le *angar* qu'on peut le mieux travailler à la réparation des gros instrumens de l'agriculture, fendre le bois, tondre les moutons, étendre la lessive dans les jours de pluie, &c.

La grandeur d'un *angar* doit dépendre du besoin de l'exploitation, mais il est toujours bon qu'elle soit plutôt trop forte que trop foible.

Je voudrois que les quatre, ou les six, ou les neuf montans qui supportent le toit, fussent posés sur des dés de pierre de taille d'au moins un pied cube, que les chevrons qui portent les perches sur lesquelles la paille doit être fixée fassent une saillie de six pieds, le tout pour assurer la plus grande durée de l'édifice.

La position du *angar* doit être telle qu'il ne reçoive pas les émanations des fumiers : la partie la plus élevée de la cour & le voisinage de la porte lui conviennent le plus souvent.

Un *angar* ouvert de tous côtés, qui seroit meublé de grandes claies, posées au besoin sur des supports de diverses hauteurs, seroit très-avantageux pour recevoir les récoltes mouillées, les récoltes dont la maturité n'est pas complète, les fumiers, &c.

ANGARI. C'est l'ABUTILON D'ASIE.

ANGEIDEN. Espèce de LASER.

ANGELI-MARAVARA. On appelle ainsi un ÉPIDENDRE.

ANGELONIE. *Angelonia*. Plante vivace, originaire de Caracas, qui seule constitue un genre dans la didynamie angiospermie & dans la famille des scrophulaires. Elle ne se cultive pas dans nos jardins.

ANGHARAKO. Espèce du genre LUDWIGIE.

ANGHIVE. *Voyez* ANGA.

ANGIANTHE. *Angianthus*. Plante annuelle du Cap de Bonne-Espérance, qui seule constitue un un genre dans la syngénésie polygamie agrégée. Nous ne la possédons pas dans nos jardins.

ANGINE. Espèce d'ESQUINANCIE.

ANGIOPTÈRE. *Angiopteris.* FOUGÈRE des îles Mariannes qui constitue un genre aussi appelé CLÉMENTÉE.

ANGIRA. Un des noms de l'ORTIE DIOÏQUE.

ANGOPHORE. *Angophora.* Arbrisseau de la Nouvelle-Hollande, fort voisin des MÉTROSIDEROS, qui forme un genre dans l'icosandrie monogynie. Il n'est pas cultivé en Europe.

ANGORKIS. *Angorkis.* Genre établi dans la gynandrie diandrie & dans la famille des orchidées, lequel rassemble vingt-quatre espèces toutes exotiques & non cultivées dans nos jardins.

ANGUILLAIRE. *Anguillaria.* Deux genres de plantes portent ce nom & ne paroissent pas être dans le cas d'être conservés. L'un a été établi aux dépens des MÉLANTHES, & l'autre aux dépens des ARDISIES.

ANGUILLE. Poisson d'eau douce qui se met avec quelqu'avantage dans les étangs bourbeux, parce qu'il y prospère, & que sa vente est avantageuse lorsqu'il est d'une certaine taille. Il ne demande aucun soin particulier. Je crois donc que les cultivateurs, propriétaires d'étangs de cette sorte, doivent toujours y en mettre quelques-uns. Une fois qu'il y en a eu, ils s'y conservent éternellement, parce que beaucoup se cachent dans la boue au moment de la pêche, & y attendent plusieurs mois, s'il le faut, le retour de l'eau. *Voyez* ÉTANG.

ANGULOSE. *Angulosa.* Genre de plantes fort voisin des ANGRECS, lequel ne renferme qu'une espèce originaire du Pérou.

ANGUSTURE. *Angustura.* Ecorce dont on fait, depuis quelques années, un assez grand usage en Angleterre & en Espagne. Elle appartient à l'arbre appelé BONPLANDIE par Willdenow & CUSPAIRE par Humboldt.

ANGZA-VIDI. Espèce de BRUYÈRE qui croît naturellement à Madagascar.

ANZA-VIDI-LAHE. Synonyme d'HEMISTEME.

ANHAMEN. Synonyme d'ANÉMONE des jardins.

ANICILLO. Espèce de POIVRE originaire de l'Amérique méridionale.

ANICLA. *Voyez* GITHAGE.

ANICTANGIE. *Anictangium.* Genre de MOUSSSE établi aux dépens des SPHAIGNES.

ANIGOZANTHE. *Anigozanthos.* Genre de plantes de l'hexandrie monogynie & de la famille des liliacées, fort voisin des ARGOLAZES, & qui renferme deux espèces cultivées dans nos jardins.

Espèces.

1. L'ANIGOZANTHE jaunâtre.

Anigozanthos flavida. Labill. ♃ De la Nouvelle-Hollande.

2. L'ANIGOZANTHE rousse.

Anigozanthos rufa. Labill. ♃ De la terre de Van-Leuwin.

Culture.

Ces deux plantes demandent l'orangerie, une bonne terre substantielle & des arrosemens fréquens en été. Elles fleurissent fort bien dans nos climats, mais n'amènent jamais leurs graines à bien : en conséquence on ne les multiplie que par le déchirement des vieux pieds, au printemps, déchirement dont les résultats manquent rarement de fournir des pieds vigoureux, lorsqu'on les tient pendant quelques semaines sur une couche à châssis.

ANILO. Grand arbre des Philippines, imparfaitement connu & pas encore cultivé en Europe.

ANINGA-IBA. Plante du Brésil dont le genre n'est pas connu. On fait des radeaux avec ses tiges & (dit-on) de l'huile avec ses racines.

ANISILLO. Plante du Chili qui a de grands rapports avec l'ASTRANTE.

ANISOMÈLE. *Anisomeles.* Genre de plantes de la didynamie gymnospermie & de la famille des labiées, qui réunit trois plantes de la Nouvelle-Hollande, dont aucune n'est cultivée dans nos jardins.

ANJA-OIDY. BRUYÈRE qui croît à Madagascar.

ANKILOSE. Soudure de deux os formant articulation.

Cette maladie, qui empêche les mouvemens, est principalement importante à considérer dans le cheval, qui y est fort sujet, parce qu'elle lui fait perdre toute sa valeur.

Les causes des *ankiloses* sont la courbe, l'éparvin, les piqûres, les coups, les luxations, les entorses, les dépôts, &c.

On en distingue de deux sortes, la *vraie* ou complète, la *fausse* ou incomplète.

Dès qu'on s'aperçoit qu'un cheval est menacé d'*ankilose*, ou seulement d'inflammation dans une articulation, on doit le laisser à l'écurie, le saigner, le soumettre à un régime rafraîchissant, le purger de temps en temps, appliquer des cataplasmes émolliens sur la partie, & ne pas craindre de prolonger ce traitement, lors même qu'il semble ne pas produire d'effets.

Lorsque l'*ankilose* est ancienne, il n'y a aucune espérance de la guérir.

Un bœuf qui a une *ankilose* aux jambes ou au cou, doit être engraissé & envoyé à la boucherie.

Les vaches & les brebis peuvent souvent marcher & manger, quoique portant une *ankilose*; mais si elle est venue sans cause apparente, on peut croire qu'elle est organique, & que leurs petits seront plus sujets que ceux des autres à cette maladie : en conséquence on fera bien de l'envoyer également à la boucherie.

ANNATCHIRI. Espèce de COSTUS.

ANNEAU MAGIQUE. *Voyez* CERCLE MAGIQUE.

ANNEAU. *Voyez* INCISION ANNULAIRE.

ANNEAU. Disposition des œufs d'où sort la chenille appelée *livrée* par Geoffroy, laquelle nuit beaucoup aux arbres fruitiers. *Voyez* BOMBICE.

ANNEAUX. Saillies circulaires qui se forment sur les branches à fruits des arbres à pepins; & qui les indiquent au jardinier.

ANNESLÉE. *Anneslea.* Plante vivace qui croît dans les eaux de la Chine, & qui se rapproche beaucoup des NÉNUPHARS, quoiqu'elle constitue un genre distinct dans la même classe & dans la même famille. On la cultive dans quelques jardins des environs de Londres, mais je n'ai aucun renseignement sur la nature des soins qu'elle exige.

ANODE. *Anoda.* Genre de plantes de la monadelphie monogynie.

ANODONTE. *Anodonta.* Genre de coquille dont l'espèce la plus commune & la plus grosse se nomme vulgairement *moule d'étang*, des lieux où elle vit.

Je le cite ici, parce que les valves de l'espèce précitée servent, dans beaucoup de lieux, pour écrémer le lait, opération à laquelle elles sont éminemment propres, à raison de leur forme & de leur peu d'épaisseur. Je ne puis trop recommander aux ménagères qui emploient des cuillers ou autres instrumens analogues, de faire les démarches nécessaires pour se procurer de ces coquilles par la voie du commerce. Avec des soins, elles peuvent servir pendant un temps illimité, car il n'y a que des accidens qui puissent les rendre impropres au service.

Il faut avoir soin de tenir toujours très-propres ces coquilles, qui s'appellent *écrémières* dans quelques cantons, afin que le lait aigri qui s'y attache, n'altère pas celui dans lequel on les introduit.

L'animal de l'*anodonte* se mange dans plusieurs cantons, & n'a contre lui que la saveur bourbeuse due au lieu de son habitation.

ANOECTANGION. *Anoectangium.* Genre de plantes de la famille des MOUSSES, établi aux dépens des MNIES.

ANOLING. Arbre des Philippines qui se rapproche des ARDISIES, & dont l'écorce est employée en guise de savon.

ANOMA. Synonyme de BEN.

ANOMATHÈQUE. *Anomatheca.* Genre de plantes établi sur une espèce de GLAÏEUL. Il rentre dans celui appelé LAPEYROUSIE.

ANON. Petit de l'ANE.

ANONDONTIE. *Anondontia.* Genre de plantes de la famille des MOUSSES, établi aux dépens des BRYS.

ANOOGUE. On appelle ainsi, dans le département du Var, les bêtes à laine, depuis leur première tonte jusqu'à deux ans & demi.

ANOPTÈRE. *Anopterus.* Arbre de la Nouvelle-Hollande, qui seul constitue un genre dans l'hexandrie monogynie & dans la famille des gentianées. Nous ne le cultivons pas dans les jardins d'Europe.

ANOUAGO. Un des noms du HARICOT.

ANOUIL. C'est le nom d'un jeune BŒUF qu'on destine à la charrue dans le Médoc.

ANREDÈRE. *Anredera.* Plante de la Jamaïque qui a quelques rapports avec les BASELLES, & qui forme un genre dans la pentandrie monogynie & dans la famille des arroches. Elle ne se cultive pas dans les jardins d'Europe.

ANSARI. C'est l'OIE en Espagne.

ANSERINETTE. Petite OIE.

ANTELÉE. *Antelea.* Arbre de Java dont on ne connoît qu'incomplétement les parties de la fructification.

ANTENAIRE. *Antenaria.* Genre de plantes établi aux dépens des COTONIÈRES & des GNAPHALES. Il n'a pas été adopté.

ANTEUPHORBION. Espèce de CACALIE.

ANTHEPHORE. *Anthephora.* Genre de plantes établi sur le TRIPSAC HERMAPHRODITE. Il ne diffère pas du CALLADOA.

ANTHERURE. *Antherura.* Arbrisseau de la Cochinchine, fort rapproché des PSYCHOTRES, mais que quelques botanistes regardent comme le type d'un genre particulier. On emploie ses feuilles en médecine. Il n'est pas encore introduit dans nos cultures.

ANTHERYLIE. *Antherylium.* Arbre de l'île de Saint-Thomas, qui seul constitue un genre dans l'icosandrie monogynie & dans la famille des salicaires. Nous ne le cultivons pas dans nos jardins.

ANTHILION. C'est l'HÉLIANTHE ANNUEL.

ANTHISTIRIE. *Anthistiria.* Genre de plantes

établi pour placer quelques BARBONS & quelques SPARTHES, & qui renferme cinq à six espèces.

ANTHOBOLE. *Anthobolus.* Genre de plantes qui paroît ne pas différer suffisamment du ROUVET.

ANTHOCERCIS. *Anthocercis.* Arbuste de la Nouvelle-Hollande, aussi appelé URALIER, qui seul constitue un genre dans la didynamie angiospermie & dans la famille des personnées. Il ne se cultive pas dans les jardins d'Europe.

ANTHOCONE. *Anthoconum.* Genre établi pour placer la MARCHANTIE CONIQUE, qui n'offre pas tous les caractères des autres.

ANTHODON. *Anthodon.* Genre de plantes établi sur une seule epèce, qui est un arbrisseau grimpant des Cordilières, que nous ne cultivons pas en Europe. Il est de la triandrie monogynie.

ANTHŒNANTIE. *Anthœnantia.* Genre de plantes de la famille des graminées, établi pour placer le PANIC A CALICE HÉRISSÉ.

ANTHOLOME. *Antholoma.* Arbrisseau de la Nouvelle-Calédonie, qui seul constitue un genre dans la polyandrie monogynie & dans la famille des ébenacées. Il ne se cultive pas dans nos jardins.

ANTHONOTHE. *Anthonotha.* Arbrisseau de la côte d'Oware, dont Palisot-Beauvois a fait un genre dans la décandrie monogynie & dans la famille des légumineuses. On ne l'a pas encore introduit dans nos cultures.

ANTHOTIE. *Anthotium.* Plante de la Nouvelle-Hollande, regardée par R. Brown comme devant servir de type à un genre dans la pentandrie monogynie & dans la famille des campanulacées. Elle n'a pas encore été cultivée en Europe.

ANTHRÈNE. *Anthrenus.* Genre d'insectes de la classe des coléoptères, dont une des espèces, l'ANTHRÈNE DESTRUCTEUR, cause souvent des dommages aux cultivateurs, en mangeant leurs pelleteries, leurs peaux, leurs plumes, leur lard, &c. On la reconnoît à sa forme presque globuleuse, à sa couleur grise, à sa grandeur à peine d'une demi-ligne, à sa propriété de faire la morte dès qu'on la touche. Sa larve est blanche avec la tête brune.

Il n'y a guère que l'eau très-chaude & la chaleur du four qui puissent faire périr les *anthrènes* & leurs larves, & la plupart des objets qu'elles attaquent sont altérés par l'emploi de ces moyens. C'est donc une surveillance active que je recommanderai contre elles aux cultivateurs : ainsi ils battront souvent dans leur cour, & au soleil, les housses de leurs chevaux, les peaux de lièvre & de lapin qui attendent l'acheteur, les plumes d'oie, de poule, le lard qui n'est pas bien salé, &c.

ANTHRISQUE. *Anthriscus.* Genre établi pour séparer des autres quelques espèces de CERFEUILS.

ANTIARE. *Antiaris.* Genre de plantes de la monœcie monandrie & de la famille des urticées, qui contient deux grands arbres, l'un de Java & l'autre des Terres australes, ni l'un ni l'autre cultivés dans nos jardins.

Le premier est fameux, parce qu'il fournit le suc jaunâtre & visqueux, qu'on mêle avec celui de l'UPAS ou BOBON UPAS, pour empoisonner les flèches & les poignards.

ANTIMOINE. Métal dont les oxides sont fréquemment employés dans la médecine vétérinaire, & que les agriculteurs doivent au moins connoître nominalement.

Toutes les préparations d'*antimoine* sont ou purgatives, ou vomitives, ou sudorifiques, & quelquefois ont ces trois propriétés en même temps.

L'*antimoine cru* est la mine même d'*antimoine*, c'est-à-dire, le métal combiné avec le SOUFRE. Il en est de même du *verre d'antimoine*, du *foie d'antimoine*, qui sont la mine plus ou moins complétement fondue.

L'*antimoine diaphorétique*, le KERMÈS MINÉRAL & l'ÉMÉTIQUE, sont des préparations du même métal, dont on fait usage dans la médecine vétérinaire, & qu'on trouve chez les apothicaires.

ANTITRAGUE. *Antitragus.* Nom d'un genre établi aux dépens des CRIPSIDES.

ANTOLANG. C'est une CARMANTINE.

ANTRON. Sorte de FRUIT qui ne diffère pas du POMONE & du MELONIDIE.

ANTSJAC. Il y a lieu de croire que c'est le FIGUIER DES PAGODES.

ANTURE. *Antura.* Genre de plantes qui ne diffère pas de celui appelé CALAC.

ANVALI. Fruit du PHYLLANTE EMBLIC.

ANXIÉTÉ. Symptôme de diverses maladies des animaux, & des inquiétudes morales qu'ils éprouvent. Comme il disparoît toujours avec sa cause, il n'est pas dans le cas de devenir l'objet d'un article spécial.

ANYCHIE. *Anychia.* Genre de plantes établi pour placer la QUÉRIE DU CANADA, qui s'écarte des autres.

AOCACOUA. Espèce de PSYCHOTRE.

AORIVIER. Nom de l'OLIVIER dans le département du Var.

AOTE. *Aotus.* Genre de plantes de la décandrie monogynie & de la famille des légumineuses, qui réunit plusieurs arbrisseaux de la Nouvelle-Hollande, dont aucun n'est cultivé dans nos jardins.

AOUACA. Un des noms du LAURIER AVOCAT.

AOUCO ou AOUQUE. Les habitans de la Provence appellent ainsi l'OIE.

AOURAOUCHI. On donne ce nom à l'huile concrète de l'ICIQUIER SEBIFÈRE.

AOURNIER. Nom vulgaire du CORNOUILLER dans quelques cantons.

AOUTIMOUTA. Espèce de BAUHINIE.

APACARO. Arbre fort voisin du CANANG.

APACTE. *Apactis*. Genre de plantes de la dodécandrie monogynie, autrement appelé STIXIS. Il ne renferme qu'un arbre du Japon, non encore cultivé dans les jardins d'Europe.

APAHU. Nom d'un LISERON à Ceylan.

APALANCHE. *Prinos.* Genre de plantes de l'hexandrie monogynie & de la famille des rhamnoïdes, qui renferme sept espèces, presque toutes cultivées en pleine terre dans les jardins de Paris. Il est figuré pl. 255 des *Illustrations des Genres* de Lamarck.

Espèces.

1. L'APALANCHE glabre.
Prinos glaber. Linn. ♄ De l'Amérique septentrionale.

2. L'APALANCHE luisante.
Prinos lucidus. Ait. ♄ De l'Amérique septentrionale.

3. L'APALANCHE verticillée.
Prinos verticillatus. Linn. ♄ De l'Amérique septentrionale.

4. L'APALANCHE ambiguë.
Prinos ambiguus. Mich. ♄ De l'Amérique septentrionale.

5. L'APALANCHE à feuilles lancéolées.
Prinos lanceolatus. Desf. ♄ De l'Amérique septentrionale.

6. L'APALANCHE à longues feuilles.
Prinos longifolius. Desf. ♄ De l'Amérique septentrionale.

7. L'APALANCHE à feuilles de prunier.
Prinos prunifolius. Desfont. ♄ De l'Amérique septentrionale.

Culture.

La première espèce est un arbuste toujours vert qui s'élève seulement de cinq à six pieds, & qui orne les lieux où il se trouve, par la couleur foncée de ses feuilles & par l'épaisseur de ses touffes. Un sol léger & humide est le seul qui lui convienne. Les gelées de l'hiver le frappent quelquefois, mais il repousse toujours du pied, & ses jeunes touffes sont plus belles que les vieilles; de sorte que cet inconvénient est peu nuisible.

La seconde espèce, que quelques personnes ont placée parmi les houx (*ilex decidua*, Walt.), est encore plus dans le même cas, car il est rare qu'elle ne souffre pas un peu des hivers les moins rigoureux.

Toutes les autres espèces bravent cette saison, prospèrent dans la terre de bruyère & à l'ombre, mais sont moins propres à orner les jardins, parce que leurs feuilles tombent & que leurs fleurs sont petites. La seule d'entr'elles qui se voie communément dans nos jardins, est la troisième, arbuste de cinq à six pieds de haut, qu'on peut placer, ainsi que la première, sur le bord des massifs, le long des murs.

La multiplication des *apalanches* a lieu par le semis de leurs graines, dont les première & troisième donnent abondamment dans le climat de Paris, par marcottes, par rejetons & par déchirement des vieux pieds en hiver. Ces derniers moyens suffisant aux besoins du commerce, on les sème rarement; mais lorsqu'on le fait, c'est aussitôt que les graines sont récoltées, & dans des terrines, qu'au printemps suivant on place sur une couche à châssis. Le plant qui provient de ce semis est repiqué, à sa seconde année, dans une plate-bande de terre de bruyère exposée au nord, à quinze ou dix-huit pouces de distance en tout sens. On donne deux ou trois binages par an. Les pieds sont en état d'être mis définitivement en place à quatre ou cinq ans.

APALATANGH-VARI. Arbre de Madagascar dont les feuilles sont digitées & astringentes.

APALATOU. *Crudia*. Grand arbre de la Guyane, qui seul constitue un genre dans la décandrie monogynie & dans la famille des légumineuses. Il ne se cultive pas en Europe.

APANA. Nom malabar du LONTAR.

APANXALOA. Plante du genre SALICAIRE, qu'on emploie comme vulnéraire au Mexique.

APARGIE. *Apargia.* Genre de plantes établi aux dépens des LIONDENTS.

APÈRE. *Apera.* Genre de plantes établi aux dépens des AGROSTIDES.

APÉRIANTHACÉES. Famille de plantes intermédiaire entre les FOUGÈRES & les PALMIERS, qui réunit les genres ZAMIE & CYCAS.

APHARCA. C'est, à ce qu'il paroît, un des synonymes d'ALATERNE.

APHELANDRE. *Aphelandra.* Genre de plantes établi pour placer la CARMANTINE EN CRÊTE.

APHÉLIE. *Aphelia.* Petite plante de la Nouvelle-Hollande, formant seule un genre dans la monandrie monogynie, fort voisin des VAROQUIERS (*centrolepis*, Labill.). Elle ne se cultive pas dans nos jardins.

APHTES. Petits ulcères qui se forment, le plus souvent sans causes apparentes, dans la bouche des animaux domestiques, ulcères qui les font souffrir & les empêchent de manger. Il en est de deux sortes, les *benins*, dont la couleur est blanche, & les *malins*, dont la couleur est noire; ces derniers se transforment souvent en CHANCRES. (*Voyez* ce mot.) Les premiers sont peu dangereux.

M. Morel de Vindé nous a appris que les uns & les autres cédoient toujours à des lotions faites avec l'ACIDE NITRIQUE affoibli (l'eau-forte). Ainsi, les cultivateurs qui éprouveront des dommages par suite de leur apparition, auront à se reprocher de n'avoir pas fait usage de ce moyen si sûr & si prompt.

APHYLLOCAULON. *Aphyllocaulon.* Genre de plantes de la famille des corymbifères, voisin des MUTIS & des GERBERIES.

APIABA. Espèce d'HYPTIS.

APICHU. Synonyme de PATATE.

APICRE. *Apicra.* Genre de plantes établi pour diviser les ALOÈS.

APILIG. Il y a lieu de croire que c'est un EBENIER.

APLETER. Synonyme d'ACCÉLÉRER le travail dans le vignoble d'Orléans.

Un bon apleteur est celui qui expédie beaucoup en peu de temps.

APOBALSAMUM. Gomme-résine provenant d'une EUPHORBE, avec laquelle on empoisonne les flèches & les poignards.

APOCAPOUC. Arbre de Madgascar, dont le fruit, quoique regardé comme un poison, s'emploie cependant à faire de l'huile.

APODANTE. *Apodanthus.* Genre de plantes établi pour une MOUSSE presque microscopique naturelle à la Suède, & parasite d'une autre mousse, le SPLACHNE.

APOGON. Nom donné par Palisot-Beauvois à la première section de la famille des MOUSSES.

APONCOITA. *Voyez* CANÉFICIER.

APORÉTIQUE. *Aporetica.* Genre de plantes qui ne diffère pas de ceux appelés GEMELLES, ORNITHROPHE & POURETIE.

APOSTÈME. Nom qu'on donnoit autrefois aux ABCÈS ou aux DÉPÔTS. *Voyez* ces mots.

APOUCORICTA. Espèce de CASSE.

APPAREILLER. On emploie ce mot dans deux acceptions, c'est-à-dire, que tantôt il signifie le soin de choisir deux chevaux ou deux bœufs pour les atteler au même carrosse, à la même charrue; tantôt, lorsqu'il s'agit de conserver la beauté ou la bonté d'une race, ou relever une race abâtardie, il s'applique à la copulation.

Lorsque des chevaux de carrosse ne sont pas de forme, de taille & de couleur semblables, ils ne présentent pas un coup d'œil si agréable. Lorsque des chevaux de charrette ne sont pas d'égale force, d'égale docilité, ils font un plus mauvais service. On est donc déterminé à chercher à les *appareiller*, & on le fait autant que possible. *Voyez* CHEVAL.

Il en est de même des bœufs pour le trait & la charrue; car lorsqu'un de ces animaux tire vigoureusement & lorsque l'autre se contente de marcher, non-seulement le premier porte toute la fatigue & s'use plus promptement, mais encore le travail se fait irrégulièrement, & par conséquent mal : de-là le proverbe *une charrue mal attelée*.

Dans l'accouplement des animaux domestiques, il faut faire attention à la grandeur, à la force, à la bonne constitution, à la beauté, aux qualités morales. Il seroit absurde de chercher à obtenir des productions d'une jument de race, au moyen d'un cheval de dernière classe, par exemple de préférer un cheval cornard à un cheval sain, un cheval rétif à un cheval doux, pour faire saillir cette même jument. *Voyez* RACE.

APPÉTIT. Disposition des animaux à manger. Elle est produite par l'action des sucs digestifs sur l'estomac.

Un *appétit* modéré & égal est le signe d'une bonne santé. Sa satisfaction a pour suite le renouvellement de la vigueur musculaire & de la graisse absorbée par l'action vitale.

Un défaut d'*appétit* annonce une disposition à des maladies, & même un commencement de maladie. On s'oppose souvent à l'invasion de la maladie, en laissant reposer l'animal, en changeant sa nourriture, en lui donnant des purgatifs, &c.

Il est des *appétits* dépravés, c'est-à-dire, qu'on voit des animaux manger de la terre, des cendres, du linge, &c. C'est un effet de l'altération des sucs digestifs, qui cède le plus souvent à un changement de régime. *Voyez* DIGESTION.

APPUYÉE (Récolte). C'est celle qui est à demi versée, & qui, par ce fait même, s'annonce comme devant être très-productive.

Les récoltes *appuyées* agissent même sur celles de l'année suivante, en ce qu'elles étouffent les mauvaises herbes & entretiennent une humidité constante sur la terre. *Voyez* ETIOLEMENT, POIS GRIS, VESCE, GESSE & TRÈFLE.

APULÈGE. *Apuleja.* Genre établi aux dépens

des GORTÈRES. Il ne diffère pas de l'AGRYPHILLE, du ROHRIE & du BERCKHEYE.

APULI. La CANNE D'INDE porte ce nom.

AQUILAIRE. *Aquilaria.* Arbre de l'île de Java & voisines, qui forme seul un genre fort voisin de l'AGALLOCHE, & dont le bois est un de ceux qui se vendent si chèrement dans l'Inde, sous le nom de *bois d'aigle.* Nous ne le cultivons pas dans nos jardins. Il ne diffère pas de l'OPHISPERME.

ARA. CHARRUE à deux oreilles, usitée dans le département des Deux-Sèvres. *Voy.* ARAIRE.

ARABOUTAN. Un des noms du BRESILLET.

ARACA-GUACU. ARACA-MIRI. La GOYAVE porte ce nom au Brésil.

ARACHOUCHINI. Baume de l'ICIQUIER de la Guyane.

ARACK ou RACK. Nom de l'EAU DE-VIE dans l'Inde, & principalement de celles tirées du RIZ & du COCO.

ARACUS. Nom ancien des VESCES, GESSES & OROBES.

ARADECH. Synonyme d'AIRELLE.

ARAIGNÉE. Engorgement du pis des brebis, attribué à la piqûre d'une *araignée*, mais dû à la mal-propreté, à des contusions, à la suppression de la transpiration, &c.

Cette maladie est peu dangereuse & se guérit le plus souvent seule, mais quelquefois elle donne lieu à la SUPPURATION, à l'ULCÈRE & à la GANGRÈNE. *Voyez* ces mots.

ARAOAROU. COURGE qu'on mange en Amérique.

ARAOEBARA. Espèce d'EUPHORBE.

ARAPABACA. Synonyme de SPIGÈLE ANTHELMENTIQUE.

ARAR. Le MIROBOLAN CITRIN porte ce nom.

ARATICU. Fruit du COROSSOLIER HÉRISSÉ.

ARAUCAIRE. *Araucaria.* Genre de plantes de la monœcie monadelphie & de la famille des crucifères, fort voisin des PINS, & qui réunit deux arbres qui se cultivent dans nos jardins, mais qui y sont très-rares. *Voyez* pl. 828 des *Illustrations des Genres* de Lamarck, où il est appelé DOMBEY.

Le premier, l'ARAUCAIRE DU CHILI, est un des plus grands & des plus beaux arbres connus. Il croît naturellement au Brésil & au Chili, où on mange ses semences, qui ont quelques rapports, pour le goût, avec celles du PIN PIGNON, & où on tire un parti très-avantageux de son tronc pour la charpente & la mâture. C'est seulement depuis deux ou trois ans qu'il en est venu de bonnes graines en France, & le petit nombre de pieds auxquels elles ont donné naissance, ne permet pas encore d'établir le mode de leur culture.

Le second, l'ARAUCAIRE DE LA COLOMBIE, a été rapporté en Angleterre des montagnes rocheuses où sont les sources du Missouri. On n'en possède que deux ou trois pieds francs en France. On le greffe, mais avec peu de succès, sur l'EPICEA, par la difficulté de lui faire pousser une flèche. C'est un arbre d'une élégance remarquable, & qui deviendra un jour un des plus beaux ornemens de nos jardins.

ARBOIS. Un des noms du CYTISE DES ALPES.

ARBOUSE. Fruit de l'ARBOUSIER.

ARBOUSE D'ASTRACAN. Variété de COURGE.

ARBOUSIER. *Arbutus.* Genre de plantes de la décandrie monogynie & de la famille des bicornes, qui rassemble une douzaine d'espèces, dont la moitié sont cultivées dans nos jardins. Il est figuré pl. 366 des *Illustrations des Genres* de Lamarck.

Espèces.

1. L'ARBOUSIER commun.
Arbutus unedo. Linn. ♄ Du midi de la France.

2. L'ARBOUSIER à feuilles de laurier.
Arbutus laurifolia. Perf. ♄ De l'Amérique septentrionale.

3. L'ARBOUSIER à longues feuilles.
Arbutus longifolia. Dum.-Courf. ♄ De l'île de Ténériffe.

4. L'ARBOUSIER à panicules.
Arbutus andrachne. Linn. ♄ De l'Orient.

5. L'ARBOUSIER à feuilles entières.
Arbutus integrifolia. Lamarck. ♄ De l'Orient.

6. L'ARBOUSIER ferrugineux.
Arbutus ferruginea. Perf. ♄ De l'Amérique.

7. L'ARBOUSIER d'Acadie.
Arbutus acadiensis. Perf. ♄ De l'Amérique septentrionale.

8. L'ARBOUSIER mucroné.
Arbutus mucronata. Lam. ♄ De la Terre de feu.

9. L'ARBOUSIER bousserole.
Arbutus urva ursi. Linn. ♄ Des Alpes.

10. L'ARBOUSIER des Alpes.
Arbutus alpina. Linn. ♄ Des Alpes.

11. L'ARBOUSIER nain.
Arbutus integrifolia. Willd. ♄ De la Terre de feu.

12. L'ARBOUSIER à feuilles de filaria.
Arbutus phyllireæfolia. Perf. ♄ Du Pérou.

Culture.

La première espèce, connue sous le nom vulgaire de *fraisier en arbre*, à raison de la forme

& de la couleur de son fruit, couvre des étendues considérables de terrain en Italie & en Espagne, & même dans quelques cantons du midi de la France, où on emploie son bois à brûler, ses feuilles à tanner les cuirs, & on en mange ses fruits, qui sont d'un goût fade sucré. Elle s'élève au plus à quinze pieds, & reste verte toute l'année. On la cultive dans les jardins de Paris, mais elle ne produit jamais un bel effet, parce que, soit les gelées de l'hiver, soit les empaillemens destinés à l'en garantir, la mutilent. Il est une variété à fleurs rougeâtres, originaire d'Irlande & d'Allemagne, qu'elles respectent davantage, tandis qu'une autre à fleurs doubles en est beaucoup plus affectée. On ne peut donc regarder cet arbrisseau que comme destiné à orner les orangeries, & c'est à cette destination que je crois qu'il faut se borner.

La multiplication de l'*arbousier commun* autrement que par graines, est fort difficile, & les pieds qui proviennent des marcottes, des rejetons, &c., sont d'une reprise incertaine & ne font jamais de beaux arbres : en conséquence je ne parlerai que de celle par semis.

La graine d'*arbousier commun* mûrit assez bien dans nos orangeries, mais elle n'est pas d'aussi bonne qualité que celle du Midi; aussi est-ce cette dernière qu'il faut préférer lorsqu'il est possible de s'en procurer. On la répand, avant l'hiver, sur la surface d'une terrine remplie de terre de bruyère qu'on place sur une couche à châssis au printemps suivant, & qu'on arrose au besoin. Cette terrine est rentrée dans l'orangerie aux approches des gelées, & mise, l'été suivant, contre un mur exposé au midi, légèrement ombragé, & arrosée comme il a été dit plus haut. On peut repiquer le plant, à deux ans, dans des petits pots, qu'on rentre & place comme ci-dessus. A quatre ou cinq ans, ce plant a plus d'un pied de haut & fait déjà ornement. Ce n'est guère qu'à six ou huit ans qu'il commence à fleurir. On ne doit lui faire sentir le tranchant de la serpette que le moins possible. Parvenu à cet âge, il faut le mettre en caisse & lui donner de la nouvelle terre tous les trois ans au moins. *Voyez* ORANGERIE.

On a proposé, dans ces derniers temps, d'employer les fruits de cet arbrisseau à la fabrication du sucre, & les expériences qui ont été faites, tant en Espagne qu'en Italie, ont prouvé que cela eût été très-possible. Mais une circonstance à laquelle les personnes qui se sont livrées aux recherches relatives à cet objet n'ont pas pensé, ne permet pas d'espérer qu'on puisse mettre ce sucre dans le commerce à un taux propre à soutenir la concurrence avec celui de canne : c'est que ses fruits mûrissent successivement sur chaque pied; qu'ils ne peuvent être conservés plus d'un jour; que les pieds sauvages sont souvent fort écartés; que ces pieds sont presqu'aussi difficiles à cultiver dans leur pays natal qu'ici, & que, par suite, le prix de la récolte de ces fruits absorberoit tous les bénéfices de la fabrication.

L'*arbousier à panicules* est encore plus sensible au froid que celui dont il vient d'être question; aussi le tient-on constamment dans l'orangerie dans le climat de Paris. Il se fait remarquer par son beau feuillage & sa tige unie, dont l'écorce se renouvelle tous les ans. Ses fruits sont très-petits & mûrissent quelquefois dans le climat de Paris, mais y offrent rarement de bonnes graines. C'est exclusivement par la greffe en flûte ou à œil dormant & rez-terre, sur l'espèce commune, qu'on le multiplie; cependant ses marcottes, au moyen de l'incision annulaire, s'enracinent quelquefois au bout de deux ou trois ans.

Les *arbousiers à feuilles de laurier* & *à longues feuilles* se voient dans quelques collections, & s'y cultivent positivement comme le dernier.

L'*arbousier bousserole*, ou simplement *la busserole*, croît abondamment dans les Alpes & autres montagnes élevées. Ses fruits sont rouges & fort recherchés des *ours* : de-là le nom de *raisin d'ours* qu'il porte. On le cultive en pleine terre dans les écoles de botanique, où on le multiplie par graines, par marcottes & par déchirement des vieux pieds. Il demande la terre de bruyère, une exposition ombragée & beaucoup d'arrosemens pendant les chaleurs de l'été.

L'*arbousier des Alpes* est également rampant & encore plus petit. Ses fruits sont noirs & d'un goût agréable. Presque seuls, ils font l'agrément des peuples de la Laponie, du Kamtchatka & autres encore plus voisins du pôle. Il se cultive comme le précédent, mais plus difficilement, attendu que, quoique couvert de neige, dans l'état naturel, pendant six à huit mois de l'année, il craint les gelées du printemps, & qu'il lui faut une humidité plus constante.

ARCANSON. Nom vulgaire de la RÉSINE qu'on obtient du PIN MARITIME par l'incision de son tronc.

ARC-BŒUF. Synonyme d'ARRÊTE-BŒUF.

ARCESTHIDE. Sorte de fruit. Celui du GENÉVRIER lui sert de type.

ARCHELOT. Synonyme d'ARÇON, de SAUTERELLE, de COURBAU, &c. *Voyez* VIGNE.

ARCHENAS. Un des noms du GENÉVRIER.

ARÇON. Tantôt c'est une ou deux pièces de bois qui soutiennent la SELLE du cheval & lui donnent la forme, tantôt c'est un sarment de VIGNE de l'année précédente, qu'on recourbe dans le but de lui faire produire plus de fruit. *Voyez* ces deux mots.

ARCTOTHÈQUE. *Arctotheca.* Genre de plantes établi aux dépens des ARCTOTIDES. Il ne paroît pas dans le cas d'être adopté.

ARCTOTIDÉES. Famille de plantes qui a pour type le genre ARCTOTIDE.

ARCYRIE. Synonyme de TRICHIE.

ARDABAR. C'eſt un GOUET.

ARDÈNE. On donne ce nom à la MÉLAMPYRE.

ARDILLON. On appelle ainſi, dans quelques pays, la corde avec laquelle on attache les VACHES.

ARDISIACÉES. Famille de plantes qui rentre dans celles appelées MYRSINÉE & OPHIOSPERME.

ARDISIE. *Ardiſia.* Genre de plantes de la pentandrie monogynie & de la famille des ophioſpermes (*voyez* l'article précédent), qui renferme treize eſpèces, dont la moitié ſont cultivées dans nos ſerres. Il a auſſi été appelé TINNELIER. Il ſe rapproche infiniment des genres ANGUILLAIRE, ICACORE, STYPHILIE, ATHRUPHYLLIE, WALLENIE, RAPANE, BLADHIE, WEDÈLE, MANGILLE, CABALLAIRE, HEBERDENIE & BADULE.

Eſpèces.

1. L'ARDISIE élevée.
Ardiſia excelſa. Willd. ♄ De l'Amérique méridionale.

2. L'ARDISIE à feuilles de morelle.
Ardiſia ſolanacea. Willd. ♄ Des Indes.

3. L'ARDISIE à feuilles acuminées.
Ardiſia acuminata. Willd. ♄ De l'Amérique méridionale.

4. L'ARDISIE élégante.
Ardiſia elegans. Bot. Reſp. ♄ De l'Amérique méridionale.

5. L'ARDISIE à feuilles étroites.
Ardiſia littoralis. Bot. Reſp. ♄ De l'Amérique méridionale.

6. L'ARDISIE crénelée.
Ardiſia crenulata. Vent. ♄ Des Antilles.

7. L'ARDISIE à feuilles de laurier-thym.
Ardiſia thymifolia. Swartz. ♄ De la Jamaïque.

8. L'ARDISIE coriace.
Ardiſia coriacea. Swartz. ♄ De Saint-Domingue.

9. L'ARDISIE pyramidale.
Ardiſia pyramidalis. Cav. ♄ De l'Amérique méridionale.

10. L'ARDISIE à feuilles dentelées.
Ardiſia ſerrata. Cav. ♄ De l'Amérique méridionale.

11. L'ARDISIE naine.
Ardiſia humilis. Vahl. ♄ Des Indes.

12. L'ARDISIE à fleurs latérales.
Ardiſia lateriflora. Swartz. ♄ De l'Amérique méridionale.

13. L'ARDISIE paraſite.
Ardiſia paraſitica. Perſ. ♄ De la Dominique.

Culture.

Ce ſont les premières eſpèces qui ſont cultivées dans nos ſerres ou dans nos orangeries; celles des n°s. 1 & 6 principalement ſe contentent de cette dernière température. Elles demandent une terre à demi conſiſtante, renouvelée tous les deux ans. On ne les multiplie que de marcottes, car leurs boutures ne réuſſiſſent pas, & elles ne donnent jamais de graines dans nos climats. Ce ſont des arbres ou arbuſtes toujours verts, & qui ornent les ſerres ou les orangeries par leur beau feuillage.

ARDOISE. Pierre d'un bleu-griſâtre plus ou moins foncé, diſpoſée en couches très-minces & ſuſceptibles d'être ſéparées avec facilité, qu'on emploie pour couvrir les maiſons, & à pluſieurs autres uſages économiques.

Il faut diſtinguer les *ardoiſes* des SCHISTES, quoiqu'il y ait le plus grand rapport entr'eux, parce qu'elles ne ſe trouvent que dans les pays à couches, & que les ſchiſtes forment une grande partie de la maſſe des montagnes dites primitives.

On n'exploite en France que deux carrières d'*ardoiſe*, celle d'Angers & celle de Givet; auſſi, hors les environs de ces localités, les *ardoiſes* ſont-elles trop chères pour être employées par les cultivateurs peu fortunés.

En Angleterre & dans l'Amérique ſeptentrionale il n'eſt point de maiſon rurale, quelque peu apparente qu'elle ſoit, où on ne trouve une ou deux *ardoiſes* ſuſpendues, avec un crayon de même matière, contre le mur de la chambre d'habitation, pour pouvoir écrire toutes les notes, faire tous les calculs temporaires. Il eſt fort à deſirer que cet uſage s'introduiſe en France, pour l'avantage de l'agriculture; car ce n'eſt qu'en ſe rendant compte de ſes dépenſes & de ſes recettes, qu'en mettant un ordre régulier dans ſes opérations, que les cultivateurs peuvent proſpérer.

Dans les mêmes pays, & depuis peu en France, on emploie ces mêmes *ardoiſes* pour apprendre à écrire & à compter aux enfans, ce qui eſt fort économique.

Les terrains à *ardoiſes* ſont peu fertiles, tant à cauſe de la décompoſition de cette pierre, qu'à cauſe qu'elle contient toujours une aſſez forte proportion de MAGNÉSIE. Ce que je dirai des terrains ſchiſteux leur conviendra complétement.

ARDOURANGA. Un des noms de l'INDIGO.

ARDUINE. *Arduina.* Genre de plantes qui ne diffère pas des CALACS.

ARECA-GOLI. On appelle ainſi le FIGUIER BENJAMIN dans l'Inde.

AREKEPA. Le COTULE SPILANT porte ce nom.

ARENG. *Arenga.* Palmier des Moluques, confondu avec le RONDIER, mais dont Labillardière a reconnu les caractères distinctifs. Il ne se cultive pas en Europe.

Cet arbre est de première utilité pour les habitans des pays où il croît. En effet, son tronc, entier ou fendu, fournit les poteaux qui servent de charpente à leurs maisons, les pétioles de ses feuilles à lier ces poteaux entr'eux & à faire les planchers, ses feuilles à couvrir ces maisons : ces mêmes feuilles, divisées en lanières, s'emploient à fabriquer des nattes. On retire de son tronc un excellent sagou. L'amande de son fruit est très-bonne à manger, mais le brou qui la recouvre est vénéneux. En faisant des incisions à ses régimes, on en obtient, pendant la moitié de l'année, une boisson agréable, qui se change en vin & en vinaigre, & qui, évaporée de suite, fournit du sucre en abondance.

ARÉOMÈTRE. On a donné ce nom à des instrumens dont l'objet est de connoître la pesanteur des fluides, &, par suite, des solides qu'on y plonge.

Ces instrumens sont de deux sortes : les uns servent à indiquer seulement la pesanteur des fluides; les autres, la pesanteur spécifique des solides.

La première sorte, vulgairement appelée *pèse-liqueur*, est un globe ou un cylindre ordinairement de verre, dans lequel on met du mercure ou autre substance pesante, surmonté d'un tube de même matière, sur lequel est une graduation. Lorsqu'on met cet instrument dans un fluide, il s'enfonce d'autant plus, que ce fluide est moins pesant : ainsi il s'enfonce davantage dans l'esprit-de-vin que dans l'eau-de-vie, dans l'eau distillée que dans l'eau chargée de sel.

Pour les agriculteurs, les *aréomètres* de cette sorte ne servent qu'à la connoissance de la force des eaux-de-vie & des eaux de lessive; mais ces deux objets sont assez importans pour qu'ils doivent faire l'acquisition de deux de ces instrumens, un pour les liqueurs spiritueuses, un pour les liqueurs salines.

Pour éviter les calculs, on construit des pèse-liqueurs comparables, c'est-à-dire, dont le premier degré est celui de leur enfoncement dans l'eau distillée. Celui proposé par Beaumé obtient généralement la préférence.

La seconde sorte, qu'on appelle aussi *balance hydrostatique*, varie beaucoup plus dans sa forme que la précédente. Elle est d'un emploi trop difficile pour que les cultivateurs puissent en faire usage: en conséquence je me dispenserai d'en parler plus au long. On s'en sert principalement pour connoître la pesanteur spécifique des métaux, des pierres, des résines, en général de tous les corps.

ARESON. On croit que c'est l'ANDARÈSE.

ARESQUE. Synonyme d'AREC.

ARÊTE. Sorte d'ULCÈRE qui se développe sur les jambes des chevaux & des ânes, & qui même, quelquefois, les recouvre en entier, en forme de croûtes saillantes.

Il y a de deux sortes d'*arêtes*, les sèches & les humides, qui ne diffèrent que parce que ces dernières suppurent.

Les meilleurs remèdes à employer contre cette maladie, sont les caustiques salins, tels que les sulfates de fer & de cuivre mis en poudre & mélangés avec du miel, & encore mieux, sans doute, d'acide nitrique affoibli, ou eau-forte du commerce.

Comme la cause de l'*arête* est une âcreté dans les humeurs, il convient d'accompagner ce traitement d'un régime rafraîchissant. Ainsi on ne donnera aux animaux qui en seront affectés, que des foins d'excellente qualité, que des boissons d'eau blanche, ou mieux on les mettra au vert, après les avoir purgés, car souvent on a vu des *arêtes* sèches guérir par ce seul changement de régime.

ARÊTE. Prolongement qui termine ou accompagne souvent les fleurs des GRAMINÉES.

ARÉTIE. *Aretia.* Genre de plantes que quelques botanistes réunissent à celui appelé PRIMEVÈRE. (*Voyez* ce mot.) Il renferme les ARÉTIES HELVETIQUE, ALPINE & VATÉLIENNE.

ARGALOU. Synonyme de PALIURE.

ARGENTAIRE. Synonyme d'ARGYRÈJE.

ARGEROLA. C'est l'AZÉROLIER.

ARGIELAS. On donne ce nom, dans quelques lieux, au SPARTION SCORPION.

ARGILLETTE. Nom vulgaire du PHASQUE.

ARGLANTIER. Synonyme d'ÉGLANTIER. *Voyez* ROSIER.

ARGOLASE. Jussieu a donné ce nom à un genre de plantes qui avoit été appelé LANAIRE par Thunberg, & qui est très-voisin du DILATRIS.

ARGOUSIER. *Hippophae.* Genre de plantes de la dioecie triandrie & de la famille des éléagnoïdes, qui réunit deux espèces, dont l'une est commune dans le midi de la France, & se cultive, ainsi que l'autre, dans les jardins paysagers des environs de Paris. Il est figuré pl. 808 des *Illustrations des Genres* de Lamarck.

Espèces.

1. L'ARGOUSIER rhamnoïde.

Hippophae rhamnoides. Linn. ♄ Du midi de la France.

2. L'ARGOUSIER du Canada.

Hippophae canadensis. Linn. ♄ De l'Amérique septentrionale.

Culture.

La première espèce, vulgairement appelée *rhamnoïde* & *griset*, ne s'élève pas à plus de huit à dix pieds dans les vallées des Alpes, où elle est extrêmement abondante; mais j'en ai vu dans les jardins de Versailles qui avoient plus de trente pieds de hauteur, & la grosseur de la jambe.

Un sol léger, humide & chaud, est celui qu'aime l'*argousier*. Sa croissance est fort rapide. Il peut être avantageusement employé, & il l'est, dans beaucoup de lieux, à former des HAIES ou à garantir les cultures des ravages des torrens, à raison du nombre de ses épines & de la disposition traçante de ses racines. Le plus grand inconvénient dont il soit pourvu, c'est que ses feuilles & ses bourgeons sont extrêmement du goût des bestiaux, & qu'il est dégradé par eux. Sous ce dernier rapport surtout, cet arbuste rend des services immenses, ainsi que j'ai eu occasion de l'observer dans les vallées italiennes des Alpes, où on lui rend, au reste, toute la justice qu'il mérite. Là on le coupe souvent, mais on ne l'arrache jamais, même lorsque les grandes eaux ont mis à découvert ses racines; on le regarnit de terre, on le recouvre de gros quartiers de roches pour lui rendre la vie. Là il est beaucoup de plantations de cet arbre qui appartiennent à la commune & font la sécurité d'une très-grande étendue de champs ou de prairies, même de villages, & qui sont par conséquent convenablement soignées.

L'*argousier* fournit un bois très-dur & presqu'incorruptible; mais on le laisse, ainsi que je l'ai déjà observé, rarement venir assez gros pour pouvoir l'employer à des ouvrages de tour d'un certain volume, & encore moins à l'ébénisterie. Les fagots qu'on en fait sont très-propres à chauffer le four, à construire des haies sèches, des fascinages, &c. Ses fruits sont acides & astringens. Les enfans les mangent avec plaisir. En Sibérie on les emploie, comme ici la POMME D'AMOUR, à l'assaisonnement des viandes.

La multiplication de l'*argousier* est très-facile, puisqu'on peut l'opérer par tous les moyens connus. Ses graines sont très-abondantes & manquent rarement de germer. On les sème en rigole, dans un terrain léger, humide & chaud, & elles donnent du plant qui peut être mis en place dès la troisième année. Ses marcottes s'enracinent dans le premier été, & sont également susceptibles d'être utilisées l'année d'après. Le déchirement des vieux pieds, l'enlèvement des rejetons, l'enterrement des morceaux de racine, ne manquent presque jamais à la reprise.

Par sa forme pyramidale, par sa couleur grise, par ses grappes de fruits jaunes, l'*argousier* est très-propre à entrer dans la composition des jardins paysagers, & il y entre presque toujours. On doit le placer au second ou au troisième rang des massifs, pour qu'il contraste avec le feuillage des autres arbres. Il produit moins d'effet lorsqu'il est isolé. Toujours j'ai vu qu'il ne gagnoit pas à être tourmenté par la serpette, quoiqu'il n'en craigne point les atteintes.

L'*argousier du Canada* n'est pas encore connu dans nos cultures. Son aspect est fort différent de celui du précédent. Je n'en ai pas encore vu d'une certaine grosseur. La terre de bruyère lui convient plus que celles qui sont plus fortes. On le multiplie exclusivement de marcottes, n'ayant pas, à ma connoissance, encore donné de fruits, quoique nous possédions les deux sexes; mais elles prennent racines en peu de mois, & peuvent être, comme celles du précédent, mises en place l'année suivante.

ARGUELL. Espèce de CYNANQUE de la haute Égypte, dont on mélange les feuilles avec celles du SENÉ.

ARGUENITA. Nom d'une CALCÉOLAIRE.

ARGYRÈJE. *Argyreja*. Genre de plantes de la pentandrie monogynie & de la famille des convolvulacées, fort voisin des AQUILICES & des LÉES, qui renferme trois arbrisseaux grimpans de la Chine & de la Cochinchine, lesquels ne se cultivent pas dans nos jardins.

ARGYROCHETE. *Argyrocheta*. Genre établi par Cavanilles pour placer la PARTHENIE HYSTÉROPHORE.

ARGYROCOME. *Argyrocoma*. Genre de plantes établi aux dépens des PERLIÈRES & des IMMORTELLES. Il renferme un grand nombre d'espèces mentionnées à ce dernier mot.

ARIA-PEPOU. Synonyme d'AZÉDARAC.

ARIA-VELLA. Le MOZAMBÉ VISQUEUX porte ce nom au Malabar.

ARILLE. Enveloppe propre de quelques GRAINES. L'*arille* de la MUSCADE s'appelle MACIS.

ARIN-DRANTO. Arbre inconnu de Madagascar.

ARISTÉE. *Aristea*. Genre de plantes établi pour placer la MORÉE D'AFRIQUE.

ARISTOTÈLE. *Aristotelia*. Arbrisseau du Chili, qui seul constitue un genre dans la décandrie monogynie. Il se cultive dans nos orangeries & peut être mis en pleine terre dans le midi de la France. *Voyez* sa figure pl. 399 des *Illustrations des Genres* de Lamarck.

Dans son pays natal on fait une boisson rafraîchissante avec les fruits du *maqui* (c'est le nom vulgaire de l'*aristotèle*), à raison de leur acidité & de leur saveur agréable; mais ici, quoiqu'ils mûrissent fort bien, ils sont trop peu abondans pour qu'on en puisse tirer un parti utile.

Le *maqui* se multiplie de semences, qui avortent souvent, de marcottes & de boutures. On fait peu usage du premier moyen, les deux autres suffisant aux besoins du commerce. On peut le marcotter en tout temps, mais on préfère ordinairement le printemps. C'est à la même époque qu'on fait ses boutures, ces dernières dans des pots sur couches à châssis, & avec du bois de l'année précédente. Les pieds repris se repiquent au printemps suivant.

Cet arbrisseau demande une terre de quelque consistance & des arrosemens fréquens en été. La serpette doit le toucher le plus rarement possible.

J'en ai vu des pieds en pleine terre, en Italie, qui avoient quinze à vingt pieds de haut, mais ne produisoient pas plus d'effet que ceux de six à huit pieds qui se trouvent dans nos orangeries.

ARISTOTELÉE. *Aristotelea.* Plante annuelle de la Cochinchine, que Loureiro fait servir de type à un genre, mais qui paroît devoir être placée parmi les NÉOTTIES.

ARJONE. *Arjona.* Plante vivace, à racine subéreuse, qui seule forme un genre dans la pentandrie monogynie & dans la famille des thymelées. Elle est originaire de l'Amérique méridionale, où on mange sa racine sous le nom de *descado.* On ne la cultive pas dans les jardins d'Europe.

ARMERIE. *Armeria.* Genre de plantes établi aux dépens des STATICÉS.

ARNANCHO. Nom péruvien du PIMENT.

ARNÈRE. C'est l'ARAIRE dans le département de la Haute-Garonne.

ARNERIE. *Arneria.* Genre de plantes établi par Forskhal, mais qui ne diffère pas assez de celui des GREMILS pour être conservé.

ARNIQUE. *Arnica.* Genre de plantes de la syngénésie superflue & de la famille des corymbifères, qui a été réuni aux DORONICS par Lamarck, & dont la culture est mentionnée à l'article de ces derniers.

ARNIVE. Synonyme d'ARGALOU.

ARNOPOGON. *Arnopogon.* Willdenow a donné ce nom au genre de plantes qui a été appelé UROSPERME par Scopoli & BARBOUQUINE par Dumont-Courset.

ARNOSÈRE. *Arnoseris.* Genre de plantes établi pour placer l'HYOSÉRIDE MINIME de Linnæus.

AROCIRA. Synonyme de MOLLE.

AROÏDES. Famille de plantes qui réunit dix genres; savoir : LAGUNÉE, GOUET, CALLE, POTHOS, ORONCE, HOUTTUINE, AMBROSINIE, ZOSTÈRE, DRACONTE & ACORE.

AROLE DES ALPES. On donne ce nom au PIN CIMBRO.

ARONGYLE. *Arongylium.* Genre de CHAMPIGNONS établi aux dépens des TRICHODERMES.

ARONIE. *Aronia.* Genre de plantes établi aux dépens des ALIZIERS, & dont le type est l'ALIZIER NAIN.

ARORNAS. Un des noms du GENÉVRIER.

AROUAOU. L'ICIQUIER de la Guyane porte ce nom.

AROUMA. C'est le GALANGA EFFILÉ.

AROUNIER. *Arouna.* Arbre de la Guyane, qui seul constitue un genre dans la diandrie monogynie & dans la famille des légumineuses. Vahl l'a réuni avec les DIURIS. Il ne se cultive pas dans nos jardins.

ARRAGONE. Un des noms de la JULIENNE.

ARRATCHO. On donne ce nom à l'AVOINE dans le département du Gers.

ARRAYAN. *Voyez* MYRTE DU PÉROU.

ARRHENANTHÈRE. *Arrhenantherum.* Genre de plantes établi aux dépens des AVOINES, & auquel l'AVOINE ELEVÉE sert de type.

ARRHENOPTÈRE. *Arrhenopterum.* Genre de MOUSSE établi aux dépens des BRYS.

ARRIÈRE-FAIT. *Voyez* au mot DÉLIVRE.

ARRIÈRE-GRAISSE. Ce nom s'applique, dans la ci-devant Flandre, aux ENGRAIS qui n'ont pas été consommés par la récolte pour laquelle ils ont été répandus, & qui doivent améliorer la suivante.

Toujours, lorsqu'une terre change de fermier, l'*arrière-graisse* est payée par l'entrant au sortant, à dire d'expert. Cette louable coutume seroit très-utilement introduite partout, en ce qu'elle empêcheroit, comme ils ne le font que trop, les fermiers sortans, à rendre une terre épuisée. *Voyez* FERME.

ARROUMA. Le BIHAI DES ANTILLES porte ce nom.

ARROUSE. On appelle ainsi la LENTILLE dans quelques lieux.

ARROUY. Un des noms de la SENSITIVE.

ARROZ. Altération du mot RIZ.

ARS. Les vétérinaires appellent ainsi la partie intermédiaire entre la poitrine & l'épaule des chevaux, laquelle est sujette aux écorchures, & par suite aux inflammations. Dans ce cas ils disent qu'un cheval est *frayé aux ars.*

Ce mal n'est point dangereux & se guérit en peu de temps par le repos & des fomentations émollientes. *Voyez* PLAIE.

ARSÉ. C'est un monceau de PAILLE dans le département du Var.

ARSEROLLE. *Voyez* AZEROLLE.

ARSIN. En langage forestier, ce mot signifie un arbre qui a été altéré par le feu. Il est peu employé aujourd'hui, mais les *arbres arsins* n'en sont pas moins communs ; car, dans les pays de montagnes surtout, tout arbre isolé est mis dans cet état par les pâtres, qui se moquent des réglemens, à raison de ce que leur jeune âge ou leur profonde misère les mettent à l'abri des punitions.

ARSIS. *Arsis.* Arbuste de la Cochinchine, qui seul constitue un genre dans la polyandrie monogynie. Nous ne le cultivons pas dans nos jardins.

ARSURE. Espèce de crispation que les grandes sécheresses font naître sur le pastel, & que les PLUIES ou les ARROSEMENS font disparoître.

ARTHANITA. Un des noms du CYCLAME.

ARTHETIQUE. On appelle ainsi la GERMANDRÉE IVETTE dans quelques lieux.

ARTHONIE. *Arthonia.* Genre établi aux dépens des LICHENS.

ARTHRATHERON. *Arthratherum.* Genre de graminées établi pour placer quelques ARISTIDES qui n'ont pas les caractères des autres.

ARTHRODIE. *Arthrodia.* Genre de plantes établi pour les CONFERVES.

ARTHROPODION. *Arthropodium.* Genre de plantes qui ne paroît pas suffisamment différer des PHALANGÈRES.

ARTHROSTYLIS. *Arthrostylis.* Genre de plantes qui semble devoir rentrer dans celui des SOUCHETS.

ARTICIOCOCCO. Un des noms du CACTE RAQUETTE.

ARTIGNE. Colique qui attaque fréquemment les BŒUFS dans le département du Gers, & qu'on guérit au moyen de LAVEMENS ÉMOLLIENS.

ARTISI. Synonyme de CERCIFIS.

ARTISON. Nom vulgaire des TEIGNES qui mangent les étoffes de laine, les plumes, les fourrures, le lard, &c.

ARTOCARPÉES. Famille de plantes qui sépare quelques genres ; entr'autres celui des JACQUIERS de celle des URTICÉES.

ARTROLOBION. *Artrolobium.* Genre de plantes établi aux dépens des CORONILLES.

ARTURO. C'est la CELSIE ARCTURE.

ARTY. On donne ce nom, dans l'Inde, à la QUAMOCLITE DU MALABAR.

ARUNDINAIRE. *Arundinaria.* Genre de plantes qui ne diffère pas de celui appelé tantôt LUDOLFIE, tantôt MIEGIE.

ARYAMUCHA. Nom caraïbe du PIMENT.

ARZ. Synonyme de RIZ.

ASAHASAFRA. Espèce d'ORCHIS.

ASARIA-PALA. C'est le DOLIC BRULANT.

ASARINE. Espèce de MUFLIER.

ASAROÏDES. *Voyez* ARISTOLOCHES.

ASCARICIDE. *Ascaricida.* Genre établi par H. Cassini pour placer la CONYZE ANTHELMENTIQUE, qu'il trouve pourvu de caractères particuliers.

ASCARIDE. *Ascaris.* Genre de vers intestins, dont deux espèces se trouvent fréquemment dans le corps de l'homme & dans celui des animaux qu'il s'est assujettis : toutes deux peuvent donner lieu à des inconvéniens graves, & même à la mort, lorsqu'elles sont trop multipliées.

L'ASCARIDE VERMICULAIRE est celle qui tourmente le plus souvent les hommes, ou mieux les enfans ; & l'ASCARIDE LOMBRICALE, celle qui tourmente le plus fréquemment les chiens, les chevaux, &c.

Toutes deux annoncent leur présence par des chatouillemens qui correspondent à l'anus & au nez. On les combat avec succès au moyen de l'huile empyreumatique, tirée par la distillation, à feu nu, des ongles des chevaux, des cornes des bœufs, &c. Cette huile étant fort âcre, doit être donnée à petite dose.

ASCARINE. *Ascarina.* Genre de plantes de la diœcie monandrie, qui renferme plusieurs arbres & arbustes des Indes & des îles de la mer du Sud, dont aucun n'est cultivé dans nos jardins. Il se rapproche beaucoup de la MORELLANE.

ASCHIL. C'est la SCILLE MARITIME.

ASCLÉPIADÉES. Famille de plantes que R. Brown a cru devoir établir aux dépens des APOCINÉES.

ASCOBOLE. Genre de CHAMPIGNONS établi aux dépens des PEZIZES.

ASCOPHORE. Autre genre de CHAMPIGNONS fort rapproché des MOISISSURES.

ASE. Nom de l'âne dans le midi de la France.

ASEROE. *Aseroe.* Champignon de la Nouvelle-Hollande, décrit & figuré par Labillardière, comme devant former genre.

ASJAGAN. Un des noms du JONÈSE.

ASMENI. Synonyme d'IRIS.

ASMONICH. Espèce de QUINQUINA.

ASONATOU. Nom vulgaire du FIGUIER de l'Inde.

ASP. Nom persan du CHEVAL.

ASPALE. *Voyez* LÉERSIE.

ASPARAGOÏDES. *Voyez* ASPERGÈS.

ASPERGILLE. *Aspergilla.* Genre de plantes établi aux dépens des MOISISSURES.

ASPEROCOQUE. *Asperococus.* Genre de plantes établi aux dépens des ULVES.

ASPHYXIE. On a donné ce nom à un état de mort apparente, produit par la cessation du jeu des poumons.

La strangulation, la submersion dans l'eau, la paralysie, le froid excessif, empêchant l'air d'entrer dans les poumons, produisent une véritable *asphyxie. Voyez* ÉTRANGLEMENT & NOYE.

Mais ce sont principalement les *asphyxies* occasionnées par le développement, dans un lieu fermé, des gaz acide carbonique & azote, impropres à la respiration, dont il doit être question dans cet article, parce que ce sont celles auxquelles l'ignorance des agriculteurs les expose le plus souvent.

Du charbon allumé dans une chambre bien close développe une grande quantité de gaz acide carbonique qui fait immanquablement tomber en *asphyxie* tous les hommes & tous les animaux qui se trouvent dans cette chambre, & par suite les fait mourir, s'ils ne sont pas secourus à temps.

La vendange qui fermente soit dans la cuve, soit dans les tonneaux, en dégage également & produit les mêmes effets sur les hommes qui entrent sans précaution dans les cuves ou dans les caves qui renferment cette vendange.

La fermentation du cidre, du poiré & de la bierre, produit des effets semblables.

Ceux qui descendent dans les mines, dans les puits, dans les fosses d'aisance où il se dégage naturellement de ce gaz acide carbonique ou du gaz azote, sont souvent dans le même cas.

Comme ces gaz sont plus pesans que l'air, ils se trouvent en plus grande abondance sur la surface des liquides qui les dégagent. On peut souvent se tenir debout, dans un lieu où il y en a beaucoup, sans en être affecté, & en être subitement frappé lorsqu'on se baisse.

Les symptômes avant-coureurs de l'*asphyxie* sont un mal de tête & des étourdissemens immédiatement suivis de la perte de la connoissance. Il ne faut que deux ou trois minutes pour faire passer, par son effet, l'homme le plus robuste, de la vie à la mort.

Les gaz précités agissent sur les corps en combustion comme sur notre poumon, d'où il suit qu'on peut s'assurer de leur présence au moyen d'un corps enflammé. Ainsi, en attachant une chandelle allumée à un long bâton, & en la promenant à la surface d'une cuve en fermentation, à l'entrée d'une cave, en la descendant dans une mine, dans un puits, dans une fosse d'aisance, on peut toujours connoître s'il y a du danger à y descendre; car, dans ce cas, sa flamme pâlit, & ne tarde pas à s'éteindre.

La chaux vive, en se combinant avec le gaz acide carbonique qui cause l'*asphyxie*, détruit ses effets; ainsi, en en jetant suffisamment dans les fosses d'aisance, on peut y entrer, de suite, sans danger.

La quantité de cultivateurs qui, tous les ans, sont victimes des circonstances que je viens d'énoncer, est très-considérable, & c'est un devoir à tous ceux à qui l'habitude de la réflexion les fait prévoir, de les avertir du danger. A Paris & autres grandes villes, il y a, dans différens points, des moyens de secours & des instructions pour les employer, qui sauvent beaucoup de victimes.

Voici un court aperçu de ce qu'il convient de faire dans le cas d'*asphyxie*.

Au moyen d'une éponge imbibée d'alcali (le volatil de préférence), éponge qu'on s'applique sur le visage, de manière à respirer par ses pores, on peut entrer dans une atmosphère de gaz acide carbonique, sans craindre ses effets; & c'est, ainsi garanti, qu'on va relever les corps des asphyxiés pour les apporter à l'air libre, où on les déshabille, on les enveloppe d'un linge chaud, on leur jette de l'eau froide sur le visage, on en frotte leurs parties les plus sensibles, comme les lèvres, le nez, l'anus, le gland, le clitoris, soit avec les doigts, soit avec une plume, soit avec de l'alcali volatil; on leur fait avaler de l'eau dans laquelle on a mis quelques goutes du même alcali; on leur donne des lavemens de décoction de tabac, de savon, &c. Pendant l'emploi de tous ces moyens on leur souffle, de temps en temps, de l'air dans les poumons, soit par le nez, soit par la bouche.

Quand le corps des asphyxiés est encore chaud, au moment où on commence ces opérations, il est presque certain que leur effet sera prompt; mais, quand il est froid, il faut souvent les répéter des heures entières avant d'arriver au but, & on n'y arrive pas toujours. En général, il faut moins facilement se rebuter en été qu'en hiver, sur un enfant que sur un homme dans la force l'âge, sur ce dernier que sur un vieillard.

Les premiers symptômes de vie que manifestent les asphyxiés, sont le soulèvement de la poitrine, la respiration, des hoquets, l'ouverture des yeux, une bave écumeuse, des vomissemens. Alors on les porte dans un lit chaud, on les frotte doucement sur tout le corps, on leur donne quelques gouttes de bon vin & on les laisse reposer.

Lorsqu'après avoir donné quelques signes de vie, l'asphyxié retombe sans sentiment, on peut craindre sa mort effective; mais il ne faut pas pour cela perdre courage.

Je le répète, l'important, dans le traitement de l'*asphyxie*, c'est de rétablir le jeu des poumons & de rappeler la chaleur.

Dans ce court exposé je parle non-seulement d'après les autres, mais d'après ma propre expérience, ayant été assez heureux pour ramener à la vie deux jeunes filles qui avoient été asphyxiées par le charbon, & qui ne donnoient plus aucune espérance à leurs parens. J'aurois pu également sauver une mère de famille, si un prêtre ne s'y étoit opposé, sous le prétexte de l'indécence de mes moyens & du crime de tenter Dieu.

ASPICARPON. *Aspicarpon*. Plante de la monandrie triandrie & de la famille des orties, dont on ignore le pays natal, & qu'on cultive au Jardin du Muséum d'histoire naturelle de Paris, où on la tient dans l'orangerie.

ASPIDION. *Aspidion*. Genre de FOUGÈRES, établi aux dépens des POLYPODES.

ASPILIE. *Aspilia*. Genre de la syngénésie superflue & de la famille des corymbifères, établi sur deux plantes de Madagascar, que nous ne cultivons pas dans nos jardins.

ASPINALSACH. C'est l'ARMARINTE DU LIBAN.

ASPLENIUM. Synonyme de DORADILLE.

ASSA DOUX. Un des noms du BENJOIN.

ASSARMENTER. Dans les environs d'Orléans, c'est enlever les SARMENS de la VIGNE après la TAILLE.

ASSAZOÉ. Plante d'Abyssinie qui ne nous est complétement pas connue.

ASSI. C'est le DRAGONIER UMBRACULIFÈRE.

ASSILIS. Un des noms du SELIN SYLVESTRE.

ASSIMINE. Sorte de fruit. C'est celui du COROSSOLIER.

ASSIMINIER. Espèce de COROSSOLIER & genre de plantes établi aux dépens des COROSSOLIERS. Ce genre a aussi été appelé ORCHIDOCARPE.

ASSOBIRAN. Synonyme de BUGRANE dans le département de la Haute-Vienne.

ASSONIE. *Assonia*. Arbrisseau de l'île de la Réunion, où on l'appelle *bois de senteur bleu*, qui seul constitue un genre dans la monadelphie monogynie & dans la famille des malvacées. Nous ne le cultivons pas dans nos jardins.

ASSOUPISSEMENT. Quelques animaux domestiques ont une telle disposition à dormir, qu'ils ne travaillent que lorsqu'ils sont excités. Les bœufs & les vaches, dans ce cas, sont très-propres à être mis à l'ENGRAIS ; mais les chevaux, les mulets, les ânes, les chiens & les chats qui s'y trouvent également, ne sont bons qu'à tuer, puisque cette maladie est organique, & qu'aucun moyen ne peut leur donner l'activité desirable.

ASSUJETTIR LES ANIMAUX. On éprouve souvent de la résistance de la part des animaux domestiques lorsqu'on veut leur faire quelqu'opération chirurgicale, ou seulement ferrer ceux qui sont dans le cas de l'être. Il faut donc les mettre hors d'état de se défendre & de blesser ceux qui les approchent. C'est par leur *assujettissement* qu'on y parvient.

Il faut *assujettir les animaux* debout, ou il faut les coucher auparavant sur le côté.

On emploie, dans le premier cas, tantôt un linge dont on leur enveloppe la tête de manière qu'ils ne puissent ni voir ni mordre, tantôt on leur pince le nez avec une MORAILLE ou un TORCHE-NEZ, tantôt on les place entre quatre poteaux, auxquels ils sont attachés par les pattes, la tête, la queue.

Dans le second cas on passe à leurs pattes, par couple, une corde à nœud coulant, qui, serré, les fait tomber & les empêche de remuer, ensuite on leur fixe la tête avec le genou, avec un licol. Ce sont des hommes forts & accoutumés à cette opération qu'on doit toujours préférer dans ce cas, pour éviter les accidens qui sont souvent la suite de l'oubli des précautions qu'il faut prendre.

ASSY. DRAGONIER DE MADAGASCAR.

ASTE. Synonyme de SAUTRELLE, de COURBAU, de CERCEAU, &c., dans les environs de Bordeaux. *Voyez* VIGNE.

ASTE. On appelle ainsi le timon de la CHARRUE dans le département de la Haute-Garonne.

ASTÉLIE. *Astelia*. Plante parasite de la Nouvelle-Hollande, qui seule constitue un genre dans la polygamie monœcie & dans la famille des asphodèles, fort voisin des CARAGATES. On ne la cultive pas dans nos jardins.

ASTERELLE. *Asterella*. Genre de plantes établi aux dépens des MARCHANTES.

ASTÉRISQUE. Genre de plantes réuni avec les BUPTHALMES.

ASTEROME. *Asteroma*. Genre de plantes établi aux dépens des XYLOMES, & contenant cinq espèces, toutes vivant aux dépens des feuilles.

ASTEROPE. *Asteropia*. Arbrisseau de Madagascar, constituant seul un genre dans la monadelphie décandrie & dans la famille des rosacées. Il ne se cultive pas en Europe.

ASTÉROPTÈRE. *Asteropterus*. On a donné ce nom à un genre de plantes établi aux dépens des LEYSÈRES.

ASTOURBE. Nom vulgaire des MOLÈNES NOIRE & LYCHNITE, dont les graines servent à enivrer le poisson.

ASTRANTE. *Astranthus*. Arbre de la Cochinchine, qui, selon Loureiro, forme seul un genre dans l'heptandrie tétragynie. Il ne se cultive pas dans les jardins d'Europe.

ASTREPHIE. *Astrephia.* Genre établi aux dépens des VALÉRIANES.

ASTRES. Nom commun au soleil, à la lune, aux planètes, aux étoiles & aux comètes.

C'est au SOLEIL, le principal des *astres*, que toute existence est due; aussi a-t-il été l'objet de de l'adoration des premières sociétés agricoles.

C'est principalement l'action de la LUNE sur l'air atmosphérique, dont elle modifie l'état par son attraction, qui cause le plus souvent les changemens de temps.

Les autres *astres* paroissent trop éloignés pour influer sur les animaux ou sur les végétaux d'une manière sensible.

On doit donc croire que l'ignorance est la seule raison de l'opinion que beaucoup de personnes ont eue dans tous les siècles, & ont encore, que les *astres* règlent les destinées des états & des particuliers. On doit donc regarder comme des fourbes, ceux qui prétendent changer les événemens par des invocations aux *astres*, qui prétendent lire dans l'avenir par l'observation des combinaisons du mouvement des *astres*, &c. Au reste, si quelques cultivateurs perdent encore leur temps & leur argent pour apprendre leur bonne aventure, le nombre en est petit & diminue tous les jours.

ASTROLOME. *Astroloma.* Genre qui rassemble quatre plantes de la Nouvelle-Hollande, dont aucune n'est cultivée dans nos jardins.

ASWANA. Espèce de SPARMACOCE.

ATALANTIE. *Atalantia.* Genre de plantes de la famille des HESPERIDÉES, formé sur une espèce que nous ne cultivons pas dans nos jardins.

ATALIER. La VIORNE MANCIENE porte ce nom dans quelques cantons.

ATAMARAM. Un des noms du COROSSOLIER A FRUITS ÉCAILLEUX.

ATCHAR. On appelle ainsi, dans l'Inde, les bourgeons de BAMBOU confits au vinaigre, & en général toutes les parties des plantes confites de même. *Voyez* CORNICHON.

ATE. Fruit du COROSSOLIER A FRUITS ÉCAILLEUX.

ATECOCUDO. Un des noms du LAUROSE ANTIDYSSENTERIQUE.

ATEIRA. *Voyez* ATE.

ATERLUSI. Espèce d'ARISTOLOCHE de l'Inde.

ATÉTÈRE. Nom d'une EUPATOIRE.

ATHAD. Nom hébreu du LYCIET D'AFRIQUE.

ATHAME. *Athamus.* Genre de plantes qui ne diffère pas suffisamment du CARLOVIZE.

ATHAMOS. Synonyme de CHICHE.

ATHÉCIE. *Athecia.* Genre établi sur le fruit d'une plante originaire de la mer du Sud.

ATHÉNAÉE. *Athenaea.* Genre de plantes qui ne diffère pas de celui appelé ANAVINGUE.

ATHÉROPOGON. *Atheropogon.* Plante de l'Amérique septentrionale, qui seule constitue un genre aussi appelé BOUTELOUÉ. Il est de la polyandrie triandrie & de la famille des graminées.

ATHÉROSPERME. *Atherosperma.* Arbre de la Nouvelle-Hollande, qui seul constitue un genre dans la monœcie monadelphie & dans la famille de son nom. On ne l'a pas encore introduit dans nos jardins.

ATHÉROSPERMÉES. Famille de plantes qui sépare le genre précédent & le genre PAROME de celle des MONIMIÉES.

ATHON. *Voyez* LINAIRE ÉLATINE.

ATHRODACTYLE. Genre établi sur le BAQUOIS ODORANT.

ATHYRION. *Athyrium.* Genre de fougères établi aux dépens des POLYPODES.

ATIMOUTA. Espèce de BAUHINE.

ATIPOLO. Espèce de JAQUIER.

ATITARA. Il y a lieu de croire que c'est le FAGARIER HÉTÉROPHYLLE.

ATLÉ. Espèce de TAMARIX qui croît sur le bord du Nil.

ATMOSPHÈRE. Ce mot désigne toute émanation aériforme qui sort d'un corps, & plus spécialement la masse de l'air qui entoure la terre, & dont l'épaisseur est, selon quelques physiciens, de quinze, & selon d'autres, de trois cents lieues.

Comme c'est dans l'*atmosphère* que se forment les météores qui influent le plus sur l'agriculture, les cultivateurs doivent l'étudier très-spécialement; cependant la plupart d'entr'eux n'ont aucune idée de sa composition.

Outre l'air proprement dit, on trouve toujours dans l'*atmosphère*, mais en des proportions très-différentes & continuellement variables, de l'EAU, soit dissoute, soit vaporisée (les NUAGES), de l'HYDROGÈNE, de l'ACIDE CARBONIQUE, de l'ÉLECTRICITÉ, du CALORIQUE, &c. Le VENT, la PLUIE, le TONNERRE, la bouleversent fréquemment.

Une des plus influentes des propriétés de l'*atmosphère*, c'est de peser sur la terre (*voyez* BAROMÈTRE & AIR). Mais il n'est pas donné à l'homme d'agir sur elle; il peut tout au plus diminuer cette pesanteur, en se transportant sur de très-hautes montagnes, ou l'augmenter en descendant dans les mines les plus profondes.

Ainsi que la terre, l'*atmosphère* fournit des élémens à la végétation; par exemple, son oxigène forme avec le carbone des animaux & des plantes, l'acide carbonique qui se fixe dans les plantes: par exemple, c'est elle qui organise la séve dans les feuilles & lui donne la faculté de se transformer en CAMBIUM, & ensuite en BOIS. C'est aux variations continuelles de sa température qu'est probablement dû le mouvement d'ascension & de descension de cette séve.

L'action de l'*atmosphère* est également très-puissante sur les hommes & les animaux. Qui ne s'est pas plaint des incommodités du chaud, du froid, de la pluie? qui n'a pas ressenti le malaise qui précède les orages, celui qu'on éprouve dans les pays marécageux, &c.? Il est des médecins qui lui attribuent les épidémies & les épizooties.

Les considérations que présente l'*atmosphère*, sous les rapports de l'agriculture, sont si étendues, qu'un volume suffiroit à peine pour les développer; mais je les ai présentées avec détail aux articles AIR, GAZ, LUMIÈRE, CHALEUR, SÉCHERESSE, EAU, PLUIE, NUAGE, BROUILLARD, NEIGE, ÉLECTRICITÉ, TONNERRE, GRÊLE, ORAGE, BAROMÈTRE, THERMOMÈTRE, HYGROMÈTRE.

ATOA. Un des noms du COROSSOLIER ÉPINEUX.

ATOCA. C'est l'AIRELLE CANNEBERGE.

ATOCHADOS. La LAVANDE STAECHAS porte ce nom en Grèce.

ATOMAIRE. *Atomaria.* Genre de plantes établi aux dépens des VARECS.

ATOPO. Espèce d'EUPHORBE.

ATRACTION. *Atractium.* Genre de CHAMPIGNON.

ATRACTYLIDE. *Voyez* QUENOUILLETTE.

ATRAGÈNE. *Atragene.* Genre de plantes de la polyandrie polyginie & de la famille des renonculacées, qui réunit deux espèces fort ressemblantes aux clématites, avec lesquelles quelques botanistes, & entr'autres Lamarck, les ont placées.

On trouvera au mot CLÉMATITE les indications relatives à leur culture.

ATRICHIE. *Atrichium.* Genre de plantes de la famille des mousses, établi aux dépens des BRYS. Il porte aussi le nom d'OLIGOTRICHE.

ATRIPLICÉES. Synonyme de CHÉNOPODÉES.

ATROCTOBOLE. *Atroctobolus.* Genre de plantes de la famille des champignons.

ATROPHIE. On donne ce nom à la maigreur excessive des hommes & des animaux, causée par une cause interne & le plus souvent inconnue: c'est donc plutôt un symptôme qu'une maladie. *Voyez* au mot MAIGREUR.

ATSCHI. C'est le PIMENT.

ATTACHEMENT DES BESTIAUX POUR LEUR MAITRE ET ENTR'EUX. Ceux qui ne se refusent pas à reconnoître une influence morale sur les animaux, ne peuvent s'empêcher de gémir sur la barbarie avec laquelle on les traite dans une grande partie de la France. En effet, combien de brutaux exigent d'eux un travail au-dessus de leurs forces, & les assomment de coups pour le faire faire! combien d'avares leur refusent le nécessaire!

Je ne citerai ni les actes mémorables de reconnoissance des lions, des tigres pour l'homme, ni les preuves d'*attachement* des chevaux & des chiens pour leurs maîtres, consacrés par l'histoire; mais je rappellerai que les bestiaux de toutes sortes donnent plus de profit en Suisse, en Angleterre, en Hollande, qu'ils sont plus forts, plus gras, plus reproductifs, parce qu'ils sont traités avec plus de douceur & mieux nourris.

D'ailleurs, n'est-il pas plus satisfaisant pour le cœur de voir tous les animaux d'une exploitation rurale accourir à la simple vue de leur maître, témoigner leur joie par des trépignemens & des cris, au lieu de se sauver à son approche, comme cela a si généralement lieu?

Il en est de même de l'*attachement* des animaux de la même espèce les uns pour les autres. Combien de fois n'a-t-on pas vu des chevaux, des bœufs se refuser au travail, parce qu'on les avoit éloignés d'un compagnon, & ne pouvoir supporter son successeur! Combien de fois n'a-t-on pas vu des vaches vendues loin du troupeau où elles avoient été élevées, y revenir dès qu'elles étoient libres de le faire!

Parlerai-je du chien, qui est le symbole de l'*attachement* & de la reconnoissance, lui qu'on maltraite à outrance dans tant de lieux!

Tous les animaux domestiques sont très-susceptibles d'*attachement*, &, pour leur intérêt propre, leurs propriétaires doivent exciter cette heureuse disposition en eux par de bons traitemens de toute espèce. *Voyez* ÉDUCATION.

ATTALÉ. Espèce de PALMIER dont on a fait un genre dont les caractères ne me sont pas connus.

ATTALÉE. *Attalea.* PALMIER du Choco, qui

qui seul constitue un genre dans la monœcie polyandrie. Nous ne le possédons pas dans nos jardins.

ATTALERIE. C'est la COUTARDE DE CEYLAN.

ATTELABE. *Attelabus.* Linnæus a donné ce nom à un genre d'insectes qui avoit été, jusqu'à lui, confondu avec les CHARANÇONS, & qui en diffère en effet fort peu. C'est le BECMARE de Geoffroy. Fabricius lui rapporte plus de soixante espèces vivant toutes, soit sous l'état de larve, soit sous celui d'insecte parfait, aux dépens des bourgeons des arbres, auxquels elles nuisent souvent beaucoup.

Les plus communes de ces espèces sont :

L'ATTELABE VERT, *attelabus bachus*, qui cause, certaines années, des dommages considérables aux pays vignobles, où il est connu sous le nom d'*urber*, *curbé*, *diableau*, *bèche*, *lisette*, *destraux*, *velours vert*. Il coupe à moitié, soit le bourgeon, soit le pétiole des feuilles, tant pour se nourrir que pour faire faner ces dernières, & pouvoir par-là les contourner plus facilement pour y déposer ses œufs, & fournir un abri contre les ardeurs du soleil & contre leurs ennemis, aux larves qui en doivent sortir. Comme c'est sur le bourgeon que se développent les grappes, que ce sont les feuilles qui les nourrissent, il en résulte une diminution plus ou moins considérable sur la récolte. De plus, il coupe aussi souvent le pédoncule de la grappe, qu'il croit probablement être le pétiole d'une feuille. Ses ravages commencent lorsque les feuilles sont à moitié développées, & ils cessent lorsque celles du haut du bourgeon le sont complétement. J'ai vu des cantons où plus de la moitié des bourgeons étoient coupés & plus de la moitié des feuilles de ceux qui restoient étoient desséchées, & où, par conséquent, la récolte courante étoit presque nulle pour l'année & fort affoiblie pour l'année suivante.

La multiplication excessive des *attelabes* dans un canton, devient presque toujours un motif d'espérer d'en être débarrassé pendant plusieurs années, parce que leurs larves, manquant de subsistances, ne peuvent arriver à tout leur développement & meurent. Souvent aussi une pluie froide, continuée pendant plusieurs jours, ou une grêle de quelques minutes, les font disparoître pour long-temps.

Les seuls moyens artificiels de s'en débarrasser consistent :

1°. A faire la chasse aux insectes parfaits, le matin, lorsqu'ils sont encore engourdis, & pour cela promener un grand entonnoir de fer-blanc, dont le goulot débouche dans un petit sac, ou une chausse, montée sur un fil de fer, sous les ceps, & d'y faire tomber ces insectes au moyen d'un léger coup de bâton sur leurs tiges, pour les écraser ensuite. Lorsque le soleil est ardent, cette chasse devient infructueuse, les *attelabes* se laissant tomber à terre, ou s'envolant dès qu'on s'approche d'eux.

2°. A se promener avec un panier dans la vigne, huit jours plus tard, c'est-à-dire, lorsque les larves sont nées, & d'enlever, à la main, toutes les feuilles sèches contournées qui les recèlent, pour les brûler ensuite.

On sent que ces deux moyens ne peuvent avoir de résultats utiles que lorsque tous les propriétaires d'un vignoble les emploient simultanément, puisque les insectes des vignes voisines se jetteront, dans le cas contraire, sur celle qui en a été purgée : c'est un des cas où la loi peut intervenir pour forcer l'action de ceux à qui leur ignorance ou une économie mal entendue feroit négliger de les employer. *Voyez* aux mots CHARANÇON & PYRALE.

L'ATTELABE ÆQUATE vit sur le poirier, le pommier & autres arbres de la même famille. Il leur nuit de la même manière que le précédent ; mais comme il est beaucoup plus petit, & que la perte de quelques bourgeons influe peu sur le produit de ces arbres, on se plaint plus rarement de ses ravages.

L'ATTELABE DU POMMIER dépose un œuf sur le fruit de cet arbre peu après qu'il est noué, & coupe à moitié le pédoncule de ce fruit. La larve vit dans son intérieur. Il tombe à l'époque où elle a acquis toute sa croissance, & elle va se transformer en nymphe dans la terre. Certaines années lui sont plus favorables que d'autres. J'ai vu plusieurs fois le dessous des pommiers jonché de fruits au mois de juin, par suite de son excessive multiplication.

ATTI-ALU. *Voyez* FIGUIER A GRAPPES.

ATTIER. Nom vulgaire du COROSSOLIER A FRUITS ÉCAILLEUX dans les Antilles.

ATTI-MEER-ALOU. FIGUIER D'INDE.

ATTIRER LA SÈVE. Les jardiniers disent qu'un GOURMAND *attire la sève*, qu'un bourgeon laissé à côté d'une GREFFE à œil poussant *attire la sève*, & ces expressions sont en concordance avec la théorie. On voit en effet que, dans le premier cas, la partie de la branche supérieure au GOURMAND ne prend presque pas de nourriture, & que si, dans le second cas, on supprime le bourgeon, l'ŒIL de la greffe se dessèche. *Voyez* ces mots & ceux SÈVE, AMUSER LA SÈVE.

ATTRAPE-MOUCHE. Nom vulgaire de la LYCHNIDE VISQUEUSE & d'un SILENÉ.

ATY. Un des noms du PIMENT.

ATYOUERAGLE. C'est la PARTHENIE HYSTEROPHORE.

ATYRION. *Atyrium.* Genre de FOUGÈRES qui ne diffère pas de celui appelé ASPIDION.

AUBA. Synonyme de SAULE & d'OSIER dans le département de Lot & Garonne.

AUBARÈDE, AUBAREIN. Lieu planté en SAULES, & BOURGEON D'OSIER dans le département de la Gironde.

AUBÉE. Synonyme d'OBIER.

AUBERGUE. On donne ce nom, dans le département de l'Aveyron, à une MARNE où l'ARGILE domine, qui repose sur des pierres fissiles remplies de bélemnites, de cornes d'ammon, &c. Cette terre est peu fertile dans les meilleures années, & redoute autant les longues sécheresses que les pluies prolongées. Il est fort difficile, en général, de tirer un parti avantageux des sols appelés PRIMITIFS par les géologues.

AUBERTIE. *Aubertia.* Arbre de l'île de la Réunion, qui, avec les AMPACS de Rumphius, constitue un genre dans la tétrandrie monogynie. On n'en cultive aucun dans nos jardins.

AUBIER. Partie la plus extérieure du bois des arbres, qui est généralement regardée comme un bois encore imparfait.

En effet, il est composé, comme lui, de parenchyme formant des vaisseaux longitudinaux & des vaisseaux transversaux; seulement ces vaisseaux sont plus larges.

On distingue d'autant plus facilement l'*aubier* du bois, que ce dernier est plus coloré : ainsi il est très-visible dans le chêne, & à peine appréciable dans le peuplier. Les arbres qui sont dans ce dernier cas s'appellent généralement *bois blancs*.

L'épaisseur de l'*aubier* varie non-seulement dans chaque espèce d'arbre, mais encore dans les individus de la même espèce, selon la situation où ils se trouvent : ainsi un chêne crû sur un sol humide, ou au milieu d'une futaie, en a plus que celui qui végète sur un sol aride & à l'exposition du midi. Cela se montre même sur le même arbre, par exemple, du côté du nord & du côté des plus grosses racines.

Il n'y a point de moyen de séparer l'*aubier* du bois, car leur union est intime & leurs fonctions ne sont point distinctes : seulement le dernier n'a plus autant d'influence sur la formation du CAMBIUM.

Il est difficile de se refuser à croire que la transmutation de l'*aubier* en bois s'exécute par le dépôt de la séve dans les vaisseaux, puisqu'il est reconnu que les vaisseaux de ce dernier sont d'autant moins larges, qu'ils sont plus près du cœur, & que les arbres dont on empêche la séve de redescendre aux racines, en enlevant un large anneau à leur écorce, perdent presque tout leur *aubier* avant leur mort.

Beaucoup d'observations tendent à faire croire que c'est par l'*aubier* que la plus grande partie de la séve monte, & cela doit être, puisque ses vaisseaux, ainsi que je l'ai observé plus haut, sont plus larges.

La séve qui est dans les vaisseaux de l'*aubier* s'écoule en partie naturellement par les pores de leurs utricules, puisque, lorsqu'on écorce un arbre au mois d'avril, on la voit paroître en gouttelettes sur sa surface. C'est probablement par ce moyen que l'écorce en est abreuvée, car il ne paroît pas que cette dernière jouisse de la propriété de la charrier. *Voyez* ÉCORCE.

Toutes les observations tendent à faire croire que l'*aubier* ne s'accroît d'une nouvelle couche que lorsqu'il a transporté suffisamment de séve au sommet de l'arbre pour développer les feuilles, qui renvoient cette même séve élaborée & surchargée de carbone, c'est-à-dire, transformée en CAMBIUM, vers les racines, lequel cambium s'organise dans les vaisseaux les plus voisins de l'écorce & se fixe à la surface de la couche la plus extérieure de l'*aubier* en grains alongés, plus ou moins gros, grains qui, par leur réunion, au moyen d'autres grains intermédiaires, forment d'un côté une nouvelle couche d'*aubier*, & de l'autre une nouvelle couche très-mince d'écorce. *Voyez* COUCHES LIGNEUSES, COUCHES CORTICALES & LIBER.

L'arbre grossit ainsi à chacune des deux SÈVES, mais plus à la seconde, parce que la séve d'août ne sert qu'à l'accroissement des tiges & des racines, tandis que la séve du printemps est employée non-seulement à la même fonction & à l'alongement des branches, mais encore à la production des feuilles, des fleurs & des fruits.

Non-seulement l'*aubier*, ainsi que je l'ai annoncé plus haut, est plus tendre que le cœur du bois, mais encore il est plus susceptible & de pourriture & de vermoulure; aussi est-on obligé de l'enlever des bois destinés pour les constructions civiles & navales, pour le service de la menuiserie, de l'ébénisterie, &c., ce qui occasionne de grandes pertes de bois, environ le quart dans le chêne. L'*aubier* est même très-peu propre à être brûlé, donnant un feu peu actif & peu durable. On a donc dû desirer un moyen de le faire disparoître, & on a cru le trouver dans l'ÉCORCEMENT, cité comme avantageux par Vitruve, mais très-peu pratiqué.

Buffon, le premier, & ensuite Varenne de Fenille, ont fait un grand nombre d'expériences dont je crois devoir consigner ici le résultat, quoique quelques écrivains allemands aient jeté dernièrement quelque doute sur leur exactitude.

Voici l'extrait que j'en ai publié :

« En 1787, le 31 mai, Buffon fit écorcer, sur pied, quatre chênes d'environ trente à quarante pieds de hauteur & de cinq à six pieds de pourtour, très-vigoureux, bien en séve, âgés d'environ soixante-dix ans. Il fit enlever l'écorce, depuis le sommet de la tige jusqu'au pied de l'arbre, avec une serpette. Cette opération est trèsaisée, l'écorce se séparant facilement du corps de l'arbre dans le temps de la séve. Quand ils furent entièrement dépouillés de leur écorce, il fit abattre quatre autres chênes de la même espèce (le chêne blanc, *quercus pedunculata*) dans le même terrain, & aussi semblables aux premiers qu'il put les trouver. Il en fit encore abattre six & écorcer six autres. Les six arbres abattus furent conduits sous un hangar, pour pouvoir sécher dans leur écorce & les comparer avec ceux qui en étoient dépouillés.

Les arbres écorcés moururent successivement dans l'espace de trois ans. Dès la première année, Buffon fit abattre, le 27 août, un de ces arbres morts : la cognée ne pouvoit l'entamer qu'avec peine. L'*aubier* se trouva sec, & le cœur du bois humide & plein de séve; ce qui, sans doute, fut cause que le cœur parut moins dur que l'*aubier*. Il fit scier tous ces arbres en pièces de quatorze pieds de longueur, qui lui fournirent chacune une solive de même hauteur, sur six pouces d'équarrissage. Il en fit rompre quatre de chaque espèce, afin de reconnoître leur force.

La solive tirée du corps de l'arbre qui avoit péri le premier après l'écorcement, pesoit 242 livres, & se trouva la moins forte de toutes, & rompit sous 7940 livres.

Celle de l'arbre en écorce qu'il lui compara, pesoit 234 livres & rompit sous 7320 livres.

La solive du second arbre écorcé pesoit 249 livres; elle plia plus que la première, & rompit sous la charge de 8362 livres.

Celle de l'arbre en écorce qu'il lui compara, pesoit 236 livres; elle rompit sous la charge de 7385 livres.

La solive d'un arbre écorcé, qu'on avoit laissé exprès à l'injure du temps, pesoit 258 livres, plia encore plus que la seconde, & ne rompit que sous 8926 livres.

Celle de l'arbre en écorce qu'il lui compara, pesoit 239 livres & rompit sous 7420 livres.

Enfin, la solive de l'arbre écorcé, qui fut toujours jugé le meilleur, & qui mourut le plus tard, se trouva en effet peser 263 livres, & porta, avant de rompre, 9046 livres.

La solive de l'arbre en écorce qu'on lui compara, pesoit 238 livres & rompit sous 7500 livres.

Les autres arbres se trouvèrent défectueux & ne servirent pas.

On voit, par ces épreuves, que le bois écorcé & séché sur pied est toujours plus pesant & considérablement plus fort que le bois gardé dans son écorce. Ce qui suit est encore plus favorable.

De l'*aubier* d'un des arbres écorcés, Buffon fit tirer plusieurs barreaux de trois pieds de longueur sur un pouce d'équarrissage, entre lesquels il en choisit cinq des plus parfaits pour les rompre. Leur poids moyen étoit à peu près de 23 onces $\frac{11}{32}$, & la charge moyenne qui les fit rompre, à peu près de 287 livres. D'un des chênes en écorce, le poids moyen se trouva être de 23 onces $\frac{2}{32}$, & la charge moyenne de 248 livres. Ayant ensuite fait la même épreuve sur plusieurs barreaux du même chêne en écorce, le poids moyen s'est trouvé de 25 onces $\frac{10}{32}$, & la charge moyenne de 256 livres. Ceci prouve que l'*aubier* du bois écorcé est non-seulement plus fort que l'*aubier* ordinaire, mais même beaucoup plus que le cœur du chêne non écorcé, quoiqu'il soit bien moins pesant que ce dernier.

Deux autres épreuves confirmèrent encore cette vérité, & même les différences furent bien plus considérables dans la seconde, puisqu'une solive d'*aubier* écorcé ne rompit que sous le poids moyen de 1253 livres, tandis qu'une autre, tirée d'un arbre non écorcé, se brisa sous la charge moyenne de 997 livres.

Il faut remarquer que, dans ces expériences, la partie extérieure de l'*aubier* est celle qui résiste davantage; en sorte qu'il faut constamment une plus grande charge pour rompre un barreau d'*aubier* pris à la circonférence de l'arbre, que pour rompre un pareil barreau pris en dedans; ce qui est tout-à-fait contraire à ce qui arrive dans les arbres traités à l'ordinaire, dont le bois est plus léger & plus foible à mesure qu'il approche de la circonférence.

C'est, comme je l'ai déjà observé, à l'accumulation de la séve qu'il faut attribuer l'endurcissement de l'*aubier*; & il ne devient si dur, que parce qu'étant plus poreux que le bois parfait, il tire la séve avec plus de force & en plus grande quantité. L'*aubier* extérieur la pompe plus puissamment que l'*aubier* intérieur, par la même raison; mais, à la longue, tout se remplit à peu près également; voilà pourquoi l'arbre mort la troisième année étoit le plus fort, & l'arbre mort la première, le plus foible. L'*aubier* de ces arbres ne doit donc plus être regardé comme un bois imparfait, quoiqu'il ait pris, en une année ou deux, la solidité & la force qu'il n'auroit autrement acquises qu'en douze à quinze ans, qui est à peu près, dans les bons terrains, le temps qu'il faut pour transformer l'*aubier* du chêne en bois parfait. J'observe, en passant, que le chêne pédonculé est de tous ceux de France celui qui a le plus d'*aubier*. Voyez l'article CHÊNE.

Quels immenses avantages ne peut-on donc pas espérer de tirer de l'écorcement des arbres? quelle économie de bois de charpente surtout? On ne sera plus contraint de retrancher l'*aubier*, comme on l'a toujours fait jusqu'ici, & de le rejeter. On emploira les arbres dans toute leur grosseur, ce qui fait une différence prodigieuse, puisqu'on aura souvent quatre solives d'un pied dont on n'auroit pu en tirer que deux. Un arbre de quarante ans pourra servir à tous les usages auxquels on emploie un arbre de soixante ans; en un mot, cette pratique aisée donne le triple avantage d'augmenter le volume, la force, la solidité & la dureté du bois.

Les mêmes résultats ont été obtenus par diverses personnes en France, en Allemagne & en Angleterre, sur toutes sortes d'espèces d'arbres. Seulement on a remarqué (Varenne de Fenille) que, dans les bois blancs, il y avoit un retrait considérable. Ces bois blancs acquièrent une telle force, qu'un peuplier de vingt ans, employé sans être équarri, équivaut à une solive de chêne prise sur un arbre de même diamètre.

Il sembleroit, d'après cela, que, depuis l'époque où Buffon a publié le résultat de ses belles expériences, tous les arbres destinés à la charpente ou à la marine auroient dû être écorcés; mais le vrai est que nulle part on ne pratique ce moyen précieux d'augmenter leur valeur. A quoi attribuer cet oubli des véritables intérêts des individus & de la société en général? A l'ignorance & à l'inertie. L'administration forestière de l'ancien régime a pu s'opposer à ce que l'écorcement fût mis en usage dans les forêts qui appartenoient au Roi, même peut-être aux mainmortables; mais la loi ne pouvoit atteindre les propriétés particulières.

Quoique l'écorcement des arbres fasse certainement mourir les souches, ce motif, qu'on a mis en avant, est sans valeur aux yeux des hommes instruits. En effet, je ferai voir dans beaucoup d'endroits de cet ouvrage, 1°. que les plantes se substituent les unes aux autres; qu'un chêne de plus d'un siècle, qu'on coupe rez-terre, ne donne que de foibles rejetons qui périssent bientôt, & est remplacé par des frênes, des charmes, des hêtres, des érables, &c., selon la nature du sol; 2°. qu'on gagne à n'avoir, dans un bois destiné à devenir futaie, que des arbres venus de semences. Les futaies provenues sur vieilles souches ont été de tous temps, même avant qu'on en connût les raisons, regardées comme mauvaises, & jamais on n'a pu faire venir immédiatement une futaie de chêne là où il y en avoit déjà une. (*Voyez* ASSOLEMENT.) Il est donc avantageux d'empêcher les gros chênes de donner des rejetons, afin de faciliter l'accru des espèces dont les graines ont germé dans le voisinage; il est donc avantageux, sous le point de vue de la reproduction des bois, de les écorcer sur pied. Je fais des vœux pour qu'enfin les propriétaires & les personnes qui emploient des arbres pour la charpente, surtout le Gouvernement, pour la marine, profitent des expériences de Buffon, & fassent écorcer tous les arbres dont ils ont besoin.

AUBINER. On donne ce nom à l'opération de mettre en RIGOLE les boutures de la vigne pour leur faire prendre des racines.

C'est toujours dans un sol humide ou dans une exposition ombragée qu'il convient d'*aubiner*.

Quelquefois on laisse le plant pendant trois ans dans la place où il a été *aubiné*, pour lui donner le temps de se fortifier. *Voyez* VIGNE.

AUBLETIE. *Aubletia*. Trois genres de plantes portent ce nom: celui fait aux dépens de la VERVEINE A LONGUES FLEURS; celui constitué sur des PALETUVIERS (*voyez* BLATTI); celui qui rentre dans les PALIURES.

AUBRÉ. Synonyme d'ARBRE dans le département de Lot & Garonne.

AUBRESSIES. Synonyme d'AUBÉPINE.

AUBRETIE. *Aubretia*. Synonyme de VÉSICAIRE.

AUCUBE. *Aucuba*. Arbrisseau du Japon qu'on cultive dans nos orangeries depuis quelques années, & qui seul forme un genre dans la monœcie tétrandrie & dans la famille des rhamnoïdes. Il est figuré pl. 759 des *Illustrations des Genres* de Lamarck.

Ce ne sont point ses fleurs, petites & d'un bleu-verdâtre, qui rendent l'*aucube du Japon* intéressant aux yeux des cultivateurs; ce sont ses feuilles larges, épaisses, luisantes, d'un vert-pâle & tachetées de jaune. On le multiplie avec la plus grande facilité par le moyen de boutures, qui, placées, au printemps, dans des pots remplis de terre de bruyère, sur couche & sous châssis, prennent racines dans le courant de l'été, & fleurissent souvent l'année suivante.

Deux ou trois pieds est la plus grande hauteur auquel parvienne cet arbre dans nos orangeries; mais j'en ai vu en pleine terre en Italie, qui avoient plus du double. On doit lui donner, pour le faire prospérer aussi bien que possible, de la terre de bruyère mêlée de terreau, & des arrosemens abondans en été, mais rares en hiver, car il craint beaucoup l'humidité de cette saison: le laisser dans sa forme naturelle est toujours le meilleur.

Les pieds qu'on hasardera, en pleine terre, dans le climat de Paris, seront placés dans une terre de bruyère, à l'exposition du nord.

AUDIAN-BOULOHA. *Voyez* PITHONE.

AUDIVILINE. Nom du SENEÇON VULGAIRE en bas breton.

AUGÉE. *Augea*. Plante du Cap de Bonne-Espérance, que nous ne cultivons pas dans nos jardins. Elle forme seule un genre dans la décandrie monogynie.

AUGELOT. Petite FOSSE carrée, creusée avant l'hiver dans les vignobles des environs d'Auxerre, pour y planter la vigne au printemps. On appelle, dans ce canton, cette méthode de multiplication, *planter à l'augelot*. Voyez VIGNE.

AUGIE. *Augia*. Arbre de la Chine & de la Cochinchine, qui seul constitue un genre dans la polyandrie monogynie & dans la famille des guttiers. On ne le cultive pas dans nos jardins.

Cet arbre est d'une grande importance pour le

pays où il croît, attendu que c'est des entailles faites à son écorce que découle cette liqueur résineuse qu'on appelle *vernis de la Chine*, dont on fait un si grand & si productif emploi dans ces pays. *Voyez* VERNIS.

A raison de son âcreté, l'extraction du vernis de la Chine est accompagnée de quelques dangers ; aussi les réglemens exigent-ils que ceux qui s'y livrent soient frottés d'huile, & en outre pourvus de gants, de bottes & d'un masque. Trois entailles suffisent pour épuiser un arbre en un jour, mais on peut renouveler ces incisions tous les mois de l'été.

On distingue plusieurs sortes de *vernis de la Chine*, mais on ignore sur quels motifs sont établies leurs différences. On lui unit souvent l'huile du TONG-CHU.

L'application du *vernis de la Chine* demande de la pratique pour être bien faite. Chaque couche est extrêmement mince, & se polit avant de placer la suivante.

AUGUENILLA. C'est une JOVELLANE.

AUGUO. Un des noms de la ZOOSTÈRE.

AUJON. Altération d'AJONC.

AULACIE. *Aulacia.* Arbre de la Cochinchine, fort peu différent du VAMPI de Sonnerat, qui seul constitue un genre dans la décandrie monogynie. On ne le cultive pas en Europe.

AULAX. *Aulax.* Genre de plantes établi aux dépens des PROTÉES.

AULX. *Voyez* AIL.

AUMAILLE. On appelle ainsi la VACHE dans quelques lieux.

AUMELIÈRE. C'est, aux environs de Boulogne, une vieille VACHE qu'on fait saillir de manière qu'elle mette bas aux approches de l'hiver & qu'elle puisse donner du lait pendant cette saison, après lequel on la met à l'engrais.

AUNAFIER. Synonyme d'AUNÉE.

AUNE. *Alnus.* Genre de plantes de la monœcie & de la famille des amentacées, qui a été réuni aux BOULEAUX par Linnæus, mais que la plupart des botanistes en distinguent. Il réunit plusieurs espèces d'arbres, dont un, fort commun en France, est, sous plusieurs rapports, très-utile aux cultivateurs.

Espèces.

1. L'AUNE commun.
Alnus glutinosa. Willd. ♄ Indigène.

2. L'AUNE à feuilles oblongues.
Alnus oblongata. Willd. ♄ Du midi de l'Europe.

3. L'AUNE blanchâtre.
Alnus incana. Willd. ♄ Des Alpes.

4. L'AUNE à feuilles arrondies.
Alnus subrotunda. L'Amérique septentrionale.

5. L'AUNE à feuilles en scie.
Alnus serrata. Willd. ♄ De l'Amérique septentrionale.

6. L'AUNE à feuilles en cœur.
Alnus cordata. Desf. ♄ De. . . . .

7. L'AUNE à grandes feuilles.
Alnus macrophylla. Desf. ♄ De. . . . .

8. L'AUNE rouge.
Alnus rubra. Willd. ♄ De. . . . .

9. L'AUNE à feuilles ondulées.
Alnus undulata. Willd. ♄ De l'Amérique septentrionale.

Culture.

Tous les *aunes* prospèrent principalement sur le bord des eaux courantes, dans les lieux souvent inondés, dans les terrains constamment humides.

L'*aune* commun croît avec une très-grande rapidité, parvient à une hauteur & une grosseur très-considérables, fournit, 1°. un bois propre, à raison de sa longue durée dans l'eau & dans la terre, à faire des tuyaux de conduite, des pilotis, des fascinages, &, à raison de sa grande légèreté, des sabots, des vases de ménage, des échelles, des chaises, &c.; 2°. une écorce très-employée au tannage ou corroyage des cuirs, à la teinture en fauve des mêmes cuirs, des filets, &c.; 3°. des feuilles qui peuvent être données aux bestiaux, soit fraîches, soit sèches, quoiqu'ils les rebutent d'abord. A ces avantages il joint celui de relever très-promptement le sol des lieux susceptibles d'inondation, par le moyen de ses racines superficielles, qui s'élèvent & forment des réseaux capables d'arrêter les terres. Malgré cela il devient de plus en plus rare en France; ce qu'on doit attribuer aux desséchemens qui ont eu lieu dans le cours du siècle dernier.

La croissance de l'*aune* est très-rapide dans sa jeunesse. On peut le couper en taillis tous les six ou huit ans, & en obtenir des perches de quinze à vingt pieds de hauteur & de la grosseur du bras. Lorsqu'on le laisse en futaie, il diminue successivement de vigueur; cependant, s'il est sur un seul brin, il ne lui faut que trente à quarante ans pour arriver à une hauteur de soixante pieds & à un diamètre de deux pieds. Rarement un *aune* de cette grosseur est sain dans son intérieur; aussi doit-on le couper lorsqu'il en a acquis la moitié, époque où il peut être employé à tous les usages auxquels il est spécialement propre.

Il fut une époque où les futaies d'*aune* rapportoient plus que les futaies de chêne de même âge, parce que les sabotiers se les disputoient; mais la consommation des produits de leur industrie ayant diminué, la matière première a dû perdre de sa valeur. Cette cause a pu aussi concourir à la disparition de ces futaies.

Le bois de l'*aune* est rougeâtre & tendre ; on ne peut lui donner un beau poli, mais il prend fort bien toutes les couleurs, principalement la noire. Il pèse, vert, 61 livres 1 once, & sec, 31 livres 10 onces 1 gros par pied cube. Sa retraite est d'un douzième de son volume. Les sculpteurs, les tourneurs, & surtout les sabotiers, le recherchent beaucoup. Ainsi que je l'ai déjà annoncé, c'est lui qu'on doit choisir pour faire des conduites d'eau, des étais de mines, des pilotis dans les marais, des fascines pour élever & dessécher les terrains trop humides, parce qu'il pourrit moins vîte en terre qu'aucun bois indigène, le chêne à peine excepté.

La verdure de l'*aune* est sombre, mais n'en est que plus propre à contraster avec celle des autres arbres : en conséquence on doit le placer dans les jardins paysagers, en sol humide, ou dans lesquels il se trouve des eaux courantes ou stagnantes, surtout si on le tient en buisson. L'ombre qu'il fournit est très-épaisse. Il offre une variété à feuilles très-profondément découpées, trouvée par M. Trochereau de la Berlière, dans des semis faits à Saint-Germain près Paris, qui se cultive plus fréquemment dans nos pépinières que l'espèce même, parce qu'elle se vend mieux. J'engage les amateurs à se la procurer.

La cause qui fait que l'*aune* se cultive rarement dans les pépinières, c'est d'abord qu'elles sont presque toutes en terrain sec ; ensuite qu'il est très-facile de s'en procurer à volonté des bois voisins de sa demeure, en levant de jeunes pieds ou des racines des vieux, ainsi qu'en faisant des marcottes, des boutures, & en semant des graines.

Les jeunes pieds venus de graines sont presque toujours très-nombreux, pour peu que l'aunaie offre des clairières ; levés en hiver, leur reprise est assurée.

Une racine de cinq à six pouces de long & de la grosseur du doigt, mise en terre à la même époque, de manière que le gros bout soit à jour, pousse une trochée qu'il est facile de mettre sur un brin dès la même année.

Les marcottes du bois de deux ans reprennent dans la même année, & peuvent par conséquent être levées dès l'hiver suivant.

Les boutures faites avec le jeunes bois réussissent rarement ; mais en coupant une branche d'un pouce de diamètre, & la couchant en terre humide, de manière que les extrémités des rameaux se montrent à la surface, on obtient autant de pieds qu'il y a de ces rameaux.

Comme celles du bouleau, les graines de l'*aune* ne lèvent pas pour peu qu'elles soient recouvertes de terre. C'est donc en les répandant, pendant l'hiver, à la surface du sol, qu'on peut espérer d'en obtenir d'abondans produits ; je dis pendant l'hiver, parce que celles qui sont gardées plus long-temps dans des sacs, rancissent & ne lèvent pas. Lorsqu'on veut en envoyer au loin, il faut les stratifier dans de la terre humide ou dans de la mousse, du bois pourri, &c.

On voit par cet exposé que les moyens de multiplier l'*aune* ne manquent pas, & que ce n'est pas la faute de la nature s'il devient de plus en plus rare.

Toutes les autres espèces d'*aune* indiquées plus haut ne se cultivent que dans les écoles de botanique, à raison de leur peu de dissemblance avec celui dont il vient d'être question. On les multiplie ordinairement de couchage, mais on pourroit le faire par toutes les autres manières, même par greffe. Celles de ces espèces qui s'y voient le plus fréquemment, sont celles des nos. 3, 4, 5, 6 & 9.

AUNEAU. Synonyme de SAUTELLE, CERCEAU, ARC, &c. *Voyez* VIGNE.

AUQUE. C'est le nom des OIES femelles dans le département de Lot & Garonne.

AURANTIACÉES. Synonyme d'HESPÉRIDÉES.

AURATTE. Variété de POIRE.

AURÉLIE. *Aurelia.* Genre de plantes qui ne diffère pas des DONIES. *Voyez* INULE.

AURICULAIRE. *Auricularia.* Genre de plantes de la famille des CHAMPIGNONS, établi par Bulliard, & qui contient plusieurs espèces communes aux environs de Paris.

AURICULE. *Voyez* PRIMEVÈRE.

AURIÈRE. Ce sont, dans le département de la Haute-Garonne, les bords de champs que la HAIE empêche de LABOURER à la CHARRUE, & qu'on est forcé de HOUER. *Voyez* ces mots.

AURINIE. *Aurinia.* Genre de plantes établi aux dépens des ALYSSES & des PELTAIRES.

AURIOLE. Synonyme de LAURÉOLE.

AURONE DES CHAMPS. C'est l'ARMOISE DES CHAMPS.

AURORAS. *Voyez* QUAMOCLIT DU PÉROU.

AURUELO. C'est la CENTAURÉE SOLSTICIALE.

AUSERDA. Synonyme de LUZERNE dans les environs de Perpignan.

AUTA ou AUTAN. Vent violent qui souffle du sud-est, du sud ou de l'ouest, dans les départemens voisins de Lyon, & qui y cause souvent de grands ravages.

AUTRON. Sorte de fruit. *Voyez* POMME.

AUVERNOIS. Variété de RAISIN.

AUZUBE. *Auzuba*. Arbre de Saint-Domingue, encore incomplétement connu, & qui paroit devoir constituer un genre voisin des ARGANS.

AVA. Liqueur que fabriquent les habitans d'Otahiti avec la racine d'un POIVRIER.

AVACARI. C'est un MYRTE de l'Inde.

AVALANCHES. Masses de neige qui descendent des montagnes, font périr les hommes & les animaux qui se trouvent dans leur direction, & engloutissent même des villages entiers.

Plus les montagnes sont hautes & leurs pentes rapides, & plus les *avalanches* sont dangereuses; aussi est-ce dans les Alpes & dans les Pyrénées qu'on les redoute le plus. C'est à la fin de l'hiver, lorsque les neiges commencent à fondre, qu'elles sont les plus communes.

Je les cite, quoique hors de l'influence humaine, parce qu'elles ont souvent une action nuisible sur les propriétés rurales.

En effet, 1°. lorsqu'elles ne fondent pas, à raison de la grosseur de leur masse, elles empêchent les produits des vallées de pousser en temps utile, ou empêchent de semer ces vallées; 2°. souvent elles enlèvent, par suite de leur rotation, toute la terre du chemin qu'elles parcourent; 3°. souvent elles couvrent le sol des vallées des débris qu'elles ont également enlevés aux rochers qu'elles ont rencontrés.

Aucune construction en terre ou en pierre ne peut être regardée comme aussi sûre qu'une suite de grands arbres, pour garantir les villages, & même les grandes routes, de l'action des *avalanches*; ainsi les habitans des montagnes doivent planter des bois de haute futaie.

Il en est beaucoup en Suisse qui ont cet unique objet, & dont la conservation est protégée par des lois très-sévères.

AVANACU. Nom malabar du RICIN.

AVANCARE. C'est un HARICOT des Antilles.

AVANGOULE. On donne ce nom à la LENTILLE dans quelques cantons.

AVAOUSSES. Le CHÊNE KERMÈS porte ce nom dans le midi de la France.

AVARAMO. Nom d'une ACACIE au Brésil.

AVARA-PALU. HARICOT de Ceylan.

AVARU. Un des noms de l'INDIGO.

AVAUX. Le CHÊNE KERMÈS porte ce nom.

AVAZ. Nom arabe de l'OIE.

AVENA. Synonyme d'AVOINE.

AVENERON ou AVERON. Espèce d'avoine (*avena fatua*, Linn.).

AVENKA. Nom d'un ADIANTE.

AVI-HI-AVI. Espèce de SIALITE.

AVILA. Le fruit de la FEUILLÉE à feuilles en cœur porte ce nom.

AVOINE DES CHIENS. C'est le PHARE LAPULACÉ.

AVONG-AVONG. *Voyez* GASTONE.

AXERAS. Nom arabe de l'ASPHODÈLE.

AXIE. *Axia*. Arbrisseau rampant de la Cochinchine, qui seul constitue un genre dans la triandrie monogynie, fort voisin des TASSOLS.

Nous ne cultivons pas dans nos jardins cet arbrisseau, qui jouit, dans son pays natal, de la même estime que le GENSENG à la Chine.

AXINÉE. *Axinea*. Genre de plantes de l'octandrie monogynie & de la famille des mélastomées, qui est constitué par deux arbres du Pérou fort voisins des VALDÉSIES & des BLAKÉES.

Nous ne cultivons pas ces arbres dans nos jardins.

AXIS. Un des noms du CHANVRE.

AXNEC. Les Arabes appellent ainsi les MOUSSES.

AXONGE. C'est la matière graisseuse qui entoure les intestins des cochons, après qu'elle a été débarrassée, par la fusion, du tissu cellulaire dans lequel elle se trouvoit renfermée. On l'appelle SAIN-DOUX lorsqu'on la destine à la préparation des alimens.

Pour préparer l'*axonge*, on coupe la PANNE par petits morceaux, qu'on met dans un chaudron, sur un feu doux; bientôt les membranes se crispent, la graisse se liquéfie & se rassemble au fond du chaudron. Pour lui conserver toute sa blancheur, on l'enlève de temps en temps pour la déposer dans des vases de terre. Les dernières parties, que la compression de la cuillère de bois, avec laquelle on remue continuellement, pour empêcher la panne de brûler, a forcé de sortir, sont ordinairement colorées & se mettent à part.

On purifie l'*axonge* en la fondant de nouveau, jusqu'à ce qu'elle ne pétille plus, sur des charbons ardens. Pendant ce temps on l'écume avec soin. Lorsqu'elle est en partie refroidie, on la transvase doucement dans les pots où elle doit être conservée, afin que les impuretés qui se sont précipitées au fond ne se mêlent pas avec elle.

On fait un grand usage de l'*axonge* dans les cuisines & dans l'économie domestique. Elle rancit peu facilement, supplée le beurre & l'huile dans les fritures & dans tous les assaisonnemens, & sert à conserver les odeurs (pommades de graisse), les viandes qu'on ne veut pas saler, à brûler, à graisser les roues.

Il ne faut conserver l'*axonge* ni dans des vaisseaux de cuivre, ni dans des vases de poterie commune, parce qu'elle oxide les premiers & dissout la couverte de verre de plomb des derniers, ce qui lui donne la qualité de poison. *Voyez*, pour le surplus, les mots COCHON, GRAISSE, SAIN-DOUX, VIEUX-OING.

AXONOPE. *Axonopus*. Genre de plantes établi dans la famille des graminées, aux dépens des PASPALES. Il renferme cinq espèces, toutes étrangères.

AY. On donne ce nom aux ESSIEUX de CHARRETTE dans le département de Lot & Garonne.

AYALLA. Arbre des Moluques, probablement du genre des MYRTES, dont l'écorce se mâche pour ranimer les forces.

AYALLI. Graminée de Saint-Domingue, dont le genre est inconnu.

AYA-PANA. Espèce d'EUPATOIRE originaire du Brésil, & portée à l'île de France comme une panacée universelle. On l'a cultivée pendant quelques années dans les jardins de Paris, où on la tenoit dans la serre chaude. Quoique vivace, on l'a perdue faute de moyen de multiplication.

AYEZ. Synonyme d'AIL.

AYLANTHE. *Aylanthus*. Arbre du Japon & de la Chine, que Linnæus avoit placé dans le genre SUMAC (*rhus vernix*), mais que Desfontaines a reconnu constituer seul un genre dans la polygamie décandrie & dans la famille des térébinthacées. *Voyez* pl. 857 des *Illustrations des Genres* de Lamarck, où il est figuré.

Cet arbre, appelé aussi *vernis du Japon* & *langit*, qui s'élève à plus de soixante pieds, & dont le port est superbe, figure également bien au milieu des massifs & isolé, à quelque distance ou loin d'eux. C'est avec le noyer noir qu'il a le plus de rapport, lorsqu'on le regarde de loin. On lui a reconnu deux inconvéniens : le premier, d'être très-cassant, & le second, d'émaner, pendant la chaleur, une odeur désagréable. Les terrains légers & humides sont ceux où il prospère le mieux, mais il s'accommode de tous. Jamais il ne convient de le mutiler, car on ne peut lui faire artificiellement une plus belle tête que celle qu'il se forme naturellement. Comme il donne rarement de bonnes graines dans le climat de Paris, & que ses rameaux sont trop cassans pour être facilement marcottés, c'est presqu'uniquement de rejetons qu'on le multiplie, & ce moyen fournit des pieds plus qu'il n'en faut pour les besoins du commerce; car plus on enlève de ces rejetons, plus il en repousse. Dans les pépinières on emploie aussi les racines, dont un seul pied procure plusieurs centaines de morceaux tous les ans, sans qu'il en souffre. Ces rejetons & ces racines sont plantés en quinconce, à trois pieds de distance, dans une terre bien défoncée. Les pieds qu'ils ont fournis sont disposés sur un brin, puis taillés en crochet & labourés pendant deux ou trois ans, après quoi ils sont bons à être mis en place. Ils croissent avec une étonnante rapidité, quelquefois de huit à dix pieds par an.

Il y a lieu de croire, d'après les rapports des voyageurs, que cet arbre donne, dans son pays natal, une liqueur résineuse, qui s'emploie pour vernis; mais ce n'est pas de lui qu'on retire ces fameux VERNIS de la Chine & du Japon, ainsi qu'on l'a cru. Il n'en laisse pas couler dans nos climats, ou du moins si peu, qu'il devient impossible de le ramasser avec quelqu'espérance de profit. Son bois est pesant, dur & susceptible de poli, mais il est très-cassant & d'une couleur blanche peu agréable.

Je ne doute pas qu'il fût profitable d'introduire l'*aylanthe* dans nos forêts, où il se reproduiroit (après chaque coupe) comme l'ORME, comme le TREMBLE, &c., par ses rejetons; car, y étant seul de la famille, le terrain ne se refuseroit pas à le nourrir avant plus d'un siècle.

AYMIRI-AMIRI. C'est l'HERNANDIER SONORE.

AYMOUTABOU. Synonyme de MOUTABIÉ.

AYON. Jeune COCHON dans les environs de Philippeville.

AYOS. Nom espagnol de l'AIL.

AYOUALALI. *Voyez* OCHROXYLIE.

AYOUINTOBOU. On appeloit ainsi l'AGNANTE dans la langue caraïbe.

AYOULIBO. Nom caraïbe d'une EUPATOIRE.

AYPI. Espèce de CYNANQUE du Brésil.

AYRAMPO. Espèce de CACTE.

AZAIGADOUIRO. Synonyme d'ARROSOIR dans le midi de la France.

AZALA. Les Arabes donnent ce nom à la GARANCE.

AZALÉE. *Azalea*. Genre de plantes de la pentandrie monogynie & de la famille des rhodoracées, qui réunit onze espèces d'arbustes, dont neuf se cultivent dans nos jardins. Il est figuré pl. 110 des *Illustrations des Genres* de Lamarck.

Espèces.

1. L'AZALÉE à fleurs nues.
Azalea nudiflora. Linn. ♄ De l'Amérique septentrionale.

2. L'AZALÉE visqueuse.
Azalea viscosa. Linn. ♄ De l'Amérique septentrionale.

3. L'AZALÉE glauque.
Azalea glauca. Linn. ♄ De l'Amérique septentrionale.

4. L'AZALÉE

4. L'AZALÉE chèvre-feuille.

Azalea peryclimenoides. Mich. ♄ De l'Amérique septentrionale.

5. L'AZALÉE blanchâtre.

Azalea canescens. Mich. ♄ De l'Amérique septentrionale.

6. L'AZALÉE écarlate.

Azalea calendulacea. Mich. ♄ De l'Amérique septentrionale.

7. L'AZALÉE pontique.

Azalea pontica. Linn. ♄ De l'Asie mineure.

8. L'AZALÉE des Indes.

Azalea indica. Linn. ♄ Des Indes.

9. L'AZALÉE couchée.

Azalea procumbens. Linn. ♄ Des Alpes.

10. L'AZALÉE de Laponie.

Azalea laponica. ♄ De Laponie.

11. L'AZALÉE à feuilles de romarin.

Azalea rosmarinifolia. Lamarck. ♄ Du Japon.

Culture.

Les six premières espèces se rapprochent beaucoup entr'elles & fournissent des variétés nombreuses par le semis de leurs graines, qui rendent difficile leur détermination. On les cultive, dans nos jardins, à raison du nombre & de l'excellente odeur de leurs fleurs. Je les ai observées en Amérique dans l'état sauvage, & j'ai pu, par conséquent, me former une opinion éclairée sur leur compte. Toutes demandent la terre de bruyère, une exposition ombragée & des arrosemens abondans en été.

On multiplie ces six espèces par le semis de leurs graines, par marcottes & par rejetons.

Les graines, qui mûrissent assez souvent dans le climat de Paris, se sèment sur la surface de terrines qu'on enterre contre un mur exposé à l'ouest, qu'on recouvre de quelques brins de mousses, & qu'on arrosse souvent, mais peu, pendant les sécheresses. Au printemps de la seconde année on repique le plant en pleine terre, dans une plate-bande exposée au nord, à douze ou quinze pouces de distance, puis on le sarcle & arrose au besoin. Deux ans après, les pieds sont assez forts pour être mis en place. La serpette ne doit toucher ces pieds que dans le cas de nécessité absolue.

Les marcottes se font au printemps, & reprennent ordinairement dans l'année. On les repique après l'hiver, & au bout de dix mois on peut les mettre en place, si elles ont été bien conduites.

Les rejetons se lèvent en hiver & se repiquent en pépinière, ou se mettent de suite en place, selon qu'ils sont foibles ou forts.

Les pieds des *azalées* ont rarement une forme régulière, ce qui tient principalement aux tailles inconsidérées auxquelles on les soumet; mais leur irrégularité n'est pas toujours un mal, en ce qu'elle les fait contraster avec les arbustes placés à côté d'eux. Il est quelquefois utile, cependant, pour faire disparoître cette irrégularité & avoir des fleurs plus belles, de les couper rez-terre. C'est dans des corbeilles au nord des massifs, le long des allées médiocrement ombragées, qu'il convient de les placer dans les jardins paysagers. Les 1re., 2e. & 3e. espèces sont celles dont les fleurs sont les plus odorantes. L'époque de la chute du jour est celle où leur odeur se développe le plus. Cette odeur disparoît peu de temps après qu'elles sont coupées; de sorte qu'on ne peut les faire entrer dans la composition des bouquets, ce qui est fâcheux, car elles y tiendroient bien leur place.

L'AZALÉE PONTIQUE se cultive & se multiplie comme les précédentes; & si je l'en ai séparée, c'est qu'elle s'en éloigne par ses caractères & ses propriétés. Ses fleurs sont grandes, d'un beau jaune-safran, n'ont point d'odeur, & distillent un miel qu'on dit d'un usage dangereux. Elle est aujourd'hui fort commune dans nos jardins.

On cultive l'AZALÉE DES INDES chez quelques amateurs d'Angleterre & de Flandres, mais je ne sache pas qu'elle se voie dans les jardins de Paris. Elle exige l'orangerie. Ses fleurs grandes & rouges engagent les Japonois à la cultiver dans leurs parterres, où elle offre de nombreuses variétés.

L'AZALÉE COUCHÉE est un très-petit arbuste qu'on ne cultive que dans les écoles de botanique, où on le multiplie de marcottes & de rejetons. Il demande les mêmes soins que les autres espèces du genre.

AZARA. *Azara*. Genre de plantes de la polyandrie monogynie, qui réunit trois arbrisseaux du Pérou, qui paroissent avoir de nombreux rapports avec les PROKIES.

Nous ne cultivons aucun de ces arbrisseaux dans nos jardins.

AZE. C'est l'ANE dans le midi de la France.

AZÈBRE. Synonyme de ZÈBRE.

AZER-ALSACMEL. Nom arabe de l'HÉPATIQUE DES FONTAINES.

AZERRES. La MUSCADE SAUVAGE porte ce nom.

AZI. Synonyme de ROUILLE DES BLÉS.

AZIER MACAQUE. Espèce du genre MÉLASTOME.

AZIGADE. Les PATURAGES enclos portent ce nom dans le Cantal.

AZIMÈNE. Arbrisseau de Madagascar qui se rapproche du VOLKAMÈRE.

AZOTE. C'est un des principes des matières animales, la base de l'AMMONIAC, du *gaz azote*, &c. On ne peut se le procurer pur, tant sont grandes ses affinités.

Le gaz *azote* eſt mortel pour les animaux qui le reſpirent, comme pour les plantes qui végètent dans ſon atmoſphère.

On a reconnu que les ENGRAIS ſont d'autant meilleurs, qu'ils contiennent plus d'*azote*; c'eſt pourquoi les charognes, les excrémens des animaux carnivores & granivores ſont excellens pour augmenter la fertilité des terres. *Voyez*, pour de plus grands développemens, le *Dictionnaire de Chimie*.

AZOU. Synonyme d'ARBRE à Madagaſcar.

AZUZENO. Le QUINQUINA A GRANDES FEUILLES porte ce nom.

B

BABAN. Inſecte qui nuit beaucoup aux OLIVIERS dans le midi de la France. Il appartient au genre THRIPS de Geoffroy. *Voyez* COCHENILLE.

BABIANE. *Babiana*. Gawler a donné ce nom à un genre de plantes qu'il a établi aux dépens des ANTHOLYZE, des GLAYEULS & des IXIES.

On cultive pluſieurs de ſes eſpèces dans nos orangeries.

BACA. *Baca*. Plante de l'Ile-de-France qui ne ſe cultive pas dans nos jardins.

BACASIE. *Bacaſia*. Deux arbriſſeaux du Pérou portent ce nom, mais ni l'un ni l'autre ne ſont cultivés dans nos jardins.

BACCAURÉE. *Baccaurea*. Genre de plantes de la polygamie diœcie, qui renferme trois arbres médiocres de la Cochinchine, dont deux ſe cultivent à raiſon de leurs fruits, qui ſont gros comme des coings & agréables à manger. Ces fruits ſont des baies triloculaires, biſpermes & d'un jaune d'or.

Je ne ſais rien de poſitif ſur la culture de ces deux arbres, qui n'ont pas encore été apportés en Europe.

BACCHIERI. Melon d'hiver qu'on cultive dans les îles ioniennes. Il eſt jaune à l'extérieur & blanc à l'intérieur.

BACHASSE. La chauſſée des ÉTANGS porte ce nom en Breſſe.

BACOMÈTRE. *Bacometra*. Genre de plantes établi par Saliſbury pour ſéparer le MÉLANTHE UNIFLORE des autres.

BACONE. *Baconia*. Arbuſte d'Afrique, qui ſeul forme un genre dans la tétrandrie monogynie.

On ne le cultive pas dans nos ſerres.

BACTRIS. *Bactris*. Palmier, fort peu différent du COCOTIER, qu'on trouve dans les îles de l'Amérique, & qui ſeul conſtitue un genre.

On ne le cultive pas dans nos jardins.

BACTRYROLOBION. *Bractryrolobium*. Genre établi par Willdenow, ſur la CASSE des boutiques. Il ne diffère pas du CATHARTOCARPE.

BAGNAUDIER. *Colutea*. Genre de plantes de la diadelphie décandrie & de la famille des légumineuſes, qui réunit une quinzaine d'eſpèces, dont pluſieurs ſe cultivent dans nos jardins, ſoit en pleine terre, ſoit en pots.

Obſervations.

Le genre LESSERTIE a été établi aux dépens de celui-ci pour placer les deux dernières eſpèces.

Eſpèces.

1. Le BAGNAUDIER en arbre.
Colutea arboreſcens. Linn. ♄ Du midi de la France.

2. Le BAGNAUDIER d'Alep, *bagnaudier oriental*.
Colutea alepica. Lamarck. ♄ D'Orient.

3. Le BAGNAUDIER moyen.
Colutea media. Willd. ♄ De.....

4. Le BAGNAUDIER de Pococke.
Colutea Pocockii. Willd. ♄ D'Orient.

5. Le BAGNAUDIER à feuilles roides.
Colutea rigida. Thunb. ♄ Du Cap de Bonne-Eſpérance.

6. Le BAGNAUDIER à feuilles obtuſes.
Colutea obtuſa. Thunb. ♄ Du Cap de Bonne-Eſpérance.

7. Le BAGNAUDIER à feuilles linéaires.
Colutea linearis. Thunb. ♄ Du Cap de Bonne-Eſpérance.

8. Le BAGNAUDIER à tiges couchées.
Colutea proſtrata. Thunb. ♄ Du Cap de Bonne-Eſpérance.

9. Le BAGNAUDIER à feuilles fendues.
Colutea exciſa. Thunb. ♄ Du Cap de Bonne-Eſpérance.

10. Le BAGNAUDIER à gouſſe orbiculaire.
Colutea veſſicularis. Thunb. ♄ Du Cap de Bonne-Eſpérance.

11. Le BAGNAUDIER velu.
Colutea tomentosa. Thunb. ♄ Du Cap de Bonne-Espérance.

12. Le BAGNAUDIER d'Éthiopie.
Colutea frutescens. Linn. ♂ Du Cap de Bonne-Espérance.

13. Le BAGNAUDIER vivace.
Colutea perennans. Dec. ♃ De Sibérie.

14. Le BAGNAUDIER annuel.
Colutea herbacea. Linn. ⊙ Du Cap de Bonne-Espérance.

Culture.

La première espèce est celle qui est la plus généralement cultivée. Il est peu de jardins d'agrément, paysagistes & autres, où elle ne se trouve. Cette préférence, elle la doit principalement à la singularité de ses gousses, qui sont vésiculeuses, demi-transparentes & crèvent avec bruit lorsqu'on les comprime fortement; circonstances qui les rendent un jouet pour la plupart des enfans. D'ailleurs, cette espèce forme un haut buisson très-touffu, qui, soit isolé au milieu des gazons, soit placé à peu de distance des massifs, soit employé à garnir le premier rang de ces massifs, produit beaucoup d'effet, surtout de loin, par ses feuilles d'un vert tendre, ses fleurs d'un jaune pâle & disposées en grappes à l'extrémité des rameaux, & ses fruits, offrant la même disposition. Elle fleurit à la fin du printemps, & souvent une seconde fois à la fin de l'automne. Les gelées de l'hiver lui font rarement du mal, & n'agissent jamais, quelque fortes qu'elles soient, sur ses racines.

Les vieux *bagnaudiers* se dégarnissant du pied, à moins qu'ils ne soient placés dans les premiers rangs des arbres des massifs, perdent beaucoup de leur beauté. On doit donc recéper, tous les cinq à six ans, ceux qui sont au milieu des massifs, soit en tout ou en partie. Je préfère ce dernier mode, parce qu'il n'interrompt pas la jouissance; en conséquence, je fais couper tous les ans les deux ou trois plus fortes tiges des buissons rez-terre, lesquelles sont remplacées chacune par trois ou quatre autres, ce qui augmente l'épaisseur de ces buissons.

Rarement il est nécessaire de faire autrement sentir au *bagnaudier* le tranchant de la serpette; il est toujours élégant lorsqu'il croît librement, & il se déforme plus souvent, lorsqu'on le taille aux ciseaux ou au croissant.

Comme le *bagnaudier* se contente des plus mauvais terrains & croît rapidement, il a été proposé de le semer en grand dans les landes, pour le couper tous les cinq à six ans & en faire des fagots; mais je ne sache pas que cela ait été nulle part exécuté.

Les feuilles du *bagnaudier* sont purgatives; de-là le nom de *faux séné* qu'il porte. On les emploie dans quelques lieux, mais à plus forte dose que le vrai séné. Les bestiaux, malgré cette propriété, ne les repoussent pas; même les brebis & les chèvres les aiment beaucoup; cependant il est probable qu'il ne faudroit pas leur en donner souvent ou beaucoup. Les abeilles trouvent à butiner sur ses fleurs.

Multiplier le *bagnaudier* est chose très-facile, puisqu'il ne résiste à aucun moyen connu de reproduction, tels que semis de graines, division des vieux pieds, section de racines, marcottes & boutures; mais dans les pépinières on n'emploie que le premier, & dans les jardins que le second, qui suffisent à tous les besoins ordinaires. C'est pendant le cours de l'hiver qu'il s'exécute, & rarement il est dans le cas de manquer.

Les graines du *bagnaudier* se sèment au printemps dans une terre légère & substantielle, bien labourée, &, autant que possible, à l'exposition du levant. Il faut les répandre peu épais, ne les recouvrir que de deux ou trois lignes de terre, & les arroser dans les grandes sécheresses. Le plant qu'elles donnent atteint presque toujours, avec ces précautions, & lorsqu'il n'est pas dévoré par les limaces & les escargots qui l'aiment avec passion, plus d'un pied de haut dans sa première année, & peut être mis en place dès l'hiver suivant, si cela est nécessaire. Lorsqu'on veut cultiver ce plant en pépinière, on le repique à un pied de distance en tout sens, dans un autre terrain, où on lui donne, pendant un ou deux ans, deux binages d'été & un labour d'hiver: toujours il est propre à former buisson à sa troisième année.

Le *bagnaudier* d'Alep est plus petit & plus sensible à la gelée que le précédent. Ses feuilles sont plus blanches & ses fleurs plus rougeâtres; du reste il partage ses avantages & se cultive de même. On le place dans le voisinage de la maison, ou dans les parterres.

Il en est de même des *bagnaudiers* moyen & de Pococke, qui sont souvent confondus avec lui, & qui, de fait, en diffèrent fort peu.

Le *bagnaudier* d'Éthiopie est un petit arbre toujours vert, d'un très-agréable aspect lorsqu'il est garni de ses fleurs rouges & nombreuses. On le cultive en pot dans le climat de Paris, pour pouvoir le rentrer dans l'orangerie aux approches des froids qu'il craint beaucoup. Il ne craint pas moins l'humidité, & c'est parce que c'est toujours elle qui le fait périr dans le climat de Paris, où il subsiste rarement plus de quatre ou cinq ans. Sa multiplication a lieu presqu'exclusivement par graines, dont il donne souvent beaucoup, quoiqu'elle puisse aussi avoir lieu par marcottes & boutures. On les sème dans des pots sur couche & sous châssis dès les premiers jours du printemps, on sépare les pieds lorsqu'ils ont acquis cinq à six pouces de haut, & on les met seul à seul dans d'autres pots, où ils fleurissent la même année.

Les *bagnaudiers* vivace & annuel ne se cultivent que dans les écoles de botanique, & se traitent comme le précédent.

BAGUE. Synonyme de GREFFE.

BAHIE. *Bahia.* Arbuste du Chili, qui constitue un genre dans la syngénésie superflue & dans la famille des corymbifères.

Nous ne le cultivons pas en Europe.

BAHINICHE. La KETMIE ESCULENTE porte ce nom en Égypte.

BAILE. Les BERGERS se nomment ainsi dans le Crau.

BAITARIE. *Baitaria.* Plante du Pérou, formant genre dans la dodécandrie monogynie, mais qui ne se cultive pas dans nos jardins.

BAJASAJO. Plante grimpante de l'Inde, fort incomplétement connue & non cultivée en Europe.

BALANGUE. Plante de Madagascar, dont on ne connoît que le fruit.

BALANIFÈRE. Nom donné à la famille de plantes autrement appelée QUERCINÉES.

BALANITE. Genre de plantes qui ne diffère pas du XYMESIE & de l'HYMASSOLI.

BALANOPHORE. Plante des îles de la mer du Sud, qui paroît avoir quelques rapports avec le CYNOMOIRE, & qui par cela seul ne se cultivera probablement jamais en Europe.

BALANOPTÈRE. Synonyme de MOLLAVI.

BALAT. Synonyme de FOSSÉ dans quelques lieux.

BALAYURE. Les *balayures* de la maison étant presque toujours composées de matières animales & végétales atténuées, & la terre qui s'y trouve mêlée étant azotée, il semble qu'on ne devroit jamais les perdre; cependant presque partout on les jette dans les rues, sur les chemins, dans les cours.

Ils agissent donc dans leur intérêt les cultivateurs éclairés qui font chaque jour ajouter au tas, dans un coin abrité de la pluie, les *balayures* de leur maison, & les font ensuite ou jeter sur le fumier, ou porter dans leurs jardins, dans leurs champs.

Les *balayures* des rues, des routes, sont recherchées dans quelques parties de la France & négligées dans d'autres. Elles sont, comme les précédentes, souvent très-riches en principes fertilisans, principalement par la fiente des chevaux, des bœufs, des moutons, &c. J'ai vu avec satisfaction que dans les lieux où on n'en faisoit pas de cas, il y a quelques années, on se les dispute aujourd'hui. *Voyez* ENGRAIS & FUMIER.

BALBISIE. *Balbisia.* Plante du Mexique, voisine des AMELLES.

On ne la voit pas encore dans nos jardins.

BALDENGÈRE. *Baldengera.* Welter a établi ce genre de plantes pour placer l'ALPISTE ARUNDINACÉ.

BALDUINE. *Balduina.* Genre de plantes établi par Nuttal, pour placer deux espèces de l'Amérique septentrionale, qui paroissent appartenir à celui des GALARDIÈNES.

Nous ne cultivons en Europe ni l'une ni l'autre de ces espèces.

BALIVAGE. Opération de choisir dans les parties de forêts qui doivent être abattues l'hiver suivant, les arbres qui, d'après l'ordonnance de 1669, doivent être réservés, soit pour devenir porte-graines, soit pour fournir des bois de haut service.

Pour bien exécuter le *balivage*, il faut non-seulement avoir une connoissance approfondie de la nature du sol, de l'espèce des arbres, des besoins de l'industrie & du commerce, mais encore juger dans l'avenir des changemens que la loi des assolemens doit opérer.

C'est ordinairement au milieu de l'été que s'exécute le *balivage*. A cet effet, dans les forêts du Gouvernement, un inspecteur, accompagné du garde général, du garde particulier, du garde-marteau, &c., se transportent dans les ventes, les parcourent dans tous les sens, choisissent les baliveaux à conserver dans tous les âges, leur font une entaille à l'écorce & leur insèrent une marque sur l'aubier.

Il y a pour le nombre à conserver des baliveaux modernes & anciens, des règles qui seront développées à l'article précité & à celui MARTELAGE.

Il est des écrivains qui, avec raison, se sont élevés contre l'usage d'entamer l'écorce pour fixer l'empreinte du dos du marteau sur l'aubier; mais il n'y a pas moyen de faire autrement, sans s'exposer à des inconvéniens d'un autre genre encore plus graves.

Après que les bois sont coupés, les mêmes personnes qui ont marqué les baliveaux vont vérifier s'ils ont été conservés, & dressent procès-verbal de ce qu'ils remarquent. On appelle RÉCOLLEMENT cette nouvelle opération, sur laquelle on donnera quelques détails à ce mot.

Voyez l'article suivant.

BALIVEAU. Arbre choisi dans un bois, qui doit être coupé l'hiver suivant, soit d'après la volonté du propriétaire, soit en exécution des ordonnances, pour être réservé dans le but de fournir de la graine aux repeuplemens & du bois de haut service aux constructions maritimes & civiles, ainsi qu'aux arts.

En langage forestier on distingue trois sortes

de *baliveaux* : ceux de l'*âge*, qui ont le même temps de croissance que le taillis ; ceux *modernes*, qui sont deux ou trois fois plus âgés que les premiers ; ceux *anciens*, qui ont au-delà de l'âge des précédens.

On voit que le nombre d'années des *baliveaux* de chaque espèce doit varier selon la nature de la terre & selon la volonté du propriétaire, puisque les coupes, dans les mauvais sols, doivent être plus rapprochées que dans les bons, quoique l'inverse ait lieu très-souvent, & que des considérations, entièrement étrangères à la reproduction, obligent souvent le propriétaire à avancer ou retarder la coupe de ses bois.

Depuis deux siècles on discute la question de savoir s'il est utile ou nuisible de laisser les *baliveaux* dans les taillis. Les opinions de ceux qui ont entrepris de la résoudre sont tellement divergentes, qu'on n'est pas plus avancé que le premier jour ; & de fait elle ne peut être résolue telle qu'elle a été posée, car les avantages & les inconvéniens des *baliveaux* se balancent au point que ce n'est qu'en précisant une localité, qu'un homme éclairé, dans la physique des arbres, peut entreprendre de la résoudre.

Ce sont d'abord les chênes qu'on choisit pour *baliveaux*, & surtout ceux venus de semence, parce qu'ils sont pourvus d'une vitalité plus forte que ceux poussés sur souche. Après eux ce sont ceux de frêne, de bouleau. Dans les forêts de châtaigniers, ainsi que dans celles de hêtre, ces deux espèces tiennent la place du chêne. Après eux viennent les charmes, les érables, les tilleuls, &c. Rarement on laisse des *baliveaux* de tremble & autres bois blancs. Avant la révolution il étoit d'usage, dans beaucoup de forêts, sous le prétexte de l'utilité de leurs fruits pour la nourriture des pauvres, de laisser en sus des *baliveaux* marqués, tous les arbres fruitiers d'une belle venue, comme merisiers, poiriers, pommiers, aliziers, &c. ; aussi y étoient-ils devenus si abondans, qu'ils s'opposoient à la repousse des taillis : l'administration forestière les a fait disparoître.

L'habileté du forestier se remarque principalement dans le choix des *baliveaux* d'âge, parce qu'il est souvent fort difficile de juger si un arbre de douze, quinze, même vingt ans, continuera de pousser droit & avec vigueur, ne sera pas atteint de carie ou autres maladies.

Cette difficulté diminue pour le choix des *baliveaux* modernes, parce qu'alors ils ont pris le dessus sur le taillis ; mais elle se représente lorsque les *baliveaux* anciens ayant pris assez d'âge pour commencer à s'altérer dans leur intérieur, il s'agit de savoir quels sont ceux qu'il convient d'abattre les premiers. *Voyez* COURONNEMENT DES ARBRES.

On appelle FUTAIE SUR TAILLIS (*voyez* ce mot), les bois où le nombre des *baliveaux* réservés est supérieur à celui fixé par l'ordonnance. Ces sortes de futaies nuisent prodigieusement à la repousse des taillis, & par l'ombre qu'ils y portent (*voyez* ÉTIOLEMENT), & par l'humidité qu'ils y entretiennent, dont l'effet est de les rendre plus sensibles aux gelées, lorsque les chênes & les châtaigniers qui les composent, commencent au printemps à développer leurs bourgeons.

Il est reconnu par l'expérience qu'il y a d'autant moins d'avantages à réserver des *baliveaux* dans les taillis, que ces taillis sont en plus mauvais fonds, parce que ces *baliveaux* poussent plus lentement & moins droits. Dans les taillis de châtaigniers exploités pour cercles ou objets analogues, ils sont toujours nuisibles. Ainsi l'ordonnance de 1669, qui ne fait point cette distinction, est vicieuse ; ce que l'administration ayant reconnu, elle s'est décidée à ne jamais refuser les exceptions qui lui étoient demandées par les propriétaires.

Lorsqu'on coupe un taillis placé dans un bon terrain, les *baliveaux* de l'âge poussent une grande quantité de branches latérales qui se garnissent de larges feuilles ; aussi arrive-t-il souvent qu'ils sont ou courbés sous le poids de leur tête, ou cassés ou arrachés par le vent. *Voyez* BOIS CHABLIS.

Élaguer les *baliveaux* est, à toute époque, une très-mauvaise pratique, puisque cette opération, leur enlevant des FEUILLES, retarde leur croissance ; mais il est souvent utile de couper les deux ou trois branches les plus basses de ceux de l'âge, & de tailler en crochet les autres, c'est-à-dire, de diminuer d'autant plus leur longueur, qu'elles sont plus grosses. S'il y a une fourche au sommet, la branche la moins directe sera complétement supprimée. Par ces précautions on aura toujours des *baliveaux* élancés, droits, & d'une croissance beaucoup plus accélérée. *Voyez* TAILLE & FEUILLES.

Lorsque le taillis est en mauvais sol, sa coupe enlevant à la terre l'humidité qu'y entretenoient ses feuilles, les *baliveaux* n'y peuvent plus trouver assez de séve pour entretenir leur végétation, ou poussent foiblement, ou se dessèchent en cime, ou périssent entièrement. Quel est l'observateur qui n'a pas vu des forêts où presque tous les *baliveaux*, même ceux de l'âge, étoient couronnés ? Il n'est pas de moyen à opposer à ces résultats.

Mon opinion fondée, non-seulement sur tout ce qui a été écrit pour ou contre les futaies sur taillis, mais encore sur ce que j'ai remarqué dans diverses parties de la France & de l'étranger, est donc que les futaies sur taillis doivent être conservées, en ne portant pas dans les bons fonds leurs *baliveaux* au-delà du nombre exigé par l'ordonnance de 1669, & que ce nombre doit d'autant plus être restreint, que les fonds sont plus mauvais : de sorte qu'il arrive un point où il ne faut point du tout en laisser.

La question de l'utilité des *baliveaux* pour la reproduction ne peut pas être sérieusement mise en doute, mais il faut l'envisager sous un point de vûe que peu de forestiers sont dans le cas d'apprécier. C'est que ce sont seulement les espèces les plus rares dans les forêts sur qui porte cette utilité. Ainsi, si c'est le chêne qui domine, il levera peu de glands; si c'est le hêtre, il levera peu de faînes. (*Voyez* ASSOLEMENT.) D'après ce principe incontestable, mais qui ne se remarque bien que dans les futaies pleines de deux ou trois siècles, il convient donc de laisser des *baliveaux* de l'espèce la moins commune dans toute espèce de taillis.

Jamais on ne doit, quoiqu'on le fasse généralement, réserver des *baliveaux* à la coupe des futaies, même de cent ans, tant à raison du principe ci-dessus, que parce que le sol est constamment garni d'une assez grande quantité de graines pour suffire aux besoins de la reproduction. Le seul forestier qui, à ma connoissance, ait su bien diriger, pour les âges futurs, la coupe des futaies, est M. de Violaine, inspecteur de la forêt de Villers-Cotterets, parce qu'il a su étudier la nature. Sa pratique sera exposée à l'article EXPLOITATION DES BOIS.

Les forêts d'arbres verts ne supportent pas facilement l'aménagement des autres, parce que, d'un côté, la privation de l'ombre empêche les graines des pins & des sapins de germer, & que, de l'autre, les *baliveaux* qu'on y laisse sont presque toujours renversés par les vents, vu la foiblesse & le peu d'étendue de leurs racines.

Le bois des arbres de haut service, crû dans les futaies sur taillis, est généralement plus dur que celui de ceux qui ont végété dans des futaies pleines, parce qu'il a été plus exposé aux influences atmosphériques; mais il arrive souvent qu'il est rempli de nœuds, qui ne permettent pas de l'employer à la fente & à la menuiserie. Sous ce rapport il y a presqu'égalité dans les avantages & dans les inconvéniens de ces deux sortes de futaies.

Il m'eût été possible d'étendre mes réflexions sur ce qui concerne les *baliveaux*; mais tout ce que j'aurois ajouté à ce qu'on vient de lire, eût été la répétition de ce qu'on trouvera aux articles BOIS, FORÊT, EXPLOITATION, &c.

BALMISE. *Balmisa*. Le GOUET A CAPUCHON sert de type à ce nouveau genre, établi par Lagasca.

BALO. Arbrisseau à feuilles fétides, & cependant fort du goût des bestiaux, qui croît aux Canaries, & dont Broussonnet m'a envoyé des graines qui ont levé dans nos jardins, mais dont j'ai perdu de vue les produits; de sorte que je ne sais pas à quel genre il se rapporte.

BALONEMENT. Synonyme d'ENFLURE & de TYMPANITE dans les animaux domestiques.

BALONOPHORE. *Balonophora*. Plante qui a été réunie aux CYNOMOIRES, & qui ne paroît pas par conséquent dans le cas d'être cultivée dans nos jardins.

BALSAMARIE. Espèce de CALABA de la Cochinchine.

BALSAMONE. Nom donné à une espèce du genre CUPHÉE, que nous ne cultivons pas.

BALTRACAN. Plante de la Tartarie, dont le fruit, qui est une capsule, a une odeur agréable. Il est possible que ce soit la KETMIE AMBRETTE.

BALYSE. Ce nom s'applique, dans quelques parties de la France, aux TAILLIS ou aux FUTAIES qu'on laisse autour des coupes des bois, d'abord pour les reconnoître, ensuite pour, dans le premier cas, leur donner de l'air; & dans le second, suppléer aux arbres laissés sur les coupes pour fournir des bois de charpente.

La question de l'avantage & des inconvéniens des *balyses* sera discutée au mot EXPLOITATION DES FORÊTS.

BALZANE. Taches blanches qui se voient au-dessus du sabot de quelques chevaux. *Voyez* CHEVAL.

BAMBOU. *Bambusa*. Genre de plantes de l'hexandrie digynie & de la famille des graminées, qui renferme un assez grand nombre d'espèces encore peu connues, propres à l'Inde, à la Chine & îles dépendantes, dont on tire un grand parti dans l'économie rurale & domestique, mais dont on n'a pas encore pu introduire la culture dans nos serres.

Quelques plantes, appartenant à d'autres genres, portent le nom de *bambou*, parce qu'elles ont la même constitution & les mêmes usages. Le NASTE VERTICILLÉ, la FETUQUE MULTIFLORE, le GRAND & le PETIT ROSEAU (*arundo donax* & *calamagrostis*) sont du nombre.

Il est des *bambous* dont la tige est pleine, tel que celui appelé *arundo fareta* par Rumphius; mais dans la plus grande partie les tiges sont creuses, & ressemblent à celle des roseaux de notre Europe.

Le plus grand des *bambous* est le *suimat*. Il acquiert au-delà de 80 pouces de diamètre. On fait des coffres & des mesures de capacité avec son tronc. On fend ce tronc pour l'employer à presque tous les usages du bois.

Le *bambou teba* a les articulations inférieures seules solides, toutes sont hérissées d'épines. On en fait des fortifications, des barricades, des palissades, &c.

Le *bambou elly* est peu inférieur au précédent en grandeur. Il ne fleurit qu'à l'âge de 60 ans & meurt ensuite; mais pendant cet intervalle il s'est immensément multiplié par ses rejetons.

Le *bambou telin* est beaucoup plus commun que les trois précédens : c'est à lui qu'on applique spécialement le nom de *bambou* dans les îles de l'Inde. Les Malais & les Macassais en tirent le plus grand parti dans leur économie domestique. Ils en font des vases, des conduites d'eau; ils en construisent leurs maisons, leurs ponts, leurs clôtures, leurs siéges, leurs échelles, leurs mâts de navire, &c. Ses jeunes pousses se mangent par les hommes & par les bestiaux.

Le *bambou apel*, quoique plus petit (il n'a que quatre à cinq pouces de diamètre), sert aux mêmes usages, & de plus à porter les palanquins, à fabriquer des paniers, & à la Chine à faire du papier.

Le *bambou tallam*, qui n'a qu'un pouce de diamètre, se fend avec la plus grande facilité, & sert en conséquence mieux que les autres à la fabrication des claies pour entourer les champs, pour renfermer les animaux domestiques, pour faire des barrages à l'effet de prendre le poisson, &c.

Le *bambou bulu tuy* a les articulations ridées comme une peau de requin, qui servent, comme elle, à polir le bois.

Le *bambou outic* a les articulations d'un beau noir. On les emploie en meubles, boîtes, écritoires, &c.

C'est le *bambou busha* qui fournit les plumes à écrire des Chinois & autres peuples de l'Asie orientale.

Tous les *bambous* pourrissent très-difficilement, soit à l'air, soit dans la terre. Il est dans leur composition, principalement dans celle du *bullu tuy*, une grande quantité de silice, qui rend leurs articulations très-dures (on dit même qu'elles font quelquefois feu avec le briquet); sans eux, une grande partie des peuples de l'Asie ne pourroient plus satisfaire leurs besoins sans décupler leur travail.

Partout la culture des *bambous* se réduit à leur plantation; & cette plantation s'effectue soit avec des rejetons, dont quelques espèces donnent immensément tous les ans, soit par section de racines, soit par boutures.

Le *telin*, comme je l'ai déjà observé, le plus commun dans l'Inde, parce qu'il s'accommode de toute espèce de terrain, se multiplie par ce dernier moyen. On couche une portion d'une de ses tiges dans un fossé de six à huit pouces de profondeur, & on la recouvre de la terre qui en a été tirée. A la saison des pluies il sort de chaque articulation, en dessous des racines, & en dessus des tiges qui peuvent être coupées un ou deux ans après.

Les espèces plus grandes peuvent sans doute se multiplier de même, mais il paroît qu'il y a de l'avantage à employer le procédé suivant. On coupe une des articulations, en lui laissant de la tige en dessous & en dessus; on l'enterre droite, à cinq à six pouces, puis on remplit d'eau la cavité supérieure.

Il est probable que ces deux moyens réussiroient également pour les petites espèces; cependant, pour celles-là, on se contente de couper leur sommet avec leurs feuilles, & de les mettre en terre un peu obliquement, à la profondeur d'un pied.

Les mines de houille offrent souvent des *bambous* très-reconnoissables, & d'espèces fort distinctes de celles existantes, ce qui prouve que notre climat a été jadis assez chaud pour les produire.

BAN. Synonyme de LEVAIN dans le midi de la France.

BANCOULIER. *Aleurites.* Genre de plantes de la monœcie monadelphie, qui renferme trois grands arbres des îles de la mer des Indes, dont l'un se cultive pour ses fruits, appelés *noix de bancoul*, non-seulement dans son pays natal, mais encore dans les îles de France & de Bourbon, lesquels fruits fournissent abondamment de l'huile.

Ce dernier se cultive également dans la serre chaude du Muséum, où il a été apporté de l'île de France, mais il y fait peu de progrès, & on ne peut l'y multiplier.

L'huile de *bancoul* est l'objet d'un commerce de quelqu'importance.

BANGIE. *Bangia.* Genre de plantes établi aux dépens des CONFERVES.

BANGON. Synonyme de BOUTEILLE dans la POURRITURE des MOUTONS.

BANGUE. On donne ce nom, dans l'Inde, à une variété de CHANVRE qui atteint quinze pieds de hauteur & trois pouces de diamètre.

Cette variété a été plusieurs fois cultivée en France, mais elle a disparu, du moins des jardins de Paris, parce que ses graines n'arrivoient pas à maturité dans les années froides & pluvieuses.

BANKSIE. *Banksia.* Genre de plantes de la tétrandrie monogynie & de la famille des protéoïdes, qui renferme une cinquantaine d'espèces, presque toutes remarquables, & presque toutes se cultivant dans nos orangeries.

Observations.

Les genres LAMBERTIE, HAKÉ, CONCHION & DRYANDRE ont été établis aux dépens de celui-ci. On les réunira ici.

Les genres HAGENIE & PIMELÉE ont porté son nom.

Espèces.

1. La BANKSIE à feuilles oblongues.

Banksia oblongifolia. Cav. ♄ De la Nouvelle-Hollande.

2. La BANKSIE à petits cônes.

Banksia microstachia. Cav. ♄ De la Nouvelle-Hollande.

3. La BANKSIE serraturée.

Banksia serrata. Linn. ♄ De la Nouvelle-Hollande.

4. La BANKSIE dentée.
Banksia dentata. Linn. ♄ De la Nouvelle-Hollande.

5. La BANKSIE tronquée.
Banksia præmorsa. And. ♄ De la Nouvelle-Hollande.

6. La BANKSIE ſpineſcente.
Banksia ſpinuloſa. Cav. ♄ De la Nouvelle-Hollande.

7. La BANKSIE à feuilles de bruyère.
Banksia ericæfolia. Linn. ♄ De la Nouvelle-Hollande.

8. La BANKSIE à feuilles entières.
Banksia integrifolia. Linn. ♄ De la Nouvelle-Hollande.

9. La BANKSIE à feuilles pinnées.
Banksia grandis. Willd. ♄ De la Nouvelle-Hollande.

10. La BANKSIE élevée.
Banksia robur. Cav. ♄ De la Nouvelle-Hollande.

11. La BANKSIE bordée.
Banksia marginata. Cav. ♄ De la Nouvelle-Hollande.

12. La BANKSIE à feuilles d'olivier.
Banksia oleæfolia. Cav. ♄ De la Nouvelle-Hollande.

13. La BANKSIE glauque.
Banksia glauca. Cav. ♄ De la Nouvelle-Hollande.

14. La BANKSIE à feuilles de ſaule.
Banksia ſalicifolia. Cav. ♄ De la Nouvelle-Hollande.

15. La BANKSIE à feuilles entières.
Banksia integerrima. Dum.-Courſ. ♄ De la Nouvelle-Hollande.

16. La BANKSIE à feuilles de houx.
Banksia ilicifolia. Dum.-Courſ. ♄ De la Nouvelle-Hollande.

17. La BANKSIE nectarine.
Banksia nectarina. Schrad. ♄ De la Nouvelle-Hollande.

18. La BANKSIE boſſue.
Banksia gibboſa. Cav. ♄ De la Nouvelle-Hollande.

19. La BANKSIE en poignard.
Banksia pugioniformis. Cav. ♄ De la Nouvelle-Hollande.

20. La BANKSIE en alêne.
Banksia acicularis. Vent. ♄ De la Nouvelle-Hollande.

21. La BANKSIE à longues feuilles.
Banksia longifolia. Dum.-Courſ. ♄ De la Nouvelle-Hollande.

22. La BANKSIE dactyloïde.
Banksia dactyloides. Cav. ♄ De la Nouvelle-Hollande.

23. La BANKSIE pyriforme.
Banksia pyriformis. Cav. ♄ De la Nouvelle-Hollande.

24. La BANKSIE en peigne.
Banksia pectinata. Dum.-Courſ. ♄ De la Nouvelle-Hollande.

25. La BANKSIE à feuilles de ſaule.
Banksia ſaligna. Vent. ♄ De la Nouvelle-Hollande.

26. La BANKSIE à larges dents.
Banksia grandidentata. Dum.-Courſ. ♄ De la Nouvelle-Hollande.

27. La BANKSIE denticulée.
Banksia denticulata. Dum.-Courſ. ♄ De la Nouvelle-Hollande.

28. La BANKSIE à petites fleurs.
Banksia pulchella. Hort. Angl. ♄ De la Nouvelle-Hollande.

29. La BANKSIE à tête ronde.
Banksia ſphærocephala. Hort. Angl. ♄ De la Nouvelle-Hollande.

30. La BANKSIE penchée.
Banksia nutans. Hort. Angl. ♄ De la Nouvelle-Hollande.

31. La BANKSIE occidentale.
Banksia occidentalis. Hort. Angl. ♄ De la Nouvelle-Hollande.

32. La BANKSIE à fleurs écarlates.
Banksia coccinea. Hort. Angl. ♄ De la Nouvelle-Hollande.

33. La BANKSIE à larges feuilles.
Banksia latifolia. Hort. Angl. ♄ De la Nouvelle-Hollande.

34. La BANKSIE ſpécieuſe.
Banksia ſpecioſa. Hort. Angl. ♄ De la Nouvelle-Hollande.

35. La BANKSIE multiflore.
Banksia multiflora. ♄ De la Nouvelle-Hollande.

36. La BANKSIE armée.
Banksia armata. ♄ De la Nouvelle-Hollande.

37. La BANKSIE élégante.
Banksia formoſa. ♄ De la Nouvelle-Hollande.

38. La BANKSIE plumeuſe.
Banksia plumoſa. ♄ De la Nouvelle-Hollande.

39. La BANKSIE à feuilles obtuſes.
Banksia obtuſa. ♄ De la Nouvelle-Hollande.

40. La BANKSIE à fleurs blanches.
Banksia nivea. ♄ De la Nouvelle-Hollande.

41. La BANKSIE à feuilles menues.
Banksia tenuifolia. ♄ De la Nouvelle-Hollande.

42. La BANKSIE pyriforme.
Banksia pyriformis. Hort. Angl. ♄ De la Nouvelle-Hollande.

43. La BANKSIE oblique.
Banksia obliqua. Hort. Angl. ♄ De la Nouvelle-Hollande.

44. La BANKSIE cératophylle.
Banksia ceratophylla. Hort. Angl. ♄ De la Nouvelle-Hollande.

45. La BANKSIE fleurie.
Banksia florida. Hort. Angl. ♄ De la Nouvelle-Hollande.

46. La BANKSIE luisante.
Banksia nitida. Hort. Angl. ♄ De la Nouvelle-Hollande.

47. La BANKSIE amplexicaule.
Banksia amplexicaulis. Hort. Angl. ♄ De la Nouvelle-Hollande.

48. La BANKSIE ondulée.
Banksia undulata. Hort. Angl. ♄ De la Nouvelle-Hollande.

49. La BANKSIE cendrée.
Banksia cinerea. Hort. Angl. ♄ De la Nouvelle-Hollande.

50. La BANKSIE à feuilles elliptiques.
Banksia elliptica. Smith. ♄ De la Nouvelle-Hollande.

Culture.

Toutes ces espèces se multiplient de graines venues de leur pays natal, graines qu'on sème dans des pots remplis de terre de bruyère, & qu'on place, dès le mois de février, sur une couche à châssis; le plant qui en provient est arrosé fréquemment, mais peu à la fois; ensuite, lorsqu'il a acquis deux à trois pouces de hauteur, il est transplanté dans d'autres pots, seul à seul, & remis sur la même couche jusqu'à l'hiver, pour être rentré dans l'orangerie pendant cette saison.

Parvenues à une certaine grandeur, les *banksies* peuvent se multiplier par boutures faites au printemps sur couche & sous châssis.

Ces plantes aiment l'eau, mais cependant périssent souvent dans les orangeries trop humides. C'est dans les serres tempérées qu'elles prospèrent le plus. Les fleurs de plusieurs sont belles, & la forme des fruits de la plupart est remarquable : quelques-unes en donnent dans nos orangeries.

Il paroît qu'on connoît mieux en Angleterre la culture des *banksies* qu'en France, car elles subsistent peu dans nos orangeries, ce qui oblige d'en tirer souvent de nouveaux pieds de Londres.

BANTIALE. Plante de l'Inde, qui est parasite, tubéreuse & percée d'un grand nombre de trous.

Il est difficile de décider à quelle famille appartient cette plante.

BAPTISTIE. *Baptistia.* Genre de plantes établi pour placer quelques espèces des genres CROTALAIRE & PODALYRE.

BARADIÈRE. On appelle ainsi, dans le département du Gers, des fossés destinés à diminuer la rapidité de l'écoulement des eaux pluviales, pour leur donner le temps de déposer les terres qu'elles entraînent.

On ne peut trop encourager la formation des *baradières* dans tous les pays de montagnes. *Voyez* TORRENS & AVERSES.

BARBACENIE. *Barbacenia.* Plante du Brésil, qui offre des rapports avec les JUSSIES.

Nous ne la cultivons pas.

BARBAL. C'est, dans les vignobles du Midi, ce qu'on appelle ARCEAU, PLOYON, SAUTELLE dans ceux du Nord.

BARBARÉE. *Barbarea.* Genre de plantes établi pour placer le VELAR DES BOUTIQUES.

BARBEAU. Poisson du genre CYPRIN, qui vit dans les eaux douces de l'Europe, mais qui ne se plaît dans les étangs qu'autant que l'eau en est très-pure & très-courante, de sorte qu'il ne peut pas être mis, comme la carpe, la tanche, le brochet, l'anguille, &c., au rang des animaux domestiques.

BARBENIA. *Barbenia.* Arbrisseaux sarmenteux de Madagascar, qui forment un genre dans la polyandrie digynie.

Nous ne les cultivons pas en Europe.

BARBOTINE. La TANAISIE s'appelle ainsi aux environs d'Angers.

BARBOTTE. Un des noms de la VESCE.

BARBULE. *Barbula.* Arbrisseau de la Chine, qui constitue un genre dans la didynamie gymnospermie. Ses feuilles froissées répandent une odeur agréable. Il paroît appartenir au genre ELSHOLTZIE de Willdenow.

Il ne se cultive pas en Europe.

BARCKAUSIE. *Barckausia.* Genre de plantes établi pour placer les CRÉPIDES DES ALPES, ROUGE, FÉTIDE, &c.

BARGE. Ce nom se donne, dans les îles de la Loire inférieure, aux tas de LIN réunis pour que sa graine achève de mûrir.

BARGYLLOT. Synonyme de CHENEVOTTE.

BARIOSME. *Bariosma.* Nom donné à un arbre des Moluques, qu'on a reconnu appartenir au genre COUMAROU. Il ne se cultive pas dans les jardins d'Europe.

BAROMETZ. Racine d'un POLYPODE qui croît dans la Tartarie. Elle est couverte de poils qui l'ont fait comparer à un agneau; de-là le nom d'AGNEAU DE TARTARIE qu'elle porte.

BAROSME. *Barosma.* Nom donné par Willdenow à un genre appelé PÉRAPETALIFÈRE par Vandeli. Il se rapproche infiniment des BUCCO, des DIOSMA & des AGATHOMATES.

BARRALDÈGE. *Barraldeja.* Nom d'arbrisseaux de Madagascar, qui constituent un genre dans la décandrie monogynie.

Ils ne sont pas encore cultivés en Europe.

BARTHOLINE. *Bartholina.* Genre de plantes établi par R. Brown pour placer l'ORCHIS PECTINÉ.

Le même nom avoit été donné au TRIDAX.

BARTONIE. *Bartonia.* Plante bisannuelle de l'Amérique septentrionale, qui seule constitue un genre dans l'icosandrie monogynie, fort voisin des LOASES.

Elle ne se cultive pas encore en Europe.

BARTRAME. *Bartramia.* Plante annuelle qui croît dans l'Inde, & qui se rapporte aux LAPPULIERS.

Bridel avoit donné le même nom à un genre de MOUSSE.

BARTSIE. *Bartsia.* Genre de plantes qui a été réuni aux COCRÈTES par quelques botanistes.

BARYXILE. *Baryxilum.* Grand arbre de la Cochinchine, dont le bois est extrêmement dur & sert à un grand nombre d'usages. Il constitue seul un genre dans la décandrie monogynie. Sa culture n'a pas encore été introduite en Europe.

BASSE-COUR. Partie de l'enceinte des bâtimens ruraux, dans laquelle sont placées les granges, les étables, les écuries, les bergeries, les toits à porcs, les poulaillers, les colombiers, les fumiers, &c.

Quelquefois on circonscrit l'acception de ce mot aux vaches & à la volaille, comme dans cette phrase : *il vit des produits de sa basse-cour.*

Dans les maisons de campagne habitées par de riches propriétaires, il y a le plus souvent deux cours, & celle dont il est ici spécialement question a une entrée différente; mais dans les fermes il n'y en a qu'une, qu'on appelle spécialement *la cour*, quoiqu'elle ait toujours la destination indiquée plus haut.

La disposition d'une *basse-cour* ne dépend pas toujours du propriétaire, parce qu'il est souvent gêné par les propriétés voisines, ou par des considérations de dépenses ou autres; mais quand il est le maître, il doit, 1°. la placer au levant ou au midi plutôt qu'au couchant & au nord; 2°. lui donner plutôt trop que pas assez d'étendue; 3°. placer les granges à l'aspect du nord, & l'habitation du fermier, ainsi que les poulaillers & les bergeries, à l'aspect du midi.

Tous les grands bâtimens seront isolés ou liés par des petits, afin de prévenir les ravages du feu & les FUMIERS, ainsi que l'abreuvoir, rejetés dans les angles opposés à la maison d'habitation, afin de diminuer les résultats, pour la santé, des émanations qui s'en élèvent pendant l'été.

Il doit régner, quoique cela se voie très-rarement, la plus grande propreté & le plus grand ordre dans la *basse-cour* : en conséquence elle sera ratissée & même balayée au moins une fois par semaine. Tous les instrumens aratoires seront rentrés, dès qu'on a cessé d'en faire usage, sous des hangards ou dans les autres bâtimens qui leur sont destinés. On aura soin que toutes les portes soient fermées à la nuit, & les chiens détachés. Le maître ou le principal valet devra en conséquence toujours y faire une ronde avant de se coucher.

Les murs intérieurs & extérieurs d'une *basse-cour*, s'ils ne sont pas tenus en état constant de réparation, exposent à l'introduction des malfaiteurs, des fouines, des belettes, des lérots & autres animaux nuisibles : il faut donc n'y pas laisser un trou.

Quelques arbres isolés & touffus sont utiles dans une *basse-cour*, parce qu'ils fournissent de l'ombre aux volailles; mais il faut que leurs premières branches soient assez élevées pour que les poules ne puissent pas s'y percher, parce que celles qui ne sont pas accoutumées à coucher au poulailler perdent ordinairement leurs œufs.

Les dindons, qui gagnent de la santé & de la saveur à coucher dehors, auront un mât à échelons, sur lequel on empêchera facilement les poules de monter.

C'est toujours une mauvaise économie que de laisser coucher les oies & les canards dans le poulailler; il est mieux de donner une loge à chacune de ces volailles.

BASSIE. *Bassia.* Genre de plantes établi pour placer la SOUDE MURIQUÉE.

BATERSE. Sorte de forte charrue employée aux environs de Lyon.

BATIER. C'est celui qui se livre, en Auvergne, à l'ENGRAIS DES BŒUFS.

BATRACHOSPERME. *Batrachospermum.* Genre établi par Vaucher, aux dépens des CONFERVES.

BATSCHIE. Ce nom a été donné à quatre genres de plantes, dont l'un est l'HUMBOLTIE, l'autre l'ABUTA; le troisième diffère fort peu des GREMILS, & le quatrième a pour type l'EUPATOIRE AGÉRATOÏDE.

BATTARÉE. *Battarea.* Genre établi aux dépens des VESSE-LOUPS.

BATTRE LA TERRE. C'est l'APLANIR & la CONSOLIDER avec l'instrument qu'on appelle BATTE.

On dit aussi qu'une forte PLUIE a *battu la terre*, qu'un domaine a été *battu par la grêle.*

Ce mot s'applique encore à l'action des VENTS sur les arbres.

S'il est souvent utile de *battre la terre* légère ou trop labourée pour empêcher l'évaporation de l'eau nécessaire à la germination (*voyez* au mot PLOMBER), il est presque toujours nuisible, surtout dans les sols marneux, que la terre soit trop battue par les pluies, parce que sa surface se recouvre alors d'une croûte qui empêche l'action de l'air sur les graines, & qu'elles ne lèvent pas ; c'est pourquoi ces sortes de sols ont besoin de hersages fréquens, même après que le blé est germé.

Les arbres trop battus par les vents portent moins souvent du fruit, & parce que leurs fleurs sont plus exposées à couler, & parce que leurs feuilles, étant continuellement froissées, ne fournissent pas aux racines toute la sève qui leur est nécessaire. *Voyez* VENT.

BAUCHE, synonyme de BAUGE. Mélange de terre & de paille hachée.

BAUCHE. Les herbes de MARAIS destinées à faire de la LITIÈRE ou à entrer dans les COMPOSTES, se nomment ainsi dans quelques cantons.

BAUGE. Nom des tas d'ÉCHALAS dans le vignoble d'Orléans.

BAUME. Nom d'une espèce de TANAISIE dont les feuilles froissées répandent une odeur agréable.

BAUME DU PÉROU. Le MÉLILOT BLEU porte ce nom dans quelques lieux.

BAUQUE. On appelle ainsi, sur les bords de la Méditerranée, les feuilles de ZOSTÈRE qu'on ramasse pour servir à l'emballage des marchandises & fumer les terres.

BAVÉOLE. Synonyme de BLUET.

BAVÈRE. *Bavera*. Arbrisseau de la Nouvelle-Hollande, qui forme un genre dans la polyandrie digynie.

Cet arbrisseau, que nous cultivons dans nos orangeries, est d'un bel aspect quand il est en fleur. Il ne perd jamais ses feuilles. On le multiplie de boutures & de marcottes faites au printemps dans des pots enterrés dans une couche à chassis.

BAWANG A ODEUR D'AIL. Grand arbre des Moluques, dont les fruits servent à assaisonner les alimens. Il est imparfaitement connu des botanistes.

BAXANE. Arbre peu connu, qui passe, dans quelques parties de l'Inde, pour être vénéneux, & dans d'autres, pour être un contre-poison. Il y a lieu de supposer que c'est l'AHOUAI.

BEAUFORTIE. *Beaufortia*. Arbrisseau de la Nouvelle-Hollande, qui seul constitue un genre dans la polyadelphie icosandrie.

Il ne se cultive pas dans les jardins de Paris, mais bien, dit-on, dans ceux de Londres.

BEAUHARNAISE. *Beauharnesia*. Arbrisseau du Pérou, qui n'a pas encore été apporté en Europe. Il appartient à la polyandrie tétragynie, & ne paroît pas différer du MARIALVA de Vandeli & du TOVOMITE d'Aublet.

BEAUTIE. *Beautia*. Genre de plantes qui paroît devoir rentrer dans celui appelé THILAQUI.

BECHARD. Nom de la HOUE fourchue aux environs de Montpellier.

BECKÉE. *Beckea*. Genre de plantes de l'octandrie monogynie, qui renferme deux arbrisseaux, l'un de la Chine & l'autre de la Nouvelle-Hollande.

On ne les cultive pas encore dans nos jardins.

BECKMANNE. *Beckmannia*. Genre de plantes établi pour placer quelques ALPISTES & quelques CRÉTELLES qui diffèrent un peu des autres.

BECMAR. Nom donné par Geoffroy au genre d'insecte appelé ATTELABE par Linnæus.

BEDOUTIE. Arbrisseau de l'Inde encore peu connu, & qui ne se cultive pas dans nos jardins.

BÉENEL. Arbre de l'Inde, dont les racines s'emploient contre les maux de tête.

BÉERE. *Beera*. Genre de plantes établi par Palisot-Beauvois aux dépens des CHOINS : aucune des espèces qui y entrent ne se cultive en Europe.

BEJAR. *Voyez* BEFAR.

BELE. La BERCE A FEUILLES ÉTROITES porte ce nom aux environs d'Angers.

BELE. Synonyme de CLAVEAU.

BELETTE. Ce nom s'applique, dans quelques cantons, aux PLANCHES minces de PEUPLIER, de SAULE & autres bois blancs. *Voyez* VOLIGE.

BELLARDIE. *Bellardia*. Genre de plantes établi pour placer la COCRÈTE TRIXAGE, qui diffère un peu des autres.

BELLENDENE. *Bellendena*. Genre de plantes établi aux dépens des PROTÉES, mais non adopté par les botanistes.

BELLEVALIE. *Bellevalia*. Genre établi par Lapeyrouse pour placer une plante si voisine de la JACINTHE ROMAINE, qu'elle avoit été jusqu'alors confondue avec elle. Cette plante se trouve à foison dans les Pyrénées, & peut se cultiver en pleine terre dans les jardins du climat de Paris.

BELLIDIASTRE. *Bellidiastrum*. H. Cassini a donné ce nom à un genre qu'il a établi sur le DORONIC BELLIDIASTRE.

BELLIE. *Bellium*. Genre de plantes extrêmement voisin de celui des PAQUERETTES. Il renferme deux espèces originaires des parties méridionales de l'Europe & annuelles. On les cultive uniquement dans les écoles de botanique, en semant leurs graines, au printemps & en place, & en ne leur donnant que les soins généraux à toute culture.

BELVISIE. *Belvisia*. Genre de fougère établi aux dépens des ACROSTIQUES, mais qui n'en paroît pas suffisamment distingué.

Ce même nom a été donné à la NAPOLÉONE de Palisot-Beauvois.

BEMBICE. *Bembix.* Arbrisseau grimpant de la Cochinchine, qui seul forme un genre dans la décandrie trigynie.

On ne le cultive pas en Europe.

BERARDE. *Berardia.* Genre intermédiaire entre les ONOPORDES & les CARLINES, établi par Villars pour placer une plante qui croît dans les Alpes & qui est cultivée de loin en loin dans nos écoles de botanique, où elle subsiste rarement plus d'un an.

On ne peut multiplier cette plante que par ses graines, tirées des Alpes, semées dans des pots, qu'on place contre un mur, à l'exposition du nord, & qu'on arrose fréquemment.

BERBÉRIDÉES. Famille de plantes qui se distingue particulièrement par la déhiscence des anthères, & qui réunit les genres VINETIER, LÉONTICE, ÉPIMÈDE & HAMAMELIS.

BERCHEYE. *Bercheya.* Nom donné par Schreber à l'AGRIPHYLLE de Jussieu, qui ne diffère pas de l'APULÉE de Gærtner & du RORHIE de Vahl.

BERDIN. L'EUMOLPE DE LA VIGNE porte ce nom dans le département de l'Ain.

BERGELADE. Mélange de VESCE & d'AVOINE ou pour la nourriture des bestiaux ou pour être enterré en fleur.

BERGÈRE. *Bergera.* Arbre de l'Inde, qui constitue un genre dans la décandrie monogynie.

Nous ne le cultivons pas en Europe.

BERGÈRE. La PERVENCHE se nomme ainsi aux environs d'Angers.

BERGERETRIE. *Bergeretria.* Genre établi par Desvaux sur la CLYPÉOLE A FRUITS RUDES.

BERGERIE. Habitation des BÊTES A LAINE. *Voyez* ce mot & ceux BÉLIER, MOUTON, BREBIS & MÉRINOS.

Long-temps on a cru que, pourvu que les bêtes à laine fussent abritées de la pluie & du froid, toute disposition étoit indifférente dans une *bergerie*; on a même cru que plus une *bergerie* étoit rendue chaude par son peu d'élévation, par l'entassement des fumiers ou le nombre des moutons, & meilleure elle étoit.

Aujourd'hui que les principes de la physique & de l'hygiène sont plus généralement connus, les cultivateurs instruits agissent tout différemment. Ceux qui possèdent des mérinos surtout, les logent dans des *bergeries* élevées, aérées, souvent nettoyées, & où ils sont très à l'aise, de sorte qu'on ne voit plus guère de celles dont il a été question plus haut, que dans les départemens les plus reculés, chez les cultivateurs les plus pauvres & les plus soumis au despotisme des préjugés acquis dans leur enfance.

Daubenton avoit cherché à établir dans ses ouvrages, & à appuyer sur son expérience, l'inutilité des *bergeries* : en conséquence, son troupeau étoit placé l'hiver sous un simple hangard, & il parquoit toujours pendant l'été. Ses idées, à cet égard, ayant paru exagérées, on s'est contenté d'agrandir les *bergeries*, de les beaucoup aérer. Il n'y a que les cultivateurs qui achètent des moutons au printemps pour les engraisser & les vendre en automne, qui se contentent de hangards, & même d'appentis en planches contre les murs d'une cour, pour mettre leurs bêtes à l'abri de la pluie.

Il faut distinguer trois sortes de *bergeries*, celles de la petite, moyenne & grande culture.

Les premières, destinées à loger seulement quelques moutons, peuvent n'être qu'une pièce du bâtiment de la basse-cour, dans laquelle on place un râtelier.

Les secondes, principalement applicables aux fermes où on n'a que des moutons d'engrais, sont ou des granges, ou des écuries, ou des étables disposées pour recevoir quatre ou cinq cents bêtes, ou des bâtimens construits spécialement comme ceux de la troisième sorte, mais plus petits.

Enfin, les troisièmes sont les véritables *bergeries*, c'est-à-dire, celles qui sont construites uniquement dans le but d'y loger des moutons, & qui ne peuvent être utilisées que par cet emploi. Elles ne doivent pas pouvoir contenir moins de cinq cents bêtes, & il seroit bon qu'elles n'en pussent recevoir qu'environ trois cents; mais il en est qui sont dans le cas d'en recevoir le double.

L'économie de la charpente, ainsi que le besoin d'établir facilement un courant d'air dans les *bergeries*, doit engager à leur donner plus de longueur que de largeur.

« Les dimensions d'une *bergerie*, observe M. de Perthuis, sont subordonnées au nombre des bêtes qu'elle doit contenir; elles doivent être calculées selon la position des CRÈCHES, & de manière que toutes les bêtes puissent y prendre en même temps leur nourriture, & sans qu'il y ait de terrain non occupé.

» Par exemple, dans les *bergeries* qui ont peu de largeur, ou on fixe les râteliers le long de leurs murs, ou on les place, dos à dos, dans le même sens, lorsqu'elles ne peuvent avoir que deux rangs de crèches ou un double rang (ce sont les *bergeries simples*); mais lorsqu'elles sont assez larges pour y placer un plus grand nombre de rangs de crèches, on les y dispose tantôt dans le sens de leur longueur, tantôt dans celui de leur largeur (ce sont les *bergeries doubles*).

» Voici les données dont on se sert pour déterminer les dimensions des *bergeries*.

» L'expérience apprend qu'une bête à laine,

en mangeant à la crèche, y tient une place d'environ 14 pouces; en multipliant cette dimension autant de fois qu'il doit y avoir de ces bêtes, on trouvera la longueur des crèches, & par conséquent de la *bergerie*.

D'un autre côté, les crèches, y compris les RATELIERS, prennent ordinairement une largeur de 18 pouces, & la longueur d'une bête est d'environ 4 pieds & demi.

» Ainsi, en supposant qu'on doive placer les crèches dans le sens de la longueur d'une *bergerie*, & en additionnant la largeur du nombre de crèches & la longueur du nombre des bêtes à laine, on trouvera pour sa largeur totale, savoir, pour celle d'une *bergerie* à deux rangs de crèches & deux longueurs de moutons, 12 pieds; pour celle à quatre rangs de crèches, une double & deux simples, 24 pieds; pour celle à six rangs de crèches, deux doubles & deux simples, 36 pieds.

» La largeur d'une *bergerie* ainsi déterminée, & la longueur développée qu'il faudra donner aux crèches étant connue par le nombre de moutons que la *bergerie* doit contenir, il sera facile d'en calculer la longueur définitive.

» Quant à la hauteur des murs, elle doit être au moins de 12 pieds. »

Toute *bergerie* doit avoir, lorsque la localité ne s'y oppose pas, 1°. trois portes sur chaque longueur; 2°. de petites fenêtres, de six pieds en six pieds, sur ces mêmes longueurs; 3°. une ou deux fenêtres dans leur largeur, pour qu'elles aient toujours un courant d'air frais, & pour qu'on puisse y renouveler l'air à volonté en hiver & en été. Quelques-unes de ces fenêtres auront des vitres, les autres se fermeront simplement avec des volets. La moitié restera habituellement fermée, tantôt d'un côté, tantôt de l'autre, selon le vent, au printemps & en automne : toutes seront tenues ouvertes en été, & seulement quelques-unes en hiver.

Tous les moyens de bâtisse peuvent être appliqués aux *bergeries*, mais on doit repousser ceux qui sont trop coûteux, comme les pierres de taille, & ceux qui sont de peu de durée, comme le pisay & les CLAYONAGES revêtus de TORCHIS. En général, leurs murs doivent être construits avec les matériaux communs du pays, soit pierre, soit bois.

Je ne crois pas devoir m'étendre plus longuement sur cet article, qui rentre dans celui intitulé CONSTUCTIONS RURALES.

Les trois portes proposées dans chacun des trois côtés de la *bergerie* ont pour objet, outre la facilité de l'aération de son sol, sa division en trois parties, par une simple séparation en clayonage, savoir, la plus grande, au milieu destiné au troupeau, & deux autres, qu'on agrandit ou rétrécit, selon le besoin, aux deux extrémités, l'une pour les brebis nourrices, l'autre pour les agneaux sevrés. Les beliers doivent toujours être placés dans une *bergerie* séparée.

Dans une exploitation complétement bien montée, les moutons ont aussi une *bergerie* spéciale.

En général, il est mieux d'avoir plusieurs *bergeries*, qu'une seule trop grande & trop peuplée.

Le sol des *bergeries* ne doit pas être pavé, quoique quelques personnes prétendent le contraire, parce que la terre qui le compose, enlevée tous les ans ou tous les deux ans, & remplacée par de la nouvelle, prise dans les champs, est un excellent engrais.

Beaucoup de *bergeries* n'ont point de grenier; celles qui en ont, lorsque le plancher qui les en sépare ne laisse aucune communication, offrent plus de facilité pour le service, puisqu'au moyen de trapes extérieures, on peut y faire descendre directement le fourrage.

Les portes des *bergeries* doivent être assez larges pour que trois bêtes à laine puissent y passer de front. Leurs jambages seront arrondis pour qu'elles ne se blessent pas en sortant. Leurs battans seront doubles, pour qu'on puisse, en en fermant un, compter les bêtes, & coupés transversalement, pour que leur moitié supérieure puisse rester ouverte à volonté. Cette dernière condition, au reste, est de peu d'importance lorsque le nombre des fenêtres est suffisant.

Dans un des angles de la *bergerie* on pratique un retranchement & un étage, dans la partie supérieure duquel couche un berger. La partie inférieure sert de magasin pour les objets utiles au berger & aux moutons.

Il a été publié, dans ces derniers temps, un grand nombre d'ouvrages sur les *bergeries*, soit en France, soit dans l'étranger, lesquels pourront servir de supplément à cet article, sans doute trop court pour l'importance de son objet, mais que l'article BÊTES A LAINE, à raison de son développement, m'a obligé de restreindre. Ceux que je conseille plus particulièrement de consulter, ont été rédigés par mon collaborateur Tessier, par M. de Perthuis & par M. Morel de Vindé.

BERGERONETTE. Deux petits oiseaux du genre FAUVETTE, fort élégans dans leur forme & fort vifs dans leurs mouvemens, portent ce nom. Je dois en parler ici, parce qu'ils rendent service à l'agriculture, en détruisant au printemps les insectes qui tourmentent les bestiaux, & dont les générations dévoreront les récoltes, & que les cultivateurs doivent s'opposer, par ces motifs, à leur destruction, à laquelle leurs enfans sont très-portés.

Dans quelques magasins de blé on renferme des *bergeronettes* avec des baquets pleins d'eau, pour qu'elles mangent, à mesure qu'ils naissent, les CHARANÇONS, les ALUCITES & autres insectes destructeurs de ce grain. Elles y deviennent quelquefois si promptement grasses, qu'il faut les renouveler tous les quinze jours.

BERGUE. Nom de l'AUNE dans le département du Lot.

BERJUS. Altération de VERJUS.

BERNADIE. *Bernadia.* Genre de plantes qui ne diffère pas du BORYE.

BERNHARDIE. *Bernhardia.* Genre de plantes établi aux dépens des LYCOPODES. Il ne diffère pas de ceux appelés PSILOTON & HOFFMANNE.

BERTHIÈRE. *Berthiera.* Genre de plantes de la pentandrie monogynie, qui réunit deux arbrisseaux de Cayenne, qui se rapprochent des HIGGINSIES & des ZALUZANIES. On ne les cultive pas dans nos jardins.

BERTHOLÉTIE. *Bertholetia.* Genre de plantes incomplétement établi par Humboldt pour placer un très-grand arbre de l'Amérique méridionale, qui porte des fruits de la grosseur de la tête, lesquels contiennent chacun six à huit noix excellentes au goût, & dont on retire de l'huile bonne à brûler.

Cet arbre n'a pas encore été apporté dans nos serres.

BESAIGRE. VIN qui commence à devenir acide.

Tenir les tonneaux bien pleins & les fermer exactement sont les deux moyens les plus certains d'empêcher le vin de se changer en vinaigre, parce que cette opération ne peut avoir lieu sans le concours de l'air. *Voyez* VINAIGRE.

On fait disparoître l'acidité du vin avec de la POTASSE ou de la CRAIE; mais ce moyen, bon pour un moment, empêche son rétablissement futur. C'est en mêlant le vin *besaigre* avec du vin nouveau encore sur sa lie; qu'on peut seulement espérer de le rétablir. *Voyez* VIN.

BESALICEROS. On appelle ainsi, dans les Cévennes, les petites RIGOLES propres à faciliter les IRRIGATIONS.

BESALON. Synonyme de BASALICEROS.

BESEAU. Synonyme de MAÎTRE SILLON. *Voyez* SILLON, LABOUR, & les deux mots précédens.

BESILLE. On donne ce nom aux POIS GRIS ou POIS A BREBIS.

BESSE. Synonyme de VESCE.

BESYON. La GESSE CHICHE porte ce nom aux environs de Strasbourg.

BÉTON. Genre de maçonnerie qu'on n'emploie pas assez dans les campagnes, quoiqu'elle soit très-avantageuse, principalement pour les conduites d'eau, qu'elle rend imperméables & inaltérables.

Pour faire le *béton* on mélange de la chaux vive avec du gravier, ou mieux avec des recoupes calcaires, & on verse de l'eau dessus. Dès que a chaux est fusée, on mélange exactement le sable avec elle, puis on l'étend dans des moules faits en planches, moules qui lui donnent la forme convenable à l'objet qu'on a en vue.

Ainsi, si on veut en faire un mur de clôture, ce moule est formé de deux larges planches écartées d'un pied. Lorsque la première assise est consolidée, on remonte les planches & on recommence, ainsi de suite, jusqu'à ce qu'on soit parvenu à la hauteur desirée.

Ainsi, si on veut établir une conduite souterraine, on ne place qu'une planche, la terre en tenant lieu d'un côté. On recouvre la conduite avec des briques du même *béton*, fait dans des moules portatifs.

Quelquefois le *béton* ne sert qu'à consolider l'extérieur des conduites d'eau en terre ou en bois.

On doit considérer le *béton* comme de la pierre calcaire régénérée. Plus il est vieux, plus il est solide. La meilleure chaux pour le fabriquer est celle qui a été appelée *hydraulique* dans ces derniers temps, c'est-à-dire, celle qui contient, dans une proportion voisine d'un quart, du sable quartzeux très-fin.

BETORTE. Nom vulgaire de la MÉLISSE dans l'Anjou.

BÉTULACÉES. Famille de plantes établie aux dépens de celle des AMENTACÉES. Elle ne renferme que les genres BOULEAU & AUNE.

BEURATJE. Synonyme de PETIT VIN, c'est-à-dire, boisson faite avec de l'eau jetée sur la RAFLE qui sort du PRESSOIR.

BEURRE DE BAMBOUC, BEURRE DE GALAM. On donne ce nom, au Sénégal, à une huile concrète qu'on y retire des fruits d'un arbre du genre ILLIPÉ.

BEZOCHE. Sorte de BÊCHE plus longue que large, avec laquelle on arrache les arbres.

BI. On appelle ainsi, dans le midi de la France, le MOUT DE VIN en fermentation.

BIATORE. *Biatora.* Genre établi aux dépens des LICHENS.

BIBACIER. Nom du NÉFLIER DU JAPON à l'île de France.

BIBREUIL. La BERCE porte ce nom dans les environs de Montreuil-sur-Mer.

BICHON. Ce nom s'applique quelquefois à l'ŒILLET MIGNARDISE.

BICORNES. Ce nom a été donné par Ventenat à la famille de plantes appelée ÉRICÉES par Jussieu.

BIDONE. Synonyme d'ACONTIE.

Ce genre ne diffère des ÉRINACES que par la présence d'un pédicule.

BIEUSSON. Nom des POIRES SAUVAGES dans une partie de la France. *Voyez* POIRIER.

BIFORE. *Bifora.* Genre de plantes établi sur la CORIANDRE BILOBÉE.

BIGBOG. On donne vulgairement ce nom à l'ARISTOLOCHE CLÉMATITE.

BIGNE ou BIGNOT. Synonyme de VIGNOBLE dans le Midi.

BIGNONÉES. Famille de plantes remarquable par la beauté des fleurs des espèces qui la composent. Elle renferme les genres SESAME, BIGNONE, GALÈNE, INCARVILLE, MILLINGTON, SACARANDE, CATALPA, TECOME, TOURRET & PÉDALIE.

BIGAU, ou BIGNE, ou BIGORNE. HOUE fourchue à dents tantôt plates, tantôt rondes, qui sert à BINER les VIGNES.

BILLARD. Ce nom se donne, aux environs d'Orléans, aux FOSSES dans lesquelles on plante la VIGNE.

BILLARDIÈRE. *Billardiera.* Genre de plantes établi par Smith dans la pentandrie monogynie, & qui renferme trois espèces qui sont cultivées dans nos orangeries.

Espèces.

1. La BILLARDIÈRE grimpante.
Billardiera scandens. Smith. ♄ De la Nouvelle-Hollande.

2. La BILLARDIÈRE changeante.
Billardiera mutabilis. Smith. ♄ De la Nouvelle-Hollande.

3. La BILLARDIÈRE à longues fleurs.
Billardiera longiflora. Curtis. ♄ De la Nouvelle-Hollande.

Culture.

La première, qui est la plus commune, porte des fruits de la forme, de la grosseur & de la couleur de certaines olives, renfermant beaucoup de petites semences noyées dans une pulpe de la consistance & de la saveur d'une crême d'entremets. C'est, jusqu'à présent, le seul fruit mangeable trouvé à la Nouvelle-Hollande.

Le fruit de la troisième, qui se fait remarquer par sa couleur violette, ne m'a pas paru bon ; il est d'ailleurs plus petit.

Toutes les *billardières* donnent de bonnes graines dans les orangeries de Paris, graines qu'on sème de suite dans des pots qui se placent dans la serre tempérée. Elles se multiplient de plus très-facilement de marcottes ou de boutures, ces dernières faites au printemps, sur couche & sous châssis : on peut donc s'en procurer autant qu'on en desire.

Le soins qu'exigent les *billardières* adultes se bornent à leur donner des tuteurs, à les arroser fréquemment pendant l'été, & à renouveler leur terre en automne. Elles sont presque toujours en fleur & en fruit, mais leurs fleurs ne sont ni nombreuses ni brillantes.

BILLE. Nom, aux environs de Lille, des pousses d'ORME qu'on est dans l'intention de MARCOTTER.

BILLON. On taille en *billon*, dans le département de la Côte-d'Or, les vignes foibles, afin qu'elles poussent des rejetons vigoureux, c'est-à-dire, qu'on les coupe au dessus de l'œil le plus bas. *Voyez* TAILLE.

BILOQUER. LABOUR très-profond qu'on donne avant l'hiver, dans le département des Ardennes.

BINA. Second LABOUR des terres arables dans le département de la Haute-Garonne.

BINADO. Synonyme de PIQUETTE aux environs de Montpellier.

BINAGRE. Synonyme de VINAIGRE.

BINÉE. Petite AUGE usitée dans le département des Ardennes pour mettre le manger des BŒUFS.

BINOCHON. Petite BINETTE terminée en pointe d'un côté.

BIOUTÉ. Le PEUPLIER porte ce nom dans le département de Lot & Garonne.

BIQUE. La CHÈVRE porte ce nom dans les départemens de l'Est & autres.

BIRAGO. Nom de l'IVRAIE dans le département du Gers.

BIRETTE. Espèce de RATEAU de bois, à dents plates, avec lequel on recouvre la semence du LIN aux environs d'Angers.

BIROLE. *Birola.* Genre de plantes établi pour placer l'ÉLATINE HEXANDRE qui se trouve dans nos marais fangeux, mais qu'on cultive fort difficilement dans les jardins.

BISAN. Un des noms de l'IVRAIE ANNUELLE dans quelques lieux.

BISCUIT DE MER. On donne ce nom à des pains, au plus d'une demi-livre de poids, d'une forme ordinairement ronde & aplatie, qui sont desséchés au point de pouvoir se conserver, dans un lieu sec, pendant plusieurs années, en état d'être mangés, après les avoir ramollis, soit dans la bouche, soit dans un liquide quelconque.

Quand, comme moi, on a beaucoup voyagé dans les campagnes, qu'on a été fréquemment réduit à manger du pain lourd, mal cuit, souvent moisi, parce que les pauvres cultivateurs veulent économiser & sur le bois & sur le temps, on se demande comment ils ne préfèrent pas se pourvoir de *biscuits* qu'ils fabriqueroient seulement tous les trois mois, tous les six mois, tous les ans?

Il est vrai que, pour fabriquer de bon *biscuit*, il faut employer de la farine de froment non altérée, & malheureusement, dans beaucoup de lieux, la misère force les cultivateurs à se contenter de farine de seigle, même d'orge, même d'avoine ou de sarrasin; mais enfin, il est des lieux où on ne mange que du pain de froment, & où ce pain est toujours mal fait, toujours malsain pour les estomacs qui n'y sont pas accoutumés, & c'est dans ces lieux que je conseille de faire du *biscuit*.

Dans l'origine on mettoit sans doute le *biscuit* deux fois au four, & c'est ainsi qu'on en fait une sorte qui est embarquée par les personnes riches, allant dans les colonies, ou qui est employée dans les grandes villes pour composer les soupes de luxe, sorte qui n'est autre chose que des pains ordinaires remis au four après en avoir enlevé la mie; mais aujourd'hui une seule opération suffit pour faire arriver le *biscuit* ordinaire au point de dessication convenable.

Le levain qu'on doit employer à la fabrication du *biscuit* doit être plus abondant & plus avancé que celui qu'on feroit entrer dans la même quantité de pain, parce que la pâte du *biscuit* est pétrie plus dure & ne fermente pas aussi long-temps.

Le pétrissage du *biscuit*, à raison de l'avant-dernière circonstance, est fort pénible. Lorsqu'on ne peut plus y introduire les poings, il seroit bon d'employer un long levier, fixé par un bout dans un anneau, levier sur lequel on sauteroit comme quand on compose la pâte du vermicelle; mais ordinairement on se contente de frapper avec un maillet de bois sur les boules destinées à être aplaties & à former les galettes.

Peu après que les galettes sont confectionnées, on les perce de plusieurs trous avec une pointe de fer, & on les place, le plus promptement possible, dans un four moins chaud que pour la cuisson du pain, & on les y laisse environ deux heures.

Les galettes, retirées du four, sont portées dans un lieu sec & chaud, c'est-à-dire, dans une espèce d'étuve, où elles sont étendues sur des planches, & où elles achevent de se dessécher (de se *ressuyer*, pour employer l'expression consacrée), puis on les met dans des caisses ou dans des tonneaux pour les conserver ou les expédier.

Un *biscuit* est bon lorsqu'il résonne sous les coups du marteau, que sa cassure est nette & luisante, qu'il se gonfle sans s'émietter dans l'eau chaude.

Le *biscuit* des officiers ne diffère de celui des matelots que parce que la farine du premier est choisie & que les galettes sont plus petites.

BISOTE. Nom vulgaire d'un AGARIC, voisin du PRÉVAT.

BISTOURNER. Autrefois on châtroit les animaux domestiques seulement en tordant la partie extérieure de leurs vaisseaux spermatiques; mais on a renoncé à ce mode, depuis qu'on a acquis la preuve qu'il ne remplissoit pas toujours son objet, & qu'il donnoit lieu à une plus grande mortalité que l'enlèvement des testicules. C'est ce mode de CASTRATION qui se nomme *bistourner*.

BITUME. Sorte de RÉSINE à demi liquide qui suinte de la terre en quelques lieux, & que les cultivateurs peuvent employer avec avantage, soit pour adoucir le frotement des essieux de leurs voitures, soit pour retarder la pourriture de leurs instrumens agricoles.

On peut retirer, par la distillation du CHARBON DE TERRE ou HOUILLE, un *bitume* qui ne diffère pas essentiellement de celui dont il vient d'être question, & qu'on peut employer par conséquent aux mêmes usages.

BLADIE. *Bladia*. Genre de plantes de la pentandrie monogynie, qui réunit quatre plantes vivaces, dont l'une, la BLADIE DU JAPON, a les fleurs fort odorantes.

On ne cultive, à ma connoissance, aucune de ces espèces en France.

BLAIRIE. *Blairia*. Genre de plantes de la tétrandrie monogynie, fort voisin des BRUYÈRES, qui renferme douze espèces, toutes du Cap de Bonne-Espérance, parmi lesquelles deux ou trois se voient dans nos orangeries.

Comme leur culture ne diffère nullement de celle des bruyères, je renvoie à l'article de ces derniers pour en connoître les détails.

BLAKOUEL. *Blakwelia*. Genre de plantes de la dodécandrie pentagynie, qui renferme six espèces venant de Madagascar, de Java & de l'île de France.

Aucune de ces espèces n'est cultivée dans les jardins de Paris.

BLANC AUNE. Nom vulgaire de l'ALIZIER BLANC.

BLANC DE CHAPON. C'est la CARIE sèche des BOIS dans quelques cantons.

BLANC DES RACINES. Champignon filamenteux qui naît sur les racines des arbres & les fait périr. Je l'ai observé un grand nombre de fois sur des POMMIERS, des AMANDIERS, des ORMES, &c. Il se communique comme le SCLÉROTE du safran, en rayonnant, d'un arbre à un autre.

Il n'y a pas d'autre moyen de s'opposer à ses ravages, que de creuser autour de l'arbre ou des arbres affectés, de profondes tranchées dont la terre sera rejetée en dedans.

Les effets désastreux de ce champignon paroissent pouvoir se reproduire pendant un grand nombre d'années. *Voyez*, pour le surplus, le mot SCLÉROTE.

BLANC LIMON.

BLANC LIMON. Ce nom se donne dans quelques endroits aux TERRES MARNEUSES, à raison de leur blancheur & de leur disposition à devenir boueuses après la pluie.

BLANCS GRAINS. Les habitans de la Flandre distinguent par ces mots le SEIGLE & le FROMENT.

BLANCHARD VELOUTÉ. Nom vulgaire de la HOULQUE LAINEUSE.

BLANCHET. On appelle ainsi l'AGARIC PALE de Schæffer.

BLANDFORTIE. *Blandfortia*. Genre de l'hexandrie monogynie & de la famille des asphodèles, établi pour placer quelques plantes de la Nouvelle-Hollande, qui ne se cultivent pas dans nos jardins.

BLANQUET. Maladie des OLIVIERS qui en fait périr de grandes quantités. Il paroît que c'est le BLANC DES RACINES, sorte de champignon filamenteux, analogue par ses effets à la mort du SAFRAN. *Voyez* SCLÉROTE.

BLANQUETTE. La SOUDE LUISANTE s'appelle ainsi aux environs de Narbonne.

BLANQUETTE. Produit de la distillation des MARCS DE RAISIN, qui est blanc, & qui se distille une seconde fois pour en faire de l'eau-de-vie.

BLANZÉ. Variété de FROMENT qui se cultive aux environs de Lille.

BLASTE. *Blastus*. Petit arbre de la Cochinchine, qui seul constitue un genre dans la gynandrie tétrandrie.

Il ne se cultive pas en Europe.

BLÈCHE. *Blechum*. Genre établi par Jussieu pour séparer quelques espèces de celui des CRUSTOLES.

BLÉDAL. Synonyme de TERRE A BLÉ.

BLÉPHARE. *Blepharus*. Genre établi pour placer l'ACANTHE COMESTIBLE, dont on mange les feuilles en Egypte & autres parties de l'Afrique.

BLET. L'ARROCHE DE TARTARIE porte ce nom dans les campagnes.

BLÉTIE. *Bletia*. Genre établi pour séparer des LIMODORES quelques espèces qui n'ont pas rigoureusement les mêmes caractères que les autres.

La LIMODORE DE TANKERVILLE en fait partie.

BLIXE. *Blixa*. Genre de plantes établi par Richard pour deux plantes aquatiques de l'Inde, qu'il ne sera jamais possible de cultiver en Europe. Il est de la diœcie & de la famille des hydrocharidées.

BLONDÉE. *Blondea*. Genre de plantes établi par Richard dans la famille des tilliacées.

Les espèces qui y entrent ne se cultivent pas en Europe.

BLOSSISSEMENT. On donne ce nom à l'état voisin de la pourriture auquel parviennent quelques fruits, principalement les POIRES, les CORMES, les ALIZES, les NÈFLES, & avant l'arrivée duquel on ne peut les manger, tant ils sont âpres au goût.

Il y auroit lieu de croire, si on en jugeoit par l'ensemble des faits, que le principe de l'âpreté est seul détruit dans cette opération de la nature; cependant les poires d'été, si excellentes à l'époque de leur maturité, y sont soumises comme les poires sauvages. *Voyez* BIEUSSON.

L'Académie des Sciences a proposé un prix, dont l'objet est de rechercher la cause du *blossissement*; mais les différens Mémoires qui lui ont été envoyés n'ont nullement satisfait ses commissaires, & le prix a été prorogé.

La pourriture est plus ou moins la suite du *blossissement* & s'en distingue & au goût & à la consistance, de sorte que, pour peu qu'on ait d'expérience, on ne peut confondre ces deux états.

Quelques personnes aiment beaucoup les *poires molles*, qui sont les poires d'été blossies; mais les bieussons, les nèfles, les cormes, les alizes, qui faisoient les délices de nos pères, sont aujourd'hui repoussés des bonnes tables.

On remarque aussi une sorte de *blossissement* dans les pommes, surtout dans les pommes tendres à cidre: ces dernières pommes, appelées *pommes à demi pourries*, introduites en certaine quantité dans le cidre, le rendent plus délicat.

BLUMENBACHIE. *Blumenbachia*. Genre établi sur la HOUQUE D'ALEP.

BLUTEAU. Instrument destiné à séparer le SON de la FARINE.

Quelques auteurs ont confondu les *bluteaux* avec les CRIBLES; ils ont eu tort.

Le *bluteau* le plus simple est le tamis de crin ou de soie. On en fait encore usage dans quelques parties de la France, quoique la perte de temps & de matière qui est la suite de son emploi, doive le faire proscrire partout, & quoique ses résultats soient une farine très-hétérogène & un son encore très-chargé de farine.

Il est très à desirer que partout les moulins soient montés à ce qu'on appelle l'*économie*, & que le commerce des farines s'établisse plus généralement, parce que ces moulins rendent le son entièrement net de farine, & que la grosse farine y est divisée par un *bluteau*, qui toujours fait partie intégrante de ces sortes de moulins, en cinq & même sept sortes fort distinctes, & d'un prix différent. *Voyez* MOUTURE & MOULIN.

Les petits ménages des pays où les moulins

montés à l'économie n'existent pas, gagneroient beaucoup à substituer au tamis la machine suivante.

Dans un coffre, en bois léger, de trois pieds de long sur deux pieds de haut & quinze pouces de large, dont un des côtés s'ouvre, & dans la partie inférieure duquel sont trois compartimens, tourne, un peu obliquement, un cylindre composé d'une douzaine de cercles peu épais, recouverts de trois morceaux d'étamine ou de soie, d'autant plus serrés qu'ils sont plus près de la partie la plus élevée. Le mouvement est donné à ce cylindre par une manivelle qui traverse son axe, & dont le manche sort par la partie indiquée en dernier lieu. Les deux extrémités sont fermées par un disque fixé à l'axe, qui n'atteint pas le bord, c'est-à-dire, qui y laisse un espace d'environ un pouce pour l'entrée de la farine d'une part & la sortie du son de l'autre. Au-dessus de la partie la plus élevée est une trémie destinée à recevoir la farine brute & à la conduire dans le cylindre par une queue légèrement recourbée & peu large.

La farine, mise dans la trémie, tombe, petit à petit, dans le cylindre qu'on fait tourner ni trop lentement ni trop fort : sa partie la plus fine (fine fleur) tombe d'abord dans le premier compartiment, les petits gruaux tombent dans le second, les gros gruaux dans le troisième, & le son, expulsé, tombe dans une augette placée extérieurement sous la partie la plus basse de l'extrémité du cylindre.

Ces trois sortes de farines ont des qualités différentes & peuvent servir à des emplois distincts; par exemple, la première, qui contient le plus de fécule, donne du pain moins susceptible de bien lever & moins savoureux, mais elle est plus propre à la fabrication des pâtisseries. La dernière peut être plus avantageusement utilisée pour faire du vermicelle : ordinairement on réunit les deux dernières. *Voyez*, pour le surplus, l'article suivant.

BLUTERIE. Opération qui consiste à séparer le SON de la FARINE pour pouvoir n'employer que celle-ci dans la fabrication du PAIN.

Dans les temps de barbarie, les peuples confectionnoient leur pain avec le résultat d'abord du pilage, ensuite de la mouture grossière du blé. Plus tard ils séparèrent de la farine le plus gros son, au moyen de cribles de bois, de peaux, d'étoffes peu serrées; enfin, en ce moment, non-seulement on veut, pour le pain de choix, que tout le son soit extrait de la farine, mais même que les différentes qualités de la farine du même blé soient séparées, afin de les employer aux services auxquels elles sont le plus spécialement propres. *Voyez* BLUTEAU.

Long-temps on a cru que la farine la plus fine, la plus blanche, ce qu'on appelle *fleur de farine*, faisoit le meilleur pain; mais depuis que la chimie a porté ses regards sur la boulangerie, on s'est convaincu qu'au contraire cette farine étoit celle qui donnoit le pain le moins susceptible de bien lever, de devenir aussi savoureux qu'il est à desirer, parce que c'est le principe constituant, appelé AMIDON ou FÉCULE, qui y domine, qu'il n'est pas susceptible de fermentation, & qu'il n'a nulle saveur propre.

Il n'en n'est pas de même de la grosse farine, appelée aujourd'hui GRUAU, laquelle est abondamment pourvue de principe glutineux, principe fort rapproché de la nature animale, fort disposé à la fermentation, fort savoureux & fort nourrissant. Aussi, aux moulins les plus perfectionnés, qu'on appelle *moulins à l'économie*, est-il toujours joint un bluteau, qui, à mesure que la farine sort des meules, en sépare les diverses qualités, au nombre de cinq, ainsi que les sons, pour ensuite remoudre & les gruaux & les sons, & obtenir ainsi sept qualités, & même quelquefois plus, de la même farine.

Tout doit déterminer les vrais amis de la prospérité agricole de la France à faire des vœux pour que tous les moulins soient montés à l'économie, & que les propriétaires des campagnes, au lieu d'envoyer moudre leurs blés, les vendent aux meuniers & en achètent la farine toute blutée; mais malgré les reproches continuels qu'ils font aux meuniers, malgré les pertes qu'ils éprouvent nécessairement sur le blutage, malgré celles, quelquefois si grandes, qui sont la suite de la plus facile altération des farines lorsqu'elles restent mêlées avec leur son, il se passera encore bien des années avant que la totalité de ces propriétaires se résolvent à reconnoître les inconvéniens de leurs habitudes à cet égard. Il n'en est pas de même dans les Etats-Unis d'Amérique, où l'habitude contraire est si bien établie, que tous les meuniers se refusent à moudre pour les propriétaires, parce que les uns & les autres savent calculer & sont dans l'aisance.

Je reviendrai sur ce sujet aux mots MOULIN, MOUTURE, FARINE & PAIN.

BOADSCHIE. *Boadschia.* Genre de plantes en ce moment réuni aux CLYPÉOLES.

BOBART. *Bobartia.* Ce genre de plantes avoit été établi sur la MORÉE SPATACÉE : il n'a pas été conservé.

BOCTIER. On appelle ainsi, aux environs de Charleville, le plant de POMMIER levé dans les bois.

BOCHMÈRE. *Bochmera.* Genre de plantes de la monœcie triandrie, qui avoit été confondu avec celui des ORTIES.

Ce genre renferme cinq à six espèces, dont la culture a été indiquée à l'article ORTIE.

BŒMYCE. *Bœmyces.* Genre établi aux dépens des LICHENS.

BOGUETTE. Nom vulgaire du SARRAZIN.

BOGUIN. Les MOUTONS qui vivent dans les bois se nomment ainsi dans quelques lieux.

BOIS. Ce mot a deux significations, que les Latins distinguent par les mots *sylvæ*, *lignum*.

On entend par la première un lieu d'une certaine étendue, planté d'arbres propres à la construction des édifices, à la charpente, à la menuiserie, au charronnage, au chauffage & à divers autres usages. Ces arbres sont le plus communément des chênes, des hêtres, des charmes, des bouleaux, des pins, des sapins. Dans ce sens on dit *un grand bois*, *un petit bois*, *un bois de cent hectares*, *un bois sur le retour*, *un bois épais*, *touffu*, *un bois de haute futaie*, *un bois taillis*, *un bois en coupe*, *un bois en défends*, *un bois défensable*, &c. Lorsqu'un *bois* a une grande étendue, on l'appelle *forêt*; lorsque son étendue est moyenne, comme cent, deux cents hectares, & même plus, il retient le nom de *bois*; mais quand il n'a qu'une petite superficie, on le nomme *bocqueteau*, *bosquet*, *bouquet de bois* ou *garenne*. Par la seconde signification on entend la substance dure & compacte des arbres, ou les arbres eux-mêmes, soit qu'ils existent sur pied ou qu'ils soient abattus, coupés & même mis en œuvre. C'est dans ce sens qu'on dit *bois vert*, *bois sec*, *bois dur*, *bois blanc*, *bois mou*, *bois pourri*, *bois veiné*, *bois de chêne*, *bois de hêtre*, *de sapin*, *de cèdre*, *de brésil*, *bois à bâtir*, *bois de construction*, *bois de sciage*, *bois de charronnage*, *bois de chauffage*, *une voie de bois*, *bois neuf*, *bois flotté* ou *de gravier*, *bois de moule*, *bois de quartier*, *bois droit*, *bois tortu*, &c.

Enfin on distingue les *bois*, considérés dans les deux acceptions, par diverses dénominations, suivant les différens états dans lesquels ils se trouvent, soit en forêt, soit lorsqu'ils sont coupés, & encore suivant leurs destinations & usages. On dit *bois abrouti*, *bois abougri*, *bois arsin*, *bois gisant*, *bois vif*, *bois rustique*, *bois de chauffage*, *bois flotté*, *bois pelard*, *bois de délit*, &c.

Nous diviserons notre article d'après les deux distinctions suivantes. Nous exposerons d'abord les différentes dénominations affectées aux *bois*, dans les deux acceptions, suivant leurs qualités, leurs destinations, l'état dans lequel ils se trouvent; puis nous parlerons des *bois* considérés comme lieux plantés, *sylvæ*, & à cet égard nous distinguerons les *bois* de l'Etat, ceux où il a intérêt, ceux des communes & ceux des particuliers. Quant aux qualités individuelles des différentes espèces de *bois*, nous sommes forcés, pour ne pas trop alonger cet article, d'en renvoyer l'examen aux mots PHYSIQUE DES BOIS. Nous renvoyons aussi à l'INTRODUCTION pour les considérations d'intérêt général, relatives aux forêts, & la partie historique de la législation forestière. On peut enfin consulter l'article AMÉNAGEMENT.

PREMIÈRE PARTIE.

Des différentes sortes & dénominations des bois (dans les deux acceptions); & de la législation qui les concerne.

Les *bois* portent, dans le langage forestier, dans celui de la marine, & dans les arts en général, différentes dénominations, suivant leurs espèces, états, qualités ou nature, leur situation, l'usage auquel on les destine. Plusieurs de ces dénominations sont consacrées par les ordonnances, d'autres par l'usage; il est donc important de les connoître, ainsi que les dispositions réglémentaires qui leur sont applicables.

BOIS ABROUTIS. Ce sont ceux que les bestiaux ont broutés dans leur jeunesse & qui sont malvenans. L'article 16 du titre III de l'ordonnance de 1669 veut qu'ils soient récépés & remis en valeur, même par des fossés, pour la conservation du jeune recru.

BOIS A DOUBLE AUBIER. Ce sont ceux qui, par maladie, & ordinairement par l'effet de la gelée, ont une portion de *bois* tendre comme l'aubier, qui est enveloppée par une couche de bon *bois* & par l'aubier ordinaire.

BOIS ARSIN. C'est le *bois* qui a été maltraité par le feu, soit qu'on l'y ait mis par malveillance, soit qu'il y ait pris par accident.

BOIS D'ANDELLE. C'est un beau *bois*, le meilleur à brûler, qu'on apporte à Paris. Son nom vient de celui d'une petite rivière du Vexin normand, aux bords de laquelle il s'en façonne beaucoup. Ce *bois* est très-droit, sans nœuds, essence de hêtre, mêlé d'un peu de charme. Mais comme, par une exception particulière, ce *bois* n'avoit, avant le système métrique, que deux pieds quatre pouces de longueur, il se mesuroit à l'anneau, dont il en falloit quatre pour former une voie, avec seize bûches en sus pour témoins. Ce *bois* arrive à Paris par la rivière de Seine & Oise.

BOIS D'ARAIGNÉE. C'est un *bois* qui sert, dans les vaisseaux, à former & à maintenir les branches de l'araignée qu'on étend sur le bord antérieur de chaque hune. L'araignée est un assemblage de plusieurs cordons tendus, formant un réseau, assez semblable à une toile d'araignée.

BOIS D'ARRIMAGE. Ce sont des rondins bien droits, propres, qui servent à maintenir des barriques dans l'intérieur d'un vaisseau, aux places qu'elles doivent garder.

BOIS D'ARTILLERIE. Ce sont des *bois* destinés aux affûts de canons & autres ouvrages d'artillerie. On y emploie l'orme, le frêne, le chêne, &c.

BOIS A BATIR ET A RÉPARER. C'est le *bois* qui se délivre aux gros usagers & autres qui y ont droit. (*Voyez* USAGE.) L'article 10 du titre XX de l'ordonnance de 1669 a révoqué tous les droits d'usage en *bois* à bâtir & réparer, à l'exception de ceux acquis ou concédés à titre de fondation, dotation, ou par possession justifiée avant l'année 1560, ou autrement, à titres onéreux, sauf à pourvoir à l'indemnité ou à la décharge des intéressés. Un arrêt du Conseil, du 7 juillet 1699, est conforme à cet article.

BOIS BLANC OU BLANC BOIS. Ce sont les arbres dont le *bois* est blanc & dont la contexture est légère & peu solide; la première de ces dénominations appartient plus spécialement au châtaignier, au tilleul, au sapin, qui ont plus de fermeté, & la seconde au saule, au bouleau, au tremble & autre espèce de peuplier. Les arbres dont le *bois* est blanc n'appartiennent pas tous à la classe des *bois* blancs; c'est la nature du tissu ligneux & non la couleur du *bois* qui doit déterminer leur classification. Le hêtre & le charme sont dans la classe des *bois* durs, malgré la couleur de leurs *bois*. La distinction des *bois* en *bois durs* & en *bois mous* prête moins à l'équivoque que celle qui est tirée, à l'égard de ces derniers, d'une qualité physique qui n'annonce pas toujours une foible contexture.

Les particuliers ne pouvoient, sous le régime des maîtrises, abattre même les *bois* blancs, sans avoir obtenu la permission du Roi, ou fait la déclaration au greffe de la maîtrise du ressort. Chailland cite à cet égard un arrêt du Conseil du 24 février 1711, qui approuve une procédure faite en la maîtrise de Paris contre le sieur de la Tournelle, pour avoir abattu des *bois* blancs dans ses jardins d'Hyères.

Le décret du 15 avril 1811 n'assujettit les propriétaires à comprendre dans leur déclaration que les chênes de futaie & les ormes ayant treize décimètres de tour. L'ordonnance du Roi du 28 août 1816 & l'article 47 du réglement de la même date avoient fait revivre les dispositions de l'arrêt du Conseil du 23 juillet 1748; mais par une autre ordonnance du 29 septembre 1819, le décret du 15 avril 1811 a été remis en vigueur.

BOIS BLANC DE LA MARTINIQUE. Arbre de cette île qui paroît appartenir au genre FUSAIN ou au genre STAPHILIER.

Son écorce se substitue au SIMAROUBA.

BOIS BLANC-ROUGE. *Voyez* POUPARTIE.

BOIS DE BENJOIN. C'est le BADAMIER.

BOIS BOCO. *Voyez* BOCO.

BOIS BOMBARDE. Les espèces du genre BLACKOUEL portent ce nom.

BOIS DE BOUC. C'est l'ANDARÈSE à l'île de France.

BOIS BOMBÉ OU BOUGE. C'est celui qui a quelques courbures naturelles.

BOIS DE BOURDAINE. *Voyez* à l'article NERPRUN la description du *bois de bourdaine*. C'est un petit arbuste dont le *bois* donne un charbon excellent pour la fabrication de la poudre à canon. Il doit être réservé dans les ventes pour cet objet. (*Ordonnance du 4 avril 1686; arrêts du Conseil du 11 janvier 1689, 23 août 1701 & 7 juin 1709; arrêté du Gouvernement du 25 fructidor an 11; cahier des charges pour les adjudications des bois de l'Etat.*)

Les adjudicataires sont tenus d'en faire faire des bottes ou bourrées de deux mètres de longueur sur un mètre cinquante centimètres de grosseur. Le prix en est payé à raison de 30 centimes par botte. (*Arrêté du 25 fructidor an 11.*)

Il peut être fait des recherches de *bois de bourdaine* dans les *bois* des particuliers, dans l'étendue de quinze myriamètres des fabriques de poudre. (*Décret du 16 floréal an 13.*)

Sont exceptés les *bois* des particuliers qui sont clos & attenans aux habitations. (*Arrêté du 25 fructidor an 11.*) Ces arrêtés & décrets, ainsi que plusieurs instructions de l'administration des forêts, déterminent les formalités à remplir à cet égard.

BOIS BRAI. Le SEBESTIER A GRANDS FEUILLES se nomme ainsi à la Martinique.

BOIS DE BRÉSIL. *Voyez* BRÉSILLET.

BOIS DE BREUIL. C'est un taillis enclos de murs ou de haies, dans lequel on met paître le bétail.

BOIS DE BRIN. Ce sont ceux qui proviennent de graines. *Voyez* BALIVEAUX.

BOIS A BRULER. *Voyez* BOIS DE CHAUFFAGE.

BOIS CABRI. *Voyez* CABRILLET & ÆGIPHILE.

BOIS CACA. Le TONG-CHU & le CAPRIER ÉPINEUX portent ce nom.

BOIS CADRANÉS AU CŒUR. Ce sont ceux qui ont au cœur des fentes qui sont comme les lignes horaires d'un cadran; c'est le signe de la mauvaise qualité du *bois du cœur*.

BOIS CAÏPON. *Bois* de Saint-Domingue employé dans la charpente. On ignore à quel genre appartient l'arbre qui le fournit.

BOIS A CALEÇON. Une BAUHINIE de Saint-Domingue porte ce nom.

BOIS A CALUMET. Espèce de MABIER.

BOIS DE CAMPÊCHE. *Voy.* BRÉSILLET, CAMPÊCHE & COMOCLADE.

BOIS CANARDS. Ce sont ceux qui vont au fond de l'eau. Les marchands doivent faire façonner leurs *bois* en temps convenable, les laisser sécher, les faire voiturer en temps secs, près des ruisseaux flottables, & examiner s'ils sont secs & flottans avant de les y jeter bûche à bûche; car les *bois* qui tombent au fond, & qu'on appelle *fondriers* ou *canards*, doivent être réservés pour un autre flot, & même pour celui de l'année suivante.

Autrefois les seigneurs ou leurs meuniers faisoient pêcher ces *bois* fondriers vingt-quatre jours après le flot, & se les approprioient comme *épave*.

Depuis, les marchands ont eu quarante jours après le flot pour pêcher leurs *bois*. Aujourd'hui que la police du flottage n'est plus dans les attributions des agens forestiers, nous ne nous en occuperons pas.

Bois canelle. Plusieurs arbres à feuilles odorantes portent ce nom, tels que la Canelle blanche, le Drymis, le Ganitre, le Laurier cupuliforme.

Bois a canon. *Voyez* Coulequin.

Bois canon batard. C'est le Panax chrysophylle.

Bois a canot. Plusieurs arbres portent ce nom. Les plus connus sont le Bouleau noir, le Cyprès distique, le Tulipier, le Colophane, le Calaba, le Badamier.

Bois cariés ou viciés. Ce sont ceux qui ont des malandres ou nœuds pourris, ou qui sont creux.

Bois carrés ou d'équarrissage. Ce sont les *bois* qu'on emploie ordinairement à bâtir.

Bois cassave. Il y a lieu de croire que c'est l'Aralie arborescente.

Bois catheux. La coutume de Beauquesne, article 11, porte que tous arbres non portant fruits, sont réputés *catheux*, sauf les chênes âgés de trois coupes, qui sont réputés immeubles, de même que le *bois* à coupes ordinaires est réputé immeuble, s'il n'est ameubli.

On entend par le mot *catheux* les choses qui de leur nature sont immeubles, mais qui se divisent & échoient comme meubles.

La coutume d'Artois, titre V, article 143, dit que *bois* à coupe ordinaire est réputé immeuble & héritage, s'il n'est ameubli & coupé; mais que *bois* blancs non séans, à coupe ordinaire, sont réputés *catheux*.

Bois de cavalam. Synonyme de Tong-chu.

Bois cayan. Espèce de Quassie.

Bois de cèdre. *Voyez* Cèdre, Genévrier & Anibe.

Bois cantiban. C'est celui qui a des flaches d'un seul côté.

Bois capitaine. Nom du Mourelier.

Bois capucin. Espèce de Balatas.

Bois de caque. L'Agnanthe en ombelle porte ce nom.

Bois chablis. Ce sont les *bois* abattus ou rompus par les vents. Saint-Yon fait dériver le mot *chablis* ou *chables*, comme on disoit alors, de *caables* ou *accablés*, parce que les arbres ainsi dénommés tombent comme accablés par la force du vent, *arbores vi tempestatis confractæ*. Pline rapporte, livre VI, chapitre XXXII, comme une merveille, que des arbres renversés par les vents ou d'autres causes se sont relevés d'eux-mêmes. Saint-Yon explique ce fait. Il a vu des souches de vingt à vingt-quatre pieds de tour, dont l'arbre avoit été coupé & enlevé, se remettre dans leur première position, comme si elles n'eussent point été versées; ce qui, dit-il, se fait par la force de quelques racines demeurées en terre du côté de la chute de l'arbre.

Bois de cham. C'est la Tespesie selon Afzelius.

Bois de chambre. L'Agave porte ce nom.

Bois charmés. Ce sont ceux auxquels on a porté quelques atteintes au pied ou autres endroits pour les faire périr.

Bois de charronnage. Ce sont ceux qui, par leurs formes & leurs qualités fermes ou élastiques, sont propres à faire des roues, des voitures, des timons, des ranchers, des fûts, des scelles, des palonniers & autres ouvrages pour les attelages. L'orme, le frêne & le chêne sont particulièrement destinés à cet usage.

Bois de charpente. Ce sont ceux qu'on emploie à la construction des édifices: ce sont les poutres, les soliveaux, &c. *Voyez* Bois d'équarrissage.

Il seroit bien important de ne point débiter en *bois* de feu les pièces propres à la charpente, qui deviennent tous les jours plus rares, & d'employer davantage la pierre dans les constructions, auxquelles d'ailleurs elle convient mieux.

Bois de chauffage. C'est celui qu'on réduit en cordes ou stères, & qui est destiné à être brûlé pour le chauffage ou dans les usines.

Avant l'établissement du nouveau système des poids & mesures, le *bois* de chauffage se mesuroit à la corde dite *des eaux & forêts*.

La corde de *bois* à brûler devoit avoir huit pieds de long & quatre de haut, les bûches trois pieds & demi de long, y compris la taille; & le *bois* de cotrets, deux pieds de long, & le cotret dix-sept à dix-huit pouces de grosseur. (*Ordonnance de 1669, titre XXVII, art. 15.*)

Il étoit défendu de se servir d'autres mesures, tant dans les *bois* du Roi & autres dans lesquels il avoit intérêt, qu'en ceux des ecclésiastiques, des communautés d'habitans & des particuliers, soit en cas de ventes ou de délivrances de chauffage. (*Ibid. & arrêt du Conseil du* 11 *août* 1750.)

Il étoit du devoir des officiers des maîtrises, dit Chailland, non-seulement de tenir la main à l'exécution de cet article, mais encore de régler le prix des *bois* dans l'étendue de leur ressort, étant les seuls en état d'exercer cette police. Il cite une ordonnance du grand-maître au département de Normandie, du 4 mai 1682, portant défenses aux adjudicataires des *bois* du Roi ou des particuliers d'en exposer en vente, soit dans leurs bateaux ou sur les quais de Rouen, que le prix n'en eût été réglé par les officiers de la maîtrise. Il cite encore deux autres arrêts du Conseil, l'un du 4 juillet 1730, qui déboute les maire & échevins d'Abbeville de leur demande, tendante à ce qu'il plût à Sa Majesté les maintenir aux droit & possession, de fixer le prix des *bois* de chauffage qui se débitoient à Abbeville, &c.; l'autre, du 11 août 1750, qui fait défenses aux mayeur & échevins de la ville de Lille de prendre connoissance de ce qui a rapport à la mesure des *bois* de chauffage, sauf, en cas de contravention de la part des marchands, à y être pourvu par les officiers de la maîtrise, conformément à l'article 2 du titre Ier. de l'ordonnance de 1669.

Il étoit aussi du devoir des officiers d'empêcher qu'il fût transporté aucun *bois* dans les pays étrangers. (*Arrêts du Conseil du* 11 *avril* 1708, 18 *août &* 31 *octobre* 1722, 8 *mars* 1723 *&* 2 *février* 1734.)

Les lois des 18 germinal an 3 & 1er. vendémiaire an 4, ont prescrit l'établissement du système décimal, dont l'exécution a été ordonnée par un arrêté du 13 brumaire an 9, qui, pour la faciliter, a permis de traduire les noms systématiques par des noms françois. Cependant la dénomination de *stère* pour le mesurage du *bois* de chauffage a été maintenue. Les agens forestiers doivent veiller à l'exécution de ces réglemens pour le mesurage des *bois* dans les ventes en exploitation.

A Paris, les marchands de bois à brûler étoient tenus, avant de mettre leurs *bois* en vente, de faire porter au bureau de la ville, des montres de chaque espèce, pour y être mis prix par le prévôt des marchands & les échevins; étant expressément défendu à tout marchand de *bois* de le vendre au-delà de la taxe qui devoit être marquée sur une banderolle apposée à chaque pile ou bateau de *bois*.

Aujourd'hui le prix des *bois* n'est plus taxé; la loi du 22 juillet 1791 sur la police municipale & correctionnelle défend, titre I, article 30, aux officiers municipaux de le taxer.

L'approvisionnement des chantiers de Paris & leur police ont fait l'objet de plusieurs réglemens. Nous nous contenterons d'indiquer les plus importans.

Des abus s'étant introduits dans ces chantiers & sur les ports, relativement aux *bois* de chauffage, un arrêt du Conseil du 25 janvier 1724 a ordonné l'exécution des anciens réglemens & y a ajouté sept articles.

Le premier défend à tous marchands de *bois* à brûler pour l'approvisionnement de la ville de Paris, à leurs facteurs, &c., de mettre, dans leurs places & chantiers, les *bois* dans les membrures & charrettes qu'aux heures de la vente, & aux charretiers de sortir les *bois* des ports & chantiers dans d'autres temps, & sans être accompagnés de l'acheteur; il défend aussi de transporter le *bois* hors de Paris, & d'aller au-devant des bourgeois, à peine, contre les marchands, de 500 livres d'amende, & contre les facteurs, gagne-deniers & charretiers, de prison; & en cas de récidive de la part des charretiers, de saisie & confiscation de leurs chevaux.

L'article 2 défend de faire *débarder* du *bois* de corde pour le mêler avec du *bois* de compte, ou de *triquer des bois tortillards blancs ou de menuise* pour le mêler avec du *bois* de corde ou de compte.

L'article 3 ordonne aux marchands de *bois* neuf de *triquer* leurs *bois* ou de les charger séparément dans leurs bateaux, suivant leurs différentes qualités, & aux marchands de *bois flottés* d'empiler séparément les *bois de compte & de menuise*, conformément à l'ordonnance de 1672, sans qu'ils puissent mêler ces qualités de *bois* en les vendant, & mettre dans la membrure plus d'un tiers de *bois* blanc, le tout à peine de 1000 livres d'amende contre les marchands.....

L'article 4 fait défense de délier les fagots & cotrets, d'en tirer les paremens & de refuser les quatre au cent, ni de rien exiger au-delà de la taxe, à peine de 1000 livres d'amende pour la première fois contre les marchands.....

L'article 5 défend aux plâtriers de prendre d'autres *bois* sur les ports que des *bois* de décharge de bateaux, des bois blancs, de menuise & de rebut, à peine de 300 livres d'amende.

L'article 6 défend de vendre des *bois* nouvellement arrivés, à moins qu'ils n'aient été empilés ou ressuyés, à peine de confiscation des *bois* qu'ils auront fait charger en charrette & d'amende arbitraire.

Enfin, l'article 7 enjoint aux inspecteurs sur les ports & chantiers de tenir la main à l'exécution de cet arrêt.

Sur la requête des marchands de *bois* flottés pour la provision de Paris, par laquelle ils exposoient les pertes qu'ils faisoient de leur *bois* dans les différens trajets qu'ils lui faisoient faire pour l'amener aux lieux où il devoit être mis en train, afin d'être ensuite envoyé à Paris, le bureau de la ville, par une sentence du 17 février 1763, homologuée au Parlement par arrêt du 25 du même mois, leur a permis d'établir des commis sur les rivières & ruisseaux & ports flottables en train, pour garder les *bois* exploités & charroyés ou déposés le long de ces rivières, dresser des rapports des délits & des entreprises préjudiciables au flottage, faire des perquisitions des *bois* volés, &c.

Voyez, *au Bulletin des lois*, l'arrêté du Directoire du 26 nivôse an 5, celui des consuls du 7 floréal an 9, & le décret du 25 janvier 1807 concernant le flottage des *bois* sur les ruisseaux & canaux qui coulent dans la vallée de Neustadt.

Relativement encore au *bois* de chauffage pour la ville de Paris, une sentence du bureau de ville, du 10 mai 1763, a décidé que les marchands de *bois* ne devoient, pour l'indemnité du terrain occupé par leur *bois* sur les ports des rivières affluentes à Paris, que ce qui est fixé par l'article 14 du chapitre XVII de l'ordonnance de 1672, & cela pour chaque année; savoir, par code empilée sur les prés, 18 deniers, & sur les terres en labour, 1 s. u.

Un arrêt du conseil d'état du Roi, du 29 mai 1783, ordonne à tout adjudicataire des *bois* qui peuvent servir à l'approvisionnement de Paris, de mettre en *bois* de corde de la longueur prescrite par l'article 15 du titre XXVII de l'ordonnance de 1669 tous les *bois* de leurs ventes de six pouces de tour & au-dessus, & de les faire conduire aux ports les plus prochains desdites exploitations; leur fait défenses de les convertir en charbon, à peine de 500 livres d'amende; il est défendu, sous la même peine, aux propriétaires de forges, fourneaux, martinets & verreries de se servir d'aucuns *bois* propres à être convertis en *bois* de corde. Cet arrêt rappelle celui du 9 août 1723.

Par un autre arrêt du 26 septembre 1783, le Parlement a confirmé une sentence du bureau de la ville, qui avoit condamné un marchand de *bois* à une amende de 50 livres, pour avoir refusé d'ajouter dans ses membrures le nombre de bûches nécessaires pour compléter la voie.

Voici la date & le titre des nouvelles lois & instructions rendues sur les *bois* de chauffage.

8 *mai* 1791. — Loi qui affranchit les marchands de *bois* des droits d'entrée des villes sur les quantités invendues à l'époque du 1er. mai.

8 *mai* 1791. — Loi relative à l'exportation par le cours de la Meuse de quelques portions de *bois* y désignées.

15 *mai* 1791. — Loi relative à l'exportation des *bois* nécessaires au chauffage de la garnison de Monaco.

27 *septembre* 1793. — Loi qui taxe le *bois* à brûler.

27 *pluviôse an* 6. — Proclamation relative à l'emploi du nouveau système de mesure pour le *bois* de chauffage.

3 *prairial an* 8. — Arrêté du Gouvernement qui casse celui par lequel l'administration centrale de Maine & Loire avoit autorisé un abattis de *bois* pour chauffage de corps-de-garde.

27 *ventôse an* 10. — Ordonnance du préfet de police concernant l'arrivée, le départ & la vente des *bois* de chauffage dans Paris. *Voyez* au Recueil.

21 *ventôse an* 11. — Ordonnance de police sur la vente en détail des falourdes, fagots & cotrets dans Paris.

25 *février* 1808. — Décret qui permet l'exportation du *bois* de chauffage des Etats de Parme & Plaisance, pour le royaume d'Italie, en acquittant le droit de 5 pour 100 de la valeur.

26 *avril* 1808. — Avis du Conseil d'état portant que les *bois* de chauffage ou d'affouage doivent, d'après le décret du 20 juin 1806 & l'avis du 20 juillet 1807, être partagés par feux entre les habitans.

12 *janvier* 1810. Loi portant, article 6, que l'exportation des *bois* de chauffage des Etats de Parme & Plaisance, pour l'Italie, est permis, en acquittant le droit de 5 pour 100 de la valeur, &, art. 7, qu'elle s'effectuera par le Pô; que les marchands seront tenus, sous peine de confiscation, de diriger leurs transports vers les bacs déjà établis sur ce fleuve pour la circulation des communes, & de se soumettre à l'exercice des préposés des douanes.

29 *septembre* 1810. — Arrêté du préfet de police concernant les *bois* de chauffage défectueux.

22 *juin* 1813. Décret qui autorise l'exportation dans le royaume d'Italie des *bois* provenant des forêts de Cella Saint-Albérique & de Bosco-Longo, moyennant le droit de cinq pour cent.

BOIS DE CHAUVE-SOURIS. Espèce de GUI de l'île de France, du fruit duquel les roussettes se nourrissent.

BOIS DE CHÊNE. (*Voyez* CHÊNE.) A Saint-Domingue, c'est la BIGNONE A LONGUES TIGES.

BOIS DE CHENILLE. La VOLKAMÈRE HÉTÉROPHYLLE porte ce nom.

BOIS DE CHEVAL. Synonyme de BOIS MAJOR.

BOIS DE CHIQUE. On donne ce nom au SEBESTIER.

BOIS DE CHINE. Arbre de Cayenne, dont le *bois* sert à l'ébénisterie. J'ignore à quel genre il se rapporte.

BOIS DE CHYPRE. Espèce d'ASPALAT.

BOIS CITRON. Synonyme de BOIS CHANDELLE.

BOIS DE CLOU DU PARA. On soupçonne que c'est le MYRTE GIROFLÉE.

BOIS DE CLOU DE MADAGASCAR. C'est le RAVENALA.

BOIS DE CLOU DE L'ÎLE DE FRANCE. Espèce de JAMBOISIER.

BOIS DE COCHES. On appelle ainsi, à Orléans, des bûches qu'on marque de plus ou moins de *coches*, suivant leur grosseur, & on les vend au cent de *coches*.

BOIS A COCHON. Le GOMART & l'HEDWIGE BALSAMIFÈRE portent ce nom.

Bois collant. La Psature porte ce nom à l'île de France.

Bois de colophane. *Voyez* aux mots Colophonie & Dammara.

Bois combugé. C'est celui qui est imbibé & pénétré d'eau.

Bois de comboyé. Le Myrte a feuilles rondes s'appelle ainsi.

Bois de compte. Tout le *bois* qu'on brûle à Paris se distingue sur les ports en *bois de compte* & *bois de corde*. Le *bois de compte*, que l'on nomme aussi *bois de moule*, doit avoir au moins dix-huit pouces de circonférence; il se mesuroit dans un anneau de fer que l'on nommoit *moule*, qui devoit avoir deux pieds un pouce de diamètre, c'est-à-dire, six pieds trois pouces de circonférence: la quantité que pouvoient contenir trois de ces anneaux, plus douze bûches, appelées *témoins*, formoit une voie de *bois de compte*.

Bois de corde. C'est celui qui a moins de dix-huit pouces de circonférence jusqu'à six pouces, qui est mêlé de *bois* de quartiers & de rondins. *Voyez* Bois de chauffage.

Bois de construction. Ce sont ceux qu'on fournit à la marine pour la construction des vaisseaux. On les distingue en général en *bois droits* & en *bois courbes* ou *courbans*, & en particulier suivant les usages auxquels on les destine, tels que *varangues*, *allonges*, *baux*, *illoirs*, &c.

Les *bois de construction* sont aussi des *bois* propres à la bâtisse des édifices civils.

Il est défendu d'exporter des *bois de construction* & autres. Un arrêt du Conseil du 18 août 1722 prononce, en cas de contravention à la défense, la confiscation des *bois* & une amende de 10,000 francs. *Voyez* Bois de chauffage.

Bois de corail. C'est l'Érythrine & le Condori.

Bois de corne. A Amboine ce nom est donné au Mangostan & au Brindonier.

Bois courbes. *Voyez* Bois de construction.

Bois courbans. Ce sont des *bois* qui ont une courbure plus ou moins régulière, ou qui présentent deux portions d'arc opposées.

Bois de cossois. Espèce de Millepertuis.

Bois de crabe ou de crave. Il y a lieu de croire que c'est le Myrte giroflée aux Antilles & le Ravenala à Madagascar.

Bois de cranganor. Espèce de Pavette.

Bois de crocodile. La Clutie éleuterie porte ce nom.

Bois de Cypre. En Caroline c'est le Cyprès distique, & aux Antilles un Sébestier.

Bois de décoration. Ce sont ceux qui sont plantés près des châteaux & maisons de campagne pour leur embellissement. Ces *bois* sont soumis, pour la déclaration de la volonté d'abattre, aux mêmes réglemens que les autres *bois*, à moins qu'ils ne soient renfermés dans les murs de clôture des habitations, ainsi qu'il résulte de l'ordonnance du Roi du 28 août 1816.

Les communes, les ecclésiastiques & les établissemens publics ne peuvent les abattre sans autorisation.

A l'égard des *bois* plantés pour la décoration des maisons royales & des plaines, destinés pour les plaisirs du Roi, un arrêt du Conseil du 24 avril & une déclaration du 5 juin 1703 les ont placés sous la direction du surintendant des bâtimens.

Bois de débit. Ce sont de jeunes arbres auxquels on ménage toute la longueur qu'ils peuvent porter, comme trente ou quarante pieds, sur quinze ou dix-huit pouces de circonférence vers le petit bout. C'est avec ces *bois* qu'on fait les traverses & quantité de menus ouvrages; ils se livrent en grume & de toute leur longueur.

Bois de délit. Ce sont ceux qui ont été abattus, coupés, rompus ou enlevés en contravention aux réglemens. Mais on ne peut considérer comme simple délit le vol des *bois* coupés & façonnés dans les forêts ou ailleurs. Ce vol est rangé dans la classe des crimes, & puni d'après la loi du 25 frimaire an 8 & l'article 388 du Code pénal, attendu qu'il s'agit d'enlèvement d'objets confiés à la foi publique. La Cour de cassation a confirmé ce principe par sa jurisprudence, & notamment par un arrêt du 25 ventôse an 12.

Voici, d'après Chailland, les dispositions des anciens réglemens sur les *bois de délit*, dispositions dont plusieurs sont encore en vigueur pour n'avoir pas été rapportées ou pour avoir été textuellement maintenues par les lois nouvelles.

§. Ier. *Dispositions des anciens réglemens sur les bois de délit.*

Les garde-marteaux & sergens à garde étoient tenus de rapporter leurs procès-verbaux de tous les *bois de délit* qu'ils trouvoient, & de les mettre, trois jours après, aux greffes des maîtrises. (*Ordonnance de 1669, tit. VII, art. 3.*)

L'article 10 du titre IV prescrit de vendre les *bois de délit* dans les forêts royales au profit du Roi.

Les délais pour l'exploitation de ces ventes ne doivent être que de huitaine, quinzaine, ou un mois tout au plus, s'il y a certaine quantité de *bois* adjugés à la fois. *Voyez* en Saint-Yon, liv. III, tit. XIX, tit. XIX, pag. 1040, le réglement du 6 octobre 1605 pour Villers-Cotterets.

Le prix de ces adjudications devoit être payé aux mains du collecteur des amendes, ainsi qu'il étoit ordonné par l'article 1er. de l'édit de mai 1716, & l'arrêt du Conseil du 5 août 1727, rendu sur les contestations formées à ce sujet par le receveur particulier des *bois* de la maîtrise de Dôle, par lequel Sa Majesté, expliquant ses intentions, ordonne que l'article 20 du titre *des Peines & Amendes*, & l'article 1er. de l'édit de mai 1716 seront exécutés selon leur forme & teneur; qu'en conséquence, les sommes provenant des confiscations & ventes des *bois de délit* seront employées dans les rôles qui doivent être arrêtés, conformément à l'article 6 de l'édit, & perçues par lesdits collecteurs. Fait défenses aux officiers des maîtrises de déclarer dans les adjudications qu'ils feront des *bois de délit*, que le prix en sera payé au receveur des *bois*, & aux greffiers de comprendre dans les états lesdites ventes avec les ventes ordinaires.

Aujourd'hui le prix de ces adjudications est perçu par le receveur des domaines, à l'égard des *bois* royaux, & par le percepteur des communes pour leurs *bois*.

Il étoit expressément recommandé aux officiers des maîtrises de faire tous leurs efforts pour empêcher le débit des *bois de délit* dans les villes à deux lieues des forêts; à cet effet il leur étoit permis de faire perquisition dans les maisons où ils savoient qu'il en avoit été porté. (*Art.* 24 *du tit. XXVII de l'ordonnance.*)

La même recommandation subsiste à l'égard des agens forestiers.

Les gardes pouvoient faire les mêmes perquisitions en présence d'un officier de la maîtrise, ou à défaut, en présence du juge ordinaire, du procureur du Roi ou du procureur d'office. (*Ibid.*)

Les gardes doivent aujourd'hui se faire accompagner d'un officier municipal. (*Loi du* 29 *septembre* 1791, *tit. IV*, *art.* 5.)

Il avoit été statué par arrêt du Conseil du 20 mai 1755, que les gardes généraux pouvoient seuls faire ces perquisitions dans les villages & hameaux voisins des forêts.

Les religieux, gouverneurs des places, commandans des troupes, seigneurs & gentilshommes étoient obligés d'ouvrir leurs portes aux grands-maîtres, maîtres particuliers, lieutenans & procureurs du Roi, pour faire les recherches & procédures qu'ils jugeoient à propos, à peine de désobéissance, & de répondre en leur privé nom de tous événemens. (*Art.* 25 *du tit. XXVII.*)

Les gouverneurs & officiers des troupes étoient obligés, sous les mêmes peines, de remettre entre les mains des officiers des eaux & forêts toutes personnes accusées d'avoir commis des délits dans les forêts du Roi, même les cavaliers & soldats passant ou tenant garnison. (*Ibid.*)

Dict. des Arbres & Arbustes.

Toutes ces dispositions furent confirmées par un arrêt du Conseil du 29 juillet 1749, qui ordonne qu'en conséquence les officiers des maîtrises particulières de Rouen & de Lyon seront tenus, chacun en droit soi, de se transporter incessamment chez ceux des habitans des paroisses ou villages du ressort desdites maîtrises qui ont des ateliers & amas de *bois*, à l'effet de reconnoître les *bois*, de les marquer du marteau du Roi, & du tout dresser procès-verbal pour être déposé au greffe de chacune desdites maîtrises, & sur iceux ordonner ce qu'il appartiendra, au cas que lesdits *bois* soient reconnus pour *bois* volés dans les forêts du Roi.

Suivant les réglemens de 1563 pour la forêt de Cuise, articles 39 & 40, de 1584 pour la forêt de Rouvray, de 1587 pour Dreux, de 1697 pour Villers-Cotterets, articles 16 & 39, & les réglemens généraux des 4 septembre 1601 & 13 décembre 1603 (*Saint-Yon*, *pag.* 1107), il a été défendu à toutes personnes de porter aucun *bois* dans les villes, bourgs & villages voisins des forêts du Roi, & à toutes personnes d'en acheter, s'il n'étoit marqué du marteau de l'adjudicataire, & s'il n'y avoit un billet ou étiquette signé de lui ou de son facteur (lequel billet ne pouvoit servir que pour un jour), sous peine contre le vendeur, pour la première fois, d'amende arbitraire, de confiscation des *bois*, chevaux, charrettes & harnois; pour la seconde, du fouet, outre la confiscation; & pour la troisième, de bannissement à trois lieues des forêts; & contre les bourgeois & habitans qui auroient acheté, du double de l'amende au pied le tour, & de confiscation ou autre plus grande peine, *s'ils sont coutumiers de le faire.*

L'article 28 de l'ordonnance de février 1554 (*Saint-Yon*, *pag.* 415) défend aux officiers des villes de souffrir la vente des *bois de délit.*

Suivant l'article 8 de l'ordonnance de mars 1597, les consuls & habitans qui permettoient l'entrée des *bois* pris en délit dans les forêts du Roi, qui les achetoient ou les favorisoient, ceux qui les avoient pris, devoient être condamnés solidairement à l'amende. (*Saint-Yon*, *pag.* 416.)

Les officiers de la maîtrise de Besançon ayant, par suite d'affaire, saisi sur les ports de cette ville des *bois* coupés en délit dans les communaux de Deluz, le sieur Dorival, maire, donna permission le même jour aux sœurs de Sainte-Claire & aux Carmélites d'acheter & enlever de dessus les ports tous les *bois* qu'elles y trouveroient, de quelque part qu'ils vinssent. Le procureur du Roi à la maîtrise se plaignit au Conseil de cette entreprise & des violences du maire & des échevins en d'autres occasions. Le maire, obligé de répondre sur ce fait, dit que les procès-verbaux & la saisie n'avoient été fabriqués qu'après son ordonnance rendue; que d'ailleurs les maires & magistrats avoient jurisdiction sur les eaux & forêts dépendantes de la ville en qualité de gruyers; qu'il n'avoit pas eu connoissance de la saisie en question; mais qu'à supposer qu'il l'eût su, il n'auroit pas moins été en droit de donner la permission dont étoit question, n'étant pas à croire que les officiers de la maîtrise eussent droit de suivre les *bois de délit* jusque sur les ports de la ville, au préjudice des magistrats, qui avoient droit de connoître de tous les faits d'eaux & forêts dans leur ressort; qu'à la vérité les officiers de maîtrise pouvoient bien arrêter les *bois de délit*, les faire vendre sur les lieux, & punir les coupables; mais il étoit injuste de leur permettre de suivre ces *bois* au marché de la ville, parce que ce seroit troubler le commerce & la jurisdiction des magistrats: pourquoi il espéroit que les officiers de la maîtrise seroient déboutés de leur demande, ou s'il étoit trouvé qu'il convînt de leur permettre de suivre les *bois de délit* jusqu'au marché, il devoit être dit qu'ils ne pouvoient en empêcher la vente, sauf à faire arrêter le prix aux mains des acheteurs. Sur ce intervint arrêt le 22 avril 1704, qui annula l'ordonnance dudit Dorival, & ordonna que les poursuites commencées par les officiers de la maîtrise de Besançon, pour raison des *bois* coupés en délit dans les communaux de Deluz, seroient par eux continuées jusqu'à sentence définitive inclusivement, sauf l'appel, &c. Fait défenses audit Dorival & tous autres de troubler les officiers de la maîtrise dans leurs fonctions, & de s'immiscer dans la connoissance des matières d'eaux & forêts, à peine de nullité des procédures, de tous dépens, dommages, intérêts, & de 50 livres d'amende.

Par arrêt du 3 avril 1742, le Conseil confirma une sentence rendue en la maîtrise de Saint-Germain-en-Laye, contre un particulier de Versailles, pour des *bois de délit* trouvés en sa maison, qu'il avoit achetés au marché public.

Par un autre du 27 janvier 1750, le Conseil confirma une sentence rendue en la maîtrise de Fontainebleau, par laquelle les Frères de l'Ecole charitable & le nommé la Fosse avoient été condamnés solidairement en 32 livres d'amende & 32 liv. de restitution, pour avoir, lesdits Frères, acheté dudit la Fosse une corde de *bois de délit*, trouvée dans leur cour.

Dans tous les cas, les *bois de délit*, les harnois & chevaux qui en sont trouvés chargés, & les outils des délinquans doivent être confisqués au profit du Roi. (*Art. 9 du tit. XXXII.*)

Les *bois de délit* dans les *bois* engagés, &c., les amendes, restitutions & autres profits qui en proviennent, appartiennent au Roi, nonobstant toutes lettres, clauses, dons, arrêts, contrats, adjudications, usages & possessions contraires. (*Art. 5 du tit. XXII.*)

A l'égard des *bois de délit*, que les gardes ou les agens n'ont pas vu enlever, & dont ils se bornent à énoncer l'identité avec ceux coupés ou enlevés dans la forêt, il faut que cette identité repose sur des indications raisonnables. M. Merlin cite, dans le *Répertoire de jurisprudence*, un arrêt qui a annulé une sentence de condamnation dans l'espèce suivante. En 1783, trois gardes se firent conduire sur les terres du sieur E... ; ils y trouvèrent de jeunes chênes récemment plantés, lesquels, dirent-ils dans leur procès-verbal, *ont été reconnus par nous pour être sortis de la forêt du Roi, & ne ressembler en rien aux jeunes chênes du bois taillis du particulier, où l'expérience constante les fait couleur vert-brun foncé, en fait de plant du même âge.* Sur la foi du rapport, le sieur E... fut condamné avec celui de qui il déclaroit avoir acheté les chênes. Mais, sur l'appel qu'il a interjeté au parlement de Bretagne, il intervint arrêt, à l'audience de la Tournelle, le 30 août 1784, par lequel cette Cour a *cassé, rejeté, annulé* le procès-verbal, le décret, l'interrogatoire, la sentence & toute la procédure; en conséquence, a déchargé le sieur E... du décret & des condamnations prononcées contre lui.

§. II. *Dispositions des lois nouvelles sur les bois de délit.*

Les agens forestiers doivent, lors de leurs visites dans les *bois*, dresser l'état exact des chablis & *bois de délit* qui auront été reconnus. (*Loi du 29 septembre 1791, tit. V, art. 6.*) Ils ont un marteau pour le marquer. (*Inst. du 7 prairial an 9.*)

Les gardes sont tenus de rapporter procès-verbaux de tous les *bois de délit* qu'ils trouvent (*Loi du 29 septembre 1791, tit. IV, art. 3.*);

De suivre les *bois de délit* dans les lieux où ils ont été transportés & de les mettre en séquestre; mais ils doivent, pour s'introduire dans les ateliers, bâtimens & cours adjacentes, être accompagnés d'un officier municipal ou être autorisés par la justice (*Ibid., art. 5.*);

De séquestrer les chevaux & harnois chargés de *bois*, ainsi que les instrumens du délit. (*Ibid., art. 6.*)

Ils ont enfin un marteau pour la marque des *bois de délit.* (*Instruct. du 10 ventôse an 11.*)

La personne chez laquelle se trouve une partie des *bois de délit*, & qui ne veut pas déclarer ses complices, est responsable des peines encourues pour le tout. (*Arrêt de la Cour de cassation du 23 octobre 1812.*)

Conformément à l'article 10 du titre IV de l'ordonnance de 1669, les *bois de délit* dans les forêts de l'Etat doivent être vendus au profit du trésor.

Il importe cependant quelquefois de les conserver pour pièces de conviction dans les poursuites dirigées contre les délinquans, ainsi que l'observe M. de Froidoure dans son *Instruction pour les ventes des bois du Roi.*

L'instruction de l'administration des forêts du 25 ventôse an 11 porte que les *bois de délit* & les chablis dans les *bois* communaux font toujours partie de la vente ordinaire. Il en est de même pour les *bois* de l'Etat. Cependant, lorsque l'époque des ventes est trop éloignée, le conservateur doit faire procéder le plutôt possible à leur adjudication. (*Loi du 29 septembre 1791*, *tit. V*, *art. 16.*) Lorsque l'estimation de ces *bois* n'excède pas 200 francs, la vente se fait comme *menu marché*.

BOIS DÉFENSABLES. Ce sont ceux que leur hauteur met à l'abri de la dent des bestiaux. Dans quelques localités, les *bois* des particuliers étoient, d'après les coutumes, réputés défensables à quatre, cinq ou six ans. L'article 1er. du titre XIX de l'ordonnance ne fixe point l'âge auquel les taillis dans les *bois* du domaine peuvent être déclarés défensables. Un réglement de la maîtrise d'Orléans, du 20 janvier 1720, avoit fixé ce temps à cinq ans pour les bêtes aumailles, & à trois ans pour les chevaux. Aujourd'hui un *bois* n'est réputé défensable, quel que soit son âge, qu'autant qu'il a été déclaré tel par les agens forestiers, & il n'y a plus d'exception en faveur des usages locaux, ni de différence à faire entre les usagers dans les forêts royales & communales & ceux dans les *bois* des particuliers. (*Arrêté du Gouvernement du 5 vendémiaire an 6. — Décret du 17 nivôse an 13. — Avis du Conseil d'état du 18 brumaire an 14. — Arrêt de la Cour de cassation du 1er. avril 1808, & plusieurs autres cités à l'article* PATURAGE *du Dictionnaire des Forêts.*)

BOIS EN DÉFENDS. Ce sont ceux dont on a interdit l'entrée aux bestiaux, ou ceux dont on défend la coupe pour leur laisser prendre tout leur accroissement. Les *bois abroutis*, dit l'article 13 du titre XXV de l'ordonnance, seront récépés & *tenus en défends* jusqu'à ce que le rejet soit au moins de six ans.

BOIS DENTELLE. *Voyez* LAGET.

BOIS DOUX. Synonyme de BOIS CASSAVE.

BOIS DOUX OU TENDRE. C'est celui qui est gras, qui a peu de fils & moins de nœuds, & qui est propre aux ouvrages de menuiserie.

BOIS DURS. Ce sont les *bois* opposés aux *bois* blancs, ou plutôt aux *bois* mous. Un *bois dur* est celui dont la contexture est ferme & la fibre grosse. Les *bois* les plus durs viennent des pays chauds ou des fonds pierreux & sablonneux, & des endroits aérés, tels que les bords des forêts & les routes. On appelle *bois durs* ceux qu'on apporte des îles.

En France les *bois* les plus durs, quant aux espèces, sont le *buis*, le *cormier*, le *chêne-vert*, le *cornouiller*.

Burgsdorf, dans son *Manuel forestier*, dont j'ai donné la traduction, range parmi les *bois durs*, les *chênes*, l'*orme*, le *frêne*, le *hêtre*, l'*aune*, le *charme*, les *érables*, le *pin*, le *bouleau*, le *merisier*, l'*alizier*, le *prunier*, le *poirier* & *pommiers sauvages*, le *sorbier*, le *cornouiller* & le *néflier*.

Il place dans la classe des *bois* tendres les *peupliers*, les *saules*, les *tilleuls*, les *sapins* & l'*épicia*.

Chez nous le bouleau, l'aune & le pin sont considérés comme *bois* tendres. Quelques auteurs y rangent même le hêtre.

BOIS DUR. L'OSTRYE D'AMÉRIQUE & le SECURINEGA se nomment ainsi.

BOIS DYSSENTÉRIQUE. A raison de ses propriétés, on donne ce nom au MOUREILLER ÉPINEUX.

BOIS D'ÉBÈNE. *Voyez* EBÈNE.

BOIS D'ÉCHANTILLON. Ce sont des pièces de *bois* de différentes longueurs & grosseurs que les marchands exposent dans leurs chantiers. On donne aussi la même dénomination aux *bois* à brûler, dont la longueur & la grosseur sont déterminées par les réglemens.

BOIS ÉCHAPPÉS. Ce sont les *bois* qui, pendant le flottage, sont transportés par le débordement dans les terres. Ils appartiennent aux marchands dont ils portent la marque.

BOIS ÉCHAUFFÉ. C'est celui auquel on remarque de petites traces rouges & noires qui annoncent un commencement de pourriture.

Un CHAMPIGNON, le MÉRULE DÉTRUISANT (*voyez* ce mot), accélère beaucoup sa décomposition.

BOIS ÉHOUPÉS, DÉSHONORÉS. Ce sont ceux dont on a coupé la cime ou les branches.

BOIS D'ÉMAIL. C'est celui qui est fendu & scié du centre à la circonférence.

BOIS D'ENCENS. *Voyez* ECIQUIER.

BOIS ENCROUÉ, ENCORNÉ OU ENCROUTÉ. C'est celui qui a été renversé sur un autre en l'abattant, & dont les branches se sont entrelacées avec celles de l'arbre sur lequel il est tombé. *Voyez* EXPLOITATION.

BOIS A ENIVRER LE POISSON. *Voyez* BOIS IVRANT, GALEGA, EUPHORBE, CONARI & NIRURI.

BOIS D'ENTRÉE, ou plutôt BOIS D'ENTRE. C'est celui qui est entre vert & sec, dont les arbres ont les houppiers ou quelques branches sèches & d'autres vertes. Cette dénomination est consacrée par les ordonnances de 1376, 1388, 1402 & 1515. Elles défendent aux coutumiers de prendre aucun chêne en étant, qu'ils nomment *bois d'entrée*, c'est-à-dire, entre vert & sec, ainsi que l'explique un arrêt de la Chambre de réformation des eaux & forêts de Normandie du 28 août 1578. Cet arrêt défend aux usagers de couper aucuns arbres, s'ils ne sont entièrement morts & secs, pour éviter les abus & les fraudes que commettoient les usagers en pelant les arbres, les coupant entre deux terres, les perçant avec des tarières, & puis après, dit Saint-Yon, en mettant dans le trou de l'oignon ou de l'huile pour les faire mourir peu à peu. *Voyez* SAINT-YON, pag. 376.

Le dernier moyen indiqué comme destructif prouve qu'on n'étoit guère avancé dans la connoissance de la physique végétative, car les substances désignées comme capables de faire mourir un arbre, peuvent tout au plus exciter une fermentation locale & un égout, mais non causer la mort de l'arbre.

BOIS ÉPINEUX. Un CLAVALIER, un FROMAGER & un OCHROXYLE portent spécialement ce nom.

BOIS ÉPONGE. Un ACHIT & une GASTONIÉ s'appellent ainsi.

BOIS D'ÉQUARRISSAGE OU BOIS CARRÉS. Ce sont les *bois* qu'on équarrit pour les ouvrages de charpenterie. Ils doivent avoir au-dessus de six pouces d'équarrissage; au-dessous, c'est du chevron. Les *bois* carrés prennent différens noms, suivant les usages auxquels on les juge propres, comme des faîtes, des soliveaux, des filières, des jambes de force, des poutres, poutrelles, &c., & en général ils s'appellent *bois de charpente*. On les dit *flacheux* quand ils ne sont pas équarris à vive arête & qu'il reste aux angles ce qu'on nomme des *défournis*.

Les *bois* de charpente & de construction se vendent au stère.

BOIS EN ÉTANT. C'est celui qui est debout vif ou mort. Suivant l'article 5 du titre XVII, il est défendu de vendre aucuns arbres *en étant*, sous prétexte qu'ils ont été fourchés ou ébranchés par la chute des chablis; ils doivent être conservés, à peine d'amende arbitraire.

Il est également défendu aux officiers des forêts de délivrer aux usagers aucuns arbres, perches, mort-bois sec & vert *en étant*, & aux usagers d'en prendre autres que gisant, nonobstant tous titres, arrêts & priviléges contraires, à peine d'amende, restitution, dommages & intérêts. (*Ordonnance de 1669, tit. XXVII, art. 33, confirmé par arrêt du 1er. février 1752.*)

Cet article est relatif aux droits de feu & loges qu'il a révoqués.

BOIS ÉTÉ. Espèce de JAMBOISIER de la Martinique.

BOIS ÉTRANGERS. Ce ne sont pas toujours les *bois* exotiques. On distingue à Paris les *bois* de sciage en *bois français* & en *bois étrangers*. Les *bois* français se tirent communément des forêts des ci-devant provinces de Champagne, du Bourbonnois & de Bourgogne : comme ils sont assez rustiques, on les emploie ordinairement aux ouvrages solides & exposés aux injures de l'air. Les *bois* qu'on répute *étrangers* se tirent des forêts des Vosges en Lorraine. S'ils étoient débités sur la maille, ils seroient excellens pour faire les plus belles menuiseries. Ils sont tendres, d'un grain uniforme. Ils ont encore moins de nœuds & de malandres que ceux de Fontainebleau, sont presque toujours francs d'aubier & ne se déjettent ni ne se tourmentent point.

On leur préfère les planches minces qui viennent de Hollande, & que l'on nomme, à cause de cela, *bois de Hollande*, quoique ces *bois* soient tirés par les Hollandais des forêts voisines du Rhin & de la Lorraine. Ils ont la supériorité sur ceux des Vosges, parce qu'ils sont refendus très-régulièrement & presque tous sur la maille. On en fait les panneaux des beaux lambris.

BOIS EXOTIQUES. Ce sont les *bois* qui ne croissent pas dans nos climats & qui sont apportés de l'étranger, soit pour la fabrication des meubles & des ouvrages délicats, soit pour la teinture. *Voyez* la description de ces *bois* dans l'ouvrage de M. Varenne de Fenille.

BOIS A FAUCILLON OU FAUCHILLON. C'est un petit taillis composé d'arbrisseaux que l'on peut couper avec un petit ferrement comme une faux.

BOIS FLACHEUX. C'est celui qui n'est pas équarri à vive arête & auquel il reste ce qu'on nomme des *défournis*.

BOIS DE FLÈCHE. Le GALANGA ARUNDINACÉ est ainsi appelé.

BOIS DE FLOT. *Voyez* BOIS LIÉGE.

BOIS FLOTTANS. Ce sont ceux dont la pesanteur spécifique est moindre que celle de l'eau dans laquelle ils sont plongés; ce qui les soutient & les fait flotter.

BOIS FLOTTÉ. C'est celui qu'on fait flotter sur les rivières pour diminuer les frais de transport. Si, comme cela se pratique sur les rivières non navigables, on jette les bûches dans l'eau qui les entraîne par son courant, on le dit *flotté à bois perdu*. Quand ces *bois* sont de bonne qualité, ou quand ils sont pénétrés d'eau, ils vont au fond, & alors on les dit *bois canards* ou *fondriers*. (*Voyez* ces mots.) Sur les grandes rivières on forme de grands trains de bois de charpente ou à brûler, que l'on conduit à leur destination en descendant les rivières; c'est le *bois flotté*. On appelle *bois volant* ou de *gravier*, les *bois* à demi flottés ou qui sont venus en trains de la forêt sans être sortis de l'eau.

Les *bois flottés* ont moins de valeur que les *bois* neufs; ils font une grande flamme en brûlant sans former de braise; il reste peu de sels dans leurs cendres. Il est donc certain que l'eau altère beaucoup la qualité des *bois*, en ce qu'elle en extrait la sève, ce qui fait qu'il ne reste dans les *bois flottés* qu'une fibre ligneuse sèche & aride comme de la paille.

Sur quoi il est bon de remarquer que les *bois* s'altèrent d'autant plus qu'ils sont plus jeunes; que le flottage endommage beaucoup plus les *bois* blancs que les *bois* durs. Le bouleau, le peuplier & le tilleul perdent presque toute leur substance & deviennent très-légers. Les *bois* qu'on a été obligé de tirer plusieurs fois de l'eau pour les laisser sécher avant de les mettre en trains, & ceux qui ont essuyé un long flottage, sont bien plus mauvais que ceux qu'on n'a tirés de l'eau qu'une seule fois pour les mettre en trains.

Bois de fente. C'est celui dont on fait des rames, des gournables ou chevilles, du merrain ou enfonçure, & du traversin ou douvin pour les tonneaux & barils, des panneaux pour les soufflets, des pelles, du cerceau, des éclisses pour les fromages, des serches pour les seaux & les cribles, de la latte, des échalas, &c. On peut regarder ces *bois* comme des *bois* d'ouvrage.

Cette façon de débiter les *bois* a plusieurs avantages: 1°. de tirer des *bois* viciés de bonnes billes; 2°. d'être moins dispendieuse que les façons à la scie; 3°. de fournir des ouvrages plus solides que ceux débités à la scie, par la raison que les fibres restent dans leur entier.

Le chêne & le hêtre se fendent mieux que l'orme; l'orme à larges feuilles mieux que l'orme tortillard; le chêne à grappes mieux que le chêne rouvre; les arbres qui ont poussé avec force mieux que ceux qui sont venus lentement; le *bois* vert mieux que le sec. Les *bois* roulés, les *bois* forts & rustiques ne sont pas propres à la fente. Ceux qui sont droits & d'une belle écorce fine y sont très-propres.

Bois de feu. Ce sont ceux qui n'étant pas propres aux ouvrages, sont destinés à être brûlés. Il y en a de cinq sortes en forêt: le *bois* de quartier, le rondin, les souches, les fagots & bourrées, les copeaux.

Mais dans les chantiers on distingue encore le *bois* neuf, le *bois* flotté, le *bois* de gravier. *Voyez* Bois de chauffage.

Bois à feuilles. Les Allemands divisent les arbres forestiers en deux grandes classes, les *bois* à feuilles & les *bois* résineux. Ainsi tous ceux qui n'appartiennent point à la classe des arbres résineux sont des *bois* à feuilles: tels sont le chêne, le hêtre, le charme, le bouleau, le peuplier, le saule, &c. Les *bois* résineux ou *bois* à feuilles en aiguilles sont les pins, les sapins, le mélèze, le cèdre, &c.

Bois de foc. Petit morceau de *bois* tourné qu'on place au sommet d'une voile nommée *foc*, & qui traversant les deux relingues de ce foc, sert à maintenir déployée cette partie extrême de la voile.

Bois fondriers. Ce sont ceux dont la pesanteur spécifique étant plus forte que celle de l'eau dans laquelle ils sont plongés, les fait tomber au fond. C'est la même chose que Bois canards.

Bois fossiles. Des pieux de chêne, de sapin & autres arbres, servant de pilotis à des puits ou autres ouvrages d'arts des Romains, ont été trouvés, dans ces derniers temps, aussi sains que lorsqu'ils avoient été placés, à l'exception de leur couleur, qui étoit devenue noire.

Il arrive fréquemment qu'on rencontre dans les tourbières des arbres entiers, qui s'y trouvent peut-être depuis plusieurs milliers d'années, & dont l'altération n'est pas plus avancée. La vallée de la Somme en offre de grandes quantités tous couchés du même côté. Des faits semblables ont été observés dans les comtés de Lincoln & dans beaucoup de lieux de la Hollande, du Danemarck, de la Suède, de la Russie, &c.

Une autre sorte de *bois* fossile est celle qui n'a jamais été recouverte par les eaux. Tel est celui si célèbre qui se voit près de Cologne, & qui fournit la plus grande partie de la *terre d'ombre* employée dans la peinture. C'est à Faujas de Saint-Fond qu'on en doit la meilleure description.

La mine de Wolfseck, dans la haute Autriche, si bien décrite par Bory-Saint-Vincent, offre des arbres plus altérés que les précédens, mais cependant très-reconnoissables. On les exploite pour la bâtisse & le chauffage. *Voyez* Lignite. (*Bosc.*)

Bois fragile. C'est une Cascaire à l'île de Bourbon.

Bois français. On distingue à Paris les *bois* de sciage en *bois français* & en *bois étrangers*. Les *bois français* se tirent communément des forêts de la Champagne, du Bourbonnois & de la Bourgogne. Les *bois* qu'on appelle mal-à-propos *bois étrangers*, sont ceux que nous revendent les Hollandais, qui les ont tirés de la Lorraine & qu'ils ont fait scier sur la maille. *Voyez* Bois étrangers.

Bois de fredoche. Il y a lieu de croire que c'est le Cotelet.

Bois de fustet. C'est le Sumac, *rhus cotinus*. (Linn.)

Bois de frêne. On suppose que c'est à Saint-Domingue la Bignone radicante.

Bois galeux. L'Assonie porte ce nom.

Bois de garou. Espèce de Lauréole.

Bois gauche ou déversé. C'est celui qui n'est pas droit, par rapport à ses angles & à ses côtés.

Bois gélif. C'est un *bois* qui a des fentes intérieures qui lui sont venues par la gelée.

Bois gentil. *Voyez* Lauréole.

Bois de giroflée. C'est le Myrte canelle & le Ravenala.

Bois de glu. *Voyez* Glutier.

Bois de goyave. Espèce de Prockie.

Bois gisant. C'est celui qui est coupé, abattu ou tombé, & qui est couché sur la terre : c'est le contraire du *bois* en étant.

Les usagers qui n'ont que le droit de ramasser le *bois* ne peuvent prendre que celui qui est gisant. Il leur est interdit de se servir de crochet ni de ferrement.

Bois gras. Les arbres qui ont végété dans les marais ou autres lieux très-humides, ont le *bois* plus tendre & de moindre conservation que ceux qui proviennent des terrains secs. Ce *bois*, qui doit être repoussé des constructions navales & de la charpente, s'appelle vulgairement *bois gras* par les ouvriers.

Voyez l'article suivant.

Bois de gravier, qu'on appelle encore *bois volant*, est un *bois* à demi flotté. Si les *bois* sont venus en trains de la forêt sans être sortis de l'eau, ou si, ayant été flottés à *bois perdu*, ils n'ont fait qu'un petit trajet, & que, pour leur faire remonter les grandes rivières, on les charge dans des bateaux, ces *bois* conservent leur écorce ; ils sont alors vendus par les marchands comme demi-flottés ou comme *bois de gravier*, qui diffèrent peu des *bois* neufs. Mais le plus ordinairement on forme des trains des *bois* qui ont été flottés à *bois* perdu, pour les conduire, suivant le cours des grandes rivières, aux villes où ils doivent être consommés.

Bois gras. Ce sont ceux dont les pores sont grands & ouverts, les fibres sèches, la couleur terne & d'un roux sale. Ils rompent net & sans éclat. Les copeaux levés avec la varlope se rompent au lieu de former des rubans, & se réduisent en petites parcelles entre les doigts. *Massé*, dans son *Traité des Bois*, pense qu'on devroit plutôt les appeler des *bois maigres*, d'après les caractères ci-dessus. Ils se rompent sous une petite charge & sans éclat. L'humidité les pénètre aisément, & une futaille dont les douves sont de *bois gras*, dépense beaucoup plus de liquide que celles dont les douves sont de bon *bois*.

Cependant les *bois gras* ne sont pas inutiles. Les belles menuiseries sont faites avec le *bois* qu'on nomme improprement *bois de Hollande*, & qui est fort gras. Le *bois* qui n'est pas trop gras se fend assez bien quand il est vert, & c'est par cette raison qu'on en fait de la latte, de la cerche, & même du merrain ; mais, ayant peu de force, les ouvrages qu'on en fait sont de peu de durée. Il ne vaut rien pour faire des poutres, des arbres & des roues de moulin, ni d'autres ouvrages qui fatiguent beaucoup. Le meilleur parti qu'on puisse en tirer, c'est de l'employer pour les menuiseries de l'intérieur. Le *bois* des arbres crus dans les terrains humides est ordinairement gras, tandis que celui des arbres crus dans les terrains secs & exposés à l'air est ferme & rustique.

Bois de grenadille. *Voyez* Ebène rouge.

Bois grignon. Arbre de Cayenne dont le nom ne m'est pas connu.

Bois gris. Arbre des Antilles qui paroît appartenir aux Acacies.

Bois en grume. C'est celui qui est encore dans son écorce, qu'on amène sans être équarri, & qui est tel qu'il est sur pied, comme sont les pilotis, les *bois* de charronnage & d'autres ouvrages. On laisse les *bois* en grume pendant quelques mois pour éviter qu'ils se dessèchent trop promptement & qu'ils ne se fendent. Mais il est dangereux de les garder trop long-temps avec leur écorce, parce que la séve fermente, engendre des vers & altère l'aubier.

Le mot *grume* vient du latin *grumus*, qui signifie *amas*, *monceau*. Un réglement de 1605, pour Villers-Cotterets, défend de charrier les chênes soit en troncs, soit autrement, étant en grume, non équarris, parce que le temps qu'il faut pour équarrir les arbres en forêt rend les enlèvemens furtifs plus difficiles. *Bois en grume* signifioit donc *bois en tas*, *en monceau* ; depuis, sa signification a été restreinte à exprimer l'état des *bois*, qui, abattus, se trouvent revêtus de leur écorce & non équarris.

Bois guillaume. Arbre de Madagascar, qui paroît se rapprocher des Astères & des Bachantes.

Bois de haute futaie. On entend ordinairement par une haute futaie, un *bois* composé d'arbres qu'on a laissé parvenir à toute leur hauteur. C'est communément aux *bois* au-dessus de 100 ans que l'on donne ce nom. Il ne faut pas confondre les *bois de haute futaie* avec les baliveaux ou futaies sur taillis, quoique les uns & les autres soient soumis aux mêmes lois.

« Par *bois de haute futaie*, dit Ferrière, on entend indistinctement tous les *bois* qui n'étant pas réglés en coupes ordinaires de *bois* taillis, ont été laissés pour croître depuis 30 jusqu'à 200 ans ; ou pour mieux dire, jusqu'à ce qu'ils viennent sur le retour, c'est-à-dire, quand ils ne profitent plus. »

Un bois de *haute futaie*, dit Massé dans son *Dictionnaire forestier*, est considéré comme immeuble & ne peut être abattu par un usufruitier. Il est réputé de *haute futaie*, quand on a demeuré trente ans sans le couper, ou qu'il est planté de temps immémorial, & qu'il est propre à bâtir. Mais les coutumes ont diversement réglé l'âge auquel un *bois* est réputé de haute futaie. Il paroît, d'après ce que dit M. Berrier, dans son

Commentaire de l'instruction de M. de Froidour, que la jurisprudence du Conseil & de tous les parlemens réputoit toujours un *bois* au-dessous de 40 ans *bois taillis*, & ne le considéroit comme futaie qu'à 40 ans & au-dessus. *Voyez* FUTAIE dans le *Dictionnaire des Forêts*.

Les délits commis dans les *bois de futaie*, appartenant aux particuliers, ne sont point punis d'après le Code rural du 28 septembre 1791; ils doivent l'être d'après l'ordonnance de 1669.

Sous le régime des maîtrises, la connoissance des contraventions aux lois sur les hautes futaies & les baliveaux dans les *bois* des particuliers, tel que le défaut de déclarations de volonté d'abattre, étoit de la compétence exclusive de ces maîtrises, & les juges des seigneurs ne pouvoient recevoir ces sortes de déclarations ni prendre connoissance des coupes; ce qui étoit fondé sur ce que les délits concernant les hautes futaies & les baliveaux étoient un cas royal. (*Arrêts du Conseil du 21 septembre 1700, 6 décembre 1741, 7 décembre 1751, 6 décembre 1735, 31 juillet 1745, 17 avril 1753, 29 janvier 1754, & 6 mai 1755.*)

BOIS DE HAUT REVENU. C'est celui qui est demi-futaie de 40 à 60 ans.

BOIS DE HERSAGE. Ce sont de menus *bois* en grume, propres aux charrons de la campagne. On les nomme ainsi, parce qu'ils servent à faire des herses, & les charrons en font usage pour tous les ouvrages où leurs dimensions permettent de les employer.

BOIS INDIGÈNES. Ce sont les *bois* qui croissent naturellement dans un pays sans y avoir été transportés d'un pays étranger. Ainsi on dit: *bois indigènes* à l'Europe, *bois indigènes* à l'Amérique septentrionale; c'est en un mot le contraire des *bois exotiques*. Les *bois indigènes* à la France & ceux qui y sont acclimatés sont particulièrement propres aux constructions & aux usages ordinaires. On préfère quelques *bois* étrangers, tel que l'acajou, pour la fabrication des meubles. Cependant on est parvenu à faire en France de très-beaux meubles en *bois indigènes*. (*Voyez* dans les *Annales forestières* de 1811, pag. 167 & 469, les rapports faits à la Société d'encouragement sur cette fabrication.)

BOIS JEAN. Nom vulgaire de l'AJONC dans le département de la Manche.

BOIS INSELIN. Le MOURELIER PIQUANT porte ce nom à la Martinique.

BOIS ISABELLE. Un MYRTE, un LAURIER & une SCHAFFERIE portent ce nom.

BOIS JACOT. Espèce de JAMBOISIER.

BOIS DE LA JAMAÏQUE. On donne ce nom au CAMPÊCHE.

BOIS DE JAMONE. Il y a lieu de croire que c'est le CUPANI.

BOIS DE JASMIN. L'OCHNA s'appelle ainsi à l'île de France.

BOIS JOLI. Synonyme de BOIS GENTIL.

BOIS DE JOLI-CŒUR. Arbre qui constitue le genre SENACIE.

BOIS JUDAS. C'est le COSSINIER.

BOIS LARDOIRE. En France on donne ce nom au FUSAIN, & à l'île de France au PROCKIE.

BOIS DE LATANIER. Arbre de Saint-Domingue, qui n'est pas un PALMIER, mais dont je ne connois pas le genre.

BOIS LAVÉ. C'est celui dont on a enlevé avec la bisaigue tous les traits que la scie y avoit laissés.

BOIS DE LAURIER. Espèce de CROTON.

BOIS DE LESSIVE. Espèce d'ANAVINGUE dans les Antilles.

BOIS LÉZARD. Un GATILLIER porte ce nom à Saint-Domingue.

BOIS DE LIÈGE. Plusieurs *bois* légers, tels que les FROMAGERS, les KETMIES, portent ce nom.

BOIS DE LIÈVRE. Le CYTISE DES ALPES porte ce nom.

BOIS LONG. Arbre du Brésil, qu'on a quelques motifs de croire être le CAHOUCTCHOUC.

BOIS LUCÉ. C'est à Cayenne la MOURIRI.

BOIS DE LUMIÈRE. Arbre d'Amérique, dont les émanations s'enflamment comme celles des fleurs de la FRAXINELLE. Son genre n'est pas connu.

BOIS MADRE. Espèce de GYMNANTHE.

BOIS MAFOUTRE. *Voyez* ANTIDESME.

BOIS DE MAHOGON. *Voyez* MAHOGONE.

BOIS DE MAI. Nom vulgaire de l'AUBÉPINE.

BOIS MAIGRE. C'est le PSYLOXYLLE.

BOIS DE MAÏS. Nom vulgaire du MÉMÉCYLON.

BOIS MAJOR. *Voyez* ÉRYTHROXYLLE.

BOIS MALABAR, BOIS MALBROUCK. Espèce de NUXIE.

BOIS MALGACHE. Le DEFORGES porte ce nom.

BOIS A MALINGRE. Espèce de TOURNEFORTIE des Antilles.

BOIS MANCHE HOUE. Les Nègres donnent ce nom au CLAVALIER.

BOIS MANDRAN. Arbre de Saint-Domingue, dont le nom botanique ne m'est pas connu.

BOIS MARBRÉ. *Voyez* BOIS DE FÉROL.

Bois de menuisier. Espèce de Trichilie.

Bois marmenteaux, marmaux ou de touche. Ce sont des *bois* plantés autour d'une maison ou d'un parterre pour leur servir d'ornement, & auxquels on ne touche point. Massé dit que les usufruitiers ne peuvent les couper, ni en haute futaie, ni en taillis, quand ils servent à la décoration d'un château ou d'une maison.

L'étymologie de la dénomination de *bois marmenteaux* est assez obscure. Saint-Yon, qui écrivoit en 1610, rapporte à cet égard les opinions de plusieurs auteurs; ce qui prouve que déjà l'origine de ce mot étoit incertaine. Les uns le faisoient dériver de *bois* merveilleusement ou *majorement* haut; d'autres, du mot latin *armenta*, bestiaux, parce que les bestiaux paissent dans les lieux qui sont plantés des arbres ainsi dénommés: *Ubi armenta pascuntur*. Cette dernière étymologie est assez satisfaisante, puisqu'elle conduit à penser qu'on auroit dit *bois armenteaux*, & par corruption *bois marmenteaux*.

Quoi qu'il en soit, les *bois marmenteaux* étoient autrefois non-seulement une décoration, un embellissement d'un château, d'une maison seigneuriale, mais encore une distinction pour ces habitations. Saint-Yon nous dit que *de tels bois on ordonnoit volontiers être abattus*, quand on condamnoit quelqu'un pour crime de lèze-majesté au premier chef, afin d'ôter les marques de la maison de celui qui avoit commis un tel crime. Les *bois marmenteaux* étoient les *bois* de plaisir des Romains: *Nemora sunt sylvæ amœnæ & voluptatis*. Il en est fait mention dans les *Institutes*.

Bois de marine. Comme l'article consacré aux *bois* propres à la marine & aux autres services publics comporte des détails d'une certaine étendue, nous renvoyons au mot Marine du *Dictionnaire des Forêts*, pour ne pas interrompre la nomenclature des *bois*, & ne pas trop alonger présent article.

Bois de maronage. C'est le *bois* que les usagers peuvent se faire délivrer pour la construction & la réparation de leurs bâtimens.

Les anciens réglemens défendent aux usagers de prendre *bois de maronage* sans manque & délivrance préalables.

Bois de menuiserie. Ce sont ceux qui sont employés par les menuisiers à faire des lambris, des croisées, des portes, des meubles. Ils sont presque tous de sciage.

Bois méplat. C'est celui qui est équarri beaucoup plus large qu'épais, comme les membrures pour la menuiserie.

Bois de merle. Un Andromède & un Célastre portent ce nom.

Bois des Moluques. Espèce de Croton.

Bois mondongue. Arbre du genre des Bresillets.

Bois de merrain ou merrein. C'est du *bois* fendu en petits ais, dont on fait les douves des tonneaux, des cuves, des panneaux, & qui ne sert point du tout à bâtir. On l'appelle encore *bois d'enfonçure*, *bois à baril*, *à douvain*, *à pipes*.

Bois mort. C'est celui qui est sec, soit debout, soit gisant.

Comme les maraudeurs & les picoreurs font périr les arbres sur pied pour ne les enlever que quand ils sont morts, cela a donné lieu aux défenses d'enlever les *bois charmés* & de ramasser dans les forêts même le *bois mort*. Cependant les pauvres gens en ramassent, & l'on ne tient pas rigueur quand on voit que c'est pour leur nécessité.

Les usagers qui ont le droit d'enlever le *bois mort* & sec ne peuvent couper les arbres ayant seulement le houpier ou quelques branches sèches; il faut que ces arbres soient entièrement morts depuis la racine jusqu'à la cime. (*Ordonnance de février* 1554, *art.* 29.)

Ceux dont le droit consiste à enlever le *bois* sec & gisant ne peuvent se servir d'aucune espèce de ferrement, à peine d'amende & de confiscation. (*Proclamation du* 3 *novembre* 1789.)

Le droit d'amasser le *bois* sec dans une forêt ne donne donc point celui de le couper. (*Arrêt de la Cour de cassation du* 15 *fructidor an* 10.)

L'enlèvement du *bois mort* avec charrette est un délit. (*Ibid.*, *du* 2 *octobre* 1807.)

Si le *bois mort* est abattu par les vents ou autres cas extraordinaires, il s'appelle *chablis* ou *bois versé*, & appartient au propriétaire, sans que l'usager puisse en disposer. Le *bois mort* diffère du mort-bois, terme qui indique des arbrisseaux de peu de valeur, tels que les neuf espèces désignées par la charte normande de 1315; savoir, le saule, le marceau, l'épine blanche, l'épine noire, appelée *puisne* par la charte, le sureau, l'aune, le genêt, le genévrier, les ronces.

Bois moussé. Arbre de Cayenne, dont le *bois* est léger, mais qu'on ne peut rapporter aux genres connus.

Bois de musc. *Voyez* Bois caimant.

Bois de nagas. *Voyez* Nagas.

Bois nagone. Espèce de Mirobolan.

Bois de natte. C'est tantôt le Bardottier, tantôt le Sapotillier.

Bois de nèfle. Espèce de Jamboisier.

Bois de nicaragua. C'est le Campêche.

Bois de moule. *Voyez* Bois de chauffage.

Bois neuf. C'est celui qu'on transporte dans des

des bateaux ou sur des charrettes, & non par le secours du flottage. Il est beaucoup plus estimé que le *bois* flotté, parce qu'il n'a pas perdu, comme celui-ci, une partie de sa substance.

On distingue à Paris le *bois neuf* en *bois* de compte & en *bois* de corde. *Voyez* BOIS DE CHAUFFAGE.

BOIS MOULINÉ OU CARIÉ. C'est du *bois* corrompu, pourri, & où il y a des vers & des malandres.

BOIS DE NORMANDIE. L'article 4 du titre XXIII de l'ordonnance de 1669 porte que, s'il se trouve quelques *bois* dans la province de Normandie, pour lesquels les particuliers aient titre & possession, de ne payer qu'une partie du droit de tiers & danger, savoir, le tiers simplement, ou seulement le danger, qui est le dixième, il ne doit y être rien innové.

L'article 7 porte que tous les *bois* situés en cette province, hors ceux plantés à la main, & les morts-bois exceptés par la charte normande de 1315, sont sujets au droit de tiers & danger, si les possesseurs ne sont fondés en titres authentiques & usages contraires.

Malgré la disposition de cet article, le droit de tiers & danger a été éteint & amorti à perpétuité dans la province de Normandie, par l'édit du mois d'avril 1673, à la charge de payer au Roi par les possesseurs des *bois* une certaine somme par arpent, évaluée suivant la nature des *bois*.

Le droit de tiers & danger a été aboli comme féodal.

BOIS NOUEUX. Ce sont les *bois* traversés de nœuds; ils ont plus de dureté que les autres, mais ils rompent plus facilement & sont moins propres à supporter une charge dans leur longueur. On les recherche pour les ouvrages où il y a des frottemens, & on ne les dédaigne pas pour la construction des vaisseaux. Les *bois noueux* ou ronceux trouvent aussi un emploi utile dans la fabrication des meubles, auxquels les nœuds donnent des nuances agréables.

BOIS D'OLIVE. *Voyez* OLIVETTIER.

BOIS D'OR. On appelle ainsi, au Canada, le CHARME d'Amérique.

BOIS D'OREILLE. Nom vulgaire du GAROU.

BOIS D'ORME D'AMÉRIQUE. *Voyez* GUAZUMA.

BOIS D'ORTIE. *Voyez* COTELET.

BOIS D'OUVRAGE. C'est celui qu'on travaille dans les forêts pour en faire différens ouvrages, tels que sabots, sébiles, saunières, arçons de selle & de bât, attelles de collier, &c.

BOIS OUVRÉS. Ce sont les *bois* travaillés & façonnés de manière à former les ouvrages auxquels on les avoit destinés.

BOIS ŒUVRÉS. Ce sont les pièces de *bois* préparées pour les constructions.

BOIS D'ŒUVRE. Ce sont les *bois* destinés aux constructions & à la fabrication de différens ouvrages. On les sépare des *bois* de chauffage, & on les distribue en plusieurs lots, suivant les usages auxquels ils sont propres, savoir, la charpente, la fente, la râclerie, &c.

BOIS DE LA PALILLE. C'est le DRAGONNIER.

BOIS DE PALIXANDRE. On ignore quel est le genre de l'arbre qui fournit ce *bois*, dont on fait un grand usage dans les arts du luthier & du tabletier.

BOIS PALMISTE. On appelle ainsi la GÉOFFROYE SANS ÉPINES à Saint-Domingue.

BOIS DE PÊCHE. Synonyme de BOIS DE NÈFLE.

BOIS PELARD. C'est celui dont on a enlevé l'écorce sur pied pour en faire du tan. Il est mis au nombre des *bois* neufs; il est menu, & communément il se consomme par les cuisiniers, pâtissiers, boulangers, rôtisseurs. Ce *bois*, qui est fort sec & de pur chêneau, fait beaucoup de flamme & un feu très-ardent.

BOIS PELÉ. *Voyez* COTELET & PROQUIE.

BOIS DE PERDRIX. L'HEISTÈRE ROUGE porte ce nom.

BOIS PERDU. C'est celui qu'on jette dans les petites rivières qui ne sont pas assez fortes pour porter des trains ou des bateaux, afin que l'eau l'entraîne par son courant & le porte à sa destination. *Voyez* BOIS FLOTTÉ.

BOIS DE PERPIGNAN. *Voyez* MICOCOULIER.

BOIS DE PERROQUET. C'est une FISSILIE.

BOIS A PETITES FEUILLES. On donne ce nom au JAMBOISIER DIVERGENT à Saint-Domingue.

BOIS A PIAN. Il y a des motifs de croire que c'est un FAGARIER.

BOIS PIGEON. C'est la PROCKIE à l'île de France.

BOIS DE PIN. Le TALAUMA porte ce nom à la Martinique.

BOIS DE PINTADE. Espèce d'ARDISIE.

BOIS PIQUANT. Nom vulgaire du FRAGON.

BOIS DE PISSENLIT. Espèce de TÉCOME.

BOIS PLIANT. Le ROUVET porte ce nom.

BOIS PLIÉ. C'est la BRUNSFELSIE.

BOIS DE POIVRIER. Un CLAVALIER & un FAGARIER portent ce nom.

Bois pouilleux. Synonyme de Bois échauffé. *Voyez* Carie sèche.

Bois poupart. *Voyez* Poupartie.

Bois de prinne ou de bourdenne. C'est le *bois de bourdaine* ou *la bourgène*, qui donne un charbon très-léger & propre à la fabrication de la poudre. *Voyez* Bois de bourdaine.

Bois en pueil. C'est un taillis qui est à son second ou troisième bourgeon.

Bois punais. C'est le cornouiller sanguin.

Bois carré. *Voyez* Bois d'équarrissage.

Bois de quassie. *Voyez* Quassie.

Bois de quinquin. Espèce de Securinega.

Bois de quivi. *Voyez* Quivisie.

Bois rabougris. Ce sont des *bois* petits, malvenans, de mauvaise apparence, arrêtés dans leur croissance. Plusieurs causes réduisent les *bois* à cet état : les gelées du printemps qui font mourir les bourgeons ; les chenilles qui dévorent les feuilles & les jeunes bourgeons ; les grêles, surtout celles qui sont accompagnées de grands vents qui rompent & meurtrissent les jeunes branches ; le broût des animaux sauvages & domestiques ; les sécheresses long-temps prolongées qui font languir les arbres dans les terrains arides ; les délits multipliés dans lesquels on casse & l'on rompt les brins des cépées. Si on les laissoit dans cet état, ils ne feroient que de foibles productions, & même ils dépériroient ; mais si on a soin de les récéper, ils feront par la suite des pousses vigoureuses & se rétabliront.

Cette opération, qui se trouve prescrite par l'ordonnance de 1669, se fait avec succès dans les mois de février & de mars. On coupe tous les brins près de terre avec des instrumens bien tranchans, afin de ne rien éclater. Mais inutilement on récépera un *bois* dégradé par le bétail ou le fauve, si l'on ne prend des précautions pour prévenir le retour de pareils accidens ; car le recru de ces arbres récépés se trouvant plus tendre & plus à la portée des animaux, il en sera encore plus endommagé.

Bois ramier. Un Micocoulier, un Savonier & un Calabure s'appellent ainsi.

Bois ramon. A Saint-Domingue, c'est le Micocoulier à petites feuilles ; aux Antilles, c'est un Trophis & un Savonier.

Bois de rape. Un Sebestier, un Micocoulier & une Monimie portent ce nom.

Bois de rat. La Myonime ovoïde s'appelle ainsi à l'île de France.

Bois de raye. Il est défendu aux marchands de *bois*, dans les chantiers, de faire le triage du *bois* appelé communément *bois de raye*, même sous prétexte de le réserver pour les charrons, les tourneurs & autres ouvriers, à peine de 3000 francs d'amende. (*Ordonnance de police du 23 août 1785. — Ordonnance de police du 27 ventôse an 10.*)

Bois de rebours. *Voyez* Bois tranché.

Bois récépé ou de récépage. C'est un *bois* qui, ayant été dégradé par les délits, l'abroutissement des bestiaux, les fortes gelées, les incendies, &c., a été coupé par le pied pour en faire revenir d'autres de plus belle venue.

Bois de refend. C'est celui dont on fait du merrain, des lattes, des échalas ; il est ainsi nommé à cause qu'il se refend par éclats.

Bois de remontage. Ce sont ceux qui peuvent être propres à remonter les pièces de canon & à construire des affûts, avant-trains, charriots, &c.

Bois résineux. Ce sont les *bois* qui produisent de la résine, tels que les pins, les sapins & le mélèze. Ces arbres se distinguent par leur élévation, leur utilité, la rapidité de leur croissance & la propriété qu'ils ont de croître sur les montagnes d'une grande élévation, dans les pays les plus froids, sur les rochers escarpés & dans les gorges, où les rayons du soleil ne pénètrent jamais.

Ils ont les feuilles sessiles, en aiguilles, tantôt longues, comme dans le pin de Bordeaux, tantôt courtes, comme dans le pin sauvage, ordinairement roides, étroites & aiguës ; solitaires dans les sapins & réunies en pinceaux dans les pins & dans le mélèze : ce dernier seul les perd en hiver ; les autres les conservent vertes pendant cette saison, & ne les perdent que petit à petit sur les vieilles branches : ils sont par conséquent toujours verts.

Les *bois résineux* présentent encore cette particularité, qu'ils ne repoussent point de souches ni de racines, ou du moins que très-rarement. Leurs branches, jeunes ou vieilles, n'ont que des boutons & pas d'yeux.

La reproduction des arbres se fait par leurs semences, qui, légères & garnies d'ailes membraneuses, sont emportées par les vents, & se répandent avec profusion & à une grande distance. La germination de ces graines est toujours assurée quand elles sont abritées, mais le défaut d'abri & le parcours leur sont funestes.

Ces propriétés rangent les arbres résineux dans une classe séparée, & exigent qu'ils soient soumis à un genre d'aménagement & d'exploitation particulier. *Voyez* Amenagement & Exploitation.

Les coupes peuvent bien être déterminées par contenance, mais non exécutées à tire & aire comme dans les *bois* à feuilles. On les exploite ordinairement en jardinant, c'est-à-dire, en prenant, sur tout ou partie de la surface d'une forêt, les arbres les plus mûrs, & ce mode est autorisé par les réglemens, & en dernier lieu par un décret du 30 thermidor an 13.

On a cherché à éviter les nombreux inconvéniens de ce mode d'exploitation dans le pays de Vaud, en le rapprochant des coupes réglées, c'est-à-dire, en coupant d'abord dans un triage les arbres vieux & ceux qui donnent le moins d'espérance, pour n'y revenir que quelques années après, lorsqu'on a ainsi parcouru les autres triages. Cette méthode, approuvée par quelques auteurs, a été blâmée par d'autres. On a trouvé qu'il y auroit de grands inconvéniens à changer tout-à-coup le mode en usage, parce que le triage qui seroit désigné pour l'exploitation ne pourroit fournir la même quantité d'arbres qu'on a coutume de prendre sur toute la surface, & qu'on exposeroit à se pourrir beaucoup d'arbres qui se trouveroient sur le retour dans les autres triages.

Il est sans doute difficile d'établir l'ordre dans une forêt qui a été exploitée en jardinant, mais ces difficultés ne sont point insurmontables. *Voyez* à l'article EXPLOITATION ce qui concerne les *bois résineux*.

Ces *bois* doivent être exploités par éclaircie, c'est-à-dire, en commençant par les arbres de mauvaise venue & de peu d'espérance, sur un espace donné, & en tenant la futaie toujours dans un état serré, composée des plus beaux arbres, que l'on conduit ainsi jusqu'à l'époque de la coupe dite *de réensemencement*.

Il paroît que dans un projet de code forestier, publié par la commission du Conseil des Cinq-cents, en l'an 7, on avoit proposé, comme moyen de parvenir à un meilleur aménagement, la division des *bois résineux* en classes graduées de dix en dix ans. On auroit fait l'exploitation, par forme de nettoiement, quand les arbres résineux auroient dominé dans une forêt sur d'autres arbres d'espèces différentes, & dans les autres cas en jardinant. Suivant le même plan, on n'auroit laissé d'arbres à feuilles dans les parties exploitées par forme de nettoiement, qu'autant que cela eût été nécessaire pour protéger l'accroissement des jeunes arbres résineux; & l'on n'auroit point exploité de sapins au-dessus de six décimètres de tour, à moins qu'ils ne fussent dépérissans, malvenans ou nuisibles au repeuplement.

Il y a dans ce projet quelques idées analogues au système d'exploitation enseigné par M. Hartig, & que j'ai exposé dans mes Mémoires sur les aménagemens, mais elles sont présentées avec confusion.

L'auteur que je viens de citer explique d'une manière fort claire les motifs qui doivent faire désirer de réduire aux seuls *bois* à feuilles ou aux seuls *bois* résineux les forêts composées de ces deux classes d'arbres; c'est parce qu'ils ne se reproduisent pas de même & que les deux modes particuliers d'exploitation qu'ils exigent ne peuvent marcher ensemble. Lorsque les *bois résineux* sont dominans, ce sont ceux-ci qu'il faut réformer, & *vice versâ*. Mais le changement se fait petit à petit, & même il faut y renoncer, si, d'après l'inspection de la forêt, on ne peut espérer de la réduire à une seule nature de *bois*, sans la trop dégarnir.

Quant à la division des *bois résineux* en coupes périodiques de dix en dix ans, elle consiste à prendre à la fois, sur le terrain, une étendue suffisante pour fournir dix coupes annuelles, & à borner à cette étendue les coupes à faire pendant dix ans.

Ce mode se trouve expliqué à l'article EXPLOITATION.

BOIS SUR LE RETOUR. C'est un *bois* trop vieux, qui commence à diminuer de prix & à dépérir. Il n'y a cependant pas d'âge précis où un *bois* est sur le retour; c'est son état individuel, joint à la nature du sol, qui hâte ou éloigne l'époque de sa caducité.

BOIS DE RÔLE. Tantôt c'est un JAMBOISIER, tantôt un CABRILLET.

BOIS DE RONCE. La TODDALIE porte ce nom à l'île de France.

BOIS DE RONDE. *Voyez* ÉRYTHROXYLLE.

BOIS ROUGE. Les arbres prennent souvent, dans leur intérieur, principalement le CHÊNE, une couleur rougeâtre : de-là la dénomination ci-dessus.

Ce *bois* étant plus cassant & de moins certaine conservation que celui provenant d'arbres plus jeunes, est d'un prix inférieur, & il ne doit être employé qu'à brûler. Presque toujours il offre quelques indices de CARIE SÈCHE.

BOIS ROULÉ ou ROULIS. C'est celui dans l'intérieur duquel on trouve des fentes circulaires qui marquent que les couches ligneuses ne sont pas unies les unes aux autres. Ce défaut est considérable, il augmente lorsque l'arbre se dessèche; & si la pourriture s'y mêle, on peut désunir les couches, en frappant à coups de masse, & quelquefois avec la main, comme on tireroit une épée d'un fourreau. Les vents qui surviennent dans les temps de la sève, ou toute autre cause qui les fait plier dans ce moment, peuvent occasionner cette maladie, en dérangeant l'adhérence de la nouvelle couche d'avec les couches précédentes.

BOIS ROUX. Le chêne de bonne qualité, & qu'on travaille avant d'être sec, présente une couleur rouge pâle, à peu près comme la rose simple. Cette couleur se passe quand il devient sec, & il est alors couleur de paille, au lieu que le chêne gras est roux & terne; on en voit même où cette couleur rousse tire sur le sauvage. Les arbres sur le retour sont sujets à ce défaut. Le *bois roux* ne vaut rien pour la charpente. *Voyez* BOIS GRAS.

BOIS RUSTIQUE ou NOAILLEUX. C'eſt celui qui a crû ſur le terrain graveleux, dans les ſables & expoſé au ſoleil du midi. Ce *bois* ne peut ſe fendre, ſi ce n'eſt un peu vers le tronc. On l'appelle auſſi BOIS MADRÉ.

BOIS SAGAIÉ. Synonyme de BOIS GAULETTE.

BOIS SANS ÉCORCE. C'eſt, à l'île de France, le LUDIER HÉTÉROPHYLLE.

BOIS SAIN. C'eſt la LAURÉOLE THYMELÉE.

BOIS SAIN & NET. C'eſt celui qui n'a ni gales, ni fiſtules, ni nœuds vicieux.

BOIS SARMENTEUX. Le SEBESTIER JAUNATRE porte ce nom à Cayenne.

BOIS DE SAUGE. Nom de deux eſpèces de CAMARA aux Antilles.

BOIS DE SAULE. Eſpèce de SAVONIER des Antilles.

BOIS DE SAVANE. On appelle ainſi un COUMIER, un GATILLIER & un AGNANTHE.

BOIS DE SAVONETTE. Eſpèce de DALBERGE.

BOIS SAVONEUX. *Voyez* SAVONIER.

BOIS DE SCIAGE. Ce ſont ceux qu'on refend avec la ſcie de long ou dans des moulins à ſcie pour en faire des madriers, du chevron, des membrures, des planches, de l'obage, de la volige. Le débit des *bois de ſciage*, c'eſt-à-dire, la manière de ſcier les *bois*, eſt d'une grande importance, & cependant il a toujours été négligé en France. Par la méthode qu'on y emploie, on perd beaucoup de *bois*, & les planches ont moins de valeur que celles qui ont été ſciées ſuivant la direction des rayons tranſverſaux, ou, ce qui eſt la même choſe, ſur la maille. Duhamel décrit, dans ſon *Traité de l'exploitation des bois*, tom. II, pag. 661, les différentes méthodes de débiter les *bois de ſciage*. Tallès d'Acoſta les décrit auſſi dans ſon *Inſtruction ſur les bois de marine*, pag. 118.

Un beau *bois de ſciage* doit être ferme, ſain & ſans nœuds. Tous les *bois de ſciage* peuvent être rangés en deux claſſes, les *bois droits* & les *bois courbes*. Ces *bois* ſe diviſent en deux, en quatre ou cinq planches. La durée des planches dépend de la précaution qu'on a eue de les faire ſécher avant de les employer, de leur poſition dans des lieux plus ou moins expoſés aux alternatives de l'humidité & de la ſéchereſſe, des enduits dont on les recouvre dans les ouvrages, &c.

BOIS DE SENTE. C'eſt un NERPRUN ÉPINEUX de l'île de France.

BOIS DE SENTEUR BLEU. On donne ce nom à l'ASSONE.

BOIS DE SERINGUE. L'HEVÉ porte ce nom.

BOIS DE SERPE. On appeloit ainſi un jeune *bois* de dix ans & au-deſſus.

BOIS DE SERVICE. On entend par *bois de ſervice* les *bois* de conſtruction. Ces *bois* deviennent très-rares, & bientôt on n'en trouvera plus que dans les forêts du Gouvernement & celles des communes. Les *bois* de haut ſervice, tels que les grandes pièces pour les conſtructions, ne peuvent ſe trouver que dans les futaies en maſſif, & l'on ſait que les particuliers n'ont point intérêt à aménager ainſi leurs *bois*.

BOIS SIFFLEUX. Eſpèce de FROMAGER.

BOIS SIGNOR. Un BALATAS de Cayenne s'appelle ainſi.

BOIS DE SOURCE. *Voyez* AQUILICIE.

BOIS DE SAINTE-LUCIE. C'eſt le MAHALEB ou CÉRISIER DE SAINTE-LUCIE. *Voyez* CERISIER.

BOIS TACAMAQUE. C'eſt ou un PEUPLIER ou un CALABA.

BOIS TAILLIS. Ce ſont les *bois* réglés en coupes ordinaires de 10, 15, 20, 25 ou 30 ans, ſoit d'après un aménagement régulier, ſoit d'après les uſages. Les *bois* ainſi réglés ſont réputés taillis juſqu'à 30 ans, ſuivant quelques auteurs, & juſqu'à 40, ſuivant d'autres. Ils ſont conſidérés comme fruits naturels, & appartiennent par conſéquent à l'uſufruitier.

L'ordonnance de 1669 enjoint aux particuliers de régler les coupes de leurs *bois taillis* au moins à dix ans. *Voyez* BOIS DES PARTICULIERS.

BOIS TAMBOUR. *Voyez* TAMBOUL.

BOIS TAN. *Voyez* BOIS NÉPHRÉTIQUE.

BOIS TAPIRÉ. Arbre de Cayenne, dont le genre n'eſt pas connu.

BOIS TENDRE A CAILLOU. C'eſt l'ACACIE EN ARBRE à Saint-Domingue.

BOIS TENDRES. Ce ſont les *bois* dont la contexture eſt foible & molle, tels que les peupliers, les ſaules, les ſapins. Un *bois tendre*, indépendamment de ſon eſpèce, eſt le même que le *bois gras*. Voyez BOIS GRAS, BOIS BLANCS & BOIS DURS.

BOIS TÊTE DE JACOT. Synonyme de BOIS NATTE.

BOIS DE TÉZÉ. Synonyme de BOIS QUINQUIN.

BOIS DE TINS. Ce ſont ceux qui n'ayant pas aſſez de valeur intrinſèque pour être employés dans la charpente d'un vaiſſeau, ſervent ſeulement pour des beſoins du ſecond ordre.

Bois de tésane. Arbuste sarmenteux de Cayenne, employé en médecine. Son genre n'est pas connu.

Bois tors. Ces *bois* sont l'opposé de *bois* droits. Ils sont employés dans plusieurs occasions; mais comme *bois* de chauffage, ils se cordent mal & occasionnent une grande perte à l'acheteur.

Bois tranché. C'est celui dont les fibres ne suivent pas une ligne droite, mais font des inflexions dans l'arbre. Ces *bois* sont rebours, rustiques, noueux, difficiles à travailler, & ils ne valent rien pour la fente. Ils cèdent au moindre fardeau & rompent d'eux-mêmes sous leur propre poids.

Bois de traverse. Dans les *bois* flottés on en distingue quatre sortes, le *bois blanc*, le *bois flotté ordinaire*, qui contient au moins deux tiers de chêne, de charme ou de hêtre, le *bois de gravier* ou *demi-flotté*, le *bois de traverse*, qui est tout pur hêtre ou charme dépourvu d'écorce. Il brûle bien & fait une belle flamme. On le vend à la voie, comme le bois de gravier.

Bois vermoulus. Ce sont les *bois* percés par les vers.

Bois verts. Ce sont ceux qui n'ont pas encore perdu leur séve. Ils sont d'un mauvais emploi pour les ouvrages & pour le feu.

Bois vif. C'est celui qui est sur pied prenant nourriture.

On oppose aussi le mot *bois vif* à *mort bois*, c'est-à-dire, que sous cette dénomination on entendroit tous les *bois*, tels que le chêne, le hêtre, le châtaignier & autres qui ne sont point compris dans les morts-bois.

Bois vert. Espèce de Bignone aux Antilles.

Bois morts. Ce sont ceux qui n'ont pas encore perdu leur séve. Ils sont d'un mauvais emploi pour les ouvrages & pour le feu.

Bois violet. Synonyme de Bois de palixandre.

Bois violon. *Voyez* Macarangue.

SECONDE PARTIE.

De la physique des bois.

Dans cet article nous nous occuperons principalement de l'accroissement des *bois*, de leur pesanteur spécifique, de leur force de résistance & de leurs qualités respectives pour le chauffage.

Le *bois* est la partie ligneuse des arbres, ou la substance dure qui forme le corps des arbres. Il est immédiatement recouvert par l'écorce. On distingue d'abord l'aubier, qui est le plus extérieur, & qui enveloppe le cœur ou *bois* parfait. Le premier est ordinairement blanc; la couleur du second est plus fanée. La ligne de démarcation de ce deux couleurs est brusque, & ce changement ne se fait point par nuances. Ce phénomène, dont aucun naturaliste n'a donné l'explication, est contraire à l'opinion généralement adoptée, que la nature ne fait point de saut. La couleur des *bois* est sujette à de nombreuses variations : elle est brune dans le *chêne*, rougeâtre dans l'*if*, blanche dans le *platane*, jaunâtre dans le *cèdre du Liban*, noire dans l'*ébène*.

Le *bois* est composé de couches qui se recouvrent les unes les autres en forme de cônes concentriques. Chacune de ces couches est ordinairement le produit de l'accroissement du corps ligneux pendant une année; je dis ordinairement, parce que les vicissitudes des saisons font quelquefois qu'il se produit plusieurs couches bien distinctes dans le cours d'une année, & que d'autres fois, dans un même espace de temps, celles qui ont pu se produire ne se distinguent pas de l'aubier. Elles sont elles-mêmes composées d'un nombre d'autres couches plus minces, & pour cette raison plus difficiles à découvrir. Les couches sont formées, ainsi que l'écorce, de vaisseaux séveux, de vaisseaux propres & de trachées. Au milieu de l'axe commun se trouve un canal destiné à loger la moelle qui projette des irradiations médullaires, du centre à la circonférence. Ce canal s'oblitère à mesure que l'arbre vieillit.

Des qualités individuelles et relatives des bois.

Les *bois* doivent être considérés principalement sous les divers rapports de leur *croissance*, de leur *pesanteur spécifique*, de leur *force de résistance*, de leur *corruptibilité* & de leur *combustibilité*.

Nous présenterons succinctement les résultats des expériences qui ont été faites sur ces différentes propriétés des *bois*.

Quant aux autres propriétés des *bois*, telles que leur disposition plus ou moins grande à faire retraite, à se fendre ou à se tourmenter par l'effet du desséchement, leur élasticité, le degré de finesse de leur grain & du poli dont ils sont susceptibles, leur dureté ou mollesse, leur couleur, &c., elles seront décrites dans les différens articles consacrés aux arbres, dans le cours de cet ouvrage.

§. Ier. *De la croissance des bois.*

Les arbres augmentent annuellement en hauteur & en grosseur; c'est le produit de ces deux croissances qui donne la solidité ou la cubature du tronc que l'on emploie dans la construction des édifices.

C'est entre l'aubier & l'écorce que se dépose le *cambium* ou la matière destinée à augmenter la grosseur des arbres.

La croissance en hauteur dans les pleins *bois*

est proportionnée à l'état où se trouvent les arbres, c'est-à-dire, que s'ils sont dans un état serré, ils s'élèvent beaucoup plus que lorsqu'ils sont dans un état libre; & cette croissance augmente encore en raison de l'âge où l'on coupe les taillis ou futaies.

Duhamel a trouvé (1) que dans un taillis coupé tous les 20 ans, les baliveaux conservés avoient à

	circonférence.	*hauteur.*
20 ans......	6,5 mètres......	0,27 mèt.
40	6,5	0,65
60	6,5	1,08
80	6,5	1,44

Dans les tailllis coupés tous les 25 ans, les baliveaux conservés avoient à

25	8,1	0,33 mèt.
50	8,1	9,81
75	8,1	1,35
100	8,1	1,78

Dans les taillis coupés tous les 30 ans, les baliveaux conservés avoient à

30	9,7 mèt.........	0,40 mèt.
60	9,7	0,97
90	9,7	1,62
120	9,7	2,37

D'où il suit que les baliveaux ne croissent plus en hauteur lorsque les taillis sont coupés, & que plus l'âge de la coupe est avancé, plus la croissance en hauteur est considérable. En effet, cette croissance est à

20 ans, de	6,5 mèt.
25	8,1
30	9,7

ce qui donne à peu près 32 centimètres (11 lign.) de croissance en hauteur par année, tant que les taillis ne sont pas coupés.

On sait combien il est important, pour avoir de beaux arbres, que la révolution des coupes soit fixée à 25, 30 ou 40 ans.

Suivant les expériences faites par M. Hassenfratz (2), sur plusieurs chênes des hautes futaies de la forêt de Cerilly, département du Cher, les croissances annuelles des

5 premières années étoient de	35 centim.
5 à 10	32
10 à 20	29
20 à 30	27
30 à 40	20
40 à 50	12
50 à 60	2

(1) *Traité de l'Exploitation des bois*, liv. II, pag. 173.
(2) *Art du Charpentier.*

Donc, la plus forte croissance s'est faite dans les 10 premières années; elle a foiblement diminué jusqu'à 30; ensuite la diminution a été considérable.

Suivant d'autres observations du même auteur, la croissance a été foible jusqu'à 3 ans, forte jusqu'à 15, stagnante jusqu'à 30, & décroissante jusqu'au couronnement.

Mais si la croissance en hauteur des baliveaux est favorisée par la présence des taillis, celle en grosseur devient plus considérable quand le taillis est coupé. Cela résulte encore des expériences de Duhamel : la grosseur étoit dans les taillis coupés à 20 ans; savoir :

pour les 20 premières années,	de 13	millim.	par an.
pour la 2e coupe, de 20 à 40,	de 19	*idem*	*idem.*
pour la 3e coupe, de 40 à 60,	de 20	*idem*	*idem.*
pour la 4e coupe, de 60 à 80,	de 18	*idem*	*idem.*

Comme la croissance des arbres en hauteur ou en grosseur varie en raison de l'état serré ou libre dans lequel ils se trouvent, il étoit nécessaire, pour bien déterminer la loi de croissance d'une espèce, du chêne, par exemple, de la déduire d'observations faites sur des *bois* de futaie pleine, qui ne changent point de situation par rapport aux arbres environnans.

M. Hassenfratz a en conséquence recueilli des observations sur 24 chênes de différens âges, parmi lesquels il y en avoit de deux à trois ans. Il a pris la moyenne proportionnelle. Il est résulté du tableau qu'il en a formé, que la croissance a été foible dans les premières années, qu'elle a augmenté successivement jusqu'à 20 ans, qu'elle a été uniforme jusqu'à 60, & qu'elle a diminué très-sensiblement jusqu'à 200 ans.

La croissance annuelle des cinquante premières années étoit de 15 millimètres (6 lign. 65), celle des 100 premières années de 11 millimètres 4 (5 lign. 04), & l'augmentation moyenne des 200 années, de 8 millimètres 8 (3 lign. 90).

Quant à la solidité ou masse cubique de *bois* résultante des accroissemens en hauteur & en grosseur qu'on peut obtenir des coupes faites à différens âges, voyez les mots AMÉNAGEMENT & EXPLOITATION. Nous y avons démontré que les exploitations à des âges avancés étoient les plus favorables au *maximum* des produits en matières, toutes les fois que le sol pouvoit admettre ces exploitations.

On trouve dans le *Traité des semis & plantations* de Duhamel, des observations sur la croissance annuelle en hauteur & en circonférence de plusieurs arbres. En voici le tableau :

ARBRES.	CROISSANCE ANNUELLE en hauteur.	en circonférence.
	centimètres.	millimètres.
Peuplier	135	89
Platane d'Occident.	105	46
Aune	97	34
Épicéa	73	40
Cèdre du Liban	65	37
Bouleau	65	27
Cyprès	59	27
Sapin	57	29
Pin	54	47
Charme	41	»
Frêne	36	38
Tilleul	32	30
Noyer	30	32
Chêne-vert	30	23

M. Hassenfratz a réuni un grand nombre d'observations faites, tant par lui que par plusieurs cultivateurs, sur le grossissement des arbres. Il en a pris le terme moyen, dont il a formé un tableau présentant la croissance annuelle prise sur la circonférence & le diamètre des arbres. Mais il déclare que ce tableau est loin de l'exactitude & de la justesse qu'on pourroit desirer. Il ne le regarde que comme le commencement d'un travail qui devroit être continué par ceux qui cultivent les arbres, qui vivent avec eux & qui les observent tous les jours. Nous remarquons en effet que certains arbres figurent dans ce tableau pour une croissance comparative bien moindre que celle qu'ils doivent avoir. Par exemple, la croissance du pin sauvage ne seroit à celle du pin laricio que comme 9 est à 36. Il est difficile de croire à une différence aussi grande. Ces erreurs de fait viennent de ce que les observations n'ont pas été assez multipliées à l'égard de quelques arbres. En effet, il y en a plusieurs sur lesquels on ne rapporte qu'une seule observation comparative. Quoi qu'il en soit, voici, d'après le tableau formé par M. Hassenfratz, la croissance annuelle des principaux arbres, seulement sur la circonférence.

Tableau du grossissement annuel des arbres, d'après les observations recueillies par M. Hassenfratz.

ARBRES.	CROISSANCE annuelle prise sur la circonférence.
	millimètres.
Acacia à trois épines	25
— commun	32
Amandier	27
Arbre de Judée	24
Aune	19
Bois de Sainte-Lucie	19
Bouleau	21
Cèdre du Liban	39
Cerisier commun	22
Charme	17
Châtaignier	16
Chêne commun	17
Chêne de Bourgogne	15
— rouge de Virginie	19
— d'Amérique	15
— vert	15
— à feuilles de saule	25
Épicéa	25
Érable commun	20
— à feuilles de frêne	28
— à sucre	25
— de Virginie	34
— de Montpellier	22
— jaspé	20
— tomenteux	31
Faux acacia. *Voy.* ACACIA COM.	
Févier. *Voy.* ACACIA A 3 ÉPINES.	
Frêne commun	30
— à fleurs	23
— blanc de Caroline	21
— à manne	22
Hêtre	20
If	8
Liége	52
Marronier d'Inde	37
Marsault	29
Mélèze	19
Merisier commun	24
Micocoulier occidental	7
— austral	18
Murier blanc	27
Noyer commun	28
— noir d'Amérique	20
Orme commun	23
— teille	50
— à feuilles crénelées	39
— de Hollande	79
— tortillard	32
Peuplier blanc	56
— de la Caroline	29
— d'Italie	22
— liart	26
— de Virginie	39
Pin sauvage	9
— d'Ecosse	27
— blanc	9
— laricio	36

ARBRES.	CROISSANCE annuelle prise sur la circonférence.
	millimètres.
Pin du Nord	17
Plane	35
Platane d'Orient	32
— d'Occident	21
Poirier	6[illegible]
Pommier	22
Prunier	18
Sapin arguité	20
— picéa. *Voyez* ÉPICÉA	
Saule commun	59
— de Babylone	76
Sycomore	41
Sorbier des oiseaux	19
Tilleul commun	27
— de Hollande	22
— argenté	19
— des bois	31
Tremble	14
Vernis du Japon	48

§. II. *De la pesanteur spécifique des bois.*

On entend par pesanteur spécifique des *bois*, la comparaison de leur poids à leur volume, ou le rapport de leur poids sous un même volume.

La pesanteur dans les *bois* est en général considérée comme une qualité importante. On attribue aux *bois* les plus pesans plus de force & de durée dans les constructions, la faculté de recevoir un poli plus brillant dans les ouvrages délicats, celle de donner par la combustion une chaleur plus intense & plus durable, & de produire un charbon de meilleure qualité. Cette règle, vraie en général, n'est pourtant point sans exception; car il y a des *bois* plus lourds qui n'ont pas la même force de résistance que des *bois* moins pesans, & l'on sait d'après les expériences de M. Hartig, que l'ordre de la pesanteur des *bois* ne règle pas toujours celui de leurs qualités pour le chauffage. Quoi qu'il en soit, le principe est fondé, & les exceptions ne le détruisent pas.

Quant aux causes qui influent sur la pesanteur des *bois* & qui produisent les différences qu'on remarque à cet égard entre les *bois* de même espèce, elles sont très-variées. Ce sont le climat, la nature, la situation & l'exposition du terrain, l'état libre ou serré dans lequel les arbres croissent, le degré de desséchement ou d'humidité de ces *bois*, la partie de l'arbre où le *bois* est pris, l'âge & l'état de vigueur ou de dépérissement de l'arbre, la saison à laquelle il est abattu, l'état de l'atmosphère au moment où l'on fait usage du *bois*, &c. &c. En effet, les arbres crûs dans les pays chauds, dans les terrains secs, dans les situations aérées, & ceux qui sont arrivés au *maximum* de leur accroissement, produisent généralement un *bois* plus dense & plus pesant que celui des arbres qui se trouvent dans des circonstances opposées.

Les chênes de Provence & d'Espagne, pesés par Duhamel, se sont trouvés plus lourds que leurs analogues dans l'intérieur de la France. On sait d'ailleurs que dans les arbres sains & vigoureux, le *bois* est plus pesant au cœur qu'à la circonférence; qu'il est aussi plus pesant près des racines qu'au sommet de l'arbre, par la raison qu'il y est plus âgé; qu'enfin le *bois* du corps de l'arbre pèse plus que celui des branches, par la même raison. Ce sont des vérités démontrées par les belles expériences de Duhamel, de Buffon, de Mussembrock & de Hartig. Mais lorsque l'arbre est sur le retour, lorsque le cœur commence à se gâter, à se corrompre, le *bois* est plus pesant à la circonférence qu'au centre, parce qu'en se gâtant, en se pourrissant, une partie de la matière propre s'évapore, sans pourtant que son volume éprouve de diminution.

Toutes ces causes rendent les expériences comparatives sur la pesanteur des *bois* bien incertaines. Aussi rien de plus difficile que de tirer de toutes celles qui ont été faites, des données satisfaisantes.

Nous avons publié, en 1815, un Mémoire dans lequel nous avons analysé & comparé ces expériences. Nous avons souvent trouvé des différences considérables entre les résultats présentés par un auteur & ceux d'un autre. Mais comme nous avons réuni un très-grand nombre d'expériences & que nous avons pris la moyenne proportionnelle de leurs résultats, les différences du fort au foible se sont en quelque sorte compensées.

Voici l'extrait de ce Mémoire.

1°. *Des auteurs qui se sont occupés de constater la pesanteur spécifique des bois.*

Plusieurs physiciens français & étrangers, parmi lesquels sont Duhamel, Buffon, Mussembrock, Cossigny, Varenne de Fenille, Hassenfratz, Hartig & Werneck, se sont occupés de ces sortes de recherches.

L'un d'eux, M. Hassenfratz, a réuni dans un tableau de son *Traité de l'Art du charpentier*, les résultats obtenus par lui & par ses prédécesseurs. Il a réduit les poids & mesures employés par eux en millistères & en grammes. J'ai cru devoir m'écarter de cet exemple, parce que je suis persuadé que la masse de chiffres que nécessite le système décimal nuit à la clarté, & que, quand il s'agit de présenter une grande quantité de calculs comparatifs, il faut employer le moins de chiffres possible. C'est encore par cette raison que j'ai négligé

gligé dans les trois premières colonnes de mon tableau les fractions au-dessous de l'once. J'ai réduit en poids & mesures de France les calculs de M. Hartig, qui sont présentés dans son ouvrage en poids de Francfort & en mesures du Rhin.

2°. *Des méthodes employées pour déterminer la pesanteur des bois.*

Diverses méthodes ont été employées pour déterminer la pesanteur des *bois*. L'une, celle de M. Mussembrock, consiste à enduire le *bois* d'une légère couche de résine qui le rend imperméable à l'eau, à peser ensuite le *bois* dans l'air, puis dans l'eau : la perte de poids qu'il éprouve dans cette seconde opération est exactement le poids d'un volume d'eau déplacé égal au volume du corps submergé; & par la comparaison du poids d'un même volume de *bois* & d'eau, c'est-à-dire, du *bois* pesé dans l'air & de sa perte de poids dans l'eau, on conclut sa densité ou sa pesanteur spécifique; la densité des *bois* comparée donne leur rapport de pesanteur. (*Voyez* le *Traité de l'Art du Charpentier* par M. Hassenfratz.) Cette méthode a été aussi employée quelquefois par Duhamel. (*Voyez* ses *Expériences hydrostatiques*; *Exploitation des Bois*, liv. III, page 346.)

La seconde méthode, plus simple & plus facile, consiste à couper & équarrir un morceau de *bois*, de manière à lui donner un volume déterminé; connoissant le volume d'une part, & le poids de l'autre, on peut comparer la pesanteur de tous les *bois*, en les rapportant à un seul & même volume. C'est la méthode que Duhamel a le plus généralement employée, ainsi que Buffon, Cossigny, Varenne de Fenille & Hartig.

Une troisième méthode a été employée en grand par Hartig pour déterminer la pesanteur d'une corde de *bois*. Elle consiste à mesurer une corde de *bois*, à la peser dans l'air, à plonger les bûches dans un grand vase à moitié plein d'eau, dont la capacité soit connue, & à les retirer aussitôt que l'eau a atteint les bords du vase. On remplace l'eau qui a été enlevée en sortant le *bois*, & on continue l'opération jusqu'à ce qu'on ait mesuré toute la corde. Par ce moyen on connoît la solidité ou la cubature des *bois* qu'on a plongés dans l'eau; & comme on en connoît aussi le poids par la pesée qui en a été faite dans l'air, on détermine facilement la pesanteur par pied cube & celle de la corde. Cette opération se fait en petit comme en grand.

Chacune de ces méthodes a ses avantages & ses inconvéniens, ainsi que l'observe M. Hassenfratz. La première méthode permet de faire usage des *bois* sous quelque forme qu'ils se présentent; mais la nécessité d'ôter à l'eau tout moyen de pénétrer dans le *bois*, oblige de donner à la couche de résine une épaisseur qui porte quelques différences dans les résultats.

La seconde présente l'avantage de comparer ensemble des poids de volume semblable, ou qui peuvent y être ramenés par un calcul simple & facile; mais elle exige aussi que les *bois* soient réduits dans des dimensions parfaitement exactes : la plus légère différence donne des variations en plus ou en moins, qui sont quelquefois très-considérables, surtout si les échantillons sont très-petits.

Le troisième procédé donne, comme le premier, la facilité d'employer des *bois* de toutes sortes de formes; mais comme rien ne s'oppose à l'introduction de l'eau dans les vaisseaux des *bois*, il en résulte que le déplacement de l'eau opéré par l'immersion des morceaux de *bois*, ne donne pas exactement la cubature de ces morceaux, & que la différence en moins est d'autant plus forte, que le *bois* est plus poreux, ou que son séjour dans l'eau est plus prolongé. Cependant, je crois que cette dernière méthode est encore celle qu'on doit préférer, d'autant qu'elle peut servir à des pièces d'une forte dimension, & qu'elle évite le travail de l'équarrissage employé dans la seconde méthode, & l'enduit résineux de la première.

J'ai réuni dans le tableau suivant les résultats obtenus par les divers observateurs que je viens le citer. On y voit des différences assez remarquables, & cela n'est pas étonnant quand on réfléchit à la différence des procédés employés, & aux causes si nombreuses qui influent sur la pesanteur des *bois* de même espèce.

3°. *Des différences dans les résultats obtenus par divers auteurs, & de leurs causes.*

Indépendamment des causes ci-dessus, qui ont dû apporter des différences dans les résultats que j'ai comparés, il en existe encore dans l'état où se trouvoient les *bois* sur lesquels les expériences ont été faites.

Duhamel observe que les *bois* qu'il a pesés dans l'arsenal de Marseille, & qu'il a regardés comme verts, avoient été abattus depuis quelques mois; qu'il ne pouvoit par conséquent connoître la quantité de séve qu'ils avoient perdue; que d'un autre côté, il les a pesés une seconde fois, un an après, pour déterminer leur poids comme *bois* secs, mais qu'à cette époque ils n'avoient pas encore tous atteint le degré de desséchement convenable; qu'enfin il n'a pas toujours été possible de prendre le *bois* vert & le *bois* sec dans la même pièce, & que tout ce qu'on a pu faire a été de choisir dans l'arsenal des *bois* qui ont paru être de même qualité. Toutes ces circonstances ont dû influer sur l'exactitude des résultats qu'il a présentés.

Les expériences faites par Cossigny ont eu lieu sur des *bois* qui avoient déjà servi à la construction des vaisseaux, & qui étoient extrêmement secs, ou sur des *bois* de l'Ile-de-France; ce qui a dû apporter quelques variations dans la pesanteur.

Quant aux résultats présentés par Varenne de Fenille, ils doivent être assez généralement justes par les soins qu'il a pris de faire ses pesées aussitôt que les *bois* étoient coupés, & de les peser de nouveau, lorsque les *bois* ne perdoient plus rien ou presque plus rien de leur poids. Cependant il y a plusieurs espèces de *bois* pour lesquels il n'a pu suivre cette marche.

M. Hassenfratz, qui s'est beaucoup occupé des qualités comparatives des *bois*, en a pesé une très-grande quantité d'espèces, & dans chaque espèce il a comparé le poids d'un grand nombre de morceaux; puis il a réuni toutes les expériences qu'il avoit faites sur une même espèce, & pour n'avoir qu'un seul résultat, il a pris la moyenne proportionnelle. On ne peut douter que ses pesées & ses calculs n'aient été faits avec exactitude; cependant les résultats qu'il a présentés pour quelques espèces de *bois*, sont beaucoup plus forts que ceux obtenus par les autres auteurs. Mais il explique lui-même la cause de cette différence : les *bois* étoient dans une salle basse & humide du Jardin des Plantes, & quoiqu'il ait pris des précautions pour diminuer l'effet de l'humidité des *bois*, ils ont dû néanmoins en conserver assez pour donner lieu à la plus grande pesanteur qui a été observée.

M. Hartig a fait couper hors séve tous les *bois* sur lesquels il a fait ses expériences, & il s'est assuré que le sol & l'exposition où les arbres avoient crû, étoient relativement d'égale qualité; que ces arbres se trouvoient dans des endroits également aérés, & que leur âge étoit proportionnellement le même. Il fit prendre de chaque tronc, à 4 pieds au-dessus de l'endroit où l'arbre avoit été coupé, des morceaux de *bois* qui, proportion gardée, avoient tous autant de *bois* parfait & d'aubier l'un que l'autre. Il les pesa aussitôt pour connoître leur pesanteur étant verts; puis il les fit fendre en morceaux d'égale grosseur & longueur, & les laissa sécher jusqu'à ce qu'il se fût assuré, par plusieurs examens, qu'ils ne perdoient plus rien de leur poids, & que par conséquent ils étoient arrivés au plus haut degré de dessication. Il est permis de croire que des expériences faites avec ces soins, ont donné des résultats aussi exacts qu'il est possible d'en obtenir. Mais elles ne font connoître la pesanteur des *bois* que du pays où elles ont été faites.

On doit croire, d'après ces observations sur les causes nombreuses des variations dans la pesanteur des *bois*, & sur les différences qu'a dû produire encore la diversité des procédés employés dans les expériences; on doit croire, dis-je, que le tableau comparatif que j'ai dressé, présente peu d'accord entre les résultats obtenus par les savans qui se sont occupés de ces recherches. Cependant ces discordances ne sont pas aussi fortes ni aussi nombreuses qu'on auroit pu le penser. J'ai, à l'exemple de M. Hassenfratz, tiré la moyenne proportionnelle de tous les résultats obtenus par les savans dont j'ai comparé les expériences; ce terme moyen peut donner un aperçu assez juste de la pesanteur de chaque espèce de *bois* en général, & abstraction faite des localités.

4°. (A) *TABLEAU de la peſanteur des bois d'après les expériences de pluſieurs auteurs.*

NOMS DES AUTEURS.	ESPÈCES DE BOIS.	Le pied cube de bois pèſe					
		vert.		à demi ſec.		ſec.	
		liv.	onc.	liv.	onc	liv.	onc.
Varenne de Fenille	Abricotier	»		»		49	13
Haſſenfratz	*id.*	»		60	12	»	
Terme moyen		»		60 (1)	12	49	13
Varenne de Fenille	Acacia (*robinier*)	58	11	56			
Haſſenfratz	*id.*	»		»		54	2
Hartig	*id.* bois de 34 ans	67	11	56	7	48	4
id	*id.* bois de 8 ans	»		»		50	9
Terme moyen	*id.*	62	11	56	4	51	
Varenne de Fenille	Acacia à trois épines (*gleditzia*)	»		»		49	2
Haſſenfratz	*id.*	»		»		45	7
Muſſembrock	*id.* ſans épines	»		»		62	
Haſſenfratz	*id.* *id.*	»		»		52	10
Terme moyen		»		»		52	4
	Alizier des bois (*cratægus torminalis*)						
Hartig	tronc de 90 ans	65		54	3	44	
id	brin de 30 ans	»		»		53	
Terme moyen		65		54	3	48	8
Varenne de Fenille	Alouchier (*cratægus aria*)	»		»		51	
id	*id.* de Bourgogne	»		»		55	6
Haſſenfratz	*id.*	»		79	14	»	
Terme moyen		»		79	14	53	3
Haſſenfratz	Amandier	»		77		»	
Varenne de Fenille	Arbre de Judée	»		»		48	
Haſſenfratz	*id.*	»		»		48	2
Varenne de Fenille	Aubépine	68		»		57	5
Muſſembrock	Aune commun	»		»		56	
Varenne de Fenille	*id.*	61	1	»		35	10
Hartig	*id.* tronc de 70 ans	63	12	48	8	33	11
id	*id.* brin de 20 ans	»		»		31	14
Terme moyen		62	6	48	8	39	4
Varenne de Fenille	Bois de Sainte-Lucie	»		»		62	3
Haſſenfratz	*id.*	»		»		56	6
Terme moyen		»		»		59	4
Varenne de Fenille	Bouleau	»		»		48	2
Haſſenfratz	*id.*	»		»		50	
Hartig	*id.* tronc de 60 ans	67	2	56	6	46	13
De Werneck	*id.* *id.*	63 (2)	9	»		»	
Hartig	*id.* brin de 25 ans	»		»		35	5
Terme moyen		65	6	56	6	45	1
Haſſenfratz	Bouleau noir	»		»		39	14

(1) M. Haſſenfratz obſerve que la plupart des *bois* qu'il a peſés étoient dans une ſalle baſſe & humide : ce qui explique la plus grande peſanteur qu'il a trouvée aſſez généralement dans ſes peſées. Cette conſidération m'a déterminé à placer dans la colonne des *bois* à demi ſecs quelques réſultats trouvés par cet auteur, qui s'éloignent ſenſiblement de ceux préſentés par les autres relativement aux *bois* ſecs.

(2) M. de Werneck a peſé les *bois* dans trois états différens; ſavoir : vert & après trois & ſix mois de deſſéchement; mais ces termes de trois & ſix mois ne ſuffiſant pas pour qu'on puiſſe conſidérer les *bois* comme pafaitement ſecs, j'ai dû ne rapporter que les réſultats de ſes peſées ſur les *bois* verts.

NOMS DES AUTEURS.	ESPÈCES DE BOIS.	Le pied cube de bois pèſe					
		vert.		à demi ſec.		ſec.	
		liv.	onc.	liv.	onc.	liv.	onc.
Varenne de Fenille.....	Buis en arbre..........	80	7	»		68	12
Muſſembrock.........	Buis de Mahon........	»		»		64	5
Varenne de Fenille.....	Catalpa..............	»		»		32	11
Muſſembrock.........	Cèdre du Liban.........	»		»		42	14
Varenne de Fenille.....	*id*..................	»		»		29	4
Haſſenfratz..........	*id*..................	»		57		»	
Terme moyen.........	....	»		57		36	1
Varenne de Fenille.....	Ceriſier cultivé.........	»		»		47	11
Muſſembrock.........	*id*..................	»		»		50	
Haſſenfratz..........	*id*..................	»		»		53	11
Terme moyen.........	....	»		»		50	7
Varenne de Fenille.....	Charme..............	61	3	»		51	9
Haſſenfratz..........	*id*..................	»		»		54	13
Werneck............	tronc de 90 ans........	62	14	»		»	
Hartig.............	*id. id*...............	70	7	63	4	57	7
id................	brin de 30 ans.........	»		»		53	2
id................	branches d'un arbre de 90 ans................			»		42	8
Werneck............	*id. id*..............	61	4	»		»	
Terme moyen.........	....	64		57 (1)		51	11
Varenne de Fenille.....	Châtaignier...........	68	9	»		41	3
Haſſenfratz..........	*id*..................	»		»		54	11
Terme moyen.........	....	68	9	»		48	
Muſſembrock.........	Chêne rouvre..........	81	12	»		»	
Duhamel...........	*id*..................	87	10	76	8	61	
Secondat...........	*id*..................	»		»		60	
Varenne de Fenille.....	*id*..................	»		»		59	7
Haſſenfratz..........	*id*..................	»		»		55	7
Hartig.............	*id*..................	80	3	67	12	52	13
Terme moyen.........	....	83	3	72	2	57	11
Duhamel...........	Chêne (de Provence)...	90		»		60 (2)	
id................	*id.* de la Bourgogne....	70		»		55	
id................	*id.* de la Champagne...	70		»		60	
id................	*id.* de la Saintonge.....	77		70		62	
id................	*id.* de la Bretagne......	»		»		60	
id................	*id.* d'Eſpagne..........	85		»		»	
id................	*id.* de Bayonne.........	»		74		»	
Duhamel...........	*id.* du Canada.........	82		»		56	
Buffon.............	*id.* des environs de Montbart.............	72	3	»		48	2
Secondat...........	Chêne noir............	»		»		74	
Varenne de Fenille.....	Chêne pédonculé........	»		»		57	11
Secondat...........	*id*..................	»		»		50	
Hartig.............	tronc de 190 ans.......	78	1	65	9	50	9
Werneck............	*id.* de 180 à 250 ans...	75	9	»	9	»	
Hartig.............	brin de 50 ans.........	»		»		53	
Terme moyen.........	....	76	13	65	9	52	13
Hartig.............	même eſpèce branchue...	»		»		45	14

(1) J'ai pris pour terme moyen la proportion qui ſe trouve entre 70 & 63, à l'article de M. Hartig.
(2) Ce chêne & les ſuivans ne ſont point déſignés par eſpèces.

NOMS DES AUTEURS.	ESPÈCES DE BOIS.	Le prix cube de bois pèse.					
		vert.		à demi sec.		sec.	
		liv.	onc.	liv.	onc.	liv.	onc.
Werneck	même espèce branchue	67	14	»		»	
Hartig	*id.* bois échauffé	»		»		39	4
Varenne de Fenille	Chêne cerris	»		»		52	13
id.	Chêne-vert	84		»		69	9
Hassenfratz	Chêne liége	»		84	13	»	
id.	*id.* écorce	»		»		16	13
Cossigny	Chêne provenant d'un vieux vaisseau	»		»		49	12
Varenne de Fenille	Chêne rouge de Virginie	»		»		41	1
id	Cornouiller des bois	»		»		69	9
Mussembrock	Cyprès pyramidal	»		»		45	1
Hassenfratz	*id*	»		»		46	11
Terme moyen		»		»		45	14
Hassenfratz	Cyprès étalé	»		»		32	14
Varenne de Fenille	Cytise des Alpes	»		»		52	12
Mussembrock	*id*	81	3	»		»	
Hassenfratz	*id*	»		67	5	»	
Varenne de Fenille	Érable sycomore	60	15	»		51	7
Hassenfratz	*id*	»		»		44	5
Hartig	*id.* tronc de 100 ans	67	7	56	6	49	1
Werneck	*id.* *id*	64	5	»		»	
id	*id.* brin de 40 ans	»		»		49	7
Terme moyen		64	4	56	6	48	9
Mussembrock	Érable champêtre	»		»		53	13
Varenne de Fenille	*id*	61	9	»		51	1
Terme moyen		61	9	»		51	15
Varenne de Fenille	Érable duret	»		»		52	11
id	Erable plane	»		»		43	4
Hassenfratz	Erable de Virginie	»		»		44	
id	Erable jaspé	»		»		40	13
Varenne de Fenille	Erable de Montpellier	»		»		29	3
	Faux acacia. *Voyez* ACACIA.						
	Févier. *Voyez* ACACIA A TROIS ÉPINES.						
id	Frêne commun	62	8	»		50	12
Hassenfratz	*id*	»		59	7	»	
Hartig	*id.* tronc de 100 ans	67	7	56	6	48	
Werneck	*id.* *id*	63	12	»		»	
Hartig	*id.* brin de 30 ans	»		»		49	12
Terme moyen		64	9	57	14	49	8
Mussembrock	Genévrier d'Espagne	»		»		38	14
Varenne de Fenille	*id*	»		»		40	5
Hassenfratz	*id*	»		47	8	»	
Terme moyen		»		47	8	39	9
Varenne de Fenille	Genévrier commun	»		»		41	1
Mussembrock	Hêtre	»		»		59	10
Duhamel	*id*	63		»		48	7
Cossigny	*id*	»		»		46	15
Varenne de Fenille	*id*	63	4	»		54	8
Hassenfratz	*id*	»		»		50	10
Werneck	*id.* de 120 ans	65	9	»		»	
Hartig	*id.* *id*	73	6	56	6	44	

NOMS DES AUTEURS.	ESPÈCES DE BOIS.	Le pied cube de bois pèſe					
		vert.		à demi ſec.		ſec.	
		liv.	onc.	liv.	onc.	liv.	onc.
Hartig	*id.* brin de 40 ans	»		»		48	
Werneck	*id.* groſſes branches	64		»		»	
Terme moyen		65	13	56	6	50	3
Hartig	même eſpèce. Bois échauffé	»		»		35	10
Varenne de Fenille	Houx	»		»		47	7
Muſſembrock	If	»				55	5
Varenne de Fenille	*id*	80	9	»		61	7
Haſſenfratz	*id*	»		»		46	2
Terme moyen		80	9	»		54	4
Muſſembrock	Laurier ordinaire	»		»		36	11
Haſſenfratz	*id*	»		59	14	»	
Muſſembrock	Laurier-ceriſe	»		»		57	8
Varenne de Fenille	Lierre	»		»		39	9
id	Lilas ordinaire	»		»		70	11
Haſſenfratz	Liquidambar	»		»		50	6
Varenne de Fenille	Marronier d'Inde	60	4	»		35	7
Haſſenfratz	*id*	»		46	2	»	
Hartig	*id* tronc de 80 ans	64	2	»		39	4
id	*id.* brin de 30 ans	»		»		37	
Terme moyen		62	3	46	2	37	3
	Marceau. *Voyez* SAULE.						
Varenne de Feuille	Mélèze	»		»		52	8
Haſſenfratz	*id*	»		»		35	
Hartig	*id.* tronc de 50 ans	68	13	51	14	36	3
id	*id.* brin de 25 ans	»		»		33	
Terme moyen		68	13	51	14	39	2
Varenne de Feuille	Meriſier	61	13	»		54	15
Hartig	*id*	67		»		48	
Terme moyen		64	6	»		51	7
Haſſenfratz	Micocoulier	»		»		70	3
Muſſembrock	Mûrier blanc	»		»		62	13
Varenne de Fenille	*id*	81	10	»		43	13
Haſſenfratz	*id.*	»		»		50	14
Terme moyen		81	10	»		52	8
Varenne de Fenille	Mûrier noir	»		»		41	14
Muſſembrock	*id*	»		»		52	7
Terme moyen		»		»		47	2
Coſſigny	Mûrier du Canada	»		»		64	5
Varenne de Fenille	Mûrier de la Chine	»		»		40	2
Haſſenfratz	*id*	»		»		52	4
Terme moyen		»		»		46	3
Varenne de Fenille	Néflier	»		»		55	15
id	Nerprun	»		»		54	4
Muſſembrock	Noyer commun	»		»		47	
Duhamel	*id*	57		»		48	4
Varenne de Fenille	*id*	60		»		44	1
Haſſenfratz	*id.*	»		»		46	14
Terme moyen		58	8	»		46	8
Coſſigny	Noyer de Virginie	»		»		45	5
Haſſenfratz	*id*	»		»		51	6
Terme moyen		»		»		48	5
Varenne de Fenille	Olivier	»		»		69	7

NOMS DES AUTEURS.	ESPÈCES DE BOIS.	Le pied cube de bois pèſe					
		vert.		à demi ſec.		ſec.	
		liv.	onc.	liv.	onc.	liv.	onc.
Varenne de Fenille	Oranger	»		»		57	14
Duhamel	Orme	64		»		53	
id	*id*	66		»		56	4
id.	*id*	»		»		52	
Coſſigny	*id*	»		»		43	9
Varenne de Fenille	*id*	82	12	»		50	10
Haſſenfratz	*id*	»		»		49	5
Hartig	*id.* tronc de 100 ans	70	8	56	6	41	3
Werneck	*id.* *id*	64	2	»		»	
Hartig	*id.* brin de 30 ans	»		»		41	10
Terme moyen		69	8	56	6	48	7
Varenne de Fenille	Pêcher	»		»		52	7
Coſſigny	Peuplier-tremble	»		37		»	
Varenne de Fenille	*id*	52	13	»		37	10
Haſſenfratz	*id*	»		»		38	
Hartig	*id.* de 60 ans	57		44		32	
Werneck	*id.* *id*	53	4	»		»	
id	*id.* brin de 20 ans	»		»		28	11
Terme moyen		54	6	40	8	34	1
Muſſembrock	Peuplier blanc	»		»		37	
Varenne de Fenille	*id*	58	3	»		38	8
Haſſenfratz	*id*	»		56	12	»	
Terme moyen		58	3	56	12	37	12
Muſſembrock	Peuplier noir	»		»		26	11
Duhamel	*id*	55	10	»		34	6
Varenne de Fenille	*id*	68	13	»		29	
Hartig	*id.* bois de 60 ans	57	4	42	13	27	3
id	*id.* bois de 20 ans	»		»		26	2
Terme moyen		60	9	42	13	28	11
Varenne de Fenille	Peuplier d'Italie	»		»		25	3
Haſſenfratz	*id*	»		»		30	8
Hartig	*id.* bois de 50 ans	56	12	43	13	29	5
id	*id.* bois de 10 ans	»		»		28	4
Terme moyen		56	12	43	13	28	5
Varenne de Fenille	Peuplier de la Caroline	»		»		34	7
Haſſenfratz	*id*	»		»		24	3
Terme moyen		»		»		29	5
Haſſenfratz	Peuplier-liart	»		»		37	6
Duhamel	Pin ſauvage	»		»		41	3
Varenne de Fenille	*id*	74	10	»		58	12
Haſſenfratz	*id*	»		57	6	»	
Hartig	*id.* bois de 100 ans	67	14	54	3	41	
Werneck	*id.* *id*	62		»		»	
Hartig	*id.* bois de 50 ans	»		»		40	3
id	*id.* bois de la cime	»		»		34	5
Werneck	*id.* *id*	54		»		»	
Hartig	*id.* bois de 50 ans, terrain gras	»		»		29	10
Hartig	*id.* brin de 30 ans	»		»		31	10
Terme moyen		64	9	55	12	40	5
Duhamel	Pin d'Ecoſſe	»		»		39	14
id	Pin blanc de Provence	60	3	»		49	4

NOMS DES AUTEURS.	ESPÈCES DE BOIS.	Le pied cube de bois pèse vert.		à demi sec.		sec.	
		liv.	onc.	liv.	onc.	liv.	onc.
Duhamel	Pin pignon	71		60	4	»	
	Plane. *Voyez* ERABLE....						
Varenne de Fenille	Platane d'Occident	»		»		51	8
Hassenfratz	*id*	»		»		49	3
Terme moyen	....	»		»		50	5
Hassenfratz	Platane d'Orient	»		»		37	10
Mussembrock	Poirier sauvage	»		»		46	4
Varenne de Fenille	*id*	79	5	»		53	2
Hassenfratz	*id*	»		»		48	13
Terme moyen	....	79	5	»		49	6
Varenne de Fenille	Pommier	»		»		52	14
Mussembrock	*id*	»		»		56	5
Hassenfratz	*id*	»		»		48	4
Terme moyen	....	»		»		52	8
Mussembrock	Prunier	»		»		50	11
Varenne de Fenille	*id*	»		»		55	4
Hassenfratz	*id*	»		»		57	2
id	*id.* de Virginie	»		»		60	9
Terme moyen	....	»		»		55	14
Hassenfratz	Preléa	»		»		44	11
Mussembrock	Sapin argenté	»		»		38	8
Duhamel	*id*	»		»		33	
id	*id*	»		»		37	9
Varenne de Fenille	*id*	»		»		32	6
Hassenfratz	*id*	»		»		33	11
Hartig	*id.* tronc de 80 ans	66	14	54	3	41	5
Werneck	*id.* *id*	60	12	»		»	
id	*id.* bois de la cime	55	8	»		»	
Hartig	*id.* bois de 40 ans	»		»		37	9
Terme moyen	....	61		54	3	36	4
Mussembrock	Sapin-épicia	»		»		34	13
Hartig	*id.* tronc de 100 ans	64	11	49	5	35	2
Werneck	*id.* *id*	59	12	»		»	
Hartig	*id.* tronc de 60 ans	»		»		33	9
id	*id.* tronc de 40 ans	»		»		33	15
Werneck	*id.* bois de la cime	52		»		»	
Terme moyen	....	57		49	5	34	5
Mussembrock	Sassafras	»		»		35	12
Varenne de Fenille	*id*	»		»		33	5
Hassenfratz	*id*	»		»		47	4
Terme moyen	....	»		»		38	1
Mussembrock	Saule blanc	»		»		40	15
Varenne de Fenille	*id*	67	12	»		27	7
Hassenfratz	*id*	»		»		30	14
Hartig	*id.* brin de 50 ans	73	7	51	14	36	5
id	*id.* de 10 ans	»		»		29	6
Terme moyen	....	70	9	51	14	32	12
Varenne de Fenille	Saule marceau	69	9	»		41	7
Hartig	*id.* bois de 60 ans	53	4	45	2	39	7
id	*id.* de 20 ans	»		»		37	5
Terme moyen	....	61	6	45	2	39	6
Hassenfratz	Saule de Babylone	»		»		35	8

NOMS DES AUTEURS.	ESPÈCES DE BOIS.	Le pied cube de bois pèse					
		vert.		à demi sec.		sec.	
		liv.	onc.	liv.	onc.	liv.	onc.
Varenne de Fenille.....	Sureau..................	»		»		42	3
	Sycomore. *Voyez* ERABLE.						
id..................	Sorbier des oiseaux......	»		»		46	2
Hassenfratz...........	*id*..................	»		»		57	6
Terme moyen.........	....	»		»		51	12
Varenne de Fenille.....	Cormier...............	»		»		72	2
Mussembrock..........	Tilleul des bois........	»		»		42	4
Duhamel..............	*id*..................	50	10	»		31	5
Cossigny..............	*id*..................	»		»		35	9
Varenne de Fenille.....	*id*..................	52	1	»		48	2
Hassenfratz...........	*id*..................	»		»		37	8
Hartig................	*id*. bois de 80 ans.......	61		45	2	32	11
id..................	*id*. de 30 ans..........	»		»		32	
Terme moyen.........	....	54	9	45	2	37	1
	Tremble. *Voy*. PEUPLIER.						
Varenne de Fenille.....	Tulipier...............	»		»		34	5
Hassenfratz...........	*id*..................	»		»		32	8
Terme moyen.........	....	»		»		33	6
Hassenfratz...........	Vernis du Japon........	»		»		57	6

Nous avons rapporté beaucoup d'expériences sur la pesanteur des *bois* de chaque espèce, dans les différens états où ils se trouvent. La moyenne porportionnelle que nous avons déduite des résultats si différens trouvés par les auteurs, étoit le seul moyen de se fixer sur la pesanteur la plus ordinaire des *bois*. Mais comme l'état de dessication est celui qui doit déterminer l'ordre de leur pesanteur réelle, puisque c'est dans cet état qu'on les emploie, nous les classerons dans la récapitulation suivante, d'après cette considération.

RÉCAPITULATION *des principales espèces de bois suivant l'ordre de leur pesanteur dans l'état de dessication, & d'après la moyenne proportionnelle des expériences de divers auteurs.*

	liv.	onc.
Chêne noir..................	74	»
Sorbier-cormier..............	72	»
Lilas......................	70	11
Micoucoulier d'Occident.......	70	3
Cornouiller..................	69	9
Olivier.....................	69	7
Buis en arbre................	68	12
Ebénier des Alpes............	67	5
Buis de Mahon...............	64	5
Mûrier du Canada............	64	5
Bois de Sainte-Lucie..........	59	4
Oranger....................	57	14
Chêne rouvre................	57	11
Laurier-cerise................	57	8
Aubépine....................	57	5
Vernis du Japon..............	57	5
Néflier.....................	55	15
Prunier.....................	55	14
Abricotier...................	55	4
Merisier....................	54	15
If.........................	54	4
Nerprun....................	54	4
Alouchier...................	53	3
Chêne pédonculé.............	52	13
Chêne cerris.................	52	13
Cytise des Alpes.............	52	12
Erable duret.................	52	11
Mûrier blanc.................	52	8
Pommier....................	52	8
Pêcher.....................	52	7
Acacia à trois épines.........	52	4
Erable champêtre.............	51	15
Sorbier des oiseaux...........	51	12
Charme.....................	51	11
Epine noire..................	51	10
Acacia-robinier...............	51	10
Cerisier cultivé..............	50	7
Liquidambar.................	50	6
Platane d'Orient..............	50	5
Hêtre......................	50	3
Frêne commun...............	49	8

	liv.	onc.
Poirier ſauvage	49	6
Pin blanc de Provence	49	4
Noiſetier des bois	49	»
Erable-ſycomore	48	9
Alizier des bois	48	8
Orme	48	7
Noyer de Virginie	48	5
Arbre de Judée	48	1
Châtaignier	48	»
Houx	47	7
Mûrier noir	47	2
Noyer commun	46	8
Mûrier de la Chine	46	3
Cyprès pyramidal	45	14
Bouleau	45	1
Pteléa	41	11
Erable de Virginie	44	»
Erable plane	43	4
Sureau	42	3
Genévrier commun	41	»
Erable jaſpé	48	13
Pin ſauvage	40	5
Pin d'Ecoſſe	39	14
Bouleau noir	39	14
Genévrier d'Eſpagne	39	9
Lierre	39	9
Saule marceau	39	6
Aune commun	39	4
Mélèze	39	2
Saſſafras	38	1
Peuplier blanc	37	12
Platane d'Occident	37	10
Peuplier liart	37	6
Marronier d'Inde	37	3
Tilleul des bois	37	1
Laurier ordinaire	36	11
Sapin argenté	36	4
Cèdre du Liban	36	1
Saule de Babylone	35	8
Epicia	34	5
Tremble	34	1
Tulipier	33	6
Cyprès étalé	32	14
Saule blanc	32	12
Catalpa	32	11
Peuplier de la Caroline	29	5
Erable de Montpellier	29	3
Peuplier noir	28	11
Peuplier d'Italie	28	5

On a objecté que la moyenne proportionnelle que nous avions déduite des réſultats des diverſes expériences, ne pouvoit pas être exacte, par la raiſon que les auteurs avoient ſuivi des procédés différens; les uns ayant peſé les *bois* ſans leur écorce, tels que les auteurs français, tandis que Hartig & de Werneck les avoient peſés ſans écorce. Cette obſervation, juſte au fond, n'eſt pas ici d'une grande valeur; car ſi on compare les réſultats obtenus par les auteurs qui ont opéré diverſement, on trouve ſouvent que les *bois* qui, à raiſon de leur écorce, auroient dû peſer moins, peſoient cependant davantage. Le ſapin, par exemple, ne pèſe ſec, ſuivant les auteurs français, que de 32 à 38 livres par pied cube, tandis que ſuivant Hartig, qui l'a peſé avec ſon écorce, ſon poids eſt de 41 livres.

Les grandes variations qui exiſtent en général dans les réſultats des expériences, nous ont fait penſer qu'on pouvoit négliger la petite différence provenant de la préſence ou de l'abſence de l'écorce, & que cela ne devoit pas nous empêcher de préſenter, pour toutes les expériences, des termes moyens qui puſſent fixer juſqu'à un certain point l'appréciation du poids des *bois*.

Nous avons auſſi traité dans le Mémoire qui vient d'être cité, du cordage des *bois* de chauffage, de la ſolidité & de la peſanteur d'une meſure quelconque de *bois*. *Voyez* à cet égard l'article CORDAGE.

§. III. *De la réſiſtance des bois.*

Un grand nombre de ſavans ſe ſont occupés de déterminer la force de réſiſtance des *bois*. Parmi eux, on peut citer Mariotte, Parent, Varington, Bellidor, Duhamel, Buffon, Lamblardie, Girard, Perronnet, Lecamus de Mezières, Varenne de Fenille & Haſſenfratz.

Ce dernier a examiné dans ſon *Traité de l'Art du Charpentier* les diverſes recherches de ceux qui l'avoient précédé. Il obſerve que les géomètres ont conſidéré la réſiſtance des ſolides d'une manière abſtraite, & qu'ils ont conclu de cette conſidération, qu'elle devoit être en raiſon directe des largeurs, en raiſon des carrés des hauteurs & en raiſon inverſe des longueurs; ce qui veut dire, 1°. que deux morceaux également longs & également hauts, ont des réſiſtances différentes dans le rapport de leur largeur; ainſi, ſi l'un ayant cinq mètres de long, dix centimètres de haut & dix centimètres de large, ſupporte mille kilogrammes, un autre ayant la même longueur, la même hauteur, & le double ou vingt centimètres de large, ſupportera deux mille kilogrammes;

2°. Que deux morceaux de *bois*, également longs, également larges, diffèrent dans leur réſiſtance, en raiſon du carré de leur hauteur; ſi l'un ayant cinq mètres de long, dix centimètres de large & dix centimètres de hauteur, ſupporte mille kilogrammes; l'autre, avec la même longueur, la même largeur & vingt centimètres de hauteur, ſupportera quatre mille kilogrammes;

3°. Que deux morceaux de *bois*, également larges & également hauts, diffèrent dans leur réſiſtance, en raiſon inverſe ou oppoſée à leur longueur; ſi l'un ayant cinq mètres de long, dix centimètres de large, dix centimètres de haut, supporte mille kilogrammes, celui qui aura dix mètres de long, & la même largeur & hauteur que l'autre, ne supportera que cinq cents kilogrammes. Cependant, observe encore M. Hassenfratz, comme cette loi est déduite de l'hypothèse d'une résistance uniforme, & qu'il est possible que les *bois*, par leur structure, l'arrangement de leurs fibres, puissent se trouver dans une autre hypothèse que celle de laquelle on est parti, on a cherché à s'assurer si l'expérience y répondoit, ou si, d'après les résultats obtenus, on pouvoit déduire une loi différente.

Tel a été l'objet des expériences des savans que je viens de citer.

Les uns, comme Mariotte, Parent, Varington, Bellidor, Buffon, Lamblardie, Girard, ont cherché à déterminer la loi de résistance des *bois*, en raison de leur dimension. Les autres, comme les deux Duhamel, ont cherché à déterminer en outre le rapport de force ou de résistance de quelques *bois* entr'eux, & l'influence des armures de quelques assemblages.

Les expériences de Mariotte, Parent, Varington, Bellidor, des deux Duhamel, de Buffon, Lamblardie, Girard & Varenne de Fenille, ont été faites sur des *bois* posés horizontalement; celles de Mussembrock, de Perronnet, de Lamblardie & Girard ont été faites sur des *bois* placés verticalement; ainsi les uns ont cherché la résistance des *bois* posés à plat, & les autres celle des *bois* posés debout.

La résistance des *bois* posés horizontalement peut être éprouvée de deux manières: 1°. en suspendant le morceau par un seul bout & plaçant la force à l'autre extrémité; 2°. en suspendant le morceau par les deux bouts & plaçant la force au milieu. *Voyez* l'ouvrage de M. Hassenfratz & les figures qui l'accompagnent.

La théorie & l'expérience, dit cet auteur, s'accordent à prouver que la manière de suspendre la pièce de *bois* lui fait supporter des poids différens avant de se rompre. Cette différence est telle que si la pièce, librement posée sur ses deux bouts, exige un poids pour se rompre, il faudra à un morceau de même dimension un poids double, si elle est retenue ou serrée par les deux bouts. Cette différence vient de ce que, dans le premier cas, rien ne s'opposant à la courbure du *bois*, cette courbe prend nécessairement la forme que nécessite l'alongement des fibres; mais lorsque la pièce est serrée par les deux bouts, elle éprouve trois compressions, celle des bouts serrés & celle du milieu sur lequel le poids est appliqué. L'alongement des fibres éprouve une sorte de gêne qui retarde leur mouvement, & la courbure, au lieu d'être continue comme dans le cas précédent, revient sur elle-même vers le point où le *bois* est serré. Dans les *bois* serrés par les bouts, la rupture se fait dans deux ou trois endroits à la fois, c'est-à-dire, au milieu & à l'un des bouts, ou au milieu & aux deux bouts, tandis que dans le *bois* posé librement, la rupture ne se fait jamais qu'au milieu de la pièce.

Chacun a employé des méthodes différentes. La nature de cet ouvrage ne permet point de les détailler ici. Voyez-en la description dans le Traité de M. Hassenfratz.

Nous nous bornerons à extraire de ce Traité les principales observations & les résultats les plus importans qui se déduisent des expériences des auteurs cités.

Rien peut-être n'est plus difficile à déterminer que la résistance absolue d'une espèce de *bois*, parce que le nombre des causes qui contribuent à la faire varier, est considérable.

Buffon a observé que la résistance d'un même *bois* différoit du centre à la circonférence; qu'un morceau de *bois* pris au centre d'un chêne, qui avoit besoin, pour être rompu, d'un poids de 240 kilogrammes, n'en exigeoit plus que 230, lorsque le morceau étoit pris près de la circonférence, & seulement à 220 quand on le prenoit dans l'aubier. Il a observé de plus, que près du pied, lorsque l'arbre étoit sain, le *bois* étoit plus résistant qu'au sommet. Enfin, il a observé qu'un morceau de *bois* carré, pris hors du centre de l'arbre, supportoit davantage, lorsque les couches étoient placées verticalement, que lorsqu'elles l'étoient horizontalement; la différence étoit quelquefois de 7 à 6.

Duhamel, s'étant procuré des *bois* de chêne de plusieurs forêts, a remarqué que leur résistance différoit considérablement; cette différence alloit quelquefois de 50 à 80, c'est à-dire, qu'un morceau de *bois* de chêne des Bouches du-Rhône, de 5 mètres de long & d'un décimètre d'équarrissage, supportoit, sans se rompre, 1422 kilogrammes, tandis qu'un semblable morceau du département de Vaucluse ne supportoit que 888 kilogrammes. La résistance moyenne d'un morceau de *bois* de chêne de 5 mètres & d'un décimètre d'équarrissage, déduite de toutes les expériences de Duhamel, est de 986 kilogrammes. En général, tous les observateurs ont cru apercevoir qu'il y avoit un rapport entre la résistance & la pesanteur du même *bois*, aperçu qui s'accorde parfaitement avec les expériences de Buffon.

Les ouvriers qui emploient à Paris des *bois* de différens départemens, remarquent souvent que les *bois* de chêne qui viennent de ceux de l'Allier & de la Nièvre se cassent avec une grande difficulté, tandis que ceux de la forêt de Fontainebleau & du *bois* de Boulogne, près Paris, ont assez peu de résistance pour se rompre seuls & par leur propre poids, en tombant d'une petite hauteur.

Girard a remarqué que la résistance des *bois* varie avec l'état de l'air, par leur influence hygrométrique, c'est-à-dire, en raison de l'humidité dont ils sont pénétrés. Cependant, malgré ces causes nombreuses de variations, Parent, Mariotte, Varignon & plusieurs autres ont cru pouvoir conclure de toutes les expériences faites, que la loi de la résistance des *bois* étoit en raison de la largeur, en raison du carré de la hauteur, & en raison inverse de la longueur.

Buffon, qui a fait des expériences en grand sur la résistance des *bois*, a observé que la force employée pour faire rompre des pièces d'un même équarrissage ne suivoit pas le rapport inverse des poids; qu'il falloit ajouter à ces poids l'effort employé par la pesanteur du *bois;* que, par le moyen de cette addition, l'expérience s'accordoit avec la loi annoncée par un grand nombre de géomètres & de physiciens.

Les nombreuses expériences de Girard, *Traité analytique de la résistance des solides*, conduisent absolument à la même conclusion.

La machine dont Buffon s'est servi pour faire ses expériences, consistoit en deux grands tréteaux sur lesquels on posoit les pièces de *bois;* une boucle de fer assez grande pour entourer ces pièces de *bois* étoit posée sur leur milieu. A l'extrémité de cette boucle étoit suspendu un plateau pour placer des pierres qui formoient des poids de 100, de 50, de 20 livres, &c. C'est à l'aide de ces poids qu'il a rompu des pièces de 9 mètres de long sur 23 centimètres d'équarrissage. Il a aussi rompu des *bois* de 3 mètres de long sur 226 millimètres d'équarrissage, pour lesquels il a employé jusqu'à 13,598 kilogrammes.

Le plus grand nombre des expériences de tous ceux qui se sont occupés de cet objet, ont été faites sur le *bois* de chêne. Cependant Duhamel en a fait aussi sur les *bois* de saule & de pin du Nord; Cossigny, à l'île de France, en a fait sur plusieurs espèces de *bois*, ainsi que Varenne de Fenille dans la Bresse.

Ce dernier s'est servi d'un appareil différent de celui de Buffon. Il a fait creuser horizontalement, & à la hauteur de 6 pieds 6 pouces, dans une pierre de taille faisant partie d'un mur élevé & fort épais, un trou carré de 8 pouces de profondeur, & de 2 pouces à chaque face. Il a armé la partie inférieure de ce carré par un morceau de fer à fleur de la muraille, qui y a été scellé d'une manière inébranlable. Il a fait construire un anneau de fer carré. L'extrémité des solives, qui toutes avoient 2 pouces d'équarrissage, entroit juste dans cet anneau. Sur la partie supérieure de l'anneau, on avoit ajusté une vis qui empêchoit qu'il ne s'échappât de la solive pendant l'expérience. La partie inférieure de l'anneau étoit armée d'un fort crochet, & à ce crochet on suspendoit par quatre cordeaux un plat de balance fait avec un madrier de 15 lignes d'épaisseur & de 18 pouces en carré. Tout cet appareil pesoit 15 livres & demie.

A la distance de 5 pieds juste de la muraille, on tenoit verticalement une tringle de *bois* graduée, afin d'y observer l'angle parcouru par la solive avant sa fracture, & de juger par-là de son élasticité.

Quelques raisons ont déterminé Varenne de Fenille à préférer cet appareil à celui dont Buffon s'étoit servi, & qui consistoit à placer ces solives de sorte que l'effort du poids portât sur le milieu de la solive. C'est de cette manière qu'il est parvenu à briser des poutres de 18 pieds de longueur & de 8 pouces d'équarrissage, sous le poids effrayant de près de 28 milliers. Mais l'intention de Buffon étoit de s'assurer de la force absolue des *bois* d'une même espèce, suivant leurs différentes longueurs & leurs différens équarrissages. Celle de Varenne de Fenille a été seulement de chercher la force comparée des différentes espèces de *bois* d'une longueur & d'un équarrissage semblables. Dès-lors son appareil devenoit d'un service plus facile, n'ayant plus besoin, pour casser une solive par son extrémité, que de la moitié du poids qu'il eût fallu employer pour la casser dans son milieu. D'ailleurs comme, suivant les lois de la mécanique, la brisure devoit s'opérer contre la muraille au point de contact, toutes les fois que la brisure s'est rapprochée de la puissance, cette circonstance démontroit que la solive étoit viciée, & qu'il importoit de recommencer l'expérience.

Varenne de Fenille a fait dresser à la varlope toutes ses solives le plus également qu'il a été possible; après les avoir fait couper à la longueur égale de 7 pieds 8 pouces; après avoir choisi & marqué le côté qui devoit entrer dans la muraille, les avoir numérotées & pesées, & s'être muni d'une quantité de poids suffisante, il a commencé ses expériences. J'ai réduit dans le tableau suivant les résultats de ces mêmes expériences.

TABLEAU déduit des expériences de Varenne de Fenille sur la résistance des bois.

ESPÈCES DE BOIS.	POIDS de la solive.			POIDS qui l'a fait rompre.		DEGRÉS de courbure avant de casser.		OBSERVATIONS.
	liv.	onc.	gr.	liv.	onc.	degr.	min.	
Peuplier d'Italie, écorcé sur pied.	4	9	4	57	8	5	30	Cassé au point de contact.
Id........ non écorcé........	5	6	2	101	8	7	30	Cassé en deux endroits.
Id........ écorcé sur pied....	5	5	3	73	8	9	15	Cassé à 6 pouc. du point de contact.
Id.............. *id*.........	5	3	6	97	»	15	»	Cassé au point de contact.
Id.............. *id*.........	5	4	3	93	8	13	30	*id.*
Id........ non écorcé........	5	4	4	99	8	13	»	*id.*
Id.............. *id*.........	5	2	7	88	8	10	30	*id.*
Peuplier blanc.................	5	2	2	105	»	17	»	*id.*
Peuplier ypréau................	7	8	2	116	8	16	»	*id.*
Peuplier ordinaire.............	7	13	5	140	»	21	30	N'étoit point entièrement cassé.
Id...........................	6	8	6	77	8	5	30	N'a point cassé au point de contact.
Tremble........................	6	8	2	144	»	13	15	Cassé au point de contact.
Aune...........................	6	12	»	132	8	10	30	*id.*
Hêtre..........................	7	14	»	135	8	11	45	*id.*
Charme.........................	11	6	3	162	8	10	30	*id.*
Frêne..........................	11	8	6	228	8	10	30	*id.*
Sycomore.......................	10	15	»	200	8	21	30	N'a point cessé; la balance touchoit à terre.
Pin sauvage....................	10	10	2	127	8	8	4	Cassé net au point de contact.
Bouleau........................	7	14	5	127	8	9	»	*id.*
Chêne..........................	9	2	4	190	8	19	»	*id.*
	11	7	6	185	8	12	»	*id.*

On sera sans doute surpris, observe Varenne de Fenille, que le chêne ait opposé moins de résistance que le bouleau; cependant la solive étoit parfaitement saine, sans aubier & provenant d'un chêne vigoureux. Cela prouve combien les expériences en petit sont défectueuses, surtout dans l'objet qui nous occupe, puisque les résultats peuvent changer par la moindre circonstance. Un nœud caché, une légère fente, le desséchement plus ou moins parfait, une disposition particulière dans l'arrangement des fibres, une qualité de *bois*, en un mot, plus ou moins avantageuse dans l'échantillon soumis à l'épreuve, opèrent une variation dans les *bois* de la même espèce. Ce n'est donc que par des expériences variées sur un grand nombre de *bois* de divers pays, & en prenant la moyenne proportionnelle, qu'on peut arriver à quelques résultats qui approchent de l'exactitude.

Les peupliers d'Italie que l'auteur a fait casser étoient dans l'état d'un parfait desséchement; mais les *bois* plus denses, tels que le chêne, le charme, le hêtre, &c., n'étoient point encore totalement secs, de manière que les expériences ci-dessus ne concluent pas à leur égard d'une manière absolue. La conséquence certaine que l'auteur tire de ces expériences, c'est que l'opération de l'écorcement n'a presque rien changé à la pesanteur spécifique du peuplier d'Italie, & que sa force en a plutôt diminué qu'augmenté. Dans un Mémoire sur l'ÉCORCEMENT, nous avons démontré que cette opération étoit loin d'opérer dans le *bois* l'amélioration qu'on s'en étoit promise d'après les expériences de Buffon.

M. Hassenfratz a réuni les expériences faites par Duhamel & de Cossigny sur la résistance comparée de plusieurs espèces de *bois* dont les échantillons étoient de longueur & de grosseur différentes, & il a rapporté toutes ces expériences aux poids que les échantillons auroient supportés, s'ils avoient eu les mêmes dimensions; & cela en faisant usage de la loi en raison directe des largeurs, carrée des hauteurs & inverse des longueurs. Il a lui-même fait des expériences, non-seulement sur les mêmes espèces de *bois* qu'avoient éprouvées Duhamel & Cossigny, mais encore sur un bien plus grand nombre d'autres espèces. Nous nous bornerons à rapporter un extrait du tableau qu'il en a dressé, en renvoyant à son ouvrage ceux qui voudroient prendre une connoissance détaillée des procédés qu'il a employés, soit pour ses propres expériences, soit pour réduire les autres à des termes communs.

Tableau de la résistance moyenne de différens bois de cinq mètres de long & d'un décimètre d'équarrissage, déduit des expériences de Duhamel, Cossigny & Hassenfratz.

NOMS DES BOIS.	RÉSISTANCE moyenne en kilogr.
Acacia à trois épines	750
Albergier	1004
Alizier	1142
Arbre de Judée	939
Bois de Sainte-Lucie	1095
Boileau	853
Châtaignier	957
Charme	1034
Chêne	1026
Ebénier	1155
Epine blanche	957
Erable de Virginie	1094
— jaspé	1196
Faux acacia	1305
Févier	1024
Hêtre	1032
If	1037
Mahaleb	1095
Marronier	931
Mélèze	843
Noisetier	1018
Noyers	900
— d'Amérique	864
Orme	1077
Peuplier d'Italie	586
Pin du Nord	882
Plane	728
Platane d'Orient	776
— d'Occident	853
Poirier	883
Pommier	976
Prunier	1147
Sapin	918
Saule	850
Sycomore	900
Sorbier	965
Tilleul	750
Tulipier	563
Thuya de la Chine	707
Vernis du Japon	758

M. Hassenfratz observe que, quoique les expériences sur ces quarante espèces de *bois* aient été faites avec beaucoup de soin, il ne les présente que comme un commencement de travail qu'il seroit utile de continuer. Nous remarquons de notre côté que l'auteur a fait figurer une même espèce d'arbre sous deux noms différens, & qu'il lui assigne, sous chaque nom, une résistance différente. L'acacia à trois épines ou févier (*gleditzia triacanthos*) est une seule & même espèce; cependant, sous le premier nom, sa résistance est de 750, tandis qu'elle est de 1024 sous le nom de févier. Le *bois* de Sainte-Lucie & le mahaleb ne sont également qu'un même arbre; mais sa résistance se trouve la même sous les deux noms.

Le *bois* de chêne étant le seul sur lequel on ait fait des expériences assez multipliées pour en déduire une résistance moyenne, & ce *bois* étant aussi le plus généralement employé, M. Hassenfratz a cherché à obtenir une moyenne de toutes les expériences, afin d'y appliquer la loi générale de la résistance des *bois*, & construire des tables qui pussent au besoin servir à faire juger la force des *bois* dont on veut faire usage.

La résistance moyenne déduite des expériences de Buffon, le premier qui ait fait rompre de grosses pièces de *bois* de chêne, est telle qu'une pièce de cinq mètres de long & d'un décimètre d'équarrissage, posée horizontalement, les deux bouts libres, peut supporter dans son milieu, avant de se rompre, un poids en nombre rond de mille kilogrammes. La moyenne proportionnelle des expériences de Duhamel, de Cossigny & de la plupart des observateurs qui ont fait rompre des *bois* de cette manière, est à peu près semblable au résultat de Buffon.

C'est avec cette donnée que M. Hassenfratz a formé vingt tables sur la résistance du *bois* de chêne.

Depuis un mètre jusqu'à six, les tables sont faites pour des *bois* qui augmentent de cinq décimètres en cinq décimètres de longueur; & depuis six mètres jusqu'à quinze, les tables sont calculées pour des *bois* qui augmentent de mètre en mètre.

Les nombres qui indiquent les résistances représentent des kilogrammes, & ces nombres comprennent l'effort exercé par la pesanteur du *bois*.

Ces tables, trop étendues pour trouver place ici, seront consultées avec beaucoup d'intérêt par ceux qui veulent connoître dans quelle proportion la résistance des *bois* augmente, d'après les largeurs & hauteurs d'équarrissage, & diminue d'après les longueurs.

Nous voyons, par exemple, que pour faire rompre une pièce d'un mètre de longueur, ayant deux centimètres de hauteur & autant de largeur, il ne faudroit qu'un poids de 40 kilogrammes, tandis que pour faire rompre une pièce de même longueur, mais ayant trente centimètres d'équarrissage sur chaque face, il faudroit un poids de 135,000 kilogrammes.

Les rapports changent si la pièce a plus de longueur: par exemple, si elle a deux mètres cinq décimètres de longueur & deux décimètres d'équarrissage, il ne faut que 16 kilogrammes pour la faire rompre. A-t-elle, sur une même longueur, trente décimètres d'équarrissage, un poids de

54,000 kilogrammes suffit pour la faire rompre, tandis que nous avons vu qu'une pièce d'un mètre seulement, avec le même équarrissage de trente-décimètres, exigeoit un poids de 135,000 kilog.

Enfin, une pièce de quinze mètres de longueur, ayant deux décimètres de largeur & dix de hauteur, rompra sous un poids de 66 kilogrammes, & si elle a quarante décimètres de largeur & autant de hauteur, elle cédera à l'effort d'un poids de 21,333 kilog.

Ces calculs résultent de cette loi : la résistance des *bois* est comme la largeur des pièces, le carré de leur hauteur & l'inverse de leur longueur.

La *résistance verticale* des *bois*, c'est-à-dire, la force avec laquelle les *bois* debout, ou posés verticalement, résistent aux pressions ou aux poids qu'ils supportent, a été aussi l'objet de plusieurs expériences, qui ne sont pas plus concordantes que celles faites sur la résistance horizontale.

Mussembrock a trouvé qu'un morceau de treize décimètres de long & de dix-neuf millimètres d'équarrissage, supportoit, en *bois* de

Sapin	96 kilogr.
Tilleul	86
Hêtre	62
Chêne	35

D'après ces expériences, le chêne seroit le moins résistant, ce qui choque l'évidence, & se trouve contraire aux résultats obtenus par MM. Perronnet & Girard.

M. Hassenfratz fait observer que la résistance horizontale de ces mêmes pièces de *bois* auroit été :

Hêtre	27 kilogr.
Chêne	26
Sapin	24
Tilleul	20

Ce qui est très-différent pour les nombres & pour la loi ; que la moyenne des quatre résistances verticales de Mussembrock est de soixante-dix kilogrammes, & celle des quatre résistances horizontales, de vingt quatre ; d'où il suit que si l'on pouvoit ajouter quelque confiance aux expériences de Mussembrock, la résistance verticale seroit à peu près le triple de la résistance horizontale.

Suivant les expériences de M. Perronnet, les rapports de résistance verticale seroient comme il suit :

Chêne	126 kilogr.
Saule	96
Sapin	94
Peuplier	74
Fréne	72
Aune	70

Les résistances des mêmes *bois* posés horizontalement seroient :

Chêne	126 kilogr.
Saule	107
Sapin	115
Peuplier	74

On voit combien les rapports obtenus par Perronnet diffèrent de ceux de Mussembrock.

M. Girard s'est aussi occupé de déterminer l'élasticité absolue des *bois*. Voyez son *Traité analytique de la résistance des solides*.

L'adhérence des fibres du bois a été calculée par Mussembrock. Il a trouvé qu'il étoit dans les rapports suivans :

Hêtre	339 kilogr.
Aune	272
Orme	258
Saule	245
Prunier	231
Sapin	163
Cyprès	115
Cèdre	95

§. IV. *De la corruptibilité ou pourriture des bois.*

La corruption, ou pourriture des *bois*, est une décomposition de substances ou parties constituantes du corps ligneux. Mais quelles sont ces parties constituantes? L'analyse en a été faite très-souvent au moyen du feu, & les résultats des expériences sont, à cet égard, comme dans les autres objets de la physique des *bois* : ils présentent des variations, soit sur le nombre des parties constituantes, soit sur leur proportion respective. Ce qui paroît certain, c'est que le *bois* est composé d'eau, d'huile, de gaz acide carbonique, de gaz hydrogène, d'azote, de quelques acides, surtout d'acide pyroligneux, d'un peu d'alcali, de terre calcaire, magnésienne, siliceuse, de quelques atomes de fer, d'or & de beaucoup de charbon. Il paroît que l'analyse par la voie humide seroit plus rigoureuse ; elle a été tentée par divers savans ; mais on ne voit pas qu'elle ait été complétée par aucun. On cite les expériences de M. Mollerat, qui prouvent que des *bois* mélangés, comme chêne, charme, hêtre, &c., à quinze ans d'âge, & après quinze mois de coupe, pesant de trois cent vingt-cinq à trois cent cinquante kilogrammes le mètre cube, ont donné, par la distillation, dans un fourneau de son invention, de quatre-vingt-quinze à cent kilogrammes de charbon, environ cent litres d'acide pyroligneux, & de vingt-cinq à trente kilogrammes d'huile épaisse.

Ces parties sont les plus abondantes dans la composition du *bois*.

Duhamel a fait des expériences sur la corruption des *bois* & sur les causes qui la déterminent ; & nous devons aussi à M. Hassenfratz d'excellentes observations sur cet objet. C'est principalement de l'extrait de ces observations que ce paragraphe sera composé.

La décompoſition du *bois* peut arriver à deux époques : lorſque le *bois* eſt vivant, & lorſqu'il eſt mort.

Dans le premier cas, elle eſt communément le réſultat de l'infiltration de l'eau dans l'intérieur de l'arbre; cette eau attaque peu à peu le *bois*, y diſſout le ſuc nourricier, fermente, ſe décompoſe, détruit les compoſés néceſſaires à l'exiſtence du *bois*, le charbonne & l'amène graduellement à l'état de terreau. La corruption s'étend, détruit le cœur de l'arbre, & il ne reſte ſouvent que l'aubier & l'écorce, entre leſquels les ſucs nourriciers ſont portés dans les branches pour les vivifier & continuer la végétation.

« Lorſque le *bois* eſt mort, c'eſt par le calorique ou par l'eau que cette corruption ou décompoſition ſe fait ordinairement. Par le calorique, toutes les ſubſtances vaporiſables contenues dans le *bois*, ſe gazéfient, ſe dégagent, & il ne reſte plus que du charbon; mais cette vaporiſation exige pour chaque ſubſtance des températures différentes. D'abord c'eſt l'eau ſurabondante qui ſe vaporiſe, puis de l'eau néceſſaire à la conſtitution du *bois*, puis de l'hydrogène carboné, de l'oxide de carbone, de l'acide pyroligneux, de l'huile & du goudron.

» La température de l'atmoſphère ſuffit pour faire dégager l'eau ſurabondante au *bois*; mais il faut pour les autres ſubſtances une température beaucoup plus élevée, & qui ne peut être produite que par l'art.

» Quant à la corruption par l'eau, elle dépend de ſa proportion dans le *bois*, de ſa tendance à la fermentation, lorſqu'elle tient en diſſolution des ſubſtances végétales.

» Du *bois* fraîchement coupé, recouvert de manière que les liquides de la végétation ne peuvent ſe vaporiſer, ſe corrompt promptement par la décompoſition, la fermentation & l'action de ces liquides ſur le *bois*.

» Les liquides de la végétation ſont ceux que l'on connoît ſous le nom de *ſève*; c'eſt de l'eau qui tient en diſſolution des ſubſtances végétales dans un état tel que le tout fermente avec une extrême facilité, lorſqu'il eſt expoſé à une certaine température.

» Si le *bois* a été expoſé à l'action combinée de l'air & du ſoleil, les liquides très fermenteſcibles de la végétation s'évaporiſent, le *bois* ſe ſèche, & perd peu à peu ſa tendance à la corruption.

» Du *bois* ſec préſervé de toute humidité, ſe conſerve un grand nombre d'années.

» Du *bois* imbibé d'eau, & qui conſerve ſon humidité, a une tendance à la corruption; mais cette tendance eſt moins grande que ſi le *bois* avoit conſervé les liquides de la végétation, parce que cette eau contient moins de ſubſtances végétales en diſſolution.

» L'eau qui a pénétré le *bois*, s'en évapore facilement; les liquides de la végétation ſe ſéparent du *bois* avec difficulté; c'eſt pourquoi on parvient à ſécher plus promptement des *bois* qui ont ſéjourné quelque temps dans l'eau, que ceux qui n'y ont point été : l'eau lave, délaie, entraîne les liquides de la végétation & les remplace.

» Il eſt difficile que les *bois* employés dans les pans de *bois*, les planchers & les combles, ſoient préſervés d'humidité : partout où l'eau s'introduit & peut ſéjourner, elle diſſout les matières végétales, fermente & corrompt les *bois*. Pendant la corruption, le *bois* s'échauffe, ce qui prouve qu'il exiſte une véritable combuſtion déterminée par l'action de l'eau & par ſa décompoſition.

» La corruption occaſionnée par les ſucs végétatifs oblige le conſtructeur à ne faire uſage que de *bois* très-ſecs, &, autant qu'il eſt poſſible, qui aient ſéjourné un temps très-court dans l'eau ; c'eſt ce qui a donné lieu au procédé employé par quelques conſtructeurs, de refendre les groſſes pièces de *bois*, & de mettre l'intérieur en dehors, afin qu'elles puiſſent ſe deſſécher & que le cœur ſoit préſervé de la corruption. L'action de l'eau ſur les *bois*, la décompoſition qui réſulte de cette action, doit déterminer à écarter, à détourner ce liquide du contact des *bois*, à l'empêcher d'agir ſur les charpentes, & à les maintenir dans le plus grand état de ſechereſſe poſſible.

» L'action de l'eau n'eſt pas toujours d'un danger évident ; l'expérience a appris que beaucoup de *bois* ſe conſervoient parfaitement dans l'eau : on trouve ſouvent dans des démolitions de ponts, des pilotis conſtamment mouillés par les eaux, qui ont conſervé toute leur force & toute leur pureté.

» Ce n'eſt donc point de l'imbibition abſolue de l'eau qu'il faut préſerver les *bois*, mais de l'action d'une quantité aſſez conſidérable pour diſſoudre les ſubſtances végétales, conſerver ces ſubſtances & fermenter avec elles.

» Lorſque l'eau eſt en petite quantité dans le *bois* & qu'elle peut y ſéjourner, elle s'unit, ſe combine avec la ſubſtance du *bois*, exerce ſon action ſur elle; le jeu des affinités commence, le *bois* s'échauffe, l'action augmente & la décompoſition ſe fait.

» Quand le *bois* eſt plongé dans une grande maſſe d'eau, & ſurtout dans l'eau courante, l'eau, en coulant, eſt ſans ceſſe renouvelée ; l'action de ſa combinaiſon eſt ſans effet, & l'échauffement n'a point lieu.

» Ce que l'on doit craindre le plus dans les *bois*, c'eſt la ſucceſſion d'action de l'air & de l'eau. Ceux qui ſont expoſés à cette double action ſe décompoſent en très-peu de temps; mais ceux qui ſont expoſés à une humidité continuelle, & dans leſquels la même eau ſéjourne long-temps, ſe décompoſent encore plus vîte.

» Parmi les *bois*, il en eſt dont la décompoſition à l'air ſe fait plus rapidement que d'autres. Les *bois* réſineux ſont ceux qui ſe décompoſent le moins, à cauſe de la réſine dont ils ſont pénétrés;

ensuite viennent les *bois* durs. Les *bois* tendres, comme le saule, le peuplier, le bouleau, l'aune, sont ceux dont la décomposition à l'air est la plus prompte. On a vu des portes de cèdre & même des boiseries, conserver, après un usage long-temps continué, la fraîcheur du moment où elles avoient été posées.

» Il est des *bois* qui se conservent plus facilement imbibés d'eau ; tel est, par exemple, l'aune : c'est pourquoi on le préfère pour la construction des tuyaux destinés à la conduite des eaux. A défaut d'aune on emploie l'orme, qui se conserve assez long-temps.

» La position des tuyaux de conduite n'est pas celle des *bois* plongés dans l'eau ; ils sont au contraire dans un état d'humidité qui accélère leur destruction. C'est pourquoi on doit faire choix de *bois* propres à résister fortement à cette tendance.

» Les *bois* ont deux propriétés qui influent sur leur corruption ; ils sont hygrométriques & thermométriques.

» On appelle *propriété hygrométrique*, la faculté qu'ont certains corps d'arracher à l'air humide une portion de l'eau qu'il contient, pour s'en pénétrer, & rendre ensuite à l'air sec l'humidité qui les pénètre.

» Lorsque le *bois*, par sa propriété hygrométrique, s'empare d'une portion de l'eau dissoute ou suspendue dans l'air, & qu'il s'en pénètre, il augmente de volume ; lorsquil rend à l'air l'eau qu'il lui avoit enlevée, il diminue de volume.

» On appelle *propriété thermométrique*, la faculté qu'ont les corps d'augmenter de volume par la chaleur, & de diminuer de volume par le froid ; ce qui fait que, toutes choses égales d'ailleurs, les *bois* sont plus longs (1) les jours d'été secs, que les jours d'hiver secs.

» Ainsi, lorsque ces deux propriétés agissent dans le même sens, les *bois* augmentent ou diminuent de volume avec une grande vitesse ; mais lorsqu'elles agissent en sens contraire, l'augmentation & la diminution sont plus lentes ; quelquefois elles sont nulles.

» Lorsqu'il fait sec, par exemple, l'air arrache au *bois* l'humidité qu'il contient, en même temps que la chaleur augmente son volume ; mais comme, par la sortie de l'eau du *bois*, celui-ci diminue de volume dans un plus grand rapport que celui de son augmentation par la chaleur, la différence des deux effets diminue ses dimensions.

» Ces deux proprietés hygrométrique & thermométrique, qui augmentent & diminuent les *bois*, occasionnent dans les assemblages des variations considérables, qui tantôt font déjoindre les *bois*, & d'autres fois compriment les joints avec force. Ce travail, produit par l'augmentation & la diminution dans le volume, est une des causes qui contribue le plus à briser les charpentes.

» Il est facile, d'après les développemens que l'on vient de lire sur les causes qui contribuent à faire corrompre le *bois*, de prendre dans chaque construction les moyens les plus propres à diminuer leur action. »

M. Hassenfratz rappelle ensuite plusieurs observations de Duhamel, sur la corruption des *bois*. *Voyez* les expériences de Duhamel dans son *Traité du transport des bois*.

Puis il observe que dans les constructions, les *bois* sont dans trois positions différentes : par la première, comme dans les barrières, les ponts, ils sont exposés à toutes les variations de l'atmosphère ; par la seconde, comme dans les combles, les planchers, l'intérieur des édifices, ils sont préservés de l'action des eaux pluviales, & ont un contact continuel avec l'air qui y pénètre ; par la troisième, comme dans les planchers plafonnés, les pans de *bois*, les cloisons recouvertes, les *bois* sont entourés de mortier.

Dans la première, les *bois* se pourrissent promptement lorsqu'on n'a pas l'attention de les peindre ou de les goudronner. Quelquefois on applique à la surface goudronnée un ciment gras & résineux que l'on saupoudre de sable fin, de manière à former une couche pierreuse qui empêche l'eau de pénétrer. Ces enduits se mettent particulièrement sur les pièces des ponts que l'on recouvre de sable, de terre, & que l'on pave, conséquemment qui sont exposées à l'action de l'eau qui les pénètre.

Mais, s'il est avantageux pour la conservation des *bois* de peindre ou goudronner ceux qui sont secs, il est imprudent de le faire sur des *bois* humides, parce que ces enduits empêchent l'humidité de s'évaporer.

La seconde exposition est la plus favorable pour la conservation des *bois*, lorsqu'on a soin de les garantir des eaux pluviales ; cependant dans les lieux humides & chauds, tels que les écuries, les *bois* sont sujets à se corrompre à cause de l'évaporation continuelle que la chaleur produit, de l'humidité dont les *bois* sont constamment pénétrés, & de la température qui favorise la fermentation. En aérant les écuries on diminue cette tendance à la corruption du *bois*, & on procure aux animaux une atmosphère plus saine.

Dans la troisième exposition, les *bois* se corrompent plus ou moins vîte en raison du degré de sécheresse qu'ils avoient lorsqu'ils ont été employés, de l'humidité & de l'hygrométricité plus ou moins grande des matières qui les enveloppent. Pour empêcher l'effet de cette humidité & favoriser le desséchement des poutres, on perce dans le mur différentes ouvertures qui permettent à l'air de circuler librement entre chaque morceau de *bois*.

(1) C'est beaucoup moins sur la longueur que sur la grosseur que le retrait ou l'augmentation de volume se fait sentir.

§. V. *De la combustibilité des bois.*

Sous un semblable titre, M. Hassenfratz a traité dans l'ouvrage dont venons de faire des extraits, de l'action du feu sur les *bois* employés dans les édifices, & des moyens qui ont été proposés pour empêcher ou au moins diminuer les effets de cette action.

Nous considérerons la combustion des *bois* sous un autre rapport : sous celui de la quantité & de la durée du calorique qu'ils dégagent par l'action du feu, suivant l'espèce & la qualité de *bois*, & les diverses circonstances de la combustion ; mais il ne sera pas inutile de donner une idée des causes de la combustion.

« Les *bois*, dit M. Hassenfratz, sont composés de deux substances principales : le carbone & l'hydrogène, qui ont une grande affinité avec l'oxigène, partie constituante de l'air atmosphérique. Lorsque ces deux substances sont pénétrées de calorique, que leur température s'élève à 180 ou 200 degrés du thermomètre centigrade, l'oxigène de l'atmosphère se combine avec elles ; par cette combinaison il se dégage une quantité considérable de calorique qui augmente la température du *bois*, détermine l'oxigène à se combiner de nouveau, &, par suite de cette combinaison, élève la température à un tel point, que le calorique abondamment dégagé se présente sous le double aspect de chaleur & de flamme.

» L'auteur pose en principe, que le seul moyen d'arrêter la combustion est d'*ôter tout accès à l'oxigène*; il rappelle les procédés qui ont été proposés pour cet effet. *Voyez* son *Traité de l'Art du Charpentier.* »

D'après l'idée que l'on vient de donner des causes de la combustion, on voit qu'un agent extérieur, l'*oxigène*, est indispensable pour déterminer cette combustion, & que plus cet agent pourra exercer son action, plus la combustion sera rapide ; & comme l'oxigène forme l'une des principales parties de l'air atmosphérique, il en résulte que la combustion des *bois* est accélérée, retardée ou détruite, selon que cet air se renouvelle plus ou moins facilement, & que les matières embrasées y trouvent plus ou moins d'oxigène pour entretenir leur combustion. C'est ainsi que le feu est excité par un courant d'air ; qu'il languit dans un espace resserré où l'air ne se renouvelle qu'avec difficulté, ou lorsque le *bois* est enveloppé de matières qui affoiblissent son action ; qu'il s'éteint dans un vase clos hermétiquement ; que même on parvient à éteindre le feu d'une cheminée en fermant les deux ouvertures, ou en l'enveloppant d'un gaz qui ôte tout accès à l'air atmosphérique.

Mais, quelle que soit l'action de l'oxigène sur la combustion, cette combustion & ses effets participent aussi des qualités individuelles des *bois*. J'ai publié, en 1807, la traduction des expériences que M. Hartig a faites pour déterminer les rapports des *bois* entr'eux, relativement aux effets qu'ils peuvent produire dans la combustion. Ce travail paroît avoir été fait avec un grand soin, & avoir exigé des préparations que peu de personnes sont en état de faire.

Mais, avant de rendre compte ici de ces expériences, je rappellerai quelques observations que j'ai extraites des *Essais économiques* de M. de Rumfort, & que j'ai consignées dans la préface de ma traduction.

« Pour fixer, dit M. de Rumfort, avec précision les mesures que l'on doit prendre pour chauffer une chambre avec du feu allumé dans une cheminée ouverte, il est nécessaire de savoir *comment* & de *quelle manière* le feu communique de la chaleur à la chambre ? On trouvera peut-être, au premier aperçu, cette question oiseuse & superflue ; mais en examinant soigneusement son objet, on verra qu'elle est digne d'être développée avec la plus grande attention.

» Pour déterminer de quelle manière une chambre est échauffée par le feu d'une cheminée ouverte, il est nécessaire de savoir sous quelle forme existe la chaleur occasionnée par l'inflammation des combustibles ; ensuite, comment la chaleur se communique aux corps qui en doivent sentir l'impression.

» A l'égard du premier objet, il est très-certain que la chaleur, procréée par l'inflammation des combustibles, existe sous deux formes distinctes & très-différentes. L'une est *combinée* avec la fumée, les vapeurs & l'air échauffé qui s'élèvent du combustible en feu, & passent dans les régions supérieures de l'atmosphère, tandis que l'autre partie qui paroît *n'être point combinée*, ou, comme quelques physiciens le supposent, qui n'est combinée qu'avec la lumière, part du feu, sous la forme de rayons, dans toutes les directions possibles.

» Quant au second objet de mes recherches, savoir : comment la chaleur, existant sous différentes formes, est communiquée à d'autres corps, il est très-probable que la chaleur combinée ne peut être communiquée à d'autres corps que par un contact actuel avec le corps qui est combiné avec elle. Par rapport aux rayons qui partent du combustible enflammé, il est certain qu'ils ne communiquent ou ne procréent la chaleur que dans les corps qui les arrêtent ou les absorbent. En passant par l'air, qui est transparent, ils ne lui transmettent certainement aucune chaleur, & il paroît très-probable qu'ils ne communiquent aucune chaleur aux corps solides qui les réfléchissent.

» Sous cet aspect même, ils paroissent avoir beaucoup de rapport avec les rayons du soleil. Mais pour ne point détourner l'attention du lecteur, & ne pas l'éloigner du sujet que je traite actuellement, il ne faut pas que je m'engage dans des dissertations sur la nature & la propriété de ce qu'on peut appeler *la chaleur rayonnante.*

» C'est un sujet extrêmement curieux & digne

de l'attention des physiciens ; mais il faudroit plus d'étendue que je n'en peux donner à cet essai, pour traiter cette matière d'une manière convenable ; il faut donc se contenter d'un examen partiel des objets qui paroissent nécessaires à mon but.

» Une question se présente naturellement ; c'est : quelle est la proportion de la chaleur rayonnante à la chaleur combinée ? Quoique ce point n'ait pas été déterminé avec une espèce de précision, il est néanmoins certain que la quantité de chaleur qui s'évapore avec la fumée, la vapeur & l'air échauffé, est beaucoup plus considérable, peut-être quatre fois, que la chaleur qui émane du feu sous la forme de rayons ; cependant, quelque modique que soit cette quantité de chaleur rayonnante, c'est la seule partie de la chaleur, procréée par l'inflammation du combustible qui brûle dans une cheminée ouverte, qui puisse être employée à échauffer un appartement.

» La totalité de la chaleur combinée s'échappe par le tuyau de la cheminée ; elle est donc entièrement perdue. Dans le fait, on ne pourroit en diriger aucune partie d'une cheminée ouverte dans une chambre, sans y introduire en même temps la fumée avec laquelle elle est combinée, ce qui rendroit l'appartement inhabitable. Il y a cependant une manière de se servir de la chaleur combinée qui s'élève du foyer découvert, pour concourir à échauffer une chambre ; c'est en la faisant passer par quelque chose d'analogue à un poêle allemand placé dans la cheminée au-dessus du feu. Je parlerai dans la suite de cette nouvelle invention.

» La quantité de chaleur rayonnante, procréée par une partie de combustible quelconque, dépend beaucoup de l'arrangement du feu, ou de la manière dont le combustible est consumé. Quand le feu est clair & vif, il fournit beaucoup de chaleur rayonnante ; mais quand il est étouffé, il n'en produit qu'une petite quantité, & même cette chaleur est très-peu utile. La plus grande partie de la chaleur produite est employée immédiatement à communiquer de l'élasticité à une certaine vapeur épaisse qu'on voit s'élever du feu ; & la combustion n'étant qu'incomplète, une partie de la matière inflammable du combustible est simplement raréfiée, & poussée dans le tuyau de la cheminée sans avoir été enflammée ; & le combustible se consume avec peu d'avantage. Il est donc très-important, sous le rapport de l'économie, de la propreté, & même de l'agrément, de faire attention à l'arrangement du feu. »

Cet extrait concerne en partie les effets de la chaleur par rapport à la position & à l'arrangement du combustible. C'est le point de vue sous lequel les expériences de M. de Rumfort ont quelqu'analogie avec celles de M. Hartig. Mais celui-ci a fait connoître la différence mathématique qui résulte, quant aux effets de la chaleur, des diverses circonstances dans lesquelles on brûle une espèce de *bois*. Il a prouvé qu'un feu clos produisoit un effet presque double de celui d'un feu ouvert, & il a fait voir quels étoient les *bois* qu'il est avantageux de brûler de telle ou telle manière.

Duhamel n'a point fait d'expériences sur la combustion des *bois*, mais il s'est assuré des propriétés des différentes espèces de *bois* & de leurs qualités, suivant la nature, la situation & l'exposition du terrain où ils ont crû, l'âge & la saison où ils ont été abattus, & leur état vert ou sec.

M. Hartig a eu égard à toutes ces circonstances, en comparant ensemble des *bois* du même âge, crûs sur des terrains également propres à chaque essence, coupés dans la même saison, entièrement secs ou verts. Cette attention & les soins qu'il a apportés dans tous ses examens, inspirent quelque confiance en faveur des résultats qu'il a présentés.

J'ai, pour faciliter l'intelligence des tableaux qui offrent ces résultats, réduit en poids, mesures & monnoies de France, ceux qu'il avoit employés, & j'ai ajouté un troisième tableau indiquant dans un ordre décroissant, la qualité des *bois* de feu. Il m'a suffi, pour l'établir, de consulter les dernières colonnes de celui de l'auteur, où se trouvent les valeurs relatives de toutes les sortes de *bois*. J'ai donc extrait d'abord l'espèce de *bois* dont la valeur étoit la plus forte. Ce *bois* s'est trouvé être le sycomore ; puis j'ai cherché quel étoit celui qui le suivoit, & j'ai vu que c'étoit le pin sauvage.

Mais une remarque importante à faire, c'est que, bien que le sycomore paroisse être le premier des *bois* à brûler, il ne faut pas en conclure qu'un *bois* de cette espèce qui n'auroit que quarante ans, vaille plus qu'un bois de hêtre de cent ans. Les expériences prouvent le contraire. On ne doit donc, ainsi que l'auteur l'a fait, comparer ensemble que les *bois* qui sont relativement du même âge. Cependant il n'échappera pas au lecteur que le même ordre, dans lequel se trouvent les *bois* d'un accroissement parfait, se retrouve encore pour plusieurs *bois* d'âges inférieurs, & que même, dans ce cas, la proportion des prix se soutient assez bien ; il verra par exemple que, si le sycomore de cent ans vaut 17 fr. 57 cent., tandis que le hêtre du même âge ou environ ne vaut que 15 fr. 40 cent., le sycomore de quarante ans vaut encore plus que le hêtre de quarante ans, puisque la valeur du premier est de 13 fr. 13 cent., lorsque celle de l'autre n'est que de 11 fr. 58 cent.

Comme l'ouvrage de M. Hartig est peu volumineux, & qu'il renferme des résultats précieux qui ne sont guère susceptibles d'être analysés, je vais transcrire la traduction que j'en ai donnée. C'est donc l'auteur qui va parler, & dont je ne serai que l'interprète.

Section première du §. V.

Des procédés employés dans les recherches faites par M. Hartig, sur la combustibilité des bois.

Pour s'assurer des rapports de combustibilité des *bois* entr'eux, il falloit mesurer le plus haut degré & la durée de chaleur qu'ils produisent, à solidité égale & dans des circonstances toujours semblables.

« J'ai pensé, dit l'auteur, que le moyen le plus sûr d'arriver à ce but, étoit de suspendre, dans une chaudière remplie d'une certaine quantité d'eau, un thermomètre au mercure, de Réaumur, très sensible aux variations de la température; de brûler le *bois* sous cette chaudière, & d'observer tant le plus haut degré de chaleur produit par le feu, que la durée de cette chaleur, & la perte de l'eau occasionnée par l'évaporation dans un espace de temps donné.

» L'opération qui consiste à ne calculer que d'après l'évaporation de l'eau, sans se servir du thermomètre, est inexacte; je le savois déjà par expérience, & je m'en suis encore assuré par mes recherches.

» J'ai pris une chaudière de cuivre ayant 12 pouces de haut, 16 pouces de diamètre à son ouverture, 14 pouces de large dans le fond (1), & qui ressembloit ainsi à un cône tronqué. Pour la garantir de l'action de l'air libre, je la fis sceller dans un mur de 10 pouces d'épaisseur, de telle manière qu'elle étoit élevée de 10 pouces au-dessus du foyer. Je fis faire un fourneau de 10 pouces de large & de 6 pouces de haut. Entre la chaudière & le mur, & vis-à-vis du fourneau, je fis pratiquer un tuyau perpendiculaire à la hauteur de la chaudière.

» Je mis dans cette chaudière, la température marquée par le baromètre étant toujours la même ou à peu de chose près, 45 livres (2) d'eau toujours également froide, & puisée au même puits. J'allumai, avec une quantité de paille constamment la même, une masse de *bois* parfaitement sec, & qui, vert, avoit été de la même grosseur que tous les autres cubes de *bois* soumis à l'expérience. Ensuite j'observai dans quel moment le thermomètre étoit au plus haut degré; le temps qu'il falloit pour la réduction du *bois* en charbon; le moment où les charbons s'éteignoient; à quelle hauteur étoit le thermomètre dans ce moment; quelle étoit la quantité d'eau perdue par l'évaporation pendant l'espace de 12 heures; si le *bois* avoit donné beaucoup de cendre; s'il avoit brûlé vivement ou d'une manière durable; s'il avoit produit beaucoup de fumée; s'il avoit été disposé à s'éteindre; si le feu avoit pétillé, craqueté ou jailli; enfin, j'observai les autres différences qui se présentèrent.

» Je n'employai pas au-delà de 200 pouces cubes de *bois* pour chauffer ma chaudière. Autrement l'eau eût bouilli, & il n'eût plus été possible de mesurer la chaleur, puisqu'il est prouvé que l'eau ne peut prendre un degré de chaleur plus considérable que celui de l'ébullition. J'ai dû aussi faire mes expériences, lorsque le baromètre & le thermomètre se trouvoient au même degré, ou à peu de chose près, ainsi que dans la même saison, ou du moins dans une saison peu différente, & toujours aux mêmes heures dans le jour, & me servir pour le feu de morceaux de *bois* de même grosseur & de même force, parce que toutes ces circonstances pouvoient produire des différences remarquables. Outre cela, il m'a fallu mettre beaucoup de soin à choisir mon *bois*, à le préparer, à le calculer & à le faire sécher, pour éviter, autant que possible, de faux résultats. Je le fis abattre peu de temps avant Noël, par conséquent hors séve, & je m'assurai, aussi exactement qu'il me fut possible, que le sol & l'exposition où les arbres avoient crû, étoient relativement d'égale bonté; que ces arbres se trouvoient dans des endroits également aérés, & que leur âge étoit proportionnellement le même. Après cela, je pris de chaque tronc, à quatre pieds au-dessus de l'endroit où l'arbre avoit été coupé, des morceaux de *bois* qui, proportion gardée, avoient chacun autant de *bois* parfait & d'aubier l'un que l'autre, & contenoient, d'après le calcul le plus exact, 200 pouces cubes du Rhin, ou 312,044,665 scrupules de Paris.

» Je fis peser ces tronçons au poids de Francfort, ainsi que de semblables morceaux provenant de branches de grands arbres, & de *bois* qui commençoit à se pourrir. Je les fis fendre en morceaux d'égale grosseur & longueur, & je les laissai sécher jusqu'à ce que je me fus assuré, par plusieurs examens, qu'ils ne perdoient plus rien de leur poids; & que par conséquent ils étoient arrivés au plus haut degré de siccité. Après ces préparations minutieuses, ces morceaux furent brûlés, comme je l'ai dit précédemment.

» Indépendamment de ces expériences, j'en ai exécuté sur plusieurs espèces de *bois* que j'avois fait couper en temps de séve, & préparer convenablement, pour voir si cette circonstance produiroit une différence, & quelle seroit cette différence. J'ai recherché aussi quel est le rapport qui existe entre l'effet produit par le feu d'une certaine quantité de *bois* brûlé dans un endroit clos (1), & celui produit par le feu d'une même

(1) Le pied du Rhin ne vaut que 137 lignes un tiers du pied de Paris. Cette observation, peu importante ici, ne doit pas être négligée dans les calculs qui suivront.

(2) La livre de Francfort vaut 1 1/49 de celle de Paris.

(1) L'auteur entend par *endroit clos*, un espace fermé dans lequel on brûle le *bois*; tels sont les fours, les fourneaux, les chauffes, les poêles, &c.

quantité de *bois* brûlé dans un endroit libre ou dans un foyer, ce dernier feu étant d'ailleurs également entretenu. Ensuite j'ai fait des expériences avec du *bois* absolument vert, pour savoir de combien l'effet du feu de ce *bois* seroit moindre que celui produit par le feu d'une même quantité de *bois* parfaitement sec & de même espèce. Enfin, j'ai recherché quel étoit le rapport du feu d'une certaine quantité de livres de *bois* de branches sèches, avec celui d'une même quantité de *bois* provenant du tronc du même arbre, pour pouvoir apprécier la valeur du *bois* de branchage. Quant à cette dernière expérience, je ne l'ai point faite avec toutes les espèces de *bois*; je l'ai seulement répétée quelquefois avec différentes espèces, pour savoir à peu près le rapport du prix des branchages avec celui du *bois* de corde. Mais on ne peut guère obtenir d'exactitude pour cette sorte de *bois*, parce que les fagots diffèrent beaucoup entr'eux, & qu'ils contiennent des brins tantôt plus forts, tantôt plus foibles, ce qui produit une différence considérable dans leur qualité. »

SECTION SECONDE.

Des effets et des propriétés remarqués dans le feu de chaque espèce de bois.

A. *Bois coupés hors sève, parfaitement desséchés, & brûlés dans un endroit clos.*

BOIS A FEUILLES.

1. *Chêne rouvre*, Quercus robur. *Bois d'un tronc de 200 ans.*

Ce *bois* produisit, en 54 minutes, 62 degrés de chaleur, & dans le même espace de temps il fut entièrement converti en charbons (1). En 3 heures, les charbons s'éteignirent, & le thermomètre descendit à 42 degrés. En 12 heures, l'évaporation de l'eau fut de 4 livres 8 onces. Il resta 3 onces 7 gros de charbons, & 3 gros de cendre.

Du reste, le *bois* brûla avec assez de vigueur : cependant les charbons tendoient à s'éteindre, quand le feu n'étoit pas entretenu avec la même force. Hors du brasier, le charbon mouroit très-vîte.

Il suit de cette expérience que cette espèce de *bois* ne convient pas beaucoup au foyer; mais que dans un feu où on brûle beaucoup de *bois* à la fois, & dans un endroit clos, il produit un grand effet, si d'ailleurs il est parfaitement sec.

On peut donc l'employer avec beaucoup d'avantage dans les fabriques de tuiles, les fours à chaux, les brasseries, & autres usines de ce genre.

2. *Chêne à grappes ou à longs pédoncules*, Quercus fœmina. *Bois d'un tronc de 190 ans.*

En 45 minutes, le thermomètre monta à 62 degrés, & dans le même espace de temps, tout le *bois* fut réduit en charbons, qui s'éteignirent en 2 heures 45 minutes. Le thermomètre étoit descendu à 42 degrés. La perte de l'eau par l'épavoration fut pendant 12 heures, de 4 livres 4 onces. Il resta 3 onces 6 gros de charbons, & 3 gros de cendre.

Ce *bois* brûla avec assez de vivacité; la flamme pétilloit, & les braises tendoient à se noircir quand le feu n'étoit pas fort.

Ainsi le chêne à grappes a toutes les propriétés du chêne rouvre, à la seule exception que ce dernier procure une chaleur un peu plus longue.

3. *Bois de grosses branches d'un chêne de 190 ans.*

Il produisit, en 50 minutes, 60 degrés de chaleur. En 2 heures 40 minutes, les charbons s'éteignirent, & le thermomètre marqua 44 degrés. En 12 heures, l'eau avoit perdu 4 livres 2 onces 4 gros, & il restoit 4 onces de charbons & 2 gros de cendre.

Le feu qui craquoit beaucoup, étoit difficile à entretenir dans le même état, parce que les charbons avoient une grande tendance à s'éteindre lorsque la flamme n'étoit pas forte.

4. *Bois d'un brin de chêne de 40 ans.*

Ce *bois* produisit, en 37 minutes, 66 degrés de chaleur. En 2 heures 20 minutes, les charbons s'éteignirent, & le thermomètre redescendit à 47 degrés. En 12 heures, l'eau perdit 4 livres 13 onces. Les charbons de résidu pesoient 3 onces, & la cendre 3 gros.

Le *bois* brûla très-bien, & le charbon n'avoit pas la même tendance à s'éteindre que ceux du *bois* de tronc & de branches qui avoient servi aux expériences précédentes. D'un autre côté, la flamme ne craquoit pas autant; d'où l'on peut conclure que ce *bois* est plus propre au foyer que le vieux *bois* de chêne.

5. *Bois d'un chêne ayant un commencement de pourriture, mais n'étant pas encore pourri.*

Il donna, en 42 minutes, 56 degrés de chaleur. Les charbons s'éteignirent en une heure 44 minutes, & le thermomètre marqua 50 degrés. En

(1) *Note de l'auteur.* Je fais observer une fois pour toutes, que pour chaque espèce de *bois* le thermomètre étoit au plus haut degré au moment de la dernière flamme, & qu'aussitôt que la flamme cessoit, le mercure s'arrêtoit & descendoit bientôt d'une manière remarquable.

12heures, l'évaporation de l'eau fut de 3 livres 11 onces 4 gros. Les charbons pesoient 3 onces, & la cendre 5 gros.

Il étoit difficile d'entretenir le feu dans le même état; la flamme languissoit & les charbons tendoient beaucoup à s'éteindre.

6. *Hêtre*, Fagus sylvatica. *Bois d'un tronc de 120 ans.*

Ce *bois* donna, en 45 minutes, 62 degrés de chaleur. En 3 heures 45 minutes, les charbons s'éteignirent, & le thermomètre marqua 42 degrés. En 12 heures, l'eau avoit perdu 4 livres 4 onces par l'évaporation. Les charbons restans pesoient 2 onces 2 gros, & les cendres 6 gros.

Le *bois* brûla sans interruption & avec vivacité sans craquer ni pétiller. Il fut facile de l'entretenir dans un état d'embrasement uniforme, & un charbon qui fut isolé & exposé à l'air, y resta encore long-temps sans s'éteindre.

On voit par-là que le hêtre convient particulièrement à tous les usages comme *bois* de feu. Il brûle volontiers, il brûle d'une manière uniforme, il procure une chaleur forte & durable, il fume peu, & ses charbons en plein air se conservent long-temps.

7. *Hêtre. Bois d'un tronc de* 80 *ans.*

Ce *bois* produisit, en 45 minutes, 54 degrés de chaleur. En 4 heures, les charbons s'éteignirent, & le thermomètre marqua 37 degrés. En 12 heures, l'évaporation de l'eau fut de 4 livres 8 gros. Il resta 1 once 2 gros de charbons, & 5 gros de cendre.

Du reste, ce *bois* partage toutes les propriétés d'un arbre qui est parvenu à son entier accroissement.

8. *Hêtre. Grosses branches provenant d'un arbre de* 120 *ans.*

En 44 minutes, ce *bois* donna 57 degrés de chaleur. En 3 heures 20 minutes, les charbons s'éteignirent, & le thermomètre étoit descendu jusqu'à 41 degrés. En 12 heures, l'eau perdit 3 livres 13 onces par l'évaporation. Les charbons pesoient 1 once 4 gros, & les cendres 4 gros & demi.

Du reste, ce *bois* de branche brûla aussi bien que le *bois* de tronc; seulement la flamme étoit moins vive.

9. *Hêtre. Bois d'un tronc de* 40 *ans.*

Il produisit, en 41 minutes, 66 degrés de chaleur. Les charbons s'éteignirent en 3 heures, le thermomètre étant redescendu à 44 degrés. En 12 heures, l'eau perdit 4 livres 10 onces. Les charbons pesoient 1 once, & la cendre 4 gros & demi.

Ce *bois* brûla merveilleusement bien & présenta dans un haut degré toutes les qualités qu'on a reconnues dans le hêtre.

10. *Hêtre, bois d'un tronc ayant un commencement de pourriture, mais n'étant qu'échauffé & non pourri.*

Il produisit, en 38 minutes, 58 degrés de chaleur. En une heure 27 minutes, les charbons s'éteignirent, & le thermomètre marqua 46 degrés. En 12 heures, l'évaporation de l'eau fut de 4 livres 4 onces. Les charbons pesèrent 2 onces 4 gros, & les cendres 5 gros.

Ce *bois* brûla assez bien; cependant la flamme n'étoit point aussi vive que celle du *bois* sain.

11. *Charme*, Carpinus betula. *Bois d'un tronc de* 90 *ans.*

Il donna, en 50 minutes, 64 degrés de chaleur. En 3 heures 30 minutes, les charbons s'éteignirent, & le thermomètre descendit à 35 degrés. En 12 heures, l'évaporation de l'eau fut de 5 livres un gros. Les charbons pesèrent 1 once & un demi-gros, & les cendres 3 gros & demi.

Ce *bois* donna un feu très-vif, uniforme & beau, la flamme ne craqua & ne pétilla point. Il peut donc, ainsi que le hêtre, très-bien servir aux feux de toute espèce. Il est propre surtout au foyer & à la cheminée en ce qu'il fume très-peu, que ses charbons isolés à l'air y restent long-temps embrasés, & en ce qu'il procure généralement une chaleur forte & de longue durée.

12. *Charme. Bois d'un tronc de* 50 *ans.*

Il produisit, en 49 minutes, 65 degrés de chaleur. En 3 heures 30 minutes, les charbons s'éteignirent, & le thermomètre marqua 36 degrés. En 12 heures, il y a eu une perte d'eau de 5 livres 4 onces. Les charbons restans pesèrent 1 once 2 gros, & la cendre 3 gros & demi.

Il partage avec le précédent les autres propriétés dont nous avons parlé.

13. *Charme. Grosses branches d'un arbre de* 90 *ans.*

Ce *bois* donna, en 46 minutes, 59 degrés de chaleur. Les charbons s'éteignirent en 45 minutes, & le thermomètre descendit jusqu'à 39 degrés. L'eau perdit, en 12 heures, 3 livres 15 onces.

Les autres propriétés furent absolument semblables à celles remarquées pour le *bois* de tronc du charme d'entier accroissement.

14. *Charme. Bois d'un brin de 30 ans.*

En 52 minutes, il y eut 66 degrés de chaleur. En 4 heures 46 minutes, les charbons s'éteignirent, & le thermomètre étoit tombé à 35 degrés. En 12 heures, l'eau avoit perdu 5 livres 7 onces & demie. Les charbons pesèrent 1 once, & la cendre 3 gros.

Ce *bois* se recommande surtout par la flamme extraordinairement vive & continue qu'il donne, par la facilité qu'on a de l'allumer & d'en entretenir le feu, & par la chaleur forte & durable qu'il procure. Ses charbons isolés à l'air restent embrasés jusqu'à ce qu'ils soient réduits en cendre. Ainsi il est particulièrement propre au foyer.

15. *Alizier à feuilles découpées, ou allier,* Cratægus torminalis. *Bois d'un tronc de 90 ans.*

Il produisit, en 50 minutes, 58 degrés de chaleur. En 4 heures, les charbons s'éteignirent, & le thermomètre marqua 37 degrés. En 12 heures, l'évaporation de l'eau fut de 3 livres 15 onces. Les charbons restans pesèrent 6 gros, & la cendre 4 gros.

La flamme fut vive & continue sans pétiller, & le *bois* brûla parfaitement bien. Un charbon isolé à l'air y resta long-temps sans s'éteindre. Ainsi ce *bois* peut être employé au foyer, & en général à toutes sortes de feux.

16. *Alizier. Bois d'un brin de 30 ans.*

En 45 minutes, il y eut 63 degrés de chaleur. En 2 heures 20 minutes, les charbons s'éteignirent, & le thermomètre descendit à 47 degrés. En 12 heures, l'eau perdit 4 livres 13 onces. Les charbons restans pesoient 5 gros, & les cendres 4 gros.

Ce *bois* a toutes les autres qualités du *bois* de l'arbre précédent.

17. *Frêne,* Fraxinus excelsior. *Bois d'un arbre de 100 ans.*

Il produisit, en 50 minutes, 60 degrés de chaleur. En 4 heures 15 minutes, les charbons s'éteignirent, & le thermomètre descendit à 38 degrés. En 12 heures, l'eau avoit perdu 4 livres 6 onces. Il resta 5 gros de charbon, & 5 gros & demi de cendre.

Ce *bois* brûla aussi très-bien & sans pétiller. Les charbons exposés à l'air s'y conservèrent long-temps embrasés. Ainsi le frêne convient beaucoup à toutes sortes de feux.

18. *Frêne. Bois d'un brin de 30 ans.*

Il produisit, en 46 minutes, 61 degrés de chaleur. En 3 heures 50 minutes, les charbons s'éteignirent, & le thermomètre marqua 39 degrés. En 12 heures, l'évaporation de l'eau fut de 4 livres 10 onces. Les charbons restans pesèrent 4 gros & demi, & les cendres 5 gros.

Du reste, il a les autres qualités du *bois* de l'arbre précédent.

19. *Orme,* Ulmus campestris. *Bois d'un tronc de 100 ans.*

Il donna, en 35 minutes, 55 degrés de chaleur. En 3 heures 28 minutes, les charbons étoient éteints, & le thermomètre descendit à 38 degrés. En 12 heures, la perte de l'eau par l'évaporation fut de 3 livres 12 onces 4 gros. Il resta 7 gros de charbon, & 3 gros & demi de cendre.

Le *bois* brûla assez bien, sans craquer ni donner beaucoup de fumée; cependant le feu tendoit à s'éteindre quand il n'étoit pas fortement entretenu. Les charbons, isolés à l'air, n'y restoient pas long-temps embrasés; d'où il résulte que ce *bois* convient mieux à un feu considérable, dans un espace clos, qu'au feu d'un foyer.

20. *Orme. Bois d'un brin de 30 ans.*

Il procura, en 45 minutes, 57 degrés de chaleur. En 3 heures 10 minutes, les charbons s'éteignirent, & le thermomètre descendit à 36 degrés. En 12 heures, il y avoit eu 3 livres 8 onces d'eau perdue par l'évaporation. Il resta 7 gros de charbon & 3 gros de cendre.

Ce *bois* partage les autres propriétés du *bois* de l'arbre précédent, à la seule différence que ses charbons ont moins de tendance à s'éteindre.

21. *Érable de montagne,* ou *Sycomore,* Acer pseudo-platanus.

Le *bois* d'un tronc de 100 ans produisit, en 43 minutes, 64 degrés de chaleur. En 3 heures 45 minutes, les charbons s'éteignirent, & le thermomètre descendit à 48 degrés. En 12 heures, il y eut 5 livres 5 onces d'eau évaporée. Il resta 5 gros de charbon & autant de cendre.

Ce *bois* brûla parfaitement bien, & comme ses charbons restent d'ailleurs long-temps à l'air sans s'éteindre, il convient à toute espèce de feux.

22. *Sycomore. Bois d'un brin de 40 ans.*

Il produisit, en 46 minutes, 65 degrés de chaleur. En 3 heures 30 minutes, les charbons s'éteignirent, & le thermomètre descendit à 49 degrés. En 12 heures, je trouvai qu'il s'étoit fait une évaporation de 5 livres 9 onces d'eau. Les charbons de reste pesoient 5 gros, & les cendres, 4 gros 4 cinquièmes.

Les autres qualités du *bois* de l'arbre précédent appartiennent à celui ci.

23. *Tilleul*, Tilia europæa.

Le *bois* d'un tronc de 80 ans donna, en 40 minutes, 55 degrés de chaleur. En une heure 45 minutes, les charbons s'éteignirent, le thermomètre étant redescendu à 46 degrés. En 12 heures, l'eau avoit perdu 2 livres 14 onces par l'évaporation. Les charbons restans pesèrent une once, & les cendres 3 gros 3 cinquièmes.

La flamme fut vive & continue sans craqueter. Cependant les charbons avoient une grande tendance à s'éteindre lorsque le feu n'étoit pas fortement entretenu. Ainsi ce *bois* ne convient point au feu de l'âtre. Il est plus utilement employé dans un espace clos.

24. *Tilleul. Bois d'une perche de 30 ans.*

Il fit monter le thermomètre à 50 degrés, en 40 minutes. Les charbons s'éteignirent en 2 heures, & le thermomètre descendit à 41 degrés. En 12 heures, l'eau perdit 2 livres 5 onces. Il resta une once de charbon, & 3 gros un cinquième de cendre.

Du reste, ce *bois* a toutes les autres propriétés que l'on a trouvées dans celui de l'arbre parfait.

25. *Bouleau*, Betula alba. *Bois d'un tronc de 60 ans.*

Il produisit, en 50 minutes, 57 degrés de chaleur. En 3 heures 5 minutes, les charbons furent éteints, & le thermomètre descendit à 40 degrés. En 12 heures, l'eau perdit 3 livres 14 onces par l'évaporation. Il resta une once & demie de charbon, & 3 gros de cendre.

Ce *bois* donna une flamme très-vive & très-ardente; le feu s'entretint facilement, & les charbons, exposés à l'air, s'y conservèrent assez long-temps. Ainsi il est très-propre à être employé comme *bois* de chauffage dans les foyers.

26. *Bouleau. Bois d'un brin de 25 ans.*

Il produisit, en 40 minutes, 57 degrés de chaleur. En 2 heures 15 minutes, les charbons s'éteignirent, & le thermomètre descendit à 43 degrés. En 12 heures, la perte de l'eau par l'évaporation fut de 2 livres 11 onces. Les charbons restans pesèrent une once & demie, & les cendres 3 gros.

Ce *bois* a, du reste, les autres qualités de celui de l'arbre précédent.

27. *Aune*, Betula alnus. *Bois d'un tronc de 70 ans.*

Il produisit, en 45 minutes, 49 degrés de chaleur. En une heure 50 minutes, les charbons s'éteignirent, & le thermomètre descendit à 40 degrés. En 12 heures, je trouvai qu'il avoit eu une évaporation de 2 livres d'eau. Les charbons restans pesoient 2 onces, & les cendres 3 gros & demi.

La flamme produite par ce *bois* étoit sombre & languissante, & le feu avoit souvent de la tendance à s'éteindre quand il n'étoit pas fortement entretenu. Isolés & exposés à l'air, ses charbons s'éteignoient bientôt. Ainsi ce *bois* convient mieux pour un grand feu dans un endroit clos, que pour le foyer.

28. *Aune. Bois d'un brin de 20 ans.*

Il produisit, en 42 minutes, 52 degrés de chaleur. En 2 heures 12 minutes, les charbons s'éteignirent après que le thermomètre fut descendu à 49 degrés. En 12 heures, l'évaporation de l'eau fut de 3 livres 2 onces. Les charbons restans pesoient une once & demie, & les cendres 3 gros.

Ce *bois* a les autres propriétés du *bois* de l'arbre fait; cependant il brûle avec un peu plus de vivacité.

29. *Tremble*, Populus tremula. *Bois d'un tronc de 60 ans.*

Il produisit, en 40 minutes, 49 degrés de chaleur. En 2 heures 15 minutes, les charbons s'étoient éteints, & le thermomètre marquoit 39 degrés. En 12 heures, l'eau avoit perdu 2 livres 5 onces par l'évaporation. Le poids des charbons restans étoit d'une once 2 gros, & celui des cendres, 6 gros.

Ce *bois* brûla avec beaucoup d'ardeur; la flamme pétilla, & les charbons avoient quelque disposition à s'éteindre quand le feu n'étoit pas fort. Il convient mieux à un grand feu de fourneau qu'à un feu de foyer.

30. *Tremble. Bois d'un brin de 20 ans.*

Ce *bois* donna, en 30 minutes, 56 degrés de chaleur. En 2 heures, les charbons étoient éteints, & le thermomètre descendit à 44 degrés. En 12 heures, l'eau perdit 2 livres 15 onces par l'évaporation. Les charbons restans pesèrent 1 once, & les cendres une demi-once.

Tout ce qui, d'ailleurs, a été dit du *bois* de l'arbre précédent, appartient à celui-ci.

31. *Peuplier noir*, Populus nigra. *Bois d'un tronc de 60 ans.*

Il produisit, en 31 minutes, 38 degrés de chaleur. En 2 heures, les charbons s'éteignirent, & le thermomètre étoit à 34 degrés. En 12 heures, il y eut une évaporation d'eau de 2 livres 2 onces. Le

Le poids des charbons restans fut d'une once 2 gros, & celui de la cendre, de 4 gros.

Ce *bois* brûla avec lenteur, & donna aussi une flamme sombre, & ses charbons avoient de la disposition à s'éteindre. Il ne convient donc pas beaucoup au feu des foyers, il est plus propre à celui des fourneaux.

32. *Peuplier noir. Bois d'un brin de 20 ans.*

Il produisit, en 30 minutes, 36 degrés de chaleur. En 2 heures, les charbons s'éteignirent, & le thermomètre marqua 29 degrés. En 12 heures, l'eau perdit une livre 12 onces. Ce qui resta de charbon, pesoit une once 2 gros, & la cendre 4 gros.

Les autres propriétés de ce *bois* sont les mêmes que celles du premier.

33. *Peuplier d'Italie*, Populus italica (fastigiata). *Bois d'un tronc de 20 ans.*

Il donna, en 30 minutes, 44 degrés de chaleur. En une heure 20 minutes, les charbons étoient éteints, & le thermomètre descendit à 39 degrés. En 12 heures, la perte de l'eau par l'évaporation fut d'une livre 12 onces. Le poids des charbons fut d'une once, & celui des cendres, de 3 gros.

La flamme étoit assez continue, cependant un peu languissante, & le *bois* produisit plus de fumée que les autres peupliers; les charbons, ainsi que ceux du tremble, tendoient à s'éteindre. Ainsi ce *bois* ne convient au feu de cheminée que dans le besoin.

34. *Peuplier d'Italie. Brin de 10 ans.*

Ce *bois* produisit, en 25 minutes, 41 degrés de chaleur. En une heure 20 minutes, les charbons étoient éteints, & le thermomètre descendu à 37 degrés. En 12 heures, la perte de l'eau fut d'une livre 7 onces. Les charbons pesoient une once, & les cendres 2 gros & demi.

Ce *bois* a les autres propriétés du précédent.

35. *Saule blanc*, Salix alba. *Bois d'un arbre de 50 ans.*

Il produisit, en 40 minutes, 44 degrés de chaleur. En une heure 40 minutes, les charbons s'éteignirent, & le thermomètre étoit à 40 degrés. En 12 heures, l'eau avoit perdu une livre 14 onces de son poids. Les charbons pesoient 5 gros & demi, & les cendres 2 gros.

La flamme n'étoit pas vive; elle craquoit quelquefois, & les charbons avoient une grande tendance à s'éteindre. Ainsi ce *bois* ne doit être employé comme *bois* de chauffage dans les foyers, que dans le cas de besoin.

Dict. des Arbres & Arbustes.

36. *Saule blanc. Brin de 10 ans.*

Ce *bois* produisit, en 57 minutes, 50 degrés de chaleur. En 2 heures 10 minutes, les charbons s'éteignirent, & le thermomètre descendit à 44 degrés. En 12 heures, l'eau perdit 2 livres 3 onces par l'évaporation. Les charbons restans pesoient 5 gros, & les cendres 2 gros.

Ce *bois* partage les autres propriétés de celui de l'arbre de 50 ans, avec le seul avantage qu'il brûle avec un peu plus de vivacité.

37. *Saule marceau*, Salix caprea. *Bois d'un arbre de 60 ans.*

Il donna, en 55 minutes, 58 degrés de chaleur. En une heure 50 minutes, les charbons s'éteignirent, & le thermomètre étoit à 46 degrés. En 12 heures, la diminution de l'eau fut de 3 livres 8 onces. Il resta 5 gros de charbon & 3 gros de cendre.

La flamme fut assez vive; cependant elle craquetoit souvent, & les charbons tendoient à s'éteindre quand le feu n'alloit pas fort. Ainsi ce *bois* ne peut être recommandé comme *bois* de foyer.

38. *Saule marceau. Bois d'un brin de 20 ans.*

Il produisit, en 42 minutes, 60 degrés de chaleur. En une heure 47 minutes, les charbons s'éteignirent, & le thermomètre étoit descendu à 47 degrés. En 12 heures, l'évaporation de l'eau fut de 4 livres une once & demie. Les charbons de résidu pesoient 5 gros, & les cendres 2 gros.

Ce *bois* a les autres défauts de celui de l'arbre précédent.

39. *Acacia*, Robinia pseudo-acacia. *Bois d'un tronc de 34 ans.*

Il produisit, en 42 minutes, 58 degrés de chaleur. En 2 heures, les charbons s'éteignirent, & le thermomètre descendit à 45 degrés. En 12 heures, l'évaporation de l'eau fut de 3 livres 13 onces. Les charbons pesèrent 5 gros, & les cendres 2 gros.

Ce *bois* brûla vivement à la vérité; cependant les charbons tendoient à s'éteindre, lorsque le courant d'air n'étoit pas fort. La flamme pétilloit, & un charbon qui fut retiré du fourneau & exposé sur le sol, ne tarda pas à s'éteindre.

Deux expériences faites avec le *bois* de deux arbres de cette essence, eurent absolument les mêmes résultats.

40. *Acacia. Brin de 8 ans.*

Ce bois, en 40 minutes, fit monter le thermomètre à 60 degrés. En une heure 55 minutes, les charbons s'étoient éteints, & le thermomètre étoit descendu à 46 degrés. En 12 heures, l'eau avoit perdu 4 livres 3 onces de son poids. Les charbons pesèrent 4 gros & demi, & les cendres 1 gros.

Ce *bois* brûla aussi bien que le précédent, & présenta les mêmes propriétés. Cependant la flamme pétilloit moins.

Bois résineux.

41. *Mélèze*, Pinus larix. *Bois d'un arbre de 50 ans.*

Il produisit, en 40 minutes, 56 degrés de chaleur. En une heure 38 minutes, les charbons furent éteints, & le thermomètre étoit descendu à 49 degrés. En 12 heures, il y eut une évaporation d'eau de 3 livres une once. Les charbons restans pesèrent une once un gros, & les cendres un gros & demi.

Ce *bois* donna une flamme assez vive, il est vrai; cependant les charbons craquoient & pétilloient, & ils avoient de la propension à s'éteindre quand le feu n'étoit pas très-fort. Un charbon exposé à l'air libre s'y éteignit très-promptement.

Toute autre espèce de *bois* résineux soumise à mes expériences, brûla mieux que le mélèze : ce à quoi je ne m'étois pas attendu, & ce qui m'engagea à réitérer plusieurs fois mes épreuves; mais les résultats furent toujours les mêmes.

42. *Mélèze. Brin de 30 ans.*

Ce *bois* produisit, en 37 minutes, 51 degrés de chaleur. En une heure 20 minutes, les charbons furent éteints, & le thermomètre descendit à 44 degrés. En 12 heures, l'eau avoit perdu 2 livres 10 onces de son poids. Les charbons pesoient une once, & les cendres un gros & demi.

Toutes les circonstances que j'avois remarquées à l'occasion du *bois* de l'arbre de 50 ans, furent les mêmes pour celui-ci.

43. *Pin sauvage*, Pinus silvestris. *Bois d'un arbre de 125 ans.*

Il produisit, en 70 minutes, 70 degrés de chaleur. En une heure 50 minutes, les charbons s'étoient éteints, & le thermomètre étoit descendu à 54 degrés. En 12 heures, je trouvai que l'évaporation de l'eau avoit été de 5 livres 4 onces. Les charbons pesèrent une once 3 gros, & les cendres 4 gros.

Ce *bois* brûla avec une grande facilité & beaucoup d'ardeur; cependant il produisit une fumée épaisse & désagréable. Cet inconvénient le rend incommode dans les cuisines; mais comme il s'allume très-promptement & que sa flamme dure long-temps en plein air, on s'en sert beaucoup pour le chauffage.

44. *Pin sauvage. Bois d'un tronc de 100 ans.*

Il produisit, en 40 minutes, 60 degrés de chaleur. En 2 heures 50 minutes, les charbons s'éteignirent, & le thermomètre avoit descendu jusqu'à 42 degrés. En 12 heures, la perte de l'eau se monta à 4 livres. Les charbons pesèrent une once 3 gros, & les cendres 4 gros 2 cinquièmes.

La flamme fut vive, le feu craqueta, & la fumée ne fut pas très-forte. Les charbons exposés à l'air libre durèrent assez long-temps.

Ainsi ce *bois* peut être utilement employé dans les foyers, en le mêlant avec du bon *bois* à feuilles. Mais le feu de charbons purs du *bois* de pin n'est pas de longue durée dans le foyer; & même, quoique ce *bois* produise, à feu clos, un haut degré de chaleur en très-peu de temps, cette chaleur ne se soutient pas long-temps.

45. *Pin sauvage. Bois d'un tronc de 50 ans.*

Il donna, en 38 minutes, 57 degrés de chaleur. En 2 heures 30 minutes, les charbons étoient éteints, & le thermomètre marquoit 40 degrés. En 12 heures, l'évaporation de l'eau fut de 3 livres 5 onces. Les charbons pesoient une once 2 gros, & les cendres 4 gros.

Tout ce qui, d'ailleurs, concerne le *bois* de l'arbre précédent, est commun à celui-ci.

46. *Pin sauvage. Bois provenant de la cime d'une tige de 100 ans.*

Il produisit, en 40 minutes, 54 degrés de chaleur. En 12 heures, 3 livres d'eau furent enlevées par l'évaporation. Les charbons pesoient une once 3 gros, & les cendres 3 gros & demi.

La flamme n'étoit pas aussi vive, & les charbons avoient plus de tendance à s'éteindre que dans le *bois* de tronc; mais les autres circonstances furent les mêmes.

47. *Pin sauvage. Bois d'un brin de 30 ans.*

Il produisit, en 35 minutes, 53 degrés de chaleur. En une heure 45 minutes, les charbons s'éteignirent, après que le thermomètre fut descendu à 43 degrés. En 12 heures, il y eut 3 livres d'eau perdues par l'évaporation. Les charbons pesèrent une once 2 gros, & les cendres 3 gros & demi.

Ce *bois* partage les autres propriétés du *bois* de l'arbre fait; seulement il fume moins & pétille plus.

48. *Sapin commun*, Pinus abies (Du Roy). *Bois d'un tronc de 80 ans.*

Il donna, en 32 minutes, 55 degrés de chaleur.

En une heure 10 minutes, les charbons étoient éteints, & le thermomètre étoit à 51 degrés. En 12 heures, l'évaporation de l'eau fut de 3 livres. Les charbons pesoient une once 3 gros, & les cendres 4 gros.

La flamme fut vive & pétilla comme celle du pin; cependant elle répandit moins de fumée & une fumée moins désagréable.

Ainsi, ce *bois* mêlé avec du bon *bois* à feuilles, est propre au feu des foyers.

49. *Sapin commun. Bois d'un brin de* 40 *ans.*

Il produisit, en 36 minutes, 50 degrés de chaleur. En une heure 50 minutes, les charbons s'éteignirent, & le thermomètre descendit à 40 degrés. En 12 heures, la perte de l'eau par l'évaporation fut de 2 livres 4 onces. Les charbons pesèrent une once 2 gros, & les cendres 3 gros.

Tout ce qui, d'ailleurs, a été dit du *bois* de l'arbre de 80 ans, est commun à celui-ci.

50. *Sapin-pesse* ou *Epicia*, Pinus picea (Du Roy). *Tronc de* 100 *ans.*

Ce *bois* donna, en 55 minutes, 59 degrés de chaleur. En une heure 30 minutes, les charbons étoient éteints, & le thermomètre descendit à 52 degrés. En 12 heures, la perte de l'eau par l'évaporation fut de 3 livres 14 onces. Les charbons pesèrent une once 2 gros, & les cendres 4 gros.

Ce *bois* partage les autres propriétés du sapin commun.

51. *Sapin-pesse* ou *Epicia. Bois d'un brin de* 40 *ans.*

Il donna, en 36 minutes, 50 degrés de chaleur. En une heure 40 minutes, les charbons étoient éteints, & le thermomètre descendit à 44 degrés. En 12 heures je trouvai que l'eau évaporée étoit de 3 livres. Les charbons pesèrent une once un gros, & les cendres 3 gros.

Les autres propriétés qui appartiennent au *bois* de l'arbre précédent, sont communes à celui-ci.

B. *Bois coupés en temps de séve, parfaitement séchés, & brûlés dans un endroit clos.*

Quoique j'aie fait, dans ce cas-ci, des expériences nombreuses sur diverses espèces de *bois*, je veux me borner, pour n'être pas trop long, à en rapporter quelques-unes. La proportion cherchée se trouve presque toujours la même dans les autres. Ainsi il sera très-facile de juger quel est le rapport de l'effet produit par le feu d'un *bois* coupé *en temps de séve*, avec celui de l'effet qui résulte de la combustion d'un *bois* coupé *hors séve*, si seulement on veut comparer ensemble quelques-unes de ces expériences.

52. *Hêtre. Bois d'un brin de* 40 *ans.*

Il produisit, en 44 minutes, 63 degrés de chaleur. En 3 heures 10 minutes, les charbons étoient éteints, & le thermomètre descendu à 42 degrés. En 12 heures, l'eau avoit perdu 4 livres 4 onces par l'évaporation. Les charbons pesèrent 1 once, & les cendres 4 gros & demi.

Le *bois* brûla du reste comme celui coupé *hors séve*, n°. 9.

53. *Charme. Bois d'un tronc de* 50 *ans.*

Ce *bois* produisit, en 51 minutes, 60 degrés de chaleur. En 3 heures 10 minutes, les charbons étoient éteints, & le thermomètre descendu à 39 degrés. En 12 heures l'évaporation fut de 4 livres. Les charbons pesèrent 1 once 2 gros, & les cendres 3 gros.

Ce *bois* eut les mêmes propriétés que celui coupé *hors séve*, n°. 12.

54. *Saule marceau. Bois d'un tronc de* 50 *ans.*

Il donna, en 43 minutes, 53 degrés de chaleur. En 2 heures 10 minutes, les charbons s'éteignirent, & le thermomètre étoit descendu à 43 degrés. En 12 heures, la perte de l'eau fut de 3 livres. Les charbons restans pesèrent 5 gros, & les cendres 2 gros.

Toutes les autres particularités propres au *bois* coupé *hors séve*, rapportées sous le n°. 38, furent absolument les mêmes pour celui-ci.

C. *Bois coupés hors séve, parfaitement séchés & brûlés à l'air libre.*

Je fis aussi plusieurs expériences, pour faire voir le rapport existant entre l'effet du feu d'une masse de *bois* brûlée sous une chaudière murée, & l'effet du feu d'une même masse de bois qu'on brûleroit, toutes circonstances d'ailleurs égales, sous le même vase non muré, mais qu'on auroit élevé sur un trépied dans le même local.

Dans beaucoup de ces expériences, le rapport se trouva toujours le même, & cela dans une exactitude étonnante; ce que l'on pourra facilement reconnoître par le peu de celles que je vais rapporter.

55. *Charme. Bois d'un tronc de* 50 *ans.*

Il produisit, en 40 minutes, 43 degrés de chaleur. En 4 heures 30 minutes, les charbons s'éteignirent & le thermomètre descendit à 27 degrés. En 12 heures, l'eau perdit 1 livre 12 onces. Les charbons pesoient 4 gros, & les cendres 5 gros.

Les autres particularités remarquées pour le

bois de charme, n°. 11, se trouvèrent les mêmes.

56. *Peuplier d'Italie. Bois d'un tronc de 20 ans.*

Il produisit, en 28 minutes, 26 degrés de chaleur. En 1 heure 40 minutes, les charbons étoient éteints, après que le thermomètre fut descendu à 23 degrés. En 12 heures, l'évaporation de l'eau fut de 12 onces. Les charbons pesèrent 6 gros, & les cendres 3 gros.

Les autres propriétés observées sous le n°. 33, se retrouvèrent ici.

57. *Sapin commun. Bois de tronc d'un arbre de 80 ans.*

Il produisit, en 39 minutes, 30 degrés de chaleur. En 1 heure 60 minutes, les charbons s'éteignirent, & le thermomètre marqua 27 degrés. En 12 heures, l'eau perdit en évaporation 1 livre 3 onces. Les charbons pesoient 1 once, & la cendre 3 gros.

Du reste, mêmes propriétés que celles observées n°. 46.

58. *Epicia. Bois d'un tronc de 100 ans.*

Il produisit, en 37 minutes, 35 degrés de chaleur. En une heure 30 minutes, les charbons s'étoient éteints, & le thermomètre avoit descendu à 32 degrés. En 12 heures, l'évaporation de l'eau fut de 1 livre 10 onces & demie. Les charbons pesoient 7 gros, & les cendres 3 gros & demi.

Ce *bois* eut les autres propriétés de celui n°. 50.

D. *Bois coupé hors séve, & brûlé vert sous la chaudière murée.*

Les résultats obtenus par les expériences faites avec du *bois* vert, ne se trouvèrent pas tout-à-fait dans les mêmes rapports. L'effet du feu diminuoit dans la proportion de l'humidité renfermée dans le *bois*. Tous les *bois* mous brûloient mieux verts que les *bois* durs, parce qu'ils se séchoient plus vîte au feu que ceux-ci. Cependant l'effet produit par le feu de chaque espèce de *bois*, fut sensiblement plus foible que celui des *bois* secs. Tous ces *bois* s'allumoient plus difficilement, fumoient plus fort & avoient plus de propension à s'éteindre. Je me bornerai à faire connoître, par un seul exemple, le rapport du feu de *bois* vert, avec celui du feu de *bois* sec. Il suffira pour faire voir combien se fait de tort, celui qui ne fait pas sa provision de *bois* sec.

59. *Hêtre. Bois de tronc d'un arbre de 80 ans, brûlé aussitôt après la coupe.*

Il donna, en 85 minutes, 50 degrés de chaleur. En 4 heures, les charbons s'étoient éteints, & le thermomètre étoit descendu à 38 degrés. En 12 heures, la perte de l'eau évaporée fut de 2 livres 4 onces. Les charbons pesoient 1 once & demie, & les cendres 3 gros.

Ce *bois* s'alluma très-difficilement. Il fuma beaucoup, & avoit une telle tendance à s'éteindre, qu'il fallut employer le soufflet; ce qu'on n'avoit jamais fait pour les autres.

E. *Bois de branchage coupé hors séve, parfaitement séché & brûlé sous la chaudière murée.*

60. *Branchage d'un hêtre de 120 ans, d'un poids égal aux 200 pouces cubes du bois de tronc du n°. 6.*

Ce bois produisit, en 40 minutes, 57 degrés de chaleur. En 3 heures, les charbons s'éteignirent, & le thermomètre descendit à 44 degrés. En 12 heures, l'eau perdit par évaporation 3 livres 9 onces de son poids. Les charbons restans pesoient 1 once, & la cendre 4 gros.

La flamme fut assez vive, elle pétilla un peu, & les charbons exposés à l'air libre avoient plus de penchant à s'éteindre que ceux du *bois* de tronc de la même grosseur.

61. *Pin sauvage. Branchage d'un arbre de 100 ans, égalant en poids les 200 pouces cubes du bois de tronc du n°. 42.*

Ce *bois* produisit, en 24 minutes, 57 degrés de chaleur. En 1 heure & 30 minutes, les charbons s'étoient éteints, & le thermomètre marqua 50 degrés. En 12 heures, l'eau perdit 3 livres 11 onces par l'évaporation. Les charbons restans pesoient 6 gros, & les cendres 3 gros.

Le feu brûla avec vivacité, pétilla un peu & ne fuma guère. Ce *bois* convient beaucoup au four; en très-peu de temps il y produit un haut degré de chaleur, & dans ce cas on ne regarde pas à la longue durée des charbons.

On peut connoître par ce peu d'exemples, le rapport de l'effet du feu produit par le *bois* de branchage, avec celui produit par le *bois* de tronc, l'un & l'autre de ces *bois* dans l'état sec étant d'un poids égal. Plusieurs expériences m'ont prouvé qu'il étoit assez semblable. Il ne faut pas s'attendre à trouver une proportion rigoureusement exacte; elle n'est pas possible, puisque la force des branches varie toujours beaucoup.

Tels sont les résultats des expériences que j'ai faites jusqu'à présent, sur les rapports de combustibilité des *bois*; je les ai portés au tableau A ci-après, pour les présenter sous un point de vue plus resserré & plus convenable.

Dans la troisième section je ferai voir de quelle manière on peut calculer & trouver le prix de chaque genre & de chaque espèce de *bois*, eu égard aux différens effets qu'ils produisent au feu.

TROISIÈME SECTION.

De l'avantage qui résulte des expériences faites sur la combustion des bois.

L'avantage que l'on peut retirer des expériences précédentes, consiste surtout en ce que les résultats qu'elles présentent, nous mettent en état de proportionner le prix du *bois* à brûler à l'effet qu'il produit, & en ce que, connoissant les propriétés de chaque espèce de *bois* de feu, nous pouvons choisir ceux qui conviennent à nos besoins.

Pour déterminer la valeur proportionnelle de deux choses d'effet différent, il faut que le prix de l'une de ces choses soit déjà connu ; autrement il est impossible d'obtenir aucun rapport. Qu'il s'agisse donc d'établir le rapport de la valeur ou du prix de deux ou de plusieurs espèces de *bois*, il faudra nécessairement que le prix d'une espèce soit déterminé. Ce prix dépend du vendeur, & se maintient selon la concurrence des acheteurs, & le manque ou l'abondance de la chose. Les autres prix de choses semblables doivent, pour être justes, s'établir d'après les rapports des effets que chacune produit.

Ainsi on ne pourra déterminer le prix proportionnel d'une certaine quantité de *bois* de tremble, avec celui d'une même quantité de *bois* de hêtre, qu'au préalable on ne connoisse le prix du hêtre. Quand ce dernier sera bien connu, il sera très-facile d'établir celui du tremble, en suivant la proportion des effets produits par l'un & par l'autre.

Qu'il s'agisse maintenant de résoudre cette question :

Comment calcule-t-on, d'après les effets trouvés par les expériences, le rapport du prix de chaque espèce de bois à brûler, en supposant que le prix du bois d'un hêtre de 120 ans soit de six florins pour 98 pouces cubes ?

Pour faire ce calcul, il faut considérer, 1°. la différence du plus haut degré marqué par le thermomètre ; 2°. la durée de chaleur jusqu'au moment de l'extinction des charbons ; 3°. la perte de l'eau occasionnée par l'évaporation : car le bois qui procure la chaleur la plus grande, & qui se soutient le plus long-temps & au plus haut degré, doit naturellement être le meilleur. Quant aux circonstances de la facilité avec laquelle brûle une espèce de *bois*, de la promptitude de l'effet qu'il produit, de la moindre tendance qu'il a à s'éteindre, du moins de fumée qu'il donne, & autres semblables, elles peuvent, il est vrai, augmenter ou diminuer le prix du *bois*, mais elles ne doivent pas être prises en considération dans nos calculs, attendu que ces propriétés plaisent ou déplaisent plus ou moins selon l'usage que l'on doit faire du *bois*.

On se bornera donc, dans ces calculs, à chercher quelle est la valeur d'un *bois*, à l'égard d'un autre, sous le rapport seulement du degré & de la durée de chaleur. Quant à la diminution que le prix d'une espèce de *bois* ainsi déterminé peut éprouver, à cause de certaines propriétés désagréables, elle est arbitraire & dépend beaucoup de circonstances différentes.

Je fais l'opération de la manière suivante :

Supposé que je veuille savoir quelle est, sous le rapport de la combustibilité, la valeur d'une certaine solidité de *bois* de tremble, telle que celle du n°. 29, en supposant qu'une même solidité de *bois* de hêtre, n° 6, coûte 6 flor (15 fr. 40 cent.), je cherche d'abord la valeur proportionnelle du tremble sous le rapport du plus haut degré de chaleur qu'il produit, & à cet effet je me sers de la règle de trois, & je dis : Si 62 degrés de chaleur valent 6 florins, combien vaudront 49 degrés? Je trouve par cette opération que le tremble vaut sous ce rapport 4 flor. 44 kreutzers 2 pfenins (12 fr. 17 cent.). Ensuite je cherche la valeur proportionnelle de ce même *bois* de tremble avec celle du hêtre sous le rapport de la durée de la chaleur, & opérant par la règle de trois composée, je dis : Si 3 heures 45 minutes, ou 225 minutes de chaleur, valent 6 florins, le thermomètre étant à 42 degrés, combien vaudront 2 heures 15 minutes, ou 135 minutes de chaleur, le thermomètre étant à 39 degrés? Je trouve 3 flor. 20 kr. 2 pf. (8 fr. 59 cent.) Enfin je cherche le rapport d'après l'évaporation de l'eau, & je dis : Si 4 livres 4 onces ou 68 onces d'eau s'évaporant, le *bois* vaut 6 florins, combien vaudra-t-il s'il n'y a eu qu'une évaporation de 2 livres 5 onces, ou 37 onces? Je trouve que sous ce dernier rapport, le tremble vaut 3 flor. 15 kr. 3 pf. (8 fr. 38 cent.), j'additionne les trois résultats, & les divisant par trois, j'ai 3 flor. 46 kr. 3 pf. $\frac{2}{3}$ (9 fr. 72 centimes), pour prix proportionnel du *bois* de tremble, en supposant qu'une même quantité de *bois* de hêtre vaille 6 florins (15 fr. 40 cent.).

J'ai calculé de cette manière le prix de toutes les espèces de *bois*, comme on peut le voir par le tableau A.

Si les cordes des différens genres & des différentes espèces de *bois* contenoient toujours la même *solidité de bois*, il n'y auroit pas de réduction à faire. Mais comme la contenance cubique ou solidité de *bois* d'une même corde varie, selon que l'espace renfermé dans cette corde se trouve plus ou moins rempli, à raison de ce qu'il l'est par du *bois* de bûches ou des rondins, par des bûches ou des rondins plus ou moins forts, & par du *bois* plus ou moins uni ou noueux ; j'ai dû faire sur cet objet des recherches aussi multipliées que minutieuses, pour m'assurer quelle étoit la masse de chaque espèce de *bois* que contenoit une même corde.

Je m'assurai, de la manière ci-après, de la contenance *matérielle* (1) des cordes de *bois* de bûches, ces cordes ayant 6 pieds de haut, sur 6 de large & 4 de long, & formant par conséquent un espace de 144 pieds cubes (2). Je fis scier en tronçons de 4 pieds de long, un tronçon dont la solidité étoit exactement connue, & j'en fis fendre & empiler autant qu'il en fallut pour faire une corde. Ensuite je retranchai de la contenance cubique de tout le tronc, la mesure des tronçons non fendus qui me restoient, & je trouvai ainsi quelle étoit la véritable masse de *bois* contenu dans la corde (3).

Je répétai souvent ces expériences sur du *bois* de fente, soit uni ou noueux, soit droit ou courbe. Puis je comparai la contenance des cordes qui avoient été bien, moyennement bien, & mal faites; & formées pour chaque espèce de *bois* de croissance différente, de bûches provenant, tant de troncs plus forts que de troncs plus foibles. J'en tirai le terme moyen que je portai dans le tableau A.

Quant à la contenance matérielle (*solidité*) des cordes de rondins, je la trouvai de cette manière: j'emplis d'eau, à moitié, une grande cuve dont la capacité équivaloit à une solive, & j'y jetai autant de rondins qu'il en fallut pour faire monter l'eau jusqu'aux bords du vase; ensuite je sortis ce *bois* de la cuve, & je remplaçai l'eau qui en avoit été enlevée en sortant le *bois*, & continuai l'opération jusqu'à ce que j'eusse mesuré une corde de rondins. Enfin je calculai la contenance cubique des solives que m'avoit données mon *bois* mesuré de cette manière; cette contenance a dû être celle de la corde soumise à l'expérience.

Je me servis encore d'un autre moyen: je calculai la mesure cubique de plusieurs rondins unis & ronds, pris dans une corde, tant parmi ceux qui avoient été coupés dans le bas, que parmi ceux qui avoient été coupés dans le haut d'un brin, attendu que le *bois* coupé près de la souche est plus pesant que celui qui l'est près de la cime. Je fis peser exactement ces rondins; & ensuite toute la corde, & je cherchai, pour avoir la contenance cubique de la totalité de la corde, le quatrième terme d'une proportion composée, 1°. du poids des bûches que j'avois mesurées séparément; 2°. de la contenance cubique de ces bûches; 3°. du poids de toute la corde. Les deux opérations m'ont donné des résultats absolument conformes, & j'ai trouvé par la comparaison des cordes, soit bien, soit moyennement bien, ou mal arrangées, & formées de rondins de 3, 4 & 5 pouces de tour, les produits que j'ai placés dans les tableaux A & B.

Comme j'ai trouvé & indiqué la contenance cubique de *bois* contenu dans mes cordes, selon les différentes essences ou sortes de *bois*, il est facile de déterminer la valeur réelle d'une semblable corde de toute espèce de *bois*. Il suffit de chercher le quatrième terme d'une proportion dont les trois premiers seroient, 1° la solidité de la corde de *bois* de hêtre que j'ai prise pour base dans mes calculs, laquelle est de 98 pieds cubes; 2°. le prix d'une autre espèce de *bois*, calculé d'après une pareille solidité; 3°. la solidité plus ou moins forte de cette espèce de *bois*.

Ainsi, étant reconnu qu'une corde de bûches de hêtre contient, en solidité, 98 pieds cubes de *bois*, & coûte 6 flor. (15 fr. 40 c.), quelle sera la valeur d'une corde de bûches de tremble qui, à pareille solidité, coûteroit 46 kr. 3 pf. $\frac{2}{3}$ (2 fr. 1 cent), mais qui ne contient réellement que 90 pieds?

On cherche le quatrième terme de cette proportion: 98 pieds cubes est à 3 florins 46 kr. 3 pf. $\frac{2}{3}$ ou 907 pf. $\frac{2}{3}$ (9 fr. 71 cent.) comme 90 est à.... Le quatrième terme cherché est de 3 flor. 28 kr. 1 pf. (8 fr. 91 cent.), formant le prix proportionnel de la corde de bûches de tremble avec celui de la corde de hêtre, qui est de 6 florins (15 francs 40 cent.).

C'est par ce procédé que j'ai trouvé le prix de tous les *bois* qui avoient été coupés à la même époque, séchés & brûlés de la même manière. J'ai porté les résultats de mes calculs, dans la dernière partie du tableau cotté A.

J'ai porté dans le même tableau A, sous les lettres B, C & D, le prix en argent qu'une solidité de *bois*, toujours la même dans l'état vert, peut valoir relativement à l'effet qu'elle produit lorsque le *bois* est coupé dans telle ou telle saison, & brûlé dans telle ou telle circonstance. J'ai fait connoître aussi, sous la lettre E, la valeur (toujours sous le rapport de la chaleur) d'une certaine quantité de branches sèches, qui seroit d'un poids égal à une corde de bûches sèches de la même espèce de *bois*.

Comme les effets de la chaleur & les prix sont dans des rapports exacts, on peut voir par la comparaison de ces prix, de combien l'effet *d'un bois coupé en temps de sève* est au-dessus ou au-dessous de celui *d'un bois coupé hors sève*; de combien la chaleur du *bois* brûlé *à l'air libre* est moindre de celle du *bois* brûlé *en lieu clos*; & enfin, de com-

(1) C'est-à-dire, de la solidité des cordes de *bois* de bûches.

(2) On fait observer que le pied du Rhin ne vaut, relativement à l'ancien pied de Paris, que 139 lignes un tiers, ou 11 pouces 7 lignes un tiers, & que la corde dont il s'agit ici ne vaut qu'environ 130 pieds cubes de Paris.

(3) Cette expérience consiste, comme on le voit, à tirer d'un tronc d'arbre scié par tronçons de 4 pieds de long, autant de *bois* de fente qu'il en faut pour faire une corde, & à calculer ce qui reste de l'arbre, après cette opération. La soustraction de ce restant, de la solidité connue de de l'arbre, fait connoître la solidité réelle de *bois* employée pour composer la corde.

Mais cette opération n'est exacte qu'autant que les troncs ont une forme parfaitement cylindrique; & cela ne se rencontre guère.

bien l'effet d'une solidité de *bois* vert est au-dessous de celui d'une semblable quantité de *bois* sec.

On verra premièrement, par la comparaison des numéros 52 & 9, 53 & 12, 54 & 38, que le *bois* coupé en séve produit un effet à peu près d'un huitième moindre que le *bois* coupé hors séve.

Secondement, par celle des numéros 55 & 12, 56 & 33, 57 & 48, 58 & 50, que le *bois* que l'on brûle à l'air libre ne vaut presque que la moitié, ou, ce qui est la même chose, ne produit que la moitié d'effet qu'un même cube de *bois* qu'on brûle dans un espace clos. Troisièmement, par celle des numéros 59 & 7, que le *bois* vert ne donne que les trois quarts de la chaleur que produit une même quantité de *bois* parfaitement sec. Quatrièmement enfin, par la comparaison des numéros 60 & 6, 61 & 44, que le *bois* de branches sèches produit un effet d'un cinq-sixièmes moindre de celui qui résulte d'un même poids de bûches sèches de pareille espèce de *bois*.

Veut-on savoir, d'après cela, ce que vaut une certaine mesure de *bois* de branches, par rapport à une autre mesure de *bois* de bûches ou de rondins? il suffit de faire peser les deux mesures lorsque le *bois* est parfaitement sec, de calculer le rapport d'après les résultats qu'on obtient.

Supposé qu'une corde de bûches (*bois* de hêtre provenant d'un arbre de 120 ans) pèse 38 quintaux 28 livres, ou 3,828 liv., & vaille 6 flor. (15 fr. 40 c.), combien vaudront 100 fagots de hêtre, pesant 2000 livres, la valeur de 3,828 livres de ce *bois* de fagots n'étant que de 5 florins 12 kr. (13 fr. 35 cent.)?

On cherche le quatrième terme proportionnel de 3,828 livres, de 5 florins 12 kr. (13 fr. 35 c.) & de 2,000 liv. Ce terme est de 2 flor. 43 kr. (6 fr. 97 c.), formant le prix de 2000 liv. de branchages de hêtre, ou de 100 fagots, par rapport à la chaleur qui en doit être produite.

Ici se termine l'ouvrage de M. Hartig. Cet auteur a dressé deux tableaux sous les lettres A & B, que j'ai fait connoître dans ma traduction, & auxquels j'ai ajouté un troisième tableau faisant connoître la valeur comparée des *bois* entr'eux, d'après les résultats des expériences.

Je reproduis ici le tableau A de l'auteur, réduit en poids & mesures de France, & je donne, de la valeur comparée des *bois*, un nouveau tableau plus complet que celui que j'ai joint à ma traduction.

Je renvoie à ma traduction imprimée en 1807, pour le tableau B de l'auteur, qui est relatif à la pesanteur & à la solidité d'une corde de *bois*.

Je ne terminerai pas ce que j'avois à dire sur la combustibilité des *bois*, sans présenter les observations faites par M. Féburier à la Société d'agriculture de Versailles, en lui rendant compte de ma traduction insérée dans le XIe. cahier des *Annales de l'agriculture françaiſe*, de 1815.

M. Féburier, après avoir donné des éloges à l'auteur des expériences, pour les soins avec lesquels il les a faites, a manifesté son regret de ce que M. Hartig eût employé, pour en faire connoître les résultats, des calculs mal fondés. Voici en quoi il trouve que ces calculs sont vicieux :

1°. « L'auteur, dit M. Féburier, a considéré, pour établir ses proportions de valeur entre les diverses espèces de *bois*, 1°. la différence du plus haut degré de chaleur, fourni par un poids déterminé de *bois*; 2°. la durée de la chaleur jusqu'au moment de l'extinction des charbons; 3°. la perte de l'eau occasionnée par l'évaporation; mais ce dernier effet étoit la conséquence immédiate des deux premiers qui étoient les causes de l'évaporation : d'où il suit que l'auteur a confondu les causes & les effets.

» En effet, que cherchoit l'auteur dans ses expériences? A constater les rapports de combustibilité des *bois* entr'eux. Qu'a-t-il fait pour y parvenir? Il a calculé le degré de chaleur & sa durée produite par une masse égale de chaque espèce de *bois*. Il a mesuré cette chaleur avec un thermomètre, & pour mieux s'assurer des produits, il a soumis à cette chaleur une certaine quantité d'eau dont l'évaporation pût servir à rectifier ses calculs. Cette évaporation pouvoit, comme le thermomètre, donner une idée de la chaleur produite par chaque espèce de *bois* : c'étoit, si je puis m'exprimer ainsi, un nouveau thermomètre de la chaleur, puisque l'*évaporation est relative à la chaleur produite*. Ainsi, pour calculer la valeur du *bois*, on ne devoit employer que la chaleur produite, ou l'évaporation de l'eau, & il me semble qu'il falloit dire : Puisque le sycomore a donné tant de degrés de chaleur pendant tel temps, ou bien puisqu'il a fait évaporer telle quantité d'eau, & qu'il vaut 17 fr. 57 cent., combien vaut une masse égale d'un autre *bois* qui n'a produit que tel degré de chaleur pendant tel temps, ou qui n'a fait évaporer que telle quantité d'eau? Le résultat trouvé, on chercheroit combien la corde de sycomore & celle du *bois* comparé contiennent de pieds cubes; ce qui dépend de la grosseur des bûches & de leur forme plus ou moins droite ou raboteuse, suivant les diverses espèces. Le nombre de pieds cubes trouvé, on s'assureroit du poids du pied cube de chaque espèce de *bois*, & on auroit alors toutes les données nécessaires pour établir le prix comparatif de chaque espèce de *bois*. »

M. Féburier, en adoptant cette manière de calculer, trouve que les rapports établis par M. Hartig sont changés; que, par exemple, le *bois* d'orme qui, dans le tableau comparatif, se trouve placé au-dessous du mélèze, seroit mis au contraire plusieurs places au-dessus.

Il a préféré prendre la différence de l'évaporation de l'eau pour fixer la chaleur produite, plutôt que celle de la différence du plus haut degré de chaleur & de la durée de cette chaleur, parce que, dit-il, les calculs de M. Hartig sont encore mal fondés sous ces rapports. Il prend, pour le démontrer, l'exemple suivant: « L'auteur, dit-il, voulant déterminer la valeur du chêne rouvre relativement à celle du hêtre, a fixé, d'après ses expériences, le degré de chaleur produite par le hêtre à 62 degrés en 45 minutes, & le degré de chaleur produite par le chêne au même nombre de degrés, mais en 54 minutes. L'auteur, pour établir le prix du chêne, néglige cependant le temps qui s'est écoulé pour faire parvenir la chaleur de l'eau à son *maximum*, & il trouve que le chêne & le hêtre ont sous ce rapport la même valeur, puisque la plus grande chaleur produite est la même. Cependant il est constant que le hêtre ayant fourni 62 degrés en 45 minutes, pendant que le chêne n'a donné la même chaleur qu'en 54 minutes, le hêtre a fourni en 54 minutes un degré au moins de plus de chaleur que le chêne, & a dû déterminer une plus grande évaporation, dont l'auteur n'a pas tenu compte. »

2°. « L'auteur, continue M. Feburier, a trouvé que les charbons de chênes s'éteignirent en 3 heures, & que le thermomètre descendit à 42 degrés. Les charbons du hêtre au contraire ne s'éteignirent qu'en 3 heures 45 minutes, & le thermomètre descendit également à 42 degrés. Ainsi, l'auteur ayant trouvé le même nombre de degrés au moment de l'extinction des charbons, n'a eu à calculer que la différence du temps qui est d'un cinquième; ce qui, dans son calcul, réduit la valeur du chêne à 12 fr. 32 cent.; mais l'évaporation produite par le chêne, au lieu d'être d'une part plus foible d'un neuvième, à raison du temps que la combustion de ce *bois* a mis à élever le thermomètre à 62 degrés, & d'un cinquième à raison du temps employé pour l'extinction des charbons, époque où le thermomètre a marqué 42 degrés, ce qui réduisoit ce *bois* à 10 fr. 37 cent., a cependant déterminé une évaporation de l'eau de 4 livres 8 onces, pendant que le hêtre n'a produit qu'une évaporation de 4 livres 4 onces; ce qui établit les rapports de 100 à 94,44, & donne à la solidité du chêne, comparée à celle du hêtre, une valeur de 16 fr. 31 cent., quand le hêtre n'est évalué qu'à 15 fr. 40 cent.

» La différence du prix du chêne, calculée par l'évaporation & par la chaleur produite, est donc comme 16 fr. 31 c. est à 10 fr. 37 c., ou comme 100 est à 63,58. Cette différence entre la chaleur produite & l'effet de cette chaleur est énorme, & je ne puis l'attribuer qu'à la manière de calculer de l'auteur, qui n'a vérifié le thermomètre, pendant l'opération, qu'au moment où la chaleur étoit au plus haut degré, & à l'époque où les charbons se sont éteints, au lieu de suivre constamment le thermomètre & de calculer la gradation de cette chaleur pendant sa réduction jusqu'à 42 degrés. En effet, il est certain que, puisque le *bois* de chêne a déterminé une plus grande évaporation, il a produit une plus grande chaleur; & pour la produire dans un temps moins long, il a fallu qu'elle se soutînt plus long-temps à un degré plus élevé.

» 3°. L'auteur me paroît avoir commis une autre erreur. Pour avoir la valeur du *bois*, relativement à la chaleur, il en a calculé le plus haut degré, ensuite la durée de la chaleur, & il a fixé la valeur de ces *bois* sous chacun de ces rapports; puis il a additionné les deux sommes, & en a pris la moitié comme valeur proportionnelle, au lieu d'ajouter ou de retrancher les différences produites par celle de la chaleur & de sa durée. Ainsi, en supposant une masse de *bois* indiquant constamment au thermomètre 60 degrés pendant une heure, & évaluée 100 fr., & une autre masse de *bois* égale à la première, donnant 30 degrés de chaleur pendant 30 minutes, dont on cherche la valeur; l'auteur, pour trouver cette valeur, cherche le rapport des degrés de chaleur, & ce rapport étant comme 2 à 1, il fixe la valeur de la deuxième masse (ou solidité) de *bois* à 50 fr.; puis il cherche également le rapport de la durée de la chaleur, & cette durée étoit aussi comme 2 à 1. L'auteur, au lieu de réduire son premier résultat de moitié, ce qui porteroit le prix de la deuxième masse à 25 fr., établit sa valeur à 50 fr. sous le rapport de la durée de la chaleur, & additionnant cette somme à celle de 50 fr., pour la plus grande chaleur produite, il la divise par deux, & il a 50 fr. pour la masse du *bois* relativement à la chaleur précédente & à la durée de cette chaleur; d'où il résulte qu'il en double la valeur. Il la diminueroit au contraire, si sa chaleur étoit plus durable que celle de la masse à laquelle on la compare.

» Quant à l'évaporation, elle peut bien servir pour rectifier les calculs sur la chaleur produite, lorsqu'on en a trouvé le résultat, en comparant ce résultat avec l'évaporation, & en établissant une moyenne proportionnelle, s'il n'y a qu'une légère différence; mais réunir, comme l'a fait l'auteur, le produit de l'évaporation aux produits séparés du degré de chaleur & de sa durée, pour en prendre le tiers, c'est se mettre dans l'impossibilité d'avoir un résultat fondé en raison, attendu que l'évaporation étant l'effet de ces deux causes réunies, ne peut être en rapport avec chacune d'elles séparément. »

Telles sont les principales observations que M Féburier a faites contre les calculs employés par l'auteur pour déterminer la valeur respective des *bois*.

Je sais que les physiciens qui se sont occupés de déterminer le calorique spécifique des corps & la quantité de calorique dégagé par les corps en combustion, n'ont pas employé toutes les données que M. Hartig a fait entrer dans ses calculs. Nous voyons dans les *Principes de physique de Brisson*, qu'ils se sont contentés de calculer la quantité de glace fondue par le corps mis en combustion dans le calorimètre dont ils se sont servi, pour en déduire la quantité de calorique dégagé. Mais les expériences de M. Hartig n'avoient pas seulement pour objet de connoître cette somme de calorique; l'auteur vouloit aussi apprécier la durée de la combustion, qui est une qualité importante dans les *bois*, & surtout dans les *bois* de chauffage. D'ailleurs, son appareil ne ressembloit point au calorimètre dont MM. Lavoisier & Laplace ont fait usage pour faire fondre la glace. Dans celui-ci, il n'y a pas un atome de calorique perdu; tout est employé à produire l'effet qu'on se propose, tandis que dans l'appareil simple de M. Hartig, il devoit y avoir perte, & cette perte devoit être d'autant plus considérable, que la combustion étoit plus prompte, parce que le calorique est un corps auquel il faut un temps déterminé pour pénétrer les substances soumises à son action. Or, s'il se dégage avec une grande promptitude, & si l'appareil n'est pas disposé de manière à ce qu'il ne puisse pas s'en perdre, ses effets sont moins marqués sur le corps soumis à son action principale, que si la même somme de calorique se dégageoit par une combustion moins rapide. Je crois donc qu'il falloit calculer la durée de cette combustion, & c'est ce qu'a fait M. Hartig. Il observe lui-même, dans l'application de ses procédés, que l'opération qui consiste à ne calculer que d'après l'évaporation de l'eau, est inexacte; qu'il le savoit par expérience, & qu'il s'en est encore assuré par ses recherches.

D'un autre côté, les degrés marqués par le thermomètre étoient des moyens d'appréciation insuffisans, parce que la durée de la combustion est une qualité essentielle.

Enfin, cette durée seule eût été insignifiante sans la réunion des deux autres qualités. Je pense donc que M. Hartig étoit fondé à faire concourir les trois élémens de calculs dont il s'est servi : *le degré de chaleur, la durée de la combustion & la quantité d'eau vaporisée*. Je ne prétends pas cependant décider cette question, dont la solution exige de hautes connoissances de physique. Je la soumets aux savans qui s'occupent habituellement de ces objets.

L'observation de M. Féburier, relativement à l'attention que l'auteur auroit dû avoir de suivre constamment le thermomètre & de calculer la gradation de la chaleur, soit en montant, soit en descendant, me paroît juste. Mais il faut convenir que dans des expériences aussi longues & aussi multipliées, que celles faites par M. Hartig, il est bien difficile d'observer & d'apprécier les plus petites circonstances; & d'ailleurs, en prenant la moyenne proportionnelle des trois données qui entroient dans ses calculs, l'auteur a balancé les petites différences qui ont pu se rencontrer.

Enfin, M. Féburier observe que M. Hartig a commis une autre erreur, en ce qu'ayant calculé le plus haut degré de cette chaleur & ensuite la durée de cette chaleur, puis fixé la valeur des *bois* sous chacun de ces rapports & additionné les deux sommes, il en a pris la moitié comme valeur proportionnelle, au lieu d'ajouter ou de retrancher les différences produites par celles de la chaleur & de sa durée.

J'avoue que je ne comprends pas cette observation. Tout ce que je puis dire, c'est que l'auteur avoit trois données : le degré de chaleur, la durée & l'évaporation. Il a fixé pour chaque espèce de *bois*, les valeurs de chacune de ces données; il les a additionnées, ensuite divisées par trois : le quotient lui a donné la valeur proportionnelle. Il me semble qu'il n'y avoit pas d'autre manière de faire ces calculs; & ce qui prouveroit que ses moyens d'appréciation ne sont pas tout-à-fait vicieux, c'est que ses résultats concordent assez bien avec ceux obtenus sur la valeur comparée des charbons, par M. de Werneck.

Je ne pousserai pas plus loin la discussion. J'ai dû faire connoître les observations présentées contre les calculs de M. Hartig, afin que les physiciens qui se livreront au même genre d'expériences puissent profiter de ce qu'elles contiennent de juste. Mais je n'en dois pas moins reproduire ici les tableaux des résultats obtenus par cet auteur.

[T]ABLEAU *faisant connoître, 1°. les effets produits au feu par chaque espèce de bois; 2°. la valeur respective de ces bois, à solidité égale; 3°. l'estimation d'une corde de tel ou tel bois, tant sous le rapport de l'intensité et de la durée de chaleur qu'il produit, que sous celui de la contenance matérielle ou solidité de cette corde : le tout d'après la supposition qu'une corde de bois de hêtre, de 120 ans, contenant 144 pieds cubes du Rhin (environ 130 pieds cubes de Paris), vaille 6 florins (14 francs 40 centimes).*

	NOMS DES BOIS sur lesquels les expériences & les calculs ont été faits.	EFFETS PRODUITS PAR LE FEU.							VALEUR des bois à masse ou solidité égale.		LA CORDE du Rhin contient en solidité.	VALEUR relative d'une corde de bois (*).	
		État le plus élevé du thermomètre.	Temps écoulé jusqu'à l'extinction des charbons.		État du thermomètre à l'extinction des charbons.	PERTE de l'eau par l'évaporation pendant douze heures. Poids de Paris.			Francs.		Pieds cubes de Paris.	Francs.	
	A. *Bois coupés hors sève, parfaitement secs, & brûlés sous la chaudière murée.* *Bois à feuilles.*	Degrés.	Heures.	Minutes.	Degrés.	Livres.	Onces.	Gros.	Francs.	Centimes.		Francs.	Centimes.
1.	Chêne rouvre, bois d'un tronc de 200 ans	62	3	»	42	4	9	4	14	97	77 23/36	13	14
2.	Chêne à grappes, bois d'un tronc de 190 ans	62	2	45	42	4	5	3	14	4	77 23/36	12	32
3.	Chêne à grappes, bois de grosses branches d'un arbre de 190 ans	60	2	40	44	4	3	7	13	82	57 7/9	9	2
4.	Chêne à grappes, bois d'un brin de 40 ans	66	2	20	47	4	14	4	14	85	66 29/36	11	21
5.	Chêne à grappes, bois de tronc ayant un commencement de pourriture	56	1	44	50	3	12	6	11	95	72 2/9	9	76
6.	Hêtre, bois d'un tronc de 120 ans	62	3	45	42	4	5	3	15	40	88 17/36	15	40
7.	Hêtre, bois d'un tronc de 80 ans	64	4	»	37	4	9	4	15	57	94 31/36	14	92
8.	Hêtre, bois de grosses branches d'un arbre de 120 ans	57	3	20	41	3	14	2	13	78	63 4/36	9	85
9.	Hêtre, bois d'un brin de 40 ans	66	3	»	44	4	11	4	15	34	66 29/36	11	58
[1]0.	Hêtre, bois d'un tronc ayant un commencement de pourriture.	58	1	27	46	4	5	3	12	11	77 25/36	10	63

(*) Cette valeur est calculée d'après la supposition qu'une corde de *bois* de hêtre, d'une croissance parfaite, soit de 14 f. 40 c.

11.	Charme, bois d'un tronc de 90 ans	64	3	30	35	5	2	5	16	55	79 4/9	14	86
12.	Charme, bois d'un tronc de 50 ans	65	3	30	36	5	5	6	15	83	84 1/18	14	86
13.	Charme, bois de grosses branches d'un arbre de 90 ans	59	2	45	39	4	»	2	13	14	61 7/18	9	12
14.	Charme, bois d'un brin de 30 ans	66	4	46	33	5	9	2	17	19	63 7/36	12	27
15.	Alizier ou Allier, bois d'un tronc de 90 ans	58	4	»	37	4	»	2	14	38	88 17/36	14	38
16.	Alizier, bois d'un brin de 30 ans	65	2	20	47	4	14	4	14	77	66 29/36	11	14
17.	Frêne, bois d'un arbre de 100 ans	60	4	15	38	4	7	3	15	51	88 17/36	15	51
18.	Frêne, bois d'un brin de 30 ans	61	3	50	39	4	11	4	15	50	66 29/36	11	70
19.	Orme, bois d'un tronc de 100 ans	55	3	28	38	3	13	6	13	42	83 1/18	12	59
20.	Orme, bois d'un brin de 30 ans	57	3	10	36	3	9	1	12	64	66 29/36	9	55
21.	Sycomore, bois d'un tronc de 100 ans	64	3	45	48	5	6	6	17	57	88 17/36	17	57
22.	Sycomore, bois d'un brin de 40 ans	65	3	30	49	5	10	7	17	70	66 29/36	13	13
23.	Tilleul, bois d'un tronc de 80 ans	55	1	45	46	2	12	7	10	50	81 1/4	9	64
24.	Tilleul, bois d'un brin de 30 ans	50	2	»	41	2	5	6	9	60	66 29/36	7	24
25.	Bouleau, bois d'un tronc de 60 ans	57	3	5	40	3	13	2	13	26	79 4/9	11	90
26.	Bouleau, bois d'un brin de 25 ans	57	2	15	43	2	11	7	11	12	66 29/36	8	39
27.	Aune, bois d'un tronc de 70 ans	49	1	50	40	2	»	5	9	85	81 17/36	8	13
28.	Aune, bois d'un brin de 20 ans	52	2	12	49	3	3	»	10	8	66 29/36	7	57
29.	Tremble, bois d'un tronc de 60 ans	49	2	15	39	2	5	6	9	70	81 17/36	8	91
30.	Tremble, bois d'un brin de 20 ans	56	2	»	44	3	»	»	11	5	66 29/36	8	30
31.	Peuplier noir, bois d'un tronc de 60 ans	38	2	»	34	2	2	6	7	92	81 17/36	7	23
32.	Peuplier noir, bois d'un brin de 20 ans	36	2	»	29	1	12	5	7	62	66 29/36	5	76
33.	Peuplier d'Italie, bois d'un tronc de 20 ans	44	1	20	39	1	12	5	7	44	81 17/36	6	84
34.	Peuplier d'Italie, bois d'un brin de 10 ans	41	1	20	37	1	7	4	6	72	66 29/36	5	7
35.	Saule blanc, bois d'un tronc de 50 ans	44	1	40	40	1	14	5	8	8	77 23/36	7	8
36.	Saule blanc, bois d'un brin de 10 ans	50	2	10	44	2	3	6	9	88	66 29/36	7	47
37.	Saule marceau, bois d'un tronc de 60 ans	58	1	50	46	3	9	1	11	77	81 1/4	10	81
38.	Saule marceau, bois d'un brin de 20 ans	60	1	47	47	4	4	3	12	64	66 29/36	9	53
39.	Faux acacia, bois d'un tronc de 34 ans	58	2	»	45	3	14	2	12	32	74 1/36	10	31
40.	Faux acacia, bois d'un brin de 8 ans	60	1	55	46	4	7	3	12	91	66 29/36	9	75
	Bois résineux.												
	Mélèze, bois d'un arbre de 100 ans, valant d'après la proportion établie	....	.....		....	.....			12	48	90 5/18	12	71
41.	Mélèze, bois d'un arbre de 50 ans	56	1	38	49	3	2	5	10	92	88 17/36	10	82
42.	Mélèze, bois d'un brin de 25 ans	51	1	20	44	2	10	7	9	32	66 29/36	7	3

Cc 2

(Suite du Tableau ci-contre.)

N°	Espèce de bois							
43.	Pin sauvage, bois d'un arbre de 125 ans..................	70	1 50	54	5 5 6	15 36	90 $\frac{5}{18}$	15 67
44.	Pin sauvage, bois d'un arbre de 100 ans..................	60	2 50	42	4 1 2	13 65	90 $\frac{5}{18}$	13 95
45.	Pin sauvage, bois d'un arbre de 50 ans..................	57	2 30	40	3 6 1	11 97	88 $\frac{17}{36}$	11 97
46.	Pin sauvage, bois de la cime d'un arbre de 100 ans.......	54	2 40	42	3 1 »	11 65	72 $\frac{2}{9}$	9 59
47.	Pin sauvage, bois d'un brin de 30 ans..................	53	1 45	43	3 1 »	10 46	66 $\frac{29}{36}$	7 88
	Sapin commun, bois d'un arbre de 100 ans, valant d'après la proportion établie..................	....	.....	....	....	10 79	90 $\frac{5}{18}$	10 99
48.	Sapin commun, bois d'un tronc de 80 ans..................	55	1 10	51	3 1 »	10 11	88 $\frac{17}{36}$	10 11
49.	Sapin commun, bois d'un brin de 40 ans..................	50	1 50	40	2 4 4	9 24	66 $\frac{29}{36}$	6 97
50.	Epicia, bois d'un tronc de 100 ans..................	59	1 30	52	3 15 2	12 11	90 $\frac{5}{18}$	12 32
51.	Epicia, bois d'un brin de 40 ans..................	50	1 40	44	3 1 »	10 15	66 $\frac{29}{36}$	7 65
	B.							
	Bois coupés en sève, parfaitement desséchés & brûlés à feu clos.							
52.	Hêtre, bois d'un brin de 40 ans..................	63	3 10	42	4 5 3	14 68	66 $\frac{29}{36}$	
53.	Charme, bois d'un tronc de 60 ans..................	60	3 10	39	4 1 2	13 83	83 $\frac{41}{18}$	
54.	Saule marceau, bois d'un brin de 20 ans..................	53	2 10	43	3 1 »	11 4	66 $\frac{29}{36}$	
	C.							
	Bois coupés hors sève, parfaitement desséchés & brûlés à l'air libre.							
55.	Charme, bois d'un tronc de 50 ans..................	43	4 30	27	1 14 5	9 63	83 $\frac{1}{18}$	
56.	Peuplier d'Italie, bois d'un brin de 20 ans..................	26	1 40	23	» 14 2	4 30	66 $\frac{29}{36}$	
57.	Sapin commun, bois d'un tronc de 50 ans..................	30	1 50	27	1 3 3	5 52	88 $\frac{17}{36}$	
58.	Epicia, bois d'un tronc de 100 ans..................	35	1 30	32	1 11 »	6 46	90 $\frac{5}{18}$	
	D.							
	Bois coupé en sève & brûlé vert aussitôt sous la chaudière murée.							
59.	Hêtre, bois d'un tronc de 80 ans..................	50	4 »	38	2 4 4	11 81	84 $\frac{31}{36}$	
	E.							
	Bois de branchage coupés hors sève, parfaitement secs, de poids semblables à des masses de bois de troncs de mêmes espèces & également secs.							
60.	Hêtre, branchage d'un arbre de 120 ans, de même poids que le bois du n°. 6..................	57	3 »	44	3 9 9	13 35		
61.	Pin sauvage, branchage d'un arbre de 100 ans, de même poids que le bois du n°. 44..................	57	1 30	30	4 12 2	11 55		

TABLEAUX faisant connoître, dans un ordre décroissant, la valeur comparative des différentes espèces et qualités de bois, sous le rapport de la combustion, d'après les expériences de M. Hartig.

I. *Tableau indicatif de la valeur respective des bois à masse ou solidité égale & non par corde.*

Bois coupés hors sève, parfaitement secs & brûlés sous la chaudière murée.

ORDRE DÉCROISSANT.		VALEURS comparatives.	
		francs.	cent.
1. Sycomore. Bois d'un tronc de	40 ans.	17	70
2. *Id.*	100 ...	17	57
3. Charme	30 ...	17	19
4. *Id.*	90 ...	16	55
5. *Id.*	50 ...	15	83
6. Hêtre	80 ...	15	57
7. Frêne	100 ...	15	51
8. *Id.*	30 ...	15	50
9. Hêtre	120 ...	15	40
10. Pin sauvage	125 ...	15	36
11. Hêtre	40 ...	15	34
12. Chêne rouvre	200 ...	14	97
13. Chêne à grappes	40 ...	14	85
14. Alizier	30 ...	14	77
15. *Id.*	90 ...	14	38
16. Chêne à grappes	190 ...	14	4
17. *Id.* bois de grosses branches du même arbre		13	82
18. Hêtre. Grosses branches d'un arbre de 120 ans		13	78
19. Pin sauvage. Tronc de 100 ans.		13	65
20. Orme	100 ...	13	42
21. Bouleau	60 ...	13	26
22. Charme. Branche d'un arbre de 90 ans		13	14
23. Faux acacia. Tronc de 8 ans.		12	91
24. Saule marceau	20 ...	12	64
25. Orme	30 ...	12	64
26. Mélèze	100 ...	12	48
27. Faux acacia	34 ...	12	32
28. Epicia	100 ...	12	11
29. Hêtre, ayant un commencement de pourriture		12	11
30. Pin sauvage. Tronc de 50 ans..		11	97
31. Chêne à grappes, ayant un commencement de pourriture		11	95
32. Saule marceau. Tronc de 60 ans.		11	77
33. Pin sauvage. Bois de la cime d'un arbre de 65 ans		11	65
34. Bouleau. Tronc de 25 ans		11	12
35. Tremble	20 ...	11	5
36. Mélèze. Bois d'un tronc de 50 ans		10	92
37. Sapin commun	100 ...	10	79
38. Tilleul	80 ...	10	50
39. Pin sauvage	30 ...	10	46
40. Epicia	40 ...	10	15
41. Sapin commun	80 ...	10	11
42. Aune	20 ...	10	8
43. Saule blanc	10 ...	9	88
44. Aune	70 ...	9	85
45. Tremble	60 ...	9	70
46. Tilleul	30 ...	9	60
47. Mélèze	25 ...	9	32
48. Sapin commun	40 ...	9	24
49. Saule blanc	50 ...	8	8
50. Peuplier noir	60 ...	7	92
51. *Id.*	20 ...	7	62
52. Peuplier d'Italie	20 ...	7	44
Id.	10 ...	6	72
Bois coupés en sève, parfaitement desséchés & brûlés à feu clos.			
53. Hêtre. Bois d'un tronc de 40 ans		14	68
54. Charme	40 ...	13	83
55. Saule marceau	20 ...	11	4
Bois coupés hors sève, parfaitement secs & brûlés à l'air libre.			
56. Charme. Tronc de 50 ans...		9	63
57. Epicia	100 ...	6	46
58. Sapin commun	50 ...	5	52
59. Peuplier d'Italie	20 ...	4	30
Bois coupé en sève & brûlé vert aussitôt sous la chaudière murée.			
60. Hêtre. Tronc de 80 ans		11	81
Bois de branchage coupés hors sève, parfaitement secs, de poids semblables à des masses ou solidités de bois de troncs de mêmes espèces également secs.			
61. Hêtre. Branchage d'un arbre de 120 ans, de même poids que le n°. C.		13	35
62. Pin sauvage. Branchage d'un arbre de 100 ans, de même poids que le bois n°. 39		11	55

Comme les *bois* se mesurent plus ou moins bien dans les cordes, selon qu'ils sont plus ou moins gros, droits ou tortueux, unis ou noueux, il en résulte que ceux qui sont spécifiquement d'une plus haute valeur pour le chauffage, ne conservent cependant pas cette proportion de valeur par corde. Il résulte des expériences de M. de Werneck sur le cordage des *bois*, qu'il y a de grandes différences dans la solidité & par conséquent dans la pesanteur des cordes de *bois*, suivant le nombre & la qualité des bûches dont elles sont composées. On pourroit appliquer à ces résultats les expériences de M. Hartig sur la combustion à solidité égale, d'autant que ce dernier auteur n'a pas suivi des procédés très-rigoureux dans celles de ses expériences qui ont eu pour objet de déterminer la solidité & la pesanteur des cordes de chaque espèce de *bois*.

Cependant, pour conserver ici l'ensemble du travail de M. Hartig, qui au surplus est assez exact sous ce dernier rapport, nous allons présenter le tableau de la valeur comparative des *bois* d'après la solidité qu'il a trouvée dans chaque corde.

II. *Tableau faisant connoître, dans un ordre décroissant, les rapports par corde, de la valeur des différentes espèces de bois de feu, d'après les expériences de M. Hartig, & suivant les âges respectifs de ces bois.*

PREMIER ORDRE.

BOIS D'UN ACCROISSEMENT PARFAIT.

Noms & âges des bois.

Nos.		Valeurs comparatives par corde.	
1.	Sycomore de 100 ans	17 fr.	57 c.
2.	Pin sauvage de 125 ans	15	67
3.	Frêne de 100 ans	15	51
4.	Hêtre de 120 ans	15	40
5.	Charme de 90 ans	14	86
6.	Alizier de 90 ans	14	38
7.	Chêne rouvre de 200 ans	13	14
8.	Mélèze de 100 ans	12	71
9.	Orme de 100 ans	12	59
10.	Chêne à grappes de 190 ans	12	32
11.	Epicia de 100 ans	12	32
12.	Bouleau de 60 ans	11	90
13.	Sapin commun de 100 ans	10	99
14.	Saule marceau de 60 ans	10	81
15.	Faux acacia de 34 ans	10	31
16.	Tilleul de 80 ans	9	64
17.	Tremble de 60 ans	8	91
18.	Aune de 70 ans	8	13
19.	Peuplier noir de 60 ans	7	23
20.	Saule blanc de 50 ans	7	8
21.	Peuplier d'Italie de 20 ans	6	84

SECOND ORDRE.

BOIS DE MOYEN AGE.

Noms & âges des bois.

Nos.		Valeurs comparatives par corde.	
1.	Sycomore de 40 ans	13 fr.	13 c.
2.	Charme de 30 ans	12	27
3.	Pin sauvage de 50 ans	11	97
4.	Frêne de 30 ans	11	70
5.	Hêtre de 40 ans	11	58
6.	Chêne à grappes de 40 ans	11	21
7.	Alizier de 30 ans	11	14
8.	Acacia de 8 ans	9	75
9.	Orme de 30 ans	9	55
10.	Saule marceau de 20 ans	9	53
11.	Bouleau de 25 ans	8	39
12.	Tremble de 20 ans	8	30
13.	Epicia de 40 ans	7	65
14.	Aune de 20 ans	7	57
15.	Saule blanc de 10 ans	7	47
16.	Tilleul de 30 ans	7	24
17.	Mélèze de 25 ans	7	3
18.	Sapin commun de 40 ans	6	97
19.	Peuplier noir de 20 ans	5	76
20.	Peuplier d'Italie de 10 ans	5	7

On voit par ce tableau, que la qualité du *bois* de feu varie selon l'âge, & que cette variation n'est pas tout-à-fait la même dans chaque essence, puisque tel *bois*, le mélèze par exemple, qui, dans le premier ordre, occupoit la huitième place, ne se trouve plus qu'à la dix-septième dans le second; & que tel autre, l'acacia, qui n'avoit que la quinzième place dans le premier ordre, occupe la huitième dans le second. Cependant ces variations ne sont pas nombreuses, & assez généralement les *bois* qui se trouvent être les premiers parmi ceux d'un accroissement parfait, sont encore les premiers parmi ceux de moyen âge.

(Les articles BOIS communiqués par M. *Baudrillart*, à l'exception des dénominations d'arbres étrangers.)

BOISSIÈRE. *Boissiera.* Genre de plantes qui ne diffère pas de celui appelé THOUINIE & LARDIZABALE.

BOISSON. Liquide propre à appaiser la soif des hommes & des animaux.

L'EAU est la boisson la plus naturelle & la plus générale. La plus limpide est toujours la meilleure. Celle de source & de puits peut être, à raison de sa grande fraîcheur, d'un usage dangereux pendant les chaleurs. En conséquence les hommes doivent en user modérément, & il faut laisser à l'air pendant au moins un jour, celle qu'on tire des puits pour les bestiaux.

Dans quelques parties de la France on appelle spécialement *boisson*, 1°. l'eau jetée sur le marc de raisin, après qu'il a été privé de la plus grande partie de son vin par des pressions réitérées, eau qui se charge de ce qui étoit resté de ce vin & forme ce que, dans d'autres pays, on appelle le PETIT VIN; 2°. la PIQUETTE, faite avec les pommes & les poires sauvages, les cormes, les alizes, les prunelles, &c.; 3°. l'eau dans laquelle on a délayé du son, &c., eau nourrissante à raison de la quantité de farine restée attachée au son, & qu'on donne aux animaux malades. *Voyez*, pour le surplus, les articles EAU, VIN, BIÈRE, CIDRE, POIRÉ.

BOITURE. Les REJETONS, ou les ACCRUS des arbres portent ce nom dans quelques cantons.

BOLASSE. Nom employé, dans le département de l'Ain, pour désigner une sorte de TERRE intermédiaire entre les fortes & les légères. La *bolasse* est très-productive, mais ses produits sont de médiocre qualité.

BOLDOA. *Boldoa.* Cavanilles a donné ce nom à un genre de plantes qui ne diffère pas du SALPIANTHE.

BOLÉ. *Boleum.* Genre qui a été créé pour séparer le VELLA RUDE des autres.

BOLET. *Boletus.* Genre de champignon appelé AGARIC par les anciens botanistes (*voyez le Dictionnaire de Botanique*), & auquel Lamarck a conservé le même nom.

Il renferme un grand nombre d'espèces dont plusieurs se mangent. Il se divise en deux sections, dont les espèces de l'une, croissant sur la terre, sont molles & régulières, & les espèces de l'autre vivent aux dépens des arbres, & sont subéreuses ou dures & irrégulières.

Les deux espèces de la première division, qui sont les plus connues des cultivateurs, sont le BOLET COMESTIBLE, vulgairement appelé *ceps*, *giroule*, *bruguet*, & le BOLET ORANGÉ qu'on désigne plus souvent sous les noms de *rousile* ou *girole rouge*. On en fait une grande consommation dans le midi de la France.

Ceux de la seconde division qu'il est le plus important de citer ici, sont :

1°. Le BOLET DU NOYER, connu sous les noms vulgaires de *miélin*, *langou*, *oreille d'ours*, qui se mange.

2°. Le BOLET DU MÉLÈZE dont on fait usage en médecine, sous le nom d'*agaric blanc*, pour faire vomir & déterger les ulcères.

3°. Le BOLET ODORANT qui croît sur le saule & que son odeur suave fait rechercher.

4°. Le BOLET ONGULÉ, le BOLET AMADOUVIER & autres voisins qui vivent sur les arbres fruitiers, ainsi que sur le hêtre, le frêne, le peuplier, &c. C'est du premier dont on emploie la chair, après lui avoir fait subir quelques préparations, soit sous le nom d'*agaric chirurgical*, pour arrêter les hémorragies, soit sous le nom d'*amadou*, pour se procurer du feu au moyen d'une pierre siliceuse & d'un morceau d'acier.

On ne cultive aucune espèce de *bolet*, quoiqu'il fût peut-être possible de le faire : ainsi je n'ai ici à parler que de l'influence des *bolets* subéreux sur l'altération du bois des arbres aux dépens desquels ils croissent, & de la manière de préparer l'*agaric chirurgical* & l'*amadou*.

Les *bolets*, ainsi que la plupart des autres champignons parasites, ne se développent sur les arbres que lorsque ceux-ci commencent à s'altérer dans quelques-unes de leurs parties, mais ils accélèrent beaucoup cette altération ; & en conséquence un grand nombre de personnes les regardent comme la cause déterminante de la mort des arbres, ce qui n'est pas, comme je le prouverai au mot CARIE.

Ainsi que l'a constaté Bulliard par des observations répétées, le *bolet ongulé* est le seul avec lequel on puisse, en Europe, faire le bon amadou, quelques rapports extérieurs qu'il y ait entre lui & deux ou trois autres, parce qu'il n'y a que sa chair qui soit véritablement subéreuse.

On tire à Paris, des montagnes de la Suisse & des montagnes de la Souabe, les *bolets*, appelés simplement *champignons* dans le commerce, avec lesquels on fabrique l'*agaric chirurgical* & l'*amadou* ; car les futaies de hêtre sont devenues fort rares en France, & c'est principalement sur cet arbre qu'ils deviennent assez gros pour bien remplir ces deux buts. Il y en a qui ont plus d'un pied de large sur moitié d'épaisseur.

Voici, d'après Bulliard, la manière d'opérer, manière que je certifie la véritable pour l'avoir vu exécuter.

Pour faire l'*agaric chirurgical*, on choisit parmi les jeunes individus ceux qui présentent le plus de surface ; on en ôte l'écorce & les tubes pendant qu'ils sont encore frais, ou après les avoir fait tremper dans l'eau. On coupe ensuite la chair par tranches; on la bat avec un maillet; on la détire de droite & de gauche; on la fait sécher, puis on la bat encore à sec. On la frotte entre les mains jusqu'à ce qu'elle soit bien douce, bien moelleuse. Plus elle est molle, & mieux elle absorbe le sang, le fait cailler promptement, & par-là remplit parfaitement son objet, qui est d'arrêter la sortie de ce sang.

Rien ne peut remplacer complétement l'agaric dans les cas de blessures & d'hémorragies : en conséquence il est à desirer que les cultivateurs en aient une petite provision qui se conserve constamment bonne, pourvu qu'elle soit tenue à l'abri de la poussière & de l'humidité.

On verra au mot AMADOU que les préparations premières qu'on donne au *bolet* sont les mêmes, mais qu'on y ajoute ensuite une opération propre à faire prendre l'étincelle, c'est l'introduction du nitre ou de la poudre à canon.

BOLTONE. *Boltonia*. Genre de plantes de la syngénésie superflue & de la famille des corymbifères, laquelle rassemble deux espèces qui se cultivent en pleine terre dans nos jardins & les ornent à la fin de l'automne.

Observations.

Linnæus avoit placé ces plantes parmi les MATRICAIRES, & Lamarck, ainsi que quelques autres botanistes, persistent à croire qu'elles ne doivent pas en être séparées.

Espèces.

1. La BOLTONE astéroïde.
Boltonia asteroïdes. Mich. ♃. De Virginie.
2. La BOLTONE à feuilles de pastel.
Boltonia glastifolia. Mich. ♃ De Virginie.

Culture.

Ces deux plantes, dont la seconde est deux fois plus grande que la première, & dont les feuilles radicales, dans leur jeunesse, ressemblent à celles du PASTEL, se multiplient & de graines semées au printemps, en place, dans les parterres, ou dans une planche convenablement préparée, & par déchirement des vieux pieds, effectué pendant tout le cours de l'hiver. Comme ce dernier moyen est le plus prompt à fournir ses résultats, puisque la plupart des pieds divisés donnent des fleurs dès la même année, & que le besoin de ces plantes est fort circonscrit, on emploie très-rarement le premier.

Les pieds de *boltone* ne demandent aucun autre soin que ceux qui se donnent à tout jardin bien conduit. En hiver on coupe leurs tiges & on arrête la propagation de leurs pieds, qui, sans cela, s'étendroient outre mesure. En général, pour qu'ils produisent tout l'effet desirable dans les parterres, au rang du milieu desquels on les place, il faut que leurs touffes ne soient ni trop foibles ni trop fortes. Quant aux pieds placés au bord des massifs ou au milieu des gazons, dans les jardins paysagers, il n'est besoin que de couper leurs tiges après la floraison.

Si les ASTÈRES vivaces étoient plus difficiles à cultiver, les *boltones* seroient plus recherchées; mais, il faut l'avouer, ces dernières sont inférieures en beauté à la plupart des premières.

BOMARÉE. *Bomarea.* Genre de plantes établi aux dépens des ALSTROEMÈRES.

BOMBARDE. Le SALSIFIS sauvage s'appelle ainsi dans quelques lieux.

BOMBICE. *Bombix.* Genre d'insecte extrêmement nombreux en espèces, tant en France que dans les autres parties du monde, & dont quelques-unes sont très-nuisibles à l'agriculture, sous l'état de larves ou chenilles, & dont une, le ver à soie, est un objet de produit très-important pour les départemens du Midi. *Voyez* le *Dictionnaire des Insectes.*

Sous l'état d'insecte parfait, les *bombices* ne sont nullement nuisibles, en ce qu'ils ne mangent point. Tous ont le vol lourd, surtout les femelles, & s'écartent par conséquent fort peu du lieu où ils sont nés.

Voici, rangés sous des divisions tirées de leurs chenilles, l'énumération des *bombices* le plus dans le cas d'intéresser les cultivateurs.

1°. *Chenilles roses qui portent un tubercule à la partie postérieure de leur corps.*

Le BOMBICE DU MURIER. C'est le VER A SOIE originaire de la Chine & vivant sur le MURIER. *Voyez* ces deux mots.

2°. *Chenilles roses verticillées par des tubercules garnis de quelques poils.*

Le BOMBICE GRAND PAON. Elle est verte, avec des tubercules rouges, bleus & jaunes; c'est la plus grande du genre en Europe, atteignant trois pouces de long. Elle vit sur les ormes & les arbres fruitiers, qu'elle dépouilleroit annuellement de leurs feuilles si elle étoit plus commune. Son insecte parfait, qui ne vole que la nuit, inspire quelquefois l'épouvante aux habitans des campagnes.

3°. *Chenilles qui ont des tubercules chargés d'une grande quantité de poils, l'intervalle ras.*

Le BOMBICE DU SAULE. Elle est noire, avec une série de taches blanches & deux séries de taches fauves. Elle vit sur le saule & le peuplier, dont elle dévore quelquefois toutes les feuilles. Son insecte parfait est d'un blanc brillant, & s'emploie avec un grand succès à la pêche à la ligne des gros poissons d'eau douce, principalement du barbeau.

Le BOMBICE COMMUN. Elle est brune, avec deux lignes rouges sur le dos, des taches blanches sur les côtés. On distingue sur son dos des poils fauves plus courts que les autres, qui se détachent aisément & qui causent des démangeaisons à ceux qui la touchent. Elle éclôt avant l'hiver, passe cette saison en commun, sous une tente de soie blanche, & vit aux dépens des feuilles des arbres fruitiers, des arbres des haies, & les arbres d'alignement au printemps. C'est la chenille proprement dite des cultivateurs, la seule à laquelle les lois relatives à l'échenillage puissent s'appliquer, parce

parce qu'en enlevant & en brûlant ses tentes avant le développement de la végétation, on se garantit de ses ravages. Son insecte parfait est blanc, avec l'anus fauve. On l'emploie également comme amorce pour la pêche.

Le BOMBICE DISPAR. Elle est brune, avec trois lignes longitudinales blanchâtres, &, dans leurs intervalles, des taches dont les antérieures sont bleues & les postérieures rouges. Ses faisceaux de poils sont fort longs, & les antérieurs plus que les autres, ce qui lui a fait donner le nom de *chenille à oreille* par Réaumur. Elle vit sur les mêmes arbres que la précédente & est bien plus difficile à détruire, parce qu'elle naît au printemps & reste toujours solitaire. Le mâle de son insecte parfait est brun varié & fort léger; la femelle est blanchâtre, avec des stries obscures, & est fort lourde.

4°. *Chenilles hérissonnées, c'est-à-dire, qui sont couvertes de touffes de poils non insérés sur des tubercules.*

Le BOMBICE CAJA. Elle est noire, avec trois tubercules nus sur chaque anneau, les poils très-longs & fauves. Elle se trouve presque toute l'année courant de plante en plante dans les jardins, car elle en mange de beaucoup de sortes, principalement des laitues. Rarement elle cause de grands dommages.

Le BOMBICE DU PLANTAIN. Elle est noire, avec le milieu du dos fauve. Elle vit en société sous des toiles qu'elle établit sur les prairies sèches où croît le plantain. Je l'ai vue nuire beaucoup au pâturage.

Le BOMBICE ÉTOILÉ. Elle est brune, avec le dos rougeâtre & noir, & trois longs faisceaux de poils, dont un sur la queue. Elle vit sur le prunier, le pommier, l'orme, &c. Je l'ai vue quelquefois assez abondante pour nuire à la récolte des arbres fruitiers. La femelle de son insecte parfait est privée d'ailes.

Le BOMBICE FEUILLE-MORTE. Elle est grise, avec des faisceaux de poils au-dessus de toutes ses pattes. Elle vit sur les arbres fruitiers qu'elle dévaste quelquefois, moins par son abondance que par sa grosseur, qui est celle du doigt.

Le BOMBICE LIVRÉE. Elle est d'un gris-bleuâtre, avec deux lignes blanches & six lignes rouges parallèles sur le dos. Elle vit sur les arbres fruitiers, auxquels elle fait souvent beaucoup de tort. C'est une des plus difficiles à détruire. Les œufs de qui elle provient, sont déposés en forme de *bague* autour des petites branches, & portent ce nom chez les jardiniers.

Le BOMBICE PROCESSIONNAIRE DU CHÊNE & DU PIN. Ces deux espèces diffèrent peu & ont les mêmes mœurs. Elles se tiennent sous des toiles sur la partie inférieure du tronc, & tous les soirs en sortent rangées, d'abord une, ensuite deux, puis trois, quatre, six, &c., & vont ainsi processionnellement manger les feuilles du sommet; elles ont, comme la commune, de petits poils qui tombent aisément, qui, restant dans la soie de la tente, occasionnent des démangeaisons très-cuisantes & très-durables à ceux qui y touchent. Elles causent souvent de grands dégâts plus remarqués dans les bois de pins que dans ceux de chênes.

Le BOMBICE DU GAZON. *Bombix rubi*. Linn. Elle est brune, avec des cercles fauves & de longs poils noirs au milieu de chaque anneau. Elle a deux pouces de long. On la trouve dans les pâturages, où elle vit principalement de feuilles de ronce. Elle ne se transforme en nymphe qu'au printemps; son abondance est quelquefois telle, que les bestiaux peuvent difficilement paître sans en manger, ce qui leur donne des toux nerveuses qui peuvent les conduire à la mort. Les écraser avec le pied, en parcourant les pâturages, est le seul moyen d'en diminuer assez le nombre pour rendre leur présence moins dangereuse.

Les insectes appelés ICHNEUMONS sont les auxiliaires les plus puissans de l'homme pour la destruction des chenilles des *bombices*. Deux tiers au moins des individus périssent chaque année par leur fait.

BONAMIE. *Bonamia*. Arbuste de Madagascar qui, selon Dupetit-Thouars, forme seul un genre dans la pentandrie monogynie.

On ne le cultive pas dans les jardins de l'Europe.

BONAPARTÉE. *Bonapartea*. Genre de plantes depuis réuni aux CARAGATES. Le LITSE, qui ne diffère pas de l'AGAVÉ GEMMIFLORE, *yucca Boscii*, Desf., a aussi porté ce nom.

BONATE. *Bonatea*. Très-belle plante du Cap de Bonne-Espérance, qui a de grands rapports avec les ORCHIS, mais qui s'en distingue suffisamment pour être le type d'un genre particulier.

On ne la cultive pas dans nos jardins.

BONDON. Morceau de bois pris à la base d'un cône, avec lequel on bouche les tonneaux, barriques & autres vases de bois analogues.

Les *bondons* se font au tour pour pouvoir exactement entrer dans le trou qu'ils sont destinés à fermer, lequel est creusé avec une tarière conique.

La plupart des espèces de bois peuvent servir à faire des *bondons*, mais c'est généralement le chêne qu'on préfère.

L'épaisseur des *bondons* doit être double de celle des douves, afin qu'ils tiennent mieux : leur diamètre moyen est d'environ un pouce & demi. On les enfonce à coups de maillet, après les avoir entourés d'un morceau de linge ou d'un tampon de mousse, jusqu'à ce que leur surface soit de niveau avec la douve.

Pour les ôter on frappe avec un marteau de bois très-peu épais, de forts coups sur la douve, alternativement à droite & à gauche, coups dont l'effet est un trémoussement dans les fibres de la douve, qui produit presque toujours l'effet desiré. Dans le cas contraire, on aide la sortie du *bondon* par le moyen de la pointe de fer avec laquelle on perce les tonneaux pour en goûter le vin.

Les *bondons* peuvent servir plusieurs fois, lorsqu'ils sont restés intacts, mais cela arrive rarement. Leur peu de valeur doit engager à ne pas craindre de les remplacer plutôt que de s'exposer à des pertes. *Voyez* BOUCHON & TONNEAU.

BONDRÉE. Un des noms de la CARIE du FROMENT.

BONLORIFO. GLUME ou BALE des graminées aux environs d'Aix.

BONPLANDIE. *Bonplandia.* Arbre de l'Amérique méridionale, qui seul forme un genre dans la monadelphie monogynie. Il n'est pas cultivé dans nos jardins. C'est lui qui fournit à la médecine l'écorce appelée *angustura*.

BONTÉ. Qualité qu'on desire avec raison dans tout ce qui sert à notre usage.

Il y a une *bonté* morale & une *bonté* physique dans l'homme & les animaux. La seconde seule peut exister dans les végétaux & les minéraux.

Toujours les cultivateurs doivent tendre à augmenter la *bonté* de leurs chevaux, de leurs bœufs & autres animaux domestiques; la *bonté* de leurs récoltes, de leur vin, de leur pain & autres alimens; ils doivent veiller sur la *bonté* de leur charrue, de leurs faux & autres instrumens.

Je pourrois étendre cet article d'une manière presqu'indéfinie; mais comme la plupart de ceux qui entrent dans ce Dictionnaire ont pour objet d'augmenter la *bonté* de ce qui y est traité, il devient superflu que je le fasse.

BOOPIDÉES. Famille de plantes établie aux dépens des SYNATHÉRÉES par H. Cassini. Elle se rapproche de celle des DIPSACÉES.

Les genres CALYCÈRE, BOOPSIS & ACICARPHE, sont les seuls qui y entrent.

BOOPSIS. *Boopsis.* Genre de plantes de la syngénésie agrégée & de la famille de son nom, qui renferme deux espèces originaires de l'Amérique méridionale, mais que nous ne cultivons pas dans nos jardins.

BOQUELTIER. Le POMMIER SAUVAGE porte ce nom dans quelques cantons.

BORGNOS. C'est le CHARBON DU MAÏS.

BORKANSÉNIE. *Borkansenia.* Genre de plantes qui ne diffère pas de celui appelé TÉEDIE.

BORNAIS. Sol argilo-sablonneux, qui repose sur du calcaire. On le rencontre dans le département d'Indre & Loir. Il est peu productif dans les années sèches comme dans les années pluvieuses. *Voyez* TERRAIN.

BORONIE. *Boronia.* Genre de plantes de l'octandrie monogynie, qui réunit quatre espèces, toutes de la Nouvelle-Hollande, dont une, la BORONIE PRIMÉE, est cultivée dans nos orangeries & exhale une odeur agréable de toutes ses parties.

Je ne crois pas que cette plante ait encore porté des graines, quoiqu'elle fleurisse abondamment tous les ans; mais on la multiplie si facilement de boutures, lorsqu'on les fait dans des pots sur couche à châssis, qu'on n'a pas lieu de beaucoup le regretter.

Donner un tuteur aux jeunes pieds, les arroser souvent en été, ou les rentrer de bonne heure dans l'orangerie après leur avoir donné de la nouvelle terre, sont les seuls soins qu'ils demandent.

BORRERIE. *Borreria.* Arbuste de l'Amérique, qui seul constitue un genre dont les caractères ne sont pas encore complétement connus.

Cet arbuste n'est pas cultivé en Europe.

BORYE. *Borya.* Deux genres de plantes portent ce nom.

L'un, de l'hexandrie monogynie, est formé par Labillardière sur une herbe vivace de la Nouvelle-Hollande, qui ne se cultive pas dans nos jardins.

L'autre est constitué par cinq espèces d'arbrisseau de l'Amérique septentrionale, dont trois sont cultivées dans nos jardins. Il est de la monœcie polyandrie.

Espèces.

1. La BORYE callinoïde.
Borya callinoïdes. Willd. ♄ Des Antilles.

2. La BORYE poruleuse.
Borya porulosa. Mich. ♄ De la Floride.

3. La BORYE à feuilles de troêne.
Borya ligustrina. Mich. ♄ De l'Amérique septentrionale.

4. La BORYE acuminée.
Borya acuminata. Mich. ♄ De l'Amérique septentrionale.

5. La BORYE à feuilles ondulées.
Borya undulata. Bosc. ♄ De l'Amérique septentrionale.

Culture.

La première espèce se tient dans nos orangeries & y fleurit presque tous les ans à la fin de l'hiver, mais elle n'y donne jamais de graines. On la multiplie par marcottes.

La troisième vient fort bien en plein air dans le climat de Paris. La terre de bruyère & l'exposition du nord lui conviennent. On la multiplie aussi de marcottes. Je ne l'ai pas vu fleurir en Europe, mais bien en Amérique, où je l'ai également cultivée & où elle s'élève à douze ou quinze pieds.

La cinquième ne craint pas plus la pleine terre & l'exposition du nord que la précédente ; mais comme elle est plus rare, on en tient quelques pieds en pot pour les rentrer dans l'orangerie. On la multiplie par le même moyen.

Tous ces arbustes sont de peu d'effet & ne doivent être recherchés que dans les écoles de botanique & dans les grandes collections d'amateurs. Le bois du troisième, le plus grand de tous, est très-dur & très-élastique.

BOSCIE. *Boscia.* Mon nom a été donné à deux genres de plantes, qui chacun ne renferment qu'une espèce.

L'un, par Thunberg, à une plante de la tétrandrie monogynie, qui croît naturellement au Cap de Bonne-Espérance.

L'autre, à un arbuste de l'octandrie monogynie, qui est originaire de la côte d'Afrique voisine de la Gambie. Les nègres mangent les fruits de cet arbuste, qui a été appelé PODORIE.

Ni l'une ni l'autre de ces espèces ne sont cultivées en Europe.

BOSSE. Maladie des COCHONS. Elle ne diffère pas de la SOIE.

BOSTRICHE. *Bostrichus.* Genre d'insectes de l'ordre des coléoptères, dont les cultivateurs doivent desirer connoître les espèces qui pondent leurs œufs dans le tronc des vieux arbres, œufs d'où naissent des larves qui perforent le bois & alterent sa valeur. Il diffère fort peu de celui appelé SCOLYTE.

L'espèce la plus commune en Europe est le BOSTRICHE CAPUCIN, qui a six lignes de long, un corps cylindrique, noir, & des élytres rouges : c'est le bois de chêne qu'il ronge.

Il n'y a moyen de s'opposer à ses ravages qu'en faisant la chasse aux insectes parfaits avant leur ponte, c'est-à-dire, dans la première quinzaine du mois de mai. On les trouve de neuf heures du matin à trois heures de l'après-midi, dans les beaux jours, sur les arbres équarris des taillis, & on les écrase. Il faut les approcher avec rapidité, car ils se laissent tomber dès qu'ils ont lieu de craindre un danger, & on ne peut les retrouver dans l'herbe.

BOSWELIE. *Boswelia.* Arbre de l'Inde qui fournit le véritable ENCENS. Il a été décrit comme genre & figuré par Roxburg, mais il n'a pas encore été apporté dans les jardins de l'Europe.

BOTOR. Plante d'Amboine fort voisine des DOLICS, mais qui constitue un genre.

Elle ne se cultive pas dans nos jardins.

BOTRYE. *Botrya.* Arbrisseau grimpant de la côte de Zanguebar, voisin des PAREIRES, qui seul constitue un genre dans la pentandrie monogynie. On mange ses baies & on emploie ses feuilles en médecine.

Cet arbrisseau n'est pas cultivé dans nos jardins.

BOTRYCÈRE. *Botryceras.* Genre de plantes de la tétrandrie monogynie, fort voisin du PROTEA, qui renferme deux arbrisseaux du Cap de Bonne-Espérance, non encore cultivés dans nos jardins.

BOTRYCHION ou BOTRYPE. Genre de plantes qui sépare quelques OSMONDES des autres.

BOTRYTIS. Genre établi aux dépens des MOISISSURES.

BOUCHON. Nom de ce qui sert à empêcher les liquides de sortir des dames-jeanne, des bouteilles, des flacons, enfin de tous vases de verre, de terre, ou autres matières dont l'ouverture est étroite.

C'est avec un BONDON qu'on ferme la grande ouverture du milieu de la longueur des tonneaux, & avec un FAUSSET qu'on ferme momentanément les petites ouvertures faites dans leur pourtour.

On peut fabriquer des *bouchons* avec toutes sortes de matières solides, mais aucune ne remplit si bien son objet que l'écorce du CHÊNE-LIÉGE. En conséquence, dans tous les lieux où les Européens ont pénétré, c'est toujours de ceux de liége qu'on entend parler quand on dit simplement un *bouchon*.

Les *bouchons* de verre dont on fait un fréquent usage pour fermer les petits vases, de même substance, destinés à renfermer des liqueurs alcooliques odorantes, des acides, &c. ; se distinguent par l'épithète *usés à l'émeri*, parce qu'on les calibre rigoureusement aux goulots dans lesquels ils doivent s'adapter, en les frottant avec de l'ÉMERI.

Quelquefois, pour suppléer ces *bouchons usés à l'émeri* dans la fermeture des dames-jeanne renfermant des acides, on enduit de cire un morceau de bois un peu plus petit que l'ouverture de ces dames-jeanne.

Ce qui fait mériter à l'écorce du liége la préférence sur toutes les autres matières connues, c'est que les *bouchons* qui en sont faits, quoiqu'extrêmement durables, poreux & légers, ne laissent jamais passer les liquides, lorsqu'ils en sont imbibés, & se prêtent à un assez grand resserrement sur eux-mêmes pour ne pas faire craindre, dans les circonstances les plus communes, qu'une bouteille, dans le goulot de laquelle on les a fait entrer de force, puisse se déboucher sans la main de l'homme.

C'est principalement l'Espagne qui fournit au commerce le liége destiné à la fabrication des *bouchons*. Il y a aussi des cantons dans le midi de la France & de l'Italie d'où on en tire quelque peu. La grande dépense de son transport, résultat de son excessive légèreté, ne permet pas de faire usage de la plus grande partie de celui des États de Maroc, d'Alger & de Tunis, où il est très-commun.

Le bon liége pour faire des *bouchons* doit être ni trop mou, ni trop dur, ni trop poreux : un *bou-*

chon trop mou s'enfonçant inégalement dans le goulot, & se cassant facilement lorsqu'on veut le retirer de ce goulot : un *bouchon* trop dur ne se prêtant pas aux efforts qu'on fait pour l'introduire dans le goulot, & faisant craindre qu'il ne le ferme pas rigoureusement dans tout son pourtour : un *bouchon* poreux laissant passer quelquefois les liquides & se cassant encore plus facilement qu'un *bouchon* mou. En général, c'est l'âge de l'écorce qui lui donne ces qualités ; ainsi, c'est un liége recueilli ni trop jeune ni trop vieux qui est à préférer, quoiqu'il arrive quelquefois que des arbres donnent toujours du liége poreux.

Pour fabriquer les *bouchons* ordinaires, on coupe les planches de liége dans le sens de leur épaisseur, qui a le plus souvent deux pouces d'épaisseur, en parallélipipèdes d'un pouce carré, & en appuyant ce parallélipipède sur le bord d'une table, au moyen de la main gauche, on fait tourner autour un couteau très-tranchant qu'on tient de la main droite, de manière à lui donner une forme légèrement conique, puis on coupe net le dessus & le dessous.

Une machine a été inventée, il y a peu de temps, au moyen de laquelle on fabrique les *bouchons* avec une rigoureuse perfection & une grande rapidité. Elle ne m'est connue que par ses résultats.

La mesure ordinaire de la longueur des *bouchons* est un pouce & demi, mais on en fait quelquefois, principalement pour le service du commerce des vins de Bordeaux, qui ont le double de cette longueur ; alors on les coupe dans le sens de la longueur de l'écorce. Quant à leur grosseur, elle varie sans fin, principalement dans les limites de seize à huit lignes de diamètre au gros bout, qui est le diamètre des bouteilles à vin. On en fait qui ont jusqu'à six pouces de diamètre, pour fermer des vases à huile & autres en verre ou en terre.

Les *bouchons* neufs doivent être préférés pour les vins fins & les vins blancs, parce que les vieux sont dans le cas de prendre un goût de moisi qu'ils communiquent au vin.

Quelques personnes battent le petit bout de leurs *bouchons*, pour les rendre propres à être imprégnés de vin & à se gonfler.

On conserve les *bouchons* vieux dans un lieu fort sec & fort aéré, après les avoir fait bouillir pendant une demi-heure & les avoir lavés dans deux autres eaux tièdes. Il faut repousser tous ceux qui sont entamés ou qui ont été traversés par un tire-bouchon.

Les *bouchons* hors de service ne doivent pas être jetés, attendu qu'ils peuvent être employés à plusieurs petits usages domestiques qu'il est inutile de détailler.

Voyez, pour le surplus, aux mots Chêne & Liége.

BOUCLE. Maladie des Cochons, qui paroît de la même nature que le Poil ; elle se développe dans la bouche & est caractérisée par un bouton gangréneux.

BOUFFER. C'est, pour les Fruits, prendre, contre nature, plus d'amplitude d'un côté que de l'autre. Les fruits à noyaux sont principalement sujets à cette irrégularité, contre laquelle il n'y a pas de remèdes.

BOUGAINVILLÉE. *Bugainvillea.* Arbre épineux du Brésil, qui seul constitue un genre dans l'octandrie monogynie & dans la famille des nyctaginées.

On ne le cultive pas en Europe.

BOUGE. On donne ce nom à la partie du milieu des tonneaux, partie qui est plus bombée que les autres, & où est toujours percée l'ouverture par laquelle on entonne le vin.

C'est pour rendre plus facile le rouler des tonneaux & pour rendre moindre la surface du liquide après sa diminution par l'évaporation & la filtration, qu'est destiné le *bouge* ; mais comme, pour pouvoir le former, il faut évider, dans leur milieu, du côté intérieur, les douves du corps de ces tonneaux, en trop donner les affoiblit nécessairement dans cette partie. Il semble qu'un *bouge* de dix-huit lignes, qui est celui des pièces d'Orléans, devroit suffire, au moins dans l'est & le centre de la France ; mais on en voit souvent du double & plus. *Voyez* Tonneau.

Bouge. Sorte de petite Cuve qui sert à transporter le Raisin de la Vigne au pressoir. *Voyez* ces mots & celui Vin.

BOUILLE. Hotte de sapin destinée à transporter la Vendange à dos d'homme.

L'usage de la *bouille* est lent, mais doit être adopté dans les vignes en pente trop rapide, où les voitures ne peuvent servir.

BOUILLIE. Premier emploi, comme nourriture, des graines farineuses, & premier mets de l'enfance dans la plus grande partie de l'Europe. On peut faire de la *bouillie* seulement avec toute espèce de farine délayée dans l'eau & mise sur le feu, mais généralement on y ajoute du sel, du beurre, ou on substitue le lait à l'eau.

La *bouillie* faite avec la farine de froment, du lait & du sel, porte plus spécialement le nom de *bouillie* dans la plus grande partie de la France.

On s'est avec raison élevé contre l'usage de la *bouillie*, parce que le froment contenant une grande quantité de substance glutineuse lorsqu'elle est très-épaisse, elle devient d'une digestion très-difficile pour les estomacs délicats de tous âges, & principalement de la première enfance ; mais cet inconvénient disparoît quand on la fait fort claire, qu'on y ajoute du sucre & de la canelle, & qu'on n'en mange pas avec excès.

Il faut donc beaucoup réduire des inconvéniens attribués à la *bouillie*, il y a une trentaine d'années, par des écrivains d'ailleurs fort estimables, & en donner de temps en temps aux enfans, si ce n'est la première année, au moins plus tard, tous l'aimant lorsqu'elle est bien faite.

Les autres substances, après celle-ci, avec lesquelles on fait le plus fréquemment de la *bouillie*, sont la farine de SEIGLE, d'AVOINE, de SORGHO, de MILLET, de MAÏS & de SARRAZIN. *Voyez* ces mots & celui GAUDE.

Les FÉCULES, telles que celles du froment, de la POMME DE TERRE, des ORCHIS, du SAGOUTIER, du MANIHOT, &c., font aussi des *bouillies*. *Voyez* AMIDON.

On pourroit aussi donner le nom de *bouillie* aux mets composés avec les HARICOTS, les POIS, les FÈVES réduites en poudre, mais on les appelle des PURÉES.

De toutes les substances propres à faire de la *bouillie* en Europe, les plus dans le cas d'y être absolument consacrées, sont le maïs & le sarrazin, parce qu'elles ne sont point propres à être converties en pain, & que sous cette forme elles sont plus agréables au goût que sous celles de GALETTE, de CRÊPE, &c., qu'on leur donne dans quelques lieux.

Je n'entrerai pas dans le détail des procédés usités pour faire de la *bouillie*, ces procédés devant varier sans fin, à raison de la différence des objets qui leur servent de base, & des excipiens qu'on y joint. Ainsi on pourra mettre moins de beurre lorsqu'on aura du bon lait, moins de sucre lorsqu'on se servira de farine du Midi, moins de sel lorsqu'on y mettra du sucre, &c.

La *bouillie* de farine de froment légèrement brûlée, prend une saveur particulière qui est fort estimée par quelques personnes.

Voyez, pour la description, les articles GRUAU, SEMOULE, VERMICELLE, COLLE DE FARINE.

BOUILLIE. BOISSON qu'on fabrique aux environs de Calais avec de la FARINE de SEIGLE fermentée.

Si cette boisson n'est pas aussi agréable au goût que la BIÈRE, elle est bien plus facile à faire & tout aussi salubre.

On doit desirer que les cultivateurs s'en procurent pour l'usage de leurs ouvriers pendant les récoltes d'été, principalement à l'époque des moissons.

BOULAISE. Les cultivateurs du département du Cher nomment ainsi une terre argileuse fort difficile à labourer, & peu productive dans les années très-sèches & dans les années très-pluvieuses. *Voyez* TERRE FORTE.

BOULBÈNE. On applique ce nom, dans le midi de la France, à la terre qui constitue le sol du plateau des montagnes, & qui est composée d'un tiers d'argile & de deux tiers de sable extrêmement fin.

Ces terres blanchâtres (ce qui y suppose du calcaire) ont la constance de la cendre dans la sécheresse, & de la boue après de longues pluies. L'humus y est fort peu abondant; aussi exigent-elles de fréquens engrais. Ce n'est que dans les années où ces deux circonstances ne sont point exagérées qu'elles donnent de bonnes récoltes. Comme leur surface se durcit facilement, ce qui empêche les graines de germer & tue les jeunes plantes, on devroit, lorsqu'elles sont semées en céréales, les gratter, au printemps, toutes les fois que ce cas existe, avec une herse de fer à petites dents, jusqu'au moment de l'apparition des tiges de ces céréales. *Voyez* FROMENT & TERRE BLANCHE.

L'assolement le plus avantageux aux *boulbènes* n'est pas encore connu. On sait seulement que les récoltes sarclées leur sont extrêmement favorables, & ce par la raison que les sarclages les divisent & permettent aux influences atmosphériques de pénétrer dans leur intérieur.

On la laboure en billons fort élevés, ce que quelques personnes blâment.

BOULE. *Voyez* POURRITURE (maladie des moutons) & BÊTE A LAINE.

BOULE DE NEIGE. La VIORNE OBIER à fleurs stériles porte vulgairement ce nom.

BOULEAU. *Betula*. Genre de plantes de la monoecie polyandrie & de la famille des amentacées, si voisin de celui de l'AUNE qu'il lui a été long-temps réuni. Il renferme vingt espèces d'arbres, la plupart cultivées dans nos jardins, & dont une, propre à l'Europe, offre des avantages considérables aux habitans du nord de cette partie du monde, & même à ceux d'une partie de la France.

Espèces.

1. Le BOULEAU commun.
Betula alba. Linn. ♄ Indigène.

2. Le BOULEAU à feuilles de peuplier.
Betula populifolia. Mich. ♄ De l'Amérique septentrionale.

3. Le BOULEAU pubescent.
Betula pubescens. Willd. ♄ De l'Allemagne.

4. Le BOULEAU noir.
Betula nigra. Linn. ♄ De l'Amérique septentrionale.

5. Le BOULEAU à papier.
Betula papyrifera. Mich. ♄ De l'Amérique septentrionale.

6. Le BOULEAU jaune.
Betula lutea. Willd. ♄ De l'Amérique septentrionale.

7. Le BOULEAU rouge.
Betula rubra. Mich. ♄ De l'Amérique septentrionale.

8. Le BOULEAU élevé.
Betula excelsa. Mich. ♄ De l'Amérique septentrionale.

9. Le BOULEAU lanuleux.
Betula lanulosa. Mich. ♄ De l'Amérique septentrionale.

10. Le BOULEAU daourique.
Betula daourica. Pallas. ♄ De Sibérie & du Canada.

11. Le BOULEAU à feuilles de merisier.
Betula lenta. Linn. ♄ De l'Amérique septentrionale.

12. Le BOULEAU nain.
Betula nana. Linn. ♄ De Sibérie.

13. Le BOULEAU des Carpates.
Betula carpatica. Waldst. ♄ De Hongrie.

14. Le BOULEAU à feuilles ovales.
Betula ovata. Schreb. ♄ De Hongrie.

15. Le BOULEAU du Japon.
Betula japonica. Thunb. ♄ Du Japon.

16. Le BOULEAU crépu.
Betula crispa. Mich. ♄ Du Canada.

17. Le BOULEAU antarctique.
Betula antarctica. Forster. ♄ De la Terre de Feu.

18. Le BOULEAU glanduleux.
Betula glandulosa. Mich. ♄ Du Canada.

19. Le BOULEAU frutiqueux.
Betula fruticosa. Pallas. ♄ De Sibérie.

20. Le BOULEAU nain.
Betula nana. Linn. ♄ Du Canada.

Culture.

Il n'est point d'arbre en Europe qui se prête mieux que le *bouleau commun* aux diverses natures du terrain. Il se plaît également entre les rochers les moins garnis de terre, dans les sables & les craies les plus arides. Les bonnes terres sont presque les seules qu'il semble repousser, parce qu'il y est étouffé, & qu'il a besoin d'air & de lumière pour prospérer. Les climats méridionaux ne lui conviennent pas, mais il est le dernier arbre qu'on trouve approchant du pôle: aussi plusieurs peuples du Nord ne comptent-ils que sur lui pour le chauffage, la bâtisse & le charronage. On en tire en France un produit des plus avantageux sous ces trois rapports, comme je le dirai plus bas.

Considéré comme arbre d'agrément, si le *bouleau* ne se distingue ni par la beauté ni l'odeur de ses fleurs, il se fait remarquer par la couleur blanche de son écorce, la beauté de son port, l'élégance de ses branches & la douce verdure de ses feuilles: aussi un vieux *bouleau* isolé est-il partout l'objet des empressés regards de tous ceux dont les sensations ne sont pas émoussées. Une de ses variétés laisse retomber ses branches comme le saule pleureur; une autre offre des feuilles d'une déchiquêture fort singulière. Il fait toujours beaucoup d'effet aux premiers rangs ou à quelque distance des massifs des jardins où on le place, soit pendant l'été, soit, ce qui est rare, parmi les arbres qui perdent leurs feuilles en hiver.

Les fleurs de *bouleau*, soit mâles, soit femelles, sont disposées en chatons à l'extrémité des rameaux. Elles se développent au printemps, avant la pousse des feuilles. Les chatons femelles subsistent jusqu'à la fin de l'automne, & même quelquefois jusqu'au milieu de l'hiver.

Ce n'est qu'à sa troisième année que l'épiderme du *bouleau* devient blanc. Il ne peut être levé qu'à la cinquième ou sixième. On peut l'employer en guise de papier, comme je le dirai plus bas. Son écorce est épaisse, rougeâtre, presqu'incorruptible, & contient une huile essentielle fort abondante. Les habitans du nord de l'Europe en font un grand usage pour couvrir leurs maisons, faire des vases de ménage, des souliers, des cordes; enfin, on la mange dans les momens de disette. Son huile essentielle, qui s'obtient par la combustion, est la base de la préparation des cuirs dits de Russie ou de Roussie.

Le bois du *bouleau* est blanc, tendre, léger & assez solide. Il pèse, lorsqu'il est sec, 48 livres 2 onces 5 gros par pied cube. Il brûle bien, mais dure peu au feu. Il s'emploie, comme je l'ai dit, au charronage & à la bâtisse; mais il est, sous ces deux rapports, bien inférieur à plusieurs autres. L'usage auquel il s'emploie le plus en France, après le feu, est la fabrication des sabots, qui prennent quelquefois l'eau, mais qui sont recherchés à raison de leur légèreté & de leur bas prix. On le tournoit autrefois pour en fabriquer des sébiles, des assiettes, des vases à boire, &c., ustensiles qu'on repousse aujourd'hui que l'art de la faïencerie s'est perfectionné. Il est sujet à pousser des loupes à intérieur marbré que l'ébénisterie ne dédaigne pas.

Les jeunes tiges du *bouleau* sont excellentes pour faire des cercles, & il est quelques cantons, les environs d'Orléans, par exemple, où c'est son plus fructueux emploi. Ces cercles, lorsqu'on leur a conservé l'écorce, durent fort long-temps. Avec les brindilles de ses branches se confectionnent des balais économiques qui sont très-recherchés, ce qui engage à le cultiver, pour cet objet, dans quelques endroits en têtard qu'on tond tous les deux ans. Avec ses feuilles, soit fraîches, soit sèches, on nourrit les bestiaux, & principalement les moutons, qui les aiment avec passion.

On peut juger par cet exposé, quelque peu détaillé qu'il soit, combien la multiplication du *bouleau* doit être encouragée, & combien il est à desirer que sa culture en grand soit introduite dans les mauvais terrains, si multipliés en France, où elle n'est pas connue.

La reproduction du *bouleau* commun se fait presqu'exclusivement par le semis de ses graines, mais on peut l'effectuer également, en petit, par les marcottes, qui prennent racines dans l'année, par rejetons, par section de racines & même par boutures.

Dans les pépinières, le semis du *bouleau* s'exécute ordinairement dans une planche exposée au nord, ou abritée du soleil par de grands arbres; chargée d'un à deux pouces d'épaisseur de terre de bruyère. La graine ne doit pas être du tout enterrée, mais légèrement recouverte de paille ou de mousse. Des arrosemens pendant les grandes sécheresses sont toujours très-utiles. Les plants provenus de ces semis peuvent être relevés, dès l'année suivante, & être repiqués autre part à un ou deux pieds de distance, selon qu'on veut les mettre plus ou moins promptement en place. Ils ne demandent, pendant toute la durée de leur séjour dans ce lieu, que les soins dus aux pépinières en général.

Mais la culture des *bouleaux* en pépinière est fort peu étendue, même aux environs de Paris, parce que les besoins se bornent aux plants destinés pour les jardins paysagers & pour la greffe des autres espèces. C'est donc de leur semis en grand, pour la formation & le repeuplement des forêts, dont je dois plus spécialement m'occuper ici.

Une infinité de semis de *bouleaux* ont manqué, parce que ceux qui les exécutoient ne savoient pas qu'une graine recouverte seulement d'une ligne de terre, étoit une graine perdue pour la reproduction, & que la plupart sont par conséquent trop enterrées par le seul résultat de la fonte des mottes dans les terrains nouvellement labourés.

D'après cela, lorsqu'on veut semer un terrain en *bouleau*, il faut se contenter de le herser avec une herse de fer en long & en large, tant pour en arracher la mousse qu'en gratter la surface, & d'y semer, en automne, la graine à la volée, sans s'inquiéter, lorsqu'ils ne sont pas multipliés à l'excès, des buissons, des bruyères, des grosses mottes de gazon restés en place. Dans le cas où le terrain en seroit entièrement couvert, on l'écobueroit légèrement, cette opération étant toujours très-avantageuse à la réussite des semis de cette nature, ainsi que le prouve la pratique suivie depuis longues années dans la forêt d'Orléans.

Un terrain ainsi semé ne demande plus aucun autre soin que de le défendre des bestiaux ainsi que des maraudeurs, & au bout de quinze à dix-huit ans il donnera une coupe de bois à brûler de petite grosseur, des cercles, des échalas, du charbon, &c.

Si le terrain à semer étoit un champ jusqu'alors cultivé en céréales, il convient, pour assurer la réussite, de l'ombrager par des plantations dans la direction du levant au couchant, de lignes de topinambours écartés de cinq à six pieds au plus, ou de le recouvrir de paille ou de mousse.

On regarnit les bois de *bouleau* en couchant, dans les places vides, l'extrémité de quelques-unes des tiges des trochées qui les entourent. Les marcottes prennent racine dans l'année, comme je l'ai déjà observé, & peuvent être sevrées au printemps suivant.

Si les places à regarnir étoient trop grandes, on y donneroit de loin en loin un coup de ratissoire, & on y semeroit une pincée de graine.

La non-réussite des semis de *bouleau*, lorsqu'ils se font sans les précautions qui viennent d'être indiquées, a fait croire à la plupart des propriétaires, & même à l'administration forestière, qu'il est plus sûr de le planter. En conséquence, ils font lever des plants dans les forêts où il est presque toujours excessivement abondant, & l'emploient, soit seul, soit intercalé avec du chêne ou du châtaignier, en le plaçant pendant l'hiver, les jours de gelée exceptés, en lignes écartées de deux pieds au plus. Ce plant, soit qu'on lui conserve, soit qu'on lui coupe la tête, réussit assez bien lorsque l'année n'est pas trop sèche. Dans ce cas on peut ou labourer le terrain en totalité, ou labourer seulement les lignes ou avec la charrue, ou avec la bèche, ou avec la pioche. J'ai vu faire fort économiquement, fort expéditivement & fort fructueusement une plantation avec des porteurs de pioches de fer, lesquels faisoient, en marchant devant eux, des rigoles de quatre pouces de largeur & de profondeur, dans lesquelles ils plaçoient un pied de *bouleau* de deux pieds en deux pieds. Je conseille donc ce mode de plantation de préférence à tous les autres, lorsque la nature du sol s'y prête.

Généralement on entremêle, dans les plantations, le *bouleau* avec d'autres arbres, principalement avec le chêne & le châtaignier dans les terrains sablonneux & argileux, & avec le saule marceau & le cerisier mahaleb dans les terrains calcaires. Jamais je ne l'ai vu subsister seul en taillis, & jamais je n'en ai vu de futaies uniquement composées, quoique j'en ai vu des pieds de plus d'un siècle encore très-vigoureux.

Un des avantages du *bouleau*, c'est la rapidité de sa recrue. Il n'est point rare que ses cepées atteignent huit à dix pieds dans l'année. Aussi, dans les mauvais terrains, est-il très-profitable de le couper tous les cinq à six ans pour faire des fagots, des balais, &c.

La transcription ci-dessous des notes prises par Lasteyrie pendant ses voyages dans le nord de l'Europe, complétera ce qu'il convient de savoir sur les usages du *bouleau*.

« Les familles des Lapons nomades que nous avons vues en Norwège, à l'est de Drontheim, construisent leurs cabanes avec des tiges de *bouleau*; les branches répandues sur le sol, & recouvertes de peaux de rennes, leur servent de siège durant le jour & de lit pendant la nuit. Ils emploient indistinctement le sapin ou le *bouleau* pour faire les vases dans lesquels ils conservent le lait, le beurre, l'eau, ou ceux qui leur servent au tannage des peaux. Ils font encore avec le bois de *bouleau*, des brosses, des gobelets, des cuillers, des assiettes, des coffres & autres meubles à leur usage. Ils enlèvent l'écorce de l'arbre & ils en forment des provisions, soit pour allumer journellement le feu, soit pour faire des ceintures, ornées avec des plaques de métal, des souliers, des paniers, des nattes, des cordes, des boîtes, dont ils réunissent les différentes pièces avec du fil d'étain. Tous ces produits du loisir & de la patience sont ordinairement exécutés avec plus d'adresse que de goût.

» L'art que les Lapons possèdent le mieux, & celui qu'ils ont porté à sa perfection, est l'art de tanner les peaux. Comme le chêne & les autres arbres qui nous donnent une écorce propre au tannage ne croissent pas dans le Nord, les Lapons emploient l'écorce de *bouleau* au même usage; ils la coupent par petits morceaux & ils la mettent dans un chaudron avec de l'eau; lorsqu'ils peuvent avoir du sel, ils en ajoutent une poignée par chaque peau de renne qu'ils se proposent de tanner. Après avoir laissé macérer ces substances durant quarante-huit heures, ils les font bouillir pendant une demi-heure, & ils versent une partie de l'infusion qu'ils ont obtenue, sur les peaux, en les frottant avec force; ils les plongent ensuite dans l'infusion, qui doit être tiède, & ils les laissent dans cet état pendant deux ou trois jours, après quoi ils font tiédir de nouveau la liqueur & ils y laissent les peaux le même espace de temps. Ils les font sécher au grand air ou auprès d'un feu dans leurs cabanes.

» La peau de renne ainsi préparée a une couleur roussâtre; elle est très-souple, dure long temps, & se laisse difficilement pénétrer par l'eau. Les paysans de la Norwège, qui préparent eux-mêmes le cuir dont ils se servent pour les usages domestiques, emploient également l'écorce du *bouleau* pour cette préparation; ils en font aussi une décoction avec laquelle ils teignent en brun leurs filets, ce qui leur donne plus de consistance & une plus longue durée.

» Les feuilles & les jeunes branches du *bouleau* offrent une nourriture abondante aux troupeaux des Lapons. Ceux-ci ne font aucune provision de fourrage pour la mauvaise saison, soit par imprévoyance, ou plutôt à cause que leur vie errante s'oppose à tout soin de ce genre; tandis que les cultivateurs norwégiens ou suédois ramassent les branches du *bouleau* pour affourrager, pendant l'hiver, leurs vaches & leurs moutons.

» On nourrit aussi la volaille, dans quelques parties du Nord, avec les jeunes feuilles du *bouleau*. On les conserve après les avoir fait sécher dans des fours ou dans des étuves, & on les donne aux poules, aux oies & aux canards, en les mélangeant avec d'autres nourritures. Il nous seroit aussi facile qu'avantageux d'employer au même usage une grande quantité de plantes que nous laissons perdre habituellement.

» Les Finlandais récoltent les feuilles du *bouleau* pour faire une infusion qu'ils prennent à défaut de thé. Les paysans suédois & norwégiens font des paniers avec ses racines; & des torches avec des bandes d'écorce qu'ils roulent les unes sur les autres; leurs femmes savent extraire de cette même écorce une substance insoluble dans l'eau, dont elles se servent pour enduire les fentes des pots de terre. Elles torréfient légèrement l'écorce, & elles en obtiennent la substance par la mastication. Cette écorce, presqu'incorruptible, imperméable à l'eau & même à l'humidité, est employée avec avantage pour différens usages économiques. On s'en sert pour couvrir les maisons dans la Norwège; & dans le nord de la Suède on forme les toits en planches, sur lesquels on pose des écorces de *bouleau*, qu'on recouvre avec des gazons très-épais. Ces toits durent long-temps; ils rendent les habitations saines & pittoresques.

» Lorsqu'on pose en terre des pièces de bois pour la construction des maisoins, ou qu'on enfonce des pieux pour former un enclos, on entoure avec l'écorce du *bouleau* la partie du bois qui doit rester en terre; cette enveloppe la garantit de l'humidité, & sert aussi à prolonger la durée de ces sortes de constructions.

» L'écorce du *bouleau*, mince & flexible, offre aux habitans des campagnes une matière très-propre à faire des semelles de souliers: aussi l'usage en est-il général dans quelques parties de la Suède & de la Norwège. On coud plusieurs plaques d'écorce entre deux semelles de cuir, & l'on a ainsi des souliers moins coûteux, plus chauds & moins sujets à l'humidité que les souliers ordinaires.

» Un voyageur rapporte que certains peuples du Nord, & surtout les habitans du Kamtschatka, se servent de l'écorce du *bouleau* comme d'une substance alimentaire. Ces peuples, moins délicats que les nations civilisées de l'Europe, coupent cette écorce en petits morceaux, & ils la mangent après l'avoir mêlée avec des œufs de poissons. L'écorce de sapin triturée, & mêlée avec la farine d'avoine, sert également à appaiser la faim des paysans norwégiens, lorsque la récolte ne peut suffire à leurs besoins journaliers.

» Les habitans des campagnes, en Suède & en Norwège, qui sont industrieux, & qui d'ailleurs peuvent difficilement se procurer les objets nécessaires à leur consommation, exercent dans leurs ménages différentes espèces d'art; les femmes emploient l'écorce de *bouleau* pour donner à la toile une teinte roussâtre, & elles se servent des feuilles pour teindre la laine en jaune.

» Le bois de *bouleau* qui croît promptement, & qui acquiert une plus grande dureté dans les pays du Nord que dans ceux du Midi, est propre à plusieurs ouvrages & s'emploie dans différens arts, tels que ceux du tourneur, du tabletier, du menuisier, du charron & du tonnelier; on en fait toutes sortes d'instrumens aratoires, des cercles de de roues d'une ſeule pièce, des échelles, des balais & des cerceaux qui réſiſtent mieux à l'humidité que ceux de bois de châtaignier.

» Ce bois eſt très-propre au chauffage, & il eſt ſurtout employé pour les fours & pour les poêles ſuédois, où il faut une combuſtion vive & un braſier durable. Il produit une aſſez grande quantité de potaſſe, & ſon charbon ſert à faire une poudre à canon de bonne qualité; enfin, il remplace le chêne dans les pays où ce dernier arbre ne peut croître. Gilibert dit, dans ſes *Démonſtrations élémentaires de botanique*, que les feuilles du *bouleau* ſont la baſe de la couleur rouge que donne la garance, & qu'en les faiſant bouillir avec l'alun on obtient une pâte couleur de ſafran. Le même auteur ajoute qu'on en retire le noir de fumée utile aux imprimeurs.

» Je terminerai cet article en parlant des uſages auxquels on emploie la ſéve du *bouleau*. Les Ruſſes s'en ſervent pour faire la bière, en place de la liqueur qu'on obtient après avoir fait infuſer la drêche dans l'eau chaude; ils y ajoutent du houblon, de la levure, & lui font ſubir les manipulations qu'on donne ordinairement à la bière.

» On a fait en Suède, avec cette ſéve, un ſirop qui ſucre moins que celui de l'érable, mais qui peut cependant remplacer le ſucre dans pluſieurs uſages domeſtiques: on a obtenu ſix livres de ſirop ſur quatre-vingts cannes, ou deux cent quarante bouteilles de ſéve.

» Les habitans du Nord, cherchant à ſuppléer au vin que la nature leur a refuſé, ont appris à compoſer des liqueurs ſpiritueuſes avec le ſuc de certaines plantes, de certains fruits indigènes. Ils font avec la ſéve du *bouleau* un vin blanc & mouſſeux, qui a à peu près le même goût que nos vins de Champagne, & qui eſt réputé très-ſalubre. On met ordinairement au fond du verre un morceau de ſucre, ſur lequel on verſe la liqueur, afin de donner au vin une ſaveur plus douce & plus agréable.

» On emploie pluſieurs méthodes pour obtenir la ſéve du *bouleau*. Celle qui eſt la plus uſitée, conſiſte à perforer le tronc de l'arbre à la profondeur d'un ou deux pouces, & un peu obliquement de bas en haut. Le trou doit être fait à peu de diſtance du ſol & à l'expoſition du midi; un ſeul trou ſuffit, quoiqu'on puiſſe en faire un plus grand nombre. Mais, dans tous les cas, on doit craindre d'épuiſer l'arbre par une ſouſtraction trop abondante de la ſéve. On ajuſte dans chaque trou un tube de bois, ou un tuyau de plume, qui ſert à conduire la liqueur dans des vaſes qu'on place au-deſſous.

» Quelques perſonnes coupent l'extrémité des branches de l'arbre, & laiſſent couler la ſéve dans des vaſes deſtinés à la recevoir. Lorſqu'on a obtenu une quantité ſuffiſante de ſéve, on enduit l'extrémité des branches avec de la poix.

» Cette opération ſe pratique toujours au commencement du printemps, & l'on obtient d'autant plus de ſéve que l'hiver a été plus rigoureux. Les arbres de moyen âge & ceux qui croiſſent dans les lieux élevés, produiſent une plus grande quantité de ſéve. C'eſt vers l'heure de midi que cette ſéve coule en plus grande abondance.

» Si l'on veut conſerver l'arbre dans toute ſa vigueur & en retirer chaque année une récolte, il faut arrêter l'écoulement lorſqu'on a obtenu cinq ou ſix bouteilles de liqueur: une plus grande extraction épuiſeroit l'arbre & pourroit même le faire périr.

» Lorſqu'on a raſſemblé une aſſez grande quantité de ſéve, on en fait du vin avec une addition de ſucre, de levure de bière & d'aromates; on met ſur cinquante bouteilles de ſéve ſix ou huit livres de caſſonnade; on fait bouillir ce mélange à un feu également ſoutenu, juſqu'à ce qu'il ſoit réduit aux trois quarts, ayant ſoin d'enlever l'écume qui ſe forme à la ſurface; on paſſe la liqueur à travers une flanelle; on la met dans un tonneau; on y ajoute, lorſqu'elle eſt encore tiède, ſix ou ſept bouteilles de vin blanc & deux cuillers à bouche de levure de bière; on jette dans le tonneau ſix citrons coupés par tranches, & dont on a ôté les pepins. On peut aromatiſer cette liqueur avec de la canelle, de la muſcade, des clous de girofle, &c. Quelques perſonnes y mettent, au lieu de ſucre, du miel ou des raiſins ſecs. On laiſſe fermenter la liqueur pendant vingt-quatre heures, après quoi on la verſe dans un tonneau qui a contenu du vin. Ce tonneau étant bien fermé, eſt dépoſé dans une cave où on le laiſſe pendant trois ou quatre ſemaines; le vin ayant alors fini ſon travail, on le ſoutire & on le met dans des bouteilles dont les bouchons doivent être goudronnés.

» Si le règne végétal offre des plantes dont les uſages économiques ſoient d'une importance plus grande que ceux du *bouleau*, il n'en exiſte aucune qui puiſſe lui être comparée par la variété de ſes uſages.

» Pour obtenir l'huile empyreumatique avec laquelle les Ruſſes préparent les cuirs appelés *cuirs de Ruſſie*, & dont on fait un ſi grand commerce, on brûle lentement le *bouleau*, lorſqu'il eſt en ſéve, dans des eſpèces de fourneaux. L'huile ou plutôt la réſine qui abonde dans toutes ſes parties, & ſurtout dans ſon écorce, coule avec la partie aqueuſe & l'acide pyroligneux, par des conduits ménagés à cet effet, dans des réſervoirs pratiqués autour du fourneau. C'eſt ce mélange dans lequel on met les peaux. L'odeur forte de cette huile ſe conſerve long-temps dans les cuirs qu'on a préparés par ſon moyen. »

On diſtingue aſſez bien le *bouleau à feuilles de peuplier* du précédent, lorſqu'il eſt encore dans la planche du ſemis; mais lorſqu'il commence à donner des graines, cela devient aſſez difficile pour tout autre qu'un botaniſte. J'en ai cultivé des milliers de pieds dans les pépinières de Verſailles, provenant d'abord de graines envoyées par Michaux, & ensuite de celles qui s'y récoltoient tous les ans. Il offre peu d'utilité dans son pays natal.

Il paroît que le *bouleau pubescent* diffère fort peu des précédens par ses qualités, mais qu'il parvient à une moindre hauteur. Je l'ai cultivé, pendant plusieurs années, sous la fausse dénomination de *bouleau brun de l'Amérique septentrionale*, dans les pépinières de Versailles. Il se multiplioit par marcottes & par le semis de ses graines, dont plusieurs pieds donnoient & donnent sans doute encore de grandes quantités.

J'ai envoyé des graines de ces deux espèces dans tous les départemens & à tous les jardins de botanique de l'Europe, mais je crains qu'on ait pris partout leurs produits pour l'espèce commune.

Beaucoup de botanistes ont confondu le *bouleau noir* avec le *bouleau à papier*, mais il paroît que ce sont deux espèces distinctes. Si j'en juge d'après les descriptions & les échantillons que je possède. On les a cultivés tous deux dans les pépinières des environs de Paris, mais le premier s'y trouve seul en ce moment. Michaux fils en a donné une excellente figure dans son *Histoire des arbres forestiers de l'Amérique*, de sorte qu'on peut le regarder aujourd'hui comme bien connu. C'est un arbre de soixante à soixante-dix pieds d'élévation, sur trois pieds de diamètre, terme moyen, d'un très-bel aspect, qui paroît ne prospérer que dans les bonnes terres un peu humides. Long-temps je ne l'ai multiplié dans les pépinières de Versailles que par marcottes ou par la greffe sur les deux premières espèces; mais ensuite plusieurs pieds ayant donné des graines, j'ai pu en obtenir chaque année des milliers de plants, c'est-à-dire, beaucoup plus que j'en pouvois placer.

Par sa forme pyramidale, par la couleur foncée de ses feuilles & par le blanc éclatant de son tronc & de ses grosses branches, ce *bouleau* est très-propre à l'ornement des jardins paysagers, soit isolé au milieu des gazons, soit groupé à quelque distance des massifs; mais il y est encore rare, parce qu'il est peu connu.

Dans le Canada, ainsi que dans le nord des Etats-Unis, cette espèce remplit, sous le nom de *bouleau blanc*, de *bouleau à papier*, de *bouleau à canot*, les mêmes destinations que la première en Europe, & ce avec beaucoup plus d'avantages, parce qu'il vient beaucoup plus gros. Ainsi on écrit sur son écorce, qui est presqu'inaltérable par l'humidité; on fabrique des canots (1), on couvre les maisons, on fait des vases avec son écorce, également inaltérable. Quant à son bois, il a le grain fin & lustré, rougeâtre au cœur & blanc à la circonférence, & très-propre à la menuiserie; mais on l'emploie peu, parcequ'on en a de plus solides & de plus durables pour les ouvrages de haut service. Tout ce qui n'est pas brûlé est en conséquence abandonné à la pourriture.

Nous possédons encore, mais moins abondamment, les *bouleaux jaune*, *rouge* & *élevé*, qui paroissent devoir être placés aussi dans une terre fertile & légèrement humide pour prospérer. Ils ne se multiplient encore que de marcottes, parce qu'aucun d'eux n'y a donné de graines. Les tentatives que j'ai faites à différentes reprises pour les greffer sur le *bouleau* commun, n'ont point eu de résultats satisfaisans, quoiqu'elles eussent donné des espérances; ce qui annonce quelques différences d'organisation.

Il y a encore moins de rapports entre le *bouleau à feuilles de merisier* & les autres, car non-seulement il ne peut se greffer, mais même se marcotter. On n'a que le semis de ses graines pour le multiplier, & quoiqu'il en ait donné à différentes reprises dans nos pépinières, je n'en connois pas un seul pied sur lequel on puisse compter à cet égard, parce que cette espèce, qui pousse fort vigoureusement d'abord, ralentit sa croissance au bout de quelques années & finit par périr. Des millions de pieds qui ont levé dans les pépinières de Versailles, provenant des graines envoyées d'Amérique, il n'en reste peut-être pas cent, peut-être pas dix.

J'ai inutilement tenté d'échapper à ce résultat, en plaçant des pieds dans toutes les natures de terre, à toutes les expositions. Il paroît, d'après les remarques de Michaux fils, que le climat de Paris est trop sec & trop chaud pour lui. Cela est fâcheux pour nos jardins paysagers, à l'ornement desquels il pourroit beaucoup concourir.

Il n'y a nulle différence entre la culture du *bouleau à feuilles de merisier* & celle des espèces précédentes provenant du même pays; ainsi je ne m'étendrai pas sur elle.

Lorsqu'on mâche un rameau de cet arbre, on éprouve dans la bouche une sensation aromatique agréable, qu'on ne peut comparer à aucune autre, & que j'ai inutilement tenté de faire passer dans l'alcool pour l'usage de la table.

Voici ce que dit Michaux fils sur les qualités du bois de cette espèce :

« Son bois fraîchement débité est d'une couleur rosée, dont l'intensité augmente à mesure qu'il se dessèche & qu'il est exposé à la lumière. Son grain est d'une texture très-fine & très-serrée, ce qui le rend susceptible de prendre un beau poli. Il possède d'ailleurs un assez grand degré de force: aussi, dans les Etats de Massachusset, de Connecticut & de New-Yorck, après le cerisier de Virginie, c'est celui qui, dans les campagnes, est le plus employé par les ébénistes; on en fait des tables & des montans de bois de lit, qui, entretenus avec soin, finissent par ressembler à l'acajou, &, à Bos-

(1) Pour faire ces canots on enlève, au printemps, l'écorce des plus gros arbres, dans une longueur de dix à douze pieds, sur deux à trois pieds de large; on coud ces morceaux avec les racines de la SAPINETTE BLANCHE, & on recouvre les coutures de résine du BAUMIER de Gilead (*abies balsamea*, Linn.).

ton, on l'emploie, à cause de cela, pour la charpente des fauteuils & des canapés. Dans cette ville, les carrossiers s'en servent pour l'encadrement des panneaux des voitures de luxe. »

C'est sans doute sur de faux renseignemens que Linnæus a appelé la douzième espèce *bouleau nain*, car elle s'élève dans nos pépinières, où elle est assez multipliée, à douze à quinze pieds au moins. On la multiplie par marcottes, par greffe sur le *bouleau* commun & même par graines, car je lui en ai vu donner abondamment une ou deux fois. Elle se rapproche du *bouleau noir*, se cultive & se place comme lui, mais elle produit moins d'effet dans les jardins paysagers.

Le jardin du Muséum possède un pied du *bouleau frutiqueux* qui fleurit tous les ans, mais que je ne crois pas qu'on ait encore cherché à multiplier. Ses rameaux sont couchés sur la terre, & ont par conséquent beaucoup de disposition à s'enraciner sans le secours de l'art.

Il y a long-temps qu'on possède le *bouleau nain* dans les écoles de botanique & dans toutes les collections d'amateurs. Sa hauteur surpasse rarement un pied ; ses touffes sont très-denses & en partie couchées comme le précédent : aussi suffit-il de jeter au centre une poignée de terre pour en avoir, l'année suivante, autant de pieds qu'il y avoit de rameaux. Cette manière de le multiplier est la seule employée, quoiqu'il donne presque tous les ans des graines ; mais son peu d'importance fait qu'il n'a point de valeur dans le commerce.

BOULECH. Nom que porte la CAMOMILLE DES CHAMPS aux environs de Toulouse.

BOULESIE. *Boulesia.* Trois plantes du Pérou sont réunies sous ce nom pour former un genre dans la pentandrie digynie & dans la famille des ombellifères, mais aucune d'elles n'est cultivée en Europe.

BOULOIR. Les pêcheurs de rivière donnent ce nom à une perche terminée par un disque de quelques pouces de large, avec laquelle ils chassent les poissons de leurs retraites pour le faire aller se jeter dans leurs filets.

BOULURE. Ce nom se donne, dans la ci-devant Champagne, aux REJETONS qui poussent sur les racines des arbres & qui servent à les multiplier.

BOUQUET, BOUQUIN, BARBOUQUET, ou NOIR-MUSEAU, FAUX-MUSEAU, FAUX-NEZ, BARBON, CHARBON, POCRE, VERVEINE, FEU SACRÉ, &c. Espèce de gale qui se fixe sur le museau des moutons & même sur la moitié antérieure de la tête. Lorsqu'elle est récente, elle se guérit assez rapidement au moyen de l'onguent de soufre, mais souvent on y parvient ensuite fort difficilement, surtout dans les agneaux.

Cette maladie obligeant les animaux à se gratter continuellement contre les barres des râteliers, ceux qui n'en sont pas encore affectés la gagnent en mangeant. Il faut donc, dès qu'on aperçoit un individu qui en est attaqué, le placer dans une bergerie particulière où il n'y ait pas de râtelier, & s'occuper de suite de son traitement. *Voyez* GALE & BÊTES A LAINE.

BOUQUET PARFAIT. Nom jardinier de l'ŒILLET DE POÈTE.

BOUQUETIN. Synonyme de BOUC dans quelques cantons.

BOUQUETTE. Le SARRAZIN porte ce nom.

BOURASAIA. *Burasaia.* Arbrisseau grimpant de Madagascar, qui constitue un genre dans la diœcie monadelphie & dans la famille des menispermes.

Il n'est point cultivé dans les serres de l'Europe.

BOURDON. *Bombus.* Genre d'insectes de la classe des hyménoptères & de la famille des apiaires, qui diffère fort peu des ABEILLES par ses caractères, mais qui s'en distingue très bien par la grosseur & la forme plus ramassée des espèces qui y entrent, & par ses mœurs moins sociales.

La connoissance des *bourdons* est de peu d'importance pour les cultivateurs ; cependant tous leur sont utiles en favorisant, comme les abeilles, la fécondation des arbres fruitiers & des plantes cultivées. Une seule de ces espèces leur nuit, c'est le BOURDON-BLEU, qui creuse, pour y déposer ses œufs, les bois débités & exposés à l'air, principalement les échalas ; un autre, le BOURDON CAVOSEUX, fournit assez de miel, qui est déposé dans des trous, soit en terre, soit dans des murs, pour mériter d'être recherché.

Les faucheurs rencontrent souvent dans les prairies, lorsqu'ils les coupent, les nids des BOURDONS TERRESTRE & des MOUSSES, & mangent avec délices la petite quantité de miel qui s'y trouve.

BOUREGS. Synonyme d'ANTÉNOIS dans quelques lieux.

BOURGÈNE. Espèce du genre NERPRUN.

BOURGEON. Le CLAVEAU s'appelle ainsi dans quelques lieux.

BOURGEONS SÉMINIFORMES. Synonyme d'OVULE pour quelques physiologistes, mais, selon moi, simplement corps reproducteurs des POLYPES, des CONFERVES, des VARECS, des CHAMPIGNONS & autres êtres organisés qui n'ont point de véritables organes de la génération.

Ce n'est point par germination que se développent les *bourgeons séminiformes*, mais par simple accroissement de grandeur.

BOURGIE. *Bourgia.* Arbrisseau des Indes, qui

seul constitue un genre dans la pentandrie monogynie & dans la famille des borraginées.

Il n'est pas cultivé en Europe.

BOURNEAU. CONDUITE D'EAU recouverte de dalles de pierre destinées à dessécher, sans perte de terrain, les MARAIS & les CHAMPS trop humides. *Voyez* CANAL.

BOURREAU DES ARBRES. *Voyez* CÉLASTRE.

BOURRET. Dans le département des Deux-Sèvres, les BŒUFS à poils rouges & blancs s'appellent ainsi.

BOURRETTE. Les GENISSES portent ce nom dans la ci-devant Auvergne.

BOURREYRE. Les VACHES stériles s'appellent ainsi dans le Cantal.

BOURRIER. Les BALES du blé portent ce nom dans quelques lieux.

BOURRON. Synonyme de BOURGEON dans le Midi.

BOURRU. Le VIN BLANC, pendant qu'il fermente encore, s'appelle ainsi dans quelques cantons.

BOURSE. Nom des enveloppes des TESTICULES des animaux domestiques.

Ces parties sont sujettes à l'enflure, soit par suite d'une inflammation locale, & dans ce cas la maladie cède ordinairement à des fomentations ou à des cataplasmes émolliens, soit par l'infiltration, suite de la foiblesse organique, & dans ce cas il faut non-seulement agir sur elles, mais encore sur le système vasculaire en entier, par des fortifians internes & externes. *Voyez* ŒDÈME.

Les écoulemens purulens qui ont lieu par les *bourses* des animaux châtrés, sont souvent impossibles à guérir. *Voyez* CASTRATION.

BOURU. Les bales du FROMENT, après le BATTAGE, s'appellent ainsi dans certains lieux.

BOUSIER. *Copris.* Genre d'insectes de la classe des coléoptères, dont les espèces rendent service à l'agriculture en décomposant les excrémens des animaux domestiques, & principalement ceux des vaches. Il y a peu de temps qu'il est séparé de celui des SCARABÉS.

On connoît plus de deux cents espèces de *bousiers*, dont les plus grosses des environs de Paris sont celles qui ont été appelées LUNAIRE, EMARGINÉ, PHALANGISTE & STERCORAIRE, & les plus grosses des départemens méridionaux, sont le SACRÉ & le LARGE-COU. Ces deux derniers ont été mis au rang des dieux par l'antique Egypte, problablement par la même cause qui me détermine à leur consacrer cet article.

Dès qu'une vache a déposé ses excrémens dans un pâturage, on voit les *bousiers*, attirés par l'odeur, y arriver de toute part, y pénétrer, s'en nourrir, y déposer leurs œufs, qui bientôt deviennent des larves qui s'en nourrissent également. Souvent, au bout de peu de jours, ces excrémens si morte's pour la végétation qu'ils recouvrent, si peu propres par leur ténacité à porter la fertilité au loin, sont réduits en poudre que les pluies & les vents dispersent.

Sans doute les *bousiers* absorbent une grande partie des principes fertilisans des excrémens des animaux, mais cette perte est compensée par l'accélération de l'époque où ils cessent de nuire & où ils commencent à devenir utiles.

Au reste, nous manquons encore d'observations précises sur cet objet, & je les sollicite auprès des agricu'teurs éclairés qui ont du temps à leur disposition. *Voyez* le *Dictionnaire des Insectes.*

BOUSIN ou BOUZIN. Sorte de MARNE solide, mais ordinairement très-poreuse, qui est peu différente du TUF. *Voyez* ce mot.

Quoique le *bousin* nuise beaucoup à la culture de certains cantons, où il se montre à la surface des terres, à raison de ce qu'il est toujours essentiellement infertile, il devient un moyen de fertilité lorsqu'il est mêlé avec les terres arables, soit cru, soit calciné. *Voyez* MARNE & CHAUX.

BOUSSEROLE. Espèce d'ARBOUSIER.

BOUTADO. Nom cévenois des ÉTANGS qui n'ont pour objet que de faire aller un MOULIN & de servir aux IRRIGATIONS.

BOUTEILLE. C'est le nom propre à tout vase de verre, de terre, de cuir, &c., qui a un gros ventre & un long col, & qui sert à renfermer des liquides & principalement du vin. Les très-grosses *bouteilles* s'appellent des DAMES-JEANE.

La forme des *bouteilles* à vin varie selon les pays. En Angleterre, c'est un cylindre terminé par une queue. En France, c'est un cône plus ou moins régulier. En Allemagne & en Suisse, les *bouteilles* carrées sont très en faveur, parce qu'elles se placent mieux dans la cave.

On fabrique des *bouteilles* en toutes espèces de verre, mais principalement en verre noir, à raison de leur bon marché. (Ce verre n'est composé que de sable & de cendres.) Celles en terre sont le plus souvent de la sorte appelée *grès*. Celles en cuir s'emploient seulement par les voyageurs.

Quelque simple & facile que soit la fabrication des *bouteilles* de verre noir, elle est soumise à des variations nombreuses, & les mauvaises *bouteilles* sont très-communes. Leurs défauts tiennent à la trop grande quantité ou de cendres (chaux), ou de cassin (vieilles *bouteilles*), qui entre dans leur composition, étant attaquables par le vin dans le premier cas, sujettes à casser par le seul effet du chaud ou du froid dans le second. Le défaut de suffisante recuite & l'inégalité de leur épaisseur occasionnent aussi ce dernier inconvénient.

On peut reconnoître la mauvaise qualité du verre des *bouteilles* en y laissant séjourner un peu d'acide sulfurique étendu de six parties d'eau; mais ce n'est qu'à l'user qu'on juge qu'elles sont dans le cas de se casser seules. Sous ce rapport, les vieilles sont préférables aux neuves.

L'autorité a fait des réglemens qui fixoient la capacité des *bouteilles*, mais il y a long-temps qu'ils sont tombés en désuétude. Cette capacité étoit celle de la pinte ou deux livres d'eau. A Paris surtout, les marchands de vin ne veulent acheter que des *bouteilles* plus petites, de manière que sur dix légales ils en gagnent une. Dans d'autres lieux, en conservant les dimensions extérieures des *bouteilles*, on a altéré leur capacité intérieure en exagérant le refoulement nécessité par le besoin de les placer facilement debout.

Toutes les *bouteilles* neuves ou vieilles doivent être rincées à l'eau froide, ou légèrement tiède, avant d'être employées. Comme la paroi intérieure des vieilles est souvent enduite de tartre ou autres dépôts, du plomb à giboyer ou une chaîne, sont presque toujours utiles à employer, pour, par le frottement qu'ils exercent sur cette paroi, enlever le dépôt. Bien rincer une *bouteille* n'est pas aussi facile qu'on le suppose ordinairement, & c'est cependant cette opération qui assure la conservation du vin.

Il est des *bouteilles*, surtout celles qui ont contenu des liqueurs, des médicamens, de l'huile, qu'on ne peut nettoyer qu'avec de la LESSIVE chaude; mais il faut mesurer sa chaleur, car elles cassent toujours lorsqu'elle est trop élevée. *Voyez* POTASSE, SOUDE, ALCALI.

L'arrangement des *bouteilles* dans la cave mérite toute l'attention des cultivateurs, puisqu'il arrive souvent que, par défaut d'attention à cet égard, les tas s'écroulent & qu'on en perd beaucoup par la casse. Toute cave devroit être en conséquence dans un ou deux de leurs côtés, partagée par des petits murs de six pieds de haut & quatre de large, en compartimens de six pieds de large, dans lesquels, au moyen de lattes, on pourra placer, avec entière sécurité, les *bouteilles* pleines ou vides sur deux ou trois rangs, selon leur nombre & l'espace.

C'est couchées, les bouchons d'un rang sur le devant & les bouchons du suivant sur le derrière, que se disposent les rangs des *bouteilles*, rangs que les lattes précitées permettent de faire aussi horizontaux que possible.

Faute de précautions, la casse des *bouteilles* vides est énorme chez la plupart des cultivateurs, & cependant ils ont généralement plus besoin d'économiser que les habitans des villes. Je les invite à veiller sur elles & à les faire mettre en lieu de sûreté, au lieu de les laisser traîner sur les tables, les cheminées, &c.

Les *bouteilles* de grès s'utilisent principalement, à raison de leur plus grande résistance, pour renfermer les eaux minérales gazeuses, le cidre, la bière & autres liqueurs qui laissent dégager des gaz. Alors on les place debout dans la cave, parce que, dans cette position, l'effet se distribue sur toute la base du col, qui offre la plus forte résistance.

Il seroit bien à desirer pour l'économie & l'amélioration du vin, que les cultivateurs, au lieu de tirer leur vin du tonneau, chaque jour, le fissent tirer, aux époques convenables, dans les grandes *bouteilles* de grès qui contiennent 8, 10, 12 pintes & même plus, pour le transvaser de ces grandes *bouteilles*, à mesure de la consommation, dans des *bouteilles* ordinaires de verre. *Voyez* VIN.

Le choix des BOUCHONS influe beaucoup sur la qualité & la conservation du vin en *bouteille*, parce qu'il en est, les uns qui lui donnent un mauvais goût de moisi; les autres qui, joignant mal, laissent à l'air toute son action.

BOUTEILLE. La CARIE porte ce nom aux environs du Puy.

BOUTELOUÉE. *Bouteloua.* Genre établi sur l'ATHEROPOGON APLULOIDE de Willdenow, plante qui ne se cultive pas en Europe.

BOUTET. Nom vulgaire du CUCUBALE BEHEN & de la NIGELLE des champs.

BOUTONS. Les animaux domestiques sont sujets à offrir des *boutons* gros ou petits, qui presque toujours sont des symptômes de maladies portant un nom particulier. *Voyez* aux mots AMPOULE, ECHAUBOULURE, FARCIN, ŒSTRE, CLAVEAU, VACCINE, GALE, POIREAU, VERRUE.

BOUVARDIE. *Bouvardia.* Genre de plantes établi pour placer l'HOUSTONE ÉCARLATE, plante que j'ai apportée à Paris des serres du Jardin de botanique de Milan, & qui se cultive aujourd'hui dans toutes les nôtres.

BOUVREUIL. *Pyrrhula.* Oiseau de l'ordre des sylvains, que je dois signaler aux cultivateurs comme un de leurs ennemis, à raison de ce qu'il vit, pendant l'hiver & le printemps, de boutons d'arbres, & qu'il cause, ainsi que j'ai eu plusieurs fois occasion de l'observer, de grands ravages dans les vergers.

Les amans de Pomone doivent donc faire une chasse continuelle aux *bouvreuils*, & surtout une chasse au fusil, qui les éloigne des vergers, où ils arrivent en troupes nombreuses, & dont ils ne sortent volontairement que lorsqu'ils ont détruit tout espoir de récolte.

BOUZARD. Pierre CALCAIRE coquillière qui

fert de base au vignoble de Beaune. Elle est primitive & disposée en couches minces.

BOVISTE. *Bovista.* Genre de champignon établi aux dépens des VESSELOUPS.

BOWLÈSE. *Bowlesia.* Plante du Pérou qui constitue un genre dans la pentandrie digynie & dans la famille des ombellifères.

Elle ne se cultive pas en Europe.

Il y a un autre genre BOWLÈSE qui ne diffère pas de celui appelé DRUSE par Decandolle.

BOYAU. C'est le nom vulgaire des intestins des animaux.

Dans une grande partie de la France on mange les gros intestins des COCHONS, sous le nom d'ANDOUILLE, & les petits servent à faire le BOUDIN. Une légère partie de ceux des BŒUFS & des MOUTONS tués à Paris & à Lyon, sont employés, les premiers par les batteurs d'or, & les seconds par les fabricans de cordes d'instrumens de musique; mais combien s'en perd-il tous les jours qui pourroient être utilisés!

En Espagne on conserve le beurre & le saindoux dans des *boyaux*, & on s'en trouve bien. Pourquoi ne le fait-on pas également en France, où la moindre chaleur du climat fait croire qu'on s'en trouveroit encore mieux?

Pourquoi ne fabrique-t-on pas de la colle-forte avec tous les *boyaux* qui ne pourroient servir aux emplois précédens?

Je laisse aux agriculteurs éclairés de résoudre ces questions.

BOZA. BIÈRE épaisse qu'on fabrique en Grèce avec de la farine d'ORGE fermentée & de l'IVRAIE. Cette boisson est d'un usage dangereux, à cause de ce dernier grain.

BRABEI. *Brabeium.* Arbrisseau du Cap de Bonne-Espérance qui seul constitue un genre dans la polygamie monœcie & dans la famille des protéoïdes. Il porte des fruits amers, connus sous le nom de *châtaignes sauvages*, qui se mangent après les avoir laissé long-temps tremper dans l'eau.

Cet arbrisseau ne se cultive pas dans nos jardins.

BRACHIOBOLE. *Brachiobolus.* Genre de plantes établi pour placer les SISYMBRES, dont la silique est courte, entr'autres le véritable CRESSON, *sisymbrium nasturtium.* On l'a aussi appelé RADICULE.

BRACHIOLE. *Brachioglotis.* Genre de plantes dans lequel entrent deux plantes de la Nouvelle-Zélande qui se rapprochent infiniment des CINÉRAIRES, & qui même leur ont été réunies. On ne les cultive pas en Europe.

BRACHYCLYTRE. *Brachyclytrum.* Genre de plantes établi aux dépens des MUHLENBERGIES (*dilepyres*, Mich.).

Nous ne cultivons aucune des espèces qu'il renferme.

BRACHYLÆNE. *Brachylæna.* Genre de plantes établi sur la BACCHARIDE A FEUILLES DE LAUROSE.

BRACHYPODE. *Brachypodium.* Genre de plantes destiné à séparer quelques espèces des genres BROME, FÉTUQUE & FROMENT, presque toutes propres à l'Europe.

BRACHYRIS. *Brachyris.* Genre de plantes voisin des VERGES D'OR, établi par Nuttal, pour placer une seule espèce originaire de l'Amérique septentrionale, espèce qui ne se cultive pas dans nos jardins.

BRACHYSCOME. *Brachyscome.* H. Cassini a donné ce nom à un genre de plantes qu'il a établi sur la BELLIE AIGUILLONNÉE.

BRACHYSÈME. *Brachysema.* Arbrisseau de la Nouvelle-Hollande que nous ne cultivons pas dans nos jardins. Il appartient à la famille des légumineuses.

BRADBURYE. *Bradburya.* Genre de plantes fort voisin des GLYCINES, qui ne renferme qu'une espèce originaire de la Louisiane, & que nous ne possédons pas dans nos jardins.

BRAGANTIE. *Bragantia.* Arbrisseau de la Cochinchine, qui sert de type à un genre de la gynandrie hexandrie & de la famille des asaroïdes.

Il ne se cultive pas en Europe.

BRAI GRAS. POIX liquide qu'on obtient des PINS par leur combustion.

Le BRAI SEC est le résidu de la RÉSINE des mêmes arbres après qu'on en a retiré l'huile essentielle.

BRAISE. Résultat de la combustion du bois à l'air, jusqu'à ce qu'il ne donne plus de flamme, après quoi on l'éteint, en le privant d'air, soit en le mettant dans un vase à couvercle, soit en le recouvrant de terre ou autres matières, soit en le plongeant dans l'eau.

La différence entre le charbon & la *braise* consiste en ce que cette dernière a plus perdu des principes du bois que le premier; aussi est-elle plus légère & donne-t-elle moins de chaleur.

L'emploi de la *braise* est fort étendu dans l'économie domestique pour cuire les alimens, &c.; malgré cela on n'en fabrique nulle part, à ma connoissance, pour son usage. C'est le CHARBON qu'on lui substitue, & avec raison, toutes les fois qu'on ne peut s'en procurer aux dépens de son foyer, ou qu'on ne peut en acheter des boulangers, des brasseurs, des teinturiers & autres manufacturiers.

Il est cependant un moyen fort économique

de faire de la *braise*, en brûlant des brouſſailles dans des foſſés. Je l'ai décrit au mot CHARBON.

Comme le charbon, la *braiſe* varie en qualité ſelon l'eſpèce du bois de la combuſtion de laquelle elle eſt le réſultat. Celle des bois durs eſt meilleure que celle des bois légers.

Toute ménagère devroit toujours avoir une proviſion de *braiſe*, miſe chaque ſoir de côté, lorſqu'elle éteint ſon feu ; mais cela eſt très-rare, quelque commode & économique que ce ſoit.

Les dangers des émanations de la *braiſe* dans un appartement exactement fermé, ſont moindres que ceux du charbon ; mais ils n'en ſont pas moins dans le cas d'être redoutés : en conſéquence il faut rigoureuſement placer le fourneau qui en contient ſous le manteau de la cheminée, ou tenir la porte & la fenêtre ouvertes.

BRAN. Dans quelques départemens ce nom ſe donne au SON.

BRANC DE VIN. Synonyme d'EAU-DE-VIE. *Voyez* ALCOOL.

BRANCHIELLE. *Branchiella*. Genre de plantes établi aux dépens des BRYS.

BRANDE. Synonyme de LANDE.

BRASENIE. *Braſenia*. Genre de plantes établi par Schreber dans la polyandrie décagynie & dans la famille des aliſmoïdes, mais dont les eſpèces ne ſont pas connues.

BRASSAVOLE. *Braſſavola*. Genre de plantes qui ſépare des autres le CYMBIDION D'ANDERSON, eſpèce qui ne ſe cultive pas dans nos jardins.

BRASSENIE. *Braſſenia*. Genre de plantes qui ne diffère pas de celui que j'ai appelé RONDACHINE.

BRASSIE. *Braſſia*. Genre de plantes de la gynandrie monandrie & de la famille des orchidées, fort voiſin des ANGRECS.

On ne cultive en France aucune de ſes eſpèces.

BRASSIER. Nom, dans le midi de la France, des GALETTES de MAÏS ou de MILLET, cuites ſous la cendre.

BRAUNÉE. *Braunea*. Arbre des Indes, qui ſeul conſtitue un genre dans la diœcie hexandrie, fort voiſin de celui des MÉNISPERMES.

On ne le cultive pas dans les jardins en Europe.

BRAUSSALS. Les EPIS caſſés par le DÉPIQUAGE, mais non dégarnis de leurs GRAINS, ſe nomment ainſi dans le midi de la France.

BRÈCHE. Ce ſont, dans le Jura, les flocons blancs qui ſe développent lors du braſſage du petit-lait ſorti des FROMAGES cuits, dans le but d'en obtenir le SERAI.

BREDMEYÈRE. *Bredmeyera*. Genre de plantes de la diadelphie décandrie, établi pour placer un arbre de l'Amérique méridionale qui paroît peu différer du SECURIDACA GRIMPANT.

Il ne ſe cultive pas en Europe.

BREGE. La JACHÈRE ſe nomme ainſi aux environs de Riom.

BREGUA. On donne ce nom à la VENDANGE dans le département de Lot & Garonne.

BRELIN. Un troupeau de MOUTONS s'appelle ainſi dans le département des Deux-Sèvres.

BRÈME. Poiſſon du genre CYPRIN, qui ſe plaît dans les eaux ſtagnantes des pays froids, & dont la fécondité eſt extrême. C'eſt un de ceux que les propriétaires d'ÉTANGS doivent le plus rechercher. Sa chair eſt délicate, mais fade ; en conſéquence on doit la relever par les aſſaiſonnemens.

BRENADE. Nom d'un mélange de SON & d'HERBES de diverſes ſortes qu'on donne aux COCHONS, aux OIES & aux POULES dans le département de Lot & Garonne.

BRENÉE. C'eſt la compoſition précédente dans le département de la Vendée.

BRETEUILLIE. *Breteuillia*. Genre de plantes qui ne diffère pas du DIDELTA.

BRETON. Nom d'une diſpoſition d'arbres. Cette diſpoſition n'eſt plus en uſage.

BREUIL. TAILLIS. Clos deſtiné à donner retraite au gibier. Ce mot n'eſt plus employé.

BREUVAGE. Les vétérinaires appellent ainſi les médicamens qu'on donne aux beſtiaux ſous forme liquide.

Il eſt peu de *breuvages* que les beſtiaux boivent volontairement ; en conſéquence il faut le leur faire prendre de force. A cet effet, ou on met le *breuvage* dans une bouteille dont on introduit le goulot dans la bouche de l'animal en lui relevant la tête, ou on emploie un entonnoir de fer-blanc, de corne, &c., qu'on diſpoſe de même. Dans l'un ou l'autre cas il convient de procéder de manière à éviter les mouvemens trop violens, à ne pas exciter de convulſions dans les muſcles de la gorge.

Dans quelques lieux on appelle auſſi *breuvage*, *breuvane*, les alimens, tels que le ſon, les veſces & les féves cuites, &c., qu'on donne aux animaux dans une grande quantité d'eau tiède, lorſqu'ils ſont malades ou qu'on veut les engraiſſer. *Voyez* BOISSON, CHEVAL, BŒUF, MOUTON & COCHON.

BREVERIE. *Breveria*. Genre de plantes de la pentandrie monogynie & de la famille des liſerons, qui renferme trois plantes de la Nouvelle-Hollande dont aucune n'est cultivée dans nos jardins.

BREYNIE. *Breynia.* Genre établi sur une plante des îles de la mer du Sud, qui ne m'est pas connue.

BRÉZY. Chair de VACHE salée & fumée, qui entre dans l'approvisionnement d'hiver des cultivateurs du Jura.

BRI. ARGILE bleuâtre qui supporte la couche de TERRE VÉGÉTALE des marais de la Vendée.

BRICOLIER. C'est le cheval qui s'attèle de côté sur les voitures à deux roues.

Lorsqu'une de ces voitures est conduite en poste, le postillon est toujours monté sur le bricolier.

Ce sont ordinairement des chevaux de moyenne force, mais vifs, qu'on destine à servir de *bricolier.* *Voyez* CHEVAL.

BRIDA. L'ORGE semée pour être mangée en vert se nomme ainsi dans le département des Deux-Sèvres.

BRIDELIE. *Bridelia.* Genre de plantes qui sépare trois espèces de celui des CLUYTIES.

Ces espèces sont originaires des Indes & ne se cultivent pas dans nos jardins.

BRIER. Dans le Médoc, ce nom s'applique à l'opération de CHAUSSER LA VIGNE. *Voyez* VIGNE.

BRIETTE. C'est une BREBIS de deux ans dans le département des Deux-Sèvres.

BRIGNOLIE. *Brignolia.* Genre de plantes dont on ne connoît que les caractères. Il est de la pentandrie digynie & de la famille des ombellifères.

BRIGNOLIER. Deux arbustes de Saint-Domingue portent ce nom. Leurs fruits sont des baies agréables à manger.

BRIGOULE. Nom vulgaire de l'AGARIC DU PANICAUT.

BRIJEAN. Mélange de SEIGLE, de VESCES, de Pois, qu'on sème pour fourrage vert.

On ne peut trop conseiller cette pratique, qui donne une excellente nourriture aux bestiaux à l'époque où ils en manquent souvent (mars & avril), & qui améliore singulièrement la terre.

BRILLANTAISE. *Brillantaisia.* Plante du royaume de Benin, qui seule constitue un genre dans la diandrie monogynie & dans la famille des personnées.

Nous ne cultivons pas cette plante dans nos jardins.

BRIURE. Taches noires qui se forment sur les feuilles ou les fruits de la VIGNE, & qui nuisent à la qualité du vin. Elles sont dues à la sphacélation de l'épiderme de ces feuilles & de ces fruits, par suite des gouttes d'eau qui s'y sont échauffées aux rayons du soleil.

Tous les végétaux sont dans le cas d'être briurés. *Voyez* BRULURE.

BRIN (Arbre de). Jeune arbre venu de semence & qui file droit.

Ce sont les arbres de *brin* que les inspecteurs des forêts doivent choisir de préférence pour BALIVEAUX, parce qu'ils sont plus droits, croissent plus vîte & vivent plus long-temps que ceux venus sur souche. *Voyez* BOIS & EXPLOITATION.

BRINGÉ ou TRUITÉ. Noms des BŒUFS à poil varié dans le Cotentin.

BRIQUE. Parallélipipède d'ARGILE, qu'on fait cuire & qu'on emploie à la bâtisse des maisons dans les lieux où il n'y a pas de PIERRES, & partout à la construction des FOURS & FOURNEAUX, des CHEMINÉES, au PAVAGE des appartemens, &c.

Un cultivateur doit avoir toujours une provision de *briques* du même moule, ou de deux ou trois moules différens, afin de pouvoir réparer les brèches des constructions qui en sont faites.

Une bonne *brique* doit être dure & sonore. Celles qui ne sont pas assez cuites, celles qui contiennent beaucoup de chaux, ne durent pas long-temps.

Il semble qu'il y auroit un immense profit à faire avec des *briques*, des conduits souterrains dans toutes les terres où l'eau surabonde, attendu que par-là on les égoutteroit pendant un demi-siècle sans aucune dépense, & qu'ensuite on en seroit quitte pour relever ces briques & les disposer de nouveau comme elles étoient, ce qui ne seroit pas très-coûteux. J'estime cette méthode plus économique & plus certaine que les PIERRÉES & les FASCINAGES. *Voyez* ces mots.

BRIS. C'est le nom que les TERRES abandonnées par la mer portent aux environs de la Rochelle. Ces terres sont très-argileuses & d'une culture fort incertaine. Les arbres y prospèrent difficilement.

BRIVE. Variétés de FROMENT qu'on cultive dans le midi de la France. Il y a une *brive rouge* & une *brive blanche.*

BROCHER. Les vignerons de l'Orléanais donnent ce nom à un léger binage qu'ils donnent autour des jeunes plants de vigne pendant l'été. *Voyez* VIGNE.

BROCHET. Poisson d'eau douce du genre ESOCE, qui fait presque toujours partie de ceux qu'on met dans les grands étangs, soit à raison du produit de sa vente, soit parce qu'il empêche la trop grande multiplication des autres poissons, multiplication nuisible, en ce qu'elle absorbe la subsistance de tous & les empêche de grossir.

Ce n'est que quand on suivra en France la méthode

thode de diriger les étangs qui est usitée en Allemagne, méthode où les poissons passent tous les ans, en nombre déterminé, d'un étang dans un autre, & lorsqu'on aura la facilité de vendre tout le fretin superflu, qu'il sera possible de se passer de *brochets*.

En général, quoi que l'on fasse, il se trouve toujours des *brochets* dans les grands étangs, soit parce qu'il en est qui échappent à la pêche la plus rigoureuse, soit parce que les oiseaux d'eau y apportent des œufs attachés à leurs pattes.

On met généralement dans les étangs moyens un nombre de petits *brochets* proportionné à leur étendue, en même temps que l'alvin, quoique les ordonnances exigent qu'on attende un an pour exécuter cette opération, afin que les petites carpes, les petites brèmes, les petites tanches, aient acquis assez de grosseur pour échapper à leur dent meurtrière.

Jamais on ne doit mettre dans un étang des *brochets* de plus de trois ans, parce que lors même qu'ils ne pourroient pas détruire les grosses carpes, ils les empêcheroient de grossir par suite de leur perpétuelle poursuite. Ce n'est donc que dans les lacs & dans les grandes rivières, qu'il est impossible de mettre à sec, qu'on peut espérer d'en pêcher de monstrueux, tel que celui de Manheim, qui avoit près de vingt pieds de long & près de quatre cents livres de poids.

La vente des gros *brochets* est très-avantageuse dans les environs des grandes villes, où règne le luxe de la table, & où les occasions de donner de grands repas se présentent presque journellement; mais là excepté, la vente d'un gros *brochet* ne peut équivaloir à ce qu'auroit produit celle du poisson qu'il a mangé : autre raison pour n'en pas laisser de tels dans les étangs de toutes sortes qu'il est possible de mettre à sec.

Il existe une grande variation de qualités dans la chair des *brochets*, produite par leur âge, ceux de deux & trois ans étant les plus estimés, & par les eaux où ils ont vécu, ceux des étangs vaseux étant souvent immangeables. Ceux pris dans les eaux courantes sont constamment les meilleurs.

Les œufs des *brochets* causent souvent des nausées & des vomissemens à ceux qui en mangent; cependant on les consomme, soit au sortir du ventre, soit préparés en CAVIAR, en NETZIN, &c.

On sale la chair des *brochets* en Allemagne, où ils sont beaucoup plus communs qu'en France.

La pêche des *brochets* s'exécute avec toutes les espèces de filets connus, à la nasse, à la fouine, à la ligne, &c.

BRODIE. *Brodia*. Genre de plantes de la triandrie monogynie, qui ne diffère pas de celui appelé HOOKÈRE. Il réunit deux plantes de la Nouvelle-Hollande qui ne se cultivent pas dans nos jardins.

Dict. des Arbres & Arbustes.

BROMÉLIÉES ou BROMÉLIACÉES, ou BROMÉLOÏDES. Famille de plantes établie pour séparer des NARCISSOÏDES quelques genres se rapprochant de l'ANANAS, qui en est le type.

Ces genres sont CARAGATTE, XÉROPHYLE, FURCRÉ & AGAVE.

BRONCHOTOMIE. Opération qui consiste à faire une ouverture à la TRACHÉE-ARTÈRE des animaux domestiques, lorsque, par une cause quelconque, ils ne peuvent plus respirer par la bouche.

Cette opération est très-facile & peu dangereuse, mais ses suites peuvent quelquefois devenir mortelles par le défaut de guérison de la plaie.

M. Barthelemy aîné, professeur à l'école vétérinaire d'Alfort, l'a pratiqué sur un cheval dont les bronches se comprimoient dans une partie de leur longueur; & pour empêcher cet aplatissement, il a introduit dans le canal un tuyau de fer-blanc, par lequel respire le cheval, qu'il emploie, depuis cette opération, comme tout autre.

BROQUETEUR. Ouvrier qui, pendant la MOISSON, dispose les GERBES en tas & les charge sur les voitures. *Voyez* RÉCOLTE.

BROSIMON. *Brosimum*. Genre de plantes établi sur deux arbres lactescens de la Jamaïque, dont les graines de l'un sont bonnes à manger. Il est de la diœcie monandrie & de la famille des orties.

Les graines de l'espèce comestible (*brosimum alicastrum*, Tussac) ressemblent à la châtaigne pour la grosseur, la forme & le goût. Je ne les connois pas.

Les rameaux de la même espèce se donnent aux bestiaux, qui les aiment beaucoup.

On multiplie ces deux arbres dans leur pays natal, car ils n'ont pas encore été introduits dans les jardins d'Europe, par le semis de leurs graines & par boutures mises en terre au commencement du printemps.

BROSSE. Synonyme de BROUSSAILLES. Ce mot n'est plus guère usité.

BROSSE-BLANCHE. Le CHÊNE TOZA porte ce nom dans la Vendée.

BROTÈRE. *Brotera*. Plante de la Nouvelle-Espagne qui seule constitue, dans la monadelphie polyandrie & dans la famille des malvacées, un genre fort voisin du DOMBEY. On ne le cultive pas dans nos jardins.

Trois autres genres portent encore le même nom : l'un a été réuni aux STACHIDES; l'autre a été appelé CARDOPATE; le troisième ne diffère pas du NAUVEMBERGIE.

BROTILLE. Nom vulgaire des BOURGEONS

qui poussent de l'aisselle des feuilles de la VIGNE, par suite de la SÈVE d'août.

BROUA. HAIE vive dans le département du Var.

BROUSSE. Sorte de FROMAGE qui se fabrique presqu'instantanément en faisant tourner le lait & en réunissant le CAILLÉ avec une écumoire.

On mange la *brousse* dans le jour, en l'assaisonnant de sucre.

BROUSSONNETIE. *Broussonnetia.* Brotero a donné ce nom à un genre établi aux dépens des SOPHORES. *Voyez* ce mot & celui MURIER.

BROUSTILLE. Petits FAGOTS formés de BROUSSAILLES.

BROWNÉE. *Brownea.* Genre de plantes de la monadelphie décandrie & de la famille des légumineuses, qui réunit quatre arbres de l'Amérique méridionale. Les BROWNÉES ÉCARLATE & ROSE se cultivent dans ce pays pour l'agrément de leur fleurs, mais leur culture ne m'est pas connue.

Une des autres espèces constitue le genre PAKOUÉ d'Aublet, & GINANIE de Schreber.

BRUCHE. *Bruchus.* Genre d'insectes de l'ordre des coléoptères, voisin de celui des CHARANÇONS, dont la plupart des espèces vivent aux dépens des graines légumineuses & nuisent beaucoup à la reproduction de ces sortes de plantes, & à la consommation de celles d'entr'elles dont l'homme & les animaux domestiques se nourrissent.

C'est principalement dans les pays chauds que les *bruches* exercent leurs ravages. Il est, en Caroline, des plantes dont je n'ai pas pu rapporter une seule graine en Europe, parce que, pendant les deux années que j'ai séjourné dans la première de ces contrées, il m'a été impossible d'en récolter.

Il m'est arrivé bien des fois de recevoir des graines d'ACACIES & d'ERYTHRINES, de CLITORES, de DALBERGES, &c., du Sénégal, de l'Inde, du Brésil, &c., dont pas une n'étoit susceptible d'être semée.

Empêcher les ravages des *bruches* sur les plantes sauvages, est complétement impossible; mais l'industrie de l'homme a trouvé moyen de garantir un des objets de sa culture.

Cet objet est le POIS DES JARDINS (*pisum sativum*, Linn.), & l'espèce qui l'attaque, la *bruche des pois*, appelée par Geoffroy le *mylabre à croix blanche*, & par les cultivateurs le *puceron*, la *pucette*, &c. Ce moyen, c'est de ne cultiver que des pois très-hâtifs ou des pois très-tardifs, la *bruche* pondant constamment chaque année à la même époque, c'est-à-dire, dans le courant de juin.

Non-seulement les *bruches*, ou mieux leurs larves, mangent sur pied, dans leurs gousses ou cosses, les pois, les lentilles, les féves, les gesses, les vesces, mais encore, surtout dans les départemens du Midi, après qu'ils sont battus, mis en sac, ce qui indique deux générations par an. Il arrive souvent que tous les pois d'un sac embarqué pour la nourriture des marins, sont réduits en poudre par suite de leur multiplication, avant qu'il ait été entamé.

On ne reconnoît qu'un pois est attaqué par une larve de *bruche* qu'en le coupant ou en l'écrasant, car elle y est entrée par un trou imperceptible, & elle n'en ronge l'écorce que lorsqu'elle est transformée en insecte parfait, & que cet insecte parfait sent le besoin de s'accoupler. Alors le trou, qui est de près d'une ligne de diamètre, indique que la moitié ou le tiers de la substance du pois n'existe plus.

Comme c'est presque toujours le germe des pois qui est d'abord dévoré par les larves des *bruches*, parce que c'est la partie la plus sucrée, il est rare que ceux qui sont attaqués puissent être employés aux semis.

La présence des larves des *bruches* dégoûte beaucoup de personnes de manger des pois, quoique ces larves soient peut-être même aussi agréables au goût que tant d'autres que les gourmets recherchent dans les parties intertropicales de l'Inde & de l'Amérique. Le matelots seuls, qui y sont accoutumés, ne s'inquiètent pas de leur grand nombre.

On connoît trois moyens d'empêcher les générations futures des *bruches* dans les pois gardés en provision: 1°. de faire subir à ces pois, pendant une heure, une chaleur sèche de 40 à 45 degrés du thermomètre de Réaumur; 2°. de les faire cuire à moitié & ensuite dessécher; 3°. de les mêler avec du sable très-fin, de la cendre, de la sciure de bois, ou autres matières qui empêchent les insectes parfaits d'en sortir & de s'accoupler.

C'est à ce dernier moyen qu'il faut s'en tenir, car les deux autres altèrent beaucoup leur saveur; d'ailleurs, c'est le seul qui permette de les semer.

BRUGHTONIE. *Brughtonia.* Genre de plantes établi par R. Brown sur des plantes de la Nouvelle-Hollande qui ne se voient pas dans nos jardins.

BRUGMANSIE. *Brugmansia.* Genre de plantes établi sur la STRAMOINE en ARBRE, mais non adopté par les botanistes.

BRUGUEL. Le BOLET ESCULENT porte ce nom dans quelques cantons.

BRUGUIÈRE. *Bruguiera.* Deux genres de plantes portent ce nom.

L'un, formé aux dépens des MANGLES, n'a pas été adopté. *Voyez* PALETUVIER.

L'autre est un petit arbre de Madagascar, de la

décandrie monogynie & de la famille des onagres, que nous ne cultivons pas en Europe.

BRULIS. Synonyme d'ECOBUER.

BRUNCK-ÉPINE. Le NERPRUN PURGATIF se nomme ainsi dans le Boulonnois.

BRUNELIER. *Brunelia.* Genre de plantes de la dodécandrie monogynie, qui renferme six à huit arbres du Pérou. On n'en cultive pas un seul dans nos jardins.

BRUNNICHE. *Brunnichia.* Plante grimpante de la décandrie trigynie & de la famille des polygonées, originaire des îles Bahama, qui seule forme un genre. On la voit dans l'école du Muséum d'histoire naturelle de Paris, mais ses tiges y gèlent tous les hivers, & on ne peut l'y multiplier que par la division des vieux pieds.

En Caroline, où je l'ai cultivée, elle s'élevoit au sommet des plus grands arbres & pouvoit servir à former des tonnelles impénétrables aux rayons du soleil. Là je pouvois la multiplier de graines dont elle fournissoit abondamment, de marcottes, de boutures, & par le moyen indiqué plus haut.

Je desire que cette belle plante soit introduite dans les jardins du Midi, où elle se conserveroit fort bien, & qu'elle orneroit pendant tout l'été.

BRUNONIE. *Brunonia.* Deux plantes de la Nouvelle-Hollande, à fleurs réunies en tête, forment un genre de ce nom dans la pentandrie monogynie.

Nous ne les cultivons pas dans nos jardins.

BRUNSWIGIE. *Brunswigia.* Genre de plantes établi pour placer l'AMARYLLIS A LONGUES FEUILLES de Linnæus.

BRUSSAROTE. Le PASTEL affoibli dans sa pousse par suite de la sécheresse, porte ce nom dans quelques lieux.

On rétablit sa vigueur par des ARROSEMENS.

BRYOCLES. *Bryocles.* Salisbury a établi ce genre de plantes pour placer l'HÉMÉROCALE BLEUE.

BRYOPHYLLE. *Bryophyllum.* Genre de plantes fort voisin de celui des COTYLEDONS, qui ne renferme qu'une espèce originaire des Moluques, aujourd'hui cultivée dans toutes les serres des jardins de Paris, & qui le mérite par la beauté de ses grappes de fleurs.

Cette plante porte rarement des fruits dans notre climat; mais on n'a pas à le regretter, parce que non-seulement on peut la multiplier avec la plus grande facilité par le déchirement des vieux pieds & par boutures, mais encore avec les folioles de ses feuilles, ou même leurs plus petites parties, folioles qu'il suffit de déposer sur une terre humide, sous un châssis ou dans une bache, pour qu'elle pousse en peu de jours un grand nombre de racines.

La plante adulte a besoin de beaucoup de chaleur pour fleurir. Elle craint la trop grande humidité de l'air pendant l'hiver. On lui donne de la nouvelle terre tous les deux ou trois ans seulement.

BRYOPSIS. *Bryopsis.* Genre établi aux dépens des ULVES.

BU. Synonyme de BŒUF.

BUAILLE. Synonyme de CHAUME dans le sud-ouest de la France.

BUCAILLE. Un de noms du SARRAZIN.

BUCCO. *Bucco.* Genre établi aux dépens des DIOSMA, mais non reconnu par les botanistes.

BUCHARDE. *Buchardia.* Plante vivace de la Nouvelle-Hollande, au moyen de laquelle un genre a été constitué dans l'hexandrie monogynie & dans la famille des joncoïdes.

Nous ne la cultivons pas en Europe.

BUCHE. Morceau de bois de plus de deux pouces de diamètre, débité pour être brûlé. *Voyez* BOIS A BRULER.

Il est cependant des *bûches* d'une grosseur suffisante à l'objet qu'on a en vue, qui s'achètent pour être employées dans les arts, par exemple des *bûches* de chêne pour faire les raies des roues, des *bûches* de merisier pour faire des chaises, des *bûches* de buis pour tourner, des *bûches* de bois d'Inde pour teindre, &c.

D'après les ordonnances, les *bûches* à brûler du commerce doivent avoir quatre pieds de long, mais presque partout on en débite de plus courtes, dont on tolère la vente.

Les petites *bûches* de deux pieds de long, qu'on destine à faire du charbon ou à brûler dans les fours de verrerie, de faïencerie, &c., se nomment de la CHARBONETTE.

Rarement on dispose les *bûches* dans le foyer d'une manière aussi économique qu'il seroit à desirer, à raison de la rareté actuelle du bois dans la plus grande partie de la France. J'invite tous les cultivateurs, tant dans leur intérêt que dans l'intérêt général, de veiller sur cet objet, c'est-à-dire, de recommander à leurs ménagères d'enterrer une grosse *bûche* peu sèche, dans la cendre, sur le derrière de leur foyer, & de placer de petites *bûches* bien sèches sur le devant.

Les jeunes orangers que les pépiniéristes des environs de Gênes envoient dans les contrées du Nord, s'appellent aussi *bûches*, parce qu'ayant les branches & les racines écourtées, ils ressemblent à des bâtons.

BUCHER. Pièce de la maison ou bâtiment isolé où se dépose le bois destiné à brûler.

Il est toujours économique pour les cultivateurs d'avoir un *bûcher*, non-seulement parce que le bois y est à l'abri de la pluie, & parce que, laissé à l'air, il s'altère plus rapidement & donne moins de chaleur.

La crainte des accidens du feu doit faire desirer que le *bûcher* soit dans un bâtiment isolé, & la crainte d'une consommation exagérée ou des infidélités fait desirer qu'il ferme à clef: dans ce cas, tous les matins on apporte à la maison la provision de la journée.

Pour que le bois se dessèche plus rapidement & plus complétement, il est bon qu'un *bûcher* soit très-aéré, c'est-à-dire, percé de plusieurs fenêtres, ou même à claire-voie.

Beaucoup de cultivateurs ont des *bûchers* plus grands que leur provision annuelle de bois l'exige, & en consacrent une portion à leur atelier de charpente, de menuiserie & de charronnage, c'est-à-dire, au placement de tous les bois dont ils sont dans le cas de faire usage dans leur exploitation, & des outils propres aux trois emplois ci-dessus. Ces cultivateurs devroient être partout imités.

BUCHERON. Nom des ouvriers qui se consacrent une partie de l'année à l'exploitation des bois, c'est-à-dire, qui abattent les arbres, les façonnent en bûches & en fagots.

Après que les *bûcherons* ont mis les arbres bas & qu'ils les ont dépouillés de leurs branches, les ÉQUARISSEURS, les SCIEURS DE LONG, les SABOTIERS, les BOISSELIERS, les DOUVIERS, les ESSEUTIERS, les LATTIERS, &c., s'emparent des gros pour les disposer selon les vues de leur art, & les CHARBONNIERS, les CERCLIERS, s'emparent des petits dans le même but. *Voyez* BOIS.

Un bon *bûcheron* est un homme précieux pour un propriétaire de bois, car d'un côté il fait valoir chaque arbre en le réservant pour les usages qui en feront donner la plus grande valeur, & de l'autre il ménagera la longueur des pièces principales en le coupant en PIVOT. *Voyez* ABATTAGE.

C'est une mesure très-sage, mais peu usitée, que de diviser les *bûcherons* en escouades de cinq à six hommes, & de les mettre sous la direction d'un deux, auquel on donne une rétribution un peu plus forte. Quoiqu'en général on paie les *bûcherons* à tant l'arpent ou à tant les gros pieds abattus (vieilles écorces), ou à tant la corde de bois ou à tant du cent de fagots, il est toujours profitable que le travail aille régulièrement & rapidement. Une portion de bois mal coupée ou coupée trop tard peut repousser moitié moins bien que celle qui a été bien coupée & coupée en saison convenable. Il en est encore de même pour l'enlèvement des bois coupés (*voyez* DÉBARDEMENT), lequel, s'il est fait au commencement de la repousse, peut diminuer considérablement la valeur de la coupe suivante.

BUCHETTE. Petite BUCHE. Ce mot est peu employé.

BUCHIE. *Buchia.* Plante de l'Amérique méridionale, fort voisine des LIPPEIS & des PERAMES, qui constitue un genre particulier.

Nous ne la cultivons pas.

BUCK. Synonyme de RUCHE.

BUDLÉJE. *Budleja. Voyez* BULÈJE.

BUÉE. Nom de la LESSIVE dans l'est de la France.

BUÈNE. *Buena.* Arbrisseau du Mexique, qui seul constitue un genre dans la tétrandrie monogynie, selon quelques botanistes, & doit être réuni aux GONZALAGUINIES selon d'autres.

Il ne se cultive pas dans les jardins d'Europe.

BUIS ou BOUIS. *Buxus.* Genre de plantes de la monœcie tétrandrie & de la famille des tithymaloïdes, qui renferme seulement deux espèces, toutes deux cultivées dans nos jardins, & dont l'une fournit à notre industrie un bois d'un emploi très-étendu dans les arts du tour & de la tabletterie.

Espèces.

1. Le BUIS commun.
Buxus sempervirens. Linn. ♄ Indigène.

2. Le BUIS de Mahon.
Buxus balearica. Lamarck. ♄ De Mahon.

Culture.

Le *buis* commun croît naturellement & en abondance dans toutes les parties moyennes & méridionales de la France, dans les bois en terrain sec, sur les montagnes les plus arides. Il se trouve également en Espagne, en Italie, en Grèce, dans l'Asie mineure & dans le Caucase. Partout il se cultive dans les jardins, s'associe aux idées religieuses, probablement parce qu'il est toujours vert & qu'il fait ornement dans les temples, même pendant les frimats.

On connoît plusieurs variétés de *buis*: d'abord l'*arborescent*, qui croît dans les forêts & parvient à quinze à vingt pieds de haut & à un demi-pied de diamètre, & le *nain* qu'on trouve sur les montagnes pelées, dans les fentes des rochers exposés au midi: quelques botanistes les croient des espèces distinctes, & je me range de leur avis. La première de ces variétés offre des sous-variétés à feuilles plus alongées & d'un vert plus foncé, à feuilles de myrte, à feuilles bordées de jaune ou de blanc, à feuilles tachées de jaune.

Le *buis arborescent* se cultive fréquemment dans les jardins paysagers, où il produit des effets fort agréables pendant toute l'année, & surtout pendant l'hiver, époque où la verdure est rare. C'est entre les arbres du second rang des massifs, en petits groupes

& en ligne contre les murs, qu'il se place ordinairement; cependant on en met presque partout sans trop le multiplier, pour éviter la monotonie. L'abandonner à lui-même vaut toujours mieux que de chercher à lui donner une forme artificielle, ce qu'on ne fait que trop souvent, parce qu'on le confond avec le nain, que le croissant est fréquemment employé à tailler.

Cette seconde variété est réservée pour les jardins français, où elle sert principalement à faire des bordures aux plates-bandes, & des boules, des pyramides, des vases, &c., dans ces mêmes plates-bandes. La mode en est, au reste, beaucoup tombée depuis quelques années. Cette seconde variété ne s'élève guère qu'à trois ou quatre pieds, & rarement ses tiges ont plus de deux ou trois pouces de diamètre. On le reconnoît très-facilement à ses feuilles plus rondes.

Ces deux *buis* se multiplient de graines dont ils donnent abondamment, mais qu'il est difficile de récolter bonnes, à raison de ce qu'on ne peut juger avec certitude de l'époque de leur maturité, & qu'à cette époque elles sont lancées au loin par la rétraction de leur capsule, & qu'il faut par conséquent s'y prendre à l'avance. Ces graines se sèment de suite en pleine terre, dans un sol très-léger & très-substantiel, & à l'exposition du levant. Des arrosemens légers pendant les chaleurs de l'été seront utiles pour accélérer la pousse du plant. Aux approches des fortes gelées on couvrira ce plant de feuilles sèches, car il redoute leurs effets. Au printemps de l'année suivante on pourra le lever pour le planter dans la pépinière, en lignes écartées de six pouces, mais il vaudra mieux attendre une année plus tard & écarter les lignes du double; à quatre ou cinq ans il sera bon à être mis en place.

Mais on fait peu fréquemment usage de la voie du semis pour multiplier le *buis*, à raison de ce qu'il se reproduit avec plus de rapidité & bien moins de peine par celle des marcottes, par celle des boutures & par le déchirement des vieux pieds.

Ainsi dans les pépinières, on tient bas quelques pieds de *buis* en arbre pour en coucher les jeunes branches qui prennent racine dans l'année, ou on coupe ces mêmes branches au commencement du printemps pour les mettre en terre, dans un terrain frais & abrité du soleil.

Ainsi, dans les jardins ornés, où on est obligé de relever, tous les trois à quatre ans, le *buis* en bordure, c'est-à-dire, lorsqu'il commence à ne plus trouver assez de nourriture dans la terre, on divise chaque pied en autant d'autres qu'il a de brins, & on les replante, soit dans la même place, après en avoir renouvelé la terre, soit autre part.

La ci-devant Champagne est, je crois, la partie la plus septentrionale de la France où croît naturellement le *buis* nain. Je l'ai vu remplir toutes les fissures des rochers de craie, dans les plus mauvais cantons de cette ancienne province.

Les bordures de *buis* se taillent très-rigoureusement toutes les années, & même quelquefois deux fois par année. C'est pendant l'absence de la sève, c'est-à-dire en hiver, qu'on devroit faire cette opération; cependant, l'époque de la plus active végétation de cet arbuste est presque toujours préférée, ce qui cause souvent sa mort.

Le *buis* est excellent pour le chauffage, mais ce sont seulement ses rameaux que l'on emploie à cet usage, parce que son tronc est extrêmement recherché, & par conséquent payé fort cher, pour les ouvrages de tabletterie, auxquels il est plus propre que celui d'aucun autre des arbres indigènes. Ses feuilles servent de litière & augmentent la masse des engrais. Leur décoction à haute dose est purgative, & à petite dose, sudorifique.

C'est exclusivement la variété ou espèce arborescente du *buis* qui fournit le bois du commerce; jamais elle ne constitue seule des forêts, mais est éparse dans celles de quelques pays de montagnes.

Les lieux où il s'en trouve encore le plus sont les montagnes du Charolois, du Jura, du Bugey, du Dauphiné, de la Provence, des Pyrénées. Là, non-seulement on ne fait rien pour favoriser la reproduction de cet arbre, mais on la contrarie: par exemple, il est de fait qu'il n'y a que les pieds venus de graines qui puissent former une tige de quelque grosseur, parce qu'elle est unique; mais dès qu'une est devenue marchande, on la coupe, & les repousses du pied sont coupées tous les deux ou trois ans pour faire des fagots, de sorte que ce n'est qu'après un grand nombre d'années, après que ces touffes sont arrachées pour avoir leurs racines, plus recherchées que les tiges à raison de leur agréable coloration (*voyez* BROUZIN), qu'il en peut renaître; mais alors il n'y a plus de tiges fournissant des graines pour le repeuplement.

Il seroit donc important au commerce actuel & futur de la France, que dans les forêts appartenant au Gouvernement, il fût établi des gardes-planteurs chargés de rassembler tous les ans de grandes quantités de graines de *buis*, pour les répandre dans les clairières de celles qui en contiennent naturellement. La dépense de ces gardes-planteurs seroit très-foible, en ce que deux tiendroient la place & feroient les fonctions d'un garde ordinaire pendant dix mois de l'année, le mois d'août seul devant être employé à la recolte des graines, & le mois de septembre à leur semis. Pour effectuer ces semis il suffit de gratter, par un seul coup, la surface de la terre des clairières, avec une pioche de fer large de quatre pouces, de jeter quelques graines sur la terre mise à nu, & de les recouvrir, au moyen du pied, avec ce qui a été enlevé par la pioche, après quoi il n'y a plus rien à faire jusqu'à la coupe.

Il est cependant des cas où il peut être utile de faire sentir aux *buis* provenant de semence, le tranchant de la serpette; ce sont ceux où ils offriroient des branches qui rivalisent de grosseur avec celle qui est la plus directe ; alors on les couperoit à quelque distance du tronc, à deux ou trois pouces, par exemple. Par cette opération, qui reporte dans la tige la plus droite la séve qui en étoit déviée, on accélère singulièrement le grossissement de ce tronc. *Voyez* TAILLE en crochet.

Tout *buis* coupé est exposé à se fendre, & lorsqu'il l'est pendant qu'il est en végétation, il se fend bien plus. On diminue les effets de ce grave inconvénient en le déposant, immédiatement après qu'il est coupé, dans une cave obscure pendant trois, quatre & cinq ans, après quoi on le débarrasse de son aubier & on le garde dans des magasins également obscurs, jusqu'au moment de son emploi.

Souvent aussi on fait tremper le *buis* dans l'eau, soit froide, soit chaude, pour l'empêcher de se fendre ou de se déjeter, & cette opération remplit presque toujours son objet.

Le bois de *buis* est jaune, d'un grain très-fin, susceptible du plus beau poli. Il pèse vert 80 liv. 7 onces, & sec, 68 liv. 12 onces 2 gros le pied cube.

Le *buis* de Mahon croît naturellement dans les îles Baléares, & probablement sur la côte d'Espagne qui en est voisine, car il vient de Cadix un *buis* d'un jaune plus vif qui en provient sans doute, & les îles Baléares ne sont pas assez étendues pour le fournir seules au commerce. Ce *buis* se distingue du commun par ses feuilles plus grandes & plus roides, par ses rameaux toujours érigés, & parce qu'il craint beaucoup plus les gelées du climat de Paris, où on le cultive beaucoup depuis une quarantaine d'années. Ses effets dans les jardins paysagers ne sont pas si agréables que ceux de celui dont il vient d'être question : aussi se contente-t-on d'y en planter quelques pieds. On le multiplie presqu'exclusivement de boutures faites dans des pots sur couche & sous châssis, boutures qui s'enracinent dans les deux premiers mois, & qu'on peut repiquer, à cette époque, dans d'autres pots qu'on rentre dans l'orangerie aux approches de l'hiver. Ce n'est qu'à leur troisième année qu'on doit hasarder de mettre ces pieds en pleine terre.

Comme cette espèce paroît croître plus rapidement & s'élever davantage que le *buis* commun, il seroit probablement d'un grand intérêt national d'en entreprendre la culture sur les côtes françaises de la Méditerranée, où il prospéreroit sans doute.

BUISSON (Arbres en). C'est ainsi que les jardiniers appellent les arbres à fruits dont la tige est basse & dont les branches sont disposées par la taille, de manière à représenter un entonnoir.

Les POIRIERS & les POMMIERS d'abord, puis les ABRICOTIERS, sont ceux qui se prêtent le mieux à cette disposition.

On donne le nom d'ARBRES VASES & d'ARBRES GOBELETS à des formes qui diffèrent peu de celles-ci, & qui se dirigent de même dans toute la durée de leur existence.

Nos pères faisoient un grand cas des arbres en *buisson*, & les vieux jardins en sont encore garnis; mais comme ils tiennent beaucoup de place, donnent beaucoup d'ombre, offrent beaucoup de difficultés dans leur taille & sont peu agréables à l'œil, quand ils sont trop rapprochés dans les carrés, on les remplace presque partout aujourd'hui par des demi-tiges à tête naturelle ou peu altérée, par des QUENOUILLES, des PYRAMIDES, des NAINS. Cela est fâcheux, parce qu'ils sont très-productifs.

Quoi qu'il en soit, il m'est indispensable de donner ici les règles de la première formation des arbres en *buisson*, & de la taille qu'ils exigent lorsqu'ils sont formés.

Pour disposer un arbre à cette forme, on choisit, dans la pépinière, les sujets greffés depuis deux ans, soit à quelques pouces, soit à quelques pieds de terre, selon l'objet qu'on a en vue, dont la pousse est la plus vigoureuse; on en coupe la tige à cinq ou six yeux au-dessus de la greffe; l'année suivante ces yeux ont poussé autant de bourgeons, dont on ne conserve que quatre ou cinq, en supprimant le plus bas ou le plus haut selon la disposition des autres. Ces bourgeons tenus écartés du tronc, & les uns des autres, au moyen d'un cercle de bois, devenus branches, après avoir été, l'hiver suivant, taillés sur deux yeux, donnent huit ou dix bourgeons également écartés du tronc, & entr'eux, par un second cercle plus grand que le premier, & ils sont également taillés à deux yeux l'hiver d'après, ce qui donne seize ou vingt bourgeons qu'on soumet aux mêmes opérations; après quoi l'arbre n'a plus besoin que des tailles annuelles, parfaitement analogues à celles qui se donnent aux ESPALIERS, PYRAMIDES, &c. Arrivé à ce point on ne conserve les cercles, & principalement le dernier, que pour assurer la constance de la direction forcée des branches.

Tous ces cercles sont successivement attachés à des pieux fichés en terre, d'autant plus loin du tronc qu'on veut donner au *buisson* une plus grande ouverture. Cette ouverture varie selon le terrain, suivant l'espèce ou la variété, ainsi que suivant le sujet. Ainsi, elle est plus grande dans les bons terrains, pour les poiriers en général, pour ceux qui sont greffés sur franc.

Les attaches des jeunes branches à ces cercles doivent n'être pas assez serrées pour les étrangler. Lorsqu'on est obligé de leur donner une direction trop forcée, on les garantit de l'action de ces attaches au moyen d'un tampon de mousse.

Pendant les quatre années on donne un fort labour d'hiver & deux d'été, au terrain où ces arbres sont plantés.

Mais il ne suffit pas, les deux dernières de ces

années, de rapprocher les nouvelles pousses, il faut encore tailler celles qui se sont développées sur les quatre ou cinq, ainsi que sur les huit ou dix premières branches, & c'est cette taille, qui demande le plus de méthode, qu'il est le plus difficile de bien exécuter. En effet, trop supprimer de branches, affoiblit le pied; trop en laisser, l'embarrasse & le rend diffus. Pour se guider & avoir sûreté dans sa détermination, il faut considérer d'abord qu'il ne doit point rester de branches en dedans de l'entonnoir, & que celles conservées en dehors & dans l'intervalle des mères, doivent être également espacées & rester toujours foibles.

On taille les nouvelles pousses des mères-branches à deux, trois ou quatre yeux, suivant la foiblesse ou la force de l'arbre, toujours le dernier œil en dehors, à l'effet d'augmenter d'autant l'ouverture du *buisson*.

Dans le cas où une des branches-mères menaceroit de périr par suite de la pousse d'un GOURMAND (*voyez* ce mot), on tailleroit sur ce gourmand & on supprimeroit la branche-mère.

Il est avantageux d'ÉBOUTONNER pendant l'hiver les arbres en *buisson*, pour éviter de les ÉBOURGEONNER trop sévèrement en été, cette dernière opération affoiblissant plus les arbres que la première.

Enfin, je le répète, il faut toujours tendre à conserver aux branches-mères la supériorité de grosseur, & à mettre le plus d'égalité possible dans les distances de toutes les autres.

Chaque année on taille l'extrémité des branches-mères à deux yeux, afin qu'elles se fourchent sans cesse.

En général, il est fort difficile d'espérer conserver aux arbres en *buisson* une régularité parfaite, mais on doit s'efforcer de le faire. Les jardiniers qui les arrêtent à six ou huit pieds du point de départ des mères-branches, ne font qu'accélérer sa détérioration. Dussent-ils s'élever jusqu'à vingt pieds, il faut les tailler de même tant qu'ils ont assez de force pour le supporter.

On trouvera ce qui manque à cet article, à ceux des arbres qui sont dans le cas d'être disposés en *buisson*, ainsi qu'à ceux TAILLE, ESPALIER, CONTR'ESPALIER, PYRAMIDE & QUENOUILLE.

BULBINE. Nom ancien des JACINTHES A TOUPET & A GRAPPE, qui a été appliqué par Linnæus à des plantes du genre ANTHÉRIC, & par Gærtner à une CRINOLE qui constitue aujourd'hui le genre CRYPTANTHE.

BULBOCHÈTE. *Bulbocheta.* Genre de plantes qu'a établi Agardh pour séparer la CONFERVE SÉTIGÈRE des autres.

BULLIARDE. *Bulliarda.* Genre établi par Necker, mais qui rentre dans celui appelé XYLOPIE.

BUMÉLIE. *Bumelia.* Genre de plantes de la pentandrie monogynie & de la famille des hilospermes, établi aux dépens des ARGANS, ainsi que des CAIMITIERS, & qui rassemble quatorze espèces, dont quatre se cultivent dans nos serres ou dans nos orangeries.

Espèces.

1. La BUMÉLIE noire.
Bumelia nigra. Swartz. ♄ De la Jamaïque.
2. La BUMÉLIE pâle.
Bumelia pallida. Swartz. ♄ De la Jamaïque.
3. La BUMÉLIE à feuilles obtuses.
Bumelia retusa. Swartz. ♄ De la Jamaïque.
4. La BUMÉLIE très-fétide.
Bumelia fœtidissima. Swartz. ♄ De Saint-Domingue.
5. La BUMÉLIE à feuilles de saule.
Bumelia salicifolia. Swartz. ♄ De la Jamaïque.
6. La BUMÉLIE des montagnes.
Bumelia montana. Swartz. ♄ De la Jamaïque.
7. La BUMÉLIE nerveuse.
Bumelia nervosa. Vahl. ♄ De Cayenne.
8. La BUMÉLIE lycioïde.
Bumelia lycioïdes. Mich. ♄ De Caroline.
9. La BUMÉLIE soyeuse.
Bumelia tenax. Mich. ♄ De Caroline.
10. La BUMÉLIE lanugineuse.
Bumelia lanuginosa. Mich. ♄ De Caroline.
11. La BUMÉLIE réclinée.
Bumelia reclinata. Mich. ♄ De Caroline.
12. La BUMÉLIE pentagone.
Bumelia pentagona. Swartz. ♄ De la Jamaïque.
13. La BUMÉLIE à feuilles rondes.
Bumelia rotundifolia. Swartz. ♄ De la Jamaïque.
14. La BUMÉLIE à feuilles en coin.
Bumelia cuneata. Swartz. ♄ De la Jamaïque.

Culture.

Les espèces que nous possédons dans nos écoles de botanique & dans les collections de nos amateurs, sont les 8e., 9e., 10e. & 11e.

La *bumélie lycioïde* passe en pleine terre, à une bonne exposition, les hivers ordinaires du climat de Paris, mais elle est frappée par les fortes gelées; en conséquence il est prudent de la tenir dans l'orangerie pendant cette saison. C'est un arbuste de dix à douze pieds de haut, dont l'écorce laisse fluer, lorsqu'on l'entame, un suc laiteux, dont les fleurs exhalent une odeur très-suave & dont les rameaux sont épineux, très-nombreux, extrêmement difficiles à casser. On en fait en Caroline, son pays natal, où je l'ai observé, des haies impénétrables aux animaux & même aux hommes dépourvus d'instrumens tranchans. Son introduction, pour cet objet, dans le midi de la France, seroit une acquisition fort importante; mais quelque nombreux qu'aient été les envois de ses graines par Michaux père & fils, & leur distribution par mon prédécesseur ou par moi, il ne paroît pas qu'il y soit tant soit peu commun. Il ne donne jamais de graines dans les jardins de Paris, ni en pleine terre ni en pot ; en conséquence, on est forcé de le multiplier par marcottes ou par boutures, moyens fort incertains, & par suite de fort peu d'effet.

Les *bumélies soyeuse* & *lanugineuse* se ressemblent tant, qu'elles ont été long-temps confondues comme variétés. Ce sont des arbrisseaux extrêmement élégans par le luisant doré de la face inférieure de leurs feuilles, & dont les fleurs sont odorantes comme celles du précédent, mais à un plus foible degré. Je les ai également cultivés, & dans leur pays natal & dans les pépinières commises à ma surveillance, à Versailles & à Paris. La ténacité & l'entrelacement de leurs rameaux est encore plus remarquable, mais leurs épines sont moins longues. Comme utiles & comme agréables, ces arbustes méritent d'être cultivés dans le midi de la France, où j'en ai envoyé également des graines & des pieds en assez grande quantité.

Le principal caractère de la *bumélie réclinée* est indiqué par son nom. Je ne connois point d'arbuste plus propre à former seul des haies, ou à garnir les bords de celles composées avec d'autres arbustes. En effet, c'est à se dégarnir par le pied que tendent toutes les haies, & au contraire les rameaux épineux & pendans de cette espèce les garnissent le plus dans cette partie. Ces haies, comme je l'ai observé en Caroline, ont la forme d'un toit aigu & ne demandent aucun soin pour être rendues impénétrables, même à un chat. Combien de fois ai-je desiré, en les voyant, que l'arbuste qui les composoit fût excessivement multiplié dans nos départemens méridionaux !

Tout ce que j'ai dit des qualités & des modes de multiplication de la première espèce, s'applique à ces trois dernières, excepté qu'elles ne sont pas laiteuses & que les fleurs de la dernière ne sentent rien.

BURASAIE. *Burasaia.* Arbuste de Madagascar, que Dupetit-Thouars a reconnu devoir constituer un genre dans la dioecie monadelphie & dans la famille des ménispermes.

Il ne se voit pas dans nos serres.

BURETTES. Petites MEULES que, dans le département des Ardennes, on construit le soir & disperse le matin. *Voyez* FOIN.

BURGSDORFIE. *Burgsdorfia.* Genre de plantes établi par Moenche pour la CRAPAUDINE ROMAINE, mais non adopté par les autres botanistes.

BURON. Cabane en pierre, construite, dans la ci-devant Auvergne, sur les montagnes où paissent de nombreux troupeaux de vaches, pour loger les BERGERS & les fabricans de FROMAGE. *Voyez* au mot CHALET.

BURSAIRE. *Bursaria.* Arbrisseau de la Nouvelle-Hollande, fort voisin des ITÉES, qu'on ne cultive pas encore dans nos jardins.

BURSERIE. *Burseria.* Genre de plantes établi par Lœfling pour placer la VERVEINE LAPPULAIRE.

Il est plus connu sous le nom de PRIVA.

BURSHIE. *Burshia.* Genre établi par Pursch, *Flore de l'Amérique septentrionale*, mais dont les espèces ne sont pas encore introduites dans nos jardins.

BURTONIE. *Burtonia.* Salisbury a établi ce genre pour placer l'HIBBERTIE A FEUILLES DE GROSEILLER, que nous cultivons dans nos serres.

Le même nom a été donné par R. Brown à un autre genre qui a pour type le GOMPHALOBE SCABRE, qui se voit également dans nos orangeries.

BUSEAUX. Grosses MEULES qu'on forme sur le PRÉ, dans le département des Ardennes, lorsqu'on ne peut en enlever le FOIN aussitôt qu'il est FANNÉ.

BUSSONS. Petites îles de la Loire couvertes d'OSIER.

BUTÉE. *Butea.* Genre de plantes établi par Roxburg, mais depuis réuni aux RUDOLPHIES.

BUTOMÉES. Famille de plantes introduite par Richard aux dépens des JONCOÏDES de Jussieu, des ALISMOÏDES de Ventenat.

Les genres qui s'y rapportent sont BUTOME, HYDROCLEYS & LIMNOCHARIS.

BUVÉE. Eau dans laquelle on a délayé de la FARINE D'ORGE ou de SARRAZIN, & mis quelques poignées de vesce, de gesse ou grains analogues.

On donne la *buvée*, soit chaude, soit froide, aux VACHES malades, qu'elle nourrit bien, sans leur surcharger l'estomac.

BUXACÉES. Famille de plantes établie aux dépens de celle des EUPHORBIACÉES. Elle ne renferme que les genres BUIS & MERCURIALE.

BYBLIS. *Byblis.* Ce nom a été donné à un genre de la pentandrie monogynie & de la famille des rossolis, ne renfermant qu'une petite plante de la Nouvelle-Hollande, qui ne se cultive pas en Europe.

BYSSOCLADION. *Byssocladium.* Genre établi par Linck aux dépens des BYSSES & des CONFERVES.

BYSTROPOGUE. *Bystropogon.* Genre de plantes établi par Lhéritier aux dépens des MENTHES, des CATAIRES & des BALOTES.

Il n'a pas été adopté par la plupart des botanistes.

CA

C

CA. Synonyme de CEP. *Voyez* VIGNE.

CAA APIA. C'est la DORSTÈNE du Brésil, regardée comme l'antidote des blessures empoisonnées & des morsures des serpens.

CAA CICA. L'EUPHORBE EN TÊTE, qui a les vertus de la DORSTÈNE, s'appelle ainsi au Brésil.

CAA OPIA. Le MILLEPERTUIS BACCIFÈRE, dont la résine constitue la GOMME GUTTE d'Amérique, porte ce nom au Brésil.

CAA PINGA. Trois plantes du Brésil, dont les feuilles se mangent cuites, portent ce nom; l'une est une AMARANTHINE, l'autre un POURPIER : la troisième n'est pas connue.

CABAL. Nom que portent, dans le département de Lot & Garonne, les bestiaux, les ustensiles de culture, les semences, &c., que le propriétaire remet à son MÉTAYER, lors de son entrée en jouissance, & qu'il doit lui rendre lorsqu'il sort.

Il est bien désirable que ce mode de fermage tombe en désuétude, car il est nuisible au perfectionnement de l'agriculture. *Voyez* BAIL.

CABALLAIRE. *Caballaria.* Genre de plantes de la polygamie dioecie, qui renferme huit espèces originaires du Pérou, dont aucune n'est cultivée dans nos jardins.

Une d'elles a été établie en titre de genre sous le nom de MANGLILLE. Toutes se rapprochent des ARGANS, des ARDÉSIES, & encore plus des MIRSINES.

CABANE. Les FERMES ou MÉTAIRIES portent ce nom dans les marais de la Vendée.

CABANE DE VERS A SOIE. On donne ce nom aux branchages sur lesquels les vers à soie fixent leurs cocons. *Voyez* VER A SOIE.

CABAT. Petite CHARRUE qui, dans le Médoc, sert à labourer la vigne.

CABAUX. Ce sont, dans le Midi, les BESTIAUX attachés à une métairie. Tantôt ils appartiennent au propriétaire, tantôt au métayer, tantôt à tous deux. *Voyez* CABAT.

CABOT. Nom des CROCETTES de VIGNE dans le Médoc.

CABRILLAT, CABEL. Synonyme d'ÉPI dans le Midi.

Les épis cassés s'appellent CABILLANS.

CABRILLOU ou CABRILLON. Ce sont de petits FROMAGES de lait de CHÈVRE aux environs de Clermont-Ferrand.

CACAHUETTE. L'ARACHIDE porte ce nom dans le département des Landes.

CACARA. On donne ce nom, dans l'Inde, à des plantes du genre DOLIC.

CACHANG. Plantes de l'Inde, qui servent à la nourriture des bestiaux, mais dont le genre n'est pas connu.

CACHEXIE. Maladie des animaux domestiques, ou mieux, symptôme ou commencement d'autres maladies. Elle est caractérisée par la foiblesse générale des organes, & surtout par celle de l'estomac.

Le repos, une bonne nourriture, sont les remèdes les plus assurés contre la *cachexie*, jusqu'à l'époque où la maladie qu'elle précède s'est caractérisée.

Un bon air doit toujours entrer dans les moyens curatifs; ainsi, si les bestiaux se trouvent, comme cela arrive si souvent, dans une écurie, une étable, une bergerie petite, sans courant d'air, & par conséquent infecte, on ouvrira toutes les fenêtres ou on en fera faire; on enlevera tout le fumier qui s'y seroit accumulé, après en avoir fait sortir ces bestiaux.

CACOMITE. On appelle ainsi, aux environs de Mexico, la racine d'une TIGRIDIE, de laquelle on retire une FÉCULE.

CADAVRE. Corps d'un homme ou d'un animal mort.

Les matières animales étant le plus puissant des engrais, aucun *cadavre* ne devroit être perdu pour l'agriculture, mais ils sont cependant repoussés presque partout.

J'indiquerai au mot CHAROGNE les moyens de tirer parti de ceux des animaux domestiques. *Voyez* de plus les mots ENGRAIS & HUMUS.

CADIE. *Cadia.* Arbuste d'Arabie, qui seul constitue un genre dans la décandrie monogynie & dans la famille des légumineuses, genre qui a aussi été appelé PANTIATIQUE & SPAENDONCÉE.

On cultive cet arbuste dans les serres du Muséum d'histoire naturelle de Paris, où il fleurit quelquefois; mais il n'y a pas encore donné de graines, de sorte qu'on ne peut le multiplier que par MARCOTTES en l'air, qui réussissent difficilement : aussi est-il rare.

CADRAN. Maladie des arbres qui ne diffère pas de la ROULURE.

CÆLACHNÉ. *Cælachne.* Plante graminée de la Nouvelle-Hollande, que R. Brown regarde comme type d'un genre.

Nous ne la cultivons pas dans nos jardins.

CÆNOPTÈRE. Synonyme de DARÉE.

CÆSIE. *Cæsia.* Genre de plantes établi par R. Brown dans l'hexandrie monogynie & dans la famille des asphodèles.

Aucune des huit espèces qui y entrent ne se cultive en Europe.

CÆSULIE. *Cæsulia.* Plante vivace de l'Inde, qui seule constitue un genre dans la syngénésie polygamie.

On ne la cultive pas dans les jardins d'Europe.

CAFÉ BATARD. Nom vulgaire du CAFÉ OCCIDENTAL.

CAFÉ FRANÇAIS. On a donné cette dénomination à des substances qui sont substituées au *café* dans les temps de cherté, substances parmi lesquelles il faut principalement distinguer les racines de CHICORÉE & de SCORSONÈRE, les graines de SEIGLE, d'ORGE, de GRATERON, de FRAGON, d'IRIS DES MARAIS.

Tous ces *cafés* donnent de la couleur au lait, mais ne remplissent pas le principal objet du *café*.

CAFERAIN. On donne ce nom, dans le nord de la France, à un mélange de cendre, de boues de chemins & de rivières qui s'emploie à l'engrais des terres.

CAGE. Treillis en fer ou en bois qu'on établit autour des plantes dont on veut garantir les graines de l'atteinte des oiseaux.

CAILLEBOTTE. La VIORNE OBIER porte ce nom dans quelques lieux.

CAÏPON. CHIONANTHE de Saint-Domingue dont le bois sert à la bâtisse.

CAJEPUT. Huille essentielle, odorante, qu'on retire, à Amboine, des feuilles du MÉLALEUQUE BOIS BLANC, laquelle est l'objet d'un commerce de quelqu'importance, à raison des propriétés médicinales dont elle jouit.

J'ai tenté d'obtenir des huiles analogues des MÉLALEUQUES de la Nouvelle-Hollande qui se cultivent dans nos orangeries, mais ces huiles m'ont paru bien inférieures au *cajeput*.

CAJOT. Petite NATTE en JONC sur laquelle se posent les FROMAGES de Brie.

CALADENIE. *Caladenia.* Genre de plantes de la gynandrie diandrie & de la famille des orchidées, qui renferme quinze espèces dont aucune n'est cultivée en Europe.

CALADION. *Caladium.* Genre de plantes établi par Ventenat pour séparer des GOUETS les espèces dont les anthères sont sessiles & les stigmates ombiliqués. Il ne diffère pas des CULCASIES de Palisot-Beauvois. Les GOUETS ESCULENT, OVALE, SAGITTÉ, BICOLOR, en font partie.

CALAF. Arbre d'Egypte dont les fleurs sont très-odorantes. Il y a lieu de croire que c'est le CHALEF.

CALAMAGROSTE. *Calamagrostis.* Genre établi aux dépens des ROSEAUX. *Voyez* ce mot.

CALAMINE. *Calamina.* Palisot-Beauvois a donné ce nom à un genre qu'il a établi pour placer l'APLUDÉ MUTIQUE.

CALAMUS AROMATIQUE. On donne ce nom, chez les droguistes, à l'ACORE ODORANT, au ROTANG VRAI & au BARBON NARD, ou mieux à leurs racines.

CALATHIDE. On a donné ce nom aux fleurs composées, non-seulement de la SINGÉNÉSIE, mais encore des autres familles; ainsi la SCABIEUSE, la DORSTÈNE, le FIGUIER en offrent des exemples.

CALBOA. *Calboa.* Plante grimpante, originaire de la Floride, qui seule constitue un genre dans la pentandrie monogynie & dans la famille des liserons. Nous ne la cultivons pas en France.

CALCUL, MALADIE DES BESTIAUX. Comme l'homme, les animaux domestiques, principalement le cheval & le bœuf, sont sujets aux *calculs*, vulgairement appelés *pierres*.

La difficulté d'uriner & le peu d'urine qui s'écoule après de longs efforts, souvent le sang qui sort avec l'urine à la suite de ces efforts, indiquent la présence d'une pierre dans la vessie; mais on ne peut en être certain qu'après avoir renversé l'animal sur le dos, avoir introduit la main dans le rectum & avoir palpé la pierre.

Tous les régimes ou les remèdes indiqués pour la guérison de la pierre ne sont propres qu'à tourmenter l'animal & à faire dépenser de l'argent au propriétaire. Il faut toujours avoir recours en définitive à la taille.

Pour disposer l'animal à l'opération, on le fait jeûner deux ou trois jours auparavant & on le saigne. Ensuite on le renverse sur le dos & on lie ses pieds de devant avec ceux de derrière du même côté. Alors on fend, avec un bistouri, le canal de l'urètre, vers la symphyse des os pubis, dans la longueur d'environ un pouce & demi. On introduit ensuite une sonde cannelée & courbée dans l'urètre, sonde sur laquelle on ouvre la vessie, après quoi on enlève la pierre avec des lunules plates, & les graviers avec des curettes.

On ne met point d'appareil sur la blessure, mais on la bassine de temps en temps avec des lotions adoucissantes.

Les pierres des reins ne peuvent être extraites, & il faut que l'animal les garde toute sa vie.

CALEANE. *Caleana.* Genre de plantes de la gynandrie diandrie & de la famille des orchidées, qui contient deux espèces originaires de la Nouvelle-Hollande, ni l'une ni l'autre introduite dans nos cultures.

CALEBASSE. Les POIRES verreuses se nomment ainsi dans quelques lieux.

CALECTASIE. *Calectasia.* Plante de la Nouvelle-Hollande, qui seule constitue un genre dans l'hexandrie monogynie & dans la famille des joncs.

Elle ne se cultive pas dans les jardins de l'Europe.

CALEPINE. Nom d'un genre de plantes établi par Adanson, aux dépens des MYAGRES.

CALERIA. Synonyme de SILENÉ.

CALEYE. *Caleya.* Plante de la Nouvelle-Hollande, qui seule constitue un genre dans la gynandrie monogynie.

Elle ne se cultive pas en Europe.

CALICÈRE. *Calicera.* Plante vivace du Chili, qui sert de type à un genre de la syngénésie agrégée & de la famille des cinarocéphales.

Comme elle ne se cultive pas encore dans nos jardins, je n'en dirai rien de plus.

CALICION. *Calicium.* Genre qui ne diffère pas de l'EMBOLE. Il se distingue à peine du TRICHIE & du STÉMONITE. *Voyez* LICHEN & MOISISSURE.

CALINÉE. Genre de plantes réuni aux TÉTRACÈRES & aux LITSÉES.

CALISPERME. *Calispermum.* Arbrisseau grimpant de la Cochinchine, qui a servi à l'établissement d'un genre dans la pentandrie monogynie.

Cet arbrisseau ne se voit pas encore dans les jardins de Paris.

CALIXHYMÈNE. *Calixhymenia.* Genre de plantes de la triandrie monogynie, qui ne paroît pas différer de celui appelé OXYBAPHE & VITTMANN. *Voyez* NICTAGE.

CALLADOE. *Calladoa.* Genre de plantes qui ne diffère pas de celui appelé ANTHÉPHORE. *Voyez* TRIPSAC.

CALLICOME. *Callicoma.* Plante vivace qui seule constitue un genre dans la dodécandrie digynie, mais qui ne se cultive pas en Europe.

CALLICOQUE. *Callicocca.* Genre de plantes qui ne diffère pas du TAPOGOME & du CEPHAELIS. Il renferme plusieurs espèces, dont les racines de l'une sont mises dans le commerce sous le nom d'IPÉCACUANHA. *Voyez* PSYCHOTRE.

CALLICORNE. *Callicornia.* Genre de plantes qui ne diffère pas de celui appelé ASTÉROPTÈRE.

CALLIDIE. *Callidium.* Genre d'insectes de la classe des coléoptères & de la famille des capricornes, qui renferme un grand nombre d'espèces qui toutes déposent leurs œufs sous l'écorce des arbres, dont leurs larves percent l'aubier & rongent le bois, ce qui en diminue la valeur.

Comme il n'y a d'autres moyens de s'opposer aux ravages des *callidies* que de les tuer lorsqu'elles vont pondre, & qu'il n'est point facile de les trouver, attendu qu'elles ne vivent que peu de jours, je m'en tiendrai à l'indication ci-dessus.

CALLIPTÈRE. *Callipteris.* Genre de fougères établi par Bory-Saint-Vincent dans son *Voyage aux îles d'Afrique*, aux dépens des HÉMIONITES & des CÉTERACHS.

Nous ne possédons dans nos cultures aucune des espèces qu'il contient.

CALLISTE. *Callista.* Plante parasite d'un très-bel aspect, qui croît à la Cochinchine sur le tronc des arbres, & qui seule constitue un genre dans la gynandrie monandrie, fort voisin des ANGRECS.

On ne la cultive pas en Europe.

CALLIXÈNE. *Callixene.* Petit arbrisseau du Magellan, qui seul constitue un genre, aussi appelé ENARGÉE, dans l'hexandrie monogynie & dans la famille des asparagoïdes.

On ne le cultive pas en Europe.

CALLUNÉE. *Callunea.* Genre établi par Salisbury, pour séparer la BRUYÈRE COMMUNE des autres.

Ce genre, quoique fondé, n'a pas été adopté, sans doute par les inconvéniens de donner un nouveau nom à une plante si connue.

CALLYSTACHIS. *Callystachis.* Genre de plantes de la décandrie monogynie & de la famille des légumineuses, établi pour placer deux arbrisseaux qui se cultivent dans nos orangeries.

Ces deux plantes, appelées par Ventenat, Jardin de la Malmaison, *callystachis lanceolata* & *callystachis elliptica*, demandent la terre de bruyère & des arrosemens fréquens, mais peu abondans en été. On leur donne de la nouvelle terre tous les deux ans. Leur multiplication a lieu par graines, dont elles donnent quelquefois dans nos jardins, & par marcottes qui reprennent ordinairement dans l'année.

Les *callystachis* se font remarquer par leurs fleurs jaunâtres & disposées en épis denses. Ils fleurissent au milieu de l'été.

CALOCHILE. *Calochilus*. Genre de plantes de la gynandrie & de la famille des orchidées, qui rassemble deux espèces de la Nouvelle-Hollande, non encore cultivées dans nos jardins.

CALOCHORTE. *Calochortus*. Plante bulbeuse de l'Amérique septentrionale, qui seule constitue un genre dans l'hexandrie trigynie.

Elle n'est pas encore introduite dans nos cultures.

CALODION. *Calodium*. Genre de plantes qui ne diffère pas de celui appelé CASSYTE.

CALOGYNE. *Calogyna*. Plante de la Nouvelle-Hollande, constituant un genre dans la pentandrie monogynie & dans la famille des campanulacées.

On ne la possède pas dans les jardins de l'Europe.

CALOMBRE. Adanson a ainsi appelé le MÉNISPERME PALMÉ, dont il faisoit un genre.

CALOMÉRIE. *Calomerias*. Plante bisannuelle de la Nouvelle-Hollande, qui seule constitue un genre dans la syngénésie égale & dans la famille des corymbifères, genre aussi appelé HUMÉE.

On cultive cette plante dans nos orangeries, qu'elle orne par l'élégance de son port & par sa bonne odeur. Sa floraison a lieu à la fin de l'été. Elle se multiplie par le semis de ses graines & aussi, je crois, par boutures. Une terre légère & des arrosemens fréquens, pendant l'été, sont ce qu'elle demande.

CALONNÉE. *Callonea*. Nom donné à un genre de plantes aujourd'hui appelé GALARDIE.

CALOROPE. *Caloropus*. Plante vivace de la Nouvelle-Hollande, qui constitue seule un genre dans la diœcie triandrie & dans la famille des joncoïdes, au voisinage du RESTIO.

Le genre LEPYRODIE de R. Brown doit lui être réuni.

Cette plante n'est pas cultivée en Europe.

CALOSTEMME. *Calostemma*. Genre de plantes de l'hexandrie monogynie & de la famille des narcissoïdes, qui réunit deux espèces originaires de la Nouvelle-Hollande, dont aucune ne se cultive dans nos jardins.

CALOTHAMNE. *Calothamnus*. Arbre de la Nouvelle-Hollande, que Labillardière regarde comme le type d'un nouveau genre de la polyadelphie icosandrie & de la famille des myrtoïdes.

On ne le cultive pas en Europe.

CALOTHEQUE. *Calotheca*. Genre établi aux dépens des BRIZES.

CALOTHYRSE. *Calothyrsus*. Genre qui sépare quelques espèces du genre GRÉVILLÉE.

CALOTROPIS. *Calotropis*. Quelques espèces d'ASCLÉPIADES frutescentes, originaires de l'Inde, constituent ce genre.

Je ne crois pas qu'aucune de ces espèces se cultive dans nos jardins.

CALPIDIE. *Calpidia*. Arbre de l'île de France, qu'Aubert du Petit-Thouars regarde comme devant constituer un genre dans la décandrie monogynie.

Nous ne possédons pas cet arbre dans nos cultures.

CALTHOÏDE. L'OTHONE A FEUILLES DE GIROFLÉE porte ce nom.

CALYBION. Sorte de FRUIT. L'IF, le HÊTRE, le NOISETIER en offrent des exemples.

CALYCANTHÈMES. Famille de plantes qui réunit les genres PEMPHIS, GINORE, HENNÉ, SALICAIRE, ANTHÉRILIE, ACISANTHÈRE, PARSONSIE, CUPHÉE, ISNARDIE, AMMANIE, GLAUCE, PEPLIDE. Elle ne diffère nullement, par conséquent, de celle des SALICARIÉES.

CALYCOPTÈRE. *Colycopteria*. Arbrisseau grimpant de Madagascar, qui constitue seul un genre appelé aussi GETONIE.

Il ne se cultive pas en Europe.

CALYDERME. *Calydermos*. Ce genre de la *Flore du Pérou* ne diffère pas de celui appelé NICANDRE par Adanson.

CALYMENIE. *Calymenia*. Genre de la *Flore du Pérou* qui a été appelé OXYBAPHE par Lhéritier.

CALYPLECTE. *Calyplectus*. Genre de plantes établi sur un arbre du Pérou. Il est de l'icosandrie monogynie & de la famille des myrtoïdes, fort voisin du LAFŒNSIE & du MUNCHAUSIE. Ses feuilles sont acides & teignent les étoffes en jaune.

CALYPSO. *Calypso*. Arbre de Madagascar, fort voisin des SALACIES & des HIPOCRATÉES, que du Petit-Thouars regarde comme devant servir de type à un genre de la triandrie monogynie.

Nous ne possédons pas cet arbre dans nos cultures.

CALYPSO. *Calypso*. Salisbury a donné le même nom à un genre de la gynandrie monandrie & de la famille des orchidées, qui ne renferme qu'une espèce originaire de l'Amérique septentrionale, espèce qui se cultive dans les jardins d'Angleterre.

Je suppose que cette plante se place dans des plates-bandes de terre de bruyère, & qu'elle y est abandonnée à elle-même : ce qui est la seule culture qu'on doive donner aux orchidées, pour qui les labours, les arrosemens & autres soins sont mortels.

CALYPTRANTHE. *Calyptranthus.* Genre de plantes établi pour placer quelques espèces de MYRTES & de JAMBOISIERS qui s'éloignent des autres.

La culture des espèces qui entrent dans ce genre, a été indiquée aux articles de ceux de ces genres à qui elles appartenoient.

CALYTRIPLEX. *Calytriplex.* Plante herbacée du Pérou, qu'on regarde comme le type d'un genre de la didynamie angiospermie & de la famille des scrophulaires.

Nous ne la cultivons pas en Europe.

CALYTRIX. *Calytrix.* Arbrisseau de la Nouvelle-Hollande, qui seul constitue un genre dans l'icosandrie monogynie & dans la famille des myrtoïdes.

Il ne se cultive pas dans nos jardins.

CAMARE. Sorte de fruit dont les RENONCULES, les ACONITS, les PIVOINES offrent des exemples. Elle diffère peu de la FOLLICULE.

CAMBARLES. Les tiges de MAÏS portent ce nom dans quelques lieux.

CAMBE. *Cambo.* Le CHANVRE s'appelle ainsi dans le midi de la France.

CAMBIUM. Matière organique des végétaux. On la voit à la fin des séves du printemps & de l'été, sous forme de mucilage, entre l'aubier & l'écorce de tous les arbres, & principalement du chêne. Elle est moins sensible dans les plantes annuelles, mais avec de l'attention on l'y retrouve.

Comme, lorsqu'on écorce un arbre dans le temps de la séve, on voit le *cambium* suinter de l'aubier, on a été conduit à croire qu'il venoit de la moelle par les vaisseaux dits *médullaires;* mais qui empêche de supposer qu'il se trouvoit renfermé dans les vaisseaux longitudinaux du bois & de l'aubier? *Voyez* SEVE.

On ne peut plus nier que le *cambium* soit autre chose que la séve élaborée ; car si on suit cette dernière, jour par jour, on la voit s'épaissir, devenir granuleuse ou amilacée, se fixer d'un côté sur l'aubier en tubercules alongés dans le sens de la hauteur de l'arbre, & de l'autre former la dernière couche de l'écorce, ce que quelques auteurs appellent le *liber.* Voyez AUBIER, ÉCORCE, LIBER.

C'est certainement le *cambium* qui, d'après les expériences de Duhamel, que j'ai bien souvent vérifiées, ainsi que beaucoup d'autres cultivateurs, rétablit l'ÉCORCE lorsqu'on l'a enlevée, fournit aux GREFFES les moyens de se souder au sujet, produit les racines des MARCOTTES & des BOUTURES. *Voyez* ces mots & celui INCISION ANNULAIRE.

Lorsqu'il est surabondant & que l'arbre souffre, le *cambium* s'extravase & donne lieu à une maladie très-fréquente dans les ormes, & que M. de Saint-Amans a décrite. Cette maladie, qui se développe principalement en automne, consiste en une extravasion épaisse, sucrée, qui noircit l'écorce & qui attire les papillons, les guêpes & les mouches.

CAMBON. Les TERRES de bonne nature s'appellent ainsi dans les environs de Montbrison.

CAMBOSSE. L'AGE de la CHARRUE porte ce nom aux environs de Lyon.

CAMBRER. On donne ce nom, dans quelques lieux, à l'opération de fertiliser les terres en y conduisant des EAUX troubles. *Voyez* ACOULIS.

CAMBROUZE. ROSEAU de la Guyane, qui sert aux mêmes usages que le BAMBOU.

CAMDENIE. *Camdenia.* Genre établi pour placer la LISEROLE ALSINOÏDE.

CAMÉLIÉES. Famille de plantes qu'on a proposé d'établir pour placer le CAMELI DU JAPON, qui ne convient qu'imparfaitement aux HESPÉRIDÉES, avec lesquelles il est réuni.

CAMIRI. Arbre de Java, qui fait partie du genre BANCOULIER. Ses amandes se mangent, servent à faire de l'huile, & se substituent, pilées, à la graisse, pour fabriquer des torches & des lampions.

CAMIRION. Le genre ALÉVRITE de Forster porte ce nom.

CAMMETI. Arbre du Malabar, qu'on croit appartenir au genre AGALLOCHE.

CAMPAGNOL. Animal de la famille des rongeurs & du genre des RATS, qui cause de très-grands dommages aux cultivateurs dans certains cantons, mais qui est cependant à peine connu d'eux, parce qu'ils le confondent généralement avec la SOURIS & avec le MULOT, dont il se rapproche en effet beaucoup par sa grosseur & sa forme générale.

La souris vit dans les maisons, le mulot dans les bois, & ce sont les champs que le *campagnol* préfère. Ce n'est que pendant l'hiver qu'on en voit quelquefois avec les deux congénères précités. Ce sont les *campagnols* qui creusent ce grand nombre de trous dont sont percés quelques champs & quelques prairies, qui dévorent les blés en herbe & les prairies artificielles au printemps, qui coupent les chaumes en été pour en manger les épis, soit verts, soit mûrs, qui dévastent les meules les mieux construites, & forcent d'augmenter les semis en automne. Ils préfèrent les céréales, & surtout le froment, à toutes les autres nourritures; mais à défaut, tout leur est bon, même leur propre espèce, comme je le prouverai plus bas.

Les trous des *campagnols* ne sont pas très-profonds, mais ils sont très-multipliés, parce qu'ils en changent souvent, & que jamais ils ne rentrent dans celui qui a été abandonné. Ces trous seuls sont un fléau, en ce qu'ils dégarnissent le pied des plantes & sont toujours accompagnés de chemins de communication totalement privés de végétation. Je les ai vus plusieurs fois si rapprochés, que je ne pouvois faire un pas sans risquer de tomber, par suite de leur affaissement sous mes pieds.

La reproduction des *campagnols* a lieu deux fois par an, & leurs portées ordinaires sont de cinq à six (quelquefois de huit à dix). Les petits sont aptes à la génération dès le printemps suivant. Ainsi, on peut calculer quelle doit être l'étendue de leur multiplication lorsque les subsistances ne leur manquent pas, que les hivers ne sont pas trop longs ou trop rigoureux, que les pluies ne sont pas trop abondantes, toutes circonstances qui les font périr par millions certaines années, & qui mettent seules des obstacles à ce qu'ils envahissent nos campagnes. En général, après une formidable apparition, ils laissent quelques années de repos aux cultivateurs, par suite des causes ci-dessus.

On a indiqué un grand nombre de moyens pour détruire les *campagnols*, mais tous sont d'un effet à peine apparent, soit dans les années où ils surabondent, soit dans celles où ils sont rares.

Les principaux sont, 1°. de les empoisonner avec du grain trempé dans une dissolution d'arsenic, ce qui offre quelques dangers, ou dans une décoction de garou, de noix vomique & substances analogues, ce qui ne tranquillise pas complétement; 2°. de les prendre avec toutes les sortes de piéges usités pour les souris, mais cela devient très-coûteux, ou emploie beaucoup de temps; 3°. d'enterrer dans les champs, rez-terre, des pots de terre ventrus, de six pouces de profondeur au moins, ou d'y faire, soit avec une bêche, soit avec une tarière, des trous multipliés, pots ou trous dans lesquels ils tombent & d'où ils ne peuvent sortir; 4°. de dresser des chiens à les poursuivre & à les tuer, surtout à la suite des labours, & à l'époque de la destruction des meules : j'ai vu des chiens si bien dressés à cette chasse & s'y livrer avec tant d'ardeur, qu'il m'a semblé qu'il suffisoit d'en avoir deux ou trois pour remplir suffisamment bien l'objet; 5°. ne plus faire une guerre aussi active aux petits oiseaux de proie, surtout aux oiseaux de proie nocturnes, qui en détruisent d'immenses quantités.

Je ne parlerai pas des renards, des fouines & des belettes, les plus grands destructeurs des *campagnols*, parce qu'ils ne peuvent être soufferts par les cultivateurs.

CAMPELIE. *Campelia.* Genre de plantes établi pour placer la COMMELINE ZANONIE, qui a une baie pour fruit.

CAMPOMANÈSE. *Campomanesia.* Arbre du Pérou qui constitue un genre intermédiaire entre les MYRTES & les GOYAVIERS. Il paroît fort peu différer du DÉCASPERME.

Nous ne possédons pas cet arbre dans nos serres.

CAMPSIS. *Campsis.* Arbrisseau de la Cochinchine, à tige radicante, qui a de grands rapports avec l'INCARVILLÉE. Il appartient à la didynamie angiospermie.

CAMPULAIE. *Campulaia.* Genre de plantes de la didynamie angiospermie & de la famille des scrophulaires, qui réunit deux plantes vivaces de Madagascar, que nous ne cultivons pas encore en Europe.

CAMPULOSE. *Campulosus.* Plante vivace de Caroline, dont j'avois fait une CRETELLE & Michaux un CHLORIS. Elle est fort élégante. Quoique j'en ai rapporté beaucoup de graines, elle ne se voit point dans nos jardins.

CAMPYLE. *Campylus.* Arbrisseau grimpant de la Chine, qui constitue un genre dans la pentandrie monogynie.

Il ne se cultive pas en Europe.

CAMPYNÈME. *Campynema.* Plante vivace de la Nouvelle-Hollande, qui seule forme un genre dans l'hexandrie trigynie & dans la famille des narcissoïdes.

Nous ne la cultivons pas dans nos jardins.

CANABYSSE. C'est le CHANVRE femelle dans le Midi.

CANAVALI. *Canavali.* Genre établi pour placer les DOLICS, dont les gousses ont trois carènes. Le DOLIC EN ÉPI lui sert de type.

CANCAME. Résine venant d'Afrique, & qui s'emploie contre le mal de dents. On ignore quel genre de plantes la fournit. *Voyez* ENCENS.

CANCELLAIRE. *Cancellaria.* Genre de plantes de la famille des mousses, mal-à-propos confondu avec les FONTINALES, & qui se rapproche des TRICHOSTOMES. Il ne renferme qu'une espèce.

CANCES ou CANCÈRES. Les rangées de VIGNES se nomment ainsi dans les environs de Toulouse.

CANDOLLÉE. *Candollea.* Genre de plantes cryptogames de la famille des fougères, établi aux dépens des ACROSTIQUES de Linnæus. Il a été appelé CYCLOPHORE par Desvaux.

CANDOLLÉE. *Candollea.* Autre genre de plantes de la polyandrie polyadelphie & de la famille des tulipifères, qui ne contient qu'un arbre de la Nouvelle-Hollande, lequel ne se voit pas dans nos orangeries.

CANÉPHORE. *Canephora.* Genre de plantes de la pentandrie monogynie & de la famille des rubiacées, renfermant deux espèces originaires de la Nouvelle-Hollande, ni l'une ni l'autre cultivée dans nos jardins.

CANI. Les BOUTONS à fleurs se nomment ainsi dans quelques cantons du Midi.

CANNEBE. Nom du CHANVRE dans le midi de la France.

CANOL ou CANOUEL. Le CERISIER MAHALEB s'appelle ainsi dans quelques lieux.

CAOUQUA. Synonyme de DÉPIQUER. *Voy.* BATTAGE.

CAOURET. Nom du CHOU dans la ci-devant Provence.

CAOUSSANE. Le LICOL des bœufs porte ce nom aux environs d'Aix.

CAPELADE. HANGAR qui sert à mettre à l'abri les voitures dans les fermes des environs de Toulouse.

CAPELET ou PASSE-CAMPANE. Tumeur plus ou moins grosse qui naît dans le tissu cellulaire de la peau, à la pointe du jarret du cheval, & qui le fait le plus souvent boiter.

On guérit le *capelet* par des frictions d'eau-de-vie ou de vin chaud, lorsqu'il n'est pas encore fixé. Plus tard il faut l'extirper.

CAPELLA. Les tas de GERBES s'appellent ainsi dans les environs de Toulouse.

CAPILLAIRE. *Capillaria.* Genre de plantes établi aux dépens des VARECS.

CAPILLINE. *Trichia.* Genre de plantes de la cryptogamie & de la famille des champignons. On en compte dix espèces, toutes croissant sur le bois mort & accélérant sa décomposition.

CAPITULAIRE. *Capitularia.* Genre établi aux dépens des LICHENS. Il ne diffère pas de celui qui a été nommé PYXIDARIE, BÆOMYCE, CLADONIE.

CAPITULE. Disposition de fleurs peu différentes de l'EPI. La BUDLÉJE EN TÊTE, le CÉPHALANTHE, en donnent des exemples.

CAPNIE. *Capnia.* Genre de plantes de la cryptogamie & de la famille des algues, établi aux dépens des LICHENS.

CAPNOÏDE. *Corydalis.* Genre de plantes établi aux dépens des FUMETERRES. *Voyez* ce mot.

CAPNOPHYLLE. *Capnophyllum.* Plante d'Afrique, long-temps confondue avec les CIGUES. Elle est annuelle, & répand la même odeur que le céleri.

CAPOLIN. Petit arbre du Mexique, cultivé pour son fruit, qui ressemble à une cerise. Je ne connois pas le genre auquel il se rapporte.

CAPOTTE. Sac de grosse toile, dans lequel on met la tête des chevaux méchans qu'il s'agit de FERRER.

CAPPARIDÉES. Famille de plantes dans laquelle se rangent les genres MOZAMBÉ, CADABA, SODADA, DURION, MARCGRAVE, ROSSOLIS, NORANTE, CAPRIER, TAPIER, MABOUYA, RÉSÉDA & PARNASSIE.

CAPRICORNE. *Cerambix.* Genre d'insectes de l'ordre des coléoptères, qui intéresse les cultivateurs, parce que les larves de ses espèces, dont plusieurs sont très-grosses, vivent aux dépens du bois des arbres sur pied & le perforent dans tous les sens, de manière à le rendre impropre, surtout le CHÊNE, à plusieurs genres de services.

Comme il n'y a d'autres moyens de s'opposer aux ravages des *capricornes* que de chercher à les tuer lorsqu'ils viennent déposer leurs œufs sur le tronc des arbres, & que c'est ordinairement la nuit qu'ils font cette opération, je me contenterai de les signaler ici comme les ennemis des cultivateurs.

CAPRIFOLIACÉES. Famille de plantes dans laquelle se réunissent quinze genres sous quatre divisions.

Ces genres sont : 1°. LINNÉE, TRIOSTE, SYMPHORICARPE, DIERVILLE, CAMERISIER, CHÈVRE-FEUILLE ; 2°. CONDONION, HÉLIXANTHÈRE, AIDIE, LORANTHE, GUI, PALÉTUVIER ; 3°. VIORNE, SUREAU ; 4°. CORNOUILLER.

CAPSELLE. *Capsella.* Genre de plantes établi pour placer quelques espèces de THLASPI.

CAPUCIN. Synonyme de SAUTELLE, ARCEAU, COURGÉE, &c. *Voyez* VIGNE.

CAPVIRADE. Nom, dans le Médoc, de l'extrémité du champ où on tourne les bœufs, extrémité qui n'est pas labourée, & qu'on reprend par des sillons perpendiculaires aux premiers.

CARABE. *Carabus.* Genre d'insectes de l'ordre des coléoptères, que les cultivateurs rencontrent à chaque instant sur leurs pas ; & qui est leur auxiliaire contre leurs ennemis, quoique le plus souvent ils le regardent comme leur étant nuisible. Il a été appelé BUPRESTE (enfle-bœuf) par Geoffroy.

Les espèces sont très-nombreuses (près de quatre cents connues), mais ce ne sont que les plus grosses & les plus communes qui doivent être citées ici, telles que :

Le CARABE CORIACE. C'est le plus gros. Il est noir, rugueux, & n'a point d'ailes. Quoique commun, il est peu connu, parce qu'il ne sort de terre que la nuit.

Le CARABE DORÉ. Il est noir en dessous, d'un vert brillant en dessus, & n'a point d'ailes. On le rencontre pendant tout l'été, courant dans les jardins & les champs, vivant de chenilles & autres larves qui dévorent les récoltes, & de vers de terre. Il répand une odeur forte, désagréable, & laisse couler de sa bouche, lorsqu'on le prend entre les doigts, une liqueur noirâtre caustique. Écrasé sur la peau, il y produit l'effet des cantharides : avalé par un animal, il donne lieu à des accidens graves qu'on ne peut arrêter qu'avec des boissons adoucissantes, & guérir qu'avec des boissons acidulées au moyen du vinaigre. Mais cet événement doit être rare, à raison de la vivacité & de la légèreté de cet insecte.

Le CARABE GRANULAIRE. Il est noir en dessous, d'un vert bronzé, régulièrement granulé en dessus. Il n'est guère moins commun que le précédent, & possède les mêmes avantages & les mêmes inconvéniens, quoique, peut-être, à un moindre degré.

Les CARABES VIOLET, PURPURESCENT, A CHAÎNETTE, BLEUATRE, des JARDINS, des CHAMPS, CONVEXE, &c., se rangent à côté des précédens, & se trouvent également courant dans les jardins & les champs.

Il n'en est pas de même des CARABES SYCOPHANTE & INQUISITEUR. On ne les rencontre que sur les arbres, où ils font une guerre active aux chenilles. Tous deux ont une forme large, aplatie, presque carrée, & sont noirs en dessous. Le premier a les élytres d'un vert doré très-brillant; le second les a bronzés. J'ai vu le premier, qui est le plus grand, si abondant au bois de Vincennes près Paris, une certaine année où les chenilles en avoient rongé toutes les feuilles, que j'en faisois tomber des douzaines de chacun des arbres que je secouois. Cependant ils sont généralement rares, parce que leurs larves vivent dans les nids de la chenille processionnaire du chêne, & que ces nids ne se trouvent que sur les lisières des bois.

CARACOLLE. Espèce de HARICOT.

CARAICHE. Synonyme de LAICHE.

CARAMEL. Le CHAUME encore vert des CÉRÉALES se nomme ainsi dans le Midi.

CARANDIER. *Caranda*. Genre de PALMIER encore imparfaitement connu, & sur lequel il n'y a rien à dire relativement à la culture.

CARANGA. *Caranga*. Plante rampante de la diandrie monogynie, qu'on emploie dans l'Inde à guérir les fièvres, & qui sert de type à un genre qui paroît se rapprocher des GRATIOLES.

On ne la cultive pas en Europe.

CARAQUE. On donne ce nom au CLAVEAU dans quelques cantons.

CARASSIN. Poisson du genre CYPRIN, dont le goût est excellent & qui réussit dans les eaux stagnantes les moins étendues. On le connoît peu dans nos campagnes, où il devroit peupler toutes les mares, mais il est fort estimé en Allemagne.

CARASSON. Ce sont de petits ÉCHALAS qui, dans le Médoc, servent à attacher les traverses où se fixent les SARMENS de la VIGNE.

CARBE. Le CHANVRE s'appelle ainsi dans le Midi.

La carbegnal est la CHENEVIÈRE.

CARBŒUF. Un des noms vulgaires de la BUGRANE.

CARBON BLANC. On donne ce nom à l'axe de l'EPI du MAÏS dans les environs de Bordeaux.

CARBONAT. Synonyme de CARIE ou de CHARBON, maladie des grains.

CARBONE. Principe de beaucoup de corps, qui se distingue principalement par son affinité avec l'oxigène, affinité telle qu'il n'est pas possible de l'en isoler. *Voyez* ACIDE CARBONIQUE.

Il résulte d'expériences rigoureuses, que le diamant n'est que du *carbone* presque pur, uni à un principe qu'on ne connoît pas.

Le charbon n'est également composé que de beaucoup de *carbone*, uni à une petite quantité d'hydrogène, d'oxigène, de chaux, de potasse, de silice & de fer. De-là on doit conclure que le véritable composé des végétaux est le *carbone*.

Le composant principal des animaux est l'AZOTE. *Voyez* ce mot.

L'acide carbonique n'existe qu'en très-petite quantité dans l'air (deux centièmes), parce que les pluies le ramènent constamment sur la terre. Ce sont les couches inférieures de l'atmosphère qui en offrent toujours la plus grande quantité.

Comme le gaz acide carbonique est le plus simple des composés dans lesquels entre le *carbone*, & que c'est lui qui l'introduit dans la végétation, par l'intermédiaire de l'eau & de l'air, je dois donner ici le résultat de quelques expériences faites tant par Ingenhouze, que par Sennebier & par Th. de Saussure.

« Le gaz acide carbonique pur s'oppose à la germination des graines.

» Le même gaz, dissous dans l'eau, semble d'abord ne produire aucun effet sur le jeunes plantes; mais lorsqu'elles ont pris de la force, il accélère évidemment leur végétation.

» L'air qui en contient un douzième est plus

favorable

favorable à la végétation que l'air atmosphérique ordinaire; mais celui qui en contient davantage est mortel pour les plantes.

» Le terreau, qui contient toujours une certaine quantité de ce gaz, est donc utile aux plantes semées sur couche, & surtout sur couche à châssis, lorsque son émanation ne surpasse pas la mesure indiquée; mais dans le cas contraire, il fait instantanément périr (fondre) les semis.

» Les plantes qui végètent au soleil dans une atmosphère artificielle où l'acide carbonique est en excès & dans des proportions connues, le décomposent & donnent, par leur combustion, une quantité de charbon d'autant plus considérable que cet acide étoit plus abondant.

» Des plantes élevées dans l'eau distillée au soleil, ont donné par leur combustion, trois mois après, plus du double de charbon que la même quantité au moment de la mise en expérience. A l'ombre elles en ont peu fourni. Elles se sont donc assimilé le gaz acide carbonique dissous dans l'atmosphère.

» Chaque espèce de plante décompose une quantité propre d'acide carbonique. Les feuilles minces & très-décomposées, & la plupart des plantes aquatiques, en décomposent généralement davantage que les autres. La SALICAIRE, par exemple, en a décomposé, en un jour, sept à huit fois son volume.

» Le gaz acide carbonique, en se décomposant dans les plantes, y dépose son *carbone*, & l'oxigène, qui est son autre partie constituante, se dégage dans l'air & l'améliore pour la respiration des animaux, comme le prouvent d'une manière indubitable les belles expériences des célèbres physiciens précités. *Voyez* OXIGÈNE & FEUILLE.

» Il y a lieu de croire, ainsi que le remarque Sennebier, que les plantes font une absorption & une perte continuelle de *carbone*, & que leur santé dépend beaucoup de la proportion qu'elles en conservent; mais nous n'avons sur cet objet que des idées de théories appuyées sur aucune expérience positive.

» On peut supposer avec quelque fondement, que le *carbone* joue dans la végétation le même rôle que l'oxigène dans l'animalisation, c'est-à-dire, qu'il entretient la vie des plantes en rendant leurs fluides plus coulans & leurs solides plus consistans. Les bois les plus durs sont ceux qui fournissent, sous le même volume, le plus de charbon.

» Le *carbone*, d'après tous les chimistes modernes, est un des élémens des huiles, des résines, des gommes, des sels végétaux. Chaptal a prouvé qu'il étoit en plus grande quantité dans l'acide acéteux que dans l'acide acétique. »

Quelque peu avancées que soient nos connoissances sur le *carbone*, je puis assurer, sans craindre de me tromper, que tout ce que feront les cultivateurs pour augmenter la quantité de *carbone* dans leurs terres, servira à accroître la beauté de leurs récoltes; en conséquence je leur dirai : faites de bons LABOURS avant l'hiver pour fournir des moyens à l'acide carbonique d'entrer & de se fixer dans le sol. Répandez, 1°. des FUMIERS FRAIS sur les récoltes qui doivent rester plus d'un an en terre, parce qu'ils se décomposeront à mesure du besoin de ces récoltes, & des FUMIERS TRÈS-CONSOMMÉS sur celles qui doivent n'y rester que quelques mois, parce que le *carbone* de ces derniers leur est moins adhérent; 2°. des détritus de pierres CALCAIRES, de la CRAIE, de la MARNE, de la CHAUX VIVE, qui décomposent le terreau, le rendent soluble à l'eau, & par-là plus propre à entrer, à l'aide des racines, dans la circulation des plantes, & par suite à céder son *carbone* à la sève de ces plantes.

CARDOPATE. *Cardopatum* Genre de plantes établi aux dépens des CARTHAMES. Il est aussi appelé BROTÈRE. La seule espèce qu'il contient ne se cultive pas en France.

CARDOUSSES. C'est le SCOLYME dans le midi de la France.

CARDULORIQUE. Synonyme de SALMIE.

CAREYE. *Careya.* Genre de plantes de la monadelphie polyandrie, fondé sur une seule espèce qui est herbacée, originaire de l'Inde, vivace, & qui se cultive en Angleterre.

Son mode de culture ne m'est pas connu.

CARGILLIE. *Cargillia.* Genre de plantes de la polygamie tétrandrie & de la famille des plaqueminiers, qui réunit deux arbres de la Nouvelle-Hollande, non encore cultivés dans nos jardins.

CARIARON. Plante sarmenteuse du Brésil, dont les feuilles fournissent une teinture cramoisie.

CARLOWITZIE. *Carlowitzia.* Genre de plantes institué pour placer le CARTHAME A FEUILLES DE SAULE. Il a aussi été appelé ATHAME.

On a plusieurs fois cultivé cette plante, qui est annuelle, au jardin du Muséum, mais je crois qu'elle n'y existe plus en ce moment. On semoit ses graines dans des pots sur couche nue, & lorsque les pieds qui en provenoient étoient arrivés à avoir trois à quatre feuilles, on les plaçoit à demeure à une bonne exposition.

C'est parce que les graines de cette plante ne viennent pas à maturité, dans les années froides & pluvieuses, qu'on l'a perdue.

CARLUDOVIQUE. *Carludovica.* Genre de PALMIER renfermant cinq espèces, toutes originaires du Pérou, mais dont on ne cultive aucune dans nos jardins.

CARMONE. *Carmona.* Arbrisseau des îles Mariannes, fort rapproché des CABRILLETS, lequel constitue seul un genre dans la pentandrie digynie.

Nous ne le possédons pas dans nos jardins.

CARNANDA. PALMIER du Brésil, du tronc duquel suinte de la cire. *Voyez* CÉROXYLLE.

CARO. C'est ainsi qu'on appelle, dans le midi de la France, le mélange, dans le même champ, du FROMENT & de l'ORGE, mélange qui offre beaucoup plus d'inconvéniens que d'avantages.

CARODIS. On donne ce nom, dans l'est de la France, aux GRENIERS à céréales ou à foin dont le plancher est percé de trous, ou composé de perches qui donnent passage à l'air, ce qui favorise le desséchement de ces céréales & de ce foin. *Voyez* BATIMENS RURAUX.

CARONCULE LACRYMALE. Petite élévation formée par un repli du grand angle de l'œil, qu'on a cru long-temps être l'organe des larmes, mais qui paroît n'avoir d'autre objet que de retenir les matières étrangères qui s'attachent sur l'œil. Elle est sujette à des démangeaisons, à des inflammations, à des ulcères qui se traitent comme les autres. On est quelquefois obligé de l'extirper : cette opération n'est pas très-difficile pour un vétérinaire exercé, mais elle est quelquefois cause d'accidens graves.

Il est des *caroncules lacrymales* fort grosses, ce qui fait croire à quelques maréchaux ignorans que c'est une maladie qu'ils appellent ONGLÉE, & qu'ils traitent fort-mal-à-propos par l'extirpation ou les caustiques.

CAROSSE. Dans le vignoble d'Orléans, on appelle ainsi les sarmens liés en masse autour d'un échalas.

CARPADÈLE. Sorte de FRUIT. Il ne diffère pas du CREMOCARPE & du POLACHÈNE. C'est celui des OMBELLIFÈRES.

CARPHA. *Carpha*. Genre de la triandrie monogynie & de la famille des souchets, qui réunit cinq plantes vivaces de la Nouvelle-Hollande, dont aucune ne se voit dans nos jardins.

CARPHALE. *Carphalea*. Arbrisseau de Madagascar, qui seul constitue un genre dans la tétrandrie monogynie & dans la famille des rubiacées.

Cet arbrisseau n'est pas encore cultivé en Europe.

CARPOBLEPTE. *Carpoblepta*. Genre de plantes établi aux dépens des VARECS.

CARPOLÉPIDE. *Carpolepides*. Genre de plantes établi aux dépens des JUNGERMANNES.

CARPOLYZE. *Carpolyza*. Genre de plantes qui ne diffère pas de celui appelé STRUMAIRE.

CARPONDONTE. *Carpodontos*. Plante des îles de la mer du Sud, qui a servi à l'établissement d'un genre dans la pentandrie monogynie, mais qu'on croit n'être autre que la CÉANOTHE D'ASIE.

CARREAU. Pâturage entouré de fossés, où les cultivateurs des marais de la Vendée laissent leurs bestiaux toute l'année.

CARRIOLE. Dans la plupart des départemens de la France, ce nom indique une petite voiture légère, à deux roues, destinée à porter au marché voisin les produits de la basse-cour, du jardin, ou même ceux des grandes récoltes qui se vendent en petites parties.

Un cultivateur qui sait calculer, doit préférer avoir deux *carrioles*, plutôt qu'une grande voiture, parce qu'un seul cheval traîne proportionnellement plus que deux.

Toute *carriole* doit être peinte ou goudronnée, & tenue toujours en état rigoureux d'entretien. Comme toutes les autres voitures, elle sera rentrée chaque soir sous un hangar.

La forme & les dimensions des *carrioles* varient sans fin. Je n'entreprendrai pas de les indiquer ici ; il me suffit de dire qu'elles doivent réunir au plus haut point la légèreté & la solidité.

Dans le département de Lot & Garonne, le nom de *carriole* est synonyme de celui de CHARRUE.

CARROUILLO. L'épi de MAÏS s'appelle ainsi dans le midi de la France.

CARTONÈME. *Cartonema*. Plante vivace, à racine tuberculeuse, originaire de la Nouvelle-Hollande, qui seule constitue un genre dans l'hexandrie monogynie & dans la famille des commelines.

Nous ne la possédons pas dans nos jardins.

CARVÉ. Synonyme de CHANVRE.

CARVIFEUILLE. *Carvifolium*. Genre établi pour placer le SELIN A FEUILLES DE CARVI.

CARYOLOBE. *Caryolobis*. Genre de plantes qui paroît devoir être réuni aux RAISINIERS.

CASÉARIE. *Casearia*. Genre de plantes établi pour placer quelques SAMYDES. Il est fort voisin de ceux appelés ANAVINGUE, CLASTE, IROUCANE & PITOMBIER.

CASERET. Vase de terre percé de trous, ou panier d'osier à claire-voie, destiné à laisser égoutter le FROMAGE. *Voyez* FORME, EGOUTTOIR, ECLISSE, &c.

CASIMIRA. *Casimira*. Genre de plantes autrement appelé MELICOQUE.

CASSER LA TERRE. Dans quelques cantons, ce nom signifie donner le premier LABOUR.

CASSIDE. *Cassida*. Genres d'insectes de l'ordre des coléoptères, dont les larves vivent aux dépens du parenchyme des feuilles des plantes. On en compte plus de cent espèces, dont douze seulement appartiennent à nos climats.

Je ne dois citer ici que la CASSIDE VERTE qui vit ordinairement sur les ONOPORDES & les CHARDONS, où sa larve se fait remarquer par les paquets de ses excrémens qu'elle soutient en guise de parasol, au-dessus de son corps; mais elle se jette quelquefois sur les ARTICHAUTS, genre fort rapproché de ces derniers, & ne laisse pas la plus petite partie de leurs feuilles susceptible de remplir ses fonctions : d'où résulte qu'ils ne portent pas de fruits & que les pieds s'affoiblissent au point de faire craindre leur mort.

Le seul moyen à employer pour s'opposer aux ravages de ces insectes, est de faire la chasse, tous les matins, soit aux insectes parfaits, qui ressemblent à une petite tortue verte, soit aux larves que leurs excrémens rendent très-remarquables. On peut croire qu'après une destruction active pendant une année, on sera tranquille sur leurs effets pendant plusieurs autres.

CASSINIE. *Cassinia.* Plante de la Nouvelle-Hollande qui seule constitue un genre dans la syngénésie polygamie, & que nous ne cultivons pas dans nos jardins.

CASSUMUNIAR. Racine d'une AMOME de l'Inde dont on vante beaucoup les propriétés médicales.

CASSUPE. *Cassupa.* Petit arbre de l'Amérique méridionale, qui seul constitue un genre dans l'hexandrie monogynie, fort voisin de l'ISERTIE & de la GUETTARDE. On ne le cultive pas en Europe.

CASSUVIUM. Nom latin de l'ANACARDE.

CASTALIE. *Castalia.* Genre de plantes établi pour placer le NÉNUPHAR ROUGE. Il ne paroît pas devoir être adopté.

CASTEL. *Castela.* Genre de plantes de la polygamie monoécie & de la famille des nerpruns, établi pour placer deux arbrisseaux de l'Amérique méridionale, fort voisins des QUASSIES.

CASTELIE. *Castelia.* Genre de plantes qui ne diffère pas du PRIVA.

CASTIGLIONE. *Castigliona.* Genre fait sur le MÉDICINIER CATHARTIQUE. Il n'a pas été adopté.

CASTILLE. *Castillea.* Arbre du Mexique, voisin du PERÉBÉ, qui fournit une résine analogue au CAOUTCHOUC, & qui forme un genre dans la polyandrie polyginie.
Il ne se cultive pas en Europe.

CASUARINÉES. Famille de plantes établie uniquement pour le genre FILAO.

CATABROSE. *Catabrosa.* Genre de plantes établi sur la CANCHE AQUATIQUE.

CATHERINETTE. L'EUPHORBE ÉPURGE porte ce nom dans le Boulonnois.

CATHET. *Cathetus.* Arbrisseau de la Cochinchine, lequel constitue seul un genre dans la moecie monandrie.

Il n'est pas encore introduit dans les jardins de l'Europe.

CATIANG. Espèce de DOLIC de l'Inde.

CATIMBION. *Catimbium.* Genre de plantes établi pour placer quelques GLOBÉES.

CATIMURON. Synonyme de RONCE.

CATOCLÉSIE. Sorte de FRUIT. Les CHÉNOPODÉES en offrent des exemples.

CATONIE. *Catonia.* Arbre de la Jamaïque, imparfaitement connu, qui appartient à la tétrandrie monogynie, & qui ne se cultive pas dans nos jardins.

CAULERPE. *Caulerpa.* Genre de plantes établi aux dépens des VARECS.

CAULINIE. *Caulinia.* Willdenow appelle ainsi un genre qu'il a établi aux dépens des ZOOSTÈRES. C'est la FLUVIALE de Persoon.
Le KERNÈRE porte aussi ce nom.

CAULOPHYLLE. *Caulophyllum.* Genre de plantes établi pour placer la LEONTICE THALICTROIDE.

CAUMON. Petit PALMIER de Cayenne, du genre AVOIRA, dont on mange les fruits & le chou.

CAURE. Le NOISETIER porte ce nom aux environs de Boulogne.

CAUSSANEL. Banc de marne durcie, mêlée de gravier, aux environs de Castelnaudary.

CAUSSE. Les PLATEAUX MARNEUX secondaires des Cevennes portent ce nom.

CAUSTIS. *Caustis.* Genre établi pour trois plantes de la Nouvelle-Hollande, qui se rapprochent infiniment des SOLERIES, & que nous ne possédons pas dans nos jardins.

CAVALAM. Nom indien du TONG-CHU.

CAVANILLE. *Cavanilla.* Arbuste grimpant du Cap de Bonne-Espérance, qui seul constitue un genre dans la monoecie tétrandrie, & que nous ne cultivons pas en Europe.
Le même nom a été donné au MABOLO & à la POURRETIE.

CAVE. Partie du bâtiment au-dessous du niveau du sol, & destiné à renfermer le vin & autres articles de consommation qui exigent une température peu élevée & constamment égale, pour être conservés.

On appelle cependant quelquefois *caves*, les cavernes, naturelles ou artificielles, voisines des habitations, lorsqu'elles sont consacrées à l'objet que je viens d'indiquer.

Les meilleures *caves* sont celles qui sont sèches & assez enfoncées en terre pour que leur température, en été & en hiver, se conserve entre dix & douze degrés du thermomètre de Réaumur.

Une *cave* doit être sèche, pour que le bois des tonneaux, des chantiers, &c., pourrisse moins vîte.

Une *cave* doit être constamment aussi froide que possible, pour que la fermentation du vin s'y continue avec la plus grande lenteur. Or, la température moyenne de la terre est dix degrés.

Il est des *caves* qui, creusées dans la roche ou dans une argile compacte, sont, sans une dépense extraordinaire, aussi sèches que possible. Celles qui ne jouissent pas de cet avantage peuvent toujours y être amenées par des murs épais, construits à chaux & à ciment, & corroyés à l'extérieur, ainsi que par un double pavé également corroyé dans leur intervalle.

Les anciens châteaux offrent quelquefois des *caves* avec un plancher, mais aujourd'hui on n'en construit plus que de voûtées, ou mieux, toute *cave* à plancher s'appelle un Cellier. *Voyez* ce mot.

Pour qu'une *cave* ait toujours la température la plus égale possible, il faut qu'elle soit très-profonde & que sa communication avec l'air extérieur soit très-peu considérable. Cette communication s'établit par le moyen d'une ouverture longue & étroite, qu'on appelle *soupirail*, & par la porte qu'on ferme pendant les grandes chaleurs & pendant les grands froids. Les *caves* qui n'ont point de soupirail sont plus humides, & le vin y est à une plus égale température. Il s'y altère plus facilement par la pourriture plus rapide des bouchons. Il y a des *caves* qui ont plusieurs soupiraux, mais rarement cela est bon.

Par la même raison il est avantageux que les *caves* à vin fin & de longue conservation soient précédées d'une autre *cave* destinée à mettre les vins communs ou les huiles, les légumes, l'eau à rafraîchir, &c., afin que lorsque l'on ouvre leur porte, il ne s'y introduise pas des bouffées d'air chaud toujours nuisibles.

Il est très-avantageux que l'escalier des *caves* soit droit, afin d'y descendre les pièces de vin avec moins de difficultés & de dangers.

Outre la porte extérieure par laquelle on descend ces pièces, il est commode qu'il y en ait une intérieure pour l'usage journalier de la maison.

Généralement les portes des *caves* ne ferment pas exactement, & c'est un mal sous le rapport précédent.

Quelquefois, dans les villes, où l'espace manque, on fait deux étages de *caves* : alors l'étage inférieur n'a d'autre communication avec l'air extérieur que par la porte, ce qui est un grave inconvénient, comme je l'ai observé plus haut.

Le plein cintre est la courbure la plus avantageuse & la plus économique; cependant on est quelquefois forcé de leur en donner une plus surbaissée.

C'est la largeur des bâtimens qui décide le plus souvent & qui devroit décider toujours de celle des *caves*. Lorsqu'elle est trop considérable, on les accouple. Quant à leur longueur, elle varie sans fin chez les propriétaires de vignes & chez les marchands de vin. Cette longueur est quelquefois assez considérable, par la nécessité de loger une grande quantité de tonneaux.

L'entrée des *caves* doit être au milieu de leur longueur, afin qu'on mette moins de temps à placer les pièces de vin.

Souvent, dans les *caves*, il y en a de plus petites qui n'ont point de communication directe avec l'air. On les appelle *caveaux* ou *caverons*, & on y place le vin en bouteille dans des espèces de retranchemens en planches, ou mieux en maçonnerie. Ces caveaux ont, à un moindre degré, par leur ouverture toujours exactement jointe & donnant dans la grande *cave*, les inconvéniens des *caves* sans soupiraux.

Le vin en tonneau se place, dans les *caves*, sur deux poutres longitudinales appelées *chantier*, poutres ordinairement écartées entr'elles & du mur d'environ trois pieds, posées sur des dalles de pierre d'un pied de haut, pour qu'elles pourrissent moins promptement. La distance à mettre entre les tonneaux doit être d'un pied, pour qu'on puisse tourner autour & les examiner partout, hors la partie qui est posée sur le chantier.

Mettre plusieurs rangs de tonneaux les uns sur les autres ne se supporte que dans les années de récolte extraordinaire & chez les marchands faisant un grand commerce; encore cela ne doit être que momentanément.

Dès que les tonneaux sont vides, il faut les retirer de la *cave*, les laver à plusieurs eaux & les déposer sous un hangar, en les rangeant les uns sur les autres, afin qu'ils ne prennent point le goût de moisi, qui diminue de cent pour cent la valeur des vins, même ordinaires. *Voyez* Vin.

La visite d'une *cave* doit être fréquente lorsqu'on y a beaucoup de vin en tonneau (en cercles, comme disent les marchands), afin de faire réparer ceux qui fuient (qui laissent couler le vin), ceux dont les cercles pourrissent, ceux dont les fonds se couvrent de moisissure, &c. La plus grande propreté & le plus grand ordre doivent y être maintenus.

C'est par ces soins que les vins se conserveront, même s'amélioreront, au lieu de s'altérer, comme cela arrive malheureusement si souvent au grand détriment des propriétaires.

Voyez, pour le surplus, aux mots Cellier, Vin, Tonneau, Bouteille.

CAVEAU. *Voyez* l'article précédent.

CAVERON. Le PRUNIER SAUVAGE (*prunus insititia*, Linn.) porte ce nom dans le Boulonnois.

CAVINION. *Cavinium*. Arbrisseau de Madagascar, qui constitue un genre dans la décandrie monogynie & dans la famille des bicornes. Il ne se cultive pas en Europe.

CÉCALYPHE. *Cecalyphum*. Genre de plantes de la famille des MOUSSES, établi aux dépens des BRYS, & fort peu différent des FISSIDENS, des BIFURQUES & des DICRANES.

CÉCIDOMYE. *Cecydornia*. Genre d'insectes de l'ordre des diptères, fort voisin des TIPULES, sur lequel je dois porter l'attention des cultivateurs, parce que la plupart des espèces qui le composent nuisent beaucoup à plusieurs de leurs récoltes.

La plus dangereuse de toutes les espèces de ce genre est celle qui détruit les chaumes du froment, & qui se trouve dans l'Amérique septentrionale, où elle est connue sous le nom d'*hessian fly*, parce qu'on croit, ce qui est impossible, qu'elle a été apportée avec des blés tirés, par les Anglais, de la Hesse, lors de la guerre de la révolution de ce pays.

J'ai imprimé, dans le tom. 70 de la première série des *Annales d'Agriculture*, une notice sur cet insecte, à laquelle je renvoie le lecteur.

On trouve aux environs de Paris les *cécidomyes* du PIN, du GENEVRIER, du LOTIER, du PATURIN TRIVIAL & du GENÊT. J'ai étudié, décrit & dessiné les deux dernières, qui, certaines années, sont si abondantes, qu'il n'arrive pas à bien la dixième partie des fleurs de ce paturin & de ce genêt.

C'est sur les tiges du paturin qu'est pondu l'œuf de la larve de l'une, pour y faire naître une galle en filamens recourbés, extrêmement remarquable, sous laquelle elle vit aux dépens de sa tige.

C'est dans le bouton à fleur du genêt qu'est placé l'œuf de la larve de l'autre, & ce bouton, au lieu de s'épanouir, reste vert & prend la forme d'une vessie, dans laquelle elle vit aux dépens de sa substance.

Comme il n'y a pas possibilité de porter obstacle aux ravages de ces insectes, je renverrai, pour ce qui les concerne, aux ouvrages d'histoire naturelle qui en traitent. Il me suffit de les avoir signalés aux agriculteurs.

CÉLACNÉE. *Celacnea*. Petite plante de la Nouvelle-Hollande, qui seule constitue un genre dans la polygamie triandrie & dans la famille des graminées. Nous ne la possédons pas dans nos jardins.

CÉLASTRINÉES. Famillle de plantes établie aux dépens de celle des RHAMNOÏDES, & qui a le genre CÉLASTRE pour type. Elle diffère peu de celle des HYPPOCRATICÉES.

CELLIER. Supplément des CAVES dans les pays de vignobles & dans les villes où se fait un grand commerce de VIN.

Un *cellier* destiné à ce dernier objet s'appelle CHAIX à Bordeaux.

Ordinairement les *celliers* sont des pièces au rez-de-chaussée, dans le voisinage des pressoirs, & dans lesquels on met le vin dans des tonneaux dès qu'il est pressé, pour qu'il y continue sa fermentation, qu'il *bouille*, comme on dit vulgairement.

La grandeur du *cellier* est celle du bâtiment; sa hauteur est rarement au-dessus de huit pieds. Le plus souvent il n'est pas voûté. Il doit avoir au moins deux ouvertures susceptibles d'être fermées, la porte & une fenêtre opposée; car, comme la fermentation développe beaucoup de gaz acide carbonique, dont la respiration est mortelle pour les hommes & les animaux, il faut, avant d'y entrer le matin, pouvoir l'en faire sortir en y établissant un courant d'air froid, & malgré cela il est prudent d'y porter une chandelle allumée, qui indique, par la pâleur de sa flamme, le danger qu'on peut courir.

Les tonneaux dans le *cellier* sont rangés comme dans la cave, sur des chantiers élevés, autour desquels on peut circuler.

Assez généralement on laisse le vin dans les *celliers* jusqu'à ce qu'il soit refroidi, c'est-à-dire, jusqu'à ce que sa fermentation sensible soit terminée; après quoi on le descend à la cave ou on le vend, car il est des pays où la récolte, sauf la provision du propriétaire, est livrée à cette époque au commerce.

Les soins à donner au vin, dans les *celliers*, sont nombreux & d'une grande influence, tant sur sa bonté que sur sa durée. Ils seront indiqués en détail à l'article VIN.

Dans les lieux où la nature du sol ne permet pas de creuser des caves sans de grandes dépenses, comme dans les pays granitiques, tourbeux, &c., on laisse toujours le vin dans les *celliers*; mais alors il faut que ces *celliers* soient voûtés, aient des murs très-épais, & que leur porte soit bien fermante & précédée d'un *avant-cellier* (deux, s'il se peut), à l'effet d'empêcher l'air chaud d'y entrer, lorsqu'on l'ouvre pendant l'été.

Les caves & les *celliers* se lient par des variations insensibles. Souvent il est difficile de décider si tel magasin de vin doit porter le premier ou le second nom.

CÉNARTHÈNE. *Cenarthenes*. Arbre de la Nouvelle-Hollande, qui constitue un genre dans la tétrandrie monogynie & dans la famille des laurinés.

Il ne se cultive pas en Europe.

CÉNIE. *Cenia*. Genre de plantes de la syngénésie superflue, établi aux dépens des COTULES.

Il ne diffère pas de ceux appelés LANCISIE & LIDBECKIE.

CÉNOBRION. Sorte de FRUIT dont les LABIÉES présentent le modèle.

CENOMYCE. *Cenomyce.* Genre de LICHENS qui réunit ceux appelés CLADONIE, SCYPHOPHORE & HÉLOPODIE.

CENTAURELLE. *Centaurella.* Genre de plantes qui rentre dans celui appelé GENTIANELLE.

CENTOTHÈQUE. *Centotheca.* Genre de GRAMINÉES établi sur la RACLE BARDANE.

CENTRANTHE. *Centranthrus.* Genre de plantes établi pour placer les VALÉRIANES qui n'ont qu'une étamine, & dont la corolle est régulière.

CENTRANTHÈRE. *Centranthera.* Petite plante de la Nouvelle-Hollande, qui seule constitue un genre dans la didynamie angiospermie & dans la famille des scrophulaires.

Elle ne se cultive pas en Europe.

CENTROPHYLLE. *Centrophyllus.* Genre de plantes établi pour placer les CARTHAMES LAINEUX & de CRÈTE.

CÉODE. *Ceodes.* Genre de plantes, encore mal connu, de la décandrie monogynie, établi sur une plante des îles de la mer du Sud.

CÉOMICE. *Ceomice.* Autre genre de la même famille qui rentre dans ceux appelés BEOMBICE & PHYLLOCARPE.

CÉPHALANTHE. *Cephalanthus.* Arbrisseau de l'Amérique septentrionale, qui seul constitue un genre dans la tétrandrie monogynie & dans la famille des rubiacées.

Dans son pays natal, ainsi que j'ai eu occasion de l'observer, le *céphalanthe* croît dans les flaques d'eau & fleurit au milieu de l'été. Il se fait remarquer avantageusement. On l'appelle vulgairement *bois à bouton*, à raison de la disposition globuleuse de sa fructification.

Dans les environs de Paris, où on cultive beaucoup le *céphalanthe*, il se place ordinairement dans les plates-bandes de terre de bruyère, au lieu de le mettre sur le bord des pièces d'eau, même dans l'eau des rivières factices des jardins paysagers : aussi y prospère-t-il foiblement.

Les plus fortes gelées de notre climat n'affectent point le *céphalanthe*; mais ses graines n'arrivent point à complète maturité dans les années froides & humides, ce qui fait qu'on ne peut pas toujours le multiplier par leur moyen.

Lorsque ces graines arrivent à bien, il est mieux de les semer dans des terrines sur couche & sous châssis qu'en pleine terre; cependant elles donnent du bon plant dans ce dernier cas comme dans le premier, lorsqu'on les arrose convenablement.

Mais les demandes du *céphalanthe*, dans les pépinières marchandes, ne sont pas assez nombreuses pour que sa multiplication par rejetons & par marcottes n'y suffise pas. En conséquence, on se borne généralement à ces deux moyens, d'autant plus que le plant qui en résulte peut être mis en place (& même donner des fleurs) dès la première année de son sevrage.

Les rejetons sont plus ou moins abondans, selon que les pieds qui les fournissent sont vigoureux, & que leurs racines ont été plus maltraitées par les labours. On peut en provoquer le développement en coupant, entre deux terres, quelques-unes des grosses racines. Ils se lèvent à la fin de l'hiver & se mettent le plus souvent immédiatement en place, comme je l'ai observé plus haut; mais si, comme je le voudrois, au lieu d'en garnir les plates-bandes de terre de bruyère, on les employoit à orner le bord des pièces d'eau, il faudroit les laisser se fortifier un an ou deux dans la pépinière.

Lorsqu'on fait les marcottes du *céphalanthe* avec des branches de deux ans, elles sont souvent le même espace de temps à prendre racines, même il faut quelquefois les inciser ou les ligaturer; mais quand on emploie les pousses de l'année précédente, elles s'enracinent en quelques mois, & on peut les traiter comme les rejetons dès la fin de l'hiver suivant.

Généralement on laisse, dans nos jardins, le *céphalanthe* en buisson; mais je puis assurer qu'il fait plus d'effet en demi-tige, disposition qu'il est très-facile de lui faire prendre en supprimant successivement ses branches inférieures.

Ce que j'ai dit plus haut doit engager à arroser fréquemment & abondamment, pendant les chaleurs de l'été, les *céphalanthes* des plates-bandes de terre de bruyère. Je suis persuadé que c'est à l'oubli de ce soin qu'est due la mauvaise figure qu'ils y font généralement.

Deux autres espèces ont été rapportées à ce genre, mais elles sont peu connues.

CÉPHALODE. Sorte de tubercule dans les LICHENS. Les STÉRÉOCOLONS en offrent des exemples.

CÉPHALOPHORE. *Cephalophorus.* Plante du Chili, qui forme un genre dans la syngénésie polygamie. Elle ne se cultive pas dans nos jardins.

CÉPHALOTE. *Cephalotus.* Plante formant un genre dans la dodécandrie hexagynie, originaire de la Nouvelle-Hollande, & fort remarquable par ses feuilles en forme de bourse.

On ne la cultive pas en Europe.

CÉPHALOXE. *Cephaloxis.* Genre de plantes établi pour placer le JONC RAMPANT.

CÉPHALOXE. *Cephaloxis.* Genre de MOUSSES établi aux dépens des MNIES.

CÉPILON. Petit BOLET fauve clair, plus foncé en dessous, qui ne se mange pas.

CÉRAJA. *Ceraja.* Arbrisseau parasite de la Cochinchine, dont les feuilles sont d'usage contre les maladies des nerfs, fort voisin des ANGRECS & encore plus des DENDROBIONS.
Il ne se cultive pas en Europe.

CÉRAMION. *Ceramium.* Genre établi aux dépens des CONFERVES. Il est le même que celui appelé POLYSPERME.

CÉRAMION. *Ceramium.* Autre genre qui enlève quelques espèces à celui des VARECS.

CÉRAMOPSE. *Ceramopsis.* Genre de plantes établi encore aux dépens des VARECS.

CÉRANTHE. *Ceranthus.* Genre de plantes qui ne diffère pas assez du CHIONANTHE pour être conservé.

CÉRANTHÈRE. *Ceranthera.* Deux arbrisseaux de la côte d'Afrique constituent ce genre, qui est de la pentandrie monogynie & de la famille des azédarachs.
On ne les cultive pas en Europe.

CÉRARÉ. Synonyme de SERAI. *Voyez* ce mot & celui FROMAGE.

CÉRATIOLE. *Ceratiola.* Arbuste de l'Amérique septentrionale, fort semblable à une bruyère à la première vue, qui forme un genre dans la diœcie diandrie & dans la famille des bicornes.
Cet arbuste, que j'ai observé dans son pays natal, & dont j'avois apporté des graines à Paris, n'a pas encore pu être introduit dans nos jardins.

CÉRATOCARPE. *Ceratocarpus.* Petite plante de Tartarie, qui seule constitue un genre dans la monœcie monandrie.
Nous ne la possédons pas dans nos écoles de botanique.

CÉRATOCÉPHALE. *Ceratocephalus.* Genre de plantes établi pour placer la RENONCULE EN FAUX.

CÉRATOCÉPHALLOÏDE. *Ceratocephalloïdes.* Ce genre a été établi sur la VERBESINE ailée, mais il n'a pas été adopté.

CÉRATOCHLOA. *Ceratochloa.* Genre de graminées établi pour placer la FETUQUE UNIOLIDE qui s'écarte des autres.

CÉRATOÏDE. *Ceratoïdes.* Tournefort a donné ce nom au DIOTIS.

CÉRATONÈME. *Ceratonemus.* Genre de plantes établi aux dépens des BYSSES.

CÉRATOPÉTALE. *Ceratopetalon.* Grand arbre de la Nouvelle-Hollande, qui laisse fluer de la gomme de son écorce, & qui seul constitue un genre dans la pentandrie monogynie & dans la famille des bunoniacées.
Il ne se cultive pas en France.

CÉRATOSPERME. *Ceratospermum.* Plante cryptogame peu connue, qu'on croit appartenir aux genres SPHÆROCARPE, SPHÉRIE, VARIOLAIRE.
On donne ce même nom à un genre établi aux dépens des XYRIS & aux COCCIGRUES.

CÉRATOSTÈME. *Ceratostemum.* Plante du Pérou, qui constitue un genre dans la décandrie monogynie & dans la famille des campanulacées.
Il ne se voit pas dans nos jardins.

CERCEAU. Synonyme de CERCLE & PIOCHE à deux branches, dont on fait usage dans la Vendée.

CERCERIS. *Cerceris.* Genre d'insectes de l'ordre des hyménoptères, très-voisin de celui des PHILANTHES, qui réunit une douzaine d'espèces qui, toutes, donnent des insectes vivans pour nourriture à leurs petits.
Je cite ce genre, parce que j'ai observé que deux de ses espèces, le CERCERIS A QUATRE & le CERCERIS A CINQ BANDES, déposent dans le trou où ils ont pondu leurs œufs, des individus des CHARANÇONS OBLONG & GRIS, après les avoir fait mourir à moitié par une piqûre qui a porté un poison dans leur corps.
Or, les charançons oblong & gris sont au nombre des ennemis des cultivateurs, puisqu'ils mangent les bourgeons des arbres fruitiers & autres, font surtout souvent manquer les greffes dans les pépinières des environs de Paris, ce qui oblige, à celle du Luxembourg, de mettre ces greffes dans des sacs de crin.
Les *cerceris* font leurs trous dans les terrains sablonneux, & de préférence entre les pavés. On voit leurs femelles, pendant tout le mois de juin, apporter, vers le milieu du jour, des charançons dans ces trous. J'en ai trouvé jusqu'à quinze dans un seul, & il paroît que chaque femelle en creuse plus d'un, & le nombre de ces femelles est très-considérable dans les lieux qui leur conviennent.
On peut donc assurer que les deux *cerceris* précités sont d'utiles auxiliaires aux cultivateurs pour la diminution des deux charançons également précités. *Voyez* mon *Mémoire*, pag. 370 du vol. LIII des *Annales d'Agriculture*.
Une autre espèce de *cerceris*, au rapport de M. Fayssole, détruit de la même manière, aux environs de Lyon, le charançon du blé.

CERCLE MAGIQUE. Il est des pays (la chaîne de montagnes calcaires de transition, qui existe entre Langres & Dijon, est du nombre) où on remarque dans les pâturages des *cercles* plus ou moins grands, où l'herbe est ou plus verte, ou moins verte qu'ailleurs. Ces *cercles* passent dans ces pays pour être l'ouvrage des sorciers, des fées, &c., & pour être d'un dangereux abord.

J'ai inutilement cherché, pendant plusieurs années, à déterminer la cause de la formation de ces *cercles*, qui subsistent rarement plus de trois ans, & qui paroissent & disparoissent irrégulièrement; cependant plusieurs fois ils m'ont offert, la seconde année, une récolte de MOUSSERONS (*agaric odorant*).

Davy pense que ce sont des émanations de gaz acide carbonique sortant d'un trou de la roche & rayonnans; mais cette explication ne souffre pas d'examen, à raison de leur extrême régularité, & de ce que la plupart de ces *cercles* ont fort peu de largeur, leur centre étant de la même nuance de verdure que le reste de la pelouse.

Dans cet état d'incertitude, je ne puis qu'inviter les cultivateurs à multiplier les observations sur ce singulier phénomène, & à faire part au public des résultats de ces observations.

CERCLES. Brins de bois refendus, avec lesquels on tient réunies les douves des cuves, des tonneaux, des baquets, des seaux, &c.

La fabrication des *cercles* a lieu dans les forêts, & constitue pour beaucoup de cantons un état particulier, celui des CERCLIERS.

Les meilleurs *cercles* sont ceux de brins de chêne de quatorze à dix-huit ans, bien droits; mais comme ce n'est que dans les forêts en excellent fonds qu'on en trouve abondamment de tels, on en voit en petite quantité dans le commerce, & ils sont fort chers.

Après ceux de chêne, sont ceux de châtaignier. Comme cet arbre pousse plus vîte & plus droit que le chêne, on peut l'employer à leur confection dès l'âge de cinq ans dans les bons fonds, & de sept dans les autres: aussi en fabrique-t-on considérablement aux environs de Paris, dans les environs de Saint-Brieux, dans les environs de Périgueux, dans les environs de Briançon, dans les environs d'Alais, &c.

La forêt d'Orléans fournit immensément de *cercles* de bouleau que leur écorce garantit de la pourriture, mais qui, malgré cela, durent peu comparativement à ceux de chêne & de châtaignier.

Ce sont les noisetiers & les saules marceaux qui fournissent la masse des *cercles* employés en Champagne & en Bourgogne; mais comme ils sont inférieurs en force & en durée à ceux dont il vient d'être question, on les intercalle avec quelques-uns de chêne dans la reliure de tous les tonneaux.

J'ai vu fabriquer des *cercles* de cuve avec le FRÊNE, le MERISIER & l'AUNE, mais jamais des *cercles* de tonneaux; cependant je n'ai pas de motifs pour croire qu'on ne puisse en faire également.

Si on utilise les autres espèces d'arbres sous le même rapport, c'est trop peu souvent & avec trop de défaveur pour qu'il soit nécessaire d'en parler ici.

Plus les brins de bois, n'importe quelle espèce, sont droits & d'un diamètre égal dans toute leur longueur, & plus ils sont propres à faire de bons *cercles*. Tous ceux qui sont en zigzag, qui ont beaucoup de nœuds, dont le pied est démesurément gros, doivent être rejetés. Il en est de courbés qui sont admis, fournissant au moins un *cercle* d'une courbure plus facile, & parce qu'on peut, comme je le dirai plus bas, redresser l'autre.

On travaille à la fabrication des *cercles* pendant tout le cours de l'année; mais comme le bois se fend & se coupe incomparablement mieux lorsqu'il est encore vert, c'est presqu'exclusivement pendant l'hiver & le printemps qu'on s'y livre.

Quoique l'art du cerclier soit un des plus simples & des plus faciles, il faut de l'intelligence & de l'habitude pour l'exercer convenablement & en tirer un bénéfice suffisant. Un bon ouvrier doit faire, terme moyen, en châtaignier, trois cents *cercles* de huit pieds de long par jour, & ne point en manquer un seul, leur donner toute la force & l'égalité dont ils sont susceptibles.

Pour monter un atelier de *cercles*, on prend un arbre d'environ six pouces de diamètre & de douze à quinze pieds de long, dont le petit bout est enterré obliquement & le gros bout soutenu par deux pieds, à deux pieds de distance de la terre. A six ou huit pouces de l'extrémité de ce gros bout, qui est aplati dans une longueur d'un à deux pieds, en dessus, avec une saillie antérieure, également aplatie, de deux pouces de longueur; à six pouces de distance du bout, du côté gauche, est creusée une mortaise dans laquelle entre la moitié d'un tronçon de quatre pouces de diamètre, entaillé jusqu'à son millieu, de manière que la portion entière soit, un peu obliquement, à trois pouces de la surface de l'arbre: c'est la *nie*. A un pied plus loin, du côté droit, est une cheville un peu oblique, de trois pouces de haut & d'un pouce de diamètre. Cet appareil s'appelle un *chevalet* dans la forêt de Montmorency près Paris, forêt d'où on extrait annuellement pour de grosses sommes de *cercles* de châtaigniers, & où j'ai travaillé quelquefois à leur fabrication, pendant ma proscription sous Robespierre.

Lorsqu'on veut opérer, on place un brin de châtaignier dépouillé de ses branches, & coupé à la longueur convenable, sous l'espace entre l'arbre du chevalet & le cran de la nie, en disposant latéralement sa courbure, s'il en a une, & on passe dessus un coin, appelé *coignette*, au moins d'un pied de long, y compris un autre coin qui assujettit très-fortement le brin; ensuite, avec une hachette à fer long de huit pouces, large de trois, & à manche d'un pied, on frappe sur le gros bout pour commencer une fente qu'on continue, en le

tirant

tirant successivement à soi, jusqu'au petit bout, par un mouvement alternatif de droite & de gauche, donné au manche de la hachette. Lorsque le brin est proportionnellement beaucoup plus gros par son gros bout, on fait une levée, c'est-à-dire, qu'on enlève, par la même opération, la partie excédante de son intérieur, partie qui ne peut servir qu'à brûler. Lorsque le brin est très-fort, on refend chaque moitié par le même artifice. Ne pas faire la fente exactement au milieu, ne pas la conduire jusqu'au petit bout, sont des accidens que les bons ouvriers évitent presque toujours, & qu'on n'attribue jamais à la malveillance lorsqu'ils arrivent aux mauvais.

Les brins fendus sont placés sur une traverse établie près du chevalet, à droite; puis, lorsqu'il y en a à peu près autant qu'il est possible d'en planer dans la matinée, on les reprend, un à un, les place de nouveau sur le chevalet, à peu près au milieu de leur longueur, en les assujettissant encore avec le coin à main, &, avec un instrument qu'on appelle *plane*, on diminue assez l'épaisseur de cette moitié pour la rendre égale à l'autre, puis on donne un petit coup de plane, en dessous, à l'extrémité, & si la fente a été régulière, la baguette est terminée. Il arrive cependant souvent que le petit bout ne s'est pas fendu dans la direction du gros, ce qui oblige de le planer comme le petit. On le fait toujours lorsque les brins ont été fendus en quatre, parce qu'alors chaque morceau offre un angle saillant dans toute sa longueur.

On n'enlève jamais l'écorce aux *cercles* dans les forêts. Lorsqu'on leur fait subir cette opération dans les villes, c'est qu'on est dans l'intention de les peindre.

La plane est un couteau à deux manches, dont la lame est courbée & a environ un pied de long sur deux pouces de large; cette lame doit toujours être très-finement tranchante: en conséquence on la fait fréquemment passer sur la pierre pendant le travail, & on la fait aiguiser sur la meule dès que la pierre ne suffit plus.

Les baguettes terminées sont placées sur une traverse, fixée sur des fourches, à gauche du cerclier. Lorsqu'il y en a cinquante sur cette traverse, on les lie fortement ensemble, à trois ou quatre endroits, pour forcer à se redresser celles qui ont une courbure défectueuse. On appelle ce nombre, une *botte*.

C'est dans cette disposition que les baguettes restent jusqu'à ce qu'elles soient sèches & qu'on les transporte chez les propriétaires ou chez les acquéreurs.

Une botte de baguettes se vend en ce moment (1810) 5 fr. & a coûté 60 cent. de fabrication. Le propriétaire a de plus les branches & les planures, dont on forme d'autres bottes qui servent à cuire le plâtre ou à chauffer le four.

Lorsqu'on veut transformer les baguettes en *cercles*, on met tremper les bottes dans l'eau pendant au moins deux jours, puis on les contourne, une à une, dans des enceintes de pieux, longs de deux pieds, gros de deux pouces, écartés de trois à quatre pouces, enfoncés à moitié en terre. Ces *cercles* restent dans ce moule jusqu'à ce qu'ils soient redevenus parfaitement secs, après quoi on les réunit vingt-cinq par vingt cinq, au moyen de trois ou quatre liens d'osier, réunion qu'on appelle *couronne*.

Il arrive quelquefois, lorsqu'on fabrique des *cercles* avec le chêne, le coudrier, &c., que les brins ne se fendent pas bien; alors on n'en fait qu'un avec chacun d'eux, ce qui fait moitié perte.

CERCODÉENNES. Famille de plantes qui ne diffère pas de celles appelées HYGROBIÉES & HALLORAGÉES.

CERCOPE. *Cercopis.* Genre d'insectes de l'ordre des hémiptères, dont les larves se font remarquer des cultivateurs, dans les prairies naturelles & artificielles, surtout dans les luzernes, au mois de mai, époque où elles sont arrivées à toute leur croissance & où elles se recouvrent, de la manière la plus apparente, d'un amas de vésicules écumeuses qui ressemblent à un crachat, d'où leur nom vulgaire d'*écume printanière*, de *crachat de coucou*.

Comme les larves de *cercopes* vivent de la sève des plantes, elles nuisent nécessairement à la bonne croissance de ces dernières. Cependant il est rare qu'elles soient assez abondantes, hors des terrains arides, pour diminuer d'une manière sensible la quantité & la qualité des récoltes.

La plupart des cultivateurs attribuent aux larves des *cercopes* mangées par leurs bestiaux, les maladies que ces bestiaux éprouvent au printemps; mais rien ne prouve que leur accusation à cet égard soit fondée. Ainsi je ne crois pas devoir adopter leur opinion.

On peut diminuer le nombre des *cercopes* pour les années suivantes, en coupant les luzernes un peu avant l'époque ordinaire, parce que toutes les larves, qui alors ne sont pas arrivées à leur dernier degré d'accroissement, meurent immanquablement faute de nourriture, les tiges fanées ne leur en fournissant plus.

Les insectes parfaits des *cercopes* sont fort du goût des poules & des canards. On les emploie avantageusement à la pêche à la ligne.

CERDANE. *Cerdana.* Grand arbre du Pérou qui constitue un genre dans la pentandrie monogynie, fort peu différent de celui des SÉBESTIERS.

Cet arbre qui, lorsqu'on le coupe, exhale une odeur très-fétide, en offre une très-agréable lorsqu'il est desséché. On emploie alors ses feuilles dans la préparation des alimens.

On ne le possède pas dans les jardins de l'Europe.

CÉRÉOXYLE. *Ceroxylum.* Genre de la polygamie monoecie, qui ne renferme qu'une espèce, originaire du sommet des Cordilières. Cette espèce, qui est au rang des plus grands arbres, laisse transsuder de son écorce un mélange de deux tiers de résine & d'un tiers de cire, mélange qui s'emploie à faire des bougies, des torches, &c.

Ce genre ne diffère pas de l'IRIARTÉE.

Combien les amis de la prospérité de la France doivent desirer de voir un arbre aussi utile, qui y prospéreroit partout en pleine terre, introduit dans nos jardins!

CÉRÉSIE. *Ceresia.* Genre de plantes graminées, établi pour placer la PASPALE MEMBRANEUSE.

CERINTA. Le SAPIN PESSE s'appelle ainsi dans le département des Alpes maritimes.

CERION, *Cerium.* Plante annuelle de la Cochinchine, qui constitue un genre dans la pentandrie monogynie & dans la famille des solanées.

Nous ne la cultivons pas en Europe.

CERISIER. *Cerasus.* Genre de plantes de l'icosandrie monogynie & de la famille des rosacées, dans lequel se placent plus de quatorze espèces d'arbres, dont plusieurs se cultivent pour leurs fruits excellens à manger, & dont plusieurs sont recherchés dans nos jardins, à raison de leurs agrémens ou pour leur bois, applicable à plusieurs genres de services.

Observations.

Linnæus a réuni les *cerisiers* avec les PRUNIERS & avec les ABRICOTIERS; mais la plupart des botanistes modernes, ainsi que tous les cultivateurs, les en séparent. Je ferai de même. Il ne sera donc ici question que des *cerisiers* proprement dits.

Espèces.

1. Le CERISIER merisier.
Cerasus avium. ♄ Indigène.

2. Le CERISIER domestique.
Cerasus domestica. ♄ De l'Asie mineure.

3. Le CERISIER faux-cerisier.
Cerasus chamæcerasus. ♄ De Sibérie.

4. Le CERISIER de Pensylvanie.
Prunus pensylvanica. ♄ De l'Amérique septentrionale.

5. Le CERISIER mahaleb.
Cerasus mahaleb. ♄ Indigène.

6. Le CERISIER à grappes.
Cerasus padus. ♄ Indigène.

7. Le CERISIER de Virginie.
Cerasus virginiana. ♄ De l'Amérique septentrionale.

8. Le CERISIER tardif.
Cerasus serotina. ♄ De l'Amérique septentrionale.

9. Le CERISIER de la Caroline.
Cerasus caroliniana. ♄ De l'Amérique septentrionale.

10. Le CERISIER laurier-cerise.
Cerasus lauro-cerasus. ♄ Du midi de l'Europe.

11. Le CERISIER azarero.
Cerasus lusitanica. ♄ Du midi de l'Europe.

12. Le CERISIER elliptique.
Cerasus elliptica. Th. ♄ Du Japon.

13. Le CERISIER occidental.
Cerasus occidentalis. Swartz. ♄ Des Antilles.

14. Le CERISIER paniculé.
Cerasus paniculata. Th. ♄ Du Japon.

Culture.

Long-temps on a cru, tantôt que le *cerisier* domestique étoit une variété du *cerisier* merisier, tantôt que le *cerisier* merisier étoit le type du premier, quoique tout le monde ait su qu'il a été apporté de Cerasonte par Lucullus, & que le merisier est naturel à nos contrées. Aujourd'hui les idées se sont fixées, & on les reconnoît pour des espèces distinctes.

Le *cerisier* merisier croît naturellement dans nos forêts. Il est excessivement commun, surtout dans celles des montagnes de l'est de la France. Son bois pèse vert, par pied cube, 61 livres 13 onces, & sec, 54 livres 15 onces. La couleur rouge qui lui est propre, prend de l'intensité par un séjour de plusieurs mois dans l'eau pure, ou quelques jours dans l'eau de chaux. Il prend un beau poli: aussi est-il recherché par les tourneurs & par les ébénistes pour faire des chaises, des armoires, des lits, des tables, &c., qui ne le cèdent qu'à l'acajou, encore pas constamment. Rarement l'emploie-t-on à la charpente & au charronnage, parce qu'il est très-cassant & pourrit facilement à l'air & dans l'eau. On le recherche pour le feu & pour la fabrication du charbon.

La fabrique de meubles de Paris fait une immense consommation de merisier: aussi est-ce le bois indigène qu'il est le plus avantageux d'y apporter; cependant nulle part, à ma connoissance, on ne plante le merisier, quoique la rapidité de sa croissance y invite. Partout on se contente de mettre de côté les pieds qui se coupent annuellement dans les forêts ou dans les haies. J'ose croire que ce seroit une bonne spéculation que d'en planter des lignes le long des routes, dans tous les terrains de bonne nature; car quoiqu'il s'accommode de tous, il ne vient bien que dans ceux-ci.

Le merisier, quoique sauvage, offre plusieurs variétés plus ou moins grosses, plus ou moins amères, plus ou moins colorées. On ne distingue ordinairement que ceux qui donnent des merises rouges & des merises noires.

Soit en feuilles, soit en fleurs, soit en fruits, le merisier est d'un aspect fort agréable: aussi est-il fréquemment employé dans la composition des jardins paysagers. On est parvenu à en obtenir deux à trois variétés à fleurs doubles qui se greffent sur l'espèce, & qui font un superbe effet lorsqu'elles sont convenablement placées, c'est-à-dire, soit isolées, soit en petits groupes, à quelque distance des massifs.

C'est des variétés sauvages des merisiers que proviennent toutes les variétés cultivées des cerises à chair ferme, telles que les bigarreaux, les griottes, les guignes; mais comme, parmi ces variétés, il y en a qu'on peut considérer comme des hybrides du merisier & du *cerisier* commun, je les mentionnerai à la suite les unes des autres.

Quoique petit & peu fourni de chair, le fruit du merisier (les *merises*) est fort recherché pour la nourriture. La pointe d'amertume dont il est pourvu, laisse dans la bouche un arrière-goût agréable. C'est une manne que la nature envoie aux oiseaux qui ont des petits, & à ces petits. Des confitures, des ratafias, &c., se fabriquent avec lui. On le seche au soleil ou au four pour le conserver pendant l'hiver. Les soupes au beurre dans lesquelles on le fait entrer en certaine abondance, à cette époque, sont très-bonnes & très-saines. Ecrasé dans l'eau, il fermente & donne un vin duquel on retire une eau-de-vie fort recherchée, appelée *kirchwasse*, du mot allemand *kirchen-wasser* (eau de cerise).

Clairegoule est le village de France qui passe pour faire le meilleur kirchwasse. Là, on ne cultive que la variété noire, on ne la récolte que quand elle est mûre à l'excès, ce qui oblige de monter trois fois sur le même arbre, & on ne distille qu'un mois après la fermentation. L'esprit retiré est d'un sixième en poids de celui des merises.

Pour faire du vin de merises, on les met dans un tonneau défoncé; on les écrase & on les couvre avec un double drap ou une couverture. La fermentation s'établit & on remue pour la rendre plus égale. Lorsqu'il fait chaud, on peut transvaser le liquide dès le cinquième jour dans un tonneau, où il achève de se perfectionner. Ce vin est agréable, mais foible. On peut difficilement le garder, même en bouteille, jusqu'à la récolte suivante: aussi, depuis que les vignes sont devenues surabondantes, n'en met-on plus nulle part en France dans le commerce. Tout celui qui se fabrique est destiné à être distillé & faire du kirchwasse.

La distillation du kirchwasse a lieu dès que la fermentation est effectuée, & rarement très en grand, parce que chaque propriétaire veut opérer par lui-même: aussi arrive-t-il souvent que la liqueur sent l'empyreume, goût que les marchands soutiennent lui être inhérent. On concasse une petite partie des noyaux, pour que leurs amandes lui donnent leur saveur & leur odeur agréable.

C'est en Suisse, en Souabe, & sur les bords du Rhin dans les Vosges, qu'on fabrique le plus de kirchwasse. En France, on le vend toujours plus cher que la meilleure eau-de-vie de l'année, quoiqu'il dût être meilleur marché, puisque les merisiers ne demandent pas de frais de culture. Comme partout on peut en fabriquer, puisque partout on peut avoir des merisiers, ce n'est qu'à l'ignorance des cultivateurs que ce haut prix est dû.

On peut faire du kirchwasse avec toutes les espèces & les variétés de cerises, mais il est inférieur à celui des merises sauvages.

Pour terminer de suite ce qui a rapport à cet objet, j'observerai que le *marasquin*, cette liqueur, certainement la meilleure faite avec les fruits de l'Europe, dont la seule véritable se fabrique à Zara & autres villes de l'ancienne Macédoine, provient de la distillation des fruits du *cerisier* domestique, ou griottier, qui est sauvage dans ce pays comme dans l'Asie mineure, ainsi que je m'en suis assuré sur un arbre provenant de noyaux envoyés de Zara & cultivé chez Cels, & par les renseignemens pris pendant mon séjour à Venise, auprès des naturalistes de cette ville, qui fait un grand commerce de marasquin.

On tire des merises fraîches, par la distillation, une eau balsamique très-avantageuse à employer contre la toux, la coqueluche, les insomnies, & dont on ne fait pas assez usage. Elle se garde deux ou trois ans en bouteille dans la cave.

Les merises sèches & bouillies à grande eau, donnent la même propriété à cette eau, ainsi que j'ai eu occasion de m'en assurer.

La culture du merisier est très facile, & d'après cette circonstance & les avantages dont je viens de donner une légère idée, il semble qu'elle devroit être très-étendue; mais le vrai est qu'elle n'est suivie que dans les grandes pépinières publiques & marchandes des environs de Paris. Rarement on plante des merisiers dans les bois, parce que, dit-on, les oiseaux en sèment toujours assez; & lorsque les petits pépiniéristes des départemens, ou lorsque des particuliers en ont besoin pour greffer des variétés de cerises, soit à chair ferme, soit à chair molle, ils vont en lever dans les bois.

On pourroit tirer parti du noyau des merises pour faire de l'huile, pour fabriquer des émulsions, pour servir de bases aux dragées, &c.; mais la lenteur de leur extraction s'y oppose.

Le merisier des bois à fruit rouge pousse beaucoup plus vigoureusement que celui à fruit noir; mais ce dernier est bien plus propre à la greffe, de sorte que c'est lui qu'on est déterminé à multiplier de préférence. La cause de cette différence n'est pas encore connue.

Quand on veut semer des merises, il faut les mettre en terre peu après qu'elles sont mûres, ou en lignes, à un pouce de profondeur, ou en masse, à un pied de profondeur. C'est ce dernier procédé qu'on suit ordinairement, & parce qu'on ne perd pas un terrain pendant six mois, & parce qu'on ne redoute pas les ravages des mulots, des campagnols, &c.

Au printemps, dans ce dernier cas, on tire les noyaux de terre, & on les sème comme il a été dit plus haut.

Le semis des merises à la volée ne doit pas

être employé dans les pépinières, parce qu'il ne permet ni de les enterrer assez, ni de biner facilement le plant qu'elles fournissent.

Dans les bois, lorsqu'on veut regarnir en merisiers des places vides, & on devroit le vouloir souvent, il ne s'agit que de donner, au printemps, un coup de pioche sur le terrain, de jeter trois ou quatre noyaux sortant de terre, dans le trou, & de les recouvrir avec le pied.

Toute merise qui a été desséchée risque de rancir, & par conséquent de perdre sa faculté germinative.

Après deux années de séjour dans la planche des semis, pendant lesquelles le plant a reçu un labour d'hiver & deux binages d'été, on le transplante à demeure dans les bois, ou on le repique dans une autre place, préalablement labourée, à deux pieds de distance en tous sens. Là, il est ou greffé rez-terre à la seconde année, ou dirigé pendant trois ans pour devenir haute tige. Rarement, dans ces deux derniers cas, il a besoin d'être récepé.

Il est très-important, lorsqu'on fait une plantation de merisiers pour tirer parti de leur bois, de choisir des pieds qui filent bien, car quoiqu'ils se prêtent mieux que beaucoup d'autres arbres aux moyens artificiels propres à les redresser, il y a toujours de l'avantage à ne pas les tourmenter. Comme ils pyramident fort bien & doivent être coupés vers leur vingtième année, on peut les planter très-serrés, c'est-à-dire, à six pieds de distance, sans nuire à leur accroissement, soit qu'ils soient placés en ligne, soit qu'ils soient placés en quinconce.

Toutes sortes de greffes s'emploient sur le merisier; mais celle en écusson rez-terre, ainsi que celle en fente, à hauteur d'homme, sont presque partout préférées. On peut lui appliquer cette dernière à tous les âges, car je l'ai vu réussir sur des pieds qui avoient peut-être un siècle.

Le Cerisier domestique, ou Griottier, ou Cerisier proprement dit, regardé long-temps comme une variété du précédent, quoique l'histoire nous apprenne, ainsi que je l'ai déjà observé, qu'il a été apporté de Cerasonte à Rome, quoiqu'il croisse naturellement très-près de cette ville, c'est-à-dire, dans la Macédoine, la Hongrie, la Grèce. Il se distingue par ses fleurs, qui se développent sur le bois de la dernière année, & qui sont plus petites & légèrement pédonculées; par ses feuilles plus glabres, plus courtes, plus roides, d'un vert plus foncé, enfin par ses fruits, dont la chair est tendre, juteuse & plus ou moins acide ou austère. Il offre presque toujours une tête arrondie. Son bois est d'un jaune-rougeâtre chatoyant, mêlé de taches jaunes, rouges, vertes. Sa pesanteur par pied cube est, sec, 47 livres 11 onces 7 gros seulement; on peut l'employer à des ouvrages de tour, mais il est peu recherché, & généralement il ne s'utilise que pour le feu.

Cette espèce n'a pas fourni un nombre moins considérable de variétés que la première, parmi lesquelles il en est de bien supérieures, à mon avis.

La reproduction du griottier a fréquemment lieu par ses accrus, ce qui est rare pour le merisier, mais presque jamais par le semis de ses graines, qui, le plus souvent, sont avortées; cependant elles sont le seul moyen d'obtenir des variétés nouvelles: en conséquence je dois inviter à le tenter quelquefois. C'est presqu'exclusivement par la greffe en fente sur le merisier ou sur le mahaleb qu'on les multiplie dans les pépinières, tantôt rez-terre, tantôt à cinq à six pieds de hauteur. Il est de ses variétés qui reprennent mieux sur l'un que sur l'autre de ces arbres.

Les *cerisiers* prospèrent dans toutes les natures de terres & à toutes les expositions; mais quoiqu'ils craignent la trop grande humidité & la trop grande chaleur, les terres légères fraîches & les chaudes conviennent mieux pour la bonté de leurs fruits. Comme dans la plupart des autres arbres, les variétés très-hâtives & les variétés très-tardives donnent les moins bons fruits.

Une taille rigoureuse convient peu aux *cerisiers*: aussi ne met-on en espaliers, même aux environs de Paris, que les variétés qui sont très-hâtives; aussi n'est-ce que dans un très-petit nombre de jardins qu'on en voit de disposées en quenouille ou en pyramide; aussi, dans ces deux cas, est-ce sur mahaleb qu'on les greffe, comme s'emportant moins.

La partie extérieure de l'écorce des *cerisiers* est pourvue de fibres circulaires plus nombreuses que celle des autres arbres, ce qui la rend coriace & nuit au grossissement du tronc. Pour diminuer cet inconvénient, on la fend dans toute sa longueur dans les pays où on raisonne l'agriculture.

Il y a abondance de gomme dans certains *cerisiers*, laquelle s'extravase lorsqu'on blesse leur écorce, & lorsqu'ils souffrent par défaut de nourriture ou par l'effet de la vieillesse. On en tire quelque parti dans les arts quand on manque de gomme arabique, quoiqu'elle ne fasse que se gonfler dans l'eau. Comme sa sortie passe pour affoiblir l'arbre, & que, pour l'obtenir en abondance, il faut entailler ses branches, une loi défend à tout autre qu'au propriétaire de la récolter.

Presque tout le monde, & surtout les enfans, aiment les cerises avec passion. On en fait annuellement une immense consommation en certains cantons. Comment se fait-il donc qu'il en soit encore beaucoup où elles ne sont pas connues? La médecine regarde les griottes comme rafraîchissantes, & en ordonne, en conséquence, l'usage dans les fièvres, surtout lorsqu'elles tendent à la putridité. Les bigarreaux seuls passent pour indigestes & doivent être mangés avec modération. Ces derniers sont sujets à contenir la larve de deux espèces d'insectes, du Charançon du cerisier & d'une mouche figurée par Réaumur, vol. II, pl. 38, nos. 22 & 23 de ses Mémoires. Ces larves font tomber beaucoup de ces fruits avant leur maturité complète, ou en rendent, plus tard, le manger désagréable. Il n'y a pas moyen de s'opposer à leur multiplication.

Toutes les variétés de cerises se mangent en outre cuites, apprêtées de diverses manières. Elles peuvent, comme les merises, servir à faire du vin, de l'eau-de-vie & des liqueurs de table. Comme elles encore, on les fait sécher pour l'hiver.

Voici la liste des variétés provenant des merisiers & des griottiers, divisée en quatre races, deux pour les premiers & deux pour les seconds.

Première race.

Guigniers. Leurs fruits sont en cœur, généralement à demi mous & d'une difficile conservation. Leurs feuilles sont longues & pointues.

Le Guignier cœur de poule. Son fruit a plus d'un pouce de diamètre, noir en dehors, rouge foncé en dedans. On le cultive principalement dans le midi de la France. Il mûrit en septembre.

Le Guignier a fruits noirs a les fruits un peu plus petits que ceux du précédent, mais de même couleur. Ils mûrissent à la fin de mai.

Le Guignier a petits fruits. Ses fruits sont encore plus petits & plus alongés. Sa chair est plus fade. Ils mûrissent à la même époque.

Le Guignier a fruits roses hatifs. Ses fruits sont plus gros vers la queue & d'un rouge pâle. Sa chair est peu agréable au goût. Ils mûrissent des premiers. On le cultive aux environs de Lyon.

Le Guignier a gros fruit blanc a le fruit rougeâtre du côté du soleil & blanc du côté de l'ombre. Sa chair est blanche, ferme & agréable. Il mûrit quinze jours plus tard que celui de la variété précédente.

Le Guignier a gros fruit rouge tardif, qu'on appelle aussi *guigne de fer* ou *guigne de Saint-Gilles*. Ses fruits sont de médiocre bonté & ne mûrissent qu'en octobre.

Le Guignier a gros fruit noir luisant. Son fruit est noir luisant; sa chair rouge & tendre; son noyau coloré. Il mûrit à la fin de juin. Il est excellent.

Le Guignier a gros fruit noir luisant & à courte queue. Son fruit est encore meilleur que celui du précédent. On le cultive aux environs de Lyon.

Le Guignier quatre a la livre ou a feuilles de tabac. Il se fait remarquer par ses feuilles de près d'un pied de long sur moitié de large. Il donne rarement du fruit, & il est très-petit, très-peu abondant & mauvais. C'est par charlatanerie qu'on disoit, dans le commencement de son arrivée à Paris, que ce fruit étoit gros comme une pomme. On doit le reléguer dans les jardins paysagers, encore en petite quantité; car il subsiste peu d'années & perd ses agrémens en devenant vieux.

Le Guignier a rameaux pendans offre peu d'intérêt, surtout quand on le compare au *griottier de la Toussaint*. Son fruit n'est pas bon.

Seconde race.

Bigarreautiers. Leurs fruits sont gros, oblongs; leur chair ferme, blanche ou rouge, d'assez difficile digestion, & sujette aux vers. Leurs branches sont presque horizontales, leurs feuilles longues & pendantes.

Le Bigarreautier a gros fruits rouges. Ses fruits sont d'un rouge foncé du côté du soleil & d'un rouge vif du côté de l'ombre; sa chair est traversée par des fibres blanches; son eau est rougeâtre, bien parfumée. Mûrit à la fin de juillet. Excellent.

Le Bigarreautier a gros fruits blancs. Ses fruits sont d'un rouge clair du côté du soleil & presque blancs du côté de l'ombre. Sa chair est moins ferme, mais plus succulente que celle de ceux de la variété précédente.

Le Bigarreautier a petit fruit blanc hatif a le fruit plus petit, mais de même couleur que celle du précédent; sa chair est tendre, blanche & a un goût relevé. Il mûrit de bonne heure.

Le Bigarreautier a petit fruit rouge hatif est au premier ce que ce dernier est au second.

Le Bigarreautier commun, ou *belle de Roquemont*. Ses fruits sont moins gros & moins longs que ceux du premier; leur peau est luisante & marbrée. Leur maturité s'effectue au commencement de juillet. On ne peut trop le multiplier.

Le Bigarreautier a fruit couleur de chair ne diffère presque du précédent que par sa couleur. Son fruit est également très-bon.

Troisième race.

Les Griottiers, *cerisiers proprement dits des Parisiens*. Fruits ronds, avec un sillon peu marqué; chair tendre, très-aqueuse, acide & austère, tantôt blanche, tantôt colorée, ce qui donne lieu à deux subdivisions, dont la dernière porte spécialement le nom de *griottiers* dans quelques lieux.

Première division.

Le GRIOTTIER FRANC. Il provient du semis de toutes les variétés. Ses fruits sont petits & acerbes. On ne le cultive que par hasard. C'est à la greffe des variétés qu'on veut tenir naines qu'on l'emploie spécialement, parce qu'il est plus foible que le *merisier*.

Je dois rappeler que cette espèce ne se trouve sauvage que dans l'est de l'Europe & dans l'Asie moyenne.

Le GRIOTTIER NAIN PRÉCOCE ne s'élève qu'à six ou huit pieds. On le greffe sur le griottier franc ou sur le mahaleb. Son fruit est petit, rouge foncé, a la chair blanchâtre, fortement acide, même après sa précoce maturité, qui fait son plus grand mérite. Il se place dans la serre & en pleine terre, en espalier, en quenouille. On doit en avoir quelques pieds aux meilleures expositions dans tous les jardins bien montés, pour pouvoir manger de ses fruits dès les premiers jours de mai.

Le GRIOTTIER ROYAL KERYDUK, ou MAY-DUC, ou ROYAL HATIF, ou CERISIER D'ANGLETERRE. Son fruit est gros, un peu comprimé par ses deux extrémités, avec la queue longue & pourvue d'une petite feuille. Sa peau est d'un rouge-brun; sa chair rouge, un peu ferme, très-douce; son noyau un peu inégal. Il mûrit à la fin de mai ou au commencement de juin. On le greffe sur le griottier franc ou sur mahaleb, & on le place ou en espalier, ou en pyramide contre un mur. En plein vent il s'élève peu, mais charge beaucoup.

Une autre variété, dont les fruits ne mûrissent qu'en septembre, ressemble tellement à celle-ci, qu'il en difficile de les distinguer.

Le GRIOTTIER COMMUN HATIF s'élève beaucoup plus que les deux précédens. Ses fruits sont d'un rouge vif; leur chair est blanche & fort acide; leur noyau presque rond. Ils mûrissent au commencement de juin. Ce sont eux dont on mange de si grandes quantités à Paris, sous le nom spécial de *cerise*. Comme il est plus hâtif dans les terrains arides, & que les fruits précoces se vendent mieux que les autres, on l'y plante fréquemment. Là il ne s'élève qu'à huit à dix pieds, ce qui donne de plus la facilité de cueillir ses fruits. On le multiplie le plus ordinairement par ses drageons; mais il y auroit à gagner de le greffer sur mahaleb.

Le GRIOTTIER COMMUN diffère à peine du *griottier franc*, ou mieux, n'en diffère pas. Ses fruits mûrissent quelques jours plus tard que ceux du précédent, dont d'ailleurs ils ont la grosseur & la couleur. Il est rare de trouver le même goût à ceux de deux arbres voisins, à plus forte raison à ceux placés dans des terrains & à des aspects différens. On le multiplie comme le précédent, mais peut être plus souvent, sans qu'on le sache, par les pieds provenant de ses fruits & levés sous les vieux arbres.

Le GRIOTTIER A LA FEUILLE a, comme le *griottier royal keryduc*, une petite feuille sur le pétiole; mais son fruit est très-acide, même âpre, ce qui l'en distingue très-bien.

Duhamel parle d'une autre cerise à la feuille, qui est grosse & a la forme d'une guigne. On ne la trouve plus dans nos pépinières.

Le GRIOTTIER A TROCHETS donne des fruits de médiocre grosseur, d'un rouge foncé, d'une chair delicate, extrêmement abondans, mais très-acides.

Le GRIOTTIER A BOUQUET est une monstruosité produite par la réunion de plusieurs fruits sur un pédoncule commun. On ne le cultive que par curiosité.

Le GRIOTTIER ORDINAIRE DE MONTMORENCY, ou le *gobet*, a le fruit plus petit & moins comprimé que ceux du suivant; on le confond souvent avec lui, mais il mûrit quinze jours plus tôt, ce qui rend sa culture plus profitable.

Le GRIOTTIER DE MONTMORENCY A GROS FRUIT, ou *gros gobet*, ou *gobet à courte queue*, ou *cerisier de viluine*, ou *cerisier coulard*, ou *cerisier de Kent*, a les fruits très-gros, très-aplatis aux extrémités, à queue grosse & courte, la peau d'un rouge vif, la chair d'un blanc-jaunâtre, peu acide, le noyau petit. Ils mûrissent en juillet, & sont préférés aux autres pour faire du ratafia, des confitures, pour sécher, &c.; mais comme ils sont peu abondans, il n'y a pas autant de bénéfices à en espérer que des autres variétés bien inférieures en bonté. On n'en voit presque plus dans la vallée qui lui a donné son nom, mais on en trouve quelques pieds dans les jardins bien tenus. C'est sur le *merisier* qu'il est le plus avantageux de le greffer.

Le GRIOTTIER A FRUIT ROUGE PALE, ou le GRIOTTIER DE VILLENNES, a le fruit gros, bien arrondi, rouge clair; la chair blanche, légèrement acide & très-agréable au goût. Il mûrit en juin. L'arbre est très-vigoureux.

Le GRIOTTIER DE HOLLANDE. C'est le plus grand des griottiers, mais ses fleurs sont sujettes à avorter. Ses fruits sont gros, presque ronds, longuement pédonculés, d'un très-beau rouge; leur chair est fine, d'un blanc-rougeâtre; leur noyau un peu rougeâtre. On ne peut trop le multiplier. Il se greffe sur le merisier.

Trois sous-variétés se rapportent à ce griottier, savoir, le *griottier à feuilles de saule* ou *hinterose*, le *griottier à larges feuilles* & le *coulard*. Cette dernière, dont le pédoncule est plus court, se confond quelquefois avec la *cerise* de Montmorency à gros fruit.

Le GRIOTTIER A FRUIT AMBRÉ ou SUCCINÉ, a les fruits gros, arrondis, de couleur d'ambre jaune, lavé de rouge du côté du soleil; sa chair est croquante, douce & très-sucrée. Il mûrit au milieu de juillet. C'est, à mon avis, la meilleure des *cerises* dans les années sèches & chaudes, mais elle produit toujours extrêmement peu & souvent rien du tout.

Le GRIOTTIER A PETIT FRUIT BLANC AMBRÉ est une sous-variété plus petite & plus blanche, d'une saveur bien inférieure à celle que je viens d'indiquer.

Le GRIOTTIER ROYAL KERYDUK TARDIF, ou HOLSMANDUK, ne diffère presque du hâtif que par l'époque de sa maturité, qui est le commencement de juillet. C'est une très-belle variété dont on doit toujours avoir quelques pieds dans les jardins bien montés. Quelques personnes pensent qu'il faut distinguer deux espèces sous ces deux noms, dont la première auroit les fruits plus acides.

Le GRIOTTIER GUIGNE. Son fruit est gros, aplati sur les côtés, sans rainure, & d'un rouge-brun foncé; sa chair est molle, colorée, d'un goût agréable; son noyau est ovale. Il mûrit à la fin de juin. C'est une belle variété qu'on confond souvent avec les précédentes, sous le nom de *cerise d'Angleterre*.

Le GRIOTTIER ROYAL NOUVEAU, ou NOUVEAU D'ANGLETERRE, a les fruits un peu plus arrondis & moins rouges que ceux du précédent, dont ils se rapprochent infiniment d'ailleurs. Ils mûrissent beaucoup plus tard.

Le GRIOTTIER GUINDOUX est très-grand, a les feuilles presque rondes, les fruits très-gros, très-sucrés, très-agréables. Ils mûrissent au commencement de juillet. C'est principalement aux environs d'Aix qu'il se cultive.

Le GRIOTTIER DE LA PALIMBRE, ou BELLE DE CHOISY, est d'une médiocre grandeur, a les feuilles presque rondes, le fruit très-gros, très-longuement pétiolé, d'un beau rouge & excellent. Il mûrit en juillet. On ne peut trop le multiplier.

Le GRIOTTIER DE VARENNES a les fruits très-gros, d'une belle couleur & d'un goût agréable. Il ressemble beaucoup à celui de Montmorency, mais charge encore moins & mûrit encore plus tard.

Le GRIOTTIER DU NORD donne successivement des fruits jusqu'aux gelées, mais ils sont aigres. On ne le cultive que pour l'ornement des desserts.

Le GRIOTTIER DE LA TOUSSAINT ou DE SEPTEMBRE, ou TARDIF, se fait remarquer par ses branches pendantes & par ses fleurs axillaires, qui se développent successivement pendant tout l'été & l'automne. Une grande partie d'entr'elles avortent. Ses fruits sont petits, ont la chair acide & peu agréable. C'est uniquement dans les jardins paysagers qu'il doit être cultivé, & il faut y en planter tous les deux ou trois ans, car il ne produit tout l'effet dont il est suceptible que quand il est jeune & qu'il est rigoureusement débarrassé de son bois mort. On le greffe sur le merisier.

Deuxième division.

Le GRIOTTIER PROPREMENT DIT a le fruit aplati, gros; la peau fine, unie, noire, luisante; la chair ferme, d'un rouge-brun, très-douce & très-agréable. Il mûrit au commencement de juillet. On le connoît sous le nom de *cerise à ratafia*, parce qu'il s'emploie plus qu'aucun autre à cet objet. L'arbre s'élève peu.

Le GRIOTTIER A GROS FRUIT diffère du précédent par le plus de grosseur de son fruit. Il se rapproche aussi du suivant.

Le GRIOTTIER DE PORTUGAL, ou *royal-archiduc*, a le fruit très-gros, aplati par les extrémités & d'un beau rouge-noir; sa chair est ferme, légèrement amère, excellente. Il mûrit en août. C'est une des meilleures & des plus grosses cerises. Quelques personnes l'appellent *royal-Hollande*, *royal-archiduc*, & la confondent avec le *griottier de Hollande*, dont la chair est à peine colorée. L'arbre s'élève peu.

Le GRIOTTIER D'ALLEMAGNE ou de *chaux*, ou du *comte de Saint-Maur*. Son fruit est aussi gros que celui du précédent, presque noir; la chair très-rouge & très-acide. Il mûrit à la mi-août.

Le GRIOTTIER A FEUILLES DE PÊCHER, de *saule*, de *balsamine*, tire son mérite du peu de largeur de ses feuilles. On ne le recherche pas.

Le GRIOTTIER A FLEURS SEMI-DOUBLES & le GRIOTTIER A FLEURS DOUBLES. Le premier donne des fruits souvent jumeaux, le second jamais. Comme ils ont un port différent du merisier & du *cerisier* à fleurs doubles, leur effet est distinct.

Le GRIOTTIER A FEUILLES PANACHÉES est de peu d'intérêt, parce qu'il a toujours l'air mourant.

Je pourrois beaucoup étendre cette nomenclature si je mentionnois les variétés cultivées en Angleterre & en Allemagne, lesquelles sont décrites dans les *Transactions de la Société horticulturale de Londres* & dans l'ouvrage de M. le baron de Truchsess, ainsi que celles que j'ai cru reconnoître comme distinctes, dans mes voyages en Amérique, en Espagne, en Italie, en Suisse, en France; mais il faut que je m'arrête, & je le fais.

Le CERISIER DE PENSYLVANIE ressemble beaucoup au merisier, mais s'en distingue cependant au premier coup d'œil. Je l'ai cultivé dans les pépinières de Versailles, d'abord de noyaux venant de l'Amérique septentrionale, ensuite en le greffant sur le merisier. Il a plusieurs fois fleuri, mais n'a jamais donné de fruits. Les botanistes seuls sont dans le cas de mettre de l'intérêt à sa multiplication.

Le CERISIER FAUX-CERISIER, ou *cerisier de Sibérie*, a des fruits de la grosseur & de la consistance du griottier nain précoce, mais beaucoup plus âcres & plus acerbes. On ne le cultive, en le greffant, à deux ou trois pieds de terre, sur le mahaleb ou sur le griottier franc, que pour l'ornement des jardins, attendu qu'il forme naturellement la boule & qu'il se charge d'une immense quantité de fleurs, dont très-peu nouent. C'est dans les parterres ou dans les gazons, à quelque distance des massifs, qu'il se place.

Le CERISIER MAHALEB ou *putier*, ou *bois de Sainte-Lucie*, ou *cerisier odorant*, croît dans l'est de la France, principalement près de Sainte-Lucie dans les Vosges. Son fruit est de la grosseur d'un pois. Il s'accommode des terrains les plus arides, ce qui le rend très-précieux pour les utiliser & pour servir à la greffe des variétés des *cerisiers* cultivés. Avec lui seul on peut tirer des revenus de terrains qui sont de nulle valeur, comme je l'ai vu faire dans les craies brûlantes de la ci-devant Champagne. Fréquemment on le plante dans les jardins paysagers, qu'il décore pendant tout l'été, & surtout pendant qu'il est couvert de ses fleurs, qui sont innombrables & légèrement odorantes. Ses feuilles & son bois le sont également : les premières peuvent être employées à la nourriture des bestiaux, soit fraîches, soit sèches, & donnent du fumet au gibier rôti, dans le ventre duquel on en met; le second, qui est dur, brun, veiné, susceptible de poli, est fort recherché par les tourneurs pour fabriquer des boîtes, des tabatières, & autres petits meubles. Sa pesanteur est de 62 livres 2 onces 6 gros par pied cube. Il est fort sujet à se déjeter & à se fendre. On doit éviter de le confondre avec le *cerisier à grappes*, dont il sera question plus bas.

La multiplication du mahaleb peut s'exécuter de rejetons, de marcottes, de racines, mais on préfère celle par le semis de ses graines, semis qui ne diffère pas essentiellement de celui de celles du merisier. Son plant se cultive & se met en place positivement de la même manière que celui de ce dernier. Ce plant ou s'utilise, soit lorsqu'on veut couvrir un terrain incultivable, soit lorsqu'on veut former des HAIES, ce à quoi il est très-propre, ou se repique, dans un autre endroit de la pépinière, lorsqu'il est destiné à servir à la greffe ou à devenir arbre de ligne, lorsqu'il a trois ans. Ici encore il se conduit comme le merisier. Rarement on greffe ces *cerisiers* sur mahaleb autrement que rez-terre.

On peut couper le mahaleb tous les deux ans, pour fagots, sans que le pied semble s'en ressentir d'une manière sensible; mais si c'est pour la nourriture des bestiaux, comme c'est alors entre les deux sèves qu'on lui fait subir cette opération, il est prudent de laisser à chaque pied une ou deux tiges jusqu'à l'hiver suivant.

Le CERISIER A GRAPPES, le MERISIER A GRAPPES, ou *putier*, est un arbre de 25 à 30 pieds de haut, qui, comme le précédent, croît dans les montagnes de l'est de l'Europe & se cultive dans nos jardins, à raison de la beauté de son port, d'un effet bien supérieur à celui du précédent. Ses fleurs ne sentent rien, mais leur disposition en grappes pendantes & nombreuses compense ce désavantage. Ses fruits sont noirs (rouges dans une variété), & ordinairement mangés par les oiseaux dès leur entrée en maturité. Un insecte que je n'ai pas pu reconnoître, les transforme, par sa piqûre, en cônes recourbés. C'est en tige & isolé, ou en buisson & au premier rang des massifs, qu'il se place le plus généralement. Il vaut toujours mieux l'abandonner à la nature que de lui donner une forme artificielle. Son bois rouge, veiné de brun, s'emploie comme celui du mahaleb, & sous le nom commun de *putier*, à faire de fort jolis meubles. Les Vosges & le Jura sont les cantons où il est principalement mis en œuvre.

Les terrains trop secs, comme ceux trop humides, ne conviennent point au merisier à grappes. Ceux en même temps légers, gras & chauds, lui sont les plus favorables.

Les CERISIERS DE VIRGINIE & TARDIF sont très-voisins l'un de l'autre & se rapprochent du merisier à grappes, dont ils possèdent les avantages à un degré inférieur. On les cultive dans nos pépinières, mais en petite quantité, les écoles de botanique & les jardins des amateurs étant les seuls lieux où ils soient recherchés. On les multiplie de rejetons, de marcottes, de graines, & par la greffe sur le merisier commun ou le merisier à grappes.

Les CERISIERS RAGOUMINIER & CATAUBIEN sont encore deux espèces très-voisines, qu'on multiplie peu, parce qu'elles n'offrent rien d'utile. Elles seroient presqu'aussi bien placées parmi les PRUNIERS. On les multiplie par les moyens précités, mais plus par la greffe sur le prunier-cerisette. Une terre fraîche & fertile est celle qui leur convient le mieux.

Le CERISIER-AMANDE ou LAURIER-CERISE s'écarte, sous beaucoup de rapports, des espèces précédentes, principalement parce que ses feuilles sont persistantes & ont une odeur & une saveur qui leur est propre. Aussi, si sa greffe sur le merisier reprend, elle ne peut subsister plus de deux à trois ans. Il s'élève à dix ou douze pieds, fait l'ornement des bosquets d'hiver, & contraste pendant l'été avec tous les autres arbres. Très-souvent

vent on le place dans les jardins paysagers. Les fortes gelées le frappent plus ou moins, mais ne font jamais périr ses racines. Une terre forte & humide, une exposition septentrionale, sont ce qu'il demande. On le multiplie le plus habituellement de marcottes; mais comme il donne assez souvent de bonnes graines, on doit employer ce moyen comme le meilleur.

Les fleurs & les feuilles de cet arbrisseau ont le goût & l'odeur des amandes amères, & servent à les donner au lait & à quelques autres alimens; mais il a été constaté que le principe de ce goût & de cette odeur, aujourd'hui reconnu le même que celui du bleu de Prusse, est un violent poison. En conséquence, il ne faut en faire usage qu'avec la plus grande modération. Il est défendu de vendre de l'huile essentielle retirée de cette plante, & connue sous le nom d'*essence d'amande amère*.

Le CERISIER AZARERO, ou *cerisier de Portugal*, ou *laurier de Portugal*, conserve également ses feuilles pendant l'hiver, s'élève à peu près à la même hauteur, demande la même terre & la même exposition, se place dans les lieux analogues, & se multiplie par de semblables moyens, & de plus par boutures. Il craint également les gelées. Je ne connois pas les usages de son bois & de ses feuilles.

CERISIER NAIN. Le CHÈVRE-FEUILLE DES ALPES porte ce nom dans quelques lieux.

CERISIER A CÔTE. Le JAMBOISIER UNIFLORE porte ce nom à Saint-Domingue.

CERISIER FAUX DE LA CHINE. C'est le LITSÉ.

CERISIER DE TRÉBISONDE. Nom vulgaire du LAURIER-CERISE.

CEROPHORE. *Cerophora*. Genre de plantes établi aux dépens des HYDNES.

CERTEAU. Variété de POIRIER qui se cultive aux environs de Nancy pour faire sécher ses fruits ou les mettre en compote. Comme il fleurit tard, il est toujours très-chargé.

CERVANTÈSE. *Cervantesia*. Genre de plantes de la pentandrie monogynie & de la famille des thymelées, qui est composé par deux arbrisseaux du Pérou que nous ne cultivons pas dans nos jardins.

CERVICINE. *Cervicina*. Petite plante originaire d'Egypte, qui constitue un genre dans la triandrie monogynie.

Nous ne la cultivons pas en Europe.

CESERON. Le CHICHE porte ce nom dans quelques cantons.

CETRAIRE. *Cetraria*. Genre de la famille des lichens. Il a pour type le LICHEN D'ISLANDE, & rentre dans ceux appelés PHYSICIE, BORRÈRE, RAMALINE & DUFOURÉE.

CHABLIS. On donne ce nom, dans le langage forestier, aux arbres de haute futaie & aux baliveaux que les vents ont renversés, & qui doivent être marqués & vendus à l'enchère après des formalités particulières.

Il semble que les arbres venus de graines, & en conséquence pourvus d'un pivot, devroient avoir tous les moyens pour résister aux vents, & c'est ce qui a presque toujours lieu pour ceux qui sont isolés sur les montagnes ou au milieu des plaines; mais ceux qui ont crû en massif dans les forêts ont toujours les racines dans un sol frais, & par suite sont d'un côté moins grosses & plus superficielles, & par conséquent plus exposées à périr lorsque la coupe du bois rend la sécheresse à la terre; de l'autre, la coupe détermine, la première année, un plus grand développement de feuilles, ce qui donne plus de prise au vent. Aussi n'est-il point de coupe dans les bois en plaine ou sur des sommets, qui n'offre des baliveaux d'un âge & de deux âges, arrachés ou cassés pendant l'été de l'année où elle a été effectuée. Il y en a d'autant moins que le sol est plus profond & de meilleure nature.

Le nombre des *chablis* est moindre les années suivantes, & même il ne s'en voit plus jusqu'à la prochaine coupe, où les mêmes causes en produisent encore.

La coupe des bois, en petites parties isolées & entourées de taillis ou de futaies, est le seul moyen efficace à opposer à la chute des baliveaux, parce que les arbres voisins les garantissent des vents violens & empêchent le sol d'être autant desséché, soit par ces mêmes vents, soit par le soleil. Je voudrois donc qu'au lieu de donner aux ventes une forme carrée & une largeur d'un arpent & plus, on les établît en parallélogrammes dirigés du levant au couchant (dans le nord de la France, du sud-est au nord-ouest, à cause des vents dominans, qui sont ceux du sud-ouest), & ayant au plus cinquante toises de large, les grands bois restant toujours du côté du midi.

Mais il est une autre cause de *chablis* qui, quoique rentrant dans celle-ci & agissant en même temps qu'elle, doit être distinguée, parce qu'elle se porte presqu'exclusivement sur les balivaeux les plus anciens, qui sont couronnés, & qui eussent dû, par conséquent, être abattus à la coupe précédente. Cette cause est la pourriture des racines, pourriture toujours en concordance avec celle des branches. *Voyez* COURONNEMENT.

Cette pourriture des racines se développe d'autant plus tôt dans les arbres, qu'ils se trouvent dans un plus mauvais terrain & qu'ils sont plus affamés par l'abondance des arbres de la même espèce qui les entourent.

J'étois surpris, les premières fois que je me trouvai dans les forêts encore vierges de l'Amérique, de ne voir dans tous les endroits où la terre n'étoit pas de première qualité, que des chênes de moins d'un pied de diamètre, & dont le bois n'offroit que de quatre-vingts à cent cercles apparens. Depuis, j'ai traversé des espaces qui avoient plus d'une lieue de large, où presque tous les vieux arbres dominans étoient renversés avec leur motte, & devoient céder leur place à d'autres espèces plus jeunes. La plupart de leurs racines, au jour, étoient pourries dans une plus ou moins grande étendue de leur longueur. C'est ainsi que ces forêts sont soumises aux lois de l'ASSOLEMENT, lois qui sont dans la nature, & qu'il est très-remarquable qu'on n'ait pas reconnues plus tôt. *Voyez*, pour le surplus, aux mots BALIVEAU, BOIS & EXPLOITATION.

CHABOUSSADE. Race de MOUTONS fort estimée aux environs de Saint-Flour. *Voyez* BÊTES A LAINE.

CHABRÉE. *Chabrea.* Genre de plantes établi aux dépens des PERDICIES. Il ne diffère pas du BERTHOLONIE.

CHABRILLON. On donne ce nom, aux environs de Clermont-Ferrand, à des FROMAGES DE LAIT DE CHÈVRE.

CHADARE. *Chadara.* Genre de plantes qui ne paroît pas différer de celui des GREUVIERS.

CHÆNANTHOPHORÉES. Famille de plantes établie pour placer les genres de celle des COMPOSÉES qui ont les corolles bilabiées.

CHÆTANTHE. *Voyez* LEPTOCARPOÏDE.

CHÆTANTHÈRE. *Chætanthera.* Genre de plantes de la syngénésie polygamie superflue & de la famille des corymbifères, fort voisin de celui des HOMOLIANTHES. Il renferme deux espèces propres au Pérou, dont aucune ne se cultive en Europe.

CHÆTARIE. *Chætaria.* Genre de plantes établi pour placer l'ARISTIDE DE L'ASCENSION & quelques autres. Il diffère peu du CURTOPOGON.

CHÆTOCHYLE. *Chætochylus.* Genre de plantes qui ne diffère pas de celui appelé SCHWENKIE.

CHÆTOCRATER. *Chætocrater.* Arbre du Pérou qui forme un genre dans la décandrie monogynie, & qui paroît fort rapproché de celui des ANAVINGUES.

Nous ne le cultivons pas en Europe.

CHÆTOSPORE. *Chætospora.* Genre de plantes fort peu différent des CHOINS & point du tout des RHYCOSPORES. Il renferme plusieurs espèces de la Nouvelle-Hollande & de l'Amérique méridionale, dont aucune ne se cultive dans nos jardins.

CHAFFRE. Synonyme de BROU DE NOIX.

CHAILLERIE. La CAMOMILLE PUANTE porte ce nom aux environs de Senlis.

CHAILLETIE. *Chailletia.* Genre de plantes de la pentandrie digynie & de la famille des amentacées, fort rapproché des MICOCOULIERS, & renfermant deux arbres de Cayenne qui ne se cultivent pas dans nos jardins.

CHAITURE. *Chaiturus.* Genre établi pour séparer des *agripaumes* les espèces dont l'ovaire est glabre.

CHALAZE. Partie de la graine qui est réunie à la RAPHE, & qu'on peut regarder comme un ombilic intérieur.

CHALEF. *Eleagnus.* Genre de plantes de la tétrandrie monogynie & de la famille des éleagnoïdes, qui renferme une douzaine d'espèces d'arbres, dont l'une croît naturellement dans les parties les plus méridionales de l'Europe & se cultive fréquemment dans nos jardins, à raison de la persistance, pendant une partie de l'hiver, de son feuillage, dont la blancheur contraste avec celui des autres arbres, & de l'excellente odeur de ses fleurs.

Espèces.

1. Le CHALEF à feuilles étroites.
Eleagnus angustifolia. Linn. ♄ De Bohême, d'Espagne, d'Italie, de Grèce.

2. CHALEF oriental.
Eleagnus orientalis. Linn. ♄ D'Orient.

3. Le CHALEF épineux.
Eleagnus spinosa. Lamarck. ♄ D'Egypte.

4. Le CHALEF piquant.
Eleagnus pungens. Thunb. ♄ Du Japon.

5. Le CHALEF à larges feuilles.
Eleagnus latifolia. Lamarck. ♄ De Ceylan.

6. Le CHALEF à feuilles crépues.
Eleagnus crispa. Thunb. ♄ Du Japon.

7. Le CHALEF multiflore.
Eleagnus multiflora. Thunb. ♄ Du Japon.

8. Le CHALEF à fleurs en ombelle.
Eleagnus umbellata. Thunb. ♄ Du Japon.

9. Le CHALEF glabre.
Eleagnus glabra. Thunb. ♄ Du Japon.

10. Le CHALEF macrophylle.
Eleagnus macrophylla. Thunb. ♄ Du Japon.

Culture.

La première espèce, connue des jardiniers sous le nom d'*olivier de Bohême*, & qui a en effet beaucoup de rapports avec les OLIVIERS, est celle que nous cultivons. On voit aussi, dans quelques serres, le *chalef à larges feuilles*, qui lui ressemble extrêmement, mais qui ne peut supporter la pleine terre, même dans les hivers les plus doux.

La multiplication du *chalef* n'a jamais lieu, dans les pépinières des environs de Paris, par le moyen de ses graines, attendu qu'il en donne très-rarement; mais on ne s'en inquiète pas, vu qu'il se prête à toutes les autres modes de reproduction avec la plus grande facilité. Ainsi il fournit naturellement beaucoup de rejetons, la plus petite partie de ses racines donne un nouveau pied, ses marcottes peuvent être sevrées dans l'année, & il est rare que ses boutures manquent, lorsqu'elles sont faites à l'ombre, dans un terrain léger & frais, ou convenablement arrosé.

Tous ces nouveaux pieds doivent être tenus en pépinière, à la distance de deux ou trois pieds, & taillés en crochet pour en faire des tiges, car c'est principalement dans cette disposition qu'ils jouissent de tous leurs avantages. Il y resteront deux, trois & même quatre ans, selon le terrain, les saisons & leurs dispositions propres.

Les fortes gelées de l'hiver font souvent périr dans le climat de Paris, & surtout lorsqu'il est jeune, l'extrémité non encore aoutée des branches du *chalef*. Il est donc utile d'empailler les plants en pépinière, quoiqu'on s'en dispense le plus ordinairement. Jamais, à ma connoissance, ces plants périssent entièrement par leur fait.

Les grands vents éclatent aussi quelquefois ses branches.

La place qui convient le mieux au *chalef* dans les jardins paysagers, c'est contre les fabriques exposées au midi, à quelque distance des massifs, à la même exposition. Sa couleur se perdant dans celle de l'air, il faut éviter de trop l'éloigner des oppositions. Quoique naturellement ami de la fraîcheur, il ne doit pas être mis sur les bords des eaux, ni aux expositions du nord & du couchant, parce qu'il y est plus sujet aux gelées & qu'il y fleurit moins. Il n'y a point également d'avantages à le planter dans un bon terrain, où il pousse trop vigoureusement. Une fois en place, il ne demande plus qu'à être émondé de son bois mort & de ses branches cassées, ce qui est une opération à renouveler presque tous les ans, par les causes ci-devant indiquées.

L'odeur des fleurs du *chalef* est si forte, surtout le soir d'un jour chaud, qu'un seul pied embaume un vaste jardin, & que beaucoup de personnes ne peuvent la supporter. Cette odeur se rapproche un peu de celle du miel, & devient fétide lorsque la fécondation est effectuée. On ne l'a pas encore fixée en Europe à ma connoissance, mais il paroît que les Egyptiens ont été plus habiles que nous.

On mange les fruits de cet arbre dans la Turquie d'Asie & en Perse, au rapport d'Olivier.

CHALEFS. Synonyme d'ELÆAGNOÏDES.

CHALEUR. Résultat de l'action du CALORIQUE.

Les animaux & les végétaux ne peuvent se conserver vivans sans une plus ou moins grande quantité de *chaleur*. Tous les corps l'absorbent & la perdent, mais certains plus que d'autres: ou elle les dilate, ou elle les liquéfie, ou elle les gazéfie, selon leur nature. Toujours elle tend à se mettre en équilibre en rayonnant, c'est-à-dire, en s'affoiblissant à mesure qu'elle s'éloigne davantage du point d'où elle sort.

Elle est principalement développée par la lumière du soleil & par la combustion, mais on la produit instantanément par le frottement & par la percussion de presque tous les corps durs.

Tous les corps exposés au soleil augmentent de *chaleur*, mais à des degrés différens, selon leur couleur & leurs principes constituans. Ainsi les corps noirs s'échauffent plus rapidement & davantage que les corps bleus, ceux-ci plus que les corps rouges, que les corps jaunes. Le blanc repousse la *chaleur*. Les métaux s'échauffent de même plus que les pierres, les pierres plus que les bois, le bois plus que le verre, & ils perdent leur *chaleur* acquise exactement à l'inverse, &c.

Ces faits sont ceux que les cultivateurs doivent s'empresser d'étudier, parce qu'ils en peuvent tirer des conséquences importantes pour le succès de leurs travaux. Par exemple, en noircissant un mur, ils accélèrent la maturité des pêches qui y sont palissadées: en semant de la terre noire ou du schiste, sur la neige, ils la font fondre plus tôt. En conséquence, ils s'habilleront de noir en hiver & de blanc en été, porteront surtout les chapeaux de paille pendant cette dernière saison.

Puisque le verre perd moins sa *chaleur* acquise que le bois, le bois moins que les pierres, les pierres moins que les métaux, on bâtira les serres, les baches, &c., plutôt en briques vernissées qu'en bois, en bois plutôt qu'en pierre, en pierre plutôt qu'en fer.

Le charbon, qui absorbe beaucoup de *chaleur* au soleil, à raison de sa couleur, la perd très-lentement à l'ombre, à raison de sa nature: aussi peut-on en tirer un utile parti, en le mêlant avec le plâtre pour construire des murs d'abri, avec la terre pour cultiver des primeurs, &c.

Dans les animaux, la *chaleur* est évidemment le produit de la respiration, qui n'est que la combustion de l'air dans le poumon, c'est-à-dire, l'absorption de son oxigène par le sang; mais on ignore encore comment naît celle qui existe dans les végétaux, laquelle est généralement très-foible, mais s'augmente dans quelques espèces, telles que les GOUETS, sur les organes de la génération, au moment de la fécondation.

La *chaleur* des rayons solaires pénètre d'autant plus promptement & d'autant plus abondamment dans la terre, qu'ils sont plus voisins de la perpendiculaire: de-là la précocité des coteaux exposés au midi, & l'avantage de faire les planches des jardins où on veut avoir des primeurs en plans inclinés au même aspect.

Empêcher les vents froids du nord d'enlever la *chaleur* de la terre, équivaut à lui en procurer: de-là l'avantage des murs, des palissades, & en général de tous les ABRIS. *Voyez* ce mot.

D'après des expériences faites par Saussure, il paroît que la *chaleur* solaire s'accumule pendant l'été dans la terre, & pénètre de proche en proche jusqu'à trente pieds de la surface, où elle n'arrive qu'au solstice d'hiver & qu'elle remonte jusqu'au solstice d'été. C'est cette *chaleur*, ainsi mise en réserve, qui conserve les plantes pendant l'hiver & les fait végéter au printemps. C'est encore elle qui, sortant abondamment en automne, pendant la nuit, active la maturation des fruits placés près de terre, du raisin principalement. *Voyez* VIGNE.

Il ne faut pas croire cependant que cette accumulation & cette dispersion de la *chaleur* de la surface de la terre se fassent régulièrement. Elle varie au contraire constamment; d'abord le jour & la nuit, c'est-à-dire, que chaque nuit d'été une partie de la *chaleur* accumulée pendant le jour se disperse dans l'air. Ensuite, & le jour & la nuit, selon que le vent dominant vient du nord, de l'est, du sud, de l'ouest, selon que le soleil brille ou est caché, selon qu'il pleut, &c.

Si les sommets des Alpes sont constamment couverts de neige, c'est que les vents les refroidissent sans cesse, ainsi que l'a prouvé Saussure en plaçant, sur un de ces sommets, dans une boîte noircie de trois côtés & fermée de verre de l'autre, un thermomètre qui s'y éleva en une heure à 70 degrés, tandis qu'en plein air un thermomètre semblable ne marquoit que 5 degrés.

La théorie des glacières en l'air, que j'ai vu exécuter en Caroline, est fondée sur le même principe.

On s'aperçoit de l'influence de l'évaporation sur la production du froid, seulement en mouillant son doigt & en l'exposant à l'air. Les Arabes rafraîchissent leur eau en la mettant dans des vases poreux qu'ils exposent au grand soleil. En Italie on produit le même effet, dans la même circonstance, en la mettant dans des vases très-minces de métal, entourés d'un linge mouillé qu'on renouvelle plusieurs fois. Aujourd'hui la chimie est parvenue à faire de la glace dans le vide, presqu'instantanément & à toutes les époques de l'année.

La nature des terres concourt aussi puissamment à leur *chaleur*. Celles qui sont sèches acquièrent plus facilement de la *chaleur* & la perdent le moins, principalement les sablonneuses. Les argileuses & les crayeuses humides sont les plus tardives de toutes.

La *chaleur* propre de la terre, c'est-à-dire, celle qu'elle a au-delà de trente pieds, & qui est entièrement indépendante de celle du soleil, ne s'élève pas au-delà de 10 degrés, vers le 45e. degré de latitude. Il paroît qu'il en est de même de celle de l'eau, aux profondeurs où l'action des vagues devient nulle. Au-delà du cercle polaire elle est constamment au-dessous de zéro, à deux ou trois pieds de la surface, puisque la glace y est permanente; de-là ces cadavres d'éléphans, de rhinocéros & autres quadrupèdes, qui s'y conservent entiers depuis des centaines de siècles.

Pour expliquer pourquoi la terre de la Laponie est plus froide que celle de la France, il suffit de se rappeler que j'ai dit plus haut que les rayons du soleil produisent d'autant plus de *chaleur* qu'ils agissent plus long-temps, & que leur direction est plus perpendiculaire. Ils sont les six mois entiers d'hiver sans naître au-delà du cercle polaire, & ils y sont presque parallèles au sol pendant l'été. La distance du soleil à la terre paroît avoir fort peu d'influence sur ces phénomènes, car elle est moindre pendant l'hiver que pendant l'été. Il est probable qu'au-delà d'une certaine profondeur on retrouve au pôle, comme ici, la température de dix degrés au-dessus de zéro.

Il résulte d'expériences, peut-être pas assez authentiques, mais cependant dignes de croyance, que la *chaleur* accumulée dans la terre pendant l'été, pour le climat de Paris, étoit vingt-six fois plus grande que pendant l'hiver; cependant il est extrêmement rare que le thermomètre l'indique aussi élevée, ce qui est dû à l'évaporation, aux vents. Ce n'est que dans les pays sablonneux ou abrités, que l'influence de cette cause jouit de toute son intensité.

C'est parce que la *chaleur* s'est accumulée, parce que la terre s'est desséchée pendant l'été, que les deux premiers mois de l'automne, c'est-à-dire, juillet & août, sont les plus chauds de l'année, quoique pendant leur durée, le temps que le soleil reste chaque jour sur l'horizon diminue dans une progression très-rapidement croissante.

Quelques faits donnent lieu de croire que le froid des hivers & le chaud des étés diminuent en France, mais il n'est pas possible de reconnoître à quelles causes on doit attribuer ce changement de température.

Les volcans, les sources thermales, indiquent un foyer de *chaleur* au centre de la terre. Des expériences nouvellement faites dans les mines les plus profondes de l'Angleterre & de l'Allemagne, & rapportées par mon collègue Fourier, dans un Mémoire lu à l'Institut, constatent ce fait qui sert de base à la théorie de la formation du globe, imaginée par Buffon.

La *chaleur* animale s'augmente par le mouvement, comme il n'est personne qui ne l'ait expérimenté mille & mille fois; mais la *chaleur* végétale ne peut être accrue que par le moyen de la concentration de celle du soleil, ou par des moyens artificiels, tels que le feu & la fermentation.

C'est au moyen des poêles ou fourneaux construits à côté ou sous les SERRES, les BACHES, qu'on y entretient, pendant l'hiver, une *chaleur* convenable à la conservation & même à l'accroissement des plantes des pays intertropicaux.

C'est au moyen des COUCHES de FUMIER, de FEUILLES, de TAN, qu'on se procure au printemps une *chaleur* assez élevée pour pouvoir avancer la germination des graines, la végétation des plantes étrangères, des fleurs d'ornement, de beaucoup de légumes de diverses espèces.

Pour empêcher la dispersion de la *chaleur* produite par ces couches, on les couvre, ou seulement pendant la nuit, de PAILLASSONS, ou constamment de CHASSIS.

Une *chaleur* très-sèche & une *chaleur* très-humide sont également nuisibles aux plantes renfermées. Ainsi, un cultivateur jaloux de voir prospérer les plantes de sa serre, de sa bache, de son châssis, doit veiller sur la nature de celle qui y existe, afin d'arroser, si elle est sèche, & d'établir un courant d'air avec le dehors, si elle est humide.

La *chaleur* des matières végétales en fermentation peut être naturellement portée, à l'aide de l'humidité, jusqu'à l'inflammation; de-là les incendies de meules de foin, de meules de blé, de granges, de fumiers, attribués quelquefois à la malveillance.

Les effets de la *chaleur* sur l'eau ne peuvent jamais aller au-delà de l'ébullition, parce qu'alors cette eau se vaporise. C'est donc bien inutilement qu'on augmente le feu lorsqu'elle est arrivée à cet état.

Voyez, comme supplément à cet article, ceux CALORIQUE, OXIGÈNE, AIR, SOLEIL, FEU, COMBUSTION, FUMIER, FERMENTATION, & ceux déjà cités dans celui-ci.

CHALOSSE. Les tiges des LÉGUMINEUSES séchées pour fourrage portent ce nom dans quelques lieux.

CHAMARIAS. Arbre de l'Inde dont le fruit se mange & dont les feuilles s'emploient comme purgatives. J'ignore à quel genre il appartient.

CHAMPECIÈRE. Bord intérieur des haies qui closent les champs dans le département de la Manche, ou qu'on laisse en herbe pour fourrage, ou qu'on laboure à la houe, pour le planter en pommes de terre, en haricots, &c.

CHAMPELURE. Les vignerons d'Orléans appellent ainsi les taches noires produites sur l'écorce de la vigne, soit par la GRÊLE, soit par la BRULURE, soit par la GELÉE.

CHAMPIE. *Champia*. Genre de plantes établi aux dépens des VARECS. Il avoit été appelé MERTENSIE.

CHANCELAGUE. Plante celèbre par ses vertus médicinales, qui croît au Pérou & qui se rapporte au genre CHIRONE.

CHANCIÈRE. Synonyme de CHAMPECIÈRE.

CHANDELLE. Cylindre de SUIF traversé par un assemblage de fils de coton, appelé *mèche*, qu'on emploie à l'éclairage.

Autrefois les *chandelles* étoient un luxe fort au-dessus de la fortune des habitans des campagnes, qui ne s'éclairoient pendant la nuit, & quand ils alloient dans leur cave, qu'avec des lampes d'une construction très-vicieuse, & dont l'effet étoit foible & par conséquent triste. Aujourd'hui elles sont repoussées par l'opulence, qui préfère les bougies & les lampes si mal-à-propos nommées *quinquets*.

La fabrication des *chandelles* est assez simple pour qu'il soit facile aux cultivateurs de faire celles nécessaires à leur consommation; mais comme elles seroient & plus chères par la perte de matières & de temps, & moins bonnes par le défaut d'expérience, que celles achetées chez les chandeliers, je leur conseille de ne pas s'y livrer.

Je vais cependant donner une idée de la manière d'opérer.

Le BŒUF, le MOUTON & la CHÈVRE sont les seuls animaux domestiques qui fournissent du SUIF. (*Voyez* ce mot.) Celui de bœuf est le plus mou & celui de la chèvre le plus solide.

Après avoir séparé le suif d'un de ces animaux de la viande & de la graisse, on le débarrasse de la plus grande partie des membranes dans lesquelles il est enveloppé, & on le fait fondre après l'avoir coupé en petits morceaux, à une douce chaleur, dans un vase de fer ou mieux de cuivre. Pour l'avoir plus blanc, on fait cette opération sous l'eau. Le suif surnage à mesure qu'il sort des utricules où il étoit renfermé, & on l'enlève avec une grande cuillère. Les dernières portions, qui sont les plus impures, se retirent au moyen de la presse & se vendent pour l'usage de l'hongroirie ou autres arts.

Le suif refroidi est fondu de nouveau dans l'eau, pour être d'autant mieux nettoyé, & pour le rendre & plus blanc & plus ferme, on y fait dissoudre environ un centième d'alun.

Les membranes, aussi privées que possible de suif, s'appellent du *creton*. Elles servent à la nourriture des chiens, des cochons & des oiseaux de basse-cour.

On fabrique les *chandelles* de deux manières, à la baguette & au moule.

Pour faire des *chandelles* à la baguette, on enfile plusieurs mèches dans une baguette, & on plonge ces mèches dans un vase rempli de suif fondu, mais très-peu chaud. On étire chacune de ces mèches avant que le suif qui les a imbibées soit figé, afin qu'elles soient bien droites. Puis, lorsqu'elles sont complétement refroidies, on les plonge de nouveau dans le vase pour les enduire d'une nouvelle couche de suif; ainsi de suite, jusqu'à ce que les *chandelles* soient arrivées à la grosseur desirée.

Comme le suif de bœuf est le moins ferme, ainsi que je l'ai déjà observé, beaucoup de fabricans, par économie, l'emploient pour les premières couches.

D'autres emploient pour les dernières, ou du suif de chèvre, ou du suif de mouton, dans lequel ils ont mis plus d'un centième d'alun.

Les *chandelles* à la baguette sont les meilleures, en ce qu'elles coulent moins, mais elles ont rarement un bel aspect & sont plus longues à fabriquer; en conséquence, on n'en voit plus guère dans le commerce.

Pour faire les *chandelles* au moule, on fait passer par le centre d'un cylindre creux d'étain ou de fer-blanc, élargi à l'une de ses extrémités & rétréci à l'autre, une mèche qui est tendue par le moyen d'un morceau de bois; on place verticalement ce cylindre & on verse du suif fondu dans la grande ouverture. Lorsque le moule est complétement refroidi, on le trempe dans de l'eau bouillante, qui, faisant fondre la surface de la *chandelle*, permet de la retirer facilement du moule.

Ordinairement on accole douze de ces moules sur deux rangs, nombre qui exige deux livres de suif. Dans les grandes fabriques on en accole souvent beaucoup plus. Pour faire de bonnes *chandelles* au moule, il faut mettre au moins deux parties de suif de mouton contre une de suif de bœuf. Quand on emploie plus de ce dernier, les *chandelles* coulent & ne font point de profit.

Les *chandelles* fabriquées au printemps & en automne sont les meilleures. Ne les employer que six mois après leur fabrication, ou après les avoir exposées pendant un mois à l'air, assure leur bon service. En été, il faut les conserver à la cave dans des boîtes où les souris & les grillons ne puissent pas pénétrer.

Quelle que soit la quantité de bœufs & de moutons qui se tuent chaque année en France, nous sommes obligés de tirer une immense quantité de suif de l'étranger, ce qui fait sortir tous les ans une grande somme d'argent du royaume. Si les cultivateurs qui mangent ceux de leurs bestiaux tués par accident, ou qu'ils tuent pour leur usage, au lieu d'en manger le suif, qui est un mauvais aliment, le réservoient pour le vendre aux chandeliers, cette perte seroit considérablement diminuée. En conséquence, je les engage à le séparer de l'autre graisse, dont il se distingue par sa fermeté & sa blancheur, sans le séparer des membranes qui l'enveloppent, & de le suspendre à un plancher où il peut se conserver plus d'un an sans nulle altération, à l'effet de ne le porter à la ville que lorsqu'il y en aura assez pour en mériter la peine. Ce suif s'appelle *suif en branche.*

CHANTEAU. Les tonneliers nomment ainsi la douve du milieu du fond des tonneaux, laquelle est unique.

CHANTRANSIE. *Chantransia.* Genre établi aux dépens des CONFERVES. Il a aussi été appelé PROLIFÈRE, LEMANEE TRICHOGONON. Il renferme six espèces.

CHAPTALIE. *Chaptalia.* Plante vivace, à feuilles radicales, originaire de la Caroline, que Walter avoit rangée parmi les PERDICIES, mais que Ventenat a reconnue être dans le cas de former seule un genre dans la syngénésie polygamie nécessaire & dans la famille des corymbifères.

Cette plante a été introduite dans nos jardins au moyen des graines rapportées par moi. Elle est très-sensible à la gelée & fleurit au premier printemps, ce qui oblige de la tenir en pot pour pouvoir la rentrer dans l'orangerie. La terre de bruyère pure est celle qui lui convient le mieux. Des arrosemens très-fréquens, mais peu abondans, sont nécessaires à sa bonne végétation. Comme ses graines viennent rarement à maturité dans nos orangeries, on n'a d'autre moyen de la multiplier que par la séparation des pieds, séparation qui doit se faire en automne, mais qui donne peu de produits.

Cette plante fait un assez bel effet par ses fleurs & par ses feuilles dans les forêts de la Caroline, mais elle perd à être cultivée.

CHARBON DE BOIS. Ce qui a été dit de ce *charbon* dans le *Dictionnaire d'Agriculture* n'a rapport qu'à sa qualité fertilisante. Dans un *Dictionnaire des Arbres & Arbustes*, il convient de le considérer sous toutes les considérations qu'il offre, & principalement sous celle de l'augmentation de valeur qu'il donne aux taillis, tant dans les pays où il existe des forges, que dans ceux où la mauvaise tenue des chemins rendant les charrois difficiles & coûteux, il faut alléger la charge des chevaux.

On appelle *charbon*, le bois dont toute l'eau de végétation, toute la matière mucilagineuse, huileuse, résineuse, &c., ont été enlevées par la combustion. Il est constamment noir, sonore & cassant.

Il y a deux sortes de *charbon de bois :* l'un qui se fabrique exprès & en grand par étouffement; c'est le véritable, celui que je me propose exclusivement de considérer dans la suite de cet article; l'autre qui résulte de la combustion du bois à l'air libre, dans les foyers, les fours, &c. C'est la BRAISE. *Voyez* ce mot.

L'emploi du *charbon de bois* est très-étendu dans les arts & dans l'économie domestique. Il ne s'en fabrique pas aujourd'hui en France la moitié de ce qui s'en fabriquoit au commencement du siècle dernier, sa cherté produite par la diminution des forêts, ayant engagé toutes les fabriques qui l'ont pu, à le suppléer par le *charbon* de terre, qui ne lui est supérieur que dans un très-petit nombre de cas.

Il a été dernièrement fait des tentatives pour augmenter la quantité & la qualité du *charbon*, en effectuant sa combustion dans des fourneaux construits d'après les règles de la pyrotechnie, ou encore mieux, dans de grandes cornues de fer ou de terre. Ces tentatives ont donné les résultats qu'on en espéroit, c'est-à-dire, que le *charbon* a été plus abondant, a donné plus de chaleur, s'est consommé moins vîte, &c.; mais la grande dépense de ces tentatives, soit qu'on les ait exécutées dans les forêts, soit dans le voisinage des villes, ne permet pas de croire qu'elles puissent engager à renoncer aux deux manières anciennes de fabriquer le *charbon*, quelque vicieuses qu'elles soient.

L'une de ces manières, qui ne s'emploie plus guère que pour faire le *charbon* destiné à entrer dans la composition de la poudre à canon, consiste à creuser, dans une terre argileuse, une fosse plus profonde que large, dont les dimensions sont proportionnées à la quantité de bois à convertir en *charbon*. (Quatre pieds de profondeur, deux pieds de large & six pieds de long, sont des mesures moyennes convenables.) On fait au fond de cette fosse un petit feu de broussailles, & lorsque la terre commence à être sèche, on y jette des morceaux de bois de toute longueur, mais rarement de plus d'un pouce de diamètre, jusqu'à ce qu'elle soit toute pleine de *charbon* incandescent. Alors on étouffe le feu, soit en le couvrant de terre, soit, ce qui vaut mieux, en le couvrant d'une plaque de tôle dont on garnit les bords de terre.

On doit conclure par cet exposé, & on s'en assure facilement par l'examen, que la plus grande partie du bois qui a été jeté dans la fosse pendant la première partie de l'opération, qui dure toujours plusieurs heures sans interruption, a eu le temps de se consommer entièrement, & que ce qui reste est moins du *charbon*, ce mot pris dans sa stricte signification, que de la BRAISE. *Voyez* ce mot.

Les différences qui se trouvent entre le *charbon* & la braise, sont que le premier contient plus de carbone, qu'il est plus solide, plus pesant, développe plus de chaleur. *Voyez* le *Dictionnaire de Chimie*.

Chaque espèce de bois donne un *charbon* de qualité différente, mais on y fait peu d'attention dans la pratique, les charbonniers employant indifféremment, à la composition de leurs fourneaux, toutes celles qui leur tombent sous la main : les qualités supérieures compensent les inférieures. En général, les bois durs, tels que le chêne, le charme, le châtaignier, le frêne, le hêtre, fournissent les meilleurs.

Le *charbon* de pin passe dans les environs du Mans pour valoir un cinquième de moins que celui de chêne. Il se brise facilement par le transport.

On peut faire du *charbon* avec des tiges ou des branches de toutes grosseurs; cependant celles qui sont trop petites brûlent trop vîte, celles qui sont trop grosses brûlent trop lentement. Les rondins d'un à deux pouces de diamètre, provenant de taillis de quinze à seize ans, sont, terme moyen, ceux qui sont préférés. C'est exclusivement ce bois qu'on appelle de la *charbonnette* dans les bois exploités pour les forges. Il est des cas où les maîtres de forges en font faire avec du bois de quartier, c'est-à-dire, qui ont plus de quatre pouces de diamètre & qui se fendent en quatre.

Les branches des vieux arbres, à raison de ce qu'elles sont tortues & pleines de nœuds, sont rejetées, par la difficulté de les arranger sur le fourneau sans y laisser des vides qui nuisent beaucoup à la conduite régulière du feu.

Le bois trop vert & le bois trop sec se comportent également mal dans la fabrication du *charbon*; le premier, parce qu'il donne trop de fumée qui multiplie les trous à air; le second, parce qu'il brûle trop rapidement & ne peut être facilement étouffé. L'un & l'autre donnent constamment lieu à un déchet qu'on estime à un quart, terme moyen.

Ce n'est donc qu'après six mois de coupe, encore terme moyen, qu'on doit employer à la fabrication du *charbon* le bois des taillis qu'on y consacre ordinairement, lequel est laissé à l'air pendant cet espace de temps.

La longueur de bois employé à faire du *charbon* doit être ni trop longue ni trop petite, pour que son arrangement sur le fourneau soit plus facile : sa mesure ordinaire est de trois pieds.

On détermine, pour place à fourneau, un lieu dépourvu de souches & éloigné des taillis susceptibles d'être incendiés. Dans les bois nationaux, ce sont les gardes qui les indiquent & qui en fixent le nombre, ordinairement une par arpent. On devroit préférer celles qui sont voisines des routes, à raison de la plus grande facilité pour l'extraction du *charbon*; mais l'économie des frais du transport du bois, du lieu où il se trouve à celui où il doit être brûlé, force à l'établir au centre de l'exploitation.

On peut juger, d'après ce que je viens d'observer, que l'on peut rarement choisir la nature du terrain; mais je dois cependant dire que celui qui est argileux est préférable, en ce que sa croûte se durcit au premier feu.

Il seroit probablement toujours avantageux d'établir les fourneaux sur un sol pavé en briques, mais la dépense de cette opération s'y oppose partout, dit-on; cependant la perte de *charbon* qui est la suite, dans les terrains très-humides, de la vaporisation de l'eau qui y est contenue, semble rendre douteux ce calcul.

Les anciennes places à *charbon* sont partout préférées pour en former de nouvelles, & cela tient au même motif, celui de la consolidation du sol.

La place à *charbon*, appelée *faulde* en quelques lieux, déterminée, on en unit le sol, en le tenant plus élevé au centre, & en creusant autour un petit fossé pour l'écoulement des eaux; car quand la disposition du terrain dirige vers son centre celle des pluies d'orage, elles gênent considérablement le travail.

Le terrain plané, on enfonce au centre une perche de la hauteur qu'on veut donner au fourneau, autour de laquelle on place des fagots peu serrés, d'un bois très-sec.

On trouve toujours de l'avantage à faire les fourneaux ni trop petits, ni trop grands. Les premiers coûtent proportionnellement plus que les seconds; ces derniers ne sont pas toujours faciles à conduire, & donnent lieu, en cas d'accident, à de plus grandes pertes. Au reste, chaque pays a un usage, à cet égard, qu'on pourroit difficilement faire changer par les charbonniers, hommes sans aucune instruction, & qui tiennent par conséquent obstinément à leurs idées.

Trente cordes de bois de charbonnette entrent le plus communément dans la composition d'un fourneau, & c'est la quantité que fournit ordinairement un arpent de taillis de moyenne qualité.

L'art de construire un fourneau à *charbon* n'est point difficile à apprendre théoriquement, mais il ne peut bien se pratiquer que par suite d'une longue expérience : aussi les vieux charbonniers, qu'on appelle les *maîtres*, sont-ils seuls chargés de l'arrangement du bois que leur apportent leurs aides, & j'en ai vu qui étoient payés le double des autres, à raison de leur réputation d'habileté. En effet, l'arrangement du bois & la conduite du feu peuvent influer immensément sur la quantité & la qualité du *charbon*, & il n'y a pas de petites pertes aussi en grand.

Comme tous les arts, celui du charbonnier a ses dénominations particulières, ses termes techniques. Ainsi, quand on veut établir le *fourneau* sur la *faulde*, on commence par élever l'*alumelle*, c'est-à-dire, par placer contre les fagots, & presque droits, plusieurs rangs de charbonnette bien sèche, en laissant, du côté opposé au vent dominant, une ouverture, du mât à l'extérieur, d'environ six pouces de large, destinée à donner moyen de transporter du feu contre le mât & allumer les fagots qui l'entourent. Ces rangs sont rechargés d'autres rangs de charbonette moins sèche, ayant soin de rejeter, comme je l'ai déjà observé, tous les morceaux tortus ou garnis de chicots, lesquels laisseroient des vides & dérangeroient la conduite du feu, jusqu'à ce que ces rangs aient formé une masse circulaire de cinq à six pieds de diamètre.

Au-dessus de cette masse on en forme, en suivant les mêmes procédés, une seconde qu'on nomme l'*écrisse*, & sur celle-ci une troisième, appelée le *grand-haut*; enfin une quatrième, dénommée le *petit-haut*.

Ces assises, qui n'ont point d'ouverture, diminuant de diamètre à mesure qu'elles s'élèvent, il en résulte, non pas un cône régulier, mais une espèce de calotte sphérique, qui tend à se rapprocher d'autant plus du cône que l'inclinaison qu'on donne aux charbonnettes est moindre.

Chaque pays a une habitude à cet égard, il y tient beaucoup. J'ai vu des fourneaux à *charbon* plus élevés que larges, & d'autres plus larges que hauts.

Je ne sache pas qu'il ait été fait des expériences comparatives propres à faire connoître la préférence que mérite telle ou telle forme, mais j'ai cru reconnoître que les surbaissées étoient les meilleures.

La plus grande régularité doit régner dans la construction d'un fourneau, & elle y règne ordinairement par l'habitude qu'ont les maîtres charbonniers de juger à l'œil les places où il faut mettre du gros & celles où il faut mettre du petit bois.

Le fourneau dressé est de suite *bougé*, c'est-à-dire, couvert d'une épaisseur de trois à quatre pouces de terre. Si on retardoit, & que la pluie vînt à mouiller le bois qui le compose, il seroit plus difficile de bien conduire le feu, & une perte dans la quantité & la qualité du *charbon* en seroit la suite immanquable.

Pour bouger un fourneau, on laboure la terre de ses environs à la profondeur d'un demi-pied au moins, on l'humecte assez pour lui donner une consistance boueuse, puis avec une pelle on l'applique sur sa surface, excepté au sommet & au bas, où sont des ouvertures pour donner de l'air au feu. Cette terre est battue avec le dos de la pelle ou même avec la main, tant pour lui donner une épaisseur uniforme que pour boucher tous les trous qu'elle pourroit offrir.

Le feu se met au fourneau en poussant, par l'ouverture laissée à l'assise inférieure, avec une perche, des broussailles enflammées qui mettent le feu aux fagots qui entourent la perche centrale, & ensuite au bois sec qui est appliqué sur eux. La fumée, très-chargée d'humidité, sort par l'ouverture supérieure, & quelquefois par des trous laissés au bouge, trous qu'alors on bouche en y mettant de la terre.

Lorsque les progrès du feu ont fait affaisser le sommet du fourneau, on le couvre également avec de la terre, & on ferme en même temps l'ouverture latérale du bas. C'est alors que le feu devient difficile à conduire, qu'il faut que le maître charbonnier, ou un de ses aides, tourne continuellement, jour & nuit, autour du fourneau, ou pour activer le feu dans certaines parties, en faisant avec le manche de la pelle des trous dans le bouge, ou pour boucher les trous trop nombreux ou trop larges qui s'y forment par l'affaissement de la masse. Il faut que cet affaissement se fasse avec la plus grande régularité, pour que l'opération marche bien vers sa terminaison, qui est jugée arrivée lorsqu'il ne sort presque plus de fumée des trous, & que la masse est diminuée de moitié.

Un grand fourneau de *charbon* reste en feu cinq à six jours, plus ou moins, suivant la nature du bois, la saison, l'habileté du maître charbonnier. On gagne toujours à retarder la fin de l'opération, en ouvrant moins de conduites à l'air. Les fortes pluies la contrarient souvent; les petites la favorisent quelquefois.

Lorsque le maître charbonnier a décidé qu'elle est terminée, il fait boucher tous les trous & attend que le *charbon* soit refroidi pour détruire sa masse.

Comme, vers la fin de l'opération, plusieurs surveillans sont moins nécessaires, & qu'on peut avec moins d'inconvéniens abandonner le fourneau pour quelques instans, on commence à en établir un nouveau vers le troisième ou quatrième jour après la mise en feu de l'ancien.

Jamais on ne doit se presser, à moins de circonstances particulières, de détruire un fourneau éteint, car il arrive souvent qu'il se rallume par l'introduction de l'air dans son intérieur, & alors on en perd une grande partie, même tout, si on n'est pas à la portée de l'eau.

Une couleur grisâtre distingue le *charbon* qui n'est pas assez cuit. Il brûle comme le bois, & s'appelle *fumeron* dans les villes. Il ne nuit pas à la fabrication du fer lorsqu'il est en petite quantité dans la masse, mais il est repoussé, & avec raison, de nos cuisines, où il donne le goût de fumée aux alimens qu'il sert à préparer.

Lorsqu'on allume de nouveau du *charbon*, il laisse dégager une grande quantité de gaz acide carbonique, qui est un de ses principaux élémens, lequel n'est pas propre à la respiration: aussi, tous ceux dont la tête se trouve plongée dans ce gaz, tombent-ils en ASPHYXIE & meurent-ils s'ils ne sont pas promptement secourus. Les personnes qui font des opérations de cuisine ou autres avec le *charbon*, dans un appartement fermé, éprouvent immanquablement ce malheur; ainsi il faut toujours mettre les réchauds sous une cheminée ou près d'une fenêtre ouverte.

On a découvert, dans ces derniers temps, deux qualités précieuses dans le *charbon*: la première, de conserver les viandes qu'on enfouit dans sa masse; ou de rétablir en partie celles qu'on fait bouillir dans de l'eau où on en a mis une certaine quantité.

La seconde, c'est de rendre inodores & insipides les eaux les plus infectes, en les filtrant à travers une épaisseur suffisante de son poussier.

L'économie domestique peut tirer un grand parti de ces deux propriétés, car il se perd, dans les campagnes principalement, une grande quantité de viande, faute de pouvoir la consommer à temps, & il est des pays où les eaux sont toutes si mauvaises, qu'on ne peut les boire sans dégoût. Actuellement, en mer, on charbonne l'intérieur des futailles, ou on y met quelques livres de *charbon* concassé, & on conserve l'eau bonne aussi longtemps qu'on le desire.

Le *charbon* employé à toutes ces opérations donne une odeur désagréable quand on le brûle; mais cette odeur passée, il peut être employé de nouveau au même objet, ou servir à la cuisine & aux ateliers.

Faire bouillir de la toile écrue, au préalable lessivée, avec du *charbon*, accélère beaucoup l'opération du blanchiment.

L'air & l'humidité agissent avec une extrême lenteur sur le *charbon*: aussi le regarde-t-on comme indestructible; aussi le place-t-on sous les bornes qui limitent les champs, à l'effet de témoigner, en cas d'enlèvement frauduleux de ces bornes, qu'elles ont existé dans le lieu indiqué.

Le *charbon* conservé à l'air est moins bon que celui conservé sous des hangars, parce que le premier s'imprègne de l'eau des pluies & qu'il la lâche difficilement.

Cette dernière propriété le rend propre, réduit en poudre grossière, à assurer les récoltes des terrains secs & exposés aux rayons directs du soleil, comme sa couleur noire accélère la germination des graines & la maturité des fruits.

CHARBON-BLANC. C'est, dans le midi de la France, l'épi de MAÏS dépouillé de son grain.

CHARGER A LA TAILLE. C'est tailler de manière que l'arbre produise le plus possible de fruits. *Voyez* TAILLE & DECHARGER.

CHARME. *Carpinus.* Genre de plantes de la monœcie polyandrie & de la famille des amentacées, qui renferme cinq espèces d'arbres, toutes se cultivant dans nos jardins, dont deux sont propres à l'Europe & doivent être, par conséquent, l'objet de développemens de quelque étendue.

Observations.

Deux espèces de ce genre en ont été séparées par quelques botanistes pour en constituer un particulier, qu'ils ont appelé OSTRYE. J'en traiterai à la suite des autres.

Espèces.

1. Le CHARME commun.
Carpinus betula. Linn. ♄ Indigène.

2. Le CHARME d'Amérique.
Carpinus americana. Linn. ♄ De l'Amérique septentrionale.

3. Le CHARME oriental.
Carpinus orientalis. Lamarck. ♄ De la Turquie d'Europe & d'Asie.

4. Le CHARME à fruits de houblon.
Carpinus ostrya. Linn. ♄ Du midi de l'Europe.

5. Le CHARME de Virginie.
Carpinus virginiana. Lamarck. ♄ De l'Amérique septentrionale.

Culture.

Le *charme commun* fait le fond de beaucoup de forêts de la France, & entroit jadis très-fréquemment, sous le nom de *charmille*, dans la composition de nos jardins. Si, sous tous les rapports, il cède en utilité & en agrément à d'autres espèces, il possède des avantages qui ne permettent pas de le repousser de nos cultures.

La hauteur du *charme* ne surpasse presque jamais cinquante pieds. Son tronc est rarement droit & cylindrique. Son bois a le grain fin; il est difficile à raboter & n'est pas susceptible de poli. Rarement on peut l'employer à la charpente & à la menuiserie; mais à raison de sa grande ténacité & de sa grande dureté, il est très-recherché dans le charronnage, & pour faire des masses, des coins, des manches d'outils, des vis de pressoirs, des dents de moulin, des chevilles, &c. &c. Sa pesanteur spécifique, vert, est 61 liv. 3 onces par pied cube, & sec, 51 liv. 9 onces. Sa retraite, par la dessiccation, est de plus d'un quart de son volume. Il est un des meilleurs pour le chauffage, attendu qu'il donne beaucoup de chaleur & dure longtemps au feu. Son charbon est excellent pour la forge & tous autres usages.

Les terrains calcaires sont ceux où le *charme* se plaît le mieux.

Ce que je viens de dire des emplois du bois du *charme*, doit convaincre du peu d'avantages qu'il y a à le laisser monter en futaie: aussi, dans tous les bois appartenant à des particuliers, l'exploite-t-on en taillis de 20 à 36 ans, taillis qui fournissent du charbon d'un excellent débit, les baliveaux de réserve suffisant aux besoins du charronage & autres arts.

Les plus foibles brins de ces taillis, ou la plus grande partie de ceux des taillis qu'on coupe à 14 ans, s'utilisent à faire des claies, souvent d'un excellent débit, & dont l'emploi n'est pas aussi étendu qu'il devroit l'être, soit dans la grande, soit dans la petite culture. Par leur moyen on fait des enceintes, on bâtit même des maisons à très bon compte. C'est le meilleur bois qu'on puisse destiner à cet usage, mais il faut ne l'y appliquer que lorsqu'il est parfaitement sec, c'est-à-dire, un an après sa coupe, à raison de son grand retrait.

Les taillis de *charmes* gagnent à être coupés entre deux terres, parce que leurs racines isolées repoussant, une trochée se divise souvent en trois ou quatre autres: aussi sont-ils souvent fort difficiles à traverser.

Les feuilles du *charme* sont du goût de tous les bestiaux, soit dans leur état de fraîcheur, soit après qu'elles ont été desséchées. On ne doit donc pas se refuser à consacrer des taillis, surtout dans les pays calcaires à petite épaisseur de terre végétale, où les fourrages sont rares & où les pâturages manquent pendant les chaleurs de l'été, pour suppléer à ces fourrages & à ces pâturages. Je ne doute pas que, par ce seul moyen, on pourroit décupler le produit de la Champagne pouilleuse, où le *charme* ne vient pas grand, mais où il peut donner tous les deux à trois ans, presque sans inconvéniens pour la durée des souches, une riche récolte de ramées. Il vient parfaitement bien dans les propriétés de ma famille, situées sur le calcaire primitif de la chaîne qui s'étend de Langres à Dijon, où il n'y a quelquefois que deux ou trois pouces de terre végétale, mais dont la roche fendillée permet à ses racines de pénétrer bien plus profondément. De tous les arbres, lui & le CERISIER MAHALEB sont les seuls qui prospèrent dans cette sorte de terrain assez commun en France.

Comme je l'ai observé au commencement de cet article, la *charmille* ne diffère du *charme* que par l'emploi qu'on en fait dans les jardins, emploi qui me reste à considérer avant de passer à la culture de cet arbre.

Les motifs qui ont fait donner au *charme* la préférence sur tous les autres arbres indigènes, pour former des palissades, des berceaux, &c., dans les jardins dits *français*, c'est que ses feuilles sont d'un vert agréable, poussent de bonne heure, & se conservent fort tard en automne; que ses branches poussent dans toute la longueur du tronc, sont nombreuses, très-flexibles, se dessèchent rarement, se prêtent à la tonte la plus rigoureuse à toutes les époques de l'année, de sorte qu'on peut aussi bien en faire des colonnes, des pyramides, des candélabres, que des palissades de toutes les dimensions, des berceaux de toutes les grandeurs. Il paroît presqu'indifférent à toutes les natures de sol, à toutes les expositions, aux plus grandes chaleurs, aux plus fortes gelées, &c. &c.

Si on peut blâmer le trop grand emploi du *charme* dans les jardins plantés par nos pères, on doit se plaindre du peu de cas qu'on en fait dans ceux qui se plantent aujourd'hui, car en buissons non taillés, il a un genre de beauté qui lui est exclusivement propre. Si je n'aime point le voir changer de forme sous le croissant ou les ciseaux, je crois qu'on peut le diriger d'une manière très utile à la variété de l'ensemble, au moyen de la serpette. C'est au second rang des massifs, ou à une petite distance de ces massifs, qu'il doit être principalement placé. Il remplit aussi fort bien son objet en palissade rustique le long des murs, autour des trous de déblais & autres lieux qu'on veut cacher.

Il y a déja long-temps qu'ils ont disparu ces grands berceaux ou ces allées de charmilles complétement couvertes, qui n'avoient d'avantageux que leur ombre, & qui étoient aussi désagréables à la vue que dangereuses pour la santé de ceux qui s'y promenoient, parce que leurs feuilles étoient toutes à l'extérieur & qu'une humidité constante y régnoit; mais les palissades plus ou moins élevées, les allées ouvertes, accompagnées de portiques, sont encore en faveur dans les jardins éloignés des grandes villes, où on les appelle proprement des *charmilles*. Je dois donc en parler.

Pour former une charmille, on fait une RIGOLE d'un pied de large & de profondeur, & de toute la longueur de l'allée, & on y place les plants, à la fin de l'hiver, à une distance d'autant plus grande que la charmille est destinée à devenir plus haute (cette distance doit être de trois pouces pour celles de huit à dix pieds, qui est la hauteur ordinaire), en choisissant ces plants parmi ceux de trois ans & les plus égaux possibles en grosseur. On remplit ensuite la rigole avec la terre qu'on en a tirée, & on la tasse légérement avec le pied.

Lorsqu'on préfère du plant plus âgé, c'est-à-dire, de cinq à six ans, ce que je n'approuve pas, on fait la rigole plus large & plus profonde.

Quelques jardiniers coupent la tête & le pied du plant; mais je crois ces opérations plus nuisibles qu'utiles. Seulement si le plant est fort, ou a plus d'un pouce de diamètre, il conviendra de le tailler en crochet, c'est-à-dire, de diminuer la longueur de ses branches latérales d'autant plus qu'elles seront plus grosses, & de supprimer rez le tronc toutes les grosses branches qui seront sur le devant & sur le derrière.

On ne touche point aux charmilles ainsi plantées dans le courant du premier été, mais l'hiver suivant on lui donne des deux côtés un léger coup de croissant & on laboure leur pied à la bêche, en prenant garde d'atteindre les racines.

Ces mêmes opérations se répètent tous les ans, jusqu'à ce que la charmille ait atteint à peu près la hauteur qu'on desire lui donner, époque où on coupe son sommet avec des ciseaux aussi parallèlement au sol que possible.

Lorsque quelques plants se dérangent de la ligne des autres, on les y ramène au moyen de baguettes entrelacées dans les plants voisins.

Si quelques-uns d'entr'eux périssent, on les remplace par d'autres de la même force, en mettant de la meilleure terre à leur pied pour assurer leur reprise, qui est quelquefois incertaine.

Lorsque la charmille est vieille, ces remplacemens deviennent presqu'impossibles : ainsi il faut se résoudre, si on veut les effectuer, à diminuer l'uniformité, en la suppléant par l'orme, l'érable, le tilleul ou autres espèces.

Dans les mauvais terrains, la jeune charmille est exposée à faire si peu de progrès qu'il devient nécessaire de la réceper pour lui donner de la force. Alors il faut, l'hiver qui suit la repousse, aligner les rejets au moyen de deux perches parallèles élevées de six à huit pouces de terre, & écartées d'un demi-pied au plus. Ces charmilles ainsi récepées deviennent rarement aussi belles que les autres, à raison du nombre de leurs tiges sortant de la même souche, à moins de soins très-multipliés : ce sont plutôt des haies que des palissades.

Cette observation s'applique d'une manière encore plus complète aux vieilles charmilles, qu'il est toujours mieux d'arracher & de replanter.

La tonte des charmilles s'effectue à différentes époques de l'année, & se renouvelle plus ou moins souvent d'après la nature du sol & le but qu'on se propose. Ainsi, dans les bons terrains, deux tontes, une au printemps & l'autre en automne, ne sont pas de trop : ainsi, tant que la charmille n'est pas formée, une tonte d'hiver est préférable à une tonte d'été, parce qu'elle apporte moins de retard à la croissance en grosseur & en hauteur, qu'il est alors important d'obtenir. En général, dans les jardins où on agit avec raisonnement & où on a besoin d'économiser, on ne tond les charmilles qu'une seule fois, entre les deux séves.

La tonte des charmilles au printemps, outre qu'elle affoiblit considérablement les pieds & en fait souvent périr, les rend d'un aspect peu agréable jusqu'à la seconde séve, à raison des feuilles coupées & à moitié mortes qu'elles offrent alors.

Il semble que la tonte des charmilles est une opération très-facile & que toutes personnes peuvent faire; mais le vrai est qu'elle est fort difficile, & qu'il est fort peu d'ouvriers qui la sachent faire bien & vîte. Un seul coup de croissant trop profond peut déshonorer un travail de plusieurs jours. En effet, ce n'est qu'autant que la surface d'une charmille est bien unie, qu'elle est bien tondue : or, la plus petite distraction dans le coup d'œil, la plus petite mauvaise position dans les jambes, la plus petite irrégularité dans le mouvement du bras, peut mettre en défaut l'ouvrier le plus exercé. Ajoutez qu'il agit souvent de dessus une échelle. L'art, c'est de couper les rameaux de la dernière pousse le plus près possible du sommet de ceux de l'avant-dernière, afin que la charmille ne prenne pas plus d'épaisseur qu'il est convenable, & que les rameaux latéraux deviennent le plus multipliés possible. En général, lorsque la charmille entoure un massif, on coupe très-courts ses rameaux du côté du massif. La tonte du sommet, tonte qui se fait avec les ciseaux, offre aussi des difficultés lorsqu'on tient à la rendre très-régulière; mais il est vrai que le mal, dans ce dernier cas, peut facilement se réparer l'année suivante.

Les feuilles des charmilles étant en grande partie retranchées tous les ans au milieu de leur croissance, les pieds qu'elles font vivre doivent s'affoiblir d'autant : aussi est-il étonnant aux yeux de ceux qui n'ont pas étudié la théorie de la végétation, avec quelle lenteur ces pieds grossissent comparativement à ceux abandonnés à eux-mêmes. J'ai fait sur cela des observations qui m'engagent à conclure que de deux *charmes*, plantés le même jour, à peu près de distance l'un de l'autre, celui qui est isolé & exempté des effets du croissant, a acquis un diamètre plus que décuple de l'autre. *Voyez* FEUILLE.

Ce qui nuit le plus aux charmilles c'est l'ombre des arbres des allées ou des massifs. Il n'y a pas moyen d'empêcher l'effet de cette ombre & de l'humidité sur elles; mais on peut en diminuer plus ou moins les inconvéniens en élaguant les arbres.

La multiplication des *charmes* a lieu par marcottes & par section de racines; mais ces moyens ne sont jamais employés pour l'espèce indigène, attendu d'abord que ses produits sont peu considérables & donnent de mauvais arbres; ensuite, que la multiplication par graines est aussi étendue que les besoins l'exigent.

Il est des années, ordinairement une sur trois, où les *charmes* des bords des forêts, ou ceux qui sont conservés comme baliveaux, ceux qui se trouvent isolés dans les jardins & dans les haies, se couvrent d'une immense quantité de graines qu'on récolte au commencement de l'hiver, qu'on enterre dans un lieu abrité des mulots & autres rongeurs, & qu'on sème, au printemps, le terrain étant bien labouré, dans des rigoles de deux pouces de profondeur, & écartées de huit à dix pouces les unes des autres.

Lorsqu'on conserve au grenier les graines de *charme* jusqu'au moment de leur semis, il n'y en a qu'un petit nombre qui lèvent de suite. Il faut attendre le reste jusqu'à l'année suivante, ce qui ne convient pas le plus ordinairement.

Le terrain qui contient un semis de *charmes* reçoit tous les hivers un labour à la bêche, & tous les étés un ou deux binages à la pioche.

C'est rarement avant le troisième hiver qu'on dispose des plants de *charme*, plants qui ont alors environ deux pieds de haut, terme moyen; mais alors ils peuvent être employés & à planter des charmilles dans les jardins, & à former des bois nouveaux, & à regarnir les anciens avec plus d'avantages que de plus vieux.

Les pieds les plus foibles de ce semis sont mis en rigole à deux pouces de distance, pour être employés deux ans plus tard.

Rarement les semis de *charme*, pour composer de nouvelles forêts, réussissent, parce qu'il leur faut de l'humidité, & que ce sont généralement de mauvais terrains qu'on veut garnir. Pour les faire arriver à bien, on doit les ombrager par des plantations d'autres arbres ou par des rangées de topinambours, dirigées du levant au couchant & très-rapprochées, à trois pieds, par exemple; mais il est rare qu'ils ne prospèrent pas lorsqu'ils ont pour objet de regarnir des clairières. Dans ce cas le semis se fait, en donnant un coup de pioche à la terre & en jetant deux ou trois grains dans le trou qu'on remplit de la terre qu'on en a tirée. Il convient alors de mettre des piéges pour prendre les mulots; car ils sont très-avides de la graine de *charme*, & ne quittent pas un canton tant qu'ils en trouvent. Si ce moyen n'est pas employé, il faut sextupler la quantité de graine mise en terre, afin de faire la part de ces animaux.

C'est deux ou trois ans avant la coupe du taillis qu'il est bon de faire ces semis, afin que les plants qu'ils doivent produire, puissent profiter de l'air & du soleil la seconde & la troisième année de leur naissance.

Les plantations de bois de *charme* s'exécutent en hiver, & à la houe, après un profond labour à la charrue. Dans les terres sèches & exposées au soleil ou aux vents, ils doivent être accompagnés d'un semis de navette, de sarrasin, ou autres plantes annuelles qui portent de l'ombre pendant les grandes chaleurs de l'été. On met ordinairement deux pieds dans chaque trou, l'un fort & l'autre foible. Il est des planteurs qui leur coupent la tête, d'autres qui les taillent en crochet. Lorsque le plant n'a pas plus de trois ans, il est mieux de ne lui faire subir aucune mutilation. Ces plantations gagnent à être binées pendant les premières années & ensuite récepées, après quoi elles ne demandent plus aucun soin.

Dans les vieilles forêts, les regarnis en plants se font comme les regarnis en graines, & réussissent assez généralement lorsqu'on prend les précautions convenables.

On effectue aussi ces regarnis par le marcottage de l'extrémité des tiges voisines, marcottage qui manque rarement.

Les haies de *charme* ont une très-belle apparence, mais sont de fort peu de défense. On les plante comme les charmilles des jardins, excepté qu'on met deux rangs de plants & qu'on les rabat souvent, soit à une petite hauteur, soit rez-terre. C'est pour regarnir les vieilles haies d'épines qu'il faut, à mon avis, le réserver.

Fréquemment on forme des abris en charmille dans les pépinières & dans les jardins légumiers, & elle est très-propre à cet usage, parce qu'elle est bien garnie de feuilles, & que ces feuilles, comme je l'ai déjà observé, paroissent de bonne heure au printemps & subsistent jusqu'à bien avant dans l'hiver.

Je connois deux variétés du *charme* commun, l'une à feuilles panachées, l'autre à feuilles profondément dentées; cette dernière est connue sous le nom de *charme à feuilles de chêne*. Elles sont de peu d'intérêt. La greffe sur l'espèce & les marcottes sont les moyens par lesquels on multiplie ces variétés.

Le *charme d'Amérique* semble, au premier coup d'œil, à peine distinct de celui dont il vient d'être question; mais il possède cependant des caractères bien tranchés. On l'appelle *bois d'or* au Canada, à raison de la bonne qualité de son bois, qui diffère cependant fort peu de celui du précédent. J'en ai cultivé des milliers de pieds dans les pépinières de Versailles, mais ils se sont confondus dans les jardins, où ils ont été plantés avec le *charme* commun. Il donne de bonnes graines dans les environs de Paris, de sorte que, s'il étoit plus recherché, on pourroit le multiplier & par ce moyen, & par la greffe & les marcottes.

Le *charme oriental* diffère également fort peu du commun. Il y en avoit plusieurs pieds les uns à côté des autres, portant des graines en abondance, dans le jardin du Petit-Trianon, mais ils ont été arrachés lorsque le vandalisme régnoit. Je ne sais ce que sont devenus les pieds, assez nombreux, que j'avois élevés dans la pépinière voisine de ce jardin, & qui ont été distribués aux amateurs, même ceux que j'avois remis au Muséum d'histoire naturelle; ces pieds s'étant, comme ceux de l'espèce précédente, confondus avec le *charme* commun.

Le *charme à fruits de houblon* se distingue fort bien des autres, lorsqu'il est en fruit, par ses cônes fort ressemblans à ceux du houblon. Il y en a un assez grand nombre de vieux pieds dans les jardins des environs de Paris, pour fournir la graine nécessaire aux besoins du commerce. On le multiplie d'ailleurs aussi par la greffe sur l'espèce commune & par marcottes. Son bois paroît être plus dur que celui de cette dernière; mais j'ignore si on en fait un emploi étendu dans les pays où il croît naturellement.

Le *charme de Virginie* est à ce dernier, comme celui d'Amérique est au *charme commun*, c'est-à-dire, qu'il en diffère fort peu. Michaux vante la bonté de son bois. Il y en a trois ou quatre pieds dans les jardins des environs de Paris, qui fournissent de la bonne graine. J'ai répandu cette espèce, comme les autres, autant que je l'ai pu, mais je ne suis pas mieux instruit du résultat de mes desirs par rapport à sa multiplication.

CHARNIER. Synonyme d'ÉCHALAS à Orléans.

CHARNISSON. Diminutif de CHARNIER.

CHAROGNE. C'est le cadavre d'un animal mort de maladie.

Généralement on abandonne les *charognes* autour des villages ou le long des chemins, & en cela on a tort de deux manières : d'abord, parce que ces *charognes* infectent l'air & donnent quelquefois lieu à des maladies épidémiques; ensuite, parce qu'il est possible d'en tirer un parti avantageux pour l'engrais des terres.

Un cheval enterré fertilise par ses émanations, pendant peut-être dix ans, un cercle au moins de deux toises de diamètre, & la terre de ce cercle peut, peut-être, remplacer le quadruple de sa masse du meilleur fumier.

Quelle peut donc être la cause qui empêche les habitans des campagnes d'exécuter les réglemens de police qui ordonnent, avec tant de raison, que les *charognes* soient enterrées? Je ne puis que répondre, l'ignorance; car on doit espérer de cette opération un avantage centuple de sa dépense.

La place où a été déposée une *charogne* devient infertile pour deux ou trois ans, parce qu'elle *brûle*, comme on dit vulgairement, toutes les herbes qui s'y trouvoient, & empêche la germination des graines que les vents peuvent y conduire. Cet effet, dû à l'excès du CARBONE qui en émane, prouve combien il seroit bon de diviser les *charognes* en plusieurs morceaux pour les enterrer séparément, afin que tous les principes fertilisans qui y sont contenus, soient utilisés de suite; car étant solubles, ils peuvent agir immédiatement sur la végétation.

Les quadrupèdes, les oiseaux & les insectes carnassiers se jettent sur les *charognes* abandonnées, & font perdre une grande partie de l'engrais qu'elles devoient produire.

La chair des gros muscles des bestiaux qui ne sont pas morts de maladie contagieuse, pourroit être extraite pour servir à la nourriture des chiens, des cochons & des volailles.

On tire aujourd'hui un très-bon parti des os des *charognes* de toutes espèces pour faire du charbon animal, si employé pour le raffinage des sucres. Il est aux environs de Paris tel cheval, dont les os produisent une plus forte somme que celle qu'il valoit dans la force de l'âge.

Les Anglais transforment la chair des *charognes* en adipocire, & emploient cet adipocire comme combustible. Je ne crois pas que cette opération soit plus profitable que celle de faire entrer cette chair dans les COMPOSTES.

CHARPENTE. Assemblage de pièces de bois équarries, destinées à supporter les tuiles ou les ardoises d'un toit, le plancher d'un appartement, à former des cloisons, des échafauds, &c.

Dans les temps où les bois de haut service étoient abondans & à bon compte, on exagéroit leur emploi dans les *charpentes*. On mettoit surtout beaucoup d'importance aux grosses pièces.

Aujourd'hui que les forts échantillons de bois sont rares & chers, l'art s'est perfectionné, & on construit les *charpentes* avec dix fois moins de bois, sans nuire à leur solidité & à leur durée.

Le chêne est l'arbre par excellence pour les *charpentes*. Il faut qu'il soit équarri, sans aubier, sans beaucoup de nœuds, & parfaitement sec.

Après le chêne, c'est le châtaignier; mais il n'est pas exact que ce soit lui qui soit entré dans les grandes *charpentes* des églises & des châteaux gothiques : c'est le chêne blanc, ainsi que j'en ai acquis la preuve à Saint Benigne de Dijon & au château d'Ecouen. Il ne peut servir qu'aux petites *charpentes*, attendu qu'après cent ans d'âge, il s'altère à l'intérieur. *Voyez* son article.

Le frêne, quoique pliant, feroit de bonnes *charpentes*, s'il n'étoit pas si sujet aux insectes. Il en est de même du charme.

L'utilité de l'orme pour le charronnage ne permet pas d'en beaucoup employer en *charpentes*, pour lesquelles il convient cependant beaucoup.

Le hêtre est trop lourd & trop cassant pour n'être pas repoussé par les charpentiers des villes.

On tire parti quelquefois du merisier, du poirier sauvage, de l'alizier; mais ces arbres, recherchés pour d'autres usages, ne sont pas très-communs.

Le bouleau, les peupliers, les saules, les érables, les tilleuls, ne sont pas pourvus d'assez de force pour les *charpentes* des villes. Mais on s'en sert économiquement pour celles des maisons rurales.

Le mélèze, les pins, le sapin & l'épicia sont excellens pour les *charpentes*, parce qu'ils réunissent la légèreté à la solidité; mais comme ces arbres ne croissent que dans les montagnes, là, seulement, on peut les consacrer économiquement à cet usage.

La construction des *charpentes* pour les maisons des villes, objet très-étendu & d'une grande importance, regarde le *Dictionnaire d'Architecture*; ainsi je n'en parlerai pas ici; mais je ne puis me refuser à dire un mot des perfectionnemens apportés, dans cette construction, par M. Menjot d'Elbenne, perfectionnemens tels qu'on n'y emploie que des bûches, & qu'au lieu de pousser les murs en dehors, elles assurent leur aplomb.

Les combles de M. d'Elbenne sont des pleins ceintres, formés par des demi-polygones d'autant de côtés que les bûches employées sont longues. Toutes ces bûches sont assemblées les unes aux autres, sans même être équarries, par des mortaises percées de deux trous propres à recevoir des chevilles. Ils sont extrêmement légers, extrêmement peu coûteux, & donnent des greniers très-vastes & très-commodes. Ce sont ceux qu'on devroit exécuter partout où la crainte de la charge de la neige n'oblige pas à donner beaucoup d'obliquité aux toits.

Les toits à la Philibert-Delorme, ainsi que ceux à la Mansard, ont été des acheminemens à ceux de M. Menjot d'Elbenne.

L'emploi des moyens employés par M. Menjot d'Elbenne s'applique aux granges, encore plus qu'aux maisons d'habitations; car il est telle partie de la France où on ne peut absolument plus, faute de bois de *charpente* ordinaire, ou à raison de son haut prix, les rebâtir sur le modèle des anciennes. On dit qu'il y en a eu plusieurs de construites d'après les principes de cet ingénieur, mais je ne les ai pas encore vues.

La *charpente* des planchers, qu'on croyoit autrefois ne pouvoir être formée que par des poutres d'un fort échantillon & de toute la longueur des bâtimens, est actuellement composée par des assemblages de trois madriers, ou même de trois planches, de longueur généralement médiocre, & dont les bouts ne sont jamais en concordance de position, lesquels assemblages sont liés par des boulons de fer à vis à écrous.

On trouve également dans la construction de ces poutres artificielles, économie, légèreté & durée. Je dis durée, parce que lorsqu'une poutre est cariée ou affoiblie par la VERMOULURE, il faut la renouveler en entier, tandis que si un des trois madriers, ou des trois planches, est dans le même cas, on la remplace facilement sans déranger l'ensemble.

Il est de principe, dans l'art de la *charpente*, d'employer rarement le fer pour moyen de liaison ou de force; mais quoiqu'on doive le reconnoître en thèse générale, il est absurde de ne pas s'en écarter toutes les fois que cela devient utile : souvent un morceau de tôle assure mieux l'assemblage & la conservation d'une pièce de *charpente* qu'une demi-douzaine de chevilles.

CHASCOLYTRE. *Chascolytrum*. Genre de graminées établi par Desvaux, pour placer les BRIZES DROITE & ARISTÉE.

CHASSE. Comme il y a un *Dictionnaire des Chasses* qui fait partie de l'*Encyclopédie méthodique*, je n'ai à examiner, ici, que la question de savoir jusqu'à quel point il est convenable qu'un cultivateur se livre à celles qui sont à sa portée.

Tout ce qu'on ne fait pas avec suite est toujours plus mal exécuté que ce qu'on fait sans distraction. L'agriculture, qui exige tant de connoissances, tant de réflexions, tant d'opérations, doit, plus qu'aucun autre art, souffrir des distractions trop renouvelées. Ainsi le goût de la *chasse* ne peut être regardé que comme très-nuisible dans un agriculteur; mais quand ce goût est foible, quand il se borne à porter un fusil & à se faire accompagner d'un chien couchant lorsqu'on parcourt ses terres, il seroit trop rigoureux de le blâmer. D'ailleurs, un cultivateur ne peut se dispenser d'apprendre à faire usage du fusil, puisqu'il peut être souvent dans le cas de desirer détruire, par son moyen, les loups, les renards, les fouines, les martes qui mangent ses bestiaux, les chiens enragés qui peuvent le mordre, faire peur aux malfaiteurs qui se présenteroient chez lui, &c.

C'est donc du goût de la *chasse*, en grande réunion, aux chiens courans, à cheval, enfin de toutes les *chasses* dispendieuses dont je voudrois, dans leur intérêt, comme dans celui de l'agriculture, voir les cultivateurs s'éloigner.

CHATAIGNIER. *Castanea*. Genre de plantes de la monœcie polyandrie & de la famille des amentacées, que la plupart des botanistes réunissent à celui du HÊTRE, mais qui offre des caractères suffisans pour être conservé. Il renferme trois espèces, dont l'une est propre aux parties moyennes des montagnes élevées de la France, de l'Espagne, de l'Italie, de la Grèce, & est d'un grand intérêt pour son fruit excellent & abondant, & pour son bois très-solide & très-flexible. Les deux autres sont originaires des parties chaudes de l'Amérique septentrionale, & se cultivent dans nos écoles de botanique.

Le *châtaignier commun* (*castanea vesca*, Linn.) pousse tard au printemps, parce qu'il craint infiniment les gelées de cette saison, mais il parcourt avec une grande rapidité toutes les phases de sa végétation; de sorte qu'il est rare que ses fruits ne soient pas mûrs lorsque les premières gelées arrêtent sa végétation, & c'est cette circonstance qui le rend l'arbre des hautes montagnes des pays auds, qui empêche de le cultiver au nord de la ance, & qui fait qu'à Paris ses fruits sont rarement savoureux & de garde. Il craint autant le and chaud que le grand froid; en conséquence on le voit pas dans les plaines de l'Espagne & de talie.

Une autre circonstance qui restreint beaucoup la lture du *châtaignier*, c'est qu'il ne prospère point ns les terrains calcaires. Ainsi il est des chaînes itières de montagnes où on n'en voit pas un seul ed; ainsi il fait le fond des bois de Versailles, Montmorency, &c., & il est étranger aux forts de Saint-Germain, de Bondy, &c., & on ne eut le cultiver dans les jardins de Paris.

Les parties de la France qui renferment le plus châtaigniers, sont les bords du Rhin, le Jura, s Alpes moyennnes, les Pyrénées moyennes, la orse & le pourtour du grand groupe central, omprenant les anciennes provinces du Poitou, Vivarais, du haut Languedoc, du Périgord, Limousin, la Bretagne & le Perche.

Dans sa première jeunesse & dans sa vieillesse, *châtaignier* pousse avec une extrême lenteur; mais ans la force de l'âge, il n'est pas rare de voir à ses ouches des rejets de l'année, de deux mètres de aut. Le RÉCEPER après trois ou quatre ans de lantation, est toujours une opération avantageuse, le RAPPROCHER chaque siècle, est souvent ort avantageux, sinon à l'abondance, au moins à beauté de ses fruits.

Il peut paroître remarquable que je parle de ècles comme je parlerois d'années; c'est que le *hâtaignier*, comme le CHÊNE, avec lequel il a tant e rapports, vit plus de 1000 ans, comme le constatent beaucoup d'observations. Ceux de 500 ans e sont pas rares, même aux environs de Paris.

C'est une chose très-rare qu'un *châtaignier* de ent ans, dont le tronc soit sain dans toute sa lonueur, ainsi que j'ai pu en acquérir la preuve dans es voyages. Cela tient à ce que le bois de cet rbre étant très-foiblement pourvu de ces éradiations médullaires, si prononcées dans le chêne, ui lient les couches du bois les unes avec les utres, ces couches se séparent par la plus petite ause, ce qui donne lieu à des infiltrations, & par uite à des ulcères rongeurs. (*Voyez* CADRAN.) Aussi n'est-il pas vrai, comme on l'a annoncé si ouvent, que certaines charpentes gothiques soient n *châtaignier;* elles sont, comme je viens déjà de annoncer, en chêne blanc (*quercus pedunculata*, Linn.), dont le bois se rapproche de celui de l'arre dont il est ici question, mais qui a des éradiaions médullaires très-multipliées & très-larges.

Il a été constaté par les expériences de Varennes le Fenille, que le bois de *châtaignier* pèse, vert, 8 livres 9 onces par pied cube; pèse, sec, 41 livres 2 onces 7 gros, & qu'il perd un vingtquatrième de son volume par le retrait.

La durée du bois de *châtaignier* de moins de cent ns, soit à l'air, soit dans la terre, soit dans l'eau, est à peu près la même que celle du chêne blanc déjà cité; mais il n'en est pas de même de celle des bois de la plupart des vieux pieds. Ce bois se pourrit très-rapidement, ainsi que j'ai pu m'en assurer bien des fois sur des pieds équarris, laissés sur la terre dans les villages des environs de la forêt de Montmorency.

Le bois des vieux *châtaigniers* s'utilise pour les mêmes usages que le chêne, lorsqu'il est sain, c'est-à-dire, qu'on en fait de la charpente, de la menuiserie, des conduites d'eau, &c. Il se fend très-facilement droit, aussi mince qu'on le desire; en conséquence on en fabrique, surtout en Italie, beaucoup de merrain, d'essentes, de lattes, &c.

Le bois des jeunes se fend également bien, se conserve autant, est très-élastique, est ordinairement droit; ce qui le rend plus propre qu'aucun autre, indigène, pour la fabrication des cercles de cuves & de tonneaux, pour celle des baguettes de treillage, pour celle des échalas, &c.

C'est principalement pour ces derniers objets qu'il est avantageux, dans les environs de Paris, de cultiver le *châtaignier* en taillis, comme je le prouverai plus bas.

On a reconnu, en Amérique, que l'écorce du *châtaignier* étoit supérieure à celle du chêne pour le tannage des cuirs & la teinture en noir.

La grandeur, la couleur & l'abondance des feuilles du *châtaignier*, la forme arrondie de sa tête & la grosseur de son tronc quand il est vieux, le rendent très propre à produire de loin un grand effet, lorsqu'il est isolé; mais la mauvaise odeur de ses fleurs & le désagrément des hérissons (brou de ses fruits), qui se rencontrent toujours sous ses branches, en rendent les approches peu agréables. Il en est de même de ses taillis; ils sont très-beaux de loin, mais l'absence des feuilles à l'intérieur les fait paroître decharnés, si je puis employer cette expression, lorsqu'on en approche. Ainsi donc il est peu propre à entrer dans la composition des jardins paysagers, quoique quelques pieds bien groupés y remplissent souvent avantageusement leur place; mais de combien son utilité compense ce foible désavantage!

Je reviens donc à l'examen des services qu'on retire du *châtaignier* comme arbre fruitier & comme arbre propre à faire des cercles.

Les montagnes granitiques ou schisteuses du second ordre sont le véritable pays du *châtaignier*. On l'y voit prospérer sans que la main des hommes s'en mêle. Rarement il y est disposé en lignes ou en quinconce, parce que sa plantation n'est presque jamais que l'effet du remplacement des pieds morts; mais il y a souvent des espaces fort étendus qui en sont garnis depuis l'origine de la civilisation, & qui n'offrent, au-delà de la récolte de leurs fruits & de la tonte de leurs branches, faite de loin en loin, qu'une herbe rare & très-peu convenable à la dépaissance des bestiaux.

Ce grand emploi de terrains, d'ailleurs généralement impropres & par leur nature, & par leur inclinaison, & par leur élévation au-dessus de la mer, à la culture des cereales, est bien avantageusement compensé par l'immensité des récoltes des châtaignes dans les années qui leur sont favorables, récoltes qui tiennent lieu de toutes autres, presque partout, & sans lesquelles, par conséquent, les habitans ne pourroient vivre.

Mais si le *châtaignier* est d'une grande importance pour les habitans des montagnes, où les céréales & beaucoup d'autres objets de nos cultures ne peuvent pas croître, s'il assure leur subsistance pendant six à huit mois de l'année au moins, & par sa vente leur procure quelqu'argent pour acheter les autres articles de leurs besoins, il a une influence nuisible sur leur moral, en n'excitant pas le développement de leur industrie, puisqu'il ne demande d'autre soin de culture, après sa plantation & son émondage, que la récolte de ses fruits, & en rendant même leur corps lourd, comme peut s'en convaincre tout homme qui mangera uniquement des châtaignes pendant seulement un jour. De plus, les faire cuire, les éplucher & les manger, emploient chaque jour beaucoup de temps qui est perdu pour les travaux productifs. Aussi je ne sache pas que les habitans des pays à châtaignes soient nulle part amis du travail. Du moins tous ceux de ces pays où j'ai séjourné, ne m'ont offert que la paresse, l'ignorance & la misère. Les amis de la prospérité publique doivent donc desirer que ces habitans entremêlent la culture des pommes de terre à celle des *châtaigniers*, & qu'ils se livrent à quelque genre de fabrique propre à leur fournir les moyens d'acheter du blé, du vin & autres objets, au lieu d'émigrer, comme ils le font généralement, pour aller gagner quelque chose au dehors.

Comme de tout temps les habitans des montagnes granitiques se sont nourris de châtaignes, & que le *châtaignier* se multiplie difficilement de marcottes ou de rejetons, & jamais de boutures, il a dû fournir un grand nombre de variétés, les unes plus hâtives, les autres plus grosses, les autres plus savoureuses, &c., variétés qui se sont conservées rigoureusement par la greffe dans quelques endroits, & qui se dégradent peu ou même s'améliorent dans quelques autres, par le soin de semer les plus belles châtaignes des variétés les plus estimées. Partout où j'en ai goûté, je les ai jugées différentes, de sorte que leur nombre doit être immense, mais se confondre par des nuances insensibles.

Souvent on a publié des nomenclatures des variétés de châtaignes des Alpes, du Vivarais, du Périgord, du Limousin; mais ces nomenclatures ont été prises sur un seul point des pays précités, &, considérées sous le point de vue général, ces nomenclatures n'apprennent rien aux personnes étrangères à ces pays. Cependant j'en vais transcrire une, celle des châtaignes du Périgord, que je regarde comme les meilleures de France, mais je ne les place cependant qu'au troisième rang de celles dont j'ai goûté, mettant au premier celles du royaume de Léon en Espagne, & au second celles de l'Apennin en Italie : de sorte que je crois avoir acquis la preuve, par ma propre expérience, que les châtaignes sont d'autant meilleures qu'elles proviennent de latitudes plus méridionales.

On appelle *marrons* toutes les grosses châtaignes qui sont l'objet d'un commerce avec Paris & le nord de l'Europe. Il n'est pas rare de voir de ces marrons qui ont près de deux pouces de diamètre & qui se vendent trois sous, terme moyen, ce qui porteroit à plus de 600 fr. le produit d'un seul arbre; mais ces marrons monstrueux sont choisis sur toute la récolte des variétés à gros fruits. Quelque recherchés qu'ils soient par l'opulence, je les regarde comme bien inférieurs en bonté à certaines châtaignes du Périgord. On reconnoît les marrons du Luc à la largeur de leur ombilic, c'est-à-dire, de la partie qui tenoit au réceptacle du hérisson.

Ainsi que je l'ai déjà observé, les châtaignes des bois des environs de Paris sont petites, peu savoureuses & d'une garde très-difficile, même dans les années les plus chaudes. On en tire cependant un grand parti, parce qu'elles se cueillent avant maturité complète, & se vendent à Paris avant l'arrivée de celles du Midi.

Variétés des châtaignes des environs de Périgueux, suivant l'ordre de leur maturité.

« La *royale blanche* est la plus hâtive & donne un fruit gros, camus & très-coloré. Elle ne se conserve pas long-temps. On la récolte à la fin de septembre. L'arbre est pyramidal & a la feuille peu colorée.

» La *portalone* se récolte en même temps que la précédente, donne un fruit de moyenne grosseur, presque rond, de couleur jaune, à écorce fine, à goût très-savoureux. L'arbre est étendu, & la feuille petite & d'un vert foncé.

» La *corise* est petite & camuse. On la conserve long-temps & on la sèche avec avantage.

» La *royale Hélène* est lisse & gluante en sortant de son brou. Elle est assez bonne.

» La *grande-épine* est un peu alongée; son brou est armé d'épines beaucoup plus longues que les autres.

» La *ganebelonne* est assez grosse, un peu aplatie, pointue, très-colorée. Elle se conserve long-temps & se sèche avec avantage.

» La *caniande* est une des plus grosses; sa couleur est brune. Elle a un peu de duvet à sa pointe; sèche très-bien.

» La *verte*. C'est la plus généralement cultivée, parce qu'elle se conserve le mieux & que l'arbre charge beaucoup.

» L'*anglande*

» L'anglande, ou *marron bâtard*, est inférieure en bonté au vrai marron; mais elle est plus grosse, & l'arbre qui la porte charge davantage.

» La *courriande* ou *marron sauvage*. C'est le marron non greffé. Il est beaucoup plus gros que le vrai marron.

» Le *vrai-marron* est sans contredit le meilleur de tous. Il est petit, presque rond, sans aucun zeste dans la chair. On ne doit pas le confondre avec le marron de Lyon, qui est très-gros & peu savoureux.

» La *poumude*, la *naleude*, la *modichone*, la *visoye* & la *royale tardive* se distinguent difficilement des précédentes à l'extérieur. »

Les arbres qui ne sont point soumis à la taille, offrent toujours, lorsque les circonstances atmosphériques ne contrarient pas la marche régulière de la nature, des récoltes alternativement bonnes & mauvaises, ce qui tient à ce que la bonne a épuisé la surabondance de séve organisée, accumulée dans les racines, & qui doit être remplacée par celle qu'organiseront les feuilles de l'année improductive (*voyez* FEUILLE & SÉVE), & le *châtaignier*, presque toujours surchargé de fruits, est dans ce cas plus que bien d'autres; mais comme le même propriétaire a ordinairement beaucoup d'arbres, ses revenus souffrent rarement de cette circonstance. Il n'en est pas de même des causes éventuelles qui font manquer les récoltes certaines années, telle qu'une gelée tardive au printemps, qui fait périr les bourgeons à fruits; tel qu'un temps pluvieux à l'époque de la floraison, qui empêche la fécondation des germes; tel qu'un été froid qui s'oppose au grossissement des fruits; tel qu'un automne pluvieux qui ne leur permet pas de mûrir, de prendre de la saveur, de se garder. En général, il est très-rare qu'une de ces causes n'agisse pas: aussi les bonnes récoltes sont-elles peu fréquentes, & c'est le plus grand inconvénient de la culture du *châtaignier*. Il faut une constante chaleur à cet arbre, & cependant il ne prospère pas dans les pays de plaines où il la trouveroit.

Une chenille, celle de la PYRALE PFLUGIANE, nuit aussi considérablement aux récoltes de châtaignes, en les perçant pendant leur croissance & en les faisant tomber avant leur maturité. Il n'y a d'autre moyen de faire la guerre à cet ennemi, que de faire, à l'entrée de la nuit, en juin, époque où les femelles déposent leurs œufs, des feux clairs sous les *châtaigniers* pour y attirer ces femelles qui s'y brûlent; mais il est de peu d'effet & d'un grand embarras.

Les enfans aiment beaucoup les châtaignes crues & cueillies avant leur maturité, à raison de leur goût sucré, mais il leur faut beaucoup de temps pour les débarrasser d'abord de leur hérisson, ensuite de leur écorce, enfin de leur pellicule, laquelle est amère au point d'exciter des picotemens à la gorge, suivis souvent d'une toux passagère.

Pour jouir de toute leur saveur & pouvoir être gardées, il faut que les châtaignes soient arrivées à leur maturité complète, c'est-à-dire, qu'elles soient tombées naturellement de l'arbre, ce qui, pour beaucoup de variétés, n'arrive qu'après les premières gelées: aussi, aux environs de Paris, où on est très-pressé de vendre la récolte, comme je l'ai dit plus haut, aussi partout où on veut avancer sa jouissance, gaule-t-on les châtaignes lorsque leur hérisson commence à pâlir. Cette opération est toujours nuisible aux récoltes suivantes, comme le prouvent les débris des branches qui recouvrent le sol. On doit donc ne se la permettre, hors les environs de Paris, que sur un petit nombre d'arbres, c'est-à-dire, seulement autant qu'il est nécessaire pour la subsistance courante.

Les châtaignes qui doivent être consommées & vendues sur-le-champ, sont séparées de leur hérisson (écaillées) sous l'arbre, avec le pied. Les autres sont mises en tas sans être écaillées, parce qu'elles se perfectionnent encore & qu'elles se conservent mieux dans leur hérisson. On les apporte à l'habitation à l'approche des fortes gelées pour les en garantir, car elles sont altérées par elles.

Une humidité modérée est utile à la bonne conservation des châtaignes, & une trop forte & trop constante humidité leur fait d'abord prendre un mauvais goût, & ensuite les fait pourrir ou germer. On ne peut les laisser plus d'un mois en tas dans leur hérisson. Une surveillance de tous les jours leur est nécessaire si on ne veut pas les perdre. Quand elles ont été séparées de leur hérisson, on peut les garder encore fraîches deux mois en tas dans une chambre basse, en les remuant de temps en temps, au risque d'en perdre beaucoup qui se moisissent ou pourrissent, & qu'il faut ôter à mesure, après quoi on n'a plus d'autre moyen pour prolonger leur conservation que de les stratifier dans de la terre ou du sable légèrement humide, dans une cave, ou de les enterrer profondément en plein air; ou de les faire dessécher au séchoir ou au four.

La conservation des châtaignes, par le premier de ces moyens, est assurée jusqu'à l'époque de leur germination, mais elles perdent chaque jour de leur saveur. Par le second moyen, comme en les mettant dans une glacière, on peut prolonger leur fraîcheur plus d'un an encore avec le même inconvénient. Le troisième, employé immédiatement après la récolte, est généralement regardé comme le plus sûr, quoiqu'il change la saveur des châtaignes: aussi le trouve-t-on pratiqué dans tous les pays où elles servent de principal objet de nourriture.

L'expérience a prouvé que les châtaignes séchées au four n'étoient pas aussi bonnes que celles séchées à la fumée; en conséquence c'est dans des bâtimens construits exprès, & à la fumée, qu'on les sèche généralement par des procédés qui diffèrent fort peu les uns des autres.

En Espagne, où les cheminées sont encore en cône évasé suspendu au milieu de la chambre d'habitation, on fait sécher les châtaignes sur des claies qui se placent alors dans ce cône, les unes au-dessus des autres, ainsi que j'ai été à portée de le voir; mais en France on construit, dans le voisinage de la maison, un bâtiment isolé & en pierre, uniquement pour cet objet, bâtiment qu'on appelle *séchoir*.

Un séchoir a ordinairement deux toises & demie en carré & trois toises de hauteur. Il est couvert avec des planches percées de quelques trous, & simplement appliquées les unes contre les autres. Il y a deux portes opposées, l'une en bas & l'autre à six ou sept pieds du sol, & quatre fenêtres, une sur chaque face, au-dessous du toit. A la hauteur de la porte supérieure, se place, sur des poutrelles, une claie, ou faite avec des baguettes entrelacées, ou avec des baguettes clouées sur les poutrelles, & un peu bombées au centre. C'est sur cette claie que se posent les châtaignes. On fait du feu sur le sol, au centre du bâtiment, avec des branches de toutes sortes d'arbres & les hérissons des châtaignes, en l'empêchant de flamber. Les châtaignes *suent* d'abord, c'est-à-dire, que leur eau de végétation en sort & se fixe en partie sur leur surface. Lorsque cette eau est dissipée, on éteint le feu, on les laisse refroidir, & ensuite on les jette sur un des côtés pour en mettre de nouvelles à leur place, & ainsi de même jusqu'à ce qu'il y en ait une épaisseur d'environ un pied. Alors on égalise cette épaisseur & on fait dessous un feu doux, qu'on augmente par degrés, pendant deux ou trois jours. On retourne les châtaignes & on recommence jusqu'à ce qu'elles soient complétement sèches, ce qu'on reconnoît à la facilité d'enlever & leur écorce & leur pellicule intérieure. Quelquefois, par défaut de précaution, ces châtaignes se charbonnent en partie, même le feu y prend & les consume. On doit donc veiller le séchoir jour & nuit, & balayer souvent la suie qui s'attache sur la partie inférieure de la claie.

Le procédé des Espagnols, où quatre à cinq claies sont superposées, & où les châtaignes qui ont sué sont remontées d'un étage, & ainsi de suite, en augmentant d'autant plus leur épaisseur qu'elles sont plus près de leur dessiccation complète, me paroît bien préférable.

Aussitôt que les châtaignes sont suffisamment desséchées, on les met dans un sac de grosse toile qu'on place sur un banc épais, & on les frappe avec un gros bâton. L'écorce & la pellicule se brisent par cette opération, & on sépare leurs débris, des châtaignes, en les vannant.

Ainsi desséchées, les châtaignes sont presque blanches & peuvent se garder d'une année à l'autre, si elles sont déposées dans un lieu sec, à l'abri des rats.

Mais il faut dire enfin comment on prépare, pour les manger, les châtaignes fraîches, & elles restent telles, quand on a pris les précautions indiquées plus haut, jusqu'au mois d'avril de l'année suivante.

Les deux moyens les plus simples de manger les châtaignes, sont, ou de les faire cuire à grande ou à petite eau dans des chaudières, ou de les faire griller sous la cendre ou dans des poêles percées de trous.

On appelle cuire à grande eau, recouvrir les châtaignes d'eau, y mettre du sel & les faire bouillir pendant une heure à grand feu. C'est le moyen le plus employé dans les pays à châtaignes, où une chaudière est jour & nuit sur le feu, afin qu'on puisse y trouver de quoi se nourrir lorsque le besoin s'en fait sentir.

On appelle cuire à petite eau, ne mettre qu'une petite quantité d'eau au fond de la chaudière, de manière que les châtaignes sont cuites par la vapeur de cette eau. Par ce procédé, qui demande beaucoup plus de surveillance, & qu'on peut plus difficilement exécuter en grand, les châtaignes sont plus savoureuses, mais elles ne sont point salées. On ne le pratique guère que chez les riches.

L'épluchage des châtaignes cuites de ces deux manières est fort long, ainsi que je l'ai observé, attendu que non-seulement il faut enlever leur écorce, mais encore, ce qui est plus difficile, la pellicule, qui est une membrane mince & très-âcre, qui la recouvre immédiatement. Cette circonstance fait qu'on se contente souvent de manger la partie qui s'extravase lorsqu'on les presse sous la dent; mais comme il y a alors une grande perte de nourriture, les habitans des pays à châtaignes ont imaginé un procédé qui économise cette perte, ainsi que l'emploi de leur temps, procédé que je décrirai dans un instant.

La cuisson des châtaignes sous la cendre ou dans des poêles percées de trous, change la saveur des châtaignes, les rend plus agréables; mais comme elle peut difficilement s'exécuter sans que quelque partie de leur surface se carbonise, ses résultats sont plus indigestes que ceux de la cuite dans l'eau ou à la vapeur; d'ailleurs, ces manières de les faire cuire sont difficiles à exécuter en grand: aussi ne sont-elles usitées que pour les régals.

Les châtaignes sèches se font cuire dans l'eau & se mangent comme les fraîches. On les réduit aussi en farine, qui se conserve dans des caisses ou dans des grands pots, pour en faire de la bouillie au moyen du lait ou de l'eau assaisonnée de beurre & de sel.

Voici le procédé que j'ai annoncé plus haut, comme le plus convenable à employer dans les pays à châtaignes, lorsqu'on veut ménager le temps & ne rien perdre de leurs parties mangeables:

« 1°. On pèle les châtaignes en ôtant leur écorce à l'aide d'un couteau, ce qui n'est pas bien difficile & ce qui s'exécute pendant les veillées, par tous les membres de la famille.

» 2°. Après avoir rempli à moitié d'eau un pot de fer, plus haut que large, & l'avoir fait bouillir, on y met les châtaignes qu'on remue jusqu'à ce qu'on aperçoive, en en tirant une, que la pellicule qui les recouvre s'est gonflée & n'est plus adhérente à la surface. Alors on retire le pot du feu. Plus l'eau est chaude & mieux vaut, car il ne faut pas que les châtaignes cuisent.

» 3°. Les châtaignes sont mises, à l'aide d'une écumoire, sur une claie construite pour ce seul objet, & qu'on appelle *grelon* ou *greloir*, &, ensuite, fortement frottées sur la surface de cette claie, afin d'en détacher la pellicule qui tombe à travers les interstices, pellicule qui s'appelle *tan*.

» 4°. On lave les châtaignes ainsi dépouillées & on les fait cuire en deux fois, la première dans l'eau, la seconde à la vapeur, comme il a été dit plus haut. »

L'eau dans laquelle on a fait cuire des châtaignes revêtues de leur pellicule, prend une saveur tellement âcre qu'il n'est plus possible de l'utiliser, même au lavage de la vaisselle. Elle doit donc être jetée.

C'est par erreur qu'on a annoncé qu'on pouvoit faire du pain de châtaigne, attendu que la pulpe ou la farine de ce fruit n'est pas susceptible de la fermentation panaire, faute de gluten; mais, comme elle est très-sucrée, on peut en tirer du sucre, en fabriquer une sorte de bière propre à fournir de l'eau-de-vie. Mais, quelque vantés qu'aient été ces produits, il y a quelques années, je persiste à croire qu'il faut se contenter de manger les châtaignes cuites dans l'eau ou grillées.

Tous les animaux domestiques aiment les châtaignes. On en nourrit, crues ou cuites, les chevaux (principalement en Calabre); les vaches & les cochons. Les poules, les dindons, les oies, se jettent sur leurs débris. A tous elles donnent une chair savoureuse & une graisse abondante.

Des quadrupèdes rongeurs, tels que le lapin, l'écureuil, le lérot, le loir, le muscardin, le rat, le campagnol, le mulot, la souris, dévorent les châtaignes sur l'arbre, ou après qu'elles sont tombées. On doit leur faire une chasse à mort.

J'ai déjà dit que le semis étoit le moyen le plus sûr & le plus employé pour se procurer des *châtaigniers*, soit pour devenir arbres à fruits, soit pour former des taillis. Il est nécessaire que je revienne sur cet objet pour le développer.

La nature de la châtaigne exige qu'elle soit semée peu de temps après sa chute de l'arbre, puisque, lorsqu'elle est conservée dans un lieu sec, elle se dessèche, & dans un lieu humide elle se pourrit; mais si on la sème à peu de profondeur, elle risque, ou de geler, ou d'être mangée par les animaux. Il est donc nécessaire de la STRATIFIER pendant l'hiver, ou dans des vases placés dans une cave, une serre, &c., ou dans des trous, en plein air, de plus d'un pied de profondeur.

Pour un semis de quelqu'étendue on ne peut stratifier qu'en plein air, & il faut choisir, pour le faire, un terrain sec & abrité de l'égout des eaux de pluie.

Le plus beau plant est produit par les châtaignes les plus grosses & les plus rondes. Ainsi, il ne faut pas qu'une fausse économie porte à choisir celles de rebut, comme les ignorans n'y sont que trop portés.

Au printemps, lorsque les gelées ne sont plus à craindre, on retire les châtaignes de la fosse où elles sont stratifiées, & le jour même on les sème en lignes écartées d'un pied, dans la partie de la pépinière qui a été préparée, par un bon labour d'hiver, à les recevoir.

Je dis dans la pépinière, parce que les semis en place manquent souvent par l'effet des sécheresses, des animaux rongeurs, des accidens, &c., & que le plant, les deux premières années, est dans le cas d'être détruit par les bestiaux, par le gibier, &c. J'en ai vu que les seuls lapins avoient devorés avant qu'ils fussent levés, quoiqu'ils eussent été effectués fort tard au printemps.

La rigole dans laquelle on les place doit avoir deux ou trois pouces de profondeur, & elles doivent y être à la même distance l'une de l'autre.

Quelquefois les châtaignes ont germé dans la fosse; alors il faut les disposer de manière que la radicule, qu'on pince ou ne pince pas, selon le but qu'on se propose, soit au fond de la rigole.

Un râteau suffit pour remplir la rigole, en y ramenant la terre d'un des intervalles.

Deux binages d'été & un labour d'hiver sont nécessaires aux semis, pendant les trois ans qu'ils restent, terme moyen, dans leur planche.

Au bout de deux, trois, quatre & même cinq ans, on relève le plant de *châtaignier*, soit pour le placer à deux pieds de distance, en tous sens, dans une autre partie de la pépinière, convenablement labourée l'automne précédent, soit pour en composer un taillis à demeure.

Les pieds conservés dans la pépinière sont destinés à devenir des arbres de ligne, propres à orner les jardins ou à être plantés en plein champ pour donner un jour du fruit. En conséquence, on les RABAT la seconde année de leur plantation, pour leur faire pousser plusieurs jets vigoureux, dont le plus droit & le plus fort est seul conservé. Plus tard il est TAILLÉ EN CROCHET. Ce n'est ordinairement qu'à sa sixième ou septième année que ce plant est assez fort pour être placé à demeure, après que sa tige a été élaguée & sa tête formée en boule.

Ce ne doit jamais être que dans des terrains de mauvaise nature ou d'une pente trop rapide, c'est-à-dire, où toute autre culture seroit moins avantageuse, qu'il faut établir des châtaigneraies, parce que le temps qui s'écoule avant que les *châtaigniers* soient en bon rapport, & l'incertitude de leur récolte, les feroient arracher, dans le cas contraire, à la suite des mutations de la propriété.

On fait généralement fort peu attention à l'aspect des châtaigneraies, mais il est certain que le levant & le midi sont préférables. J'ai toujours vu celles des bords de la forêt de Montmorency, situées au nord, donner les plus petites & les plus insipides châtaignes de cette forêt.

La distance à mettre entre chaque arbre, dans les châtaigneraies, doit être au moins de cinquante pieds, quelle que soit la nature du terrain, car les arbres doivent être supposés vivre cinq cents ans; & plus ils sont dans le cas de jouir librement des influences de l'air & de la lumière, & plus ils acquièrent de vigueur, & plus ils portent de fruits, & plus leurs fruits sont savoureux & susceptibles d'être gardés.

Les trous dans lesquels on place les *châtaigniers* doivent avoir au moins trois pieds de large & de profondeur, & être faits six mois à l'avance. On les remplira, lors de la plantation, avec la meilleure terre de la surface qu'on pourra se procurer.

La plantation aura lieu à quelqu'époque de l'hiver qu'on le voudra, les jours de gelée exceptés.

Il ne sera pas touché aux arbres les deux ou trois premières années de la plantation, mais on donnera chaque hiver un léger binage à la terre de leur pied; plus tard, à plusieurs reprises & entre les deux séves, on élaguera les branches qui auroient pu pousser de leur tronc; on perfectionnera leur tête par le raccourcissement des branches qui s'étendront le plus au-delà des autres. Cette opération pourra être renouvelée, dans le besoin, à toutes les époques de leur vie, lorsqu'il sera besoin de monter dessus pour les débarrasser des bois morts, des branches chiffonnes, &c.

Il est des pays à châtaignes où on greffe la plus grande partie des *châtaigniers*, & c'est presque toujours en place, & à dix à douze ans, quoiqu'il fût sans doute plus avantageux de le faire dans la pépinière, à quatre ou cinq ans. Généralement on préfère la GREFFE EN FLUTE, malgré sa lenteur & ses difficultés, comme réussissant mieux que les autres: on en pose quelquefois cinquante sur un seul pied. J'en ai cependant fait exécuter avec succès en fente & en écusson, mais le moment a été bien choisi. Il m'a paru que la non-réussite venoit de la très-prompte dessiccation de la greffe, dessiccation qu'on peut prévenir avec une grosse poupée dans la greffe en fente, & en recouvrant celle en écusson d'un parchemin ou d'une étoffe serrée.

Il est extrêmement à desirer que la pratique de la greffe du *châtaignier* devienne plus générale, afin de conserver les bonnes variétés, en même temps hâtives, grosses & abondantes.

Les vieux arbres donnent des fruits plus petits que les jeunes; or, les grosses châtaignes se vendent constamment beaucoup mieux que les petites. On doit donc être déterminé, surtout dans les mauvais terrains, à RAPPROCHER les *châtaigniers* de 150 à 200 ans. C'est ce qu'on fait généralement dès qu'on voit qu'ils poussent plus foiblement, en coupant leurs branches à trois ou quatre pieds du tronc. Il sort alors, du sommet de ces tronçons, des jets vigoureux dont on supprime les plus mal placés, entre les deux séves de l'année d'opération. Ces nouvelles branches commencent à donner du fruit dès la troisième ou quatrième année, & sont en plein rapport vers la douzième.

Presque tous les *châtaigniers* qui portent fruit sont creux à l'intérieur, ce qui est produit ordinairement, autant par la constitution de leur bois que par les suites de l'opération que je viens de décrire.

En général, comme leur bois est mauvais pour brûler, on n'arrache les *châtaigniers* à fruits que lorsqu'ils sont mutilés par l'âge ou les accidens, au point de ne plus assez produire pour payer la rente du terrain où ils sont plantés: ce qui n'arrive qu'après plusieurs siècles.

Il est une autre manière de tirer parti des *châtaigniers* à tige, que je n'ai vu pratiquer que dans la Biscaye, mais que je voudrois voir adopter en France. Là, les montagnes à pente très-rapide, dont on ne veut cependant pas perdre le pâturage, sont plantées en têtards de *châtaigniers*, qu'on étête tous les huit à dix ans, & avec le bois desquels on fait du charbon.

Le plant de *châtaignier* destiné à former des taillis, est porté à deux, trois, quatre & même cinq ans, de la pépinière dans le lieu où il doit être planté à demeure, lieu qui aura été labouré l'année précédente, soit à la charrue, soit à la pioche, ou mieux encore défoncé, & qu'on aura traversé par des rigoles parallèles, éloignées de trois à quatre pieds. Là, il sera mis dans ces rigoles, creusées de six à huit pouces, chaque pied d'une rigole vis-à-vis l'intervalle de ceux des deux voisines, & on les couvrira de terre. Un ou deux labours par an, donnés à ces rigoles, favorisent la croissance du plant. L'année suivante on remplace les pieds qui ont manqué; trois ou quatre ans après on rabat ce plant, ce qui lui fait pousser des jets droits qui peuvent déjà fournir quelques brins huit à dix ans après.

Il est des propriétaires qui font planter du CHÊNE & du BOULEAU, alternativement avec le *châtaignier*, mais je crois avoir reconnu qu'il y a du désavantage. *Voyez* ces deux mots.

Les taillis de *châtaigniers*, qui peuvent se couper à cinq ans dans les bons sols & aux bonnes expositions, & qui se coupent ordinairement à sept, sont dans quelques localités, aux environs de Paris, par exemple, au nombre des meilleurs biens fonds, parce qu'ils sont d'un revenu sûr & ne coûtent aucun autre frais que ceux de leur garde, l'usage étant de les vendre sur pied. Les perches qu'ils fournissent sont très-recherchées, à raison de leur flexibilité, de leur facilité à se fendre, pour fabriquer des CERCLES de tonneaux, des baguettes de TREILLAGE, des ECHALAS, &c. Ces taillis peuvent subsister plusieurs siècles.

Les taillis de *châtaigniers*, surtout ceux qui ont été le plus nouvellement coupés & ceux qui se trouvent ou dans les fonds, ou sous de grands arbres, ou dans le voisinage des marais, sont, dans le climat de Paris, fort sujets à être affectés des dernières gelées du printemps. Cet événement, outre qu'il retarde leur croissance d'une demi-année au moins, s'oppose à ce qu'ils poussent droit, ce qui est un grand inconvénient pour les services auxquels ils sont destinés. S'il agit sur la première repousse, donc les bourgeons sont loin d'être aoutés, il est presque toujours avantageux de recéper de suite ces bourgeons, ainsi que j'ai eu plusieurs fois occasion de m'en assurer dans la forêt de Montmorency. Il en est de même, lorsque des taillis plus vieux ont été gelés deux ou trois années de suite.

Le CHATAIGNIER D'AMÉRIQUE diffère fort peu du nôtre au premier aspect, mais il n'en est pas moins différent, comme je m'en suis assuré, sur les montagnes de la Caroline, où il est très-commun. Son fruit s'en distingue par le duvet dont son sommet est toujours couvert, & par sa saveur plus fine. On en tire en Amérique les mêmes services qu'en Europe de celui dont il vient d'être question. Il se cultive dans les jardins des environs de Paris, & s'y multiplie de marcottes. Un pied porte-graine que j'avois réservé dans les jardins de Versailles, a été malheureusement arraché, mais il doit y en avoir d'autres quelque part; car j'en ai distribué plus de deux cents qui probablement n'ont pas tous péri.

Le CHATAIGNIER NAIN, connu en Amérique sous le nom de *chincapin*, se distingue fort bien des deux précédens par l'infériorité de sa taille qui surpasse rarement trente pieds, par ses feuilles blanches en dessous, & par ses fruits de la forme & de la grosseur d'un gland. Ce fruit est extrêmement délicat, bien supérieur, à mon avis, pour en avoir mangé de grandes quantités, à celui du *châtaignier* d'Europe. On le cultive dans les jardins des environs de Paris, où on le multiplie de marcottes, mais il n'y vient jamais beau; peut-être parce qu'il est sensible aux gelées, peut-être parce que le sol ne lui convient pas. Je n'en connois aucun pied qui donne des graines. C'est dans les pays à *châtaigniers* du midi de la France qu'il devroit être planté. Je fais des vœux pour que cette excellente espèce se naturalise chez nous, & cela auroit rapidement lieu, si nous avions quelques porte-graines dans les landes de Bordeaux, ou sur les coteaux des environs de Périgueux.

CHAT-HUANT, *Strix*. Genre d'oiseau de proie nocturne, qui renferme huit à dix espèces propres à l'Europe, que les cultivateurs devroient regarder partout comme leurs plus puissans auxiliaires pour la destruction des BELETTES, des RATS, des MULOTS, des CAMPAGNOLS, des TAUPES & autres petits quadrupèdes, ainsi que des CERFS-VOLANS, des CAPRICORNES, des HANNETONS, des TAUPES GRILLONS & autres gros insectes qui leur sont si nuisibles, & auxquelles, cependant, ils font partout, à leur grand détriment, une chasse perpétuelle, par suite d'un très-ancien préjugé qui les fait regarder comme des oiseaux de mauvais augure, dont la mort est nécessaire à la tranquillité d'esprit de la famille.

Ces espèces sont: le GRAND-DUC, le MOYEN-DUC, le PETIT-DUC, le HARFANG, le CHAT-HUANT proprement dit, la HULOTTE, la CHOUETTE, l'EFFRAYE & la CHEVÊCHE.

Chacune de ces espèces a des mœurs particulières, mais toutes sont utiles sous les rapports précités.

On voit dans toutes les exploitations rurales des légions de chats qui commettent journellement des vols dans la cuisine, & qui ne prennent que les souris de l'intérieur de la maison, & on repousse les *chats-huans* qui ne font jamais du mal, & dont un seul prend, en une nuit, plus de mulots & de campagnols qu'un chat en un mois.

Je reviendrai sur cet objet au mot CHOUETTE, qui est l'espèce la plus répandue dans les plaines.

CHAUDEAU. On appelle ainsi, dans certains cantons, un mélange de son, de pommes de terre, de choux, de féves, &c., qu'on donne, à demi chaud, aux bestiaux qui sont malades ou qu'on veut engraisser.

C'est une excellente chose qu'un *chaudeau*, mais sa composition est embarrassante & coûteuse. *Voyez* ENGRAIS DES ANIMAUX.

CHAUDIÈRE. Vase de fonte, de fer ou de cuivre, dont on fait un grand usage dans les campagnes pour faire cuire les alimens ou faire chauffer l'eau pour les lessives.

Les *chaudières* de fonte sont presque partout les plus généralement usitées, parce qu'elles sont peu chères & d'un usage jamais nuisible à la santé; mais quand elles sont d'un certain volume, leur service devient difficile, à raison de leur poids. D'ailleurs, elles sont sujettes à se casser, soit par un changement brusque de température, soit par leur chute ou leur achoquement contre un corps dur.

Les *chaudières* de cuivre peuvent être en même temps très-grandes & très-légères. Elles ne craignent point d'être brisées, mais elles coûtent cher, & lorsqu'on ne les tient pas constamment très-propres, leur oxidation peut causer la mort de toute une famille.

Ces dernières *chaudières* s'appellent CHAUDRONS dans beaucoup de lieux.

Les cultivateurs ne peuvent se dispenser d'avoir des *chaudières* de fonte, de fer & de cuivre de diverses dimensions, afin d'accélérer la cuisson de leurs alimens & de ceux de leurs bestiaux, car il faut trois fois plus de feu sous deux petites que sous une grande, pour faire chauffer la même quantité d'eau.

Il est des cantons, surtout dans ceux où on vit de châtaignes une partie de l'année, où une grande *chaudière* est constamment suspendue au-dessus du foyer, à une potence mobile; mais cette méthode n'est nullement propre à économiser le combustible, aujourd'hui presque partout si rare. En conséquence, je voudrois que la grande *chaudière* fût montée à demeure, sur un fourneau, dans lequel fort peu de bois suffiroit pour produire le même effet que beaucoup dans le foyer.

Cette amélioration dans le placement de la grande *chaudière* est d'autant plus importante, qu'on sait aujourd'hui combien il est profitable de donner des alimens cuits aux bœufs, aux cochons, aux volailles qu'on veut engraisser, & avec combien d'économie on peut substituer les pommes de terre aux graines, jusqu'ici employées pour arriver à ce but.

CHAYOTE. *Chayota*. Plante annuelle grimpante du Mexique, qui seule forme un genre dans la monœcie monadelphie.

On ne la cultive pas en Europe.

CHEILANTHE. *Cheilanthes*. Genre de plantes établi aux dépens des ADIANTES, des POLYPODES, des PTÉRIDES & des LONCHITES. Il renferme douze espèces, dont une seule, le POLYPODE ODORANT, croît en Europe.

CHEINTRE. Ceinture des champs qui reste sans culture dans certains cantons, & dont on emploie la terre à la formation des compostes.

C'est peut-être une bonne pratique que celle des *cheintres*, mais celle de les labourer en travers, comme on le fait généralement, semble devoir être meilleure.

CHEIRANTHODENDRON. *Voy.* CHEIROSTEMON.

CHEIROSTEMON. *Cheirostemum*. Arbre fort remarquable de l'Amérique méridionale, qui seul constitue un genre dans la monadelphie monandrie & dans la famille des malvacées. Il a aussi été appelé CHEIRANTHODENDRON.

Cet arbre se cultive dans nos serres, mais il n'y prospère pas. Ses graines, venues de son pays natal, ont été semées dans des pots remplis de terre légère & placés sous une bache, où elles ont levé. Au bout de deux ans on a mis dans des pots plus grands chacun des pieds qu'elles ont produit, pots qu'on a tenus presque toute l'année dans la serre. Aujourd'hui le peu de ces pieds qui nous restent sont tenus moins chaudement, sans nul danger; mais je ne sache pas qu'on ait pu les multiplier encore par boutures ou par marcottes, moyens qui réussiront sans doute lorsque ces pieds seront plus forts.

CHEMINÉE. Toute maison rurale devant avoir au moins une *cheminée*, il est nécessaire de dire d'après quels principes elle doit être construite pour qu'elle soit moins exposée à fumer, plus facile à ramoner, & jamais dans le cas de faire craindre les accidens du feu.

Les peuples qui nous ont précédés faisoient du feu au milieu de leur cabane, & la fumée s'échappoit par un trou au toit. Plus civilisés, ils ont construit au-dessous de ce trou, d'abord en planches, & ensuite en pierre, ou un cône ou une pyramide retournée, appelé *manteau* ou *hotte*, sous lequel toute la famille se plaçoit en rond & se chauffoit commodément. C'est encore ainsi qu'on en voit dans les pays de montagnes, surtout en Espagne, où elles m'ont paru mieux construites qu'ailleurs. Plus civilisés encore, cette *cheminée* a été portée contre un des murs & a diminué d'amplitude. Il en existe encore de telles dans les châteaux gothiques, dans les départemens les plus arriérés sous les rapports de l'instruction, de la richesse & des goûts modernes, dans les cuisines des grandes maisons, dans les laboratoires de chimie, dans plusieurs sortes de fabriques, &c.

Les *cheminées* d'une vaste étendue, & où l'air extérieur, comme l'air intérieur, pouvoit descendre & monter sans se contrarier, fumoient rarement & jamais long-temps. On pouvoit d'ailleurs profiter, en en approchant de trois côtés, autant qu'il étoit nécessaire, de toute la chaleur produite par la combustion du bois qui, étant alors à très-bas prix, s'y prodiguoit outre mesure. On les nettoyoit en montant dedans avec une échelle quand elles étoient fort élevées, & avec un balai à long manche dans le cas contraire. Les accidens du feu y étoient fort rares, à raison de la hauteur de la ligne où la suie pouvoit s'accumuler avec danger.

Aujourd'hui les *cheminées* ne sont plus que des tuyaux quadrangulaires, dans la partie inférieure desquels est une ouverture presque toujours de même forme, généralement plus large que haute, devant lesquelles deux ou trois personnes peuvent à peine se chauffer. Il n'y a plus de manteau ou de hotte. Aussi fument-elles lorsque le courant d'air venant de l'extérieur est plus fort que celui venant de l'intérieur, la fumée étant repoussée jusqu'au moment où l'échauffement de l'air contenu dans ce tuyau détermine un courant contraire; c'est le cas le plus ordinaire. Lorsque le courant d'air intérieur domine sur celui venant du dehors, & on peut toujours produire ce résultat, en rétrécissant, comme le font généralement les fumisses, l'ouverture du foyer, la chaleur produite par la combustion est en partie entraînée par l'air, & il faut consumer beaucoup de bois pour mal se chauffer.

Plus les pièces sont petites & bien fermées, & plus il fume, parce que l'air qui s'y trouve étant bientôt décomposé par le feu, il en vient davantage par la *cheminée*.

De deux feux allumés dans deux pièces qui se communiquent, l'un donne constamment de la fumée, quelquefois alternativement.

Le soleil qui brille sur une *cheminée* la fait souvent fumer, en dilatant l'air de sa partie supérieure & en le faisant refouler dans l'appartement.

Il est tel vent qui fait fumer une *cheminée*, tel autre une autre; cela tient aux refoulemens produits par l'entrée de ces vents dans l'ouverture supérieure de ces *cheminées*: de-là la nécessité des *cheminées* en girouette, des *cheminées* terminées par un long tube de tôle, par des mitres de différentes formes, des ouvertures faites dans le haut des *cheminées*, au côté opposé au vent dominant, &c. &c.

Toutes ces *cheminées* ne peuvent plus être nettoyées que par un ramoneur, état inconnu dans l'antiquité, & pour le service duquel il a fallu que des réglemens de police des villes fixassent une largeur au tuyau beaucoup plus considérable qu'il n'est le plus souvent nécessaire; de sorte que presque toutes celles des villes fumant nécessairement, ont besoin du talent du fumiste, pour rendre supportable l'habitation de la pièce dans laquelle se fait le feu, surtout dans les petites pièces.

Un fumiste, état de très-moderne formation, vient, ou rétrécir la partie inférieure & la partie supérieure de la *cheminée*, ou seulement l'une d'elles, afin que le courant d'air de l'intérieur à l'extérieur soit plus rapide, ou fait venir du dehors, soit sous le plancher, soit dans l'intérieur des murs, un courant d'air dans le foyer, courant d'air qu'on appelle *ventouse*; ou donner moyen à l'air extérieur d'affluer, autant qu'il est nécessaire, dans la pièce par des trous de communication avec les pièces voisines ou l'air extérieur (vasistas). Dans le premier cas, la chaleur est emportée dans la *cheminée*, & dans le second le froid est amené dans la pièce; dans l'un & l'autre cas on consomme beaucoup de bois & on ne se chauffe pas.

Il est presqu'impossible d'éviter un de ces deux inconvéniens dans les villes; mais dans les campagnes, & surtout chez les cultivateurs peu aisés, il devient très-facile d'empêcher les *cheminées* de fumer, en les composant de deux tuyaux étroits accolés, dont l'un, au plus d'un pied de diamètre, seroit élevé de quelques pieds au-dessus du toit, & seroit la véritable *cheminée*, & dont l'autre, au plus du tiers de la largeur du premier, ne s'éleveroit pas au-dessus du toit, mais descendroit à peu de distance du foyer: ce seroit la conduite de l'air. On pourroit faire ces tuyaux en terre cuite, ce qui les rendroit extrêmement peu coûteux, & cependant très-propres à garantir des dangers du feu. Le seul inconvénient qu'ils auroient, ce seroit la nécessité de monter sur le toit pour les nettoyer, au moyen d'un petit fagot d'épines qu'on y introduiroit par le bas, & qu'on tireroit à l'aide d'une corde, tantôt en montant, tantôt en descendant.

Mais j'insiste pour que les cultivateurs cessent d'imiter les habitans des villes dans la forme de leur foyer, pour qu'ils reviennent à celle adoptée par nos ancêtres, c'est-à-dire, aux manteaux vastes & élevés, afin que toute la famille se chauffe également & bien, que le pot bouille sans gêner personne, qu'on puisse facilement manœuvrer la chaudière, &c.

Ceci me rappelle qu'un des meubles de la *cheminée* est une crémaillère, morceau de fer plat, entaillé, fixé au mur par le haut, au moyen d'un anneau & d'un piton, & portant à sa partie inférieure un crochet attaché à une chaîne courte, dont les anneaux, larges & plats, peuvent être arrêtés à tous les crans de l'autre pièce. Dans quelques cantons, la crémaillère est remplacée par une potence en fer, qu'on fait tourner dans un coin, mais elle est plus chère & moins commode que la crémaillère. Les autres instrumens sont des pincettes en fer pour remuer le bois enflammé; une pelle, également en fer, pour prendre de la braise allumée, & un soufflet pour exciter l'incandescence.

Je renvoie, pour les détails de construction, au *Dictionnaire d'Architecture*.

CHENALLE. Sorte de TERRE argileuse mêlée de SABLE, qu'on regarde dans le département du Loiret comme peu propre à la culture.

CHENAX. Arbre très-cultivé en Perse, mais dont je ne puis indiquer le genre.

CHÊNE. *Quercus*. Genre de plantes de la monœcie polyandrie & de la famille des amentacées, qui réunit plus de cent espèces connues, presque toutes d'une grande importance pour les pays où elles croissent, à raison de l'excellence du bois qu'elles fournissent, soit pour les constructions civiles & navales, soit pour les arts, le chauffage, &c.

Observations.

Les espèces de ce genre sont quelquefois assez difficiles à déterminer, à raison de la grande disposition qu'ont leurs feuilles à varier de forme, non-seulement dans des terrains & à des expositions différentes, mais encore sur le même arbre & dans la même année.

Espèces.

Chênes d'Europe & du Levant.

1. Le CHÊNE commun ou *chêne blanc*, ou *chêne à grappes*, ou *gravelin*.
Quercus pedunculata. Linn. ♄ Indigène.
2. Le CHÊNE rouvre ou *chêne noir*, ou *chêne à glands sessiles.*
Quercus robur. Linn. ♄ Indigène.
3. Le CHÊNE tauzin.
Quercus toza. Bosc. ♄ Du sud-ouest de la France.
4. Le CHÊNE pyramidal, le *chêne cyprès*, le *chêne des Pyrénées.*
Quercus fastigiata. Willd. ♄ Des Pyrénées.
5. Le CHÊNE osier, *chêne des haies.*
Quercus viminalis. Bosc. ♄ De l'est de la France.
6. Le CHÊNE de l'Apennin, *chêne à trochet.*
Quercus apennina. Lamarck. ♄ Du midi de la France.
7. Le CHÊNE de Bourgogne.
Quercus crinita. Lamarck. ♄ Indigène.
8. Le CHÊNE d'Autriche.
Quercus cerris. Linn. ♄ Indigène.
9. Le CHÊNE haliphléos.
Quercus haliphlæos. Oliv. ♄ D'Orient.
10. Le CHÊNE à la galle.
Quercus infectoria. Oliv. ♄ Du Levant.
11. Le CHÊNE grec ou *petit chêne.*
Quercus esculus. Linn. ♄ Du midi de l'Italie.
12. Le CHÊNE velanède.
Quercus ægylops. Lamarck. ♄ Du Levant.
13. Le CHÊNE nain.
Quercus humilis. Lamarck. ♄ Du Portugal.
14. Le CHÊNE du Portugal.
Quercus lusitanica. Lamarck. ♄ Du Portugal.
15. Le CHÊNE à glands couverts.
Quercus oblata. Poiret. ♄ De Barbarie.
16. Le CHÊNE de Tournefort.
Quercus Tournefortii. Willd. ♄ Du Levant.
17. Le CHÊNE Richard.
Quercus Richardii. Bosc. ♄ D'Espagne.
18. Le CHÊNE d'Exester.
Quercus exoniana. Bosc. ♄ D'Espagne.
19. Le CHÊNE âpre.
Quercus aspera. Bosc. ♄ D'Espagne.
20. Le CHÊNE lezermien.
Quercus lezermia. Bosc. ♄ D'Espagne.
21. Le CHÊNE prase.
Quercus prasina. Bosc. ♄ D'Espagne.
22. Le CHÊNE spatulé.
Quercus spathulata. Bosc. ♄ D'Espagne.
23. Le CHÊNE à feuilles de hêtre.
Quercus faginea. Lamarck. ♄ D'Espagne.
24. Le CHÊNE de Nimes.
Quercus nemauensis. Bosc. ♄ Du midi de la France.
25. Le CHÊNE hybernéen.
Quercus hybernea. Bosc. ♄ d'Espagne.
26. Le CHÊNE castillan.
Quercus castilleana. Bosc. ♄ D'Espagne.
27. Le CHÊNE glabre.
Quercus glabra. Thunb. ♄ Du Japon.
28. Le CHÊNE corné.
Quercus cornea. Loureiro. ♄ De la Chine.
29. Le CHÊNE concentrique.
Quercus concentrica. Loureiro. ♄ De la Chine.
30. Le CHÊNE à feuilles aiguës.
Quercus acuta. Thunb. ♄ Du Japon.
31. Le CHÊNE glauque.
Quercus glauca. Thunb. ♄ Du Japon.
32. Le CHÊNE cuspidé.
Quercus cuspidata. Thunb. ♄ Du Japon.
33. Le CHÊNE denté.
Quercus dentata. Thunb. ♄ Du Japon.

Chênes d'Amérique.

34. Le CHÊNE blanc.
Quercus alba. Linn. ♄ De l'Amérique septentrionale.
35. Le CHÊNE à feuilles de châtaignier.
Quercus prinus. Linn. ♄ De l'Amérique septentrionale.
36. Le CHÊNE des montagnes.
Quercus monticola. Mich. ♄ De Caroline.
37. Le CHÊNE acuminé.
Quercus acuminata. Mich. ♄ De Caroline.
38. Le CHÊNE à feuilles drapées.
Quercus panosa. Bosc. ♄ De Caroline.
39. Le CHÊNE chincapin.
Quercus pumila. Mich. ♄ De Caroline.
40. Le CHÊNE quercitron.
Quercus tinctoria. Mich. ♄ De l'Amérique septentrionale.
41. Le CHÊNE rouge.
Quercus rubra. Linn. ♄ De l'Amérique septentrionale.
42. Le CHÊNE écarlate.
Quercus coccinea. Lamarck. ♄ De l'Amérique septentrionale.
43. Le CHÊNE ambigu.
Quercus ambigua. Mich. ♄ De l'Amérique septentrionale.
44. Le CHÊNE noir.
Quercus nigra. Linn. ♄ De l'Amérique septentrionale.
45. Le CHÊNE à feuilles de saule.
Quercus phellos. Linn. ♄ De l'Amérique septentrionale.
46. Le CHÊNE pumile.
Quercus pumila. Bosc. ♄ De l'Amérique septentrionale.
47. Le CHÊNE maritime.
Quercus maritima. Mich. ♄ De l'Amérique septentrionale.
48. Le CHÊNE cendré.
Quercus cinerea. Mich. ♄ De l'Amérique septentrionale.

49. Le CHÊNE hétérophylle.
Quercus heterophylla. Mich. fils. ♄ De l'Amérique septentrionale.

50. Le CHÊNE à feuilles de myrte.
Quercus myrtifolia. Née. ♄ Du Mexique.

51. Le CHÊNE à petites feuilles.
Quercus microphylla. Née. ♄ Du Mexique.

52. Le CHÊNE à feuilles linéaires.
Quercus salicifolia. Née. ♄ Du Mexique.

53. Le CHÊNE à feuilles de laurier.
Quercus laurifolia. Mich. ♄ De l'Amérique septentrionale.

54. Le CHÊNE à lattes.
Quercus imbricaria. Mich. ♄ De l'Amérique septentrionale.

55. Le CHÊNE elliptique.
Quercus elliptica. Née. ♄ Du Mexique.

56. Le CHÊNE à feuilles de magnolier.
Quercus magnoliæfolia. Née. ♄ Du Mexique.

57. Le CHÊNE jaune.
Quercus lutea. Willd. ♄ Du Mexique.

58. Le CHÊNE à feuilles variables.
Quercus diversifolia. Née. ♄ Du Mexique.

59. Le CHÊNE à feuilles de houx.
Quercus agrifolia. Née. ♄ Du Mexique.

60. Le CHÊNE mucroné.
Quercus mucronata. Willd. ♄ Du Mexique.

61. Le CHÊNE tomenteux.
Quercus tomentosa. Willd. ♄ Du Mexique.

62. Le CHÊNE frangé.
Quercus circinata. Née. ♄ Du Mexique.

63. Le CHÊNE luisant.
Quercus splendens. Née. ♄ Du Mexique.

64. Le CHÊNE ridé.
Quercus rugosa. Née. ♄ Du Mexique.

65. Le CHÊNE à grandes feuilles.
Quercus macrophylla. Née. ♄ Du Mexique.

66. Le CHÊNE aquatique.
Quercus aquatica. Mich. ♄ De Caroline.

67. Le CHÊNE trilobé.
Quercus triloba. Mich. ♄ De l'Amérique septentrionale.

68. Le CHÊNE falcate.
Quercus falcata. Mich. ♄ De l'Amérique septentrionale.

69. Le CHÊNE variable.
Quercus versicolor. Willd. ♄ De l'Amérique septentrionale.

70. Le CHÊNE de Catesby.
Quercus Catesbæi. Mich. ♄ De l'Amérique septentrionale.

71. Le CHÊNE ambigu.
Quercus ambigua. Mich. ♄ De l'Amérique septentrionale.

72. Le CHÊNE des marais.
Quercus palustris. Mich. ♄ De l'Amérique septentrionale.

73. Le CHÊNE à feuilles aiguës.
Quercus acutifolia. Née. ♄ Du Mexique.

74. Le CHÊNE blanchâtre.
Quercus candicans. Née. ♄ Du Mexique.

75. Le CHÊNE de Banistère.
Quercus Banisteri. Mich. ♄ De l'Amérique septentrionale.

76. Le CHÊNE lobé.
Quercus lobata. Née. ♄ Du Mexique.

77. Le CHÊNE à lobes obtus.
Quercus obtusiloba. Mich. ♄ De l'Amérique septentrionale.

78. Le CHÊNE à feuilles en lyre.
Quercus lyrata. Mich. ♄ De l'Amérique septentrionale.

79. Le CHÊNE à gros fruits.
Quercus macrophylla. Mich. ♄ De l'Amérique septentrionale.

80. Le CHÊNE de xalapa.
Quercus xalapensis. Humb. ♄ Du Mexique.

81. Le CHÊNE obtusate.
Quercus obtusata. Humb. ♄ Du Mexique.

82. Le CHÊNE en violon.
Quercus pandurata. Humb. ♄ Du Mexique.

83. Le CHÊNE à feuilles glauques.
Quercus glaucescens. Humb. ♄ Du Mexique.

84. Le CHÊNE sinué.
Quercus repanda. Humb. ♄ Du Mexique.

85. Le CHÊNE laurier.
Quercus laurina. Humb. ♄ Du Mexique.

86. Le CHÊNE à feuilles lancéolées.
Quercus lanceolata. Humb. ♄ Du Mexique.

87. Le CHÊNE du Mexique.
Quercus mexicana. Humb. ♄ Du Mexique.

88. Le CHÊNE à gros pédoncules.
Quercus crassipes. Humb. ♄ Du Mexique.

89. Le CHÊNE bois de fer.
Quercus sideroxyla. Humb. ♄ De la Nouvelle-Espagne.

90. Le CHÊNE réticulé.
Quercus reticulata. Humb. ♄ De la Nouvelle-Espagne.

91. Le CHÊNE à feuilles d'or.
Quercus chrysophylla. Humb. ♄ De la Nouvelle-Espagne.

92. Le CHÊNE élégant.
Quercus pulchella. Humb. ♄ Du Mexique.

93. Le CHÊNE à épi.
Quercus spicata. Humb. ♄ Du Mexique.

94. Le CHÊNE à stipule.
Quercus stipularis. Humb. ♄ Du Mexique.

95. Le CHÊNE douteux.
Quercus ambigua. Humb. ♄ Du Mexique.

96. Le CHÊNE tridenté.
Quercus tridens. Humb. ♄ Du Mexique.

97. Le CHÊNE soyeux.
Quercus velutina. Lamarck. ♄ De l'Amérique septentrionale.

Chênes toujours verts.

98. Le CHÊNE toujours vert.
Quercus virens. Mich. ♄ De l'Amérique septentrionale.
99. Le CHÊNE yeuse, ou simplement *chêne-vert.*
Quercus ilex. Linn. ♄ Indigène au midi de l'Europe.
100. Le CHÊNE liége, ou simplement le *liége.*
Quercus suber. Linn. ♄ Indigène au midi de l'Europe.
101. Le CHÊNE balotte.
Quercus balota. Desf. ♄ De Barbarie.
102. Le CHÊNE à feuilles rondes.
Quercus rotundifolia. Lamarck. ♄ D'Espagne.
103. Le CHÊNE de Gibraltar.
Quercus hispanica. Lamarck. ♄ D'Espagne.
104. Le CHÊNE à feuilles d'égylops.
Quercus ægylopifolia. Lamarck. ♄ D'Espagne.
105. Le CHÊNE de Turner.
Quercus Turneri. Lamarck. ♄ D'Espagne.
106. Le CHÊNE kermès.
Quercus coccifera. Linn. ♄ Du midi de l'Europe.
107. Le CHÊNE faux-kermès.
Quercus pseudo-coccifera. Desfont. ♄ De Barbarie.
108. Le CHÊNE arbuste.
Quercus depressa. Humb. ♄ Du Mexique.
109. Le CHÊNE à feuilles touffues.
Quercus confertifolia. Humb. ♄ Du Mexique.
110. Le CHÊNE ondulé.
Quercus undulata. Noisette. ♄ D'Espagne.

Culture.

Les cinq premières espèces de *chênes* se confondent par un si grand nombre de variétés intermédiaires, que long-temps on les a regardées comme ne se distinguant pas suffisamment, & par suite elles se trouvent désignées, dans presque tous les ouvrages d'agriculture, sous leur simple nom générique. Pour éviter des répétitions, je traiterai de leur culture en commun; mais je dois auparavant donner quelques indications particulières sur la croissance ainsi que sur la nature du bois de chacune d'elles, & l'emploi qu'on en fait dans les arts.

Le *chêne commun*, le *quercus* des Anciens, croît principalement dans les bois en bon fonds humide de toute l'Europe. C'est lui qui est le plus répandu & dont le bois sert à plus d'usages, attendu que c'est le plus droit, celui qui se fend le mieux. On ne lui reproche que d'avoir trop d'aubier. Il pèse, sec, 50 livres par pied cube. Les constructeurs de vaisseaux, les charpentiers, les menuisiers, les fabricans de merrain, d'essentes, de lattes, le recherchent. Il parvient, avec le temps, dans les bons terrains, à une grosseur & à une hauteur très-considérables, 3 à 4 pieds de diamètre, & 80 à 100 de haut. Ses branches forment dans sa jeunesse un angle aigu avec le tronc; mais elles s'en écartent, par l'action continuelle de leur propre poids, dans sa vieillesse, de sorte qu'alors il prend un peu de l'aspect du suivant.

Le *chêne roure*, le *robur* des Anciens, se voit le plus souvent dans les terrains ou arides, ou sablonneux, ou graveleux. C'est lui qui fait le fonds du bois de Boulogne près Paris. Il étend davantage ses rameaux que le précédent, mais s'élève moins. Sa grosseur est quelquefois plus considérable. Son bois a peu d'aubier, est presqu'incorruptible & très-dur : de-là le nom de *durelin* qu'il porte dans quelques lieux. Il se fend difficilement, & pèse, sec, 70 livres par pied cube.

Le *chêne tauzin* se distingue difficilement de quelques-unes des variétés du précédent; mais il constitue cependant certainement une espèce particulière, qui possède la propriété de pousser des rejetons de ses racines, & par conséquent de se multiplier par cette voie. Son bois est très-noueux & se tourmente beaucoup : aussi ne l'emploie-t-on pas pour la fente. Il pèse, sec, 60 livres par pied cube. Son écorce est très-estimée par les tanneurs, comme préférable à toutes autres.

Le *chêne pyramidal* se reconnoît de fort loin à la disposition de ses rameaux. On le recherche dans les jardins pour sa beauté. C'est des environs de Dax où il a été apporté, dit-on, il y a une quarantaine d'années, de la Basse-Navarre, qu'on tire ses graines. Les qualités de son bois ne sont pas connues.

Le *chêne osier* se rapproche du premier & du dernier. J'en ai vu deux pieds cultivés dans les jardins de Versailles, qui se faisoient remarquer par la disposition traînante de leurs rameaux. Il ne paroît pas s'élever beaucoup. On emploie ses pousses de deux ou trois ans, en guise d'osier, pour faire des paniers d'une grande résistance & d'une grande durée.

Le *chêne des Apennins* a été souvent confondu avec une variété du second, sous le nom de *chêne à trochet*. Il ne perd ses feuilles qu'au printemps : de-là la dénomination de *chêne hivernal* qu'il porte aux environs de Lyon, où il est commun. Son bois m'a paru presqu'aussi dur que celui du *chêne vert*, mais ses qualités n'ont pas encore été étudiées.

Le *chêne de Bourgogne* n'est pas très-rare dans les forêts de l'est de la France, même dans celles du nord. Son bois paroît être de très-bonne qualité, mais il est peu connu.

Le *chêne d'Autriche*, qui diffère à peine du précédent, donne lieu aux mêmes observations.

Le *chêne haliphlæos* a été apporté de l'Orient par feu mon collègue Olivier, mais il est très-rare dans nos jardins.

Le *chêne à la galle* paroît peu s'élever; c'est

sur lui que se récolte la *noix de galle* du commerce. Ce seroit une bonne acquisition que la sienne & celle du diplolèpe qui forme sa galle, pour les départemens méridionaux de la France.

Le *chêne grec* est un petit arbre du sud-est de l'Europe, dont les glands se mangent.

Toutes ces espèces se cultivent dans les jardins des environs de Paris.

Le *chêne velanède* ne s'y voit pas encore, malgré les envois de graines faits par Olivier. L'importance de ses cupules dans la teinture doit faire desirer qu'on en fasse de nombreux semis dans le midi de la France.

Le *chêne nain* n'est pas cultivé en France.

Le *chêne de Portugal* s'élève peu. On en voit quelques pieds dans nos jardins, mais ils souffrent des gelées de l'hiver.

Les *chênes à glands couverts, de Tournefort* & *de Richard* ne s'y cultivent pas encore. Deux beaux pieds de *chêne* d'Excester se font remarquer dans le parc de madame Simonin, route de Versailles à Bièvre.

Les *chênes lèpre, lézermien* & *prase* existoient il y a quelques années dans la pépinière du Roule, dont il en sortoit, de temps en temps, quelques pieds pour les écoles de botanique des départemens. Une disposition d'architecte a fait périr les deux premiers.

Je possède un échantillon du *chêne spatulé* venant du Jardin de botanique d'Amsterdam, où cette jolie petite espèce est cultivée.

Les *chênes à feuilles de hêtre, de Nîmes, hybernéen* & *castillan*, me sont connus. Plusieurs fois leurs glands, qui se mangent comme les châtaignes, ainsi que j'ai eu occasion de m'en assurer personnellement pendant mon séjour en Espagne, ont été semés dans les pépinières des environs de Paris; mais ou ils n'ont pas levé, ou les pieds qu'ils ont produits n'ont pas subsisté. Je fais des vœux pour que les amis de la prospérité agricole de la France ne se rebutent pas; car quoique leurs glands ne soient pas égaux en grosseur & en bonté à la châtaigne, ils offrent une ressource de plus. D'ailleurs, leur bois participe de l'excellence de celui du *chêne yeuse*.

Aucun des *chênes* de la Chine & du Japon n'a encore été cultivé dans les jardins d'Europe.

Il n'en est pas de même des *chênes* d'Amérique. Nous possédons la plus grande partie de ceux des États-Unis, grâces aux efforts du Gouvernement & au zèle de MM. Michaux père & fils. Mais combien des millions de pieds qui ont levé dans les pépinières de Versailles, de Mousseau, du Roule, du Jardin du Muséum, ainsi que dans les pépinières marchandes, en est-il parvenu à l'état d'arbres faits? Je n'ose avouer que c'est à peine quelques centaines. Espérons que ceux qui se voient en ce moment dans le bois de Boulogne, où ils ont été semés, sous l'autorité de M. Dandré, administrateur des domaines de la Couronne, prospéreront mieux.

Je vais, d'après MM. Michaux père & fils, indiquer les qualités des bois de ces espèces, que j'ai d'ailleurs personnellement observées, tant dans leur pays natal, où j'ai demeuré deux ans, que dans les pépinières commises à ma surveillance.

Le *chêne blanc*. Il s'élève à 80 pieds. Son bois est moins pesant, mais plus tenace & plus élastique que celui du *chêne pédonculé*, avec lequel il a beaucoup de rapport. On le recherche dans toute l'étendue des Etats-Unis, toutes les fois qu'on veut donner de la force & de la durée aux constructions. Son écorce est excellente pour le tannage des cuirs. Ses glands pourroient se manger.

Ce *chêne* ne craint point les gelées du climat de Paris; mais cependant, malgré qu'il en ait existé des milliers dans les pépinières, je n'en connois aucun pied d'une certaine grosseur.

Le *chêne à feuilles de châtaignier* (*palustris*, Mich. fils). C'est un superbe arbre qui s'élève autant que le précédent, mais dont le bois est trop poreux pour servir à faire des douves de tonneaux à vin. Il croît très-rapidement & ne craint point les hivers du climat de Paris, où il n'y en a cependant aucun vieux pied, du moins à ma connoissance.

Le *chêne des montagnes* ressemble beaucoup au précédent. C'est le plus estimé comme bois de chauffage. Il vient fort bien dès les environs de Paris, où il y en a quelques vieux pieds à Trianon, à Saint-Germain & ailleurs.

Le *chêne acuminé* a les feuilles plus semblables à celles du châtaignier, que celles de l'avant-dernière espèce. Les qualités de son bois sont très-estimables & fort analogues à celles des précédens. On le cultive en grande quantité dans les pépinières des environs de Paris, & un pied de plus de 60 ans & de plus de 60 pieds de haut se voit dans le jardin du Petit-Trianon.

Le *chêne à feuilles drapées* (*discolor*, Mich. fils) diffère encore fort peu des précédens & pour sa taille & pour la nature de son bois. Ainsi qu'eux il avoit été regardé comme une simple variété du *chêne* châtaignier. Plus que celle d'aucune des autres, son écorce se lève naturellement en feuillets, qui tombent plus ou moins promptement, soit par l'effet des vents, soit par l'action des pattes des écureuils & autres quadrupèdes grimpans. On le cultive beaucoup dans les jardins des environs de Paris, où il ne subsiste cependant pas long-temps, car je n'en connois pas qui ait plus de 30 ans d'âge.

Le *chêne chincapin*. Cette espèce est plus petite qu'aucune des précédentes, & s'en rapproche également beaucoup; elle ne s'élève qu'à deux ou trois pieds: elle fournit immensément de glands, & pourroit être cultivée avantageusement pour la nourriture des cochons & des dindons. Quoique fréquemment semée dans les pépinières des environs de Paris, je n'y connois aucun pied porte-graine.

Le *chêne quercitron*, appelé *chêne noir* dans le nord de l'Amérique, est un des plus grands arbres de ce pays, atteignant fréquemment 90 pieds de hauteur. Son écorce est très-amère, & sa décoction donne une couleur jaune qui s'applique avec solidité sur la laine, la soie, le papier, &c. Elle est également recherchée pour le tannage des cuirs, étant plus active qu'aucune autre. Son bois, quoiqu'inférieur à celui du *chêne* d'Europe, est d'un grand emploi, parce qu'il a beaucoup de force & résiste fort long temps à la pourriture. Il y en a eu de grandes quantités de pieds dans les pépinières de Versailles & autres, dont il reste fort peu. Espérons que ceux qui se voient en ce moment, en nombre, dans le bois de Boulogne, prospéreront, car cette espèce peut devenir d'une grande importance pour nos teintures. Elle ne craint point les froids des environs de Paris.

Le *chêne rouge* est une superbe espèce, qui s'élève à 80 pieds, & qui est très-propre à orner nos parcs & nos avenues; mais son bois est d'une qualité fort médiocre, à raison de la largeur de ses tubes longitudinaux, qui laissent passer les liquides & favorisent sa pourriture. Il est très-commun dans les jardins des environs de Paris, où il ne craint pas les plus fortes gelées, & où il donne du fruit.

Le *chêne écarlate* se distingue difficilement du précédent, quand ses feuilles sont vertes; mais quand elles sont devenues rouges, on le reconnoît de fort loin à leur teinte plus vive. Son bois, comme celui du précédent, n'est nullement estimé dans son pays natal, mais son écorce se recherche un peu pour le tannage. On en voit de belles plantations aux environs de Paris, principalement à Rambouillet, plantations que leur grand éclat en automne fait desirer de voir multiplier dans les parcs & autres lieux d'agrément.

Le *chêne ambigu* ressemble encore tant aux deux derniers, que je n'ai pas su les distinguer dans les pépinières où je les possédois tous les trois; cependant, Michaux a reconnu qu'il en différoit. Son bois n'est pas meilleur que le leur.

Le *chêne noir* (*quercus ferruginea*, Mich.) croît principalement dans les mauvaises terres. Il a l'écorce très-épaisse & ne s'élève pas à plus de 30 pieds. Son bois est de peu d'usage dans les arts, parce qu'il est grossier, très-poreux & qu'il pourrit facilement, mais il est excellent pour le feu. Je ne crois pas qu'il reste un seul pied vivant de ceux, au nombre de plus de mille, qui ont existé dans les pépinières de Versailles.

Le *chêne à feuilles de saule* ne peut se confondre qu'avec le *chêne pumile*, mais il s'élève à 50 ou 60 pieds, & parvient à deux pieds de diamètre. Ce sont les terrains humides, sans être aquatiques, qu'il préfère; nulle part je ne l'ai vu abondant. Son bois, rougeâtre & très-poreux, est peu estimé.

On cultive cette espèce en France, mais elle y est rare. Le plus beau pied que je connoisse est au Petit-Trianon, & il est greffé. Presque tous ceux qui se vendent dans les pépinières, sont les variétés du *chêne aquatique*.

Le *chêne pumile* a rarement plus de deux pieds de haut & plus de trois lignes de diamètre. Il trace dans les lieux humides de telle manière qu'un seul pied couvre des toises de terrain, & que j'en ai pu souvent arracher, par la seule puissance de mon bras, 20 à 30 pieds à la fois. Il est très-difficile d'envoyer de ses glands en Europe, attendu que les quadrupèdes, tels que les écureuils & les oiseaux, tels que les dindons, les mangent avant leur maturité complète. On en voit cependant quelques pieds greffés dans la pépinière de Noisette.

Le *chêne maritime* ne m'est pas connu. Peut-être n'est-il qu'une variété du suivant.

Le *chêne cendré* a existé pendant une douzaine d'années dans les pépinières de Versailles. Je crois qu'il existe encore au Jardin des Plantes. C'est une jolie espèce qui ne s'élève qu'à 30 ou 40 pieds, & qui croît dans les terrains secs. Michaux a reconnu que son écorce donnoit une couleur jaune. On n'emploie son bois qu'à brûler dans son pays natal, où je l'ai observé.

Le *chêne hétérophylle*. Michaux n'en a vu qu'un seul lieu sur les bords de la rivière Schuylkill, & il en a figuré un rameau, pl. 16 de son ouvrage sur les arbres de l'Amérique septentrionale.

Les *chênes à feuilles de myrte*, *à petites feuilles*, *à feuilles linéaires*, ne se voient pas encore dans nos jardins, & nous ne savons rien des qualités de leur bois.

Les *chênes à feuilles de laurier* & *à lattes* existent dans quelques jardins de France, que son beau feuillage concourt à orner. Michaux fils les regarde comme une variété l'une de l'autre. Il croît dans les lieux humides, & s'élève à 30 ou 40 pieds. Son bois est très-poreux & ne s'emploie qu'au chauffage. On n'en fait des lattes que lorsqu'on ne peut s'en dispenser.

Les *chênes elliptique*, *à feuilles de magnolier*, *jaune*, *à feuilles variables*, *à feuilles de houx*, *mucroné*, *tomenteux*, *frangé*, *luisant*, *ridé*, *à grandes feuilles*, ne se voient pas dans nos jardins, & ne me sont pas connus sous le rapport de la qualité de leur bois.

Le *chêne aquatique* fournit le bois le plus compacte & le plus dur de l'Amérique septentrionale. Ce n'est qu'avec une hache très-acérée que je pouvois, pendant mon séjour en Amérique, couper ce bois lorsqu'il étoit sec, mais il se pourrit aisément: aussi ce n'est qu'à brûler qu'on l'emploie généralement. On le trouve principalement sur les bords des rivières & des marais. Ses feuilles varient sans fin dans sa jeunesse, sont même quelquefois linéaires, ce qui lui donne l'aspect du *chêne saule*. J'en ai eu des milliers de pieds sous ma surveillance dans les pépinières de Versailles, mais il n'a été possible d'en conserver aucun, les gelées de l'hiver les ayant frappés de mort. Je le regrette moins pour la qualité de son bois que pour la beauté de son port & de son feuillage, qui ne tombe qu'au printemps. Il ne s'élève qu'à environ 40 pieds.

Le *chêne trilobé* n'est pas très-commun en Caroline. Il s'élève à 60 pieds dans les plus mauvais terrains. Son bois est passablement bon. J'en ai cultivé quelques pieds dans les pépinières de Versailles qui ne se sont point prêtés à la transplantation. Michaux fils le regarde comme une variété du suivant.

Le *chêne falcate* s'élève à plus de 80 pieds. C'est un superbe arbre d'ornement, mais son bois est trop poreux & ne s'emploie qu'à défaut d'autres, à toute autre chose que pour brûler. Son écorce, au contraire, est la plus estimée pour le tannage des cuirs. Le petit nombre de pieds qui avoient réussi dans les pépinières de Versailles, ont éprouvé le sort du *chêne trilobé*, dont ils différoient beaucoup en apparence.

Le *chêne de Catesby* est un arbre très-élégant, mais de peu d'élévation, qui croît dans les mauvais terrains, & dont le bois est très-estimé pour le chauffage. On en voit une belle plantation à Rambouillet, au-dessus du marais, & quelques pieds dans les jardins de Versailles.

Le *chêne des marais* se rapproche beaucoup du précédent par son feuillage & la mauvaise nature de son bois, lardé de nœuds sans nombre, d'où son nom de *chêne à chevilles*; mais il en diffère beaucoup pour sa grandeur d'environ 80 pieds. Comme je n'ai pas su le distinguer des autres, je ne puis en rien dire de particulier.

Les *chênes à feuilles arquées*, & *à feuilles blanchâtres* ne me sont connus que par les descriptions de Née.

Le *chêne de Banistère* n'est presque qu'un arbrisseau, mais il est très-élégant. On le voit couvrir seul des espaces considérables dans les terrains les plus infertiles, offrant ses nombreux glands aux cerfs, aux cochons, aux dindons, &c. Son bois n'est propre qu'à brûler. Les Michaux père & fils en ont envoyé immensément de graines qui ont bien-levé, mais dont les produits sont restés rares; je ne sais pourquoi. C'est un des arbres les plus convenables pour former des remises à gibier. Les plus fortes gelées du climat de Paris ne produisent aucun effet sur lui.

Le *chêne lobé* me n'est pas connu.

Le *chêne à lobes obtus* a été assez abondant dans les pépinières confiées à ma surveillance, mais je n'en connois aucun gros pied dans les jardins des environs de Paris. J'en ai beaucoup vu dans les Carolines, où son bois, dont le grain est très-serré, est fort estimé, principalement pour faire des poteaux, parce qu'il est long à pourrir. Sa hauteur est d'environ 50 pieds.

Le *chêne à feuilles en lyre* se rapproche beaucoup du précédent par ses feuilles & par les qualités de son bois. C'est dans les grands marais qu'il croît principalement. Je crois l'avoir cultivé dans les pépinières de Versailles, où il est mort à sa première transplantation.

Le *chêne à gros fruits* est encore fort voisin de ce dernier par ses feuilles; mais il en diffère beaucoup par ses fruits, qui ont ordinairement plus d'un pouce de diamètre. C'est un fort bel arbre. On en possède quelques pieds en France, qui, dit on, prospèrent fort bien. Je ne l'ai jamais vu sur pied.

Les *chênes de xalapa*, *obtusate*, *en violon*, *à feuilles glauques*, *sinué*, *laurin*, *à feuilles lancéolées*, *du Mexique*, *à gros pédoncules*, *de fer*, *réticulé*, *à feuilles d'or*, *élégant*, *à épi*, *à stipule*, *douteux*, *tridenté*, ne se voient pas dans nos cultures, mais plusieurs d'entr'eux sont très-remarquables.

Le *chêne soyeux* paroît différer du *chêne à feuilles d'apées*; mais comme je n'ai pas pu les comparer, je n'ai rien à en dire.

Quoique la division des *chênes* verts soit généralement admise, elle est peu régulière; car d'un côté, des espèces des autres divisions ne perdent quelquefois leurs feuilles qu'après l'hiver, & même les gardent deux ans; de l'autre, des espèces de celle-ci les perdent quelquefois au printemps, par diverses causes qui me sont peu connues.

Le *chêne toujours vert* est un des plus beaux arbres d'ornement que j'aie vu, lorsqu'il est isolé & d'un grand âge. C'est aussi un des ceux dont le bois est le plus estimé pour la marine, à raison de son incorruptibilité. Il étoit autrefois très-multiplié dans la Virginie, dans les Carolines, dans les Florides, &c.; mais il y est devenu rare par le grand emploi qu'on en a fait depuis que ces pays sont habités par les Européens, parce qu'il croît avec une extrême lenteur, & que le grand espace de terrain qu'exige chaque pied, force de le proscrire des lieux cultivés. En effet, au lieu de s'élancer sur un seule tige, il développe, à 12 ou 15 pieds de terre, de 3 à 6 grosses branches qui se recourbent à leur extrémité jusqu'à terre, & forment, par leur ensemble, un demi-globe, souvent de plus de cent pieds de diamètre. Ses glands, souvent abondans à l'excès, sont doux & fort recherchés par tous les animaux sauvages frugivores.

Cette si importante espèce viendroit sans doute fort bien dans les parties sèches des landes de Bordeaux, que j'ai reconnues analogues aux lieux où il croît dans l'Amérique septentrionale; &, quelle que soit la longueur du temps qu'il demande, pour que son bois puisse être utilisé, il pourroit, vu la plus grosse stature de son tronc, être substitué avec avantage au *chêne yeuse*.

Michaux père & fils ont envoyé de grandes quantités de glands de cette espèce aux pépinières de Versailles; mais comme elle ne supporte pas les hivers du climat de Paris, il ne s'en est conservé que quelques chétifs pieds en pots, qu'on rentre dans l'orangerie aux approches des froids. J'ignore si ceux, assez nombreux, que j'ai envoyés dans le Midi, y ont prospéré. Il se forme toujours un ganglion de la forme & de la grosseur d'une noix au collet de sa racine, qui rend sa reprise encore plus difficile que celle du *chêne yeuse*, lorsqu'il n'a pas été semé en pot, comme je l'ai fait pour tous ceux dont je viens de parler.

Le *chêne yeuse* croît dans toutes les parties méridionales de l'Europe, septentrionales de l'Afrique & occidentales de l'Asie. Il fournit une immense quantité de variétés, dont les unes ont les feuilles très-grandes; les autres, les feuilles très-petites; d'autres, les feuilles entières, les feuilles dentées, les feuilles velues en dessous, les feuilles glabres en dessous, les fruits très-gros, les fruits très-petits, &c. On le connoît en France sous les noms de *chêne-vert* & d'*yeuse*. Il croît avec une extrême lenteur, & ne s'élève guère à plus de 40 pieds. Son bois est très-dur & très-lourd; il pèse environ 70 livres par pied cube.

Nulle part le *chêne yeuse* forme des futaies pleines. Il est toujours isolé au milieu des buissons, sur les coteaux exposés au midi, dans les plaines arides. Une fois coupé, il ne repousse plus qu'en buisson; ainsi on ne peut l'assujettir à une exploitation régulière. Presque partout il se sème çà & là de lui-même & croît comme il peut, car il n'y a pas d'intérêt à le multiplier, puisque ce n'est qu'après plusieurs siècles qu'il y a possibilité de tirer un bon parti de son bois, c'est-à-dire, d'en avoir des grumes de plus de 6 à 8 pouces de diamètre.

Comme arbre d'agrément, le *chêne yeuse* mérite l'attention des cultivateurs. La permanence de ses feuilles d'un vert sombre, la forme régulière & dense de sa tête, lui donnent un aspect qui frappe les admirateurs de la belle nature. Je me suis souvent arrêté dans le midi de la France, en Espagne & en Italie, à en considérer des pieds pendant quelques momens, en regrettant qu'ils ne puissent pas être transportés dans les jardins paysagers des environs de Paris, qu'ils orneroient si avantageusement. Il y en avoit, jadis, de très-dignes de remarque par leur grosseur, sur les buttes du Jardin des Plantes, mais ils ont péri par suite des gelées de l'hiver, & il n'a pas été possible de leur substituer de jeunes pieds, quelques précautions qu'ait prises mon collaborateur Thouin, preuve que le climat se refroidit: aussi, lorsqu'on veut le planter aujourd'hui en pleine terre dans nos jardins, faut-il l'empailler pendant l'hiver, ce qui lui ôte tout agrément.

Le *chêne liége* est d'une très-grande importance pour les peuples de l'Europe & même pour ceux du monde entier, à raison de son écorce, qui se lève aisément, & qui sert à faire des BOUCHONS de bouteilles, que nulle autre matière connue ne peut remplacer. Il parvient à la même hauteur & à la même grosseur que le précédent, qu'il est quelquefois, dans leurs variétés, fort difficile d'en distinguer. On le trouve dans quelques parties des départemens du sud-ouest & sud-est de la France, dans le midi de l'Espagne, de l'Italie, de la Turquie, & sur les côtes méditerranéennes de l'Afrique. Nulle part il forme des forêts pleines; mais, comme l'yeuse, il est épars sur les coteaux exposés au midi, dans les plaines sablonneuses, &c. Partout on se plaint qu'on en coupe plus de pieds qu'on n'en plante. Il est certain que leur nombre a beaucoup diminué en France depuis un siècle. Sa croissance est si lente, qu'un pied, même en terrain convenable, est à peine de la grosseur du bras à cent ans d'âge. Son bois est excessivement dur, & seroit propre à beaucoup d'emplois si on pouvoit facilement & économiquement s'en procurer de forts échantillons. Mais, ainsi qu'on doit le présumer, c'est pour la récolte de son écorce qu'on doit le réserver, parce que c'est elle qui le rend un objet de revenu. Cette écorce, qui doit son épaisseur à l'accroissement extraordinaire de son tissu cellulaire, tombe naturellement tous les sept à huit ans, & s'enlève, vers cette époque, en la fendant longitudinalement, & en prenant garde d'attaquer le liber, ou dernière couche corticale, qui doit la produire.

Ce n'est guère qu'à vingt ou vingt-cinq ans qu'on peut commencer à enlever l'écorce du liége, qui, alors, n'est propre qu'à brûler ou à tanner les cuirs. Sa seconde & souvent sa troisième récolte ne sont pas encore susceptibles de servir à faire des bouchons, mais elles peuvent être utilisées pour soutenir, à la surface de l'eau, les filets des pêcheurs, & pour un grand nombre d'emplois. Il faut presqu'un siècle pour que cette écorce ait acquis l'homogénité & l'épaisseur convenable pour faire d'excellens bouchons, qualités qu'elle conserve pendant trois siècles & plus, c'est-à-dire, jusqu'à la mort de l'arbre.

Aussitôt que l'écorce du liége est enlevée, on l'expose, par son côté interne, à l'action du feu, qui l'assouplit & permet de l'étendre sur le sol, & de la charger de pierres pour la redresser & en former des planches tenant moins de place & se travaillant plus facilement. Quelquefois on la brûle trop, comme on peut le voir dans celles de ces planches qui viennent à Paris, mais c'est que cette opération est confiée à des ouvriers très-peu intelligens & très-peu soigneux; car il suffit que cette écorce soit chaude pour qu'on puisse remplir l'objet qu'on a en vue. Les qualités qui constituent un bon liége, sont d'être épais au moins de quinze lignes, de couleur rougeâtre, souple, élastique, ni ligneux ni poreux. Le jaune, encore plus le blanc, sont peu estimés.

Si les glands de l'yeuse sont âpres, ceux du liége sont si doux, que l'homme pourroit les manger en cas de besoin. Ils sont une excellente nourriture pour les cochons.

Je le dis avec chagrin, partout où j'ai vu des liéges, leur reproduction étoit livrée au hasard; & comme le terrain où ils se trouvent est presque toujours en pâturage, il est très-rare qu'un gland puisse lever, & encore plus, que le jeune arbre qu'il commence puisse prospérer. Il faudroit que l'autorité publique exigeât qu'il en fût planté chaque année un certain nombre, car l'intérêt des individus n'y porte nullement, puisque ce n'est qu'à cent ans qu'il commence à être véritablement en rapport.

Comme encore plus sensible à la gelée que le *chêne yeuse*, le *chêne liége* ne croît que difficilement en pleine terre dans le climat de Paris. Les pieds qu'on y voit sont rabougris, quoiqu'ils s'empaillent tous les hivers. On doit donc se borner à en avoir un pied ou deux pour la curiosité.

Le *chêne de Gibraltar*, ou *faux-liége*, son écorce étant légèrement fongueuse, & celui à *feuilles d'égylops* se cultivent à Trianon, & proviennent des glands apportés des îles Baléares par Richard. Ils fleurissent, mais ne donnent jamais de fruits. Leurs glands se mangent dans leur pays natal. On ne peut les multiplier que par la greffe sur l'espèce commune, greffe qui réussit très-difficilement, & dont les résultats durent fort peu.

Le *chêne balotte* se rapproche infiniment du *chêne yeuse*, mais forme certainement une espèce distincte, puisque ses glands se mangent habituellement sur la côte d'Afrique, au rapport de Desfontaines, à qui nous devons les trois à quatre pieds, reste de plus d'un demi-cent, qui se voient encore dans nos jardins, mais qu'on ne peut multiplier & qui disparoîtront, comme les autres, dans quelques années.

Le *chêne à feuilles rondes*, que j'ai observé en Espagne, & dont j'ai mangé des glands tant cueillis sur l'arbre qu'achetés par moi au marché de Burgos, paroît ne pouvoir être suffisamment distingué du précédent, quand on considère les nombreuses variétés du *chêne yeuse* & du *chêne liége*. J'en ai cultivé beaucoup de pieds dans les pépinières de Versailles & du Roule, mais ils ont disparu des jardins où ils ont été transportés. On doit desirer qu'il en soit fait de grandes plantations dans le midi de la France; car, quoique son fruit soit inférieur en grosseur & en saveur à la châtaigne, il augmenteroit la masse de nos subsistances, ce qui n'est jamais à dédaigner.

Le *chêne de Turner* est venu plusieurs fois d'Angleterre dans nos jardins, & se voit encore dans quelques pépinières. On le croit originaire de Portugal. Quoique je le connoisse, je ne puis en rien dire sous les rapports de l'utilité.

Le *chêne kermès*, ou *chêne à la cochenille*, croît dans les lieux les plus chauds & les plus arides du midi de la France, de l'Espagne, de l'Italie, de la Turquie & de la côte septentrionale d'Afrique. Rarement je l'ai vu s'élever à plus de quatre pieds. Comme ses racines sont traçantes & qu'elles poussent chaque année de nouveaux rejetons, ses touffes s'étendent souvent au-delà de plusieurs toises de diamètre. On pourroit l'employer avec avantage dans les tanneries & dans les teintureries; cependant c'est pour le chauffage qu'on l'utilise le plus généralement: mais ce ne sont pas seulement ses tiges qu'on consacre à cet usage, ce sont aussi ses racines; de sorte qu'au lieu de se multiplier, il devient de plus en plus rare, presque partout.

C'est sur lui que vit le KERMÈS, cette cochenille qui, avant la découverte de l'Amérique, servoit seule à donner la couleur écarlate, cochenille qui alors faisoit la fortune des habitans des montagnes où il croît, mais que la difficulté de sa récolte & la petite quantité de sa partie colorante mettent à un taux trop élevé dans le commerce, pour pouvoir rivaliser avec celle du Mexique.

Ce *chêne* se voit dans toutes les écoles de botanique, mais on est obligé de le tenir dans des pots pour pouvoir le rentrer dans l'orangerie pendant l'hiver, les gelées de cette saison le faisant fréquemment mourir dans le climat de Paris, & toujours plus au nord.

Le *chêne faux-kermès* se rapproche beaucoup du précédent. Il est originaire des côtes de Barbarie, où il a été observé par Desfontaines. Nous en possédons quelques pieds dans nos jardins, qui se cultivent comme ceux du véritable kermès.

Il y a fort peu d'années, ainsi que je l'ai déjà observé, que les *chênes* de France, à feuilles caduques, sont distingués les uns des autres dans les livres, quoique les bûcherons sachent fort bien établir leurs différences. Secondat, petit-fils de Montesquieu, est le seul qui ait tenté de les débrouiller; mais pour avoir opéré à Bordeaux, il n'a fait que jeter de nouveaux embarras dans leur nomenclature, parce que là il existe une espèce, le *chêne tauzin*, qui n'est pas connue dans le reste de la France. J'ai concouru, par mon *Mémoire sur les Chênes*, imprimé dans les *Mémoires de l'Académie des sciences*, année 1807, à jeter quelques lumières sur ces espèces; mais j'avoue que, faute d'observations suffisantes, je n'ai point rempli complétement mon objet. Je possède en effet, en herbier, plusieurs échantillons de *chênes* principalement cueillis dans les forêts de l'ouest, qui portent des noms parmi les bûcherons, & que je n'ai pas osé signaler comme espèces, à raison de la disposition à varier, de toutes celles que je connois. Je ne puis donc parler, en connoissance complète de cause, que des deux premières de celles qui ont été mentionnées, lesquelles sont, de fait, les plus répandues & les seules sur les qualités intrinsèques du bois, ainsi que sur la culture, les écrivains nous aient donné des notions précises. Au reste, il ne m'a pas paru que, dans la pratique, la différence entre ces deux espèces, & encore moins entr'elles & les autres, fût assez marquée, sous les deux rapports précités, pour qu'il y ait beaucoup à regretter ce manque d'instruction, lorsqu'on sait, comme je l'ai indiqué plus haut, quelle est la nature du sol qui convient particulièrement à chacune d'elles.

Quelqu'abondans que soient les *chênes* dans nos forêts, ils ne le sont pas autant, à beaucoup près, qu'il seroit à desirer. On se plaint généralement, &, selon moi, avec raison, qu'ils diminuent annuellement partout. Plusieurs causes concourent à ce triste résultat, parmi lesquelles la destruction des futaies des particuliers, produite par le lourd impôt qu'elles supportent, tient le premier rang. En effet, c'est principalement dans les futaies pleines, qu'avant leur coupe, les glands se trouvent dans des circonstances favorables pour germer; qu'après leur coupe, les vieilles souches périssent & qu'il se reproduit des bois blancs, trembles, bouleaux, &c., qui garantissent les jeunes pieds des ardeurs du soleil, & qui, à soixante ou quatre-vingts ans, leur cèdent la place. Ce fait, qui s'appuie sur la théorie des ASSOLEMENS, est la base de l'excellente pratique suivie par M. de Violaine, dans la forêt de Villers-Cotterets, pratique dont il sera question ailleurs. J'ai partout observé que les taillis ne fournissoient des *chênes* de brin, que dans les excellens terrains, & ce, même en petite quantité, ce qui s'explique encore par la théorie des assolemens, puisque les souches de *chêne* de ces taillis ne meurent que successivement.

Malheureusement il n'est presque jamais, vu l'état actuel des mœurs publiques & privées en Europe, dans l'intérêt des propriétaires pères de famille, de planter des forêts de *chêne*, à raison de la grande dépense de cette opération & du long temps qu'il faut attendre pour en jouir; car la cause ci-dessus, c'est-à-dire, l'impôt, pendant ce temps, absorbe & au-delà, avec encore plus de certitude, le capital qu'on a droit d'en espérer, puisqu'il y a une mise dehors de plus.

Que faire dans ces deux cas? conserver ses futaies & en planter, car il n'est pas possible que les gouvernemens ne s'éclairent sur leurs vrais intérêts, & ne viennent bientôt, par des diminutions de l'impôt & par la remise de son paiement au moment de la coupe de la futaie, au secours des propriétaires! N'est-ce pas après la récolte des céréales, des fourrages, des fruits, &c., que se paient les impôts directs ordinaires? Seroit-il même possible de les faire payer plus tôt? Remettre à l'époque de la coupe des bois l'impôt qu'il est juste qu'ils supportent, ne seroit donc qu'un acte de stricte justice. Sans doute il pourroit naître des abus de ce nouvel ordre de choses: quelques propriétaires pourroient diminuer, un an ou deux avant la coupe authentique de leurs bois, la valeur de cette coupe, en vendant clandestinement les plus beaux arbres, ou, après sa coupe, en simulant la somme à laquelle elle a été estimée ou vendue. Mais dans quel mode d'impôt n'existe-t-il pas d'abus? Ne peut-on trouver de moyens pour les faire cesser, ou au moins les affoiblir?

Cette digression a été nécessitée par le sujet même que j'entreprends de traiter actuellement. Je reviens au *chêne*.

Les fruits du *chêne* s'appellent GLANDS; ils varient comme les autres parties de l'arbre, non-seulement selon les espèces, mais dans presque chaque arbre de la même espèce. On en voit dans la même forêt de très-gros, de très-petits, de très-courts, de très-alongés, de très pâles, de colorés, d'isolés, de réunis en grand nombre au même point, de doux, d'acerbes, &c. Leur production, quelquefois excessive, varie également toutes les années, soit parce qu'elle a été surabondante & que les pieds, épuisés, ne peuvent plus fournir la même quantité de nourriture, soit parce que les gelées ou les pluies froides du printemps se sont opposées à la fécondation des fleurs. Quelquefois la plus grande partie des glands ne parvient pas à maturité par le fait d'insectes des genres CHARANÇON, MOUCHE, qui déposent leurs œufs sur leur surface, d'où sortent des larves qui dévorent leur intérieur.

Il est des *chênes* dont les glands arrivent à leur perfection dans le cours d'un été; il en est d'autres, & ce sont la plupart de ceux qui conservent leurs feuilles pendant l'hiver, où ils restent deux ans sur l'arbre. Cette différence n'apporte d'ailleurs aucune modification dans leur nature.

Les hommes se nourrissoient d'abord de glands, d'après le témoignage des plus anciens historiens. Les commentateurs, qui n'étoient pas botanistes, ont recherché comment ils les préparoient, car les glands des *chênes roure* & *pédonculé* sont très-acerbes, & ils ont décidé qu'ils les faisoient bouillir dans une lessive alcaline, opération qui les adoucit en effet, mais, qu'à l'époque en question, on ne pouvoit sans doute pas exécuter, faute d'alcali & de vase. Il est probable que les premiers habitans de la Grèce mangeoient, comme leurs descendant mangent encore, le gland doux de ce pays, celui du *quercus esculus*, comme les Espagnols mangent, & comme j'ai mangé avec eux, ceux des *quercus rotundifolia*, *Turneri*, *gibraltarica*, *ægylopifolia*, *faginea*, *castilleana*, &c., lesquels, quoiqu'inférieurs en bonté à la châtaigne, sont susceptibles d'être servis sur la table, soit crus, soit cuits sous la cendre ou dans l'eau.

Les Russes, dit-on, font fermenter les glands & en tirent une liqueur alcoolique.

Dans les années favorables, la quantité de glands existans sur chaque arbre adulte, c'est-à-dire, de cinquante ans, est telle qu'elle suffiroit pour planter un arpent. Combien d'arpens planteroit-on donc avec les produits d'un arbre isolé, en bon fonds, de

cinq

cinq à six cents ans! On ne peut s'en former une idée ; mais je ne croirois pas trop m'éloigner de la vérité en supposant cinquante arpens. Or, en multipliant cinquante par le nombre des *chênes* qui se trouvent dans une seule forêt, on a pour résultat que si tous les glands de cette forêt produisoient un arbre, la France seroit couverte de *chênes* l'année suivante, & que l'Europe ne tarderoit pas à n'être plus qu'une forêt impénétrable.

Mais de ces milliards de glands qui naissent en une forêt, dans les années d'abondance, peu sont destinés à fournir des pieds. D'abord beaucoup, comme je l'ai observé plus haut, sont altérés par la piqûre des insectes ; beaucoup tombent sur des touffes d'herbes, des feuilles, sur la terre battue, où ils ne peuvent germer, & ils sont mangés par un grand nombre de quadrupèdes & d'oiseaux. Dans certaines années froides & pluvieuses, ils pourrissent dès qu'ils sont tombés ; dans certaines autres, chaudes & sèches, ils perdent leur faculté germinative, par suite de leur raccornissement.

Les cultivateurs, dans les pays où des lois mal combinées ne s'y opposent pas, utilisent une grande partie des glands qui seroient ainsi perdus, en les employant à la nourriture de leurs cochons, de leurs oies, de leurs dindons, &c., dont ils favorisent beaucoup l'engrais & dont ils améliorent considérablement la chair. Pour cela, tantôt ils font ramasser les glands dans les forêts, un à un, ou avec des râteaux, pour les apporter à la maison & les distribuer journellement ; tantôt ils y font conduire les animaux ci-dessus désignés, qui les mangent sur place. On appelle *glandée* l'une & l'autre de ces opérations.

La glandée est de droit commun dans tous les pays où les forêts de *chêne* sont encore nombreuses. Elle étoit restée, à l'époque de la révolution, un privilége pour beaucoup de communes limitrophes des bois appartenant au Roi, à l'Église, & même à quelques particuliers. La nouvelle administration forestière, se fondant sur l'opinion que la glandée nuit aux repeuplemens, a cru devoir la restreindre aux années abondantes & aux personnes qui en demandoient l'autorisation. Il est évident que cette modification du droit ancien est illusoire, puisque les cultivateurs ne sont jamais certains d'obtenir cette permission, & qu'il faut le savoir au moins six mois d'avance pour pouvoir en profiter avec toute l'amplitude desirable, c'est-à-dire, pour acheter des cochons, des oies, des dindonneaux. D'ailleurs, je ne partage pas l'opinion sur laquelle elle est fondée ; car d'abord, comme on vient de le voir, il y a des milliards de graines qui ne doivent pas germer, & elles seroient perdues si aucun animal ne s'en nourrissoit ; ensuite, c'est que les cochons, en remuant la terre pour trouver les glands, en enterrent plus qu'ils en mangent, ainsi que je crois m'en être assuré par l'observation. Je voudrois donc que la glandée fût permise, dans les années abondantes, dans toutes les forêts dépendantes du domaine public, seulement qu'elle ne pût être prolongée au-delà du 1er. décembre, parce que les glands échappés aux premières recherches sont alors presque tous enterrés & peuvent germer.

Dans les années où l'été est sec & l'automne pluvieux, l'enveloppe de beaucoup de glands se fend avant leur chute, & même le germe de quelques-uns se développe. Si ces glands ne tombent pas dans un trou, ils se dessèchent de suite. Il est même des espèces, comme le *chêne toujours vert* d'Amérique, où cette circonstance se présente presque tous les ans avec une grande amplitude.

On peut conserver les glands en tas pour la nourriture des bestiaux, sans grands inconvéniens, pendant environ deux mois après leur récolte, pourvu que ces tas soient dans un lieu frais & que leur surface soit couverte de paille, de mousse, de feuilles sèches, &c. ; mais alors les uns se dessèchent & prennent une couleur plus blanche, & les autres se pourrissent & deviennent noirs. Si on desire les garder plus long-temps, il faut les stratifier en terre, ainsi que je le dirai plus bas.

En général, je le répète, tout gland qui s'est desséché est perdu pour la reproduction, parce que son germe est immédiatement dessous son enveloppe : aussi n'y a-t-il que ceux qui tombent dans des trous, qui sont recouverts par des feuilles, qui germent naturellement ; aussi n'y a-t-il que ceux qui ont été STRATIFIÉS qui puissent être semés, avec fruit, après l'hiver.

Par contre-coup, les glands trop enterrés ne germent pas non plus. C'est faute d'avoir fait cette remarque, que tant de semis n'ont point réussi. Dans les forêts, ils germent même presque tous à la surface de la terre, protégés contre la dessiccation (le HALE, *voyez* ce mot) par les feuilles tombées après eux, feuilles qui les recouvrent & entretiennent autour d'eux une constante humidité. Alors c'est leur radicule seule qui pénètre dans la terre. Il suffit de mettre à nu la terre sous les vieux *chênes* des taillis, au printemps, par l'enlèvement des feuilles, pour s'assurer de ce fait, dont la conséquence est, 1°. qu'il faut les planter en état de germination ; 2°. les enterrer, au plus, à un pouce de profondeur & pendant un temps pluvieux. C'est ce que font les forestiers & les pépiniéristes éclairés.

En conséquence, dès que les glands sont tombés de l'arbre, ils seront ramassés, mis en tas, pendant une quinzaine de jours, après quoi on les déposera, par lits de trois pouces d'épaisseur, alternant avec des couches de terre de même épaisseur, dans des fosses plus ou moins longues, plus ou moins larges, plus ou moins profondes, selon la quantité, mais telles que, pleines, il y ait au moins un pied de terre sur la dernière couche. Là, tous ceux qui ne sont pas organiquement altérés, si la terre n'est ni trop sèche ni trop humide, se conserveront en bon état jusqu'en avril, époque où il convient de les retirer pour les semer, qu'ils soient germés ou non.

Les glands qui tombent les premiers sont presque tous verreux, & ceux qui tombent les derniers sont généralement affectés de vices organiques. Les gauler pour rendre la récolte plus rapide, ne peut être approuvé, puisque non-seulement ceux ci-dessus s'y mêlent, mais encore tous ceux qui n'avoient pas encore terminé leur évolution, lesquels se rangent dans la même catégorie.

Les glands à envoyer au loin doivent être encore plus rigoureusement stratifiés; mais pour éviter de trop grands frais de transport, on les alterne dans des caisses avec de la mousse ou du bois pourri, tenus légèrement humides. C'est par ce moyen que les Michaux ont envoyé tant de millions de glands, en parfait état de germination, de la Caroline & autres contrées de l'Amérique septentrionale.

Ce que je viens de mettre sous les yeux du lecteur, indique que les semis de glands, en automne, sont dans le cas de réussir rarement. Ainsi je n'en ferai pas l'objet d'un paragraphe.

Trois buts déterminent principalement le semis des glands, savoir : ou la formation d'une forêt, ou la multiplication des arbres isolés ; ou le desir d'avoir du plant de pépinière. Je vais successivement prendre en considération ces trois sortes de semis.

Il y a plusieurs modes de plantations des bois : tous s'appliquent au *chêne*. Ainsi on peut semer le gland à la volée, sur une terre entièrement labourée, & l'enterrer ensuite, soit avec la charrue légère, soit avec la herse; ainsi on peut disséminer le gland dans le sillon que forme la charrue, pour le recouvrir en formant le sillon suivant; ainsi on peut se contenter de labourer des bandes de deux ou trois pieds de large, dans lesquelles on placera un rang de petits AUGELOTS, le plus également espacés possible, faits à la houe, écartés de six pieds, dans lesquels on répandra trois à quatre glands qu'on recouvrira de terre avec la même houe.

Quelque soit le mode employé, on opérera pendant le mois d'avril, c'est-à-dire, quand il n'y aura plus de gelées à craindre, & lorsque le temps sera à la pluie.

Il arrive très-fréquemment qu'on plante d'autres espèces d'arbres, alternativement avec le *chêne*, principalement le châtaignier dans les terrains argileux, le bouleau dans ceux qui sont sablonneux, le charme dans ceux qui sont calcaires, le frêne dans ceux qui sont humides, l'aune dans ceux qui sont marécageux : ce mélange est très dans le cas d'être approuvé par le principe sur lequel sont fondés les assolemens. Il en sera question plus en détail à l'article des PLANTATIONS.

Quelques auteurs ont recommandé de placer les glands à la main, pour pouvoir les asseoir sur le gros bout, afin que leur radicule pénètre plus directement dans la terre; mais l'expérience prouve que la plus grande dépense qu'amène ce soin n'est pas compensée par la meilleure croissance des pieds. Dans le forêts, les glands germent presque tous couchés à plat, & c'est ainsi qu'ils se trouvent presque tous lorsqu'on les jette sur la terre. La radicule & la plantule savent fort bien se retourner pour aller chercher, la première la terre, & la seconde l'air.

Semer de l'orge, de l'avoine, sur la terre qui vient de recevoir des glands, est toujours avantageux, en ce que les fannes de ces céréales garantissent le jeune plant des effets de la sécheresse, qui, je ne puis trop le répéter, est la circonstance la plus à craindre pour empêcher sa bonne venue.

Quoique les ravages des lapins, des mulots, des corbeaux, &c., soient moins à redouter dans les semis du printemps que dans ceux d'automne, il n'en faut pas moins veiller sur eux pendant un mois, au moins, en s'y promenant chaque jour avec un chien, & en mettant des boulettes empoisonnées dans les trous qui s'y trouveront.

La première année, la tige du plant s'élève au plus à six pouces, mais son pivot a le double de cette longueur. On donne à ce plant un binage pendant les hivers suivans, jusqu'à ce qu'il ait acquis trois ou quatre pieds de hauteur, après quoi on l'abandonne à lui-même, à moins qu'ayant été brouté par les bestiaux, ou affecté par les gelées du printemps, il se soit RABOUGRI au point de ne plus former de tiges; auquel cas il faut le couper rez-terre. *Voyez* RECEPAGE.

Le semis des *chênes* destinés à rester isolés, soit au milieu, soit au bord des champs, ou à former des avenues, ou à entrer dans la composition des HAIES, &c., peut avoir lieu, ou au moyen d'augelots faits sur le labour, ou sur un simple coup de houe, ou avec un plantoir. On doit multiplier les semis de cette sorte, car tant de causes les empêchent de réussir, tant d'accidens attendent les pieds qu'ils ont donnés, qu'un arbre sur cent vient à peine à bien. C'est la raison pour laquelle on voit si peu de *chênes* sur les routes, en avenues, autour des champs, lorsque tout invite à les y multiplier. Beaucoup de soins & beaucoup de patience peuvent cependant amener des réussites. J'invite donc les propriétaires à ne pas se décourager par les mauvais succès.

Comme, ainsi qu'on l'a vu plus haut, le pivot des *chênes* s'approfondit beaucoup dès sa première année & qu'il n'a de racines qu'à son extrémité, il faut lever la totalité de ce pivot si on veut assurer la reprise du pied; mais dans combien de cas la transplantation d'un *chêne* peut-elle supporter la dépense de deux trous de six pieds & plus, l'un pour le lever, l'autre pour le placer? On a donc dû être déterminé à faire en sorte que tous les *chênes* disposés à être transplantés, fussent dépourvus de ce précieux pivot, dont la nature les a pourvus pour pouvoir résister pendant des siècles, malgré la vaste étendue de leur tête, à la fureur des vents. Or, il y a plusieurs moyens d'arriver à ce but, moyens qu'on doit employer lorsqu'on sème des glands dans les pépinières.

Le premier de ces moyens est de casser le bout de la plantule dans les glands germés avant de les planter; alors il se forme plusieurs racines à sa base qui poussent plus lentement qu'elle auroit poussé. Le second, c'est de semer les glands non germés dans des pots, des caisses, &c., qui n'ont que quelques pouces de profondeur, & qui, par conséquent, arrêteront-le pivot à cette longueur. Le troisième, qui rentre dans le précédent, c'est de choisir, pour faire le semis, un terrain où l'argile infertile, & encore mieux la roche, soit à une petite distance de la surface.

Le semis, dans le premier cas, doit se faire à la main, parce qu'il est alors important de tenir les restes du pivot dans la position qu'il doit avoir, & il est beaucoup de glands qui périssent, malgré cette précaution.

Il est des pépiniéristes qui sèment les glands en lignes écartées d'un pied, & qui, la seconde année, au moment où la végétation commence à se développer, c'est-à-dire, en avril, coupent toutes les racines du plant, entre deux terres, à six ou huit pouces de la surface, & même plus bas, s'il est possible, au moyen d'une bèche ou d'une pioche. Cette opération est quelquefois suivie de succès, c'est-à-dire, que la plus grande partie des pieds continue de végéter; mais aussi quelquefois elle les fait tous périr, ce qui n'engage pas à la tenter.

Au reste, le semis des glands dans une pépinière ne diffère pas de celui en plein champ.

Certains *chênes* du midi de l'Europe, de l'Asie & de l'Amérique, sont extrêmement sensibles à la gelée, & il faut, par conséquent, les laisser constamment dans des pots ou dans des caisses, pour pouvoir les rentrer dans l'orangerie aux approches de l'hiver. Je n'en connois pas qui exigent la serre chaude; car les espèces de ce genre ne croissent pas naturellement entre les tropiques.

Au moyen des précautions ci-dessus & de deux transplantations dans la pépinière, l'une à deux ans & l'autre à quatre, les *chênes* acquièrent un empatement de racines tel, qu'on peut espérer de les mettre en place avec certitude de reprise, lorsqu'ils sont devenus défensables, c'est-à-dire, ont acquis d'un à deux pouces de diamètre & de huit à dix pieds de hauteur, tandis qu'avec leur pivot il y auroit à craindre d'en perdre deux sur trois, dans ce cas, après l'âge de trois ans, & six sur sept à l'âge de cinq ans, perte qui ne peut être supportée que par les cultures de luxe.

Ce n'est donc que du plant des *chênes* d'un à deux ans qu'on peut tirer des pépinières pour planter des bois d'une certaine étendue avec sûreté & économie, encore faut-il que la distance de la pépinière au lieu de la plantation ne soit pas à plus d'une journée de marche, que le terrain soit frais & de bonne nature, & que l'année soit pluvieuse; mais ces circonstances sont rares: aussi, en y ajoutant leur plus grande économie & la conservation du pivot, les semis sont presque toujours préférables aux plantations, & ce sont eux que j'engage les propriétaires à préférer.

Cette difficulté de transplanter avec succès des *chênes* âgés, s'augmente lorsqu'il s'agit des espèces qui conservent leurs feuilles pendant l'hiver. C'est un hasard, si je puis employer cette expression, lorsqu'une yeuse, un liége de deux ans, qui n'a pas été semé dans un pot & qui n'est pas mis en place avec sa motte, ne meurt pas par suite de sa transplantation: aussi, dans les pépinières des environs de Paris, les tient-on en pot jusqu'à ce moment, d'autant plus qu'ils craignent les fortes gelées de l'hiver & les plus foibles du printemps.

On greffe fort difficilement les *chênes* étrangers sur ceux de France autrement que par approche; cependant j'ai vu réussir assez souvent cette greffe par le moyen de celle dite *à l'anglaise*. On trouvera au mot GREFFE les indications nécessaires pour les exécuter.

Les deux *chênes* communs dans les environs de Paris, le roure & le pédonculé, qui résistent, plus au nord, peut-être à 30 degrés de froid, pendant l'hiver, y sont extrêmement sensibles au printemps lorsqu'ils sont entrés en végétation, c'est-à-dire, que 2 ou 3 degrés de froid au-dessous de zéro du thermomètre de Réaumur, suffisent pour tuer leurs jeunes pousses & leurs jeunes feuilles. Cet accident arrive principalement à ceux de ces *chênes* qui se trouvent dans les vallées exposées au nord, sur le bord des ruisseaux, ou des étangs, dans des taillis trop chargés de vieux baliveaux, ce qui indique que l'humidité de l'air concourt puissamment à l'aggraver. (*Voy.* GELÉE.) Il y a dans la forêt de Montmorency telle localité, où j'ai vu ces tristes résultats se reproduire presque tous les ans: aussi n'offroient-elles que des arbres rabougris & de nul autre emploi que pour le feu. Je ne puis indiquer aucun moyen pour prévenir de réparer les accidens de ce genre dans des localités semblables; mais dans celles où il est plus rare, on emploie le recepage, qui, donnant lieu à une repousse de brins très-droits, assure un dédommagement pour l'avenir.

Je dois observer de plus que les bois de *chênes* coupés en sève, par exemple, pour obtenir des écorces à tan, étant par cette opération retardés dans leur repousse, ne sont pas toujours assez

Aoutés (*voyez* ce mot), au moment des premières gelées de l'automne, pour pouvoir y résister, & que leur effet sur eux est le même que celui des gelées du printemps. Cette circonstance doit rendre fort difficiles à accorder, par les propriétaires de bois, la permission de lever des écorces, lorsque ces bois ne sont pas à une exposition chaude & aérée.

On doit toujours desirer qu'un bois de *chêne* semé reste intact jusqu'à l'époque de sa coupe comme futaie, parce que les arbres de brin, c'est-à-dire, qui n'ont qu'une seule tige, poussent plus droit & plus vîte que les autres; mais les accidens ci-dessus, & bien d'autres, obligent presque toujours de les réceper à cinq ou six ans, & même plus tard, pour les remettre en partie dans cet état. Je dis en partie, parce que, dans ce cas, on se contente ordinairement d'avoir des tiges droites, & il faudroit n'en laisser qu'une sur chaque souche. *Voy.* aux mots Récepage & Pepinière.

Lorsqu'on n'exécute pas cette utile opération, on peut la suppléer jusqu'à un certain point par la pratique de l'éclaircissement, pratique trop peu connue, & que je voudrois voir introduire dans tous les bois de la France, pour l'avantage des propriétaires & de la société. *Voy.* Eclaircis.

Quoique de peu de défense, le *chêne* est très-propre à former des haies, parce que, taillé annuellement, il prend une immense quantité de branches, & que par conséquent il garnit bien. *Voyez* Haie.

Dans beaucoup de cantons on le fait entrer, comme arbre de futaie, dans la composition des haies rustiques, en y semant des glands, ce qui donne des arbres de haut service d'une très-belle venue & d'une excellente nature, en ce qu'ayant joui de toute l'action de la lumière & de l'air, leur bois est bien plus dur & bien plus élastique.

L'exemple de ces superbes *chênes* prouve qu'il seroit facile, en y plantant d'abord des haies, d'en garnir nos grandes routes, & je fais des vœux pour que cela soit exécuté; le prétexte que les haies favorisent les voleurs, me paroissant trop frivole pour être mis en balance avec les résultats futurs d'une plantation de ce genre.

La croissance du *chêne* n'est ni rapide ni lente. Elle est retardée dans les mauvais terrains & dans les pieds rabougris. Bridel l'évalue dans les bons fonds à un pied de hauteur & un demi-pouce de circonférence par année, jusqu'à environ quatre-vingts ans, qu'elle se ralentit progressivement. Ils grossissent encore pendant un grand nombre d'années, peut-être un siècle, après avoir cessé de prendre de la hauteur.

A raison de la dureté de son bois & de sa lente croissance, le *chêne* souffre toujours de la soustraction de ses branches. Il ne faut donc couper ces branches qu'en cas de nécessité absolue, lorsqu'on veut avoir promptement de beaux troncs. Cette observation ne doit cependant pas empêcher de le disposer en têtards, dont on coupe les branches tous les dix, douze, quinze ans, manière très-avantageuse d'en tirer parti, parce que, dans ce cas, on sacrifie la valeur du tronc. *Voy.* Têtard.

Lorsqu'on est forcé d'élaguer un *chêne*, on doit couper ses branches à quelque distance du tronc, un demi-pied, par exemple, pour empêcher la carie, qui souvent naît sur la plaie & gagne le cœur fort rapidement.

Le moment où il convient de couper les *chênes*, est impossible à fixer, parce qu'il dépend du besoin qu'on en a, ou du prix qu'on en donne. En général, le grand nombre d'usages auxquels ils sont propres, les mettent dans le cas de l'être pendant toute la durée de leur existence. Cependant, comme ils ne peuvent être remplacés avantageusement en Europe, pour la charpente des maisons & la construction des navires, par aucun autre arbre, on est déterminé à desirer qu'on les laisse arriver à toute leur croissance, dont l'époque varie également, selon les terrains & selon les circonstances. D'ailleurs, beaucoup d'entr'eux s'altèrent, à l'intérieur, bien avant de cesser de croître, & alors leur bois n'est plus bon qu'à brûler. *Voyez* Carie, Ulcère, Cadran.

Pour être pourvu de tous les avantages qui sont propres à son bois, le *chêne* exige d'être coupé pendant la suspension de sa séve, c'est-à-dire, pendant l'hiver; mais, au contraire des autres, il demande à être équarri peu après sa chute. On le met dans l'eau pour l'empêcher de se gercer.

Il est des *chênes*, même parmi l'espèce à fruits pédonculés, qui sont tellement tortueux ou noueux, qu'ils ne peuvent se fendre. Il en est dont le bois est rouge. Ces *chênes* sont très-recherchés pour les ouvrages de force & pour les meubles.

Un volume ne suffiroit pas, je le répète, si je voulois présenter le *chêne* sous toutes les considérations dont il est susceptible; cependant je ne dois lui consacrer qu'un article. Je m'arrête, en conséquence, & c'est avec d'autant plus de raison, que presque tous les articles généraux, tels que ceux Bois, Forêt, Exploitation, Coupe, Aménagement, Baliveau, Charbon, Tan, Charpente, Batisse, Latte, Essente, Merrain, Cercle, Galle, &c., servent de supplément à celui-ci.

Plus de cent espèces d'insectes vivent aux dépens du *chêne*. Les uns attaquent les feuilles; les autres, ses boutons, ses bourgeons, son écorce, son aubier, ses racines. Je n'en ferai point l'énumération, parce que cela n'auroit qu'un foible degré d'intérêt pour les cultivateurs. Je dirai seulement que l'un d'eux, le Cynipe, fait naître la Galle, qui est l'objet d'un commerce de quelqu'importance.

Il n'eſt point de partie du *chêne* qui ne ſoit propre à être employée en médecine comme aſtringent; mais on ne fait guère uſage que de la noix de galle, qui poſſède cette propriété à un haut degré.

Les beſtiaux, & ſurtout les bêtes à cornes, qui mangent des bourgeons de *chêne* au printemps, ſont expoſés à gagner une maladie cauſée par leur aſtringence & caractériſée par un piſſement de ſang, maladie connue ſous le nom de MAL DE BROU. *Voyez* ce mot.

Cependant, les feuilles ſèches du *chêne* ſont convenables pour nourrir les beſtiaux pendant l'hiver, & il eſt pluſieurs contrées de la France, entr'autres les montagnes du Beaujolois, où les cultivateurs s'en approviſionnent tous les étés pour ſuppléer à la diſette des fourrages, auxquels ils ſont ſouvent expoſés lorſque l'hiver ſe prolonge. *Voyez* RAMÉE.

Un jardinier ſoigneux ne doit pas employer les feuilles de *chêne* pour couvrir les ARTICHAUTS, les ſemis, les plantes étrangères, &c.; car leur aſtringence agiroit également ſur eux & les feroit périr.

CHENOLE. *Chenolea.* Plante du Cap de Bonne-Eſpérance, qui a de grands rapports avec les SOUDES. Elle conſtitue ſeule un genre dans la pentandrie monogynie.

Nous ne la cultivons pas en Europe.

CHENOLIS. C'eſt, dans les environs d'Orléans, des ſarmens conſervés dans le but de leur faire porter beaucoup de grappes.

Les ſautelles ou arceaux ſont préférables en ce que, ſi leurs grappes ſont moins nombreuſes, elles épuiſent moins les ceps & elles ſont plus groſſes, ont des grains d'un plus grand diamètre.

CHENOPODÉES. Famille de plantes. Elle eſt la même que celle des ARROCHES.

CHENOVOTER. Synonyme de TILLER ou de SERANCER. *Voyez* ces mots & ceux CHANVRE & LIN.

CHETOCHILE. *Chetochilus.* Arbriſſeau du Bréſil qui conſtitue un genre dans la diandrie monogynie.

Il ne ſe cultive pas en Europe.

CHEVASSINE. Aux environs de Genève, ce nom eſt donné aux terres que les labours ou les eaux pluviales accumulent dans certaines places, & qu'il eſt d'une bonne économie de reporter de loin en loin ſur celles dont elles proviennent. *Voyez* LABOUR, MONTAGNE, VIGNE, ATTÉRISSEMENT.

CHEVAUCHÉES. Il eſt quelques cantons où on donne ce nom aux mauvaiſes HERBES qui croiſſent dans les BLÉS.

CHEVELÉE ou CHEVOLI. Ces mots ſont quelquefois ſynonymes de CHEVELU, en parlant du plant de la VIGNE.

CHEVILLE. Morceau de bois pointu, qui ſert à fixer l'aſſemblage des ſolives dans la charpente, des planches dans la menuiſerie, des fonds de tonneaux dans la tonnellerie. On doit les faire en bois dur & ſans défaut.

A une *cheville* tient ſouvent toute la ſolidité d'un édifice conſtruit en bois, d'un comble, &c.

CHÈVRE-FEUILLE. *Lonicera.* Genre de plantes de la pentandrie monogynie & de la famille des caprifoliacées, qui réunit une vingtaine d'eſpèces, dont les deux tiers ſe cultivent dans nos jardins.

Obſervations.

Quelques botaniſtes ont diviſé ce genre en quatre; ſavoir: celui qui conſerve le nom & ceux CAMÉCERISIER, SYMPHORICARPE & DIERVILLE. Je mentionnerai ici les eſpèces appartenant à ces derniers genres, à la ſuite des véritables *chèvre-feuilles.*

D'autres botaniſtes placent le CHIOCCOQUE A GRAPPES dans ce genre.

Eſpèces.

Chèvre-feuilles à tige ſarmenteuſe.

1. Le CHÈVRE-FEUILLE des bois.
Lonicera periclymenum. Linn. ♄ Indigène.

2. Le CHÈVRE-FEUILLE des jardins.
Lonicera caprifolium. Linn. ♄ Du midi de l'Europe.

3. Le CHÈVRE-FEUILLE de Minorque.
Lonicera balearica. Boſc. ♄ Des îles Baléares.

4. Le CHÈVRE-FEUILLE à petites fleurs.
Lonicera bracteata. Mich. ♄ De l'Amérique ſeptentrionale.

5. Le CHÈVRE-FEUILLE de Virginie.
Lonicera coccinea. Ait. ♄ De l'Amérique ſeptentrionale.

6. Le CHÈVRE-FEUILLE toujours vert.
Lonicera grata. Ait. ♄ De l'Amérique ſeptentrionale.

7. Le CHÈVRE-FEUILLE du Japon.
Lonicera japonica. Thunb. ♄ du Japon.

8. Le CHÈVRE-FEUILLE à fleurs jaunes.
Lonicera flava. Ait. ♄ De l'Amérique ſeptentrionale.

Chèvre-feuilles à tige droite.

9. Le CHÈVRE-FEUILLE des haies.
Lonicera xiloſteum. Linn. ♄ Indigène.

10. Le CHÈVRE-FEUILLE de Tartarie.
Lonicera tatarica. Linn. ♄ De Tartarie.

11. Le CHÈVRE-FEUILLE des Alpes.
Lonicera alpigena. Linn. ♄ Des Alpes.

12. Le CHÈVRE-FEUILLE à fruit noir. *Lonicera nigra.* Linn. ♄ Des Alpes.

13. Le CHÈVRE-FEUILLE à fruit bleu. *Lonicera cærulea.* Linn. ♄ Des Alpes.

14. Le CHÈVRE-FEUILLE des Pyrénées. *Lonicera pyrenaica.* Linn. ♄ Des Pyrénées.

15. Le CHÈVRE-FEUILLE blanchâtre. *Lonicera biflora.* Desf. ♄ De Maroc.

16. Le CHÈVRE-FEUILLE d'Orient. *Lonicera orientalis.* Lamarck. ♄ D'Orient.

17. Le CHÈVRE-FEUILLE flexueux. *Lonicera flexuosa.* Thunb. ♄ Du Japon.

18. Le CHÈVRE-FEUILLE de Sibérie. *Lonicera mongolica.* Ait. ♄ De Sibérie.

19. Le CHÈVRE-FEUILLE à petites fleurs. *Lonicera symphoricarpos.* Linn. ♄ De l'Amérique septentrionale.

20. Le CHÈVRE-FEUILLE d'Acadie. *Lonicera diervilla.* Linn. ♄ De l'Amérique septentrionale.

Culture.

Le CHÈVRE-FEUILLE DES BOIS est quelquefois si abondant dans les bois humides, qu'il empêche le passage, en portant ses rameaux d'un arbre à un autre; souvent il parvient à la hauteur des plus grands arbres & à la grosseur du bras. Il garnit fréquemment les haies rustiques, qu'il fortifieroit avec un grand avantage si on savoit diriger ses tiges parallèlement au sol, & les unes au-dessus des autres. Ses fleurs sont agréables & odorantes, mais moins que celles du suivant.

On le voit souvent dans nos jardins, ainsi que ses variétés appelées *chèvre-feuille d'Allemagne*, *chèvre-feuille tardif* & *chèvre-feuille à feuilles de chêne*. Lorsque ses fleurs sont fanées, elles prennent une odeur désagréable. Sa culture ne diffère pas de celle du suivant.

Le CHÈVRE-FEUILLE DES JARDINS y est introduit depuis plusieurs siècles. Ses fleurs sont constamment odorantes, principalement le soir d'un jour chaud. Il offre plusieurs variétés de couleur & d'époque de floraison. La naturelle est la rouge pâle, & on en voit de rouge foncé, de jaune & de blanche: cette dernière est très-précoce. La rouge foncé fleurit très-tard & subsiste jusqu'en automne. Elle conserve souvent ses feuilles pendant l'hiver, ce qui lui a fait donner le nom de *chèvre-feuille toujours vert*, qui appartient à deux autres espèces.

On multiplie le *chèvre-feuille* par le semis de ses graines, par déchirement des vieux pieds, par marcottes, par boutures & par racines. Le premier moyen est le moins employé, quoiqu'il donne lieu à de nouvelles variétés, parce qu'il est le plus lent. Le second se produit naturellement dans les jardins mal soignés, & par l'art dans les pépinières. Le troisième suffit le plus souvent aux besoins.

On fait les boutures au printemps, dans une terre légère, fraîche ou ombragée; elles manquent quelquefois.

A quelqu'époque que se couchent les marcottes, elles sont enracinées un an après.

Rarement on greffe cet arbuste, mais il reprend fort bien par celle en fente.

La manière la plus générale & la plus naturelle de diriger le *chèvre-feuille*, c'est d'en former des berceaux, des guirlandes, des palissades contre les murs, de le faire monter contre le tronc des arbres de ligne & sur les branches des buissons: partout il se fait remarquer par l'agrément de son aspect, quand il n'est pas trop contrarié par la serpette.

Une terre légère & une exposition chaude sont ce qui paroît convenir au *chèvre-feuille*; cependant il pousse plus vigoureusement dans un sol frais & à l'ombre.

Une culture de *chèvre-feuille* qui rapporte beaucoup d'argent aux pépiniéristes des environs de Paris, est celle en pot & en tige unique, d'un à deux pieds de hauteur, terminée par une tête sphérique. A cet effet on élève pendant deux ans, en pleine terre, des marcottes ou des boutures de cet arbrisseau, en supprimant leurs branches inférieures; ensuite on leur coupe, en hiver, la tête au-dessus d'une articulation pourvue de deux branches, & ces branches latérales au-dessus de leur première articulation. Il pousse la même année quatre branches secondaires, qu'on raccourcit de même, & ainsi de suite. Deux ans après on plante ces pieds dans des pots qu'on place en janvier dans une bache, où ils fleurissent en avril & forment de petits arbres couverts de fleurs qui se succèdent pendant près de deux mois, & embaument leurs alentours.

Cette même disposition est également très-agréable en pleine terre, dans les parterres; mais comme, lorsque le sol est bon, l'arbuste tend à reprendre sa nature, il faut constamment s'y opposer, en coupant les gourmands avant qu'ils se soient aoutés.

En général, on ne peut trop multiplier cet arbuste & ses variétés, surtout dans les jardins paysagers; mais, je le répète, il demande à être constamment soigné, & à ne pas le laisser voir. Rien de plus ridicule que de le tailler en boule avec les ciseaux, de le régler avec le croissant. Rarement on lui laisse acquérir une certaine grosseur, parce que ses fleurs sont d'autant plus nombreuses & grosses, qu'elles sont sur de plus jeunes tiges, & que les branches mortes sont toujours fort abondantes & d'un effet désagréable; en conséquence, on le recèpe de temps en temps rez-terre, ce qui ne prive qu'une année de ses fleurs.

Le CHÈVRE-FEUILLE DE MINORQUE est bien inférieur aux précédens, par la grandeur & l'odeur de ses fleurs; en conséquence, ce n'est que dans les grandes collections & dans les écoles de botanique qu'il se voit.

Le CHÈVRE-FEUILLE A PETITES FLEURS s'accommode de tous les terrains & de toutes les expositions. Les gelées les plus rigoureuses ne lui font aucun tort. C'est dans les jardins paysagers, en touffes, qu'il se place. On pourroit le multiplier de graines, de marcottes & de racines; mais comme il est peu recherché, n'ayant rien de saillant, le déchirement des vieux pieds, qui talent beaucoup, suffit aux besoins de la culture. Il s'appelle aussi *chèvre-feuille dioïque*, *chèvre-feuille moyen*.

C'est un arbuste fort élégant que le CHÈVRE-FEUILLE DE VIRGINIE; mais, ni dans son pays natal, où je l'ai observé, ni dans nos jardins, je ne l'ai vu former des touffes. Quelques rameaux maigres sont tout ce que ses racines semblent pouvoir produire. Ses fleurs n'ont point d'odeur, mais leur couleur est très-éclatante. On le place dans les jardins paysagers, autour des fabriques, le long des allées voisines de la maison.

Le CHÈVRE-FEUILLE TOUJOURS VERT, confondu fréquemment avec le précédent, par les auteurs, est encore fort rare dans nos jardins.

Je n'y ai jamais vu le CHÈVRE-FEUILLE A FLEURS JAUNES.

Le CHÈVRE-FEUILLE DU JAPON y a été apporté, il y a quelques années, mais on ne l'a pas encore laissé sortir de la serre tempérée, quoique tout fasse croire qu'il peut supporter la pleine terre. L'odeur de ses fleurs est foible, mais suave. Cependant je doute qu'il puisse supporter la comparaison avec les premières espèces précitées.

Tous ces *chèvre-feuilles* se multiplient de marcottes, comme le second, & peuvent l'être de boutures. Je ne les ai pas encore vus porter des fruits.

Le CHÈVRE-FEUILLE DES HAIES est extrêmement commun dans les haies & les buissons des parties moyennes de la France. Il est de peu d'agrément; cependant la densité des touffes qu'il forme & la couleur cendrée de ses feuilles, le font fréquemment entrer dans la composition des jardins paysagers, où on le place au second rang des massifs. Il ne concourt nullement à la défense des haies, mais il s'accommode des terrains les plus secs & les plus caillouteux, surtout lorsqu'ils sont calcaires. Nulle part on ne l'emploie à autre chose qu'à chauffer le four ou à cuire la chaux. Les chèvres & les moutons mangent ses feuilles, mais les autres bestiaux n'y touchent pas.

Le CHÈVRE-FEUILLE DE TARTARIE est plus recherché, & avec raison, comme ayant un feuillage plus agréable pour la composition des jardins paysagers. Il s'élève d'ailleurs plus haut, c'est-à-dire, à douze ou quinze pieds. On le place en conséquence au troisième rang des massifs.

Le CHÈVRE-FEUILLE DES ALPES est le véritable *camécerisier*, attendu que ses fruits sont de la grosseur & de la couleur des cerises. Il ne s'élève qu'à deux ou trois pieds. Ses feuilles larges & d'un vert foncé, ainsi que ses fruits, le font rechercher pour l'ornement des jardins paysagers & même des parterres, quoique l'ombre soit utile à sa bonne croissance.

Les CHÈVRE-FEUILLES A FRUIT NOIR & A FRUIT BLEU, quoiqu'inférieurs sous tous les rapports, s'y cultivent également.

Tous trois se placent au premier rang des massifs, dans les corbeilles du milieu des gazons. On ne doit point les tailler, mais les ramener à la forme globuleuse, qui leur est naturelle, au moyen de la soustraction des branches qui s'élèvent ou s'écartent trop.

Le CHÈVRE-FEUILLE D'ACADIE est plus petit que les précédens, mais a les feuilles plus grandes, plus vertes, & les fleurs jaunes, assez belles. Son placement, sa culture & sa multiplication n'en diffèrent pas.

Les autres espèces citées ne sont pas encore cultivées dans nos jardins.

CHEVREUIL. *Cervus capreolus*. Quadrupède du genre des CERFS, assez commun dans les bois montagneux de la France, & qui partage, à un moindre degré cependant, les avantages & les inconvéniens du CERF. *Voyez* ce mot.

CHEYLOGLOTTE. *Cheyloglottus*. Plante bulbeuse de la Nouvelle-Hollande, qui constitue un genre dans la gynandrie diandrie & dans la famille des orchidées.

Nous ne la cultivons pas en Europe.

CHICOT. Sorte de FROMENT cultivé aux environs de Caen.

CHIFFONS DE LAINE. Généralement les *chiffons de laine* provenant des habits des cultivateurs sont jetés comme inutiles. Ils sont cependant un des meilleurs engrais qui existent, ayant, comme les sabots des chevaux, les cornes des bœufs, les plumes, &c., la faculté, lorsqu'ils sont mis en terre, de fournir d'autant plus de CARBONE aux racines des plantes qui les touchent, qu'il fait plus chaud & plus humide, c'est-à-dire, que les circonstances sont les plus favorables à la végétation. Je ne dois donc pas négliger de leur recommander de les enterrer au pied de leurs arbres fruitiers, ou de les couper par morceaux & de les jeter sur leur fumier, dont ils augmenteront considérablement l'activité.

Les Anglais, qui sont plus industrieux que nous, recherchent les *chiffons de laine*, les font hacher, & les rendent, dans cet état, l'objet d'un commerce de quelqu'importance. On estime que leur effet dure six ans, & qu'il en faut six cents livres par arpent.

Aux environs de Paris, les *chiffons de laine* sont employés à faire des LOQUES pour le PALISSAGE, au moyen des CLOUS, des PÊCHERS & des POIRIERS disposés en espaliers contre des murs construits en PLATRE; mais comme les dépôts de plâtre de même nature que celui de Paris sont rares, puisqu'outre celui qui y existe, on ne connoît en France que celui d'Aix, je ne sache aucun autre endroit où on emploie les *chiffons de laine* à cet usage.

CHIFFONS DE LINGE. Comme les précédens, ils sont presque partout jetés à la porte ou brûlés. Leur importance comme engrais est presque nulle; mais ils servent à faire le papier, le carton, les poupées, &c., & si, isolés, ils n'ont aucune valeur, ils deviennent l'objet d'un commerce fort étendu lorsqu'ils sont réunis en grandes masses. Les ménagères ne peuvent donc trop veiller à ce que tous ceux qui se font dans leur maison, soient déposés dans le grenier, pour être vendus à la ville voisine, lorsque le tas sera d'une certaine grosseur. Il est peu de villes où il ne se trouve des personnes qui s'occupent d'en faire le commerce.

CHILOCHLOE. *Chilochloa.* Genre de plantes établi aux dépens des ALPISTES & des PHLEOLES.

CHILODIE. *Chilodia.* Arbrisseau de la Nouvelle-Hollande, qui seul constitue un genre dans la didynamie angiospermie & dans la famille des labiées.

Il ne se cultive pas dans nos jardins.

CHIMARRHIS. *Chimarrhis.* Genre de plantes de la pentandrie monogynie & de la famille des rubiacées, qui ne renferme qu'une espèce originaire de l'Amérique méridionale, laquelle ne se cultive pas dans nos jardins.

CHIM-CHIM-NHA. Petit arbre de la Cochinchine, qui paroît appartenir au genre ARALIE, & dont les feuilles sont employées en médecine.

CHINTRE. Synonyme de MAÎTRE SILLON.

CHIRON. Tas de PIERRE élevé dans les champs & en provenant. *Voyez* MERGER.

C'est aussi, aux environs de Nice, la larve de la mouche (*Oscinis*, Latreille) qui mange les OLIVES.

CHLÉNACÉES. Famille de plantes voisine de celle des malvacées, & dans laquelle se placent les genres LEPTOLÈNE, RODOLÈNE, SARCOLÈNE & SCHIZOLÈNE.

CHLOANTHE. *Chloanthes.* Genre de plantes de la didynamie angiospermie & de la famille des personnées, qui est constitué par une plante de la Nouvelle-Hollande, non encore introduite dans nos cultures.

CHLORANTHE. *Chloranthus.* Genre de plantes qui ne diffère pas de la CRÉODE & de la NIGRINE. *Voyez* ce dernier mot dans le *Dictionnaire d'Agriculture.*

CHLORIS. *Chloris.* Genre de plantes établi pour placer des AGROSTIDES & des BARBONS qui diffèrent des autres. Il renferme une vingtaine d'espèces.

Les genres DACTYLOTENION & CAMPULOSE ont été établis à ses dépens.

CHLOROMYRON. *Chloromyron.* Genre de plantes qui ne diffère pas de celui appelé VERTICILLAIRE.

CHLOROPHYTE. *Chlorophytum.* Plante vivace de la Nouvelle-Hollande, servant de type à un genre de l'hexandrie monogynie & de la famille des asphodèlés, extrêmement voisin de celui des HYPOXIDES.

Cette plante ne se cultive pas en Europe.

Le même nom a été donné à un autre genre de la même classe, mais de la famille des BROMÉLOÏDES, fort voisin des CARAGATES & des PITCAIRNES, qui ne renferme également qu'une espèce originaire des Indes, que nous ne cultivons pas plus.

CHLOROXYLON. Genre de plantes qui a été réuni aux LAMIERS.

CHLOROXYLON DU PADA. Arbre de l'Inde, qui forme un genre dont les caractères ne sont pas encore connus.

CHODONDENDRON. *Chodondendron.* Arbre du Pérou, de la diœcie hexandrie, qui paroît rentrer dans ceux appelés EPIBAT, LIMACIE, BAUMGASTRE & MENISPERME.

CHOMEL. *Chomelia.* Arbrisseau épineux du Mexique, qui constitue un genre si voisin de celui des IXORES, qu'il n'y a nul inconvénient à l'y réunir.

Nous ne le cultivons pas en Europe.

CHONDRE. *Chondrus.* Genre établi aux dépens des VARECS.

CHONDROPETALON. Genre de plantes qui ne diffère pas de celui appelé RESTIOLE.

CHONDROSON. *Chondrosum.* Genre de plantes qui a aussi été appelé ACTINOCHLOA.

CHOPPE. C'est ainsi qu'on désigne, aux environs d'Angers, l'époque de la MATURITÉ du RAISIN. *Voyez* VIGNE.

CHORDE. *Chorda.* Genre établi aux dépens des VARECS.

CHORÈTRE. *Choretrum.* Genre de plantes de la pentandrie monogynie & de la famille des santalées. Il renferme deux arbrisseaux de la Nouvelle-Hollande, qui ne se cultivent pas dans nos jardins.

CHORIZANDRE. *Chorizandra.* Genre de plantes établi pour placer deux espèces, originaires de la Nouvelle-Hollande, & qui ne sont pas encore cultivées en Europe. Il est de la triandrie monogynie & de la famille des cypéracées.

CHORYZÈME. *Chorygemum.* Genre de plantes de la diadelphie décandrie & de la famille des légumineuses, fort voisin des PULTENÉES, qui renferme deux espèces, lesquelles se cultivent dans nos orangeries. Il a été aussi appelé PODOLOBION.

Espèces.

1. Le CHORYZÈME à feuilles d'yeuse.
Chorygema ilicifolia. And. ♄ De la Nouvelle-Hollande.

2. Le CHORYZÈME nain.
Chorygema nana. And. ♄ De la Nouvelle-Hollande.

Culture.

La culture de ces deux espèces ne diffère pas. On se les procure par graines, par marcottes & par boutures. Une terre dans laquelle celle de bruyère entre pour moitié, leur convient. Des arrosemens légers & fréquens en été sont très-favorables à leur croissance. Le semis de leurs graines, qui mûrissent souvent dans nos orangeries, s'exécute au printemps, dans des pots placés dans une couche à châssis. Le plant qui en provient se repique au bout d'un an, seul à seul, dans d'autres pots, qu'on tient dans la serre tempérée pendant l'hiver, saison à la fin de laquelle ces arbustes fleurissent.

Les marcottes peuvent être confectionnées en tout temps & s'enracinent en quelques mois. Lorsqu'elles sont sevrées, on les met dans des pots & on les traite comme les plus vieux pieds.

Les boutures ne réussissent qu'au printemps & dans des baches forcées en chaleur. Il faut les faire avec la dernière pousse, pourvue d'un talon de l'avant-dernière : souvent elles manquent entre des mains malhabiles.

Les *chorygèmes* en fleurs sont d'un aspect fort élégant & excitent toujours les regards des promeneurs.

CHOUETTE. Oiseau nocturne du genre des CHATS-HUANS (*strix*, Linn.), qui rend de grands services aux cultivateurs, en mangeant les souris, les mulots, les campagnols, les taupes, &c., & que cependant on proscrit partout, d'après l'idée, qui existe de toute ancienneté, que sa présence annonce la mort & autres malheurs.

Comme les préjugés, même les plus généralement admis, doivent céder à l'esprit d'observation & de critique, il n'y a plus aujourd'hui de motifs pour faire une guerre perpétuelle à cet utile oiseau; au contraire, les propriétaires ruraux doivent tenter tous les moyens possibles pour le fixer dans leurs bâtimens, attendu qu'il n'a pas les inconvéniens des chats & qu'il est beaucoup plus destructeur qu'eux des animaux qui dévorent leurs récoltes. J'ai une fois compté douze de ces animaux qu'un couple de *chouettes* avoit déposés dans son nid pendant une seule nuit, & il est probable qu'il en avoit été consommé autant par lui & ses petits pendant le même espace de temps.

On peut très-facilement accoutumer des *chouettes* à rester en permanence dans une grange, en les y apportant petites & en ne les persécutant pas; car, une fois accoutumées à un lieu, elles ne le quittent que momentanément. *Voy.* au mot CHAT-HUANT.

CHRYSANTELLE. *Chrysantellum.* Genre de plantes établi pour placer la VERBESINE MUTIQUE.

CHRYSANTHEMUM. Nom latin des MARGUERITES. *Voyez* ce mot.

CHRYSITRICE. *Chrysitrix.* Plante du Cap de Bonne-Espérance, qui constitue un genre dans la polygamie monœcie & dans la famille des graminées.

On ne la cultive pas en Europe.

CHRYSOCOME. *Voyez* CRISOCOME.

CHRYSOGONE. *Voyez* CRISOGONE.

CHRYSOMÈLE. *Chrysomela.* Genre d'insectes de l'ordre de coléoptères, dont les espèces, fort nombreuses en Europe, vivent, dans leur état de larves, aux dépens des plantes, & qui doivent être, par conséquent, connues des cultivateurs, quoique nulle d'entr'elles n'attaque les articles principaux de la culture.

Je citerai : la CHRYSOMÈLE TÉNÉBRION, fort commune dans les pâturages, qui est noire, presque globuleuse, & de la bouche, ainsi que des articulations de laquelle il sort une liqueur jaune, lorsqu'on la touche. Sa larve vit sur le caille-lait. La CHRYSOMÈLE DU PEUPLIER, qui est d'un vert-doré, avec les élytres rouges. Sa larve vit sur le peuplier grisard, dont elle dévore souvent toutes les feuilles. La CHRYSOMÈLE A DIX POINTS est rouge, avec des points noirs. J'ai vu le saule marceau dépouillé de ses feuilles par elle. Les CHRYSOMÈLES DES CRUCIFÈRES qui sont bleues, dont l'une a les élytres unis, & l'autre les a striés. Elles font beaucoup de tort, en état de larve, à ceux qui cultivent le colza, la navette, les choux. On les confond avec les ALTISES, dont elles ne diffèrent réellement que parce qu'elles sont plus grosses & que leurs cuisses ne sont pas renflées.

CHRYSOPIE. *Chryfopia.* Grand arbre de Madagafcar, qui conftitue un genre dans la polyadelphie polyandrie & dans la famille des mille-pertuis. Son fuc propre eft jaune.

On ne le cultive pas dans les jardins d'Europe.

CHUCHETTE. C'eft la MACHE dans quelques cantons.

CHUGNA. Nom péruvien de la FÉCULE DE POMME DE TERRE, retirée au moyen de la GELÉE.

CHUNAO. Sorte de pain fait au Pérou avec la farine de POMME DE TERRE.

CHUNCO. *Chuncoa.* Genre de plantes de la décandrie monogynie, qui ne diffère pas de celui appelé GIMBERNAT.

CHUPALON. Genre de plantes qui ne diffère pas de celui des AIRELLES.

CHUPALULONE. Il paroît que c'eft la KETMIE ÉCARLATE, dont on mange les fruits au Pérou.

CHUQUIRAGA. *Johannia.* Genre de plantes de la fyngénéfie égale & de la famille des corymbifères, qui renferme trois arbres du Pérou, dont aucun n'eft cultivé dans nos jardins.

CIDRE. Liqueur faite avec des pommes ou des poires pilées, que l'on fait fermenter, & qui eft la boiffon habituelle des habitans de plufieurs de nos départemens, de l'Irlande, de quelques comtés en Angleterre, &c.

Ce mot, felon quelques auteurs, vient du latin *ficera*, ou de l'hébreu *féchar*, ou, enfin, du bas-breton *fiftre*, qui fignifient, dit-on, toute efpèce de boiffon fufceptible d'enivrer : on écrivoit autrofois *fidre*, ou même *fildre*.

M. Huet, dans fes *Origines de Caen*, pag. 144, prouve que l'ufage du *cidre* étoit établi en Normandie dès le treizième fiècle, puifqu'il en eft fait mention dans les lettres-patentes de Philippe-le-Bel : & Guillaume le Breton, qui vivoit à cette époque, appelle le pays d'Auge, *ficeræque tumentis, Algia potatrix.*

Lorfque le *cidre* eft naturel, braffé avec de bons fruits mûrs, & qu'il a fubi le degré de fermentation vineufe néceffaire pour fa perfection, les principes acide, doux & fpiritueux font fi merveilleufement étendus dans la partie aqueufe & le tout fi agréablement imprégné de l'arôme produit par l'écorce & les pépins, qu'il prend un nouveau caractère; il devient vif, pétillant, eft en même temps extrêmement agréable au goût & favorable à la fanté : le *cidre* eft pectoral & apéritif; il nourrit & fortifie; preffuré avec de l'eau, il eft très-rafraîchiffant & d'une digeftion facile. Enfin, l'ivreffe produite par cette liqueur eft gaie, & beaucoup moins fatigante que celle produite par la bière & par quelques autres boiffons.

Trois fortes de pommes à *cidre* font particulièrement diftinguées dans le département du Calvados :

Les précoces ou tendres, qui font mûres & que l'on récolte au commencement du mois d'août; le *cidre* qui en provient eft léger, très-agréable, mais n'eft pas fufceptible d'être confervé long-temps. Ces premiers *cidres* font attendus avec une grande impatience, lorfque la récolte de l'année précédente a manqué ou a été peu abondante.

Les pommes tendres font :

Le jaunet, l'ambrette, le blanc, la belle-fille & le renouveller.

Les pommes moyennes font mûres à la fin de feptembre ou au commencement d'octobre. Ce font :

La girouette, le frefquin, le long-bois, l'avoine, la haute-branche, l'écarlate, le gros-adam, le doux-évêque, le rouget, le blanc-mollet, le petit-manoir, le bedan, le faint-georges, marie-la-douce, le gros-amer doux & le petit-amer doux.

La troifième claffe mûrit à la fin d'octobre; elle fe compofe d'un grand nombre de variétés, parmi lefquelles on diftingue :

L'alouette-blanche, l'alouette-rouffe, la peau-de-vache, le blangy, la cofte, le blanc-doré, l'adam, le pepin, le clofente, le mattois, le doux-reté, le doux-veret, marie-honfroy, le rambouillet, la fauge, le pied-de-cheval, la germaine, le grout, le gros-coq, l'épicé, l'équieulé, l'ante-au-gros, le bon-valet, le mufcadet, le bafile, l'amer-mouffe, la petite-chape, le petit-moulin-à-vent & le rebois.

Le nom de ces diverfes variétés change fouvent fuivant le canton; d'ailleurs, il s'en forme tous les ans de nouvelles qui viennent de graines dans les pépinières & qui font d'une excellente qualité. Elles fe multiplieroient bien davantage fi l'on donnoit le temps aux jeunes arbres de rapporter avant de les greffer, afin de ne foumettre à cette opération que ceux pour lefquels elle feroit néceffaire. On m'a affuré que plufieurs membres de la Société d'agriculture de Caen s'occupoient avec un grand fuccès de cette amélioration : c'eft une obligation de plus que nous aurons aux hommes inftruits & laborieux qui compofent cette Société.

Il y a un très-grand avantage à cultiver fimultanément ces trois efpèces de pommes, parce qu'il arrive fouvent que les vents *roux*, les pluies & les gelées du printemps, lorfqu'elles arrivent pendant la floraifon, détruifent toute efpérance de récolte; mais lorfqu'on a des arbres qui fleuriffent à des époques différentes, on a lieu d'efpérer qu'on en fauvera au moins une partie.

Pour obtenir de bons *cidres*, il eft néceffaire que les fruits foient bien mûrs lorfqu'on les cueille, parce qu'il n'en eft pas des pommes comme du blé, ou des autres grains, qu'on coupe fouvent avant qu'ils foient mûris complétement, ces grains trouvant dans les pailles une nourriture suffisante pour arriver à une maturité complète, tandis que les pommes & les poires n'ont rien qui puisse suppléer à l'arbre dont on les a séparées; & comme c'est surtout à cette époque que les principes sucrés se développent & s'accroissent, il en résulte nécessairement que les fruits cueillis trop tôt, privés de quelques-uns de leurs principes essentiels, ne produiront que des *cidres* moins agréables au goût & d'une conservation beaucoup plus difficile.

On reconnoît que les pommes sont mûres & bonnes à cueillir, lorsqu'elles tombent spontanément; un petit nombre de jours suffit pour en dépouiller l'arbre, de sorte qu'il n'y en reste qu'une petite quantité : alors, avec une perche armée d'un crochet, on secoue les branches, de manière à faire tomber le reste du fruit, ce qui a lieu sans préjudice pour l'arbre, au lieu qu'en frappant dessus avec des gaules, comme le font quelques cultivateurs, on endommage l'écorce & on détruit les boutons à fruits destinés à produire les années suivantes.

Les pommes cueillies sont portées dans des lieux nettoyés avec soin, sous des hangars, & bien mieux encore dans des greniers où on les étend pour les sécher, si elles sont mouillées, ne les mettant en tas que lorsqu'elles sont parfaitement sèches; car, si l'on agissoit autrement, il s'établiroit dans ces tas une fermentation destructive du principe sucré; les pommes pourriroient avant d'être arrivées à l'état de maturité nécessaire pour leur mise au pressoir, & on n'en obtiendroit qu'une boisson très-imparfaite; car on ne doit pas perdre de vue que ce n'est qu'avec des fruits, non-seulement cueillis à temps, mais encore arrivés à un état de maturité parfaite, *pour le pressoir*, qu'on obtiendra de bon *cidre*, quelque soin que l'on donne d'ailleurs à sa confection, parce qu'il se trouvera toujours privé de quelques-uns des principes constitutifs nécessaires pour qu'il soit agréable au goût & qu'il puisse être conservé long-temps, qualités qu'on doit avoir particulièrement en vue lorsqu'on fabrique ces sortes de boissons.

Je viens de dire à quels signes on reconnoît aisément le temps convenable pour cueillir les fruits; mais le temps où ils doivent être portés au pressoir ne sera pas aussi facile à indiquer, surtout aux personnes peu habituées à ces sortes d'opérations.

On reconnoît que les pommes sont mûres *pour le pressoir*, à l'odeur aromatique & extrêmement suave qui s'élève du tas; on le reconnoît encore à la mollesse du fruit, lorsqu'en faisant avec le pouce une légère pression, le doigt s'introduit facilement dans la pulpe, qui fléchit sous le plus léger effort. Seulement c'est alors que doit commencer l'opération de la confection des *cidres* : on y procédera en portant les pommes sous la meule, dans l'auge circulaire du pressoir; une femme ou un enfant ôtera à mesure celles qui seront complétement pourries, qu'on gardera pour mettre dans le repilage qui aura lieu lorsqu'il s'agira de la confection des petits *cidres*.

Les fruits ainsi placés, on fera passer & repasser dessus la meule, ou les meules de pierre ou de bois du pressoir, jusqu'à ce qu'ils soient complétement écrasés & que le tout n'offre plus que l'apparence d'une bouillie épaisse, d'un rouge foncé, dans laquelle les écorces de ces fruits paroîtront par morceaux de la largeur du pouce, plus ou moins. Ce broiement ne doit pas cependant être porté trop loin, parce qu'alors le parenchyme, réduit en pulpe, couleroit en trop grande quantité avec la liqueur, lors de la pression, & que les opérations subséquentes, pour l'éclaircir, deviendroient plus embarrassantes & beaucoup plus longues. On retrouve d'ailleurs tout ce qui pourroit être utile, dans le marc, lors de la macération pour la confection des petits *cidres*, dont il sera parlé dans la suite de cet article.

Les fruits ainsi écrasés sont, par beaucoup de cultivateurs, portés de suite sur le tablier du pressoir; mais il est beaucoup plus avantageux de mettre le tout à *mâquer* (macérer), pendant quelques heures, dans des cuviers, ainsi qu'il se pratique en Angleterre. Pendant ce temps, qui ne doit pas excéder douze à quinze heures, le *cidre* prend une couleur beaucoup plus riche, parce que la dissolution des principes sucrés & autres, dans la partie aqueuse, devient beaucoup plus complète. C'est d'ailleurs pendant cette macération que la liqueur s'imprègne de cet agréable arôme qui n'existoit auparavant que dans l'écorce, & d'une amertume très-légère produite par les pepins, qui, au dire des amateurs, ajoute beaucoup à la qualité du *cidre*. On porte ensuite les pommes écrasées sur le tablier du pressoir; elles y sont dressées en forme carrée par le conducteur des *cidres*, qui met un lit de longues pailles, ou gluis, entre chaque lit de marc, alors de l'épaisseur de dix centimètres; les bouts de paille excédant le carré qu'on nomme *motte*, de sept à huit centimètres. Plus on exhausse la motte, plus le *cidre* coule sur le tablier, d'où il est conduit, par une cannelure, dans une auge ou cuvier appelé *beston*; lorsque cette motte est à la hauteur de cent trente centimètres, environ, on la laisse égoutter & s'affermir; ensuite on place dessus le *hec* ou l'*huis*, qui est une espèce de carré en planches très-fortes, jointes ensemble, qui excède la motte de toutes parts d'environ dix centimètres; ensuite on met en travers trois petits soliveaux de la même longueur que le *hec*, & on descend dessus, au moyen d'une vis ou cabestan, l'arbre ou belier destiné à presser la motte : il faut bien faire attention que cette pression ne doit avoir lieu que successivement & d'abord très-foiblement. S'il n'en étoit pas ainsi, la motte se romproit aux premiers efforts, & on seroit obligé de recommencer tout le travail.

La pression, qui est portée aussi loin que possible, fait couler, comme il a été dit, la liqueur sur le tablier, & du tablier dans le *beston*. On la tire du *beston* avec des seaux, pour la mettre dans de grands cuviers, où elle reste trois à quatre jours, plus ou moins, suivant la qualité de la liqueur & l'état de l'atmosphère, sans *monter*; au bout de ce temps elle fermente très-fort; toute la lie monte comme l'*aîne* du vin. Aussitôt que cette croûte commence à s'abaisser, la fermentation est complète, il est temps de transvaser le *cidre* & de le porter dans les futailles. On emploie à cette fin une grosse canelle de cuivre ou de bois, placée au bas des cuviers; on emplit les seaux par cette canelle, & on porte le *cidre* dans des tonneaux bien nettoyés, qui sont placés sur des chantiers dans le cellier. Par cette méthode, les *cidres* sont débarrassés de cette grande quantité de lie dont ils sont souvent surchargés; ils sont plus clairs & se décomposent plus difficilement. Cependant, si l'on n'avoit pas de cuviers, il faudroit porter la liqueur directement du *beston* dans les tonneaux; ce qui se fait en mettant un grand entonnoir de bois sur la bonde, au-dessus duquel est placé un tamis de crin, pour arrêter une partie de la lie. Dans tous les cas il faut employer les plus grands vases possibles, parce que la fermentation vineuse s'établit beaucoup mieux dans de grandes masses que dans de petites quantités.

Quand les tonneaux sont pleins, il faut les laisser sans les bonder pendant plusieurs semaines, & jusqu'à ce que la fermentation soit terminée; on couvre seulement la bonde avec un linge mouillé, que l'on étend & qu'on assujettit avec une légère tranche de gazon, avec un peu de terre détrempée, ou de toute autre manière analogue.

Pendant cette fermentation le *cidre* rejette, par le trou de la bonde, une assez grande quantité de lie, jusqu'à ce qu'il ait cessé de bouillir. Alors on remplit les tonneaux avec d'autre *cidre* & on bonde; mais cette opération ne doit avoir lieu que lorsque la fermentation est bien complète, autrement on seroit exposé à voir sauter les cercles. C'est à cette époque que le soutirage doit avoir lieu, lorsque le *cidre* est destiné à être vendu, & peut-être convient-il de le faire dans tous les cas, quoique quelques agronomes, dont nous ne partageons pas l'opinion, prétendent qu'il se conserve mieux sur la lie, qui, lorsqu'on a suivi les procédés qui viennent d'être décrits, n'est jamais très-abondante.

Lorsque les *cidres* n'ont pas beaucoup de qualité, on y remédie par le moyen suivant : On met trois seaux de liqueur, sortant du *beston*, dans un chaudron de fer; on fait bouillir du matin au soir, jusqu'à consistance de sirop; on ajoute alors une demi-livre de beau miel; on fait encore jeter quelques bouillons; on ôte du feu, on délaie bien le tout dans deux ou trois seaux de *cidre* pris dans le tonneau, & on verse le tout par le trou de la bonde; on agite fortement pour opérer le mélange, & on laisse fermenter; mais il est bon d'observer que, pour que l'opération soit suivie d'un plein succès, il faut qu'elle ait lieu aussitôt que la liqueur est sortie de la cuve, après la première fermentation.

Lorsque le *cidre* n'est pas assez riche en couleur, on y remédie encore par le moyen qui vient d'être indiqué; mais, plus souvent, on fait tiédir deux ou trois litres de *cidre*; on jette successivement, sur une pelle à feu très-chaude, une quantité de sucre en poudre, proportionnée à l'effet qu'on desire obtenir; ce sucre tombe en caramel, & goutte à goutte, dans la liqueur tiède; on remue & on verse le tout dans le tonneau, dont on agite le contenu jusqu'à parfait mélange.

Le *cidre* dans lequel on introduit du sirop de *moût*, ainsi qu'il vient d'être dit ci-dessus, reste constamment plus doux & plus sucré que lorsque cette opération n'a pas lieu. Ainsi, les cultivateurs qui brassent pour Paris, doivent l'employer de préférence.

Lorsque le *cidre* n'est pas clair, on y remédie en employant le procédé suivant : Il faut, pour un tonneau de deux cent cinquante litres, broyer un pain de blanc d'Espagne (*carbonate de chaux*), y joindre une demi-once de soufre en poudre, bien mêler & introduire successivement le mélange par la bonde, en agitant fortement la liqueur avec un bâton fendu en quatre.

En Angleterre on colle les *cidres* avec les blancs d'œufs, la colle de poisson, & le plus souvent avec le sang de bœuf ou de mouton; mais cette dernière manière a l'inconvénient de décolorer la liqueur, & ne doit pas être pratiquée.

Les *cidres* destinés à la table du maître, comme boisson habituelle, sont ordinairement brassés avec une portion d'eau quelconque, ce qui les rend moins capiteux & plus rafraîchissans. C'est au moment où les pommes sont sous la meule, que l'eau qu'on veut ajouter doit être versée dans l'auge du pressoir, sur différens points.

Pour avoir le *cidre* qu'on nomme *mitoyen*, il faut ajouter une quantité d'eau égale à la moitié du *cidre* qu'on auroit obtenu sans l'addition de l'eau, c'est-à-dire, une quantité égale au sixième du volume des pommes employées; la quantité de liqueur qu'on obtient, étant ordinairement dans la proportion d'un à trois.

L'eau de rivière ou de pluie doit avoir la préférence, & celle des puits ne doit être employée que lorsqu'il n'y a aucun moyen de faire autrement.

On fait divers mélanges de pommes, pour obtenir des *cidres* plus parfaits; mais je n'ai pu rencontrer deux agriculteurs qui s'accordassent sur la combinaison de ces mélanges. La seule chose certaine, c'est que les pommes amères, & surtout le gros-amer doux, donnent des *cidres* très-forts, d'un rouge foncé, qui sont susceptibles d'une longue conservation; que les pommes douces & sans saveur ne donnent que des *cidres* plus foibles & moins riches en couleur. Enfin, qu'on n'obtient des pommes acides qu'une liqueur pâle, très-foible, & qu'on ne pourroit conserver long-temps.

Lorsque le marc de pommes pilées a été bien pressé & qu'il est bien égoutté, on exhausse l'arbre, on ôte de dessus la motte les pièces de bois & le *hec* qu'on y avoit placés; on enlève successivement les couches de marc séparées par des lits de paille, & on porte ce marc dans un cuvier, ou dans des tonneaux défoncés par un bout; ou même dans l'auge du pressoir; on jette dessus une quantité d'eau plus ou moins considérable, suivant la qualité de *cidre* qu'on veut obtenir; on laisse macérer pendant 24 & quelquefois même pendant 48 heures; on porte sous la meule du pressoir, on place par-dessus le marc, les pommes pourries & les autres fruits rejetés lors de la première opération; on fait passer & repasser la meule sur le tout, jusqu'à ce que le broiement des fruits non pilés soit complet; alors on porte directement ce nouveau marc sur le tablier du pressoir, le conducteur élève une nouvelle motte, & on procède en tout point, pour le surplus, comme il a été dit pour le *gros cidre*.

Les petits *cidres*, destinés ordinairement pour les domestiques & les ouvriers de la ferme, sont une boisson saine & très-rafraîchissante, mais ils ne se conservent qu'une année, tandis que les autres sont quelquefois encore très-bons après cinq ou six ans.

On dit que le petit *cidre* a quelquefois été employé utilement pour combattre les obstructions & la jaunisse: il tient le ventre libre & a la réputation de donner beaucoup de lait aux nourrices.

On *repasse* encore quelquefois le marc du petit *cidre* & on en obtient une boisson très-légère, mais agréable; & lorsque cette dernière opération est terminée, on démonte définitivement la *motte*, on la coupe en gâteaux carrés de la largeur de douze centimètres environ, on fait sécher au soleil ceux qui sont réservés pour le foyer; on met dans un tonneau défoncé une portion destinée aux porcs & aux vaches qui le mangent délayé dans l'eau chaude, avec du son ou de la farine d'orge. Le surplus est mis en tas par couches; avec une quantité égale de terre & de fumier de vache, & forme, au bout d'un certain temps, un excellent *compost* qu'on répand avec succès sur les racines des arbres à fruit, dont cet amendement favorise singulièrement la végétation.

C'est lorsqu'on démonte la motte pour la première fois, qu'on met en réserve la quantité de pepins dont on a besoin pour les semis de la pépinière.

Lorsqu'on est pressé d'avoir du *cidre paré*, on le met de préférence dans de petits tonneaux, parce que la liqueur fermente moins bien à la vérité, mais plus vîte, & se dépure plus tôt dans les petits vaisseaux que dans les tonnes ou les foudres, & ces tonneaux, grands ou petits, doivent être tenus complétement pleins, jusqu'à ce qu'ils aient été *bondés* définitivement; autrement l'air détérioreroit la liqueur, &, en s'emparant de la capacité vide, faciliteroit la fermentation acéteuse.

(LABBÉ.)

CILIAIRE. *Trichostemum*. Genre de plantes de la famille des mousses, établi aux dépens des BRYS. Ses espèces les plus communes sont les CILIAIRE ÉRICOÏDE, BLANCHATRE & LANUGINEUSE.

CIRCECULE. *Circecula*. Genre établi pour placer la GESSE CHICHE & la GESSE CULTIVÉE. Il n'a pas été adopté.

CIRSÈLE. *Cirselium*. Genre de plantes de la syngénésie polygamie égale, établi pour placer l'ATRACTYLIDE PRISONNIÈRE & quelques autres.

Il ne diffère pas de celui appelé ACARNE.

CIRSION. *Cirsium*. Genre de plantes établi aux dépens des CHARDONS. Il renferme les espèces dont les écailles calicinales ne sont pas piquantes.

CISTICAPNOS. *Cisticapnos*. Genre de plantes établi aux dépens des FUMETERRES, auxquelles il enlève l'espèce appelée VESICULEUSE.

CISTRE. Nom vulgaire de l'ÆTHUSE A FEUILLES CAPILLAIRES.

CISTULE. Fructification des LICHENS. C'est une sorte de tubercule creux, lequel, en se déchirant, offre des filets garnis de bourgeons séminiformes qui reproduisent la plante par simple développement.

CITERNE. Excavation destinée à recevoir les eaux pluviales, pour être employées à la boisson des hommes & des animaux, ainsi qu'à l'arrosement.

Heureux les pays où les *citernes* ne sont point nécessaires! mais plus heureux ceux où il se trouve des cultivateurs assez éclairés & assez aisés pour prendre la détermination d'en construire lorsqu'elles sont indispensables!

Ce n'est pas que les *citernes* soient toujours un objet fort coûteux à établir, mais les cultivateurs ne sont malheureusement pas assez persuadés de la nécessité d'avoir toute l'année de l'eau de bonne qualité ou de l'eau en abondance. Ceux qui ont, pendant l'hiver, l'eau d'une petite fontaine ou d'une mare, supposent toujours, quoique l'expérience de tous les étés leur prouve le contraire, qu'elle ne doit jamais leur manquer. Combien de fois ai je vu aller chercher, pendant des mois entiers, l'eau à plusieurs lieues, tandis qu'avec un travail d'une quinzaine de jours, ou une dépense de trois à quatre cents francs, on auroit pu en rassembler, auprès de son domicile, une provision pour plusieurs années!

Ce qui empêche probablement beaucoup de propriétaires, & toutes les communes, de construire des *citernes* (car elles devroient partout être l'objet de la sollicitude de l'administration municipale), c'est qu'on est généralement imbu de la fausse idée que l'eau des toits est seule dans le cas d'être réunie pour les remplir, lorsqu'il est de fait que celle qui coule dans les champs, dans les prés, &c., y est aussi propre, lorsqu'on prend les précautions convenables.

D'ailleurs, aujourd'hui qu'on sait que le charbon au travers duquel on fait filtrer l'eau la plus impure, la rend aussi limpide & aussi exempte de mauvais goût que celle de la meilleure fontaine, il n'y a pas de motifs à se refuser à admettre toutes sortes d'eaux dans les *citernes*.

Je ne parlerai pas ici de ces *citernes* bâties en pierre de taille, à chaux & à ciment, encore moins de celles construites en beton, quelqu'excellentes qu'elles soient, parce que les frais de leur établissement sont partout hors de la portée des simples cultivateurs, & qu'on peut presque toujours les suppléer économiquement.

La forme des *citernes* peut varier & varie effectivement; cependant il paroît que, pour les profondes, la forme ovée est la meilleure, en ce que leur fond & leur sommet étant étroits, il y a plus facile réunion des immondices & moins d'évaporation d'eau; leur capacité sera concordante avec la consommation, au moins d'un an; leur placement, plutôt au nord qu'au midi.

On peut construire les murs des *citernes* en briques ou en pierres dures, avec de la chaux hydraulique, ou chaux maigre, si on peut s'en procurer, & du ciment ou de la pouzolane. On établira son fond sur une couche d'argile bien corroyée, de deux à trois pieds d'épaisseur; & à mesure qu'on élevera ce mur, on l'entourera de la même épaisseur d'argile, également corroyée, à moins que le fond soit lui-même argileux & reconnu imperméable à l'eau.

Il n'est guère de pays où on ne puisse trouver de l'argile à une plus ou moins grande distance; & comme elle ne coûte généralement que la dépense de l'extraction & du charroi, comme cette dépense doit n'avoir lieu qu'une seule fois pour des siècles, on ne doit pas craindre de la faire.

Toute *citerne* doit être accompagnée d'un *citerneau*, c'est-à-dire, d'une *citerne* seulement suffisante pour recevoir momentanément les eaux des pluies, afin qu'elles déposent leur limon & entrent pures, ou presque pures, dans la *citerne*; car il faut disposer son ouverture de manière que l'eau puisse n'y entrer qu'à volonté.

La forme des citerneaux peut également varier, même n'être qu'un simple trou. Les soins les plus importans à prendre lorsqu'on les construit, sont, 1°. que l'eau qui doit y entrer puisse être facilement conduite dans la *citerne*, lorsqu'elle s'est épurée; 2°. qu'il soit facile d'enlever le limon qui se sera déposé dans son fond.

Chaque localité exigeant des mesures particulières pour remplir ces différens objets, je me dispenserai d'en indiquer, car ce seroit un grand hasard qu'elles s'y appliquassent.

Une autre espèce de *citerne* qui convient principalement aux communes des pays de plaines & à l'abreuvement des bestiaux, sont celles qui sont creusées à la décharge d'un petit étang qui sert de citerneau, & dont la longueur est plus grande que la largeur & la profondeur. C'est ordinairement une simple voûte établie sur un canal de quelques pieds de largeur & de profondeur, dont le fond est le sol même. L'eau de l'étang y entre naturellement, lorsqu'elle est à une certaine élévation, & artificiellement, dans les temps de sécheresse, par l'ouverture d'une vanne. L'autre extrémité du canal est fermée d'un mur dans lequel sont trois ouvertures, dont deux supérieures laissent constamment couler l'eau, lorsque l'étang est plein, & la versent dans deux conduites, dont l'une est dirigée vers un lavoir & l'autre vers un abreuvoir, & dont la troisième est pourvue d'un robinet, c'est-à-dire, fait l'office de fontaine.

L'eau séjournant long-temps dans un canal, y prend la température de la terre (10 degrés), & est plus agréable à boire que celle des puits. La seule attention à avoir, c'est d'empêcher les plantes aquatiques & les poissons de trop se multiplier dans l'étang, & de nettoyer le canal dès qu'il s'est envasé.

Quand on considère, je le répète, combien il est de communes qui manquent d'eau pendant l'été, combien il en est qui n'en ont que de la mauvaise pendant toute l'année, soit de puits, soit de mare, soit même de ruisseau, on se demande comment il se fait qu'elles ne construisent pas de ces sortes de *citernes*, dont l'établissement est coûteux, sans doute, mais qui durent des siècles, pour peu qu'on les répare à propos. Je fais donc des vœux pour que l'instruction pénètre assez dans les campagnes, pour que tout ce qui est dans le cas d'assurer la jouissance des besoins naturels y soit enfin connu & pratiqué.

On a proposé de construire des *citernes* pour conserver le vin. Point de doute que si on pouvoit les construire de matériaux sur lesquels l'acide du vin n'eût aucune action, & avec assez d'exactitude pour qu'elles ne fussent jamais sujettes aux infiltrations, elles seroient très-avantageuses; mais jusqu'à présent on n'a pu que plus ou moins éviter ces graves inconvéniens, de sorte que toutes celles qu'on a fait construire, même dans les cantons où le vin est uniquement destiné à fabriquer de l'eau-de vie, ont été abandonnées après quelques années de service. *Voyez* CUVE.

CITROSME. *Citrosma.* Genre de plantes de la diœcie icosandrie, qui renferme sept espèces d'arbrisseaux originaires du Pérou, dont aucun n'est cultivé dans nos jardins.

CITTA. *Citta.* Genre établi sur le DOLIC BRULANT. C'est le MUCUNA d'Adanson.

CLADODE. *Cladodis.* Arbrisseau de la Cochin-

chine, formant genre dans la monoécie polyandrie & dans la famille des euphorbes.
Il ne se cultive pas en Europe.

CLADONIE. *Cladonia.* Genre établi aux dépens des lichens, qui rentre dans celui appelé SCYPHIPHORE.

CLADOSTYLE. *Cladostylis.* Plante annuelle de l'Amérique méridionale, qui constitue un genre dans la pentandrie digynie & dans la famille des liserons.
Elle ne se cultive pas en Europe.

CLAIRIONIE. *Clarionia.* Genre de plantes qui a pour type la PERDICIE DE MAGELLAN.

CLAPON. Sorte d'engrais qui paroît être de la FIENTE de VOLAILLES. *Voyez* POULLINE & COLOMBINE.

CLARIFICATION. Les cultivateurs sont souvent dans le cas d'opérer la *clarification* du vin, de l'eau-de-vie & autres liqueurs qu'ils boivent.

Toute *clarification* a pour but de rendre transparent un fluide qui tient des matières opaques en suspension. *Voyez* DISSOLUTION.

Il y a trois moyens employés pour clarifier les fluides :

1°. Le repos, 2°. la filtration, 3°. la précipitation.

Par le repos, toutes les parties pesantes, comme le sable, la terre, &c., se précipitent plus ou moins promptement au fond du vase qui contient le liquide.

Par la filtration on arrête sur du sable, du charbon, des étoffes de laine, de coton, de fil, sur du papier non collé, &c., les matières qui étoient en suspension dans le liquide.

Par la précipitation on force, par l'action de certaines substances, principalement de la GÉLATINE ou COLLE-FORTE, & de l'ALBUMINE ou BLANC D'ŒUF, les matières à demi dissoutes, le plus souvent le mucilage qu'elles contienent, à descendre au fond du vase.

Dès que le repos s'est effectué, la dissolution forme un réseau qui se contracte petit à petit sur lui-même & tombe au fond, en entraînant le mucilage qui troubloit la transparence du vin, & qui pouvoit, par sa fermentation, en altérer la qualité. *Voyez* VIN & VINAIGRE.

Ce n'est guère que pour la *clarification* des vins que les cultivateurs sont dans le cas d'employer la précipitation ; mais cela revient si souvent, qu'ils doivent en connoître le principe.

On fait dissoudre à froid de la gélatine ou de l'albumine dans une petite quantité d'eau, on la verse dans le tonneau & on remue fortement le liquide avec un bâton pour mêler exactement la dissolution avec lui, & on ferme le bondon.

CLARISSE. *Clarissa.* Genre de plantes de la dioecie diandrie & de la famille des amentacées, qui réunit deux arbres du Pérou non encore cultivés dans nos jardins.

CLARKIE. *Clarkia.* Plante vivace de l'Amérique septentrionale, qui constitue un genre dans l'octandrie monogynie & dans la famille des épilobiennes.

CLAUDÉE. *Claudea.* Genre de plantes qui est formé sur une plante des mers de la Nouvelle-Hollande, fort voisine des VARECS.

CLAUDICATION. Mouvement irrégulier que la douleur force de prendre aux animaux dont un ou plusieurs des pieds sont blessés.

Une foible *claudication* est appelée *feinte ;* une plus considérable, *boiterie basse ;* enfin, l'excès est la *marche à trois jambes.*

Comme c'est dans le cheval, le mulet & l'âne que la *claudication* a des résultats plus importans pour l'homme, c'est dans eux qu'elle a été le plus étudiée.

Un rhumatisme, un coup contondant, une blessure, un effort à la jambe, la fracture d'un de ses os, &c., peuvent faire boiter un cheval, mais c'est dans le sabot que s'en trouve le plus fréquemment la cause. Là, elle a lieu par suite de la *piqûre* en ferrant, de la piqûre par un CLOU DE RUE, par une *épine*, par un coup, par la *sole brûlée*, par l'étonnement du *sabot*, par la *bleime*, par le *crapaud*, la *seime*, l'AVALLURE, la *fourbure*, la *fracture des os du tarse.*

Il est des *claudications* qui disparoissent lorsque l'animal est échauffé par la course ; on les appelle *boiterie de vieux mal.*

Un ou plusieurs membres peuvent être à la fois affectés de *claudication*. Elle est plus douloureuse & plus difficile à guérir dans les membres postérieurs.

On dit qu'un cheval *montre le chemin de Saint-Jacques* ou *fait des armes*, lorsqu'il porte son corps en avant pour se soulager ; qu'il *boite de l'oreille*, lorsqu'il relève la tête au moment où il met à terre son pied malade. Dans ce cas, c'est presque toujours un des pieds de devant qui le fait souffrir.

Il arrive quelquefois que les maquignons, pour mieux vendre un cheval boiteux, lui font une blessure à la jambe, blessure à laquelle ils attribuent la *claudication*. C'est une friponnerie punissable.

Certaines *claudications* sont incurables, comme celles provenant de *pieds trop petits*, *encastelés* ou *à talons serrés*, celles des chevaux qui sont *pris des épaules*, qui ont les *épaules chevillées*, dont la jambe cassée a été mal remise, dont les *écarts* & les *efforts* ont résisté aux remèdes, &c. &c.

Chaque espèce de *claudication* exige un traitement différent. Ainsi, pour ne pas trop alonger cet article, je renvoie le lecteur à ceux indiqués plus haut & aux suivans : *exostose*, *éparvin*, *courbe*, *jarde*, *forme*, *osselet*, *suron*, *molette*, *vessigon*, *rhumatisme*, *atteinte*, *javart interne*, *contusion*, *plaie*, *farcin*, *eaux aux jambes*.

La perte de l'appétit, l'abattement, la fièvre, sont les suites ordinaires des *claudications* très-douloureuses & long temps prolongées.

CLAUSÈNE. *Clausena*. Arbre de Java, sur lequel on a établi un genre dans l'octandrie monogynie & dans la famille des hespéridées.

Il ne se cultive pas en Europe.

CLAVAIRE. *Clavaria*. Genre de plantes établi aux dépens des VARECS.

CLAVE. Le TRÈFLE cultivé porte ce nom dans quelques cantons.

CLAVIJE. *Clavija*. Genre de plantes de la polygamie dioecie, qui rassemble quatre arbrisseaux du Pérou, dont aucun n'est cultivé dans nos jardins.

CLÉMENTÉE. *Clementea*. Deux genres de plantes ont porté ce nom. L'un est l'ANGIOPTÈRE, l'autre rentre dans les DOLICS.

CLÉONIE. *Cleonia*. Genre de plantes que quelques botanistes réunissent aux BRUNELLES.

CLÉOPHORE. *Cleophora*. Genre de PALMIER. Il ne diffère pas du LATANIER.

CLETHRA. *Clethra*. Genre de plantes de la décandrie monogynie & de la famille des bicornes, qui rassemble six espèces, la plupart cultivées dans nos jardins.

Espèces.

1. Le CLETHRA à feuilles d'aune.
Clethra alnifolia. Linn. ♄ De l'Amérique septentrionale.

2. Le CLETHRA pubescent.
Clethra pubescens. Mich. ♄ De l'Amérique septentrionale.

3. Le CLETHRA à feuilles acuminées.
Clethra acuminata. Mich. ♄ De l'Amérique septentrionale.

4. Le CLETHRA à feuilles rondes.
Clethra scabra. Ait. ♄ De l'Amérique septentrionale.

5. Le CLETHRA paniculé.
Clethra paniculata. Ait. ♄ De l'Amérique septentrionale.

6. Le CLETHRA arborescent.
Clethra arborea. Ait. ♄ Des Canaries.

Culture.

Les cinq premières espèces se cultivent en pleine terre dans nos jardins, mais les deux premières seules y sont communes. La manière de les multiplier, de les conduire & de les placer étant la même, ce que je vais dire leur sera commun.

Ces espèces forment des buissons de six à huit pieds de haut, d'un aspect agréable quand elles sont en fleurs; en conséquence on les place fréquemment sur le devant des massifs, le long des allées, sur le bord des eaux, dans les jardins paysagers. Elles aiment un sol léger, humide ou ombragé. On ne doit jamais les tondre, mais quelquefois les réceper, car elles perdent de leur beauté en vieillissant, tant parce qu'elles se dégarnissent du pied, que parce que leurs épis de fleurs deviennent plus petits. Du reste, elles ne craignent point les froids du climat de Paris.

On multiplie les *clethras* de semences, de marcottes, de rejetons.

Les semences mûrissent rarement dans le climat de Paris, demandent à être semées avec beaucoup de précautions (*voyez* ANDROMÈDE), & ne donnent des pieds bons à mettre en place qu'au bout de trois ou quatre ans, ce qui fait que ce moyen de multiplication est peu usité.

Les marcottes prennent racine dès la même année, & peuvent être levées au printemps suivant.

Les rejetons sont toujours si abondans, quand les *clethras* sont en terre de bruyère & au nord, qu'ils fournissent plus que les besoins du commerce l'exigent; & c'est le moyen auquel on se borne le plus généralement, & d'autant plus qu'on peut les mettre en place dès le premier ou au plus tard le second hiver.

Ce qui fait que les trois dernières espèces sont plus rares, c'est qu'elles diffèrent fort peu des premières, & qu'elles ne produisent pas plus d'effets dans les jardins que la première, qui s'y voit depuis le milieu du siècle dernier. J'ai concouru à y rendre commune la seconde, en la multipliant de préférence dans les pépinières de Versailles.

La sixième espèce exige l'orangerie dans le climat de Paris. C'est un très-bel arbre, qui décore beaucoup en automne, époque où il entre en fleur. On le multiplie principalement de marcottes, qui s'enracinent dans l'année, comme celles des précédentes, & qui peuvent être repiquées dans d'autres pots dès le printemps suivant. C'est de la terre à oranger, mêlée de terre de bruyère, qu'on doit mettre dans ces pots, qui seront, de plus, abondamment arrosés en été.

Il est à desirer que cet arbre soit introduit dans les jardins du midi de la France, où il prospérera sans doute comme dans son pays natal.

CLEYÈRE. *Cleyera*. Arbuste du Japon, qui sert de type à un genre de la polyandrie monogynie, fort voisin des TERERSTROEMIES.

Il ne se cultive pas en Europe.

CLIBADIE. *Clibadia*. Plante de Surinam, qui ne

ne se cultive pas en Europe. Elle forme seule un genre dans la monœcie pentandrie.

CLIE ou CLIO. Barrière tournante par laquelle on entre dans les enclos.

CLINANTHE. On a ainsi nommé le réceptacle des fleurs composées, soit que ces fleurs appartiennent aux plantes de la syngénésie, soit qu'elles fassent partie des genres DORSTÈNE, SCABIEUSE, &c.

CLISSE. Sorte de CLAIE faite avec des vieux cercles de tonneau & des roseaux, sur laquelle on pose les prunes pour les dessécher au four.

CLOMÈNE. *Clomena*. Plante graminée du Pérou, qui constitue un genre voisin des AGROSTIDES.

Nous ne la possédons pas en Europe.

CLOMION. *Clomium*. Genre établi par Adanson, mais qui ne se distingue pas des CIRSES. *Voyez* CHARDON.

CLOMPAN. Arbrisseau grimpant des Moluques, appartenant à la famille des légumineuses, mais dont les caractères ne sont pas encore bien connus.

Il ne se voit pas dans nos jardins.

CLOQUE. Dans quelques cantons, ce mot s'applique aux grains de froment CARIÉS ou CHARBONNÉS qui ne se brisent pas sous le fléau.

CLOTTER. C'est, en Bretagne, le second LABOUR qu'on donne aux terres destinées à recevoir du FROMENT.

CLOUQUE. Les POULES couveuses portent ce nom dans le département de la Haute-Garonne. C'est l'imitation du cri qu'elles jettent alors.

CLOVER. Le trèfle s'appelle ainsi dans quelques lieux.

CLUYTIE. *Cluytia*. Genre de plantes établi aux dépens des CLUTELLES.

COBÉE. *Cobæa*. Plante vivace, grimpante, du Mexique, qui constitue seule un genre dans la pentandrie monogynie & dans la famille des polémoines ou des bignonées.

Cette plante est aujourd'hui très-cultivée dans nos jardins, & elle le mérite par l'élégance de ses guirlandes, par la grandeur de ses fleurs & par la rapidité de sa croissance. Elle demande une exposition chaude, & prospère mieux dans la terre de bruyère que dans toute autre. On la fait monter contre les murs, sur les arbres; on la dirige, par le moyen d'une ficelle, d'un côté à l'autre des allées, des rues, &c. Partout elle se fait remarquer pendant l'automne; mais dans le climat de Paris, les gelées la font périr, lorsqu'elle est encore dans toute sa beauté. C'est dommage.

Dans le midi, cet inconvénient n'a pas lieu; aussi est ce en Espagne & en Italie qu'elle est véritablement une conquête pour les jardins.

Il est rare que les *cobées* ne donnent pas chaque année de bonnes graines, même en pleine terre dans le climat de Paris. En conséquence, on a renoncé à les tenir dans les orangeries, comme on le faisoit dans le commencement de leur arrivée d'Espagne, où elles ont d'abord été cultivées. Ces graines se sèment en mars, dans des pots qu'on place sur couche & sous châssis. Celles qui germent ainsi gagnent un mois ou deux de croissance sur celles qui sont mises en pleine terre, ce qui est fort important pour la jouissance, puisque les plantes qu'elles produisent, doivent, ainsi que je l'ai déjà observé, être frappées par les premières gelées de l'automne. C'est seulement à la fin d'avril, ou au commencement de mai, qu'il est prudent de mettre ces jeunes *cobées* en place. On ne les taille point, mais on dirige leurs rameaux à la main, lorsqu'on veut leur faire prendre une direction spéciale. Ces rameaux, couchés en terre, prennent de suite racine, & peuvent quelquefois être relevés assez à temps pour donner des fleurs la même année; mais il faut éviter de les couper au-dessous du dernier œil, car la *cobée* ne repousse pas de boutons à travers l'écorce, ainsi que l'a observé Gillet-Laumont.

On peut aussi diviser les vieux pieds & faire des boutures; mais, je le répète, c'est aujourd'hui presqu'exclusivement de graines qu'on se procure des *cobées*, du moins à Paris.

COBITE. *Cobitis*. Genre de poissons dont il est bon que les cultivateurs multiplient les espèces, parce que l'une d'elles prospère dans les étangs les plus vaseux, & l'autre dans les ruisseaux les plus petits.

COBRESIE. *Cobresia*. Genre de plantes établi aux dépens des LAICHES. Il a pour type le *carex Bellardi*.

COCCINELLE. *Coccinella*. Genre d'insectes de l'ordre des coléoptères, qui rassemble un très-grand nombre d'espèces indigènes & exotiques (près de deux cents), les unes dévorant les feuilles des plantes, les autres faisant, en état de larve, une guerre à mort aux PUCERONS & aux COCHENILLES.

Il mérite donc, sous ces deux rapports, l'attention des cultivateurs.

Quelques *coccinelles*, dans l'état parfait, vivent aux dépens des feuilles des plantes, & lorsqu'elles sont très-multipliées, nuisent beaucoup aux cultures. On rapporte que les *coccinelles* à sept points détruisent quelquefois les luzernes. En Amérique, celle qui a été appelée *boréale*, dévoroit les feuilles de mes melons & de mes courges avec une telle activité, qu'elle les empêchoit souvent d'amener leurs fruits à maturité, ou au moins d'acquérir la saveur sucrée qui est propre à ces fruits.

Bien souvent, dans ma jeunesse, j'ai observé les massacres par les larves de la *coccinelle à cinq points*, *à sept points*, *à neuf points*, *à douze points*, *à deux pustules*, & autres, des pucerons des arbres fruitiers. Ils étoient des plus rapides & des plus étendus, c'est-à-dire, qu'une larve fixée sur une branche où il y avoit un grand nombre de pucerons, tuoit & suçoit en peu de minutes tous ceux qui étoient à portée de sa bouche, qui peut s'alonger de près de deux lignes; après quoi elle se reposoit, changeoit de place, pour recommencer au bout de quelque temps.

Je n'ai pas eu occasion de remarquer les attaques de ces larves sur les cochenilles; mais il paroît qu'ils sont également très-considérables.

La *coccinelle* du cactier nuit beaucoup à la récolte de la cochenille, si on en juge par le nombre d'individus desséchés qui nous arrivent avec elle.

COCCOCIPSILON. Synonyme de COCIPSILE.

COCCODÉE. *Coccodea.* Genre de plantes de la famille des algues, qui paroît être formé sur des filamens désorganisés de BYSSES & d'OCCILLAIRES.

COCCOLOBIS. Synonyme de COCCOLOBA. *Voyez* RAISINIER.

CODARI. *Codarium.* Arbre de Guinée qui a été long-temps confondu avec le DIALI, mais qu'on a reconnu devoir former un genre particulier dans la diandrie monogynie.

CODIGI. Plante herbacée du Malabar, qui paroît devoir constituer un genre dans la triandrie monogynie.

Il ne se cultive pas en Europe.

CODION. *Codion.* Genre de plantes de la famille des algues, section des conferves, qui paroît avoir de grands rapports avec les BATRACHOSPERMES.

CODRE. C'est, dans le Médoc, une baguette de châtaignier propre à faire des cercles.

CŒNOPTÈRE. *Cœnopteris.* Genre de fougères qui ne diffère pas de celui appelé DARÉE & MYRIOTHÈQUE.

COICHER. Ce mot s'applique, dans le département des Ardennes, aux LABOURS d'automne des terres destinées à recevoir des MARS.

COIGNASSIER. *Cydonia.* Genre de plantes réuni aux POIRIERS & aux POMMIERS par Linnæus, mais qui possède des caractères suffisans pour en être distingué. Il se rapproche aussi des NÉFLIERS, des ALISIERS & des SORBIERS.

Espèces.

1. Le COIGNASSIER commun.
Cydonia vulgaris. Pers. ♄ Du midi de l'Europe.

2. Le COIGNASSIER de la Chine.
Cydonia sinensis. Thouin. ♄ De la Chine.

3. Le COIGNASSIER du Japon.
Cydonia japonica. Andrews. ♄ Du Japon.

4. Le COIGNASSIER lobé.
Cydonia lobata. Bosc. ♄ De l'Amérique septentrionale.

Culture.

Le *coignassier commun* est un petit arbre qui aime la chaleur & l'humidité. Son tronc est rarement droit; ses branches sont toujours tombantes; ses fleurs assez grandes & ses fruits gros, pyriformes, jaunes, cotonneux à leur surface, ont une chair acide & odorante.

On cultive le *coignassier* & pour ses fruits & pour servir de sujet à la greffe des variétés de poiriers qu'on desire tenir bas, ou dont on veut accélérer l'époque de la mise à fruit. Il faut donc que je le considère sous ces deux rapports.

Les variétés du *coignassier* sont assez nombreuses; cependant on n'en cite que trois dans les jardins de Paris : l'une, fort remarquable par la grandeur de toutes ses parties, laquelle pourroit être considérée comme une espèce, si véritablement elle se trouve sauvage, est le *coignassier du Portugal*, qu'on devroit seule cultiver, tant elle l'emporte sur les autres par la grosseur & la bonté de son fruit, même pour la facilité de sa multiplication. Les deux autres, à peine distinctes, le *coignassier pomme* ou mâle, ou dont le fruit est rond & la peau grise; le *coignassier poire* ou femelle, ou dont le fruit est ovale & la peau fauve.

Pallas rapporte qu'il y a en Crimée, outre la nôtre, une variété de coings qui mûrit en été, & une autre dont la chair n'est point acerbe & se mange crue.

Ce n'est que dans les parties méridionales de l'Europe que le *coignassier* pousse avec vigueur & donne des fruits pourvus de tout le parfum qui leur est propre. Dans le climat de Paris il craint les fortes gelées de l'hiver, & pour peu que l'été soit froid & humide, ses fruits n'arrivent pas à maturité. Dans ce dernier climat il doit être planté à une exposition chaude & dans un terrain peu fertile, léger & frais, ses fruits n'étant jamais mangeables à celle du nord & dans un sol fortement fumé, où l'arbre pousse trop de branches & de feuilles.

La durée de la vie des *coignassiers* est de plusieurs siècles, mais leur croissance est lente à l'excès, c'est-à-dire, autant & plus peut-être que celle de l'alisier.

Le bois du *coignassier* diffère peu de celui de ce dernier arbre, par son liant & sa contexture; mais on n'en fait usage que pour le feu, n'étant jamais d'un assez fort échantillon pour être employé dans les arts.

Il est très-rare qu'on assujettisse le *coignassier* à la taille; seulement dans les pépinières, on le forme en le taillant en crochet dans ses premières années, & en arrêtant, à six à huit pieds, sa croissance en hauteur. Cependant on doit le debarrasser des branches chiffonnes & des branches gourmandes, qu'il pousse quelquefois pendant toute la durée de sa vie.

La cueille des coings se fait le plus tard possible, parce qu'ils se conservent sur l'arbre mieux qu'ailleurs. On attend ordinairement après les premières gelées, dans le climat de Paris. Ceux du *coignassier de Portugal* ne tombent jamais.

Les coings cueillis se conservent, comme les autres fruits, dans des fruitiers dont l'air se renouvelle peu, & où la lumière pénètre en petite quantité; mais comme leur odeur est très-forte, qu'elle porte à la tête, il faut n'y entrer qu'avec précaution, c'est-à-dire, après avoir, au préalable, laissé la porte ouverte pendant quelque temps.

Au reste, on a peu d'intérêt à conserver les coings, attendu qu'ils se gâtent facilement & plaisent crus & cuits à fort peu de personnes, à raison de leur odeur & de leur saveur. Il faut donc les employer de suite à confectionner des confitures, des gelées, des pâtes molles, *marmelades*, des pâtes sèches, *cotignac*, des liqueurs de table, &c. &c. On les emploie aussi en médecine comme astringens.

A mon avis, les coings du midi de la France ont trop d'odeur, mais ils ont la chair plus agréable que ceux des environs de Paris, qui sont acerbes au plus haut degré, & qui ne sont bons qu'à donner la plus mauvaise opinion de ce fruit.

Rarement on greffe le *coignassier* sur lui-même ou sur poirier, néflier & autres arbres de la même famille, parce qu'on gagne peu à le faire, se multipliant avec la plus grande facilité & la plus grande rapidité, de rejetons, de marcottes, de boutures, de racines. Par la même raison on sème rarement ses graines, qui sont cinq ans à donner un arbre qu'on a en trois ans par un des moyens précités.

Les effets du contraste du port, des feuilles, des fleurs & des fruits du *coignassier*, doivent le faire entrer dans la composition des jardins paysagers, soit en buisson, soit en tige, soit en avant des massifs, soit isolé au milieu des gazons, sur le bord des eaux. Il est très-propre, disposé en palissade, à cacher un mur, une fosse à fumier, &c. Celui de Portugal, surtout, s'y fait distinguer par la couleur foncée de ses feuilles. On en forme de très-bonnes haies lorsqu'on le dirige convenablement.

Pour peu que le *coignassier* soit dans un terarin qui lui convienne & que ses racines soient blessées par les labours, il pousse une grande quantité de rejetons qui, levés & séparés, fournissent bien plus de sujets qu'il n'en est demandé pour les besoins ordinaires des jardins.

Lorsqu'on couche un rameau de *coignassier*, au printemps, il prend, ainsi que toutes ses ramilles, des racines dans l'année; de sorte qu'on a, l'hiver suivant, autant de pieds qu'il y avoit de ces ramilles en terre; mais quand on couche une branche, elle est quelquefois deux ans & plus avant de s'enraciner; ce qui fait qu'on repousse ce moyen.

Le moyen de multiplication par les rameaux, tout facile & certain qu'il soit, n'est pas celui qu'on préfère dans les grandes pépinières, parce que ses productions ayant souffert de la courbure du rameau, ne sont ni aussi grosses ni aussi droites que celles provenant d'un pied coupé rez-terre & couvert de terre. Ce sont les MÈRES de cette sorte qu'on voit dans toutes celles des environs de Paris, & elles fournissent immensément.

Placées dans un sol léger & frais, les boutures faites au printemps de l'année précédente avec une pousse portant un talon de bois de deux ans, manquent rarement de prendre racine. On fait usage de ce moyen, lorsqu'on n'a point de mères pour faire des marcottes.

La multiplication par racines est peu usitée.

J'ai annoncé plus haut que c'étoit principalement pour fournir des sujets propres à rendre plus petites les diverses variétés de poiriers ou accélérer l'époque de la mise à fruit de ces variétés, qu'on multiplioit autant le *coignassier* dans les pépinières; mais il est quelques variétés qui ne se prêtent pas à nos vues à cet égard, telles que la *salviati*, le *bon-chrétien d'été musqué*, la *poire d'œuf*, l'*angleterre*, la *bergamotte sylvange*, le *betzi d'Héri*, la *bergamotte d'Angleterre*, la *jalousie*, la *rousseline*, le *betzi de Quesnoi*, la *merveille d'hiver*, le *françois*, la *poire de livre*, &c. Il en est quelques autres qui réussissent dans les bons terrains, & manquent constamment dans les mauvais. On peut au reste échapper à cet inconvénient, en greffant d'abord du *beurré* ou de la *virgouleuse*, qui y réussissent à merveille, & à placer sur leur pousse les variétés susnommées.

La greffe en fente sur le *coignassier* manque souvent, parce que son bois se resserre & fait sauter le rameau. En conséquence, c'est celle en écusson qu'on emploie presqu'exclusivement.

Les causes qui font que le *coignassier* est si précieux pour les cultivateurs, qui veulent avoir des productions anticipées, c'est, d'abord, qu'il est plus petit, & par conséquent a moins de racines que le poirier; ensuite, que sa séve est de nature assez différente, pour que les greffes de ce dernier arbre souffrent d'être forcées de s'en nourrir, & que toutes les plantes qui souffrent se hâtent de fructifier.

Le *coignassier de Portugal*, quoique plus vigoureux que le commun, remplit cependant aussi bien que lui l'objet qu'on a en vue, & mérite la préférence par la raison que je vais dire.

Aujourd'hui, presque toutes les mères de *coignassiers* des environs de Paris, surtout de la variété à peau fauve, sont infestées de la maladie organique appelée *brûlure*, de sorte que les arbres qu'on greffe sur les sujets qu'elles fournissent, donnent, &, de plus, en très-petit nombre, des fruits petits, difformes, sans goût, même amers, & qu'ils durent peu d'années. On reconnoît les arbres affectés de cette maladie, à l'extrémité de leurs bourgeons, qui, vers le mois de juin, devient noire & cassante comme si elle avoit été brûlée. Il est malheureusement avéré, pour moi, que les deux tiers des poiriers greffés sur *coignassier*, qui sortent annuellement des pépinières des environs de Paris, sont attaqués de la brûlure; leur mauvaise végétation n'échappe pas à ceux qui les achètent; mais elle est attribuée, par les jardiniers, à la nature contraire du sol. Or, je n'ai pas encore vu de *coignassiers de Portugal* attaqués de cette maladie, qui, si les pépiniéristes ne s'attachent pas à la faire disparoître, en repoussant tous les *coignassiers* qui l'offrent, doit faire abandonner la culture des poiriers greffés sur eux. C'est fâcheux, très-fâcheux; car, quoique l'ami de la prospérité agricole de son pays doive aimer mieux voir multiplier des poiriers plein-vents, c'est-à-dire, greffés sur FRANC, & encore mieux, sur SAUVAGEON, qui ne donneront des fruits qu'à leur dixième année, mais qui en donneront pendant des siècles, qui n'en donneront que de petits, mais qui en donneront des milliers, le tout sans aucuns frais de culture, plutôt que des QUENOUILLES, des PYRAMIDES, des PALMETTES, des VASES, des BUISSONS, des ESPALIERS, des CONTRE-ESPALIERS, &c., qui en fournissent une petite quantité de beaux, dès la seconde ou troisième année, mais qui ne durent pas plus de quinze à vingt ans; il ne doit pas être assez exclusif pour contrarier les desirs des gens riches, qui veulent du beau & qui veulent jouir de suite.

Le COIGNASSIER DE LA CHINE est introduit dans nos cultures depuis un petit nombre d'années. C'est un arbre à feuillage très-élégant, à fleurs rouges, remarquables par la longueur de leur ovaire, & à fruit plus gros que les coings, mais moins bon. On doit à Thouin un excellent Mémoire sur sa culture, lequel est inséré dans les *Annales du Muséum* & est accompagné d'une superbe figure. L'extrémité non aoutée de ses pousses est seule frappée de la gelée dans le climat de Paris. Il demande le même sol & la même exposition que le précédent, & se conduit d'une manière analogue. On ne le multiplie encore que par la greffe sur l'espèce commune, sur le poirier franc ou sur l'épine; mais bientôt, sans doute, on l'obtiendra de marcottes ou de boutures. Malheureusement il est déjà infesté de la brûlure. Sa place dans les jardins paysagers, où il est encore rare, doit être le long des allées & en devant des massifs. Il y a lieu de croire qu'il s'élève moins que le précédent.

Le COIGNASSIER DU JAPON est plus petit que les autres; ses fleurs, d'un vif incarnat & disposées en bouquet, le rendront un jour, s'il peut, comme je le crois, passer l'hiver en pleine terre, l'ornement de nos parterres & de nos jardins paysagers. Aujourd'hui, qu'il est encore peu commun, on le tient dans l'orangerie, & on le multiplie par marcottes & par greffe sur l'épine.

Le COIGNASSIER LOBÉ tient le milieu entre ce genre & celui des néfliers, mais ses feuilles & ses fleurs le rapprochent davantage du premier. Je n'ai pas encore vu ses fruits en maturité, quoiqu'il fleurisse abondamment tous les ans, parce qu'ils tombent peu de temps après la floraison. On le multiplie par la greffe sur épine. Il tient fort bien sa place dans les jardins paysagers, qu'il orne, surtout lorsqu'il est en fleurs. Je l'ai trouvé dans les pépinières de Versailles, & l'ai répandu autant que possible, pendant le temps où je les ai dirigées.

COIN. Morceau de fer ou de bois aminci à un de ses bouts, au moyen duquel on fend, en frappant fortement sur le bout opposé, le bois ou les pierres, déjà entamés.

L'usage du *coin* est fort étendu dans l'économie rurale & dans les arts qui s'y rapportent. Tout cultivateur doit, en conséquence, avoir une nombreuse collection de *coins* de toute grandeur, & surtout de fer, qui durent plus long-temps & expédient mieux que ceux de bois.

Le fer doux est préférable au fer aigre pour confectionner les *coins*, parce qu'il ne se casse pas, & que si le tranchant ou la tête de ceux qui en sont faits s'émoussent, il suffit de les remettre à la forge pour la rétablir.

La puissance du *coin* & celle de percussion sont d'une telle force, qu'elles n'ont pas encore pu être soumises au calcul.

COISSER. Seconde opération qu'on fait subir au CHANVRE & au LIN, après qu'ils ont été rouis.

COLDÈNE. *Coldenia*. Plante des Indes, qui constitue un genre dans la tétrandrie tétragynie & dans la famille des borraginées.

Elle ne se cultive pas en Europe.

COLÉ. *Coleus*. Autre plante du même pays, formant seule un genre dans la didynamie gymnospermie & dans la famille des labiées, qu'on emploie en médecine & dans les assaisonnemens.

Elle n'est pas non plus cultivée dans nos jardins.

COLÉBELLE. Nom vulgaire du CUCUBALE BEHEN aux environs de Perpignan, où ses feuilles se mangent en guise d'épinards.

COLETER. Synonyme d'ATTACHER la VIGNE à l'ÉCHALAS.

COLLADOA. *Colladoa*. Plante graminée des Philippines, qui paroît devoir faire partie des TRIPSACS, & que nous ne cultivons pas dans nos jardins.

COLLE. On appelle ainsi certaines matières susceptibles de se dissoudre dans l'eau, & qui, en se desséchant, unissent les corps entre lesquels on les applique en état liquide.

Les principales *colles* dont on fait usage en Europe, sont : 1°. la *colle de farine*, avec laquelle se place celle d'AMIDON, qui n'en diffère pas essentiellement ; 2°. la *colle-forte* ou *gélatine*, dont la *colle de poisson* ne peut pas être distinguée.

On pourroit aussi appeler *colle* le *blanc d'œuf*, ou ALBUMINE, la GLU, quelques GOMMES, &c.

La *colle* de farine ou d'amidon se confectionne en faisant bouillir ces matières dans une quantité d'eau proportionnée à l'épaisseur qu'on veut donner à la *colle*. Son usage est fréquent dans l'économie domestique & les arts, pour coller le papier, pour donner de la fermeté au linge, &c.

La *colle-forte* s'obtient, en fabrique, par l'ébullition des peaux & des tendons des animaux dans l'eau.

Celle dite *de poisson* est la vessie natatoire des esturgeons, simplement desséchée.

On emploie ces deux *colles* pour fixer les bois & autres corps durs les uns aux autres. Son usage n'est pas moindre dans l'économie domestique, & beaucoup plus étendu dans les arts.

Le vin se clarifie avec la *colle-forte* préparée à cet effet, & avec la *colle* de poisson.

Les cultivateurs doivent avoir constamment une petite provision de *colle forte*, qui, mise dans une armoire, se conserve des années, afin de réparer leurs meubles de bois cassés, de clarifier leurs vins, si les blancs d'œufs leur manquent, &c.

Le mélange de la *colle* de farine avec la *colle-forte* est très-avantageux dans beaucoup de cas. On en fait à Paris un fréquent emploi dans plusieurs arts.

COLLETIER, *Colletia*. Genre de plantes de la pentandrie monogynie & de la famille des rhamnoïdes, qui réunit quatre espèces, dont une est cultivée dans nos serres.

Espèces.

1. Le COLLETIER à feuilles échancrées.
Colletia obcordata. Vent. ♄ Du Pérou.
2. Le COLLETIER à tiges.
Colletia ephedra. Vent. ♄ Du Pérou.
3. Le COLLETIER à feuilles dentelées.
Colletia serrata. Vent. ♄ Du Pérou.
4. Le COLLETIER épineux.
Colletia horrida. Willd. ♄ Du Brésil.

Culture.

La première est celle que nous cultivons. C'est Dombey qui en a rapporté les graines. Elle en donne rarement dans nos orangeries, où on la tient constamment, & elle ne se multiplie que par elles : aussi est-elle toujours restée rare. On la tient dans la terre de bruyère & on l'arrose souvent en été. Sa floraison a lieu en mai.

Cette plante est de peu d'intérêt pour tout autre qu'un botaniste.

COLLET DE NOTRE-DAME. Le POIVRIER EN OMBELLE porte ce nom à Saint-Domingue.

COLLETS. Nom d'une famille de champignons établie dans le genre des AGARICS. Elle renferme un assez grand nombre d'espèces, dont aucune n'est cultivée.

COLLINAIRE. *Collinaria*. Genre de plantes qui ne diffère pas du KOELERIE.

COLLINE. Diminutif d'une MONTAGNE.

Ce nom s'applique le plus généralement, dans les pays de plaines, aux petites élevations isolées & peu prolongées, qui se cultivent entièrement, ou dont le sommet est couvert de bois.

Dans les climats où la vigne peut croître, les *collines* en sont ordinairement plantées aux expositions du levant & du midi.

Lorsque les *collines* ont la pente très-rapide, il est avantageux d'y former des terrasses, au moyen de haies tranversales tenues basses, afin d'empêcher leurs terres d'être entraînées par les eaux pluviales.

Souvent une *colline* est d'un grand avantage pour une propriété rurale, en ce qu'elle lui fournit des eaux de source & des abris.

Comme ce que je pourrois ajouter se trouvera aux articles MONTAGNE, COTEAU, PENTE, &c., je m'arrête ici.

COLMATE. La couche de LIMON que déposent les eaux troubles, s'appelle ainsi dans quelques lieux. *Voyez* CANAL & ACOULIS.

COLOBACHNÉ. *Colobachne*. Plante de la famille des graminées, séparée du genre POLYPOGON.

Elle ne se cultive pas dans nos jardins.

COLOBION. Genre de plantes qui ne diffère pas de celui appelé THRINCIE.

COLOMBIE. *Voyez* COLONIE.

COLOMBIER. Bâtiment destiné à loger des pigeons.

L'article correspondant du *Dictionnaire d'Agriculture* ne parlant point de la construction du *colombier*, je dois en dire ici quelques mots.

Il y a deux sortes de *colombiers*, ceux *en pied* & ceux *en volet* ou *fuie*, auxquels il faut ajouter ceux en VOLIÈRE, desquels il a été question à ce dernier mot.

On appelle *colombiers en pied* ceux qui sont isolés & complétement destinés aux pigeons. Ils sont ordinairement ronds & établis sur une voûte qui sert de SERRE A LÉGUME, de FRUITIER ou de MAGASIN DES OUTILS. Ils jouissent des avantages de bien garantir les pigeons des attaques des fouines & des belettes, & de permettre la visite des nids, au moyen de l'échelle tournante établie dans leur intérieur; mais ils sont extrêmement coûteux à bâtir; & actuellement qu'ils ne sont plus féodaux, on n'en bâtira probablement plus guère.

Les volets ou fuies sont des chambres carrées, plus hautes que larges, établies ordinairement au-dessus de la porte de la ferme, quelquefois sur l'équerre d'un bâtiment, même isolées au sommet de quatre montans en bois ou en pierre. Leur construction ne diffère pas de celle des autres parties des bâtimens.

Quelles que soient la forme & la disposition d'un *colombier*, il faut qu'il ait, 1°. une porte pour y entrer, soit du dehors, à l'aide d'une échelle mobile, soit du dedans, au moyen d'un escalier; il est utile qu'à cette porte il se trouve une petite ouverture fermée par un grillage très-fin, pour établir un courant d'air dans l'intérieur; 2°. une ouverture au midi, plus ou moins large, & susceptible d'être fermée avec un grillage, dans sa partie moyenne ou supérieure, pour la sortie des pigeons, laquelle sera accompagnée, en dehors & en dedans, d'une tablette, sur laquelle ils puissent se reposer avant d'entrer & de sortir; 3°. de larges traverses dans la partie supérieure de l'intérieur, pour servir de lieu de repos aux pigeons; 4°. des BOULINS (ou cases), soit ronds, soit carrés, fixés contre les murs, à l'intérieur, pour la ponte des pigeons; 5°. une échelle tournante dans ceux en pied, & une échelle double dans les autres.

Non-seulement les murs de tous les *colombiers* doivent être exactement récrépis, mais il est bon qu'il y ait dans leur milieu une corniche en pierre de taille, d'un demi-pied de saillie. Les bords de leur ouverture doivent être garnis de feuilles de fer-blanc, pour empêcher les ennemis susnommés des pigeons, tous animaux grimpans, d'y pénétrer.

Le toit du *colombier* doit être peu en pente, pour que les pigeons puissent facilement s'y promener (*s'essoriller*) au soleil.

Les boulins se font avec des pots de terre cuite, avec des briques, avec des planches. Les premiers sont coûteux & cassans; les seconds sont solides & durables; les troisièmes moins coûteux. Leur largeur doit être d'environ huit pouces.

La propreté est ce qui est le plus à considérer dans un *colombier*, & ce à quoi on s'attache le moins. Il faudroit les nettoyer à fond au moins quatre fois l'an, & on le fait à peine une, parce qu'on croit que la COLOMBINE (*voyez* ce mot) s'améliore en y restant plus long-temps. Un exact balayage des boulins, & même leur lavage à l'eau chaude, est surtout important pour débarrasser les vieux & les jeunes pigeons, des punaises & des poux qui les tourmentent. Blanchir l'intérieur avec un lait épais de chaux, tous les trois ou quatre ans, seroit une opération très-avantageuse à la santé des pigeons.

COLOMBO. *Colombo.* Genre de plantes si voisin des MÉNISPERMES, qu'il y a été réuni.

L'espèce sur laquelle il a été établi, le MÉNISPERME PALMÉ, a une racine tubéreuse, amère, très-employée en médecine contre les vomissemens & les diarrhées. On ne la cultive pas en Europe.

COLONIE. *Colonia.* Arbre des Philippines, qui constitue dans la gynandrie polyandrie un genre fort voisin des GREUVIERS. Il a été aussi appelé COLOMBIE.

COLOPHANE ou COLOPHONE. On donne ce nom, dans le commerce, à la résine privée de son huile essentielle par la distillation, dont les joueurs d'instrumens se servent pour frotter leur archet.

COLOPHERME. *Colophermum.* Genre de plantes de la famille des conferves, établi sur une espèce vivant dans les mers de la Sicile.

COLOPOON. Arbre du Cap de Bonne-Espérance, qui a servi à établir le genre FUSANE, lequel ne diffère pas suffisamment du THESION.

Un FUSAIN du même pays porte encore ce nom.

COLSSES. Les épis séparés de leur chaume par le battage, mais non dépouillés de leurs grains, portent ce nom dans le midi de la France.

COLUMELLE. *Columella.* Arbrisseau grimpant de la Cochinchine, qui constitue un genre dans la tétrandrie monogynie.

Il ne se cultive pas dans nos jardins.

COLUMELLE. *Columella.* Autre genre établi sur deux arbres du Pérou, que nous ne cultivons pas non plus.

COLUMELLE. On a donné ce nom au PLACENTA qui s'élève au milieu des urnes des MOUSSES.

COLUMELLÉE. *Columellea.* Plante du Cap de Bonne-Espérance, qui forme un genre dans la syngénésie égale & dans la famille des corymbifères.

Elle ne se voit pas dans nos jardins.

COLUTIA. *Colutia.* Genre établi pour placer le BAGNAUDIER d'ÉTHIOPIE. Il n'a pas été adopté.

COLUVRINE DE VIRGINIE. On donne ce nom à la racine de l'ARISTOLOCHE SERPENTAIRE.

COMAROPSIS. *Comaropsis.* Genre de plantes établi pour placer la RONCINELLE FRAGARIOÏDE de Michaux. *Voyez* ce mot.

COMBLÉE. Synonyme d'ACOULIS. *Voy.* CANAL.

COMBUTACÉES. Famille de plantes établie aux dépens de celle des MYRTES.

COMESPERME. *Comesperma.* Genre de plantes fort voisin de celui des POLYGALAS, établi pour placer cinq à six arbustes de la Nouvelle-Hollande, dont un se cultive dans nos jardins, mais y est encore fort rare.

On le place dans un pot rempli de terre, dont celle de bruyère fait la moitié, pot qu'on rentre dans la serre tempérée pendant l'hiver. Il se multiplie de boutures faites sur couche & sous châssis.

COMÈTE. *Cometes.* Petite plante des Indes, qui seule constitue un genre dans la tétrandrie monogynie.

Elle ne se voit pas dans nos jardins.

COMINIER. *Cominia.* Arbre de la Cochinchine, qui fournit une gomme émétique & purgative. Il sert de type à un genre dans la dioecie monandrie. On ne le cultive pas dans les jardins de l'Europe.

COMMUNICATIONS RURALES. *Voyez* CHEMINS VICINAUX.

COMPOST. Mélange de terre, de fumier, de détritus de plantes, de substances animales, &c. *Voyez* ENGRAIS.

COMPTONIE. *Comptonia.* Arbrisseau de l'Amérique septentrionale, qui avoit d'abord été placé parmi les LIQUIDAMBARS, mais auquel on a trouvé des caractères suffisans pour former un genre particulier dans la monoecie polyandrie & dans la famille des amentacées.

C'est uniquement par la forme singulière de ses feuilles, qui ressemblent à celle du CÉTÉRAC, que la *comptonie* mérite qu'on la cultive dans les jardins paysagers. On l'y place dans la terre de bruyère pure, au nord des massifs ou d'une fabrique. Une humidité constante lui est très-avantageuse. Rarement ses tiges subsistent plus de trois à quatre ans dans son pays natal, où je l'ai fréquemment observé, mais il en sort d'autres des racines. Cette circonstance ne se remarque pas en France, mais ses pieds périssent souvent instantanément, sans cause apparente. Il ne faut point lui faire sentir le tranchant de la serpette. Les gelées du climat de Paris ne sont nullement à craindre pour elle.

Quoique presque toutes les années très-couverte de fleurs, la *comptonie* donne rarement de bonnes graines, même en Amérique ; en conséquence, c'est de rejetons, de marcottes & de racines qu'on la multiplie le plus communément. Lorsqu'elle est dans un terrain & à une exposition qui lui conviennent, elle pousse souvent plus de rejetons qu'on le voudroit, rejetons qui, l'année suivante, peuvent être relevés & mis en pépinière pour se fortifier pendant deux ou trois ans.

Rarement les marcottes, même faites avec du bois de l'année, prennent de suite racine. Il faut les attendre deux ou trois ans, ce qui fatigue le pied & l'expose même à périr : aussi en fait-on peu.

La multiplication par racines est plus sûre, quoiqu'également suivie d'inconvéniens du même genre, lorsqu'on est trop avide. On la pratique de deux manières : pour l'une, on coupe une médiocre racine en terre & on relève le gros bout, qui pousse une tige la même année ; pour l'autre, on enlève de terre une grosse racine, on la coupe en tronçons de six pouces, qu'on met en pépinière, à six pouces de distance, un peu obliquement, & le gros bout à fleur de terre. Ces tronçons, abondamment arrosés, poussent également, quoique moins certainement, des chevelus & des tiges. On peut mettre en place les pieds qui en proviennent, la seconde ou la troisième année.

CONADOU. Dans le midi de la France, ce nom s'applique aux trous qu'on creuse pour mettre le pied du chanvre, afin qu'il perfectionne la maturation de sa graine.

CONANTHÈRE. *Conanthera.* Genre de plantes établi dans l'hexandrie monogynie & dans la famille des narcisses, pour placer deux espèces propres au Pérou, dont l'une a été employée comme le type du genre ECHÉANDIE.

Nous ne les cultivons pas.

CONCHION. *Conchium.* Genre de plantes de la tétrandrie monogynie & de la famille des protéoïdes, établi par Smith. Comme il avoit été nommé HACKÉE par Cavanilles, qui l'avoit indiqué avant lui, je renvoie à ce dernier mot. C'est le VAUBIER de Poiret.

CONDALIE. *Condalia.* Genre de plantes formé sur un arbre du Chili, depuis réuni aux COCIPSILES.

Le même nom a été donné à un autre genre, qui a été regardé comme trop peu différent du ZIZYPHE pour être conservé.

CONDÉE. *Condea.* Genre établi pour placer la SARRIETTE D'AMÉRIQUE.

CONIE. *Conia.* Plantes cryptogames de la famille des algues, constituées par une croûte pulvérulente fixée sur la terre, les pierres, les arbres. On les a aussi appelées COCODÉES. Elles tiennent le milieu entre les BYSSES & les LICHENS.

CONIOCARPE. *Coniocarpon.* Genre de LICHENS qui rentre dans ceux appelés SIPLOME & ARTONIE.

CONIOPHORE. *Coniophora.* Genre de CHAM-

PIGNONS. La seule espèce qui y entre vit sur le bois mort.

CONOPLÉE. *Conoplea*. Genre de champignons parasites. Il renferme cinq espèces vivant sur les végétaux mourans ou morts.

CONOSPERME. *Conospermum*. Genre de plantes de la tétrandrie monogynie & de la famille des protétoïdes, qui renferme neuf espèces, toutes de la Nouvelle-Hollande, dont je ne sache pas qu'on cultive une seule dans nos jardins, mais qui diffère trop peu des PROTÉES, pour ne pas croire que la même culture leur sera applicable.

CONOSTOME. *Conostomum*. Genre de mousses établi aux dépens des BRYS, & qui ne renferme que deux espèces fort rares.

CONOSTYLE. *Conostylis*. Genre de plantes de l'hexandrie monogynie & de la famille des iridées, fort rapproché des ANIGOSANTHES. Il renferme quatre espèces originaires de la Nouvelle-Hollande, dont aucune n'est cultivée dans nos jardins.

On l'a aussi appelé LOPHIOLE.

CONQUES. Famille de CHAMPIGNONS établie par Paulet, aux dépens des TREMELLES.

CONSTRUCTIONS RURALES. Non-seulement les bâtimens de toutes espèces nécessaires à un riche agriculteur se rangent sous cette dénomination, mais encore les maisons des pauvres, les murs de clôture, les terrasses, les conduites d'eau en pierres, &c.

Sans doute les *constructions rurales* sont du domaine de l'architecture & doivent être l'objet de beaucoup des articles du Dictionnaire qui lui est spécialement consacré; mais seront-elles considérées sous les points de vue de simplicité & d'économie qui leur conviennent? J'aime à le croire.

Cependant il est à remarquer que, jusqu'à présent, aucun architecte proprement dit n'a porté son attention sur cet important objet, qui ne mène ni à la fortune ni à la gloire. Le seul Traité que nous possédions (savoir, celui de M. Perthuis, ingénieur militaire), a été provoqué par un prix de la Société centrale d'agriculture.

Il a aussi publié des Traités du même genre en Allemagne & en Angleterre, dont l'un, le dernier, a été traduit en français par M. Lasteyrie.

J'ai cru devoir donner de légers aperçus, à leur article, de quelques *constructions rurales*. Ainsi je renvoie le lecteur aux mots FERME, METAIRIE, VENDANGEOIR, CHEMINÉE, LAITERIE, PUITS, CITERNE, PUISARD, LAVOIR, ECURIE, ÉTABLE, BERGERIE, TOIT A PORCS, COLOMBIER, POULAILLER, GRANGE, MEULE, GERBIER, GRENIER, FRUITIER, CAVE, CELLIER.

CONTROLAGE. L'INCISION ANNULAIRE sur la vigne est très-anciennement connue, sous ce nom, dans le département de la Côte-d'Or.

CONTUSION. Effet que produit sur un corps vivant l'impression violente d'un corps non pointu.

Il est des *contusions* légères qui se guérissent d'elles-mêmes en peu de jours. Il en est de graves qui se compliquent.

Telle *contusion* qui, sur la cuisse d'un cheval, ne seroit d'aucune importance, peut compromettre la vie de cet animal, si elle a eu lieu sur les organes de la génération ou sur certains points de la tête.

Presque toujours les *contusions* graves sont suivies d'érosions dans les muscles, & par suite d'extravasation de la lymphe ou du sang, qui produisent des tumeurs qui se résolvent le plus souvent par la suppuration.

Ordinairement on produit un grand bien en mettant sur les tumeurs des compresses imbibées de sel, imbibées d'eau-de-vie camphrée, imbibées d'oxide de fer, qui agissent par contraction, soit par l'effet du froid, soit par l'effet de l'irritation, soit par l'effet de l'astriction.

Dans les *contusions* graves où il y a INFLAMMATION, les boissons rafraîchissantes (l'eau nitrée), la diète & même les saignées sont indiquées. Des SCARIFICATIONS préviennent souvent la suppuration, & par conséquent la GANGRÈNE.

CONVOLVULACÉES. Famille de plantes autrement appelée des LISERONS.

COPALLE. Gomme-résine qui découle du GANITRE.

COPALLINE ou COPALME. La gomme-résine du LIQUIDAMBAR D'AMÉRIQUE porte ce nom dans le commerce.

COPRIN. *Coprinus*. Genre de champignons établi sur l'AGARIC DÉLIQUESCENT.

COPTIS. *Coptis*. Genre établi pour placer l'ELLÉBORE A TROIS FEUILLES.

Nous ne possédons pas cet ellébore dans nos jardins.

COQ DE BRUYÈRE (Grand & petit). Espèces du genre du FAISAN, dont la chair est fort estimée. Elles étoient autrefois fort communes en France, mais aujourd'hui on ne les trouve plus que dans les hautes montagnes.

La grosseur du premier de ces oiseaux égalant celle de la poule, on a dû tenter tous les moyens pour les assujettir à la domesticité, mais ils ont été sans succès.

Je ne parle de ces oiseaux que pour éviter de nouveaux essais à ceux qui y seroient portés.

COQUAR. On a donné ce nom à l'hybride du coq-faisan & de la poule domestique, hybride qu'on dit être un manger fort délicat, mais qui, étant extrêmement difficile de se procurer, est par conséquent hors de la portée des fortunes médiocres,

médiocres, & qui ne peut jamais devenir l'objet d'une ſpéculation agricole.

Pour l'obtenir, il faut renfermer dans une grande cage, établie à l'air libre, un jeune coq-faiſan avec une jeune poule, & les nourrir de chenevis & autres graines échauffantes. Il paroît que les petits qui naiſſent de cette union, ont une ſi foible conſtitution qu'on riſque beaucoup plus de les voir périr, à l'époque où ils pouſſent le rouge, que les faiſans & les poulets.

Je ne crois pas néceſſaire de m'étendre plus longuement ſur cet objet. *Voyez* FAISAN & POULE.

COQUELEVANT. Fruit du MÉNISPERME LACUNEUX.

COQUILLE. La MACHE ſe nomme ainſi.

COQUILLES. Famille de champignons établie par Paulet dans le genre AGARIC. Elle renferme un aſſez grand nombre d'eſpèces.

CORACAN. Nom indien d'une eſpèce de CRETELLE qu'on cultive dans les pays intertropicaux, pour ſa graine qui ſert à la nourriture de l'homme & des oiſeaux domeſtiques, & pour ſa fane qui eſt un excellent fourrage, ſoit en vert, ſoit en ſec.

CORBILE. Synonyme de COURONNÉ. *Voyez* ce mot & celui ARBRE.

CORDE. Les cultivateurs ſont journellement dans le cas de faire uſage de *cordes*, &, à voir le peu de ſoin qu'ils en prennent lorſqu'ils ne s'en ſervent plus, il ſemble, ou qu'elles ne leur ont rien coûté, ou qu'elles ne ſont plus dans le cas de leur ſervir. Je crois donc devoir les engager à les faire ſécher lorſqu'elles ont été mouillées, & à les ſuſpendre enſuite dans un lieu abrité.

Il y a une différence de qualité ſouvent double entre deux *cordes* de même diamètre; différence produite ou par la nature de la filaſſe avec laquelle elles ont été fabriquées, ou par leur vicieuſe fabrication. Ce n'eſt qu'à l'aide de l'expérience qu'un cultivateur peut juger, à l'inſpection, ſi une *corde* neuve doit être d'un bon ſervice. Tout ce que je pourrois dire à cet égard ſeroit inutile pour lui.

Dans beaucoup de pays, pour éviter les inconvéniens d'un mauvais choix, on ſubſtitue les chaînes de fer aux *cordes* pour tous les emplois où cela eſt poſſible. C'eſt fâcheux, car, d'abord les chaînes fatiguent beaucoup plus les hommes & les animaux; enſuite leur dépenſe première eſt bien plus conſidérable, & les cultivateurs doivent deſirer conſerver leurs avances.

Dans beaucoup de parties de la France on conſomme beaucoup de *cordes* de tilleul pour l'uſage des puits, des greniers à foin, &c. Il n'y a que la conſidération précédente, c'eſt-à-dire, leur bon marché, qui doive engager à les préférer, car elles ſont généralement de peu de durée.

En Eſpagne, les *cordes* de SPARTE les remplacent avec beaucoup d'avantage.

CORDYLE. *Cordyla*. Grand arbre des côtes orientales d'Afrique, qui conſtitue un genre dans la monadelphie polyandrie.

Nous ne le poſſédons pas dans nos jardins.

CORDYLINE. *Cordylina*. Genre de plantes fort voiſin des DIANELLES & des DRAGONIERS, qui renferme deux ou trois eſpèces originaires des îles de la mer du Sud, & que nous ne cultivons pas en Europe.

CORDYLOCARPE. *Cordylocarpus*. Genre de plantes dont on doit l'établiſſement à Desfontaines. Il renferme deux eſpèces, la CORDYLOCARPE UNIE, auſſi appelée ERUCAIRE, originaire des îles de l'Archipel, & la CORDYLOCARPE ÉPINEUSE, qui croît ſur la côte d'Afrique, aux environs d'Alger.

Ces deux plantes, qui ſont annuelles, ont été cultivées dans l'école du Jardin des Plantes de Paris, mais elles ont diſparu faute d'y avoir conſtamment amené leurs graines à maturité. On y ſemoit ces graines dans des pots remplis de terre franche légère, qu'on enterroit dans une couche nue, & leur plant étoit repiqué dans d'autres pots qu'on plaçoit à une bonne expoſition.

CORÉOPE. *Voyez* CORIOPE.

COREOPSOÏDE. *Coreopſoïdes*. Genre de plantes établi pour placer le COREOPE LANCÉOLÉ. Il n'a pas été adopté.

CORGUE. Nom vulgaire de l'AGARIC DU PANICAUT.

CORNAGE. Sorte de ſifflement qui ſort de la gorge de quelques chevaux, lorſqu'ils courent ou trottent vivement ou long-temps.

On diſtingue deux ſortes de *cornage*: celui qui eſt organique & celui qui eſt l'effet d'une maladie.

Le premier ne ſe guérit jamais, & le ſecond ſe guérit quelquefois tout ſeul; mais on ne peut lui appliquer de traitement fondé en raiſon.

Les pères & les mères cornards tranſmettent le *cornage* à leurs petits; ainſi on ne doit jamais employer à reproduction des chevaux ou des jumens qui en ſont atteints.

Les cultivateurs peuvent employer les chevaux cornards à tous les ſervices qui ne demandent pas une grande vigueur; mais il eſt mieux qu'ils les repouſſent, ne fût-ce que pour en diminuer le nombre.

Cette infériorité du cheval cornard & l'impoſſibilité de connoître qu'il l'eſt, autrement qu'à l'uſage, a engagé le légiſlateur à décider qu'il pouvoit être rendu au vendeur; en conſéquence, cette maladie est placée dans les CAS REDHIBITOIRES.

CORNICULAIRE. *Cornicularia.* Genre de plantes établi aux dépens des LICHENS. Il a été lui-même subdivisé pour former celui qui est appelé ALECTORIE.

CORNIDE. *Cornidia.* Arbre du Pérou, qui constitue un genre dans l'octandrie monogynie. On ne le cultive pas en Europe.

CORNOUILLER. *Cornus.* Genre de plantes de la tétrandrie monogynie & de la famille des caprifoliacées, qui rassemble quatorze espèces, tant indigènes qu'exotiques; qui, presque toutes, se cultivent dans nos jardins & en font l'ornement.

Espèces.

1. Le CORNOUILLER mâle.
Cornus mas. Linn. ♄ Indigène.

2. Le CORNOUILLER de la Floride.
Cornus florida. Linn. ♄ De l'Amérique septentrionale.

3. Le CORNOUILLER sanguin.
Cornus sanguinea. Linn. ♄ Indigène.

4. Le CORNOUILLER à fruits blancs.
Cornus alba. Linn. ♄ De l'Amérique septentrionale.

5. Le CORNOUILLER à fruits bleus.
Cornus sericea. Lhérit. ♄ De l'Amérique septentrionale.

6. Le CORNOUILLER élancé.
Cornus stricta. Lhérit. ♄ De l'Amérique septentrionale.

7. Le CORNOUILLER à feuilles rondes.
Cornus circinata. Lhérit. ♄ De l'Amérique septentrionale.

8. Le CORNOUILLER à feuilles alternes.
Cornus alternifolia. Linn. ♄ De l'Amérique septentrionale.

9. Le COURNOUILLER à grappes.
Cornus paniculata. Lhérit. ♄ De l'Amérique septentrionale.

10. Le CORNOUILLER fastigié.
Cornus fastigiata. Mich. ♄ De l'Amérique septentrionale.

11. Le CORNOUILLER stolonifère.
Cornus stolonifera. Mich. ♄ De l'Amérique septentrionale.

12. Le CORNOUILLER de Sibérie.
Cornus sibirica. Hort. Angl. ♄ De Sibérie.

13. Le CORNOUILLER de Suède.
Cornus suecica. Linn. ♃ Du nord de l'Europe.

14. Le CORNOUILLER du Canada.
Cornus canadensis. Linn. ♄ Du nord de l'Amérique.

Culture.

La première espèce, si mal-à-propos appelée *mâle*, puisqu'elle est hermaphrodite, se rencontre fréquemment dans les bois des montagnes de presque toute l'Europe, & s'élève à 15 ou 20 pieds. Ses fleurs se développent dès premières au printemps, avant les feuilles, & il leur succède des fruits ovales, rouges, dont la pulpe se mange à sa complète maturité. Son bois, brun foncé au centre, est excessivement dur, excessivement pesant (69 livres 9 onces 5 gros par pied cube), très-difficile à casser, & susceptible d'un très-beau poli. On en fait de fort jolis meubles; mais il faut l'employer bien sec, car il est très-sujet à se tourmenter & à se fendre. Il est rare qu'on en trouve des échantillons sains de plus d'un demi-pied de diamètre, quoiqu'il puisse parvenir au double de cette grosseur. Son emploi le plus ordinaire dans les campagnes est pour des alluchons de moulin, des traverses d'échelle, des verges de FLÉAU, des échalas, des cerceaux. Il brûle très-bien & fournit de l'excellent charbon. Ses jeunes rameaux servent à faire des balais.

Une autre de ses propriétés, c'est d'être, ainsi que l'OLIVIER, avec lequel il a tant de rapports, pour ainsi dire immortel, c'est-à-dire, qu'il vit des siècles (j'en connois un dans la forêt de Montmorency qui a plus de mille ans d'âge constaté), & que, soit que son tronc meure naturellement, soit qu'il soit arraché, il repousse de nouveaux pieds des portions de racines restées en terre. Cette faculté l'a fait désigner, dès l'origine de la propriété foncière, pour servir de borne légale, usage auquel il est encore conservé dans beaucoup de lieux, sous le nom de *pieds corniers*, ou, par altération, *pieds cormiers*. On en forme d'excellentes haies, qu'on peut tondre impunément, car il se prête à tous les caprices du jardinier.

On doit d'autant moins craindre de multiplier le *cornouiller* mâle dans les bois, qu'il végète fort bien à l'ombre, & qu'il ne nuit jamais à la croissance des grands arbres dont le bois est plus utile que le sien, ou qui croissent plus vite.

Quoiqu'inférieur en beauté à beaucoup d'autres arbres, le *cornouiller* mâle tient fort bien sa place dans les jardins paysagers, où on le voit avec plaisir, surtout lorsqu'il est en fleurs & que ses fruits sont mûrs. Il se place, en tige & isolé, à quelque distance des massifs, & en buisson, au second ou troisième rang de ces massifs.

Plusieurs variétés de grosseur & de couleur sont résultées de la culture de cet arbre. L'une, dont le fruit a huit à neuf lignes de long, s'appelle *acurnier* dans le midi de la France; une autre a le fruit rose, une autre a le fruit blanc.

Ce sont principalement les enfans qui consomment les *cornouilles* (c'est le nom vulgaire du fruit du *cornouiller*), après leur avoir laissé prendre, sur la paille, un excès de maturité ; mais on en fait aussi des confitures, des marmelades, des liqueurs vineuses, des liqueurs alcooliques. On les emploie en médecine, comme rafraîchissans & astringens. Leur amande donne de l'huile.

La multiplication des *cornouillers* est extrêmement facile, attendu qu'elle a lieu par tous les moyens, c'est-à-dire, par graines, par rejetons, par marcottes, par boutures & par éclat de racines.

Les graines se mettent en terre aussitôt qu'elles sont récoltées, ou se conservent en JAUGE pendant l'hiver, pour être semées au printemps. Lorsqu'on les laisse se dessécher, elles sont deux ou trois ans avant de lever. Les plants qu'elles ont donnés sont ordinairement laissés dans la planche des semis pendant deux ans, après quoi on les repique en pépinière, à huit ou dix pouces de distance les uns des autres, & il est possible de les mettre en place deux ou trois ans après, si le terrain est convenable; car si le *cornouiller* s'accommode des plus mauvais sols, il ne vient vîte que dans les bons.

Lorsqu'on veut disposer le plant pour devenir arbre, on le taille en crochet.

Un labour d'hiver & deux binages d'été sont utiles au succès de la croissance de ce plant.

Dans les terrains légers & frais, surtout lorsqu'ils sont labourés, les racines des *cornouillers* jettent une grande quantité d'accrus qu'on peut lever dès l'hiver suivant, & mettre de suite en pépinière, comme je viens de l'indiquer.

Un vieux pied arraché en fournit des centaines, pendant longues années, en agrandissant chaque année, par leur enlèvement, le trou résultant de l'arrachage.

Les marcottes se font, dans l'hiver, avec des branches de deux ans. Elles prennent racines dans l'année & peuvent être levées de même.

On coupe les boutures au printemps, dès que le *cornouiller* entre en fleur. Placées au nord, dans un terrain léger, elles prennent des racines dans le courant de l'été, & peuvent être encore mises en pépinière au printemps de l'année suivante.

Ainsi que je l'ai déjà annoncé, il suffit de couper une racine & des morceaux de cinq à six pouces de long, & de les mettre en terre, pour qu'on obtienne autant de pieds.

Les variétés se greffent en fente sur l'espèce, ou se multiplient de même qu'elle.

Le CORNOUILLER DE LA FLORIDE est un superbe arbre lorsqu'il est couvert de fleurs, ainsi que j'en ai acquis la certitude dans son pays natal, où j'en ai observé d'immenses quantités. Il a beaucoup de rapports de contexture avec le précédent; mais les collerettes de ses fleurs ressemblent à des pétales de plus d'un pouce de long. Son introduction est déjà ancienne dans nos jardins; cependant je n'en connois pas aux environs de Paris de plus vieux que ceux qui sont sortis des pépinières de Versailles, où je les ai multipliés, autant que possible, pendant que je les dirigeois, seulement de marcottes, de boutures & de racines, car il pousse peu de rejetons : aussi est-il aujourd'hui très-commun. Je fais des vœux pour que sa culture s'étende de plus en plus. La terre de bruyère & l'ombre sont nécessaires à sa belle végétation.

Le CORNOUILLER SANGUIN croît abondamment dans les bois, les haies, les buissons de toute l'Europe. Il s'élève à douze ou quinze pieds & fleurit au milieu de l'été. De ses noms vulgaires, le premier, *bois punais*, provient de l'odeur désagréable de ses feuilles & de son écorce; le second, *cornouiller femelle*, n'est pas mieux fondé que celui du *cornouiller mâle*. L'élégance de son port, la disposition de ses fleurs, la couleur de ses fruits, lui font tenir un rang distingué dans les jardins paysagers, au second ou troisième rang des massifs. Toute terre lui convient, mais il pousse mieux dans celle qui est légère & humide. Rarement on le laisse monter en arbre, parce qu'il produit plus d'effet en buisson. Il offre une variété à feuilles panachées.

Le vieux bois du *cornouiller sanguin* ne sert guère qu'au chauffage, & ses jeunes rameaux qu'à faire, les plus gros, d'excellens échalas, & les plus petits, de mauvais ouvrages de vannerie; mais il a été prouvé, par des expériences positives, que cent livres de ses fruits, écrasés & pressés, donnoient trente-quatre livres d'une huile qui, quoique désagréable à l'odorat & au goût, étoit très-propre à brûler, à fabriquer du savon, à peindre, &c. Combien de familles pauvres pourroient se faire une ressource de la récolte de ces fruits dans certains cantons!

Toutes les voies de multiplication indiquées plus haut s'appliquent au *cornouiller sanguin*; mais il est si abondant dans les campagnes, qu'il est rare qu'on le cultive dans les pépinières. On va arracher pendant l'hiver, dans les haies, les pieds qu'on veut transporter dans les jardins. Il est moins de défense que le *cornouiller mâle*, parce qu'il ne supporte pas aussi bien la taille.

Les neuf espèces suivantes sont plus ou moins communes dans nos pépinières & dans nos jardins paysagers, qu'elles ornent chacune un peu différemment, mais cependant, en général, à la manière de la précédente, qu'elles surpassent en beauté; la quatrième principalement, dont les pousses de l'année sont d'un rouge vif pendant l'hiver.

Toutes produisent plus d'effet en buisson qu'autrement : aussi convient-il de les réceper tous les quatre à cinq ans.

Leur multiplication a lieu principalement par

marcottes & par division des vieux pieds, quoiqu'elles se prêtent à tous les modes indiqués plus haut.

Les CORNOUILLERS DE SUÈDE & DE CANADA sont de très-petites plantes (de deux à trois pouces de haut au plus), dont les fleurs sont, comme celles du *cornouiller de la Floride*, entourées de larges collerettes. Le second est plus commun dans nos jardins que le premier, & s'y fait remarquer au printemps, quand il est en fleur & en fruit. Lorsqu'on lui donne de la terre de bruyère, de l'ombre & de l'humidité, il trace tant, qu'il peut, en un été, couvrir un pied carré de terrain. On le place sur le bord des corbeilles ou des plates-bandes. Sa multiplication a lieu par le déchirement des vieux pieds en hiver.

CORNULAQUE. *Cornulaca.* Genre établi par Delisle, pour placer la SOUDE MURIQUÉE.

CORONOPE. *Coronopus.* Genre de plantes établi pour placer le CRANSON CORNE-DE-CERF.

CORONOPIFEUILLE. *Coronopifolia.* Genre de plantes formé aux dépens des VARECS, qui ne diffère pas suffisamment du PLOCAMION.

COROZO. Nom vulgaire d'un PALMIER de l'Amérique méridionale, fort voisin du COCOTIER. On mange ses fruits.

CORRÉE. *Correa.* Genre de plantes de l'octandrie monogynie & de la famille des zanthoxyllées, qui rassemble six espèces, dont trois sont cultivées dans nos orangeries. Il avoit été appelé MAZEUTOXERON par Labillardière.

Espèces.

1. La CORRÉE blanche.

Correa alba. Smith. ♄ De la Nouvelle-Hollande.

2. La CORRÉE rousse.

Correa rufa. Smith. ♄ De la Nouvelle-Hollande.

3. La CORRÉE à feuilles réfléchies.

Correa reflexa. Smith. ♄ De la Nouvelle-Hollande.

4. La CORRÉE à feuilles repliées.

Correa revoluta. Smith. ♄ De la Nouvelle-Hollande.

5. La CORRÉE à fleurs vertes.

Correa viridiflora. Andrews. ♄ De la Nouvelle-Hollande.

6. La CORRÉE élégante.

Correa speciosa. Hort. Angl. ♄ De la Nouvelle-Hollande.

Culture.

La première & les deux dernières espèces sont celles qui se voient dans nos jardins; mais la première seule y est commune. Ses feuilles sont couvertes d'écailles blanches, en étoile, qui lui donnent un aspect fort remarquable, & la font contraster avec presque toutes les autres plantes. On la tient dans l'orangerie, ou mieux, dans la serre tempérée pendant tout l'hiver. Elle fleurit à la fin de l'été. Rarement elle donne des fruits dans le climat de Paris; mais elle reprend si facilement de marcottes & de boutures, qu'on se borne à ces deux moyens de multiplication, qui ont lieu, le premier dans des pots en l'air, le second, sur couche à châssis. Leurs produits se mettent en pots, remplis de terre de bruyère, dès avant l'hiver, & fleurissent la seconde ou au plus tard la troisième année. Des arrosemens fréquens sont nécessaires pendant les chaleurs de l'été, & aux jeunes & aux vieux pieds.

CORRINANTHOA. *Corrinanthoa.* Genre établi pour les JONGERMANNES, dont les fleurs sont éparses sur les feuilles.

CORROYÈRE. Nom vulgaire d'une espèce de SUMAC.

CORTÉSIE. *Cortesia.* Arbrisseau des environs des Buenos-Ayres, qui seul constitue un genre dans la pentandrie monogynie & dans la famille des borraginées.

Cet arbrisseau n'a pas encore été introduit dans nos cultures.

CORTINAIRE. *Cortinaria.* Genre de champignon qui a pour type l'AGARIC NU.

CORVISARTIE. *Corvisartia.* Genre établi sur l'INULE CAMPANE.

CORYCION. *Corycium.* Genre de plantes qui sépare le SATYRION OROBANCHOÏDE des autres.

CORYDALE. *Corydalis.* On a donné ce nom à un nouveau genre qui sépare des FUMETERRES les espèces dont le fruit est polysperme. Il s'appelle aussi CAPNOÏDE, BISCUTELLE & DICLYTRE.

CORYMBORKIS. *Corymborkis.* Genre établi sur une ORCHIDÉE de l'Ile-de-France, dont la fleur n'est pas connue.

CORYNOPHORE. *Corynophorus.* Ce nom a été donné à un nouveau genre qui sépare des autres les CANCHES ARTICULÉE & BLANCHATRE.

CORYSANTHE. *Corysanthes.* Genre de plantes établi sur trois orchidées de la Nouvelle-Hollande, dont aucune n'est cultivée dans nos jardins.

COSMÉLIE. *Cosmelia.* Arbrisseau de la Nouvelle-Hollande, constituant un genre dans la pentandrie monogynie & dans la famille des bruyères. Il ne se cultive pas en Europe.

COSMIBUÈNE. *Cosmibuena.* Genre de plantes qui ne diffère pas de celui appelé HIRTELLE.

COSMIE. *Cosmia.* Genre de plantes qu'on a réuni aux TALINS.

COSMOS. *Cosmos.* Genre de plantes de la syngénésie polygamie frustranée & de la famille des corymbifères, fort voisin des CORÉOPES, ne contenant qu'une espèce, laquelle se cultive dans nos jardins.

Cette espèce est annuelle. On la sème en avril dans un pot rempli de bonne terre, & placé sur couche nue. Lorsque les pieds ont acquis deux ou trois pouces de haut, on les repique dans d'autres pots qui se mettent à une exposition méridienne. Aux approches des gelées on les rentre dans l'orangerie pour assurer la maturité des graines.

Il est fâcheux que le *cosmos* bipinné fleurisse si tard & soit si sensible à la gelée, car il est d'un bel aspect lorsque ses fleurs sont ouvertes.

Il pourra servir, sans doute, un jour à l'ornement des parterres dans le midi de l'Europe.

COSSIGNI. *Cossignia.* Genre de plantes de l'hexandrie monogynie & de la famille des balsamiers, réunissant deux arbrisseaux, l'un de l'Ile-de-France, & l'autre de celle de la Réunion, ni l'un ni l'autre cultivés dans nos serres.

COSSON. Dans le vignoble d'Orléans, ce mot est synonyme de BOUTON ou d'ŒILLETON. *Voyez* VIGNE.

COSSUS. *Cossus.* Genre d'insectes de l'ordre des lépidoptères, dont les larves de toutes les espèces vivent dans l'intérieur du bois des arbres vivans, & nuisent beaucoup à leur croissance & à leur vente.

Les deux espèces les plus communes de ce genre sont :

Le COSSUS DU MARRONIER dont on a fait un genre appelé ZEUZÈRE. Sa larve vit de la moelle des branches de deux à trois ans des marroniers d'Inde, des tilleuls, des peupliers, des pommiers & autres arbres, & les fait presque toujours périr. Il n'y a moyen de s'opposer à sa multiplication que par la mort des insectes parfaits au moment où ils vont déposer leurs œufs sur les branches, moyen d'un effet très-peu certain, attendu que c'est sur les hautes branches qu'ils se tiennent.

Le COSSUS GATE-BOIS. Sa larve, de quatre pouces de long sur six lignes de large, vit dans le tronc du saule, de l'orme & de quelques autres arbres. Elle est bien plus abondante & bien plus nuisible que celle de la précédente. Le dommage qu'elle cause aux ormes des avenues & des routes des environs de Paris est incalculable, ceux où elle est multipliée, périssant avant l'âge de leur coupe, & n'étant plus bons qu'à brûler.

On a proposé beaucoup de moyens pour détruire les larves de ce *cossus*, mais aucun n'est praticable ou d'un effet marquant en grand, ainsi que je m'en suis personnellement assuré, principalement celui de les tuer dans leur trou, au moyen d'un fil de fer.

Le seul conseil que je puisse indiquer comme propre à arriver au but, au moins jusqu'à un certain point, c'est de faire la chasse aux insectes parfaits, immédiatement après leur naissance, c'est-à-dire, pendant le mois de mai, époque où ils se trouvent, surtout les femelles, appliqués contre le tronc des saules & des ormes, au plus à la hauteur de la main. Une femelle tuée, c'est plus de cent larves de moins.

On reconnoît le papillon du *cossus* à sa grosseur de plus d'un pouce & à sa couleur grise, variée de brun.

COSTUS. *Voyez* AMOME.

COT. Dans le vignoble de Bordeaux on donne ce nom à la partie du sarment qui est reservée par la taille lorsqu'elle ne porte que deux ou trois yeux. Si elle en avoit davantage, ce seroit un TIRANT.

COTONNIÈRE. Nom vulgaire des FILAGES & des GNAPHALES. *Voyez* ELYCHRYSE.

COTTON. Synonyme de REGAIN aux environs de Luxembourg. *Voyez* PRAIRIE.

COTYLISQUE. *Cotyliscus.* Genre établi pour séparer le CRANSON NILOTIQUE des autres.

COUCAREL, COCARIL, COUCOUS. On donne ces noms aux EPIS DE MAÏS dépouillés de leur grain, dans le midi de la France.

COUCHES CORTICALES. Après que le CAMBIUM, c'est-à-dire, la SÈVE organisée, a déposé sur la surface de l'AUBIER des arbres, une masse de tubercules, qui doivent devenir une COUCHE LIGNEUSE, les restes s'appliquent contre la dernière *couche corticale* & deviennent le LIBER.

Il y a une grande différence d'organisation entre le liber ou les *couches corticales*, & l'aubier ou les *couches* ligneuses, quoique les unes & les autres soient composées de TISSU CELLULAIRE.

En effet, les *couches corticales* sont des réseaux minces, sans principe vital, appliquées l'une contre l'autre, mais nullement réunies. Elles sont susceptibles de se distendre par suite de l'augmentation des *couches* ligneuses. On peut, d'après les expériences de Duhamel, les diviser presqu'à l'infini. La dernière est recouverte d'un EPIDERME qui ne se renouvelle pas quand il a été enlevé.

La séve pénètre dans les *couches corticales*, mais c'est par une action complétement mécanique, le principe vital y étant nul. Il seroit possible cependant que le liber en conserve encore une foible portion qu'il perd l'année suivante, lorsqu'il s'en est formé un nouveau. *Voyez* ECORCE.

Le réseau des *couches corticales* s'élargissant d'autant plus que l'arbre croît en grosseur, les mailles des plus extérieures de ces *couches* doivent être démesurément larges, comparativement à celles des plus intérieures. Il est beaucoup d'arbres où elles se rompent : de-là les rugosités, les crevasses, &c.

Il y a lieu de croire que les *couches corticales* se détruisent dans certains arbres, puisque leur écorce ne prend point d'épaisseur à proportion de leur vieillesse. Je citerai le CHARME pour exemple.

Lorsque deux branches du même arbre ou de deux arbres du même genre sont greffées par approche, l'écorce de ces deux branches disparoît au point de soudure. Il n'a pas encore été possible d'établir une théorie sur ce fait, qui embarrasse beaucoup les faiseurs de systèmes.

On trouvera à l'article suivant, l'indication de ceux qu'il conviendra de consulter pour compléter ce qu'il est bon de savoir relativement aux fonctions des *couches corticales*.

COUCHES LIGNEUSES. Lorsqu'on coupe transversalement un arbre, on remarque que son tronc est partagé en cercles alternativement de bois solide & de bois poreux : ce sont les premiers, quoiqu'ils ne se distinguent pas réellement des seconds, qu'on appelle les *couches ligneuses* de cet arbre.

La production de chaque *couche ligneuse* est le résultat de l'organisation du CAMBIUM au printemps & en automne, à la surface de la *couche* précédente. Leur nombre devroit donc indiquer le double des années de l'arbre; mais comme il arrive souvent qu'il y a très-peu de SÉVE en automne, même point du tout, on ne peut établir aucun calcul rigoureux à cet égard.

D'après la considération que les arbres sont toujours plus gros à leur pied qu'à leur tête, on a supposé que les *couches ligneuses* forment des cônes dont les plus intérieurs sont emboîtés dans les extérieurs; mais je ne crois pas cette supposition dans le cas d'être adoptée, les *couches ligneuses* n'ayant paru s'amincir à mesure qu'elles s'élevoient, & disparoître, sans qu'on puisse dire où.

Les cercles des *couches ligneuses* ne sont réguliers ni quand on les considère les uns à l'égard des autres, ce qui doit être, puisque les années & les saisons de la même année ne se ressemblent point, ni quand on les considère isolément, le côté du nord, comme plus humide, se prêtant mieux à la dilatation de l'écorce, & le côté des plus grosses racines recevant plus de nourriture que les autres.

Par les mêmes raisons, les *couches ligneuses* des jeunes arbres sont, toutes autres choses égales d'ailleurs, plus larges que celles des vieux arbres.

Dans tous les arbres, mais principalement dans le chêne, les *couches ligneuses* sont liées entr'elles par des lignes allant du centre à la circonférence, & augmentant en nombre chaque année. On appelle ces *lignes* les ERADIATIONS MÉDULLAIRES. Les *couches ligneuses* des arbres où elles sont larges, comme dans le chêne, ne se séparent jamais. C'est tout le contraire dans ceux qui, comme le CHATAIGNIER, les ont fort minces. *Voyez* ROULURE.

Le nombre des éradiations médulaires est toujours en rapport avec la série des feuilles. Il n'est par conséquent que de cinq dans une branche de chêne de la dernière pousse.

Les *couches ligneuses* de l'aubier ne diffèrent de celles du bois fait, que parce que les pores qui les accompagnent sont plus larges.

Dans mon opinion, fondée sur les expériences de Duhamel & autres, voici comme s'organisent les *couches ligneuses*, pendant les deux séves, mais principalement pendant celle d'août : peut-être même s'organisent-elles, mais insensiblement, hors des époques précitées.

La séve montant des racines dans le tronc & les branches, à l'aide de la chaleur & du principe vital, va s'organiser dans les feuilles, c'est-à-dire, se surcharger de carbone, & devient cambium, qui, redescendant, d'un côté se fixe par petits grumelots, fort visibles dans certains momens, sur la surface de l'aubier, & de l'autre contre l'écorce, & constitue le LIBER ou dernière COUCHE CORTICALE. *Voyez* ces mots.

La différence entre ces deux opérations, c'est que les *couches* corticales forment un ensemble continu, & que les *couches* corticales n'étant point pourvues d'éradiations, sont seulement appliquées : aussi est-il toujours possible de les isoler.

Comme toutes les autres parties des végétaux, ces *couches ligneuses* sont formées de TISSU CELLULAIRE, c'est-à-dire, d'utricules, très-souvent hexagones : seulement, en elles, ces utricules sont plus petites, ont les parois plus épaisses.

Cependant ce n'est pas seulement en grosseur que croissent les arbres. Comment s'augmentent en longueur les *couches ligneuses* ?

Duhamel a répondu à cette question par des expériences desquelles il résulte que les plantes annuelles, & la pousse de l'année des arbres, s'alongeoient en même temps par développement & par accroissement, mais que, la seconde année, l'accroissement seul y concourt. D'après cela, on explique facilement pourquoi certaines plantes à tiges annuelles, pourquoi toutes les plantes monocotylédones poussent de si grosses tiges en si peu de temps. *Voyez* MONOCOTYLÉDONES dans le *Diction. de Botanique*. *Voy.* aussi ETIOLEMENT.

Des supplémens à cet article se trouveront aux mots BOIS, AUBIER, COUCHES CORTICALES, ECORCE, LIBER, CIRCULATION, SÉVE, CAM-

BIUM, TISSU CELLULAIRE, FIBRE, VAISSEAUX DES PLANTES, PORES.

COUDINE. Synonyme de COUENNE.

COUDRÉ. On emploie quelquefois ce mot comme synonyme d'AOUTÉ.

COUET. C'est un paquet de FILASSE, dans le midi de la France. *Voyez* CHANVRE.

COUGE. Les trous que les eaux pluviales creusent dans les champs, portent ce nom dans quelques cantons.

COUGIE ou COURGIE. Le FOUET des CHARTIERS s'appelle ainsi dans l'est de la France.

COULÉE. Les bords des ruisseaux plantés en AUNES se nomment ainsi dans quelques lieux.

COULEMELLE. Nom vulgaire de l'AGARIC ÉLEVÉ, qui se mange.

COULISSE. Petit fossé couvert, destiné à faire couler l'eau des prés humides.

Tantôt les *coulisses* sont formées par des FASCINAGES, tantôt par des PIERRÉES recouvertes de terre, tantôt par des TUILES ou des LAVES calcaires ou schisteuses disposées en toit; tantôt enfin, par des MURS en pierre sèche, fermés par une voûte. *Voyez* EGOUT DES TERRES.

COUMIER. *Couma.* Arbre laiteux de Cayenne, où il est appelé POIRIER. Ses fleurs ne sont pas connues. Ses fruits se mangent.

COUMON. Nom vulgaire d'un palmier de Cayenne.

COUPAGE. Un mélange de seigle, de froment, de vesce & de paille, qu'on donne en vert aux bestiaux, au printemps, porte ce nom aux environs d'Angers.

COUPAYA. Grand arbre de Cayenne, dont la racine se substitue au SIMAROUBA. Il paroît qu'il se réunit aux BIGNONES.

COUP DE CHALEUR. On appelle ainsi l'effet qu'un air chaud & une course violente produisent quelquefois sur les chevaux, en faisant dilater leurs poumons au point de ne pouvoir plus respirer, ce qui les fait tomber haletans.

Il arrive quelquefois que le cheval pris d'un *coup de chaleur* ne se relève plus, meurt sur-le-champ. D'autres fois il languit plus ou moins long-temps, & finit également par mourir de péripneumonie.

On parvient, dans beaucoup de cas, à prévenir les suites des *coups de chaleur*, en faisant sur-le-champ respirer du vinaigre aux chevaux qui en sont frappés, à l'effet de quoi on leur en frotte les naseaux, les lèvres, l'intérieur de la bouche; on leur en fait avaler étendu d'eau, s'il est fort; en le mettant à l'ombre, hors d'un courant d'air; en le faisant promener lentement, s'il peut se tenir sur ses jambes. Il sera mis ensuite à la diète, c'est-à-dire, à l'eau blanche, jusqu'à ce que les premiers symptômes aient disparu. *Voyez* CHEVAL.

COUPE EN PIVOT. Sorte de coupe qui a lieu quelquefois pour les gros arbres de charpente, auxquels il est important de conserver le plus de longueur possible. Elle consiste à fouiller la terre autour de l'arbre & à couper ses racines latérales, de manière qu'il ne reste plus que le pivot, qui se casse alors naturellement, ou qu'on coupe à son tour.

Un arbre *coupé en pivot* offre, à sa base, un cône de deux à trois pieds de long, & donne deux ou trois pieds de longueur d'équarrissage de plus qu'un arbre coupé rez-terre, à la manière ordinaire.

Cette manière d'abattre ne peut s'exécuter que dans les forêts en bon fonds non pierreux, & est très-coûteuse. Elle est défendue par les ordonnances, mais bien mal-à-propos, car il est certain que, loin de nuire à la reproduction du bois, elle favorise la germination des graines, par le remuement de terre auquel elle donne lieu.

COUPE ENTRE DEUX TERRES. L'ordonnance de 1669 veut que les arbres des forêts soient coupés rez-terre, & elle est exécutée dans la plus grande partie de la France; mais dans les cantons montueux, où le bois est à très-bon marché, les bûcherons, pour s'éviter de la fatigue & pour faire plus de besogne, coupent les arbres à six pouces, à un pied, & même à deux pieds de terre (les résineux principalement), & dans ceux où il est très-cher, ils le coupent entre deux terres, afin de profiter d'une partie des racines, ou d'alonger de quelques pouces la longueur du tronc. *Voyez* ABATIS.

Il est toujours avantageux, selon moi, de couper les arbres entre deux terres, lorsque ces arbres sont du nombre de ceux qui poussent des rejetons de leurs racines, par exemple, l'orme, le merisier, l'aune, le peuplier & le tremble, parce qu'il en résulte une bien plus grande quantité de jeunes arbres; mais à l'égard des chênes, des hêtres, des charmes, des frênes, des châtaigniers, des bouleaux, &c., on peut se contenter de les couper rez-terre & recouvrir leur souche avec de la terre qui, conservant cette souche humide, l'empêche de se fendiller & de laisser perdre la sève. *Voy.* SOUCHE.

Ainsi, si M. Douette-Richardot, qui, dans ces derniers temps, a cherché à faire prédominer la *coupe entre deux terres*, avoit, dans ses expériences, mis en comparaison un arpent de taillis coupé de cette manière, & un arpent de taillis coupé rez-terre, & dont les souches auroient toutes été recouvertes de terre, il se seroit convaincu, comme l'a prouvé depuis M. Sageret, qu'il n'y auroit eu aucune différence dans le résultat de la repousse des deux arpens, & beaucoup, comme il s'en est assuré, entre la repousse de ces deux arpens & celle d'un troisième arpent coupé conformément à la loi, si c'est le chêne qui y domine.

Je développerai, au mot Souche, les principes sur lesquels se basent les résultats ci-dessus, & je discuterai les avantages & les inconvéniens de la repousse des vieux arbres.

COUPE GAZON. Ce mot a deux significations dans le jardinage.

Il s'applique, ou à un sabre recourbé, ou à un disque coupant, d'acier, de huit à dix pouces de diamètre, tournant à l'extrémité d'un manche de quatre pieds de long, lesquels servent, en les dirigeant, au moyen d'un cordeau, le premier en tirant à soi, le second en le poussant devant soi, à rogner les gazons des jardins.

On ne voit de *coupe-gazons* que dans les grands jardins tenus avec beaucoup de luxe, la bèche les suppléant, quoiqu'avec désavantage, dans ceux qui sont petits, & dans ceux dans lesquels une propreté rigide n'est pas exigée.

Les *coupe-gazons* s'emploient aussi dans la campagne, le long des routes, sur les paquis, &c. pour l'enlèvement des Gazons propres à être plaqués dans les jardins. On renonce chaque jour, de plus en plus, à ce mode de former les gazons, le semis des graines en place étant plus économique & d'une réussite plus certaine. *Voyez* Gazon.

Je crois donc qu'on peut borner l'usage des *coupe-gazons* tournans, à accélérer la construction des rigoles pour les irrigations, car, coupant la terre parallèlement & à la même profondeur, on peut enlever ensuite très-facilement cette terre en grosses mottes, à l'aide de la bèche.

COUPILLE. On appelle ainsi, dans quelques lieux, les fagots provenant de l'Élagage des Arbres.

COUPLE. Assemblage de deux sangles & d'un bâton, qui s'emploie pour attacher les chevaux les uns à la suite des autres, de manière qu'un seul homme puisse en conduire une certaine quantité sans embarras.

COUPURE. Plaie faite avec un instrument tranchant.

COUQUARIL. Nom de la Raphe de l'épi de Maïs, dans le département de la Haute-Garonne.

COUR. On appelle ainsi une enceinte, soit de murs, soit de haies, soit de fossés, qui accompagne les maisons des cultivateurs.

Quand il y a deux *cours* attachées à la même maison, l'une d'elles porte ordinairement le nom de Basse-cour. C'est celle où se trouvent les Écuries, les Étables, les Bergeries, les Poulaillers, les Toits a porcs.

Les services que les cultivateurs retirent de leur *cour*, pour mettre en sûreté leurs instrumens agricoles, pour augmenter leur sécurité contre le feu & les voleurs, les engage à en avoir toujours; & de fait, il est rare qu'ils en soient privés.

Une *cour* doit toujours être tenue aussi propre que possible. Les voitures, les charrues, les bois de charronnage & à brûler, qu'on est forcé d'y déposer à l'air, lorsqu'on manque de Hangars, doivent être rangés en ordre. Les fumiers même seront relevés avec symétrie.

COURATARI. Arbre très-élevé de Cayenne, qui a été appelé Portland hexandre par Jacquin. On se sert des lanières de son écorce en guise de cordes.

COURBURE des branches. L'expérience prouve, 1°. que les arbres d'une vigoureuse végétation donnent moins de fruits que ceux qui poussent de foibles bourgeons; 2°. que plus une branche s'éloigne de la perpendiculaire, & plus sa force de végétation diminue.

On courbe les gourmands pour les empêcher de s'emporter.

Les dispositions aujourd'hui généralement adoptées pour les arbres fruitiers en Quenouille, en Pyramide, en Palmette, en Vase, en Buisson, en Espalier & en Contr'espalier, &c., rentrent dans celles de la *courbure des branches*, puisqu'elle a également pour but de ralentir la circulation de la séve, en l'empêchant de suivre sa marche directe. *Voyez* les mots ci-dessus.

De tout temps on a pratiqué la *courbure des branches* dans les vignobles, pour augmenter la production des grappes. *Voyez* Vigne, Sautelle, Cerceau, Arceau, &c.

Mais si, en courbant les branches, on se procure plus de fruit, on risque aussi de faire périr l'arbre, parce que c'est la séve qui, après s'être organisée, si je puis employer cette expression, en passant à travers les feuilles, redescend dans les racines, pour fournir à la pousse de l'année suivante, & que, dans le cas de courbure, il s'organise moins de séve & en revient encore moins aux racines.

Si donc on doit employer la *courbure des branches*, moyen véritablement si excellent, il faut le faire avec modération pour pouvoir l'employer long-temps. Combien d'arbres ont péri l'année où M. Cadet de Vaux préconisa outre mesure cette opération, qu'il présentoit comme nouvelle, quoiqu'elle soit mentionnée dans les auteurs latins, & que Roger-Schabol lui ait consacré un chapitre spécial, dans son ouvrage sur la culture des arbres fruitiers, imprimé il y a près d'un siècle!

Ainsi, un jardinier éclairé & jaloux du succès de ses cultures, courbera la plus grande partie des branches d'un arbre en plein vent trop vigoureux, soit parce qu'il est jeune, soit parce qu'il est planté dans un sol très-fertile; il en courbera quelques-unes seulement à celui qui sera plus vieux ou qui sera dans un mauvais sol, & il laissera libres toutes

toutes celles des arbres foibles, quelle que soit la cause de cette foiblesse.

Il est des arbres, comme le pommier, le prunier, le cerisier griottier, &c., qui courbent naturellement leurs branches dès qu'ils se sont mis à fruits. Il en est d'autres, tels que le poirier, l'abricotier, le cerisier guignier, dont les rameaux restent toujours droits. Ce sont ceux-là sur lesquels l'art doit s'exercer.

Comme c'est à la séve d'août que se développent les boutons qui doivent donner des fruits, un, deux & même trois ans après, c'est un peu avant cette séve qu'il faut exécuter cette opération.

Je pourrois beaucoup m'étendre sur cet objet; mais comme je dois le considérer dans un grand nombre d'autres articles, je me borne à ce que je viens de mettre sous les yeux du lecteur.

COURONNEMENT DES ARBRES. C'est la mort des branches du sommet de l'arbre, l'annonce qu'il commence à s'altérer au cœur.

Les arbres couronnés vivent quelquefois encore bien des années & continuent à croître en grosseur, mais leur bois se détériore de plus en plus, de sorte qu'il n'y a jamais de l'avantage à les laisser sur pied.

L'ordonnance forestière veut que ce signe soit celui où la coupe des futaies ou des arbres de ligne doit être effectuée; cependant, d'après les observations précédentes, dont personne ne peut nier la justesse, il est évident qu'en s'y conformant, on nuit considérablement aux produits des forêts, puisqu'un chêne, un orme, altérés au centre, ne peuvent plus servir à la charpente, au charronnage, & perdent par conséquent la plus grande partie de leur valeur.

C'est donc avant l'époque du *couronnement des arbres*, c'est-à-dire, au moment où ils cessent de donner des pousses annuelles de quelque longueur, qu'il convient de les abattre lorsqu'on veut que leur bois conserve toute la qualité &, par suite, toute la valeur qui lui est propre. *Voyez* ARBRE, ABATIS, CARIE, CHARPENTE.

J'ai observé un grand nombre de fois que les racines des arbres couronnés l'étoient également, c'est-à-dire, que le pivot & les mères-racines étoient pourries à leur extrémité. C'est cette circonstance qui rend si fréquent, dans les taillis, le renversement, par le vent, des baliveaux couronnés.

On appelle *couronner un arbre fruitier*, en terme de jardinage, couper ses branches à la même hauteur. Il est toujours nécessaire de couronner un ESPALIER, pour l'empêcher de s'élever au-dessus du mur, de couronner un CONTR'ESPALIER, un VASE, pour arrêter la séve dans les branches inférieures. C'est un des objets de la TAILLE, & il en sera parlé à son article.

COURTCAILLÉ. Nom vulgaire du BROME STÉRILE, dans les environs de Paris.

COURTEROLLE. Synonyme de VER BLANC. *Voyez* HANNETON.

COUSCOUILLE. La LIVÈCHE DU PÉLOPONÈSE porte ce nom aux environs de Perpignan, où sa racine se mange.

COUSIN. *Culex.* Genre d'insectes de l'ordre des diptères, qui renferme plusieurs espèces propres à l'Europe, lesquelles, dans les pays boisés & humides, font le tourment des cultivateurs & des animaux domestiques pendant l'été & l'automne.

Chacune des piqûres des *cousins* cause une petite tumeur, plus ou moins rouge, plus ou moins douloureuse, plus ou moins durable; & comme ils sont par millions dans certains lieux, le nombre de leurs piqûres est quelquefois la cause d'inflammation, de fièvre, même de mort. Ils troublent le sommeil & le travail des hommes & des animaux, seulement par le bruit qu'ils font en volant, à plus forte raison en piquant. Les animaux maigrissent souvent par leur fait, parce qu'ils les empêchent de paître tranquillement.

Les hommes sont garantis, pendant le jour, des piqûres des *cousins* partout autre part qu'au visage, aux mains & aux pieds, par l'épaisseur de leurs vêtemens, &, pendant la nuit, par la fermeture des fenêtres, ou en entourant leur lit d'une gaze appelée *mousticaire*, du nom des *cousins* en Amérique, où ils sont bien autrement multipliés qu'en Europe.

C'est pour garantir, autant que possible, les chevaux & les vaches des piqûres des *cousins*, qu'on couvre les premiers de couvertures, qu'on laisse aux vaches l'ordure qu'elles prennent en se couchant dans leurs excrémens, qu'on les frotte même de ces excrémens.

Il est superflu de chercher à détruire les *cousins*, soit à l'état d'insecte parfait, soit à l'état de larve (leurs larves vivent dans les eaux stagnantes), car leur nombre est tel, que la population entière, réunie pour leur faire la guerre, ne parviendroit pas à le diminuer d'une manière sensible.

Je dois prévenir que tuer les *cousins* sur la plaie qu'ils font, aggrave toujours le mal, parce que leur trompe reste dedans & ne peut en être chassée que par la suppuration.

Aucun des remèdes indiqués pour guérir les blessures des *cousins* n'a d'effet dans ce cas, & le seul que l'expérience ait prouvé avoir quelqu'efficacité, l'alcali volatil, manque souvent son action, sans qu'on puisse deviner pourquoi.

COUTRIER. Sorte d'ARAIRE armée d'un coutre. *Voyez* CHARRUE.

COUTURNIÈRE. Bord du CHAMP que la CHARRUE élève, & dont la terre est reportée sur le champ avec la bèche ou la pelle. *Voyez* LABOUR.

COUVERTURE DES MAISONS. Dans chaque canton les cultivateurs emploient à la *couverture* de leurs maisons les matériaux qui leur coûtent le moins, & en cela ils ont raison, car toute diminution de dépense augmente leur capital, & ce n'est qu'avec un fort capital qu'ils peuvent bien cultiver; cependant il est des cas où une petite économie conduit à de grandes pertes, & ces cas sont nombreux dans la *couverture des maisons*. Ainsi on voit souvent des maisons couvertes en chaume, en roseau, brûler par accident; ainsi on voit souvent des maisons dans lesquelles il pleut, parce qu'on a voulu épargner dans la confection de leur toiture; ainsi on voit des maisons peu anciennes, dont le toit s'effondre par suite de la pesanteur des *laves*, des *schistes*, avec lesquels on les couvre.

Les matériaux avec lesquels on couvre les maisons en France, sont, dans l'ordre de leur bonté: les ARDOISES, les TUILES de toutes les sortes, le SCHISTES ou ardoises larges & épaisses, les LAVES, le BARDEAU, le CHAUME, les SCIRPES, les MASSETTES, les ROSEAUX.

Les ardoises d'Angers, qui sont de formation secondaire, méritent la préférence, comme plus légères, moins susceptibles de se décomposer à l'air; mais elles sont chères & ne peuvent être employées par les cultivateurs qu'à une petite distance de leur carrière.

Lorsque les tuiles sont bien faites & bien cuites, elles jouissent, quoique plus pesantes, de tous les avantages des ardoises. Il en est de plates, il en est de convexes. Ces dernières sont préférées dans beaucoup de cantons. Comme l'argile est fort commune dans la nature, peu de cantons sont privés de tuiles; ainsi il n'y a jamais que quelques frais de transport à payer au-delà de ceux de fabrication, dans les lieux les moins favorisés. Certaines argiles contiennent de la pierre calcaire qui, réduite en chaux par la cuisson, fait écailler les tuiles, lorsque cette chaux prend de l'humidité, c'est-à-dire, un ou deux ans après leur emploi; de telles tuiles doivent être rejetées; cependant on les rend presqu'aussi durables que les autres, si on les trempe dans l'eau, à leur sortie du four, lorsqu'elles sont encore chaudes, parce qu'alors la chaux redevient pierre calcaire & n'est plus sujette à se gonfler.

Les schistes sont des ardoises primitives d'un pouce & plus d'épaisseur, & d'une largeur indéterminée, dont on fait usage dans les pays granitiques. Ils sont d'une grande durée, mais d'un grand poids, & il est difficile d'empêcher les toits qui en sont couverts, de laisser passage à l'eau des pluies.

Il en est de même des laves, qui sont des pierres calcaires fissiles, déposées sur le sommet des montagnes de seconde formation, montagnes très-communes en France. Elles sont inférieures aux schistes, en ce que leur surface est toujours raboteuse, & qu'il est encore plus difficile de s'opposer à l'infiltration des eaux de pluie à travers les toits qui en sont formés.

Autrefois on faisoit un grand usage de BARDEAUX (petites planches de chêne ou de pin refendues), parce que le bois & la main-d'œuvre étoient à bon marché; mais aujourd'hui on se ruineroit en en employant, attendu que les *couvertures* qui en sont faites ne durent que quatre à cinq ans, que les grands vents les désassemblent très-souvent, & que le feu les détruit presque aussi facilement que la paille.

Il y a deux sortes de *couvertures* en chaume, celle faite avec la longue paille de seigle ou de froment, & celle faite avec le véritable chaume, c'est-à-dire, avec la partie de la tige qui est laissée sur le sol & ramassée plus tard avec un râteau. Ce dernier est le pire de tous les matériaux propres aux *couvertures*.

Les *couvertures* de chaume sont propres, durables, légères, chaudes & économiques, mais elles prennent feu avec la plus grande facilité, & un village entier est presque toujours victime d'un seul accident, lorsque les maisons en sont trop rapprochées.

Il seroit contre les principes de la liberté d'empêcher les cultivateurs de couvrir leurs maisons en chaume; mais des réglemens de police rurale peuvent les obliger à bâtir leurs maisons à une assez grande distance les unes des autres pour que le feu puisse rarement en atteindre plusieurs.

Les *couvertures* en scirpes, en massettes, en roseaux, sont principalement usitées dans les pays d'étangs & de marais, parce que ces plantes, arrivées à leur maturité, ne coûtent que la peine de les couper. Elles durent aussi & même peut-être plus que celles de paille, mais sont moins régulières. Elles offrent les mêmes inconvéniens relativement au feu.

COUVRAILLE ou COUVRAINE. Synonyme de SEMAILLE.

COUVRIR LA SEMENCE. C'est la mettre dans la terre, soit au moyen de la CHARRUE (*voyez* SEMER SOUS RAIE), soit à l'aide de la HERSE, du RATEAU, &c.

COUVRIR LES PLANTS. Opération qui a pour but d'empêcher les gelées de les atteindre. On l'exécute avec des FEUILLES sèches, avec de la FOUGÈRE, avec de la LITIÈRE. Tantôt ces matières touchent immédiatement les plants, tantôt elles sont supportées par des PERCHES, des CLAIES, &c.

Faire couvrir une JUMENT, une VACHE, c'est la mettre en position d'engendrer, en la livrant à un CHEVAL ou à un TAUREAU.

COUVRIR LES SEMIS. On couvre les semis, 1°. avec des EPINES, pour empêcher les oiseaux,

& principalement les poules, de les détruire; 2°. avec des TOILES, des CLAIES, de la MOUSSE, de la menue PAILLE, &c., pour leur conserver l'humidité nécessaire à leur réussite.

CRAIE. Sorte de pierre fort distincte par ses caractères extérieurs & ses gissemens, quoique rangée parmi les CALCAIRES par sa composition chimique.

Il paroît que les formations de *craies* sont rares dans le globe, puisqu'on n'en connoît que deux; la plus grande qui existe dans le nord de la France & de l'Angleterre, la seconde qui se voit en Pologne.

Le banc de *craie* de France traverse toute la ci-devant Champagne, la ci-devant Picardie & la ci-devant Normandie, dans une largeur fort variable. Partout où il se montre au jour, il apporte l'infertilité. C'est à lui qu'est due la misère, non-seulement de la partie de la Champagne appelée *pouilleuse*, mais encore de plusieurs autres d'une étendue moins considérable. Aux environs de Paris, en Picardie & en Normandie, la *craie* est le plus souvent recouverte d'une grande épaisseur d'argile & de sable, de sorte que ses nuisibles effets pour l'agriculture ne s'y font sentir qu'en très-peu d'endroits. Il paroît qu'il en est de même en Angleterre.

Trois causes concourent à rendre les *craies* si peu favorables à l'agriculture: 1°. le défaut d'HUMUS qui est dissous & entraîné par les eaux aussitôt qu'apporté (*voyez* CHAUX & CALCAIRE); 2°. sa compacité telle, que les racines des plantes ne peuvent la pénétrer; 3°. sa couleur qui repousse les rayons du soleil & l'empêche, par conséquent, de prendre la température nécessaire à la germination des graines.

Il est de plus une circonstance très-défavorable à la culture des terrains crayeux, c'est qu'ils se réduisent en boue à la plus petite pluie, & que, par leur dessiccation, leur surface devient une croûte imperméable à l'air & qui étrangle les tiges foibles. Ce n'est que par des hersages ou des binages répétés, pendant que les plantes sont en végétation, qu'on peut diminuer cet inconvénient, & il est rare qu'on les donne.

Cependant la *craie* est un excellent AMENDEMENT. Elle équivaut presque la CHAUX, & dans les terrains qui n'ont pas besoin d'être rendus plus compactes par une addition d'argile, elle peut être avantageusement substituée à la MARNE. Cette propriété est le résultat de sa nature CALCAIRE (*voyez* ce mot), & de la facilité avec laquelle elle se réduit en poudre. J'ai expliqué aux mots ALCALI, CHAUX & HUMUS, le mode d'action qu'elle exerce.

Mais n'y a-t-il donc aucun moyen de fertiliser les terrains crayeux? Faut-il se résoudre à n'en jamais retirer, comme dans la Champagne pouilleuse, même après cinq à six années de jachère, que des seigles, des sarrasins, des avoines de six pouces de hauteur? Je certifierai que ces terrains maudits sont par suite d'une industrie éclairée, & avec des dépenses & du temps, susceptibles de donner des produits avantageux; car j'ai vu tous les environs du petit nombre de villages qui s'y trouve, être dix fois plus productifs que le reste, & ils n'offroient point de différence dans leur nature.

En effet, les environs de ces villages sont plantés d'arbres; les propriétés y sont entourées de haies, labourées à la bèche ou à la pioche, souvent fumées. Plantons donc des arbres & des haies dans les plaines, faisons-y des fossés pour recevoir les eaux pluviales. Labourons profondément, au risque d'augmenter l'infertilité pendant deux ou trois ans. Si nous n'avons pas assez de fumier, semons-y du sarrasin, de la navette, des raves, & enterrons-les par un labour lorsqu'elles entrent en fleur. Remplacez-les par le trèfle & surtout par le sainfoin, le véritable fourrage des terrains calcaires. Ne laissez pas six mois de suite la terre nue, c'est-à-dire, labourez & semez dès que la récolte sera enlevée; mais variez autant que possible vos cultures. Ne négligez pas surtout d'y introduire les vesces, les gesses, les pois gris, les lentilles. Hersez au moins deux fois avant leur montée en fleur les céréales & les prairies artificielles, afin de rompre la croûte que j'ai annoncée se former sur le sol par l'effet des pluies, & nuire aux progrès de la végétation.

De nombreux troupeaux de bêtes à laine doivent être placés sur toutes les grandes propriétés dans les terrains crayeux, parce qu'ils y prospèrent constamment & fournissent, & par leur parcage & par leur fumier, les moyens d'engraisser le sol.

Les observations que j'ai faites pendant mon séjour & mes voyages en Champagne, ce qui m'a été rapporté par plusieurs propriétaires de cette province, me mettent dans le cas d'assurer qu'avec les moyens que je viens d'indiquer, il est possible de tirer des plus mauvaises terres crayeuses, des récoltes sinon bonnes, au moins suffisantes pour payer les dépenses de la culture & l'impôt, & profiter d'un excédant; mais il ne faut pas se décourager, parce que les premières années ne sont pas profitables; parce que, dans une série de dix à douze ans, qui est celle que je suppose nécessaire pour amener la terre au point convenable, il y en aura deux ou trois où les récoltes ne paieront pas les frais. Cependant, je l'avoue, quelques années d'interruption suffiront pour obliger à recommencer, comme si on n'avoit jamais cherché à améliorer.

Si la quantité de terre qu'on possède, le peu d'argent ou de temps qu'on peut consacrer à l'amélioration des terres crayeuses, s'opposent à l'exécution du plan de culture que je viens de proposer, on a la ressource de la plantation des bois.

Tous les arbres ne croissent pas également bien dans les terrains calcaires; mais il en est deux qui semblent leur être spécialement propres, le SAULE MARCEAU & le CERISIER MAHALEB, & deux qui s'y accoutument facilement, le PIN SYLVESTRE & le BOULEAU.

Il est prouvé pour moi qu'avec ces quatre arbres, on peut au moins decupler le produit des mauvaises terres de la Champagne. On m'a même cité des propriétaires qui étoient allés si fort au-delà que je n'ose le dire.

L'important, quand on veut semer ou planter un bois dans un terrain crayeux, c'est de l'ombrager assez pour que l'humidité s'y conserve; car, sans eau, il n'y a point de germination & de végétation. Je voudrois donc qu'après avoir entouré de fossés le terrain qu'on veut semer ou planter, on le laboure profondément & qu'on y plante des topinambours en lignes rapprochées de deux pieds dans la direction du levant au couchant, topinambours qui sans doute viendront fort mal, mais qui, n'auroient-ils que six pouces de haut, suffiront pour permettre aux graines semées, ou au plant mis en terre dans leurs intervalles, de prospérer convenablement. On laissera ces topinambours s'user en place, ce qui aura lieu en deux ou trois ans.

La culture du saule marceau est depuis longtemps en faveur dans la ci-devant Champagne. Il ne s'agit donc que de l'étendre. C'est à lui qu'est due la supériorité du pain d'épice de Reims; car le miel que les abeilles recueillent sur ses fleurs, est de première qualité. On peut nourrir les bêtes à laine, pendant une partie de l'année avec ses feuilles, soit fraîches, soit sèches. Il fournit abondamment du bois de chauffage.

Si le cerisier mahaleb ou bois de Saint-Lucie pouvoit devenir assez gros pour donner des billes à cœur noir, il seroit d'un bon débit à Paris, où on recherche ce cœur pour les ouvrages de tour; mais on l'utilisera en buisson pour le chauffage.

Il en est de même du bouleau, qui croît fort bien, mais reste chétif dans les terrains crayeux.

Quant au pin sylvestre, il y parvient à presque toute sa hauteur, & dès l'âge de trente ans il peut être employé à faire de la charpente, & des planches jusqu'à soixante, qu'il cesse de croître avec utilité. Aussi des propriétaires qui en ont semé, avant la révolution, dans des terrains dont le fonds valoit 6 fr. l'arpent, retirent-ils aujourd'hui 100 fr. par an de chaque arpent (car le bois de charpente est fort rare dans cette partie de la Champagne) & en ont retiré, pendant cette époque, tous les ans, beaucoup plus que la valeur du fonds, par les échalas & les fagots. Qui ne doit être tenté de les imiter?

Il est des pays où on creuse des habitations dans les roches de *craie*, habitations sans doute toujours un peu humides, mais qui ne sont point malsaines quand elles sont constamment occupées. Leurs principaux avantages sont d'être toujours à la même température, & de pouvoir être augmentées à mesure que la famille s'accroît. On les creuse avec le plus foible PIC, même avec un vieux couteau.

Quelque tendre que soit la *craie* dans la terre, on en bâtit des maisons d'une grande durée, parce qu'elle se solidifie à l'air & y est inaltérable. On ne peut voyager dans le Soissonnois, par exemple, sans être enthousiasmé de la beauté des villages, tous bâtis en gros parallélipipèdes de *craie* taillés à la sortie de la terre, & en aussi bon état que s'ils étoient employés de la veille, quoique beaucoup ayant plus d'un siècle.

Ce qu'on appelle BLANC D'ESPAGNE dans le commerce, n'est que de la *craie* pilée dans l'eau, dont les molécules impalpables ont été séparées des autres par la transvasion de cette eau, qui les laisse déposer.

J'ai reconnu que l'eau dans laquelle la *craie* avoit été pilée, donnoit des indices évidens de matières animales. Ainsi des êtres qui ont vécu dans des mers qui ont disparu depuis bien des milliers d'années, servent aujourd'hui à améliorer nos récoltes.

Le blanc d'Espagne s'emploie dans la peinture, dans plusieurs arts & dans la médecine. On a reconnu son efficacité pour faire engraisser les veaux & les agneaux.

CRAMPE. Maladie des chevaux & autres animaux domestiques, qui est caractérisée par une roideur des jambes, accompagnée de douleurs violentes.

Tous les muscles de la jambe peuvent être séparément affectés de la *crampe*, mais ceux du jarret y sont plus sujets que les autres. C'est le matin, au sortir de l'écurie, qu'elle se développe le plus communément.

Lorsqu'un cheval est attaqué par la *crampe*, il faut l'arrêter & le laisser reposer, si cela est possible, pendant quelques heures, car ses suites sont un affoiblissement dans la partie affectée.

Cette maladie est rarement dangereuse. Elle cède à de légères frictions sur la partie malade, continuées pendant quelques instans. *Voyez* CHEVAL.

CRAN ou CRAON. Nom des terres calcaires difficiles à labourer. Ce sont de véritables MARNES qui ne se délitent pas. On en fait de la mauvaise chaux.

Toujours le *cran* est peu fertile par son imperméabilité à l'eau des pluies & aux racines des arbres, mais on peut l'améliorer. *Voyez* TERRE.

CRANICHE. *Cranichis*. Genre de plantes de la gynandrie monandrie & de la famille des orchidées, peu différent de celui appelé GALIOLE, qui réunit huit à dix plantes de la Jamaïque, dont aucune n'est cultivée dans nos jardins.

CRANQUILLIER. C'est le CHÈVRE-FEUILLE DES BOIS.

CRANTZIE. *Crantzia*. Deux genres de plantes ont porté ce nom. Ce sont ceux qu'on appelle aujourd'hui TODDALIE & PACHYSANDRE.

CRASPÈDE. *Craspedium*. Grand arbre de la Cochinchine, qui constitue un genre dans la polyandrie monogynie. Il se rapproche infiniment des GANITRES. On emploie son bois à la charpente.

CRASPÉDIE. *Craspedia*. Genre de plantes de la syngénésie agrégée, fort voisin des RICHÉES. Il ne renferme qu'une espèce originaire de la Nouvelle-Zélande, qui ne se cultive pas dans nos jardins.

CRASSINE. *Crassina*. Le genre ZINNIA a porté ce nom.

CRASSOCÉPHALE. *Crassocephalum*. On a appelé ainsi un genre formé sur le SENEÇON A FLEURS PENCHÉES.

CRASTE. Ce sont, dans les landes de Bordeaux, les fossés destinés au desséchement des terres.

CRAVICHON. Le PRUNIER SAUVAGE (*prunus insititia*, Linn.) porte ce nom dans quelques lieux.

CRÉMOCARPE. On a donné ce nom à la sorte de fruit dont les OMBELLIFÈRES sont pourvues.

CRENÉE. *Crenea*. Plante aquatique de Cayenne, de la dodécandrie monogynie, que nous ne cultivons pas dans nos jardins.

CRESABOUS. Le CUCUBALE BEHEN s'appelle ainsi au mont Mezin.

CRESSAL. Nom des TERRES sans profondeur dans le midi de la France.

Dans ces sortes de terres, les céréales sont exposées à périr par les SECHERESSES du commencement du printemps, ou à donner du blé retrait par les sécheresses du commencement de l'été.

CRESTOS. Les panicules des fleurs mâles du maïs s'appellent ainsi dans le midi de la France.

CRIBRAIRE. *Cribraria*. Genre de plantes établi aux dépens des SPHÉROCARPES.

CRIOCÈRE. *Crioceris*. Genre d'insectes de l'ordre des coléoptères, fort voisin des CHRYSOMÈLES & des GALÉRUQUES, qui renferme un grand nombre d'espèces, toutes vivant, soit à l'état de larve, soit à l'état d'insecte parfait, aux dépens des plantes.

De ces espèces je n'en citerai que trois, parce que ce sont les seules dont les cultivateurs soient dans le cas de craindre les ravages.

La première est le CRIOCÈRE DU LIS, qui est rouge en dessus & noir en dessous, & dont la larve se fait un parasol de ses excrémens. Il est des jardins où tous les lis sont dépouillés de leurs feuilles, & ensuite empêchés de fleurir par ces larves, quoiqu'il soit facile de s'en débarrasser en les écrasant, & encore mieux en faisant la chasse aux insectes parfaits, qui sont très-faciles à prendre le matin.

Les CRIOCÈRES A DOUZE POINTS & DE L'ASPERGE vivent sur cette plante & nuisent nécessairement à la vigueur de ses racines, puisque ce sont les feuilles qui leur fournissent la séve du printemps suivant. On doit donc leur faire également la guerre sous leurs deux états.

CRIQUET. *Acrydium*. Genre d'insectes de l'ordre des orthoptères, généralement confondu avec celui des SAUTERELLES, quoiqu'il en diffère beaucoup.

Ce sont, presqu'exclusivement, ses espèces qui causent les désastres décrits par les voyageurs, sous le nom de *ravages des sauterelles*. Beaucoup d'espèces y concourent simultanément ou dans différens pays. Plusieurs des grosses sont mangées par les habitans des déserts de l'Afrique & de l'Asie. Une des plus grosses de ces espèces, le CRIQUET EMIGRANT de Fabricius, qui est si redoutée sur les côtes septentrionales d'Afrique, est trop rare en France pour être dangereuse; mais il en est de petites, telles que le CRIQUET STRIDULE, le CRIQUET BLEUATRE, le CRIQUET BIMACULÉ, le CRIQUET GERMANIQUE, le CRIQUET VERDATRE, extrêmement communs dans tous les terrains arides, même aux environs de Paris, qui ne feroient pas moins de mal, si, comme en Asie & en Afrique, les cantons déserts l'emportoient sur les cantons cultivés.

La partie de la France où elles se font le plus remarquer, est le département des Bouches-du-Rhône, où se trouvent les plaines de la Crau & de la Camargue, vrais déserts qui ne diffèrent de ceux de l'Asie & de l'Afrique que par leur moindre étendue, & d'où elles sortent de loin en loin pour se jeter sur les cultures des environs d'Arles, de Salon, & même d'Aix & de Marseille. L'année dernière (1819), la première de ces villes a perdu toutes ses récoltes par leur fait.

Mais, je le répète, c'est dans les plaines cultivées de l'Asie moyenne & de l'Afrique septentrionale, voisines des déserts, que les *criquets* font de loin en loin les plus affreux ravages. On les voit arriver en si grand nombre à la fois, que leurs colonnes obscurcissent le soleil, qu'elles couvrent le sol sur lequel elles s'abattent, & en dévorent, en peu d'heures, toute la végétation, de sorte qu'il semble que le feu y ait passé. La population actuelle de ces pays est trop foible pour mettre des obstacles à ces ravages.

Cependant une année désastrueuse n'est jamais suivie d'une autre, parce que toujours, à raison même de leur immensité, la presque totalité des sauterelles meurent de faim avant l'époque où elles deviennent propres à la multiplication; &

qu'il leur faut plusieurs années pour relever leur nombre au point de les forcer de quitter de nouveau les déserts où elles sont nées.

Dans toutes les parties du monde où il y a des bois, & par conséquent des quadrupèdes & des oiseaux vivant d'insectes, les ravages des sauterelles sont à peine sensibles.

C'est au milieu de l'été que les femelles des sauterelles déposent leurs œufs dans la terre, à environ un centimètre de profondeur. Les insectes éclosent au printemps & sortent facilement par le trou qu'a creusé leur mère; mais lorsque les labours bouleversent les œufs, les placent profondément, les petits, qui n'ont aucun instrument pour percer la terre, meurent immanquablement.

Ce fait explique pourquoi il naît si peu de sauterelles dans les pays bien cultivés, pourquoi elles viennent toutes des déserts.

Il a été indiqué plusieurs moyens pour détruire les sauterelles: 1°. d'aller à la recherche de leurs nids & de les enlever pour les brûler, moyen de peu d'effet & fort lent; 2°. de faire des feux de paille après la sortie de terre des petits, dans le but de les rôtir, moyen également de peu d'effet, & qui fait plus de mal à l'herbe que les sauterelles, puisqu'il brûle ses racines; 3°. multiplier les dindons, les pintades, les poules, les canards, dans la Crau & la Camargue; mais il est borné, parce qu'il y a peu de fermes dans ces plaines; 4°. de mettre en mouvement toute la population du pays pour les prendre, tant dans leur jeune âge, comme on l'a fait dernièrement à Arles, que lorsqu'elles ont acquis leurs ailes, pour ensuite les brûler.

C'est ce dernier moyen auquel je crois qu'on doit s'arrêter; car c'est celui qui remplit le mieux son objet pour le présent & pour l'avenir. On assure son succès & la rapidité de son exécution, en employant, pour prendre les jeunes sauterelles, de petits sacs de toile, fixés par leur ouverture à un cercle de fer ou de bois de deux décimètres de diamètre, & emmanché à un bâton d'un mètre de long.

D'après cela, pour prévenir à jamais les ravages des sauterelles dans le département des Bouches-du-Rhône, il faudroit faire faire, dans le courant de mai, époque où elles n'ont pas encore pris leurs ailes, la chasse aux sauterelles de la Crau & de la Camargue, & donner une récompense à celui qui en apporteroit le plus pour être brûlées en présence de l'autorité.

CRISTARIE. Nom donné par Sonnerat au CHIGOMIER POURPRE.

CRISTARIE. *Cristaria.* Plante fort voisine des ABUTILONS, qui a servi à l'établissement d'un genre dans la monadelphie polyandrie & dans la famille des malvacées. Nous ne la cultivons pas en Europe.

CROCHETAGE. Des BINAGES faits avec une houe à deux ou trois branches s'appellent ainsi dans quelques lieux.

CROCODILION. *Crocodilium.* Genre de plantes établi aux dépens des CENTAURÉES.

CROS. Synonyme de MATAMORE dans le midi de la France.

CROSSANDRE. *Crossandra.* Genre dont l'établissement a eu pour objet de séparer la CARMENTINE INFUNDIBULIFORME des autres.

CROSSOSTYLE. *Crossostylis.* Plante des îles de la mer du Sud, qui seule constitue un genre dans la dodécandrie monogynie.

Nous ne la cultivons pas en Europe.

CROU. Sorte de terrain argilo-sablonneux fort peu fertile, & principalement impropre à la culture des arbres.

CROUPER. Opération de faire grossir la croupe des bêtes à cornes, au moyen d'un anneau de paille mis au moment de leur naissance à la base de la queue des veaux. Cette opération, qui augmente la valeur des bœufs, paroît ne se pratiquer que dans le Cantal.

CROUSSOULS. Sorte de bergerie qui n'est connue qu'aux environs d'Aix.

CROVE. *Crowea.* Arbre de la Nouvelle-Hollande, qui a servi de type à un genre dans la décandrie monogynie & dans la famille des rutacées.

Cet arbre se cultive dans nos jardins; mais il y est encore rare, malgré son élégance & la beauté, ainsi que la durée de ses fleurs, parce qu'il ne se multiplie que de boutures, & qu'elles manquent souvent. On doit lui donner la terre de bruyère, l'orangerie, ou mieux la serre tempérée, & des arrosemens abondans en été.

Ses boutures se font dans des pots couverts d'une petite cloche & placés dans une bache.

Une seconde espèce a été indiquée, mais elle n'est qu'une variété de celle-ci.

CROY. HOUE à deux larges crochets & à court manche, qui s'emploie au labour des VIGNES.

CRUCHADE. Bouillie de maïs épaisse, dans les landes de Bordeaux.

CRUDIE. *Crudia.* Genre de plantes autrement appelé APALATOU.

CRUPINIE. *Crupinia.* Genre établi aux dépens des CENTAURÉES.

CRUSTOLLE. Un des noms vulgaires de la RUELLIE.

CRUTIN. Synonyme de TAILLIS.

CRYPHIE. *Cryphia.* Genre qui réunit deux plantes de la Nouvelle-Hollande, qu'on ne cultive pas dans nos jardins. Il est de la didynamie gymnospermie & de la famille des labiées.

CRYPHIOSPERME. *Cryphiospermum*. Plante annuelle de la côte d'Afrique, qui constitue un genre dans la syngénésie égale & dans la famille des chicoracées.

Nous ne la cultivons pas en Europe.

CRYPSIDE. *Crypsis*. Genre de plantes qui a aussi été appelé ANTITRAQUE & HELEOCHLOA. Il est constitué par deux plantes qui avoient été placées successivement dans les genres FLOUVE, FLÉOLE, AGROSTIDE, ALPISTE & même CHOIN.

CRYPTANDRE. *Cryptandra*. Arbrisseau de la Nouvelle-Hollande, qui constitue un genre dans la pentandrie monogynie & dans la famille des rhodoracées.

Il ne se cultive pas en Europe.

CRYPTOCARIE. *Cryptocaria*. Genre de plantes de la dodécandrie monogynie & de la famille des lauriers, qui contient trois arbrisseaux de la Nouvelle-Hollande, qui ne se cultivent pas en Europe.

CRYPTOLÈPE. *Cryptolepis*. Arbrisseau des Indes, composant seul un genre voisin des APOCINS, mais encore incomplétement connu.

Nous ne le possédons pas dans les jardins d'Europe.

CRYPTOSPERME. *Cryptospermum*. Plante de la Nouvelle-Hollande, à fleurs agrégées, qui forme un genre dans la tétrandrie monogynie, voisin de l'OPERCULAIRE.

Elle ne se voit pas dans nos jardins.

CRYPTOSTYLE. *Cryptostylis*. Genre de plantes qui se rapproche infiniment de celui des MALAXIS. Il comprend trois espèces originaires de la Nouvelle-Hollande, dont aucune ne se cultive en Europe.

CTÉSION. *Ctesion*. Genre de plantes qui ne diffère pas de l'ODONTOPTÈRE.

CUBOSPERME. *Cubospermum*. Genre de plantes dont les caractères ne diffèrent pas suffisamment de ceux des JUSSIES.

CUELLAIRE. *Cuellaria*. Genre de plantes de la décandrie monogynie & de la famille des bicornes, qui se rapproche infiniment des CLETHRAS.

Aucune des trois espèces qu'il renferme ne se cultive en Europe.

CUIR. Ce nom, dans l'usage général, s'applique à des peaux préparées de diverses manières, mais il doit être réservé à celles qui sont plus ou moins TANNÉES, c'est-à-dire, à celles de vache, de bœuf, de cheval, de mouton, de chèvre, dont la gélatine a été rendue insoluble par sa combinaison avec le tannin.

Ce sont principalement les peaux de bœufs qu'on tanne complétement pour les semelles de souliers; celles des autres animaux ne le sont qu'en partie pour faire des empeignes de souliers, des canons de bottes, des harnois de chevaux, des caisses de voitures de luxe & pour d'autres usages.

Les peaux dont la gélatine a été enlevée par l'eau s'appellent proprement *peaux*, ou *peaux chamoisées*, ou *peaux mégissées*, ou *buffle*.

Lorsqu'on a remplacé la gélatine dans les peaux chamoisées, par du suif, on dit qu'elles sont hongroyées, & on leur restitue le nom de *cuir*. C'est avec le *cuir* hongroyé de bœuf, ou mieux de buffle, qu'on fabrique les soupentes des voitures de luxe.

Lorsque les peaux ont été desséchées dans la chaux, elles deviennent du PARCHEMIN ou du VÉLIN, selon la bonté du choix & de la préparation. *Voyez* le *Dictionnaire des Arts & Métiers*, aux mots TANNEUR, CORROYEUR, PARCHEMINIER, FOURREUR, CORDONNIER, SELLIER, CRIBLIER.

Autrefois les cultivateurs préparoient eux-mêmes le *cuir* nécessaire à leur consommation, & c'est ainsi que font encore les peuples d'Asie, d'Afrique & d'Amérique dont la civilisation est peu avancée; mais aujourd'hui il seroit ruineux de l'entreprendre en Europe, parce que les produits seroient bien plus mauvais & bien plus coûteux que ceux achetés dans les fabriques, qui, opérant en grand, mettent plus de perfection & d'économie dans leurs procédés.

Il suffit donc que les cultivateurs apprennent à distinguer les bons *cuirs* des mauvais, & qu'ils soient convaincus de l'importance des soins à donner à ceux qu'ils ont achetés.

Les bons *cuirs* forts se reconnoissent à leur pesanteur, à l'égalité de leur épaisseur, à leur grande dureté. Les bons *cuirs* corroyés & mégisses sont souples, peu extensibles, d'un grain uniforme. En général, ce n'est que par l'expérience qu'on peut acquérir les moyens de fixer à la simple vue les qualités d'un *cuir*.

Les *cuirs* dont les cultivateurs font l'usage le plus fréquent, sont ceux qui servent à la fabrication de leurs souliers; les *cuirs* tannés de vache & de cheval pour les harnois de leurs chevaux; ceux corroyés & mégissés de veau, de chèvre, de mouton (basane), pour les petits; les parchemins pour crible; les fourrures de mouton, de blaireau, pour l'ornement de leurs chevaux.

Quoique les *cuirs* forts & les *cuirs* corroyés soient peu susceptibles de se décomposer, ils perdent facilement leurs qualités lorsqu'ils restent trop long-temps humides, ou qu'ils sont renfermés dans les lieux privés de courant d'air. Il faut donc faire sécher les souliers, les harnois, des qu'on cesse d'en faire usage. Il faut donc les déposer au grenier plutôt que dans des pièces basses.

CUISSE. Cette partie du corps est, dans le cheval, plus exposée que les autres aux EFFORTS, & par suite aux ABCÈS. *Voyez* CHEVAL.

CUL-TOUT-NUD. C'est le COLCHIQUE.

CUL-DE-POULE. ULCÈRES dont les bords sont saillans & recourbés en dedans.

CULCITION. *Culcitium.* Genre de plantes de la syngénésie polygamie égale & de la famille des corymbifères, qui réunit trois espèces originaires du Pérou, qui sont si garnies de fleurs, qu'elles servent, dans les voyages, à faire des lits pour se coucher en plein air. On ne les cultive pas en Europe.

CULHAMIE. *Culhamia.* Genre de plantes qui ne diffère pas de celui appelé TONGCHU.

CULILABAN. Nom d'un LAURIER qui croît dans l'Inde.

CULLUMIE. *Cullumia.* Genre de plantes proposé pour séparer quelques BERCKHEYES des autres.

CULTÈRE. *Cultera.* Genre de plantes proposé pour séparer la GENTIANE SAPONAIRE des autres.

CUMARUNA. *Cumaruna.* Genre de plantes qui a été ruéni au DIPTERIX.

CUPHÉE. *Cuphea.* Genre de plantes établi aux dépens de celui des SALICAIRES. Il ne renferme qu'une espèce qui est annuelle & originaire du Brésil. On la voit dans les écoles de botanique de toute l'Europe méridionale, où elle se multiplie par des graines semées dans des pots, sur couche nue, graines dont les produits sont mis seul à seul dans d'autres pots lorsqu'ils ont acquis assez de force, & ensuite abandonnés à eux-mêmes, sauf quelques arrosemens dans les temps secs, contre des murs exposés au midi. Je les ai même vu prospérer en pleine terre dans les années chaudes.

L'important pour conserver cette plante, c'est de récolter les graines des premières capsules mûres, celles du sommet des tiges étant souvent avortées.

CURANGUE. *Curanga.* Plante des Indes qui avoit été mal-à-propos placée parmi les TOQUES. Aujourd'hui elle constitue seule un genre dans la diandrie monogynie & dans la famille des personnées.

Ses feuilles sont employées pour guérir les fièvres tierces.

CURARE. Plante grimpante de l'Amérique méridionale, dont l'écorce recèle un poison qu'on fixe à l'extrémité pointue des flèches, mais qu'on emploie en médecine comme stomacale.

On ne connoît pas le genre auquel appartient cette plante.

CURCULIGINE. *Curculigina.* Genre de plantes de l'hexandrie monogynie & de la famille des narcisses, qui réunit deux espèces, l'une de l'Inde, l'autre de la Nouvelle-Hollande.

Aucune des deux ne se cultive dans nos jardins.

CURINIL. Plante des Indes, imparfaitement connue, & qui ne se cultive pas en Europe.

CURTIS. *Curtisia.* Arbre du Cap de Bonne-Espérance qui constitue un genre voisin des ARGANS, aussi appelé JUNGHAUSIE & RELHAMIE.

CURTOPOGON. *Curtopogon.* Genre de plantes établi aux dépens des ARISTIDES. Ceux appelés CHÆTARI, APERA & CINNA s'en rapprochent beaucoup.

CUSPAIRE. *Cusparia.* Genre de plantes qui ne diffère pas du BONPLANDIE.

CUSPIDIE. *Cuspidia.* Genre de plantes établi aux dépens des GORTÈRES. Il porte aussi le nom d'ASPIDALE.

CUSSO. *Hagenia.* Arbre de l'Abyssinie, dont les fleurs sont d'un grand éclat, & dont les graines sont employées en médecine comme vermifuge.

Cet arbre, qui ne se cultive pas dans les jardins de l'Europe, mais qui est susceptible d'y être planté en pleine terre, forme seul un genre dans l'octandrie monogynie.

On lui a donné le nom de BANKSIE.

CUVE A VIN. Grand vaisseau de bois formé de madriers d'un pouce d'épaisseur, terme moyen, assemblés au moyen de cercles de fer ou de bois.

On voit quelques *cuves* de forme carrée, qui font gagner beaucoup de place; mais la forme ronde étant la plus solide & la plus facile à établir, lui est de beaucoup préférable.

C'est généralement de cœur de CHÊNE qu'on construit les *cuves*. Le châtaignier, le mûrier & le sapin peuvent lui être substitués.

Les CERCLES sont le plus souvent en CHATAIGNIER, en FRÊNE ou en BOULEAU.

La grandeur & le nombre des *cuves* dépend de la quantité de vendange qu'on espère obtenir. Il est impossible d'établir quelque chose de fixe à cet égard. Je dirai seulement que la fermentation se fait mieux dans de grandes *cuves*, & qu'il est toujours plus sûr, vu l'incertitude des récoltes, d'en avoir plus que moins.

Cependant, comme une trop grande *cuve* coûte beaucoup, & peut n'être pas toujours remplie dans les années de mauvaise récolte, je crois qu'elles doivent rarement avoir plus de six pieds de diamètre dans le bas.

La hauteur des *cuves* doit surpasser d'un tiers leur largeur, & leur ouverture doit être plus étroite que leur fond, pour que la fermentation du mou s'y s'y fasse bien, mais ces dimensions sont malheureusement peu communes. Souvent elles ne sont que de grands CUVIERS, dans lesquels la vendange reçoit toute l'action de l'air, ce qui lui fait perdre la plus grande partie de son alcool, la fait même passer à l'aigre. *Voyez* VIN & VINAIGRE.

C'est une très-bonne opération, quoiqu'on la pratique très-rarement, que de peindre à l'huile l'extérieur des *cuves*, soit pour préserver le bois de l'humidité, soit pour boucher les petites issues qui pourroient se trouver entre les joints.

Dans beaucoup de lieux on couvre les *cuves*, lorsque la fermentation du moût est en activité, avec des planches ou des couvertures de laine, & on s'en trouve toujours bien. Il doit paroître surprenant que l'observation des avantages de cette opération n'ait pas déterminé un grand nombre de propriétaires de vignes à faire construire les *cuves* pourvues d'un couvercle qui en ferme l'ouverture à volonté, avec toute l'exactitude possible, d'autant plus que des expériences positives ont confirmé, de la manière la moins équivoque, les inductions précitées. Je voudrois donc que toutes les *cuves*, que je suppose offrir la forme d'un cône tronqué, que je viens d'indiquer comme la meilleure, eussent dans leur intérieur, à trois pouces de leur bord, un cercle fixé avec des chevilles, cercle sur lequel se poseroit un couvercle fait en planches jointes par des feuillures, au centre duquel seroit un trou carré, de six pouces à un pied, selon la grandeur de la *cuve*, couvercle que l'on scelleroit contre la paroi de la *cuve*, lorsque la fermentation entreroit en activité, avec de l'argile détrempée dans un peu d'eau, ou de la terre mêlée avec de la bouse de vache.

Le trou du centre pourroit, selon le besoin, être garni d'une cheminée plus ou moins haute, formée par quatre planches, laquelle rendroit encore plus difficile la sortie du gaz acide carbonique, qu'il paroît si important de fixer dans le vin. *Voyez* FERMENTATION, dans le *Dictionnaire de Chimie*.

Les *cuves* neuves doivent être remplies d'eau pendant une quinzaine de jours, pour dissoudre la matière extractive du bois, laquelle pourroit nuire à la qualité du vin, & aussi pour reconnoître si elles ne laissent pas perdre le liquide.

Lorsqu'on doit mettre de la vendange dans une vieille *cuve*, il faut recommencer cette opération, ou au moins laver l'intérieur à l'eau bouillante, mais avant, visiter & faire resserrer les cercles.

Il a été fréquemment proposé de faire des *cuves*, soit en pierre de taille, soit en beton, soit en mastic. Les raisons de théorie ne manquoient pas en leur faveur, mais les inventeurs n'étoient point chimistes, n'étoient point maçons. Toutes celles de ces *cuves* qui ont été mises en service, ont bientôt été abandonnées, soit parce qu'elles altéroient le vin, soit parce qu'elles l'absorboient, le laissoient perdre, &c. Je n'en connois aucune, même dans les pays où le vin est destiné à faire de l'eau-de-vie, qui existe en ce moment. Il n'est donc pas nécessaire que je m'étende plus au long sur ce qui les concerne.

CUVIER. On appelle ainsi un grand vaisseau de bois, dans lequel on met le linge sale, pour l'imbiber d'une eau alcaline qui dissolve les matières grasses dont il est imprégné.

Tous les ménages de campagne ne peuvent se dispenser d'avoir un *cuvier*, attendu que, malheureusement, il ne s'est pas encore établi dans chaque village, comme il seroit si avantageux que cela fût, sous les rapports de l'économie du temps & des matières, ainsi que sous ceux de la perfection des résultats, des blanchisseuses en titre, qui, à prix d'argent, couleroient la lessive de chaque ménage.

Les *cuviers* diffèrent des cuves, d'abord en ce qu'ils sont toujours plus petits, ensuite en ce que leur ouverture est toujours plus large que leur fond. Le bois des *cuviers* doit être plus léger que celui des cuves, afin qu'on puisse le placer & déplacer plus aisément. Ceux en sapin sont les meilleurs. Le plus souvent ils sont cerclés en fer.

Un *cuvier* de six pieds de diamètre à son ouverture, sur quatre pieds de hauteur, suffit au plus fort ménage de campagne, qui fait la lessive tous les mois. Ordinairement, dans les maisons bien montées, on en a deux autres graduellement plus petits, sans compter deux ou trois baquets pour les savonnages.

Quelquefois les *cuviers* ne sont que des demi-tonneaux, mais on ne doit pas applaudir à cette mauvaise économie.

La construction des *cuviers* ne diffère pas de celle des cuves, excepté qu'au lieu d'être percés sur le côté, pour l'écoulement du liquide, ils le sont sur le fond, vers le bord.

On place ordinairement les *cuviers* pour le service, sur un trépied d'un pied de hauteur, au moins, & de deux pieds, au plus.

Une ménagère bien entendue doit avoir une pièce propre à recevoir ses *cuviers*, lorsqu'ils ne servent pas, afin de les conserver plus long-temps. On a lieu de regretter le peu de soin qu'on en a généralement dans les campagnes.

CUVIÈRE. *Cuviera*. Genre de plantes qui réunit quelques espèces d'élymes qui n'ont pas exactement les caractères des autres. L'ELYME D'EUROPE lui sert de type.

CYANOPSIS. *Cyanopsis*. On a donné ce nom à un genre établi sur la CENTAURÉE PUBIGÈRE.

CYANORKIS. *Cyanorkis*. Genre fort rapproché des ANGRECS, & qui est institué sur une plante de Madagascar.

CYATHÉE. *Cyathea*. Genre de plantes qui

a été formé aux dépens des POLYPODES de Linnæus.

Le POLYPODE EN ARBRE lui sert de type.

CYATHODE. *Cyathoda.* Genre de plantes de la pentandrie monogynie & de la famille des bicornes, renfermant deux espèces, qui sont des arbres de la Nouvelle-Hollande, dont les fruits se mangent. Ils ne se cultivent pas en Europe.

CYATHOPHORE. *Cyathophora.* Genre de plantes établi aux dépens des HYPNES, mais qui ne diffère pas de l'ANICTANGE.

CYATHULE. *Cyathula.* Genre de plantes qui rentre dans celui appelé CADELARI.

CYBÈLE. *Cybele.* Genre de plantes dont celui STÉNOCARPE ne peut être séparé.

CYCLOPHORE. *Cyclophorus.* Genre de plantes de la famille des fougères, établi aux dépens des POLYPODES & des ACROSTICHES. Il diffère à peine des CANDOLLÉES.

CYCLOPTÈRE. *Cyclopterus.* Genre de plantes qui ne se caractérise pas assez pour être séparé des GREVILLÉES.

CYGNE. *Canus cygnus.* Espèce d'oiseau du genre des CANARDS, fort voisine de celle de l'OIE, qu'on élève quelquefois sur les rivières, les étangs, & surtout sur les pièces d'eau des jardins de luxe.

Lorsque les châteaux étoient entourés de parcs & d'avenues dont les produits n'étoient point comptés, on pouvoit placer des *cygnes* dans les basses-cours, dans les fossés de ces châteaux, sans s'apercevoir de la grande dépense de leur nourriture & du peu de valeur comparative de leur chair; mais depuis que les progrès de la culture & la diminution des fortunes ont forcé de calculer la dépense & la recette, il n'a plus été permis d'en avoir autre part que sur les grands étangs, où la destruction qu'ils font des petits poissons est peu sensible.

Sans doute on ne peut trouver mauvais qu'un homme riche nourrisse des *cygnes* pour son plaisir; mais est-on obligé pour cela de l'approuver?

J'admire autant qu'un autre la beauté du *cygne* & la noblesse de sa natation; mais j'ai constamment vu tous les jardins, autres que ceux dits *publics*, comme ceux des Tuileries, du Luxembourg, de Versailles, tellement dévastés par eux, que je reste convaincu que l'agrément qu'ils donnent est bien inférieur aux dégradations qu'ils y causent.

En effet, là où on en place, il n'est plus d'eaux limpides, de verts gazons, sans contredit les plus beaux ornemens des jardins. Il faut continuellement enlever les débris de plantes & de plumes qui nagent sur ces eaux, les excrémens qui salissent ces gazons, renouveler ces derniers presque tous les ans.

La nourriture des *cygnes*, comme celle des oies, se compose de l'herbe qu'ils coupent avec leur large bec & des graines qu'on leur donne, &, comme les canards, de poissons, de reptiles, d'insectes & de vers. La manière de les éduquer & de les conduire ne diffère pas de celle décrite à l'article OIE. Ainsi j'y renvoie le lecteur.

Nos pères offroient souvent des *cygnes* rôtis dans les repas d'apparat. Cette mode est passée, mais on mange encore quelquefois des jeunes dans les maisons où on en élève. En trouver pour cet objet dans le commerce, est chose extrêmement rare, attendu que, ainsi que je l'ai déjà dit, ils ne se vendent pas la moitié de ce qu'ils ont coûté.

CYLINDRIE. *Cylindria.* Arbre de la Cochinchine, qui seul constitue un genre dans la tétrandrie monogynie.

On ne le voit pas dans nos jardins.

CYLISTE. *Cylista.* Arbrisseau grimpant des Indes, qu'on ne cultive pas en Europe. Il forme seul un genre dans la diadelphie décandrie, fort voisin des DOLICS.

CYMBACHNÉE. *Cymbachnea.* Genre de plantes de la triandrie digynie & de la famille des graminées.

CYMBIDION. *Cymbidium.* Genre de plantes établi par Swartz pour placer des ANGRECS, des LIMODORES, des SATYRIONS, des OPHRYSES. Il se rapproche infiniment des BLETIES, des SOBRALES, des FERNANDEZIES, des ISOCHILES, des BRASSAVOLES & des ORNITHIDIONS.

CYNIMOSME. *Cynimosma.* Arbre de Ceylan, qui a une odeur de cumin. Nous ne le cultivons pas. On ne connoît pas complétement les parties de sa fructification.

CYNOCTONE. *Cynoctonum.* L'OPHYORISE MITREALE, mal observée, a donné lieu à ce genre, qui ne doit pas être adopté.

CYNODONTE. *Cynodontium.* Genre de plantes de la famille des mousses, qui renferme sept espèces enlevées à ceux appelés DIDYMODON, DICRANION & TRICHOSTOME, lesquelles faisoient partie de celui des BRYS, & se rapprochent de celui des SWARTZIES.

Le TREMATODON lui a été réuni.

CYPÉROÏDES. Famille de plantes autrement appelée des SOUCHETS.

CYPHIE. *Cyphia.* Genre de plantes établi aux dépens des LOBÉLIES.

CYPRÈS. *Cupressus.* Genre de plantes de la monœcie monadelphie & de la famille des conifères, qui rassemble huit arbres, presque tous fort grands & d'une importance majeure pour les constructions civiles & navales dans les pays où ils croissent.

Observations.

Le genre appelé SCHUBERTIE par Mirbel & TAXODION par Richard, a été établi aux dépens de celui-ci.

Espèces.

1. Le CYPRÈS pyramidal.
Cupressus sempervirens. Linn. ♄ D'Orient.

2. Le CYPRÈS à rameaux pendans.
Cupressus pendula. Lhér. ♄ De l'Inde.

3. Le CYPRÈS à rameaux écartés.
Cupressus patula. Thunb. ♄ Du Japon.

4. Le CYPRÈS du Japon.
Cupressus japonica. Thunb. ♄ Du Japon.

5. Le CYPRÈS austral.
Cupressus australis. Persoon. ♄ De la Nouvelle-Hollande.

6. Le CYPRÈS thyoïde.
Cupressus thyoides. Linn. ♄ De l'Amérique septentrionale.

7. Le CYPRÈS junipéroïde.
Cupressus juniperoïdes. Linn. ♄ Du Cap de Bonne-Espérance.

8. Le CYPRÈS distique.
Cupressus disticha. Linn. ♄ De l'Amérique septentrionale.

Culture.

Il est peu d'arbres qui aient été aussi célèbres dans l'antiquité que le CYPRÈS, soit à raison de la longue durée de sa vie & l'incorruptibilité de son bois, soit par l'usage généralement adopté de le planter autour des tombeaux, usage fondé sur sa verdure sombre & permanente, ainsi que sur sa forme naturellement pyramidale. Si les Grecs le chantent moins aujourd'hui qu'autrefois, ce n'est pas qu'il ait cessé d'être intéressant à leurs yeux sous ces deux rapports, c'est que la tyrannie sous laquelle ils vivent a émoussé leur sensibilité, a étouffé leur génie poétique.

C'est encore dans la Turquie d'Europe & d'Asie, dans la Sicile, dans le midi de l'Italie, c'est-à-dire, dans les pays jadis occupés par les Grecs, que le *cyprès* est le plus cultivé. On n'en voit pas autant dans le midi de la France & de l'Espagne, ainsi que dans le nord de l'Afrique, qu'il seroit bon qu'il y en eût.

Nulle part, dans ces pays, le *cyprès* constitue des forêts naturelles, mais fréquemment il couvre de grands espaces autour des villes & des villages. La plus étendue de ces forêts artificielles est, sans doute, celle qui est aux portes de Constantinople, dont la longueur est de deux lieues, au rapport d'Olivier, de l'Institut.

L'usage de consacrer le *cyprès* aux mânes des morts empêche, en Turquie, de faire de son bois un emploi très-étendu, malgré sa beauté & son incorruptibilité, parce qu'on ne l'abat jamais volontairement, & qu'il est altéré au cœur lorsque les vents le font tomber naturellement. Ce ne sont que les pieds venus d'eux-mêmes dans les terrains incultes qui peuvent être coupés, & on attend rarement qu'ils soient parvenus à toute leur grandeur.

Si, par suite des idées tristes attachées au nom des *cyprès*, on ne se trouve pas disposé à le proscrire, il paroîtra propre à figurer en avenue, à contraster, soit par sa forme, soit par sa couleur, avec la forme & la couleur des autres arbres d'un jardin paysager. Il est d'un imposant effet isolé au milieu des gazons, surtout lorsqu'on le regarde de loin. Il embellit même, dans sa jeunesse, le boudoir des belles. C'est uniquement en massif qu'il n'est pas d'un agréable aspect.

Toutes les sortes de terrains conviennent au *cyprès*. Je l'ai vu en Italie prospérer sur les coteaux les plus arides & dans des plaines fréquemment inondées. Il m'a paru cependant que les terres sablonneuses sont celles qu'il préfère. Je voudrois que toutes les haies de nos départemens baignés par la Méditerranée en offrissent des files qui donneroient un revenu dans l'avenir sans nuire aux récoltes voisines, son ombre, lorsqu'il est isolé, ne pouvant avoir d'effet, & ses racines étant plus profondes que superficielles.

La croissance des *cyprès* est plus lente que celle de la plupart des autres arbres verts, sans cependant que celui qui le plante dans sa jeunesse puisse dire qu'il ne pourra jouir des produits de sa vente dans sa vieillesse. Il supporte assez bien l'élagage, mais il n'est jamais avantageux de l'y assujettir. Son bois est dur, d'un grain fin, d'une couleur rougeâtre, d'une odeur forte qui empêche d'en faire des lambris, des armoires & autres meubles. Ainsi que je l'ai observé, il se conserve longtemps à l'air, dans la terre & dans l'eau, sans s'altérer, ce qui le rend très-précieux pour une infinité d'usages. *Voyez* CÈDRE.

Je ne crois pas que nulle part, dans la Turquie, on fasse des pépinières de *cyprès*. Il paroît que partout on se contente de lever ceux qui ont crû naturellement dans les terrains incultes pour les planter là où on veut qu'il y en ait, & une fois en place, on les abandonne à eux-mêmes. Ainsi je n'ai rien à dire sur leur culture dans ce pays. Il en est de même dans le midi de la France.

Les gelées du climat de Paris frappent fréquemment de mort les jeunes *cyprès* laissés en pleine terre; en conséquence, on doit semer en terrine la graine destinée à les reproduire. C'est au printemps, &, s'il est possible, sur couche que se fait cette opération. Le plant levé, les terrines se placent au nord & s'arrosent légèrement, mais souvent, pendant les chaleurs de l'été. On les rentre dans l'orangerie à l'approche des froids.

Au printemps suivant, les pieds de *cyprès* sont plantés seul à seul dans des petits pots qu'on place contre un mur, d'abord à l'exposition du midi, & pendant les chaleurs, à l'exposition du nord; là, on les arrose au besoin. Chaque année on les change de pot, dont le diamètre s'augmente en proportion de leur accroissement, & on les traite comme il vient d'être dit.

Dans ma jeunesse j'ai vu des *cyprès* d'une grande élévation dans les jardins de Paris, principalement dans celui du Muséum d'histoire naturelle, mais ils ont péri dans les hivers de 1776, 1789 & 1794, & depuis lors il n'a pas été possible de les remplacer, même avec le soin de les empailler pendant l'hiver. Ils ne peuvent donc plus être l'objet que d'une culture de fort peu d'importance.

On multiplie aussi le *cyprès* de boutures faites au printemps, en Provence, dans un lieu frais & ombragé; à Paris, dans des terrines placées sur couche à châssis. Elles réussissent assez bien, mais les arbres qui en résultent n'ont jamais la vigueur de ceux provenant de semences, & surtout de ceux qui n'ont pas été transplantés.

On trouve fréquemment dans les semis, des pieds dont les branches ne sont pas rapprochées du tronc, ce qui diminue beaucoup la beauté de ces pieds & détermine le plus souvent à les arracher. On appelle cette variété, qu'il ne faut pas confondre avec l'espèce suivante, *cyprès horizontal* ou *cyprès mâle*, par comparaison avec son espèce, qui se nomme vulgairement *cyprès pyramidal* ou *cyprès femelle*.

Le Cyprès a rameaux pendans, ou Cyprès glauque, ou Cyprès de Portugal, se voit dans toutes les écoles de botanique & dans les jardins de quelques amateurs. Il ressemble un peu à la variété du précédent, mais ses branches sont plus pendantes & ses feuilles moins vertes. Il ne s'élève guère qu'à quinze pieds: on le dit naturalisé en Portugal, d'où il nous est envoyé. L'orangerie lui est indispensable pendant l'hiver. Sa multiplication a lieu par graines, dont il donne souvent de bonnes dans le climat de Paris, & de boutures. La manière de le cultiver ne diffère pas de celle qui vient d'être indiquée.

Le Cyprès austral se cultive dans nos serres tempérées, mais il y est encore fort rare. On ne le multiplie que de boutures, attendu qu'il n'y fructifie pas. La terre de bruyère & des arrosemens abondans en été lui sont avantageux.

Deux ou trois autres espèces encore inconnues, venant aussi de la Nouvelle-Hollande ou du Japon, se voient dans les serres de Noisette. Leur culture ne diffère pas de celle que je viens d'indiquer.

Le Cyprès thyoïde ou a feuilles de Thuya, ou Cèdre blanc, ou Arbre de vie, est un des plus grands & des plus utiles arbres de l'Amérique septentrionale. Il croît dans les marais, où il a, pendant l'hiver, plusieurs pieds de hauteur d'eau sur ses racines. En France, il ne s'élève jamais à plus de huit à dix pieds, & vit rarement plus de huit à dix ans.

Le bois du *cyprès thyoïde*, au rapport de Michaux fils, est aujourd'hui, que les vieux pieds, propres à la charpente, sont devenus rares, principalement employé à faire des essentes pour couvrir les maisons, des baquets & autres articles de petite tonnellerie, ce à quoi il est très-propre par son incorruptibilité & sa légèreté. Le commerce intérieur & extérieur auquel il donne lieu à Philadelphie est encore très-considérable, mais il doit s'affoiblir, puisqu'on détruit toutes les forêts où on le puise & qu'on n'en replante point.

Je doute que jamais cet arbre devienne utile à nos cultures. En effet, ses graines semées dans une terre de bruyère exposée au nord, lèvent fort bien, & les pieds qui en proviennent semblent prospérer pendant deux ou trois ans, lorsqu'on les arrose abondamment; mais ensuite, soit qu'on les laisse en place, soit qu'on les transplante dans les lieux les plus humides, ils cessent de croître, donnent des graines en abondance & meurent. Des milliers de pieds que j'ai élevés, il y a dix ans (j'écris en 1820), dans les pépinières de Versailles, il n'en subsiste peut-être pas cent au moment actuel, quoique beaucoup aient été plantés dans des marais, entr'autres dans ceux de la vallée de Rambouillet, qui paroissent être complétement analogues à ceux des environs de Philadelphie.

On doit donc se borner à en avoir quelques pieds dans les écoles de botanique & dans les jardins des amateurs, pieds qui se feront remarquer par l'élégance de leur port, & qu'on multipliera, soit par les graines qu'ils fourniront, à défaut de celles venant d'Amérique, soit de boutures qui réussissent assez bien, mais dont les produits durent encore moins de temps que ceux venus de graines.

La résine que donne ce *cyprès* exhale, lorsqu'on la brûle, une odeur très-suave. On l'appelle *vrai encens* en Amérique.

Le Cyprès distique, Cyprès chauve, Cyprès de la Louisiane, est un des plus grands & des plus beaux arbres du monde. Il ne croît bien que dans les marais & sur le bord des rivières sujettes aux inondations périodiques. J'en ai vu, en Caroline, qui avoient plus de quatre pieds de diamètre & plus de cent pieds de hauteur, & qui avoient douze pieds d'eau sur leurs racines pendant six mois de l'année. On m'en a cité du double de cette grosseur. Toute la partie inférieure de son tronc qui est dans l'eau, non-seulement grossit plus que le reste du tronc, mais il s'y forme des saillies très-considérables, ressemblant à des arcs-boutans; de plus il sort souvent des racines, des cônes irréguliers, plus ou moins gros, toujours creux, ne prenant jamais de branches, plus ou moins élevés, plus ou moins nombreux, qui ont excité l'étonnement des observateurs, qui ont été rappelés par M. de Cubiéres dans son Mémoire sur cet arbre, cônes dont la croissance s'explique par l'excessive force de sa végétation & par le peu de résistance qu'apporte son écorce amollie par l'eau. *Voyez* NYSSA & GORDONE.

Cette excessive grosseur des *cyprès distiques* dans les bons terrains inondés, ne permet pas de les couper rez-terre: aussi, ainsi que je l'ai vu en Caroline, sur la rivière Santée, construit-on des échafauds pour exécuter cette opération.

Le bois du *cyprès distique* n'est pas dur, mais il possède tant d'autres qualités qu'il peut se passer de celle-là. On en fabrique des bateaux d'une seule pièce, qui peuvent porter trois à quatre milliers. Il s'emploie dans la charpente des maisons & des vaisseaux. On en tire des planches, du merrain, des essentes, &c. Il est incorruptible à l'air & dans l'eau. Sa couleur est rougeâtre, veinée de blanc & de brun; son grain fin. La résine qu'il contient est peu abondante, & ne sert qu'à la médecine.

Malheureusement, ainsi que je m'en suis personnellement assuré, & ainsi que Michaux fils l'a constaté depuis, cet arbre si précieux disparoît des cantons où il y en avoit le plus; bientôt il ne sera plus possible d'en trouver d'un fort échantillon. Alors l'immense commerce auquel il donne lieu, soit dans l'intérieur des Etats-Unis, soit dans le reste du Monde, car on en porte non-seulement dans les autres parties de l'Amérique, mais en Europe, dans l'Inde, jusqu'à la Chine, sera complétement perdu.

Que faire pour empêcher ce malheur? Je dirai: semer; mais deux causes s'opposent presque partout à l'exécution ou au succès des semis. D'abord l'avidité pour le gain, qui défend aux cultivateurs de semer pour leurs arrière-petits-enfans; ensuite l'énorme diminution des terres inondées ou inondables, produite par les défrichemens tant des plaines que des montagnes, & par conséquent des lieux propres à la végétation des *cyprès distiques*. Enfin, la loi des assolemens, qui ne permet pas que les jeunes pieds de cet arbre prospèrent, avant la révolution d'un siècle peut-être, dans les lieux où il y en avoit des vieux.

De ces faits il résulte qu'un jour il n'y aura plus, dans tout le continent de l'Amérique, que de petits *cyprès distiques*.

Il y a une grande différence d'aspect entre le *cyprès distique* & ceux que j'ai mentionnés plus haut. Ses feuilles sont longues, disposées le long des côtés opposés des petites branches. Elles tombent tous les ans. Leur verdure est amie de l'œil. Comme il croît toujours en masse, & dans des lieux peu praticables, il ne concourt pas à la beauté des forêts de l'Amérique. Ce n'est que par la grosseur du bas de son tronc qu'il se fait remarquer.

Dès 1640, le *cyprès distique* a été introduit dans les jardins des environs de Londres. Il y a moins d'un siècle qu'il se voit dans ceux des environs de Paris. Long-temps on a ignoré qu'il croissoit dans l'eau. En conséquence, quoique ses graines, venues de la Caroline, levassent fort bien, on ne pouvoit conserver que quelques années les pieds qui en provenoient. Duhamel le premier imagina d'en planter dans les terrains tourbeux de son domaine du Monceau, où ils réussirent. C'est à Malesherbes qu'on doit l'élan qui, il y a cinquante ans, fit rechercher cet arbre, & c'est aux Michaux père & fils qu'on a l'obligation de l'immense quantité de graines qui ont été semées en France, principalement dans les pépinières de Trianon, mais dont les produits se sont presque tous perdus pour n'avoir pas été plantées dans des lieux convenables. On voit cependant quelques beaux pieds à Rambouillet, où il devroit y en avoir des milliers, si on les eût mis dans le marais, au lieu de les mettre sur la berge des fossés qui le traversent, & chez quelques particuliers. Aucun de ces pieds n'a, à ma connoissance, donné de bonnes graines, de sorte qu'il faut toujours en faire venir de Caroline lorsqu'on veut le multiplier: car les boutures & les marcottes, quoique prenant assez facilement racines, ne donnent jamais des pieds de longue durée.

Les graines du *cyprès distique* sont anguleuses, irrégulières & très-grosses. Leur propriété germinative se conserve pendant plusieurs années, surtout si elles sont laissées dans les cônes où elles ont pris naissance. Elles se trouvent toujours melées avec des globules, ou GALLES produites par un diplolèpe qu'on a souvent pris pour elles, & semées par conséquent sans succès.

C'est, ou dans des terrines remplies de terre de bruyère, ou dans des plates-bandes de la même terre, exposées au nord, qu'on sème au printemps les graines du *cyprès distique*. Les terrines se placent souvent sur couche à châssis pour accélérer la germination des graines, mais ensuite on les expose également au nord. Dans les deux cas, des arrosemens fréquens sont indispensables. Il est rare que toutes les graines ne lèvent pas. Le plant en terrine se rentre dans l'orangerie pendant l'hiver, & l'autre se couvre de feuilles sèches ou de fougère pour le garantir des fortes gelées, auxquelles il est sensible. Après l'hiver on peut le transplanter, avec avantage, en pépinières, en terre légère & humide, à six à huit pouces de distance, quoique beaucoup de cultivateurs attendent une année de plus pour faire cette opération. Ce plant, pour peu qu'il soit arrosé, semble prospérer d'abord; mais deux ans après, qu'on le laisse dans sa planche ou qu'on le repique autre part à deux pieds de distance, il jaunit, ne fait plus de progrès, & dépérit. C'est donc alors qu'il faudroit le planter à demeure dans l'eau; mais alors, du moins dans le climat de Paris, il a trop froid & ne pousse plus qu'au milieu de l'été, ce qui fait que ses branches ne s'aoûtent pas, & sont frappées des premières gelées de l'automne. Cette circonstance, que j'ai eu plusieurs fois l'occasion d'observer, fait qu'il faut renoncer à cultiver convenablement le *cyprès distique* dans ce climat, c'est-à-dire, se borner à le planter sur le bord des eaux, ou dans les terrains simplement humides, lieux où il ne peut croître avec rapidité & acquérir la grosseur qui lui est propre.

Les marcottes & les boutures du *cyprès distique* se font comme celles des espèces précédentes, excepté qu'il leur faut un terrain frais ou de fréquens arrosemens.

Les autres espèces de *cyprès* indiquées dans le tableau, ne se cultivent pas dans nos jardins.

CYPRIN. *Cyprinus*. Genre de poissons de la division des abdominaux, qu'il est de l'intérêt des cultivateurs d'apprendre à connoître, parce qu'il renferme plusieurs des poissons les plus communs dans nos rivières, & avec lesquels il est le plus avantageux de peupler nos étangs. *Voyez* le *Dictionnaire ichtiologique*.

Les espèces de ce genre dans le cas d'être distinguées, sont : le BARBEAU, la CARPE, le GOUJON, la TANCHE, le CARASSIN, la GIBELE, le VAIRON, la VANDOISE, le GARDON, la CHEVANE, la BRÈME & la BORDELIÈRE. *Voyez* ces mots.

CYPSÈLE. *Cypselea*. Genre de plantes de la triandrie monogynie & de la famille des portulacées, qui ne renferme qu'une espèce originaire de Saint-Domingue, & non cultivée dans nos jardins.

CYRTA. *Cyrta*. Arbrisseau de la Cochinchine, qui seul constitue un genre dans la décandrie monogynie & dans la famille des sapotilliers.

Il ne se voit pas dans nos jardins.

CYRTANTHE. *Cyrtanthus*. Genre de plantes de l'hexandrie monogynie & de la famille des narcissoïdes, dans lequel se placent quatre espèces qui faisoient partie des CRINOLES & des AMARYLLIS.

Le même nom a été donné au POSOQUERIE, autrement appelé SOLÈNE.

CYRTOCHILE. *Cyrtochilum*. Genre de plantes de la gynandrie diandrie & de la famille des orchidées, rassemblant deux espèces originaires de la Nouvelle-Hollande, qui ne se cultivent pas dans les jardins d'Europe.

CYRTOSTYLE. *Cyrtostilis*. Arbrisseau de la Nouvelle-Hollande, qui constitue un genre dans la gynandrie diandrie & dans la famille des orchidées.

On ne le voit dans aucun jardin d'Europe.

CYSTANTHE. *Cystanthus*. Arbrisseau de la Nouvelle-Hollande, qui sert de type à un genre de la pentandrie monogynie & de la famille des épacrides.

Je ne sache pas qu'il se cultive en France.

CYSTICAPNOS. *Cysticapnos*. Genre de plantes établi sur la FUMETERRE A CAPSULE VÉSICULEUSE.

CYTISE. *Cytisus*. Genre de plantes de la diadelphie décandrie & de la famille des légumineuses, qui renferme une trentaine d'espèces, la plupart indigènes, & qui, presque toutes, se cultivent dans nos jardins, pour leur beauté.

Observations.

Les genres CAJAN & ADÉNOCARPE ont été établis par Decandolle aux dépens de celui-ci.

Espèces.

1. Le CYTISE des Indes.
Cytisus cajan. Linn. ♄ Des Indes.
2. Le CYTISE aubours.
Cytisus laburnum. Linn. ♄ Des Apennins.
3. Le CYTISE des Alpes.
Cytisus alpinus. Willd. ♄ Des Alpes.
4. Le CYTISE des jardins.
Cytisus sessilifolius. Linn. ♄ Du midi de la France.
5. Le CYTISE velu.
Cytisus hirsutus. Linn. ♄ Indigène.
6. Le CYTISE à épi.
Cytisus nigricans. Linn. ♄ Indigène.
7. Le CYTISE anagyris.
Cytisus anagyrius. Lhér. ♄ D'Espagne.
8. Le CYTISE étalé.
Cytisus divaricatus. Lhér. ♄ Du midi de la France.
9. Le CYTISE à fleurs blanches.
Cytisus leucanthus. Willd. ♄ D'Allemagne.
10. Le CYTISE prolifère.
Cytisus proliferus. Linn. ♄ Des Canaries.
11. Le CYTISE feuillé.
Cytisus foliosus. Lhér. ♄ Des Canaries.
12. Le CYTISE à fleurs ternées.
Cytisus triflorus. Lhér. ♄ Du midi de la France.
13. Le CYTISE biflore.
Cytisus biflorus. Lhér. ♄ De Hongrie.
14. Le CYTISE argenté.
Cytisus argenteus. Linn. ♄ Du midi de la France.
15. Le CYTISE du Volga.
Cytisus volganicus. Linn. ♄ De Russie.
16. Le CYTISE pourpre.
Cytisus purpureus. Scop. ♄ Des Alpes.
17. Le CYTISE blanc.
Cytisus albidus. Decandolle. ♄ De....

18. Le CYTISE alongé.
Cytisus elongatus. Willd. ♄ De Hongrie.
19. Le CYTISE en faux.
Cytisus falcatus. Willd. ♄ De Hongrie.
20. Le CYTISE nain.
Cytisus nanus. Willd. ♄ D'Orient.
21. Le CYTISE du Pont.
Cytisus ponticus. Willd. ♄ D'Orient.
22. Le CYTISE hispide.
Cytisus hispidus. Willd. ♄ De Guinée.
23. Le CYTISE soyeux.
Cytisus sericeus. Willd. ♄ De l'Inde.
24. Le CYTISE pauciflore.
Cytisus pauciflorus. Willd. ♄ De Perse.
25. Le CYTISE pygmée.
Cytisus pygmæus. Willd. ♄ De Galatie.
26. Le CYTISE tomenteux.
Cytisus tomentosus. And. ♄ Du Cap de Bonne-Espérance.

Culture.

Le *cytise des Indes*, vulgairement connu sous les noms de *pois d'Angole*, de *pois de pigeon*, de *pois de sept ans*, d'*Ambrevade*, est actuellement cultivé dans nos colonies d'Asie, d'Afrique & d'Amérique. La durée de sa vie est d'environ sept ans; mais, pendant ce court espace de temps, il fournit abondamment des graines, qui servent à la nourriture des hommes, des bestiaux & des volailles. Elles sont fort nourrissantes & fort saines. On s'accoutume bientôt à leur goût aromatique. Sa racine est très-odorante.

Dans nos colonies on multiplie cet arbre de semences qui, presque toujours, se sèment d'elles-mêmes. Il s'élève de huit à dix pieds seulement & produit dès la seconde année.

On en connoît une variété à semences rouges, dont quelques botanistes font une espèce sous le nom de *faux-cajan*.

Nous cultivons le *cytise des Indes* dans nos écoles de botanique. Il exige la serre pendant l'hiver. On le multiplie par le semis sur couche de graines tirées de nos colonies, celles qu'il donne en Europe étant généralement infertiles. Toute terre lui convient. Des arrosemens fréquens pendant l'été lui sont avantageux.

Le *cytise aubours* est plus connu sous le nom d'*ébénier des Alpes*, parce que son bois est noir au cœur & qu'il a été confondu avec le suivant, le seul qui se trouve dans les Alpes, ainsi que je m'en suis assuré par l'observation. Il s'élève à quinze ou vingt pieds & se cultive dans nos jardins, à raison de l'élégance de son port & de la beauté de ses fleurs. Toute espèce de terrain lui convient; seulement il pousse plus vigoureusement dans les bons & donne plus de fleurs dans les mauvais. Les gelées du printemps le frappent quelquefois, & nuisent par conséquent beaucoup à sa floraison. Les ravages du charançon hispidule produisent aussi quelquefois le même résultat.

Dans quelqu'endroit qu'on le place, le *cytise aubours* produit des effets agréables dans les jardins paysagers: aussi on l'y voit avec le même plaisir, soit en buisson, soit en tige, ou isolé au milieu des gazons, ou au second & au troisième rang des massifs. On peut même dire qu'on l'exagère souvent dans ceux des environs de Paris. Pour lui faire produire tout l'effet possible, il faut le mettre en contraste avec les autres arbres & arbustes, & c'est à quoi on ne veille pas assez. Comme son élégance est en grande partie fondée sur la disposition pendante de ses rameaux, il ne faut jamais faire agir le croissant contre lui; mais lorsqu'une branche gêne le passage ou est mal placée, il faut la couper rez-terre. Sa forme naturelle est constamment la plus convenable.

Le bois du *cytise aubours* est élastique & dur. Il y a lieu de croire que c'est principalement lui qui servoit à la fabrication des arcs de nos aïeux. On peut en faire des cercles de tonneaux, des flûtes, des tabatières, des chaises & autres petits meubles. Sa pesanteur est de 52 livres 11 onces 6 gros par pied cube.

Tous les bestiaux, les chèvres & les moutons surtout, s'accommodent des feuilles de l'aubours. On peut croire cependant qu'il ne faut pas leur en donner beaucoup à la fois ou trop souvent, car pour avoir mangé de ses gousses en guise de haricots verts, avec la famille Vilmorin, j'ai été gravement incommodé. Ses graines sont du goût de toutes les volailles.

La croissance du *cytise aubours* est extrêmement rapide, surtout lorsque les vieux pieds ont été coupés rez-terre. Cela donne moyen d'en tirer parti pour rendre productifs de mauvais terrains, quoiqu'ils ne soient pas très-favorables à sa culture, en en formant des taillis qui seroient coupés tous les trois ou quatre ans. C'est par semis qu'on doit établir les susdits taillis, à raison de l'utilité du pivot.

Si le terrain est bon, il faudra retarder la coupe du double, afin d'en obtenir des cercles & des échalas dont la valeur sera importante.

Tous les moyens de multiplication peuvent être appliqués au *cytise aubours;* mais on doit préférer, dans les pépinières, celui par graines, qui est assez rapide pour donner des pieds susceptibles d'être mis en place à la troisième année. Dans les jardins, les accrus levés autour des vieux pieds, accrus qu'on met directement en place, suffisent le plus souvent aux besoins.

Le semis des graines de ce *cytise* a lieu au printemps, dans une terre bien ameublie, de préférence à l'exposition du levant & du midi. Le plant est biné en été & en automne. Il peut être levé & repiqué, à six pouces de distance, dans une autre planche, où il sera également biné,

& où il restera deux ans, comme je l'ai indiqué plus haut.

Le *cytise des Alpes*, ainsi que je l'ai observé plus haut, a été fort long-temps confondu avec le précédent, comme variété à *larges feuilles* & à *fleurs odorantes*; non-seulement ces deux parties, mais toutes les autres sont différentes : ainsi son écorce est plus jaune, ainsi sa grandeur est plus considérable, ainsi sa floraison est plus tardive, ainsi il ne craint point les gelées du climat de Paris. Il doit être cultivé, de préférence, sous les rapports d'utilité, &, excepté à raison de sa moindre précocité, sous tous les rapports d'agrément. J'ai fait tout ce qui étoit en mon pouvoir pour le multiplier, d'abord par la greffe & ensuite par le semis de ses graines pendant que j'étois à la tête des pépinières de Versailles : aussi plusieurs milliers de pieds en sont-ils sortis. J'invite tous les amis de la culture à m'imiter. Ce que j'ai dit des avantages & du mode de culture s'appliquant rigoureusement à cette espèce, je n'en dirai rien ici.

Le *cytise des jardins*, TRIFOLIUM des jardiniers, est très-anciennement cultivé dans nos parterres, attendu qu'il se prête à la taille. Il a été introduit dès le commencement de leur formation dans les jardins paysagers, où on le place au second rang des massifs, s'élevant à cinq ou six pieds de haut. C'est au milieu de l'été que ses fleurs se développent. Tout les terrains lui conviennent, mais il se plaît davantage dans ceux qui sont légers, secs & chauds. Les gelées de l'hiver frappent quelquefois ses tiges de mort dans le climat de Paris, mais il repousse vigoureusement du pied, & deux ans après il n'y paroît plus. En général, il gagne en beauté à être récepé tous les cinq à six ans.

La multiplication du *cytise* des jardins a lieu, comme celles des précédens, par tous les moyens ; mais on l'exécute rarement de graines, attendu que le déchirement des vieux pieds & le marcottage des jeunes tiges en fournissent, en un an, plus que n'en demandent les besoins pour dix. Ordinairement ces productions sont mises de suite en place, & donnent des fleurs la même année.

On laisse ordinairement cet arbuste en buisson, par la difficulté d'empêcher ses accrus d'affamer une tige unique ; mais on supplée à cet inconvénient en le greffant à deux ou trois pieds de terre sur le *cytise aubours*, ce qui produit des têtes d'un très-grand éclat quand elles sont en fleurs, mais qui subsistent peu d'années.

Le *cytise velu*, dont il ne faut pas distinguer le *cytise en tête*, le *cytise couché* & le *cytise lotoïde*, qui n'en sont que des variétés, est extrêmement abondant sur les collines & dans les pâturages du midi de la France, même de la ci-devant Bourgogne. Il s'élève à deux pieds. Les bestiaux le recherchent quand il est jeune, & il leur donne beaucoup de lait ; mais il n'est pas le *cytise* des Anciens, comme on l'a cru. Ce dernier est la LUZERNE ARBORESCENTE. La culture est très-fréquente dans les jardins, attendu qu'il forme de petites touffes naturellement arrondies, d'un agréable effet en tout temps, & principalement quand elles sont en fleurs. C'est dans les parterres, dans les corbeilles, les plates-bandes du bord des massifs des jardins paysagers qu'il se place. Jamais la serpette ne doit le toucher, mais il est souvent utile de le réceper quand il est devenu vieux, pour lui faire pousser de nouvelles tiges. Les fortes gelées de l'hiver l'affectent quelquefois dans le climat de Paris, surtout dans les terres fortes & humides, les seules qui lui soient défavorables.

Dans les pays où il croît naturellement, on l'arrache en hiver pour l'employer à chauffer le four.

On multiplie le *cytise velu* dans nos pépinières presqu'exclusivement de graine, quoiqu'on le puisse de toutes les autres manières, parce que les pieds qui en résultent sont plus réguliers, & qu'on en jouit très-rapidement. En effet, ses graines, semées en mars, dans une planche bien préparée & exposée au levant ou au midi, lèvent de suite & donnent des pieds qu'on peut repiquer dès l'hiver suivant & mettre en place l'hiver d'ensuite. J'en ai même vu quelquefois fleurir dans l'année de leur semis.

Le *cytise à épi* est un charmant arbrisseau du midi de la France, dont les bestiaux recherchent beaucoup les feuilles, & qu'il seroit peut-être utile de semer pour eux dans les terrains arides : il s'élève au plus à deux pieds, & fleurit dans le milieu de l'été. On le cultive dans quelques jardins des environs de Paris, mais pas aussi abondamment qu'il seroit à desirer, probablement parce qu'il est difficile de se procurer des graines pour l'avoir franc de pied, ses fleurs y avortant toujours, & la voie des marcottes altérant l'élégance de ses touffes. C'est greffé sur l'aubours, à deux ou trois pieds de terre, qu'il produit le plus d'effet ; mais il y subsiste peu d'années : en conséquence il faut planter de nouveaux sujets tous les ans pour le renouveler.

Le *cytise biflore* a été introduit dans nos jardins en même temps que le suivant. On le multiplie de graines, dont il fournit en abondance tous les ans. Il est bien inférieur en beauté aux espèces qui viennent d'être mentionnées.

Le *cytise pourpre* est une charmante espèce, introduite dans nos jardins depuis un petit nombre d'années. Elle fait peu d'effet franche de pied, parce que ses tiges rampent sur la terre & sont fort grêles ; mais il n'en est pas de même lorsqu'elle est greffée sur aubours, à deux ou trois pieds de terre. C'est par ce moyen & par marcottes qu'on le multiplie, ses fleurs avortant le plus

plus souvent. Je ne puis trop recommander sa culture, qui, au reste, est très en faveur au moment actuel.

Les *cytises anagyre*, *étalé*, *à fleurs blanches*, *prolifère*, *feuillu*, *à fleurs ternées*, *argenté*, *soyeux*, se cultivent dans les orangeries des écoles de botanique, mais ne sont pas assez beaux pour être préférés à ceux dont je viens de faire mention.

Quelques-unes des autres espèces le sont aussi, soit en Angleterre, soit en Allemagne. Il est probable que leur culture ne diffère pas de celle de ceux qui viennent d'être indiqués.

D

DA. Synonyme de DATTE.

DABLÉE. C'est le nom qu'on donne, dans le vignoble d'Orléans, aux plantes annuelles qui se sèment dans les terres qu'on se propose de replanter en vigne au bout de quelques années.

DABŒCIE. *Dabœcia.* Genre de plantes aussi appelé MENZIEZIE.

DABURIN. C'est le fruit du ROUCOYER.

DACRYDION. *Dacrydium.* Genre de plantes établi aux dépens des MOISISSURES. Il diffère peu du MYRIOTHÉCIE.

DACRYDION. *Dacrydium.* Genre de plantes de la diœcie & de la famille des conifères, établi sur un grand arbre des îles de la mer du Sud, dont les feuilles se rapprochent de celles du cyprès.

Il ne se cultive pas en Europe.

DACRYOMYCE. *Dacryomyces.* Genre de CHAMPIGNONS qui diffère peu de l'ACYRIE. Il renferme les TREMELLES en forme de PEZIZES.

DACTYLOCTENION. *Dactyloctenium.* Genre de plantes établi pour placer le CHLORIS MUCRONÉ. *Voyez* ce mot & celui CORACAN.

DÆDALÉE. *Dædalea.* Genre établi aux dépens des BOLETS, par Palisot-Beauvois.

DÆMIE. *Dæmia.* Genre formé sur le CYNANQUE ALONGÉ.

DAHALIE. *Dahalia. Voyez* GEORGINE.

DAIL. On appelle ainsi la FAUX, dans le Médoc.

DALBENGENIE. Le CANELLIER s'appelle ainsi dans l'Inde.

DALBERGARIE. *Dalbergaria.* Genre de plantes établi par Tussac, dans le voisinage des BESLÈRES, qui renferme trois arbustes, l'un de Saint-Domingue, les deux autres de Caracas.

On ne les cultive pas dans nos jardins.

DALCHINI. Les Indiens donnent ce nom à l'ALIBOUFIER A BENJOIN.

DALEA ou DALIER. Genre de plantes établi aux dépens des PSORALIERS. *Voyez* ce mot.

DALUCON. *Dalucum.* Genre de plantes qui a pour type la MÉLIQUE ÉLEVÉE.

DAMAS. Nom d'une des variétés de raisin les plus grosses. Il y en a de rouge & de blanc.

DAMASONIE. *Damasonia.* Genre de plantes établi aux dépens des STRATIOTES, lequel ne renferme qu'une seule espèce originaire de l'Inde, & non cultivée en Europe.

DAMATRIS. *Damatris.* Plante annuelle du Cap de Bonne-Espérance, qui forme un genre fort voisin des ARCTOTIDES.

Elle ne se cultive pas dans nos jardins.

DAMNACANTHE. *Damnacanthus.* Genre de plantes établi aux dépens des CALACS. La seule espèce qu'il renferme croît dans l'Inde, & ne se cultive pas dans nos jardins.

DAME NUE. Le COLCHIQUE porte ce nom dans quelques lieux.

DAMPIERRE. *Dampierrea.* Genre de plantes établi aux dépens des GOODENIES, qui renferme treize espèces, toutes naturelles à la Nouvelle-Hollande.

Je ne crois pas qu'il s'en cultive dans nos jardins.

DANAE. *Danaea.* Genre de plantes formé aux dépens des FRAGONS.

DANOT. Le GALÉOPE PIQUANT s'appelle ainsi aux environs de Mayence.

DANTHONIE. *Danthonia.* Genre de plantes établi pour placer la FÉTUQUE INCLINÉE. Il ne diffère pas du TRIODIE.

DARADE. L'ALATERNE porte ce nom dans le midi de la France.

DARBOU. C'est, ou le CAMPAGNOL, ou le MULOT, aux environs d'Aix.

DARDER, DARDILLER. Expression des jardiniers, & qui indique qu'un espalier pousse trop sur le devant. *Voyez* ESPALIER, TAILLE & PALISSAGE.

DARÉE. *Darea.* Genre de plantes établi aux dépens des ADIANTES.

Le genre MONOGRAME ne semble pas en différer suffisamment.

DARMAS. AGARIC qui se mange dans le midi de la France.

DARNELLE. L'IVRAIE se nomme ainsi dans les Ardennes.

DARTE. *Dartus.* Arbrisseau de la Cochinchine, qui seul constitue un genre dans la pentandrie monogynie.

Il ne se cultive pas dans les jardins d'Europe.

DARWINIE. *Darwinia.* Arbrisseau de la Nouvelle-Hollande, qui constitue seul un genre dans la décandrie monogynie.

Il ne se cultive pas en France.

Le même nom a été donné à un autre genre de la diadelphie décandrie, qui ne renferme qu'une espèce originaire de l'Amérique septentrionale, que nous ne cultivons pas non plus.

DASTIME. Genre proposé par Rafinesque, pour placer le MICOCOULIER A FRUITS BLEUS, qui ne se cultive pas en Europe.

DASU. *Dasus.* Arbre de la Cochinchine, qui constitue un genre dans la pentandrie monogynie.

Nous ne le possédons pas dans nos jardins.

DASYPHYLLE. *Dasyphyllum.* Arbuste du Pérou, qui constitue un genre dans la syngénésie égale & dans la famille des cynarocéphales, fort voisin du BARNADÈSE.

Il ne se cultive pas dans nos jardins.

DASYPOGON. *Dasypogon.* Arbuste de la Nouvelle-Hollande, qui forme un genre dans l'hexandrie monogynie & dans la famille des joncs. Il ne se cultive pas en Europe.

DATTONIE. *Dattonia.* Genre de MOUSSES peu différent de l'ANOMODON, établi aux dépens des NEKÈRES.

DAVALLÉE. *Davallia.* Genre de FOUGÈRES établi aux dépens des TRICHOMANES.

On n'en cultive pas d'espèces en Europe.

DAVIESIE. *Daviesia.* Genre de plantes qui ne diffère pas assez des PULTENÉES pour être conservé.

DAVILLA. *Davilla.* Arbre du Brésil qui ne se cultive pas en Europe. Il constitue seul un genre dans la polyandrie monogynie & dans la famille des rosacées.

DAWSONIE. *Dawsonia.* Mousse de la Nouvelle-Hollande, qui sert de type à un nouveau genre.

DÉBARBER. C'est, aux environs de Bordeaux, couper les racines superficielles de la VIGNE. *Voyez* ce mot.

DÉBARDEMENT. Opération qui a pour objet d'enlever le bois du lieu où il a été coupé, pour le transporter hors des forêts.

Selon la grosseur des arbres, l'étendue des forêts, la disposition ou la nature du sol, le but de la coupe, même les usages locaux, le *débardement* se fait, ou au moyen des voitures, ou à tir de cheval, ou à dos de cheval, ou à dos d'homme, ou à bras d'homme.

L'emploi des voitures est le plus expéditif & le plus économique, soit pour les gros arbres, soit pour le bois à brûler, le bois façonné, les fagots, &c., & c'est en conséquence celui qu'on préfère; mais il est beaucoup de lieux où il n'est pas applicable, soit parce que le terrain est marécageux, soit parce qu'il est trop sablonneux, soit parce qu'il est trop en pente, &c. Il est d'ailleurs, dans les lieux les plus favorables, très-fatigant pour les voitures & pour les chevaux ou les bœufs, & très-nuisible à la recrue, à raison des souches qui se rencontrent à chaque instant sous les roues & qui sont écorcées. Le mal qui en résulte, dès que la repousse est en activité, est bien autrement grave, puisqu'outre cet écorcement, les bourgeons sont décollés, écrasés, & la repousse retardée d'un tiers, d'une demi-année, que même la mort de la souche s'ensuit.

Le *débardement* des bois de charpente, en les traînant avec des chevaux ou des bœufs, immédiatement, ou au moyen de traîneaux, augmente encore la plupart de ces inconvéniens; mais il est des cas où on est forcé d'y avoir recours.

Si le *débardement* à dos de cheval étoit praticable pour les grosses pièces, & qu'il fût plus expéditif pour les petites & pour le bois à brûler, il seroit partout dans le cas d'être préféré; mais ces deux inconvéniens en restreignent l'emploi dans beaucoup de circonstances.

Ce n'est que lorsque la distance à parcourir est peu considérable & que les pièces sont petites, qu'on peut utiliser le dos ou les bras des hommes, les brouettes y comprises, pour effectuer le *débardement* des bois; mais ces circonstances sont fréquentes.

Ces considérations doivent prouver l'importance dont il est pour les propriétaires, car l'acquéreur calcule toujours à son avantage la difficulté du *débardement*, de faire percer leurs bois de routes droites, larges & nombreuses, & d'établir toutes leurs coupes au moins le long de l'une d'entr'elles. Qu'ils ne croient pas que le terrain employé à leur construction sera perdu; car, outre le motif ci-dessus, elles favoriseront la croissance des arbres, par l'air & la lumière qu'elles introduiront dans le massif, comme un examen attentif en peut partout convaincre.

Ces routes, qu'il seroit bon d'accompagner

presque partout de fossés, seront réparées une année avant la vente des bois, aux dépens du propriétaire, & non après l'exploitation, au compte de l'acquéreur, comme cela a lieu si généralement, puisqu'il en calcule aussi la dépense dans sa mise à prix, c'est-à-dire, qu'il la porte très-haut & la fait très-bas. On se borneroit alors à exiger de lui qu'il fît combler les ornières.

L'évidence & l'étendue des dommages qui résultent du *débardement* des coupes, de quelque manière qu'il se fasse, pour la recrue des bois, a déterminé l'intervention de la loi, pour fixer l'époque où il devoit être terminé. Cette époque est le 15 avril, mais elle est presque toujours trop retardée d'un mois au moins, même pour le climat de Paris, ainsi que j'ai eu maintes & maintes fois l'occasion de le remarquer. Il vaudroit mieux exagérer en l'accélérant; mais les acquéreurs, qui ne s'inquiètent pas des motifs des propriétaires, qui veulent mettre le plus d'économie possible dans leurs opérations, se prêtent difficilement à des engagemens de cette nature, ou, lorsqu'ils les prennent, ne les exécutent pas. C'est pourquoi je voudrois qu'il fût possible à tous les propriétaires de faire exploiter à leur compte, pour vendre leur bois coupé en gros; mais dans la disposition actuelle des choses, à un petit nombre de cas près, ils en seroient constamment la dupe.

DEBOIRADOUR. Instrument employé, dans le Limousin, pour ôter la seconde peau des châtaignes. Il est composé de deux bâtons en croix, dont les bouts inférieurs sont entaillés & agissent rapidement, en tout sens, sur les châtaignes renfermées dans un pot. *Voyez* CHATAIGNIER.

DEBRÉE. *Debrea.* Genre de plantes qui se rapproche beaucoup de la LOPEZIE & qui ne paroît pas différer de l'ERISME. Il ne renferme qu'une espèce originaire de la Guyane, & non cultivée en Europe.

DÉCADIE. *Decadia.* Arbre de la Cochinchine, dont l'écorce & les feuilles sont employées à consolider les teintures. Il forme seul un genre dans l'icosandrie monogynie.

DECANDOLIE. *Decandolia.* Genre de plantes établi aux dépens des AGROSTIDES. Il a aussi été appelé VILFA.

DÉCASPERME. *Decaspermum.* Genre établi aux dépens des GOYAVIERS. Il ne diffère pas du NELITRIS & se rapproche des CAMPOMANÈSES.

DÉCASPORE. *Decaspora.* Genre de plantes qui ne diffère pas du CYATHODE.

DÉCEMION. *Decemium.* Genre de plantes proposé pour placer l'HYDROPHYLLON A TROIS LOBES, plante de la Louisiane, qui ne se cultive pas en Europe.

DÉCHARGER A LA TAILLE. C'est enlever une plus grande quantité de branches qu'à l'ordinaire à un espalier. On exécute cette opération, principalement lorsque les espaliers poussent foiblement. *Voyez* ESPALIER & TAILLE.

DÉCLIEUXIE. *Declieuxia.* Arbrisseau des bords de l'Orénoque, qui constitue seul un genre dans la tétrandrie monogynie & dans la famille des rubiacées.

Il n'est pas encore introduit dans nos cultures.

DECODON. *Decodon.* Genre de plantes de la décandrie monogynie.

L'espèce qui lui sert de type est une herbe aquatique de la Caroline, qui ne se cultive pas en Europe.

DECOSTÉE. *Decostea.* Arbrisseau du Pérou, que nous ne possédons pas dans nos jardins. Il forme seul un genre dans la diœcie pentandrie.

DÉDALÉE. *Dedalea.* Genre de champignons établi aux dépens des BOLETS.

DÉERINGIE. *Deeringia.* Genre de plantes établi aux dépens des PASSE-VELOURS.

La seule espèce qu'il contient est originaire de la Nouvelle-Hollande, & ne se cultive pas dans nos jardins.

DÉFOURURE. Dans la ci-devant Provence, ce nom se donne à la paille destinée à la nourriture des bestiaux.

DÉGALLIR. Synonyme de GAULER.

DÉGAZONNER. Opération qui consiste à enlever le gazon d'une lande, d'un chemin, &c., pour le transporter sur un champ, dans une vigne, &c., pour suppléer aux engrais.

C'est une très-bonne opération que le dégazonnement; mais elle est coûteuse, & elle n'opère la fertilité d'un lieu qu'aux dépens d'un autre: aussi les lois la proscrivent-elles sur tous les terrains appartenant au public, aux communes ou à d'autres que celui qui la fait faire. *Voyez* LANDE.

DÉGIBELER. Opération qui s'exécute avant l'hiver dans les vignes de l'Orléanois, & qui consiste à remplir les ORNES (parties creuses) avec les PRONEES (parties élevées). *Voyez* VIGNE & LABOUR.

DÉGOUT. Éloignement des animaux domestiques pour le manger.

Le *dégoût* a pour cause, ou une maladie, ou une altération dans l'aliment qui est présenté.

Dans le premier cas, le *dégoût* n'est qu'un symptôme qui disparoît avec la maladie; ainsi il ne faut pas s'en inquiéter d'une manière spéciale.

Dans le second, il faut substituer d'autres alimens à ceux qui sont refusés.

Voyez les articles de chacun des animaux domestiques.

DÉGRAMER. On appelle ainsi, dans quelques cantons, l'opération d'enlever le CHIENDENT avec une fourche, après un labour, pour le brûler.

DEIDAMIE. *Deidamia.* Arbre de Madagascar, qui ne se cultive pas en Europe. Il forme seul un genre dans la monadelphie pentandrie & dans la famille des capriers.

DÉLA. *Dela.* Genre de plantes qui répond à celui appelé LIBANOTE.

DÉLAINER. Dans les pépinières bien montée on fixe l'écusson des greffes avec du fil de laine, qui, se prêtant au grossissement du sujet, offre moins de chances d'étranglement que du fil de chanvre, des écorces & autres matières analogues. *Voyez* GREFFE.

Dans ce cas on appelle *délainer*, ôter la laine, lorsqu'elle n'est plus nécessaire à la consolidation de la greffe, soit pour empêcher qu'elle nuise à sa pousse, soit pour la conserver & l'employer une autre année.

Il est impossible de fixer l'époque du délainage, attendu qu'elle varie selon les années, selon les espèces d'arbres greffés, selon l'époque où elle a été placée : c'est au pépiniériste à en juger par un examen fréquent des greffes. Tout ce que je puis dire, c'est qu'il ne faut *délainer* que lorsque l'œil est bien soudé, sauf à desserrer la laine une ou deux fois, si l'étranglement est à craindre.

DÉLESSERIE. *Delesseria.* Genre de plantes établi par Lamouroux, aux dépens des VARECS. *Voyez* ce mot.

DÉLIVRAIRE. *Delivraria.* Genre de plantes établi aux dépens des ACANTHES. *Voyez* ce mot.

DÉLIVRE. Synonyme de PLACENTA, lorsqu'on parle des animaux. *Voyez* PART.

DÉMAILLONER. Action de détacher les SARMENS des ECHALAS dans le vignoble d'Orléans. *Voyez* VIGNE.

DÉMANGEAISON. Maladie de la peau des animaux domestiques, ou, piqûres d'insectes, qui détermine ces animaux à se gratter avec leurs dents ou leurs pattes, & se frotter contre les arbres, les murs, &c.

Lorsque la *démangeaison* est le produit d'une maladie, elle se guérit avec elle : le FARCIN, le CLAVEAU, les DARTRES, la GALE, sont toujours dans le cas de la causer.

Les *démangeaisons*, suite de la piqûre des POUX, des PUCES, des RICINS, des MOUCHES, des HYPPOBOSQUES, des STOMOXES, des COUSINS, des ASILES, des TAONS & autres insectes, cessent peu après cette piqûre. Elles sont souvent utiles à la santé de l'animal, comme excitantes ; mais quand elles sont multipliées, elles sont suivies d'inflammation, de maigreur, & peut-être quelquefois de la mort.

DÉMATION. *Dematium.* Genre de champignons établi aux dépens des BOLETS. Il ne diffère pas de ceux appelés MÉSENTERIQUE & CERATONÈME.

DÉMÉTRIE. *Demetria.* Genre de plantes qui a pour type l'ASTÈRE SPATULÉE. Il diffère fort peu de celui appelé GRINDELIE.

DENDRION. *Dendrium.* Genre de plantes établi pour placer le LÈDE A FEUILLES DE THYM.

DENDROBION. *Dendrobium.* Genre de plantes établi aux dépens des ANGRECS.

Les genres CERAJA, MAXILLAIRE, DIPODE, PLEUROTHALLE & OCTOMÉRIE en diffèrent fort peu.

DÉNEKIE. *Denekia.* Genre de plantes de la syngénésie superflue & de la famille des corymbifères, qui ne contient qu'une espèce originaire du Cap de Bonne-Espérance, laquelle ne se cultive pas dans nos jardins.

DENT. Espèces d'os, couverts d'une matière crétacée très-dure, appelée *émail*, qui servent à la manducation de presque tous les quadrupèdes.

C'est dans des alvéoles, creusées dans les mâchoires, que les *dents* sont enchâssées assez solidement pour qu'elles puissent remplir leurs fonctions sans remuer, & encore moins se détacher. Elles poussent par le bas, à mesure qu'elles s'usent par le haut, mais seulement jusqu'à un certain âge.

Beaucoup de quadrupèdes n'ont point de *dents* en naissant, & celles de ces *dents* qui poussent les premières, sont successivement destinées à être remplacées plus tard par d'autres. On appelle DENTITION cette opération de la nature.

C'est parce que les *dents* poussent à différentes époques de la jeunesse & qu'elles sont destinées à s'user par l'usage, qu'elles peuvent servir à indiquer l'âge des animaux domestiques pendant tout le temps où leurs services sont les meilleurs. La manière de prononcer, par leur moyen, sur l'âge des CHEVAUX, des BŒUFS, des MOUTONS, &c., a été indiquée aux articles de ces animaux.

Comme il est peu d'hommes faits qui ne l'ait éprouvé, les *dents* sont sujettes non-seulement à s'user par l'usage, mais à se carier & à donner lieu à des douleurs extrêmement vives. Généralement on s'en occupe peu dans les animaux domestiques, parce que les CHEVAUX sont presque tous usés, & les BŒUFS, ainsi que les MOUTONS mangés, avant l'époque de leur altération complète. Je n'ai donc pas besoin de m'étendre ici sur leurs maladies.

Les *dents* varient en forme & en nombre selon la nourriture de l'animal. Ainsi, dans chaque genre, il se remarque, à leur égard, des différences tellement tranchées, qu'elles ont paru propres à établir les caractères les plus certains pour les reconnoître. En conséquence, elles servent de base à leur classification.

On compte trois sortes de *dents*.

1°. Les *incisives*, placées sur le devant, généralement larges & coupantes, destinées à diviser ou couper les objets de la nourriture.

2°. Les *canines* ou *crochets*, placées un peu sur le côté, plus longues, plus fortement enracinées, coniques, souvent recourbées, destinées à fendre, à déchirer.

3°. Les *molaires* ou *mâchelières*, placées en arrière sur les côtés, courtes, larges, à surface supérieure inégale, destinées à casser, à broyer.

Voici l'énumération du nombre des *dents* dans les animaux domestiques.

Le cheval, l'âne, le mulet: à chaque mâchoire, six *dents* incisives, deux canines, séparées des premières; douze molaires.

Le bœuf, le mouton, la chèvre: à la mâchoire supérieure, douze molaires; à la mâchoire inférieure, huit incisives.

Le cochon: à la mâchoire supérieure, quatre incisives convergentes, deux canines & quatorze molaires; à la mâchoire inférieure, six incisives, deux canines très-longues & recourbées, quatorze molaires.

Le chien: six *dents* incisives à chaque mâchoire, dont les deux extérieures supérieures sont écartées & plus longues, & les intermédiaires lobées; les latérales de l'inférieure lobées; les canines solitaires, recourbées & très-longues; douze molaires à la mâchoire supérieure & quatorze à l'inférieure.

Le chat: six *dents* incisives aiguës à chaque mâchoire, dont les extérieures sont plus longues, & deux canines écartées dans la mâchoire supérieure des incisives, & de l'inférieure des molaires; six molaires.

Le lièvre & le lapin: deux incisives doubles à chaque mâchoire; dix molaires à la mâchoire supérieure & douze à l'inférieure.

DENTEAU. Synonyme d'Age. *Voyez* Charrue.

DENTITION. Opération de la sortie des dents dans les animaux domestiques.

Excepté le cheval, les animaux domestiques naissent presque toujours sans dents. Il en pousse à tous dans le courant de leur première année, qu'on appelle *dents de lait*, lesquelles sont destinées à ne subsister que cinq ans au plus. Ces dents tombent successivement pendant cet espace de temps & sont remplacées par d'autres plus grosses, plus solides, qui doivent rester pendant toute la vie de l'animal.

Quelquefois cependant, lorsqu'un accident fait sortir une dent de son alvéole, il s'en produit une nouvelle.

La sortie des premières dents est souvent extrêmement douloureuse, & cause quelquefois la mort des animaux d'une foible constitution. L'aider par des scarifications sur les gencives n'est pas toujours avantageux. C'est plutôt par un régime fortifiant qu'il faut tenter de diminuer ses effets. En conséquence on placera les animaux fatigués par la *dentition*, dans un endroit chaud, si c'est pendant l'hiver; on leur donnera une seconde nourrice, ou du lait dans un baquet, pour suppléer à l'insuffisance de leur mère; on lui fera boire du vin. *Voyez* Hygiène.

DÉPAZÉE. *Depazea*. Genre établi aux dépens des Xylomes.

DÉPIÉTER. Synonyme de Déchausser.

DÉPRIMAGE. C'est, dans quelques cantons, le Paturage de la première herbe des prés, pâturage extrêmement nuisible à l'abondance des Foins. *Voyez* ce mot, ainsi que ceux Prairie & Feuilles.

DÉRINGIE. *Deringia*. Genre établi pour placer le Sison du Canada.

DERMATODÉE. *Dermatodea*. Genre de plantes établi aux dépens des Lichens.

DERMESTE. *Dermestes*. Genre d'insectes de l'ordre des coléoptères, qui renferme un petit nombre d'espèces dont les cultivateurs doivent apprendre à connoître au moins deux, à raison des dommages qu'elles peuvent leur causer.

La première est le Dermeste du lard, dont la larve vit aux dépens des matières animales à moitié desséchées, & plus particulièrement du lard & des peaux suspendues au plancher. Ces larves sont alongées & velues. Il faut leur faire une guerre perpétuelle si on veut s'opposer à leurs ravages; mais elle est facile, puisqu'il ne s'agit que de frapper brusquement sur l'objet suspendu, avec un bâton, pour les faire tomber sur le plancher, où on les écrase; mais cette guerre doit être continuée depuis le mois de mars jusqu'à celui de septembre, les générations se succédant pendant tout cet espace de temps.

Le Dermeste a deux points est de moitié plus petit que le précédent, mais il est généralement plus abondant. C'est sur les peaux, même préparées, qu'il se porte le plus particulièrement. Sa larve cause spécialement de grandes pertes aux propriétaires de fourrures, non-seulement en rongeant la peau, mais en coupant les poils. C'est encore en battant ces peaux & ces fourrures qu'on parvient à s'en débarrasser.

DERMODION. *Dermodion.* Genre de plantes établi pour placer une MOISISSURE qui croît sur le tronc des arbres.

DEROUCA. Action d'enlever les grosses pierres des champs, dans le département de Lot & Garonne. *Voyez* EPIERREMENT.

DERRY. Les Hollandais nomment ainsi une couche tourbeuse, solide, qui se trouve à six pouces de profondeur dans une grande partie du sol de leur pays, & qui, s'opposant à l'infiltration des eaux de la mer dans quelques cantons, doit être laissée intacte, sous des peines très-sévères, tandis que dans d'autres elle est mélangée avec la surface, dont elle augmente considérablement la fertilité.

DESCENTE. *Voyez* HERNIE.

DESCHAMPSIE. *Deschampsia.* Genre de plantes qui sépare quelques espèces de CANCHES.

DESCURIE. *Descuria.* Genre de plantes qui a pour type le SISYMBRION LEPTOPÉTALE.

DESFONTAINE. *Desfontainia.* Genre de la pentandrie monogynie qui ne contient qu'un arbrisseau du Pérou, non encore cultivé dans nos jardins. Il faut éviter de le confondre avec la FONTANAISIE.

DESFORGE. *Desforgia.* Arbre de l'île Bourbon, qui constitue un genre dans la pentandrie monogynie, qui ne se voit pas encore dans nos cultures.

DESFOURURE. C'est la PAILLE battue dans le midi de la France.

DESMANTHE. *Desmanthus.* Genre de plantes qui a pour type l'ACACIE NAGEANTE. Il a aussi été appelé NEPTUNIE.

DESMARESTIE. *Desmarestia.* Genre de plantes établi aux dépens des VARECS par Lamouroux.

DESMATODON. *Desmatodon.* Genre de plantes de la famille des MOUSSES, établi aux dépens des BARBULES & des TRICHOSTOMES.

DESMIE. *Desmia.* Genre de plantes formé pour placer quelques VARECS, tels que le LIGULÉ, l'AIGUILLONNÉ, &c.

DESMOCHETTE. *Desmochetta.* Decandolle a donné ce nom à un genre constitué aux dépens des CADELARIS.

DESMODION. *Desmodium.* Genre de plantes dont le type est le SAINFOIN GÉANT.

DESORTER. Synonyme d'ESSARTER. *Voyez* ce mot & celui DÉFRICHER.

DESOUCHER. C'est, dans quelques cantons, donner le second LABOUR aux TERRES ARABLES. *Voyez* ces mots.

DESTRAON. Synonyme de HACHE.

DESTURRA. Ecraser les mottes. *Voy.* EMOTTER.

DETARI. *Detarium.* Genre de plantes de la décandrie monogynie, qui se rapproche de l'APALATOA & du BOSCIE. La seule espèce qu'il renferme croît naturellement au Sénégal.

DÉTASSER. On appelle ainsi, dans quelques cantons, l'opération de changer le FOIN de place, soit des greniers, soit des meules.

Il est très-utile de *détasser*, car par-là on empêche l'altération du foin : aussi devroit-on le faire plus généralement.

DETRIS. *Detris.* Genre de plantes établi sur l'AMELLE LYCHNITE.

DEUTZIE. *Deutzia.* Arbrisseau du Japon non encore cultivé en Europe. Il constitue seul un genre dans la décandrie tétrandrie.

DEVESE. On appelle ainsi, dans la Haute-Garonne, les champs laissés en JACHÈRE jusqu'à la fin de mai pour la nourriture des bestiaux du propriétaire pendant l'hiver, & qui, à raison de cette circonstance, sont soustraits au parcours.

DEYEUXIE. *Deyeuxia.* Genre de plantes qui réunit plusieurs espèces qui faisoient partie des AVOINES.

DIADÈNE. *Diadenus.* Genre de plantes établi aux dépens des CONFERVES, mais qu'on ne croit pas suffisamment fondé.

DIAL. Dans les environs de Boulogne, on donne ce nom à une pièce qui s'ajoute à la CHARRUE pour en diriger le SOC.

DIALESTE. *Dialesta.* Arbre de l'Amérique méridionale, qui constitue seul, dans la synegénsie égale & dans la famille des cynarocéphales, un genre voisin du POLLALESTE.

Cette arbre ne se cultive pas en Europe.

DIAMORPHE. *Diamorpha.* Genre de plantes qui a pour type l'ORPIN PETIT de Michaux.

DIAPASIS. *Diapasis.* Plante de la Nouvelle-Hollande, qui constitue seule un genre dans la pentandrie monogynie & dans la famille des goodeniacées. Elle ne se cultive pas en Europe.

DIAPENSIE. La SANICLE a porté ce nom.

DIAPHANE. *Diaphane.* Genre de plantes établi aux dépens des IRIS. L'IRIS BULBEUX lui sert de type.

DIARRHÈNE. *Diarrhena.* Genre de plantes qui sépare des FETUQUES une espèce originaire de l'Amérique septentrionale, laquelle ne se voit pas dans nos jardins.

DIASIE. *Diasia.* Genre de plantes qui renferme le GLAYEUL A FEUILLES DE GRAMINÉE.

DIATOME. *Diatoma.* Arbre de la Cochinchine, fort voisin des ANGOLANS, & genre établi aux dépens des CONFERVES.

DICALIX. *Dicalix.* Grand arbre de la Cochinchine, constituant seul un genre dans la polygamie monoœcie. Il n'a pas encore été apporté en Europe.

DICÉRATION. *Diceratium.* Plante annuelle d'Espagne, fort voisine du VELAR BICORNE, si ce n'est pas lui-même, que Lagasca regarde comme le type d'un genre particulier.

DICHAPÉTALE. *Dichapetalum.* Arbuste de Madagascar qui n'a pas encore été apporté en Europe. Il forme seul un genre dans la pentandrie monogynie & dans la famille des térébinthacées.

DICHONE. *Dichone.* Genre de plantes qui a pour type l'IXIE CRÉPUE de Thunberg.

DICHOSTYLE. *Dichostylis.* Genre de plantes qui ne paroît pas suffisamment différer de l'ECHINOLYTRE & de l'ISOLEPE.

DICHROME. *Dichroma.* Plante des îles de Chiloé, avec laquelle on a constitué un genre dans la didynamie angiospermie & dans la famille des rhinantacées.

DICHROMÈNE. *Dichromena.* Genre de plantes établi pour placer le CHOIN CÉPHALOTE, originaire de l'Amérique & ne se cultivant pas en Europe.

DICKSONE. *Dicksonia.* Genre de fougères fort rapproché des POLYPODES, lequel renferme plus de trente espèces originaires des parties les plus chaudes de l'Inde ou de l'Amérique.

La racine de l'une d'elles est l'AGNEAU DE SCYTIE.

DICLÉSIE. Sorte de FRUIT qui ne diffère pas du SCLÉRANTHE.

DICLITÈRE. *Diclitera.* Genre de plantes établi aux dépens des CARMANTINES. *Voyez* ce mot & celui CORYDALIS.

DICOME. *Dicoma.* Genre de plantes de la famille des synantherées, voisin des CARLINES, qui ne renferme qu'une espèce originaire du Sénégal, laquelle ne se cultive pas en Europe.

DICORYPHE. *Dicoryphe.* Arbre de Madagascar qui ne se cultive pas en Europe. Il constitue seul un genre dans la tétrandrie monogynie.

On le trouve toujours en fleurs & en fruits.

DICOTYLÉDONS. La seconde des trois grandes divisions des végétaux & celle qui en renferme le plus. Elle est fondée sur ce que la semence est composée de deux LOBES destinés à nourrir la RADICULE & la PLANTULE au moment de la GERMINATION.

L'organisation des *dicotylédons* est fort différente de celle des MONOCOTYLEDONS. *Voyez* PLANTE.

DICRACA. Synonyme de PODOSTEMON.

DICRANE. *Dicranum.* Genre de MOUSSES établi aux dépens des BRYS. Il diffère fort peu des TRICHOSTOMES & des TAYLORIES.

DICTILEME. *Dictilema.* Genre de plantes de la famille des CONFERVES, qui réunit deux espèces croissant dans les mers de Sicile.

DICTYDIE. *Dictydia.* Genre de plantes qui sépare quelques espèces des MOISISSURES. Il a aussi été appelé CRIBRAIRE & STÉMONITE.

DICTYOPHORE. *Dictyophora.* Genre de CHAMPIGNONS établi pour placer les SATYRES INDUSIATE & DUPLICATE.

J'avois indiqué ce genre à l'occasion de la description de ce dernier, dans les Mémoires de l'Académie de Berlin.

DICTYOPTÈRE. *Dictyopteris.* Genre qui est constitué par une plante des mers de la Nouvelle-Hollande, qui auroit fait partie de VARECS.

DIDERME. *Diderma.* Genre de plantes qui ne paroît différer suffisamment de l'AEIDIE.

DIDERME. *Diderma.* Plante d'Egypte, d'abord placée parmi les BUNIADES & les MYAGRES.

DIDICILE. *Didicilis.* Genre établi par Palisot-Beauvois, aux dépens des LYCOPODES.

DIDYMANDIE. *Didymandia.* Genre de plantes aussi appelé SYNZYGANTHÈRE.

DIDYMELÉE. *Didymelea.* Arbre de Madagascar, qui seul constitue un genre dans la diœcie diandrie.

Il ne se cultive pas en Europe.

DIDYMIUM. *Didymium.* Genre constitué sur des SPHEROCARPES de Bulliard. Il a été réuni, tantôt aux LICÉES, tantôt aux TUBULINES, tantôt aux TRICHIES.

DIDYMOCHLAME. *Didymochlamia.* FOUGÈRE des Indes, qui seule constitue un genre.

Elle ne se voit pas dans les jardins d'Europe.

DIDYMODE. *Didymodon.* Genre de MOUSSES établi aux dépens des BRYS, & qui diffère peu des CYNODONTIONS & des TRICHOSTOMES. Il a été appelé DOUBLE DENT en français.

DIDYNAMISTE. *Didynamista.* Genre de Thunberg, établi sur une plante du Japon, depuis réuni aux PIGAMONS.

DIECTOMIS. *Diectomis.* Genre de plantes qui enlève quelques espèces aux BARBONS.

DIGERE. *Digera.* Genre de plantes fort peu distinct du CADELARI. Il a aussi été appelé AERUA.

DIETES. *Dietes.* Genre de plantes qui a pour type l'IRIS MORÉOÏDE.

DIGITAIRE. *Digitaria.* Genre de plantes qui enlève aux PANICS ceux qui offrent plusieurs épis sortant du même point. Le SYNTHERISMA en diffère fort peu.

DIGLOSSE. *Diglossus.* Genre de plantes de la classe des synanthérées, voisin des HÉLIANTES.

Nous ne cultivons pas les deux espèces originaires du Pérou sur lesquelles il est établi.

DIGYNIE. Dans le système de Linnæus, les fleurs qui ont deux étamines s'appellent *digynes.* *Voyez* BOTANIQUE.

DILEPTION. *Dileptium.* Genre de la diandrie monogynie & de la famille des crucifères, fort voisin des PASSERAGES, établi pour placer deux plantes de la Louisiane qui se cultivent dans nos jardins.

DILEPYRE. *Dilepyrum.* Genre de plantes qui ne diffère pas de celui appelé MUHLENBERGIE, & fort peu de celui appelé BRACHYELYTRE.

DILEWYNIE. *Dilewynia.* Genre de plantes qui ne diffère pas de l'EUTAXIE.

DILIVAIRE. *Dilivaria.* Genre de plantes établi aux dépens des ACANTHES.

DILLENIA. *Voyez* SIALITE.

DILOBEJA. Grand arbre de Madagascar, imparfaitement connu.

DIMERIE. *Dimeria.* Plante de la Nouvelle-Hollande, fort voisine des CANAMELLES, mais que R. Brown croit devoir seule constituer un genre.

DIMEROSTEMME. *Dimerostemmum.* Genre de plantes fort voisin des TRATTENIKIES.

DIMOCARPE. *Dimocarpus.* Genre qui est synonyme de LITCHI & d'EUPHORIE.

DIMORPHANTE. *Dimorphantes.* Genre de plantes établi aux dépens des VERGEROLLES.

DIMORPHOTHÈQUE. *Dimorphotheca.* Genre de plantes établi pour placer le SOUCI PLUVIAL. Il a aussi été appelé CARDISPERME.

DINADE. C'est, dans le Lot & Garonne, la quantité de VIGNE qu'un homme peut labourer pendant une demi-journée de travail.

DINA-XANG. L'INDIGOTIER VERT porte ce nom à la Cochinchine.

DINDON. *Meleagris gallo-pavo,* Linn. Oiseau de la famille des gallinacées, originaire d'Amérique, & qui est devenu un des plus importans de ceux que nous pouvons élever en domesticité, à raison de la grosseur & de la bonté de sa chair.

J'ai vu, tué & mangé des *dindons* sauvages en Caroline, & je puis assurer que leur goût est aussi supérieur à celui des *dindons* de nos basses-cours, que celui des faisans au plus insipide de nos poulets. D'où provient cette différence ? uniquement de la nourriture; car les *dindons* des fermes de Normandie ou de Picardie, qui ne sortent pas de la cour, sont inférieurs à ceux de la Sologne qu'on mène paître dans les bruyères, & ces derniers également inférieurs à ceux de la Bourgogne, de la Lorraine & de la Franche-Comté qu'on mène paître dans les bois. Ce sont certainement ces derniers qui se rapprochent le plus de ceux des forêts de l'Amérique, & par leur plumage cuivré, & par leur saveur. C'est de ces pays que je conseille aux amateurs de tirer des mâles & des femelles pour remonter leur race.

Je commence par ces observations, parce que c'est sur leurs conséquences que le sujet que je traite doit être basé.

La couleur du *dindon* sauvage est un brun-noir, avec de petites lignes fauves recourbées & des reflets cuivrés.

Quoiqu'il n'y ait guère plus de trois siècles que le *dindon* a été importé en Europe, il offre de nombreuses variétés dans l'état de domesticité. La plus commune est la noire. Les plus recherchées sont la fauve & la blanche, quoique d'une constitution évidemment plus foible.

Tout ce qui peut être mangé l'est par les *dindons.* Ils se jettent avec la même avidité & sur les substances animales & sur les substances végétales. Varier leur nourriture est dans leur nature, & c'est ce qu'on ne fait pas dans les fermes où on en élève le plus.

Je les ai vus préférer les insectes, surtout les grillons, les sauterelles, &c., aux grains; je les ai vus quitter la recherche des insectes pour se jeter sur les grenouilles, les serpens, les rats, les souris, &c., & les dévorer. Dans leur jeunesse, ils préfèrent les baies. En automne, ce sont les glands qu'ils aiment le plus. Ce n'est qu'à défaut d'autres substances qu'ils paissent l'herbe comme les OIES.

Toutes les températures, toutes les natures de sol conviennent aux *dindons;* mais ce n'est que dans les pays pauvres, les landes, les friches, les bois dégradés, sur les montagnes pelées qu'on doit en élever de grandes quantités, puisque là, seulement; 1°. ils sont d'une qualité plus rapprochée de celle de l'état sauvage; 2°. ils reviennent à assez bon marché pour produire, par leur vente, un revenu de quelqu'importance.

Cette dernière observation est fondée sur le fait qu'un *dindon,* élevé dans une basse-cour, où il ne vit que de graines achetées, ou susceptibles d'être vendues, a plus coûté à nourrir qu'il rapportera lorsqu'il sera porté au marché l'hiver suivant. Peu de cultivateurs ont fait ce calcul ; mais il suffit que deux ou trois aient constaté sa justesse, pour

pour qu'on ne puisse pas en rejeter les conséquences. *Voyez* au mot Poule.

Un cultivateur qui veut spéculer sur les *dindons* dans un canton où il pourra les envoyer chercher leur nourriture dans les champs, dans les pâturages, dans les bois, dès qu'ils seront en état de marcher, c'est-à-dire, environ quinze jours après leur naissance, & avant la poussée du rouge, cherchera, dès l'automne, à se procurer les plus beaux mâles & les plus belles femelles. Il les nourrira abondamment. Un mâle suffit à huit ou dix femelles, s'il a deux ans, comme il est bon qu'il les ait, car plus jeune il est trop foible, & plus vieux il est trop méchant. D'ailleurs, les vieux mâles ont la chair coriace & sont de mauvaise vente.

Lorsque les mâles servent trop de femelles, les œufs sont exposés à n'être pas fécondés, & par conséquent à devenir inutiles à la reproduction.

On reconnoît les femelles, en tout temps, à la petitesse de leurs caroncules, de leur ergot, du pinceau de poil de leur poitrine, à leur piaulement plus foible, à leur démarche plus humble, &c. Dans leur jeunesse elles sont plus grosses que les mâles, mais ces derniers prennent ensuite, sous ce rapport, un grand avantage sur elles.

Un logement spécial, suffisamment aéré & d'une grandeur proportionnée au nombre de *dindons* qu'on se propose d'élever, a dû être préparé à l'avance. Rien n'est plus contraire au succès de leur éducation que de les entasser avec les autres volailles dans un poulailler étroit, où ils sont tourmentés par le bruit, par les poux, par le mauvais air, &c. Une cour particulière, où on auroit planté plusieurs mâts garnis d'échelons, leur feroit même très-avantageuse, car ils aiment la tranquillité, le grand air, &, dans l'état sauvage, ils se huchent, pendant la nuit, au plus haut des plus grands arbres.

Les gelées de l'hiver sont à peine finies que les *dindons* entrent en amour. La tête du mâle prend une teinte plus rouge, il fait la roue & glousse. Il est bon alors d'augmenter sa nourriture, ainsi que celle des femelles. Plus la ponte est précoce, & plus on peut compter sur le succès de la spéculation, parce que les premières couvées se vendent toujours le mieux. Les femelles de deux ou trois ans pondent plus tôt & donnent plus d'œufs, & des œufs plus gros que celles de l'année précédente. Elles pondent ordinairement de deux jours l'un, successivement, quinze à vingt œufs, qu'elles aiment aller cacher loin de la maison, dans les haies, les buissons, les prés. Comme elles annoncent ce besoin de pondre par un cri particulier & par l'inquiétude qu'elles témoignent contre les observateurs, il est toujours facile, en se cachant, de découvrir leur nid & de s'emparer de leurs œufs. Au reste, quelquefois ces couvées sauvages sont celles qui réussissent le mieux, mais elles sont exposées à être détruites par les passans, par les belettes, les fouines, les renards, &c.

Dict. des Arbres & Arbustes.

Chaque jour les résultats des pontes seront apportés à la maison & réunis dans des paniers séparés, afin qu'on puisse mettre les premiers pondus sous les premières couveuses, sans distinguer, comme quelques personnes pensent qu'il faut le faire, ceux de la couveuse.

Dès que la ponte est terminée, il convient de tuer le mâle, qui doit avoir deux ans, ainsi que je l'ai dit plus haut, ce qui suppose que ceux de l'année précédente ont été séquestrés avant & pendant toute la durée de cette ponte.

Quelquefois il y a une seconde ponte en automne, rarement de plus de douze œufs, qu'il est mieux de manger que de faire couver, attendu que l'approche des froids ne permet pas d'espérer que les petits qui en sortiroient vinssent à bien. Je ne crois donc pas qu'il soit avantageux de provoquer cette ponte en ôtant les petits à une mère pour les réunir à ceux d'une autre, comme on le pratique si souvent.

Les œufs de dinde ne sont pas si délicats que ceux de poule, mais ils sont trois fois plus gros, ce qui fait compensation. D'ailleurs, ils peuvent avantageusement être préférés pour la confection de la pâtisserie, qu'ils améliorent d'une manière sensible.

On peut reconnoître, quoique plus difficilement, à raison de la plus grande épaisseur de la coquille, les œufs de dinde inféconds, par l'absence du germe, comme on distingue ceux des poules, en les plaçant entre une lumière & l'œil. *Voyez* Incubation.

On reconnoît qu'une dinde est dans la disposition de couver, à un gloussement particulier, à une agitation remarquable, à son accroupissement permanent dans le lieu où elle a pondu, lors même qu'il ne s'y trouve plus d'œufs.

C'est dans un local sec, chaud, peu éclairé, & éloigné de tout grand bruit, qu'on doit mettre les dindes à couver, séparées les unes des autres par des planches assez larges pour qu'elles ne puissent pas se voir. Leur nid sera établi à terre, sur quelques brindilles de bois, & composé de paille recouverte d'un peu de foin. On met environ vingt œufs dans chaque nid.

Les dindes passent, & avec raison, pour les meilleures couveuses parmi les oiseaux de basse-cour. L'espèce de fièvre qu'elles éprouvent sur le nid, élève leur température à près de trente degrés. Elles oublient quelquefois le manger & le boire, & deviennent excessivement maigres pendant la durée de l'incubation. Ce doit être la même personne qui, tous les jours, mette la nourriture & la boisson devant elles. Jamais cette personne ne doit retourner les œufs, cette opération si importante devant être faite par la couveuse même; mais si quelques uns d'eux avoient roulé hors du nid, elle les y remettroit.

Cependant il est des dindes marâtres qui ne veulent pas couver, d'autres qui cassent leurs œufs & les mangent. Les premières peuvent être facilement forcées à couver, en les plaçant dans une boîte ouverte, où elles entrent juste, & en leur attachant au cou une petite planche qui pèse sur leur dos. Ce moyen est plus simple que tous ceux qui ont été proposés, & je ne lui ai jamais vu manquer son effet. Les secondes doivent être tuées & mangées de suite.

Les petits dindonneaux éclosent généralement le trentième jour; cependant il y a quelquefois avance ou retard, soit total, soit partiel, d'un à deux jours, sans qu'on puisse dire positivement pourquoi : dans ces cas, il arrive quelquefois que la mère abandonne les œufs en retard. C'est alors qu'il est nécessaire d'employer le moyen de force cité plus haut.

Ainsi que j'en ai déjà prévenu, il est des lieux où on réunit deux & même trois couvées en une seule. Cette réunion s'effectue, tantôt un, deux ou trois jours avant la naissance des petits, tantôt un, deux ou trois jours après. Il y a des inconvéniens des deux côtés. Je crois, en principe général, qu'il ne faut réunir les couvées que lorsqu'elles sont au-dessous de douze, ou par suite des accidens, ou par suite du défaut de fécondation des œufs, d'abord parce que les mères ne peuvent pas réchauffer pendant la nuit, ou garantir de la pluie pendant le jour, plus de trente petits; ensuite parce que, dans les trop grandes réunions, les plus foibles sont devancés par les plus forts & sont privés de la nourriture éventuelle qu'ils eussent trouvée s'ils eussent eu moins de concurrens.

Souvent ces réunions s'effectuent pour faire faire une nouvelle couvée d'œufs de dindes, d'œufs de poules, d'œufs d'oies, d'œufs de canards à la couveuse, ce qui l'épuise excessivement. Quelquefois c'est pour la manger, mais jamais couveuse n'eut une chair grasse & savoureuse : aussi vaut-il beaucoup mieux, à mon avis, avoir plus de dindes que la quantité de *dindons* qu'on veut élever le comporte, pour en employer une partie au remplacement des autres volailles, remplacement qui a des avantages réels, au moins relativement au nombre des œufs & à la précocité de l'envie de couver.

Il est extrêmement important, dans ma manière de concevoir l'éducation des *dindons*, afin de la rendre économique, qu'il y ait peu de différence entre l'âge de tous les dindonneaux; ainsi, si j'avois encore, comme je l'ai eu autrefois, l'occasion de spéculer sur eux, je voudrois que toutes les couveuses fussent mises, de gré ou de force, sur leurs œufs, dans l'espace d'une semaine au plus.

Quelquefois la température de l'atmosphère est très-basse au moment où les dindonneaux éclosent, & ils passent, en conséquence, subitement d'une chaleur de trente degrés, & peut-être plus, dont ils jouissoient dans la coquille, à une de cinq à six; à quoi il faut ajouter l'humidité dont leurs plumes sont imbibées : aussi en meurt-il souvent de très-grandes quantités dans les deux ou trois premiers jours de leur naissance, malgré le soin qu'a la mère de les réchauffer sous ses ailes, soin qui est de peu d'effet pour quelques petits, lorsque ces couvées ne sont que de vingt, & encore moins lorsqu'il y a eu réunion de deux ou trois. Cette considération me fait croire que, non-seulement il faut les laisser renfermés dans ce cas, ce qu'on fait presque partout, mais encore les placer dans le dessus du four ou autre étuve dont la chaleur seroit entre quinze & vingt degrés. Il en coûte si peu dans les campagnes de placer un poêle mitoyen à deux chambres, qu'il semble qu'il doive y avoir de ces étuves partout où on élève des *dindons* un peu en grand.

Assez généralement on offre pour nourriture aux dindonneaux qui viennent de naître, de la mie de pain trempée de vin, ce que je n'aime pas, car le vin est trop tonique pour des estomacs aussi délicats. Le lendemain on leur présente de la mie de pain mêlée avec des œufs durs écrasés; c'est mieux. Plus tard on substitue à ces alimens, de la farine d'orge mouillée, mêlée avec des orties ou des chardons hachés. Ce n'est pas trop mal, mais on peut faire mieux.

Dans l'état de nature, ainsi que je l'ai observé en Caroline, les dindonneaux ne mangent à cette époque de leur vie que des baies & des insectes. Je voudrois donc qu'à défaut de baies & d'insectes, qui ne se trouvent pas en suffisante quantité en France au moment de la naissance des dindonneaux, on leur donnât, plus généralement & plus exclusivement qu'on le fait, une pâtée d'un tiers de viande hachée, d'un tiers ou de farine d'orge, de sarrasin, de maïs, ou de pommes de terre, ou de carottes, ou de raves cuites, & d'un tiers de feuilles, ou d'orties, ou de chardons, ou de luzerne, ou de choux, ou d'épinards, &c., également hachés. Peut-être dira-t-on que cette nourriture est coûteuse & embarrassante à préparer, j'en conviendrai; mais lorsque par ces moyens on peut empêcher la mortalité si habituelle des dindonneaux avant & à l'époque de la poussée du rouge, on ne doit pas se refuser à la composer, car elle assure les bénéfices qu'on en attend. D'ailleurs, ce n'est pas en excès qu'il faut donner cette nourriture; au contraire, on doit la ménager, surtout les jours où les dindonneaux sortent de la cour avec leur mère pour aller chercher leur nourriture dans les champs voisins de la maison.

Tous les jeunes oiseaux demandent à manger souvent, mais mangent peu à la fois, parce que leur estomac, encore foible, ne digère pas lorsqu'il est surchargé, & encore moins lorsqu'il l'est de nourriture sèche. Emboquer les dindonneaux & leur donner des graines d'orge, d'avoine, de vesce, &c., sont donc des pratiques très-nuisibles.

La mère dinde ayant besoin de se refaire lorsque l'incubation est finie, doit être abondamment nourrie; mais il convient de l'empêcher de priver ses petits de leur nourriture de choix, en plaçant cette nourriture sous une cage dont les barreaux soient assez écartés pour le passage de ces derniers, mais pas assez pour qu'elle puisse y entrer.

Toute grande variation dans la température est nuisible aux dindonneaux tant qu'ils n'ont pas poussé leur rouge, & surtout dans les quinze premiers jours de leur vie. On ne doit donc ni les laisser au grand soleil dans les jours chauds, ni rentrer trop tard dans les jours froids. Il est surtout indispensable de faire en sorte qu'ils ne soient mouillés ni par la pluie ni par la rosée, ces deux dernières causes, qui leur donnent la diarrhée, en faisant plus périr qu'aucune autre. Leur donner du vin pour les réchauffer & les fortifier, est habituel dans ces cas, quoiqu'il m'ait semblé qu'il en résulte fort peu de bons effets.

Au bout de quinze jours on doit déjà commencer à faire conduire les dindonneaux dans les champs avec leurs mères, par de jeunes garçons ou de jeunes filles d'un caractère exact & patient: deux longues baguettes, une à chaque main, suffisent pour les forcer à rester réunis & à se diriger vers tel ou tel point; leur marche doit être très-lente, tant parce qu'ils sont encore foibles, que par la nécessité de leur donner le temps de voir & de saisir les insectes, les vers, les graines, les feuilles d'herbes dont ils se nourrissent. Les mener deux fois par jour à la pâture, vaut mieux qu'une, fût-elle trois fois plus prolongée. Il faut changer chaque fois de lieu pour donner le temps aux insectes de s'y reproduire. On évitera les grands bois, crainte des renards, des fouines, des putois, &c., dans tous les pays où il existe de ces animaux. C'est, je le répète, dans les landes, les friches & autres lieux découverts où il se trouve beaucoup de grillons, de sauterelles, de mouches de toutes sortes, qu'ils trouvent une plus abondante pâture. Ils tuent même, lorsqu'ils ont acquis une certaine force, les taupes, les mulots, les campagnols, les lézards, les serpens, à la suite d'une manoeuvre dont j'ai été plusieurs fois témoin & que je dois rapporter. Dès qu'un dindonneau aperçoit un de ces animaux, il jette un cri particulier qui attire l'attention de tous les autres & les fait accourir; aussitôt ils forment autour de l'animal un cercle qui se resserre jusqu'à ce que cet animal soit à la portée du bec des dindonneaux, qui alors le tuent, s'il reste en place, & qui l'empêchent, à coups de bec, de sortir s'il tente de le faire. Ce sont principalement les serpens dont la peau écailleuse est plus difficile à entamer, & dont les replis ondoyans trompent plus facilement l'œil des dindonneaux, qui rendent le spectacle agréable, parce qu'ils traversent souvent plusieurs fois le cercle, & que chaque fois il s'en forme un nouveau avec une rapidité inconcevable dans des animaux aussi lourds.

Environ deux mois après leur naissance, plus tôt ou plus tard, selon que le printemps a été chaud ou froid, les dindonneaux deviennent tristes, cessent de manger avec avidité : c'est la crise de la *poussée du rouge* dont j'ai parlé, crise à laquelle beaucoup succombent si on ne prend pas les précautions convenables. Elle dure environ huit jours; on doit la regarder comme terminée pour chaque individu, lorsque les caroncules charnues de sa tête & de son cou sont devenues rouges.

Pendant ces huit jours, les dindonneaux doivent être, sinon renfermés, au moins surveillés de manière qu'ils n'éprouvent les effets ni de la pluie, ni de la rosée, ni du froid, ni du chaud. On leur donnera exclusivement la pâtée indiquée plus haut, qu'on rendra plus liquide au moyen d'un peu d'eau salée. S'ils refusent de manger, on ne les forcera pas de le faire; on leur introduira quelques gorgées de vin chaud dans le bec, mais nul aliment solide.

La crise de la poussée du rouge terminée, les dindonneaux prennent rapidement une constitution des plus robustes, ne craignent plus aucune intempérie, s'accommodent de toutes les sortes de nourriture; c'est alors qu'on peut se dispenser de leur donner à manger à la maison, qu'ils peuvent, & même doivent rester toute la journée aux champs, conduits comme il a été dit plus haut.

Les dindonneaux qui ont passé l'époque critique mangent excessivement, & si on vouloit satisfaire leur appétit à leur retour des champs, ils reviendroient à un prix plus élevé que celui auquel on peut les vendre; cependant plus ils mangent, plus ils grossissent, plus ils acquièrent de valeur. Ceux qui en élèvent doivent donc toujours calculer le point où il est convenable qu'ils s'arrêtent. Combien de cultivateurs se sont trouvés & se trouvent encore chaque année en déficit, pour n'avoir pas pris cette circonstance en suffisante considération!

C'est seulement après cette époque qu'on pourroit châtrer les *dindons*, comme on châtre les coqs; mais d'un côté cette opération, assez assurée sur ces derniers, fait fréquemment périr les premiers; de l'autre part, si elle favorise leur engrais, elle affoiblit la saveur de leur chair, & tous les dindonneaux, hors ceux réservés pour la reproduction, devant être, sous le rapport de l'économie & de la bonté, mangés avant le printemps suivant, on se dispense avec raison de la faire aux mâles, & à plus forte raison aux femelles.

On commence à manger les dindonneaux immédiatement après la poussée du rouge; mais comme ils n'ont pas encore acquis la moitié de la grosseur à laquelle ils doivent parvenir, & que leur saveur n'a pas encore pris toute son intensité, cela n'est pas avantageux, & il faut par conséquent attendre au moins qu'ils aient quatre mois. C'est à six mois, c'est-à-dire, en septembre & en octobre, qu'ils sont les meilleurs. Ainsi que je l'ai déjà annoncé, il faut que tous soient mangés avant le mois d'avril, parce qu'alors la nécessité de les tenir gras rend la dépense de leur nourriture plus élevée que le prix qu'on en offre, & que d'ailleurs leur chair devient dure au point d'être repoussée des tables délicates.

Dans quelques pays, les dindonneaux trouvant dans le chaume, à l'issue de la moisson, & beaucoup de grains & beaucoup d'insectes, s'engraissent rapidement & peuvent être livrés au commerce sans autres soins ; mais dans ceux qui sont moins favorisés, dans ceux où le luxe porte à desirer des volailles remarquables par leur grosseur & la surabondance de leur embonpoint, il convient de les engraisser artificiellement.

Dans les *dindons* comme dans les autres volailles & dans les quadrupèdes, ce n'est qu'à l'époque où l'accroissement cesse, que l'engrais est facile & économique ; c'est donc vers six mois qu'il faut les y soumettre. Les conditions sont les mêmes que pour les autres animaux ; savoir, un air sec & chaud, une demi-obscurité, l'absence de tout bruit & de tout mouvement, enfin, par-dessus tout, une nourriture choisie, abondante & variée.

Jamais on ne diminue l'action musculaire des volailles, comme celle des quadrupèdes, par des purgations ou des saignées, pour accélérer l'engrais, cette action s'affoiblissant suffisamment par leur défaut d'exercice.

De toutes les méthodes proposées pour l'engrais des *dindons*, je ne parlerai que des deux principales, & ne consulterai que la première, comme sujette à moins d'inconvéniens, comme donnant moins d'embarras & suffisant presque toujours.

Première méthode.

Chaque *dindon* est placé dans une boîte où il puisse à peine se remuer, mais d'où il lui soit facile de prendre sa nourriture & de se vider, & cette boîte se place dans un lieu sec, chaud, obscur & tranquille. Plusieurs de ces boîtes peuvent être accolées. *Voyez* EPINETTE.

Une pâte épaisse, formée de la pomme de terre cuite, des farines de froment, de maïs, d'orge, de sarrasin, de pois, de vesce, de gesse, de lentille, de châtaignes, de faîne, de gland, &c., selon les localités, est mise tous les matins devant chaque boîte, en quantité plus que suffisante, & ce qui en reste de la veille est enlevé, pour être remplacé par de la nouvelle, dans un vase propre.

Le boire nuisant à l'engrais, on le ménage le plus possible.

Il est bon de substituer de temps en temps une des farines à une autre, pour réveiller l'appétit.

La pomme de terre, extrêmement bonne dans les commencemens, parce qu'elle est débilitante, ne vaut rien vers la fin, parce qu'elle donne une graisse de peu de saveur.

C'est avec le maïs qu'on fait les engrais les plus prompts & du meilleur goût.

Un mois au plus pour les mâles & souvent moins de quinze jours pour les femelles, sont, dans cette méthode, le temps nécessaire pour engraisser suffisamment un *dindon* de moyenne taille, d'ailleurs déjà bien disposé par les antécédens.

Seconde méthode.

Tous les *dindons* sont laissés libres dans une chambre semblable à celle de la précédente, & trois fois par jour la fille de basse-cour leur fait avaler, de force, un plus ou moins grand nombre de boulettes formées avec la pâte dont il a été parlé plus haut. Je ne puis en indiquer le nombre, parce qu'il varie pour chaque *dindon*, & chaque jour pour le même *dindon*. Ceux dont l'engrais commence, en exigent moins que ceux dont l'engrais finit. Il est d'ailleurs des nourritures qui se digèrent plus rapidement que d'autres, telles que la pomme de terre, le maïs. On arrive quelquefois plus vîte au but par cette méthode, mais aussi on risque que les *dindons* soient étouffés.

Très-fréquemment on suit une méthode mixte, c'est-à-dire, qu'on laisse, dans les commencemens, les *dindons* manger seuls, & qu'on les emboque lorsqu'on s'aperçoit qu'ils commencent à rebuter le manger.

Il est des pays où l'on emboque les *dindons* avec des châtaignes, des glands, des noix entières. On donne, dans le midi de la France, jusqu'à quarante de ces dernières, par jour, à un seul *dindon*; ce qui fait acquérir, dit-on, un goût d'huile à sa chair.

Les *dindons* engraissés avec des glands, mais en liberté & au grand air, ont, ainsi que j'en ai acquis la preuve, une chair approchant de celle des *dindons sauvages*, qui en effet ne vivent presque que de glands, pendant l'automne, dans les forêts de l'Amérique septentrionale.

On peut saler la chair des *dindons* ou la confire dans la graisse, mais généralement on préfère la manger fraîche.

Les maladies des *dindons* sont les mêmes que celles des poules, excepté une espèce de petite-vérole qui, quoiqu'elle ne soit pas contagieuse, en enlève d'aussi grandes quantités que la poussée du rouge. C'est la DINDONADE. On les en guérit, quand on la reconnoît d'assez bonne heure, en frottant les pustules avec du vinaigre chaud, ou en les brûlant avec un fer rouge.

Les plumes de *dindons*, grandes ou petites, servent peu dans les arts ; mais elles sont un excellent engrais.

DINDONADE. Maladie propre aux DINDONS. *Voyez* ce mot.

DINÈBRE. *Dinebra.* Genre de plantes établi pour placer quelques espèces de DACTYLES.

DIOCTE. *Diocta.* Genre de plantes proposé pour placer la RENONCULE VERNALE.

DIOMEDÉE. *Diomedea.* Le BUPHTALME FRUTESCENT a été établi en titre de genre, sous ce nom.

DIOTIS. *Diotis.* Genre de plantes qui sépare des autres l'ATHANASE MARITIME, que quelques botanistes placent parmi les SANTOLINES.

Un autre genre, établi aux dépens de AXYRIS, porte le même nom.

DIOTOTHÈQUE. *Diototheca.* Plante rampante de la Louisiane, qui seule constitue un genre dans la diandrie monogynie & dans la famille des dipsacées.

On ne la cultive pas dans les jardins d'Europe.

DIPCADI. *Dipcadi.* Genre établi au dépens des JACINTHES. Il n'a pas été adopté.

DIPHAQUE. *Diphaca.* Arbrisseau de la Cochinchine, qui ne se voit pas encore dans nos jardins. Il constitue un genre peu différent de ceux des SAINFOINS, des DALBERGES & des PTÉROCARPES.

DIPHYLLE. *Diphyllum.* Genre établi sur une ORCHIDÉE des États-Unis de l'Amérique.

DIPHYLLÈJE. *Diphylleja.* Plante vivace de l'Amérique septentrionale, qui constitue seule, dans l'hexandrie monogynie, un genre qui se rapproche du CAULOPHYLLE.

Cette plante ne se cultive pas en Europe.

DIPHYSCION. *Diphyscium.* Genre de MOUSSES établi aux dépens des BUXBAUMES. Il ne diffère pas de l'HYMENOPOGON.

DIPIDAX. *Dipidax.* Genre de plantes établi pour placer le MÉLANTHE JONC.

DIPLACHNE. *Diplachne.* Genre de plantes établi pour placer ma FETUQUE AQUATIQUE, plante de l'Amérique septentrionale, qui croît dans l'eau, est très-productive & extrêmement du goût des bestiaux.

Cette plante a été cultivée pendant quelques années, mais a disparu de nos jardins lorsque les graines que j'avois apportées ont été épuisées, celles qu'elle donnoit n'étant pas bonnes.

DIPLACRE. *Diplacrum.* Petite plante de la Nouvelle-Hollande, constituant seule un genre dans la monœcie triandrie & dans la famille des souchets.

Elle ne se cultive pas en France.

DIPLANTHÈRE. *Diplanthera.* Nom de deux genres de plantes, qui ne renferment, chacun, qu'une espèce non cultivée en Europe.

L'une, originaire de Madagascar, est de la monœcie monandrie & de la famille des naïades.

L'autre, provenant de la Nouvelle-Hollande, est de la tétrandrie & de la famille des solanées.

DIPLARRÈNE. *Diplarrena.* Plante de la Nouvelle-Hollande, constituant seule un genre dans la triandrie monogynie & dans la famille des iridées. Elle ne se voit pas dans nos jardins.

DIPLASE. *Diplasia.* Plante de la Guyane, qui constitue seule un genre dans la triandrie monogynie & dans la famille des souchets.

Elle ne se cultive pas en Europe.

DIPLAZION. *Diplazium.* Genre de plantes établi aux dépens des DORADILLES.

DIPLECTHRON. *Diplecthrum.* Genre qui réunit une douzaine d'orchidées du Cap de Bonne-Espérance.

DIPLÈVRE. *Diplevrum.* C'est un genre de la famille des ZANTHOXILLÉES.

DIPLOCOME. *Diplocomium.* Genre de mousses qui a été réuni à ceux appelés MÉESE & AMBLYODE.

DIPLOLÈNE. *Diplolana.* Arbrisseau de la Nouvelle-Hollande, qui seul constitue un genre dans la décandrie monogynie & dans la famille des diosmées.

Il ne se cultive pas dans nos jardins.

DIPLOLÈPE. *Diplolepis.* Nom d'un genre d'insectes très-peu remarqué des cultivateurs, parce que les espèces qui le composent sont fort petites, mais dont l'influence sur les plantes est digne de leur attention, puisque ce sont elles qui produisent les GALLES. *Voyez* ce mot.

Il n'y a point d'autres moyens à opposer à la multiplication des *diplolèpes*, que d'enlever les galles qu'ils ont fait naître; mais, outre que ce moyen est nuisible aux plantes, il ne peut être employé que sur sa propriété, & il faudroit que tout un canton se livrât en même temps à leur recherche.

L'effet de la croissance des *diplolèpes* sur les feuilles & sur les branches, est de nuire au développement de ces feuilles & de ces branches, mais il est rarement très marqué. Ce sont ceux de ces insectes qui déposent leurs œufs dans les boutons à fleurs ou à fruits, qui causent le plus de dommages.

DIPLOLEPIS. *Diplolepis.* Genre de plantes établi aux dépens des CYNANQUES. La seule espèce qu'il renferme est originaire de l'Amérique méridionale.

DIPLONIX. *Diplonix.* Arbuste grimpant des bords du Mississipi, où il est connu sous le nom de LIANE BLANCHE, qui seul constitue un genre dans la diadelphie décandrie & dans la famille des légumineuses.

Il ne se cultive pas en Europe.

DIPLOPAPPÉ. *Diplopappus.* Genre de plantes établi aux dépens des ASTÈRES & des INULES. Il est fort voisin des CALLISTÈMES & des HÉTÉROTHÈQUES.

DIPLOPHRACTE. *Diplophractus*. Arbre de Java, qui seul constitue un genre dans la polyandrie monogynie & dans la famille des tiliacées.

Nous ne le cultivons pas dans nos serres.

DIPLOPOGON. *Diplopogon*. Plante de la Nouvelle-Hollande, qui seule forme un genre dans la triandrie digynie & dans la famille des graminées. Elle ne se cultive pas en Europe.

DIPLOQUE. *Diploca*. Genre de plantes établi sur la CANCHE PURPURINE de Walter.

DIPLOSTACHION. *Diplostachium*. Genre de plantes qui a pour type le LYCOPODE HELVÉTIQUE.

DIPLOSTEPHION. *Diplostephium*. Arbrisseau des Cordilières du Pérou, fort voisin des ASTÈRES, mais qui constitue seul un genre.

Il ne se cultive pas en Europe.

DIPODION. *Dipodium*. Genre de plantes proposé pour placer le DENDROBION PONCTUÉ.

DIPTERIX. *Dipterix*. Genre de plantes qui a aussi été appelé COUMAROU.

DIPTEROCARPE. *Dipterocarpus*. Genre peu connu, de la famille des érables. Il paroît à peine différer du SHORÉE.

DIPTOTÈGE. C'est le fruit des IRIDÉES, des CAMPANULACÉES, des ORCHIDÉES.

DISARRÈNE. *Disarrenum*. Plante de la Nouvelle-Hollande, fort voisine des HOUQUES, qui constitue seule un genre dans la polygamie monogynie & dans la famille des graminées.

Elle ne se voit pas dans nos jardins.

DISCHIDIE. *Dischidia*. Plante parasite des arbres de la Nouvelle-Hollande, qui seule constitue un genre dans la pentandrie monogynie & dans la famille des apocinées.

DISCIPLINE DE RELIGIEUSE. Nom vulgaire de l'AMARANTHE A QUEUE.

DISODE. *Disodium*. Trois genres de plantes portent ce nom. L'un est aussi appelé BOEBÈRE, & l'autre PERISSE. Celui auquel il doit rester est établi sur une plante de l'Amérique méridionale, qui appartient à la syngénésie superflue & à la famille des corymbifères. Elle ne se cultive pas dans nos jardins.

DISPARAGUE. *Disparago*. Genre de plantes établi pour placer la STOEBE ÉRICOÏDE.

DISPÈRE. *Disperis*. Quelques ARÉTHUSES du Cap de Bonne-Espérance constituent ce genre.

DISPERME. *Disperma*. Ce genre de plantes ne differe pas de celui appelé DIODIE.

DISPORE. *Disporum*. Genre de plantes établi sur l'UVULAIRE DE LA CHINE.

DISSOLÈNE. *Dissolena*. Petit arbre de la Chine, qui est peut-être l'OCHROSIE, & qui forme un genre dans la pentandrie monogynie.

Il ne se cultive pas en Europe.

DISTEPHANE. *Distephanus*. Genre de plantes qui a pour type la CONYZE A FEUILLES DE PEUPLIER.

DISTILLATION DU VIN. Il n'y a pas encore cinquante ans que les propriétaires de vignobles distilloient leur vin pour le livrer au commerce, & y trouvoient de l'avantage. Aujourd'hui qu'il s'est établi, dans les vignobles du Midi & de l'Ouest, des distilleries en grand, où toutes les opérations se font avec une grande économie de combustible, de main-d'œuvre, de temps, & une grande perfection dans les résultats, il n'est presque plus permis d'opérer, avec profit, dans les distilleries en petit.

C'est donc au *Dictionnaire des Arts économiques* à traiter de la *distillation du vin*, & cet article doit être un simple renvoi à ce Dictionnaire.

DISTOME. *Distoma*. Genre de ver intestin établi aux dépens des FASCIOLES, & où se trouve placée l'espèce appelée DOUVE, qui cause fréquemment la mort des MOUTONS & des LIÈVRES.

DISTREPTE. *Distreptus*. L'ELÉPHANTOPE EN ÉPI sert de type à ce genre de plantes.

DITASSE. *Ditassa*. Plante du Brésil qui constitue un genre dans la pentandrie digynie, voisin du MÉTAPLEXIS & du DAÉMIE. Elle ne se cultive pas en Europe.

DITI-ROHO. Arbre de Madagascar, qui fournit un beau VERNIS. Son genre n'est point connu.

DITI-VOAZIN. Autre arbre de la même île, qui laisse fluer une résine jaune de son écorce, & dont les fruits donnent une huile concrète qui remplace le SAIN-DOUX.

Les caractères de cet arbre ne sont pas plus connus.

DITOCA. *Ditoca*. Genre de plantes autrement appelé MNIARE.

DITOXIE. *Ditoxia*. La CELSIE DE CRÈTE a été constituée en titre de genre, sous ce nom.

DITRICHON. *Ditrichum*. Genre de plantes très-voisin du SPILANTHE.

DITTIMOENTI. Résine de Madagascar, employée au carénage des vaisseaux.

On ignore de quel arbre elle provient.

DIURIS. *Diuris*. Genre de plantes qui renferme

dix ORCHIDÉES de la Nouvelle-Hollande, dont aucune ne se cultive en Europe.

DIXEAU. Nom des tas de GERBES dans quelques cantons, & qui vient de l'ancienne nécessité de les composer de dix gerbes pour la DÎME.

La disposition des gerbes dans un *dixeau* varie, mais elle doit être telle que l'air circule facilement dans les intervalles de ces gerbes, & que la pluie ne puisse pas y pénétrer. *Voyez* MOISSON.

DJATAMANSI. La CONYZE VULGAIRE porte ce nom au Thibet.

DOBER. *Dobera.* Arbre d'Arabie qui ne paroît pas différer du TOMEX.

DODÉCADIE. *Dodecadia.* Grand arbre de la Cochinchine que nous ne possédons pas en Europe. Il constitue seul un genre dans l'icosandrie monogynie.

DODECANTHEON. *Voyez* GIROSELLE.

DODECAS. *Dodecas.* Arbrisseau de Surinam, de la dodécandrie monogynie, qui n'a pas encore été transporté en Europe. Il forme genre.

DOGNE. La PATIENCE porte ce nom aux environs de Boulogne.

DOGUER. C'est, pour les BELIERS, se battre à coup de tête.

On prévient souvent cette disposition en entortillant les cornes de rameaux flexibles. *Voyez* BÊTES A LAINE.

DOILE. Synonyme de DOUVE.

DOLICLASION. *Doliclasium.* Plante vivace de l'Amérique méridionale, qui seule constitue un genre dans la syngénésie égale & dans la famille des labiatiflores.

Elle ne se cultive pas en Europe.

DOLIOCARPE. *Doliocarpus.* Genre de plantes qui ne diffère pas de celui appelé TÉTRACÈRE.

DOMESTIQUE. S'il est important au bourgeois des villes de bien choisir ses *domestiques*, cela est indispensable aux cultivateurs, parce que, non-seulement ces *domestiques* concourent, comme ceux des villes, à la consommation, mais de plus à la production, & qu'on ne peut jamais calculer la perte qui peut résulter, sous ce dernier rapport, de leur mauvaise volonté ou de leur impéritie.

Que penser donc de l'usage existant encore dans tant de cantons, de n'engager les *domestiques* attachés à la culture ou à l'économie rurale, que pour une année, c'est-à-dire, d'en changer presque tous les ans? Heureusement cet usage se circonscrit de plus en plus, & sans doute ne tardera pas à disparoître.

Loin de là, les propriétaires, & même les simples fermiers, doivent faire tout ce qui dépend d'eux pour s'attacher des *domestiques* pendant toute leur vie, soit en les payant & les nourrissant bien, soit en ne les surchargeant pas de travail, soit en les traitant, non-seulement avec douceur, mais même avec bienveillance & considération. La petite dépense & la petite perte de temps qui sera la suite d'une telle manière d'agir à leur égard, seront couvertes au centuple par l'économie & l'activité qu'ils mettront dans les opérations dont ils seront chargés.

Dans toutes les grandes exploitations, il faut que les *domestiques* soient subordonnés les uns aux autres, afin que la surveillance soit plus active & les vues du maître mieux exécutées.

Ainsi, si ce propriétaire ne met pas lui-même la main à la charrue, il doit avoir, 1°. un maître laboureur, ou maître valet, mieux payé & mieux traité, qui laboure & sème, auquel le maître donne des ordres, qui les transmet & les fait exécuter aux autres, pour tout ce qui a rapport aux travaux de la grande culture, à la conduite des voitures, au soin des chevaux, des bœufs; 2°. une ménagère ou maîtresse servante qui sera chargée de toute la partie économique, de la nourriture des autres *domestiques*, qui veillera sur les vaches, les cochons, les poules & autres volailles, ainsi que sur leur nourriture & sur leurs produits, & qui commandera, ainsi, à la fille de cuisine & aux filles de basse-cour.

Tant le maître laboureur que la ménagère, doivent savoir bien lire, écrire, pour tenir un compte des recettes & des dépenses, non-seulement en argent, mais encore en denrées. Ils devront même inscrire sur un registre les ordres qu'ils recevront, afin de se rendre raison de leur exécution, & des suites de cette exécution.

Des gratifications de loin en loin, surtout lorsque, par une opération bien suivie, il y a amélioration certaine dans les produits, sont très-propres à soutenir ou ranimer le zèle des *domestiques* de tous les genres.

DONAX. *Donax.* Genre de plantes formé aux dépens des ROSEAUX.

DONDIE. *Dondia.* Genre de plantes qui répond à celui appelé KOCHIE & WILLEMÉTIE.

DONIE. *Donia.* La plante vivace de la Nouvelle-Hollande qui constitue ce genre, avoit été placée parmi les ASTÈRES & parmi les DORONICS. Nous la cultivons dans nos orangeries.

Cette plante, remarquable par sa viscosité, amène rarement ses graines à maturité dans le climat de Paris; mais elle se multiplie si aisément de boutures, qu'on peut ne pas le regretter. D'ailleurs il en vient du midi de la France & d'Italie, où elle prospère en pleine terre. Elle demande une terre consistante & des arrosemens fréquens en été. J'en ai placé des pieds en pleine terre à une exposition chaude, qui se sont élevés à quatre à cinq pieds, & qui ont donné beaucoup de fleurs, mais qui ont été frappés par les premières gelées. C'est donc en pot, pour pouvoir les rentrer dans l'orangerie, qu'il faut les tenir, mais ils n'y sont jamais beaux.

Les boutures de cette plante se font au printemps, dans des pots placés sur couche à châssis. Elles s'enracinent en peu de temps & peuvent donner des fleurs dès la même année.

DOODIE. *Doodia.* Genre de plantes de la famille des fougères, qui diffère à peine des WOODWARDIES & des BLEGNES.

DORADE. Nom vulgaire de l'ORONGE.

DORATION. *Doratium.* Genre de plantes qui ne diffère pas de celui appelé CURTISIE, RELHAMIE & JUNGHAUSIE.

DORELLE. Le CHRYSOCOME A FEUILLES DE LIN porte ce nom dans quelques cantons.

DORVALLIE. *Dorvallia.* Genre de plantes qui ne diffère pas des FUSCHIES.

DORYANTHE. *Doryanthes.* Très-belle plante ligneuse de la Nouvelle-Hollande, fort peu différente des CORÉES, qui se cultive en Angleterre, mais qui n'a pas encore été transportée dans nos jardins. Je suppose que la culture des corées lui convient.

DOS DE CARPE. Synonyme de DOS DE BAHU.

DOSSER. Ce nom s'applique, dans quelques cantons du Nord, à l'opération de passer le dos de la herse sur les terres qu'on vient de LABOURER. *Voyez* HERSAGE & ROULAGE.

DOTHIDÉE. *Dothidea.* Genre de plantes établi aux dépens des SPHÉRIES. Il renferme cinq espèces.

DOUBLE-CLOCHE. Un des noms de la PRIMEVÈRE DES JARDINS.

DOUBLE-DENT. *Voyez* DIDYMODON.

DOUBLIS. On appelle ainsi, dans le Midi, une ARAIRE plus forte que la commune, laquelle s'emploie dans les TERRES ARGILEUSES ou pour les DÉFRICHEMENS. *Voyez* CHARRUE.

DOUBLONNE. Une MULE de deux ans porte ce nom dans le département de la Charente-Inférieure.

DOUELLE. Nom du MERRAIN dans quelques lieux.

DOUGLASSIE. *Douglassia.* Genre de plantes qui ne diffère pas de celui appelé AJOUVÉ.

On a donné le même nom à un autre, établi aux dépens des WOLKAMÈRES.

DOUME. *Hyphæna.* Genre de palmier qui ne renferme qu'une espèce, propre à la Haute-Egypte, où elle est cultivée pour son fruit qui se mange, pour son tronc dont on construit les maisons, & pour ses feuilles qui servent à tresser des nattes, des sacs, &c.

Ce qu'offre de plus remarquable ce palmier, c'est que son tronc bifurque successivement, exemple unique dans sa famille.

Il paroît que la culture du *doume* (*cuci* des Anciens) se borne à planter ses noyaux autour des habitations, & à faire la récolte de ses fruits.

C'est la pulpe de ces fruits qui se mange. Elle est jaune, a une saveur mielleuse & une odeur suave. On ne peut mieux les comparer qu'à du pain d'épice très-mou. On en fait, par la simple infusion, un sorbet qui est fort estimé au Caire. L'amande se durcit à l'air & sert à fabriquer des grains de chapelet.

Il a été apporté des fruits frais de ce palmier à Paris, mais ils n'y ont pas levé.

DOUVE. Ver intestin du genre FASCIOLE de Linnæus, DISTOME de Rudolphi, qui vit dans le foie de plusieurs animaux domestiques, & principalement des bêtes à laine.

Lorsqu'il ne se trouve que quelques *douves* sur le foie d'un animal, cet animal ne paroît pas en souffrir; mais lorsqu'il y en a beaucoup, elles font naître en lui la CONSOMPTION & la POURRITURE.

Il n'y a pas de moyen connu pour détruire les *douves*; & en effet, comment agir sur des animaux qui vivent sur le foie d'un MOUTON? Il faut donc tuer les bêtes à laine dès qu'on soupçonne la présence de ces vers & les manger; car s'ils rendent leur chair plus insipide, ils ne la rendent pas malsaine.

Les lièvres & les lapins qui vivent dans les marais, sont aussi fort sujets aux *douves*.

DOUVE. MERRAIN disposé pour la fabrication des TONNEAUX.

Quoique les *douves* ne soient plus, comme le merrain, dans la catégorie des produits immédiats des bois, je dois en dire un mot.

Il y a deux sortes de *douves*, celles du corps du tonneau & celles du fond. Leur longeur varie selon la jauge du tonneau, jauge qui varie également dans tous les vignobles.

Pour transformer une planche de merrain en *douve* de corps, le tonnelier en unit les deux surfaces avec son couteau à deux manches, évide un peu dans son milieu celle de ces surfaces qu'il destine à former l'intérieur du tonneau, rend un peu oblique, vers le même côté, ses deux tranches, dont le parallélisme doit être rigoureux, au moyen d'une espèce de rabot à pied.

Ce n'est que lorsqu'il assemble ces *douves* pour en former un tonneau, qu'il les cambre dans leur partie évidée, au moyen de leur ramollissement par le feu.

Le

Le muid ou tonneau de Bourgogne est formé de trente-six *douves* de corps, souvent inégales, mais jamais de moins de deux pouces de largeur.

Les tonneliers travaillant en neuf dans les grands vignobles, transforment tout leur merrain en *douves* de corps pendant l'hiver & le printemps, afin de leur donner le temps de faire leur effet & de compléter leur dessiccation avant l'été, époque où ils les assemblent en tonneaux.

Le jable, ou gouttière destinée à recevoir les *douves* du fond, ne se creuse que lorsque le tonneau est assemblé, au moyen de deux cercles, au moins, à chaque extrémité.

Les *douves* de fond sont constamment moins longues & plus larges que celles de corps. Elles sont d'égale épaisseur dans leur milieu, mais elles sont amincies également à leurs deux extrémités pour pouvoir entrer dans la rainure du jable. Ordinairement il y en a cinq, une au milieu qui est la plus longue, deux à peu près égales qui viennent ensuite, enfin, deux qui forment arc de cercle sur un de leurs côtés. Leur tranche est toujours droite. *Voyez* MERRAIN & TONNEAU.

DOUX-AUX-VESPES. Variété de POMMIER A CIDRE.

DRACOPHYLLE. *Dracophyllus*. Deux genres de plantes portent ce nom.

L'un est de l'hexandrie monogynie & de la famille des asperges. La Nouvelle-Hollande est son pays natal.

L'autre ne diffère pas suffisamment des EPACRIS pour en être séparé.

DRAGON. Synonyme de FAUX.

DRAGONEAU. Ver qui se trouve dans les eaux des fontaines, & qui ressemble à un morceau de fil brun de trois à quatre pouces de long.

Ce ver est fort redouté dans certains cantons, où les cultivateurs le regardent comme la cause de la mort de leurs bestiaux, qu'ils supposent en avoir avalé en buvant.

Je ne puis nier la possibilité de ce fait, puisque je n'ai jamais eu occasion de faire avaler des *dragoneaux* à des chevaux, à des bœufs, à des moutons, à des chiens, & d'observer ce qui en résulte; mais l'étude de l'organisation de ces vers & de leurs mœurs me porte à croire que l'inculpation dont on les charge, est le résultat d'un préjugé. Cependant, dans le doute, il est toujours prudent de se tenir en garde d'eux.

Quant au *dragoneau* de Médine, aussi placé, avec plus de raison, parmi les FILAIRES, il paroît que c'est un être de raison.

DRAI. Synonyme de CRIBLE dans le département du Var.

DRAPARNALDIE. *Draparnaldia*. Genre de plantes établi aux dépens des CONFERVES. Il diffère peu des BATRACHOSPERMES.

DRÉPANE. *Drepania*. Genre de plantes établi aux dépens des CREPIDES, & qui ne diffère pas du TOLPIDE.

DRÉPANOCARPE. *Drepanocarpus*. Genre établi pour placer le PTÉROCARPE LUNATE.

DRÉPANOPHYLLE. *Drepanophyllum*. Wibel a formé ce genre pour placer les BERLES A LARGES FEUILLES & A FEUILLES EN FAUX.

DRIENNE. C'est la TERRETTE dans les environs de Boulogne.

DRIMIE. *Drimia*. Genre établi aux dépens des JACINTHES, pour placer cinq plantes du Cap de Bonne-Espérance, que je ne crois pas cultivées en Europe.

DRIMOPHYLLE. *Drimophyllea*. Plante de la Nouvelle-Hollande, qui constitue un genre dans l'hexandrie monogynie & dans la famille des asperges.

On ne la cultive pas dans nos jardins.

DROGAIL. On nomme ainsi, & avec raison, car c'est véritablement de la drogue, du froment semé dans un champ qui en a porté l'année précédente.

DROSGES. CRIBLURES des grains dans le département des Deux-Sèvres.

DROSOPHYLLE. *Drosophyllum*. Genre proposé pour placer le ROSSOLIS DE PORTUGAL.

DROUIL. Le CHÊNE TOZA porte ce nom aux environs de Périgueux.

DROUILLER ou DRULIER. Un des noms de l'ALISIER.

DRUGE. Nom du BOURGEON supérieur de la VIGNE dans l'Orléanois.

DRULIER. L'ALISIER se nomme ainsi dans le midi de la France.

DRUPASIE. *Drupasia*. Genre de plantes de la famille des champignons, établi pour placer trois espèces de l'Amérique septentrionale, qui ressemblent à des prunes ou à des cerises.

DRUPATRE. *Drupatris*. Grand arbre de la Cochinchine, qui constitue seul un genre dans l'icosandrie monogynie & dans la famille des plaqueminiers.

On ne le cultive pas en Europe.

DRUSE. *Drusa*. Plante annuelle des Canaries, qui sert de type à un genre de la pentandrie digynie & de la famille des ombellifères.

Je ne crois pas qu'elle se cultive dans nos jardins.

DRYMOPHILE. *Drymophila*. Plante vivace de la Nouvelle-Hollande, fort voisine des MUGUETS, mais qui forme un genre distinct. Nous ne la possédons pas dans les jardins de Paris.

DRYPÈTE. *Drypetes.* Genre de plantes de la dioecie & de la famille des nerpruns, peu différent du SCHEFFERIE, qui renferme trois arbres de Saint-Domingue, dont un fournit le *bois cotelette*. Aucun ne se cultive dans nos jardins.

DUBOISIE. *Duboisia.* Plante de la Nouvelle-Hollande, que nous ne cultivons pas en Europe. Elle constitue seule un genre dans la pentandrie monogynie & dans la famille des solanées.

DUCHESNÉE. *Duchesnea.* Plante vivace des Indes, d'abord placée dans les FRAISIERS, mais constituant un genre dans l'icosandrie polyandrie.

Cette plante se cultive aujourd'hui dans nos serres, & quoiqu'elle soit frappée par les gelées, elle peut être placée, pendant l'été, en pleine terre & y donner d'abondantes productions.

On en sème les graines, dont elle donne abondamment, dans des terrines qu'on place sur une couche à châssis. Le plant levé se repique, seul à seul, dans d'autres terrines remplies de terre de bruyère, qu'il recouvre entièrement avant la fin de l'été. On doit l'arroser fréquemment pendant les sécheresses, & le placer alors à une exposition ombragée, à l'air libre. Sa multiplication par courans est aussi & même plus facile que celle des FRAISIERS. *Voyez* ce mot.

La *duchesnée* a des fruits de peu de saveur. Elle ne mérite pas d'être cultivée pour eux, mais elle n'est pas sans agrément, parce qu'elle est en fleur & en fruit pendant une grande partie de l'année.

DUCHESNIE. *Duchesnia.* Genre de plantes qui a pour type l'ASTÈRE CRÉPUE de Forskal.

DUCOYER. Synonyme de ROULER, dans quelques cantons.

DUCS. Oiseaux du genre des CHOUETTES, que les cultivateurs doivent respecter, comme étant les ennemis des belettes, des taupes, des rats, souris, mulots, campagnols, & autres ennemis de leur prospérité.

Il y a trois sortes de *ducs* en France : le *grand*, qui ne se voit que dans les pays montagneux & boisés; le *moyen*, qui se trouve dans les forêts en plaine; le *petit*, qui vit dans les champs, autour des fermes.

Quoique le plus foible, c'est celui qui rend le plus de services aux cultivateurs, parce que non-seulement il fait une guerre perpétuelle aux souris & aux campagnols, mais encore, pendant la saison, aux HANNETONS & autres insectes. Il fait son nid dans les trous des arbres, dans ceux des murs, dans les tas de pierres. *Voy.* CHOUETTE & CHAT-HUANT.

DUFOURÉE. *Dufourea.* Trois genres de plantes portent ce nom.

L'un appartient à la famille des LICHENS & rentre dans ceux appelés PHYSCIE, BORRÈRE, CETRAIRE & RAMALINE.

L'autre est établi sur une plante de l'Ile-de-France, qui a l'apparence des LYCOPODES, mais qui, selon Dupetit-Thouars, appartient à la monandrie triandrie & à la famille des naïades. *Voyez* TRISTICHE.

Le troisième a pour type deux arbrisseaux grimpans, fort voisins des LISERONS.

DUHAMELIE. Synonyme d'HAMELIE.

DULICHION. *Dulichium.* Genre de plantes établi aux dépens des SOUCHETS. Il rentre dans celui appelé PLEURANTHE.

DUMERILIE. *Dumerilia.* Genre de plantes de la syngénésie égale & de la famille de labiatiflores, qui renferme deux espèces natives de l'Amérique méridionale, que nous ne cultivons pas en Europe.

DUMONTIE. *Dumontia.* Genre de plantes établi aux dépens des VARECS.

DUNALIE. *Dunalia.* Arbrisseau de la Nouvelle-Grenade, qui constitue seul un genre voisin du WITHERINGE.

Il ne se cultive pas en Europe.

DUPADA. C'est, dans l'Inde, la résine du MAHOGONI CHLOROXYLLE.

DUPRATZIE. *Dupratzia.* Arbuste de la Louisiane, qui sert de type à un genre dans l'hexandrie monogynie & dans la famille des bicornes.

Nos jardins ne le possèdent pas.

DURANDE. *Duranda.* Genre de plantes qui ne diffère pas du RAPHANISTRE & du DONDISIE.

DURILLON. Excroissance qui se montre souvent sur diverses parties du corps des animaux domestiques.

On doit attribuer les *durillons* à l'engorgement des glandes du tissu cellulaire de la peau, soit par une cause naturelle, soit à la suite de frottemens répétés, de contusions, &c.

Les CORS sont des espèces de *durillons* de la première sorte.

Souvent les *durillons* sont confondus avec les LOUPES, les CLOUS & autres excroissances des muscles, & avec les exostoses; mais on peut facilement les en distinguer.

Quelquefois un *durillon*, en comprimant un muscle, y fait naître une inflammation dont les suites sont la suppuration; mais jamais un *durillon* ne peut suppurer, à moins qu'il ne soit désorganisé par la *pierre à cautère* ou autre caustique. C'est avec le fer qu'on en débarrasse l'animal, & cela, sans aucun inconvénient, puisqu'il est insensible & toujours superficiel.

Les chevaux, les mulets, les ânes sont sujets aux *durillons* sur le dos & sur le cou, par le fait de la selle, du bât, du collier, qui compriment quelques points plus que les autres. Dans la plupart des cas, ils les font considérablement souffrir pendant le travail & amènent souvent des ABCÈS. *Voyez* ce mot.

DYSODE. *Dysoda.* Genre qui ne diffère pas du SERISSE & du BUCHOSIE.

DYSOMNON. *Dysomnon.* Plante vivace de la Nouvelle-Orléans, voisine des SÉSAMES, mais qui constitue un genre particulier.

Elle ne se voit pas dans nos jardins.

DYSPHANIE. *Dysphania.* Plante de la Nouvelle-Hollande, formant un genre dans la polygamie diandrie & dans la famille des arroches, mais ne se cultivant pas dans nos jardins.

E

EAU DE CHAUX. Ce nom s'applique à une dissolution de chaux vive dans l'eau, dissolution qui ne va jamais au-delà du cinquième du poids de cette dernière.

On se sert de l'*eau de chaux* pour panser les ulceres des animaux domestiques, pour absorber l'acide carbonique de la chambre d'un malade, d'une étable, d'une écurie, d'une bergerie trop peu aérée.

Cependant, pour ces derniers objets, le LAIT DE CHAUX, c'est-à-dire, la chaux réduite en bouillie, dans une suffisante quantité d'eau, est préférable, comme agissant plus puissamment. Alors on en couvre les murs, les planchers, on en inonde le sol. C'est encore avec le lait de chaux qu'on exécute l'utile opération appelée CHAULAGE DES GRAINS. *Voyez* ces mots.

EAU CROUPIE. Eau stagnante dans laquelle des substances animales & végétales se sont complétement décomposées, & qui est chargée d'une partie de leurs principes constituans.

L'expérience prouve journellement, en tous lieux, que les *eaux croupies* à l'excès ne peuvent nourrir aucune plante, & que le nombre de celles qui croissent dans celles qui le sont moins, est très-borné, presque uniquement à la LENTILLE D'EAU.

Mais ces *eaux*, répandues sur les cultures, en petite quantité à la fois, favorisent étonnamment leur croissance.

C'est d'après des expériences multipliées & incontestables, que j'engage ici les cultivateurs à ne pas laisser perdre, comme on le fait presque généralement, les *eaux croupies* de leurs mares, de leurs fossés, mais de les faire jeter sur leurs champs, sur leurs prés, au pied de leurs arbres, &c., principalement pendant la force de la végétation, c'est-à-dire, au printemps. *Voyez* ENGRAIS & ARROSEMENT.

EAU CRUE. Généralement ce nom ne s'applique qu'aux *eaux* qui contiennent du SULFATE DE CHAUX (sélénite, gypse, plâtre) en dissolution; mais dans quelques lieux on le donne à toutes les *eaux* froides, par comparaison avec la chaleur de l'air, & dans quelques autres, à celles qui sont chargées de calcaire, de fer & autres substances.

Les premières de ces *eaux*, auxquelles je conserve exclusivement ce nom, ne sont propres ni à la boisson des hommes & des animaux qui digèrent difficilement, ni aux arrosemens, parce qu'elles encroûtent les racines des plantes & les font par conséquent périr, ni à la cuisson des légumes, parce qu'elles ne pénètrent pas dans leur intérieur, ni à laver le linge, parce qu'elles décomposent le savon.

C'est donc un grand malheur pour les cultivateurs, lorsqu'ils se trouvent placés dans des pays où il n'y a que des *eaux crues*, & ces pays ne sont malheureusement pas très-rares.

Dans de tels pays on n'a que la ressource de creuser des CITERNES ou des MARES pour recueillir l'*eau* des PLUIES, *eau* toujours saine, & toujours propre à tous les services lorsqu'elle est pure.

On peut cependant améliorer la qualité des *eaux crues*, ou en les faisant bouillir long-temps, ou en mêlant des cendres dont la potasse (l'alcali) décompose le sulfate.

Mêler du fumier avec ces *eaux*, pour corriger leur crudité, est un procédé de nulle utilité, quoiqu'il soit recommandé dans quelques livres.

Les *eaux* qui tiennent des terres calcaires ou du fer en dissolution, les laissent presque toutes déposer, par le seul effet de leur exposition à l'air.

Celles dans lesquelles il se trouve de l'argile en suspension, sont ordinairement blanches & désagréables au goût, mais elles ne sont nullement nuisibles.

EAU DE MER. L'*eau de mer* contenant une grande quantité de matières animales en décomposition & des sels terreux (les muriates de chaux & de magnésie), qui attirent fortement l'humidité de l'air, seroit un puissant engrais, si elle ne contenoit pas aussi du muriate de soude, ou sel marin, qui, de tout temps, a été regardé comme portant l'infertilité. *Voyez* MARAIS SALÉS.

Cependant une petite quantité d'*eau* salée favorise la végétation des plantes, &, mise sur les fumiers, en active très-évidemment les effets, d'après les observations de beaucoup de cultivateurs anciens & modernes.

EAU-DE-VIE. Une des parties constituantes du vin & de toutes les liqueurs qui ont éprouvé la fermentation vineuse.

Toutes les *eaux-de-vie* sont identiques, selon les principes de la théorie; mais on n'en distingue pas moins, quoi qu'on fasse, même à la première dégustation, les *eaux-de-vie* d'orge, de riz, de cidre, de poiré, de mélasse, de cerise, de prune, de pêche, de pomme de terre, &c., de celles de vin. Parmi ces dernières même, des palais exercés jugent si elles ont été fabriquées à Montpellier, à Andaye, à Cognac ou autres parties de la France.

L'*eau-de-vie*, privée d'une grande partie de l'eau qu'elle contenoit, s'appelle ESPRIT-DE-VIN. On la nomme *alcool*, lorsqu'elle n'en contient plus du tout.

Les *eaux-de-vie* sont si recherchées de tous les peuples pour la boisson, & leur emploi dans les arts & dans la médecine est si étendu en Europe, qu'elles sont l'objet d'un commerce immense, & celles de vin, comme supérieures aux autres, concourent puissamment à augmenter les produits de nos vignobles, & par conséquent la masse des produits territoriaux de la France.

Il n'y a pas encore cinquante ans que presque tous les propriétaires de vignes distilloient eux-mêmes la portion de leur récolte en vin qu'ils ne pouvoient pas vendre en nature; mais les progrès de la chimie & des arts industriels ont porté quelques capitalistes à monter des fabriques d'*eaux-de-vie* tellement en grand, que les propriétaires ne peuvent pas lutter de perfection & d'économie avec eux, de sorte que ces derniers ont plus d'avantages à leur vendre leur vin qu'à le distiller.

Cet article, ainsi que celui DISTILLATION, ne doivent plus servir que d'indication pour avoir recours au *Dictionnaire des Arts économiques*, où leur objet sera traité avec une grande étendue.

L'utilité dont peut être l'*eau-de-vie* dans les maladies des hommes & des animaux domestiques, doit déterminer les cultivateurs à en avoir constamment une petite provision. Il est même bon qu'ils en donnent quelques petits verres à leurs ouvriers, dans les époques brumeuses de l'année, afin de soutenir leurs forces musculaires, surtout s'ils travaillent dans les environs des étangs ou des marais.

Les LIQUEURS de table ont presque toutes l'*eau-de-vie* pour base, & l'agrément de leur usage ne permet presque plus de s'en passer, même aux ménages les moins livrés au luxe. Les cultivateurs trouveront, à l'article qui les concerne, quelques indications relatives à leur composition.

EAU SAUVAGE. On appelle ainsi, dans quelques cantons, des *eaux* qui sourdent après les pluies, au milieu des champs, & s'y conservent assez long-temps pour nuire aux cultures qui s'y trouvent.

Comme c'est à la nature & à la disposition du sol que sont dues les *eaux sauvages*, les moyens de s'en débarrasser varient dans chaque localité. Quelquefois des FOSSÉS, des PIERRÉES, des PUISARDS font arriver à ce but; quelquefois les plus fortes dépenses n'amènent à aucun résultat.

Voyez ces mots & ceux ULIGINEUX, MARAIS, LABOUR, MAÎTRE.

EAUBURON. L'AGARIC POIVRÉ porte ce nom dans quelques lieux.

ÉBOURGEONOIR. SERPETTE emmanchée à l'extrémité d'un long bâton, laquelle sert à couper les pousses nouvelles qui se dévoloppent sur les arbres d'alignement.

ÉBOUTINER. Ce mot, qui ne s'emploie plus, étoit synonyme de lever des ACCRUS, des REJETONS.

ÉBOUTONNEMENT. Action d'enlever les BOUTONS des arbres.

Dans l'état de nature, les arbres ne se chargent que de la quantité de boutons, soit à bois, soit à fruits, qu'ils peuvent nourrir; mais dans nos jardins, où ces arbres sont palissadés, taillés, torturés de toutes manières, il est des cas où un jardinier éclairé est forcé d'en diminuer le nombre.

Comme les arbres fruitiers, en espalier, ne doivent conserver que des branches latérales & une quantité modérée de fruits, il est souvent utile de supprimer, avant leur épanouissement, quelques unes de ces sortes de boutons. Ce sont constamment ceux qui sont sur les faces antérieures & postérieures, & ceux trop rapprochés, qu'il faut soumettre à cette opération.

On pratique l'*éboutonnement* beaucoup moins que l'ÉBOURGEONNEMENT & la SUPPRESSION DES FRUITS. Est-ce à tort, est-ce à raison? C'est ce qui sera discuté à ces mots & à celui TAILLE.

ÉBROUEMENT. C'est, dans les animaux domestiques, la même chose que l'éternuement dans l'homme.

ÉBROUSSER. Synonyme d'EFFEUILLER & d'ÉBOURGEONNER.

ÉBULLITION. Effet de la vaporisation de l'eau qui touche les bords d'un vase qui en est plein, & qui est placé sur le feu.

Dans les temps lourds, & sur le bord de la mer, l'eau entre plus tard en *ébullition* que dans les temps secs & au sommet des montagnes, parce que la pesanteur de l'air y porte obstacle: aussi la chaleur de la main suffit-elle pour la produire dans le vide.

Tous les fluides exigent un degré différent de chaleur pour entrer en *ébullition*.

Quelques moyens qu'on emploie pour augmenter l'*ébullition* de l'eau lorsqu'elle est arrivée à un certain terme, on ne peut y parvenir. Avis aux ménagères qui croient arriver plus promptement à leur but en augmentant le feu autour de leur marmitte, sous leur chaudière, leur casserole, &c.

On peut faire bouillir, sans inconvénient, de l'eau, parce qu'elle ne peut perdre que le gaz acide carbonique qu'elle a absorbé; mais pour peu qu'on fasse bouillir du vin, de l'huile, &c., on change la proportion de leurs principes constituans, & il devient de toute impossibilité de les rétablir.

Il n'est point de ménage rural qui puisse se passer d'eau bouillante; cependant je n'ai pas besoin de développer davantage les principes de l'*ébullition*.

ÉBULLITION DU SANG. On a donné ce nom, ainsi que celui d'ECHAUBOULURE, à la sortie presqu'instantanée de boutons nombreux, & accompagnée de rougeur, de chaleur & de démangeaison, dans une ou plusieurs parties du corps des animaux domestiques.

Une nourriture trop échauffante, un coup de soleil, un exercice forcé, une sueur rentrée, causent les *ébullitions du sang*.

Le repos, un régime rafraîchissant, les sudorifiques, les saignées, sont les remèdes les plus efficaces pour faire disparoître les *ébullitions*, quelquefois presqu'aussi vîte qu'elles sont venues; d'autres fois seulement après un long emploi de ces remèdes.

Il est rare que ces *ébullitions* aient des suites graves.

ÉCALOT. Le HANNETON s'appelle ainsi dans certains lieux.

ÉCASTAPHYLLE. *Ecastaphyllum*. Genre de plantes établi aux dépens des DALBERGES.

ECBALION. *Ecbalium*. Genre de plantes qui sépare la MOMORDIQUE PIQUANTE de ce dernier.

ECCREMOCARPE. *Eccremocarpus*. Genre de plantes de la didynamie angiospermie & de la famille des bignonées, qui renferme trois espèces naturelles au Pérou, & dont aucune n'est cultivée dans nos jardins.

ÉCHALIS. Passage au-dessus d'une HAIE, au moyen de deux ou trois troncs d'arbres formant escalier.

ÉCHAMÉ ou ÉCHAMEIS. VIGNE dont les ECHALAS sont liés les uns aux autres par des perches parallèles au sol.

On échame pour empêcher les vents de renverser les échalas, & par suite les ceps.

ÉCHAMPELÉ. Une VIGNE est échampelée, lorsque, par l'effet des chaleurs de l'été, ses boutons pour l'année suivante ne se sont pas formés. TAILLER court est le moyen employé contre cette circonstance, qui fait craindre une mauvaise récolte pour cette année.

ÉCHAUBOULURE. Synonyme d'ÉBULLITION DU SANG.

ÉCHAUFFEMENT. Dans les animaux domestiques, comme dans l'homme, l'*échauffement* est le résultat d'un travail forcé, d'une mauvaise nourriture, d'un excès dans la jouissance. Il se caractérise par une légère chaleur par tout le corps, par le tenesme, l'envie fréquente d'uriner, le défaut de sommeil, le besoin de boire, &c. Tantôt il n'est que passager, tantôt il devient durable. Les bestiaux des pays chauds & secs y sont plus sujets que ceux des pays froids & humides; les mâles plus que les femelles.

On guérit l'*échauffement* par le repos, par des boissons abondantes, par le changement de nourriture ou une diminution notable dans la nourriture habituelle, par des lavemens, par la saignée.

Du nitre & du vinaigre dans la boisson, produisent souvent des effets miraculeux.

Il en est de même des racines aqueuses, telles que les raves, les carottes, les pommes de terre & herbes vertes, surtout de la luzerne & du trèfle en petite quantité.

Les bains sont constamment indiqués. Le plus souvent l'*échauffement* est le premier symptôme d'une maladie; alors on le traite avec la maladie même.

ÉCHAUFFEMENT DU BOIS. Les ouvriers en bois disent qu'il est échauffé, lorsqu'il donne des indices d'un commencement de CARIE SÈCHE.

Presque tous les arbres COURONNÉS ou ELAGUÉS présentent des traces d'ECHAUFFEMENT.

ÉCHÉANDIE. *Echeandia*. Plante vivace de de l'île de Cuba, qui avoit d'abord été placée parmi les ANTHÉRIECS, ensuite établie à titre de genre, enfin réunie aux CONANTHÈRES.

Elle ne se cultive pas en Europe.

ÉCHELONNÉ. SEIGLE ou FROMENT dont une partie des grains a avorté par suite du défaut de nourriture, ou, ce qui est la même chose, d'une sécheresse extraordinaire. *Voyez* BRULURE.

ÉCHENILLOIR. Plusieurs instrumens propres à couper de loin, pendant l'hiver, les petites branches des arbres fruitiers en plein vent, ou des arbres de ligne, sur lesquelles se trouvent fixés des nids de la CHENILLE COMMUNE (*bombix*), portent ce nom.

Le plus connu, le seul qu'on trouve à vendre chez les clincaillers de Paris, est composé de deux pièces de fer mobiles, inégales, coupantes, assemblées comme des ciseaux. La plus grande est recourbée comme une serpette, & porte à sa partie inférieure, une douille dans laquelle entre l'extrémité d'une perche; la plus petite, épaissie à son sommet pour qu'elle puisse se renverser, offre un anneau à sa partie inférieure, anneau dans lequel entre une ficelle.

La branche courbe de cet instrument se place sur la branche à couper, & en tirant fortement & brusquement la ficelle attachée à l'autre, on la rapproche de la première & on coupe la branche.

Cet instrument, très-bien combiné, suffit pour tous les cas & est d'un prix modéré, ainsi que d'un long service. Il est donc inutile d'en indiquer d'autres. *Voyez* CHENILLE.

ÉCHINAIRE. *Echinaria.* Genre de plantes établi pour placer la RACLE EN TÊTE.

ÉCHINAIS. *Echinais.* Genre de plantes établi par H. Cassini, pour placer la CARLINE ÉCHINÉE.

ÉCHINE. *Echinus.* Arbre de la Cochinchine, qui forme seul, dans la diœcie polyandrie, un genre voisin des ULASSI.

Il ne se cultive pas en Europe.

ÉCHINELLE. *Echinella.* Genre de plantes qui sépare quelques espèces des BATRACHOSPERMES.

ÉCHINOCHLOA. *Echinochloa.* Genre de plantes établi aux dépens des PANICS.

ÉCHINODORE. *Echinodora.* Genre de plantes qu'a établi Richard, pour placer les FLUTEAUX qui ont un grand nombre d'étamines.

ÉCHINOLÈNE. *Echinolæna.* Genre de plantes établi aux dépens des PANICS.

ÉCHINOLITRE. *Echinolitrum.* Genre de plantes dont le type est le SCIRPE SÉTACÉ. Il rentre dans celui appelé ISOLÈPE & FIMBRYSTYLE.

ÉCHINOLOBIUM. *Echinolobium.* Nom donné à un genre de plantes qui renferme les SAINFOINS propres à l'Europe. Il ne diffère pas de l'ONOBRYCHIS.

ÉCHINON. Cylindre de bois mince, ouvert aux deux bouts, qui sert, dans le département des Ardennes, de forme aux FROMAGES. *Voyez* ECLISSE.

ÉCHINOPOGON. *Echinopogon.* Genre de plantes établi pour placer l'AGROSTIDE OVALE.

ÉCHINORINQUE. Genre de ver qui vit dans les intestins des animaux domestiques & qui les affoiblit, même quelquefois les fait périr.

La plus remarquable des espèces qui le composent, est l'ECHINORINQUE GEANT, qu'on trouve dans le cochon. On a reconnu qu'elle a causé une épidémie sur ces animaux, en 1811. Les remèdes à employer, pour les chasser, sont des purgatifs multipliés & l'huile empyreumatique. *Voyez* VER.

ÉCHIOCHILON. *Echiochilon.* Plante de Barbarie, qui constitue seule un genre dans la pentandrie monogynie & dans la famille des borraginées.

Elle ne se cultive pas dans nos jardins.

ÉCHIOÏDE. *Echioïdes.* Genre établi sur la LYCOPSIDE VÉSICULAIRE. Il ne diffère pas de celui appelé NONÉE.

ECHMÉE. *Echmea.* Plante du Pérou, qui constitue seule un genre dans l'hexandrie monogynie & dans la famille des asparagoïdes.

Nous ne la voyons pas dans nos jardins.

ÉCHOISELER. Nom d'une sorte de LABOUR qui se donne, à l'entrée de l'hiver, aux VIGNES des environs de Paris. Il consiste à DECHAUSSER les CEPS & à réunir la terre qui les entouroit, en petites buttes, dans leurs intervalles.

ÉCHOPE. Petite auge de bois, dont un des bouts est oblique, laquelle, après avoir été emmanchée par l'autre bout, à un bâton de quatre à six pieds de long, sert à prendre de l'eau dans les bassins & à la répandre, en forme de pluie, sur le gazon.

C'est une excellente manière d'ARROSER que celle au moyen de l'*échoppe*, mais elle ne peut pas être pratiquée partout.

ECHTRE. *Echtrus.* Plante épineuse de la Cochinchine, dont on fait un genre, mais elle ne paroît pas différer de l'ARGEMONE du Mexique.

ÉCIDIE. *Ecidium.* Genre de plantes établi aux dépens des VESSES-LOUP, & qui renferme plus de soixante espèces, toutes se trouvant sur les feuilles & les tiges des plantes, & vivant, comme parasites, aux dépens de leur sève. Il est très-important aux cultivateurs de les étudier, pour pouvoir trouver un moyen de diminuer l'étendue des pertes qu'ils leur occasionnent quelquefois.

Les effets des *écidies* sur les plantes, sont les mêmes que ceux des URÈDES : en conséquence, je renvoie à cet article ceux qui voudront les connoître.

Les deux espèces qui, aux environs de Paris, sont le plus fréquemment dans le cas de nuire aux produits de la culture, sont: 1°. l'ECIDIE DES CHICORACÉES, qui attaque si souvent la SCORSONÈRE & le SALSIFIS, & les empêche de prendre leur accroissement; elle est d'abord jaune & ensuite noire; 2°. l'ECIDIE EN GRILLAGE, qui croît sur la surface inférieure des feuilles des poiriers, en forme de tubercules jaunes, renfermant une poussière brune. Elle est quelquefois si commune qu'elle empêche les arbres de porter du fruit, non-seulement l'année de son apparition, mais encore la suivante.

Les moyens de se garantir des dommages causés par ces deux plantes, ne me sont pas connus. Inutilement j'ai fait enlever & brûler les feuilles d'un poirier qui en étoient couvertes pendant deux années consécutives, il en offrit presqu'autant la troisième.

ÉCIMAGE. C'est LABOURER la moitié d'un champ, en recouvrant l'autre moitié avec la terre retirée du sillon.

Ce détestable labour est, avec raison, abandonné.

ÉCLAIRCIE (Coupe par). Manière d'exploiter les bois, dont les avantages sont constatés par un grand nombre d'expériences en grand, que la théorie approuve complétement, & qui cependant est à peine connue en France.

La *coupe par éclaircie* est formée sur ce principe incontestable, que les racines d'un arbre ne peuvent nourrir qu'une certaine quantité de branches, moins dans un mauvais & plus dans un bon, & qu'en diminuant le nombre de ses branches, celles qui restent profiteront de la séve qui auroit alimenté les autres.

Ainsi lorsque, dans les pépinières, après avoir récepé des plants mal venans, on les met sur le brin le plus droit & le plus fort, on fait une *éclaircie*, dont les suites sont une tige unique, qui souvent acquiert, avant son premier hiver, une hauteur & une grosseur décuples de celle qu'elle a remplacée. *Voyez* PÉPINIÈRE & RÉCÉPAGE.

Ainsi lorsque, dans un taillis, on coupe, tous les deux ou trois ans, les brins les plus foibles des trochées, pour accélérer la croissance des autres, & qu'en même temps on supprime les épines, les ronces, les rosiers, les houx, les troënes & autres morts bois, on fait encore une *éclaircie*, dont les résultats sont très-profitables.

Mais ce sont de grands *éclaircis* de ceux qui ont lieu dans les futaies, pour non-seulement donner plus d'espace aux racines des chênes, des hêtres, des frênes, des châtaigniers & autres arbres de haut service, mais encore plus d'air à leurs branches, dont je veux parler ici.

Le systême des éclaircissemens, si bien développé par MM. Hartig & Bondsdorfs, n'est pratiqué, en France, que dans la forêt de Villers-Cotterets, dont M. de Violaine est l'inspecteur. Il en a été parlé au mot EXPLOITATION, mot auquel je renvoie le lecteur.

ÉCLOPE. *Eclopes.* Genre établi sur deux plantes frutescentes du Cap de Bonne-Espérance. Il est de la syngénésie superflue, & a beaucoup de rapports avec les ATHANASES & les RELHANIES.

Nous ne possédons pas ces deux plantes dans nos jardins.

ÉCOBUSE. La CANCHE CESPITEUSE s'appelle ainsi aux environs de Boulogne.

ÉCOISSON. C'est, dans le département des Deux-Sèvres, un SILLON plus court que les autres.

ÉCONOMIE. L'acception commune de ce mot est synonyme d'EPARGNE, de PARCIMONIE. Ainsi un cultivateur est économe lorsqu'il ne fait que des dépenses strictement nécessaires, ou mieux qu'il se prive de toutes les jouissances qui lui coûtent de l'argent.

Ici ce mot signifie l'ordre que met un cultivateur dans toutes les parties de ses recettes & de ses dépenses; l'application qu'il apporte à tout ce qu'il fait ou fait faire, afin de remplir le mieux possible son but; le soin qu'il prend que ses bestiaux soient convenablement nourris, que ses instrumens aratoires soient conservés en bon état de service, que le produit de ses récoltes soit soustrait à toutes causes de destruction, &c. &c.

Très-fréquemment un économe, dans cette dernière acception, est regardé comme un prodigue par un économe dans la première, qui ne pense pas, ainsi que lui, qu'il est profitable de ne pas économiser sur la bonté des matériaux, sur la profondeur des fondations, sur l'épaisseur des murs, &c., d'une maison destinée à passer successivement à vingt générations, qu'il est profitable d'acheter de bons plutôt que de mauvais chevaux, dont on sera obligé de ménager le travail ou qu'il faudra remplacer peu après, de bien payer ses ouvriers, ses domestiques, pour être autorisé à en exiger un meilleur travail, des soins plus assidus, &c.

La véritable *économie* du cultivateur consiste donc à savoir dépenser à propos, & à repousser tout bon marché, lorsqu'il est fondé sur la mauvaise qualité de l'objet à vendre.

Mais la femme de ce cultivateur a une autre sorte d'*économie* à mettre en pratique. C'est celle de veiller à ce que tout ce qui est de son ressort reçoive exactement un emploi utile, c'est-à-dire, que rien ne se perde, que chaque chose soit consommée ou vendue au moment même où il est le plus avantageux de le faire.

Que de millions se dissipent tous les ans en France, parce que les femmes des cultivateurs ne veillent pas assez sur leur laiterie, sur leur poulailler, sur leur cave, sur leur grenier, &c., qu'elles sont pillées par leurs enfans, par leurs domestiques, par les chiens, les chats, les belettes, les souris, &c.!

Que de choses j'aurois à dire sur le sujet que je traite! mais il faut que je m'arrête.

ÉCORCE. Partie extérieure des végétaux de la classe des dicotyledons, & sous laquelle se fait leur accroissement.

On distingue très-facilement l'*écorce* de la plupart des arbres, lorsqu'on les coupe transversalement ou longitudinalement, par la couleur, la contexture, &c. Au temps de la séve on l'en sépare avec la plus grande facilité.

Ainsi que le bois, l'*écorce* est composée de

couches concentriques, mais elles y sont beaucoup plus minces. On les a divisées en trois sortes: 1°. l'Epiderme; 2°. les Couches corticales; 3°. le Liber, sortes qui ont été, à leur article, l'objet de considérations spéciales, & sur lesquelles, par conséquent, je n'ai rien à dire ici.

Il est des *écorces* dont l'épiderme se sépare & tombe chaque année, & qui, par conséquent, n'augmentent pas d'épaisseur, celles du Platane, de la Vigne, &c. Il en est d'autres qui n'augmentent pas sans qu'on sache pourquoi, celle du Charme, par exemple.

Dans la plupart des arbres elle s'épaissit à mesure que l'arbre grossit; & comme ses couches extérieures desséchées ne se prêtent plus à la dilatation, elle se crevasse irrégulièrement, comme on le voit sur le tronc des vieux Chênes, des vieux Poiriers, &c.

La partie interne de l'*écorce* se régénère, mais non la partie externe; ainsi, quand on en enlève un morceau, au printemps, il se forme en dessous un bourrelet d'une végétation plus active dans sa partie supérieure, qui recouvre plus ou moins promptement la plaie selon sa largeur, l'espèce d'arbre, la bonté du sol, la chaleur & l'humidité de la saison, &c. *Voy.* Bourrelet, Cambium, Séve, Végétation.

Lorsqu'on fait une greffe, c'est de la dernière couche corticale que sort le cambium qui l'attache au sujet.

Les racines d'une Bouture sortent toujours de la dernière couche corticale.

Voici comme j'explique la formation de l'*écorce*: la séve étant arrivée aux feuilles, s'y charge d'une plus grande quantité de carbone, s'y organise, si je puis employer cette expression, & redescend changée en Cambium, dont une partie, c'est la plus grande, se dépose sous l'*écorce* & crée, sous la forme de tubercules alongés, une nouvelle couche d'Aubier, tandis que l'autre, rejetée contre l'*écorce*, remplace l'ancien Liber, qui ne diffère des autres couches corticales que parce qu'il conserve un principe de vie que n'ont plus les dernières, c'est-à-dire, que la séve & les sucs propres y circulent, & qu'il se prête à la dilatation la plus étendue.

Cette dilatation des couches corticales éprouve d'autant plus de résistance que l'*écorce* est plus épaisse ou plus sèche; de sorte que le grossissement des arbres est moins rapide quand ils sont vieux, & est moindre du côté du midi que du côté du nord dans ceux qui sont exposés au soleil. On la diminue, cette résistance, dans les Arbres fruitiers, en fendant longitudinalement leur *écorce*, comme il a été dit à l'article du Cerisier, que l'organisation particulière de son *écorce* rend plus susceptible de cette opération qu'aucun autre.

D'après ce que j'ai dit plus haut, il ne devroit y avoir de produites que deux couches corticales par an, au plus, dans les arbres d'Europe; savoir: à la séve du printemps & à la séve d'août; cependant chacune d'elles peut se diviser par la macération en beaucoup d'autres, ce qui doit faire croire qu'en Europe, comme dans les pays inter-tropicaux, l'accroissement des arbres a lieu sans interruption pendant tout le cours de l'année.

Dans son état naturel, l'*écorce* ne se change jamais en bois; mais lorsque deux branches du même arbre ou de différens arbres du même genre sont liées l'une contre l'autre, leurs deux *écorces* disparoissent, & ces branches se greffent par approche. On n'a pas encore pu expliquer ce fait.

Le principal avantage de l'*écorce* paroît être de retarder l'évaporation de la séve & des sucs propres qui circulent entr'elle & l'aubier. Lorsqu'on l'enlève en hiver, l'arbre pousse au printemps comme à l'ordinaire, mais ses feuilles ne parviennent pas à la moitié de leur grandeur, ses fleurs tombent après s'être épanouies, & il meurt l'automne suivant.

Les phénomènes sont les mêmes lorsqu'on se contente d'enlever un anneau à l'*écorce* quand la plaie est assez large pour qu'elle ne puisse pas se recouvrir dans l'année, mais ils suivent une marche plus lente. Leur premier effet est d'assurer, au contraire, la production du fruit, en empêchant les fleurs de tomber, & d'accélérer leur maturité. *Voyez* Incision annulaire.

Lorsqu'on laisse la plus petite lanière d'*écorce* dans la longueur du tronc d'un arbre écorcé sur pied, la séve monte aux branches & en descend par cette lanière, & il continue de vivre & de fructifier, mais il ne grossit plus que dans la portion qui est sous la lanière.

Ces phénomènes n'ont pas lieu lorsque, comme dans l'écorcement du chêne liége, on laisse le liber, qui, ainsi que je l'ai observé plus haut, est la seule partie vivante ou mieux demi-vivante de l'*écorce*. Dans ce cas, l'*écorce* se reproduit & l'arbre ne souffre pas.

Souvent, lorsqu'on isole une plaque d'*écorce* sur le tronc d'un arbre, il sort une branche de cette *écorce*. Il seroit possible d'employer ce moyen pour regarnir des arbres en Espaliers, en Quenouilles, &c., dans leurs parties privées de branches.

L'aubier d'un arbre écorcé sur pied se durcit de deux manières; savoir: 1°. par l'évaporation de la partie aqueuse de la séve & des sucs propres qu'il contient; 2°. par le dépôt de la partie solide de cette même séve dans ses vaisseaux: aussi cette opération est-elle très-avantageuse à exécuter sur les arbres destinés à la charpente, ainsi que l'ont constaté Buffon, Varenne-de Fenille & Malus. Cependant, un auteur allemand s'est élevé contre elle. *Voyez* Ecorcement des arbres.

Il est des *écorces* dont l'homme tire un parti extrêmement

extrêmement utile, telles que celles du CHANVRE, du LIN, du GENÊT D'ESPAGNE, de l'ORTIE, &c. &c., avec lesquelles on fabrique le FIL, la TOILE & le PAPIER; celles des TILLEULS, qui servent à faire des cordes; celles de la plupart des CHÊNES, qui, concassées, constituent le TAN; celle du CHÊNE LIÉGE, avec laquelle se fabriquent les BOUCHONS; celles du CANELIER, du QUINQUINA, du SIMAROUBA, &c., qui fournissent des drogues à la médecine.

Cet article auroit pu être plus étendu, mais on trouvera ce qui manque pour le compléter, à ceux qui sont indiqués par des caractères majuscules.

ÉCOSSAINS. FROMENT auquel une ou deux des BALLES florales restent attachées à la suite du BATTAGE.

Il est des années & des variétés de froment où les *écossains* se montrent plus abondamment, & où on peut plus difficilement les faire disparoître par le CRIBLAGE & le VANNAGE. *Voyez* BLÉ RETRAIT.

Les *écossains* qui ont résisté à un second battage, fait pendant l'été, sont donnés aux VOLAILLES.

ÉCOT. On appelle ainsi les CHAUMES ou la JACHÈRE dans la ci-devant Bretagne.

ÉCRITEMENT. Opération de réparer les fossés & les trous destinés à recevoir des arbres, en augmentant un peu leur largeur.

Ecriter est une excellente opération qui devroit être usitée partout, pour l'avantage des cultivateurs.

ECTROSIE. *Ectrosia.* Genre de plantes de la polygamie triandrie & de la famille des graminées, établi pour placer deux espèces de la Nouvelle-Hollande, qui ne se cultivent pas dans nos jardins.

ÉCUREUIL. Quadrupède de l'ordre des rongeurs, qui, dans les cultures voisines des bois, cause quelquefois de grands dommages aux propriétaires, en mangeant les châtaignes, les noix, les noisettes, les amandes, les poires, les pommes, les cerises, &c.

Je le cite pour engager les cultivateurs à lui faire une chasse active dès qu'il se montre autour des habitations, parce que l'élégance de sa forme & la gentillesse de ses manières le faisant voir avec plaisir, je l'ai vu protéger contre les coups de fusil, au détriment de l'intérêt général. *Voyez* le *Dictionnaire des Animaux.*

ÉCURIE. Logement disposé pour les chevaux, & qui diffère de ceux consacrés aux BÊTES A CORNES & aux BÊTES A LAINE, lesquels sont connus sous les noms d'ÉTABLE & de BERGERIE.

Quelque chaleur qu'aient mise les écrivains, amis de la prospérité agricole de la France, à blâmer les vices de la construction de presque toutes les *écuries*, soit relativement à la santé des chevaux, soit relativement à la commodité du service, soit relativement à la bonne fabrication des fumiers, elles sont encore généralement basses, peu aérées, étroites, sans divisions, non pavées, offrant des trous où séjourne l'urine jusqu'à son évaporation ou son infiltration. On n'enlève les litières que tous les mois. Il suffit d'entrer dans ces *écuries* pour sentir une odeur infecte, pour éprouver une difficulté de respirer, pour ressentir aux yeux & à la gorge un picottement suivi promptement d'un mal de tête. Aussi combien de chevaux périssent de la maladie du *sang!* combien perdent la vue! combien de jumens avortent! &c.

On peut construire deux sortes d'*écuries*, les simples & les doubles. Dans les premières on ne place qu'un rang de chevaux, & dans les secondes deux rangs. Il se trouve peu de cas où on puisse, même où on doive en mettre trois, encore moins quatre rangs.

La longueur des *écuries* sera proportionnée au nombre de chevaux qu'elles doivent contenir, & être toujours plutôt trop grandes que trop petites; de sorte que, quoiqu'un bidet tienne moins de place qu'un cheval de labour, il faut la calculer comme si chaque cheval employoit un mètre un tiers pour se coucher à l'aise & être pansé commodément: ainsi une *écurie* pour cinq chevaux, aura vingt pieds.

Quant à la largeur elle doit être la même, quel que soit le nombre de chevaux. Ainsi, en calculant la largeur du râtelier & de la mangeoire à deux pieds, à dix pieds la longueur du cheval & de son recul, à quatre pieds le passage pour le service, on trouvera que cette largeur doit être fixée à 16 pieds.

Comme les gaz hydrogène & azote sont plus légers que l'air commun, & que le gaz acide carbonique se dilate d'autant moins qu'il est plus froid, que d'ailleurs une température permanente trop élevée est seule très-nuisible à la santé, les *écuries* ne peuvent être trop élevées; cependant il faut, en fixant leur élévation, calculer la dépense. Ainsi, en la bornant à douze pieds, on remplit toutes les indications moyennes.

En partant des mêmes bases, les *écuries* doubles auront 30 pieds de large & 15 pieds de haut.

Il est donc plus économique de construire des *écuries* doubles que des *écuries* simples, surtout pour les cultivateurs, dont les chevaux sont généralement moins turbulens que ceux de luxe.

Mais il y a deux sortes de manières de placer les chevaux dans les *écuries*, savoir: ou contre les deux murs, avec un passage au milieu, ou au milieu, avec un râtelier simple & une mangeoire double: alors il y a un passage contre chaque mur.

La hauteur des mangeoires au-dessus du sol doit être fixée à quatre pieds, terme moyen, c'est-à-dire, à six pouces de moins pour les petits chevaux & les ânes, à six pouces de plus pour les très-grands.

Ces mangeoires sont ou en dalles de pierre, ou en madriers de bois, selon la convenance économique.

Pour que les chevaux ne soient pas aveuglés par la poussière qui tombe des râteliers, on a proposé de leur donner une direction verticale; mais cette position les empêche de prendre facilement le foin, de sorte que l'éloignement de leur partie supérieure du mur doit être seulement d'un pied. *Voyez* RATELIER.

Mais si la salubrité des *écuries* dépend de leur largeur & de leur hauteur, elle dépend aussi des ouvertures qui y amènent un air nouveau. Ainsi elle aura une porte large & haute, & assez de fenêtres opposées (surtout deux grandes aux extrémités), pour qu'il y entre continuellement un grand courant au-dessus de la tête des chevaux; ainsi le sol en sera pavé & incliné en dehors pour que les urines s'écoulent facilement; ainsi la litière en sera rechargée tous les jours ou tous les deux jours, & enlevée au moins une fois par semaine.

Les fenêtres seront tenues ouvertes le jour, pendant l'hiver, du côté opposé au vent seulement; mais elles le seront toutes, jour & nuit, pendant les chaleurs de l'été.

C'est un préjugé absurde que de croire que les toiles d'araignées soient utiles dans les *écuries*, elles doivent être au contraire soigneusement enlevées; car, tombant dans le manger, elles causent aux chevaux des toux nerveuses, dont les suites peuvent être funestes.

Il est à desirer, pour l'économie du service, que le foin & l'avoine soient placés au-dessus des *écuries*, & qu'on puisse les faire tomber directement dans les râteliers & dans les mangeoires; mais comme les émanations des chevaux & du fumier altèrent la bonne qualité de ces substances, surtout du foin, il est préférable, lorsque le plancher, comme cela doit toujours être, est parfaitement joint, même plafonné, de faire tomber ce dernier par une ou deux conduites en planche, qui descendent dans un ou deux des coins, jusqu'à une très-petite distance du sol.

Badigeonner tous les ans, avec un lait épais de chaux, les murs des *écuries*, est une opération si utile à leur salubrité, que, dans aucun cas, les cultivateurs ne doivent s'y refuser sous prétexte d'embarras ou d'économie. On choisira les jours les plus longs & les plus chauds pour l'exécuter, parce qu'alors la dessiccation, pendant laquelle les chevaux doivent en être éloignés, s'opérera en deux ou trois jours. Imbiber le sol du même lait de chaux, est encore excellent.

Des supplémens à cet article se trouveront aux mots CHEVAL, FERME, ETABLE, BERGERIE, TOIT A PORC, POULAILLER & COLOMBIER.

EDMONDIE. *Edmondia.* Genre de plantes établi par H. Cassini, sur l'IMMORTELLE SESAMOÏDE.

ÉDOSSER LE SOL. C'est le PELER.

On édosse les landes dans une partie pour améliorer une autre partie.

C'est généralement une mauvaise opération que d'*édosser*, mais il est des cas où elle doit être tolérée. *Voyez* LANDE & VIGNE.

ÉDOUARDE. *Edwardia.* Genre de plantes qui sépare des autres les SOPHORES TÉTRAPTÈRE & A PETITES FEUILLES.

ÉDUCATION AGRICOLE. Depuis des siècles les amis de la prospérité agricole de la France se plaignent, & ce avec raison, de l'ignorance qui se remarque généralement chez les cultivateurs.

Cette fatale ignorance a été en tout temps l'effet de la misère des habitans des campagnes, auquel s'est jointe, jusqu'à la révolution, l'influence des Ordres privilégiés, qui ne vouloient que des ilotes pour labourer la terre, & depuis, le défaut de moyens d'instruction, & la nécessité d'appeler toute la jeunesse aux armées.

Aujourd'hui ces causes sont détruites, puisque le principe de l'égalité des droits est consacré par la Charte, & que la méthode de l'enseignement mutuel est connue.

Il est donc à espérer que les habitans des campagnes sauront bientôt tous lire, écrire & calculer, & par suite pourront se soustraire, en lisant toutes sortes d'ouvrages, aux préjugés sous le joug desquels ils ont jusqu'à ce jour gémi. Ainsi nos neveux ne se soumettront plus, ni au joug des praticiens (gens de loi), ni à celui des sorciers, ni à celui des saints, sur lesquels ils comptent souvent plus que sur leur bon sens, que sur leur travail, que sur leur surveillance, &c.

Avec l'*éducation* seule que je viens d'indiquer, on peut, au moyen d'une longue pratique, obtenir des cultivateurs habiles; mais il est facile d'en former de supérieurs, en peu d'années, en leur donnant des leçons de théorie prises dans tous les siècles & dans tous les pays, & en leur en faisant l'application au pays où ils sont destinés à opérer.

C'est d'après la certitude des utiles résultats de ces leçons que l'Ecole d'agriculture d'Alfort a été fondée, ainsi que celles de vétérinaire du même lieu & de Lyon, & les Ecoles des arts & métiers de Châlons & d'Angers.

Actuellement il n'y a plus à desirer que de voir se former, à l'exemple de l'Espagne, une demi-douzaine d'écoles pratiques dans nos départemens, dont la culture est la plus distincte, écoles où les riches comme les pauvres trouveroient à prendre, par les yeux, toutes les notions propres à les guider avec certitude dans leurs travaux. Déjà plusieurs fois le Gouvernement a donné un commencement d'exécution à ces vues; mais des obstacles tenant aux finances, les ont fait ajourner. Sans doute six fermes expérimentales, d'une étendue suffisante pour remplir ce but, & à la proximité d'une grande ou d'une moyenne ville, exigeroient, tant pour leur acquisition que pour leur établissement, une somme importante; mais quand on considère que si elles sont bien dirigées, elles doivent au moins payer leurs dépenses annuelles & l'intérêt de leur valeur, il semble qu'il n'est point de motifs plausibles pour les refuser à l'utilité générale.

Les Sociétés d'agriculture, les correspondans du conseil d'agriculture, excités par un zèle desintéressé, encouragés par le Gouvernement, remplissent en partie le vœu que j'émets en faveur des écoles pratiques d'agriculture, avec cette différence qu'elles n'agissent que sur des hommes faits, c'est-à-dire, déjà imbus d'idées fausses, tandis qu'un bon professeur inculqueroit à des jeunes gens des idées vraies, qu'ils n'auroient aucun motif pour rejeter, & qui ne sortiroient plus de leur mémoire.

Après un séjour de deux ou trois ans dans une de ces écoles, les jeunes gens qui auroient remporté des prix, seroient appelés à voyager au compte du Gouvernement, pour comparer ce qu'ils ont appris avec ce qui se fait dans les autres parties de la France, dans les autres contrées de l'Europe, dans les autres parties du Monde même.

Que de résultats précieux pour le perfectionnement de la raison humaine, pour l'augmentation de la richesse territoriale, seroient la suite d'une instruction agricole établie sur de pareilles bases!

Mais combien seroient encore plus généraux ces avantages, si l'agriculture entroit, comme partie obligatoire, dans les premiers degrés de l'instruction publique!

EFFONÉ. Altération d'EFFANÉ. *Voyez* ce mot & celui FEUILLE.

EFFORT. On donne ce nom aux extensions contre nature que des mouvemens trop brusques, ou trop exagérés, ou trop répétés, occasionnent aux muscles des chevaux, & dont les suites sont des douleurs aiguës & durables, ou au moins le boitement.

Lorsqu'un *effort* a lieu à l'épaule ou au bras, on l'appelle ÉCART, ENTR'OUVERTURE. *Voyez* ces mots & celui ENTORSE.

Presque toujours les *efforts* sont suivis d'une inflammation locale, à laquelle il faut d'abord s'opposer par des frictions d'eau-de-vie camphrée, des lavemens, la saignée, la diète. La fièvre accompagne souvent cette inflammation. Lorsqu'elle est passée, on applique des aromatiques ou des astringens en cataplasme.

Le plus dangereux de tous les *efforts* est celui des reins. Il est rare qu'il se guérisse complétement. Cependant on en a des exemples. Des boutons de feu sur les vertèbres lombaires ont principalement offert des résultats satisfaisans.

Après l'*effort* des reins, c'est celui de la cuisse qui est le plus fréquent. Puis viennent ceux du grasset, du jarret, du boulet, &c.

Souvent des bains ou des frictions d'eau froide ont guéri des chevaux affectés d'un *effort* dans ces dernières parties; ainsi on ne doit jamais se refuser d'abord à tenter ce moyen si simple & si économique.

Les chevaux qui ont éprouvé un *effort*, y sont plus sujets que les autres; ainsi il faut les ménager.

Voyez, pour le surplus, au mot CHEVAL.

Lorsqu'un bœuf *attrape* un *effort*, il faut l'engraisser & le vendre au boucher.

EGAIEMENS. Petits Fossés destinés à donner la direction & l'écoulement aux EAUX D'IRRIGATION. *Voyez* ces mots.

EGIALITE. *Egialitis*. Arbrisseau de la Nouvelle-Hollande, qui seul constitue un genre dans la pentandrie monogynie & dans la famille des plombaginées.

Il ne se cultive pas en Europe.

EGINÉTIE. *Æginetia*. Genre de plantes qui rassemble deux espèces, dont l'une fait partie des CARPHALES, & l'autre des OLDENLANDES.

EGLE. *Ægle*. Genre de plantes qui a pour type le TAPIER MARMELOS.

EGLETE. *Egletes*. Plante de Saint-Domingue, qui sert de type à un genre voisin des INULES.

Elle ne se cultive pas dans nos jardins.

EGLIG. La XIMÉNIE D'ÉGYPTE porte ce nom en Nubie.

EGOPOGON. *Egopogon*. Plante vivace de l'Amérique méridionale, constituant seule un genre dans la polygamie triandrie & dans la famille des graminées.

Elle ne se cultive pas en Europe.

EGOPUS. Nom breton des ÉPIS qui se cassent dans l'opération du BATTAGE, & qu'il faut remettre sous le FLEAU pour en retirer le GRAIN.

EGOUTTOIR. Synonyme d'ECLISSE. *Voyez* FROMAGE.

EGRAPPOIR. Instrument destiné à séparer le grain du raisin de sa grappe, lorsqu'on ne veut pas mettre cette dernière dans la cuve.

Les opinions varient sur les avantages de l'égrappage, quoiqu'il soit, de temps immémorial, pratiqué dans quelques vignobles; & en effet il paroît que si la grappe porte toujours dans le vin un principe en même temps acide & acerbe, ce principe concourt, dans les pays du Nord principalement, à rendre ce vin plus durable & plus propre à gratter le gosier d'une certaine classe de consommateurs.

C'est donc dans le Midi & dans les vignobles à vins fins qu'on égrappe le plus.

Je reviendrai sur cet article au mot VIN.

L'*égrappoir* le plus simple est un filet, ou un treillage, soit de fer, soit de bois, à larges mailles, placé sur un baquet, sur lequel on met la vendange, qu'on remue en tous sens avec un râteau ou un râble. Les grains passent la plupart entiers, & la grappe reste.

Un autre plus avantageux, en ce que les grains sont tous écrasés, consiste en une table inclinée sur une cuve garnie, dans le sens de sa largeur, de tasseaux obliques, de six lignes de haut & de trois d'écartement; la vendange apportée sur cette table est foulée avec les pieds, & le jus tombe dans la cuve en entraînant seulement la peau des grains.

Dans le Bas-Languedoc on égrappe dans la vigne même, au moyen d'un bâton à trois branches, qu'on tourne & retourne avec vitesse dans la vendange, au préalable déposée dans une petite cuve nommée BANNE.

Mais le meilleur de tous ces *égrappoirs* est celui qui a été inventé par M. Lignieres, propriétaire près de Toulouse, & dont la description & la figure se voient dans le 69e. volume de la première série des *Annales de l'Agriculture françaisc.* Il n'a contre lui que son prix élevé; cependant comme ce prix est promptement remboursé par l'économie qu'il procure, & qu'il peut durer fort longtemps, on n'est pas fondé à regretter la mise dehors que nécessite sa construction.

La machine de M. Lignières est composée principalement de trois cylindres horizontaux, l'un supérieur, ouvert en partie aux deux bouts, fixé sur un cadre, & destiné à l'égrappage des raisins. Les deux inférieurs parallèles, rapprochés, solides ou fermés de toutes parts, tournans dans un cadre qui supporte le premier, sont destinés à écraser les grains. Le tout se place sur une cuve, & est monté sur quatre pieds servant seulement à éloigner de terre les cylindres inférieurs.

Deux moitiés réunies, mais susceptibles d'être séparées, dont l'inférieure est fixée au cadre supérieur, composent le cylindre à égrapper. Cette dernière est moitié en bois & moitié en treillage de fil de fer, qui occupe sa partie la plus basse. Un de ses bouts est entièrement fermé; l'autre offre une excision de la largeur du treillage, & au-dessus de lui, excision qui sert à la sortie des grappes dépouillées de leurs grains, & qui correspond à une large gouttière mobile & inclinée, qui les porte à une certaine distance dans un baquet.

La première moitié, c'est-à-dire, la supérieure, est en vannerie.

Le cylindre est traversé par un axe à huit pas, qui tourne, au moyen d'une manivelle, sur des tourillons fixés sur son cadre, & dans chacun de ses pans sont fixées cinq ailes entaillées à leur extrémité, &, à très-peu près, de la longueur du diamètre intérieur du cylindre. Leur ensemble forme un hélice, de sorte que toute la capacité de ce cylindre est parcourue par ces ailes à chaque rotation de l'axe. A côté du cadre opposé à la manivelle, est fixée de manière à pouvoir l'enlever à volonté, une demi-trémie de la largeur du diamètre du cylindre. C'est dans cette trémie que se mettent les grappes, lesquelles, tombant par leur propre poids dans le cylindre, s'engagent entre les ailes de son axe, frottent contre les inégalités de la vannerie & du treillage, perdent rapidement leurs grains, qui passent par ce dernier & tombent entre les cylindres inférieurs où ils sont écrasés.

Le diamètre de ces derniers cylindres est un peu moindre que celui du supérieur, dont ils ne sont séparés que de deux à trois centimètres. Leur distance relative doit être, au plus, de trois millimètres dans le Nord & de quatre dans le Midi, c'est-à-dire, telle que tous les grains de raisin soient écrasés, & pas un seul pepin; car le principe âcre des pepins altère bien plus la qualité du vin que celui de la grappe. On fait ces cylindres avec des planches montées sur des cercles pleins, afin d'en rendre le prix moindre & le service peu fatigant. Ils sont mis en mouvement par le moyen d'une manivelle fixée au centre de l'un d'eux, du côté opposé à l'autre manivelle. Ainsi il faut deux hommes pour chaque machine, par la nécessité de varier le mouvement de l'un & l'autre appareil, selon le besoin.

La machine de M. de Lignières fait trente-six litres d'égrappage par minute, c'est à-dire, six fois plus qu'avec le bâton à trois fourches. Le mout, en sortant des cylindres, est déjà très-coloré par le broiement de la pellicule, & sa fermentation s'exécute dans la cuve avec la plus grande régularité & la plus grande promptitude. Le vin est meilleur & plus abondant.

Quant aux grappes, on les met dans une autre cuve avec de l'eau, & on en obtient un petit vin qui sert, pendant l'hiver, à la boisson des manouvriers.

ÉHOUPER. Synonyme d'ÉCIMER.

EISSERMEN. Synonyme de SARMENT dans le midi de la France.

EJON. PALMIER de Sumatra, dont le genre n'est pas connu. Il est très-utile aux habitans.

ÉLAGAGE. Action de couper toutes, ou la plus grande partie des branches du tronc d'un arbre de ligne.

Lorsque les arbres sont des têtards, la coupe de leurs branches s'appelle TONTE.

On nomme COUPE EN CROCHET la taille des branches latérales des jeunes arbres dans les pépinières.

Comme les arbres sont destinés à fournir du bois pour tous les services, on ne peut trouver mauvais qu'on les élague, soit fréquemment, pour employer leurs feuilles à la nourriture des bestiaux, soit de loin en loin pour avoir des fagots propres au four, à la cuisine, &c.; mais je n'en dois pas moins m'élever ici contre l'*élagage* exagéré des arbres des routes, qui sont principalement destinés à donner de l'ombre aux voyageurs & du bois au charronnage, parce que cet *élagage* les empêche, en partie, de remplir ces deux buts importans.

En effet, si, comme la théorie & la pratique le constatent, la suppression de la plus petite branche d'un arbre retarde sa croissance en grosseur, quelle influence doit avoir la suppression de presque toutes ses branches, tous les trois ou quatre ans? Aussi, comme les ormes des routes sont maigres quand on les compare à ceux que la serpe respecte! Le petit nombre de fagots qu'ils fournissent peut-il entrer en comparaison avec le retard de leur exploitation & la mauvaise qualité de leur bois, presque toujours affecté de CARIE, par suite des plaies résultant de l'*élagage?*

Mais, disent les partisans de cette opération, elle force les arbres à s'élever plus rapidement, les empêche de nuire par leur ombre aux champs voisins, de s'opposer au dessèchement des routes. Cela est vrai: aussi suis je d'avis qu'il faut élaguer modérément, c'est-à-dire, ne supprimer chaque année que les deux ou trois branches les plus inférieures, & ce, jusqu'à ce que le tronc soit dénudé dans la moitié de sa longueur, après quoi on s'arrêtera pour laisser à l'arbre une tête proportionnée & à sa hauteur & à l'étendue de ses racines, au lieu d'une houpette de quelques branches, comme on le fait généralement.

Aujourd'hui on coupe les branches aussi près du tronc que possible, sous prétexte que la plaie sera plus tôt recouverte par l'écorce. Le principe de cette pratique est bien fondé; mais combien de plaies, lorsqu'elles sont surtout un peu larges, au lieu de se recouvrir, se carient & donnent lieu à l'altération plus ou moins rapide du tronc! Une moitié des ormes des routes devient impropre à servir pour le charronnage, par cette seule cause.

L'intérêt particulier, ainsi que l'intérêt public, exigent donc que les branches supprimées par l'*élagage* soient coupées à quelques pouces du tronc, malgré l'aspect désagréable des chicots, plus ou moins, selon leur grosseur, c'est-à-dire, à six pouces pour les plus grosses.

En agissant ainsi, on n'aura plus ces trochées de gourmands qui poussent avec tant de vigueur autour des plaies des arbres élagués selon la méthode actuelle, trochées qui absorbent toute la sève destinée à la tête, & finissent presque toujours par la faire périr d'inanition.

Le seul inconvénient, à mon avis, sera la rareté de ces nœuds têtards qu'on remarque si souvent sur les arbres actuels, & qui fournissent des moyeux presqu'aussi bons que ceux des ormes tortillards, & des planches d'une beauté remarquable pour l'ébénisterie; mais ces nœuds têtards sont si rarement assez gros pour servir à faire des moyeux pour les rouliers, & sont si rarement sans défauts, que les charrons n'osent pas les employer pour les voitures de luxe. D'ailleurs, ainsi que je l'ai déjà observé, il doit y avoir autour des villages, autour des fermes, un assez grand nombre d'ormes tenus à douze ou quinze pieds de hauteur, & dont les branches seront élaguées tous les deux ou trois ans pour la nourriture des bestiaux & le chauffage du four, & ces ormes peuvent fournir, lors de leur coupe, assez de bois pour les usages ci-dessus.

Il est une autre sorte d'*élagage* qui se fait dans les massifs des jardins paysagers, & contre lequel je dois m'élever, comme diamétralement opposé à l'agrément de ces massifs, qui doivent, pour remplir leur objet, offrir de la verdure, & non des perches dégarnies de feuilles. Il est presque toujours fondé sur la nécessité de donner de l'air aux arbres ou arbustes qui ont été plantés trop près les uns des autres, dans le but de sauver les plus foibles d'une mort certaine. Je préfère beaucoup à cet *élagage*, l'arrachis des pieds, ou les plus forts, ou les plus foibles; mais j'ai rarement pu convaincre les propriétaires, & encore moins leurs jardiniers, des avantages de cette mesure.

L'*élagage* des arbres fruitiers est encore plus blâmable que celui des arbres de ligne, puisque non-seulement il nuit au grossissement du tronc, mais encore à la production du fruit. Il se pratique cependant: tant l'ignorance des vrais principes est générale!

Les arbres verts ne doivent jamais être élagués: au plus on peut se permettre de leur enlever quelques branches inférieures, lorsqu'elles gênent le passage.

Les grandes plaies produites par l'*élagage* doivent être recouvertes par de l'ONGUENT DE SAINT-FIACRE ou tout autre ENGLUMEN, pour qu'elles se recouvrent plus rapidement d'écorce.

Voyez, pour le surplus, aux mots ARBRE, BRANCHE, FEUILLE, TAILLE & VEGÉTATION.

ÉLANDRÉ. Synonyme d'ÉLANCÉ.

Un baliveau *élandré* étant trop élevé, relativement à sa grosseur, est continuellement tourmenté par les vents, même tordu & cassé, de sorte qu'il profite peu.

On ne doit donc jamais choisir des arbres ÉTIOLÉS pour baliveaux.

ÉLAPHRIE. *Elaphrium*. Arbuste de l'Amérique méridionale, qui constitue un genre dans l'octandrie monogynie, genre qui a été réuni aux FAGARIERS.

ÉLECTRE. *Electra*. Genre de graminées qui ne diffère pas de celui appelé SCHISME.

ÉLECTRICITÉ. Fluide invisible répandu dans tous les corps, qu'on peut accumuler dans quelques-uns d'entr'eux, & qui, dans les nuages, est l'origine des ÉCLAIRS & du TONNERRE.

Le GALVANISME est une sorte d'*électricité*, & c'est le galvanisme qui agit dans la secousse que produisent la torpille & quelques autres poissons, dans ceux qui les touchent.

Il vient d'être constaté que le magnétisme avoit sa source dans l'*électricité*, *Voyez* AIMANT.

L'*électricité* n'étoit connue des Anciens que par la propriété qu'a l'ambre, lorsqu'il est frotté, d'attirer les corps légers, & les poils du chat de pétiller quelquefois dans la même circonstance.

Il n'y a pas de doute que l'*électricité* ne joue un grand rôle dans la végétation; mais les expériences nombreuses, tentées pour le constater, n'ont fourni aucun résultat dont l'application pût être avantageuse à la culture.

Des deux modifications de l'*électricité*, l'une a été appelée *vitrée*, parce qu'elle se développe lorsqu'on frotte du verre contre de la laine, & l'autre, *résineuse*, à raison de ce qu'on la produit en frottant de la résine sur de la laine. Dans l'état naturel ils existent réunis, mais il est de leur nature de se repousser mutuellement d'abord.

Francklin ne reconnoissoit qu'un seul fluide électrique, & expliquoit les phénomènes de l'attraction & de la répulsion par la tendance de ce fluide à se mettre en équilibre, c'est-à-dire, que les corps qui étoient attirés, contenoient moins d'*électricité* que ceux qui étoient repoussés, & au contraire, ceux qui étoient repoussés en contenoient plus. Cette théorie est bien séduisante & répond bien aux faits.

Il est des matières qui deviennent électriques par leur simple échauffement, telles que les tourmalines, les topazes, le zinc oxidé, &c.

Au moyen d'une machine frottante & d'instrumens appropriés, on produit en petit, dans nos appartemens, les mêmes phénomènes que la foudre, c'est-à-dire, qu'on donne aux nerfs des animaux, des secousses assez violentes pour les tuer, qu'on enflamme certains corps combustibles, qu'on fond & même réduit en oxides les métaux, &c.

Quelqu'intéressantes que soient les expériences qui ont l'*électricité* pour objet, je ne puis, à raison de leur peu de connexion avec l'agriculture, entreprendre d'en donner ici une idée, même sommaire. Je renvoie, en conséquence, au *Dictionnaire de Physique*, où la matière est amplement traitée.

Mais il est un effet de l'*électricité* dont l'influence est souvent désastreuse dans les campagnes, c'est le TONNERRE & la GRÊLE, & dont les cultivateurs ne peuvent trop chercher les moyens de se garantir; ce à quoi ils peuvent parvenir très-souvent au moyen des PARATONNERRES & des PARAGRÊLES, appareils qui ne diffèrent pas essentiellement. J'ai développé leur théorie aux mots précités & à ceux ORAGE & TROMBE.

ÉLÉGIE. *Elegia*. Plante du Cap de Bonne-Espérance, qui ressemble au JONC, & qui seule constitue un genre dans la dioecie triandrie, voisin des RESTIOLES.

ÉLÉMENS. Les Anciens, qui se livroient plus aux réflexions qu'à l'observation, avoient établi que les corps terrestres étoient composés de quatre *élémens* diversement combinés; savoir: la TERRE, l'EAU, l'AIR & le FEU.

Aujourd'hui qu'une chimie perfectionnée nous a prouvé que ces objets n'étoient rien moins que simples, on ne prend plus le mot *élément* que dans une acception générale, & il ne doit entrer, pour ainsi dire, que pour mémoire dans un *Dictionnaire d'Agriculture*. Voyez, pour le surplus, celui de *Physique*.

ÉLÉMIFERE. *Elemifera*. Genre de plantes qui se confond avec celui des BALSAMIERS.

ÉLEN. Un des noms du ROSEAU & de l'ÉLIME DES SABLES.

ÉLÉOCHARE. *Eleocharis*. Genre établi pour placer quelques SCIRPES de la Nouvelle-Hollande.

ÉLÉPHANTHUSIE. *Elephantusia*. Genre de palmiers propre au Pérou, dont on connoît deux espèces, ni l'une ni l'autre cultivées dans nos climats.

ÉLEUSINE. *Eleusine*. Genre de plantes établi aux dépens des CRETELLES. *Voyez* CORACAN.

ÉLEUTHÉRANTHÈRE. *Eleutheranthera*. Plante de Saint-Domingue, qui sert de type à un genre de la syngénésie & de la famille des corymbifères.

Elle ne se cultive pas dans les jardins de l'Europe.

ÉLEUTHERIE. *Eleutheria*. Genre de plantes de la famille des MOUSSES, qui a été réuni aux NECKERIES.

ÉLÉVATION DU SOL. Chaque jour les vallées & les plaines s'élèvent par l'accumulation des débris des montagnes qu'y apportent les eaux. La mer même recule par la même cause. *Voyez* MONTAGNE, VALLÉE, GALET, CAILLOU, SABLON, SABLE, TORRENT, RIVIÈRE, MER, ALLUVION, DÉBORDEMENT, ORAGE, PLUIE.

Il est des cas où l'*élévation du sol* fait la fortune des propriétaires; c'est lorsque ce sont des terres arables qui y sont apportées par les eaux. *Voyez* IRRIGATION & ACOULIS.

Il en est d'autres où cette *élévation* fait leur désespoir, par exemple, quand elle est le produit d'un grand entraînement de GALETS, de SABLE, &c. *Voyez* ENCAISSEMENT.

Tantôt l'homme peut influer sur l'*élévation du sol*, dans le premier cas; tantôt il peut l'empêcher dans le second cas; mais sa puissance est bornée, dans les deux, bien au-dessous de ses desirs.

Un autre moyen d'élever le sol, employé par la nature, & auquel l'homme pourroit plus concourir, est la végétation. En effet, les plantes tirant autant de principes nutritifs de l'air que de la terre, il est évident que chaque année celles des grands bois qu'on ne coupe pas, & dont les bestiaux sont éloignés, rendent à la terre plus qu'elles n'en ont reçu; mais, d'une autre part, combien de plaines à cultures de céréales, de pâturages, &c., voient enlever une partie de leur sol avec les grains, les pailles, les foins, qui sont consommés par l'homme & par les animaux domestiques! Sans doute les engrais réparent cette perte, mais ce n'est qu'en partie; aussi les pays les plus anciennement cultivés sont ils les plus épuisés de terre.

Voyez, de plus, les mots MARAIS & TOURBE.

ÉLICHRYSE. *Elichrysum*. Genre de plantes établi aux dépens des IMMORTELLES, mais qui n'a pas été adopté par tous les botanistes.

ELLORTON. L'AGARIC MEURTRIER, espèce très-dangereuse, s'appelle ainsi aux environs de Bar-sur-Aube.

ÉLODE. *Elodes*. Genre de plantes qui a pour type le MILLE-PERTUIS AQUATIQUE.

ÉLODÉE. *Elodea*. Genre de plantes de la triandrie monogynie & de la famille des hydrocharidées, qui rassemble trois espèces, toutes aquatiques, dont aucune ne se cultive dans nos jardins.

ELPHEGÉE. *Elphegea*. Plante de l'Ile-de-France, rapportée aux CONYZES par Lamarck, mais que H. Cassini croit devoir constituer un genre particulier.

Nous ne la cultivons pas dans nos jardins.

ELSHOLTZIE. *Elsholtzia*. Genre de plantes qui ne diffère pas du COLBROOKE de Loureiro & du BAREULE de Smith.

ELVASIE. *Elvasia*. Arbre de l'Amérique méridionale, qui constitue un genre dans l'octandrie monogynie & dans la famille des ochnacées.

Il ne se cultive pas dans nos jardins.

ÉLYNANTHE. *Elynanthus*. CYPERACÉE fort voisine des TRASIS, mais que Palisot-Beauvois a cru devoir établir en titre de genre.

Elle ne se cultive pas en Europe.

ÉLYNE. *Elyna*. Genre de plantes qui ne diffère pas du KOBRÉSIE.

ÉLYONURE. *Elyonurus*. Genre de plantes de la polygamie monœcie & de la famille des graminées.

La seule espèce qu'il renferme ne se cultive pas dans nos jardins.

ÉLYTRAIRE. *Elytraria*. Genre de plantes qui renferme deux espèces, dont l'une est la CARMANTINE NAINE (*justicia acaulis*, Linn.), originaire de l'Inde, & dont l'autre, qui est figurée dans la *Flore de l'Amérique septentrionale* de Michaux, se cultive dans nos écoles de botanique.

Cette plante, que j'ai fréquemment observée en Caroline, croît dans les terrains uligineux & découverts. Elle doit être, ici, semée dans des pots remplis de terre de bruyère, tenus dans l'eau pendant les chaleurs de l'été, & rentrés en hiver dans une orangerie. On la multiplie presqu'exclusivement par séparation des vieux pieds, au printemps, car je ne lui ai pas encore vu fournir de bonnes graines dans le climat de Paris.

ÉLYTRIGIE. *Elytrigia*. Genre de plantes de la famille des graminées, qui ne diffère pas suffisamment de celui appelé AGROPYRON.

ÉLYTROPAPPE. *Elytropappus*. Genre de plantes qui a pour type l'IMMORTELLE HISPIDE.

ÉLYTROPHORE. *Elytrophorus*. Plante de l'Inde, qui a servi à l'établissement d'un genre dans la triandrie digynie & dans la famille des graminées.

Elle ne se voit pas dans nos jardins.

EMBALLAGE DES PLANTES. Le goût que les Européens ont pris pour la culture des plantes étrangères, a d'abord été satisfait au moyen des graines envoyées de toutes les parties du Monde, & distribuées aux amateurs habitant les ports de mer ou les grandes villes. *Voyez* GRAINES.

Mais les produits de ces graines n'en donnent pas, du moins le plus souvent, dans nos climats, ou n'en donnent qu'après un grand nombre d'années. Il a fallu, pour multiplier & répandre ces produits, profiter des moyens artificiels connus, c'est-à-dire, en faire des MARCOTTES, des BOUTURES, des GREFFES, des ÉCLATS, des TRONÇONS DE RACINE, &c.; faire voyager, en nature, les résultats de ces opérations, & par conséquent les emballer, pour qu'ils puissent supporter plus facilement les inconvéniens du transport.

Il est plusieurs sortes d'*emballages des plantes*.

Quand les objets à transporter sont d'un gros volume & que la distance est peu considérable, on les entasse sur une voiture chargée de paille sur son fond & sur les côtés, de manière que s'ils sont longs, les racines soient sur le devant, & que s'ils sont courts, les racines soient alternativement devant & derrière; ensuite on garnit les racines de paille, qu'on assujettit au moyen de cordes ou de harts.

Il est bon de mouiller cette paille un jour avant de l'employer, pour la rendre plus souple; mais il est très-nuisible de la mouiller après, l'eau noircissant les racines & amenant leur moisissure.

Si l'envoi est destiné à faire une plus longue route, si surtout il doit être transporté par les voitures publiques, on le divise en plusieurs lots, d'environ deux pieds de diamètre, lots qu'on entoure de paille liée avec de l'osier ou de la ficelle, dans toute leur longueur, après avoir mis de la mousse humide entre leurs racines.

Il a été reconnu qu'il est avantageux de choisir les époques de la suspension de la séve, pour faire des envois de plantes, & de couper les branches & les racines, pour concentrer la séve dans le tronc.

Lorsque les plantes sont en pots, on enterre ces pots dans de la litière, qu'on assujettit avec des perches attachées aux barreaux de la charrette.

Ainsi disposées & arrosées, ces plantes pourroient faire le tour du Monde, puisqu'elles sont sur la charrette comme dans le lieu d'où elles ont été enlevées.

Cette manière de transporter les plantes seroit partout préférée, si elle n'avoit pas deux graves inconvéniens, celui d'être très-coûteuse, fort peu de pots tenant sur la plus grande charrette, & peu sûre, les passans & les valets d'auberge pouvant dégrader & même voler les pieds.

Les objets les plus précieux, & qui sont généralement de peu d'élévation, s'emballent aussi de deux manières principales.

On met de la mousse autour & sur le pot, dans une épaisseur de deux ou trois pouces. On réunit plusieurs de ces pots, en remplissant de mousse leurs intervalles, au fond d'un panier à claire-voie, fait exprès, dont la profondeur soit double de la hauteur des plantes contenues. On fixe la plante de chaque pot à une baguette, & toutes ces baguettes sont réunies par leur sommet & attachées, ainsi que la surface des pots, par d'autres baguettes transversales aux parois du panier.

Quand toutes ces conditions sont convenablement remplies & que les pots ne se cassent pas, cette manière d'emballer les plantes remplit très-bien son objet; mais il est rare qu'il n'arrive pas d'accidens.

Dans l'autre manière on dépote les plantes, on entoure leur motte de mousse humide, assujettie avec de la ficelle; on fixe la tige de chaque pied à une baguette, & on assujettit les mottes les unes contre les autres, dans une caisse, tant en les comprimant qu'en plaçant des tasseaux croisés aux pieds des tiges. On fait des trous d'un pouce de diamètre à la caisse.

Ici les plantes sont privées de la lumière, mais elles sont plus à l'abri des accidens.

Lorsqu'on veut faire venir des plantes des colonies, sur des vaisseaux marchands, on les plante dans des caisses recouvertes d'un toit mobile, garni de vitres, toit qu'on ouvre dans le beau temps & qu'on ferme dans le mauvais. Il existe dans la belle collection du Muséum d'histoire naturelle de Paris, plusieurs modèles différens de ces caisses.

J'ai plusieurs fois reçu des plantes vivantes, en très-bon état, de nos colonies & des Etats-Unis de l'Amérique, qui avoient été simplement stratifiées avec de la terre, de la mousse, du bois pourri, dans des caisses ordinaires, où leur végétation avoit été suspendue par défaut d'air & de lumière.

Toutes les plantes emballées doivent être accompagnées de leur nom, écrit sur du parchemin & attaché à leur tronc, ou introduit dans une fente faite à une de leurs petites branches, ou d'un numéro frappé sur du plomb & correspondant à un catalogue. On substitue quelquefois au plomb des morceaux de bois entaillés, depuis une jusqu'à dix coches.

A leur déballage, les plantes sont presque toujours plus ou moins étiolées; quelquefois même les pousses qu'elles ont faites sont complétement blanches : aussi doivent-elles de suite être mises à l'ombre & légèrement arrosées. J'en ai vu beaucoup périr pour n'avoir pas pris ces deux précautions. Celles qui sont originaires des pays chauds seront mises sous une bache, mais toujours tenues dans une demi-ombre, jusqu'à ce qu'elles aient consolidé leurs pousses.

L'*emballage* des graines est de deux sortes : les unes se mettent simplement dans des sacs de toile ou de papier; les autres se stratifient dans de la terre, dans de la mousse, dans du bois pourri : ces dernières sont principalement celles dont la nature est cornée, & qui perdent, par leur dessèchement, leur faculté germinative, telles que les glands, les châtaignes, &c., & celles dont l'huile se rancit aisément, comme les noix, les amandes, &c. Presque toutes les baies sont aussi dans l'un ou l'autre de ces cas.

EMBELIE. *Embelia.* Genre de plantes qui ne diffère pas de la SALVADORE.

EMBELIE. *Embelia.* Synonyme de RIBELIER.

EMBEY. Arbrisseau rampant dont on forme des cordes au Brésil.

Son nom générique ne m'est pas connu.

EMBLIC. *Emblica.* Genre de plantes qui a pour type le PHYLLANTHE, qui donne les MYROBOLANS EMBLICS.

EMBOLE. *Embolus.* Genre de la famille des champignons, depuis réuni aux STEMONITES.

EMBONPOINT. Un cultivateur qui desire faire prospérer ses affaires, doit tenir ses chevaux ou ses bœufs dans un état constant d'*embonpoint*, parce que c'est dans cet état, qui est le milieu entre l'obésité & la maigreur, qu'il en obtient le meilleur service.

C'est à la seule ignorance qu'il faut attribuer le mauvais état du bétail dans une partie de la France, car il y a partout moyen de lui donner de l'*embonpoint*, en employant une partie suffisante de son gain en achat de subsistances. En Suisse, en Allemagne, en Angleterre, où on sait que plus les chevaux & les bœufs sont bien nourris & plus ils travaillent, on n'en voit point

autant

autant qu'en France d'étiques & de couverts de plaies.

J'engage donc les cultivateurs à moins économiser sur la quantité & sur la qualité de la nourriture de leurs bestiaux, à les moins surmener, à panser leurs blessures, &c., afin de les avoir constamment en état d'*embonpoint*. *Voyez* CHEVAL, BŒUF, VACHE, MOUTON, BREBIS, &c.

EMBOQUER. Il est des lieux, dans les landes de Bordeaux, par exemple, où on nourrit les bœufs habituellement avec des boulettes de fourrage qu'on leur met dans la bouche une à une.

Dans beaucoup de pays on fait entrer de force de la pâtée dans le bec des DINDONS, des CHAPONS, des OIES, &c., pour les engraisser plus promptement.

Ces moyens sont économiques & mènent bien au but, mais ont quelques inconvéniens. *Voyez* ENGRAIS.

EMBRUNE. Synonyme d'AIRELLE.

EMBRYON. Synonyme de GERME, ou mieux, organe de la GRAINE qui devient le GERME, lorsqu'au moyen de l'humidité & de la chaleur il a pris vie. *Voyez* SEMENCE & VÉGÉTATION.

EMBRYOPTÈRE. *Embryopteris*. Genre de plantes qui rentre dans celui des PLAQUEMINIERS. C'est le MABOLO (*cavanillea*) de Lamarck.

ÉMILIE. *Emilia*. Genre de plantes établi par H. Cassini, pour placer la CACALIE SAGITTÉE.

ÉMOLLIENS. On appelle ainsi les substances qui, appliquées sur les tumeurs, les amollissent & diminuent les douleurs qu'elles causent.

Il est un grand nombre d'*émolliens* employés dans la médecine vétérinaire, parmi lesquels je citerai en première ligne l'eau tiède, la farine d'orge & des autres céréales, la mie de pain, la graine de lin, les feuilles & les racines de la guimauve, de la mauve & autres malvacées, les graisses & les huiles récentes, l'onguent populneum & autres.

Quelques praticiens supposent que tous les *émolliens* n'ont d'action qu'à raison de l'eau qu'ils contiennent. Cela peut être, mais il est constant qu'ils font plus d'effet que l'eau simple, quelque chaude & quelque fréquemment appliquée qu'elle soit.

ÉMONDAGE. Synonyme d'ÉLAGAGE.

Ce mot s'applique aussi à la coupe des têtes des saules, à l'ÉBOURGEONNEMENT de la VIGNE & à l'enlèvement du bois mort & des branches chiffonnes des arbres fruitiers.

ÉMOUCHER. C'est, en Bretagne, ramasser les épis cassés dans le battage au fléau, pour les battre une seconde fois séparément.

EMPIERREMENT. Ce nom s'applique ordinairement, ou à l'enfouissement sans ordre d'une assez grande quantité de pierres pour faciliter l'écoulement des eaux pluviales sous terre, ou à l'entassement d'une moindre quantité de pierres sur les chemins, pour en rendre l'usage plus aisé, soit pour les hommes à pied & à cheval, soit pour les voitures.

Les *empierremens* de la première sorte peuvent considérablement améliorer un terrain, & on ne doit pas craindre de faire des avances pour les effectuer, car quand ils sont exécutés avec intelligence, leurs bons effets peuvent durer des siècles, au bout desquels un simple remaniement des pierres qui y sont entrées suffit pour les remettre en bon état de service.

L'économie convie à faire les *empierremens* de cette sorte avec les pierres qui sont le plus à la portée; mais, quand on peut choisir, il faut préférer d'abord celles qu'on appelle MEULIÈRES, ensuite celles qui sont, ainsi qu'elles, quartzeuses, parce qu'elles ne s'altèrent nullement dans la terre, tandis que les calcaires & les argileuses s'y décomposent quelquefois.

Si les propriétaires de certains cantons vouloient se réunir pour faire une pierrée qui empêchât les eaux des montagnes de noyer leurs champs, ils décupleroient les produits de ces champs.

On fait des *empierremens* pour alimenter des ETANGS, des MARES, des CITERNES, pour dessécher des allées de jardin, des routes, &c.

EMPLANTÉ. Synonyme de PLANTÉ. Un terrain est *emplanté* d'ORMES, de FRÊNES.

EMPOIS. Résultat de la décomposition de l'AMIDON dans l'eau bouillante. C'est une espèce de COLLE légère qui ne diffère pas essentiellement de celle de FARINE.

C'est particulièrement pour donner de la fermeté aux toiles de lin & de coton qu'on use d'*empois* dans les ménages. Alors on le colore fréquemment avec du bleu d'azur ou du bleu d'indigo, pour donner au linge une nuance plus amie de l'œil que le blanc pur.

On ne doit préparer l'*empois* qu'à mesure du besoin, quoiqu'il se conserve bon plus long-temps que la colle, à raison de ce qu'il ne contient pas de matière GLUTINEUSE, parce qu'il se grumèle d'autant plus qu'il est plus vieux, & qu'il n'*empèse* plus aussi également que lorsqu'il est récent.

EMPOISONNEMENT DES ÉTANGS. *Voy.* ETANG.

EMPONDRE. On appelle ainsi, à l'île de la Réunion, la base du pétiole des feuilles des PALMIERS, qui ont une forme creuse & qui servent à contenir des liquides, même à faire cuire les alimens.

EMPYREUME. C'est l'odeur que prennent

toutes les matières animales & toutes les matières végétales qui contiennent de l'huile, lorsqu'on les brûle.

Combien de ragoûts sont perdus pour la nourriture de l'homme, parce qu'on les a laissé prendre un goût d'*empyreume* plus ou moins fort, mais toujours désagréable au goût & à l'odorat !

Ce qu'on appelle HUILE EMPYREUMATIQUE, & qu'on utilise aujourd'hui avec tant de succès contre les VERS INTESTINS des hommes & des animaux domestiques, se fait en brûlant des POILS, des ONGLES, des CORNES, dans une cornue de fer. C'est un véritable savon, c'est-à-dire, une combinaison d'AMMONIAQUE avec de l'HUILE animale.

ÉNALÉIDE. *Enaleida.* Genre de plantes très-voisin des TAGETS, établi sur une seule espèce, dont le pays natal n'est pas connu.

ÉNARGÉE. *Enargea.* Nom donné au genre de plantes appelé CALLIXÈNE.

ÉNARTHROCARPE. *Enarthrocarpus.* Plante du Liban, qui constitue seule un genre voisin des RADIS.

On ne la cultive pas en France.

ENCALYPTE. *Encalypta.* Genre de MOUSSES établi aux dépens des BRYS, & qui a été appelé LEERSIE par Hedwig. Il renferme douze espèces que Swartz a placées parmi ses GRIMMIES.

ENCASTELURE. Contraction, soit naturelle, soit accidentelle, de la partie supérieure de la muraille du sabot du cheval, du côté des talons.

Cette disposition du pied fait boiter le cheval. On la corrige par une ferrure appropriée, c'est-à-dire, plate & légère.

L'*encastelure* accidentelle, qui provient souvent de FOURBURE, d'EFFORTS, de DESSOLURE, &c., se guérit quelquefois assez rapidement au moyen d'un emplâtre émollient. *Voyez* CHEVAL.

ENCENS. Plusieurs résines odorantes portent ce nom.

Aujourd'hui on sait que le véritable *encens* provient d'un arbre de l'Inde, figuré par Roxburg, dans les *Recherches de la Société de Calcutta*, arbre qu'il a appelé BOSWELLIE DENTELÉE, & qui appartient à la famille des térébinthacées.

Le balsamier kafal, originaire de la côte orientale d'Afrique, près le détroit de Babel-Mandel, est l'arbre duquel découle l'*encens* d'Arabie, le meilleur après le précédent.

Voyez les mots GENÉVRIER, THUYA, CHLOROXYLLE, BENJOIN, PIN.

ENCHARNELÉ. C'est, dans le vignoble d'Orléans, le synonyme d'ECHALASSER. *Voy.* ECHALAS & VIGNE.

ENCHEVÊTRURE. BLESSURE faite au paturon d'un cheval, ou dans ses environs, par sa longe ou par toute autre cause.

Cette blessure devient quelquefois grave, par la difficulté de lui appliquer les remèdes convenables, qui sont des étoupes imbibées de vin chaud. *Voyez* CHEVAL.

ENCHOUSSINA. Synonyme de CHAULAGE dans le centre de la France.

ENCHYLÈNE. *Enchylæna.* Genre de plantes de la pentandrie digynie & de la famille des arroches, qui réunit deux arbustes de la Nouvelle-Hollande, ni l'un ni l'autre encore introduits dans nos cultures.

ENCLAVE. Nom d'une petite propriété qui se trouve au milieu d'une plus grande, & dans laquelle on ne peut se rendre sans passer dans l'autre.

Comme les *enclaves* doivent suivre le même assolement que la propriété où elles se trouvent, & qu'elles causent des pertes de récolte au moins à un des propriétaires, leur multiplication est très-nuisible au bien général de l'agriculture. Il est donc à desirer que la loi, favorisant les échanges, les fasse disparoître.

ENCLAVER. C'est réunir une propriété voisine d'une autre. *Voyez* ECHANGE.

ENCRIERS. Paulet appelle ainsi les champignons du genre AGARIC qui se résolvent en une eau noire & fétide.

ENDACIN. *Endacinus.* Genre de plantes de la famille des champignons, qui ne renferme qu'une espèce, figurée par Boccone, pl. 12.

ENDÉMIE. Nom commun à toutes les maladies qui attaquent simultanément les hommes & les animaux d'un canton.

C'est aux gaz délétères, à la stagnation de l'air, à la mauvaise nourriture que sont dues les *endémies.* Presque toujours c'est le système digestif qui est le plus affecté, comme dans la FIÈVRE JAUNE, le *cholera-morbus*, &c.

Voyez aux mots EPIDÉMIE & EPIZOOTIE.

ENDIANDRE. *Endiandra.* Arbrisseau de la Nouvelle-Hollande, lequel constitue seul un genre dans la triandrie monogynie & dans la famille des lauriers.

Il ne se cultive pas en Europe.

ENDOCARPE. *Endocarpa.* Genre de plantes établi aux dépens des LICHENS. Il enlève quelques espèces à celui appelé DERMATHODÉE.

ENDOCARPE. Partie intermédiaire des péricarpes. Elle s'appelle PULPE dans le raisin, CHAIR dans la pêche.

ENDOGONE. *Endogona.* Genre de CHAMPIGNONS peu connu.

ENDOLENQUE. *Endolenca.* Petit arbuste du Cap de Bonne-Espérance, qui forme seul un genre intermédiaire entre les GNAPHALES & les PÉTALOLEPIS.

Il ne se cultive pas en Europe.

ENDOSSER. C'est, dans les Vosges, LABOURER en BILLON, faire des DOS D'ANE.

ENFOLIES. MARCOTTES de VIGNES qui, sur les bords de la Loire, sont employées pour les plantations.

ENGANE. La SALICORNE FRUTESCENTE porte ce nom à l'embouchure du Rhône.

ENGARDE ou GARDE. SARMENT taillé très-long, dans l'intention de lui faire porter plus de grappes.

Il diffère de l'ARÇON ou SAUTELLE, parce qu'on ne le courbe pas. *Voyez* VIGNE.

ENGLUMEN. Mot synonyme d'ONGUENT, d'EMPLATRE, mais spécialement applicable aux opérations sur les végétaux.

Le plus ancien, comme le plus facile à composer, est l'ONGUENT de Saint-Fiacre, mélange de bouse de vache & de terre.

Le plus moderne est celui dont Forseyth, jardinier du roi d'Angleterre, a donné la composition, & qui est inférieur à tous les autres.

On forme des *englumens* avec une composition de cire & de poix, ou de poix & de suif, lesquels s'appliquent légérement chauds, ce qui quelquefois n'est pas sans inconvéniens.

L'action des *englumens* se réduit, à ce qu'il paroît, à empêcher l'action de l'air & de la pluie sur les plaies des arbres, action qui, dans le premier cas, les dessèche, & dans le second, les pourrit.

Lorsque les *englumens* sont durs & secs, comme celui de Forseyth, comme celui formé avec une résine, ils s'opposent à la formation du BOURRELET, qui seul peut conduire à la guérison de la plaie.

Une POUPÉE qu'on peut mouiller de temps en temps, est, à mon avis, un moyen plus certain d'assurer la reprise des greffes que les compositions les plus vantées, quoique ces dernières réussissent toujours lorsque les sujets sont jeunes & que l'année est favorable. *Voyez* GREFFE.

ENGOURDISSEMENT DES ARBRES. Il arrive assez souvent qu'un arbre qu'on plante au printemps ne pousse pas d'abord, quoiqu'il ne meure pas. On dit alors qu'il est *engourdi.* Ordinairement il développe des feuilles à la séve d'août; plus rarement ce n'est qu'au printemps suivant. J'en ai vu rester trois ans dans cet état.

Ce sont principalement les arbres à qui on a coupé la tête & raccourci les racines, ceux qui sont plantés dans des terrains secs, qui s'engourdissent. On peut donc espérer de faire cesser cet état par l'application d'une GREFFE en fente & par des ARROSEMENS abondans. *Voyez* PLANTATION.

ENGRAVURE. Maladie du pied des BŒUFS, qui est le résultat de la compression des PIERRES sur lesquelles ils marchent, ou de l'introduction des GRAVIERS entre leurs ONGLES.

On guérit l'*engravure* par le repos & par l'application d'emplâtres émolliens.

ENHALE. *Enhalus.* Plante aquatique de l'Inde, qui a quelques rapports avec les STRATIOTES, mais qui paroît devoir former un genre dans la famille des hydrocharidées.

On ne la cultive pas en Europe.

ENHYDRE. *Enhydra.* Genre de plantes qui ne diffère pas du MEYERE.

ENKAFATRAHE. Arbre de Madagascar, dont le bois exhale une odeur agréable.

Son genre n'est pas connu, & il ne se voit pas dans les jardins en Europe.

ENNÉAPOGON. *Enneapogon.* Genre de plantes établi aux dépens des PAPPOPHORES.

ENRAYEMENT. Piqûre faite par le soc de la CHARRUE, aux pieds des bœufs qui y sont attelés.

Cet accident est assez fréquent dans les pays où on emploie l'ARAIRE. Il a quelquefois des suites graves lorsqu'il a lieu dans la SOLE. On le guérit comme le CLOU DE RUE.

ENRÉAGEURE. On donne ce nom aux RAIES des LABOURS dans quelques endroits.

ENSADE. Il y a lieu de croire que c'est le FIGUIER DES PAGODES, ou une espèce fort voisine.

ENSLÉNIE. *Enslenia.* Plante des bords du Mississipi, qui constitue seule un genre dans la famille des PÉDICULAIRES.

Nous ne la possédons pas dans nos jardins.

Une autre plante du même pays porte le même nom générique. Elle est de la famille des APOCINÉES.

Elle ne se cultive pas non plus.

ENTONNOIRS. Famille de CHAMPIGNONS établie par Paulet dans le genre AGARIC.

ENTRE-FEUILLE. Tantôt ce sont, dans les VIGNES, les intervalles d'une feuille à l'autre, tantôt les feuilles secondaires qui sortent de l'aisselle des autres. *Voyez* VIGNE.

ENTRE-PLANT. C'est, dans le vignoble d'Orléans, un CEP qu'on place dans l'intervalle des autres pour regarnir le terrain. *Voyez* VIGNE.

ENTREVIGES. On appelle ainsi la CLÉMA-

TITE ODORANTE aux environs de Montpellier, où elle sert à la nourriture des BREBIS, & à donner une saveur piquante aux FROMAGES.

ÉPALI. Synonyme de répandre le FUMIER.

ÉPALTE. *Epaltes.* Genre de plantes qui a pour type l'ETHULIE DIVARIQUÉE.

ÉPAULÉ. Lorsqu'une ou plusieurs des branches d'un arbre sont à moitié cassées & plus ou moins pendantes, on dit qu'il est *épaulé*.

Il est quelquefois possible de rétablir un arbre *épaulé*, en relevant la branche & en l'assujettissant sur des bâtons, au moyen d'un bandage; mais lorsqu'on juge cette opération impossible, il faut se presser de couper les branches *épaulées*, & même toutes les branches, pour en faire pousser de nouvelles. *Voy.* RAJEUNISSEMENT & ARBRE.

ÉPERLÈQUE. C'est, en Flandre, une variété d'ORME qui se multiplie de MARCOTTES.

ÉPERON DE LA VIERGE ou DU CHEVALIER. La DAUPHINELLE s'appelle vulgairement ainsi.

ÉPETI. Plante de Cayenne, dont le genre n'est pas connu.

EPHIELIS. *Ephielis.* Synonyme de MATAYBE.

ÉPIBLÈME. *Epiblema.* Plante de la Nouvelle-Hollande, qui ne se cultive pas dans nos jardins. Elle est de la gynandrie diandrie & de la famille des orchidées.

ÉPICARPE. On a donné ce nom à l'ÉCORCE des FRUITS.

ÉPICIA. Espèce du genre SAPIN.

ÉPIDORCHIS. *Epidorchis.* Genre de la famille des orchidées, qui paroît peu différent des ANGRECS de Swartz.

ÉPIFAGE. *Epifagus.* Genre de plantes qui a pour type l'OROBANCHE DE VIRGINIE.

ÉPIGYNIE. Synonyme de GYNANDRIE.

ÉPILEPSIE. Maladie commune aux hommes & aux animaux domestiques, & qui a son siége à l'origine des nerfs. On l'appelle aussi MAL CADUC, HAUT MAL, MAL SACRÉ.

Les symptômes de l'*épilepsie* varient beaucoup. Les plus généraux sont la cessation instantanée des fonctions vitales dépendantes de la volonté, souvent la perte absolue du sentiment; hors ce dernier cas, toujours des mouvemens convulsifs dans tous les organes ou dans quelques organes, une bave écumeuse, &c.

S'il est difficile de reconnoître les causes de l'*épilepsie* dans l'homme & d'y appliquer des remèdes d'un effet certain, cela devient presque impossible dans les animaux domestiques, parmi lesquels le CHIEN, le CHAT & le CHEVAL sont ceux qui s'y montrent le plus sujets, & sur lesquels on tente des remèdes, au nombre desquels un régime rafraîchissant, des purgatifs répétés, des cautères ou sétons, & le feu, sont les plus usités.

L'important pour les cultivateurs, c'est d'empêcher les animaux épileptiques de servir à la reproduction; car cette maladie est du nombre de celles qui sont reconnues héréditaires. C'est probablement parce qu'on ne gène nullement les chiens & les chats à cet égard, qu'elle est si commune parmi eux.

ÉPINARD-FRAISE. *Voyez* BLETTE.

ÉPINARD SAUVAGE. Un des noms de l'ANSERINE.

ÉPINARD D'AMÉRIQUE. *Voyez* BASELLE.

ÉPINCER. Nom, dans quelques cantons, de l'opération dans laquelle on supprime, entre les deux séves, les bourgeons qui ont poussé sur le tronc des ARBRES DE LIGNE. *Voyez* ce mot & celui EBOURGEONNEMENT.

ÉPINETTE. Espèce de CAGE portée sur un pied plus ou moins élevé, dans laquelle on met les volailles qu'on desire engraisser.

Rarement on voit des *épinettes* simples; le plus ordinairement elles sont accouplées au nombre de quatre, de six, de huit & même de douze.

Pour construire une *épinette*, on lie ensemble deux cadres parallélogramiques par des montans cloués à leurs angles, & on traverse ces deux cadres sur les côtés & en dessous par des bâtons écartés de deux à trois pouces, selon l'espèce de volaille; les inférieurs disposés dans le sens de la longueur, c'est-à-dire, parallèles aux grands côtés du cadre. L'intérieur est divisé avec des planches très-minces en plus ou moins de cases, selon la grandeur des cadres & l'espèce de la volaille, lesquels sont chacun recouverts d'une planche semblable, fixée à un des côtés du cadre supérieur.

C'est dans ces cases qu'on met les COQS, CHAPONS, POULES, DINDONNEAUX, OIES, CANARDS, PINTADES, qu'on veut engraisser. Il faut que ces oiseaux y soient tellement gênés, qu'ils ne puissent pas s'y retourner, même s'y donner de grands mouvemens. Une petite auge aussi longue que le cadre, pour contenir leur manger, est placée devant eux. On leur donne séparément à boire quand il est nécessaire. Pour plus de propreté, on place sous l'*épinette* une planche un peu plus large qu'elle, pour recevoir les excrémens & les enlever avec elle.

Je n'ai pas indiqué de dimensions précises, parce qu'elles varient non-seulement pour chaque espèce de volaille, mais encore pour la même, aux différentes époques de sa croissance.

Les volailles se mettent & s'ôtent de l'*épinette*

en levant d'un côté la planche qui recouvre chaque case; mais une fois placées, il est bon qu'elles n'en sortent que pour être consommées.

Le meilleur endroit où on doive déposer les *épinettes*, est une chambre chaude & un peu obscure, éloignée du bruit, & où n'entre que la personne qui vient apporter à manger aux volailles qui s'y trouvent & enlever leurs excrémens. *Voy.* ENGRAIS.

Lorsqu'une *épinette* cesse d'être garnie, il faut la laver à l'eau chaude dans toutes ses parties & la déposer au grenier jusqu'à l'année suivante. Par ce moyen elle se conservera plusieurs années sans avoir besoin de réparation.

ÉPIPACTIS. *Epipactis.* Genre de plantes qui a pour type l'ELLEBORINE A LARGES FEUILLES.

ÉPIPHYLLE. *Epiphylla.* Genre de plantes établi aux dépens des VARECS.

ÉPIPOGE. *Epipogion.* Genre de plantes qui ne diffère pas de celui des SATYRIONS.

ÉPISPERME. *Episperma.* Genre de plantes établi aux dépens des CONFERVES.

ÉPISTROME. *Epistroma.* Genre de plantes établi aux dépens des SPHÉRIES.

ÉPISTYLE. *Epistylium.* Genre établi par Swartz, pour séparer deux espèces de celui des OMPHALIERS.

ÉPIZOOTIE. Ce mot, pour les animaux, correspond à ceux EPIDÉMIE & ENDÉMIE pour l'homme, c'est-à-dire, qu'il indique les maladies qui attaquent en même temps un grand nombre d'animaux dans une certaine étendue de pays.

Les maladies contagieuses peuvent devenir *épizootiques*, & le deviennent souvent, mais elles ne le sont pas nécessairement.

La fièvre ATAXIQUE, la DYSSENTERIE, la PÉRIPNEUMONIE, l'ESQUINANCIE, le CHARBON, le VERTIGO, la CLAVELÉE, la PHTISIE, &c., sont les maladies les plus communément *épizootiques*.

Il paroît que les fonctions digestives jouent un grand rôle dans les *épizooties*, & en effet c'est pendant les grandes chaleurs de l'été & les brumes de l'automne qu'elles règnent avec le plus d'intensité. On a vu disparoître du jour au lendemain, par le changement de l'état de l'atmosphère, par le changement de position, par exemple, en conduisant les troupeaux de la plaine, dans les bois ou dans les montagnes, en les éloignant des localités où il n'y a pas de cours d'air, comme les vallées profondes, surtout des eaux stagnantes, & principalement des marais à moitié desséchés.

Des écuries, des étables & des bergeries trop basses & trop rarement nettoyées, peuvent donner naissance à une *épizootie*.

La mauvaise nature des alimens, de boisson, & le manque d'alimens, de boisson suffisans, produisent fréquemment le même effet.

De ces faits on doit conclure que les maladies *épizootiques* ne se communiquent pas, mais se développent en même temps, par l'effet des mêmes circonstances, dans une étendue considérable de pays.

C'est par des moyens hygiéniques, & surtout par l'isolement dans les bois, le CANTONNEMENT sur les montagnes, dans les plaines, que les cultivateurs doivent combattre les *épizooties*; mais comme ces moyens varient selon le genre de la maladie, je renvoie le lecteur à l'article de chaque maladie.

EPOCHNION. *Epochnium.* Genre établi aux dépens des MOISISSURES. Il ne diffère pas de la MONILIE.

ÉPRAULT. Le CÉLERI s'appelle ainsi dans quelques cantons.

ÉPUISEMENT. Maladie des animaux qui a pour cause, 1°. un défaut de nourriture suffisante en qualité ou quantité; 2°. une travail excessif, ou des jouissances trop multipliées; 3°. une maladie; 4°. la vieillesse.

L'*épuisement* par la première cause cesse, ou par le changement de nourriture, ou par l'augmentation de cette nourriture.

Le repos, dans les deux cas suivans, amène presque toujours la cessation de l'*épuisement*.

Lorsque la maladie qui cause l'*épuisement* cesse, il est rare qu'il ne disparoisse pas quelque temps après.

Il n'y a rien à tenter pour faire disparoître l'*épuisement* causé par la vieillesse.

Voyez, pour le surplus, aux articles des animaux domestiques & à celui HYGIÈNE.

ÉPURÉE. Genre de plantes qui ne diffère pas de celui appelé PANZÈRE.

ÉRABLE. *Acer.* Genre de plantes de la polygamie monœcie & de la famille des malpighiacées, dans lequel se placent vingt six espèces, dont plusieurs sont indigènes à la France & se cultivent dans nos jardins, ainsi qu'un grand nombre d'autres originaires de l'Amérique septentrionale. Ce sont des arbres d'un superbe feuillage, mais dont le bois n'est qu'au second rang sous les rapports de l'utilité.

Espèces.

1. L'ÉRABLE champêtre.
Acer campestre. Linn. ♄ Indigène.

2. L'ÉRABLE sycomore.
Acer pseudo-platanus. Linn. ♄ Indigène.

3. L'ÉRABLE plane.
Acer platanoïdes. Linn. ♄ Indigène.

4. L'Érable à feuilles d'obier.
Acer apulifolium. Vill. ♄ Indigène.
5. L'Érable hybride.
Acer hybridum. Bosc. ♄ Du midi de l'Europe.
6. L'Érable opale.
Acer opalum. Linn. ♄ Du midi de l'Europe.
7. L'Érable de Montpellier.
Acer monspessulanum. Linn. ♄ Indigène au midi de l'Europe.
8. L'Érable de Crète.
Acer creticum. Linn. ♄ Du midi de l'Europe.
9. L'Érable de Tartarie.
Acer tataricum. Linn. ♄ De Tartarie.
10. L'Érable à feuilles de frêne.
Acer negando. Linn. ♄ De l'Amérique septentrionale.
11. L'Érable jaspé.
Acer pensylvanicum. Linn. ♄ De l'Amérique septentrionale.
12. L'Érable en épi.
Acer montanum. Hort. Kew. ♄ De l'Amérique septentrionale.
13. L'Érable rouge.
Acer rubrum. Linn. ♄ De l'Amérique septentrionale.
14. L'Érable à fruits cotonneux.
Acer eriocarpum. Mich. ♄ De l'Amérique septentrionale.
15. L'Érable de Caroline.
Acer carolinianum. Walter. ♄ De l'Amérique septentrionale.
16. L'Érable à sucre.
Acer saccharinum. Linn. ♄ De l'Amérique septentrionale.
17. L'Érable noir.
Acer nigrum. Mich. ♄ De l'Amérique septentrionale.
18. L'Érable hétérophylle.
Acer heterophyllum. Willd. ♄ D'Orient.
19. L'Érable obtusate.
Acer obtusatum. Waldst. ♄ De Hongrie.
20. L'Érable ibérique.
Acer ibericum. Willd. ♄ D'Ibérie.
21. L'Érable peint.
Acer pictum. Thunb. ♄ Du Japon.
22. L'Érable palmé.
Acer palmatum. Thunb. ♄ Du Japon.
23. L'Érable du Japon.
Acer japonicum. Thunb. ♄ Du Japon.
24. L'Érable à feuilles découpées.
Acer dissectum. Thunb. ♄ Du Japon.
25. L'Érable trifide.
Acer trifidum. Thunb. ♄ Du Japon.
26. L'Érable pinné.
Acer pinnatum. Lour. ♄ De la Cochinchine.

Culture.

Les vingt premières espèces se trouvent dans nos jardins, & quoique la même culture puisse leur convenir, il est bon de donner à chacune d'elles les soins particuliers qu'exige son organisation. Ainsi je vais les passer successivement en revue.

L'Érable champêtre croît dans les bois & les haies de presque toute la France, principalement aux lieux secs & montueux. Il est peu élevé & très-rameux. On le connoît sous les noms d'*érable commun* ou *petit érable des bois*. Son bois est dur; il pèse, sec, 51 livres 1 once 3 gros par pied cube, & prend un beau poli. Il n'éprouve qu'un seizième de son volume de perte par la dessiccation. Les tourneurs, les luthiers & les ébénistes recherchent surtout son broussin; mais comme la consommation qu'ils en font est peu considérable, la presque totalité de celui qui se coupe chaque année est consacrée au feu. C'est un des meilleurs arbres qu'on puisse employer, dans les terrains arides, pour faire des palissades & des haies, parce qu'il garnit extrêmement & souffre la tonte la plus rigoureuse. Tous les bestiaux, surtout les chèvres, en aiment les feuilles avec passion, soit vertes, soit sèches. Enfin, ses avantages sont tels, qu'il semble qu'avec lui seul on pourroit décupler les revenus de beaucoup de propriétés que leur sol argileux, pierreux, leur nature sèche & leur exposition brûlante rendent peu propres aux céréales & autres cultures. Hé bien, nulle part, en France, je ne l'ai vu cultiver autrement qu'en haies. Pourquoi? parce qu'il est trop commun, qu'on suppose qu'il faut du rare pour faire gagner de l'argent.

J'ai lieu de croire que c'est en taillis qu'il faut tenir l'*érable champêtre* si on veut en tirer tout le parti possible, parce que ce n'est que dans les bonnes terres qu'il parvient rapidement à toute sa grandeur, & qu'on ne doit pas l'y laisser.

La multiplication de l'*érable champêtre* a lieu par tous les moyens possibles; mais c'est par le semis de ses graines, dont il donne souvent des quantités prodigieuses, qu'on doit généralement l'opérer, comme la plus économique & comme donnant seule l'espérance d'avoir de beaux arbres. Ces graines se récoltent à la fin de l'automne, se conservent pendant tout l'hiver stratifiées dans la terre, & pour n'être mises en terre qu'au printemps, soit dans les clairières de bois, si on en a à regarnir, soit sur des champs arides & épuisés, si on en veut créer, soit en lignes, le long d'un fossé, si on est dans l'intention de former une haie, soit, enfin, dans une pépinière, si l'objet est de le planter dans des jardins paysagers, des remises à *gibier*, &c.

Le plant de cet *érable* se repique comme celui de l'*érable sycomore*; ainsi je n'en dirai rien ici.

Soit qu'il soit isolé au milieu des gazons, soit qu'il fasse partie des massifs, l'*érable champêtre* produit un bon effet dans les jardins paysagers, à raison de l'épaisseur, de la forme & de la couleur de son feuillage. Il fournit plusieurs variétés, dont l'une à feuilles panachées, l'autre à bois tortillard, l'autre dioïque, &c.

Rarement on emploie cette espèce à la greffe des autres, quoiqu'il y soit très-propre.

L'ÉRABLE SYCOMORE, autrement appelé *faux-sycomore*, *faux-platane*, *érable blanc*, s'élève davantage & plus rapidement que le précédent. Il est fort commun dans les bois montueux du centre de la France, dont le terrain est frais & léger. Le nord est l'exposition qu'il m'a paru préférer. La beauté de son écorce, de son port, de ses feuilles, le rend un des arbres d'ornement les plus employés, soit en avenue, soit en quinconce, soit en massif. La taille le défigure ordinairement, mais il supporte passablement la disposition en palissade de ses branches inférieures. Ses touffes de deux à trois ans décorent fort bien un gazon. Il pousse extrêmement vîte. Les bestiaux recherchent ses feuilles, qui sont susceptibles de se panacher en blanc, en rouge & en jaune. Il est difficile d'en faire de bonnes haies. Son bois est blanc, fort recherché par les menuisiers, les ébénistes, les luthiers & les tourneurs. Les côtés des violons & les tables des clavecins en sont presque toujours construits. J'ai vu les ébénistes payer son BROUSSIN fort cher, à raison de la beauté des petits meubles qu'ils en fabriquoient. Il est peu dur & répand peu de chaleur pendant sa combustion. Sa pesanteur, étant complétement desséché, est de 51 livres 7 onces 3 grains par pied cube, & sa retraite un peu plus du douzième. Je l'ai vu employer pour monter des fusils, service auquel il convient par la légèreté & le beau poli dont il est susceptible. Ses racines sont souvent agréablement veinées.

Quelque peu propre que soit l'*érable sycomore* pour le feu, à raison du peu de chaleur qu'il donne, on peut en faire des taillis qui, coupés à quatre ou cinq ans, fourniront, outre les feuilles pour les bestiaux, de nombreux fagots qui seront avantageusement employés à chauffer le four, à faire cuire la chaux, le plâtre, &c.

La multiplication de l'*érable sycomore* a lieu par graines, par rejetons, par marcottes, par racines, même par boutures; mais c'est la première de ces sortes qu'on préfère dans les pépinières des environs de Paris, où on en élève de grandes quantités de pieds, non-seulement pour la plantation des jardins & des avenues, mais encore pour les employer à la greffe des espèces étrangères, objet auquel il est très-propre.

On récolte la graine de l'*érable sycomore* à la fin de l'automne, & on la stratifie ainsi qu'il a été dit pour celle de l'*érable champêtre*, à l'effet de la mettre en terre seulement au printemps; car si on la semoit aussitôt la récolte, comme la nature l'indique, elle seroit en grande partie mangée par les souris, les campagnols & autres rongeurs, & si on la laissoit se dessécher, elle ranciroit presque toute & deviendroit impropre à la germination.

Bien préparer la terre pendant l'hiver qui précède les semis de la graine d'*érable*, assure le succès de la germination & la belle croissance du plant qui en provient.

La meilleure manière de semer les graines de l'*érable sycomore* est en lignes écartées de six pouces; mais on peut, sans grands inconvéniens, le faire en planches, pourvu qu'elles soient fort écartées.

Généralement le plant d'*érable sycomore* ainsi disposé, acquiert environ un pied de haut dans la première année, quelquefois plus. S'il est en ligne, on lui donne deux binages; s'il est en planche, on se contente de le sarcler.

Au printemps de l'année suivante, le plant le plus fort de l'*érable sycomore* se lève pour se repiquer dans une planche également bien préparée, à deux pieds de distance en tous sens, & le reste est mis en rigole.

Comme tous les *érables* sont des arbres à flèche, jamais on ne doit ni leur couper la tête en les plantant, sans nécessité urgente, ni les rabattre après un ou deux ans de séjour dans la pépinière, comme on le fait pour les ormes, les châtaigniers, &c.

A leur seconde année on coupe en crochet les branches inférieures des *érables sycomores*, & à leur quatrième on les enlève toutes pour leur former une tige nue. Ils sont livrables à la cinquième ou à la sixième.

Pendant tout cet intervalle, on donne à la terre deux binages & un labour par an.

Quelques pépiniéristes coupent à la même époque la flèche aux *érables sycomores*, à huit pieds de terre, pour leur faire pousser une tête plus touffue; mais je n'approuve pas cette opération.

La greffe des autres espèces s'applique sur l'*érable sycomore* à sa seconde ou troisième année, plutôt sur les pieds mis en rigole que sur les autres, plutôt rez-terre qu'à hauteur d'homme, plutôt à écusson à œil dormant que de toute autre manière.

Il est possible, pendant tout l'hiver, de planter les *érables sycomores*. Les trous où on les place doivent être ouverts trois mois à l'avance. Je renvoie au mot PLANTATION ceux qui voudront des détails sur le mode à employer, ce mode n'ayant rien de particulier.

On a retiré en Allemagne une assez grande quantité de sucre de la sève de cet arbre, ainsi que de celle du suivant; mais, comme il sera dit plus bas, je ne crois pas qu'on puisse l'exploiter pour cet objet. Tout au plus devra-t-on faire avec cette sève & de la farine ou du pain, une bière qui est d'un excellent goût & d'une assez longue durée.

L'ÉRABLE PLANE s'élève un peu moins que le précédent, mais est plus propre que lui, par l'élégance de ses feuilles, à orner les jardins. Il est connu sous les noms de *plaque*, de *faux sycomore*, d'*érable à feuilles de platane*, d'*érable de Norwège*. Les hautes montagnes du centre de la France & le nord de l'Europe sont les lieux où il croît naturellement. Lorsqu'on rompt ses feuilles, il sort de la blessure une liqueur laiteuse qui ne se remarque dans aucune autre espèce, & qui sert à le distinguer principalement de l'*érable à sucre* & de l'*érable noir*, auxquels il ressemble beaucoup. Son écorce est légèrement striée de blanc; son bois, qui est blanchâtre, se travaille avec facilité, prend toutes les couleurs, ne perd qu'un vingt-quatrième de son volume par la dessiccation, & pèse, sec, 43 livres 4 onces 4 gros par pied cube. On l'emploie aux mêmes usages que celui de l'*érable sycomore*.

Cette espèce se sème, se conduit dans sa jeunesse, se plante & se cultive positivement comme la précédente, excepté qu'elle n'est point propre à la greffe des autres espèces, probablement à raison du suc laiteux dont elle est pourvue. Un bon sol est le seul où elle prospère. Elle offre deux variétés: l'une à feuilles panachées, peu estimée; l'autre à feuilles laciniées & crispées, ayant l'air d'avoir été frites, appelée *érable à feuilles de persil*, *érable griffon*, qui frappe tous ceux qui la voient, & qu'on multiplie beaucoup pour la greffe sur son type ou sur l'*érable sycomore*, mais qui, étant une monstruosité, ne fleurit jamais & subsiste peu long-temps.

L'ÉRABLE A FEUILLES D'OBIER, appelé *ayart* dans les montagnes du Dauphiné, où il croît naturellement, est encore rare dans nos jardins, malgré la grande quantité de graines que j'ai fait venir pour les pépinières de Versailles, probablement parce qu'il est peu connu & inférieur en beauté aux deux espèces précédentes. Sa culture est positivement la même. Son bois est plus dur, & fort recherché pour le charronnage dans les environs de Grenoble. Il pèse, sec, 51 livres 11 onces 1 grain par pied cube.

Sous le nom d'ÉRABLE HYBRIDE, se cultivent trois espèces, probablement de l'est de l'Europe, dans les pépinières des environs de Paris. Celui auquel j'ai appliqué ce nom, & qui existe depuis longues années à la pépinière du Roule, est intermédiaire entre le précédent & le suivant. C'est un arbre de moyenne élévation, qui mérite d'être cultivé, même à côté des autres, & qui, quoiqu'il donne des fruits, n'a encore été multiplié que par la greffe sur l'*érable sycomore*.

L'*érable hybride* de Cels se rapproche de celui-ci, mais est distinct.

Celui de Noisette est plus voisin de l'*érable noir* que d'aucun autre.

Tous deux se multiplient comme le mien.

L'ÉRABLE OPALE, ou *érable à feuilles rondes*, est inférieur en grandeur à tous les précédens, mais figure aussi bien qu'eux, à raison de la beauté de ses feuilles, dans les jardins paysagers, où on le place le long des allées, à quelque distance des massifs, contre les fabriques, &c. On le multiplie quelquefois de graines, mais plus généralement par la greffe sur l'*érable sycomore*, quoiqu'il fût mieux de le faire sur l'*érable champêtre* ou l'*érable de Montpellier*, avec lesquels il offre des rapports plus positifs.

L'ÉRABLE DE MONTPELLIER mérite, par la beauté de sa tête & la durée de sa foliation, d'être placé au milieu des gazons ou à quelque distance des massifs, dans tous les jardins paysagers, car peu d'arbres y produisent plus d'effet de loin, & s'accommodent d'un aussi mauvais terrain que lui. Il est quelquefois frappé de la gelée, dans sa jeunesse, à la latitude de Paris, mais rarement il en meurt. Les haies qu'on en fait sont des plus excellentes, par l'entrelacement & la ténacité de ses rameaux. On le multiplie de graines, dont il donne immensément, & qu'on sème ainsi qu'il a été dit plus haut; mais comme il croît avec beaucoup de lenteur, il faut doubler le temps qu'il doit rester dans la pépinière. Il se multiplie aussi de marcottes & même de boutures. Sa greffe est de peu d'utilité.

L'ÉRABLE DE CRÊTE diffère peu du précédent, jouit des mêmes avantages & demande la même culture. Il est encore plus petit, atteignant rarement plus de quinze à vingt pieds de haut. Je voudrois le voir plus recherché des amis des jardins & des cultivateurs des montagnes pelées du midi de la France, dont il favoriseroit le repeuplement en bois de plus grande stature, par l'ombre qu'il projetteroit sur les semis.

L'ÉRABLE DE TARTARIE, au contraire de la plupart des autres arbres, ne prend point de tête proportionnée à sa hauteur, mais pousse des bouquets de branches sur son tronc, qui est toujours grêle. Fréquemment il entre dans la composition des jardins paysagers, quoiqu'il y produise fort peu d'effet, surtout quand il a acquis quelques années. Les terrains argileux & humides sont ceux où il se plaît le mieux. Sa hauteur surpasse rarement quinze à vingt pieds, & sa grosseur celle du bras. On le multiplie de graines, dont il donne abondamment, de rejetons & de marcottes. Je ne l'ai jamais vu greffer. Peut-être pourroit-on le cultiver pour fourrage en le coupant, tous les deux ou trois ans, rez-terre.

L'ÉRABLE A FEUILLES DE FRÊNE s'écarte beaucoup des autres pour l'aspect. Il est toujours dioique. La forme & la couleur de son feuillage le rendent très-propre à l'ornement des jardins paysagers: aussi l'y place-t-on fréquemment, au

moins

moins aux environs de Paris. Les avenues qui en sont composées se font également remarquer. Ses trochées de deux ou trois ans embellissent les gazons, à quelqu'endroit qu'elles se trouvent. C'est, de tous les *érables*, celui qui pousse le plus rapidement dans sa jeunesse. Les plus fortes gelées ne lui font point de mal, mais il n'en est point de même des chaleurs, ou peut-être mieux des sécheresses, pendant lesquelles il perd souvent ses branches supérieures. Les grands vents le dégradent quelquefois, en cassant ou en éclatant ses grosses branches, ce qui doit engager à ne pas le planter dans les lieux dénués d'abris. Les terrains légers & humides sont ceux qui paroissent le plus appropriés à sa nature. Son bois est blanc, dur, excellent pour faire des meubles & des instrumens de musique.

La multiplication de l'*érable à feuilles de frêne* s'effectuoit, dans le commencement de son introduction en France, introduction qui remonte à la Galissonnière, par marcottes, par rejetons, par racines & par boutures; mais aujourd'hui qu'il fournit abondamment de bonnes graines, on doit repousser ces moyens, qui donnent des arbres d'une constitution foible, par conséquent de peu de beauté & de peu durée. Ces graines se sèment comme celles des autres espèces, après avoir été stratifiées pendant l'hiver, soit en lignes, soit en planches, dans un terrain bien préparé & un peu ombragé. Il faut en répandre beaucoup, parce qu'il est commun qu'il y en ait la moitié d'avortées. Le plant pousse avec tant de vigueur, qu'il n'est pas rare d'en voir arriver à trois ou quatre pieds dans le courant de la première année, c'est-à-dire, de propres à être repiqués l'année suivante, à deux pieds de distance, en tous sens. Du reste, il se conduit comme celui de l'*érable sycomore*.

L'Érable jaspé est sans contredit, au moins pendant sa jeunesse, le plus agréable des *érables*, tant par la forme, la largeur & la grandeur de ses feuilles, que par les stries blanches dont son tronc & ses grosses branches sont ornées. Son élévation surpasse rarement vingt pieds, mais sa tête prend naturellement une énorme amplitude quand il se trouve dans un terrain convenable, c'est-à-dire, léger & chaud. Sa place est, ou isolé au milieu des gazons, ou à quelque distance des massifs, ou sur le bord des allées, des eaux. On ne doit pas ou on doit rarement lui faire sentir le tranchant de la serpette.

La multiplication de cette espèce a lieu comme celle des autres, par marcottes, par boutures, par greffe & par graines.

Les marcottes & les boutures fournissant de mauvais pieds, on n'emploie guère aujourd'hui que les deux derniers moyens & la greffe sur l'*érable sycomore*, par préférence, comme donnant des jouissances plus promptes; car, par une singularité qui ne se montre qu'en cette espèce, parmi les *érables*, le plant produit par ses graines pousse très-lentement dans ses deux ou trois premières années, tandis que ses greffes s'élèvent de trois ou quatre pieds dans une seule.

L'Érable en épi, ou *érable de montagne*, a beaucoup de rapports avec le précédent, mais est moins ornant, son écorce étant à peine striée : aussi se voit-il plus rarement dans nos jardins. Il se multiplie positivement de même.

L'Érable rouge, *érable tomenteux*, *érable de Charles Wager*, s'élève à trente ou quarante pieds dans les bons terrains humides. Ses feuilles, qui sont très-découpées, blanches en dessous, & qui deviennent rouges en automne, lui donnent un aspect très-élégant. Ses fruits, également rouges, mûrissent en avril, &, semés de suite, donnent du plant qui peut être repiqué, en pépinière, dès le printemps suivant. Cet avantage, qu'il partage avec l'espèce suivante & avec l'Orme, le rend très-précieux pour les pépiniéristes : aussi le multiplie-t-on plutôt par leur moyen que par la greffe sur l'*érable sycomore*, quoiqu'elle réussisse fort bien. Le plant qu'ils donnent pousse assez vîte pour pouvoir être mis en place à leur troisième ou quatrième année.

Le bois de cet *érable* est fort estimé dans son pays natal, au rapport de Michaux; mais je n'ai pas eu occasion d'en obtenir de forts échantillons, quoique je l'aie multiplié aussi abondamment que possible dans les pépinières de Versailles.

Kalm dit que les sauvages se servoient de son écorce, unie avec du sulfate de cuivre, pour teindre en bleu.

L'Érable cotonneux ou Érable de Virginie a été long-temps confondu avec le précédent, & porte encore son nom dans beaucoup de pépinières. Il s'élève plus que lui, & s'il est moins élégant, il est plus majestueux. On en peut faire de superbes avenues. Son bois est de peu d'utilité, au rapport de Michaux. Je l'ai également très-multiplié : aussi est-il peu de jardins aux environs de Paris où il ne se fasse pas remarquer, principalement lorsqu'il fait du vent, par le contraste de la couleur de ses feuilles, qui sont blanches en dessous.

L'Érable de la Caroline se rapproche infiniment des deux précédens, mais il a les divisions des feuilles plus obtuses. Tout ce que j'ai dit à leur sujet s'y applique. J'en avois apporté beaucoup de graines à mon retour de son pays natal; mais les pieds qu'elles ont produits se sont dispersés, de sorte que je n'en connois pas un seul dans nos jardins. Il vient de revenir à la pépinière de Noisette, où il ne se perdra plus.

L'Érable a sucre est le plus célèbre des exotiques. Il ressemble infiniment, par la forme, la grandeur & la couleur de ses feuilles, ainsi que par son port & son élévation, à l'*érable plane*, dont il se distingue par le duvet blanchâtre du dessous de ses feuilles & par l'absence de suc laiteux. Il en a été envoyé prodigieusement de graines des États-Unis, sur la demande du Gouvernement & des particuliers; mais il n'en est pas moins encore très-rare dans nos jardins, le climat de Paris ne lui étant pas favorable. Il lève fort bien, pousse raisonnablement dans les pépinières, mais ne fait plus que des progrès fort lents, quand il ne meurt pas, dès qu'il est mis en place. J'en connois plusieurs pieds qui donnent de la graine, mais elle est rarement bonne; de sorte que quand il n'en vient pas d'Amérique, on est réduit à le greffer sur l'*érable sycomore*, où il ne se plaît que médiocrement, ou sur l'*érable cotonneux*, qui lui convient un peu plus.

Comme arbre d'agrément, l'*érable à sucre* le cède aux *érables sycomore*, *plane*, *strié* & *cotonneux*; mais sa propriété de fournir du sucre par l'évaporation de sa séve, propriété dont ont parlé tous ceux qui ont écrit sur les États-Unis d'Amérique, lui a valu une célébrité extrême, célébrité affoiblie cependant depuis quelques années, qu'on a appris que les *érables à feuilles de frêne*, *rouge*, *cotonneux* & *noir*, & sans doute *de la Caroline*, en donnoient également & s'appeloient comme lui *érable à sucre* dans certains cantons, surtout depuis qu'on en a aussi retiré de notre *érable sycomore*.

Quoi qu'il en soit, il est encore beaucoup de personnes qui croient qu'il suffit de semer beaucoup de graines d'*érable à sucre* pour pouvoir, dans quelques années, se passer de celui de la canne, parce qu'elles ne considèrent pas qu'il faut trente pieds carrés de terrain pour nourrir chaque pied d'*érable*, qu'il faut trente ans de croissance à ce pied avant d'en donner, & qu'il n'en donne que pendant le même espace de temps, environ quatre livres par an. Il est, dans mon opinion, absolument impossible, en tout pays, de cultiver aucun *érable*, avec profit, dans le but d'en tirer du sucre, & encore moins en Europe, où les terres sont grevées de si lourds impôts, & où la main-d'œuvre est si chère.

De tous les *érables* ci-dessus mentionnés, celui dont il est question donne le plus de sucre: en conséquence les habitans de l'Amérique septentrionale l'exploitent de préférence. J'ai mangé fort souvent de ce sucre pendant mon séjour dans ce pays, & je l'ai trouvé, lorsqu'il étoit complétement purifié, de même nature que celui de canne, mais sucrant moins. Lorsqu'il n'est pas d'un blanc parfait, il porte dans les mets un goût herbacé qui n'est rien moins qu'agréable, & c'est dans ce dernier état que le consomment toujours ceux qui le recueillent, n'y ayant de raffineries que dans les villes voisines de la mer.

Le mois de février est généralement celui où on commence à s'occuper de l'extraction de la séve de l'*érable à sucre*, quoique la terre soit encore couverte de neige, & on continue pendant environ deux mois, c'est-à-dire, jusqu'à ce que les feuilles de cet arbre paroissent.

Au centre de l'exploitation, les Américains établissent un appentis sous lequel ils opèrent l'évaporation de la séve.

Une ou plusieurs tarières d'un peu moins d'un pouce de diamètre, beaucoup de tuyaux de sureau ou de sumac, de huit à dix pouces de long & du diamètre des tarières, découverts en partie, de petits augets pour recevoir la séve, des seaux pour la transporter, des chaudières pour l'évaporation, des formes pour la cristallisation, deux tonneaux défoncés & des haches, sont les principaux ustensiles qui se placent sous cet appentis.

C'est à un pied & demi de terre, obliquement & le plus souvent du côté du midi, que se font les deux trous, qui ne doivent pénétrer que d'un demi-pouce dans l'aubier, & n'être écartés que de quatre à cinq pouces.

Les augets sont fabriqués avec différens bois, mais on évite les châtaigniers, les chênes & les noyers, comme donnant de la couleur & un mauvais goût à la séve. On en place un au pied de chaque arbre, & on dirige les deux tuyaux de manière que la séve coule dedans. Chaque jour on enlève cette séve avec les seaux, on la porte au camp, on la met dans un tonneau, d'où on la prend, au plus tard, deux jours après, car elle entre facilement en fermentation, pour la faire bouillir.

L'évaporation de la séve s'exécute par un feu actif, en ajoutant de la nouvelle séve, jusqu'à ce que la chaudière soit pleine de sirop; on écume avec soin, & lorsque le sirop est jugé être arrivé à point, on le passe tout chaud à travers une couverture de laine, pour le débarrasser des impuretés qui auroient pu s'y introduire, après quoi on remet le sirop dans la chaudière, & on continue jusqu'à ce qu'il se grumèle; alors on le met dans des formes, où il se cristallise & se débarrasse de sa plus grande partie de la mélasse.

Sur la fin de l'écoulement de la séve, elle n'est presque plus sucrée, & son évaporation ne donne pas de sucre. Alors on se contente de la transformer en sirop, qu'on consomme avant les chaleurs, ou dont on fait, avec le spruce, une bierre très-agréable. *Voyez* SAPIN.

Trois personnes peuvent soigner deux cent cinquante arbres, qui donnent environ mille livres de sucre, c'est-à-dire, quatre livres par arbre, plus ou moins, selon que la saison a été favorable, ou que les arbres sont bien placés, car ceux des terrains secs & exposés au soleil en donnent davantage que ceux des marais & du centre des futaies.

Les années suivantes, on fait de nouveaux trous aux arbres, & on opère de la même manière.

Il ne paroît pas que cette excessive déperdition

de séve nuise à la croissance des *érables*; cependant la théorie ne permet pas de douter de son influence défavorable.

L'ÉRABLE NOIR a été introduit dans nos jardins, il y a seulement une douzaine d'années, par Michaux fils; mais il en existoit depuis quarante ans un pied chez M. le baron de Tschordy, près Metz. Les plus gros des environs de Paris sont chez M. de Cubières. C'est par la greffe sur l'*érable sycomore* qu'il se multiplie.

Les *érables* HÉTÉROPHYLLE & OBTUSATE se cultivent dans les jardins d'Allemagne, mais ne sont pas encore parvenus dans les nôtres.

Aucun des autres n'a été apporté en Europe, du moins à ma connoissance.

ÉRABLET. Variété d'ORME cultivée en Flandres.

ÉRACLISSE. *Eraclissa.* Genre de plantes qui ne diffère pas de l'ANDRACHNÉ.

ÉRAGROSTE. *Eragrostis.* Genre de plantes établi aux dépens des PATURINS.

ÉRAILLÉS. Famille de champignons établie dans le genre BOLET.

ÉRAN. C'est un TOIT A PORC dans les Vosges.

ÉRANDOU. BOUVIER qui chante les bœufs dans le département des Deux-Sèvres. *Voyez* BŒUF.

ÉRANGELLE. *Erangella.* Synonyme de NIVEOLE.

ÉRANT. Sorte de CHARRUE usitée aux environs de Châtellerault.

ÉRANTHE. *Eranthus.* Genre de plantes qui a pour type l'ELLÉBORE D'HIVER.

ERBIN. Les CANCHES portent ce nom dans quelques lieux.

ÉRECHTITE. *Erechtites.* Plante de la Louisiane, fort voisine des SENEÇONS, qui constitue seule un genre dans la famille des corymbifères.

ÉREMOPHILE. *Eremophila.* Genre de plantes qui réunit deux arbrisseaux de la Nouvelle-Hollande, qui ne se cultivent pas en Europe. Il est de la didynamie angiospermie & de la famille des verbenacées.

ÉRESIE. *Eresia.* Genre de plantes. Il ne diffère pas du COQUEMOLLIER.

ÉRESYPHÉ. *Eresyphe.* Genre de plantes de la famille des champignons parasites internes, fort voisin des URÈDES & des AECIDIES, qui renferme une vingtaine d'espèces, toutes vivant aux dépens des tiges ou des feuilles des plantes, & nuisant à leur accroissement & à leur fructification.

Ces espèces ont toujours pour base une poussière blanche, de laquelle naissent des tubercules ovoïdes d'abord jaunes, puis roux, enfin noirs.

L'ÉRESYPHÉ DE L'ÉPINE-VINETTE couvre quelquefois toutes les feuilles de cette plante.

L'ÉRESYPHÉ DES CHICORACÉES empêche quelquefois la SCORSONÈRE & le SALSIFIS de prospérer.

L'ÉRESYPHÉ DES POIS produit probablement le même effet, mais je n'ai pas eu occasion de l'observer.

Un *érésyphé* dont je n'ai pas pu voir la fructification, se montre souvent sur les semis d'AUBEPINE & retarde leur croissance, ainsi que j'ai eu souvent moyen d'en juger aux pépinières de Versailles.

Je renvoie au mot URÈDE ceux qui voudront des détails plus étendus sur les champignons parasites internes qui nuisent aux plantes cultivées.

ÉRIACHNÉ. *Eriachne.* Genre de plantes de la triandrie digynie & de la famille des graminées, fort voisin des ACHNERIES, qui renferme deux espèces originaires de la Nouvelle-Hollande, lesquelles ne se cultivent pas en Europe.

ÉRIANTHE. *Erianthus.* Genre de plantes de la famille des graminées, fort voisin des FLOUVES & des CANAMELLES, qui renferme deux espèces de la Caroline, dont une s'élève à dix pieds de haut.

Elles ne se cultivent pas dans nos jardins.

ÉRIÈBLE. Synonyme d'ARROCHE.

ÉRIGÉNIE. *Erigenia.* Genre de plantes qui a pour type le SISON BULBEUX de Michaux.

ÉRIMATATI. Plante de l'Inde, qui forme un genre dans la pentandrie monogynie.

Elle ne se voit pas dans nos jardins.

ÉRINÉE. *Erineum.* Genre de champignon parasite, fort voisin des ÉRESYPHÉS & des URÈDES, qui renferme quatre espèces, dont les plus communes croissent sur les feuilles de l'ÉRABLE SYCOMORE, de la VIGNE. Cette dernière nuit à l'abondance ainsi qu'à la bonne qualité du vin.

Tout ce que je dis des urèdes convient aux érinées.

ÉRIOCALIE. *Eriocalia.* Plante vivace de la Nouvelle-Hollande, qui constitue seule un genre dans la pentandrie digynie & dans la famille des ombellifères, fort voisin des ASTRANCES.

Nous ne la cultivons pas en Europe.

ÉRIOCHILE. *Eriochilus.* Genre de plantes qui a pour type l'EPIPACTIS EN CAPUCHON.

ÉRIOCHLOA. *Eriochloa.* Genre de plantes établi aux dépens des PIPTATHÈRES. Les deux espèces qu'il contient, lesquelles sont originaires de l'Amérique méridionale, ne se cultivent pas en Europe.

ÉRIOCHRYSIS. *Eriochrysis.* Plante graminée de l'Amérique septentrionale, qui se rapproche des CANAMELLES, mais qui constitue un genre distinct.

Nous ne la possédons pas dans nos cultures.

ÉRIOCLINE. *Erioclinus.* Genre de plantes qui a pour type l'OSTÉOSPERME ÉPINEUX.

ÉRIOCOME. *Eriocoma.* Genre de plantes établi par Nuttall pour placer le SPARTHE MEMBRANEUX, qui n'a pas les caractères des autres.

ÉRIOGONE. *Eriogonum.* Très-petite plante vivace de l'ennéandrie monogynie, originaire de la Caroline, où je l'ai observée, & qui a été cultivée chez Cels, de graines que je lui avois remises.

Cette plante, qui croît dans les sables les plus arides, étoit semée en pot & rentrée dans l'orangerie. On ne lui donnoit aucun soin particulier. Elle fleurissoit, mais n'amenoit pas ses graines à maturité, ce qui a occasionné sa perte.

ÉRIOLITHE. *Eriolithis.* Genre de plantes établi sur un fruit du Pérou, qui paroît peu différent de celui du MAMEI.

ÉRIOPHILLE. *Eriophillum.* Genre de plantes de la syngénésie superflue & de la famille des corymbifères, qui réunit deux plantes de l'Amérique méridionale, fort rapprochées des TAGETS.

Nous ne possédons pas ces plantes en Europe.

ÉRIOSPERME. *Eriospermum.* Genre de plantes établi aux dépens des ORNITHOGALES.

ÉRIOSTÈME. *Eriostemum.* Genre de plantes de la décandrie monogynie & de la famille des rutacées, qui a pour type le DIOSMA UNIFLORE. *Voyez* ce mot.

ÉRIOSTYLE. *Eriostylis.* Genre de plantes si voisin des GREVILLÉES, qu'il n'est pas dans le cas d'en être distingué.

ÉRIOTRIX. *Eriotrix.* Genre de plantes très-peu distinct de l'HUBERTIE. On ne cultive pas en Europe les espèces qui y entrent.

ÉRIPHIE. *Eriphia.* Genre de plantes fort voisin des ACHIMÈNES.

Les espèces qu'il contient ne se cultivent pas en Europe.

ÉRITHRÉE. *Erithrea.* Genre de plantes qui a pour type la GENTIANE CENTAURÉE.

Il diffère peu des CHIRONES.

ERNODÉE. *Ernodea.* Genre de plantes de la tétrandrie monogynie & de la famille des rubiacées, établi sur deux arbustes grimpans de l'Amérique méridionale, qui ne se cultivent pas en Europe.

ERNOTE. Un des noms de la TERRE-NOIX.

ERODENDRE. *Erodendron.* Genre de plantes qui ne diffère pas de celui appelé PROTÉE.

ÉRODIE. *Erodium.* Genre de plantes établi aux dépens des GERANIONS. *Voyez* ce mot.

ERPENÈME. *Erpenema.* Genre de plantes établi aux dépens des SPHÉRIES.

ERPORKIS. *Erporkis.* Genre établi dans la famille des orchidées, mais qui ne paroît pas différer des NÉOTTIES.

ÉRUCAGE. *Erucago.* Genre établi pour la BUNIADE MASSE DE BEDEAU.

ÉRUCAIRE. *Erucaria.* Genre de plantes qui rentre dans le CORDYLOCARPE.

ÉRYCIBE. *Erycibe.* Arbrisseau rampant de la côte de Coromandel, qui constitue seul un genre dans la pentandrie monogynie.

Il ne se cultive pas en Europe.

ÉRYSATHE. *Erysathes.* Grand arbre de la Cochinchine, qui ne se cultive pas dans nos jardins. Il constitue, dans l'octandrie monogynie, un genre voisin du VALENTINE.

ÉRYTHRÉE. *Erythrea.* Genre de plantes établi aux dépens des GENTIANES. Il diffère fort peu des CHIRONES & des ORTHOSTEMONS.

ÉRYTHRODANON. *Erythrodanum.* Genre de plantes qui ne diffère pas du GOMOSIE.

ÉRYTHORHIZE. *Erythorhiza.* Plante vivace de la Caroline, qui constitue seule, dans la monadelphie pentandrie & dans la famille des bicornes, un genre qui a aussi été appelé SOLENANDRIE, BLANDFORDIE & VITIALIE.

Cette plante s'est cultivée dans nos jardins, de graines rapportées par moi. On la plaçoit dans des pots, qu'on rentroit dans l'orangerie pendant l'hiver. Comme elle n'amenoit jamais ses graines à maturité, elle a fini par se perdre.

ÉRYTHROSPERME. *Erythrospermum.* Genre de plantes de l'heptandrie monogynie & de la famille des berberidées, qui renferme cinq arbres de l'Île-de-France, dont aucun ne se cultive dans nos jardins.

ÉRYTHROXYLON. *Erythroxylon.* Genre de plantes de la décandrie trigynie & de la famille des nerpruns, qui renferme une douzaine d'espèces, dont une, l'ÉRYTHROXYLON COCA, originaire du Pérou, donne ses feuilles au commerce, les habitans en mâchant continuellement, & dont une autre, l'ÉRYTHROXYLON

A FEUILLES DE MILLE-PERTUIS, naturelle à l'Ile-de-France, se cultive dans les serres du Muséum d'histoire naturelle de Paris.

Cette dernière se tient dans un pot rempli de terre franche, mêlée de terreau, qu'on renouvelle tous les deux ans. On l'arrose fortement pendant l'été, qu'elle passe dans un lieu chaud, mais ombragé. Je ne crois pas qu'elle fleurisse. Sa multiplication par marcottes est fort difficile.

ESCALONE. *Escalonia.* Genre de plantes de la pentandrie monogynie & de la famille des bicornes, qui rassemble trois arbrisseaux de l'Amérique méridionale, lesquels ne se cultivent pas dans nos jardins.

Il diffère extrêmement peu du FORGESIE & du STÉRÉOXYLON.

ESCAPITON. Dans le département de Lot & Garonne, c'est l'épi mâle du MAÏS.

ESCARBOT. Ancien nom de la classe des insectes COLÉOPTÈRES. Plus tard on l'a restreint aux SCARABÉS, enfin aux HISTÈRES.

ESCARGOT. Coquillage du genre HÉLICE, qui se mange dans une partie de la France, & principalement dans le Midi.

ESCARGOTIÈRE. Lieu où on élevoit les ESCARGOTS pour l'usage de la table.

Je dis élevoit, car je ne connois aujourd'hui aucune *escargotière* en France.

Comme, d'un côté, l'escargot est un mets fort agréable au goût, lorsqu'on y est accoutumé, & que de l'autre il ne faut négliger aucun moyen de subsistance, je dois faire des vœux pour qu'il s'établisse des *escargotières*, c'est-à-dire, des enceintes dans lesquelles on rassemble tous les escargots qu'on peut ramasser pendant l'été, pour les manger pendant l'hiver, après les avoir nourris jusqu'à l'arrivée des froids, époque où ils s'enferment dans leur coquille, au moyen d'une opercule de même nature, pour passer cette saison.

La difficulté, dans l'établissement d'une *escargotière*, est d'empêcher les escargots d'en sortir; mais comme ce ne sont pas des animaux voyageurs, on leur ôte l'envie de changer de place, en les nourrissant abondamment, en leur donnant des abris contre le soleil; de plus, puisqu'il faut les visiter tous les jours, pour leur porter à manger, on voit ceux qui montent contre les murs, & on les fait tomber.

Une *escargotière* doit être placée dans un sol humide ou susceptible d'être arrosé facilement. Il faut la garnir de buissons touffus. Ses murs auront six pieds de haut & seront surmontés d'un toit d'un pied de saillie en dedans. On en tiendra toujours le sol rigoureusement propre, en enlevant chaque jour les débris du manger de la veille.

Tous les débris du jardin sont convenables pour nourrir les escargots. On les leur donne le soir. La consommation qu'ils en font est peu considérable, mais il n'en faut pas moins renouveler souvent ces débris, parce qu'ils se dessèchent ou se pourrissent, & qu'alors ils n'en veulent plus.

Le luxe des escargots étoit si excessif à Rome, qu'on les nourrissoit avec de la farine détrempée dans du vin.

ESCAUTON. La bouillie de MAÏS ou de MILLET porte ce nom dans les landes de Bordeaux.

ESCHENBACHIE. *Eschenbachia.* Genre établi sur la VERGERETTE D'ÉGYPTE, qui paroît appartenir aux CONYZES.

ESCOBEDIE. *Escobedia.* Plante du Pérou, qui ne se cultive pas en Europe. Elle appartient à la didynamie angiospermie & à la famille des rhinantacées.

ESCOUTURE. Synonyme d'AFFANURE.

ESCUDARDE. Famille de champignons établie par Paulet, aux dépens des BOLETS & des HYDNES.

ÉSOPON. *Esopon.* Genre établi par Rafinesque, pour le PRÉNANTHE GLAUQUE, qui diffère légèrement des autres.

ESPADOLE. Coutelas de bois, d'un pouce d'épaisseur au dos, avec lequel on affine la FILASSE de CHANVRE ou de LIN, qui sort de la BROYE, avant de la passer au PEIGNE.

ESPAILLERO. Synonyme d'ESPALIER dans le midi de la France.

ESPALIER. Disposition d'arbre dans laquelle les branches latérales sont appliquées contre un mur, & celles du derrière & du devant supprimées.

On appelle CONTR'ESPALIER une disposition semblable, éloignée des murs, dans laquelle on se contente de tailler court les branches des faces, c'est-à-dire, celles perpendiculaires aux latérales.

Les *espaliers* sont d'une invention très-moderne. La Beraudière, qui écrivoit en 1640, est le premier qui en ait parlé. Leur unique objet est de procurer aux arbres un degré de chaleur plus considérable, & par suite d'avancer la maturité des fruits, car la grosseur de ces fruits tient à la TAILLE, & leur bonté aux choix des variétés. Les arbres en plein vent donnent des fruits plus savoureux, toutes autres circonstances égales, parce qu'ils sont plus exposés à l'action d'un air sans cesse renouvelé: aussi Laquintinie, pénétré de cette vérité, avoit-il soin de dépalissader ses *espaliers* à l'époque de la maturité des fruits, pour les écarter des murs & ménager un courant d'air autour d'eux. Je n'ai jamais vu prendre cette utile précaution dans les jardins les mieux tenus des environs de Paris. Il est vrai que, dans ces jardins, la grosseur & la coloration sont toujours préférées à la bonté. Les premiers *espaliers* furent des PALISSADES qu'on tondoit avec un croissant comme les charmilles. C'est seulement sous la fin du règne de Louis XIV qu'on a commencé à les tailler.

C'est donc dans les pays tempérés & froids, & pour les espèces des pays chauds, comme le pêcher, qu'ils sont principalement établis. Cependant, autour des grandes villes, où les primeurs se vendent constamment cher, on soumet presque tous les arbres fruitiers à cette disposition.

Aux environs de Paris, principalement, la plantation & la conduite des *espaliers* sont un des plus importans objets de l'art du jardinage. Je devrois, en conséquence, donner un très-grand développement à l'article qui les concerne; mais comme la plupart des opérations qu'on leur fait subir, ont été décrites dans d'autres articles, je le restreindrai à un petit nombre de considérations générales. *Voy.* aux mots MUR, ARBRE, PLANTATION, TAILLE, EBOURGEONNEMENT, PALISSAGE, FRUIT, & à ceux PÊCHER, ABRICOTIER, POIRIER, POMMIER, CERISIER, PRUNIER, VIGNE.

Les murs en pierre de taille & en moellon sont les plus durables, mais ils sont très-coûteux & exigent des palissades également coûteuses. Ceux en plâtre pur ont l'avantage de souffrir qu'on donne aux branches toutes les directions convenables, au moyen d'une LOQUE & d'un CLOU, mais ils sont de peu de durée & demandent de fréquentes réparations. Rarement on leur substitue des palissades en planches, en paille, en roseau, &c. Si les murs en PISAY n'exigeoient pas d'aussi fréquentes réparations, ils seroient les meilleurs de tous, car ils coûtent le moins, & les fruits y mûrissent plus tôt.

Généralement, lorsqu'on n'est pas gêné par des propriétés voisines, on donne une forme carrée ou parallélogramique aux jardins; cependant M. Dumont-Courset prétend que celle trapézoïdale, le petit côté étant tourné au midi, est la plus favorable, parce que les deux grands côtés reçoivent plus long-temps les rayons du soleil. Il est vrai que l'exposition du midi est, dans certaines années, trop brûlante pour les *espaliers* dans le climat de Paris, & que par-là elle est restreinte de manière à ne permettre d'y placer que quelques arbres des variétés les plus hâtives. D'autres écrivains ont même soutenu qu'un carré dont deux des angles seroient dans le méridien, seroit la forme la plus convenable.

Une saillie au sommet du mur, de six pouces, terme moyen, est utile, en ce qu'elle empêche les eaux pluviales de dégrader le mur, &, par le défaut d'air, les bourgeons supérieurs à s'élever plus qu'il est à desirer.

Au-dessous de cette saillie se placent, de trois pieds en trois pieds, des morceaux de bois de trois à quatre pouces, auxquels s'attachent les paillassons, lorsque leur intervention contre les gelées est devenue indispensable.

Un récrépissage rigoureux des murs est très-utile & pour accélérer la maturité des fruits par la réflexion de tous les rayons du soleil, & pour empêcher les loirs & les mulots de se loger derrière les grosses branches. La couleur noire étant celle qui absorbe le plus la chaleur, on devroit la donner à ce récrépissage, mais la dépense arrête le plus souvent.

En Angleterre on fait passer des tuyaux de chaleur derrière les *espaliers*, pour accélérer la maturité de leurs fruits. Je ne sache pas que ce moyen, coûteux & de peu d'effet, ait jamais été employé en France.

Plusieurs espèces d'arbres, telles que les amandiers, les figuiers, ne souffrent pas d'être disposées en *espalier*, quoiqu'elles aiment la chaleur & les abris.

Toutes les variétés des arbres fruitiers ne se placent pas indifféremment à chaque exposition. Il y a à cet égard des différences que l'expérience a fait connoître, & qui seront indiquées aux articles de ces arbres.

Avancer ou retarder la maturité de la même variété, en la plaçant au levant, au midi ou au couchant, est une pratique qu'on suit souvent, surtout pour les pêchers. L'exposition du nord ne vaut rien, même pour les poiriers: ainsi il ne faut pas chercher à vaincre la nature en y plaçant des *espaliers*.

Le terrain dans lequel on se propose d'établir un *espalier*, doit être au préalable défoncé à deux pieds, & fumé à fond s'il n'est pas de bonne qualité.

S'il y avoit déjà un *espalier* dans le terrain & qu'on voulût le remplacer par des arbres de même espèce, il conviendroit d'enlever toute la terre dans la profondeur susdite & dans une largeur de 4 à 5 pieds pour la remplacer par de la nouvelle, prise dans une autre partie du jardin ou au milieu des champs.

Les fondations des murs exigent qu'on plante les arbres en *espalier* à quelque distance de ces murs, sauf à les incliner ensuite contre ces murs pour pouvoir les y appliquer convenablement. On a soin de ne pas enterrer la greffe.

Comme les branches sont constamment en concordance avec les racines, il est nécessaire de placer sur les côtés les plus grosses & les mieux opposées de ces racines, & raccourcir toutes celles qui rivaliseroient avec elles.

Il fut un temps où on plaçoit, en *espalier*, alternativement, un nain & une demi-tige. Aujourd'hui on ne met plus guère que des nains en toutes autres espèces que le POIRIER, qui préfère la demi-tige. *Voyez* PALMETTE.

C'est pendant l'hiver que se plantent les *espaliers*; mais il est cependant possible, avec des soins, de les planter à toutes les époques de l'année, principalement à la sève d'août.

Il n'est point rare de planter des *espaliers* très-vieux & de les voir reprendre. Quelques personnes même, sous prétexte de l'accélération de leur jouissance, ne veulent planter que des *espaliers* faits, c'est-à-dire, des arbres de six à sept ans, dont les branches ont été convenablement disposées contre un mur, contre un treillage ou contre des échalas; cependant je crois qu'il est mieux de planter, pour devenir *espaliers*, des arbres de trois ou quatre ans de greffe au plus, & de les former en place.

La distance à mettre entre les *espaliers* doit être l'objet des méditations de celui qui veut former un *espalier*. Des arbres trop rapprochés se nuisent par leurs racines & par leurs branches; des arbres trop éloignés laissent de l'espace perdu sur le mur. Il est difficile de fixer cette distance d'une manière générale, parce qu'elle varie selon les espèces, selon les variétés, selon les terrains; mais je dois observer que les inconvéniens de ce dernier cas sont moindres que ceux du premier. On trouvera aux articles de chaque espèce d'arbre les indications que fournit la pratique à cet égard.

Généralement on établit une plate-bande de cinq à six pieds de large au pied d'un *espalier*, plate-bande dans laquelle se cultivent des légumes de primeurs; mais les habitans de Montreuil prétendent qu'elle nuit aux arbres, & en conséquence on n'en voit plus chez eux.

De toutes les manières de former un *espalier*, la plus conforme aux principes de la théorie & la plus évidemment appuyée sur l'expérience, est celle de Montreuil. Je dois donc la développer ici, & je ne puis mieux le faire qu'en transcrivant ce qui a été publié à son égard par mon célèbre collaborateur Thouin.

« Après que l'arbre est planté, & avant que la séve entre en mouvement, on coupe la tête de l'arbre à quatre à cinq yeux au-dessus de sa greffe. Chacun de ces yeux pousse ordinairement son bourgeon, & dans quelques espèces d'arbres il en pousse de l'écorce sans qu'il se montre des yeux. Il est des personnes qui suppriment, à fur & à mesure qu'ils croissent, les bourgeons mal placés, & qui se trouvent sur le derrière ou sur le devant de l'arbre, & qui ne laissent croître que ceux destinés à former l'éventail sur le mur. D'autres laissent croître les bourgeons jusqu'à la fin de la cessation de la séve printanière, suppriment alors les inutiles & palissent les autres. Il en est quelques-uns qui préfèrent de laisser croître tous les bourgeons, les gourmands du sauvageon exceptés, & de ne donner ni coup de serpette ni pincement à leurs arbres jusqu'au moment de la taille suivante. Ceux-ci agissent prudemment, par la raison qu'en diminuant les bourgeons on diminue le nombre des feuilles, & par conséquent le nombre des bouches qui nourrissent les racines; & comme, dans cette première année, il est plus essentiel de consolider la reprise des arbres & de les assurer sur leurs racines, que de leur former la tête, cette pratique me paroît préférable, & d'autant plus que les arbres une fois bien repris, auront bientôt regagné le temps perdu, & deviendront ensuite plus vigoureux que ceux qui auront été taillés dès l'année de leur plantation. Ainsi donc, il est bon de ne pas toucher à la pousse des arbres cette première année, & de s'en tenir à leur administrer la culture à tous les arbres nouvellement plantés.

» Pendant les jours doux, n'importe à quelle époque de l'hiver, pour les arbres à fruits à pepin, & au premier printemps pour les fruits à noyau, on choisit sur chaque pied les deux bourgeons les plus favorablement placés; il faut qu'ils soient, 1°. très-sains & très vigoureux; 2°. en opposition des deux côtés de l'arbre parallèlement au mur & le plus près possible. Ce sont ceux qui doivent servir de base à tout l'édifice. Ce choix arrêté, on supprime, sans distinction, tous les autres bourgeons, en les coupant, avec un serpette bien acérée, le plus près possible de la tige, afin que l'écorce de l'arbre puisse recouvrir sans peine & promptement ces petites plaies.

» Reste à opérer les deux branches mères. La longueur qu'on laisse à chacune doit être déterminée par la vigeur de l'arbre qui les a produites & par la leur particulière. Si l'arbre a poussé vigoureusement, on taille les branches au-dessus du sixième œil; s'il n'a poussé que modérément, on le raccourcit au quatrième; enfin, si la pousse est chétive, on la taille au second.

» Lorsque les deux rameaux sont d'inégale force, on laisse plus de longueur à celui qui est le plus vigoureux & on raccourcit davantage, au contraire, celui qui l'est le moins : par ce moyen très-simple on rétablit promptement l'équilibre de vigueur entre les deux branches. Ces coupes des deux rameaux doivent être faites sur les yeux latéraux, afin que les bourgeons qui en sortiront se dirigent naturellement dans le sens des branches mères. On les fixe ensuite par des attaches, soit au mur, soit à la palissade, au moment où ils commencent à prendre leurs directions, à l'angle de quarante-cinq degrés. Si on ne peut arriver à ce but cette première année, par la crainte de rompre les branches, on les en approche le plus qu'il est possible, & on remet aux années suivantes à la première pousse de l'arbre, depuis qu'il a été mis en place. Viennent ensuite l'ébourgeonage & le palissage.

» L'époque la plus favorable à l'ébourgeonnement du plus grand nombre d'espèces d'arbres, est celle de la fin de la séve du printemps, lorsque les bourgeons, parvenus au maximum de leur grandeur, s'arrêtent & restent en repos jusqu'à la séve d'automne.

» On supprime d'abord les bourgeons qui se trouvent placés sur le derrière, & qui se dirigent à angles droits sur le mur, & ceux qui ont poussé sur le devant de l'arbre. On abat encore ceux qui sont tortueux, mal venans, gommeux & atteints de quelque vice de conformation ; les faux bourgeons, ainsi que les rameaux latéraux qui croissent souvent à l'extrémité des gourmands, doivent être coupés aussi.

» Enfin, si les bourgeons qui ont crû sur les côtés de l'arbre sont trop rapprochés les uns des autres pour être palissés à une distance raisonnable, il convient d'en supprimer un entre deux, & quelquefois deux de suite : cela dépend de la place qui est à garnir.

» Ces suppressions faites, il faut apporter attention à conserver les bourgeons qui ont crû à l'extrémité des deux mères-branches, à moins que quelques-uns qui se trouvent au-dessus, n'offrent pas de vigueur & ne soient disposés d'une manière favorable à la prompte formation de l'arbre. Dans ce cas on rabat la branche-mère sur le bourgeon qui en doit prendre la place.

» Tous les autres bourgeons réservés doivent l'être dans toute leur longueur, sans être raccourcis, arrêtés ni pincés, pratique vicieuse, surtout pour les arbres en *espalier.*

» S'il se trouve quelque gourmand qui ne soit pas disposé à remplacer le canal direct de la séve, il faut le conserver dans toute sa longueur. Il peut devenir un membre très utile à l'arbre ; mais il convient de lui donner une position inclinée.

» Enfin, cette première année surtout, on doit chercher à donner à son arbre le plus d'étendue de branches qu'il est possible, & le garnir à peu près également dans toutes les parties.

» Si une des deux ailes de l'arbre se trouvoit plus foible que l'autre, il faudroit faire une opération inverse à celle de la taille, pour rétablir l'équilibre entre les deux parties. Au lieu de tailler long le côté le plus vigoureux & de raccourcir celui qui l'est moins, il conviendroit au contraire de laisser plus de bourgeons sur le côté foible que sur le côté fort. La raison en est simple.

» Les bourgeons garnis de leurs feuilles pompent dans l'atmosphère les fluides aériformes qui s'y rencontrent, & surtout une humidité favorable à la végétation, après s'en être alimentés, ainsi que les boutons qui se trouvent à la base des feuilles ; le surplus descend dans les racines & occasionne leur croissance. Ainsi, la série des racines qui se trouvent desservies par un grand nombre de bourgeons garnis de leurs feuilles, se trouve mieux nourrie & devient plus vigoureuse que les autres racines qui sont moins fournies de bourgeons.

» C'est par cette même raison, & en même temps pour le parfait accroissement des boutons, qu'il convient de ne supprimer aucune des feuilles des bourgeons réservés.

» Cet ébourgeonage convient non-seulement aux arbres en *espalier*, mais à ceux des contr'espaliers & des palissades, qui sont conduits en V ouvert. Toute la différence consiste en ce qu'il faut ébourgeonner un peu moins sévèrement les deux derniers que les premiers, parce que ces arbres, étant à l'air libre des deux côtés, sont plus en état de nourrir un plus grand nombre de rameaux, que les *espaliers* qui ne reçoivent l'air que par-devant.

» Il est plusieurs procédés pour opérer le palissage : le premier consiste à lier avec du jonc, du sparte, ou même de l'osier, les branches ou les rameaux des arbres, contre un treillage pratiqué le long des murs.

» Le second se fait avec les mêmes ligatures aux mailles d'un grillage en fil de fer, qui a été établi contre les murs.

» Le troisième a lieu lorsqu'on attache les branches immédiatement sur le mur, au moyen d'une petite lanière d'étoffe qui enveloppe chaque branche, & d'un clou. On appelle cette manière, PALISSAGE A LA LOQUE. *Voyez* ce mot.

» Chacun de ces procédés a ses avantages & ses inconvéniens ; mais comme on n'est pas toujours le maître de choisir, à raison de sa position pécuniaire & du lieu qu'on habite, on se dispensera d'entrer ici dans les détails qu'ils suggèrent ; on se contentera d'observer que la théorie du palissage est la même, soit qu'on préfère celui de treillage, au grillage, à la loque, soit qu'on le fasse contre un mur ou en contr'espalier ; elle consiste :

» 1°. A disposer sans efforts, sans occasionner des coudes aigus, les branches & les rameaux, & à leur faire occuper le plus d'étendue possible dans la forme du V ouvert.

» 2°. A faire en sorte que chaque branche, avec ses rameaux, ait la même disposition que l'arbre entier.

» 3°. A ce que toutes les parties intérieures de l'arbre soient garnies, ainsi que sa base & ses côtés.

» 4°. Enfin, faire en sorte que toutes les ramifications de l'arbre soient également espacées, à raison de leur grosseur, sans confusion ni enchevêtrement, & que l'œil puisse les suivre dans toute leur étendue.

» Pour remplir ce programme, il faut éviter avec soin de contourner les bourgeons, ou de les courber trop brusquement pour leur faire occuper une position forcée & contre nature, comme, par exemple, celle au-dessous de l'angle de 90 degrés ; de croiser les branches les unes au-dessous des autres, ou de leur donner la forme d'anse de panier, excepté dans le cas de gourmands qu'on voudroit réduire, & qui seroient destinés à remplacer les branches qu'ils croisent ; de laisser passer entre

entre les treillages ou grillages & le mur, des bourgeons qui, grossissant, ne pourroient plus être dépalissés sans les couper.

» Une chose essentielle, est de ne pas placer les ligatures ou les loques sur les feuilles ou sur les yeux des rameaux.

» Le palissage fini, on enlève toute la dépouille des arbres, on donne un léger labour à la terre qui entoure leurs pieds, afin de diminuer l'effet du piétinage qui a durci le sol, & on donne un arrosement si le sol est sec. L'ébourgeonnement, en supprimant beaucoup de branches couvertes de feuilles, fatigue un peu les arbres & surtout leurs racines, qui ne reçoivent plus la quantité de fluide que leur fournissoient les feuilles. Il faut donc les rafraîchir par des arrosemens.

» Voilà à peu près ce qui termine les travaux de la seconde année de la plantation, y compris les menues précautions que nécessitent la suppression des feuilles cloquées, la recherche des chenilles & autres légères opérations qui appartiennent à toute espèce de culture.

» La seconde taille, qui s'exécute au commencement de la troisième année depuis la plantation des arbres, commence à devenir plus compliquée; mais comme la base en est la même que la première, on se contente d'indiquer les différences.

» Par la première taille on s'est procuré les deux branches-mères, desquelles sont provenus autant de bourgeons qu'elles portoient d'yeux. Il s'agit, dans celle-ci, d'établir des branches montantes & descendantes, ou ce qu'on appelle *membre*. On les choisit parmi les bourgeons des deux mères-branches.

» Si l'arbre a poussé très-vigoureusement, & que les yeux réservés, au nombre de dix, aient fourni chacun son bourgeon, il convient de tailler sur tous les rameaux qu'on a dépalissadés, & plus courts que l'année précédente, parce que l'arbre a acquis de l'étendue.

» Mais telle vigueur qu'ait un jeune arbre, la seconde année de la plantation, tous les bourgeons ne sont pas également forts & vigoureux. Ceux qui ont crû sur les mêmes branches, dans l'intérieur du V, se trouvant dans une position plus favorable à l'écoulement de la séve, sont ordinairement plus gros & mieux nourris que ceux qui sont placés à l'extérieur du jambage du V, & qui se rapprochent davantage de la position horizontale.

» Enfin, les deux bourgeons qui sont venus en prolongement des deux branches-mères, méritent encore un traitement particulier, à raison de la place qu'ils occupent.

» Dans cette supposition plus favorable, il convient de tailler les quatre branches de l'intérieur du V, qu'on appelle *branches montantes*, au-dessus du cinquième œil; celles de l'extérieur, ou branches descendantes, au troisième. Comme ces deux bourgeons de l'extrémité des deux branches-mères sont destinés à les alonger, & qu'il est essentiel à la formation des arbres de leur donner toute l'extension dont ils sont susceptibles, on peut ne les tailler qu'au-dessus du troisième, cinquième ou septième œil, suivant la force & la vigueur de ces bourgeons.

» Si une des ailes de l'arbre étoit plus vigoureuse que l'autre, il faudroit bien se garder de les tailler également. Il conviendroit au contraire de charger beaucoup ou d'alonger la taille de l'aile vigoureuse, & de raccourcir au contraire celle de l'autre. Si la vigueur de cette aile menaçoit l'existence de sa voisine, il ne faudroit pas s'en tenir à la différence de la taille, pour maintenir l'équilibre entre les deux ailes de l'arbre; il seroit nécessaire de recourir à un remède plus actif, mais en même temps plus dangereux; c'est celui de découvrir, à l'automne suivant, les racines de l'arbre, de couper quelques-unes de celles qui aboutissent au côté trop vigoureux, & au contraire de mettre sur celle du côté maigre, après avoir coupé jusqu'au vif la carie, s'il y en avoit, une terre neuve & substantielle.

» Si la rupture de l'équilibre de vigueur entre non-seulement les deux ailes de l'arbre, mais même entre les branches des membres d'une même aile, provenoit de la naissance d'un gourmand, ce qui arrive très-fréquemment aux arbres à fruits à noyau, & particulièrement aux pêchers, cet événement est dans le cas de changer tout le système de la taille; il ne faudroit pas couper ce gourmand, comme cela se pratique dans beaucoup de jardins, parce qu'il en croîtroit d'autres qui absorberoient la séve & conduiroient l'arbre à sa ruine; il faut au contraire le conserver & le porter à donner de bonnes branches à bois & à fruit. Pour cet effet on doit lui faire de la place, & tailler dessus l'un des membres, ou la branche-mère sur laquelle il se trouve, afin qu'il la remplace. Si la belle ordonnance de la distribution des branches de l'arbre fait répugner à prendre ce parti, & qu'on puisse placer ce gourmand en supprimant quelques branches qui se trouvent dans son voisinage, il convient alors de le tailler très-long, comme, par exemple, depuis un pied jusqu'à quatre, suivant la force de l'arbre & celle du gourmand. Devenu plus modéré lui-même, on le taille comme les autres branches. Si, enfin, ce gourmand devoit être absolument supprimé, il est un moyen de s'en défaire sans risque; c'est, lorsqu'il est parvenu au maximum de sa croissance, & lorsque sa séve commence à descendre, d'enlever à sa base un anneau d'écorce; sa végétation s'arrêtera, il se formera un bourrelet à la partie supérieure de la plaie, & à l'automne on pourra le couper sans danger. S'il provient d'un arbre que vous vouliez multiplier, & qu'il soit garni d'un bon bourrelet, vous aurez bientôt, en le mettant en terre, un nouvel arbre qui aura l'avantage d'être franc de pied.

» Tout ce qui vient d'être dit sur la taille de cette seconde année est dans la supposition d'un arbre plein de vigueur, placé en bon terrain & sous un climat qui lui soit favorable. On va actuellement indiquer les procédés qu'il faut employer pour un arbre du même âge de plantation, qui se trouve en terrain de mauvaise nature & sous un climat qui lui soit défavorable : ces deux points les plus éloignés donneront la mesure de ce qu'il convient de faire dans les cas intermédiaires.

» L'arbre a poussé cinq bourgeons de chacune de ses branches. A l'ébourgeonnage on a supprimé ceux qui se trouvoient placés, soit par-derrière, soit par-devant l'éventail, mais il en reste trois sur chaque tirant. Ils sont chétifs, maigres & atteints de jaunisse. Il n'y a pas à balancer, il faut rabattre les deux bourgeons supérieurs avec les deux portions de branches-mères qui les supportent, jusqu'à une ligne au-dessus du bourgeon qui se trouve le plus près du tronc. Ce bourgeon remplace la branche-mère dans sa direction & dans son usage ; alors on la taille au-dessus du quatrième ou du cinquième œil. Ces yeux donnent autant de bourgeons, qui, joints à ceux qui peuvent sortir des portions de branches tirantes réservées, fournissent la matière de la taille suivante.

» Ce procédé, employé par les cultivateurs instruits, pour ménager leurs jeunes arbres qui n'ont pas encore pris de bonnes racines dans le nouveau terrain où ils sont plantés, ou qui sont malades, est cependant pratiqué indistinctement sur tous les arbres par un grand nombre de jardiniers ; ils ne distinguent ni les espèces d'arbres, ni leur état de santé & de maladie ; ils ravalent toujours sur le premier bourgeon poussé à côté de la tige de l'arbre, & ils se contentent d'alonger plus ou moins celui-ci, à raison de la vigueur de la pousse.

» Il résulte de cette pratique, que l'arbre dépouillé chaque année de la plus grande partie de ses branches, perd inutilement la sève, forme une multitude de petits coudes rapprochés les uns des autres, devient rachitique avant d'avoir passé par l'état de vigueur. S'il donne des fruits plus tôt que ceux taillés par l'autre méthode, il parvient aussi bien plus vîte à la caducité & à la mort.

» L'ébourgeonnement n'offre d'autre différence, cette seconde fois, qu'en ce qu'il porte sur un plus grand nombre de bourgeons. On supprime tous ceux qui sont sur le devant & sur le derrière de l'arbre, & on laisse les autres pousser dans toute leur longueur.

» Quant au palissage, il ne se distingue du premier que parce qu'il a pour objet de compléter la formation de l'arbre & de perfectionner la direction qu'on avoit craint de donner, la première fois, aux branches susceptibles d'être rompues.

» La première taille a formé les branches-mères ou tirantes ; la seconde a procuré les branches du second ordre ou les membres ; la troisième doit donner les branches crochets. Pour les obtenir, il suffit d'employer les mêmes procédés qu'on a mis en usage dans la taille précédente, avec cette différence seulement, qu'il faut supprimer quelques-unes des anciennes branches. Cette suppression est indispensable, tant pour le placement des nouveaux bourgeons, que pour l'espacement des fruits qui doivent naître des lambourdes, des brindilles, des bourses & autres branches à fruit.

» Dans les tailles des années suivantes il ne s'agit plus que d'entretenir les arbres en santé & en vigueur, par une taille proportionnée à la force des individus en général & à celle de chacune de leurs branches en particulier ; à se servir des gourmands pour remplacer les membres foibles, malades ou sur le retour ; à ne laisser sur les arbres que les fruits qu'ils peuvent porter sans s'appauvrir ; à établir une juste balance entre les branches à bois & les rameaux à fruits, afin de ménager les moyens de reproduction, & enfin à porter tous les soins à entretenir l'équilibre dans les ailes des arbres ou chacun des arbres qui les composent. »

Les jardiniers anglais disposent leurs *espaliers* d'une manière fort différente. Ils font tous, d'après Forsyth, de véritables PALMETTES, dont quelques-unes ont deux montans. Mais le POIRIER est le seul arbre qui convient parfaitement à ce mode. Le pêcher y subsiste peu de temps & n'y donne que de petits fruits. L'abricotier, le prunier & le cerisier n'y donnent point ou presque point de fruits. Je reviendrai sur ce sujet à l'article des PYRAMIDES, qui ne diffèrent des palmettes que parce que leurs branches, au lieu d'être sur deux côtés opposés & appliquées contre un mur, entourent la tige & forment un cône très-alongé.

Les *espaliers*, je le répète, ne sont pas destinés à donner beaucoup de fruits, mais des fruits gros & d'une maturité hâtive. Lorsqu'une saison favorable en fait trop nouer, il est toujours avantageux d'en enlever une grande partie, & ce de manière que ceux qui restent soient répartis également partout, car une récolte trop abondante est suivie d'une ou deux années de stérilité. Il est même des cas, ceux où l'arbre est trop jeune, est planté dans un mauvais sol, souffre par une cause quelconque, où il convient de ne pas lui laisser porter du tout de fruits jusqu'à ce qu'il ait acquis ou repris la vigueur nécessaire.

Généralement les arbres en *espalier* vivent moins long-temps que ceux auxquels on a donné une disposition moins forcée ; cependant il est commun d'en voir de plus d'un demi-siècle, & j'en ai vu à Versailles qui avoient été plantés par la Quintinie, & qui étoient encore très-productifs.

C'est principalement au printemps, lorsque les

espaliers commencent à entrer en séve, que les gelées du climat de Paris leur sont le plus nuisibles. Le pêcher en est plus affecté que les autres arbres. On l'en garantit par des PAILLASSONS, par des TOILES, même des CAISSES en planches. Souvent un feu de paille mouillée, en développant beaucoup de fumée, les garantit de leurs effets; car c'est moins la glace qui, d'après l'observation de du Petit-Thouars, se forme autour de l'ovaire des fleurs, qui cause le mal, que son dégel trop subit par l'action des rayons du soleil levant: or, la fumée intercepte ces rayons.

Comme ces mêmes rayons sont dans le cas de brûler les feuilles & de détacher l'écorce, surtout après la pluie, des arbres en *espalier* exposés au midi, on est quelquefois obligé de planter devant, ou des plantes grimpantes, des arbustes à tige grêle, ou de placer en avant des toiles très-claires, pour affoiblir l'influence nuisible de ces rayons. Deux planches, formant un angle saillant, plantées à un ou deux pouces du tronc, valent mieux qu'une enveloppe de paille pour garantir les troncs de l'impression de la trop grande chaleur, parce qu'elles permettent la circulation de l'air.

Les vieux *espaliers* gagnent souvent à être recépés fort court. (*Voyez* RAPPROCHEMENT, RAJEUNISSEMENT.) D'autres fois cette opération les fait périr. On ne peut établir de données pour porter d'avance un pronostic dans ce cas.

En général, quoique les fruits des vieux *espaliers* soient plus sucrés que ceux des jeunes, comme ces derniers sont plus gros & plus abondans, on est, le plus souvent, déterminé à arracher ceux qui ont plus de vingt à trente ans. Dans ce cas il ne faut pas en remettre de la même espèce, à la même place, sans avoir enlevé la terre dans la largeur & la profondeur d'un mètre, pour lui en substituer d'autre prise au milieu des champs, le long des chemins; enfin, dans un lieu où il n'y a pas eu d'arbres depuis long-temps.

Quelques écrivains ont proposé de faire bâtir en retraite, c'est-à-dire, beaucoup plus épais dans le bas que dans le haut, les murs destinés aux *espaliers*, comme plus propres à recevoir perpendiculairement les rayons du soleil. Quelque spécieux que soit ce motif, je ne sache pas qu'il ait reçu d'application spéciale, quoique j'aie vu plusieurs *espaliers* qui offroient une disposition analogue par des causes accidentelles.

Les *espaliers* qui portent deux variétés de fruits doivent être repoussés, parce que l'une l'emporte toujours sur l'autre, & que si elle ne fait pas périr les branches de cette dernière, elle détériore la qualité du fruit qu'elle porte.

Les cultivateurs de Montreuil, comme je l'ai déjà observé, ont reconnu qu'il y avoit de l'avantage à ne pas labourer le pied de leurs *espaliers*. On a fait plus, c'est de le paver, & on s'en est bien trouvé. Rozier a été un des provocateurs de cette opération, qui est cependant très-peu en faveur, puisque je ne l'ai vu pratiquer nulle part.

ESPAMPOULA. L'ÉBOURGEONNEMENT de la vigne porte ce nom dans le midi de la France.

ESPELETIE. *Espeletia.* Genre de plantes de la polygamie nécessaire & de la famille des corymbifères, qui renferme trois espèces du Pérou non encore cultivées en Europe. L'une d'elles, susceptible de ne pas craindre les gelées du climat de Paris, fournit une résine transparente d'un beau jaune, dont on pourra tirer un jour parti.

ESPÈRE. *Espera.* Arbuste voisin des MYRODENDRES, des TRIOPTÈRES & des TRIRÉES. Il ne se cultive pas dans nos jardins.

ESPIAUTRE. Synonyme d'ÉPEAUTRE.

ESPIGA. L'action de GLANER se nomme ainsi dans le département de la Haute-Marne.

ESPIGNETTE Nom vulgaire de la CLAVAIRE CORALLOÏDE.

ESPINOSE. *Espinosa.* Plante vivace de la Nouvelle-Espagne, qui constitue seule un genre dans l'ennéandrie trigynie & dans la famille des polygonées.

Elle ne se voit point dans nos jardins.

ESPONDASSO. CEPS de VIGNE auxquels, dans le midi de la France, on a laissé plus de deux montans.

ESPRIT ARDENT. L'ALCOOL & même l'EAU-DE-VIE portent ce nom.

ESPRIT-DE-VIN. *Voyez* l'article précédent.

ESQUISSE. Nom vulgaire de la FÉTUQUE VARIABLE dans les Pyrénées.

ESSEIGLAGE. Opération dont le but est d'arracher le SEIGLE qui a poussé dans les champs semés en FROMENT.

Elle a deux buts: le premier, de ne pas introduire du grain de seigle dans celui du froment, ce qui nuiroit à sa vente; le second, d'avoir des semences complétement exemptes du premier de ces grains.

Il est à desirer qu'elle s'étende partout, car il est aujourd'hui prouvé que le mélange des deux grains est plus nuisible qu'utile.

ESSENCE. Ce mot a deux acceptions dans le cas d'être considérées ici.

La première s'applique aux huiles volatiles odorantes, telles que celles d'ORANGE, de CITRON, de CANELLE, de GIROFLE, de ROSE, de MENTHE, &c., qu'on obtient par expression ou par distillation, & qui servent dans la médecine & la parfumerie.

La seconde est employée exclusivement dans le langage forestier, & y est synonyme d'espèce.

Ainsi on dit : ce bois est d'*essence* de BOULEAU, de FRÊNE, de CHÊNE, &c.

Cette dernière acception tombe chaque jour en désuétude, & avec raison. *Voyez* BOIS.

ESSÈS. Nom de la LENTILLE aux environs de Toulon.

ESSIEU. Pièce de bois ou de fer, sur laquelle tournent les roues des VOITURES, des CHARRUES, &c.

Actuellement on revient aux essieux tournans employés par nos pères.

ESSORÉ. Terme employé dans le midi de la France. Il est synonyme de RESSUYÉ, FANÉ, DEMI-DESSÉCHÉ.

EST. *Voyez* LEVANT.

ESTABLÉ. TOIT A PORC dans le département de Lot & Garonne.

ESTACHANT. Nom des manouvriers travaillant la terre, dans le département de Lot & Garonne.

ESTAGENTERIE. Maison rurale des plus pauvres cultivateurs dans le midi de la France. *Voyez* CHAUMIÈRE.

ESTAMPURE. Nom vulgaire des trous percés dans un FER A CHEVAL & destinés à le fixer contre le SABOT, au moyen de quelques CLOUS. *Voyez* ce mot & celui CHEVAL.

ESTIBADE. Portion de la récolte que, dans le département de Lot & Garonne, le propriétaire remet à celui qui la fait.

ESTIBAUDÉ. L'homme qui fait cette récolte.

ESTIEUX. Récolte des grains d'été dans le département de Lot & Garonne.

ESTIVADIER. Les MÉTAYERS se nomment ainsi dans le midi de la France. *Voyez* FERME.

ESTOUPO. Synonyme d'ÉTOUPE dans le midi de la France.

ESVEUSE. TERRE qui retient l'EAU. *Voyez* ARGILE, GLAISE & TERRE FORTE.

ÉTABLE. Logement destiné aux BÊTES A CORNES.

Les agriculteurs éclairés se plaignent que, dans la plus grande partie de la France, les ÉCURIES, les BERGERIES & les ÉTABLES sont bâties sans intelligence, & qu'il en résulte souvent de graves inconvéniens pour les hommes & les animaux. Je ne puis donc trop insister sur les moyens de les construire d'une manière plus convenable au but qu'on se propose.

Si la différence entre les *étables* & les écuries est remarquable dans les campagnes, c'est que ces dernières, quoique mal construites, le sont cependant mieux que les premières, qui sont presque partout des cloaques infects, où l'air ne circule pas; mais, dans le principe, il doit y avoir similitude entr'elles.

Ainsi, ce que j'ai dit des écuries simples & doubles, & de leur élévation, de la nécessité qu'elles soient percées de fenêtres, qu'elles soient pavées, &c., s'applique aux *étables*, excepté que les vaches, quoique moins turbulentes que les chevaux, demandent à être un peu plus espacées, pour qu'elles ne soient pas dans le cas de se blesser réciproquement avec leurs cornes, & qu'on puisse les traire sans trop craindre leurs mouvemens & ceux de leurs voisines. On doit donc calculer sur un mètre & demi par tête, quoiqu'à la rigueur un mètre suffise.

Les mangeoires & les râteliers des *étables* seront tenus beaucoup plus bas que ceux des écuries, en ce que la tête des bœufs & des vaches est bien plus rapprochée de terre que celle des chevaux. Généralement on ne les élève que d'environ deux pieds, & la hauteur des râteliers surpasse rarement cette mesure.

Il est deux autres manières de disposer les mangeoires dans les *étables*, qui, quoiqu'elles ne s'appliquent le plus généralement qu'aux bœufs d'engrais, méritent d'être plus usitées.

L'une est celle employée dans le Limousin. Elle consiste à faire, dans le mur, une ouverture vis-à-vis la tête du bœuf, & à placer une auge dans cette ouverture, de manière qu'on puisse y verser du dehors le manger de ce bœuf.

L'autre est celle qui se pratique en Allemagne. Elle ne diffère de la méthode usitée généralement, que parce que la mangeoire & le râtelier sont assez écartés du mur pour qu'on puisse passer dans l'intervalle & les garnir de manger.

Séparer les bêtes à cornes par des cloisons en planches, est trop coûteux & pas assez utile pour les vaches & les bœufs de travail; mais il y a de l'avantage à les établir pour les bœufs à l'engrais, afin qu'ils soient moins distraits par les autres. C'est principalement pour eux aussi que les deux manières précédentes de disposer les mangeoires sont avantageuses.

Dans tout établissement rural bien monté, il doit y avoir des *étables* séparées pour les bœufs de travail, pour les bœufs à l'engrais, pour les vaches laitières & pour les veaux. Cela sera bien coûteux, dira-t-on? Oui, sans doute; mais aussi, que d'avantages relativement aux produits & à l'économie!

Il est avantageux dans les *étables* comme dans les écuries, que le fourrage tombe directement du grenier, par le moyen d'un couloir, non dans le râtelier, comme cela a lieu dans quelques endroits, mais dans un des angles, où on le prend pour le porter dans ce râtelier.

On voit, dans plusieurs endroits, les *étables* transformées en hangars placés dans des enceintes où les bêtes à cornes peuvent se promener à volonté. Les épizooties y font moins communes qu'ailleurs. *Voyez* HYGIÈNE.

ÉTAILLISSAGE. Expression qui indique la suppression des plus foibles pousses des TAILLIS, afin de faire profiter celles qui restent de toute la séve fournie par les racines.

Je ne puis trop applaudir aux propriétaires qui font faire cette opération, dont les suites sont nécessairement un accroissement plus prompt & plus considérable des TAILLIS. *Voyez* ce mot.

ÉTALON. Synonyme de BALIVEAU dans quelques cantons.

ÉTÉ. Une des saisons de l'année, celle pendant laquelle se font les moissons, où les travaux de la campagne sont les plus fatigans, soit à raison de leur nombre, soit à raison de la chaleur. Les mois de JUILLET, AOUT & SEPTEMBRE la composent.

La sécheresse extrême & les pluies continuelles de cette saison influent sur la quantité & la qualité des récoltes; mais il est rare que l'homme, à moins qu'il n'ait des moyens d'irrigation fort étendus, puisse diminuer les résultats de ces deux circonstances.

C'est principalement pendant sa durée que les ORAGES qui brisent & arrachent les arbres, qui enlèvent la terre des coteaux, que les GRÊLES qui anéantissent en un instant tout espoir de récolte, exercent leurs ravages.

C'est encore l'époque la plus ordinaire des maladies épidémiques & épizootiques les plus désastreuses, surtout dans les contrées où il se trouve des eaux stagnantes, des marais de quelqu'étendue.

Je ne puis trop recommander aux cultivateurs de redoubler de soins pour eux & leurs bestiaux. Ainsi ils doivent se modérer relativement au manger & au boire, se tenir toujours très-propres, aérer le plus possible leur demeure, ne pas s'exposer à la grande chaleur du jour & au serein sans nécessité; ne pas laisser leurs bestiaux dans des écuries, des étables ou des bergeries basses, fermées de toute part; ne pas leur faire boire de l'eau de puits ou de fontaine avant de l'avoir laissée se mettre à la température de l'air; ménager le service des chevaux pendant la chaleur; mener paître les autres bestiaux dans les endroits ombragés & éloignés des étangs & des marais; leur donner, ainsi qu'aux bœufs & aux vaches, de temps en temps, de l'eau légèrement acidulée & un peu salée.

ÉTEIGNOIRS. Famille de CHAPIGNONS établie par Paulet dans le genre AGARIC.

ÉTERNELLE. Synonyme d'IMMORTELLE. Le GNAPHALE D'ORIENT porte cependant plus particulièrement ce nom.

ÉTERPE. Sorte de PIOCHE, à fer large & acéré, avec laquelle on coupe, entre deux terres, les bruyères, les ajoncs, les genêts, les bugranes, les épines, les ronces, &c., dans les champs qu'on se propose de labourer.

ÉTEULE. Le CHAUME & la JACHÈRE portent ce nom dans quelques cantons.

ÉTHALION. *Ethalium.* Genre de MOISISSURE qui ne diffère pas suffisamment du FULIGO.

ÉTHANION. *Ethanium.* L'ALPINIE A GRAPPE constitue un genre sous ce nom.

ÉTIEPE. Nom vulgaire des STIPES.

ÉTIOLEMENT. On donne ce nom à une altération organique qu'éprouvent les plantes qu'on prive de la lumière à une époque quelconque de leur vie.

On reconnoît qu'une plante est étiolée, à la couleur blanche ou jaunâtre de ses tiges & de ses feuilles, qui sont alors plus ou moins grêles, plus ou moins insipides.

Le BLANCHIMENT des LAITUES, des CHICORÉES, des CHOUX-POMMÉS, du CELERI, &c., sont un véritable étiolement. *Voyez* ces mots.

Il est généralement reconnu que l'absence seule de la lumière cause cette altération, & que si les pores sont alors moins visibles, cela tient à leur inutilité, puisqu'il n'y a plus alors décomposition de cette lumière.

Les graines semées dans l'obscurité lèvent très-rapidement, mais les plantes qu'elles ont produites ne tardent pas à périr.

Il n'y a jamais de FECONDATION dans l'obscurité; par conséquent toute plante étiolée est stérile.

L'*étiolement* se forme d'abord très-rapidement dans les plantes qui sont soustraites à l'action de la lumière; mais parvenu à un certain degré, il semble rester stationnaire.

C'est un fait très-remarquable que l'avidité des plantes en végétation pour la lumière. Qui n'a pas vu mille fois celles placées dans l'intérieur d'un appartement sombre, se diriger du côté du jour & changer de direction aussi souvent qu'on retourne le pot où elles sont?

S'il est quelquefois dans l'intérêt des cultivateurs de faire étioler les plantes dont la saveur est trop amère ou l'odeur trop forte, il est toujours contre cet intérêt qu'elles éprouvent naturellement le *demi-étiolement*, qui est la suite de leur trop grand rapprochement ou de leur placement sous de grands arbres, au nord des murs, &c. Que de millions sont perdus tous les ans, parce qu'on SÈME ou PLANTE trop épais, parce qu'on ne SARCLE ou n'ECLAIRCIT pas assez! Combien de blés versés, parce que leur tige n'est pas assez forte pour soutenir leur épi! Combien de jardins paysagers des environs de

Paris qui ne jouissent pas, par cette cause, de la beauté dont ils sont susceptibles!

Quelques plantes, cependant, comme le Bois gentil, l'Auréole, la Ficaire, l'Anémone, le Narcisse des bois, &c. &c., se plaisent à l'ombre, mais elles fleurissent avant la pousse des feuilles des arbres.

ÉTIQUETTE. Petit écriteau qui indique le nom des plantes dans les écoles de botanique & dans quelques pépinières.

On met aussi des *étiquettes* aux arbres & arbustes qu'on expédie d'une pépinière dans un jardin.

Depuis un siècle que le goût de la culture des arbres fruitiers & des plantes étrangères a pris de la consistance, on se tourmente pour obtenir des *étiquettes* en même temps peu coûteuses, très-durables, & remplissant bien leur objet, sans les avoir trouvées.

Je divise les *étiquettes* en deux sortes, celles qui ne doivent avoir qu'une courte durée, & celles qu'on desire conserver éternellement, si je puis employer ce mot.

Le papier fort s'emploie pour mettre le nom aux arbres & arbustes qu'on envoie à une petite distance. Ce papier, divisé en parallélogrammes, s'attache aux branches des arbres avec du fil, ou s'introduit, après avoir été plié en deux, dans une fente faite à une petite branche.

Lorsque les arbres & arbustes doivent voyager plus loin, on substitue le parchemin au papier.

Quelquefois les *étiquettes* en papier ou en parchemin sont remplacées par de petits morceaux ou de bois, ou d'ardoise, ou de plomb, où sont inscrits des numéros correspondans à un catalogue.

Les *étiquettes* pour les écoles de botanique sont ordinairement portées sur un pied de bois ou de fer, & constituées par un disque, soit rond, soit ovale, soit quadrangulaire, en bois, en fer, en plomb, en faïence.

Les plaques de bois pourrissent rapidement lorsqu'elles ne sont pas peintes à l'huile; & lorsqu'elles sont peintes à l'huile, le nom qu'elles portent devient illisible au bout de deux à trois ans.

Les plaques en fer se rouillent lors même qu'elles sont peintes à l'huile, & doivent être également réparées tous les deux à trois ans.

Les plaques en plomb s'oxident encore plus rapidement lorsqu'elles sont peintes, par la réaction de l'acide sébacique.

Les plaques en faïence seroient les meilleures si elles n'étoient pas exposées à se casser, & si elles ne coûtoient pas très-cher.

Je ne parle pas des *étiquettes* couvertes d'un verre, parce qu'elles sont encore plus coûteuses & plus cassantes, & que le verre s'obscurcit promptement.

Les *étiquettes* destinées aux planches de semis & aux pots sont, ou des petits bâtons pointus d'un côté & aplatis de l'autre, sur l'aplatissement duquel, avec un crayon dit *de mine de plomb*, ou un crayon dit *de sanguine*, on écrit le nom ou le numéro; ou des morceaux d'ardoise, ou des morceaux de plomb taillés en triangle très-alongé sur la partie opposée, à l'angle aigu desquels on écrit, on frappe le nom ou le numéro.

Les *étiquettes* en bois peint sont celles que je préfère comme les moins coûteuses, mais j'ai l'attention de les faire repeindre à mesure du besoin, ce qui est une fort petite dépense annuelle.

Ce n'est que depuis que les *étiquettes* ont été pourvues du nom entier des plantes, que les pépiniéristes & leurs ouvriers qui n'ont pas le goût de l'étude, sont devenus nomenclateurs, & sous ce rapport elles ont rendu & rendent encore de grands services à l'agriculture.

ÉTOUFFER LE PLANT. C'est l'Enterrer pour l'empêcher de pousser.

Cette opération se fait dans quelques vignobles & dans quelques pépinières, & reussit toujours lorsque le terrain est sablonneux & qu'on a levé le plant hors de sève; mais on ne doit pas exagérer le temps, car alors ce plant noircit & pourrit.

ÉTOULE. Synonyme d'Éteule.

ÉTRAMPAGE. C'est l'angle que fait, en relevant plus ou moins la haie sur la sellette, le soc de la charrue avec la surface de la terre, & qui a pour objet de labourer plus ou moins profondément.

Chaque sorte de terre, chaque espèce de graine ayant besoin d'un labour différent, la connoissance de l'*étrampage* est de nécessité absolue pour les laboureurs. *Voyez* Labour & Charrue.

ÉTREPAGE. C'est, dans les landes de Bretagne, l'opération de lever une portion de la surface de la terre, pour la transporter ailleurs.

Quoique cette opération soit souvent fort avantageuse, on doit la proscrire. *Voyez* aux mots Landes, Engrais & Terre.

ÉTREPE. Espèce de Houe à large fer, qui s'emploie dans la Bretagne, pour peler les Landes. *Voyez* l'article précédent.

ETTELACH. Un des noms du Genévrier Oxycèdre.

ÉTULE. Synonyme d'Éteule. C'est la base de la Tige des Graminées, le Chaume des agriculteurs.

EUBLE. Synonyme d'Hièble. *Voy.* Sureau.

EUCHILE. *Euchilus.* Plante de la Nouvelle-Hollande, qui ne se voit pas encore dans nos jardins. Elle constitue seule un genre dans la diandrie monogynie.

EUCHROME. *Euchroma.* Genre de plantes qui a pour type la BARTSIE ROUGE.

EUCLIDIE. *Euclidia.* Genre de plantes établi aux dépens des MYAGRES. Il ne diffère pas du SORIE.

EUCOME. *Eucomis.* Genre de plantes autrement appelé BASILE.

EUCRYPHIE. *Eucryphia.* Grand arbre du Chili, qui ne se cultive pas en Europe. Seul il forme un genre dans la polyandrie polygynie.

EUDÈME. *Eudema.* Genre très-voisin des DRAVES, qui est constitué par deux plantes de l'Amérique méridionale qui ne se cultivent pas en Europe.

EUDESMIE. *Eudesmia.* Arbrisseau de la Nouvelle Hollande, formant un genre dans la polyandrie polyadelphie & dans la famille des myrtes.

Il ne se cultive pas en Europe.

EUDORE. *Eudorus.* Plante vivace qui se cultive au Jardin des Plantes, sous le nom de CACALIE SENECIOÏDE, mais dont on ne connoît pas le pays natal, qui doit être les montagnes de l'Europe méridionale ou de l'Asie moyenne.

On en sème les graines en pleine terre, & on donne au plant qui en provient, les binages ordinaires aux jardins bien tenus.

EUPARE. *Euparea.* Plante de la Nouvelle-Hollande, de la pentandrie monogynie & de la famille des primulacées, qui seule constitue un genre.

Elle ne se voit pas dans nos jardins.

EUPHORIE. *Euphoria.* Genre de plantes qui ne diffère pas du LITSEE.

EUPOMATIE. *Eupomatia.* Arbre de la Nouvelle-Hollande, constituant seul un genre dans l'icosandrie polygynie & dans la famille des hilospermes.

Il ne se cultive pas en Europe.

EURCHON. Synonyme d'ÉRINACE.

EURIALE. *Euriala.* Genre de plantes qui ne diffère pas de celui appelé ANNESLEE.

EURIANDRE. *Euriandra.* Genre de plantes depuis réuni aux TÉTRACÈRES.

EURIDICE. *Euridicea.* Genre qui sépare des IXIES les espèces monadelphes.

EURISPERME. *Eurispermum.* Genre de la famille des PROTÉES, qui ne doit pas être distingué des LEUCADENDRES.

EUROTE. *Eurotium.* Genre de plantes établi aux dépens des MOISISSURES.

EURYBIE. *Eurybia.* H. Cassini a séparé des ASTÈRES quelques espèces pour en former un nouveau genre sous ce nom.

EURYCLE. *Eurycles.* Le PANCRATION D'AMBOINE sert de type à ce genre de plantes.

EURYOPS. *Euryops.* Genre de plantes rentrant dans le WERNERIE de Humboldt, Bonpland & Kunth.

EURYOPS. *Euryops.* Autre genre établi aux dépens des OTHONES.

EUSTACHYS. *Eustachys.* Genre de plantes qui a pour type le CHLORIS DES ROCHERS.

EUSTÉGIE. *Eustegia.* Genre de plantes établi aux dépens des APOCINS.

EUSTEPHIE. *Eustephia.* Genre de plantes de l'hexandrie monogynie & de la famille des narcissoïdes, qui ne renferme qu'une espèce dont le pays natal est inconnu.

EUSTREPHE. *Eustrephus.* Genre de plantes qui rentre dans celui appelé LUZURIAGE.

Il renferme deux espèces originaires de la Nouvelle-Hollande, dont l'une est cultivée dans les collections d'Angleterre.

EUTASSE. *Eutassa.* Genre de plantes établi pour placer le CYPRÈS COLUMNAIRE, qui ne se cultive pas en Europe.

EUTAXIE. *Eutaxia.* Genre établi pour placer la DILLWINIE A FEUILLES OBOVALES.

EUTERPE. *Euterpe.* PALMIER de Saint-Domingue, confondu avec l'ARÉC sous le nom de *chou palmiste*, parce qu'on en mange les jeunes feuilles.

EUTHALE. *Euthales.* Genre de plantes qui ne diffère pas du VELLÈJE.

EUTHAMIE. *Euthamia.* Le type de ce genre de plantes est le CHRYSOCOME A FEUILLES DE GRAMINÉES.

EUTOSE. *Eutosa.* Genre de plantes établi pour placer le PIN DE NORFOLK, qui est fort mal connu.

EVANDRE. *Evandra.* Genre qui réunit deux plantes de la Nouvelle-Hollande, qui ne se cultivent pas dans nos jardins.

Il est de la décandrie monogynie & de la famille des souchets.

EVANSIE. *Evansia.* Salisbury a donné ce nom à un genre qui a pour type l'IRIS FRANGÉ.

EVANTIANE. *Evantiana.* La BIGNONE BICOLORE sert de type à ce genre de plantes.

ÉVAX. *Evax.* Genre de plantes qui a pour type le FILAGE ACAULE de Linnæus, dont il a été question à l'article GNAPHALE.

ÉVERNIE. *Evernia.* Genre de plantes établi

aux dépens des LICHENS. Il ne diffère pas de l'USNÉE.

ÉVIE. *Evia.* Genre de plantes qui ne diffère pas du MONBIN.

ÉVOLAGE. Droit de mettre l'eau dans un ÉTANG appartenant à un autre & d'en vendre le poisson au bout de trois ans, après quoi le propriétaire en cultive le fonds pendant trois autres années. Ce droit est devenu rare depuis la révolution. *Voyez* ÉTANG.

ÉVOPIE. *Evopia.* Genre de plantes qui sépare des autres espèces la ROHRIE CYNAROÏDE de Vahl.

ÉVOSME. *Evosma.* Arbrisseau de la Nouvelle-Hollande, constituant un genre dans la pentandrie monogynie & dans la famille des gentianées.

On ne le cultive pas en Europe.

ÉVOSMIE. *Evosmia.* Petit arbre de l'Amérique méridionale, qui seul constitue un genre dans la tétrandrie monogynie & dans la famille des rubiacées.

Il ne se cultive pas en Europe.

EXARRHÈNE. *Exarrhena.* Genre de plantes établi aux dépens des MYOSOTES.

EXCROISSANCE. Saillie qui se développe, par maladie, sur les animaux ou sur les végétaux.

Les principales *excroissances* qui affectent les animaux sont le FIC, la LOUPE, la VERRUE & le POIREAU. *Voyez* ces mots.

On ne distingue pas plusieurs sortes d'*excroissances* dans les végétaux, quoiqu'on le puisse peut-être : toutes portent particulièrement le nom de LOUPE. *Voyez* ce mot, ainsi que celui CYPRÈS.

Certaines loupes sont fort recherchées par les ébénistes, à raison des accidens de leur intérieur, accidens qui rendent très-agréables les petits meubles qu'on fabrique avec elles.

Le BUIS, l'ÉRABLE SYCOMORE & l'ORME sont les arbres qui, en France, fournissent le plus de ces loupes, qui portent alors le nom de BROUSSIN.

Il est toujours assez difficile de faire disparoître les loupes sur le tronc des arbres. On doit couper les branches qui en offrent de trop considérables.

Le GUI & le GYMNOSPORANGE font naître des loupes aux branches sur lesquelles ils se fixent.

EXFOLIATION. Maladie des arbres qui consiste dans le soulèvement d'une plus ou moins grande étendue de leur écorce.

Les GELÉES, les COUPS DE SOLEIL, les fortes CONTUSIONS sont les causes les plus apparentes de l'*exfoliation*; mais il paroît qu'il y en a aussi d'internes.

Lorsqu'on coupe un bois, lorsqu'on dépaille le tronc d'un arbre, les baliveaux restans & cet arbre sont plus exposés à l'*exfoliation*, parce que leur écorce étant attendrie, reçoit plus facilement l'influence des causes ci-dessus.

L'*exfoliation* se guérit comme les plaies des arbres, au moyen d'un emplâtre d'ONGUENT DE SAINT-FIACRE. *Voyez* ARBRE.

Elle se prévient, dans les jardins, avec des planches ou des paillassons placés devant le tronc, ou en plantant de grandes herbes vivaces à quelque distance des arbres qu'on veut en garantir.

EXHALAISON. Vapeur que la chaleur développe dans tous les corps qui contiennent de l'eau.

Il est des vapeurs qui sont mortelles pour les animaux : telles sont celles qui se dégagent des liqueurs en FERMENTATION, des FOSSES D'AISANCES, du CHARBON qui commence à s'enflammer. *Voyez* MÉPHITISME.

Il en est d'autres qui donnent lieu à des maladies plus ou moins dangereuses, telles que celles qui émanent des MARAIS. *Voyez* HYDROGÈNE.

EXOSPORE. *Exosporium.* Champignon parasite du tilleul, qui diffère peu des TRICHIES.

EXOSTÈME. *Exostema.* Genre de plantes qui sépare des QUINQUINAS les espèces dont les étamines sont saillantes.

EXPLOITATION. Ce mot, dans l'économie rurale & forestière, comprend tous les travaux qui ont pour objet d'obtenir des produits d'une terre, d'un bois ou de quelqu'autre propriété de ce genre. Mais l'usage en a restreint la signification, dans l'économie forestière, à la coupe seule des bois. C'est dans ce sens que nous le considérerons.

EXPLOITATION DES COUPES DE BOIS. Nous diviserons notre article en deux sections : l'une comprendra ce qui est prescrit par les réglemens pour la coupe des bois ; l'autre, une dissertation sur les *exploitations* en général.

PREMIÈRE SECTION.

Des exploitations telles qu'elles sont prescrites par les réglemens, dans les bois de l'État et des communes.

Il sera question dans cette section : 1°. des formalités à remplir de la part des adjudicataires avant de commencer l'*exploitation* ; 2°. du temps de la coupe & de la vidange ; 3°. de la manière d'exploiter ; 4°. des réserves ; 5°. des mesures législatives tendantes à prévenir les abus ; 6°. des travaux accessoires des *exploitations*.

Formalités à remplir avant de commencer la coupe.

L'adjudicataire ne peut rien entreprendre dans la coupe vendue, sans avoir obtenu de l'inspecteur

teur un permis d'exploiter (1), à peine d'être poursuivi comme délinquant (2).

Ce permis, que l'on appeloit autrefois *billet de consentement*, ou *lettre d'afforestement*, ne se délivre à l'adjudicataire que lorsqu'il a exhibé, 1°. l'extrait en forme du procès-verbal d'adjudication (3); 2°. l'expédition du plan & du procès-verbal d'assiette de la coupe; 3°. un extrait de la prestation de serment du garde-vente, dont il sera parlé plus bas, & le registre & le marteau dont ce dernier doit être pourvu (4); 4°. le certificat du receveur du domaine, portant que l'adjudicataire a fourni son cautionnement (5), & les traites acceptées, & qu'il a satisfait aux paiemens échus, ensemble aux frais d'adjudication. Ce certificat doit être enregistré en marge de l'adjudication; l'inspecteur y appose son visa (6).

L'adjudicataire remet ce permis au sous-inspecteur ou au garde général, & il le prévient du jour où il se propose de placer des ouvriers dans la vente (7).

Les cessionnaires & rétrocessionnaires ne peuvent exploiter leurs bois qu'après avoir représenté au sous-inspecteur ou au garde général, extrait de leur rétrocession (8).

Avant l'*exploitation*, chaque adjudicataire peut faire procéder, à ses frais, en présence d'un officier forestier & du garde de triage, par deux experts, l'un à son choix, l'autre au choix dudit officier, à la reconnoissance des délits qui pourroient avoir été commis dans les ventes & à l'ouïe de la cognée.

Il en est dressé un procès-verbal particulier, pour y avoir recours lors du récolement.

Ce procès-verbal constate le nombre des souches qui ont été trouvées, leur qualité & grosseur, & elles sont marquées du marteau de l'officier forestier (9).

L'adjudicataire, après l'*exploitation* commencée, n'est plus admis à requérir de visite ni de souchetage, ni à prouver que les arbres qui y ont été coupés aux environs, l'ont été antérieurement à son adjudication (10).

Chaque adjudicataire est tenu d'avoir un facteur ou garde-vente, qui sera agréé par l'inspecteur & le sous-inspecteur local; au cas de contestation, il en est réferé à l'agent forestier supérieur.

(1) Ordonnance de François Ier, de l'année 1515, art. 33.
(2) Cahier des charges générales de 1821, art. 35.
(3) Circulaire du 29 prairial an 13, n°. 267.
(4) Cahier des charges générales de 1821, art. 43.
(5) Ordonnance de 1669, tit. XV, art. 36.
(6) Cahier des charges générales de 1821, art. 35.
(7) *Ibid.*, art. 36.
(8) *Ibid.*, art. 41.
(9) Ordonnance de 1669, tit. XV, art. 50.
(10) Arrêt de la Cour de cassation, du 20 juillet 1810. — Cahier des charges générales de 1821, art. 40.

Ce facteur ou garde-vente est ensuite reçu par le juge de paix (1).

Ce facteur ne peut être parent ou allié des gardes, de ceux du triage ou du sous-inspecteur, ni caution de l'adjudicataire (2).

Il ne peut, en aucun temps, s'absenter de la vente (3).

Il est autorisé à faire des rapports, tant dans la vente qu'à l'ouïe de la cognée (4).

Il tient un registre sur papier timbré, coté & paraphé par le sous-inspecteur; il y inscrit, jour par jour, & sans lacune, la mesure & la quantité des bois débités ou vendus, avec les noms & demeures des personnes auxquelles il en a été livré (5).

Ce registre est représenté aux agens forestiers, visé & arrêté par eux, toutes les fois qu'ils le requièrent (6).

Tout adjudicataire de futaie est en outre tenu d'avoir, pour chaque vente, un seul marteau, dont sont marqués les bois qui en sortent (7).

Ce marteau a la forme triangulaire (8).

Dans la même forêt, il ne peut y avoir deux empreintes semblables (9).

L'empreinte est déposée chez le sous-inspecteur (10) & au greffe (11) du tribunal de l'arrondissement, où le marteau est rapporté & brisé après l'*exploitation* finie (12).

Dans les coupes de taillis de peu d'étendue, l'adjudicataire peut présenter pour garde-vente un de ses ouvriers, qui est assermenté & autorisé à faire des rapports (13).

Temps de la coupe & de la vidange.

L'*exploitation* d'une coupe se compose de deux opérations : l'une qui a pour objet la coupe ou l'abattage du bois adjugé; l'autre qui consiste à vider la vente, c'est-à-dire, à en extraire & débiter les arbres abattus.

Les réglemens forestiers ont fixé le temps dans lequel devoient être commencées & terminées l'une & l'autre de ces opérations; & leurs dispositions se sont rapprochées autant qu'il est possible des lois de la nature.

Il est de fait généralement observé, que lorsque

(1) Ordonnance de 1669, tit. XV, art. 37. — Cahier des charges générales de 1821, art. 42.
(2) Cahier des charges générales de 1821, art. 42.
(3) *Ibid.*
(4) Ordonnance de 1669, tit. XV, art. 39.
(5) *Ibid.*, art. 37.
(6) Cahier des charges générales de 1821, art. 42.
(7) Ordonnance de 1669, tit. XV, art. 37.
(8) Cahier des charges générales de 1821, art. 42.
(9) Ordonnance de 1669, tit. XV, art. 37.
(10) Cahier des charges générales de 1821, art. 42.
(11) Ordonnance de 1669, tit. XV, art. 37.
(12) Cahier des charges générales de 1821, art. 42.
(13) *Ibid.*, art. 44.

l'on a coupé un arbre dans le temps où la végétation est animée, sa séve s'extravase, & que les racines s'épuisent & perdent la force qui leur est nécessaire pour pousser de nouveaux jets.

C'est d'après cette considération qu'il est défendu aux adjudicataires de couper les bois en temps de séve; les anciennes ordonnances faisoient commencer le temps de séve au 15 mai (1); des réglemens moins anciens, rendus en réformation, le portoient au dernier avril; & l'ordonnance de 1669 adoptant un terme moyen, a défendu de couper le bois après le 15 avril (2).

L'administration prescrit ce dernier terme pour l'entière coupe des bois taillis (3); elle permet néanmoins de prolonger la coupe des arbres jusqu'au 15 mai, & celle des arbres à écorcer jusqu'au 15 juin : les ramiers provenant des taillis, doivent être enlevés & façonnés avant le premier juin (4).

Il n'est pas moins important de fixer aux adjudicataires le temps de la vidange. Si on laissoit trop long-temps dans les coupes le bois abattu & gisant, il empêcheroit une partie des nouveaux jets de repousser, & le passage des hommes, des bestiaux & des charrettes nuiroit sensiblement à ceux qui seroient nés. Sous ces deux rapports, il est essentiel que la vidange se fasse peu de temps après la coupe; mais il est impossible de fixer d'une manière générale l'époque à laquelle les coupes doivent être vidées. Cette époque doit varier suivant l'étendue des coupes, la rareté des ouvriers, la difficulté des débouchés & des moyens de transport; aussi les anciennes ordonnances ont-elles laissé à l'arbitraire des officiers supérieurs des eaux & forêts le pouvoir de fixer aux adjudicataires le temps de la vidange (5); mais elles défendent à ces officiers d'accorder aucune prorogation du délai fixé par le cahier des charges (6).

C'est dans l'esprit de ces lois que l'administration indique, d'une manière générale, le 15 septembre de l'année qui suit l'adjudication pour le terme auquel doivent être faites la traite & la vidange des taillis au-dessous de 25 ans, & celui du 15 avril suivant, pour les autres bois (7); mais l'administration autorise les conservateurs à fixer d'autres délais, par une clause particulière du cahier des charges, dans les endroits où le commerce

(1) Réglement de 1601, art. 24.
(2) Ordonnance de 1669, tit. XV, art. 40.
(3) Cahier des charges générales de 1821, art. 49.
(4) *Ibid.*, art. 51.
(5) Ordonnance de François Ier, du mois de mars de l'année 1516, art. 8. — Ordonnance de 1669, tit. XV, art. 40.
(6) Ordonnance de Charles V, de 1376, art. 38; de Charles VI, en mars 1388, art. 38; & en septembre 1402, art. 36; de François Ier, en 1515, art. 53; de Louis XIV, en 1669, tit. XV, art. 40.
(7) Cahier des charges générales de 1821, art. 49.

du sabottage & des cercles, ou d'autres circonstances locales, en font sentir la nécessité (1).

Tout adjudicataire qui, pour causes majeures & imprévues, n'ayant pu achever la coupe ou la vidange dans le temps prescrit, auroit besoin d'un délai, est tenu d'en faire la demande à l'administration générale des forêts, par l'intermédiaire du conservateur, quarante jours au moins avant l'expiration dudit terme.

L'adjudicataire doit joindre une déclaration écrite & signée de lui, de la situation de la coupe à l'époque de sa pétition.

Les délais, soit de coupe, soit de vidange, ne sont accordés que d'après un procès-verbal de vérification dressé sur les lieux par les agens forestiers.

Les agens forestiers ni les tribunaux ne peuvent proroger l'époque fixée à un adjudicataire pour vider la vente (2).

Manière d'exploiter.

Chacun sait que les arbres forestiers, lorsqu'ils ne sont point restés sur pied jusqu'à la décrépitude, poussent, après avoir été coupés, des jets par lesquels ils se renouvellent. Ces nouveaux produits de la végétation sont vigoureux, si la coupe a été faite près de terre; alors la grande abondance de la féve fait produire aux racines des jets qui deviennent presqu'aussi précieux que les arbres venus par semences; au lieu que si le bûcheron a laissé sur terre un tronc d'une certaine élévation, c'est sur sa circonférence que paroissent un grand nombre de rejets foibles, & qui n'ayant d'autre base qu'un bourrelet formé par la seve, sont sujets à s'écuisser sous le poids des neiges, du givre ou du verglas, & au moindre choc causé, soit par les vents, soit par la rencontre de quelques corps étrangers.

Il faut donc couper le plus près de terre qu'il est possible, de manière que tous les anciens nœuds recouverts & causés par les dernières coupes ne paroissent aucunement (3), sans attaquer les racines (4).

J'observerai cependant que cette dernière précaution est inutile dans les forêts d'arbres résineux, attendu que cette espèce ne se reproduit que par graines; elle est également inutile dans l'exploitation des futaies surannées, dont les racines épuisées n'ont plus la force de produire de nouveaux jets; il convient même dans ce cas d'obliger l'adjudicataire à enlever la culée des arbres. Ce mode est avantageux au marchand & au propriétaire; au premier, parce qu'il gagne

(1) Cahier des charges générales de 1821, art. 49.
(2) Ordonnance de 1669, tit. XV, art. 47. — Arrêt de la Cour de cassation, du 9 février 1811.
(3) Ordonnance de François Ier, de l'année 1516, art. 3; & de Louis XIV, de l'année 1669, tit. XV, art. 42.
(4) Cahier des charges générales de 1821, art. 51.

sur chaque arbre une longueur de plusieurs décimètres sur la partie de l'arbre la plus précieuse; au second, parce que l'enlèvement du pivot, en divisant les racines, les rajeunit en quelque sorte & les rend plus propres à la reproduction.

Lorsque la totalité de l'arrachis des arbres vendus a été reconnue nécessaire, les adjudicataires doivent être autorisés ou obligés à le pratiquer, par une clause expresse du cahier des charges (1).

La hauteur de la coupe n'est point la seule chose que doivent observer les adjudicataires dans l'abattage. Il faut qu'il soit fait de manière que la souche présente le moins d'accès possible aux eaux pluviales, & que ses organes ne pussent être troublés par les météores. C'est pourquoi il est défendu aux marchands de couper les bois à la scie ou à la serpe (2), de les écuisser ni éclater (3), & il leur est ordonné de les couper en talus & à la cognée (4).

Ils doivent réceper & ravaler les souches & étocs des bois pillés & rabougris (5); cette opération, outre qu'elle a l'avantage de débarrasser le terrain de troncs qui y occupent des places inutiles, & présentent un coup d'œil désagréable, offre principalement celui de rendre à la végétation les souches qui ne sont point épuisées, & de fournir à la consommation une certaine quantité de combustibles. Il faut aussi enlever les épines, ronces & autres arbustes nuisibles (6), ce qui s'appelle *nettoyer la coupe*. Ces plantes sont utiles lorsqu'il s'agit de favoriser la première croissance du semis des chênes; mais il n'en est pas de même des pousses produites par les racines d'un bois exploité; les abris ne leur sont point nécessaires, & la présence des ronces, des genêts, des épines, ne peut que nuire au taillis, avec lequel ces plantes disputent le terrain & les influences de l'atmosphère. Le nettoyage est une opération reconnue si essentielle, que, dans certains arrondissemens, pour mieux s'assurer de son exécution, on ne permet aux adjudicataires de commencer l'*exploitation* de la coupe qu'après l'avoir nettoyée; ce qui donne lieu à une clause particulière du cahier des charges.

Les ventes doivent être coupées à tire-aire (7), c'est-à-dire, que l'adjudicataire doit commencer à un bout & finir à l'autre, sans rien laisser en arrière, afin que l'*exploitation* soit plus régulière, plus facile à surveiller, & que ces nouveaux produits aient une croissance plus égale.

Il est expressément défendu aux adjudicataires, ainsi qu'à leurs voituriers, ouvriers, préposés & autres personnes à leur solde, de faire ni laisser paître leurs chevaux & bestiaux dans les ventes ni les forêts, même d'y introduire les bêtes à cornes, sans être muselées, à peine de confiscation desdits chevaux & bestiaux, & de toutes pertes, dommages-intérêts & amendes (1).

Dans les cas où les adjudicataires n'exploiteroient pas leurs coupes conformément au cahier des charges & aux dispositions des ordonnances & réglemens forestiers, ils peuvent y être contraints aussitôt le délit constaté, sans qu'il soit besoin d'attendre le récolement (2).

La mauvaise *exploitation* imputée à un adjudicataire dans la coupe des bois à lui adjugés, est toujours de la compétence de la police correctionnelle. (*Arrêt de la Cour de cassation, du 25 janvier* 1810.)

Il est libre à l'adjudicataire de donner aux bois de sa vente la destination qui lui paroît la plus avantageuse, en se conformant pour leurs dimensions, à ce qui est prescrit par les lois & réglemens. L'adjudicataire ne peut néanmoins, ainsi qu'il a déjà été dit, peler ni écorcer aucun des arbres de la vente, à moins qu'il n'y ait été autorisé par une clause expresse du procès-verbal d'adjudication (3).

La traite du bois se fait par les chemins ordinaires des ventes, sans pouvoir en pratiquer de nouveaux, sous les peines portées par la loi (4).

Réserves.

Les adjudicataires sont tenus de réserver les arbres d'assiette, pieds corniers, tournans, témoins, parois & arbres de lisière, tous les arbres anciens & modernes, ainsi que les baliveaux de l'âge, marqués de l'empreinte du marteau royal (5), dont le nombre & l'essence se trouvent désignés au procès-verbal de balivage & martelage, & sont rappelés au procès-verbal d'adjudication (6).

Dans les jeunes taillis où les baliveaux de l'âge n'auroient pu, à cause de leur foiblesse, recevoir l'empreinte du marteau, l'adjudicataire doit être obligé d'en réserver cinquante par hectare en brins de semence, ou de pied, à défaut de la première espèce (7).

Il ne peut, dans aucun cas, & sous quelque prétexte que ce soit, lui être délivré aucun des arbres de réserve, quand même il s'en trouveroit un nombre excédant celui porté aux procès-verbaux de martelage & d'adjudication (8).

(1) Cahier des charges générales de 1821, art. 51.
(2) Ordonnance de François Ier, de l'année 1518. — Ordonnance de 1669, tit. XV, art. 44.
(3) *Ibid.*, art. 42.
(4) Cahier des charges générales de 1821, art. 51.
(5) Ordonnance de 1669, tit. XV, art. 45.
(6) Cahier des charges générales de 1821, art. 51.
(7) *Ibid.*

(1) Cahier des charges générales de 1821, art. 78.
(2) *Ibid.*, art. 52.
(3) Ordonnance de 1669, tit. XXVII, art. 28. — Cahier des charges générales de 1821, art. 51.
(4) Cahier des charges générales de 1821, art. 76.
(5) Ordonnance de 1669, tit. XVI, art. 10.
(6) Cahier des charges générales de 1821, art. 54.
(7) *Ibid.*
(8) *Ibid.* — Arrêts de la Cour de cassation des 6 germinal an 10 & 16 août 1811.

L'adjudication faite, les adjudicataires ne sont plus reçus à réclamer pour aucun manque d'arbres (1).

Ils sont tenus de représenter tous les baliveaux & arbres réservés, lors même qu'ils seroient cassés ou renversés par les vents ou par d'autres accidens (2).

Si les arbres étoient ainsi abattus pendant l'*exploitation*, les adjudicataires sont obligés d'en avertir sur-le-champ les officiers forestiers, pour en être marqué d'autres en réserve, & il en est dressé un procès-verbal (3).

Dans aucun cas, les arbres abattus ne peuvent être donnés à l'adjudicataire, en compensation de ceux marqués en remplacement. Ils doivent être marqués comme chablis, & vendus en la forme ordinaire; & il est fait estimation, à dire d'experts, des arbres nouvellement marqués en réserve, pour rendre indemne l'adjudicataire, s'il y a lieu (4).

Les adjudicataires doivent faire en sorte que les arbres de réserve ne soient point endommagés par la chute de ceux à abattre. S'il s'en trouvoit qui fussent encroués, il n'est permis d'en disposer qu'après la reconnoissance d'un officier forestier, qui évalue l'indemnité à payer (5).

Cette indemnité ne pourra être moindre de 30 francs pour l'arbre moderne, & 60 francs pour l'arbre ancien. Si l'arbre endommagé peut encore profiter, l'agent forestier réglera le dommage (6).

L'adjudicataire ou son facteur en signe le procès-verbal, qui est ensuite remis au receveur du domaine pour le recouvrement (7).

Mesures législatives tendantes à prévenir les abus.

Il est défendu aux adjudicataires & à leurs ouvriers, de ramasser des feuilles & semis (8).

Les adjudicataires ne peuvent prendre de harts pour lier le bois de débit, que dans les coupes qui leur sont adjugées. S'il est reconnu qu'elles ne peuvent en produire suffisamment, il peut leur en être accordé dans les triages au-dessous de six ans, par l'inspecteur, sur estimation, dont il sera dressé procès-verbal, & les ouvriers seront acceptés par lui (9).

Le decime pour franc est dû sur le montant de cette estimation (10).

L'adjudicataire paie les droits de timbre & d'enregistrement entre les mains de l'agent forestier qui fait l'estimation desdites harts, à la charge par ce dernier d'en compter au receveur (1).

Pour éviter les outre-passes & faciliter le réarpentage, on oblige les adjudicataires à entretenir & récéper les laies ou tranchées, & à faire enlever le bois qui tombe dans lesdites laies (2).

Il ne peut être établi aucune faude ou fourneau pour charbon, qu'aux endroits qui ont été indiqués sur le terrain par un agent forestier, & désigné par la marque de son marteau à l'arbre le plus voisin.

Il doit être dressé procès-verbal du nombre & du placement de ces faudes ou fourneaux, qui seront établis de préférence sur les anciennes places ou sur des places vagues (3).

Il est défendu à tous adjudicataires, leurs facteurs & ouvriers, d'allumer, sous quelque prétexte que ce soit, du feu ailleurs que dans leurs loges & ateliers.

Ces loges & ateliers sont désignés par les agens forestiers (4).

Les adjudicataires sont personnellement responsables de toute contravention à cet égard, & de tout dommage qui pourroit en résulter (5).

Les adjudicataires, pendant toute la durée de leur *exploitation*, & jusqu'à ce qu'ils en aient obtenu leur décharge, sont responsables de tout délit forestier commis dans leurs ventes, & à l'ouïe de la cognée, passibles des amendes prononcées par la loi & soumis à la juridiction des tribunaux correctionnels, jusqu'à ce qu'ils aient obtenu décharge définitive (6).

L'adjudicataire dont la vente a été endommagée par quelqu'accident ou par l'effet de la force majeure, ne peut espérer de mettre sa responsabilité à couvert, qu'autant qu'il a fait constater les dégâts par des procès-verbaux ou par les rapports de ses facteurs ou garde-ventes, lesquels doivent être affirmés & enregistrés. La remise en est faite dans les cinq jours au garde général, par la voie du garde de triage.

Ces rapports ne peuvent servir de décharge aux adjudicataires, qu'autant qu'ils indiquent les délinquans (7).

L'adjudicataire est même responsable des délits commis dans sa vente par les usagers, s'il n'a point fait son rapport & livré aux poursuites de l'admi-

(1) Cahier général des charges de 1821, art. 54.
(2) Ordonnance de 1669, tit. XV, art. 46.
(3) *Ibid.* — Cahier des charges de 1821, art. 54.
(4) Cahier des charges générales de 1821, art. 54.
(5) *Ibid.*, art. 55. — Ordonnance de 1669, tit. XV, art. 43.
(6) Cahier des charges générales de 1821, art. 55.
(7) *Ibid.*
(8) *Ibid.*, art. 56.
(9) *Ibid.*, art. 57.
(10) Décision du ministre des finances du 29 mars 1813, mentionnée dans la circulaire de l'administration du 30 avril suivant, n°. 492. — Cahier des charges de 1821, art. 57.

(1) Circulaire du 16 juillet 1814, n°. 515.
(2) Cahier des charges de 1821, art. 53.
(3) Ordonnance de 1669, tit. XXVII, art. 22. — Cahier des charges générales de 1821, art. 45.
(4) *Ibid.*, art. 46.
(5) *Ibid.*
(6) Ordonnance de 1669, tit. XV, art. 41. — Arrêts de la Cour de cassation des 16 germinal an 10, 21 février 1806 & 9 octobre 1807.
(7) Arrêts de la Cour de cassation des 21 germinal an 7 & 23 janvier 1807. — Cahier des charges de 1821, art. 47.

niſtration les auteurs de ces délits, ſauf ſon recours contre ces derniers (1).

Leſdits adjudicataires ne peuvent, ſous la même reſponſabilité, chaſſer ni laiſſer chaſſer leurs facteurs & ouvriers dans les forêts (2).

Ils ne peuvent dépoſer dans leurs ventes d'autres bois que ceux qui en proviennent (3).

Ils ne peuvent également faire aucuns travaux ni enlèvemens avant le lever & après le coucher du ſoleil, ni les jours de dimanches & fêtes. (4)

Ils ſont civilement reſponſables de leurs commis, charretiers, pâtres & domeſtiques.

Travaux acceſſoires de l'exploitation.

Les anciennes ordonnances obligeoient les adjudicataires de faire des foſſés & de les planter de haies vives, non-ſeulement le long des routes & grands chemins, mais même tout autour de leurs ventes; comme cela occaſionnoit quelquefois de grands frais qui réduiſoient ſenſiblement le prix des ventes, on ne charge plus les adjudicataires que de certains travaux d'entretien, qui conſiſtent :

A curer à vif-fond & aligner tous les foſſés, fangſues, rigoles, glacis & laies qui ſe trouvent dans l'intérieur & au pourtour de leurs ventes, conformément au procès-verbal dreſſé par les agens foreſtiers, lors du martelage;

A tenir les chemins libres dans les ventes, de manière que les voitures puiſſent y paſſer librement en tout temps;

A remplir tous les trous des ſcieurs & des ateliers;

A faire fouir, repiquer & reſemer les places des faudes & des fourneaux;

A rétablir & réparer les routes, ponts, ponceaux, bornes, barrières & pierrées endommagées ou détruites par le paſſage de leurs voitures & le tranſport de leurs bois.

Faute par eux de repréſenter, lors du récolement, tous ces objets bien réparés, les travaux en ſont exécutés à leurs frais, à la pourſuite & diligence des agens foreſtiers.

Les adjudicataires ſe ſoumettent, par le cahier des charges générales, à en payer le montant aux ouvriers ſur ſimple mémoire viſé par leſdits agens (5).

Si, dans quelques circonſtances, on oblige l'adjudicataire à un ouvrage extraordinaire, tel que le creuſement d'un nouveau foſſé de clôture, il doit en être fait une clauſe expreſſe au cahier des charges.

(Extrait du *Traité du régime foreſtier de M. Dralet.*)

(1) Arrêt de la Cour de caſſation du 23 mars 1811.
(2) Cahier des charges de 1821, n°. 47.
(3) Ordonnance de 1669, tit. XV, art. 49.
(4) *Ibid.*, tit. XXXII, art. 7.
(5) Cahier des charges générales de 1821, art. 77.

Exploitation par régie. On appelle ainſi des coupes qui ſe font par des ouvriers au compte du Gouvernement, & dont on vend les bois après qu'ils ſont abattus. Un arrêt du conſeil du 23 avril 1724 a ordonné que les bois de la maîtriſe de Boulogne ſeroient exploités ainſi, dans le cas où les enchères ne ſeroient pas proportionnées à la valeur des coupes.

SECONDE SECTION.

Diſſertation ſur les exploitations des bois en général.

Cette diſſertation ſera compoſée des différens Mémoires que nous avons précédemment rédigés ſur la même matière, & auxquels nous ajouterons les développemens qui nous paroîtront utiles.

PREMIER MÉMOIRE.

De l'exploitation des bois en général, & de celle des taillis en particulier.

CHAP. Ier. — *Des ſignes auxquels on reconnoît la maturité des bois.*

Nous avons établi, à l'article AMÉNAGEMENT, que les bois devoient s'exploiter lorſque leur accroiſſement déclinoit de manière à ce que celui de la dernière année n'égaloit plus l'accroiſſement moyen de toutes les années précédentes; ou, ce qui revient au même, lorſque les bois arrivoient à leur maturité. Cette maturité s'annonce par des ſignes extérieurs, comme celle de toutes les autres productions végétales. L'œil exercé du foreſtier les ſaiſit promptement, & il ſait diſtinguer ſi l'état de langueur où ſe trouve une partie des bois, eſt l'effet de l'âge, ou ſeulement celui d'une cauſe accidentelle. Dans ce dernier cas, l'*exploitation* n'eſt pas toujours néceſſaire, & on peut quelquefois ranimer la force de la végétation, ſoit en écartant les obſtacles qui s'y oppoſoient, ſoit en procurant au bois, les reſſources qui lui manquoient. Par exemple, ſi la langueur d'un taillis provient de l'abroutiſſement, du défaut d'air & de nourriture, ou de la trop grande humidité du ſol, on le ravive par des récepages, des éclaircies, des foſſés d'aſſainiſſement, des réchauſſemens en terre nouvelle autour des ſouches (1), & par l'extirpation des plantes nuiſibles.

Mais quand le bois eſt arrivé à ſa maturité natu-

(1) Ce moyen a été pratiqué par M. Sageret, mon collègue, à la ſociété d'agriculture de Paris. Il avoit des taillis dont la végétation étoit languiſſante; il a imaginé de faire, à travers les nouvelles coupes de ces taillis, des foſſés d'aſſainiſſement dont il a fait répandre les terres ſur le ſol. Les recrus entourés d'une terre plus perméable aux influences atmoſphériques ont repris de la vigueur; mais ce moyen a l'inconvénient d'être un peu coûteux.

relle, c'est le terme marqué pour y appliquer la cognée. Il est donc nécessaire, avant d'ordonner l'*exploitation* d'un bois, de s'assurer si son état est dû à des causes naturelles inhérentes à sa constitution physique, ou à des causes accidentelles qu'on peut détruire. Nous avons dit que cette différence étoit facile à saisir par le praticien; en effet, il y a des traits particuliers qui, dans les végétaux comme dans les animaux, distinguent la vieillesse réelle & l'épuisement naturel, d'une langueur accidentelle.

Parmi les signes qui font connoître qu'un bois végète bien, ou qu'il est parvenu à sa maturité, il en est qui sont sensibles: tels sont, dans le premier cas, des pousses annuelles fortes & alongées, un feuillage abondant & large, une écorce unie & brillante, des jeunes branches ordinairement relevées près du tronc, souples & couvertes d'une écorce foncée; enfin, un air de santé & de vigueur dans toutes les parties de l'arbre. C'est surtout par les pousses plus ou moins fortes de l'année, qu'on peut juger du degré de la végétation. Quand ces pousses, qui se distinguent toujours par une verdure plus tendre, sont d'une certaine longueur relativement à la croissance naturelle de l'arbre, elles prouvent que le taillis continue de croître en hauteur & en grosseur. *Mais lorsqu'elles n'alongent plus les branches que de la longueur du bourgeon*, il n'y a plus, ou presque plus d'accroissement en hauteur ni en diamètre, & le bois est arrivé à sa maturité. Cette remarque, qui est aussi importante qu'elle est simple, se trouve consignée dans le premier volume de l'*Exploitation des bois*, par Duhamel, qui dit que les arbres ne font plus que de foibles productions, quand les jets sont très-courts; elle se trouve aussi dans l'ouvrage de M. de Perthuis, qui a fondé son système d'aménagement sur la profondeur des terrains, & *sur l'alongement des pousses annuelles*; elle a été répétée par M. Fanon, qui paroît n'avoir pas eu connoissance qu'elle eût été faite avant lui, & qui l'a présentée comme un moyen neuf & infaillible de constater l'état de la végétation des bois. Nous avons vérifié nous-mêmes cette observation dans des taillis de différens âges & situés sur différens terrains, & nous avons toujours reconnu que c'étoit un excellent moyen de s'assurer du degré de la végétation. Il suffit pour cela d'abaisser les principaux des brins cépées dans plusieurs endroits & d'examiner la pousse terminale des branches. Tant que cette pousse aura une certaine longueur, on sera certain que le bois continue de profiter. Cependant il faut savoir faire une application raisonnée de cette règle: par exemple, il y a des années d'une végétation extraordinaire; ce sont celles où règnent des temps chauds & pluvieux; il y en a d'autres où la végétation est presque nulle, à cause des froids, des sécheresses, ou des insectes qui dévorent les feuilles. Telles sont les circonstances qu'on doit apprécier; car autrement, on pourroit prendre pour une vigueur ou une langueur habituelles, ce qui ne seroit que l'effet d'une cause momentanée. Nous pensons aussi qu'on ne doit pas en faire une application générale dans les futaies pleines, parce que les arbres qui croissent en massif serré, s'élèvent d'abord avec rapidité, & qu'une fois arrivés à leur hauteur naturelle, ils ne donnent plus que de foibles pousses, quoiqu'ils continuent de grossir encore pendant long-temps. Quant aux arbres épars & aux baliveaux sur taillis, ils alongent leurs branches tant que dure leur accroissement en diamètre.

Au surplus, si ce caractère seul ne suffit pas pour procurer la connoissance qu'on desire, on doit s'aider des autres indices que fournit la nature & qui sont indiqués par Duhamel, page 133 de son premier volume de l'*Exploitation des bois*. M. Dralet en a donné l'analyse suivante, dans laquelle il a compris celui dont nous venons de parler: « Lorsqu'un taillis, dit-il, a cessé de s'élever & de grossir, sa tête est arrondie; *les pousses annuelles n'alongent plus les branches que de la longueur du bourgeon*; si l'on coupe une de ces branches, on remarque que les couches concentriques peuvent à peine se compter, tant elles ont peu d'épaisseur, & que l'aubier cesse de se convertir en bois dur; le tronc se charge de mousses, de lichens, d'agarics & de champignons; l'écorce se détache du bois; elle est marquée de taches noires ou rousses; elle se sépare par des gerçures qui occasionnent l'écoulement de la séve; les branches les plus directes de la cime se dessèchent; les branches latérales s'inclinent vers l'horizon; enfin, les feuilles paroissent de bonne heure au printemps; celles du bas sont plus vertes que celles du haut; elles jaunissent avant le temps ordinaire. Suivant que ces divers effets sont plus ou moins sensibles, le bois est en parfaite maturité, ou il tombe en dépérissement, & il ne faut plus en retarder la coupe. »

L'inclinaison des branches vers l'horizon fournit des indices assez sûrs dans les arbres isolés, & on a même considéré les différens degrés de cette inclinaison, comme indiquant rigoureusement ceux de la végétation d'un arbre. On a dit, par exemple, qu'un arbre étoit dans toute sa force, lorsque ses branches décrivoient un angle de 40 à 50 degrés; qu'il se soutenoit, lorsque l'angle étoit de 50 à 60; qu'il déclinoit, lorsque les angles s'abaissoient à 70 degrés, & que rarement il duroit jusqu'au parallélisme de ses branches avec le 90e. degré. Cette assertion peut être fondée en général; mais il y a des exceptions pour les arbres dont les branches s'alongent beaucoup & s'abaissent promptement, comme le hêtre, le cèdre; pour ceux dont les branches sont chargées de feuilles persistantes, comme les pins, les sapins; pour les arbres, enfin, dont les branches sont très-flexibles, comme le bouleau, le saule de Babylone, &c.

L'âge ou la maturité des arbres forestiers, & surtout du chêne, se reconnoît encore par une fécondité particulière. *In senectâ fertilissima glandifera.* PLINE.

C'est de l'ensemble des indices ci-dessus, & de l'examen des autres circonstances locales, comme de la nature & de la profondeur du terrain, de l'état du climat, de l'exposition, &c., qu'on doit former son jugement sur la maturité des bois.

CHAP. II. — *De la saison la plus favorable à la coupe des bois, sous le double rapport de la durée des bois qu'on abat, & de la reproduction des souches.*

Dans toutes les sciences, comme dans toutes les matières qui intéressent la société, on ne doit admettre qu'avec une grande réserve & qu'après un mûr & long examen, les conséquences qu'on déduit d'expériences nouvelles & de raisonnemens qui tendent à renverser des principes depuis longtemps établis. Quels que soient, en effet, les progrès des connoissances humaines & de l'art de raisonner, on est forcé de reconnoître dans les usages consacrés par les siècles, un caractère de recommandation qui nous fait un devoir, sinon de respecter aveuglément ces usages séculaires, du moins de ne les attaquer ou de n'admettre de principes contraires, qu'avec la plus grande prudence. Autrement on s'expose à des erreurs dont les suites sont souvent irréparables, & on se voit dans l'obligation de revenir à des idées que notre légèreté ou notre orgueil nous avoit fait regarder comme des préjugés populaires. Ces observations ont une application directe à la matière que nous allons traiter.

De tout temps & dans tous les pays on a été dans l'usage d'abattre les bois pendant l'hiver & hors le temps où la séve est active. On croit communément, dit Pline, que tout bois qu'on veut équarrir, ne doit se couper qu'après qu'il a porté son fruit. Le chêne rouvre, si on le coupe au printemps, est fort sujet à devenir vermoulu; mais si on le coupe vers le solstice d'hiver, il ne se gâte point, ni ne se courbe; au lieu que coupé dans un autre temps, il est sujet à se déjeter & à se fendre: *Vulgò satis putant observare, neque dedolanda arbor sternatur ante editos fructus. Robur vere cæsum teredinem sentit: brumâ autem, neque vitiatur, neque pandatur, aliàs obnoxium etiam ut torqueat sese findatque.* Voici la raison que Vitruve a donnée sur la défense de couper les arbres en temps de séve: *Vere enim omnes arbores fiunt prægnantes, & omnes suæ proprietatis virtutem efferunt in frondes, anniversariosque fructus. Cùm ergo inanes & humidæ temporum necessitate fuerint, vanæ fiunt, & raritatibus imbecillæ.*

Cet usage qui s'est établi de lui-même, comme tout ce qui est fondé sur la raison & l'expérience, est devenu par la suite l'objet de dispositions réglementaires, contre lesquelles il ne s'éleva aucune réclamation.

L'article 2 de l'ordonnance de Henri III, de l'an 1583, parlant des usagers, défend de couper aucun bois sans permission des officiers, & autrement que dans les temps & saisons convenables.

Un réglement de la Table-de-marbre du 4 septembre 1601 (1), défendit aux adjudicataires des ventes, & autres personnes quelconques, de couper aucuns bois dans les forêts en temps de séve; savoir, depuis la mi-mai jusqu'à la mi-septembre, sous peine de confiscation. Cette disposition, nous dit Saint-Yon, dans son *Recueil des édits & ordonnances en matière des forêts*, étoit fondée sur ce qu'on avoit reconnu que le bois coupé en séve n'étoit point aussi bon pour être mis en œuvre, & que les arbres ne faisant que sortir de séve ou bien y étant encore, il arrivoit que les souches demeurant découvertes durant les grandes chaleurs de l'été, il se faisoit une perte de séve telle, qu'elles n'avoient plus la force de pousser des rejets. L'expérience avoit si bien démontré l'avantage de ne point couper les bois en séve, qu'il n'avoit point fallu de loi pour le défendre, & que l'usage universel de les couper hors séve s'étoit établi de lui-même. Mais comme la séve est plus ou moins avancée ou retardée suivant les années & les climats, on ne pouvoit point fixer une époque générale à laquelle il fût permis à tout adjudicataire de commencer les coupes. Cela a toujours été laissé à la détermination des officiers forestiers, & il n'est intervenu de réglemens particuliers sur cet objet, que d'après leurs observations. Par exemple, les usagers des forêts de Chizé & Aulnay, s'étant permis de couper leurs bois d'usage en temps de séve, il leur fut défendu, par réglemens des 14 & 25 juin 1602 (2), de les couper depuis le 1er. mai, jusqu'à la fin de septembre, parce que suivant les observations des officiers forestiers de la maîtrise, la séve étoit déjà avancée au 1er. mai.

Un arrêt des juges en dernier ressort, du 18 septembre 1634, défendit de couper & d'abattre aucuns bois en temps de séve, c'est-à-dire, depuis la mi-mai jusqu'à la mi-septembre, sous peine de confiscation; ce qui fut confirmé par l'arrêt du Conseil d'Etat du 26 février 1689, portant réglement pour l'*exploitation* des bois destinés pour les salines de Moyenvic, par lequel il est dit que les bois pourront être coupés & abattus jusqu'au 15 mai de chaque année, lequel temps passé, S. M. fait défenses d'en couper. L'article 7 du titre II du livre 23 de l'ordonnance pour les armées navales & arsenaux de marine, du 15 avril 1689, fait défenses d'abattre les bois en temps de séve.

(1) Saint-Yon, pag. 1020.
(2) *Ibid.*, pag. 1084.

Suivant les ordonnances & les coutumes, le temps de séve étoit ainsi réglé : en Nivernois, depuis la mi-mai jusqu'à la mi-août; de même en Angoumois & Saintonge; en Normandie, de la mi-mai jusqu'à la Saint-Jean, un peu plus ou un peu moins; le temps le plus communément observé dans le royaume étoit depuis le 15 avril jusqu'au 15 septembre.

Quant à la qualité du bois de chauffage, Saint-Yon dit qu'elle demeure la même, n'importe en quelle saison il soit coupé; mais il étoit convaincu que le rejet profitoit bien mieux, lorsqu'on coupoit dans le premier quartier de la lune & hors le temps de séve, parce que les racines concentroient en elles-mêmes, par l'effet de l'humidité de l'hiver, toute la substance qui se distribuoit auparavant dans tout le corps de l'arbre; ce qui faisoit que ces racines poussoient bien plus vite, & avec bien plus de force au printemps (1).

La défense de couper les bois en séve, portée par les anciens réglemens, & notamment par celui de 1601, art. 24, fut renouvelée par l'ordonnance de 1669. Elle veut, article 40 du titre XV, que les bois, tant de futaie que taillis, soient coupés & abattus dans le quinzième d'avril, à peine d'amende arbitraire & de confiscation. Cet article ne parle point, il est vrai, de l'époque à laquelle on peut commencer la coupe. Mais nous voyons dans le *Recueil des lois forestières* de Pecquet, tome Ier., page 364, que suivant le réglement de 1706, on est dans l'usage, au moins pour les forêts de l'Etat, que les marchands entrent en *exploitation* vers le 15 octobre, & cessent d'abattre au 15 avril suivant. De son côté, Chailland nous dit, page 176 de son Dictionnaire, qu'il est d'usage, dans tous les pays, de ne commencer les coupes qu'après le mois de septembre, parce que ce n'est qu'alors que la séve cesse de monter, & que cela est de commune observance, sans qu'il y ait rien d'écrit.

Les cahiers des charges, rédigés chaque année pour les ventes de bois, ne contiennent d'autre disposition que celle qui prescrit aux adjudicataires & aux entrepreneurs des coupes, de demander à l'agent forestier local un permis d'exploiter; ce qui laisse à cet officier la faculté de déterminer lui-même le moment où la coupe doit commencer. Cette réserve paroît extrêmement sage, surtout quand on considère que le territoire de la France renferme des climats fort opposés.

Quant à l'époque où l'*exploitation* doit être terminée, les cahiers des charges la fixent au 15 avril pour les taillis & au 15 mai pour les arbres. Ces termes sont de rigueur, & il n'y a d'exception que pour quelques circonstances particulières, par exemple, pour les arbres à écorcer, dont on prolonge la coupe jusqu'au 15 juin.

La sagesse de ces dispositions est généralement reconnue, & il seroit assez inutile d'établir une discussion sur la saison à laquelle on doit couper les bois, si des auteurs d'un grand poids n'avoient semblé admettre que la coupe en séve étoit sans inconvénient.

Duhamel a fait beaucoup d'expériences (1), pour s'assurer si l'usage où l'on est d'abattre les bois en hiver, étoit fondé sur les principes de la physique, & si réellement les arbres contenoient moins de séve en hiver qu'en été. Il est résulté de ses expériences :

1°. Qu'il y a au moins autant de séve dans les arbres en hiver qu'en été.

2°. Qu'il n'est pas sûr que pour conserver au bois sa bonne qualité, il soit plus avantageux de le dessécher le plus promptement possible.

3°. Que c'est dans le printemps & en été, que les arbres se dessèchent le plus promptement.

4°. Que les arbres abattus pendant l'hiver se sont trouvés un peu plus pesans après qu'ils ont été secs, que ceux qui avoient été abattus en été; mais que cette différence est peu considérable.

5°. Que l'aubier des bois abattus en été s'est mieux conservé que celui des arbres qui avoient été abattus en hiver.

6°. Que tous ces bois, après avoir été examinés dans leur rupture, ont paru avoir à peu près une force pareille.

7°. Que la pourriture a affecté à peu près également les bois abattus dans toutes les saisons.

8°. Que les bois qui avoient été abattus au printemps & en été n'étoient guère plus gercés que les autres.

Nous ferons quelques observations sur la première conséquence déduite des expériences de Duhamel, tendant à établir qu'il y auroit autant de séve dans les arbres en hiver qu'en été, par la raison que d'après ces expériences, les arbres coupés en hiver & en automne auroient été plus pesans que ceux abattus au printemps & dans l'été. D'abord, l'auteur convient lui-même que quoiqu'il ait usé de la plus grande diligence, tant pour tirer les bois de la forêt aussitôt qu'ils ont été abattus, que pour les faire équarrir, les réduire aux dimensions requises & pour les peser, il a fallu néanmoins quelquefois employer plusieurs jours pour exécuter toutes ces opérations; qu'il est certain que la séve s'échappe bien plus promptement du bois en été que pendant l'hiver, d'où il suit nécessairement que cette plus grande évaporation de la séve en été, jointe à la raréfaction de cette séve dans la même saison, a pu rendre les bois de certains abattages dans les mois de l'été, plus légers que d'autres.

(1) Cette explication, donnée par Saint-Yon, étoit conforme à l'opinion erronée où l'on étoit que la séve redescendoit dans les racines pendant l'hiver.

(1) *Exploitation des bois*, 2e vol., liv. III, chap. V.

Nous

Nous ajouterons à cette obſervation les réflexions ſuivantes : on ſait que les bois en grume & ceux qui ſont travaillés, ſe pénètrent, dans la ſaiſon humide de l'hiver, d'une grande quantité d'eau, qui les gonfle & les rend plus peſans. Les arbres vifs & ſur pied éprouvent certainement un effet analogue, quoiqu'à un moindre degré. Il eſt donc poſſible que la peſanteur aſſez conſidérable, trouvée aux bois abattus en hiver, provînt de cette circonſtance, en même temps que de la denſité de la véritable ſéve reſtée dans l'arbre ; d'où il ſuit que Duhamel n'auroit pas été fondé à conclure de cette peſanteur, que les arbres contiennent réellement autant de ſéve en hiver qu'en été. En effet, l'humidité qui les pénètre dans cette première ſaiſon, ſurtout après qu'ils ſont coupés, ne peut pas être confondue avec la ſéve liquide de l'été. Cette humidité de l'hiver n'eſt qu'un fluide aqueux ſans mélange notable avec les principes de la ſéve ; qui ne contracte, faute de chaleur, aucune union ſenſible avec elle, & qui ſe diſſipe bien plus facilement & ſans emporter aucune partie fixe.

Nous penſons donc, nonobſtant les obſervations de Duhamel, que les arbres ne contiennent pas autant de ſéve en hiver qu'en été. Nous penſons auſſi que les vapeurs de l'atmoſphère qui entrent dans la maſſe ligneuſe en hiver, ne peuvent avoir, ſur la qualité du bois, le même inconvénient que les fluides ſéveux & fermenteſcibles, qui imprègnent toute cette maſſe au printemps & dans l'été.

Sur la quatrième obſervation, que les arbres abattus pendant l'hiver ſe ſont trouvés un peu plus peſans, après qu'ils ont été ſecs, que ceux qui avoient été abattus en été, quoique cette différence fût beaucoup moins grande que lorſqu'ils étoient verts, il ſe préſente encore une réflexion toute naturelle : la ſéve durcie pendant l'hiver adhère bien plus fortement aux fibres ligneuſes que pendant l'été, où elle ſe trouve diſſoute par le flegme qui s'y mêle à cette époque, & par l'effet de la chaleur qui dilate cette ſéve condenſée. Dès-lors, la partie de cette ſéve qui étoit deſtinée à reſter fixe, mais qui eſt devenue liquide, s'échappe bien plus facilement qu'en hiver, où, par ſa condenſation, elle eſt retenue dans le pores du bois. Il n'eſt donc pas étonnant que le bois des arbres abattus en hiver conſerve plus de peſanteur que celui des arbres abattus dans un temps où la ſéve, en s'évaporant, emporte des parties fixes. Duhamel lui-même ne s'eſt point diſſimulé cet effet ; & il a de plus obſervé que la ſéve dans l'état de fluidité où elle ſe trouve au printemps ou pendant l'été, avoit une grande diſpoſition à fermenter : pluſieurs faits qu'il rapporte, & des expériences plus récentes encore, prouvent cette vérité. Mais pour appuyer l'opinion où il étoit, que l'abattage d'été ne pouvoit être nuiſible à la qualité du bois, il obſerve que la partie flegmatique de la ſéve qui donne lieu à cette fermentation, s'échappe très-promptement des arbres qu'on abat dans la ſaiſon du printemps & dans celle de l'été, & que ces arbres ſeroient d'un bon ſervice, ſi on s'attachoit à les deſſécher avant que leur ſéve eût pu s'altérer dans les pores.

Nous ferons remarquer ici que toutes les expériences qu'on fait en petit ſur les bois, & dans un court eſpace de temps, ſont ſujettes à bien des contradictions & à bien des erreurs. Nous avons lu pluſieurs fois, & avec une grande attention, tous les détails dans leſquels Duhamel eſt entré ſur les expériences qu'il a faites relativement aux abattages des bois dans les différentes ſaiſons, & nous ſommes demeurés convaincus qu'on ne pouvoit rien ou preſque rien conclure de ces expériences. En effet, tantôt ce ſont les bois coupés au printemps ou en été qui ſe ſont trouvés les meilleurs, tantôt ce ſont les bois coupés en hiver ; & d'un autre côté, ces bois ont été ſoumis à des expériences trop courtes quant au ſervice qu'on pouvoit en attendre dans aucune circonſtance ; ou bien on leur a fait ſubir des deſſéchemens artificiels, comme ceux faits au four, qui ne peuvent ſe comparer à ceux qu'opère la nature, & qui ont dû changer les rapports différens qui ſe trouvoient entre ces bois. Il faut donc en revenir à l'opinion générale, & ſurtout à celle des hommes qui font emploi des bois, relativement à la ſaiſon à laquelle il convient de les couper, & ſe mettre en garde contre des expériences bruſques, contrariées par une infinité d'accidens, & par leſquelles on voudroit, non-ſeulement expliquer ce qu'il n'appartient qu'au temps de nous démontrer d'une manière ſatisfaiſante, mais encore détruire des principes établis par l'expérience des ſiècles. Et dans tous les cas, ne vaudroit-il pas mieux ſe tromper encore, comme on l'a fait depuis ſi long-temps, que de s'expoſer à commettre des fautes bien plus graves, en adoptant comme principe général ce qui, dans le fait, ne réſulte que d'expériences inſuffiſantes ? Nous pourrions borner à ce peu de réflexions notre diſcuſſion ſur l'objet dont il s'agit ; mais, nous le répetons, l'opinion émiſe par un phyſicien tel que Duhamel, ne peut pas être combattue par une ſimple dénégation ; il faut lui oppoſer des faits ou du moins des raiſonnemens poſitifs. Nous allons donc continuer cette diſſertation, & comparer ce qu'on a dit pour ou contre l'abattage des arbres en temps de ſéve.

Nous avons vu que Duhamel étoit porté à croire qu'il n'y avoit, quant à la qualité des bois, aucun danger à les abattre en été ; toutefois il mettoit à l'écart l'inconvénient des fentes & le dommage qu'on pouvoit cauſer à la ſouche.

Il obſerve auſſi que l'uſage d'abattre les arbres pendant l'hiver n'eſt pas généralement ſuivi ; que les Hollandais font des coupes conſidérables en été préférablement à l'hiver, par les motifs que la ſéve des arbres coupés en été ſe diſſipe plus promptement, & que leurs bois ſe trouvent plus tôt en état d'être employés, ou qu'ils ſont du moins en état d'être aſſemblés en *trains*, pour pouvoir

les voiturer à flot. D'abord, il n'y a pas beaucoup de bois en Hollande, & en second lieu, le peu de forêts qui s'y trouvent, ne sont guère peuplées que d'arbres verts. Or, il est certain que l'inconvénient d'abattre les arbres en été est beaucoup moindre pour les arbres résineux, soit quant à la qualité du bois, soit quant à la souche qui ne repousse pas, que pour les arbres à feuilles, dont la séve, dépourvue de principes résineux, s'altère bien plus facilement. Quant aux arbres que les Hollandais font venir des bords du Rhin, la coupe s'en fait en hiver.

Duhamel ajoutoit que dans le royaume de Naples & en plusieurs lieux d'Italie, on coupoit les arbres des forêts en juillet & août, préférablement à tous les autres mois; que ces bois étoient de longue durée, & que des vaisseaux construits en cette saison étoient encore, après 25 ans de construction, très-sains & sans apparence de pourriture. Il citoit enfin la Catalogne & le Roussillon, où les paysans coupoient leurs chênes en juillet & août, dans la persuasion que leurs bois en étoient meilleurs. Après avoir établi son opinion, tant sur ses propres expériences que sur l'usage de quelques localités, il la proposa avec la bonne foi dont il faisoit profession, & il étoit surtout d'avis que, lorsqu'on se trouvoit dans le cas d'employer des bois sur-le-champ, on en devoit faire la coupe en été, parce qu'alors ils se sèchent plus promptement. Cette dernière opinion pourroit bien n'être pas dénuée de fondement; mais quant à la coupe des bois en été, hors la circonstance d'urgence dont il s'agit, elle doit être proscrite, nonobstant les usages contraires qu'on pourroit citer, & dont, au surplus, il faudroit examiner les motifs & le mérite, par rapport à la nature des bois & aux localités.

Tellès d'Acosta pensoit avec tous ceux qui font exploiter les bois, ou qui les travaillent, que l'on devoit les couper en hiver.

Guyot nous dit dans son *Manuel forestier*, que l'on peut couper dès le 15 octobre sans inconvénient; que les taillis abattus les premiers repoussent aussi les premiers l'année suivante & à la première séve, tandis que ceux abattus dans les mois de mars & d'avril ne repoussent qu'à la seconde séve, & qu'il se trouve souvent des souches qui attendent l'année suivante: assertions qui sont assez exactes, quoiqu'on ne puisse les généraliser, ainsi que nous le ferons voir plus loin. Il pense, en conséquence, qu'il est très-avantageux de couper les taillis & les futaies pendant les mois de novembre, décembre, janvier & février, parce qu'alors les souches repoussent toutes dès la première année; mais que, malgré cet avantage, c'est une erreur de croire que le bois périsse lorsqu'on le coupe pendant la première séve, c'est-à-dire, dans les mois d'avril, mai, juin & juillet inclusivement.

M. Lintz, dans ses dissertations forestières, rapporte plusieurs faits qui prouveroient que les taillis exploités comme *essarts* (1), dans le ci-devant département de la Sarre, & même des taillis ordinaires, se coupent avantageusement au moment de l'ascension de la séve. Nous sommes loin de contester l'exactitude des faits rapportés par M. Lintz, car nous avons remarqué nous-mêmes dans les Ardennes, que des coupes essartées dans une saison un peu avancée, repoussoient avec vigueur. Mais il faut observer qu'il s'agit ici de pays froids, où la dissipation de la séve, qui affoiblit les souches, & où le desséchement & la gerçure de ces souches sont beaucoup moins à craindre que dans les pays chauds. D'ailleurs, comme l'observe M. Lintz, la reproduction dans les essarts se fait beaucoup plus par les racines que par les étocs.

M. Hartig s'exprime ainsi sur la saison à laquelle il convient de couper les *taillis* : « L'expérience, dit-il, nous apprend que les souches de bois à feuilles coupés jeunes, reproduisent des nouvelles pousses de leur écorce, n'importe dans quelle saison de l'année la coupe en ait été faite. Mais elle nous apprend aussi que les bois coupés *au printemps*, avant le développement des feuilles, donnent les pousses les plus nombreuses & les plus vigoureuses; & en général le plus beau recru. — Si on coupe *pendant l'été*, les souches s'affoiblissent par la grande quantité de séve qui se perd, le bois est moins bon pour le chauffage, la main-d'œuvre est plus chère, les feuilles qui tiennent aux bois rendent l'emploi des branches moins avantageux, les plants de semences qui se trouvent sur la coupe éprouvent plus de dommages, & la repousse des souches ne se fait qu'au printemps suivant. — Coupe-t-on *en automne*, après la chute des feuilles? on n'éprouve point, il est vrai, les inconvéniens dont nous venons de parler; mais dans ce cas, comme dans celui qui précède (*la coupe de l'été*), on a à craindre que l'écorce ne se sépare de la souche, si dans l'hiver qui suit, il arrive subitement, après de longues pluies, une forte gelée, qui fasse tuméfier l'eau interposée entre l'écorce & le bois, & occasionne ainsi la désunion de l'écorce. — Enfin, veut-on couper *en hiver?* non-seulement l'inconvénient ci-dessus est à redouter, mais on éprouve encore celui de ne pouvoir, à cause de la neige, couper le bois tout près de terre, & d'éprouver beaucoup d'embarras pour le façonnage des brins de taillis & des branches.

» Ainsi, continue M. Hartig, le temps le plus favorable & le plus avantageux pour exploiter les taillis, est celui qui suit la disparition de la neige, jusqu'au moment où les bourgeons commencent à se gonfler, par conséquent *le milieu de février jusque dans le milieu d'avril*. Lorsqu'on coupe à

(1) Ce sont ceux où l'on fait passer le feu après l'exploitation, pour préparer la terre à recevoir un ensemencement en grains.

cette époque, les souches peuvent se cicatriser assez pour ne point éprouver une grande perte de séve; on n'a plus à craindre les effets des gelées sur ces souches; & les pousses nouvelles ont le temps de se mieux *aoûter* & de se préparer à mieux supporter les gelées, que dans les *exploitations* faites plus tard au printemps, & seulement dans le mois de *mai*. Dans ce dernier cas, les pousses ne paroissent que fort tard, & leur extrémité reste tellement tendre & herbacée dans certains pays, que les gelées de l'hiver les détériorent en grande partie.

» Toutes les fois donc que les circonstances le permettent, on doit couper les taillis *depuis le milieu de février jusqu'au milieu d'avril*. Il n'y a que quelques cas particuliers où il soit permis de s'écarter de cette règle. Mais il faut éviter autant que possible *la coupe en été*, parce que de toutes les saisons, c'est la plus mauvaise. »

Comme on le voit, M. Hartig se prononce fortement contre la coupe en été, & non moins fortement en faveur de celle qui se fait au moment où les bourgeons sont sur le point de s'épanouir. Nul doute, en effet, que la coupe faite en été ne soit la plus désavantageuse; mais celle qui a lieu en automne, après la chute des feuilles & dans le courant de l'hiver, nous paroît avoir dans les climats tempérés, comme l'intérieur de la France, beaucoup moins d'inconvéniens que dans les pays froids, tels que ceux où M. Hartig a fait ses observations. Les neiges & les gelées dont il redoute les effets, y sont moins à craindre. Quoi qu'il en soit, les préceptes de notre auteur sont conformes à l'expérience; & il sera toujours utile de s'y conformer toutes les fois que les circonstances ne s'y opposeront pas.

Ces observations s'appliquent particulièrement à la reproduction des souches, que Duhamel n'a pas contesté être affoiblie par les coupes en temps de séve. Mais revenons aux inconvéniens de ces coupes par rapport à la qualité des bois.

M. Hartig recommande de couper tous les bois de construction dans le milieu de l'hiver, & il a prouvé par ses expériences que les bois coupés en temps de séve valoient beaucoup moins pour le chauffage, que ceux coupés en hiver. M. le baron de Werneck a également reconnu qu'ils produisoient un charbon de moindre valeur. Quant aux bois de construction, dit M. Hartig, il est certain que lorsqu'on les coupe en hiver, ils ne se gâtent pas aussitôt, ne se gercent pas aussi facilement, sont moins vîte attaqués par les insectes, durent plus long-temps, & fournissent plus de chaleur que ceux abattus en temps de séve. On ne doit donc en abattre aucun, si ce n'est en hiver, & on doit surtout choisir les mois de décembre, janvier & février; & si on pouvoit admettre quelqu'exception, ce ne seroit que pour ceux qu'on emploie de suite dans des constructions sous l'eau.

Outre M. Hartig, un grand nombre d'autres forestiers allemands ont combattu l'opinion de Duhamel. Cependant elle a eu aussi quelques partisans parmi eux. Nous allons rapporter les sentimens des uns & des autres.

M. de Carlowitz, dans son ouvrage sur la culture des arbres forestiers, se prononce contre la coupe des bois en séve, à cause de l'humidité qui devient le principe de la pourriture qu'on aperçoit bientôt sous l'écorce. Il se prononce également contre celles faites pendant les fortes gelées, & rappelle le précepte de Pline, qui veut qu'on ne commence les coupes que sur la fin de l'hiver, mais qu'on les continue sans relâche, même pendant le croissant de la lune.

M. Doebel observe, relativement au précepte de couper les bois hors séve, qu'il n'est que relatif au plus ou moins de séve que contiennent les arbres, & que, s'il étoit absolu, il faudroit attendre que les arbres fussent morts & entièrement desséchés, vu qu'ils contiennent de la séve dans tous les temps.

M. de Moser, dans ses *Principes d'économie forestière*, avertit qu'aucune espèce de bois, soit pour le feu, soit pour les constructions & autres usages, ne doit être coupée en pleine séve.

M. Beckmann, dans son *Supplément à l'amélioration de la science forestière*, contredit la descente de la séve dans les racines, mais il admet l'épaississement de cette séve pendant l'hiver, & sa liquéfaction pendant l'été. Sa théorie le conduit à assurer que la séve, comme l'ame & la vie du bois, s'échappe par l'effet de la chaleur, quand on le coupe dans les mois de l'été; d'où il suit qu'il faut couper le bois de chauffage en hiver. Quant au bois de construction, il pense que la séve épaissie ne lui est d'aucune utilité. Il ajoute que si on l'abat en pleine séve & qu'on le fasse sécher convenablement, il devient plus léger, & qu'il est nécessaire de lui faire subir ce desséchement avant de le mettre en œuvre.

L'opinion de cet auteur se rapproche de celle de Duhamel, relativement au bois de construction, & elle peut être combattue par les mêmes moyens.

M. de Burgsdorf s'exprime ainsi dans son *Manuel forestier*, dont nous avons donné la traduction :

« Il est important que les arbres destinés aux constructions soient dépouillés de leur écorce & dégrossis le plutôt possible; & comme on ne peut pas espérer que de grands arbres, dans la classe des bois à feuilles, repoussent bien de souches, la saison dans laquelle on les abat est indifférente; car les objections qu'on a faites à cet égard ne sont fondées que sur des préjugés, & n'ont pour elles ni les preuves de l'expérience, ni celles de la physique. Quant aux petits assortimens de bois à feuilles, on les prend toujours dans les taillis, & on les coupe *hors séve*, pour favoriser la reproduction de la souche; on en use de même à l'égard des bois résineux, pour leur procurer une plus longue durée, & on ne fait d'exception qu'à l'égard de l'épicia, lorsqu'on veut en écorcer les jeunes arbres aussitôt après la coupe, pour en tirer le tan. »

Il est assez singulier que M. de Burgsdorf admette que l'abattage, en été, des arbres résineux, peut leur être nuisible, & qu'il le regarde comme indifférent pour les bois à feuilles. Il nous semble que si cet abattage nuit à des arbres dont le tissu est rempli d'une matière aussi essentiellement conservatrice que la résine, il devroit être bien plus nuisible à ceux qui sont imprégnés de fluides fermentescibles, comme les bois à feuilles. M. Hartig pense, à l'égard des pins & sapins, qu'ils durent bien plus long-temps quand on les coupe hors sève; mais que si on les coupe en été, il faut les mettre dans l'eau aussitôt après l'abattage.

M. Wund, capitaine des chasses à Ostheim, se prononce dans l'*Indicateur de l'Empire* de 1800, n°. 183, tout-à-fait en faveur de la coupe en pleine séve, & il soutient (contre toutes les observations), que le bois rempli de séve à l'époque de la coupe, est bien meilleur pour le chauffage, que celui qu'on abat en hiver, parce que la séve qui s'épaissit, forme la matière combustible, & produit la plus grande chaleur.

M. Wund croit, par conséquent, que la séve se dissipe lorsqu'on laisse l'arbre sur pied jusqu'à l'hiver, & cependant il est reconnu que cette séve reste dans l'arbre, & s'y durcit bien davantage pour se convertir en bois, que lorsqu'on la fait évaporer au moment de sa raréfaction.

M. le professeur Walther, dans son *Instruction sur la science forestière*, Giessen, 1795, page 83, conclut des différentes opinions émises sur cet objet, qu'il faut avoir égard à la nature de chaque espèce de bois, à l'usage qu'on veut en faire, au mode d'*exploitation* praticable dans chaque forêt, & au but qu'on se propose.

Cette opinion vague n'éclaircit point la question; car personne n'ignore que telle espèce de bois éprouvera moins d'altération par la coupe d'été, que telle autre espèce; qu'il y a des localités, comme dans les Alpes, par exemple, où l'on est forcé, à cause des neiges, de couper les bois fort avant dans le printemps, & que s'il s'agit de constructions sous l'eau, on peut y employer des bois abattus en séve. Mais ces exceptions n'empêchent point qu'il n'y ait une règle générale à suivre pour l'abattage des bois.

M. Becker, inspecteur forestier de la ville de Rostock, duché de Mecklembourg, dans son ouvrage couronné par l'amirauté de Copenhague, Leipsick, 1804, après avoir passé en revue les opinions dont nous venons de donner la traduction; émet la sienne de la manière suivante:

« Deux considérations doivent déterminer le choix de la saison dans laquelle il faut abattre les bois; savoir: la durée du bois que l'on coupe, & la reproduction de la souche.

» Comme l'entretien des forêts exige que l'on favorise le plus possible la repousse des bois, il importe de les couper à l'époque de l'année qui puisse le mieux faire atteindre ce but. D'après les expériences que j'ai faites à cet égard, on doit, à moins que des circonstances importantes ne s'y opposent, comme, par exemple, des terrains marécageux, &c., procéder à la coupe du bois au printemps, & surtout à l'époque où les boutons commencent à se développer, ce qui est déjà le commencement de la séve (1).

» L'expérience apprend que la reproduction des souches n'a lieu que dans les jeunes bois, tandis qu'elle n'a pas lieu, ou du moins qu'elle a peu de valeur dans les arbres d'un certain âge. Ainsi, quand on coupe des arbres, on doit s'attacher principalement à la considération qui doit leur procurer la plus longue durée.

» Pour avoir des idées justes à cet égard, il faut consulter d'un côté l'organisation & la végétation du bois, & de l'autre, l'expérience.

» On a fait, à la vérité, des observations précieuses sur la végétation, mais il reste encore bien des choses dans l'obscurité. Nous connoissons foiblement la structure des parties constituantes du bois, moins encore les opérations mécaniques de l'accroissement, & très-peu les matières de cet accroissement. Les parties extérieures des arbres sont les racines, la tige, les branches, les feuilles, les fleurs, les fruits, &c. Si nous les décomposons, nous trouvons des parties fluides, grasses, aqueuses, spiritueuses, gazeuses, savonneuses, &c., & des parties solides, telles que les fibres ligneuses, les pores, les cellules, les membranes, la moelle, &c. Mais si nous cherchons à expliquer le mouvement de la séve, la formation du bois & des différentes productions de l'arbre, nous sommes forcés de reconnoître notre ignorance sur les opérations particulières de la nature à cet égard, & sur les fonctions de chaque partie séparément.

» Les bois à feuilles éprouvent des changemens remarquables suivant les saisons; ils se dépouillent de leurs feuilles en automne; ils restent dans cet état pendant l'hiver, & au printemps ils en prennent de nouvelles. Quel est donc le but de ces changemens? N'est-ce qu'un repos qui est donné à la vie végétale de l'arbre? ou bien l'entrée des fluides qui provoquent la sortie des feuilles, est-elle interdite pendant l'hiver, afin que la séve pompée pendant l'été puisse se durcir & se convertir en bois? Ce qu'il y a de certain, c'est que, pendant l'hiver, le degré de fluidité de la séve dans les arbres est sensiblement diminué, & que le mouvement en est comme suspendu. Au printemps,

(1) Cette observation revient à ce que nous avons dit précédemment, que dans les pays froids, les coupes devoient se faire plus tard; & il s'agit, en effet, d'un pays situé par le 54°. degré de latitude nord.

au contraire, la chaleur & l'humidité, qui agissent avec activité, opèrent la liquéfaction de la séve & la mettent en mouvement; de nouvelles feuilles se développent, de nouvelles pousses s'alongent; il s'établit de nouvelles couches de liber; les anciennes se changent en aubier; enfin, la vie végétale est dans toute sa vigueur. A cette époque, ainsi que pendant le cours de l'été, tous les vaisseaux de l'arbre sont remplis de séve, & les parties déliées qui entrent dans la constitution de ces vaisseaux & des fibres, sont alors extrêmement délicates & souples. Mais dans l'hiver, l'accroissement de ces parties semble s'arrêter & être terminé. Il est donc certain que les parties ligneuses, qui, dans l'automne, ont terminé leur accroissement, doivent avoir bien plus de solidité, & par conséquent de durée, que celles qui ne font que se former pendant l'été, au moyen de substances fluides. Comme, ici, il est permis de conclure de la partie au tout, avec d'autant plus de raison, que l'agent qui opère la destruction du bois (l'air avec le secours de l'humidité & de la chaleur), finit par en détruire la masse totale, en désorganisant successivement toutes les parties qui la composent, je suis persuadé que le bois présente à cet agent une résistance toujours proportionnée au plus ou moins de perfection dans sa formation, c'est-à-dire, que le bois aura plus ou moins de durée suivant qu'il sera plus ou moins formé.

» Comme je suis aussi dans l'opinion, que les nouvelles couches de bois formées pendant l'été prennent de la consistance pendant l'hiver, je pense *que la plus longue durée possible sera le partage des bois qu'on ne coupera que sur la fin de l'hiver.*

» Cette époque dépend de la température; elle peut être fixée ici (à Rostock dans le Mecklembourg), vers la fin de janvier & le commencement de février. Ordinairement, la chaleur commence à se faire sentir dans les derniers jours de février & à agir sur la séve.

» Si on vouloit prolonger la durée des coupes, ce qu'on est obligé de faire quand on n'a pas assez d'ouvriers dans les forêts d'une certaine étendue, il faudroit alors suivre l'indication de la nature, en n'abattant que les arbres non encore en feuilles.

» Des expériences multipliées que j'ai faites dans des réparations de bâtimens avec des bois coupés en séve, m'ont appris depuis long-temps que ces bois, tant ceux à feuilles que ceux résineux, sont d'un très-mauvais usage & d'une très-courte durée lorsqu'ils sont exposés à l'air.

» L'examen des parties extérieures du bois fait apercevoir une différence notable entre celui qui est coupé en hiver & celui coupé en été. Ce dernier a les pores plus ouverts; il est plus spongieux, & si on le fait sécher, il devient plus léger; il se tourmente davantage; l'aubier se gerce; les couches de l'année sont plus larges, & il est plutôt attaqué par les vers, que le bois coupé en hiver.

» Dans les bois résineux, qui cependant conservent leurs feuilles pendant l'hiver, à l'exception du mélèze, on remarque aussi un changement sensible quant à la fluidité de la séve. La partie aqueuse semble disparoître pendant l'hiver & se convertir en résine.

» Quant à la qualité des bois pour le chauffage, M. Hartig a constaté par ses expériences, que ceux qui étoient coupés en hiver donnoient beaucoup plus de chaleur, duroient bien plus long-temps au feu, & fournissoient un meilleur charbon que ceux coupés en séve.

» Pour les constructions dans l'eau & sous terre, on emploie ordinairement, surtout en bois résineux, celui qui a été coupé en été, & l'on pense qu'il dure plus long-temps. C'est l'opinion que M. Klippstein, maître des forêts à Hohenzolm, a émise en ces termes dans l'*Indicateur de l'Empire* de 1800, n°. 262:

« Tous les bois qu'on emploie étant secs, à » des constructions dans des endroits humides, » & particulièrement dans l'eau, admettent dans » leurs vaisseaux séveux qui se trouvent alors » ouverts, des fluides étrangers; & comme leur » propre séve a beaucoup moins d'effet sur la dé» térioration du bois que ces fluides étrangers, » il en résulte la nécessité de couper en séve les » bois qu'on destine à cet usage & de les employer » de suite. »

« Je ne puis admettre cette opinion, car je crois que la séve fluide, qui de sa nature est mucilagineuse, se corrompt bien plus vîte & détériore bien plus promptement les parties délicates qui commencent à se former en bois, que l'eau pure qui s'introduit dans les parties solides du bois coupé en hiver. Cependant je pense qu'il est nécessaire de dégrossir de suite le bois que l'on coupe en hiver, & de le plonger dans l'eau, pour éviter qu'il ne soit desséché par l'air, que je regarde comme l'agent de la destruction du bois. Si on observe cette pratique, & si on plonge dans l'eau le bois coupé en hiver, je suis persuadé qu'il durera plus long-temps que s'il eût été coupé en séve. En général, le bois qui a été privé de l'air, & jeté dans l'eau, est d'une durée si considérable, qu'il est difficile de faire sur la comparaison dont il s'agit, des expériences & des recherches exactes. »

« D'après tout ce qui vient d'être dit, je demeure convaincu que le bois coupé en hiver aura une durée beaucoup plus considérable que celui que l'on coupera en été, au printemps ou en automne. »

« Les bois de marine pour lesquels on n'emploie que des arbres, doivent donc indispensablement se couper en hiver, sans en excepter les chênes qu'on abat ordinairement dans le mois de mai, pour se procurer du tan, parce que l'avantage de ce produit, si considérable qu'il soit, ne peut, à mon avis, balancer la perte en qualité que le bois de construction éprouve de l'abattage en temps de séve. Il n'en est pas de même des chênes qu'on destine à être employés comme bois de corde, à faire des pieux, & autres choses semblables; on peut, dans ce cas, les abattre en séve, pour en tirer le tan, qui est un produit d'autant plus important, qu'on n'a pas de moyen de le remplacer. Mais cette considération ne peut déterminer à abattre dans aucune autre saison que l'hiver, les bois destinés aux constructions & aux réparations des vaisseaux, qui, étant très-coûteuses, exigent qu'on y emploie les bois de la plus longue durée.»

Un auteur anonyme allemand, qui a rédigé en 1808 un Mémoire en réponse à celui de M. Becker, sur la manière de former des bois propres à la marine, a partagé entièrement l'opinion de celui-ci sur les inconvéniens de couper les bois en séve, & il y a ajouté plusieurs observations importantes sur l'écorcement des arbres. Nous allons en présenter une courte analyse.

Il établit l'analogie qui existe entre la méthode proposée par Buffon & Duhamel, d'écorcer les arbres sur pied pour les abattre lorsqu'ils sont morts, & celle de la coupe des bois en été; il en conclut que si l'une a une influence nuisible sur la qualité & la durée du bois, l'autre doit également lui être défavorable.

Il observe que, pendant l'hiver, les fibres ligneuses des arbres sont enveloppées d'un enduit solide & souple, provenant d'un reste de séve, qui étoit peu de temps auparavant dans un état de fluidité. Cet enduit, cet *englumen*, se dissout au printemps par son mélange avec la séve fluide, qui s'y incorpore & vient rouvrir les vaisseaux qui charrient la nourriture de l'arbre. Si donc on abat un arbre pendant l'hiver, & qu'en le dégrossissant aussitôt, on procure au bois un commencement de dessiccation, ce bois conservera son élasticité naturelle, ainsi que la dureté & la durée qui doivent résulter de l'enduit séveux & solide qui enveloppe les fibres ligneuses. D'un autre côté, il résistera plus long-temps à l'introduction de l'air & de l'humidité extérieure, parce que ces agens de la dissolution n'auront alors qu'une affinité éloignée avec l'enduit qui protège les fibres ligneuses. Mais lorsque les premières chaleurs du printemps ont mis en activité les pompes aspirantes de la végétation, introduit dans toute la masse ligneuse les fluides de la séve & dissous l'enduit séveux qui ne peut plus résister aux fluides de même nature qui abondent de l'extérieur, pour se porter dans les diverses parties de la plante, alors toutes les qualités d'un bois parfait sont anéanties; les fibres ligneuses sont plus écartées qu'auparavant; une humeur aqueuse en remplit les intervalles, & si, dans cet état, on abat l'arbre & qu'on l'expose à un desséchement prompt, les pores resteront ouverts & bâillans, ce qui produira un bois léger & spongieux, qui aura encore l'inconvénient de se gercer & de se fendre profondément. D'un autre côté, si on ne se hâte de le faire sécher, la séve fermente & occasionne plus ou moins vîte la pourriture de la masse qui s'en trouve imprégnée; les vers s'y établissent & la rongent. Veut-on prévenir ces accidens par un desséchement prompt? on ne fait que les retarder pendant quelque temps, & ils se manifesteront dès que l'humidité extérieure aura pénétré dans le bois. En effet, les vaisseaux séveux qui sont alors très-ouverts, absorberont avidement l'humidité environnante, qui, n'éprouvant plus d'obstacle, pénétrera toute la substance du bois & en occasionnera la désorganisation.

Il résulte des observations & des faits rapportés dans le présent chapitre, que de tout temps l'abattage des bois en séve a été proscrit comme nuisible, à la fois, à la qualité des bois & à la reproduction des souches; que l'usage de les abattre en hiver s'est établi de lui-même, & qu'il n'a été l'objet des injonctions réglementaires que parce qu'il étoit reconnu comme le seul praticable; que les expériences dont on a voulu s'appuyer, pour s'écarter d'une pratique qui avoit la sanction du temps & l'approbation de tous ceux qui, par état, pouvoient la juger, n'ont point été assez variées pour qu'on puisse en rien conclure de contraire à cette pratique, & qu'elles sont d'ailleurs susceptibles de beaucoup d'observations, tandis que la raison & la saine physique, d'accord avec l'expérience du temps, sont toutes favorables aux abattages d'hiver; que cependant il n'y a point d'époque unique & générale pour commencer ou finir les coupes dans tous les climats, puisque dans ceux où les froids se prolongent pendant long-temps, le moment le plus favorable est celui où les boutons des arbres commencent à se gonfler, tandis que dans les pays chauds & tempérés, on peut couper pendant tout l'hiver, à commencer du moment de la chute des feuilles; qu'ainsi la faculté laissée aux officiers forestiers locaux de déterminer eux-mêmes le moment de l'abattage, est une disposition fort sage, & que c'est à eux à juger d'après l'expérience des lieux & la température, ce qui peut être le plus avantageux; *que la règle naturelle à suivre à cet égard, est de ne commencer les coupes qu'après la chute des feuilles, & de les cesser quand les feuilles reparoissent;* mais que de toutes les saisons, n'importe dans quel pays, la plus mauvaise pour l'*exploitation* des bois est celle de l'été, puisqu'indépendamment de l'influence qu'elle a sur la détérioration du bois, elle affoiblit les souches par une déperdition de séve considérable; qu'elle fait perdre une feuille, que pendant cette saison on endommage bien plus les jeunes plants qui se trouvent dans la coupe, qu'on paie les journées d'ouvriers plus cher, & que la quantité de feuilles dont les bois sont couverts, en rend le travail plus gênant.

Renfermons-nous donc, sur ce point, dans les dispositions de nos réglemens, qui sont fondées, non sur des essais trompeurs, mais sur l'expérience respectable de tous les temps & de tous les lieux.

CHAP. III. — *S'il faut avoir égard aux phases de la lune & aux vents régnans pour la coupe des bois.*

On attribuoit autrefois beaucoup de puissance à la lune sur les corps terrestres, & plusieurs personnes croient encore à l'influence de cet astre.

Pline, qu'on doit toujours consulter pour connoître l'opinion des Anciens, nous dit, liv. XVI, chap. 39, où il parle de la coupe des arbres, qu'il est très-important d'observer la lune; qu'on prétend qu'il ne faut couper les bois que depuis le vingtième de la lune jusqu'au trentième, & que tout le monde convient que la coupe est excellente dans la conjonction de cette planète avec le soleil: *Infinitum refert & lunaris ratio, nec nisi à vicesimâ in tricesimam cadi volunt.* Cette opinion fut empruntée de Théophraste, & confirmée par Columelle, chez qui on lit, liv. XI, chap. 1: *Omnis materia sic cæsa judicatur carie non infestari.*

Pline rapporte ensuite que l'opinion de plusieurs personnes est qu'il faut, pour avoir une bonne coupe, que la lune soit en même temps en conjonction & sous terre, ce qui ne sauroit arriver que pendant la nuit; mais que si la lune se trouve en conjonction le jour même du solstice de l'hiver, le bois que l'on coupera alors sera éternel: *Quidam dicunt, ut in coitu, & sub terrâ sit luna: quod fieri non potest nisi noctu. At si competant coitus in novissimum diem brumæ, illa fit æterna materies.*

Ecoutons aussi Palladius: *Materies ad fabricam cædenda est, cùm luna decrescit:* Caton l'ancien, que Pline appelle l'homme le plus entendu dans toutes les choses de la vie, *hominum summus in omni usu*, dit que la coupe de l'orme, du pin, du noyer, & de tel autre arbre que ce soit, doit se faire dans le déclin de la lune, après midi, & lorsque le vent du sud ne souffle plus; que le vrai temps de couper un arbre, est lorsque son fruit est mûr; qu'il faut avoir l'attention de ne point l'arracher ou l'équarrir, lorsqu'il y a de la rosée: *Ulmeam, pineam, nuceam, hanc atque aliam materiam omnem cùm effodies, lunâ decrescente eximito post meridiem, sine vento austro. Tunc erit tempestiva, cùm semen suum maturum erit. Cavetoque ne per rorem trahas, aut doles.* (De re rusticâ, chap. XXXI.)

Le même auteur ajoute dans le chap. XXXVII: « Ne touchez point à vos arbres, si ce n'est dans la conjonction de la lune, ou dans le premier quartier; mais dans ce temps-là même, ne les arrachez pas, & *ne les coupez pas.* Le meilleur temps pour les arracher, c'est pendant les sept jours de la pleine lune. Ayez soin de ne jamais équarrir ou couper votre bois, & de n'y pas même toucher, lorsqu'il est chargé de gelée blanche ou de rosée, mais seulement lorsqu'il est sec: *Nisi intermestri, lunâque dimidiatâ, ne tangas materiem. Tunc ne effodias aut præcidas abs terrâ. Diebus septem proximis, quibus luna plena fuerit, optimè eximitur. Omninò caveto ne quam materiem doles, neve cædas, neve tangas, nisi siccam; neve gelidam, neve rorulentam.* »

Nous voyons aussi dans l'ouvrage de Pline, que le pont des naumachies, à Rome, ayant été brûlé, l'empereur Tibère donna ordre que l'on coupât en Rhétie, dans le temps de la conjonction de la lune, la quantité de mélèzes nécessaire pour le rétablir. Cet auteur ajoute, d'après les historiens, que des flottes furent construites & firent voile, quarante à cinquante jours après que le bois en eut été coupé, parce qu'il l'avoit été dans un temps convenable: condition tellement essentielle, dit-il, qu'elle peut contre-balancer les défauts qui résultent d'une trop grande précipitation dans la construction & dans l'emploi des navires.

Les Anciens, comme on le voit, croyoient beaucoup à l'influence de la lune, & leur opinion trouve encore aujourd'hui des partisans, même parmi les personnes instruites. Un célèbre médecin anglais, le docteur Mead, a fait un livre qui a pour titre: *De imperio solis & lunæ in corpore humano*, de l'influence du soleil & de la lune sur le corps humain. Cependant, il n'est plus permis d'ajouter foi à la puissance extraordinaire qu'on a attribuée à cet astre, & en admettant qu'il ait quelqu'influence réelle, ce ne peut être que d'une manière bien moins forte, & sur un bien plus petit nombre d'objets qu'on ne l'a cru pendant long-temps. Voyez, à cet égard, ce que dit M. Lacroix, membre de l'Institut, dans le *nouveau Cours d'agriculture*, à l'article *Lune*.

Duhamel, qui a voulu vérifier pour ces expériences la solidité de toutes les opinions reçues à l'égard des bois, a reconnu que mal-à-propos on attribuoit quelqu'influence aux lunaisons sur la qualité des bois, & que ceux abattus pendant le croissant valoient au moins autant que ceux abattus dans le décours. Son opinion fut contredite par Tellès d'Acosta, qui demeura convaincu avec plusieurs marchands de bois, qu'un chêne abattu en nouvelle lune est plutôt piqué des vers; que l'aubier s'altère plus promptement, & que pour préserver le bois de la piqûre des insectes & contribuer à sa conservation, il faut le couper depuis le quatorzième jour de la lune, jusqu'au deuxième de la nouvelle. On prétend même, ajoute-t-il, qu'on doit abattre le chêne seulement dans les pleines lunes de décembre & de mars, ayant été observé que dans la pleine lune de janvier, l'arbre est sec dans sa partie supérieure; que celle adhérente au sol est verte, & qu'elle pousse des jets; enfin, que le gros bois n'est pas le seul qui demande à être coupé en pleine lune; que celui destiné au chauffage doit être exploité dans le même temps, ainsi que le petit bois destiné à faire du charbon, parce qu'en conservant leur écorce, le feu en est plus ardent; qu'on s'aperçoit aux forges, du temps où le bois a été coupé; qu'on avoit même remarqué que pour donner de la qualité aux bois de taillis & autres qu'on emploie au chauffage, il falloit les couper depuis le 15 septembre jusqu'au 15 décembre, époque où il faut commencer à couper la futaie.

Il pensoit, au surplus, & à cet égard Duhamel avoit manifesté la même opinion, que dans les fortes gelées, il falloit cesser l'*exploitation* des futaies, parce qu'alors la séve venant à geler depuis un pouce jusqu'à deux, il y avoit à craindre que les arbres ne s'éclatassent; que d'ailleurs les bûcherons éprouvent beaucoup de peine à entamer cette partie gelée, dont la résistance est telle qu'elle ébrèche les outils.

Relativement aux inconvéniens de couper les bois dans le croissant de la lune, nous avons vu plusieurs marchands de bois qui étoient persuadés de leur réalité, & nous avons été témoins dans les bois de l'inspection de Versailles, que des ouvriers avoient interrompu, dans le croissant de la lune, la coupe d'un taillis de châtaignier, parce qu'ils prétendoient que le bois s'échaufferoit & seroit piqué des vers. Les menuisiers que nous avons consultés, partagent la même opinion. Enfin, en Allemagne comme en France, beaucoup d'exploitans de bois & de forestiers ont encore égard aux phases de la lune.

M. de Carlowitz, dont nous avons déjà fait connoître l'opinion sur les inconvéniens de couper les bois en temps de séve, rapporte que Salomon ordonna de couper les arbres destinés à la construction du temple, le second jour du mois *Sif*. Il pense que la lune a une grande influence sur la qualité des bois; qu'il suffit, pour s'en convaincre, d'observer ses effets sur les végétaux. Il la regarde comme l'agent qui pourvoit à leur nourriture & à leur entretien; d'où seroit venue la fable de Diane, considérée en même temps comme la lune & comme la déesse des forêts. Il ne suppose pas qu'aucun homme instruit puisse douter de l'avantage de couper les bois dans le décours, & voici ses raisons : « La lune, dans son mouvement, » élève les vapeurs de la terre, & la séve dans » les arbres. A mesure qu'elle croît, les vapeurs » s'élèvent dans la même proportion; d'où il suit » que si, dans cette circonstance, on coupe un » arbre, il sera imprégné de fluides qui, en se » corrompant, donneront lieu à la vermoulure. » Mais à mesure que la lune décroît, les vapeurs » s'abaissent & finissent par disparoître. »

Nous laissons aux astronomes & aux physiologistes, à apprécier le mérite de ces observations.

M. de Burgsdorf est loin de croire à l'influence de la lune, & il soutient qu'aucun homme raisonnable ne peut y ajouter foi. Nous ne pousserons pas plus loin nos recherches sur cet objet, d'autant qu'elles ne nous conduiroient probablement qu'à réunir un plus grand nombre d'expériences contradictoires, sans qu'on puisse en rien conclure. Nous pensons cependant, avec Duhamel, Burgsdorf & quelques autres auteurs, que rien de positif ne justifie l'opinion assez générale qu'on doive abattre les arbres dans le décours de la lune, & nous croyons qu'il est indifférent de les abattre pendant tout le cours de cet astre.

Quant à la question de savoir s'il faut avoir égard aux vents régnans, elle paroît mériter encore moins d'attention, attendu que l'influence de ces vents n'étant que momentanée, ne peut produire d'effets durables sur le bois, qui est soumis à tous les changemens successifs que l'atmosphère peut éprouver.

CHAP. IV. — *De la manière de couper les bois pour en favoriser la reproduction. — Observations sur la coupe entre deux terres. — De la nécessité de conserver des baliveaux comme moyens de procurer de l'ombre aux jeunes recrus, & d'opérer le repeuplement par les semences.*

§. 1er. *De la coupe des bois suivant l'ordonnance.*

Voici les dispositions prescrites par l'ordonnance de 1669 sur la manière de couper les bois :

« Les futaies seront coupées le plus bas que faire se pourra, & les taillis abattus à la cognée, à fleur de terre, sans les *écuisser* ni éclater; en sorte que les brins de cépées n'excèdent la superficie de la terre, s'il est possible, & que les anciens nœuds, recouverts & causés par les précédentes coupes, ne paroissent aucunement. » (Art. 42 du tit. XV.)

« Les bois de cépées ne seront abattus & coupés à la serpe ou à la scie, mais seulement à la cognée; à peine, contre les marchands qui les exploiteront, de cent livres d'amende & de confiscation de leurs marchandises & outils des ouvriers. » (Art. 44 du tit XV.)

« Enjoignons aux adjudicataires de faire couper, réceper & ravaler le plus près de terre que faire se pourra, toutes les souches & étocs de bois pillés & rabougris étant dans les ventes; & aux officiers d'y avoir l'œil & tenir la main, à peine de suspension de leurs charges. » (Art. 45 du tit. XV.)

« Les arbres seront abattus en sorte qu'ils tombent dans les ventes sans endommager les arbres retenus, à peine de tous dommages & intérêts contre le marchand; & s'il arrivoit que les arbres abattus demeurassent encroués, les marchands ne pourront

pourront faire abattre l'arbre, sur lequel celui qui sera tombé se trouvera encroué, sans la permission du grand-maître ou des officiers, après avoir pourvu à notre indemnité. » (Art. 43 du tit. XV.)

Telles sont les règles prescrites pour l'*exploitation* des bois de l'Etat, & que l'on applique également aux bois des communes & des établissemens publics. Les particuliers pouvoient même les faire observer dans leurs bois, ainsi qu'il a été jugé par arrêt de la Table de Marbre de Paris, du 4 janvier 1678; cela devoit être, puisqu'ils avoient le droit de faire suivre chez eux toutes les dispositions de l'ordonnnance. Ces règles, très-bien expliquées dans l'ordonnance de 1669, étoient déjà recommandées par les anciennes ordonnances de 1376, 1388, 1402 & 1515, qui s'accordent à dire que si les usagers & les coutumiers ne font la coupe de leurs bois, c'est-à-dire, de celui qu'ils prennent, *de manière qu'elle puisse être profitable pour le recru*, ils les feront recouper à leurs dépens. (*Voyez* les *Lois forestières* par Pecquet, tom. I, p. 465.)

Tout le monde convient que ces dispositions sont d'une telle importance, que la conservation des forêts est attachée à leur exécution. Elles défendent l'emploi de la serpe & de la scie, instrumens qui causent des déchirures au bois, ou qui ne permettent pas de le couper rez-terre; elles défendent d'écuisser ou d'éclater les souches, parce que les fentes & les éclats deviennent le séjour des eaux & exposent les racines à pourrir, tandis que la section de la tige rez-terre, nette & légèrement en talus, prévient ces accidens & donne le meilleur recru possible; elles veulent que les anciens nœuds causés par les coupes précédentes soient enlevés, parce que ces nœuds s'opposent à la sortie des bourgeons, ou ne produisoient que des brins mal venans, tandis que les pousses qui partent du collet de la racine sont bien plus vigoureuses.

Sur cette dernière disposition, Pecquet observe qu'elle peut toujours s'exécuter pour le chêne, mais qu'il n'en est pas de même pour le hêtre quand il est vieux, attendu que nul outil ne peut mordre sur d'anciens nœuds à fleur de terre & au-dessus; que l'on est obligé de les laisser avec d'autant moins d'inconvénient que ce ne sont pas ces anciennes souches ordinairement qui donnent du recru; que l'expérience apprend, au contraire, que ces espèces de cabochons sèchent & meurent, & qu'il ne repousse du bois qu'aux environs, soit de racines, soit de semences; cependant, il recommande de veiller à ce que cette disposition soit exécutée autant que possible.

§. 2. *De la coupe des bois entre deux terres.*

Nous devons parler ici d'une nouvelle méthode de couper les bois, qui a été proposée dans la vue d'améliorer le recru. Nous en avons déjà rendu compte dans le volume des *Annales de* 1808. Cette méthode, pratiquée par M. Douette-Richardot, cultivateur à Langres, département de la Haute-Marne, consiste à couper les bois entre deux terres, au lieu de les couper rez-terre, comme le veulent nos ordonnances. Un rapport avantageux a été fait sur les résultats de cette pratique, par une commission prise dans le sein de la Société d'agriculture de la Haute-Marne; mais elle a aussi été combattue par plusieurs agronomes, & surtout par M. Petit, membre de la même Société d'agriculture. Celui-ci déclare que la seule méthode qui puisse convenir à tous les sols & à toutes les essences, est celle prescrite par l'ordonnance.

Il est certain que la loi dont les préceptes sont généraux, ne pouvoit tracer une règle qui s'appliquât mieux à toutes les localités. Cependant il ne seroit pas inutile que des propriétaires particuliers fissent quelques expériences sur la nouvelle méthode; elle trouveroit peut-être quelques applications avantageuses. Mais il seroit imprudent de l'adopter comme règle générale; car si elle a réussi dans quelque circonstance, elle n'auroit certainement pas le même succès dans beaucoup d'autres. Par exemple, elle seroit nuisible dans les terrains froids & humides, où l'action de l'air & de la chaleur sur la souche coupée est si nécessaire pour le développement des jeunes bourgeons, & elle le seroit peut-être encore dans les taillis composés de jeune bois, dont les racines n'auroient pas assez d'énergie pour pousser au dehors les surgeons destinés au repeuplement, tandis que dans les pays chauds & dans les terrains secs, où le soleil fait gercer les étocs & occasionne une grande évaporation de séve, elle pourroit être utilement employée, surtout pour les vieilles souches. Cette méthode ne présente donc que des avantages bornés à quelques localités ou circonstances; & la disposition de l'ordonnance qui prescrit de couper les bois le plus près de terre possible, & qui, par conséquent, évite les inconvéniens des coupes au-dessus du sol & ceux des coupes en terre, est véritablement la seule règle générale que la loi a dû tracer, & dont on ne doit pas s'écarter dans les forêts soumises au régime de l'administration, à moins d'une autorisation spéciale, & dans les forêts des particuliers, sans avoir mûrement examiné toutes les circonstances locales.

Guyot, dans son excellent *Manuel forestier*, rend compte des expériences qu'il a faites sur les différentes manières de couper les taillis & les futaies, & il indique une méthode qui pourroit bien avoir donné lieu à celle de M. Douette-Richardot. Mais il faut remarquer qu'elle n'est, dans le sens où elle est présentée, que la conséquence de la disposition de l'ordonnance; que l'auteur n'en fait point une règle générale applicable à tous les lieux, à toutes les espèces de bois

& à tous les âges de taillis ou de futaie. Elle a surtout pour objet, l'enlèvement des vieilles souches recouvertes de nœuds, & où la séve éprouve mille obstacles dans sa marche & dans ses effets. Pour mettre nos lecteurs à portée de juger dans quel esprit est présentée la méthode de Guyot, nous allons la rapporter textuellement.

« *Abattage des bois taillis.* Il est surprenant, dit l'auteur, que les bois taillis se coupent encore communément assez mal, malgré la disposition précise de toutes les ordonnances forestières même les plus anciennes. Dès les années 1376, 1388, 1402 & 1515, on avoit ordonné le récepage des bois mal coupés. L'ordonnance de 1669 s'explique là-dessus de manière à ne laisser aucun doute : l'article 42 du titre XV dit : *les futaies seront coupées le plus près de terre que faire se pourra, & les taillis*, &c. Les forestiers qui ont rédigé cet article, étoient intimement persuadés de quelle conséquence il est pour le bon aménagement de ne laisser paroître aucune souche sur terre; car pour ne laisser aucun ancien nœud, il faut certainement emporter la plus grande partie d'une vieille souche, & quelquefois la totalité, lorsqu'elle est considérable & pourrie seulement dans l'intérieur : une pareille souche recouverte d'écorce vive, est une vraie loupe, qui, en grossissant tous les ans, occupe une grande partie de la séve qui doit nourrir & élever toute la famille.

» J'ai fait les plus grandes expériences sur les différentes manières de couper les bois taillis, & enfin, depuis plusieurs années, je suis parvenu à les faire abattre, de façon à multiplier beaucoup de brins-pieds & à renouveler toutes les anciennes cépées. La beauté de ces taillis que je puis faire voir, prouve si parfaitement la bonté de cette méthode, que je me contenterai de l'exposer, sans m'occuper de la réfutation des autres.

» Il faut, 1°. que le bûcheron ôte avec la main, les feuilles & les mousses qui couvrent une partie des vieilles souches; 2°. qu'il frappe la terre tout à l'entour avec la tête de la cognée, pour découvrir les principales racines latérales; 3°. qu'il coupe avec la cognée ces grosses racines, en s'avançant de chaque côté dans le dessous de la souche, qui souvent s'enlève comme un fromage, lorsqu'il ne se trouve point de pivot, ou lorsque ce pivot est pourri; 4°. si la souche est garnie d'un pivot, il suffit, après en avoir séparé les racines dans le contour, de la blanchir en ôtant toute l'écorce dont elle se trouve recouverte : toute communication étant rompue avec les racines, cela fera le même effet pour le renouvellement du bois, que si elle étoit enlevée.

» En abattant les taillis de cette manière, on multiplie & on rajeunit toutes les cépées sans aucune dépense. J'ai vu des souches anciennes, grosses comme des rondelles, bien enlevées de cette façon; toutes les racines latérales étant séparées les unes des autres, ont produit jusqu'à vingt maîtres brins de pied, droits comme des cierges, qui, à la première *exploitation*, feront autant de cépées nouvelles. Ces racines forment un chevelu nouveau à mesure que les jets s'élèvent; l'organisation n'en est point interrompue par la corruption d'une vieille souche; & toute la séve est employée à nourrir & à vêtir le nouveau-né de chacune, qui ne communique plus avec les autres. Cette méthode revient à celle que M. Duhamel donne pour le renouvellement d'une ormoie. Quand on laisse subsister ces anciennes souches, même les plus jeunes, la séve que les racines produisent en abondance, est obligée de passer par des tours & des détours si multipliés dans la partie intérieure de cette espèce de loupe, qui se corrompt toujours, qu'elle se détruit en grande partie avant de monter dans les tiges; aussi cette souche grossit, tandis que ses enfans languissent. En effet, que l'on examine avec attention les morceaux d'une souche enlevée à la cognée, on découvrira tous les plis & replis des filamens ligneux, semblables à des pelotons de fil, & on sera seulement surpris qu'un pareil entrelacement ait pu faire ou permettre aucune production.

» Comme l'enlèvement d'une vieille souche exige quelquefois autant de peine que l'abattage d'un arbre, il faut en abandonner le profit au bûcheron; autrement on ne viendra jamais à bout de bien faire couper des bois taillis.................. Le marchand adjudicataire y gagne considérablement par le pied de chaque brin qui se trouve avoir, indépendamment de la souche, six pouces de longueur de plus dans la partie la plus riche; cela peut aller à une corde & demie par arpent : le propriétaire profite le plus; il voit toutes les parties de ses bois qui étoient prêtes à finir, se renouveler comme s'il eût fait une plantation nouvelle ou un ancien semis; & il peut se passer de la germination des graines pour se procurer, soit des cépées neuves, soit des baliveaux, dont il trouvera un nombre suffisant dans ces brins de pied qui grossissent toujours plus vivement que ceux de semences.

» Il est donc de la plus grande utilité de faire bien couper les bois, comme l'ordonnance le prescrit; car, pour faire disparoître les anciens nœuds, il faut nécessairement couper plutôt en terre, que près de terre au niveau du terrain; il n'y a rien à craindre quand le bourgeon auroit deux ou trois pouces de terre à percer; il n'en fera que mieux; une asperge en pénètre bien davantage. Lorsqu'il survient une gelée forte, il faut cesser l'abattage, car alors la terre se gonfle, & l'on ne peut parvenir à la section des racines latérales : au reste, l'ouvrier ne demande pas mieux, car dans ces temps durs, leurs cognées se brisent comme du verre.

» *Abattage des futaies.* L'ordonnance veut également que l'on coupe les futaies le plus près de terre que faire se pourra ; c'est même un très-grand lucre pour l'adjudicataire. Il faut que l'ouvrier commence par couper les grosses racines, qui excèdent le niveau du sol, & continue sa taille jusque dans le cœur de l'arbre, en suivant le même horizon, en sorte que l'on puisse marcher à pied & à cheval, sans trouver aucun ressaut. Pour cela, quand l'arbre est une fois abattu, on récèpe la bordure de la souche, après en avoir ôté les feuilles & les mousses, & appuyé la terre avec la tête de la cognée, comme pour les brins de taillis.

» Les marchands intelligens choisissent des ouvriers entendus qu'ils paient plus que les autres, & ils les chargent d'aller d'atelier en atelier, abattre tous les chênes qui font partie de leur adjudication. Ces maîtres bûcherons déterrent le pied de l'arbre environ de douze à dix-huit pouces, & le mettent à terre comme s'ils avoient donné un seul coup de rasoir. Ces arbres ainsi abattus, tout vieux qu'ils sont, repoussent presque tous des cépées merveilleuses, qui se trouvent quelquefois à quelques pieds de la souche sur des racines latérales ; mais le plus souvent à l'insertion de l'écorce coupée dans terre. Je n'ai vu nulle part abattre aussi bien qu'on le fait depuis peu, dans la forêt de Rambouillet ; on ne peut faire mieux, à moins qu'on ne déracine les arbres, comme cela se pratique dans la forêt de Soignes, près Bruxelles ; mais le déracinement qui convient dans cette forêt, à cause de l'essence des hêtres qui ne produisent pas après l'abattage, seroit très-mauvais pour l'essence des chênes, qui donnent de très-belles cépées quand ils sont bien abattus. »

Il est évident que Guyot entendoit parler de ces vieilles souches usées, ou recouvertes de nœuds, & qui ne donnent, en effet, que de foibles rejets. Sa méthode toute entière est renfermée dans ce peu de mots : *Séparez les racines latérales des vieilles souches, & enlevez tout, ou partie de ces vieilles souches.* On ne peut nier que cette méthode ne doive avoir de bons résultats dans le plus grand nombre de cas ; mais il seroit desirable qu'on fît encore des expériences à cet égard. Voici celles qu'a bien voulu nous faire connoître M. Guyet-Laprade, ex-conservateur des forêts à Bordeaux.

La première expérience qu'il a faite, remonte à 1780. Elle fut exécutée sur un bois taillis en côte, anciennement établi, dont les souches étoient de quatre décimètres au-dessus de terre & avoient deux mètres de tour.

La deuxième fut faite en 1788, sur un bois taillis appartenant à la commanderie de Malte, commune de Vayres. La troisième eut lieu en l'an 4, sur un taillis dépendant d'un bois national en Médoc. La quatrième, enfin, fut exécutée en 1808, sur une partie de futaie dépendante de la forêt royale de Cabanac, dont on fit exploiter les arbres, partie d'après l'ancien mode, & partie d'après la méthode de Guyot & de Richardot. « Le résultat de cette expérience, dit M. Guyet-Laprade, a été que tous les arbres coupés suivant la dernière méthode, se trouvent remplacés par de très-belles cépées qui représentent des arbres de tige, tandis que les souches des arbres coupés au-dessus de terre ont péri presqu'en totalité, puisqu'il en est à peine un dixième qui aient donné quelques cépées, la plupart languissantes, lorsque les autres sont de la plus belle venue.

» C'est d'après ces expériences que nous avons acquis l'intime conviction, que la coupe d'une futaie par son pivot est le seul moyen efficace de régénérer les bois, & d'obtenir de très-belles tiges propres à être élevées en futaie, moyen bien préférable aux semis, toujours dispendieux & infiniment moins sûrs. »

M. Laprade, fort de trente ans d'observations & d'expériences-pratiques, s'élève contre la manière destructive de couper les taillis & les futaies au-dessus de terre, & il ne fait aucun doute que lorsque les avantages de la méthode de Guyot seront connus, on ne s'empresse de la mettre en pratique dans toutes les forêts, soit de l'Etat, soit des particuliers.

Il fait consister les avantages de cette méthode dans l'addition donnée à la longueur des pièces abattues, dans la supériorité des brins de recru, dans la multiplication & le rajeunissement des cépées, dans la faculté qu'auront des racines devenues racines principales de secondaires qu'elles étoient, de produire & nourrir des brins de chêne propres à être élevés en futaie, puisque ces brins ne seront point adhérens à de vieilles souches, & qu'elles présenteront les mêmes effets que des brins de semences.

Il loue l'intention des rédacteurs de l'ordonnance dans la disposition qui prescrit de couper les futaies le plus près de terre possible ; mais il pense que cette disposition laisse trop à l'arbitraire de l'ouvrier & du marchand. Si l'intérêt de celui-ci est d'exécuter l'ordonnance, celui de l'ouvrier est de s'en écarter ; d'où il résulte que n'étant pas toujours surveillé, cet ouvrier abat le plus d'arbres qu'il peut dans le moins de temps possible. Alors les souches qu'il a mutilées & coupées en cul de lampe ou pied de bûche, à un décimètre & plus au-dessus de terre, deviennent le séjour des eaux pluviales qui pourrissent le cœur de ces souches, & portent la mort dans toutes les parties de la végétation. S'il arrive que quelques-unes repoussent, elles ne produisent que de frêles drageons adhérans à l'écorce, sujets à être séparés de leur tronc par le moindre froissement ou par les vents, & qui ne présentent jamais que de mauvaises cépées peu propres à fournir un bon taillis. A la deuxième ou troisième révolution, la souche finit par périr, & le plus souvent une surface qui naguère étoit couverte d'une belle futaie, ne présente qu'une terre vague, & on ne se rappelle son ancienne splendeur, que par le nom qu'on lui a conservé.

M. Laprade parlant ensuite des taillis, observe que si la disposition de l'ordonnance qui les concerne eût toujours été exécutée, ils présenteroient un plus grand nombre de brins de tige propres à croître en futaie; mais qu'elle a été si peu exécutée dans quelques localités, qu'il est souvent impossible de trouver dans un hectare le nombre de baliveaux de l'âge exigé par l'ordonnance, & que beaucoup de cépées se trouvent sur de nouveaux étocs, venus eux-mêmes sur des milliers de nœuds qui, par leur réunion, donnent à la souche une circonférence d'un à deux mètres, & une élévation au-dessus de terre de deux décimètres au moins.

Il rappelle aussi l'observation de M. Clausse; *que la nature fait bien plus par les racines que par les semences, pour la prompte régénération des forêts*, & il cite pour exemple cette multitude de drageons qui sortent des fossés que l'on ouvre dans les endroits où il se trouve des racines (1). Puis il fait le rapprochement des différens procédés proposés par Guyot, Clausse & Douette-Richardot. Nous avons vu ceux de Guyot.

Quant à la méthode de M. Clausse, elle consiste, relativement aux futaies, à faire couper les racines à cinq ou six pieds de la souche & dans terre, en observant de faire cette coupe nette & en bec de flûte, & de ne point laisser les racines à l'air.

Celle de M. Richardot consiste à ouvrir la terre autour de l'arbre, à un pied ou moins de profondeur, à couper très-net les racines que l'on trouve tout autour du tronc, à la distance de trois décimètres (11 pouces), à couvrir la souche ou la culée de l'arbre coupé par son pivot, d'un peu de terre & de mousse. Quant aux taillis, on en coupe les cépées sous terre, de manière qu'il ne reste aucun ancien nœud à la réunion des pousses (2).

M. Laprade, après avoir comparé les procédés ci-dessus, qui sont fondés sur les mêmes principes, se prononce en faveur de ce que prescrit M. Douette-Richardot, sur l'abattage des futaies, & en faveur de ce que recommande Guyot, pour ce qui concerne la coupe des taillis. Il insiste fortement pour qu'on mette en pratique, dans les forêts royales, ces procédés qu'il regarde comme le moyen le plus sûr & le plus économique de régénérer nos forêts, & comme rentrant d'ailleurs dans l'esprit de l'ordonnance.

Nous ne sommes point surpris de la bonne opinion que M. Guyet-Laprade a conçue de la coupe entre deux terres, puisqu'il l'a expérimentée dans un pays chaud, où le desséchement des souches fait le plus grand tort à la reproduction. Mais nous sommes persuadés que si des expériences semblables étoient faites dans les forêts humides du nord de la France, elles auroient des résultats moins avantageux.

Un agronome du département de la Haute-Marne, membre de la Société d'agriculture de ce département, & collègue, par conséquent, des commissaires qui ont fait un rapport favorable sur les expériences de M. Douette-Richardot, a publié en l'an 12 une brochure contre cette méthode. M. Petit conteste les avantages qu'on s'en promet, & il appuie ses assertions sur des considérations de physique végétale plus ou moins fondées. Il pense que la coupe entre deux terres dérange le mécanisme de végétation; que, dans les terrains secs & pierreux, on mutile la souche; que, dans les terrains humides, cette souche coupée sous terre sera bientôt atteinte par la pourriture; qu'on s'est bien trouvé de couper à 14 décimètres (5 pouces) au-dessus du sol dans les terrains secs; qu'il est de la plus grande importance, n'importe les localités où l'on exploite, de ne point enlever le collet de la racine, & de ne jamais offenser les racines saillantes de la souche; qu'en un mot le collet de la racine est l'organe de la reproduction.

Il nous semble que si la coupe au-dessus de terre pouvoit être utile, ce seroit plutôt dans les terrains humides & mouillés, que dans les terrains secs. Il est certain que dans des bois de l'arrondissement de Versailles, on voit des taillis de châtaigniers coupés à plusieurs pouces au-dessus de terre, & que lorsqu'on a voulu ravaler les souches, elles n'ont plus rien produit. Mais nous n'en concluons pas qu'on doive s'écarter de la règle générale, parce que souvent on est obligé de continuer une mauvaise pratique, par cela seul qu'elle est établie, & qu'en voulant réparer le mal, on l'aggrave. Nous ne partageons pas l'opinion de M. Petit, sur l'importance qu'il donne au collet de la racine: la vie végétale & la faculté reproductive existent dans toutes les parties des plantes, dans les branches comme dans les racines: témoins les boutures, les plançons, les marcottes, les plantations par racines, la greffe.

M. Petit s'attache ensuite à combattre, article par article, toutes les observations favorables à la coupe entre deux terres, qu'avoient présentées les commissaires nommés par la Société d'agriculture de la Haute-Marne. Voici en abrégé ce qu'avoient dit ces commissaires.

1°. Les rejets sortis des souches coupées entre deux terres, ne se détacheront pas aussi facile-

(1) C'étoit pour cette raison que Duhamel avoit conseillé, dans la vue de renouveler les futaies d'ormes, d'ouvrir des fossés à quelque distance du tronc de l'arbre & de couper les racines. Ce procédé s'emploie aussi pour multiplier les brins d'acacia, & former ainsi des pépinières en quelque sorte perpétuelles. Mais les plants provenus de racines qu'on appelle *crossettes*, ne donnent jamais d'aussi beaux arbres que les plants de semences.

(2) M. de Perthuis avoit conseillé de recouvrir de terre la souche coupée.

ment que ceux qui adhèrent foiblement à des étocs coupés au-dessus du sol.

2°. Pour exécuter rigoureusement les dispositions de l'ordonnance, il faut déjà exploiter entre deux terres, puisque la section circulaire devant former un plan incliné pour l'écoulement des eaux, il est nécessaire que la base de l'étoc se trouve en terre, si la partie supérieure se trouve au niveau du sol.

3°. Le brin sorti obliquement au-dessous de la section de la racine pivotante, semble, par l'accroissement vertical qu'il a pris, ne former qu'un seul corps avec cette racine.

4°. Dans les *exploitations* où les souches coupées au-dessus du sol ne font point de production, la coupe entre deux terres a au moins l'avantage d'enlever un tronc inutile.

5°. Le chêne & le hêtre coupés de même à deux ou trois pieds de hauteur, ne reproduiroient que de très-foibles pousses, ou n'en produiroient même aucune.

6°. Lorsque les souches sont saines, il est reconnu qu'elles se conservent bien mieux en terre qu'au-dessus du sol, où elles s'altèrent ordinairement par la pourriture.

7°. S'il est vrai que les racines & les semences ne produisent rien, lorsqu'elles sont trop enfoncées, il est également exact que la végétation est bien moins active, lorsqu'au lieu d'être en terre, ces racines ou semences se trouvent à la surface; témoins ces drageons robustes produits par des racines qui tracent à 4 ou 5 pouces de profondeur.

8°. Le développement, l'accroissement des racines & des tiges se fait simultanément dans l'ordre de la nature; ainsi, mieux que l'ancienne méthode, la nouvelle favorise la reproduction des arbres coupés.

9°. La coupe entre deux terres seroit efficacement employée dans plusieurs cas pour garnir de taillis ces massifs de futaie, qui se repeuplent si rarement, après que l'*exploitation* en a été faite.

10°. Le moyen indiqué dans le *Dictionnaire encyclopédique*, pour rétablir les hautes futaies en taillis, & qui consiste à couvrir le tronc de poix préparée, a de l'analogie avec celui de M. de Perthuis, qui consiste à recouvrir les souches de terre; mais il est d'une application difficile dans les grandes forêts.

11°. Lorsque le collet est à fleur de terre, lorsque des racines partent du niveau du sol, on peut les isoler. Il en restera d'autres au-dessous qui seront liées entr'elles. Dans le même cas, on a encore la ressource de ne former la section qu'à deux ou trois pouces de profondeur, & de n'augmenter ainsi que très-légèrement les frais ordinaires d'*exploitation*. Il y a très-peu de positions où la coupe entre deux terres ne soit pas praticable.

12°. Comparaison faite des frais de la coupe entre deux terres avec la valeur de l'excédant des bois qu'on retire par l'application de cette méthode, il en résulte qu'il y a du bénéfice à employer cette méthode, surtout dans les pays où le bois a de la valeur. Mais le plus grand avantage de la coupe entre deux terres est pour l'avenir.

Telles sont les observations de MM. les commissaires sur cette nouvelle méthode.

M. Petit répond: 1°. que les rejets nouvellement sortis des souches coupées entre deux terres, étant herbacés, seront plutôt endommagés par les gelées (objection qui ne nous paroît pas fondée); 2°. que rien ne doit détourner de l'exécution de l'ordonnance, & qu'il faut continuer à exploiter les bois, de manière que la section de la souche forme un plan incliné pour l'écoulement des eaux; avantage que n'offrira jamais la coupe entre deux terres; 3°. qu'il est douteux que la méthode de M. Douette produise des rejets vigoureux propres à fournir de beaux baliveaux; 4°. que si le hêtre survit rarement à l'*exploitation* à fleur de terre, on ne doit pas espérer plus de succès de la coupe entre deux terres; qu'il n'est pas exact, au surplus, de dire qu'il meurt toujours dans les coupes à fleur de terre, & qu'on rencontre souvent des cépées de cette essence placées sur d'anciennes souches élevées de deux à trois pieds au-dessus du sol; que ce qu'il y a de mieux à faire, c'est de le couper de manière à faciliter l'écoulement des eaux; 5°. que de l'observation, que le chêne & le hêtre coupés à deux ou trois pieds au-dessus du sol ne repoussent pas bien, il ne résulte pas qu'on doive les couper dans les entrailles de la terre; 6°. que l'ancienne méthode n'est pas aussi destructive qu'on voudroit le faire entendre; témoin l'existence des 13,100,691 arpens de bois qui couvrent en ce moment le sol de la France (1); 7°. que les drageons qui peuvent sortir des racines coupées au-dessous du sol, ne prolongeront pas leur existence au-delà du terme de la vie de la souche, qui est toujours menacée d'une mort prochaine, lorsque ses racines sont offensées; 8°. qu'il n'est pas raisonnable d'admettre qu'un brin sorti d'une racine latérale, devienne plus vigoureux que celui qui naîtra de la souche à laquelle toutes les racines apportent le tribut de leur séve; 9°. que la nouvelle méthode n'opérera pas le repeuplement des vieilles futaies, surtout si elles sont composées de hêtres; 10°. que la méthode enseignée dans l'*Encyclopédie* ne prouve rien en faveur de celle de M. Douette; que cette dernière aggrave même les inconvéniens qu'on vouloit prévenir, puisqu'elle laisse aux souches coupées une surface concave propre au séjour des eaux; 11°. que, loin d'isoler les racines, il faut les laisser unies à la souche, puisque les

(1) D'après l'exposé de la situation de la France, en 1813, époque de la publication du mémoire de M. Douette, il y avoit alors 8 millions d'hectares en bois & forêts.

racines les plus rapprochées du sol tirent la plus grande partie de leurs sucs de leurs chevelus qui les pompent à la surface de la terre, ordinairement composée des débris des végétaux; 12°. que la coupe entre deux terres donneroit lieu à de grands abus de la part des bûcherons, qui ne sauront jamais à quelle profondeur il faut exploiter; qu'ils offenseront les racines en détournant, à l'aide de la pioche ou du dos de la cognée, la terre & les pierres qui environnent l'arbre, & que jamais la surveillance des gardes, ni même celle des propriétaires, ne pourront prévenir les abus.

Nous avons rapporté les observations pour & contre la coupe des bois entre deux terres. On a pu juger de la valeur des unes & des autres. Nous avons aussi hasardé nos propres observations sur les localités où cette méthode pourroit être utile ou nuisible, & nous en avons conclu que la seule règle générale à suivre, étoit celle tracée par l'ordonnance, qui prescrit un terme moyen entre une coupe faite au-dessus du sol, & celle exécutée dans le sein de la terre. *Couper très-bas, le plus bas possible, enlever les anciens nœuds, disposer la section de l'arbre de manière à éviter le séjour de l'eau, c'est-à-dire, en talus*, voilà l'esprit de la loi, le précepte de l'expérience, & la méthode que la prudence doit faire maintenir comme règle générale.

§. 3. *Des précautions à prendre pour la coupe des gros arbres; de l'emploi de la scie, défendu par l'ordonnance, & de l'extraction des souches.*

Quant aux précautions qu'il convient de prendre pour éviter les dommages & les accidens, elles se réduisent, *pour la coupe des grands arbres*, à faire tomber l'arbre de manière à ne pas endommager les arbres voisins ou le recru; à ne point l'encrouer; à ne point l'endommager lui-même; à ne point faire des entailles trop grandes, qui diminuent la longueur de la pile; à le couper en talus, & tout près de terre, ainsi qu'on l'a dit; à éviter les accidens pour les hommes & les animaux qui seroient dans le voisinage.

L'ordonnance défend l'emploi de la scie, qui d'ailleurs est plus pénible que celui de la cognée. Cependant les particuliers se trouvent quelquefois dans le cas d'en faire usage; par exemple, quand ils ont besoin de toute la longueur d'un arbre. C'est aussi un moyen certain de faire tomber l'arbre dans la direction qu'on desire, en se servant de coins; & c'est le cas de l'employer, lorsqu'on se trouve sur les limites d'une forêt, pour empêcher que l'arbre ne tombe sur des récoltes ou sur des habitations, & aussi lorsqu'il s'agit de ménager une belle tige qu'on endommageroit, si on ne la faisoit tomber dans une direction donnée.

L'extraction des gros arbres est encore une opération que la loi défend dans les bois de l'Etat, où les racines doivent rester entières. Elle exigeroit beaucoup de précautions, parce que le pied de la tige qu'on a déchaussé, s'éclate bien plus facilement, par le poids de l'arbre qui tombe, lorsque les racines sont détachées, que dans l'abattage ordinaire; & d'un autre côté, on n'est pas le maître de le faire tomber dans la direction la plus avantageuse.

De l'extraction des vieilles souches.

Une opération que l'on pratique dans quelques forêts, est l'extraction des vieilles souches. Le procédé ordinaire consiste à découvrir les racines, à les séparer de la souche, & à fendre cette souche de haut en bas, en plusieurs parties, qu'on détache & qu'on extrait au moyen de la hache, du coin & du levier.

Ce travail est pénible, & on a cherché à l'abréger par des machines qu'on a plus ou moins vantées. Mais comme elles sont coûteuses, qu'on n'en trouve pas toujours sous sa main, ou que leur application éprouve plus ou moins de difficultés, suivant les localités, on s'en tiendra toujours au procédé ci-dessus.

Quand il s'agit de fendre des souches très-difficiles, on emploie la poudre à canon, & pour cet effet on fait, avec une tarière, un trou à la partie supérieure de la souche & dans l'endroit le plus dur; on y met une cartouche pourvue d'une mèche; on remplit le reste du trou avec du sable sec; on met le feu à un morceau d'amadou qui communique à la mèche, & on se retire à une distance suffisante, pour éviter les effets de l'explosion.

§. 4. *Des précautions exigées pour la coupe des taillis.*

Quant aux taillis, l'ordonnance & les cahiers des charges prescrivent de les couper aussi à la cognée & de ravaler les souches & étocs, au moment de la coupe, le plus près de terre possible, de manière à faire disparoître les anciens nœuds, & sans cependant rien écuisser ni éclater. C'est encore la seule règle générale que la loi pouvoit tracer, & c'est celle que l'on suit dans toute l'Allemagne comme en France.

On doit recommander de veiller à ce que l'ouvrier ne se serve que d'un instrument bien tranchant, parce qu'autrement il seroit impossible de rendre la section bien nette, & de ne point déchirer l'écorce de la souche. L'emploi d'une hache d'une certaine largeur, & bien acérée, est nécessaire pour les brins & tiges ayant au-dessus de trois pouces de diamètre; quant aux brins plus petits, on doit les couper avec une cognée ordinaire & bien tranchante, parce qu'un instrument plus lourd briseroit ou éclateroit les souches. M. Hartig prescrit, & il est d'accord sur ce point avec l'usage établi par nos réglemens, de couper la souche des taillis en talus, afin de ne point éclater cette souche & d'empêcher l'eau d'y séjourner. Pour cet effet, dit-il, il faut faire aux tiges un peu fortes, une entaille également profonde de chaque côté. Les petits brins seront enlevés d'un seul coup donné avec force. Mais dans aucun cas on ne doit souffrir que le bûcheron n'entaille les tiges que d'un côté, & qu'il les abaisse pour les couper; une telle pratique ayant toujours pour résultat d'endommager la souche, &, par la suite, d'en causer la pourriture.

Le cahier des charges prescrit aux adjudicataires de relever & faire façonner les ramiers avant le premier juin, *de manière que le rejet n'éprouve aucun dommage.* Il est évident, par le motif donné à cette disposition, qu'on ne doit pas attendre le premier juin, quand la repousse se manifeste plus tôt, & que ce terme est fixé comme le dernier auquel il soit possible de s'arrêter. En effet, le récru se montre souvent dès la fin d'avril & le commencement de mai: dans ce cas, on lui feroit le plus grand tort en attendant jusqu'au premier juin.

Comme on le voit, les principes établis par nos réglemens sur la coupe des bois, s'observent également en Allemagne, & ils sont les mêmes, relativement à la coupe rez-terre. Mais nous devons ici rapporter une observation qui n'aura pas échappé aux forestiers: il arrive assez souvent qu'une coupe très-bien exploitée dans le principe, & dont les étocs ont été ravalés tout près de terre, ne présente plus le même aspect quelques mois après, & que ces mêmes étocs se trouvent alors à un & deux pouces au-dessus du niveau du sol. D'ou provient cet exhaussement des souches? On doit l'attribuer à la dépression du sol, qui, au moment de l'*exploitation*, étoit gonflé d'humidité, & qui s'est desséché par l'air & le soleil après l'enlèvement du bois, à la décomposition plus intime des feuilles & autres débris des végétaux, aux pluies qui ont tassé la terre, & aux piétinemens des hommes & des animaux employés dans la coupe: circonstances qui ont fait éprouver au sol une sorte d'affaissement qui a donné plus de saillie aux souches. Cette observation doit être un motif de plus d'exiger que l'abattage soit fait le plus bas possible.

§. 5. *Des effets de l'air, du soleil & des pluies sur les souches.*

Nous ne terminerons point ce que nous avons à dire de la coupe des taillis, sans traduire une observation importante de M. Hartig, relativement aux effets du soleil, de l'air & des pluies sur les souches.

Lorsqu'on a coupé, dit-il, une jeune tige en saison convenable & avec les précautions requises, elle repousse presque toujours de sa souche. Mais les scions meurent bientôt après, s'ils se trouvent tellement offusqués par les bois voisins, qu'ils ne puissent ressentir les effets du soleil, de l'air libre & des pluies. La souche, au contraire, se trouve-t-elle entièrement exposée à toute l'action de ces météores, & sans aucune ombre, les scions poussent d'abord assez bien; mais le soleil venant à dessécher la terre, prive les racines de l'humidité qui leur étoit nécessaire pour fournir de la nourriture aux jeunes pousses, & cet effet se remarque principalement lorsque le terrain est maigre & exposé à toute l'ardeur du soleil.

Il est donc très-utile de ne point couper les taillis à blanc étoc, mais d'y laisser comme abri contre les ardeurs du soleil, quelques brins ou baliveaux à une distance égale les uns des autres. Leur nombre doit être calculé de manière que l'ombre produite par leur tête ne recouvre que la vingtième ou la seizième partie du terrain. Ainsi la quantité des arbres nécessaires comme abris, dépend de l'ampleur de leur tête, & doit être déterminée d'après le besoin d'ombre que peut avoir la coupe en *exploitation*, à moins de quelques circonstances dont nous allons parler. Cependant il n'est pas avantageux de réserver de fortes tiges dans les taillis, parce qu'elles ombragent trop long-temps la même place, qu'elles retiennent les pluies, & qu'elles étouffent bien davantage le recru, que ne le feroit une quantité plus considérable de tiges légères, qui, prises ensemble, ombrageroient la même étendue de terrain, mais d'une manière plus divisée.

Quant aux moyens de pourvoir au repeuplement des taillis, nous venons de dire qu'on doit réserver sur la coupe, des jeunes tiges, brins ou perches, pour procurer tour à tour aux nouvelles pousses, au moyen de l'ombre qu'ils projettent, un abri pendant l'été contre l'ardeur du soleil, & empêcher ainsi le sol de se trop dessécher. Ces mêmes réserves sont encore destinées à procurer le repeuplement de la coupe par leurs semences. Ce repeuplement sera d'autant plus complet, que les semences seront plus légères & se laisseront plus facilement emporter par les vents. Mais quand les taillis sont composés d'essences dont les semences lourdes tombent au pied de l'arbre & exigent d'ailleurs d'être plus enterrées, on ne peut guère compter sur le réensemencement naturel, & il faut, dans ce cas, se borner à laisser des arbres pour l'ombre, & chercher à repeupler les places vides par des semis artificiels & par des plantations.

Nous avons déjà indiqué plusieurs fois un excellent moyen d'assurer le repeuplement des taillis & des futaies, moyen que l'on pratique dans les forêts de l'arrondissement de Strasbourg, dans la forêt de Villers-Cotterets, dans la conservation de Poitiers, & dans plusieurs autres arrondissemens forestiers. Ce moyen, recommandé par une circulaire de l'administration des forêts, consiste à répandre dans les coupes, peu de temps avant leur *exploitation*, une grande quantité de glands, faînes & autres semences convenables au sol. Le travail de l'*exploi-*

tation, le piétinement des hommes qui fréquentent la coupe, & l'extraction hors de la forêt des bois coupés, servent à enterrer ces semences sous les feuilles & la mousse, où elles lèvent souvent mieux que dans une culture entière. On favorise encore ce moyen de repeuplement, en faisant arracher, avant l'*exploitation*, les plantes inutiles, telles que le houx, le genêt, la bruyère & les ronces; ou en introduisant des porcs dans cette coupe, pour en préparer la terre. Les bons effets de la méthode que nous rappelons, sont attestés par tous ceux qui la pratiquent. C'est une culture essentiellement forestière, puisqu'elle n'exige que des moyens simples & peu dispendieux, que des ressources qui se trouvent sur les lieux, & que la nature elle-même la réclame & en assure le succès.

§. 6. *De la nécessité d'opérer promptement la vidange des coupes.*

Il est de la plus grande importance de ne point laisser trop long-temps dans les coupes, le bois abattu & gisant; il empêcheroit une partie des nouveaux jets de pousser, & le passage des hommes, des bestiaux & des charrettes nuiroit insensiblement à ceux qui seroient nés. Sous ces deux rapports, il est essentiel que la vidange se fasse peu de temps après la coupe; mais il est impossible de fixer d'une manière générale l'époque à laquelle les coupes doivent être vidées. Cette époque doit varier suivant l'étendue des coupes, la rareté des ouvriers, la difficulté des débouchés & des moyens de transport; aussi les anciennes ordonnances ont-elles laissé à l'arbitraire des officiers supérieurs des eaux & forêts le pouvoir de fixer aux adjudicataires le temps de la vidange (*ordonnance de François Ier. du mois de mars* 1516, *art.* 8. — *Ord. de* 1669, *titre XV, art.* 40); mais elles défendent à ces officiers d'accorder aucune prorogation du délai fixé par le cahier des charges. (*Ord. de Charles IX, de* 1576, *art.* 38; *de Charles VI, en mars* 1388, *art.* 38, & *en septembre* 1402; *de François Ier. en* 1515, *art.* 53; *de Louis XIV, en* 1669, *tit. XV, art.* 40. (Dralet, *Régime forestier.*)

C'est dans l'esprit de ces lois que l'administration indique d'une manière générale le 15 septembre de l'année qui suit l'adjudication, pour le terme auquel doivent être faites la traite & la vidange des taillis au-dessous de 25 ans, & celui du 15 avril suivant, pour les autres; mais l'administration autorise les conservateurs à fixer d'autres délais, par une clause particulière du cahier des charges, dans les endroits où le commerce du sabottage & des cercles, ou d'autres circonstances locales, en font sentir la nécessité. (*Ibid.*)

Les délais que l'on accorde en Allemagne pour la vidange des coupes sont bien moins longs que ceux-là. M. Hartig recommande expressément de ne point laisser séjourner sur les coupes les bois abattus, de les enlever, soit à l'instant même, pour les déposer dans les chemins & les endroits vides, soit pendant l'hiver même de l'*exploitation*, & par un temps de neige autant que possible, & de ne jamais attendre la fin de mai pour faire cette extraction, parce que, dit-il, les jeunes pousses étant très-tendres & remplies de moelle, seroient facilement rompues par le passage des bois coupés. Ainsi, & à moins de circonstances extraordinaires, la vidange se fait avant la repousse des taillis; & quant aux futaies exploitées par éclaircie, elle s'exécute à l'instant même & avant le développement des jeunes plants. (*Voyez* ce que nous avons déjà dit à cet égard au mot AMENAGEMENT.) Cette pratique est excellente, & son exécution éprouve d'autant moins de difficulté en Allemagne, que très-ordinairement ce sont les officiers forestiers qui sont chargés des coupes & de la vente des bois exploités.

CHAP. V. — *De l'exploitation de plusieurs espèces de taillis en particulier. — Observations importantes sur cet objet.*

La plupart des taillis sont composés d'essences mélangées, mais dont l'une domine ordinairement assez pour être prise en considération lorsqu'il s'agit de déterminer l'âge de l'aménagement & le mode d'*exploitation*.

M. Hartig, dont nous allons traduire les principes à l'égard des taillis de chêne, de hêtre & d'essences mélangées, nous a déjà dit que l'on ne pouvoit guère compter sur un bon repeuplement par la voie des semis naturels, qu'autant que les arbres réservés sur la coupe des taillis seroient de la nature de ceux dont les graines légères se répandent facilement, & qu'à l'égard des autres, tels que le chêne, le hêtre, ils procuroient rarement un repeuplement complet *dans les taillis*, parce que leurs semences tomboient directement sous l'arbre. Il ne conseille donc de réserver des baliveaux de ces essences que dans la vue de procurer de l'ombre au jeune recru, & il veut qu'on les abatte lorsqu'ils offusquent ce recru. Nous verrons qu'il n'est pas non plus très-partisan des baliveaux qu'on laisse croître pour en obtenir des bois de construction.

1°. *Des taillis de chêne.*

Le chêne, qui occupe le premier rang parmi les bois propres à croître en massif de futaie, est encore l'espèce de bois qui réussit le mieux en taillis. On peut l'exploiter pendant des siècles, sans avoir à craindre le dépérissement des souches ni l'affoiblissement de la repousse. Les rejets s'élèvent avec rapidité, & si l'*exploitation* n'est pas trop rapprochée, on obtient des produits très-importans en bois de chauffage d'excellente qualité,

qualité, en cercles, en douves, en bois de charronnage, en charbon, en écorce, & même sous le rapport du panage dans les années qui précèdent la coupe. Les âges les plus avantageux pour l'*exploitation* de cette espèce de bois dans les bons fonds, sont depuis 30 jusqu'à 60 ans. On ne risque rien de laisser un très-grand nombre de baliveaux sur de semblables taillis, parce que les brins y ont beaucoup d'élévation & peu d'ampleur de tête. M. Hartig conseille d'en laisser de 80 jusqu'à 100 par hectare; mais il veut qu'on les abatte lors de la coupe suivante, pour qu'ils n'offusquent point le taillis, & qu'on en réserve un pareil nombre. Il est certain que, lorsqu'on n'a pas besoin de forts bois de construction, la coupe de la totalité de ces baliveaux, à chaque *exploitation*, est une bonne mesure; mais il est indispensable d'en conserver quelques-uns dans les localités où il est nécessaire d'avoir de belles pièces de charpente.

Si on exploite cette essence en saison convenable & avec les soins requis, on peut compter que les mêmes souches repousseront pendant 150 ans & plus, & fourniront un bon taillis. Mais lorsque les souches sont épuisées, il faut rajeunir la forêt par *des semis* ou *plantations*, à moins que les arbres réservés ne répandent assez de glands pour opérer un repeuplement naturel. *Voyez*, pour le surplus de l'*exploitation* de cette essence, l'article CHÊNE.

2°. *Des taillis de hêtre.*

Le hêtre ne repousse pas aussi long-temps de souche que le chêne. Ordinairement l'écorce de cet arbre devient si dure à 45 ou 50 ans, que les bourgeons ne peuvent plus la pénétrer, & on voit à cet âge une grande quantité de souches qui ne donnent plus de rejets. C'est donc un motif d'aménager les taillis de hêtre à un âge qui ne dépassera pas 40 à 45 ans. Mais quand le taillis se dégarnit & qu'on ne peut pas compter sur les souches pour assurer la reproduction, M. Hartig conseille de favoriser le réensemencement naturel par l'établissement d'une coupe sombre, comme pour les futaies de cette essence; puis on abat ces arbres comme il a été dit en parlant des coupes par éclaircies, & si on le juge à propos, on continue par la suite à exploiter en taillis la forêt qu'on est ainsi parvenu à rajeunir.

Du reste on doit laisser à chaque *exploitation* les mêmes réserves que dans les taillis de chêne, tant pour procurer de l'ombre à la coupe, que pour y répandre des semences.

L'expérience apprend que les taillis de hêtre s'éclaircissent de plus en plus à chaque *exploitation*, & qu'à 90 ans les souches ne produisent qu'un foible recru : il n'est donc pas avantageux de continuer *sans interruption* la coupe des hêtres en taillis; il est bien plus utile, pour assurer la durée de la forêt, de procéder de la manière suivante : si le bois provient de semences, il faut le couper comme taillis à 30 ans, & réserver de 80 à 100 baliveaux par hectare, choisis parmi les plus forts brins; 30 ans après, on éclaircit ce taillis, en y réservant jusqu'à 2000 beaux brins par hectare; enfin, 30 ans encore après, on procède à la coupe de réensemencement d'après les règles que nous avons indiquées; puis on reprend l'*exploitation* en taillis aux révolutions suivantes. De cette manière on obtiendra, de 30 en 30 ans, des produits considérables, & en général beaucoup plus de bois que si on eût suivi sans interruption l'*exploitation* en taillis. D'un autre côté, la forêt n'est point exposée à se dégarnir de l'essence de hêtre, & à se convertir petit à petit en bois blancs, comme cela arrive toujours dans d'autres cas.

Mais lorsqu'une forêt de hêtre est trop dégarnie pour qu'on puisse en espérer le repeuplement par l'ensemencement naturel, il faut en changer la nature & y introduire d'autres espèces de bois propres à l'*exploitation* en taillis. Pour cet effet on y répandra, *peu de temps avant l'exploitation*, des semences de bouleau, d'orme, de frêne, de charme, &c., suivant la nature du sol, & on doit même y repiquer des glands dans l'automne. Le travail de l'*exploitation* suffira pour enterrer les autres semences sous les feuilles & la mousse.

M. Hartig fait deux autres observations sur les taillis de hêtre : il a remarqué que ce bois repoussoit mieux de souche dans les terrains maigres que dans les bons terrains; ce qu'il attribue à la surabondance de la séve qui noie les yeux cachés sous l'écorce & destinés à la reproduction; & il a observé, ainsi que cela est conforme à l'expérience, que beaucoup de souches ne repoussoient que la deuxième année de l'*exploitation*. *Voyez* l'article HÊTRE.

3°. *Des taillis de charme, de bouleau, d'érable, de frêne & d'orme.*

Les taillis de ces espèces de bois, soit pures, soit mélangées, sont très-productifs, & occupent le premier rang après ceux de chêne. Ils repoussent parfaitement de souches, lorsqu'on les exploite convenablement, produisent d'excellent bois de chauffage, & se conservent en bon état, parce que leurs semences se répandent facilement sur toute l'étendue des coupes, & donnent naissance à une quantité de plants qui remplacent les souches à mesure qu'elles périssent. Il faut suivre, pour l'*exploitation* de ces sortes de taillis, les règles qu'on vient de rappeler dans les paragraphes précédents, & lors du martelage des baliveaux destinés à procurer des semences & de l'ombre à la coupe, choisir les espèces les plus précieuses comme bois d'œuvre, comme aussi les brins les plus forts, les plus propres à donner de la semence, & les moins sujets à se rompre sous le poids des neiges & des frimats. M. Hartig veut encore, pour ces sortes de taillis, que le nombre des baliveaux de l'âge soit porté de 80 à 100 par hectare. Il conseille même de doubler ce nombre quand le terrain est maigre & très-exposé à l'ardeur du soleil, ou qu'il présente beaucoup de vides. Par la suite on en diminue la quantité, lorsque les places vides sont suffisamment ensemencées, & que la coupe qui a été garantie de la sécheresse pendant les premières années n'a plus besoin d'autant de couvert. Cette éclaircie a donc pour objet de favoriser la pousse du taillis ou le développement des plants de semences. On peut y procéder vers la sixième ou huitième année après l'*exploitation*; & il n'en résultera point de dommages notables pour la jeune forêt, si le bûcheron opère avec précaution, & si on a l'attention d'enlever à l'instant les bois coupés pour les transporter dans les chemins, carrefours ou places vides.

4°. *Des taillis d'aune.*

Lorsque les taillis de cette espèce sont situés sur un sol assez ferme pour qu'on puisse en faire l'*exploitation* & la vidange au printemps, on procède comme pour ceux dont nous venons de parler. Mais si le sol est marécageux au point que la coupe & le débardage ne puissent s'exécuter que pendant les gelées, il faut choisir cette époque & commencer l'opération dès le mois de janvier, quoique les souches de l'aune repoussent mieux lorsqu'on exploite dans le mois de mars.

Très-souvent ces sortes de taillis sont si humides qu'il n'est point nécessaire de laisser des baliveaux pour l'ombrage de la coupe. On n'a alors qu'à s'occuper de pourvoir au réensemencement naturel, en laissant un nombre de réserves suffisant pour opérer cet effet, & pour obtenir par la suite les bois d'œuvre dont on peut avoir besoin. Cependant on remarque assez ordinairement que, malgré la quantité de baliveaux qu'on a réservés, le réensemencement est incomplet, parce que les vides dans les lieux humides sont tellement gazonnés & couverts de mousse, qu'aucune semence ne peut y prospérer. *Le plus sûr moyen, dans ce cas, d'en opérer le repeuplement, est d'y planter, à chaque exploitation, des jeunes sujets d'aune qu'on aura élevés en pépinière.* Voyez l'art. AUNE.

5°. *Des taillis mêlés de futaies.*

Quoique j'aie traité, dans le cours de mes dissertations, des baliveaux sur taillis, & que j'aie insisté sur la nécessité de maintenir ce système de réserves, pour subvenir aux besoins des constructions, je crois devoir rapporter ici l'opinion entière & les préceptes de M. Hartig sur cet objet. On a déjà vu que cet auteur préfère les futaies & les taillis purs aux taillis mélangés de futaies, & qu'il conseille, quant aux taillis, de couper à chaque *exploitation* la très-grande quantité de baliveaux qu'il ne réserve que dans la vue de procurer de l'ombre à la coupe & des semences pour le repeuplement naturel. Il convient néanmoins que l'on est quelquefois obligé d'élever des futaies sur les taillis; mais il pense que l'on doit *planter* sur ces mêmes taillis, les arbres qu'on destine à croître comme futaies. Je sais que cette méthode est usitée dans plusieurs localités. Cependant je crois que toutes les fois qu'on trouvera sur un taillis de beaux brins de semence, ils seront préférables aux arbres qu'on pourra planter; & d'ailleurs on sait que le chêne, essence qu'on réserve principalement pour les constructions, ne réussit que difficilement lorsqu'on le plante à un certain âge. Je vais, au surplus, traduire ce que dit M. Hartig.

Il y a beaucoup d'endroits, dit cet auteur, où l'on n'élève ni futaies pures, ni taillis purs, mais où l'on réserve dans les taillis, des arbres pour la construction & les ouvrages d'art. Quoique ce genre d'*exploitation* procure moins de bois que les futaies ou les taillis purs, il est cependant des circonstances où l'on ne peut le changer, ou du moins que petit à petit.

Lorsqu'on est obligé de maintenir cette méthode, & qu'on se propose d'obtenir sur les taillis *de fortes tiges*, notamment en chêne, *pour les constructions & les grands ouvrages*, il faut, autant que possible, observer les règles que nous avons indiquées pour les *exploitations* en taillis; borner le nombre des arbres destinés à croître en futaies, parce qu'une grande quantité de gros arbres nuiroit infiniment à la crue du taillis. De plus il faut avoir l'attention, à chaque *exploitation* du taillis, de couper les branches inférieures des gros arbres, pour qu'ils offusquent moins le recru, & pour les faire filer en hauteur.

Mais avant de déterminer le nombre des arbres à élever comme bois de construction, il faut connoître, 1°. *les besoins annuels de la localité*; 2°. *l'âge auquel ces arbres seront propres à l'objet qu'on se propose*; 3°. *la révolution fixée pour l'exploitation*; 4°. *l'étendue de la coupe à exploiter chaque année.*

Supposé maintenant qu'on ait besoin annuellement de 100 arbres de construction; supposé encore que chaque arbre doive être âgé de 150 ans pour avoir les dimensions nécessaires; supposé enfin que l'aménagement de la forêt soit fixé à 30 ans, & qu'il faille couper chaque année une étendue de 50 arpens (l'arpent du Rhin contient 40 ares 42 centiares). D'après ces suppositions, il est évident qu'il faudra trouver deux arbres à couper par arpent (environ 5 par hectare) pour avoir, sur les 50 arpens, les 100 arbres dont on a besoin. Mais comme l'*exploitation* se renouvelle tous les 30 ans, & que chaque fois il faudra pouvoir couper deux arbres, il en résulte qu'à chaque *exploitation* il sera nécessaire de se ménager au moins de 10 à 12 nouveaux arbres par arpent (25 à 30 par hectare), afin d'avoir, nonobstant les accidens qui peuvent arriver pendant l'espace de 30 ans, au moins deux baliveaux qu'on puisse réserver encore.

Ainsi, dans ce genre d'*exploitation*, il faudroit à chaque coupe du taillis, trouver par arpent les quantités d'arbres suivantes :

2 arbres (5 par hectare) de 150 ans.
2 *id*........(*id.*)..... de 120
2 *id*........(*id.*)..... de 90
2 *id*........(*id.*)..... de 60
2 *id*........(*id.*)..... de 30.

Mais comme les futaies sur taillis sont exposées, jusqu'à l'âge de 60 ans, à une foule d'accidens, par exemple, à être renversées par les vents, écrasées par les neiges, ou pillées par les délinquans, & qu'on ne peut les remplacer par des arbres de leur âge, il est prudent de conserver à chaque *exploitation* un nombre de jeunes arbres, tel que l'on puisse trouver par arpent les quantités suivantes :

2 arbres (5 par hectare) de 150 ans.
2 *id*........(*id.*)... de 120
2 *id*........(*id.*)... de 90
au moins 6 *id*........(15 *id.*).. de 60
& 8 *id*........(20 *id.*).. de 30

Alors on pourra abattre, à chaque coupe, 2 arbres de 150 ans par arpent (5 par hectare), & 4 de 60 ans (10 par hectare), si les derniers ont été bien conservés.

Par conséquent il restera par coupe exploitée :

2 arbres de 120 ans par arpent (5 par hectare).
2 *id*...de 90....*id*..........(*id.*)
2 *id*...de 60....*id*..........(*id.*)
6 à 8...de 30....*id*........(15 à 20).

Mais, observe M. Hartig, pour obtenir sûrement ce résultat, il n'y a point d'autre moyen que de *planter*, après chaque *exploitation*, 10 à 12 beaux brins de chêne par arpent (25 à 30 par hectare), lesquels doivent avoir 7 à 8 pieds de haut, être placés à une distance convenable, & soutenus par des tuteurs contre l'effort des vents. Dans ce genre d'*exploitation*, il ne faut pas compter que la forêt pourra se repeupler de semences, soit par les semis naturels, soit par les semis industriels; ce repeuplement n'est jamais complet : ou les jeunes plants ne lèvent point dans les endroits convenables, ou ils sont étouffés par la repousse du taillis. *Ainsi ce genre d'exploitation où l'on élève des futaies sur les taillis, pour se procurer des bois d'œuvre & de construction, ne peut avoir lieu* qu'autant qu'à chaque *exploitation* on assurera l'éducation des jeunes arbres de réserve *par la plantation*, & qu'à cet égard on n'abandonnera rien au hasard.

6°. *Des forêts de bois à feuilles, qui ne doivent être exploitées que pendant un certain temps en taillis, & qui doivent ensuite croître en futaies. — Observations de M. Hartig à cet égard.*

On voit malheureusement beaucoup de forêts où les *exploitations* ont été forcées, & qui sont presqu'entièrement dépourvues de bois en état d'être coupés. Souvent la partie la plus âgée de la forêt n'a que 40 à 50 ans; d'où il suit que si on veut les exploiter comme futaies, c'est-à-dire, y faire des éclaircies, & enlever seulement les brins dépérissans, on ne pourra prendre sur la localité que fort peu de bois, les brins dominans devant être conservés pour n'être exploités que plus tard *en haute futaie*.

Si, comme c'est le cas ordinaire, le peu de bois que l'on retire des éclaircies dans les jeunes futaies ne peut satisfaire aux besoins de la consommation, il n'y a point d'autre moyen que *de combiner l'exploitation en taillis avec l'éducation en futaie*, sur une partie au moins de la forêt, & pendant un certain temps. Par ce moyen on se procurera une plus grande quantité de bois dans les premières années. Pour cet effet, on exploite successivement en taillis une portion de la futaie âgée de 30 à 40 ans, & on réserve, lors de l'*exploitation*, un beau brin tous les 15 à 16 pieds, de manière qu'il reste par arpent 150 à 200 baliveaux (375 à 500 par hectare) choisis parmi les tiges les plus fortes & espacés à une égale distance.

Par ce mode d'exploitation on retire presque autant de bois que si on eût suivi la manière ordinaire d'exploiter les taillis, & on a l'avantage de préparer pour la suite le rétablissement de la futaie, au moyen des nombreuses réserves qu'on a faites. D'un autre côté, les souches des brins qu'on a coupés donneront un beau recru, qui, à 30 ou 40 ans, fournira une bonne coupe. Après cette seconde *exploitation*, les souches ne produiront plus, il est vrai, un recru bien important, parce que les baliveaux réservés lors de la première *exploitation* seront devenus forts & l'étoufferont; mais la forêt sera dans l'état d'une haute futaie, composée d'arbres de forte stature, & pouvant au besoin être mise en coupe sombre, & se repeupler par les semis naturels.

Comme le produit annuel en bois d'un arpent de taillis est loin d'être aussi considérable que celui d'un arpent de futaie, quoique tous les deux bien administrés, ainsi que je l'ai plusieurs fois prouvé dans mes écrits, il est important de ne point perpétuer l'*exploitation* en taillis. Cependant je dois faire remarquer que le moyen que je viens d'indiquer ne sera praticable qu'autant qu'on se sera assuré que les baliveaux de 40 ans, à réserver sur la coupe, ne seront point exposés à être écrasés par les neiges & les frimats.

IIe. Mémoire.

De l'exploitation par éclaircie & des coupes alternatives.

Chap. Ier. — *Observations & principes sur lesquels est fondé le système des éclaircies, par M. Hartig, grand-maître des forêts de la Prusse.*

Les instructions données par M. Hartig sur cet objet important de l'économie forestière sont à la fois si méthodiques, si bien détaillées & si généralement adoptées en Allemagne, que je craindrois, en les analysant, d'en affoiblir le mérite & de faire perdre au lecteur une seule pensée de cet habile forestier, le premier de l'Allemagne. Je vais donc traduire ces instructions, & les rendre le plus littéralement qu'il me sera possible. Je viserai moins à la correction du style qu'à la fidélité de la traduction. On remarquera quelques répétitions, mais elles sont nécessaires pour bien faire sentir l'importance des règles sur lesquelles l'auteur a cru devoir insister.

Si on observe, dit M. Hartig, la marche de la nature dans le repeuplement des forêts, on remarque que les semences, après leur parfaite maturité, tombent des arbres, & qu'elles donnent naissance à de jeunes plants, si les feuilles mortes, déjà existantes sur le sol, ou celles qui doivent tomber par la suite, viennent leur servir de couverture, ou si la surface de la terre est tellement disposée, que ces semences puissent s'insinuer à travers la mousse ou les herbes & gagner la terre. On remarque aussi que les jeunes plants provenus de ces semences ne prospèrent que dans les endroits où l'air, le soleil & la pluie peuvent exercer leur action sur eux dans un degré convenable, & que ces plants meurent peu de temps après leur naissance, si la consistance serrée du bois est telle que ni les rayons du soleil ni les eaux pluviales ne peuvent les atteindre, ou si, au contraire, l'état de la forêt est tellement clair & dégarni, qu'il livre les jeunes plants à toute l'action du soleil & de la gelée, ou qu'il permette aux mauvaises herbes de s'accroître au point de recouvrir le sol & d'étouffer les plants; enfin l'expérience apprend que les jeunes forêts, lorsqu'elles sont dans un état trop serré & surmontées par des arbres qui les recouvrent, croissent bien moins que lorsqu'on les débarrasse de temps en temps des bois superflus & étouffés.

C'est de ces observations toutes simples que découlent les règles générales ci-après pour l'*exploitation* des forêts & leur repeuplement naturel.

Première règle générale.

Les forêts ou les arbres, pour se reproduire naturellement par les semences, doivent être arrivés à l'âge de produire des semences fertiles.

Deuxième règle générale.

Tout canton d'une forêt, destiné à se repeupler complétement par des semis naturels, doit être disposé de telle manière, que le sol puisse recevoir sur toute sa surface des semences en suffisante quantité.

Troisième règle générale.

Chaque coupe doit être conduite de manière qu'après l'ensemencement elle ne se couvre pas d'une trop grande quantité d'herbes & de plantes nuisibles.

Quatrième règle générale.

Dans les forêts composées d'essences (espèces de bois) dont les semences peuvent être endommagées par les gelées, comme celles du chêne & du hêtre, les coupes doivent être faites de manière que les feuilles mortes qui recouvrent & abritent ces semences ne puissent pas être emportées par les vents.

Cinquième règle générale.

Les coupes doivent être conduites de manière que les jeunes plants qui viennent d'y naître, conservent, pendant leur enfance, l'abri tutélaire des arbres porte-graines contre la rigueur des chaleurs & des gelées.

Sixième règle générale.

Aussitôt que les jeunes semis provenus des ensemencemens naturels n'ont plus besoin de l'abri maternel, on doit procéder petit à petit, & avec précaution, à l'enlèvement des arbres qui leur ont donné naissance, les habituer ainsi à la température, ensuite les mettre tout-à-fait à découvert.

Septième règle générale.

Les jeunes forêts, soit qu'elles proviennent de semis naturels, soit qu'elles aient été semées par la main des hommes, doivent être débarrassées des espèces de bois les moins utiles qui ont crû avec elles, & des plantes nuisibles, lorsque celles-ci, malgré toutes les précautions qu'on auroit prises, menacent d'étouffer les essences précieuses.

Huitième règle générale.

Il faut extraire d'une jeune forêt, de temps en temps, & jusqu'à son entier accroissement, le bois étouffé, afin que les brins les plus beaux, & qui dominent les autres, puissent croître d'autant mieux; cependant on doit conserver l'état serré de la forêt, jusqu'au moment où il s'agira de la renouveler par l'éducation d'une nouvelle forêt.

Toutes ces règles, appliquées à l'*exploitation* des futaies, & bien exécutées, sont propres à les rajeunir par un repeuplement d'essences convenables, & à les entretenir dans l'état le plus satisfaisant, sans aucunes dépenses. Quant aux taillis où l'on voudroit suppléer aux souches dépérissantes par l'ensemencement naturel, il n'est pas possible d'y appliquer la plupart des règles ci-dessus, ou du moins que d'une manière très-incomplète & sans pouvoir compter sur le succès.

Nous allons donner divers exemples de la manière de procéder au repeuplement naturel des futaies, suivant l'état où elles peuvent se trouver. On verra qu'il est essentiel de s'assurer, avant toute chose, de l'état de la forêt, de l'aménagement qui y a été observé, des essences qui la peuplent, de leur âge & quantité, de la nature du sol, de sa situation, du climat, & d'une infinité de circonstances locales. Il n'y a point de règles fixes à prescrire, soit pour les époques auxquelles les éclaircies doivent avoir lieu, soit pour le nombre de brins à réserver; & ce sont ces déterminations, toujours variables, qu'on laisse à faire par le forestier, & qui exigent, de la part de cet officier, des connoissances & de la prudence.

CHAP. II. — *De l'exploitation d'une futaie de hêtre, en bon état & convenablement garnie, qu'on veut repeupler d'une manière complète par le réensemencement naturel en même essence pendant la durée de l'exploitation; & des procédés à employer ensuite pour le traitement de la jeune forêt & son éducation jusqu'à la révolution d'une nouvelle exploitation.*

Lorsqu'il s'agit d'exploiter, en plusieurs années, une futaie de hêtre d'une étendue considérable, & d'en procurer le repeuplement, pendant la durée de l'*exploitation*, au moyen de l'ensemencement naturel, on doit procéder à l'*exploitation* de manière à ce que la coupe soit abritée du côté de l'ouest par une partie de bois non exploitée, afin que les vents qui soufflent avec violence de ce côté ne puissent renverser les arbres destinés à opérer l'ensemencement. Indépendamment de cette précaution, il y a d'autres règles générales à observer, savoir, de commencer la coupe par la partie de la forêt où l'accroissement est le plus ralenti, de l'asseoir de manière à ce que le transport des bois ne se fasse point à travers le jeune recru, mais bien par la partie non exploitée de la forêt, & de manière aussi à ne pas fermer le chemin aux bestiaux qui devroient pacager dans la partie non mise en coupe.

Si la forêt est située sur une montagne tellement escarpée, ou sur une pente tellement rapide, que l'enlèvement du bois ne puisse se faire qu'en le faisant glisser ou traîner dans la vallée, pour y être converti en charbon, ou être transporté ailleurs, il faut, dans ce cas, commencer l'*exploitation* par la *partie supérieure* de la montagne, & laisser intacte la partie inférieure, jusqu'à ce que la première soit exploitée & repeuplée; autrement, & si on mettoit en *exploitation* toute la montagne à la fois, depuis le haut jusqu'en bas, le passage des bois, en descendant, détruiroit le recru de la partie inférieure.

Après avoir ainsi arrêté le point où l'*exploitation* doit commencer, & observé les règles générales, qui, au surplus, ne sont pas toujours les mêmes, on procède, en automne, à la marque des arbres qui doivent être abattus, pour mettre la forêt dans l'état qui puisse remplir les conditions indiquées dans le chapitre précédent.

Mais, afin de pouvoir d'autant mieux juger de l'état réel du canton qu'on veut mettre en *exploitation*, on doit faire couper d'abord & très-près de terre les broussailles & les menus brins étouffés qui pourroient se trouver sous les arbres; ensuite on marque à la racine avec le marteau, & à la tige de trois flaches, sur autant de côtés, les arbres qui doivent être abattus, en ayant le plus grand soin de ne désigner ainsi pour être abattu, qu'un nombre d'arbres tel, *que ceux qui resteront, & qu'on a dû choisir parmi les plus beaux & les plus forts, puissent*, après l'*exploitation*, *presque se toucher par l'extrémité de leurs branches.*

Mais lorsque le climat est très-rigoureux, ou que la coupe est très-exposée à l'ardeur du soleil, ou enfin qu'on a l'expérience que dans ce canton les herbes & les plantes nuisibles, notamment les *framboisiers*, les *genêts*, les *ronces*, la *bruyère*, la *fougère*, les *myrtilles*, &c., &c., poussent avec abondance dans les coupes un peu claires, il faut alors que *les extrémités des branches des arbres restans se touchent les unes les autres.* Cette première coupe se nomme COUPE SOMBRE ou COUPE D'ENSEMENCEMENT, COUPE SERRÉE, en allemand *Dunkel* ou *Besaamungs-schlag.*

Ces dénominations expriment très-bien l'état de la coupe après ce premier abattis, & l'objet de cette opération. En effet, la coupe présente un ombrage épais qu'on peut appeler *sombre*, & le but d'une telle *exploitation* est le réensemencement de la partie mise en *exploitation*.

On n'admet d'exception à la règle qui vient d'être posée relativement au rapprochement des arbres restans, que dans le cas où il existeroit déjà beaucoup de semences sur le sol, ou une grande quantité de jeunes plants de hêtre bien venans; alors la coupe doit être plus claire, & il suffit que les *extrémités des branches soient rappro-*

chées à une distance de six ou huit pieds. Mais, dans tous les autres cas, il faut, autant que possible, qu'au moins la coupe soit dans cet état serré, qui *permette aux extrémités des branches d'être presqu'en contact* (1).

La coupe étant ainsi marquée, les bûcherons se divisent par sections de trois ou de six hommes, & l'on partage la coupe en autant de portions à peu près qu'il y a de sections d'ouvriers. Ces portions de coupes qui doivent, dans les terrains en pente, se diriger de bas en haut, sont marquées par des jalons enfoncés en terre & numérotés. Alors on tire au sort pour déterminer dans quel ordre les sections de bûcherons doivent se suivre, & lorsque cela est fait, & qu'on a donné à ces ouvriers communication des instructions qu'ils doivent observer, on commence la coupe, en allant de bas en haut, lorsque le terrain est en pente.

Pendant tout le temps de l'*exploitation*, le garde visite la coupe journellement, & il veille à ce que les bûcherons ne coupent ni n'endommagent aucun des arbres non marqués; à ce que les autres soient abattus aussi près de terre que possible; à ce que tous les bois de quartier soient débités à la scie, pour leur donner la longueur de bûche nécessaire; à ce que les bûches soient coupées conformément aux réglemens, & que les bois ne soient fendus ni tros gros ni trop menus; que les cordes de bois soient faites d'après les mesures prescrites, le bois convenablement cordé, & les ramilles mises en ordre; à ce que ces bûcherons ne fassent pas trop de feu & ne compromettent la sûreté de la forêt, & qu'ils n'emploient pour le feu que des copeaux, des ramassis de bois, ou, dans le besoin, des ramilles, & en général à ce qu'ils se conforment à leurs instructions.

Lorsque tout le bois marqué est coupé & débité, le garde forestier s'occupe de numéroter les divers assortimens, & après la vérification faite par son chef & la destination donnée aux bois, il doit veiller à ce que le transport s'en fasse le plus tôt possible & *avant le dégel* du printemps, parce que, si ce transport étoit retardé plus longtemps, il pourroit occasionner la perte de beaucoup de jeunes plants qui existeroient déjà ou qui seroient sur le point de se développer.

Si le district ou canton de forêt dans lequel on doit faire *la coupe sombre* pendant l'hiver avoit reçu, dès l'automne précédent, un ensemencement naturel en faînes, on ne devroit pas alors y permettre le panage. La chute des arbres & le travail de l'*exploitation* des bois seroient des circonstances suffisantes pour faciliter l'insertion des semences sous les feuilles mortes, & il en résulteroit un semis plus nombreux que si on y introduisoit des porcs, qui toujours enlèvent une grande partie des faînes. Ainsi, dans le cas que nous supposons, ou si déjà la coupe se trouvoit garnie de jeunes plants bien venans, il faudroit la mettre sévèrement en *défends*. Mais s'il ne se trouvoit ni semences ni plants dans la coupe sombre, & que la forêt fût soumise à un droit de pâturage, on pourroit y permettre le parcours des bestiaux aussi long-temps qu'il ne se présenteroit point une année fertile en graines. Ce parcours de gros bestiaux est non-seulement sans danger, mais il est même très-utile dans beaucoup de cas, parce qu'il donne lieu au piétinement de la couche de terre végétale, qui est ordinairement très-veule, & parce que les bestiaux détruisent les herbes & les plantes nuisibles. Mais lorsque l'année fertile qu'on attendoit est arrivée, & que les semences sont tombées, il faut fermer la coupe & la mettre dans la défense la plus rigoureuse; on peut seulement y faire passer quelquefois par semaine & par *un temps doux*, un troupeau de cochons qu'on aura rassasiés dans un canton voisin, afin que ces animaux, en cherchant dans la terre des insectes & des vers, puissent enfouir les faînes sous le feuillage ou dans la terre, sans en consommer beaucoup. Ainsi, cette introduction d'un troupeau de cochons ne peut avoir lieu que dans le cas seulement où la coupe n'est réensemencée *qu'après l'exploitation*, & que les feuilles mortes ne recouvrent pas convenablement les faînes, autrement les porcs doivent en être écartés, parce qu'ils peuvent être plus nuisibles qu'utiles, si le gardien n'observe pas exactement les ordres qu'on lui peut donner.

La coupe d'ensemencement reste dans cet état serré ou sombre, jusqu'à ce qu'elle soit ensemencée en très-grande partie ou sur tous ses points, & que le semis ait *trois* ou *quatre ans*, & par conséquent de huit pouces à un pied de haut: sous aucun prétexte on ne doit faire éclaircir la coupe sombre avant ce moment, quand même on seroit obligé d'attendre long-temps l'ensemencement.

Comme c'est du bon établissement de la coupe sombre que dépend le succès du repeuplement naturel des futaies, le forestier doit observer de la manière la plus exacte les règles qu'on a rappelées ci-dessus, & qui sont toutes fondées sur une longue expérience. En opérant ainsi, la coupe se couvrira abondamment des semences qui tomberont des arbres qu'on aura réservés, & l'on n'aura point à craindre que le gazon & les mauvaises plantes, qui nuisent si essentiellement aux semis naturels & au sol, viennent s'emparer de la coupe dans l'intervalle qui suit l'*exploitation* jusqu'au moment de l'ensemencement. Il en résultera encore que les jeunes plants de hêtre qui, dans leur jeunesse, sont très-sensibles aux effets de la gelée & de la sécheresse, trouveront un abri protecteur & un ombrage suffisant sous les arbres à semences de la coupe sombre, & que la couche de terreau, ordinairement veule, qui recouvre le sol, ne se desséchera point

(1) Quoiqu'on ne puisse préciser le nombre d'arbres qui seront ainsi réservés, plusieurs calculs ont fait connoître qu'il étoit assez ordinairement de 150 à 160 par hectare.

aussi facilement, bien que, dans cet état de la coupe, la lumière, le soleil & les pluies pourront produire des effets suffisans sur les jeunes plants de hêtre. Enfin, la coupe sombre a encore ce grand avantage, de retenir & d'empêcher que les vents ne dissipent la couverture de feuillage qui tapisse le sol. Cette couverture est, dans le cas présent, non-seulement avantageuse, mais même nécessaire, parce qu'elle favorise la germination des semences qu'elle abrite, protège les racines des jeunes plants contre la gelée & la sécheresse, & qu'elle leur fournit les sucs propres à leur nourriture.

Tous ces avantages, de la plus grande importance, sont perdus si la coupe d'ensemencement est trop *claire*, & ils sont remplacés alors par des inconvéniens sans nombre. Le sol de la coupe ne tarde point à se couvrir de mauvaises plantes, de la nature de celles que nous avons dénommées; elles épuisent la terre, empêchent la germination des semences, étouffent les jeunes plants. D'un autre côté, les arbres réservés en trop petit nombre, ou parmi ceux qui sont incapables de porter des semences fertiles, ne peuvent opérer un réensemencement suffisant; & s'il lève par-ci par-là quelques plants, ils sont bientôt détruits par les effets trop actifs de la sécheresse & des gelées. En outre, un grand nombre d'arbres réservés sont renversés par les vents; il en meurt aussi beaucoup par l'effet trop subit de leur mise à découvert après avoir été long-temps dans un état serré; & dans cette circonstance les bois blancs se multiplient à profusion, pour attester à la postérité les fautes du forestier qui a ainsi opéré. Cette coupe, trop éclaircie, demeure long-temps sans se repeupler, à moins de circonstances particulièrement favorables, & on n'y voit venir de jeunes plants de hêtre, que *lorsqu'après une longue suite d'années, les arbres à semences ont pris plus d'accroissement & poussé assez de branches pour que la coupe se trouve dans l'état approchant de celui d'une coupe sombre.* Alors disparoissent les herbes & les plantes qui avoient crû jusqu'à ce moment, & après la première année fertile en faînes, la coupe se couvre de jeunes plants, comme elle l'auroit fait quinze à vingt ans plus tôt, si elle eût été exploitée d'après les règles. Ainsi, celui qui éclaircit trop la coupe n'obtient qu'en vingt ans, avec des circonstances favorables, mais *le plus souvent* il n'obtient *jamais* le résultat qu'on est toujours sûr d'obtenir en peu d'années dans une coupe qu'on a conduite d'après les règles. Je recommande donc encore une fois, & de la manière la plus expresse, d'agir avec la plus grande attention, lorsqu'il s'agit de l'établissement d'une coupe d'ensemencement, & de ne pas s'écarter d'une ligne des règles générales qui ont été posées; car le plus mauvais état de la forêt sera toujours le résultat d'une coupe d'ensemencement vicieuse.

Nous avons dit qu'il étoit nécessaire que la coupe d'ensemencement fût mise en défends de la manière la plus rigoureuse après la chute des faînes qui en a procuré le réensemencement, & qu'elle ne devoit être éclaircie que lorsqu'elle se trouveroit peuplée, dans presque toutes ses parties, d'une quantité suffisante de jeunes hêtres de huit pouces à un pied de haut. A cette époque, le semis a besoin d'un peu plus d'air pour s'habituer, petit à petit, à la température & pour ne point être étouffé, ce qui arriveroit infailliblement & le feroit périr si on n'éclaircissoit pas un peu la coupe sombre.

Pour opérer cet éclaircissement, on enlève à peu près *la moitié* des arbres à semences, en prenant *les plus gros* là où le semis est le plus abondant, & en général on opère de manière à mettre la coupe dans un état tel, que les arbres que l'on conserve encore pour achever l'ensemencement ou pour protéger le jeune bois, se trouvent, autant que possible, à une égale distance les uns des autres (1).

Mais comme, pendant l'hiver, la neige empêche de bien voir les jeunes plants, il faut, vers *la fin de l'automne*, avant que les feuilles soient tombées, marquer à la tige, comme dans la coupe d'ensemencement, tous les arbres qui devront être enlevés. On fait procéder, pendant l'hiver, à la coupe de ces arbres & à leur débit, & le bois se met en cordes *hors de la coupe*, dans les chemins & carrefours, ou dans les clairières; on fait également mettre en ordre les branches & les ramilles. Cependant, si on ne peut, sans de grandes dépenses, faire transporter de suite, hors de la coupe, les bois abattus, on place les cordes de bois *près des arbres restans*, afin que l'emplacement de ces cordes, qui n'aura pas été repeuplé, puisse recevoir un nouvel ensemencement à la première année de semence. Mais, dans ce cas, il est nécessaire de faire transporter les cordes de bois & les branchages soit *en traîneaux sur la neige*, lorsque cela est possible, soit au moins, si ce premier moyen n'est pas praticable, avant la feuillaison des arbres: autrement le transport ne se feroit qu'au grand détriment du repeuplement. Si ce dernier moyen même n'étoit pas possible, on feroit lier en fagots toutes les ramilles, on les placeroit *sur les cordes de bois*, & on tâcheroit au moins d'opérer entièrement la vidange de la coupe avant la Saint-Jean, afin que les jeunes plants qui étoient recouverts par les cordes, puissent pousser à la seconde sève. Il périt sans doute beaucoup de plants qui étoient recouverts par le bois abattu, lorsqu'on tarde aussi long-temps à effectuer la vidange; cependant j'ai remarqué qu'il s'en sauvoit un assez grand nombre. Mais si le bois séjournoit plus long-temps sur la

(1) Nous avons dit que le nombre des arbres réservés lors de la coupe d'ensemencement étoit assez ordinairement de 150 à 160 par hectare; ainsi il resteroit, après la coupe *claire*, de 75 à 80 arbres.

coupe, & qu'on ne pût l'enlever que dans l'automne, la perte de tous les jeunes plants qui en seroient recouverts, seroit certaine. C'est pourquoi il faut absolument éviter un aussi long séjour; & quand on prévoit que le transport ne pourra avoir lieu que dans l'automne, on doit, aussitôt que les arbres sont abattus, en faire déposer le bois dans les chemins ou dans les places vagues, quand même cette opération devroit occasionner un peu de dépense. La coupe dont nous venons de parler s'appelle COUPE CLAIRE, de l'allemand *Lichtschlag*.

Je dois encore rappeler ici que *la coupe claire* ne doit pas être plus dégarnie que je ne l'ai indiqué. Si on la dégarnit trop en une seule fois, bientôt les plantes nuisibles se montreront, le sol sera desséché pendant l'été & trop profondément gelé pendant l'hiver. La trop grande action du soleil frappera & détériorera les jeunes plants, qui, jusqu'alors, croissoient à l'ombre; le vent pourra disséminer les feuilles, & les gelées tardives du printemps pourront endommager le repeuplement. Ainsi, lors même que la coupe seroit complétement repeuplée dans toutes ses parties & qu'elle n'auroit plus besoin de semences, encore faudroit-il se garder de la trop éclaircir en une seule fois; il faut, au contraire, y conserver des abris suffisans parmi les arbres, afin de prévenir les conséquences fâcheuses que nous venons de détailler, & qui sont doublement à craindre dans les climats rigoureux, dans le voisinage des marais, des fleuves & de la mer, & sur le penchant méridional des montagnes.

Si, après la coupe claire, il survient une année abondante en faînes, il seroit à regretter que la coupe fût tout-à-fait fermée & qu'on ne pût jouir des faînes, d'autant que ces sortes de coupes sont ordinairement très-riches en graines. On pourra donc adjuger le droit de *les ramasser*. Mais si on ne trouvoit point d'amateurs, on pourroit y introduire un troupeau de cochons plusieurs fois pendant la semaine, en ayant soin de le faire le matin & *par la gelée* ou *un temps sec*, de ne point laisser séjourner ce troupeau à la même place, mais de le chasser un peu vîte devant soi, afin qu'il ne puisse manger que les graines superflues, sans pouvoir rompre ou retourner les jeunes plants. Cependant, si on avoit à craindre que l'on n'observât point les précautions nécessaires pour la conservation du repeuplement, & que l'avantage qui devroit résulter de cette introduction de porcs dans la coupe claire ne fût pas en général d'une grande importance, il seroit alors bien préférable d'en écarter tout-à-fait ces animaux.

La coupe claire reste dans cet état jusqu'à ce que les jeunes plants, qui sont rarement de même hauteur, aient atteint celle de dix-huit pouces à trois pieds. Alors on procède à l'enlèvement de *tous* les arbres, à moins que les circonstances locales n'exigent qu'il soit réservé sur les lisières de la forêt, ou sur le bord des chemins, quelques belles tiges qui puissent fournir à la postérité des bois d'œuvre de *fortes dimensions*. Mais lorsque cela n'est pas absolument nécessaire, & que la futaie de hêtres a été conduite jusqu'à un âge qui permette d'y trouver des arbres d'une grosseur suffisante pour les œuvres auxquelles ils doivent être employés, on ne réserve aucun des anciens arbres, parce qu'ils nuiroient plus à la jeune forêt par leur ombrage, qu'ils ne seroient profitables par l'augmentation de leur accroissement. Cette coupe, dans laquelle on enlève tous les bois arrivés à leur période d'*exploitation*, ou dans laquelle on ne réserve que quelques arbres pour être coupés lors de la nouvelle révolution, se nomme COUPE DÉFINITIVE, du mot allemand *Abstriebsschlag*.

Il est important de recommander ici de ne point attendre que le jeune bois soit trop haut pour exécuter la coupe définitive, & de bien surveiller les bûcherons, pour qu'ils ébranchent les arbres aussitôt qu'ils sont abattus, & qu'ils transportent sans délai, tant les branches que les bûches, sur les chemins, les carrefours ou les places non dommageables, parce qu'on occasionneroit la perte d'une grande quantité de jeunes plants, si on établissoit les cordes de bois & les ramiers sur la coupe même, & que de-là on en effectuât le transport avec des chariots. Il faut aussi empêcher qu'on ne roule & qu'on ne traîne le bois dans la coupe définitive, & qu'on ne coupe les arbres soit pendant les fortes gelées, soit lorsque la séve est en mouvement, parce qu'alors les jeunes tiges se rompent facilement, lorsqu'elles sont atteintes par la chute des vieux arbres : le mieux est d'effectuer cette coupe immédiatement après la chute des feuilles en automne, & de faire transporter le bois aussitôt hors de la coupe; mais si cela ne pouvoit se faire, ou dût occasionner trop de dépenses, il faudroit au moins avoir l'attention de faire effectuer ce transport pendant l'hiver, avant *le développement des feuilles*, & avec toutes les précautions convenables, pour ne causer que le moindre dommage possible. Pour cet effet, les charretiers ne doivent pas conduire leurs voitures vers chaque corde de bois dans la coupe, mais ils doivent les laisser dans le chemin le plus voisin & y porter le bois; enfin, si le chemin ou la place destinée au dépôt du bois étoit trop éloigné, le forestier devroit alors marquer un chemin convenable à travers la coupe, *au moyen de bouchons de paille attachés à des jalons fixés en terre*, & si tout le jeune bois existant sur le chemin se trouvoit détruit par le transport du bois abattu, il auroit à s'occuper de le repeupler, soit par un bon récepage, fait tout près de terre, soit par le semis ou la plantation.

Dans les forêts où le bois est réduit en charbon, on doit recommander à ceux qui sont chargés de cette fabrication, de transporter de suite le bois

bois dans les places à ce destinées & de l'y mettre en cordes ; ou du moins, s'ils ont formé des cordes dans la coupe même, de faire ce transport dans lesdites places à charbons, par le chemin qui leur aura été *indiqué*, & *avant la sortie des feuilles.* Mais, dans aucun cas, on ne doit leur permettre de laisser séjourner le bois dans le jeune recru pour tout le temps pendant lequel ils en fabriquent du charbon dans le cours de l'été. C'est pourquoi la carbonisation ne doit commencer que lorsque tout le bois est réuni dans l'emplacement qui lui est destiné.

Lorsque la coupe définitive est entièrement débarrassée de tout le bois qui a été abattu, le forestier doit s'assurer s'il y a des vides à repeupler; & s'il s'en trouve en effet, il faut, lorsque leur étendue est d'un huitième de verge carrée ou plus (5 à 6 centiares), les planter soit de jeune hêtres, soit de jeunes chênes de 18 pouces à 3 pieds de haut, qu'on espacera de 3 à 4 pieds en tout sens; ou bien on y fera un semis de glands, pour opérer le mélange si utile de ces deux seules essences. Mais lorsque les vides ont moins de cette étendue, & qu'on ne veut pas les employer pour des semis de chêne, d'orme, d'érable ou de frêne, il n'est point nécessaire de les planter ni de les semer en hêtres, parce que l'existence de quelques petites places d'aussi peu d'importance ne peut avoir d'influence sensible sur le produit à venir. Elles ne tardent guère à diminuer d'étendue, & à mesure que le bois prend de l'accroissement, elles se rétrécissent, au point qu'à 60 ans on ne s'aperçoit plus de leur existence.

Enfin on est parvenu à remplacer la vieille futaie par une jeune forêt bien garnie. Elle reste toujours en *défends*, & on la préserve avec le plus grand soin de toute atteinte, jusqu'à ce qu'elle ait atteint l'âge de 20 à 30 ans, & qu'elle n'ait plus rien à redouter de la présence des bestiaux. Alors, si en effet le bois a acquis assez d'élévation & de force, pour que le pâturage ne puisse plus lui être nuisible, on peut, *lorsqu'il y a des droits d'usage sur la forêt*, l'ouvrir au parcours.

Lorsque, comme cela est très-ordinaire, les bois *non portant fruit* (1) & les bois blancs, tels que les bouleaux, les trembles, les saules marceaux, &c., se sont répandus dans une coupe & commencent à étouffer la jeune forêt de hêtre, il faut *sans le moindre délai* les faire extraire, & ne pas attendre que ces bois aient pris trop d'accroissement. Si on tardoit long-temps, comme cela arrive malheureusement trop souvent, il en résulteroit pour la jeune forêt de hêtre, des dommages bien plus considérables que ne seroit le prix de tous les bois blancs ensemble, & les suites funestes d'un tel délai feroient regretter, mais trop tard, de ne pas en avoir fait l'extraction. Il faut donc procéder à l'extraction de ces bois blancs aussitôt qu'on en reconnoît la nécessité, & les sortir *de suite* des jeunes massifs de futaie, pour éviter que leur séjour ou leur transport n'y occasionnent de dommages. (Cette opération s'appelle *nettoiement des bois blancs.*)

Mais on doit éviter de faire porter aucune éclaircie sur hêtre avant que la jeune forêt ait acquis assez de force pour pouvoir résister aux fortes pluies, au poids des neiges & à l'action des frimats.

Ainsi, lorsqu'elle est arrivée à une quarantaine d'années & que les bois ont pris un accroissement tel *que les plus forts brins aient de 5 à 7 pouces de diamètre vers le pied*, on peut alors & on doit même, dans les climats tempérés, où l'on n'a rien ou peu de chose à craindre de la neige & des frimats, procéder à l'enlèvement *de tout le bois étouffé* & dominé par les beaux brins, opération qu'il faut faire avec la plus grande attention. Si, au contraire, le climat étoit rigoureux & qu'on eût à craindre les effets des neiges & des frimats, il faudroit retarder la coupe des bois étouffés jusqu'à l'âge de 60 ans, ou jusqu'à ce que les plus forts brins aient acquis de 8 à 10 pouces de diamètre près de terre, & qu'ils n'aient plus rien à redouter de la température.

Il faut, dans *cette première éclaircie de bois durs*, avoir la plus grande attention de ne couper aucuns brins, aucunes perches qui seroient nécessaires pour maintenir le haut de la futaie dans un état clos (1). *Il faut donc ne faire couper que les bois morts ou dépérissans & entièrement dominés.*

Cette coupe doit se faire sous la *surveillance constante du forestier* & par des bûcherons instruits, afin d'éviter que, par un enlèvement de bois trop considérable, on ne prive la forêt de son état serré

(1) Les forestiers allemands, dans leur système d'aménagement des bois à feuilles, n'admettent à l'honneur de croître en futaie que le chêne & le hêtre, dont ils font une classe particulière sous le nom de *bois portant fruit* (fruchtbar). On remarquera aussi que M. Hartig, dans ses *éclaircies* ou coupes d'expurgation d'une futaie qu'il élève, semble faire une guerre à outrance aux bois blancs, ainsi qu'à toutes les autres essences désignées sous le nom de *bois non portant fruit.* Voici les raisons de cette préférence bien prononcée : 1°. ces bois non portant fruit ont des semences légères que le vent transporte au loin avec une facilité & une abondance incalculables; ils croissent avec plus de rapidité que les bois durs & arrivent plus tôt au terme du dépérissement, ce qui fait qu'on ne peut les admettre ni à un aménagement commun, ni à un aménagement en futaie; 2°. ils ne présentent pas les mêmes ressources que le chêne & le hêtre pour la nourriture des bestiaux; ressources qui, dans une année riche en glands & en faînes, économisent à la société des millions de sacs de grains; 3°. ils n'ont pas, comme le chêne & le hêtre, l'avantage de fournir tout à la fois des bois précieux pour le chauffage, pour les constructions & pour toute espèce de services.

(1) On doit se rappeler que M. Hartig entend par *forêt close*, celle dont les cimes sont assez rapprochées pour se toucher, se prêter un appui mutuel, & *clorre*, pour ainsi dire, la forêt par le haut.

& clos, qu'elle doit toujours conserver pour que les arbres puissent filer bien droit.

Il doit rester ordinairement dans cette éclaircie de 3700 à 4500 brins par hectare, lorsqu'elle a lieu dans une futaie de 40 ans située en bon fonds, & qu'elle ne porte que sur les bois étouffés; mais dans les mauvais fonds, où le bois est foible, il faut qu'il reste de 4500 à 5000 brins par hectare, pourvu encore que la consistance de la forêt soit bien pleine & qu'on n'enlève que le bois étouffé (1).

Les avantages de cette première éclaircie de hêtre (on doit se rappeler qu'il s'agit toujours d'une futaie pure de hêtres) sont inappréciables lorsqu'elle est bien exécutée. Elle produit une quantité considérable de bois à brûler, & favorise prodigieusement l'accroissement des tiges conservées. Les sucs nourriciers qui étoient employés à nourrir le bois étouffé qu'on a coupé, profitent alors aux brins réservés, & l'on est étonné, si l'on vient à abattre, 5 à 6 ans après, l'un de ces brins, de la différence qui se fait remarquer entre cet accroissement & celui des dernières années avant l'éclaircie.

M. Lintz cite un exemple frappant qui appuie cette assertion de M. Hartig. Il avoit assis en 1804 un nettoiement de bois blancs & autres dépérissans dans une jeune forêt de 30 ans. L'année suivante il fit couper une perche de hêtre, & il reconnut, en mesurant les couches concentriques de cet arbre de 30 ans, que l'accroissement de la dernière année égaloit le tiers de la masse du bois produit en 29 ans.

Mais, continue M. Hartig, autant cette opération est avantageuse lorsqu'elle est bien faite, autant elle est nuisible si on l'entreprend avant que le bois ait acquis une grosseur suffisante, ou si on enlève d'autre bois que celui qui est étouffé, & par conséquent si on s'écarte des règles qu'on a tracées plus haut. Ainsi on ne doit point éclaircir les forêts de hêtres dans les climats tempérés avant leur quarantième année, & dans les climats rigoureux avant leur 60e; & il faut, dans toutes les éclaircies, observer exactement la règle générale ci-après: *Conserver plutôt trop de bois que trop peu; ne jamais enlever une seule tige dominante, & par conséquent ne jamais priver la forêt de son état clos.* Celui qui suivra cette règle toute simple ne commettra point de faute & ne tardera pas à être convaincu de toute son importance.

Si la première éclaircie de hêtre a eu lieu à 40 ans, on laissera la futaie dans cet état jusqu'à l'âge de 60 ans; & si elle n'a eu lieu qu'à l'âge de 60 ans, on attendra jusqu'à 80 ans pour faire la seconde éclaircie. A l'une ou l'autre de ces époques, on débarrassera encore la futaie *des bois étouffés*, en conservant à la distance de deux ou trois pas *tous les brins dominans*. Cette seconde éclaircie procure déjà de belles bûches, & en général beaucoup plus de bois que dans celle faite à 40 ans.

Lorsque cette opération se fait à 60 ans dans les *climats tempérés*, & que la futaie est bien garnie, la réserve est ordinairement, par chaque hectare (1), dans les bons terrains, de 1250 à 1500 baliveaux, & dans les mauvais terrains, de 1500 à 2000. Mais dans les *climats rigoureux*, on réserve, dans les bons terrains, de 1500 à 2000 baliveaux, & dans les mauvais, de 2000 à 2500. Cette éclaircie produit des effets encore plus sensibles que la première, quant à l'accélération de l'accroissement.

On laisse la coupe dans cet état jusqu'à l'âge de 80 ans. A cette époque on remarque qu'un nombre considérable de brins foibles sont encore dominés & étouffés par les plus forts. C'est le cas de les enlever, en observant toujours le principe important de ne point priver la futaie de son état serré & clos.

La réserve ordinaire, lors de cette troisième éclaircie, est, dans les *climats tempérés*, de 750 à 1000 baliveaux pour les bons terrains, & de 1000 à 1200 pour les mauvais; & dans les *climats rigoureux*, de 1000 à 1200 baliveaux dans les bons terrains, & de 1200 à 1500 dans les mauvais.

La futaie reste dans cet état jusqu'à l'âge de 100 ans, époque à laquelle on procède à la coupe d'ensemencement, comme nous l'avons dit.

Mais si la futaie étoit destinée à croître jusqu'à 120 ans, on feroit encore une éclaircie à 100 ans, dans laquelle on laisseroit par hectare: dans les *climats tempérés*, de 500 à 625 baliveaux sur les bons terrains, & de 625 à 750 sur les mauvais.

Enfin, à 120 ans, on procédera à la coupe dite d'*ensemencement*.

Au moyen de ces éclaircies, qui doivent avoir lieu tous les 20 ou tous les 30 ans au plus, dans les forêts de hêtres, & s'exécuter d'après les principes que nous avons établis, on obtient, ainsi que nous l'avons déjà fait observer, des avantages très-considérables: on se procure de temps en temps des produits importans; on conserve à la futaie, jusqu'au moment de son *exploitation* définitive, l'état serré qui lui est si avantageux; on favorise l'accroissement des plus beaux brins, en les faisant profiter

(1) Cette opération est la plus délicate de tout le système, & celle qui exige le plus de soins & d'attention de la part des officiers forestiers. M. Hartig convient lui-même qu'elle doit être faite *sous la surveillance constante* du forestier, & par des ouvriers instruits, parce que la quantité de brins à enlever dans cette opération est trop considérable pour qu'on puisse les marquer. Quant au nettoiement de bois blanc dont nous avons précédemment parlé, il est moins difficile & moins sujet aux abus.

(1) L'arpent du Rhin = 40 ares 34 centiares. Son rapport est donc à l'hectare comme 4034 à 10,000. C'est dans cette proportion que j'ai augmenté le nombre des baliveaux, dont la réserve est prescrite par M. Hartig pour l'arpent du Rhin. Cependant, comme il ne s'agit que d'un apperçu, j'ai arrondi les nombres.

seuls de la nourriture qu'ils partageoient avec le bois dépérissant & rabougri; enfin on obtient dans le même espace de temps, par exemple en 120 ans, une quantité de bois incomparablement plus considérable, que si la forêt, depuis sa renaissance jusqu'à son *exploitation*, eût été abandonnée à elle-même : car, dans ce dernier cas, il y a beaucoup de bois mort perdu, & la trop grande quantité de tiges empêche celles qui dominent les autres de prendre beaucoup plus d'accroissement. J'en ai vu un grand nombre de preuves dans des forêts qui, à 100 ans, contenoient par arpent du Rhin (40 ares 34 centiares) de 800 à 1000 arbres, & qui n'avoient jamais été éclaircies; les brins qui avoient été étouffés présentoient une grande quantité de cercles annuels qu'on pouvoit à peine distinguer à la loupe, & sur environ 300 tiges dominantes, les cercles des 30 dernières années étoient si étroits, que l'accroissement total de tout le canton ne valoit pas la moitié de ce qu'a été celui des 300 tiges dominantes dans chacune des années qui ont suivie l'éclaircie que j'en ai fait faire.

Mais les éclaircies sont bien plus nuisibles qu'utiles, si, comme cela est souvent arrivé, on dégarnit trop les jeunes forêts, ou si, par la suite, on en extrait en jardinant les *plus fortes tiges*. Dans ce cas, les herbes & les plantes nuisibles croissent en abondance, épuisent le sol; & comme la forêt n'est plus dans un état serré, les neiges & les frimats écrasent les tiges plus foibles. D'un autre côté ces tiges se trouvant isolées, se chargent de branches & ne s'élèvent point, & il en résulte que les brins à demi étouffés, produisent bien moins dans un espace de temps donné, que si on eût de temps en temps enlevé les bois dépérissans, & conservé jusqu'à l'*exploitation* de la forêt les tiges dominantes.

Ainsi, encore une fois, je conseille moins de faire des éclaircies que de suivre très-exactement les règles que je viens de tracer, & qui sont fondées sur une longue expérience qui m'est propre.

Je recommande de nouveau, lorsqu'il s'agira de faire des éclaircies dans des cantons de bois de 40 à 60 ans, où il est impossible de marquer tous les brins à enlever, à raison de leur trop grande quantité, d'y faire procéder *sous la surveillance constante du forestier*, & par des bûcherons instruits; & lorsqu'il s'agira d'en faire dans des cantons de 80 à 100 ans, de faire marquer du marteau à la racine toutes les tiges à enlever, & afin qu'on puisse les voir de tous côtés, de les flacher à la tige sur trois faces. Ce n'est qu'au moyen de cette marque, faite avec le marteau, qu'on puisse espérer que le bûcheron exécutera bien la coupe. En effet, il seroit facile au bûcheron de tromper le garde, si on se bornoit à flacher à la tige les arbres à abattre, ou si on flachoit les arbres à conserver sans donner aucune empreinte du marteau aux arbres qui doivent être coupés.

Il est aussi très-avantageux de faire le martelage dès l'automne, avant la chute des feuilles. On peut mieux, à cette époque, juger la qualité des arbres & l'état serré de la forêt, que lorsque les feuilles sont tombées; & d'un autre côté le beau temps favorisera l'opération assez fatigante d'un tel martelage. On peut ensuite commencer la coupe dès la chute des feuilles, c'est-à-dire, *depuis le commencement de novembre, & la continuer jusque vers la fin d'avril.* C'est le temps le plus favorable pour toutes les exploitations, parce qu'alors les bois à feuilles sont dépouillés, que le bois a acquis sa maturité, & que les travaux de la campagne permettent de s'occuper de ceux des forêts. D'un autre côté, les bois coupés pendant l'hiver donnent plus de chaleur à la combustion, sont moins sujets à la vermoulure, & durent en général bien plus long-temps que ceux qu'on coupe en pleine sève.

Nota. Telle est textuellement l'instruction donnée par M. Hartig sur la manière de conduire une futaie de hêtre qui se trouve dans un bon état à l'époque d'en faire l'*exploitation.* Je vais traduire les autres instructions qu'il donne pour l'*exploitation* des forêts qui ne seroient pas dans ce même état.

CHAP. III. — *Principes* (1) *d'après lesquels on doit traiter les futaies de hêtres, composées de bois arrivés à l'âge d'être exploités, mais qui ne sont plus dans un état serré.*

Quoique la plupart des futaies de hêtres, arrivées à l'âge d'être exploitées, soient suceptibles de l'application rigoureuse des règles que nous venons d'établir dans le chapitre précédent, & puissent par ce moyen être remplacées par de jeunes forêts bien garnies & bien venantes, il s'en trouve néanmoins encore beaucoup dont l'état ne permet pas d'y suivre exactement toutes ces règles. Ces forêts, par l'éclaircissement continuel qui s'y est fait, sans qu'on eût cherché à pourvoir à leur entretien, ont souvent perdu leur état serré, au point que les arbres sont loin de se toucher par l'extrémité de leurs branches, & de pouvoir par conséquent présenter l'état d'une coupe régulière d'ensemencement. Dans ces circonstances, & lorsque cet état a lieu depuis de longues années, les arbres sont ordinairement garnis d'une grande quantité de longues branches qui pendent jusqu'à terre, & le sol est presque toujours couvert de gazon, ou de bruyère, de myrtille, &c. Il est alors très-difficile, & souvent tout-à-fait impossible d'élever une jeune forêt bien garnie par le seul moyen de l'ensemencement naturel & par l'*exploitation* qui la favorise. Cependant on peut, à l'aide d'une méthode appropriée

(1) Je traduis par ce mot : *principes*, l'expression allemande *forstmassige behandlung*, qui signifie manière de traiter d'après les principes forestiers.

aux circonstances, surmonter bien des difficultés & atteindre assez complétement le but.

Le premier examen à faire est de s'assurer s'il y a assez d'arbres pour pouvoir fournir à l'ensemencement d'*au moins la moitié du terrain.* Dans le cas de la négative, je conseille d'abandonner le projet d'élever une jeune forêt de hêtre : il faut y cultiver, par le moyen du semis artificiel ou de la plantation, une autre espèce de bois qui pourra convenir au sol, à la situation du terrain & au besoin de la consommation, & dont la réussite en plein air sera certaine. Mais si le nombre & la distribution des hêtres existans dans la forêt peuvent assurer l'ensemencement naturel de la moitié au moins de la surface du terrain, il faut alors attendre une année fertile en semences, & faire parcourir, jusqu'à cette époque, le canton de forêt par des bêtes à cornes, &, autant que possible, par un troupeau de cochons, si on s'aperçoit que ces animaux s'amusent à fouiller la terre.

Lorsqu'on a une année assez abondante en graines, il faut, dès que les faînes sont tombées, faire émonder jusqu'à la hauteur de 10 à 12 pieds les arbres existans, qui ont souvent des branches pendantes jusqu'à terre, & alors mettre le canton en défends. Ensuite, *si le sol est couvert de bruyère & de myrtille*, on fait semer des faînes, des graines de charme ou de bouleau sur les places vagues, & herser, à plusieurs reprises, toute la surface de la coupe avec une lourde bourrée de branches aiguës & convenablement écartées, qu'on fait traîner par un cheval. Par ce moyen on gratte & détache la mousse qui se trouve entre la bruyère & la myrtille, & on met la plupart des semences en position de pouvoir germer. Lorsque ce moyen n'est pas suffisant pour opérer l'effet qu'on se propose, ou que la surface du sol est garnie de gazon, il faut, dans toutes les places où les faînes tombées des arbres & celles qu'on a semées ne peuvent être recouvertes par les feuilles mortes, faire houer le terrain, avant les gelées, semer sur ce labour des graines de charme & de bouleau, & alors opérer le hersage avec une bourrée d'épines. Sans ce travail, qui n'est pas coûteux, on attendroit pendant de longues années après un repeuplement suffisant, & on perdroit bien au-delà des frais de culture.

Ainsi, lorsqu'on ne peut s'en dispenser, on fait les frais d'un labour à la houe; mais toutes les fois qu'on pourra atteindre le même but par l'emploi, beaucoup plus économique, des bourrées de branches ou d'épines, on doit le préférer.

Le forestier qui a déjà exploité un canton de la nature de celui dont nous parlons, se rappellera avoir remarqué que c'est sur les sillons tracés par les branches & autres bois que les bûcherons traînent, après la chute des semences, par-dessus la bruyère & la myrtille, que se trouve la plus grande quantité de jeunes plants. On voit donc que le moyen très-simple & très-économique que je viens d'indiquer, celui de faire passer plusieurs fois de pesantes bourrées de branches sur les bruyères & autres plantes nuisibles, est très-propre à atteindre le but qu'on se propose.

Je ferai connoître dans le chapitre suivant comment on doit, lorsque cette coupe est repeuplée dans toutes ses parties, procéder, petit à petit, à l'*exploitation* des arbres, & conduire la jeune forêt.

J'observe seulement ici :

1°. Que, dans une semblable coupe, lorsqu'on reconnoît la nécessité de procurer de l'air aux jeunes plants, il faut y procéder *en coupant plusieurs branches aux arbres à semences*, parce que l'enlèvement de l'arbre lui-même laisseroit des vides trop considérables (1);

2°. Que, lorsque les arbres à semences sont très-forts & très-branchus, la coupe définitive ne doit pas en être trop long-temps retardée, attendu que la chute & l'*exploitation* d'un grand nombre de grands arbres endommageroient considérablement le jeune bois s'il avoit plus de 18 pouces à 2 pieds de haut.

CHAP. IV. — *Principes d'après lesquels on doit traiter les futaies de hêtres qui sont composées de bois exploitables* (bons à être coupés) (2) *& de jeunes bois.*

Quand on veut traiter, d'après les principes que nous avons établis, une futaie de hêtres composée à la fois de bois *exploitables* & de jeunes bois, il faut, avant tout, examiner les circonstances suivantes :

1°. *Si le jeune bois ou sous-bois est en quantité suffisante, & encore assez mince & flexible pour pouvoir, lors de la coupe des vieux arbres, plier, se redresser ensuite & continuer à croître;*

2°. *Si, lorsque le sous-bois est composé de perches ou de tiges, les perches ne sont pas encore étouffées ou malades, & si elles sont en quantité suffisante pour qu'après la coupe des vieux arbres, elles puissent former un état serré & braver la température;*

(1) Cet émondage tient lieu de *coupe claire* qu'on pratique dans les forêts, telles que celles dont il s'agit au chapitre II.

(2) M. Hartig explique ce qu'on doit entendre par *forêt exploitable.*

Physiquement parlant, c'est une forêt où les arbres ne peuvent plus prendre beaucoup d'accroissement, soit à cause de leur âge, soit par rapport à la qualité du terrain.

Economiquement parlant, c'est une forêt qui, eu égard à la qualité du sol & à sa situation, est arrivée au *maximum* de son accroissement, & peut en même temps procurer du bois ayant la dimension & la qualité nécessaires pour satisfaire en général aux besoins de la société.

Mercantilement parlant, c'est une forêt où le bois est assez fort pour que, d'après les circonstances locales, le propriétaire puisse retirer de sa forêt le plus haut produit en argent, calculé d'après le prix du bois & l'intérêt de l'argent, dans un espace de temps donné.

3°. *Si les gros arbres existans sont en quantité suffisante pour que, dans le cas où le sous-bois ne seroit pas assez serré & ne pourroit former un repeuplement convenable, on puisse compter sur eux, après l'enlèvement de ce sous-bois, pour fournir un ensemencement complet sur l'étendue de la coupe.*

Lorsque le sous-bois ou recru n'est point mal-venant, qu'il se trouve en quantité suffisante, & encore assez mince pour n'avoir pas beaucoup à souffrir de la chute & de l'*exploitation* des vieux arbres, il faut alors faire procéder à l'abattage de ces vieux arbres, en prenant toutes les précautions que j'ai indiquées (chapitre II), en parlant de la *coupe claire* ou *secondaire*. Mais si le sous-bois ou recru étoit rabougri, mal-venant & étouffé depuis long-temps, ce seroit le cas de faire couper ce sous-bois très-près de terre, *dans une année de faînes, & à l'époque de la maturité de ces fruits*, & de conserver les vieux arbres que l'on émonderoit alors jusqu'à la hauteur de dix ou douze pieds, si leurs branches se rapprochoient trop de la terre. On met le district (canton de forêt) en défends, & on le traite comme nous l'avons dit dans le chapitre II du présent Mémoire, en parlant de la *coupe d'ensemencement* ou *coupe sombre*. Si les vieux arbres n'étoient pas en nombre suffisant pour pouvoir former l'état serré prescrit pour une coupe sombre ou coupe d'ensemencement, il faudroit repeupler les places vides, en y semant, à la main, des faînes, afin d'obtenir la même essence de bois.

Si enfin le recru ou sous-bois étoit composé de perches ou de tiges de belle venue, bien saines & en quantité suffisante, on feroit enlever, avec précaution, les vieux arbres, qui, dans ce cas, sont répandus isolément sur la coupe. Mais alors il faut avoir l'attention, *avant qu'on ne les abatte*, de les faire ébrancher jusqu'à la couronne, puis on procède à l'abattage & à l'*exploitation*, & on en fait transporter le bois aussitôt sur les chemins ou dans les vides de la forêt, car autrement le transport feroit plus de tort que l'abattage lui-même. J'ai, de cette manière, fait enlever des vieux hêtres, d'un recru composé de perches & de brins de 20 à 40 ans, sans leur occasionner beaucoup de dommages. Mais il faut avertir les bûcherons,

1°. Qu'ils doivent, lors de l'émondage des vieux arbres, ranger de côté les branches à mesure qu'elles sont coupées, afin que les brins sur lesquels elles seroient tombées puissent se relever à l'instant;

2°. Que les arbres élagués jusqu'à la cime doivent être abattus de manière à tomber dans la direction où il y ait le moins de dommages à craindre;

3°. Que les bûcherons doivent relever les tiges qui auroient été courbées par la chute de quelques arbres, attendu que les tiges ne se redresseroient jamais & perdroient leur accroissement en hauteur;

4°. Qu'ils doivent éviter, en exploitant les vieux arbres, d'endommager ou de couper aucunes perches;

5°. Qu'ils doivent enfin transporter les cordes des bûches & les ramilles, soit sur les chemins, soit dans tout autre lieu où le transport ne puisse causer de dommages.

Si le forestier veille exactement à ce que toutes ces instructions soient ponctuellement exécutées, on sera étonné du peu de tort que l'enlèvement des vieux arbres aura occasionné; & l'on aura procuré un avantage inappréciable à la jeune forêt, en la débarrassant de ces arbres qui offusquoient le recru. Les petits vides qu'occasionnera nécessairement la chute des gros arbres se repeupleront bientôt, de manière qu'au bout de peu d'années on ne les remarquera presque plus; & quand même les traces de cette coupe, trop long-temps retardée, devroient s'apercevoir pendant plusieurs années, toujours est-il certain qu'il seroit encore plus avantageux d'y procéder & de débarrasser le jeune taillis des vieux arbres, que de les y laisser plus long-temps, & d'attendre ainsi qu'ils étendent davantage chaque année leur ombrage sur la jeune forêt. Je ne conseille pas de faire l'expérience de *faire couper les vieux arbres sans les ébrancher, & de former des cordes de bois sur le parterre de la coupe, pour de-là les transporter ailleurs*, le tout sous prétexte d'économiser les frais de l'ébranchage & de l'extraction des bois hors de la coupe; on regretteroit trop tard de ne pas avoir suivi les règles que je viens d'établir, & d'avoir fait une économie mal entendue. J'ai fait en petit beaucoup d'expériences de ce genre, & je suis toujours effrayé quand j'en vois les suites, tandis que je n'ai jamais eu à me repentir d'avoir ordonné l'extraction des vieux hêtres hors des recrus, lorsque cette coupe s'est faite avec les précautions indiquées & *sous les yeux d'un forestier zélé*. Cependant, si la coupe & l'enlèvement des vieux arbres hors d'un gaulis n'étoient pas praticables, il faudroit au moins les ébrancher un peu & se décider à les laisser subsister jusqu'à ce que le gaulis fût assez fort pour qu'on pût, à l'aide des brins de ce gaulis & des vieux hêtres, établir une coupe d'ensemencement & repeupler ainsi tout le canton par le semis naturel.

Il peut arriver aussi que les vieux hêtres soient tellement rapprochés dans un gaulis, que si on les enlève, même avec toutes les précautions requises, il en résulte des vides si multipliés, que le bois restant ne puisse résister à la charge des neiges & des frimats: ou bien il peut se trouver dans une jeune forêt des vieux arbres en telle quantité, qu'elle doive bientôt en être étouffée, quand même on les élagueroit. Dans ces circonstances je me suis très-bien trouvé de faire couper, au printemps & à blanc étoc, tout le canton, *tant le vieux que le jeune bois*. Les souches des jeunes tiges, si on a eu soin de les faire couper près de terre & avec un instrument bien tranchant, repoussent parfaitement & fournissent un recru que l'on peut, par la suite, élever en futaie, & traiter comme je l'ai amplement expliqué (chapitre II du présent Mémoire).

Lorsque les perches & les brins sont déjà couronnés ou malades, ou en trop petite quantité pour qu'on puisse, en opérant comme il vient d'être dit, espérer une repousse suffisante, il ne reste pas d'autre moyen que de faire couper le sous-bois *dans une année abondante en faînes*, d'établir une coupe sombre, aussi régulière que possible, au moyen des vieux arbres & des baliveaux, & de conduire le repeuplement comme nous l'avons dit (chapitre II). Si, par la suite, les brins de souche, qui prennent bientôt le dessus, paroissoient vouloir étouffer les plants de semence, il faudroit les faire couper sans délai, parce qu'ils ruineroient tous les jeunes plants qui se trouveroient sous leur influence. En opérant ainsi la coupe des premiers brins de souche, aussitôt qu'ils ont trois ou quatre pieds de haut, on donne aux plants de semence, qui croissent d'abord lentement, le temps de rivaliser en hauteur avec les secondes pousses des souches. Ainsi on ne doit pas attendre, pour couper les brins de souche, qu'ils soient assez forts pour fournir des bois de chauffage, parce qu'il s'agit bien plus ici des moyens de former une jeune forêt de belle venue, que d'obtenir un produit qui ne peut compenser le tort qu'éprouveroit cette jeune forêt.

Enfin, si le district n'étoit garni de vieux hêtres que par places, comme nous l'avons déjà supposé, & qu'il ne s'y trouvât aussi que par places de belles perches & de beaux brins de taillis, il seroit utile de ne pas le couper encore : on opéreroit dans les bouquets garnis de jeunes bois, des éclaircies telles que celles que nous avons prescrites (chapitre II), & on attendroit, pour rajeunir la forêt en totalité, que le jeune bois fût assez fort pour porter des semences fertiles. A cette époque on mettroit tout le canton dans l'état d'une coupe d'ensemencement aussi régulière que possible, & on se conduiroit par la suite d'après les règles que nous avons posées (chapitre II).

Chap. V. — *De la manière d'exploiter les futaies de chênes, arrivées à l'âge d'être coupées, & des procédés à employer ensuite.*

Toutes les règles à observer pour l'*exploitation* d'une futaie de chênes, arrivée à sa maturité, & pour la conduite à tenir pendant l'*exploitation*, afin de la remplacer par un jeune semis, au moyen de l'ensemencement naturel, se trouvent établies dans le chapitre II, qui traite de l'*exploitation* des forêts de hêtres. Seulement j'observerai ici que, lorsque la coupe sombre, dans une forêt de chênes, est ensemencée, il faut, dès le premier automne ou l'hiver qui suit la levée des jeunes chênes, éclaircir un peu les arbres restans, parce que si on tardoit à faire cette éclaircie, il périroit une grande quantité de plants.

Dans les futaies de chênes, l'état serré ou sombre de la coupe est nécessaire principalement pour tenir le terrain libre de toutes herbes jusqu'au moment de l'ensemencement naturel, pour favoriser cet ensemencement en glands sur tous les points & d'une manière suffisante, & pour protéger les glands contre la gelée jusqu'au moment de leur germination & du développement des plants. Mais lorsque la coupe sombre a procuré ces effets, il faut, dès l'hiver suivant, éclaircir un peu les arbres réservés, attendu que les jeunes chênes ne peuvent supporter long-temps une ombre permanente. Ce n'est que la première année qu'ils se trouvent bien de ne ressentir que les foibles rayons de soleil qui peuvent pénétrer jusqu'à eux à travers les arbres à semences; car, à la seconde année, ils ont besoin de jouir alternativement du soleil & de l'ombre pendant un temps égal dans le jour. Les jeunes chênes viennent même beaucoup mieux en plaine, à l'air libre, que dans une coupe sombre, tandis que cet état convient très-bien aux jeunes hêtres, qui y croissent à merveille pendant plusieurs années. Il ne faut point retarder l'éclaircissement des coupes sombres dans les futaies de chênes, & par conséquent on doit éviter d'asseoir ces coupes sombres sur des étendues trop considérables pour pouvoir y faire par la suite, & en temps opportun, les éclaircies nécessaires.

A la vérité, les forestiers sont plus embarrassés pour faire ces éclaircies dans les forêts de chênes que dans les forêts de hêtres. Ils sont ordinairement obligés de marquer les arbres chênes *d'après leur hauteur & leur grosseur*, & souvent ils ne peuvent en faire couper autant que cela est nécessaire pour favoriser l'éducation du jeune recru, parce que, dans plusieurs localités, on est forcé d'économiser l'emploi des bois de construction de cette essence. Mais si on commence l'*exploitation* d'une forêt de chênes par la partie la plus ancienne, & où se trouvent de beaux arbres de construction qu'on puisse extraire chaque année pour satisfaire, autant que possible, aux besoins de la consommation, on pourra alors régulariser les éclaircies sur cette partie, puis, enfin, y faire la coupe définitive. En attaquant ainsi successivement les autres parties de la forêt, & en les traitant d'après les mêmes règles, on rajeunira la totalité de la forêt, & on obtiendra de nouveaux recrus dont les âges seront convenablement gradués.

Mais si malheureusement on suit l'usage trop ordinaire de couper çà & là dans la forêt le bois de construction dont on a besoin chaque année, & d'opérer ainsi ce que l'on appelle des *coupes en jardinant*, il en résulte qu'aucun plant ne peut y réussir pendant long-temps, à cause du couvert trop épais qui les étouffe; &, à la fin, cette forêt se trouve à la fois tellement éclaircie dans toutes ses parties, que le recru ne trouve plus d'abris. Il se rabougrit, ou il est endommagé par la chute, l'*exploitation* & le transport des vieux arbres, &, en général, il ne peut jamais y être aussi bien conservé que si on eût mis la futaie de chênes en coupes successives, & qu'on y eût suivi, autant que possible, les règles établies dans le chapitre II.

En supposant même qu'une forêt de chêne exploitée *en jardinant* puisse se repeupler d'un beau recru, il y auroit encore le grand inconvénient que presque tout le recru de la forêt seroit du *même âge*, & qu'il faudroit, pour y trouver ensuite du bois de construction, attendre une révolution bien plus longue, que si on eût commencé plutôt à introduire les coupes successives & le repeuplement partiel, en un mot, l'*exploitation* telle que je l'ai indiquée précédemment.

Nota. Il faut observer que dans le système de M. Hartig, les coupes se font par contenance comme dans notre méthode ordinaire, à la seule différence qu'on n'enlève qu'en deux ou trois fois les arbres de la coupe, tandis qu'en jardinant on exploite çà & là, sans détermination précise de contenance.

Les suites funestes, continue M. Hartig, de l'*exploitation* en jardinant, pratiquée dans les forêts de chêne, se font remarquer de toutes parts lorsqu'on examine ces forêts. On trouve presque partout, soit des chênes très-vieux, morts, dépérissans, soit des chênes *exploitables* & de jeunes chênes ayant depuis 1 jusqu'à 60 ans. Mais on n'en trouve presque pas depuis 60 jusqu'à 150 ans, parce que l'*exploitation* se faisant sur toute l'étendue de la forêt, il est arrivé que les jeunes plants qui pouvoient se développer, n'ont pu réussir, soit à cause du couvert qui les offusquoit, soit par le défaut de mise en *défends*. Cependant, depuis une soixantaine d'années (aujourd'hui 70 ans), la plupart des forêts se trouvent tellement éclaircies, que ce n'est pas l'excès du couvert qui a pu empêcher les plants de réussir. C'est aussi depuis cette époque que l'on a cherché à former des coupes successives, & qu'on est parvenu à rétablir les forêts considérables peuplées de jeunes chênes, que l'on voit dans plusieurs parties de l'Allemagne.

Quant à ce qui concerne les éclaircies à faire ensuite dans les jeunes forêts de chênes, on observe absolument les mêmes règles que celles prescrites pour les futaies de hêtres. Cependant, comme les futaies de chênes exigent pour leur *exploitation* définitive, & pour en obtenir de fortes pièces de construction, une révolution plus longue, & qui soit d'au moins 160 ans dans les climats tempérés & les bons terrains, & de 180 ans dans les climats plus rudes, il faudra réserver, par hectare, lors des éclaircies, les quantités ci-après de baliveaux, qu'on choisira toujours parmi les plus beaux brins; savoir :

Dans l'éclaircie à...	40 ans	4500
Dans l'éclaircie à...	60	1500
Dans l'éclaircie à...	80	1000
Dans l'éclaircie à...	100	800
Dans l'éclaircie à...	120	500
Dans l'éclaircie à...	140	375
Dans l'éclaircie à...	160	250

Enfin, on opérera la coupe définitive, soit à 160, soit à 180 ans.

CHAP. VI. — *De l'exploitation d'un seul canton composé de chênes arrivés à l'âge d'être coupés.*

On observe pour l'*exploitation* d'un seul canton composé de chênes arrivés à l'âge d'être coupés, les règles que j'ai données dans le chapitre III. Je ne les répéterai donc point ici, mais j'observerai de nouveau que *toutes les fois que les glands seront tombés sur la terre & dénués de couverture, ils geleront infailliblement pendant les grands froids & perdront leur faculté germinative.* C'est pourquoi il ne faut jamais négliger, lorsqu'ils sont tombés, de leur procurer, *avant la gelée*, la couverture dont ils ont besoin; autrement l'ensemencement le plus complet ne produiroit pas un plant. Si donc on ne pouvoit compter, pour opérer cette couverture, sur les feuilles qui tombent des arbres, ou sur la mousse dans laquelle les glands s'insinuent, ou sur l'espèce de labour que donnent les cochons, alors il n'y auroit d'autre parti à prendre que de faire houer de suite le terrain ensemencé. Mais si le sol étoit de telle nature, que les petites mottes enlevées avec la houe dussent être long-temps à se diviser, le parti le plus sûr seroit d'entreprendre un semis par *places*, en divisant bien la terre.

CHAP. VII. — *Règles d'après lesquelles on doit traiter une futaie de chênes, mêlée de bois exploitables & de jeunes bois non exploitables.*

Il faut suivre, pour l'*exploitation* de cette forêt, les règles que j'ai établies pour celle d'une semblable forêt de hêtre (chapitre IV). Cependant comme le transport des bois de chêne, destinés aux constructions, doit causer au jeune taillis plus de torts que le transport du bois à brûler, il est nécessaire d'indiquer ici quelques précautions à prendre pour diminuer ces dommages, autant qu'il sera possible.

D'abord il faut tâcher que toutes les pièces qui sont susceptibles d'être emportées en les traînant, le soient hors du jeune taillis jusqu'au chemin le plus prochain, pour n'être chargées sur des voitures que dans cet endroit. Mais si les arbres étoient trop pesans pour qu'on pût les extraire de cette manière, & si, d'un autre côté, il n'étoit pas possible d'en effectuer le transport par voitures sans causer au jeune bois un notable dommage, il faudroit, autant néanmoins que la destination du bois pourroit le permettre, faire dégrossir ces pièces sur le lieu même de la coupe, & les faire scier en morceaux que l'on pût traîner jusqu'au chemin. Quoique cette façon occasionne toujours quelques dommages, malgré toutes les précautions qu'on puisse prendre, ils sont cependant moins grands que ceux qui résulteroient d'un chemin d'une certaine longueur, qu'on auroit établi par un abattis jusqu'au lieu du départ. Mais si on ne pouvoit se dispenser de former de nouveaux chemins, il faudroit au moins le faire dans la partie du taillis le moins dommageable, & les tracer & établir de manière que l'on puisse *charrier un grand nombre d'arbres par le même chemin*. L'oubli de cette précaution déterminera chaque charretier à se faire un chemin particulier pour rendre son voiturage plus sûr & plus prompt, & la forêt sera dévastée.

On doit aussi défendre expressément aux charretiers de faire *rouler* les pièces de bois dans le jeune taillis, lorsque le recru aura 18 pouces & plus de haut, parce que les plants seroient écrasés & très-endommagés. Mais lorsque le recru est plus foible, il n'en souffre point, surtout quand ce mode de transport s'opère par la neige.

Chap. VIII. — *Règles d'après lesquelles on doit conduire les futaies composées à la fois de hêtres & de chênes, & arrivées à l'âge d'être exploitées.*

Il est très-ordinaire que les futaies de hêtres soient mêlées de chênes, & l'on remarque en géneral que les chênes croissent parfaitement lorsqu'ils se trouvent répartis dans un massif de hêtres, ou de toute autre essence, dont les racines sont peu profondes. Dans ce mélange, le chêne qui enfonce profondément ses racines dans le sein de la terre, trouve un grand espace pour sa nourriture, & prend un accroissement bien plus rapide qu'il ne le fait dans les forêts où il forme l'essence unique, & où chaque individu cherche sa nourriture à la même profondeur. Le mélange de ces deux espèces de bois est donc très-important, & mérite sous tous les rapports d'être favorisé.

Il faut observer pour l'*exploitation* de ces sortes de forêts toutes les règles qui ont été indiquées dans le chapitre II pour l'*exploitation* des futaies de hêtres. Ainsi on y établit une coupe sombre dans laquelle on réserve des hêtres & des chênes, on attend l'ensemencement naturel, & on a seulement l'attention d'éclaircir un peu plus tôt la coupe sombre dans les endroits où il y auroit beaucoup de chênes levés, parce que les jeunes plants de cette essence ne supportent pas l'ombre aussi long-temps que ceux de hêtre. Du reste on conduit l'*exploitation* & la jeune forêt mélangée qui s'élève pendant cette *exploitation*, ainsi que nous l'avons détaillé au chapitre précité, & on ne doit point négliger d'enterrer des glands à la houe dans les petites places qui ne seroient pas repeuplées par l'ensemencement naturel pendant les coupes secondaire & définitive.

En outre on doit observer cette règle : *de commencer l'abattage des vieux chênes par ceux du milieu de la coupe, & de continuer ainsi en allant chaque année vers les limites du district*. De cette manière, le transport des bois d'œuvre & de construction causera bien moins de tort au recru, dans le cas où des circonstances obligeroient de laisser subsister les chênes sur pied plus long-temps, que ne l'exigeroit l'intérêt de ce jeune recru. On se rapprochera tous les ans davantage des limites de la coupe, & par conséquent l'enlèvement des derniers chênes, qui peut-être n'aura lieu que lorsque la jeune forêt aura déjà de 10 à 15 ans, sera bien moins nuisible que si, à cette époque, on devoit extraire des arbres de construction, du milieu de cette jeune forêt.

Mais si, lors d'une *exploitation* qui se feroit à 100 ou 120 ans, dans une forêt de hêtres, les chênes qui se trouveroient dans le massif & que l'on destineroit à former des bois d'œuvre & de construction, n'étoient point encore assez forts, & qu'il fallût les attendre jusqu'à 180 & même 240 ans pour leur laisser acquérir les dimensions nécessaires à ces usages, alors il conviendroit de réserver à l'époque de la coupe définitive des hêtres, 8 ou 10 chênes par hectare, & même 12 ou 15 si les circonstances l'exigent. Ces chênes de réserve doivent être choisis parmi les plus beaux de l'âge de 100 à 120 ans, & être conservés jusqu'à l'*exploitation* de la nouvelle forêt. Par ce moyen, on ménagera pour l'*exploitation* à venir des chênes de 200 à 240 ans, destinés aux travaux de construction, & on continuera de choisir parmi les plus belles tiges de chêne, de l'âge des hêtres, le nombre de réserves qui sera nécessaire.

S'il arrive, comme cela est assez ordinaire, qu'après quelques années, les chênes réservés viennent à se charger d'une certaine quantité de branches sur la longueur de la tige, depuis les racines jusqu'à la couronne, il faut les couper tout près du tronc, avant qu'elles aient 3 pieds de long; car sans cette attention elles déroberoient la nourriture de l'arbre, & pourroient le faire périr.

Cet émondage occasionne à la vérité un peu de dépense; mais comme il ne doit se répéter que quelques fois, & seulement jusqu'à ce que le bois soit un peu plus élevé & puisse s'opposer à la pousse de ces bourgeons, les frais, en définitive, seront fort peu de chose en comparaison des avantages qui en seront le résultat. J'ai remarqué les suites funestes de l'oubli de cette attention, notamment sur les terrains maigres. J'y ai vu les plus beaux brins de chêne qu'on avoit réservés, mourir de la tête au pied, parce que les bourgeons attiroient à eux presque toute la sève qui venoit des racines, & n'en laissoient passer que très-peu vers la cime de l'arbre. Ces effets se remarquent moins

moins dans les terrains de très-bonne qualité, & les arbres ne s'y couronnent point, parce que les racines puisent dans le sein de la terre assez de substances pour la nourriture de ces bourgeons & de la cime; cependant les arbres y souffrent toujours de la présence de ces bourgeons, qui soutirent une grande partie de la sève qui étoit destinée à s'élever à la partie supérieure de l'arbre. Ainsi l'émondage de ces arbres, répété de temps en temps, leur sera très-favorable, & contribuera à l'accroissement de leur tête. D'un autre côté, cet émondage sera utile au jeune recru, sur lequel ces branches s'étendent souvent fort loin.

Chap. IX. — *Règles d'après lesquelles on doit exploiter les forêts mêlées de hêtres & de chênes, & où il se trouve à la fois du bois en état d'être coupé & du jeune bois.*

On a donné dans le chapitre IV les règles & les instructions à suivre pour l'*exploitation* des forêts de *hêtres*, composées de bois *exploitable* & de bois non *exploitable*. Toutes ces règles s'appliquent à la conduite des forêts mêlées de hêtres & de chênes, qui se trouvent dans le même état. Seulement on éprouve les difficultés que nous avons mentionnées dans le chapitre VII, pour l'extraction à travers les gaulis, des chênes destinés aux constructions. Ainsi, en se reportant aux chapitres IV & VII, on trouvera l'ensemble des règles à observer dans la conduite des forêts mêlées de hêtres & de chênes dont les âges & la force seront variables. Je ferai pourtant remarquer encore, que dans l'*exploitation* d'un semblable canton, où il existe de jeunes chênes d'âges différens, on peut réserver par hectare de 10 à 15 arbres de moyenne grosseur, & autant de baliveaux ou de perches de beau choix & pas trop minces, parce que, en général, les chênes nuisent peu, & beaucoup moins au recru que les autres espèces de bois. L'expérience a aussi démontré que les chênes que l'on coupe à 20, ou 40 ans, ou plus tôt, & qu'on laisse repousser de souche, peuvent fournir par la suite de belles pièces de construction, si on a soin de faire une éclaircie dans le taillis à 30 ans & de réserver sur chaque souche les plus forts brins. J'ai vu une forêt traitée de cette manière, qui, à l'âge de 150 ans, présentoit les plus belles tiges pour les constructions. Cependant j'ai remarqué aussi que, dans ce cas, les chênes étoient creux & pourris à l'intérieur, depuis la terre jusqu'à 2 & 4 pieds de haut, & qu'on étoit par conséquent obligé de retrancher cette partie des pièces de construction & de l'employer comme bois de chauffage.

Ainsi, un taillis de 40 ans & même plus jeune, crû sur souche, peut, si on l'éclaircit en temps convenable & en ne laissant subsister sur chaque souche que les plus beaux brins, fournir par la suite de très-belles tiges pour les constructions; mais il ne faut pas en retarder l'*exploitation* au-delà de 150 ans, parce que la pourriture que la première coupe a occasionnée dans le milieu de la souche, s'étend trop loin, & rend les arbres tout-à-fait impropres à la construction.

La pourriture est d'autant plus prompte & plus grande, que les tiges que l'on a coupées étoient plus fortes, c'est-à-dire, qu'elle est en raison de la grandeur de l'amputation, tandis que la coupe de jeunes chênes, où l'amputation se recouvre facilement, ne peut causer aucun dommage pour la suite. Mais si on coupe des brins de 60 ans, ou si on veut élever en futaie un recru provenant de souches qui auroient été exploitées en taillis pendant 100 ans, on n'aura que de foibles bois de construction & de charronage, parce que la pourriture qui existe au milieu de la souche, & qui gagne chaque année autour du jeune arbre, ne permet pas qu'il prenne beaucoup d'accroissement ni qu'il parvienne à un âge avancé. Les chênes de cette nature ont ordinairement près de terre des excroissances chargées de bourgeons, & qui annoncent toujours que la tige est gâtée, *au moins vers le pied*, & que l'emploi n'en doit pas être long-temps différé.

Chap. X. — *Règles d'après lesquelles on doit conduire les hautes futaies qui sont composées de charmes, d'érables, de frênes, d'ormes, de bouleaux, d'aunes, &c., soit seuls, soit dans l'état de mélange.*

La manière de traiter ces futaies ne diffère en rien de celle des forêts de hêtre dont nous avons traité amplement dans les IIe, IIIe & IVe chapitres : car, quoique la coupe d'ensemencement pourroit y être beaucoup plus claire que dans les forêts de hêtre, si on ne consultoit que la facilité avec laquelle les semences des espèces de bois ci-dessus se répandent au loin, toujours est-il que cette coupe doit être à peu près la même, pour empêcher le sol de se couvrir de gazon, les feuilles mortes d'être emportées par les vents, la terre de se dessécher, & les jeunes plants de souffrir de la gelée & de la sécheresse.

Ainsi il faut établir dans ces forêts une coupe de réensemencement, moins serrée cependant que dans celles de hêtre, éclaircir cette coupe à une époque un peu plus rapprochée, c'est-à-dire, lorsque les plants ont de 6 à 9 pouces de haut; enfin, opérer la coupe définitive de tous les vieux arbres, dès que le jeune recru a de 18 pouces à 2 pieds de haut. En observant cette marche, on atteindra complétement le but qu'on se propose, celui de faire succéder une jeune forêt bien fournie à celle qu'on aura exploitée.

On éclaircira cette jeune forêt à l'âge de 40 ans, & on continuera les éclaircies tous les 20 ans, ainsi qu'il a été expliqué dans le chapitre II, jusqu'à l'époque de l'*exploitation*. Je fixerai cette *exploitation* à 100 jusqu'à 120 ans pour les futaies d'érable, de frêne & d'orme, à 80 ans pour celles de charme, & à 60 ans pour celles de bouleau & d'aune, parce que l'expérience a appris qu'en général ces termes sont les plus favorables aux plus hauts produits en bois.

Nota. Ici se terminent les excellentes instructions de M. Hartig sur la manière d'exploiter les futaies *d'arbres à feuilles*, pour favoriser le réensemencement naturel, éviter les frais de semis & de plantations, entretenir les forêts en bon état, accélérer l'accroissement des jeunes forêts qu'on est ainsi parvenu à faire succéder à celles qu'on a exploitées; enfin, pour obtenir avec le moins de frais possible la succession constante des produits les plus avantageux sous tous les rapports.

Je ferai connoître plus loin les instructions de cet auteur sur les futaies d'arbres résineux & sur les taillis des bois à feuilles.

Après avoir exposé le système des éclaircies, les motifs qui doivent le faire regarder comme le meilleur moyen de régénérer les futaies, *s'il est pratiqué par des forestiers instruits & sûrs*, & avoir indiqué les moyens de l'exécuter, je vais proposer un mode d'*exploitation* qui admet la coupe par contenance, & qui me paroît réunir une partie des avantages du système des éclaircies, sans en avoir les inconvéniens.

CHAP. XI. — *Des coupes alternatives comme moyens d'accélérer l'accroissement des futaies, d'y favoriser la production des bois de marine & le réensemencement naturel.*

Quelqu'utile que puisse être une nouvelle méthode, elle ne doit être admise qu'avec beaucoup de réserve, surtout lorsqu'il s'agit d'une grande administration. Il est donc prudent de l'essayer en petit dans quelques localités, avant d'en faire l'objet d'une mesure générale. Cette réflexion s'applique naturellement au nouveau système de l'éducation des futaies. Ainsi, en supposant que ce système ne reste point dans la classe des théories à l'égard des futaies de l'Etat, il se passera encore bien du temps avant qu'il obtienne une application générale. Il n'est donc pas inutile de parler des moyens qui peuvent améliorer l'état des futaies exploitées suivant l'usage ordinaire, & favoriser les productions d'arbres propres aux constructions navales.

On sait que l'air & la lumière influent sur la croissance des bois & sur leur direction, & que les arbres placés le long des clairières, sur les lisières, les fossés de séparation, & dans tous les endroits où ils jouissent des fluides atmosphériques, sont toujours les plus propres aux constructions navales, par les courbures naturelles qu'ils présentent & la densité de leur bois. Dès-lors il ne peut être que très-avantageux de bien percer les forêts par des chemins de largeur suffisante, & de laisser des bordures sur les routes, chemins & allées qui les traversent, & sur les pourtours.

Duhamel conseille, lorsqu'on plante un bois, de le couper par des routes de 8 à 10 mètres de large. Elles sont utiles, non-seulement pour faciliter la circulation de l'air, mais encore pour débarder les bois, arrêter les incendies, favoriser l'exercice de la chasse & la découverte des délits. Dans un Mémoire sur les incendies dans les forêts, que j'ai publié il y a quelques années, j'ai déjà répondu à l'objection qu'on pourroit faire que ces chemins, diminuant l'étendue des terrains plantés, diminueroient aussi la masse des produits. J'ai fait remarquer que les forêts convenablement percées par des chemins, des allées & des laies, soit mieux aérées, & qu'elles produisent de meilleur bois & en plus grande quantité sur les bords de ces chemins, que dans le fond des massifs, & qu'en dernier résultat l'avantage étoit encore du côté des forêts ainsi divisées. Ajoutons à cela que c'est un des meilleurs moyens de se procurer des bois de marine.

Il est encore un moyen de donner de l'air à une futaie pleine, & d'y favoriser la production des bois de construction. Mais il faut que cette futaie soit dans une position particulière & susceptible de recevoir le mode d'*exploitation* dont je vais parler.

Ce moyen consisteroit, si la futaie formoit une masse d'une certaine étendue, à exploiter par bandes alternatives, c'est-à-dire, par zônes, dont les unes seroient abattues dans un premier ordre de coupes, & les autres à la révolution suivante. Je suppose, par exemple, une futaie de 1500 hectares aménagée à 150 ans, dans laquelle on veuille faire une coupe tous les ans. On divisera cette futaie dans le sens qui sera jugé le plus avantageux (1), par 150 bandes ou zônes dont la largeur sera d'autant plus foible que la longueur en sera plus grande, & *vice versâ*. La première année, on exploitera, suivant la méthode ordinaire, à la réserve de vingt baliveaux par hectare, la seconde bande, ou bande n°. 2, en laissant la première intacte pour servir de bordure. La seconde année, on exploitera la quatrième bande; la troisième année, la sixième, & ainsi de suite, en laissant toujours une bande non exploitée entre deux bandes en *exploitation*.

Ainsi, comme chaque bande contiendra environ 10 hectares, on aura exploité en 75 ans celles de la première série. A cette époque on retournera à la première bande qui aura été réservée dans la première *exploitation*, & on en fera la coupe à la soixante-seizième année. Ensuite, c'est-à-dire, à la soixante-dix-septième année, on exploitera la troisième bande, & on continuera comme dans la première série, en sautant toujours une bande. De cette manière il y aura constamment un intervalle de 75 ans entre la coupe d'une bande & celle de la bande voisine.

(1) C'est-à-dire, de manière à ce que les coupes exploitées soient abritées des grands vents de l'ouest & du nord par les coupes restantes.

Ce mode d'*exploitation*, que je ne sache pas qu'on ait encore proposé (si ce n'est pour les forêts d'épicias, dans la vue de favoriser le repeuplement des bandes non exploitées par les semences des bandes restantes), divisera la forêt comme par de grandes allées, donnera de l'air aux bandes non exploitées, favorisera l'expansion des branches des arbres qui se trouveront sur les deux laies, l'accroissement de ces arbres & la courbure de leur tige du côté des bandes exploitées; ce qui produira beaucoup de pièces propres à la marine. Il aura encore l'avantage de donner plus de dureté au bois, de rendre la surveillance plus facile en éclairant la forêt, de favoriser le repeuplement, & celui bien important de diminuer le nombre des chablis, si on a eu l'attention de diriger les coupes de manière à les garantir par les bandes restantes des vents dominans.

Ce mode procurera jusqu'à un certain point les avantages des éclaircies, en facilitant la circulation de l'air; &, sous le rapport des bois de marine, il sera même plus utile. Il se rapprochera encore des petits massifs de futaie que plusieurs auteurs ont conseillé d'établir, & qu'ils regardent comme beaucoup plus avantageux que les grandes masses, en ce que, recevant mieux les impressions de l'air & du soleil, ils produisent des arbres exempts des vices que l'on reproche aux futaies pleines, & que, d'un autre côté, le rapprochement de ces arbres les préserve aussi des défauts attribués aux baliveaux sur taillis.

Le pâturage pourra avoir lieu dans les futaies divisées par coupes alternatives, en usant seulement de la précaution de ne le permettre dans les bandes non exploitées que lorsque celles voisines seront défensables.

Au reste, je ne me dissimule point toutes les objections qu'on peut faire contre cette proposition, & tous les obstacles réels qu'elle peut rencontrer dans l'exécution. Je sais qu'une forêt d'une certaine étendue doit être exploitée sur plusieurs points à la fois pour satisfaire aux besoins des différentes localités, & que d'un autre côté il y a toujours beaucoup de difficultés & d'inconvéniens à changer l'ordre des coupes dans une forêt. Il est vrai encore que le terrain n'est pas toujours de la même qualité, & que les essences ne sont pas non plus de la même nature dans toute l'étendue d'une forêt, ce qui doit faire varier les époques des *exploitations*. Mais j'ai supposé un aménagement fixe pour toute la futaie, & par conséquent la réunion de toutes les circonstances qui doivent motiver cet aménagement. Ainsi, quoique cette proposition puisse rencontrer beaucoup de difficultés, elle paroît pourtant applicable à quelques localités, & c'est assez pour qu'elle ne soit pas tout-à-fait oiseuse.

Depuis la publication de ce Mémoire dans les *Annales forestières* de 1811, j'ai eu occasion de voir (en 1814) M. le comte Orlof, grand-maître des forêts de la Russie, qui m'a dit avoir introduit le mode d'*exploitation* dont je viens de parler, & que ce mode étoit très-favorable au repeuplement, sans qu'on fût obligé de réserver beaucoup de baliveaux, parce qu'en sautant toujours une coupe entre deux, l'ensemencement naturel se faisoit bien par la coupe restante. Ainsi, ce que je proposois comme une amélioration probable, ne doit plus être rangé aujourd'hui dans la classe des théories.

Indépendamment des moyens qui peuvent tendre à favoriser l'accroissement des futaies, on doit employer tous ceux qui sont propres à faciliter le repeuplement de jeunes coupes. Dans quelques forêts on a soin de faire extraire, dans l'année qui précède l'*exploitation*, les houx, genêts, bruyères, épines & autres mauvaises plantes qui, n'étant que ravalées par les exploitateurs, s'emparent du sol après l'*exploitation*, & retardent ou anéantissent le recru des bonnes essences. Après cette extraction qui a donné une espèce de labour au terrain, on répand à la volée une grande quantité de glands & faînes. Il est encore très-utile d'établir des troupeaux de cochons dans les futaies destinées à être abattues, pour qu'ils fouillent la terre & enterrent les semences. Enfin, on fait repeupler les vides par les adjudicataires, par les gardes, les usagers, ou de toute autre manière indiquée dans les instructions de l'administration.

CHAP. XII. — *Résumé de ce qui précède.*

1°. Les futaies pleines ou en massif sont indispensables dans le système général de l'aménagement des forêts. Leurs principaux avantages sont de fournir des pièces de grandes dimensions qu'on ne pourroit trouver ailleurs, & beaucoup de bois de fente; de pourvoir aux besoins de la société, soit en argent, soit en matières, dans des circonstances extraordinaires; de procurer de grandes ressources du côté du pâturage & du panage; d'exercer une influence favorable sur l'atmosphère; d'opposer des obstacles à la dégradation des montagnes, & de fournir plus de bois que les taillis dans le même espace de temps, surtout lorsqu'elles sont conduites d'après les bons principes.

2°. Les éclaircies, sagement employées dans les futaies, sont des moyens certains de les régénérer & d'en favoriser considérablement l'accroissement. La méthode de M. Hartig sur cet objet paroît complète & ne rien laisser à desirer. Elle borne à 120 ans l'aménagement des futaies de hêtres, & à 180 celui des futaies de chênes, & elle assure le repeuplement naturel de ces futaies.

3°. Il résulte des calculs de M. de Perthuis, que la différence du produit en argent d'une futaie éclaircie à celui d'une futaie non éclaircie, est d'environ six septièmes en faveur du premier; que ce produit, comparé à celui des gaulis avec futaies, aménagés à 70 ans, est encore de moitié plus fort; que les taillis avec réserve de futaies, conduits d'après son système d'aménagement, produisent beaucoup plus que les taillis sans futaies ; que le produit des bois augmente dans une proportion étonnante, si l'on retarde l'époque des *exploitations* autant que les terrains peuvent le permettre, & qu'en général il est de l'intérêt du Gouvernement de prolonger les aménagemens.

Mais il est à observer que M. de Perthuis n'a point calculé l'intérêt de l'argent, & que si les aménagemens prolongés donnent le *maximum* des produits en matières & des bois de plus belles dimensions, ils ne donnent cependant pas toujours le *maximum* des produits en argent. En effet, M. Hartig a trouvé que, bien que les futaies aménagées à 120 ans produisissent, dans le même espace de temps, presqu'une fois plus de bois que des taillis aménagés à 30 ans, le produit en argent de ces taillis étoit de près de $\frac{2}{7}$ au-dessus de celui de ces futaies. Mais il ne demeure pas moins constant que si l'intérêt des particuliers est de préférer l'aménagement en taillis, celui du Gouvernement est d'avoir des futaies, parce qu'étant le plus grand consommateur en bois de construction, il y trouvera des ressources qu'il seroit obligé de se procurer au dehors ; que d'un autre côté le panage & le pâturage sont beaucoup plus importans dans les futaies que dans les taillis, & enfin que l'objet principal est de fournir à la société le *maximum* des produits en matières.

4°. Il n'y a point de règles fixes à suivre pour exécuter les éclaircies, soit par rapport aux époques, soit par rapport à la quantité de bois à extraire. Tout cela dépend de l'état de la forêt. Cependant il est assez d'usage que dans *une futaie de hêtre* aménagée à 120 ans & qui a été conduite précédemment d'après le système, on procède de la manière suivante :

L'enlèvement des bois blancs se fait de temps en temps pendant les 25 ou 30 premières années. Ce nettoiement ne peut donner lieu à aucun abus, parce qu'il ne porte que sur des essences déterminées. On le pratique dans plusieurs futaies de l'intérieur de la France, & j'ai eu occasion d'en remarquer les bons effets dans les forêts de Senonches & de Villers-Cotterets. Mais ce nettoiement de bois blancs ne s'y fait point aux époques fixées par M. Hartig. On attend que ces bois soient parvenus à une certaine grosseur, & qu'ils aient de 36 à 40 ans & même plus. On est obligé d'attendre cet âge, parce que les futaies n'ayant pas été traitées d'après la méthode du réensemencement naturel en bois durs, elles ne se couvrent d'abord que de trembles & de bouleaux, & que si on enlevoit ces essences à 15 ou 20 ans, il ne resteroit plus rien sur les coupes. Mais si des *coupes de réensemencement* ou *coupes sombres* en avoient préparé le repeuplement en hêtres & chênes, il n'y auroit plus d'inconvénient à avancer l'époque du nettoiement, parce que les bonnes essences seroient bien plus nombreuses.

La première éclaircie des bois durs, qui, dans le système allemand, porte sur les bois morts & étouffés & sur les bois blancs, a lieu vers la trentième ou la quarantième année. Dans cette opération on laisse depuis 3700 jusqu'à 5000 brins par hectare, suivant l'état de la forêt, la qualité du sol & le climat. C'est l'opération la plus délicate & la plus difficile de tout le système. Elle ne peut s'exécuter que sous la surveillance des forestiers & par des ouvriers intelligens. Il est de la dernière importance de ne point trop dégarnir la forêt & de ne la point priver de son état serré & clos. Les bons effets de cette éclaircie, lorsqu'elle est bien exécutée, sont incalculables ; mais ses inconvéniens, dans le cas contraire, sont aussi considérables.

La deuxième éclaircie se fait vers la soixantième ou quatre-vingtième année, suivant l'époque où la première a eu lieu. Le nombre des brins à réserver varie depuis 1250 jusqu'à 2500 par hectare, d'après les circonstances qu'on a expliquées. Elle est moins difficile que la première, en ce que le nombre des réserves est moins considérable, & que déjà le martelage peut avoir lieu.

La troisième éclaircie se fait à la quatre-vingtième année, si la deuxième a été faite à la soixantième. La réserve ordinaire est depuis 800 jusqu'à 1500 baliveaux par hectare. Il est facile d'y procéder en marquant à la racine les arbres à abattre.

La quatrième éclaircie a lieu à cent ans. Elle laisse de 600 à 1000 baliveaux par hectare. C'est la plus facile, puisque le nombre des arbres à marquer, soit pour être abattus, soit pour être réservés, est encore moins considérable que dans la précédente.

A 120 ans, on procède à la *coupe* dite *de réensemencement*, dans laquelle on ne laisse que 150 à 160 baliveaux par hectare. C'est cette opération qui distingue particulièrement le système de M. Hartig, & qui lui donne tant d'avantages sur ceux qui ont été proposés en France. Elle est destinée à procurer le repeuplement naturel de la coupe par les semences des arbres réservés. Elle exige sans doute de l'attention comme toutes celles qui composent le savant système des éclaircies ; mais un forestier intelligent & zélé saura surmonter toutes les difficultés.

Dans la *coupe secondaire* ou *coupe claire* qui a lieu quelques années après, c'est-à-dire, lorsque la coupe se trouve couverte de jeunes plants de 8 à 12 pouces de haut, on ne réserve que 50 arbres par hectare pour achever le repeuplement dans les endroits où il seroit incomplet.

Il arrive aussi quelquefois qu'on est obligé de faire une seconde coupe claire avant de procéder à la coupe définitive, parce que le terrain n'est pas assez fourni de plants.

Enfin, on procède à la *coupe définitive* lorsque l'ensemencement est complet, ce qui a lieu ordinairement neuf à dix ans après la coupe sombre ou de réensemencement. S'il se trouve alors quelques endroits qui n'aient pu être repeuplés naturellement, on y supplée par des semis artificiels.

On voit qu'à l'exception de la première éclaircie, toutes les opérations s'exécuteront assez facilement, & que si cette première éclaircie se fait par économie, tout le système peut marcher.

Mais, nous le répétons avec M. Hartig, on ne doit jamais *forcer les éclaircies, ni trop les réduire*. Il y a un juste milieu à observer, sans quoi le mal seroit plus grand que le bien qu'on voudroit opérer.

Enfin, il y a plusieurs sortes de forêts où les règles ci-dessus doivent être modifiées d'après un grand nombre de circonstances expliquées dans les chapitres que nous avons traduits.

5°. Il est très-avantageux de procurer de l'air aux futaies exploitées d'après l'ordonnance, en les perçant de routes, de chemins & d'allées. Le produit en bois, loin d'être moindre, sera plus considérable, & on se fera ménagé d'ailleurs des moyens d'arrêter les incendies, d'exécuter les débardages, &c., &c. Les bordures dont nous avons parlé produisent beaucoup de bois de marine, soit que les futaies s'exploitent par éclaircies ou par contenance, suivant l'ordonnance. On peut aussi introduire dans quelques futaies les coupes alternatives qui présentent l'avantage de favoriser la production des bois de marine, de prévenir les chablis, & de procurer une partie des bons effets du système des éclaircies, sans en avoir les inconvéniens.

Troisième mémoire.

Des futaies d'arbres résineux; de leur exploitation.

Première partie.

Recherches sur les différens modes d'exploitation usités ou proposés pour les forêts d'arbres résineux.

Chap. Ier. — *Observations préliminaires.*

Il existe en France des forêts assez étendues, qui sont composées de pins, sapins, épicias & mélèzes, soit purs, soit mêlés avec les hêtres & les chênes. Ces forêts ont éprouvé, comme toutes les autres, & peut-être plus que les autres, des réductions considérables dans leur étendue & dans leurs produits en nature, par suite des aliénations, des *exploitations* vicieuses, & des abus qui, en général, ont porté atteinte au sol forestier avant & pendant la révolution.

En ce moment (1821), la contenance totale des forêts de ce genre, soit royales, soit communales, est encore d'environ 550,000 hectares. Voici les départemens où elles sont situées, & le nombre approximatif d'hectares que chaque département contient.

	hectares.	
Allier	800	
Arriége	16,500	
Alpes (Basses-)	18,750	Beaucoup de mélèzes.
Alpes (Hautes-)	53,800	Beaucoup de mélèzes & de pins suffis.
Ardèche	8,270	
Aveyron	160	
Aude	12,900	
Bouches-du-Rhône	5,150	Pin & chêne kermès.
Cantal	3,350	
Corse	9,700	
Drôme	24,400	
Garonne (Haute-)	6,700	
Isère	41,000	
Loire	1,100	
Loire (Haute-)	750	
Morbihan	170	
Puy-de-Dôme	2,700	
Pyrénées (Basses-)	40,000	
Pyrénées (Hautes-)	10,000	
Pyrénées (orient.)	16,000	
Var	18,000	
Vaucluse	5,400	
Moselle	6,000	
Meurthe	3,000	
Vosges	77,800	
Rhin (Bas-)	43,700	
Rhin (Haut)	60,000	
Doubs	22,000	
Jura	13,600	
Saône (Haute-)	200	
Ain	26,200	
	548,100	

Dans cette masse, il y a trois cinquièmes de bois communaux, c'est-à-dire, environ 300,000 hectares.

Nul doute que l'étendue de nos forêts résineuses ne fût beaucoup plus considérable autrefois. Cependant nos premiers réglemens se sont peu occupés de l'*exploitation* des bois résineux. L'ordonnance de 1669, quoiqu'elle fasse mention du sapin dans l'article 1er. du titre des amendes & restitutions, garde le plus profond silence sur la manière de traiter les forêts de ce genre. Mais peu de temps après la publication de ce réglement, un arrêt du conseil remplit cette lacune, & il paroît que l'*exploitation* par *pieds d'arbres en jardinant* fut adoptée comme la plus convenable aux forêts résineuses.

Un décret du 30 thermidor an 13 a maintenu ce mode à l'égard des forêts de sapins, & des forêts mêlées de hêtres & de sapins. Cependant ce décret n'exclut pas formellement les autres modes d'*exploitation*. Il porte seulement que l'*exploitation en jardinant* ne pourra avoir lieu que dans les forêts dont nous venons de parler; ce qui veut dire qu'elle sera proscrite de toutes les autres forêts, mais que, quoique permise dans celles-ci, elle n'exclut pourtant pas les autres modes qui pourroient être jugés préférables par l'autorité supérieure. En effet, le cahier des charges pour les adjudications des coupes de bois dit que l'*exploitation* des arbres résineux sera faite *suivant l'usage des lieux*, & *sans dommages*.

Or, nous espérons prouver que l'*exploitation en jardinant* leur cause beaucoup de dommages, & que les mêmes raisons qui ont fait proscrire ce genre d'*exploitation* des forêts de bois à feuilles, doivent également le faire bannir des forêts résineuses. Nous allons d'abord rapporter les diverses opinions émises sur la manière de traiter ces sortes de forêts. Les détails dans lesquels nous entrerons à cet égard, mettront le lecteur à portée de fixer son jugement, & de reconnoître à quel mode on doit réellement donner la préférence.

Duhamel dit, en parlant des *sapins* & *épicias*, que, comme ils se trouvent ordinairement dans les pays de montagnes, il arrive assez fréquemment que les ouragans rompent, déracinent & couchent sur le côté trente & quarante arpens de bois; que ces espaces se repeuplent très-difficilement, si on néglige d'en écarter le pâturage, parce que l'herbe sert d'abri aux jeunes plantes, qui sans cela périroient infailliblement, & que d'ailleurs les bestiaux les fouleroient avec leurs pieds. Il ajoute qu'à mesure que les sapins grossissent, les plus forts étouffent les foibles; qu'alors on peut *abattre ceux qui languissent*; que cet éclaircissement sera avantageux aux beaux sapins, pourvu toutefois que ce retranchement ne se fasse que peu à peu, & sans trop éclaircir la forêt. Il est évident que ce mode d'*exploitation*, où l'on enlèveroit les *brins étouffés & languissans*, & que Duhamel indique comme fort avantageux aux forêts de sapins, n'est autre chose que l'*exploitation par éclaircie*, qu'il ne faut pas confondre avec l'*exploitation en jardinant*, où l'on n'enlève que les *plus forts arbres*. Il recommande du reste, avec tous les bons auteurs, d'entamer la forêt du côté où le vent est le moins violent (ordinairement dans la partie de l'est), afin, dit-il, que les lisières qui subsistent du côté de l'ouest & du nord-ouest continuent de protéger la futaie, qui sans cela courroit risque d'être renversée. Les ravages que les vents occasionnent dans les forêts d'épicias viennent en effet de ce qu'on néglige ces précautions, & en outre des vides multipliés que laissent les arbres exploités par *jardinage*.

Buffon conseille aussi de faire dans les bois de pins une sorte d'éclaircie, mais qui n'est pas précisément celle qui doit avoir lieu. « Comme cette » espèce d'arbre, dit-il, ne se propage & ne » multiplie que par les graines qu'il produit tous » les ans, qui tombent au pied, ou sont transpor» tées par le vent, aux environs de chaque arbre, » ce seroit détruire ce bois que d'en faire coupe » nette; il faut y laisser 50 ou 60 arbres par ar» pent; ou pour mieux faire encore, ne couper » que la moitié ou le tiers des arbres alternative» ment, c'est-à-dire, éclaircir seulement le bois » d'un tiers ou de moitié, ayant soin *de laisser les* » *arbres qui portent le plus de graines*; tous les six » ans on fera, pour ainsi dire, une demi-coupe, » ou même on pourra tous les ans prendre dans ce » taillis le bois dont on aura besoin: cette dernière » manière, par laquelle on jouit d'une partie du » produit de son fonds, est de toutes la plus avan» tageuse. »

Il est bien important de ne point confondre la méthode proposée par Buffon avec l'*exploitation* en jardinant. Ce qui prouve que ce n'étoit point cette dernière méthode qu'il conseilloit, c'est ce qu'il dit plus loin, en parlant des taillis qu'on *jardinoit* dans plusieurs cantons de sa province: il explique que cette manière de couper les taillis (*par jardinage*) diffère de celle qu'il vient de proposer pour les pins, en ce qu'au lieu *de laisser les grands arbres*, on ne laisse que *les petits* dans cette *exploitation* en jardinant. Il est donc certain que Buffon avoit aussi indiqué le mode d'*exploitation par éclaircie* pour les forêts résineuses. La réserve qu'il conseille de faire de 50 à 60 arbres par arpent, ou du tiers & même de moitié des arbres les plus propres à fournir des graines, pour les enlever ensuite, se rapproche beaucoup de celle que l'on fait dans *la coupe* dite *de réensemencement*, qui se pratique dans les forêts soumises aux éclaircies périodiques. C'étoit donc, je le répète, *des éclaircies* qu'il proposoit, & non *des coupes par jardinage*. Il est essentiel de ne pas perdre de vue qu'il y a cette différence notable entre l'*exploitation* en jardinant & celle par éclaircie, que dans la première ce sont les plus forts arbres qu'on enlève, tandis que dans l'autre on n'extrait que les bois morts, étouffés ou dépérissans sur chaque coupe, jusqu'à l'époque de l'*exploitation* fixée par l'aménagement. Il est facile de sentir que les résultats de ces deux modes sont aussi différens que les deux modes entr'eux. Nous exposerons dans le deuxième paragraphe de ce Mémoire les inconvéniens de l'un & les avantages de l'autre.

Varenne de Fenille, en répondant à la critique qui avoit été faite de sa proposition d'éclaircir les bois, assure qu'à moins de vouloir tout détruire, il est impossible *d'exploiter autrement les forêts d'arbres résineux*. Mais comme cet auteur ne distingue pas toujours d'une manière précise l'*exploitation* par éclaircie de celle en jardinant, je ne tirerai de son assertion aucune conséquence pour combattre le jardinage de ces sortes de forêts.

M. de Perthuis qui, suivant mon opinion, est l'auteur français qui connoissoit le mieux les *exploitations*, & qui par ses seules observations est arrivé à fonder une méthode très-rapprochée de celle que l'expérience avoit consacrée en Allemagne, s'est prononcé contre l'*exploitation* par jardinage des bois résineux. Il reproche à cette manière de couper les bois des inconvéniens réels, dont je ferai mention lorsque je récapitulerai les vices de cette mauvaise méthode. Cependant, comme cet auteur avoit moins pratiqué les forêts résineuses que celles des bois à feuilles, il dit qu'il n'a pas sur le régime de ces forêts la même expérience, & qu'il ne présente pas son opinion avec la même assurance que sur l'aménagement des autres espèces de forêts. La méthode qu'il propose consiste à soumettre les bois résineux à un aménagement périodique comme les autres bois; à laisser par arpent, à chaque coupe, 24 baliveaux choisis parmi les jets les plus foibles, afin que les baliveaux ne soient pas dans un trop grand état de dépérissement à la coupe suivante; à interdire l'enlèvement des graines deux ans avant & deux ans après chaque coupe; à ne laisser entrer les bestiaux dans les forêts résineuses en aucun temps, & sous aucun prétexte; à fixer l'aménagement des mélèzes & des sapins à 100 ans, & celui des pins à 80 ans, parce que c'est à ces âges qu'il les regarde comme susceptibles des plus grands produits.

Cette *exploitation* ne pourroit recevoir d'application qu'autant qu'il s'agiroit de forêts d'épicias; que les coupes se feroient par bandes étroites pour être repeuplées par les semences du massif restant, & qu'elles seroient dirigées de manière à prévenir les ravages des vents dominans; car on ne pourroit guère espérer que les 24 baliveaux par arpent que M. de Perthuis conseille de réserver parmi *les jets les plus foibles* puissent aider au repeuplement, puisqu'ils seroient trop jeunes; que d'ailleurs l'épicia n'ayant que des racines latérales, ces réserves seroient bientôt renversées par les vents. Cette méthode est donc incomplète, même pour l'épicia.

M. de Perthuis ne la donnoit pas non plus comme la meilleure possible; il avoit reconnu les vices de l'*exploitation* par jardinage des forêts résineuses, & il émettoit plutôt le voeu qu'elle fût changée, qu'une opinion positive sur le mode à y substituer.

M. Dumont rappelle dans son *Dictionnaire forestier*, que la coupe des sapins se fait quand une partie des arbres commence à mûrir par la cime; qu'elle s'exécute en jardinant & en commençant l'*exploitation* du côté du levant, afin que les lisières de l'ouest & du nord-ouest puissent garantir la futaie; mais que cette *exploitation* n'a pas lieu en coupes réglées, comme pour les autres arbres. Cependant, ajoute-t-il, quelques expériences font penser qu'il ne seroit pas impossible que des portions de forêts coupées *à blanc* se repeuplassent par les semis naturels des graines tombées des anciens arbres.

Pour que les coupes à blanc puissent se repeupler, il faudroit la réunion de toutes les circonstances dont nous venons de parler; & encore ce repeuplement seroit bien incertain. Il paroît qu'en Allemagne on avoit d'abord remplacé l'*exploitation* en jardinant des forêts résineuses par la coupe à blanc, mais que les mauvais effets de ces coupes les ont fait promptement abandonner pour toutes les espèces résineuses, à l'exception pourtant de l'épicia, que l'on exploite encore à blanc dans quelques pays, en prenant les précautions que nous avons déjà indiquées.

L'*exploitation* à blanc a été vivement & très-justement combattue par M. Bosc, dans son excellent article sur le genre sapin, du nouveau *Cours d'Agriculture*, & ce naturaliste a pensé que l'*exploitation* en jardinant étoit préférable. Nul doute que, tout vicieux que soit le jardinage des forêts résineuses, il ne soit encore préférable aux coupes blanches; mais ces deux modes doivent faire place aux coupes périodiques par éclaircie, dont la supériorité à tous égards sera démontrée dans le paragraphe suivant. Enfin, M. Dralet, qui n'avoit aussi comparé que les deux premières méthodes, s'est prononcé en faveur de l'*exploitation* en jardinant, & il a proposé dans un projet de loi sur l'aménagement des forêts, de ne permettre que ce seul mode d'*exploitation* pour les bois résineux, en citant à l'appui de sa proposition les bons effets de cette *exploitation* dans la forêt de Belesta, située dans le département de l'Ariége.

Telles sont les différentes opinions de nos auteurs sur l'*exploitation* des forêts d'arbres résineux. On voit que la plupart avoient conseillé les éclaircies, comme le moyen le plus avantageux d'élever des futaies. Quant à ceux qui ont paru adopter la méthode du jardinage, ils se sont fondés sur ce que les arbres résineux ne se reproduisant que de graines, & sur ce qu'étant d'ailleurs sujets à être renversés par les vents, on ne pouvoit les exploiter par contenance, ni faire dans les coupes des réserves de baliveaux. Ces motifs sont réels, & il n'y a point de doute que les *exploitations* à tire & aire, telles qu'elles se font dans nos bois à feuilles, ne soient impraticables dans les forêts résineuses. Mais de ce que ces *exploitations* doivent en être proscrites, il ne suit pas qu'on ne puisse les exploiter autrement qu'en jardinant. En effet, s'il existe des forêts où il soit particulièrement utile de mettre en pratique le système des éclaircies, ce sont sans contredit celles des bois résineux. On n'objectera pas, pour celles-ci la multiplicité des coupes qu'exigent les éclaircies périodiques, puisque par le jardinage ces coupes sont bien plus multipliées. On n'objectera pas non plus la difficulté de la surveillance, puisqu'elle sera encore plus facile que dans l'*exploitation* par jardinage. Nous le répétons donc, c'est par *éclaircies, expurgades*, & en faisant l'inverse du jardinage, qu'il faut traiter les forêts de pins, sapins & mélèzes; c'est-à-dire, qu'au lieu d'y couper chaque année les plus forts arbres sur toute leur surface, il faut les diviser par coupes, soumettre ces coupes à des éclaircies périodiques dans lesquelles on enlèvera les bois étouffés, morts ou languissans, & ensuite à *des exploi-*

tations conduites de manière à favoriser le repeuplement naturel.

Mais avant d'expliquer ce mode pour chaque espèce de bois résineux, nous allons présenter les principaux inconvéniens attachés à l'*exploitation* par jardinage, tant dans les forêts d'arbres résineux que dans les autres. Nous emprunterons une partie de ce que nous aurons à dire à cet égard, des ouvrages forestiers allemands de MM. Hartig, Burgsdorf & Laurop.

Chap. II. — *De l'exploitation par jardinage ou furetage, tant dans les bois résineux que dans les bois à feuilles ; de ses conséquences, & des moyens d'y substituer, petit à petit, les coupes périodiques par éclaircies.*

L'*exploitation* par pieds d'arbres en jardinant est la plus anciennement pratiquée dans toutes les espèces de forêts. Il étoit naturel que, dans des pays couverts de bois, on ne s'occupât que de profiter des arbres tout formés qui se trouvoient à la portée des consommateurs, sans songer au plus ou moins de dégâts que pouvoit causer leur extraction. Cette manière d'abattre les arbres est encore suivie dans la plupart des forêts de la Russie, dans celles de l'Amérique septentrionale, & dans tous les pays où l'abondance des bois semble encore permettre de ne s'occuper que du présent. Il y a tel arbre qui, sorti d'une forêt, a occasionné la destruction de quelques milliers de brins d'espérance, par sa chute, son *exploitation* & les abattis qu'il a fallu faire pour le transporter. Mais cette manière désastreuse a été proscrite en France de toutes les forêts de bois à feuilles, par les anciennes réformations confirmées par les ordonnances (1), & fut remplacée par l'*exploitation* à tire-aire, que prescrit encore l'article 11 du titre XXV de l'ordonnance de 1669. Ce dernier mode, qui paroît aussi avoir succédé en Allemagne aux coupes par pieds d'arbres, a été à son tour remplacé, dans ces derniers temps, par les coupes périodiques ou expurgades, dans les futaies de toute espèce, bois à feuilles & bois résineux.

Néanmoins, en France & en Allemagne, il y a encore quelques endroits où les forêts des particuliers s'exploitent par *jardinage* ou *furetage*. Quant aux forêts résineuses, elles s'exploitent toujours chez nous par jardinage, ainsi que nous l'avons déjà rappelé. On va voir combien il y auroit d'avantage à y substituer partout les coupes par éclaircie, que nous désignons indifféremment sous cette dénomination, comme sous les noms de *coupes successives*, de *coupes périodiques*, ou d'*expurgades*.

(1) Ordonnances de François Ier, de juillet 1544 ; Etats de Blois en novembre 1576 ; Edit de Henri III, du mois de mai 1579, art. 339. (*Defroidour.*)

L'*exploitation en jardinant* consiste, comme on le sait, à prendre annuellement, ou de temps à autre, dans une forêt les arbres les plus forts, à les extraire seul à seul pour les façonner, & à attendre de la nature seule le repeuplement des vides que ces extractions occasionnent. *Dans l'exploitation par coupes successives* on s'attache au contraire, après avoir divisé la forêt par coupes réglées, à éclaircir les coupes de temps en temps, en les débarrassant, jusqu'à ce qu'elles soient arrivées à leur maturité, des bois morts & étouffés, & à n'exploiter les coupes qui ont parcouru la révolution qui leur est assignée que petit à petit, & de manière à obtenir leur repeuplement naturel sans travaux ni frais de quelqu'importance. Dans une forêt soumise au mode des *coupes successives*, tout le bois du même âge se trouve réuni sur le même district, ou du moins, dans des coupes distinctes, au moyen de la division géométrique qui en a été faite, & de l'ordre que l'on a suivi dans les *exploitations* ; tandis que dans *les forêts jardinées* il n'y a point de divisions par coupes, & que les bois de tous âges se trouvent mêlés sur toute leur surface. Tels sont les principaux caractères qui distinguent ces deux genres d'*exploitation* ; mais, pour les mieux comparer, nous allons établir entr'eux un parallèle suivi.

Dans le mode d'exploitation par jardinage on abat toujours les plus forts arbres, tandis que dans l'autre on n'abat que les plus mauvais, jusqu'au moment de l'*exploitation* définitive. Dans l'un on coupe chaque année sur toute l'étendue de la forêt ; dans l'autre, la coupe se borne à quelques endroits seulement. Dans l'un, chaque partie de la forêt est composée de bois de tous âges ; dans l'autre, tout le bois d'une coupe est du même âge. Dans l'un, *il faut que toute la forêt soit constamment en défends* ; dans l'autre, le pâturage peut être permis sur une très-grande partie de la forêt, sans beaucoup de dommages. En un mot, ces deux modes d'*exploitations* sont tellement différens, que par rapport à leur exécution, comme par rapport à leurs résultats, le contraire de ce qui arrive dans l'un arrive presque toujours dans l'autre.

Nous allons maintenant présenter les principaux inconvéniens attachés à l'*exploitation* en jardinant.

1°. *Une forêt exploitée par jardinage ne peut fournir annuellement autant de bois qu'une forêt de la même contenance exploitée par coupes périodiques.*

Pour se convaincre de l'exactitude de cette assertion, il suffit de se rappeler que de gros arbres épars sur la surface d'une jeune forêt s'étendent beaucoup plus en branches, & occasionnent par conséquent des vides plus considérables que s'ils étoient à des distances naturelles, dans un seul massif. Supposons, dans le premier cas, un hêtre d'une certaine grosseur ; il étouffera par son ombre 60 à 80 mètres carrés de sous-bois, tandis que ce hêtre en massif serré, & ayant par conséquent beaucoup moins de branches, couvriroit

roit à peine une étendue de 15 à 20 mètres carrés. Il suit de-là que, dans les forêts jardinées, les arbres bons à être abattus étant très-disséminés, & par conséquent d'une grande ampleur de tête, couvriront des espaces deux & trois fois plus considérables qu'un pareil nombre d'arbres du même âge dans les forêts soumises à des coupes réglées. Outre cela, le jeune & le moyen bois qui se trouvent entre les gros arbres dans les forêts jardinées, ne sont point assez serrés, & ne peuvent s'élever en hauteur, car ces gros arbres, non-seulement étouffent tous les plants qui se trouvent sous leurs branches, mais ils empêchent encore les perches & les brins qui les séparent de prendre tout l'accroissement dont ils seroient susceptibles. D'un autre côté, le recru qui pousse dans les petites places vides est en grande partie étouffé par les perches & brins eux-mêmes. Ajoutons à ces causes de perte & de dégradation, que les arbres que l'on coupe tombent sur ceux qui sont conservés, les écrasent ou les mutilent; que pour les abattre, les ouvriers se ménagent un espace en coupant les jeunes brins qui les gênent autour de chaque arbre; que le transport s'en fait souvent avec des chevaux & des voitures, en se frayant un chemin à travers les bois; que par-là on est forcé de couper ou froisser une grande quantité de sujets restans, & de détruire une multitude de jeunes plants; que sur les pentes inaccessibles aux voitures, il est souvent impossible de faire glisser ces arbres en bas, à cause des arbres restans; que ces difficultés augmentent le prix de la main-d'œuvre, & diminuent d'autant celui du bois; que les vides se multiplient à chaque *exploitation*, & ne peuvent se repeupler que très-difficilement, à cause des bois qui les entourent.

On peut conclure de ce qui précède, qu'une quantité donnée de gros arbres occupe, dans les forêts que l'on jardine, une surface beaucoup plus grande que dans celles qui s'exploitent par coupes successives, & que la même étendue de forêt ne peut donner dans le premier cas que la moitié au plus des bois qu'on obtiendroit dans les forêts éclaircies, où les arbres réservés peuvent parvenir au *maximum* de leur accroissement, & où ils fournissent d'ailleurs les pièces les plus importantes pour la mâture, tandis que dans les forêts jardinées, les arbres ne sont pas assez serrés pour procurer beaucoup de pièces de ce genre.

2°. *Les vents causent bien plus de ravages dans les forêts jardinées, surtout dans les forêts résineuses, que dans celles qui s'exploitent par coupes périodiques.*

Dans les forêts jardinées, les arbres *exploitables* (*bons à être abattus*), & ceux qui sont sur le point de l'être, se trouvent disséminés parmi les jeunes bois. Le vent peut donc frapper sans obstacle sur la tête de ces arbres qui dominent les brins d'un ordre inférieur. Cette circonstance donne lieu à beaucoup plus de chablis que dans les forêts qui sont exploitées par coupes successives, d'après les bons principes. D'un autre côté, les vides & le trop grand éclaircissement de la forêt, occasionnés par toutes les causes dont nous avons parlé, fournissent des passages multipliés aux vents, qui causent les plus grands dégâts parmi le reste du bois, surtout quand ils viennent de l'ouest & du nord-ouest, & qu'ils s'exercent sur les *épicias* dont les racines tracent à la surface du sol. Les arbres qui ne sont pas tout-à-fait renversés par les vents sont souvent ébranlés dans leurs racines, ou penchés sur le côté. Dans cet état ils souffrent, leur séve s'altère, & ils deviennent le berceau des insectes, qui, comme le *dermestes typographus*, se multiplient de préférence sous l'écorce des arbres malades, pour envahir ensuite les arbres sains de la forêt.

3°. *Dans les forêts exploitées en jardinant, le pâturage ne peut jamais avoir lieu sans causer le plus grand tort au jeune recru.*

Comme on enlève tous les ans sur presque chaque partie de la forêt les arbres arrivés au terme de leur croissance, & que les places vides qui résultent de l'extraction doivent se repeupler naturellement, il devient indispensable de maintenir constamment toute l'étendue de la forêt en défends; tandis que dans les futaies exploitées par coupes, on peut permettre le pâturage dans tous les cantons, depuis l'âge de 25 ans jusqu'à l'époque de leur *exploitation*. L'exercice du pâturage n'empêche pas la régénération & l'accroissement de la forêt, pourvu seulement qu'on ait l'attention de défendre les coupes âgées de moins de 25 ans de l'introduction des bestiaux. La nécessité d'interdire le parcours dans les forêts exploitées en jardinant, impose de notables privations dans les pays pauvres en pâturage, comme ceux des montagnes où sont ordinairement les forêts résineuses. Ces privations sont donc à ajouter aux inconvéniens de ce mode. Mais quand on est forcé, comme cela arrive quelquefois, de souffrir ce pâturage, il résulte alors les plus grands dommages pour le recru, parce que l'herbe qui croît dans les vides des forêts résineuses est absolument nécessaire pour favoriser la germination des graines, défendre les plants du soleil pendant qu'ils sont jeunes, & que les bestiaux arrachent ces plants avec l'herbe qu'ils paissent ou qu'ils les foulent avec leurs pieds.

4°. *Il est difficile de surveiller les hommes employés dans les forêts exploitées par jardinage.*

Comme c'est sur toute l'étendue de la forêt que se font les coupes, que se façonne le bois, que se cuit le charbon & que l'on voiture les produits de l'*exploitation*, il en résulte naturellement que la surveillance est bien difficile, & que, quels que soient les efforts que l'on fasse, elle n'est jamais aussi complète que lorsque toutes ces opérations sont concentrées dans un seul ou dans quelques cantons seulement, comme dans les *exploitations* par contenance. Il en est de même des opérations de martelage ou de récolement.

5°. *Enfin, il est bien plus difficile d'apprécier les ressources d'une forêt exploitée en jardinant, que celles d'une forêt soumise à un aménagement régulier.*

Dans les forêts qu'on jardine, les bois de tous âges se trouvent mêlés, & il y a toujours une multitude de vides, dont l'étendue ne peut être bien calculée. Ces circonstances rendent presqu'impossible l'appréciation des ressources de ces sortes de forêts, parce que d'un côté on ne peut pas dire dans quelle proportion se trouvent les bois des différens âges, & que de l'autre on ne peut également apprécier la consistance plus ou moins serrée de la forêt, ni la proportion des parties peuplées, avec celles qui ne le sont pas du tout. Il n'en est pas de même d'une forêt exploitée par coupes déterminées, où l'on trouve réunis dans les mêmes cantons les bois de même âge, & où l'on peut également juger de leur quantité, & des produits que chaque âge peut fournir.

Il est inutile de pousser plus loin la comparaison de l'*exploitation* par jardinage avec celle par coupes déterminées, étant bien démontré que partout où la première a lieu, on doit s'empresser de la remplacer par l'autre. Mais les avantages des coupes réglées seront d'autant plus assurés qu'on les exploitera par éclaircie, d'après les règles qui ont été expliquées dans mes précédens Mémoires pour les futaies de bois à feuilles, & d'après celles à peu près semblables qui vont être détaillées dans la seconde partie de celui-ci pour les forêts résineuses.

M. Hartig me fournira encore sur cet objet la ressource de ses savantes instructions.

Cet auteur pense qu'on ne doit pas chercher à effectuer tout d'un coup le changement d'*exploitation* qu'il propose. On ne peut l'opérer que petit à petit, & le meilleur moyen pour y parvenir consiste à enlever d'abord, sur les cantons pourvus d'un recru suffisant, tous les arbres arrivés ou sur le point d'arriver au terme de leur *exploitation*, en prenant les précautions indiquées à cet égard. Après cette première opération, les brins restans seront éclaircis, coupes par coupes, à mesure qu'ils grandiront & qu'ils exigeront plus d'espace. Quant aux besoins de la consommation, on tâchera d'y pourvoir, d'abord par l'*exploitation* des vieux arbres qui se trouveront, comme on vient de le dire, sur les cantons suffisamment pourvus de jeunes plants, & ensuite par les éclaircies périodiques que l'on fera dans les anciens districts. Ces propositions seront suffisamment développées dans la partie suivante de ce Mémoire.

SECONDE PARTIE.

De l'exploitation par éclaircie & coupes périodiques des bois résineux en général.

CHAP. III. — *Observations préliminaires sur cet objet.*

Nous venons de faire connoître les caractères principaux qui distinguent le système des éclaircies, d'avec les coupes par pieds d'arbres en jardinant, & nous avons suffisamment prouvé que si le premier mode devoit être employé dans les futaies, ce devoit être principalement dans celles des arbres résineux. On a vu que dans ce mode, les forêts doivent être divisées par coupes comme dans les forêts exploitées par contenance. Ainsi, les forêts résineuses que l'on soumettra au système des éclaircies périodiques, seront aménagées d'après des principes analogues, c'est-à-dire, que si l'aménagement est fixé à 140 ans, & que la forêt puisse fournir une coupe chaque année, on la divisera en 140 coupes; mais au lieu d'enlever en une seule fois tout le bois d'une coupe, comme cela se fait dans l'*exploitation* par contenance, à tire & aire, on ne le fera qu'en plusieurs fois, pour laisser au terrain le temps de se repeupler par les semences des arbres réservés jusqu'à la coupe définitive.

Toutes les forêts résineuses peuvent s'exploiter par éclaircie, & c'est le mode indiqué par M. Hartig; cependant les forêts d'épicia s'exploitent assez généralement en Allemagne par coupes étroites & à blanc, de manière qu'elles puissent se repeupler par les semences que le massif restant envoie sur la partie exploitée.

Quoique les principes généraux de l'*exploitation* par éclaircissement s'appliquent à toutes les forêts résineuses, il y a néanmoins des modifications à observer à l'égard de ces forêts, comme à l'égard de celles qui sont peuplées de bois à feuilles, suivant les espèces & l'état des bois dont elles sont composées. Nous allons faire connoître les instructions de M. Hartig sur ces divers objets (1), & nous y ajouterons quelques observations de M. de Burgsdorf.

CHAP. IV. — *De l'exploitation des forêts de sapin commun (2).*

§. 1er. *De la manière d'exploiter les forêts de cette espèce, qui sont dans un état serré & arrivées à l'âge d'être abattues, pour en opérer le réensemencement naturel, & y favoriser par la suite, autant que possible, l'éducation & l'accroissement du nouveau recru.*

Quand, dit M. Hartig, une forêt de sapin commun est arrivée à l'âge où il convient d'en

(1) J'ai traduit ces instructions, ainsi que celles qui précèdent, sur les aménagemens, de l'ouvrage de M. Hartig, ayant pour titre : *Lehrbuch für Forster*, Instructions pour les gardes.

(2) Comme les arbres résineux sont désignés sous plusieurs noms, suivant les diverses localités, je rappellerai la synonymie des principales espèces dont il sera question dans ce Mémoire, en commençant ici par le *sapin commun*. Cet arbre est connu aussi sous les noms de *sapin blanc*, de *sapin argenté*, de *sapin de Normandie* & de *sapin à feuilles d'if*. *Abies alba* (Juss.); *pinus abies* (du Roi); *abies taxifolia*, *abies argentea*.

faire la coupe, & que l'on veut y favoriser le repeuplement par l'ensemencement naturel pendant l'*exploitation*, on doit alors observer exactement toutes les règles que nous avons données pour l'*exploitation* par éclaircissement des forêts de hêtre, parce que les forêts de sapin commun doivent être traitées absolument de la même manière. On commence donc l'*exploitation* par la partie de la forêt qui présente le bois le plus âgé, ou dont la croissance est le plus ralentie, & on dirige les coupes *vers l'ouest*, ou le *sud-ouest*, ou le *nord-ouest*, de manière qu'elles soient abritées des grands vents par la partie restante de la forêt. On observe aussi ce qui a été dit à l'égard des forêts de hêtre dont une partie se trouve située en montagne, c'est-à-dire, qu'il faut commencer la coupe par cette partie lorsqu'on est dans le cas de faire descendre le bois en traîneaux, ou en le faisant glisser jusqu'au bas de la montagne, & qu'il est impossible de le transporter par voitures de l'endroit même où il a crû. Cette précaution est nécessaire, parce que si on commençoit l'*exploitation* par le pied de la montagne, le passage des arbres, en descendant, feroit beaucoup de tort au jeune recru qui se seroit montré dans les coupes inférieures.

Alors on met petit à petit la forêt ou le canton de la forêt qu'on doit exploiter, dans l'état d'une coupe d'ensemencement; où l'on réserve parmi les arbres les plus branchus & les plus robustes un nombre de porte-graines, tel *qu'il y ait un espace de 6 à 8 pieds de l'extrémité des branches de l'un aux branches de l'autre* (1). La coupe mise dans cet état, on en attend le réensemencement naturel, & lorsqu'il a eu lieu, on fait traîner sur toute la coupe des bourrées d'épines pour enterrer les graines; après quoi on met cette coupe en défends. Mais si la semence étoit tombée en automne avant l'époque de l'*exploitation*, qui n'auroit lieu que dans l'hiver ou au printemps suivant, il seroit alors inutile de faire traîner des épines sur le parterre, parce que le travail de l'*exploitation* suffiroit pour enterrer les graines & les faire entrer sur la mousse.

On laisse la coupe dans cet état jusqu'à ce que l'ensemencement soit complet, & qu'il ait de trois à quatre ans. Alors on enlève, autant que possible par la neige, environ la moitié des arbres à semences réservés, en prenant de préférence les plus forts, & on observe du reste toutes les règles concernant la coupe claire, afin d'épargner les jeunes plants. Enfin, lorsque le repeuplement a de 9 à 12 pouces (24 à 32 centimètres) de haut, on procède à l'enlèvement définitif de tous les vieux arbres restés sur la coupe, parce qu'alors la forêt naissante est assez forte pour supporter la température, & qu'en retardant cet enlèvement, on lui feroit beaucoup de tort par la chute des arbres, ainsi que par leur *exploitation* & leur transport.

On laisse la jeune forêt en défends jusqu'à ce qu'elle soit assez élevée pour n'avoir plus à craindre de la présence des bestiaux, & lorsqu'elle a 40 ans on commence pour la première fois à la débarrasser des *bois étouffés*.

Après cette première éclaircie, il reste ordinairement de 4500 à 5000 beaux brins par hectare. Le bois étouffé qu'on a enlevé consiste en perches minces qui peuvent être utilement employées à faire des échalas pour la vigne & le houblon, & à faire des rames; on l'emploie aussi pour le chauffage, à faire du charbon, & à plusieurs autres usages économiques.

Par la suite on répète de 20 en 20 ans le même enlèvement de bois étouffés. Il s'exécute de manière à laisser par hectare, savoir : lors de l'éclaircie qui se fait à 60 ans, de 1500 à 2000 des plus beaux brins; lors de celle qui se fait à 80 ans, de 800 à 1000 brins; & lors de l'éclaircie qui a lieu à 100 ans, de 600 à 800, toujours des plus beaux brins, qui restent jusqu'à 120 ans, époque de l'*exploitation* (1). Mais quand l'aménagement doit être prolongé jusqu'à 140 ans, 160 ou 180 ans, on continue les éclaircies de manière à laisser *toujours parmi les plus beaux arbres*, savoir : à 120 ans, de 500 à 600 tiges par hectare; à 140 ans, de 400 à 500 tiges; & à 160 ans, de 300 à 400. Après quoi on procède à la coupe dite *de réensemencement*, comme il a été dit précédemment.

Comme j'ai déjà fait connoître tous les avantages qui résultent des éclaircies bien exécutées, & que j'ai aussi indiqué toutes les précautions à prendre, je ne le répéterai point ici. Je ferai seulement observer que dans les climats rudes & sur les mauvais terrains, la première éclaircie doit souvent être retardée jusqu'à 50 ou 60 ans, & qu'en général on doit différer cette éclaircie jusqu'à ce que les plus fortes tiges, parmi celles dominantes, aient, dans les climats tempérés, de 5 à 6 pouces de diamètre, mesurées près de terre, & dans les climats plus rudes, de 6 à 8 pouces aussi de diamètre. Ce seroit hasarder que de commencer plus tôt les éclaircies; mais quand les brins ont acquis la force dont on vient de parler, on peut & on doit même débarrasser la forêt des bois étouffés, morts & dépérissans; alors cette éclaircie, exécutée d'après les règles qu'on a données, produira les effets les plus avantageux, en favorisant la croissance des beaux brins, & en mettant un obstacle à la multiplication des insectes par l'enlèvement des bois dépérissans qui les favorisent.

M. de Burgsdorf estime qu'il faut six ans avant qu'une coupe de sapins soit repeuplée & garnie de plants qui puissent se passer d'ombre & d'abri;

(1) C'est à peu près deux cents réserves par hectare.

(1) On ne doit pas perdre de vue qu'il s'agit d'une forêt dans un état serré.

d'où il suit qu'on ne peut opérer la coupe définitive, sur un canton, que six ans après la coupe de réensemencement. Or il convient, pour établir l'ordre dans une forêt de cette nature, pour avoir chaque année à peu près la même quantité de bois, de commencer les *exploitations* sur une étendue égale à six coupes annuelles. Au bout de trois ans, on ajoute chaque année la valeur d'une coupe annuelle; de telle manière qu'en six ans l'ordre est établi, puisqu'on peut annuellement enlever le reste des vieux arbres sur l'étendue d'une coupe, tandis qu'on en entame une autre. On aura donc toujours la valeur de huit coupes en *exploitation*, pour y prendre les bois dont on aura besoin chaque année.

D'après cette observation, c'est le temps présumé nécessaire à une coupe pour se repeupler, & aux jeunes plants pour se passer d'ombre, qui peut déterminer le nombre des coupes annuelles sur lesquelles les *exploitations* doivent se faire à la fois. M. de Burgsdorf dit qu'il faut six ans aux jeunes sapins pour pouvoir se passer d'ombre; mais M. Hartig borne ce temps à quatre ans. Dans ce dernier cas, & en supposant que les coupes se repeuplent dès la première année, il ne faudroit commencer l'*exploitation* de la forêt que sur un espace de quatre coupes au lieu de six.

§. 2. *De la manière de traiter & de repeupler les forêts de sapin commun, qui, arrivées au terme de leur exploitation, ne sont plus dans un état serré.*

M. Hartig dit que l'*exploitation* & le rétablissement des forêts de sapin, qui ne sont plus dans un état serré, doivent se faire d'après les règles qu'il a données en pareil cas pour les forêts de hêtre. On sait, en effet, qu'il y a beaucoup de futaies qui, pour n'avoir pas été traitées d'après le système des éclaircies, ou pour avoir été mal gouvernées, se trouvent clair-semées, & ne présentent point cette consistance serrée qui est si importante pour la prospérité de la forêt. Dans ce cas, il est difficile & souvent impossible d'en opérer le repeuplement naturel par la coupe de réensemencement, parce qu'il se trouve des vides qui ne recevroient point de semences, parce que beaucoup d'arbres étendent considérablement leurs branches tout près de terre, & que d'un autre côté le sol se trouve occupé en plusieurs endroits par les herbes, la bruyère, la myrtille, &c. Il faut, dans ce cas, examiner s'il se trouve encore assez d'arbres pour qu'ils puissent réensemencer au moins la moitié de la surface du terrain, & alors attendre une année fertile en graines pour mettre le district en défends *aussitôt après la chute des semences*. On coupe, jusqu'à la hauteur de dix à douze pieds, les branches pendantes des gros arbres, & on gratte toute la surface du terrain, en faisant traîner par-dessus des bourrées d'épines, &, s'il est possible, une herse de fer. Mais quand le terrain se trouve couvert d'herbes, de mauvaises plantes, ou tellement disposé que le moyen ci-dessus indiqué ne soit pas suffisant pour enterrer les graines, alors, & *avant la chute des semences*, on fera remuer à la houe toute la surface des endroits les plus difficiles, ou bien on la fera gratter par place (1); & si l'ensemencement naturel n'est pas suffisant, on y supplée par des semis à la main. Après ces opérations, on fait traîner sur le terrain des bourrées d'épines ou une herse de fer, autant que cela est praticable. On met le district en défends le plus sévèrement possible, & du reste on le traite d'après les règles prescrites dans le paragraphe précédent, c'est-à-dire, qu'on procède à l'enlèvement des arbres à mesure que l'état du repeuplement le permet.

Mais si, par l'examen qu'on aura fait d'un tel district, on n'a pas trouvé un nombre d'arbres suffisant pour fournir l'ensemencement naturel, même de la moitié de la surface du terrain, alors il convient de procéder au repeuplement par des semis ou des plantations d'essences propres au sol, & qui puissent réussir sans abris.

Chap. V. — *De l'exploitation des forêts de piceas ou épicias* (2).

De la manière dont on doit traiter les forêts de cette espèce, arrivées au terme de leur exploitation, & qui sont dans un état serré, pour en opérer le repeuplement complet par le réensemencement naturel, & procurer par la suite la plus grande croissance possible à ce repeuplement.

M. Hartig ne partage pas l'opinion de plusieurs auteurs allemands, qui veulent que les forêts d'épicias ne puissent être exploitées autrement qu'*à blanc* & par coupes étroites, & qui se fondent sur ce que l'épicia n'ayant que des racines latérales, seroit renversé par les vents si on l'exploitoit par éclaircissement. On suit, dit-il, pour l'*exploitation* & la régénération de ces forêts, les mêmes règles que pour les forêts de sapin, & je puis assurer qu'en se conformant exactement à ces règles, en exécutant la coupe d'ensemencement comme je l'ai indiquée, & en donnant à la surface du sol les légers labours que j'ai recommandés, on obtiendra une jeune forêt de la

(1) M. Hartig ne dit pas qu'il faille bêcher ni labourer profondément la terre; ces cultures sont inutiles dans ce cas. Il dit qu'il faut *déchirer* la surface du terrain, *verwunden*, blesser.

En effet, les arbres résineux, ainsi que l'expérience l'apprend, poussent beaucoup mieux sur un terrain simplement gratté, que sur un terrain profondément labouré.

(2) Le picéa est connu aussi sous les noms de *sapin pesse* ou *pèce*, d'*épicia* ou *épicéa*, de *sapin de Norwège* ou *faux sapin*. *Pinus picea* (Linn.); *pinus picea* (du Roi); *abies picea* (Jussieu).

plus belle vente. Ainsi la coupe d'ensemencement s'exécute dans les mêmes principes : on fait procéder, *aussitôt que les arbres à semences se trouvent chargés de cônes*, à l'extraction des souches des arbres coupés ; on remplit les trous qui en proviennent ; & au printemps, aussitôt après la chute des semences, on fait traîner des bourrées d'épines sur toute la surface du terrain. Alors on met la coupe en défends, & aussitôt que l'ensemencement naturel se trouve suffisant & que les plants ont de trois à quatre ans, on donne un peu de jour à la coupe, en enlevant une partie des plus forts arbres à semences qu'on avoit réservés lors de la coupe d'ensemencement. Enfin, lorsque ces plants ont de 9 à 12 pouces de haut, on enlève, par un temps de neige, tout ce qui reste de gros arbres, que l'on transporte sans délai hors de la coupe.

Cependant, si la situation du local se trouvoit telle qu'on eût à craindre les mauvais effets du vent après la coupe d'éclaircissement (1), on ne feroit point cette coupe, & on attendroit que les plants eussent de 4 à 6 ans pour enlever en une seule fois, & par la neige, tous les arbres réservés à la coupe d'ensemencement.

Si, après l'enlèvement de tous les arbres à semences, il se trouvoit encore par-ci par-là des places vides, on les planteroit de jeunes épicias, qu'on auroit extraits avec leur motte. Du reste, on traite par la suite la jeune forêt comme il a été dit en parlant des forêts de sapin commun.

Cette méthode d'exploiter les forêts d'épicias & de les repeupler par l'ensemencement naturel n'est pas, il est vrai, la plus en usage, mais bien certainement elle est *la plus sûre*. Il ne faut donc pas se laisser détourner par l'opinion presque générale que la coupe de réensemencement ne convient pas aux forêts d'épicias. Ceux qui le prétendent n'en ont point fait l'essai, ou bien ils auront tellement éclairci leurs forêts, que le vent aura renversé les arbres à semences (2). Mais si on conduit la coupe d'après mes instructions, & si on observe du reste toutes les précautions que j'ai indiquées, on obtiendra tous les bons effets que je promets (3).

(1) On doit se rappeler que la coupe d'éclaircissement ou coupe claire est celle qui suit la coupe d'ensemencement.

(2) On ne doit point oublier que les épicias n'ont que des racines traçantes ; que lorsqu'ils manquent d'abris, ils sont facilement renversés par les vents, & que s'il est important, dans quelques forêts, de ne point trop enlever d'arbres lors des coupes d'ensemencement & d'éclaircissement, c'est surtout dans les forêts d'épicias. M. Hartig attribue au défaut de cette attention les mauvais résultats qui auront suivi l'application de sa méthode à ces sortes de forêts.

(3) M. de Bursgdorf ne pense pas qu'on puisse, dans aucun cas, faire de *coupes d'ensemencement* dans les forêts d'épicias, à cause des vents qui renversent les arbres & de l'incertitude des repeuplemens, par le manque assez fréquent de graines ; il conseille de les exploiter *à blanc*, par *bandes étroites & demi-circulaires*. Cependant il ne paroît pas compter beaucoup sur l'ensemencement naturel, & il veut qu'on fasse des récoltes de graines pour y suppléer. L'opinion de M. Hartig semble mériter plus de confiance.

Il n'y a que dans les expositions où le vent agit avec une violence extraordinaire, qu'on ne peut pas établir de coupe de réensemencement. Dans ce cas, on exploite *à blanc étoc & par bandes*, en opérant de la manière suivante :

On attaque la forêt d'après la règle générale que nous avons donnée, du côté de l'*est*, ou du *nord-est*, ou du *sud-est*, & on coupe à blanc sur une largeur de 45 à 46 mètres au plus, en dirigeant la coupe du haut de la montagne en en bas & obliquement au plan de cette montagne. Cependant il faut donner à ces signes ou bandes obliques une telle direction que l'*exploitation* s'arrête le plus possible au haut de la montagne ou de la colline, & se prolonge jusque dans la vallée. Lorsque les arbres du massif restant sont chargés de cônes, on procède à l'extraction des souches dans les bandes exploitées, au ravalement des trous qui en proviennent, & à l'enlèvement des bois avant l'époque de la chute des semences. Lorsqu'elle a eu lieu, on répand encore, à la main, sur la surface du terrain, environ 6 kilogrammes de graines épluchées, par hectare, ou 8 à 9 kilogrammes de graines avec leurs ailes (1). Puis on fait traîner, sur la coupe, des bourrées d'épines, ou, s'il est possible, une herse à dents de fer, & on met la coupe en défends.

On ne reprend l'*exploitation* que lorsque la bande exploitée se trouve suffisamment garnie de jeunes épicias provenus tant des semis naturels opérés par le massif restant de la forêt, que des semis faits à la main. Alors on ajoute immédiatement à la bande exploitée une autre bande de 30 à 45 mètres de large, que l'on coupe également à blanc étoc. On continue de la même manière jusqu'à l'entière *exploitation* & jusqu'au parfait réensemencement de tout le canton.

Mais afin de laisser aux bandes exploitées à blanc le temps de se repeupler par les semences de la partie voisine non exploitée, il faut établir dans d'autres cantons de la forêt bons à être abattus, & qui ne soient pas aussi exposés aux vents, les coupes dites d'ensemencement pour en tirer le bois nécessaire à la consommation. S'il arrivoit cependant, ce qui doit être rare, que tous les districts de la forêt se trouvassent dans une telle position que l'on dût les exploiter par bandes à *blanc étoc*, alors il seroit nécessaire d'entamer *à la fois trois ou quatre parties exploitables*, en procédant comme il a été dit, pour

(1) L'auteur donne ce conseil, parce que le réensemencement naturel que donne le massif restant ne peut jamais être aussi complet que celui qui résulte des arbres réservés dans les coupes d'ensemencement.

revenir tantôt à l'une, tantôt à l'autre, & laisser par-là de trois à quatre ans au moins à chaque bande exploitée pour se réensemencer par la partie intacte de la forêt. Au surplus, si pendant ce temps le repeuplement ne s'opéroit pas, & qu'on fût obligé de continuer l'*exploitation* sur la partie voisine de la bande coupée, il n'y auroit d'autre moyen de remettre en bois les parties exploitées qu'en y faisant, à la main, des semis ou plantations.

Le semis artificiel est nécessaire toutes les fois qu'on ne peut faire de coupes sombres, parce que l'ensemencement naturel qui provient de la partie non exploitée est ordinairement si incomplet, qu'on ne pourroit, sans le secours de ce semis & de la plantation, obtenir un beau repeuplement. Mais il est important d'y procéder aussitôt après l'extraction des souches & avant que le sol ne soit recouvert d'herbes, parce qu'alors il s'exécute bien, & à peu de frais, & qu'on gagne en peu d'années du côté de la croissance bien au-delà de ce qu'a pu coûter cette opération.

Il y a des auteurs qui recommandent aussi, lorsqu'une bande exploitée à blanc ne peut se réensemencer assez promptement, *de laisser sur pied & intacte une bande de 30 à 40 mètres de large, d'en exploiter une nouvelle derrière celle-ci, & de continuer ainsi jusqu'à ce que les plus anciennes bandes exploitées soient suffisamment garnies de jeunes bois* (1), *ou bien de laisser des bouquets de bois sur pied çà & là pour qu'ils répandent de la semence autour d'eux.*

Je ne puis approuver aucune de ces deux méthodes; car si le local est exposé à de grands vents, les bandes restantes ou les bouquets de bois conservés, qui alors sont exposés à toute l'impétuosité de ces vents, ne peuvent tarder à être renversés. Si, au contraire, on n'a pas à craindre l'effet des vents sur les bandes ou bouquets non exploités, alors c'est le cas de pratiquer la coupe d'ensemencement, qui donne bien moins de prise au vent, puisque, après cette coupe, la forêt conserve encore la moitié de son état serré.

Je conseille donc, pour tous les cas où l'on n'aura pas à craindre d'une manière évidente les désastres du vent, de pratiquer dans les forêts d'épicias les coupes de réensemencement telles que je les ai indiquées; & quand ces coupes ne peuvent avoir lieu, d'y substituer les coupes par bandes & à blanc étoc, de semer ces bandes à la main aussitôt après l'extraction des souches, & de ne pas compter beaucoup sur le massif non exploité pour le réensemencement naturel, qui dans ce cas est toujours incertain.

Je n'ai pas encore vu de jeunes forêts d'épicias bien fournies de plants également distribués sur la surface du sol, qui provinssent de l'ensemencement naturel dans le cas de l'*exploitation* par bandes & à blanc étoc. Au contraire, j'ai toujours remarqué que ces forêts étoient très-imparfaitement repeuplées; qu'il n'y avoit que des lisières étroites, c'est-à-dire, les bords du massif restant, qui fussent passablement repeuplés, parce qu'à l'époque où la semence s'échappe des cônes, il fait quelquefois si peu de vent, que la semence est à peine portée à quelques toises du massif.

Quant à la manière de traiter ensuite une jeune forêt d'épicias, pour accélérer sa croissance autant que possible, elle est la même absolument que celle que nous avons indiquée pour les forêts de sapin commun, c'est-à-dire, qu'il faut y faire, aux mêmes époques, les éclaircies dont on a parlé.

CHAP. VI. — *Des forêts de pin sauvage* (1).

De la manière de conduire les forêts de pin sauvage, pour en obtenir le repeuplement par l'ensemencement naturel.

Le traitement des forêts de pin sauvage ne diffère de celui que nous venons d'indiquer pour les forêts de sapin commun & d'épicia, qu'en ce que la coupe d'ensemencement doit être un peu plus claire, & qu'il doit y avoir un espace de 10 à 12 pieds de la pointe des branches d'un arbre à celles de l'autre. Cet état clair de la coupe d'ensemencement est nécessaire, parce que les jeunes pins aiment moins l'ombre & s'en accommodent moins bien que les jeunes sapins & épicias.

Ainsi, dans les forêts de pin sauvage on établit la coupe d'ensemencement comme nous venons de le dire; on enlève de la coupe les souches des arbres abattus & tout le reste du bois coupé avant la chute des semences; & aussitôt qu'elle a eu lieu, on fait gratter toute la surface du terrain avec des bourrées d'épines, ou une herse à dents de fer. Alors on met la coupe en défends; & lorsque le repeuplement est complet & que les jeunes plants ont atteint de 6 à 12 pouces de haut, on enlève en *une seule fois*, & autant que possible lorsque la terre est couverte de neige, tous les arbres à semences qu'on avoit réservés lors de la coupe d'ensemencement. Si on différoit plus long-temps l'enlèvement de ces arbres, il arriveroit que les jeunes plants de pin sauvage, qui croissent très-vîte, deviendroient trop forts, & que, comme ils sont très-cassans, ils auroient beaucoup à souffrir de la chute de ces arbres, de leur *exploitation* & de leur transport; ou bien

(1) On voit qu'il s'agit ici d'exploiter par bandes alternatives, en laissant toujours entre deux bandes coupées une bande de bois sur pied. C'est le moyen que j'ai indiqué pour favoriser la production des bois de marine dans certaines futaies de chênes.

(1) Le pin sauvage est connu aussi sous les noms de *pin silvestre*, de *pin suisse* & de *pin de Genève*. *Pinus sylvestris* (Linn.).

que la coupe étant trop ombragée, ils dépériroient & mourroient en grande partie, notamment sous les arbres.

Du reste, la jeune forêt de pin sauvage se conduit par la suite d'après les règles que nous avons données pour le sapin commun & l'epicia. Cependant comme le pin sauvage croît beaucoup plus vîte dans sa jeunesse que ces dernières espèces, on pourra y faire la première éclaircie dès la 25e. ou la 30e. année, si, comme cela est assez ordinaire dans les bons terrains, la jeune forêt a acquis la force déterminée dans le chapitre IV, & si d'ailleurs elle présente déjà beaucoup de perches étouffées ou tout-à-fait mortes.

Il paroît, d'après ce que dit M. de Burgsdorf, qu'en Prusse on a adopté pour base de l'aménagement des forêts de pins l'âge de 140 ans, afin d'avoir de beaux arbres pour les constructions & les grands ouvrages. On divise donc ces forêts en 140 parties, lorsque leur étendue permet cette division. Mais comme la coupe sombre n'enlève qu'une partie des arbres sur la division mise en *exploitation*, il en résulte qu'on est obligé, pour avoir la quantité de bois nécessaire aux besoins de l'année, d'entamer plusieurs coupes à la fois. Cet auteur conseille d'en entamer trois pour les forêts de pins sauvages, & de ne prendre sur la totalité de ces trois coupes que la quantité de bois qu'on auroit obtenue sur une seule qu'on eût abattue à blanc étoc. C'est donc le tiers des arbres existans sur ces trois coupes qu'il conseille d'exploiter la première année. On continue l'année suivante d'exploiter dans la même proportion, tant sur les trois coupes susdites que sur une nouvelle coupe annuelle qu'on y ajoute.

Mais ce n'est pas là tout-à-fait la leçon de M. Hartig, qui ne conseille que deux coupes sur chaque division de la forêt, savoir, la *coupe sombre*, &, après le repeuplement, la *coupe définitive en une seule fois*. Cependant on n'en sera pas moins obligé d'entamer plusieurs coupes à la fois, vu la nécessité d'attendre, pour faire la coupe définitive, que l'ensemencement soit complet, & que les plants aient de 6 à 12 pouces de haut. (*Voyez* au mot AMÉNAGEMENT, ce que j'ai rapporté sur la manière d'aménager les futaies exploitées par éclaircies.)

CHAP. VII. — *De l'exploitation des forêts de mélèze.* Pinus larix. (Linn.)

La conduite des forêts de mélèze ne diffère en rien de celle des forêts de pin sauvage dont nous venons de parler.

CHAP. VIII. — *De l'exploitation des forêts de pin cembro.* Pinus cembra (1).

Comme les forêts de pin cembro ne se trouvent que sur les très-hautes montagnes, que les semences fort grosses tombent directement sous l'arbre, & que, dans des climats froids, les jeunes plants ont besoin d'abris, je conseillerai d'appliquer à ces forêts le mode d'*exploitation* que j'ai indiqué pour les forêts de sapin commun.

CHAP. IX. — *De l'exploitation des forêts de pin maritime* (1).

M. Hartig n'a point parlé de l'*exploitation* des forêts de pin maritime, parce que cette espèce ne croît point en Allemagne, ni même dans le nord de la France. Mais il n'y a point de doute qu'on ne puisse l'exploiter d'après les règles que notre auteur a données pour le sapin commun, parce que les graines du pin de Bordeaux étant à peu près du même poids que celles du sapin, ne s'écartent point davantage en tombant, & que d'un autre côté les jeunes plants de ces deux espèces ont également besoin d'ombre. Ainsi il y aura les mêmes distances à observer entre les arbres à réserver lors de la coupe d'ensemencement, & les mêmes précautions à prendre pour exécuter les coupes secondaires. Mais comme le pin de Bordeaux croît très-vîte, il faudra y faire les éclaircies à des époques plus rapprochées.

CHAP. X. — *De l'exploitation des forêts résineuses dont le massif se trouve mêlé d'arbres propres à être abattus, de bois plus foible, ou de bois tout-à-fait jeune* (2).

Il y a plusieurs circonstances importantes à observer lorsqu'il s'agit d'exploiter des forêts résineuses qui se trouvent mêlées de bois propres à être abattus & d'autres bois qui ne sont pas encore parvenus à cet état. Dans ces sortes de forêts il arrive, ou que les vieux arbres peuvent être enlevés d'entre le jeune bois sans lui faire beaucoup de tort, ou que cet enlèvement ne peut avoir lieu sans occasionner la dégradation de ce jeune bois, ou enfin que le sous-bois ne mérite par lui même aucune attention. Il est donc important de bien examiner l'état de la forêt & toutes les circonstances qui doivent déterminer à prendre tel ou tel parti.

---

(1) Cet arbre qui croît sur les montagnes de la Suisse, sur celles du Dauphiné, du Tyrol, des Alpes, de la Savoie, &c., &c., est connu aussi sous les noms de *pin à cinq feuilles*, de *pin alviez*, de *couve*, de *tinier*.

(1) Ou pin de Bordeaux, ou pin du Maine, ou grand pin, ou pin pinastre; *pinus maritima* (Willd.).

(2) Ce chapitre, où M. Hartig donne des instructions sur l'*exploitation* des forêts résineuses dont l'âge du bois est très-mélangé, mérite une grande attention, puisque toutes nos forêts résineuses, qui, jusqu'à présent, ont été exploitées par jardinage, se trouvent dans cet état, & que, si on se décide à les traiter d'après la méthode des éclaircissemens périodiques, ce chapitre indiquera la marche à suivre.

Si le jeune bois ou le recru eſt encore très-petit, mais bien venant & en quantité ſuffiſante, ou ſi les vieux arbres peuvent être extraits ſans cauſer beaucoup de tort au jeune bois, alors on ne doit pas différer à exécuter cette extraction, en prenant au reſte toutes les précautions pour éviter les dommages. Mais ſi le ſous-bois étoit déjà rabougri, ou en trop foible quantité, ou enfin dans un état tel, que ſi on enlevoit les vieux arbres il ne reſtât pas aſſez de jeunes plants pour fournir une conſiſtance ſuffiſamment ſerrée (1), alors ce ſeroit le cas de procéder à l'enlèvement de ce ſous-bois en choiſiſſant une année où les gros arbres ſeroient très-chargés de graines. Le diſtrict ſeroit mis dans l'état d'une coupe ſombre ou d'enſemencement d'après les règles que nous avons données précédemment (2). Par la ſuite on traitera le diſtrict ainſi exploité, en ſuivant les règles que nous avons données à l'égard de chaque eſpèce de bois réſineux (3).

Enfin, ſi le recru conſiſtoit déjà en perches & brins aſſez forts, & qu'il fût non-ſeulement en grande quantité, mais encore dans un bel état de croiſſance, ce qui n'arrive que lorſque les gros arbres ſont éloignés les uns des autres; alors il n'y a pas lieu à abattre ces gros arbres, parce qu'il en réſulteroit trop de dommage pour le jeune bois. Dans ce cas il faut laiſſer ſur pied le jeune bois *trop foible encore pour être abattu*, & le vieux bois, *quoiqu'un peu ſur le retour*, pourvu cependant qu'il ne ſoit pas couronné. Par la ſuite on exploitera le diſtrict, en ſuivant les règles établies à cet égard.

Il faut en un mot, pour déterminer l'*exploitation* de ces ſortes de forêts, conſulter l'expérience, qui nous apprend que les jeunes tiges des bois réſineux écraſées par la chute des arbres ne repouſſent point de ſouche; que ces tiges ſe rompent facilement, & que ſi elles ſont renverſées, elles ſe relèvent bien plus difficilement que les perches de bois à feuilles; qu'en outre les forêts réſineuſes qui ſe trouvent dans un état trop clair, réſiſtent beaucoup moins à l'intempérie, que les forêts de bois à feuilles qui ſe trouvent dans le même état (4).

(1) C'eſt-à-dire, un repeuplement complet.

(2) En effet, comme on auroit enlevé tout le ſous-bois & qu'on n'auroit conſervé que les gros arbres, la coupe ſeroit véritablement une coupe d'enſemencement.

(3) C'eſt-à-dire, qu'on enlevera enſuite les arbres à ſemences en une ou pluſieurs fois, ſuivant l'eſpèce de bois réſineux ou l'état plus ou moins ſerré de la coupe d'enſemencement, & qu'après cet enlèvement total on fera dans la jeune futaie les éclaircies périodiques que M. Hartig a preſcrites.

(4) M. Boſc, à qui j'avois communiqué ces Mémoires pour les inſérer dans les *Annales d'Agriculture*, a fait les obſervations ſuivantes : « Preſque par-tout on exploite les forêts d'arbres réſineux en jardinant. Je n'ai vu dans mes voyages que deux endroits très-circonſcrits où on les exploitoit autrement. Dans le premier, les landes de Bordeaux, on ſuivoit la méthode de M. Hartig, c'eſt-à-dire, celle des éclaircies périodiques. Dans le ſecond, une forêt de la Haute-Auvergne dont je ne puis me rappeler le nom, on ſuivoit celle de M. Burgſdorf, c'eſt-à-dire, par bandes étroites. Il m'a paru qu'on agiſſoit bien dans les landes, relativement au but, qui eſt d'avoir beaucoup de jeunes tiges de pin pour les échalas, mais qu'on avoit dans la Haute-Auvergne des *repouſſées* bien autrement garnies & d'une belle venue.

» Tous ceux qui connoiſſent la fragilité des arbres réſineux dans leur jeuneſſe, & la preſqu'impoſſibilité où ils ſont de s'élever lorſque leur flèche a été caſſée, doivent en effet juger que, quoique M. Hartig conſeille de n'exploiter ſa dernière coupe que quand la terre eſt couverte de neige, cette manière doit, comme celle en jardinant, mutiler une immenſe quantité de jeunes arbres, & par conſéquent cauſer leur mort. Dans la pratique recommandée par M. Burgſdorf, cet inconvénient n'a pas lieu, parce que dès que les arbres ſont coupés, on les enlève, & qu'on ne rentre dans la *repouſſée* que lorſqu'elle a acquis quelques années pour l'éclaircir, opération toujours avantageuſe, qu'on ne fait pas aſſez ſouvent. »

Je répondrai à ces obſervations que les coupes par bandes ſe repeuplent fort mal dans les forêts d'épicéa & de ſapin commun, parce que les ſemences de ces arbres ſont aſſez groſſes & ne s'enlèvent pas loin; qu'il en eſt de même de celles du pin maritime; qu'ainſi les forêts de ce genre ne peuvent bien ſe repeupler que par le ſyſtème des éclaircies. A l'égard de l'obſervation que les jeunes pins ou ſapins ſont mutilés par la chute des gros arbres, & ſouvent privés de leur flèche, elle n'eſt point d'une application générale. Il y a ſans doute beaucoup de plants mutilés, mais ceux qui reſtent intacts & le grand nombre de ceux qui lèvent encore après la coupe définitive, ſuffiſent pour opérer un bon repeuplement. Au ſurplus, l'expérience a prouvé, dans les forêts de l'Allemagne & dans celles que la France poſſédoit ſur la rive gauche du Rhin, que le ſyſtème des éclaircies eſt le plus parfait pour les forêts réſineuſes.

CHAP. XI. — *De la manière de traiter les futaies mêlées de bois à feuilles (chêne, hêtre, &c.), & de bois réſineux, arrivées à l'époque d'être exploitées* (1).

Quand il s'agit d'exploiter des forêts mêlées de bois à feuilles & de bois réſineux, on doit examiner,

S'il convient de reſpecter & de conſerver par la ſuite ce mélange d'eſſences;

Ou s'il convient, au contraire, de ne conſerver qu'une eſſence, & dans ce cas, quelle eſt celle à laquelle on doit donner la préférence?

Lorſqu'on juge à propos de conſerver le mélange, on met le diſtrict à exploiter dans l'état d'une coupe d'enſemencement, en ſe conformant aux règles établies à cet égard & en conſervant, lors de cette coupe, des arbres à ſemences, tant parmi ceux réſineux que parmi les autres. De cette manière on obtient un repeuplement compoſé de deux ſortes de bois, que l'on débarraſſe petit à petit de la préſence des arbres à ſemences, par la coupe ſecondaire & la coupe définitive. Par la ſuite

(1) Il y a pluſieurs forêts de ce genre dans le midi de la France.

suite on procède aux éclaircies périodiques de la jeune futaie d'après les instructions relatives à ces éclaircies.

Mais si on vouloit faire cesser le mélange avec la coupe qu'on auroit à faire actuellement, & qu'on se décidât, par exemple, à conserver les bois à feuilles, alors il conviendroit d'attaquer la forêt du côté du sud-ouest ou de l'ouest, *pour mettre par-là un obstacle à l'expansion des graines résineuses sur la coupe*, d'enlever par un vent favorable (1) tous les bois résineux, & de mettre ainsi, & aussi régulièrement que possible, le district dans l'état d'une coupe d'ensemencement, en ne conservant pour arbres à semences que des bois à feuilles.

Si, au contraire, on se détermine en faveur des bois résineux & qu'on veuille les conserver seuls, il faut alors enlever tous les bois à feuilles, en commençant l'*exploitation* du côté du nord-est ou de l'est, *pour favoriser le vol des semences résineuses*, & établir une coupe de réensemencement aussi régulière que possible, en ne conservant que des arbres résineux.

Dans les deux cas ci-dessus on obtiendra un succès assuré, si on suit exactement les règles que nous avons données dans les chapitres précédens, & si on a l'attention de repeupler par des semis & des plantations à la main les places vides qui peuvent se trouver çà & là.

Cependant si, malgré toutes les précautions qu'on auroit prises, la jeune forêt se trouvoit encore plus ou moins mêlée des deux sortes de bois, je ne conseillerai pas alors de chercher à la réduire à une seule essence par des cultures artificielles coûteuses. Il vaut beaucoup mieux laisser croître cette forêt mélangée, & se borner seulement à favoriser la multiplication & la croissance de l'espèce de bois la plus précieuse dans les éclaircies qu'on aura à faire par la suite, en enlevant de préférence l'essence la moins utile.

Autant je suis l'ennemi des forêts composées à la fois d'arbres résineux & de bois à feuilles, autant je suis d'avis qu'on laisse subsister ce mélange, plutôt que de faire des dépenses considérables pour réduire le bois à une essence pure, ou que de n'obtenir qu'une forêt imparfaitement peuplée. En effet, il vaut beaucoup mieux entretenir *sans frais*, par le semis naturel, une forêt bien fournie de bois à feuilles & de bois résineux, que d'obtenir, par des cultures plus coûteuses, une forêt pure, à la vérité, mais qui seroit mal peuplée (2).

(1) C'est-à-dire, lorsque le vent n'est pas trop fort & qu'il ne souffle pas sur la coupe.

(2) Les motifs pour lesquels M. Hartig préfère une forêt pure, c'est-à-dire, composée seulement de bois à feuilles ou de bois résineux, sont faciles à concevoir : ces deux sortes de bois exigent un traitement différent dans toutes les parties de l'économie forestière. On doit donc bien se garder de les mêler dans les semis & plantations. Il faut, autant que possible, que chacune occupe une place séparée.

Observations de M. Bosc. « Cependant il est bon d'observer que les arbres résineux, comme tous les végétaux, sont soumis à la loi de l'assolement, & qu'un terrain qui en a porté pendant plusieurs siècles, demande impérieusement à les remplacer par des arbres d'une autre nature. Dès qu'on coupe, en Amérique, les pins d'une localité que la hache n'avoit pas touchés depuis le commencement du monde, ce sont presqu'exclusivement des arbres feuillus qui les remplacent, ainsi que je m'en suis assuré un grand nombre de fois. Si un tel effet est aussi remarquable dans les forêts où les débris ont perpétuellement réparé les pertes du sol, à plus forte raison doit-il exister dans celles dont on enlève régulièrement les arbres & leur dépouille. J'attribue principalement à cette cause la diminution des forêts de pin & sapin dans les Alpes & sur les montagnes de la ci-devant Auvergne, diminution telle que déjà beaucoup de hautes vallées, autrefois peuplées, sont abandonnées, faute de chauffage pendant l'hiver, qui y est de huit mois. Partout, les habitans que je questionnois, se plaignoient de l'inutilité de leurs efforts pour repeupler leurs bois de pin. Quoi que fassent les habitans d'Useren, au pied du Saint-Gothard, du côté de la Suisse, ils ne pourront pas empêcher de disparoître le bouquet de pin qui garantit leur village des avalanches; car, ainsi que je l'ai vérifié, il n'y a pas un seul jeune pied dans ce bouquet, & il en périt tous les ans des vieux. Ce village est obligé de tirer son bois de trois à quatre lieues, ses environs en étant totalement dépourvus, au bouquet ci-dessus près, dont il est défendu de couper un seul arbre, sous peine de mort. Sans doute les bois de pin, de sapin, d'épicéa, de mélèze qui restent dans les contrées élevées environnantes, se détruisent plus rapidement par suite de leur *exploitation* en jardinant, *exploitation* qui n'est assujettie à aucune règle & réellement barbare, si je puis employer ce terme; mais je crois m'être assuré sur les lieux, je le répète, que leur anéantissement venoit en majeure partie de l'impossibilité de leur substituer des arbres feuillus, puisqu'à des hauteurs moins considérables, les bois mélangés de ces deux sortes d'arbres sont encore fort beaux, quoiqu'exploités de même, ainsi qu'on peut le voir dans la même vallée d'Useren, plus bas, auprès du fameux pont du Diable.

» La réunion de ces faits me fonde à faire remarquer, 1°. que M. Hartig a oublié de parler de l'influence de la loi des assolemens dans l'important Mémoire dont on vient de lire le résumé; 2°. qu'il est indispensable, d'après cette loi, malgré les inconvéniens réels que cite M. Baudrillart, de mélanger les arbres résineux aux arbres feuillus, dans les lieux où ils peuvent croître ensemble, toutes les fois qu'on veut rendre une forêt éternelle; & on doit le vouloir sur toutes les hautes montagnes qui ne sont pas susceptibles de culture. D'ailleurs, ces deux sortes de bois se protègent mutuellement, ainsi que j'ai eu occasion de le remarquer dans les lieux cités plus haut. Ce n'est que dans les plaines qu'on peut détruire avantageusement les plantations de pins pour les remplacer par des cultures de plantes annuelles. Cette pratique a lieu dans beaucoup de parties des landes de Bordeaux, comme je m'en suis assuré, principalement dans le voisinage de la ville.

» On me permettra encore d'ajouter que, si dans ces

Chap. XII. — *Résumé du présent Mémoire.*

La première partie de ce Mémoire a fait connoître que la plupart de nos auteurs, qui ne connoissoient cependant pas ce qui se pratiquoit en Allemagne, s'étoient prononcés contre l'*exploitation par jardinage* des forêts résineuses, & en faveur des éclaircies. La différence de ces deux méthodes a été suffisamment établie; on a démontré que l'une étoit aussi désastreuse que l'autre étoit utile & avantageuse; que rien ne devoit s'opposer à ce que la dernière fût appliquée aux forêts résineuses, puisque le nombre des *exploitations* à faire sur un même local & dans le même espace de temps sera bien moins considérable que celui des coupes par pieds d'arbres en jardinant. Tout se réunit donc en faveur de cette méthode, & s'il existe des forêts qui la réclament impérieusement, ce sont les forêts de pins, sapins & mélèzes. Les coupes blanches qu'on a voulu substituer aux coupes en jardinant seroient même plus funestes que ces dernières, & il n'y a que les forêts d'épicias qu'on puisse exploiter de cette manière; encore souvent est-il plus avantageux de les traiter suivant la méthode des éclaircies.

La seconde partie contient les excellentes instructions de M. Hartig sur l'application de cette méthode aux forêts résineuses, soit pures, soit mélangées. Le traitement des forêts de sapin commun a beaucoup d'analogie avec celui des forêts de hêtre. On y fait, comme dans ces dernières, des coupes de réensemencement, des coupes claires & des coupes définitives, & on commence vers la quarantième année de l'âge du recru à l'éclaircir par l'enlèvement des bois morts & étouffés. Cette éclaircie se répète à peu près tous les 20 ans, jusqu'à l'époque de l'*exploitation*, qui peut être fixée à 120, 140, 160 ou 180 ans, suivant les localités.

Quant aux forêts de la même espèce qui ne sont plus dans un état serré, on examine s'il se trouve encore assez de gros arbres pour repeupler par leurs semences au moins la moitié du terrain; dans ce cas on met la forêt en défends à la première année fertile en graines, & on achève le repeuplement par des semis artificiels; après quoi on procède à l'enlèvement des gros arbres d'après les règles qui ont été données. Mais si le nombre des vieux arbres étoit insuffisant pour procurer l'ensemencement naturel, même de la moitié de la surface du terrain, ce seroit le cas de faire des semis ou des plantations d'essences propres au sol & capables de réussir sans abris.

Le traitement des forêts d'épicias diffère peu de celui des forêts de sapins communs. Cependant lorsqu'on a à craindre les coups de vent, il est quelquefois dangereux de les exploiter par éclaircissement; alors on les exploite par coupes étroites & à blanc, de manière à favoriser le vol des semences de la partie restante de la forêt sur la coupe en *exploitation*.

Le traitement des forêts de pins sauvages ne diffère de celui des forêts de sapins communs qu'en ce que la coupe d'ensemencement doit être un peu plus claire.

L'*exploitation* des forêts de pins maritimes ne doit pas différer de celle indiquée pour le sapin commun.

Quant aux forêts résineuses qui contiennent des bois de différens âges, comme toutes celles qu'on a exploitées en jardinant, il y a plusieurs circonstances à examiner; savoir, si les vieux arbres peuvent être extraits sans dommage; si le jeune bois peut fournir une consistance assez serrée, ou si, au contraire, ce jeune bois est trop clair pour être conservé, & si, dans ce cas, il convient de l'enlever pour laisser la coupe se repeupler par les semences des vieux arbres; & enfin si le recru est trop fort pour qu'on puisse faire l'extraction des grands arbres. C'est d'après cet examen qu'on se décide à enlever soit les vieux arbres, soit le jeune bois, ou à les conserver tous les deux.

S'agit-il de l'*exploitation* des forêts composées de bois résineux & de bois à feuilles? on examine alors s'il convient de faire cesser ce mélange, & lorsqu'on est décidé en faveur d'une espèce, on procède à l'enlèvement de l'autre en prenant toutes les précautions pour en prévenir la renaissance. Mais souvent il est plus avantageux de conserver une forêt mélangée que de chercher à la réduire à une seule essence.

Je ne terminerai pas ce Mémoire sans insister encore sur la nécessité de remplacer les *exploitations* en jardinant par les *coupes périodiques*, telles qu'elles viennent d'être indiquées. J'ai dû entrer dans des détails, d'abord parce qu'il s'agit d'un mode dont la pratique est peu répandue dans l'in-

---

landes on trouve beaucoup de profit à exploiter les forêts de pin par éclaircies successives, comme le proposent MM. Hartig & Baudrillart, parce que là on vend les plus jeunes arbres pour faire des échalas, il seroit impossible d'exiger qu'on procédât de même sur les Hautes-Alpes, où on ne doit couper que des arbres d'une certaine grosseur pour pouvoir les transporter ou à dos d'hommes, ou en les roulant au lieu de la consommation. J'ai vu des milliers d'endroits où un cheval ne pouvoit être d'aucune utilité à cet égard.

» Je conclus donc, 1°. que quelque fondées en raison que soient les observations de M. Hartig contre l'*exploitation* en jardinant des arbres résineux, il faut se résoudre à les voir éternellement exploiter ainsi dans les hautes montagnes où il ne peut pas croître d'arbres feuillus; 2°. que quoiqu'il soit desirable, sous le rapport de la facilité de l'*exploitation*, que les arbres résineux & les arbres feuillus ne soient pas mélangés, il est presque toujours avantageux à la conservation des forêts de les laisser croître ensemble sur les montagnes de moyenne élévation, qu'on ne peut cultiver en céréales ou autres plantes annuelles après la destruction de ces forêts. »

Je ne conteste point l'exactitude de ces observations, qui s'appliquent généralement aux forêts des hautes montagnes; mais si M. Hartig conseille de favoriser les essences qui dominent dans un bois mélangé, c'est pour suivre l'indication de la nature, & par conséquent la loi des assolemens. Cet auteur veut, au surplus, qu'on respecte le mélange des essences plutôt que de s'exposer à n'avoir qu'une seule nature de bois mal garnie. Mais je demeure convaincu que le système des éclaircies peut être appliqué aux forêts des hautes montagnes comme à celles des autres situations, si on procède comme M. Hartig l'a indiqué pour les situations élevées.

térieur de la France ; d'un autre côté, parce que les avantages de ce mode, pour les bois résineux, sont encore révoqués en doute par quelques forestiers, &, enfin, parce que ce n'est qu'en faisant bien connoître les principes, les moyens d'exécution, & les résultats de cette méthode, qu'on peut fixer l'opinion sur son utilité.

J'ai la satisfaction d'annoncer qu'en ce moment l'administration des forêts fait faire, dans plusieurs futaies, des essais de la méthode que je viens d'exposer.

(*Article communiqué par M.* BAUDRILLART.)

EXPOSITION. Expression usitée pour désigner l'aspect d'une montagne, d'un mur, &c., relativement au cours du soleil.

Ainsi on dit que tel coteau est exposé au LEVANT, au MIDI, au COUCHANT, au NORD, ou intermédiaire entre ces points.

Il est très-important pour les agriculteurs de considérer l'*exposition*, ainsi que d'y suppléer & de la renforcer par des ABRIS. *Voyez* ce mot.

Une *exposition* abritée favorise beaucoup la fructification des arbres & des herbes, mais il ne faut pas cependant qu'elle le soit d'une manière exagérée.

En effet, il est des arbres & des plantes qui ne prospèrent qu'au midi, d'autres qui ne peuvent réussir qu'au nord.

Si ce n'étoit la crainte des gelées du printemps, l'*exposition* du levant seroit la meilleure. Elle l'est au moins pendant tout l'été.

L'*exposition* du midi est trop chaude pendant les chaleurs de l'été, mais convient le mieux pendant les trois autres saisons.

Celle du couchant est la pire de toutes. Cependant il est possible d'en tirer parti pour prolonger la jouissance de certains fruits d'été, qui alors mûrissent plus tard.

Fort peu d'arbres fruitiers peuvent supporter l'*exposition* du nord dans le climat de Paris ; mais elle est très-convenable pour faire des semis d'arbres verts, pour recevoir des plates-bandes de terre de bruyère, &, fait très-remarquable, pour conserver certains arbres des pays chauds, qui gèlent aux trois autres, quoiqu'elle soit humide, & que les *expositions* humides soient les plus sujettes aux gelées.

Cependant, jamais les *expositions* ne doivent être considérées d'une manière absolue. Il faut faire attention aux circonstances propres à la plante qu'on veut cultiver & à la nature du sol ; car le noyer, par exemple, qui redoute tant les gelées du printemps, & qui veut un terrain argileux & frais, sera mieux placé au couchant ou au nord, qu'au levant ou au midi. De plus, les vents dominans agissent pour troubler l'effet des *expositions*.

Outre les articles cités plus haut, j'invite les lecteurs à chercher des supplémens à celui-ci à ceux SOLEIL, OMBRE, CHAUD, FROID, GELÉE, CONTREVENT, &c.

EXTENSION. Ce mot a deux acceptions dans la médecine vétérinaire.

La première signifie le résultat de l'effort d'un opérateur, pour remettre en place un os LUXÉ ou CASSÉ. *Voyez* LUXATION & FRACTURE.

Le second est synonyme d'EFFORT. (*Voyez* ce mot.) Cependant il s'applique plus particulièrement au TENDON fléchisseur du PIED.

EXTIRPATEUR. Espèce de HOUE A CHEVAL à un grand nombre de petits socs placés en échiquier, & qui sert à extirper les mauvaises herbes, c'est-à-dire, à sarcler avec une grande rapidité.

Il est une infinité de cas où les labours avec l'*extirpateur* suffisent, & on peut par conséquent l'employer avec une grande économie de temps & d'argent. *Voyez* LABOUR & SARCLAGE.

F

FABIANE. *Fabiana.* Arbrisseau du Chili, qui constitue seul un genre dans la pentandrie monogynie & dans la famille des solanées.

Il ne se cultive pas dans les jardins d'Europe.

FABRICIE. *Fabricia.* On a donné ce nom à trois genres de plantes : l'un formé sur la LAVANDE MULTIFIDE ; le second aux dépens des HYPOXIS ; le troisième, le seul resté à la science, est formé sur deux arbustes de la Nouvelle-Hollande, fort voisins des LEPTOSPERMES, que nous cultivons dans nos jardins.

Espèces.

1. La FABRICIE glabre.

Fabricia lævigata. Smith. ♄ De la Nouvelle-Hollande.

2. La FABRICIE blanchâtre.

Fabricia incana. Smith. ♄ De la Nouvelle-Hollande.

Culture.

Ces deux espèces demandent, pendant l'hiver, la terre de bruyère & l'orangerie.

Je ne crois pas qu'ils aient encore donné de la bonne graine dans le climat de Paris ; mais elles se multiplient si facilement de boutures placées dans des pots sur couche à châssis, que cela est peu à regretter.

On trouvera au mot LEPTOSPERME les détails des soins qu'ils demandent.

FABRONIE. *Fabronia.* Genre de plantes de la famille des MOUSSES, qui renferme trois espèces.

FACHERIE. Sorte de BAIL en usage autour d'Aix.

FAGNE. On appelle ainsi, dans les Ardennes, les parties creuses du sommet des montagnes où il se trouve de la tourbe. C'est le fond de petits lacs aujourd'hui desséchés.

FAGOT. Réunion de branches d'arbres de différentes grosseurs, mais où le nombre des petites l'emporte.

La plus grande partie des *fagots* se consomme dans les campagnes pour la cuisine, le four, la fabrication de la CHAUX, des BRIQUES, des TUILES, &c. Comme le BOIS dont ils sont composés est jeune, ils donnent peu de CHALEUR; mais, à raison de la facilité de la circulation de l'air autour de leurs brins, ils brûlent très-rapidement & fournissent beaucoup de FLAMME.

On doit employer des *fagots* ni trop verts, ni trop secs, pour diminuer les inconvéniens précités, & les conserver, autant que possible, à l'abri de la pluie.

La longueur & la grosseur des *fagots* varie sans fin; cependant, dans chaque canton, ces dimensions sont à peu près fixées par l'usage, & en les achetant au cent, on sait combien on doit avoir de combustible. Dans ceux où le bois est cher, on cache ordinairement au centre de ceux qui se vendent les plus petites brindilles, qu'on appelle l'*ame*, quoique tout le monde sache que cela se fait ainsi.

Les *fagots* servent aussi à former des ABRIS, des HAIES SÈCHES, des FASCINAGES, des SUPPORTS aux MEULES de GRAINS & de FOINS, & à une infinité d'autres usages.

Un emploi des *fagots* qui n'est pas assez connu, quoique pratiqué quelquefois, c'est de favoriser la dessiccation complète des foins, des blés, &c., que le mauvais temps force de rentrer à demi secs ou même mouillés, en les stratifiant dans des granges ou sous des hangars. Il n'y a que de la main-d'œuvre d'employée dans ce cas.

On donne le nom de FAGOTINS aux très-petits *fagots*, & de BOURRÉE à ceux qui ne sont composés que de BRINDILLES, de ronces, de grandes herbes, &c.

Lorsqu'on coupe des branches d'arbres pour en donner les feuilles, soit vertes, soit sèches, aux bestiaux, les *fagots* qu'on en fabrique, pour la facilité de transport, & dont alors on ne coupe pas la partie supérieure, s'appellent des RAMÉES. *Voyez* tous les mots précités.

FAIM-VALE. Maladie qui attaque quelquefois le cheval qui travaille avec trop d'ardeur pendant les chaleurs de l'été. Elle consiste dans un spasme subit aux articulations des jambes, qui l'empêche d'avancer ou de reculer. On la guérit avec une promptitude surprenante, en lui donnant à manger sur place. Il est des chevaux plus sujets à la *faim-vale* que d'autres, mais en général cette maladie est rare. *Voyez* SPASME & CHEVAL.

FAISSOS. TERRASSES en pierres sèches, usitées dans les Cévennes, sur la pente des montagnes trop rapides. *Voyez* HAIE.

FALCATE. *Falcatea.* Plante grimpante de la Caroline, qui sert de type à un genre de la diadelphie décandrie.

On ne la voit pas dans nos jardins.

FALLTRANCKS. Réunion de plantes des montagnes des Hautes-Alpes, qui se met dans le commerce comme vulnéraire. On l'appelle aussi *thé de Suisse*.

La *sanicle*, la *bugle*, la *pervenche*, la *verge-d'or*, la *véronique*, la *pyrole*, la *gnaphale dioïque*, l'*alchemille*, la *cynoglosse*, l'*armoise*, la *pulmonaire*, la *brunelle*, la *bétoine*, la *verveine*, la *scrophulaire*, la *rhéxie*, l'*aigremoine*, la *menthe*, l'*épervière pilosèle* entrent dans les *falltrancks* : ainsi ce n'est pas faute de propriétés s'ils ne font pas plus de miracles.

Les médecins instruits repoussent de leur pratique ces compositions bizarres.

FALOURDE. On donne ce nom, à Paris, à quelques petites BRANCHES coupées en deux & liées avec une hart d'osier, lesquelles servent au chauffage du pauvre.

Il est des cantons où l'usage veut que tout le bois soit ainsi disposé, ce qui donne lieu à une main-d'œuvre inutile.

FANGE, FANGO, FANGOU. Noms de la HOUE.

FANU. Nom vulgaire des BLÉS qui poussent trop en feuilles. *Voyez* ce mot & ceux FANE, ENGRAIS, EFFEUILLAGE.

FAOUX. La FAUCILLE s'appelle ainsi dans le département de la Haute-Garonne.

FARDIER. VOITURE disposée pour porter des fardeaux très-pesans. On la charge par-dessous l'essieu, au moyen de chaînes ou de cordes & d'un cabestan.

FARNAL. Nom d'une boisson composée de SON & d'eau tiède.

FARRATGE. Synonyme de FARROUCHE.

FARSELIE. *Farselia.* Genre établi aux dépens

des JULIENNES, & qui ne diffère pas de celui appelé FIBIGIE.

FASCIOLE. *Fasciola.* Genre de vers intestins, qui, dans la nouvelle édition de l'*Entosorum synopsis* de Rudolphi, contient, sous le nom de *Distome*, 152 espèces, dont une seule est dans le cas d'être citée ici; c'est la FASCIOLE HEPATIQUE, vulgairement connue sous le nom de DOUVE, & dont il a été parlé à ce dernier mot.

FASÉOLE. C'est tantôt le HARICOT, tantôt la FEVE.

FASQUE. Tas de GERBES laissées dans les champs jusqu'à leur enlèvement.

FASTIGIAIRE. *Fastigiaria.* Genre de plantes établi aux dépens des VARECS. Il ne diffère pas du FURCELLAIRE.

FATAGUE. Graminée de Madagascar, qui constitue un excellent fourrage.

FAUCHEL. Espèce de RATEAU double qui sert à réunir les grains.

FAUCHETTE. Instrument avec lequel on taille le buis, la sauge, la lavande qui bordent les parterres.

FAUCHON. Petite FAUX à main, qui, à l'aide d'un crochet, sert à faire la moisson dans la Belgique & ailleurs.

Cet instrument intermédiaire, par ses effets, entre la FAUCILLE & la FAUX, remplit fort bien son objet, & il est à desirer que son usage s'étende de plus en plus vers le Midi.

FAUSSET. Petit morceau de bois taillé en cône très-alongé, qui sert à boucher les trous faits aux douves des tonneaux, lorsqu'on veut en goûter le vin. Il doit être de bois dur & très-sec.

FAUTIVE. *Voyez* TERRE FAUTIVE.

FAVONETTE. Un des noms vulgaires de la GESSE TUBÉREUSE.

FAYS ou FAYSSINO. Tas de blé de douze bottes dans le midi de la France.

FEDE. Nom de la BREBIS dans les départemens du Midi.

FEDIE. *Fedia.* Genre établi aux dépens des VALÉRIANES, pour placer la MACHE des jardins.

FEGUIÈRE. Synonyme de FIGUIER.

FEICELLE. Vase de terre percé de trous, destiné, dans le département des Deux-Sèvres, à faire égoutter le FROMAGE. *Voyez* ce mot & celui FORME.

FEINIÈRE. Synonyme de FENIL.

FENASSE. Nom vulgaire, aux environs de Genève, des GRAMINÉES qui donnent le meilleur FOIN, & de leur GRAINE.

FENDULE. *Fissidens.* Genre établi aux dépens des MOUSSES.

FENISON. Ce mot est employé dans les pays de vaine pâture pour indiquer le temps où l'entrée des PRÉS est défendue aux bestiaux.

FENOUIL. Espèce du genre ANET. *Voyez* ce mot.

FENOUIL MARIN. C'est la BACCILE.

FENOUIL DE PORC. Un des noms vulgaires du PEUCEDAN DES PRÉS.

FENS. C'est le FUMIER dans le département du Var.

FENTE DES ARBRES. La *fente* du tronc des arbres vivans peut avoir plusieurs causes, mais il n'est pas toujours facile de décider à laquelle est due celle de tel arbre.

La plus commune de toutes est probablement le vent qui, agissant sur les grosses branches, les fait éclater à leur aisselle. Cette sorte de *fente* traverse toujours le tronc. Les arbres fourchus sont principalement dans ce cas. Certaines espèces y sont plus sujettes que d'autres, le CERISIER, par exemple : encore plus l'AILANTE.

Dans les pays froids, les grandes gelées de l'hiver font quelquefois fendre une grande partie des vieux arbres, soit par la contraction extraordinaire de leurs fibres, soit par la glace qui se forme dans les interstices de ces fibres. J'ai eu occasion d'entendre une fois des milliers d'arbres, dans une futaie, craquer par cette cause, comme s'il y avoit une armée de tirailleurs dont les fusils eussent été d'une ligne de diamètre. Cette sorte de *fente* ne traverse jamais l'arbre. Il est même probable qu'elle va rarement jusqu'au centre.

Très-fréquemment la FOUDRE fend dans toute leur longueur les arbres sur lesquels elle tombe. J'en ai acquis la preuve personnelle plus de vingt fois en France ou en Amérique.

Les *fentes des arbres* ne se soudant jamais, le bois de ceux qui en offrent devient impropre à plusieurs services, & perd, par conséquent, beaucoup de sa valeur; & comme l'ouverture de ces *fentes* se recouvre presque toujours d'aubier, on ne peut les apercevoir que lorsqu'on en travaille le bois, ce qui cause beaucoup de mécomptes aux charpentiers, aux menuisiers, aux ébénistes & aux tourneurs.

Il est rare que ces *fentes* fassent périr l'arbre.

Les arbres abattus se fendillent presque tous par suite du retrait de leurs fibres, produit par l'évaporation de leur sève. Il y a à cet égard des différences sans nombre produites par l'espèce de l'arbre, par l'époque de l'année où il a été abattu, par le terrain & l'exposition où il se trouvoit, par son âge, &c.

Les trois causes qui font le plus ordinairement fendre les arbres, font aussi fendre l'écorce (pas toujours cependant la seconde); mais il en est deux autres qui agissent sur elle immédiatement, telles que la trop rapide formation de l'aubier, qui ne lui donne pas le temps de se distendre, & l'exposition aux alternatives de la pluie & du soleil, qui l'amollissent & la gonflent.

Dans ces deux cas, qui n'influent pas sur la qualité du bois, on répare en partie le mal en recouvrant la plaie d'onguent de Saint-Fiacre. *Voyez* ECORCE.

Varennes de Fenille, dans son important ouvrage sur *les qualités individuelles des bois indigènes*, a noté les différences qu'ils offrent sous le premier rapport, & elles ont été rappelées ici, aux articles qui les concernent.

Un arbre dont on veut faire diminuer les *fentes* le plus possible, doit être coupé en hiver, c'est-à-dire, à l'époque où il renferme le moins de séve; ensuite, laissé dans son écorce & placé à l'ombre, afin que l'évaporation de ce qu'il contient de séve se fasse le plus lentement possible.

On empêche aussi plus ou moins le fendillement, en mettant dans l'eau douce ou salée, pendant plus ou moins de temps, selon leur grosseur & la saison, les arbres qui viennent d'être abattus. Dans ce cas la séve est dissoute, & l'eau n'étant point visqueuse comme elle, ne favorise nullement le fendillement. L'eau chaude produit plus rapidement le même effet.

Les arbres écorcés sur pied se fendillent fort peu, ce qui est un motif de plus en faveur de cette opération. *Voyez* ARBRE.

FERBERIE. *Ferberia.* Genre établi pour placer la GUIMAUVE DE LUDWIGE.

FEREIRE. *Fereiria.* Arbuste du Pérou qui constitue un genre dans l'hexandrie monogynie.

Il ne se cultive pas en Europe.

FERIÈRE. On appelle ainsi les CHAMPECIÈRES dans le département de la Manche.

FERNANDEZE. *Fernandezia.* Genre de plantes qui renferme sept ORCHIDÉES propres au Pérou, mais qui ne diffère pas assez de celui appelé CYMBIDION, pour le conserver.

FERONIE. *Feronia.* Genre de plantes qui sépare des TONG-CHUS ou des TAPIERS l'espèce appelée *balang*. Il ne diffère pas du SOUTHWELIE.

FERRÉOLE. *Ferreola.* Arbre des Indes qui forme, dans la dioecie hexandrie, un genre voisin de MABAS, de EHRETIES & des PISONES.

Il ne se cultive pas en Europe.

FERRURE. L'ongle ou le sabot du pied des chevaux, comme celui de tous les animaux, repousse par la base autant qu'il s'use par l'extrémité, lorsqu'ils sont dans l'état de nature, c'est-à-dire, qu'ils n'ont qu'à paître sur les gazons.

Mais dans l'état de domesticité, les chevaux étant obligés de marcher sur des routes couvertes de cailloux ou même pavées, & le plus souvent de *pincer le sol* (appuyer sur le devant pour tirer avec plus de force), leur ongle ou sabot s'useroit plus vîte qu'il se reproduit. C'est ce qui a obligé tous les peuples qui font usage des voitures, de le garnir d'un fer.

Les écrits des Anciens & les chevaux du char du soleil, que nous avons possédés pendant quelques années à Paris, nous prouvent que la *ferrure* a été connue dès la haute antiquité. Aujourd'hui elle est généralement admise en Europe avec des modifications qui tiennent aux peuples, aux services qu'on demande aux chevaux, aux maladies dont leur pied est affecté, &c.

Par sa nature, ainsi que l'a prouvé Clark, à l'aide d'expériences positives, le sabot du cheval change de forme avec l'âge, lorsqu'il n'est employé que pour la selle, & par conséquent il doit se déformer lorsqu'il sert à traîner, soit que ce soit sur des routes pavées, soit que ce soit sur des routes boueuses, soit que ce soit dans l'eau (les chevaux dits *de rivière*, employés au traînage des bateaux, & dont le sabot est si large & si mou).

La *ferrure* conserve donc, non-seulement l'épaisseur du sabot des chevaux, mais encore sa forme; mais tout ce qui est dans la nature étant bien, elle altère donc nécessairement cette forme dans des âges supérieurs. Elle fait plus : elle est souvent la cause de la destruction plus ou moins complète de l'ongle, & d'un grand nombre de maladies, de sorte que c'est une question de savoir si elle n'est pas, en principe général, plus nuisible qu'utile.

Les premiers fers furent des lames d'une très-petite épaisseur, qui couvroient la totalité de la partie inférieure du sabot. Plus tard on évida le milieu. Enfin, on leur donna la forme à peu près demi-circulaire qu'on leur voit généralement aujourd'hui.

Le choix du fer destiné à fabriquer les fers des chevaux n'est pas indifférent. Celui qui est trop liant, s'use trop vîte; celui qui est trop cassant, éclate souvent : c'est donc un fer de moyenne qualité qu'il faut préférer. Employer des vieux morceaux de fer après les avoir réunis par une chauffe très-forte, comme on le fait dans tant de lieux en France, est une excellente méthode, en ce que ces fers, presque toujours de qualités différentes, puisqu'ils viennent de différentes forges souvent fort éloignées, forment un tout de qualité moyenne.

Cependant l'économie oblige le plus souvent d'employer le fer qui vient directement des forges, de quelque nature qu'il soit. Ainsi j'ai vu en Espagne fabriquer des fers avec l'excellent fer de la Biscaye, qui se forge à froid, & on vend en Angleterre beaucoup de fers composés de fonte douce coulée dans des moules.

Un fer à cheval ordinaire, pour un cheval de moyenne taille, offre 4 pouces dans sa plus grande largeur, 5 pouces dans sa longueur: le fer a environ 1 pouce de large & 3 lignes d'épaisseur; il est percé de 8 trous carrés, 4 de chaque côté, mais non concordans, lesquels représentent des trémies dont la grande ouverture est en dehors. On appelle ces trous des ÉTAMPURES.

Les pieds de devant des chevaux sont différemment conformés que ceux de derrière, & la forme des fers de ceux de devant, comme de ceux de derrière, doit être en sens contraire pour le pied droit & pour le pied gauche. Les quatre fers d'un cheval doivent donc être d'une forme différente sous cette seule considération. Il faut encore les faire varier selon les maladies, les accidens, le service qu'on demande, même la saison; de sorte que la *ferrure* est un art très-compliqué, que peu de personnes comprenoient dans son ensemble & pratiquoient convenablement, avant l'établissement des écoles vétérinaires, qui ont porté la science dans cette partie comme dans le traitement des maladies des chevaux & autres bestiaux. Honneur à ceux qui ont formé ces utiles établissemens, & à ceux qui les dirigent aujourd'hui d'une manière si distinguée!

Celui qui se livre exclusivement à la *ferrure*, s'appelle MARÉCHAL.

Les instrumens qui s'emploient pour la *ferrure* sont le brochoir, le boutoir, les tricoises, la râpe, le rogne-pied & le repoussoir.

Le brochoir est un marteau aussi large que la moitié de sa longueur.

Le boutoir est une lame tranchante, relevée sur ses bords latéraux & postérieurs, & fixée à un manche en zigzag.

Les tricoises sont des tenailles très-obtuses.

La râpe ne diffère pas de celle employée par les menuisiers.

Le rogne-pied est généralement un tronçon de sabre bien affilé.

Enfin, le repoussoir est un poinçon coupé net à sa pointe.

Ces instrumens se placent dans les poches d'une ceinture de cuir que le maréchal place autour de ses reins.

Généralement les maréchaux ont des fers forgés à l'avance pour tous les pieds des chevaux, & de la grandeur moyenne de ceux de la race du pays; mais comme il est des différences dans ces pieds, qu'il se présente des chevaux de races différentes, presque toujours ils sont obligés d'approprier ces fers, en les forgeant de nouveau, au pied du cheval qu'ils doivent ferrer.

Placer un fer devroit être précédé de l'étude du pied du cheval & de ses allures; mais les simples maréchaux se dispensent souvent de cette étude.

Pour placer un fer, un aide relève le pied, celui de devant seulement, avec les deux mains, celui de derrière en l'appuyant sur sa cuisse, & le présente au maréchal, qui, tenant chauffé au rouge le fer avec la tricoise, le présente au pied pour voir s'il lui convient. Dans le cas où il s'y applique exactement, il le fixe avec des clous. Dans le cas contraire, ou il pare le sabot avec le boutoir, c'est-à-dire, enlève la corne superflue, ou porte le fer à la forge pour l'élargir, le raccourcir, l'alonger, &c.

En France, le fer se place toujours presque rouge, parce que brûlant la corne dans ses parties saillantes, il s'y applique plus rigoureusement; mais aussi on risque de faire naître, si on ne calcule pas bien la chaleur du fer & l'épaisseur de la corne, l'accident connu sous le nom de CORNE BRULÉE. *Voyez* ce mot.

Lorsque le fer est jugé devoir porter également partout, & être exactement au niveau du bord de la sole, on l'attache au moyen de deux clous, un de chaque côté; puis on fait mettre à terre le pied du cheval, & s'il juge qu'il pose régulièrement, il place les autres clous & les broche.

On appelle *brocher*, faire entrer les clous dans le sabot à coups de marteau. Cette opération est très-délicate, en ce que si le clou entre trop haut, il blesse le pied, cause l'accident grave appelé PIED SERRÉ. (*Voyez* ce mot & celui CLOU DE RUE.) S'il entre trop bas, il ne tient pas ou cause une SEIME.

Les clous destinés à la *ferrure* sont d'une forme fort différente de ceux dont on fait généralement usage; leur tête est très-grosse & représente un polyèdre à dix pans; leur pointe, appelée *lame*, est très-aplatie. Il faut employer à leur confection du fer très-liant, car lorsqu'ils se cassent dans la sole, ils donnent lieu à beaucoup d'inconvéniens.

Tous les clous étant brochés, on casse l'extrémité de la lame avec la tricoise, en la contournant, & on la rive par un ou deux coups de brochoir, en appuyant la tricoise sur la tête du clou.

Les fers des pieds de derrière s'usent plus que ceux des pieds de devant, & doivent par conséquent être plus épais. Il est des chevaux qui usent plus d'un pied que des autres; il faut en agir de même pour ce pied.

Beaucoup de fers sont pourvus en avant d'un crampon destiné à faciliter au cheval le moyen de se fixer fortement dans la terre, ou dans les intervalles des pavés, & en arrière d'éponges, c'est-à-dire, de saillies qui les empêchent de glisser (pendant les gelées elles sont pointues); mais comme ce crampon & ces éponges gâtent les pieds des chevaux, lorsqu'ils sont bons, il est prudent de ne les employer que circonstanciellement.

Tout ce que je viens de dire convient seulement à ce qu'on appelle un *bon pied*, c'est-à-dire, à celui qui n'a aucun défaut d'organisation, ou qui n'a été ni altéré ni déformé par des accidens ou des maladies; mais pour chaque difformité ou maladie, il faut une forme particulière de fer, forme que je me dispenserai de décrire, parce que, quelque soin que j'apportasse à le faire, je ne pourrois mettre personne dans le cas de les fabriquer & de les appliquer. En conséquence, je me borne à renvoyer le lecteur à l'ouvrage de M. Girard, directeur de l'Ecole vétérinaire d'Alfort, intitulé : *Traité du pied dans les animaux domestiques*, ouvrage où ses maladies sont traitées à fond.

La *ferrure* des mulets & des ânes diffère trop peu de celle des chevaux pour que je m'y arrête ; mais celle des BŒUFS n'y a aucun rapport.

Les fers des bœufs consistent en deux plaques minces de fer, une pour chaque ongle, contournées en partie comme ces ongles, & fixées par cinq clous, le premier en pince & le dernier ne passant pas la moitié de la longueur du fer.

Il est des pays où la *ferrure* des bœufs ne consiste qu'en une petite plaque de fer fixée sous l'ongle externe.

Au reste, ce n'est que dans les montagnes granitiques, c'est-à-dire, où les pierres sont très-usantes, qu'on ferre les bœufs.

FEUILLE D'UN BOIS. Ce mot, en langage forestier, est synonyme d'année. Ainsi, on dit ce TAILLIS est à sa douzième *feuille*, ainsi je pourrai le faire couper dans trois ans. J'ai vendu cet arpent de taillis, qui est à sa quinzième *feuille*, la somme de 600 fr., ce qui fait 40 fr. par *feuille*.

On ne compte pas par *feuille* lorsqu'il est question des FUTAIES ou des BALIVEAUX.

FEUILLÉE. *Fewillea*. Genre qui ne diffère pas de celui appelé NANDIROBE.

FEUVRE. C'est la PAILLE aux environs de Ham.

FÉVE DU BENGALE. Fruit du MIROBOLAN CITRIN.

FÉVE A COCHON. C'est la JUSQUIAME.

FÉVE D'ÉGYPTE. Les fruits du NÉNUFAR NÉLOMBO portent ce nom dans le commerce.

FÉVE DU DIABLE. Fruit du CAPRIER CYNOPHALLOPHORE.

FÉVE DOUCE. Le DATTIER des Indes porte ce nom.

FÉVE D'INDE. Espèce de DOLIC.

FÉVE ÉPAISSE. Un des noms de l'ORPIN.

FÉVE LOVINE. Ce sont les fruits du LUPIN.

FÉVE DE LOUP. Nom vulgaire de l'ELLÉBORE FÉTIDE.

FÉVE DE MALADON. C'est le fruit de l'ANACARDE.

FÉVE DE MALACCA. *Voyez* ANACARDE.

FÉVE DU MÉDICINIER. *Voyez* RICIN.

FÉVE NÈGRE. Fruit d'une espèce de DOLIC d'Afrique.

FÉVE DE PICHURINE. Graine d'un LAURIER de l'Amérique méridionale.

FÉVE PURGATIVE. *Voyez* RICIN.

FÉVE DE PYTHAGORE. Fruit du CAROUBIER, selon Petit-Radel.

FÉVE DE SAINT-IGNACE. Fruit de l'IGNATIE.

FÉVE DE TONGA OU TONKA. Fruit du COMNAROU, qui ne diffère pas du DIPTERIE & du BARIOSME.

FÉVE DU TRÈFLE. On appelle ainsi la graine de l'ANAGYRE.

FEVERO. Synonyme de MÉLANGE.

FIBIGIE. *Fibigia*. Genre de plantes qui ne diffère pas de celui appelé FARSETIE.

FIBRAURE. *Fibraurea*. Arbrisseau grimpant de la Cochinchine, qui seul constitue un genre dans la diœcie hexandrie, dans le voisinage des PAREIRES.

On emploie sa racine en médecine & ses tiges dans la teinture.

Il n'est pas cultivé en Europe.

FIGUIER. *Ficus*. Genre de plantes de la polygamie diœcie & de la famille des orties, qui réunit plus de cent espèces, dont une est l'objet d'une culture des plus importantes, son fruit étant un manger aussi agréable que sain, & dont beaucoup d'autres méritent, sous divers rapports, l'attention des cultivateurs.

Observations.

Tous les *figuiers* laissent fluer, lorsqu'on entame leur écorce, une liqueur laiteuse plus ou moins âcre, qui est quelquefois un poison, & qui quelquefois se transforme en *gomme élastique* par la dessiccation.

Espèces.

1. Le FIGUIER cultivé.
Ficus carica. Linn. ♄ Indigène.

2. Le FIGUIER de l'Ile-de-France.
Ficus mauritiana. Lam. ♄ De l'Ile-de-France.

3. Le FIGUIER à feuilles d'orme.
Ficus ulmifolia. Lam. ♄ De . . . .

4. Le FIGUIER à feuilles de consoude.
Ficus symphytifolia. Lam. ♄ Des Indes.

5. Le FIGUIER à grandes feuilles.
Ficus macrophylla. . . . . ♄ De la Nouvelle-Hollande.

6. Le FIGUIER à feuilles de nymphée.
Ficus nymphaefolia. Linn. ♄ De Caracas.

7. Le FIGUIER de la Martinique.
Ficus laurifolia. Lam. ♄ Des Antilles.

8. Le

8. Le FIGUIER à feuilles de citronier.
Ficus citrifolia. Lam. ♄ Des Antilles.

9. Le FIGUIER à grosses nervures.
Ficus crassinervia. .... ♄ Des Antilles.

10. Le FIGUIER du Bengale.
Ficus bengalensis. Linn. ♄ Des Indes.

11. Le FIGUIER rouillé.
Ficus rubiginosa. Vent. ♄ De la Nouvelle-Hollande.

12. Le FIGUIER à feuilles de peuplier.
Ficus populnea. Willd. ♄ Des Antilles.

13. Le FIGUIER des pagodes.
Ficus religiosa. Linn. ♄ Des Indes.

14. Le FIGUIER à grappes.
Ficus racemosa. Linn. ♄ Des Indes.

15. Le FIGUIER écailleux.
Ficus vestita. .... ♄ ....

16. Le FIGUIER à feuilles de phytolacca.
Ficus phytolaccæfolia. .... ♄ ....

17. Le FIGUIER glauque.
Ficus cordata. Thunb. ♄ Du Cap de Bonne-Espérance.

18. Le FIGUIER ondulé.
Ficus undulata. .... ♄ Des Antilles.

19. Le FIGUIER à feuilles de périploque.
Ficus periplocifolia. Cels. ♄ De ....

20. Le FIGUIER à feuilles elliptiques.
Ficus elliptica. .... ♄ De l'Amérique méridionale.

21. Le FIGUIER à feuilles de poirier.
Ficus pyrifolia. .... ♄ ....

22. Le FIGUIER à feuilles d'arbousier.
Ficus microcarpa. Linn. ♄ Des Antilles.

23. Le FIGUIER à réseau.
Ficus pumila. Linn. ♄ De la Chine.

24. Le FIGUIER sarmenteux.
Ficus stipulacea. Willd. ♄ Des Antilles.

25. Le FIGUIER palmé.
Ficus palmata. Vahl. ♄ De l'Arabie.

26. Le FIGUIER Benjamin.
Ficus benjaminea. Linn. ♄ Des Indes.

27. Le FIGUIER à feuilles de saule.
Ficus salicifolia. Ait. ♄ De l'Amérique méridionale.

28. Le FIGUIER à feuilles luisantes.
Ficus lucida. Ait. ♄ Des Indes.

29. Le FIGUIER des Indes.
Ficus indica. Ait. ♄ Des Indes.

30. Le FIGUIER à fruits ronds.
Ficus virens. Ait. ♄ De l'Amérique méridionale.

31. Le FIGUIER à feuilles ondées.
Ficus venosa. Ait. ♄ Des Indes.

32. Le FIGUIER à feuilles en cœur.
Ficus costata. Ait. ♄ Des Indes.

33. Le FIGUIER à feuilles coriaces.
Ficus coriacea. Ait. ♄ Des Indes.

34. Le FIGUIER hétérophylle.
Ficus aquatica. Willd. ♄ Des Indes.

35. Le FIGUIER à feuilles rudes.
Ficus hispida. Linn. ♄ De Java.

36. Le FIGUIER sycomore.
Ficus sycomora. Linn. ♄ D'Égypte.

37. Le FIGUIER à feuilles acuminées.
Ficus acuminata. Ait. ♄ Des Indes.

38. Le FIGUIER des teinturiers.
Ficus tinctoria. Ait. ♄ Des Indes.

39. Le FIGUIER à feuilles en scie.
Ficus serrata. Linn. Vahl. ♄ De l'Arabie.

40. Le FIGUIER à feuilles simples.
Ficus simplicifolia. Lam. ♄ De la Cochinchine.

41. Le FIGUIER dentelé.
Ficus denticulata. Vahl. ♄ Des Indes.

42. Le FIGUIER à fruit tronqué.
Ficus truncata. Vahl. ♄ Des Indes.

43. Le FIGUIER sagitté.
Ficus sagittata. Vahl. ♄ Des Indes.

44. Le FIGUIER auriculé.
Ficus auriculata. Lam. ♄ De la Cochinchine.

45. Le FIGUIER à feuilles velues.
Ficus tomentosa. Roxb. ♄ Des Indes.

46. Le FIGUIER pédonculé.
Ficus pedunculata. Willd. ♄ De l'Amérique méridionale.

47. Le FIGUIER ponctué.
Ficus punctata. Thunb. ♄ Des Indes.

48. Le FIGUIER trigone.
Ficus trigona. Linn. ♄ De l'Amérique méridionale.

49. Le FIGUIER à fruit de grenadier.
Ficus granata. Forst. ♄ De l'île de Tanna.

50. Le FIGUIER velouté.
Ficus velutina. Humb. ♄ De l'Amérique méridionale.

51. Le FIGUIER turbiné.
Ficus turbinata. Willd. ♄ De l'île de Tanna.

52. Le FIGUIER septique.
Ficus septica. Forst. ♄ De l'île de Tanna.

53. Le FIGUIER à feuilles en faulx.
Ficus falcata. Thunb. ♄ Des Indes.

54. Le FIGUIER à feuilles de clethra.
Ficus clethræfolia. Willd. ♄ De Caracas.

55. Le FIGUIER insipide.
Ficus insipida. Willd. ♄ De Caracas.

56. Le FIGUIER galeux.
Ficus callosa. Willd. ♄ Des Indes.

57. Le FIGUIER grattoir.
Ficus radula. Humb. ♄ De l'Amérique méridionale.

58. Le FIGUIER polissoire.
Ficus politoria. Lam. ♄ De la Cochinchine.

59. Le FIGUIER à fruits ouverts.
Ficus pertusa. Linn. ♄ De l'Amérique méridionale.

60. Le FIGUIER à fruits percés.
Ficus terebrata. ♄ Bory. Des Indes.

61. Le FIGUIER d'Amérique.
Ficus americana. Aubl. ♄ De l'Amérique méridionale.

62. Le FIGUIER parasite.
Ficus parasitica. Willd. ♄ Des Indes.

63. Le FIGUIER à feuilles obtuses.
Ficus retusa. Linn. ♄ Des Indes.
64. Le FIGUIER drupacé.
Ficus drupacea. Thunb. ♄ Des Indes.
65. Le FIGUIER réfléchi.
Ficus reflexa. Thunb. ♄ Des Indes.
66. Le FIGUIER à fruits feuillus.
Ficus comosa. Roxb. ♄ Des Indes.
67. Le FIGUIER à fruits réunis.
Ficus glomerata. Roxb. ♄ Des Indes.
68. Le FIGUIER prolixe.
Ficus prolixa. Forst. ♄ Des îles de la Société.
69. Le FIGUIER oblique.
Ficus obliqua. Forst. ♄ De l'île de Tanna.
70. Le FIGUIER prinoïde.
Ficus prinoides. Willd. ♄ De l'Amérique méridionale.
71. Le FIGUIER à feuilles de chanvre.
Ficus cannabina. Lam. ♄ De la Cochinchine.
72. Le FIGUIER âpre.
Ficus aspera. Forst. ♄ De l'île de Tanna.
73. Le FIGUIER à feuilles de mûrier.
Ficus morifolia. Lam.
74. Le FIGUIER poison.
Ficus toxicaria. Linn. ♄ De Sumatra.
75. Le FIGUIER à feuilles opposées.
Ficus oppositifolia. Roxb. ♄ Des Indes.
76. Le FIGUIER maculé.
Ficus maculata. Linn. ♄ De Saint-Domingue.
77. Le FIGUIER du Cap.
Ficus capensis. Thunb. ♄ Du Cap de Bonne-Espérance.
78. Le FIGUIER réticulé.
Ficus reticulata. Thunb. ♄ Des Indes.
79. Le FIGUIER sinué.
Ficus sinuata. Thunb. ♄ Des Indes.
80. Le FIGUIER dendroïde.
Ficus dendroida. Humb. ♄ De l'Amérique méridionale.
81. Le FIGUIER glabre.
Ficus glabra. Humb. ♄ De l'Amérique méridionale.
82. Le FIGUIER à feuilles de Sainte-Lucie.
Ficus padifolia. Humb. ♄ De l'Amérique méridionale.
83. Le FIGUIER gigantesque.
Ficus gigantea. Humb. ♄ De l'Amérique méridionale.
84. Le FIGUIER à feuilles de fustet.
Ficus cotinifolia. Humb. ♄ De l'Amérique méridionale.
85. Le FIGUIER pétiolaire.
Ficus petiolaris. Humb. ♄ De l'Amérique méridionale.
86. Le FIGUIER faux-sycomore.
Ficus sier. Forsk. ♄ De l'Arabie.
87. Le FIGUIER lenticulaire.
Ficus lentiginosa. Vahl. ♄ De l'Amérique méridionale.
88. Le FIGUIER à stipules.
Ficus stipulata. Thunb. ♄ Du Japon.
89. Le FIGUIER à fruits jaunes.
Ficus lutea. Vahl. ♄ De Guinée.
90. Le FIGUIER à coeffe.
Ficus calyptrata. Vahl. ♄ De Guinée.
91. Le FIGUIER redressé.
Ficus erecta. Thunb. ♄ Du Japon.

Culture.

Il y a lieu de croire que le *figuier cultivé* est originaire des bords de la Méditerranée, mais on ne peut dire positivement d'où. Rien ne porte à le faire regarder comme indigène à l'Europe. Sa culture étoit établie de temps immémorial, comme elle l'est encore, dans la Grèce, l'Asie mineure, la côte d'Afrique, celles d'Espagne, d'Italie & dans toutes les îles intermédiaires. On l'a porté dans toute l'Amérique, dans les Indes, au Cap de Bonne-Espérance, enfin partout où la chaleur du climat a permis de le cultiver en pleine terre. Le nombre de ses variétés est immense & augmente chaque jour. Je n'ai pas trouvé en Amérique une seule de celles dont j'ai mangé en France. M. de Suffren, qui a entrepris de décrire & de peindre celles des départemens méridionaux du royaume, en a déjà plusieurs centaines dans son portefeuille, & il n'a pas encore épuisé les environs de sa demeure. Olivier, de l'Institut, né dans ces départemens, & qui, par conséquent, connoissoit bien les variétés de figues, m'a assuré en avoir mangé nombre de nouvelles dans la Grèce, l'Asie mineure, l'Égypte, la Perse, &c.

Quelque peu utile que puisse être la nomenclature des variétés de *figuier* hors du canton où elles sont cultivées, je ne puis me dispenser de rapporter celle qui a été publiée par Bernard, celui à qui on doit le meilleur traité sur la culture du *figuier* dans la ci-devant Provence.

La *figue blanche* ou *grosse-blanche*. L'arbre a des feuilles grandes, peu découpées. Les fruits sont gros, ronds, d'un vert très-clair. Leur pulpe en est douce & très-agréable.

La *figue jaune*, ou l'*angélique*, ou la *mélille*. L'arbre a des feuilles médiocres, plus longues que larges, & portées sur de courts pétioles. Les fruits sont médiocres, un peu alongés, jaunes, ponctués de vert, à pulpe d'un fauve-rougeâtre, très-agréable au goût; ils sont plus abondans à la récolte d'automne qu'à celle du printemps.

La *figue violette*. L'arbre a les feuilles très-petites & très-profondément découpées, presque rondes. Les fruits sont assez gros, globuleux, d'un violet foncé, à pulpe rouge très-agréable.

La *figue-poire* ou *figue de Bordeaux*. L'arbre a les feuilles petites & très-profondément découpées. Les fruits sont d'un rouge-brun, médiocres, alongés, à pulpe d'un fauve-rougeâtre.

Ces quatre variétés sont les seules qui puissent

arriver à maturité dans le climat de Paris, encore la dernière n'y arrive-t-elle que dans les années extrêmement chaudes & dans les meilleures expositions.

La *cordelière*, ou *servantine*, ou *courcourelle*, presque ronde, blanchâtre, striée, rouge intérieurement. Les printanières sont les meilleures.

La *grosse-branche* longue est blanche, alongée, striée, & quelquefois ponctuée de blanc plus clair. Les printanières sont moins bonnes que les automnales. Cette variété demande un grand degré de chaleur pour arriver à une parfaite maturité. Elle est une des plus communément cultivées, à raison de l'abondance de ses produits. On l'appelle aussi la *longue marseillaise*.

La *marseillaise* est petite, ovale, d'un vert pâle. Sa pulpe est rouge, des plus sucrées & des plus parfumées. Cette variété exige beaucoup de chaleur & mûrit tard; mais elle est la meilleure, soit fraîche, soit sèche, de toutes celles connues en France.

La *petite-blanche* ronde ou de Lipari est ronde, blanche, douce comme le miel. C'est la plus petite de toutes celles qu'on mange en France. On l'appelle *esquillarelle* & *blanquette*. Elle donne deux récoltes.

La *verte* est longuement pédonculée, verte à l'extérieur, d'un rouge de sang à l'intérieur. C'est une excellente espèce, qu'on connoît aussi sous le nom de *cuers*. Elle est sujette à couler dans les terrains secs.

La *grosse-jaune* est ovale, d'abord blanche, ensuite jaune. Sa pulpe est rouge, très-sucrée : c'est la plus grosse qu'on connoisse. Il en est qui pèsent jusqu'à cinq onces. On la connoît aussi sous le nom d'*aubigne blanche*.

La *grosse-violette* longue, ou l'*angélique*, est alongée, d'un violet obscur, très-grosse, médiocrement sucrée. Sa peau se fend à l'époque de la maturité. Les automnales sont moins grosses que les printanières. On la cultive beaucoup en Italie, mais elle est peu estimée aux environs de Marseille, où elle est connue sous le nom d'*aubigne noire*.

La *petite-violette* ne diffère presque de la précédente que par sa grosseur.

La *courcourelle brune* est presque ronde, petite, brune extérieurement, rougeâtre intérieurement. Elle est confondue mal-à-propos avec l'angélique.

La *bouffrone* est petite, aplatie en dessus, noire en dessous, rougeâtre en dedans. Elle n'est pas meilleure que la négrone, dont elle se rapproche beaucoup.

La *salerne* est globuleuse, blanche, très-sucrée, hâtive & a l'œil ouvert. Les terrains secs lui conviennent. La *mouréanou* est globuleuse, aplatie au sommet, pourpre en dehors, blanche en dedans & peu agréable au goût. Elle n'est pas sujette à couler.

La *royale* ou *figue de Versailles* est presque ronde, blanche. Elle fournit beaucoup, mais n'est bonne que sèche. Les terrains secs lui conviennent le mieux.

La *grosse bourjassotte* ou *barnissote* est arrondie, aplatie vers l'œil, d'un rouge foncé, saupoudrée de poussière bleue ou blanche. Sa peau est dure. Elle est agréable au goût. C'est la meilleure des tardives. Elle demande un terrain gras & un peu humide.

La *petite bourjassotte* est plus petite que la précédente, d'un rouge-noir en dehors & pourpre en dedans, plus aplatie vers l'œil. Sa peau est dure. Elle exige beaucoup de chaleur & un terrain gras & humide. On l'appelle aussi *verdallos* & *sarreignos*.

La *mouissonne* est encore plus petite. Sa peau est plus noire & très-mince. C'est la plus délicate des violettes hâtives. On en fait deux récoltes.

La *bellonne* est grosse, cotelée, violette, aplatie à son sommet, excellente. Elle fournit deux récoltes abondantes, mais demande un terrain arrosable.

La *basjement* est légèrement alongée, jaunâtre à sa base, brune à son sommet, rougeâtre en dedans. Son goût est excellent, soit fraîche, soit sèche. Elle est tardive.

La *négrone* est petite, extérieurement d'un rouge-brun, intérieurement d'un rouge vif. Cette variété est peu délicate au goût & devroit être repoussée des cultures; cependant elle est très-commune dans les vignes.

La *grassane* est ronde, aplatie vers l'œil, blanche. Sa pulpe est molle & fade. Cette variété est très-peu délicate, mais elle est précoce.

La *rousse* est ronde, aplatie vers l'œil, très-grosse, d'un rouge-brun. Sa pulpe est d'un rouge vif. Elle se fend vers l'œil à l'époque de sa maturité. On l'appelle aussi *rose noire*.

La *cuore* de Muclo est ovale, d'un rouge-noir très-vif. Sa pulpe est blanche & très-douce. On l'appelle aussi *rose noire*.

La *seirolle* est petite, oblongue, blanche. Fraîche, elle est trop douce, mais elle est fort bonne sèche. Les terrains secs lui sont les plus propres.

La *cotignaunque* est oblongue, blanche, aplatie & jaune au sommet. Sa chair est rose. Elle est aussi bonne fraîche que sèche, & réussit mieux dans les terrains secs que dans les autres.

La *péronas* est oblongue, velue, blanche en dehors, rouge en dedans. Sa peau est épaisse. Elle produit beaucoup, mais ne se mange guère que sèche.

La *verte-brune* est petite, pyriforme, d'un vert-brun. Sa pulpe est rouge & d'une saveur très-délicate.

La *saint-esprit* est grosse, oblongue, d'un violet obscur. Sa saveur est aqueuse & peu agréable. Elle mûrit fort tard.

La *figue grasse* est grosse, blanche, aplatie au sommet, rougeâtre en dedans. Elle est tardive &

coule souvent. C'est une espèce fort médiocre, soit fraîche, soit sèche.

La *blavette* est oblongue, violette en dehors, rouge en dedans. Elle est excellente, mais très-sujette à couler. Elle demande un terrain gras.

La *bussnissingue* est ronde à son sommet, violette en dehors, rouge en dedans. L'observation précédente lui est applicable.

La *barnissote blanche* est oblongue, blanche, aplatie au sommet, rougeâtre en dedans. Elle est très-tardive, mais excellente.

Comme les autres arbres, le *figuier* ne donne de nouvelles variétés que par le semis de ses graines; or, on n'en seme jamais dans les jardins: donc les variétés précédentes sont toutes dues à la dissémination des graines dans les campagnes par les oiseaux. Il est probable que si quelqu'un, dans les environs de Marseille, s'occupoit de faire des semis dans un bon terrain, avec les soins convenables, on obtiendroit des variétés nouvelles encore plus perfectionnées; mais le jardinage est fort peu en faveur dans les pays chauds.

Cependant j'observe que pour avoir de nouvelles variétés dignes d'être préférées, il faut semer des graines des meilleurs fruits; or, ces graines sont fort rares dans les fruits juteux & sucrés: aussi sont-ce des *figues* sèches, c'est-à-dire, immangeables, qui donnent le plus souvent naissance aux variétés spontanément semées par les oiseaux.

C'est par rejetons, par marcottes, par boutures que se multiplie généralement le *figuier* cultivé. On peut aussi, & même fort avantageusement, le faire par racines.

Les rejetons, qui sont presque toujours très-nombreux autour des vieux pieds, se lèvent au printemps & se mettent ordinairement de suite en place; s'ils étoient trop petits & qu'on voulût les former en arbre, on pourroit les planter à trois pieds de distance, en pépinière, & les traiter comme les autres arbres fruitiers, c'est-à-dire, les récéper la seconde année, les mettre sur un brin la troisième, & les tailler en crochet la quatrième, époque où ils devront avoir quatre à cinq pieds de hauteur.

Les marcottes se font au printemps avec des branches de la pousse précédente; elles s'enracinent toujours dans l'année & peuvent être levées au printemps suivant.

Dans les pépinières on a des vieux pieds de *figuier* coupés rez-terre, dont toutes les pousses de l'année précédente sont couchées chaque printemps.

Il est des cas où on est obligé de faire des marcottes en l'air pour multiplier le *figuier*, c'est-à-dire, de faire passer un de ses rameaux dans un cornet de plomb, ou dans un pot, à cet effet fendu sur le côté, ou percé au fond, plein de terre, qu'on arrose très-souvent.

On ne doit pratiquer les boutures que quand on desire transporter au loin une variété, parce que devant être faite avec du bois de deux & même de trois ans, on peut reculer en hiver d'un mois, & en été de 15 jours le moment de les mettre en terre. Ces boutures, dans les cas rares, doivent être placées dans des pots sur couches à châssis, &, dans les cas ordinaires, dans un endroit ombragé ou dans une terre fraîche. Elles s'enracinent dans l'année ou périssent. On peut les lever pour les mettre en place, dès la seconde année.

Je recommande de prendre des vieux bois pour ces boutures, parce que le bois de l'année est presque tout moelle & se dessèche très-rapidement.

On ne doit point laisser porter de fruit aux jeunes *figuiers*, parce que ces fruits s'empareroient, pour leur évolution, d'une partie de la séve qu'on doit desirer voir employer à l'augmentation en grosseur & en longueur de la tige.

La greffe s'emploie aussi, mais rarement, à raison de la facilité des autres moyens, pour multiplier le *figuier*: ce sont celles en sifflet & en écusson qu'on préfère. A raison de l'abondance de sa moelle, celle en fente est fort incertaine.

Les terres légères sont celles qui conviennent le mieux au *figuier*. Ses fruits deviennent meilleurs dans celles qui sont sèches & chaudes, & plus gros dans celles qui sont fraîches & ombragées. Les expositions au levant & au midi sont celles où il prospère le mieux. Il aime le voisinage des eaux courantes, les arrosemens pendant les chaleurs.

Je vais parler des *figueries* (c'est le nom des plantations de *figuiers*), d'abord des pays chauds, ensuite des pays froids.

L'économie détermine presque toujours la plantation des *figuiers* dans des trous; cependant, il seroit bien plus avantageux de préférer la faire dans un terrain défoncé & fortement fumé dans toute son étendue, au ou moins défoncé par tranchées de deux à trois pieds de large.

Le plus souvent, les *figuiers* sont dispersés çà & là dans les jardins, les cours, les environs des villages, même au milieu des champs, pour les faire jouir des rayons du soleil dans toute la plénitude possible, quoiqu'il fût avantageux, sous quelques rapports, de les réunir en quinconce, en les espaçant d'une quinzaine de pieds.

En plantant les *figuiers*, on doit faire attention à ne pas trop enterrer les racines, car elles aiment la chaleur & l'air. Comme leur végétation de la première année influe sur celle des années suivantes, peut-être même de toute leur vie, on ne doit pas craindre de faire la dépense de les arroser pendant les chaleurs.

On est dans l'usage, aux environs de Marseille, de planter un *figuier* sauvage au milieu des autres, sous le nom de *figuier mâle;* mais quoiqu'il soit vrai que ce *figuier* soit plus fécondant que les autres, il ne paroît pas qu'il ait une influence réelle sur le produit des récoltes.

Souvent il est utile de récéper les *figuiers* la seconde année de leur plantation pour leur faire pousser des rejets vigoureux & droits, dont on conserve les plus beaux si on veut former une tige, & trois, quatre, cinq, six, si on veut former un buisson. Dans le premier cas on pincera, au moment où ils se développeront, tous les bourgeons inférieurs.

Autour de Gênes on fait monter les *figuiers* jusqu'à trente pieds de hauteur sur un seul tronc, & on cueille les figues avec des échelles. Cependant il n'est pas à desirer, à raison de la difficulté de cueillir les fruits, que les *figuiers* parviennent à toute leur hauteur; on leur coupe presque toujours la tête, à huit à dix pieds de terre, mais arrivés à un certain âge, la serpette ne doit plus les toucher. Il est très-fréquent que les *figuiers* ÉTÊTÉS ou RÉCEPÉS, pour les rajeunir, périssent de suite, & s'ils ne périssent pas, ils languissent & ne redeviennent presque jamais de beaux arbres.

Les branches GOURMANDES des *figuiers* seront arrêtées à la fin du printemps pour les empêcher de nuire aux autres ou de déformer l'arbre.

On retranchera leurs branches sèches pendant le courant de l'hiver.

Il est toujours avantageux de labourer le pied des *figuiers* de loin en loin, & d'y déposer un peu de fumier ou des terres neuves, car le grand nombre de leurs fruits épuise promptement le sol.

La plupart des *figuiers* donnent deux récoltes: l'une, peu considérable, au printemps; l'autre, très-abondante, en automne. La première, appelée celle des *figues-fleurs* en Provence, est considérée comme de nulle importance dans les pays chauds; on y préfère même les variétés qui ne l'offrent pas; mais à Paris, c'est la meilleure, parce que c'est celle dont la réussite est la plus certaine. En général, une récolte du printemps trop abondante nuit fréquemment à celle d'automne, qui est la véritable, comme je viens de le dire; aussi quelques propriétaires font-ils enlever les figues-fleurs dès qu'elles paroissent. En général, les récoltes trop foibles ou trop fortes sont désavantageuses aux produits, les premières parce qu'elles ne fournissent pas assez à la vente, les secondes parce que leurs produits, étant plus petits & moins bons, se vendent moins cher.

On a remarqué que les figues-fleurs ont souvent une forme & une couleur différentes de celles d'automne. Leur saveur est constamment inférieure dans le Midi, excepté dans la variété appelée *servantine*, où elles sont meilleures, non-seulement que celles d'automne, mais encore que toutes les autres de France.

Dans les mêmes variétés, la récolte des fruits est plus précoce sur les vieux pieds & sur ceux plantés en terrain sec; leur saveur gagne de plus aux mêmes circonstances.

On peut accélérer la maturité des figues par des moyens artificiels, c'est-à-dire, en enlevant un anneau d'écorce à leurs branches, en enlevant leurs feuilles, en découvrant leurs racines, en introduisant un morceau de bois dans leur œil, ou en cernant cet œil avec la pointe de la serpette; mais tous ces moyens diminuent plus ou moins leur saveur & doivent être rarement employés. Il en est de même de cette fameuse opération appelée CAPRIFICATION, qui a été pratiquée dans le Levant, mais qui paroît abandonnée, opération qui consistoit à apporter sur les *figuiers* cultivés, des branches de *figuiers* sauvages chargées de fruits remplis de larves de DIPLOLÈPES, lesquelles se changeant en insectes parfaits, alloient déposer leurs œufs dans les figues cultivées, ce qui accéléroit leur maturité, comme les larves des PYRALES, des TEIGNES, des CHARANÇONS, des MOUCHES, des TIPULES, accélèrent la maturité des POIRES & des POMMES. *Voy.* FRUITS VERREUX.

La cueillette des figues est longue, parce qu'elles mûrissent successivement, & qu'il faut que leur maturité soit complète pour qu'elles jouissent de toute la grosseur & la saveur desirables. La première récolte dure environ un mois en Provence, c'est-à-dire, depuis la fin de juin jusqu'à la fin de juillet. La seconde commence vers le milieu d'août & finit à la fin de septembre; cependant il est des variétés qui donnent des fruits jusqu'aux gelées.

Pour qu'une figue soit considérée comme parfaitement mûre, il faut qu'elle commence à se faner, & qu'une larme sucrée se montre à son œil. Il ne faut la cueillir que lorsque le soleil brille & que la rosée a disparu.

La figue d'une bonne variété, car il y en a, comme je l'ai déjà observé, qui ne sont pas mangeables, est aussi agréable au goût que nourrissante, mais elle est un peu difficile à digérer pour les estomacs foibles; en conséquence, les vieillards ne doivent pas en manger avec excès. Lorsqu'elle n'est pas bien mûre, le suc laiteux que contient sa peau corrode les lèvres & la langue, & cause la dyssenterie.

On fait une immense consommation de figues, pendant le temps de leur récolte, dans tout le midi de l'Europe, septentrionale de l'Afrique & intermédiaire de l'Asie, ainsi que dans toutes les colonies européennes de l'Amérique. Elles servent de nourriture presqu'exclusive aux pauvres pendant trois ou quatre mois de l'année.

La dessiccation des figues est pour tous les peuples qui en cultivent, un objet très-important, puisque c'est sur elle qu'ils fondent une partie de leur revenu; mais cependant, excepté quelques cantons, au nombre desquels Marseille tient le premier rang, cette opération se fait sans intelligence & sans précautions: aussi combien de ces figues, quoiqu'excellentes au moment de la récolte, ne peuvent pas être mises dans le commerce, ou n'y sont mises qu'à des prix très-inférieurs!

Dès que les figues sont cueillies, une à une, on les apporte dans la maison & on les étend sur des planches ou sur des claies, qu'on expose à la plus grande chaleur du soleil sur un toit ou contre un mur, & qu'on rentre pendant la nuit, ou, lorsque le temps menace de pluie, dans une chambre dont les fenêtres restent ouvertes. Dans les commencemens, on les retourne deux fois par jour, & ensuite une fois. Alors on les aplatit.

Comme toutes les variétés ne se dessèchent pas également vîte, il faut avoir soin de les placer sur des planches ou des claies différentes.

Les figues altérées sur l'arbre ne doivent jamais être mises en dessiccation, & celles qui s'altèrent pendant la dessiccation, doivent être soigneusement enlevées pour être mangées de suite, ou données aux bestiaux ou aux volailles.

Quelquefois un temps constamment couvert, & encore plus un temps pluvieux, s'oppose à la dessiccation des figues en plein air : alors on a recours au Four, mais la chaleur du feu altère leur saveur au point d'en diminuer la valeur mercantile au moins d'un tiers. C'est probablement cette influence nuisible de la chaleur artificielle qui empêche d'établir des Étuves, où il semble que l'opération pourroit s'exécuter plus rapidement & plus parfaitement. Dans le four, les figues sont privées d'air, & je soupçonne que c'est à cette privation qu'est due leur moindre saveur. Dans l'étuve on peut leur en donner autant qu'on le desire.

Je crois que des amis éclairés de la prospérité agricole de la France devroient tenter de nouvelles expériences sur la dessiccation au moyen des étuves, car la quantité de figues qui se perdent par celle en plein air est immense, même dans les années où le temps est favorable. La perte est presque complète dans les autres.

Dès que les figues sont sèches, on les met, ou pêle-mêle dans des sacs qu'on expose dans un grenier à un courant d'air perpétuel, ou dans des caisses où elles sont régulièrement stratifiées avec de la longue paille. Cette dernière pratique est la meilleure sous tous les rapports.

La *marseillaise* seule exceptée, à raison de sa supériorité, les figues blanches sont les plus estimées dans le commerce; en conséquence celles des autres couleurs sont consommées dans les ménages de la campagne.

Les figues sèches prolongent pendant six mois, dans le pays où elles sont produites, l'utilité qu'on retire du *figuier*, en ce que tous les habitans aisés en mangent journellement pendant cet espace de temps. Ainsi que je l'ai déjà observé, leur vente est un objet important de revenu pour eux. On les expédie jusque sous le cercle polaire. On en fait partout un fréquent usage en médecine, comme adoucissantes, expectorantes & calmantes.

Une chenille, dont je possède l'insecte parfait dans ma collection, mange les figues sèches. Les mettre au four est le moyen le plus prompt & le plus certain de s'en débarrasser.

Il est possible, en pilant les figues, soit fraîches, soit sèches, dans une suffisante quantité d'eau, d'en obtenir du vin, du vinaigre, de l'eau-de-vie; mais on ne les emploie jamais à cet usage en France. Je ne connois même que l'île de Scio qui en consacre à ces objets.

Tous les bestiaux, toutes les volailles aiment avec passion les figues, soit fraîches, soit sèches. On ne leur donne, en France, que celles qui sont gâtées; mais dans les îles de l'Archipel on en cultive, exprès pour eux, des variétés qui chargent immensément & qui sèchent facilement. Quelques propriétaires du département du Var réservent cependant une variété appelée *briasque*, qui possède les deux qualités ci-dessus, pour les donner aux chevaux malades & aux bœufs à l'engrais.

Une fois que les poules se sont accoutumées à voler sur les *figuiers* pour en manger les fruits, il n'y a d'autre moyen, pour les en empêcher, que de les tuer, tant elles en sont friandes.

La culture des *figuiers* dans le nord de l'Europe étant bien plus difficile que dans le midi, & demandant des soins particuliers, j'ai dû n'en pas parler jusqu'à présent. Il est temps que j'en entretienne le lecteur.

On peut diviser en trois modes, en concordance avec les climats, la culture des *figuiers*; savoir: 1°. au nord du 45e degré de latitude; 2°. au nord du 50e; 3°. au nord du 55e; & ces trois modes sont pratiqués aux environs de Paris.

Le premier consiste à planter les *figuiers* contre un mur exposé au midi, à couper les vieilles tiges lorsqu'elles s'élèvent au-dessus du mur, & à entourer de longue paille, à l'entrée de l'hiver, celles qui sont conservées, dans une assez grande épaisseur pour que les fortes gelées ne puissent pas les atteindre.

Je dois rappeler qu'il a été annoncé plus haut que les *figuiers* ne supportoient pas la gêne du palissage; qu'ainsi il falloit que leurs tiges fussent laissées libres.

Rarement, dans ce mode, on laisse monter le *figuier* sur une seule tige, mais très-fréquemment on le laisse se garnir de trop de tiges, qui, d'un côté, épuisent promptement le sol, & de l'autre projettent trop d'ombre sur celles qui sont sur le derrière & empêchent les fruits de mûrir. Je voudrois donc que chaque pied ne conservât que trois à quatre tiges en ligne parallèle au mur, lesquelles ne s'éleveroient pas au-dessus de 8 à 10 pieds. On rempliroit par-là toutes les données, & l'empaillement seroit beaucoup plus facile & beaucoup moins dispendieux.

Lorsque les gelées ne sont plus à craindre, on dépouille les *figuiers* par un temps couvert & même pluvieux, parce qu'il faut craindre l'effet du soleil sur leurs pousses alors étiolées. Si ce temps n'existe pas, on les garantit par des toiles ou des paillassons & on les arrose. C'est alors qu'on enlève tout le bois mort, toutes les branches trop fortement contournées, qu'on supprime les tiges trop vieilles.

Des labours annuels & des engrais tous les trois ou quatre ans favorisent beaucoup l'abondance des figues, mais il ne faut pas mettre trop de ces derniers à la fois, vu que les figues en prendroient le goût.

Les figues-fleurs ou d'été étant les plus productives, ainsi que je l'ai observé plus haut, parce qu'elles mûrissent toujours, tandis que celles d'automne sont fréquemment frappées par les premières gelées de cette saison, on doit chercher à se procurer les variétés qui donnent le plus de ces figues-fleurs. Je les ai indiquées au commencement de la série des variétés. Il est cependant des variétés à figues d'automne qui mûrissent plus souvent que d'autres dans le climat de Paris, & je mets au premier rang la *marseillaise*, telle petite qu'elle soit, parce qu'elle est presque toujours bonne.

On accélère, au reste, la maturité des figues de printemps par les moyens cités plus haut, &, en outre, ce qui n'altère nullement leur saveur & augmente leur grosseur, en pinçant l'extrémité des rameaux de l'année lorsqu'ils sont arrivés à leur croissance.

Les figues-fleurs crûes aux environs de Paris sont quelquefois passables; mais, excepté celles dites *marseillaises*, je n'ai jamais trouvé mangeables celles d'automne; il n'en n'est pas de même à Lyon, même à Dijon, à Nantes. Il est des années, ce sont les très-chaudes, où ceux qui sont habitués à celles d'Espagne ou d'Italie, les trouvent bonnes. Jamais elles ne méritent cependant la peine d'être desséchées.

Le second mode de culture des *figuiers*, celui que j'ai annoncé devoir être adopté au nord du 50e. degré de latitude, se pratique dans la partie supérieure du vignoble d'Argenteuil, à deux lieues au nord de Paris, à une exposition complétement méridienne, & dans un sol sablonneux. On donne aux touffes des *figuiers* la forme d'un vase très-ouvert (*voyez* ARBRE EN BUISSON), & on les tient très-courts, c'est-à-dire, de quatre à cinq pieds. Tous les ans on retranche les tiges de plus de trois ans, & on coupe le sommet des autres vers le milieu de mai. L'important est d'avoir des figues hâtives & grosses, qui se vendent trois sous, terme moyen. Aux approches des gelées on couche toutes les tiges de la moitié des pieds dans des fosses creusées en rayons, en les courbant fortement du dedans au dehors, comme si on vouloit les marcotter, & on les recouvre d'abord de paille & ensuite de terre. L'autre moitié des pieds est empaillée à l'ordinaire. Si l'hiver est sec & froid, les propriétaires sont assurés de conserver en bon état les tiges enterrées; s'il est pluvieux, les autres se trouvent dans la même situation. Alternativement chaque pied est traité de ces deux manières, parce qu'il a été reconnu, ce qui est conforme aux principes de la théorie, que plus les figues sont proches de terre, & plus elles mûrissent de bonne heure. Comme la pente du vignoble d'Argenteuil est très-rapide, près de la moitié des tiges de ces *figuiers* sont parallèles au sol & n'en sont éloignées que de six à huit pouces.

J'ignore si cette savante culture est usitée en Allemagne; mais il est certain que c'est celle qui convient le mieux au climat de ce pays, lorsqu'on peut l'appliquer à un sol sec, très en pente & exposé au midi.

Enfin le troisième mode de culture du *figuier* est celui qui a lieu dans des caisses ou dans des pots qu'on peut rentrer dans une orangerie pendant l'hiver, & placer au printemps, ou contre un mur exposé au midi, ou dans une serre, ou sous une bache fortement chauffée.

Dans ce mode, les *figuiers* doivent être tenus presque nains, par l'effet de tailles rigoureuses, faites immédiatement après la récolte des fruits, & ces fruits être peu nombreux pour parvenir à quelque grosseur.

Le choix de la variété est encore plus important ici que dans la culture précédente. Il m'a paru que la figue *marseillaise* devoit avoir la préférence à Paris; mais il se peut qu'il en existe de plus convenables.

Les *figuiers* en caisse ou en pots ne doivent être mis en serre ou sous bache que tous les deux ans, lorsqu'on veut les conserver vigoureux, car la végétation forcée qu'on exige d'eux est très-propre à les épuiser.

Une terre franche, mêlée de terreau, est celle qu'il convient de mettre dans les caisses ou dans les pots à *figuiers*. On renouvelle cette terre tous les deux ans, en automne.

Il est une autre manière de cultiver les *figuiers* dans les pays froids, que je ne puis me dispenser de citer, parce qu'elle est annuellement pratiquée en Ecosse & en Suède. C'est de lever les pieds de la pleine terre, aux approches des gelées, avec leur motte, & de les descendre à la cave, pour les remettre en place au printemps. M. Vanieville a pratiqué cette culture à Paris avec le plus grand succès plusieurs années consécutives. Je ne la regarde cependant ici que comme un amusement.

Dans les pays où se cultive le *figuier* en grand, & même plus au nord, à Paris, par exemple, il a à craindre les grandes sécheresses qui le font périr au milieu de l'été, lorsqu'on ne peut l'arroser, & deux insectes, savoir, un du genre KERMÈS & l'autre du genre PSYLLE, qui font tomber ses feuilles & ses fruits, ou au moins empêchent ces derniers de mûrir. Le seul moyen qui me paroisse propre à détruire le premier, qui se tient sous les pousses de l'année précédente, c'est de frotter ces branches avec un linge rude. Ce qui produit le plus d'effet sur le second, c'est de frapper de petits coups secs sur les branches, lesquels coups font tomber les larves des psylles dont la trompe n'est pas engagée dans la feuille. Toute larve tombée est une larve morte; mais les insectes parfaits, qui ont des ailes, savent bien retourner à leur feuille. *Voyez* les deux mots précités & celui COCHENILLE.

Le peu de dureté du bois du *figuier* semble le rendre impropre à tous les services qui demandent de la résistance; cependant, comme il se retire beaucoup par la dessiccation, on peut en fabriquer des vis de pressoir. Ses jeunes pousses vertes sont employées par les polisseurs de métaux & de pierres, pour recevoir l'huile & l'émeri dont ils font usage. Il donne peu de chaleur au feu, mais son charbon se consume lentement.

J'ai déjà observé que le suc laiteux du *figuier* étoit âcre & caustique. Il sert à brûler les verrues & à faire cailler le lait.

Les trente-six espèces de *figuiers* qui suivent celui dont il vient d'être question, se cultivent dans le Jardin du Muséum de Paris & autres des environs de Paris & de Londres. Leur culture est si peu différente, que je crois inutile de la détailler pour chaque espèce. Toutes demandent la serre chaude, la terre franche, mêlée d'un quart de terreau, peu d'arrosemens, surtout en hiver. Toutes se multiplient de marcottes, soit couchées, soit en l'air, selon les circonstances, ou de boutures faites au printemps sur couche à châssis ou sous bache. Il est bon de laisser la plaie de ces dernières se dessécher un peu avant de les mettre en terre. Rarement elles manquent.

Aucune de ces nombreuses espèces ne se fait remarquer dans nos serres par ses fruits, mais beaucoup les embellissent par leurs feuilles toujours vertes.

On trouvera dans le *Dictionnaire de Botanique* l'indication des services qu'on retire, dans leur pays natal, de quelques-unes de ces espèces, telles que le *figuier des pagodes*, le *figuier sycomore*, le *figuier des Indes*, le *figuier des teinturiers*, le *figuier polissoire*, le *figuier poison*, &c.

Le *figuier rampant* se fait remarquer sur les murs de nos serres, qu'il couvre quelquefois de ses feuilles cordiformes. Je ne l'ai jamais vu porter des fruits, quoiqu'il semble végéter avec autant de vigueur dans ces serres que dans son pays natal.

FIGUIER D'ADAM. *Voyez* BANANIER.

FIGUIER ADMIRABLE. C'est le FIGUIER D'INDE.

FIGUIER MALE. C'est le FIGUIER SAUVAGE, dont les fruits ne sont pas bons à manger, parce qu'ils sont à peine pulpeux.

FIGUIER DU CAP ou DES HOTTENTOTS. Nom vulgaire du FICOÏDE COMESTIBLE.

FIGUIER D'INDE. Synonyme de COCOTIER.

FIGUIER DES ÎLES. *Voyez* PAPAYER.

FIGUIER MAUDIT MARRON. *Voyez* CLUSIER.

FIGUIER DE PHARAON. C'est le FIGUIER SYCOMORE.

FILAGE. *Filago*. Genre de plantes de la syngénésie polygamie nécessaire, établi par Linnæus, mais supprimé par quelques botanistes modernes, entr'autres Lamarck, qui a réuni ses espèces aux genres ELYCHRISE, EVAX & ARGYROCOME. *Voyez* ces mots.

FILAGRANE. Nom vulgaire de la JACINTHE MONSTRUEUSE dans quelques cantons.

FILANDRIANE. *Filandriana*. Genre de plantes de la famille des CHAMPIGNONS.

FILARIA. *Phillaria*. Genre de plantes de la diandrie monogynie & de la famille des jasminées, dans lequel se placent trois espèces fort peu caractérisées, toutes propres aux parties méridionales de l'Europe, & susceptibles d'être cultivées en pleine terre dans le climat de Paris.

Espèces.

1. Le FILARIA à larges feuilles.
Phillaria latifolia. Linn. ♄ Du midi de la France.

2. Le FILARIA à feuilles moyennes.
Phillaria media. Linn. ♄ Du midi de la France.

3. Le FILARIA à feuilles étroites.
Phillaria angustifolia. Linn. ♄ Du midi de la France.

Culture.

On attribue trois variétés à la première espèce, celle à *dents obtuses*, celle à *dents épineuses*, celle à *feuilles obliques*; cinq variétés à la seconde, à *feuilles de troêne*, à *rameaux effilés*, à *rameaux pendans*, à *feuilles d'olivier*, à *feuilles de buis*; trois à la troisième, celle à *feuilles lancéolées*, celle à *feuilles subulées*, celle à *rameaux divergens*.

Dans le midi de la France, les *filarias* qui croissent dans les terres incultes, au milieu des jachères, ne parviennent jamais à plus de 12 ou 15 pieds de haut, & à la grosseur du bras, parce qu'on les coupe toujours avant l'âge, pour les brûler, ou parce qu'on les emploie à faire des haies qu'on rapproche de loin en loin; mais il est probable que dans un bon terrain, & laissés à eux-mêmes, ils s'éleveroient davantage. Je ne sache pas que leur bois soit employé dans les arts, quoique sa dureté & sa couleur jaune le rendent propre pour le tour. Peu d'arbres varient autant, car je ne sais pas si j'en ai vu deux pieds parfaitement semblables dans les montagnes du midi de la France, ainsi que dans celles du nord de l'Espagne & de l'Italie que j'ai parcourues.

La culture des *filarias* est fort en faveur dans les jardins

jardins paysagers des environs de Paris, quoique les fortes gelées les frappent assez souvent, parce qu'ils ont un aspect élégant & qu'ils conservent leurs feuilles pendant tout l'hiver. On les place dans les parties les plus sèches de ces jardins, soit à une petite distance des massifs, soit au milieu des gazons. C'est une erreur de croire qu'ils soient plus assurés contre les gelées à l'exposition du midi; au contraire, d'après l'expérience, celle du nord est préférable.

La fleur des *filarias* est fort petite, nullement remarquable, & sans odeur. Il est rare qu'elle ne coule pas dans nos jardins; en conséquence il faut faire venir des graines tous les ans des environs de Nîmes ou de Montpellier, lorsqu'on veut les multiplier par cette voie. Le semis des graines des *filarias* a lieu, ou en pleine terre, ou dans des terrines. On réussit également par ces deux moyens; cependant, lorsqu'on n'a pas besoin d'une très-grande quantité de pieds, le second est préférable, parce qu'on peut rentrer les terrines dans l'orangerie pendant l'hiver, & ainsi les soustraire, avec certitude, aux effets des gelées, dont des couvertures de feuilles, ou de fougère, ou de paille, ne garantissent pas toujours les plants en pleine terre.

Il est fréquent que les graines des *filarias* ne lèvent que la seconde année; en conséquence, il faut lever avec précaution, l'hiver suivant, le plant qui a paru, pour le repiquer isolément dans de petits pots, afin que les graines laissées en terre ne soient pas trop dérangées. Ce n'est guère qu'à la sixième année, terme moyen, que ce plant est dans le cas d'être mis définitivement en place.

La longue attente & la dépense qui est la suite de la multiplication des *filarias* par graines, ont déterminé les pépiniéristes des environs de Paris à préférer celle par marcottes; en conséquence, ils ont des mères qui, chaque année, en couchant, pendant l'hiver, leurs pousses de l'année précédente, satisfont au besoin de leur commerce, ces rejetons s'enracinant dans le cours de l'été, & pouvant être mis en place dès le printemps de l'année suivante. Je dis leurs pousses de l'année, parce que les marcottes faites avec les plus vieilles ne s'enracinent souvent qu'au bout de deux, & même trois ans, à moins qu'on les torde, qu'on les ligature, qu'on les cerne, opérations qu'il est bon d'éviter. *Voyez* MARCOTTE & MÈRE.

Quoique les *filarias* se prêtent fort bien à la taille, il m'a paru que ceux qui étoient abandonnés à eux-mêmes produisoient plus d'effet que ceux que le croissant ou la serpette avoit mutilés. En conséquence, je conseille aux amateurs de se contenter de supprimer les gourmands qui menacent de rendre trop irrégulière la tête de leurs arbres ou de leurs buissons, car on donne l'une & l'autre de ces dispositions aux *filarias*.

Je n'ai jamais vu les couvertures de paille garantir complétement les *filarias* des fortes gelées, & tout *filaria* mutilé est hideux à mes yeux. D'un autre côté, lors même qu'il ne gèle pas, les couvertures & leurs liens donnent aux branches de ces arbustes une disposition forcée très-désagréable; aussi je préfère ne les point couvrir, malgré les risques, sauf à les réceper rez-terre s'ils sont gelés, les racines ne périssant jamais, & le buisson, qui est le résultat de leur repousse, étant souvent plus beau que la tige qu'il remplace.

Les bestiaux sont fort avides des feuilles des *filarias*. Il faut donc les empêcher d'en approcher.

FILET ou FILLEUIL. Quelques jardiniers donnent ce nom aux ŒILLETONS des ARTICHAUTS.

FILET. Réseaux de fil avec lesquels on garantit les CERISIERS, les VIGNES, &c., des atteintes des oiseaux.

Un jardin bien monté doit être pourvu de *filets* à mailles d'un pouce de large & à fil fort, pour satisfaire aux besoins que je viens d'indiquer.

Un cultivateur qui a un étang, ou une rivière sur sa propriété, doit aussi avoir des *filets* propres à prendre le poisson, tels qu'ÉTIQUET, TROUBLE, ÉPERVIER, SEINE, &c.

Pour durer long-temps, les *filets* ont besoin d'être serrés bien secs & mis à l'abri des rats.

FILET. Soutien de l'ANTHÈRE dans les étamines.

FILTONPASSÉS. Nom vulgaire du SERANÇOIR dans le midi de la France.

FIMBRER. Synonyme de FUMER.

FIMBRIÈRE. On donne ce nom au tas de FUMIER dans quelques cantons.

FIMBRISTYLE. *Fimbristylis*. Genre de plantes établi aux dépens des SCIRPES. Il rentre dans ceux appelés ISOLÈPE & ECHINOLYTRE.

FIORIN. Nom anglais de l'AGROSTIDE STOLONIFÈRE.

FIRRENSIE. *Firrensia*. Genre de plantes qui a pour type le SEBESTIER FLAVESCENT.

FISCHERIE. *Fischeria*. Plante ligneuse & grimpante, probablement originaire de l'Amérique méridionale, qui sert de type à un genre de la pentandrie digynie & de la famille des APOCINÉES.

On a cultivé cette plante à Montpellier.

FISSIDENT. *Fissidens*. Genre de plantes de la famille des mousses, qui ne diffère pas des CECALYPHES, ainsi que des FENDULES, & qui se rapproche infiniment des DICRANES, des FUSCINES, des OCTODICÈRES & des SCKITOPHYLLES. L'HYPNE BRIOÏDE de Linnæus lui sert de type.

FISSILIER. *Fissilia*. Arbre de l'île de la Réunion, qui seul constitue, dans la triandrie monogynie & dans la famille des hespéridées, un genre fort voisin des OLAX.

Cet arbre, des graines duquel les perroquets sont très-friands, ne se cultive pas en Europe.

FISTULAIRE. *Fistularia.* Genre de plantes établi aux dépens des VARECS.

FISTULINE. *Fistulina.* Genre de CHAMPIGNONS fort rapproché des BOLETS, qui ne contient qu'une espèce croissant sur les vieilles souches, & vulgairement connu sous le nom de LANGUE DE BŒUF, à cause de sa forme, de sa couleur & de sa consistance. On la mange dans quelques cantons.

FLABELLAIRE. *Flabellaria.* Genre de plantes qui ne diffère pas de celui appelé HIREE.

La CONFERVE FLABELLIFORME a aussi été constituée en genre sous ce nom.

FLACHE. Nom des mares qui se trouvent dans les bois & qui se dessèchent pendant l'été, & où il ne vient que des saules, des obiers, des bourdaines.

Il est toujours utile de dessécher les *flaches*, lorsqu'on le peut, par des canaux de dérivation, car elles ne sont utiles qu'à la boisson des bêtes fauves & à favoriser la ponte des canards.

FLAGELLAIRE. *Flagellaria.* Genre de plantes établi aux dépens des VARECS. Il rentre dans celui appelé CHONDRE.

FLAGELLÉE. Variété de LAITUE.

FLAGET. Espèce de FLÉAU dont on fait usage dans les landes de Bordeaux.

FLAMETTE. Nom vulgaire de la RENONCULE DOUVE & d'une CLEMATITE.

FLANCS. Parties latérales du ventre dans les animaux domestiques.

Les animaux dont les *flancs* sont étroits, sont de peu de service & de peu de durée. Le plus souvent ils meurent de la POUSSE ou de la POMELIÈRE.

On doit surtout considérer l'ampleur de cette partie dans les jumens & dans les genisses destinées à la reproduction.

Dans les fièvres, le mouvement des *flancs* est extrêmement accéléré, & devient quelquefois très douloureux. *Voyez* FORTRAITURE.

FLATERIE. *Flateria.* Genre établi pour placer le MUGUET DU JAPON. Il a été appelé FLUGGÉE & OPHIOPOGON.

FLÈCHE D'EAU. *Voyez* FLÉCHIÈRE.

FLÈCHE D'INDE. C'est le GALANGA ARONDINACÉ.

FLEMMENGIE. *Flemmengia.* Genre de plantes établi aux dépens des SAINFOINS. Il diffère peu de celui appelé LOUBÉE.

FLESSÈRE. *Flessera.* Genre établi pour placer la CATAIRE LAINEUSE.

FLINDERSIE. *Flindersia.* Arbre de la Nouvelle-Hollande, qui seul constitue un genre dan la pentandrie monogynie & dans la famille des cedrellées.

FLOCON D'OR. La CHRYSOCOME A FEUILLES DE LIN porte ce nom.

FLOERKÉE. *Floerkea.* Plante annuelle qui nage sur les eaux de l'Amérique septentrionale. Elle forme seule un genre fort voisin des PEPLIDES. Nous ne la cultivons pas en Europe.

FLORESTINE. *Florestina.* Genre de plantes établi pour séparer des autres la STÉÉVIE PÉDIAIRE. Il se rapproche du SCHKURIS.

FLOSCOPE. *Floscopa.* Arbrisseau grimpant de la Cochinchine, qui constitue un genre dans l'hexandrie monogynie & dans la famille des asparagoïdes.

Il ne se cultive pas en Europe.

FLOTTAGE. Les rivières transportent dans les fleuves, & des fleuves dans la mer, les arbres que les vents y font tomber ou qui y sont entraînés par leurs inondations. Ceux de ces arbres qui restent dans l'eau douce se transforment, selon le temps ou les lieux, en BOIS FOSSILE, ou en LIGNITE, ou en TOURBE. Ceux qui vont à la mer deviennent HOUILLE; mais on peut arrêter ces arbres dans tout le cours de leur voyage & les employer aux usages domestiques, aux arts, &c. De-là le *flottage*.

Les rivières d'Europe ne flottent plus naturellement, parce que les forêts sont devenues rares, qu'elles sont peu souvent sur leurs bords, & parce qu'on s'empare bientôt du peu d'arbres qui y tombent; mais il en étoit nécessairement autrefois comme il est encore aujourd'hui dans les contrées non cultivées de l'Amérique, où, après les inondations, les rivières & les fleuves sont encombrés d'arbres qui gênent la navigation & qui ne disparoissent quelquefois qu'au bout de plusieurs années.

Le *flottage* artificiel a dû avoir lieu dès le commencement de l'établissement des sociétés agricoles, mais être d'abord circonscrit dans les petites rivières, à de courts espaces, & à ce qu'on appelle *à bûches perdues*. Ce n'est guère que depuis trois ou quatre siècles qu'une grande partie de la provision de bois de Paris y a été amenée en trains & qu'on a fait flotter sur la Moselle, sur la Saône & le Rhône, sur la Dordogne, la Charente, la Loire, la Seine, &c., des arbres équarris, des madriers, des solives, des planches, &c., en les liant les uns avec les autres & en les allégeant avec des tonneaux vides.

Le voisinage d'une rivière, ou d'un canal, d'une forêt, augmente donc beaucoup sa valeur, lorsque cette rivière conduit à un lieu de grande consommation, à Paris principalement. Il est même souvent profitable au propriétaire de cette forêt de faire creuser un canal pour mener par *flottage*, à la rivière la plus voisine, le bois qu'elle fournit annuellement : tel est le seul usage du canal de l'Ourque, qu'on voit dans la forêt de Villers-Cotterets.

Comme je l'ai annoncé plus haut, il y a deux sortes de *flottage* :

1°. Celui qui ne consiste qu'à jeter les bûches, préalablement desséchées, car sans cela elles iroient presque toutes au fond dans les petites rivières, & à les arrêter par une estacade au lieu où on le veut. Dans ce cas, il faut que plusieurs personnes parcourent les bords de la rivière, avec des perches, pour rendre à son courant les bûches arrêtées sur les bords, même qui entrent dans l'eau, pour relever & mettre sur les bords celles de ces bûches qui sont allées au fond, & qu'on est obligé de laisser sécher plus complétement, pour qu'elles puissent se tenir à flot.

2°. Celui qui consiste à faire des Radeaux d'environ 20 pieds de long, 10 pieds de large, 3 d'épaisseur, en réunissant par des perches liées avec des Harts, & à attacher un plus ou moins grand nombre de ces radeaux à la suite les uns des autres, pour en former ce qu'on appelle un Train, qui est conduit sur les grandes rivières, au moyen des rames, comme un bateau, par deux ou trois hommes au plus.

Le bois flotté qui se consomme à Paris, & qui reste ordinairement plusieurs mois dans l'eau, perd la plus grande partie de son mucilage, reste de sa séve, & souvent son écorce, en tout ou en partie : aussi donne-t-il moins de chaleur au feu & se vend-il moins que celui qui est venu par terre ou sur des bateaux. Il s'en perd toujours beaucoup. Les frais de manutention sont considérables. Malgré cela, il est fort avantageux de préférer ce moyen de transport quand on le peut.

Les pièces de charpente, grosses & petites, les mâts de vaisseau, les madriers, les solives & les planches sont rarement dans le cas de surnager sur l'eau lorsqu'ils en sont imbibés : c'est pourquoi on attache à leurs trains, ainsi que je l'ai déjà observé, des tonneaux vides. Souvent, pour assembler les pièces de charpente, est-on obligé de les percer de quatre trous à chaque extrémité, pour y introduire les harts, les perches, à raison de la pesanteur de ces pièces, ne pouvant les attacher autrement avec sécurité.

Le mucilage des pièces de charpente ayant également été dissous par l'eau, elles sont moins dans le cas d'être dévorées par les insectes ; ce qui fait que, malgré les trous dont je viens de parler, leur valeur ne diffère pas de celle des pièces venues par terre.

FLOUS ou FLOUVET. Synonyme de Fleur de farine.

FLUGGE. *Fluggea*. Arbuste de l'Inde, sur lequel Willdenow a établi un genre dans la diœcie pentandrie.

Le genre Flaterie a aussi porté ce nom.

FOIE POURRI. Un des noms de la Pourriture des moutons.

FOIN. Herbe des Prés naturels, coupée avant la maturité des graines, & desséchée pour la nourriture des Bestiaux.

Le résultat de la coupe des Prairies artificielles s'appelle Fourrage. *Voy*. Prairie.

FOLLETTE. L'Arroche des jardins porte ce nom.

FOLLE-AVOINE. Nom de la Zizanie aquatique dans le Canada, où on mange ses graines.

FONDER LES VIGNES. Synonyme de les planter.

FONTANAISE. *Fontanesia*. Arbuste à rameaux quadrangulaires, à feuilles opposées, à fleurs disposées en grappes axillaires, qui seul constitue, selon Labillardière, un genre dans la diandrie monogynie & dans la famille des liliacées.

Cet arbuste, originaire de Syrie, se cultive en France en pleine terre, quoiqu'il soit sujet à être frappé par les dernières gelées du printemps ; mais il n'a nul agrément. On le multiplie de graines, dont il donne abondamment, de marcottes, de boutures & d'éclats de racines. Il demande une terre légère & une exposition chaude. Ne point le toucher avec la serpette est le mieux, parce que plus ses branches sont entrelacées, & plus il produit d'effet. Son écorce teint en jaune : peut-être, pour ce dernier objet, méritera-t-il un jour d'être planté en grand sur les montagnes pelées du midi de la France, où il prospéreroit sans doute.

FORESTIER. La dénomination de *forestier* est fort ancienne. On la trouve employée dans le *Capitulaire de Charlemagne* de 813, où il est dit, article 18, *De forestis : Ut forestarii benè illas (forestas) defendant simul & custodiant bestias & pisces*. Elle exprimoit alors la qualité des officiers qui avoient la surveillance des forêts & des étangs.

Il en est fait aussi mention dans l'ordonnance de Philippe-le-Hardi, de 1280, & dans des titres de 1275 & 1276, par lesquels le même roi accorde des droits dans la forêt de Cuise. Ces titres sont adressés : *forestariis Cuisiæ*. Il paroît, au surplus, que dans ces anciens temps il y avoit plusieurs titres pour désigner les officiers chargés de la conservation des forêts, tels que ceux de juges, de députés, *missi*, de verdiers, *veridii*, de baillifs, *balivi*, de gardes, *forestarum custodes*, &c. Une ordonnance de François Ier, de 1534, porte création d'un *grand forestier* pour la forêt de

Bière. Henri II, par son ordonnance de 1554, créa, en titre d'offices, les verdiers, gruyers, maîtres des gardes, maîtres sergens, *forestiers*, capitaines, concierges, &c. Ces différentes qualifications désignoient des fonctions de même nature. *Voyez*, à cet égard, ce que dit Saint-Yon, page 87, & ce que nous rapporterons plus loin à l'article FORÊT.

Aujourd'hui le mot *forestier* désigne d'une manière indéterminée toute personne qui exerce un emploi dans les forêts. Nous allons indiquer les connoissances qu'on doit exiger d'un bon *forestier*, & les moyens qui nous paroissent propres à les procurer.

Ces moyens consistent dans l'établissement d'*écoles forestières*, institutions qui existent dans la plupart des Etats de l'Europe pour l'instruction des personnes qui se destinent à exercer des emplois *forestiers*, ou qui veulent apprendre à administrer leurs propres bois.

Il n'y a point de ces écoles en France, & l'on a souvent agité la question de savoir s'il seroit utile d'y en former. Pour résoudre cette question, il est nécessaire d'entrer dans quelques détails sur la nature de l'administration des forêts, & des connoissances que cette administration exige.

Les administrations publiques se partagent naturellement en deux classes : l'une comprend toutes les administrations qui n'exigent d'autre connoissance que celle des lois & réglemens qui les régissent ; l'autre embrasse les administrations ou services publics, qui, outre la connoissance des réglemens, exigent l'étude de quelques parties de sciences ou d'arts. Les emplois de la première classe peuvent être remplis par des sujets qui ont reçu une bonne éducation ordinaire, parce que les règles de ces administrations s'apprennent par la pratique seule. Quant aux emplois de la seconde classe, il est évident qu'ils ne peuvent être déférés qu'à ceux qui ont étudié les sciences qui s'y rapportent.

Nous pouvons ranger dans cette seconde classe ou série le génie militaire, les ponts & chaussées, la topographie, les mines, les salines, la navigation, les poudres & salpêtres, les constructions navales, les opérations géométriques du cadastre, enfin tous les services publics qui exigent le secours & l'application des sciences. Ces faits sont reconnus, & déjà il existe, tant à Paris que dans les départemens, des écoles pour les différens services que nous venons de citer.

Il en existe aussi pour l'art vétérinaire, pour les arts & métiers & pour l'agriculture.

Enfin, Sa Majesté a ordonné l'établissement de plusieurs fermes expérimentales pour toutes les branches de l'économie rurale.

On connoît les bienfaits de ces établissemens, dont la plupart sont cependant de création peu ancienne.

On a demandé si le service *forestier* pouvoit aspirer au même honneur, & si les connoissances qu'il exige ne pouvoient s'acquérir autrement que par un enseignement spécial. La question a partagé d'opinion des hommes instruits, qui l'ont considérée sous ses différens points de vues économiques, administratifs & politiques. Les partisans du projet des écoles ont regardé l'art d'administrer les bois comme une science sans laquelle il n'y avoit proprement point d'économie forestière. Ils ont dit que la pratique qui n'avoit pas été précédée de la théorie ne s'acquéroit qu'au grand détriment des forêts ; que les erreurs causées par l'ignorance, étoient presque toujours irréparables, & que les préjugés ordinaires aux *forestiers* sans principes, étoient d'autant plus dangereux qu'ils se communiquoient aux commençans, incapables de les reconnoître, par le défaut de toute instruction première. Enfin, ils ont répété ce qu'ont dit les auteurs allemands sur la nécessité des connoissances qui avoient pour objet la conservation de la plus précieuse partie du domaine de l'Etat : connoissances qu'on exige, dans presque tous les Etats de l'Allemagne, des candidats que l'on admet aux emplois *forestiers*. A ces faits & à ces argumens on a opposé l'état florissant des forêts dans plusieurs pays où il n'y avoit jamais eu d'écoles forestières ; la possibilité de suppléer à ces écoles par l'étude de nos bons auteurs & par l'usage où l'on est ordinairement de faire passer les préposés par les emplois inférieurs, & qui n'exigent que des connoissances bornées, avant de les élever à ceux qui en exigent de plus étendues ; enfin on a considéré que ces établissemens, dont l'utilité ne paroissoit pas bien démontrée, occasionneroient des dépenses considérables, & qui ne seroient pas rachetées par l'avantage supposé réel des écoles forestières. On a ajouté que des élèves placés près des conservateurs, & qui les suivroient dans leurs tournées & dans leurs opérations, s'instruiroient mieux que dans des écoles où ils ne recevroient que des leçons difficiles à saisir sans une démonstration pratique.

Mais les adversaires des écoles forestières n'ont pas cité les pays où, nonobstant le défaut d'établissemens d'instruction, les forêts fussent dans l'état prospère qu'ils supposent, tandis qu'on peut citer, à l'avantage de ces établissemens, les forêts de Venise, de la Prusse, des Etats de la rive droite du Rhin, & de presque tous ceux de l'Allemagne, qui sont aujourd'hui administrés par des hommes dont la première éducation a été dirigée vers la profession de *forestier*.

A l'égard des frais, ils pourroient être réduits à fort peu de chose, si on plaçoit les écoles dans des lieux où il y a déjà des établissemens d'instruction, & où l'on pourroit prendre des professeurs. Enfin, c'est sans fondement qu'on a cru que des élèves, n'ayant aucune instruction fondamentale, qui suivroient les opérations des agens supérieurs, comme le vouloit la loi du 29 septembre 1791, pussent devenir des *forestiers* dans la rigueur du terme.

Nous allons faire connoître les motifs qui, suivant nous, doivent déterminer la création d'écoles forestières en France, les projets déjà présentés à cet égard, & les établissemens de ce genre qui, à notre connoissance, existent chez les étrangers.

§. 1er. — *Projet d'écoles forestières, présenté en 1808, par M. Van-Recum, ex-député au Corps législatif.*

« La reproduction de nos ressources forestières, dit-il dans la préface de son ouvrage, intéresse éminemment notre agriculture & notre industrie, notre marine & notre architecture, nos plus douces jouissances & nos plus pressans besoins; en un mot, elle doit être rangée dans le nombre des grands moyens sociaux, sans le secours desquels nous ne pourrions exister, comme nation, ni bientôt comme individus. Cette vérité incontestable nous impose le devoir de rechercher & les causes qui peuvent empêcher cette reproduction, & les moyens d'obtenir une amélioration dans l'administration des forêts; car, malgré les mesures salutaires qu'on a déjà prises à ce sujet, il reste encore beaucoup à faire.

» Le peu d'instruction des employés *forestiers* est la source principale du mal qui existe, & je ne me borne pas aux *forestiers* subalternes, j'entends particulièrement parler des employés supérieurs, dont la plupart n'ont pas les connoissances positives nécessaires à leur état.

» Cependant toutes les mesures conservatrices du Gouvernement, les connoissances les plus profondes de la direction générale, resteront sans effet, si les premiers employés ne connoissent pas leurs fonctions. Les *forestiers* subalternes, tels que le garde à pied, le garde à cheval, ne sont que des instrumens dirigés par leurs supérieurs, le garde général, l'inspecteur & le conservateur. Il faut donc que ceux-ci soient instruits, chacun, du moins, autant que l'exige la place qu'il occupe.

» Le seul moyen d'obvier à cette pernicieuse ignorance, c'est d'établir des écoles d'instruction. Ce n'est pas la pratique seule qui constitue le bon & habile *forestier*, il lui faut des connoissances positives, basées sur des principes théoriques. Ces connoissances positives ne consistent pas non plus uniquement dans une sèche nomenclature d'une partie de l'histoire naturelle ou de la botanique: il y a encore beaucoup d'autres connoissances dont un vrai *forestier* ne peut se passer. »

M. Van-Recum rappelle ensuite que l'on a établi en France des écoles publiques pour le génie militaire, le génie civil, celui de la marine, & pour les ponts & chaussées; pour la médecine, le droit & les arts & métiers, &c., &c.

« L'administration des forêts, ajoute-t-il, cette science basée sur des principes raisonnés & certains, ne devroit-elle pas être placée dans la même catégorie? ne doit-elle pas être étudiée par ceux qui demandent à y être employés? Ce ne seroit pas seulement le moyen de faire respecter cette branche d'administration, ce seroit aussi celui de la faire marcher avec succès. »

Il dit qu'il existe des *forestiers* instruits parmi les employés supérieurs, mais que dans cette classe on trouve aussi des préposés qui n'ont pas les connoissances nécessaires à leurs fonctions. Enfin, il voudroit que l'on ne demandât que les places vers lesquelles on auroit dirigé ses études, & que l'on ne vît plus l'administration des forêts, l'une des plus intéressantes pour l'Etat, servir de refuge à des personnes peu instruites.

Les observations de M. Van-Recum pour démontrer l'utilité des écoles forestières, sont les mêmes que celles présentées par M. Burgsdorf dans son *Manuel forestier*, dont nous avons donné la traduction, & par plusieurs auteurs allemands. Elles sont suivies d'un plan calqué aussi, en grande partie, sur celui des écoles d'Allemagne. Mais on remarque que M. Van-Recum exige même plus que dans ce pays, où cependant l'on porte assez loin la recherche de la science.

Il propose, 1°. l'étude de l'histoire naturelle dans ses trois règnes, minéral, animal & végétal, auxquels il ajoute l'étude *des fossiles*, qui sont des substances animales ou végétales, altérées par leur séjour dans la terre; 2°. celle de la physique générale & de la physique particulière des corps, qui comprend la chimie; 3°. celle des mathématiques, dans lesquelles il renferme l'arithmétique, l'algèbre, la géométrie, la trigonométrie, la mécanique, la statique, l'hydro-statique, l'hydraulique, l'architecture civile & navale; 4°. celle de la technologie forestière, qui est la connoissance de l'usage & de l'emploi qu'on fait des bois, dans les arts & métiers; 5°. celle de la jurisprudence; 6°. celle du dessin & du levé des plans.

M. Van-Recum réduit, à l'exemple de Burgsdorf, les sciences dont on vient de parler, à ce qu'elles ont d'utile pour les forêts, & il ne propose pas de les faire étudier dans toute leur étendue, par les élèves *forestiers*; ce qui seroit d'ailleurs aussi impossible qu'inutile. Il veut même que l'on gradue l'instruction selon les fonctions que chacun devra remplir.

D'après son plan, il y auroit deux années d'études, & deux cours par année. Chaque cours seroit dirigé par quatre professeurs; ce qui feroit seize par école, s'il y avoit un professeur par chaque classe pour la même science; mais comme le même professeur (de mathématiques, par exemple) peut tenir les première & deuxième classes de cette science, dans la même année, soit en alternant les jours, soit en déterminant des heures différentes dans le même jour pour chaque classe, il s'ensuit que le nombre des professeurs se réduiroit à huit par école forestière. Mais ce nombre seroit encore bien considérable, & donneroit lieu à de grandes dépenses, si, comme le propose M. Van-Recum, on établissoit autant d'écoles qu'il y avoit alors de conservations. Il est vrai qu'on pourroit confier des places de professeurs aux inspecteurs les plus instruits, qu'on chargeroit de l'enseignement de l'économie forestière, & à des arpenteurs pour le dessin, le levé des plans & même pour les mathématiques, & que ces agens étant déjà rétribués par le Gouvernement, n'auroient droit qu'à une indemnité pour ce surcroît de travail. Quoi qu'il en soit, je ne pense pas qu'on doive établir un si grand nombre d'agens enseignans. Trois professeurs seroient peut-être suffisans; savoir, un pour *les sciences naturelles*, un pour *les mathématiques & tout ce qui y a rapport*, & le troisième pour *l'économie forestière & le droit forestier*. Il y a même des écoles en Allemagne où un seul professeur enseigne toutes les parties de la science.

Mais reprenons l'exposé des connoissances nécessaires dans le service *forestier*.

§. 2. — *Des connoissances forestières, & des causes qui en ont retardé les progrès.*

Il résulte de ce que nous venons d'exposer sur l'importance des connoissances en matière forestière, qu'on auroit dû en sentir toute la nécessité & qu'elles auroient dû faire de grands progrès. Cependant il n'en est point ainsi, & l'art de bien administrer les bois est encore loin de la perfection à laquelle il peut être porté. Quelles peuvent être les causes qui ont en quelque sorte rendu stationnaire un art utile, au milieu du mouvement général des sciences & des autres arts? D'abord les bois ont été long-temps abondans & à vil prix, & pendant tout ce temps on ne s'est point occupé de la manutention raisonnée des forêts. En second lieu, il n'en est point de l'art du *forestier* comme de celui du cultivateur : le premier ne se perfectionne que par des expériences séculaires, tandis que la révolution d'une année est souvent suffisante pour rectifier la théorie du second & apprendre au cultivateur ce qu'il doit craindre ou espérer de ses essais.

Ce n'est que lorsque les défrichemens, les pâturages, les coupes arbitraires & une consommation déréglée eurent amené la dégradation des forêts & considérablement réduit leur étendue, qu'on sentit la nécessité de les soumettre à un régime conservateur. Alors le Gouvernement & les particuliers voyant que le prix du bois augmentoit chaque jour, apprécièrent la valeur de ce genre de propriété & cherchèrent les moyens de l'améliorer. On traça quelques règles sur la manière d'exploiter les forêts, sur les saisons les plus convenables de le faire, sur les réserves à conserver, tant pour favoriser le repeuplement des coupes, que pour s'assurer des pièces de service pour l'avenir; mais ces premiers préceptes se ressentoient de l'ignorance & des préjugés du temps. Il suffit, pour s'en convaincre, de lire nos anciens réglemens & les premiers ouvrages écrits sur l'économie forestière. Ils consacrent des pratiques que réprouvent aujourd'hui l'expérience & la saine physique.

L'art du *forestier* resta long-temps dans l'enfance, & d'autant plus de temps que la vénalité des emplois les plaçoit souvent dans des mains inhabiles. Il ne commença à se développer que vers la fin du 17e. siècle, époque où furent publiés les ouvrages de M. Detroidour. Cet auteur célèbre signala une foule de pratiques vicieuses dans l'aménagement & l'exploitation des bois; mais si la grande expérience qu'il avoit acquise comme praticien lui a fait découvrir beaucoup d'abus, le défaut de connoissance des principes de la physique lui en a voilé un plus grand nombre encore.

Il étoit réservé aux Duhamel, aux Buffon, aux Réaumur, de poser les principes de la science forestière; mais les belles expériences de ces hommes célèbres ne répandirent leurs clartés que dans le cercle des savans & des académiciens, & on ne voit pas un seul réglement auquel elles aient servi de base. La pratique fut long-temps abandonnée aux préjugés & à l'ignorance. La science étoit dans les livres, & la routine aveugle administroit les forêts; l'instruction, toujours si lente à se répandre quand on n'en fait point un devoir, n'alloit point jusqu'aux *forestiers*, ou du moins si quelques-uns de ces rayons venoient à frapper & à éclairer un petit nombre de praticiens, ils étoient perdus pour la foule; il étoit même dangereux de chercher à la propager, tant la force des préjugés maîtrisoit la pratique. Cet état de choses n'a point encore totalement disparu, & l'on peut dire qu'il ne disparoîtra absolument que lorsque l'instruction fondamentale sera devenue une condition expresse de l'admissibilité aux emplois *forestiers*. Alors seulement les profondes instructions de Duhamel, de Buffon, de Réaumur, de Varenne de Fenille, de Perthuis, de Burgsdorf, de Hartig, de Laurop & des autres savans *forestiers* de la France & de l'Allemagne, sortiront de la classe des propositions théoriques, pour se répandre dans tout le système des opérations pratiques.

Nous venons d'indiquer quelques unes des causes qui ont retardé la marche des connoissances forestières. Elles ne sont point les seules. En effet, il ne suffisoit point que les élémens de la science existassent, il falloit les réunir, les coordonner, en former un corps complet de doctrine; il falloit surtout que la loi imposât l'obligation d'examiner les aspirans aux places forestières, sur les principes ainsi déterminés de l'état qu'ils vouloient embrasser; mais aucun réglement n'a fixé l'instruction qu'on devoit exiger, & cet oubli a été l'une des premières causes du défaut d'instruction des anciens préposés à l'administration des bois. L'ordonnance de 1669 a fait tout ce qu'il étoit possible qu'elle fît alors; & on ne peut imputer à ses rédacteurs de n'y avoir pas introduit des principes plus développés sur l'économie forestière. Ils n'ont pu y renfermer que des dispositions correspondantes au degré de connoissances alors existantes. Cette ordonnance, considérée comme un réglement de police, est un des beaux monumens de la législation; mais si nous l'envisageons sous le rapport de la partie physique & économique des bois, son insuffisance se manifeste de toutes parts. Elle exige bien que les officiers des forêts connoissent les dispositions judiciaires & administratives qu'elle renferme, & qu'ils soient instruits *du fait des eaux & forêts* (1). C'est ce *fait des eaux & forêts*, cette matière, qu'il eût été à desirer qu'elle fixât, ainsi que l'examen à faire des candidats, sur les sciences physiques & mathématiques utiles à la science. Quant aux gardes, ces surveillans continuels qui, par leurs observations, seroient à portée de donner d'utiles renseignemens aux officiers supérieurs, & de faire ou proposer des améliorations raisonnées, s'ils avoient un certain degré d'instruction, l'ordonnance exige seulement qu'ils sachent lire & écrire (2). On sent toute l'insuffisance de ces dispositions, quoiqu'on doive croire qu'il est dans l'esprit de ce réglement, que les emplois ne soient réellement conférés qu'à des hommes instruits.

Une autre cause a, dans ces derniers temps, porté une atteinte funeste au desir de l'instruction, en même temps qu'à l'émulation. Les emplois *forestiers* furent exclusivement réservés pour récompenser des services, bien recommandables sans doute, mais qui n'avoient aucun rapport avec le service *forestier*. Un usage semblable s'étoit introduit en Prusse; il a été réformé par une ordonnance du souverain, qui, à son avénement au trône, déclara que les emplois seroient conférés dans le seul intérêt des forêts, & non exclusivement à titre de récompense. Et en effet, dit à cette occasion M. de Burgsdorf, le souverain d'un pays riche & florissant manque-t-il de moyens plus convenables & moins dangereux de récompenser de fidèles sujets qui ont passé leur vie au service militaire?

Il existe un autre obstacle à l'amélioration de l'économie forestière, & qui tient immédiatement à une disposition de la loi. L'ordonnance de 1669 & la loi du 28 septembre 1791 veulent qu'on ait vingt-cinq ans accomplis pour être admis à un emploi *forestier*, même à celui de simple garde. Il résulte de cette disposition, que la difficulté d'atteindre un âge aussi avancé pour se faire un état, détourne ceux qui auroient du goût & des dispositions pour la partie forestière, & qu'il se présente souvent, pour remplir les places, des hommes que des circonstances ont privés de leur première profession, & qui ont par conséquent passé une partie de leur vie dans des occupations étrangères à celles qu'ils embrassent. Or, il est bien difficile à un homme qui n'a aucune idée des fonctions dont il se charge à 25, 30 & 40 ans, d'y acquérir de la capacité. Il est plus présumable qu'il restera étranger, indifférent même aux connoissances d'un emploi qu'il n'a recherché que par besoin ou par désœuvrement; ses pensées se reporteront toujours sur ses premières occupations, car il n'appartient qu'au zèle de la jeunesse & à une *éducation spéciale* d'imprimer ce goût, cette passion du *métier*, qui fait surmonter les premières difficultés & embrasser toutes les parties de son art. Il faut une activité d'esprit bien rare pour suppléer à cette condition.

La vérité de ces observations & leur application à la partie forestière, ne peuvent être contestées.

§. 3. — *De la nécessité de former des sujets pour les emplois forestiers.*

Nous avons dit que le seul moyen de former des sujets instruits, étoit d'établir des écoles forestières, parce que la pratique, si elle n'est basée sur les principes de la théorie, n'est souvent qu'une routine & un tissu d'erreurs, & nous avons vu qu'il existoit des écoles pour un grand nombre de services publics, auxquels le service *forestier* peut être assimilé par son importance & les connoissances qu'il exige.

Nous avons aussi rapporté les opinions de ceux qui ont combattu le projet de ces écoles. Ils ont dit qu'il étoit de la nature de la science d'enfanter des systèmes, & ils se sont appuyés de cette opinion pour soutenir qu'en l'introduisant dans l'administration des forêts, on y introduiroit à la fois un esprit dangereux d'innovation. Ils ont pensé, d'ailleurs, que les écoles forestières pourroient être suppléées par les écoles ordinaires, où l'on enseigne les sciences naturelles, les mathématiques & le droit. Enfin, ils veulent que la lecture des bons ouvrages *forestiers*, & un noviciat dans les forêts auquel on soumettroit les aspirans, puissent remplacer les cours publics.

Il est facile de réfuter toutes ces opinions. La science est bien moins nuisible que l'ignorance, dans tous les cas possibles; si elle s'égare quelquefois, la voix de l'expérience & de la raison la ramène bien vîte, tandis que l'ignorance est sourde, & que la présomption, sa compagne ordinaire, applaudit toujours à sa marche.

Les écoles publiques ne peuvent pas suppléer au défaut d'écoles forestières, parce que les élèves seroient obligés de parcourir un cercle beaucoup trop étendu. L'art du *forestier* ne se compose que de quelques portions des sciences, & il faudroit, pour les acquérir, suivre des cours entiers dans chaque genre. D'ailleurs, il n'y a point d'école

(1) Titre Ier, article 16, & titre II, article 1.
(2) Titre X, article 2.

où l'on enseigne l'économie forestière proprement dite. Il est donc bien plus simple de réunir dans un corps unique d'instruction tout ce qui, dans les sciences, peut être utile à un *forestier*, & d'en faire l'objet de ses études spéciales. Prenons pour exemple la botanique. Un *forestier* n'a besoin de connoître que les arbres, arbustes & les principales plantes qui composent les forêts, ou qui peuvent y être cultivés; & cependant il ne parviendra à cette connoissance, dans les cours ordinaires de botanique, qu'après avoir parcouru toute la série des plantes. Il en est de même de la minéralogie, de la zoologie, de l'étude du droit, des mathématiques, &c., &c.

Quant à la lecture des ouvrages *forestiers*, elle ne peut nullement remplacer un cours réglé d'études, d'abord parce qu'elle exige, pour être fructueuse, des connoissances déjà acquises & même de la pratique; en second lieu, parce que les différentes parties de la science se trouvent disséminées dans un grand nombre d'ouvrages où l'erreur est quelquefois à côté de la vérité, parce qu'il faudroit, pour retirer d'utiles instructions de cette lecture, un jugement capable de discerner ce qui est conforme à l'expérience, de ce qui n'est basé que sur des hypothèses; & parce que, sans un guide éclairé & sûr, qui fasse connoître les motifs des principes généraux, il est souvent difficile de distinguer les applications justes & utiles qu'on doit en faire, des fausses conséquences qui peuvent se présenter à l'esprit peu exercé. Rien de plus commun, en effet, que de voir des personnes qui partent d'un principe vrai pour faire une mauvaise opération. Nous avons sans doute de bons ouvrages qui peuvent nous éclairer sur diverses parties de l'économie forestière, & l'on doit placer au premier rang ceux de notre savant Duhamel, qui forment le recueil le plus étendu d'observations & d'expériences relatives aux bois.

Mais quel sera l'homme assez dévoué à son état & assez studieux pour aller chercher dans la foule des écrits, les lumières dont il aura besoin? & en supposant qu'il puisse s'y déterminer, aura-t-il la faculté de se les procurer? aura-t-il même le temps, au milieu de ses occupations ordinaires, de se livrer à cette étude? L'expérience nous répond, qu'à l'exception de quelques *forestiers* zélés, on n'en trouve point qui s'instruisent par ce moyen, & qu'assez ordinairement ceux qui se disent praticiens, mettent très-peu d'intérêt à la lecture des ouvrages scientifiques. Au surplus, ce n'est point après qu'on a obtenu un état qu'on doit commencer à l'étudier, car c'est presque toujours aux dépens de la chose même que se fait cette étude. Il résulte de ces observations qu'un recueil méthodique des principes généraux publiés sur l'économie forestière & l'explication de ces principes dans des écoles particulières, sont les premiers moyens de former des *forestiers*, & que la lecture des ouvrages, dans leur état actuel, ne peut procurer des connoissances exactes qu'à ceux qui auront passé par le premier degré d'instruction.

Le noviciat de quelques années que l'on exigeroit de la part de ceux qui se destineroient à des emplois dans les forêts, ne seroit utile que lorsque les élèves seroient placés sous des officiers qui posséderoient eux-mêmes les diverses parties qui composent la science forestière; & comme, jusqu'à présent, on a été peu exigeant à cet égard, la mesure n'auroit que des résultats douteux pour l'avancement des connoissances. D'ailleurs, les moyens d'instruction dans les sciences, ne se trouvent réunis que dans les grandes villes, & non dans la plupart des autres localités.

Ainsi, les moyens que l'on a présentés, comme pouvant tenir lieu des établissemens spéciaux, ne peuvent réellement remplir cet objet.

La crainte des dépenses que pourroit occasionner l'établissement de ces écoles, ne doit pas l'emporter sur les avantages qu'il promet. Les fautes que l'ignorance fait commettre dans la manutention & la plantation des bois sont souvent irréparables, & le tort qu'elles occasionnent est bien plus considérable que la dépense que nécessiteroit l'instruction. Combien d'opérations importantes ont manqué, après avoir coûté des sommes énormes, pour avoir été mal dirigées, & combien les faux systèmes d'aménagement n'entraînent-ils pas de pertes dans les produits! Telle plantation n'a eu aucun résultat utile, tel aménagement a détruit les ressources de l'avenir, parce que les principes de l'art ont été méconnus. Il en est de l'économie forestière comme de l'économie rurale, c'est par l'homme que vaut la chose.

Au surplus, on verra bientôt que les frais de ces écoles ne chargeroient pas beaucoup le trésor public.

Ce que nous venons d'exposer sur la nécessité des écoles forestières, n'est point le résultat d'une imagination qui s'exagère la difficulté de bien administrer les bois. Nos observations reposent sur des faits & sur l'expérience de ce qui se passe chez nos voisins. Il s'est élevé en Allemagne un cri général sur la mauvaise administration des bois de ces contrées. Les auteurs *forestiers* ont prouvé que jamais l'économie forestière n'y atteindroit le degré de perfection desirable, qu'autant qu'elle seroit enseignée méthodiquement, comme tant d'autres parties qui font l'objet de l'instruction publique. Leurs écrits ont fait impression sur l'esprit des souverains, & c'est aux institutions qui ont été formées, à leur instigation, que sont dus les progrès remarquables que la science forestière a faits en Allemagne depuis 50 ans. Il existe un grand nombre de ces écoles, parmi lesquelles nous pourrons citer celles de la Prusse, de la Bavière, de la Saxe, de Wirtemberg, du pays de Nassau, de Saxe-Gotha, de Dillembourg & de Fribourg. On dit

dit même qu'il en existe en Russie, &c. Nous savons que le bel état des forêts de Venise est dû, non-seulement à l'excellent *Code forestier* de ce pays, mais encore aux écoles forestières.

Nous allons indiquer les diverses parties qui constituent l'administration des forêts, & nous en déduirons les connoissances qu'elles exigent, en adoptant à cet égard les principes de MM. Hartig, de Burgsdorf & de Van-Recum, toutes les fois qu'ils seront compatibles avec notre système d'administration. Nous fondrons leurs observations dans notre travail, de manière à former un traité complet sur cet important objet.

§. 4. — *Des différentes parties qui constituent le régime forestier.*

Le régime *forestier* a trois objets principaux : la *conservation*, l'*amélioration* & l'*exploitation des forêts*.

Il y a deux sortes de services : le *service intérieur des forêts* & le *service extérieur*.

Le premier comprend toutes les opérations qui se font dans le sein même des forêts, telles que les aménagemens, balivages, martelages, estimations, exploitations, améliorations, & tout ce qui a rapport à la surveillance & à la police intérieure.

Le second service se compose de tout le travail qui se fait hors des forêts, c'est-à-dire, de ce qui est relatif à l'administration proprement dite & au contentieux.

Enfin, le service est réparti entre les officiers de différens grades, qui opèrent tous pour les mêmes fins, & correspondent entr'eux dans l'ordre hiérarchique. Chacun est responsable de ses propres opérations, & en outre garant solidaire des actes de son inférieur, dans le cas de négligence à prévenir ou à constater ses erreurs ou ses fautes.

§. 5. — *De la science forestière.*

L'instruction doit être proportionnée aux difficultés & à l'étendue des fonctions dans chaque grade. L'officier supérieur est obligé de connoître, non-seulement tout ce qui concerne ses fonctions particulières, mais encore ce qui regarde celles des grades inférieurs. Autrement ses opérations & sa surveillance seroient toujours incertaines.

L'ensemble des connoissances nécessaires pour remplir toutes les parties de l'administration, forme *la science du forestier*. L'application de ces connoissances dans les opérations, constitue l'*économie forestière*. Ainsi, il y a entre la science forestière & l'économie forestière, cette différence que l'une enseigne les principes théoriques d'après lesquels on doit conserver les forêts, les améliorer & en tirer le parti le plus avantageux, tandis que l'économie forestière consiste à mettre ces principes en pratique. L'une est donc *la théorie* & l'autre *la pratique*.

La science forestière est d'une étude d'autant plus difficile, qu'elle se compose de parties empruntées à un plus grand nombre d'autres sciences, & qu'elle n'est point, comme les mathématiques, par exemple, une science d'une espèce simple. Elle puise ses élémens dans l'histoire naturelle, la physique, les mathématiques, la technologie, la jurisprudence, & dans toutes les autres sciences auxquelles se rattache, plus ou moins, son essence particulière.

Nous allons indiquer les rapports de ces sciences avec l'administration des bois, les parties qui lui sont le plus nécessaires, & les degrés de connoissances que l'on doit exiger, d'abord des employés inférieurs, & ensuite des officiers supérieurs.

Comme toutes les sciences s'enchaînent & s'entr'aident, nous suivrons l'ordre qui nous paroîtra le plus naturel & le plus avantageux dans les études.

§. 6. — *Des connoissances nécessaires aux gardes.*

Les gardes doivent, pour bien remplir tous les détails de leur service, posséder plusieurs connoissances, savoir :

I. *Parmi celles que l'on enseigne dans les écoles ordinaires*, la lecture, l'écriture & le calcul.

II. *Dans les mathématiques*, les mesures de longueur, de superficie & de solidité, suivant l'ancien & le nouveau système.

III. *Dans l'histoire naturelle*, 1°. les caractères principaux qui distinguent les corps dans les trois règnes de la nature; 2°. quelques notions sur les climats & leur influence sur les plantes; 3°. les différentes espèces & qualités des terrains, & leurs effets sur la végétation; 4°. la description des arbres; 5°. leur classification forestière & botanique.

IV. *Dans la partie économique des bois*, les cultures des différentes espèces de bois, leurs qualités & l'emploi qu'on en fait dans le pays, leur valeur respective, les âges auxquels sont fixées les exploitations, les différens modes suivis pour les exploitations, les produits de toute nature que l'on tire des forêts, leurs usages & leur valeur; enfin, tout ce qui peut concerner la manutention locale des bois confiés à ces gardes. On conçoit, d'après ces détails, combien il est important de conserver les gardes dans les mêmes postes, & combien un ancien garde peut être utile par les renseignemens qu'il est à portée de fournir.

V. *Dans la partie réglémentaire & administrative*, la connoissance des dispositions qui concernent leurs fonctions, la rédaction des procès-verbaux, leur affirmation, les citations, la tenue de leur livre-journal, les droits d'usage qui s'exercent dans leurs triages, & tout ce qui intéresse l'ordre & la police intérieurs.

Les connoissances d'histoire naturelle que nous venons d'indiquer sont celles que l'on exige en Allemagne des simples gardes, & que la plupart d'entr'eux possèdent jusqu'à un certain degré de perfection. Elles ne sont pas en effet si difficiles à acquérir qu'on pourroit se l'imaginer, car nous voyons tous les jours de simples jardiniers qui connoissent les noms botaniques de plusieurs centaines de plantes, leurs descriptions, cultures & usages.

§. 7. — *Des connoissances nécessaires aux officiers forestiers.*

Les officiers supérieurs doivent posséder des connoissances beaucoup plus étendues, ainsi qu'on va le voir par l'exposé ci-après des sciences qui concourent, dans quelques-unes de leurs parties, à former la science forestière.

I. *Histoire naturelle.*

L'histoire naturelle est la description des choses naturelles, c'est-à-dire, de tous les corps dans leur état naturel. Cette science, la première dans l'ordre des sciences physiques, n'a d'autres bornes que celles de la nature elle-même. C'est dans son vaste domaine que s'exercent tous les genres de connoissances & d'industrie. Elle est nécessaire dans différens degrés, suivant que les corps & les productions qu'il s'agit de connoître, de favoriser & d'exploiter, sont plus ou moins variés.

L'ensemble des objets qui frappent nos sens, constitue *la nature*. Ces objets se divisent en deux classes : *les corps élémentaires* ou *la matière*, & *les corps organisés.*

Ces derniers se partagent, à leur tour, en *corps inanimés* & en *corps animés.*

Les premiers sont les *minéraux.*

Les corps animés sont les *plantes* & les *animaux.*

Enfin, tous les objets *visibles* de la nature se divisent en trois règnes : le *règne minéral*, le *règne animal* & le *règne végétal.*

Cette division est suffisante pour l'objet dont il s'agit ici, quoiqu'elle ait été reconnue défectueuse par les naturalistes, à cause de la difficulté de tracer une ligne de démarcation entre chaque règne, & de classer plusieurs corps de la nature, comme l'eau, l'air & la lumière, & d'assigner un règne aux polypes de mer & aux lythophites, qui semblent appartenir aux trois règnes. Mais nous devons nous contenter des divisions les plus simples. Dans les trois règnes de la nature, la matière est toujours en mouvement; elle s'agite, ainsi que tous les corps, dans un cercle continuel de reproduction & de décomposition. Les corps se forment de la matière, suivant les lois qui leur sont propres, & la matière se reconstitue par la décomposition des corps, sans que la quantité primitive soit jamais diminuée, bien que les proportions de la matière organisée & de la matière inorganisée ne soient pas les mêmes dans tous les temps.

Il n'entre pas dans le plan de cet ouvrage d'examiner les divers élémens de la matière, que les physiciens ont découverts & décrits. Il nous suffit de remarquer que les plantes & les animaux reçoivent directement ou indirectement de la matière, leur nourriture & leur accroissement, & qu'ils se décomposent ensuite par les changemens que l'art ou la nature opère dans la matière dont ils se sont nourris & fortifiés.

Quant aux *élémens invisibles* de la matière, ils n'ont d'intérêt pour le *forestier* qu'en ce qu'ils contribuent à la nourriture des arbres dont l'éducation & l'exploitation lui sont confiées.

L'histoire naturelle des forêts, si elle embrassoit la description de tous les êtres qu'elle renferme, seroit immense. Mais le *forestier* doit borner ses études aux matières & aux productions dont la connoissance intéresse particulièrement l'économie forestière.

Nous ne donnerons donc que des explications générales sur les trois règnes de la nature.

1°. *Le règne minéral comprend toutes les espèces de pierres & de métaux.*

Quant aux *fossiles*, qui sont des substances animales ou végétales, altérées par leur séjour dans la terre, elles forment une classe particulière qu'on peut considérer aussi comme appartenant au règne minéral.

Les objets de ce règne les plus importans à connoître par le *forestier*, sont les terres & les pierres qui forment la couche supérieure du sol. C'est dans cette couche de terre que les semences se déposent, que les racines se développent, s'appuient pour soutenir le végétal, & pour lui transmettre une partie des sucs nécessaires à sa nourriture.

La nature de la terre & l'action des agens, tels que l'air, la chaleur & l'eau, qui la modifient, ont une grande influence sur la végétation, & ce n'est qu'en les étudiant que l'on parvient à connoître les cultures qui conviennent dans les différens cas.

L'argile, la craie, la marne & le sable sont les élémens qui entrent dans la composition ordinaire des terres, & c'est de leur mélange, plus ou moins parfait, que dépend la fertilité du terrain.

Il faut qu'un *forestier* distingue ces différentes terres, connoisse leurs propriétés & les effets de leur mélange sur les diverses espèces d'arbres, pour y faire des plantations avec succès.

La connoissance des métaux & des combustibles renfermés dans le sein de la terre, lui seroit encore utile, pour apprécier les ressources que les forêts peuvent présenter en ce genre.

Tels sont les objets de la *minéralogie forestière.*

2°. *Le règne animal* comprend tous les animaux, dont plusieurs se retirent dans les forêts pour s'y nourrir & s'y propager. Parmi ceux-ci, il y en a qu'il est très-important de connoître.

On appelle *animaux* les corps qui sont organisés d'après des lois constantes & immuables, qui prennent leur nourriture par la bouche, qui, le plus souvent, se propagent par l'accouplement, qui sont ovipares ou vivipares, qui croissent par le développement des parties toutes formées qui se trouvent en eux-mêmes, qui, presque toujours, ont la faculté de se locomouvoir, & qui sont doués d'une sensibilité plus ou moins parfaite.

Les animaux qui habitent les forêts, surtout les insectes, sont, pour la plupart, nuisibles à la reproduction & à la culture des bois; nous en exceptons les oiseaux qui font la guerre aux insectes & qui propagent les semences forestières.

Il faut que le *forestier* connoisse ces animaux, leurs mœurs & leurs habitudes, pour détruire ceux qui sont nuisibles, & protéger ceux qui sont utiles.

L'étude des insectes nuisibles est d'une grande importance pour apporter du remède aux ravages qu'ils exercent, ou pour en arrêter les progrès. On sait que les forêts résineuses sont particulièrement sujettes à ces causes de destruction, & qu'il arrive souvent que des étendues considérables de bois sont ravagées, parce que la cause du mal n'a point été connue des *forestiers locaux*. *Voyez* INSECTES.

Des connoissances exactes & détaillées sur les principaux quadrupèdes, oiseaux & insectes qui habitent les forêts, font l'objet de la *zoologie forestière*.

3°. *Le règne végétal* renferme toutes les plantes, par conséquent toutes celles qui composent les forêts.

On appelle *plantes*, tous les corps de la nature qui sont organisés d'après des lois constantes, qui se nourrissent par un grand nombre d'organes, qui ont la faculté de se reproduire, faculté qui réside dans les organes de la fructification, qui portent des semences, qui croissent d'après des lois fixes, & qui sont privés de la faculté de changer de place.

Ainsi la différence qu'il y a entre les végétaux & les animaux, est, en général, très-sensible. Cependant, il y a des animaux qui, sous plusieurs rapports, se rapprochent des plantes, comme il y a des plantes qui participent des caractères propres aux animaux. On les appelle *zoophites*, mot qui signifie *animal-plante*, ou *plante animale*. Mais nous n'aurons point à nous en occuper.

Les plantes se distinguent par des organes qui les ont fait ranger par *classes*, *ordres*, *genres*, *espèces* & *variétés*.

Le genre comprend tous les arbres, ou toutes les plantes qui présentent des caractères communs dans les principales parties de la fructification; les espèces sont renfermées dans le genre & se distinguent entr'elles par des caractères plus particuliers; enfin, les variétés ne sont que des dégénérations de l'espèce, qui ne se reproduisent pas toujours par les semences, tandis que le caractère de l'espèce est de se reproduire constamment par les graines. La connoissance de ces caractères distinctifs forme l'objet de la *botanique*.

Mais il ne suffit pas de connoître les caractères extérieurs des plantes & de pouvoir les classer suivant tel ou tel système, il faut encore étudier leur organisation, la nature & les fonctions des diverses parties qui les constituent, les moyens que la nature emploie pour fournir aux végétaux la matière qui leur sert de nourriture, les vaisseaux qui charient la séve dans toutes les parties de la plante, & les autres organes nécessaires à la vie végétale; la manière dont s'opère l'accroissement en grosseur & en hauteur; les diverses maladies des plantes & leurs causes, la manière dont se fait la reproduction; les substances renfermées dans les végétaux, celles qu'on en tire pour les arts & la nourriture des hommes; en un mot, ce qui constitue la *physique végétale*.

Ces connoissances, appliquées aux forêts, forment la *botanique forestière*. Elles sont nécessaires par les résultats qu'elles peuvent avoir sur l'économie forestière, & principalement sur le succès des cultures.

II. *Physique*.

La physique est la science des choses naturelles. Elle a pour objet de faire connoître les propriétés générales de tous les corps de la nature, les lois du mouvement, la mécanique, &c. &c. Cette science reçoit son application dans tous les arts, & elle est particulièrement utile pour les opérations où il s'agit d'apprécier les propriétés des corps, leurs actions les unes sur les autres, & l'emploi des machines. Ces connoissances sont nécessaires dans l'économie forestière, par exemple, en ce qui concerne les effets des élémens & des climats sur la végétation des arbres, la qualité des bois sous les rapports de leur pesanteur, de leur élasticité, de leur dureté & densité, de leur combustibilité & des substances intérieures qu'ils renferment.

1°. Les climats, la température résultant de la situation & de l'exposition des terrains, la nature de ces terrains, l'air & la lumière, exercent une puissante influence sur la végétation des arbres & sur la qualité des bois, & c'est parce que les *forestiers* ne calculent pas assez les degrés de cette influence, qu'ils commettent des fautes dans les exploitations & la culture des bois, & dans l'appréciation de leurs qualités. Il leur importe aussi de connoître la direction & la force des vents, pour se conduire dans les exploitations, & pour ne pas planter des arbres à racines traçantes sur les montagnes exposées aux ouragans.

2°. L'élasticité des corps en dirige l'emploi dans tous les arts. Ceci s'applique surtout aux bois. La pesanteur & la dureté sont souvent des qualités, mais quelquefois aussi des défauts dans les bois. Le *forestier* doit savoir les apprécier suivant les usages auxquels on les destine.

3°. Il doit aussi connoître l'intensité de chaleur que produit chaque espèce de bois par la combustion, & la qualité des charbons, pour se diriger dans son estimation & dans les calculs qu'il se propose de faire.

4°. Souvent il est nécessaire, pour apprécier les propriétés des corps, de les décomposer d'après les procédés de la chimie. C'est ainsi que l'on parvient à connoître les qualités des terres, les parties qui entrent dans la composition du bois, telles que le charbon, la potasse, les gommes & les résines. Cette partie de la physique, si elle n'est pas absolument nécessaire à un *forestier*, ne peut cependant que lui être utile.

III. *Mathématiques.*

Les mathématiques ont pour objet les propriétés de la grandeur, autant qu'elle est calculable ou mesurable. Elles se divisent en deux classes: la première, qu'on appelle les *mathématiques pures*, considère les propriétés de la grandeur d'une manière abstraite. Si la grandeur est calculable, elle est représentée par des nombres, &, dans ce cas, les mathématiques pures s'appellent *arithmétique*. Lorsque la grandeur est mesurable, elle est représentée par l'étendue, &, dans ce dernier cas, les mathématiques s'appellent *géométrie*.

La seconde classe s'appelle *mathématiques mixtes*: elle a pour objet les propriétés de la grandeur concrète, en tant qu'elle est mesurable. Du nombre des mathématiques mixtes sont la *mécanique*, l'*hydrostatique*, l'*hydraulique*, l'*architecture*, &c.

Ces deux classes de mathématiques sont, dans de certains degrés, nécessaires au *forestier*. Il a besoin de savoir l'arithmétique, l'algèbre, la géométrie élémentaire & pratique, la trigonométrie. Il faut aussi qu'il possède quelques connoissances de la mécanique, de la statique, de l'hydrostatique, de l'hydraulique & de l'architecture civile & navale.

1°. *L'arithmétique* & *l'algèbre*, qui est un autre arithmétique plus simple que le calcul par nombres, sont d'une grande nécessité dans les opérations forestières, surtout lorsqu'il s'agit de faire des estimations en fonds & superficie.

2°. *La géométrie* & *la trigonométrie* sont indispensables pour mesurer les forêts, les diviser par coupes & en lever le plan; & quoique des géomètres soient chargés de ces opérations, il est nécessaire que les officiers *forestiers* soient en état de les exécuter eux-mêmes, pour pouvoir les vérifier, ou opérer dans plusieurs circonstances: par exemple, lorsqu'il s'agit de s'assurer de la contenance réelle d'une coupe pour contrôler l'arpenteur, & de celle d'un terrain à cultiver pour déterminer la dépense des plantations, la quantité de plants & de semences à employer. Ils en ont besoin aussi pour le cubage & l'estimation des bois, tant de ceux qui sont sur pied, que de ceux abattus. Il faut qu'il puisse calculer combien tel arbre donnera de stères en bois de construction ou en bois d'œuvre, combien de planches, de lattes, &c. C'est l'objet de la *stéréométrie*.

3°. *La mécanique* qui enseigne l'art de faire mouvoir les corps & de les transporter à l'aide de machines, devient utile lorsqu'il s'agit de faire enlever des arbres d'une grandeur considérable & de les transporter par des routes montueuses & peu praticables, de fendre des blocs de bois, d'arracher des gros arbres de terre, enfin, toutes les fois qu'il convient de faire agir des corps sur d'autres corps, & d'employer les forces motrices des premiers sur les seconds, pour obtenir les résultats qu'on se propose, avec le plus de facilité & dans le moins de temps possible. Il en est de même de la *statique*, qui considère les corps & les puissances dans un état d'équilibre.

4°. Les forêts sont bornées ou traversées par des fleuves, des rivières, des torrens, des ruisseaux, des fossés. Il faut empêcher les cours d'eau de franchir leurs limites, ou les diriger & les employer d'une manière utile. C'est l'objet de l'*hydraulique* & de l'*hydrostatique*. La première enseigne l'art de conduire les eaux & de les contenir par des canaux, des aqueducs & des pompes. Elle comprend l'*architecture hydraulique*, qui est l'art d'établir des constructions sous l'eau & dans l'eau, telles que des digues, môles, écluses, ponts, &c. L'*hydrostatique* est la partie de la statique qui a pour objet les lois de l'équilibre des fluides, & qui nous fait connoître la pesanteur des corps liquides & des corps solides qui doivent surnager, comme les bois qu'on destine à être flottés.

Ces différentes parties des mathématiques, qui sont détaillées dans le Manuel de M. Burgsdorf, en ce quelles concernent les forêts, sont exigées en Allemagne des officiers *forestiers* pour ordonner des constructions contre la force des eaux, conserver & entretenir les rivières, changer ou rétrécir leurs cours, établir ou faciliter un flottage, rendre plus sûr & plus commode le transport des bois ou le passage d'une rivière, former des nivellemens, opérer des desséchemens, &c.

5°. Les demandes en bois de construction que l'on fait à un *forestier*, comme dans les cas d'affouage, de droits d'usage, & dans tous les autres cas, ne seront jamais bien appréciées, ni bien remplies, s'il n'a pas quelques connoissances de la qualité & de la quantité des bois nécessaires à chaque partie d'un bâtiment. Il a donc besoin de connoître l'emploi des bois dans l'*architecture civile*.

Il en est de même pour la construction des bâtimens de mer. Un *forestier* instruit à cet égard saura rendre compte des ressources que les forêts présentent pour la marine, surveiller les abus qui se commettroient dans l'exploitation, la réception ou le rebut des bois de ce genre, réserver comme baliveaux les arbres qui offriroient des configurations avantageuses, & proposer les mesures les plus propres à accroître les ressources en bois de marine.

Enfin, on peut dire la même chose des bois propres aux arsenaux de l'artillerie.

IV. *Technologie.*

La technologie est la science qui traite des arts en général.

La partie de cette science qui concerne les forêts a pour objet de faire connoître l'usage & l'emploi qu'on peut faire des différentes espèces & qualités de bois, & la manière la plus avantageuse de les débiter. Les *Traités de l'exploitation & du transport des bois*, par Duhamel, forment une véritable technologie forestière.

Un *forestier* instruit doit connoître quels sont les bois propres aux arts, aux diverses professions, comme l'ébénisterie, la menuiserie, le charronnage, la charpenterie, la boissellerie, la râclerie, la tonnellerie, la vannerie, &c. Il lui importe de connoître ceux dont on fait le charbon pour la poudre à canon, ceux dont on tire le tan & les résines. C'est par ces connoissances qu'il saura apprécier la valeur des bois & l'importance de la plantation de telle ou telle espèce.

Il doit pouvoir apprécier l'utilité des usines pour l'industrie du pays, & dans quel cas leur suppression seroit commandée par l'état des forêts.

La connoissance des instrumens propres à la culture, à l'exploitation & au transport des bois, est encore indispensable au *forestier*. Enfin, il y a plusieurs productions que l'on tire des forêts, dont il doit connoître l'emploi, pour en apprécier la valeur : telles sont les fruits & les graines propres à la nourriture des hommes & des animaux, à la fabrication de l'huile, à la teinture & à divers autres usages économiques. Ce n'est qu'autant qu'il aura quelques connoissances des arts & métiers qui font emploi de ces produits, qu'il pourra juger du parti que l'on pourra en tirer, & par conséquent de leur valeur.

La technologie forestière se compose, comme on le voit, de connoissances très-variées, qu'on ne peut acquérir sans avoir auparavant étudié l'histoire naturelle & les mathématiques.

V. *Dessin.*

L'art du dessin consiste à imiter, par des traits avec la plume, le crayon ou le pinceau, la forme des objets que la nature offre à nos yeux. Il fait nécessairement partie des connoissances que doit posséder un *forestier*, puisque, sans son secours, il ne sauroit faire un usage complet des mathématiques dont nous avons dit qu'il avoit besoin. C'est par le dessin qu'il pourra lever le plan de ses forêts, ou de quelques-unes de ses parties, toutes les fois qu'il s'agira de contestation sur la propriété, de travaux à exécuter, & de toutes autres opérations où les personnes qui ne sont pas sur les lieux, ne peuvent juger qu'à l'aide d'un plan. La connoissance du dessin est d'ailleurs nécessaire pour bien entendre les opérations des géomètres & pour les vérifier.

VI. *Jurisprudence.*

La jurisprudence est la science du droit, c'est-à-dire, de tout ce qui est conforme aux lois & aux principes de justice qui servent à régler nos intérêts. La jurisprudence est aussi la connoissance des décisions rendues par des cours souveraines sur certains points de procédure, ou sur certaines questions. C'est ce qu'on appelle la *jurisprudence des arrêts*.

Les ordonnances, les lois, les réglemens, les coutumes, les arrêts, les décisions, &c., relatifs au domaine en général, à celui des forêts en particulier, à la chasse & à la pêche, forment la base de la jurisprudence forestière. Les principaux objets de cette jurisprudence sont la conservation, l'administration & la police des forêts. Elle renferme par conséquent tout ce qui a rapport à la propriété, aux droits d'usage dans les forêts, à la répression des délits, & aux fonctions des employés de tous grades sur ces divers objets.

Cette partie des connoissances nécessaires à un *forestier* est celle qui a été le moins négligée en France, peut-être parce que nos réglemens présentoient, sous ce rapport, des moyens d'instruction sûrs & faciles, ou peut-être parce que l'esprit du Français le porte plus volontiers vers l'étude des lois que vers celle des sciences physiques & mathématiques, ou peut-être enfin parce que cette science a moins besoin d'être démontrée que les autres, & que la pratique peut, jusqu'à un certain point, suppléer à des cours d'étude réguliers.

Quoi qu'il en soit, il se commet encore beaucoup de fautes par l'ignorance des principes du droit *forestier* & de l'art de la discussion, & ce n'est que par l'enseignement public que l'on peut répandre sur cet objet important des lumières suffisantes & mettre les officiers *forestiers* en état de juger des droits du Gouvernement, de défendre ses intérêts, & de n'engager les actions judiciaires & administratives qu'avec les précautions & suivant les formes qui doivent en assurer le succès.

§. 8. — *Écoles forestières.*

Les sciences & connoissances dont nous venons de faire l'énumération, exigeroient de longues études, si elles n'étoient pas restreintes à ce qui est strictement nécessaire à l'art d'administrer les bois. Mais nous avons indiqué les parties de ces sciences qui sont les plus utiles. Deux années d'étude seroient suffisantes pour les élèves qui n'aspireroient point à des emplois supérieurs; & c'est dans cet espace de temps que nous allons circonscrire les cours pour les différentes branches de la science forestière. Mais comme, dans un laps de temps aussi court, on ne peut acquérir que des connoissances élémentaires, il nous paroît que l'on doit exiger au moins trois ans d'étude de la part de ceux qui se destineroient à des emplois supérieurs, à partir de celui de garde-général. Ainsi, la deuxième année seroit doublée par les élèves de première classe, & même tout le cours, s'il étoit nécessaire.

Les sciences qui doivent former l'objet de l'enseignement sont en grand nombre & exigeroient un pareil nombre de professeurs, s'il s'agissoit de les enseigner complétement. Mais comme il ne s'agit que de donner des principes sur ces différens objets, on pourroit charger chaque professeur de faire plusieurs cours. Il nous a paru, ainsi que nous l'avons déjà dit, que le nombre de ces professeurs seroit suffisant, s'il étoit fixé à trois pour toutes les parties de l'enseignement; savoir : 1°. un professeur pour l'histoire naturelle; 2°. un pour les mathématiques, la physique & la chimie; 3°. un professeur pour l'économie forestière & la jurisprudence.

Première année d'étude.

Semestre d'hiver.

Le professeur d'histoire naturelle.	1°. L'histoire naturelle dans les trois règnes : zoologie, minéralogie, physique végétale.
Le professeur de mathématiques.	2° Les mathématiques pures & pratiques, la géométrie élémentaire, le dessin. 3°. Les principes de la physique & de la chimie dans leurs rapports avec les bois.
Le professeur d'économie forestière.	4°. Les principes généraux de l'économie forestière. 5°. La jurisprudence forestière.

Semestre d'été.

1°. La botanique forestière, avec des explications dans les jardins de botanique & dans les forêts; continuation de la zoologie & de la minéralogie.

2°. Continuation des cours de mathématiques.

3°. Continuation des cours de physique & de chimie.

4°. Continuation des cours d'économie forestière, & explication dans les forêts mêmes sur les diverses opérations de culture, aménagement, exploitation, martelage, balivage, estimations, &c.

5°. Continuation des cours de jurisprudence.

Seconde année.

Semestre d'hiver.

1°. Reprise des cours de physique végétale, de zoologie & de minéralogie.

2°. Reprise des cours de physique & de chimie.

3°. Les mathématiques, en ce qu'elles concernent les parties de l'architecture civile & navale, & de l'hydraulique, applicable à la science forestière; la continuation du dessin pour le levé des plans.

4°. La technologie forestière & continuation de l'économie forestière.

5°. Reprise des cours de jurisprudence.

Semestre d'été.

Les mêmes cours que pour le semestre d'été de la première année.

Cette deuxième année seroit doublée par les élèves destinés aux places d'officiers *forestiers*.

Les besoins de l'instruction exigeroient l'établissement de plusieurs écoles; mais il convient d'abord d'en former une principale sur le plan que nous venons de tracer, & de l'établir à Paris, comme le lieu qui présente le plus de ressources pour l'enseignement & pour l'instruction des élèves. Ceux qui en sortiroient seroient répartis, à mesure des vacances, dans les différens arrondissemens *forestiers*, &, autant que possible, sous les chefs les plus instruits dans la pratique, pour y compléter leur éducation forestière.

Des écoles secondaires.

Il seroit ensuite établi des écoles secondaires dans ceux des chefs-lieux de conservations, qui présenteroient le plus de moyens pour l'instruction, soit par les jardins botaniques qui s'y trouveroient, soit par la bonne administration des bois. Ces écoles secondaires ne seroient destinées qu'à former des gardes ou des élèves pour l'école principale. Elles seroient dirigées par les principaux agens & géomètres *forestiers* de l'arrondissement. Les frais de l'instruction seroient à la charge des élèves. La durée des cours & leur objet seroient bornés à ce que nous avons dit relativement aux gardes. Les professeurs examineroient les élèves à la fin de la seconde année d'étude, & leur délivreroient des certificats de capacité.

De la nomination des professeurs de l'école principale & de leurs traitemens.

Il seroit ouvert un concours pour les places de professeurs de l'école principale. Un jury d'examen seroit chargé de les présenter à la nomination de l'autorité.

Comme les professeurs pourroient être pris parmi ceux qui occupent déjà des chaires à Paris pour l'histoire naturelle, les mathématiques, le dessin, l'enseignement du droit, &c., on pourroit borner leur traitement à 2000 fr. par an; ce qui feroit une dépense de 6000 fr., à laquelle ajoutant 3000 fr. pour les frais annuels de l'établissement, dont le local seroit fourni par le Gouvernement, on n'auroit à faire qu'une dépense totale de 9000 francs.

Des conditions pour l'admission des élèves à l'école principale.

Comme les emplois seroient réservés aux élèves, il est important, pour leur intérêt & pour celui de la chose, de n'admettre dans les écoles que des sujets qui présenteroient les conditions nécessaires pour profiter de l'instruction & mériter les emplois. A cet effet il seroit ouvert, tous les deux ans, au commencement du cours général, un concours pour l'admission des élèves; ils seroient examinés par un jury composé de personnes instruites dans les différentes parties de la science.

Les conditions pour être admis seroient: 1°. d'être âgés de 18 ans au moins, & de 25 au plus; 2°. de savoir l'arithmétique; 3°. d'écrire correctement; 4°. d'être d'une bonne constitution.

On préféreroit parmi les élèves destinés aux emplois supérieurs, ceux qui auroient fait leurs humanités.

Il pourroit être admis des élèves pour leur instruction particulière: ceux-ci ne seroient soumis à aucune des conditions ci-dessus, ne devant pas concourir pour les emplois *forestiers*.

De l'examen des élèves à leur sortie de l'école.

Un jury, composé des professeurs & d'un administrateur des forêts, président, seroit chargé d'examiner à la fin de leurs cours, ceux des élèves qui auroient dans le principe déclaré se destiner aux emplois *forestiers*, & de délivrer des certificats à ceux qui seroient en état de passer dans les emplois. Nul ne seroit admis aux places, à partir de celle de garde général, sans avoir obtenu le certificat de capacité.

Il seroit pris parmi les élèves les plus instruits qui auroient suivi le cours complet de trois ans, des répétiteurs qui seroient chargés de seconder les professeurs: ils seroient, après un an d'exercice, choisis de préférence pour remplir les places vacantes de professeurs & d'agens *forestiers*.

Nous avons appelé l'attention sur l'importance du service *forestier*, sur la nécessité de ne le confier qu'à des hommes instruits, & nous avons indiqué les moyens qui nous ont paru propres à répandre l'instruction. Nos observations sont conformes aux principes développés dans un grand nombre d'écrits publiés en France & chez nos voisins, & d'accord avec les vœux souvent émis par la société royale d'agriculture de Paris, par Duhamel, de Perthuis & par tous ceux qui se sont occupés, avec une connoissance approfondie, de cette importante matière. Puissent-elles déterminer l'adoption d'un projet dont tous les motifs sont pris dans l'intérêt du Gouvernement & celui de la société toute entière!

(BAUDRILLART.)

FORESTIÈRE. *Forestiera.* Nom donné par Poiret au genre appelé BORYE par Willdenow. *Voyez* ce mot & celui ADELIE.

FORÊT. *Sylva.* On appelle ainsi une grande étendue de terre couverte de bois.

Autrefois le mot *forêt* s'appliquoit aussi bien aux eaux qu'aux *forêts*, ainsi que le remarque *du Tillet*, en parlant de la 2ᵉ. branche de Bourgogne & des comtes de Flandres, où il dit que les gouverneurs & gardiens de Flandres, avant Baudoin, surnommé *Bras-de-fer*, se nommoient *forestiers*, parce qu'ils avoient la garde, non-seulement de la *forêt charbonnière*, mais encore de la mer.

Nos premiers rois avoient des domaines particuliers appelés *villa regia*, ou *foreste dominicum*, qu'ils faisoient administrer par des officiers désignés sous le nom de juges, auxquels ils recommandoient particulièrement la conservation de leurs *foreste*, mot générique qui comprenoit alors les étangs royaux pour le poisson, en même temps que les bois pour le pâturage. C'est ce qu'on voit dans la dotation de l'abbaye de St.-Germain-des-Prés, par Childebert, où la pêche de la Seine, vis-à-vis du bourg d'Yssy, est désignée par le mot *foresta*; & dans une lettre de Zwentibold, par laquelle il donne à un monastère de Flandres, son droit de pêche sur la Moselle, *forestam suam super fluvium Mosellæ*. Le même mot *foresta* se trouve employé dans les chartes par lesquelles Charles-le-Chauve donna à l'abbaye de Saint-Denis la seigneurie de Cannoche avec *la forêt des pêches de la Seine*, & à l'abbaye de Saint-Benigne de Dijon, *la forêt des poissons de la rivière d'Aische.*

Ainsi les eaux & *forêts* étoient désignées par la même dénomination, comme deux choses indivisibles; sans doute, parce qu'elles se lient naturellement & qu'elles dépendent les unes des autres, comme étant à la fois causes & effets de leurs existence & conservation réciproque.

Mais aujourd'hui le mot *forêt* ne s'applique plus qu'à une étendue de terrain couverte de bois, & on ne l'emploie même ordinairement que lorsque l'étendue est considérable. *Voyez* le mot BOIS.

Cependant, sous la dénomination générale de *forêts*, on entend tous les bois, quelle que soit leur étendue, grande ou petite, parce que tous sont régis par les mêmes ordonnances & les mêmes réglemens; c'est ainsi que l'usage & même la jurisprudence l'ont consacré. Aussi la cour de cassation a-t-elle jugé, par un arrêt du 4 messidor an 9, que, sous la dénomination de *forêts domaniales*, employée dans la loi du 28 brumaire an 7, on devoit comprendre les bois de peu d'étendue, de même que tous autres bois.

La conservation des bois & *forêts* a été, chez

toutes les nations, l'objet de l'attention particulière des gouvernemens. Ces belles productions étoient regardées dans le premier âge du Monde, comme le plus riche présent que la nature eût pu faire au genre humain (1), parce que l'exploitation des autres productions de la terre attendoit l'invention des arts, & qu'alors les hommes trouvoient dans les bois tout ce qui pouvoit les satisfaire. Ils n'avoient, dit Pline, d'autre nourriture que les fruits des arbres, d'autre lit que leurs feuilles, d'autre habillement que leur écorce (2). Mais lorsque l'agriculture leur eut procuré une nourriture plus agréable & plus abondante, les arbres eurent à leurs yeux moins d'importance & de prix. Toutefois les sociétés conservèrent longtemps une sorte de respect religieux pour ces végétaux qui avoient pourvu à leurs premiers besoins, & ce n'est qu'à l'époque où elles arrivèrent à une civilisation plus parfaite, que l'on doit reporter l'origine de la destruction des *forêts*.

L'histoire des peuples de l'antiquité, & nous pouvons dire notre propre histoire, nous montrent cette destruction toujours croissante, & la cause qui la détermine, toujours plus forte que la puissance des lois qu'on lui oppose. Nous voyons en effet que la réduction du sol forestier n'éprouve point d'interruption, & que déjà les forêts ont disparu d'un grand nombre de contrées, où cependant leur conservation intéressoit éminemment l'existence des peuples.

Essayons de présenter quelques observations sur cette importante matière; rappelons comment les nations les plus riches du Monde ont tari la source de leur prospérité, & en suivant, dans l'ordre des temps, la marche progressive de la dénudation du sol forestier, démontrons que les mêmes causes qui ont entraîné la ruine de tant de contrées fertiles, menacent aujourd'hui les peuples que leur imprévoyance & leur cupidité poussent à détruire leurs *forêts*.

Pour mettre, dans l'examen d'un sujet aussi important, l'ordre qu'il exige, nous diviserons ce discours en deux parties. Nous parlerons d'abord des grands intérêts sociaux qui se rattachent à l'existence des *forêts*, & des motifs qui ont dû porter les premiers hommes à rendre aux arbres des hommages religieux. Nous traiterons ensuite de l'histoire des *forêts* dans plusieurs parties du Monde.

Première partie.

Considérations générales sur les forêts, & recherches historiques sur les hommages religieux rendus aux arbres en différens temps & en différens lieux.

Les bois ont été le premier vêtement de la terre, avant la réunion des hommes en société, & nous les voyons encore dominer sur toutes les autres productions dans les pays où l'homme n'a point formé d'établissemens fixes. Là, ils sont répandus avec une étonnante profusion; leur nombre, leur étendue, leur âge, attestent la prodigieuse fécondité de la nature : des arbres séculaires & qui semblent faire gémir le sol de leur masse, s'élèvent sur les débris de ceux qui les ont précédés. La propagation de ces *forêts* antiques ne connoît d'autres limites que celles assignées par la nature à la puissance de la végétation.

Une semblable accumulation de végétaux n'est pas moins contraire à la température, que leur excessive rareté. Ces grandes *forêts*, telles qu'on en trouve encore dans le nord de l'Amérique, en Pologne & en Russie, entretiennent un air froid & humide : elles arrêtent & condensent les nuages, & répandent dans l'atmosphère des torrens de vapeurs aqueuses; les vents ne pénètrent point dans leur enceinte; le soleil ne réchauffe jamais la terre qu'elles ombragent; cette terre poreuse formée par la décomposition des herbes, des feuilles, des branches & des troncs d'arbres renversés par le temps, retient & conserve une humidité perpétuelle. Les lieux bas servent de réservoirs à des eaux froides & stagnantes; les pentes donnent naissance à des ruisseaux sans nombre, dont la réunion forme les plus grands fleuves de la Terre.

Dans de semblables contrées, qui n'attendent que la main de l'homme pour recevoir les germes de nouvelles productions, les défrichemens sont les premiers travaux de l'agriculture; mais il y faudroit procéder avec ménagement, & mille exemples attestent au contraire la fatale imprévoyance du genre humain à cet égard. Les hordes sauvages & les hommes civilisés qui s'établissent dans ces pays, se livrent sans réserve à la destruction des *forêts*; ils les incendient; ils abattent & détruisent de tous côtés les arbres qui les entourent; &, après quelques récoltes sur la terre qu'ils ont dépouillée de bois, ils portent ailleurs le fer & le feu. C'est ainsi que, dans l'Amérique, l'on voit disparoître en peu de temps d'immenses étendues de *forêts*. Les colons qui arrivent ensuite continuent les abattis & les défrichemens; & telle est la fureur de détruire, que là, comme en tant de choses, l'homme ne s'arrête que lorsque le mal est devenu sans remède, & qu'il éprouve lui-même les suites funestes de son imprudence.

Ces faits, nous les retrouvons dans l'histoire de tous les peuples, & partout nous voyons que les défrichemens, si utiles dans le principe, se sont augmentés avec une dangereuse progression, à mesure que les sociétés sont devenues plus nombreuses, plus industrieuses & plus avides de jouissances. La culture & les pâturages ont étendu leurs conquêtes sur les forêts, & en ont tellement resserré les limites, que partout les bois sont aujourd'hui

(1) *Summumque munus homini datum arbores sylvæque intelligebantur.* Plin. liv. XII.

(2) *Hinc primum alimentum, harum fronde mollior specus, libro vestis.* Plin. liv. XII.

aujourd'hui en raison inverse des besoins de chaque peuple.

La destruction des *forêts* est donc le résultat ordinaire de l'augmentation de la population & des progrès du luxe & de la civilisation. Nous verrons bientôt qu'elle est à son tour le précurseur de la décadence des nations & de l'apparition des déserts. Mais avant d'offrir ce tableau, présentons celui des avantages que procurent aux pays cultivés les *forêts* distribuées sur le sol dans la juste proportion que leur intérêt exige : elles concourent à l'harmonie des lois de la nature; elles exercent sur l'atmosphère la plus heureuse influence; elles attirent & divisent les orages, les distribuent en pluies bienfaisantes; elles alimentent les sources & les rivières qui vont porter la fécondité dans les champs du laboureur; elles aspirent, par leurs feuilles, les miasmes & les gaz délétères, & rendent à l'air sa fraîcheur & sa pureté; elles couvrent & décorent les cimes des montagnes, soutiennent & affermissent le sol sur la pente rapide des coteaux, & enrichissent les plaines de leurs débris; elles tempèrent la violence des vents glacés du Nord & les effets de l'air brûlant du Midi. C'est dans leur sein que l'on trouve des matériaux pour les constructions civiles & navales, & que le commerce va chercher des moyens de transport & d'échange pour toutes les parties du Monde; ce sont elles qui fournissent des produits à presque tous les arts; à l'agriculture, pour ses instrumens, aux usines pour leurs constructions & leur alimentation, & à la quantité innombrable d'états & de métiers où les bois sont employés comme matière première; leurs usages se diversifient en mille manières, & nous les rencontrons partout dans nos besoins & dans notre luxe (1). Ils s'unissent tellement à l'industrie, ils en forment un objet si essentiel, qu'ils la modifient dans chaque contrée, & lui impriment une direction & un caractère différens, selon qu'ils sont plus ou moins abondans ou avantageux.

Opposons à ce tableau celui des contrées qui n'ont pas su respecter leurs antiques *forêts* : ces contrées sont livrées à toute l'action des vents; elles n'éprouvent plus ces alternatives heureuses de fraîcheur & de chaleur; elles sont ou dévorées par de longues sécheresses, ou inondées par des pluies qui se prolongent d'une manière désastreuse; les cours d'eau qui ont cessé d'être entretenus par des sources permanentes, se tarissent ou se débordent en torrens; le lit des rivières s'encombre; le soleil dissipe promptement l'humidité de la terre & lui enlève le principe de sa fécondité; l'œil ne rencontre partout que le spectacle de la stérilité & de la misère. Telles sont les causes qui ont changé en déserts des régions jadis fertiles & peuplées par des millions d'hommes. L'Asie mineure, la Judée, l'Egypte & les provinces situées au pied du mont Atlas, la Grèce, autrefois la patrie des arts & de la liberté, aujourd'hui celle de l'ignorance & de la servitude; tous ces pays ne présentent plus que des ruines & des tombeaux. Le voyageur qui parcourt la Grèce ne trouve à la place des belles *forêts* dont les montagnes étoient couronnées, des riches moissons que récoltoient vingt nations industrieuses, des nombreux troupeaux qui fertilisoient les campagnes, que des rochers décharnés & des sables arides, habités par de misérables bourgades. Vainement il cherche plusieurs fleuves dont l'histoire a conservé les noms; ils sont effacés de la terre.

Ainsi ont disparu des populations nombreuses; ainsi l'espèce humaine s'est presqu'éteinte dans les contrées les plus célèbres; ainsi l'homme, après avoir détruit l'ordre établi par la nature, est tombé lui-même sur les ruines qu'il avoit préparées.

Nous avons, avec tous les physiciens, attribué aux défrichemens la cause de la diminution des eaux & de l'élévation de la température dans les pays que nous venons de citer. Les mêmes effets se font remarquer dans plusieurs autres parties du Monde.

Les défrichemens opérés pendant les deux derniers siècles en Amérique par les colonies européennes, & continués aujourd'hui sans relâche, offrent de nouvelles preuves de ce fait. Les îles du Cap-Vert, qui étoient rafraîchies par des sources nombreuses, & couvertes de grandes *forêts* & de hauts herbages, ne présentent maintenant, aux regards de l'observateur, que des ravins à sec & des rochers dégarnis de terre végétale, où croissent de loin en loin des herbes dures & des arbrisseaux rabougris. L'île de France, autrefois si productive, est menacée de la même stérilité, si on ne se hâte de mettre un terme aux défrichemens qui se poursuivent sur tous les points avec une activité effrayante.

C'est surtout dans les pays montueux que la destruction des arbres a des suites funestes. Si l'on porte imprudemment la cognée dans les *forêts* qui ceignent les plateaux supérieurs, les pluies délaient & entraînent la couche de terre végétale que les racines des arbres ne consolident plus, les torrens ouvrent de tous côtés de larges & profonds ravins, les neiges amoncelées sur les sommets durant l'hiver glissent le long des pentes, au retour des chaleurs; & comme ces énormes masses ne trouvent point de digues qui les arrêtent, elles se précipitent avec un bruit effroyable au fond des vallées, détruisant, dans leur chute, prairies, bestiaux, villages, habitans. Une fois le roc mis à nu, les eaux pluviales qui pénètrent dans ses fissures, le minent sourdement; les fortes gelées le déli-

(1) *Mille sunt usus earum* (arborum), *sine quis vita degi non possit. Arbore sulcamus maria, terrasque admovemus; arbore exædificamus tecta.* Plin. liv. XII.

tent & le dégradent; il tombe en ruine, & ses débris s'accumulent à la base des montagnes. Le mal est irréparable : les *forêts* bannies des hautes cimes n'y remontent jamais; les lavanges & les éboulemens qui se renouvellent chaque année, changent bientôt en des déserts sauvages des vallées populeuses & florissantes.

Lorsqu'un pays est déboisé, les privations arrivent en foule : les arts s'éteignent faute de matières premières; les forges deviennent inactives & laissent sans emploi les minéraux renfermés dans le sein de la terre; l'agriculture est tarie dans sa source; la vigne n'a plus d'abris, plus de tuteurs, & le peu de vin qu'elle produit, manque de vaisseaux pour le contenir; les animaux, privés de pâturage sur une terre aride, cessent d'offrir à l'homme leur coopération à ses travaux ou leurs dépouilles à ses besoins; le chauffage & la cuisson des alimens deviennent l'objet d'excessives dépenses, & ne trouvent souvent de ressources que dans les combustibles minéraux, ressources qui n'ont pas, comme les bois, la faculté de se reproduire; enfin, tous les genres d'industrie & tous les besoins de la société semblent menacés quand l'imprudence & la cupidité portent leurs excès sur le sol forestier.

Ces tableaux, dont l'effrayante vérité est attestée par des monumens historiques, ne sont point inconnus dans plusieurs parties de la France, où d'immenses plaines de bruyères & de sables offrent encore quelques traces des bois qui les recouvroient dans des temps reculés. Les ci-devant provinces de la Gascogne, du Languedoc, de la Bretagne, de l'Orléanois, de la Champagne, &c., en fournissent le témoignage irrécusable.

Les considérations que nous venons de présenter sur l'utilité des *forêts* & des arbres en général, nous conduisent à parler des hommages dont ils furent l'objet en différens temps & en différens lieux.

Tout entier aux besoins physiques, l'homme primitif ne dut s'occuper d'abord que de ce qui pouvoit satisfaire ses besoins, & surtout la faim, le premier, le plus impérieux de tous. L'arbre qui donne le fruit a pu avoir été adoré, même avant le soleil, dont l'influence vivifiante le mûrit, mais dont le bienfait est moins immédiat & moins sensible. Les hommages rendus aux arbres furent donc l'effet de la reconnoissance des premiers hommes, qui durent à ces végétaux leurs alimens, leurs lits & leurs vêtemens.

La majesté silencieuse des *forêts* les avoit fait choisir comme les lieux les plus convenables pour honorer la Divinité. Elles furent les premiers temples où les peuples lui adressèrent leurs vœux & implorèrent sa protection (1). Presque toutes les nations anciennes eurent leurs bois sacrés, & il n'y avoit guère de temple qui ne fût accompagné d'un bois dédié au dieu qu'on y adoroit; telle fut la célèbre *forêt* de Dodone, consacrée à Jupiter, & dont les chênes rendoient des oracles. Du temps de Pline, cette ancienne coutume pieuse étoit encore imitée par les habitans des campagnes, qui consacroient à la Divinité le plus bel arbre de chaque canton. «Nous-mêmes, dit cet auteur, nous ne respectons pas moins les bois sacrés & le religieux silence qui y règne, que les riches statues d'or & d'ivoire qui nous représentent les dieux.» Ce respect, cette crainte religieuse qu'inspirent les *forêts*, comme étant le séjour de la Divinité, sont depeints par Lucain, lorsqu'il représente les soldats de César n'osant, par scrupule, abattre la *forêt* de Marseille, ou lorsqu'il représente le druide lui-même craignant d'y rencontrer ses dieux.

Les arbres étoient consacrés à des divinités particulières, comme le chêne à Jupiter, qui fut adoré sous le nom de *Jupiter Arbel* (arbre), *Jupiter forestier*; le laurier à Apollon; l'olivier à Minerve; le myrte à Vénus; le peuplier à Hercule. C'étoit d'ailleurs une croyance accréditée, que comme le Ciel avoit ses divinités propres & spéciales, les bois avoient pareillement les leurs, qui étoient les Faunes, les Sylvains, les Dryades & les Hamadryades (1). La chasse avoit pour déesse l'austère Diane, qui, suivie d'une meute de chiens, ne sortoit point de l'enceinte des *forêts*.

Ces fictions religieuses, en attestant la vénération réelle des Anciens pour les plus belles & les plus majestueuses productions de la nature, prouvent aussi l'importance qu'ils attachoient à leur conservation dans l'intérêt de la société. Nous avons vu les funestes résultats qui, dans la Grèce, ont suivi l'oubli de ces idées conservatrices auxquelles la religion prêtoit son appui.

Nos ancêtres avoient aussi établi leurs temples dans l'enceinte des *forêts*; c'est au milieu de celles de la Germanie & des Gaules, au pied des chênes antiques, que les prêtres célébroient leur culte & présentoient leurs offrandes aux dieux qu'ils adoroient. Quoi de plus propre, en effet, à pénétrer l'ame d'idées religieuses, que l'ombrage d'une vieille *forêt*! C'est là, qu'ému malgré lui-même, & saisi d'une terreur subite, l'homme croit entendre la voix du Créateur dans le silence mystérieux de la nature.

Les Celtes, suivant Maxime de Tyr, choisissoient un chêne très-haut qui devenoit pour eux l'image de la Divinité suprême (2). Nous avons vu que Pline parle aussi du même usage, commun de son temps dans les campagnes.

Suivant un traité *De Idolatriâ*, composé en 1517, par Léonard Rubenus, moine allemand, les Estoniens, qui habitent vers les confins de la Livonie, avoient encore, à cette époque, l'usage de consa-

(1) *Hæc fuere numinum templa.* Plin. liv. XII.

(1) Plin. liv. XII.
(2) Pier. Valer. Hiéroglyph.

cret à la Divinité des arbres élevés, qu'ils décoroient de pièces d'étoffes suspendues à leurs branches. Pallas a retrouvé le même usage chez les Ostiaks (1).

M. Marquis, dans ses *Recherches historiques sur le chêne*, en rapportant ces faits, observe qu'il est impossible de ne pas reconnoître un reste de la vénération des anciens Celtes pour les arbres; mais, ajoute-t-il, le chêne paroît avoir eu le plus de part au respect religieux de ces peuples. Ils avoient surtout une vénération particulière pour les chênes sur lesquels ils trouvoient du gui.

Pline décrit, avec l'élégance de style qui caractérise ses ouvrages, la cérémonie qui avoit lieu chez les Gaulois, au commencement de leur année, qui arrivoit au solstice d'hiver, lorsque les druides, en même temps philosophes, prêtres & magistrats, accompagnés de tout le peuple, se rendoient solennellement dans une *forêt*, pour cueillir le gui du chêne, infiniment plus rare que celui des autres arbres. Ils le regardoient comme un présent du Ciel, & l'arbre qui le portoit comme un signe d'élection (2).

Lorsque les choses nécessaires pour le sacrifice & le festin étoient préparées sous le chêne, on y amenoit deux taureaux blancs, qui n'avoient jamais été sous le joug. Le prêtre, vêtu d'une robe blanche & armé d'une serpe d'or, montoit sur l'arbre & coupoit le gui, que l'on recevoit dans une casaque blanche. Ensuite les druides immoloient les victimes & prioient Dieu de leur rendre utile & profitable le présent qu'il leur avoit fait. Ils croyoient que ce gui donnoit la fécondité à tous les animaux stériles, & que c'étoit un antidote contre toute sorte de poison (*omnia sanantem*): tant est grande, s'écrie le naturaliste romain, la superstition des peuples, qui leur fait respecter les choses les plus frivoles (3) !

Ces cérémonies ont été décrites aussi par Jacob Vanier, auteur du *Prædium rusticum*, dans un passage où le poëte differte d'ailleurs d'une manière instructive sur l'origine du gui, & où il rapporte que les druides mêloient le sang humain à leurs sacrifices (4).

Les druides, dont l'histoire se rattache si particulièrement à celle de nos plus anciennes *forêts*, devoient sans doute la grande autorité qu'ils avoient acquise, à leur éloignement de la vie sociale. Ils faisoient leur demeure habituelle dans la profondeur des *forêts*, où ils méditoient sur les décisions qu'ils avoient à rendre dans tout ce qui intéressoit la religion, les études & la justice. La peine de ceux qui ne leur obéissoient pas étoit une

(1) Pallas, tom. V, pag. 152.
(2) *Signum electæ ab ipso Deo arboris.* Plin. lib. XVI, cap. 44.
(3) *Tanta gentium in rebus frivolis plerumquè religio est.* Plin lib. XVI, cap. 44.
(4) . . . . . *& humano cultos fædare cruore.*

espèce d'excommunication, qui les excluoit des sacrifices & les faisoit passer pour des impies que tout le monde fuyoit.

« Le mot *aiguillan*, dit M. Marquis, que l'on emploie encore pour celui d'*étrennes* dans certaines provinces, rappelle le cri *au gui l'an neuf*, dont l'air retentissoit pendant la cérémonie gauloise, & qui est cité & traduit par Ovide, dans le vers suivant de son poëme des *Fastes* :

Ad viscum druidæ, druidæ clamare solebant.

» Sébastien Rouillard, dans sa *Parthénie* ou *Histoire de Chartres*, prétend très-sérieusement que les druides celtiques ne révéroient le chêne, que comme emblême de la croix qui devoit un jour en être faite, & le gui, que comme l'image du Christ qui devoit y être attaché par la suite. Sébastien Rouillard prodigue toute l'érudition de son temps, pour appuyer ces étranges rêveries, dont la piété, louable d'ailleurs, qui les inspire, ne peut certainement excuser la bizarrerie.

» Les chênes dont le feuillage épais formoit la voûte des temples celtiques, avoient donné leur nom aux prêtres de cette nation. Pline (1) n'a pu s'empêcher de reconnoître dans le nom des druides le mot grec Δρυς, chêne, qui est visiblement le même que Deru, nom de cet arbre dans la langue des Celtes, & qui signifie encore aujourd'hui la même chose dans le langage breton, reste de l'ancien celtique (2). Telle est l'origine commune des noms de Dryades & d'Hamadryades, que les Grecs donnoient aux nymphes dont leur brillante imagination peuploit les *forêts*, & qu'elle faisoit vivre sous l'écorce des arbres, & de celui de Gruyer ou Druyer qu'on donnoit encore en France, il y a peu d'années, à certains préposés à la conservation des bois.

» Une ville de Thrace, une autre de l'Œnothrie, un bourg de Lycie, portoient anciennement le nom de Δρυς, sans doute à cause des *forêts* de chênes qui les environnoient (3).

» Ces mots, Δρυς & Deru, sont encore faciles à reconnoître dans le nom d'une des plus anciennes villes de France, Dreux (4), qui le doit sans doute aux mêmes circonstances locales, & dont la position s'accorde parfaitement avec l'expression *in finibus Carmetum* qu'emploie César (5), pour désigner le lieu où les druides s'assembloient annuel-

(1) Plin., *ubi suprà.*
(2) Saint-Foix.
(3) Calep. Dict.
(4) Cette ville eut long-temps pour armes, ou plutôt pour devise, car ceci remonte à des temps plus reculés que les croisades, époque de l'invention des armoiries proprement dites, un chêne chargé de gui avec ces mots : *Au gui l'an neuf.* En adoptant depuis les armes d'Agnès de Braine, femme de Robert Ier., comte de Dreux, fils du roi Louis-le-Gros, on les entoura de branches de chêne pour conserver le souvenir de ce premier symbole. Un village voisin porte encore le nom de Rouvres, *à Roberibus.*
(5) *De Bell. Gall.*, liv. VI, chap. 13.

lement, & d'où leur puissance & leur doctrine s'étendoient dans toutes les Gaules. C'étoit donc probablement dans quelque *forêt* voisine de cette ville, peut-être dans celle qui en porte encore le nom, que ces mages célèbres tenoient leurs assises. C'étoit sans doute aussi là, qu'ils brûloient en l'honneur de leurs terribles divinités, de malheureuses victimes dans des cages formées de branches d'arbres (1).

» Le bourg de Druyes, situé dans l'arrondissement d'Auxerre, département de l'Yonne, & sur les lisières de la *forêt* de *Futoy*, tire son origine du mot *Druya* ou *Droya*; l'on prétend que les druides tenoient aussi des assemblées dans ce pays, qui étoit anciennement couvert d'épaisses *forêts*.

» César dit que les druides tenoient leurs assemblées *in loco consecrato*, dans un lieu consacré. Sébastien Rouillard, que j'ai déjà cité, & qui me paroît, quoique sujet à rêver, avoir entièrement raison en ce cas, pense qu'on devroit lire *in luco consecrato*, dans un bois consacré. La vénération des Celtes pour les *forêts* appuie cette conjecture. Lucain (2) dit, en s'adressant aux druides:

Nemora alta remotis,
Incoleitis lucis.

» Pline est encore plus positif. *Roborum eligunt lucos.*

» Long-temps les assemblées générales de la nation française ne se tinrent, comme celles des druides, que sous la voûte du Ciel ou celle des arbres. On les appeloit *Champ de Mars* ou *de Mai*.

» Dans les temps de simplicité, nos rois & les grands seigneurs jugeoient souvent eux-mêmes les différens de leurs vassaux, & tenoient ordinairement leurs audiences sous les arbres qui décoroient la porte de leurs châteaux. C'est ce qu'on appeloit les *plaids de la porte* (3). Rendre ainsi la justice à tout venant, sous les chênes du bois de Vincennes, étoit le plus doux passe-temps de saint Louis. « Maintes fois ay veu, dit le sire de » Joinville, que le bon Saint, après qu'il avoit » oüy la messe en esté, il se alloit esbattre au bois de » Vincennes, & se séoit au pié d'un chesne & nous » faisoit seoir tous emprès lui : & tous ceulx qui » avoient affaire à lui, venoient à lui parler, sans » ce que aucun huissier ne autre leur donnast em» pêchement, & demandoit hautement de sa bou» che, s'il y avoit nul qui eust partie (4). »

Nous devions rappeler les hommages que les hommes ont rendus aux arbres & leur respect religieux pour les *forêts*, non comme des faits de pure curiosité & qui attesteroient seulement l'ignorance & la superstition des premiers peuples, mais comme des témoignages du prix qu'ils attachoient à ces présens de la nature, qui n'exigent aucun travail, & dont les ressources si utiles se renouvellent sans cesse.

Présentons maintenant quelques exemples de la destruction progressive des *forêts*, & les résultats de cette destruction dans plusieurs parties du Monde, & notamment en France.

SECONDE PARTIE.

Aperçu de la diminution du sol forestier dans plusieurs pays, & notamment en France.

Nous voyons les sociétés naissantes s'occuper d'abord du défrichement des bois; elles trouvent des ressources accumulées par les siècles, une terre féconde, propre à développer le germe de toutes les productions qui lui seront demandées, en un mot, tous les élémens d'une prospérité prochaine. L'agriculture, la navigation, le commerce & les arts s'établissent successivement, & deviennent les instrumens de la grandeur des peuples. Cet état de choses s'accroît & se soutient tant que subsiste la corrélation qui doit exister entre les diverses productions du sol & l'ordre le plus utile à la constitution physique du pays. Mais si ces nations abusent des avantages que la nature leur a départis, si elles dérangent l'harmonie qui s'est établie dans les élémens de leur prospérité, si elles détruisent chez elles les principes de la fertilité par des défrichemens outrés, par la destruction des abris & des puissances qui maîtrisoient l'action des météores, dès-lors elles sont menacées d'une prompte stérilité, & par suite d'une décadence inévitable. La misère & l'abrutissement succèdent bientôt à l'éclat passager de ces nations. La Grèce & les autres pays que nous avons déjà cités, en offrent de mémorables exemples.

Nous ne rechercherons pas toutes les *forêts* de l'antiquité que la cupidité ou la fureur des peuples a fait disparoître de la terre; ce travail seroit immense : il nous suffira d'en rappeler quelques-unes.

M. Rougier de la Bergerie, dans un ouvrage qu'il a publié en 1817, assigne comme cause principale de la destruction des *forêts* dans l'Asie mineure, la Phénicie, la Perse & la Grèce, les guerres qui, à différentes époques, ravagèrent ces pays.

Cléomène, roi de Lacédémone, du parti de Darius, pour mieux faire manœuvrer sa cavalerie, fit abattre tous les arbres & détruire tous les vergers qui entouroient Athènes.

Xercès, Darius, Alexandre, dans leurs trop longues & fameuses luttes, exercées sur plusieurs millions de lieues carrées, & dans les pays les plus beaux & les plus riches du Monde, de l'aveu de tous leurs historiens, ont, à l'envi, fait abattre ou incendier, depuis le Pont-Euxin, les Pyles de Syrie & la Chaldée, jusqu'à la mer Caspienne,

(1) Cés., *ibid.* On a trouvé dans la *forêt* de Dreux des débris d'anciens autels où les druides faisoient leurs sacrifices.

(2) *Pharf.*, liv. I.

(3) Pasquier, *Rech. de la Fr.*, l. n. c. 2 & 3.

(4) Joinville, *Histoire de saint Louis*, pag. 12.

la Gédrosie & la Bactriane, tous les arbres & massifs qui pouvoient, ou faire craindre des embûches, ou ralentir la marche du vainqueur.

Alexandre, voulant rentrer dans la Grèce avec une flotte triomphale, ordonna de couper, à des distances immenses, tous les plus beaux arbres qui couronnoient les monts & qui bordoient les fleuves.

« La Syrie, continue M. de la Bergerie, étoit déjà presqu'un désert au temps d'Alexandre; car le règne des exterminations l'avoit précédé, & le héros n'a que la gloire d'en avoir consommé la ruine; ainsi, le Mont-Liban, l'orgueil de l'Orient, au pied duquel on pourroit dire que fut le berceau du genre humain, & où s'élevèrent Moïse, Jésus & Mahomet, le Mont-Liban devant lequel sont venus se mesurer les plus grands rois du Monde, Ninus, Alexandre, César & Titus, devant lequel sont apparues aussi & nos fatales croisades & nos phalanges républicaines; le Mont-Liban qui donnoit la vie & la fécondité à l'Euphrate, à l'Oronte & au Jourdain, n'est plus que le roi des ruines & des déserts. Ses cèdres fameux dont toute la terre a parlé, ont disparu, & les neiges qui, dans les temps de sa gloire, ne s'échappoient dans les vallées qu'avec une vivifiante lenteur, n'y arrivent, depuis les siècles de guerres, qu'en torrens dévastateurs. »

Pline (1) nous dit qu'au rapport de Suétone Paulin, qui fut consul sous l'empereur Néron, les pieds du Mont-Atlas étoient chargés d'épaisses & hautes *forêts*. Elles ont entièrement disparu, & avec elles les fleuves qui prenoient leurs sources dans leur sein.

« César, dit M. de la Bergerie, est le premier qui, dans les Gaules, a osé lever la cognée sur les bois sacrés. Tibère donna l'ordre général d'y abattre les *forêts*, & Probus lui-même n'a pas épargné ces temples des Gaulois. *Omnibus arboribus longè latèque in finibus excisis*. Cæs. liv. IV. »

Les guerres nationales & civiles ont été partout la plus grande cause de la destruction des *forêts*, parce qu'elles pouvoient servir de refuge à l'ennemi.

L'Angleterre, couverte de bois avant l'invasion des Romains, a été mise à nu. Tacite nous dit qu'Agricola occupoit une partie de ses légions à chercher les naturels du pays dans les *forêts* : *Aestuaria ac sylvas pratentare*.

Le brave Galgacus, pour exciter ses compatriotes à chasser les Romains de leur île, leur disoit : « Ils usent vos bras à détruire vos propres *forêts*, » & ils vous outragent encore. » *Sylvis emuniendis verbera inter contumelias conterunt*. Tac.

« L'Allemagne, l'Italie & l'Espagne, pour les mêmes causes, ont eu successivement de vastes déserts, auxquels on a donné le nom de *Marches*.

(1) Liv. V, chap. 1.

» La France a également eu ses Marches, à la sûreté desquelles nos premiers rois avoient préposé des gardiens ou des commandans, & la féodalité en a créé le titre de *marquis*.

» Tel a été aussi le cours non interrompu de la destruction des arbres & des bois dans toute l'Europe, & principalement dans les contrées méridionales, où ils sont plus utiles & plus nécessaires. »

L'Italie eut jadis des *forêts* considérables, ainsi que Pline nous l'apprend. Il est certain, dit-il, que plusieurs de ses régions étoient distinguées par des *forêts* (1). Il cite en témoignage de ce fait les dénominations de plusieurs quartiers de Rome; tels celui de *Jupiter Fagutal*, où étoit anciennement un bois de hêtre; *la Porte Querquetulane*, ainsi appelée à cause d'un bois de chêne; la *Colline viminale*, ainsi nommée à cause des osiers qu'elle produisoit. Il y avoit encore, dit l'auteur romain, plusieurs autres bois dans différens quartiers.

Forêts des Alpes & des Apennins. — Mais les *forêts* les plus importantes de l'Italie, celles dont la conservation intéressoit le plus l'agriculture de cette contrée, étoient les *forêts* qui couvroient les Alpes & les Apennins. Nous avons sous les yeux un mémoire de M. de Rumidon, de Gênes, qui contient des renseignemens intéressans sur ces *forêts*, & sur les fâcheux résultats qui en ont suivi la destruction dans quelques parties.

L'auteur de ce mémoire considère principalement les effets que produisent sur le cours des eaux, l'existence ou la destruction des *forêts* situées sur les montagnes; & pour rendre ses idées plus claires, il place l'observateur dans les circonstances les plus propres à faire juger de ces effets. Deux conditions lui paroissent nécessaires pour les bien apprécier : la première consiste à trouver sur les flancs d'une montagne une pente dont la déclivité soit à peu près uniforme, & dont une partie soit boisée & l'autre absolument nue; la seconde exige que la pente boisée corresponde à la partie la plus élevée d'un chemin creux ou d'une profonde rigole, qui, au bas de la côte, serviroit de canal commun aux eaux qui en descendent. Si maintenant l'observateur se place dans le moment d'un fort orage, au bas & au point de division de la pente en partie boisée & en partie aride, il verra bientôt les eaux de cette dernière couler dans le canal en abondance & avec une rapidité sensiblement croissante, tandis que l'autre partie y fournira à peine quelques filets d'eau, qui peut-être encore ne paroîtront qu'après l'orage & après l'écoulement total des eaux de la partie aride.

Si, pendant l'orage même, l'observateur, pour se rendre raison de cette différence, pénètre dans

(1) *Sylvarum certè distinguebatur insignibus*. Plin. liv. XVI, chap. 10.

la partie boisée, il remarquera d'abord que les branches & les feuilles des arbres, des arbrisseaux & arbustes, présentent aux eaux pluviales des obstacles très-multipliés; ces eaux ne tomberont sur le sol que par gouttes assez rares; il remarquera encore qu'il n'est pas un rameau, pas une feuille, pas un brin d'herbe, qui ne conserve une quantité d'eau proportionnée à sa surface, & qu'enfin les eaux coulant sur le sol sont divisées à l'infini par la foule des plantes qu'elles rencontrent à leur passage.

Les résultats de ces premières observations seront les suivans : 1°. l'eau ne tombant que par gouttes sur le sol, celui-ci, formé des débris annuels des plantes, & par conséquent léger & facile à pénétrer, en absorbera une grande quantité, au profit des réservoirs intérieurs de la montagne, qui forment les sources des rivières & des fontaines; 2°. les eaux non absorbées de cette manière & coulant sur le sol, divisées à l'infini par les plantes qui s'opposent à leur passage, ne pourront se former en ruisseaux, & si, favorisées momentanément par quelques circonstances, elles venoient à se réunir, elles éprouveroient encore bientôt une nouvelle division par la rencontre de pareils obstacles; 3°. l'évaporation des eaux pluviales sera aussi proportionnée à leur grande subdivision sur le sol & sur les rameaux & les feuilles des plantes; 4°. ces dernières en absorberont une partie notable.

L'existence des *forêts* sur les montagnes produit donc une grande diminution dans la quantité des eaux coulant sur la surface du sol & favorise l'augmentation des sources; elle ralentit considérablement le cours des eaux superficielles, qui, n'arrivant dans leurs canaux qu'une petite quantité à la fois, ne laissent plus à redouter de leur part ces ravages qui désolent si souvent les campagnes.

Que l'observateur porte aussi son attention sur la partie aride de la pente de la montagne, & il verra que tout y favorise la prompte réunion des eaux & la rapidité de leurs cours, rapidité qui sera en raison composée de l'inclinaison du sol, de la vitesse acquise dans la chute, & de la prompte augmentation du volume des eaux.

Si des obstacles, tels que des rochers saillans ou de grandes inégalités dans le terrain, viennent à les diviser, ce ne sera plus pour en ralentir la marche : resserrées dans leur cours, elles acquerront une nouvelle vitesse; elles se creuseront de petits canaux qui, tendant sans cesse à se réunir, formeront dans la suite de larges coupures, ou enfin de profonds ravins.

Les avalanches & les éboulemens sont des accidens terribles qui n'appartiennent guère qu'aux montagnes dépouillées de leurs *forêts*.

On sait qu'au printemps, les rayons du soleil, en fondant la partie supérieure de la couche des neiges qui couvrent les montagnes, il s'établit entre la surface inférieure de cette couche & le sol de ces montagnes, un courant d'eau produit par la fonte de cette même couche : alors la masse des neiges, ne tenant plus au sol, ou n'y tenant que par un petit nombre de points, s'affaisse dans les lieux peu inclinés; mais dans ceux qui le sont davantage, elle s'ébranle, &, par la force de son impulsion, elle entraîne les amas de neiges inférieurs, & se grossissant encore des masses énormes de terre & de pierres, & même de rochers entiers, qu'elle détache de la montagne, elle vient porter le ravage & souvent la mort dans les vallées & dans les plaines.

Ce sont les avalanches qui forment en très-peu de temps ces ravins profonds qui, sans elles, ne seroient le plus souvent que l'ouvrage lent des eaux pluviales.

On sent bien que les accidens de cette nature ne peuvent avoir lieu sur les montagnes dont les flancs sont couverts de *forêts* : car les neiges, qui se détacheroient de leurs sommités, n'acquerroient jamais, ni par leur masse ni par leur vitesse, le degré de force nécessaire pour surmonter de tels obstacles.

L'usage commun, surtout dans une partie de l'Italie, de transformer les *forêts*, les montagnes en terres labourables, a donné lieu à ces infiltrations surabondantes qui produisent les éboulemens. On se rappelle encore la chute arrivée en 1718 de la montagne de Conto, l'une des Alpes Rétiennes, qui ensevelit en un instant sous ses ruines le bourg de Pleurres & le village de Chitteau, avec leurs populations & une grande étendue de territoire. Les premières années de ce siècle ont été signalées par des événemens de cette nature non moins déplorables. Les Apennins & leurs dépendances présentent aussi une suite nombreuse d'éboulemens.

La diminution des eaux de source, l'augmentation des eaux superficielles, la formation des avalanches & des torrens, les éboulemens, sont donc les conséquences immédiates de la destruction des *forêts* sur les montagnes.

M. de Rumidon porte ensuite ses regards sur les désastres que la destruction des *forêts* sur les montagnes a occasionnés dans le ci-devant royaume d'Italie. Nul pays de l'Europe ne demande plus que l'Italie les soins constans des gouvernemens pour tout ce qui regarde la direction des eaux; une partie considérable de cette grande presqu'île, entourée au nord & à l'ouest par la chaîne des Alpes, & au sud par les Apennins, représente exactement un golfe dont l'entrée regarde l'Orient, & qui reçoit les eaux de cette double chaîne de montagnes. L'autre partie est plus ou moins resserrée entre la Méditerranée, ou par l'Adriatique & les diverses chaînes des Apennins.

Il résulte de cette situation de l'Italie, que les eaux sont abondantes, & que leur cours, généralement parlant, plus rapide, a besoin d'être maîtrisé pour ne pas devenir funeste à l'agriculture : ce fut aux soins particuliers que donnoient les anciens peuples à la direction des eaux, que l'Italie dut cette abondance de produits, & par suite cette nombreuse population qui, pour quelques-uns, est encore un sujet d'étonnement.

Ce fut aussi à l'époque où les Romains, devenus possesseurs d'immenses territoires dans les provinces conquises en Afrique & en Asie, négligèrent leurs propriétés de l'Italie, que le cours des eaux abandonné à la nature, convertit en marais plusieurs parties de cette belle contrée, & particulièrement ce pays des Volsques si renommé pour sa fertilité, & à la place duquel on trouve aujourd'hui les *marais Pontins*.

C'est encore à la même cause qu'il faut attribuer l'existence de ces marais si étendus, qui, commençant à Ravenne, finissoient à Aquilée, & dont Strabon désigne les villes sous le nom de *villes des Marais*.

Mais alors les montagnes de l'Italie étoient encore couvertes de leurs *forêts*, & par conséquent les eaux de source & les eaux superficielles dans des rapports favorables à l'agriculture; le remède au mal étoit facile.

De nos jours, au contraire, cet heureux équilibre est absolument rompu par la destruction des *forêts* sur les montagnes & les hautes collines; & c'est à cette cause unique qu'il faut rapporter les désastres de toute espèce que la partie de l'Italie dont nous parlons éprouve chaque année.

Ces montagnes, mises à découvert, sont depuis long-temps exposées aux actions successives de la gelée, de la chaleur & de la pluie; ces deux premières causes, agissant d'abord sur la terre végétale, qui fut bientôt entraînée, exercèrent ensuite leur action sur la partie solide des montagnes. En effet, la gelée & les chaleurs du printemps font également éclater les pierres, qui, ainsi détachées de la masse & poussées par les eaux, viennent envahir les terres destinées à l'agriculture.

M. de Rumidon considère la direction générale des montagnes de l'Italie (la plupart exposées au midi), la nature des couches qui les constituent & les dégradations qu'elles ont éprouvées, comme autant de causes de désastres arrivés dans cette contrée.

Il décrit les ravages occasionnés par les débordemens & atterrissemens des principales rivières du Piémont, de la Ligurie & des autres parties de l'Italie. Les meilleures vallées des Apennins y ont été envahies ou sont menacées de l'être par les torrens. On y voit des populations se réduire d'une manière sensible, à mesure que les eaux diminuent l'étendue des terres labourables.

Les habitans de la Toscane, malgré les soins qu'ils donnent à l'agriculture & la connoissance qu'ils ont de cet art, n'ont pas été moins imprévoyans que la majeure partie des autres peuples de l'Italie; comme eux, ils ont détruit la plupart des *forêts* de leurs montagnes: aussi ont-ils à supporter les maux qu'entraîne le bouleversement de l'ordre établi par la nature.

Le reste des *forêts* de l'Italie, livré au caprice des propriétaires & à l'avidité des spéculateurs, a été exploité sans règle; on n'a nullement songé à remplir les vides qui s'y faisoient chaque année; on a même ôté à la nature tout moyen de réparer les torts des hommes, en arrachant les souches des arbres, qui se reproduisent par cette voie.

Il existe néanmoins deux lois qui prouvent que si l'on n'a pas prévenu ou arrêté les progrès du mal, on en a senti parfois les conséquences. La première de ces lois, rendue dans le dix-septième siècle par la république de Gênes, prescrivoit aux propriétaires des montagnes d'y planter des bois; elle est restée sans effet. La seconde est des souverains du Milanais; elle condamnoit à la peine de mort ceux qui détruiroient les bois sur les montagnes; l'excessive sévérité de cette loi n'aura pas sans doute peu contribué à la rendre aussi inutile que la première.

Les guerres fréquentes dont l'Italie a été le théâtre, peuvent aussi être comptées dans les causes de la destruction de ses *forêts*, & même dans celles qui se sont opposées à leur rétablissement.

L'auteur du Mémoire fait remarquer que les eaux des Alpes ne sont pas moins funestes à l'Italie que celles des Apennins, & il énumère les quantités de terrains enlevés à l'agriculture par l'Adige, la Brenta, la Piave, le Silo & le Tagliamento. Les bois touffus & élevés qui couvroient autrefois les flancs des montagnes de cette partie de l'Italie, la garantissoient des vents qui, passant aujourd'hui sur les neiges qui les couvrent, rendent les hivers longs & rigoureux. On aperçoit depuis près de deux siècles que le changement opéré dans la température menace plusieurs cultures avantageuses, notamment celle de l'olivier.

L'extrême dérangement dans le cours des eaux, qui a été la suite de la destruction des *forêts*, a porté aussi une grande atteinte à la salubrité de l'air dans les pays situés au-delà des Alpes & en Italie. Les parties de ces pays où les vents ont l'accès le plus facile, sont bordées de marais dont les miasmes sont poussés au milieu des terres situées près de la Méditerranée par tous les vents, celui du nord excepté, & dans l'espace compris entre l'Adriatique & les Alpes occidentales, par tous ceux qui viennent de l'est. En effet, les terres basses du Littoral, depuis la partie occidentale de la Ligurie jusqu'aux frontières du royaume de Naples, sont très-humides ou marécageuses.

Il s'en faut bien que les royaumes de Naples & des Deux-Siciles éprouvent les mêmes désastres que ceux qui ont affecté le reste de l'Italie. Ils doivent cet avantage à la conservation de la plupart de leurs *forêts* sur les montagnes.

De tout ce qui précède, il résulte que la destruction des *forêts* sur les montagnes, renversant absolument l'ordre établi par la nature pour le cours des eaux, entraîne la ruine de l'agriculture, détruit les communications si nécessaires au commerce, & fait perdre à l'air sa salubrité.

L'*Espagne* est le pays du midi de l'Europe où les *forêts* ont reçu le moins d'atteinte. Les chaînes nombreuses de montagnes qui bordent ce pays au nord, & qui le traversent du nord-est au sud-ouest, sont couvertes de *forêts* dont on attribue la conservation au peu de progrès de l'agriculture, & en partie à la passion des souverains de ce pays pour la chasse : c'est à ce plaisir qu'est destinée celle du Pardo, qui a plus de 25 milles en longueur (9 lieues). Les grandes montagnes de l'intérieur de ce pays, n'étant pas très-élevées, produisent les plus beaux arbres de construction.

Pyrénées. Les Pyrénées présentent d'immenses *forêts* qui paroissent avoir été mieux respectées du côté de l'Espagne que du côté de la France.

M. Dralet, dans la description qu'il nous a donnée de ces montagnes, nous fait connoître la destruction des bois, successivement opérée sur la partie française des Pyrénées, par les incendies, les défrichemens & les abus du pâturage.

Comme ces dévastations se sont exercées sur les portions qui avoisinoient les habitations, la plupart des bois actuels sont dans des situations moins favorables à la végétation; mais ces bois sont toujours précieux sous un grand nombre de rapports, & principalement sous les rapports physiques.

Il paroît que, jusqu'au quinzième siècle, le Gouvernement s'occupa très-peu de l'administration des *forêts* des Pyrénées. Ces belles propriétés n'étoient utiles qu'aux communes qui les environnoient. Aucune autorité n'étoit spécialement chargée de s'opposer aux excès de tout genre auxquels elles se livroient. Ce ne fut qu'en 1460 que les *forêts* des environs de Quillan & de Foix furent confiées au maître particulier de Languedoc, & celles de Saint-Girons & de Saint-Gaudens au maître particulier de Comminges. Les offices de l'un & de l'autre étoient purement honorifiques. Les maîtres particuliers de Languedoc n'avoient exercé aucune juridiction dans leur ressort jusqu'en 1666, & celui de Comminges, à cette époque, avoit son habitation dans l'Albigeois, à 30 lieues des *forêts* qui lui étoient confiées.

Ce ne fut que vers l'an 1670 que des maîtrises furent établies à Quillan, Pamiers, Saint-Gaudens & Tarbes. Les officiers qui les composoient eurent long-temps à lutter contre l'habitude de la licence, le crédit des seigneurs & l'autorité des parlemens; chaque pas qu'ils faisoient dans l'exercice de leurs fonctions étoit le signal de la rébellion. Enfin, le domaine public fut dépouillé de la majeure partie de ses *forêts* dans les Pyrénées, jusque vers le milieu du dix-septième siècle, époque à laquelle Louis XIV chargea une commission extraordinaire de rechercher les *forêts* & montagnes qui appartenoient à la Couronne, de faire représenter aux possesseurs les titres en vertu desquels ils en jouissoient, & de juger en dernier ressort les contestations élevées sur les droits de propriété. Le travail de la commission réformatrice ne laissa rien à desirer sous ce rapport; un grand nombre de jugemens rendirent à l'État les *forêts* dont il avoit été dépouillé.

M. de Froidour, qui faisoit partie de cette commission, visita ces *forêts* en 1670, & il résulte des procès-verbaux qu'il a rédigés, que la contenance des *forêts* domaniales avoit diminué de moitié dans l'espace d'un siècle. Cependant, à cette époque, elle se portoit encore à 220,000 arpens (mesure de Toulouse), ce qui revient à 124,300 hectares. Elles furent augmentées, par l'effet de la révolution, des bois provenant du clergé & des émigrés, qui se portent à 50,000 hectares; elles devoient donc en 1812, époque de la publication de l'ouvrage de M. Dralet, consister en 174,300 hectares. Mais les *brûlemens* & les défrichemens continués depuis 1670 jusqu'à la fin de la révolution, se sont étendus sur 51,300 hectares; ce qui a réduit le sol des *forêts* de l'Etat, sur les Pyrénées, à 123,000 hectares, tandis que, vers la fin du seizième siècle, elles étoient de la contenance d'environ 248,600 hectares, non compris les 50,000 hectares dont elles furent augmentées par l'effet de la révolution. Ainsi, dans l'espace de 240 ans, elles ont perdu *les deux tiers de leur contenance*, & si elles continuoient à être livrées à la dévastation, dans 120 ans, il n'en existeroit plus.

Les bois communaux ont éprouvé une réduction encore plus considérable, par l'effet des partages & des défrichemens opérés pendant la révolution. Ils ne contiennent plus que 115,796 hectares.

Les bois des particuliers sont de deux classes : la première comprend les bois grevés d'usages en faveur des communes; leur contenance est de 40,000 hectares. La seconde classe est celle des bois non grevés de droits. Ils contiennent environ 83,000 hectares; total, 123,000 hectares.

Ainsi, la contenance actuelle des bois de toute espèce dans les Pyrénées, est réduite à 361,796 hectares.

M. Dralet fait remarquer que tous les anciens arpentages, notamment ceux des Pyrénées, ont été faits d'après la méthode de *développement*; ce qui agrandit tellement les contenances, que ces 361,796 hectares ne représentent guère plus de 200,000 hectares pris sur le plan horizontal. Toutefois, elles formeroient encore aujourd'hui environ le vingtième du sol forestier de la France.

Les *forêts* des Pyrénées, dont les principales essences sont le chêne, le hêtre & le sapin, présentoient autrefois, & même sous Louis XIV, des ressources immenses pour la marine, parce que les arbres y acquièrent les plus fortes dimensions. On trouva en 1765, dans la *forêt* d'Issaux, un sapin qui avoit plus de 5 pieds de diamètre à la culée, & 98 pieds de service; il fallut un train exprès pour le transporter; il a été employé à Toulouse pour un mât de misaine d'une seule pièce. En général, ces *forêts* contenoient de belles mâtures, & auroient suffi, dit l'auteur, pour l'entretien des flottes de plusieurs

sieurs grandes puissances. Mais les unes n'existent plus; d'autres sont dégradées & exigent des réparations. Celles qui sont réstées dans un état florissant, le doivent en général à leur éloignement des habitations & aux difficultés que présente leur accès.

Cependant les bois des Pyrénées, dans leur état actuel, alimentent encore un grand nombre de forges, & ne sont point sans intérêt pour les constructions navales. Le chêne vert offre des ressources précieuses pour les bois *courbans*; le chêne à feuilles caduques en offre de plus grandes encore. Les courbes de première qualité abondent dans les bois des particuliers. Il y a plusieurs *forêts* de sapins dans les départemens de l'Arriége, des Hautes & Basses-Pyrénées, & dans la vallée d'Aran, dont on peut tirer une grande quantité de bordages pour les faux-ponts de la cale & toutes les soutes du vaisseau. La sapinière de Gabas fournit beaucoup de pièces pour la mâture.

Il reste des pins d'une grosseur prodigieuse dans les *forêts* des Basses-Pyrénées & dans plusieurs autres parties de la chaîne; leur bois étant moins résineux que celui des pins maritimes de la Gironde & des Landes, peut remplacer le chêne dans plusieurs circonstances.

Les *forêts* de hêtres sont suffisantes pour approvisionner de rames & d'avirons la majeure partie des flottes françaises; elles présentent aussi de grandes ressources pour le bordage des vaisseaux dans les parties submergées.

Les *forêts* des Pyrénées espagnoles offrent des ressources beaucoup plus considérables. Celles de Gistain & de Saint-Jean, en Arragon, à l'opposite de la vallée d'Aure, contiennent plus de 7000 mâts de bonne qualité, propres aux plus grands navires, & elles peuvent donner chaque année 2500 pièces de bois à bâtir.

Des personnes qui ont visité les Pyrénées espagnoles en 1783, y ont reconnu des *forêts* immenses que la cognée avoit jusqu'alors respectées; elles y virent des pins & sapins de 25 à 30 toises d'élévation, de 3 & 4 pieds de diamètre, & dont le bois étoit de la meilleure qualité.

Le produit des *forêts* dans les Pyrénées françaises étoit presque nul vers la fin du dix-septième siècle, & il s'élevoit à peine à 10,000 fr. à la fin de la révolution. Aujourd'hui (en 1812), il est de 258,000 fr. dans les arrondissemens forestiers qui comprennent les Pyrénées & quelques départemens voisins. Le bois à brûler, qui, dans le milieu du dix-septième siècle, ne coûtoit à Foix que les frais d'exploitation & de transport, se vend aujourd'hui 9 fr. le stère. Quant au bois de construction, une poutre de 15 mètres de long, coupée dans les Pyrénées & rendue à Toulouse, se vendoit, en 1762, la somme de 80 fr., & en 1783, celle de 300 fr.; maintenant elle vaut 600 fr.

Que d'argent, s'écrie l'auteur, nous économiserions, si nous avions conservé les dons que la nature nous avoit faits, & si nous profitions encore des ressources que nous présente notre sol! Nous tirons des pins du Nord qui, rendus à la mâture de Brest, revenoient il y a 20 ans à 1800 fr. chacun, & les cimes des Pyrénées en étoient autrefois couvertes: le sol & le climat de ces montagnes sont merveilleusement propres à la production du pin de Riga, & il n'y est encore qu'un objet de curiosité.

M. Dralet rappelle qu'en 1788, la France tira de l'étranger des bois de charbon, des cendres, de la soude & de la potasse pour 24,572,000 fr., & il dit qu'en 1782, quatre tiges de pins du Nord, qui avoient 70 & 75 pieds de longueur & 2 pieds d'équarrissage, furent vendus à Bayonne 11,800 fr.

Nous savons qu'aujourd'hui les plus beaux mâts qui se vendent à Riga, se paient jusqu'à 3600 fr. pièce. En 1810, le Gouvernement français en avoit fait acheter pour plusieurs millions.

Nous ne terminerons pas ce que nous avions à dire sur les *forêts* des Pyrénées, sans rappeler l'observation de M. Dralet, qu'il y a des contrées où l'on a tant défriché, tant extirpé, tant incendié & dilapidé les *forêts*, qu'elles sont aujourd'hui insuffisantes pour donner aux communes le plus simple nécessaire, & que le Gouvernement, qui a la propriété de ces *forêts*, n'en retire pas assez de revenu pour fournir aux frais de leur garde.

Quantité de hameaux restés sans ressources pour le chauffage, par suite de la destruction totale des *forêts*, ont été abandonnés par les habitans (1). Dans d'autres communes, les particuliers sont réduits à la dure nécessité d'aller chercher des bois dans des *forêts* éloignées, & même dans celles de l'Espagne. Heureusement que cet état de choses n'est que local; mais si le Gouvernement cesse d'appliquer aux *forêts* des Pyrénées un régime conservateur, & si l'on n'y fait les améliorations indiquées par M. Dralet, l'homme qui connoît le mieux l'administration de ces *forêts*, l'on ne tardera pas à voir disparoître ce qui a échappé à la dévastation.

Forêts de la Corse. M. Durand, dans un Mémoire qu'il publia sur la Corse, en 1808, a présenté quelques observations sur les antiques *forêts* qui couvrent les montagnes de cette île, & des moyens d'en tirer des bois pour nos arsenaux. Voici comme il s'exprime à cet égard.

« On ne parle jamais de la Corse, sans vanter les magnifiques *forêts* qu'elle renferme. Elles ont fixé l'attention de tous les gouvernemens & excité leur envie.

» Les Romains, frappés de la beauté des bois de cette île, en firent construire, au rapport de tous

(1) Ce fait avoit déjà été constaté en l'an 6, par M. Delasteyrie. *Voyez* son Mémoire sur *la dévastation des forêts en France*, imprimé dans les Mémoires de la Société d'agriculture de Paris, an 9.

les anciens historiens, un vaisseau qui avoit cent voiles; les Carthaginois tirèrent long-temps de la Corse des bois pour leurs constructions navales. Les habitans de cette île ont toujours fait avec leurs voisins un grand commerce de planches, de chevrons, de poutres & d'autres bois de charpente. Ainsi, de proche en proche, tout se détruisoit, jusqu'à ce que des obstacles trop difficiles à surmonter, arrêtèrent enfin la dévastation. Ce n'est qu'à cette raison que nous devons les trésors qui n'attendent plus que la hache du charpentier pour enrichir les arsenaux de la France.

» De notre temps, les Génois essayèrent les premiers l'exploitation de ces *forêts*. Celle d'Aëtonne, comme la plus considérable, excita leur active industrie. Mais la haine des habitans les força d'abandonner leur entreprise, au moment de recueillir le fruit des dépenses qu'ils avoient faites pour la confection d'une route & autres travaux préliminaires.

» Lorsque la Corse fut réunie à la France, le Gouvernement s'occupa d'abord de ses *forêts*; plusieurs ingénieurs de la marine, parmi lesquels on doit distinguer MM. le Roi & Molinard, présentèrent d'excellens plans pour leur exploitation, qu'ils s'accordèrent tous à regarder comme étant très-possible. Il se forma diverses entreprises qui n'eurent pas de résultats très-heureux pour les actionnaires, à cause de l'ineptie ou de l'infidélité de ceux qui les dirigeoient; mais elles servirent à faire connoître au port de Toulon l'excellente qualité de ces bois.

» M. Vial, de Bastia, sut profiter heureusement des fautes de ceux qui l'avoient précédé; il se mit lui-même à la tête de l'entreprise, & fournit, dans l'espace de 10 ans, plus d'un million de pieds cubes de bois, qui furent employés dans tous les vaisseaux, alors en construction au port de Toulon.

» Ce négociant étoit parvenu à vaincre la répugnance que les administrateurs de cet arsenal avoient toujours montrée à se servir de ces bois pour mâtures; il avoit passé, au moment de la révolution, un marché pour la fourniture de plusieurs centaines de mâts par an, qu'il vouloit extraire de la *forêt* de *Rospa*, dont il avoit commencé l'exploitation.

» Une compagnie, dirigée par M. Clément jeune, exploite actuellement (en 1808), 24,000 pieds d'arbres de la *forêt* de *Libio*, canton de *Vico*; elle a fait, malgré la guerre, de très-belles livraisons aux arsenaux de Toulon & de Gênes.

» Par ce que je viens de dire, on voit que l'exploitation des *forêts* de la Corse n'est point un problême, & que le plus ou moins de réussite a uniquement dépendu du talent & de la conduite de ceux qui la dirigeoient.

» On n'a exploité jusqu'à présent que les *forêts* les moins importantes. Celles d'*Aëtonne*, de *Tartaquie*, de *Lindinosa*, de *Rospa*, sont encore intactes; il est difficile de calculer les ressources qu'elles présentent. Leur état de vétusté, les dommages qu'elles ont essuyés, les rendent beaucoup moins considérables qu'on ne le croiroit au premier aspect; mais je puis assurer qu'elles offrent encore l'espoir d'un bénéfice considérable à ceux qui voudront se livrer à leur exploitation.

» Le *chêne*, le *hêtre*, le *térébinthe*, surtout les *pins*, les *sapins* & les *larix*, composent ces *forêts*. Vingt ans suffisent pour que ces dernières qualités puissent être employées dans tous les ouvrages, même dans ceux des arsenaux; ce prompt accroissement provient sans doute de la nature du sol, des courans d'air périodiques, & de l'abondance des arrosemens naturels.

» Le Gouvernement ne doit considérer ces *forêts* que sous le rapport de leur utilité pour la marine, & des avantages qu'elles peuvent procurer au pays, & non pour leur valeur réelle; le prix auquel on a, jusqu'à présent, concédé les arbres, a été très-modique. Vouloir l'augmenter, ce seroit faire disparoître tout l'appât des bénéfices que ces entreprises peuvent offrir. Jamais l'homme riche ne passera en Corse pour se livrer lui-même à des travaux aussi difficiles que ceux de l'exploitation des *forêts*. Si l'on ôte à celui qui n'a que de l'industrie & du courage, la faculté de déterminer les capitalistes, par l'espoir d'un grand bénéfice, à lui fournir les sommes que ces opérations exigent, sans nul doute, ces *forêts* resteront long-temps sans être exploitées.

» C'est du succès des entreprises particulières qui se formeront en Corse, que dépend la prospérité générale. Le Gouvernement est intéressé à protéger de toutes les manières ceux qui voudront s'y livrer, afin d'exciter leur émulation.

» Pour que tous les avantages qu'offrent les *forêts* de l'île soient d'une longue durée, il faut adopter, de bonne heure, un système de conservation, & se ménager, à l'avance, des ressources pour l'avenir. On devroit choisir, dans les nombreux vallons qui séparent les montagnes du second ordre, les situations qui conviendroient le mieux, pour la formation de nouvelles *forêts*, & y faire des semis considérables en *pins*, *larix* (1), qui fournissent la qualité des bois de Corse la plus précieuse pour les constructions navales. On assureroit, par cette sage prévoyance, des moyens intarissables pour l'approvisionnement des arsenaux.

» Il faudroit encourager les cultivateurs à multiplier, autant que possible, les plantations d'arbres dans leurs domaines, particulièrement sur le sommet des montagnes & des collines : en tirant parti d'un terrain perdu pour l'agriculture, on profiteroit des engrais provenant de la chute des feuilles & des branchages; ces plantations contribueroient à entretenir la salubrité de l'air.

(1) Je pense que sous le nom de *larix*, l'auteur désigne le pin *laricio*, qui est une espèce particulière à la Corse, & qui est très-recherché pour la mâture.

» En Toscane, où l'on paroît avoir fait des défrichemens avec plus de réflexion que partout ailleurs, il étoit toujours recommandé de respecter les sommités des montagnes. On a généralement observé que les sources d'eau qui s'y trouvent, diminuent sensiblement, & souvent même tarissent, lorsqu'elles ne sont plus ombragées.

» Les rapports de la France avec l'Italie, rendent les *forêts* de la Corse d'un double intérêt. Le royaume de Naples, par exemple, renferme beaucoup de bois de chêne. On n'y trouve que peu de sapins. Nous fournirions donc des bois de Corse à l'Italie, & nous en retirerions, en échange, des bois de chêne, devenus si rares en France depuis la révolution.

» La fabrication du goudron suivroit l'exploitation des *forêts*. Les Génois en faisoient autrefois un grand commerce. Il existe encore dans quelques cantons de grands réservoirs qui servoient à le renfermer.

» Il sera bien essentiel de s'appliquer à confectionner cette fabrication, qui permettra d'offrir un article de plus aux arsenaux de la France & au commerce. »

Nous pensons, avec M. Durand, que les *forêts* de la Corse présentent de grandes ressources pour l'approvisionnement des chantiers de la marine. Cependant, il est vrai de dire que les difficultés des exploitations qui proviennent du défaut de routes, ont jusqu'à présent rebuté beaucoup de compagnies, & que, dans le fait, ces *forêts* sont à peu près nulles pour le produit.

Reportons maintenant nos regards sur les principales *forêts* du nord & du nord est de la France, puis sur celles de l'intérieur.

Les *forêts* situées dans les départemens du Pas-de-Calais & du Nord sont au nombre de celles qui présentent encore le plus de ressources. On y voit d'assez belles futaies aménagées à 80, 90, 100 & 200 ans.

Parmi ces *forêts* on distingue celle de Mormal; mais, comme elles ne sont en général que des démembremens de la *forêt* primitive des Ardennes, & que nous devons nous borner à l'histoire des plus anciennes masses, nous ne parlerons que de cette dernière.

Forêt des Ardennes. Cette *forêt*, située au nord-est de la France, connue des Romains sous le nom d'*Ardenna*, a été célèbre par les hauts faits de la chevalerie. Les auteurs romains la représentent comme ayant une étendue immense, ainsi que la *forêt* hercynienne, dont nous parlerons plus loin. Elle est placée sur la rive gauche du Rhin, entre la Meuse & la Moselle. Elle s'étendoit autrefois dans le pays de Trèves, depuis cette dernière rivière jusqu'au Rhin, & se prolongeoit au-delà de la Moselle; savoir, d'un côté, jusqu'à Tournay, & de l'autre, jusqu'aux environs de Reims. Elle couvroit une partie des pays d'Eifel, de Juliers, de Liége, d'Aix-la-Chapelle, du Hainaut, de Luxembourg, de Limbourg, de Namur & de la Lorraine. Mais aujourd'hui on ne comprend sous cette dénomination que la partie de l'ancienne *forêt* des Ardennes, qui prend des environs de Thionville & s'étend jusqu'à Liége, sur une longueur de 12 à 15 milles d'Allemagne, de 17 au degré (8 à 10 myriamètres, ou 16 à 20 lieues communes), & dont la largeur est prise de Bastonach jusqu'aux environs d'Arlon, dans le pays de Luxembourg.

Une partie de l'ancienne *forêt* des Ardennes recouvroit, dit-on, les montagnes des Vosges, & cette partie formoit une *forêt* seigneuriale ou une réserve pour les rois de France. La même *forêt* des Ardennes comprenoit, 1°. la *forêt* de Saint-Amand ou Vicogne, dans le Hainaut, entre l'Escaut & le Scarpe, & les villes de Valenciennes, Condé & Saint-Amand; 2°. la *forêt* de la Fagne, celle de Mormal, également située dans le Hainaut; 3°. la *forêt* de Boland & de Brion dans le pays de Limbourg; 4°. la *forêt* de Villers ou de Merlan, près Namur.

Pour avoir une idée de la destruction progressive de cette vaste *forêt*, nous prendrons pour exemple la ci-devant principauté de Château-Regnault, qui forme l'un des démembremens de la *forêt* des Ardennes. Cette principauté, bornée au nord par le duché de Luxembourg & le pays de Liége, & à l'est par le duché de Bouillon, fut nommée l'*Ardenne bossire*, à cause des montagnes qu'elle renferme & de la privation de terres arables. Elle ne forme, pour ainsi dire, qu'une *forêt*, que l'établissement des bourgs & villages, placés dans son intérieur, a diminuée successivement. Elle contenoit autrefois 60,000 arpens, mesure royale; mais, dès l'an 1581, qu'on en fit le mesurage, elle ne contenoit plus, en bois effectif, qu'environ 42,000 arpens, &, en 1727, sa contenance étoit réduite à 28,000 arpens; de sorte qu'elle avoit perdu plus de la moitié de son étendue en bois, & que la perte, dans l'espace d'un siècle & demi, avoit été de 14,000 arpens sur 42,000. Cette diminution rapide du sol forestier, à cette époque, est attribuée à plusieurs causes locales : la fondation de la ville de Charleville, qui fut bâtie en 1605; les abus du pâturage de toute espèce de bétail, & même des moutons & des chèvres; l'usage, alors existant, de couper les bois à l'âge de 10 ou 11 ans, sans aménagement, sans ordre & sans précaution; celui d'écorcer les chênes sur pied; enfin, la faculté accordée aux habitans, par les anciens princes souverains, de faire une récolte en seigle sur les coupes en exploitation, au moyen d'une pratique funeste à la renaissance des bois, & que, dans le pays, on appelle *sartage*, ou *essartage*, ou *sarts*. Cette pratique consiste à faire, sur la coupe abattue à blanc étoc, soit un feu courant avec des branches répandues en abondance sur le terrain, soit des *feux couverts* ou *dormans*, au moyen d'une multitude de fourneaux ou pyramides de gazons desséchés, auxquels on met le feu avec des brindilles; on en répand les cendres sur la terre, pour les y mêler ensuite par un labour fait avec le hoyau.

Après avoir donné une idée de ce qu'étoient les grandes masses de *forêts* situées sur les frontières de la France, au midi, à l'ouest & au nord, nous aurions à parler de celles qui existent à l'est, dans les départemens du Rhin, des Vosges, &c.; mais il nous suffira de dire que ces pays sont encore les mieux boisés de la France, bien qu'ils n'aient pas été exempts de la fatalité qui partout a pesé sur les *forêts*. On y remarque, dans le département du Bas-Rhin, la *forêt* de Haguenau, appelée autrefois *forêt sainte* (*foresta sancta*), à cause des ermitages & des couvens qui s'y établirent. Il paroît que cette *forêt* avoit une étendue très-considérable; mais la fondation de la ville d'Haguenau en 1015 & l'établissement d'un grand nombre de communes dans les environs, & surtout les guerres qui, à différentes reprises, ravagèrent le pays, ont considérablement réduit cette étendue; cependant elle est encore d'environ 17,000 hectares.

M. Bexon, dans ses *Réflexions sur les forêts*, imprimées en 1791, nous présente le tableau des résultats du dépeuplement des *forêts* dans quelques parties des Vosges. « Les flancs de nos montagnes, dit-il, presque tous dégarnis de terre par le dépouillement des *forêts* qui y existoient, & par la succession des années qui ont facilité aux pluies & aux torrens les moyens d'en découvrir les rochers, ne peuvent offrir l'espoir d'une végétation nouvelle. Nous sommes environnés d'exemples qui ne rendent cette vérité que trop frappante. Combien de montagnes, autrefois couvertes de *forêts* doublement utiles, n'offrent plus que des terrains vagues, qui ne seront jamais d'aucune ressource à la contrée, pas même pour le parcours, tandis que leur aménagement en présentoit d'essentielles, & que, sous leur abri, croissoit une pâture abondante! La terre des Vosges, naturellement légère, se dessèche & s'appauvrit facilement; elle ne peut conserver de fertilité que par des arrosemens presque continuels & un engrais qui répare les pertes que chaque récolte entraîne; sans cela elle s'épuise rapidement & les produits en sont foibles; d'où il faut conclure que plus les *forêts* diminueront en cette partie, plus l'agriculture en souffrira, & que, mieux on les conservera, mieux la terre y reprendra sa fécondité.

» Les flancs des montagnes qui sont encore couvertes de *forêts* offrent de belles habitations, des habitans aisés & de nombreux troupeaux. Celles qui sont dépouillées de leurs anciennes *forêts* n'offrent qu'une terre aride, fatiguée par les travaux du malheureux qui ne peut en arracher sa subsistance; & les habitations, les hommes, le bétail, tout y annonce la sécheresse, l'épuisement & la disette. »

M. Monnot, dans un Mémoire imprimé en 1800, fait remarquer que les dégâts commis dans les *forêts* du département du Doubs avoient apporté, à cette époque, une grande diminution dans leurs produits. Selon lui, trente communes des environs de Besançon, exploitant chaque année 800 arpens de bois, trouvoient, vingt ans auparavant, dans leur produit, la consommation qui leur étoit nécessaire, avec un excédant qui servoit à payer leurs contributions. Mais, en 1800, ce produit étoit insuffisant, sans que la consommation fût devenue plus considérable. L'affoiblissement du produit, en vingt ans, avoit été de plus du quart; aussi une multitude de familles étoient-elles exposées à souffrir périodiquement des rigueurs de l'hiver. La Société d'agriculture de Besançon, frappée du Mémoire de M. Monnot, s'empressa d'appeler l'attention du Gouvernement sur le torrent de dévastation qui menaçoit de détruire les *forêts* de cette contrée.

Si nous rentrons dans l'intérieur de la France, nous y voyons, de même que sur les frontières, les *forêts* en proie à la destruction pendant une longue suite d'années. Prenons pour exemples quelques-unes des *forêts* qui environnent la capitale, & qui, par conséquent, auroient dû être mieux conservées.

Forêt d'Orléans. Cette *forêt* & celle des Ardennes, dont nous venons de parler, sont les deux plus remarquables du royaume. Celle d'Orléans est célèbre par sa réputation d'avoir été un repaire de brigands, & par l'immense étendue de terrain qu'elle embrassoit autrefois & celle qu'elle contient encore aujourd'hui.

Saint-Yon, dans son *Recueil des ordonnances forestières*, imprimé en 1610, nous dit que la partie de cette *forêt* qui appartenoit au Roi contenoit, dans des temps plus reculés, jusqu'à 120,000 arpens, & qu'à cette dernière époque la contenance de cette partie de la *forêt* n'étoit plus que de 40,000 arpens. Mais ces renseignemens ne sont point exacts; les appréciations plus rigoureuses que nous trouvons dans le *Traité des Aménagemens*, par Plinguet, ingénieur en chef du duc d'Orléans, imprimé en 1789, nous font connoître qu'à cette époque la *forêt* d'Orléans contenoit 120,000 arpens de bois tant au Roi qu'à la gruerie. Nous allons voir que cette étendue renfermoit un grand nombre de terrains vagues.

Depuis 1554 jusqu'à 1602, on aliéna dans la *forêt* d'Orléans une grande quantité de terres sur lesquelles les bois avoient disparu. Ces terres ainsi aliénées, & qui formoient de 4 à 500 articles, situées dans une *forêt* de quinze à seize lieues de longueur, sont évaluées par le terrier d'Orléans à 16,000 arpens.

De plus, en 1776, on distribua, à diverses paroisses, des vagues de la *forêt* d'Orléans, pour servir de pâtures à leurs bêtes blanches. Ces distributions furent faites avec si peu d'examen, que, dans plusieurs endroits, il en avoit été donné plus qu'il n'y en avoit. Cela prouve combien peu on attachoit d'importance aux bois, puisqu'on les abandonnoit aux moutons, même avant leur destruction. Ces concessions non limitées formoient, dans la généralité de la *forêt* d'Orléans, un total de 3,168 arpens.

C'est ainsi que les aliénations & les concessions, jointes aux délits des riverains, aux incendies fréquens, à la médiocrité du sol & aux vices des aménagemens & des exploitations, accéléroient la destruction de cette immense *forêt*.

On ne songeoit point alors, malgré les avertissemens proclamés par quelques hommes éclairés, que la disette du bois pût jamais se faire sentir; ou peut-être l'égoïsme du temps se refusoit-il à ménager les ressources de la postérité. On préféroit, dit M. Plinguet, la culture des terres & la multiplication des bestiaux, objet principal du commerce de cette province; c'étoit l'intérêt dominant des familles; il ne falloit de bois que pour les besoins du jour, dans un pays où l'on se croyoit assuré de n'en manquer jamais, & dans un temps où l'approvisionnement de Paris ne faisoit encore aucune sensation marquée qui pût influer sur le revenu de la *forêt* d'Orléans. Ce ne fut que plus tard, lorsque le canal d'Orléans en transporta les bois pour le service de la capitale, que l'on sentit toute l'importance de cette *forêt*.

L'arpentage qui en avoit été fait en 1671, lui assignoit encore une contenance de 121,000 arpens.

Savoir :

1°. En plein bois, en état de porter du haut taillis & des baliveaux........	40,000 arpens.
2°. En récepages, landes & bruyères......................	25,000
3°. Bois en gruerie............	24,000
4°. Bois tenus par des ecclésiastiques & des particuliers chargés de grueries....................	32,000
Total pareil..........	121,000 arpens.

Dans cette quantité, les bois du tréfonds du Roi étoient compris pour 65,000 arpens.

Mais 50 ans après, c'est-à-dire, en 1721, une autre réformation eut lieu, & l'on trouva que la perte réelle sur les bois du Roi avoit été, dans l'espace de 50 années, de 17,226 arpens, & que par conséquent la contenance en étoit réduite à 47,774 arpens. M. Plinguet observe que si les contours des bois du Roi (car on n'avoit mesuré que les contours) ont perdu 17,226 arpens, les vagues intérieurs se sont agrandis aussi en même proportion, parce qu'il n'y a point de raison pour qu'il en soit autrement, & parce que les mêmes causes de dépérissement subsistent pour un lieu de la *forêt* comme pour un autre, pour ses bordures & ses rives comme pour l'intérieur de ses massifs.

M. Plinguet observe encore que si les bois du Roi, qui contenoient 65,000 arpens, en ont perdu 17,000, les bois en gruerie, qui en contenoient 56,000, ont dû en perdre en même proportion, c'est-à-dire, environ 15,000 arpens; d'autant que ces bois de gruerie ont souffert une dévastation incroyable.

Ainsi, depuis 1671 jusqu'en 1721, voilà la contenance boisée de la *forêt* d'Orléans réduite de 121,000 arpens à 89,000; ce qui fait une perte de 32,000 arpens, c'est-à-dire, de plus du quart de la masse totale.

Si la *forêt* d'Orléans eût continué d'éprouver de semblables réductions, 150 ans auroient suffi pour en consommer la ruine entière. Ce tableau fâcheux fournit matière à de sérieuses réflexions pour l'avenir.

Il paroît que, par la suite, les pertes furent beaucoup moindres; car M. Plinguet porte à 40,000 arpens la contenance des bois du Roi (en 1789), non compris environ 6000 arpens de récepage & de brûlis.

La révolution fut une nouvelle époque de dévastation pour cette grande *forêt*. Toutefois, si elle reçut des atteintes funestes dans les premières années de la tourmente révolutionnaire, elle fut, dès l'an 9, l'objet des soins particuliers de l'administration, qui y répara de grands maux & y fit des améliorations notables.

Forêt de Fontainebleau. Cette *forêt*, l'une des plus intéressantes du royaume par son étendue, sa situation & les ressources qu'elle fournit à l'approvisionnement de la capitale, est peut-être aussi la plus curieuse à étudier pour l'histoire des *forêts* & pour l'application des principes de la science. Elle présente presque tous les exemples de ce que peuvent produire, sur le sort des *forêts*, les influences du sol, de la situation & de l'exposition, les effets d'un bon ou d'un mauvais système d'aménagement, & les dommages causés par les droits d'usage & la multiplicité du gibier.

Cette *forêt* est aussi irrégulière dans sa forme, dans ses contours, dans la disposition & le mouvement de son sol, qu'elle est diversifiée dans la nature, la qualité & la quantité de ses produits. Ici on voit des massifs d'antiques futaies; à côté, des déserts arides; là, au milieu des sables, des taillis vigoureux; ailleurs, des hauts taillis dépérissans & dont toute la partie supérieure, vue d'une éminence, ressemble à une *forêt* de bois mort; non loin de-là, des bois vifs & d'une belle verdure, que dépassent des rochers nus & escarpés; tantôt on voit des repeuplemens de la plus belle espérance, & tantôt les foibles restes d'une plantation sans succès; enfin, l'on remarque une variation continuelle d'aspects, de sites, de fertilité & d'infertilité, de vie & de mort. Le sol, dans quelques parties basses, est de bonne qualité & d'une profondeur suffisante pour y nourrir de la futaie; mais il est, pour la plus grande partie de la *forêt*, très-peu substantiel. C'est un sable maigre, dénué de terre végétale, mêlé de beaucoup de grès, & qui repose à peu de profondeur sur une grève froide & serrée que les racines des arbres ne peuvent pénétrer. Aussi, dans la plupart des cantons de cette *forêt*, les baliveaux réservés sur les coupes, les bords des routes & les lisières des ventes, s'y couronnent-ils de bonne heure, & souvent à 40 & 50 ans.

La *forêt* de Fontainebleau, consacrée depuis des siècles aux plaisirs de la chasse, fut pendant long-temps administrée pour cet unique objet. Il ne s'y fit d'abord que peu ou point de coupes productives, & lorsqu'on s'occupa de la soumettre à un aménagement, on en régla les coupes à des époques très-éloignées, pour lui conserver son caractère imposant de vieille futaie & sa destination pour les chasses royales. Il paroît que l'âge de 250 à 300 ans fut le terme auquel on détermina la coupe de plusieurs parties de futaie; mais un aménagement aussi peu approprié à la nature du sol, entraîna la dépopulation de la *forêt*; les futaies abattues laissèrent à leur place des terrains immenses sans reproduction; les rochers qu'ombrageoient autrefois des massifs de verdure, se dégarnirent successivement, & présentèrent, au lieu des arbres qui les couronnoient, un front chauve & dépouillé de toute espèce de terre végétale.

A ce vice d'aménagement, vinrent se joindre d'autres causes de destruction: la multiplicité du gros & du menu gibier, le pâturage de quelques milliers de bestiaux, les délits, les défrichemens & les usurpations; enfin, les coupes anticipées qu'exigèrent les approvisionnemens de Paris.

Cependant les restes de la *forêt* de Fontainebleau forment encore une propriété d'un grand intérêt. « On y trouve en quantité des chênes qui existoient sous Henri IV. De belles futaies s'offrent aussi à la vue. Des repeuplemens de 1000 à 1200 hectares, âgés de 60 à 80 ans, récréent la vue par leur beauté. Des taillis vifs & abondans consolent des désastres passés, & offrent pour l'avenir de précieuses ressources (1). »

Examinons ce qu'étoit cette *forêt* il y a un siècle, & ce qu'elle est aujourd'hui.

M. Noël, qui l'administroit en 1801, rapporte l'extrait d'un procès verbal dressé en 1658, par *Maurice Deschamps*, premier arpenteur du département de Paris, duquel il résulte qu'à cette époque, la *forêt* présentoit déjà toutes les diversités d'âges, de qualités & de valeur de bois dont nous avons parlé, & qu'il y existoit de 4 à 5000 places vaines & vagues. En 1664, lors de la réformation de M. *Barillon d'Amoncourt*, elle étoit en proie à des abus & malversations de tout genre. En 1718, M. *de la Faluère*, grand-maître des eaux & *forêts* du département de Paris, y reconnoissoit, tant en places vides qu'en rochers, plus de 12,000 arpens. En 1754, M. *Duvaucel*, grand-maître au même département, constata, dans son procès-verbal de bornage, qu'il y existoit encore 9149 arpens de ces mêmes places vaines, vagues & rochers. Il annonçoit que cette *forêt* étoit dans un état de dépérissement dont les causes étoient les coupes faites dans un âge trop avancé, le grand nombre des maisons usagères qui, suivant les états de la réformation de 1664, se montoient à 286, ayant droit, chacune, d'y mener leurs bestiaux, au nombre de 3 vaches & leurs suivans (3 veaux au-dessous d'un an); ce qui pouvoit former par jour une quantité de 13,716 vaches ou veaux; le ravage causé par le gibier; le droit accordé à un grand nombre de maisons, & usurpé par un plus grand nombre encore, de ramasser les bois secs & traînans, & de couper l'herbe, ce qui étoit devenu une source d'abus. Il estimoit à 2000 cordes de bois les enlèvemens faits en délits chaque année dans la *forêt* de Fontainebleau.

Cependant on s'occupoit de faire des plantations & de regarnir les nombreuses clairières qui s'étoient formées par suite des vices & des excès qui viennent d'être cités. Autrement la *forêt* eût été anéantie.

En 1796, les forestiers de Fontainebleau firent le tableau de tous les cantons & triages de cette forêt, dont voici le résumé:

Rochers............	3,871	arp.	91 perch.
Vides à planter......	4,374	*id.*	11
Taillis jusqu'à 140 ans.	7,675	*id.*	62
Gaulis	7,497	*id.*	96
Demi-futaie.........	598	*id.*	69
Vieille futaie........	2,074	*id.*	97
Contenance totale..	32,657	arp	84 perch.

ou environ 16,635 hectares, dont 4210 hectares de vides, c'est-à-dire, plus du quart de toute la *forêt*.

Depuis la formation de ce tableau, la *forêt* de Fontainebleau a été l'objet des plus importantes améliorations; & comme elle fait partie de la liste civile de S. M., qui conserve & améliore ses domaines avec un grand soin, elle ne peut qu'être amenée à un bel état de prospérité.

Forêt de Villers Cotterets. Cette *forêt*, connue aussi sous le nom de *forêt de Retz*, est, comme celle que nous venons de citer, d'une très-grande importance par sa situation à 20 lieues de la capitale, par son étendue d'environ 12,000 hectares, & les belles futaies dont elle est peuplée. Elle présente par l'irrégularité de sa figure un pourtour de 58 lieues. Son sol est en général montueux & de difficile accès; il se compose, pour un tiers de son étendue, de sables plus ou moins mélangés, & presque toujours couverts de grès; pour le second tiers, de terre calcaire & rocailleuse, ayant très-peu de profondeur, & pour l'autre tiers, de

(1) *Mémoire sur la forêt de Fontainebleau*, par M. Noël, imprimé en l'an 9.

terre forte ou humide. L'aménagement de cette *forêt* est fixé à 150 ans ; mais lorsque le terme de la révolution arrive, les bois qui recouvrent le terrain ne sont souvent âgés que de 120 à 130 ans, parce que les 20 ou 30 premières années ne produisent que des genêts, des ronces, épines & bois blancs, & que ce n'est que lorsque ces derniers s'élèvent, que le bois dur, tel que le chêne & le hêtre, commence à croître ; inconvénient de notre système d'exploitation pour les futaies, & qui n'a pas lieu dans celui des exploitations par éclaircie, tel qu'il est pratiqué en Allemagne. Aussi les vides se multiplient-ils chaque année, & ce n'est qu'en multipliant, dans la même proportion, les semis & les plantations, que l'on parvient à conserver la *forêt*. Elle présentoit en l'an 9, environ 700 hectares de terrains vagues, y compris les bruyères dites de *Gondreville*, c'est-à-dire, environ le seizième de sa contenance. Ces vides avoient eu pour causes le système d'exploitation dont nous venons de parler, les abus du pâturage & l'abondance du gibier.

La *forêt* de Villers-Cotterets a reçu de grandes améliorations, parfaitement exécutées par M. Deviolaine, inspecteur de cette *forêt* ; & comme elle fait partie de l'apanage d'un prince qui aime la conservation, elle se maintiendra en bon état.

Mais on sent que les mêmes travaux n'ont pu être faits dans toutes les *forêts* du royaume, & que si des améliorations y ont eu lieu pendant quelques années, elles sont loin de celles qui ont été faites dans des *forêts* où les produits récupèrent bientôt les dépenses.

Nous pourrions étendre nos observations sur un bien plus grand nombre de *forêts* ; mais nous verrions partout les mêmes causes produisant les mêmes effets, & une diminution toujours croissante dans l'étendue des *forêts* & dans la quantité & la qualité de leurs produits en matières.

L'une des causes les plus actives & les plus générales de la dépopulation des *forêts*, est sans contredit le pâturage. Voici le tableau que M. Mallet, conservateur des *forêts* à Poitiers, présentoit en 1809, pour les arrondissemens de Montmorillon & de Civray, département de la Vienne. Il se transportoit, par la pensée, dans ces arrondissemens, & s'adressant aux partisans du parcours dans les *forêts*, il leur disoit : « Vous voyez cette étendue de bruyères, dont vous ne pouvez apercevoir les limites ; eh bien, ici existoit la *forêt* du Laus ; là, celle de la Chavaigne ; plus loin, celle de la Doussière ; de ce côté, celle appelée *la petite forêt du Roi* ; de cet autre, celles de Guillemans, de Jean, d'Hasson & de la Gatine, qui unissoient, pour ainsi dire, la *forêt* de Chauvigny à celle de Plumartin ; en un mot, toute cette contrée étoit couverte de *forêts* appartenant, soit à l'État, soit aux particuliers. Elles ont toutes disparu sous la dent des bestiaux ; il ne reste plus que cette mer immense de bruyères, où l'œil n'aperçoit aucun arbre pour se reposer. Si nous pénétrions dans quelques-unes de ces chaumières qu'on aperçoit à de très-grandes distances les unes des autres, nous y trouverions des habitans dont le teint pâle & livide annonce la profonde misère, & qui semblent avoir dégénéré de l'espèce humaine, comme les animaux qu'ils entretiennent dans les landes semblent avoir dégénéré de la leur. »

Les observations que nous présentons sur les grandes masses de *forêts* dans plusieurs parties du royaume, établissent cette vérité incontestable, qu'il y a une puissance toujours active, toujours croissante, qui tend à ruiner le sol forestier, & que, sans la sévérité des anciens réglemens, la France ne seroit plus qu'un vaste désert, comparable à ce que sont aujourd'hui l'Asie mineure, la Judée, l'Egypte, la Grèce, & tant d'autres pays jadis florissans, & qui ne sont reconnoissables que par leurs ruines.

Récapitulons les pertes que les grandes masses de *forêts* ont faites dans les derniers temps, pour en tirer une moyenne proportionnelle pour toute la France.

Les *forêts* des Pyrénées ont perdu, dans l'espace de 140 ans, les deux tiers de leur contenance ; celle de Château-Regnault, dans les Ardennes, a perdu le tiers de la sienne en 150 ans ; celle d'Orléans le quart en 50 ans ; celle de Fontainebleau présentoit plus d'un quart de son étendue en vides au commencement de la révolution ; celle de Villers-Cotterets environ le seizième ; & les *forêts* du département de la Vienne, que nous avons citées d'après M. Mallet, avoient été entièrement détruites dans l'espace d'environ un siècle. D'après ces données on peut, sans exagération, admettre que, dans le cours de deux siècles, le sol boisé de la France a perdu les deux tiers de son étendue.

Il se présente cependant une réflexion importante : c'est que, dès le seizième siècle, on avoit conçu des inquiétudes sur les approvisionnemens en bois de chauffage & de construction, ainsi qu'on le voit par les représentations qui furent faites aux Etats de Blois par le tiers-états, & que ces craintes ne furent point réalisées, du moins aussi promptement qu'on le pensoit. A quoi doit-on l'attribuer? au meilleur régime que les ordonnances introduisirent dans l'exploitation des bois, & surtout aux époques des coupes, qui furent généralement réglées à 25 ans pour les taillis des bois du Roi & de ceux des communes & des gens de main-morte. On reconnut dès-lors que cette révolution de 25 ans pour les taillis étoit celle qui donnoit communément la plus grande quantité & la meilleure qualité de bois, tandis que les coupes faites à 9, 10 ou 12 ans étoient à la fois les moins favorables aux produits en matières & à la reproduction, bien que, sous le rapport pécuniaire, ces époques soient souvent préférées par les particuliers.

Quoi qu'il en soit, la rareté du bois se fit sentir à plusieurs époques, & son prix augmenta sans aucune proportion avec celui des autres objets de première nécessité.

Tellès d'Acosta, dans son ouvrage imprimé en 1782, s'étoit efforcé de dissiper les alarmes que Réaumur avoit données en 1721 sur la disette prochaine du bois. Il avoit calculé que la consommation n'étoit que de 8,800,000 voies de bois pour tout le royaume, dont il supposoit la population, à cette époque, de 21,000,000 d'habitans, & il assuroit que nos *forêts* & les arbres épars produisoient environ 10,000,000 de voies par an : d'où il suivoit qu'il y avoit un excédant de 1,200,000 voies. Mais il changea bien de langage dans son second ouvrage, publié en 1784, époque où la disette se fit sentir. Il détruisit lui-même la confiance qu'il avoit voulu inspirer, & il appela à grands cris l'attention du Gouvernement sur la conservation des *forêts*. Il attribua l'abondance dont on avoit joui depuis 1762 jusqu'en 1782, 1°. aux coupes qu'on avoit doublées pendant quatre ans dans certaines *forêts* ; 2°. à la quantité trop forte d'arbres coupés dans les exploitations ordinaires ; 3°. à la coupe des quarts de réserve des gens de main-morte ; 4°. aux coupes faites par l'ordre de Malte de ses futaies ; 5°. à l'abattis considérable qu'on avoit fait des arbres épars ; 6°. aux aménagemens réduits de 20 à 15 ans dans plusieurs *forêts*, &c., &c.

Toutes ces coupes & anticipations, en jetant trop de bois dans le commerce, en avoient fait augmenter la consommation. Paris, qui n'avoit consommé que 627,420 voies en 1778, en consomma 710,912 voies en 1782, & 660,281 voies en 1783. Ainsi, il y avoit eu une augmentation de 60,000 voies ou environ par chacune de ces dernières années.

Enfin, Tellès d'Acosta calculoit que la ville de Paris & sa banlieue avoient consommé, en 1784, 1,000,000 de voies de bois, tandis que les *forêts* qui les approvisionnoient n'en pouvoient plus fournir que 800,000 voies. La disette duroit depuis deux ans, & elle avoit occasionné des dépenses forcées que l'auteur faisoit monter à 300,000 francs.

La même progression dans la consommation du bois & dans la diminution des ressources, se faisoit remarquer dans les autres parties de la France.

M. Rougier de la Bergerie, dans son intéressant ouvrage sur les *forêts* de France, nous indique les causes & les progrès de la destruction des *forêts*. Il divise l'histoire forestière en trois époques.

Dans la *première*, il rappelle les inquiétudes qui se manifestèrent au milieu du seizième siècle sur l'approvisionnement en bois de la capitale ; les efforts de Colbert pour éloigner la disette du combustible ; les mesures sages qu'il fit consacrer par l'ordonnance de 1669 ; les efforts des gens de main-morte pour éluder les dispositions conservatrices de ce réglement ; ceux des seigneurs du parlement pour s'attribuer chacun la juridiction des eaux & forêts ; les exceptions funestes qui furent faites aux principes consacrés par l'ordonnance ; les dons, échanges & concessions ; les défrichemens qui furent autorisés & encouragés, même sur les montagnes, par suite de la disette de 1709 ; les exploitations outrées que firent les seigneurs & le clergé, qui, après la mort de Colbert, avoient trouvé le moyen de se mettre en possession d'une grande quantité de bois & de *forêts* du domaine ; l'arrêt solennel de 1719, qui révoqua les engagemens, par le motif qu'il y avoit alors *très-peu de forêts subsistantes*, autres que celles qui appartenoient au Roi & aux communes ; les délits & abus qui se commettoient sur les Alpes & les Pyrénées en 1722, & qui, plus tard, se renouvelèrent encore ; les nouveaux défrichemens encouragés en 1762 & 1766, toujours à cause de la disette des grains, mais dont furent exceptées, pour cette fois, les *forêts* des montagnes ; les résultats funestes de ces défrichemens, qui, en 1770, avoient enlevé au pâturage & au sol forestier près de 400,000 arpens.

Dans la *seconde époque* de l'histoire de nos *forêts*, M. de la Bergerie nous fait connoître les vœux de plusieurs provinces, exprimés dans les cahiers remis aux Etats-Généraux, pour la répression des abus du défrichement & pour l'établissement d'un meilleur ordre de choses dans le régime forestier ; les irruptions qui eurent lieu dans les *forêts* en 1789, par suite de la fausse interprétation des lois qui venoient d'abolir la féodalité, & les dégâts effrayans qui furent commis, & que la proclamation du 3 novembre 1789 eut pour objet d'arrêter ; la mise en vente des bois du clergé, d'une étendue moindre de 100 arpens, ordonnée par décret du 10 mai 1790, & qui fut suivie de la prompte destruction de ces bois ; la faculté donnée ensuite de comprendre dans les aliénations les bois au-dessous de 300 arpens ; les funestes effets de la disposition de la loi du 29 septembre 1791, qui accorda aux particuliers la liberté de disposer de leurs bois comme bon leur sembleroit ; les coupes intempestives & outrées, les défrichemens & les dégradations de tous genres que se permirent les propriétaires & les acquéreurs de biens nationaux ; l'esprit de fiscalité qui s'attacha aux *forêts* pour les détruire ; la suspension de l'organisation forestière, qui, laissant les anciens préposés dans l'incertitude sur leur état, leur ôta le courage de s'opposer aux déprédations toujours croissantes des hommes cupides ou exagérés. Enfin, l'auteur rappelle les vives réclamations qui furent adressées au comité d'agriculture en 1792, contre les défrichemens qui mettoient à nu les montagnes des Hautes & Basses-Alpes, des Bouches-du-Rhône, du Gard, de l'Aude, de l'Ardèche, de la Corrèze, & qui exposoient toute cette partie de la France

France à des avalanches & à des inondations, causées par l'encombrement du lit des rivières & des canaux, à de longues sécheresses & à l'aridité, à la disette des fourrages, à celle du bois pour les verreries, le merrain, &c., &c.

Dans la troisième époque, l'auteur nous présente un tableau plus affligeant encore de désordre & de destruction. La Convention donna plus de latitude aux ventes des bois nationaux, en permettant de vendre les bois de 150 hectares, à la distance de 500 toises d'autres bois, au lieu de 1000 toises à laquelle cette distance avoit d'abord été fixée; on tira des *forêts* les bois propres aux ateliers de salpêtre, & ce fut l'occasion de nouveaux brigandages; on ordonna des coupes extraordinaires pour la marine, & la manière dont il y fut procédé fit disparoître les plus beaux arbres dans les futaies de l'Etat & dans les bois des particuliers, sans que presque rien arrivât aux chantiers de la marine; la disette du bois de chauffage qu'on éprouva à Paris en 1793, fit faire aussi des coupes extraordinaires dont le produit fut vendu à vil prix; les délits étoient au comble, & d'autant moins réprimés, que la misère causée par la loi du *maximum* étoit plus grande (1).

M. Rougier de la Bergerie met ensuite sous les yeux de son lecteur les renseignemens fournis par les administrateurs, les sociétés d'agriculture, les savans & agronomes d'un grand nombre de départemens, sur l'état affligeant des *forêts*, & les justes alarmes que cet état inspiroit pour l'avenir. Ces renseignemens nous montrent le génie de la destruction parcourant les *forêts* de la France, pendant 12 ans, & le fer & le feu sans cesse occupés à les anéantir.

Ici, on se plaint que la destruction des *forêts* a changé la température, augmenté la sécheresse & fait manquer les récoltes; là, les oliviers, privés de leurs abris naturels, dépérissent par le froid; ailleurs, les revers des montagnes sont sillonnés par des ravins & des torrens dévastateurs; les *forêts*, dans un autre endroit, ne sont plus que des bruyères & des garrigues; les châtaigniers dépérissent à mesure qu'on s'approche des montagnes; les rivières s'encombrent par les terres & les pierres qu'entraînent les eaux des collines; dans les pays vignobles, le merrain est rare & à un prix excessif; partout les habitans & les acquéreurs continuent les défrichemens, & l'autorité fait d'inutiles efforts pour les arrêter; les réquisitions pour les armées ajoutent aux efforts des particuliers pour faire disparoître jusqu'au dernier arbre; enfin, des incendies sont autorisés dans la Vendée & dans le midi de la France pour détruire les bois qui pouvoient servir de retraite aux hommes que l'on poursuivoit.

Néanmoins, dans cette même période, il fut fait des tentatives pour arracher le domaine forestier à la dévastation. On trouve dans l'ouvrage de M. de la Bergerie des rapports faits à la Convention en l'an 4 & en l'an 5, où brillent, dans toute leur pureté, les principes de la conservation des *forêts*. L'auteur du second rapport, l'un des collaborateurs de Buffon, plaçoit les *forêts* au premier rang des objets qui devoient fixer l'attention de l'Assemblée. « Elles sont, disoit-il, dans la main du Gouvernement un *puissant moyen de crédit*.

» De leur conservation dépendent les succès de l'agriculture, du commerce, des manufactures & des arts, la marine, la navigation intérieure, les mines, toutes les commodités de la vie & notre *existence même*.

» Le domaine a perdu par des échanges onéreux & abusifs les plus belles *forêts*, que les usurpateurs se sont empressés de détruire, pour rendre impossible la réparation.

» Dans la révolution, des communes entières, *par attroupemens*....., & les gardes mêmes sont devenus les premiers dévastateurs des *forêts*. »

Il évalue les besoins de la consommation des foyers & des usines à........ 8,333,320 cordes
& le déficit à................ 2,016,680
& il ne trouve plus de moyen de compensation que dans les mines & les tourbières. Les besoins de la marine sont évalués à sept millions de pieds cubes, & il fait observer qu'il n'existe plus de futaies que dans les bois du Gouvernement. Il termine par des réflexions fortes contre le système des aliénations & contre le mode d'administration suivi à cette époque.

Mais la Convention, plus occupée de détruire que de conserver, ne pouvoit apprécier la sagesse des observations qui lui étoient adressées.

La quatrième époque, assignée par M. de la Bergerie à l'histoire des *forêts*, nous présente encore des désordres, mais plus rares, moins désastreux. Le gouvernement consulaire adopte des mesures réparatrices; une administration spéciale est organisée; le desir de rétablir succède à la fureur de détruire; une meilleure surveillance réprime les délits; plusieurs lois remettent en vigueur les principes si long-temps oubliés de la conservation

(1) M. de Perthuis, dans son *Traité de l'Aménagement des bois*, évalue ainsi les pertes faites par le trésor public, depuis le commencement de la révolution jusqu'au consulat :

1°. Cinq cent mille arpens de bois aliénés, à 400 francs l'un, prix moyen, fonds & superficie.	200,000,000 fr.
2°. Diminution sur le revenu des bois de l'Etat, par les doubles & triples coupes qui en ont fait baisser le prix.	10,000,000
3°. 6 millions d'arbres épars sur les routes, &c.	120,000,000
Total.	330,000,000
Sur quoi le trésor n'a touché que.	66,000,000
Perte.	240,000,000 fr.

des *forêts*; l'impulsion des améliorations est donnée, & l'on voit les débris du domaine forestier se ranimer & promettre encore des ressources à la France.

Mais les désastres de 1812 à 1815 ramènent la dévastation au sein des *forêts*; les coupes extraordinaires qu'exige la défense des places de guerre; les gardes éloignés de leur poste pour faire un service militaire; les invasions de l'étranger; les délits commis par les habitans, &c., &c.; tout concourt à consommer la ruine de ce malheureux domaine, toujours en butte à la cupidité, toujours attaqué & toujours affoibli.

Terminons cet essai de l'histoire des *forêts* par l'exposé de celles qui nous restent pour faire face à tous nos besoins.

Les *forêts* appartenant à l'État, en 1808, pour tout le territoire dont la France étoit alors composée, présentoient une étendue de 2,321,802 hectares, & un produit de près de 50 millions.

La réduction du territoire, les restitutions & les aliénations ont réduit la contenance des *forêts* du domaine à 1,200,000 hectares, & celle des *forêts* communales à 2,000,000. Ainsi le total des bois soumis à l'action du Gouvernement est de 3,200,000 hectares. Un cinquième environ de cette masse est aménagé en futaie, demi-futaie & haut taillis; le reste ne forme que de petits taillis.

Suivant l'exposé de la situation de la France en 1813, présenté au Corps législatif, les bois appartenant aux particuliers n'auroient pas formé le quart du sol forestier; car on estimoit que la France, possédant alors 8 millions d'hectares de bois, il n'y avoit dans cette masse qu'un million 800 hectares de bois de particuliers. Mais les restitutions qui ont été faites, & qui se montent à 600,000 hectares, les bois de la liste civile & les aliénations ont augmenté la proportion existante entre les bois des particuliers & ceux soumis au régime forestier, de telle sorte qu'aujourd'hui on compte que les bois possédés par les particuliers forment une consistance de 2,900,000 hectares; mais dans cette contenance, il y a beaucoup de landes, de bruyères & de terrains vagues, car le département des Landes seul est annoncé contenir 130,000 hectares de bois de particuliers, & il s'en faut de beaucoup que ces terrains soient réellement en nature de bois. Nous ferons la même observation sur plusieurs départemens du Midi, tels que ceux de l'Allier, de l'Aveyron, des Bouches-du-Rhône, de la Dordogne, de la Gironde, de l'Hérault & de l'Isère, du Var, de la Vienne, &c., qui sont annoncés contenir ensemble environ 500,000 hectares de bois de particuliers, & dont plus de la moitié est consacrée au pâturage des bestiaux.

Observons encore que les *forêts* destinées à passer du domaine de l'État dans la propriété des particuliers, par suite des aliénations, éprouveront dans leurs aménagemens des altérations qui en affoibliront de plus en plus les produits en matières.

Mais en ne considérant que les contenances, telles qu'elles existent aujourd'hui, il y auroit :

Bois de l'Etat	1,200,000 hect.
Bois des communes & établissemens publics	2,000,000
Bois des particuliers	2,900,000
Totaux	6,100,000 hect.

Si on déduit de cette masse les landes, bruyères, vides, clairières, chemins & carrefours, on aura une diminution qu'on peut, sans exagération, porter au dixième. Il ne resteroit de plein bois qu'environ 5,590,000 hectares.

Appliquons maintenant, à cette masse de bois, les calculs qui ont été faits pour connoître la quantité de cordes que produit un hectare par an.

Les bois de la France, de toutes les catégories, sont aménagés à 9, 10, 15, 20, 25 & 30 ans pour les taillis; à 40, 50, 60, 70, 80, 100, 150 & 200 ans pour les futaies & demi-futaies.

Le terme moyen de l'aménagement, pour les taillis, est de 18 à 20 ans, & le terme moyen pour les futaies, est de 70 ans.

Le cinquième des bois de l'Etat & des communes est en futaies; ce cinquième est, déduction faite des vides, de	576,000 hec.
Le surplus forme une masse de taillis de	2,304,000
Presque tous les bois des particuliers sont en taillis; ils forment, déduction faite des vides, une étendue de	2,610,000
Total des taillis	4,914,000 hect.

D'après les évaluations de divers auteurs sur les produits des bois, que nous avons rapportées à l'article AMÉNAGEMENT, & dont nous avons pris le terme moyen, on peut estimer que ce produit moyen, pour un hectare situé en fonds de qualité ordinaire & aménagé à 20 ans, est de 20 cordes de bois pour cette révolution, & par conséquent d'une corde de bois par an.

Il en résulteroit que la quantité ci-dessus de taillis dont l'aménagement commun est supposé à 20 ans, produiroit annuellement 4,914,000 cordes de bois de toutes grosseurs & qualités.

Quant aux futaies dont l'aménagement réduit, est de 70 ans, leur produit seroit, d'après les calculs de M. de Perthuis, de 83 cordes (1) par hec-

(1) La corde dont il est ici question est celle dite *de vente*, de cinq pieds de hauteur sur huit de couche, la buche ayant trois pieds six pouces de longueur.

tare pour cette révolution de 70 ans, s'il y avoit en France autant de bois placés sur les bons que sur les mauvais terrains; mais comme il y a peu de bois de cette classe sur les terrains les plus mauvais, M. de Perthuis conseille d'ajouter un sixième aux produits moyens qu'il a trouvés; nous y ajouterons même un cinquième, parce qu'il s'agit ici de terrains assez généralement bons. D'après ces données, le produit d'un hectare à 70 ans, sera porté à 99 cordes, & par conséquent à une corde trois septièmes par an, ce qui donneroit annuellement, pour les 576,000 hectares de bois de cette catégorie, 822,858 cordes.

Ainsi, le total des cordes produites par an, dans toutes les *forêts* de la France, seroit d'environ 5,736,858 cordes.

Mais nous avons tout réduit en cordes, & il convient de faire la part des bois d'œuvre, de construction & autres. Nous ne nous écarterons pas de la proportion réelle, en admettant que ces bois forment au moins le trentième de toute la masse de bois produite. Il faut donc soustraire de 5,736,858 cordes, la quantité de 191,228 cordes, & par conséquent réduire la quantité de bois de feu à 5,545,630 cordes.

Or, nous avons vu que, d'après le compte rendu à la Convention, les besoins de la consommation des foyers & des usines étoient de........................... 8,333,320 cordes.

Le produit n'étant que de.. 5,545,630

Le déficit est de.......... 2,787,690 cordes.

Cependant, observera-t-on, le bois ne manque pas dans les chantiers; il y a même en ce moment surabondance. A cette objection, nous répondrons que le déficit est comblé, pour une partie, par les bois que produisent les émondes des arbres & des haies, par les combustibles minéraux, &, pour la plus grande partie, par les coupes extraordinaires qui se font, depuis quelques années, dans les bois restitués aux émigrés, dans ceux des communes & dans les bois aliénés. Mais la différence entre le produit & la reproduction est toujours énorme. Ses effets, pour être retardés, n'en seront pas moins réels. Que l'on se rappelle d'ailleurs le prix excessif des bois avant 1815, c'est-à-dire, avant les époques qui ont fait anticiper les coupes; que l'on se rappelle aussi les disettes de combustible qu'on a éprouvées dans la capitale à plusieurs reprises, soit avant, soit pendant la révolution, & l'on ne doutera plus qu'il n'y ait une grande disproportion entre le produit & la reproduction, ou, ce qui est la même chose, entre les quantités de bois que l'on coupe & celles qui se reproduisent.

Ajoutons une seule observation que nous avons faite souvent dans le cours de cet ouvrage: c'est que plus il y aura de *forêts* en taillis, qui est le seul aménagement qui convienne à des particuliers, sous le rapport pécuniaire, moins les produits en matière seront considérables, puisqu'un hectare de bois aménagé à 150 ans, produit, dans cet espace de temps, deux cinquièmes de bois de plus qu'un hectare aménagé à 30 ans, dans le même espace de temps. Donc, c'est à celui qui peut aménager les bois à longs termes, qu'il appartient d'en posséder le plus; donc, si les particuliers étoient seuls propriétaires de bois, les produits iroient toujours en diminuant; donc, le déficit seroit toujours croissant; donc, enfin, il faudroit, pour obtenir des produits égaux à ceux que donnent les bois de l'État & des Communes, généralement aménagés à 25 & 30 ans, compenser, par l'étendue des bois, le déficit résultant des aménagemens fixés à 10 & 15 ans, qu'adoptent les particuliers, & prendre sur la terre culte cette augmentation de superficie. De-là, moins de récoltes, & peu ou point de bois de construction. *Voyez* les articles AMÉNAGEMENT & EXPLOITATION.

Coup d'œil sur les forêts du nord de l'Europe.

Après avoir jeté nos regards sur l'état des *forêts* de la France, voyons ce que furent autrefois & ce que sont aujourd'hui les forêts du Nord.

Forêt hercynienne. Pline nous dit que de son temps les *forêts* couvroient la Germanie, à l'exception des pays qu'il appelle les *grands & petits Cauques*, pays que nos historiens plaçoient dans la Nort-Hollande. « La *forêt* hercynienne, dit-il, située vers cette même partie du nord, est un amas de grands chênes qui n'ont jamais été coupés. Aussi anciens que le Monde, ils jouissent encore, par une merveille ineffable, d'une sorte d'immortalité. » L'auteur romain raconte ensuite des choses qui lui paroissent à lui-même incroyables, & qui le sont en effet; telles que la grosseur des racines de ces arbres, qui soulevoient la terre & formoient des éminences considérables, & l'élévation de ces racines qui sortoient de terre & rejoignoient les branches, de façon à former des arcades assez spacieuses pour donner passage à des escadrons de cavalerie. Ces arbres de la *forêt* hercynienne, dit-il, sont presque tous glandifères, c'est-à-dire, de l'espèce pour laquelle les Romains ont eu, de tout temps, le plus de vénération (1).

Il paroît, d'après ce peu de mots, que Pline n'avoit que des notions très-incomplètes sur la *forêt* d'Hercynie; & il est probable que celles qui lui avoient été transmises sur les espèces d'arbres, ne s'appliquoient qu'à quelques portions de cette immense *forêt*, car les arbres glandifères n'en formoient sûrement pas la majeure partie. On sait que la *forêt* du Hartz & la *forêt* Noire, qui sont de

(1) *Glandiferi maximè generis, quibus honos apud Romanos perpetuus.* Plin., liv. XVI, ch. 3

grandes sections de l'ancienne *forêt* d'Hercynie, sont principalement peuplées de pins & de sapins.

M. Trunck, auteur d'un ouvrage forestier allemand, publié à Fribourg en Brisgaw, en 1788, nous donne des renseignemens plus étendus sur la *forêt* d'Hercynie. Voici la description que nous avons traduite de son ouvrage.

La *forêt* d'Hercynie, appelée par les Romains *Hercynia*, du mot *Harzhyn*, ou plutôt *Harzheinz*, aujourd'hui le *Harzwald*, le *Hartz*, située sur la rive droite du Rhin, devoit s'étendre de la Suisse vers le nord, sur une longueur de 60 journées de chemin; & du Rhin, vers l'est, sur une largeur de 9 journées (1). Nous ne rechercherons pas ici le plus ou le moins d'exactitude de cette indication présentée, dit M. Trunck, par un auteur romain, qui, souvent, n'a eu d'autres données, pour décrire l'Allemagne, que des rapports populaires & des ouï-dire; mais il est constant que cette *forêt*, connue sous les différens noms allemands qu'on vient de rappeler, comprenoit tout ce que nous appelons aujourd'hui *la forêt Noire*, les *forêts* de Fribourg, du Tyrol, de Salzbourg, la *forêt* d'Oden ou Otten, celles de Steiger & d'Anspach, autrement dit la *forêt* de Nuremberg, le Spessart, les *forêts* de Thuringe & de la Bohême, enfin ce qu'on appelle les *montagnes du Votgland* & des *mines*. Nous allons dire un mot de quelques-unes de ces différentes parties de l'ancienne *forêt* hercynienne.

La *forêt* dite aujourd'hui *la forêt Noire*, s'étend depuis le lac de Brégance & les villes forestières de Rheinfeld & de Sechingen situées sur le Rhin, jusqu'à la ville de Fribourg en Brisgaw, autour de laquelle se trouve la *forêt* de Fribourg, de la contenance de plusieurs milliers d'arpens. La *forêt* Noire a sans doute reçu son nom, des bois résineux qu'elle contient, & qui, de loin, surtout en hiver, lui donnent un aspect noir & lugubre.

La *forêt* hercynienne d'aujourd'hui, ou le Hartz, est diversement décrite, selon sa longueur & sa largeur, & selon qu'on y joint telle ou telle *forêt*. Elle comprend la haute montagne, dite *le Blockberg*. Les montagnes du Hartz sont situées entre la haute & la basse Saxe. Elles appartenoient, pour la plupart, aux électorats & principautés de Brunswick, du Hanovre, de Wolfenbuttel & de Stollberg. Cette *forêt* a probablement aussi reçu son nom de Harzwald (*forêt* de bois résineux) des pins & sapins qu'elle contenoit, quoique la basse *forêt* hercynienne ne soit composée en grande partie que de bois à feuilles (1), tels que le chêne & le hêtre; quant à la partie supérieure de cette *forêt*, elle est toujours composée de bois résineux. L'administration de la *forêt* du Hartz, dit M. Trunck, est dans un bon état, qu'elle doit aux réunions fréquentes & aux délibérations communes des préposés forestiers.

Nous passons sous silence la description des autres portions de l'ancienne *forêt* d'Hercynie, qu'on peut lire dans l'ouvrage même de M. Trunck.

Cet auteur, après avoir indiqué les anciennes limites des *forêts* hercyniennes & des Ardennes, traite du partage qui fut fait des *forêts* entre les chefs de la nation, dans les premiers temps de la civilisation; de l'origine du droit de propriété, relativement aux *forêts*, & de celle des emplois forestiers.

« Lorsque nos pères, dit-il, eurent formé des habitations stables, la communauté des biens cessa; les personnages les plus considérables de la nation, & ensuite ceux d'un ordre inférieur dans la noblesse, s'emparèrent chacun d'un certain arrondissement, dans lequel ils établirent des terres labourables, des prairies, des jardins, des vignes, & tout ce qui étoit nécessaire pour assurer leur nourriture & celle de leurs bestiaux. Puis ils se partagèrent leurs sujets. Les *forêts* restèrent quelque temps en communauté, mais elles éprouvèrent ensuite le même sort, & alors les plaines les plus vastes, les montagnes & les vallons couverts de *forêts* devinrent la propriété des chefs de la nation. Ce qui restoit fut abandonné pour les usages des communes & des paroisses. Voilà d'où vient qu'il existe encore beaucoup de *forêts* appartenant à des cantons, à des communes, à des paroisses & aux particuliers.

» Quelque temps après le partage des bois, les rois de France rendirent les premières lois forestières.

» Dans la suite, les empereurs, les rois, les princes, les comtes & les communes établirent des officiers chargés de la surveillance particulière des *forêts*. Ces officiers furent institués sous les titres de Comtes forestiers (*Waldgrafen*), de Maîtres des *forêts*, &c. Plusieurs familles de la haute & petite noblesse de l'Allemagne tirent leurs noms des charges forestières que leurs aïeux ont exercées. Ces officiers bornoient leur surveillance aux *forêts* royales ou seigneuriales. C'étoit devant eux que l'on traduisoit, pour y être jugées, les personnes qui avoient commis des délits. Quant aux *forêts* communales ou des particuliers, les princes &

(1) Si on cherche, d'après ces données, quelle surface il seroit possible d'assigner à cette forêt, en partant de 3 myriamètres, ou 6 lieues par journée, il en résultera que la *forêt* hercynienne auroit eu 180 myriamètres (360 lieues) de long sur 27 myriamètres (54 lieues) de large, revenant à 24,300 myriamètres carrés (19,440 lieues); 48,600,000 hectares, ou plus de 90 millions d'arpens d'ordonnance.

En admettant la vérité du fait, il n'en faudra pas moins croire que cette masse de bois contenoit un grand nombre de lieux habités, comme nous en voyons encore dans les *forêts* d'Orléans & de Lyons.

(1) Cette désignation de *bois à feuilles*, qui nous vient des Allemands, a été admise pour distinguer les arbres de nos *forêts* en deux classes principales : l'une comprenant ceux dont les feuilles se renouvellent chaque année, & l'autre, les arbres qui ne se dépouillent jamais en totalité.

les seigneurs ne les avoient pas, dans les premiers temps, regardées comme dignes d'être surveillées par une administration publique, & ils les avoient abandonnées aux soins privés des communes ou des particuliers propriétaires.

» Mais les communes ou propriétaires particuliers, voyant que les *forêts* étoient exposées aux dévastations, & que tous les jours elles diminuoient, sans qu'ils pussent, comme simples particuliers, les défendre, les conserver, ni les administrer, se décidèrent eux-mêmes à en remettre la surveillance & la direction aux autorités plus puissantes qui les avoisinoient. C'est ainsi qu'ils en chargèrent les princes, les comtes ou les barons, souvent même les villes les plus voisines, & quelquefois les ecclésiastiques.

» Par la suite, & petit à petit, les champs qui provenoient du défrichement des *forêts*, furent confiés aux mêmes autorités. Ces surveillans eurent les qualifications de Grands-maîtres de la Marche (*Obermarker*), de Comtes forestiers (*Holgraven*), & plusieurs autres qui marquoient la supériorité de leurs rangs. Quant aux particuliers, ils étoient désignés par les dénominations de sujets de la Marche (*Unter marker*, *Erben*), & autres qui exprimoient leurs qualités de vassaux, & celle de propriétaires des *forêts* dont ils avoient confié la surveillance. Ils consultoient ordinairement le chef de la Marche (*Obermarker*), pour ce qui intéressoit les améliorations des *forêts* ou les dommages qu'elles pouvoient recevoir. Enfin ils établirent, sous la protection & la garantie des seigneurs, des réglemens forestiers, fixèrent les limites des *forêts*, instituèrent des Maîtres des *forêts*, des Forestiers, des Gardes & autres, qui furent chargés de veiller à leur conservation, d'arrêter & de dénoncer les délinquans, de marquer les coupes de bois, & de visiter les maisons avant de faire abattre des bois de construction. Ces officiers exerçoient enfin, dans toute leur étendue, la police & l'administration des *forêts* communales, avant que les seigneurs songeassent à s'en occuper. On trouve encore partout, en Allemagne, la preuve & les restes de ces anciennes *forêts* communales. Elles offrirent, dans leur administration, le modèle des charges seigneuriales forestières qui furent établies par la suite.

» La seigneurie territoriale, ou la suzeraineté, établie en Allemagne, ayant été confirmée par le traité de Westphalie, & s'étendant toujours de plus en plus, il se forma, à l'exemple des Etats monarchiques, non-seulement des colléges politiques, mais encore des charges seigneuriales, pour l'administration du pays & celle des *forêts* qui, dans plusieurs cantons, est encore liée à celle des chasses, bien qu'au fond ces deux services diffèrent essentiellement & par leur but & par leur nature, puisque les officiers des chasses sont chargés de conserver le gibier, qui souvent ne se nourrit que de bois, & contribue par conséquent à la destruction des *forêts*, tandis que les officiers forestiers doivent conserver & exploiter ces mêmes *forêts* de la manière la plus utile & la plus conforme aux besoins de la population.

» Les anciennes autorités supérieures des Marches, ayant souvent abusé du pouvoir qui leur avoit été confié, & par-là manqué le but qu'on s'étoit proposé, il devint important pour chaque Etat en particulier, de pourvoir à la conservation de ses *forêts*, & de prévenir le manque de bois qui menaçoit de toute part; mais il étoit impossible aux autorités des simples cantons, d'apprécier le besoin en bois de tout le pays, & de calculer la consistance ou le produit de toutes les *forêts*. Cet état de choses fit sentir la nécessité de créer des officiers spéciaux, pour, au nom du seigneur & de tout l'Etat, veiller à la conservation des *forêts*. Ces officiers reçurent les diverses dénominations de *Grands-maîtres des forêts*, de *Forestiers supérieurs*, de *Maîtres particuliers*, de *Gardes forestiers*, selon que chaque officier fut chargé de tout un pays, ou seulement d'une portion d'arrondissement.

Aujourd'hui les *forêts* en Allemagne sont l'objet des soins particuliers des souverains. On exige des employés qu'ils aient fait des études spéciales, & on les soumet à des examens sévères avant de leur confier la manutention des bois. Les *forêts* de cette partie de l'Europe sont, avec celles des Etats de Venise, les mieux administrées & celles qui donnent les meilleurs produits.

Forêts de la Russie. Elles contiennent environ 160 millions d'hectares sur une superficie de territoire d'à peu près 1 milliard 7 cent mille hectares; elles sont aujourd'hui les grands magasins d'où les nations maritimes tirent des bois de construction. L'étendue des *forêts* qui produisent des bois de cette espèce, est de 9 millions d'hectares.

Dans ce pays, comme dans tous les autres, on n'a pas su mettre un frein opportun à la destruction des *forêts* de plusieurs contrées qui se trouvent aujourd'hui dégarnies de bois. En Livonie, on est réduit à brûler de la tourbe, & dans les plaines de l'Ukraine, ainsi que dans la Crimée, on se chauffe avec de la paille & du fumier de chameaux. Les bois y ont été détruits par le pâturage des troupeaux innombrables qu'on y entretient, & qui fournissent des bœufs dans tout le nord de la Russie, en Hongrie, & jusqu'à Vienne & Berlin.

Les *forêts* les plus productives de la Russie sont celles qui se trouvent sur les bords de la Duna & du Dnieper. Elles produisent les plus beaux mâts de l'Univers, que l'on transporte sur ces rivières aujourd'hui réunies par le canal de Leppel jusqu'à Riga, d'où s'en fait ensuite le transport pour la France, l'Angleterre & l'Espagne.

Dans le nord de la Russie, près d'Archangel, il y a de belles *forêts* de mélèzes. On y construit des vaisseaux de guerre de 120 canons & d'autres de toutes grandeurs.

Au-dessous, encore dans le nord, vers le 47e. degré, il y a des *forêts* de cèdres. Les essais qu'on a faits de ce bois pour les constructions navales, n'ont pas donné des résultats satisfaisans. Les constructeurs en trouvent le bois mou & cassant.

Les *forêts* au nord de Moscow sont encore peuplées d'épicias & de bouleaux, ainsi que celles des environs de Pétersbourg. Il y a des trembles si gros, qu'on en fait des canots d'une seule pièce. Du reste, il y a très-peu de chênes, hêtres & autres bois durs dans le nord de la Russie; mais dans le gouvernement de Cazan & dans le midi, on trouve de belles *forêts* de chênes & de hêtres.

La Pologne présente aussi des *forêts* bien peuplées de chênes & de sapins.

La province de la Russie où les bois sont le mieux aménagés, est la Courlande. Celles que l'Empereur y possède rapportent, à elles seules, la dixième partie de toutes celles de l'Empire.

Il se consomme beaucoup de bois pour les mines & usines, surtout près des monts Urals, qui sont très-riches en fer & en cuivre, & dans le midi de la Sibérie. Il y a près du lac Onega des fontes de canons.

Dans plusieurs gouvernemens, les *forêts* sont divisées en trois classes: la première comprend les *forêts* qui fournissent des bois de marine; la seconde, celles qui fournissent des bois de construction pour les communes; la troisième, celles qui donnent des bois de chauffage.

Les bois de construction se délivrent *gratis* à l'administration de la marine, qui présente, chaque année, l'état des arbres dont elle a besoin. Sur cet état, le Grand-maître des *forêts* ordonne la coupe des arbres, qui se fait par des ouvriers qui n'ont pas d'autre occupation. On équarrit les arbres, on les fait transporter dans les ports, & notamment dans celui de Riga. C'est là que les agens de la marine viennent choisir en premier lieu, ensuite les officiers d'artillerie, & après eux les charpentiers prennent les rebuts. On laisse les bois plusieurs années dans les magasins avant de les employer.

L'administration des *forêts* de la Russie se perfectionne tous les jours. Ces *forêts* ont produit, en 1813, une valeur d'à peu près 200 millions de francs, en y comprenant la valeur des délivrances qui se font *gratis* à la marine, aux communes & aux établissemens publics. Du reste, le produit en argent, pour le trésor, n'est pas considérable, & il ne paroît pas qu'on veuille l'augmenter, parce que l'on sent la nécessité de conserver & d'améliorer.

Comme les communes ne sont point propriétaires de bois, & que toutes les *forêts* de la Russie sont possédées par l'Empereur & par les seigneurs, on délivre chaque année, à ces communes, des coupes dans les *forêts* impériales les plus à leur proximité. La délivrance se fait à raison d'un arpent & demi par habitant, & l'exploitation a lieu sous la responsabilité des Elus ou principaux habitans de la commune. Les délits & abus qui peuvent se commettre sont punis d'une peine qui est double en cas de récidive, & quadruple à la troisième fois; mais la pénalité est bien adoucie pour les délits forestiers.

On réserve peu de baliveaux, parce que les exploitations se font par coupes alternes, c'est-à-dire, en laissant toujours une coupe intacte après une coupe exploitée, de manière que le réensemencement se fait par les semences de la coupe restante. On exploite aussi par éclaircies dans plusieurs *forêts*, de la même manière qu'en Allemagne.

Les bois sont encore à bon marché dans la Russie. La corde de bois de chauffage, de 147 pieds cubes, se vendoit en 1811, savoir: le sapin, à raison de 23 sous de notre monnoie, & le bouleau, à raison de 30 à 40 sous. Les bois de construction se vendoient, la poutre de sapin & d'épicia, moyennant 27 sous, & celle de pin sauvage, de 35 à 40 sous. Les prix sont déterminés par les réglemens.

Nous terminerons ici la revue que nous nous étions proposé de faire de l'état des *forêts* dans plusieurs parties du Monde.

Le lecteur a dû remarquer que la Grèce, l'Italie, la France & l'Angleterre sont les pays où les *forêts* ont été le moins épargnées; que l'Allemagne compte encore de grandes ressources, mais qu'elle s'occupe avec soin de les conserver, & que la Russie, avertie par l'exemple des autres nations, s'applique à régulariser les exploitations dans ses vastes *forêts*.

Nous ne parlerons de l'Amérique que pour dire que les défrichemens y ont été faits avec si peu de mesure, que déjà on éprouve, dans quelques parties de ce continent, des embarras réels pour les approvisionnemens en bois de construction & autres. Du reste, il y a encore de vastes régions couvertes de bois, mais que menace la torche des Indiens, & la cognée des peuples civilisés; car aucune précaution n'est prise, aucun aménagement n'est ordonné pour en assurer la conservation.

(*Article communiqué par M.* BAUDRILLART.)

FORGESIE. *Forgesia.* Genre de plantes qui ne diffère pas de l'ESCALONE.

FORIÈRE. En Bretagne on appelle ainsi la TERRE non LABOURÉE qui entoure les CHAMPS. *Voyez* ces mots.

FORMENTINE. C'est le SARRAZIN dans les Alpes.

FORNELAGE. Synonyme d'ÉCOBUAGE dans quelques cantons.

FORRESTIE. *Forrestia.* Genre de plantes établi sur un arbrisseau de l'Amérique septentrionale, fort voisin des CÉANOTHES.

Nous ne cultivons pas cet arbrisseau en Europe.

FORSETIE. *Forsetia*. Genre de plantes qui rentre complétement dans celui appelé VESICAIRE.

FORSYTHIE. *Forsythia*. Genre de plantes aussi appelé RANGION.

Un autre genre du même nom ne diffère pas de la DECUMAIRE de Linnæus.

FORTIS. Les TERRASSES pratiquées sur les pentes des MONTAGNES portent ce nom dans le département du Gers.

FOSCARENIE. *Foscarenia*. Genre de plantes de la tétrandrie, dont les caractères seuls sont connus.

FOSSE. Excavations destinées à regarnir la VIGNE par le couchage des ceps voisins. *Voyez* PROVIGNAGE.

FOSSÉ À TERRE PERDUE. Fossé dont on rejette la terre sur le sol voisin. Tous les *fossés* faits dans les prés doivent être de cette sorte, les berges étant nuisibles à l'action de la faux.

FOSSELINIE. *Fosselinia*. Genre de plantes qui ne diffère pas des CLYPÉOLES.

FOSSERAGE. Premier LABOUR qu'[illegible]donne à la VIGNE dans le département de l'Ain.

FOSSET. Petite cheville de bois avec laquelle on ferme les ouvertures qu'on fait momentanément dans les tonneaux pour goûter l'eau-de-vie, le vin, la bière, &c., qui y est contenue, ou pour lui donner de l'air.

FOTHERGILLE. *Fothergilla*. Genre de plantes de la polyandrie digynie & de la famille des amentacées, dans lequel se rangent deux arbustes de l'Amérique septentrionale, fort peu différens l'un de l'autre, & que nous cultivons en pleine terre dans nos jardins.

Espèces.

1. Le FOTHERGILLE à feuilles d'aune.

Fothergilla ulmifolia. Linn. ♄ De l'Amérique septentrionale.

Variété à feuilles plus lancéolées & moins dentées.

2. Le FOTHERGILLE de Garden.

Fothergilla Gardeni. Jacq. ♄ De l'Amérique septentrionale.

Culture.

Ces deux espèces ont été observées par moi dans les bois de la Caroline, la première, qui s'élève le plus, isolée dans les terrains seulement frais; la seconde, couvrant des espaces assez étendus dans ceux qui sont légèrement aquatiques. Toutes deux, au reste, demandent la même culture en Europe.

Les *fothergilles* sont des arbustes de peu d'agrément; cependant l'odeur forte de leurs fleurs plaît à quelques personnes, & la couleur glauque de leurs feuilles les fait contraster avec les autres.

On les place dans les jardins paysagers, soit dans les corbeilles de terre de bruyère, à l'exposition du nord, ou sous les grands arbres, soit sur les bords des massifs, qui sont en terre légère & humide. Rarement ils donnent de bonnes graines dans le climat de Paris, & ces graines sont difficiles à récolter, parce qu'elles sont lancées au loin par la rétraction de leur capsule au moment de leur maturité, & que ce moment n'est pas indiqué par un changement de couleur. En conséquence on les multiplie presqu'exclusivement de rejetons, de marcottes & de racines, moyens qui suffisent aux besoins. Si on recevoit des graines, on les semeroit de suite dans des terrines remplies de terre de bruyère, terrines qui seroient placées au nord. Quand elles n'arrivent pas stratifiées dans la terre humide, elles restent deux ou trois ans avant de lever.

Les hivers les plus rigoureux ne nuisent en aucune manière aux *fothergilles*. Il ne faut jamais les toucher avec la serpette. Leurs marcottes se font au printemps & se lèvent presque toujours au printemps suivant.

FOUCA[illegible] CEP de VIGNE auquel on n'a laissé que [illegible] MONTANS à la TAILLE.

FOUG[illegible] c'est le PAIN cuit sous la cendre dans le mi[illegible]e la France.

FOUGER. Un COCHON qui fouille la terre pour chercher à manger, exécute cette action.

FOUGERIE. *Fougeria*. Genre qui ne diffère pas du TITHONE.

FOULAGE. C'est, dans certains lieux, l'opération de jeter des BROUSSAILLES au milieu de la rue du village pour les faire écraser par les bestiaux, les charrettes, &c., & pour les employer ensuite à l'ENGRAIS des terres.

FOURCAT. Sorte d'ARRAIRE usitée dans le Midi pour labourer les terres légères.

FOURDAINE. Nom du fruit du PRUNIER ÉPINEUX dans quelques lieux.

FOURRURE. Touffe d'HERBE que les bestiaux laissent dans les PATURAGES.

FOUSSOU. Nom de la HOUE à large fer dans les départemens du Midi.

FOVÉOLAIRE. *Foveolaria*. Genre de plantes qui a aussi été appelé TREMANTHE & STRIGILIE. Il est de la décandrie trigynie & contient quatre arbres du Pérou, dont aucun ne se cultive dans nos jardins.

FRACASTORE. *Fracastora.* Genre établi par Adanson, aux dépens des PHLOMIDES. Il n'a pas été adopté.

FRAGOSE. *Fragosia.* Genre de plantes de la pentandrie digynie & de la famille des ombellifères, qui renferme six espèces, toutes propres au Pérou, & fort peu différentes des AZORELLES.

Nulle d'entr'elles n'est cultivée dans nos jardins.

FRAMBOISIER. Subdivision du genre des RONCES (*voyez* ce mot), qui réunit trois espèces, dont une, ainsi que ses variétés, est l'objet d'une culture générale dans les jardins du nord de l'Europe.

Espèces.

1. Le FRAMBOISIER des bois.
Rubus ideus. Linn. ♄ Indigène.

2. Le FRAMBOISIER de Virginie.
Rubus occidentalis. Linn. ♄ De l'Amérique septentrionale.

3. Le FRAMBOISIER du Canada.
Rubus odoratus. Linn. ♄ De l'Amérique septentrionale.

Culture.

La première espèce croît naturellement dans les bois, surtout dans ceux des montagnes élevées. Ses fruits y sont rouges, petits, [illegible]ès-odorans & très-savoureux : ils ont gro[illegible]né de couleur & ont perdu de leur [illegible]s nos jardins, où ils ont été transportés [illegible]mps immémorial.

Les variétés qui sont les plus connues aux environs de Paris, sont :

Le *framboisier à gros fruit*, qui est d'un rouge foncé, fort gros, ordinairement sans saveur & sans odeur. On le recherche le plus aux environs de Paris ; mais dans les départemens du centre de la France, on préfère avec raison le type, pris dans les bois, quoique moins gros, parce qu'il est beaucoup meilleur.

Le *framboisier à gros fruit blanc* ne diffère du précédent que par la couleur plus pâle de ses tiges & de ses feuilles, ainsi que par celle de ses fruits. Il n'est pas plus digne d'estime, à mon avis.

Le *framboisier de Malte*, ou *des deux saisons*, qui fructifie au printemps & en automne. Il y en a de rouges & de blancs. Je ne fais pas plus de cas de ses fruits du printemps que de ceux des deux variétés ci-dessus, & beaucoup moins de ceux d'automne, qui, mûrissant à l'époque des pluies, sont complétement insipides. On le recherche cependant le plus dans les jardins des amateurs.

Le *framboisier couleur de rose* n'est pas très-commun. Il m'a paru préférable aux précédens, comme étant plus gros, plus sucré & plus parfumé.

Le *framboisier sans épines* a été un instant à la mode. On ne le voit plus guère.

Une terre très-légère & engraissée, une exposition constamment ombragée, sont ce que demande le *framboisier*. En conséquence c'est contre les murs exposés au nord, derrière les charmilles, dans les coins les plus inutiles des jardins, qu'il se place de préférence. Il prospère dans les gravas où on jette les résultats des sarclages & des ratissages.

Une nouvelle plantation de *framboisiers* s'exécute en hiver, avec des accrus pris dans une autre, avec le produit du déchirement des pieds, d'une ancienne qu'on veut détruire. La grande disposition à tracer & à taller de cet arbuste, n'en laisse jamais manquer.

Placer les *framboisiers* en touffes isolées dans les plates-bandes, n'est jamais profitable.

Placer les pieds de cet arbuste à trois ou quatre pieds les uns des autres est convenable, parce que plus près ils se nuiroient, & plus loin ils ne se favoriseroient pas assez de leur ombre.

Toujours les *framboisiers* nouvellement plantés offrent, la première année, une apparence de souffrance qui fait craindre leur perte à ceux qui ne connoissent pas leur manière d'être ; mais au printemps suivant il sort de leurs racines des jets vigoureux qui, l'année suivante, se chargent de frui[illegible]près quoi ils doivent périr & faire place à d'au[illegible]

Ainsi les soins qu'exige une plantation de *framboisiers*, en hiver, sont : 1°. de donner un bon labour pendant lequel on arrache tous les accrus qui la rendroient trop confuse ; 2°. de couper rez-terre les tiges de deux ans, pour en débarrasser les touffes ; 3°. de couper, à trois pieds de terre, les tiges de l'année précédente, pour leur faire pousser beaucoup de branches axillaires, les seules qui soient dans le cas de porter du fruit.

La récolte des *framboisiers* commence au mois de juin & dure jusqu'en août, les fleurs de la même grappe se développant successivement. Il est des lieux où ces fleurs avortent presque toutes, sans qu'on puisse en deviner la cause, qui tient probablement à la nature du sol ou à l'exposition.

Les framboises ne peuvent se conserver plus de deux ou trois jours : en conséquence on les cueille à mesure du besoin. Elles sont un manger agréable & sain, mais nullement nourrissant. On les unit ordinairement au sucre dans les desserts de Paris ; mais celles des hautes montagnes du centre de la France n'ont pas besoin de cet excipient. Leur union, au moment de les consommer, avec des fraises ou des groseilles, est fréquent dans la même ville, ce qu'on n'est pas tenté de faire en Bourgogne, où elles sont si excellentes. On met des framboises dans le vinaigre pour donner leur goût au sirop de ce nom. On en fait aussi un sirop spécial, employé en médecine comme rafraîchissant.

Les feuilles des *framboisiers* sont du goût des vaches, des moutons & des lapins.

Une plantation de *framboisiers* ne peut rester dans la même place plus de dix à douze ans, & on ne doit l'y replacer de dix à douze ans après sa destruction. *Voyez* ASSOLEMENT.

On fait rarement des semis de framboises, quoique ce soit le seul moyen de se procurer de nouvelles variétés & de remonter l'odeur & la saveur des fruits. Je conseille, en conséquence, aux amateurs des environs de Paris, de faire venir des framboises sauvages des montagnes de Bourgogne ou d'Auvergne, pour renouveler leurs plantations.

Le semis des framboises s'effectue en automne, dans une terre bien préparée & ombragée, en les écrasant avec dix fois leur masse de sable, & en ne les enterrant que d'une ligne. On arrose ce semis au besoin. Le plant lève au printemps & peut être repiqué dès l'hiver suivant, à six pouces de distance, dans une autre planche, où il restera deux ou trois ans, & sera ensuite employé à faire des plantations définitives.

Le *framboisier de Virginie* ne se cultive que dans les écoles de botanique, son fruit étant de beaucoup inférieur à celui de l'espèce commune, & en grosseur, & en saveur & en odeur. On lui donne absolument les mêmes soins qu'à cette dernière, dont il diffère peu.

Le *framboisier du Canada*, par la largeur de ses feuilles & la belle couleur rouge de ses fleurs, mérite une place dans les jardins paysagers & l'y obtient souvent. On le place contre les murs exposés au nord, derrière les fabriques, dans tous les lieux dont on a intérêt de cacher le sol, constituant naturellement des massifs très-épais de deux à trois pieds de haut. Malheureusement ces massifs tendent toujours à se dégarnir par le centre comme à s'étendre par les bords, car cette espèce trace autant que la commune, & épuise plus promptement la terre. Il faut, en conséquence, la changer de place tous les six à huit ans. Si ses fleurs se développoient toutes, elle seroit bien plus ornante. Son fruit est petit, mais se mange. C'est par ses drageons qu'on la multiplie exclusivement, car une fois introduite dans un jardin dont le sol lui convient, elle en fournit mille fois plus que l'exige le besoin le plus étendu.

FRANCOA. *Francoa.* Plante des îles de Chiloé, à racines fusiformes, à feuilles étalées sur la terre, qui seule constitue un genre dans l'octandrie tétragynie.

On ne la cultive pas en Europe.

FRANC-PIN. Un des noms du PIN PIGNON.

FRANGE. Synonyme de FANE dans certains lieux.

FRANKLANDIE. *Franklandia.* Arbrisseau de la Nouvelle-Hollande, de la tétrandrie monogynie & de la famille des protées, qui ne se cultive pas en France.

FRANKLINE. *Franklinia.* Genre de plantes qui ne diffère pas assez des GORDONS pour être conservé.

FRANSERIE. *Franseria.* Genre de plantes établi sur la LAMPOURDE ARBORESCENTE, aussi placée parmi les AMBROISIES.

FRAOUME. L'ARROCHE PORTULACOÏDE s'appelle ainsi.

FRASÈRE. *Frasera.* Plante de la Caroline, qui seule constitue un genre dans la tétrandrie monogynie & dans la famille des gentianées.

Elle ne se cultive pas en Europe.

FRAUX. Les PATURAGES COMMUNAUX se nomment ainsi dans le Cantal.

FRÊNE. *Fraxinus.* Genre de plantes de la polygamie monœcie & de la famille des jasminées, qui réunit trente-six espèces presque toutes importantes par leur grandeur & la bonté de leur bois, dont l'une peuple très-utilement celles de nos forêts dont le sol est humide, & qui, toutes, sont susceptibles d'être employées à l'ornement de nos jardins.

Espèces.

1. Le FRÊNE commun, ou *frêne des bois.*
Fraxinus excelsior. Linn. ♄ Indigène.

2. Le FRÊNE pâle.
Fraxinus [illegible]da. Bosc. ♄ De l'Amérique septentrio[illegible]

[illegible] Le FRÊNE à fleur.
Fraxinus ornus. Linn. ♄ Du midi de l'Italie.

4. Le FRÊNE à fleur d'Amérique.
Fraxinus ornus americana. Bosc. ♄ De l'Amérique septentrionale.

5. Le FRÊNE strié.
Fraxinus strigata. Bosc. ♄ De l'Amérique septentrionale.

6. Le FRÊNE à manne.
Fraxinus rotundifolia. Lamarck. ♄ Du midi de l'Italie.

7. Le FRÊNE à petites feuilles.
Fraxinus parvifolia. Lamarck. ♄ Du midi de l'Europe.

8. Le FRÊNE à feuilles de lentisque.
Fraxinus lentiscifolia. Lamarck. ♄ De la Chine.

9. Le FRÊNE de Cappadoce.
Fraxinus cappadocica. Bosc. ♄ De l'Asie mineure.

10. Le FRÊNE à feuilles aiguës.
Fraxinus acutifolia. Bosc. ♄ D'Espagne.

11. Le FRÊNE roux.
Fraxinus rufa. Bosc. ♄ De l'Amérique septentrionale.

12. Le FRÊNE brun.
Fraxinus fusca. Bosc. ♄ De l'Amérique septentrionale.

13. Le Frêne noir.

Fraxinus nigra. Bosc. ♄ De l'Amérique septentrionale.

14. Le Frêne acuminé.

Fraxinus acuminata. Lamarck. ♄ De l'Amérique septentrionale.

15. Le Frêne d'Amérique.

Fraxinus americana. Linn. ♄ De l'Amérique septentrionale.

16. Le Frêne vert.

Fraxinus viridis. Bosc. ♄ De l'Amérique septentrionale.

17. Le Frêne lance.

Fraxinus lancea. Bosc. ♄ De l'Amérique septentrionale.

18. Le Frêne de la Caroline.

Fraxinus caroliniana. Bosc. ♄ De l'Amérique septentrionale.

19. Le Frêne à longues feuilles.

Fraxinus longifolia. Bosc. ♄ De l'Amérique septentrionale.

20. Le Frêne pubescent.

Fraxinus pubescens. Mich. ♄ De l'Amérique septentrionale.

21. Le Frêne cendré.

Fraxinus cinerea. Bosc. ♄ De l'Amérique septentrionale.

22. Le Frêne blanc.

Fraxinus alba. Bosc. ♄ De l'Amérique septentrionale.

23. Le Frêne à feuilles de noyer.

Fraxinus juglandifolia. Lama[illegible] De l'Amérique septentrionale.

24. Le Frêne de Richard.

Fraxinus Richardii. Bosc. ♄ De l'Amérique septentrionale.

25. Le Frêne à feuilles de sureau.

Fraxinus sambucifolia. Mich. ♄ De l'Amérique septentrionale.

26. Le Frêne hétérophylle ou *monophylle*.

Fraxinus heterophylla. Lamarck. ♄ De l'Amérique septentrionale.

27. Le Frêne elliptique.

Fraxinus elliptica. Bosc. ♄ De l'Amérique septentrionale.

28. Le Frêne ovale.

Fraxinus ovata. Bosc. ♄ De l'Amérique septentrionale.

29. Le Frêne à larges fruits.

Fraxinus platycarpa. Mich. ♄ De l'Amérique septentrionale.

30. Le Frêne tétragone.

Fraxinus tetragona. Mich. ♄ De l'Amérique septentrionale.

31. Le Frêne rubicond.

Fraxinus rubicunda. Bosc. ♄ De l'Amérique septentrionale.

32. Le Frêne pulvérulent.

Fraxinus pulverulenta. Bosc. ♄ De l'Amérique septentrionale.

33. Le Frêne mixte.

Fraxinus mixta. Bosc. ♄ De l'Amérique septentrionale.

34. Le Frêne perdu.

Fraxinus deperdita. Bosc. ♄ De l'Amérique septentrionale.

35. Le Frêne nain.

Fraxinus nana. Bosc. ♄ De l'Amérique septentrionale.

36. Le Frêne crépu.

Fraxinus crispa. Bosc. ♄ De.....

Culture.

Excepté les espèces des n°s. 9, 10 & 34, toutes celles que je viens d'énumérer doivent se trouver dans les jardins des environs de Paris, où je les ai répandues, autant qu'il m'a été possible, pendant que j'étois à la tête des pépinières de Versailles, où je les avois rassemblées & multipliées par la greffe sur l'espèce commune.

Le *frêne commun* croît dans les forêts des parties tempérées de l'Europe, dont le fonds est en même temps léger & humide. Il parvient à plus de 80 pieds de hauteur. Ses racines tracent lorsqu'elles ne peuvent pas s'enfoncer. L'ombre des autres arbres lui nuit peu : aussi, lorsqu'il s'est semé, ou qu'on l'a introduit dans un terrain qui lui convient, il s'y multiplie au point d'en chasser les autres arbres; mais après y avoir dominé pendant quelques siècles, il est obligé de le céder à son tour, car il est soumis à la loi des Assolemens. *Voyez* ce mot.

Il est rare, au reste, que les propriétaires de bois le voient avec peine remplacer tous autres arbres que le chêne, parce qu'il pousse rapidement, garnit bien, & donne un bois de facile défaite, à raison du grand nombre de ses usages.

Le *frêne* convient dans les jardins paysagers, en sol humide, pour la composition de leurs massifs; dans les autres on doit en placer quelques-uns, s'ils peuvent y subsister, au second ou au troisième rang de ces massifs, & isolés, au milieu des gazons, soit à haute tige, soit en têtard, soit en buisson.

Je dis seulement quelques-uns, parce que le *frêne* offre deux inconvéniens assez graves, c'est-à-dire, que son ombre est quelquefois malsaine pendant les chaleurs de l'été, & que les Cantharides, les Guêpes, les Frelons, les Abeilles & les Fourmis y abondent souvent.

On rencontre assez souvent, dans les forêts en bon fonds, des *frênes* de plus de deux pieds de diamètre, parfaitement sains dans l'intérieur; mais rarement on les laisse arriver à cette grosseur, parce que leur bois est peu propre à la charpente, à raison de sa flexibilité & de sa disposition à la Vermoulure, & que ses emplois les plus fréquens ne demandent pas de si fortes pièces.

Ce bois est blanc, veiné, assez dur, fort uni

& fort liant quand il n'est pas sec. Il ne se retrait que d'un douzième par la dessiccation, & pèse après cette dessiccation, suivant Varenne de Fenille, 50 livres 12 onces 1 gros par pied cube. Le même a constaté qu'il falloit 200 livres pour en casser une solive, ce qui est le plus fort poids exigé par les bois indigènes. Ses emplois les plus communs sont des brancards de voitures, des cercles de cuve, des fourches, des chaises communes & autres objets de tour, des arcs excellens, des chevilles, &c. Il brûle aussi bien vert que sec, donne beaucoup de chaleur, & forme un charbon fort estimé dans les forges.

Souvent il se développe, sur le tronc des *frênes*, des loupes dont les fibres entrelacées & diversement colorées ont un aspect agréable. Ces loupes, qu'on appelle alors *brouzin*, s'achètent par les ébénistes, qui en fabriquent des armoires, des tables & autres petits meubles, quelquefois artificiellement teints, qui se vendent fort cher.

Outre les *frênes* dans les jardins d'agrément, on en cultive beaucoup le long des routes, dans les avenues, dans les haies, dans les terrains vagues des environs des villages. Tantôt ces *frênes* sont complétement abandonnés à eux-mêmes, comme dans les forêts; tantôt on les élague de loin en loin, soit pendant l'été, pour employer leurs feuilles, soit fraîches, soit sèches, à la nourriture des bestiaux qui les aiment tous; soit, pendant l'hiver, pour servir le feu de la cuisine ou chauffer le four. Il est quelques cantons, & je les approuve, car c'est le moyen d'en tirer le meilleur parti, qui le tiennent en TÊTARD (*voyez* ce mot) dans les mêmes buts. On a dit que les vaches nourries de feuilles de *frêne* donnoient un lait de mauvais goût : il se peut que cela ait lieu lorsqu'elles ne mangent pas autre chose; mais quand, ainsi qu'il est toujours bon de le faire, on varie leurs alimens, elles ne produisent pas cet effet, ainsi que j'ai eu occasion de le constater. *Voyez* FEUILLÉE.

L'écorce de *frêne*, qui est aromatique, âcre & amère, sert au tannage des cuirs & à la teinture bleue des laines. On substitue, quelquefois avec avantage, celle de sa racine au quinquina même.

En Sibérie on emploie ses graines à donner un bon goût à la mauvaise eau, qui y est très-commune.

C'est presqu'exclusivement par semences qu'on multiplie le *frêne* commun, quoiqu'il soit possible de le faire par rejetons, par marcottes & par racines, parce que ces semences sont abondantes, d'une facile récolte, & que les arbres qui en proviennent sont plus beaux & d'une durée plus longue.

Pour que les semences de *frêne* conservent leur faculté germinative & qu'elles ne soient pas dévorées par les mulots & autres rongeurs qui en sont très-friands, on les stratifie & on les laisse en terre pendant tout l'hiver.

D'après le fait déjà cité, que le *frêne* vient mieux à l'ombre, dans sa jeunesse, qu'aucun autre des grands arbres d'Europe, il devient très-avantageux de le préférer pour repeupler les bois en fonds humide. Deux moyens peuvent être employés séparément ou ensemble : le premier, de jeter au printemps, dans un trou fait par un seul coup de pioche à fer large de trois pouces, aux lieux qui manquent d'arbres, deux ou trois semences de *frêne*, & de les recouvrir avec la même terre; le second, d'y planter des arbres de deux à trois ans, levés dans une pépinière, ou dans les bois.

Il est rare qu'on fasse de grands semis de *frênes*, parce que partout on préfère les forêts de chênes, & avec raison, comme on l'a vu à l'article de cet arbre.

Le semis du *frêne* dans les pépinières s'exécute également au printemps, dans une planche préparée par deux labours d'hiver. Tantôt on les répand à la volée, tantôt en rayons espacés de 8 à 10 pouces. Dans les deux cas on les tient écartés, & on ne les couvre que de cinq à six lignes de terre.

Le plant levé s'arrose & se bine dans le besoin. On le laisse ordinairement deux ans dans la même planche. Celui qui est destiné à faire des plantations en grand ou à regarnir des clairières de bois, est immédiatement mis en place; celui qu'on réserve pour devenir des arbres de ligne, ou pour servir à la greffe des espèces étrangères, est repiqué dans une autre planche de la même pépinière, au préalable défoncée à un pied au moins de profondeur, à la distance de 25 pouces, terme moyen, plus près si le terrain est mauvais, ou qu'ils doivent être bientôt mis en place, plus loin dans le cas contraire.

Rarement le pivot des *frênes* est utile à supprimer, quoique, ainsi que je l'ai déjà observé, ces arbres s'en dédommagent en traçant. *Voyez* PIVOT.

On ne doit pas couper la tête aux *frênes* à transplanter, sans une nécessité absolue, car portant une flèche, on rendroit leurs troncs déformés; mais lorsque cette flèche est cassée, on le peut, en coupant leurs tiges rez-terre & en mettant la touffe qui la remplace sur un brin. *Voyez* RÉCEPER.

La seconde année qui suit la transplantation des *frênes* dans la pépinière, on taille en crochet leurs branches latérales. A la quatrième on peut enlever les plus forts pieds pour les mettre en place, & à la cinquième le reste.

Les anciens marais à moitié desséchés, où l'AUNE cesse de se plaire, sont les lieux où il est le plus avantageux de planter des *frênes* en quinconce. On peut ne les espacer que de douze à quinze pieds, vu que ce sont plutôt les tiges hautes que les tiges grosses que recherche le commerce. Une plantation dans un tel lieu peut commencer à être vendue, en choisissant les pieds les mieux venus, dès l'age de trente ans, & continuer à fournir un revenu jusqu'à cinquante, en supposant qu'elle soit d'une étendue suffisante.

S'il y a si peu de *frênes* sur les grandes routes, c'est qu'il y résiste rarement, dans sa jeunesse, aux effets d'un soleil toujours agissant.

Les pépiniéristes ont multiplié par la greffe sur le type, plusieurs variétés de *frênes* trouvés dans les semis. Voici celles qui se voient le plus communément dans les jardins des environs de Paris.

Le *frêne horizontal.* Ses rameaux, au lieu de s'élever, poussent parallèlement à la surface de la terre.

Le *frêne parasol.* Ses rameaux se recourbent vers la terre, & prennent véritablement la forme d'un parasol.

Cette variété doit être greffée à une hauteur de dix pieds environ, afin qu'on puisse passer dessous sans être obligé de couper quelques-unes de ses branches. Il sera bon aussi de placer deux, & même trois greffes à la même hauteur, car il arrive quelquefois qu'une seule ne s'étend pas régulièrement, ce qui produit un fort mauvais effet.

Les greffes de cette variété, ou mieux monstruosité, doivent être prises sur les branches latérales les plus pendantes, l'expérience ayant appris que, lorsqu'on les prend sur celles qui remplacent la flèche, ou sur celles qui se relèvent, sa pousse ne se recourbe pas toujours.

Le *frêne graveleux* a l'écorce des grosses branches fendillée, ridée & grise; celle des jeunes est lisse & striée de blanc. Ses feuilles sont d'un vert plus foncé que celles du type. Son aspect est si différent, que je serois dans le cas de le regarder comme une espèce, si je ne l'avois pas vu résulter plusieurs fois des semis des graines du *frêne* commun.

Le *frêne doré.* Son écorce est d'un jaune vif.

Le *frêne jaspé.* Son écorce est rayée de jaune. Il est moins remarquable que le précédent : ses rayures disparoissent quelquefois dans les bons terrains.

Ces deux variétés offrent des sous-variétés à écorce blanche.

Les *frênes à feuilles panachées de jaune* & *à feuilles déchirées* sont peu recherchés, parce qu'ils sont toujours foibles & ne subsistent jamais long-temps, des maladies organiques étant là cause de la singularité qu'ils présentent.

Le *frêne à fleur* ou *orne*, qui est le véritable *frêne* des Anciens, est bien plus propre à orner les jardins paysagers que le précédent, parce qu'il s'élève moins, qu'il prospère dans les mauvais terrains, & qu'il offre des bouquets de fleurs & de fruits d'une disposition remarquable. Il se place dans ces jardins au second rang des massifs, ou en petits groupes de trois arbres au milieu des gazons. On le multiplie comme le précédent, donnant abondamment des graines dans les environs de Paris, quoique l'extrémité de ses branches soit quelquefois frappée par les premières gelées de l'hiver. Ses fruits sont aromatiques & s'emploient dans les assaisonnemens.

Il est quelques-unes des espèces suivantes, principalement le *frêne à manne*, le *frêne tétragone*, qui se greffent sur lui avec plus de certitude de succès que sur le *frêne* commun.

Les habitans de la Calabre retirent de la manne par le moyen des entailles qu'ils font à son écorce.

Le *frêne à fleur d'Amérique* est fort voisin du précédent, mais distinct par toutes ses parties. Il y en a des pieds, à Versailles, qui donnent de la bonne graine.

Le *frêne à manne* est célèbre par l'usage que fait la médecine du suc concret qui sort des entailles de son écorce dans le midi de l'Italie & dans l'Orient. J'ai inutilement tenté d'en obtenir des jeunes pieds, dont j'ai cultivé de grandes quantités dans les pépinières de Versailles. On le connoît dans les livres de médecine sous les noms de *frêne de la Calabre*, de *frêne d'Alep.* Il se multiplie dans nos jardins par la greffe sur le *frêne commun*, ou mieux sur le *frêne à fleurs*, aucun pied ne donnant des graines, à ma connoissance.

Il y a une assez grande diversité de mannes dans le commerce, mais qui proviennent toutes du *frêne à fleur* & de celui-ci. Voici ce qu'en dit Rosier :

« La manne est un purgatif doux, avantageux dans tous les cas où l'évacuation des matières fécales est indiquée, où il est essentiel en même temps d'entretenir, d'augmenter le cours des urines, d'enlever les graviers & les mucosités qui embarrassent les voies urinaires; où l'on ne craint point d'augmenter la soif, la chaleur de l'estomac, des intestins, de la vessie & de la poitrine : elle calme la colique néphrétique causée par des graviers & par la goutte; elle rend l'expectoration plus abondante, & elle irrite même les bronches. En conséquence elle est contre-indiquée dans la phthisie pulmonaire essentielle, l'hémoptysie par disposition naturelle & par pléthore : chez les phthisiques elle rend la fièvre lente plus vive, la toux plus fréquente, l'expectoration plus forte; chez l'hémoptysique, le crachement de sang plus fréquent & plus abondant.

» La manne en larmes naturelles ou factices est préférable à toutes les autres espèces : la dose est depuis une once jusqu'à trois, en solution dans cinq onces d'eau. »

Les *frênes à petites feuilles* & *à feuilles de lentisque* se rapprochent beaucoup du précédent. On les greffe sur l'espèce commune. La couleur noirâtre & la longueur des rameaux du dernier lui donnent un aspect très-contrastant avec les autres arbres de nos jardins.

Les *frênes noir, acuminé* & *d'Amérique* sont trois belles espèces voisines qu'on ne peut trop multiplier dans nos jardins, qu'elles sont très-propres à orner. Comme elles sont dioïques, ainsi que toutes celles d'Amérique, elles ne donnent point de fruits fertiles dans nos climats, quoiqu'il y en ait des pieds assez gros. Le dernier est, au rapport de Michaux, qui l'a figuré (les feuilles très-reduites) pl. 8 du 3e. vol. de son *Histoire des arbres forestiers de l'Amérique septentrionale*, un des plus grands, des plus utiles & des plus beaux arbres de cette contrée, où il est appelé *frêne blanc*.

On multiplie très-facilement ces trois espèces par la greffe sur l'espèce commune.

Le *frêne vert*, également figuré par Michaux, s'élève moins que les précédens.

Le *frêne lance* a quelques rapports avec ce dernier, mais il en est fort distinct par ses jeunes branches qui ne sont pas vertes, & par ses feuilles cinq à six fois plus grandes. C'est une superbe espèce à multiplier.

Le *frêne de la Caroline* a été appelé *frêne blanc*, *frêne cendré*, *frêne à feuilles de noyer*; mais quand on le compare à ces espèces, on y reconnoît de grandes différences. Il gèle quelquefois dans le climat de Paris, ce qui fait qu'il y est moins connu que les autres.

Le *frêne à longues feuilles* est encore une superbe espèce, qu'on ne peut trop multiplier dans nos jardins. On l'a bien mal-à-propos confondue avec la suivante, dont elle se distingue à toutes les époques de l'année, même pendant l'hiver.

Le *frêne pubescent* (l'*epiptera* de Michaux), le *frêne cendré*, le *frêne blanc*, le *frêne à feuilles de noyer* & le *frêne de Richard* sont moins dans le cas d'être recherchés par les amateurs que beaucoup d'autres.

Le *frêne à feuilles de sureau* a cela de remarquable, que ses feuilles, froissées, exhalent une odeur désagréable, analogue à celle du sureau. Michaux qui lui a consacré un article & une figure dans son important ouvrage précité, dit qu'il s'appelle *frêne noir* en Amérique.

Le *frêne hétérophylle* ou monophylle est très-répandu dans nos jardins & y porte abondamment des fruits. On l'a regardé comme une variété du *frêne commun*; mais il m'est arrivé (s'il n'y a pas eu confusion) de ses graines de l'Amérique septentrionale, qui m'ont donné beaucoup plus de pieds à feuilles à trois folioles qu'à feuilles simples. C'est un très-grand arbre, qui produit un bel effet dans les jardins paysagers, lorsqu'il est isolé au milieu des gazons.

Les *frênes à feuilles elliptiques* & *à feuilles ovales* ont existé par milliers dans les pépinières de Versailles, provenant de graines envoyées d'Amérique.

Le *frêne à larges fruits*, que j'ai observé dans les marais de la Caroline, où il s'élève au plus à vingt pieds, gèle dans le climat de Paris; de sorte qu'on ne le voit pas fréquemment dans nos jardins. Michaux l'a décrit & figuré. On le multiplie de marcottes dans les pépinières de Versailles.

Le *frêne tétragone* est fort remarquable par la forme de ses rameaux. Michaux lui a consacré une figure & un article, où il vante la ténacité de son bois. C'est le *frêne bleu des Américains*. J'ai été assez long-temps sans pouvoir le multiplier aussi abondamment qu'il le mérite, par la greffe sur le *frêne* commun; mais aujourd'hui qu'on sait qu'il réussit mieux sur le *frêne à fleur*, on en obtient chaque année autant qu'on en desire.

Le *frêne nain* ne paroît pas s'élever à plus de 8 à 10 pieds. Il se fait remarquer par les membranes qui bordent son pétiole. On le greffe sur le *frêne à fleur*, à deux pieds de terre. Il se fait remarquer dans les jardins paysagers, où on le place sur le bord des routes.

Le *frêne crépu*, l'*atrovirens* de quelques jardiniers, paroît être une monstruosité du *frêne commun*; mais il est si différent de lui, par la petitesse de sa taille, par la forme & la couleur de ses feuilles, que je n'ai pas osé le placer parmi ses variétés. On le multiplie comme le précédent.

Tous les grands *frênes* d'Amérique doivent être greffés à écusson à œil dormant, à un ou deux pouces de terre, afin que la greffe ne dépasse pas leur tige : celle en fente & en terre réussit également, mais on la pratique moins, à raison de ce que, lorsqu'elle manque, le sujet est perdu.

Comme j'aurois pu m'étendre sur ce beau genre d'arbres, dans lequel j'ai introduit tant de nouvelles espèces ! Mais je suis forcé de me restreindre.

FRESILLON. Le TROÊNE porte ce nom dans quelques lieux.

FREEYRIE. *Freyeria*. Nom d'un genre de plantes depuis réuni aux CHIONANTHES.

FREZE. Redoublement d'appétit des VERS A SOIE après leurs MUES.

FREZIÈRE. *Freziera*. Genre autrement appelé EROTE.

FRIGOULE. L'AGARIC SOCIAL s'appelle ainsi à Montpellier.

FRISÉE. Maladie des POMMES DE TERRE, dans laquelle leurs feuilles sont crispées.

FROELICHE. *Froelichia*. Trois genres de plantes portent ce nom. L'un s'appelle aussi KOBRESIE & ELYNE; l'autre se réunit aux AMARANTHINES, & l'autre, le LABILLARDIÈRE de Vahl, formé sur un arbuste de la Trinité, est de la tétrandrie monogynie.

Nous ne cultivons pas cet arbuste.

FROUMENTAR. Les terrains VOLCANIQUES portent ce nom dans le département du Cantal.

FUCHSIE. *Voyez* FUSCHIE.

FUGOSE. *Cienfugosia*. Arbuste de l'Amérique méridionale, qui constitue un genre dans la monadelphie dodécandrie & dans la famille des malvacées.

Il ne se cultive pas dans nos jardins.

FUMADE. Partie des PATURAGES où couchent les vachés dans le Cantal, laquelle est engraissée par leur fiente & produit davantage l'année suivante.

On change chaque année le local de la *fumade.*

FUMAGO. Poussière noire qui recouvre quelquefois les feuilles & les bourgeons des plantes : elle est due à la transpiration insensible & à la poussière qui flotte dans l'air. Les pluies la font disparoître. *Voyez* PUCERON & COCHENILLE.

FUMERI. Lieu où on dépose les FUMIERS.

FUMETERON. Ce sont les petits tas de FUMER qu'on forme dans les champs & qui doivent être dispersés.

FUMOIR. Bâtiment isolé, destiné à faire sécher à la fumée les viandes & les poissons. Il est composé de deux pièces : l'une inférieure où on fait le feu, & l'autre supérieure où on suspend les objets à fumer. La fumée passe par une cheminée latérale qu'on peut fermer à volonté.

On ne fait usage du *fumoir* dans aucune partie de la France.

FUNAIRE. *Funaria.* Genre de plantes de la famille des mousses, aussi appelé KŒLREUTÈRE.

FUNKIE. *Funkia.* Genre de plantes qui sépare des autres le MÉLANTHE NAIN.

FURCELLAIRE. *Furcellaria.* Genre de plantes établi aux dépens des VARECS. *Voyez* ce mot.

FURETAGE. (*Terme de forêt.*) Fureter un bois, ou l'exploiter par *furetage*, c'est couper çà & là une partie des bois qui en composent le taillis; c'est faire le contraire de l'exploitation par contenance ou à tire & aire, qui consiste à couper tout le taillis, & à ne réserver que des baliveaux.

Voici sur cette pratique, à laquelle on reproche beaucoup d'inconvéniens, des observations qui nous ont été transmises par un inspecteur des forêts, qui a exercé dans l'arrondissement de Château-Chinon, où elle est en usage.

Les bois de cet arrondissement sont situés sur des montagnes & des coteaux; on les exploite la plupart à dix ans, & par *furetage*, mode qui entraîne beaucoup d'abus, qu'on ne peut prévenir qu'avec des soins très-vigilans. Les bûcherons auxquels on est obligé d'abandonner les branchages des bois qui sont destinés à être transportés par flottes à Paris, sur l'Yonne & la Cure, peuvent, s'ils ne sont pas surveillés de très-près, 1°. couper le menu taillis, qui doit être respecté comme recru, & en mêler les brins avec leurs branchages; 2°. prendre des maîtresses branches qui ont la grosseur nécessaire pour faire de la moulée (du bois de moule); 3°. cacher dans leurs branchages, des bûches avant qu'elles aient été marquées du marteau du garde; 4°. éclater des bûches pour les faire considérer comme bois de rebut, & en profiter; 5°. briser le taillis lorsqu'ils abattent des arbres ou qu'ils vident les ventes; 6°. soustraire du bois de moule pour le mêler avec le bois qu'ils exploitent annuellement sur leurs petites propriétés. Toutes ces fraudes sont fréquentes dans les bois des particuliers dont les gardes ne sont point surveillés.

Malgré tant d'inconvéniens, l'auteur des observations que nous analysons, ne pense pas qu'il soit possible de changer ce mode d'exploitation; il est persuadé, au contraire, que ce seroit perdre presqu'en totalité les bois du Morvan, que de les exploiter comme les autres bois de la France.

Forcé de continuer ce mode d'exploitation, il s'est occupé des moyens d'en prévenir les principaux abus dans les bois domaniaux. Mais il croit qu'il seroit difficile de les empêcher dans les bois des particuliers, tant que les propriétaires abandonneront les exploitations à leurs gardes, qui, étant foiblement rétribués & mal surveillés, n'apportent que peu de soins à la conservation des bois de leurs maîtres.

Nous observerons que la plupart des abus dont il s'agit, pourroient être prévenus, si les propriétaires, au lieu d'abandonner du bois aux bûcherons, leur interdisoient au contraire d'en emporter aucune partie, de quelqu'espèce que ce fût, & faisoient façonner le tout pour leur compte. Toutefois ce mode d'exploitation seroit toujours contraire aux principes, & la suppression de quelques-uns de ses abus n'en feroit pas une bonne méthode.

On reconnoît cette vérité, mais on pense qu'on ne pourroit adopter une autre manière d'exploiter les bois de cette localité, sans l'exposer à des inconvéniens plus graves; & à cet égard, on se fonde sur ce que les bois du Morvan ont besoin de couvert; que le jeune chêne, depuis trois jusqu'à dix ans, ne donne, s'il est à découvert, que des pousses languissantes qui ne prennent pas assez de consistance & de force pour résister aux gelées précoces qui arrivent dans cette contrée. Quant au hêtre, qui est l'espèce dominante, on remarque, surtout à l'aspect du midi, là où le bois est à découvert, que les rejets du pied dépérissent par l'effet de l'aridité des terrains & des vents desséchans. Il faut donc de l'ombrage pour entretenir une certaine fraîcheur dans ces terrains arides, & pour prévenir les effets de la gelée.

L'auteur du Mémoire auroit désiré qu'on eût pu atteindre le même but, en conservant de nombreuses réserves sur les coupes; mais il pense que ce moyen ne présenteroit qu'un avantage bien médiocre, parce que les arbres réservés ne repousseroient plus du pied, qu'il s'ensuivroit de nouvelles clairières qu'on auroit beaucoup de peine à repeupler sur un sol aussi ingrat. Il ajoute que des arbres de dix-huit à vingt ans qu'on réserveroit, porteroient par la suite trop d'ombrage au jeune bois d'un an à dix ans, qui ne doit être protégé que par des brins de onze à dix-huit ans, moins chargés de branches, & pouvant laisser pénétrer les rayons du soleil.

Il n'est point un propriétaire dans le Morvan, dit-il, qui n'eût préféré au mode actuel, l'exploitation à l'hectare, s'il y eût trouvé de l'avantage; mais dans l'arrondissement d'Autun, où les bois étoient, il y a quelques années, coupés au *furetage*, & qu'on exploite aujourd'hui à l'hectare, on remarque que les bois ont éprouvé un appauvrissement sensible de ce changement de système.

L'auteur de ces observations convient que plusieurs parties de bois de l'arrondissement de Château-Chinon pourroient être exploitées à l'hectare; mais il croit qu'il en résulteroit toujours une perte sensible pour le Gouvernement & pour les particuliers, attendu que l'aménagement, qui alors devroit être fixé à vingt ans, ne produiroit, sur un sol aussi peu profond & substantiel, dans un climat aussi froid, que dix cordes par hectare, tandis que par l'effet de l'exploitation au *furetage*, on coupe tous les dix ans, & que chaque hectare produit, année commune, neuf cordes, ce qui fait dix-huit cordes par vingt ans. Il termine en observant que dans la plupart des bois du Morvan, on ne peut réserver sur les taillis des arbres d'espérance, & que ceux que l'on conserve, se couronnent & dépérissent promptement lorsqu'ils ont atteint l'âge de quarante à cinquante ans.

La méthode que nous venons d'exposer, & les motifs sur lesquels on fonde la nécessité de la maintenir, nous paroissent tenir à des habitudes locales beaucoup plus qu'à des raisons de saine physique. En effet, il s'agit de conserver du couvert aux jeunes taillis, pour entretenir une certaine fraîcheur pendant l'été, & pour empêcher l'action des gelées pendant l'hiver. Il nous semble qu'on obtiendroit ce double résultat en réservant, non pas des arbres d'un certain âge, mais une grande quantité de baliveaux de l'âge de la coupe, qui seroient abattus à la révolution suivante.

C'est la méthode indiquée par Hartig, pour les terrains & les climats semblables à ceux du Morvan, & que nous avons rappelée au mot EXPLOITATION. Dans cette méthode, qui ne diffère de celle ordinaire que par une plus forte réserve de jeunes baliveaux, on coupe tout le taillis, & l'on n'a pas à craindre les inconvéniens d'une trop grande dissipation de l'humidité pendant l'été, ni les gelées de l'hiver, puisque le couvert formé par la grande quantité de baliveaux, est suffisant pour prévenir ces effets; & comme, à chaque coupe, on fait tomber les arbres de réserve pour les remplacer par des brins de l'âge du taillis, l'ombrage n'est jamais assez fort pour étouffer le recru.

(*Article communiqué par M.* BAUDRILLART.)

FUREYE. Sorte de BÊCHE usitée dans le département de la Garonne.

FUSAIN. *Evonymus*. Genre de plantes de la pentandrie monogynie & de la famille des rhamnoïdes, dans lequel se rangent sept espèces d'arbrisseaux, dont trois sont indigènes à l'Europe, & se cultivent, ainsi que deux des autres, dans la plupart de nos jardins.

Espèces.

1. Le FUSAIN commun.
Evonymus europæus. Linn. ♄ Indigène.

2. Le FUSAIN à larges feuilles.
Evonymus latifolius. Linn. ♄ Des Alpes.

3. Le FUSAIN galeux.
Evonymus verrucosus. Linn. ♄ De la Carniole.

4. Le FUSAIN noir pourpre.
Evonymus atro-purpureus. Linn. ♄ de l'Amérique septentrionale.

5. Le FUSAIN d'Amérique.
Evonymus americanus. Linn. ♄ De l'Amérique septentrionale.

6. Le FUSAIN du Japon.
Evonymus japonicus. Thunb. ♄ Du Japon.

7. Le FUSAIN odorant.
Evonymus tobira. Thunb. ♄ Du Japon.

Culture.

On rencontre très-fréquemment dans nos bois des plaines, & encore plus dans ceux des montagnes, le *fusain* commun, assez généralement appelé *bonnet de prêtre*, de la forme de son fruit. Il s'élève à douze ou quinze pieds. Son bois est cassant & susceptible d'être aisément fendu. On en fabrique de petits objets de tour. Son charbon, fort léger, est recherché pour la fabrication de la poudre à canon & pour faire des esquisses de dessins.

Les fruits du *fusain* se colorent en rouge en automne & restent sur l'arbre jusque bien avant dans l'hiver, époque où ils s'ouvrent & où ils montrent leur pulpe encore plus rouge, ce qui fait un très-agréable effet & leur mérite une place dans les jardins paysagers. Ces fruits sont émétiques & purgatifs à un haut degré : on les emploie, infusés dans le vinaigre, pour guérir la gale & faire mourir les poux.

Deux variétés principales sont nées du semis des graines de cette espèce : dans l'une, la pulpe du fruit est rose, & dans l'autre elle est blanche. On les recherche aussi toutes deux pour l'embellissement des jardins.

On place le *fusain* soit au second, soit au premier rang des massifs, soit à quelque distance de ces massifs, soit isolé au milieu des gazons. Sa forme naturelle, qui est élégante, ne doit pas être altérée par la serpette. Tous les terrains lui conviennent ; cependant il pousse mal dans ceux qui sont trop arides, ainsi que dans ceux qui sont trop aquatiques. Excepté lorsqu'il est étouffé sous les grands arbres, il s'accommode également de toutes les expositions.

On multiplie le *fusain* par le semis de ses GRAINES, par MARCOTTES, par BOUTURES & par REJETONS.

Ses graines se sèment au printemps, dans une planche bien préparée, & lèvent la même année. Le plant qu'elles ont donné peut être repiqué dès l'hiver suivant, en pépinière, à six à huit pouces de distance, pour y rester deux ou trois ans, & être alors mis définitivement en place. Pendant ce temps il ne demande qu'un labour d'hiver & deux binages d'été.

Les marcottes & les boutures se font au printemps : les dernières dans une terre fraîche & à une exposition ombragée.

Le *fusain à larges feuilles* ne s'élève qu'à quelques pieds. Il forme des buissons d'un bon effet, au bord des massifs des jardins paysagers ; mais ses fruits sont cachés par les feuilles, ce qui les empêche de concourir à cet effet. Sa multiplication s'effectue comme celle du *fusain* commun.

Le *fusain galeux* est fort remarquable pour les physiologistes, à raison des tubercules qui couvrent l'écorce de ses jeunes branches ; mais il est fort peu intéressant par son aspect pour les amateurs des jardins, où il se place cependant très-fréquemment. Il est rare de lui voir porter des graines, quoiqu'il fleurisse abondamment. On peut le multiplier de marcottes & de boutures, mais on préfère généralement de le faire par la greffe sur l'espèce commune.

S'il étoit plus productif en graines, je proposerois de l'employer à la confection des haies, à laquelle il paroît plus propre que le *fusain* commun, qu'on y emploie cependant dans beaucoup de lieux, car peu d'arbustes offrent des branches aussi nombreuses & aussi entrelacées que les siennes.

Le *fusain noir pourpre* se distingue par la couleur de ses fleurs, mais d'ailleurs est de peu d'effet. Ce que j'ai dit des moyens de reproduction du précédent lui est complétement applicable.

Le *fusain d'Amérique* est reconnoissable à ses fruits couverts de tubercules. On le cultive & on le multiplie comme les deux précédens. Il est, comme eux, d'un foible intérêt comme arbuste d'ornement.

FUSAIN BATARD. Le CÉLASTRE GRIMPANT porte ce nom dans quelques jardins.

FUSAN. *Fusanus*. Arbuste à feuilles opposées, originaire du Cap de Bonne-Espérance, qui a été placé parmi les THESIES & parmi les FUSAINS, mais qui, aujourd'hui, constitue seul un genre dans la tétrandrie monogynie.

Nous ne le cultivons pas en Europe.

FUSARION. *Fusarium*. Genre de plantes de la classe des champignons parasites internes, lequel ne renferme qu'une seule espèce qui se trouve sur les feuilles des malvacées & des ormes.

FUSCINIE. *Fuscinia*. Genre de plantes qui ne diffère pas de celui appelé FISSIDENT.

FUSEAU A COLLET ET A RUBANS. AGARICS des environs de Paris, qui ne sont point dangereux.

FUSIDION. *Fusidium*. Nouveau genre de plantes de la famille des champignons, qui diffère fort peu du FUSARION.

FUSIPORE. *Fusiporion*. Autre genre de champignon, peu différent du précédent, composé par une seule espèce qui croît sur les CUCURBITACÉES.

FUTAIE. Ce mot vient du latin *fustis*, bâton, fût. Pris isolément, il n'avoit point, dans le principe, la signification que nous lui donnons aujourd'hui, & il étoit d'usage qu'on lui adjoignît un adjectif pour déterminer cette signification. Ainsi on disoit : un bois, un arbre de *haut fût*, ou de *haute futaie*, & c'est par ellipse qu'on a dit seulement *futaie*, pour désigner des arbres de haute stature. Les Latins désignoient un bois de haute *futaie* par les mots : *sylva alta*, ou *ardua*, ou *procera*, ou *excelsa*, forêt élevée.

Les chênes, les hêtres, les pins, les sapins & les mélèzes sont presque les seules espèces qu'on laisse croître en *futaie*, parce que parmi les grands arbres forestiers les plus communs, ce sont ceux qui fournissent le meilleur bois pour les constructions & les autres objets de haut service. Les ormes, les frênes, les érables, & surtout l'érable sycomore & l'érable plane, méritent aussi d'être réservés en *futaie*, mais ils sont plus rares.

On distingue généralement deux sortes de *futaie* dans les forêts ; savoir : les *futaies* pleines ou en massif, & les *futaies* éparses ou sur taillis.

Les *futaies* pleines sont celles qui composent toute une contenance de bois. Elles sont ordinairement aménagées à 100, 120 ou 150 ans.

Les *futaies* sur taillis sont celles qui se composent de tous les baliveaux anciens, modernes & de l'âge des taillis, que l'on réserve, à chaque révolution, sur les coupes.

Dans le langage ordinaire, on appelle *jeune futaie* le bois qu'on laisse s'élever en *futaie* depuis son jeune âge jusqu'à 40 ans ; *demi-futaie*, ce même bois depuis 40 jusqu'à 60 ans ; *jeune haute futaie*, depuis 60 jusqu'à 100 & 120 ans ; *vieille futaie*, celui qui est au-dessus de 120 ans & jusqu'à 150 & 200 ans ; *futaie sur le retour*, celle qui est dépérissante ; *futaie de brins*, le semis qu'on laisse croître en *futaie* ; *revenu* ou *recru de futaie*, la jeune *futaie* qui s'élève en place de celle qu'on a abattue ; *futaie sur souches*, le bois ou le taillis qui

qui repousse de souches & qu'on destine à devenir futaie ; *futaie sur taillis*, les arbres ou baliveaux qu'on réserve, ainsi que nous venons de le dire, lors des coupes de taillis, pour n'être coupés dans les révolutions suivantes, que lorsqu'ils auront acquis toute leur valeur.

On voit que c'est principalement dans la destination d'un bois à parvenir à toute sa hauteur, que consiste sa distinction en *futaie*, puisqu'un taillis, souvent plus élevé qu'une *futaie*, conserve néanmoins sa dénomination de taillis. Ainsi il y a des taillis de 30, 40 & même 50 ans, qu'on appelle *haut taillis* ou *haute taille*, mais non *futaie*, parce qu'ils ne sont point destinés à parcourir une plus haute révolution, & que dans le réglement qui en fixe l'aménagement, ils n'ont reçu que la qualification de taillis.

Nous avons dit à l'article AMENAGEMENT, en parlant des taillis, que le mode de reproduction devroit, plus qu'aucune autre considération, déterminer la distinction entre les taillis & les *futaies*. *Un taillis, avons-nous observé, est un bois que l'on coupe à un âge tel qu'il puisse se reproduire de souches & de racines, tandis qu'une futaie est le bois qui est destiné à n'être abattu qu'à un âge où la reproduction ne se fera guère que par les semences.* Cette définition est fondée sur la nature même, abstraction faite des usages, coutumes ou réglemens qui peuvent fixer l'âge où un bois est réputé *futaie*.

Nous allons exposer ces réglemens, & nous rappellerons ensuite les règles à suivre pour l'exploitation des *futaies*, d'après le mode des éclaircies, dont nous avons développé les principes aux articles AMENAGEMENT & EXPLOITATION.

§. 1er. *Des réglemens concernant la propriété & l'usage des futaies.*

On avoit autrefois un grand intérêt à savoir quand un bois devoit être considéré comme *futaie*, tant sous le rapport des droits qui se percevoient sur les coupes, que sous celui de l'usufruit, &c. Cette connoissance est encore utile, mais à un moindre degré, parce que les droits seigneuriaux qui étoient dus sur les coupes de *futaie* appartenant aux particuliers, ont été supprimés, & que les art. 521, 590, 591 & 592 du Code civil réglent les droits de l'usufruitier sur les bois de taillis ou de *futaie*.

Les Coutumes, dit Chailland dans son *Dictionnaire des eaux & forêts*, ont diversement réglé l'âge auquel il faut que les bois soient parvenus, pour être réputés bois de haute *futaie*.

Les Coutumes de Sens, tit. 15, art. 153, Troyes, tit. 10, art. 181, & Auxerre, tit. 15, art. 267, portent : « hauts bois bons à maisoner » & édifier, portant gland & paisson, & qui sont » en lieu où il n'est mémoire avoir vu labourage, » sont bois de haute *futaie*. La Coutume d'Auxerre » ajoute, & qui n'ont été coupés de mémoire » d'homme. »

La Coutume de Blois, chap. 7, art. 78, porte : « est réputé bois de haute *futaie*, quand il a été » trente ans sans couper. »

La Coutume de grand Perche, tit. 2, art. 75, porte : « le bois ayant passé trois coupes, n'est plus » réputé bois taillis, ains bois de haute *futaie*. »

La Coutume de Nivernois, chap. des Bois, art. 8, porte : « les bois sont réputés haute *futaie* » après vingt ans depuis sa dernière coupe. »

Il y a aussi entre les jurisconsultes quelque diversité d'avis à cet égard.

Loisel en ses *Institutes coutumieres*, liv. 2, tit. 2, nomb. 31, dit que le bois est réputé haute *futaie* quand on a été trente ans sans le couper.

Charondas dans ses notes sur le chap. 6 du premier livre du grand Coutumier, dit qu'il a été jugé par plusieurs arrêts que tout bois qui a trente ans, est réputé haute *futaie*.

Salvaing, *de l'usage des Fiefs*, chap. 83, prétend que le bois n'est réputé haute *futaie* que lorsqu'il est âgé de plus de cent ans ; celui depuis cinquante jusqu'à cent ans n'est que haute taille ; & celui qui est au-dessous, moyenne & basse taille : « suivant l'avis des experts convenus par- » devant le maître particulier des eaux & forêts » de Gisors en Normandie, sur le différend qui » étoit entre le nommé Olivier & le comte de » Saint-Pol touchant la qualité du bois, pour » raison de quoi fut donné arrêt le 13 mai 1608. »

Il faut donc, continue Chailland, dans les différends de partie à partie, suivre la Coutume sous laquelle les bois sont situés, ou à son défaut l'opinion la plus commune, qui est que les bois qui ont passé l'âge de trois coupes ou trente ans, doivent être regardés comme bois de haute *futaie* ; de même tous bois à quelqu'âge que ce soit, lorsqu'ils ont été plantés en avenues, ou d'autre manière qui prouve que le dessein étoit de faire un bois de haute *futaie*.

Quant à ce qui a rapport à la police générale, il faut toujours suivre l'esprit de l'ordonnance, qui veut qu'aussitôt que les bois sont propres aux grands ouvrages, comme à la construction des vaisseaux, ils soient réputés bois de haute *futaie*, & comme tels ne puissent être coupés par les ecclésiastiques ou autres gens de main-morte, sur les terres dépendantes de leurs bénéfices, sans permission du Roi ; ou par les particuliers sur les terres qui leur appartiennent, sans en avoir fait la déclaration.

Les bois de haute *futaie* ne sont pas *in fructu* : ainsi l'usufruitier ne peut appliquer à son profit aucun arbre de cette qualité, pas même ceux qui se trouvent à bas, à moins qu'ils ne soient tombés de vieillesse ; c'est le sentiment de Pontanus sur la Coutume de Blois, tit. 2, art. 5 : *Quod verò ad silvas cœduas, quas vocat germinales, pertinet, quæ sunt ex quæ succisæ, sursùs ex stipitibus aut radicibus renascuntur, eas in fructu esse ; non autem arbores non cæduas, quæ vel cæsæ, vel vi ventorum, aut tempestatis impetu disjectæ sunt; sin verò vetustate collapsæ sint, vel sua sponte deciderint, tùm eas in fructu esse certum est. Ideo jure communi ad fructuarium, & ex consuetudine ad gardianum pertinent.* C'est aussi le sentiment de Renusson, en son *Traité du droit de Garde*, pag. 91; de Salvaing, en son *Traité de l'usage de Fiefs*, chap. 83; de Basnage, sur l'art. 375 de la Coutume de Normandie; de Denisart, en sa Collection de Décisions, *verbo* USUFRUIT; c'est l'esprit des Coutumes de Laon, tit. 4, art. 38; Chaulni, tit. 23, art. 125; Tours, tit. 30, art. 334; Lodunois, chap. 31, art. 7; Anjou, tit. 15, art. 311; Maine, tit. 16, art. 324; Bourbonnois, chap. 21, art. 264; Nivernois, chap. 24, art. 11; Meaux, chap. 22, art. 173; Vitry, tit. 15, art. 93; Sedan, tit. 10, art. 215; Cambray, tit. 4, art. 6; Normandie, chap. 15, art. 375; Montreuil, art. 42; Boulenois, tit. 23, art. 108, 114 & 148; Saint-Pol, tit. 7, art. 46; Amiens, tit. 6, art. 118 & 119.

L'usufruitier peut néanmoins prendre dans les *futaies* les bois nécessaires pour les réparations auxquelles il est tenu, qu'on appelle *réparations viagères*; mais il faut qu'il ait averti le propriétaire, & qu'il ne prenne que ce qui est absolument nécessaire; *voyez* Denisart, *verbo* USUFRUIT; *voyez* les Coutumes de Tours, tit. 30, art. 334; Lodunois, chap. 31, art. 7; Anjou, tit. 15, art 311; Maine, tit. 16, art. 324; Nivernois, chap. 24, art. 9; Normandie, chap. 15, art. 375; Bourbonnois, chap. 21, art. 262.

Telles étoient les dispositions des Coutumes sur les droits de l'usufruitier. Voici celles du Code civil:

Art. 590. Si l'usufruit comprend des bois taillis, l'usufruitier est tenu d'observer l'ordre & la quotité des coupes, conformément à l'aménagement ou à l'usage constant des propriétaires, sans indemnité toutefois en faveur de l'usufruitier ou de ses héritiers, pour les coupes ordinaires, soit de taillis, soit de baliveaux, soit de *futaie*, qu'il n'auroit pas faites pendant sa jouissance.

Art. 591. L'usufruitier profite encore, toujours en se conformant aux époques & à l'usage des anciens [illegible]taires des parties de bois de haute *futaie* [illegible] été mises en coupes réglées, soit que ces coupes se fassent périodiquement sur une certaine étendue de terrain, soit qu'elles se fassent d'une certaine quantité d'arbres pris indistinctement sur toute la surface du domaine.

Art. 592. Dans tous les autres cas, l'usufruitier ne peut toucher aux arbres de haute *futaie*: il peut seulement employer, pour faire les réparations dont il est tenu, les arbres arrachés ou brisés par accident; il peut même pour cet objet en faire abattre s'il est nécessaire, mais à la charge d'en faire constater la nécessité avec le propriétaire.

Cet article est conforme à l'art. 2 du titre 27 de l'ordonnance de 1669, qui porte que les arbres de réserve & baliveaux sur taillis sont réputés faire partie du fonds, sans que les douairiers, donataires, engagistes & usufruitiers y puissent rien prétendre, ni aux amendes qui en proviendront.

Les bois de haute *futaie* n'étoient point sujets comme les autres bois aux effets de la saisie féodale, ni aux droits de relief ou rachat, c'est-à-dire que le seigneur ne pouvoit, pendant l'année du rachat, ou pendant le temps de la saisie féodale, toucher aux bois de haute *futaie* qui étoient sur la terre du vassal.

Cette maxime, qui a été suivie de tous les jurisconsultes, est tirée des Coutumes de Dunois, chap. 1, art. 22; Tours, tit. 15, art. 135; Lodunois, chap. 14, art. 3; Anjou, tit. 7, art. 113 & 117; Maine, tit. 8, art. 116 & 124; Bretagne, tit. 2, art. 67; Chaulni, tit. 17, art. 101; Orléans, tit. 1, art. 74; Montargis, chap. 1, art. 71; Blois, chap. 7, art. 78; Berri, tit 5, art. 43; Poitou, tit. 1, art. 119; Saintonge, tit. 4, art. 23.

D'après le même principe, les bois de haute *futaie* ne sont pas sujets à la saisie mobilière, & il en est de même à l'égard des taillis, puisque les uns & les autres sont considérés comme immeubles, tant qu'ils ne sont pas séparés des fonds.

Les bois de haute *futaie* vendus pour être coupés étoient en quelques Coutumes absolument sujets au retrait; celle de Normandie, chap. 18, art. 463, porte: « bois de haute *futaie* est sujet à retrait, » encore qu'il ait été vendu à la charge d'être » coupé, pourvu qu'il soit sur pied lors de la » clameur signifiée, & à la charge du contrat. »

Dans d'autres Coutumes ils n'y étoient sujets que dans certaines circonstances; la Coutume de Sens, tit. 7, art. 66 & 67, porte: « en vente de » coupe de haute *futaie*, taillis ou arbres pour » abattre n'y a retrait, mais si la coupe de haute » *futaie*, taillis ou arbres pour une fois appartient » à aucun, & le fonds à un autre, & il advienne » que ladite coupe soit vendue, il sera loisible à » celui auquel appartient & non à autre avoir par » droit de retrait ladite coupe en remboursant le » prix, frais & loyaux-coûts, & aura lieu ledit » retrait, supposé que celui auquel appartient » ladite coupe, ne soit lignager du seigneur du » fonds. »

La Coutume de Bar, tit. 10, art. 162, « n'y a retrait en vente de bois de haute *futaie*, » taillis ou arbres, n'étoit que telle coupe appartînt pour une fois à aucun, & le fonds » à un autre; auquel cas si la coupe est vendue, celui à qui appartient le fonds & non » autre peut retirer ladite coupe en remboursant, &c. »

On ne doit donc pas, observe Chailland, prendre pour principe général ce qu'ont dit Dumoulin sur l'art. 201 de la Coutume de Blois, & Ferron sur celle de Bordeaux, au titre du Retrait, §. 15, *qu'en vente de bois de haute futaie y a retrait*, ni ce qu'a dit Ferrière, que *le retrait ne peut avoir lieu en vente de bois de haute futaie, taillis & autres vendus à l'effet d'être coupés.*

Le retrait lignager a été aboli par la loi du 19 juillet 1790. Ainsi, les dispositions des anciennes Coutumes sur cet objet n'ont plus aujourd'hui d'application.

Les bois de haute *futaie*, vendus sans fraude pour être coupés, n'étoient point sujets aux droits de lods & ventes; c'est le sentiment de Dumoulin sur la Coutume de Paris, §. 78, glos. 1, n. dernier; de Dargentré, *Tract. de laudimiis*, §. 28; de Chopin, sur la Coutume d'Anjou, liv. 2, tit. 2, n. 2; d'Anne Robert, *rerum judicatarum*, lib. 3, cap. 9; de Mornac, sur la loi *sed si grandes*, 11, *d. de usufruc. & ad leg. si post* 9 *d. de periculo & comm. rei vendit.*

Coquille, sur la Coutume de Nivernois, tit. des Fiefs, art. 21, rapporte un arrêt du 5 avril 1569, qui juge que de la vente & de la coupe d'un bois de haute *futaie* n'est dû profit au seigneur.

Jovet en sa Bibliothèque, au mot *Bois*, rapporte le même arrêt, avec un autre semblable du 25 février 1606.

Filleau, partie 4, quest. 153, rapporte un arrêt du Parlement de Paris du 25 janvier 1606, qui juge que pour vente de bois de haute *futaie* tenus en fief, esquels même consiste tout le fief, ne sont dus aucuns droits de quint & requint, ni autres droits seigneuriaux; il rapporte encore un arrêt du grand Conseil du 5 juin 1610, & un arrêt du même Parlement du 8 mars 1614, qui l'ont jugé ainsi.

Cambolas, liv. 9 de ses Décisions, rapporte un arrêt du Parlement de Toulouse du 9 décembre 1613.

Bardet, tom. 2, liv. 7, chap. 7, rapporte un arrêt du Parlement de Paris du 26 janvier 1638, qui juge comme celui de 1606, rapporté par Filleau, que pour vente de bois de haute *futaie* tenus en fief, quoique ce bois en fasse la meilleure partie, & qu'après la coupe le fonds dût demeurer inutile, il n'est dû aucuns droits de lods & ventes.

Duperrier, tom. 1, pag. 533, rapporte un arrêt du Parlement de Dijon du 15 mars 1677, qui juge qu'il n'est point dû de lods & ventes pour achat de bois *futaie*; & ajoute qu'après la prononciation de l'arrêt, M. le premier président dit aux avocats que la Cour avoit jugé la thèse, & qu'ils ne doutassent plus de la question.

Taisand, sur l'art. 1 du tit. 11 de la Coutume de Bourgogne, n°. 12, rapporte le même arrêt avec les mêmes circonstances.

Mais si la vente des bois de haute *futaie* étoit faite par anticipation de la vente du fonds, qui devoit bientôt suivre, & *ex legitimis conjecturis constet*, alors le seigneur étoit en droit de demander les lods & ventes. *Voyez* Dumoulin, sur la Coutume de Paris, §. 78, gloss. 1, nomb. dernier.

Si aussi le bois de haute *futaie* faisoit le total du fief, & qu'après la coupe il n'y eût plus d'espérance de retirer aucune utilité du fonds, parce qu'il seroit entièrement stérile, le seigneur féodal pouvoit demander une indemnité pour consentir à la vente de ce bois ou empêcher absolument qu'elle se fît. *Voyez* Coquille sur la Coutume de Nivernois, tit. des Fiefs, art. 21, & en ses questions notables, quest. 30; Salvaing, de l'usage des Fiefs, chap. 83, où il combat l'opinion de d'Argentré sur l'article 60 de la Coutume de Bretagne. *Voyez* la Coutume de Dunois, chap. 2, tit. 30.

Toutes ces dispositions se trouvent abrogées par la loi du 15 mars 1790 & la loi du 18 juin 1792.

Quoique tous les bois de haute *futaie* appartiennent au propriétaire du fonds donné en usufruit, il ne peut abattre sans le consentement de l'usufruitier, ou sans dédommagement, les arbres qui portent fruits & revenu, ni les bois qui servent à l'ornement, à la promenade, ou à la conservation des bâtimens, en les mettant à l'abri des vents; & s'il en étoit abattu de cette espèce par des étrangers, l'usufruitier auroit droit d'agir & demander des dommages & intérêts: *Si quis vi aut clam arbores non frugiferas ceciderit, veluti cupressos, domino duntaxat competit interdictum unde vi; sed si amœnitas quædam ex hujusmodi arboribus præstetur, potest dici & fructuarii interesse propter voluptatem & gestationem, & esse huic interdicto locum*, l. 16, §. 1, de *quod vi*. Voyez les Coutumes de Péronne, tit. 6, art. 159; Boulenois, tit. 23, art. 168; Amiens, tit. 6, art. 119. *Voyez* Basnage, sur la Coutume de Normandie, art. 375.

L'art. 585 du Code civil confirme cette jurisprudence. Il porte que les fruits naturels ou industriels, pendans par branches ou par racines au moment où l'usufruit est ouvert, appartiennent à l'usufruitier; & il ne fait aucune distinction entre les arbres forestiers qui portent fruits à revenus & les arbres fruitiers proprement dits. Ainsi des chênes, des hêtres, des châtaigniers dont le produit entreroit naturellement, par leur destination, dans les revenus d'un bien, ne pourroient être abattus par le propriétaire sans dédommager l'usufruitier.

« Le prix des bois de haute *futaie*, dit encore Chailland, vendus pendant le mariage, n'entrent point en communauté; ainsi, le remploi est dû à celui des conjoints auquel ces bois appartiennent. *Si fundum viro uxor in dotem dederit, isque indè arbores deciderit, si hæ fructus intelligantur, pro portione anni debent restitui; puto autem si arbores cæduæ fuerint vel germinales, dici oportere in fructum cedere; sin minùs, id est si non sint cæduæ, quia quasi deteriorem fundum fecerit; maritum teneri. Et si vi tempestatis ceciderint, dici opor-*

tet pretium earum restituendum mulieri, nec in fructum cadere; non magis quàm si thesaurus fuerit inventus, &c. » L. Divortio, lib. 24; D. soluto Matrimonio, §. 12. *Voyez* Ferrière, sur la Coutume de Paris, tit. 3, art. 92; Basnage, sur les art. 375 & 538 de la Coutume de Normandie; Renusson, en son Traité du Droit de Garde, pag. 91; Denisart, en sa Collection de Jurisprudence, *verbo* FUTAIE.

L'article 1403 du Code civil porte : « Les coupes de bois tombent dans la communauté pour tout ce qui en est considéré comme fruit, d'après les règles expliquées au livre 2 du Code civil.

» Si les coupes de bois qui, en suivant ces règles, pouvoient être faites durant la communauté, ne l'ont point été, il en sera dû récompense à l'époux non propriétaire du fonds ou à ses héritiers. »

Or, nous voyons que l'usufruitier profite des parties de bois de haute *futaie* qui sont mises en coupes réglées (art. 591), mais qu'il ne peut, dans les autres cas, toucher aux arbres de haute *futaie* (art. 592). Il n'y auroit donc lieu à remploi que pour les *futaies* qui ne sont pas mises en coupes reglées, telles que les réserves faites sur les taillis & autres dont l'époque de la coupe n'est pas déterminée par l'aménagement ou l'usage qui en tient lieu.

Du reste, les bois taillis aussi bien que les *futaies* mises en coupes réglées, sont considérés comme immeubles, & les coupes ordinaires de ces bois ne deviennent meubles qu'au fur & mesure que les arbres sont abattus. (*Art.* 521.)

Cependant, il suffit qu'une vente de *futaie* soit faite, pour que la coupe, lors même que l'exploitation n'est pas faite, soit considérée comme fruit.

L'ordonnance de 1669 contient des dispositions qui ont pour objet la conservation des *futaies*, notamment des *futaies* sur le taillis. Elle défend, tit. 15, art. 12, de couper les baliveaux anciens, modernes, & ceux de l'âge des taillis, que dans le cas où ils empêcheroient, par leur ombrage ou autrement, le taillis de pousser & de croître, & qu'en vertu d'arrêt du Conseil.

Elle déclare, tit. 22, art. 5 & 6, & tit. 27, art. 2, que ces arbres font partie du fonds, & elle en interdit la jouissance aux engagistes & usufruitiers; défense qui a été renouvelée par une foule d'arrêts du Conseil, entr'autres, par ceux des 15 juillet 1684, 8 & 24 mars 1685, 22 février 1689, 7 janvier 1798, 18 janvier 1707, 28 mars 1713, 9 décembre 1749, 8 juin 1756, & par lettres-patentes des 16 novembre 1709, 28 août 1730 & 9 juin 1733.

Elle ordonne, tit. 24 & 25, aux ecclésiastiques, communautés d'habitans & établissemens publics, de faire sur les coupes de leurs bois, les mêmes réserves que dans les bois royaux, & leur défend de couper les arbres ainsi réservés, qu'en vertu d'une autorisation expresse. Elle leur ordonne entr'autres, de conserver le quart de la totalité de leurs bois, pour croître en *futaie*, sans qu'ils puissent y toucher, que dans les cas prévus par ladite ordonnance, & d'après des lettres-patentes.

Ces dispositions & celles qui obligeoient les particuliers de réserver des baliveaux sur leurs coupes, ont procuré de grandes ressources aux constructions & aux arts; mais un vice essentiel a régné jusqu'à ce jour dans l'aménagement & l'exploitation des *futaies* en massif. L'ordonnance s'est bornée à prescrire, tit. 15, art. 11, une réserve de dix arbres par arpent de *futaie* ou haut recru, & c'est de cette foible réserve que l'on attendoit le repeuplement des coupes. Il en est résulté que les vieilles *futaies* ont disparu, que le bois blanc a pris la place des bonnes espèces, & que la régénération des *futaies* s'est faite partout avec lenteur, incomplétement, & que la France, si riche autrefois en bois de fortes dimensions, ne compte plus guère aujourd'hui que des taillis dont les plus beaux seront bien difficilement ramenés à l'état de *futaie*.

§. 2. *De l'exploitation des futaies.*

Nous avons traité amplement de l'utilité des *futaies*, & de la manière de les aménager, estimer & exploiter, aux mots AMENAGEMENT, ESTIMATION & EXPLOITATION. Nous nous bornerons ici à rappeler quelques principes généraux.

Il est incontestable que ce sont les *futaies* sur taillis & les *futaies* pleines, qui nous offrent presque toutes nos ressources en bois de construction; que si les premières ont éprouvé le reproche de nuire aux taillis & de produire des arbres viciés ou de peu d'élévation, ce reproche ne peut s'appliquer qu'aux réserves faites dans des taillis coupés trop jeunes ou dans des terrains de mauvaise qualité; que les *futaies* pleines produisent des arbres d'une grande hauteur, propres aux constructions navales & aux ouvrages de fente, de charpente & de menuiserie, & que ces *futaies* aménagées à cent vingt ou cent cinquante ans, donnent des produits en matières, presque doubles de ceux qu'on obtient dans le même espace de temps, des différentes coupes faites sur les taillis situés aussi favorablement. Cependant les propriétaires particuliers ne peuvent pas laisser croître leurs bois en *futaies*, parce qu'ils éloigneroient trop le terme de leurs jouissances, & qu'ils obtiendroient des produits en argent moins considérables, à raison de l'intérêt de l'argent & du paiement des impôts. Aussi il n'y a guère que le Gouvernement & les communes qui possèdent des *futaies*.

La plupart des forêts dépendantes du domaine de la Couronne, étoient autrefois en haute *futaie*.

Les rois de la première & de la seconde race n'y permettoient d'exploitations que celles qui étoient nécessaires pour leurs bâtimens & les besoins des usagers. Ces forêts surannées étoient presque toutes dépérissantes au commencement du quinzième siècle. François Ier., par son ordonnance de 1554, en régla les coupes à cent ans; Charles IX, en 1572, & Henri III, en 1587, renouvelèrent cette ordonnance (1).

Mais cette disposition étoit trop générale, parce que les *futaies* vivent & prospèrent plus ou moins long-temps, suivant les essences dont elles sont composées, la nature des terrains, les situations & expositions. Les unes cessent de croître depuis quarante jusqu'à cent ans; d'autres fructifient jusqu'à cent cinquante & cent quatre-vingts ans. Mais au-delà de cet âge, le dépérissement s'annonce ordinairement, quoique l'on cite des *futaies* qui se soient soutenues jusqu'à deux cent cinquante & même trois cents ans; ces exemples, bien rares, ne peuvent être d'aucune considération dans les aménagemens. Nous avons même établi que les exploitations par éclaircies, amenoient une *futaie* à son plus haut produit, dans l'espace de cent vingt à cent cinquante ans. C'est, au surplus, d'après les circonstances locales, exposées ci-dessus, que l'on doit régler l'âge de l'exploitation d'une *futaie*, & en général on ne doit la couper que lorsqu'elle a cessé de croître & de grossir. Le législateur ne doit donc point fixer d'âge pour faire l'exploitation des *futaies*. La loi, dit M. Dralet, doit se borner à consacrer quelques principes résultant de la généralité des faits observés dans la nature, de diriger l'application de ces principes vers le bien public, & tracer la marche qui conduit au but.

Les rédacteurs de l'ordonnance de 1669, observe le même auteur, s'abstinrent de rien fixer sur l'aménagement des forêts domaniales. Cette loi ne prescrit aucune règle à cet égard; d'accord avec la nature, elle ne fait aucune classification; mais elle laisse au Conseil d'État le soin de régler les coupes dans chaque forêt, d'après les renseignemens fournis par les officiers forestiers. Cette mesure est la seule qui puisse être adoptée sans danger, pourvu que les agens de l'administration fassent connoître d'une manière positive au Gouvernement, le sol, l'exposition, l'essence, la croissance & les débouchés de chaque forêt. *Voyez* AMÉNAGEMENT.

M. Dralet, dont nous reproduisons ici les principes, en les adoptant, remarque que l'ordonnance de 1669, qui ne contient que des dispositions sages sur les aménagemens des forêts domaniales, laisse apercevoir quelques imperfections dans ses dispositions sur l'aménagement des bois des communes & des établissemens publics. Rien de plus sage que la disposition qui ordonne d'établir dans ces bois des quarts de réserve pour fournir à des besoins extraordinaires; mais elle est vicieuse, en ce qu'elle veut que toutes les réserves soient destinées à croître en *futaies*, & qu'elles ne puissent être coupées qu'en cas d'incendie, de pertes ou accidens.

Ce vice a été corrigé par l'ordonnance du roi du 7 mars 1817, qui porte que les quarts de réserve pourront être coupés en cas de dépérissement & pour causes de nécessité constatée.

Il a été encore observé que l'article 2 du titre 25 de l'ordonnance de 1669 étoit trop général; qu'il ne falloit pas établir de quarts de réserve dans les bois qui ne contiennent que quelques hectares, parce que les communes qui les possèdent ont besoin de toutes leurs ressources pour l'affouage, & que d'ailleurs le quart réservé dans ce cas est la cause de l'abroutissement du reste du bois, étant impossible d'empêcher les bestiaux menés dans cette réserve, de s'échapper dans les jeunes recrus qui en sont si voisins. A cet égard nous remarquons que l'ordonnance n'a pas reçu son application pour la plus grande partie de ces boqueteaux dont parle M. Dralet, & qu'il en existe beaucoup dans le midi de la France, où il n'y a jamais eu de quarts de réserve; mais l'observation sur la disposition de la loi n'en est pas moins exacte.

Le même auteur trouve aussi que l'ordonnance est vicieuse, en ce qu'elle établit une réserve uniforme de vingt baliveaux par chaque hectare de *futaie* domaniale; elle lui paroît laisser trop à l'arbitraire des officiers forestiers, & établir une règle trop générale. Le nombre d'arbres à réserver doit être déterminé d'après les circonstances du sol, du climat & des essences; il doit varier non-seulement dans chaque forêt, mais quelquefois dans chaque triage d'une même forêt: il faut donc qu'il soit fixé de la même manière que l'âge des coupes, c'est-à-dire, par l'ordonnance particulière d'aménagement.

Sur cet objet, nous répéterons l'observation que nous avons faite ailleurs, que le *minimum* du nombre des baliveaux à réserver peut rester fixé à vingt par hectare, mais que l'on ne doit conserver dans les coupes suivantes que ceux qui prospèrent.

Enfin l'ordonnance a paru défectueuse, en ce qu'elle défend de couper les baliveaux avant l'âge de quarante ans dans les taillis, & celui de cent ans dans les *futaies* des bois appartenant aux communes, aux établissemens publics & aux particuliers. Cette observation ne trouvera point de contradicteurs. Aussi les communes obtiennent-elles la permission d'exploiter leurs *futaies* sur taillis, lorsqu'elles sont dépérissantes, sans aucun égard à l'âge de ces *futaies*.

(1) *Instruction sur les ventes des bois du Roi*, par Defroidour. — *Traité de l'Aménagement des bois*, par M. Dralet.

A ces imperfections, M. Dralet ajoute le silence de la loi sur les coupes en jardinant & sur les exploitations par éclaircissement. Mais, sur le premier objet, il a été suppléé au silence de l'ordonnance par des arrêts du Conseil & par un décret du 30 thermidor an 13, qui ont autorisé les coupes en jardinant dans les forêts de pins & de sapins, & dans celles qui sont mêlées de ces essences.

A l'égard des exploitations par éclaircie, l'ordonnance n'en parle pas; il est vrai; mais en prescrivant que les coupes seront faites à tire-aire, elle les prohibe implicitement. Le mode d'exploitation par éclaircie, que M. Defroidour regardoit comme un monstre en économie forestière, est aussi repoussé par M. Dralet, qui pense que s'il peut être employé avec succès par des propriétaires instruits, actifs & vigilans, il ouvriroit la porte aux abus les plus funestes, s'il étoit adopté par l'administration publique, qui n'a, dit cet auteur, d'autre voie pour la vente des bois que celle de l'adjudication. Pour vendre une coupe par éclaircissement, ajoute-t-il, il faudroit non-seulement que les agens forestiers fissent la marque de tous les brins qui devroient être coupés, ce qui est impossible, surtout dans les grandes forêts, mais il faudroit encore souvent sacrifier le plus beau bois pour pratiquer une infinité de passages aux voitures des adjudicataires.

Dans nos articles sur l'aménagement & l'exploitation de *futaies*, nous ne nous sommes point dissimulé les inconvéniens qui peuvent résulter de l'exploitation par éclaircissement dans les bois de l'État; cependant nous avons pensé que ce mode n'étoit point impraticable, & nous avons indiqué les moyens qui nous paroissoient les plus propres à diminuer les abus. Aujourd'hui nous avons la satisfaction d'annoncer que la méthode est en pratique dans les forêts de Senonches & de Bellesme, & que l'administration s'occupe de l'étendre à plusieurs autres forêts où il y a des *futaies* dépérissantes.

Il est possible qu'elle éprouve des obstacles dans quelques localités, parce qu'elle ne peut être dirigée que par des hommes qui l'ont vu pratiquer. Mais nous sommes persuadés que les difficultés disparoîtront dès que le Gouvernement aura pris des mesures pour confier l'aménagement & l'exploitation des *futaies* à des forestiers qui en auront fait une étude particulière. Déjà elle est connue des agens qui exercent dans les départemens du Haut & du Bas-Rhin, & dans ceux des Vosges & de la Moselle, où elle est pratiquée dans quelques forêts avec les modifications que notre système d'adjudication a rendu nécessaires. Des permutations entre les agens de l'intérieur de la France & ceux de ces départemens, des écoles forestières & une commission d'aménagement, composée d'hommes instruits, seroient des mesures très-propres à hâter les progrès de la science & la propagation des bons principes d'économie forestière. On doit les attendre d'une administration animée des meilleures intentions, & dont tous les actes tendent à donner au régime forestier une direction conforme aux progrès des lumières.

Nous croyons devoir terminer cet article par l'exposé succinct d'un mode d'exploitation par éclaircie, dont les développemens se trouvent, comme nous l'avons dit, aux articles AMÉNAGEMENT & EXPLOITATION, auxquels nous renvoyons.

Manière d'exploiter les futaies en massif, pour en favoriser le repeuplement naturel.

Nos meilleurs écrivains sur l'économie forestière, les Buffon, les Duhamel, les Varenne de Fenille, les de Pertuis, n'ont jamais entrevu d'autre moyen de repeupler les *futaies* mises en exploitation, que le réensemencement; mais les lenteurs & les dépenses des semis artificiels ont toujours été cause qu'on les a négligés, & que la dégradation des *futaies* a été croissante d'âge en âge. Ces difficultés ont été les plus fortes objections que l'on ait faites contre l'aménagement des *futaies*. Nos auteurs se sont occupés de trouver un moyen d'accélérer la croissance des bois; & le mode d'exploitation par éclaircie, qu'ont proposé Varenne de Fenille & de Perthuis, est propre à faire atteindre ce but, & à devancer le terme ordinaire des exploitations: mais il manque à leur méthode un complément important, la régénération naturelle, sans frais & en bonnes essences de la *futaie* abattue. Ce complément, nous le trouvons dans les ouvrages forestiers de Burgsdorf & de Hartig. M. Hartig décrit avec une grande clarté la méthode pratiquée depuis longtemps dans les *futaies* de l'Allemagne, méthode qui favorise le repeuplement par les semences. Exposons d'abord la méthode française, pour mieux faire sentir en quoi elle diffère de la méthode allemande, que nous ferons connoître ensuite.

Soit une *futaie* de hêtre, aménagée à cent ou cent vingt ans: si on vouloit la traiter d'après la méthode ordinaire des exploitations que nous appelons coupes réglées, on diviseroit géométriquement cette *futaie* en un certain nombre de coupes; on marqueroit successivement dans chacune d'elles un certain nombre de baliveaux, & on abattroit en une seule fois sur la coupe tout ce qui ne seroit point marqué en réserve; la coupe ainsi exploitée & vidée en temps utile, seroit mise en *défends* & abandonnée à elle-même jusqu'à ce que son tour d'aménagement la ramenât en exploitation; on parcourroit ainsi chaque division de la *futaie*. Telle est la méthode que nous suivons; elle séduit par sa simplicité & par la facilité qu'elle donne pour prévenir les abus.

La méthode allemande n'est pas aussi simple; elle exige plus de combinaisons, plus de savoir de la part du forestier; elle expose aussi à plus d'abus, & veut une surveillance constante dans l'exploitation; mais si elle est bien dirigée, elle dédommage amplement des difficultés qu'elle présente, & ses résultats sont tels, que nulle comparaison ne peut être admise entre une *futaie* conduite d'après les règles qu'elle prescrit, & une *futaie* soumise au mode des coupes réglées. Le forestier allemand commencera, comme le forestier français, par diviser la totalité de sa *futaie* en un certain nombre de coupes; par exemple, si le sol est bon, s'il se décide à aménager à cent vingt ans, il divisera la *futaie* en cent vingt parties; sous ce rapport, ce seront bien des coupes réglées; mais la manière de les exploiter successivement, va devenir bien différente du mode français.

Une *futaie* de cent vingt ans, bien conservée, peut contenir quatre à cinq cents tiges ou arbres par hectare. L'état serré d'une telle forêt, permet à peine à quelques rayons du soleil d'y pénétrer & d'arriver à la surface du sol, qui n'est couvert d'aucun recru, d'aucun rejet, d'aucune broussaille, d'aucun gazon, mais seulement d'un terreau de feuilles.

Dans cet état de choses, si l'on enlevoit d'une seule fois tous les arbres, en n'en réservant que vingt ou trente par hectare, de quoi pourroit-on attendre le repeuplement de la coupe? Seroit-ce des rejets de souches des arbres abattus? Mais, 1°. il est sensible que les rejets ne couvriront pas la surface du sol, les arbres anciens étant déjà trop espacés; 2°. il est reconnu qu'on ne peut compter sur les rejets de souches des arbres qui ont cent vingt ans pour former une nouvelle *futaie*? aussi tous les auteurs français qui ont traité de l'exploitation finale d'une *futaie*, prescrivent le réensemencement artificiel. Pourroit-on l'espérer des vingt ou trente arbres réservés par hectare? Mais il est évident qu'on ne peut en attendre que quelques brins de semence épars & distans les uns des autres; or, il est reconnu que ces recrus ne peuvent prospérer & donner des arbres élancés, que lorsqu'ils croissent dans un état serré; c'est ce que M. Hartig rend parfaitement sensible dans les développemens de son système.

Pour atteindre le but du réensemencement naturel, le forestier allemand n'enlève donc que graduellement, & en plusieurs années, les arbres qui couvrent chacune des cent vingt divisions ou coupes de la *futaie*.

La première exploitation ou première coupe, n'enlève qu'environ la moitié des arbres. Ceux qui restent sur pied doivent se trouver encore assez rapprochés les uns des autres, 1°. pour que leurs têtes, agitées par les vents, puissent se toucher & se prêter un appui mutuel; 2°. pour qu'elles puissent couvrir de semences toute l'aire de la coupe; 3°. pour que leur ombrage protège la foiblesse des jeunes recrus, soit contre les grands froids, soit contre les ardeurs d'un soleil trop brûlant; 4°. pour que les mauvaises herbes, les plantes nuisibles & les bois blancs ne s'emparent pas de l'aire de la coupe; ce qui ne manque pas d'arriver si on la découvre tout-à-fait.

Cette première coupe est appelée par les Allemands d'un mot qui signifie *coupe sombre*. Cette expression peint parfaitement l'état de la coupe après ce premier abattis; toutes les cimes rapprochées donnent un ombrage épais, qu'on peut appeler sombre. Ils la nomment aussi *coupe d'ensemencement*, parce que le réensemencement est en effet le but de cette première opération.

La *coupe d'ensemencement*, ou *coupe sombre*, reste dans cet état jusqu'à ce qu'elle soit couverte de jeunes plants, & qu'ils aient atteint la hauteur de neuf à dix-huit pouces; à cet âge ils sont assez forts pour avoir besoin de plus d'air & de chaleur; il faut alors enlever une partie des arbres réservés. Cette seconde exploitation s'appelle *coupe claire*. Son but est de donner de l'air aux jeunes recrus, en éclaircissant les arbres anciens. On l'appelle aussi *coupe secondaire*.

Nous avons dit que cette coupe secondaire ne devoit enlever qu'une partie des arbres réservés dans la coupe d'ensemencement; on en conserve encore un de vingt en vingt pas environ, soit pour achever le réensemencement des places qui ne seroient pas suffisamment couvertes de recrus, soit pour ne pas priver entièrement & tout-à-coup, ces jeunes plantes de l'ombrage nécessaire à leur première enfance.

Enfin, lorsque les recrus ont atteint la hauteur de deux, trois ou quatre pieds, & pris assez de force pour qu'il n'y ait plus de danger à les exposer entièrement aux plus grands froids & à toute l'ardeur du soleil, on procède à une troisième exploitation, dont le but est d'enlever ou la totalité, ou la très-grande partie des arbres réservés dans la coupe d'ensemencement, ou dans la coupe secondaire. Ce sont les circonstances locales qui doivent décider s'il convient d'abattre la totalité, ou bien de conserver par hectare dix ou douze de ces arbres anciens, qui resteront alors jusqu'à la révolution suivante, déterminée, suivant les localités, à quatre-vingt-dix, cent ou cent vingt ans. Cette troisième exploitation, si elle est la dernière, s'appelle *coupe finale* ou *coupe définitive*.

Nous disons *si elle est la dernière*; en effet, il est à observer que, dans la pratique, le réensemencement est quelquefois si incomplet, après la coupe d'ensemencement, & même après la coupe secondaire, qu'on ne peut procéder à la coupe *finale* qu'après avoir fait une seconde coupe claire; ainsi, la coupe *finale* n'est que la troisième ou la quatrième des opérations forestières qui ont successivement porté sur la première division ou première coupe de la *futaie*; ainsi, entre la coupe d'ensemencement & la coupe finale, il a fallu quelquefois laisser écouler un espace de six à huit ans, suivant que les années ont été plus ou moins riches en semences.

Enfin, après cette coupe *finale*, nous voilà parvenus à couvrir notre terrain de jeunes brins, ceux de semences, & destinés à former à leur tour une *futaie* de hêtres.

Lorsque le réensemencement a été bien conduit, ce jeune recru est quelquefois si épais, qu'il forme un massif impénétrable. Cet état serré des jeunes plants est une des premières conditions sans lesquelles on ne peut espérer qu'ils donneront un jour une *futaie* d'arbres sains, droits & élancés.

Dans cette première enfance, & jusqu'à l'âge de quinze ou vingt ans, ils n'ont besoin que des soins de conservation, qui doivent les défendre de toute invasion des bestiaux & des délinquans.

Mais ces jeunes semis, arrivés à cet âge, commencent à exiger d'autres soins. En effet, il est possible qu'à cette époque, les bois blancs, tels que le tremble, le bouleau & le marceau, dont la croissance est plus rapide que celle des bois durs, se soient déjà emparés de plusieurs places, & menacent d'étouffer les jeunes brins de hêtre; dès-lors il va devenir avantageux de faire, de temps en temps, l'extraction de ces bois blancs. On doit prévoir encore que, dans un état serré, les jeunes plants de hêtre n'auront pas une croissance égale; les plus foibles languiront, & finiront par être étouffés par les plus forts. C'est lorsqu'ils arrivent à l'âge de trente ou quarante ans, que le forestier attentif doit fixer ses regards sur cette lutte des brins les plus foibles contre les plus vigoureux, pour décider la victoire en faveur de ces derniers. Il leur procurera plus d'air & plus de nourriture, en procédant à une première *éclaircie*, qui nettoiera la forêt de tous les bois blancs, & en même temps de tous les brins de hêtre qui seroient languissans ou à moitié morts; mais, dans le cours de cette opération, l'on ne perdra pas de vue le *principe fondamental* de la conduite d'une jeune *futaie: elle doit rester dans un état serré*, de telle sorte que les cimes soient assez rapprochées pour se toucher, se prêter un appui mutuel, & *fermer*, si l'on peut s'exprimer ainsi, le haut de la forêt. Dans cet état, que les Allemands appellent l'*état clos* ou *fermé* de la forêt, les jeunes arbres, élancés & minces, ne vivent, pour ainsi dire, que par leurs têtes & leurs racines; tout leur accroissement est presqu'en hauteur; leur rapprochement fait leur force; les isoler seroit les perdre, mais tenir la *futaie* qu'on élève ainsi *close* ou dans *cet état serré*, c'est un des premiers principes du forestier allemand.

A l'âge de cinquante ans dans un bon sol, & à l'âge de soixante à soixante-dix ans dans un terrain médiocre, la forêt destinée à croître en *futaie*, doit être nettoyée de nouveau, de tous bois blancs & en même temps de tous les autres bois languissans qui ne peuvent pas achever le reste de la révolution, & qui disputeroient, en pure perte, une partie de la nourriture aux brins les plus vigoureux. Cette opération, que nous nommons *deuxième éclaircie*, sera toujours subordonnée à ce principe général : *que la forêt doit toujours rester close*, ou *dans un état serré*. A cet effet, on laissera tous les trois pas, un des brins les plus forts & les mieux venans. Si le sol est bon, & que l'aménagement doive être poussé jusqu'à cent ou cent vingt ans, *une troisième éclaircie*, à l'âge de quatre-vingt à quatre-vingt-dix ans, nettoiera la forêt de tous les brins languissans & de tous les bois *non portant fruit*, c'est-à-dire, dans le sens des auteurs forestiers allemands, de tous les bois autres que le chêne & le hêtre, qui, suivant leur système d'aménagement, sont les seuls des bois à feuilles qui soient admis à croître en *futaie*. Après cette dernière opération, on doit compter encore de quatre à cinq cents tiges par hectare. Enfin, à l'âge de cent à cent vingt ans, on entamera de nouveau la forêt par la coupe d'ensemencement.

Tels sont les principes que les forestiers allemands appliquent avec les modifications convenables à l'exploitation de toutes les *futaies*, & à leur réensemencement naturel. Ces modifications & le développement du système sont, ainsi que nous l'avons dit, très-bien présentés dans les ouvrages de MM. Hartig & de Burgsdorf.

Ce système d'aménagement est, sans contredit, le plus avantageux sous le double rapport de l'accroissement des arbres & de la régénératon de la forêt; mais pour qu'il produise ses bons effets, il faut, nous le répétons, qu'il soit appliqué avec discernement, suivi avec soin, & exécuté, dans toutes les opérations qui en dépendent, avec intelligence & la plus scrupuleuse surveillance. *Voyez* AMÉNAGEMENT & EXPLOITATION.

(*Article communiqué par* M. BAUDRILLART.)

G

GABEL. C'est, dans le midi de la France, une botte de FROMENT.

GABELO. Poignée de FROMENT dans les départemens méridionaux.

GABION. On appelle ainsi, dans les départemens de l'Est, une espèce de PANIER grossièrement fabriqué avec des branches de frêne, de charme, de noisetier, de saule, &c. On en voit de toutes les formes & de toutes les grandeurs.

L'utilité des *gabions* est incontestable, & la dépense de leur fabrication est presque nulle dans les pays boisés, attendu qu'on y emploie des branches qui n'eussent pu se vendre qu'en fagots. Il est donc très-étonnant qu'il y ait des départemens entiers où ils sont inconnus.

Outre leurs services comme paniers transportables, on peut encore tirer un grand parti des *gabions* pour recouvrir les artichauts pendant l'hiver, favoriser le blanchiment des cardons, des salades, garantir les melons du froid des nuits, pour contenir, lorsqu'ils ont une plus grande capacité, les provisions de pommes de terre, de raves, de carottes, &c.

On nomme BEINES les *gabions* établis sur des voitures, & qui servent au transport des terres, des sables, du charbon, &c.

GABRE. Le COQ D'INDE porte ce nom dans le département du Var.

GACÈRE. C'est la JACINTHE dans quelques lieux.

GACHER LE BLÉ. On donne ce nom, dans certains pays, à l'excellente opération de HERSER les FROMENS au mois de mars, pour les CHAUSSER. Elle étoit connue des Anciens. Roland de la Platierre, Varenne de Fenille & autres l'ont préconisée. *Voyez* les mots indiqués.

GACHER LES PAILLERS. C'est, dans le sud-ouest de la France, recouvrir les meules de boue, pour assurer leur durée. Cette pratique paroît bonne, mais je n'ai pas encore été dans le cas d'en observer les résultats.

GACHEUSE. *Voyez* TERRE GACHEUSE.

GAGNAGE. Tantôt ce sont les terres ensemencées où il est défendu de mener les troupeaux, tantôt ce sont les jachères, tantôt ce sont les produits des récoltes.

Ce mot est peu connu hors de quelques cantons.

GAILLETTE. Synonyme de GERME DU BLÉ.

GAIN. Résultat définitif de la culture dans les pays policés, où l'argent est le signe de toutes les valeurs, & où il faut que les agriculteurs paient des impôts, des fermages, des ouvriers, &c.

Aujourd'hui il est plus que jamais important de calculer en agriculture, & de combiner toutes ses opérations de manière à s'assurer un gain à la fin de chaque année ou d'une série d'années.

Un Traité d'agriculture pourroit avoir ce mot pour titre.

GAINIER. *Cercis*. Genre de plantes de la diadelphie décandrie & de la famille des légumineuses, qui renferme deux arbres dont la culture est fréquente dans nos jardins, & qui méritent les soins des amis des plantes, par les agrémens dont ils sont pourvus.

Espèces.

1. Le GAINIER commun.

Cercis siliquastrum. Linn. ♄ Du midi de l'Europe & du centre de l'Asie.

2. Le GAINIER du Canada.

Cercis canadensis. Linn. ♄ De l'Amérique septentrionale.

Culture.

Le *gaînier commun*, plus connu sous le nom d'*arbre de Judée*, d'*arbre d'amour*, s'élève rarement à plus de vingt pieds de hauteur. Ses fleurs, d'un rouge plus ou moins vif, quelquefois toutes blanches, se développent avant les feuilles, sont très-nombreuses, & ont un grand éclat, soit de près, soit de loin. Ses feuilles, d'une belle forme, d'une couleur amie de l'œil, qu'aucun animal ne mutile, remplacent les fleurs & subsistent jusqu'aux gelées. Partout il peut se placer avec avantage, mais surtout isolé, aux angles des massifs, en palissades contre des murs. Il fait moins bien en avenue, quoiqu'on l'y mette souvent. Le contraste de ses fleurs rouges & resserrées contre la tige, avec les fleurs jaunes & pendantes du cytise des Alpes, avec les fleurs blanches des cerisiers mahaleb & autres, fait beaucoup d'effet : aussi doit-on toujours le faire entrer dans la composition des jardins paysagers. La serpette peut le mutiler sans inconvéniens pour sa conservation, mais ce n'est que lorsqu'il est abandonné à lui-même, ou au plus légèrement réglé, qu'il remplit complétement sa destination. On mange ses boutons de fleurs, dans quelques lieux, en guise de câpres.

Les seuls reproches qu'on puisse faire à cet arbre, sont, 1°. que ses gousses restent l'année entière sur l'arbre, ce qui diminue ses agrémens en automne & en hiver; 2°. qu'il est sensible aux effets des dernières gelées du printemps & des premières gelées de l'automne, ce qui empêche ses rameaux de prendre toute l'amplitude desirable dans quelques cas. Jamais ces gelées, au reste, dans le climat de Paris, n'affectent assez le corps de l'arbre pour le faire périr.

D'après Varenne de Fenille, le bois du *gaînier*, qui est gris & veiné de noir, de vert & de jaune, prend un beau poli & est très-propre à la fabrication des meubles, mais il est rare d'en trouver de forts échantillons. Il pèse quarante-sept livres quinze onces sept gros par pied cube.

La culture du *gaînier* est fort étendue dans les pépinières des environs de Paris, parce qu'on en fait un grand emploi dans les jardins. Là, on ne le multiplie guère que de semence, quoiqu'il soit susceptible de l'être par racines & même par marcottes. Ces semences se mettent en terre au printemps, lorsqu'il n'y a plus à craindre les gelées, dans une planche bien labourée & exposée au levant ou au midi, soit en rayons, soit dispersées. Leur plant ne tarde pas à se montrer, mais il fait peu de progrès la première année, & il craint extrêmement les gelées de l'hiver; c'est pourquoi il faut le couvrir de fougère ou de feuilles sèches lorsque ces gelées sont à craindre.

Deux ans après on le relève pour le *repiquer* dans une autre place de la pépinière, convenablement labourée, en ligne & à la distance de vingt à trente pouces, selon la bonté du sol, parce que ce plant pousse rarement droit. Il ne faut jamais le lever que la quantité de plant qu'on peut placer dans une matinée ou une soirée, à raison de ce qu'il est très-susceptible des effets du hâle.

Encore deux ans après, on récèpe ce plant qui a poussé foiblement, irrégulièrement, qui a plus ou moins souffert de la gelée, pour lui faire pousser des tiges droites & vigoureuses, tiges qu'on met sur un brin l'été suivant, qu'on taille en crochet l'été d'après, & qui devient alors dans le cas d'être mis en place une année plus tard, c'est-à-dire, la cinquième de son semis. Une année de plus lui est cependant avantageuse.

Si on vouloit faire des taillis de cet arbre, on devroit le metre en place dès la seconde, ou au plus tard la troisième année du semis de ses graines; mais on le fait rarement, quoique cela puisse être utile pour garnir de mauvaises terres, pour former des remises, &c.

Le *gaînier du Canada* ressemble extrêmement à celui dont il vient d'être question, mais dans nos climats il offre deux circonstances qui l'en distinguent, c'est qu'il ne gèle pas, & que ses fleurs, quoique nombreuses, avortent constamment. On le multiplie par graines tirées de son pays natal, par racines & par greffe sur l'autre espèce, greffe qui se fait en écusson ou en fente, & qui réussit presque toujours. Au reste, comme il est moins beau que le *gaînier commun*, on le voit rarement hors des grandes collections ou des écoles de botanique.

GALAX. *Galax.* Arbuste originaire de Virginie, qui seul forme un genre dans la pentandrie monogynie.

Comme le GALAX SANS FEUILLES, *galax aphylla*, Linn., encore peu connu, n'est point cultivé en Europe, je me dispenserai de m'étendre sur ce qui le concerne.

GALÉ. *Myrica.* Genre de plantes de la diœcie tétrandrie & de la famille des amentacées, qui réunit une quinzaine d'espèces, dont quelques-unes offrent sur leurs graines une sorte de cire employée pour faire des bougies, & qui, presque toutes, sont utiles pour améliorer l'air des marais.

Espèces.

1. Le GALÉ odorant.
Myrica gale. Linn. ♄ Indigène.

2. Le GALÉ cirier de Pensylvanie.
Myrica pensylvanica. Duham. ♄ De l'Amérique septentrionale.

3. Le GALÉ cirier de Caroline.
Myrica caroliniana. Willd. ♄ De l'Amérique septentrionale.

4. Le GALÉ des Açores.
Myrica laya. H. Kew. ♄ Des Açores.

5. Le GALÉ à feuilles de chêne.
Myrica quercifolia. Linn. ♄ Du Cap de Bonne-Espérance.

6. Le GALÉ à feuilles en cœur.
Myrica cordifolia. Linn. ♄ Du Cap de Bonne-Espérance.

7. Le GALÉ à feuilles fortement dentelées.
Myrica serrata. Lamar. ♄ Du Cap de Bonne-Espérance.

8. Le GALÉ polygame.
Myrica segregata. Willd. ♄ De l'Amérique méridionale.

9. Le GALÉ de Xalape.
Myrica xalapensis. Kunth. ♄ Du Mexique.

10. Le GALÉ à gros fruit.
Myrica macrocarpa. Kunth. ♄ Du Pérou.

11. Le GALÉ à feuilles pointues.
Myrica arguta. Kunth. ♄ De l'Amérique méridionale.

12. Le GALÉ polycarpe.
Myrica polycarpa. Kunth. ♄ De l'Amérique méridionale.

13. Le GALÉ caracasane.
Myrica caracasana. Kunth. ♄ De l'Amérique méridionale.

14. Le GALÉ pubescent.
Myrica pubescens. Ait. ♄ De l'Amérique méridionale.

15. Le GALÉ du Mexique.
Myrica mexicana. Willd. ♄ Du Mexique.

Culture.

La première espèce se trouve dans beaucoup de marais de la France, en buissons très-denses, & qui s'étendent par leurs rejetons, avec une grande rapidité. On ne l'emploie guère qu'à brûler; mais ses feuilles & ses fruits, à raison de leur odeur suave & de leur saveur piquante, peuvent suppléer, & suppléent quelquefois, sous le nom de *piment royal*, de *poivre de Brabant*, &c., les épices de l'Inde. Leur décoction en guise de thé est agréable, mais porte au cerveau.

Détruire le *galé* dans les marais, est une opération très-souvent nuisible aux riverains, attendu qu'il décompose les miasmes délétères qui s'en exhalent, & rend les bords moins malsains. Je voudrois donc qu'on se contentât de le couper, & encore jamais en totalité, la même année. Comme c'est dans les fondrières, c'est-à-dire, dans les parties des marais où les bestiaux ne peuvent aller sans danger, qu'il croît le mieux, le prétexte qu'il nuit au pâturage, est presque toujours de valeur minime.

Il est quelques jardins paysagers où on place le *galé* odorant, quoiqu'il soit de peu d'effet, sur le bord des eaux, dans les lieux frais & ombragés. On le multiplie par déchirement des vieux pieds, par marcottes, & plus rarement par graines, à raison de la petite quantité de demandes qui s'en fait, & de la lenteur de sa croissance pendant ses premières années. Ces graines, au reste, se sèment aussitôt qu'elles sont mûres, dans une terre très-légère, s'arrosent abondamment au printemps & en été; le plant qu'elles fournissent se repique dans une autre planche la seconde année, & peut être mis en place la quatrième, ou au plus tard la cinquième.

Le *galé* cirier de Pensylvanie porte en Amérique le nom de *cirier*, de *porte-cire*, d'*arbre à la cire*. Il s'élève à trois ou quatre pieds, & est très-abondant dans les marais du nord de l'Amérique, dont il améliore l'air, en absorbant l'hydrogène carboné qui s'en exhale continuellement. Ses feuilles répandent pendant la chaleur & quand on les froisse, une odeur agréable. Ses fruits, qui naissent sur le vieux bois, & qui sont quelquefois abondans avec excès, sont entourés, comme je l'ai déjà annoncé, d'une couche de résine verte fort analogue à la cire, & avec laquelle on fabrique des bougies.

Il y a déjà long-temps que ce *galé* est introduit dans nos jardins, où il ne craint point les plus fortes gelées, & où il se multiplie avec la plus grande facilité de racines, de rejetons, de marcottes & de graines, dont il donne abondamment, & qu'on sème comme il a été dit plus haut.

Des écrivains ont conseillé la culture de cette espèce en Europe pour tirer parti de sa cire, mais ils ne savoient pas que la lumière qu'elle donne est fort triste, & que, même dans le pays, les bougies qui en proviennent sont plus chères que les chandelles de suif. Je crois donc qu'il faut se contenter d'en cultiver dans les marais pour en améliorer le séjour. Il produit un assez bel effet dans les jardins paysagers pour qu'on doive l'y faire entrer, pour peu que le sol en soit humide. C'est isolé, sur le bord des eaux, groupé au second rang des massifs, qu'il doit être placé de préférence.

Si quelque propriétaire vouloit, malgré ce que j'ai dit plus haut, s'amuser à recueillir la cire des fruits de cet arbuste, voici comment il devra opérer.

Il récolteroit les graines à la main au commencement de l'hiver, & les mettroit dans un sac de canevas, qu'il fixeroit au fond d'un vase rempli d'eau bouillante. La résine fondue montera à la surface de l'eau, d'où il la retirera avec un cuiller, ou lorsqu'elle sera figée.

Le *galé* de la Caroline ressemble beaucoup au précédent, mais il s'élève trois fois plus; ses feuilles sont plus étroites, plus fortement dentées, ses graines plus petites, & il gèle constamment dans le climat de Paris, où on ne peut par conséquent le cultiver que dans l'orangerie. Tout ce que je viens de dire lui convient parfaitement; quoique ses graines soient plus petites, il fournit davantage de cire, parce qu'elles sont extrêmement abondantes. Je me suis plusieurs fois reposé sous son ombre, dans son pays natal, sans inconvéniens, tandis que je ne pouvois m'arrêter dans les marais où il manquoit, sans éprouver le mal de tête, avant-coureur de la fièvre.

Les *galés* des Açores, à feuilles de chêne, à feuilles en cœur, à feuilles fortement dentées, se cultivent encore dans nos écoles de botanique & dans les collections d'amateurs, mais toujours en pot, pour pouvoir les rentrer dans l'orangerie, car ils craignent encore plus que celui de la Caroline les gelées du climat de Paris. Je sais qu'on tire, au Cap de Bonne-Espérance, la résine de celui à feuilles de chêne pour en faire des bougies, mais je n'ai aucuns renseignemens sur les autres. Tous se multiplient par racines, par déchirement de vieux pieds & par marcottes. Les soins qu'on leur doit sont ceux généraux à tous les arbustes d'ORANGERIE. *Voyez* ce mot.

GALÈRE. RATISSOIRE avec roulette qui s'emploie dans les grands jardins, traînée, soit par un homme, soit par un cheval. *Voyez* ce mot.

GALIET. *Voyez* CAILLE-LAIT.

GALIPIER. *Galipea*. Arbrisseau de la Guyane

française, figuré sur la pl. 10 des *Illustrations* de Lamarck. Ses feuilles sont alternes & composées de trois folioles lancéolées. Ses fleurs sont petites & disposées en corymbe terminal.

Le *galipier* trifolié n'ayant pas encore été introduit dans les jardins de l'Europe, & n'étant pas cultivé dans son pays natal, ne peut être l'objet d'un article plus étendu.

GAMADE. Synonyme de POURRITURE des moutons.

GAMAL. Synonyme de BLÉ RETRAIT. *Voyez* FROMENT & RACHITISME.

GAMAT. Altération du sol par des LABOURS pendant l'été. *Voyez* TERRE GATEE.

GAMER. C'est la POURRITURE DES MOUTONS.

GAMISE. Le CLAVEAU porte ce nom.

GANNELLE. Nom vulgaire de la FICAIRE & du POPULAGE.

GAON. Un des noms du COQ.

GARGALAIS. Nom des épis séparés de leur tige dans l'opération du DEPIQUAGE. *Voyez* ce mot.

GAROBE. Synonyme de JAROSSE.

GAROT. Partie intermédiaire entre le col & le dos du CHEVAL. *Voyez* ce mot.

GAROUILHE. Le CHÊNE KERMÈS porte ce nom.

GAROULSE. C'est encore le JAROSSE.

GAROUTE. *Voyez* POIS CHICHE.

GASLE. Les COMMUNAUX portent ce nom dans quelques lieux.

GASPILLA. *Voyez* GRAPILLAGE.

GASPO. La RAFLE DU RAISIN porte ce nom.

GARRET. C'est la même chose que GUÉRET.

GASSE. MARRE D'EAU dans le département des Deux-Sèvres.

GASTADE. La POURRITURE des moutons s'appelle ainsi.

GATINAS, GATINAIS. Noms d'une race de bœuf.

GATTILIER, *Vitex*. Genre de plantes de la didynamie angiospermie & de la famille de son nom, qui réunit dix-huit espèces, dont une est indigène au midi de l'Europe, & trois à quatre autres se cultivent dans nos orangeries.

Espèces.

1. Le GATTILIER commun.
Vitex agnus castus. Linn. ♄ Du midi de la France.

2. Le GATTILIER découpé.
Vitex negundo. Linn. ♄ Des Indes.

3. Le GATTILIER à trois feuilles.
Vitex trifolia. Linn. ♄ Des Indes.

4. Le GATTILIER paniculé.
Vitex paniculata. Lamarck. ♄ De Madagascar.

5. Le GATTILIER à larges feuilles.
Vitex latifolia. Lamarck. ♄ Des Indes.

6. Le GATTILIER à feuilles simples.
Vitex ovata. Linn. ♄ Du Japon.

7. Le GATTILIER triflore.
Vitex triflora. Vahl. ♄ De Cayenne.

8. Le GATTILIER divariqué.
Vitex divaricata. Vahl. ♄ De la Martinique.

9. Le GATTILIER pubescent.
Vitex pubescens. Vahl. ♄ Des Indes.

10. Le GATTILIER à petites fleurs.
Vitex parviflora. Juss. ♄ Des Philippines.

11. Le GATTILIER roussâtre.
Vitex rufescens, Juss ♄ Du Brésil.

12. Le GATTILIER à sept folioles, vulgair. *bois de Savane*.
Vitex heptaphylla. Juss. ♄ De Saint-Domingue.

13. Le GATTILIER à fleurs en tête.
Vitex capitata. Vahl. ♄ De la Trinité.

14. Le GATTILIER des lieux ombragés.
Vitex umbrosa. Swartz. ♄ De la Jamaïque.

15. Le GATTILIER acuminé.
Vitex accuminata. Brown. ♄ De la Nouvelle-Hollande.

16. Le GATTILIER glabre.
Vitex glabrata. Brown. ♄ De la Nouvelle-Hollande.

17. Le GATTILIER à grandes feuilles.
Vitex macrophylla. Brown. ♄ De la Nouvelle-Hollande.

18. Le GATTILIER à deux couleurs.
Vitex bicolor. Willd. ♄ Des Indes.

Culture.

Comme originaire du bord des rivières du midi de la France, la première espèce est fort sensible aux premières gelées du climat de Paris. Pour conserver ses tiges dans les hivers rigoureux, lorsqu'elle est en pleine terre, il faut la planter dans un lieu sec & chaud, où elle pousse foiblement. Il est rare, au reste, que ses racines périssent dans ce cas, & il ne s'agit que de la récéper pour avoir une touffe plus belle que l'ancienne. C'est même un des principes de sa culture que de renouveler ainsi ses tiges de loin en loin. Elle pousse mal lorsqu'elle est tenue en pot.

Malgré cet inconvénient, on doit tenter de placer cet arbuste dans tous les jardins paysagers dont le sol & l'exposition lui conviennent, car il y fait beaucoup d'effet par ses feuilles d'une forme & d'une couleur peu commune, & par ses fleurs nombreuses, d'une disposition & d'une couleur agréable. Comme il ne donne jamais de bonnes graines dans le climat de Paris, il faut les tirer des bords de la Méditerranée, ou employer la voie des marcottes ou des boutures. Les premières réussissent assez bien; les secondes manquent souvent, même lorsqu'on les fait en pots, sur couches & sous châssis. Le plant se tient en pot pendant deux ou trois ans, pour lui fournir les moyens de mieux résister aux froids.

L'odeur des feuilles de cette plante est analogue à celle du camphre. On les dit résolutives. Ses fruits sont âcres & aromatiques. On les substitue quelquefois au poivre. C'est par préjugé qu'elles passent pour diminuer les dispositions aux jouissances de l'amour, & qu'elles ont en conséquence le nom que porte l'arbuste en latin.

Cette espèce présente plusieurs variétés, dont une à larges feuilles & l'autre à fleurs blanches.

La seconde espèce est encore plus agréable & plus ornante que la première. Elle n'est guère plus sensible à la gelée qu'elle. Je l'ai même moins souvent perdue qu'elle dans les pépinières de Versailles, où je les multiplois abondamment toutes deux. Cependant, j'en conservois toujours quelques jeunes pieds dans l'orangerie, pour parer aux accidens. Sa multiplication & sa culture ne diffèrent pas de celle ci-dessus. Elle offre une variété à fleurs blanches.

La troisième espèce exige la serre chaude. Elle est encore peu répandue.

Je ne crois pas que d'autres soient cultivées en Europe; mais si on en reçoit, elles ne demanderont, comme la dernière, que les soins généraux qu'exigent les plantes de serre tempérée.

GAULIS. Nom qui s'applique, dans quelques cantons, aux taillis en bon fonds, qui sont arrivés à douze ou quinze ans d'âge, & dont les tiges sont hautes & droites, propres enfin à faire des GAULES. *Voyez* ce mot.

Les résultats de la coupe des *gaulis* servent à chauffer les fours de verrerie, de faïencerie & autres analogues, ou à faire du charbon pour les forges.

C'est principalement les *gaulis*, à raison de la beauté de leurs brins, qu'il est avantageux de réserver pour futaie, auquel cas on accélère considérablement leur croissance, en les éclaircissant de loin en loin par l'enlèvement de tous les arbustes, bois blancs, arbres mal faits qui s'y trouvent. *Voy.* FUTAIE & EXPLOITATION DES BOIS.

GAZAILLE. Arrangement entre deux propriétaires, l'un des Landes & l'autre de la Chalosse, par lequel leurs moutons sont mis en commun & vont paître l'hiver dans la Lande & l'été dans la Chalosse.

Quelquefois les moutons n'appartiennent à aucun des propriétaires.

Il seroit à desirer que de pareils arrangemens fussent plus fréquens, car les parties contractantes & la société y gagnent toujours.

GEME. Synonyme de RÉSINE VIERGE.

GENELLE. Fruit de l'ÉPINE BLANCHE.

GENÊT. *Genista*. Genre de plantes de la diadelphie décandrie & de la famille des légumineuses, dont sont partie plus de soixante espèces, presque toutes remarquables par le nombre & la beauté de leurs fleurs, & par conséquent intéressantes à multiplier dans les jardins. Une d'entr'elles, croissant exclusivement & abondamment dans les terrains sablonneux & arides, devient un objet important de produit pour les propriétaires de ces sortes de terrains. *Voyez* LANDE.

Observations.

Les botanistes ont divisé ce genre en établissant celui qu'ils ont appelé SPARTION; mais comme les caractères de ces deux genres sont assez difficiles à saisir, & que les cultivateurs n'ont pas adopté l'opinion des botanistes, je confondrai les espèces sous leur plus ancien nom.

Thunberg a donné le nom de LEBEKIE aux *genêts* qui croissent au Cap de Bonne-Espérance.

Espèces.

1. Le GENÊT sphérocarpe.
Genista sphærocarpa. Lamarck. ♄ D'Espagne.

2. Le GENÊT monosperme.
Genista monosperma. Lamarck. ♄ D'Espagne.

3. Le GENÊT effilé.
Genista virgata. Lamarck. ♄ De la Sibérie.

4. Le GENÊT griot.
Genista purgans. Lamarck. ♄ Du midi de la France.

5. Le GENÊT multicaule.
Genista multicaulis. Lamarck. ♄ D'Espagne.

6. Le GENÊT d'Espagne.
Genista juncea. Lamarck. ♄ D'Espagne.

7. GENÊT à bouquet.
Genista florida. Linn. ♄ D'Espagne.

8 Le GENÊT des teinturiers, *var. G. de Sibérie.*
Genista tinctoria. Linn. ♄ Indigène.

9. Le GENÊT couché.
Genista prostrata. Lamarck. ♄ Indigène.

10. Le GENÊT étalé.
Genista humifusa. Lamarck. ♄ Du Levant.

11. Le GENÊT à feuilles de renouée.
Genista pilosa. Linn. ♄ Indigène.

12. Le GENÊT filiforme.
Genista sepiaria. Lamarck. ♄ Du Cap de Bonne-Espérance.

13. Le GENÊT herbacé.
Genista sagittalis. Linn. ♄ Indigène.

14. Le GENÊT à trois dents.
Genista tridentata. Linn. ♄ Du Portugal.

15. Le GENÊT aspalatoïde.
Genista aspalatoïdes. Lamarck. ♄ De Barbarie.

16. Le GENÊT spiniflore.
Genista spiniflora. Lamarck. ♄ Du midi de la France.

17. Le GENÊT anglican.
Genista anglica. Linn. ♄ Indigène.

18. Le GENÊT germanique.
Genista germanica. Linn. ♄ Indigène.

19. Le GENÊT corrudoïde.
Genista corrudoïdes. Lamarck. ♄ Du midi de la France.

20. Le GENÊT de Portugal.
Genista lusitanica. Linn. ♄ De Portugal.

21. Le GENÊT rayonné.
Genista radiata. Lamarck. ♄ Du midi de la France.

22. Le GENÊT trigone.
Genista triquetra. Lamarck. ♄ D'Espagne.

23. Le GENÊT à fleurs blanches.
Genista alba. Lamarck. ♄ De Portugal.

24. Le GENÊT à fleurs pendantes.
Genista pendulina. Lamarck. ♄ De Portugal.

25. Le GENÊT à balais, *genêt commun.*
Genista scoparia. Linn. ♄ Indigène.

26. Le GENÊT cendré.
Genista cinerea. Lamarck. ♄ Du midi de la France.

27. Le GENÊT anguleux.
Genista angulata. Lamarck. ♄ Du Levant.

28. Le GENÊT à rameaux grêles.
Genista gracilis. Lamarck. ♄ De Madère.

29. Le GENÊT à petites fleurs.
Genista parviflora. Vent. ♄ De Perse.

30. Le GENÊT rameux.
Genista ramosissima. Desf. ♄ De Barbarie.

31. Le GENÊT à ombelles.
Genista umbellata. Desf. ♄ De Barbarie.

32. Le GENÊT diffus.
Genista patula. Marsch. ♄ Du Caucase.

33. Le GENÊT triangulaire.
Genista triangularis. Willd. ♄ De Hongrie.

34. Le GENÊT à feuilles ovales.
Genista ovalis. Willd. ♄ De Hongrie.

35. Le GENÊT à feuilles scarieuses.
Genista scariosa. Vivia. ♄ D'Italie.

36. Le GENÊT à rameaux étendus.
Genista diffusa. Jacq. ♄ De Styrie.

37. Le GENÊT soyeux.
Genista sericea. Jacq. ♄ D'Allemagne.

38. Le GENÊT à trois pointes.
Genista tricuspidata. Desf. ♄ De Barbarie.

39. Le GENÊT en massue.
Genista clavata. Vent. ♄ De Maroc.

40. Le GENÊT biflore.
Genista biflora. Desf. ♄ De Barbarie.

41. Le GENÊT féroce.
Genista ferox. Poiret. ♄ De Barbarie.

42. Le GENÊT velu.
Genista villosa. Poiret. ♄ De Barbarie.

43. Le GENÊT très-piquant.
Genista horrida. Willd. ♄ Des Pyrénées.

44. Le GENÊT de Lobel.
Genista Lobelii. Decand. ♄ Des Alpes.

45. Le GENÊT en bec.
Genista rostrata. Poiret. ♄ De Portugal.

46. Le GENÊT en arbre.
Genista arborea. Desf. ♄ De Barbarie.

47. Le GENÊT tomenteux.
Genista tomentosa. Poiret. ♄ De Portugal.

48. Le GENÊT rampant.
Genista procumbens. Willd. ♄ De Hongrie.

49. Le GENÊT blanchâtre.
Genista albida. Willd. ♄ Du Caucase.

50. Le GENÊT sylvestre.
Genista sylvestris. Willd. ♄ De Hongrie.

51. Le GENÊT de Perse.
Genista persica. Willd. ♄ De Perse.

52. Le GENÊT grimpant.
Genista scandens. Loureiro. ♄ De la Cochinchine.

53. Le GENÊT à petites feuilles.
Genista micrantha. Ortéga. ♄ De la Nouvelle-Espagne.

54. Le GENÊT de Brotero.
Genista Broteri. Brot. ♄ De Portugal.

55. Le GENÊT algarbien.
Genista algarbiensis. Brot. ♄ De Portugal.

56. Le GENÊT à trois épines.
Genista triacanthos. Brot. ♄ De Portugal.

57. Le GENÊT en faux.
Genista falcata. Brot. ♄ De Portugal.

58. Le GENÊT piquant.
Genista pungens. Thunb. ♄ Du Cap de Bonne-Espérance.

59. Le GENÊT pâle.
Genista contaminata. Thunb. ♄ Du Cap de Bonne-Espérance.

60. Le GENÊT armé.
Genista armata. Thunb. ♄ Du Cap de Bonne-Espérance.

61. Le GENÊT dense.
Genista densa. Thunb. ♄ Du Cap de Bonne-Espérance.

62. Le GENÊT bas.
Genista humilis. Thunb. ♄ Du Cap de Bonne-Espérance.

63. Le GENÊT soyeux.
Genista sericea. Thunb. ♄ Du Cap de Bonne-Espérance.

64. Le GENÊT de Mantoue.
Genista mantica. Pollin. ♄ D'Italie.

65. Le Genêt angulaire.
Genista angulata. Schmaltz. ♄ Du Maryland.
66. Le Genêt élevé.
Genista procera. Willd. ♄ De Portugal.
67. Le Genêt ramassé.
Genista congesta. Willd. ♄ De Ténérisse.
68. Le Genêt laineux.
Genista lanigera. Desf. ♄ De Barbarie.
69. Le Genêt de Crète.
Genista cretica. Desf. ♄ De Candie.
70. Le Genêt de Gênes.
Genista genuensis. Perso. ♄ De la Ligurie.
71. Le Genêt des Canaries.
Genista canariensis. Linn. ♄ Des Canaries.
72. Le Genêt odorant.
Genista nubigena. Ait. ♄ Des Canaries.
73. Le Genêt à feuilles de lin.
Genista linifolia. Linn. ♄ De Barbarie.

Culture.

Parmi ces espèces, les numéros 6, 8, 13, 17, 18, 23, 25, 26, 40, sont de pleine terre, & les numéros 1, 2, 3, 4, 7, 8, 11, 15, 16, 19, 20, 21, 22, 24, 27, 29, 31, 34, 41, 43, 68, 69, 70, 71, 72, 73, sont d'orangerie; mais on peut cependant dire qu'il n'y a que les numéros 8, 13, 17, 18, qui ne craignent pas les gelées du climat de Paris, car même le plus commun, le *genêt* à balai, périt assez souvent par suite de leur action.

C'est cette circonstance, ainsi qu'au peu de disposition des espèces de ce genre à vivre dans des pots, & à la presqu'impossibilité de les multiplier autrement que par graines, qui font que tant d'entr'elles n'ont fait que paroître dans nos jardins.

Je vais parler d'abord des espèces indigènes & exotiques de pleine terre, puis je dirai un mot de celles d'orangerie.

Le *genêt* commun, le *genêt* à balai, le *genêt* proprement dit, croît en immense quantité dans les landes, les bois en terrain sablonneux, qu'il embellit, pendant le mois de mai, par ses panicules de fleurs jaunes légèrement odorantes. Rarement on le voit avec abondance dans les pays où le calcaire se montre à la surface du sol. Presque toujours il accompagne la bruyère & l'ajonc : sa hauteur ordinaire est de cinq à six pieds; mais j'en ai vu, en Espagne, des pieds qui étoient parvenus au quadruple de cette hauteur. On le regarde généralement comme de peu de valeur, & en conséquence, dans beaucoup de lieux, on l'abandonne aux pauvres; cependant il est facile, dans les terrains qui lui sont exclusivement propres, dans les landes, par exemple, d'en tirer un parti extrêmement avantageux. Il utilise les clairières de beaucoup de bois mal venans, & ses diverses parties s'emploient dans l'économie rurale & domestique.

Ainsi son bois sert à brûler, soit pour chauffer le four, faire cuire la chaux, le plâtre, soit pour extraire la potasse de ses cendres; ainsi, ses jeunes rameaux s'emploient pour faire des balais, des paniers grossiers, pour lier la vigne, pour composer de la litière, pour augmenter la masse des fumiers, pour suppléer aux récoltes enterrées en fleur, pour tanner & corroyer les cuirs, pour nourrir les bestiaux, principalement des moutons; pour, après leur rouissage, en tirer de la filasse; ainsi ses boutons de fleurs se confisent dans le vinaigre en place de câpres pour l'assaisonnement des mets; ainsi ses fleurs embellissent les jardins comme les bois, lorsqu'on l'y introduit; ainsi ses graines sont recherchées par tous les oiseaux de basse-cour.

Au moment de sa maturité, lorsque l'air est sec, la graine de *genêt* est lancée au loin par l'élasticité de ses gousses, de sorte que leur dissémination est plus régulière que celle de beaucoup d'autres arbres. On reconnoît l'approche de ce moment à la couleur noire des gousses : en conséquence, il faut les cueillir lorqu'elles sont arrivées à cet état, & par un temps humide, ou le matin, car lorsqu'on les touche, elles accélèrent leur décrépitation.

La graine de *genêt* peut se conserver plusieurs années en état de germer, mais il vaut mieux la semer de suite, ainsi que le fait la nature, que de retarder.

Il est deux cas seulement où on sème la graine de *genêt* : 1°. lorsqu'on veut garnir un jardin paysager de pieds de ces arbres; 2°. lorsqu'on a l'intention de tirer parti d'une lande impropre à toute autre culture.

Dans le premier cas, on en répand quelques poignées dans un carré de pépinière, après un bon labour, &, deux ans après, on relève le plant pour le placer dans le lieu où il doit rester, parce que les pieds de trois ans & plus reprennent difficilement.

Je répète que c'est dans les terrains sablonneux & secs que se plaît principalement le *genêt*, mais il vient aussi dans les bonnes terres humides; seulement il y gèle plus facilement dans les grands hivers.

Dans le second cas, on donne un léger labour à la lande, au mois de mars, & on y répand, le jour même, & par un temps humide, s'il se peut, la graine mélangée avec deux fois son volume d'avoine. On ne herse pas, car cette graine ne lève pas, pour peu qu'elle soit enterrée. Beaucoup de semis ont manqué, pour n'avoir pas fait attention à cette circonstance. La récolte de l'avoine paie, au moins en partie, les frais du labour & du semis. On peut avoir deux buts différens lorsqu'on sème ainsi une lande en *genêt* : c'est, ou d'obtenir un fourrage, & alors on fauche le plant en mai de la seconde année; ou de se procurer des fagots pour le feu, & alors on éclaircit les plants pendant l'hiver, & on n'y touche plus que six à huit ans après, qu'on le coupe ou l'arrache. Pendant cet intervalle, le sol s'est amélioré des débris des feuilles & des branches du *genêt*, & des insectes qui ont vécu dessus, & il peut donner des récoltes de seigle ou d'avoine; il peut être semé en sarrasin, en trèfle, &c., pendant la moitié de ce temps, même sans engrais, après quoi on le remet en *genêt* ou en ajonc.

Si l'intention étoit de transformer la lande en bois, on placeroit en terre, à deux ou trois pieds, & en ligne, quelques glands, qu'on recouvriroit de terre avec la pioche, & on mêleroit, à la graine de *genêt*, autant en volume de graine de bouleau, qui, ainsi que cette dernière, ne veut pas être enterrée. Dans ce cas, on détruiroit le *genêt*, à compter de la sixième année, en jardinant, c'est-à-dire, en ne coupant, pendant l'hiver, que les plus gros pieds des places les plus garnies, car l'ombre de ceux restans favorisera la croissance du chêne & du bouleau. C'est par ce seul artifice que tant de propriétaires ont su transformer des landes qui ne produisoient qu'un mauvais pâturage à de foibles moutons, en taillis d'un revenu élevé & certain. *Voyez* LANDES.

Si les fourrages de *genêt* ne sont pas nécessaires, on pourra, la seconde année, en automne, enterrer la totalité du plant par un fort labour, & la terre sera assez améliorée pour pouvoir en retirer cinq à six récoltes sans fumier, pourvu qu'on lui applique le principe des ASSOLEMENS. *Voyez* ce mot.

Clore, au moins par des fossés, les semis de *genêts*, assure leur succès; en conséquence, il ne faut jamais s'y refuser, qu'autant qu'il y auroit impossibilité.

Quand on coupe les branches de *genêt*, les petits rameaux verts qui restent les remplacent; mais lorsqu'on coupe la tige, le pied meurt. C'est ce à quoi doivent faire attention ceux qui spéculent sur la fabrication des balais. J'ai vu des bois qui en étoient très-garnis, en être privés en peu d'années par cette cause, au grand regret des habitans, qui n'ont pas pu les remplacer.

Un insecte du genre CECYDOMIE, que le premier j'ai observé, dépose un œuf dans chaque bouton à fleur du *genêt*, lorsqu'il commence à se développer, & par-là l'empêche de remplir sa destination. J'ai vu, certaines années, les *genêts* de la forêt de Montmorency ne presque pas fournir de graines par son fait; & comme tous les hivers on arrache les plus forts pieds, ils y étoient devenus très-rares.

Le *genêt* des teinturiers s'élève rarement à plus de trois à quatre pieds. Au contraire du précédent, c'est dans les sols calcaires qu'il prospère le mieux. Son aspect est très-agréable pendant sa floraison; aussi le place-t-on souvent sur le bord des massifs, au milieu des gazons, dans les jardins paysagers. On l'y sème le plus souvent en place, laissant à la nature le soin de le disposer comme elle veut. Le couper de loin en loin, rez de terre, est presque toujours une bonne opération, quoique ce ne soit pas sans risque qu'on l'effectue; car, comme le précédent, il ne repousse pas sur son vieux bois. Jadis les teinturiers l'employoient fréquemment sous le nom de *genestrole*, mais aujourd'hui on lui préfère la GAUDE. (*Voyez* ce mot.) Tous les bestiaux, & surtout les chevaux, le broutent quand il est jeune, mais n'y touchent plus dès qu'il porte des fleurs. On prétend qu'il donne un goût désagréable au lait des vaches qui en mangent; mais, quoiqu'ayant séjourné dans un pays où il est extrêmement abondant, les environs de Langres, je ne me suis jamais aperçu de cet effet.

Le *genêt* de Sibérie est regardé comme une de ses variétés par quelques botanistes, comme une espèce distincte par d'autres. Je me range à cette dernière opinion, quoique je n'aie pas pu trouver, par la comparaison de ces deux arbustes, des caractères différentiels suffisans pour l'appuyer. Il s'élève plus haut, ses fleurs & ses gousses sont plus petites. Sa floraison s'effectue plutôt. Mieux que l'autre, il se prête à la culture des jardins; aussi est-il le seul qui se voie dans les pépinières des environs de Paris, où on le multiplie par marcottes & par déchirement des vieux pieds, aussi souvent que par graines.

Le *genêt* à tiges ailées, ou *génistelle*, couvre souvent des espaces considérables dans les pâturages secs, principalement dans les montagnes calcaires. Il embellit beaucoup ces pâturages quand il est en fleur, quoiqu'il ne s'élève guère au-dessus d'un pied. Les bestiaux ne le mangent que dans sa jeunesse; aussi nuit-il généralement; aussi est-il bon de labourer les lieux où il abonde, pour les cultiver pendant quelques années en céréales ou en autres objets.

Les *genêts* d'Angleterre & d'Allemagne sont épineux en partie, & croissent le plus souvent avec l'AJONC dans les sols argileux, secs en été & humides en hiver. Les bestiaux recherchent leurs pousses non épineuses, & ne touchent pas aux autres. On peut utilement en faire usage au moyen du semis de leurs graines, car ils se transplantent rarement avec succès, pour fermer les trous de la base des haies. Je ne les ai vu croître abondamment nulle part.

Le *genêt* d'Espagne, *spartium junceum*, Linn., est originaire des parties méridionales de l'Europe, & se cultive de temps immémorial dans les jardins de toute la France pour ses fleurs, grandes, nombreuses, durables, d'un beau jaune & d'une odeur suave, principalement appréciable le soir. Les gelées du climat de Paris l'affectent souvent, mais rarement de manière à faire périr ses racines; de sorte qu'on peut presque toujours le cultiver en le recépant, surtout lorsqu'il est disposé en buisson; car, comme les autres espèces, il pousse difficilement de nouveaux bourgeons sur

son

son tronc. Les environs de la maison, des fabriques, des bancs de repos, le bord des allées & des massifs, sont les lieux des jardins paysagers où il se place le plus ordinairement. Le milieu des plates-bandes seulement lui convient dans les jardins ornés, & comme là il faut le tondre en boule, ou au moins beaucoup gêner sa croissance, il n'y produit jamais beaucoup d'effet. Il aime une terre légère & sèche, l'isolement & l'exposition au midi. Les gelées le frappent plus fréquemment dans les sols & les expositions humides, parce qu'il y pousse plus long-temps.

La multiplication du *genêt* d'Espagne peut se faire par le déchirement des vieux pieds & le marcotage, mais on préfère généralement l'effectuer de graines, dont il donne abondamment dans le climat de Paris, graines qu'on sème au printemps, en lignes & fort claires, à une bonne exposition, dans un terrain convenablement préparé par des labours. Deux ans après, on peut déjà lever le plus jeune plant pour le mettre en place, car plus il est vieux, & moins sa reprise est assurée. Le plus foible est repiqué dans une autre planche, à un pied de distance, pour être de même mis en place deux ans plus tard.

Le plus grand désagrément de cette espèce, c'est que beaucoup de ses rameaux périssent toujours pendant l'hiver, & qu'il faut tous les printemps éplucher ses pieds avec la serpette.

Mais le *genêt* d'Espagne n'est pas seulement un arbuste d'agrément, il est encore un arbuste utile. On tire de ses jeunes rameaux une filasse qui, quoique grossière & peu tenace, sert à suppléer celle du chanvre dans la fabrication de la toile & des cordes, & on peut les employer à la nourriture des moutons, principalement pendant l'hiver. Broussonnet nous a donné sur ces deux services & sur sa culture en grand, aux environs de Lodève, de précieux renseignemens dans le *Journal de physique*, année 1787, renseignemens dont j'extrais ce qui suit :

Aux environs de Lodève, on sème de temps immémorial le *genêt* d'Espagne dans les lieux les plus arides, sur les coteaux les plus en pente. C'est en janvier, après un léger labour, qu'on fait cette opération. On doit employer plutôt trop que pas assez de semence, parce qu'il est fréquent qu'elle est en partie mauvaise, & qu'on doit toujours l'éclaircir.

L'important est d'empêcher les bestiaux d'entrer dans la plantation, car, en quelques instans, ils y causent des dommages dont les effets se font sentir quelquefois plusieurs années.

A la quatrième année, la plantation, dont les pieds doivent être alors espacés d'environ deux pieds, commence à offrir des rameaux assez longs pour être coupés & employés à la fabrication de la filasse.

Le mois d'août est celui pendant la durée duquel se fait la récolte des rameaux du *genêt* d'Espagne. On rassemble ces rameaux en petites bottes, qu'on met tremper quelques heures dans l'eau après leur dessiccation, & qu'on fait ensuite rouir dans la terre, en les arrosant tous les jours. Au bout de huit à neuf jours, selon la chaleur de la saison, on ôte les bottes de terre, on les lave à grande eau, on les bat & on les fait sécher. *Voyez* Rouissage.

Les préparations qui sont la suite du rouissage des rameaux des *genêts* d'Espagne, telles que leur tillage, le peignage, & le tissage de la filasse, &c., se font en hiver. Je possède un morceau de toile fabriqué à Lodève; il est grossier, mais susceptible de service dans tous les cas où la finesse & la force doivent être moins considérées que le bon marché. Je fais donc des vœux pour que, sans nuire à la culture du Chanvre & du Lin, on se livre dans un plus grand nombre de lieux à celle de l'arbuste dont il est ici question.

Les moutons sont nourris dans quelques cantons des Cévennes, pendant l'hiver, presqu'exclusivement de feuilles sèches, parce qu'on n'y connoît pas encore les prairies artificielles, & on leur donne une fois par semaine des tiges fraîches de *genêt* d'Espagne, tiges qu'ils préfèrent en tout temps. Par ce moyen, on compense les mauvais effets du régime sec.

Il y a deux manières de leur faire manger alors le *genêt* : l'une, de leur en apporter les rameaux à la bergerie ; l'autre, de les conduire dans les genestières : tantôt l'une est préférée à l'autre, selon le temps qu'il fait & l'âge de la genestière.

En effet, dans les jours de neige, de gelée, de pluie, on apporte les rameaux pris sur une jeune genestière. Dans les jours où les moutons peuvent sortir, on les mène dans les vieilles genestières qu'on doit détruire un ou deux ans après ; car le pâturage sur place accélère considérablement la destruction de ces genestières.

Au reste, le semis & l'entretien des genestières ne diffèrent pas, dans ce cas, de ceux indiqués plus haut.

Si on laisse manger pendant long-temps & exclusivement du *genêt* d'Espagne à des moutons, ils sont exposés à une maladie de la vessie analogue à celle appelée Mal de brou, mais qui, comme elle, cède à un régime rafraîchissant & à un changement de nourriture.

Les lapins aiment aussi avec passion les rameaux du *genêt* d'Espagne, & on doit en cultiver pour leur en donner pendant l'hiver, dans tous les lieux où l'on spécule sur leur éducation.

Le miel des fleurs de cet arbuste est excellent & abondant ; ainsi il doit être pris en considération par les propriétaires d'abeilles.

Le *genêt* à fleurs blanches se cultive en pleine terre dans quelques jardins des environs de Paris, & s'y fait remarquer par l'éclat & le nombre de ses fleurs. La terre de bruyère est indispensable pour le faire prospérer. Souvent il meurt subitement, sans qu'on puisse en deviner la cause. C'est dans les corbeilles établies au milieu des gazons, ou sur le bord des massifs des jardins paysagers, qu'il se place de préférence. On le multiplie de même que le précédent; mais comme sur mille fleurs, à peine une donne-t-elle lieu à la formation d'une gousse, il est plus rare. J'en connois qui ont douze à quinze pieds de haut.

Parmi les espèces de *genêts* qui exigent plus impérieusement l'orangerie que ceux dont il vient d'être question, je signale comme les plus intéressantes à cultiver, celles appelées *sphérocarpe*, *monosperme*, dont les fleurs sont blanches & odorantes; *de Portugal*, *à ombelle*, *rayonné*, *odorant*. On ne les voit cependant guère hors des écoles de botanique.

La multiplication des *genêts* d'orangerie s'exécute presqu'exclusivement par le semis de leurs graines dans des terrines sur couche & sous châssis. Le plant levé se repique, l'année suivante, dans d'autres pots, & se conduit comme les vieux pieds.

La culture des *genêts* en pots exige des arrosemens fréquens pendant les grandes chaleurs de l'été, & les plus rares possibles dans toutes les autres saisons; un dépotement en automne pour mettre une nouvelle couche de terre autour des racines; le transport des pots dans une orangerie, ou mieux dans une serre tempérée, aux approches des gelées; les soins de propreté des pots pendant l'hiver; enfin, la sortie de ces pots lorsque les gelées ne sont plus à craindre. Tous ces objets sont indiqués en détail aux articles ORANGERIE, POT, DÉPOTEMENT, REMPOTEMENT, &c.

GENÉVRIER. *Juniperus*. Genre de plantes de la dioecie monadelphie & de la famille des crucifères, dans lequel se placent plus de vingt espèces, dont une est très-commune sur nos montagnes & dans nos bois en terrain sec, & dont plusieurs se cultivent pour l'ornement de nos jardins paysagers du climat de Paris.

Espèces.

1. Le GENÉVRIER commun.
Juniperus communis. Linn. ♄ Indigène.

2. Le GENÉVRIER de Suède.
Juniperus alpina. ♄ Des Alpes.

3. Le GENÉVRIER oxicèdre.
Juniperus oxicedrus. Linn. ♄ Du midi de la France.

4. Le GENÉVRIER d'Espagne.
Juniperus thurifera. Linn. ♄ D'Espagne.

5. Le GENÉVRIER du Cap.
Juniperus capensis. Lamarck. ♄ Du Cap de Bonne-Espérance.

6. Le GENÉVRIER des Barbades.
Juniperus barbadensis. Linn. ♄ Des Barbades.

7. Le GENÉVRIER des Bermudes.
Juniperus bermudiana. Linn. ♄ Des Bermudes.

8. Le GENÉVRIER de Virginie.
Juniperus virginiana. Linn. ♄ Du midi de l'Amérique septentrionale.

9. Le GENÉVRIER de Tournefort.
Juniperus orientalis. Bosc. ♄ De l'Asie mineure.

10. Le GENÉVRIER en arbre.
Juniperus excelsa. Willd. ♄ De l'Asie mineure.

11. Le GENÉVRIER de Phénicie.
Juniperus phænicea. Linn. ♄ D'Orient.

12. Le GENÉVRIER drupacé.
Juniperus drupacea. Labill. ♄ D'Orient.

13. Le GENÉVRIER fétide.
Juniperus fœtidissima. Willd. ♄ De l'Arménie.

14. Le GENÉVRIER de la Chine.
Juniperus sinensis. Linn. ♄ De la Chine.

15. Le GENÉVRIER de Sibérie.
Juniperus daurica. Pallas. ♄ De Sibérie.

16. Le GENÉVRIER à feuilles de cyprès, ou *sabine mâle*.
Juniperus sabina. Linn. ♄ Du midi de l'Europe.

17. Le GENÉVRIER à feuilles de tamaris, ou *sabine femelle*.
Juniperus tamariscifolia. Dumont-Courset. ♄ Du midi de l'Europe.

18. Le GENÉVRIER couché.
Juniperus prostrata. Mich. ♄ De l'Amérique septentrionale.

19. Le GENÉVRIER à feuilles roides.
Juniperus rigida. Desf. ♄ De la Nouvelle-Hollande.

20. Le GENÉVRIER à feuilles de soude.
Juniperus salsolæfolia. Dum.-Cours. ♄ De la Nouvelle-Hollande.

Culture.

Nous possédons dans nos jardins presque toutes ces espèces, mais sept d'entr'elles seulement sont susceptibles de passer l'hiver en pleine terre, dans le climat de Paris, sans craindre l'effet des fortes gelées de cette saison.

On distingue deux variétés principales dans le *genévrier* commun : l'une, la plus commune, rampe toujours sur le sol; l'autre s'élève sur une tige quelquefois haute de douze à quinze pieds & plus. J'ai lieu de croire que cette différence ne provient que de la position des pieds, les premiers se trouvant sur des pâturages arides & dénués d'arbres, & les seconds dans des bois où le sol est meilleur, & où ils sont garantis des bestiaux & des sécheresses.

Toutes les parties de cet arbrisseau exhalent dans la chaleur, quand on les frotte, quand on les brûle, une odeur aromatique agréable. Il flue naturellement de son tronc dans les pays chauds, une résine qui a la même propriété à un degré plus exalté, & qui pourroit servir économiquement d'encens, si elle étoit plus abondante dans le commerce. Ses baies, d'une odeur semblable &

d'une saveur âcre & amère, sont d'un fréquent usage en médecine & dans l'économie domestique. On en tire un extrait, une huile essentielle, un vin, une eau-de-vie. Elles échauffent, font transpirer, communiquent aux urines une odeur de violette, donnent du ton à l'estomac, purifient l'air des appartemens. Plusieurs quadrupèdes & plusieurs oiseaux, principalement la grive tardone, en sont très-friands.

Les montagnes seches (& ce sont principalement les calcaires) sont quelquefois entièrement couvertes de *genévriers* qui ne s'élèvent jamais à plus de trois à quatre pieds, & qu'on n'utilise que pour chauffer le four, ou au plus faire de mauvaises haies sèches, & qu'on devroit détruire entièrement pour livrer le terrain au pâturage. La révolution, en rendant à la circulation les terrains du clergé & en favorisant le partage de communaux, a produit ce résultat dans un très grand nombre de lieux. Partout on s'en est bien trouvé.

C'est principalement dans le midi de la France qu'on trouve des *genévriers* arborescens dans les bois; nulle part cependant je n'en ai vu beaucoup d'une certaine hauteur & grosseur. Leur tronc pèse sec quarante-un livres deux onces par pied cube. On en fabrique du merrain, des échalas d'une grande durée, de petits ouvrages de tour, d'une couleur rougeâtre & d'une agréable odeur.

Quoique piquant & dépourvu de fleurs remarquables, le *genévrier* se place assez fréquemment dans les jardins paysagers, soit au milieu des gazons & isolé, soit sur le bord des massifs. Couper ses branches inférieures petit à petit, à quelques pouces du tronc, est un moyen certain de le faire monter en arbre tant qu'il conserve sa flèche; mais je ne trouve pas les pieds ainsi mutilés aussi agréables que les autres.

Le *genévrier* vient de boutures & de marcottes; mais comme les pieds ainsi produits ne sont jamais beaux & que la graine ne manque jamais, c'est par son moyen qu'on le reproduit presqu'exclusivement. On met ces graines en terre aussitôt qu'elles sont récoltées. Une partie lève au printemps suivant, la plupart la seconde année, le reste la troisième. Le plant produit se relève successivement lorsqu'il est arrivé à six pouces de hauteur & se repique, dans une autre planche, à un pied de distance, pour y rester deux années, après quoi on le plante à demeure. Difficilement les pieds de plus de quatre ans reprennent, ainsi que le prouvent ceux qu'on lève dans le bois, dont quelquefois un seul sur cent se conserve vivant.

Il seroit très à desirer que les propriétaires des bois où les *genévriers* croissent avec succès, en augmentassent le nombre par des semis annuels, qui ne consisteroient qu'à donner un coup de pioche pour lever une petite pièce de gazon, qu'à jeter cinq à six graines sur la terre nue & à les recouvrir avec le gazon. Si le bois de *genévrier* d'un gros échantillon étoit plus commun, il se vendroit fort bien aux tourneurs & aux tabletiers.

Dans les montagnes de l'est & du centre de la France, où le *genévrier* est excessivement commun, on fait entrer les baies dans une boisson dans laquelle entrent également de l'orge, des poires, des pommes sauvages, des prunelles, des senelles, &c, boisson qu'on appelle *genevrette*, & qui n'est à l'usage que des plus pauvres cultivateurs. J'ai fréquemment goûté de cette boisson dans ma jeunesse, & j'ai toujours fait des vœux pour qu'on lui substitue une autre meilleure & moins malsaine, quoiqu'aussi économique, telle que celle constituée avec de la farine de seigle & du pain cuit, & une eau rendue légèrement amère par de jeunes pousses de *genévrier*, de buis, de ményanthe, de gentiane, &c.

Dans le nord de l'Europe on met toujours des baies de genièvre dans l'alambic, ou on distille l'eau-de-vie de grain pour donner leur goût à cette eau-de-vie & masquer en partie celui d'empyreume qu'elle a toujours. C'est le *gin*, si estimé des habitans de ces pays & des marins, mais que je n'ai jamais pu supporter. On n'en fabrique que très-peu, ou même point, dans la France actuelle.

Le *genévrier* de Suède croît au sommet des Alpes & au nord de l'Europe; il a les baies bien plus grosses, les feuilles plus larges & les tiges constamment couchées. Je l'ai cultivé dans les pépinières de Versailles pendant nombre d'années sans qu'il ait changé, ce qui me le fait considérer comme espèce.

Le *genévrier* oxicèdre se voit quelquefois en pleine terre dans les jardins des environs de Paris, mais il n'y a jamais une belle apparence, parce que quelques-uns des rameaux y gèlent toujours chaque hiver. C'est en pot, dans l'orangerie, qu'il faut le tenir pendant la mauvaise saison.

Dans le midi de la France on retire de son bois, distillé à la cornue, une huile essentielle fétide, qu'on appelle *huile de cade*, du nom vulgaire de l'arbre même.

Les *genévriers* d'Espagne, du Cap & des Bermudes, exigent encore plus impérieusement l'orangerie. On les multiplie de boutures faites sur couche & sous châssis. Je n'ai jamais vu leurs graines prospérer dans le climat de Paris.

Quatre espèces au moins portent le nom de la première de ces espèces (*thurifera*) dans les jardins des environs de Paris, mais on ne peut s'assurer de leurs caractères distinctifs, parce qu'elles ne fleurissent pas encore.

Le *genévrier* de Virginie s'élève à quarante ou cinquante pieds, ainsi que j'ai été dans le cas de m'en assurer dans son pays originaire, où j'en ai vu d'immenses quantités. En France on le cultive depuis plus d'un siècle, en pleine terre, pour l'ornement des jardins; je n'en connois pas un seul pied qui soit de la moitié de cette hauteur. Le terrain le plus sec & le plus sablonneux, pourvu qu'il contienne un peu d'humus, est celui où il prospère le mieux ; sa forme ordinairement conique, ses rameaux si nombreux, souvent pendans, & d'une couleur grisâtre, contrastent avec la forme & la couleur des autres arbres. Ses agrémens sont encore augmentés en automne, lorsqu'il est couvert de ses fruits bleus.

L'utilité de son bois n'est pas moindre. Il est léger & tendre, mais n'en passe pas moins en Caroline pour incorruptible. On en fait des seaux, des baquets, du bardeau, de la charpente, des canots. Sa couleur est rougeâtre & son odeur suave. C'est lui qui supplée au *genévrier* des Bermudes, aujourd'hui très-rare, par la grande consommation qu'on en a fait pour le revêtissement des crayons dits *de mine de plomb* (plombagine). Aucun insecte ne l'attaque.

Comment se fait-il donc qu'un arbre si beau & si utile ne soit pas encore sorti de nos jardins? La connoissance de ses avantages me l'a fait multiplier avec excès pendant que j'étois à la tête des pépinières de Versailles, & m'en a fait distribuer en outre des millions de graines tous les ans. Hé bien, j'ignore s'il existe un seul bois qui en soit planté. Aujourd'hui je n'ai plus que des vœux à faire pour sa propagation, & je les fais.

La terre de bruyère est celle qui convient le mieux pour le semis des graines du *genévrier* de Virginie. On les met en terre au printemps, à l'exposition du nord. La seconde année, à la même époque, on relève le plant pour le placer à deux pieds de distance, dans de la terre ordin ire, mais sableuse, où il reste encore deux ans, après quoi il est planté à demeure.

La cause qui fait qu'aucune plantation en graines du *genévrier* de Virginie n'a réussi, est probablement que le plant bien levé périt par suite des sécheresses de l'été ; car j'ai souvent vu les plantations que j'avois fait faire, perdre beaucoup de pieds par cette cause, & cependant ils étoient déjà forts & ils étoient plus enfoncés en terre que s'ils eussent levé en place. Je conclus de cette observation qu'il faudroit faire les semis en grand entre deux rangées de topinambours, écartés de deux à trois pieds, afin que le plant ait de l'ombre pendant les deux premières années.

On plante le *genévrier* de Virginie dans les jardins paysagers où isolé au milieu des gazons, groupé au premier rang des massifs. Il produit peu d'effet en bosquet. La serpette ne doit le toucher que pour arrêter des branches irrégulières : tout élagage altère sa beauté. C'est dans le jardin du Petit-Trianon qu'il faut aller pour apprécier toute sa valeur comme arbre d'agrément, parce qu'il s'y voit des pieds de plus cinquante ans, dont plusieurs sont disposés avec beaucoup d'intelligence.

Le *genévrier* de Tournefort est un superbe arbre qui file droit & s'élève fort haut. Il seroit possible qu'il fût une simple variété du *genévrier* en arbre. Je n'en connois que deux pieds en France, l'un au jardin du Muséum, l'autre à Domont, chez M. Gillet-Laumont.

Les deux *genévriers* sabine sont originaires du midi de l'Europe. On les cultive dans les jardins du climat de Paris pour l'usage de la médecine, qui les regarde comme le plus puissant des emménagogues : leur odeur aromatique, résineuse, très-exaltée, est désagréable à beaucoup de personnes. Le second offre une variété panachée qu'on rencontre plus fréquemment que son type. Dans l'état sauvage, ils s'élèvent de huit à dix pieds. Dans les jardins, ils sont presque toujours couchés. On les multiplie de marcottes, de boutures & de graines, mais plus fréquemment des deux premières manières. Leur effet, comme arbustes d'agrément, est presque nul ; mais il est cependant peu de jardins paysagers qui n'en offrent pas.

Le *genévrier* couché se rapproche beaucoup des précédens. On ne le trouve que dans les grandes collections & les écoles de botanique : sa multiplication s'effectue comme la leur.

GERENTÉE. Vase de bois servant de mesure au raisin qui se met dans la cuve. *Voy.* VENDANGE.

GERMON D'ORGE. C'est, à Lyon, l'ORGE GERMÉ, dont on a extrait tout le principe soluble, par l'ébullition, dans la fabrication de la bière.

Ce *germon* sert à l'engrais des bestiaux & aux terres. *Voyez* BIÈRE.

GHIE. Nom du BEURRE rance dans l'Inde, où on n'en consomme pas de frais.

GINGKO. *Salisburia.* Arbre du Japon, de seconde grandeur, qui s'y cultive pour son fruit, dont l'amande, crue ou cuite, est un très-bon manger, & qui seul constitue un genre dans la monœcie polyandrie.

C'est Kœmpfer qui nous a donné les premières notions sur le *gingko* dans son *Histoire du Japon*, mais sans nous indiquer le mode de sa culture. Depuis lui, il a été apporté en Angleterre, où les premiers pieds ont été payés 120 fr. pièce, somme considérable alors, d'où le nom d'*arbre de 40 écus*, qu'il porte encore parmi les jardiniers. Aujourd'hui il est commun, se multipliant avec beaucoup de facilité par boutures faites avec des rameaux de l'année, coupés au printemps, sur le bois de l'année précédente, & placés plusieurs ensemble dans des pots remplis de terre de bruyère, sur COUCHE & sous CHASSIS. Ces boutures poussent foiblement les deux premières années ; ainsi ce n'est qu'à la troisième qu'il convient de les séparer, pour les mettre isolément dans d'autres pots.

Pendant tout ce temps, & encore deux ans après, on tient les *gingkos* dans l'orangerie pendant l'hiver, après quoi on les plante en pleine terre, dans une exposition humide & chaude : les plus grands froids ne leur occasionnent alors aucun dommage.

La forme singulière des feuilles du *gingko* est ce qui le rend le plus remarquable ; ses fleurs mâles, les seules qu'il ait encore montrées en France, sont petites, vertes & sans odeur. Ordinairement on le place au milieu des gazons, sur le bord des eaux, autour des fabriques, & on le laisse pousser en liberté ; seulement on le force à prendre une flèche, au moyen d'un tuteur, lorsqu'il n'en a pas naturellement.

GINGUET. Nom qui se donnoit jadis aux vins âpres qui font grimacer ceux qui les boivent ; d'où *guinguette*. *Voyez* VIN.

GLU. Résine molle, retirée des écorces du HOUX & du GUI, laquelle, par sa viscosité, s'attache aux plumes des petits oiseaux, & les arrête assez long-temps pour donner aux chasseurs le temps de les prendre à la main.

La fabrication de la *glu* s'exécute de la manière suivante. On râcle l'épiderme des deux arbres précités, puis on enlève le reste de l'écorce, qui est pilée & mise dans un pot, au centre d'un tas de fumier nouveau. Au bout de huit à dix jours on retire le pot & on lave la *glu* alors faite, à grande eau, en la pétrissant dans tous les sens, pour enlever les restes d'épiderme & les filamens qui s'y trouvent mêlés. Elle se conserve en lieu très-frais dans un grand vase plein d'eau.

Pour employer la *glu*, on en prend une partie dont on laisse l'eau s'évaporer par son exposition à l'air pendant quelques heures, puis on en enduit des petits brins d'osier, au moyen de la chaleur du soleil ou de celle du feu. C'est contre ces brins d'osier, qu'on appelle GLUAUX, qui se placent ou sur la terre, au bord des fontaines & des ruisseaux, ou sur des arbres dépourvus de feuilles, que se prennent les petits oiseaux qui se posent dessus. *Voyez* PIPÉE & le *Dictionnaire des Chasses*.

La *glu* se conserve bonne un ou deux ans, au moyen de la précaution indiquée.

GLUAUX. *Voyez* l'article précédent.

GLUI ou GLUYS. PAILLE DE SEIGLE privée des plus petits chaumes, qui sert à faire des paillassons, des liens, à garnir les chaises, &c.

GOGNIER. Synonyme de NOYER.

GOISE. Sablon argileux provenant de la décomposition des roches calcaires primitives du Jura, lequel s'utilise pour recouvrir les allées des jardins & ferrer les grandes routes.

GONDOLES. Petits FOSSÉS qui limitent les champs dans les environs de Toulouse.

GORRAUX. Synonyme de COLLIER DE CHEVAL.

GOUAIS. Variété de RAISIN.

GOURME. Nouvelle VIGNE aux environs d'Orléans.

GRAUZEL. Maladie du FROMENT, qui est occasionnée par l'excès de la sécheresse de l'été. *Voyez* ce mot & le mot BLÉ ÉCHAUDÉ.

GRAVE ou GRÈVE. TERRAIN composé de GRAVIER.

GRAVIÈRE. Mélange de VESCES & de LENTILLES, qui se sème avant l'hiver, soit pour fourrage, soit pour enterrer en fleur. *Voyez* MÉLANGE, PRAIRIE TEMPORAIRE & RECOLTES ENTERRÉES.

GRAVINCHON. Variété de prune qui se cultive aux environs d'Amiens pour faire des pruneaux.

GRENADE. Fruit du GRENADIER.

GRENADIER. *Punica*. Genre de plantes de l'icosandrie monogynie & de la famille des myrthoïdes, formé par un arbuste dont, à raison de la beauté de ses fleurs & de la bonté de ses fruits, la culture est fort étendue dans plusieurs parties de l'Asie, de l'Afrique & de l'Amérique, & principalement dans le midi de l'Europe, qu'on trouve même très-fréquemment dans les orangeries des parties septentrionales de la France.

Il y a tout lieu de croire que le *grenadier* est originaire de la Barbarie, d'où il a été porté en Italie, en Grèce, en Asie, en Espagne, & de-là, par les navigateurs modernes, en Amérique. Cependant il y en a un dans ce dernier pays qui paroît y être indigène, & que quelques botanistes regardent comme formant une espèce particulière : c'est le *grenadier nain*.

Ainsi que la plupart des autres arbres qu'on cultive depuis long-temps, & qu'on peut multiplier autrement que par le semis de leurs graines, le *grenadier* fournit un grand nombre de variétés, dont les plus communes en France sont :

Le *grenadier sauvage* ou *à fruits très-acides*. Il croît naturellement dans les lieux incultes des parties méridionales de la France. Ses fleurs & ses fruits sont plus petits, & les rameaux plus épineux. On en tire un parti très-avantageux pour faire des haies.

Le *grenadier à fruits doux & acides en même temps*. Il diffère peu du précédent, mais a les fleurs plus grandes & les fruits plus gros. On voit déjà en lui les effets améliorans de la culture. On l'emploie aussi à faire des haies.

Ces deux variétés, qui doivent être regardées comme très-voisines du type de l'espèce, se reproduisent par leurs graines.

Le *grenadier à fruits doux*. C'est une variété très-altérée, puisque ses graines rendent la précédente. C'est celui qu'on cultive de préférence, pour son fruit, dans les parties méridionales de la France, & souvent dans les orangeries des parties septentrionales, quoiqu'il y prospère moins que les suivans, à raison du degré de chaleur qu'il exige.

Le *grenadier à très-grandes fleurs simples.*

Le *grenadier à très-grandes fleurs doubles.*

Cette dernière variété mérite d'être cultivée de préférence, pour ses fleurs, dans les orangeries des parties septentrionales de la France, à raison de ce qu'elle fleurit tard & de ce que ses fleurs restent plus long-temps sur l'arbre.

Le *grenadier à fleurs semi-doubles.*

Le *grenadier à fleurs complètement doubles.*

C'est dans les orangeries des parties septentrionales de la France qu'on trouve le plus fréquemment ces deux variétés, qui sont toujours extrêmement fournies de fleurs d'un grand éclat.

Le *grenadier à fleurs blanches doubles.*

Le *grenadier à feuilles & à fleurs panachées de jaune.*

Le *grenadier à fleurs jaunes.*

Le *grenadier prolifère*, c'est-à-dire, dont les fleurs sont l'origine d'une autre fleur.

Ces quatre variétés sont moins belles que les précédentes, le rouge étant la plus brillante de toutes les couleurs; aussi n'y a-t-il que les amateurs de collections qui les recherchent; aussi ne sont-elles pas communes dans le commerce.

Le *grenadier nain.* Il est plus petit dans toutes ses parties & beaucoup plus sensible à la gelée. On l'emploie en Amérique à faire des haies. Il demande au moins la serre tempérée dans le climat de Paris.

On dit que, dans son pays natal, le *grenadier* forme toujours un buisson; mais dans le midi de l'Europe & dans nos jardins on le force souvent à devenir un petit arbre, & en conséquence on l'élague dans sa jeunesse, on le taille fréquemment, & on supprime tous les ans les acerus qu'il pousse de ses racines.

Cette disposition du *grenadier* à pousser des tiges de ses racines, ses épines, son indifférence pour le terrain, son défaut d'appétence pour les bestiaux, le rendent, ainsi que je l'ai déjà observé, très-propre à former des haies; aussi, dans le Midi, lui donne-t-on habituellement cet emploi, qui ne l'empêche pas de porter des fruits, toutes les fois qu'il n'est pas trop tourmenté par le croissant. Je dois donc entrer dans quelques détails sur la formation des haies qui en sont composées.

Une haie de *grenadiers* se plante toujours à dix ou douze pouces de distance, dans une tranchée d'un pied de profondeur, tantôt, & c'est la manière la plus économique, mais la moins sûre, avec des boutures; tantôt avec des plants enracinés, levés autour des vieux pieds. Lorsque le terrain est très-sec, on donne quelques arrosemens pendant les grandes chaleurs de l'été. Toujours on bine & on remplace les plants morts à l'entrée de l'hiver. A trois ans on coupe à deux ou trois pieds toutes les tiges qui montent plus haut, & on tond les deux côtés à six pouces des troncs, pour déterminer une plus grande production de branches. Alors, si on veut une haie rustique, propre à donner du bois de chauffage & du fruit, on n'y touche plus. Si on demande une haie peignée, on recommence la même opération tous les ans ou tous les deux ans.

Il est à observer que le *grenadier* ne pousse pas de bourgeons sur son vieux bois, de sorte que toujours la haie rustique se dégarnit du pied assez promptement; c'est pourquoi il est bon, si elle n'est pas suffisamment pourvue de rejetons sortant des racines, de la fortifier par des plantations de fragon, d'asperge frutescente, de paliure, &c., ou de la couper plus fréquemment rez-terre. Cette opération rendant la haie de peu de défense l'année où elle est faite, il paroît qu'il seroit mieux de couper successivement les pieds les plus gros & les plus dégarnis, & ce d'autant mieux, que les jeunes pousses ne craignent point l'ombre. Par ce moyen on auroit une haie perpétuelle, ce qui est d'un grand avantage.

Je dois observer que les grenades venant sur des haies ou sur des buissons ne sont jamais aussi grosses ni aussi bonnes que celles venues sur des tiges isolées, ce que j'attribue à la grande quantité des rejetons produits par les racines, rejetons qu'on enlève bien quelquefois tous les ans ou tous les deux ans, mais qui repoussent toujours en plus grand nombre, & qui épuisent les tiges principales.

Lorsqu'on est parvenu, à force de soins, à donner une tige unique à un pied de *grenadier* destiné à produire du fruit, on doit tailler sa tête tous les ans, parce que c'est de l'extrémité des branches de deux ans que sortent les fleurs, & qu'il convient par conséquent de multiplier ces branches.

Passé le 41e. degré de latitude, on ne peut plus tenir les *grenadiers* en pleine terre & en arbre; mais jusqu'au 46e., il est possible de les cultiver encore en pleine terre, en les palissadant contre un mur exposé au midi, quoique leurs fruits ne mûrissent pas toujours. Il en est-même encore à Paris ainsi disposés, qui, lorsqu'ils sont couverts, pendant l'hiver, amènent leurs fruits à moitié de leur grosseur, mais ces fruits sont immangeables; aussi est-ce pour les fleurs seulement qu'on les conserve.

La conduite des *grenadiers* en espalier n'est pas difficile, attendu qu'ils ne demandent à être palissadés que les deux ou trois premières années. Aussitôt que leurs tiges ont acquis un pouce de diamètre, il n'est plus besoin que de raccourcir, soit pendant l'été, soit pendant l'hiver, les branches qui s'avancent trop sur le devant, qui s'élèvent trop au sommet, que de couper celles qui ont poussé au milieu des autres ou au pied.

Pendant l'hiver on les garnit de paille, de fougère, de feuilles sèches pour les garantir des gelées. On laboure leur pied au printemps, & de loin en loin on les fume, mais peu à la fois, car les engrais ne leur sont pas avantageux.

La grandeur, l'éclat, le grand nombre, la durée des fleurs du *grenadier*, le mettent au premier rang parmi les arbres d'agrément. C'est comme tel qu'on le voit en caisse dans toutes les orangeries de luxe, soit en arbre, soit en buisson. Il en est dans celle de Versailles qui se font remarquer par l'irrégularité de leur tige, qui ont plusieurs siècles d'existence, & qui se chargent chaque année de fleurs. Dans ce cas, ce sont les variétés à fleurs doubles ou semi-doubles qu'on préfère, & avec raison, parce que leurs fleurs se conservent plus long-temps sur l'arbre.

Il faut des soins très-multipliés aux *grenadiers* en caisse: d'abord une terre composée, ensuite une taille annuelle rigoureuse, puis des arrosemens pendant toute l'année, surtout en été; enfin les rentrer à l'approche des froids. Toutes ces opérations sont coûteuses. *Voyez* ORANGER & ORANGERIE, mots où elles sont détaillées.

Toutes les voies de multiplication s'appliquent au *grenadier* en caisse comme à celui en pleine terre, mais ce sont celles des rejetons & les boutures qui sont les plus pratiquées, comme les plus simples & les plus promptes à donner des résultats.

Si on vouloit cependant employer celle du semis, on placeroit leurs graines dans des terrines sur couche & sous châssis, au printemps. On repiqueroit à la même époque, l'année suivante, le plant qui en seroit provenu, isolément dans des pots qu'on rentreroit dans l'orangerie pendant l'hiver, & qu'on traiteroit comme les vieux pieds. Ce n'est qu'à huit ou dix ans que ces pieds commenceroient à donner des fleurs.

Les feuilles des *grenadiers* tombent de bonne heure en automne, & poussent tard au printemps; c'est ce qui fait qu'on les place dans la partie la moins éclairée & la plus humide de l'orangerie, derrière les autres arbres.

L'écorce du *grenadier* & celle de son fruit, ainsi que ses fleurs, sont très-astringentes. La première s'emploie pour teindre en noir & pour tanner les cuirs dans les pays chauds. La seconde est d'usage en médecine, sous le nom de *Malicorium*. Les troisièmes s'y utilisent aussi sous celui de *Balauste*.

La pulpe des fruits est plus ou moins acide & très-rafraîchissante. On en fait une consommation fort étendue dans les pays chauds. On en apporte beaucoup dans les villes du Nord, où on a le moyen de les payer, parce qu'ils jouissent de la faculté de se conserver long-temps, & que la médecine les ordonne souvent en sirop dans les fièvres & les maladies inflammatoires.

Le *grenadier* nain est plus délicat qu'aucune des variétés de l'espèce commune, mais il se conduit positivement de même. Il fleurit abondamment, & orne par conséquent beaucoup.

GRÈVE, ou GREZE, ou GREVETTE. Synonymes de GRAVIER & de SABLE dans le midi de la France.

GRÉSIL. Petits sphéroïdes à demi glacés qui tombent à toutes les époques de l'année, & qui ne font d'autre mal que de refroidir la surface de la terre. *Voyez* GRÊLE.

GRIGNE (terre qui). Se dit d'une terre qui ne se laboure pas bien lorsqu'elle est dans l'état qu'on regarde comme le plus favorable pour les autres. C'est quand elle est très-imbibée d'eau ou très-sèche, que cette opération s'exécute le mieux sur elle.

GRISET. Maladie des agneaux qui a beaucoup de rapports avec le PEIGNE SEC. *Voyez* ce mot & celui BÊTES A LAINE.

GRISON. C'est le FROMENT de Sibérie, & une sorte de TUF fort tendre.

GROAILLE. TERRE argilo-calcaire remplie de pierres, du département de Maine & Loire.

GROGNE. Armure de la charrue aux environs de Metz.

GROISON. Synonyme de GRISON, terre.

GRUMADOS. Grains de raisin qui tombent pendant la vendange.

GRUNER. On donne ce nom à la POURRITURE DES MOUTONS.

GUANO. FIENTE des oiseaux de mer qu'on emploie pour engrais au Pérou.

GUARENNE. Petit bois de gros chênes dans le département de la Haute-Vienne.

GUHR. Dépôts secondaires de MARNES qui sont très-propres à l'amendement des terres.

GUIMBARDE. C'est, aux environs de Paris, la VOITURE la plus employée pour transporter les céréales en gerbe & les fourrages des champs à la ferme, & de la ferme au marché. *Voyez* ce mot & ceux CHAR & CHARRETTE.

GYROLE. C'est le BOLET ESCULENT. *Voyez* ce mot.

H

HAGIS. Petits Bois plantés de main d'homme.

HALER. Synonyme de ROULER.

HALEZIER. *Halezia.* Genre de plantes de la dodécandrie monogynie & de la famille des ébénacées, dans laquelle se rangent quatre espèces d'arbustes, dont un est fréquemment cultivé dans nos jardins paysagers.

Espèces.

1. L'HALEZIER tétraptère.
Halezia tetraptera. ♄ Linn. De l'Amérique septentrionale.

2. L'HALEZIER diptère.
Halezia diptera. Linn. ♄ de l'Amérique septentrionale.

3. L'HALEZIER à gros fruits.
Halezia macroptera. Bosc. ♄ De l'Amérique septentrionale.

4. L'HALEZIER à petites fleurs.
Halezia parviflora. Mich. ♄ De l'Amérique septentrionale.

Culture.

L'*halezier* tétraptère est un petit arbre d'un aspect agréable lorsqu'il est garni de ses fleurs en cloches pendantes, blanches, nombreuses & se développant avant les feuilles, ainsi que j'ai eu occasion d'en juger très-souvent dans son pays natal, où il croît dans les sables humides. Il est un peu moins beau dans nos jardins, parce qu'il s'y garnit moins de fleurs & que sa tête y est rarement régulière, mais il s'y fait moins remarquer. Les gelées du climat de Paris ne lui nuisent jamais. Toujours il produit plus d'effet lorsqu'il est disposé en tête sur une tige de cinq à six pieds de haut. Cependant on le plante quelquefois au second rang des massifs.

Une plate-bande de terre de bruyère, au nord d'une fabrique, d'un bosquet, est la place qui lui convient le mieux. Presque toujours il est nuisible de lui faire sentir le tranchant de la serpette, autrement que pour régulariser sa tête & diminuer le nombre de ses branches.

La multiplication de l'*halezier* a lieu par les rejetons qu'il pousse assez fréquemment de ses racines, surtout lorsqu'elles ont été blessées; par fragmens de racines; par marcottes & par graines.

Les produits de ces trois premiers moyens de multiplication se placent en pépinière pendant deux ou trois ans, & peuvent ensuite être plantés à demeure avec assurance de succès, pour peu que la terre soit légère & l'exposition fraîche.

Les graines qui, certaines années, sont très-abondantes dans nos jardins, se sèment au printemps dans des terrines, sur couches & sous châssis. Le plant qui en résulte peut être repiqué au printemps suivant, en pleine terre, à dix ou douze pouces de distance, & deux ans après transplanté en pépinière, comme je l'ai indiqué plus haut. Ce n'est qu'à la cinquième ou sixième année qu'il est propre à être mis en place.

J'ai pris à tâche de multiplier ce joli arbre pendant que j'étois à la tête des pépinières de Versailles, de sorte qu'il est aujourd'hui très-fréquent de le voir dans les jardins des environs de Paris.

J'ai vu l'*halezier* à gros fruits cultivé dans les pépinières de Bolleville près Colmar.

Il est très-probable que l'*halezier diptère* n'est qu'une variété du *tétraptère*.

HAMAMELIS. *Hamamelis.* Genre de plantes de la tétrandrie digynie & de la famille des berbéridées, dans laquelle se placent deux espèces, dont une se cultive en pleine terre dans nos écoles de botanique & dans les collections de amateurs.

Espèces.

1. L'HAMAMELIS de Virginie.
Hamamelis virginiana. Linn. ♄ De l'Amérique septentrionale.

2. L'HAMAMELIS à grandes feuilles.
Hamamelis macrophylla. Pursh. ♄ De l'Amérique septentrionale.

Culture.

La première espèce est la seule qui se cultive dans nos jardins. C'est un arbrisseau de huit à dix pieds de haut, qui croît en Amérique, ainsi que je l'ai fréquemment observé, dans les terrains légers, humides & ombragés. On le cultive dans les écoles de botanique & dans les collections de plantes, mais il n'y donne jamais de bonnes graines, quoiqu'il y fleurisse tous les ans, en hiver, parce que les froids s'y opposent. Les plus fortes gelées ne lui font aucun mal. On le multiplie de graines tirées de son pays natal, de rejetons, dont il donne assez fréquemment quand il est planté en sol convenable, & de marcottes qui s'enracinent dans l'année.

Les graines se sèment dans des terrines remplies de terre de bruyère & placées sur couche & sous châssis. Elles ne lèvent quelquefois que la troisième année. Le plant se repique seul à seul l'année qui suit celle où il a levé, & se rentre l'hiver dans l'orangerie. A la troisième ou quatrième année, il peut être mis en place.

Les

Les rejetons se plantent quelquefois en place dès la seconde année.

Il en est de même des marcottes.

C'est dans les plates-bandes de terre de bruyère à l'exposition du nord, que cet arbuste se plaît le mieux. Comme, ainsi que je l'ai observé, il aime l'humidité, on doit couvrir ses racines de mousse, afin qu'il conserve celle des pluies & des arrosemens. On le met aussi au second rang des massifs.

L'époque de la floraison, la couleur & la forme des fleurs, ainsi que ses feuilles, le rendent remarquable; mais, malgré cela, il produit peu d'effet dans nos jardins.

HANGAR. *Voyez* ANGAR.

HANOCHE. FAGOT de grosses branches aux environs du Mans.

HAQUET. Tombereau à caisse triangulaire & suspendue sur deux tourillons, au moyen desquels la caisse peut être facilement retournée.

Cette sorte de voiture, fort employée aux environs de Paris, dans les travaux publics, est d'un service très-expéditif, & mérite d'être plus connue.

L'ingénieur Péronnet passe pour être son inventeur.

HARBEC. Synonyme d'URBEC. *Voyez* ATTELABE.

HARIDELLE. Cheval vieux & foible.

HART. Branche de bois flexible avec laquelle on lie les gerbes, les fagots, on attache les traverses des haies, &c.

Ce sont celles du chêne, du châtaignier, du coudrier, des saules, qui sont le plus fréquemment employées.

Quoique les moins durables, je voudrois voir préférer celles d'osier, comme les moins coûteuses; car je ne puis dissimuler que presque partout les premières sont le résultat de délits coupables.

On emploie ordinairement les *harts* encore vertes, en les tordant à leurs deux extrémités; mais lorsqu'elles ont subi cette opération, on peut les laisser sécher; alors il faut les mettre, ayant de les employer, vingt-quatre heures tremper dans l'eau.

HAYETTE. Petite BÊCHE propre à biner l'intérieur des HAIES. Elle est accompagnée de deux espèces de serpettes pour couper les branches de ces haies.

HÉBINE. C'est le DOLIC ONGUICULÉ, dans le département des Landes.

HÉDINGE. Nom des repousses des POIS de primeur gelés aux environs de Paris.

HÉMATOCÈLE. Engorgement produit par des coups dans le tissu cellulaire des bourses des chevaux.

Des cataplasmes émolliens suffisent souvent pour guérir un *hématocèle* récent.

Des scarifications deviennent quelquefois nécessaires pour guérir un *hématocèle* ancien. *Voyez* CHEVAL.

HÉPATITE. Inflammation du FOIE dans les animaux domestiques. On la reconnoît à la couleur jaune des lèvres & du tour des yeux. On la guérit par la diète & les boissons amères. *Voyez* JAUNISSE.

HERBODELI. Synonyme de CUSCUTE.

HERBOUTIER. Celui qui sarcle dans le midi de la France.

HERBUE. Terre végétale, pourvue de feuilles & de racines, qu'on lève sur les terrains vagues, pour améliorer le sol des VIGNES épuisées. *Voyez* ce mot & celui GAZON.

On donne aussi ce nom aux FRICHES.

L'*herbue froide* est le gazon des marais.

HÉRISSON. Quadrupède dont le corps est couvert de piquans, qui n'est pas très-commun & qui vit de taupes, de campagnols, de mulots, de souris, de limaces, d'escargots, de larves de hannetons, de vers de terre & de toutes sortes d'insectes.

Partout on détruit les *hérissons* pour le seul plaisir de le faire; car ils ne se mangent pas, & leur peau ne sert à rien. Cependant ils rendent constamment des services à l'agriculture en détruisant des animaux nuisibles.

J'en ai vu fréquemment nourrir avec un grand avantage dans des jardins clos de murs.

J'engage les cultivateurs à les protéger contre leurs enfans, qui se plaisent à les tuer uniquement pour s'amuser.

On donne aussi ce nom à un ROULEAU A POINTE & à un assemblage de pointes de fer, destiné à empêcher les maraudeurs d'entrer dans les jardins ou les vergers clos de murs.

HÊTRE. *Fagus.* Genre de plantes de la monœcie polyandrie & de la famille des amentacées, qui rassemble trois espèces d'arbres, dont un croît abondamment dans nos forêts, & offre un bois utile à un grand nombre d'emplois importans.

Observations.

Le genre des CHATAIGNIERS avoit été confondu avec celui-ci, mais aujourd'hui tous les botanistes les regardent comme devant être séparés.

Espèces.

1. Le HÊTRE des bois.

Fagus sylvestris, Linn. ♄ Indigène.

2. Le HÊTRE ferrugineux.

Fagus ferruginea. Ait. ♄ De l'Amérique septentrionale.

3. Le HÊTRE antarctique.

Fagus antarctica. Forster. ♄ De la Terre de Feu.

Culture.

Les montagnes élevées, dont le sol est calcaire, sont les lieux où les forêts de *hêtre* sont les plus fréquentes & les plus belles. On en trouve cependant aussi dans les plaines. Presque toujours, par l'effet de la loi des assolemens, il se substitue au chêne, c'est-à-dire, qu'une futaie de chêne, où il n'y avoit que quelques *hêtres*, est remplacée par une futaie de *hêtres*, où il n'y a que quelques chênes, des bois blancs & des buissons, qui disparoissent successivement, remplissant les intervalles.

Des arbres d'Europe, le *hêtre* est celui qui résiste le mieux à la violence des vents, car le chêne est plus souvent cassé & arraché que lui. Il convient pour garantir des ouragans les lieux qui y sont le plus exposés.

C'est aussi l'arbre indigène le plus beau. Qui n'a pas souvent admiré la grosseur de son tronc & de sa tête, l'uni de son écorce, le vert tendre de ses feuilles, &c.? Il produit, lorsqu'il est isolé, l'effet le plus imposant. Aussi, partout où il croît naturellement, en trouve-t-on de religieusement conservés depuis des siècles, sous lesquels la population voisine aime à se réunir pour danser & jouer : aussi doit-on en planter au moins un pied, loin de la maison d'habitation, dans les jardins paysagers, bien assuré qu'un jour il sera un but de promenade, un point de repos.

Un autre avantage du *hêtre*, c'est qu'il se couronne beaucoup plus tard que le chêne, ainsi qu'on peut s'en assurer dans toutes les forêts où ils se trouvent ensemble. Cet avantage doit être de première considération pour ceux qui veulent spéculer sur sa plantation.

Quoique le *hêtre* paroisse se plaire de préférence, comme je l'ai dit plus haut, dans les terrains calcaires, on le voit cependant croître dans tous : seulement il ne porte pas le plus souvent de bonnes graines dans ceux qui sont trop humides ou trop argileux. J'en ai vu de superbes dans des lieux où il n'y avoit pas six pouces de terre, mais où leurs racines pouvoient pénétrer dans les fissures des rochers : c'est là où leur bois est le meilleur.

Les qualités du bois du *hêtre* sont beaucoup inférieures à celles du bois de chêne, mais cependant il seroit difficile de s'en passer, à raison des services particuliers qu'on en retire. Quoiqu'il puisse souvent fournir des poutres de plus de cent pieds de long & d'un pied d'équarrissage, on le repousse de la charpente, comme trop cassant & trop sujet à être piqué par les vers. Il perd, selon Varenne de Fenille, près d'un quart de son volume par la dessiccation; ce qui fait qu'il se fend & se tourmente beaucoup tant qu'il n'est pas complétement sec. Il pèse, vert, 63 livres 4 onces, & sec, 54 livres 8 onces 3 gros par pied cube. Sa couleur est blanchâtre ou rougeâtre. Ses fibres transversales sont très-visibles.

Faire tremper pendant six mois un *hêtre* coupé dans l'eau, accélère sa dessiccation, l'empêche de se fendre, éloigne les vers. On connoît ces faits, & cependant il est rare qu'on en fasse l'application en France, tandis qu'en Angleterre cela a lieu généralement.

Les principaux usages du bois de *hêtre* sont :

1°. Pour le feu. Il brûle bien, tant vert que sec, mais se consomme rapidement dans le dernier cas; c'est pourquoi, dans beaucoup de cantons, on le coupe dans l'été pour le consommer l'hiver suivant. Il fournit d'excellent charbon pour les forges & autres usines. Ses cendres sont fort riches en potasse.

2°. En poutres, pour quelques pièces des navires, des charpentes rurales, des digues, &c.

3°. En madriers & en planches pour la menuiserie, l'ébénisterie, le tour. C'est son emploi le plus étendu.

4°. Pour des sabots, des ételles, des jougs, des bâts, des colliers, des jantes de roues, des affûts de canons, des rames, des pelles, qui se travaillent dans les forêts mêmes.

5°. En planches extrêmement minces pour des boîtes, des seaux, des tamis, des cribles, des hottes, des fourreaux de sabre, des étuis, &c. &c.

On procure à ce bois, lorsqu'on le destine à servir de manche aux couteaux appelés *Eustache Dubois*, une sorte de fusion qui le rend extrêmement dur, en le comprimant dans des moules de fer chauffés au rouge.

A raison de l'abondance d'acide acéteux qu'il contient, on le préfère pour la distillation, dans le but de retirer cet acide, & pour la préparation des viandes à la fumée.

On appelle *faîne* la graine du *hêtre*, laquelle est triangulaire & renfermée dans un brou, qui s'ouvre lors de sa maturité. Il est des années, des localités où il en est chargé à outrance. Les vaches, les cerfs, les sangliers & tous les quadrupèdes rongeurs en sont très-friands. Les enfans l'aiment presqu'autant que la noisette, lorsqu'elle est fraîche, &, pour la manger, la dépouillent de son écorce. Tous les cultivateurs voisins des forêts la recherchent avec ardeur pour en retirer de l'huile; en conséquence, ils la ramassent à la fin de l'automne, sous les arbres, soit une à une, à la main, soit en masse, avec des râteaux, des balais & des pelles, & l'apportent dans leur grenier pour la faire sécher & lui donner le temps de perfectionner son huile.

Généralement on extrait l'huile de la faîne sans

enlever son écorce, parce que son émondement est long & coûteux; mais cela a le grave inconvénient de faire perdre environ un septième de cette huile, & de donner à celle qui coule une saveur âcre & une couleur brune. Il vaut donc beaucoup mieux, & on le fait quelquefois, enlever leur écorce à la main vers la fin de novembre, époque où l'huile est entièrement perfectionnée, immédiatement avant de les soumettre à la mouture & à la presse.

L'huile de faîne bien faite est, à mon avis, & j'en ai fréquemment fait usage, de fort peu inférieure en bon goût à l'huile d'olive; même elle a sur elle l'avantage de pouvoir se garder dix ans & plus, lorsqu'on la conserve dans un lieu frais, & de s'améliorer même, pendant la première moitié de ce temps, en se débarrassant de la partie mucilagineuse qu'elle contient, par le seul effet du repos. *Voyez* HUILE.

Les semis de la graine du *hêtre* sont toujours peu considérables dans les pépinières, attendu qu'on n'y a besoin de plant que pour un petit nombre de jardins & pour la greffe des variétés, les plantations de bois se faisant toujours par des semis en place, à raison de la difficulté de faire reprendre les pieds de plus de deux ans. On les effectue ordinairement dans une planche bien labourée & à l'ombre, dès les premiers jours du printemps, avec des faînes conservées en terre ou dans la cave. *Voyez* SEMIS.

Lorsqu'on veut faire venir un bois de *hêtre*, il faut en semer la graine conservée de même, à la même époque, avec de l'avoine, sur une terre labourée à la charrue, la herser à plusieurs reprises pour bien enterrer cette graine, car elle craint autant la dent des animaux que son plant craint la sécheresse. Il faudroit tendre des piéges pour prendre les lapins, les lièvres, les écureuils, les mulots, les campagnols, &c.; il faudroit faire une enceinte pour empêcher les vaches, les cerfs, les sangliers d'entrer dans le semis & la plantation.

Il est des personnes qui ne labourent pas la totalité du sol: les unes tracent des lignes d'un pied de large avec la charrue, lignes dans lesquelles elles font des trous avec la pioche, à deux ou trois pieds de distance, & où elles en jettent quatre à cinq graines; les autres font ces trous simplement dans le gazon & en agissent de même.

Je préférerois le dernier moyen, quoique plus coûteux; surtout si j'avois planté l'année précédente, dans la direction du levant au couchant, des rangées de topinambours, qui garantiroient le plant de la sécheresse pendant ses deux ou trois premières années.

Une telle plantation de *hêtre* ne demande aucun soin subséquent, que de la garantir de la dent des bestiaux, si on est dans l'intention de la laisser venir en futaie. Si on veut en former un taillis, on devra la recéper à cinq ou six ans.

Peu d'insectes attaquent le *hêtre*, & aucun d'eux n'est commun.

Les vieux *hêtres* coupés ne repoussent plus utilement; ainsi il vaut mieux les arracher.

Une variété de *hêtre* a les feuilles brunes & cuivrées: on la nomme *hêtre pourpre*. Rien de plus brillant que l'effet qu'elle produit, lorsqu'elle est plantée de manière à contraster avec d'autres arbres, surtout au printemps, qu'elle semble être de feu lorsque le vent l'agite: aussi la multiplie-t-on beaucoup dans les jardins paysagers, au moyen des marcottes, de la greffe par approche & de la greffe à œil poussant, qui réussit bien quand on sait choisir le moment favorable. Il arrive souvent aussi que ses graines la reproduisent, ou des variétés à nuances plus foibles.

J'ai vu le *hêtre* ferrugineux dans les forêts de l'Amérique. Il se rapproche beaucoup du nôtre, ou mieux de sa variété pourprée, mais il forme certainement une espèce distincte. J'en avois apporté des graines, qui probablement n'ont pas levé. On le cultive en Angleterre.

On voit dans les pépinières & dans quelques jardins paysagers trois monstruosités de *hêtres* que je dois citer. Dans l'une, le *hêtre crête de coq*, les feuilles sont petites & réunies en paquets sur les rameaux; dans l'autre, les feuilles sont devenues presque toutes linéaires & fort longues: on l'appelle le *hêtre à feuilles de saule*; dans la troisième, la tige & les rameaux se contournent & se réfléchissent vers la terre: la seconde seule offre quelqu'intérêt.

HIÈBLE. Espèce du genre SUREAU.

HIPPOBOSQUE. Genre d'insectes diptère, dont une des espèces tourmente les chevaux, & une autre les moutons. C'est dans les parties dégarnies de poils, principalement sous la queue, qu'ils se placent pour sucer le sang de ces animaux. Il est difficile de les en débarrasser, parce qu'ils s'accrochent avec force à la peau, par le moyen de leurs griffes.

Comme les *hippobosques*, lorsqu'ils sont multipliés, font maigrir les chevaux & les moutons, soit parce qu'ils sucent leur sang, soit parce que les douleurs qu'ils leur font éprouver les empêchent de manger autant, les cultivateurs doivent les faire rechercher & tuer. Ils ne se sauvent pas à l'aspect de la main qui veut les prendre.

HIVERNAGE. C'est, dans quelques lieux, le labour qui se fait avant l'hiver.

HIVERNAUX. Nom des GRAINS qui se sèment avant l'hiver. *Voyez* SEMAILLES.

HOCHET. Sorte de BÊCHE, sur le fer de laquelle on peut appuyer le pied, attendu qu'il est incliné en dessus.

HOURDI. GRENIERS A FOIN, dont le sol est formé par de simples perches qui donnent passage

arbre n'a pas de séve d'automne. *Voyez* GREFFE.

Les *houx* panachés se placent dans les jardins paysagers, aux environs de la maison, à l'exposition du nord, au milieu des plates-bandes ou des corbeilles de terre de bruyère. L'automne est la saison la plus favorable pour leur transplantation. Il est rare de pouvoir leur donner une autre forme que la globuleuse; car ils sont encore plus sensibles aux gelées que le type, & ils craignent encore plus l'influence directe d'un soleil brûlant.

De toutes les autres espèces de *houx*, il n'y a que celui du Canada qui soit de pleine terre. Il lui faut une terre forte & une exposition froide. On ne peut le multiplier que de graines dont il donne dans le climat de Paris, & de marcottes qui reprennent beaucoup plus facilement que celles de l'espèce précédente, sur lequel il ne se greffe pas, étant par ses fleurs diclines & par ses feuilles caduques, déjà fort loin de sa nature. Comme il ne jouit d'aucun agrément, on ne le recherche que dans les jardins de botanique.

Je puis ranger dans la même catégorie le *houx* à feuilles caduques, quoiqu'il craigne les gelées du climat de Paris, & qu'il faille au moins le couvrir de feuilles ou de fougères pendant l'hiver, parce qu'il a beaucoup de rapports avec lui. Les pieds qui se trouvent dans les pépinières royales, y subsistent depuis quinze ans.

Il est possible de faire pousser en pleine terre le *houx de Madère* lorsque les hivers ne sont pas trop rigoureux; cependant, à raison de la lenteur de sa croissance, il n'est pas prudent de le tenter. On le multiplie de graines qu'il amène à maturité dans nos orangeries, de marcottes & par le moyen de la greffe sur l'espèce commune, greffe qui réussit souvent.

Le *houx opaque* croît plus rapidement que le nôtre, s'élève davantage, file toujours droit & acquiert la grosseur de la cuisse, ainsi que j'ai pu en juger dans les forêts de la Caroline, où il est fort commun. On fait avec son bois, dont la blancheur est éclatante, de fort jolis meubles de tour. Il y en a des pieds dans toutes les orangeries des environs de Paris, provenant des graines que Michaux & moi avons envoyées. C'est dans les terres argileuses qu'il se plaît le mieux. Je suppose qu'il se multiplie de marcottes & par la greffe sur le *houx* commun, dont il diffère fort peu.

Les *houx* à feuilles de laurier, à feuilles de romarin, & émétique, sont originaires du même pays que le précédent. On les cultive également dans nos orangeries, & on les multiplie de la même manière. Ils s'accommodent d'une terre très-sablonneuse & s'élèvent peu. Le premier varie infiniment dans la grandeur de ses feuilles. Le second est extrêmement joli dans son pays natal, lorsqu'il est couvert de fruits. C'est avec le troisième qu'on y compose les seules haies que j'y ai remarquées. Les deux premiers donnent annuellement des fruits dans nos orangeries, mais non le dernier. On dit qu'ils se multiplient de boutures, ce que je ne puis assurer, ne l'ayant pas essayé.

Je ne sache pas qu'on possède dans nos jardins aucune des autres espèces de *houx*. D'après leur habitation, on peut croire qu'il en est plusieurs d'entr'elles susceptibles d'être cultivées comme elles dans nos orangeries, & que toutes les autres exigeroient la serre chaude.

HOVER. Synonyme de LABOURER A LA HOUE.

HOYA. Le ROSEAU DES SABLES se nomme ainsi aux environs de Dunkerque.

HUBERT. Un des noms de l'ATTELABE DE LA VIGNE.

HYDROPISIE. Infiltration de la lymphe dans les tégumens ou dans les cavités du corps des animaux domestiques.

On appelle ASCITE l'*hydropisie* du bas-ventre; ANASARQUE ou LEUCOPHLEGMASIE, celle du tissu cellulaire; HYDROCÉPHALE, celle de la tête; *hydropisie* de la matrice, des ovaires, des bourses, du médiastin, de la plèvre, du péricarde, celle de chacun de ces organes.

Chaque sorte d'*hydropisie* a plusieurs causes & demande un traitement particulier pour chacune de ces causes, & comme on ne connoît pas toujours laquelle agit, il est fort difficile de guérir cette maladie. En général, les purgatifs répétés, les astringens, les alcalis, l'exercice modéré, sont les remèdes généraux qui sont employés avec le plus de succès. La ponction ne doit être faite que lorsqu'on a besoin de gagner du temps.

En général, les bœufs & les moutons doivent être envoyés à la boucherie dès qu'on aperçoit en eux les premiers symptômes d'*hydropisie*. Voy. HYGIÈNE.

I

IF. *Taxus.* Genre de plantes de la diœcie monadelphie & de la famille des conifères, dans lequel on place treize arbres ; dont un est indigène à nos montagnes élevées, & se cultive très-fréquemment dans nos jardins.

Observations.

Lhéritier a établi aux dépens de ce genre, celui qu'il a appelé *Podocarpe*, lequel contient aujourd'hui cinq espèces ici réunies avec les autres *ifs.*

Espèces.

1. L'If commun.
Taxus baccata. Linn. ♄ Indigène.
2. L'If du Canada.
Taxus canadensis. Rich. ♄ Du Canada.
3. L'If du Japon.
Taxus nucifera. Linn. ♄ Du Japon.
4. L'If à grandes feuilles.
Taxus macrophylla. Thunb. ♄ Du Japon.
5. L'If verticillé.
Taxus verticillata. Thunb. ♄ Du Japon.
6. L'If du Cap.
Taxus capensis. Lamarck. ♄ Du Cap de Bonne-Espérance.
7. L'If en faux.
Taxus falcata. Thunb. ♄ Du Cap de Bonne-Espérance.
8. L'If à larges feuilles.
Taxus latifolia. Thunb. ♄ Du Cap de Bonne-Espérance.
9. L'If velu.
Taxus tomentosa. Thunb. ♄ Du Cap de Bonne-Espérance.
10. L'If alongé.
Taxus elongata. Willd. ♄ Du Cap de Bonne-Espérance.
11. L'If à feuilles d'asplenium.
Taxus asplenifolia. Labillard. ♄ Du Cap de Bonne-Espérance.
12. L'If à feuilles dentelées.
Taxus serrata. Dumont-Courset. ♄ De. . . . .
13. L'If de montagne.
Taxus montana. Willd. ♄ Du Mexique.

Culture.

Nos pères regardoient l'*if* comme l'arbre le plus propre à orner leurs jardins & l'y multiplioient avec excès, non dans l'état naturel, mais tourmenté par les ciseaux & le croissant de la manière la plus opposée à cet état. En effet, la disposition en palissade, en boule, en cône, en pyramide, étoient les figures les plus simples qu'on leur donnoit, & qu'on répétoit à satiété dans des allées à perte de vue, autour des pièces d'eau, sur le bord des terrasses, dans les plates-bandes des parterres, &c. : on en disposoit en candelabre, en maison, en statue, &c. Ces formes, l'*if* les prenoit avec une grande facilité, tant il est peu délicat, & il souffroit en outre deux tontes rigoureuses par an, sans paroître en être affoibli. Aujourd'hui, il en est presqu'entièrement proscrit. A-t-on eu raison dans les deux cas ? Je ne le pense pas. Certainement l'*if* ayant un feuillage permanent, étant peu difficile sur le terrain, se prêtant très-facilement aux caprices du jardinier, vivant des siècles, se garnissant de branches très-rapprochées dans toute la longueur de sa tige, doit y être introduit, mais avec modération, mais avec intelligence, mais dans son état de nature. Chaque arbre a un mode d'agrément qui lui est propre, & même la couleur verte foncée du feuillage de l'*if*, couleur contre laquelle on s'est si souvent élevé, peut servir à faire valoir celle des autres.

Les fruits de l'*if*, qui sont d'un rouge vif, & qui se conservent sur l'arbre une partie de l'hiver, ne contribuent pas peu à l'embellir pendant cette saison.

Ainsi donc, je crois qu'on peut mettre un *if* taillé en cône, qui est la forme artificielle la plus rapprochée de la naturelle, aux extrémités, & même au milieu des plates-bandes des parterres, au centre d'un carré, à l'angle d'un bosquet, au sommet & à la base d'un escalier ; on peut encore en faire une palissade pour cacher un mur de terrasse ou de clôture, &c. &c.

La croissance de l'*if* est très-lente dans l'état naturel ; elle l'est donc excessivement lorsqu'il est annuellement privé de ses nouvelles pousses, & que par conséquent ses feuilles augmentent peu en nombre. (*Voyez* FEUILLE.) Aussi en tous pays cite-t on des pieds, ainsi taillés, qui ont plusieurs siècles. Il en est un en Angleterre, qu'on dit planté du temps de Jules-César.

Tout terrain qui n'est pas très-aride ou très-marécageux, est dans le cas de recevoir une plantation d'*ifs* ; cependant il se plaît le mieux, ainsi que je l'ai remarqué, dans les terrains fertiles & légers à l'exposition du nord. Il ne craint jamais les gelées, mais quelquefois les chaleurs de l'été, lorsqu'il n'est pas ombragé.

Comme les *ifs* qui sont le résultat des marcottes & des boutures, ne sont jamais aussi beaux & croissent plus lentement, dans leur jeunesse, que ceux venus de graines, c'est ce dernier moyen de multiplication qu'il faut employer, toutes les fois que cela est possible. C'est, en conséquence, le seul dont je faisois usage lorsque j'étois à la tête des pépinières de Versailles.

Les *ifs* font du nombre des arbres qui font foumis au repos après une forte production de graines; ainsi on n'en obtient en quantité que tous les trois ou quatre ans d'un même pied; mais lorsqu'on a beaucoup de pieds, il est rare qu'il se trouve une année où on n'en trouve pas suffisamment pour les besoins de la culture, aujourd'hui assez bornés, comme je l'ai observé plus haut.

Je dois dire en passant que les pépiniéristes n'aiment point cultiver cet arbre, parce qu'il n'est vendable qu'à huit ou dix ans, & qu'ils ne peuvent, aux environs de Paris surtout, où la location des terres est si chère, en obtenir un prix concordant avec leurs dépenses.

Lorsqu'on ne peut pas semer les graines de l'*if* aussitôt qu'elles sont récoltées, c'est-à-dire en décembre, il faut les déposer dans un pot, avec de la terre fraîche, & les descendre à la cave jusqu'au mois d'avril suivant; car si on les laissoit se dessécher beaucoup, elles ne leveroient que la seconde & même la troisième année. Malgré cette précaution, il est même rare qu'elles lèvent toutes l'année de leur semis; par conséquent on laisse le plant pendant trois ans dans la planche avant de le relever.

C'est dans une terre légère, bien amendée & bien labourée, à l'exposition du nord, qu'il convient de faire le semis de la graine de l'*if*; en conséquence, la terre de bruyère se mêle par moitié, dans une épaisseur de six pouces, à celle de la localité, lorsqu'elle n'a pas la qualité requise.

Au bout de trois ans donc, même un an plus tard, si les jeunes *ifs* sont foibles, on les relève pour les transplanter, toujours à l'ombre, dans une autre planche également préparée, à dix ou douze pouces de distance & en ligne. Là, ils seront binés deux à trois fois par an; trois ou quatre ans ensuite on les transplantera encore, en les espaçant du double, mais sans prendre la précaution de composer leur terre, & sans faire attention à leur exposition.

Dans ce nouveau local, les *ifs* seront également labourés en hiver & binés en été. Si on veut les faire monter en arbre, on coupera l'extrémité de toutes les branches, hors la montante; mais on se gardera bien de les élaguer, comme quelques pépiniéristes ignorans le font, parce que cette dernière opération retarderoit encore plus leur croissance.

Ces deux transplantations ont pour but d'accélérer cette croissance, en leur donnant de la nouvelle terre & de la terre nouvellement labourée, ainsi qu'à assurer leur reprise en leur procurant un bel empatement de racines.

Ainsi que je l'ai déjà observé, c'est entre huit & dix ans qu'il faut planter l'*if* à demeure; plutôt il ne se défend pas assez, plus tard, il est moins assuré dans sa reprise. Il faut ménager les racines autant que possible dans la déplantation, & les arroser après la plantation.

Nulle part, que je sache, on ne voit de forêts d'*ifs*. Dans les Alpes, seul lieu où j'ai vu cet arbre dans l'état de nature, & où il devient de jour en jour plus rare, il est dispersé au milieu des autres arbres. Quelque peu avantageux qu'il soit de le multiplier aux yeux de ceux qui ne pensent qu'à eux, l'excellence de son bois doit faire desirer aux pères de famille d'en planter dans leurs forêts pour l'usage de leurs arrière-petits enfans. Je leur annonce donc qu'il est très-propre à garnir les clairières, parce qu'il y prospère mieux qu'ailleurs, aimant, comme je l'ai déjà fait remarquer, l'ombre & la fraîcheur. Placer ainsi cinquante pieds par an, n'est pas un objet de grande dépense, & à la longue cette opération répareroit la destruction des *ifs* opérée par nos pères.

Il seroit également bon de tenter de semer, sur un seul coup de pioche, dans les mêmes places des forêts, à la fin de l'hiver, des graines fraîches d'*ifs*, en les recouvrant d'argile imprégnée d'arsenic pour empêcher les mulots de les manger.

L'aubier de l'*if* est blanc, mais très-dur. Son cœur, plus dur encore, est d'un beau rouge-orange, d'autant plus intense, qu'il provient d'un arbre plus vieux. On augmente encore cette intensité en mettant le tronc tremper plusieurs mois dans l'eau. L'un & l'autre sont susceptibles du plus vif poli. La retraite de ce bois par la dessiccation n'est que d'environ un quarante-huitième. Vert, il pèse 80 livres 9 onces, & sec, 61 livres 7 onces 2 gros par pied cube.

Le bois de l'*if* s'emploie dans l'ébénisterie pour faire des meubles d'un brillant aspect. Ses racines & son brousin offrent surtout des accidens d'une grande beauté. On l'emploie aussi dans les ouvrages de tour, avec un grand succès. Ces avantages expliquent pourquoi il a disparu des forêts, & doivent faire desirer qu'il s'y montre de nouveau.

Étant incorruptible, le bois de l'*if* peut être utilisé dans beaucoup de cas. Aucun ne lui est supérieur pour la fabrique des conduites d'eau, mais il est aujourd'hui trop cher pour servir à cet usage. Il en est de même pour le charronnage, auquel il est très-propre. Les échalas faits de ses rameaux durent trente ans.

Les feuilles de l'*if* sont regardées comme un poison pour les quadrupèdes pâturans. Des expériences directes & multipliées, faites à Paris, à Alfort, &c., ne permettent pas d'en douter. Cependant on rapporte que les cultivateurs de la Hesse & du Hanovre en nourrissent leurs bestiaux pendant l'hiver, & Wibord a constaté que, mêlées avec de l'avoine, elles sont sans danger, même pour les chevaux. Je crois, malgré ces autorités, qu'on doit se dispenser de les utiliser sous ce rapport.

Il n'en n'est pas de même du fruit. Les oiseaux non-seulement non-seulement n'en sont pas incommodés, mais même ils les aiment beaucoup. Les enfans, moi autrefois du nombre, en mangent, quoique très-fades, & ne s'en plaignent pas.

Il a été remarqué par Knigt, que les guêpes préféroient ce fruit aux raisins, & que c'est un bon moyen de les empêcher de nuire à ceux des treilles, que de placer quelques *ifs* dans leur voisinage. On peut en tirer du vin & de l'eau-de-vie, par suite de leur fermentation.

Les fruits de l'*if* du Japon se mangent dans ce pays. On tire de ses noyaux une huile abondante, bonne pour la table & la lampe.

Les espèces des numéros 10, 11 & 12 se cultivent dans nos orangeries, mais y sont de peu d'effet. On les multiplie de boutures. Les soins qu'elles demandent sont ceux généraux à tous les arbustes du même ordre.

INCLINAISON DU SOL. Disposition des terres qui les éloigne plus ou moins de l'horizontale, & qui, offrant d'un côté plus d'influence aux rayons du soleil, les rend plus précoces; de l'autre, facilitant l'action des eaux, les rend chaque jour moins fertiles.

Toujours les sols très-inclinés doivent être ou plantés en bois, ou laissés en pâturage, ou disposés en TERRASSES établies soit avec des pierres, soit avec des HAIES. Lorsqu'on les laboure à la charrue, il convient de faire les raies perpendiculaires à la pente. Lorsqu'on les laboure à la houe, il est avantageux de commencer par le haut pour remonter les terres.

C'est à l'oubli de ces précautions & à la culture de la vigne qu'est due la stérilité de tant de terrains inclinés qui n'offrent plus que la roche nue. *Voyez* aux mots MONTAGNE, COTEAU, COLLINE, VALLÉE & RIVIÈRE.

Le degré d'*inclinaison* des terres se mesure au moyen du NIVELLEMENT. *Voyez* ce mot & celui ARPENTAGE.

INDIGESTION. Défaut d'action de l'estomac sur les alimens qui y ont été introduits, soit par suite de la foiblesse de cet organe, soit par la nature de ces alimens ou leur trop d'abondance.

La nature, dans l'homme, agit très-souvent seule dans un de ces cas, en faisant VOMIR. *Voyez* ce mot.

Les chiens & les chats se débarrassent aussi par le même moyen de la surcharge de leur estomac.

Il n'en est pas de même du cheval, du mulet & de l'âne; s'ils vomissent, c'est très-rarement. En eux l'*indigestion* doit se terminer naturellement, en occasionnant la COLIQUE ou les TRANCHÉES (*voyez* ces mots), & on la guérit par les moyens employés pour ces maladies.

Les *indigestions* dans les RUMINANS ont un caractère fort différent, à raison de l'organisation de leurs estomacs; aussi le premier effet est-il une MÉTÉORISATION produite par le dégagement des gaz acide carbonique & hydrogène. *Voyez* ce mot, où il en sera question.

INOCULATION DU GAZON. On a donné ce nom à une opération qui consiste à placer en échiquier, sur une terre labourée, des gazons enlevés ailleurs, lesquels, poussant des rejets latéraux, font que les parties vides qui forment la moitié de la surface se garnissent d'herbe.

Comme il est évident qu'en semant l'espace entier en graines de prairies, on a de meilleur gazon & plutôt, les cas où on doit exécuter cette opération sont rares.

ISAIRE. *Isaria.* Genre de plantes de la famille des champignons, qui renferme plusieurs espèces, dont l'organisation est extrêmement simple, n'offrant que des filamens aplatis & ramifiés, mais dont la multiplication est très-nuisible aux cultivateurs, les arbres dont elles attaquent les racines périssant immanquablement, & leurs voisins périssant de même, si on ne s'oppose pas à ce qu'ils gagnent circulairement de l'un à l'autre.

J'en ai parlé aux articles BLANC DES RACINES. *Voyez* ce mot & ceux RHIZOSTOMME, SAFRAN, POMMIER.

ITCHAPALON. On appelle ainsi, dans l'Inde, une espèce de PALMIER, avec les feuilles duquel on fabrique des paniers.

J

JALLE. Couche de cailloux rapprochés & réunis par un ciment ferrugineux, qui existe dans les terres des LANDES de presque tous les pays, & qui est une des causes de leur infertilité. *Voy.* ce mot.

JARI-NÉGRIER. Synonyme de CHÊNE-TOZA.

JARISSADE. Clairière d'un BOIS, dans les environs d'Angoulême. On y récolte les TRUFFES.

JAS. Bergerie dans le département du Var.

JASMIN. *Jasminium.* Genre de plantes de la diandrie monogynie & de la famille de son nom, qui est composée de vingt-trois espèces, dont la plus grande quantité se cultivent dans nos jardins, en pleine terre ou dans l'orangerie, & se font remarquer par l'odeur extrêmement suave de leurs fleurs.

Espèces.

1. Le Jasmin commun.

Jasminium officinale. Linn. ♄ Des montagnes des Indes orientales.

2. Le Jasmin à grandes fleurs.

Jasminium grandiflorum. Linn. ♄ Des Indes.

3. Le Jasmin Des Açores.

Jasminium azoricum. Linn. ♄ Des Açores.

4. Le Jasmin à feuilles de troëne.

Jasminium ligustrifolium. Lam. ♄ du Cap de Bonne-Espérance.

5. Le Jasmin didyme.

Jasminium didymum. Vahl. ♄ De îles de la Société.

6. Le Jasmin flexible.

Jasminium flexile. Vahl. ♄ des Indes.

7. Le Jasmin tortueux.

Jasminium tortuosum. Vahl. ♄ De.....

8. Le Jasmin anguleux.

Jasminium angulare. Willd. ♄ Du Cap de Bonne-Espérance.

9. Le Jasmin nerveux.

Jasminium nervosum. Lour. ♄ De la Cochinchine.

10. Le Jasmin géniculé.

Jasminium geniculatum. Vent. ♄ Des îles de la mer du Sud.

11. Le Jasmin grimpant.

Jasminium volubile. Jacq. ♄ Du Cap de Bonne-Espérance.

12. Le Jasmin linéaire.

Jasminium lineare. Brown. ♄ De la Nouvelle-Hollande.

13. Le Jasmin divariqué.

Jasminium divaricatum. Brown. ♄ De la Nouvelle-Hollande.

14. Le Jasmin acuminé.

Jasminium acuminatum. Brown. ♄ De la Nouvelle-Hollande.

15. Le Jasmin mou.

Jasminium molle. Brown. ♄ De la Nouvelle-Hollande.

16. Le Jasmin émule.

Jasminium æmulum. Brown. ♄ De la Nouvelle-Hollande.

17. Le Jasmin à feuilles simples.

Jasminium simplicifolium. Vahl. ♄ Des îles des Amis.

18. Le Jasmin à feuilles de cytise.

Jasminium fruticans. Linn. ♄ du midi de la France.

19. Le Jasmin d'Italie.

Jasminium humile. Linn. ♄ D'Italie.

20. Le Jasmin jonquille.

Jasminium odoratissimum. Linn. ♄ Des Indes.

21. Le Jasmin glauque.

Jasminium glaucum. Linn. ♄ Du Cap de Bonne-Espérance.

22. Le Jasmin à fleurs nombreuses.

Jasmininm hirsutum. Hort. Kew. ♄ Des Indes.

23. Le Jasmin triomphant.

Jasminium triumphans. Hort. ♄ De.....

Culture.

Les *jasmins* des n°s. 1, 18 & 19 se cultivent en pleine terre dans le climat de Paris, & ceux des n°s. 2 & 3 se cultivent de même dans le midi de la France. Ceux des autres que nous possédons dans nos orangeries, & qu'on pourroit probablement aussi cultiver en pleine terre auprès des précédens, en Italie & en Espagne, appartiennent aux n°s. 4, 10, 11, 17, 20, 21, 22 & 23.

Un sol léger & chaud, une exposition méridionale, sont ce qui convient le mieux au *jasmin* commun, mais il vient partout. Les fortes gelées du climat de Paris frappent quelquefois ses branches de mort. Cependant il est très-rare qu'elles fassent périr ses racines. La disposition grimpante de ses tiges décide généralement à le palissader contre les murs, où il produit toujours un agréable effet, d'abord par l'élégance de la forme & le beau vert de ses feuilles, ensuite par ses nombreux bouquets de fleurs blanches & extrêmement odorantes, qui se succèdent jusqu'aux gelées; cependant il est facile de le forcer à former de petits arbres à tige droite & unique, comme on le voit si fréquemment dans les jardins des environs de Paris.

La culture de ce *jasmin*, disposé en palissade, ne consiste qu'en une taille à la serpette, un palissage, un labour pendant l'hiver, deux binages d'été, & un léger ébourgeonnage lorsque les rameaux poussent trop irrégulièrement. A cette époque, le but doit être de faire naître le plus possible de fleurs: aussi rien de plus absurde alors que la taille avec des ciseaux ou un croissant, qu'on lui fait quelquefois subir.

Lorsque les tiges sont gelées, on les coupe rez-terre, & deux ans après on a un pied plus touffu & plus garni de fleurs que celui qu'il remplace. C'est même une bonne opération que d'en agir de même tous les huit ou dix ans, car un vieux pied n'est jamais d'un aussi agréable aspect qu'un jeune.

Le *jasmin* qu'on veut tenir en boule se plante ou dans les plates-bandes des parterres, ou dans des pots, pour être placés sur des murs de terrasse, des fenêtres, des cheminées, &c.

La plus belle pousse que donne le pied ainsi planté, est redressée au printemps de l'année suivante au moyen d'un tuteur, & toutes les autres d'abord supprimées à mesure qu'elles se développent. L'année suivante, cette pousse a fourni des rameaux latéraux, qui sont d'abord taillés en crochet, & ce jusqu'à ce que le tronc soit arrivé à la hauteur desirée, qui ne doit pas être très-considérable; après quoi on coupe tous les crochets rez du tronc, & au moyen d'autres crochets secondaires & tertiaires, on forme la tête, à qui il n'est pas bon de donner plus d'un pied de diamètre, si on veut qu'elle soit proportionnée à la foiblesse de la tige.

Une taille annuelle, à la serpette, est nécessaire à la conservation de la régularité de la tête des *jasmins* ainsi disposés, mais elle doit être faite avec modération & intelligence. En général, ces sortes de *jasmins* donnent de petites fleurs & en petit nombre.

La multiplication du *jasmin* n'a lieu que par rejetons, par marcottes & par boutures, & c'est à cela qu'on attribue son manque constant de fruit. Les rejetons se lèvent en hiver & se mettent de suite en place. Les marcottes se font pendant tout le cours de l'été, & peuvent le plus souvent être mises en place au printemps suivant. Les boutures ne réussissent en pleine terre que lorsqu'elles sont faites dans un lieu frais & chaud; aussi préfère-t-on les faire dans des pots, sur couche & sous châssis, procédé par lequel elles manquent rarement. Les marcottes reprises sont mises en pépinière l'année suivante, & utilisées le plus souvent au printemps de celle d'ensuite.

L'odeur des fleurs du *jasmin* est bien plus intense dans les pays chauds que dans le climat de Paris; aussi c'est seulement dans le midi de la France qu'on peut l'introduire dans les corps gras, c'est-à-dire, dans l'huile ou le sain-doux, pour l'usage des parfumeurs, car elle ne peut être enlevée ni par l'eau distillée, ni par l'esprit-de-vin. Pour la fixer dans ces corps gras, on stratifie les fleurs, dans des boîtes bien fermées, avec des planches qui en sont enduites; mais aujourd'hui on n'emploie plus à cet objet, à Grasse & autres lieux de la ci devant Provence, que les fleurs de l'espèce suivante, qui sont plus grandes & plus odorantes.

Les Turcs font un grand cas des jeunes pousses du *jasmin* commun pour faire des tuyaux de pipe. En Perse, celles du cerisier mahaleb sont préférées.

Le *jasmin* à grandes fleurs s'appelle en Provence, où on le cultive beaucoup pour, comme je viens de l'observer, en introduire l'arôme dans de l'huile ou dans de la graisse, *jasmin d'Espagne*, *jasmin de Catalogne*. Il est plus sensible aux gelées que le précédent, s'élève moins & ne grimpe pas, mais ses rameaux restent toujours fort foibles.

On prétend à Grasse, où on le cultive en grand, qu'il ne peut se multiplier par marcottes & par boutures (chose impossible à croire); en conséquence on l'y greffe constamment sur le *jasmin* commun, à œil dormant & en place.

Ce *jasmin* demande une exposition chaude & un terrain fort engraissé; en conséquence on le plante sur la pente méridionale des coteaux, & on le fume tous les ans, au moment du labour d'hiver du champ où il se trouve. Tous les deux ans, au moins, on rapproche à quelques pouces du tronc la totalité de ses branches pour leur en faire pousser de nouvelles dont les fleurs seront plus grandes & plus nombreuses. Lorsque les gelées sont à craindre, on établit au-dessus des tiges un treillage de roseaux qu'on recouvre de paille, dans une plus ou moins grande épaisseur.

Les fleurs de cette espèce, cultivée en pleine terre, se succèdent pendant toute la belle saison, & se vendent chaque jour aux parfumeurs, qui doivent les employer avant qu'elles soient fanées.

La culture de ce *jasmin* est en faveur dans les pépinières des environs de Paris, parce qu'il est recherché dans cette ville, à raison de sa petite taille, de l'odeur & de la grandeur de ses fleurs, pour le mettre dans les appartemens pendant l'hiver. Le plus souvent les pépiniéristes tirent les pieds déjà greffés de Gênes, les font se fortifier pendant un an dans leurs établissemens, suppriment les boutons de fleurs qui se montrent, & les placent sous châssis aux approches des gelées, pour les faire fleurir & les vendre plus cher. Il ne paroît pas que cette floraison forcée nuise beaucoup à leur vigueur l'année suivante, ce qui prouve que dans son pays natal cet arbuste est en fleur toute l'année; cependant, soit pour cette cause, soit parce que le sujet s'épuise à pousser des rejetons à mesure qu'on les enlève, il est rare que les pieds se conservent plus de quatre à cinq ans.

Ce *jasmin* se taille chaque année, mais moins court qu'en Provence.

Il offre une variété à fleurs semi-doubles, qu'il est rare de voir s'ouvrir complétement.

Le *jasmin* des Açores est également cultivé dans nos orangeries, qu'il embaume au commencement de l'hiver, époque où il fleurit & qu'il embellit encore le reste de cette saison; conservant ses feuilles toute l'année. Il doit laisser pendre ses rameaux des branches des arbres sur lesquels il se soutient, ainsi que j'ai été dans le cas de le voir en Italie, où il passe l'hiver en pleine terre. Pour lui faire produire un bon effet dans nos orangeries, il faut l'y palissader, & on le fait rarement.

Cette espèce se multiplie très-facilement de marcottes & de boutures, ainsi que j'en ai acquis personnellement l'expérience. On la greffe aussi sur le *jasmin commun*, mais avec désavantage pour la grandeur des pieds, attendu qu'elle s'élève à plus du double de la hauteur de ce dernier. Une taille annuelle, même assez rigoureuse, lui est fort utile. Elle demande, comme la précédente & les suivantes, une terre substantielle, renouvelée en partie tous les deux ans, & des arrosemens fréquens pendant l'été.

Le *jasmin jonquille* est encore une espèce très-cultivée dans nos orangeries, & qui le mérite par la belle couleur & l'excellente odeur de ses fleurs. Il conserve ses feuilles & fleurit toute l'année. Ses rameaux ne grimpent pas; on doit les ménager à la taille, parce que les fleurs se développent sur les vieux comme sur les nouveaux. Le mettre sur un brin est avantageux pour l'agrément: du reste, tout ce qui a été dit à l'occasion des précédens, lui est applicable.

Les *jasmins* à feuilles de troëne, géniculé, grimpant, à feuilles simples, glauque, à fleurs nombreuses, triomphant, se cultivent dans quelques écoles de botanique & dans les orangeries de quelques amateurs, mais ils sont bien moins intéressans que les espèces précédentes: leur culture ne diffère pas de la leur.

Le *jasmin* à feuilles de cytise se cultive très-abondamment dans les jardins du climat de Paris, & y est rarement atteint par les gelées; mais il est de peu d'effet, quoique ses feuilles soient permanentes & que ses fleurs se renouvellent pendant tout l'été, parce qu'il s'élève peu, forme toujours des buissons très-denses, & que ses fleurs sont petites, peu nombreuses & sans odeur: sa hauteur surpasse rarement cinq pieds. C'est en buisson isolé au milieu des gazons ou au premier rang des massifs, ou pour cacher un mur, qu'on le plante le plus communément. Tout terrain & toute exposition lui conviennent; cependant il se plaît davantage dans celui qui est sec & léger, & dans celle qui est chaude. On le multiplie avec la plus grande facilité par ses rejetons, qu'il pousse chaque année avec une telle abondance, qu'il s'empare du terrain toutes les fois qu'on n'empêche pas son envahissement. Comme il donne abondamment des graines, il se multiplie souvent naturellement par cette voie. Si les bestiaux aimoient ses feuilles, il seroit, je n'en doute pas, très-avantageux de le cultiver pour fourrage. Dans son pays natal, il entre fréquemment, comme je l'ai observé, dans la composition des haies; mais s'il bouche les trous, il ne met aucun obstacle aux entreprises des voleurs.

Le *jasmin nain* a beaucoup de rapports apparens avec le précédent, cependant il s'élève à peine à un pied. Il ne se cultive que dans les écoles de botanique. Sa culture est la même que celle du précédent.

JASPE. Pierre siliceuse qui accompagne quelquefois le granit, & qui se décompose encore plus difficilement. Les agriculteurs sont rarement dans le cas de le prendre en considération, mais on en fait des tables, des vases souvent d'un très-haut prix.

JASSE. Lieu de repos des BESTIAUX dans les montagnes de l'Arriége.

JUJUBIER. *Ziziphus*. Genre de plantes de la tétrandrie monogynie & de la famille des rhamnoïdes, qui renferme vingt-un arbrisseaux ou arbustes, jadis placés parmi les NERPRUNS, dont les fruits servent de nourriture aux hommes, & sont, sinon cultivés, au moins protégés dans les pays qui leur sont propres.

Espèces.

1. Le JUJUBIER commun.
Ziziphus vulgaris. Lamarck. ♄ Du midi de l'Europe.

2. Le JUJUBIER des lotophages.
Ziziphus lotus. Lamarck. ♄ De Barbarie.

3. Le JUJUBIER de la Chine.
Ziziphus sinensis. Lamarck. ♄ De la Chine.

4. Le JUJUBIER des iguanes.
Ziziphus iguanea. Lamarck. ♄ Des Antilles.

5. Le JUJUBIER cotoneux.
Ziziphus jujuba. Lamarck. ♄ Des Indes.

6. Le JUJUBIER de l'Ile-de-France.
Ziziphus mauritiana. Lamarck. ♄ De l'Ile-de-France.

7. Le JUJUBIER ridé.
Ziziphus rugosa. Lamarck. ♄ Des Indes.

8. Le JUJUBIER à feuilles obrondes.
Ziziphus rotundifolia. Lamarck. ♄ De Ceylan.

9. Le JUJUBIER anguleux.
Ziziphus angulata. Lamarck. ♄ De .....

10. Le JUJUBIER à épines droites.
Ziziphus napeca. Lamarck. ♄ D'Egypte.

11. Le JUJUBIER du Pérou.
Ziziphus peruviana. Lamarck. ♄ Du Pérou.

12. Le JUJUBIER rayé.
Ziziphus lineatus. Willd. ♄ De Ceylan.

13. Le JUJUBIER de Saint-Domingue.
Ziziphus domingensis. Duhamel. ♄ De Saint-Domingue.

14. Le JUJUBIER somnifère.
Ziziphus soporifer. Lour. ♄ De la Chine.

15. Le JUJUBIER tomenteux.
Ziziphus tomentosa. Lamarck. ♄ De Saint-Domingue.

16. Le JUJUBIER à trois nervures.
Ziziphus trinervia. Cav. ♄ De l'île de Luçon.

17. Le JUJUBIER à ombelle.
Ziziphus umbellatus. Cav. ♄ De la Nouvelle-Espagne.

18. Le JUJUBIER du Cap.
Ziziphus capensis. Thunb. ♄ Du Cap de Bonne-Espérance.

19. Le JUJUBIER hétérogène.
Ziziphus heterogenea. Lamarck. ♄ Des Indes.
20. Le JUJUBIER sauvage.
Ziziphus agrestis. Lour. ♄ De la Cochinchine.
21. Le JUJUBIER laineux.
Ziziphus xylopirus. Willd. ♄ Des Indes.

Culture.

Les espèces des numéros 1, 2, 3, 4, 5, 10, 11, 12 & 13, se cultivent dans nos orangeries, mais y fleurissent rarement & n'y donnent jamais de fruits; aussi les amateurs n'en font-ils pas beaucoup de cas.

Il n'en est pas de même dans les pays chauds. Il en est au moins quatre qui sont regardés comme des arbres importans à raison de leurs fruits, qui, comme je l'ai déjà annoncé, servent de nourriture: ce sont ceux des numéros 1, 2, 4 & 10.

Le *jujubier* commun s'élève à quinze ou vingt pieds, & porte des fruits de la grosseur du pouce, dont la pulpe est fade, mais nourrissante, qu'on sert frais sur les meilleures tables du midi de l'Europe, & qu'on envoie secs dans toutes les grandes villes du Nord, pour l'usage de la médecine, qui les regarde comme adoucissans, expectorans, diurétiques, & les ordonne dans les maladies de la poitrine & des reins.

Cet arbre se plante dans les vergers, les haies, autour des maisons, mais ne reçoit aucune culture dans le midi de l'Europe, ainsi que je l'ai observé en France, en Espagne & en Italie. Sa végétation est lente, la durée de sa vie longue. C'est par le semis de ses fruits, effectué immédiatement après leur récolte, ou par rejetons, qu'on le multiplie.

Comme les noyaux de ces fruits ne germent le plus souvent que la seconde année, & que le plant qui en provient demande quelque surveillance dans ses deux ou trois premières années, on s'en tient ordinairement aux rejetons, qui se plantent déjà forts & qui s'oublient, & cela d'autant mieux qu'il en pousse toujours plus que le besoin n'en exige.

Si on vouloit se donner la peine de rechercher des variétés de *jujubier* les plus perfectionnées, & les multiplier par la greffe, il n'y a pas de doute qu'on pourroit augmenter beaucoup le mérite de son fruit sous plusieurs rapports, mais on ne sait probablement même pas que cela soit possible dans les pays où il croît.

C'est sur des claies & au soleil qu'on fait dessécher les *jujubes*.

Il semble, en considérant le *jujubier*, que peu d'arbres lui sont préférables pour former des haies; cependant, quelque quantité que j'aie vue, nulle part ils n'étoient employés à cet objet. Probablement que, comme le PALIURE (*voyez* ce mot), les pieds ne peuvent croître les uns à côté des autres.

Ainsi que je l'ai déjà observé, le *jujubier* ne peut subsister long-temps en pleine terre dans le climat de Paris, les gelées de dix degrés le frappant de mort; cependant, en le palissadant contre un mur exposé au midi & en le couvrant de paille ou de fougère pendant le fort de l'hiver, on peut le conserver un grand nombre d'années. Il est toujours grêle & de mauvaise apparence lorsqu'on le tient en pot pour pouvoir le rentrer dans l'orangerie pendant l'hiver. En conséquence, c'est uniquement dans les écoles de botanique qu'il se voit.

On doit à Desfontaines un très-beau Mémoire sur le lotier des lotophages, dont le fruit est bien inférieur à celui de l'espèce précédente, mais n'en sert pas moins de nourriture aux habitans des pays où il croît.

Le *jujubier* des iguanes est moins important, parce qu'il croît dans une contrée abondante en nourriture.

Ces deux espèces & autres indiquées plus haut se cultivent dans nos orangeries positivement comme le *jujubier* commun, & y brillent encore moins. Leur multiplication est difficile, puisqu'elles n'y donnent pas de graines, n'y poussent pas de rejetons, ne prennent pas de marcottes, & encore moins de boutures. On leur donne une terre substantielle, qu'on renouvelle en partie tous les deux ans, & on les arrose modérément. La serpette ne doit les toucher que le moins possible.

K

KALMIE. *Kalmea*. Genre de plantes de la tétrandrie monogynie & de la famille des rhodoracées, dans lequel se rangent neuf espèces qui presque toutes se cultivent dans nos jardins, qu'ils ornent même sans être en fleurs, leurs feuilles restant vertes toute l'année.

Espèces.

1. La KALMIE à feuilles larges.

Kalmia latifolia. Linn. ♄ De l'Amérique septentrionale.

2. La Kalmie à feuilles étroites.

Kalmia angustifolia. Linn. ♄ De l'Amérique septentrionale.

3. La Kalmie à feuilles glauques.

Kalmia glauca. Ait. ♄ De l'Amérique septentrionale.

4. La Kalmie velue.

Kalmia hirsuta. Walter. ♄ De l'Amérique septentrionale.

5. La Kalmie à feuilles de polion.

Kalmia polifolia. Hort. Angl. ♄ De l'Amérique septentrionale.

6. La Kalmie à feuilles en coin.

Kalmia cuneata. Mich. ♄ De l'Amérique septentrionale.

7. La Kalmie luisante.

Kalmia lucida. Dum.-Cours. ♄ De l'Amérique septentrionale.

8. La Kalmie tardive.

Kalmia serrotina. Dum.-Cours. ♄ De l'Amérique septentrionale.

9. La Kalmie naine.

Kalmia pumila. Dum.-Cours. ♄ De l'Amérique septentrionale.

Culture.

Les cinq premières espèces sont celles qui sont le mieux connues & les plus cultivées. Je les ai vues vivantes en Amérique & dans les jardins de Paris. Ce que je vais en dire, conviendra aux autres.

On n'a qu'une idée incomplète de la *kalmie* à larges feuilles en la voyant dans nos jardins. La première fois qu'elle a frappé mes yeux dans son pays natal, elle m'a enthousiasmé par sa beauté. C'est dans les lieux humides & découverts qu'elle croît naturellement; cependant elle prospère passablement bien, en France, dans une terre sèche & à l'ombre, mais il faut que cette terre soit celle de bruyère, fréquemment arrosée dans les chaleurs. Les buissons qu'elle forme ont presque toujours la forme d'une demi-sphère, & au plus hauts de trois pieds. La serpette ne doit la toucher que dans le cas de nécessité absolue. Les gelées du climat de Paris ne lui nuisent jamais.

Les parties des jardins paysagers où on place les *kalmies* à grandes feuilles, sont les corbeilles de terre de bruyère établies au milieu des gazons, autour des eaux, le long des massifs voisins de la maison. On donne à ces corbeilles un labour pendant l'hiver & deux ou trois légers binages pendant l'été. L'effet que font ces arbustes pendant le mois de mai, époque où ils sont en fleur, est remarqué par les plus indifférens.

La multiplication des *kalmies* a lieu par le semis de ses graines, dont elles donnent abondamment presque tous les ans, ainsi que par marcottes & par rejetons. Ces derniers sont peu abondans. Les secondes sont exposées à ne s'enraciner qu'au bout de deux ou trois ans, & à périr à la transplantation: ce sont donc les graines qui fournissent la plus grande partie des pieds qui se trouvent dans nos jardins; mais combien il en faut semer de milliers pour avoir un pied âgé de trois ans! En effet, la plus grande partie de ces graines, surtout lorsqu'elles sont récoltées en Europe, ne lèvent pas. La plus grande partie du plant qu'elles ont produit fond, comme disent les jardiniers, ou parce qu'il n'a pas été arrosé, ou qu'il a été trop arrosé, ou qu'il a été tenu trop enfermé, ou qu'il a été trop exposé à l'air, &c. La plus grande partie des pieds qui ont échappé à ces accidens, périssent dans la première, dans la seconde, dans la troisième transplantation.

Mais il faut dire ce qu'il convient de faire pour diminuer les effets de ces circonstances.

La graine récoltée à la fin de l'automne en coupant le corymbe des capsules, est laissée dans ces capsules jusqu'au mois d'avril, qu'on les répand sur la surface de terrines remplies de terre de bruyère, qui se placent sur une couche sourde sous châssis, à l'exposition du nord. On arrose fréquemment, mais peu abondamment ces terrines, & on y parseme quelques brins de mousse pour y conserver de l'humidité. Le châssis est d'abord constamment tenu fermé, ensuite on le lève d'autant plus que l'air est plus humide. Une petite négligence peut faire perdre en une demi-heure le fruit de tous les soins antérieurs. Le plant levé est à peine perceptible à la vue. Il se sarcle à la main, si nécessité y est. Les froids ne lui font aucun tort, mais bien les chaleurs.

Au bout de deux ans on repique les jeunes *kalmies*, qui ont alors trois à quatre lignes de hauteur, dans d'autres terrines également remplies de terre de bruyère, & mises à l'ombre, ou ce qui vaut mieux, en pleine terre, dans une planche au nord, planche composée de terre de bruyère améliorée avec du terreau de feuilles: dans ces deux cas les pieds sont écartés de cinq à six pouces, & arrosés pendant la chaleur.

Au bout de deux autres années, ces pieds, qui ont alors acquis six à huit pouces de haut, peuvent être relevés pour être plantés à demeure.

Beaucoup de pieds meurent par suite de ces deux opérations.

Le plus sûr moyen d'avoir des marcottes enracinées de la *kalmie* à larges feuilles, est de sacrifier un vieux pied & d'en coucher toutes les jeunes pousses aussitôt que cela est possible, parce que n'y ayant pas de rameaux droits, ils ne nuisent pas à la formation des racines dans ceux qui sont enterrés. Plus le bois avec lequel on fait ces marcottes est jeune, & plus on a lieu d'espérer une prompte réussite.

Ce n'est guère qu'à la sixième année que ces pieds commencent à donner des fleurs.

La culture de toutes les autres espèces se rapporte à celle-ci, excepté que, comme elles poussent plus facilement des rejetons, & qu'étant moins belles, on en demande moins, on sème plus rarement leurs graines. On ne voit guère ces dernières que dans les écoles de botanique & dans les collections des amateurs. Ce dernier cas étant, c'est sur le premier rang des plates-bandes de terre de bruyère, exposées au nord, qu'on les place le plus ordinairement.

KAOLIN. ARGILE sèche, provenant de la décomposition du FELD-SPATH des GRANITS. La PORCELAINE véritable est fabriquée avec celui qui est le plus blanc & le plus pur. Il est peu dans le cas d'être remarqué par les agriculteurs, quoiqu'il soit assez commun dans les MONTAGNES primitives.

KŒLREUTERIE. *Kœlreuteria.* Arbre de troisième grandeur, qui faisoit partie des SAVONIERS, mais que Lhéritier en a retiré pour former un genre particulier. Il est originaire de la Chine, & se cultive aujourd'hui dans la plupart de nos jardins, qu'il orne par son port pittoresque, par ses feuilles élégantes, rougeâtres dans leur jeunesse; par ses longues panicules de fleurs jaunes, auxquelles succèdent des fruits triangulaires, vésiculeux, également remarquables. C'est dans l'octandrie monogynie qu'il se place.

Une terre fraîche & substantielle est celle qui convient le mieux à la *kœlreuterie*, parce qu'elle y prend toute son amplitude, & que ses fruits, très-sujets à avorter, y réussissent plus constamment; cependant elle supporte celle qui est la plus sèche & la plus aride, même y gagne, la foiblesse de ses pousses lui donnant un aspect plus agréable.

Le milieu des gazons & les bords des massifs sont les lieux où il est le plus avantageux de planter la *kœlreuterie*, si on veut lui faire produire tout son effet. Elle se remarque à peine, lorsqu'elle n'est pas complétement isolée.

Long-temps on n'a multiplié la *kœlreuterie* que de rejetons, de racines, de marcottes & de boutures; mais aujourd'hui qu'on en possède dans les jardins des environs de Paris un grand nombre de pieds portant de bonnes graines, on préfère le faire par le semis.

Les graines se sèment donc au printemps, dans des terrines remplies de terre de bruyère, mêlée par moitié avec de la terre franche, qui se placent sur couche & sous châssis. Elles ne tardent pas à lever. On met à l'air ces terrines pendant les chaleurs de l'été, & on les arrose au besoin. L'hiver, on les rentre dans l'orangerie, car le plant de la *kœlreuterie* est susceptible des atteintes de la gelée. Au bout de deux ans, ce plant est repiqué en pleine terre, à vingt pouces de distance en tout sens, dans une pépinière où il est taillé en crochet, & où sa tête est formée, après quoi on le plante à demeure. Alors il est assez fort pour résister aux gelées, qui ne frappent plus que l'extrémité de ses branches; ce qui, loin de lui nuire, arrondit sa tête & lui fait pousser plus de panicules.

Lorsqu'on veut multiplier la *kœlreuterie* par marcottes, il faut sacrifier un pied, le couper rez-terre, & en coucher tous les printemps les pousses de l'année précédente. Alors ces marcottes prennent racines dans l'année & peuvent être levées au printemps suivant pour être mises en pépinière, comme il vient d'être dit.

Les rejetons & les racines se plantent immédiatement dans la pépinière, & se traitent comme le plant de deux ans.

Quant aux boutures, on est obligé de les faire dans des pots, sur couche & sous châssis, & de les traiter pendant deux ans comme le plant de semis.

J'ai multiplié cet arbre, pendant que j'étois à la tête des pépinières de Versailles, par tous ces moyens, pour pouvoir le rendre plus commun, & je crois avoir puissamment concouru à ce résultat.

L

LABDANUM. Résine qui se sécrète de plusieurs sortes de CISTES, & dont on fait usage en médecine.

LAME. Ce nom s'applique aux TERRES FRANCHES, aux environs de Tonnerre.

Il diffère trop peu du *loam* des Anglais, pour se refuser à croire qu'il sort de la même souche.

LAME. Jeune grappe de RAISIN dans le département de Maine & Loire.

LAMPAS. INFLAMMATION de la membrane muqueuse du palais des chevaux, qui quelquefois est assez considérable pour les empêcher de manger. On la guérit par le repos & la diète. La saignée & les purgatifs ne sont bons que lorsque les premiers moyens n'ont point de résultats. *Voyez* CHEVAL.

LANCIRON. COCHON de six mois aux environs de Langres.

LANGIT. Nom de pays de l'AYLANTHE.

LANTERNE. Petite enceinte destinée à empêcher le vent ou la pluie d'éteindre une lumière, ou une lumière de mettre le feu à des corps combustibles. Il y a des *lanternes* portatives & des *lanternes* suspendues à un plancher, fixées à un mur, &c. Leur forme varie sans fin. Il en est de même de la matière dont elles sont composées. Celles dont font usage les cultivateurs, sont ordinairement de fer-blanc, percées d'une grande quantité de trous & pourvues d'une fenêtre garnie de corne.

Aux environs de Bar-sur-Aube, les *lanternes* d'écuries sont entièrement formées de fils de fer disposés circulairement & très-rapprochés. C'est la lampe des mineurs de Davy. On peut, sans inquiétude, les recouvrir de paille, comme je l'ai souvent expérimenté : aussi je la regarde comme préférable à toutes les autres.

Les cultivateurs sont si souvent obligés d'aller, pendant la nuit, dans leurs écuries, leurs étables, leurs bergeries, même dans leurs greniers à foin, qu'ils ne peuvent trop se précautionner contre les incendies. Ainsi de bonnes *lanternes* leur sont indispensables.

LARDOIRE. Lorsqu'on coupe un gros arbre des deux côtés & qu'il tombe avant que la hache soit arrivée au centre, les fibres opposées au côté de sa chute sont tiraillées & cassent bientôt au-dessus de la surface de la souche, & il reste une épaisseur de bois longitudinale, plus ou moins saillante sur cette souche & plus ou moins garnie de longues & minces saillies. C'est cette épaisseur qu'on appelle *lardoire*. L'Ordonnance veut qu'elle soit enlevée. Lorsqu'il y a *lardoire*, le tronc de l'arbre perd de sa longueur & par conséquent de sa valeur.

LARY. Synonyme de FRICHE ou de PATURAGE dans les environs de Laon.

LASSAGNE. Pâté analogue au VERMICELLE, mais étirée en ruban.

LASSITUDE DE LA TERRE. Ce nom est très-employé, dans quelques cantons, pour indiquer qu'une terre est épuisée & ne donne plus que des récoltes inférieures.

C'est par des ENGRAIS ou par un ASSOLEMENT judicieux qu'on empêche ou qu'on répare la *lassitude de la terre*. *Voyez* ces mots & celui SUBSTITUTION DE CULTURE.

LAUCHE, Synonyme de LIMACE.

LAURÉOLE. *Daphne*. Genre de plantes de l'octandrie monogynie & de la famille des thymelées, qui rassemble trente-sept espèces, la plupart d'Europe, dont quelques-unes sont remarquables par l'excellente odeur de leurs fleurs, & presque toutes par les propriétés vésicatoires de leurs diverses parties.

Espèces.

1. La LAURÉOLE gentille, vulg. *bois gentil, mezereon.*
Daphne mezereum. Linn. ♄ Indigène.

2. La LAURÉOLE thymelée.
Daphne thymelea. Linn. ♄ Du midi de l'Europe.

3. La LAURÉOLE dioïque.
Daphne dioica. Linn. ♄ Du midi de l'Europe.

4. La LAURÉOLE à calice.
Daphne calycina. La Peyrouse. ♄ Des Pyrénées.

5. La LAURÉOLE pubescente.
Daphne pubescens. Linn. ♄ Du midi de l'Allemagne.

6. La LAURÉOLE velue.
Daphne villosa. Linn. ♄ Du midi de l'Europe.

7. La LAURÉOLE argentée.
Daphne argentata. Lam. ♄ D'Espagne.

8. La LAURÉOLE lanugineuse.
Daphne lanuginosa. Lam. ♄ D'Espagne.

9. La LAURÉOLE blanchâtre.
Daphne tartonraira. Linn. ♄ Du midi de la France.

10. La LAURÉOLE cotonneuse.
Daphne tomentosa. Lam. ♄ Du Levant.

11. La LAURÉOLE à feuilles de coris.
Daphne corifolia. Lam. ♄ D'Espagne.

12. La LAURÉOLE thésioïde.
Daphne thesioides. Lam. ♄ D'Espagne.

13. La LAURÉOLE commune.
Daphne laureola. Linn. ♄ Indigène.

14. La LAURÉOLE des Alpes.
Daphne alpina. Linn. ♄ Des Alpes.

15. La LAURÉOLE pontique.
Daphne pontica. Linn. ♄ Du Caucase.

16. La LAURÉOLE des Indes.
Daphne sinensis. Lam. ♄ De Chine.

17. La LAURÉOLE glomérulée.
Daphne glomerata. Lam. ♄ D'Orient.

18. La LAURÉOLE à feuilles de saule.
Daphne salicifolia. Lam. ♄ D'Orient.

19. La LAURÉOLE odorante.
Laureola cneorum. Linn. ♄ Des Alpes.

20. La LAURÉOLE paniculée, vulg. *sain-bois, garou, trintanelle.*
Daphne gnidium. Linn. ♄ Du midi de l'Europe.

21. La LAURÉOLE de Tartarie.
Daphne altaica. Pallas. ♄ de Tartarie.

22. La LAURÉOLE des collines.
Daphne oleæfolia. Lam. ♄ D'Orient.

23. La LAURÉOLE squarreuse.
Daphne squarrosa. Linn. ♄ Du Cap de Bonne-Espérance.

24. La LAURÉOLE fétide.
Daphne fœtida. Linn. ♄ Des Indes.

25. La LAURÉOLE à feuilles rondes.
Daphne rotundifolia. Linn. ♄ De.....

26. La LAURÉOLE vermiculaire.
Daphne vermiculata. Vahl. ♄ D'Espagne.
27. La LAURÉOLE pendante.
Daphne pendula. Smith. ♄ Des Indes.
28. La LAURÉOLE à feuilles de myrte.
Daphne myrtifolia. Lam. ♄ D'Espagne.
29 La LAURÉOLE à feuilles de laurier-thym.
Daphne tinifolia. Swartz. ♄ De la Jamaïque.
30. La LAURÉOLE occidentale.
Daphne occidentalis. Swartz. ♄ De la Jamaïque.
31. La LAURÉOLE à feuilles de buis.
Daphne buxifolia. Vahl. ♄ D'Orient.
32. La LAURÉOLE à feuilles épaisses.
Daphne crassifolia. Lam. ♄ De Saint-Domingue.
33. La LAURÉOLE jaune d'or.
Daphne aurea. Lam. ♄ D'Orient.
34. La LAURÉOLE à trois fleurs.
Daphne triflora. Lour. ♄ De la Chine.
35. La LAURÉOLE chanvreuse.
Daphne cannabina. Lour. ♄ De la Cochinchine.
36. La LAURÉOLE argentée.
Daphne argentea. Smith. ♄ De la Grèce.
37. La LAURÉOLE jasminée.
Daphne jasminea. Smith. ♄ De la Grèce.

Culture.

Les espèces des numéros 1, 13, 14, 19 & 21 sont de pleine terre dans le climat de Paris. Celles des numéros 2, 3, 10, 16, 18, 20 & 22 sont d'orangerie.

La *lauréole* gentille croît dans les bois de la partie moyenne & méridionale de la France, & y fleurit au premier printemps, avant le développement de ses feuilles. Ses fleurs sont très-odorantes & varient de rouge en blanc. On la cultive dans beaucoup de jardins à raison de sa beauté & de la bonne odeur de ces dernières, & on la place au premier rang des massifs, dans le voisinage des fabriques. Une terre légère & un peu d'ombre lui conviennent. On ne la multiplie guère que par le semis de ses graines effectué, aussitôt qu'elles sont mûres, dans une plate-bande de terre de bruyère, à l'exposition du nord.

Le plant qui provient de ce semis est arrosé pendant les chaleurs de l'été, biné deux ou trois fois par an, & relevé à sa seconde année, pour être repiqué autre part, dans une terre ordinaire, mêlée de terre de bruyère, à la distance d'un pied.

Au bout de deux autres années, ce plant est propre à être mis en place. Une petite partie sert à la greffe des espèces ci-dessous.

Jamais on ne trouve cet arbuste trop abondant dans les jardins paysagers, attendu que sa petitesse permet de le placer de manière qu'il ne s'en voit qu'un petit nombre de pieds à la fois. C'est avant l'hiver qu'il faut le transplanter, à raison de la précocité de sa végétation.

Les vieux pieds de bois gentil levés dans les bois, reprennent très-rarement.

La serpette ne doit toucher cet arbuste ni dans sa jeunesse, ni dans sa vieillesse. Il ne demande d'ailleurs aucune culture.

On doit éviter, lorsqu'on coupe des épis de fleurs de cet arbuste, pour profiter de leur odeur, de les mettre dans sa bouche, attendu que son écorce est vésicante & sa décoction purgative, ainsi que celles de tous les autres.

La *lauréole* commune croît dans les mêmes lieux que la précédente, mais elle craint moins qu'elle la terre argileuse & l'ombre. Si elle ne brille pas par ses fleurs, dont la couleur est verdâtre & l'odeur nulle, elle se fait remarquer par ses feuilles toujours vertes, grandes, épaisses, & d'un vert luisant; aussi ne la multiplie-t-on guère moins dans les jardins paysagers. Le semis de ses graines & la conduite du plant ne doivent pas différer du mode qui a été indiqué à l'occasion de la précédente. On la place dans les mêmes lieux.

Les pieds de deux à quatre ans de cette espèce, encore plus que ceux de la précédente, servent fréquemment de sujets pour greffer les espèces dont il sera parlé plus bas.

Les feuilles de la *lauréole* commune s'emploient fréquemment en exutoire, surtout pour les maux de tête, d'yeux, d'oreilles des enfans; elles se placent principalement derrière l'oreille. Leur action est plus douce, & n'a nul des inconvéniens des emplâtres dans lesquels entrent les cantharides.

Les tiges de cet arbuste, ainsi que celles du précédent, divisées en lanières fort minces, constituent la matière de ces chapeaux blancs satinés qui nous viennent de Suisse, & qui sont pour ce pays l'objet d'un commerce de quelqu'importance. Je ne l'ai vu nulle part, en France, assez abondant pour être employé à cet usage; mais il est si facile de le multiplier par les semis, & il y a un si grand bénéfice à espérer de la fabrication de ces chapeaux, que je fais des vœux pour qu'il soit introduit dans nos montagnes, celles de l'Auvergne, du Limousin, par exemple.

La *lauréole* pontique a quelques rapports avec la précédente. On la cultive en pleine terre, dans les écoles de botanique & dans quelques jardins. Ses graines avortent presque toujours: c'est par la greffe qu'on la multiplie.

La *lauréole* des Alpes, ayant des fleurs très-odorantes, devroit se cultiver plus fréquemment dans nos jardins. Il lui faut la terre de bruyère & l'exposition du nord. Rarement sa hauteur surpasse un pied. On la multiplie, comme les espèces précédentes, de graines, dont elle donne assez abondamment, certaines années, dans nos écoles de botanique. Une fois en place, elle ne demande plus de culture.

La *lauréole* odorante est un charmant arbrisseau qu'on ne peut non plus trop multiplier, mais dont la conservation n'est jamais certaine, parce qu'il craint également la sécheresse & l'humidité, le grand chaud & le grand froid. Comme ses rameaux rampent sur la terre, on le multiplie assez facilememt de marcottes, à défaut de graines, dont il donne rarement de bonnes dans nos jardins. La terre de bruyère & l'ombre lui sont nécessaires; en conséquence on ne peut guère le planter que dans des plates-bandes exposées au nord, ou des corbeilles placées sous de grands arbres. Il supporte assez bien le pot.

Une manière très-avantageuse au développement de ses avantages, est de le greffer, à six pouces du sol, sur le bois gentil ou la *lauréole*, & de soutenir ses rameaux à la même hauteur, au moyen d'un cercle de fil de fer. J'ai vu des pieds ainsi disposés produire l'enthousiasme de tous ceux qui les voyoient.

Un amateur zélé fait ainsi greffer tous les ans quelques pieds de cette *lauréole* pour pouvoir constamment réparer ses pertes.

J'ai cultivé pendant quelques années la *lauréole* altaïque dans les pépinières de Versailles. Je la faisois multiplier par sa greffe sur la *lauréole* gentille. Quoiqu'elégante, elle ne peut entrer en comparaison avec les autres pour l'agrément.

Les *lauréoles* thymelées & dioïques ne se voient que dans les écoles de botanique, où on les tient en pot, pour les rentrer dans l'orangerie pendant l'hiver. Elles sont sans intérêt pour ceux qui n'étudient pas les plantes.

Il n'en est pas de même de la *lauréole* de l'Inde. C'est une conquête que son introduction dans nos orangeries, à raison de la beauté de son feuillage toujours vert, de ses bouquets de fleurs d'un blanc éclatant & d'une odeur des plus suaves, de l'époque où ces fleurs s'épanouissent, les mois de janvier & février. On la multiplie par la greffe sur la *lauréole* commune, greffe qui ne manque presque jamais, & qui donne souvent des fleurs dès la même année, & toujours la seconde. Je ne lui ai jamais vu fournir de fruits. Comme ses rameaux se dégarnissent du bas, & lui donnent un aspect maigre quand elle a acquis quelques années, il convient d'en greffer de nouveaux pieds toutes les années pour pouvoir supprimer les vieux. Une demi-change de terre tous les printemps lui suffit. Pendant l'été, elle ne demande pas d'autres soins que ceux propres à tous les arbustes qui se placent ordinairement dans l'orangerie; mais, pendant l'hiver, ou doit la placer près des fenêtres, car sans lumière elle ne fleurit pas, & elle craint beaucoup l'humidité.

La *lauréole* des collines est moins belle que la précédente, & ses fleurs sont moins odorantes; cependant elle mérite d'être cultivée, même à côté d'elle. Ce que je viens de dire lui convient parfaitement; ainsi je me contente de la citer.

La *lauréole* paniculée couvre, par places, les montagnes sèches de nos départemens méridionaux & de l'Espagne. C'est son écorce qu'on emploie comme vésicatoire sous le nom de *Garou*, de *Sain-bois*. Outre cet usage, elle sert à chauffer le four. Quoique ne manquant pas d'élégance, on ne la cultive que dans les écoles de botanique, probablement parce qu'il est extrêmement difficile de la conserver dans nos orangeries, la plus petite humidité la faisant périr. On la tient en pot rempli d'une terre légère & sèche. Sa multiplication a lieu par marcottes.

La *lauréole* blanchâtre est encore plus difficile à conserver. Ce que je viens de dire lui est applicable.

Je ne me rappelle pas avoir vu la *lauréole* à feuilles de saule, quoiqu'on dise qu'elle se cultive dans les jardins de Paris.

LAURIER. *Laurus.* Genre de plantes de l'ennéandrie monogynie & de la famille des laurinées, qui rassemble soixante-trois espèces, toutes arborescentes, & dont plusieurs sont d'une grande importance sous les rapports d'utilité, à raison de leurs usages dans l'économie domestique & dans la médecine.

Observations.

Les genres TOMEX ou FIWA, AJOUVÉ, OCOTÉE ou POROSTEME, LITSEE ou TETRANTHÈRE ou HEXANTHE ou GLABRAIRE, NECTANDRE, CHLOROXYLE, EURIANDRE, ont été établis aux dépens de ce genre. Ici je le considérerai dans son entier.

Espèces.

1. Le LAURIER commun.
Laurus nobilis. Linn. ♄ Du midi de l'Europe.

2. Le LAURIER cannellier.
Laurus cinnamomum. Linn. ♄ De Ceylan.

3. Le LAURIER casse.
Laurus cassia. Linn. ♄ Des Indes.

4. Le LAURIER culiban.
Laurus culiban. Linn. ♄ Des Indes.

5. Le LAURIER cupulaire, vulg. *bois cannelle.*
Laurus cupularis. Lamarck. ♄ De l'Ile-de-France.

6. Le LAURIER sébifère.
Laurus involucrata. Lamarck. ♄ De Ceylan.

7. Le LAURIER camphrier.
Laurus camphora. Linn. ♄ Des Indes.

8. Le LAURIER bois jaune.
Laurus chloroxylon. Linn. ♄ De la Jamaïque.

9. Le LAURIER à feuilles longues.
Laurus longifolia. Lamarck. ♄ Des Indes.

10. Le LAURIER puant.
Laurus maderiensis. Lamarck. ♄ de Madère.
11. Le LAURIER royal.
Laurus indica. Linn. ♄ Des Indes.
12. Le LAURIER rouge.
Laurus borbonia. Linn. ♄ Des Antilles.
13. Le LAURIER de la Caroline.
Laurus caroliniensis. Mich. ♄ De Caroline.
14. Le LAURIER de Catesby.
Laurus catesbiana. Mich. ♄ De Caroline.
15. Le LAURIER avocat.
Laurus persea. Linn. ♄ De l'Amérique méridionale.
16. Le LAURIER à fruits ronds.
Laurus globosa. Lamarck. ♄ De Saint-Domingue.
17. Le LAURIER glauque.
Laurus glauca. Thunb. ♄ Du Japon.
18. Le LAURIER pédonculé.
Laurus pedunculata. Thunb. ♄ Du Japon.
19. Le LAURIER luisant.
Laurus lucida. Thunb. ♄ Du Japon.
20. Le LAURIER à ombelle.
Laurus umbellata. Thunb. ♄ Du Japon.
21. Le LAURIER gloméruIé.
Laurus glomerata. Lamarck. ♄ De Caroline.
22. Le LAURIER géniculé.
Laurus axillaris. Lamarck. ♄ De Caroline.
23. Le LAURIER d'été.
Laurus estivalis. Linn. ♄ De Caroline.
24. Le LAURIER benjoin.
Laurus benzoin. Linn. ♄ De Caroline.
25. Le LAURIER diospyroïde.
Laurus melissæfolia. Walter. ♄ De Caroline.
26. Le LAURIER sassafras.
Laurus sassafras. Linn. ♄ De Caroline.
27. Le LAURIER quixos.
Laurus quixos. Juss. ♄ Du Pérou.
28. Le LAURIER peumo.
Laurus peumo. Dombey. ♄ Du Chili.
29. Le LAURIER keule.
Laurus keule. Dombey. ♄ Du Chili.
30. Le LAURIER du Japon.
Laurus japonica. Thunb. ♄ Du Japon.
31. Le LAURIER tétranthère.
Laurus tetranthera. Jacq. ♄ De la Chine.
32. Le LAURIER à feuilles de myrrhe.
Laurus myrrha. Lour. ♄ De la Cochinchine.
33. Le LAURIER cubèbe.
Laurus cubeba. Lour. ♄ De la Chine.
34. Le LAURIER pileux.
Laurus pilosa. Lour. ♄ De la Cochinchine.
35. Le LAURIER polyadelphe.
Laurus polyadelpha. Lour. ♄ De la Cochinchine.
36. Le LAURIER à feuilles arquées.
Laurus curvifolia. Lour. ♄ De la Cochinchine.
37 Le LAURIER des montagnes.
Laurus montana. Swartz. ♄ De la Jamaïque.
38. Le LAURIER vénéneux.
Laurus caustica. Molin. ♄ Du Chili.
39. Le LAURIER élevé.
Laurus exaltata. Swartz. ♄ De la Jamaïque.
40. Le LAURIER des hautes montagnes.
Laurus alpigena. Swartz. ♄ De la Jamaïque.
41. Le LAURIER à feuilles de saule.
Laurus salicifolia. Swartz. ♄ De la Jamaïque.
42. Le LAURIER à gros calice.
Laurus leucoxylon. Swartz. ♄ De la Jamaïque.
43. Le LAURIER membraneux.
Laurus membranacea. Swartz. ♄ De la Jamaïque.
44. Le LAURIER étalé.
Laurus patens. Swartz. ♄ De la Jamaïque.
45. Le LAURIER à petites fleurs.
Laurus parviflora. Swartz. ♄ De la Jamaïque.
46. Le LAURIER à grappes pendantes.
Laurus pendula. Swartz. ♄ De la Jamaïque.
47. Le LAURIER à fleurs nombreuses.
Laurus floribunda. Swartz ♄ De la Jamaïque.
48. Le LAURIER à fleurs en thyrse.
Laurus thyrsiflora. Lamarck. ♄ De Madagascar.
49. Le LAURIER divariqué.
Laurus divarica. Lamarck. ♄ De Cayenne.
50. Le LAURIER réticulé.
Laurus reticulata. Lamarck. ♄ Des Canaries.
51. Le LAURIER de Ténériffe.
Laurus Teneriffæ. Lamarck. ♄ De Ténériffe.
52. Le LAURIER à calice réfléchi, vulg. *laurier puant.*
Laurus retroflexa. Lamarck. ♄ De Saint Domingue.
53. Le LAURIER coriace.
Laurus coriacea. Swartz. ♄ De la Jamaïque.
54. Le LAURIER à feuilles épaisses.
Laurus crassifolia. Lamarck. ♄ De Cayenne.
55. Le LAURIER paniculé, vulg. *laurier soie.*
Laurus paniculata. Lamarck. ♄ De Saint-Domingue.
56. Le LAURIER à fruits mucronés.
Laurus mucronata. Lamarck. ♄ De Cayenne.
57. Le LAURIER til.
Laurus til. Lamarck. ♄ Des Canaries.
58. Le LAURIER des Canaries.
Laurus canariensis. Willd. ♄ Des Canaries.
59. Le LAURIER triandre.
Laurus triandra. Swartz. ♄ De la Jamaïque.
60 Le LAURIER sanguin.
Laurus sanguinea. Swartz. ♄ De la Jamaïque
61. Le LAURIER ocotée.
Laurus hexandra. Swartz. ♄ De Cayenne.
62. Le LAURIER à petites feuilles.
Laurus parvifolia. Lamarck. ♄ De la Guadeloupe.
63. Le LAURIER grêle.
Laurus gracilis. Hort. Angl. ♄ De l'Amérique.

Culture.

Nous possédons dans nos écoles de botanique, outre l'espèce première, celles des numéros 2, 7, 8, 10, 11, 12, 13, 14, 17, 22, 23, 24, 25, 26, 58 & 63.

Le *laurier* commun ou *laurier* franc, si célèbre dans les temps antiques, parce qu'il étoit l'attribut de la gloire & qu'il étoit consacré à Apollon, croît abondamment dans les haies de la Grèce, de l'Italie, de l'Espagne, de la côte d'Afrique & de l'Asie mineure. Il est comme naturalisé dans le midi de la France, mais ne s'y voit que dans le voisinage des habitations. Les gelées de 10 degrés au-dessous de zéro frappent de mort ses tiges; aussi ne peut-on pas le tenir avec sécurité en pleine terre dans le climat de Paris, quoiqu'il soit commun qu'il y passe plusieurs hivers de suite sans inconvénient, pour peu qu'il soit abrité & qu'on le couvre de paille ou de fougère lorsque les froids menacent de devenir trop intenses. Au reste, lorsque cet accident arrive, on peut couper sa tige rez-terre, & être assuré que ses racines en repousseront plusieurs autres qui fourniront les moyens de la remplacer assez promptement.

C'est une erreur de croire qu'il faut planter à une exposition chaude les *lauriers* qu'on veut tenir en pleine terre dans le climat de Paris. L'expérience a prouvé que c'étoit au contraire au nord qu'ils résistoient le plus efficacement aux gelées. *Voyez* EXPOSITION.

Lorsque le *laurier* n'est point gêné dans sa croissance, il forme constamment, par le rapprochement de ses rameaux du tronc, comme le cyprès, le peuplier d'Italie, un cône très-élégant. Dans ce cas, la serpette ne doit pas le toucher. Lorsque quelque circonstance a contrarié la nature, il est convenable de le ramener à cette forme par une taille étudiée. Dans les pays chauds, il s'élève à vingt ou trente pieds. En France, il parvient rarement à la moitié de cette hauteur.

On utilise le *laurier*, dans les pays où il croît naturellement, à faire des palissades, des avenues, qui, restant vertes toute l'année, font toujours un bon effet, effet qui varie un peu lorsqu'il est en fleurs, ou que ses fruits sont mûrs. Son bois est dur & très-élastique. Il s'emploie à faire, sur le tour, de petits meubles qui conservent long-temps leur bonne odeur.

Toutes les parties du *laurier* ont une odeur agréable & une saveur âcre. Elles fournissent deux sortes d'huiles essentielles, l'une légère & l'autre pesante, toutes deux très-aromatiques & employées en médecine comme stomachiques & fortifiantes. Ses feuilles sont souvent employées à l'assaisonnement des ragoûts.

Le terrain le plus convenable au *laurier* est celui qui est léger, sec & chaud. Lorsqu'il est dans un contraire, il pousse plus tard & est par conséquent plus exposé aux effets des gelées précoces.

La culture du *laurier* dans des pots ou dans des caisses est indispensable au nord de Paris, pour pouvoir le rentrer dans l'orangerie aux approches des grands froids. Elle consiste à lui donner une terre franche, mêlée de moitié de terreau, terre qu'on renouvelle en partie tous les deux ou trois ans. On l'arrose fréquemment en été & fort rarement en hiver On lui donne deux ou trois légers binages par an, à la suite desquels on supprime tous les accrus qui ont poussé sur ses racines, accrus qui épuiseroient le tronc si on les laissoit en place.

On voit dans nos orangeries plusieurs variétés de *laurier* commun, dont les plus recherchées sont celle à feuilles étroites, celle à feuilles planes, celle à feuilles panachées.

La multiplication du *laurier* s'effectue par ses graines, dont il donne abondamment, même quelquefois dans le climat de Paris; par ses rejetons, toujours très-nombreux, ainsi que je l'ai déjà observé; enfin par ses marcottes, qui s'enracinent ordinairement dans l'année.

Les graines se sèment aussitôt qu'elles sont cueillies, car elles rancissent constamment par suite de leur dessiccation, dans des terrines qui se placent sur couche & sous chassis.

Au printemps de l'année suivante, le plant qu'elles ont produit se repique seul à seul dans d'autres pots qu'on laisse un mois ou deux sous le châssis, & qu'on rentre dans l'orangerie aux approches du froid. Ce n'est qu'à cinq ou six ans qu'on peut hasarder de les mettre en pleine terre lorsqu'on se propose de leur donner cette destination.

C'est encore au printemps qu'on lève les rejetons & qu'on fait les marcottes. Les produits de ces opérations sont mis dans des pots, seul à seul, comme le plant, & se conduisent absolument de même.

Le *laurier* cannellier, qui donne la véritable cannelle du commerce & du camphre, s'élève à plus de vingt pieds de haut. Toutes ses parties, & surtout son écorce, ont une odeur des plus suaves & un goût aromatique piquant qui les rend très-propres à assaisonner les mets & à fournir des parfums pour la toilette, des liqueurs pour la table, des remèdes pour la médecine. Il est originaire de Ceylan, mais se cultive aujourd'hui dans presque toutes les colonies européennes de l'Asie, de l'Afrique & de l'Amérique, où on le multiplie de rejetons, de marcottes & de boutures. Je ne crois pas qu'on emploie la voie des graines, peut être parce qu'elle est trop longue, peut-être parce que, ainsi que je le dirai plus bas, on ne laisse pas venir des pieds à la hauteur nécessaire pour en donner.

La plantation des cannelliers se fait en lignes très-écartées, afin qu'ils jouissent, autant que possible, de l'influence de l'air & de la lumière, influence qui donne beaucoup de perfection à l'arôme de leurs diverses parties. La culture qu'on leur donne se réduit à un, deux ou au plus trois binages par an.

La récolte de l'écorce du cannellier, ou *cannelle proprement dite*, ou *cannelle du commerce*, a lieu de deux manières différentes, c'est-à-dire, qu'on enlève l'écorce ou sur pied, ou à la maison, après y avoir apporté les tiges coupées. Cette dernière manière est la plus commode. Les tiges laissées sur pied peuvent être de nouveau écorcées au bout de trois ans. Les pieds dont on a coupé les tiges en poussent de nouvelles qu'on peut également écorcer après la même révolution de temps. Il y a donc à peu près parité dans le choix.

Avant d'enlever l'écorce, il faut râcler l'épiderme, qui est sans odeur & qui nuit à l'exaltation de celle des couches corticales.

Au rapport de Cossigny, on met l'écorce de la cannelle, dès qu'elle a été séparée du bois, dans de l'eau-de chaux, pour assurer la conservation de son arôme & de sa saveur.

Après quinze ou vingt heures de séjour de l'écorce dans l'eau, on l'en retire & on l'expose au soleil, où elle se roule sur elle-même, telle qu'on la trouve dans le commerce.

A Ceylan, on exploite la cannelle sur des arbres de tous les âges & à toutes les expositions, ce qui donne lieu à plusieurs sortes d'écorces plus ou moins estimées. La meilleure est celle des rameaux de trois ans, prise sur des pieds coupés rez-terre.

A Cayenne, la végétation du cannellier est si forte, que ses pousses peuvent être écorcées & le sont souvent au bout de l'année, ce qui doit avoir une influence nuisible sur la qualité de l'écorce. L'usage où l'on est, dans la même colonie, de faire cette opération à toutes les époques de l'année, doit l'être également, car il est des saisons où toutes les plantes aromatiques le sont moins.

C'est de la racine du cannellier qu'on retire le plus de camphre.

L'huile essentielle des diverses parties des cannelliers se distingue à la vue & à l'odorat. Celle de l'écorce est pesante, noire, fortement aromatique : c'est l'*essence de cannelle*, si usitée dans les parfums & en médecine. Celle des feuilles est d'un vert brun, & son odeur est foible. Celle des fleurs est la plus douce & la plus agréable, & on doit la préférer pour faire des liqueurs de table, des conserves, &c., & pour la médecine.

On retire par décoction, des fruits mûrs du cannellier, une huile grasse, concrète, qu'on met en pains comme le suif, & avec laquelle on fabrique des bougies odorantes. C'est la *cire de cannelle* du commerce, qu'on emploie en Europe comme liniment & comme emplâtre résolutif.

L'huile essentielle de ces fruits, lorsqu'ils ne sont pas mûrs, diffère peu de celle de l'écorce.

En Europe, le cannellier ne peut se cultiver qu'en serre chaude. Sa conservation est difficile, & sa multiplication encore plus; aussi est-il rare. Ce sont les boutures forcées, sous cloche & sous châssis, qui réussissent le mieux pour réparer sa perte. Une terre à demi consistante & peu d'arrosemens lui conviennent. On ne doit le sortir de la serre que pendant les mois les plus chauds de l'année.

Le *laurier* casse & le *laurier* culiban, qui paroissent n'être qu'une variété l'un de l'autre, ressemblent beaucoup au cannellier, & en ont toutes les propriétés à un plus foible degré. On en tire de l'huile essentielle; on les emploie en médecine & dans les assaisonnemens. Sa culture est la même, tant dans les Indes qu'en France; cependant ils paroissent ici avoir moins besoin d'une chaleur continue, & se multiplier, du moins le premier, car je ne connois pas le second dans nos serres, plus aisément de boutures.

Le *laurier* cupulaire a encore, plus foiblement que le *laurier* casse, l'odeur & les propriétés du cannellier, ce qui, à l'Ile-de-France, n'empêche pas d'employer ses diverses parties à l'assaisonnement des viandes.

Le *laurier* sébifère, que nous ne possédons pas non plus, se rapproche encore beaucoup du cannellier. On retire aussi de ses fruits, par décoction, un huile concrète, généralement employée à faire des bougies, & qui est l'objet d'un commerce de quelqu'étendue.

Le *laurier* camphrier est encore peu éloigné du cannellier par ses caractères généraux. On en retire les mêmes produits, & surtout le camphère, qui est le principal objet pour lequel on le cultive, ou mieux on le recherche, car il paroît qu'on se contente, dans son pays natal, d'exploiter les pieds qui croissent naturellement dans les forêts.

Il y a déjà long-temps que des pieds de camphrier se cultivent dans nos serres & même dans nos orangeries, car il se contente d'un foible degré de chaleur pour croître. Miller ne doute pas qu'il puisse être planté en pleine terre avec succès dans le midi de l'Espagne & de l'Italie, & je pense comme lui à cet égard.

On voit de très-vieux pieds de camphrier dans les serres du Muséum d'histoire de Paris, dans l'orangerie de Versailles, mais je ne les ai jamais vu fleurir. On leur donne une terre à demi consistante, qu'on renouvelle en partie tous les deux ans, & des arrosemens fréquens en été, saison qu'ils passent en plein air, contre un mur exposé au midi. Leur multiplication a lieu par marcottes qui s'enracinent fort difficilement, quand elles sont faites en l'air, mais assez aisément quand on en plante un pied en pleine terre dans une bache & qu'on couche les pousses de l'année, & par boutures forcées qui réussissent plus souvent que celles des espèces mentionnées plus haut. La serpette doit les toucher le plus rarement possible.

Le camphre se retire du camphrier dans son

pays natal, en faisant bouillir toutes ses parties, fendues & coupées en petits morceaux, dans des chaudières pleines d'eau, à la surface de laquelle il monte, & on les recueille sans discontinuer, avec des bâtons fréquemment renouvelés, ou rafraîchis, pour que le camphre fondu s'y attache avant d'arriver à la surface de l'eau, car alors son évaporation est très-rapide. Cette dernière circonstance détermine, dans quelques lieux, l'emploi d'alambics, dans le chapiteau desquels il se sublime.

Le camphre ainsi recueilli est mélangé de fragmens de bois & d'ordures de plusieurs sortes : ainsi il faut le faire sublimer dans des vaisseaux fermés pour le purifier & le mettre dans le commerce.

Les racines du camphrier fournissent, à poids égal, plus de camphre que le tronc & les branches.

Une autre espèce de *laurier*, originaire de Java, produit un camphre plus estimé que celui dont la récolte vient d'être décrite. On l'obtient, principalement, en fendant le tronc, dans lequel il se trouve aggloméré en petites masses.

L'usage du camphre en médecine & dans les arts est fort étendu. Il entre dans la composition des feux d'artifice & de quelques vernis. On doit le conserver dans des vaisseaux hermétiquement fermés, car il s'évapore à un très-foible degré de chaleur, sans laisser de résidu : sa combustion, qui est très-rapide, n'en laisse pas davantage.

Le *laurier* bois jaune ne se cultive pas dans son pays natal, mais il s'exploite pour faire des meubles, à raison de la belle couleur de son bois. Nous le possédons dans nos serres, où il se cultive & se multiplie comme les espèces précédentes.

Le *laurier* puant offre, ainsi que son nom l'indique, une circonstance remarquable dans ce genre, qui ne l'empêche pas d'être cultivé dans nos orangeries, où il se fait remarquer par la grandeur & la belle couleur foncée de ses feuilles. Je ne l'y ai pas encore vu fleurir. Pour avoir des pieds en abondance, on en plante en pleine terre dans une bache & on en marcotte les pousses avant que leur bois se soit aoûté, ainsi qu'il a été dit plus haut, à l'occasion du *laurier* camphrier.

Les *lauriers* royal, rouge & de la Caroline, se voient également dans nos orangeries, s'y cultivent positivement comme les précédens, mais il paroît qu'ils s'y multiplient plus difficilement. Michaux & moi avons rapporté une grande quantité de graines du dernier, qui ont parfaitement bien levé dans les pépinières de Versailles & autres; mais les milliers de pieds qui en sont résultés ont successivement disparu, de sorte qu'il n'y en a plus que pour la montre dans la plupart des jardins. C'est dommage, car c'est un arbre d'un aspect agréable, dont l'écorce a l'odeur suave, & dont le bois, ainsi que celui des deux auxquels je l'ai accolé, est très-propre à la menuiserie & à la marqueterie.

Le *laurier* avocatier est un des arbres fruitiers de Saint-Domingue & autres îles intertropicales de l'Amérique & de l'Inde. On l'appelle vulgairement *poirier avocat*. C'est un superbe arbre qui s'élève à plus de quarante pieds, & qui conserve ses feuilles toute l'année. Sa multiplication a lieu exclusivement par ses graines, qu'on met en terre aussitôt qu'elles sont mûres, quoiqu'il soit probable qu'on pourroit employer également le moyen des marcottes & des boutures. Il ne paroît pas qu'il exige plus de culture qu'on en donne à nos poiriers & à nos pommiers à cidre.

On distingue à Saint-Domingue cinq variétés principales d'avocats.

Celui rond & vert.
Celui rond & violet.
Celui oblong & vert.
Celui oblong & violet.
Celui mamelonné.

La chair de l'avocat est verdâtre; elle n'a point d'odeur. Sa consistance est celle du beurre. Ceux qui en mangent pour la première fois la trouvent fade, mais ils finissent par l'aimer avec passion. On la sert comme le melon.

Cet arbre se voit dans toutes les serres bien montées de l'Europe, mais nulle part il ne s'y fait remarquer par sa belle venue : il lui faut une chaleur constamment élevée. Je ne me rappelle pas avoir entendu dire qu'il s'y multiplie de marcottes & de boutures, les semences apportées annuellement de nos colonies suffisant aux besoins.

Une terre à demi consistante, qui se renouvelle en partie tous les deux ans, & des arrosemens modérés, sont ce qu'il demande. On a rarement occasion de faire, sur lui, emploi de la serpette.

Le *laurier* géniculé croît en Caroline, où je l'ai observé au centre des mares qui conservent de l'eau au moins pendant neuf mois de l'année: c'est dire qu'il ne peut être cultivé avec succès que dans les parties les plus chaudes de l'Europe. Les buissons qu'il forme sont rarement de plus de six à huit pieds de hauteur, mais ils remplissent souvent exclusivement de grands espaces. Il fleurit de très-bonne heure au printemps, avant le développement des feuilles. Les fruits subsistent bien avant dans l'automne. Un grand nombre de pieds résultant des graines apportées par Michaux & par moi, se sont vus dans les pépinières des environs de Paris; mais ils n'y ont pas subsisté long-temps. Actuellement à peine pourrois-je en indiquer quelques-uns, & ils sont très-grêles. Cet arbrisseau est élégant par sa forme globuleuse & la singulière direction que prennent ses branches.

Le *laurier* benjoin est extrêmement commun dans presque toute l'Amérique septentrionale, aux lieux humides & ombragés. Il se fait très-peu remarquer, mais la bonne odeur de son écorce le fait rechercher pour assaisonner les ragoûts. Il fleurit, comme le précédent, avant le développement de ses feuilles.

On le cultive en France depuis long-temps, soit dans les écoles de botanique, soit dans les jardins paysagers, où il tient d'autant mieux sa place, qu'il se plaît à l'ombre. Sa multiplication a lieu par graines, dont il donne suffisamment dans quelques pépinières, entr'autres dans celles de Versailles, par rejetons & par marcottes.

Les graines se sèment dans une plate bande de terre de bruyère exposée au nord, aussitôt qu'elles sont récoltées. Si on les laissoit se dessécher, elles seroient deux & même trois ans avant de lever. Le plant qu'elles ont produit s'arrose abondamment en été & se bine deux ou trois fois par an. A la seconde année, on le repique à quinze ou vingt pouces de distance, dans une terre ordinaire & dans une exposition ombragée, & la cinquième ou sixième année, on le met définitivement en place. La serpette doit fort rarement le toucher.

Comme il est dioïque, il est bon de mettre un pied mâle auprès de plusieurs pieds femelles, ce qu'on peut faire avec certitude à l'âge de six ans, époque où il commence à donner quelques fleurs qui servent à reconnoître les sexes.

Le *laurier* diospyroïde a beaucoup de rapport avec le précédent. Il a les feuilles grandes & velues, & la tige à peine haute de deux pieds. C'est sur le bord des mares où croît le *laurier* géniculé, dans la partie où l'eau ne reste que six mois de l'année, qu'il se trouve exclusivement. Il y forme une zône qui n'a jamais que trois à quatre pieds de largeur. On le voit dans quelques pépinières des environs de Paris, où on le multiplie de marcottes; mais, comme il ne possède aucun agrément, il est peu demandé dans le commerce.

Le *laurier* sassafras jouit, dans les Etats-Unis de l'Amérique, où il croît également, d'une grande réputation médicale, attendu la propriété sudorifique de son bois & surtout de ses racines, qui en fait employer la décoction dans les maladies vénériennes, dans la gale invétérée, &c. En unissant à cette décoction celle des bourgeons de quelques pins, surtout du pin du Canada, vulgairement appelé *hemlock-sprufs*, on en fabrique une bière très-usitée en Amérique. C'est dans les terrains secs & sablonneux qu'il se voit en plus grande quantité. Il s'y multiplie naturellement & de graines, dont il ne donne pas toutes les années, à raison de ce qu'il est dioïque & fleurit au premier printemps, & de rejetons dont il pousse presque toujours abondamment.

Un pied coupé, & encore mieux arraché, donne lieu à la sortie de milliers de ces rejetons, ainsi que j'ai eu occasion de m'en assurer souvent.

En France, le sassafras se cultive dans les jardins paysagers, qu'il orne par le beau vert, la forme irrégulière & le grand nombre de ses feuilles, ainsi que par l'élégance de son port; mais il y est encore rare. J'en ai cependant immensément répandu de pieds provenant des graines envoyées de Caroline par Michaux, pieds qui probablement auront été mal placés ou mal soignés.

La terre de bruyère & l'ombre sont indispensables à la réussite des semis & des plantations du *sassafras*.

La graine qui se tire encore d'Amérique, les pieds existans dans les jardins de Paris n'en donnant pas de bonne, se sème aussitôt qu'elle est arrivée dans une plate-bande de terre de bruyère, au nord. On l'arrose fréquemment; mais, malgré cela, elle ne lève que la troisième ou la quatrième année, même plus tard, ainsi que j'en ai l'expérience. Le plant levé se repique à deux ans, & se met définitivement en place à cinq ou six, comme celui du *laurier* benjoin.

Les rejetons sont assez fréquens autour des vieux pieds de *sassafras* placés en terre de bruyère, surtout si on blesse leurs racines par les labours. On les lève au printemps qui suit celui où elles sont sorties de terre, & on les place en pépinière à quinze ou vingt pouces de distance.

Les marcottes de *sassafras* sont dures à la reprise, & en les faisant, on risque de casser les tiges & d'éclater les branches: aussi emploie-t-on rarement leur moyen pour sa reproduction.

On peut aussi facilement, à défaut de rejetons, multiplier le *sassafras* de tronçons de racines, à l'effet de quoi on lève une racine de la grosseur du petit doigt à un vieux pied; on la coupe en morceaux de quatre à cinq pouces de long, morceaux qu'on enterre un peu obliquement dans de la terre de bruyère, le gros bout en haut.

Quoique le *sassafras* croisse dans le Canada, pays beaucoup plus froid que les environs de Paris, il arrive quelquefois qu'il est atteint par les gelées de l'hiver, surtout quand il est jeune. Il est donc bon de le couvrir de paille ou de bruyère lorsque les gelées sont à craindre. *Voyez* COUVERTURE.

Le *sassafras* venu de graine prend naturellement une tige terminée par une tête conique d'un bel aspect. Celui qui est venu autrement a besoin d'être taillé en crochet & amené artificiellement à cette forme.

Le *laurier* cubèbe est un des arbres qui fournit les fruits qui portent son second nom dans le commerce.

Le *laurier* vénéneux l'est tant, qu'il suffit de se coucher sous son ombre, pour avoir le corps couvert de tubercules très-douloureux & d'une lente guérison.

Enfin, il n'est presque pas d'espèces de ce genre qui ne jouisse de quelque propriété utile ou nuisible; mais elles sont encore fort peu connues. La graine, appelée PICHURINE, qu'on met dans le tabac, pour lui donner sa bonne odeur, est celle d'un *laurier* de Cayenne.

LAUROSE. *Nerium.* Genre de plantes de la pentandrie monogynie & de la famille des apocinées, lequel contient onze espèces remarquables par la beauté de leurs fleurs, & dont une se voit fréquemment dans nos orangeries, & une autre est, depuis quelques années, l'objet d'une importante culture dans l'Inde.

Observations.

Les genres STROPHANTE & WRIGTHIE ont été établis aux dépens de celui-ci.

Espèces.

1. Le LAUROSE commun.
Nerium oleander. Linn. ♄ Du midi de l'Europe.

2. Le LAUROSE odorant.
Nerium odoratum. Lam. ♄ Des Indes.

3. Le LAUROSE teignant.
Nerium tinctorium. ♄ Des Indes.

4. Le LAUROSE antidyssentérique.
Nerium antidyssentericum. Linn. ♄ Des Indes.

5. Le LAUROSE à bouquets.
Nerium coronarium. Jacq. ♄ Des Indes.

6. Le LAUROSE à grandes fleurs.
Nerium grandiflorum. Desf. ♄ Des Indes.

7. Le LAUROSE étalé.
Nerium divaricatum. Linn. ♄ Des Indes.

8. Le LAUROSE de Ceylan.
Nerium zeylanicum. Linn. ♄ Des Indes.

9. Le LAUROSE à longues barbes.
Nerium caudatum. Lam. ♄ Des Indes.

10. Le LAUROSE bulbeux.
Nerium obesum. Forskh. ♄ D'Arabie.

11. Le LAUROSE à feuilles de saule.
Nerium salicinum. Vahl. ♄ D'Arabie.

Culture.

La première espèce croît spontanément sur le bord des eaux, dans le midi de la France, en Espagne, en Italie, en Turquie, dans l'Afrique septentrionale, &c. On la cultive abondamment dans les orangeries de tout le nord de l'Europe, à raison du grand nombre & de l'éclat de ses fleurs. Elle offre plusieurs variétés, dont les plus remarquables sont celle *à fleurs blanches*, celle *à fleurs carnées*, celle *à fleurs panachées*, celle *à fleurs doubles*. Son suc est laiteux, âcre & caustique à un haut degré. C'est un poison pour l'homme & pour les bestiaux; cependant ses feuilles sèches, réduites en poudre, s'emploient comme sternutatoire. Son bois sert à brûler, & son charbon, très-léger, est propre à la fabrication de la poudre à canon.

Dans les lieux où il croît sans craindre les gelées, le *laurose*, par l'entrelacement de ses racines, garantit les rives des torrens de l'action des eaux, & par la multitude de ses tiges, arrête les terres & les sables charriés par ces torrens, de sorte que le sol des vallées où il se trouve est plus rapidement élevé que celui des autres, ainsi que je l'ai remarqué dans les Alpes italiennes. Là, on le coupe tous les trois ans, à la fin du printemps, quand les inondations ne sont plus à craindre, & pour augmenter le nombre ainsi que la flexibilité de ses tiges, & pour employer son bois au chauffage du four.

La multiplication du *laurose* n'a presque jamais lieu dans son état de nature; mais si on vouloit l'opérer, il suffiroit d'enlever des accrus autour des vieux pieds, à la fin de l'hiver, pour les planter au lieu indiqué.

Il existe à Versailles & dans d'autres orangeries des *lauroses* d'une grande vieillesse, qui se couvrent de fleurs tous les étés, & qui prouvent que cet arbre peut vivre dans fort peu de terre, & ne demande qu'à être garanti des fortes gelées pour se conserver dans les pays froids.

Ainsi que je l'ai déjà observé, l'éclat de ses fleurs, leur grand nombre & leur durée invitent presque tous les amateurs de fleurs d'en cultiver en pot ou en caisse. On leur donne une terre à demi consistante, qu'on renouvelle en partie tous les deux ou trois ans. De forts arrosemens ne leur sont pas épargnés lorsqu'ils sont en fleurs & que la saison est chaude; mais on les leur doit ménager à l'excès pendant l'hiver, car l'humidité & la stagnation de l'air leur sont alors très-nuisibles. *Voyez* CHANCI.

Généralement on tient en buisson les *lauroses* cultivés dans les jardins; mais j'en ai vu de disposés en tête qui faisoient un fort bon effet. J'en ai vu aussi disposés en trichotomie, c'est-à-dire, que d'une seule tige sortoient, à deux pieds de terre, trois branches d'un pied de long, à l'extrémité de chacune desquelles sortoient trois autres branches. Je dois dire cependant que ces formes régulières sont fort difficiles à établir, & encore plus difficiles à conserver; ainsi la forme en buisson est celle à laquelle tout cultivateur sage doit s'en tenir.

Pour qu'un pied de *laurose* en buisson ait autant de régularité que possible, il faut, à sa sortie de l'orangerie, enlever son bois mort, & il en meurt tous les ans, & ses accrus, & il en pousse continuellement. Quelques coups de serpette sont nécessaires pour arrêter la fougue de quelques tiges. Jamais on ne doit, comme je l'ai vu cependant, tailler le tout avec les ciseaux, car comme les fleurs naissent à l'extrémité des tiges, on n'en a que peu en suivant cette pratique, & c'est pour elles qu'on cultive le *laurose*.

Les *lauroses* étant exposés à se dégarnir du pied, ce qui diminue leur agrément, il convient, ce cas arrivant, de les recéper entièrement ou partiellement. Par la première pratique, on est privé de fleurs pendant deux ans, mais on a un buisson régulier; par la seconde, on ne cesse pas de jouir, mais l'effet du coup d'œil n'est pas si agréable : c'est au propriétaire à choisir.

Une orangerie sèche & très-éclairée convient seule à la bonne conservation des *lauroses*. On lui donnera de l'air pendant le milieu du jour, toutes les fois que le thermomètre ne sera pas au-dessous de zéro, & les feuilles chancies ou tombées seront enlevées journellement.

Les variétés de *laurose* précitées se vendent plus cher que le type dans les pépinières; cependant j'ai toujours trouvé que ce type étoit plus ornant qu'elle, à raison de la forte coloration de ses fleurs.

On multiplie difficilement le *laurose* par le semis de ses graines, mais il donne tant de rejetons, mais ses marcottes prennent si rapidement racines, qu'on n'a pas à le regreter. Le jeune plant provenant de ces deux derniers moyens de reproduction se met dans des pots, & se traite comme les vieux pieds. Il fleurit ordinairement dès la seconde année, mais ce n'est qu'à la sixième qu'il est dans toute sa beauté.

Les *lauroses* odorant, antidyssentérique, à bouquets & à grandes fleurs, se cultivent dans quelques-unes de nos serres, qu'ils ornent, à la fin de l'hiver, par leurs belles fleurs; mais le premier seul, qui varie aussi à fleurs blanches, à fleurs roses, à fleurs doubles, y est commun. On les multiplie comme l'espèce commune. Toutes sont très-délicates & très-sensibles à la gelée.

Le *laurose* teignant est devenu dans son pays natal, depuis quelques années, un objet de culture des plus importans, attendu que ses feuilles contiennent une fécule bleue, semblable à celle de l'indigo, qui y est très-abondante, & qu'on peut en retirer à fort peu de frais.

Je n'ai aucuns renseignemens particuliers ni sur la culture de cette espèce, ni sur la manière d'en extraire la fécule bleue, mais il n'est pas difficile de les présumer. *Voyez* au mot INDIGO.

LAUZERTE. Synonyme de LUZERNE.

LAVANDE. *Lavendula*. Genre de plantes de la didynamie gymnospermie & de la famille des labiées, dans lequel se rangent onze espèces, la plupart originaires d'Europe & cultivées dans les jardins de Paris.

Espèces.

1. La LAVANDE commune.
Lavendula spica. Linn. ♄ Du midi de la France.

2. La LAVANDE stechade.
Lavendula stæchas. Linn. ♄ Du midi de la France.

3. La LAVANDE dentée.
Lavendula dentata. Linn. ♄ D'Espagne.

4. La LAVANDE multifide.
Lavendula multifida. Linn. ♄ D'Espagne.

5. La LAVANDE à feuilles d'aurone.
Lavendula abrotanifolia. Lamarck. ♄ Des îles Canaries.

6. La LAVANDE pinnée.
Lavendula pinnata. Linn. ♄ Des îles Canaries.

7. La LAVANDE pédonculée.
Lavendula pedunculata. Cav. ♄ D'Espagne.

8. La LAVANDE verte.
Lavendula viridis. Ait. ♄ Du Portugal.

9. La LAVANDE hétérophylle.
Lavendula heterophylla. Lam. ♄ D'Orient.

10. La LAVANDE corne-de-cerf.
Lavendula coronopifolia. Lamarck. ♄ D'Egypte.

11. La LAVANDE à feuilles de basilic.
Lavendula carnosa. Linn. ♄ Des Indes.

Culture.

La première de ces espèces, qui en réunit deux, selon quelques botanistes, la *lavande vraie* & la *lavande spic*, se cultive en pleine terre dans nos jardins, mais y est quelquefois frappée de la gelée. Les terrains secs, légers & chauds, sont ceux où elle se plaît le plus & où elle développe le mieux son odeur. On la dispose ordinairement en bordure ou en palissade. Dans le premier cas il est avantageux de la tondre, après la floraison, pour l'empêcher de se dégarnir du pied. Malgré cela, elle perd de ses agrémens au bout de trois à quatre ans de plantation, & il est nécessaire de l'arracher pour la replanter, après avoir changé la terre. La couleur blanchâtre de ses feuilles, ainsi que le grand nombre de ses fleurs, lui font produire un effet agréable sur le bord des sentiers, où on aime cueillir les unes & les autres pour, en les écrasant entre les doigts, aspirer leur bonne odeur.

On tire de ces mêmes parties, dans le midi de la France, par la distillation à feu nu, une huile essentielle, l'*huile d'aspic*, & par celle de leur infusion dans l'eau-de-vie, une liqueur de toilette, toutes deux d'une odeur très-agréable & d'un emploi fréquent dans la médecine & dans les arts.

Les abeilles recueillent sur ses fleurs, dans le même pays, un miel qui conserve son odeur, & qui est fort agréable, ainsi que j'ai eu occasion de m'en assurer plusieurs fois.

La multiplication de la *lavande* a lieu par le semis de ses graines, par déchirement des vieux pieds, par marcottes & par boutures.

Le premier mode est long; le quatrième ne réussit pas toujours en pleine terre. On s'en tient au second & au troisième, qui fournissent beaucoup plus que les besoins de la culture le demandent. C'est au printemps qu'on les effectue.

Les huit espèces suivantes se cultivent en pot, pour pouvoir être rentrées l'hiver dans l'orangerie, craignant beaucoup la gelée. Leur terre doit être à demi consistante. En hiver, les arrosemens leur seront ménagés. On les multiplie principalement de boutures faites dans des pots, sur couche & sous châssis, boutures qui réussissent presque toujours.

La onzième est de serre chaude.

LAVE. Deux sortes de pierres portent ce nom.

La première est calcaire, peu épaisse, fort large, & forme la première couche du plateau des montagnes secondaires. Partout on l'exploite pour couvrir les maisons rurales, faire des murs de clôture, soit en la posant à plat, soit en la posant de champ. *Voyez* MONTAGNES.

La seconde est une déjection des anciens volcans. Elle est noirâtre, remplie de cavités, & très-propre aux constructions. *Voyez* VOLCAN.

LAVIÈRE. Terre argileuse qui repose sur la lave calcaire. Cette terre est ordinairement ferrugineuse & de peu de profondeur. Elle donne de foibles récoltes dans les années trop sèches & dans les années trop humides, mais les produits de ces récoltes sont généralement de bonne nature. *Voyez* TERRE & ARGILE.

LAYA. Double fourche à deux dents, employée au labour des vignes dans la Biscaye.

LEBECKIE. *Lebeckia.* Thunberg a donné ce nom aux GENÊTS qui croissent au Cap de Bonne-Espérance, & qui diffèrent légèrement de ceux d'Europe. *Voyez* ce mot.

LÈDE. *Ledum.* Genre de plantes de la décandrie monogynie & de la famille des rhodoracées, dans lequel se placent trois petits arbustes remarquables par leur odeur forte & par le lieu de leur station, les marais, dont ils améliorent l'air.

Observations.

Un genre successivement appelé LEIOPHYLLON, DENDRION & AMMYRSINE, a été établi pour placer la dernière des espèces.

Espèces.

1. Le LÈDE à feuilles étroites.
Ledum palustre. Linn. ♄ Du nord de l'Europe.
2. Le LÈDE à feuilles larges.
Ledum latifolium. Lamarck. ♄ Du nord de l'Amérique.
3. Le LÈDE à feuilles de thym.
Ledum thymifolium. Lamarck. ♄ De Jersey.

Culture.

Ces trois espèces se cultivent dans nos jardins, & de la même manière ; mais la seconde, qui est heureusement la plus belle, est la seule qui s'y multiplie avec facilité.

La terre de bruyère, l'ombre, & des arrosemens abondans pendant l'été, sont indispensables à la prospérité de ces plantes. On les multiplie par rejetons & par marcottes, ce qui fournit plus qu'il n'en faut, pour les besoins du commerce, de pieds de la seconde espèce, la seule, je le répète, qui soit recherchée hors des écoles de botanique.

L'espèce première s'emploie fréquemment dans le Nord pour remplacer le houblon dans la composition de la bière.

L'espèce seconde porte le nom de *thé de Labrador*, à raison de ce que les habitans de cette partie de l'Amérique en font journellement usage, comme stomachique. Toutes les fois que j'en ai pris l'infusion, je me suis trouvé avoir acquis une faim dévorante.

LÉGUME. Ce nom a plusieurs acceptions. D'abord il a signifié les haricots, les pois, les lentilles & autres graines mangeables, produites par les légumineuses ; ensuite on l'a appliqué à tous les végétaux cultivés dans les jardins pour la nourriture des hommes.

Les *légumes* acides s'appeloient autrefois AIGONS à Paris.

LEVADA. Synonyme de RIGOLE dans le département de la Haute-Vienne. *Voyez* IRRIGATION.

LICIET. *Lycium.* Genre de plantes de la pentandrie monogynie & de la famille des solanées, qui rassemble une vingtaine d'arbustes, dont plusieurs sont cultivés dans nos jardins. Il est figuré pl. 112 des *Illustrations* de Lamarck.

Observations.

Le *liciet* à feuilles de tassole fait aujourd'hui partie du genre CABRILLET.

Espèces.

1. Le LICIET d'Afrique, vulg. *Jasmin d'Afrique.*
Lycium afrum. Linn. ♄ D'Afrique.
2. Le LICIET de Chine, vulg. *Jasminoïde.*
Lycium chinense. Mill. ♄ De Chine.
3. Le LICIET à feuilles étroites.
Lycium barbarum. Linn. ♄ De Chine.
4. Le LICIET d'Europe.
Lycium europæum. Linn. ♄ Du midi de l'Europe.
5. Le LICIET charnu.
Lycium carnosum. Lamarck. ♄ Du Cap de Bonne-Espérance.
6. Le LICIET de Russie.
Lycium ruthenicum. Pallas. ♄ De Russie.

7. Le LICIET de la Caroline.
Lycium carolinianum. Mich. ♄ De la Caroline.
8. Le LICIET capſulaire.
Lycium capſulare. Linn. ♄ Du Mexique.
9. Le LICIET fluet.
Lycium tenue. Willd. ♄ De.....
10. Le LICIET à petites feuilles.
Lycium microphyllum. Lamarck. ♄ Des Indes.
11. Le LICIET ombellé.
Lycium umbellatum. Ruiz & Pav. ♄ Du Pérou.
12. Le LICIET ſpatulé.
Lycium ſpatulatum. Ruiz & Pav. ♄ Du Pérou.
13. Le LICIET ovale.
Lycium obovatum. Ruiz & Pav. ♄ Du Pérou.
14. Le LICIET des rivages.
Lycium ſalſum. Ruiz & Pav. ♄ Du Pérou.
15. Le LICIET lancéolé.
Lycium lanceolatum. Lamarck. ♄ De la Chine.
16. Le LICIET à fleurs écarlates.
Lycium fuchſioides. ♄ Lamarck. De l'Amérique méridionale.
17. Le LICIET de la Cochinchine.
Lycium cochinchinenſe. Lour. ♄ De la Cochinchine.
18. Le LICIET roide.
Lycium rigidum. Willd. ♄ De.....
19. Le LICIET très-épineux.
Lycium horridum. Thunb. ♄ Du Cap de Bonne-Eſpérance.
20. Le LICIET barbu.
Lycium barbatum. Thunb. ♄ Du Cap de Bonne-Eſpérance.
21. Le LICIET cendré.
Lycium cinerum. Willd. ♄ De.....

Culture.

Les ſept premières eſpèces ſe cultivent dans nos jardins, & ne demandent que des ſoins ordinaires; cependant la première & la ſeptième craignent les hivers du climat de Paris, & il eſt prudent d'en tenir quelques pieds en pots pour les rentrer dans l'orangerie avant les froids.

Les autres s'accommodent de tous les terrains & de toutes les expoſitions. On les multiplie de graines, de rejetons, dont elles pouſſent abondamment, de marcottes, de boutures & de racines; mais on s'en tient ordinairement au ſecond moyen, comme ſuffiſant aux beſoins du commerce.

Les ſeconde & troiſième eſpèces s'emploient fréquemment à l'ornement des jardins payſagers, où elles ſe placent en paliſſade autour des boſquets, contre les murs, dans tous les lieux où on veut cacher quelque déſagrément, en touffes ſur les rochers, au milieu des gazons, autour des arbres iſolés. Elles produiſent d'agréables effets lorſqu'elles ſont en fleurs & en fruits. La difficulté eſt de les conduire ſelon les vues qu'on ſe propoſe, tant elles pouſſent de longs rameaux & tant elles ont de diſpoſition à fournir des accrus. Les tailler au croiſſant ou au ciſeau ne leur eſt pas avantageux; auſſi eſt-ce avec la ſerpette & la pioche que je conſeille de les régler, c'eſt-à-dire, en coupant leurs gourmands & en arrachant leurs drageons.

Le *liciet* d'Europe, rare dans les environs de Paris, ſert à faire des haies dans la ci-devant Provence & dans le ci-devant Bas-Languedoc, haies très-défenſables, à raiſon de leur forme & des épines des extrémités des rameaux latéraux de cette eſpèce. Elle n'eſt pas plus ſenſible au froid que les deux précédentes, qui en ſont quelquefois atteintes. Dans ce cas il ſuffit de couper par le pied pour les rétablir.

C'eſt pendant l'hiver qu'on tranſplante les *liciets*.

Juſqu'aujourd'hui on n'a pas cultivé les ſeconde & troiſième eſpèces de *liciets* pour l'utilité; mais je crois qu'il eſt poſſible d'en tirer d'importans ſervices dans la grande agriculture, 1°. pour recouvrir les terrains incapables de fournir des céréales, ſoit dans le but d'en obtenir tous les deux ou trois ans une coupe de fagots, ſoit dans celui de favoriſer, par leur ombrage, la germination des graines des arbres des forêts; 2°. pour ſoutenir les terrains très en pente & arrêter les dévaſtations des torrens. J'ai vu à cet égard des expériences dont j'ai eu lieu d'être très-ſatisfait.

LICOL. Corde de chanvre qui ſert à attacher les animaux domeſtiques. Elle eſt ordinairement de la groſſeur du doigt & d'une longueur de quatre à ſix pieds.

Lorſque le *licol* eſt en cuir, il s'appelle LONGE.

La dépenſe des *licols*, lorſqu'on ne ſurveille pas leur conſervation, eſt un article important dans une grande exploitation. Il faut donc en charger une perſonne ſpéciale & en faire la revue tous les mois.

Comme il eſt des chevaux & des bêtes à cornes qui mâchonnent leur *licol*, on en fabrique dans leſquels entrent des crins qui les en empêchent, ou on leur ſubſtitue une chaîne.

LIERRE. *Hedera.* Genre de plantes de la pentandrie monogynie & de la famille des chèvrefeuilles, qui contient quatre eſpèces d'arbriſſeaux, dont un eſt très-commun dans nos forêts & autour de nos habitations rurales. Il eſt figuré pl. 145 des *Illuſtrations* de Lamarck.

Obſervations.

Ce genre eſt fort peu diſtinct des CISSES & des VIGNES; auſſi pluſieurs de ſes eſpèces ont-elles été placées parmi ces dernières.

Eſpèces.

1. Le LIERRE d'Europe.
Hedera helix. Linn. ♄ Indigène.
2. Le LIERRE à grappes penchées.
Hedera nutans. Swartz. ♄ De la Jamaïque.

3. Le Lierre à grappes pendantes.
Hedera pendula. Swartz. ♄ De la Jamaïque.
4. Le Lierre térébinthacé.
Hedera terebinthacea. Vahl. ♄ De Ceylan.

Culture.

La première espèce est la seule que nous cultivons. Elle est excessivement commune dans tous les bois humides, le long des rochers & des murs exposés au nord; sa verdure permanente, la belle forme & le luisant de ses feuilles, la grâce avec laquelle elle grimpe sur les arbres, contre les rochers, contre les murs, l'ont de toute ancienneté fait distinguer. Elle est fréquemment représentée sur les lambris des appartemens, sur les ajustemens des belles. Ses feuilles servent à entretenir l'humidité des cautères; son bois, principalement celui des racines, à faire des tasses extrêmement légères, à recevoir l'émeri mêlé à l'huile avec lequel on polit l'acier ou aiguise les instrumens tranchans.

Lorsque l'arbre qui a donné son appui pendant un siècle à un pied de *lierre* vient à périr, ce pied, qui a alors plusieurs pouces de diamètre, se soutient de lui-même. On cite de ces pieds qui avoient deux à trois pieds de tour.

Ce ne sont pas de véritables racines qui attachent le *lierre* aux arbres & aux pierres, mais des vrilles radiciformes, qui jouissent de la remarquable propriété de ne pousser que lorsqu'elles deviennent utiles.

Les fruits du *lierre* sont noirs & purgent violemment.

Il y a plusieurs variétés de *lierre*, dont les plus dans le cas d'être citées sont: 1°. le *lierre de Bacchus*, dont les fruits sont jaunes, & que quelques botanistes regardent comme formant espèce: c'est dans la Grèce qu'il se trouve; 2°. le *lierre à feuilles panachées de blanc & de jaune*.

On ne cultive guère dans les jardins que ces dernières variétés, les bois fournissant partout, en surabondance, des plants enracinés pour les besoins du commerce.

Quelques propriétaires font garnir de *lierre* les murs exposés au nord de leurs maisons, dans l'intention de les consolider. Ils remplissent souvent leurs vues, mais il y entretient une humidité constante, & la gelée a plus d'action sur les pierres & sur le mortier.

Il est très-bon de couvrir de *lierre* le sol des massifs des jardins paysagers, pour en faire disparoître la nudité. Des pieds enlevés dans les bois en automne, ou des graines semées à la même époque, ne tardent pas à remplir ce but.

Le *lierre*, en s'opposant au grossissement des arbres qu'il entoure, leur nuit très-souvent.

LIGNITE. Bois fossile, souvent bitumineux, assez fréquent sous les premières couches des montagnes secondaires, & provenant de la destruction des forêts qui y végétoient, lorsqu'une nouvelle irruption de la mer est venue les recouvrir.

Les *lignites* servent à brûler, quoique leur feu donne peu de chaleur. Elles s'emploient aussi à l'engrais des terres. Le fameux vignoble de Reims seroit depuis long-temps devenu infertile, si la puissante couche de *lignite* qui le surmonte ne servoit pas à l'amender.

Des *lignites* peu colorées s'utilisent pour la peinture, sous le nom de Terre d'ombre.

La Houille, selon moi, est formée par des arbres entraînés dans la mer par les rivières de l'ancien Monde.

LILAS. *Syringa.* Genre de plantes de la diandrie monogynie & de la famille des jasminées, qui réunit trois espèces d'arbrisseaux, dont deux sont très-fréquemment cultivés dans nos jardins, qu'ils embellissent pendant toute l'année, & principalement pendant qu'ils sont en fleurs.

Espèces.

1. Le Lilas commun.
Syringa vulgaris. Linn. ♄ De Perse.
2. Le Lilas de Perse.
Syringa persica. Linn. ♄ De Perse.
3. Le Lilas du Japon.
Syringa capensis. Thunb. ♄ Du Japon.

Culture.

Le *lilas* commun est cultivé en pleine terre, en Europe, depuis près de trois cents ans. Il s'élève de quinze à vingt pieds, & fleurit en mai. Toutes les natures de terre, toutes les expositions, tous les genres de culture lui sont indifférens; cependant il vient mieux dans les terres légères, dans les lieux aérés & exposés au soleil, & lorsqu'il est en buisson. Ses effets sont également agréables en massif ou isolé. Il est facile de le mettre sur une tige & d'en former un arbre lorsque le pied est provenu de graines; mais ce n'est que par des soins toujours renouvelés, à raison de sa grande propension à pousser des accrus, qu'on peut le conserver dans cette disposition lorsqu'il provient de rejetons ou de marcottes. Jamais il n'est plus beau que lorsqu'il est abandonné à lui-même; en conséquence, je repousse toutes les mutilations qu'on lui fait si souvent subir. Cependant, lorsqu'il forme buisson, il est bon de couper les tiges rez-terre tous les dix à douze ans, & lorsqu'il est sur une seule tige, de rapprocher ses rameaux après la même révolution de temps. Par ces moyens on obtient, deux ans après l'opération, des grappes de fleurs plus volumineuses, & des fleurs plus larges. On peut éviter cette opération, qui prive de fleurs pendant deux ans, dans les jardins peu garnis de *lilas*, en coupant tous les ans ou tous les deux ans, rez-terre, la plus forte tige de chaque touffe. Par-là on s'oppose à la trop grande élévation des touffes; on la borne à huit ou dix pieds.

On distingue un grand nombre de variétés de *lilas* qui peuvent cependant se réunir, par nuances insensibles, aux cinq suivantes :

A grandes fleurs pourpres, *lilas de Marly*;
A fleurs d'un violet-bleuâtre;
A fleurs d'un violet pâle;
A fleurs blanches;
A feuilles panachées.

Toutes les parties des jardins paysagers peuvent être garnies de *lilas*, & le sont souvent avec profusion. Jamais on ne se lasse de l'y voir, car s'il est superbe par ses fleurs, il est beau par ses feuilles. Quelques pieds en tiges & isolés au milieu des gazons, dans le voisinage des fabriques, produisent de bons effets.

Dans les jardins ornés, à part quelques touffes tenues basses dans le milieu des plates-bandes, & quelques hautes tiges isolées dans le voisinage de la maison, le *lilas* ne peut se placer qu'en palissade contre les murs : aussi l'ai-je souvent vu relégué dans la cour ou dans le potager, chez les propriétaires de ces sortes de jardins, pour pouvoir au moins en cueillir des rameaux.

Dans les uns & dans les autres de ces jardins, le difficile, je le répète, est d'empêcher ses accrus, par leur soustraction, plusieurs fois dans l'année, avec la pioche. Je connois des jardins où les *lilas* ne fleurissent pas par suite de l'épuisement des tiges, résultant du grand nombre de ces accrus. C'est pour éviter cet inconvénient que, pendant que j'étois à la tête des pépinières de Versailles, je ne multipliois cet arbuste que de graines, parce que, dans ce cas, les pieds sont pourvus d'un pivot & ne tracent point.

La transplantation du *lilas* doit s'effectuer avant l'hiver, à raison de ce qu'il entre en végétation de très-bonne heure au printemps. Le plus souvent les pieds transplantés poussent foiblement, boudent, comme disent les jardiniers, principalement lorsque ce sont de vieux accrus levés autour des touffes. Dans ce cas, c'est toujours une bonne opération que de les recéper l'année suivante, pour leur faire pousser des tiges immédiatement de la racine.

Tous les modes de multiplication sont applicables au *lilas*, c'est-à-dire, qu'on se le procure par le semis de ses graines, par le déchirement des vieux pieds, par accrus, par racines, par marcottes & par boutures. On s'en tient ordinairement aux trois premiers de ces moyens, qui suffisent bien au-delà aux besoins du commerce.

On sème la graine de *lilas*, au printemps, dans une terre légère & bien préparée. Le plant qui en provient est sarclé ou biné deux fois par an. Au bout de deux ans, il est repiqué dans une autre place, à quinze ou vingt pouces de distance. Après le même espace de temps, il commence à fleurir & peut être mis en place. C'est alors aussi qu'on met sur un brin, & qu'on taille en crochet les pieds qu'on destine à devenir des tiges. Il est rare que dans un semis il se trouve plusieurs pieds exactement semblables. On greffe ceux qui n'offrent pas d'aussi belles fleurs que les autres.

Ainsi que je l'ai déjà dit, le déchirement des vieux pieds & la levée des accrus ont lieu en hiver. Il vaut mieux employer les produits des derniers en les mettant se fortifier pendant deux ans dans la pépinière, que ceux des premiers qui s'enracinent difficilement.

La dureté & la couleur du bois de *lilas* le rendroient propre aux ouvrages de tour s'il n'étoit pas si susceptible de se fendre ou de se tourmenter. Il pèse soixante-dix livres par pied cube. On fait des tuyaux de pipe avec ses jeunes rameaux.

Les haies de *lilas* sont d'une mauvaise défense & sont exposées à des dégradations annuelles par la propension de tous les jeunes gens à casser leurs rameaux fleuris; mais elles garnissent bien & leurs racines soutiennent les terres, les défendent des eaux courantes. Planté dans les terrains les plus arides, il peut donner des coupes de fagots tous les trois à quatre ans.

Le *lilas* de Perse diffère fort peu du précédent par ses caractères, mais beaucoup par son aspect général. Il ne s'élève pas à la moitié de sa hauteur. Sa délicatesse le rend plus propre à être placé dans les parterres & dans les pots. On peut, avec bien plus d'avantage, lui former une tête, non en le taillant avec des ciseaux, mais en le rapprochant annuellement au moyen de la serpette. Il fournit trois principales variétés :

Celle à fleurs blanches;
Celle à feuilles pinnatifides;
Celle dite de Varin.

La variété à fleurs blanches est de fort peu d'effet, & n'est cultivée que dans les jardins de collection. La variété à feuilles pinnatifides a été très-recherchée autrefois, principalement pour la faire fleurir sous bache, pendant l'hiver, & la placer dans les appartemens des riches; mais comme elle ne produit que fort peu de grappes, & encore peu garnies de fleurs, elle est également reléguée dans les jardins où on veut tout avoir.

Il n'en est pas de même du *lilas* Varin; il prime aujourd'hui. C'est M. Varin, cultivateur à Rouen, qui l'a obtenu de ses semis. Il se distingue de l'espèce par ses rameaux grêles & tiquetés de blanc; par ses grappes de fleurs plus grosses, plus nombreuses, plus pendantes.

Ainsi que le *lilas* commun, le *lilas* Varin se multiplie de toutes les manières, mais il pousse moins de rejetons, & la disposition pendante de ses rameaux rend son marcottage très-facile. C'est principalement par ce dernier moyen qu'on opère dans les grandes pépinières où on établit des Mères (voyez ce mot), uniquement dans l'intention de le propager. Il se greffe aussi, à deux ou trois pieds de terre, sur le *lilas* commun ou sur le troëne, pour le former en boules d'un grand éclat quand elles sont en fleurs, comme on peut s'en assurer au Luxembourg, où les plates-bandes sont garnies de pieds ainsi disposés.

Cette variété a été substituée à la seconde pour la faire forcément fleurir en hiver, comme je l'ai indiqué plus haut, ce qui donne lieu à un commerce de quelqu'importance sur le marché aux fleurs de Paris & des autres grandes villes de l'Europe.

Dans les jardins paysagers, ce *lilas* se plaît autour de la maison d'habitation, devant les fabriques, le long des allées les plus fréquentées. Partout il se fait remarquer lorsqu'il est convenablement dirigé. Les gelées du printemps le frappent quelquefois & l'empêchent de fleurir; mais je n'ai pas connoissance qu'elles l'aient jamais fait mourir.

LIMACE. Petit Ulcère qui naît entre les ongles des Bœufs & des Vaches, par l'effet des petites pierres qui s'y fixent. On le guérit d'abord par des cataplasmes émolliens, & quand il est invétéré, par des caustiques. *Voyez* Piétain & Pesogne.

LIMAGNE. Fond d'un ancien lac de l'Auvergne, composé de débris volcaniques; sa fertilité est extrême.

Il y a aussi une *limagne* dans le département de l'Aveyron, mais c'est un plateau calcaire fort élevé.

LIMBARGO. Synonyme de Chenevotte.

LIQUIDAMBAR. *Liquidambar.* Genre de plantes de la monœcie polyandrie & de la famille des amentacées, où se placent deux arbres exotiques qui se cultivent en pleine terre dans nos jardins.

Observations.

Le genre Comptonie a fait partie de celui ci.

Espèces.

1. Le Liquidambar du Levant.
Liquidambar orientalis. Linn. ♄ D'Orient.
2. Le Liquidambar d'Amérique.
Liquidambar styraciflua. Linn. ♄ Des parties chaudes de l'Amérique.

Culture.

La première espèce est l'arbre qui fournit le *styrax* ou *storax calamite*, l'un des plus agréables parfums. Il se voit depuis long-temps dans nos jardins, où on le multiplie très-facilement de marcottes; mais comme il diffère extrêmement peu de la seconde, il se confond avec elle, & est rare partout, hors les écoles de botanique.

Le *liquidambar* d'Amérique, dont j'ai observé d'immenses quantités pendant mon séjour en Caroline, est un superbe arbre de quarante pieds & plus de hauteur, qui croît dans les terres humides & même inondées, & qui laisse fluer de son écorce une résine très-suave, appelée *baume de Copalme*. Il fleurit avant le développement de ses feuilles.

Cet arbre si élégant, si odorant, est cependant regardé par les propriétaires avec animadversion, parce que son bois n'est bon ni à brûler, ni à être employé autrement, tant il est tendre & susceptible de se pourrir; aussi, lorsqu'on veut défricher les places où il se trouve, & ce sont constamment les meilleures, après avoir cerné son écorce, le laisse-t-on sur pied jusqu'à ce qu'il se soit détruit de lui-même.

La résine du *liquidambar* se recueille dans l'Amérique méridionale, à la suite de plaies faites à son écorce, pour l'usage de la médecine. En Caroline, pays déjà froid pour lui, cette écorce n'en donne pas assez pour mériter les frais de sa recherche; mais on y supplée en faisant bouillir ses jeunes branches dans l'eau, & en ramassant la liqueur odorante, huileuse, qui en sort & qui nage sur l'eau. Cette liqueur a, à un plus foible degré, les mêmes vertus que le baume.

Je dirai, en passant, que l'hirondelle acutipenne lie, entr'elles, les petites buchettes qui composent son nid, avec la résine de cet arbre.

Ce *liquidambar* est devenu commun en Europe, depuis que Michaux a envoyé des tonneaux de ses graines aux pépinières de Versailles & autres. Je les faisois semer dans des plates-bandes de terre de bruyère exposées au nord, & arroser abondamment. Le plant levé étoit, à sa seconde année, repiqué dans une autre plate-bande, à un pied de distance, & traité de même. Il y a eu peut-être 500,000 pieds de cet âge dans ces pépinières, qui, la plupart, ont péri à leur transplantation définitive, pour n'avoir pas été placés dans une terre assez légère & assez humide. Plusieurs ont été frappés des dernières gelées du printemps.

Aujourd'hui qu'il ne nous arrive plus de graines, & que les pieds encore existans ne sont pas assez vieux pour en fournir, on ne multiplie le *liquidambar* que de marcottes, qui, faites avec les jeunes pousses d'une mère, placée à l'ombre, prennent racine la même année, & peuvent être relevées l'année suivante, pour, après deux ans de pépinière, être mises en place.

Il est fâcheux que cet arbre demande si impérieusement un terrain en même temps léger & humide, car il est du nombre de ceux avec lesquels on peut faire les plus superbes avenues, à raison de la beauté de son feuillage & de la suavité de ses émanations.

LIZÉE. ENGRAIS liquide très en usage dans la Suisse allemande, & dont la pratique seroit une nouvelle source de richesses pour la France.

Voici ce que dit M. Banck; car, quoique j'en ai vu préparer dans les environs de Zurich, je ne suis pas en état de rendre compte de sa composition.

« La *lizée* se prépare dans une étable dont le sol compacte & bien pavé ne permet aucune infiltration Ce sol est sur un plan incliné d'environ trois pouces du râtelier au fond de l'étable : c'est là que règne, dans toute la longueur de celle-ci, un canal de bois fermé aux deux bouts, dont la largeur & la profondeur sont de dix-huit pouces. On a pratiqué au-dessous de ce canal plusieurs fosses communiquant avec lui par des ouvertures qu'on ferme à volonté, & séparées entr'elles, sans communication, soit par des planches de trois pouces d'épaisseur, soit par des bandes de pierre. Le canal seroit ouvert supérieurement dans toute sa longueur, sans quelques rondins de bois qu'on place en forme de ponts, pour traverser l'étable. Les choses ainsi disposées, on introduit dans le canal assez d'eau pour le remplir à moitié, & on fait entrer ensuite les excrémens du bétail qui n'y ont pas coulé. Le canal est, pour l'ordinaire, entièrement plein au bout de vingt-quatre heures : alors, après avoir brassé les matières, on ouvre le bondon qui correspond à la première fosse, elles y entrent; on introduit encore de l'eau dans le canal pour le laver exactement, & on la fait couler dans la fosse : cette eau s'y trouve dans la proportion d'environ trois parties contre une d'excrémens, qu'on a fait entrer à l'état le plus frais possible.

» Le lendemain, même opération, jusqu'à ce que la première fosse soit pleine aux trois quarts; on la ferme alors, & la fermentation s'y établit.

» On ouvre la seconde, qui se remplit de la même manière; ensuite la troisième.

» Lasteyrie, dans son importante collection de constructions rurales, a donné le plan & la coupe de ces fosses.

» Le nombre de ces fosses est ordinairement de cinq; leur capacité varie selon celle de l'étable; on la calcule de manière que tout soit plein au bout de six semaines, parce qu'il faut ce temps pour la perfection de la *lizée*, & par conséquent pour l'exploiter; mais comme on n'a pas si souvent besoin du fumier, on le dépose dans un réservoir qui est ordinairement placé derrière l'étable, à l'abri du froid & des courans d'air.

» On observe que, dans les fosses, la matière qui a subi la fermentation, s'est séparée en trois parties; savoir : 1°. un sédiment, qui se précipite au fond; 2°. une matière liquide recouvrant ce dépôt, c'est la *lizée* proprement dite; 3°. une croûte spongieuse, en forme de chapeau, dont l'épaisseur est quelquefois de dix-huit pouces & qui se présente à la surface.

» La *lizée* est un liquide muqueux, d'une consistance huileuse, d'une couleur brune verdâtre, sans odeur désagréable, qui ne mousse que lorsqu'elle a trop fermenté.

» Pour extraire ce liquide, les cultivateurs suisses se servent d'une petite pompe portative en bois, qu'ils fabriquent eux-mêmes; il se transporte sur les terrains à fumer, dans des tonneaux disposés de manière qu'il s'en échappe, comme l'eau dont on arrose les places publiques. *Voyez* ARROSOIR & ARROSEMENT.

» Après l'extraction de la *lizée*, le chapeau qui étoit à la surface des fosses, tombe au fond & se mêle avec le sédiment. On tire cette espèce de dépôt tous les cinq à six jours; on le verse dans le canal qu'on a vidé; on l'y mêle avec de la paille à demi pourrie, qui a servi de litière : le tout est ensuite mis en tas hors de l'écurie, & il en résulte un fumier solide, excellent, presque aussi abondant que si on n'en avoit pas extrait de la *lizée*.

» Celle-ci est tellement énergique, qu'on fait cinq coupes dans les prairies où on l'a répandue.

» Au lieu de la répandre immédiatement après la fauchaison, on attend cinq à six jours, pour que les plantes aient déjà poussé de nouveaux bourgeons.

» Elle sert à fumer les vignes, qui, presque partout en Suisse, sont sur des pentes rapides; à cet effet, on fait un creux autour de chaque cep, & un homme portant sur son dos une hotte doublée en cuir, garnie d'un robinet & remplie de *lizée*, verse de cet engrais dans chaque creux; un autre homme le comble. »

On voit par cet exposé, que la *lizée* ne diffère pas essentiellement de l'eau de fumier, mais qu'elle possède l'avantage immense de n'avoir perdu aucune de ses particules fertilisantes; elle se rapproche aussi de la gadoue artificielle qui se fabrique aujourd'hui avec tant de succès aux environs de Lyon. Comme les principes sont tous à l'état soluble, elle agit sur-le-champ : aussi donne-t-elle une grande amplitude de végétation aux plantes qui poussent; aussi n'est-ce jamais sur les terres non couvertes de récoltes, ou pendant l'hiver, qu'il faut l'utiliser. Point de doute que si on en exagéroit l'emploi, elle feroit périr les plantes par surabondance d'engrais. *Voyez* VEGETATION.

LOCHET. On appelle ainsi la BÊCHE dans les environs de Troyes. Ainsi, locheter, c'est labourer à la bêche.

LOLIOT. La LUPULINE se nomme ainsi dans les Vosges.

LOMBARDETTE. Synonyme de BETTE POIRÉE.

LOTIER odorant. *Voyez* MÉLILOT BLEU.

LOUBO. Bourgeons stériles qui sortent de l'aisselle des feuilles des VIGNES. *Voy.* ces mots.

LOUCET. *Voyez* LOUCHET.

LOUP. C'est aux environs de Mirecourt une MOTTE DE TERRE, provenant des LABOURS. *Voyez* ces mots.

LOUTRE. Quadrupède qui mange le poisson, & que les propriétaires d'étang doivent chercher à détruire, soit par la chasse au fusil, soit au moyen des piéges. *Voyez* le *Dictionnaire des Chasses*.

LOUVOTTE. Synonyme de TRÈFLE BLANC.

LUQUET. On donne ce nom aux ALUMETTES dans le midi de la France.

M

MACHER. Synonyme de BLOSSIR.

MACHEUL. La VIORNE MANICENNE porte ce nom dans le département de la Meurthe.

MAGAOU. BÊCHE RECOURBÉE, en usage dans le département du Var.

MAGASIN. Synonyme de COMPOST dans le département de la Marne.

MAGNOLIER. *Magnolia*. Genre de plantes de la polyandrie polyginie & de la famille des tulipifères, qui rassemble quinze espèces, toutes agréables sous quelques rapports, & dont on cultive la plus grande partie en pleine terre dans nos jardins.

Espèces.

1. Le MAGNOLIER à grandes fleurs.
Magnolia grandiflora. Linn. ♄ De l'Amérique moyenne.

2. Le MAGNOLIER glauque.
Magnolia glauca. Linn. ♄ De l'Amérique septentrionale.

3. Le MAGNOLIER parasol.
Magnolia umbella. Linn. ♄ De l'Amérique septentrionale.

4. Le MAGNOLIER à grandes feuilles.
Magnolia macrophylla. Mich. ♄ De l'Amérique septentrionale.

5. Le MAGNOLIER auriculé.
Magnolia auriculata. Mich. ♄ De l'Amérique moyenne.

6. Le MAGNOLIER à feuilles en cœur.
Magnolia cordata. Mich. ♄ De l'Amérique septentrionale.

7. Le MAGNOLIER acuminé.
Magnolia acuminata. Linn. ♄ De l'Amérique septentrionale.

8. Le MAGNOLIER de Plumier.
Magnolia Plumeri. Swartz. ♄ De la Martinique.

9. Le MAGNOLIER à fleurs purpurines.
Magnolia purpurea. Ait. ♄ De la Chine.

10. Le MAGNOLIER yulan.
Magnolia yulan. Desf. ♄ De la Chine.

11. Le MAGNOLIER à boutons bruns.
Magnolia fuscata. Desf. ♄ Du Japon.

12. Le MAGNOLIER nain.
Magnolia pumila. Vent. ♄ De la Chine.

13. Le MAGNOLIER à bandes.
Magnolia fasciata. And. ♄ De la Chine.

14. Le MAGNOLIER liliflore.
Magnolia liliflora. Lamarck. ♄ Du Japon.

15. Le MAGNOLIER tomenteux.
Magnolia tomentosa. Thunb. ♄ Du Japon.

Culture.

Le *magnolier* à grandes fleurs s'élève à plus de cent pieds, & acquiert six pieds de diamètre & plus. C'est un des plus beaux arbres qui existent, ainsi que j'en ai pu juger pendant mon séjour dans son pays natal. Son port majestueux, ses feuilles larges, coriaces, persistantes, d'un vert luisant en dessus & ferrugineuses en dessous; ses fleurs larges de trois à quatre pouces, d'un blanc éclatant, d'une odeur extrêmement suave; ses fruits d'un rouge éclatant, pendans, à leur maturité, au-dessous des cônes qui les renfermoient, tout concourt à le faire admirer des plus indifférens.

Ces avantages ont déterminé le transport de ce *magnolier* en Europe, dès l'époque de la découverte de l'Amérique; mais comme il demande un climat chaud, & que ses graines ont d'abord été semées dans les environs de Londres & de Paris, qu'il ne donne des fleurs qu'à un âge assez avancé, il n'est devenu commun que dans ces dernières années, lorsque le goût de la culture des arbres étrangers a pris de l'amplitude. C'est dans la partie méridionale de la France, & encore mieux en Italie & en Espagne, qu'on peut seulement le cultiver en pleine terre; & c'est là qu'il en en existe en effet quelques pieds qui donnent de la bonne graine, avec laquelle sa propagation va sans doute s'étendre avec rapidité.

Il a été indiqué plusieurs variétés de ce *magnolier*, toutes fondées sur la largeur & la longueur des feuilles, & qui, à mon avis, ne méritent pas l'attention des amateurs. Celle qui a rapport à l'absence des poils roux à la face inférieure de ces feuilles, si commune dans nos jardins, tient à la jeunesse des pieds & au froid du climat de Paris.

Dans son pays natal, le *magnolier* à grandes fleurs croît dans les terrains frais & améliorés par beaucoup de terreau. Ainsi, en France, il faut le planter dans un terrain analogue, ou mettre dans les caisses destinées à le recevoir, de bonne terre à oranger.

Ainsi que je l'ai fait entrevoir plus haut, ce n'est que depuis peu d'années qu'il existe en Europe quelques pieds qui donnent de la bonne graine. Auparavant on étoit obligé de la tirer de la Caroline & contrées voisines, où la grosseur & la hauteur des arbres en rend la récolte difficile, & par conséquent coûteuse, & de les envoyer stratifiées dans la terre humide, car elles perdent très-rapidement leur faculté germinative lorsqu'elles sont exposées à un air sec.

Ces graines se sèment, aussitôt qu'elles sont arrivées, dans des terrines, qu'on place sur une couche à châssis & qu'on arrose largement. Le plant levé est laissé en plein air pendant les quatre mois d'été, pour qu'il se fortifie. A sa troisième année, il est repiqué, seul à seul, dans des pots, placés à une exposition chaude & arrosés fortement; pots qu'on rentre dans l'orangerie aux approches des froids. Lorsque ce plant a acquis six pieds de haut, on le transplante dans des caisses, qu'on change contre de plus grandes, à mesure qu'il s'accroît, & on le traite de même, c'est-à-dire, qu'on le rentre dans l'orangerie pendant l'hiver & l'arrose fortement pendant l'été.

Mais c'est par les marcottes qu'on reproduit encore, presque généralement, le *magnolier* à grandes fleurs, à raison de la rareté des graines, quoique les pieds qui en résultent soient moins beaux & moins vigoureux. Il y a deux moyens de procéder dans ce mode.

1°. Les propriétaires font les marcottes en l'air, c'est-à-dire, dans de petits pots ou des cornets de fer-blanc, à travers lesquels passe une jeune branche, & qui sont attachés à une autre branche. Comme le peu de terre qui est dans ces pots ou dans ces cornets, & leur exposition au vent, rendent la dessiccation de cette terre très-rapide, un seul manque d'arrosement suffit souvent pour faire périr les racines naissantes, & oblige de recommencer; aussi ce mode devient-il de jour en jour plus rare.

2°. Les pépiniéristes plantent en pleine terre, sous un châssis, des pieds déjà forts de *magnolier* à grandes fleurs, en coupent la tête rez-terre, & en couchent chaque année les rejets. Ces rejets prennent toujours racine dans l'année, & peuvent être relevés avec certitude de reprise dès le printemps de la suivante. Ce mode est, aujourd'hui, le plus généralement usité.

Quelquefois il sort des rejetons de ces pieds ainsi traités. On les lève comme les marcottes.

Les marcottes se traitent de la même manière que les plants de trois ans venus de graines.

La serpette doit toucher le moins possible les pieds de *magnolier* à grandes fleurs. Si une branche s'étend trop, il vaut mieux l'arrêter par le pincement de son extrémité que par son raccourcissement.

La flèche des *magnoliers* est aussi nécessaire à la facilité de son accroissement qu'à la beauté de sa forme. Elle ne doit donc jamais être coupée.

En Amérique, le *magnolier* ne donne des fleurs que lorsqu'il est parvenu à trente pieds de haut & à un pied de diamètre. Dans nos orangeries il en donne quelquefois une ou deux, lorsqu'il est arrivé à la hauteur de six pieds & à la grosseur du pouce. On accélère même le moment, principalement dans les pieds provenant de marcottes, en renouvelant rarement leur terre & en les arrosant avec parcimonie, mais alors on risque de voir périr ces pieds.

Le bois du *magnolier* à grandes fleurs est blanc & d'un travail facile; mais comme il pourrit aisément, on ne l'emploie qu'à l'intérieur, principalement débité en planches. J'ai cependant navigué dans un canot fait d'un seul arbre, qui avoit déjà plusieurs années de service, & qui ne sembloit pas être encore altéré.

L'enthousiasme que j'ai dû prendre pour cet arbre dans les forêts de l'Amérique, me porte à faire des vœux pour qu'il se multiplie promptement dans le midi de la France.

Le *magnolier* glauque ne s'élève qu'à quinze ou vingt pieds en Caroline, où j'en ai observé d'immenses quantités dans les lieux marécageux, mais non couverts d'eau. Il forme le plus souvent de hauts buissons, d'un très-bel aspect lorsqu'il est en fleurs, car ses feuilles & ses fleurs, quoique plus petites que celles de l'espèce précédente, possèdent les mêmes avantages. On l'appelle dans ce pays *arbre à castor*, parce que le castor se nourrit volontiers de son écorce, qui, odorante & fort amère, est employée comme fébrifuge, sous les noms de *faux quinquina* ou de *quinquina de Virginie*.

Ce *magnolier*, nullement sensible aux gelées du climat de Paris, s'y cultive depuis très-long-temps en pleine terre & donne tous les ans des fleurs & des fruits, mais cependant il n'y est ni très-commun ni très-beau, ce que j'attribue à ce qu'on le tient constamment dans une terre de bruyère sèche, tandis qu'il devroit être dans une terre franche &

humide. Il est fâcheux que cette erreur de culture nous prive des jouissances qui résultent de la beauté de son feuillage & de la bonne odeur de ses fleurs. C'est dans les parties humides des jardins paysagers, sur le bord des eaux, au nord des massifs, qu'il se place généralement. Comme ses feuilles jouissent de la propriété d'améliorer l'air des marais, il est à desirer qu'il en soit planté dans ceux de ces marais qui avoisinent les habitations.

La multiplication du *magnolier* glauque a lieu par le semis de ses graines tirées d'Amérique ou récoltées en France, ainsi que par marcottes & par rejetons. On sème généralement ses graines sous châssis; mais comme son plant ne craint pas le froid, on est dispensé de le rentrer dans l'orangerie pendant l'hiver : en conséquence on le repique en pleine terre. Au reste, sa culture ne diffère pas de celle de l'espèce précédente. Il craint également la serpette & même plus, car beaucoup de pieds sont morts, à ma connoissance, pour avoir été taillés.

J'ai inutilement tenté en Amérique & en France de multiplier ces *magnoliers* par boutures.

Le *magnolier* parasol croît en Amérique dans les mêmes terrains que le *magnolier* à grandes fleurs, & toujours sous de plus grands arbres; aussi s'élève-t-il rarement au-dessus de vingt pieds. Ses rameaux longs & étalés, ses feuilles très-grandes & disposées cinq à six ensemble à l'extrémité de ces rameaux & des bourgeons qui en sortent, lui donnent un aspect extrêmement pittoresque. Ses fleurs grandes, d'un blanc sale, & se développant avec irrégularité, exhalent une mauvaise odeur. On le cultive depuis long-temps en pleine terre dans les jardins des environs de Paris, & il y fleurit & fructifie tous les ans. C'est dans la terre de bruyère & au nord des bâtimens ou des massifs qu'il se plaît le plus. Des arrosemens copieux lui sont utiles pendant les sécheresses de l'été, si le sol n'est pas naturellement frais. Toujours il doit être isolé si on veut qu'il développe tous ses avantages. Comme c'est de l'irrégularité de ses branches qu'il tire une partie de ces avantages, il ne doit être mutilé par la serpette qu'avec beaucoup de prudence. Il perd ses feuilles pendant l'hiver.

La multiplication du *magnolier* parasol s'exécute par le semis de ses graines dans des terrines sur couche & sous châssis, & par marcottes qui ne s'enracinent pas facilement. Le plant provenu de graine se repique en pleine terre, à l'ombre & à la distance de deux pieds. A la quatrième ou cinquième année on peut le mettre définitivement en place. Les produits des marcottes peuvent souvent être plantés directement dans le lieu où ils doivent rester.

La quantité de pieds de cet arbre qui donnent aujourd'hui de la bonne graine, & la facilité de sa culture, font espérer qu'il sera bientôt extrêmement commun dans les jardins paysagers. C'est une acquisition très-importante pour eux, car, je le répète, les effets qu'il y produit sont très-agréables & très-pittoresques, à raison de la disposition de ses branches & de ses feuilles, & de la grandeur de ses feuilles, qui surpassent quelquefois un pied de long sur six pouces de large.

Le *magnolier* à grandes feuilles se rapproche beaucoup du précédent, mais ses feuilles sont deux fois plus grandes & glauques en dessous. C'est à Michaux qu'on en doit la découverte. Je l'ai cultivé en Amérique & en France, & multiplié par ses marcottes & par sa greffe sur l'espèce précédente. Il est encore très-rare dans nos jardins, aucun pied, à ma connoissance, n'y donnant de bonnes graines. Sa culture ne diffère pas de celle indiquée plus haut. Sa place est la même dans les jardins paysagers, mais il faut l'abriter davantage des vents dominans, qui déchirent souvent ses feuilles & nuisent à ses effets.

Le *magnolier* auriculé se rapproche encore du précédent, auquel il est inférieur. Il ne craint pas plus que lui les gelées du climat de Paris. Ne donnant pas non plus de graines dans nos jardins, il y est également rare. Sa multiplication par marcottes s'effectue de même.

Le *magnolier* à feuilles en cœur se rapproche considérablement des précédens, mais a les feuilles plus petites. Il se voit rarement encore dans nos jardins, parce qu'il y a peu d'années qu'il y est introduit. Ce que j'ai dit à l'occasion des espèces précédentes lui est complétement applicable.

Le *magnolier* acuminé est un des premiers cultivés dans nos jardins, & cependant il est un des plus rares, parce que, quoique quelques gros pieds donnent annuellement beaucoup de fleurs, ces fleurs nouent très-rarement, & que sa multiplication par marcottes est fort difficile. C'est un fort bel arbre de vingt à trente pieds de haut, mais inférieur de beaucoup à ceux dont je viens de parler. Ses fleurs d'un blanc sale exhalent, comme celles des trois derniers, une odeur désagréable. Sa culture, au reste, ne diffère pas de celle du *magnolier* parasol, & il se place dans les mêmes parties des jardins paysagers.

Le *magnolier* de Plumier a des rapports nombreux avec celui à grandes fleurs. Nous ne le possédons pas en France, où il demanderoit la serre chaude, même à Marseille. Je le cite uniquement parce que ses fleurs, de l'odeur la plus suave, servent à composer une de ces liqueurs de table, si estimées, qui nous viennent de la Martinique.

Pourquoi celles du *magnolier* à grandes fleurs ne s'emploient-elles pas au même usage? Je l'ignore.

Le *magnolier* à fleurs purpurines est nouvellement introduit dans nos jardins. D'abord on l'a cultivé en serre chaude, ensuite dans l'orangerie; aujourd'hui on le tient partout en pleine terre. Il forme naturellement un buisson de quelques pieds seulement de haut, dont les fleurs grandes & agréablement, colorées de blanc en dedans & de rouge en dehors, se succèdent pendant tout l'été. Il demande une terre légère & fertile. Il se place dans les plates-bandes de terre de bruyère des jardins paysagers, à l'exposition du nord ou au levant. Quelquefois il donne de bonnes graines, avec lesquelles on le multiplie. Plus souvent on se contente de le marcotter ou de déchirer ses vieux pieds, ou même de faire avec ses jeunes rameaux des boutures dans une bache. Il ne craint point la serpette comme les espèces précédentes, & il est même bon de couper ses plus vieilles tiges rez-terre pour en faire pousser de nouvelles : ses fleurs se développent à leur sommet. On ne peut trop multiplier cet agréable arbuste.

Il en est de même du *magnolier* yulan, si estimé en Chine par la belle couleur blanche & l'excellente odeur de ses fleurs. Cependant il s'élève un peu plus, & on n'ose pas encore le mettre en pleine terre. Bientôt, sans doute, il sera aussi commun que le précédent dans nos jardins, car on le multiplie le plus possible en le greffant sur lui, à raison du prix qu'en obtiennent les pépiniéristes.

Le *magnolier* à boutons bruns donne de fort petites fleurs dans les aisselles des feuilles, mais elles sont très-nombreuses & de l'odeur la plus suave, surtout le soir. On ne peut trop en avoir en pot pour les placer dans les appartemens, sur les fenêtres, les escaliers des jardins, dans les environs de la maison. Il se tient encore dans l'orangerie, mais il est probable qu'il supportera la pleine terre dans le climat de Paris. Sa hauteur ne surpasse pas quelques pieds. Sa forme est celle d'un petit buisson touffu; sa floraison se continue pendant tout l'été. Je ne me rassasie pas de son odeur lorsque j'ai occasion d'en obtenir un petit rameau de ceux qui le cultivent.

Le *magnolier* nain se rapproche, pour la couleur & l'odeur, des fleurs du *magnolier* glauque, mais sa tige s'élève à peine de quelques pieds. Il n'est pas encore commun dans nos jardins. On le multiplie par la greffe sur cette dernière espèce.

Je ne crois pas que les quatre autres espèces se trouvent dans nos collections.

MAIGRAGE. Les HERBAGES où les bœufs se mettent à l'ENRAIS, portent ce nom dans les environs de Caen.

MAILLON. Nom des liens de la VIGNE, aux environs d'Orléans.

MAILLOT. CROCETTE de VIGNE dans le département du Puy-de-Dôme.

MAIN. Mélange pour ENGRAIS de LITIÈRE & de VAREC, sur les côtes du Calvados.

MAISSONAGE. Nom employé à Pont-à-Mousson pour désigner les JARDINS MARAICHERS qui se cultivent dans une ALLUVION sablonneuse de la Moselle, attenant à cette ville.

La culture du *maissonage* est la même que celle des marais des faubourgs de Paris, si ce n'est qu'une petite rivière supplée avec avantage les puits de ces derniers jardins.

Il seroit à desirer que toutes les villes manufacturières, & Pont-à-Mousson est du nombre, fussent ainsi pourvues de jardins légumiers.

MAMELLES. Organes extérieurs de la sécrétion du lait dans les femelles des quadrupèdes.

C'est dans les VACHES que les considérations relatives aux *mamelles* sont le plus dans le cas d'être étudiées; cependant il ne faut pas les négliger dans la JUMENT, l'ANESSE & la BREBIS.

J'ai développé à ces mots ce qu'il convient aux agriculteurs de savoir, relativement aux *mamelles* des animaux qu'ils indiquent.

MAMELO. Synonyme de GRAPILLE, dans les parties méridionales de la France.

MANGEOIRE. Assemblage de cinq planches plus ou moins longues, mais au plus de la largeur d'un pied, qui forment une boîte ouverte par le haut, ayant le fond plus étroit, dans lequel on place l'AVOINE, l'ORGE, le SON, les RACINES & tous les autres articles de la nourriture des bestiaux, autres que la PAILLE, le FOIN & le FOURRAGE.

Presque toujours la *mangeoire* est fixée au mur, & placée au-dessous du RATELIER (*voyez* ce mot), pour que les graines de foin y tombent. Souvent, dans les auberges, il y a des petites *mangeoires* mobiles, placées sur quatre pieds, pour donner l'avoine aux chevaux sur la route & sans dételer.

La plus grande propreté doit régner dans les *mangeoires* : en conséquence elles doivent être nettoyées tous les matins, & lavées à l'eau chaude toutes les semaines. Ce sont elles qui transmettent le plus souvent la MORVE & autres maladies contagieuses.

MANNER. Synonyme de BROUIRE.

MANNO. C'est, dans le midi de la France, la grappe du raisin avant sa floraison.

MAOUM. Synonyme d'OSEILLE A FEUILLES AIGUES.

MAQUE. *Voyez* SERRANÇOIR.

MAQUI. Espèce d'ARISTOTÈLE.

MARGAILLAIRE. PATURAGE des champs après la MOISSON, dans les environs d'Aix.

MARGOTIN. Petit FAGOT.

MARQUE DES BESTIAUX. Comme les bestiaux sont exposés à se mêler dans les pâturages, à s'enfuir de la maison, à être volés enfin, il convient de leur appliquer un signe de reconnoissance qui autorise à les réclamer partout.

Il est de ces signes qui sont facilement effaçables; il en est qu'on ne peut enlever sans qu'on s'aperçoive qu'ils ont dû exister.

Les premiers sont des matières colorantes ou des soustractions de poils. Les seconds sont des mutilations, des empreintes d'un fer rouge figuré sur les cornes, sur la peau.

Très souvent les gros bestiaux ont des taches naturelles, différemment disposées, qui servent à les distinguer, & qui, lorsqu'elles ont été décrites en présence de témoins, sont suffisantes pour en assurer la propriété. On appelle leur description le SIGNALEMENT.

Un cultivateur prudent doit faire marquer ou signaler tous ses bestiaux, même ses chiens.

Pour marquer les gros animaux avec un fer rouge, portant une ou deux lettres de l'alphabet, ou un ou deux chiffres, on choisit ordinairement le dehors de la cuisse, comme le lieu où il y a moins de dangers. Le fer doit être à peine rouge & appliqué ferme, pour que son empreinte soit durable & pour qu'il fasse moins souffrir. L'habitude seule donne le coup de main convenable.

MARRON. Les variétés les plus grosses de CHATAIGNES portent généralement ce nom à Paris. (*Voyez* CHATAIGNIER.). Lorsqu'on parle du fruit du MARRONIER D'INDE, on le caractérise par ce nom de pays. *Voyez* MARRONIER.

MARRONIER. *Æsculus*. Genre de plantes de l'heptandrie monogynie & de la famille des malpighiacées, qui renferme cinq arbres ou arbustes, tous cultivés dans nos jardins, qu'ils ornent plus ou moins, mais dont le bois est d'une qualité fort inférieure pour faire du feu & pour les usages économiques.

Observation.

Le genre PAVIA a été considéré comme distinct par quelques botanistes, & regardé comme devant y rester réuni par d'autres; je me range ici de l'avis de ces derniers.

Espèces.

1. Le MARRONIER d'Inde.

Æsculus hippocastanum. Linn. ♄ De la haute Asie.

2. Le MARRONIER jaune.

Æsculus flava. Linn. ♄ De l'Amérique septentrionale.

3. Le MARRONIER de l'Ohio.

Æsculus ohiotensis. Mich. ♄ De l'Amérique septentrionale.

4. Le MARRONIER rouge.

Æsculus pavia. Linn. ♄ De l'Amérique septentrionale.

5. Le MARRONIER à longs épis.

Æsculus macrostachia. Mich. ♄ De l'Amérique septentrionale.

Culture.

Le *marronier* d'Inde a été apporté en Europe en 1550, & en France, en 1615. Peu d'arbres peuvent rivaliser de beauté avec lui; aussi a-t il été cultivé avec enthousiasme & a-t-il concouru à faire naître le goût des arbres étrangers, goût qui lui a nui dans ces derniers temps, en faisant préférer les jardins paysagers aux jardins réguliers. Il s'élève à soixante pieds & plus, offre une tête conique régulière, des feuilles d'une forme remarquable, des épis de fleurs d'un riche aspect. C'est au premier printemps qu'il fleurit.

Tout terrain, pourvu qu'il ne soit pas marécageux, peut être planté en *marroniers* d'Inde, mais c'est celui qui est frais, profond & substantiel, qu'il faut préférer, quand on veut qu'il produise tout l'effet dont il est susceptible.

Dans les deux derniers siècles, on le faisoit généralement servir à la formation des avenues, des grandes allées des jardins, des salles de verdure, &c. On en formoit des palissades, des tourelles; &c. Aujourd'hui, la nécessité de tirer un parti utile des plus petites portions de terrain, la mauvaise qualité de son bois & le goût des jardins paysagers, ainsi que je l'ai déjà indiqué, ont fait restreindre son emploi; mais il semble manquer quelque chose à une habitation de luxe, lorsqu'on n'en voit pas au moins quelques pieds dans les environs de la maison.

La distance à laquelle il convient de placer les *marroniers* d'Inde, pour avenue, dépend de la nature du sol, c'est-à-dire, qu'elle doit être d'autant plus grande qu'elle est meilleure, puisqu'alors sa tête devient plus vaste; dans ce cas, trente pieds ne sont pas de trop dans les jardins & cinquante dans les avenues.

Ce n'est que lorsque le *marronier* d'Inde a acquis six pouces de tour, qu'il est devenu *défensable*, comme disent les jardiniers, qu'on le plante à demeure. Le commencement de l'hiver pour les terrains secs & la fin pour les terrains humides, sont les époques qu'il faut choisir. Les branches des pieds à planter seront raccourcies proportionnellement à la longueur des racines conservées, mais il ne sera pas touché au bourgeon terminal, parce que c'est lui qui prolonge la tige, & qu'il faut quelquefois plusieurs années pour qu'il s'en forme un autre. *Voyez* PLANTATION.

Quelques propriétaires de jardins font tailler, au croissant, en palissade les *maronniers* d'Inde comme les tilleuls, mais cette disposition leur fait perdre la moitié de leurs agrémens; en conséquence je la désaprouve.

D'autres, au contraire, leur coupent la tête, pour faciliter le plus grand développement possible des branches latérales, ce qui donne lieu à un vaste parasol, qui plaît à quelques personnes, mais qui ne me paroît bien placé qu'à la porte des cabarets.

Il a été trouvé, il y a quelques années, dans des semis, une variété à fleurs d'un rouge vif, qui produit un grand effet de loin. Elle n'est pas encore très-multipliée. On la greffe en fente ou en écusson sur l'espèce.

L'emploi du bois du *marronier* d'Inde se réduit à faire des voliges propres à être employées dans l'intérieur, & principalement à recevoir les ardoises des toits.

D'après Varenne de Fenille, ce bois pèse, vert, soixante livres sept onces un gros, & perd, par la dessiccation, plus du seizième de son volume.

Le fruit du *marronier* d'Inde, qu'on appelle *marron d'Inde*, est d'une grande amertume, qu'il n'est pas possible de lui enlever sans une grande dépense d'alcool; mais il est du goût des vaches, des cochons, des chèvres, des lapins, & peut leur être donné avec avantage, soit cru, soit cuit. Il contient abondamment de la fécule, qu'on peut en extraire par le moyen de la râpe & employer à faire de la colle. (*Voyez* AMIDON.) On peut aussi en obtenir de la potasse par son incinération.

Henri, chef de la pharmacie des hospices civils de Paris, a trouvé que l'écorce du *marronier* ne contenoit aucun des composans du quinquina, & que, par conséquent, s'il est vrai qu'elle ait guéri de la fièvre, ce n'est pas par le même mode d'action que ce dernier.

On peut multiplier le *marronier* d'Inde de racines, de rejetons, de marcottes & de boutures; mais comme les arbres que ces moyens procurent ne sont presque jamais vigoureux & d'une belle forme, on n'emploie plus que la voie des graines, dont il donne abondamment, au moins tous les deux ans.

Les plus belles graines de cet arbre se ramassent aussitôt qu'elles sont tombées naturellement lorsqu'on a le projet d'en semer, & se déposent de suite dans une fosse, en terrain sec, où elles passent l'hiver. Au mois de mars, on les en retire pour les disposer en lignes écartées d'un pied, & à pareille distance les unes des autres, dans des planches convenablement labourées & sillonnées de rigoles. Si ces graines sont germées, comme cela a presque toujours lieu, on casse l'extrémité de leur radicule pour rendre plus facile la transplantation de leurs produits.

Le plant de *marronier* d'Inde se relève généralement à deux ans, sans qu'il soit touché à ses branches, pour être mis dans une autre place également bien labourée, à la distance de vingt-quatre à trente pouces en tous sens, & pour y rester jusqu'à plantation définitive, c'est-à-dire, trois à quatre ans. Tous les arbres mal faits sont rejetés. Pendant ce temps, on le taille en crochet, on laboure pendant l'hiver, on bine deux fois pendant l'été. (*Voyez* PÉPINIÈRE.) Rarement il en périt, mais il est souvent déformé par la larve de l'HÉPIALE, qui ronge son cœur. *Voyez* ce mot.

Le *marronier* jaune est un des arbres de l'Amérique septentrionale qui parvient à la plus grande grosseur. Il est bien moins ornant que le précédent, cependant il tient fort bien sa place dans les jardins paysagers, où on le plante fréquemment isolé, au milieu des gazons ou à quelque distance des massifs. Il se multiplie par ses graines, dont il donne assez souvent, mais jamais beaucoup, par marcottes & par greffe sur l'espèce précédente, quoique les arbres qui en résultent ne deviennent jamais très-beaux, à raison de la différence de grosseur des troncs.

Le semis & la culture de cette espèce ne diffèrent pas de ce que j'ai indiqué plus haut.

J'ai trouvé dans les semis faits dans les pépinières de Versailles sous mon inspection, une variété à fleurs rougeâtres, préférable à l'espèce pour l'ornement. On la greffe sur le *marronier* d'Inde, ou mieux sur l'espèce.

Le *marronier* de l'Ohio est la moins belle espèce du genre, cependant il mérite d'être cultivé. Quoiqu'encore rare, attendu qu'il y a à peine douze ans que Michaux en a apporté les premières graines, je puis assurer par ma propre expérience, qu'il peut se multiplier positivement comme le précédent, & que sa greffe sur le *marronier* d'Inde, à raison de sa petite stature (trente pieds au plus), n'a pas les inconvéniens de celle du *marronier* jaune.

Le *marronier* rouge ou *pavia*, est un arbrisseau que je n'ai pas vu, dans son pays natal, arriver à plus de six à huit pieds de haut. On le cultive depuis long-temps dans nos jardins, & on le multiplie de graines, dont il donne rarement, de marcottes qui s'enracinent dans l'année, & par sa greffe sur le *marronier* d'Inde, dont les produits ne durent pas long-temps, par le motif contraire à celui du *marronier* jaune, c'est-à-dire, sa foiblesse, comparativement à la force du sujet. On le place dans les jardins paysagers, en avant des massifs, dans les parties les plus fraîches & les plus ombragées. Lorsqu'il est le produit des marcottes, il ne prospère que dans la terre de bruyère. Il se fait remarquer par son élégance lorsqu'il est en fleur.

J'ai lieu de croire que trois espèces ont été confondues sous le même nom.

Le *marronier* à longs épis est peut-être la plus agréable des acquisitions que nous ait procurées Michaux. On ne peut le voir sans être enthousiasmé de l'élégance de sa disposition, de la beauté & de la bonne odeur de ses longs épis de fleurs. Aussi ai-je cherché à le multiplier le plus possible quand j'étois à la tête des pé[illegible]ières de Versailles, ayant été à portée de l'a[illegible] à toute sa valeur dans son pays natal.

Pour développer toute sa beauté, le *marro-*

nier à longs épis a besoin d'être placé dans de la terre de bruyère, & fréquemment arrosé pendant l'été. La serpette ne doit le toucher que dans des cas extrêmement rares, car la forme sphérique, bosselée, si je puis employer ce mot, qu'il prend naturellement, est très-appropriée à la forme pyramidale de ses longs épis, qui restent en fleur plus de quinze jours. On le place dans les parties humides & ombragées des jardins paysagers, autour des fabriques, des rochers, &c. C'est dans le mois de juin qu'il est dans tout son éclat.

En Amérique comme en France, il arrive souvent que le pied qui contient cinquante épis, & chaque épi cent fleurs, n'amène pas un fruit à bien; c'est dommage, car Poiteau nous a appris que ce fruit est plus excellent à manger que la châtaigne, chose que je n'ai pu encore vérifier que très-incomplétement, quoique placé favorablement pour cela.

La greffe de cette espèce sur le *marronier* d'Inde réussit, mais ne subsiste que deux ans au plus. Ainsi, c'est de rejetons, de marcottes & de racines seulement, qu'on peut la multiplier dans nos pépinières. Il donne assez souvent des premiers lorsqu'il est convenablement placé; les secondes s'enracinent dans l'année lorsqu'elles sont faites avec des branches de l'année. La pousse des tronçons des racines manque rarement. Les produits de ces trois moyens de multiplication se placent en pépinière, à deux pieds de distance, & deux ans après ils sont propres à être mis en place.

MARSÈCHE. SEIGLE qui se sème en Auvergne après l'hiver. Ses produits sont foibles, mais précieux dans un pays où la longueur des hivers rend souvent sans effet les semailles faites avant l'hiver.

MARTELAGE. Opération forestière, dont le but est de fixer sur le tronc des arbres, lors de la coupe des taillis ou des futaies, de ceux qui doivent être conservés, soit pour donner de la graine, soit pour fournir des pièces de bois de haut service, une empreinte qu'on ne puisse effacer.

Cette opération est faite avec une petite hache qui porte à la partie opposée à la lame un marteau, sur lequel sont gravées en relief quelques lettres de l'alphabet, ou une figure représentant autrefois les armes du roi ou du seigneur du lieu.

Avec la hache on coupe l'écorce & une petite partie de l'aubier, dans une largeur de la grandeur de la main, à environ trois pieds de terre, & en frappant sur l'aubier avec le marteau, on y imprime, dans la profondeur d'environ une ligne, la marque qui s'y trouve.

Il y a quelq[illegible]nvéniens à marquer ainsi les arbres; mais o[illegible]noît pas de moyens qui en offrent moins, & le *martelage* est nécessaire dans les bois appartenant au Gouvernement, aux communes, aux grands propriétaires, pour assurer la régularité de leur aménagement.

Le principal de ces inconvéniens, c'est que le retranchement fait à l'aubier se recouvre bien, mais qu'il n'y a jamais d'union réelle entre l'ancien & le nouveau bois, ce qui altère la qualité du tronc, principalement pour les ouvrages de menuiserie, de tour, de boissellerie, &c.

La plaie faite aux jeunes arbres se recouvre en deux ou trois ans, mais il en est, de celle faite aux vieux, qui ne le font qu'après quinze ou vingt, même point du tout. On peut accélérer leur recouvrement, en faisant, tous les ans, une nouvelle plaie au bord du BOURRELET, plaie qui facilite l'épanchement de la SEVE. *Voyez* ces deux mots, & ceux ARBRE, EXPLOITATION DES BOIS.

Les réglemens relatifs au *martelage* & à son récolement, se trouvent réunis dans l'important ouvrage de M. Baudrillart, intitulé : *Traité général des forêts*.

MARTINET. Synonyme de VRILLE de la VIGNE aux environs d'Orléans.

MASSAIS. Murs de bauge, dans la ci-devant N rmandie.

MATANOS. Synonyme de TOUFFE de BLÉ dans le midi de la France.

MATON. Synonyme de TOURTEAU.

MATRAS. Ce sont des tas de FUMIER dans le Jura.

Là, les jeunes filles mettent de la gloire à les bien disposer; aussi est-ce avec plaisir qu'on considère leur régularité & leur propreté.

MAYÈRE. Aux environs de Lyon, ce sont les ECHALAS de SAULE.

MAYRÉ. Synonyme de LIE de VIN dans les départemens méridionaux.

MAZIEZO. Les champs qui entourent les maisons portent ce nom dans les Cévennes.

MAZUT. On appelle ainsi les CHALETS dans le Cantal.

MEGER. Cultivateur qui partage ses récoltes avec le propriétaire.

MEGERIE. Produit brut de la terre cultivée par un MEGER.

MÉLEZE. *Larix.* Genre de plantes de la monœcie monadelphie & de la famille des conifères, qui a été réuni à celui des pins & des sapins, mais qui offre des caractères suffisamment importans pour en être distingué par les botanistes, comme il l'est dans toutes les parties du monde par les cultivateurs, qui tirent un parti fort avantageux du bois & de la résine des espèces qu'il contient.

Espèces.

1. Le Mélèze d'Europe.
Larix europæa. Linn. ♄ D'Europe.

2. Le Mélèze d'Amérique.
Larix americana. Mich. ♄ De l'Amérique septentrionale.

Culture.

Nous possédons dans nos jardins ces deux sortes d'arbres, d'un grand intérêt pour les pays froids, & d'une élévation de plus de cent pieds. Ce que je dirai du premier s'appliquera au second, resté rare dans nos jardins, malgré la grande quantité de graines envoyées par Michaux, & de plants que j'ai dispersés, parmi les amateurs, pendant que j'étois à la tête des pépinières de Versailles, parce que ce plant n'a pas été placé dans des lieux conformes à sa nature, c'est-à-dire, sur des montagnes élevées & humides.

Aiton & Lambert ont décrit deux espèces de *mélèze* d'Amérique, l'un appelé par eux le *mélèze à rameaux pendans*, & l'autre, le *mélèze à petits fruits*; mais Michaux ne les regarde que comme des variétés, & je dois le croire, car il est allé sur les lieux. Cependant il a envoyé, séparément, des cônes gros & petits, ce qui peut appuyer l'opinion des botanistes précités.

Les montagnes les plus élevées & l'extrême nord, sont les lieux où croît naturellement le *mélèze* d'Europe. Il lui faut une terre très-fertile, très-légère & constamment humide, sans être marécageuse, telle qu'il la trouve dans la région des nuages. Quelque soin qu'on en prenne, il ne devient jamais aussi beau dans les plaines, & subsiste difficilement dans les pays chauds.

Ainsi on peut le cultiver dans les jardins du climat de Paris, qu'il orne par son beau port, la délicatesse & le beau vert de ses feuilles, même par ses fruits, qui tranchent avec elles au printemps & en automne; mais on a inutilement tenté d'en former des forêts, l'air y étant constamment trop sec.

C'est isolé, au milieu des gazons, sur le bord des massifs, ou groupé en petit nombre, que le *mélèze* produit le plus d'effet dans les jardins paysagers: on peut aussi en former avantageusement des avenues. Il perd de ses agrémens lorsqu'il se trouve placé au milieu des massifs, ou qu'il forme seul futaie.

Les cônes du *mélèze*, pour la graine, doivent être cueillis à la fin de l'automne, & conservés dans un lieu ni trop sec ni trop humide. Au printemps, lorsque les gelées ne sont plus à craindre, on les expose au soleil, sur des toiles. Ils s'ouvrent, & la plus grande partie de la graine en sort.

Ces graines se sèment de suite dans les pépinières en une plate-bande de terre de bruyère exposée au nord. Le plant ne tarde pas à lever. On l'arrose fréquemment, mais peu abondamment, lorsque l'air est sec & chaud.

Au printemps de l'année suivante, on repique ce plant dans la même terre & à la même exposition, en l'espaçant de six pouces. Il se bine & s'arrose au besoin. Au bout de deux ans, il se repique encore, mais c'est alors dans la terre ordinaire, qui doit être légère, si on veut qu'il prospère, & on l'espace de deux pieds.

Deux ou trois ans après, il a atteint douze à quinze pieds, & est propre à être mis en place. Lorsqu'on attend plus long-temps, on risque qu'il ne reprenne pas, pour peu que la saison lui soit contraire.

Jamais le *mélèze* ne remplit mieux son objet comme arbre d'agrément, que lorsqu'il conserve ses branches du bas; on ne doit donc l'élaguer que dans les cas d'absolue nécessité. Dans ce cas, il est utile d'opérer graduellement, c'est-à-dire, de n'enlever chaque année que quelques-unes des branches les plus inférieures, & de plus de leur laisser un chicot de quelques pouces, qui sera supprimé l'année suivante.

Quelquefois on multiplie le *mélèze* par marcottes, qui, dans un terrain frais, prennent racines la même année, mais les arbres qui en proviennent ne sont jamais beaux, & durent rarement long-temps.

Quoique j'aie vu le *mélèze* dans les Alpes, je ne l'ai pas étudié, faute de temps, avec toute l'attention convenable. Je ne puis mieux faire que de transcrire ce que l'estimable & infortuné Malesherbes a laissé sur ce qui le concerne.

« Le *mélèze* est le plus haut, le plus droit, le plus incorruptible de nos bois indigènes. Il est excellent pour tous les usages & est très-recherché.

» En 1778, dans le Valais, on me fit voir une maison de paysan, construite en *mélèze*, qui existoit depuis deux cent quarante ans, & le bois en étoit encore si sain & si entier, que je ne pouvois presque y faire entrer la p[illegible] d'un couteau.

» On a fait des recherches pour employer le *mélèze* à la mâture, mais on en a trouvé très-peu qui, avec une hauteur prodigieuse, eussent la grosseur requise.

» On tire malheureusement peu de parti d'un bois si précieux, parce que la nature ne le produit ordinairement que sur les montagnes très-escarpées, au-dessus de la région où se trouvent les sapins, & d'où il est très-difficile de descendre de grosses pièces de bois. Il faudroit, pour les exploiter, construire des chemins à grands frais.

» Dans le Valais, où j'ai fait le plus d'observations, des pâturages sans arbres sont immédiatement au-dessous des neiges & des glaces perpétuelles. Les bois viennent ensuite. Il y en a de trois sortes, qu'on distingue aisément de loin, à leur verdure : les *mélèzes*, les sapins & les chênes. Ces derniers sont entremêlés d'autres arbres ; mais les premiers, qui occupent la région supérieure, & les sapins, qui couvrent l'intermédiaire, sont toujours exclusivement de la même espèce.

» Le *mélèze* est intolérant, si je puis me servir de cette expression ; en effet, dans les bois de ces arbres que j'ai vus, il n'y avoit pas de grandes herbes ni de broussailles.

» Mais le même *mélèze*, lorsqu'il est jeune, est un arbre délicat, auquel nuit le voisinage des autres arbres & même des grandes plantes.

» Cela posé, il est aisé de concevoir comment la graine de *mélèze*, apportée par les vents, ne produit pas dans les environs de jeunes pieds.

» Si ces graines tombent dans les bois de sapins, qui sont les plus voisins, elles ne lèvent pas, ces arbres étant intolérans comme lui.

» Si elles tombent plus bas, c'est-à-dire, dans les bois de chênes, elles y trouvent tant de broussailles, que le jeune *mélèze* ne peut s'élever.

» Quant aux graines que le vent emporte dans la vallée, elles y trouvent des terres labourées, & leur plant est retourné, ou des prairies sur lesquelles elles ne peuvent lever.

» Cela est si vrai que j'ai vu chez le juge Veillon, dans la plaine de Berne, des *mélèzes* qui avoient crû naturellement sur la berge des fossés qui entouroient sa châtaigneraie, parce qu'il n'y avoit pas de cause de destruction. »

Le *mélèze*, observe Varenne de Fenille, dans son excellent ouvrage sur les qualités comparatives des bois, semble avoir été disposé par la nature aux plus grands & aux plus importans services, puisqu'il est le géant des arbres de l'Europe. Il est hors de doute que son bois est incomparablement plus durable que celui du sapin. Sa pesanteur, sec, est de 52 livres 8 onces 2 gros par pied cube. Pline cite une poutre que Tibère fit transporter à Rome, & qui avoit 22 pouces d'équarrissage à la hauteur de 110 pieds, & 18 pieds un tiers de circonférence à sa base.

De l'aveu de tous ceux qui connoissent le bois de *mélèze*, c'est le meilleur pour la charpente, la menuiserie, les conduites d'eau. Sa force égale au moins celle du chêne, & on ne connoît pas de bornes à sa durée. Chez les Grisons, on en fabrique des tonneaux qu'on peut appeler *éternels*, & où le vin ne s'évapore presque pas. Dans toutes les parties des Alpes, où il croît, on en bâtit des maisons en plaçant des poutres d'un pied d'équarrissage les unes sur les autres. Sa résine, attirée par la chaleur du soleil, en bouche tous les intervalles de manière à rendre ces maisons impénétrables à l'air & à l'humidité. Il graisse l'outil avec lequel on le travaille, & n'est pas propre pour le tour. Il ressemble à du bois de sapin à couches très-serrées. Tantôt il est blanc, tantôt il est coloré en rouge ou en jaune.

L'écorce des jeunes *mélèzes* est astringente & s'emploie dans les tanneries, quoiqu'elle donne aux cuirs une couleur désagréable. On en couvre les maisons, ce qui donne lieu à de nombreux délits, & qui cause la mort d'une immense quantité de beaux arbres. Au reste, cette écorce a l'avantage d'être très-légère, presqu'inaltérable & d'un facile emploi.

Outre son bois & son écorce, le *mélèze* fournit encore une résine, une manne & une gomme.

La résine est fluide, visqueuse, demi-transparente, de couleur jaunâtre, d'une odeur forte & agréable. C'est la *térébenthine de Venise*. Elle s'obtient en faisant une entaille au pied de l'arbre avec une hache, ou des trous avec une grosse taière, depuis la fin de mai jusqu'au commencement d'octobre. Elle coule dans un baquet que l'on vide tous les deux ou trois jours. Son abondance est d'autant plus grande, que le jour est plus chaud & l'exposition plus méridionale. On la passe dans des tamis lorsqu'elle est mêlée d'impuretés. Quand elle cesse de couler, l'entaille ou les trous se rafraîchissent, c'est-à-dire, s'agrandissent. Chaque arbre fournit par an sept ou huit livres de résine, & cela pendant un demi-siècle. Dans le pays, on croit que cette extraction nuit à la qualité du bois ; mais Malus, *Annales d'Agriculture*, tome X, prétend que cela n'est pas.

L'usage de la térébenthine est fréquent dans la médecine & dans les arts. Distillée, elle donne l'*huile essentielle de térébenthine*, autrement l'*essence de térébenthine*, produit d'un si fréquent emploi dans la peinture & dans les vernis. Le résidu de cette distillation est une résine sèche, connue dans le commerce sous le nom de COLOPHANE ou COULOPHANE, très-employée pour étamer & souder les métaux, pour rendre plus mordans les archets des joueurs de violon, &c. *Voyez* aux mots RÉSINE, PIN & SAPIN.

La manne suinte des jeunes branches pendant la nuit, sous la forme de petits grains ronds, blancs & gluans, qui disparoissent dès que le soleil a pris quelque force. On la ramasse le matin : c'est la *manne de Briançon*, qu'on emploie quelquefois pour purger.

Je n'ai jamais vu la gomme qui se trouve au centre de l'arbre, autour de la moelle, & qu'on n'obtient qu'en fendant l'arbre. Elle est analogue à la GOMME ARABIQUE. *Voyez* ce mot.

Il arrive fréquemment que les *mélèzes* de nos jardins sont couverts de filamens blancs, qui sont produits par une PSYLE qui vit aux dépens de leur sève. (*Voyez* ce mot.) Macquart a publié, à son occasion, un fort bon mémoire, inséré dans le *Recueil de la Société d'agriculture* de Lille, année 1819.

MELONÉE

MELONÉE. Synonyme de CITROUILLE MUSQUÉE.

MÉRULE. *Merula*. Genre de champignons dont le caractère consiste à avoir sous le chapeau des lames qui se prolongent plus ou moins bas sur le pédicule. *Voyez* AGARIC.

Une des espèces de ce genre, le *mérule* détruisant, vit sur le bois mort, & est la cause la plus active de la pourriture des poutres, des planches & autres objets analogues placés dans les lieux humides.

La chaux vive, gâchée molle & appliquée sur les bois affectés de *mérules*, est le moyen le plus assuré d'arrêter ses ravages. *Voyez* BOIS.

MÉSOTAGE. C'est la culture à la bêche dans le département de la Meurthe.

MESSAGE. Les CISTES portent ce nom dans la ci-devant Provence.

METTRE A FRUIT. Un arbre se met à fruit lorsqu'il est arrivé à un certain âge, que ses pousses sont devenues moins vigoureuses, & que ses branches sont proportionnées à ses racines.

On met un arbre à fruit en affoiblissant sa force végétative, en agissant soit sur ses racines, soit sur ses branches.

Un poirier cressane en plein-vent, greffé sur un sauvageon, ne se met à fruit naturellement, lorsqu'il est planté dans un bon terrain, qu'à douze ou quinze ans. Greffé sur un cognassier tenu en quenouille, & placé dans un terrain maigre & sec, il donne des fruits dès la troisième année.

Tous les arbres dont on COURBE LES BRANCHES, ralentissant leur végétation, se mettent nécessairement à fruit. *Voyez* ces mots & le mot ARBRE.

Tout arbre qu'on a forcé de porter des fruits s'affoiblit nécessairement & vit moins long-temps. *Voyez* chacun des articles des arbres fruitiers, & les mots COGNASSIER, ESPALIER, FRANC, NAIN, PARADIS, PYRAMIDE, QUENOUILLE.

MICOCOULIER. *Celtis*. Genre de plantes de la polygamie pentandrie & de la famille des amentacées, dans lequel il se trouve vingt arbres, dont un croît naturellement dans les parties méridionales de la France, & six autres se cultivent dans les jardins des environs de Paris. Il est figuré pl. 844 des *Illustrations des Genres* de Lamarck.

Espèces.

1. Le MICOCOULIER austral.
Celtis australis. Linn. ♄ Du midi de l'Europe.

2. Le MICOCOULIER de Virginie.
Celtis occidentalis. Linn. ♄ De l'Amérique septentrionale.

3. Le MICOCOULIER à feuilles en cœur.
Celtis crassifolia. Lamarck. ♄ De l'Amérique septentrionale.

4. Le MICOCOULIER de Tournefort.
Celtis Tournefortii. Lamarck. ♄ Du Levant.

5. Le MICOCOULIER de la Louisiane.
Celtis missipipiensis. Bosc. ♄ de l'Amérique septentrionale.

6. Le MICOCOULIER de la Chine.
Celtis chinensis. Bosc. ♄ De la Chine.

7. Le MICOCOULIER de l'Inde.
Celtis orientalis. Linn. ♄ De l'Inde.

8. Le MICOCOULIER à petites fleurs.
Celtis micrantha. Swartz. ♄ Des Antilles.

9. Le MICOCOULIER lime.
Celtis lima. Lamarck. ♄ Des Antilles.

10. Le MICOCOULIER trinerve.
Celtis trinervis. Lamarck. ♄ De Saint-Domingue.

11. Le MICOCOULIER à feuilles entières.
Celtis integrifolia. Lamarck. ♄ Du Sénégal.

12. Le MICOCOULIER du Caucase.
Celtis caucasica. Willd. ♄ Du Caucase.

13. Le MICOCOULIER ridé.
Celtis rugosa. Willd. ♄ De Porto-Rico.

14. Le MICOCOULIER à feuilles molles.
Celtis mollis. Willd. ♄ De l'Amérique méridionale.

15. Le MICOCOULIER d'Amboine.
Celtis amboinensis. Willd. ♄ D'Amboine.

16. Le MICOCOULIER nain.
Celtis pumila. Pursh. ♄ De l'Amérique septentrionale.

17. Le MICOCOULIER blanchâtre.
Celtis canescens. Kunth. ♄ De l'Amérique méridionale.

18. Le MICOCOULIER des rivages.
Celtis riparia. Kunth. ♄ De l'Amérique méridionale.

19. Le MICOCOULIER à grandes feuilles.
Celtis macrophylla. Kunth. ♄ de l'Amérique méridionale.

Culture.

Les sept premières espèces sont celles que nous cultivons.

La première s'élève à trente ou quarante pieds dans le midi de l'Europe, où elle n'est pas aussi multipliée que l'utilité qu'on peut retirer de son bois le suppose. En effet, ce bois est dur, compacte, sans aubier, très-souple, inaltérable lorsqu'il est abrité de la pluie, peu sujet aux gerçures & nullement à la vermoulure. On en fabrique d'excellens brancards & d'excellens cercles de cuves & de tonneaux; il se polit fort bien, &, coupé obliquement, il imite le bois satiné : son écorce s'emploie pour tanner les cuirs & teindre en noir. Ses feuilles sont du goût de tous les bestiaux; ses fruits, aimés de tous les enfans & de tous les oiseaux baccivores. On peut tirer de l'huile de l'amande de ses noyaux.

Toute espèce de terrain convient au *micocoulier*, cependant c'est dans celui qui est léger, chaud & humide, qu'il fait le plus de progrès. Il reste buisson dans les lieux très-arides, mais dans cet état il donne un bon bois de chauffage & d'excellentes feuilles pour les bestiaux. On peut l'employer avec avantage dans la composition des jardins, à raison de la couleur sombre de son feuillage, qui contraste avec celui de la plupart des autres, & de la facilité avec laquelle il se prête aux caprices du jardinier. Une variété à feuilles panachées existe & se multiplie ou par marcottes, ou par sa greffe sur le type.

C'est toujours isolé ou simplement groupé, que j'ai vu le *micocoulier* en France, en Espagne & en Italie, mais il est probable qu'il entre dans la composition de quelques forêts : il sert fréquemment à faire des promenades, des avenues, à garnir les routes. Dans les environs de Narbonne on le plante en quinconce dans un bon terrain, à dix pieds de distance, & lorsqu'il est arrivé à douze ou quinze ans, on le coupe rez terre pour lui faire pousser des rejetons très longs & très-grêles, rejetons qu'on élague annuellement, qu'on coupe à quatre ou cinq ans, & qui servent à faire ces manches de fouets de cocher qu'on paie trois francs à Paris. Aux environs de Sauve, ces rejets, au lieu d'être déterminés à s'alonger par l'art, sont déterminés à se fourcher, & après le même espace de temps on en fabrique des fourches, les meilleures qui existent pour la durée. Ces deux genres de culture sont très-profitables à ceux qui s'y livrent.

En Sicile, le *micocoulier*, soit vivant, soit mort, sert de support aux vignes en hautin.

Les habitans de Lesbos tirent une couleur jaune solide de ses rameaux.

La multiplication du *micocoulier* s'exécute par le semis de ses graines, dont il donne toujours abondamment dans le midi de la France, mais qu'on laisse aux oiseaux le soin de disséminer, pour ensuite en lever les productions çà & là, & les planter où on veut qu'elles croissent. Rarement on leur donne des binages subséquens.

Dans le climat de Paris, le *micocoulier* austral se multiplie le plus souvent de marcottes qui se font pendant l'hiver, & qui prennent racine ordinairement dans le courant de l'été, parce que la graine du petit nombre de vieux pieds qui s'y trouvent manque souvent, & qu'il en coûteroit trop cher d'en faire venir des bords de la Méditerranée. Le produit des marcottes se plante en pépinière, à deux pieds de distance, se recèpe l'année suivante, se taille en crochet celle d'après, & ne peut être mis en place que dans la sixième année. Il est difficile de leur faire pousser une tige bien droite sans l'emploi des tuteurs, à raison de ce que leurs bourgeons s'aoûtent tard & sont sujets à être frappés par les gelées précoces, qui du reste ne font jamais périr les pieds.

Le *micocoulier* de Virginie a beaucoup de rapport avec le précédent, & porte souvent son nom dans les jardins des environs de Paris, où il est beaucoup plus commun, parce qu'il y donne abondamment de bonnes graines & qu'il ne redoute nullement les gelées. Les propriétés de son bois sont peu connues, mais doivent se rapprocher de celles indiquées plus haut. On le multiplie presqu'exclusivement de graines, qui se mettent au germoir pendant l'hiver, & qui se sèment, au printemps, dans une terre légère & fraîche, si on en a à sa disposition, terre au préalable convenablement labourée.

Le plant provenu de ces graines se repique dans la pépinière, à sa seconde année, & se traite comme je l'ai indiqué à l'occasion de l'espèce précédente.

Ces deux espèces sont de peu d'effet dans les jardins paysagers; elles s'y placent cependant très souvent au troisième rang des massifs, mais il ne faut pas les y prodiguer.

Le *micocoulier* à feuilles en cœur est la plus belle espèce du genre. Nous la possédons depuis que Michaux père en a envoyé des graines aux pépinières de Versailles. Je l'ai multiplié, autant que je l'ai pu, pendant que j'étois à la tête de ces pépinières, par sa greffe sur du plant de la précédente, greffe qui réussit presque toujours. Aujourd'hui il donne de bonnes graines dans beaucoup de jardins, & il sera sans doute aussi facile de le reproduire qu'elle par ce moyen, qui doit toujours être préféré par les vrais amis de la culture.

Le *micocoulier* de Tournefort est un petit arbre assez élégant, que nous cultivons également en pleine terre dans nos jardins, & qui ne s'y multiplie guère que par sa greffe sur celui de Virginie, quoiqu'on puisse le faire également par graines & par marcottes. Il contraste avec les autres par ses rameaux courts & disposés à former une tête globuleuse.

Le *micocoulier* de la Louisiane a encore plus de rapport avec l'austral que celui de Virginie; mais on ne peut le conserver en pleine terre dans le climat de Paris : en conséquence c'est dans des pots qu'on le tient, pour pouvoir le rentrer dans l'orangerie aux approches des gelées. Ce n'est que dans les grandes collections, comme le Jardin des Plantes, les pépinières de Versailles, de Cels, de Noisette, &c., qu'il se voit.

J'en dois dire autant du *micocoulier* de la Chine, d'abord apporté à la pépinière du Roule, où se trouve le seul individu franc de pied que je connoisse.

Ces deux dernières espèces n'ont pas encore

donné de graines, & se multiplient par la greffe sur les deux premières.

Les feuilles du *micocoulier* lime servent à polir les métaux dans les pays où il croît.

MIELLERO. Nom des champs plantés en MAÏS, dans le sud-ouest de la France.

MIÉLATION. État des FRUITS, intermédiaire entre leur MATURITÉ & leur altération. C'est celui où le SUC y est le plus abondant. *Voyez* ces mots & celui ACIDE.

MIL. Nom du MAÏS dans le Midi.

MIMARLOS. Ce sont, dans la ci-devant Provence, les CROCETTES ou les BOUTURES de vignes conservées en terre.

MINSI. Mélange, pour les jeunes DINDONS, de SON & d'ORTIE hachée. Le son n'est jamais bon pour les jeunes animaux.

MIQUE. Préparation de farine de maïs dans les landes de Bordeaux, par laquelle on la confectionne en boule, après quoi on la fait cuire doucement & on la fait griller.

MISOLTE. Nom du PATURIN MARITIME dans la Charente-Inférieure.

MISSOLE. Variété de froment.

MISTRAU. VENT du sud-ouest.

MITADENC. Mélange, dans la Haute Garonne, des variétés de FROMENT à chaume solide & à chaume creux.

MITTE. *Acrus.* Genre d'insectes voisin des CIRONS, des IXODES & des SARCOPTES, qui renferme un grand nombre d'espèces, dont deux sont dans le cas d'être étudiées par les agriculteurs.

La MITTE DOMESTIQUE est ovale, velue, blanchâtre, avec deux taches rousses. Elle se trouve dans le vieux fromage, qu'elle réduit en poussière, la viande sèche, le vieux pain, &c.

La MITTE DE LA FARINE est alongée, velue, blanche, avec la tête rousse. Elle vit aux dépens de la farine, dont elle altère souvent de grandes quantités.

Ces deux insectes sont à peine visibles à l'œil nu. Il n'est pas toujours facile de s'en débarrasser, parce que la chaleur, soit sèche, soit humide, qui est le meilleur moyen à employer pour les tuer, ne peut s'appliquer sans de graves inconvéniens dans ce cas. Une surveillance continuelle & l'emploi des objets, sont donc à recommander lorsque les *mittes* sont multipliées.

Les BLATTES & les BRUCHES portent aussi ce nom.

MORANDE. Cep de VIGNE dont les racines sont infestées par l'ISAIRE, & qui est sur le point de se dessécher.

On ne peut sauver ce cep, mais on garantit ses voisins, en l'entourant d'un fossé profond, dont la terre est rejetée en dedans. *Voyez* BLANC DE RACINE & mort du SAFRAN.

MORDETTE. Synonyme de VER BLANC.

MORT DES RACINES. Nom qui se donne à l'ISAIRE dans quelques cantons, à raison de sa faculté à faire mourir les racines, & par suite les tiges des arbres sur lesquels ce champignon implante ses filamens. *Voyez* SAFRAN & SCLÉROTE.

MORTAIN. MARNE de couleur jaune, qu'on emploie aux environs d'Aubenas à l'AMENDEMENT des VIGNES.

MOTTÉE. Ce sont, dans les marais de la Vendée, de petits carreaux de terre entourés de profonds fossés.

MOTTOIS. Race de BŒUFS du Cantal.

MOUCE. Terrain vague des vignes des environs de Toul, que les propriétaires abandonnent aux vignerons pour y cultiver des légumes à leur usage.

MOUCHE. Petit tas de FAGOTS dans le département des Deux-Sèvres, & petites MEULES de grains dans le département du Morbihan.

MOUCHERON. Ce nom est vulgairement donné à tous les petits insectes à deux ailes, quel que soit leur genre. Ainsi, non-seulement les petites mouches le portent, mais encore les TIPULES, les COUSINS, les SCATOPS, &c.

MOUCHET. Les bourgeons qui sortent de l'aisselle des feuilles supérieures de la vigne portent ce nom dans les environs d'Orléans.

MOUILLE. Terrain qui est rendu HUMIDE par des SOURCES superficielles.

MOULE. *Mytilus.* COQUILLE marine si abondante sur les rochers de certaines côtes, qu'on l'emploie à l'engrais des terres. On la mange en France.

La *moule* d'étang est l'ANODONTE.

La *moule* des rivières appartient au genre MULETTE.

MOULE. Vase de terre percé de trous, dans lequel on met égoutter les FROMAGES.

MOULIN A BATTRE LE BLÉ. Il y a longtemps qu'on a proposé de couper les épis du blé avec la faucille, au moment de la moisson, & de porter ces épis, après leur complète dessiccation, soit dans des moulins à farine, dont les meules seroient écartées de trois à quatre lignes, soit dans des moulins dont les meules seroient en bois & garnies de clous.

Cette manière d'opérer semble avoir pour elle la rapidité & la bonté des résultats; cependant nulle part, à ma connoissance, elle n'est employée. Je la recommande aux regards des cultivateurs aisés, qui ne craignent pas de faire une expérience coûteuse pour arriver à un perfectionnement.

MOUSSADOS. BILLON de plus de huit raies dans la Haute-Garonne.

MOUSSE. OREILLE de la CHARRUE dans le même département.

MOUSSE. Synonyme de MÉLILOT aux environs de Toul.

MOUSSO. Synonyme d'ISAIRE.

MOUSSOLE. Variété de FROMENT.

MOUT. Nom de la liqueur qui sort du RAISIN placé sous le PRESSOIR.

Le *moût* exposé à l'air, dans une température chaude, ne tarde pas à FERMENTER, à être transformé en VIN, s'il n'est pas MUTÉ. *Voyez* ces mots & CIDRE.

MULOTIS. Plaies faites par accident à l'écorce de la base des ceps de vignes, & que les vignerons croient être dues aux mulots.

Lorsque ces plaies ne se guérissent pas dans l'année, il convient de couper le cep rez-terre pour donner lieu à un rejet. *Voyez* VIGNE.

MURIER. *Morus*. Genre de plantes de la monoecie tétrandrie & de la famille des urticées, dans lequel se rangent douze espèces, dont quatre, d'un intérêt plus ou moins grand sous les rapports agricoles, se cultivent dans nos jardins.

Observations.

Le genre BROUSSONNETIE ou PAPYRIER a été établi aux dépens de celui-ci par quelques botanistes.

Espèces.

1. Le MURIER blanc.
Morus alba. Linn. ♄ De la Chine.
2. Le MURIER noir.
Morus nigra. Linn. ♄ De Perse.
3. Le MURIER rouge.
Morus rubra. Linn. ♄ De l'Amérique septentrionale.
4. Le MURIER à papier.
Morus papyrifera. Linn. ♄ De la Chine.
5. Le MURIER de Tartarie.
Morus tatarica. Linn. ♄ De Tartarie.
6. Le MURIER des teinturiers.
Morus tinctoria. Linn. ♄ Des îles de l'Amérique.
7. Le MURIER des Indes.
Morus indica. Linn. ♄ Des Indes.
8. Le MURIER austral.
Morus australis. Lam. ♄ De l'île de Bourbon.
9. Le MURIER râpe.
Morus ampalis. Lam. ♄ De Madagascar.
10. Le MURIER à feuilles de noisetier.
Morus corylifolia. Humb. ♄ De l'Amérique méridionale.
11. Le MURIER à feuilles de micocoulier.
Morus celtidifolia. Humb. ♄ De l'Amerique méridionale.
12. Le MURIER à larges feuilles.
Morus latifolia. Lam. ♄ De l'Amérique méridionale.

Culture.

Les cinq premières espèces sont celles qui se cultivent en France en pleine terre.

La première a été introduite vers la fin du quatorzième siècle, avec les VERS A SOIE (*voyez* ce mot), auxquels ses feuilles servent de nourriture. On la cultiva d'abord dans l'Asie mineure & aux environs de Constantinople, d'où elle passa en Sicile, en Italie, & aux environs de Marseille, sous le règne de Charles VII. C'est à Henri IV que la France doit les premières plantations qui y aient été faites en grand, comme Olivier de Serre, auquel il s'étoit adressé, nous l'apprend ; mais il fallut, sous Louis XIV, recommencer ces plantations, qui avoient été négligées sous Louis XIII. Un tort qu'eut le Gouvernement à cette époque, & qu'il a tenté plusieurs fois depuis de renouveler, c'est de vouloir que la France entière fût couverte de *mûriers*, lorsque la nature a voulu que sa culture, sous le rapport de la qualité de la soie, fût circonscrite à ses parties méridionales.

Les feuilles du *mûrier* se développent de très-bonne heure au printemps, & la plus petite gelée les frappe de mort. Cet inconvénient est le plus grave de ceux qui lui sont propres, parce que d'abord ses suites sont l'affoiblissement de l'arbre, & ensuite parce qu'il expose les vers éclos à périr, ou au moins retarde les éducations, toujours d'autant meilleures qu'elles sont plus précoces.

Ce n'est pas, je dois le dire, parce que le *mûrier* gèle plus souvent ou plus fortement dans le Nord, que la qualité de la feuille diminue, mais parce que cette feuille n'acquiert pas, par défaut de chaleur, la consistance nécessaire ; la preuve en est que, même dans le Midi, cette qualité lui manque lorsque les arbres sont plantés dans un lieu humide, ou que leurs branches sont trop rapprochées du sol, ou qu'on les a greffés avec des variétés à feuilles larges & épaisses.

L'ancienneté de la culture du *mûrier* & la fréquence de sa multiplication par graine, a dû fournir une grande quantité de variétés, dont les unes, ayant les feuilles bien plus larges, plus épaisses & plus nombreuses, ont dû paroître préférables, & ont été en effet préférées, & en conséquence multipliées par les greffes; mais, ainsi que je viens de l'annoncer, il s'est trouvé que la soie des vers qui en étoient nourris, n'offroit ni la finesse, ni la ténacité de ceux qui avoient vécu de feuilles petites & provenant d'arbres crûs dans les sols secs & chauds. De-là le défaut de succès des tentatives faites par le Gouvernement, pour introduire la culture du *mûrier* aux environs de Paris (1), de Tours, de Reims, d'Abbeville & autres lieux. Aujourd'hui il est reconnu que Lyon, encore seulement les bords du Rhône, est la limite où il peut être planté en grand avec utilité.

En Dalmatie, le comte d'Andolo obtenoit une livre de cocons de dix livres de feuilles, & de dix livres de cocons, une livre de soie. En France, il faut, terme moyen, dix-huit livres de feuilles pour avoir une livre de cocons.

Quoi qu'il en soit, dans le midi de la France, on compte quatre variétés principales de *mûriers* sauvages, & autant de variétés de *mûriers* greffés. Les premières sont la *feuille rose*, la *feuille dorée*, la *reine bâtarde* & la *femelle*. Les secondes sont la *reine à feuilles luisantes*, la *grosse reine*, la *feuille d'Espagne* & la *feuille de Flore*. J'ajouterai qu'on cultive dans les jardins de Paris deux autres variétés remarquables de *mûrier d'Italie*, qui a les fruits roses & très-sucrés, & le *mûrier de Constantinople*, qui a le tronc & les branches rabougries.

Il seroit avantageux, dans quelques cas, d'avoir des variétés de *mûriers* à feuilles plus hâtives; mais comme ces variétés sont plus exposées aux dernières gelées du printemps, on ne les recherche pas beaucoup, & je n'en connois pas qui se propagent par la greffe dans le climat de Paris.

La multiplication des *mûriers* a lieu par graine, par marcottes, par boutures, par racines, par greffe.

La multiplication par graine donnant seule des arbres d'une grande durée, c'est celle à laquelle on se fixe généralement dans les pays où on cultive ces arbres en grand. Ce sera donc celle dont je parlerai le plus en détail.

La multiplication par marcottes est si expéditive, que c'est celle qu'on préfère dans les pépinières des environs de Paris, où on ne trouve qu'un petit nombre de personnes dont le seul objet est de produire de la variété dans leurs jardins paysagers, ou au plus de fournir à leurs filles les moyens de s'amuser une ou deux fois à faire une petite éducation de vers.

L'erreur où on est encore assez généralement, que plus les feuilles sont larges, épaisses & nombreuses, plus on a de profit à espérer de l'éducation des vers, a déterminé beaucoup de propriétaires des pays les plus favorablement placés pour cette éducation, à faire greffer les variétés qui ont ces qualités; mais le temps arrivera bientôt, je ne puis trop le redire, où on sera partout convaincu que ce sont, au contraire, les variétés à feuilles petites & sèches qu'il faut préférer.

La greffe s'emploie aussi dans les pépinières, pour la multiplication des *mûriers* noirs & rouges, quoique les pieds qui en résultent soient peu vigoureux & peu durables. Elle a lieu en écusson, à œil poussant & à œil dormant, ainsi qu'en fente.

Il est assez rare que la graine du *mûrier* soit fertile dans le climat de Paris; aussi est-ce de Nîmes que les pépiniéristes tirent celles qu'ils sèment.

Dans le dernier siècle, on a mis beaucoup d'importance au choix de la graine pour multiplier les *mûriers*, parce qu'on vouloit constamment avoir des variétés plus éloignées, que celles connues, du type de l'espèce, & que, pour arriver rapidement à ce but, il faut choisir la plus grosse graine des arbres les plus vigoureux; mais aujourd'hui qu'on sait que les petites feuilles contiennent plus de matière de la soie que les grandes, il n'est plus, aux yeux des cultivateurs instruits, aussi important de faire un pareil choix : il suffit donc de prendre la graine sur un arbre vigoureux & exempt de maladies héréditaires, & d'attendre qu'elle soit arrivée à complète maturité.

Pour l'avoir, on secouera l'arbre choisi, pour accélérer la chute des mûres, on les ramassera à la main, & on les déposera quelque part à l'ombre, à l'abri des volailles, jusqu'à ce que la graine soit sèche, ou qu'on veuille la semer.

Ceux qui frottent les mûres dans l'eau entre les mains, aussitôt qu'elles sont ramassées, pour enlever le mucilage qui entoure les graines, ne savent pas qu'il concourt, jusqu'à sa dessiccation, au perfectionnement & à la bonne conservation du germe. Cette opération n'est tolérable que lorsqu'il s'agit d'envoyer la graine au loin. *Voyez* GRAINE.

Laisser fermenter, pourrir, moisir les mûres en tas, est, à mon avis, moins sujet à inconvénient grave, que de les priver trop promptement de leur pulpe & de les faire sécher trop rapidement.

Mêler les mûres avec de la terre, & en former des boules de la grosseur de la tête, qu'on conserve à la cave, ou qu'on recouvre de deux pieds de terre, est encore un excellent moyen de conserver la graine en bon état de germination.

Les graines de *mûriers*, soit pourvues, soit dépouillées de leur pulpe, se sèment, soit avant, soit après l'hiver, dans des planches en terre légère & amendée par de bons labours.

Dans le Nord, on ne sème généralement qu'à cette dernière époque, & ce, encore fort tard,

(1) Henri IV avoit fait planter en *mûriers* le local appelé les *Champs-Elysées*.

pour éviter les suites des GELÉES TARDIVES. *Voyez* ce mot.

Les semis en rayons sont préférés par les uns, ceux en planches par les autres.

L'important est que la graine ne soit ni trop ni trop peu enterrée, ni trop serrée ni trop espacée; mais pour que des indications précises puissent être données à cet égard, il faut connoître la nature de la terre & la qualité de la graine, lesquelles varient sans fin. Le terme moyen est le plus certainement avantageux; ainsi c'est celui que je conseille.

Couvrir les semis de paille ou de mousse assure leur succès, car la sécheresse leur est très-nuisible.

Si le printemps est chaud & humide, la graine du *mûrier* ne tarde pas à lever, mais le plant qui en provient fait d'abord de foibles progrès. Il demande à être arrosé si la sécheresse se prolonge.

SARCLER le plant & l'ECLAIRCIR vers le milieu de l'été, est une opération presque toujours indispensable, si le semis a été fait à la volée; mais s'il a été fait en rayon, un BINAGE suffit. *Voyez* ces mots.

Il est des cas où on est forcé de lever le plant du *mûrier*, qu'on appelle alors POURETTE, pendant l'hiver qui suit l'année de son semis; mais généralement on le laisse se fortifier deux ans en planche, & pendant sa seconde année, on lui donne les mêmes façons qu'à la première.

Si le terrain est bon, le plant suffisamment espacé, l'année favorable, la plus grande partie de la pourette est de la grosseur d'une plume d'oie. On la relève alors, & on plante, pendant l'hiver, en lignes espacées d'un pied, & à deux pieds de distance, toute la pourette de cette grosseur, soit avec, soit sans son pivot. *Voyez* PÉPINIÈRE.

La plus petite est mise en rigole, pour être traitée de même l'année suivante. *Voyez* RIGOLE.

Il est assez rare qu'on puisse établir de belles tiges sur une plantation de pourette sans l'avoir RECÉPÉE à deux ans, & sans avoir MIS SUR UN BRIN les pousses qui sont la suite de ce recépage. *Voyez* ces mots & celui PÉPINIÈRE.

D'après ce que j'ai dit au commencement de cet article, un terrain sec & chaud est celui qui convient le mieux aux *mûriers* cultivés pour l'éducation des vers à soie; mais comme cette même nature de terrain est également propre à la culture de la vigne, de l'olivier, de l'amandier, c'est généralement en ligne, le long des grandes routes, des chemins vicinaux, des ceintures de propriétés qu'on les place le plus généralement, & alors c'est toujours en ligne, ce qui permet de leur donner tout l'espace convenable à l'amélioration de leurs feuilles, relativement à cet objet.

Cependant il est beaucoup de coteaux où on voit des *mûriers* en quinconce sans nul inconvénient, pourvu qu'ils soient convenablement espacés.

Les expositions du levant & du midi sont, sans contredit, les meilleures pour avoir des feuilles précoces & de bonne qualité; mais les arbres qui y sont placés ont leurs pousses plus fréquemment atteintes par les gelées du printemps; aussi est-il généralement d'usage d'en placer à toutes.

Quoique je repousse les *mûriers* nains & les *mûriers* en haie, comme fournissant de la mauvaise feuille, je reconnois l'utilité d'en mettre quelques pieds, soit en espalier, soit dans des tranchées en terrain sec, à la meilleure exposition, pieds qui seront tenus très-bas, presque rampans, parce que les feuilles de ces arbres se développant quinze jours avant celles de ceux en plein vent, pourront servir à la nourriture des vers nés les premiers, comme je le ferai voir plus bas : ce n'est pas, en effet, dans le premier âge, que la qualité de la feuille peut beaucoup influer sur celle de la soie.

Il fut un temps où la manie de multiplier les *mûriers* étoit portée au dernier point, & où on en plantoit autant que possible, c'est-à-dire, partout. Aujourd'hui on sait qu'il ne faut en avoir qu'autant que la population le comporte, c'est-à-dire, en suffisante quantité pour en consommer les feuilles dans des éducations de vers à soie, les petites éducations étant considérées comme préférables aux grandes. *Voyez* VER A SOIE.

Pour planter les *mûriers*, il est convenable de faire faire les trous à l'avance, & de leur donner des dimensions les plus grandes possibles. *Voyez* PLANTATION.

On peut planter les *mûriers* depuis la chute de la sève jusqu'à son renouvellement, c'est-à-dire, depuis le 1er. novembre jusqu'au 1er. avril; mais il est toujours mieux de le faire en automne qu'au printemps. Au reste, les convenances doivent décider, pourvu qu'il ne gèle pas le jour où on commencera cette opération.

La distance qu'il convient de mettre entre les pieds des *mûriers* dépend, comme je l'ai déjà observé, de la nature du sol & de la manière dont ils sont disposés; ainsi, si le sol est mauvais, & s'ils bordent un chemin, dix-huit à vingt pieds seront suffisans. Je ne dois pas craindre de répéter qu'il faut se refuser à les placer dans de trop bons sols.

Je suppose que les *mûriers* ont été pris à trois ou quatre ans dans une pépinière bien conduite, qu'ils ont été arrêtés à six ou huit pieds, & convenablement élevés, alors leur tronc doit avoir au moins un pouce de diamètre.

Couper la tête aux *mûriers* qu'on plante est une pratique presque générale; cependant, comme je l'ai prouvé ailleurs (*voyez* PLANTATION), elle est plus nuisible qu'utile. Je veux donc qu'on se contente de raccourcir ses grosses branches & que toutes les petites soient conservées, pour que leurs boutons attirent la SEVE. *Voyez* ce mot.

Généralement, en France, on taille les *mûriers*

faire leur tête au hasard, mais c'est bien mal-à-propos; car, les diriger à cet égard, les rend plus productifs, en équilibrant les branches & en procurant tout l'air possible aux feuilles, & rend en même temps la cueille de ces dernières plus facile. Je crois qu'on doit partout imiter les cultivateurs des environs de Vérone, qui établissent la tête de leurs *mûriers* sur trois branches égales partant rigoureusement du même point, lesquelles branches se subdivisent elles-mêmes en deux autres, de manière que le centre forme un vide. *Voyez* BUISSON (arbre en).

Qu'on ne croie pas que cette disposition soit longue à faire naître; trois à quatre ans suffisent pour la perfectionner, & c'est le temps qu'on doit, dans toute autre, accorder aux arbres pour faire leurs racines, avant de les soumettre à des dépouillemens annuels & complets de feuilles.

En effet, les arbres privés de leurs feuilles s'affoiblissent, puisque la séve fournie par leurs racines ne peut plus s'organiser & les nourrir. La nature, qui veut conserver ses productions, en fait pousser de nouvelles, une seconde, même une troisième fois dans la même année, lorsque le terrain est fertile; mais il est rare qu'elle ne s'arrête pas à ce dernier effort, & que la mort ne s'ensuive pas. *Voyez* FEUILLE & SEVE.

Il suit de-là qu'il ne faut commencer à cueillir les feuilles des *mûriers*, que lorsque les arbres sont bien poussans, & qu'il faut leur ménager en tout temps l'effeuillement, c'est-à-dire, ne le faire que tous les deux ans.

Je dois cependant le dire, on effeuille presque partout tous les ans; quelquefois même, lorsque les gelées ont fait périr la première pousse, on effeuille rigoureusement la seconde. Aussi combien voit-on de beaux *mûriers*? Combien d'années subsistent les *mûriers*?

Les *mûriers* de Villeneuve-de-Berg, plantés par Olivier de Serre, en 16[illegible]0, & qu'on n'a effeuillés que vingt ans après, subsistent encore, tandis qu'il n'y en a pas un de plus de vingt ans de ceux qui ont été plantés depuis.

Il sembleroit qu'on pourroit laisser quelques feuilles aux *mûriers* pour satisfaire au besoin de leur végétation, mais la pratique a prouvé que si les branches où elles se trouvent prospèrent, celles où il n'en reste pas se dessèchent; en conséquence, on a soin de les enlever toutes. Je crois que ce point mérite un nouvel examen & des expériences long-temps suivies par un agriculteur instruit des lois de la physiologie végétale.

Je ne nie point que les *mûriers* étant plantés pour leurs feuilles, doivent supporter les chances, suite de l'effeuillement; mais je répète qu'il faut, autant que possible, diminuer ces chances, en apportant toute la modération possible dans cette opération. En conséquence, un cultivateur prudent aura plus de *mûriers* qu'il ne lui en faut pour une éducation ordinaire de vers, & il n'effeuillera pas ceux d'entr'eux qui seront trop foibles, moins ceux qui feront craindre de le devenir.

Il a été remarqué que les *mûriers* effeuillés tous les ans donnoient des feuilles moins nutritives & moins précoces, ce qui milite en plus sur la pratique de ne les effeuiller que tous les deux ans.

Comme l'effeuillement fait pousser les rameaux en longueur beaucoup plus rapidement que dans l'état naturel, & que sa suite est toujours la mort d'une grande quantité de boutons qui eussent donné des branches, il en résulte qu'il devient indispensable de rapprocher tous les cinq à six ans les branches grêles sur celles du troisième ordre. *Voyez* TAILLE & RAPPROCHEMENT.

Les arbres ainsi taillés ne doivent être effeuillés qu'à la troisième année après cette opération, pour donner moyen à leur tête de se reformer. D'ailleurs les feuilles de la première & même de la seconde année étant extrêmement aqueuses, sont peu propres, comme je l'ai déjà annoncé, à donner de la bonne soie.

Outre la taille, le *mûrier* doit être aussi de loin en loin émondé, c'est-à-dire, débarrassé de ses branches mortes ou mal-venantes. *Voyez* au mot ÉMONDAGE.

La manière de cueillir la feuille influe beaucoup sur la conservation des arbres; si, au lieu de les détacher par l'effort de la main, en tirant de bas en haut, comme on le fait généralement, on les détachoit par l'effort contraire, on arracheroit fréquemment des lanières de l'écorce, & avec elles, ou sans elles, beaucoup plus de boutons, espoir de la récolte de l'année suivante. Pour bien opérer, il faudroit cueillir chaque feuille séparément; mais on n'a jamais pu s'y astreindre long-temps, à raison de la dépense & de l'ennui.

Tantôt on cueille les feuilles du *mûrier* en montant sur les branches & en attirant à soi les rameaux les plus garnis de feuilles & de meilleures feuilles; tantôt on applique des échelles sur les branches, & on agit de la même manière. Les deux méthodes donnent lieu à des accidens nombreux, & devroient être remplacées par des échelles doubles, sans doute plus coûteuses, sans doute plus difficiles à transporter, mais qui épargneroient chaque année la vie à un grand nombre de cueilleurs ou de cueilleuses.

C'est cette circonstance des dangers de la récolte des feuilles qui a fait proposer de ne cultiver que des *mûriers* à basse tige, c'est-à-dire, dont on peut atteindre les rameaux les plus élevés avec la main. Qu'ils soient disposés en quinconce ou en haie, outre la difficulté de les garantir de la dent des bestiaux, ces petits arbres jouissant moins que les grands de l'action du soleil & de l'air, & éprouvant davantage les émanations humides de la terre, fournissent, comme je l'ai déjà observé plusieurs fois, des feuilles de qualité inférieure.

A mesure que la feuille est cueillie, on la dépose dans un panier, où on la fait sauter pour déterminer la séparation des mûres, lesquelles tombent au fond, & sont jetées comme nuisibles, avant de les mettre dans le sac, au moyen duquel on les transporte à la maison, sac dans lequel elles ne doivent pas être trop fortement empilées.

Les cultivateurs aisés font couvrir, pendant les jours de pluie, quelques *mûriers* de toiles propres à les en garantir, car les feuilles mouillées sont fort nuisibles aux vers à soie; mais la plupart se contentent d'en faire cueillir le double de la consommation, & de les laisser se dessécher étendues dans des appartemens ou sous des hangars.

Si les feuilles cueillies restoient amoncelées & pressées, elles fermenteroient, moisiroient, pourriroient, & seroient, par conséquent, perdues pour la nourriture des vers.

J'ai beaucoup élevé de chenilles dans ma jeunesse, dans le but d'en étudier les mœurs & d'en obtenir l'insecte parfait pour ma collection. Toujours je mettois une branche de la plante sur laquelle elle vivoit, dans une bouteille pleine d'eau, & je déposois le tout dans la boîte où étoit renfermée la chenille. Par ce moyen, cette chenille se nourrissoit plusieurs jours de suite de feuilles fraîches, sans que j'eusse à m'en occuper. Le ver à soie a été traité avec le même succès. Je me suis souvent demandé pourquoi on n'opéroit pas ainsi en grand; car je ne puis regarder comme bonne la pratique de donner chaque jour des feuilles fanées, dont une partie se perd sous les excrémens des vers & autrement. L'influence nuisible de l'humidité semble pouvoir être facilement affoiblie par des précautions telles que celle de laisser le moins de communication de l'eau des bouteilles avec l'air, d'établir un grand courant d'air dans le local, &c.

Si je parle d'après moi, c'est pour appuyer d'autant la pratique; car on lit, 1°. dans le *Voyage dans l'Empire Othoman* par Olivier, de l'Institut, vol. I, pag. 223, qu'aux environs de Pruse en Bithynie, on coupe chaque année aux *mûriers* les pousses de l'année précédente, garnies de feuilles, pour les donner entières aux vers à soie; 2°. dans les Voyages de Patras & de Pockocke, qu'on en agit de même sur les bords du Volga & dans le Liban; dans les *Lettres édifiantes*, que quelques colons de la Chine préfèrent la même méthode.

Certainement il paroîtra moins coûteux à un esprit réfléchi de cultiver trois fois plus de *mûriers* en têtards, que de payer la cueillette des feuilles aussi cher qu'on le fait, d'en perdre souvent une grande quantité, c'est-à-dire, celles qui s'échauffent ou moisissent avant d'être données aux vers, & journellement la portion qui n'a pas d'abord été mangée, qui fait partie des ordures, comme je le dirai plus bas.

Dans ce cas, on le sent bien, tous les *mûriers* seroient tenus en têtards, dont les pousses seroient coupées tous les trois, ou mieux, tous les quatre ans; mais, comme il y auroit moins de perte de feuilles, la compensation auroit probablement lieu.

Les branches dépouillées de leurs feuilles par les vers pourroient encore être livrées aux moutons & aux chèvres, qui en mangeroient l'extrémité, puis employées à faire du feu.

C'est ici le moment de parler de l'emploi des feuilles de *mûrier* pour la nourriture des bestiaux, qui tous les aiment avec passion, & qui tous en sont nourris, soit en vert, soit en sec, avec beaucoup d'avantage. C'est aussi en têtards qu'il faut tenir les *mûriers* qu'on consacre à cette nourriture; mais au lieu d'en couper les branches au printemps, comme pour les vers à soie, c'est à la fin de l'été, époque où elles sont arrivées à toute leur grandeur & à toute leur maturité, & où, par conséquent, leur enlèvement est moins nuisible à l'arbre.

On fait très-peu usage de feuillée de *mûrier*, quelqu'avantageux que cela pût être, soit dans le midi, soit dans le nord de la France. Je dois faire des vœux pour que les cultivateurs ouvrent les yeux sur ce mode de spéculation. *Voyez* FEUILLEE.

En Chine, on emploie généralement l'écorce du *mûrier* pour faire du papier, des cordes, &c. Tous les essais qui ont été tentés en France ont réussi, mais nulle part on ne leur a donné des suites. Le *mûrier* à papier me paroît plus propre que celui-ci à ces usages, & je me réserve d'en parler plus bas.

Il arrive quelquefois que le plant du *mûrier* périt par suite des fortes gelées de l'hiver, mais il est très-rare que les gros en éprouvent de graves atteintes, & jamais les racines de ces derniers n'en ont été frappées, à ma connoissance. Le rapprochement des grosses branches, ou la coupe du tronc rez-terre, sont les seuls remèdes à ces accidens.

Ainsi que je l'ai déjà annoncé plusieurs fois, l'effeuillement du *mûrier* & les tailles qu'il nécessite accélèrent son dépérissement; aussi, rien de plus commun que d'en voir dont les grosses branches sont mortes, dont le tronc est carié, quoique peu avancés en âge. Il n'y a d'autres remèdes contre cet état, que les précautions sur lesquelles j'ai insisté plus haut, relativement à la cueille des feuilles & à la taille des branches.

Comme tous les autres arbres, surtout plantés en terrain sec, le *mûrier* est sujet à la maladie de la JAUNISSE & de la BRULURE. *Voyez* ces mots.

Le BLANC DES RACINES, produit par l'ISAIRE, en fait quelquefois successivement périr des rangées entières, ainsi que je l'ai indiqué à leurs articles.

articles. Il n'y a d'autres moyens, pour arrêter leurs désastreux effets, que de faire des tranchées profondes, dont la terre sera rejetée du côté des pieds morts.

Le bois du tronc des *mûriers* est jaune & a le grain grossier. On en fait, dans le Midi, des douves qui sont bien inférieures à celles du chêne blanc, mais avec lesquelles on fabrique cependant des tonneaux propres à contenir du vin. Il pèse sec, d'après Varenne de Fenille, quarante-trois livres treize onces trois gros par pied cube, & il diminue d'un peu plus du dixième par la dessiccation. Sa qualité est inférieure, pour le feu, aux arbres à bois plus dur. Sa couleur est trop foible pour servir à la teinture; une semblable, plus intense, est fournie par une espèce dont je parlerai plus bas.

Les fruits du *mûrier* s'appellent des MURES; leur petitesse & leur saveur trop fade ne permettent pas de les manger habituellement, mais les enfans & tous les oiseaux frugivores les aiment. Ils sont donnés avec avantage aux volailles, aux cochons, aux moutons. On en fait un sirop. Si on n'en tire pas du vin ou de l'eau-de-vie par la fermentation & la distillation, c'est uniquement parce que leur maturité étant successive, la dépense de leur récolte seroit trop considérable.

Le *mûrier* de Tartarie, qui se cultive dans quelques jardins, ne m'est pas connu. Est-ce bien une espèce distincte de l'espèce précédente?

Le *mûrier* noir a de nombreux rapports avec le précédent & parvient à la même grandeur; quoiqu'il reste généralement plus petit dans nos jardins. Ses feuilles, hérissées de poils roides, sont plus grandes, & ses fruits beaucoup plus gros. C'est principalement pour ces derniers qu'on le cultive; car, à raison de leurs poils & de leur épaisseur, les feuilles sont moins propres à la nourriture des vers à soie que celles du *mûrier* blanc, quoique ce soit elles qui y ont d'abord été employées. Ils sont excessivement nombreux, de la grosseur du pouce, noirs & très-sucrés. On en cite quelques variétés peu distinctes. Tout le monde les aime, mais personne ne peut en manger beaucoup & souvent, à raison de leur fadeur. Leur maturité est successive: tantôt ils tombent naturellement, lorsqu'elle est arrivée; tantôt ils fermentent & se dessèchent sur l'arbre. On en fait un sirop & du vin, dont on tire de l'eau-de-vie. Ce vin est peu alcoolisé & s'altère promptement.

La culture du *mûrier* noir est générale en Europe, mais on en voit rarement un grand nombre de pieds dans le même jardin. Le plus souvent même, un seul suffit aux besoins & même au-delà. C'est dans la partie la plus fertile & la plus fraîche de ces jardins, ou dans les cours convenablement exposées, qu'il se place. Il produit fort jeune & vit long-temps. On le tient à une hauteur médiocre, pour en pouvoir récolter les fruits avec facilité. Les gelées affectent souvent ses jeunes pousses, mais ne font jamais mourir les pieds.

Rarement on est dans le cas de le tailler, parce qu'il fait naturellement boule; cependant son RAPPROCHEMENT (*voyez* ce mot) devient quelquefois nécessaire pour le ramener à donner de gros fruits.

Comme ses graines sont presque toujours avortées, il ne se multiplie généralement que de rejets dans nos jardins, & de marcottes faites sur des mères plantées en lieu humide, dans nos pépinières. On pourroit cependant se le procurer par section de racines & par boutures.

Les rejets, ainsi que les marcottes, se lèvent lorsqu'ils ont trois ou quatre pieds de haut, & se placent pendant deux ou trois ans en pépinière pour qu'ils se fortifient & se forment une tête. *Voyez* PÉPINIÈRE.

La transplantation des jeunes pieds s'exécute au printemps, afin que la végétation soit retardée & que les gelées ne frappent pas leurs bourgeons naissans.

Le bois de cette espèce diffère peu de celui de la précédente pour ses qualités. Il ne pèse, cependant, que quarante livres quatorze onces sept gros par pied cube.

Le *mûrier* rouge ressemble tant au précédent, qu'il est difficile de les distinguer, même en les comparant, plantés à côté l'un de l'autre, autrement que par le port plus élancé & plus rapproché de celui du blanc dans le *mûrier* rouge. Il est originaire de l'Amérique septentrionale, où j'en ai vu de grandes quantités. Ses fruits sont plus petits & beaucoup moins nombreux que ceux du *mûrier* noir, mais, à mon avis, plus agréables au goût, en ce qu'ils sont légèrement acides. Tantôt il est dioïque, tantôt monoïque, tantôt polygame, ce qui explique le défaut de réussite de ses graines, fréquemment remarqué dans nos pépinières. J'ai cherché à le multiplier beaucoup pendant que j'étois à la tête des pépinières de Versailles, à raison de ce qu'il est très-propre à l'ornement des jardins paysagers, & qu'il ne craint pas les gelées du climat de Paris; mais je n'ai pu le faire facilement que par la greffe à œil poussant sur le *mûrier* blanc, ses marcottes reprennant peu aisément, & ses boutures en pleine terre jamais.

Le bois de cette espèce est encore fort rapproché, par ses qualités, de celui du premier; cependant, comme il croît plus vîte & plus droit, on peut l'utiliser plus facilement à faire des tonneaux & de la menuiserie.

Le *mûrier* à papier a été connu par l'usage qu'on fait de son écorce en Chine & au Japon, pays dont il paroît originaire, pour fabriquer le papier, bien long-temps avant son introduction en Europe, introduction qui n'a eu lieu qu'en 1749, encore seulement le mâle; car il paroît que la femelle, dont on doit la connoissance en France à mon ami Broussonnet, y est arrivée beaucoup plus tard. Il a les feuilles couvertes de poils courts, comme les *mûriers* noir & rouge, mais ses baies sont séparées les unes des autres par des faisceaux de poils partant d'une globule central, ce qui a paru suffisant pour le constituer en titre de genre, sous le nom de BROUSSONNETIE.

Cook nous a appris que, dans les îles des Amis & autres groupes de la mer du Sud, on fabriquoit des étoffes avec cette même écorce enlevée des jeunes pousses & collée.

En France on ne tire encore aucun parti utile du *mûrier* à papier, quoique cela paroisse fort facile & fort avantageux, soit pour se procurer du papier qui reviendroit à très-bon compte, soit pour se procurer des étoffes, sinon propres à l'habillement, au moins susceptibles de servir à l'ameublement; mais on l'emploie fréquemment à l'ornement des jardins paysagers, & quelquefois à la nourriture des bestiaux & au soutien des digues élevées contre les ravages des eaux.

Il y a quelques années qu'on ne multiplioit le *mûrier* à papier que par marcottes, qui, faites sur des mères, dans un terrain frais, prennent racine dans la même année & peuvent se mettre en pépinière au printemps de l'année suivante; mais depuis que Broussonnet nous a apporté des pieds femelles, il est devenu plus avantageux de le faire par le semis de ses graines, dont il donne annuellement de grandes quantités. J'ai pris à tâche de répandre ces graines autant qu'il m'a été possible pendant que j'étois à la tête des pépinières de Versailles, & depuis.

Les graines de ce *mûrier* se sèment au printemps, dans une planche bien préparée & exposée au levant, fort épais, parce qu'il arrive souvent que la plus grande partie est infeconde. On les recouvre seulement de deux à trois lignes de terre & on les arrose au besoin.

Le plant, qui ne tarde pas à lever, se sarcle & s'eclaircit. On le couvre de fougère aux approches des froids, ce qui empêche cependant rarement ses extrémités de geler ou de pourrir; mais il suffit que le collet des racines se conserve sain pour réussir à sa transplantation, qui a lieu en pépinière, à l'écartement de deux pieds & en lignes éloignées de la même distance. L'hiver de l'année suivante, ce plant se rabat rez-terre & fait des pousses de deux ou trois pieds, dont on réduit le nombre à trois ou quatre, lorsqu'on veut former des touffes, ou à une seule, lorsqu'on desire des tiges. *Voyez* PÉPINIÈRE.

Généralement à quatre ou cinq ans, soit les touffes, soit les tiges, sont susceptibles d'être placées, ou au premier rang des massifs ou isolées le long des allées, au milieu des gazons, dans les jardins paysagers, qu'elles ornent par leur forme, par leur feuillage, par leur ombre, &c. Les gelées frappent souvent, en automne, l'extrémité de leurs branches, qui s'aoûtent fort tard, mais cela ne fait que favoriser leur multiplication, &, par conséquent, augmenter la beauté du pied.

La croissance du *mûrier* à papier est très-rapide, lorsqu'il est livré à lui-même & que les gelées ne le contrarient pas.

On peut aussi multiplier cette espèce par rejetons, par section de racines & par boutures. La greffe ne m'a pas réussi, ni sur le *mûrier* blanc ni sur lui-même. Je n'ai pas pu en reconnoître le motif.

Les vers à soie mangent les feuilles de ce *mûrier*, mais sans beaucoup les aimer, probablement à raison de leurs poils. Les chèvres, les moutons les recherchent avec passion. Sans doute, les vaches, les chevaux, les cochons s'y accoutumeroient bientôt. Je sais que cuites elles plaisent beaucoup à ces derniers. Déjà Faujas & autres ont prouvé qu'on pouvoit obtenir de son écorce, en France comme à la Chine & au Japon, un papier propre à un grand nombre d'usages. Dans les vallées des Alpes françaises, on commence à l'utiliser, avec un succès non contesté, pour arrêter les ravages des torrens, soit à raison de ses nombreuses racines, soit à raison de la multitude & de la flexibilité de ses rameaux. Ajoutez à cela qu'il prospère dans les plus mauvais terrains & qu'il ne craint point d'être coupé tous les ans, une fois que ses racines ont pris une amplitude suffisante.

Cette dernière propriété & le grand nombre de ses pousses & ses feuilles, me font croire qu'il pourroit être utile de le cultiver uniquement pour le couper à la fin de l'été, & faire entrer sa dépouille dans la fabrique des COMPOSTES. Il conviendroit très-bien, ce me semble, à cet usage dans les vignobles, où tant de terrain est perdu, & où le besoin d'engrais se fait si fréquemment sentir.

Le cultiver seulement pour en faire des fagots, seroit, à mes yeux, une bonne spéculation, dans certaines terres sablonneuses ou pierreuses.

Le *mûrier* des teinturiers ne se cultive pas en Europe. Son bois, coupé par morceaux, est l'objet d'un commerce de quelqu'importance, en ce qu'il sert à donner une teinture jaune solide aux étoffes de laine.

Quoique mon célèbre & malheureux ami Roland de la Platière ait donné des indications fort satisfaisantes sur l'éducation des vers à soie, à l'article SOIERIE du *Dictionnaire des Arts & Métiers*, je ne puis me dispenser d'en parler ici, attendu que c'est une opération agricole, qu'on y a renvoyé à un grand nombre d'articles, & qu'il a été fait beaucoup d'observations nouvelles depuis l'impression du Dictionnaire précité.

La patrie de la chenille appelée *ver à soie* est la Chine, où elle a été élevée en domesticité de temps immémorial pour sa soie, avec laquelle se font de si brillans & si durables vêtemens, & d'où elle a été apportée en Europe en même temps que le *mûrier* sur lequel elle se nourrit.

Cependant il est constant que les vers à soie ont été nourris long-temps après leur apparition en Europe, avec les feuilles du *mûrier* noir, beaucoup moins propres à cet objet, à raison de leur épaisseur, de leur rudesse & de leur épanouissement tardif, probablement parce que cette espèce avoit été introduite antérieurement comme arbre fruitier.

Quoi qu'il en soit, le ver à soie est devenu pour nos départemens méridionaux une source inépuisable de richesse, malgré que son éducation y ait été livrée à la routine; aussi tous les amis de leur pays doivent-ils faire des vœux pour qu'elle s'y perfectionne.

Les efforts faits par le Gouvernement & beaucoup de particuliers pour faire partager cette industrie aux départemens septentrionaux, ont été sans résultats, non que le *mûrier* refuse d'y prospérer, mais parce que le défaut de chaleur empêche ses feuilles de s'y élaborer suffisamment, & que la soie que fournissent les vers qui en sont nourris est grossière & cassante, ainsi que je l'ai déjà annoncé plus haut.

L'expérience de trois siècles a donc prouvé que c'est dans la vallée du Rhône & sur le premier étage des montagnes qui la constituent, depuis Lyon, ainsi que dans les plaines, & le premier étage des montagnes qui bordent la Méditerranée, qu'il convient seulement de se livrer en grand à l'éducation des vers à soie.

Il y a sans doute un très-grand nombre de variétés de vers à soie, mais il en est peu qui entrent habituellement dans nos éducations.

La couleur blanche & la couleur grise constituent quelquefois des variétés; mais on ne peut les regarder comme constantes, puisque souvent le gris & le noir se changent en blanc par la mue, & réciproquement.

Une variété venue directement de la Chine, il y a quelques années seulement, donne constamment de la soie blanche (celle des communes est jaune); mais malgré cet avantage, qui semble de première importance, & malgré les efforts du Gouvernement, elle est fort peu répandue hors des environs d'Alais.

L'espèce subit ordinairement quatre mues avant de faire son cocon. Une variété, appelée *milanaise*, ne mue que trois fois. Il paroît économique de la préférer; mais la soie qu'elle donne n'est ni aussi abondante, ni aussi bonne que celle de l'espèce, ce qui la repousse de beaucoup d'éducations.

On a prétendu qu'il y avoit une variété propre à donner deux récoltes par an; mais, si elle existe, elle se confond avec l'espèce, car, ainsi que l'expérience le prouve, toutes les variétés peuvent, dans les pays chauds, en donner non-seulement deux, mais trois, mais quatre, puisque la durée d'une éducation est de moins de deux mois; mais ce grand nombre de récoltes, en définitif, coûtent plus cher & rapportent moins qu'une seule.

Le premier soin à prendre quand on veut spéculer sur l'éducation des vers à soie, est de calculer la quantité de *mûriers* qu'on possède, pour y proportionner la quantité de vers qu'il faudra se procurer, en statuant sur un tiers en sus, pour parer aux accidens indiqués plus haut.

Ceux qui élèvent des vers à soie, en courant les risques de manquer de feuilles vers la fin de leur éducation, sont dans le cas de dépenser plus qu'ils ne gagneront, ces feuilles se vendant quelquefois, alors, des prix exorbitans.

Il est deux sortes d'éducation de vers à soie.

Celle qui se fait en petit par de pauvres cultivateurs dans leur habitation.

Celle qui s'exécute par de riches propriétaires dans des grands bâtimens construits exprès, appelés MAGNANIÈRE. *Voyez* ce mot.

Ces deux sortes offrent des différences en quelques points. Si les bénéfices que donne la seconde sont plus considérables, les causes des pertes s'y développent avec plus d'intensité. Je parlerai par occasion de ces différences.

La chenille appelée *vers à soie*, sort d'un œuf pondu par un BOMBICE, ou papillon de nuit, qui est gris ou blanc, avec trois lignes brunes (*Bombix Mori*, Fab.). Dès qu'il est né, il s'accouple, & ensuite la femelle pond un assez grand nombre d'œufs qu'elle fixe sur une étoffe, & d'où on les enlève pour les mettre dans des petits sacs de papier, & les conserver dans un lieu ni trop sec ni trop froid, jusqu'au printemps de l'année suivante.

Du choix de ces œufs, qu'on appelle *graine*, dépend en grande partie le succès de l'éducation. Une bonne graine doit être bien ronde, de couleur d'ardoise, & craquer sous l'ongle qui l'écrase. Lorsqu'elle est jaune, aplatie & molle, c'est qu'elle provient d'une ponte sans accouplement ou qu'elle est altérée. Ces deux sortes de mauvaise graine s'appellent de la *graine morfondue*.

Si les gelées tardives n'étoient jamais à craindre, il seroit de l'intérêt des cultivateurs de faire éclore les œufs aussitôt que les premières feuilles du *mûrier* se montrent; mais si on les faisoit éclore alors, les vers qui en proviendroient seroient dans le cas de mourir de faim par suite d'une de ces gelées, car la précaution usitée en Chine, de garder de la jeune feuille desséchée, pour ce cas, n'est point connue de nos cultivateurs.

Ce n'est donc que lorsque la saison est déjà avancée, qu'on fait généralement éclore les œufs des vers à soie, soit en les mettant, lorsque ce sont de petites éducations, dans des nouets aplatis de toile claire (une once dans chacun), nouets que des femmes portent sur leur peau pendant le jour, & sous leur chevet pendant la nuit.

Cette manière de faire éclore les vers à soie est

ſujette à l'inconvénient d'une grande irrégularité dans la diſtribution de la chaleur, inconvénient augmenté par la néceſſité d'ouvrir ſouvent les nouets pour voir ſi les vers ſont éclos, & pour en retirer les vers éclos; auſſi perd-on ſouvent des portions de couvées, & même des couvées entières.

Il eſt bien plus facile de régler la chaleur & de voir ce qui ſe paſſe à l'intérieur dans une petite étuve pourvue d'un thermomètre & chauffée par un poêle ou une lampe. C'eſt ce qui fait qu'on la préfère dans toutes les grandes éducations, ſous le nom de *couveuſe*. (*Voy.* ÉTUVE.) La ſeule précaution qu'il faille avoir, c'eſt de ne pas trop forcer de chaleur, ſurtout dans les commencemens, précaution qui manque ſouvent, & qui a engagé quelques propriétaires de magnanières à faire éclore leur graine dans des étuves entourées d'eau chaude, appelées *four hydraulique*.

L'important eſt que les vers éclosent tous en même temps, car rien n'eſt plus nuiſible au ſuccès d'une éducation que d'en avoir de différens âges.

La couleur des vers eſt, à leur naiſſance, ou griſe, ou noire, ou rouſſe; mais quoiqu'on diſe le contraire, elle n'influe en rien ſur leur proſpérité.

Les vers s'enlèvent de la chambre ou des chambres de l'étuve, car il en eſt à pluſieurs compartimens, au moyen d'une feuille de papier percée de trous, à travers deſquels ils paſſent, & ſur laquelle on place quelques jeunes feuilles de *mûrier*, qu'on enlève lorſque les vers s'y ſont attachés, pour les porter ſur des clayons de châtaignier refendu, garnis de papier gris, ſur leſquels ils doivent reſter. Chaque levée y a une place ſéparée, par le motif indiqué plus haut, de la néceſſité d'avoir des vers d'égale groſſeur.

Dans les petites éducations, ce ſont les femmes & les filles des propriétaires qui font toutes les opérations de l'éducation, c'eſt-à-dire, qui vont cueillir les feuilles, les diſtribuent aux vers, nettoient journellement ces derniers, &c.

Dans les magnanières, les opérations intérieures ſe font par un chef appelé *magnanier*, & qui a en outre un ou deux aides.

L'important dans toute éducation de vers à ſoie, & ſurtout à ſa première époque, eſt que l'air de la chambre ſoit facilement renouvelé, car les émanations de leur corps & les gaz qui ſe développent par l'altération des feuilles qu'on leur apporte, & ſurtout de celles qu'ils n'ont point mangées & qui fermentent, leur eſt très-nuiſible.

La maſſe des vers & des feuilles étant plus grande dans les magnanières que dans les chambres des cultivateurs, les éducations dans ces dernières doivent être moins ſouvent affectées de mortalité, & c'eſt ce qui eſt en effet. *Voyez* TOUFFE.

Les conſéquences de cette obſervation, c'eſt que, dans la conſtruction des bâtimens ſpéciaux, il faut diſpoſer les ouvertures de manière qu'il y ait un courant d'air ſuſceptible d'être augmenté ou diminué, ſelon le beſoin. *Voy.* MAGNANIÈRE.

Cependant il eſt des jours où l'air eſt en même temps tellement chaud & tellement ſtagnant, qu'il n'y a pas de courant d'air dans les magnanières les mieux conſtruites : il faut employer des moyens artificiels, tel qu'un ventilateur, tel qu'un fourneau allumé; mais cette circonſtance ne ſe rencontre guère d'une manière véritablement inquiétante que ſur la fin des éducations, & je remets à en parler à cette époque.

Les vers à ſoie n'ont pas beſoin de lumière pour manger, mais la lumière diminue l'influence nuiſible, ſur leur ſanté, des gaz dont il a été parlé plus haut. Il convient donc de les y expoſer le plus poſſible.

Dans toute magnanière, il doit y avoir une infirmerie, c'eſt-à-dire, un local deſtiné aux vers malades, & d'après ce que je viens d'obſerver, il doit être choiſi dans la partie la plus éclairée & la mieux expoſée au renouvellement de l'air, ſans cependant que ce renouvellement ſoit trop rapide, car il en réſulteroit un refroidiſſement nuiſible.

C'eſt plutôt l'égalité de température qu'on doit deſirer pour les vers à ſoie, qu'une grande chaleur; mais cette dernière leur eſt moins nuiſible vers l'époque de leur transformation; elle leur eſt même avantageuſe à celle de leur mue.

Les vers à ſoie placés ſur les clayons, & égaliſés autant que poſſible, reçoivent des feuilles tendres de *mûrier* cueillies deux fois par jour, & qu'on renouvelle dès qu'elles ſont mangées. Si on en mettoit trop à la fois, leur altération ſeroit à craindre. Il eſt des perſonnes qui les hachent pour en rendre la conſommation plus facile aux vers à ſoie; mais des motifs tirés de leur plus rapide altération dans ce cas, ſemblent repouſſer leur pratique.

Il ne reſte de ces jeunes feuilles ſur le clayon, que la plus forte nervure, ce qui rend moins néceſſaire à cette époque l'enlèvement de la litière; mais ſi cette litière paroiſſoit trop humide, il faudroit s'en débarraſſer immédiatement.

A meſure que les vers grandiſſent, il faut leur donner plus d'eſpace, & pour cela on enlève ceux qui ſont montés les premiers ſur les nouvelles feuilles, dans les places où ils ſont les plus rapprochés, & on les porte ſur un autre clayon. On doit cependant craindre qu'ils ſoient trop écartés, car alors la feuille ſe deſſèche & ſe perd. La diſtance de l'épaiſſeur de leur corps, eſt celle qu'il convient de laiſſer aux vers.

Aux approches des mues, les vers redoublent d'appétit; c'eſt ce qu'on appelle la *frèze* : celle de la première mue ne dure qu'un jour, mais pendant ce jour, les vers mangent autant que depuis leur naiſſance. Il eſt donc néceſſaire de leur fournir de la feuille en conſéquence. Le lendemain, c'eſt tout le contraire, les vers ceſſent de manger & tombent dans la langueur. Ceux des vers qui n'arrivent à cet état qu'après les autres, doivent en être séparés au moyen de quelques grandes feuilles de *mûrier*, pour être mis à part ou donnés aux poules.

Beaucoup de vers meurent dans cette opération de la mue. On les appelle les *rouges*. Ils se donnent également aux poules.

Si la température froide de la saison oblige de faire du feu dans la magnanière pour augmenter la force des vers, & que ce feu soit mal conduit, il en résulte une autre maladie qui ne se développe souvent qu'à une des autres mues, maladie qu'on nomme *brûlé*.

La mue terminée, on éclaircit encore les vers, qui doivent alors être écartés de deux diamètres de leur corps.

A cette époque on commence à châtrer régulièrement la litière, c'est-à-dire, qu'on la soulève par portions pour enlever sa couche inférieure. A la première de ces opérations, le papier gris, qui alors devient inutile & même nuisible en s'opposant au passage de l'air, est également enlevé.

Les vers qui, après la mue, sont ridés, foibles, se rapetissent au lieu de grossir, sont appelés des *passis*; ils doivent être enlevés & donnés aux poules aussitôt qu'ils sont reconnus, car ils coûtent de la feuille & de l'embarras, & ne viennent jamais à bien. Chaque mue donne lieu à une perte plus ou moins considérable par cet effet.

Il est des cultivateurs qui alors changent leurs vers de place, & ils sont dans le cas d'être approuvés; mais cela suppose une étendue de bâtimens que les fortunes médiocres ne peuvent pas toujours obtenir.

Après la seconde mue, les vers changent de couleur, deviennent plus effilés, plus vifs dans leurs mouvemens, consomment davantage; c'est le moment de les régler. En conséquence on ne leur donne de la nouvelle feuille que toutes les six heures.

A cette époque de la vie des vers, il se développe une nouvelle maladie des vers, qu'on appelle *grasserie*, maladie dans laquelle ils enflent, & à laquelle il n'y a pas de remède; en conséquence, ceux qui en sont affectés sont de suite donnés aux poules. Il résulte de quelques observations de Nysten, que les vers nourris avec la feuille des *mûriers* plantés dans des plaines à sol fertile & humide, principalement lorsqu'ils sont de la variété appelée *mûrier d'Espagne*, lequel offre des feuilles larges, épaisses & aqueuses, sont plus sujets à la grasserie que ceux qui ne vivent que de feuilles de *mûrier* crû en terrain sec, lorsqu'elles sont en outre petites, minces & sèches, ce qui est un motif de plus pour adopter les principes émis plus haut.

A cette même époque, on nomme *arpians* ou *harpions*, les vers qu'on appeloit *brûlés* après la première mue.

Oter chaque jour une partie de la litière, & même l'enlever entièrement, au moins une fois entre les deux mues, devient alors indispensable. Pour faire rapidement cette dernière opération, on place la nouvelle feuille sur un filet mis sur les vers, & lorsque ces derniers sont tous ou presque tous montés sur cette nouvelle feuille, on jette la litière hors de la magnanière. La propreté la plus minutieuse doit y régner. Le plancher sera en conséquence balayé deux fois par jour, & lavé de temps en temps lorsqu'il fait sec & chaud.

Après la troisième mue, les vers à soie ont un pouce de long, & leur couleur devient blanche. Ils mangent considérablement & croissent avec rapidité. Leur distance doit être de quatre fois leur diamètre. On leur donne une quantité de feuilles proportionnée à leurs besoins.

Les maladies caractérisées plus haut continuent de se montrer entre la troisième & la quatrième mue; mais une nouvelle se développe après la quatrième, on l'appelle *luzette* ou *clairette*, parce que les vers qui en sont attaqués sont demi-transparens. Il y a lieu de croire, d'après les expériences de Sauvages & de Nysten, qu'elle est due à une altération des sucs digestifs. Nul remède n'est connu contre cette maladie; ainsi, il n'y a encore qu'à jeter aux poules les vers qui en sont attaqués.

L'intervalle de toutes ces mues varie selon la chaleur de la saison, l'abondance ou la bonté de la feuille, entre cinq & dix jours sans grands inconvéniens; mais il n'en est pas de même relativement à la dernière, ou la *grande frèze*, ou la *grande brisse*, pendant laquelle les vers consomment deux fois plus de feuilles qu'ils en ont consommé depuis leur naissance. Il est dangereux de l'accélérer, soit par l'augmentation de la chaleur, soit par la diminution de la nourriture, parce qu'alors ils sont plus exposés à la plus terrible des maladies dont ils sont susceptibles, à la *muscadine*, à la suite de laquelle ils deviennent courts & durs, & se couvrent d'une farine blanche.

La muscadine est beaucoup plus à craindre les jours où règne une chaleur étouffante, très-électrique, appelée *touffe*, chaleur contre laquelle il faut continuellement lutter en donnant de l'air aux magnanières, en les arrosant abondamment avec de l'eau fraîche, & en les désinfectant au moyen du procédé de Guyton-Morveau. (*Voyez* DÉSINFECTION.) C'est ce qui fait qu'il est toujours à desirer que les éducations soient faites avant l'époque où cette chaleur se fait ordinairement sentir. *Voyez* TOUFFE.

Les vers frappés de la muscadine se jettent sur le fumier & servent à l'engrais.

Toutes les théories émises au sujet de la muscadine ne satisfont pas aux phénomènes qu'elle présente, ne fournissent pas les moyens d'empêcher ses ravages, qui sont quelquefois tels, que les frais d'une éducation ne sont pas seulement payés par les produits des vers qui y échappent.

Cette maladie est certainement épidémique, mais il n'est pas encore certain, quoi qu'on en ait dit, qu'elle soit contagieuse.

Mais il faut quitter ce triste sujet, & supposer les vers arrivés heureusement à toute leur grosseur. Alors ils cessent de manger, se vident de leurs excrémens, deviennent demi-transparens, quittent les clayons pour aller faire leur cocon sur les montans. C'est le moment de leur présenter des rameaux touffus, entre les brindilles desquels ils les placent. On forme de ces rameaux deux rangs sur les bords des clayons, de manière que leur sommet se touche, & touche la partie inférieure du clayon supérieur. Cette disposition s'appelle des *cabanes*.

Il ne faut ramer qu'après avoir enlevé toute la litière & exactement nettoyé toute la magnanière; cependant on donne encore quelques feuilles d'excellente qualité aux vers qui sont un peu en retard. Il est de ces vers qui ne se déterminent pas à monter, & pour lesquels on place sur le clayon des cornets de papier, dans lesquels ils entrent ou dans lesquels on les introduit.

La montée est un moment critique pour les vers à soie. Il faut que le magnanier redouble de soins pour empêcher les effets des touffes, c'est-à-dire, qu'il ne laisse aucune ordure sur les clayons, lave le plancher, qu'il ouvre toutes les fenêtres, fasse du feu de flamme, &c.

La fabrication des cocons varie beaucoup. Les *peaux* ou *chiques*, les *satinés* ou *veloutés*, les *doubles*, sont plus ou moins défectueux.

Il ne faut que trois à quatre jours à un ver pour terminer complétement son cocon; mais on attend ordinairement le double de ce temps pour déramer, c'est-à-dire, isoler les cocons des rames & les mettre dans des paniers, opération très-facile & très-prompte.

Dès que le déramage est terminé, on met de côté les cocons destinés à la reproduction. Une livre de cocons, supposée contenir autant de mâles que de femelles, est calculée comme devant donner une once de graine: on ne choisit pas les plus gros, mais les mieux formés. Il n'est point prouvé que les cocons aigus par les bouts soient ceux des mâles; le hasard seul les distribue. Lorsqu'il y a des cocons blancs ou peu colorés, on doit les préférer, quoique les productions fournies par les insectes qu'ils contiennent ne soient pas toujours de ces nuances, parce qu'il est avantageux, comme plus faciles à blanchir & à teindre, d'en avoir de pâles que de foncées. La variété de Chine, dénommée plus haut, est la seule qui donne constamment de la soie blanche, & malheureusement elle est encore peu répandue, quoique pas plus difficile à élever que la commune.

Les cocons préférés sont disposés en chapelets & suspendus dans une chambre dont la chaleur est tempérée. Au bout de dix-huit à vingt jours, les bombices en sortent. On a soin de les enlever à mesure, & de les porter sur une table couverte d'une étamine, sur laquelle ils s'accouplent & pondent.

Assez généralement on sépare le mâle de la femelle par force; mais il est beaucoup mieux, à mon avis, de laisser s'accomplir tranquillement la fécondation, excepté dans le cas où on auroit plus de femelles que de mâles, & où on voudroit employer une partie de ces derniers à féconder deux femelles.

Les œufs sont laissés quelque temps sur l'étamine pour qu'ils se consolident, ensuite on les en détache, comme il a été dit plus haut.

Les bombices mâles & femelles sont donnés aux poules, qui les aiment autant qu'elles aiment les vers; mais il ne faut pas manger les œufs pondus, à cette époque, car ils ont une saveur détestable.

Après qu'on a choisi les cocons pour graine, on doit se hâter d'étouffer les autres.

De tous les moyens proposés pour arriver à ces résultats, moyens plus ou moins sujets à inconvéniens, le plus usité est celui du four, après qu'on en a retiré le pain; mais il arrive souvent qu'alors le four est resté trop chaud, ce qui cause l'altération de la soie. Il faudroit donc constater le degré de sa chaleur avec un thermomètre, avant de les y introduire, & c'est ce qu'on ne fait que dans les grandes magnanières.

M. Dhombres-Firmas a inventé une étuve, dont la description & le dessin se trouvent dans les Mémoires de l'Académie du Gard pour 1808, qui prévient cet événement & tout autre, mais qui est coûteuse.

Les cocons morts sont mis dans l'eau chaude, en nombre déterminé par la force de la soie qu'on peut en obtenir, & après avoir trouvé le bout du fil de chaque cocon, on les dévide à un tour placé auprès du vase qui renferme cette eau.

M. Gensoul, de Bagnols, a trouvé qu'il étoit plus avantageux de faire chauffer l'eau par la vapeur que par le feu, & on ne peut qu'applaudir à ce perfectionnement; mais son appareil ne peut être qu'à l'usage des grandes magnanières, les cultivateurs craignant toute dépense qu'ils peuvent éviter.

La soie mise en écheveaux est vendue par les cultivateurs aux marchands qui courent les campagnes, & sort ainsi du domaine de l'agriculture pour entrer dans celui des arts.

MUSELIÈRE. Petit tissu creux d'osier ou de fil de fer, ou de ficelle, dans lequel on introduit le museau des VEAUX, des ANONS, &c., qu'on veut empêcher de teter leur mère, ou des CHIENS qui sont sujets à mordre. *Voyez* ces mots.

MUSSE. Nom, dans quelques lieux, de l'habitation des OIES & des CANARDS.

N

NAOU. Synonyme d'AUGE.

NAY. Nom des RÉSERVOIRS d'eau pour l'ARROSAGE aux environs d'Avignon.

NÉFLIER. *Mespilus*. Genre de plantes souvent confondu avec les aubépines, les sorbiers & les aliziers, lequel renferme cinquante espèces d'arbres & arbustes, presque tous cultivés en pleine terre dans nos jardins, & dont plusieurs sont importantes, soit pour leurs fruits, soit par quelque autre motif.

Observations.

Le nombre des graines des *nésliers* étant sujet à varier, d'un côté, quelques botanistes ont placé de leurs espèces, tantôt parmi les POIRIERS, tantôt parmi les ALIZIERS, tantôt parmi les SORBIERS; de l'autre, il en est qui ont séparé les espèces épineuses des autres, pour en former les genres AMELANCHIER & AUBÉPINE, sous la considération souvent difficile à déterminer, que ces derniers ont l'enveloppe de leur graine membraneuse. Ici je les réunirai, en faisant usage de cette distinction.

Espèces.

Amelanchiers ou nésliers sans épine.

1. Le NÉFLIER amelanchier.
Mespilus amelanchier. Linn. ♄ Indigène.

2. Le NÉFLIER cotonnier.
Mespilus cotoneaster. Linn. ♄ Du midi de la France.

3. Le NÉFLIER ovale.
Mespilus ovalis. Ait. ♄ De l'Amérique septentrionale.

4. Le NÉFLIER à épis.
Mespilus botryapium. Willd. ♄ De l'Amérique septentrionale.

5. Le NÉFLIER à grappes.
Mespilus racemosa. Lam. ♄ De l'Amérique septentrionale.

6. Le NÉFLIER à feuilles d'arbousier.
Mespilus arbutifolia. Lam. ♄ De l'Amérique septentrionale.

7. Le NÉFLIER glabre.
Mespilus glabra. Hort. Kew. ♄ De la Chine.

8. Le NÉFLIER à feuilles de sorbier.
Mespilus sorbifolia. Desf. ♄ De.....

9. Le NÉFLIER du Japon, vulg. *Bibacier*.
Mespilus japonica. Thunb. ♄ Du Japon.

10. Le NÉFLIER maritime.
Mespilus maritima. Noisette. ♄ De.....

11. Le NÉFLIER ériocarpe.
Mespilus eriocarpon. Noisette. ♄ De.....

12. Le NÉFLIER velu.
Mespilus tomentosa. Noisette. ♄ De Sibérie.

Aubépines ou nésliers épineux.

13. Le NÉFLIER cultivé.
Mespilus germanica. Linn. ♄ Indigène.

14. Le NÉFLIER buisson ardent.
Mespilus pyracantha. Linn. ♄ Du midi de la France.

15. Le NÉFLIER aubépine, vulg. l'*épine blanche*.
Mespilus oxyacantha. Linn. ♄ Indigène.

16. Le NÉFLIER azerolier.
Mespilus azarolus. Linn. ♄ Du midi de la France.

17. Le NÉFLIER pied-de-veau.
Mespilus aronia. Bosc. ♄ De l'Orient.

18. Le NÉFLIER incisé.
Mespilus fissa. Bosc. ♄ De l'Amérique septentrionale.

19. Le NÉFLIER en éventail.
Mespilus flabellata. Bosc. ♄ De l'Orient.

20. Le NÉFLIER jaunâtre.
Mespilus flavescens. Bosc. ♄ De Barbarie.

21. Le NÉFLIER hétérophylle.
Mespilus heterophylla. Flugge. ♄ De l'Orient.

22. Le NÉFLIER d'Olivier.
Mespilus oliveriana. Bosc. ♄ De l'Orient.

23. Le NÉFLIER pectiné.
Mespilus pectinata. Bosc. ♄ De l'Orient.

24. Le NÉFLIER trifolié.
Mespilus trifoliata. Bosc. ♄ De l'Orient.

25. Le NÉFLIER à feuilles de persil.
Mespilus apiifolia. Mich. ♄ De l'Amérique septentrionale.

26. Le NÉFLIER oriental.
Mespilus orientalis. Bosc. ♄ De l'Orient.

27. Le NÉFLIER spatulé.
Mespilus spatulata. Mich. ♄ De l'Amérique septentrionale.

28. Le NÉFLIER à feuilles de tanaisie.
Mespilus tanacetifolia. Poiret. ♄ De l'Orient.

29. Le NÉFLIER à fleurs odorantes.
Mespilus odorata. Bosc. ♄ De Barbarie.

30. Le NÉFLIER pinchaw.
Mespilus tomentosa. Linn. ♄ De l'Amérique septentrionale.

31. Le NÉFLIER à cinq lobes.
Mespilus quinqueloba. Bosc. ♄ De l'Amérique septentrionale.

32. Le NÉFLIER flexueux.
Mespilus flexuosa. Bosc. ♄ De l'Amérique septentrionale.

33. Le NÉFLIER lobé.
Mespilus lobata. Bosc. ♄ De l'Amérique septentrionale.

34. Le NÉFLIER de la Caroline.
Mespilus caroliniana. Bosc. ♄ De l'Amérique septentrionale.

35. Le NÉFLIER ponctué.
Mespilus punctata. Mich. ♄ De l'Amérique septentrionale.

36. Le NÉFLIER à feuilles rhombes.
Mespilus rhombea. Bosc. ♄ De l'Amérique septentrionale.

37. Le NÉFLIER de Cels.
Mespilus celsiana. Bosc. ♄ De l'Amérique septentrionale.

38. Le NÉFLIER bège.
Mespilus badiata. Bosc. ♄ De l'Amérique septentrionale.

39. Le NÉFLIER à feuilles de prunellier.
Mespilus prunellifolia. Bosc. ♄ De l'Amérique septentrionale.

40. Le NÉFLIER pourpre.
Mespilus purpurea. Bosc. ♄ De l'Amérique septentrionale.

41. Le NÉFLIER noir.
Mespilus nigra. Willd. ♄ De l'Amérique septentrionale.

42. Le NÉFLIER petit corail.
Mespilus corallina. Linn. ♄ De l'Amérique septentrionale.

43. Le NÉFLIER écarlate.
Mespilus coccinea. Linn. ♄ De l'Amérique septentrionale.

44. Le NÉFLIER à feuilles de poirier.
Mespilus pyrifolia. Poiret. ♄ De l'Amérique septentrionale.

45. Le NÉFLIER à feuilles de prunier.
Mespilus prunifolia. Poiret. ♄ De l'Amérique septentrionale.

46. Le NÉFLIER à feuilles de saule.
Mespilus linearis. Bosc. ♄ De l'Amérique septentrionale.

47. Le NÉFLIER luisant.
Mespilus lucida. Bosc. ♄ De l'Amérique septentrionale.

48. Le NÉFLIER obovale.
Mespilus obovata. Bosc. ♄ De l'Amérique septentrionale.

49. Le NÉFLIER ergot de coq.
Mespilus crus galli. Poiret. ♄ De l'Amérique septentrionale.

50. Le NÉFLIER elliptique.
Mespilus elliptica. Bosc. ♄ De l'Amérique septentrionale.

Culture.

Aux espèces près des numéros 27 & 32, toutes celles de cette liste se voient dans les jardins des environs de Paris. Plusieurs ont été décrites par moi, pour la première fois, dans le *Dictionnaire d'Agriculture*. Leur culture ne diffère pas essentiellement; en conséquence, après avoir mis sous les yeux du lecteur les considérations que suggère chacune d'elles, j'en parlerai en masse.

Le *néflier* amelanchier forme des buissons de cinq & six pieds d'élévation, croît dans les fentes des rochers des parties méridionales de la France, même de la forêt de Fontainebleau. Quoiqu'assez agréable par ses feuilles & par ses fleurs, on le cultive rarement dans les jardins paysagers, où il se placeroit isolé au milieu des gazons & le long des allées. On y voit plus communément le *néflier* à épis, qui lui ressemble beaucoup, mais qui est plus grand dans toutes ses parties.

Les *néfliers* cotonnier & ovale ne s'y voient aussi que très-rarement. J'ai beaucoup multiplié le second pendant que j'étois à la tête des pépinières de Versailles, afin de le conserver quelque part, différant extrêmement peu du second.

Le *néflier* à grappes est un arbre de trente à quarante pieds de haut, qui se fait remarquer par le grand nombre de ses fleurs blanches, portées sur de longues grappes pendantes. Il n'est pas aussi multiplié dans nos jardins qu'il mérite de l'être. Les plus beaux pieds que je connoisse sont chez M. Gillet-Laumont, à Daumont. Il se greffe fort facilement sur le poirier, le cognassier & l'épine. Les graines qu'il donne lèvent la première année, lorsqu'elles sont semées avant l'hiver. C'est toujours isolément qu'il convient de le placer.

Quelque peu remarquable que soit le *néflier* à feuilles d'arbousier, il est assez multiplié dans les mêmes jardins aux environs de Paris.

Le *néflier* à feuilles de sorbier, dont l'acquisition est nouvelle, seroit un joli arbuste, si sa tige n'étoit pas si grêle. On ne l'a jusqu'à présent multiplié que par la greffe sur l'épine. J'en ai distribué beaucoup de graines pour le répandre au loin.

Les espèces 10, 11 & 12 ne sont pas encore sorties des pépinières & des écoles de botanique. On peut en espérer quelque chose pour l'agrément.

Le *néflier* du Japon s'écarte beaucoup, par son aspect, des espèces précédentes. C'est un arbre fruitier dans son pays natal, à l'Ile-de-France, & même dans le midi de l'Europe. Il est commun dans les orangeries de Paris, où il fleurit quelquefois, à la grande satisfaction des propriétaires, car l'odeur de ses fleurs est extrêmement suave. Assez fréquemment il passe même l'hiver en pleine terre. On le multiplie de marcottes & par la greffe sur le poirier, sur le cognassier & sur l'épine.

Les fruits du bibacier sont jaunes, de la grosseur du pouce, & réunis en assez grand nombre sur un épi sortant de l'extrémité des rameaux. On le dit fort agréable au goût & très-propre à composer des marmelades & autres mets. J'ai fait tout ce que j'ai pu pour le répandre dans le midi de la France, d'où l'on m'a renvoyé des fruits mûrs, mais dont la saveur étoit altérée.

Le

Le *néflier* cultivé croît naturellement dans les bois des montagnes de presque toute la France, mais y parvient rarement à toute sa hauteur, que j'évalue à quinze ou vingt pieds. On en pourroit faire d'excellentes haies, à raison de ses rameaux très-entrelacés, difficiles à casser & épineux; mais l'excessive lenteur de sa croissance, quoique compensée par une durée de plusieurs siècles, s'y oppose presque partout.

Comme son fruit, de la grosseur du pouce & de couleur brune, se mange sous le nom de *nèfle* ou de *mesle*, lorsqu'il est arrivé à l'état de BLOSSISSEMENT (*voyez* ce mot), on l'a cultivé de très-ancienne date, & il a produit des variétés bien supérieures au type.

Les principales de ces variétés sont :

1°. Le *néflier des jardins.* Ses fruits sont du double plus gros.

2°. Le *néflier de Portugal.* Ses fruits sont quatre fois plus gros.

3°. Le *néflier à fruits alongés & pyriformes*, dont le fruit passe pour plus savoureux.

4°. Le *néflier sans noyaux*, dont les graines avortent constamment.

5°. Le *néflier précoce*, dont le fruit mûrit un mois plus tôt.

6°. Le *néflier à larges fleurs*, qui a les fleurs deux fois plus grandes.

7°. Le *néflier à fleurs doubles*, qui reste long-temps en fleurs.

Le goût des nèfles est entièrement acerbe avant leur blossissement & est très-peu agréable après; aussi la culture du *néflier* est-elle beaucoup tombée depuis que nous possédons une si grande variété de poires & autres fruits excellens. De plus, comme elles sont astringentes, on ne peut en manger beaucoup sans inconvénient. Ce n'est que dans les cantons éloignés des grandes villes qu'on y met encore quelqu'importance, pour les faire entrer dans la composition de la PIQUETTE ou BOISSON. *Voyez* ces mots.

Cependant les amateurs du jardinage en veulent avoir un pied ou deux dans leur collection, & en conséquence ils en font greffer les variétés sur le poirier, sur le cognassier, ou sur l'épine, & les placent dans quelque coin, à une exposition chaude, en se contentant de supprimer leurs branches les plus inférieures, car une culture soignée leur est plus nuisible qu'utile.

Le *néflier* se rencontre assez fréquemment dans les jardins paysagers, qu'il orne par l'abondance de ses feuilles, la disposition irrégulière de ses rameaux, & par ses fleurs & ses fruits. Ses variétés à larges fleurs & à fleurs doubles s'y voient rarement, je ne sais pourquoi.

Le bois de *néflier* pèse 55 livres par pied cube. Il est très-dur & ne casse jamais, mais il se fendille, ce qui ne permet pas de l'employer à autre chose que pour des armures de fléaux, des manches de fouets, d'outils, &c.

Dict. des Arbres & Arbustes.

Les nèfles ne peuvent pas se conserver, quoi qu'on fasse, au-delà d'un mois, après qu'elles sont devenues blosses. On m'a cependant dit qu'on en faisoit quelquefois des conserves, en faisant sécher à moitié leur pulpe disposée en disque plat, dans un four peu échauffé.

Tout terrain qui n'est pas aquatique convient au *néflier*, mais il croît plus rapidement & ses fruits sont plus beaux dans celui qui est fertile. Il se multiplie de graines, de marcottes, de racines, & par la greffe sur le poirier, le cognassier & l'épine. Rarement le premier de ces moyens est mis en usage, à raison de la longueur de ses résultats.

Le *néflier* buisson-ardent entre très-souvent dans la décoration des jardins ornés, comme des jardins paysagers. Il se fait remarquer, soit qu'il soit disposé en buisson, comme il est de sa nature de l'être, soit qu'il forme une palissade ou un contr'espalier. C'est principalement au printemps, quand il est couvert de fleurs, & au commencement de l'hiver, lorsqu'il est couvert de fruits d'un rouge des plus vifs, qu'il produit le plus d'effet. Cependant, comme il est très-touffu & qu'il conserve ses feuilles toute l'année, il se fait remarquer en tout temps. Il lui faut un sol sec & une exposition chaude, car il pousse trop de bois & ne donne pas assez de fleurs dans ceux qui sont gras & humides. Sa hauteur surpasse rarement dix à douze pieds de haut. Dans le midi de la France, on en fait d'excellentes haies qui souffrent la tonte la plus rigoureuse; on pourroit également l'employer au même usage dans le climat de Paris, car il est rare qu'il y soit affecté par les gelées, & lorsque cela arrive, il ne s'agit que de le recéper pour lui rendre sa beauté première.

Cet arbuste se reproduit par graines, par marcottes, par déchirement des vieux pieds, par boutures & par greffe sur l'épine. Le premier & le second de ces moyens sont les plus généralement employés. Les graines lèvent pour la plupart l'année de leur semis, lorsqu'elles sont mises en terre aussitôt leur récolte. Les marcottes prennent racine dans le courant du premier été. Les boutures ne réussissent que lorsqu'elles sont faites dans un sol humide & chaud, ce qu'il n'est pas commun de rencontrer.

Le *néflier* aubépine est un des arbustes le plus généralement répandus en Europe. Il s'accommode de tous les terrains & de toutes les expositions. Ses variétés sont extrêmement nombreuses, mais les cultivateurs ne s'attachent qu'à celle à fleurs doubles & à celle à fleurs rouges. Sa hauteur surpasse quelquefois trente à quarante pieds, & sa grosseur atteint presqu'un pied de diamètre; cependant c'est généralement en buisson qu'il se tient. Le principal usage auquel il sert est la fabrication des haies, fabrication à laquelle il est éminemment propre par la longue durée de sa vie, par la ténacité & l'entrelacement de ses rameaux, par les robustes épines dont ils sont armés, par sa disposition à souffrir les tontes les plus multipliées & les plus rigoureuses, &c.

Quoique l'aubépine puisse se multiplier de marcottes, de rejets, de racines, c'est presqu'exclusivement par ses graines qu'on l'obtient dans les pépinières, à raison de la quantité de pieds dont on a besoin pour la plantation des haies. Ces graines, ou se sèment aussitôt après leur récolte, ou sont déposées dans une fosse jusqu'au printemps suivant. Lorsqu'on les garde pendant l'hiver, dans un lieu sec, elles ne lèvent plus, pour la plupart, que la seconde ou même la troisième année. *Voyez* GRAINE & GERMOIR.

On sème les graines de l'aubépine dans une planche convenablement labourée, tantôt à la volée, tantôt en rangées écartées de six pouces; mais, dans les deux cas, on la tient claire. Des binages sont donnés à cette planche deux ou trois fois par an. Il est rare qu'on lève le plant provenu de ces semis la seconde année, attendu qu'il y a de l'avantage à le laisser se fortifier en place pendant trois ou quatre ans, surtout s'il est destiné à la plantation d'une haie, parce qu'il seroit trop coûteux de le repiquer auparavant: ce ne sont donc que les pieds destinés à la greffe qu'on soumet à cette opération.

Il est beaucoup de cultivateurs qui sèment la graine de l'aubépine dans la place même où ils veulent former une haie, en en dispersant le long de deux lignes écartées de dix à douze pouces; mais il y a quelques avantages à employer du plant de PÉPINIÈRE. *Voyez* ce mot.

Dans les pays où cela est possible, on établit souvent des haies avec des souches enlevées dans les bois, le long des vieilles haies, &c. Ces souches reprennent assez généralement; cependant ces haies sont moins bien garnies, sont moins durables, & reviennent plus cher que celles dont je viens de parler. *Voyez* HAIE.

Après la formation des haies, les emplois de l'aubépine les plus communs sont : 1°. l'ornement des jardins paysagers, où elle se place ou au premier rang des massifs, ou le long des allées, ou isolée au milieu des gazons, tantôt disposée en buisson, tantôt en tige : les variétés à fleurs rouges & à fleurs doubles sont préférables & sont préférées; 2°. la greffe des espèces étrangères de son genre & celle de quelques poiriers, aliziers, sorbiers, &c.

Le bois de l'aubépine pèse sec cinquante-sept livres cinq onces huit gros par pied cube. Sa retraite est d'un huitième de son volume. Il est dur, coriace, mais peu propre à être ouvragé, en ce que son grain est grossier & qu'il se tourmente beaucoup quand il est débité. Comme il est rare d'en trouver de gros troncs, c'est à chauffer le four, cuire la chaux, le plâtre, &c., qu'il s'utilise le plus ordinairement. Il donne beaucoup de chaleur, soit sec, soit vert. On l'utilise encore, à raison de la lenteur de sa destruction, pour faire des haies sèches, pour garantir les arbres nouvellement plantés du frottement des bestiaux, les semis de la patte des poules, pour composer des FASCINES. *Voyez* ce mot.

Les feuilles de l'aubépine sont recherchées par tous les bestiaux; mais comme elles sont défendues par ses épines, il est rare que les haies souffrent beaucoup de cette disposition. Ses fleurs ont une légère odeur, odeur qui ne fait pas pourrir plus rapidement le poisson, comme on le croit en quelques lieux. Ses fruits, de deux lignes de diamètre, d'une belle couleur rouge, subsistent pendant une partie de l'hiver & concourent à l'embellissement des campagnes & des jardins, ainsi qu'à la nourriture de quelques oiseaux pendant cette saison. Les enfans les mangent. On en fabrique de la boisson, soit seuls, soit mêlés avec des poires ou des pommes sauvages. Il seroit à desirer qu'on cultivât plus fréquemment l'aubépine en arbre pour cet objet, parce qu'au lieu d'en cueillir les fruits un à un, ce qui est pénible, on les feroit tomber par milliers, avec des bâtons, sur des toiles placées dessous.

Cet article seroit susceptible d'être plus étendu, à raison de l'importance des aubépines en agriculture, mais il a des complémens à ceux précités.

Le *néflier* azerolier se rapproche infiniment de l'aubépine, mais il est plus élevé, a les feuilles plus larges & les fruits beaucoup plus gros. On le cultive dans le midi de la France, en Grèce & en Italie, pour ses fruits, qui, dans quelques variétés, ont la forme d'une pomme, & dans d'autres, celle d'une poire. Ils ne se mangent, comme les poires sauvages, qu'après être devenus blets, &, à mon goût, sont plus mauvais que ces dernières. Je ne puis donc conseiller la culture de cette espèce, même de sa variété, dont le fruit a un pouce de diamètre, que dans les terrains où aucun autre arbre fruitier ne peut prospérer, & il en est peu de tels.

La culture de l'azerolier ne diffère pas de celle de l'aubépine. On le greffe souvent sur elle, & ce à tort, car, s'élevant beaucoup plus, on nuit par-là à sa croissance. Les azeroles mûrissent difficilement dans le climat de Paris; aussi ne cultive-t-on l'arbre qui les produit, que dans les écoles de botanique & dans les grandes collections des amateurs.

Le *néflier* pied-de-veau offre, mais à un degré un peu inférieur, les mêmes avantages que l'azerolier. Il porte même très-fréquemment son nom dans le midi de la France, quoiqu'il constitue certainement une espèce distincte.

J'ai cultivé, je le répète, toutes les autres espèces, excepté celle à feuilles de persil & celle flexueuse, encore ai je vu ces dernières dans les forêts de l'Amérique septentrionale. Les unes s'élèvent jusqu'à trente ou quarante pieds, les autres restent des buissons. Parmi les premières se trouvent les *nésliers* noir, écarlate, à feuilles de poirier, à feuilles de prunier, ponctué, de Cels, bège, luisant, obovale, ergot de coq, elliptique, rhombe, à feuilles de saule. Parmi les seconds, je n'ose guère placer que les *nésliers* pinchaw, lobé, car je n'ai pas vu les autres à toute leur grandeur. Presque tous méritent l'attention des amateurs par la beauté & la diversité de leur feuillage, la grandeur & le nombre de leurs fleurs & de leurs fruits. Presque tous amènent ces derniers à maturité dans nos jardins; cependant ils ne se multiplient guère que par greffe sur l'aubépine, à raison de la lenteur de leur croissance pendant leurs premières années. Je les ai répandus autant que je l'ai pu lorsque j'étois à la tête des pépinières de Versailles, & j'aurois desiré les répandre vingt fois plus pour l'avantage de la science & l'agrément des jardins, dans lesquels ils figurent même à côté les uns des autres, tant ils sont différens.

Je fais des vœux pour que ces espèces se conservent au moins dans les pépinières des environs de Paris; mais je dois avouer que je n'en connois plus une seule où la collection y soit entière.

NEGRIL. Nom de deux larves noires, l'une, celle de l'EUMOLPE OBSCUR, dévorant les feuilles de la LUZERNE, l'autre, celle d'une ALTISE dévorant celles du PASTEL.

NERPRUN. *Rhamnus*. Genre de plantes de la pentandrie monogynie & de la famille de son nom, qui réunit quarante-sept espèces, dont quinze croissent naturellement en Europe, & environ autant peuvent s'y cultiver en pleine terre. Je dois donc le rendre l'objet d'un article de quelqu'étendue, quoique la culture de l'ALATERNE, qui en fait partie, ait été décrite à ce mot.

Observations.

Les genres PALIURE & JUJUBIER ont fait partie de celui-ci.

Espèces épineuses.

1. Le NERPRUN purgatif.
Rhamnus catharticus. Linn. ♄ Indigène.

2. Le NERPRUN des teinturiers.
Rhamnus infectorius. Linn. ♄ Indigène au midi de la France.

3. Le NERPRUN saxatile.
Rhamnus saxatilis. Linn. ♄ Des Alpes d'Italie.

4. Le NERPRUN à feuilles de buis.
Rhamnus buxifolius. Poiret. ♄ Du midi de l'Europe.

5. Le NERPRUN lycioïde.
Rhamnus lycioides. Linn. ♄ Du midi de l'Europe.

6. Le NERPRUN pubescent.
Rhamnus pubescens. Lam. ♄ Du midi de l'Europe.

7. Le NERPRUN de la Chine.
Rhamnus theezans. Linn. ♄ De la Chine.

8. Le NERPRUN à cinq feuilles.
Rhamnus pentaphyllus. Linn. ♄ Du midi de l'Europe.

9. Le NERPRUN agreste.
Rhamnus agrestis. Loureiro. ♄ De la Cochinchine.

10. Le NERPRUN de Ténériffe.
Rhamnus crenulatus. Ait. ♄ De l'île de Ténériffe.

11. Le NERPRUN des Indes.
Rhamnus circumcissus. Linn. ♄ Des Indes.

12. Le NERPRUN à feuilles d'amandier.
Rhamnus amygdalinus. Desf. ♄ De Barbarie.

13. Le NERPRUN à feuilles d'olivier.
Rhamnus oleoides. Linn. ♄ D'Espagne.

Espèces sans épines.

14. Le NERPRUN à petites fleurs.
Rhamnus minutiflorus. Mich. ♄ De la Caroline.

15. Le NERPRUN à bois rouge.
Rhamnus erythroxilum. Pallas. ♄ De la Tartarie.

16. Le NERPRUN daourien.
Rhamnus dauricus. Pallas. ♄ De Sibérie.

17. Le NERPRUN sarcomphale.
Rhamnus sarcomphalus. Linn. ♄ De la Jamaïque.

18. Le NERPRUN de Cuba.
Rhamnus cubensis. Linn. ♄ De Cuba.

19. Le NERPRUN ferrugineux.
Rhamnus colubrinus. Linn. ♄ De la Jamaïque.

20. Le NERPRUN grimpant.
Rhamnus volubilis. Linn. ♄ De l'Amérique septentrionale.

21. Le NERPRUN tétragone.
Rhamnus tetragonus. Linn. ♄ Du Cap de Bonne-Espérance.

22. Le NERPRUN des Alpes.
Rhamnus alpinus. Linn. ♄ Des Alpes.

23. Le NERPRUN de Bourgogne.
Rhamnus burgundiacus. Durande. ♄ Des environs de Dijon.

24. Le NERPRUN nain.
Rhamnus pumilus. Linn. ♄ Des Alpes.

25. Le NERPRUN à feuilles d'aune.
Rhamnus alnifolius. Lhér. De l'Amérique septentrionale.

26. Le NERPRUN bourgène ou bourdaine.
Rhamnus frangula. Linn. ♄ Indigène.

27. Le NERPRUN alaterne.
Rhamnus alaternus. Linn. ♄ Indigène au midi de la France.

28. Le NERPRUN rayé.
Rhamnus lineatus. Linn. ♄ Des Indes.

29. Le NERPRUN hybride.
Rhamnus hybridus. Lhér. ♄ De Terre-Neuve.

30. Le NERPRUN veiné.
Rhamnus venosus. Linn. ♄ De Saint-Domingue.

31. Le NERPRUN d'Asie.
Rhamnus asiaticus. Lam. ♄ Des Indes.

32. Le NERPRUN à feuilles glauques.
Rhamnus cassinoides. Lam. ♄ De Saint-Domingue.

33. Le NERPRUN à larges feuilles.
Rhamnus latifolius. ♄ Des Vosges.

34. Le NERPRUN glanduleux.
Rhamnus glandulosus. ♄ Des Açores.

35. Le NERPRUN d'Afrique.
Rhamnus prinoides. Lhérit. ♄ Du Cap de Bonne-Espérance.

36. Le NERPRUN de Surinam.
Rhamnus surinamensis. Scop. ♄ De Cayenne.

37. Le NERPRUN à vrilles.
Rhamnus mystacinus. Ait. ♄ d'Abyssinie.

38. Le NERPRUN de la Caroline.
Rhamnus carolinianus. Walth. ♄ De la Caroline.

39. Le NERPRUN à fruits ronds.
Rhamnus sphærospermus. Swartz. ♄ De la Jamaïque.

40. Le NERPRUN dur.
Rhamnus ferreus. Vahl. ♄ De l'île de Sainte-Croix.

41. Le NERPRUN lisse.
Rhamnus lævigatus. Vahl. ♄ De l'île de Sainte-Croix.

42. Le NERPRUN à feuilles nombreuses.
Rhamnus polifolius. Vahl. ♄ De la Nouvelle-Zélande.

43. Le NERPRUN de Valence.
Rhamnus valentinus. Cav. ♄ D'Espagne.

44. Le NERPRUN de Clusius.
Rhamnus Clusii. Willd. ♄ D'Espagne.

45. Le NERPRUN en ombelle.
Rhamnus umbellus. Cav. ♄ Du Mexique.

46. Le NERPRUN à trois nervures.
Rhamnus trinervis. Cav. ♄ De l'Amérique méridionale.

47. Le NERPRUN franguloïde.
Rhamnus franguloides. Mich. ♄ Du Canada.

Culture.

Le *nerprun* purgatif croît dans les bois humides de toute l'Europe tempérée, mais nulle part il n'est abondant. Sa hauteur surpasse rarement dix à douze pieds ; & sa grosseur celle du bras. C'est en buisson qu'il se voit le plus fréquemment. Sa seconde écorce est jaune & teint les étoffes en cette couleur, mais d'une manière peu agréable & peu durable. Les fruits verts les teignent de même, sans plus de solidité. L'extrait de ces fruits, sous le nom de *vert de vessie*, est employé dans la peinture en détrempe & dans le lavis des plans. On faisoit autrefois usage, comme purgatif, du même extrait, étant altérant, purgatif & hydragogue, mais aujourd'hui il est repoussé de la pratique des villes. Tous les bestiaux, excepté les vaches, mangent ses feuilles, malgré leur odeur & leur saveur désagréable. Son bois est passablement dur, & pèse cinquante-quatre livres quatre onces par pied cube. Il ne sert qu'à brûler, à faire des cannes, qui imitent celles d'épine.

La couleur foncée des feuilles du *nerprun* cathartique permet de l'employer à la décoration des jardins paysagers en terrain humide, mais on le fait rarement ; c'est au second ou troisième rang des massifs qu'il se place. Il ne fait pas non plus un mauvais effet en buisson, au milieu des gazons.

Les haies qu'on forme avec cet arbuste sont d'une bonne défense contre les animaux domestiques, parce qu'il pousse un grand nombre de rameaux par suite de sa tonte annuelle, & qu'ils sont épineux.

Le *nerprun* des teinturiers a les plus grands rapports avec le précédent, mais il croît dans les terrains secs, ne s'élève pas autant, & craint les fortes gelées du climat de Paris. On emploie également, & avec plus d'avantage, ses graines dans la médecine & dans la teinture. Elles sont connues dans ce dernier art sous le nom de *graines d'Avignon*. Leur décoction, unie à l'argile, s'appelle *stil de grain* chez les marchands de couleurs.

Cet arbuste se place fréquemment dans les jardins paysagers, où il produit de bons effets par le contraste de la couleur sombre de ses feuilles & de la disposition écartée de ses branches.

Les haies constituées avec cette espèce sont bien supérieures à celles faites avec la précédente ; aussi en voit-on beaucoup dans le midi de la France. *Voyez* HAIE.

La multiplication de ces deux *nerpruns* peut s'effectuer par déchirement des vieux pieds, par marcottes, par racines, mais généralement on préfère la voie des semis, qui réussit toujours quand on met leurs graines en terre avant l'hiver, mais qui manque quelquefois quand on attend qu'elles soient desséchées.

Le plant de ces *nerpruns* levé se bine une ou deux fois les deux premières années, & se repique à la troisième, à deux pieds de distance. Rarement on le met sur un brin, car, je le répète, c'est en buisson qu'il faut le tenir dans les jardins.

On cultive rarement les *nerpruns* saxatile, à feuilles de buis, lycioïde, pubescent, à feuilles d'olivier, des Alpes, de Bourgogne, nain, à larges feuilles, hors des écoles de botanique. Leur multiplication a lieu par les mêmes moyens que ceux ci-dessus indiqués.

Il n'en est pas de même du *nerprun* hybride ; la beauté de ses touffes, d'un vert luisant, la propriété qu'il possède de conserver ses feuilles une grande partie de l'hiver, & de se multiplier avec à ce qu'il m'a paru, dans le calcaire, & ses fruits sont meilleurs & plus abondans au levant & au midi. Vingt ou trente pieds de haut, sur six pouces de diamètre, sont le maximum de sa croissance, qui est très-accélérée dans sa jeunesse & fort retardée dans sa vieillesse. Son bois, qui pèse quarante-neuf livres un gros par pied cube, est rougeâtre, peu susceptible de poli, mais très-élastique. On l'emploie principalement à brûler, à faire des cerceaux, des échalas, des harts. Son altération à l'air & dans l'eau est très-rapide. Le feu qu'il donne est peu actif. Son charbon est très-propre à la fabrication de la poudre de guerre.

Malgré les services que l'économie rurale peut retirer du *noisetier*, il doit être regardé comme un arbre nuisible, parce qu'il prend la place des arbres d'un usage plus avantageux & qu'il les empêche de se reproduire par son ombre. Arracher ses trochées est extrêmement coûteux; c'est cependant le seul moyen de l'extirper lorsqu'il est dominant, & il l'est souvent; aussi l'emploie-t-on rarement. Il est plus facile de le détruire, lorsqu'il est moins multiplié que le chêne, que le hêtre, que le charme, que le frêne, parce qu'en le coupant plusieurs fois dans l'intervalle d'une recrue de ces derniers, il est étouffé par l'ombre toujours croissante de cette recrue. Des glands, & encore mieux des faînes, semés entre ses trochées, l'année qui précède sa coupe, est encore un bon moyen de le détruire, mais il est plus lent. Je dis des faînes, parce qu'il m'a paru qu'il prospéroit moins dans les bois composés de hêtres que dans les autres.

Le dernier arbre qui se conserve dans les forêts détruites par le gaspillage des arbres & par la dent des bestiaux, est le *noisetier*; c'est po[illegible]tant de on le voit couvrir presqu'exclusivemen[illegible]ur abandon- montagnes jadis boisées & aujourd[illegible] pas au delà de nées au parcours. Là il ne s'é[illegible] donne en abondance d'ex- quelques pieds, mais il [illegible] cellentes noisettes, & il peut se couper avantageu- sement pour chauffer le four, cuire la chaux, &c., tous les cinq à six ans. Les moutons & les chèvres mangent ses feuilles au printemps, mais il paroît que les vaches & les chevaux n'y touchent jamais. Plus le terrain est mauvais, plus il convient de le couper souvent. Ce n'est que dans les grands bois en bon fonds qu'il devient propre à la fabrication des cercles. On prétend qu'il est meilleur coupé en automne que pendant l'hiver.

Il est agréable & utile de planter beaucoup de *noisetiers* dans les massifs des jardins paysagers, en ce qu'ils font décoration & que leurs fruits font plaisir aux promeneurs. Quelques pieds en buisson, au milieu des gazons ou sur le bord des allées, n'y sont jamais de trop. Leurs chatons mâles sont d'un aspect élégant à la fin de l'hiver, lorsqu'ils pendent avec grâce à l'extrémité des plus foibles rameaux.

Dans les jardins français, les *noisetiers* ne trouvent de place que contre les murs exposés au nord; ils en cachent la nudité, & donnent, en les laissant monter, une abondante récolte de noisettes; mais alors on préfère l'espèce suivante, comme portant des fruits plus agréables au goût & plus faciles à casser.

On trouve dans les bois un grand nombre de variétés de noisettes, auxquelles on fait généralement peu d'attention; mais on a toujours regardé comme en faisant partie les deux espèces suivantes.

Je ne citerai donc ici, comme variétés de celle-ci, que la *noisette à trochets* ou *à grappes*, fort peu importante, & la *noisette d'Espagne*, qui est quelquefois grosse comme le pouce, mais qui le plus souvent ne contient pas d'amande.

Tout le monde aime la noisette, surtout quand elle est fraîche; en effet, elle est une des productions alimentaires de l'Europe la plus agréable au goût. Les enfans sont toujours heureux lorsqu'ils en ont à leur disposition, principalement lorsqu'ils vont à sa recherche dans les bois. Cependant elle est d'une digestion difficile, & les estomacs affoiblis doivent s'en priver. Lorsqu'elle est sèche, la pellicule qui la recouvre excite dans le gosier un picotement fatigant. On en retire une huile douce, qu'on utilise comme celle de l'AMANDE. *Voyez* ce mot.

Les noisettes qu'on veut conserver pendant l'hiver, doivent n'être cueillies qu'à leur extrême maturité, qu'on reconnoît à la couleur de leur coque, alors devenue brune, & à la facilité avec laquelle elles se séparent de leur cupule. C'est dans du sable exposé en plein ai[illegible] elles cela a cep[illegible] généralement, on les dépose dans des sacs, non-seulement elles prennent avec plus d'intensité l'âcreté dont je viens de parler, mais elles rancissent, ce qui les rend impropres à être mangées.

La larve d'un charançon vit aux dépens des noisettes, & en fait perdre, certaines années, d'immenses quantités.

La multiplication du *noisetier* a lieu dans nos jardins presqu'exclusivement par les rejets, qui poussent toujours en grande quantité du collet de les racines, & qui suffisent bien au-delà aux besoins du commerce. Il peut l'être avec la même facilité par ses marcottes, qui, faites avec du bois de l'année précédente, prennent racines dans le courant de l'été, pour peu que le terrain soit humide & chaud, & par des tronçons de ses moyennes racines. La voie du semis est la moins fréquemment employée, parce que ses résultats se font attendre plus long-temps; cependant, c'est celle qu'on doit préférer lorsqu'on veut couvrir un terrain de *noisetiers*, puisqu'elle est la moins coûteuse, & que ses produits étant pourvus d'un pivot, vont chercher leur nourriture à une plus grande profondeur. On l'effectue, ou au moment de la chute des noisettes, & alors on a à l'un est l'objet d'une culture très-importante dans une grande partie de l'Europe.

Espèces.

1. Le NOYER royal.

Juglans regia. Linn. ♄ Des montagnes de l'Asie.

2. Le NOYER noir.

Juglans nigra. Linn. ♄ De l'Amérique septentrionale.

3. Le NOYER cendré.

Juglans cathartica. Mich. ♄ De l'Amérique septentrionale.

4. Le NOYER pacan.

Juglans olivæformis. Linn. ♄ De l'Amérique septentrionale.

5. Le NOYER aquatique.

Juglans aquatica. Mich. ♄ De l'Amérique septentrionale.

6. Le NOYER amer.

Juglans amara. Mich. ♄ De l'Amérique septentrionale.

7. Le NOYER velu.

Juglans tomentosa. Mich. ♄ De l'Amérique septentrionale.

8. Le NOYER à écorce écailleuse.

Juglans squamosa. Mich. ♄ De l'Amérique septentrionale.

9. Le NOYER lacinieux.

Juglans laciniosa. Mich. ♄ De l'Amérique septentrionale.

10. Le NOYER à cochon.

Juglans porcina. Mich. ♄ De l'Amérique septentrionale.

11. Le NOYER muscade.

Juglans myristicæformis. Mich. ♄ De l'Amérique septentrionale.

12. Le NOYER à feuilles de frêne.

Juglans pterocarpa. Mich. ♄ Des bords de la mer Caspienne.

13. Le NOYER à baie.

Juglans baccata. Willd. ♄ De la Jamaïque.

Culture.

Le *noyer* royal a été importé des montagnes de la haute Asie, en Europe, à une époque qui se perd dans la nuit des temps. Il a été retrouvé sauvage par les Anglais sur les flancs de l'Hyemala, lors de la conquête du Nepaul. Aujourd'hui il est répandu en immense quantité dans toute l'Europe tempérée, & principalement en France; cependant il n'y est pas véritablement acclimaté, puisqu'il ne s'y multiplie pas dans les bois, qu'il faut qu'il soit semé par la main de l'homme pour qu'il se reproduise & prospère, attendu qu'une grande quantité d'animaux recherchent son fruit, & que son bois, même dans le climat de Paris, est susceptible des atteintes des fortes gelées, & que ses pousses le sont des plus foibles gelées du printemps & de l'automne.

Une terre consistante, ni trop sèche ni trop humide, est celle où le *noyer* prospère le mieux. Les expositions du levant & du midi lui conviennent dans les pays froids, & celles du couchant dans ceux qui sont tempérés. Comme leur vaste tête les expose souvent à l'effet des ouragans, il est mieux de les planter dans les lieux abrités, tels que le penchant & le fond des vallées, que sur les montagnes & dans les plaines. Dans ces deux derniers cas, on trouve de la sécurité à les grouper au lieu de les mettre en ligne, ou de les isoler, ainsi que c'est généralement l'usage.

J'ai vu des *noyers* en terrain sablonneux, en terrain marécageux, dans le voisinage des grands bois, ne jamais donner de fruits, parce que leurs fleurs avortoient. *Voyez* au mot COULURE.

Les principales variétés du *noyer* sont :

Le *noyer* à gros fruit rond, ou *noix de jauge.* Il pousse plus rapidement que les autres & ses noix sont plus grosses (deux pouces de diamètre); mais leur amande avorte souvent, & son bois est moins bon.

Le *noyer* à gros fruit long : sa noix est un peu moins grosse que la précédente. On le préfère aux autres dans la culture de luxe, & ce avec raison, à mon avis.

Le *noyer* à coque tendre, ou *noix mesange* ou *noix de Lalande*; elle est très-agréable à servir sur la table, parce qu'elle se casse par le plus petit effort des doigts; mais elle est peu savoureuse & rancit facilement.

Le *noyer* à coque dure, ou *noix anguleuse.* Il faut un fort coup de marteau pour la casser, & son amande est fort petite; mais cette amande est plus savoureuse, plus huileuse & d'une conservation plus prolongée que celle des autres. Le bois du tronc est plus dur & plus veiné.

Le *noyer* tardif ou de la Saint-Jean. Il pousse ses feuilles un mois plus tard que les autres, & craint par conséquent moins qu'eux les gelées du printemps; mais, dans le climat de Paris, ses fruits ne sont jamais savoureux & n'arrivent pas toujours à maturité, ce qui doit empêcher de l'y cultiver.

Le *noyer* à rameaux pendans. Il est cultivé dans la propriété de M. Rast-Maupas, près Lyon. J'ignore s'il y est multiplié.

On cite des *noyers* de cinq à six cents ans d'âge. J'en ai vu un qui avoit plus de six pieds de diamètre. Ceux de trois pieds sont communs.

Qu'il est beau un vieux *noyer* isolé, lorsque sa tête est bien arrondie, soit que cette tête se dessine dans l'air, soit qu'elle s'applique sur la terre!

Comme appartenant à la famille des térébinthacées, le *noyer* exhale, pendant la chaleur, une odeur aromatique forte, qui fait mal à la tête; mais il n'est pas vrai que cette odeur soit dangereuse

reuse pour la santé. Il en est de même de l'eau qui tombe sur les feuilles, & qu'on accuse de faire périr les plantes placées dessous. *Voyez* OMBRE.

Il est possible de multiplier le *noyer* par racines, par marcottes, par greffe & par le semis de ses graines.

Le premier moyen, quoique certain, s'emploie rarement. *Voyez* RACINE.

Le second, donnant des arbres de mauvaise venue, est repoussé toutes les fois qu'il est possible. *Voyez* MARCOTTE.

C'est donc les semis qu'il faut choisir quand on veut avoir des arbres vigoureux & de bonne nature.

Les plus belles noix de la variété commune, tombées naturellement, sont celles que doit préférer tout propriétaire & tout pépiniériste jaloux de bien faire, parce que ce sont celles qui produisent les arbres les plus vigoureux.

Ces noix seront ou mises en terre un mois après leur récolte, dans le lieu qu'on veut garnir de *noyers*, ou mises dans un trou de deux à trois pieds de profondeur, pour, après avoir été recouvertes de terre, n'être plantées qu'au printemps. Dans ce dernier cas, on a moins à craindre les ravages des rats, &, si on le juge à propos, en retardant l'opération, on peut pincer la radicule alors développée, & empêcher par-là la formation du pivot, qui, lorsqu'on cultive en pépinière pour être replanté ailleurs, peut être nuisible. Mais dans les semis à demeure, on doit presque toujours conserver le pivot, qui assure l'arbre contre la violence des vents & lui fournit les moyens d'aller chercher sa nourriture à une plus grande profondeur. *Voyez* PIVOT.

Par ces dernières causes, pour avoir de beaux & bons arbres, les semis à demeure sont préférables aux semis en pépinière; cependant il n'est possible de les effectuer avec sécurité que dans les enceintes où les bestiaux & les malveillans ne sont pas admis, ou au milieu des haies, des buissons, &c.

Les semis à demeure se font ou isolément, ou en ligne, ou en quinconce. Toujours les noix doivent être écartées de quarante à cinquante pieds & plus; car le *noyer* est d'autant plus gros, plus fructifère, plus beau, qu'il est plus libre dans le développement de ses racines & de ses branches, & qu'il est moins ombragé.

On doit donner, chaque année, un ou deux labours au pied de chaque plant de *noyer*, & lorsqu'il est arrivé à trois ans, il convient de couper, rez du tronc, ses deux branches les plus inférieures & celles qui rivaliseroient avec la flèche, & raccourcir toutes les autres. *Voyez* TAILLE EN CROCHET.

Lorsqu'on sème les noix en pépinières, on procède ou dans le but de relever le plant l'année suivante, ce qui vaut mieux, ou de le laisser dans la planche jusqu'à sa mise en place. Dans le premier cas, on peut ne les écarter que de six pouces; dans le second, elles doivent être éloignées de deux pieds au moins : dans tous deux, les recouvrir de deux pouces de terre est indispensable.

Dans les semis en pépinières, on place les noix à deux pieds les unes des autres, dans des rigoles également écartées de deux pieds, pour ne relever le plant qu'à quatre ou cinq ans, c'est-à-dire, à l'époque où il peut être mis en place définitive.

Le terrain d'une pépinière de *noyers* doit être profondément défoncé & suffisamment amendé, pour que le plant y pousse avec vigueur, la beauté future de l'arbre dépendant de sa végétation première. *Voyez* PÉPINIÈRE.

Le plant levé est biné & sarclé au besoin.

Deux ans après, on le taille en crochet & on redresse sa flèche, si cela est devenu nécessaire. *Voyez* TAILLE EN CROCHET & TUTEUR.

La levée des *noyers* dans la pépinière se fait successivement, à mesure qu'ils sont arrivés à la grosseur convenable pour être défensables, c'est-à-dire, se retarde quelquefois jusqu'à la septième ou huitième année. Alors on les élague successivement, car le tronc a d'autant plus de valeur, qu'il est plus exempt de nœud & qu'il est plus long; & plus il est élevé, & moins il nuit aux cultures voisines. A mon avis, c'est mal calculer, à raison de ces circonstances, que de faire former aux *noyers* une vaste tête sur un court tronc, comme cela a lieu si généralement; car la plus grande facilité de la récolte des noix est bien compensée, dans ce cas, par celle des vols. D'ailleurs les noix ne mûrissent pas toutes à la même époque; les tardives ne sont pas aussi de garde, ne fournissent pas autant d'huile que les autres.

La greffe des *noyers* s'exécute dans quelques cantons de la France, principalement aux environs de Grenoble, quelquefois dans les pépinières, plus souvent lorsqu'ils sont plantés à demeure, même fort vieux. C'est la greffe en sifflet qu'on préfère généralement, quoique très-longue à pratiquer & d'un résultat fort incertain. La greffe à écusson, beaucoup plus facile, est plus rarement employée, sous le spécieux prétexte qu'elle se décole aisément. Elle n'a jamais manqué dans les pépinières de Versailles, où je l'ai employée plusieurs fois par circonstance, lorsque je la faisois placer au pied des plants de trois à quatre ans. Knight observe que ce sont les sous-yeux qui réussissent le mieux dans ce cas; ainsi ce sont eux qu'il faut choisir.

La greffe sur le tronc altérant toujours la valeur du bois, c'est sur les grosses branches, lorsque l'arbre a déjà donné du fruit, qu'il convient de greffer le *noyer*. En conséquence, on réduit le nombre de ces branches, & on place plusieurs écussons sur chacune de celles réservées. *Voyez*, pour le surplus, au mot GREFFE.

La greffe des *noyers* a encore pour résultat de retarder leur végétation au printemps, & par cela seul de les garantir quelquefois des gelées tardives, ce qui est d'une grande importance.

La plantation des *noyers* à demeure peut s'exécuter pendant tout l'hiver, les jours de gelée exceptés. Il faut que les trous destinés à les recevoir soient ouverts au moins six mois à l'avance, & garnis, à leur fond, de quelques pouces de bonne terre. *Voyez* PLANTATION.

Généralement, on coupe la tête aux *noyers* avant de les mettre en terre. Je désaprouve d'autant plus une telle pratique, que cet arbre a une écorce très-épaisse, & que la force de sa végétation, lorsqu'il est privé de la plus grande partie de son chevelu, n'est pas assez puissante pour la faire aisément percer par les boutons adventifs qu'elle recouvre. Aussi, combien de pieds qui poussent foiblement ou point du tout la première année! combien même meurent lorsque l'été est sec & chaud! Pour opérer convenablement, il faut donc seulement raccourcir les grosses branches à environ deux pieds du tronc, & y laisser le plus possible de brindilles, parce qu'elles offrent des boutons qui attirent la séve avec toute la facilité desirable, & donnent ensuite lieu à un grand développement de chevelus. *Voyez* PLANTATION.

Les *noyers* plantés doivent être labourés au pied pendant quelques années, en s'écartant chaque année de plus en plus du tronc, c'est-à-dire, à mesure que les racines s'alongent.

Dans les lieux où il y a peu de profondeur de terre, & où la roche est assez fendillée pour permettre l'introduction des racines des *noyers*, on assure leur reprise en recouvrant leur pied d'une butte de terre ou d'un tas de pierre, qui s'oppose & à l'effet des vents violens & à celui d'une sécheresse trop prolongée.

Il est des lieux où les vieux *noyers* sont abondans, & où on peut difficilement en planter de jeunes avec succès. Je me suis assuré que dans les uns c'étoit faute de prendre les précautions ci-dessus, & dans les autres, par l'effet des gelées tardives, qui agissent sur les jeunes arbres bien plus dangereusement que sur les vieux. Or, un jeune *noyer* qui en est frappé deux fois de suite dans une même année, est un arbre perdu. *Voyez* GELÉE.

Un tuteur & un fagot d'épine sont souvent aussi des moyens de conservation contre les animaux qui vont se frotter contre les *noyers* nouvellement plantés.

Presque toujours les branches d'un *noyer* repris sont abandonnées à la nature; cependant il est bon d'en guider la direction, pour qu'elles soient à égale distance les unes des autres & d'égale longueur, une tête bien touffue & bien ronde étant une condition importante à l'abondance des produits futurs.

Les fortes gelées de l'hiver, des sécheresses prolongées, la vieillesse & autres causes, font quelquefois périr le sommet des *noyers*. Dans ce cas, les rapprocher, c'est-à-dire, couper leurs branches sur le vif pour en faire pousser de nouvelles, est une opération qu'il faut toujours tenter, parce qu'elle les rajeunit, si elle réussit, & qu'elle n'empêche pas de les arracher l'année suivante, si elle manque. Je la conseille donc même sur les arbres dont la rupture d'une branche, par le vent, dérange la disposition régulière.

Comme le produit annuel des noix forme un revenu plus considérable que l'intérêt de la valeur du tronc, quelqu'élevée que soit cette valeur, on est toujours déterminé à n'arracher les *noyers* que lorsqu'ils sont morts; de-là, tant de ces arbres qui n'ont plus que l'écorce & dont les restes ne sont plus bons qu'à brûler, qu'on rencontre en tous pays. Il est cependant à desirer, pour le bien général de la société, que le bois du *noyer*, qui ne peut être remplacé pour plusieurs services, ne soit pas perdu, car les meubles qui en sont fabriqués durent des siècles, & leur accumulation augmente chaque année la richesse publique.

Les noix vertes servent à faire un ratafia, se confisent dans du sucre, s'emploient dans la peinture en détrempe. *Voyez* RATAFIA & CONSERVE.

La récolte des noix, qui n'est que secondaire dans le nord de la France, où on ne les consomme que sur la table, à raison de son incertitude, devient très-importante dans le milieu & dans le midi, attendu que leur huile y supplée à toutes les autres pour l'assaisonnement des mets, pour la lampe & pour la peinture.

On commence à manger les noix en cerneaux, dès que leur amande est formée. D'abord, cette amande est sans saveur, mais bientôt elle en prend, & dès-lors devient un aliment très-flatteur, dont il ne faut cependant pas abuser, car il est très-indigeste. On affoiblit ce grave inconvénient par un assaisonnement relevé.

Les cerneaux, aux environs de Paris & autres grandes villes, sont un objet important de vente pour les cultivateurs. Dans les campagnes éloignées ils sont sans valeur. On prolonge la durée de la consommation qui s'en fait, au moyen des variétés plus hâtives & plus tardives, placées à des expositions différentes. J'ai mangé en septembre de ceux de la noix de la Saint-Jean, mais ils étoient, je dois le répéter, de fort mauvaise qualité.

Ainsi que je l'ai déjà observé, il seroit bon, pour la quantité & la qualité de l'huile, ainsi que pour la bonne conservation des noix, d'attendre que leur maturité complète & les vents les fissent tomber naturellement; mais l'embarras d'aller les ramasser journellement & la crainte des voleurs, déterminent presque partout à les faire tomber forcément, lorsque le brou de quelques-unes commence à s'ouvrir, au moyen de longues perches appelées GAULES. *Voyez* ce mot.

Outre les inconvéniens précédens, cette manière d'opérer cause fréquemment des accidens, soit que le gauleur se place sur une échelle ou sur une grosse branche, & il casse une immensité de petites branches qui eussent donné du fruit l'année suivante. Il est très-peu de noix qui puissent se cueillir avec la main, attendu qu'elles sont toujours à l'extrémité des pousses de l'année précédente.

Un *noyer* dans la force de l'âge, c'est-à-dire, de cent cinquante ans, produit environ deux sacs de noix, évalués douze francs. Il peut fournir, aux environs de Paris, pour cent cinquante à deux cents francs de cerneaux.

C'est ordinairement dans des sacs qu'on transporte à la maison les noix ramassées. Là, on les étend en plein-air, pour que le brou de celles qui sont près de leur maturité s'ouvre, & que celui de celles qui en sont éloignées se dessèche. Ces dernières ne sont jamais propres à donner de l'huile, & doivent se manger de suite.

Les noix se mettent à part, dans un endroit aéré & à l'abri de la pluie, dès qu'elles sont séparées de leur brou.

Après leur dessiccation complète, on les remet dans des sacs ou dans des tonneaux défoncés, pour que leur huile se perfectionne.

Le brou de noix s'accumule dans des tonneaux pour l'usage de la teinture. Si leur couleur vert-brun n'est pas brillante, elle est au moins économique & très-solide; aussi en fait on un considérable emploi.

Ce n'est guère qu'un mois après la dessiccation des noix (il vaut mieux tarder plus long-temps, à mon avis) qu'on les casse pour isoler l'amande & la porter au moulin à huile, chose qu'il faut faire de suite, car les amandes brisées se rancissent très-promptement, & donnent à l'huile de celles inaltérées, une odeur & une saveur désagréable à beaucoup de personnes.

Il est très-important de ne laisser parmi les amandes aucun fragment du noyau ou de la membrane qui en sépare les lobes, parce que ces fragmens absorberoient une portion de l'huile.

Dans les pays où on mange l'huile de noix, les propriétaires jaloux d'en avoir de bonne, font, en outre, mettre de côté les amandes blanches, pour en faire tirer celle à leur usage, cette couleur indiquant qu'elles sont plus saines. *Voyez* HUILE.

Il est des noix très-dures dont l'amande est fort petite. Leur épluchement est fort long; mais, ainsi que je l'ai déjà observé, elles donnent le plus d'huile.

Un double décalitre de noix arrivées au degré de maturité & de dessiccation convenable, donne, dans les bonnes années, cinq litres d'huile. Dans les années les plus défavorables, elles en donnent encore trois.

L'huile de noix, même tirée sans feu, a une odeur & une saveur de fruit qui ne plaît pas à tout le monde, mais auxquelles on s'accoutume facilement.

Cette huile, purifiée, est une des meilleures pour la peinture. Sa lie s'emploie avec avantage pour la fabrication des toiles cirées, &, saupoudrée de sable, pour garantir les bois de la pourriture.

On peut tirer parti du marc des noix, soit pour la nourriture de l'homme, soit pour celle des bestiaux & des volailles, soit pour l'engrais des terres. *Voyez* TOURTEAUX.

Pour le rendre propre à la nourriture de l'homme, on le délaie dans l'eau aussitôt qu'il est sorti de dessous la presse; les pellicules montent à la surface, & on les enlève avec une écumoire. Les débris de l'amande, qui sont tombés au fond, se moulent sous une presse en petits ronds de deux lignes d'épaisseur, & se gardent dans un lieu sec. S'il ne s'y trouve pas de fragmens rances, ils restent bons pendant deux à trois mois.

Les fragmens de la coque de la noix se brûlent assez généralement dans le foyer. Dans quelques lieux on en fait du charbon pour les peintres ou pour les fabriques de poudre de chasse; dans d'autres on les brûle dans des fosses pour en obtenir la potasse. *Voyez* ce mot.

Les feuilles & l'écorce du *noyer* servent comme le brou à la teinture.

Il ne me reste plus, pour compléter ce que j'ai à dire relativement au *noyer*, qu'à parler de l'utilité de son bois, utilité telle, que s'il venoit à manquer, les ébénistes, les carrossiers, les tourneurs, les armuriers, les sculpteurs, les graveurs en bois, &c., seroient fort embarrassés. « Il n'est pas de bois, dit Varenne de Fenille, plus doux, plus liant, plus facile à travailler, plus gras, plus flexible que celui du *noyer*; il se polit très-facilement; sa couleur est sérieuse, mais elle est belle; elle se renforce en la mettant quelque temps dans l'eau. Il fait peu de retraite par la dessiccation, & se fend rarement. Son pied cube pèse, vert, 60 livres 4 onces, & sec, 44 livres 1 once par pied cube.

Le bois de ses racines est plus veiné que celui du tronc, &, chose remarquable, il est moins pesant.

Il existe en Auvergne une variété dont le bois du tronc est également très-veiné & qui se vend, en conséquence, près du double plus cher.

Le *noyer* noir a dix-neuf folioles, les fruits ronds, la noix irrégulièrement sillonnée. Il est introduit dans nos jardins depuis 1656, mais il n'y a pas plus de cinquante à soixante ans, c'est-à-dire, depuis que les pieds porte-graines se sont multipliés, & qu'on a su apprécier & sa beauté, comme arbre de décoration, & l'excellence de son bois, comme arbre d'ébinisterie, qu'il est devenu commun aux environs des grandes villes. Bientôt, sans doute, il se répandra dans les campagnes les plus reculées, car il est un des arbres les plus avantageux à planter le long des routes, dans les avenues, &c. Il demande un sol léger & profond, & se développe dans toute sa plénitude, lorsque ce sol est de plus fertile & humide. Sa hauteur alors atteint souvent cent pieds & son diamètre six pieds. La rapidité de sa croissance, lorsqu'il est venu de graines, sur passe celle de la plupart des autres arbres. Les gelées du climat de Paris ne lui nuisent jamais. Son bois est très-fort & agréablement marbré de brun. Il résiste long-temps à la pourriture lorsqu'il est privé de son aubier, a beaucoup de force & ne se fend ni se tourmente, est susceptible d'un beau poli, ne craint pas l'attaque des vers. Il se prête également au tour, à l'ébénisterie, à la menuiserie.

L'emploi de ce bois est très-étendu en Amérique, & il peut remplacer en France, en toutes circonstances, celui du *noyer* royal.

Les fruits de ce *noyer* sont ronds & varient beaucoup de forme, ainsi que de grosseur. Leur amande n'est pas proportionnée à leur volume & n'est pas agréable au goût. On en tire de l'huile propre à la lampe. Leur brou sert à la teinture.

La multiplication du *noyer* noir a lieu par le semis de ses fruits, par marcottes, par racines & par greffe sur le *noyer* royal; mais la première manière est aujourd'hui la seule qui se pratique, parce qu'on n'obtient pas de beaux arbres par les autres.

Ainsi donc, dès que les *noix* sont tombées des porte-graines, c'est-à-dire, au milieu d'octobre, on les met en tas, à l'air, jusqu'au milieu du mois suivant, époque à laquelle elles sont semées à la distance de deux à trois pieds en tous sens, ou elles sont mises au germoir, pour ne l'être qu'au mois de mars de l'année suivante.

Le plant levé se sarcle & se bine selon le besoin, & s'il est destiné à être planté dans une enceinte, il se met en place définitive dès l'hiver d'après ou au plus tard à trois ans, à raison de la longueur de son pivot, qui n'a de racines qu'à son extrémité & qui plus tard ne pourroit plus être levé entier. Si, devant être planté en plein champ, il a à craindre les hommes & les animaux, alors il faut le repiquer le premier ou le second hiver, à une plus grande distance, pour ne le mettre en place qu'à cinq ans, après l'avoir taillé en crochet, & lui avoir formé une flèche s'il a perdu la sienne. *Voyez* PÉPINIÈRE.

L'élagage du *noyer* noir, mis en place, ne doit se faire que successivement, c'est-à-dire, ne retrancher chaque année que les deux ou trois branches les plus inférieures, à un pouce au moins du tronc. Il est très-important de le redresser s'il se contourne, car c'est de la régularité de sa tige qu'il tire son principal avantage. Quand cette tige est arrivée à environ vingt pieds, on abandonne l'arbre à lui-même, se contentant de raccourcir les branches qui s'étendroient trop ou rivaliseroient avec la flèche.

C'est à quarante ou cinquante pieds de distance qu'il convient de planter les *noyers* noirs, lorsque le terrain est de bonne nature, parce qu'alors ils prennent rapidement une grande amplitude, & qu'on jouit plus tôt de leur ombre & de leur aspect.

Le *noyer* cendré ressemble beaucoup au précédent dans sa jeunesse, mais il n'a que dix-sept folioles, & ses fruits sont alongés; il s'élève beaucoup moins & son bois est plus léger; son fruit est ovale. On tire de ses amandes une huile propre à manger & à brûler. On emploie la décoction de son écorce comme purgative, d'où le nom de *cathartique* qu'il porte.

Cette espèce est également cultivée depuis long-temps dans nos jardins; mais comme elle est moins belle, comme son bois est moins utile, je n'insiste pas autant sur sa multiplication. La culture qu'elle exige est exactement la même.

Le *noyer* pacanier a quinze folioles & porte une noix ovale, unie, de la grosseur du pouce, dont l'amande est fort bonne à manger, même, à mon avis, encore plus délicate que la noix commune. Son introduction en France est dans le cas d'être desirée par les amis de notre prospérité agricole; mais comme il gèle constamment en automne, dans le climat de Paris, à raison du retard de son entrée en végétation, ce n'est que dans le midi de la France, en Espagne & en Italie qu'il faut la tenter. On le multiplie par graine qu'on est encore forcé de tirer d'Amérique, par marcotte & par greffe sur le *noyer* royal.

Cette espèce s'élève à plus de soixante pieds & est pourvue d'un bel aspect; mais son bois a le grain grossier & ne s'emploie qu'à des ouvrages qui demandent de la force & de l'élasticité.

Une terre riche & humide est celle qui convient le mieux au pacanier.

Le *noyer* aquatique qui a onze folioles, dont la noix est anguleuse & petite, se voit dans deux ou trois jardins des environs de Paris; mais, ainsi que le précédent, il gèle tous les ans & n'y fait, par conséquent, pas de progrès. C'est dans des marais qu'il croît exclusivement.

Le *noyer* amer, qui a quatre paires de folioles & la noix cordiforme. Il veut une bonne terre, & ne gèle pas dans le climat de Paris.

Le *noyer* velu a neuf folioles & la noix grosse & fortement anguleuse. Sa végétation est des plus lentes.

Le *noyer* à écorce écailleuse, qui a cinq folioles, la noix légèrement anguleuse, l'amande susceptible d'être mangée. On en voit plusieurs pieds portant graines dans les jardins des environs de Paris. Il lui faut un bon sol. Son écorce se lève naturellement en écailles qui tombent au moindre effort.

Le *noyer* lacinieux, qui offre sept folioles, dont la noix est grosse, fortement anguleuse, très-pointue; son amande se mange également. Il se cultive aussi dans nos jardins & n'y craint point les gelées. Son écorce se lève comme celle du précédent.

Le *noyer* à cochon, qui a sept folioles, la noix petite, ovale, non anguleuse, s'élève extrêmement haut. Il prospère dans des terrains d'assez mauvaise nature. Les gelées du climat de Paris ne lui nuisent pas.

Le *noyer* muscade. Tout ce que j'ai dit du précédent paroît lui convenir.

Ces sept dernières espèces sont généralement confondues en Amérique, sous le nom d'*hickery*, & l'avoient été par Linnæus sous le nom de *juglans alba*. C'est à Michaux fils qu'on doit de les avoir distinguées convenablement par de bonnes descriptions & de belles figures, dans son ouvrage sur les arbres d'Amérique. Leur bois est blanc, extrêmement tenace, très-pesant, mais très-susceptible de l'attaque des vers & de la pourriture. Aussi ne l'emploie-t-on ni dans la construction des maisons ni dans celle des vaisseaux. On en fait des manches d'outils, des cercles de tonneaux & autres articles de même nature. On l'emploie surtout à brûler, objet auquel il est plus propre qu'aucun autre du même pays. Le meilleur, sous ce dernier rapport, est le *noyer* velu, & le plus mauvais, le *noyer* amer.

Les Michaux père & fils ont envoyé en France des millions de noix de ces hickerys, dont une grande partie a été semée par moi dans les pépinières de Versailles, où elles ont parfaitement bien levé; mais cependant il existe fort peu d'arbres faits dans les environs de Paris, parce que les plants ont successivement péri à la suite de leur transplantation.

C'est donc en place & dans une bonne terre qu'il eût été convenable de placer les noix hickerys envoyées : or, c'est ce qui ne pouvoit être fait par moi, qui ne l'a pas été même par l'administration forestière qui en a reçu également. M. Dandré seul en a fait semer en place au bois de Boulogne, dont le terrain leur convient peu, comme trop maigre & trop sec, mais où elles semblent cependant prospérer.

C'est au printemps qu'il faut mettre en terre, à la profondeur de trois pouces & à la distance de six pieds au moins, les noix d'hickerys arrivées d'Amérique, après les avoir laissé tremper huit jours dans l'eau. Le plant levé se bine & se sarcle au besoin. Les branches qui s'écartent trop du tronc ou qui rivalisent trop de grosseur avec la flèche seront coupées à quelque distance du tronc; mais on touchera le moins possible aux autres, car ces espèces ont besoin d'un grand nombre de feuilles pour pousser avec quelque vigueur.

Au reste, d'après ce que j'ai dit plus haut du peu d'importance pour les arts du bois des hickerys, il est peu à regreter que leur culture en grand soit si difficile. Les marcottes qui prennent racines dans l'année, lorsque le terrain où elles sont placées est convenable, suffiront toujours aux besoins des écoles de botanique. J'ai fait quelquefois réussir leur greffe sur les racines du *noyer* royal.

Le *noyer* à feuilles de frêne a été trouvé par Michaux père sur les bords de la mer Caspienne. Un des pieds provenant des graines qu'il avoit envoyées existoit encore il y a peu dans le jardin de M. le Monnier, à Versailles, & y fleurissoit toutes les années. Aujourd'hui il est répandu dans toutes les pépinières, où il se multiplie de marcottes avec la plus grande facilité. Les gelées du printemps le frappent souvent sans lui faire beaucoup de tort. Il croît avec assez de rapidité. Une terre substantielle est celle qui lui convient le mieux. Ses folioles nombreuses (19), & d'une couleur vert clair luisante, le rendent très-propre à l'ornement des jardins paysagers, où il se place au second ou au troisième rang des massifs. Je suppose qu'il doit s'élever au moins à vingt ou trente pieds. Ses noix sont portées sur une longue grappe, & au plus de la grosseur d'un pois.

NYSSA. *Nyssa*. Genre de plantes de la polygamie dioecie & de la famille des éléagnoïdes, qui renferme cinq arbres, dont trois ou quatre se cultivent en pleine terre dans le climat de Paris, & encore mieux plus au midi.

Espèces.

1. Le NYSSA aquatique.
Nyssa grandidentata. Mich. ♄ De la Caroline.

2. Le NYSSA des bois.
Nyssa sylvatica. Mich. fils. ♄ De la Caroline.

3. Le NYSSA biflore.
Nyssa biflora. Walter. ♄ De la Caroline.

4. Le NYSSA gpeché.
Nyssa capitata. Walter. ♄ De la Caroline.

5. Le NYSSA velu.
Nyssa tomentosa. Mich. ♄ De la Caroline.

Culture.

Le *nyssa* aquatique, ainsi que je l'ai fréquemment observé dans le premier de ces pays, croît dans les fondrières de la Caroline, de la Géorgie, de la Louisiane, là où il y a plusieurs pieds de boue pendant l'été & plusieurs pieds d'eau pendant l'hiver. On l'appelle vulgairement *tupelo*. Il parvient à quatre-vingts pieds de haut &

plus de deux pieds de diamètre à sa base, qui est toujours conique (1).

Le bois du *nyssa* aquatique est très-blanc & très-tendre; celui de ses racines est encore plus blanc & plus léger. J'en ai rapporté quelques tronçons pour garnir mes boîtes à insectes, ce à quoi il est plus propre que le liége, en ce que sa consistance est uniforme; du reste il absorbe trop l'eau pour être employé à boucher les bouteilles, même à faire des allèges aux filets des pêcheurs : aussi pourrit-il avec la plus grande rapidité; aussi tous les troncs qui ne s'emploient pas à faire des sébiles pour les nègres, sont-ils brûlés ou abandonnés sur place.

Les ours, les écureuils, les perroquets, les pigeons, la grive émigrante & autres animaux mangent ses fruits, qui sont solitaires, violets & de la grosseur du petit doigt. Leur saveur est fade.

Il y a déjà long-temps que le tupélo a été semé avec succès dans nos jardins. J'en ai eu, en belle venue, plusieurs centaines de pieds sous ma direction, provenant de graines envoyées par Michaux, dans les pépinières de Versailles; mais faute d'avoir été plantés en lieux convenables, au sortir de ces pépinières, ils sont tous morts. Je n'en connois que quelques pieds rabougris & difficiles à reconnoître dans les jardins des environs de Paris; au reste, je suis convaincu que cet arbre ne peut pas prospérer dans ce climat, devant toujours être dans l'eau; aussi est-ce dans le midi de la France, en Espagne & en Italie, que je conseille de le cultiver exclusivement.

Le *nyssa* des bois croît dans le milieu & le midi de l'Amérique septentrionale, aux lieux humides & ombragés, mais non submergés. La base de son tronc est pyramidale, & ses racines poussent des nodosités analogues à celles du cyprès distique. Il s'élève plus haut que le précédent, & son bois est beaucoup plus dur. Il peut, à raison de cette circonstance, & de ce qu'il se fend très-difficilement, être employé à faire des moyeux de roues, des formes de chapeaux, des arbres de moulins, &c. Ses fruits sont de la grosseur & de la forme d'un grain de café, de couleur noire, & portés, deux par deux, à l'extrémité de longs pédoncules axillaires. Les animaux précités les mangent également.

J'ai semé des tonneaux de ces graines, envoyées par Michaux père & fils, dans les pépinières de Versailles, & elles y ont fort bien levé; mais, faute d'avoir placé les pieds qu'elles ont produits dans un terrain convenable, il s'en est fort peu conservé, & ceux qui restent dans le jardin du Petit-Trianon, à la Malmaison, &c., sont grêles & ne donnent point de graines. Sa multiplication par marcottes, qui s'exécute dans les jardins des pépiniéristes, ne fournit pas de beaux pieds, de sorte que cet arbre n'est jamais parvenu ici à la beauté dont je l'ai vu en Amérique; au reste, il ne craint pas les gelées du climat de Paris.

Le *nyssa* biflore se rapproche infiniment du précédent, & est généralement confondu avec lui. Ses feuilles sont seulement plus courtes, plus arrondies, plus coriaces, & ses fruits plus petits & plus noirs. Michaux fils l'a figuré sous le nom de *nyssa aquatique*. Tout ce que j'ai dit du précédent lui convient entièrement.

Le *nyssa* ogeché ne s'élève pas autant que les précédens. Ses fruits sont aussi gros que ceux de la première espèce & également solitaires; les fleurs mâles sont seules disposées en tête. Ils sont rougeâtres & ont un goût acide assez agréable, ainsi que j'ai pu le constater en Amérique, où j'en ai eu plusieurs pieds à ma disposition. Ceux qui ont été introduits en France ne s'y sont pas conservés; du moins je ne connois, aujourd'hui subsistant, aucun des pieds que j'ai vus jeunes dans les jardins de Versailles & de Paris.

D'après ce que je viens d'observer, ces arbres ne pourront être naturalisés en Europe qu'autant qu'on commencera à les multiplier dans les pays chauds & dans les lieux très-marécageux, & n'y seront jamais que d'une utilité très-secondaire.

(1) L'augmentation de grosseur du pied des arbres aquatiques, à bois mou, est certainement dû à la plus grande distension de leur écorce produite par l'eau, distension qui favorise une plus grande formation de cambium, ainsi que je l'ai fréquemment constaté, non-seulement dans l'arbre qui fait l'objet de cet article, mais encore dans le cyprès distique, dans le gordon à feuilles glabres, &c.

O

OEIL ÉVENTÉ. Synonyme d'ŒIL ÉTEINT.

ŒILLETONS. Ce nom s'applique assez généralement aux pousses qui sortent du collet des racines des plantes vivaces & bisannuelles, à la fin de l'automne, & qui s'emploient, en les séparant de leur souche, pour multiplier l'espèce. On les appelle aussi FILETS.

C'est principalement l'artichaut que les jardiniers multiplient par *œilletons*, parce qu'il perd sa principale racine après la floraison de sa tige, &, qu'avant de mourir, elle pousse des *yeux* (boutons), qui eux-mêmes poussent de nouvelles racines avant l'hiver.

Dans cette plante, les *œilletons* se séparent au printemps, soit en arrachant la touffe & en les en tirant en dehors avec la main, soit en les laissant en place, au moyen d'une serpette qui les cerne. Ils se mettent de suite en place. *Voyez* ARTICHAUT.

Les plantes vivaces à fleurs, comme les astères & les renoncules, fournissent souvent une immense quantité d'*œilletons*, qu'on emploie également à leur multiplication; mais comme on gagne du temps à diviser leurs touffes, soit avec la bêche, soit avec les mains, on dit qu'on les reproduit par la division ou le déchirement des vieux pieds, & alors on les appelle ACCRUS, REJETONS.

Ces derniers mots s'appliquent également aux arbres & arbustes.

OLIVETTE. Terrain planté en OLIVIERS. *Voyez* ce mot.

OLIVIER. *Olea.* Genre de plantes de la diandrie monogynie & de la famille des jasminées, qui rassemble dix-sept espèces, dont une est l'objet d'une culture de première importance dans nos départemens des bords de la Méditerranée & autres parties méridionales de l'Europe, à raison de ses fruits, qui fournissent une excellente huile à manger, à brûler, à faire du savon, & dont neuf autres se voient dans nos orangeries.

Espèces.

1. L'OLIVIER commun.
Olea europæa. Linn. ♄ De l'Asie mineure.

2. L'OLIVIER à feuilles obtuses.
Olea obtusifolia. Lam. ♄ De l'Ile-Bourbon.

3. L'OLIVIER d'Amérique.
Olea americana. Linn. ♄ De l'Amérique septentrionale.

4. L'OLIVIER odorant.
Olea fragrans. Thunb. ♄ Du Japon.

5. L'OLIVIER chrysophylle.
Olea chrysophylla. Lam. ♄ De l'Ile-Bourbon.

6. L'OLIVIER à feuilles en lance.
Olea lancea. Lam. ♄ De l'Ile-de-France.

7. L'OLIVIER à feuilles de laurier.
Olea laurifolia. Lam. ♄ Du Cap de Bonne-Espérance.

8. L'OLIVIER du Cap.
Olea capensis. Linn. ♄ Du Cap de Bonne-Espérance.

9. L'OLIVIER ondulé.
Olea undulata. Willd. ♄ Du Cap de Bonne-Espérance.

10. L'OLIVIER échancré.
Olea emarginata. Lam. ♄ De Madagascar.

11. L'OLIVIER à fleurs pendantes.
Olea cernua. Vahl. ♄ De Madagascar.

12. L'OLIVIER élevé.
Olea excelsa. Vahl. ♄ De Madère.

13. L'OLIVIER apétale.
Olea apetala. Vahl. ♄ De la Nouvelle-Zélande.

14. L'OLIVIER à petits fruits.
Olea microcarpa. Vahl. ♄ De la Cochinchine.

15. L'OLIVIER raboteux.
Olea exasperata. Jacq. ♄ Du Cap de Bonne-Espérance.

16. L'OLIVIER paniculé.
Olea paniculata. Brown. ♄ De la Nouvelle-Hollande.

17. L'OLIVIER à feuilles de saule.
Olea salicifolia. Dumont-Courset. ♄ Du Cap de Bonne-Espérance.

Je vais d'abord parler de la culture des *oliviers* dans le climat de Paris, où tous exigent l'orangerie pendant l'hiver, à raison de ce que son exposé sera très-court, & que celui de celle de l'*olivier* d'Europe, dans le midi de la France, sera, comparativement, fort long.

Les espèces des n°s. 1, 3, 4, 8, 9, 12, 13, 15 & 17 sont celles qui se voient dans nos orangeries. Parmi elles, la seule qui soit de quelqu'intérêt pour ceux qui ne sont pas botanistes, à raison de l'excellente odeur de ses fleurs & de l'usage qu'on en fait à la Chine & au Japon pour exalter l'arôme du thé, est l'olivier odorant.

On dit que les fruits de la dixième se mangent dans son pays natal.

Aucune n'en donne dans nos orangeries.

La culture de ces plantes se borne à leur donner de la nouvelle terre tous les ans, en automne, de les arroser au besoin, de les rentrer & sortir de l'orangerie en temps opportun, & de les multiplier.

La multiplication de ces espèces n'a guère lieu

que par boutures (quoique leurs marcottes réussissent très-bien), parce qu'elle est prompte & certaine.

Pour l'exécuter, on coupe, au commencement du printemps, des branches de l'année précédente, ayant un court talon de bois de deux ans, & on les place, près à près, dans des pots remplis de terre de bruyère, mélangée d'un tiers de terre franche, & on les enterre dans une COUCHE A CHASSIS. *Voyez* ce mot.

A pareille époque de l'année suivante, on sépare les pieds qui ont poussé, & on les met chacun dans un pot rempli de la même terre, pots qu'on traite de même.

Enfin, à la troisième année, ces pieds sont assez forts pour n'avoir plus besoin de la couche, & on les traite comme arbres faits d'ORANGERIE. *Voyez* ce mot.

Rarement la serpette doit toucher les *oliviers* dans l'orangerie; c'est au printemps, lorsqu'ils sont sortis, qu'il convient de les tailler, si besoin est.

L'*olivier* commun se comporte plus mal qu'aucune autre espèce dans nos orangeries. Je ne l'y ai jamais vu faire une bonne figure, si je puis employer cette expression triviale.

Actuellement je reviens à l'*olivier* commun, que, d'après Olivier, de l'Institut, *Voyage dans l'Empire ottoman*, vol. 3, pag. 485, il faut croire originaire de l'Asie mineure, & en avoir été apporté à Marseille par les Phocéens, lorsqu'ils vinrent fonder cette ville, environ 600 avant l'ère vulgaire.

L'*olivier* a été introduit non-seulement dans les Gaules, mais encore en Italie, en Espagne, en Sicile & autres îles de la Méditerranée, dans la Grèce, dont il a fait de tout temps la richesse, dans la Mésopotamie, la Judée, l'Arabie, l'Egypte & la côte de Barbarie. Jamais il n'a pu prospérer à plus de trente à quarante lieues de la Méditerranée; cependant on dit que le Chili fait exception, que même il y donne des fruits monstrueux.

Il n'est pas probable que le véritable *olivier* sauvage se trouve en France; mais on appelle de ce nom, *oleastre*, tous les pieds qui ont crû naturellement dans les buissons & dans les haies, quoiqu'ils varient beaucoup entr'eux, lorsque leurs feuilles sont rondes, & leurs fruits fort petits & à peine pulpeux.

Ces *oliviers* sauvages fournissent peu d'huile, mais elle est plus légère, plus parfumée, & se conserve plus long-temps que celle des variétés cultivées. Ils fleurissent, aux environs de Marseille, à la fin de mai, & leurs fruits sont mûrs à la fin de décembre.

Une immense quantité de variétés a été la suite d'une culture aussi prolongée que celle de l'*olivier*. Il seroit impossible & inutile d'établir la nomenclature de celles qui sont cultivées hors de France; mais je dois indiquer sommairement celles de ces variétés qui le sont plus fréquemment en France, parce qu'on attribue à chacune d'elles des qualités qui lui sont propres & qui lui méritent une préférence quelconque.

Magnol, Garidel, Tournefort, Gouan, Bernard & Amoureux, ont successivement décrit les variétés de l'*olivier* dans des ouvrages spéciaux. Quelques cultivateurs ont fait de petits supplémens à ces ouvrages. Voici la série de celles de ces variétés les plus répandues en ce moment.

L'OLIVIER FRANC. *Olivier* sauvage déjà amélioré. Il est préférable, comme plus vigoureux & plus résistant aux gelées, pour la greffe des variétés ci-dessous.

L'OLIVIÈRE ou *livière*, ou *galliningère*, ou *laurine*. Sa chair est molle & fournit une huile grossière. On la cultive fréquemment autour de Narbonne, de Béziers & de Montpellier. Un bon fonds lui est indispensable. Ses fruits se confisent.

L'AMANDIER ou *amélingue*, ou *amelon*, ou *plant d'Aix*, charge beaucoup, aime un sol caillouteux, craint les gelées, se cultive beaucoup à Gignac & Saint-Chamas. Son fruit, tiqueté & renflé d'un côté, a un petit noyau, donne de très-bonne huile, & se confit de préférence. *Voyez* sa figure dans le *Nouveau Duhamel*, vol. 5, pag. 131.

L'*olivier d'Entrecasteau* craint les gelées & demande une taille rigoureuse. Ses fruits sont souvent blancs, toujours les premiers mûrs, & donnent une fort bonne huile. Sa figure se voit pl. 27 du *Nouveau Duhamel*.

Le COURNAU, *courniau*, *[illegible]rgnal*, *rapugniel*, *cayonne* ou *cayane*, ou *plant de salon*, ou *de Grasse*, ou *de la Fane*, a les fruits petits, alongés, arqués, donnant une huile très fine. On le cultive beaucoup. La vigueur de sa végétation, ainsi que la réclinaison de ses branches, le font remarquer. Il produit tous les ans. Une taille rigoureuse lui est avantageuse. Il est figuré sous le nom d'*olivier pleureur*, pl. 29 du *Nouveau Duhamel*.

Aux environs du Pont-Saint-Esprit, le *cournau* est distingué du *courniau*. Le premier y est regardé comme le plus productif de tous les *oliviers*. Souvent, surtout à sa floraison d'automne, il donne, comme le bécu, des olives rondes & presque sans noyau.

La CAYANNE DE MARSEILLE ou *anglandon*, a été confondue avec les précédentes variétés; cependant ses fruits sont constamment plus gros, plus ronds, & deviennent blancs avant de devenir bruns. Ce sont ceux qui fournissent principalement l'huile d'Aix, si estimée. Elle craint les gelées du printemps, à raison de la précocité de sa végétation. Un terrain léger lui est plus favorable.

Le CAYON ou *naries*, ou *plant étranger de Cuers*. Tous les terrains lui conviennent lorsqu'ils sont secs. Sa végétation est très-hâtive & ses récoltes biennes.

biennes. Il exige une taille fréquente. Son fruit, petit & peu coloré, donne une des meilleures huiles. Il est très-multiplié aux environs de Draguignan, de Toulon. La *blanquette* de Tarascon en diffère peu.

L'AMPOULÉAU ou *baralingue* est très-répandu en Languedoc & en Provence, mais il est difficile de le caractériser. Son fruit est sphérique & donne une très-bonne huile.

Le ROUGET ou *mervailleto* a les fruits assez gros & exactement ovales, ce qui seulement distingue cette variété de la précédente. Son huile est également très-fine.

La PICHOLINE ou *saurine*. Ce nom est celui du premier qui a trouvé le moyen de confire les olives de manière à les conserver bonnes à manger pendant plusieurs années (1). Il s'applique à quatre sous-variétés.

La première se voit auprès de Saint-Chamas & à Istrée. Son fruit est alongé & d'un noir-rougeâtre lorsqu'il est mûr. Son noyau est sillonné. C'est la meilleure pour confire, mais celle qui se conserve le moins.

La seconde se cultive aux environs de Pézenas, où elle est aussi appelée *picotte*. Elle est plus alongée & plus obtuse.

C'est dans les environs de Béziers que se trouve la troisième, dont le fruit est très-noir, rond, avec une pointe. Son noyau est lisse.

La culture de la quatrième a principalement lieu aux environs du Luc & de Nîmes. On l'appelle aussi *olivier du Luc* ou *à fruits odorans*. Son fruit est long, recourbé & odorant.

Ces quatre variétés chargent beaucoup & donnent de la très-bonne huile.

La VERDALE ou le *verdau* a les fruits ovoïdes, arrondis à la base, pointus au sommet, d'un vert-brun dans leur maturité. Son huile est peu estimée; aussi est-ce pour confire qu'on l'emploie presque exclusivement. Elle charge peu, mais résiste assez bien aux gelées. Les environs de Montpellier & de Béziers sont les lieux où il s'en voit le plus.

Le MOUREAU ou la *mourette*, ou la *mourescale*, ou la *nigrette*, a les fruits ovales, courts, à noyau très-petit, presque sans sillon; il mûrit en deux temps. L'huile qu'il fournit est des meilleures; aussi le cultive-t-on généralement. Il offre plusieurs sous-variétés, telle que la *more* ou la morelette du Pont-Saint-Esprit, telle que l'*amande de Castres* de Montpellier, sous-variétés qui donnent moins d'huile.

Le REDOUAN DE COTIGNAC est un très-petit arbre portant de gros fruits disposés en grappes, sujets à être peu abondans & à tomber avant leur maturité, mais donnant de très-bonne huile & se confisant fort bien.

Cette variété exige un bon sol ou des engrais abondans, & une taille peu sévère.

Le BOUTEILLAN ou *boutiniaire*, ou *ribienne*, ou *ribiès*, ou *rapugnette*, a les fruits disposés en grappes. L'huile qu'il fournit est bonne, mais dépose beaucoup. Toutes sortes de terrains lui conviennent. Il ne charge pas souvent, mais quand il le fait, c'est à outrance; souvent ses fruits avortent comme ceux du bécu. Il ne faut le confondre, comme on le fait dans quelques lieux, ni avec le ribiès véritable, ni avec le cournau.

Le plant d'AUPS, ou *bouteillan*, est différent du précédent. Il produit peu, mais ses fruits sont gros & ne manquent jamais.

Le BÉCU offre deux sortes de fruits; les uns, gros, ovales, peu charnus, à pointe recourbée; les autres, petits, ronds, presque sans noyau. Il est figuré *pl.* 31 du *Nouveau Duhamel*. Ses récoltes sont toujours abondantes & produisent de l'excellente huile, quoiqu'il soit planté en terrain médiocre, pourvu qu'il soit régulièrement soumis à la taille. Les environs de Draguignan le cultivent beaucoup, au rapport de M. Gasquet, qui me l'a fait connoître, il y a déjà plusieurs années.

C'est de nos variétés celle qui se rapproche le plus de l'*oliva santana* de Naples, que j'ai décrite dans le *nouveau Dictionnaire d'histoire naturelle*, variété dans laquelle toutes les olives sont rondes & presque sans noyaux. *Voyez* COULURE.

L'ASAYERNE ou *sagene*, ou *salierne*, a les fruits ovoïdes, d'un violet noir & recouverts d'une poussière farineuse. L'huile qu'ils donnent est délicieuse. Leur noyau est petit. L'arbre ne vient pas gros & aime les terrains caillouteux.

La MARBRÉE ou *tiquette*, ou *pigale*, ou *pigau*, a les fruits presque ronds, d'un violet foncé ponctué de blanc. Cette variété en comprend deux autres, dont la plus petite est commune aux environs de Nîmes, & se confond avec la mourette.

Le *palma* a le fruit oblong, légèrement recourbé & pointu. Il donne de la bonne huile & en petite quantité.

Cette variété passe pour être très-peu susceptible des atteintes de la gelée.

La PARDIGUIÈRE DE COTIGNAC a les fruits moyens, obtus, donnant abondamment & fournissant une huile des plus fines. Elle demande une taille sévère.

Le VERMILLAOU, ou *vermillau*, a les fruits moyens, oblongs, jaunes & rouges avant leur maturité. Leur huile est excellente. C'est auprès du pont du Gard qu'on le cultive le plus, attendu qu'il résiste fort bien aux gelées.

L'OLIVIER A FRUITS NOIRS ET DOUX a le

(1) On voit dans les ouvrages des Anciens, qu'on savoit en Grèce & en Italie conserver les *olives* pour les manger long-temps après leur récolte, & les peuples de l'Asie mineure, de la Barbarie, qui sans doute ne sont pas allés à l'école de Picholini, les savent également conserver.

fruit très-gros, mûrissant de bonne heure & se mangeant en le détachant de l'arbre. Il est abondant en huile.

L'Olivier a fruits blancs et doux. Il jouit des qualités du précédent.

Ces deux variétés semblent devoir être cultivées partout, & cependant elles paroissent rares.

On voit par ce tableau que ce ne sont pas toujours les plus grosses olives qui donnent le plus d'huile, & que certaines variétés en fournissent plus abondamment ou de bien meilleure que certaines autres; qu'il en est qui s'accommodent du plus mauvais sol, d'autres qui ne prospèrent que dans ceux qui sont fertiles. Il est donc très-important de les connoître & de les cultiver de préférence. Quelques variétés étrangères, citées par les voyageurs, paroissent posséder des avantages bien supérieurs aux nôtres. Cependant, il n'y a nulle part en France de pépinières d'où les bonnes variétés puissent être tirées. Les efforts faits par M. de Gasquet pour remplir cette lacune dans notre agriculture n'ayant pas été encouragés, & l'hiver rigoureux de 1820 ayant fait périr tous ses plants, il a dû renoncer à son utile projet. Aujourd'hui donc, comme autrefois, quand un propriétaire veut planter une Olivette, il achète des recrues de son voisin, sans s'embarrasser si, quelques lieues plus loin, il n'en trouveroit pas de plus propres à remplir ses vues.

Les plantations d'*oliviers* se font généralement en automne, presque toujours, malheureusement, dans des trous plutôt trop étroits que trop larges, au fond desquels on jette du gazon, mais où il seroit fort avantageux de mettre du fumier consommé. Très-fréquemment les sécheresses de l'été s'opposent à la reprise de ces plantations, qui ne sont presque jamais arrosées.

Rarement on dirige les branches des jeunes *oliviers* par une taille bien entendue, pendant les deux ou trois premières années, pour accélérer leur croissance & donner une forme régulière à leur tête, c'est-à-dire, qu'on les abandonne complétement à eux-mêmes.

Les *oliviers* sont tantôt plantés en lignes ou en quinconce, dans des vergers appelés *olivettes*, tantôt autour des champs, des vignes, le long des chemins, tantôt isolés au milieu des autres cultures.

Généralement on tient les *oliviers* à une grande distance les uns des autres, pour les faire complétement jouir des bienfaits de l'air & de la lumière.

Lorsqu'on veut replanter une *olivette*, cette circonstance permet de placer les nouveaux pieds dans l'intervalle des anciens, & de la soustraire un peu, par cela même, à la loi des assolemens.

Toutes les sortes de greffes réussissent sur l'*olivier*. Celle en écusson est préférée sur les jeunes; celle en fente & en couronne, sur les vieux. *Voyez* Greffe.

Lorsque la greffe des *oliviers* a été effectuée rez-terre, on l'enterre toujours, pour que des racines en sortent & affranchissent le pied.

Il est d'usage de labourer le pied des *oliviers* seulement une fois l'an, en hiver, & cela suffit. On les bute quelquefois en automne, pour accélérer la maturité des olives. Trop fumer & trop arroser les *oliviers* nuit & à la qualité & à la quantité des récoltes, mais il arrive rarement qu'on puisse pécher par ces deux moyens dans les pays où il s'en cultive le plus, attendu que le climat y est sec & chaud, & l'eau rare. *Voyez* Climat & Arrosement.

Un excellent moyen d'améliorer le sol au pied des *oliviers*, c'est d'y enterrer des herbes vertes, des chiffons de laine, des ongles, des cornes des animaux. *Voyez* Engrais, Poil & Recolte enterrée.

Recouvrir la terre au pied des *oliviers* avec de larges pierres, seroit un moyen sûr, non-seulement d'assurer la reprise des jeunes, mais d'améliorer la végétation des vieux.

Autrefois on cultivoit les *oliviers* avec profit, à une plus grande distance de la Méditerranée, par exemple, aux environs de Valence. Aujourd'hui, la gelée frappe si souvent ceux qui se cultivent dans la plaine d'Aix, qu'il est probable qu'il faudra bientôt les arracher tous. Quelle est la cause de ce fait incontesté? Les uns l'attribuent à la destruction des bois qui couronnoient les montagnes qui forment la vallée du Rhône au-delà de Lyon; les autres, à l'abaissement de ces montagnes; les autres, au refroidissement graduel du Globe. Je crois que ces trois causes ont agi & agissent encore ensemble.

Quoi qu'il en soit, il faut regarder le froid & l'homme comme les seuls destructeurs de l'*olivier*, car on en connoît, dans les pays plus chauds que la France, qui ont une antiquité qu'on n'ose citer, & même en France il s'en trouve, dans des lieux bien abrités, des pieds qui ont plusieurs siècles constatés. La plus petite racine laissée en terre, lorsqu'on arrache un vieux pied, suffit pour le reproduire. *Voyez* Racine.

Ainsi que je l'ai déjà annoncé, c'est dans une terre médiocre ou même mauvaise qu'il convient de placer l'*olivier*, parce que là il pousse moins de branches, &, par suite, plus de fruits. D'ailleurs, dans les cantons qui lui sont propres en France, les bonnes terres, celles susceptibles d'irrigations, sont principalement réservées pour les céréales & les fourrages. *Voyez* Feuille.

Toute exposition sur les bords de la mer convient aux *oliviers*; mais vers la zône, où ils ne peuvent plus croître, ils ne donnent plus de produits à celle du nord, quoiqu'ils y poussent fort bien & qu'ils y soient moins dans le cas de craindre les gelées. En général, plus tard ils poussent, & moins ils sont susceptibles des atteintes de ces gelées ; & comme ceux qui sont sur des montagnes offrent souvent cette circonstance, & que dans chaque canton on cultive une variété spéciale, ainsi que je l'ai annoncé plus haut, il en résulte qu'on a attribué à quelques-unes d'elles une faculté de résister au froid qui n'est pas dans leur nature.

Il n'est jamais avantageux, quoique cela soit très-commun, de laisser les *oliviers* s'élever à toute leur hauteur, parce que les grands vents cassent leurs branches & font tomber leurs fruits avant maturité, & parce qu'alors il est plus difficile & plus dangereux de cueillir ces fruits. J'ajouterai encore que ceux tenus bas sont plus sous l'influence si puissante, dans les pays froids, & des abris & des émanations de la chaleur terrestre. J'ai vu ceux de la plaine d'Aix, tenus bas, par suite des gelées qui avoient fait périr leurs troncs, y gagner & des récoltes plus assurées & des fruits plus mûrs.

Le froid agit sur l'*olivier* dans tout le cours de l'hiver. Une gelée de quatre à six degrés au-dessous de zéro en fait tomber les feuilles ; à deux ou trois degrés plus, les branches sont frappées de mort, & entre dix & douze, le tronc périt. Il n'y a pas d'exemple en France que les racines aient assez ressenti les atteintes de ces gelées pour qu'elles ne repoussent pas au printemps suivant.

Quelquefois les premiers froids frappent les branches non encore aoûtées des *oliviers* ; mais c'est au printemps, lorsqu'ils entrent en végétation & en fleurs, car ces deux actes sont presque simultanés en eux, qu'ils leur causent le plus fréquemment & le plus fortement dommage. Presque tous les grands désastres dont il a été tenu note, sont dus aux gelées du printemps. Le plus récent est celui sur lequel il a été imprimé une série de Mémoires & un Rapport au Conseil d'agriculture, chez madame Huzard, c'est-à-dire, celui du 11 janvier 1820.

Jusqu'à présent on a cru qu'il n'y avoit pas de moyen de rappeler à la vie les *oliviers* frappés de la gelée ; en conséquence on les abandonnoit à la nature, & au milieu du printemps suivant, même de l'hiver, on coupoit les grosses branches très-près du tronc, aux pieds qui donnoient quelques signes de vie, & on coupoit le tronc rez-terre de ceux qui conservoient l'apparence de la mort complète. Il en résultoit que dans l'un & l'autre cas il poussoit des racines une immense quantité de rejetons, qui, dans le premier, anéantissoit souvent les résultats des efforts de la séve, & faisoit entièrement périr le tronc.

M. Joseph Jean, simple cultivateur illétré des environs de Digne, par la force de sa conception, vient de nous indiquer un moyen de sauver la plus grande partie des *oliviers* frappés de la gelée, surtout les plus gros, & sa pratique est si en concordance avec la théorie, qu'on ne peut concevoir comment on a été si long-temps sans la découvrir.

La gelée n'atteignant jamais le cœur des gros arbres, ils conservent une portion plus ou moins grande de leur force vitale. On peut donc espérer de les rétablir, en empêchant la séve, à qui l'affoiblissement de cette force ne permet plus de monter dans le tronc, de s'épuiser à pousser des bourgeons sur les racines, en diminuant l'étendue des branches qu'elle aura à nourrir, & en lui conservant la fluidité dont elle manque le plus souvent pendant l'été. *Voyez* SÉVE, BOURGEON, GOURMAND, ACCRU, ÉLAGAGE, RAJEUNISSEMENT.

En conséquence, M. Joseph Jean, après un essai avantageux fait sur deux *oliviers* frappés de la gelée en 1815, coupa, au printemps, les grosses branches de tous ses *oliviers* gelés le 11 janvier 1820, supprima tous les bourgeons qui vouloient se développer sur leurs racines au moment même de leur apparition, & enterra des herbes fraîches sur ces racines.

Sur 100 pieds qu'il possédoit, il en conserva 92, & c'étoient les plus vieux, & par conséquent les plus précieux. Ses voisins ont perdu la presque totalité des leurs.

Cette importante découverte doit mériter à M. Joseph Jean la reconnoissance de tous les propriétaires d'*oliviers*, de tous les amis de la prospérité agricole de la France. Minerve a donné l'*olivier* à Athènes, ce cultivateur le conserve à la France ; des autels devroient être élevés en son honneur. La Société royale & centrale d'agriculture lui a accordé le *maximum* des récompenses dont elle dispose.

Ce n'est pas des dernières pousses que sortent les fleurs de l'*olivier*, mais de celles de deux ans, ce qu'il est indispensable de considérer dans la manière de la cultiver. Il est rare que ces fleurs ne se développent pas en surabondance tous les ans sur les arbres faits ; cependant, quelque favorables que soient les circonstances atmosphériques, toujours, dans l'état naturel, à une année d'abondance succède une année de privation. On appelle cela les récoltes alternes de l'*olivier*.

Aujourd'hui, par suite des progrès des lumières, on sait que cet effet est produit par l'épuisement que les arbres ont éprouvé en nourrissant antécédemment une trop grande quantité de fruits ; & comme il vaut mieux, pour le bénéfice, avoir chaque année une récolte moyenne, on a été déterminé d'abord, aux environs d'Aix, ensuite aux environs de Draguignan, enfin dans une partie de la France, de soumettre l'*olivier* à une taille annuelle ou bisannuelle. Bernard assure que cette pratique a infiniment augmenté les revenus des propriétaires.

Les *oliviers* se taillent donc tous les ans ou

tous les deux ans, pendant l'hiver, pour débarrasser leur tête, 1°. des branches mortes; 2°. des branches trop multipliées; 3°. des branches trop vigoureuses (*voyez* GOURMAND); 4°. des branches trop foibles; 5°. des branches trop chargées de cochenilles; 6°. pour empêcher sa tête de trop s'élever ou de trop s'étendre.

La taille annuelle est, au rapport d'Olivier, de l'Institut, bien préférable à la taille bienne, & je suis de son avis; mais beaucoup de propriétaires, quoiqu'ils reconnoissent que cette dernière leur fait perdre une récolte sur trois, ne veulent pas en convenir. *Voyez* TAILLE.

Le RAJEUNISSEMENT (*voyez* ce mot), de loin en loin, est une opération avantageuse aux *oliviers*.

Il est peu de tailleurs d'*oliviers* qui agissent d'après des principes fixes, & ils sont souvent déterminés à multiplier les soustractions de grosses branches pour faire du feu, & des petites pour donner à leurs chèvres, les débris de leur opération leur étant mal-à-propos abandonnés. Jamais ils ne recouvrent les plaies qu'ils font avec de l'ONGUENT DE SAINT-FIACRE; aussi combien de pieds, encore jeunes, qui se CARIENT! *Voyez* ces deux mots.

Il est des *oliviers* tellement altérés par la carie, qu'ils n'ont presque que l'écorce, ce qui ne les empêche pas de porter d'abondantes récoltes.

Couper tous les ans une grosse branche sur chaque arbre, comme on le fait aux environs de Perpignan, pour faire pousser à cet arbre de nouveaux rameaux, est la pire de toutes les pratiques, parce que, dans ce cas, toute la séve se porte sur les bourgeons, & qu'il y a moins de production de fruits.

Les Anciens nous ont appris qu'en enlevant un anneau d'écorce à une branche d'*olivier* pourvue de boutons à fleurs, on empêcheroit la coulure de ces fleurs. On produit le même effet en courbant artificiellement une branche. Ces pratiques sont peu usitées en grand. *Voyez* INCISION ANNULAIRE & COURBURE DES BRANCHES.

Presque partout les bestiaux paissent sous les *oliviers*, ce qui oblige de tenir hors de leur portée les branches inférieures.

Une résine très-suave, lorsqu'on la brûle, découle dans les pays chauds du tronc de l'*olivier*. Il est extrêmement rare d'en voir sur ceux de France.

Les maladies de l'*olivier* sont les mêmes que celles des autres arbres. Ainsi, ils sont sujets à la CARIE humide, connue sous le nom de MOUFFE; à la carie sèche, connue sous le nom d'ECHAUFFURE; aux ravages de l'ISAIRE, connue sous le nom de BLANQUET.

Un grand nombre d'insectes vivent aux dépens de l'*olivier*, & plusieurs d'entr'eux sont très-nuisibles.

Le premier est la COCHENILLE (*coccus adonidum*, Fab.), que Bernard a appelé *kermès*, que les cultivateurs nomment le *pou*. Il se répand sur les jeunes pousses, sur les feuilles & même les fruits, pour en sucer la séve, ce qui affoiblit l'arbre, empêche ses fleurs de nouer, fait tomber ses fruits, &c. Il y en a de tous âges sur la même branche. Leur nombre est quelquefois si considérable, que la terre est mouillée par la séve surabondante qu'ils ont pompée, que les feuilles sont rendues noires par cette même séve desséchée.

Une taille sévère de l'*olivier* empêche la cochenille de se trop multiplier. On la détruit en frottant les branches avec un linge rude qui les écrase, en les lavant avec une lessive légèrement caustique ou avec de l'eau acidule.

Les FOURMIS, qui accompagnent presque toujours les cochenilles pour profiter de leurs déjections sucrées, ne causent nul mal aux *oliviers*.

Le second est la PSYLE (kermès); il est connu sous le nom de *coton*, à raison de la matière visqueuse, blanche, sous laquelle elle se cache. Elle suce la séve comme le précédent, & cause à peu près les mêmes dommages aux *oliviers*, avec moins d'intensité, attendu que la psyle ne se place qu'à l'aisselle des branches. Le vent du nord-ouest la fait périr.

Les Grecs avoient remarqué, il y a plus de trois siècles, que les *oliviers* plantés le long des routes étoient moins affectés des dommages produits par les insectes, parce que la poussière les faisoit périr.

Le trips, appelé *barban* aux environs de Nice, *punaise staphylain* par quelques écrivains, nuit également aux *oliviers*, & de la même manière; mais il est peu abondant.

La TEIGNE de l'*olivier* dépose ses œufs sous les feuilles de cet arbre au printemps; les larves qui en naissent en minent le parenchyme & les empêchent de remplir leurs fonctions, qui est d'élaborer la séve. Une seconde génération dépose ses œufs sur les bourgeons & s'oppose à leur croissance. Enfin, une troisième en agit de même relativement aux olives, dont elle mange l'amande. Il n'y a pas moyen de s'opposer efficacement aux ravages de cette teigne.

Enfin, une mouche décrite dans ma collection par Fabricius, la MOUCHE DE L'OLIVIER, dépose dans la chair du fruit un œuf d'où provient une larve qui en mange la substance & l'empêche de fournir de l'huile.

Cette teigne & cette mouche causent de grandes pertes aux cultivateurs certaines années, en ce que le tiers, la moitié des olives en sont attaquées & tombent avant maturité.

Le seul moyen de s'opposer à leurs ravages, c'est de cueillir les olives, comme aux environs d'Aix, dès le mois de novembre, & de les soumettre de suite au moulin, parce qu'à cette époque les larves n'ont pas encore quitté les olives, qu'elles sont écrasées par la meule, & que par conséquent elles ne se multiplient pas.

des vents, étant toujours de qualité fort inférieure, il faut les mettre à part.

On cite comme cause des tubercules, appelés *rasquettes*, qui se remarquent sur l'écorce des *oliviers*, le STOMOXE KEIRON & une TIPULE; comme cause des trous qui sont si fréquens dans leur bois, lorsqu'il commence à mourir, les BOSTRICHES TYPOGRAPHE, OLÉIPERDE & de l'OLIVIER.

Les *oliviers* ont encore à craindre les grandes sécheresses, qui empêchent les olives de grossir, qui les font tomber avant leur maturité; les premières gelées de l'automne, qui privent les olives de leur qualité; enfin, plusieurs espèces d'oiseaux qui s'en nourrissent.

Presque toutes les olives se colorent à l'époque de la maturité, mais il y a de l'huile de formée un mois avant cette époque. Sa quantité augmente à mesure que cette maturité se perfectionne, & sa qualité s'altère un mois après qu'elle est complétement effectuée.

On a donc deux mois pour faire la cueillette des olives.

L'huile des olives cueillies avant leur coloration est plus agréable au goût & se garde plus long-temps exempte de rancidité, mais elle est moins abondante & dépose davantage: telle est celle d'Aix.

Celle des olives cueillies les dernières est âcre, très-abondante, très-susceptible de rancidité, mais dépose peu. C'est celle qui est la plus propre à la fabrication du savon.

C'est parce qu'on ne fait pas attention à cette différence, qu'il est si rare de trouver de l'huile mangeable, à mon avis, en Espagne & en Italie.

Aux environs d'Aix donc, on cueille les olives en novembre, & cependant leur maturité y est tardive, à raison de la latitude. Dans les pays plus chauds on ne les cueille souvent qu'en février, mais on n'y gagne rien pour la quantité de l'huile, puisqu'alors les olives ont diminué de grosseur par l'évaporation, ont diminué de nombre par le fait des oiseaux, des voleurs, des vents, & que c'est à la mesure que partout se compte la récolte.

Les olives tombent naturellement à l'époque de leur complète maturité dans les climats froids, comme en France; mais en Italie, en Espagne, en Grèce, sur la côte d'Afrique, elles se dessèchent sur l'arbre, & ne sont chassées par la séve que la seconde année. On doit donc les cueillir partout.

Aux environs d'Aix, pays qu'on ne peut trop citer lorsqu'il est question de la culture de l'*olivier*, on fait cueillir à la main les olives, comme ailleurs les cerises, par des femmes & des enfans, opération que le peu d'élévation des *oliviers* favorise; mais dans les autres pays on les fait tomber avec des perches, sur des nappes qu'on étend au-dessous des arbres, ce qui meurtrit les olives, casse les branches, & nuit par conséquent, sous plusieurs rapports, aux produits actuels & futurs.

L'huile des olives tombées naturellement, soit par suite de la piqûre des insectes, soit par l'effet des vents, étant toujours de qualité fort inférieure, il faut les mettre à part.

On amoncèle dans des greniers, ou sous des hangars, les olives cueillies. D'abord elles s'y perfectionnent, en perdant une partie de leur eau de végétation, & en transformant en huile une partie de leur mucilage, mais bientôt elles fermentent, pourrissent. Dans ce dernier état, elles ne contiennent plus d'huile. C'est donc bien à tort qu'on dit que cet amoncellement est toujours utile & qu'on le prolonge pendant des mois entiers. A mon avis, il seroit avantageux de faire les tas petits, & de les établir sur des claies qui permettroient une circulation d'air au-dessous.

Les Anciens soutenoient, au contraire, ce qui se pratique aujourd'hui, qu'il falloit exprimer l'huile des olives le lendemain du jour où on les avoit cueillies. Cela peut être bon pour les olives cueillies en février, mais pour celles cueillies en novembre, il est indispensable d'attendre une quinzaine de jours, par les motifs cités plus haut. *Voyez* aux mots HUILE, GRAINE HUILEUSE, NOYER, AMANDIER, CHANVRE, NAVETTE, COLSA, &c.

L'olive contient quatre sortes d'huile: 1°. celle de la peau; 2°. celle de la chair; 3°. celle du noyau; 4°. celle de l'amande. Leur mélange, surtout celui des deux dernières, ne peut qu'altérer celle de la pulpe, la plus abondante & la meilleure; cependant on ne les sépare nulle part, quoique Sieul ait proposé de le faire, & ait même inventé une machine propre à cet objet. J'en ai parlé à l'article MOULIN A HUILE.

Chaque variété d'olive donne des quantités d'huile différentes. La quantité d'huile fournie par la même variété, n'est pas la même chaque année. Il est des olives qui, quoique plus grosses, donnent moins d'huile; d'autres qui donnent des huiles plus fines, plus lentes à rancir, &c.

Pour retirer l'huile des olives, elles sont d'abord écrasées, ainsi que leurs noyaux, sous de pesantes meules verticales. La pâte qui en provient est mise ensuite dans des sacs de sparte ou de crin, & soumise à la presse. L'huile sort & est reçue dans des tonneaux, où elle dépose sa lie, & d'où on la transvase dans des barils pour la livrer au commerce.

Les marcs restés dans les sacs contiennent encore beaucoup d'huile, qui autrefois étoit perdue. Aujourd'hui on jette ces marcs dans des citernes, avec autant d'eau en volume. Là ils pourrissent, & l'huile monte à la surface, d'où on l'enlève avec des cuillères fort larges. Cette huile est très-convenable pour la fabrication des savons, en ce qu'elle ne contient point de mucilage. Ce qui reste au fond de la citerne est un excellent engrais.

Toutes ces opérations sont décrites dans le *Dictionnaire des Arts*, & j'y renvoie le lecteur.

J'ai annoncé qu'il y avoit des olives douces au goût, qu'on pouvoit manger à l'époque de leur maturité, mais elles sont rares. Pour pouvoir utiliser les autres comme aliment, il faut les dépouiller de leur âcreté & de leur amertume, ce à quoi on parvient avec le temps, par leur simple immersion dans l'eau froide ou tiède, mais elles ne se conservent pas. On doit à Picholini la découverte d'un procédé qui leur donne une durée de deux à trois ans. Il consiste à les immerger, pendant qu'elles sont encore vertes, dans une lessive légèrement caustique, jusqu'à ce que leur chair se sépare du noyau; après quoi on les met dans de l'eau un peu salée.

J'ai indiqué les variétés qui étoient à préférer pour cette préparation.

Les olives confites gagnent à être exposées à l'air, même foulées, pendant quelques heures avant d'être mangées; de-là le nom d'*olives pochées* qu'on leur donne dans ce cas.

En Italie, on fait sécher les olives au four, & on les mange après les avoir fait à moitié cuire.

ORANGER. *Citrus.* Genre de plantes de la polyadelphie icosandrie & de la famille des hespéridées, qui renferme trois espèces qui fournissent considérablement de variétés qu'on cultive en pleine terre dans le midi de l'Europe, & en caisse dans le nord, à raison de l'excellente odeur des fleurs & de la délicieuse saveur des fruits de la plupart.

Espèces.

1. L'ORANGER franc.
Citrus aurantium. Linn. ♄ Des Indes.
2. L'ORANGER citronnier.
Citrus medica. Linn. ♄ De l'Asie.
3. L'ORANGER pampelmouse.
Citrus decumana. Linn. ♄ Des Indes.

Culture.

Ces trois espèces se sont tellement confondues par leurs nombreuses variétés, qu'il est souvent difficile de décider à laquelle de ces espèces appartient telle ou telle de ces variétés. Je dis espèces, parce qu'elles se reproduisent par leurs semences, ce qui est un caractère assez généralement reconnu; cependant, comme je vais le faire voir plus bas, les bigaradiers se reproduisent certainement de même, & peut-être quelques bergamotiers, quelques limettiers & quelques lumiers. *Voyez* ESPÈCE & VARIÉTÉ.

Depuis quelques années, des écrivains de beaucoup de mérite, entr'autres MM. Gallesio, Risso & Poiteau, se sont occupés d'établir les rapports entre les variétés & de fixer leur nomenclature. M. Poiteau, qui est venu le dernier, quoique le moins favorablement placé, a publié un ouvrage complet sur ce genre, accompagné de nombreuses figures dessinées par lui & fort bien enluminées. Cet ouvrage va me servir de guide; car, quoiqu'ayant voyagé dans le midi de l'Europe & dans la partie chaude de l'Amérique septentrionale, où il y a des orangers en pleine terre, quoiqu'ayant été pendant plusieurs années à la tête de l'orangerie de Versailles, j'ai bien peu à y ajouter.

Voici donc les divisions proposées par M. Poiteau, & la nomenclature des variétés cultivées en Europe, de chacune d'elles, en observant qu'il s'en cultive des milliers d'autres dans les jardins de l'Inde, de la Chine, des îles, & sans doute dans l'Amérique méridionale.

LES ORANGERS.

Ils ont les fruits doux.

Oranger franc.
—— de la Chine.
—— déprimé.
—— pyramidal.
—— à feuilles d'yeuse.
—— à feuilles crépues.
—— à fruit pyriforme.
—— à larges feuilles.
—— de Gênes.
—— à fleurs doubles.
—— de Nice.
—— à petits fruits.
—— à fruit nain.
—— à fruit bosselé.
—— à fruit corné.
—— de Malte.
—— à pulpe rouge.
—— de Majorque.
—— à fruit mammifère.
—— à fruit limetiforme.
—— à fruit oblong.
—— à fruit elliptique.
—— à fruit toruleux.
—— à fruit charnu.
—— à fruit rugueux.
—— à fruit ridé.
—— pommier d'Adam des Parisiens.
—— noble.
—— à longues feuilles.
—— multiflore.
—— à feuilles étroites.
—— à fruit tardif.
—— à fruit sans pepins.
—— de Grasse.
—— à fruit conifère.
—— imbigo.
—— portugais.
—— d'Otaïti.
—— à fruit changeant.
—— turc.

Sous tous les rapports, les *orangers* doivent être placés à la tête de leur genre, ou mieux de leur famille ; cependant il y a parmi eux des variétés inférieures, sous le point de vue de l'utilité ou de l'agrément, à quelques-unes de celles des genres, des espèces ou des variétés qui suivent.

Il est des orangers épineux; il en est qui ne le sont pas. Les uns & les autres donnent des fruits de première qualité, qui deviennent d'autant meilleurs que l'arbre est plus vieux & croît dans un terrain où une exposition plus chaude.

Je recommanderai principalement, dans la longue liste que je viens de mettre sous les yeux du lecteur,

L'*oranger franc*. Il est peu connu à Paris, mais c'est le plus commun sur les bords de la Méditerranée. Ses fruits sont délicieux, mûrissent de bonne heure & sont rarement de garde.

L'*oranger de la Chine*, moins susceptible des effets des gelées que beaucoup d'autres, dont les fruits sont excellens. Ses fruits sont connus à Paris sous le nom d'*oranges de Portugal*. Il produit peu.

L'*oranger à fruit précoce* mérite, par cette qualité & par la délicatesse de sa chair, d'être plus cultivé.

L'*oranger de Nice*, que l'abondance de ses fleurs & de ses fruits rend très-avantageux aux propriétaires.

L'*oranger à fruits cornus*, qui se fait remarquer par la singulière forme de ses fruits, d'ailleurs excellens.

Les *orangers de Malte, à pulpe rouge & à feuilles étroites*, souvent confondus, quoique distincts. Leur pulpe est extrêmement rouge & fine.

L'*oranger de Majorque*, dont les fruits se vendent à Paris, comme ceux de celui de la Chine, sous le nom d'*oranges de Portugal*.

Les *oranges franches, tardives & déprimées*, y portent aussi ce nom.

LES BIGARADIERS.

Ils ont les fruits acides & amers.

Bigaradier franc.
—— grand Bourbon (1).
—— à fruit corniculé.
—— à fruit sillonné.
—— à fruit sérifère.
—— à fruit cannelé.
—— à fruit cupulé.
—— à grand calice.
—— riche-dépouille.

(1) Le type de cette variété existe encore, sous ce nom, à l'orangerie de Versailles. Il a été semé à Pampelune en 1421, fut confisqué sur le connétable de Bourbon en 1552 : ainsi il a aujourd'hui (1823) quatre cent deux ans. Sa hauteur est de vingt pieds, & la circonférence de sa tête, de quarante-cinq. C'est sans doute le plus vieux de l'Europe.

Bigaradier multiflore.
—— violet.
—— à fleurs doubles.
—— spatafore.
—— à fruit mamelonné.
—— à longues feuilles.
—— de Volkamer.
—— à fruit en grappe.
—— de Naples.
—— à fruit sans graines.
—— Iran.
—— Gallesio.
—— à gros fruits.
—— d'Espagne.
—— de Florence.
—— à fruits couronnés.
—— à fruit doux.
—— à feuilles de saule.
—— chinois.
—— à feuilles de myrte.
—— bicolore.
—— bizarrerie.

Les deux principaux motifs qui engagent à cultiver les bigaradiers dans nos orangeries, c'est que ce sont les arbres de leur famille ou de leur genre qui fournissent le plus de fleurs & des fleurs plus odorantes, car l'utilité qu'on retire du suc de leurs fruits est presqu'insignifiante.

Les variétés tant épineuses qu'inermes des bigaradiers, qu'il est le plus avantageux de posséder, sont :

Le *bigaradier à fruits cornus*, assez commun, & dont on sème volontiers les graines pour le reproduire ou pour greffer les autres variétés.

Le *bigaradier riche-dépouille*, dont les fleurs sont très-abondantes & très-parfumées.

Le *bigaradier multiflore* est dans le même cas, mais il est resté rare par la difficulté de trouver des écussons sur ses branches.

Le *bigaradier à fruits sans graines* est encore plus rare, quoiqu'il soit un des plus productifs.

Le *bigaradier Gallesio* est très-beau & donne de superbes fruits. Ses graines sont au nombre des meilleures pour les semis, à raison de la vigueur du plant qu'elles fournissent.

Le *bigaradier à gros fruits* a les fleurs très-grandes, très-odorantes, &, par suite, préférées pour faire de la *fleur d'orange pralinée*, c'est-à-dire, séchée dans le sucre.

Le *bigaradier à fruits doux* est un des plus avantageux à cultiver dans les orangeries, par sa beauté, ainsi que par l'abondance & la suavité de ses fleurs.

L'arbre le plus vieux de l'orangerie de Versailles après le grand Bourbon, & qu'on appelle le *grand Louis*, appartient à cette variété.

Le *bigaradier chinois*. Ses fruits sont petits & ont l'écorce plus acide & plus amère que celle des autres. On le cultive pour cette écorce, que l'on confit & qu'on fait entrer dans l'assaisonnement des mets. Il n'est pas commun dans les orangeries de Paris.

Le *bigaradier à feuilles de myrte*, auquel on donne souvent le nom du dernier, est au contraire très-multiplié à Paris, à raison de la petitesse de toutes ses parties, petitesse qui le rend propre à orner les appartemens. Ses fruits se confisent.

Le *bigaradier bicolore* a les feuilles & les fruits agréablement panachés.

Le *bigaradier bizarrerie* est fameux depuis long-temps par la singularité de ses fruits, de forme très-variable, à écorce en partie semblable à celle des cédrats, dans des variations sans nombre.

Ce bigaradier a donné lieu à plusieurs dissertations, pour expliquer le phénomène qu'il présente. Ferraris le regardoit comme produit par la greffe d'un cédratier, & Gallesio, comme résultant d'une fécondation hybride.

LES BERGAMOTIERS.

Ils ont les fruits acides & très-odorans.

Bergamotier ordinaire.
—— à fruits toruleux.
—— à petit fruit.
—— mellarose.
—— mellarose double.

L'huile essentielle de l'écorce des bergamotiers est d'une odeur plus suave que celle d'aucune autre espèce d'*oranger*. On en tire une essence extrêmement recherchée pour la toilette. On en fait, unie à l'eau-de-vie & au sucre, d'excellentes liqueurs de table.

L'écorce toute entière, séchée dans un moule, devient bonbonnière, & se met à haut prix dans le commerce, sous le nom de *bergamote*.

La variété appelée *mellarose* se cultive beaucoup aux environs de Nice, à raison de la bonne odeur & de la disposition en thyrse de ses fleurs, ainsi que de la singularité de ses fruits aplatis & munis de rayons étoilés.

LES LIMETTIERS.

Ils ont les fruits fades & très-peu amers.

Limettier ordinaire.
—— à petit fruit.
—— à écorce du fruit âcre.
—— d'Espagne.
—— de Rome.
—— à fruit tuberculé.
—— des orfévres.
—— pomme d'Adam.

L'odeur des fleurs des limettiers est foible & particulière. La pulpe de leurs fruits est douce, quelquefois un peu acide, quelquefois un peu amère. Aucune des variétés de cette division n'est d'une utilité prononcée; aussi ne les cultive-t-on qu'en petit nombre & pour compléter les collections.

LES PAMPELMOUSES.

Ils ont les fruits peu aqueux & peu sapides.

Pampelmouse gros pompoleon.
—— pompoleon ordinaire.
—— pompoleon à feuilles crépues.
—— chadec.
—— chadec petit.
—— à grappes.

Les pampelmouses sont uniquement cultivées à raison de la grosseur de leur fruit, quelquefois d'un demi-pied de diamètre, car l'huile essentielle de l'écorce de ce fruit est à peine odorante, & sa pulpe, quoiqu'assez agréable, est trop peu fournie de suc pour être mangée.

LES LUMIES.

Ils ont les fruits doux & les fleurs rouges en dehors.

Lumie poire de commandeur.
—— de Saint-Domingue.
—— rhégine.
—— conique.
—— jarrette.
—— de Valence.
—— de Galice.
—— douce.
—— sacharine.
—— à pulpe d'orange.
—— à pulpe rouge.
—— limette.

On connoît peu les lumies en France, parce qu'on les confond avec les citrons et les limons; cependant la douceur de leur pulpe les en distingue fort bien.

La première espèce lie cette division avec la précédente.

La huitième est la plus connue dans les orangeries de Paris.

L'inutilité des fruits des lumies en rend la culture peu étendue. Les seuls amateurs de collections les recherchent.

LES LIMONIERS.

Ils ont les fruits très-acides & très-savoureux.

Limonier sauvage.
—— incomparable.
—— à fruit cannelé.
—— à petit fruit.
—— de Calabre.
—— caly.
—— bignette.

Limonier

Limonier bignette à gros fruit.
—— de Spardone.
—— rosalin.
—— à fruit sans graines.
—— Pozin.
—— à fleurs doubles.
—— rose.
—— de la Ligurie.
—— barbadore.
—— de Naples.
—— à fruit rond.
—— petit cédrat.
—— d'Espagne.
—— balottin.
—— mella rosa.
—— perette de Saint-Domingue.
—— pérette spatafore.
—— perette striée.
—— perette de Florence.
—— perette longue.
—— ordinaire.
—— cerise.
—— de Gaëte.
—— à fruit fusiforme.
—— à fruit oblong.
—— à fruit canaliculé.
—— impérial.
—— Laure.
—— à grappes.
—— de Reggio.
—— de Saint-Remi.
—— de Nice.
—— paradis.
—— Ferraris.
—— amalfi.
—— de Chalcédoine.
—— à deux mamelons.
—— à fruit digité.

Les habitans de Paris appellent citrons les fruits des limoniers, quoiqu'ils nomment limonade la boisson acide & rafraîchissante qu'ils en tirent.

Peu de limoniers se voient dans nos orangeries, leurs fleurs étant presque sans odeur, & les épines dont leurs jeunes branches sont armées rendant leur culture sujette à inconvénient; mais on y sème fréquemment leurs graines, comme fournissant du plant d'une végétation plus rapide, pour greffer les *orangers* & les bigaradiers, ainsi que je le dirai plus bas.

Il n'en est pas de même dans le midi de l'Europe; le grand commerce qui s'y fait de leurs fruits pour l'usage de la médecine, de la boisson, des arts, &c., en déterminent une grande culture. Ils sont d'ailleurs plus robustes que les *orangers* & les bigaradiers, & chargent quelquefois immensément.

Les variétés les plus remarquables parmi le grand nombre qui viennent d'être énumérées, sont : le *limonier bignette à gros fruit* & l'*ordinaire*, dont les fruits s'apportent en plus grande quantité à Paris; les *limoniers Pozin* & *impérial*, dont les fruits sont les plus gros; les *perettes*, dont la forme est celle des poires; le *limonier de Saint-Remi*, dont les fruits sont plus acides que ceux des autres; le *limonier à deux mamelons*, dont l'écorce se mange.

Il est des limoniers qui fleurissent jusqu'à trois fois dans la même année.

Les Cédratiers ou Citronniers.

Ils ont la chair fort épaisse & la pulpe légèrement acide.

Cédratier ordinaire.
—— à fruit en calebasse.
—— poncire.
—— à gros fruit.
—— à fruit cornu.
—— de Salo.
—— à fleurs doubles.
—— à fruits doux.
—— de Florence.
—— à fruit alongé.
—— à fruit rugueux.
—— de Rome.
—— à fruits à côtes.
—— à fruit sillonné.
—— à fruit glabre.
—— à fruit limoniforme.
—— à petit fruit.

Ce qui distingue le mieux les cédratiers ou citronniers des limoniers, c'est l'épaisseur & les rugosités de leur écorce. Ce sont les plus beaux & les plus productifs des arbres de leur famille. Les quatre premières variétés portent des fruits monstrueux. L'écorce de ces fruits, ou mieux l'huile essentielle qu'elle recèle, sert à la parfumerie & à l'art du liquoriste. La foiblesse de l'acide de leur pulpe les rend inférieurs aux limons; aussi les cultive-t-on plus pour l'agrément que pour l'utilité.

Ce grand nombre de variétés, uniquement prises, pour ainsi dire, autour de nous, indique combien elles doivent être abondantes dans l'Inde & îles qui en dépendent, dans la Chine, l'Italie méridionale, l'Espagne, le Levant, l'Afrique, l'Amérique; tous les jours il s'en forme de nouvelles par les mélanges Hybrides. *Voyez* ce mot.

Quelques-unes de ces variétés forment de grands arbres; d'autres, des arbres moyens; d'autres, de très-petits arbustes. La nécessité où on est, dans le climat de Paris, de les tenir dans des caisses, oblige d'empêcher les premiers de s'élever. La hauteur de quinze à vingt pieds, qu'on leur voit quelquefois, les rend même d'un aspect peu agréable & augmente les difficultés de leur placement dans l'orangerie, de leur transport, de leur taille, &c. Ceux très-bas & à vaste tête sont, en conséquence, préférés par moi.

Les fruits des *orangers* ne mûrissent qu'à la fin

de la seconde année, de sorte qu'au printemps, époque de leur floraison, ils sont en même temps chargés de fleurs & de fruits.

En France, le climat des *orangers* se réduit au territoire de la ville d'Hières. Il semble même vouloir l'abandonner, tant ils sont fréquemment frappés par la gelée. Le premier mois de 1820 leur a été principalement fatal. Ce n'est donc plus qu'au moyen des couvertures pendant l'hiver qu'on pourra à l'avenir en conserver encore en pleine terre.

Les côtes de Gênes, un peu mieux abritées, au moins dans quelques-uns de leurs points, que les environs d'Hières, ont conservé une partie de leurs *orangers*, mais tous ont souffert de la même gelée.

Il y a aussi des *orangers* en pleine terre dans le midi de l'Italie, de l'Espagne & du Portugal, dans la Grèce & les îles de la Méditerranée.

On les retrouve dans plusieurs parties de l'Afrique & de l'Amérique.

Mais c'est dans son pays natal, qui est l'Inde & ses îles, ainsi que la Chine, qu'il faut aller, comme je l'ai déjà observé plus haut, pour voir cet arbre dans tout son luxe, pour connoître toutes les variations dont il est susceptible.

Tous les *orangers* que j'ai vus en pleine terre & en liberté de s'élever, étoient beaucoup moins chargés de fleurs & de fruits que ceux de l'orangerie de Versailles, orangerie que j'ai eu plusieurs années sous ma direction, ce qui provenoit de ce qu'ils poussoient beaucoup plus de branches. Il en étoit de même de ceux qu'on avoit palissadés contre des murs, & qu'on assujettissoit à une taille plus ou moins bien entendue, & ce par la même raison.

Une terre franche, ni trop sèche ni trop humide, est celle dans laquelle l'*oranger* en pleine terre se plaît le mieux.

On lui donne, dans le midi de l'Europe, un ou deux labours par an, & on le taille, ou mieux le débarrasse de ses branches foibles, chiffonnes & gourmandes; mais sur la côte d'Afrique, dans l'Inde, en Amérique, &c., on l'abandonne complétement à lui-même.

A Hières, où la terre est peu fertile, on fume le pied des *orangers* dans le mois de mars. Il en est de même à Malte, & probablement dans beaucoup d'autres lieux. Quand on est à portée de les arroser, soit par l'eau des puits, soit par irrigation, on le fait avec avantage lorsque les sécheresses de l'été sont très-prolongées.

Il est assez ordinaire de voir quelques fleurs sur les *orangers* vers cinq à six ans, mais ce n'est qu'à vingt ans qu'ils commencent à devenir productifs en fleurs, car les fruits ne sont bons que lorsque ces arbres ont acquis l'âge de quarante ou cinquante ans, plus ou moins, selon le terrain, l'exposition, la variété, &c.

Les *orangers* & les bigaradiers donnent leurs fleurs & leurs fruits au commerce. On récolte les premières dans les mois de mai & de juin, en secouant tous les deux jours les arbres sous lesquels on a étendu des toiles.

La récolte des oranges a lieu à la main pendant trois mois, c'est-à-dire, qu'on cueille au commencement de novembre, lorsqu'à peine elles ont pris une teinte jaune, celles qu'on destine à être envoyées au loin; en décembre, lorsqu'elles sont à moitié mûres, celles qu'on met en vente dans les environs; enfin, en février & même plus tard, lorsqu'elles sont parfaitement mûres, celles qu'on veut manger dans toute leur excellence, qu'on veut confire dans du sucre, &c.

C'est parce qu'on ne voit sur les marchés de Paris que des oranges de la première & de la seconde récolte, qu'il est si rare d'en manger de bonnes.

Le bois de l'*oranger* s'emploie dans l'ébénisterie, mais moins aujourd'hui qu'autrefois. Ses feuilles sont d'un fréquent usage dans la médecine, en infusion, comme calmantes. On en retire une huile essentielle parfumée, appelée *petit-grain* dans le commerce.

Ainsi que je l'ai déjà observé, les fleurs des *orangers* & des bigaradiers ont une grande valeur commerciale. Ces derniers en donnent de plus parfumées & de plus nombreuses; c'est pourquoi on préfère les cultiver dans les orangeries du Nord, où les fruits des premiers n'acquièrent jamais la bonté qui leur est propre. On en tire par la distillation avec de l'eau, une liqueur d'une odeur & d'une amertume agréable, dont on fait un grand emploi dans la médecine & dans les alimens, c'est l'*eau de fleur d'orange*, & par la distillation à feu nu, une huile essentielle peu abondante & rarement bonne; aussi préfère-t-on la fixer dans les huiles ou dans les graisses par le simple attouchement des fleurs dans des boîtes hermétiquement fermées.

Ces fleurs se combinent directement avec le sucre, ce qui donne lieu à des friandises de plusieurs sortes qu'on aime toujours trouver dans les desserts.

Infusées quelques heures dans l'eau-de-vie, ces fleurs y déposent leur arôme, & donnent, après avoir saturé cette eau-de-vie de sucre, une liqueur de table aussi agréable que saine, dont le luxe fait un usage très-étendu.

La pulpe des oranges est délicieuse lorsqu'elle est parfaitement mûre, & que l'arbre qui la fournit a crû dans un climat chaud & dans un terrain sec. Le suc de cette pulpe sert à composer l'*orangeade*, ainsi que d'autres liqueurs rafraîchissantes & parfumées, du goût de tout le monde. Par la fermentation on en obtient un vin qui, en vieillissant, prend le goût de celui de Madère. Avec l'extérieur de son écorce, ainsi qu'avec celle du bigaradier & de l'eau-de-vie, on compose des liqueurs de table fort différentes de celles citées plus haut, d'un excellent goût lorsqu'elles ont été convenablement sucrées, dont l'une est connue sous le nom de *curassau*.

La pulpe des bigaradiers ne s'utilise guère que pour arroser les viandes & les poissons de son suc; mais au tiers ou à moitié mûrs, on les confit dans du sucre, soit entiers, soit coupés en quartiers.

Dans le midi de l'Europe, on multiplie les *orangers* & les bigaradiers par le semis de leurs graines, par les marcottes & par les boutures.

Les graines se sèment sur une planche bien abritée, convenablement labourée, & se recouvrent d'un demi-pouce de terre légère. Des arrosemens ont lieu toutes les fois que cela est jugé nécessaire.

Les graines de bigaradier sont généralement préférées, surtout celles du sauvage, attendu qu'elles germent mieux & donnent des arbres plus vigoureux, qu'on peut greffer plus tôt.

Les marcottes ne sont pas d'un emploi très-commun, parce que les arbres qui en proviennent ont de la peine à prendre des racines pivotantes & à se redresser, mais elles s'enracinent la même année lorsque le terrain est frais.

Pour multiplier les *orangers* & les bigaradiers par boutures, on coupe des gourmands, dont il se trouve toujours assez, & on les place bien profondément, pendant les mois de janvier & de février, dans un sol frais & convenablement fumé & labouré. Couvrir le sol de mousse est fort avantageux, en ce que cela empêche l'évaporation de l'humidité, mais ne dispense pas des arrosemens lorsque la sécheresse se prolonge.

Les plants d'*orangers* & de bigaradiers ne se lèvent guère qu'à la troisième ou quatrième année, au printemps, pour être transplantés, soit à demeure, soit en pépinière, dans ce dernier cas, à la distance de deux à trois pieds; on les greffe l'année suivante, & on peut les vendre celle d'après, quoiqu'il soit mieux d'attendre deux ans.

Le commerce des pieds d'*orangers* & de bigaradiers ainsi greffés, est un objet important pour Gênes & Nice, en ce qu'il s'en envoie tous les ans de grandes quantités dans les villes du Nord, pour entretenir les orangeries. On les appelle des *bâtons*.

Les pieds greffés avec deux écussons opposés sont préférés, en ce que leur tête se forme plus promptement & plus régulièrement.

Quoiqu'on place fréquemment des *orangers* & des bigaradiers en espalier, en contr'espalier, en buisson, la seule bonne ou utile manière de les cultiver est en plein-vent, à la distance moyenne de vingt pieds, selon la nature du sol & la variété. Si cette distance paroît trop considérable, on pourra mettre entre des variétés naines. Comme c'est le soleil qui fait prospérer les pieds de ces arbres & mûrir leurs fruits, on doit éviter tout ce peut qui diminuer ses effets. *Voyez* OMBRE.

La vie des *orangers* est généralement d'un siècle à un siècle & demi. J'ai annoncé plus haut qu'il y avoit dans l'orangerie de Versailles un bigaradier qui avoit quatre fois cet âge. On peut transplanter les uns & les autres pendant la première moitié de leur existence, avec certitude de reprise si on y procède convenablement.

Les gelées de dix degrés & au-dessous frappent de mort les *orangers* & les bigaradiers, mais ils repoussent toujours de leurs racines. Ainsi, dès qu'on est assuré que leur tronc est frappé, il convient de le couper rez-terre, & de choisir parmi ses rejets, celui qui est le plus droit & le plus vigoureux pour remplacer le pied. (*Voyez* REJETS.) Les années 1709 & 1820 sont celles où ceux de France ont le plus souffert.

Actuellement je passe à la culture des *orangers* & des bigaradiers en caisse dans les orangeries de Paris & des autres climats du Nord.

A Versailles on préfère semer des graines de limons, parce que les plants qui en proviennent croissent plus rapidement dans leur première jeunesse, & craignent moins les atteintes de la gelée. On sème cependant quelquefois celles des bigaradiers, surtout de la variété à fruits canaliculés.

Ces graines sont placées en mars dans des terrines remplies de terre à *oranger*, & recouvertes d'un pouce de terreau, sur une couche à châssis ou sous une bache, & on les arrose convenablement.

Le plant s'élève à douze ou quinze pouces pendant l'année. On le conserve l'hiver dans l'orangerie.

Au printemps suivant on sépare les pieds & on les met, seul à seul, dans des pots de six pouces de diamètre, qui se placent de nouveau sur une couche à châssis. Dans le cours de l'été, les plus forts pieds peuvent être greffés *à la Pontoise* (*voyez* GREFFE), & les autres l'année suivante.

Cette manière de former des *orangers* d'un pied de haut, chargés de fleurs & de fruits, est extrêmement agréable; aussi s'en vend-il chaque année à Paris bien des milliers pour bouquets, lesquels ne vivent guère que trois ou quatre ans, mais dont il existe des individus qui font de l'âge de la découverte, c'est-à-dire, qui ont cinquante ans. Je ne puis trop en provoquer la pratique en tout pays, même dans ceux où l'*oranger* croît en pleine terre.

Les pieds d'*orangers*, de bigaradiers ou de limoniers, destinés à former de grands arbres, restent dans des pots, ou mieux dans des caisses, dont ils changent chaque année ou chaque seconde année, à mesure qu'ils grandissent, & sont laissés pendant l'été au grand air, dans une exposition méridionale. L'hiver on les rentre dans l'orangerie, ayant soin de les placer à la lumière.

A leur sixième ou huitième année, selon leur force, après avoir successivement élagué leurs branches inférieures, on les greffe, soit en écusson, soit en fente; à cinq pieds de hauteur, terme moyen, des deux côtés opposés; puis, les années suivantes, on forme leur tête, c'est-à-dire, qu'on arrête la direction naturelle des branches qu'ont poussées ces greffes par une taille annuelle telle que ces branches se fourchent, divergent & prennent, dans leur ensemble, non la forme d'une boule, d'un champignon, formes, à mon avis, peu agréables & peu avantageuses, mais celle d'un cylindre, aussi large que haut, terminé par une calotte sphérique ou conique très-surbaissée : c'est celle des *orangers* de Versailles, les mieux conduits que je connoisse.

Chaque année la tête de ces *orangers* ou de ces bigaradiers augmente de hauteur & de largeur, & ils commencent à donner des fleurs vers la cinquième ou la sixième année de leur greffe : dès ce moment on les traite à l'instar des plus vieux.

Comme l'économie du bois & de la main-d'œuvre oblige de mettre les *orangers* & les bigaradiers dans des caisses souvent plus petites qu'il est convenable, on est forcé de leur donner une terre beaucoup plus substantielle que la terre ordinaire, & de la renouveler souvent en tout ou en partie. *Voyez* CAISSE.

A Versailles donc on mêle ensemble une partie de terre franche avec même quantité de terreau de couche, & on y ajoute un cinquième de terre de bruyère, un cinquième de poudrette, un dixième de fumier de vache, un quarantième de fiente de pigeon ou de poule, & autant de crottes de mouton. On en fait un tas conique, qu'on change de place deux fois par an, en le passant à la claie pour en bien mélanger toutes les parties, & au bout de deux ou trois ans on l'emploie : c'est ce qu'on appelle *la terre à oranger*. Sans doute on pourroit en moins compliquer la recette, mais on se trouve bien de celle-ci depuis plusieurs siècles, & on s'y tient.

Si on employoit cette composition aussitôt qu'elle est faite, elle *brûleroit*, comme disent les jardiniers, les racines des *orangers*, c'est-à-dire, que son excès de carbone les feroit périr. *Voyez* ENGRAIS & CHAROGNE.

La terre à *oranger* des jardins des environs de Paris est moins surchargée de principes fertilisans, parce qu'on économise sur la dépense de sa composition; aussi les *orangers* auxquels elle est appliquée ne sont-ils jamais aussi vigoureux & aussi verdoyans que ceux de l'orangerie de Versailles.

Mais quelque bonne que soit la terre qu'on donne aux *orangers* en caisse, elle ne tarde pas à s'épuiser de ses principes fertilisans; ainsi il faut la renouveler. Ordinairement on donne à un *oranger* de grande taille un *demi-rechange* tous les deux ans, & un *rechange complet* tous les six ans.

Dans le premier cas, lorsque la caisse est d'une seule pièce, on enlève avec la bèche ou la pioche, trois, quatre, six pouces de la terre qui touche à ses parois, & on la remplace par de la nouvelle. Lorsqu'elle est formée par des panneaux mobiles, on détache deux de ces panneaux & la terre qui les touchoit, on les replace & on opère comme ci-dessus.

Dans le second cas, on enlève avec une grue le pied de l'*oranger* de sa caisse; on détache la moitié, même les deux tiers de la terre qui entoure ses racines, surtout du dessous; on coupe toutes les racines contournées, affectées de chancres ou seulement irrégulièrement disposées; on remet de la terre neuve au fond de la caisse, on descend l'*oranger* dessus, & on remplit les côtés comme je l'ai indiqué plus haut.

C'est à la sortie des *orangers* & des bigaradiers de l'orangerie que ces opérations s'exécutent le plus souvent; mais quelques jardiniers préfèrent les faire en automne, quinze jours avant la rentrée de ces arbres.

Lorsqu'on a rencaissé un *oranger* malade par quelque cause que ce soit, il est prudent de le placer à l'ombre pendant le premier mois, & de soigner ses arrosemens plus qu'à l'ordinaire.

On doit toujours profiter de ces opérations pour mettre les *orangers* d'une caisse trop petite dans une plus grande, ou pour supprimer les caisses que la pourriture met hors de service.

Comme c'est par l'extrémité des chevelus de l'année que les racines pompent les sucs de la terre, & que la coupe de ces racines détermine le développement de beaucoup de nouveaux chevelus, les rencaissages ravivent toujours les *orangers*.

Le collet des racines des *orangers* est laissé hors de terre à la hauteur des bords de la caisse, afin que, par le tassement de cette terre, il descende à trois à quatre pouces plus bas que ce bord, à l'effet de quoi on augmente la hauteur de la caisse avec quatre petites planches, on charge les racines de nouvelle terre, & on forme un AUGET autour du pied. *Voyez* ce mot.

Un ARROSEMENT abondant doit constamment être le prélude & la suite d'un RENCAISSAGE. *Voyez* ce mot.

Couvrir la terre des caisses avec de la mousse ou de la paille, est encore une bonne précaution à conseiller contre le HALE. *Voyez* ce mot.

Pendant l'été, les *orangers* & les cédratiers s'arrosent très-fréquemment, c'est-à-dire, toutes les fois qu'en introduisant le doigt dans la terre, on s'aperçoit qu'elle est sèche. En automne, & encore plus en hiver, on les rend les plus rares possibles, pour ne pas surcharger d'humidité l'air de l'ORANGERIE. *Voyez* ce mot & celui ARROSEMENT.

Les *orangers* & les bigaradiers en caisse sont dans le cas d'être soumis à trois opérations, dont deux ont lieu presque tous les ans.

La plus rare est le rapprochement, c'est-à-dire, la suppression des branches du second ordre, lorsqu'il est nécessaire de reformer la tête des arbres ou de ranimer leur vigueur. Il n'est pas dans l'orangerie de Versailles d'*oranger* qui n'y ait été assujetti un grand nombre de fois. On ne décaisse pas les *orangers* & les bigaradiers auxquels il a été nécessaire de l'appliquer. *Voyez* au mot RAPPROCHEMENT, où ses principes sont développés.

La seconde de ces opérations est la taille; on l'exécute après que la fleur est passée; c'est-à-dire, en juillet. Elle consiste à couper toutes les branches mortes, maigres, mal placées, trop saillantes. *Voyez* TAILLE.

C'est en la faisant, qu'au moyen d'osiers ou de ficelles, on rapproche les branches trop écartées des autres, & qu'on bouche ainsi un trou d'un aspect désagréable à la tête de l'arbre.

La troisième est l'ébourgeonnement; il a lieu un mois après. Son unique objet est de pincer l'extrémité des pousses de l'année, qui, par leur trop de vigueur ou leur mauvaise direction, déformeroient la tête de l'arbre. *Voyez* les mots EBOURGEONNEMENT & PINCEMENT.

On ne peut décrire l'effet que produit un *oranger* ou un bigaradier de petite taille, lorsqu'il est couvert en même temps de fleurs & de fruits! Tout plaît en lui; ses feuilles, d'un vert luisant, agréable & d'une forme élégante; ses fleurs, d'un blanc éclatant & d'une odeur des plus suaves; ses fruits, qui ne peuvent être comparés pour la couleur, le parfum, la saveur, à aucuns autres: aussi en tout temps & en tous lieux est-il l'objet de l'admiration.

La récolte des fleurs des *orangers* & des bigaradiers a lieu chaque jour, ou au moins chaque deux jours, c'est-à-dire, à mesure qu'elles s'épanouissent. Elle a lieu le matin, à la main, au moyen d'une échelle double, & une à une, en pinçant leur pédoncule. On les met dans un panier accroché à l'échelle, & lorsque l'opération est terminée, on apporte de suite les résultats à la maison, où on les étend sur des toiles jusqu'à leur vente ou leur emploi, qui ne peut être retardé sans qu'elles perdent de leur odeur, & sans qu'elles noircissent & enfin moisissent.

Il n'est pas bon de laisser trop de fleurs ou trop de fruits sur les *orangers* & les bigaradiers, parce qu'ils fatiguent les arbres, & par la nourriture qu'ils exigent & par leur poids.

Des variétés d'*orangers* & de bigaradiers donnent naturellement des fleurs deux fois par an. L'art est parvenu, par le moyen de la suppression antérieure des boutons, de serres & de baches, à les faire fleurir presque tous à l'époque voulue, de sorte qu'il y en a toute l'année en fleurs sur les marchés de Paris.

La récolte des *orangers* & des bigaradiers, objets de nulle valeur commerciale, comme je l'ai déjà observé, a lieu pendant l'hiver.

Pour transporter les *orangers* & les bigaradiers de la place où ils ont passé l'été, à l'orangerie, & de l'orangerie au lieu où ils doivent passer l'hiver, on emploie deux sortes de voitures.

La première est un cadre monté sur une ou deux rondelles pourvues en avant d'une sellette & d'un long timon. En relevant ce dernier & en approchant l'arrière du cadre des pieds d'un des côtés d'une caisse, on n'a qu'à percher la caisse jusqu'à ce qu'elle s'appuie sur la sellette, en la poussant de quelques pouces en avant, pour qu'elle se place sur le cadre, où elle est maintenue par deux fiches de fer.

La seconde est un fardier pourvu d'un cabestan & de deux fortes chaînes de fer, qui se placent sous la caisse & se relèvent au moyen du cabestan, de manière que cette caisse reste droite, à un pied ou deux au-dessus du sol. Les plus gros *orangers* se transportent ainsi avec la plus grande facilité & sans nul inconvénient.

Comme généralement les orangeries sont trop petites pour le nombre des arbres ou arbustes qu'on veut y placer, il est difficile de les écarter suffisamment pour qu'ils jouissent tous de l'air & de la lumière qui leur sont indispensables; aussi, combien en est-il qui sortent ou affectés de JAUNISSE, ou CHANCIS, ou sans feuilles! *Voy.* ces mots.

Pour diminuer ces graves inconvéniens, il est nécessaire de placer les plus gros pieds sur le derrière, & les plus petits sur le devant, & de les aligner le plus rigoureusement possible.

Les soins à donner aux *orangers* & aux bigaradiers dans l'orangerie, sont: 1°. de fermer les portes & les fenêtres lorsque les gelées sont à craindre, & de les ouvrir lorsque le temps est doux & sec; 2°. de les arroser & de les biner au besoin; 3°. d'enlever par de fréquens balayages les feuilles mortes qui sont tombées, ou même de les faire tomber en secouant légèrement les arbres; 4°. de faire la guerre aux cochenilles & autres insectes.

En général, c'est plutôt l'humidité que le froid qui, pendant l'hiver, fait du mal aux *orangers* & aux bigaradiers renfermés dans les orangeries: y établir de petits poêles, pour faire disparoître cette humidité, est donc quelquefois nécessaire.

Il y a lieu de croire que l'extravasion des *orangers* & des bigaradiers, c'est-à-dire, la matière appelée *gomme* ou *colle*, est un effet du cambium que le froid a empêché de s'organiser. Il n'y a pas de remède connu contre cette maladie. *Voyez* CAMBIUM & SÈVE.

La brûlure des feuilles est due aux gouttes de rosée ou de pluie qui ont été échauffées par le soleil. On ne pense à s'y opposer généralement que lorsque le mal est fait. *Voyez* BRULURE.

L'insecte le plus nuisible aux *orangers* & aux bigaradiers renfermés dans les orangeries, est la cochenille des serres (*coccus hesperidum*, Fab.), qui soutire leur sève, les empêche par-là de porter des fleurs, de pousser des branches, qui même les fait quelquefois mourir. On détruit cet insecte en frottant les jeunes branches, où il se place de préférence, avec un morceau de bois, un linge rude, &c., ou en les épongeant avec une forte lessive. *Voyez* COCHENILLE & POTASSE.

Ces cochenilles font fluer de leur anus les restes de la séve qu'elles ont soutirée, en telle quantité que les feuilles & le sol en sont quelquefois mouillés. La poussière se fixe sur cette séve, la rend noire; c'est la croûte de cette couleur qu'on remarque sur les feuilles de l'*oranger*, & qu'on a mal-à-propos prise pour un *demathium*.

Un autre insecte, d'un genre voisin, établi par moi, la DORTHESIE DES CITRONNIERS, produit les mêmes ravages sur les *orangers* du midi de la France; on s'oppose à ses ravages par les mêmes moyens. Je n'ai pas remarqué le KERMÈS ROUGE, qui est cité comme nuisant également & de la même manière aux *orangers*.

La multiplication & la culture des bergamotiers, des limettiers, des pampelmouses & des lumies, diffère fort peu de celle que je viens de décrire. Je me dispenserai donc d'autant plus facilement d'en parler, qu'on ne les voit dans les orangeries du Nord que comme articles de collection, leurs fleurs peu odorantes & peu abondantes n'engageant pas à les y cultiver. Quant aux limoniers & aux cédratiers ou citronniers, ils se cultivent en grand, leurs fruits étant, surtout ceux des premiers, l'objet d'un commerce important, ainsi que je l'ai déjà annoncé; mais leur culture ne differe presque de celle des *orangers* & des bigaradiers, que parce qu'on ne les taille pas & qu'on ne cueille pas leurs fleurs. Le but qu'on se propose est de leur faire produire le plus de fruits possible, & on y parvient en les plantant dans un bon sol, à une bonne exposition, & en les fumant & arrosant dans le besoin. Ils sont en fleurs presque tout l'été.

Les *orangers trifoliés*, car deux ont été confondus sous ce nom, que nous cultivons dans nos orangeries, constituent aujourd'hui les genres LIMONELLIER & TRIPLARIS.

Combien j'aurois pu étendre cet article, si la nécessité de me restreindre n'y avoit pas mis un obstacle insurmontable!

ORCHIDOCARPE. *Orchidocarpum*. Nom donné par Michaux, *Flore de l'Amérique septentrionale*, à un genre de la polyandrie polyginie qu'il a établi aux dépens des COROSSOLS, & qui renferme quatre arbrisseaux dont il n'a pas été convenablement parlé au mot COROSSOL. Il a aussi été appelé PORCELIE & ASSIMINIER.

Espèces.

1. L'ORCHIDOCARPE bélier.
Orchidocarpus arietis. Mich. ♄ De l'Amérique septentrionale.

2. L'ORCHIDOCARPE pygmée.
Orchidocarpus pygmæus. Mich. ♄ De l'Amérique septentrionale.

3. L'ORCHIDOCARPE à grandes fleurs.
Orchidocarpus grandiflorus. Mich. ♄ De l'Amérique septentrionale.

4. L'ORCHIDOCARPE à petites fleurs.
Orchidocarpus parviflorus. Mich. ♄ De l'Amérique septentrionale.

Culture.

J'ai cultivé ces quatre espèces en Amérique & en France. Les deux dernières paroissent avoir disparu de nos jardins; les deux premières y sont même très-rares.

L'*orchidocarpe* bélier s'élève à plus de vingt pieds. Il donne des fruits ovales, recourbés, réunis deux ou trois ensemble au sommet d'un pédoncule commun, & d'un pouce & plus de diamètre, terme moyen, dont la pulpe est agréable au goût, quoiqu'un peu fade, & se mange habituellement dans les pays où il croît. Une terre très-fertile & une exposition chaude lui sont nécessaires. Il ne craint pas les gelées du climat de Paris, mais il y donne rarement du fruit, parce que celles du printemps font avorter ses fleurs, qui sont brunes & s'épanouissent avant les feuilles. On le multiplie de graines tirées d'Amérique ou nées dans nos jardins, ou de rejetons qu'il pousse quelquefois de ses racines. Je n'ai jamais pu faire réussir ni ses marcottes ni ses boutures.

L'*orchidocarpe* pygmée est peu différent du précédent, quoiqu'il s'élève moins & qu'il ait les fruits plus petits: le nom de *pygmée* ne lui convient nullement.

Sa culture est la même.

L'*orchidocarpe* à grandes fleurs est un arbre qui se fait remarquer par la disproportion de trois de ses pétales blancs.

L'*orchidocarpe* à petites fleurs s'élève au plus à deux pieds; la couleur de ses fleurs est la même que celle des fleurs du premier, mais elles sont quatre fois plus petites.

Il seroit à desirer que ces espèces se multipliassent dans le midi de la France, où sans doute leurs fruits manqueroient moins souvent & donneroient constamment de bonnes graines. Quoique la pulpe de la première ne soit pas d'un excellent goût, si j'en juge par les occasions que j'ai eues d'en manger, elles sont saines, & peuvent s'améliorer par une culture suivie.

OREILLETOS. Un des noms de la RENONCULE FICAIRE.

ORME. *Ulmus*. Genre de plantes de la pentandrie digynie & de la famille des amentacées, qui réunit douze espèces, dont une est l'objet d'une très-importante culture en France, attendu qu'elle pousse rapidement, s'accommode de toutes sortes de terres & d'expositions, & que son bois est un des meilleurs connus pour les ouvrages de charronnage.

Observations.

L'*orme* polygame sert aujourd'hui de type au genre Planère.

Espèces.

1. L'Orme des champs.
Ulmus campestris. Linn. ♄ Indigène.
2. L'Orme pédonculé.
Ulmus pedunculata. Linn. ♄ Indigène.
3. L'Orme liège.
Ulmus suberosa. Bosc. ♄ Indigène.
4. L'Orme fauve.
Ulmus fulva. Mich. ♄ De l'Amérique septentrionale.
5. L'Orme à feuilles de charme.
Ulmus nemoralis. Ait. ♄ De l'Amérique septentrionale.
6. L'Orme d'Amérique.
Ulmus americana. Linn. ♄ De l'Amérique septentrionale.
7. L'Orme visqueux.
Ulmus viscosa. Desf. ♄ De l'Amérique septentrionale.
8. L'Orme strié.
Ulmus striata. Bosc. ♄ De l'Amérique septentrionale.
9. L'Orme ailé.
Ulmus alata. Mich. ♄ De l'Amérique septentrionale.
10. L'Orme à feuilles entières.
Ulmus integrifolia. Roxb. ♄ De l'Inde.
11. L'Orme à petites feuilles.
Ulmus parvifolia. Jacq. ♄ De la Chine.
12. L'Orme nain.
Ulmus humilis. Linn. ♄ De Sibérie.

Culture.

Quoique l'*orme* des champs soit un des arbres les plus multipliés dans le nord de la France, & principalement aux environs de Paris, on ne l'y trouve jamais dans les bois de quelqu'étendue, ce qui me semble prouver qu'il n'y est pas indigène. Long-temps j'ai desiré connoître où il croissoit naturellement, sans qu'aucun botaniste pût me le dire; mais j'ai eu enfin la satisfaction de l'observer en place dans les forêts qui couronnent les cimes des Vosges & du Jura, fort près de la ligne des neiges; ce qui explique le phénomène qu'il offre de résister aux plus fortes gelées, & d'avoir des racines très-susceptibles d'en être affectées, lorsqu'elles sont exposées à l'air. En effet, dans les lieux où il a été placé par la nature, ses racines sont, pendant tout l'hiver, recouvertes de plusieurs pieds de neige, ce qui les soustrait à l'action du froid.

La culture de l'*orme* étant très-ancienne & très-étendue, il a dû fournir un grand nombre de variétés, dont quelques-unes offrent des avantages. Les plus communes d'entr'elles sont :

L'*orme à feuilles larges & rudes*.

L'*orme à feuilles étroites & rudes*, vulgairement appelé Ormille.

L'*orme à feuilles glabres & d'un vert noir*.

L'*orme à feuilles très-larges*.

L'*orme à feuilles très-larges, très-rudes, & à écorce des jeunes rameaux velue*, l'Orme gras des pépiniéristes.

L'*orme de Hollande, à feuilles ovales, acuminées, ridées, inégalement dentées*. On l'appelle aussi Orme teille ou Orme tilleul.

L'*orme à petites feuilles & à rameaux relevés*, que quelques écrivains ont nommé l'Orme male, l'Orme pyramidal.

L'*orme à larges feuilles, à rameaux étalés & à fruits alongés*, Orme de Trianon.

L'*orme à feuilles moyennes & à fibres du bois contournées*, vulgairement Orme tortillard.

L'*orme légèrement panaché & à larges feuilles*.

L'*orme fortement panaché, presque tout blanc, & à petites feuilles*.

Ainsi que je l'ai déjà annoncé, l'*orme* est un des arbres qui réunit le plus grand nombre d'avantages. Outre ceux précités, il acquiert les plus fortes dimensions en hauteur & en grosseur; souffre la transplantation presqu'à tous les âges; ses graines donnent du plant l'hiver qui suit leur récolte; il ne craint pas les plus fortes mutilations; se taille au gré de tous les caprices; son bois se prête à tous les services possibles, & pourrit lentement dans l'eau; son feu est ardent, quoique ses cendres ne tombent pas facilement: ces dernières sont très-riches en potasse. Aussi, quelque multipliés que soient les *ormes*, ils ne le sont pas encore assez, & les amis de l'agriculture & des arts doivent faire des vœux pour que leur nombre décuple partout; car on ne peut se dissimuler que la destruction des futaies de chênes, de hêtres, de frênes, &c., nous a mis dans une position très-fâcheuse pour les bois propres aux constructions civiles & navales, ainsi qu'au charronnage & à la menuiserie.

La préférence accordée à l'*orme* pour le charronnage est fondée sur ce que son bois est en même temps léger & tenace, réunion qui ne se trouve dans aucun autre propre à la France; cependant il présente les inconvéniens de se dessécher lentement, & de se tourmenter beaucoup lorsqu'il est travaillé encore vert, ce qui met souvent les roues, les charrues qui en sont faites, hors de service au bout de quelques semaines. Ainsi donc un cultivateur éclairé & jaloux d'éviter des dépenses superflues, devra s'approvisionner de ce bois plusieurs années d'avance, & le faire employer devant lui. Les charrons, par défaut de capital suffisant, même quelquefois pour se ménager plus d'ouvrage, préfèrent le travailler vert.

On a écrit que faire tremper le bois d'*orme* dans

l'eau accéléroit sa dessiccation, en enlevant son mucilage, & cela est vrai; mais il résulte des observations de Varenne de Fenille, que cette opération l'affoiblit. Il vaut beaucoup mieux, selon lui, le faire sécher rapidement à la flamme. Il pese sec 50 livres 10 onces 4 gros par pied cube, & son retrait est un peu plus du seizième de son volume.

Le bois fourni par les *ormes* isolés & en terrain sec est meilleur que celui des *ormes* crûs en massifs & en terrain humide; c'est ce qui rend ceux des routes si précieux pour le charronnage. Ces derniers sont encore meilleurs pour la fabrication des roues, lorsque leur élagage y a fait naître des loupes.

Les *ormes* à larges feuilles poussant plus rapidement que les autres, sont partout, excepté en Flandre, où on n'en connoît pas d'autres, attendu qu'on ne les a multipliés que de marcottes, regardés comme fournissant du bois inférieur.

Les *ormes* tortillards, que quelques personnes croient, à tort, constituer une espèce lorsqu'on ne les a pas greffés sur l'espèce, sont toujours les produit du hasard; cependant, lorsqu'on sème de la graine d'un pied bien caractérisé, on en obtient davantage que de la graine de l'espèce. L'important est de les reconnoître sur pied, ce qui, quoi qu'on en dise, n'est pas aisé dans la jeunesse. Je suis peut-être le seul qui en ait fait greffer annuellement des centaines, pour les multiplier dans les environs de Paris, où ils sont peut-être moins rares qu'ailleurs.

Comme les autres arbres, l'*orme* écorcé sur pied devient plus dur, se sèche plus aisément & se fendille moins. Pourquoi donc lui fait-on si rarement subir cette opération?

C'est la nature du terrain qui décide de la durée la vie de l'*orme*. On en voit de plusieurs siècles dans les bons, qui poussent encore avec vigueur, & ils cessent, dans les mauvais, de croître en hauteur avant un demi-siècle. Ceux de trois à quatre pieds de diamètre ne sont pas rares; cependant comme leur cœur est presque toujours altéré, & qu'on a peu souvent besoin d'une telle grosseur dans les arts, on doit les couper avant qu'ils y soient parvenus, à moins qu'ils servent à ombrager une place publique. J'ai établi autre part que la cessation de leur croissance en hauteur étoit l'indice que le moment de les utiliser pour le charronnage étoit arrivé.

Les cultivateurs de quelques parties de la France, surtout dans les montagnes de l'est, emploient annuellement les feuilles de l'*orme* à la nourriture des bestiaux, & s'en trouvent bien. Pour cela ils coupent les rameaux de ceux qui sont disposés en têtard, tous les deux ou trois ans, à la fin d'août, & les font sécher pour la provision de l'hiver. *Voyez* RAMÉES.

Ses fruits, avant qu'ils aient atteint toute leur grandeur, se mangent en salade dans quelques endroits. Je les ai trouvés un peu fades, mais ils doivent être fort nourrissans, à raison de l'excès de mucilage qu'ils contiennent.

L'écorce de l'*orme* peut se manger aussi, & a été quelquefois mangée dans des temps de disette. On en ordonne la décoction, comme adoucissante, dans les maladies de poitrine & autres.

Les vieux *ormes* coupés rez-terre fournissent un grand nombre de repousses, hautes de trois ou quatre pied & plus, dont les rameaux sont distiqués, c'est-à-dire, rangés sur les deux côtés opposés. On emploie avec avantage ces repousses pour ramer les pois. *Voyez* RAME.

Les *ormes* des routes offrent fréquemment des EXOSTOSES le long de leur tronc, surtout à la partie inférieure, sujette aux heurts des voitures; exostoses qu'on appelle LOUPES, BOUZINS. (*Voyez* ces mots.) On les utilise, à raison de l'entrelacement & de la coloration de leurs fibres, d'une manière très-avantageuse pour faire des meubles de luxe; aussi se vendent-elles très-cher aux environs de Paris & autres grandes villes.

Ainsi donc, si l'*orme* ne peut pas être mis au premier rang des arbres d'agrément, il le dispute à peu d'autres comme arbre utile, & à nul autre comme arbre facile à multiplier; aussi se cultive-t-il généralement, dans le centre & le nord de la France, pour faire des avenues, pour ombrager les routes; on le plante même en quinconce, uniquement pour le couper & le vendre à quarante ou cinquante ans. Il forme quelquefois des taillis très-productifs dans les pays où on fabrique des briques, où on cuit la chaux, le plâtre, parce que ces taillis peuvent être coupés tous les cinq à six ans. On le fait succéder à la charmille dans les jardins ornés, aux épines dans les haies, &c. On en garnit les pentes, pour empêcher l'éboulement des terres, en le tenant très-court. C'est principalement celui à petites feuilles qu'on préfère dans ce cas. Si on avoit planté des haies transversales d'*orme* sur les coteaux cultivés en vignes ou en céréales, des milliers de ces coteaux, aujourd'hui dégarnis de terre, donneroient encore de riches récoltes. *Voyez* TERRASSE.

Outre sa disposition sur les avenues & les routes & en taillis, l'*orme* se cultive encore en têtards, soit à pousses partant seulement du sommet, soit à pousses sortant de tout ou de partie du tronc, principalement aux environs des maisons rurales, pour le chauffage, ou, ainsi que je l'ai déjà dit, la nourriture des bestiaux. Les *ormes* ainsi disposés vivent des siècles, comme on le voit fréquemment aux environs de Paris, & se transforment entièrement, ainsi que certains des routes, comme eux constamment élagués, en bouzin, qui se vend fort cher aux ébénistes, lorsque le cœur n'est pas altéré.

Lever des *ormes* dans les bois pour former des avenues, garnir des routes, est une très-mauvaise pratique, ceux pris dans les pépinières fournissant fant des arbres de même âge, de même force, ayant un bel empatement de racines & donnant des chances bien plus certaines de réussite.

La plantation de l'*orme* s'effectue pendant tout l'hiver, les jours de gelée exceptés, à raison de ce que, ainsi que je l'ai déjà observé, ses racines sont très-sensibles au froid. Sur les routes & les avenues il est alors défensable, c'est-à-dire, que son tronc a six à huit pieds de hauteur sans branches & au moins deux pouces de diamètre, ce qui suppose quatre à cinq ans d'âge. On a vu transplanter avec succès des pieds de quarante à cinquante ans, mais alors la dépense l'emporte de beaucoup sur le profit. Généralement on lui coupe complétement la tête, mais la théorie & l'expérience constatent qu'il est bien préférable de couper les grosses branches à une petite distance du tronc, & de laisser quelques brindilles pour attirer la séve. *Voyez* PLANTATION.

On ne sauroit mettre trop de distance entre les *ormes* des avenues & des routes, car plus leurs racines ont de terre à leur disposition, & plus ils poussent vigoureusement, & plus ils ont de soleil & d'air, plus leur bois est de bonne qualité. Je ne fixe pas ici de distance, attendu qu'elle doit varier selon le terrain & le but qu'on se propose.

Les *ormes* repris sont ou abandonnés à eux-mêmes, ou mis sur deux brins. Ces deux pratiques sont également mauvaises, en ce que, dans la première, les pieds s'épuisent à pousser beaucoup de brindilles, avant qu'une branche verticale prenne le dessus, & que dans l'autre, n'ayant plus assez de feuilles pour alimenter leurs racines, ils poussent très-foiblement. La véritable manière de les conduire, c'est de couper rez du tronc, à la seconde année, toutes les pousses qui rivalisent de grosseur avec la plus directe, & à un pied du tronc toutes les petites. Plus tard, cette dernière soustraction se renouvellera, s'il en est besoin, avec le croissant. *Voyez* TAILLE EN CROCHET.

C'est cette taille au croissant qu'on doit préférer au désastreux ÉLAGAGE (*voyez* ce mot), qui retarde la croissance en grosseur des *ormes* des routes & nuit si fort à la qualité de leur bois, en faisant naître des ULCÈRES ou des GOUTTIÈRES, &c. *Voyez* ces mots.

Rien de plus désagréable à la vue & de plus contraire à la raison, que les *ormes* auxquels on n'a laissé qu'une houppe de branches au sommet.

Des nombreux insectes qui vivent aux dépens de l'*orme*, trois lui nuisent particulièrement. L'un, la GALÉRUQUE (*voyez* ce mot), en mangeant pendant l'été le parenchyme de ses feuilles & en l'empêchant par conséquent de croître en grosseur; l'autre, la BOMBICE COMMUNE, en mangeant ses feuilles au printemps, produit le même effet; le dernier, le COSSUS (*voyez* ce mot), qui, en rongeant son aubier, le fait périr avant le temps & altère la qualité de son bois.

Lorsqu'il doit bientôt mourir, il transsude du tronc de l'*orme*, en automne, une séve épaisse ou cambium, qui est fort recherchée par les papillons, les guêpes & les mouches. C'est le cas de le couper ou de l'arracher.

La multiplication de l'*orme* s'effectue de toutes les manières, c'est-à-dire, par graines, par accrus, par marcottes, par racines, par boutures. La propriété dont il jouit de fleurir en février & de donner ses graines en mai, ne doit pas laisser de doute sur la préférence à donner à sa multiplication par semis, lorsqu'on opère en grand; cependant il est des pays où la multiplication par accru & même par marcotte est la seule usitée. Je renverrai, pour réfuter cette dernière pratique, au mot GRAINE.

Aussitôt que la graine de l'*orme* est naturellement à moitié tombée, on fait tomber le reste avec une perche, ou en secouant fortement ses branches, & on la sème, ni trop drue ni trop écartée, sur une planche convenablement labourée, en terre légère & à une bonne exposition. On ne la recouvre que de deux ou trois lignes de terre. Quelques agriculteurs la disposent en rayons espacés de six pouces. On lui donne des arrosemens au besoin. Il faut veiller dans les premiers jours sur les oiseaux & les campagnols, qui en sont friands.

Souvent, à la fin de l'été, un semis bien conduit a acquis plus d'un pied de hauteur, & peut être mis en pépinière, soit en partie, soit en totalité, dans l'hiver suivant. On l'appelle alors ORMILLE.

Dans les pépinières de Versailles, où il me falloit tous les ans plus de deux cent mille pieds d'ormille, je faisois lever ce plant en avril; les plus forts brins étoient mis de suite en lignes espacées d'un pied & à la distance de deux pieds l'un de l'autre. Le reste se plaçoit, près à près, en rigoles écartées de six pouces; là, il acquéroit de la force &, étoit employé, soit à regarnir les plantations précédentes, soit à former des palissades, des massifs, &c.

L'*orme* en pépinière ne demande que les soins généraux de la culture. A sa seconde année de plantation on le coupe, pendant l'hiver, rez-terre, pour lui faire pousser des tiges plus droites & moins garnies de rameaux, & on le met sur un brin en août; alors, ce brin profitant de toute la séve d'automne, s'élève quelquefois à la hauteur de six pieds & à la grosseur d'un pouce à sa base, pour peu que le terrain soit bon & l'année favorable, ce qui récupère le temps perdu. *Voyez* PEPINIÈRE.

Ce n'est, comme je l'ai déjà annoncé, qu'à la troisième ou quatrième année, après que les *ormes* ont été taillés en crochet, ont eu la tête coupée à six ou huit pieds de hauteur, qu'ils ont été élagués de toutes leurs branches inférieures, qu'on doit les lever pour les transplanter dans le lieu où ils doivent rester. Quelquefois on attend six ans & plus pour avoir de plus gros troncs, mais, à mon avis, c'est presque toujours mal-à-propos.

Les variétés de l'*orme* & les espèces étrangères se greffent sur l'espèce commune, ordinairement à œil dormant.

L'*orme* pédonculé n'est point rare, mais cependant est peu connu, parce qu'il ne se remarque qu'au moment de la fleur & du fruit. Je n'ai pas trouvé d'occasion de faire d'expériences sur la supériorité ou l'infériorité de son bois. Je crois cependant ce bois plus dur & plus élastique. Je ne sais ce que sont devenus ceux, en très-grand nombre, que j'avois obtenus de semis dans les pépinières de Versailles.

L'*orme* liége n'est pas regardé comme espèce par tous les botanistes, & en effet, on trouve des nuances sans nombre entre lui & l'*orme* commun, mais il a constamment six étamines.

Les autres espèces que nous cultivons sont celles des n°s. 4, 6, 8 & 12. Comme ils n'offrent pas plus d'agrément que la commune, on ne les recherche que dans les écoles de botanique & dans les collections des amateurs. Pour assurer leur conservation, j'en ai fait greffer annuellement dans les pépinières de Versailles, & ils doivent être répandus en ce moment dans beaucoup de jardins.

J'ai rapporté des graines de la neuvième espèce, & elles avoient levé. Je ne la vois cependant nulle part. Il est possible qu'elle soit très-sensible à la gelée.

La douzième s'élève seulement à quelques pieds, & pourroit être utilisée dans beaucoup de cas, mais elle est rare dans nos collections.

ORMEAU BLANC. Un des noms du FRÊNE.

ORMILLE. Ce nom s'applique aux semis d'ORME.

ORMIN. C'est une espèce de SAUGE.

ORNE. Le FRÊNE A FLEUR porte ce nom, ainsi que l'intervalle creux des lignes des ceps. *Voyez* VIGNE.

ORPIMENT. Combinaison d'un peu de SOUFRE avec beaucoup d'ARSENIC. Il est jaune, & d'un emploi très-dangereux. *Voyez* ces mots & celui RÉALGAR.

ORTIAGE. Synonyme de JAUNISSE dans les végétaux.

OSIER. Toutes les espèces de saules à rameaux flexibles portent ce nom, mais il s'applique plus particulièrement à trois ou quatre d'entr'elles qui sont d'un emploi général pour faire des liens, des corbeilles, des paniers, des vans, & autres articles d'économie agricole. Les tonneliers en font une grande consommation pour attacher les cercles des tonneaux; aussi est-ce dans les pays de vignoble qu'on en cultive le plus.

Excepté aux environs des villes du premier ordre, la culture des *osiers* se fait rarement en grand. Chacun en plante un peu au-delà de sa consommation, & vend le surplus aux vanniers de profession qui sont établis dans les petites villes voisines. Aux environs de Paris, la culture des saules qui fournissent l'*osier* est un article de grand produit. J'ai vu fréquemment des terres qui en étoient plantées, rapporter cent francs & plus par arpent, sans autre dépense qu'un léger labour & l'opération de la coupe.

Quelqu'étendus que soient la culture & l'emploi de l'*osier*, il s'en faut de beaucoup qu'il s'en trouve dans le commerce autant qu'en réclament les besoins de la société. Il est donc à desirer que l'un & l'autre prennent une plus grande étendue. Ici ce ne sont pas des dépenses exagérées, des difficultés de culture qui arrêtent, c'est le manque d'ouvriers en état de fabriquer les divers articles auxquels s'emploie l'*osier*. Il n'est en effet que quelques points en France où on sache faire des caisses de voitures, des paniers, des vans, &c., & les frais de transport de ces articles fabriqués en éloignent les consommateurs.

Cette circonstance oblige tout propriétaire qui veut cultiver l'*osier* en grand, de s'assurer d'avance s'il pourra trouver un emploi assuré & avatageux de ses produits, car tout travail en agriculture n'a pour but qu'un bénéfice.

Les saules qui sont le plus communément cultivés en France comme *osiers*, sont:

1°. L'OSIER JAUNE, *salix vitellina*, qui est le plus liant de tous, & qui est le plus généralement cultivé aux environs de Paris.

2°. L'OSIER ROUGE, *salix rubra*, qui est un peu moins liant & qui s'élève moins.

3°. L'OSIER BLANC, *salix verminalis*, qui sert principalement pour la fabrication des caisses de voitures & autres articles de grosse vannerie.

4°. L'OSIER BRUN, *salix acuminata*, employé aux mêmes services que le précédent.

5°. L'OSIER PENTANDRE, *salix pentandra*, auquel la même observation s'applique, mais qui est plus rare.

Les *osiers* jaune & rouge demandent une terre légère & humide. L'*osier* blanc ne prospère que sur le bord des rivières, là où il y a une grande profondeur de terre végétale, parce que son principal mérite est d'être très-long (douze à quinze pieds). L'*osier* brun, appelé vulgairement *vache brune*, est le plus mauvais de tous, mais il s'accommode de toute espèce de terre, & il se cultive en conséquence très-fréquemment aux environs de Paris. Son emploi, coupé en septembre, pour la nourriture des bestiaux, n'est pas aussi commun qu'il seroit à desirer. L'*osier* pentandre est d'un emploi moins commun. Il m'a cependant semblé préférable au précédent sous tous les rapports.

6°. L'Osier a feuilles opposées, *salix helix*, Linn., quoique très-caſſant, eſt employé dans les pays de montagnes, où il croît très-abondamment ſur les bords des torrens, ſous le nom d'*oſier bleu*.

Je crois qu'il pourroit devenir très-avantageux de cultiver l'Osier violet, *salix acutifolia*, Willd., qui vient de Sibérie, & que j'ai multiplié en conſéquence dans les pépinières ſoumiſes à ma ſurveillance, car c'eſt celui qui s'élève le plus, ſans prendre trop de groſſeur à ſon pied.

Il eſt des pays en France, où on laiſſe les *oſiers* monter en arbre, & dans ce cas, leurs pouſſes ſont minces & peu longues, ce qui eſt un avantage lorſqu'on les utiliſe pour lier la vigne, les eſpaliers, les légumes, &c., mais ce qui rend leur coupe plus difficile & plus dangereuſe.

Généralement on tient les *oſiers* en têtard preſqu'à la ſurface de la terre, parce que ce n'eſt qu'alors qu'ils font des pouſſes auſſi longues qu'il eſt poſſible; cependant cette vigueur eſt quelquefois nuiſible, en ce qu'elle détermine en août, dans les *oſiers* jaune & rouge principalement, la ſortie de rameaux axillaires, ou brindilles qui empêchent la prolongation du jet principal. A Paris, ces brindilles, qui ſont très-grêles & très-flexibles, ſont recherchées pour le paliſſage des eſpaliers; ailleurs elles ſervent à lier la vigne.

La fin de l'hiver eſt l'époque où les *oſiers* ſe coupent, parce qu'ils ont alors acquis toute la maturité dont ils ſont ſuſceptibles. Plus tôt, ils ſeroient caſſans, ſurtout à leur ſommet. Plus tard, la ſéve ſeroit en mouvement & la repouſſe en ſouffriroit.

On doit couper les *oſiers* avec la ſerpette, le plus près poſſible de la tête, afin de retader d'autant l'élévation de cette tête, élévation qui, comme je l'ai déja annoncé, nuit à celle des pouſſes. C'eſt ordinairement lorſque cette élévation eſt parvenue à deux pieds de terre que l'oſeraie eſt épuiſée, & qu'il eſt convenable de l'arracher pour en établir une autre ailleurs.

Les *oſiers* coupés ſont enſuite débarraſſés, au moyen de la ſerpette, des brindilles dont il a été parlé plus haut. Ils ſont dès-lors dans le cas d'être employés pour faire des liens de toutes ſortes, des paniers, des claies, &c. Lorſqu'on veut confectionner des paniers fins, il faut les débarraſſer de leur écorce. Pour cela, on les met dans une cave humide ou dans l'eau, & lorſque leur ſéve s'eſt développée au printemps, on enlève cette écorce au moyen de deux morceaux de bois entre leſquels on les tire un à un avec rapidité.

Pluſieurs ouvriers, entr'autres les tonneliers, ont beſoin de refendre l'*oſier* pour l'employer à certains objets. Pour cet effet, après avoir fendu le gros bout en deux ou en quatre avec un couteau, on introduit un morceau de fer ou de bois taillé en biſeau, & on tire à ſoi avec la main droite du côté du petit bout, la gauche retenant le gros. Pour peu qu'on ait d'uſage, cette opération réuſſit preſque toujours.

L'*oſier* qui vient d'être coupé ne doit pas être employé dans la vannerie ni dans la tonnellerie, à raiſon du retrait qui eſt la ſuite de ſa deſſiccation; mais comme il n'eſt pas flexible étant ſec, on le met tremper un jour ou deux dans l'eau, au moment de s'en ſervir, pour lui rendre du liant.

Dépoſé dans un lieu ſec, l'*oſier* peut ſe garder bon pendant un grand nombre d'années, lorſque la vrillette ne l'attaque pas, ce qui eſt aſſez rare.

La multiplication de toutes les eſpèces d'*oſier* s'exécute excluſivement par boutures, quoiqu'il fût peut être mieux d'employer la voie des marcottes. A cet effet, on coupe le gros bout des plus gros brins, de la longueur d'un pied, & on les met en terre, obliquement, en quinconce, à quatre, cinq ou ſix pieds de diſtance, ſelon l'eſpèce & ſelon la nature du ſol, dans un terrain défoncé à deux pieds. Cette opération peut s'exécuter depuis l'époque de la tonte juſqu'à celle de l'entrée en ſéve.

Si on ne pouvoit pas défoncer, il faudroit au moins faire des tranchées d'un pied de large & d'autant de profondeur; mais, dans ce cas, les produits ſeroient moins avantageux.

Une terre fraîche, je le répète, doit toujours être préférée pour planter une oſeraie; cependant on en voit quelquefois, ſurtout lorſque des *oſiers* jaunes ou rouges la compoſent, dans des lieux ſablonneux & arides; mais alors ſes produits ne peuvent être employés qu'à lier la vigne & à paliſſer les eſpaliers.

Je le répète, l'*oſier* blanc demande une excellente terre profonde, parce que plus ſes pouſſes ſont longues, mieux elles ſe vendent.

L'*oſier* brun ſe contente des argiles les plus infertiles, pourvu qu'elles gardent l'eau pendant l'hiver & le printemps.

Les pouſſes de la première & de la ſeconde année ne ſe coupent pas, pour donner aux racines le moyen de ſe fortifier; & ce n'eſt qu'à la ſixième que ces pouſſes ont acquis toute leur longueur.

Une oſeraie en bon fonds dure trente années & plus.

Si les beſtiaux n'étoient pas friands des pouſſes de l'*oſier*, on pourroit avec avantage en former des haies, comme j'en ai vu dans beaucoup de vignes, où ils n'entrent jamais, attendu qu'elles ſe garniſſent à l'époque où il eſt néceſſaire de mettre en défenſe les produits de la culture.

Planter pluſieurs rangs d'*oſiers* le long des rivières ſujettes aux débordemens, ſeroit une opération très-utile, en ce qu'arrêtant les terres & les débris des végétaux, l'élévation du ſol ſeroit accélérée.

Quelques touffes d'*oſier* au milieu des gazons, ou à quelque diſtacce des maſſifs des jardins payſagers, produiſent toujours un très-bon effet.

P

PACHYNÈME. *Pachynema.* Arbrisseau de la baie de Carpantarie, de la décandrie trigynie & de la famille des dilleniacées, qui seul forme un genre, au rapport de M. Brown.

Nous ne le cultivons pas en Europe.

PACHYPHYLLE. *Pachyphyllum.* Plante parasite du Pérou, de la famille des orchidées, décrite par Humboldt, Bonpland & Kuhth.

Elle ne se cultive pas dans nos jardins.

PACOURIER. *Pacouria.* Arbrisseau de la Guyane, qui, selon Aublet, forme un genre dans la pentandrie monogynie. Il se rapproche de l'ambelani. On ne le voit dans aucun de nos jardins.

PADOTE. Genre établi par Adanson aux dépens des marubes. Il n'a pas été adopté.

PÆDÈRE. Synonyme de DANAÏDE.

PAGÉSIE. *Pagesia.* Plante de la Louisiane, qui forme un genre fort voisin des GERARDES. Nous ne la cultivons pas.

PALÉOLAIRE. *Paleolaria.* Plante voisine des ADÉNOSTYLES, laquelle forme un genre dans la famille des synantherées, au rapport de L. Cassini. Cette plante, dont le pays natal n'est pas connu, se cultive au jardin du Muséum de Paris.

PALIURE. *Paliurus.* Genre de plante qui a fait partie des NERPRUNS, mais qui en a été séparé par les botanistes modernes, à raison de son fruit, qui n'est pas une baie. Il se rapproche beaucoup du JUJUBIER, aussi jadis réuni avec lui.

Ce genre ne renferme qu'une espèce, très-commune dans les haies, les buissons des parties méridionales de l'Europe, & se cultivant dans les jardins : on la connoît vulgairement sous les noms d'*argalou*, d'*épine de Christ*, de *porte-chapeau.* Elle feroit l'arbuste d'Europe le plus propre à la composition des haies, si on pouvoit l'astreindre à vivre dans cette disposition; mais elle veut être isolée, & les plus forts pieds font toujours périr les plus foibles qui en sont voisins, ainsi que je m'en suis assuré en France, en Espagne & en Italie.

La multiplication du *paliure* s'effectue par ses graines, dont il donne abondamment, & par marcottes qui reprennent dans l'année; mais, excepté les écoles de botanique & les jardins des amateurs, on ne cherche nulle part à le reproduire, attendu qu'il n'est utile que pour chauffer le four ou cuire les briques, & que ses nombreuses épines le rendent redoutable à tout le monde. Son aspect, soit lorsqu'il est en fleur, soit lorsqu'il est en fruit, est cependant pittoresque. Il craint les gelées du climat de Paris.

PAMPHALÉE. *Pamphalea.* Plante herbacée de l'Amérique méridionale, qui constitue un genre dans la syngénésie égale, division des labiatiflores.

On ne la voit pas dans nos jardins.

*PANAGYRE. *Panagyrum.* Plante de la syngénésie égale, section des labiatiflores, qui seule constitue un genre.

Nous ne la cultivons pas.

PANARINE. *Voyez* PARONYQUE.

PANDACA. Arbre de la famille des apocinées, originaire de Madagascar, qui se cultive à l'Ile-de-France. Il ne se voit pas encore en Europe.

PAPYRIER. Nom donné par Lamarck au MURIER A PAPIER. *Voyez* ce mot.

PAQUIS. Dans quelques cantons, ce mot indique un PATURAGE en général; dans d'autres, il est synonyme de FRICHE. *Voyez* ces mots.

Je n'approuve point la conservation des *paquis*; mais comme il en est que des causes prédominantes empêchent de défricher, je voudrois, 1°. qu'on les divisât en ENCLOS par des perches transversales ou des HAIES sèches, afin que l'herbe pâturée puisse repousser avant d'y mettre les bestiaux; 2°. que tous les ans, en automne, on fasse enlever, à la pioche, les buissons & les grandes plantes vivaces, pour semer en place des graines de graminées, de trèfle, de luzerne, de sainfoin, &c. *Voyez* PRAIRIE & COMMUNAUX.

PARADIS. Variété de POMMIER de nature fort foible, jadis trouvée dans un SEMIS, & qui, depuis cette époque, se multiplie par REJETONS ou par MARCOTTES, pour greffer les autres variétés, lorsqu'on veut qu'elles restent petites & qu'elles donnent des fruits plus tôt que lorsqu'elles sont greffées sur SAUVAGEON, sur FRANC & sur DOUCIN. *Voyez* tous ces mots & le mot NAIN.

Les pommes de *paradis* sont des fruits à CIDRE de première saison. *Voyez* ce mot.

Ce qui distingue le plus le *paradis* des autres pommiers, c'est la fragilité de ses racines.

Toute *pépinière* bien montée ne peut se passer d'un nombre de MÈRES de *paradis*, proportionné à son étendue, pour en retirer chaque année les ACCRUS & les employer. *Voyez* ces mots.

On retire aussi les accrus qui ont poussé sur

les racines des arbres greffés, lorsqu'on lève ces arbres pour les mettre en place ou les vendre.

Aux environs de Paris, les *paradis* sont souvent infestés de la BRULURE. Il faut donc les examiner avec la plus scrupuleuse attention lorsqu'on les achète, & repousser sans miséricorde ceux qui offrent le plus petit signe de cette funeste maladie. *Voyez* son article.

Les pommiers greffés sur *paradis* donnent peu de fruits, mais ces fruits sont généralement très-gros & commencent à donner quelquefois la première année de la greffe, & presque toujours la seconde. On peut même, mais cela n'est pas à conseiller, en obtenir la même année, en les greffant en fente au printemps, avec une branche garnie de boutons à fleurs.

La vie des pommiers greffés sur *paradis* n'est pas aussi courte qu'on le croit communément. Lorsqu'ils sont conduits convenablement, elle se prolonge jusqu'à vingt-cinq & trente ans.

PARENCHYME. Nom de la substance des bois, des feuilles, des fleurs, des fruits, &c. Elle est composée de vésicules souvent irrégulièrement hexagones, qui se lient les unes aux autres & forment, par leur séparation, les vaisseaux des plantes. *Voyez* BOIS, ARBRE, PLANTE, FRUIT, FEUILLE.

PARER LES VIGNES. C'est, à Orléans, reporter en automne, au pied des ceps, la terre qui en a été retirée par les binages d'été. Dans d'autres vignobles, c'est tout le contraire. *Voyez* VIGNE.

PARMENTIÈRE. Quelques agronomes donnent ce nom à la POMME DE TERRE.

PAROIS. Ce sont les arbres de la lisière des bois, dans le langage forestier.

PARONYCHIÉES. Famille de plantes intermédiaire entre les CARYOPHYLLÉES, les AMARENTHACÉES, les PORTULACÉES & les SCLÉRANTHÉES. *Voyez* ces mots.

PAROPSIE. *Paropsia.* Arbrisseau de Madagascar, intermédiaire entre les COURGES & les PASSIFLORES, dont les graines se mangent.

Il n'a pas encore été introduit dans nos cultures.

PARSONSIE. *Parsonsia.* Genre de plantes de la pentandrie monogynie & de la famille des apocinées, qui réunit six à huit plantes de la Nouvelle-Hollande, fort voisines des ÉCHITES, dont aucune n'est cultivée en Europe.

PASSAU. ARAIRE fort léger qui diffère peu du CULTIVATEUR. *Voyez* ces mots & celui CHARRUE.

PASSOIRE. Vase de bois, de fer-blanc, de terre, percé de trous très-petits, ou ayant une ouverture inférieure plus étroite, garnie de linge, qui sert à débarrasser le lait des pailles ou autres ordures qui ont pu y tomber. Sa forme & sa grandeur varient sans fin. *Voyez* LAIT.

PASTENC. Pré qu'on laisse en PATURAGE. *Voyez* ce mot.

PATRINIE. *Patrinia.* Les genres de plantes appelées de ce nom sont connues aujourd'hui sous ceux d'ELSHOLTIE & de FEDIE.

PATUREAU. Synonyme de BERGER, de BOUVIER, de VACHER.

PATUREAU. Dans le département de la Nièvre, c'est un pré de seconde qualité, qu'on abandonne aux bœufs & aux poulains pendant l'été, les autres bestiaux vivant sur les jachères. *Voyez* PRAIRIES.

PATURES GRASSES. Nom, dans la Flandre, des PRAIRIES ARTIFICIELLES, composées de graminées, semées & fumées, dans lesquelles on met les bœufs à l'engrais, les vaches laitières & les poulains dont on veut élever la taille. *Voyez* HERBAGE.

PAVIA. Nom d'une espèce du genre MARRONIER, qui a servi de type à un genre distinct non admis par tous les botanistes. *Voyez* le mot précité.

PEAT. Sorte de HOUE usitée dans le Médoc.

PÊCHER. Arbre qui appartient au genre des AMANDIERS, & qui est en Europe l'objet d'une culture fort étendue. *Voyez* le mot précité.

C'est de Perse dont le *pêcher* est originaire, ainsi que le constatent les documens historiques & les témoignages de mon collègue Olivier, de l'Institut, qui a apporté des noyaux de son type, cueillis dans l'état sauvage, noyaux qui ont levé au jardin du Muséum. Mon collègue Thouin a décrit & figuré, dans les *Annales du Muséum*, le *pêcher* qui est provenu de ces noyaux, & dont le fruit se rapproche de l'avant-pêche blanche. J'ai mangé bien des fois, depuis lors, de ces fruits, & je ne puis concevoir d'où vient le préjugé qui veut que la pêche sauvage est un poison, car ils m'ont toujours paru passablement bons.

Le climat de Paris est déjà trop froid pour cultiver le *pêcher* en plein vent. Celui où il commence à donner sans soins de bons fruits, est celui de Dijon. Plus au midi il réussit encore mieux, mais ses fruits, je ne sais pourquoi, semblent perdre de leur bonté. En Italie, on préfère les pavies, variétés à chair ferme, monstrueuses par leur grosseur, mais que je regarde comme inférieures en bon goût.

Le *pêcher* ayant pour caractère naturel de perdre ses rameaux inférieurs à mesure que les supérieurs s'alongent, de ne pas pouvoir s'élever à plus de douze à quinze pieds, & de ne point laisser sortir de bourgeons de son écorce, est plutôt arrivé qu'aucun autre arbre à la décrépitude, lorsqu'il n'est pas dirigé par l'art dans sa croissance; aussi ne subsiste-t-il guère, dans les vignes de Bourgogne, plus de dix à douze ans dans toute sa force végétative, & souvent est-il déjà mort à cet âge.

C'est exclusivement de noyaux & par la greffe sur amandier & sur prunier que se multiplie le *pêcher*.

Le premier de ces moyens donne presqu'autant de variétés que de noyaux, les unes fort grosses & fort bonnes, les autres fort petites, fort amères & bien inférieures à celle de Perse, dont j'ai parlé plus haut. Par le second, on conserve les bonnes variétés pendant des siècles.

Dans toute l'Europe méridionale, les *pêchers* se cultivent isolés dans les jardins, les champs, les vignes, mais nulle part, du moins à ma connoissance, en grand, les fruits ne s'y employant qu'à manger & se conservant peu. Il n'en est pas de même dans l'Amérique septentrionale, où ces fruits servent à faire de l'eau-de-vie. Là, on voit de grands espaces, des centaines d'arpens, qui en sont couverts, & leur culture est celle qui donne le meilleur revenu aux propriétaires de terre de ce pays.

Les *pêchers* en plein vent commencent à donner du fruit à leur troisième & à leur quatrième année. A cette époque on supprime leurs branches inférieures. C'est à leur huitième année qu'ils sont dans toute leur force. Ils y restent trois à quatre ans, pendant lesquels ils fournissent immensément de fruits, pour peu que le printemps leur soit favorable, fruits dont une partie tombe toujours avant leur complète maturité.

Une terre sèche & légère est celle où les *pêchers* en plein vent prospèrent le mieux. Il faut y joindre, dans le Nord, une exposition chaude.

Le noyau du *pêcher* doit être semé avant l'hiver, ou être stratifié avec de la terre pendant cette saison, pour qu'il lève avec certitude, car il rancit avec une grande célérité. Presque toujours on le sème en place, pour que les arbres qui en doivent provenir étant pourvus de leur pivot, puissent aller chercher leur nourriture dans les couches inférieures du sol. Quoique très-épais, il germe promptement. Le plant qui en provient atteint quelquefois un ou deux pieds de haut la première année.

Il n'est point d'arbre fruitier qui soit plus fréquemment frappé de mort, sans cause apparente, que le *pêcher*. C'est à la gomme qu'on attribue le plus communément cet effet, mais je l'ai vu se produire dans des circonstances où il m'étoit impossible de le supposer.

Je regarde la gomme plutôt comme suite que comme cause de maladie. On porte souvent obstacle à ses désastreux résultats par des engrais & des arrosemens. Je crois que c'est dans les racines qu'on doit trouver les motifs de la perte subite des *pêchers* en plein vent; du moins les ai-je vus attaqués de l'Isaire, du moins les ai-je vus ne pas résister à une grande Secheresse. *Voyez* ce mot.

Les dernières gelées du printemps nuisent souvent aux *pêchers* en plein vent, en faisant avorter leurs fleurs, & même en faisant périr leurs bourgeons. Celles de l'automne sont peu à craindre pour eux.

On peut tirer un bon parti du bois du *pêcher* dans l'ébénisterie, attendu que son grain est fin & susceptible d'un beau poli, que sa couleur, nuancée de rouge & de brun, est très-agréable à l'œil. Il faut ne l'employer que sec, parce qu'il est sujet à se gercer. Son poids est, dans cet état, par pied cube, selon Varenne de Fenille, de cinquante-deux livres six onces six gros.

Mais le *pêcher*, si frêle, si dégarni de branches, de si courte durée en plein vent, devient vigoureux, d'une grande étendue, dure un siècle, disposé en espalier & convenablement conduit, comme je le ferai connoître plus bas.

Parmi la multitude des pêches qu'ont données & donnent encore chaque année, les semis de leurs noyaux, on en a distingué une cinquantaine, qui sont, depuis un grand nombre d'années, multipliées dans les jardins des environs de Paris, & qui sont décrites dans les ouvrages de Duhamel & autres.

Ces pêches se rangent sous quatre divisions :

1°. Les *pêches proprement dites*, dont la peau est velue, dont la chair est fondante & se détache facilement du noyau;

2°. Les *pavies*, dont la peau est velue, dont la chair est ferme & ne quitte pas le noyau;

3°. Les *pêches violettes*, dont la peau est violette, lisse, & dont la chair fondante quitte aisément le noyau;

4°. Les *brugnons*, qui ont la peau violette, lisse, & dont la chair est adhérente au noyau.

Voici, sous chacune de ces subdivisions, l'énumération de ces variétés.

Pêches proprement dites.

L'Avant-pêche blanche. Ses fruits sont de la grosseur d'une noix, ronds ou alongés, peu colorés. Leur chair est blanche, succulente, musquée. Elle mûrit au commencement de juillet lorsque l'arbre est bien exposé.

L'Avant-pêche rouge ou *avant-pêche de Troyes* est plus grosse que la précédente, rouge du côté du soleil, jaune du côté de l'ombre; sa chair est blanche, fondante, musquée, mais peu sucrée. Elle mûrit à la fin de juillet.

L'Avant-pêche jaune est de la grosseur de la première, rouge du côté du soleil & jaune du côté de l'ombre; sa chair est jaune, fondante, douce, sucrée; son noyau est rouge.

La Petite mignonne, ou *double de Troyes*, a plus d'un pouce & demi de diamètre; sa peau est très-colorée en rouge du côté du soleil, & jaune tiqueté de rouge du côté de l'ombre; sa chair est blanche, ferme, vineuse, très-agréable au goût. Elle mûrit au commencement d'août.

La MADELAINE BLANCHE a deux pouces de diamètre; sa peau est jaune tiqueté de rouge du côté du soleil; sa chair est blanche avec quelques points rouges, fondante, sucrée, musquée. Elle est plus sensible aux gelées que les précédentes.

On en connoît une sous-variété plus petite.

La PÊCHE DESPREZ est de la grosseur de l'avant-dernière; un peu comprimée, avec un sillon & un mucron; sa peau est d'un blanc-jaunâtre; sa chair est fondante, vineuse, agréable. Poiteau & Turpin l'ont figurée.

L'ALBERGE JAUNE, ou *pêche jaune*, ou *rosamont*. Sa peau est rouge du côté du soleil, & jaune du côté de l'ombre; sa chair, d'un jaune vif, est sucrée, vineuse, souvent pâteuse. Elle mûrit à la fin d'août.

La PÊCHE BRÆDDICK est très-rouge du côté du soleil, & jaune du côté de l'ombre & en dedans. On la dit excellente. C'est d'Amérique qu'elle a été apportée. Sa figure se voit pl. 3 du second volume des *Transactions de la Société horticiculturale* de Londres.

La GROSSE MIGNONNE, ou *veloutée de Merlet*, est d'un rouge très-foncé du côté du soleil, & d'un jaune verdâtre du côté de l'ombre; sa chair est blanche, fondante, sucrée, relevée. C'est une des plus productives & des plus cultivées aux environs de Paris. Son diamètre est de plus de deux pouces.

La POURPRÉE HATIVE, ou *vineuse*, est un peu plus petite que la précédente. Sa peau est rouge, même à l'ombre; sa chair est blanche, succulente, vineuse, quelquefois aigrelette, & rougeâtre sous la peau.

La CHEVREUSE HATIVE, ou *belle chevreuse*, est de la grosseur de la grosse mignonne. Sa peau est d'un rouge vif du côté du soleil, & souvent tuberculeuse autour de la queue; sa chair est blanche, fondante, sucrée, mais peu fine de goût.

La PÊCHE D'ITALIE, plus grosse, passe pour sa sous-variété.

La GALANDE, ou *belle-garde*, ou *noire de Montreuil*, de la grosseur de la précédente; sa peau est d'un rouge-pourpre foncé; sa chair est ferme, sucrée, de très-bon goût, & rouge auprès du noyau. C'est une des meilleures.

L'INCOMPARABLE EN BEAUTÉ; sa chair est ferme & vineuse; son noyau est renflé. Elle mérite d'être plus cultivée.

La VINEUSE DE FROMENTIN est vineuse, d'un rouge très-foncé.

La BELLE CHARTREUSE est ovale; sa peau est d'un rouge clair du côté du soleil, & jaune du côté de l'ombre; sa chair est jaunâtre, peu fondante, mais sucrée & assez agréable. Elle mûrit au commencement de septembre.

La CHANCELIÈRE diffère peu de la précédente, est plus fondante & plus sucrée. Elle mûrit un peu plus tard.

La BELLE BAUME est dans le même cas. Sa peau est plus fine & plus colorée.

La MADELAINE ROUGE, ou *madelaine de Courson*, est un peu plus grosse que les précédentes; sa chair est sucrée & d'un goût relevé. C'est une des meilleures, mais l'arbre, trop vigoureux, fournit peu.

La PÊCHE DE MALTE se rapproche de la madelaine blanche; sa peau est d'un rouge marbré du côté du soleil, & vert clair du côté de l'ombre; sa chair est blanche, musquée & très-agréable.

La BOURDINE, ou *narbonne*, ou *belle de Tillemont*, est ovale & a deux pouces de diamètre; sa peau est très-colorée du côté du soleil; sa chair est blanche, fondante, vineuse, d'un goût excellent. On la regarde comme une des plus belles & des meilleures. Le milieu de septembre est l'époque de sa maturité.

L'ADMIRABLE est plus grosse que la précédente, de laquelle elle se rapproche beaucoup pour les qualités, & avec laquelle on la confond fréquemment.

Le TÊTON DE VÉNUS. Sa grosseur est de deux pouces & demi de diamètre; une grosse saillie se remarque à sa tête; la coloration de sa peau est foible; sa chair est blanche, fondante, parfumée d'une saveur agréable.

La ROYALE diffère peu de la précédente; elle est plus colorée & plus sucrée; son noyau est sujet à s'ouvrir.

La BELLE DE VITRY, ou *admirable tardive*, est de la grosseur des précédentes; sa peau est marbrée du côté du soleil, & verdâtre du côté de l'ombre; sa chair est d'un blanc jaunâtre, veinée de rouge près le noyau, ferme, succulente, agréable. Elle gagne à être cueillie quelques jours avant d'être mangée.

Le TEINT DOUX; sa peau est d'un rouge tendre du côté du soleil, & verte du côté de l'ombre; sa chair est blanche, veinée de rouge, vineuse; son noyau est sujet à s'ouvrir, ce qui la fait BOUFFER & diminue sa bonté.

La NIVETTE, ou la *veloutée*, est un peu plus petite que la précédente, dont elle se rapproche d'ailleurs beaucoup; sa chair est ferme, sucrée, succulente, quelquefois un peu âcre.

Le PÊCHER A FLEURS SEMI-DOUBLES a les fleurs composées de plus de cinq pétales; son fruit est quelquefois irrégulier, d'un pouce & demi de diamètre; sa peau est fauve du côté du soleil, & verdâtre du côté de l'ombre; sa chair est blanche & d'un goût assez agréable.

La POURPRÉE TARDIVE a deux pouces & demi de diamètre; sa peau est d'un rouge vif du côté du soleil, & jaune du côté de l'ombre; sa chair est très-rouge près le noyau, succulente, d'un goût relevé. Elle mûrit au commencement d'octobre.

La Chevreuse tardive est de la grosseur de la précédente, mais alongée; sa chair est très-agréable, mais ne mûrit pas toutes les années aux environs de Paris. On l'y cultive cependant beaucoup.

L'Abricotier, ou *admirable jaune*, a trois pouces de diamètre; sa peau est rougeâtre du côté du soleil, & jaune du côté de l'ombre; sa chair est jaune, parfumée, ayant un peu le goût de l'abricot.

La Cardinale, ou *betterave*, ou *druselle*, ou *sanguinole*, varie beaucoup dans sa grosseur; sa peau est d'un rouge obscur dans toutes ses parties; sa chair est sèche, peu agréable. On la mange en compote.

La Persique a plus de deux pouces de diamètre, est ovale & parsemée de verrues. Sa peau est d'un beau rouge du côté du soleil; sa chair est blanche, ferme, très-agréable, quelquefois aigrelette. Quoique très-tardive, elle est excellente.

La Pêche de Pau est très-grosse; sa chair est d'un blanc-verdâtre, fondante, agréable. Rarement elle mûrit dans le climat de Paris.

Les pavies.

Le Pavie blanc, ou *pavie Madelaine*, ou *pêche-pomme*, a plus de deux pouces de diamètre; sa peau est marbrée du côté du soleil, & blanche du côté de l'ombre; sa chair est ferme, blanche, succulente: il mûrit au commencement de septembre. On peut le reproduire par ses noyaux.

Le Palais d'Angoumois, ou *pavie-alberge*, ou *pavie Sainte-Catherine*, est tout rouge, mais plus du côté du soleil; sa chair est jaune, fondante, excellente. Il mûrit vers la fin de septembre.

Le Pavie jaune, & ses sous-variétés de *Casers* & de *Toulon*, est très-gros & aplati comme l'abricot; sa chair est un peu sèche, mais excellente. Il mûrit au commencement d'octobre.

Le Pavie de Pomponne, ou *pavie camus*, *pavie rouge*, a quelquefois plus de quatre pouces de diamètre. Sa couleur est rouge du côté du soleil, & verte du côté de l'ombre; sa chair est blanche, dure, & cependant succulente, musquée, sucrée, très-agréable.

Le Pavie de Pamiers a jusqu'à huit pouces de diamètre, mais du reste, diffère à peine du précédent.

Ainsi que je l'ai observé, les pavies réussissent mieux dans le Midi. Ce n'est, pour ainsi dire, que par amusement qu'on les cultive dans les jardins des environs de Paris.

Les pêches violettes.

La Pêche cerise a au plus un pouce & demi de diamètre; sa peau est d'un rouge-cerise du côté du soleil, & d'un jaune de cire du côté de l'ombre; sa chair est d'un blanc-jaunâtre, fondante, d'un assez bon goût dans les terrains secs & chauds. Elle mûrit au commencement de septembre.

La Petite violette hative diffère peu de la précédente, mais elle est beaucoup meilleure. Il en est de même de sa sous-variété, appelée d'*Angervillers*.

La Grosse violette hative a deux pouces de diamètre, mais diffère peu, à l'extérieur, des précédentes; sa chair est moins vineuse.

La Violette tardive, ou *violette marbrée*, *panachée*, est plus alongée que la précédente, à laquelle du reste elle ressemble d'ailleurs; sa chair est d'un blanc-jaunâtre, très-vineuse dans les années chaudes. Elle ne peut se manger qu'en compote lorsque l'automne est froide.

La Violette très-tardive, ou *pêche-noix*, ou *brugnon brun*, ressemble encore aux précédentes; cependant elle est d'un rouge plus terne & sa chair est verdâtre. Rarement elle mûrit dans le climat de Paris.

La Jaune lisse, ou *lissée jaune*, ou *bonérin*, est moins grosse que les précédentes; sa peau est vergetée de rouge; sa chair est jaune, ferme, sucrée, très-agréable dans les années chaudes. On peut la conserver une quinzaine de jours après l'avoir cueillie.

Les brugnons.

Le Brugnon violet musqué, ou *muscat d'hiver*, a deux pouces de diametre; sa peau est violette du côté du soleil, & jaune du côté de l'ombre; sa chair est jaune, excepté près le noyau, où elle est rouge, ferme, sucrée, vineuse. On doit le cueillir quelques jours avant de le manger, pour jouir de toute sa bonté.

Le Brugnon jaune est gros & coloré en jaune du côté du soleil; sa chair est fondante, sucrée, acidule, fort agréable.

Les autres brugnons mûrissant encore plus difficilement que ceux-ci dans les jardins des environs de Paris, doivent être relégués dans le Midi.

Le Pêcher amande, dont la moitié des fruits a la chair de la pêche & l'autre celle de l'amande, a été mentionné à l'article Amandier.

Il est de ces variétés qui méritent plus l'attention des cultivateurs que les autres, ainsi que je l'ai laissé entrevoir. Ainsi, ceux qui n'ont qu'un jardin de médiocre étendue, doivent se borner à l'*avant-pêche blanche*, à la *petite mignonne*, à la *pourprée hâtive*, à la *grosse mignonne*, à la *Madelaine rouge*, à la *galande*, à l'*admirable*, à la *bourdine*, au *téton de Vénus*, à la *nivette*, à la *persique*, au *pavie de Pomponne* & au *brugnon*. Ainsi, ceux qui en ont un très-petit, peuvent se contenter, en les plaçant à différentes expositions, de la *petite mignonne*, de la *pourprée hâtive*, de la *grosse mignonne*, de la *galande*, de la *bourdine*, du *téton de Vénus*. C'est ce que font les jardiniers de Montreuil.

Certaines

Certaines pêches se plaisent mieux que d'autres dans tel terrain, à telle exposition. J'ai donné quelques indications à cet égard, mais il m'est impossible de prévoir tous les cas. La théorie ne peut suppléer la pratique locale.

Dans les pépinières des environs de Paris, il est rare, comme je l'ai déjà annoncé, qu'on élève des *pêchers* par le semis de leurs noyaux. Ainsi, c'est par la greffe sur l'amandier ou sur le prunier qu'ils s'y multiplient. Ceux greffés sur le premier de ces arbres, sont destinés à être plantés dans les terrains légers, secs & chauds; ceux greffés sur le second, conviennent mieux aux terrains argileux, humides & froids.

L'expérience a appris que les *pêchers* greffés sur les amandiers provenant d'amandes à coque dure, sont plus vigoureux & subsistent plus longtemps que ceux greffés sur des amandiers provenant d'amandes à coque tendre; ainsi il faut repousser ces dernières des semis, & on le fait généralement.

L'expérience a encore appris que certaines variétés prospéroient mieux sur les amandiers provenant d'amandes amères: ce sont la *bourdine*, la *Madelaine rouge*, la *grosse & petite violette*, la *royale*, la *violette tardive*.

Il est également de fait que la plupart des *pêchers* préfèrent être greffés sur le *gros & petit damas*, sur le *gros & petit Saint-Julien*, que sur toute autre variété de prunier; aussi est-ce sur ces quatre variétés qu'on le greffe; même, d'après l'observation de M. Hervy, les pêches lisses & les chevreuses réussissent mal sur le petit damas.

Aucune pêche ne se greffe sur la cerisette, quoique peu différente du petit damas.

On fait bien, lorsqu'on plante des *pêchers* en terrain qui convient également à l'amandier & au prunier, d'alterner les pieds greffés sur ces deux espèces, parce que les pieds greffés sur prunier donnent plus tôt du fruit & chargent davantage.

Les pépiniéristes emploient exclusivement la greffe à œil dormant, à six ou huit pouces de terre, pour les *pêchers*. Voyez aux mots GREFFE & PÉPINIÈRE.

C'est constamment en espalier qu'on cultive les *pêchers* dans les jardins des environs de Paris, parce que c'est à l'abri des murs seulement qu'ils peuvent toujours amener leurs fruits à maturité, & à la taille savante que ce mode nécessite, qu'ils doivent de subsister plus d'un demi-siècle.

On doit se refuser à planter des *pêchers* dans les terres sèches & argileuses, parce qu'ils n'y donnent que des fruits pâteux & y subsistent peu d'années.

Une chose qui n'est pas assez prise en considération, c'est de planter les *pêchers* en espalier à une distance telle, qu'on ne soit pas obligé de les mutiler lorsqu'ils seront parvenus à toute leur grandeur, à trente pieds, par exemple: seuls ils doivent garnir la totalité du mur contre lequel ils sont disposés à être palissadés. La manie de mettre au-dessus deux cordons de vigne est très-nuisible.

Il ne faut pas desirer des *pêchers* de plus trente pieds de largeur, parce qu'il est difficile de conserver le bas de leur centre bien garni de brindilles. Un tel *pêcher* produit, terme moyen, quatre cents pêches, ce qui est tout ce qu'on peut raisonnablement lui demander.

De toutes les expositions, celle du levant est la plus convenable au *pêcher*, parce qu'il y est moins sujet aux coups de soleil & aux altérations d'écorce, altérations que les paillassons, les planches, &c., n'empêchent pas toujours; cependant celle du midi est indispensable pour les *pêchers* tardifs & ceux plantés dans un sol frais.

Les *pêchers* en espalier déjà formés, reprennent assez facilement lorsqu'on les change de place, se chargent de fruits, mais le plus souvent ils meurent subitement après deux ou trois années de produits abondans.

On peut planter les *pêchers* pendant tout l'hiver, plus tôt dans les sols secs, plus tard dans ceux qui sont humides. *Voyez* PLANTATION.

J'ai indiqué aux mots ESPALIER, TAILLE, ÉBOURGEONNEMENT, la manière de disposer les *pêchers* & de les conduire pendant toute la durée de leur vie. J'y renvoie le lecteur.

Deux espèces de COCHENILLES soutirent la séve des *pêchers*, au point d'empêcher les fruits de grossir, même de faire mourir les pieds. On diminue leur action nuisible en frottant les branches de l'année, au moment de la taille, avec le dos d'un couteau, avec un linge rude, ou en les lavant avec de la LESSIVE CAUSTIQUE. *Voyez* ce mot.

C'est à Montreuil qu'il faut se rendre pour apprécier la supériorité du mode de culture aujourd'hui généralement adopté, & contre lequel il n'a encore été élevé que des objections de nulle valeur. Là, il n'est pas un seul jour de l'année où on ne donne des soins aux nombreux *pêchers* qui s'y voient; là, on a multiplié les murs à l'infini, uniquement pour eux, & on a trouvé le moyen de les construire & les entretenir économiquement (*voyez* MUR); là, on scèle, sous le chaperon de ces murs, des échalas destinés à soutenir des paillassons, pour garantir ces *pêchers*, sans nuire à leur fécondation, des gelées pendant leur floraison. Ce sont moins les fortes gelées que les gelées humides qui leur sont funestes; cependant, un des moyens les plus certains d'empêcher les suites de ces gelées, c'est de les arroser, avant le lever du soleil, avec de l'eau froide, au moyen d'une pompe.

La couleur noire du pistil est la marque que la gelée a frappé le germe de mort. *Voyez* GELÉE.

Une pluie & un froid durable empêchent aussi la fécondation des *pêchers*. Voyez PLUIE, HUMIDITÉ, FROID, VENT, FECONDATION, COULURE.

La fécondation opérée, les *pêchers* ont encore à craindre les longues sécheresses, qui font tomber les feuilles & les fruits.

Ils redoutent encore, du moins à Montreuil, une petite chenille appelée VERDEAU, appartenant à une ALUCITE que j'ai décrite & figurée tom. 69 des *Annales d'Agriculture*, laquelle lie les feuilles naissantes de *pêcher* & mange l'extrémité des bourgeons. La rechercher à la main & l'écraser est le seul moyen d'empêcher ses ravages pour le présent & l'avenir.

Plus tard, deux espèces de pucerons absorbent la séve des bourgeons & les empêchent de se développer. La lessive caustique indiquée plus haut, seringuée sur eux, en débarrasse sûrement. *Voyez* PUCERON.

L'EBOURGEONNEMENT du *pêcher* s'exécute plus tôt ou plus tard, selon la variété, selon le terrain, selon la saison. Il faut mieux le faire petit à petit qu'en une fois, car il offre des dangers réels lorsqu'il est trop rigoureux. *Voyez* son article.

Il en est de même du PALISSAGE, qui en est la suite nécessaire. *Voyez* ce mot.

C'est pendant ces opérations que s'enlève la surabondance des fruits, car plus il y en a, & moins ils sont gros, & moins ils sont bons, &; dans les marchés de Paris, la grosseur est le premier mérite d'une pêche.

Les fruits d'une branche qui n'a pas de feuilles n'arrivent pas à maturité par défaut de séve, mais on répare cet inconvénient en la greffant, par approche, à une branche voisine qui en offre. *Voyez* FEUILLE.

Ecarter les feuilles qui recouvrent les pêches, un peu avant l'époque de leur maturité, pour favoriser leur maturité & leur coloration, est une opération presqu'indispensable; mais il faut éviter le plus possible d'en ôter, par la raison ci-dessus.

La cueillette des pêches doit être faite avec attention, parce que, dès qu'elles ont été blessées par la compression des doigts, elles s'altèrent & deviennent invendables. On reconnoît qu'elles sont mûres lorsqu'elles cèdent à un très-petit effort de la main qui les tire. Elles sont meilleures quelques heures après avoir été détachées de l'arbre.

Une très-utile & très-savante opération se pratique quelquefois à Montreuil, sous le nom de REMPLACEMENT. (*Voyez* ce mot.) Elle consiste à tailler, sur un ou deux yeux, les brindilles qui ont porté du fruit, & qui, presque toujours, meurent l'hiver suivant. Son but est de faire pousser à ces deux yeux, pendant le reste de la saison, des bourgeons qui donneront du fruit l'année suivante.

Chaque hiver on donne, généralement, un fort labour, & chaque été deux ou trois binages, aux *pêchers* en espalier, & on plante à leur pied, à raison de la bonne exposition, des primeurs, tels que pois, haricots, salade; mais à Montreuil on n'y laboure pas, on n'y plante rien; seulement on ratisse l'allée qui les longe, parce qu'on a reconnu que par cette pratique on conservoit mieux l'humidité autour des racines.

La terre s'épuisant autour des ces racines, il convient de la fumer tous les trois, quatre, cinq ou six ans, selon la qualité primitive du sol & la force des *pêchers*, mais il faut éviter tout fumier de mauvaise odeur, & faire cette opération avant l'hiver, pour éviter toute altération dans la saveur des fruits. Quelques propriétaires emploient du terreau de vieille couche, & même simplememt de la terre de pré.

Lorsqu'on veut remettre des *pêchers* contre un mur où il y en avoit déjà, il est indispensable d'en enlever la terre dans une profondeur de trois à quatre pieds, & de la remplacer par d'autre, prise dans les carrés du jardin ou au dehors, si on veut que la nouvelle plantation prospère. *Voyez* ASSOLEMENT.

Deux maladies font le désespoir des cultivateurs de *pêchers*. L'une s'appelle la CLOQUE, & l'autre, la GOMME. On n'en connoît ni la cause ni le remède. *Voyez* les mots précités.

La JAUNISSE, le BLANC DES RACINES & deux sortes de BRULURES, l'organique & la circonstantielle, nuisent aussi quelquefois aux *pêchers*. J'ai indiqué, à leurs articles, les moyens de s'opposer à leurs effets & d'en réparer les suites.

Non-seulement les pêches se mangent crues, mais encore confites dans de l'eau-de-vie, mais encore cuites, mais encore sèches. J'ai dit qu'on en tiroit de l'eau-de-vie dans l'Amérique septentrionale.

Outre son fruit, le *pêcher* donne une GOMME qui se gonfle, mais ne se dissout pas dans l'eau. On en fait peu d'usage. *Voyez* ce mot.

On fait également peu usage de ses feuilles & de ses fleurs en médecine, quoique très-anciennement reconnues comme fébrifuges, vermifuges & purgatives. Elles servent dans les îles de la Grèce à teindre la soie en vert.

PÉDILANTHE. *Pedilanthus*. Genre établi pour placer l'EUPHORBE TITHYMALOÏDE & quelques espèces nouvelles venant de Saint-Domingue.

PÉGALE. Les TERRAINS SCHISTEUX du Cantal portent ce nom.

PEGLE. C'est, dans les landes de Bordeaux, le GOUDRON épaissi, lequel se confond mal-à-propos avec la poix.

PEIGNE MACHAU. Espèce de SCARIFICATEUR, pourvu de plusieurs rangs de dents & de cinq petites roues, qui, traîné sur les prairies naturelles & artificielles, après leur coupe, leur donne un petit binage très-avantageux, surtout si la pluie survient peu après.

Si j'ai à critiquer cet instrument, que j'ai vu opérer, ce n'est qu'à raison de son haut prix, qui le met hors de la portée des petits propriétaires, & de son poids, qui exige un attelage de trois forts chevaux. *Voyez* HERSE.

PEIGNE SEC, Espèce de DARTRE qui s'établit sur la couronne des pieds des chevaux.

PELADON. CROCHET de fer fixé à un long manche ; lequel sert à tirer la PAILLE des MEULES. *Voyez* ces mots.

PELARGA. C'est le SAINFOIN dans quelques lieux.

PELIOSANTHE. *Peliosanthes.* Genre qui renferme deux plantes venant, la première de l'Inde, & la seconde de l'Amérique. Il ne diffère pas de l'OPHIOPOGON, du SLATERIE & du FLUGGÉE. On les cultive dans nos jardins en pot & en serre chaude. Leur multiplication a lieu par séparation des racines des vieux pieds.

PELLEVERSAGE. Le LABOUR à la BÊCHE s'appelle ainsi dans quelques lieux.

PELLEVERSOIR. Synonyme de BÊCHE.

PENICELLAIRE. *Penicellaria.* Genre de plantes établi pour placer les HOULQUES EN ÉPI & CYLINDRIQUE.

PENTALOBE. *Pentaloba.* Arbre de la Cochinchine, qui forme, dans la pentandrie monogynie, un genre fort voisin des VANGUIERS.

Il ne se cultive pas en Europe.

PENTAMERIS. *Pentameris.* Plante de Madagascar, qui constitue un genre dans la famille des graminées.

Elle ne se voit pas dans nos jardins.

PENTANÈME. *Pentanema.* Plante de la syngénésie superflue, dont le pays natal est inconnu.

PENTARRAPHIS. *Pentarraphis.* Plante du Mexique, qui constitue un genre dans la famille des graminées.

On ne la cultive pas en Europe.

PÉPINIÈRE. Terrain consacré au semis & à la culture des arbres & des arbustes, pendant les premières années de leur vie.

Ce mot vient de *pepin*, parce que d'abord on n'a cultivé que des pommes & des poires.

Nos pères appeloient *bastardière* le lieu où ils transplantoient le plant des arbres levés dans la *pépinière*.

Aucun document historique n'indique que les *pépinières* fussent connues des Anciens. On ignore l'époque où elles commencèrent à être employées par les Modernes ; mais il paroît qu'elles l'étoient déjà depuis long-temps à l'époque où écrivoit Olivier de Serres (1600). Alors, chaque propriétaire destinoit un petit coin de son jardin à élever les arbres fruitiers qui lui étoient nécessaires & qui ne se trouvoient pas dans ses bois, comme pruniers, pêchers, abricotiers, noyers. Je dis qui ne se trouvoient pas dans ses bois, car le plus souvent, & cela a encore lieu dans quelques cantons, les cultivateurs éloignés des grandes villes préféroient faire arracher des pommiers, des poiriers, des cerisiers dans les bois & en semer les graines, croyant gagner du temps. Quant aux arbres forestiers & d'agrément, les premiers étoient toujours tirés des bois, & les derniers, des jardins où il s'en trouvoit déjà.

Ce n'est que vers la fin du dix-septième siècle qu'on a, à l'exemple des Chartreux de Paris, commencé à établir, autour des grandes villes, quelques *pépinières* marchandes d'une petite étendue & ne renfermant que des arbres fruitiers. Plus tard, on y a vu des arbres forestiers indigènes, & des arbres utiles & agréables, qui peuvent croître en pleine terre, & qui ont été apportés successivement de toutes les parties du Monde. Aujourd'hui on y trouve, en surabondance & à bon marché, tout ce qu'on peut désirer en espèces & en variétés, & à tous les âges ; aussi les pépiniéristes sont-ils devenus des hommes instruits, qui perfectionnent constamment leurs cultures & accroissent annuellement la richesse territoriale en faisant leur bien-être.

Si le goût des plantations, un peu ralenti depuis quelques années, se relève en France, on ne tardera pas à se dédommager, autant que possible, par elles, de la diminution de nos forêts ; peut-être même les sommets des montagnes, devenus si nus, au détriment de nos cultures, auxquelles ils fournissoient des abris & des eaux permanentes, se regarniront-ils de bois. *Voyez* MONTAGNE.

Il n'est pas toujours possible de choisir le local pour établir une *pépinière*, mais on doit préférer celui en plaine, ou presqu'en plaine, qui est à l'abri des vents froids, dont le sol, d'environ deux pieds de profondeur, n'est ni trop bon, ni trop mauvais, dans le voisinage duquel il y ait de l'eau. On l'entourera de murs ou de haies, ou d'un large & profond fossé, pour empêcher les hommes & les animaux d'y entrer. Si l'abri naturel demandé n'existe pas, on en fera un artificiel avec des arbres garnis de branches depuis leur base, tels que le peuplier d'Italie, la charmille, le genévrier de Virginie, le thuya, &c. *Voyez* RIDEAU & ABRI.

La demande d'un terrain médiocre est fondée sur ce qu'un arbre placé dans un sol fertile pendant ses premières années, souffre lorsqu'on le transplante dans un plus mauvais, parce que ses vaisseaux avoient pris dans le premier une amplitude à laquelle la sève qu'il trouve dans le dernier ne peut pas suffire. C'est par cette cause que tant d'arbres achetés dans les *pépinières* marchandes, le plus souvent en sol fertile, parce qu'il est de leur intérêt d'en avoir de beaux & de promptement venus, périssent à la seconde ou à la troisième année de leur plantation. *Voyez* FERTILITÉ.

L'espace d'une *pépinière* se partage en carrés ou en parallélogrammes plus ou moins vastes, selon la nature des cultures & l'étendue de chacune d'elles : ainsi, ils seront plus vastes dans les *pépinières* forestières, & plus petits dans celles d'arbres d'agrément. Plus les allées qui séparent ces carrés seront larges, & plus les plants auront d'air & de lumière. Douze pieds sont cependant le point où il faut s'arrêter.

Un défoncement fait six mois d'avance, à au moins deux pieds, est de nécessité absolue lors de la création d'une *pépinière* qui doit subsister un certain nombre d'années, afin que les racines des arbres puissent facilement pénétrer dans le sol, qu'on puisse en lever les grosses pierres, le chiendent, &c. Comme, dans beaucoup de cas, la terre ramenée à la surface reste infertile pendant plusieurs années, il faut, dans ces cas, recharger le défoncement de quelques pouces de terre végétale, dans les lieux où on se propose de faire les semis.

Les mauvais terrains s'améliorent au moment du défoncement, en mettant dans la jauge du fumier, des vases de marais, des gazons de prés, & après, avec du terreau, de la bonne terre, &c.

Dans toute *pépinière*, il faut consacrer une petite portion de terrain, autant que possible, près de la maison & de l'eau, pour les semis. Ce terrain sera abrité & amélioré autant que possible. Il y aura de la terre de bruyère en tas, s'il s'en trouve dans le pays, pour en saupoudrer les graines fines, qui lèvent moins bien dans celle qui est consistante.

Les *pépinières* se divisent en quatre sortes, dont il est nécessaire de traiter séparément, à raison de la différence des travaux qu'elles nécessitent, quoiqu'on ne puisse cependant pas établir une ligne rigoureuse de démarcation entr'elles. Ce sont celles des ARBRES FORESTIERS, des ARBRES FRUITIERS, des ARBRES D'AGRÉMENT & des ARBRES VERTS. Celles des arbres d'agrément se subdivisent encore en ARBRES DE TERRE ORDINAIRE & ARBRES DE TERRE DE BRUYÈRE.

Pépinière des arbres forestiers.

Les arbres provenant de graines devenant plus beaux & vivant plus long-temps que ceux multipliés par marcottes & par boutures, on doit employer de préférence les semis, dans les *pépinières* d'arbres forestiers ; aussi est-ce par ce moyen qu'on se procure les chênes, les châtaigniers, les hêtres, les frênes, les érables, les charmes, les bouleaux, les cormiers, les poiriers, les pommiers, les coudriers & les épines, &c. Les arbres résineux ne peuvent pas être multipliés autrement. Il est cependant des arbres non résineux qui donnent rarement de bonnes graines, & qu'on est obligé de reproduire par marcottes ou par boutures, tels que le tilleul, le platane, les peupliers, les aunes, les saules, &c.

L'important pour un pépiniériste, c'est de s'assurer chaque année une quantité suffisante de graines de bonne qualité, & ce n'est pas toujours facile ; aussi la plupart plantent-ils des arbres uniquement pour cet objet, arbres qu'ils appellent en conséquence PORTE-GRAINES. *Voyez* ce mot.

Par la même raison ils plantent des arbres qu'ils coupent rez-terre, pour se procurer en suffisante quantité des marcottes & des boutures. *Voyez* MÈRE.

Il est des graines qui ne lèvent que la seconde ou la troisième année, d'autres qui ne lèvent jamais, si on les laisse se dessécher. On doit donc, ou les semer après leur récolte, ou les stratifier dans la terre, pour les semer après l'hiver. J'ai donné la liste de ces graines aux mots GERMINATION, GERMOIR, STRATIFICATION & JAUGE. En général on préfère ce dernier moyen, à raison du grand nombre de quadrupèdes & d'oiseaux qui mangent ces graines, & qui savent les déterrer à plusieurs pouces de profondeur.

Trois modes de semer les graines sont en usage dans les *pépinières :* à la volée, en rayons, au plantoir. Les graines fines le sont indifféremment par les deux premiers moyens ; le dernier est réservé pour les grosses, telles que les noix, les châtaignes & les amandes.

Pour que l'air & la chaleur solaire, sans lesquels il n'est point de germination, puissent agir sur les graines, il faut les enterrer le moins possible ; mais comme une humidité constante ne leur est pas moins nécessaire, il faut les enterrer suffisamment. En général, les plus fines, comme celles du bouleau, doivent être répandues sur la surface & recouvertes de mousse, & les plus grosses, comme les noix, demandent à être enfoncées de trois à quatre pouces.

Il est des graines qui, comme celles de l'orme, celles de l'érable rouge, mûrissent assez hâtivement pour être semées l'année de leur formation & donner des plants avant l'hiver. Ces graines sont très-précieuses pour les spéculateurs.

Des arrosemens pendant les chaleurs sont souvent utiles au succès des semis, surtout à ceux des graines fines. On ne peut les appliquer, sans une trop grande dépense, à ceux des arbres forestiers faits en grand. *Voyez* ARROSEMENS.

Un ou deux sarclages, ou mieux binages, pendant le premier été, sont utiles au progrès des plants provenant des semis.

Il est des pépiniéristes qui repiquent dès l'hiver qui suit les semis, le plant qu'ils ont fourni ; d'autres pensent qu'il vaut mieux attendre un an plus tard ; quelques espèces rustiques, auxquelles on veut donner certaines destinations, comme le frêne, l'érable, le merisier, le bouleau, le poirier, le pommier, pour la plantation des bois, l'épine pour celle des haies, le charme pour former des palissades, l'orme pour planter des massifs, peuvent même rester trois, quatre & cinq ans dans la place des semis ; cependant quelques autres, également rustiques, demandent impérieusement d'être repiquées la première ou la seconde année, si on veut être certain de leur reprise, tels que le chêne, le hêtre & tous les arbres résineux.

Généralement tous les arbres gagnent à être repiqués souvent, parce qu'ils trouvent dans le changement de terre une plus grande abondance de séve nourricière & qu'ils y prennent un plus bel empatement de racines. *Voy.* CHÊNE, HÊTRE, GENEVRIER, PIN, SAPIN & PIVOT.

Une opération qui semble moyenne entre les repiquages anticipés & les repiquages retardés, est celle qui est appelée *mettre en rigole*, & qui consiste à lever très-jeunes les plants & à les placer, près à près, dans de petites tranchées creusées dans une autre partie de la *pépinière*. *Voyez* RIGOLE.

La réussite du plant est souvent causée par la manière de le LEVER, car il ne faut pas dire, dans ce cas, ARRACHER. (*Voyez* ces deux mots.) On lève donc le plant en faisant à un bout de la planche une tranchée assez profonde pour atteindre l'extrémité des racines, & à miner sous ces racines pour tirer le plant sans casser ses chevelus. Malheureusement, pour aller plus vîte, on arrache souvent à la bêche, à la pioche, même à la main. *Voyez* LEVER LE PLANT.

La tête & une partie des racines du plant de la plupart des arbres sont coupées avant de les mettre en terre. Cette opération s'appelle HABILLER. (*Voy.* ce mot.) Elle est fondée sur la nécessité de supprimer les racines blessées, & de proportionner les branches aux racines. Ainsi elle est dans les principes, mais on l'exécute d'une manière si exagérée, qu'elle devient blâmable.

Il est des cas où on ne peut retrancher des racines, comme lorsqu'on veut conserver le PIVOT. (*Voyez* ce mot.) Il en est où on ne peut supprimer la tête, comme lorsqu'on plante des arbres pourvus d'une flèche, tels que les frênes, les marroniers. Les ARBRES RÉSINEUX ne supportent la soustraction ni de leurs racines ni de leur tête. *Voyez* ce mot.

La distance à mettre entre le plant repiqué dans les *pépinières* varie sans fin, selon l'espèce d'arbre, la nature de la terre, l'objet qu'on a en vue, &c. J'ai eu soin d'indiquer à chaque espèce, la distance qui convenoit à cette espèce, terme moyen, abstraction faite des autres circonstances que le pépiniériste seul est en position d'apprécier. Lorsque les plants sont trop rapprochés, ils s'étiolent & s'affament réciproquement; lorsqu'ils sont trop écartés, ils ne filent pas, & ne conservent pas à leur pied une ombre tutélaire. On calcule ordinairement qu'un arpent de *pépinière* doit contenir 24,000 plants; mais comme il faut des allées, qu'il meurt beaucoup de ces plants, ce nombre n'est jamais le véritable. Ainsi on regarde comme satisfaisant d'y trouver, au moment de la vente, la moitié de ce nombre en arbres marchands.

La plantation des planches d'une *pépinière* s'exécute de trois manières : ou en enterrant le plant dans une rigole de quatre pouces de large, sur six à huit de profondeur; ou en creusant à la pioche une suite de trous de même largeur & profondeur; ou en faisant usage du PLANTOIR. *Voyez* ce mot.

La seconde de ces manières est le plus souvent employée. *Voyez* PLANTATION.

Il est toujours bon de placer les plants dans un rigoureux alignement, & encore mieux en QUINCONCE. *Voyez* ce mot.

Les racines de certains arbres sont beaucoup plus sensibles aux effets du desséchement que celles des autres. Il faut donc les garantir du soleil & du vent, lors même qu'on ne mettroit que quelques heures entre leur levée & leur plantation. *Voyez* HALE.

Il en est de même relativement aux effets de la gelée, principalement pour l'ORME. *Voyez* ce mot.

La direction des lignes doit être celle des vents dominans, dans les *pépinières* qui ne sont pas abritées.

Les espèces les plus sensibles au froid seront placées au midi, & les plus sensibles à la sécheresse, au nord des autres.

Un labour pendant l'hiver & deux binages pendant l'été sont, dans les terres ordinaires, indispensables aux arbres repiqués dans une *pépinière* pendant leurs trois premières années, après quoi deux ou un peuvent suffire. Dans celles qui sont fortes & infertiles, ils ne suffisent pas toujours. On choisira, pour les faire, un jour où la terre ne sera ni trop gâcheuse ni trop sèche, & on fera attention à ce que les racines ne soient ni coupées ni blessées par l'instrument employé.

Dans le cours de la première année, les plants qui n'ont pas de flèche poussent un grand nombre de pousses latérales, le plus souvent au détriment de la pousse principale qui doit constituer le tronc. L'expérience a appris qu'il étoit plus avantageux de couper le tronc rez-terre l'hiver suivant, que de chercher à profiter de cette pousse principale; en conséquence, on le RECÈPE. *Voyez* ce mot.

Le chêne & quelques autres arbres à bois dur ne se prêtent pas au récépage avec autant de certitude de succès que les autres.

Les troncs récépés donnent au printemps plus ou moins de rejets, qu'on supprime, au commencement de l'été, hors les deux plus droits opposés. *Voyez* EBOURGEONNEMENT.

Le plus foible de ces rejets est à son tour supprimé avant la séve d'août; alors le restant pousse souvent avec tant de vigueur, qu'il acquiert pendant le reste de la saison une hauteur plus considérable que celle qu'avoit l'année précédente le pied dont il provient, & que ses canaux séveux étant droits & larges, il pourra, l'année suivante, surpasser du triple, du quadruple même le pied voisin qui n'a pas été récépé.

Les arbres qui ont une flèche, ne doivent subir cette opération que lorsque cette flèche a été cassée ou est morte. Elle seroit la perte immanquable des arbres résineux auxquels on l'appliqueroit.

La seconde année presque révolue, on fait subir aux arbres recépés ou non, une autre opération aux arbres des *pépinières*; c'est celle qu'on appelle taille en crochet, & qui consiste à couper rez du tronc les branches latérales qui rivalisent de grosseur avec la tige, & à trois ou quatre pouces du tronc celles qui sont plus petites. Son objet est de forcer la sève à rester dans le tronc pour le faire alonger & grossir, & à multiplier les FEUILLES, sans lesquelles la SÈVE ne peut s'organiser. *Voyez* ces deux mots & celui TAILLE.

Cette taille doit se faire pendant l'hiver; aussi est-ce abusivement que quelques pépiniéristes l'exécutent pendant l'été, la confondant avec l'ELAGAGE, qui a un effet directement opposé. (*Voyez* ce mot.) En effet, les plants élagués, comme on le pratique encore dans quelques *pépinières* des départemens, restent grêles, se courbent par l'effet du poids de leurs feuilles & de l'action des vents. Il leur faut le double de temps de séjour dans la *pépinière* pour prendre la force de ceux qui ont été taillés en crochet.

Généralement on ne donne pas de tuteurs aux arbres forestiers cultivés dans les *pépinières*, parce qu'au moyen des opérations ci-dessus, ils n'en ont pas besoin, & que leur dépense est toujours considérable. Lorsqu'il s'en trouve de courbés, on les fait se redresser au moyen d'une fente longitudinale dans le sens de leur courbure, fente qui donne lieu à un épanchement de sève & à deux BOURRELETS. *Voyez* ce mot & ECORCE.

Pendant l'hiver de la quatrième année, on élague les pieds les plus forts, & on leur coupe le sommet de la tige & les grosses branches les plus élevées, à six ou huit pieds du sol. Alors ils sont appelés *marchands*; c'est-à-dire, peuvent être transplantés à demeure. Le reste, qui s'est fortifié pendant l'été suivant, est traité de même l'hiver d'après, & également livré au commerce. Ce qui reste, s'appelle le rebut, & se plante dans les massifs, dans les bois, &c.

Chaque espèce d'arbre ayant une croissance différente, & demandant, pour le service, une grosseur plus ou moins considérable, il en est qui restent cinq ou six ans, & même plus dans la *pépinière*.

Pour lever les arbres de la *pépinière*, il faut, comme pour le plant, faire en sorte de ménager les racines. (*Voyez* ce mot.) C'est une opération que l'acquéreur ne sauroit trop attentivement surveiller, puisque d'elle dépend la réussite des plantations qu'il se propose de faire. *Voyez* TRANSPLANTATION.

Un assez grand nombre d'espèces, comme les peupliers blanc & gris, l'aylanthe, l'orme, &c., soit naturellement, soit lorsqu'on les coupe ou les arrache, fournissent une grande quantité de rejetons qu'on peut faire lever tous les ans ou tous les deux ans, pour les mettre en *pépinière* & en faire des arbres marchands, en les traitant comme le plant provenant des semis. *Voyez* REJETON & ACCRU.

J'ai indiqué aux mots MARCOTTE & MÈRE les moyens de se procurer du plant par le couchage des branches des arbres. Il me suffit donc de dire ici que ce plant se traite dans les *pépinières* comme celui provenant des semis.

Ce sont principalement les espèces des genres saule & peuplier, & les platanes qu'on multiplie de BOUTURE dans les grandes *pépinières*. Quoiqu'ils se reproduisent également de MARCOTTES, on y procède rarement par ce moyen. *Voyez* ces deux mots.

Les boutures se placent comme le plant, ou près à près, dans des rigoles, ou dans des trous faits à la pioche ou au plantoir, & espacés de dix-huit à vingt-quatre pouces. Au bout d'un à deux ans, les pieds qui, dans le premier cas, ont pris racine, sont repiqués comme dans le second cas & traités de même. En général, il est bon de réserver quelques pieds déjà enracinés pour regarnir les places où les boutures auroient manqué.

Ces boutures se placent de préférence dans la partie de la *pépinière* où le terrain est le meilleur & le plus humide, & au moment où les arbres dont elles proviennent entrent en végétation. En conséquence il est avantageux de les couper quinze jours d'avance, & de les tenir enterrées par leur gros bout.

Du reste, les plantes provenant de boutures se traitent encore de même que ceux provenant de graines, excepté celles du peuplier d'Italie, auxquelles la serpette ne doit pas toucher, cet arbre étant d'autant plus beau & ayant une plus grande rapidité de croissance, qu'il conserve ses branches depuis le collet de sa racine.

On fait aussi des boutures de racines pour multiplier des arbres qui donnent rarement de la graine en Europe, comme l'aylanthe, le sophore du Japon, le laurier sassafras, &c. Les pieds qui naissent de ces racines se traitent encore comme il vient d'être dit.

Plusieurs espèces d'arbres forestiers se greffent fréquemment dans les *pépinières*, soit avec leurs variétés, soit avec des espèces voisines, indigènes & exotiques. Ces espèces ont été indiquées à leurs articles; j'y renvoie le lecteur, ainsi qu'aux mots GREFFE & VARIÉTÉ.

Je dois ajouter que, greffer en fente des racines, avant de les mettre en terre, assure & accélère leur reprise.

Pépinière des arbres fruitiers.

La conduite des *pépinières* d'arbres fruitiers ne

diffère qu'en quelques points de celle des arbres foreſtiers ; mais ils ſont aſſez importans pour être mentionnés ſéparément.

Dans beaucoup de *pépinières* on ne cultive d'ailleurs que des arbres fruitiers, leur demande étant, dans beaucoup de lieux, plus fréquente, & par conſéquent leur vente plus profitable, que celle des arbres foreſtiers & des arbres d'agrément.

Il eſt encore des lieux où, au lieu de ſemer dans les *pépinières* des pepins de pommes & de poires, des noyaux de ceriſiers, pour en élever les produits & les greffer en bonnes eſpèces, des pépiniériſtes ou des jardiniers font arracher, dans les bois, légalement ou en délit, des pieds de ces eſpèces pour les tranſplanter dans leurs *pépinières* ou dans leurs jardins, & les y greffer deux ou trois ans après. Il ſeroit aujourd'hui impoſſible de ſe procurer la dixième partie de ce qui eſt néceſſaire de cette ſorte de plant pour alimenter les *pépinières* exiſtantes aux environs de Paris.

Lorſque le plant eſt provenu de graine & qu'il eſt bien fait & encore jeune, il peut donner des arbres d'une grande durée; cependant il eſt rare qu'il rempliſſe ces trois conditions. En conſéquence, à mon avis, on doit préférer de ſemer les graines des poiriers, des pommiers & des ceriſiers ſauvages, parce qu'on a alors du plant d'âge égal & bien enraciné, avantages très-importans. Ce plant, ainſi que le premier, s'appelle SAUVAGEON. *Voyez* ce mot.

Comme les variétés de poires, de pommes & de ceriſes greffées ſur ſauvageon, à raiſon de la vigueur de ſa végétation, ne donnent des fruits qu'après dix ou quinze ans de greffe, tandis que celles greffées ſur des ſujets provenant d'autres variétés perfectionnées, & par conſéquent affoiblies, en fourniſſent huit à dix ans après leur greffe, les pépiniériſtes & les propriétaires de jardins doivent préférer ſemer des graines de ces derniers, graines dont les produits s'appellent des FRANCS. *Voyez* ce mot.

Aujourd'hui donc, on ne ſème preſque plus, en grand, que des pepins de poires & de pommes à cidre pour greffer, & en petit, des pepins des variétés les plus perfectionnées, pour ſe procurer de nouvelles VARIÉTÉS. *Voyez* ce mot.

Les poiriers ſe greffent auſſi fréquemment ſur cognaſſier; & rarement ſur épine, arbres encore plus foibles, & qui rapprochent ſouvent de moitié l'époque de la production du fruit. Je vois ſouvent des poires ſur des arbres de deux ou trois ans de greffe, dans les *pépinières* ſoumiſes à ma ſurveillance.

De même, en greffant les POMMIERS ſur DOUCIN, & encore mieux ſur PARADIS, variétés très-foibles, on ſe procure quelquefois des fruits avant l'année révolue de la greffe.

On gagne également du temps en greffant les variétés de ceriſier ſur le mahaleb.

On ne cultive ordinairement dans les *pépinières* des environs de Paris que neuf eſpèces d'arbres ; ſavoir : les POMMIERS, les POIRIERS, les COGNASSIERS, les CERISIERS, les AMANDIERS, les ABRICOTIERS, les PÊCHERS, les NOYERS, les CHATAIGNIERS, auxquels il faut joindre, en ſeconde ligne, les NOISETIERS, les NÉFLIERS, les CORMIERS, les VIGNES, les FIGUIERS, les MURIERS, les FRAMBOISIERS, les GROSEILLERS, leſquels comprennent plus de ſix cents variétés.

Les noyers, les châtaigniers, les cormiers, les néfliers, les noiſetiers, lorſqu'ils ne ſont pas greffés, & on les greffe rarement, ſe cultivent poſitivement comme les arbres foreſtiers. Les framboiſiers & les groſeillers ſont multipliés comme il ſera dit lorſqu'il ſera queſtion des arbres d'agrément de la ſeconde claſſe. Il ſera longuement queſtion de la vigne à ſon article.

Les jardiniers diſtinguent huit principales diſpoſitions des arbres fruitiers, & les arbres auxquels on veut en impoſer une, demandent, dans les *pépinières*, une conduite particulière dès la première année de leur tranſplantation ou de leur greffe. Ces diſpoſitions s'appellent TIGES ou PLEIN VENT, DEMI-TIGES, PYRAMIDES, QUENOUILLES, NAINS, ESPALIER, CONTR'ESPALIER, BUISSON. *Voyez* ces mots.

Chacune de ces diſpoſitions s'applique également aux ARBRES A PEPINS & aux ARBRES A NOYAUX (*voyez* ces mots), mais cependant avec quelque différence.

Pour avoir de la graine de pommier & de poirier, on s'adreſſe aux fabricans de cidre, qui vendent leur marc à très-bon marché, & on le répand, au printemps, ſur des planches bien labourées & ratiſſées, de l'épaiſſeur du doigt, puis on le recouvre de la même quantité de terre. L'hiver ſuivant, on éclaircit s'il y a lieu. La ſeconde année on relève le plant, qui a alors huit à dix pouces, pour repiquer le plus fort autre part, à la diſtance de dix-huit à vingt-quatre pouces, & mettre en rigole le plus foible.

Comme la main-d'œuvre & le terrain ſont fort chers aux environs de Paris, la plupart des pépiniériſtes ſe refuſent à faire des ſemis & achètent le plant qui leur eſt néceſſaire, à l'âge de deux ans, à d'autres pépiniériſtes des environs de Caen & d'Orléans, qui ſpéculent principalement ſur les ſemis. Ils eſtiment qu'un arpent leur fournit trois cent mille plants.

Les planches de ſemis ne demandent que des ſarclages; quelquefois cependant des arroſemens leur ſont utiles dans les grandes ſéchereſſes; mais les *pouſſer à l'eau*, comme on dit, c'eſt-à-dire, les arroſer à l'excès, pour faire croître plus rapidement le plant, eſt fort nuiſible. *Voyez* ARROSEMENT.

On peut repiquer le plant pendant tout l'hiver,

les jours de gelée exceptés. Il est bon de préférer la fin de l'automne pour les terrains secs & légers, & le commencement du printemps pour ceux humides & argileux.

Le mode de levée & de plantation du plant des arbres fruitiers, ne diffère pas de celui des arbres forestiers ci-dessus indiqués.

Un labour & deux ou trois binages sont donnés chaque année au plant repris.

L'hiver suivant on remplace les pieds manquans, & six mois plus tard on greffe le tout à deux pouces de terre, à œil dormant.

Il est des *pépinières* où on réserve les pieds les plus droits & les plus vigoureux, pour les laisser monter, en les taillant en crochet, & en faire ce qu'on appelle des *égrains* ou *aigrins*, c'est-à-dire, des arbres qu'on ne greffe qu'à six à huit ans, pour qu'ils prennent un bel empatement de racines & qu'ils puissent former des arbres de plein vent de la plus grande taille. Souvent ces égrains se vendent, à trois ou quatre ans, plus cher que les arbres greffés de même âge.

Les greffes sont délainées au commencement de l'hiver, si leur état l'exige. Au printemps, on coupe la tête de tous les pieds où elles sont en bon état, &, ou on greffe à œil poussant ou en fente ceux dont l'œil est éteint, ou on attend à l'automne pour le faire de nouveau à œil dormant.

La greffe en fente réussit mieux sur quelques variétés que celle en écusson ; pour d'autres, il faut préférer la greffe en écusson à œil poussant, à celle en écusson à œil dormant. J'ai indiqué ces anomalies aux articles desdites variétés.

Au milieu de l'été, à deux ou trois reprises, & en laissant pour le dernier le supérieur à la greffe, ce qu'on appelle AMUSER LA SÈVE (*voyez* ce mot), on supprime les bourgeons nés sur le sujet, bourgeons qui, s'ils restoient, affameroient celui de la greffe. Quelque temps après, ce dernier est attaché, avec du jonc ou de la paille, à l'onglet du sujet, à cet effet laissé fort long, ou à un TUTEUR. *Voyez* ce mot.

Je préfère employer des tuteurs, qui redressent en même temps le bourgeon s'il est irrégulier, parce que des arbres mal faits sont de peu de vente.

Lorsqu'une greffe pousse trop de bourgeons latéraux, on casse la pointe à ces derniers, pour fournir au terminal les moyens de s'alonger.

L'hiver suivant on coupe l'onglet très-près & en opposition avec la greffe, & on taille ses rameaux en crochet.

Les arbres sont dans le cas d'être extraits de la *pépinière* à leur troisième ou quatrième année.

Comme il faut avoir, dans les environs des grandes villes, plus de poiriers greffés sur COGNASSIER & de pommiers greffés sur PARADIS, que de greffés sur franc, il devient indispensable d'avoir des MÈRES, pour s'en fournir en suffisante quantité. J'ai indiqué à ces mots les moyens à employer pour arriver à ce résultat.

Le plant produit par ces mères se plante, se greffe & se conduit comme celui venu de pepins; cependant les cognassiers sont exposés aux atteintes des fortes gelées de l'hiver, & il est prudent de les en garantir, en butant les mères & les pieds greffés. *Voyez* BUTAGE.

Les arbres destinés à rester nains, ou à devenir des espaliers, des contr'espaliers, des buissons, &c., sont coupés à deux ou trois yeux au-dessus de la greffe, pour leur faire pousser des branches latérales, auxquelles on ne touche pas.

Ceux destinés à former des tiges, des demi-tiges, des pyramides, des quenouilles, sont taillés en crochet, comme il a été indiqué plus haut.

Généralement on doit desirer vendre les arbres fruitiers à pepins au bout de trois à quatre ans; mais il est des propriétaires qui ne veulent les acheter que lorsqu'ils ont le double de cet âge, & il faut en réserver pour eux, sauf à les leur faire payer en conséquence.

Une infernale maladie organique attaque souvent les poiriers & quelquefois les pommiers, & se propage de la greffe au sujet & du sujet à la greffe : il faut donc faire une extrême attention au choix des greffes, & détruire sans miséricorde les sujets qui en indiquent l'existence. C'est la BRULURE. (*Voyez* ce mot.) Ce sont principalement les cognassiers qui en sont affectés. J'en ai vu aussi souvent sur les paradis, & même quelquefois sur les francs.

Les arbres fruitiers à noyaux, outre les soins généraux ci-dessus, en exigent encore qui leur sont propres. Ainsi, il faut nécessairement stratifier les amandes, pour éviter qu'elles perdent leur faculté germinative. Il est bon de ne les planter qu'après leur germination, pour pouvoir pincer leur pivot. L'intérêt exige de les planter à distance requise, pour ne pas relever le plant qui en proviendra. Ainsi, ce plant peut être greffé en écusson à œil dormant, l'automne de la première année ; ce qui est un avantage important, puisqu'il devient marchand dès la fin de la seconde.

La greffe en fente réussit rarement sur l'amandier : en conséquence, c'est toujours celle en fente à œil dormant qu'on pratique dans les grandes *pépinières*.

En général, tous les pieds qui ont été greffés plus de deux fois sans succès, dans une *pépinière* jalouse de sa réputation, doivent être arrachés & plantés dans les massifs, parce que, la greffe réussissant une troisième, ils feront rarement de beaux arbres.

Le pêcher se greffe aussi très-fréquemment sur le prunier, parce que ce dernier se plaît mieux que le premier dans les terrains argileux & humides : toutes ses variétés ne la reçoivent pas également

lement bien ; le petit damas est la meilleure. J'ai donné sur cet objet des indications étendues, aux articles PÊCHER, PRUNIER & GREFFE.

L'abricotier se greffe plus fréquemment sur prunier que sur amandier. Quelques-unes de ses variétés se reproduisent de noyaux. Rarement on greffe des sujets provenant de ces noyaux, à raison de la lenteur de leur croissance.

On multiplie aussi beaucoup les pruniers par les rejetons, qu'ils poussent de leurs racines souvent en très-grande abondance; mais les arbres qui proviennent de ces rejetons sont plus sujets à tracer & à en donner que ceux venus de noyaux, & par conséquent portent moins de fruits & vivent moins long-temps. Il faut donc, autant que possible, éviter d'en faire usage, & en conséquence avoir quelques pieds de cerisette, de petit damas, de Saint-Julien, variétés préférées pour en semer les noyaux, & par là obtenir du plant. *Voyez* PRUNIER.

Il y a deux espèces dans les cerisiers : celle de nos bois, appelée *merisier*, dont la grandeur est considérable, & dont la chair du fruit est douce & dure; celle d'Asie, type de nos *griottiers*, qui s'élève bien moins, & dont la chair du fruit est aigre & molle. Elles se greffent réciproquement l'une sur l'autre; mais dans les *pépinières*, les amandes de la seconde étant presque toujours infertiles, on les greffe sur le merisier & sur le *mahaleb*, autre espèce plus petite, qui a la propriété de croître dans les terrains les plus arides. *Voyez* CERISIER.

On greffe très-fréquemment le cerisier sur le merisier, en fente & à six à huit pieds du sol, pour en faire des pleins vents de haute stature.

Pépinière d'arbres d'agrément.

Les travaux qu'exige cette *pépinière* sont bien plus multipliés & bien plus savans que ceux des deux précédentes sortes, parce qu'ils s'exercent sur près de deux mille espèces, indigènes ou exotiques, provenant de terrains, de climats différens, demandant chacune une culture particulière, & que souvent le pépiniériste est obligé de procéder par des analogies trompeuses lorsqu'il reçoit une espèce nouvelle. Aussi les dépenses sont-elles plus considérables & les bénéfices plus grands.

Il est nécessaire qu'une *pépinière* d'arbres d'agrément soit entourée de murs élevés; qu'en outre il y ait dans son intérieur des palissades d'arbres. Les abris, soit du nord, soit du midi, soit de l'ouest, y sont indispensables. Les eaux y doivent être abondantes, car les arrosemens peuvent être souvent très fréquens & très-abondans. *Voyez* ABRI & ARROSEMENT.

Au pied des murs & contre les palissades s'établissent & de petites planches pour les semis & les repiquages, & de larges planches pour recevoir les plantes de terre de bruyère servant, soit de porte-graine, soit de mère. *Voyez* PLATE-BANDE.

Le reste du terrain est divisé en carrés ou en losange pour la plantation des arbres & arbustes les moins délicats.

Aujourd'hui il n'est plus possible, vu les progrès du goût pour les plantes étrangères, de se dispenser de joindre à une *pépinière* d'arbres d'agrément une COUCHE A CHASSIS, une BACHE, une ORANGERIE & même une SERRE. *Voyez* ces mots.

Les arbres & arbustes cultivés dans nos *pépinières* se rangent naturellement en sept divisions générales, relativement au mode de leur culture; savoir :

1°. Ceux du pays, qui, comme les frênes, les érables, les peupliers, les aubépines, les rosiers, &c., sont destinés à servir de sujets à la greffe des espèces étrangères des mêmes genres qui ne portent pas de graines en France, ou de leurs propres variétés.

2°. Ceux des pays étrangers, depuis long-temps cultivés en Europe, & qui ne demandent pas des soins beaucoup plus nombreux, tels que les marroniers, les robiniers, les lilas, les syringas.

3°. Ceux qui nous sont venus de la Sibérie & autres contrées orientales, tels que les baguenaudiers, les caragans, les spirées, &c.

4°. Ceux des hautes montagnes de toutes les parties du Monde, qui demandent de l'humidité, de l'ombre & de la terre de bruyère, c'est-à-dire, les rosages, les kalmies, les andromèdes, les airelles, les clethras, &c.

5°. Ceux des parties méridionales de l'Europe & de quelques autres parties du Monde, qui gèlent quelquefois l'hiver, mais qui peuvent cependant subsister long-temps en pleine terre dans le climat de Paris, tels que les chênes verts, l'olivier, le myrte, le filaria, l'arbousier, &c.

6°. Ceux du Cap de Bonne-Espérance, de la Nouvelle-Hollande, du nord de la Chine & du Japon, &c., qui demandent de la terre de bruyère & de la chaleur. Dans leur nombre se trouvent les bruyères, les protées, les banckfies, les métrosideros, les mélaleuques, &c. On les abrite l'hiver sous des baches ou dans des serres tempérées.

7°. Ceux des pays intertropicaux, qui demandent la serre chaude pendant l'hiver.

La culture des arbres des trois premières divisions diffère peu de celle des arbres forestiers. Je l'ai indiquée en détail aux articles qui leur sont consacrés. Celle des arbustes se fait le plus souvent par division des vieux pieds & par marcottes. Il en est qui gagnent à l'être par le semis des graines de l'un d'eux & par la greffe des autres sur celui-ci. *Voyez* CARAGAN.

Je rappelle, à leur occasion, que ce n'est que par le semis des graines qu'on obtient de nouvelles variétés. Ainsi, il faut annuellement semer une petite planche en graines de rosiers, de lilas & autres espèces, dans ce but.

Beaucoup d'espèces de ces divisions sont très-sensibles à la gelée dans leur premier âge; ainsi il faut les en garantir dans la planche où elles sont semées. Pour cela, on les couvre aux approches des froids, soit avec des PAILLASSONS, soit avec des FEUILLES SÈCHES, soit avec de la FOUGÈRE. *Voyez* ces trois mots & celui COUVERTURE.

Il en est même qu'on est encore obligé de garantir dans un âge avancé. *Voyez* FIGUIER & EMPAILLER.

La culture des plantes de TERRE DE BRUYÈRE ayant été développée à ce mot & au mot PLATE-BANDE, j'y renvoie le lecteur.

Les arbres & arbustes de la cinquième division, excepté le myrte, réussissent toujours mal dans nos *pépinières*, & ne s'y multiplient bien que par le semis de leurs graines.

Ceux de la sixième division, aujourd'hui de mode, se multiplient au contraire presque tous facilement de boutures. Leur culture, qui a toujours lieu en pot, diffère peu de celle des arbustes de terre de bruyère. On les rentre dans l'orangerie, ou mieux, la serre tempérée, aux approches du froid.

J'ai détaillé au mot SERRE la culture générale des arbres & arbustes, ainsi que des plantes qui l'exigent dans nos climats : j'y renvoie également le lecteur. Je l'engage de plus à relire les articles MULTIPLICATION, MARCOTTE, BOUTURE, REJETON, ECLAT, DÉCHIREMENT DES VIEUX PIEDS.

Les pépiniéristes, quelque favorable que soit la terre où ils opèrent, ne peuvent se dispenser d'en avoir de factice; en conséquence, ils accumulent, dans un coin, plus ou moins de celles qui s'appellent TERRE FRANCHE & TERRE DE BRUYERE, pour, par leurs mélanges entr'elles, dans diverses proportions, ainsi qu'avec du fumier dans certains cas, en composer de convenable à telle ou telle culture. Ils composent surtout la TERRE A ORANGER, qui, par son excessive FERTILITÉ, compense la petite quantité qu'on peut en mettre dans un POT ou dans une CAISSE. *Voyez* ces mots.

Pépinière d'arbres résineux.

Les arbres des genres PIN, SAPIN, THUYA, MELÈZE, CYPRÈS, GENEVRIER & IF, demandent une culture spéciale dans la *pépinière*, quoiqu'ils puissent être compris dans la quatrième division des arbres & arbustes d'agrément.

C'est par la graine qu'on les multiplie presqu'exclusivement, la greffe, les boutures & les marcottes étant d'un emploi difficile & d'une réussite incertaine. Cette graine mûrit, ou à la fin de l'été (le pin Weymouth, les sapinettes), ou pendant l'hiver (les mélèzes, les thuya, les cyprès, les genévriers, l'if), ou au printemps de l'année suivante (le cèdre du Liban, la plupart des pins). Elle conserve pendant plusieurs années sa faculté germinative. On la fait sortir des cônes, où elle est renfermée, en les exposant au soleil, sur des toiles, même en les plaçant dans une étuve. On les sème un peu clair au printemps, dans une terre légère exposée au nord, & fréquemment, mais non abondamment arrosée, même, autant que possible, dans de la terre de bruyère. Toutes, excepté celles des genévriers & des ifs, lèvent la première année.

Les plants des espèces rares, comme celui du cèdre du Liban, se relèvent souvent quand ils ont deux pouces de haut, soit pour les repiquer autre part, à deux ou trois pouces d'écartement, soit pour les placer, seuls à seuls, dans des petits pots, afin de les empêcher de se FONDRE. *Voyez* ce mot & celui MELÈZE.

Les autres ne se repiquent qu'au printemps de l'année suivante, à la même distance, toujours au nord; là, on les bine & on les arrose au besoin.

Après deux ans de séjour dans la même planche, on les repique de nouveau en pleine terre, au soleil, chaque pied à deux ou trois pieds de distance de ses voisins. Là, ils restent deux autres années, pendant lesquelles on les bine, puis on les transplante dans la place où ils doivent toujours rester.

Le but de ces transplantations répétées est de faire disparoître le PIVOT & de multiplier les CHEVELUS, entre lesquels la terre se conserve lorsqu'on lève le plant, ce qui s'oppose à l'action du hâle, si rapide & si désastreuse sur les RACINES des arbres. *Voyez* tous ces mots.

C'est certainement par la même cause que la réussite de la plantation des arbres résineux est plus assurée, lorsqu'elle a lieu au moment du développement de leur sève, que pendant son repos; en conséquence, ce sont eux qui closent les opérations de ce genre dans les *pépinières* & dans les jardins. Quelques cultivateurs ne font pas assez attention à cette circonstance.

Malgré la connoissance de ces moyens, on est forcé, surtout lorsqu'on est obligé d'envoyer au loin des plants des arbres résineux, de tremper leurs racines dans une bouillie d'un mélange de moitié de terre franche & de bouze de vache, puis de les entourer de mousse ficelée, ou de les transplanter un an auparavant dans un POT ou dans un MANNEQUIN. *Voyez* ces mots.

Passé l'âge de cinq à six ans, la reprise des arbres résineux les mieux conduits est incertaine. Il n'en réussit pas cinq sur cent de ceux qui ont été arrachés dans les bois sans leur motte.

La plupart des maladies des arbres se montrent dans les *pépinières*. La plus désastreuse de toutes, la BRULURE, s'y propage constamment. J'en ai suffisamment parlé à son article.

Beaucoup de sortes d'INSECTES, principalement les COURTILIERS, les larves de HANNETON, appelées VERS BLANCS, & les ESCARGOTS, les LIMACES, les TAUPES, les CAMPAGNOLS, nuisent souvent beaucoup aux *pépinières*. Je me suis étendu à leurs articles sur les moyens les plus assurés de diminuer leurs ravages.

L'EMBALLAGE des arbres des *pépinières*, destinés à être envoyés au loin, s'exécute avec d'autant plus de soin que les espèces sont plus rares & plus délicates. J'ai parlé à son article de ses différens modes.

Cet article pourroit être bien plus étendu, mais il faut m'arrêter; d'ailleurs, la plupart de ceux qui ont rapport aux arbres & arbustes lui servent de complément.

PÉPINIÉRISTE. Celui qui élève des arbres & des arbustes, dans un terrain spécial de quelqu'étendue, pour les transplanter à un certain âge.

L'art de la culture des jeunes arbres existe sans doute depuis bien des siècles, mais ce n'est que depuis peu qu'il est exercé par une classe de cultivateurs différente de celle des jardiniers.

En effet, jusqu'à Olivier de Serres, on ne voyoit de pépinières d'arbres fruitiers que dans les jardins des gens riches, & uniquement pour les entretenir garnis d'arbres fruitiers. Les Chartreux de Paris, qui avoient un grand nombre de maisons à fournir, trouvant souvent un superflu dans les leurs, le donnèrent d'abord & le vendirent ensuite. Quelques-uns de leurs ouvriers, voyant leurs bénéfices, en établirent pour leur compte à Vitry, & par la concurrence firent tomber les premiers prix.

Vers le milieu du dix-septième siècle, le goût des arbres étrangers ayant pris une grande amplitude, & les jardins du Roi à Paris & à Trianon ne pouvant plus fournir suffisamment aux amateurs, il s'établit aussi quelques pépinières pour les multiplier, d'abord dans les jardins de MM. Duhamel, de Jeansen, de Tschudy, de la Galissonière, de Lemonnier, de Noailles, de Trocheraau, &c., ensuite dans ceux de quelques jardiniers fleuristes des faubourgs de Paris.

Dans l'intervalle, le Roi avoit créé les pépinières spéciales du Roule & de Versailles, à la tête desquelles il mit l'abbé Nollin, & que, plus tard, il fit alimenter de graines par Michaux père, envoyé d'abord dans le Levant, ensuite dans l'Amérique septentrionale.

La révolution a beaucoup favorisé la multiplication des pépinières, comme de toutes les autres branches d'industrie. Cels père, d'amateur devenu marchand, y a porté ses grandes connoissances. Aujourd'hui, il y en a considérablement aux environs de Paris, & peu de chefs-lieux de département en sont privés. La pépinière du Luxembourg, qui a succédé, dans le même emplacement, à celle des Chartreux, opère sur un plan bien plus vaste & plus généreux.

Quoique le commerce des arbres se soit un peu restreint depuis quelques années, qu'il soit en conséquence moins profitable, il fait vivre dans l'aisance un grand nombre de *pépiniéristes* chefs & ouvriers, & augmente chaque année la masse des valeurs territoriales de la France. Il mérite les encouragemens du public éclairé. Où en seroient nos enfans, si l'immensité des plantations isolées qui ont eu lieu depuis trente ans ne compensoit pas en partie la destruction de nos forêts? Malheureusement on se plaint du peu de bonne-foi de quelques-uns d'entr'eux qui fournissent des espèces différentes de celles demandées, des pieds mal levés, affectés de la brûlure, crûs dans un terrain trop fumé, qu'ils ont laissés exposés au hâle dans le but de les empêcher de réussir, ce qui nuit beaucoup à la confiance due à la majorité.

PÉPLIDIE. *Peplidium*. Plante intermédiaire entre les GRATIOLES & les LINDERNES, originaire d'Egypte. Nous ne la possédons pas dans nos jardins.

PÉPON. Espèce, ou mieux suite d'espèces du genre COURGE.

PÉRA. Synonyme de PÉRULA.

PÉRÉGIE. *Peregia*. Genre de plantes établi pour placer les PERDICIES DE MAGELLAN, LACTUCOÏDE, &c.

PÉRIGONE. La difficulté de distinguer, dans certaines plantes, le calice de la corolle, a engagé Decandolle à appeler de ce nom l'enveloppe des organes de la fructification. Lorsqu'il y a une seule enveloppe, comme dans le LIS, le *périgone* est simple. Lorsqu'il y en a deux, comme dans la STRAMOINE, il est double. *Voyez* PLANTE, CALICE, COROLLE.

PÉRIPLONIE. *Periplonia*. Genre de plantes de la didynamie gymnospermie & de la famille des labiées, qui réunit deux espèces propres au Pérou, ni l'une ni l'autre cultivées en Europe.

PÉRITONITE. INFLAMMATION du péritoine dans le CHEVAL. *Voyez* ces deux mots.

Presque toujours cette maladie devient aiguë & nécessite des saignées, ainsi que des boissons & des lavemens émolliens, & des enveloppes chaudes.

Ordinairement elle se termine par résolution, quelquefois par suppuration & gangrène. L'HYDROPISIE en est quelquefois la suite, surtout dans le CHIEN. *Voyez* ces mots.

PÉRONIE. *Peronia*. Plante de la monandrie & de la famille des balisiers, dont on ignore le pays natal, mais qui se cultive au Jardin du Muséum de Paris, en pot & dans la serre chaude. Elle se multiplie par la séparation de ses racines.

PÉROTRICHE. *Perotriche.* Plante de la syngénésie agrégée, dont le pays natal est inconnu.

PERSPECTIVE. Effet que produit sur la vue, ou l'éloignement des objets, ou le mode de leur distribution, ou la différence de leur couleur.

Par exemple, quand on se promène dans une longue allée, on en voit les extrémités plus étroites que le lieu où on se trouve. Quand des arbres plus grands sont placés derrière de plus petits, à quelque distance qu'ils s'en trouvent, ils paroissent s'y réunir; quand des arbres à feuillage foncé sont plantés à côté d'arbres à feuillage clair, ces derniers semblent être plus éloignés.

La science de la *perspective* doit être l'objet des études spéciales de ceux qui se livrent à la construction des jardins de toutes les sortes, principalement des jardins paysagers, puisque par elle il peut être rétréci ou agrandi en apparence, quoique le terrain conserve la même étendue. Je devrois donc en parler avec détail, mais elle est l'objet d'un dictionnaire spécial auquel je renvoie le lecteur.

PESETTE. Un des noms de la VESCE.

PÉTALOLÈPE. *Petalolepis.* Genre établi pour placer les EUPATOIRES FERRUGINEUSE & A FEUILLES DE ROMARIN.

PÉTALOSPERME. *Petalospermum.* Genre qui sépare les DALÉES A FLEURS BLANCHES ET A FLEURS POURPRES.

PÉTROBION. *Petrobium.* Arbrisseau de Sainte-Hélène qui se rapproche des SPILANTS, des LAXMANNIES & des SALMÉES. Il ne se cultive pas en Europe.

PÉTROCALE. *Petrocalis.* Genre qui sépare la DRAVE DES PYRÉNÉES des autres.

PÉTROLE. Résine liquide qui sort de la terre dans quelques lieux, soit seule, soit avec de l'eau.

Les cultivateurs voisins des sources de *pétrole*, doivent ne pas négliger, à raison de son bas prix, de l'employer pour s'éclairer, pour peindre leurs instrumens aratoires, les murs de leurs maisons à l'intérieur & à l'extérieur; enfin, pour suppléer la graisse, dans le but de diminuer les frottemens des voitures.

C'est de ce dernier usage que lui vient le nom de *graisse de char* qu'elle porte.

PÉTROPHYLE. *Petrophyla.* Genre de plantes établi pour placer quelques PROTÉES qui s'éloignent des autres. Je ne crois pas qu'il s'en cultive des espèces en France.

PEUPLIER. *Populus.* Genre de plantes de la dioecie octandrie & de la famille des amentacées, dans lequel se trouvent dix-neuf espèces, dont cinq sont indigènes, & fournissent un bois propre à beaucoup d'usages, & la plupart des autres sont dans le cas de pouvoir être cultivées en France pour l'utilité.

Espèces.

1. Le PEUPLIER blanc, vulg. *blanc de Hollande.*
Populus alba. Linn. ♄ Indigène.

2. Le PEUPLIER gris, vulg. *grisard, franc-picard.*
Populus canescens. Willd. ♄ Indigène.

3. Le PEUPLIER tremble.
Populus tremula. Linn. ♄ Indigène.

4. Le PEUPLIER faux-tremble.
Populus tremuloides. Mich. ♄ De l'Amérique septentrionale.

5. Le PEUPLIER trépide.
Populus trepida. Willd. ♄ De l'Amérique septentrionale.

6. Le PEUPLIER à grande dentelure.
Populus grandidentata. Mich. ♄ de Amérique septentrionale.

7. Le PEUPLIER d'Athènes.
Populus græca. Linn. ♄ D'Orient.

8. Le PEUPLIER argenté.
Populus heterophylla. Linn. ♄ De la Caroline.

9. Le PEUPLIER noir.
Populus nigra. Linn. ♄ Indigène.

10. Le PEUPLIER d'Italie.
Populus fastigiata. Poiret. ♄ D'Orient.

11. Le PEUPLIER du Canada.
Populus canadensis. Linn. ♄ Du Canada.

12. Le PEUPLIER de la baie d'Hudson.
Populus hudsonica. Bosc. ♄ De la baie d'Hudson.

13. Le PEUPLIER de Virginie, vulg. *peuplier suisse.*
Populus monilifera. Ait. ♄ De l'Amérique septentrionale.

14. Le PEUPLIER du Maryland.
Populus marylandica. Bosc. ♄ De l'Amérique septentrionale.

15. Le PEUPLIER de Caroline.
Populus angulata. Poiret. ♄ De la Caroline.

16. Le PEUPLIER à feuilles vernissées, vulg. *peuplier liard.*
Populus candicans. Ait. ♄ Du Canada.

17. Le PEUPLIER baumier, vulg. *takahamaca.*
Populus balsamifera. Linn. ♄ Du Canada.

18. Le PEUPLIER de l'Euphrate.
Populus euphratica. Oliv. ♄ De l'Orient.

19. Le PEUPLIER hybride.
Populus hybrida. Marsch. ♄ Du Caucase.

Culture.

Le *peuplier* blanc a été long-temps confondu avec le suivant, dont il se rapproche en effet beaucoup, mais dont il est cependant fort distinct, ainsi qu'on peut s'en assurer dans les jardins & pépinières des environs de Paris, où il commence à devenir commun, étant beaucoup plus beau. Je ne l'ai jamais vu dans l'état naturel. Tout ce qu'on lit dans les ouvrages d'agriculture sous son nom, doit s'appliquer au *peuplier* grisard, commun dans les bois en terrain frais, principalement dans ceux de Picardie, & qui seul, jusqu'à présent, a été planté en avenues, a servi à la décoration des jardins paysagers, &c.

La hauteur & la grosseur, ainsi que la rapidité de la croissance de ces deux *peupliers*, doivent les faire rechercher autant pour les plantations utiles, que la majesté de son port & le contraste de la couleur des deux faces de ses feuilles, pour celles d'agrément. Tous les terrains lui conviennent, quoique ceux qui sont en même temps légers & frais soient ceux où il prospère le plus. Leur bois est d'un blanc sale veiné de rouge. Il se mâche sous le rabot, & pèse, vert, selon Varenne de Fenille, 58 livres 3 onces 4 gros, & sec, 38 livres 7 onces 7 gros. Il perd plus du quart de son volume par la dessiccation. Sa dureté est plus considérable quand il provient des terrains secs & des pays chauds. On l'emploie dans les bâtimens ruraux; on en fait des planches de toutes les épaisseurs pour servir à l'intérieur. Il donne peu de chaleur par la combustion.

On voit beaucoup d'avenues, de routes, &c., garnies de *peuplier* grisard dans tout le nord de la France, mais à peine quelques pieds isolés dans le centre & le midi. C'est fâcheux, car, à défaut d'arbres à bois dur, il devient très-avantageux de le cultiver. Il n'est pas rare d'en voir de 150 à 200 ans, qui ont trois à quatre pieds de diamètre, & une hauteur de cent vingt, lesquels, il est nécessaire de le dire, sont rarement sains dans leur intérieur. C'est à 60, 80 ou 100 ans au plus, âge où ils ont atteint la moitié de la grosseur précitée, qu'il convient le mieux de les exploiter.

Lorsque les *peupliers* sont bien placés, ils produisent, comme je l'ai déjà annoncé, des effets fort agréables dans les jardins paysagers, surtout lorsqu'il fait du vent. Ce sont eux qu'on doit préférer dans les avenues pour remplacer les ormes déjà vieux qui meurent, parce que leur rapide croissance fait qu'ils regarnissent convenablement.

La multiplication des *peupliers* blanc & gris s'exécute presqu'exclusivement par rejetons, dont ils donnent toujours en surabondance, & dont on peut favoriser la sortie en blessant les racines. Un vieux pied fournit une forêt qu'on peut exploiter pendant plusieurs années consécutives. Cependant tous les autres moyens de reproduction lui sont plus ou moins applicables, même celui des graines, le plus difficile d'entr'eux.

Les rejetons levés sont transplantés en pépinière, RÉCÉPÉS l'année suivante, puis MIS SUR UN BRIN, TAILLÉS EN CROCHET comme les autres arbres. (*Voyez* ces mots & celui PÉPINIÈRE.) Ils sont généralement propres à être mis en place à leur quatrième année. Les planter en automne, dans des trous faits un ou deux mois d'avance, est ce à quoi il faut tendre. La distance à mettre entr'eux, lorsqu'ils sont en ligne, doit être plutôt grande que petite, à raison de la longueur de leurs racines & de l'étendue de leur tête. Diminuer la longueur de leurs grosses branches est toujours utile; mais il n'est jamais bon de les couper en totalité, comme on le fait généralement.

Les arbres repris gagnent à être débarrassés des branches latérales qui rivalisent de vigueur avec celle qui doit continuer la tige, & quelques années après, successivement, des plus basses de ces branches; mais il faut se refuser en tout temps à les élaguer à outrance, comme on le pratique dans tant de lieux, parce qu'il en résulte un retard dans l'accroissement en grosseur, & des plaies qui amènent la carie du tronc.

Le *peuplier* tremble fait souvent le fond des forêts en terrain léger & frais. Il se substitue fréquemment aux futaies ultrà-séculaires de chênes & de hêtres, & subsiste soixante à quatre-vingts ans au plus. Sa hauteur est de trente à quarante pieds, & son diamètre d'un à un & demi. Son bois est peu estimé, & s'emploie principalement pour chauffer le four, cuire la chaux, les briques. Il pèse vert, selon Varenne de Fenille, 62 livres 13 onces, & sec, 37 livres 10 onces 2 gros par pied cube.

Les feuilles du tremble sont du goût des vaches, des chèvres & des brebis; en conséquence, dans beaucoup de cantons on coupe ses branches en août, soit afin de les leur donner fraîches, soit pour les leur donner pendant l'hiver.

Le peu d'utilité du bois du tremble fait qu'on ne le plante jamais en massif & rarement en avenue. C'est seulement dans les jardins paysagers qu'on est dans le cas d'en desirer quelques pieds, parce que, par la belle couleur & la propriété *tremblante* de ses feuilles, il y produit d'agréables effets. Je ne vois pas un de ces arbres sans penser aux heures de ma jeunesse passées sur une hauteur, non loin de la maison paternelle, où il y en avoit un groupe.

Deux insectes du genre des SAPERDES (*saperda populnea* & *saperda tremula*) déposent leurs œufs dans les jeunes branches de cet arbre, & les font fréquemment périr. J'ai vu arracher des taillis en terrain sec & chaud, parce que ces insectes les empêchoient de s'élever.

Les *peupliers* faux-tremble & trépide sont plus petits que le précédent, mais d'un aspect peu différent. On les cultive, quoique rarement, dans les jardins des environs de Paris.

Le *peuplier* à grande dentelure se rapproche du tremble, mais est beaucoup plus beau. J'ignore s'il s'élève autant que lui. Michaux dit que son bois est tendre. Je l'ai beaucoup multiplié dans les pépinières de Versailles, par la greffe sur le *peuplier* d'Italie & sur le grisard, pour l'introduire dans les jardins paysagers, où il se fait voir avec plaisir, quelque contrarié que je fusse par les SAPERDES & les ATTELABES. *Voyez* ces mots.

Le *peuplier* d'Athènes a encore quelques rapports avec le tremble. Ce seroit un très-bel arbre s'il étoit plus garni de branches & de feuilles. Il se fait cependant remarquer dans les jardins paysagers, où, ainsi que le précédent, il se place au troisième rang des massifs. On le multiplie positivement comme lui. Il croît avec une grande rapidité. J'ignore quelles sont les qualités de son bois, quoique j'en connoisse quelques gros pieds dans les jardins des environs de Paris.

Le *peuplier* argenté a encore quelques rapports avec les précédens. J'en ai vu de fort beaux pieds en Caroline; mais il prospère difficilement dans les jardins des environs de Paris. Je l'ai multiplié sans grand succès dans les pépinières de Versailles, par la greffe sur le grisard & le *peuplier* d'Italie. On ne doit pas se rebuter.

Le *peuplier* noir est extrêmement commun dans quelques-uns de nos départemens; cependant je ne l'ai jamais vu croître naturellement dans les forêts. C'est lui qui constitue l'arbre le plus gros que je connoisse en France, lequel se trouve dans le jardin de l'Arquebuse de Dijon, & a sept pieds de diamètre. On le plante sur le bord des rivières, des étangs, le long des chemins, autour des prés, &c. Il s'élève à cinquante ou soixante pieds, croît rapidement & acquiert toute sa valeur à quarante ans. Quelquefois on le tient en têtard, pour nourrir les bestiaux avec ses feuilles, & pour suppléer l'osier. Dans ce cas, son bois est marbré & très-propre à faire de petits meubles d'ébénisterie, qui n'ont contre eux que leur peu de dureté. Ce bois est plus dur & plus difficile à fendre que celui du grisard, & s'emploie souvent pour faire des charpentes légères, des voliges propres à garnir les armoires, à faire des caisses d'emballage, des sabots, &c. Frais, il pèse 68 livres 3 onces, & sec, 29 livres le pied cube, d'après l'observation de Varenne de Fenille. Il perd par la dessiccation un vingtième de son volume.

Ce *peuplier* se multiplie naturellement par ses semences, garnies de coton, & que le vent emporte au loin. La voie des plançons de quatre ou cinq pieds de haut, est presque la seule usitée dans les campagnes; celle des boutures, avec des pousses de l'année précédente, presque la seule usitée dans les pépinières, quoique les marcottes & les racines en offrent également qui ne manquent jamais.

Aujourd'hui cet arbre se recherche peu autour des grandes villes; les *peupliers* du Canada & de Virginie, qui lui ressemblent infiniment, étant préférés, comme croissans plus rapidement.

Le *peuplier* d'Italie a été importé dans ce pays, du centre de l'Asie, à la fin du seizième siècle. J'ai vu près de Pavie, les restes de la première avenue qu'il ait formée. La disposition montante de ses branches, lui donne naturellement une forme pyramidale d'un très-bel aspect; aussi fait-il décoration plus qu'aucun autre arbre, le cyprès excepté. Il fut d'abord un objet d'enthousiasme en France, & , en conséquence, multiplié outre mesure. Aujourd'hui on préfère, & avec raison, sous le rapport du produit, le *peuplier* du Canada, qui croît plus vîte, donne de meilleur bois & plus de branches pour le chauffage ou la nourriture des bestiaux; mais il ne peut être remplacé pour la décoration des campagnes & des jardins.

C'est autour des prairies, des champs, sur la berge des fossés, le long des ruisseaux & en avenues, qu'on plante le plus communément le *peuplier* d'Italie. On le groupe aussi quelquefois dans les îles des rivières, dans des petits terrains vagues qu'on ne peut cultiver. Il se met en place pendant tout le cours de l'hiver. On ne doit jamais l'élaguer, cela retardant le grossissement de son tronc, & la valeur de ses branches étant peu de chose. Dans un terrain léger & frais, qui est celui où il prospère le mieux, on peut, lorsqu'il est en bordure, n'espacer ses pieds que d'une toise. *Voyez* PLANTATION.

Le bois du *peuplier* d'Italie est blanchâtre, susceptible d'un beau poli, très-propre à la sculpture, à la saboterie, au tour. Il est employé dans les charpentes rurales. On en fait des planches & des voliges d'un bon service dans l'intérieur, & surtout des caisses d'emballage, qui, à raison de leur légèreté & de leur bas prix, sont les meilleures de toutes. Il pèse vert, 63 livres 8 onces 4 gros, & sec, 25 livres 2 onces 7 gros par pied cube, au dire de Varenne de Fenille. Sa diminution, par son exposition à l'air, est d'environ un vingt-quatrième. Celui d'un arbre écorcé sur pied une année à l'avance, a plus de force & de dureté que celui d'un arbre abattu sans avoir subi cette opération.

C'est dans l'intervalle de la trentième à la quarantième année qu'il est le plus avantageux de couper le *peuplier* d'Italie, parce qu'alors son bois est dans toute sa bonté, & qu'alors il ralentit sa croissance. On peut cependant, lorsqu'il fait ornement, & que le sol où il est planté n'est ni trop sec ni trop aquatique, le laisser un siècle sur pied. J'en connois de tels dont la hauteur est de près de cent, & la grosseur de près de trois pieds. Alors son tronc est chargé de saillies longitudinales qui produisent un singulier effet. On doit laisser deux ans entiers les troncs exposés à l'air, sans toucher le sol, avant de les débiter en planches, parce que leur sève s'évapore lentement, & que lorsqu'ils ne sont pas complétement desséchés, les planches qu'on en tire se fendent avec excès.

On tire un tel parti du *peuplier* d'Italie dans les jardins paysagers, qu'il seroit aujourd'hui impossible de s'en passer. La rapidité de sa croissance, le contraste de sa manière de pousser ses branches avec celles des autres arbres, ses effets, soit isolé, soit groupé, soit en rideau, &c., lui donnent d'immenses avantages. Il s'y prodigue dans ceux des environs de Paris.

La multiplication par boutures est la seule employée pour le *peuplier* d'Italie, qui ne donne point de graines, puisque nous ne possédons que le mâle, & qui pousse peu de rejetons ; mais elle a lieu de deux manières, c'est-à-dire, par des plançons de six pieds de haut, ou par des pousses de l'année précédente. Les plançons se mettent directement en place, mais ils végètent foiblement. Les pousses se plantent en pépinière ; & leurs produits l'emportent bientôt sur les plançons. Je les préfère donc.

A cet effet, dans un enclos, pour les garantir de la dent des bestiaux, on labourera ou même défoncera, l'été précédent, un espace suffisant pour le nombre de boutures qu'on se propose de faire, en calculant sur quinze à dix-huit pouces de distance les unes des autres. Les boutures, coupées avec un talon & enterrées, y seront placées au printemps, au moyen d'un plantoir, ou mieux dans des rigoles de six pouces de largeur & de profondeur. Peu de ces boutures manquent lorsque le terrain est bon & l'année humide. On bine deux fois la première année, & une seule les autres. Jamais la serpette ne doit toucher aux branches, à moins que le bourgeon qui doit continuer le tronc n'ait péri, auquel cas, ou on en dispose un autre, en supprimant ses voisins, ou on recèpe le pied pour lui faire pousser de nouveaux jets, qu'on réduit à un l'année suivante. *Voyez* PÉPINIÈRE.

On peut commencer à lever des *peupliers* d'Italie dès la troisième année, dans une pépinière bien conduite, pour les mettre en place, & il n'en doit plus rester à la sixième ; quoique cette espèce ne craigne pas d'être transplantée à douze ou quinze ans, parce que les jeunes reprennent & profitent mieux, & qu'il y a peu de bénéfice à vendre les vieux.

Le *peuplier* du Canada est l'arbre par excellence pour les plantations faites dans la vue de l'utilité, parce qu'il croît plus rapidement qu'aucun autre, & que son bois est plus dur. C'est donc lui qu'on doit préférer lorsqu'on veut faire des plantations en grand dans les terrains humides, qu'on veut garnir d'une ceinture le bord des étangs, couvrir la surface des marais à moitié desséchés. Tout terrain, pourvu qu'il ne soit pas trop sec ou trop argileux, lui convient. Sa hauteur surpasse celle des autres espèces. Le seul reproche qu'on peut lui faire, est que sa grosseur est moindre au même âge ; ce qui fait qu'il est quelquefois cassé par les vents lorsqu'il est isolé. J'ai la satisfaction d'avoir concouru à le multiplier en France par l'immense quantité de boutures que j'ai distribuées de tous côtés pendant que j'étois à la tête des pépinières de Versailles. Il n'est pas d'un aspect aussi pittoresque que le *peuplier* blanc, & il n'orne pas autant que le *peuplier* de Virginie, ressemble, à s'y méprendre, au *peuplier* noir ; mais il n'en trouve pas moins bien sa place dans les jardins paysagers, où il est en ce moment prodigué. Nous ne possédons que la femelle de ce *peuplier* ; en conséquence, comme le précédent, il ne se multiplie que de boutures, le plus souvent faites avec les pousses de l'année précédente, & traitées comme il a été dit plus haut, excepté que, se cultivant principalement pour son bois, il est bon de lui faire un tronc dégarni de branches, & qu'ainsi on le taille en crochet dans les pépinières, & on l'élague au moment de le planter, ainsi que quelques années après sa plantation ; mais, dans ce dernier cas, avec modération.

Je dois observer que le plant de deux ans de ce *peuplier* est toujours courbé à son pied, ce qui le fait reconnoître de loin dans les pépinières. Cette courbure disparoît avec l'âge.

Le *peuplier* de la baie d'Hudson ressemble beaucoup au précédent & au *peuplier* noir, mais il est distinct. Je ne connois pas encore les qualités de son bois, que je crois cependant égales, si ce n'est supérieures, à celles des autres. Dès que je l'ai connu, je l'ai multiplié le plus que j'ai pu dans les pépinières de Versailles, & j'en ai distribué des boutures à tous venans, ce qui l'a répandu ; mais comme il se confond avec plusieurs autres, j'ignore s'il y en a de gros pieds aux environs de Paris ou ailleurs. Il se distingue extrêmement de tous autres par sa manière de croître pendant les deux & trois premières années de sa vie, ses rameaux inférieurs étant alors rigoureusement parallèles au sol, disposition qui disparoît avec les progrès de l'âge.

Le *peuplier* de Virginie, appelé *peuplier suisse*, je ne sais pourquoi, ressemble encore beaucoup au *peuplier* du Canada : seulement ses feuilles sont plus grandes, plus en cœur ; ses bourgeons plus anguleux & ses branches plus écartées du tronc. Il est perpétuellement confondu avec ce dernier, & porte son nom dans le bel ouvrage de Michaux fils sur les arbres de l'Amérique septentrionale. Nous n'avons que le mâle. Il s'élève moins, mais grossit davantage que lui, & doit être préféré pour les avenues d'agrement & l'ornement des jardins paysagers. Son bois paroît inférieur au sien en qualité, & sa croissance est moins rapide, ce qui doit l'éloigner des plantations faites dans le but d'en profiter. Ajoutez à cela, que la vaste étendue de sa cime & la largeur de ses feuilles donnent plus de prise au vent & causent fréquemment la rupture de ses branches.

Le *peuplier* du Maryland est rare dans les pépinières. J'en ai vu un très-gros pied au Jardin du Muséum, lequel m'a fourni des boutures plantées dans les pépinières de Versailles, mais que leur ressemblance avec celles de l'espèce précédente a fait mélanger & disparoître.

Le *peuplier* de Caroline craint les gelées du climat de Paris. La grande largeur de ses feuilles & la forte *angularité* de ses bourgeons le font remarquer des plus indifférens. Il se multiplie & se place comme le précédent; cependant il résiste mieux au froid lorsqu'il est greffé sur le *peuplier* d'Italie, & c'est à raison de cette circonstance que j'en faisois multiplier ainsi quelques cents tous les ans dans les pépinières de Versailles, malgré que sa greffe manque souvent par la difficulté de saisir la concordance des deux séves.

Encore plus que la précédente, cette espèce est exposée à être cassée par le vent; ainsi il faut nécessairement la placer dans les lieux abrités.

Le *peuplier* à feuilles vernissées a été long-temps confondu avec le suivant, quoiqu'il s'élève vingt fois plus. C'est un très-bel arbre, très-propre à orner les jardins paysagers, mais dont on s'est dégoûté aux environs de Paris, parce qu'il est extrêmement sujet à être cassé par les vents, & qu'il périt souvent du jour au lendemain sans causes apparentes (1). On doit le placer dans les parties fraîches & abritées de ces jardins. Sa multiplication par boutures est assez facile, & s'effectue comme celle du *peuplier* du Canada. Son bois paroît de bonne nature, mais fort cassant.

Le *peuplier* baumier ressemble au précédent, mais ne s'élève qu'à quelques pieds. C'est de lui qu'on retire, au Canada, ce *baume foco*, si estimé pour la guérison des plaies, des rhumatismes, de la goutte, &c., en faisant tremper ses rameaux dans l'eau chaude, ce baume entourant les écailles de ses boutons, comme ceux de l'espèce précédente. On le multiplie de marcottes & de boutures dans nos pépinières, mais assez difficilement; aussi y est-il rare. Il n'a d'autre agrément que l'odeur balsamique de ses boutons pendant la chaleur, odeur qui déplaît même à quelques personnes.

Les autres espèces ne se trouvent pas encore dans nos jardins.

PHALOC. *Phaloca.* Arbre du Mexique, qui fournit une des graines connues sous le nom de FÈVE DE SAINT-IGNACE.

PHILOSTEMON. *Philostemon.* Arbuste radicant de l'Amérique septentrionale, qui paroît différer du SUMACH RADICANT.

PHILOTÈQUE. *Philoteca.* Arbrisseau de la Nouvelle-Hollande, voisin des ERIOSTÈMES, mais qui semble devoir constituer un genre particulier.

Il ne se voit pas dans nos jardins.

PHILOXÈRE. *Philoxerus.* Genre établi aux dépens des AMARANTHINES. *Voyez* ce mot.

PHLÉBOCARPE. *Phlebocarpa.* Plante de la Nouvelle-Hollande qui, seule, constitue un genre dans l'hexandrie monogynie.

(1) Peut-être par le fait des larves du COSSUS du marronier & de la SÉSIE apiforme, que j'ai trouvées dans son tronc. *Voyez* ces mots.

Elle n'est pas cultivée en Europe.

PHOLIDIE. *Pholidia.* Arbrisseau de la Nouvelle-Hollande, seul, constituant un genre dans la didynamie angiospermie.

Il ne se voit pas dans nos jardins.

PHYLLAURE. *Phyllaura.* Arbrisseau de la Chine, fort voisin des CROTONS (*croton variegatum*, Linn.), qui forme un genre dans la monœcie triandrie.

Ses feuilles sont vertes & or, & se mangent cuites. Ses racines passent pour préserver des poisons.

Nous ne possédons pas ce bel arbrisseau dans nos jardins.

PHYLLÉPIDE. *Phyllepidium.* Plante de l'Amérique septentrionale, qui semble devoir former un genre dans la pentandrie digynie & dans la famille des amaranthes. Nous ne la cultivons pas en France.

PHYLLOME. *Phylloma.* Genre établi par Curtis, pour placer l'ALOÈS A FEUILLES BORDÉES DE POURPRE.

PHYSA. *Physa.* Genre de plantes établi par Dupetit-Thouars dans la décandrie monogynie & dans la famille des caryophyllées, pour placer une espèce de Madagascar qui ne se cultive pas en Europe.

PHYSÈNE. *Physena.* Genre de plantes de la décandrie digynie, établi pour placer une espèce originaire de Madagascar qui ne se voit pas encore dans nos jardins.

PIAMOCHEO. L'IVRAIE s'appelle ainsi dans le département de la Haute-Vienne.

PIARDER. C'est, dans quelques lieux, mélanger les FUMIERS.

PIBOULE. Un des noms du PEUPLIER NOIR.

PIC. PIOCHE pointue, qui sert à labourer dans les lieux pierreux, à tirer les pierres, &c.

Lasteyrie en figure seize sortes, & il en a oublié peut-être autant.

Le plus gros, le plus lourd & le plus expéditif des *pics*, s'appelle TOURNÉE à Paris.

PICARPE. Synonyme de VENDANGEUR.

PILCANTHE. *Pilcanthus.* Arbrisseau de la Nouvelle-Hollande, appartenant à l'icosandrie monogynie & à la famille des myrtoïdes, qui ne se cultive pas en Europe.

PIN. *Pinus.* Genre de plantes de la monœcie monadelphie & de la famille des conifères, dans lequel se placent trente-quatre espèces, dont dix sont propres à l'Europe, & quinze se cultivent dans nos jardins.

Observations.

Observations.

Les genres SAPIN, MÉLÈZE, AGATHIS & ARAUCAIRE, ont été établis aux dépens de celui-ci.

Espèces.

1. Le PIN sylvestre.
Pinus sylvestris. Linn. ♄ Du nord de l'Europe.
2. Le PIN d'Ecosse.
Pinus rubra. Miller. ♄ Indigène aux hautes montagnes de l'est & du centre de la France.
3. Le PIN de Corse, ou *laricio*.
Pinus altissima. Ait. ♄ Indigène en Corse.
4. Le PIN maritime.
Pinus maritima. Linn. ♄ Indigène au sud-ouest de la France.
5. Le PIN pinier.
Pinus pinea. Linn. ♄ Indigène au midi de la France.
6. Le PIN d'Alep.
Pinus alepensis. Linn. ♄ Indigène au midi de la France.
7. Le PIN mugho.
Pinus mugho. Linn. ♄ Indigène aux Alpes.
8. Le PIN des Pyrénées.
Pinus uncinata. Dec. ♄ Indigène aux Pyrénées.
9. Le PIN nain.
Pinus pumilio. Willd. ♄ De la Carniole.
10. Le PIN de Tartarie.
Pinus tartarica. Miller. ♄ De Tartarie.
11. Le PIN de Monterey.
Pinus adunca. Bosc. ♄ De la presqu'île de Monterey.
12. Le PIN de Tournefort.
Pinus Tournefortii. Bosc. ♄ D'Orient.
13. Le PIN austral.
Pinus australis. Mich. ♄ D'Amérique.
14. Le PIN résineux.
Pinus resinosa. Ait. ♄ D'Amérique.
15. Le PIN de Virginie.
Pinus inops. Ait. ♄ D'Amérique.
16. Le PIN d'encens.
Pinus tæda. Linn. ♄ D'Amérique.
17. Le PIN échiné.
Pinus variabilis. Willd. ♄ D'Amérique.
18. Le PIN rouge.
Pinus rubra. Mich. ♄ D'Amérique.
19. Le PIN des rochers.
Pinus rupestris. Mich. ♄ D'Amérique.
20. Le PIN piquant.
Pinus pungens. Mich. ♄ D'Amérique.
21. Le PIN turbinate.
Pinus turbinata. Bosc. ♄ D'Amérique.
22. Le PIN à trochet.
Pinus rigida. Willd. ♄ D'Amérique.
23. Le PIN doux.
Pinus mitis. Mich. ♄ D'Amérique.
24. Le PIN jaune.
Pinus serrotina. Mich. ♄ D'Amérique.
25. Le PIN d'Hudson.
Pinus hudsonica. Poiret. ♄ D'Amérique.
26. Le PIN de Norfolk.
Pinus Australasia. Bosc. ♄ Des îles de la mer du Sud.
27. Le PIN d'Otaïti.
Pinus otaïtensis. Bosc. ♄ Des îles de la mer du Sud.
28. Le PIN cimbro, vulg. *alvies*.
Pinus cimbro. Linn. ♄ Indigène aux Alpes.
29. Le PIN Weymouth.
Pinus strobus. Linn. ♄ D'Amérique.
30. Le PIN d'Occident.
Pinus occidentalis. Poiret. ♄ De Saint-Domingue.
31. Le PIN de Masson.
Pinus Massoniana. Lamb. ♄ De Chine.
32. Le PIN Dammara.
Pinus Dammara. Lamb. ♄ Des îles de l'Inde.
33. Le PIN de Banks.
Pinus Banksiana. Lamb. ♄ De l'Inde.
34. Le PIN religieux.
Pinus religiosa. Kunth. ♄ Du Mexique.
35. Le PIN velu.
Pinus hirtellus. Kunth. ♄ Du Mexique.

Culture.

Le *pin sylvestre* est l'arbre par excellence des pays froids de l'Europe. Il forme le fond des forêts de la Suède & de la Russie.

Il ne paroît pas tout-à-fait étranger à la France, si j'en juge par des échantillons venus des montagnes des Alpes; mais il se confond généralement avec le suivant. Pour pouvoir se conserver dans les zônes les plus froides, la nature a, ainsi que tous les *pins* des mêmes zônes, entouré ses boutons de résine, & a voulu, en outre, que le terminal, celui qui doit prolonger sa tige, ne pût se développer que long-temps après les autres, c'est-à-dire, lorsque les gelées ne sont plus à craindre; mais il pousse avec une prodigieuse rapidité.

Il est très-rare qu'un *pin* qui a perdu son bourgeon terminal, qui s'appelle sa *flèche*, en pousse un autre; ainsi il ne s'accroît plus en hauteur, quoiqu'il grossisse toujours, même plus rapidement.

Il est encore plus rare qu'un *pin* qui a été coupé rez-terre se reproduise par des rejetons sortant de son tronc ou de ses racines; aussi les bois qui en sont composés ne s'exploitent-ils pas comme les autres, ainsi que je le dirai plus bas.

C'est ce *pin* qui fournit les plus belles & les meilleures mâtures du monde. On le connoît sous les noms vulgaires de *pin de Russie*, de *pin de Riga*, de *pin de Haguenau*. Fréquemment il a été tenté d'en faire de grandes plantations en France, qui toutes ont déperi après la mort de ceux qui les avoient entreprises. Pendant la révolution, l'administration forestière avoit organisé une récolte annuelle de graines dans la forêt de Haguenau, la plus méridionale de celles où il croisse en abondance, & en a fait semer les produits dans plusieurs de celles confiées à sa surveillance. J'en ai aussi fait beaucoup de distributions pour le compte du Gouvernement, & j'ai provoqué un concours à la Société d'encouragement, dont les résultats ont été satisfaisans. Cependant, ce ne sont pas des centaines d'arpens qui peuvent fournir, en quantité suffisante, à notre marine, des mâts, des planches, du bois à nos foyers. Il faudroit, pendant un siècle entier, s'occuper des moyens de recouvrir les sommets de nos hautes montagnes, aujourd'hui si dénudées, au grand détriment de notre agriculture & de nos besoins en bois de toutes sortes.

Ce que je vais dire convient également à ce *pin*, de sorte que je puis m'arrêter sur ce qui le concerne.

Le *pin d'Ecosse*, ou *pin rouge*, ne paroît différer du précédent que parce qu'il a les feuilles moins vertes, plus longues, plus épaisses; les boutons plus gros, plus résineux; les cônes pourvus de plus fortes saillies à leur base; l'écorce rougeâtre dans sa vieillesse. Rarement il s'en trouve deux pieds parfaitement semblables dans toutes leurs parties dans le même canton, à plus forte raison dans des terrains & à des expositions différentes. Lorsqu'il croît dans un sable granitique aride, il devient le *pin de Genève*, le *pin de Tarrare*, que j'ai long-temps regardé comme une espèce distincte. J'en ai vu fort peu de beaux pieds dans les Vosges, en Auvergne, en Charolais, seuls lieux où je l'ai observé dans son état de nature, & cette circonstance, jointe aux différences constantes que j'ai remarquées depuis sa germination jusqu'à un âge avancé, suffisent pour me déterminer à le regarder comme formant une espèce distincte. Il croît abondamment dans le centre de la France, dans les Alpes, en Angleterre, en Ecosse, en Irlande, &c. On le plante fréquemment dans les jardins paysagers, à raison de la beauté de son port, de la permanence de son feuillage, de la disposition de ses branches, toutes circonstances qui contrastent avec celles des arbres à feuilles caduques qui s'y trouvent également.

Les terrains granitiques sont ceux où croît naturellement le *pin* d'Ecosse, mais il s'accommode de tous ceux où on le place, excepté lorsqu'ils sont marécageux. Sa croissance est extrêmement rapide, surtout dans sa première jeunesse : elle est quelquefois d'un pouce de diamètre & d'un pied de hauteur par an. Il n'y a que le *pin* de Corse & le *pin* Weymouth qui le surpassent à cet égard. Il a atteint soixante pieds de hauteur moyenne vers quatre-vingts ans, époque où il est convenable de le couper. Les plus fortes gelées, comme les plus grandes chaleurs, sont bravées par lui. Les bois qui en sont composés conservent une température plus élevée que ceux des bois voisins qui offrent d'autres espèces d'arbres, probablement à cause de la résine qui domine dans ses vaisseaux; ses rameaux coupés jouissent même de cette propriété, comme l'a constaté M. Moitte d'Epernay, en les employant à empêcher les effets de la GELÉE sur ses VIGNES. *Voyez* ces deux mots.

La propriété du *pin* d'Ecosse, de croître, avec succès, dans les sables les plus arides, le rend précieux pour tirer un parti utile de beaucoup de terrains impropres à toute autre production. Les landes surtout, devroient lui être exclusivement consacrées dans le Nord, & elles le sont dans quelques parties de la Sologne, de la Basse-Normandie, du Perche & surtout du Maine, où M. Delamarre en a fait d'immenses plantations. Les craies de la Champagne ne le repoussent même pas, & il est aujourd'hui quelques propriétaires de cette triste contrée qui leur doivent leur aisance, entr'autres M. de Cernon, lesquels sont imités par beaucoup d'autres, ainsi que j'ai été en position de m'en assurer. D'après les observations positives de M. Delamarre, auquel on doit un excellent écrit sur les *pins*, ils donnent, sur une surface égale de terrain, au moins dix fois plus de matière combustible que les arbres à bois dur, & ils sont exploitables au moins moitié plus tôt. On en tire par incision la POIX RÉSINE, par demi-combustion le GOUDRON, par distillation la TÉRÉBENTHINE. (*Voyez* ces mots.) Ses feuilles sont mangées par les moutons pendant l'hiver, & elles les préservent de la pourriture.

Hartig prétend que le bois du *pin* est préférable à tout autre pour le chauffage; mais je crois qu'il y a erreur dans ses calculs, car l'opinion contraire prévaut partout. Il se consume rapidement, pétille à l'excès, & donne beaucoup de fumée qui se recueille dans beaucoup de lieux, & constitue le *noir de fumée* du commerce. Les éclats de ses pieds surchargés de résine, servent de torches ou de flambeaux dans les pays où il croît.

Dans quelques forges, son charbon est estimé un cinquième moins que celui du chêne.

Malus a conclu d'expériences directes, insérées tom. XX des *Annales d'Agriculture*, que les *pins* épuisés de leur résine étoient aussi durs, aussi forts & aussi légers que ceux qui n'avoient pas été exploités sous ce rapport. Ce fait mérite toute l'attention des constructeurs de vaisseaux, des architectes, &c.

Le bois du *pin* d'Ecosse s'emploie avantageusement pour la charpente partout où on peut s'en procurer. On en fait d'excellentes planches qui ont l'inconvénient de conserver long-temps leur odeur résineuse. D'après Varenne de Fenille, il pèse vert, 74 livres 10 onces, & sec, 38 livres 12 onces par pied cube. Il perd un dixième de son volume par la dessiccation. L'action destructive de l'air & de l'humidité agit fort lentement sur lui; aussi est-ce un des meilleurs pour servir à la conduite des eaux, pour être employé en pilotis & étais des mines, &c.

Si le *pin* est si précieux dans les pays où il croît concurremment avec les autres espèces d'arbres, combien doit-il l'être davantage dans ceux où il se trouve seul, les montagnes les plus élevées, ou l'extrême nord! Il sembleroit que dans ces derniers on devroit le ménager, le multiplier à l'excès, & cependant partout on le gaspille & on ne le reproduit pas. Les habitans aisés des montagnes se plaignent sans cesse de sa diminution, de sa disparition même, mais les pauvres ne pensent qu'à profiter des forêts communales, sans s'inquiéter du lendemain; ils s'applaudissent même de voir ces forêts se rétrécir, pour que leurs pâturages s'étendent d'autant. Je parle d'après mes propres observations. Il est vrai que j'ai vu quelques repeuplemens dans le département des Vosges, dans le Jura, dans les environs de Lyon; mais comme ils sont circonscrits comparativement aux dévastations anciennes & nouvelles!

Les bois de *pins* s'exploitent en jardinant, c'est-à-dire, en coupant les arbres les plus vieux à mesure du besoin, & à quelque époque de l'année que ce soit, ce qui laisse des places vides, où les graines des arbres voisins germent, & où le plant qui en provient, favorisé par l'ombre & l'humidité, prospère sans qu'on s'en mêle. J'ai cependant vu en Auvergne de ces sortes de bois exploités par bandes étroites, c'est-à-dire, seulement de quelques toises dans la direction des pentes, & j'ai dû en admirer les repousses. M. Hartig vante aussi ce mode; qui en effet évite la destruction ou la mutilation des jeunes plants, suite de la chute & du transport de ceux qu'on coupe. C'est principalement dans des exploitations en délit que ces inconvéniens ont lieu, parce qu'on veut aller vîte.

Il est dans les forêts communales de *pins* une autre sorte de délit autorisé par l'usage, & qui concourt puissamment à leur destruction; c'est la permission donnée aux pauvres de casser les branches inférieures & de les emporter pour leur chauffage. J'ai vu partout, & principalement dans les Vosges, mésuser de cette permission au point d'élaguer les *pins* des lisières jusqu'à leur sommet, ce qui les empêche de continuer à croître en grosseur, au point de couper les jeunes tiges de trois à quatre ans, espoir de l'avenir, pour augmenter plus facilement & plus rapidement leurs fagots. C'est par suite de ces abus, que les environs de Sainte-Marie-aux-Mines, jadis si riches en bois, n'en ont plus, même pour leur consommation ordinaire, & sont obligés de le tirer de loin à grands frais, comme je m'en suis assuré sur les lieux. Les lois sont suffisantes pour empêcher ces désordres; mais elles ne s'exécutent nulle part pour les bois communaux, faute de gardes honnêtes, fermes & suffisamment payés.

Je voudrois que partout les communes, les propriétaires de bois, fussent obligés de mettre une petite partie de leurs revenus en repeuplement, & qu'il fût sévèrement défendu aux bergers de conduire leurs bestiaux sur leur pourtour, à plus de cinquante toises. Je voudrois aussi que tous ces pourtours, ainsi que les places vagues de l'intérieur, fussent artificiellement semés très-épais. Quelques graines, à un pied de distance, en feroient la façon, ainsi la dépense ne pourroit être considérable. J'ai provoqué sur cela l'attention du Gouvernement.

Dans la zône froide, où croissent naturellement les *pins*, leurs graines & leurs jeunes plants trouvent constamment le degré d'humidité nécessaire à leur germination & à leur développement. Il n'en est pas de même dans les plaines. Aussi combien de semis ont manqué! combien de graines distribuées par moi, au nom du Gouvernement, ont été perdues, faute d'avoir fait attention à cette circonstance! Il faut donc, avant de faire un semis de *pins*, dans un canton qui en est dépourvu, commencer par garnir le sol de broussailles ou de grandes plantes vivaces. Les plus communes sont constamment à préférer; mais comme elles coûtent souvent plus à réunir, je leur préfère le topinambour, qui, planté en lignes dirigées du levant au couchant, à une distance de trois à quatre pieds, donne suffisamment d'ombre & d'humidité pour faire arriver au but. On a de plus les tiges, en les coupant un peu avant les premières gelées, pour la nourriture des bestiaux.

Tout terrain destiné à être semé en *pins* doit être entouré d'un fossé ou d'une haie, pour être garanti du piétinement des animaux & même des hommes. On doit en éloigner le gros gibier & les lapins par tous les moyens possibles.

Labourer le sol où on veut former un semis de *pins*, est non-seulement inutile, mais même nuisible, parce que les graines sèchent plus facilement dans une terre meuble, que les jeunes plants n'y trouvent pas l'hmidité qui leur convient, & que les vieux y résistent moins bien à l'effort des vents. Ce fait, si contradictoire avec les principes, est constaté par l'expérience de tous les temps & de tous les lieux. Ainsi il faut se contenter de gratter le sol pour pouvoir enlever le collet des racines des graminées & autres petites plantes qui empêcheroient les graines de germer, & pour pouvoir les recouvrir d'une ou deux lignes de terre. De la mousse & de la menue paille, étendues sur le semis, en assureroient d'autant plus la réussite; car, je le répète, c'est de l'humidité qu'il lui faut pendant l'été, & c'est ce qui lui manque le plus souvent: c'est pourquoi les *pins* croissent naturellement au nord des montagnes; c'est pourquoi il est avantageux de préférer cette exposition, lorsqu'on le peut, quand il est question d'en semer.

Parmi les arbustes qui se plaisent dans le même terrain que le *pin* d'Écosse, se distingue le genêt à balai, qui croît vîte dans ses premières années, & qu'on peut faire disparoître quand on le juge à propos. Je recommande donc, dans ce cas, de le préférer.

Sans doute un moyen certain de renouveler les forêts d'arbres non résineux qui sont épuisées, seroit de les garnir de *pins*; mais cet assolement seroit au moins de trois cents ans dans les mauvais terrains, & de plus de mille dans les bons. Or, quel est le propriétaire, même le gouvernement, qui calcule sur un aussi long avenir? *Voyez* ASSOLEMENT & FORÊT.

C'est à sa huitième ou dixième année que le *pin* d'Écosse commence à donner de bonnes graines. La quantité qu'il en fournit, quand il est arrivé à 20 ans jusqu'à 30, époque où sa végétation s'affoiblit, est immense.

La graine des *pins* d'Écosse ne se dissémine naturellement que dans le mois de mai, lorsque leur végétation est dans toute sa force & que l'air est devenu constamment sec. Si on attendoit qu'elle tombât, on en auroit fort peu, attendu qu'elle est dispersée au loin par les vents, & on ne pourroit la semer que l'année suivante. Il faut donc faire cueillir les cônes qui la contiennent, au plus tard au commencement d'avril, & exposer de suite ces cônes au soleil, sur des toiles, afin que leurs écailles s'ouvrent & que la graine en sorte. Au défaut de soleil, on est obligé d'employer une ETUVE (*voyez* ce mot) foiblement chauffée.

Généralement la moitié des graines que contient chaque cône sont mauvaises; il faut calculer en conséquence la quantité à semer. Ordinairement on les mélange avec de l'orge ou de l'avoine, dans la proportion d'un quart en capacité, & on les sème ensemble, comme si on semoit l'orge ou l'avoine seule. Son mélange avec ces graines tient encore à la nécessité de l'ombre & de l'humidité pendant la germination & la première enfance des *pins*. Si le temps est favorable, la totalité de la graine est levée à la fin du premier mois.

Il n'y a rien autre chose à faire à ces semis, pendant le reste de la saison, que de couper l'orge ou l'avoine, à leur maturité, avec les précautions convenables pour ne pas nuire au plant.

Les plants trop serrés seront éclaircis au printemps suivant, de manière à laisser six pouces d'écartement entr'eux, ensuite on n'y touchera plus, jusqu'à ce qu'on soit dans le cas d'enlever tous ceux qui seront morts.

Les arbres résineux, au contraire des autres, gagnent à être rapprochés dans leur jeunesse, afin qu'ils montent plus droit & plus vîte. Ils sont d'ailleurs intolérans, c'est-à-dire, ne souffrent aucune végétation entr'eux: de-là viennent la nudité & la monotonie des bois qui en sont composés. Leurs branches inférieures, dans ce cas, meurent successivement avant d'avoir acquis assez de grosseur pour former des nœuds dans le bois, nœuds qui nuisent souvent lors de l'emploi de ce bois.

Les semis de *pins* d'Ecosse peuvent commencer à être un objet de produit à six ou huit ans. S'ils sont faits dans le voisinage d'un vignoble, les pieds arrivés à un pouce de diamètre étant dans le cas d'être employés pour échalas, peuvent continuer à l'être pendant deux ou trois siècles, sans aucune autre dépense que l'impôt & les frais d'extraction, si on les exploite en jardinant. Mais il est une manière encore plus avantageuse d'en tirer parti; c'est de les éclaircir tous les deux à trois ans, d'abord en coupant pendant une vingtaine d'années, soit tous les ans, soit tous les deux ou trois ans, les plus forts pieds, ensuite, de même, les plus foibles, jusqu'à 80 ans, époque où les plus forts sont arrivés à leur plus grande croissance & où on perdroit à les laisser sur pied. Ce dernier mode d'exploitation exige la présence du propriétaire, & c'est son seul inconvénient.

Le terrain qui a porté des *pins* pendant ce long espace de temps, est amélioré pour long-temps pour des cultures de céréales & autres, & peut être resemé en *pins*, après avoir été employé pendant une douzaine d'années à ces cultures.

Je voudrois renvoyer, pour le surplus, à l'excellent ouvrage précité, publié par M. Delamarre & imprimé chez madame Huzard, mais il ne se vend pas. On en peut voir un extrait, volume sixième des *Annales d'Agriculture*.

Dans les pépinières, la culture des *pins* d'Ecosse diffère beaucoup de celle dont je viens de faire l'exposition, & par son mode & par son but.

Là on sème la graine en avril, & assez épais, dans une plate-bande bien ameublie par des labours répétés, & même garnie de terre de bruyère, placée au nord d'un mur, ou au moins abritée du soleil par de grands arbres. On arrose au besoin cette plate-bande. Au printemps de l'année suivante, même époque, on relève le plant pour le repiquer, à la même exposition, dans une autre place, dont le sol a été également bien labouré, à la distance de six à huit pouces en tous sens. Il reste deux ans dans cette place, & on a soin de le biner deux ou trois fois par an. Après cet intervalle, on le relève de nouveau pour le mettre, à toute exposition, dans un autre lieu, encore bien labouré, à la distance de deux à trois pieds, lieu où il reste encore deux ans, c'est-à-dire, jusqu'à ce qu'il soit planté où il doit rester en définitif. Ainsi, c'est à cinq ans que l'arbre est *fait*, pour me servir de l'expression technique, & il doit alors avoir quatre à cinq pieds de haut & deux pouces de diamètre à sa base. Quand on tarde plus long-temps à le planter, on n'est pas aussi assuré de sa reprise.

Le but de ces trois transplantations successives est de faire produire aux racines de nombreux chevelus, entre lesquels la terre se conserve lors de la transplantation & assure leur reprise. Avant qu'on connût cet artifice, qui d'ailleurs accélère considérablement la croissance du plant, on étoit obligé de le repiquer dans des Pots ou dans des Mannequins (*voyez* ces mots), qui coûtoient beaucoup, ou il falloit s'attendre à perdre au moins moitié du plant à sa transplantation. Des pieds arrachés dans les bois, sans leur motte, il en périt plus de quatre-vingt-dix sur cent.

Dans aucun cas il ne faut élaguer les *pins*, car plus ils ont de feuilles, & plus vigoureusement ils croissent. A peine, pendant qu'ils sont en pépinière, peut-on se permettre de raccourcir celles de leurs branches qui s'alongent trop au-delà des autres, &, quand ils sont mis en place, de supprimer celles de leurs branches inférieures qui gênent le passage. Ils ne sont jamais plus beaux que quand ils sont garnis de branches dans toute la longueur de leur tronc, & que ces branches, graduellement plus courtes, forment des candélabres réguliers.

L'expérience a prouvé que pour transplanter avec plus de succès les *pins*, il falloit choisir le moment où ils entroient en séve, c'est-à-dire, que les boutons de leurs branches latérales commençoient à s'ouvrir. C'est donc aller contre son but que de vouloir les mettre en terre en tout temps. Comme ils entrent deux fois en séve chaque année, en avril & en août, on peut choisir l'époque. La dernière est peu en faveur, mais cependant elle est la meilleure, lorsqu'on est à portée des moyens d'arroser copieusement.

Lorsqu'il s'agit de transporter au loin des arbres résineux qui ne sont pas dans des pots ou dans des mannequins, il faut tremper leurs racines, au moment même où on les sort de terre, une ou deux fois, dans un gâchis clair composé de bouze de vache & de terre franche, & de les entourer de mousse fraîche, maintenue par de l'osier ou de la ficelle, car il est peu d'arbres qui les aient plus sensibles aux impressions du Hale. *Voyez* ce mot.

On voit dans quelques lieux des *pins* d'Ecosse plantés en quinconce & en avenue, mais, le plus généralement, c'est isolés, ou groupés en petit nombre, qu'on les plante dans les jardins paysagers. L'effet qu'ils produisent sur les bords des massifs, dans ces sortes de jardins, surtout à leurs angles saillans, est toujours remarqué, par suite du contraste de leur forme & de leur couleur avec la forme & la couleur des autres arbres. Dans les jardins réguliers, on ne peut placer cet arbre qu'au centre d'une salle de verdure; aussi l'y voit-on rarement.

Le *pin de Corse* ou *pin laricio* croît naturellement sur les hautes montagnes de la Corse & de l'Asie mineure. Ses rapports avec le *pin* sylvestre & le *pin* d'Ecosse sont nombreux, mais il en est bien distinct. Je le reconnois toujours dans sa jeunesse à ses feuilles contournées, & dans sa vieillesse, à ses longs boutons pointus & couverts de résine. C'est l'espèce d'Europe qui croît le plus rapidement & qui s'élève le plus haut. On dit qu'il s'en voit en Corse qui ont plus de cent quarante pieds d'élévation sur quatre de diamètre. Il a été fait de grandes dépenses en routes, à l'effet de l'exploiter pour la marine. Thouin & moi en avons fait venir des graines en quantité, au compte du Gouvernement, pour le multiplier dans l'intérieur de la France, où il s'en voit actuellement dans quelques endroits, surtout aux environs de Paris, beaucoup de pieds portant graines. Sa culture est positivement la même que celle des précédens. Tout ami de la prospérité publique doit faire des vœux pour qu'il couvre bientôt des terrains très-étendus, soit dans les montagnes, soit dans les plaines, car il prospère partout.

Le *pin nain* se rapproche du précédent, mais il est encore plus petit. On dit que ses branches sont plus longues, que son tronc est élevé, & qu'elles sont couchées sur la terre. Il croît sur les hautes montagnes de l'Allemagne. J'ai inutilement fait des démarches pour en avoir des graines. Les seuls pieds qui existent à Paris se voient dans la pépinière de Noisette, & paroissent bien distincts par leurs feuilles & la foiblesse de leur accroissement.

Le *pin maritime* couvre la partie des landes de Bordeaux la plus voisine de la mer, & se cultive dans beaucoup de lieux des départemens de l'Ouest, même dans la Sologne. On le connoît encore sous les noms de *pin de Bordeaux*, de *pin pinastre*, & une de ses variétés sous ceux de *pin pinsot*, de *pin à trochet*, de *pin du Mans*. Sa hauteur surpasse rarement cinquante pieds, & sa grosseur un pied de diamètre. Sa croissance est complète à cinquante ans. Il craint, principalement dans sa jeunesse, les gelées du climat de Paris; aussi s'y voit-il rarement dans les jardins, quoiqu'on sème une grande quantité de ses graines dans les pépinières des environs. C'est dommage, car il y produit de bons effets, même à côté du *pin* d'Ecosse, par la longueur & la couleur de ses feuilles, la grosseur, la forme & la disposition groupée de ses cônes. On l'isole ou le groupe. Sa reprise, même dans son jeune âge, est plus incertaine que celle d'aucune autre espèce.

Dans les landes de Bordeaux, ainsi que j'ai eu occasion de m'en assurer, on tire un grand parti de cet arbre qui s'y plaît infiniment, ainsi que dans tous les sols sablonneux, à raison du Bois, de la Résine & du Goudron qu'il fournit. *Voyez* ces mots.

Quoique lourd & cassant, son bois s'emploie dans la construction & se débite en planches, enfin, sert à brûler. M. Menjot d'Elbène assure qu'il ne faut que cinq bourrées de branches de cette espèce pour cuire la quantité de chaux qui consommeroit huit bourrées de branches de chêne. Au dire de M. Delamarre, déjà cité, sa multiplication, dans les mauvais sols sablonneux, est beaucoup plus avantageuse que celle du *pin* d'Ecosse, quoique ses produits soient inférieurs, parce qu'on peut l'exploiter à un intervalle moitié moindre, c'est-à-dire, à environ quarante ans.

Dans les landes de Bordeaux, qui, je le répète, semblent être le véritable pays du *pin* maritime, un millier de pieds, de grosseur moyenne, donnent de trente à quarante quintaux de résine, qui se vendent 280 francs. Cette résine est inférieure à celle du Nord pour l'usage de la marine; mais, ainsi que nous l'a appris M. Darracq, en la faisant fondre dans un vingtième de son poids de térébenthine retirée d'elle-même, elle devient son égale en qualité.

M. Bremontier a employé avec le plus grand succès le semis de ce *pin* pour fixer les dunes mobiles des landes de Bordeaux, & a créé par-là la sécurité & la richesse d'une grande étendue de terrain.

Il est généralement plus avantageux de cultiver, dans le Nord, le *pin* pinsot, que son espèce, parce qu'il est moins sensible aux gelées.

Le *pin pinier*, ou *pin pignon*, ou *pin cultivé*, ou *pin de pierre*, est un très-grand arbre dont la tête semble toujours prendre la forme d'un parasol, & la tige être dénuée de branches. Ses semences sont de la grosseur du petit doigt & renferment une amande bonne à manger. On le cultive isolément en plus ou moins grande quantité dans l'Orient, dont il est originaire; en Grèce, en Italie, en Espagne & dans le midi de la France. Là, sa seule culture consiste à mettre ses semences en terre, & à attendre que les arbres qui en proviennent commencent à porter des cônes, époque où on les élague jusqu'à la cime, pour que leur ombre ne nuise pas aux cultures voisines; d'où la forme de cette cime. Ses feuilles primordiales sont fort différentes en forme & en couleur des suivantes.

Les amandes de ce *pin*, qu'on appelle *pignons*, ne peuvent s'obtenir qu'en cassant leur noyau avec un marteau. Elles ont une saveur résineuse, mais se mangent avec plaisir, soit crues, soit cuites sous la cendre, soit mêlées dans des ragoûts. Comme elles rancissent avec la plus grande facilité, on ne peut les garder une année sur l'autre sans les saler ou sans les enfouir en terre: ce dernier moyen est indispensable lorsqu'on veut les semer après l'hiver. *Voyez* STRATIFICATION.

Dans le climat de Paris, le *pin* pinier est exposé à geler, surtout dans sa jeunesse, lorsque les hivers sont rudes; cependant il s'en voit quelques pieds en pleine terre, comme on peut s'en assurer au Jardin du Muséum, & ils y donnent quelques fruits. La disposition de leurs branches les rend d'un effet pittoresque lorsqu'ils sont isolés à quelque distance des massifs & convenablement accompagnés.

Le bois de ce *pin* paroît être d'excellente qualité, mais il est trop rare en France pour qu'on puisse l'utiliser régulièrement. Olivier, de l'Institut, rapporte dans son *Voyage dans l'Empire ottoman*, qu'il sert presqu'exclusivement à la mâture de la marine des Turcs.

Pour multiplier le *pin* pinier dans nos pépinières, on met en avril ses noyaux, qui ont été pendant l'hiver stratifiés comme il a été dit plus haut, dans des terrines remplies de terre de bruyère, terrines qu'on place sur une couche à châssis, & qu'on arrose souvent. Fréquemment ils ne lèvent que la seconde année, ce qui engage quelques cultivateurs à les casser, au risque de voir pourrir leurs amandes. Le plant levé est laissé dans la terrine & rentré dans l'orangerie pendant l'hiver. Au printemps suivant, il se repique dans des pots, seul à seul, & se rentre de même dans l'orangerie. Il se met, tous les ans, dans de nouveaux pots, plus grands, jusqu'à ce qu'il soit arrivé à deux ou trois pieds de haut, c'est-à-dire, à quatre ou cinq ans, qu'on le plante définitivement dans un terrain sec & chaud, à l'abri du vent du nord. Il est bon de l'entourer encore de paille sèche pendant les deux hivers qui suivent.

Le *pin d'Alep* est commun sur les bords de la Méditerranée, en Europe, en Asie & en Afrique. Je l'ai vu abondant entre Marseille & Toulon. Il parvient à peine à trente pieds de haut & à six pouces de diamètre, est presque toujours tortu; mais la finesse de ses feuilles le rend fort élégant, & par suite très-propre à l'ornement des jardins. Les terrains sablonneux & secs sont ceux où il se plaît le mieux. Probablement il n'est nulle part multiplié en grand, la nature le reproduisant seule dans les pays où il croît naturellement; mais on le sème dans les pépinières des environs de Paris pour l'usage des jardins paysagers de cette ville, où il se place quelquefois, isolé ou groupé, à quelque distance des massifs. Il est ornant, même à côté des autres *pins*. Sa culture ne diffère pas de celle du *pin* d'Ecosse; ainsi je n'en dirai rien de plus. Je ne me suis pas aperçu que, soit jeune, soit vieux, il fût affecté par les gelées de ce climat.

Le *pin mugho* croît sur les Alpes françaises. Il paroît que le *pin* que j'avois appelé *écailleux* n'en est qu'une variété. Villars dit qu'il se confond avec le *pin de Genève*, à mesure qu'on descend dans les vallées; mais dans nos jardins, où il se cultive, quoiqu'inférieur à tous les autres pour l'agrément, il s'en distingue constamment. Sa hauteur surpasse rarement quinze pieds; son tronc est toujours tortu. Son bois, quoique très-résineux, ne sert qu'au chauffage.

Le *pin des Pyrénées* a été semé par moi dans la pépinière du Roule; mais, ou son plant a été confondu avec celui du *pin d'Ecosse*, ou a péri, car il ne m'a pas été possible de le retrouver. Comme arbre utile, ainsi que comme arbre agréable, il paroît céder au *pin* d'Ecosse.

Le *pin de Tartarie* ne se voit pas dans nos jardins, mais bien dans ceux d'Angleterre.

Il existe deux pieds de celui de Monterey au Jardin des Plantes; dont l'un en pot & l'autre en pleine terre sur une des buttes. Il a été greffé avec succès sur le *pin* d'Ecosse, mais j'ignore si ces greffes subsistent encore.

Le *pin de Tournefort* a été semé par moi dans les pépinières de Versailles, de graines apportées par Olivier. Il en est provenu sept pieds, dont un a été envoyé au Jardin du Muséum. J'ignore ce qu'ils sont devenus. Le cône de cette espèce est très-long, très-droit, & un peu plus gros que le pouce.

Le *pin austral* ressemble si fort dans sa vieillesse au *pin* maritime, & ils croissent dans des terrains si semblables, que je me croyois en Caroline, en traversant à mon retour les landes de Bordeaux. Dans sa jeunesse il a les feuilles quelquefois d'un pied de long. Il craint les gelées du climat de Paris, & en conséquence ne s'y cultive qu'en pot, pour pouvoir être rentré dans l'orangerie pendant l'hiver.

L'emploi du bois de cet arbre est fort étendu dans son pays natal, & il s'en exporte de grandes quantités en Angleterre & dans les îles à sucre. On en retire de la résine & du goudron analogues à la résine du *pin* maritime. On doit à Michaux, *Histoire des arbres d'Amérique*, une importante dissertation sur ce qui le concerne.

Les *pins résineux*, de *Virginie*, d'*encens*, *échiné*, *rouge*, des *rochers*, *piquant*, *turbinate*, *à trochet*, *doux* & *jaune*, se voient, mais en petit nombre, dans les jardins des environs de Paris. M. Héricart de Thury est celui qui en réunit la plus grande quantité près Villers-Cotterets. Tous ont des qualités qui leur sont spéciales, ainsi qu'on peut le voir dans l'ouvrage précité de Michaux, mais nul n'est supérieur aux trois premières espèces ci-dessus indiquées, c'est-à-dire, aux *pins* sylvestre, d'Écosse & de Corse. Leur multiplication dans nos pépinières s'effectue comme la leur. Je n'en dirai donc rien de plus.

Le *pin Norfolk* se cultive en Angleterre. La marine de ce pays fait grand cas de son bois pour mâts & pour planches.

Le *pin d'Otaïti* a été cultivé à Versailles par Richard. Le seul pied qu'il avoit conservé, & dont j'ai pris un échantillon, a été vendu à sa mort. Il paroissoit différent de tous ceux qui me sont connus.

Le *pin cimbro* croît naturellement au sommet des Alpes de France & d'Allemagne; on le retrouve en Sibérie, presque sur les bords de la mer Glaciale, mais là il est encore plus petit & plus difforme qu'ici. C'est le seul d'Europe qui offre plus de deux feuilles dans la même gaîne. Son cône, gros comme un œuf de poule, renferme des amandes grosses comme un pois, analogues à celles du *pin* pinier, & qui se mangent comme elles. On en tire une huile excellente pour tous les usages économiques, & surtout pour faire de la pâtisserie. Son bois, très-résineux & se coupant facilement dans tous les sens, sert à faire beaucoup de ces petits ouvrages de sculpture & de tour, que les habitans du Tyrol répandent dans toute l'Europe.

Comme tous les autres *pins*, celui-ci disparoît petit à petit des contrées où il croît exclusivement & où, seul, il donne du bois de chauffage, ce qui doit nécessairement amener sa dépopulation.

Il n'est point de pépinière & de jardin d'amateur où il ne se trouve quelques pieds de cet arbre, mais sa croissance est si lente, à peine d'un demi-pied par an, qu'on ne cherche pas à l'y multiplier. J'en ai distribué beaucoup de graines pendant que j'étois à la tête des pépinières de Versailles. On les seme & on élève leurs produits comme il a été dit plus haut, à l'occasion du *pin* d'Écosse.

Le *pin Weymouth* est un des plus beaux & des plus utiles de son genre. On l'appelle *sapin blanc* dans le Canada. Il s'élève à plus de cent pieds, & ne peut être trop multiplié dans les jardins paysagers en sol fertile, les seuls où il prospère & où il produit des effets magiques, lorsqu'il est convenablement placé, c'est-à-dire, isolé au milieu des gazons, ou à quelque distance des massifs, principalement à leurs angles saillans. Je ne sache pas qu'on ait encore tenté de l'introduire dans nos forêts, quoique la quantité de graines qu'il produit aux environs de Paris rende cette opération facile, & quoique la rapidité de sa croissance donne l'assurance qu'elle doit être profitable.

Le bois du *pin* Weymouth est un des plus estimés des États-Unis d'Amérique. On l'emploie principalement aux grandes constructions civiles & navales. Les planches qu'il fournit s'exportent dans tous l'Univers. Michaux ne tarit pas sur les éloges qu'il lui donne. Comme il contient peu de résine, on ne l'exploite jamais pour en faire du goudron.

Les cônes de ce *pin* n'ont pas les écailles soudées ainsi que celles des autres, mais seulement en recouvrement, comme dans les sapins. Elles s'ouvrent à la fin de l'été, & les graines qu'elles recouvrent sont de suite disséminées par les vents; en conséquence, il faut faire cueillir les cônes aussitôt qu'on en voit un s'ouvrir naturellement, & les conserver en tas, à l'abri des ravages des souris, dans un lieu frais, mais non humide.

Les graines se sèment au printemps, de la même manière que celles du *pin* sylvestre. Le plant qu'elles fournissent se repique également de même, mais il est moins difficile à la transplantation. C'est un de ceux qui se vendent le mieux dans les pépinières, ce qui est un motif de croire qu'il sera bientôt extrêmement multiplié dans toute l'étendue de la France.

Les *pins de Masson*, *Dammara* & de *Banks*, se cultivent dans les serres de quelques amateurs, mais en petite quantité, par les difficultés de leur multiplication, qui n'a lieu que par bouture & par greffe.

En Amérique on emploie fréquemment les sommités des branches des *pins* pour fabriquer une espèce de BIÈRE (*voyez* ce mot), qui est regardée comme très-saine. Elle n'est pas agréable au premier moment, à raison de son goût résineux, mais on s'y accoutume bientôt, comme j'en ai fait l'expérience. J'entrerai dans quelques détails à son égard à l'article des sapins, dont une des espèces, celle du *Canada*, est préférée à tous les *pins*.

Combien j'aurois pu étendre cet article important, si je n'étois pas forcé de me restreindre!

PINEAU. Variété de raisin, celle qui, dans le nord de la France, fournit les meilleurs vins de Bourgogne, de Champagne, &c. *Voyez* VIGNE.

PIPÉE. Chasse dans le but de prendre les petits oiseaux; soit pour les manger, soit pour les mettre en cage.

Elle s'exécute dans les taillis, au moyen d'un petit arbre dépouillé de ses feuilles, & dont le dessus des branches est garni de gluaux mal assujettis dans de légères entailles, arbre sur lequel on détermine les petits oiseaux à venir se poser, soit en contrefaisant leur chant, soit en attachant aux mêmes branches une petite cage où s'en trouve un vivant, soit en contrefaisant le cri des chouettes, contre lesquelles tous les petits oiseaux ont une telle antipathie, qu'ils se réunissent pour venir l'attaquer dès qu'elle se fait entendre.

Cette chasse n'amuse que les enfans, & les cultivateurs ne doivent pas encourager leurs à s'y livrer, attendu qu'elle détruit principalement les oiseaux insectivores, & par conséquent leurs auxiliaires. *Voyez* GLU.

PIPTATHÈRE. *Piptatherum*. Genre de plantes établi aux dépens des MILLETS. *Voyez* ce mot.

PIPTOCOME. *Piptocoma*. Genre de plantes établi par H. Cassini, pour placer une synanthérée de Saint-Domingue, voisine de l'OLIGANTHE.

PIRIPÉE. *Piripea*. Plante aquatique de Cayenne, qui seule constitue un genre dans la didynamie angiospermie.

Nous ne la possédons pas en Europe.

PIRON. Synonyme d'OISON.

PIRONS. Nom des BATTEURS les plus maladroits, dans la ci-devant Bretagne.

PISTACHIER. *Pistachia*. Genre de plantes de la dioecie pentandrie & de la famille des térébinthacées, qui réunit six espèces, dont quatre se cultivent dans le midi de la France, & deux dans quelques-unes de nos serres.

Espèces.

1. Le PISTACHIER commun.
Pistachia vera. Linn. ♄ D'Asie.

2. Le PISTACHIER de Narbonne.
Pistachia narbonensis. Linn. ♄ Du midi de la France.

3. Le PISTACHIER atlantique.
Pistachia atlantica. Desf. ♄ D'Afrique.

4. Le PISTACHIER térébinthe.
Pistachia terebinthus. Linn. ♄ D'Asie.

5. Le PISTACHIER lentisque.
Pistachia lentiscus. Linn. ♄ D'Asie.

6. Le PISTACHIER oléagineux.
Pistachia oleosa. Lour. ♄ De la Cochinchine.

Culture.

La première espèce est la plus importante, à raison de son fruit qui se mange, & donne lieu à un commerce de quelqu'importance. C'est à Vitellius qu'on doit de l'avoir apporté de Syrie en Italie, d'où il est passé dans le midi de la France & de l'Espagne. Il s'élève à 20 ou 30 pieds, & exhale de toutes ses parties une odeur fortement résineuse, qui n'est pas désagréable. Les gelées de Paris sont peu à craindre pour lui, puisqu'il y a à la pépinière du Roule, & ailleurs, des pieds qui subsistent en pleine terre, palissadés contre un mur, depuis près de soixante ans, & qui donnent des fruits presque tous les ans.

La culture qu'on donne au *pistachier* en Provence est, au dire de M. Lardier, *Annales d'Agriculture*, nouvelle série, tome VII, la même que celle de l'amandier, c'est-à-dire, qu'on le plante dans un mauvais terrain, qu'on lui donne un labour en hiver & un ou deux binages en été.

Les arrosemens sont toujours nuisibles au *pistachier*. Rarement on le taille. Sa multiplication a lieu, 1°. par le semis de ses graines en place; 2°. par marcottes; 3°. par la greffe, ou sur lui-même, ou sur le térébinthe, sur le lentisque.

La première de ces manières seroit toujours préférable, comme donnant, à raison de la longueur de son pivot, les pieds les plus vigoureux, si cet arbre n'étoit point dioïque, & si on pouvoit reconnoître le sexe à l'inspection de la graine, ce qui fait qu'il faut souvent recourir aux autres moyens de multiplication. Au reste, M. Lardier a remarqué qu'il ne levoit ordinairement qu'un mâle sur vingt femelles, ce qui rend moins inquiétante la circonstance ci-dessus.

Les greffes en écusson & en fente sont également utilisées. A la pépinière du Roule on préfère celle par approche: mettre les deux sexes sur le même pied est nuisible, en ce que l'un l'emporte toujours sur l'autre.

La

La production des *pistachiers* commence à la sixième ou septième année, & est dans toute sa force à la vingtième. Il ne paroît pas qu'elle s'affoiblisse avant cinquante ou soixante ans. Lorsque les pieds mâles sont éloignés des pieds femelles, on transporte, sur ces derniers, des bouquets de chatons des premiers, même secs, & la fécondation s'opère.

Dans le climat de Paris, les *pistachiers* se sèment dans des terrines, sur couche & sous châssis. Le plant qui en est provenu se repique dans des pots qu'on rentre d'abord dans la serre chaude, ensuite dans l'orangerie. Ils ne peuvent être mis en pleine terre qu'à cinq à six ans.

Au Roule, les *pistachiers* sont palissadés contre un mur à l'exposition du midi, & donnent du fruit tous les ans; mais dans les années où le printemps a été pluvieux, il n'y a point d'amande dans ces fruits; dans celles où l'automne est froide, les amandes ne mûrissent pas.

Ce n'est que lorsqu'elles sont très-mûres que les pistaches doivent être cueillies. On juge du point par l'écartement de leur extrémité.

Les meilleures pistaches que j'aie mangées venoient de Mascate sur le golfe Persique, lieu extrêmement chaud & sec. Celles d'Alger & de Tunis, si estimées à Paris, n'en approchoient pas.

Le *pistachier de Narbonne* est regardé par la plupart des botanistes comme une variété plus petite de celui-ci; il se rapproche infiniment du suivant. Ses fruits sont à peine gros comme un pois. On le cultive également au Roule. Ce que j'ai dit ci-dessus est applicable à cette espèce.

Le *pistachier atlantique* se rapproche tant du précédent, que je ne pourrois le reconnoître pour distinct, si ce n'étoit Desfontaines qui nous l'a fait connoître. Je n'ai rien à en dire de plus.

Le *pistachier térébinthe* passe, chez quelques personnes, pour le type des trois espèces précédentes, quoiqu'il en soit extrêmement différent au premier aspect. Ses fruits sont fort petits & recouverts d'une pulpe acide rougeâtre. Il croît dans les plus mauvais terrains. Toutes ses parties exhalent dans la chaleur, & quand on les froisse, une odeur bien plus forte que celle du premier, odeur produite par la TÉRÉBENTHINE (*voyez* ce mot) qui circule dans ses vaisseaux, & dont on la fait sortir par le moyen d'entailles à son tronc. Cette térébenthine, la plus recherchée de toutes, porte le nom de l'île de *Scio*, qui est le pays d'où il s'en exporte le plus, quoique sa récolte soit extrêmement peu profitable. Dans le midi de la France il n'en fournit pas. Le seul produit qu'on en tire, c'est de couper l'extrémité de ses branches en été pour augmenter la masse des fumiers. On ne l'y cultive pas, mais il s'y multiplie de lui-même à foison.

Dans les jardins de Paris on le multiplie & on le traite comme le *pistachier* commun.

Le *pistachier lentisque* est aussi un petit arbre difforme, qui ne perd pas ses feuilles en hiver, & qui ne supporte pas les froids du climat de Paris, quoiqu'il croisse fort bien en pleine terre, sur les bords de la Méditerranée; en conséquence, on est obligé de le tenir toute l'année en caisse, pour pouvoir le mettre dans l'orangerie aux approches de l'hiver. Du reste, il se multiplie comme les précédens.

Le lentisque, dans l'île de Scio, donne par incision une résine jaune, un peu âcre & odorante, appelée *mastic*, que les Turcs, & surtout leurs femmes, mâchent continuellement pour se rendre l'haleine agréable.

La culture du lentisque dans cette île, consiste à coucher ses rameaux tous les trois à quatre ans, les jeunes pieds produisant plus de mastic que les vieux, ce qui est très-remarquable & contraire à ce qui s'observe dans les autres arbres résineux. En conséquence, il n'y forme pas de plantations régulières, mais est disperse en buissons dans les campagnes.

Il est encore remarquable qu'en Barbarie, pays plus chaud, le lentisque ne fournisse pas de résine. Là, on tire de l'huile de ses fruits.

En France, le mastic s'emploie dans la médecine & dans l'art du vernisseur.

Le *pistachier oléagineux* ne se cultive pas en Europe. Il fournit, comme toutes les autres espèces, une huile aussi bonne à manger qu'à brûler.

PITYRODIE. *Pityrodia*. Arbrisseau de la Nouvelle-Hollande, voisin des CALLICARPES, qui, seul, constitue un genre dans la didynamie & dans la famille des gatilliers.

Nous ne le possédons pas dans nos jardins.

PLAIGAIRE. Un des noms de l'ATTELABE DE LA VIGNE.

PLANÈRE. *Planera*. Genre de plantes de la monoecie pentandrie & de la famille des amentacées, qui avoit été confondu avec les ORMES, mais qui en est fort distinct. Il contient deux espèces qui se cultivent dans nos jardins.

Espèces.

1. Le PLANÈRE de Richard.
Planera Richardii. Mich. ♄ De Sibérie.
2. Le PLANÈRE de Michaux.
Planera Michauxii. Ait. ♄ De la Caroline.

Culture.

Les graines de ces deux espèces ont été apportées en France par Michaux père, à son retour de Perse & à son retour de l'Amérique septentrionale.

La première est un grand arbre à bois dur & cassant, qui ne craint point les plus fortes gelées du climat de Paris, & qui y donne des graines en abondance, mais fort rarement susceptibles de germination. La seconde eſt un arbuſte qui craint extrêmement le froid & qui ne ſe cultive que dans les orangeries de quelques amateurs, où elle ne fleurit jamais, & où on la multiplie par marcottes. Ni l'une ni l'autre ne ſont pourvues d'agrémens ſupérieurs à ceux de l'orme; en conſéquence, c'étoit uniquement ſous les rapports de l'utilité dont pouvoit être ſon bois, que j'ai cherché à multiplier la première par ſa greffe ſur l'orme, greffe qui réuſſit d'abord fort bien, mais qui périt ſouvent au bout de deux, trois ou quatre ans.

Il eſt à croire qu'à meſure que les pieds qui ſe voient au Jardin du Muſéum & ailleurs prendront de l'âge, ils donneront de la bonne graine, & qu'alors on pourra en faire des ſemis & des plantions de quelqu'étendue.

PLANTAGINÉES. Famille de plantes établie ſur le genre PLANTAIN, & qui réunit en outre les genres PULICAIRE & LITTORELLE.

PLANTOIR. Morceau de bois cylindrique, en tête ou en croſſe d'un bout & pointu de l'autre, avec lequel, en le pouſſant, on fait des trous dans la terre, pour effectuer les repiquages dans les terres meubles.

Quelqu'étendu que ſoit l'emploi du *plantoir*, il n'en eſt pas moins un fort mauvais inſtrument, en ce qu'il taſſe la terre en l'ouvrant, & que les racines des plantes ont enſuite de la peine à s'y introduire. *Voyez* PLANTATION.

Laſteyrie a figuré pluſieurs ſortes de *plantoirs* dans ſa collection de machines uſitées en agriculture.

PLAQUEMINIER. *Dioſpyros*. Genre de plantes de la polygamie diœcie & de la famille de ſon nom, dans lequel ſe rangent vingt à trente eſpèces dont les fruits ſont bons à manger, & dont pluſieurs ſe cultivent dans nos jardins ou dans nos ſerres.

Eſpèces.

1. Le PLAQUEMINIER faux-lotus.
Dioſpyros lotus. Linn. ♄ Du midi de l'Europe.

2. Le PLAQUEMINIER de Virginie.
Dioſpyros virginiana. Linn. ♄ De l'Amérique ſeptentrionale.

3. Le PLAQUEMINIER kaki.
Dioſpyros kaki. Linn. ♄ Du Japon.

4. Le PLAQUEMINIER bois d'ébène.
Dioſpyros ebenus. Linn. ♄ Des Indes.

5. Le PLAQUEMINIER à billes.
Dioſpyros teſſellaria. Poiret. ♄ De l'Ile-de-France.

6. Le PLAQUEMINIER à dix étamines.
Dioſpyros decandra. Lour. ♄ De la Cochinchine.

7. Le PLAQUEMINIER mélanide.
Dioſpyros melanida. Poiret. ♄ De l'Ile-de-France.

8. Le PLAQUEMINIER panaché.
Dioſpyros leucomelas. Poiret. ♄ De l'Ile-de-France.

9. Le PLAQUEMINIER noueux.
Dioſpyros nodoſa. Poiret. ♄ De l'Ile-de-France.

10. Le PLAQUEMINIER à feuilles en cœur.
Dioſpyros cordifolia. Poiret. ♄ Des Indes.

11. Le PLAQUEMINIER à bois verdâtre.
Dioſpyros chloroxylon. Poiret. ♄ Des Indes.

12. Le PLAQUEMINIER à feuilles dorées.
Dioſpyros chryſophyllos. Poiret. ♄ De l'Ile-de-France.

13. Le PLAQUEMINIER à bois noir.
Dioſpyros melanoxylon. Poiret. ♄ Des Indes.

14. Le PLAQUEMINIER des montagnes.
Dioſpyros montana. Roxb. ♄ Des Indes.

15. Le PLAQUEMINIER des bois.
Dioſpyros ſylvatica. Roxb. ♄ Des Indes.

16. Le PLAQUEMINIER à fruits anguleux.
Dioſpyros angulata. Poiret. ♄ De l'Ile-de-France.

17. Le PLAQUEMINIER à feuilles lancéolées.
Dioſpyros lanceolata. Poiret. ♄ De Madagaſcar.

18. Le PLAQUEMINIER à pédoncules recourbés.
Dioſpyros revoluta. Poiret. ♄ De l'Amérique méridionale.

19. Le PLAQUEMINIER tétraſperme.
Dioſpyros tetraſperma. Swartz. ♄ De la Jamaïque.

20. Le PLAQUEMINIER à fruits lobés.
Dioſpyros lobata. Lour. ♄ De la Cochinchine.

21. Le PLAQUEMINIER à douze étamines.
Dioſpyros dodecandra. Lour. ♄ De la Cochinchine.

22. Le PLAQUEMINIER tortueux.
Dioſpyros tomentoſa. Poiret. ♄ Des Indes.

23. Le PLAQUEMINIER à deux ſtyles.
Dioſpyros digyna. Jacq. ♄ Des Célèbes.

24. Le PLAQUEMINIER d'Orixa.
Dioſpyros orixienſis. Willd. ♄ Des Indes.

25. Le PLAQUEMINIER à feuilles obtuſes.
Dioſpyros obtuſifolia. Willd. ♄ De l'Amérique méridionale.

26. Le PLAQUEMINIER à feuilles de ſaule.
Dioſpyros ſalicifolia. Willd. ♄ De l'Amérique ſeptentrionale.

27. Le PLAQUEMINIER à feuilles de lycion.
Dioſpyros lycioïdes. Deſf. ♄ Du Cap de Bonne-Eſpérance.

28. Le PLAQUEMINIER à feuilles ovales.
Dioſpyros obovata. Jacq. ♄ De Saint-Domingue.

Culture.

Les deux premières espèces sont les seules qu'on puisse cultiver en pleine terre dans le climat de Paris, encore est-ce quand elles ont acquis la force de résister aux gelées. En conséquence, on sème leurs graines dans des terrines remplies de terre de bruyère & de terre franche par moitié, & on les place dans une bache ou sur une couche à châssis. Le plant levé est repiqué seul à seul dans de petits pots & rentré dans l'orangerie aux approches de l'hiver, pendant les deux ou trois premiers hivers, après quoi on les plante dans le lieu où ils doivent rester.

Les terres légères & chaudes sont celles qui conviennent le mieux aux *plaqueminiers* faux-lotus & de Virginie, parce qu'ils y entrent plus tôt en végétation. Lorsqu'ils sont placés dans celles qui sont grasses & humides, leurs pousses ne s'aoûtent pas toujours & sont frappées par les premières gelées de l'automne.

Ces deux arbres s'élèvent à quarante pieds & sont de peu d'effet dans nos jardins, où leurs fruits mûrissent rarement assez pour être mangeables. On les place au premier rang des massifs, après leur avoir formé une tige. Celui de Virginie pousse assez souvent des rejetons qu'il est bon de lever à leur seconde année, car ses graines sont rares. Je n'ai pas réussi à faire prendre racine à ses marcottes, quoique Dumont-Courset dise que cela est facile.

Les fruits des *plaqueminiers* faux-lotus & de Virginie se mangent crus, cuits & en compote. Ceux du premier, que Desfontaines a prouvé n'être pas le lotus des Anciens, m'ont paru fort peu agréables en Italie, & ceux du second sont, selon moi, lorsqu'ils sont cueillis à point, les meilleurs de la Caroline. Ils n'ont que quelques heures de bonté, c'est-à-dire, que ceux qui étoient tombés naturellement la veille étoient déjà altérés; que ceux que je faisois tomber les premiers, en secouant l'arbre, étoient délicieux; que ceux qui tomboient par suite d'une seconde secousse n'étoient pas mangeables. On fait avec ces fruits des confitures sèches, qui se gardent bonnes pendant un ou deux ans. Je n'ai jamais trouvé les fruits qui mûrissent dans les pépinières des environs de Paris, susceptibles d'être comparés avec ceux cueillis dans les forêts de l'Amérique.

Les voyageurs rapportent que les fruits du *plaqueminier* kaki sont également excellens. Nous le possédons dans nos orangeries, mais il n'y a pas encore fleuri, à ma connoissance. On le multiplie par la greffe sur celui de Virginie. Il seroit possible de le cultiver en pleine terre dans le Midi, & je crois l'y avoir vu à Milan ou à Padoue.

Les *plaqueminiers* bois d'ébène, à feuilles dorées, bois noir, à deux styles, lycioïde & à feuilles ovales, se voient dans les serres du Muséum, de plants apportés des pays où ils croissent, mais je ne sache pas qu'ils s'y multiplient. C'est le premier qui fournit l'*ébène noire* du commerce; d'autres fournissent l'ébène verte, l'ébène jaune, &c.

PLAQUER LE GAZON. Opération qui consiste à fixer sur le sol, dans un lieu qu'on veut garnir d'herbes, des morceaux de gazon enlevés sur les chemins, dans les friches, &c. *Voyez* GAZON.

Nos pères plaquoient beaucoup les gazons; aujourd'hui on préfère les semer.

PLATANE. *Platanus.* Genre de plantes de la monœcie polyandrie & de la famille des amentacées, lequel ne contient que deux espèces, que leur grandeur & la beauté de leur feuillage rendent remarquables, & qui se cultivent en pleine terre dans nos jardins.

Espèces.

1. Le PLATANE d'Orient.
Platanus orientalis. Linn. ♄ D'Orient.

2. Le PLATANE d'Occident.
Platanus occidentalis. Linn. ♄ D'Amérique.

Culture.

Ces deux *platanes* ont les plus grands rapports entr'eux, mais cependant offrent des qualités distinctes dont il faut parler avant de traiter de leur culture, qui est la même.

Le premier étoit déjà célèbre au temps de la guerre de Troyes, puisqu'il fut planté sur le tombeau de Diomède, comme le plus beau des arbres alors connus. Les historiens & les voyageurs en citent d'une grosseur monstrueuse & d'une hauteur excessive. Les Romains l'apportèrent en Italie vers l'époque de la prise de Rome par les Gaulois. Les Anglais se l'approprièrent en 1561, & ce n'est qu'en 1754 que Louis XV le fit venir en France. En ce moment il est fort multiplié dans les jardins & autour des châteaux de toute l'Europe méridionale & centrale, mais il n'est pas encore entré dans nos forêts, quoique sa rapide croissance, la grosseur à laquelle il parvient & la bonté de son bois, y rendent son introduction extrêmement avantageuse. Il ne craint pas les gelées ordinaires du climat de Paris.

Le *platane* d'Occident a les feuilles plus larges & les fruits plus gros que dans le précédent. Varenne de Fenille a constaté qu'il grossissoit de neuf lignes de diamètre par an dans ses jardins de Bourg, & que son bois pesoit sec cinquante-une livres huit onces sept gros par pied cube. Son bois est estimé des Américains, au rapport de Michaux fils, pour les constructions intérieures, mais il pourrit promptement à l'air. Ces deux *platanes* ont donné par les semis plusieurs variétés à feuilles plus divisées, & une dont le bois est contourné comme celui de l'orme tortillard. Cette dernière, due à M. de Malesherbes, est peut-être perdue en ce moment.

Il s'en voit en Caroline qui ont plus de six pieds de diamètre. Les gelées le frappent souvent dans le climat de Paris.

Naturellement l'écorce de ces deux *platanes* se lève annuellement par plaques, qui tombent l'année suivante. Ces plaques sont plus alongées dans celui d'Orient & plus larges dans celui d'Occident.

Un terrain léger & humide est celui où les *platanes* prospèrent le mieux. Toujours c'est sur le bord des rivières sujettes à inondations que j'ai vu croître celui d'Amérique; cependant, il ne répugne qu'à ceux qui sont de la plus mauvaise nature.

Toutes les voies de multiplication s'appliquent aux *platanes*. C'est par marcottes & par boutures qu'on y procède le plus généralement.

Les semis n'ont lieu que chez les amateurs, pour avoir des variétés, parce que d'abord les graines avortent souvent dans le climat de Paris, ensuite, parce qu'ils ne donnent des pieds faits que trois ou quatre ans plus tard.

Pour effectuer ces semis, on répand la graine, aussitôt qu'elle est cueillie, sur la terre destinée à la recevoir, laquelle doit avoir été bien labourée, puis on arrose très-copieusement & on recouvre de mousse ou de paille, fixée par une claie ou des branchages. Si cette graine étoit enterrée de plus d'une ligne, elle ne leveroit pas. Des arrosemens lui sont indispensables pendant les chaleurs de l'été.

Le plant levé se sarcle & se bine au besoin. Deux ans après il se repique, à vingt ou vingt-quatre pouces, dans une autre partie de la pépinière, sans lui couper la tête, & on l'y laisse, en lui faisant subir l'opération de la taille en crochet, jusqu'à sa plantation définitive, c'est-à-dire, cinq à six ans. Il ne faut pas s'inquiéter si son bourgeon supérieur périt, parce que sa disposition à pousser en zig zag fait qu'il s'en produit de suite un autre.

Dans toutes les pépinières de quelqu'étendue, on plante plusieurs *platanes* dans un coin, à la distance de six pieds en tous sens, pieds qu'on coupe rez-terre & qu'on appelle des MÈRES. (*Voyez* ce mot.) Ils sont destinés, en couchant chaque année les pousses de l'année précédente, à leur multiplication par MARCOTTE. (*Voyez* ce mot.) C'est celle que je préfère, parce qu'elle est la plus rapide & donne des sujets plus vigoureux que les boutures.

Les marcottes des *platanes* prennent toujours racine dans l'année; on les lève au printemps suivant pour les mettre en pépinière, comme il a été indiqué plus haut, mais elles y restent deux ou trois ans de moins. J'ai vu de ces marcottes s'élever de cinq à six pieds dans leur première année. Ce n'est qu'après dix à douze ans de plantation, que les pieds provenant de semis prennent le dessus sur ceux sortis de marcottes.

Pour faire des boutures, on peut prendre des pousses de l'année précédente avec ou sans talon, sur de grands arbres, mais il vaut mieux prendre celles nées sur la partie supérieure de la branche qui a servi à faire des marcottes, parce qu'elles sont plus vigoureuses. On entame alors la branche pour leur donner un talon. Ces boutures se placent au printemps dans une terre légère, fraîche & ombragée, enterrées profondément & obliquement, à cinq ou six pouces de distance, au moyen de rigoles faites à la pioche, de manière qu'il n'y ait que les deux ou trois yeux supérieurs qui se voient. Ces boutures prennent racine dans l'année, & se repiquent comme les marcottes, dont elles n'offrent que rarement la vigueur.

Les cas où il faut recéper, dans la pépinière, les plants de *platanes*, sont rares, par la cause indiquée plus haut.

Il est à remarquer que la greffe du *platane* ne réussit que sur les racines, ce qui est probablement dû à la nature de son écorce.

Autrefois le *platane* d'Amérique bravoit mieux les gelées du climat de Paris que dans le moment actuel. J'en ai vu de belles avenues dans ma jeunesse qui ont disparu. J'ai observé la mort de celle qui entouroit l'île d'Amour dans les Jardins de Versailles, & je certifie que cette mort est due à ce que les bourgeons des pieds qui les composoient ont été gelés plusieurs années consécutives, & l'année de leur mort deux fois. Depuis lors je n'ai plus pu en élever dans les pépinières confiées à ma surveillance, & j'ai dû faire arracher leurs mères.

En Amérique, on se plaint des ophtalmies qu'occasionnent, en automne, les poils qui se détachent des feuilles de ce *platane*. Je ne me suis pas aperçu de cet inconvénient en France.

Lorsqu'on destine le *platane* à orner les jardins paysagers, il faut toujours le planter isolément, soit au milieu des gazons, soit à quelque distance des massifs, parce que ce n'est qu'ainsi qu'on peut jouir de la majesté de sa vaste cime. Il ne convient pas de l'y trop multiplier.

Quand il doit constituer des avenues, & il y est plus propre qu'aucun autre arbre, à mon avis, on ne doit pas le planter à moins de quarante pieds de distance, pour peu que le terrain lui convienne. Là, on élague son tronc petit à petit, de manière que sa cime soit à une hauteur proportionnée à son diamètre. Du reste, la serpe ne doit pas toucher à cette cime, à moins que les vents n'aient cassé quelques-unes de ses branches.

Je suppose, par la vigueur de la repousse des vieux *platanes* coupés rez terre, qu'il seroit d'un grand produit d'en former des taillis. On dit que leur bois donne peu de chaleur; mais n'est-il pas des cas où il est aussi avantageux d'obtenir plus de flamme? Ce bois est blanc, agréablement veiné. Il sert dans l'Orient à la charpente & à la menuiserie.

On en fabrique en France de jolis meubles, des articles de tour, &c. S'il étoit plus connu, il seroit plus demandé par le commerce.

PLATANTHÈRE. *Platanthera.* Genre de plantes établi pour séparer des autres l'ORCHIS DOUBLE-FEUILLE, qui est un HABENAIRE, selon R. Brown.

PLATEAU. Nom général des plaines qui existent sur le sommet des MONTAGNES. *Voyez* ce mot.

Les *plateaux* des pays granitiques sont de peu d'étendue & de fertilité, parce que la couche de terre végétale y est presque de nulle épaisseur. Il en est de très-étendus & de très-fertiles sur les montagnes secondaires & tertiaires, mais on peut les regarder le plus souvent comme des plaines sillonnées par des courans depuis des milliers de siècles.

L'action des vents diminue la fertilité des *plateaux*, mais améliore la qualité de leurs produits.

Leur culture, au reste, ne diffère pas de celle des PLAINES. *Voyez* ce mot.

PLATICARPE. *Platicarpon.* Grand arbre qui croît naturellement sur les bords de l'Orénoque, & qui, seul, constitue un genre dans la pentandrie monogynie & dans la famille des bignonées.

On ne le voit pas dans nos jardins.

PLAUSTRUM. Nom latin du petit chariot avec lequel on dépiquoit autrefois les grains en Italie, & on les dépique encore en Afrique.

PLECTANÈJE. *Plectaneja.* Arbuste de Madagascar qui constitue un genre dans la pentandrie monogynie & dans la famille des apocinées.

On ne le cultive pas en Europe.

PLEINE TERRE. On appelle *plantes de pleine terre*, celles qui ne craignent pas les gelées du climat qu'on habite. Ainsi, l'olivier est un arbre de *pleine terre* à Marseille, un arbre d'ORANGERIE à Paris, & un arbre de SERRE CHAUDE à Stockholm. *Voyez* ces mots.

Depuis qu'on cultive beaucoup de plantes étrangères dans les environs de Paris, la dénomination de celle de *pleine terre* est devenue fréquente.

Il est des plantes de *pleine terre* qui exigent impérieusement la TERRE DE BRUYÈRE. *Voyez* ce mot.

PLEURANDRE. *Pleurandra.* Arbrisseau de la Louisiane, formant un genre dans l'octandrie monogynie & dans la famille des épilobiennes.

Il ne se trouve pas dans nos jardins.

Un autre genre de la famille des millepertuis, portant ce nom, a été réuni aux HIBBERTIES par R. Brown.

PLEUROLOBE. *Pleurolobium.* Genre de plantes établi aux dépens des SAINFOINS.

PLEUROTHALLE. *Pleurothallis.* Genre de plantes qui sépare des autres le DENDROBION A FEUILLES DE DRAGONIER.

PLOMBAGINÉES. Famille de plantes qui réunit les genres DENTELAIRE & STATICE.

PLUCHÉE. *Pluchea.* Genre de plantes qui a pour type la CONYZE DU MARYLAND de Michaux.

POCHET. Synonyme d'AUGET.

PODOCARPE. *Podocarpus.* Genre établi aux dépens des IFS, qui contient trois ou quatre espèces dont j'ai fait mention à l'article de ces derniers.

PODOCOME. *Podocoma.* Genre de plantes qui sépare des autres la VERGEROLLE A FEUILLES D'ÉPERVIÈRE.

PODOLOBION. *Podolobium.* Genre de plantes établi aux dépens des PULTENÈES & des CHORIZÈMES.

PODOPTÈRE. *Podopterus.* Arbrisseau du Mexique, qui seul constitue un genre dans l'hexandrie monogynie & dans la famille des polygonées.

Elle ne se voit pas dans nos jardins.

PODOSÈME. *Podosema.* Genre de plantes établi aux dépens des STIPES, des TROSCARIS, des TRICHOCHLOA.

POGONATHÈRE. *Pogonatherum.* Genre de plantes établi aux dépens des PEROTES & des CANAMELLES par Palisot-Beauvois.

POGOSTEMON. *Pogostemon.* Arbuste dont on ignore le pays natal. Il forme seul un genre dans la dydynamie angiospermie & dans la famille des labiées.

POIL DE BOUC. Nom vulgaire du NARD & de quelques FÉTUQUES.

POIL DE CHEVRON. Dans le commerce de la chapellerie, ce nom s'applique au duvet de chèvre, qu'on nomme *poil de Cachemire* dans celui des étoffes. *Voyez* CHÈVRE.

POIRIER. *Pyrus.* Genre de plantes de l'icosandrie pentagynie & de la famille des rosacées, dans lequel se rangent sept espèces, dont l'une a fourni un grand nombre de variétés, que l'excellence de leur fruit fait généralement cultiver en Europe.

Observations.

Le peu de caractères qui distinguent ce genre de ceux des POMMIERS, des ALIZIERS, des COGNASSIERS, des SORBIERS & des NEFLIERS, fait qu'on leur a réuni plusieurs de ses espèces. Ici je le considérerai dans sa plus grande simplicité.

Espèces.

1. Le Poirier commun.
Pyrus communis. Linn. ♄ Indigène.
2. Le Poirier d'Allemagne.
Pyrus polveria. Linn. ♄ Du nord-est de l'Europe.
3. Le Poirier à feuilles de saule.
Pyrus salicifolia. Linn. ♄ De l'Orient.
4. Le Poirier du mont Sinaï.
Pyrus Sinaïca. Thouin. ♄ D'Arabie.
5. Le Poirier de Michaux.
Pyrus Michauxii. Bosc. ♄ De Perse.
6. Le Poirier du Caucase.
Pyrus eleagnifolia. Marsh. ♄ Du Caucase.
7. Le Poirier à petites fleurs.
Pyrus parviflora. Desf. ♄ De l'île de Crète.

Culture.

Les six dernières espèces sont des arbres de peu d'importance, dont les quatre qui se cultivent dans nos jardins, qui sont celles des numéros 2, 3, 4 & 5, n'ont de mérite que parce que leurs feuilles sont couvertes de poils blancs qui les font contraster avec celles des autres arbres, & permettent de les planter en opposition avec eux dans les jardins paysagers. On les multiplie presque toujours par la greffe sur l'espèce commune, sur le cognassier & sur l'épine. Leur culture est positivement la même que la leur.

Le *poirier commun* est abondant, à l'état sauvage, dans nos bois montagneux. Là, il porte des fruits de la grosseur du pouce, & d'une telle âcreté, qu'il est impossible de les manger avant qu'ils soient parvenus à cet état d'altération qu'on appelle Blossissement. (*Voyez* ce mot.) Ils servent aussi à faire une espèce de boisson fermentée, analogue au cidre & au poiré, boisson qu'on appelle Piquette (*voyez* ce mot), dont le goût est acerbe & l'usage nuisible à la santé. Partout ces fruits, qu'on appelle Bieussons dans quelques lieux, sont abandonnés aux pauvres; & comme les bûcherons en tirent très-souvent parti, il étoit reconnu en principe, avant la révolution, que tous les *poiriers* sauvages d'une belle venue ne devoient pas être coupés; aussi surchargeoient-ils alors les taillis au point de nuire essentiellement à leur croissance. Aujourd'hui cet usage n'existe plus, & c'est un bien, à mon avis.

Les *poiriers* sauvages portant, dans les années favorables, une immense quantité de fruits, sont épuisés & forcés à se reposer pendant le même nombre d'années; de-là, les récoltes alternes qu'ils offrent partout. *Voyez* Fruit, Graine, Récolte, Coulure.

La croissance des *poiriers* sauvages est fort lente, même dans les terrains qui leur conviennent le mieux, ceux qui sont profonds & humides; c'est ce qui fait qu'il n'est pas avantageux d'en conserver beaucoup dans les forêts, mais leur bois est d'une excellente nature, c'est-à-dire, qu'il est dur, consistant, d'une jolie couleur, & propre, presqu'exclusivement, à quelques ouvrages spéciaux, tels que la gravure, la sculpture, la marqueterie, le tour, les manches d'outils, &c. Il prend très-bien la teinture noire. Sa pesanteur, selon Varenne de Fenille, est vert, 79 livres 5 onces 4 gros par pied cube, & sec, 53 livres 2 onces. Son emploi est très-bon pour le chauffage.

On voit très-fréquemment, dans les pays de montagnes, des *poiriers* sauvages venus naturellement dans les haies, & auxquels les propriétaires mettent beaucoup d'importance, quoique tenant évidemment la place de *poiriers* cultivés, bien plus profitables pour eux, parce que leur bois, encore plus dur & plus liant que celui de ceux crûs dans les forêts, leur est utile pour quelques objets. Parmi ces arbres, la plupart tortus, creux & dégradés dans leur cime, il s'en trouve qui ont plusieurs siècles d'existence. Laissés en buisson & annuellement tondus, ils forment d'excellentes Haies. *Voyez* ce mot.

Les *poiriers* sauvages se multiplient naturellement de graines & de rejetons. On lève leurs jeunes pieds dans les bois, à tout âge, pour les transplanter dans les jardins & les champs, & les greffer en variétés perfectionnées. Lorsqu'ils reprennent, car il en périt au moins moitié dans cette opération, ils deviennent des arbres en plein vent d'une longue durée & d'un immense produit, qui n'ont d'autre inconvénient que de se mettre fort tard à fruit. On les appelle des Sauvageons. *Voyez* ce mot.

Cependant, je dois observer que ce nom de sauvageon s'applique aussi aux produits des semis de pepins de poires sauvages dans les pépinières, produits qui ont tous les avantages des pieds tirés des bois, & dont, de plus, la réussite est presque certaine, à raison de leur jeunesse & de leur bel empatement de racines.

Comme les pépiniéristes & les propriétaires de jardins ont pour intérêt, les premiers de vendre promptement leurs arbres greffés, les seconds, d'avoir le plus promptement du fruit, ils se réunissent pour desirer greffer sur des sujets qui croissent plus rapidement que les sauvageons, &, pour les arbres en plein vent, ils préfèrent les jeunes pieds provenant des *poiriers* déjà perfectionnés, c'est-à-dire, les Francs (*voyez* ce mot), & pour les demi-tiges, les pyramides, les quenouilles, &c., le Cognassier, espèce bien plus foible. *Voyez* son article.

Quoique, ainsi que je l'ai déjà observé, les *poiriers* aiment les terrains fertiles & frais, on en voit de sauvages dans des lieux extrêmement arides & secs, ce qui vient de ce qu'ils ont un pivot qui va puiser leur nourriture à une grande profondeur. Les *poiriers* provenant des pépinières étant privés de leur pivot, ne peuvent réussir dans ces sortes de terrains, encore moins lorsqu'ils sont greffés sur cognassier; de-là vient qu'on en voit tant dans les jardins qui ont les feuilles jaunes & qui vivent fort peu d'années; aussi faut-il n'en placer que dans ceux où ils prospèrent.

Cet arbre, dont le fruit est si acerbe, qu'il cause une maladie grave, le PISSEMENT DE SANG (*voyez* ce mot) aux hommes & aux animaux qui en mangent beaucoup, est devenu, par la culture, le type de variétés à fruits tellement bons & sains, qu'ils sont partout l'objet de la convoitise des riches. Mais que de siècles il a fallu pour que des générations successives, toujours en perfectionnant, aient conduit à ce résultat! *Voyez* VARIÉTÉS.

Des *poiriers* sauvages sont d'abord nés les *poiriers* à cidre dont je parlerai plus bas, & des meilleures variétés de ceux-ci, les poires qui font le luxe de nos jardins. Il n'est aucun de nos départemens qui ne m'en ait offert d'inconnues aux environs de Paris. Il en est de même en Espagne, en Italie, & sans doute dans les autres parties de l'Europe. C'est donc par milliers qu'il faut les compter. Aujourd'hui qu'on sait que plus est perfectionnée la poire dont on sème les pepins, & plus dignes d'estime sont les *poiriers* qui en sortent, il suffit d'en vouloir de nouvelles pour en avoir. Van-Mons nous en a montré l'exemple.

Il n'y a que les variétés de pommes qui puissent le disputer en nombre avec celles des poires. Les Romains en connoissoient déjà beaucoup. Olivier de Serres en comptoit 62 à la fin du quinzième siècle. Il en existe plus de trois cents dans nos pépinières actuelles.

Toutes les variétés de *poiriers* portent des caractères extérieurs, indépendans de ceux du fruit, qui permettent de les reconnoître à toutes les époques de l'année; mais ils sont si peu saillans, qu'il n'y a guère que les jardiniers qui puissent les conserver dans la mémoire, & si fugaces, qu'ils changent souvent, d'année à année, de jardin à jardin. On juge qu'un pied provenant du semis de pepin pourra donner de bons fruits, à la perte de ses épines, à la largeur de ses feuilles, à la grosseur de ses bourgeons; cependant il est d'excellentes poires qui naissent sur des *poiriers* épineux, sur les *poiriers* à feuilles étroites, à bourgeons grêles. Je ne parlerai donc pas ici de ces caractères, dont l'exposition alongeroit inutilement cet article, renvoyant, pour les connoître, au *Traité des Arbres fruitiers* de Duhamel, & principalement à sa nouvelle édition par MM. Poiteau & Turpin.

Quoique la maturité des variétés de poire soit avancée ou retardée, selon l'année, le climat, l'exposition, &c., il y a cependant une certaine régularité qui peut guider dans leur détermination. Ainsi je crois devoir suivre l'ordre de cette maturité dans l'énumération des principales variétés qui se cultivent dans les pépinières des environs de Paris, en mettant cependant les variétés portant le même nom, avec une épithète, à la suite de celle qu'on mange la première.

L'AMIRÉ JOANNET ou *poire Saint-Jean*. Fruit petit, alongé; à peau jaune, quelquefois rougeâtre du côté du soleil; à chair blanche, tendre, peu relevée. Il mûrit vers la fin de juin.

Le PETIT MUSCAT ou *sept-en-gueule*. Fruit très-petit, arrondi; à peau vert-jaunâtre, brune du côté du soleil; à chair jaunâtre, agréable, musquée. Mûrit au commencement de juillet. Réussit fort bien en plein vent & dans un terrain sec.

Le MUSCAT ou *poire à la reine*, ou *poire d'ambre*. Fruit presque rond, de deux pouces de diamètre; à peau d'un vert un peu jaunâtre; à chair tendre, sucrée, très-relevée. Mûrit à la mi-juillet. La note de la précédente lui convient aussi.

Le MUSCAT FLEURI. Fruit petit, globuleux, aplati; peau d'un vert-jaunâtre, verdâtre à l'ombre; chair verdâtre, musquée, peu relevée.

Le MUSCAT ROYE, Calvel. Fruit petit, alongé, rude au toucher; à peau jaunâtre à l'ombre, rougeâtre au soleil; à chair cassante, parfumée. Mûrit à la fin d'août.

Le MUSCAT ROYAL. Fruit presque rond, gris; à chair blanche, demi-cassante, musquée. Mûrit au commencement de septembre.

Le MUSCAT LALLEMAN. Fruit de trois pouces de diamètre; à peau grise du côté de l'ombre, rouge du côté du soleil; à chair jaunâtre, légèrement fondante, musquée, agréable. Mûrit en mars ou en avril de l'année suivante.

L'AURATE ou *muscat de Nancy*. Fruit de quinze lignes de diamètre, turbiné; à peau fine, d'un jaune pâle du côté de l'ombre, d'un rouge clair du côté du soleil; à chair sèche, quelquefois pierreuse. Réussit mieux sur franc que sur cognassier.

La TROMPE CALLAIRE. Fruit moyen, vert, à longue queue; assez bonne lorsqu'elle n'est pas très-mûre. Charge beaucoup. Se cultive aux environs d'Aix.

La MADELEINE ou *citron des Carmes*. Fruit de deux pouces de diamètre, ovale, à peine d'un vert-jaunâtre, un peu teint de roux du côté du soleil; à chair blanche, fine, fondante, légèrement parfumée, devenant cotonneuse par excès de maturité.

L'HASTIVEAU. Fruit petit, turbiné, à peau d'un jaune clair marbré de rouge; à chair jaunâtre, musquée & cependant peu agréable. Mûrit au commencement d'août. Très-productif.

Le ROUSSELET HATIF, *perdreaux*, *poire de Chypre*. Fruit petit, turbiné, à peau jaune, parsemée de rouge & de gris du côté du soleil; à chair jaune, demi-cassante, souvent pierreuse, très-parfumée & sucrée.

Le ROUSSELET DE REIMS. Fruit petit, turbiné, d'un vert-jaunâtre taché de brun, & d'un rouge-brun du côté du soleil ; à chair demi cassante, parfumée, d'un goût particulier, agréable.

Le ROUSSELET GROS, ou *roi d'été*. Fruit de la même forme que le précédent, mais plus gros ; peau d'un vert-foncé ponctué de gris, & d'un rouge-brun du côté du soleil ; à chair demi-cassante, parfumée, aigrelette. Mûrit au commencement de septembre.

Le ROUSSELET D'HIVER. Fruit moins gros que le rousselet de Reims, mais de même forme, un peu plus jaune du côté de l'ombre, & un peu plus brun du côté du soleil ; à chair demi-cassante, aqueuse, relevée. Mûrit en février ou en mars.

La CUISSE MADAME. Fruit médiocre, très-alongé, à peau d'un vert-jaunâtre, rouge-brun du côté du soleil, avec des raies plus jaunes & plus vertes ; à chair demi-cassante, sucrée, légèrement musquée. Mûrit à la fin de juillet. Réussit difficilement sur cognassier.

Le GROS BLANQUET, ou *blanquette*. Fruit petit, alongé, à peau blanche, jaunatre, d'un rouge clair du côté du soleil ; à chair cassante, sucrée & relevée. Mûrit à la fin de juillet.

Le GROS BLANQUET ROND. Fruit moins alongé que le précédent ; chair plus parfumée.

Le BLANQUET PETIT, ou *poire à la perle*. Fruit petit, alongé, à peau blanchâtre, à chair blanche, demi-cassante, musquée, agréable.

Le BLANQUET A LONGUE QUEUE. Fruit petit, alongé, à peau blanchâtre, quelquefois teinte de roux du côté du soleil ; à chair demi-cassante, blanche, parfumée, sucrée. Murit au commencement d'août.

L'EPARGNE, *beau présent, Saint-Samson, grosse cuisse madame*. Fruit de grosseur moyenne, très-alongé, à peau verdâtre, marbrée de fauve & de rouge ; à chair fondante, aigre, très-agréable. Mûrit à la fin de juillet. Très-estimé dans les marchés de Paris.

Le SAPIN. Fruit petit, alongé, à peau vert-jaunâtre, à chair blanche, peu relevée, parfumée. Mûrit vers la fin de juillet.

L'OGNONET ou *archiduc d'été*, ou *amiré roux*. Fruit de moyenne grosseur, presque rond ; a peau jaunâtre, rouge vif du côté du soleil ; à chair demi-cassante, souvent pierreuse, relevée, d'un goût rosat. Mûrit au commencement d'août. L'arbre greffé sur franc produit beaucoup.

Les DEUX-TÊTES Fruit moyen, à œil rétréci dans son milieu, à peau d'un vert-jaunâtre, rouge-brun du côté du soleil ; à chair blanche, parfumée, mais peu délicate.

La BELLISSIME D'ÉTÉ ou *suprême*, ou *poire-figue*. Fruit petit, un peu alongé, à peau jaune-citron, taché de rouge, ou rouge taché de jaune du côté du soleil ; à chair demi-cassante, agréable, quoique peu relevée. Mûrit en juillet. Demande à être mangée un peu verte.

La BELLISSIME D'AUTOMNE ou le *vermillon*. Fruit moyen, très-alongé, à peau rougeâtre, ponctuée de gris du côté du soleil ; à chair blanche, cassante, quelquefois pierreuse, peu relevée. Mûrit vers la fin d'octobre.

La BELLISSIME D'HIVER. Fruit de près de quatre pouces de diamètre, presque rond, à peau jaune, ponctuée de fauve, & rouge ponctuée de gris du côté du soleil ; à chair tendre, douce, sauvage. Se conserve jusqu'en mai ; ne se mange que cuit.

Le BOURDON MUSQUÉ. Fruit petit, presque rond, à peau verdâtre, ponctuée de même couleur ; à chair cassante, musquée, légèrement sucrée. Mûrit en juillet.

La POIRE D'ANGE. Fruit petit, à peau jaune-verdâtre, à chair demi-cassante, très-musquée. Mûrit au commencement d'août.

La SANS-PEAU ou *fleur de guignes*. Fruit moyen, alongé, à peau d'un vert clair, ponctuée de gris & de rouge clair du côté du soleil ; à chair fondante, parfumée, agréable. L'arbre est plus vigoureux sur franc que sur cognassier.

Le SAINT-LAURENT, Calvel. Fruit moyen, turbiné, à peau jaunâtre, à chair âcre, mais très-bonne en compote. Mûrit au commencement d'août.

Le PARFUM D'AOUT. Fruit petit, alongé, à peau jaune, ponctuée de fauve, & rouge ponctuée de jaune du côté du côté du soleil ; à chair grossière, mais très-musquée. Mûrit à la fin d'août. Charge beaucoup.

La CHAIR A DAME. Fruit moyen, presque rond, à peau jaunâtre, tachetée de gris, un peu teinte de rouge du côté du soleil ; à chair douce, parfumée, agréable. Mûrit à la mi-août.

Le FIN OR D'ÉTÉ Fruit moyen, à peau jaunâtre, ponctuée de rouge, rouge foncé du côté du soleil ; à chair verdâtre, demi-cassante, un peu aigre, mais agréable. Mûrit ainsi que la précédente.

Le FIN OR DE SEPTEMBRE. Fruit plus gros que le précédent, à peau d'un vert gai, rouge marbré du côté du soleil ; à chair blanche, tendre, aigrelette, agréable. Mûrit les premiers jours de septembre.

L'EPINE ROSE, ou *poire de rose*, ou *poire tulipée, de Merlet, d'eau rose, de Malte*. Fruit gros, presque rond, à peau d'un vert-jaunâtre pointillé & marbré, lavé de rouge du côté du soleil ; chair blanche, tendre, musquée, sucrée. Il ressemble à l'*ognonet*.

L'EPINE D'ÉTÉ, ou *fondante musquée*, ou *bergiarda*. Fruit moyen, alongé, lisse, à peau verte près de l'œil, vert-jaunâtre près la queue ; à chair fondante, aigrelette, très-musquée. Mûrit en septembre.

L'EPINE D'HIVER. Fruit gros, long, lisse, à peau d'un vert-jaunâtre ; chair fondante, quelquefois musquée & d'un goût fort agréable, d'autres fois insipide. Se conserve jusqu'en janvier. L'arbre veut être greffé sur franc dans les terrains

rains secs, & sur cognassier dans les terrains humides. Il ne prospère qu'en plein vent.

Le SALVIATI. Fruit moyen & rond; peau jaune de cire, un peu rouge du côté du soleil; à chair demi-cassante, sucrée, parfumée, excellente. Mûrit en août. Se confit souvent. Greffé sur cognassier, l'arbre réussit mal.

L'ORANGE MUSQUÉE. Fruit moyen, arrondi, tuberculeux; peau jaunâtre, rouge du côté du soleil; à chair cassante, sucrée, musquée, très-agréable. Mûrit en août.

L'ORANGE ROUGE. Plus gros que le précédent, mais de même forme; peau grise, rouge du côté du soleil; à chair cassante, sucrée, musquée. Mûrit en même temps que le précédent.

L'ORANGE TULIPÉE, ou *poire aux mouches*. Fruit gros, oval; à peau verte, ponctuée de gris, vergetée de rouge-brun du côté du soleil; à chair demi-cassante, succulente, d'un goût agréable, quoique quelquefois un peu âcre. Murit au commencement de septembre.

L'ORANGE D'HIVER. Fruit moyen, arrondi, souvent tuberculeux; à peau d'un vert sale, parsemée de taches d'un vert foncé; à chair blanche, cassante, musquée, assez agréable. Se mange en mars ou en avril.

La ROBINE ou *royale d'été*. Fruit petit, rond; à peau d'un vert jaunâtre, ponctuée de brun; à chair blanche, demi-cassante, un peu sèche, sucrée, très-muqueuse. Mûrit en août; ne mollit point. L'arbre gagne à être greffé sur cognassier.

La SANGUINOLE. Fruit moyen, alongé; à peau ponctuée de gris, rouge du côté du soleil; à chair rouge, peu agréable. Mûrit en août.

Le VERMILLON D'ÉTÉ, Calvel. Fruit moyen, presque rond; peau d'un vert-jaunâtre & rouge clair du côté du soleil; à chair blanche, demi-fondante, parfumée. Mûrit à la fin d'août. Ne doit pas être confondu avec la bellissime d'été.

La GROSSE ALONGÉE, Calvel. Fruit gros, très-long, à peau d'un vert-jaune pointillé de roux. Se rapproche du Saint-Germain.

Le BON-CHRÉTIEN D'ÉTÉ MUSQUÉ. Fruit moyen, alongé; à peau jaune, fouettée de rouge du côté du soleil; à chair blanche, parsemée de points verdâtres, cassante, sucrée, très-musquée. Mûrit à la fin d'août. Sujet à se crevasser. L'arbre ne peut se greffer sur le cognassier.

Le BON-CHRÉTIEN D'ÉTÉ ou *gracioli*. Fruit gros, alongé, un peu recourbé; à peau jaunâtre, ponctuée de vert; à chair blanche, demi-cassante, sucrée. Mûrit dans les premiers jours de septembre. Très-productif.

Le BON-CHRÉTIEN D'ESPAGNE. Fruit très-gros (trois pouces de diamètre), alongé, courbé, bosselé; à peau d'un jaune pâle ponctué de brun, & d'un beau rouge vif également ponctué du côté du soleil; chair blanche, parsemée de points verdâtres, sèche ou juteuse, selon le terrain, & d'assez bon goût. Mûrit en novembre & décembre.

C'est une des plus belles, mais elle est rarement bonne crue.

Une sous-variété figurée par Poiteau & Turpin, est rayée de jaune.

Le BON-CHRÉTIEN D'HIVER. Fruit quelquefois de quatre pouces de diamètre, très-alongé, bosselé; à peau jaune clair, incarnat du côté du côté du soleil; à chair cassante, juteuse, sucrée, parfumée. Se mange en janvier & en février. Varie infiniment, non-seulement dans le même jardin, mais même sur le même pied; de-là les sous-variétés *verte*, *dorée*, *ronde*, *longue*, *d'Auch*, *de Vernon*, *turque*, *à bois panaché*. Dans le climat de Paris, il est préférable de le greffer sur le cognassier & de le disposer en espalier.

La MANSUETTE ou *solitaire*. Fruit gros, alongé, arqué, bosselé; à peau verdâtre, tachée de brun & rouge du côté du soleil; à chair blanche, demi-fondante, un peu âcre. Mûrit au commencement de septembre. Sujet à mollir. L'arbre réussit mieux greffé sur cognassier que sur franc.

L'ŒUF ou *poire d'œuf*. Fruit petit, ovale; à peau vert-jaunâtre, taché de roux & mêlé de rouge du côté du soleil; à chair demi-fondante, sucrée, musquée, agréable. Mûrit au commencement de septembre.

La CASSOLETTE, *muscat vert*, *friolet*, *lèchefrion*. Fruit petit, ovale; à peau d'un vert tendre, jaunâtre, fouetté de rouge du côté du soleil; à chair cassante, sucrée, musquée. Mûrit à la fin d'août.

La GRISE BONNE, *crapaudine*, *poire de forêt*, *ambrette d'été*. Fruit moyen, arqué; à peau d'un vert-gris, ponctué de blanc & de roux; à chair fondante, sucrée & relevée. Il mûrit à la fin d'août.

La JARGONELLE. Fruit petit, alongé; à peau d'un très-beau jaune, & d'un beau rouge du côté du soleil; à chair blanche, demi-cassante, fine, musquée. Mûrit au commencement de septembre.

L'AH MON DIEU! ou *mandieu*, ou *poire d'abondance*. Fruit moyen, ovale; à peau jaune clair, ponctué de rouge foncé du côté du soleil; à chair blanche, demi-cassante, sucrée, parfumée. Mûrit au commencement de septembre. L'arbre charge considérablement.

L'INCONNUE CHENEAU, ou *fondante de Brest*. Fruit moyen, un peu arqué; à peau luisante, ponctuée de brun & de gris, lavé de rouge du côté du soleil; à chair blanche, cassante, sucrée, aigrelette. Mûrit au commencement de septembre. L'arbre ne prospère que sur cognassier.

Le DILLEN D'AUTOMNE, Van-Mons. Fruit de trois pouces de diamètre, ovale, à queue moyenne, à ombilic petit, à peau vert pâle, tachée de fauve & de brun; à chair blanche, fondante, très-sucrée, excellente. Mûrit en septembre.

La FIGUE. Fruit moyen, très-alongé, à peau d'un vert-brun; à chair blanche, fondante, sucrée. Mûrit en septembre. Distincte de la *bellissime d'été*.

La BERGAMOTE D'ÉTÉ, ou *milan de la beuvrière*. Fruit de deux pouces & demi de diamètre, rude au toucher; à peau d'un vert gai, ponctué de fauve, quelquefois roux du côté du soleil; à chair à demi fondante, légèrement acide, agréable. Mûrit au commencement de septembre. Demande à être mangé un peu vert.

La BERGAMOTE D'ANGLETERRE, ou de *Hamden*, Calvel. Fruit gros, arrondi, à peau d'un vert-jaunâtre; à chair fondante, parfumée. Il mûrit au commencement de septembre. Veut le plein vent, un bon terrain & une bonne exposition.

La GILOGILE ou *poire à Gobert*, ou *garde-écorce*, Calvel. Fruit gros, turbiné, à peau verte, & d'un rouge-noir au soleil; à chair cassante, parfumée. Mûrit en même temps que le précédent.

La BERGAMOTE ROUGE. Fruit moyen, ovale, arrondi, à peau d'un jaune foncé, couvert de rouge du côté du soleil; à chair presque fondante, très-parfumée, mais sujette à devenir cotonneuse. Mûrit au milieu de septembre.

La BERGAMOTE SUISSE. Fruit moyen, presque rond, à peau rayée de jaune & de vert, & rougeâtre du côté du soleil; à chair fondante & sucrée. Mûrit en octobre. L'arbre n'aime pas une exposition trop chaude.

La BRUTE-BONNE. Fruit alongé, rude au toucher, à peau verte; à chair demi-fondante, très-sucrée. Mûrit en août. Reste petit dans les terrains secs.

La BELLE DE BRUXELLES, Calvel. Fruit gros, pyriforme, à peau d'un vert jaunâtre; à chair blanche, fine, d'une saveur agréable. Mûrit en même temps que le précédent.

Le PENDARD, ou *poire de pendard*. Fruit assez gros, oblong, à peau d'un jaune-cendré, un peu colorée de rouge du côté du soleil; à chair cassante, musquée, agréable. Mûrit vers la mi-octobre.

Le PAYENCY, ou *poire de Périgord*, Calvel. Fruit moyen, alongé, à peau d'un vert-jaunâtre, parsemé de points gris; à chair demi-fondante & parfumée. Mûrit au commencement de l'automne.

La BERGAMOTE CADETTE, ou *poire cadet*. Fruit gros, rouge du côté du soleil; à chair demi-fondante, inférieure à celle des autres bergamotes. Mûrit en octobre & devient pâteux. L'arbre charge beaucoup.

La BERGAMOTE SYLVANGE. Fruit de plus de trois pouces de diamètre, pyriforme, irrégulier, bosselé, à œil un peu enfoncé, à queue oblique, à peau jaunâtre, tiquetée de gris; à chair demi-fondante, graveleuse, juteuse, sucrée, excellente. Mûrit en octobre.

La BERGAMOTE PENTECÔTE, Van-Mons. Fruit très-gros (plus de trois pouces), renflé, à ombilic presque saillant, à queue grosse & courte, à peau rayée, verte, lavée de fauve & tiquetée de brun; à chair blanche, verte ou jaune, fondante, un peu aigrelette. Se garde quelquefois huit mois.

La CALEBASSE FONDANTE, Van-Mons. Fruit très-alongé, bosselé, à peau d'un roux uniforme; à chair fondante, sucrée, agréable. Mûrit au commencement d'octobre & mollit peu après. L'arbre est très-épineux.

La BERGAMOTE D'AUTOMNE. Fruit presque rond, moyen, à peau jaunâtre, rouge-brune, ponctuée de gris du côté du soleil; à chair fondante, sucrée, parfumée. Mûrit en novembre. C'est une des plus anciennement connues & des plus dans le cas d'être cultivée. L'arbre veut l'espalier.

La BERGAMOTE DE SOULERS, ou *bonne de Soulers*. Fruit de grosseur moyenne, rond, à peau luisante, jaune, ponctuée de vert, rouge-brune du côté du soleil; à chair fondante, sucrée, agréable. Se mange en février.

La BERGAMOTE DE PAQUES, ou *d'hiver*. Fruit très-gros (trois pouces de diamètre), rond, à peau d'un vert-jaunâtre, ponctuée de gris, lavée de roux du côté du soleil; à chair très-blanche, demi-fondante, aigrelette, agréable. Mûrit en février.

La BERGAMOTE DE HOLLANDE, ou *d'Alençon*, ou *armoselle*. Fruit de la grosseur du précédent, rond, à peau vert-jaunâtre, ponctuée de brun; à chair demi-fondante, d'un goût relevé, agréable. Mûrit en juin.

La VERTE LONGUE, ou *mouille-bouche*. Fruit gros, très-alongé, à peau verte; à chair blanche, très-fondante, sucrée & parfumée. Mûrit au commencement d'octobre. L'arbre réussit mieux sur franc que sur cognassier, & demande un terrain chaud & léger.

La VERTE LONGUE PANACHÉE, ou *culotte de Suisse*. Son fruit ne diffère du précédent que parce qu'il est rayé de jaune.

Le BEURRÉ BOSC, Van-Mons. Fruit alongé, terminé par un renflement de trois pouces de diamètre, à ombilic un peu enfoncé, à queue médiocre, à peau gris-fauve, jaunâtre à sa maturité; à chair blanche, fondante, semi-beurrée, excellente. Mûrit à la fin de novembre.

Le BEURRÉ ROMAIN, Calvel. Fruit gros, rond, aplati à son sommet, à peau d'un vert-jaunâtre, rouge du côté du soleil; à chair fondante, exquise, mais demandant à être mangée à point, car elle devient pâteuse. Mûrit au commencement de septembre. L'arbre réussit mieux sur franc.

Le BEURRÉ GRIS ou simplement *beurré*. Fruit ovale, très gros (3 pouces de diamètre), à peau grise; à chair fondante, sucrée, très-agréable. Mûrit à la fin de septembre. C'est une de nos meilleures poires. Les beurrés vert, rouge, d'Amboise, d'Isambert, n'en diffèrent pas essentiellement. L'arbre est très-productif & se plaît dans tous les terrains.

Le Beurré d'Angleterre ou la *poire d'Angleterre.* Fruit moyen, alongé; à peau d'un vert-grisâtre, ponctué de roux; à chair fondante, relevée, agréable lorsqu'elle est à point. Mûrit en septembre. C'est une des poires qui foisonne le plus & qu'on peut le plus avantageusement dessécher au four, ou employer à faire des marmelades. L'arbre ne réussit que sur franc.

Le Beurré d'Angleterre d'hiver diffère peu du précédent. Il se mange en janvier.

Le Beurré d'hiver ou *bezi chaumontel.* Fruit gros, ovale, relevé de côtes, à peau jaune, rouge du côté du soleil; à chair demi-fondante, quelquefois pierreuse, très-sucrée, relevée, excellente. Se mange à la fin de janvier. Varie beaucoup selon l'exposition, le terrain, &c.

Le Bezi de Montigny. Fruit moyen, ovale, à peau jaunâtre; à chair blanche, fondante, musquée, très-agréable. Mûrit à la fin de septembre.

Le Bezi de Louvain, Van-Mons. Fruit alongé, de deux pouces & demi de diamètre, à ombilic peu enfoncé & queue courte; à peau d'un vert tendre, taché de blanc & lavé de brun; à chair blanche, fondante, parfumée, agréable. Mûrit en octobre.

Le Bezi de la Motte. Fruit moyen, à peau d'un vert-jaunâtre, ponctué de gris; à chair blanche, fondante, douce & bonne. Mûrit en octobre. L'arbre est épineux & vient mieux en plein vent.

Le Bezi de Caissoi, ou *Quessoy*, ou *Roussette d'Anjou.* Fruit petit, presque rond, à peau vert-jaunâtre, tacheté de brun; à chair fondante, d'un goût très-agréable lorsqu'il provient d'une terre fraîche. Mûrit en novembre & ne se greffe que sur cognassier.

Le Beurré Vitzume, Van-Mons. Fruit ovale, bosselé, de trois pouces & demi de diamètre; à queue médiocre; à ombilic petit; à peau rude, verte, lavée de roux-brun; à chair blanc-verdâtre, demi-transparente, fondante, parfumée. Mûrit en septembre.

Le Beurré Diel, Van-Mons. Fruit alongé, bosselé, de la forme d'un bon-chrétien, de près de 4 pouces de diamètre, à peau verte, extrêmement tiquetée & quelquefois tachée; à chair blanche, un peu granuleuse, fondante, sucrée, aromatique, excellente. Peut se garder jusqu'en février.

Le Beurré d'Hardenpont ou *de printemps*, Van-Mons. Fruit pyriforme, irrégulier, rude au toucher; à peau d'un brun-gris rouge; à chair granuleuse, demi-fondante, très-sucrée & agréable. Sujet à varier. Mûrit en février & mars.

Le Beurré de Beauchamp, Van-Mons. Fruit presque rond; à peau jaunâtre, tiquetée; à chair presque blanche, demi-fondante, ayant un petit goût particulier agréable. Mûrit en novembre. L'arbre est très-fertile.

La Colma, Van-Mons. Fruit moyen, ovale, mais renflé dans son milieu; à fruit d'un vert-jaunâtre ponctué de brun; à chair fondante, parfumée, très-agréable. Mûrit en novembre.

Le Capiaumont, Van-Mons. Fruit alongé; à peau jaune marbrée de fauve; à chair blanche, fondante, sucrée, agréable. C'est une des meilleures poires. L'arbre est très-fertile.

Le Doyenné ou *beurré blanc*, ou *Saint-Michel*, ou *bonne ente.* Fruit gros, presque rond; à peau jaune, rouge du côté du soleil; à chair fondante, sucrée, relevée. Mûrit en août. Devient promptement pâteux. Est très-sensible aux influences du sol, de l'exposition, de la saison, &c.

La Vanralle, Van Mons. Fruit moyen, exactement pyriforme; à peau rouge; à chair granuleuse, devenant pâteuse, enfin molle. Se mange au milieu d'octobre.

La Vallée blanche, Calvel. Fruit très-gros, alongé, arqué; à peau d'un vert-jaunâtre luisant; à chair verte, agréable, mais souvent pâteuse.

La Vallée batarde ne diffère pas suffisamment de celle-ci.

L'Amiral, ou *poire d'amiral*, ou *cardinale*, Calvel. Fruit moyen, pyriforme, à peau jaunâtre, rougeâtre du côté du soleil; à chair demi-fondante, agréable. Mûrit au milieu d'octobre.

La Mauny ou *poire de Mauny*, Calvel. Fruit moyen, oblong, à peau d'un vert-jaunâtre, rouge du côté du soleil; à chair demi-fondante & agréable. Mûrit à la fin de septembre.

La Jalousie. Fruit très-gros, presque rond, parsemé de tubercules gris, à peau fauve clair, rougeâtre du côté du soleil; à chair fondante, sucrée, excellente. Mûrit à la fin d'octobre. L'arbre ne se greffe que sur franc.

La Frangipane. Fruit moyen, alongé, un peu arqué, à peau grasse au toucher, d'un jaune clair changé en rouge vif du côté du soleil; à chair demi-fondante, douce, sucrée, d'un goût particulier, analogue à celui de la frangipane. Mûrit à la mi-octobre.

La Roussette de Bretagne, Calvel. Fruit moyen, comprimé, turbiné; à peau d'un fauve clair; à chair demi-fondante, un peu âpre. Il se rapproche de la *crassane* & perd de sa qualité hors de son pays natal.

La Lausac ou *dauphine*, ou *satin.* Fruit moyen, presque rond; à peau jaune; à chair sucrée, d'un goût agréable, relevé d'un peu de fumet. Mûrit à la fin d'octobre.

La Vigne ou *demoiselle.* Fruit ovale, petit, à queue très-longue, à peau rude, d'un gris-brun, un peu rougeâtre & ponctuée du côté du soleil; à chair fondante, d'un goût relevé, mais devenant pâteuse & molle peu après la maturité, qui a lieu en octobre.

La Pastorale ou *musette d'automne.* Fruit gros, alongé; à peau jaune-cendrée, ponctuée de roux; à chair demi-fondante, musquée, très-bonne.

Mûrit en novembre. L'arbre se plaît mieux greffé sur franc.

Le MESSIRE-JEAN. Fruit gros, presque rond; à peau un peu rude, jaune-dorée, très-ponctuée de gris; à chair cassante, souvent pierreuse, d'un goût relevé, excellente. Mûrit en octobre & se conserve à peine jusqu'en novembre. Sa couleur varie selon l'âge, le sol, l'exposition, le sujet; de-là ses quatre sous-variétés.

La CALEBASSE MARIANNE. Fruit de trois pouces de diamètre, très-alongé, à queue grosse; à peau de couleur orange; à chair blanche, fondante, très-sucrée & très-parfumée. Il se rapproche beaucoup de celui qui porte mon nom. C'est une des meilleures poires.

Le SUCRÉ VERT. Fruit moyen, ovale, ponctué de gris; à chair très-fondante, très-sucrée, agréable au goût. Mûrit à la fin d'octobre.

Le FRANC RÉAL ou *gros miret*. Fruit gros, rond, à peau d'un vert-jaunâtre ponctué de roux. Très-bon cuit. Mûrit en octobre.

La ROUSSELINE. Fruit petit, presque rond, quelquefois arqué; à peau d'un fauve clair; à chair demi-fondante, sucrée, musquée, agréable. Mûrit en novembre. L'arbre ne prospère que sur le cognassier.

La CRASSANE ou *bergamote crassane*. Fruit gros, presque rond; à peau d'un gris-verdâtre ponctué de roux; à chair fondante, sucrée, un peu parfumée, un peu âpre. Mûrit en novembre. C'est une des bonnes poires, mais dont la qualité varie beaucoup. L'arbre demande un bon terrain & à être greffé sur franc.

La MERVEILLE D'HIVER ou *petit oin*. Fruit moyen, ovale, rude au toucher; à peau d'un vert-jaunâtre; à chair fondante, sucrée, musquée, très-agréable. Mûrit en novembre. L'arbre demande un terrain sec & chaud, & à être greffé sur franc.

La LOUISE BONNE. Fruit gros, alongé; à peau blanchâtre, ponctuée de vert; à chair demi-fondante, douce, relevée, pourvue d'un fumet abondant. Mûrit en novembre. L'arbre préfère le plein vent.

Le MARTIN SEC. Fruit moyen, très-alongé, bosselé; à peau brun clair & rouge, & ponctuée de blanc du côté du soleil; à chair cassante, quelquefois pierreuse, sucrée, parfumée, agréable. Mûrit en janvier. L'arbre est très-productif.

Le MARTIN SIRE ou *rouville*, ou *poire de bunville*, ou *de hocrenaille*. Fruit gros, alongé, à peau satinée, jaunâtre, rouge du côté du soleil; à chair cassante, quelquefois pierreuse, douce, sucrée, même parfumée. Mûrit en janvier.

La MARQUISE. Fruit gros, alongé; à peau jaunâtre, piquée de vert, quelquefois rougeâtre du côté du soleil; à chair fondante, sucrée, même quelquefois musquée. Mûrit en décembre. L'arbre est très-vigoureux & demande à être chargé à la taille.

Le SAINT-LEZAIN, Calvel. Fruit extrêmement gros (quatre pouces de diamètre & six de long), alongé, arqué; à chair dure & âpre. N'est bon que cuit.

L'ECHASSERY ou *bezi de Chassery*. Fruit moyen, ovale, à peau jaunâtre; à chair fondante, sucrée, musquée, d'un goût fort agréable. Mûrit en décembre. C'est une des meilleures poires, quand elle est bien conditionnée. L'arbre est très-productif & se met promptement à fruit, mais il lui faut une terre douce & légère.

L'AMBRETTE. Fruit moyen, arrondi; à peau blanchâtre ou grise; à chair un peu verdâtre, fondante, sucrée, excellente dans les années & les terrains favorables. Mûrit en décembre. L'arbre est épineux, demande un terrain sec & chaud, une bonne exposition & le plein vent. Il prospère mieux sur cognassier que sur franc.

Le VITRIER. Fruit gros, ovale, à peau verte, ponctuée de vert, & rouge ponctuée de brun du côté du soleil; à chair blanche, agréable. Mûrit en décembre.

Il y a une autre *poire* du même nom qui est jaune, & dont la chair est musquée.

Le BEQUESNE. Fruit gros, alongé, arqué, à peau jaune, ponctuée de gris, rougeâtre du côté du soleil; à chair fade, mais propre à faire d'excellentes compotes. Mûrit en décembre.

La VIRGOULEUSE. Fruit gros, ovale, à peau jaune, ponctuée de gris, rougeâtre du côté du soleil; à chair fondante, sucrée, relevée, excellente. Se mange en décembre. On ne peut trop multiplier cette variété, malgré qu'elle soit sujette à se crevasser & à prendre le goût de paille.

Le JARDIN. Fruit gros, arrondi, rude au toucher, à peau jaune, rougeâtre du côté du soleil; à chair demi-cassante, quelquefois pierreuse, sucrée, de bon goût. Mûrit en décembre.

Le SAINT-GERMAIN, ou l'*inconnu Lafare*. Fruit gros, alongé, à peau rude au toucher, jaunâtre, ponctuée de brun ou tachée de roux; à chair blanche, fondante, souvent pierreuse, excellente, lorsque le terrain & l'année sont favorables. Se mange en janvier. L'arbre est vigoureux & fertile. Il offre une sous-variété à bois & à fruit panachés.

Le CHAPTAL. Fruit gros, pyramidal, régulier, à peau vert-jaunâtre; à chair fondante, peu pierreuse, acidulée, sucrée, très-bonne. Mûrit en janvier.

La ROYALE D'HIVER. Fruit gros, alongé, bosselé, à peau jaune, ponctuée de fauve-rouge, ponctuée de brun du côté du soleil; à chair demi-fondante, jaunâtre, très-sucrée. Se mange en janvier : excellente en compote. L'arbre est vigoureux, & réussit mieux sur sauvageon & en plein vent.

L'ANGÉLIQUE DE BORDEAUX, ou *Saint-Mar-*

tial. Fruit gros, alongé, aplati, à peau d'un jaune pâle, rouge du côté du soleil; à chair cassante, douce, sucrée. Mûrit en janvier. L'arbre est délicat, & veut être greffé sur sauvageon.

L'ANGELIQUE DE ROME. Fruit moyen, alongé, rude au toucher, à peau jaune, rougeâtre du côté du soleil; à chair jaunâtre, demi-fondante, un peu pierreuse, sucrée, d'un goût relevé. Mûrit en janvier.

L'arbre est vigoureux, mais il demande un terrain léger & frais.

La FOURCROY, Van-Mons. Fruit ovale, de deux pouces & demi de diamètre, à queue grosse, à ombilic peu enfoncé, à peau jaune mouchetée; à chair jaunâtre, fondante, légèrement acide, excellente. Mûrit en janvier.

L'OKEN D'HIVER, Van-Mons. Fruit ovale, un peu alongé, de cinq pouces de diamètre transversal, à queue courte, à ombilic enfoncé, à peau d'un jaune clair, lavé de fauve & de vert, & tiquetée de gris; à chair blanche, fondante, douce, parfumée, excellente. Mûrit en mars.

La SAINT-AUGUSTIN, *poire de Pise.* Fruit petit, alongé, à peau jaune, ponctuée de brun-rougeâtre du côté du soleil; à chair dure, mais musquée. Mûrit en janvier. L'arbre demande une bonne terre.

Le CHAMP RICHE D'ITALIE. Fruit gros, long, à peau d'un vert clair, ponctué de gris; à chair blanche, demi-cassante & fort bonne cuite. Mûrit en janvier.

La LIVRE. Fruit très-gros (trois à quatre pouces de diamètre), inégal, à peau vert-jaune, ponctué de roux; à chair cassante & bonne cuite. Mûrit en février. L'arbre est vigoureux & veut être greffé sur franc.

Le TRESOR, ou *Amour.* Fruit encore plus gros que le précédent, alongé, rude au toucher, à peau jaune, ponctuée de brun ou de fauve; à chair blanche, presque fondante, très-bonne cuite.

Le COLMAR, ou *poire manne.* Fruit très-gros, pyramidal, à peau d'un vert-jaunâtre, ponctué de brun, légèrement fouetté de rouge du côté du soleil; à chair jaunâtre, fondante, très-douce, sucrée, relevée; se conserve jusqu'en avril. Mérite particulièrement d'être cultivé.

Le COLMAR SABINE, Van-Mons. Fruit ovale, de deux pouces & demi de diamètre, à longue queue, à ombilic peu profond, à peau d'un beau vert, ponctué de brun; à chair blanche, beurrée, très-sucrée. Mûrit en avril.

Le COLMAR VAN-MONS. Fruit pyriforme, de grosseur moyenne, à peau jaune, ponctuée de brun; à chair demi-cassante, sucrée, très-agréable. Se conserve une année sur l'autre, c'est-à-dire, presque deux ans.

Le TONNEAU. Fruit très-gros, alongé, à peau d'un jaune-verdâtre, rouge du côté du soleil; à chair très-blanche, un peu pierreuse & excellente en compote. Mûrit en février.

LA DONVILLE. Fruit moyen, alongé, à peau luisante, d'un jaune-citron ponctué de fauve, & d'un rouge vif ponctué de gris du côté du soleil à chair blanche, cassante, un peu âcre.

Une autre *poire* à chair jaune porte le même nom.

La TROUVÉE. Fruit moyen, alongé, à peau jaune-citron, vergetée & ponctuée de rouge, rouge & ponctuée de gris du côté du soleil; à chair d'un jaune pâle, cassante, sucrée, agréable cuite. Se mange en mars.

Le CATILLAC. Fruit très-gros (trois à quatre pouces de diamètre), arrondi, bosselé, à peau d'un gris-jaunâtre, & d'un brun-rougeâtre du côté du soleil; à chair cassante, blanche, & très-bonne cuite. Se conserve jusqu'en mai.

Le CATILLAC ROSAT, Calvel. Fruit très-gros, arrondi, à peau gris clair, coloré au soleil; à chair seulement bonne à cuire.

La CUISINE, ou *poire de cuisine*, Calvel. Fruit très-gros, roussâtre, ponctué de gris, dont la chair n'est bonne qu'à cuire.

Le RATEAU, ou *poire de râteau*, Calvel. Fruit très-gros, d'un fauve clair; à chair très-dure, très-âpre, uniquement bonne à cuire. Ne prospère que greffé sur franc.

La DOUBLE-FLEUR. Fruit gros, rond, à peau vert-jaunâtre, rouge du côté du soleil, & partout ponctuée de gris; à chair cassante, ne se mangeant que cuite en avril. L'arbre est vigoureux & ses fleurs sont semi-doubles.

Il offre une sous variété à fruit rayé de vert & de jaune.

Le PRÊTRE, ou *poire de prêtre.* Fruit gros, presque rond, à peau grise, ponctuée de gris plus foncé; à chair blanche, cassante, pierreuse, aigrelette. Mûrit en février.

La NAPLES. Fruit moyen, un peu arqué, à peau vert-jaunâtre, légèrement rouge du côté du soleil; à chair demi-cassante, douce & agréable. Mûrit en mars.

Le CHAT BRULÉ, ou *pucelle de Saintonge.* Fruit moyen, alongé, à peau luisante, jaune-citron, d'un rouge vif du côté du soleil; à chair cassante, fine, très-propre à faire des compotes. Mûrit en mars.

Le TARQUIN. Fruit moyen, très-alongé, à peau luisante, d'un jaune-verdâtre, marbré de blanc; à chair cassante, aigrelette, assez fine. Mûrit en mai.

L'IMPÉRIALE. Fruit moyen, alongé, à peau d'un jaune-verdâtre; à chair demi-fondante, sucrée, agréable. Mûrit en mai. L'arbre est très-vigoureux; ses feuilles sont sinuées comme celles du chêne.

Le SAINT-PAIRE, ou *Saint-Père.* Fruit moyen, pyramidal, rude au toucher, jaunâtre; à chair blanche, tendre & mangeable crue. Se conserve jusqu'en juin.

Le GOBERT. Fruit gros, presque rond, à peau vert-jaunâtre, & rougeâtre du côté du soleil; à chair demi-cassante, blanche, musquée. Se garde jusqu'en juin.

La *poire* de Poiteau & Turpin est différente.

Le SARRAZIN. Fruit moyen, alongé, jaune pâle, rougeâtre & ponctué de gris du côté du soleil; à chair blanche, presque fondante, sucrée, parfumée. Se garde d'une année à l'autre. On en fait d'excellentes compotes.

Outre ces espèces, il en est encore d'autres indiquées dans les ouvrages sur la culture, ou cultivées dans quelques jardins, mais dont il m'est difficile de dire où on peut se les procurer. Le chimiste Van-Mons, déjà souvent cité, a annoncé cultiver dans ses pépinières de Bruxelles les variétés suivantes, que je n'ai point vues, & que je ne pouvois par conséquent pas décrire.

Doyenné d'été.	Saint-Ghislain.
Beurré Duquesne.	Auxandre précoce.
—— d'hiver.	Délice d'Hardenpont.
—— roux d'hiver.	Tentole.
—— d'hiver de Mons.	Noir chain.
—— rance.	Calebasse belair.
—— bronzé.	Princesse d'Orange.
—— Thouin.	Inconnue d'été.
—— Sicklet.	Micil d'hiver.
—— de Neufmaison.	Chartrier.
Souveraine.	Sans pareille.
Saint-Germain d'été.	Bezy waat.
Dorothée royale.	—— de Neuville.
Passe-colmar.	—— de Bellot.
Passe-colmar épineux.	Bellotte.
Bergamote de Guienne.	Monstrueuse.
Doyenné d'hiver.	Beaumont.

La sorte de terre où les *poiriers* prospèrent le mieux est celle qui est fertile, légère, profonde & fraîche. Ils jaunissent, donnent de mauvais fruits, & ne subsistent pas long-temps dans celle qui est aride & sèche, soit parce qu'elle est trop sablonneuse, soit parce qu'elle est trop argileuse, soit parce qu'elle n'est pas assez profonde, soit parce qu'elle est trop exposée aux feux du midi. Cependant pour qu'ils nouent, que leur fruit ait de la saveur & soit de garde, il faut qu'ils soient frappés par les rayons du soleil; aussi les printemps froids & les étés pluvieux leur sont-ils très-contraires. En général on voit dans les jardins plus de *poiriers* ayant une mauvaise qu'une bonne apparence; ce qui, outre la cause du terrain, tient aux maladies auxquelles ils sont sujets, & à la manière défectueuse de les conduire, de les tailler, &c.

Je ne sache pas qu'il y ait des variétés de poires qui se reproduisent constamment par le semis de leurs pepins; en conséquence, comme je l'ai observé plus haut, on ne peut les conserver que par BOUTURES, par MARCOTTES, par RACINES & par GREFFE. (*Voyez* ces mots.) Le dernier de ces moyens, exécuté soit sur SAUVAGEON, soit sur FRANC, soit sur COGNASSIER, soit sur ÉPINE, est presqu'exclusivement employé. *Voyez* ces mots.

Les irrégularités qui se remarquent parmi les variétés de *poiriers*, relativement aux époques de leur entrée en végétation, de leur mise à fruit, de la maturité de leurs fruits, sont moins difficiles à concevoir que celles qui ont rapport au manque de la greffe de quelques-unes sur sauvageon, sur franc, sur cognassier. Il y a même tout lieu de croire qu'il est des sujets qui se refusent à la greffe de toutes les variétés.

En général, on greffe sur sauvageon & sur franc les variétés vigoureuses, avec lesquelles on veut former des pleins vents, & sur cognassier les variétés foibles, destinées à former des buissons, des pyramides, des quenouilles, des espaliers. L'épine est réservée pour les *poiriers* à planter dans les très-mauvais sols, & ils ne s'y conservent pas toujours aussi long-temps qu'il seroit à desirer.

On peut employer toutes les espèces de greffe sur les *poiriers*; cependant on ne pratique guère dans les grandes pépinières que celle en écusson & celle en fente: la première à œil dormant, à très-peu au-dessus du col des racines; la seconde à cinq ou six pieds de hauteur. *Voyez* GREFFE & PEPINIÈRE.

Ainsi que je l'ai déjà annoncé, ce sont des pepins de poire à cidre qu'on sème dans les pépinières marchandes. On les répand au mois de mars ou d'avril, avec la pulpe qui les accompagne, sur un plant bien labouré & bien ratissé, puis on recouvre le tout d'un demi pouce d'épaisseur de terre. Le plant levé se sarcle, s'éclaircit même, s'arrose si besoin est. A la fin de la seconde année, il se relève, pour le plus fort être planté en ligne à 20 ou 25 pouces de distance, le plus foible pour être mis en rigole & y attendre qu'il soit dans le cas d'être planté à son tour. *Voyez* RIGOLE.

C'est dans l'automne de l'année de la transplantation, qu'on greffe les *poiriers* à œil dormant à deux pouces au-dessus du collet des racines, comme je l'ai déjà observé. Plus tard il y a moins de certitude de succès, & les arbres sont moins beaux. Cependant, pour ne pas perdre le fruit de son travail, on greffe une seconde fois, l'année suivante, les sujets où la greffe a manqué, à moins qu'ils annoncent de la vigueur & filent droit, auquel cas on les taille en crochet & on les réserve pour les greffer, trois ou quatre ans après, à cinq ou six pieds de terre, & en faire des pleins vents.

C'est parmi ceux-ci que se trouvent les nouvelles variétés, mais on ne les cherche pas dans les pépinières marchandes. On les préjuge à la largeur des feuilles, à la différence de couleur de l'écorce, &c., & on les greffe sur cognassier pour avancer leur fructification.

Quelques pépiniéristes, & je les approuve, greffent ou à œil poussant, ou en fente, au printemps suivant, les sujets dans ce cas, pour éviter des pieds de différens âges de greffe.

On a vu plus haut qu'il y a des variétés qui ne

réussissent pas greffées sur cognassier, & qu'il en est d'autres qui ne réussissent pas sur franc. Les connoître est nécessaire. Je les ai indiquées à la suite de leur description.

Les *poiriers* greffés sur cognassier peuvent être levés à leur troisième année pour être mis en place. Il seroit bon de laisser un ou deux ans de plus dans la pépinière, ceux greffés sur franc, afin que leur levée, en les affoiblissant, les fasse plus promptement mettre à fruit; mais cette pratique est peu suivie.

Il est des propriétaires qui veulent planter des arbres faits, c'est-à-dire, dont la forme a été déterminée par la taille dans les pépinières. Il est quelques pépiniéristes qui se prêtent à ce caprice, mais il en résulte rarement de l'avantage pour l'un & pour l'autre.

La distance à mettre entre les *poiriers* plantés à demeure dépend & de la forme qu'on veut donner à l'arbre, & de la nature du sol. Des pleins vents à 40 pieds ne sont pas trop écartés. Des quenouilles à six pieds le sont quelquefois assez. On doit, en général, tendre plutôt à les espacer trop, parce qu'une taille trop rigoureuse retarde toujours leur mise à fruit. *Voyez* TAILLE.

La disposition en pyramide est très-agréable & nuit la moins de toutes aux cultures voisines, mais elle produit peu de fruits & ils sont le plus souvent sans saveur, la séve étant absorbée par les bourgeons & sans couleur, étant privés par les feuilles des rayons du soleil. C'est dans les pépinières qu'elle convient le mieux, à raison des nombreuses & excellentes greffes qu'elle fournit. *Voy.* PYRAMIDE.

Aujourd'hui la mode tend à substituer, pour les *poiriers*, les PALMETTES aux ESPALIERS; mais l'observation prouve qu'on ne peut conserver ni l'une ni l'autre de ces dispositions au-delà d'un certain nombre d'années, toutes deux revenant forcément à la disposition plus naturelle des PALISSADES; mais ces transmutations ne nuisent en rien à la production du fruit. *Voyez* ce mot.

Le principe de la taille des *poiriers* est ce qu'on appelle du fort au foible, c'est-à-dire, de couper leurs pousses de l'année précédente, entre celle du printemps & celle d'automne, point que la différence de grosseur entre ces deux pousses fait reconnoître assez souvent; cependant il est des variétés, comme la crassane, le bon-chrétien d'été, qui demandent à être taillées plus long. En général, plus on taille court & moins on a de fruit, parce que toute la force de la végétation se porte sur la reproduction des bourgeons, & que les fleurs prêtes à s'épanouir avortent, & que celles qui auroient dû leur succéder ne se développent point.

Il est des variétés greffées sur franc, qui sont si vigoureuses, qu'il faut attendre plus de vingt ans pour en obtenir du fruit en plein vent, & qu'il faut renoncer à en avoir en toute autre disposition. Pour les *dompter*, comme disent les jardiniers, il faut les placer dans les plus mauvais terrains, les tailler très-long, courber leurs branches, &c.

En général, il est toujours bon de laisser les *poiriers* prendre le plus promptement possible toute l'amplitude qu'on veut leur donner, les premières tailles qu'on leur fait subir n'ayant aucun autre objet que de diriger leurs branches.

L'avantage principal des *poiriers* soumis à la taille, c'est qu'on reconnoît, quatre à cinq ans à l'avance, les boutons à fruit, & qu'on peut, par conséquent, tailler avec certitude d'arriver au but, c'est-à-dire, d'avoir toujours, sauf les intempéries lors de la floraison, la même quantité de fruits sur un arbre donné. De plus, on peut déterminer une plus ou moins grande production de nouvelles branches à bois & tailler pendant tout l'hiver.

Plus que plusieurs autres arbres, le *poirier* supporte le rajeunissement, surtout lorsque c'est par l'impéritie du jardinier qu'il s'est affoibli. Cependant, quand on lui fait subir cette opération à un âge avancé, les boutons subventices ont de la peine à percer son écorce, & il s'épuise à pousser des rejetons des racines; en conséquence il est toujours bon, ou de lui laisser quelques brindilles, ou de le greffer en couronne, bien entendu qu'on supprimera les rejetons à mesure qu'ils se montreront. *Voyez* RAJEUNISSEMENT, REJETONS, GREFFE.

Les poires se divisent en *poires d'été*, qu'il faut manger aussitôt qu'elles sont tombées, & *poires d'hiver*, qu'on peut garder plus ou moins long-temps après avoir été cueillies. Ces dernières sont les plus avantageuses à cultiver, parce qu'elles peuvent attendre, ou aller chercher le consommateur, & en conséquence beaucoup dominent dans les jardins des pauvres comme des riches.

Cependant il est des moyens artificiels de conserver pour la nourriture les poires d'été, c'est-à-dire, qu'on peut les faire sécher dans le FOUR, qu'on peut les transformer en MARMELADES, en CONFITURES, en PATE, qu'on peut les mettre dans l'EAU-DE-VIE. *Voyez* ces mots.

Je dois cependant donner ici des indications sur les deux principales manières de dessécher les poires au four, parce qu'il est économique & profitable de les pratiquer, principalement dans les années d'abondance, puisque par-là on s'assure pour l'hiver & le printemps, & même quelquefois pour toute l'année, un supplément de nourriture extrêmement sain, ou un moyen de revenu très-avantageux.

Les variétés de médiocre grosseur & sucrées, telles que les rousselets, les beurrés, les doyennés, les messire-jean, les martin sec, &c., sont à préférer.

La première manière est la plus simple. Il suffit de les mettre dans le four, après qu'on en a retiré le pain & qu'on l'a convenablement nettoyé. Mieux est de les poser sur des claies, des planches, qui les empêchent de brûler & de se charger de cendres. L'important, surtout lorsqu'elles sont posées sur l'âtre, est qu'elles n'éprouvent pas assez de chaleur pour brûler. On les y remet une seconde, une troisième & même une quatrième fois. Desséchées, elles se renferment dans des sacs & se conservent dans un lieu sec.

Pour pratiquer l'autre manière, on cueille les poires un peu avant leur maturité, en leur conservant la queue; on les pèle, on les fait bouillir dans un sirop composé avec leur peau & un peu d'eau, on les met sur des claies & on les porte au four, où elles restent douze heures, puis on les retire pour les tremper de nouveau dans le sirop, & à plusieurs fois consécutives, c'est-à-dire, jusqu'à ce qu'elles aient pris une belle couleur brune. Dans les intervalles, on les aplatit en frappant dessus avec une petite planche : de-là le nom de *poires tapées* qu'elles portent souvent. Le sirop qui les recouvre, les rend poisseuses; aussi est-on obligé, pour les conserver, de les ranger méthodiquement dans des boîtes garnies de papier, boîtes qui se déposent dans une armoire très-sèche, & qu'on doit visiter après les jours humides, pour les remettre au four si on reconnoît un commencement de MOISISSURE. *Voyez* ce mot.

C'est dans une pièce de bâtiment appelé FRUITIER, que se déposent les poires d'hiver jusqu'au moment où elles sont arrivées au point convenable pour être mangées. *Voyez* cet article.

Les variétés de poires avec lesquelles on fabrique du poiré, sont innombrables. Elles ne sont dénommées que dans les pays à CIDRE (*voyez* ce mot), dans lesquels on les fait entrer pour augmenter la force de cette boisson. Là, on greffe celles de ces variétés qui sont reconnues pour être les plus productives, soit précoces, soit tardives, & pour donner le meilleur poiré. Voici, d'après M. Brébisson, le nom de quelques-unes des meilleures.

Mogue-friand, *raguenet*, d'*angoise*, de *mier*, de *chemin*, *grippé*, de *branche*, *lantricottin*, *sabot*, de *maillot*, *gréal*.

A quoi j'ajouterai la *poire de sauge*, qui se cultive aux environs de Montargis, & qui réunit toutes les qualités desirables.

On peut avoir des greffes de beaucoup d'autres à la pépinière du Luxembourg, à Paris.

Peu de ces poires sont susceptibles d'être mangées, ce qui assure leur conservation au propriétaire.

C'est le plus souvent le long des routes, sur les limites des propriétés, que se plantent les *poiriers* de cette sorte, à une distance d'autant plus considérable, que le terrain est meilleur & la variété plus vigoureuse. Il y a beaucoup d'inconvéniens pour les cultures voisines, à les trop rapprocher. Quarante pieds paroissent être un terme moyen bon à conseiller.

Les *poiriers* se plantent pendant tout l'hiver, dans des trous de deux pieds au moins de largeur, au moins un de profondeur, faits quelques mois à l'avance. On les remplit, après y avoir placé l'arbre, avec la terre de la surface. L'arbre est assujetti avec un piquet & entouré d'épines, si les frottemens des bestiaux sont à craindre. Tous les ans, pendant l'hiver, on donne un labour au pied de ces arbres, & on raccourcit les branches qui s'écartent trop des autres, & celles qui rivalisent de grosseur & de direction avec la flèche.

Ordinairement c'est la troisième année après la plantation que se greffent les *poiriers* de ces variétés qu'on veut assujettir à ces opérations, & presque toujours en fente. *Voyez* GREFFE.

Il est des variétés qui ne donnent du fruit qu'à quinze ou vingt ans, comme je l'ai déjà observé; ainsi il faut savoir patienter.

Pendant toute la durée de leur vie, qui s'étend à deux ou trois siècles, les *poiriers* à cidre doivent être émondés de leur bois mort, débarrassés de leurs gourmands, du gui qui les suce, des nombreux insectes qui les rongent.

Parmi ces insectes, je signalerai :

1°. La PUNAISE DU POIRIER, ou le TIGRE (*Tingis*, Fab.). Il s'applique sous les feuilles des *poiriers* en espalier, en suce la sève, les fait jaunir & empêche les fruits d'arriver à bonne maturité. *Voyez* PUNAISE.

2°. Le CHARANÇON GRIS. Il dévore les bourgeons naissans des *poiriers*, & empêche les branches de se prolonger en ligne droite.

3°. L'ATTELABE ALLIAIRE. Il coupe à moitié le pétiole des jeunes feuilles, & c'est ce qui fait qu'elles se dessèchent & noircissent.

Rechercher les insectes parfaits & les écraser, est le seul moyen de s'opposer un peu aux ravages de ces deux insectes.

4°. Les chenilles des BOMBICES COMMUN & à LIVRÉE, ainsi que celle de la NOCTUELLE PSY & quelques autres moins fréquemment remarquables, vivent des feuilles du *poirier* & l'empêchent souvent de porter des fruits pendant plusieurs années de suite. On détruit facilement la première en enlevant & brûlant ses nids pendant l'hiver; mais il n'est pas aisé de se débarrasser des secondes, heureusement moins multipliées.

5°. La TENTHRÈDE DU CERISIER, dont la larve est gluante, attaque souvent le parenchyme des feuilles des *poiriers* comme celles du cerisier, & produit les mêmes effets que le tigre.

6°. Une ou deux espèces de pucerons se placent sur les jeunes pousses, en absorbent la sève & les rendent difformes.

7°. Les larves de l'ATTELABE & du CHARANÇON DES POMMES, ainsi que celles d'une MOUCHE & d'une TIPULE, & la TEIGNE POMONELLE, dévorent la chair des poires à différentes époques de leur croissance, les rendent verreuses & les font tomber avant leur maturité.

J'ai parlé de tous ces insectes aux articles qui les concernent.

POLYACHURE. *Polyachurus.* Genre de plantes de la syngénésie & de la famille des labiatiflores, qui renferme plusieurs espèces voisines du DISPARAGO.

Nous n'en cultivons aucune en Europe.

POLYGALÉES. Famille de plantes qui, outre le genre POLYGALA, renferme ceux MURALTA, TETRATHÈQUE, COMESPERMA, BREDEMEYERE, MONIÈRE, HÉBEANDRE, SALOMONIE & TERAMERIE.

POLYGONATE. *Polygonatum.* Genre de plantes établi aux dépens des MUGUETS.

POLYGONÉES. Famille de plantes ayant pour type le genre de RENOUÉE, dont le nom latin est *polygonum.*

Outre ce genre, elle réunit encore ceux RAISINIER, OSEILLE, RHUBARBE, ATRAPHACE, CALLIGONE, TRYPLAX, POLYGONELLE & PALLASIE.

POLYMÉRIE. *Polymeria.* Genre de plantes de la pentandrie monogynie & de la famille des convolvulacées, qui réunit cinq espèces originaires de la Nouvelle-Hollande, dont aucune ne se cultive dans nos jardins.

POLYODON. *Polyodon.* Graminée du Pérou qui forme seule un genre voisin des DINÈBRES & des CHONDROSIONS.

POLYPRÈME. *Polypremum.* Petite plante annuelle de la Caroline, qui seule constitue un genre dans la tetrandrie monogynie & dans la famille des scrophulaires. Elle croît dans les lieux sablonneux, & fournit une immense quantité de graines qui servent à la nourriture des petits oiseaux.

J'avois rapporté de ces graines en France, & elles y ont bien levé; mais les pieds qu'elles ont produits n'en ayant pas donné, elle ne s'est pas conservée.

POLYPTÈRE. *Polypteris.* Plante vivace de l'Amérique septentrionale, qui seule constitue dans la syngénésie égale un genre voisin de l'HYMÉNOPAPPE.

Elle ne se cultive pas en Europe.

POMMIER. *Malus.* Genre de plantes de l'icosandrie pentagynie & de la famille des rosacées, dans lequel entrent six espèces, dont une, & ses nombreuses variétés, sont l'objet d'une culture des plus importantes, à raison de l'excellence de son fruit & de la bonté de la boisson qu'on retire de ce fruit.

Observations.

Les poiriers peuvent être placés dans ce genre, au dire de Linnæus & autres botanistes; mais la forme des pommes, arrondie & ombiliquée des deux côtés, suffit pour les séparer. *Voyez* POIRIER.

Espèces.

1. Le POMMIER commun.
Malus communis. Poiret. ♄ Indigène.

2. Le POMMIER hybride.
Malus hybrida. Poiret. ♄ De Sibérie.

3. Le POMMIER odorant.
Malus coronaria. Poiret. ♄ De l'Amérique septentrionale.

4. Le POMMIER à bouquets.
Malus spectabilis. Poiret. ♄ De la Chine.

5. Le POMMIER à baies.
Malus baccata. Poiret. ♄ De Sibérie.

6. Le POMMIER des montagnes.
Malus nivalis. Poiret. ♄ Des Alpes d'Autriche.

Culture.

Il n'est point d'espèce d'arbre qui, à ma connoissance, ait produit autant de variétés que le *pommier* commun, qui, né dans nos bois, ainsi que le poirier commun, a dû être, comme lui, cultivé dans les premiers temps où les habitans de l'Europe sont devenus agriculteurs. En effet, partout où j'ai voyagé, j'en ai vu presque autant de différentes que de pieds venus de pepin. Cependant je dois me borner & me contenter de mentionner, ici, celles de ces variétés cultivées dans les jardins & dans les vergers, qui ont été décrites par notre Duhamel & par les écrivains subséquens.

On trouve le *pommier* commun sauvage dans tous les bois en fonds humide & fertile de la France, surtout dans ceux des pays de montagnes. Il est excessivement abondant, par exemple, sur la chaîne calcaire primitive qui va de Langres à Dijon, dans les Vosges, dans le Jura, &c. Il y atteint trente à quarante pieds de haut, & une grosseur d'environ un pied de diamètre. Le fruit qu'il y produit est rarement plus gros que le pouce, & tellement âpre, qu'il est presqu'impossible de le manger, soit cru, soit cuit, même à son plus haut degré de maturité. Il sert de nourriture aux animaux sauvages lorsque l'homme ne le récolte pas pour le donner aux vaches & aux cochons, ou pour en faire une boisson d'un usage désagréable & même nuisible, appelée PIQUETTE. (*Voyez* ce mot.) Avant la révolution, il étoit de principe, parmi les bûcherons des pays précités, qu'ils ne devoient jamais couper les vieux *pommiers* à tige saine, & les jeunes à tige bien filée; aussi étoient-ils, ainsi que je l'ai déjà observé, si multipliés qu'ils nuisoient à la croissance des TAILLIS. (*Voyez* ce mot.) Aujourd'hui les vieux ont presque tous disparu, mais on laisse pousser les jeunes. Souvent j'ai trouvé des très-bonnes pommes greffées par les bûcherons, les charbonniers, &c., sur ces SAUVAGEONS. *Voyez* ce mot.

Les *pommiers* sauvages croissent assez rapidement, cependant moins que plusieurs autres arbres de nos forêts. Ils vivent plusieurs siècles.

Les haies qui en sont composées sont d'une très-bonne defense. *Voyez* HAIE.

Les *pommiers* sauvages, outre leurs fruits, fournissent encore à l'utilité publique leur bois, excellent pour le feu, & qui, quoiqu'inférieur à celui du poirier pour la menuiserie; l'ébénisterie, le tour, la sculpture, à raison de ce qu'il se fend & se voile avec excès, s'emploie dans ces arts. Son grain est fin & sa couleur grise. Il pèse sec, selon Varenne de Fenille, 48 livres 7 onces 2 gros par pied cube, & se retrait d'un douzième de son volume par la dessiccation. Le poids & le retrait des variétés cultivées varient presqu'autant que ces variétés.

Les bestiaux aiment les feuilles de ce poirier, & il est des lieux où on coupe les branches de ceux qui croissent dans les haies, soit pour les leur donner fraîches, soit pour les dessécher & les garder pour l'hiver.

Olivier de Serres nous apprend que les Romains cultivoient des variétés de pommes appelées *pelusiannes*, *serices*, *marciannes*, *amerine*, *scandiane*, *sextianes*, *mantianes*, *claudianes*, *moriane* & *appic*, & qu'on cultivoit les suivantes de son temps: la *rose*, le *court-pendu*, la *reinette*, le *blanc dureau*, la *passe-pomme*, la *pomme de Paradis*, la *pomme de Curtin*, de *rougelet*, de *rambure*, de *châtaignier*, de *franc-estu*, de *belle-femme*, de *dame-jeanne*, de *carmaignolle*, de *sandouille*, de *souci*, de *cire*, de *courdelaume*, *tubet*, *bèquet*, *camien*, *couet*, *germaine*, *blanc*, *doux*, *meunelot*, *feuille*, *sapin*, *coqueret*, *cap*, *renouvet*, *escarlatin*, *espice*, *peau de vieille*, *pomme noire* ou *ognonet*, *barberiot*, *giraudette*, *longue*, *calamine*, *musquate*, *boccabrenne*, *couchine*, *bourguinotte*, *pupine*, *pomme de Georges*, *de Saint-Jean*, *d'Hervet*, parmi lesquelles fort peu correspondent nominalement aux variétés existantes dans nos jardins.

Voici, par ordre de maturité, en mettant à la suite de la plus hâtive celles qui portent le même nom, le catalogue des variétés annoncées plus haut.

La MAGDELAINE, Calvel. Ronde, à peau rouge, variée de lignes blanches; à chair cassante, parfumée, devenant cotonneuse. Mûrit au milieu de juillet. Est fort-sujette aux vers.

La PASSE-POMME BLANCHE ou *coussinette*, Calvel. Petite, conique, blanche, à cinq côtes colorées de rouge du côté du soleil; à chair acide, peu agréable. Mûrit un peu après la précédente & lui est inférieure.

La PASSE-POMME ROUGE ou *calville d'été*. De moins de deux pouces de diamètre, légèrement conique, couleur de cire, pourvue de côtes saillantes; à chair rougeâtre, acide, peu agréable.

La PASSE-POMME D'AUTOMNE, Calvel. *Pomme générale* ou *d'outre-passe*. De grosseur moyenne, arrondie; à chair jaunâtre. Mûrit en octobre & se garde peu.

Le DAUDENT ou *pomme d'Audent*, Calvel. Ovale, d'un vert-rougeâtre, presque pourpre au soleil. Mûrit en août.

Les CALVILLE BLANCHE D'ÉTÉ & ROUGE D'ÉTÉ se rapprochent des passe-pommes par leur forme, mais ont la chair plus douce, plus agréable. Elles mûrissent en même temps.

La CALVILLE BLANCHE D'HIVER. De quatre à cinq pouces de diamètre, jaune de cire quelquefois un peu teint de rouge du côté du soleil, chargée de grosses côtes saillantes; à chair blanche, grenue, tendre, légère, fine, très-bonne. Mûrit en décembre & se garde jusqu'en mars. L'arbre est très-fertile & mérite d'être cultivé de préférence à beaucoup d'autres.

Une sous-variété de mon nom, trouvée à Bruxelles par Van-Mons, est encore meilleure.

Une autre, trouvée par M. Prevot à Charleville, & appelée par lui *pomme perpétuelle Louise*, jouit de la propriété de se conserver trois ans.

La CALVILLE ROUGE D'HIVER a trois pouces de diamètre, est un peu alongée; d'un rouge plus foncé, plus pâle du côté de l'ombre; offre de larges côtes peu saillantes; sa chair est grenue, rouge sous la peau, légère, fine, très-agréable. Mûrit en décembre. Un peu inférieure à la précédente.

La CALVILLE MALINGRE. De plus de trois pouces de diamètre, fortement costée, d'un rouge terne du côté du soleil, fouettée de rouge & tiquetée de gris du côté de l'ombre. Sa chair est blanche, agréable, mais de peu de garde.

La CALVILLE ROUGE NORMANDE. Très-grosse, alongée, d'un rouge noir; à chair rougeâtre, acidule, agréable. Se conserve jusqu'en avril.

Le CŒUR-DE-BŒUF. De grosseur moyenne, alongé, à côtes saillantes, d'un rouge foncé uniforme; à chair tendre, d'un goût peu relevé.

Trois à quatre sous-variétés, également peu distinguées, se réunissent à celle-ci.

La POMME SUISSE. De quatre pouces de diamètre, jaune, avec des lignes longitudinales vertes & plus jaunes. Sa chair est de médiocre qualité.

Le RAMBOURG FRANC ou *rambourg d'été*, ou *rambourg rayé*, ou *pomme de Notre-Dame*. De trois pouces de diamètre, costé, aplati aux extrémités, d'un jaune blanchâtre rayé de rouge; à chair acide, peu agréable. Mûrit en septembre & ne se mange que cuit.

Le RAMBOURG D'HIVER. Gros, aplati, costé, d'un jaune-blanchâtre ponctué & strié de rouge; à chair verdâtre, assez tendre, relevée, mais cependant ne se mangeant qu'en compote. Se conserve jusqu'à la fin de mars.

Le PIGEONNET. De moyenne grosseur, oblong, rougeâtre, varié de lignes plus foncées du côté du soleil; à chair tendre, fine, agréable. Ne se conserve que jusqu'en octobre, mais est fort estimé. L'arbre est foible, mais charge considérablement.

Le PIGEONNET DE ROUEN. De près de trois pouces de diamètre, alongé, rouge du côté du soleil, avec des virgules plus foncées & jaunes du côté de l'ombre; à chair jaune, fine, de peu de goût.

Le PERMELLE. Sa forme & sa couleur se rapprochent de celles du précédent, mais sa grosseur est plus considérable. On le dit comparable au *drap-d'or* pour la saveur. Il se conserve long-temps.

La TROUSSELLE, Calvel. Très-grosse, oblongue, d'un rouge vif du côté du soleil, jaune du côté de l'ombre; à chair très-blanche, juteuse, aigrelette.

La BIEN-VENUE, Calvel. Très-grosse, ronde, fortement colorée du côté du soleil, toujours verte à l'ombre; à chair d'un blanc-verdâtre, légèrement fondante, agréable.

Le PIGEON, ou *cœur de pigeon*, ou *gros pigeonnet*, ou *pomme de Jérusalem*. De moyenne grosseur, conique, rose, ponctué de jaune; à chair ferme, grenue, très-blanche, agréablement acide. Mûrit en février. On l'estime beaucoup à Rouen, surtout cuite.

La REINETTE JAUNE HATIVE. Moyenne, comprimée, jaune, ponctuée de brun; à chair tendre, juteuse, peu relevée, mais agréable. Mûrit à la fin de septembre & se conserve à peine un mois. L'arbre est très-fertile.

La REINETTE ROUSSE ou *reinette des Carmes*. Très-grosse, arrondie, jaunâtre, tiquetée de brun; à chair blanche, juteuse, acidule. Se conserve une partie de l'hiver.

La REINETTE DE BRETAGNE. Moyenne, d'un rouge foncé, rayée d'un rouge plus foncé du côté du soleil, partout couverte de points saillans jaunes & gris; à chair ferme, d'un blanc-jaunâtre, sucrée, relevée, fort bonne, mais se ridant beaucoup & se conservant peu.

La REINETTE DORÉE ou *reinette jaune tardive*. Moyenne, comprimée, jaune foncée, ponctuée de gris, légèrement fouettée de rouge du côté du soleil; à chair ferme, blanche, sucrée, relevée, à peine acide. Fort bonne, mais se conservant peu.

La POMME D'OR, ou *reinette d'Angleterre*, ou *gold-peppin*. Moyenne, d'un jaune vif du côté du soleil; à chair jaunâtre, sucrée, très-agréable. Ne se conserve guère que deux mois. Plus cultivée en Angleterre qu'en France. Distincte du *drap-d'or* & de la *reinette d'Angleterre*.

La GROSSE REINETTE D'ANGLETERRE. Très-grosse (trois pouces & demi de diamètre), relevée de côtes, d'un jaune clair ponctué de blanc, & au milieu du blanc, de gris; à chair abondante en eau, mais peu relevée & sujette à se cotonner. Mûrit à la fin de l'hiver. L'arbre est fertile.

La POMME D'OR. N'a que deux pouces de diamètre; sa peau est verte, lavée de rouge & ponctuée de gris. On la cultive en Angleterre, où elle passe pour excellente.

La REINETTE NAINE. De grosseur médiocre, alongée, relevée de côtes, quelquefois ponctuée de gris; à chair sucrée, légèrement acide, agréable. Se conserve jusqu'après l'hiver. L'arbre reste nain sur quelque sujet qu'on le greffe.

La REINETTE BLANCHE. De grosseur médiocre; à peau d'un blanc-jaunâtre, quelquefois lavée de rouge, tiquetée de points bruns bordés de blanc; à chair blanche, tendre, très-odorante, peu relevée, sujette à se cotonner. Se conserve jusqu'en mars. L'arbre charge beaucoup.

La REINETTE GRISE. Moyenne, aplatie aux deux extrémités; à peau épaisse, rude au toucher, jaune, rougeâtre du côté du soleil; à chair ferme, jaunâtre, sucrée, relevée, d'une acidité très-fine & très-agréable. Se conserve jusqu'après l'hiver. Est une de nos meilleures pommes.

La REINETTE GRISE DE CHAMPAGNE. Moyenne, aplatie, d'un gris-fauve, rayée de rouge du côté du soleil; à chair cassante, peu odorante, douce, sucrée, agréable. Fort bonne & se gardant long-temps.

La REINETTE GRISE DE GRANVILLE, Calvel. Diffère peu de la précédente, mais est plus rustique.

La REINETTE ROUGE. Grosse, rouge, ponctuée de gris, du côté du soleil, blanc-jaunâtre, ponctuée de brun du côté de l'ombre; à chair ferme, jaunâtre, aigrelette, relevée. Se conserve moins que la reinette franche, mais se ride moins.

La REINETTE DU CANADA, Calvel. Très-grosse (quatre à cinq pouces), presque ronde, d'un vert-jaunâtre, un peu rouge du côté du soleil; à chair fine, d'un goût relevé. Nous est revenue de l'Amérique, où le *pommier* commun a été porté il y a trois à quatre cents ans. Ce seroit la plus grosse des pommes si la *reinette de Long-Island*, venant du même pays, n'existoit pas. On ne peut trop la multiplier, réunissant toutes les qualités desirables.

Une sous-variété plus grise se cultive au jardin du Muséum.

La REINETTE NON-PAREILLE. Grosse, comprimée, d'un vert-jaunâtre ponctué de brun, quelquefois rougeâtre du côté du soleil; à chair tendre, jaunâtre, acidule, relevée, très-agréable. Mûrit en mars. Mérite d'être plus cultivée.

La REINETTE PRINCESSE-NOBLE. Moyenne, oblongue, d'un vert-jaunâtre ponctué de brun; à chair acidule, fort agréable. Se conserve une partie de l'hiver.

La REINETTE FRANCHE. Grosse, ronde, fortement & irrégulièrement ponctuée de brun; à chair ferme, d'un blanc-jaunâtre, sucrée, agréable. C'est, sans contredit, la meilleure des pommes. On ne peut trop la multiplier. Se garde une année sur l'autre. L'arbre est vigoureux & d'un bon rapport.

La POMME-POIRE, Calvel. Moyenne, pyramidale, jaune, ponctuée de gris, rouge du côté du soleil; à chair grossière, mais parfumée.

Le FENOUILLET JAUNE ou *faux drap-d'or*. Moyen, jaune-doré, recouvert d'un gris-fauve fort léger; quelquefois teint de rouge du côté du soleil; à chair ferme, blanche, relevée, fort délicate & sans odeur. Se conserve peu.

Le FENOUILLET GRIS ou *anis*. Petit, rude au toucher, fauve, légèrement rouge du côté du soleil; à chair tendre, fine, sucrée, parfumée par un goût de fenouil. Mûrit en février.

Le FENOUILLET ROUGE, ou *bardin*, le *court-pendu de la Quintinie*. Moyen, d'un gris très-foncé, fouetté d'un rouge-brun du côté du soleil; à chair ferme, sucrée, relevée, musquée. Se conserve jusqu'en mars. L'arbre demande un terrain chaud & léger. On ne peut trop le multiplier.

Le VRAI DRAP-D'OR ou *reinette blanche hâtive*. Gros, rond, d'un beau jaune pointillé de brun & de gris; à chair légère, un peu grenue, agréable, mais peu relevée. Se conserve rarement jusqu'en janvier. Différente de la *reinette pomme d'or*.

La POMME DE BALTIMORE. A près de cinq pouces de diametre; sa couleur est d'un jaune sale, rougeâtre du côté du soleil.

Le SAINT-JULIEN. Gros, oblong, rougeâtre, plus coloré du côté du soleil; chair aigrelette.

La POMME DE GLACE ROUGE ou *rouge des Chartreux*, Calvel. Grosse, oblongue, à côtes relevées de rouge du côté du soleil.

La POMME DE GLACE BLANCHE TRANSPARENTE. Grosse, bleuâtre ou jaunâtre, demi-transparente par places, quelquefois un peu rouge du côté du soleil, à chair acide. Ne se mange que cuite. Est plus curieuse qu'utile. L'arbre se met difficilement à fruit.

La POMME CONCOMBRE. Peu différente de la précédente.

La POMME DE GLACE HATIVE. Moyenne, d'un vert-jaunâtre tiqueté; à chair demi-transparente, peu agréable.

La POMME PRINCESSE. A plus de trois pouces de diamètre, est déprimée, de couleur jaune-verdâtre, rouge du côté du soleil; sa chair est d'un blanc-jaunâtre, très-sucrée. Se garde jusqu'en janvier.

Le DOUX ou *doux à trochets*. Presque conique, costé, vert, avec des lignes rouges, principalement du côté du soleil; à chair ferme, d'un blanc-verdâtre, légèrement odorante, douce, agréable au goût. Varie beaucoup en grosseur. Se garde jusqu'en février.

Le MUSEAU DE LIÈVRE, Calvel. Gros, alongé, d'un rouge foncé avec des lignes blanches. C'est la meilleure des pommes pour la cuisson. Se conserve long-temps.

La POMME DE FER. Moyenne, alongée, aplatie à ses deux extrémités, rouge du côté du soleil, verte du côté de l'ombre; à chair verdâtre, dure, peu sucrée. Se conserve jusqu'au printemps. L'arbre est vigoureux & fleurit successivement pendant deux mois, de sorte qu'il est tous les ans chargé de fruits.

Le GROS FAROS. Gros, comprimé à ses extrémités, costé, d'un rouge très-foncé, avec des lignes d'un rouge obscur, taché de brun vers la queue; à chair ferme, blanche, fort juteuse & d'un goût relevé. Se garde jusqu'en février.

La ROYALE D'ANGLETERRE, Calvel. Petite, presque ronde, difforme, jaune, tachée de brun, légèrement teinte de rouge du côté du soleil. Sa chair est fine & aigrelette. Se conserve une partie de l'hiver.

Le PETIT FAROS. Médiocre, oblong, costé, rouge-cerise, parsemé de taches plus foncées; à chair blanche, grenue, agréable. Il se conserve long-temps.

L'API, ou *pommier à long bois*. Petit, luisant, d'un rouge vif du côté du soleil, vert-jaunâtre du côté de l'ombre; à chair blanche, croquante, fine, agréable, & non sujette à se rider. Se conserve jusqu'en mai. Se cultive beaucoup, parce qu'elle orne les desserts. Meilleure, mais plus petite sur les arbres en plein vent. Ne se cueille qu'aux approches des gelées. Charge beaucoup.

Le GROS API, ou *pomme rose*, Calvel. Fruit moyen, très-comprimé aux deux extrémités, du reste ressemblant au précédent. L'arbre est moins fertile.

L'API NOIR. Petit, d'un rouge-brun tirant sur le noir; du reste, diffère peu du premier.

L'API BLANC. Ne devient jamais rouge. Même observation.

La GAMMACHE, ou *pomme de gamache*, Calvel. Moyenne, comprimée aux extrémités, d'un rouge-pourpre; à chair sucrée, parfumée, très-agréable. Même observation. Se conserve toute l'année.

Le CAPENDU, ou *court-pendu*. Petit, moyen, rouge-pourpre du côté du soleil, rouge-noir du côté de l'ombre, partout piqueté de points jaunes; à chair jaunâtre, fine, aigrelette. Diffère peu du fenouillet rouge. Se conserve jusqu'en mai.

La BELLE-FLEUR. De trois pouces de diamètre, alongée, costée, jaunâtre, tiquetée de vert & flambée de rouge du côté du soleil; à chair blanche, avec des lignes verdâtres, acidulée. Mûrit en octobre.

La HAUTE BONTÉ. Grosse, comprimée à ses extrémités, costée, d'un vert-jaunâtre légèrement teint de rouge du côté du soleil; à chair d'un blanc un peu vert, tendre, délicate, odorante, aigrelette. Se conserve jusqu'en avril.

La NOIRE, ou *pomme noire*. Petite, ronde, luisante, d'un violet presque noir du côté du soleil, tiquetée partout de points jaunes; à chair blanche, peu fermé, douce, presqu'insipide. Se garde long-temps.

La GROSSE NOIRE D'AMÉRIQUE, Calvel. Plus grosse que la précédente, mais n'en diffère d'ailleurs que fort peu.

Le CHATAIGNIER, Calvel. Moyen, aplati aux deux extrémités, d'un rouge foncé du côté du soleil, rayé de rouge & de jaune à l'ombre; à chair cassante, peu sucrée, mais agréable. Se conserve tout l'hiver & charge beaucoup. C'est lui qui fait le fond de la consommation d'hiver du peuple de Paris.

La VIOLETTE, ou *pomme des quatre goûts*. Moyenne, alongée, d'un rouge foncé du côté du soleil, d'un jaune fouetté de rouge du côté de l'ombre; à chair verdâtre, fine, délicate, sucrée, ayant un peu le goût de la violette. Se conserve jusqu'en mai. Mérite d'être cultivée.

La BELLE HOLLANDAISE. A trois pouces de diamètre; sa peau est jaunâtre, fortement tiquetée de brun & virgulée de rouge; sa chair est blanche, tendre, grenue, sans saveur. Se garde jusqu'en février.

La POMME ALEXANDRE. A plus de cinq pouces de diamètre; sa peau est verte, teinte de rouge, vergetée de rouge plus foncé.

L'ÉTOILÉE, ou *pomme de l'étoile*. Petite, costée, d'un rouge-orangé du côté du soleil, & jaune du côté de l'ombre; à chair jaunâtre, ferme, d'un goût de sauvageon. Se conserve jusqu'en juin.

La POMME-FIGUE. Est une monstruosité peu digne d'attention. Elle est petite, alongée; son ombilic se prolonge jusqu'au quart de sa longueur, & elle n'offre pas de pepins.

Les pommes dont il vient d'être question portent le nom de *pommes à couteau*. Elles se succèdent & se conservent de manière qu'on peut en avoir toute l'année sur sa table. Leur conservation est moins chanceuse que celle des POIRES. *Voyez* ce mot & celui FRUITIER. Celles avec lesquelles on fabrique le cidre, portent le nom de *pommes à cidre*. Elles seront énumérées à la fin de l'article.

Rarement les pommes crues causent des indigestions dans la jeunesse; mais il est beaucoup de vieillards qui ne peuvent plus en faire leur nourriture. Cuites, elles conviennent à tous les âges. On en fait des confitures, des compotes, des marmelades, des pâtes sèches, des gelées, toutes préparations aussi saines qu'agréables au goût. Séchées au four, elles sont bien moins agréables que les poires, cependant elles se mangent de même; & dans cet état encore, comme les poires, elles peuvent être soumises à la fermentation, & donner naissance à une boisson plus ou moins capiteuse.

Dans leur état de non-maturité, les pommes contiennent un acide que, de leur nom, on a appelé *acide malique*. Cet acide se transforme en sucre par l'effet de leur maturité, & peut être isolé par des moyens chimiques.

Une longue stratification des pommes dans un vaisseau fermé, avec de la fleur de sureau, développe en elles une saveur musquée très-agréable.

Les *pommiers* ne se plaisent ni dans les pays froids ni dans les pays chauds. La température de la France leur convient particulièrement. Quelque multipliés qu'ils y soient, il est à desirer qu'ils y fussent centuplés, tant sont grands les avantages qu'on en retire. Ainsi que je l'ai dit plus haut, ils ne prospèrent complétement que dans les terrains frais & fertiles, cependant ils s'accommodent de tous ceux qui ne sont pas trop marécageux ou trop arides. Ils viennent plus gros dans les expositions ombragées, mais leur fruit y a peu de saveur & se conserve moins long-temps.

Le grand nombre & la pesanteur des fruits des *pommiers* détermine de bonne heure la courbure de leurs branches, comme on peut s'en assurer presque partout; ce qui influe ensuite sur l'abondance de leurs récoltes. *Voyez* COURBURE DES BRANCHES.

Souvent les *pommiers* poussent des rejetons de leurs racines, mais il est rare qu'on les emploie à la multiplication, attendu qu'ils ne font jamais de beaux arbres. Les placer dans les haies rustiques est ce qu'on peut en faire de mieux.

Il peut être quelquefois nécessaire de multiplier les *pommiers* par la voie des racines, des marcottes, des boutures; mais dans la culture ordinaire de ceux à couteau ou à cidre, cela n'a jamais lieu.

Les *pommiers* sauvages levés dans les bois, plantés dans les vergers & greffés deux à trois ans après, en fente, à cinq ou six pieds de terre, donnent des arbres qui vivent le plus long-temps, & c'est encore ainsi qu'on les multiplie dans beaucoup de parties de la France; mais autour des grandes villes, dans les pays de plaines, on est obligé de semer leurs pepins, ou plus communément ceux des *pommiers* à cidre, pour se procurer le grand nombre de sujets nécessaires aux besoins des pépinières. *Voyez* FRANC.

Comme ceux des POIRES (*voyez* ce mot), les pepins de pommes pris sous la meule du moulin à cidre se sèment, avec leur pulpe, au printemps, dans une terre convenablement labourée, & on les recouvre d'un pouce de terre fine. Le plant levé se sarcle, s'éclaircit & s'arrose au besoin. A la fin de l'hiver suivant on relève ce plant, pour le repiquer dans une autre planche, le plus gros à vingt ou trente pouces l'un de l'autre, en tous sens, le petit dans des rigoles, à six ou huit pouces seulement.

Lorsque ce plant est destiné à fournir des pleins vents, on le laisse se fortifier pendant trois à quatre ans, en le taillant en crochet & en lui donnant les façons propres aux PÉPINIÈRES. *Voyez* ce mot.

Lorsqu'on est dans l'intention d'en former des demi-tiges, des quenouilles, des pyramides, des buissons, des espaliers, on les greffe à quelques pouces de haut, en fente à œil dormant, l'année qui suit leur plantation. Dans ce cas, la tête des sujets est coupée au printemps de l'année suivante, puis on conduit le bourgeon poussé par la greffe, selon le but proposé. *Voyez* GREFFE.

Les *pommiers* en plein vent étoient les seuls que cultivoient nos pères. Ils ont l'avantage de ne demander aucune culture; de vivre plus d'un siècle & de donner de temps en temps d'immenses récoltes; mais ces arbres tiennent beaucoup de place, se mettent tard à fruit, coulent souvent, & leurs fruits sont petits. Il y a donc des motifs réels pour desirer, surtout autour des grandes villes, où le luxe veut jouir promptement, & préfère la beauté aux autres qualités, des *pommiers* de petite taille.

Mais bientôt on s'est aperçu que les *pommiers* greffés sur une variété appelée *doucin*, encore mieux sur une autre variété appelée *paradis*, variétés d'une foible nature, donnoient plus promptement des fruits & des fruits plus gros; en conséquence on a beaucoup greffé sur elles, & aujourd'hui tous les NAINS sont greffés sur la dernière d'entr'elles. *Voyez* ces mots.

Je dis la dernière, parce que le doucin ne s'emploie plus guère dans les pépinières des environs de Paris. On s'y plaint même que le paradis s'y fortifie trop, ce qui provient, sans doute, de ce qu'on les a placés dans de trop bons terrains.

Aux environs de Boulogne, les *pommiers* tiges se greffent sur deux variétés, qui s'appellent *le grand & le petit boquetier*.

On parvient assez souvent à faire réussir les greffes de *pommier* sur poirier, cognassier & épine; mais elles durent rarement plus de deux à trois ans.

Les *pommiers* destinés à devenir des pleins vents, sont rarement extraits des pépinières avant leur cinquième ou sixième année. On les a élagués six mois avant leur levée, & après cette levée, on a raccourci toutes leurs grosses branches & laissé entières toutes leurs petites. Ils peuvent se planter pendant tout l'hiver. *Voyez* PLANTATION.

Il est de fait que partout on plante, dans les jardins, les *pommiers* en plein vent trop près les uns des autres. Il en résulte qu'ils se nuisent réciproquement par leurs racines & par leur ombre, & qu'ils s'opposent à ce qu'on puisse faire de bonnes cultures de légumes autour d'eux.

Dans les vergers & sur la lisière des champs, cet inconvénient est moins fréquent, mais cependant se remarque quelquefois.

Je ne puis fixer la distance absolue qu'il convient de leur donner dans ces deux cas, puisqu'il y a des variétés dont la tête est d'une étendue double d'une autre; mais je dirai qu'il vaut mieux, dans ce cas, pécher par excès que par défaut.

C'est dans une fosse plutôt trop grande que trop petite, faite six mois auparavant, que doivent être plantés les *pommiers* en plein vent. La terre de la surface du sol sera mise sur leurs racines, &, s'il est besoin, leur tronc sera garni d'épines.

Les soins à donner aux *pommiers* en plein vent plantés à demeure, dès qu'ils commencent à donner des fruits, se réduisent à un labour d'hiver, à la suppression des branches mortes, des branches chiffonnes, des branches gourmandes, à évider le centre de l'arbre lorsqu'il est trop garni, car l'air est indispensable à l'abondance & à la bonne qualité de leurs fruits.

Il faut quelquefois attendre huit à dix ans les fruits des *pommiers* en plein vent. On peut accélérer leur fructification par la COURBURE, la LIGATURE, ou l'INCISION annulaire de leurs branches (*voyez* ces mots), mais ce n'est jamais sans inconvéniens. Leurs récoltes sont généralement alternes, c'est-à-dire, qu'après une année d'abondance, il y a une, deux & trois années peu productives. Les gelées, les pluies froides du printemps font souvent avorter leurs fleurs (*voy.* COULURE); les chenilles & autres insectes font souvent tomber leurs fruits à peine développés. Plus tard, les grands vents produisent le même effet; de sorte que le profit qu'on retire de ces arbres est très-chanceux.

Aucun des *pommiers* greffés sur franc, ou sur doucin, ou sur paradis, pour devenir DEMI-TIGE, PYRAMIDE, QUENOUILLE, BUISSON, ESPALIER ou CONTR'ESPALIER, n'est formé dans la pépinière. On les lève tous à deux ou trois ans pour les planter dans les jardins, où on leur donne la disposition voulue, par une série d'opérations que j'ai indiquée aux articles qui les concernent.

Dans toutes ces dispositions, les *pommiers* ont besoin d'une taille annuelle, qui, dans leur jeunesse, a besoin d'être tantôt longue, tantôt courte, & qui, lorsqu'ils sont devenus *arbres faits*, pour me servir de l'expression technique, se réduit presqu'à l'empêcher de trop s'étendre. *Voyez* TAILLE.

Au reste, les buissons, les espaliers & contre-espaliers sont beaucoup passés de mode pour les *pommiers*. On préfère, aujourd'hui, les pyramides, qui donnent moins d'ombre, & les buissons, dont la taille est moins difficile. On place ordinairement les *pommiers* nains dans une plate-bande irrégulière, au voisinage de la maison, & en quinconce, tant pour donner de l'air au voisinage, que pour pouvoir empêcher plus facilement les vols, que la grosseur des fruits & leur position basse rendent tentans. On est souvent étonné de voir des arbres d'un pied de haut, n'ayant qu'une, deux ou trois branches, donner cinq à six fruits de la grosseur du poing, tandis que le plein vent voisin n'en n'a pas du tout. Il arrive cependant, quand ils sont plantés dans un trop bon terrain, qu'ils n'en portent pas non plus: alors un moyen de leur assurer une récolte l'année suivante, est de casser, en été, l'extrémité de toutes leurs branches.

La culture des *pommiers* nains en pot est en faveur en Allemagne. Là, on les rentre dans l'orangerie aux approches de l'hiver; ils y fleurissent au printemps, à l'abri de l'influence des gelées, & on les sort lorsqu'elles ne sont plus à craindre.

En général les *pommiers*, comme indigènes à nos forêts, ne devroient pas être sensibles aux gelées; cependant il est quelques variétés qui en souffrent: ce sont, au témoignage de Varenne de Fenille, la *reinette franche*, la *merveille d'Angleterre*, la *calville blanche*, la *reinette du Canada*, la *reinette à côtes*, la *reinette de Champagne*, c'est-à-dire, la plupart des meilleures.

Les maladies des *pommiers* sont les mêmes que celles des autres arbres fruitiers, mais la CARIE les affecte plus souvent, le gui s'y implante plus facilement. Les CHAMPIGNONS de plusieurs sortes, au nombre desquels je place l'ISAIRE au premier rang, l'affectent volontiers. Dans les terrains frais, ses racines pourrissent quelquefois, ce qui cause la mort des rameaux & des branches, & même du tronc. *Voyez* les mots cités.

Un grand nombre d'insectes vivent aux dépens des poiriers & des *pommiers*. Voici la nomenclature de la plupart d'entr'eux.

La BOMBICE LIVRÉE, la NOCTUELLE PSY, la PHALÈNE BRUMATE, la TEIGNE PADELLE, leurs larves ou chenilles, mangent ses feuilles au premier printemps.

Le CHARANÇON GRIS mange ses bourons à mesure qu'ils se développent. Le PUCERON du *pommier* suce ses bourgeons dès qu'ils sont arrivés au tiers de leur grandeur, ce qui les fait languir & même périr.

Le plus dangereux de tous, qui n'est connu que depuis peu d'années, est le PUCERON LANIGÈRE. Il s'attache aux branches de l'année précédente, en suce l'écorce & y fait naître des exostoses alongées, si nombreuses, que la séve ne peut plus parvenir à leurs extrémités, d'où d'abord coulure du fruit, puis non-développement des feuilles, puis mort de la branche, puis mort du tronc. Les *pommiers* à cidre de nos départemens de l'Ouest sont infestés par ce fléau, qui ne tardera sans doute pas à atteindre les environs de Paris. J'ai fait un rapport, à son sujet, qui a été imprimé, vol. V de la seconde série des *Annales d'Agriculture*, rapport où j'indique les lessives alcalines en lotion, comme le seul moyen facile pour diminuer ses ravages.

Les larves d'un CHARANÇON, de la TEIGNE POMMONELLE, d'une TIPULE & d'une MOUCHE, rongent l'intérieur des pommes & les font tomber plus ou moins promptement: ce sont les VERS DES POMMES. *Voyez* tous ces mots.

La culture du *pommier* à cidre ne diffère pas de celle du *pommier* plein vent dans ses principes fondamentaux. Comme pour ce dernier, on SÈME des pepins dans la PÉPINIÈRE, on en repique le PLANT l'année suivante, on le TAILLE EN CROCHET, on le GREFFE à trois ou quatre ans, à cinq ou six pieds de haut; on le met en place deux ans plus tard, soit en QUINCONCE, soit en LIGNES extrêmement espacées, soit en bordures autour des champs & le long des chemins. Leur plantation, les soins à leur donner, tant dans leur jeune âge que plus tard, n'offrent rien de particulier. *Voyez* les mots ci-dessus.

Quoique tous les sols puissent convenir aux *pommiers* à cidre comme aux *pommiers* à couteau, cependant ils sont plus productifs dans ceux qui sont de bonne nature; ainsi il n'en faut pas faire de grandes plantations dans les autres. Leur exposition n'est pas non plus indifférente, puisque les pommes sont plus sucrées lorsqu'elles sont exposées au soleil, & que c'est le sucre qui donne de la force & de la durée au cidre.

Les variétés les plus basses, par le même motif, seront placées dans les lignes du côté du midi, pour qu'elles ne jettent point d'ombre sur les autres, toutes les fois que ces lignes seront très-rapprochées, ce qui doit avoir lieu rarement, à raison de l'avantage qu'il y a toujours à cultiver le sol.

Les pommes trop acides donnant un cidre de mauvaise qualité, doivent être rejetées des plantations dès qu'elles ont donné du fruit; alors il convient de les greffer avec d'autres variétés. *Voyez* au mot CIDRE.

Il est des années où les *pommiers* à cidre sont chargés de fruits au point qu'on ne sait qu'en faire, puisque, dans ce cas, les vaisseaux manquent, ou les frais de fabrication l'emportent sur les profits de la vente, la consommation personnelle défalquée. Alors, pour en tirer un parti utile, on les donne, avec modération cependant, car leur excès peut être dangereux, à tous les bestiaux, principalement aux cochons, qu'ils entretiennent en chair. On peut aussi, en les enfonçant en terre sèche, dans la tourbe surtout, les conserver un an propres à cet usage.

Voici, d'après le savant Brébisson, le catalogue des variétés de *pommiers* dont le fruit passe, dans la ci-devant Normandie, pour fournir & le plus de cidre & le meilleur cidre, & le cidre de plus de garde. La lettre X désigne celles sur lesquelles on peut compter avec certitude. La lettre Y, celles qui sont moins connues. La lettre Z, celles sur lesquelles on n'a point de renseignemens positifs.

Pommiers précoces, ou de première saison.

La GIRARD. Amère, très-productive; cidre de bonne qualité. C'est le *papillon*, le *renouvellet* de la Seine-Inférieure. X.

La LENTE AU GROS (deux de ce nom). Douce; cidre un peu clair. C'est la *moussette* d'Ille & Vilaine. Y.

La LOUVIÈRE. Amère, peu productive; cidre de peu de durée. Y.

Le RELET (deux de ce nom). Douces. Variétés très-fertiles. Cidre léger & bon. (*Cogneret*, pays d'Auge & ailleurs.) X.

Le CASTOR. Douce; mauvaise variété; cidre clair, peu durable. Y.

La COCHÈNE FLAGELLÉE. Douce, très-fertile; cidre délicat. Y.

Le GAI. Douce-amère, petite, sèche, fertile; cidre qui n'est bon que la seconde année. Se conserve trois à quatre ans. Y.

Le DOUX VEREL. Douce, très-féconde; cidre de qualité. (*Muſſel*, *doux à mouton*, *rouge bruyère* dans quelques lieux.) X.

Le GUILLOT ROUER. Douce & fertile; cidre délicat. Z.

Le SAINT-GILLES. Douce, très-productive; cidre léger. (*Longue queue* ailleurs.) Y.

Le BLANC DOUX. Douce; cidre épais, s'éclairciſſant & devenant bon par la garde. (*Blanchet doux*, *gros blanc* autre part.) X.

Le HAZE. Douce; cidre excellent. X.

Le RENOUVELLET. Douce, petite, mais très-productive; cidre excellent. X.

L'EPICE. Douce, peu productive; bon cidre. (*Belle-fille*, *petit dameret*, *petit rétel*, *aufrielle*, *pomme de lierre*, *doucet*, dans d'autres cantons.) X.

La FAUSSE VARIN. Amère. Y.

L'ORPOLIN JAUNE. Douce, bonne; bon cidre. Y.

La GREFFE DE MONSIEUR. Douce, bonne; cidre clair & léger. L'arbre fleurit tard. X.

La COURTE D'ALEAUME. Amère, peu productive; fleurit tard; cidre bon & coloré. Z.

L'AMER-DOUX BLANC. Douce-amère, bonne, productive; cidre bon & durable. X.

La QUENOUILLETTE. Douce, peu productive; cidre clair & bon. Z.

Le BLANC MOLLET. Douce-amère, productive, durable; cidre bon, se conservant long-temps. (*Douce moulle*, *daumale* autre part.) Y.

La JAUNET. Douce, productive; cidre bon & durable. (*Gaunet*, d'autres cantons.) Z.

Le GROSEILLER. Douce, très-fertile; cidre clair & durable. (*Berdouillère*, *queue de rat* & *janvier*, dans d'autres lieux.) Z.

Le DOUX AGNEL. Douce, fertile; cidre clair, agréable, mais de peu de durée. Z.

Pommiers de moyenne ou seconde saison.

Le FREQUIN. Amère; l'une des meilleures & des plus productives; cidre excellent & durable. X.

Le PETIT COURT. Douce, bonne, fertile; cidre agréable, coloré, durable. X.

Le DOUX EVÊQUE. Douce; cidre clair, léger, agréable, de peu de durée. X.

Le PARADIS. Douce, de peu de durée; cidre peu estimé. Y.

La VARELLE. Douce, peu estimée. Y.

L'HERONET. Douce, fertile; cidre excellent & nourriſſant. Y.

Le GROS-BOIS. }
Le MOURONNET. } Douces, mais peu répandues.
L'AVOCAT. }

Le SAINT-PHILIBERT. Très-fertile; cidre fort, très-coloré & de longue durée. (*Bonne sorte*, *grande sorte*, autre part.) Y.

L'AMER DOUX. Très-bonne & très-productive; cidre fort & durable. (*Gros amer* à Falaise.) Y.

La DOUCE ENTE. Douce, aſſez productive; cidre léger, peu durable. (*Clos ente*, *verte ente*, dans d'autres cantons.) Y.

Le CHARGIOT. Douce, mauvaise. Y.

Le LONG POMMIER. Douce, fertile; cidre délicat. (*L'étiolé* à Falaise.) X.

La CIMETIÈRE. Douce, très-productive; cidre très-coloré & durable. (Le *blangy* autre part.) Y.

L'AVOINE. Douce, produit beaucoup; cidre ambré, très-bon & très-durable. (La *groſſe queue* à Falaise.) X.

L'OZAUNE. Douce, charge beaucoup; cidre excellent & bien coloré. (*Orange* autre part.) X.

Le GROS DOUX. Douce, fertile; cidre bon & agréable. (Se nomme *Binet*, *gros binois*, dans d'autres lieux.) X.

La MOUSSETTE. Amère, très-productive; cidre bon & durable. (*Amère-mouſſe* & *noron* à Falaise.) X.

Le CUSSET. Amère, peu connue. X.

Le DEROI. Douce, peu connue. Y.

Le GALLOT. Douce, petite, mais très-fertile; cidre ambré, agréable, de peu de durée. X.

Le PEPIN PERCÉ, OU DORE, OU NOIR. Douce, très-fertile; cidre léger, peu durable. X.

La DAMELOT. Amère; cidre bon, léger, durable. X.

Le ROUGET. Douce, très-productive; cidre agréable, mais peu coloré & de courte durée. (S'appelle ailleurs *rouge pottier*, *gros écarlate*, *gros rouge*.) X.

Le CUL NOUÉ. Amère, productive; cidre excellent, très durable. (*Ennouée*, *queue nouée* ailleurs.) Y.

Le PIQUET. Amère; cidre pâle, peu durable. Z.

Le MENUET. Douce, peu fertile; cidre de bonne qualité. Z.

La PEAU DE VACHE. Douce; cidre bon, agréable. Y.

Le SOUCI. Douce, petite, abondante; cidre bon & durable. Z.

Le CHEVALIER. Douce; cidre agréable. Z.

La BLANCHETTE. Douce, bonne, fertile; cidre excellent. Y.

Le JEAN ALMI. Douce; bon cidre. Z.

Le TURBIT. Douce, productive; cidre très-ſpiritueux. Y.

Le BEQUET. Douce, très-fertile; cidre excellent, coloré, durable.

La

La CAPE DOUCE. Douce, peu productive; cidre bon & durable. X.

Le DOUX BALLON. Douce; bon cidre. Z.

L'ÉPICE. Douce; très-bon cidre, ailleurs le *doucet*. X.

Le DOUX D'AGOAIE. Douce, peu estimée. Z.

Le FENILLE. Douce-amère; cidre médiocre. Z.

La DERIVIÈRE. Douce; cidre délicat & ambré. Y.

La PRÉAUX. Douce, petite, très-fertile; cidre clair, ambré, durable. Y.

La GUIBOURG. Douce, peu commune; cidre vanté. Y.

La VARAVILLE. Douce, fertile; cidre coloré, fort durable. Z.

La COLIN ANTOINE. Douce; cidre peu estimé. Y.

L'HOMMÉE. Douce, grosse; cidre léger, peu durable. Y.

La CÔTE. Douce, grosse, très-productive; cidre fort bon. X.

Pommiers tardifs, ou de troisième saison.

La GERMAINE. Douce, très-productive; cidre excellent, bien coloré, durable. X.

Le REBOI. Douce, productive; cidre bon & durable. X.

Le MARIN ONFROI. Douce, très-fertile; cidre excellent. X.

La SAUGE. Amère, produit peu; cidre clair & agréable. X.

La BARBARIE. Douce, très-fertile; cidre fort en couleur, ne s'éclaircissant qu'à sa seconde année. X.

La PEAU DE VACHE. Douce, féconde; cidre bon & durable. Elle a deux sous-variétés. X.

Le MESSIRE-JACQUES. Amère, peu fertile; cidre clair, délicat, peu durable. Y.

La BEDAN. Douce, produit beaucoup; cidre très-bon, mais un peu clair. X.

La BOUTEILLE. Douce, très-fertile; cidre agréable & coloré. X.

La PETITE ENTE. Douce, très-tardive; bon cidre, très-coloré. Y.

Le DURET. Douce; très-vantée pour son cidre clair & spiritueux. Y.

L'ŒIL-DE-BŒUF. Amère, fertile; cidre foible & peu durable. Y.

La HAUTE BONTÉ. Amère, fertile; cidre délicat, bien coloré, mais peu durable. Y.

La GENEVIÈRE. Amère, très-productive; cidre clair, de médiocre qualité. X.

La MASSUE. Douce, féconde; cidre très-fort & durable. X.

La CENDRE. Amère, fertile; cidre ambré, très-agréable au goût. Y.

L'AUFRICHE. Douce, peu fertile; cidre excellent, ambré, durable. Y.

La FOSSETTA. Douce, fertile. X.

La ROS. Douce. Y.

La PRÉPETIT. Douce. Y.

La GRIMPE HAUT. Amère, peu productive; cidre agréable & durable. L'arbre est élevé. Il s'appelle aussi *long bois* & *haut bois*. Y.

La SAUX. Douce-amère, peu fertile; cidre excellent & de garde. Z.

La PETAT. Amère. Peu connue. Y.

Le DOUX BELLE-HEURE. Douce, fertile; cidre clair & de garde. Y.

La CAMIÈRE. Douce, grosse; cidre très-bon & de durée. Z.

La SAUVAGE. Douce, grosse, très-fertile; cidre très-coloré, excellent & durable. Z.

Le GROS DOUX. Douce, grosse; cidre bon & agréable. X.

Le SAPIN. Douce, grosse; cidre de belle couleur & de durée. Z.

Le DOUX MARTIN. Douce; cidre excellent, ambré, durable. Il s'appelle aussi *Saint-Martin* & *rougemulot*.

Le MUSCADET. Douce, petite, très-fertile; cidre bon & durable. Y.

Le BOULEMONT. Douce; cidre clair, peu susceptible de garde. Z.

Le TARD FLEURI. Douce, fertile; cidre bon, durable, coloré. Y.

L'ATOUP VENANT. Douce, belle, fertile; cidre clair, délicat, peu durable. Y.

L'ADAM. Douce, peu fertile; cidre coloré, fort durable. Z.

L'ADESNÉ. Amère, peu productive; cidre épais, fort, ne s'éclaircissant qu'à sa troisième année. Y.

Le GROS CHARLES. Douce, fertile; cidre clair, peu durable. Z.

La SONNETTE. Douce; cidre sans qualité. Y.

Le JEAN HURÉ. Douce, très-vantée, peu connue.

PONCELÉTIE. *Ponceletia*. Arbuste de la Nouvelle-Hollande, qui constitue un genre dans la pentandrie monogynie & dans la famille des épacridées, au voisinage des SPRINGELLES.

Nous ne le cultivons pas.

PONGELION. Synonyme d'AYLANTHE.

PORANTHÈRE. *Poranthera*. Plante de la Nouvelle-Hollande, formant un genre dans la pentandrie trigynie.

On ne la voit pas dans nos jardins.

PORILLON. Nom vulgaire du NARCISSE DES BOIS (*narcissus pseudo-narcissus*, Linn.).

PORTULACÉES. Famille de plantes qui, outre le genre POURPIER, renferme ceux appelés PORTULACAIRE, TURNÈRE, ROKÉJE, TALIN, CLAYTONE, MONTIE, TÉLÈPHE, CORRIGIOLE, BACOPE, TAMARIX, GNAVELLE, TRIAN-

THÈME, LIMEOLE, CRYPLE & GISEKIE. *Voyez* ces mots.

POTAMÈJE. *Potameja.* Arbuste de Madagascar fort voisin des LAURIERS, qui forme cependant un genre distinct.

Nous ne le cultivons pas.

POTAMOPHILE. *Potamophilus.* Graminée de la Nouvelle-Hollande, constituant seule un genre. Elle ne se voit pas dans nos jardins.

POTERIES. On donne génériquement ce nom, dans les campagnes, à tous les vases de terre, quels que soient leurs usages & leurs formes.

Je leur consacre un article, seulement pour prévenir les cultivateurs, 1°. que les vases de terre non vernissés absorbent les huiles & les graisses, de sorte qu'ils sont bientôt hors d'état de servir à d'autres choses; 2°. que les vases de terre vernissés, surtout ceux d'un bas prix, le sont le plus souvent avec de l'oxide de plomb, qui, se dissolvant facilement dans les huiles & les graisses, porte un poison dangereux dans les alimens.

Au dire de M. Kirkoff, en imbibant d'huile siccative un vase de terre non vernissé, & en le mettant pendant vingt-quatre heures dans un four dont on vient de retirer le pain, on le rend propre à tous les services.

POTIME. *Potima.* Genre de plantes établi pour placer les CAFEYERS qui n'ont qu'une graine.

POURETTE. C'est le plant d'un ou deux ans du MURIER.

Le commerce de la *pourette*, quelqu'étendu qu'il soit dans le midi de l'Europe, ne l'est pas encore assez pour l'intérêt de l'agriculture, à raison du grand bénéfice qu'on pourroit tirer des taillis de MURIER.

POZOA. *Pozoa.* Plante ombellifère du Pérou, fort voisine des ASTRANCES, qui ne se cultive pas dans nos jardins.

PRADIER. Homme à gages chargé de l'arrosement de toutes les prairies d'un canton. *Voyez* ce mot & celui IRRIGATION.

PRASOPHYLLE. *Prasophyllum.* Genre de plantes établi pour placer douze orchidées de la Nouvelle-Hollande, dont aucune n'est cultivée en Europe.

PRÉ-BOIS. Ancien bois transformé en pâturage. Ce nom est employé dans le Jura, où les bois se détruisent, par l'effet du parcours, avec une incroyable rapidité. *Voy.* BOIS & PATURAGE.

PRESTONIE. *Prestonia.* Plante du Brésil, qui seule constitue un genre dans la pentandrie digynie & dans la famille des apocinées. Nous ne la possédons pas dans nos jardins.

PRIMULACÉES. Famille de plantes qui, outre le genre PRIMEVÈRE qui lui sert de type, renferme ceux appelés CENTENILLE, MOURON, MICRANTHÈME, EUPARE, SCHEFFIELDIE, LIMOSELLE, LISYMACHIE, PLUMEAU, CORISE, TRIENTALE, ARETIE, ANDROSELLE, CORTUSE, SOLDANELLE, GIROSELLE & CYCLAME.

D'autres genres s'en rapprochent, tels que les suivans : GLOBULAIRE, PHYLA, CONOBÉE, TOZZIE, MERCADONIE, SAMOLE, UTRICULAIRE, GRASSETTE & MENYANTHE.

PROPAGULE. Partie des plantes agames qui les reproduisent. Je l'ai appelée BOURGEON SÉMINIFORME.

PROSANTHÈRE. *Prosanthera.* Arbre de la Nouvelle-Hollande, qui constitue un genre dans la didynamie gymnospermie & dans la famille des labiées.

Il ne se voit pas dans les jardins d'Europe.

PROUSTIE. *Proustia.* Arbrisseau du Chili, seul constituant un genre dans la syngénésie égale.

Il n'a pas encore été cultivé en Europe.

PROVISION. Tout ce qu'on achète en détail est plus cher que ce qu'on achète en gros, & le temps qu'il faut pour aller chercher une livre de sel à la ville, employé au travail, auroit souvent produit de quoi en payer vingt.

Pourquoi donc les cultivateurs ne font-ils pas de *provisions*, vont-ils acheter les articles de leurs consommations en petites parties & à mesure du besoin? C'est, dira-t-on, parce qu'ils n'ont pas assez d'argent. Mais pourquoi n'en ont-ils pas assez? Parce qu'ils le gaspillent au lieu de faire des *provisions*.

La véritable économie consiste à tirer le meilleur parti possible de ses dépenses, pour en diminuer la somme, & la prévoyance amène ce résultat.

Les riches propriétaires font assez généralement des *provisions* de bouche, mais il en est bien peu qui en fassent de bois de charpente, de bois de charronnage, de bois de menuiserie, de tuiles, de pierre, d'arbres en pépinière, & pour ces objets ils se trouvent aussi dans le cas de payer plus cher & d'avoir du plus mauvais. *Voyez* CONSTRUCTIONS RURALES.

PRUNEAU. Prune desséchée au soleil ou au four, pour pouvoir être conservée une ou deux années & plus, & continuer à servir de moyen de subsistance pendant cet espace, tandis que, dans l'ordre naturel, elle n'eût plus été utile à son propriétaire, quelques jours après le moment de sa chute. *Voyez* PRUNIER.

Toutes les variétés de prunes peuvent être transformées en *pruneaux*; mais il en est un petit nombre qui, à raison de l'épaisseur de leur pulpe & de l'abondance de leurs parties sucrées, y sont plus propres que les autres, & doivent par conséquent être préférées. Aussi les plus employées en France pour cette opération, sont la prune d'Agen ou robe de sergent, la Sainte-Catherine, la brignole, le gros damas de Tours, l'impériale violette, la roche-corbon, l'île verte, la quetsche & la prune d'avoine.

Pour obtenir des *pruneaux* communs, il suffit de cueillir les prunes à leur complète maturité, de les étendre sur des claies ou sur des planches à l'ombre, & deux jours après de les exposer au soleil dans les climats chauds, ou de les mettre au four dans les climats froids. L'important est de les empêcher de moisir. En conséquence, dans le premier cas, on les rentre le soir ou pendant la pluie dans un appartement, & dans le second, on presse la dessiccation, mais à une chaleur modérée, surtout dans les commencemens. Dans les deux cas, les retourner tous les jours est fort avantageux.

Il y a beaucoup de ces *pruneaux* communs, qu'on appelle *pruneaux rouges*, *petits pruneaux*, dans le commerce, & ils se vendent à très-bon compte. Mais pourquoi n'y en a-t-il pas cent fois davantage? pourquoi tous les ménages de campagne n'en font-ils pas pour leur usage? la nourriture qu'ils fournissent étant si saine, si fort du goût de tout le monde, & surtout des enfans. Encore ici je ne puis accuser que l'insouciance & l'ignorance, car, quatre jours de soins d'un ménage & de ses enfans, suffisent pour s'en faire une provision d'hiver.

Au nombre de ces *pruneaux* communs, je place ceux de petit damas, de Saint-Julien & autres variétés acides, qui servent le plus souvent comme remède.

Mais il est des cantons de la France, où les *pruneaux* sont l'objet d'un commerce de grande importance, & on les dessèche avec des soins plus ou moins spéciaux. Je dois donner quelques détails sur le mode de fabrication usité dans les plus réputés de ces cantons, en suivant l'ordre où ils sont classés dans mon estime.

Les *pruneaux* d'Agen sont, non les plus beaux, mais les plus savoureux. Ils sont faits avec la variété qu'on appelle ou la *prune d'Agen*, ou la *prune d'ente*, ou la *robe de sergent*. La Société d'agriculture de cette ville a publié une excellente instruction sur leur fabrication, dont ce qui suit est extrait.

Les prunes doivent être tombées naturellement par excès de maturité. Au plus peut-on secouer légèrement les arbres sur la fin de la récolte. Les premières tombées étant ordinairement verreuses, sont rejetées. On les range sur des claies & on les met dans des fours foiblement chauffés, & fermés avec une botte d'herbe. A la seconde chauffe on élève la température du four à 80 degrés, à la troisième à 100, à la quatrième on revient à 80, & lorsqu'il y en a une cinquième, à 60. Le temps que les *pruneaux* restent dans le four, dépend de leur quantité & de leur état plus ou moins aqueux. On en juge à la vue & on se trompe rarement. Chaque fois qu'on les sort du four, on les laisse refroidir & on les retourne : les plus belles sont mises sur la même claie, pour sécher ensemble. 36 livres de ces dernières doivent fournir 16 livres de pruneaux. Lorsqu'un four est en activité de service, il conserve, du jour au lendemain, assez de chaleur pour que deux bourrées suffisent pour le chauffer à point.

Les *pruneaux* bien préparés sont fermes, luisans, cèdent à la pression des doigts. Ceux qui sont poisseux manquent de dessiccation, & ceux qui sont durs sont trop secs. Le coup d'œil & le tact sont les maîtres les plus certains pour apprendre à juger quand ils doivent être retirés du four.

Lorsque les *pruneaux*, par l'effet d'une saison défavorable, ou d'une mauvaise exposition, ne jouissent pas de toutes les qualités qui leur sont propres, on cherche à leur en donner l'apparence, en chauffant le four avec du bois vert, ou en y introduisant des fumeroles, pendant qu'ils y sont placés.

Les *pruneaux* refroidis se mettent en tas sur le plancher, recouverts d'une toile épaisse; puis, à mesure de la demande, rangés dans des boîtes de planches de sapin, d'un demi-pouce d'épaisseur, doublées de papier gris, boîtes au moyen desquelles on les expédie dans le nord de l'Europe & dans les grandes villes de France.

Cinq à six mois après la préparation de ces *pruneaux*, il se manifeste sur ceux restés en plein air, une efflorescence sucrée qui les rend meilleurs, mais qui annonce leur prochaine détérioration: ainsi il faut les consommer.

Gilbert nous a donné des renseignemens très-étendus sur la manière de traiter les *pruneaux* de Tours, fabriqués avec la Sainte-Catherine, dans les communes de Chinon, l'île Bouchard, Prénilly, Richelieu, Saint-Maur, la Haie & Châtellerault.

Les prunes qui tombent par une foible secousse donnée à l'arbre qui les porte, sont seules employées, comme convenablement mûres. On les place sur des claies & on les expose au soleil, jusqu'à ce qu'elles soient devenues molles, c'est-à-dire, que leur mucoso-sucré se soit développé autant que possible, puis on les met ensuite dans un four modérément chauffé, & dont on ferme exactement l'ouverture. Vingt-quatre heures après, on ôte les claies, on chauffe le four un quart plus que la première fois, & on y remet les *pruneaux* sans les avoir touchés. Le lendemain on les ôte de nouveau, on les retourne, & on les remet dans le four, chauffé d'un quart plus que la seconde fois, où ils restent de même vingt-quatre heures.

Après avoir retiré les *pruneaux* de cette troisième chauffe & les avoir laissé refroidir, on arrondit chaque *pruneau*, on lui donne une forme carrée, en tournant son noyau de travers, & en le pressant entre le doigt & le pouce. Cette opération, qui est longue, terminée, on remet les *pruneaux* au four, au degré qu'il conserve lorsqu'on a retiré le pain, & on le ferme exactement. Une heure après on les retire, on met un vase rempli d'eau à leur place, on referme le four pendant deux heures, puis on ôte le vase, & on y remet les *pruneaux* pour vingt-quatre heures. C'est alors qu'ils prennent *le blanc*, c'est-à-dire, se couvrent d'une poussière blanche, qui semble être la même que la fleur des prunes sur l'arbre. *Voyez* PRUNIER.

Quelquefois, en faisant cette opération, on réunit deux & même trois *pruneaux* ensemble, & ne laissant qu'un noyau. De-là ceux, si monstrueux, qui se servent souvent sur les tables de Paris.

Si, après ces vingt-quatre heures, les *pruneaux* n'étoient pas suffisamment secs, il faudroit les laisser séjourner dans le four tant qu'il conserveroit de la chaleur. En le réchauffant, on feroit disparoître la fleur.

On m'a rapporté que, pour favoriser la production du blanc, quelques poignées de MERCURIALE, jetées dans le four, étoient avantageuses.

Les *pruneaux* trop durs sont peu estimés. Ainsi il faut savoir bien choisir le moment où il faut les retirer du four, chaque fois qu'on les chauffe.

Les *pruneaux* desséchés sont rangés avec soin dans des boîtes, ou des paniers de capacités très-variables, doublés de papier & livres au commerce.

Dans quelques villages on creuse des fours en terre, par une simple excavation, & on y fait sécher les *pruneaux* aussi bien que dans ceux qui coûtent le plus à bâtir. Seulement le même four ne peut servir pendant plus d'une saison.

On estime beaucoup à Paris les *pruneaux* de brignole, mais il paroît que la quantité qui s'en verse dans le commerce, est peu considérable. Voici les procédés usités pour leur fabrication, d'après M. d'Ardouin.

C'est la prune de brignole, voisine du perdrigon blanc, qu'on emploie. La récolte s'en fait l'après-midi, en secouant légèrement l'arbre, & se garde jusqu'au lendemain matin dans des paniers. Ce jour donc, on commence par peler ces prunes avec l'ongle du pouce, sans jamais employer le fer, & en s'essuyant les doigts de temps en temps; & on les dépose dans un plat. Lorsque la provision de la veille est pelée, on enfile les prunes dans des baguettes d'osier, épointées à leurs bouts, de deux lignes de diamètre & d'un pied de long, de manière qu'elles ne se touchent point. Ces baguettes sont ensuite fichées, à la distance d'un pied, à des cordes de paille ficelée, suspendues entre des traverses, de manière que le vent ne puisse pas les faire se frapper. On laisse les prunes, en les rentrant cependant la nuit, deux ou trois jours exposées à l'air. Après ce laps de temps, elles sont retirées des baguettes, débarrassées de leur noyau, & mises sur des claies, qui restent le jour exposées au soleil, & sont rentrées la nuit. Elles sont ordinairement assez seches après huit expositions consécutives; alors on les arrondit, on les aplatit, & on les dépose dans des caisses garnies de papier blanc, & recouvertes d'un drap de laine, où elles restent jusqu'au moment de la vente, qu'elles se placent de même dans de petites boîtes rondes & plates.

Lorsqu'on laisse les noyaux aux *pruneaux* de brignole, on leur conserve la forme alongée des prunes.

L'important dans toutes ces opérations, c'est d'empêcher l'humidité d'agir sur les *pruneaux*, afin de leur conserver la belle couleur fauve clair qui les distingue.

La quetsche étant une des prunes qui manque le moins, & qui foisonne le plus dans les pays froids, mûrissant, de plus, à une époque où on est las d'en manger, & où les cultivateurs, non vignerons, cessent d'être très-occupés, on a dû être déterminé à la sécher, quoique peu sucrée, & par conséquent moins bonne que celles dont il vient d'être question. Aussi, dans l'est de la France, en Suisse, en Souabe, fabrique-t-on avec elle une immense quantité de *pruneaux* qui se vendent dans les villes, & que leur bon marché met à la portée des plus médiocres fortunes. Aussi, dans la ci-devant Lorraine, un verger planté en pruniers, de cette variété, rend-il à son propriétaire quatre fois plus que la même étendue de terrain en toute autre culture. C'est donc lui que je voudrois voir planter dans ceux de toute la France pour augmenter les provisions d'hiver des propriétaires & les jouissances de leurs enfans.

La fabrication des *pruneaux* de quetsche est la même que celle des *pruneaux* communs, c'est-à-dire, qu'on ramasse les prunes à mesure qu'elles tombent naturellement, qu'on les met, sur des claies, dans un four de chaleur modérée, surtout au commencement & à la fin de l'opération. Quelquefois six chauffes ne sont pas de trop. Comme on a ordinairement une grande quantité de prunes à sécher, pour aller plus vîte & mieux opérer, on a deux fours, dont l'un se chauffe pendant que l'autre est plein.

Exposer les claies, chargées de *pruneaux*, au grand air, lorsqu'on les retire du four, est toujours avantageux, mais l'humidité de la saison (octobre) s'y oppose le plus souvent.

On juge à l'apparence & au toucher le point où les *pruneaux* sont assez desséchés. Alors on les dépose dans de grands paniers, placés dans une chambre sèche, jusqu'à la vente, époque où ils s'entassent dans de grandes caisses ou dans des petits tonneaux. Il est des cultivateurs, au nombre desquels se place M. Berthier de Roville, près de Nancy, qui ôtent les noyaux de leurs quetsches & en réunissent plusieurs ensemble, ce qui les fait rechercher sur les bonnes tables, presque à l'égal de ceux de Tours.

J'ai lieu de croire, mais je n'ose l'assurer, que les *pruneaux* d'avoine, qui nous viennent de Rouen, sont préparés en faisant bouillir les prunes pendant quelque temps, c'est-à-dire, comme le RAISINÉ (*voyez* ce mot), dont ils ont toute l'apparence. Ces *pruneaux* nous arrivent dans des grands pots de terre cuite en grès.

PRUNIER. *Prunus.* Genre de plantes de l'icosandrie monogynie & de la famille des rosacées, qui réunit treize espèces, dont une est devenue d'une grande importance agricole en Europe, à raison de son fruit, un des meilleurs de ceux qui y croissent naturellement.

Observation.

Ce genre est si voisin de ceux des CERISIERS & des ABRICOTIERS, qu'ils lui ont été réunis par quelques botanistes.

Espèces.

1. Le PRUNIER sauvage.
Prunus insiticia. Linn. ♄ Indigène.

2. Le PRUNIER domestique, ou simplement le *prunier.*
Prunus domestica. Linn. ♄ Indigène.

3. Le PRUNIER de Briançon.
Prunus brigantiaca. Villars. ♄ Des Alpes.

4. Le PRUNIER myrobolan.
Prunus cerasifera. Willd. ♄ De l'Amérique septentrionale.

5. Le PRUNIER chicasse.
Prunus chicassa. Mich. ♄ De l'Amérique septentrionale.

6. Le PRUNIER d'hiver.
Prunus hyemalis. Mich. ♄ De l'Amérique septentrionale.

7. Le PRUNIER acuminé.
Prunus accuminata. Mich. ♄ De l'Amérique septentrionale.

8. Le PRUNIER à feuilles de pêcher.
Prunus persisifolia. Desf. ♄ De l'Amérique septentrionale.

9. Le PRUNIER à grandes feuilles.
Prunus macrophylla. Poiret. ♄ De . . . . .

10. Le PRUNIER pubescent.
Prunus spherocarpa. Mich. ♄ De l'Amérique septentrionale.

11. Le PRUNIER épineux, ou *épine noire.*
Prunus spinosa. Linn. ♄ Indigène.

12. Le PRUNIER couché.
Prunus prostrata. Labill. ♄ De Syrie.

13. Le PRUNIER de la Chine.
Prunus sinensis. Desf. ♄ De la Chine.

Culture.

Le *prunier* sauvage & le *prunier* domestique se trouvent tous les deux dans les haies; mais il n'est pas certain qu'ils doivent être regardés comme des variétés l'un de l'autre. Quoi qu'il en soit, je vais donner la nomenclature des VARIÉTÉS (*voy.* ce mot) les plus fréquemment cultivées dans les environs de Paris, qu'on regarde généralement comme appartenant au second, en suivant à peu près l'ordre de maturité de leurs fruits, & en me conformant à la nomenclature de notre Duhamel pour toutes celles qu'il a connues.

La JAUNE HATIVE. Petite, ovale, plus grosse du côté de la tête; à peau jaune, cassante; à chair mollasse, sucrée, musquée, quelquefois mauvaise. Mûrit au commencement de juillet. L'arbre est foible, mais fertile. On le met en espalier & en plein vent.

La PRÉCOCE DE TOURS. Petite, ovale; à peau noire, très-fleurie, un peu amère; à chair jaunâtre, adhérente au noyau, quelquefois très-agréable. L'arbre est vigoureux & fertile.

Le MONSIEUR HATIF. Diffère peu du monsieur ordinaire, mais mûrit quinze jours plus tôt. Sa peau est d'un violet foncé, très-fleurie & très-amère; sa chair est d'un jaune vert, fondante, peu sucrée, se détachant du noyau.

Le DAMAS DE PROVENCE HATIF, Calvel, est rond, de grosseur moyenne; à peau d'un violet noir, très-fleurie; à chair jaune, très-sucrée. Mûrit à la fin de juin. C'est une des meilleures prunes précoces.

La JÉRUSALEM, Calvel. Grosse, ronde, comprimée; à peau violette; à chair qui quitte difficilement le noyau.

La GROSSE NOIRE HATIVE, ou *noire de Montreuil*, ou *prune de la Magdelaine*. Alongée, de moyenne grosseur; à peau d'un beau violet, très-fleurie; à chair jaunâtre, ferme, fine, parfumée. On la cultive beaucoup en espalier aux environs de Paris.

Il est une autre noire hâtive, qui ne mérite pas d'être multipliée.

Le GROS DAMAS DE TOURS. Ovale, de moyenne grosseur; à peau d'un violet foncé; à chair ferme, presque blanche, sucrée, parfumée. Mûrit à la mi-juillet. L'arbre est vigoureux & sujet à couler.

Le PERDRIGON HATIF, Calvel. Petit, oblong, noir; à chair légèrement acerbe & ne quittant pas le noyau. L'arbre charge beaucoup.

La PRUNE D'AGEN, ou *prune d'ente*, ou *robe de sergent*. Grosse, oblongue; à peau d'un violet foncé. C'est celle avec laquelle se confectionnent les pruneaux d'Agen, à mon avis les meilleurs de France. La Société d'agriculture de cette ville a publié une notice, accompagnée d'une figure, sur sa culture & sur la fabrication de ses pruneaux.

Le MONSIEUR. Presque rond, ayant environ dix-huit lignes de diamètre; à peau d'un beau violet, se détachant facilement, se fendant souvent; à chair jaune, fondante, mais peu sucrée

& rarement musquée. L'arbre est grand & très-productif.

La PRUNE WILMOTS se rapproche de la précédente.

La ROYALE DE TOURS diffère également peu du *Monsieur* par sa forme & sa grosseur, mais sa peau est moins foncée & parsemée de points jaunes; sa chair est jaune-verdâtre, très-sucrée, relevée. L'arbre est vigoureux & très-productif. C'est un de ceux qui méritent le mieux d'être cultivés.

La VIRGINALE A FRUITS ROUGES, Calvel. Petite, arrondie, rouge, plus foncée au soleil; à chair jaune & un peu acerbe.

La VIRGINALE A FRUITS BLANCS. Ovale, de moyenne grosseur; à peau blanchâtre, rouge du côté du soleil; à chair jaune, douce & quittant facilement le noyau.

La DIAPRÉE VIOLETTE. Moyenne, ovale, très-alongée; à peau violette, fleurie, se détachant aisément; à chair jaune-verdâtre, ferme, sucrée, excellente en pruneaux. L'arbre est très-fertile.

Le DAMAS ROUGE. Ovale, moyen; à peau d'un jaune foncé du côté du soleil, peu adhérente; à chair jaunâtre, fondante, sucrée. Mûrit vers la mi-août. C'est un bon fruit.

Un autre damas rouge est moins digne d'être cultivé. Il mûrit au milieu de septembre.

Le DAMAS MUSQUÉ, ou *prune de Malte, de Chypre*. Petit, aplati, irrégulier; à peau d'un violet très-foncé; à chair jaune, ferme, d'un goût relevé & musqué, quittant entièrement le noyau. L'arbre produit peu.

La VIRGINALE. Grosse, presque ronde; à peau d'un vert-jaunâtre; à chair verdâtre, fondante, très-agréable.

La PRUNE-PÊCHE, Calvel. Très-grosse, un peu ovale; à peau violette, peu fleurie; à chair qui ne quitte pas le noyau.

La ROYALE. Presque ronde, ayant dix huit lignes de diamètre; à peau d'un violet clair, extrêmement fleurie & tiquetée de fauve; à chair ferme, d'un vert clair, très-relevée & quittant aisément le noyau.

La MIRABELLE. Légèrement ovale ou ronde, d'un pouce au plus de diamètre; à peau jaune, tiquetée de rouge au soleil; à chair jaune, ferme, sucrée, non adhérente au noyau. Mûrit vers le milieu d'août. On en fait d'excellentes confitures. L'arbre s'élève peu, mais est toujours surchargé de fruits.

La petite mirabelle est plus hâtive, mais moins bonne. On la cultive peu.

Le DRAP D'OR, ou *double mirabelle*, est un peu plus gros que la mirabelle, demi-transparent; excellent. Sa chair quitte difficilement le noyau.

L'ABRICOTÉE ROUGE, Calvel. De grosseur moyenne, ronde ou ovale, même un peu en cœur; à peau jaune, fortement colorée en rouge; à chair ayant le goût de l'abricot.

L'IMPÉRIALE JAUNE, Calvel. Ovale, très-grosse; à peau jaune, plus colorée du côté du soleil; à chair jaune, sucrée, acidulée, quittant le noyau. Mûrit à la mi-août.

L'IMPÉRIALE VIOLETTE. Grosse, ovale; à peau coriace, adhérente, d'un violet clair & très-fleurie; à chair d'un vert-blanchâtre, demi-transparente, ferme, d'un goût relevé, non adherente au noyau. Mûrit à la fin d'août. L'arbre est très-vigoureux. Il a une variété à feuilles panachées.

Une autre variété du même nom, mais moins bonne, se voit dans quelques jardins.

Le DAMAS VIOLET. Ovale, moyen, aminci du côté de la queue; à peau violette, très-fleurie & peu adhérente; à chair jaune, ferme, très-sucrée, un peu aigre, adhérente d'un côté au noyau. L'arbre fournit peu de fruits, quoiqu'étant très-vigoureux.

Le DAMAS DROUET. Ovale, long d'un pouce; à peau d'un vert-jaunâtre, peu fleurie, peu adhérente & coriace; à chair verdâtre, demi-transparente, ferme, fine, très-sucrée, non adhérente au noyau. Mûrit vers la fin d'août.

Le DAMAS D'ITALIE. Moyen, presque rond; à peau coriace, d'un violet clair, très-fleurie; à chair d'un vert-jaunâtre, très-sucrée, non adhérente au noyau. Mûrit à la fin d'août. L'arbre est productif.

Le DAMAS DE MAUGERON. Presque rond, d'un pouce & demi de diamètre; à peau d'un violet clair, parsemée de points fauves & adhérente; à chair ferme, verdâtre, très-sucrée, se détachant du noyau. L'arbre est grand & productif.

Le DAMAS NOIR TARDIF. Petit, alongé; à peau presque noire, très-fleurie, très-adhérente & coriace; à chair jaune-verdâtre, acide, agréable. Mûrit vers la fin d'août.

Le PERDRIGON VIOLET. Ovale, d'un pouce & demi de long; à peau coriace, d'un violet-rouge, tiquetée de jaune & très-fleurie; à chair d'un vert clair, fort sucrée, parfumée, adhérente au noyau.

Le PERDRIGON NORMAND. Gros, alongé, plus renflé du côté de la queue; à peau violette, fleurie, ponctuée de jaune, très-adhérente; à chair d'un jaune clair, ferme, douce, relevée, adhérente au noyau par places. Mûrit à la fin d'août. L'arbre est fertile. Son bois est cassant.

La GROSSE REINE-CLAUDE, ou *abricot vert*, ou *verte-bonne*, est grosse, ronde, un peu aplatie sur les deux bouts; sa peau est verte, maculée de gris & frappée de rouge, fine, adhérente, peu fleurie; sa chair est d'un vert-jaunâtre, fondante, sucrée, excellente & adhérente au noyau par quelques endroits. Mûrit à la fin d'août. C'est la meilleure des prunes. On en fait des compotes fort agréables. Ses pruneaux sont peu charnus. L'arbre est productif.

La Reine-claude violette, Calvel. Grosseur & saveur de la précédente, mais peau d'un violet pâle, vergetée de blanc & ponctuée de brun.

La Jacinthe. Grosse, ovale, un peu renflée du côté de la queue; à peau d'un violet clair, fleurie, coriace, adhérente; à chair jaune, ferme, sucrée, aigrelette, & tenant au noyau par quelques points. Mûrit vers la fin d'août.

L'Impériale blanche. A la forme & la grosseur d'un œuf de dinde; sa peau est coriace, très-adhérente; sa chair est blanche, ferme, très-adhérente au noyau. L'arbre charge peu.

La Reine-claude petite, ou *dauphine*. Moyenne, ronde, légèrement aplatie du côté de la queue; à peau coriace, d'un vert clair, très-fleurie; à chair blanche, ferme, juteuse, plus ou moins sucrée & non adhérente au noyau. Mûrit au commencement de septembre. Tantôt elle est bonne, tantôt elle est mauvaise, selon le climat, l'exposition, le terrain, l'année; mais toujours elle est inférieure à la grosse reine-claude. L'arbre est très-productif.

Le Prunier a fleurs semi-doubles. N'est dans le cas d'être recherché que dans les jardins paysagers, où il se place isolé, à quelque distance des massifs.

Le Damas blanc petit. Est presque rond; sa peau est coriace, verte, fleurie; sa chair est jaunâtre, sucrée, aigre. Il mûrit au commencement de septembre.

Le Damas blanc gros. Est un peu ovale, plus renflé du côté de la tête; sa peau & sa chair diffèrent à peine de celles du précédent; cependant cette dernière est un peu meilleure.

Le Perdrigon blanc. Petit, légèrement ovale, renflé du côté de la tête; à peau coriace, d'un vert-blanchâtre, tiqueté de rouge du côté du soleil, & fleurie; à chair d'un vert-blanchâtre, demi-transparente, ferme, extrêmement sucrée, légèrement parfumée, non adhérente au noyau. Mûrit au commencement de septembre. L'arbre est sujet à couler, & demande à être mis en espalier à l'exposition du levant.

La Brignole. Oblongue, médiocre; à peau d'un jaune pâle, rougeâtre du côté du soleil; à chair jaune très-sucrée. C'est avec elle qu'on fait les pruneaux de son nom si estimés.

La Prune d'avoine. Oblongue, à peau bleuâtre; à pulpe très-molle. Se cultive aux environs de Rouen, & forme d'excellens pruneaux.

L'Abricotée. Ressemble à la petite reine-claude, mais est plus grosse & plus alongée. Mûrit au commencement de septembre.

La prune d'abricot est une autre variété, plus longue & inférieure en saveur.

Le Damas d'Espagne, Calvel. Ovale, moyen; à peau violette, tachée de rouge du côté du soleil, très-fleurie; à chair très-sucrée, très-parfumée, se séparant du noyau. Mûrit au commencement de septembre.

La Diaprée blanche. Petite, très-alongée; à peau coriace, amère, d'un vert clair, non adhérente; à chair ferme, d'un jaune très-clair, très-sucrée. L'arbre prospère mieux en espalier qu'en plein vent.

La Diaprée rouge ou *roche-corbon*. Moyenne, alongée, aplatie sur son diamètre; à peau d'un rouge-cerise, très-tiquetée de points bruns & peu adhérente; à chair jaune, ferme, très-sucrée, non adhérente au noyau. Mûrit au commencement de septembre.

La Datte. Alongée, de moyenne grosseur; à peau jaune, tachetée de rouge du côté du soleil, acide, adhérente; à chair jaune, fade, mollasse. Mûrit en même temps que la précédente.

L'Impératrice blanche. Moyenne, alongée; à peau d'un jaune clair, très-fleurie; à chair ferme, jaune, demi-transparente, sucrée, non adhérente. Bonne dans les années chaudes.

La Dame Aubert, ou *grosse luisante*, est ovale, longue de deux pouces; sa peau est jaunâtre, plus colorée du côté du soleil; sa chair est jaune, peu savoureuse, surtout à sa maturité. Mûrit au commencement de septembre.

La Dame Aubert violette. De la forme & de la grosseur de la précédente, mais violette. On la doit à Thouin. Elle est encore rare dans nos jardins.

L'Ile-verte. Très-longue, irrégulière; à peau verte, coriace, légèrement fleurie; à chair verte, mollasse, acide, sucrée, adhérente. Mûrit au commencement de septembre. N'est bonne qu'en compote.

Le Rognon d'ane, Calvel. Ovale, très-gros; à peau presque noire.

Le Perdrigon rouge. Ovale, petit; à peau d'un beau rouge tirant sur le violet, tiquetée de fauve & très-fleurie; à chair jaune ou verte, ferme, très-sucrée, se détachant aisément du noyau. Mûrit au milieu de septembre. L'arbre est très-productif.

La Sainte-Catherine. Grosse, ovale; à peau jaunâtre, tiquetée de rouge, très-fleurie, adhérente; à chair jaune, fondante, très-sucrée, non adhérente au noyau. Mûrit vers la mi-septembre. Est excellente pour faire des pruneaux. L'arbre est vigoureux & très-productif.

La Chypre. Presque ronde, très-grosse; à peau coriace, très-acide, d'un violet clair, fort adhérente; à chair verte, ferme, très-acide, tenant par places au noyau, qui est très-petit & très-raboteux.

Le Damas de septembre ou *la prune de vacance*. Petit, alongé; à peau fine, bleue, fleurie & adhérente; à chair jaune, cassante, agréable, non adhérente. L'arbre charge beaucoup.

La Suisse. Ronde, moyenne; à peau coriace,

peu adhérente, d'un beau violet, très fleurie; à chair d'un jaune-verdâtre, très-sucrée, en partie adhérente au noyau. Reste sur l'arbre jusqu'au milieu d'octobre.

La BRICETTE. Petite, alongée, pointue aux deux extrémités; à peau très-coriace, peu adhérente, verdâtre, très-fleurie; à chair jaunâtre, ferme, acide, se détachant facilement du noyau. Peut se conserver jusqu'à la fin d'octobre.

La SAINT-MARTIN. Moyenne, arrondie; à peau d'un beau violet; à chair jaune, quittant aisément le noyau.

L'IMPÉRATRICE VIOLETTE ou *prune d'Altesse*. Moyenne, longue, pointue par les deux bouts; à peau coriace, violette, très-fleurie; à chair jaune ou verte, ferme, douce, excellente. Mûrit en octobre.

La QUETSCHE. Moyenne, très-alongée, renflée au milieu; peau violette; à chair peu sucrée, mais douce & agréable lorsqu'elle est desséchée; aussi en fait-on d'excellents prunaux dans le nord-est de la France. L'arbre est vigoureux & chargé beaucoup.

Le PRUNIER BIFÈRE. Long; à peau jaune-rougeâtre, très-pointillée de brun; à chair d'un jaune clair, & fade lorsqu'elle est mûre. On ne le cultive qu'à cause de sa faculté de porter deux fois l'an.

Le PRUNIER SANS NOYAU. Petit, ovale; à peau d'un violet foncé; à chair jaunâtre, fade à sa maturité; à amande amère, sans noyau. Mûrit à la fin d'août & n'est que singulier.

Parmi ces variétés, les plus dignes d'être cultivées se réduisent au damas de Provence hâtif, à la grosse-noire hâtive, à la précoce de Tours, à la grosse mirabelle, au damas violet, à l'impératrice, à la Sainte-Catherine, & surtout à la grosse reine-claude. Celles qui sont les plus communes dans les jardins des environs de Paris, sont: la noire hative, le monsieur hâtif, les trois reine-claudes, les deux mirabelles, l'impériale violette, la prune-pêche, la diaprée blanche, les perdrigons, la Sainte-Catherine, les damas rouge & noir. Presque toutes se voient en espalier à Montreuil, mais principalement la grosse-noire hâtive, le monsieur hâtif, la précoce de Tours & la grosse reine-claude, que j'ai plusieurs fois vu vendre six sous pièce chez les traiteurs.

Il est des variétés qui se reproduisent par leurs noyaux, telles que la quetsche, le perdrigon blanc, la reine-claude, la Sainte-Catherine, le damas rouge, &c.; cepedant il est plus sûr de se les procurer par la greffe sur d'autres *pruniers* provenant de noyau ou d'accrus.

Les noyaux de toutes les variétés de prunes ne sont pas propres, comme on pourroit le croire, à fournir des sujets pour la greffe; celles qui se rapprochent le plus de l'état sauvage paroissent, à quelques exceptions près, relatives aux abricotiers, plus convenables à cet objet, & parmi elles je citerai, comme presqu'exclusivement employées dans les pépinières de Paris, les sept suivantes.

Les CERISETTE BLANCHE & ROUGE. Feuilles petites, rondes; fruits petits, alongés; chair qui ne quitte pas le noyau. Servent à greffer les *pruniers* & les abricotiers. Poussent beaucoup de rejetons.

Les SAINT-JULIEN GROS & PETIT. Fruit d'un violet foncé, fort fleuri & ne quittant pas le noyau. On les emploie pour la greffe des *pruniers*, des abricotiers, des pêchers. Donnent une grande quantité de rejetons.

Les DAMAS GROS & PETIT. Fruit noir, ne quittant pas le noyau. Sont préférables pour la greffe du pêcher, étant trop foibles pour les *pruniers* & les abricotiers. Poussent peu de rejetons.

Le JANNET, autre variété, diminue le rapport, mais augmente la qualité des variétés de prunes, d'abricots & de pêches qu'on greffe sur lui.

Les greffes qu'on place sur le prunellier sont sujettes à se décoller & à produire un bourrelet désagréable à la vue.

Les sujets provenant des semis sont deux ans au moins avant d'être greffés, ce qui leur donne un grand désavantage sur les accrus, qui peuvent être greffés l'année même de leur transplantation; mais ils doivent cependant être préférés, à raison de ce qu'ils ont une force vitale plus énergique & qu'ils tracent moins.

Les noyaux de *prunier* sont conservés au GERMOIR (*voyez* ce mot) jusqu'au printemps, qu'on les sème clairs, dans une planche convenablement labourée, à la volée, ou mieux, en rayons, en les recouvrant d'un pouce de terre fine.

Les plants qui proviennent de ce semis sont sarclés & binés, même arrosés au besoin, puis le plus souvent relevés dès l'hiver, pour les plus forts être repiqués en ligne à vingt à trente pouces de distance, & les plus foibles disposés en RIGOLE. *Voyez* ce mot.

Quelquefois cependant, on sème les noyaux à vingt ou trente pouces de distance, & on greffe le plant sans le relever; ce qui donne un PIVOT, tantôt utile, tantôt nuisible. *Voy.* ce mot.

Les accrus relevés, soit dans les jardins, autour des vieux *pruniers*, soit dans les pépinières, à côté des plants, se repiquent de même. L'excessive disposition à tracer qu'ils possèdent, & l'inégalité de leur grosseur, les font, avec raison, repousser par beaucoup de cultivateurs. Au reste, ils se greffent & se conduisent comme les plants venus de noyaux.

Toutes les sortes de greffe sont applicables aux *pruniers*; cependant on ne pratique guère dans les pépinières que la greffe à œil dormant, rez-terre, en automne, & celle en fente, à quatre, cinq & six pieds de hauteur. *Voyez* GREFFE.

Les pieds de *prunier* greffés en *pruniers* ou en abricotiers tiges, se cultivent, dans les pépinières, comme

comme les autres arbres fruitiers de même disposition, c'est-à-dire, qu'on les TAILLE EN CROCHET, qu'on les ARRÊTE à six pieds, qu'on les ELAGUE. (*Voyez* ces mots.) Le terrain où ils sont plantés reçoit un labour d'hiver & deux binages d'été.

Ceux de ces *pruniers* greffés, destinés à former des espaliers, & presque tous ceux qui portent des pêchers sont dans ce cas, sont rabattus à deux ou trois yeux l'hiver suivant, pour les forcer à pousser des branches latérales vigoureuses, sur lesquelles on asseoira leur taille un an plus tard.

Généralement, ces pieds pour espalier sont enlevés à deux ou trois ans de la pépinière; mais ceux pour demi-tige ou plein vent n'en sortent qu'à quatre ou cinq ans. *Voyez* PEPINIÈRE.

Les *pruniers* commencent à donner du fruit dès leur sixième ou septième année. Ils augmentent successivement leurs productions jusque vers leur douzième, & continuent de porter abondamment, dans les années favorables, selon les variétés, jusqu'à leur décrépitude, qui arrive plus tôt ou plus tard, encore selon les variétés, le terrain, les circonstances, &c. Il est rare cependant d'en voir de plus de cent cinquante ans d'âge.

Les terrains frais & fertiles sont ceux où les *pruniers* prospèrent le mieux. Ils craignent également les marais & les sables arides. Aux environs de Paris, c'est sur les coteaux argileux exposés au midi & au levant, que leurs fruits sont les meilleurs. Dans le midi de la France, l'exposition du midi est trop chaude pour eux.

Hors les environs de Paris & quelques jardins appartenant à de riches propriétaires, tous les *pruniers* sont tenus en plein vent; mais il y a une grande différence entre leur hauteur, c'est-à-dire, qu'il est de ces pleins vents qui n'ont que six pieds d'élévation, & d'autres qui mesurent trente pieds & plus. En général, on ne doit pas desirer, pour la facilité de la récolte, qu'ils aient plus de dix-huit pieds de hauteur.

Les soins à donner à ces *pruniers*, sont un labour tous les hivers, & un émondage lorsqu'ils offrent des branches mortes, des branches chiffonnes, des branches qui se prolongent trop au-delà des autres, des gourmands, &c. Une taille régulière est généralement nuisible à l'abondance & à la bonté de leurs produits, mais donne plus de grosseur à ces produits.

Ce n'est guère que dans les pépinières, pour avoir abondance de greffes, qu'on tient des *pruniers* en buisson, en quenouille, en pyramide, & ce, par la raison ci-dessus.

Les soins à prendre pour disposer les *pruniers* en espalier, sont les mêmes que ceux indiqués aux articles PÊCHER & ABRICOTIER. (*Voyez* ces mots.) Mais il est bien rare qu'ils réussissent aussi parfaitement que pour ces deux espèces, attendu qu'ils souffrent difficilement la gêne & la taille; aussi les jardiniers se plaignent-ils qu'ils sont difficiles à *mater*, à *rendre sages*, à *mettre à fruit*, & ce, parce qu'ils les TAILLENT courts & les EBOURGEONNENT à la rigueur. *Voyez* ces mots & celui ESPALIER.

C'est lorsque les boutons sont formés, qu'il convient de les tailler.

Il faut, pour conserver une forme aux *pruniers* en espalier, & pour en obtenir du fruit, les fatiguer le moins possible, en leur laissant de longs bourgeons, en les palissadant avec modération, en enlevant, peu après qu'ils sont noués, une partie de leurs fruits, &c.

Ainsi que je l'ai déjà observé plusieurs fois, les *pruniers* sont plus exposés à pousser des rejetons qu'aucun autre arbre fruitier. Pour obtenir de bonnes récoltes de fruits, & même pour éviter la mort de l'arbre, il faut les enlever à mesure qu'ils se montrent, c'est-à-dire, cinq à six fois dans un été. Ceux qui attendent à l'hiver, ne remplissent qu'imparfaitement leur objet, puisqu'ils ont consommé, jusqu'à cette époque, une partie de la sève qui eût nourri le pied & pourvu à la récolte de l'année suivante. J'ai expliqué ces faits au mot DRAGEON.

L'extravasation de la gomme affecte souvent le *prunier*, mais moins dangereusement que le pêcher & l'amandier. A mon avis, elle est produite par l'affoiblissement de l'arbre, quoiqu'on la regarde généralement comme la cause de cet affoiblissement, & je me fonde sur ce que je l'ai vu disparoître par l'effet de la transplantation dans un meilleur terrain. (*Voyez* GOMME.) On en voit beaucoup, même encore jeunes, dont le tronc se carie intérieurement, ce qui ne les empêche pas de porter du fruit en abondance. *Voy.* CARIE & GOUTTIÈRE DES ARBRES.

Il arrive fréquemment que des *pruniers* de bonnes variétés donnent des fruits sans saveur, sans qu'on puisse en deviner la cause. Le plus souvent ce sont les pluies, quelquefois les insectes. J'ai vu un *prunier* mi-partie de prune de reine-claude & d'abricot, offrir des mauvaises prunes lorsque les abricots dominoient, & de mauvais abricots lorsque c'étoient les prunes.

Les prunes, bonnes ou mauvaises, sont nourrissantes & rafraîchissantes. En manger avec modération est rarement dangereux. Presque toutes sont acidules, ou le deviennent par la cuisson, ce qui est convenable, diététiquement, dans les chaleurs de l'été, époque de la maturité de la plupart. Il en est d'astringentes, celles des variétés employées pour la greffe, qui s'ordonnent contre les diarrhées; d'autres qui, comme la MANNE, purgent légèrement après avoir été cuites.

Quelques parties de la France offrent une grande quantité de *pruniers*; dans d'autres on en voit à peine quelques pieds dans les jardins. On doit desirer les voir se multiplier à l'excès partout, car leur culture est facile, leurs produits abondans & susceptibles d'être gardés, soit par le moyen de la dessiccation au soleil ou au four, ce qui constitue les PRUNEAUX (*voyez* ce mot), soit en les transformant en marmelades, en pâtes sèches, en confitures analogues au RAISINÉ. *Voy.* ce mot.

Les prunes écrasées fermentent, mais le vin qui résulte de leur fermentation est de peu de garde; aussi se hâte-t-on de le distiller pour en tirer une liqueur alcoolique analogue au KIRCHEWASSER, appelée *quetsch wasser* en Alsace.

Un chimiste allemand a retiré deux livres de sucre de vingt-quatre livres de prunes; ce qui, selon lui, suffit pour qu'on puisse livrer ce sucre au commerce à vingt-cinq sous la livre: il ne dit pas quelle variété a été employée dans cette expérience.

On ne retire jamais d'huile des amandes des noyaux des *pruniers* cultivés, probablement parce qu'il seroit trop long & trop coûteux de les faire casser, & trop difficile d'en rassembler une assez grande quantité pour faire une pressée. *Voyez* HUILE DE MARMOTTE.

Outre les produits fournis par ses fruits, le *prunier* offre encore ses feuilles du goût de tous les bestiaux, & qu'on n'utilise pas assez, & son bois, très-bon à brûler & propre au tour & à l'ébénisterie. Suivant Varenne de Fenille, il pèse depuis 51 livres 5 onces 4 gros, jusqu'à 59 livres 1 once 7 gros par pied cube. On le connoît dans le commerce sous les noms de *satiné de France*, de *satiné bâtard*.

Les insectes qui nuisent le plus exclusivement aux *pruniers*, sont: le CHARANÇON GRIS (il dévore ses boutons); le PUCERON & le KERMÈS du *prunier* (ils sucent ses bourgeons); quatre BOMBICES, une NOCTUELLE, une PHALÈNE & deux TENTHRÈDES vivent aux dépens de ses feuilles; la SAPERDE CYLINDRIQUE (elle perfore ses rameaux); un CHARANÇON, une TIPULE, une MOUCHE, une PYRALE, rendent ses fruits VERREUX. *Voyez* tous ces mots, où le peu de moyens qui existent pour détruire les insectes qu'ils rappellent, sont indiqués.

Actuellement je passe aux autres espèces de *pruniers*.

Le PRUNIER DE BRIANÇON, qui forme certainement espèce par ses feuilles, se cultive dans les écoles de botanique, où on le multiplie, soit de ses noyaux, soit par la greffe sur l'espèce commune. Ses fruits jaune-verdâtres & d'un pouce de diamètre, sont d'une saveur au-dessous du médiocre. On les mange cependant dans les basses & hautes Alpes, où cette espèce croît naturellement, & on tire des amandes de ses noyaux une huile extrêmement bonne à manger & à brûler, connue sous le nom d'*huile de marmotte*, que son haut prix ne permet pas de mettre dans le commerce.

Le PRUNIER MYROBOLAN est depuis longtemps cultivé dans nos jardins, non pour son fruit, de la grosseur de celui du précédent & d'une couleur rouge-cerise, quoiqu'il soit très-mangeable, mais pour ses fleurs, qui se développent les premières au printemps, & qui sont immensément abondantes. On le multiplie également de ses noyaux ou par la greffe. Il se place dans les jardins paysagers, isolé, à quelque distance des massifs, principalement à leurs angles saillans & rentrans. L'effet qu'il produit en fleur est extrêmement agréable. Ce qu'il offre de remarquable, c'est qu'à peine une fleur sur mille devient féconde.

Le PRUNIER CHICASSA gèle dans le climat de Paris, de sorte qu'il ne se conserve que dans les grandes pépinières & dans les collections des amateurs. J'ai beaucoup mangé de ses fruits en Caroline, où il croît naturellement en abondance; ils sont de fort peu supérieurs à ceux du MYROBOLAN.

Les PRUNIERS D'HIVER, ACUMINÉ, A FEUILLES DE PÊCHER & A GRANDES FEUILLES, se voient aussi dans nos écoles de botanique, mais n'y donnent jamais de fruit, ou du moins ne m'en ont jamais montré, quoique fleurissant fort bien. Ils n'offrent rien de remarquable.

Le PRUNIER PUBESCENT diffère des autres par ses feuilles presque rondes, velues, & par ses fruits à peine de quatre lignes de diamètre. On le voit seulement dans les écoles de botanique & dans les grandes collections. Il n'est aucunement propre à l'ornement des jardins.

Le PRUNIER ÉPINEUX, ou *prunellier*, ou *épine noire*, fait le fond des bois & des haies de beaucoup de parties de la France. Il s'élève au plus à dix ou douze pieds, s'accommode de toute espèce de terrain, même des plus arides, croît extrêmement vîte, & se multiplie avec la plus incroyable rapidité par ses drageons. Ses fruits ronds, noirs, de cinq à six lignes de diamètre, sont souvent très-abondans, & servent de nourriture d'hiver à quelques quadrupèdes & à quelques oiseaux. Quoique très-peu charnus & fort âpres, les enfans les mangent sous les noms de *prunelles*, de *senelles*, *chelosses*, &c. On en compose une PIQUETTE ou BOISSON de fort mauvais goût, à mon avis, mais dont les pauvres se contentent. (*Voyez* ces mots.) C'est leur suc épaissi qu'on vend chez les apothicaires sous le nom d'*acacia nostras*, comme spécifique contre la dyssenterie.

Le bois du prunellier est excellent pour chauffer le four, cuire la chaux, le plâtre. On en fabrique fréquemment des cannes très-flexibles & très-solides, qu'on appelle *bâtons d'épine*. Les gros pieds sont trop rares pour qu'il puisse être employé au tour ou dans l'ébénisterie. Ses feuilles sont recherchées par tous les bestiaux, principalement par les chèvres & les moutons.

La propriété de tracer sans cesse, que possède le *prunier* épineux, le rend très-propre à servir d'intermédiaire pour la plantation des bois en terrain sec, parce qu'il leur fournit des abris contre les effets de la chaleur & du vent. On l'appelle même *mère du bois* aux environs de Montargis, parce que partout où il s'en trouve, il y pousse des arbres. Très-fréquemment le *prunier* épineux est employé à la composition des haies artificielles, mais il est bien moins défensable que l'épine blanche, & ses drageons le rendent toujours nuisible aux cultures voisines. Je ne conseille donc son emploi que dans les terrains très-arides, les craies de Champagne, par exemple, & encore avec la restriction d'enlever ses accrus tous les étés, & de le tailler en étages de têtards. *Voyez* HAIE.

Le PRUNIER COUCHÉ n'intéresse que les botanistes, lorsqu'il est franc de pied, parce qu'il n'offre alors que des rameaux grêles & des fleurs peu nombreuses; mais quand il est greffé en fente sur le *prunier* commun, à un pied de terre, ses rameaux & ses fleurs se multiplient au point d'en faire un charmant arbuste, propre à l'ornement des plates-bandes des parterres & des corbeilles des jardins paysagers. Les fruits sont à peine de la grosseur d'un pois.

Le PRUNIER DE LA CHINE est appelé *amandier de la Chine* par plusieurs cultivateurs, parce que ses feuilles ont, par leur forme, quelques rapports avec celles de l'amandier. Il s'élève rarement au-dessus de deux pieds, & pousse des rameaux grêles, rapprochés de sa tige. Nous ne le possédons qu'à fleurs doubles, & nous ne le multiplions que par la greffe sur le *prunier* commun. C'est un charmant arbuste lorsqu'il est en fleurs, ces fleurs étant grandes, d'une belle couleur rose, & couvrant les rameaux dans presque toute leur longueur. On ne peut trop le multiplier dans les parterres & dans les jardins paysagers. Je suppose que ses greffes ne subsistent pas long-temps, par l'effet de la différence de grandeur avec le *prunier* commun. J'ai eu plusieurs fois l'intention de le faire greffer sur prunellier, mais toujours je l'ai oublié au moment convenable.

PSATHURE. *Psathura*. Arbrisseau de l'île de la Réunion, où il est appelé *bois cassant*, qui seul constitue un genre dans l'hexandrie monogynie.

Il ne se cultive pas en France.

PSILOTON. *Psilotum*. Genre de MOUSSE aussi appelé BERNHARDIE, HOFFMANNE & TMESYPTERIS.

PTELÉE. *Ptelea*. Genre de plantes de la tétrandrie monogynie & de la famille des térébinthacées, qui ne contient qu'une espèce, originaire de l'Amérique, laquelle se cultive fréquemment dans nos jardins, quelque peu pourvue d'agrément qu'elle soit.

Cette espèce, qu'on appelle vulgairement l'*orme à trois feuilles*, de la forme de ses fruits en rapport avec ceux de l'orme, & de ses feuilles composées de trois larges folioles, s'élève au plus à quinze ou vingt pieds, & est peu garnie de branches & de feuilles. Ses fleurs sont verdâtres & disposées en corymbes axillaires & terminaux.

C'est presqu'exclusivement de graines, dont elle donne en abondance dans le climat de Paris, qu'on multiplie la *ptelée*. On les répand aussitôt qu'elles sont cueillies, & on les recouvre d'une très-petite épaisseur de terre. Peu manquent. L'année suivante, le plant se repique à vingt ou vingt-quatre pouces de distance. Il peut être mis en place dès la troisième année. Les gelées du climat de Paris ne lui nuisent jamais. Une terre légère & fraîche est celle où il se plaît le mieux. On le place exclusivement au second ou au troisième rang des massifs des jardins paysagers, n'étant de nul effet lorsqu'il est isolé.

On doit à MM. Baumann, pépiniéristes à Bolleville, près Colmar, la connoissance de la possibilité de substituer les fruits de la *ptelée* au houblon, dans la fabrication de la bière. La facilité de sa culture & l'abondance de ses fruits rendent cette découverte fort importante.

PTÉLIDIE. *Ptelidium*. Arbre de Madagascar qui seul constitue un genre dans la tétrandrie monogynie & dans la famille des térébinthacées.

Il ne se voit pas dans nos jardins.

PTÉRANTHE. *Pteranthus*. Plante annuelle d'Arabie, si voisine des CAMPHRÉES, qu'elle y a été réunie.

PTÉRIGODION. *Pterigodium*. Genre établi aux dépens des OPHRIDES qui croissent au Cap de Bonne-Espérance.

PTÉRIGYNANDRE. *Pterigynandrum*. Genre de mousse établi aux dépens des HYPNES. Il a aussi été appelé PTÉROGONION.

PTÉROPHYTE. *Ptherophyton*. Genre établi pour placer les CORÉOPES A FEUILLES ALTERNES & A FEUILLES AILÉES.

PTÉROSPORE. *Pterospora*. Plante du Canada qui seule constitue un genre dans la décandrie monogynie.

Elle se desire encore en Europe.

PTÉROSTYLE. *Pterostylis*. Plante vivace de la Nouvelle-Hollande, laquelle constitue un genre dans la gynandrie monandrie & dans la famille des orchidées.

PTÉROTÈQUE. *Pterotheca*. Genre de plantes qui sépare des autres l'ANDRYALE DE NÎMES.

PTILOSTEMON. *Ptilostemon*. Genre de plantes auquel la SARRETTE FAUSSE-QUEUE sert de type.

PTILOTE. *Ptilotus*. Genre de plantes qui réunit deux espèces originaires de la Nouvelle-Hollande, fort voisines des TRICHINIONS & des AMARANTHINES.

PTYCOSPERME. *Ptycosperma*. PALMIER de la Nouvelle-Irlande, voisin des ARECS & des ELATÉS, mais qui sert de type à un genre particulier.

Il n'existe pas dans les jardins de l'Europe.

PURSHIE. *Purshia*. Arbrisseau du nord de l'Amérique, qui se rapproche des SPIRÉES, mais qui seul constitue un genre dans l'icosandrie monogynie & dans la famille des rosacées.

On ne l'a pas encore reçu dans nos jardins.

PUSCHKINIE. *Puschkinia*. Genre établi sur une plante du Caucase, intermédiaire entre les ORNITHOGALES & les SCILLES.

Elle n'a pas encore été introduite dans nos cultures.

PYCRÉE. *Pycreus*. Genre établi pour placer le SOUCHET FASCICULÉ.

PYLAISIE. *Pylaisia*. Genre de MOUSSES, rapproché des FABRONIES & des PTEROGONIONS.

PYRÉNACÉES. Famille de plantes, dont le type est le genre VERVEINE. Elle renferme de plus ceux appelés PERAGUE, OVIEDE, GATTILIER, VOLKAMÈRE, ARGYPHYLLE, CALLICARPE, COMUTIE, GMELINE, COTELET, DURANTE, LANTANA, SPIELMANN, ZAPANE.

PYROSTOME. *Pyrostoma*. Arbre de l'Amérique méridionale, qui constitue un genre dans la didynamie angiospermie.

Il ne se cultive pas en Europe.

PYRROSIE. *Pyrrosia*. FOUGÈRE de la Chine, qui seule constitue un genre voisin des CANDOLINES, des ACROSTIQUES & des POLYPODES.

PYRULAIRE. *Pyrularia*. Arbrisseau de la Caroline, aussi appelé HAMILTONIE, qui seul constitue un genre dans la diœcie pentandrie, fort voisin des CELASTRES.

L'amande de son fruit fournit une huile bonne à manger.

Q

QUAKITE. Genre qui ne diffère pas du BLADIE.

QUEUE-DE-RAT. Instrument propre à nettoyer le blé, à briser les gousses du sainfoin, de la luzerne, du trèfle, usité aux environs de Laon & de Saint-Quentin, mais que je ne connois pas. Il est composé de trois cônes tronqués, en fil de fer, entrant l'un dans l'autre, dont l'extérieur a les fils plus rapprochés. On le manœuvre en le faisant tourner. Ses effets sont très-rapides. C'est la forme du moulin à farine des Romains.

R

RABAISSER. *Voyez* RABATTRE.

RABANA. *Voyez* MOUTARDE.

RABOT. Vieille douve de tonneau ou morceau de planche, que traverse un long manche, & avec lequel on unit la terre qui a été labourée à la bèche. Il produit à peu près l'effet d'un RATISSAGE. *Voyez* ce mot.

RABOUGRI. Synonyme d'ABOUGRI.

RACE. Variété de FROMENT.

RACHITIS. On donne quelquefois ce nom aux bois RABOUGRIS.

RAFAUT. Synonyme de RABOUGRI.

RAINDEAU. *Voyez* MAÎTRE SILLON.

RAMÉE. Dans le Bourbonnois, c'est une petite meule de foin qu'on établit tous les soirs & qu'on disperse tous les matins. *Voyez* FOIN & MEULETTE.

Dans quelques cantons, le même nom s'applique à des champs appartenant en commun à différens propriétaires, & qui peuvent être cultivés par l'un d'eux ou plusieurs d'entr'eux, sans être tenus à labourer une partie plutôt que l'autre.

RAMIER. Les BOUTURES EN RAMÉES portent ce nom dans quelques parties de la France. *Voyez* ce mot.

Aux environs de Montbrisson, on donne le même nom à des digues faites avec des fagots,

& fixées avec des pièces de gros bois, pour empêcher les ravages des TORRENS. *Voyez* ce mot.

RAMONEUR. Synonyme de GIROFLÉE JAUNE.

RAN. Nom des FOSSÉS où se plante la vigne aux environs d'Orléans. *Voyez* VIGNE.

RANE. Petit labour qui se donne aux RANS avant l'hiver. *Voyez* VIGNE.

RANZO. La LIE de VIN se nomme ainsi dans le Midi.

RAOU. Synonyme de MÉTEIL dans le département de l'Aude.

RAPÉ. Dans quelques départemens, ce nom s'applique aux résultats de la fermentation des grappes de raisin mises entières dans un tonneau plein d'eau, de manière que les grains se décomposant & fermentant successivement, on puisse, pendant plusieurs mois, tirer chaque jour quelques bouteilles du vin imparfait qui se produit, & y remettre la même quantité d'eau, sans trouver un changement notable dans ce vin.

Une autre façon de faire le *râpé*, c'est de mettre des sarmens de vigne chargés de leurs feuilles & des rameaux de chêne, entre les lits du marc de raisin, dans ses dernières pressées. Le vin qui reste dans ce marc se charge du principe astringent de ces feuilles & se conserve plus longtemps. *Voyez* VIN.

Il est rare aujourd'hui de voir faire du *râpé* en France. *Voyez* BOISSON & PIQUETTE.

RASCAPOS. Empilement, dans les ravins des Cevennes, de grosses pierres propres à retarder le cours des eaux & empêcher qu'elles entraînent les terres.

Je fais des vœux pour que cette pratique s'étende. *Voyez* RAVIN & TORRENT.

RASCO. Nom de la CUSCUTE dans le midi de la France.

RASE-MORTE. Synonyme de PIERRÉE.

RASPECT. Le MOUT s'appelle ainsi, dans le Midi, au sortir de la CUVE.

RASSET. Le SON porte ce nom dans le département du Var.

RATELLE. Il y a lieu de croire que la maladie des cochons qui porte ce nom, diffère peu de la SOIE. *Voyez* ce mot & celui de CHARBON, maladie.

RAVANELLE. Un des noms du RAIFORT SAUVAGE.

RAVIER. Fosse creusée, dans le Jura, pour conserver, pendant les gelées, les raves, les carottes & les pommes de terre, &c.

RAYONNEUR. Sorte de HOUE A CHEVAL à fers très-bombés, qui sert à tracer des lignes droites & parallèles, lorsqu'on veut semer ou planter en rayons.

Cet instrument, peu coûteux, devroit se trouver dans toutes les exploitations rurales, car la CULTURE par RANGÉE est certainement plus profitable que celle à la VOLÉE. *Voyez* ces mots.

REBOUTILS. On appelle ainsi, dans le midi de la France, les bourgeons qui sortent de l'aisselle des feuilles supérieures de la vigne, après qu'elle a été rognée, bourgeons qu'on supprime rigoureusement. *Voyez* EBOURGEONNEMENT.

REBULET. Nom des recoupes du SON dans quelques lieux.

RECHARGER. Opération de grande & de petite culture, qui consiste à apporter de la terre sur un champ ou une planche qui en est dégarnie, ou qui est épuisée. *Voyez* TERRE.

RÉCOLEMENT. Opération forestière qui se fait après la coupe du bois, & qui consiste à s'assurer si les baliveaux marqués ont été conservés, & si on n'a pas outrepassé les limites de la vente. Elle est exécutée par plusieurs personnes qui en dressent procès-verbal, & qui en sont responsables devant les tribunaux, si plus tard on en attaque les résultats.

Cette opération ne se fait que dans les bois de l'Etat, les particuliers, ou leurs gardes, s'assurant suffisamment de ces deux objets par l'inspection des lieux. *Voyez* FORÊT.

RECOUPADIS. Second LABOUR donné aux jachères dans quelques cantons.

REDOUBLÉE. Ce nom s'applique, dans beaucoup de lieux, au semis d'une sorte de céréale, deux années de suite dans le même champ.

Une bonne agriculture doit repousser toute *redoublée*. Voyez ASSOLEMENT.

REDRUGER. Synonyme d'EBOURGEONNEMENT de la VIGNE. *Voyez* ces mots.

REFENDEURS. Nom d'une classe d'ouvriers travaillant dans les forêts, & dont l'objet est de fendre les tronçons de CHÊNE, de CHATAIGNIER & de HÊTRE, pour en faire des DOUVES ou MERRAIN, des PANNEAUX pour PARQUET & LAMBRIS, des LATTES, des ECHALAS, des CERCLES, des BAGUETTES DE TREILLAGE, des PELLES A TERRE & à FOUR, des ECLISSES pour la fabrication des mesures de grains, des SEAUX, des CRIBLES, des TAMIS, des FOURREAUX DE SABRE, des ETUIS DE LUNETTES, &c.

C'est le chêne blanc venu en futaie qui est le plus propre à la refente. Celui appelé *roure* & celui cru isolément sont trop chargés de nœuds pour ne pas donner excessivement de déchet par suite de cette opération.

Les *refendeurs* qui ne travaillent que sur des taillis de châtaigniers, qui ne font que des cercles & des baguettes à treillage, se nomment CERCLIERS.

Comme les *refendeurs* sont toujours payés à leurs pièces, les propriétaires ou les marchands mettent peu d'importance à ce qu'ils travaillent beaucoup ou peu, vîte ou lentement; mais il faut cependant les surveiller sans relâche, quand leur habileté ou leur bonne foi n'est pas bien assurée, car ils peuvent donner lieu à de grandes pertes, par suite des déchets qui sont nécessairement la suite de leurs opérations, & qui peuvent être augmentés par leur maladresse, leur insouciance & le desir de nuire. Jamais ces déchets ne doivent leur être abandonnés, car alors ils auroient intérêt à en faire le plus possible. *Voyez* BOIS & FORÊT.

REGANEOU. Un des noms du CHÊNE KERMÈS.

RÉGLISSE. *Glycyrrhiza.* Genre de plantes de la diadelphie décandrie & de la famille des légumineuses, dans lequel se placent sept espèces d'arbustes, dont un est l'objet d'une culture de quelqu'importance, à raison de ses racines, qui contiennent beaucoup de mucoso-sucré, & qui s'emploient fréquemment comme remède.

Observations.

Le genre LIQUIRITIE a été proposé pour séparer une espèce de celui-ci, mais il ne paroît pas dans le cas d'être adopté.

Espèces.

1. La RÉGLISSE glabre.

Glycyrrhiza glabra. Linn. ♄ Du midi de l'Europe.

2. La REGLISSE à tiges rudes.

Glycyrrhiza asperrima. Linn. ♄ De Sibérie.

3. La RÉGLISSE hérissonne.

Glycyrrhiza echinata. Linn. ♄ Du midi de l'Europe.

4. La RÉGLISSE fétide.

Glycyrrhiza fœtida. Desf. ♄ Des côtes de Barbarie.

5. La RÉGLISSE glanduleuse.

Glycyrrhiza glandulosa. Willd. ♄ De la Hongrie.

6. La REGLISSE velue.

Glycyrrhiza hirsuta. Linn. ♄ Du Levant.

7. La REGLISSE lépidote.

Glycyrrhiza lepidota. Pursh. ♄ De l'Amérique septentrionale.

Culture.

Les six premières espèces se conservent en pleine terre dans nos écoles de botanique, cependant la quatrième y craint les gelées dans le climat de Paris. En conséquence il est bon d'en tenir quelques pieds en pot pour les rentrer dans l'orangerie pendant l'hiver. La troisième, comme la plus rustique & la plus remarquable, se voit le plus fréquemment dans nos jardins paysagers, qu'elle orne par ses touffes & par ses hérissons de fruits. La première est celle qui se cultive pour le profit, dans plusieurs cantons de l'Espagne, de l'Italie & même de la France.

Plus le climat est chaud, & plus la *réglisse* est sucrée; aussi est-ce de Calabre, de Sicile, d'Andalousie, que provient la meilleure qui se trouve dans le commerce.

Une terre légère & substantielle doit être choisie lorsqu'on veut cultiver la *réglisse*, parce qu'il faut que ses racines s'y étendent à l'aise & qu'elles y trouvent assez de nourriture pour pouvoir grossir & se multiplier au gré de celui qui spécule sur son produit.

Jamais il ne faut en mettre dans le même terrain qu'après dix à douze années employées à d'autres cultures.

Jamais il ne faut fumer le terrain l'année même de la plantation.

Des labours multipliés & profonds, à la pioche ou à la bèche, pendant lesquels on enlève toutes les pierres, sont indispensables au succès de la culture de la *réglisse.*

La voie des graines a rarement lieu pour reproduire la *réglisse*, parce qu'elle fait perdre deux à trois ans de jouissance. C'est donc avec les bourgeons des pieds qui viennent d'être arrachés, qu'on forme de nouvelles planches.

Ainsi donc la planche bien préparée vers le commencement de mars, plus tôt ou plus tard, suivant le climat & la saison, mais toujours avant le développement des bourgeons, on sépare ces bourgeons du collet des racines, en leur laissant quelques chevelus, & on les met en terre, au moyen d'un coup de pioche, à un pied de distance les uns des autres, & en lignes espacées de deux pieds.

Généralement, la plantation fait peu de progrès la première année. Ce n'est qu'après l'hiver suivant, saison où on la bine & la fume, qu'elle prend de la force.

Chaque automne on coupe les tiges rez-terre & on les emploie à chauffer le four. Des binages d'été ne pourroient qu'être très-avantageux, mais il ne paroît pas qu'on les regarde comme nécessaires.

C'est à la fin de la troisième, ou mieux de la quatrième année, qu'on fait la récolte des racines de la *réglisse*, en minant la terre au-dessous d'elle & en les tirant avec la main. Elles sont ensuite lavées, puis séchées à l'ombre, puis réunies en bottes, puis livrées au commerce : toutes opérations qui sont trop simples pour avoir besoin d'être décrites.

Dans les pays chauds, comme je l'ai annoncé plus haut, on tire des racines de la *réglisse* un extrait solide, appelé dans le commerce *suc* ou *sucre de réglisse*. La Calabre, d'après Lasteyrie, fournit la meilleure. Voici comment on procède à son extraction.

Les racines, lavées & séchées comme je l'ai indiqué plus haut, sont, lorsqu'on a du temps de reste, mises à ramollir dans l'eau, hachées en petits morceaux, réduites en pulpe sous une meule tournante, pulpe qu'on fait long-temps bouillir dans l'eau, & dont on tire, par expression, tout le liquide sucré possible. Ce liquide est remis dans la chaudière, avec celui qui y étoit resté, jusqu'à ce qu'il soit réduit en consistance solide. *Voyez* EXTRAIT.

Après avoir donné à l'extrait la forme de cylindres de six pouces de long, sur un de diamètre, & les avoir entourés de feuilles de laurier, on achève sa dessiccation dans un four, opération pendant laquelle, par défaut de soin, il brûle souvent, ainsi qu'on le reconnoît malheureusement dans le commerce. Les cylindres, déposés dans un lieu sec, peuvent se conserver bons à employer pendant plusieurs années.

Les racines de la *réglisse* en nature, ou en poudre, ou en décoction, sont d'un usage fréquent en médecine, comme adoucissantes & excitant la transpiration. On les met entières entre les mains des enfans à la mamelle, pour, en les mâchant, favoriser la sortie de leurs dents, effet qu'elles produisent mieux que les plus riches hochets de corail ou de cristal. Les enfans plus âgés & même les grandes personnes en font une infusion, qu'ils boivent avec utilité pendant les chaleurs de l'été. C'est elle qu'on vend dans les rues de Paris, à si bon compte, sous le nom de *coco*. L'extrait solide subit dans les pharmacies plusieurs préparations qui le rendent plus agréable.

Les Anciens employoient aux mêmes usages les racines de la *réglisse* hérissonne, quoiqu'elles soient, si je puis en juger par quelques essais comparatifs avec celles crues dans le climat de Paris, inférieures en saveur à celles de la *réglisse* glabre.

REMUETTE. Dans quelques lieux, c'est le premier LABOUR des JACHÈRES.

REPENTIR. Nom du SARRAZIN dans quelques cantons de la Champagne, parce qu'il ne lève pas toujours, que souvent ses fleurs avortent, que souvent sa tige se dessèche, ce qui fait regretter de l'avoir semé.

RESSOLEMENT. Synonyme de PROVIGNEMENT. *Voy.* ce mot & ceux MARCOTTE & VIGNE.

RÉTENTION D'URINE. Maladie des voies urinaires, dont les causes ne sont pas toujours faciles à assigner. C'est le cheval qui y est le plus sujet parmi les animaux domestiques, à raison des services violens auxquels il est souvent assujetti pendant la chaleur. Il est fréquent qu'il en meure après deux jours de souffrances. Le repos, un régime adoucissant, des boissons d'eau blanche nitrée, la saignée, peuvent ramener le cours des urines en quelques heures.

REVIN. Synonyme de PETIT VIN dans le département du Gard.

REVIRAS. Second LABOUR des JACHÈRES dans le département de la Haute-Vienne.

REVIVE. Le REGAIN porte ce nom dans les environs de Nevers.

RHAMNOÏDES. Famille de plantes qui, outre celui des NERPRUNS, qui lui sert de type, réunit encore les genres STAPHYLIER, FUSAIN, CÉLASTRE, CASSINE, HOUX, APALANCHE, JUJUBIER, PALIURE, CÉANOTHE, PHYLIQUE & AUCUBE.

RHINANTOÏDES. Famille de plantes qui est composée des genres COCRÈTE, PEDICULAIRE, CALCEOLAIRE, VERONIQUE, EUPHRAISE, MELAMPYRE, DISANDRE & CASTILLÈGE. *Voyez* ces mots.

RHODORACÉES. Famille de plantes. On y trouve, outre le genre RHODORE, ceux KALMIE, ÉPIGÉE, MENTZIEZE, LÈDE, BEJAR & LÈDE. Il diffère fort peu de celle des ÉRICÉES ou BICORNES.

RHODORE. *Rhodora.* Arbuste de l'Amérique septentrionale, qui s'élève à peine à deux pieds de hauteur, qui fleurit au premier printemps, avant le développement de ses feuilles, & qu'on cultive dans nos jardins pour l'agrément de ses fleurs purpurines, disposées en faisceaux au sommet des tiges.

Cet arbuste exige impérieusement la terre de bruyère & une humidité constante. On le place au nord des fabriques ou des murs. Sa multiplication s'effectue exclusivement de marcottes, car il est très-rare qu'il donne de bonnes graines dans le climat de Paris, quoiqu'il y fleurisse tous les ans. Comme ses rameaux sont roides & cassans, il faut prendre beaucoup de précaution en les couchant. Ils s'enracinent dans l'année lorsqu'ils ont été couchés pendant l'hiver. On doit placer, un ou deux ans après leur séparation, les marcottes dans une pépinière, pour les faire fortifier, après quoi on les met en place.

Quoique la précocité de la floraison du *rhodore* le rende très-ornant, il n'est pas très-commun dans nos jardins, probablement parce que ses fleurs passées, & elles ne durent que quelques jours, il ne se remarque plus. Du reste, il est très-rustique, & ne demande que les soins ordinaires aux arbres de TERRE DE BRUYÈRE. *Voyez* ces mots & ceux ROSAGE & AZALÉE.

RHUPS. Nom vulgaire du RAIFORT RAPHANISTRE dans le Médoc.

RIAIZE ou RIEZ. Les plus mauvaises terres se nomment ainsi dans le nord de la France. On les laisse en PATURAGE. Elles sont sur une roche calcaire.

RIBOGE. A Abbeville, ce nom se donne à la GESSE CULTIVÉE.

RIBOULIS. Dans le Laonois, ce sont les terres qu'on sème en VESCE D'HIVER, en COLSA, &c., immédiatement après la moisson.

RIDELLES. Pièces de bois de deux à trois pouces de diamètre & parallèles, traversées par des baguettes, qui se placent sur les VOITURES pour retenir les objets volumineux & peu pesans qu'on y transporte. *Voyez* ce mot.

RIO. Un des noms du LISERON des champs.

RITTE, RITTON, RITTER. Aux environs de Mirecourt, le premier de ces noms s'applique à une sorte de charrue sans oreille, au socle de laquelle s'attache, au moyen d'un double crochet, un sabre recourbé de deux pieds de long, qui sert à couper le sommet des mottes que fait naître le LABOUR. *Voyez* ce mot.

Le second de ces mots désigne le sabre; le troisième, l'action de l'employer.

J'ai vu labourer avec la *ritte*, mais il m'a paru qu'elle opère lentement & incomplétement; aussi, quoiqu'exigeant deux opérations, la houe à cheval, à plusieurs socs, m'a-t-elle paru lui être préférable.

ROBINET. Nom vulgaire de la LYCHNIDE DIOIQUE.

ROBINIER. *Robinia.* Genre de plantes de la diadelphie décandrie & de la famille des légumineuses, dans lequel se placent vingt-neuf espèces, dont la moitié se cultivent en pleine terre dans nos jardins.

Observations.

Quelques botanistes ont séparé les CARAGANS des *robiniers ;* ici, ils resteront réunis.

Espèces.

1. Le ROBINIER faux-acacia.
Robinia pseudo-acacia. Linn. ♄ De l'Amérique septentrionale.

2. Le ROBINIER visqueux.
Robinia viscosa. Vent. ♄ De l'Amérique septentrionale.

3. Le ROBINIER hispide.
Robinia hispida. Linn. ♄ De l'Amérique septentrionale.

4. Le ROBINIER à fleurs violettes.
Robinia violacea. Linn. ♄ De l'Amérique méridionale.

5. Le ROBINIER strié.
Robinia striata. Willd. ♄ De l'Amérique méridionale.

6. Le ROBINIER écailleux.
Robinia squamosa. Vahl. ♄ De l'Amérique méridionale.

7. Le ROBINIER à larges feuilles.
Robinia latifolia. Poiret. ♄ de l'Amérique méridionale.

8. Le ROBINIER fleuri.
Robinia florida. Vahl. ♄ Des îles de l'Amérique.

9. Le ROBINIER panococo.
Robinia panococo. Aubl. ♄ De l'Amérique méridionale.

10. Le ROBINIER Nicou.
Robinia Nicou. Aubl. ♄ De l'Amérique méridionale.

11. Le ROBINIER des haies.
Robinia sepium. Willd. ♄ De l'Amérique méridionale.

12. Le ROBINIER à fleurs soyeuses.
Robinia sericea. Poiret. ♄ De l'Amérique méridionale.

13. Le ROBINIER des marais.
Robinia uliginosa. Roxb. ♄ Des Indes.

14. Le ROBINIER couleur de rouille.
Robinia rubiginosa. Poiret. ♄ Des îles de l'Amérique.

15. Le ROBINIER à feuilles de réglisse.
Robinia glyciphylla. Poiret ♄ De la Martinique.

16. Le ROBINIER douteux.
Robinia dubia. Poiret. ♄ De la Martinique.

17. Le ROBINIER amer.
Robinia amara. Lour. ♄ De la Chine.

18. Le ROBINIER caragan.
Robinia caragana. Linn. ♄ De Sibérie.

19. Le ROBINIER à petites feuilles.
Robinia microphylla. Poiret. ♄ De Sibérie.

20. Le ROBINIER féroce.
Robinia ferox. Linn. ♄ De Sibérie.

21. Le ROBINIER argenté.
Robinia halodendron. Linn. ♄ De Sibérie.

22. Le ROBINIER de la Chine.
Robinia chamlagu. Linn. ♄ De la Chine.

23. Le ROBINIER digité.
Robinia frutescens. Linn. ♄ De Sibérie.

24. Le ROBINIER pygmée.
Robinia pygmæa. Linn. ♄ De Sibérie.

25. Le ROBINIER à bouquets.
Robinia polyanthos. Swartz. ♄ De l'Amérique méridionale.

26. Le ROBINIER altagan.
Robinia altagana. Lhér. ♄ De Sibérie.

27. Le ROBINIER à fleurs nombreuses.
Robinia jubata. Pallas. ♄ De Sibérie.

28. Le ROBINIER tragacanthe.
Robinia tragacanthoides. Pallas. ♄ De Sibérie.

29. Le ROBINIER à racines jaunes.
Robinia flava. Lour. ♄ De la Chine.

Culture.

Le *robinier faux-acacia*, ou simplement l'*acacia*, a été apporté de l'Amérique septentrionale en France, au commencement du dix-septième siècle. Son agréable feuillage, la bonne odeur de ses fleurs, la rapidité de sa croissance, lui ont assuré la faveur des amateurs. D'abord il fut très-prôné, comme

comme arbre d'agrément, ensuite trop dénigré, puis il a joui d'une réputation exagérée comme arbre utile, & excessivement multiplié dans toutes les parties de la France. Aujourd'hui il est retombé à sa véritable valeur, & on n'en plante plus que dans les jardins & en avenue.

Les avantages du *robinier* sont sa rapide croissance, son feuillage léger & très-variable dans ses nuances, la beauté & la bonne odeur de ses grappes de fleurs, la belle couleur & la solidité de son bois; mais il a l'inconvénient de pousser tard, de perdre ses feuilles de bonne heure, d'être pourvu, dans sa jeunesse, de redoutables épines, qui donnent lieu à de fréquens accidens; d'avoir ses branches trop cassantes, &c.

Dans son pays natal, où certes le bois ne manque pas, on en plante souvent un certain nombre de pieds, lorsqu'il se fait un mariage, &, au bout de dix-huit à vingt ans, le produit fait la dot des enfans nés de ce mariage. Il pèse, sec, d'après Varenne de Fenille, 56 livres par pied cube, se retrait d'un sixième, & pourrit difficilement. On en construit des maisons, des courbes de vaisseaux, des pieux, &c. Son seul défaut est d'avoir les pores très-grands & de n'être pas susceptible de poli.

Les feuilles de l'acacia sont si sucrées, que les enfans aiment à les mâcher. Tous les bestiaux les aiment avec passion. Elles augmentent la quantité & la qualité du lait des vaches qui en sont nourries. Beaucoup d'écrivains, moi du nombre, ont préconisé sa culture sous ce rapport; mais des observations nouvelles ont constaté que des chevaux, que des lapins étoient morts pour en avoir exclusivement mangé, & en conséquence je crois qu'il faut n'en donner qu'aux vaches, & encore une petite quantité à la fois.

Les sauvages emploient l'écorce de l'acacia pour se faire vomir, ce qui indique ses qualités délétères, & en effet c'est elle qui a fait périr le plus de chevaux.

François de Neufchâteau nous a appris qu'à Saint-Domingue on fabrique une liqueur de table très-estimée avec les fleurs de l'acacia infusées dans l'eau-de-vie sucrée; mais sont-ce bien celles de l'espèce dont il est ici question?

Un sol léger, fertile & profond, est impérieusement nécessaire aux acacias pour qu'ils prospèrent. C'est pour n'avoir pas fait attention à cette circonstance, que tant de propriétaires ont perdu de grosses sommes en plantations; que celles faites à Fontainebleau, à Rambouillet, au bois de Boulogne, &c., ont disparu au bout de quelques années.

Malgré ses redoutables épines, l'acacia n'est pas propre à être employé en HAIE, parce qu'il s'emporte trop & se dégarnit promptement du pied. *Voyez* ce mot.

La multiplication de l'acacia peut s'effectuer par ses racines, par ses rejetons, par ses marcottes, par ses graines. On s'en tient aujourd'hui à ce dernier moyen, qui fournit les arbres les plus beaux & les plus durables.

C'est depuis la fin de l'automne jusqu'au printemps qu'on cueille la graine de l'acacia, à la main, placé sur une échelle double, ou au moyen d'un léger croissant. En montant sur l'arbre, on risque de se blesser aux épines & de tomber, ses branches, je le répète, étant extrêmement cassantes. Elle peut se conserver deux à trois ans bonne dans sa gousse. Il est prudent d'en réserver pour l'année suivante, car elle n'est abondante que de deux années l'une.

Généralement la graine d'acacia se sème dans une planche convenablement préparée, soit en rayon, soit à la volée, vers la fin d'avril, mais on peut retarder cette opération sans inconvéniens graves. La graine se recouvre d'un demi-pouce de terre. Des arrosemens pendant les chaleurs sont très-avantageux. Dans un bon fonds & dans une année favorable, le plant doit s'élever, avant l'hiver, à plus d'un pied de hauteur. S'il est trop serré, on l'éclaircit, en le binant, au milieu de l'été. Dans le climat de Paris, ce plant gèle souvent pendant l'hiver, & il est bon de le couvrir de fougère ou de feuilles sèches. Au reste, cet événement ne fait jamais périr le collet des racines, & n'influe que fort peu sur les plantations subséquentes.

Plus au nord, il faut semer l'acacia en terrines ou en caisses, pour en rentrer le plant dans l'orangerie aux approches des gelées.

Le semis de la graine d'acacia en grand se fait à la volée, sur deux labours, & fort clair, en la mêlant avec de l'orge, qu'on récolte en l'arrachant. Je rappelle, qu'en opposition avec plusieurs écrivains, je ne crois pas qu'il soit avantageux de former en France des forêts de cet arbre.

Au printemps de l'année suivante on relève le plant de l'acacia, en minant la planche qui le contient, pour que ses racines, généralement fort cassantes, puissent être enlevées sans dommages notables. Le plus petit est mis en rigole, à six pouces de distance, & le plus gros en ligne, à deux pieds l'un de l'autre, dans une autre partie de la pépinière, dont le terrain aura été défoncé de deux fers de bèche. *Voy.* PÉPINIÈRE & PLANTATION.

Couper le pivot des racines, & la partie supérieure des tiges, a très-fréquemment lieu avant ces opérations; mais, lorsque la tige n'a pas été gelée, il est toujours bon de s'en dispenser, le pivot étant plus utile à cet arbre qu'à beaucoup d'autres.

Dans le cours de la première année, le plant transplanté reçoit deux binages & un labour d'hiver, à la fin duquel on coupe toutes les tiges rez-terre. *Voyez* RECÉPAGE.

Au printemps suivant il pousse plusieurs nouvelles tiges du collet des racines, dont on supprime successivement les plus foibles, de manière qu'à la fin de mai il n'en reste plus qu'une, laquelle acquiert souvent, pendant la séve d'août, une hauteur de plus de six pieds. Deux binages & un labour sont encore donnés au terrain.

La taille en crochet s'applique à ce plant l'hiver d'après, puis on l'élague & on l'arrête à six pieds l'autre hiver; alors il est dans le cas d'être planté à demeure, mais il gagne à rester encore un an dans la pépinière.

Le plant mis en rigole ne prenant pas autant de force que celui placé d'abord en ligne, est réservé pour faire des massifs ou pour servir à la greffe des espèces dont il sera parlé plus bas.

C'est pendant l'hiver qu'on transplante l'acacia. Sa tête ne doit jamais être coupée, comme on le pratique si souvent, mais ses branches seront raccourcies, en laissant les brindilles qui se trouvent sur les tronçons. Ses racines seront rigoureusement conservées & étendues autant que possible. On ne supprimera qu'en août les bourgeons qui se développeront sur le tronc.

Les branches de l'acacia, ainsi que je l'ai déjà annoncé, étant très-cassantes, ce n'est que dans des lieux abrités des grands vents qu'il convient de les planter isolément & en avenue. Comme arbre d'agrément, il produit de très-bons effets dans les jardins paysagers, soit en massif, soit groupé à quelque distance des massifs, soit isolé au milieu des gazons, tant au printemps, par le beau vert de ses feuilles & l'agréable odeur de ses fleurs, qu'en été, par l'ombre légère & les diverses nuances de jaune qu'offrent ses feuilles. Sa tête ordinairement régulière, ou qu'on peut facilement rendre telle par quelques coups de croissant, produit des effets de lumière très-agréables à l'œil.

Parvenus à une certaine hauteur, trente pieds par exemple, ces effets ne sont plus aussi perceptibles; en conséquence il faut fréquemment renouveler les pieds d'acacia dans les jardins bien conduits.

Je ne parlerai pas de la culture de l'acacia pour la nourriture des bestiaux, n'étant plus dans l'opinion qu'il soit prudent de spéculer sur elle.

L'acacia a fourni quelques variétés remarquables, dont la plus importante, à mon avis, est celle qui porte le nom de *robinier sans épines* (*robinia mitis*), laquelle a été établie en titre d'espèce par quelques botanistes. Une seule fleur, blanche & axillaire, a été vue par moi, sur un pied très-vieux & non greffé, existant dans les jardins de M. Gillet-Laumont, inspecteur-général des mines. Cette variété est très-remarquable par la quantité de ses branches petites, en zig-zag, sans épines, & de ses feuilles pendantes (23 ou 25), à folioles larges. On en fait un emploi très-étendu pour la décoration des jardins paysagers, à laquelle elle est très-propre, à raison de l'ombre impénétrable qu'elle donne & par les effets de lumière qu'elle produit. C'est au moyen des boutures, des marcottes & de la greffe qu'on la multiplie. Cette dernière ne réussit avec certitude que lorsqu'elle est faite au printemps, en fente ou en écusson, à œil poussant, soit sur racine, soit à deux, trois, quatre, cinq & six pieds de haut. J'en ai toujours vu les résultats d'autant plus ornans, qu'ils avoient poussé irrégulièrement & qu'ils formoient parasol.

C'est sur le bord des massifs, ou à quelque distance de leurs bords, qu'on place le *robinier* sans épines. Il ne doit pas être trop prodigué. Lorsqu'il est assez élevé pour recevoir un banc contre son pied, il devient un refuge assuré contre les rayons du soleil & contre une pluie peu durable. J'en avois planté un ainsi disposé dans le bosquet des bains d'Apollon à Versailles, qui faisoit l'admiration des promeneurs.

Une autre variété importante du même *robinier* est celle qui a été appelée *spectabilis*. Elle manque d'épines & est plus forte du double dans toutes ses parties. Elle mérite donc mieux d'être cultivée que l'espèce, mais la nécessité de la greffer en a éloigné après une grande vogue, & en ce moment elle est très-peu recherchée.

Je ne parlerai pas des autres variétés, très-nombreuses, qui paroissent & disparoissent successivement.

Le *robinier* visqueux ne s'élève pas autant que le précédent, vingt à vingt-cinq pieds étant le maximum de sa hauteur. Sa tête, plus massée & d'un vert plus foncé, lui fait produire de l'effet à côté du précédent, lorsqu'il n'est pas en fleur, à plus forte raison lorsqu'il en est surchargé, comme cela arrive souvent, deux fois l'année, en juin & en août. Ses fleurs sont rougeâtres, disposées en grappes très-serrées. Il est un des arbres des plus ornans de ceux qui se voient dans nos jardins, où il se place, soit isolément, soit groupé deux ou trois, à quelque distance des massifs, au point de départ de deux allées, &c. On ne doit cependant pas trop le prodiguer. Comme la plus grande partie de ses fleurs avortent, on le multiplie principalement par bouture, par marcotte & par sa greffe sur l'espèce précédente. Je voudrois qu'il y en eût davantage de francs de pied dans nos jardins, parce qu'étant plus foibles, ils y font plus d'effet, & que poussant beaucoup de rejetons, ils se multiplient plus facilement.

La viscosité qui entoure les jeunes rameaux est analogue à la glu & cause la mort d'un grand nombre d'insectes.

Le *robinier hispide*, l'*acacia rose des jardins*, s'élève au plus à dix à douze pieds. Il se cultive fréquemment dans nos jardins, qu'il orne par ses belles grappes de fleurs rouges, paroissant en mai & en août, lesquelles contrastent avec ses feuilles d'un vert foncé & les nombreuses épines fauves de ses rameaux. Rarement il subsiste, &c, dans son pays natal, où je l'ai observé, aux lieux boisés & humides, & dans nos jardins, où il se multiplie par rejetons, par marcottes, & surtout par la greffe en fente sur le faux-acacia, plus de quatre à cinq ans. La plus belle plantation en berceau, qui ait existé aux environs de Paris, se voyoit chez M. Gillet-Laumont, déjà cité. Son éclat la rendoit l'objet des plus vifs applaudissemens, pendant qu'elle étoit jeune; elle s'est successivement & rapidement dégradée.

Cette espèce donne assez constamment des fleurs l'année même de sa greffe.

Les hivers rigoureux & la grande chaleur lui nuisent également. Elle ne veut pas être gênée par la serpette.

Les *robiniers à fleurs violettes, écailleux, à larges feuilles* & *panococo*, se voient dans quelques-unes de nos serres, mais elles y produisent fort peu d'effet, y fleurissent rarement, ou peut-être pas du tout. On les multiplie de marcottes.

Un *robinier* chanvre, qui n'est pas encore connu en Europe, fournit dans l'Inde, son pays natal, une filasse que les habitans préfèrent à toutes les autres pour la fabrication de leurs cordages & de leurs filets de pêche.

Le *robinier caragan* s'élève à huit à dix pieds. On le connoît vulgairement sous le nom d'*arbre aux pois*, parce que ses graines ressemblent & se mangent comme les pois. Il prospère dans toutes les sortes de terrains & à toutes les expositions. C'est en touffe qu'il produit le plus d'effet dans les jardins paysagers, où il se place sur le bord des massifs.

La multiplication du *caragan* a lieu presqu'exclusivement par le déchirement des vieux pieds en hiver & les semis de ses graines au printemps. Ces dernières, qui sont presque toujours surabondantes, se répandent dans une planche bien préparée, &c, autant que possible, en terre fraîche. Ordinairement le plant qui en résulte a acquis trois à quatre pouces de haut à la fin de la première année. Au printemps suivant, il se repique en pépinière, à huit à dix pouces de distance en tout sens. Il est propre, sans autres opérations que des binages, à être mis définitivement en place à la quatrième année.

Chaque année on doit disposer une planche de ce plant, dans les pépinières bien montées, pour servir à la greffe des espèces suivantes, qui donnent peu de graines dans nos climats, & qui se prêtent difficilement au marcottage.

Cet arbuste devroit être depuis long-temps employé sous les rapports utiles de notre agriculture; car, 1°. il est extrêmement propre à faire des haies, ses touffes étant très-garnies du bas; 2°. ses semences, toujours très-nombreuses, étant extrêmement du goût des cochons & des volailles; 3°. on peut faire des cordes avec son écorce; 4°. sa racine, très-sucrée, est recherchée par les cochons; 5°. toutes ses parties vertes donnent une couleur jaune assez belle; 6°. ses tiges, coupées tous les quatre à cinq ans, fournissent du bois de chauffage en abondance.

Un inconvénient de cet arbuste, est que sa graine est coûteuse à cueillir, à raison des épines qui la défendent; mais on peut, ou la faire tomber à coups de bâton, & laisser aux cochons & aux volailles le soin de la ramasser, ou couper, chaque hiver, une partie des tiges pour les apporter à la maison & les battre avec le fléau. Gmelin, Pallas & autres voyageurs ne tarissent pas sur les avantages économiques qu'en retirent les habitans de la Sibérie.

J'ignore si les feuilles de cet arbuste, que les bestiaux aiment avec passion, sont dans le cas de les faire mourir, comme celles du *robinier* acacia, & dans l'incertitude, je n'en ferai plus l'éloge sous le rapport de leur utilité comme fourrage.

Les *robiniers à petites feuilles, féroce, de la Chine, digité, pygmée* & *altagan*, se voient dans toutes nos collections, où ils se multiplient par la greffe en fente & entre deux terres, sur l'espèce précédente, ou, à son défaut, sur le faux-acacia. Du reste, ils sont de peu d'ornement.

Il n'en est pas de même du *robinier argenté*, la couleur de ses feuilles contrastant avec celle de la plupart des autres arbustes, &, sous ce rapport, il mérite d'être planté dans les jardins paysagers, aux bonnes expositions, & à quelque distance des massifs. On le multiplie aussi par sa greffe sur le caragana. Je ne l'ai jamais vu donner de bonnes graines dans le climat de Paris.

ROMARIN. *Rosmarinus.* Genre de plantes de la diandrie monogynie & de la famille des labiées, lequel réunit deux arbustes, dont l'un est très-abondant sur les collines, dans le midi de l'Europe, & se cultive très-fréquemment dans les jardins du nord.

Espèces.

Le ROMARIN commun.
Rosmarinus officinalis. Linn. ♄ Indigène.
Le ROMARIN du Chili.
Rosmarinus chilensis. Mol. ♄ Du Chili.

Culture.

Le *romarin* commun s'élève rarement à plus de trois à quatre pieds, mais il est fréquent d'en voir des pieds qui ont le tronc de la grosseur du bras. Toutes ses parties exhalent une odeur aromatique très-suave, qui, introduite dans l'eau-de-vie, constitue ce qu'on appelle l'*eau de la reine de Hongrie*, dont on fait un si fréquent usage dans la médecine

& pour la toilette. L'huile essentielle qu'on en retire directement, est également employée dans les pharmacies & les parfumeries. Il a été prouvé par Proust qu'elle contenoit une assez grande quantité de camphre susceptible d'en être séparé, par la simple cristallisation, & la mettant dans un lieu frais.

Dans le midi de la France on fait avec cet arbuste des palissades dans les jardins, qui garnissent bien, mais qui ont l'inconvénient d'affecter, par leur trop forte odeur, la tête des promeneurs dont les nerfs sont délicats.

Dans le nord, le *romarin* craint les fortes gelées de l'hiver & demande à être placé dans un terrain sec & abrité; aussi n'en voit-on que dans les jardins les plus soignés. Je conseille, pour parer aux événemens, d'en tenir quelques pieds, surtout des jeunes, en pot, pour pouvoir les rentrer dans l'orangerie aux approches du froid. Je conseille également de couvrir les vieux pieds de paille ou de fougère, lorsqu'on craint un hiver rigoureux.

La multiplication du *romarin* par graine est rarement pratiquée dans nos jardins, attendu que celle par rejetons, par marcottes, par boutures, est beaucoup plus rapide & aussi certaine. Le premier moyen s'exécute en hiver & au printemps. On en relève les produits l'hiver suivant pour les mettre en pépinière, à un pied de distance, d'où, après une ou deux années de séjour, on les ôte pour les planter à demeure.

On mentionne plusieurs variétés de *romarins*, dont une à plus petites feuilles, une à feuilles panachées, une à fleurs extrêmement nombreuses. Cette dernière, qui est très-commune dans l'état de nature, a été regardée comme espèce distincte par quelques botanistes, & doit être préférée toutes les fois qu'il est facile de se la procurer.

Les abeilles trouvent une abondante récolte d'excellent miel sur le *romarin*. C'est à lui que celui de Narbonne, de Mahon, du mont Ida, du mont Himette, &c., doivent leur supériorité. *Voyez* ABEILLE.

RONCE. *Rubus*. Genre de plantes de l'icosandrie polygynie & de la famille des rosacées, contenant plus de cinquante espèces, dont plusieurs croissent spontanément en Europe, & peuvent se cultiver, ainsi que beaucoup d'autres, pour l'utilité ou l'agrément.

Observations.

Les FRAMBOISIERS, qui font partie de ce genre dans les ouvrages de botanique, sont l'objet d'un article spécial, auquel je renvoie le lecteur.

Un autre genre, appelé DALIBARDE & RONCINELLE, a été également établi aux dépens de celui-ci, mais non adopté par la majorité des botanistes.

Espèces.

Ronces frutescentes.

1. La RONCE des haies.
Rubus fruticosus. Linn. ♄ Indigène.

2. La RONCE tomenteuse.
Rubus tomentosus. Willd. ♄ Indigène.

3. La RONCE de Thuilier.
Rubus Thuilieri. Desf. ♄ Indigène.

4. La RONCE glanduleuse.
Rubus glandulosus. Balb. ♄ Des Alpes.

5. La RONCE à feuilles de coudrier.
Rubus corylifolius. Smith. ♄ Indigène.

6. La RONCE bleuâtre.
Rubus cæsius. Linn. ♄ Indigène.

7. La RONCE hispide.
Rubus hispidus. Linn. ♄ De l'Amérique septentrionale.

8. La RONCE à feuilles ailées.
Rubus pinnatus. Willd. ♄ De.....

9. La RONCE australe.
Rubus australis. Forst. ♄ De la Nouvelle-Zélande.

10. La RONCE sans corolle.
Rubus apetala. Poiret. ♄ De l'Ile-de-France.

11. La RONCE à feuilles de frêne.
Rubus fraxinifolius. Poiret. ♄ De Java.

12. La RONCE à feuilles de rosier.
Rubus rosæfolius. Smith. ♄ De la Chine.

13. La RONCE élancée.
Rubus strigosus. Mich. ♄ De l'Amérique septentrionale.

14. La RONCE velue.
Rubus villosus. Ait. ♄ De l'Amérique septentrionale.

15. La RONCE du Canada.
Rubus canadensis. Linn. ♄ De l'Amérique septentrionale.

16. La RONCE de la Jamaïque.
Rubus jamaicensis. Linn. ♄ De la Jamaïque.

17. La RONCE à trois folioles.
Rubus triphyllus. Thunb. ♄ Du Japon.

18. La RONCE orientale.
Rubus sanctus. Schreb. ♄ D'Orient.

19. La RONCE à fleurs rouges.
Rubus roseus. Poiret. ♄ Du Pérou.

20. La RONCE à feuilles d'ortie.
Rubus urticæfolius. Poiret. ♄ Du Pérou.

21. La RONCE de Pensylvanie.
Rubus pensylvanicus. Poiret. ♄ De l'Amérique septentrionale.

22. La RONCE à petites feuilles.
Rubus parvifolius. Linn. ♄ De l'île d'Amboine.

23. La RONCE triviale.
Rubus trivialis. Mich. ♄ De l'Amérique septentrionale.

24. La RONCE à feuilles d'alcée.
Rubus alcæfolius. Poiret. ♄ De l'île de Java.

25. La RONCE des îles Moluques.
Rubus moluccanus. Linn. ♄ Des îles Moluques.

26. La RONCE microphylle.
Rubus microphyllus. Linn. ♄ Du Japon.

27. La RONCE à rameaux alongés.
Rubus elongatus. Smith. ♄ De l'île de Java.

28. La RONCE à feuilles de corette.
Rubus corchorifolius. Linn. ♄ Du Japon.

29. La RONCE à feuilles de poirier.
Rubus pyrifolius. Smith. ♄ De Java.

30. La RONCE incisée.
Rubus incisus. Thunb. ♄ Du Japon.

31. La RONCE du Japon.
Rubus japonicus. Linn. ♄ Du Japon.

32. La RONCE radicante.
Rubus radicans. Cavan. ♄ Du Chili.

33. La RONCE sans épines.
Rubus inermis. Willd. ♄ De l'Amérique septentrionale.

34. La RONCE en fouet.
Rubus flagellaris. Willd. ♄ De l'Amérique septentrionale.

Ronces herbacées.

35. La RONCE faux-mûrier.
Rubus chamæmorus. Linn. ♄ Du nord de l'Europe.

36. La RONCE à feuilles coriaces.
Rubus coriaceus. Poiret. ♄ Du Pérou.

37. La RONCE des rochers.
Rubus saxatilis. Linn. ♄ Des Alpes.

38. La RONCE acaule.
Rubus acaulis. Mich. ♄ De l'Amérique septentrionale.

39. La RONCE à feuilles trifides.
Rubus trifidus. Thunb. ♄ Du Japon.

40. La RONCE étoilée.
Rubus stellatus. Smith. ♄ De l'Amérique septentrionale.

41. La RONCE du Nord.
Rubus arcticus. Linn. ♄ Du nord de l'Europe.

42. La RONCE pédiaire.
Rubus pedatus. Smith. ♄ De l'Amérique septentrionale.

43. La RONCE à feuilles ovales.
Rubus ovalis. Mich. ♄ De l'Amérique septentrionale.

44. La RONCE à feuilles simples.
Rubus dalibarda. Linn. ♄ Du Canada.

45. La RONCE à feuilles de benoîte.
Rubus geoides. Smith. ♄ Du détroit de Magellan.

46. La RONCE à styles pelotonnés.
Rubus pistillatus. Smith. ♄ De Labrador.

47. La RONCE élégante.
Rubus elegans. Pursh. ♄ De l'Amérique septentrionale.

48. La RONCE à feuilles en coin.
Rubus cuneifolius. Pursh. ♄ De l'Amérique septentrionale.

49. La RONCE à feuilles de fraisier.
Rubus fragarioides. Mich. ♄ De l'Amérique septentrionale.

Culture.

La première espèce croît par toute l'Europe, dans les bois, les haies, les lieux incultes, quelquefois en excessive abondance. Elle fleurit à la fin du printemps. Ses fruits mûrissent successivement pendant l'automne. Elle offre de remarquable que ses tiges de deux ans périssent après avoir fructifié, & que celles de l'année s'enracinent par leur extrémité, lorsqu'elles touchent la terre, ce qui arrive presque toujours par suite de leur foiblesse. Tous les bestiaux, les chevaux exceptés, en aiment les feuilles. Les moutons & les chèvres se jettent sur elles avec empressement à toutes les époques de l'année. C'est sur elles que les cerfs, les chevreuils, les daims comptent pour vivre pendant l'hiver. Les vers à soie s'en accommodent assez bien. Ses tiges fournissent peu de potasse par leur incinération. Ainsi, lorsqu'on ne peut pas toutes les employer pour le chauffage du four, le mieux est de les faire entrer dans les COMPOSTES ou dans le fumier, où elles se décomposent promptement.

Le fruit de la *ronce* s'appelle *mûre*. Il est d'abord rouge & âpre au goût, puis devient noir & fade. Les enfans le recherchent partout. Le vin qu'on en obtient n'est, dit-on, nullement inférieur à celui du vin. Les pharmaciens en composent un sirop recommandé dans les maladies de poitrine, & les confiseurs des gelées d'un excellent goût.

On voit des *ronces* dans toutes les sortes de terres, mais elles prospèrent mieux dans celles qui sont fertiles & humides, sur le bord des ruisseaux, des mares, &c. Un seul pied peut, à la longue, couvrir un espace considérable; c'est pourquoi elles sont redoutées & appelées parasites par les cultivateurs, quoiqu'il soit toujours facile de s'en débarrasser, en les arrachant, ainsi que leurs repousses, à mesure qu'elles se montrent.

Presque toujours, lorsque le terrain leur est favorable, les *ronces* surabondent dans les haies naturelles, auxquelles elles nuisent, en étouffant les autres arbustes qui les composent, & dont on doit par conséquent les faire disparoître. Seules, au moyen d'un palissage ou d'une haie sèche, & d'une taille annuelle rigoureuse, elles constituent une bonne clôture, surtout le long des berges des fossés, à la descente de la terre desquelles elles s'opposent avec succès.

La multiplication des *ronces* s'effectue par le semis de leurs graines, conservées dans de la terre humide, & mises en planches dès que les gelées ont cessé de se faire craindre; mais ce moyen est peu employé, comme trop long. On préfère généralement faire arracher des pieds dans les bois, à la fin de l'hiver, & les diviser en autant de morceaux qu'ils offrent de bourgeons. Il est rare que ces pieds manquent à la reprise.

La culture a fait naître plusieurs variétés de cette ronce. Les principales sont : 1°. à *fruits blancs ;* 2°. à *tige sans épines ;* 3°. à *feuilles panachées ;* 4°. à *feuilles découpées ;* 5°. à *fleurs doubles.* Ces deux dernières sont les plus recherchées dans les jardins. Elles se placent contre le tronc des arbres isolés, contre les murs d'enceinte, sur les rochers, & y produisent beaucoup d'effet, surtout la dernière, lorsqu'elle est en fleur, & elle y est long-temps. On multiplie ces variétés comme l'espèce.

Les quatre espèces suivantes diffèrent peu de celle-ci, & ont même été regardées comme ses variétés. On ne les cultive que dans les écoles de botanique.

La sixième espèce croît généralement dans les champs, le long des rochers, des murs, sur le bord des bois, &c. Ses tiges sont très-grêles & rampent presque toujours. Ses fruits avortent fréquemment, & c'est fâcheux, car ils sont bien meilleurs, à raison de leur acidité, que ceux de l'espèce précédente. Ce sont eux qu'on doit, en conséquence, préférer pour fabriquer le sirop & la gelée de mûres.

Cette espèce est quelquefois si abondante dans les champs, qu'elle embarrasse la charrue & nuit aux produits des céréales. Les cultivateurs routiniers ne cessent d'assurer qu'il est impossible de la faire disparoître, à raison de la profondeur qu'atteignent ses racines, & de la propriété qu'a la plus petite de ces racines, laissée en terre, de reproduire le pied. Cependant elle ne se conserve pas long-temps dans les pays soumis à un assolement régulier, & il suffit de donner trois binages d'été aux terres qui en sont le plus infestées, pour qu'elle ne s'y montre plus l'année suivante. *Voyez* FEUILLE.

La *ronce* hispide provenant des graines que j'avois récoltées en Caroline, a été cultivée pendant plusieurs années dans les jardins de Paris. Il y a lieu de croire qu'elle en est disparue, car ne je la revois plus. Ses fruits, plus gros & plus savoureux que ceux de la *ronce* commune, sont très-recherchés en Amérique, sous le nom de *black berry.* Elle rampe comme la précédente.

On possède aujourd'hui, dans toutes nos orangeries, l'espèce du n°. 12, qui développe toute l'année, même pendant l'hiver, ses fleurs blanches & doubles, & qui se multiplie avec la plus grande facilité par déchirement des vieux pieds & par bouture.

Les espèces des n°s. 16, 19 & 25 se voient dans les serres de nos écoles de botanique, mais ne s'y font jamais remarquer, leur croissance étant gênée par le peu de grandeur des pots où elles sont plantées, & par les tailles annuelles auxquelles on est forcé de les assujettir.

Les *ronces* à feuilles de corette & du Japon sont confondues avec la corette du Japon à grandes fleurs jaunes doubles, introduite depuis quelques années dans nos jardins, mais sont très-distinctes.

Les *ronces* herbacées des n°s. 35, 37, 40, 41, 44, 45, 46 & 49 se cultivent dans les écoles de botanique, dans la terre de bruyère & au nord d'un mur. Elles demandent toutes beaucoup d'humidités pendant l'été. On les multiplie par leurs accrus & par le déchirement des vieux pieds, leurs graines avortant toujours dans nos climats. En général, on est souvent exposé à les perdre, sans qu'on puisse en reconnoître la cause.

Les fruits de ces *ronces*, surtout de celles des n°s. 35 & 41, sont très-bons & se mangent dans leur pays natal.

J'ai vu cultiver au Muséum d'histoire naturelle & autres collections de Paris, une plus grande quantité d'espèces de *ronces* qu'il vient d'en être mentionné ; mais elles en ont disparu, parce qu'elles sont fort peu différentes les unes des autres, & ne présentent qu'un foible intérêt.

ROSAGE. *Rhododendron.* Genre de plantes de la décandrie monogynie & de la famille des rosacées, dans lequel se placent quatorze espèces d'arbustes à feuilles toujours vertes & à fleurs d'un aspect très-agréable, dont nous cultivons la plus grande partie en pleine terre dans le climat de Paris.

Observations.

Ce genre se rapproche tant des AZALÉES, que des fécondations hybrides ont lieu entr'eux, au rapport de Willams Herbert. *Voyez* ce mot & celui RHODORE.

Espèces.

1. Le ROSAGE ferrugineux.
Rhododendron ferrugineum. Linn. ♄ Des Alpes.

2. Le ROSAGE velu.
Rhododendron hirsutum. Linn. ♄ Des Alpes.

3. Le ROSAGE faux-ciste.
Rhododendron chamæcistus. Linn. ♄ Des Alpes.

4. Le ROSAGE à longues capsules.
Rhododendron minus. Mich. ♄ De l'Amérique septentrionale.

5. Le ROSAGE de Russie.
Rhododendron dauricum. Linn. ♄ De Sibérie.

6. Le ROSAGE de Kamtzcharka.
Rhododendron kamtzchaticum. Pallas. ♄ De Sibérie.

7. Le ROSAGE du Caucase.
Rhododendron caucasinum. Pallas. ♄ Du Caucase.

8. Le ROSAGE à fleurs jaunes.
Rhododendron chrysanthum. Linn. ♄ De Sibérie.

9. Le ROSAGE du Pont.
Rhododendron ponticum. Linn. ♄ De l'Asie mineure,

10. Le ROSAGE à grandes fleurs.
Rhododendron maximum. Linn. ♄ De l'Amérique septentrionale.

11. Le ROSAGE du Cataüba.
Rhododendron catawbiense. Mich. ♄ De l'Amérique septentrionale.

12. Le ROSAGE à feuilles ponctuées.
Rhododendron punctatum. Willd. ♄ De l'Amérique septentrionale.

13. Le ROSAGE à feuilles linéaires.
Rhododendon linearifolium. Poiret. ♄ Des Indes.

14. Le ROSAGE en arbre.
Rhododendron arboreum. Smith. ♄ Des Indes.

Culture.

La première espèce couvre des espaces très-étendus au sommet des Alpes & y produit un brillant effet lorsqu'elle est en fleur, par le contraste de la belle couleur vert foncé de ses feuilles & de la belle couleur rouge de ses fleurs. Elle s'élève rarement au-dessus de deux pieds. La cultiver dans nos jardins est fort difficile, attendu que l'on ne peut lui donner l'air humide & la température égale dont elle jouit dans son sol natal. L'ombre, la terre de bruyère & des arrosemens fréquens en été sont indispensables pour l'y conserver, encore y a-t-elle toujours une apparence souffrante; & ses fleurs y sont-elles constamment peu nombreuses & peu colorées. C'est dommage, car elle orneroit beaucoup nos jardins paysagers.

Les *rosages* velu & faux-ciste croissent naturellement auprès du précédent, & se cultivent avec encore plus de difficulté dans nos jardins; aussi s'y voient-ils plus rarement.

On les multiplie de graines, dont peu arrivent à bien dans nos jardins, mais qu'on peut tirer assez facilement des Alpes, & de marcottes qui se font au printemps, & sont presque toujours dans le cas d'être relevées l'hiver suivant.

Les *rosages* de Russie, du Kamtzchatka, du Caucase, à fleurs jaunes, ont été semés à différentes reprises, au Jardin du Muséum & dans quelques pépinières; mais les pieds qui ont résulté de ces semis n'ont subsisté, malgré tous les soins possibles, qu'un petit nombre d'années. Je n'en connois pas un seul pied vivant en ce moment. L'infusion des feuilles du dernier jouit d'une grande célébrité dans son pays natal pour la guérison des maladies vénériennes, du cancer, & surtout des rhumatismes. Quelques essais faits par Villars portent à croire que les *rosages* des Alpes sont dans le cas de les suppléer.

Le *rosage* du Pont est depuis quelques années l'objet d'une très-importante culture pour les pépinières des environs de Paris; sa beauté, lorsqu'il est en fleur, l'ayant mis à la mode, & peu de jardins en étant privés. Il a fourni plusieurs variétés, à mon avis inférieures au type, mais qui se vendent plus cher. Les plus remarquables de ces variétés sont: celle à *fleurs carnées*, celle à *fleurs blanches*, à *feuilles panachées*, à *feuilles étroites*, & l'*azaloïde*.

Cet arbrisseau, lorsqu'il est dans une terre de bruyère profonde, à l'exposition du nord & convenablement arrosé en été, forme un buisson très-large, bien arrondi, de cinq à six pieds de hauteur, dont les feuilles, lancéolées, longues, fermes, luisantes, d'un vert foncé, subsistent toute l'année, & dont la plupart des branches sont terminées par un corymbe très-garni de fleurs, grandes, bien ouvertes & d'un pourpre-violet, qui s'épanouissent en mai & subsistent plus de quinze jours dans tout leur éclat.

Il est quelques pieds plus hâtifs & d'autres plus tardifs, qui, multipliés par marcottes, permettent de prolonger encore plus long-temps la jouissance. On en vend, aujourd'hui, toute l'année d'épanouis sur le Marché aux Fleurs de Paris, dont les pieds sont plantés dans des pots & ont été avancés au moyen de la serre, ou retardés par la suppression de leurs premiers boutons.

On place le *rosage* pontique en touffe dans les jardins paysagers, en terres de bruyère ombragées par la maison d'habitation, par des fabriques, des rochers factices, des massifs, &c. Il peut s'y voir multiplié sans fatigue pour les promeneurs; cependant il est bon d'en borner le nombre à l'étendue du local. Rarement la serpette le touche sans inconvénient; en conséquence, on ne doit la lui faire sentir que le plus rarement possible. Il vaut mieux, à mon avis, lorsque par vieillesse ses touffes sont dégarnies, le couper entièrement rez-terre, que de supprimer les tiges difformes, parce que ses repousses, convenablement éclaircies, donneront, à leur troisième année, des bouquets de fleurs plus grandes, plus nombreuses & plus colorées.

Les pieds de ce *rosage*, qu'on fait monter sur un brin à six & huit pieds de haut, & dont on étage les rameaux avec régularité, plaisent d'abord; mais, par le motif ci-dessus, on les abandonne bientôt pour revenir aux touffes.

Un labour & deux ou trois binages d'été suffisent aux *rosages* du Pont pour se conserver en bonne vigueur, lorsqu'on leur donne de la nouvelle terre tous les trois à quatre ans.

Il y a lieu de croire que les fleurs de ce *rosage* distillent, comme celles de l'azalée du Pont, un miel délétère. J'ai trouvé sur l'ovaire de celles d'un pied que je conservois dans une orangerie, quelques grains de manne qui sembloient l'indiquer par leur saveur.

Quoique les gelées anticipées de l'automne empêchent quelquefois les graines du *rosage* du Pont de parvenir à maturité, & que ses marcottes, faites avec des branches de l'année précédente, puissent être relevées au plus tard deux ans après, on préfère aujourd'hui, généralement, le multiplier par le moyen des semis; les pieds provenant de marcottes n'étant ni aussi beaux ni d'une aussi longue vie. C'est ce moyen que j'employois lorsque j'étois à la tête des pépinières de Versailles, époque où il étoit le plus en vogue & où j'en aurois fourni, aux amateurs, des milliers de pieds tous les ans, si l'espace ne m'avoit pas manqué.

La graine du *rosage* du Pont doit se récolter dès que la capsule qui la contient s'est naturellement ouverte au sommet. Elle se sème de suite & extrêmement clair sur des terrines remplies de terre de bruyère, qu'on recouvre de mousse & qu'on rentre dans l'orangerie pendant les grands froids; si on l'enterroit seulement d'une ligne, elle ne léveroit pas. Au printemps, on place ces terrines sur une couche sourde, placée dans une petite cour, à l'angle nord de deux murs, afin qu'elles aient le moins d'air possible; on les recouvre d'un châssis & on les arrose fréquemment, mais fort légèrement. La première année, le plant que donne ce semis fait peu de progrès; on le sarcle. L'année suivante on le traite de même. Au printemps de la troisième année, on le repique, ou seul à seul dans des petits pots, ou à trois ou quatre pouces d'écartement dans d'autres terrines, & on dépose les pots & les terrines au nord, mais à quelque distance d'un mur. Là, il est biné & arrosé au besoin. Ce n'est que deux ans après qu'on peut le placer en pleine terre & en pépinière, toujours dans la terre de bruyère & au nord. Là, il fait de rapides progrès, & un an ou deux après il est propre à être mis en place, mais auparavant il est bon d'arrêter leur croissance en hauteur, en pinçant leur bourgeon supérieur, afin d'augmenter le nombre de leurs rameaux & par conséquent, celui de leurs têtes de fleurs.

En général, la conduite du plant du *rosage* du Pont est fort minutieuse & fort fatigante. Il faut, la première année, le visiter presque tous les jours. Trop ou pas assez d'air, trop ou pas assez d'eau, le font également fondre, comme disent les pépiniéristes; un coup de soleil produit quelquefois le même effet en une minute. On doit s'applaudir, lorsque de mille graines on en obtient dix pieds fleurissans, après six ans de soins.

Quoique le *rosage* à grandes fleurs soit un fort bel arbuste, il ne produit pas, à mon avis, d'aussi bons effets dans les jardins paysagers, que celui dont il vient d'être question. On le place & on le cultive de même; on ne peut le multiplier facilement par marcottes, attendu que ses branches sont très-grosses & très-cassantes. Il offre quelques variétés, dont celle à fleurs blanches est la plus recherchée. Le semis de ses graines demande les mêmes soins que ceux ci-dessus décrits.

Je fais la même observation à l'égard du *rosage* du Catauba, nouvellement introduit dans nos cultures, & du *rosage* ponctué, le moins beau des quatre derniers, mais qui cependant tient fort bien sa place dans les jardins paysagers. Je crois que c'est moi qui ai apporté les graines dont proviennent les pieds existans dans nos jardins, quoique ce soit à Michaux qu'on en doive la découverte. J'en ai vu, à quelque distance de Columbia, une montagne entièrement couverte.

ROSIER. *Rosa.* Genre de plantes de l'icosandrie polygynie & de la famille de son nom, dans lequel se placent une cinquantaine d'espèces, dont quelques-unes sont cultivées de temps immémorial dans les jardins, à raison de la beauté & de l'odeur suave de leurs fleurs, & y ont produit de si nombreuses variétés, que les catalogues anglais, quoiqu'incomplets, en portent le nombre à plus de mille.

Espèces.

1. Le ROSIER à fleurs simples.
Rosa berberidifolia. Pallas. ♄ De Perse.

2. Le ROSIER églantier.
Rosa lutea. Linn. ♄ Indigène.

3. Le ROSIER jaune.
Rosa sulphurea. Linn. ♄ Du Levant.

4. Le ROSIER élégant.
Rosa blanda. Willd. ♄ De l'Amérique septentrionale.

5. Le ROSIER à fleurs rouges.
Rosa rubri-spina. Bosc. ♄ De l'Amérique.

6. Le ROSIER cannelle.
Rosa cinnamomea. Linn. ♄ De l'Amérique septentrionale.

7. Le ROSIER des champs.
Rosa arvensis. Linn. ♄ Indigène.

8. Le ROSIER à petites fleurs.
Rosa parviflora. Willd. ♄ De l'Amérique septentrionale.

9. Le ROSIER de Caroline.
Rosa caroliniana. Linn. ♄ De l'Amérique septentrionale.

10. Le ROSIER à fleurs en corymbes.
Rosa corymbosa. Erh. ♄ De l'Amérique septentrionale.

11. Le ROSIER de Pensylvanie.
Rosa pensylvanica. Mich. ♄ De l'Amérique septentrionale.

12. Le ROSIER luisant.
Rosa lucida. Willd. ♄ De l'Amérique septentrionale.

13. Le ROSIER turneps.
Rosa rupa. Bosc. ♄ De l'Amérique septentrionale.

14. Le ROSIER hispide.
Rosa villosa. Linn. ♄ Indigène.

15. Le ROSIER hérisson.
Rosa rugosa. Thunb. ♄ Du nord de l'Asie.

16. Le ROSIER très-épineux.
Rosa spinosissima. Linn. ♄ Indigène.

17. Le Rosier à feuilles de pimprenelle.
Rosa pimpinellifolia. Linn. ♄ De l'Amérique septentrionale.

18. Le Rosier glauque.
Rosa rubrifolia. Linn. ♄ Des Alpes.

19. Le Rosier de Francfort.
Rosa turbinata. Linn. ♄ D'Allemagne.

20. Le Rosier gallique.
Rosa gallica. Linn. ♄ Indigène.

21. Le Rosier des Alpes.
Rosa alpina. Linn. ♄ Des Alpes.

22. Le Rosier des Pyrénées.
Rosa pyrenaïca. Gouan. ♄ Des Pyrénées.

23. Le Rosier à fruit en calebasse.
Rosa lagenaria. Linn. ♄ De l'Amérique septentrionale.

24. Le Rosier à fruits pendans.
Rosa pendulina. Ait. ♄ De l'Amérique septentrionale.

25. Le Rosier des montagnes.
Rosa montana. Willd. ♄ Des Alpes.

26. Le Rosier à feuilles de frêne.
Rosa fraxinifolia. Pronville. ♄ De.....

27. Le Rosier multiflore.
Rosa multiflora. Thunb. ♄ Du Japon.

28. Le Rosier à cent feuilles.
Rosa centifolia. Linn. ♄ De la Perse.

29. Le Rosier de Damas.
Rosa damascena Linn. ♄ De l'Orient.

30. Le Rosier de tous les mois.
Rosa bifera. Pers. ♄ De.....

31. Le Rosier blanc.
Rosa alba. Linn. ♄ Du midi de l'Europe.

32. Le Rosier évratin.
Rosa evratina. Bosc. ♄ De.....

33. Le Rosier sans poils.
Rosa lævigata. Mich. ♄ De l'Amérique septentrionale.

34. Le Rosier toujours vert.
Rosa sempervirens. Linn. De.....

35. Le Rosier muscade.
Rosa moschata. Linn. ♄ D'Asie.

36. Le Rosier neige.
Rosa nivea. Bosc. ♄ Acquis.

37. Le Rosier de Bancks.
Rosa Banckfiana. Bosc. ♄ De la Chine.

38. Le Rosier de Noisette.
Rosa Noisettana. Bosc. De la Chine.

39. Le Rosier à feuilles odorantes.
Rosa rubiginosa. Linn. ♄ Indigène.

40. Le Rosier de Crète.
Rosa cretica. Bosc. ♄ De Crète.

41. Le Rosier des chiens.
Rosa canina. Linn. ♄ Indigène.

42. Le Rosier tomenteux.
Rosa tomentosa. Pers. ♄ Indigène.

43. Le Rosier intermédiaire.
Rosa intermedia. Bosc. ♄ Indigène.

44. Le Rosier des collines.
Rosa collina. Linn. ♄ Indigène.

45. Le Rosier trifolié.
Rosa ternata. Poiret. ♄ De la Chine.

46. Le Rosier du Bengale.
Rosa semperflorens. Vent. ♄ Des Indes.

47. Le Rosier à fleurs penchées.
Rosa clinophylla. Redout. ♄ De.....

48. Le Rosier bractéolé.
Rosa bracteata. Vent. ♄ De la Chine.

49. Le Rosier à épines rouges.
Rosa rubri-spina. Bosc. ♄ De l'Amérique septentrionale.

50. Le Rosier inerme.
Rosa inermis. Bosc. ♄ De la Chine.

Culture.

L'espèce du n°. 1 a été cultivée à deux reprises différentes dans les jardins de Paris, la première fois de graines apportées par Michaux, & la seconde de graines apportées par Olivier; mais chaque fois, malgré les soins les plus assidus, il ne s'y est conservé que trois ou quatre ans. Il se tenoit dans une terre de bruyère, sous châssis, pendant l'hiver, & y restoit grêle, donnant point ou peu de fleurs. Il s'est greffé avec succès sur le *rosier* très-épineux, & même sur celui des chiens, & ne s'y est pas non plus conservé. Quoiqu'il ait abondamment fleuri deux ou trois fois, dans ce dernier cas, il n'a jamais donné de bonnes graines.

Le *rosier églantier* est depuis fort long-temps en possession d'orner nos jardins, non par l'odeur & la grandeur de ses fleurs, mais par la vivacité & la diversité de leurs couleurs & leur grand nombre. Il forme de hauts buissons très-rameux, qui produisent beaucoup d'éclat lorsque le soleil brille.

Ses variétés principales sont : à *fleurs capucine*, *rouge ponceau*, *rouge & jaune*; *tulipe*, &c. C'est à la fin du mois de mai qu'il fleurit.

On peut placer le *rosier* églantier dans les jardins paysagers, sur le bord des massifs, autour des rochers, même au milieu des gazons. Ses effets sont moins remarquables lorsqu'il est greffé. C'est par accrus, par marcottes & par boutures qu'il se multiplie. Les terrains les plus arides lui suffisent, même ses fleurs y ont plus d'éclat. On l'appelle aussi *rosier d'Autriche*. Il ne doit pas être confondu, malgré la similitude des noms français & latin, avec le *rosier des chiens* & le *rosier à feuilles odorantes*.

Le *rosier* jaune-soufre n'existe dans nos jardins qu'à fleurs doubles. Il n'offre qu'une seule variété à fleurs plus petites, le *pompon jaune*, rarement belle lorsqu'elle est franche de pied, mais se développant bien lorsqu'elle est greffée sur l'églantier. Celles de l'espèce sont sujettes à crever, ce qu'on empêche en palissant ses branches contre un mur, au nord, & en supprimant une partie des boutons latéraux. Cette espèce se mul-

Vvvv

tiplie & se cultive comme la précédente, mais il est rare de la voir dans les jardins paysagers.

Le *rosier* élégant n'est pas encore sorti des écoles de botanique & des grandes collections d'Angleterre. Je n'ai rien à en dire.

Le *rosier* à épines rouges paroît fort peu différer du précédent. Je l'ai cultivé en pot, pendant plusieurs années, dans les pépinières de Versailles. Quoiqu'élégant, il est de peu de valeur, comparativement aux autres espèces.

Le *rosier* cannelle, ou *rose de mai*, ou *rose du Saint-Sacrement*, demande un terrain frais pour produire tout son effet. Ses variétés sont à *fleurs doubles* ou *semi-doubles*, à *fleurs panachées* & à *tige grimpante*. Ses tiges forment des touffes fort épaisses de six à huit pieds de haut. Il en est d'épineuses, d'autres non épineuses. Ses fleurs se montrent dès les premiers jours de mai, sont très-nombreuses, se succèdent pendant un mois, mais s'épanouissent souvent d'une manière incomplète. On doit le placer au premier rang des massifs des jardins paysagers, contre les murs, autour des fabriques. Tous les terrains lui conviennent, & il ne demande aucune culture; cependant il est bon de l'empêcher de trop s'accroître & de supprimer ses tiges mortes. Lorsqu'on le greffe sur églantier, à deux ou trois pieds de haut, il forme de petites boules d'un très-agréable effet.

Le *rosier* des champs est très-commun dans les bois, les haies, les terrains incultes des environs de Paris. Ses tiges sont trop foibles pour se soutenir seules; en conséquence elles s'appuient sur les autres arbustes ou rampent sur terre. On en possède une variété à fleurs doubles. Ses rameaux ayant quelquefois vingt pieds de long & pouvant prendre à volonté toutes les directions, il convient de l'employer pour consolider les haies & pour, après l'avoir greffé avec d'autres espèces, de distance en distance, garnir les rochers des jardins paysagers.

Le *rosier* à petites fleurs fournit des variétés à fleurs semi-doubles & à fleurs doubles. Il n'est pas très-commun dans les jardins, parce qu'il est assez difficile à multiplier, ses pieds francs étant toujours grêles, & sa greffe sur l'églantier réussissant rarement. D'ailleurs ses fleurs ont peu d'odeur, peu de largeur, & sont par conséquent inférieures à celles de beaucoup d'autres espèces.

Le *rosier* de la Caroline a été confondu avec le précédent & le suivant, mais il est fort distinct, à mon avis. Sa multiplication est encore plus difficile; aussi se voit-il dans fort peu de jardins, quoiqu'il y ait plus de vingt-cinq ans que j'en ai rapporté des graines. C'est dans l'eau qu'il croît en Caroline.

Le *rosier* en corymbe s'élève plus & est plus garni de fleurs que les deux précédens, avec lesquels il a été confondu. Il fleurit en été. J'en ai cultivé plusieurs centaines de pieds, provenant de graines envoyées d'Amérique, dans la pépinière de Trianon, que j'aurois bien voulu faire doubler par le semis de leurs graines, mais ils en ont disparu. Aujourd'hui il est fort rare.

Le *rosier* de Pensylvanie, qui s'y trouvoit également en grande quantité, simple & double, & qui se rapproche encore beaucoup des espèces précédentes, en a aussi disparu, mais il n'est pas possible qu'il soit entièrement perdu. Il trace beaucoup, & un sol argileux & frais lui convient mieux qu'aucun autre.

Le *rosier* luisant n'a pas encore doublé dans nos jardins; mais, tel qu'il est, il se fait remarquer par le beau vert de ses feuilles. Sa hauteur est d'environ deux pieds. Il est rare qu'on le cultive franc de pied. On le greffe, à deux ou trois pieds de terre, sur l'églantier.

Le *rosier* turneps diffère peu du précédent par ses feuilles, mais beaucoup par ses fleurs, que je ne connois que doubles, & dont l'ovaire est très-gros & a la forme d'un turneps. Les observations précédentes lui sont applicables.

Le *rosier hispide*, aussi appelé *rosier velu*, *rosier pommifère*, *rosier cotonnier*, offre des variétés à *fleurs semi-doubles*, à *pétales crénelés*. Ses feuilles froissées exhalent une odeur résineuse qui le fait reconnoître. Ses fruits atteignent quelquefois un pouce de diamètre, & se mangent soit crus, soit transformés en conserve. On pourroit en faire du vin & de l'eau-de-vie.

Ce *rosier* se multiplie beaucoup, & avec raison, dans les jardins paysagers, où il s'élève à huit à dix pieds. Tout terrain & toute exposition lui conviennent, excepté celui qui est trop aquatique, & celle qui est trop ombragée. Sa variété semi-double est peu recherchée, parce qu'elle ne donne pas de fruits, & que les fruits de cette espèce sont ornans tout l'automne & une partie de l'hiver.

J'ai cru, à raison de leur grosseur, pouvoir employer les rejetons du *rosier* hispide pour greffer les autres espèces; mais la nature très-résineuse de leur sève m'a empêché de réussir.

Le *rosier hérisson*, ou *rosier à feuilles ridées*, ou *rosier du Kamtzchatka*, n'est dans le cas d'être remarqué qu'à raison du nombre & de la grosseur de ses aiguillons. Il s'élève à peine à deux pieds de haut. Ce n'est que dans les pépinières bien montées & dans les écoles de botanique qu'il se trouve.

Le *rosier très-épineux* est fréquent, trop fréquent même, sur les montagnes pelées de beaucoup de nos départemens, où il s'élève au plus à deux pieds, & où on le coupe ou l'arrache pour chauffer le four. Les variétés qu'il fournit sont très-nombreuses: les principales sont, la *myriacanthe*, la *grande* & la *petite rose écossaise semi-double* & *double*, la *fleur panachée*. On le place avec avantage dans les jardins paysagers, en terrain sec. Sa multiplication a le plus souvent lieu par le déchirement des vieux pieds, ses racines étant très-traçantes ; mais on peut lui appliquer toutes les autres.

Le *rosier à feuilles de pimprenelle* est extrêmement rapproché du précédent ; cependant il s'en distingue fort bien par ses feuilles de couleur glauque & ses tiges moins épineuses.

Le *rosier glauque* peut figurer dans les jardins paysagers, à raison de la couleur de ses tiges & de ses feuilles, laquelle contraste avec celle des autres arbustes. Il forme des buissons hauts de cinq à six pieds. On en connoît une variété semi-double. Le premier rang des massifs est la place qui lui convient le mieux. Le déchirement des vieux pieds en fournit plus de jeunes que les besoins n'en réclament.

Le *rosier de Francfort*, ou *rose à gros cul*, dont les ovaires sont très-volumineux, mais moins que ceux du *rosier turneps*, se voit fréquemment dans les jardins, & encore plus sa variété double, quoique ses fleurs n'aient point d'odeur & qu'elles s'épanouissent rarement d'une manière complète, parce que la couleur de ses feuilles & leurs rides contrastent avec les autres arbustes. On le multiplie & le place comme le précédent. Greffé sur églantier, il fait un très-bel effet de loin.

Le *rosier gallique* est celui dont les variétés sont les plus nombreuses, & celui qui, en conséquence, se voit le plus fréquemment aujourd'hui dans les jardins des amateurs, quoique ses fleurs soient dépourvues d'odeur.

Voici, d'après Pronville, auteur d'une très-bonne nomenclature raisonnée des *rosiers*, la série de celles de ces variétés qui sont le plus fréquemment cultivées.

Les pourpres.

Pourpre semi-double.
Pourpre ponceau.
La Junon.
Roi des pourpres.
Grand cramoisi.

Les roses.

L'ornement de parade.
La grandesse royale.
La panachée semi-double.
La pivoine.
La mauve semi-double.
L'aimable rouge.

Les violettes.

La pourpre belle-violette.
L'évêque.
Le manteau pourpre.
La reine.
La noire de Hollande.
La digitaire, Bosc.

Les veloutées.

La maheca simple.
Le velours pourpre.
La superbe en brun.
Le pourpre charmant.
La renoncule.
La renoncule noirâtre.
Le cramoisi brillant.
Le velours noir.

Les pompons galliques.

Le Saint-François.
Le Portland.
Rose de Meaux.
—— de Provence, simple.
—— double.
L'agathe.
—— royale.
—— prolifère.
—— blanche.
—— de Portugal.
—— de Francfort.
—— blanche d'Angoulême.
—— grand dauphin.

On cultive en grand la première variété autour de Provins, à Fontenay-aux-Roses, Paris, Lyon, &c., pour l'usage des pharmaciens & des confiseurs. Pour cela on plante, à deux pieds en tous sens, les accrus de ses vieux pieds, on donne un labour d'hiver, on cueille les pétales à mesure qu'ils s'épanouissent, on rabat les tiges à trois à quatre pouces du sol, & après, on donne un binage d'été. Cette culture est très-fructueuse, mais on sent bien que si elle s'étendoit trop, elle deviendroit de nul produit. Le même champ reste en *rosiers* pendant six à huit ans, puis les pieds, dont on a mis au feu les plus vieilles tiges, sont replantés ailleurs.

Les pétales de la rose de Provins, cueillis & débarrassés de tout détritus de calice, de feuilles, &c., sont déposés sur des tables, à l'ombre, & s'y dessèchent assez rapidement, si le temps n'est pas humide. On les dépose, après leur complète dessiccation, dans des sacs ou des caisses, & on les livre au commerce.

Cette variété semi-double, ainsi que la panachée, sont aussi cultivées dans les jardins, qu'elles ornent par la vivacité de leurs couleurs. Rarement elles s'élèvent à plus de trois ou quatre pieds. Dans la bonne culture, lorsqu'on les place au premier rang des massifs & au milieu des gazons, & ce sont les lieux où elles produisent le plus d'effet, on doit les rapprocher tous les ans.

La plupart des autres *rosiers* des quatre divisions suivantes se greffent sur églantier, & s'y font remarquer par la grandeur, la forte coloration & la quantité de leurs fleurs. J'en ai vu qui, placés au sommet de tiges de vingt pieds de haut, se faisoient remarquer par leur éclat; j'en ai vu qui, greffés à moitié de cette hauteur, & palissadés contre un mur, pouvoient à peine être regardés lorsqu'ils étoient en fleurs & que le soleil brilloit, tant leur coloration étoit forte. Si ces *rosiers* greffés ne durent pas toujours long-temps, c'est qu'on néglige de les débarrasser des gourmands qu'ils poussent de leurs racines & de leurs tiges, qu'on leur laisse une tête disproportionnée à la nature du sol où ils sont plantés. Toujours ils doivent être rapprochés tous les trois à quatre ans pendant l'hiver, s'ils ne sont pas taillés chaque année après la floraison.

C'est dans les plates-bandes voisines de la maison, dans les corbeilles des bords des massifs, ou du milieu des gazons, que se placent les *rosiers galliques* greffés. On leur donne deux binages d'été & un labour d'hiver. Souvent des tuteurs leur sont nécessaires pour soutenir leurs tiges, qui fléchissent sous le poids de leurs têtes.

Parmi les pompons galliques, qu'il faut distinguer des pompons cent feuilles, les fleurs de ces derniers ayant de l'odeur, se remarque le Saint-François, qui s'élève à peine à deux pieds, & qui, à raison du nombre de ses fleurs & de leur précoce épanouissement, se cultive beaucoup, soit en pleine terre, soit en pot, pour avancer encore sa floraison en le plaçant sous bache, & pouvoir le tenir sur les cheminées ou les consoles des appartemens. On le multiplie par le déchirement des vieux pieds. Rarement il se greffe. J'ai cru qu'il devoit constituer une espèce, mais je reviens au sentiment de Pronville; j'y reviens également à l'égard des roses de Meaux, de Provence & des agathes, d'après la même autorité.

Les *rosiers* des Alpes, des Pyrénées, à fruits en calebasse & à fruits pendans, diffèrent à peine les uns des autres. Ils ont peu d'épines. Le premier offre une variété double. Ils font un assez bon effet dans les jardins paysagers, mais s'y voient rarement, parce que d'autres les surpassent à cet égard. C'est dans les écoles de botanique & dans les grandes collections qu'il faut les chercher.

Le *rosier multiflore* est une nouvelle acquisition pour nos jardins, mais il craint beaucoup les gelées; de sorte que ce n'est pas aux environs de Paris qu'il développe tous ses avantages. Il se multiplie par boutures, par marcottes, par greffe. Je lui ai vu pousser des rameaux de huit à dix pieds par an. J'ai compté plus de cinquante fleurs, les unes rougeâtres, les autres blanchâtres, toutes doubles, sur une seule panicule. Ordinairement il n'en a que quinze à vingt, mais c'est déjà beaucoup. L'espalier & l'exposition du midi sont ce qui lui convient le mieux. Rarement il est vigoureux en pot, & il devient cependant indispensable de l'y mettre dans le climat de Paris, si on ne veut pas le perdre. Il sera une bien précieuse acquisition, quoique ses fleurs soient peu odorantes, pour le midi de l'Europe.

Le *rosier à cent feuilles*, le *rosier proprement dit*, le véritable *rosier des jardins*, celui dont les peintres aiment à représenter les variétés, dont les poëtes aiment à célébrer la beauté & la bonne odeur, paroît être originaire de Perse ou contrées voisines, & avoir été apporté, semi-double, du temps des croisades. Dupont, par des semis, en a obtenu plusieurs pieds simples que j'ai vus chez lui, & qui étoient fort différens de tous les *rosiers* connus.

Excepté les terrains aquatiques ou arides à l'excès, le *rosier* cent feuilles s'accommode de tous. Il prospère cependant mieux dans ceux qui sont légers & fertiles. Un peu d'ombre est toujours favorable à la belle coloration & à la bonne odeur de ses fleurs. On est donc libre de le placer partout dans les jardins; & on use largement de cette faculté; il s'y voit souvent en surabondance, sans qu'on s'en plaigne jamais. Le nombre de ses variétés est de fort peu inférieur à celui de celles du *rosier* de Provins; mais comme, d'un côté, elles ne durent que quelques années lorsqu'elles sont greffées, de l'autre, leur tête prend promptement une forme irrégulière, désagréable, la variété commune étant très-belle, on les voit moins fréquemment dans les jardins ordinaires.

Parmi ces variétés, je citerai:

Le *rosier cent feuilles semi-double*, ou *rose des peintres*, a les plus grosses fleurs. Je l'ai beaucoup multiplié pendant que j'étois à la tête des pépinières de Versailles.

Le *rosier cent feuilles commun*. Ses fleurs sont moins grosses, mais très-doubles. C'est celui qui se voit le plus généralement dans les jardins.

Le *rosier cent feuilles de Hollande*, ou *grosse cent feuilles*, ou *rose gauffrée*. Ses fleurs sont très-grosses & très-doubles.

Le *rosier à fleurs aurore*. Contraste à côté du précédent. Il est peu commun.

Le *rosier cent feuilles à fleurs carnées*, *Rose couleur de chair*. C'est la fausse cuisse de nymphe, la véritable étant une variété de la rose blanche, dont il sera question plus bas.

Le *rosier cent feuilles unique*, *blanc* ou *peu coloré*, qu'il ne faut pas confondre avec l'unique variété de la rose blanche, car celle-ci a de l'odeur.

Le *rosier cent feuilles à fleurs incarnates*, ou *la constance*. Elle est voisine de la précédente, & mérite d'être cultivée plus qu'elle l'est, quoiqu'elle fleurisse fort tard.

Le *rosier multiflore*. Je ne connoissois pas la rose multiflore de Thunberg, lorsque j'ai nommé celle-ci, que les jardiniers appellent la *petite hollandaise*.

Le *rosier cent feuilles mousseux rouge*. Plusieurs botanistes le regardent comme espèce, mais, à mon avis, c'est à tort. Cette variété, dont les fleurs sont belles par le nombre de leurs pétales, par leur forte coloration, par leur excellente odeur, mérite d'être plus généralement cultivée. Il est probable qu'on s'en est dégoûté, parce que, soit qu'il soit franc de pied, soit qu'il soit greffé, & surtout dans ce dernier cas, il semble toujours être languissant, & en effet vit peu d'années. Le renouveler tous les ans est de nécessité absolue.

Le *rosier cent feuilles mousseux blanc*. Nouvellement connu, est aujourd'hui un des plus recherchés. Ses fleurs ne diffèrent de celles de la précédente que par la couleur & un peu moins de glandes à leur ovaire. Elle est encore plus difficile à conserver qu'elle.

Le *rosier cent feuilles*, *foliacé* ou *prolifère*. Ses fleurs ne deviennent prolifères que dans les bons terrains & dans les années pluvieuses. Elle est plus remarquable comme monstruosité que comme fleur d'ornement.

Le *rosier cent feuilles mère gigogne*, offre, au lieu d'étamines, de neuf à douze boutons qui ne s'épanouissent jamais. Elle est plus singulière qu'agréable.

Le *rosier cent-feuilles à feuilles de céleri*, ou *rose bipinnée*. Se fait remarquer par la disposition & la forme des folioles de ses feuilles. Ses fleurs sont peu dignes de considération quand on les compare aux précédentes.

Le *rosier à feuilles bullées*, ou *à feuilles de laitue*. Ses feuilles sont très-grandes, à surface inégale & contournée. Ses fleurs sont fort belles & fort odorantes.

Le *rosier à feuilles crénelées* est en apparence très-différent de l'espèce, mais ses fleurs ne permettent pas de l'en séparer.

Le *rosier à feuilles de chêne-vert*. Il paroît se rapprocher du précédent. Je ne le connois pas.

Le *rosier gros pompon*, ou *rose de Bourgogne à grandes fleurs*, *rose de Bordeaux*, *rose de Kingston*, est moins cultivé que le suivant, avec lequel on le confond fort souvent, quoique ses fleurs soient du double plus grandes.

Le *rosier petit pompon*, ou *rosier de Bourgogne*, s'élève au plus à un pied & demi. Ses tiges sont grêles, ses fleurs très-nombreuses, à peine d'un pouce de diamètre, & terminales. Willdenow le regarde comme une espèce, & le décrit sous le nom de *rosa parvifolia*. On le cultive beaucoup, soit en pleine terre, autour de la maison, soit dans des pots, ce qui permet d'avancer sa floraison sous châssis, & de le tenir dans les appartemens. Il se voit assez souvent greffé sur l'églantier, malgré qu'il y dure peu, parce qu'il forme alors des bouquets tout-à-fait analogues à ceux de la multiflore. Sa multiplication par le déchirement des vieux pieds est très-facile lorsque le terrain où il se trouve est de bonne nature. Il faut faire cette opération au commencement de l'hiver, si on veut avoir beaucoup de fleurs au printemps suivant.

Le *rosier cent feuilles à fleurs d'anémone*. Se fait remarquer & rechercher, ainsi que sa sous-variété, appelée *coquette*. C'est une monstruosité qui conduit la variété suivante.

Le *rosier œillet* a les pétales très-courts & contournés. Cette monstruosité est fort élégante, mais n'est cependant pas recherchée, parce qu'elle n'a presque point d'odeur.

Le *rosier sans feuilles à fleurs sans pétales*. Ses fleurs n'ont que quelques rudimens de pétales, ou même point de pétales. C'est le complément de la dégénérescence de la variété précédente. Je ne la cite que comme extraordinaire, car elle n'a point d'agrément.

Le *rosier de Damas* se distingue du *rosier cent feuilles* principalement par ses ovaires très-alongés; mais en comparant avec soin toutes leurs parties, on reconnoît qu'ils appartiennent à deux types différens.

Cette espèce, qu'on distingue à ses fleurs, ordinairement géminées, & toujours pendantes, se cultive en pleine terre, en grand, dans les environs de Paris, pour l'usage des parfumeurs, qui en fixent l'odeur dans du sain-doux, en mettant leurs pétales, rigoureusement épluchés, dans une grande chaudière presque pleine d'eau très-chaude, mais non bouillante, sur laquelle nage un demi-pouce d'épaisseur de sain-doux, & en brassant pendant quelques momens. Les pétales tombent au fond lorsqu'ils sont dépouillés de leur arôme.

La culture, qui se fait principalement au-delà du pont de Neuilly & autour du mont Valérien, consiste : 1°. à planter les résultats du déchirement des vieux pieds, à trois pieds de distance les uns des autres; 2°. à tailler à un mètre les tiges de deux ans; 3°. à les rapprocher rez-terre tous les quatre ans; 4°. à leur donner un labour d'hiver & un binage d'été; 5°. à cueillir chaque matin les fleurs qui doivent s'épanouir à midi, & à les porter à la maison pour en enlever les pétales & les employer de suite. Cette récolte dure un mois. Il y en a quelquefois une seconde en automne, mais on en fait peu de cas.

Plusieurs variétés sont regardées comme appartenant à cette espèce.

Voici les principales :

Le *rosier de Damas à fleurs perpétuelles*, ou *rose de tous les mois*, ou *rose à bouquets*, a les fleurs disposées en bouquets, ainsi que celles des variétés suivantes. Rarement il fleurit plus d'une fois. Varie en fleurs blanches, qu'il ne faut pas confondre avec la blanche & la fausse unique.

Le *rosier de Damas couleur de chair*, ou la *rose gracieuse*, diffère par la couleur moins foncée de ses fleurs.

Le *rosier de Damas à fleurs de couleurs différentes*, ou *yorck & lancastre*. Il offre des fleurs blanches & des fleurs roses sur le même pied, même dans le même bouquet. Sa sous-variété, appelée la FÉLICITÉ, perd souvent ses caractères distinctifs.

Le *rosier de Damas changeant*, ou *rose de Cels*, ou *la belle couronnée*, ou *de Portland*, differe peu du précédent.

Le *rosier de Belgique*, ou *rosier bifere*, ou *rosier de tous les mois*, se confond fréquemment avec le *rosier* perpétuel, mais il a les ovaires arrondis & les tiges plus hérissées d'aiguillons. Il fleurit un des premiers, & fleurit constamment une seconde fois en septembre. On lui attribue deux ou trois sous-variétés, dont la plus remarquable est blanche, & se nomme la *grande royale*.

Le *rosier à fleurs blanches*. La véritable *rose blanche*, anciennement appelée *rose royale*, dont l'odeur est désagréable, ne peut, par cela seul, être confondue avec les variétés à fleurs blanches mentionnées ci-dessus. On la cultive de temps immémorial dans nos jardins, où elle s'élève de douze à quinze pieds, & où elle offre plusieurs variétés, parmi lesquelles je cite les suivantes comme les plus remarquables :

La rose blanche semi-double.

La rose blanche double.

La rose blanche très-double & très-blanche, ou *la céleste.*

La rose blanche purpurine ou *la belle aurore.*

La rose blanche unique.

La rose blanche incarnate, ou *grande cuisse de nymphe*, ou *duc d'Yorck.*

La rose blanche incarnate, ou *petite cuisse de nymphe*, ou *rose belgique.*

La rose blanche variable ou *la cocarde.*

La rose blanche à cœur vert.

La rose blanche à petites feuilles.

La rose blanche à feuilles de chanvre.

Ce *rosier* s'accommode presque de toutes sortes de terrains & d'expositions, & se place en tous lieux dans les jardins paysagers, où il produit constamment de bons effets, à raison de la beauté de ses fleurs. L'unique est principalement dans le cas d'être multipliée dans les parterres, ses pétales extérieurs, qui sont rouges, contrastant avec ceux de l'intérieur, qui sont d'un blanc éclatant.

On reproduit ce *rosier* par le déchirement des vieux pieds, par accrus, par marcotte & par greffe. Il subsiste des siècles lorsqu'il est franc de pied, mais peu d'années lorsqu'il est greffé. On peut, vu sa rusticité, l'abandonner à lui-même avec moins d'inconvéniens qu'aucun autre.

Le *rosier évratin* pousse avec une très-grande vigueur, mais ses fleurs ne s'ouvrent pas toujours complétement, même quelquefois tombent avant de s'épanouir, par la pourriture de leur pédoncule, circonstance qui se remarque aussi sur le *rosier jaune*, le *Saint-François* & autres, mais qui sembleroit ne pas devoir avoir lieu sur une espèce aussi vivace que celle-ci.

Les grappes de fleurs de ce *rosier* sont pendantes comme celles du *rosier* muscade, & contrastent avec la disposition de celle des autres espèces, excepté du *rosier* muscade, d'où le nom de *muscade rouge*, que quelques jardiniers lui donnent, quoique ses fleurs n'aient aucune odeur.

Le *rosier toujours vert*. Se distingue par cette qualité & par ses fleurs blanches, légérement odorantes & disposées en bouquet. Il craint les fortes gelées du climat de Paris, &, par conséquent, n'y est pas aussi commun dans les jardins qu'il le mérite. Il se place & se multiplie comme les précédens. Sa greffe sur l'églantier est d'une courte durée.

Le *rosier muscade* ressemble beaucoup au précédent sous tous les rapports, mais l'odeur de ses fleurs est bien plus forte & bien plus suave. Olivier, de l'Institut, en a vu, dans les jardins d'Ispahan, des pieds gros comme des pommiers. C'est de ses pétales qu'on retire, sur les côtes de Barbarie, au rapport de Desfontaines, l'*huile essentielle de rose*, si estimée partout & si chère en Orient. On la retire au moyen de la distillation *per descensum*. Il en existe aux environs de Paris des variétés à fleurs semi-doubles & à fleurs doubles. Ce que j'ai dit du précédent lui est complétement applicable. J'ajouterai cependant que sa véritable culture est de le planter contre un mur au midi & de l'abandonner à lui-même. Dans les hivers doux il ne souffre pas ; il ne perd que ses extrémités dans ceux où les gelées atteignent cinq à six degrés. Ses tiges périssent lorsqu'elles vont jusqu'à dix, mais il est rare que les racines en souffrent. Alors il ne s'agit que de couper ces tiges rez-terre, pour qu'il repousse des bourgeons vigoureux, qui donnent de superbes bouquets de grandes fleurs dès l'automne suivant. Je voudrois voir cette espèce si élégante & si odorante se multiplier davantage dans nos jardins.

La *rose de neige* est une acquisition trouvée dans les semis, mais que je doute provenir du mélange des poussières séminales de la rose muscade. Quoique simple, elle se fait remarquer, car ses fleurs sont très-nombreuses, très-grandes & d'un blanc de neige. On la greffe sur l'églantier, & au plus à un pied de terre.

Les *rosiers de Banks* & *de Noisette* ne se voient encore que dans un petit nombre de collections, & exigent la serre chaude ou au moins l'orangerie. Il est possible qu'ils entrent un jour dans nos cultures, quoiqu'ils ne se placent qu'au second ou troisième rang, relativement à leur beauté.

Le *rosier à feuilles odorantes*, ou *églantier odorant*, est le véritable églantier des Romains. Il s'élève à cinq ou six pieds & croît de préférence dans les terrains les plus arides, calcaires ou argileux. Ses feuilles, dans la chaleur, ou quand on les froisse, répandent une odeur résineuse analogue à celle de la pomme reinette. On ne l'emploie qu'à brûler, la greffe des autres espèces réussissant difficilement sur lui.

Plusieurs variétés, qui se cultivent dans nos jardins, sont sorties de ce *rosier*. Je citerai :

Celle à fleurs doubles, appelée *petite hessoise*.

Celle à fleurs doubles mousseuse.

Celle à fleurs doubles marbrée.

Celle à fleurs doubles très rouge.

Celle à fleurs doubles très-larges, *églantier royal*.

Celle très-épineuse.

Celle que j'ai rapportée d'Amérique.

C'est dans les parties les plus sèches des jardins paysagers que ces variétés doivent être placées. On les greffe quelquefois, mais elles font plus d'effet en touffes.

Le *rosier de Crète* s'élève à peine à un demi-pied. Il possède plusieurs des caractères du précédent, principalement la forme des feuilles & leur odeur; de sorte qu'on peut le regarder comme une de ses variétés naines. Dupont en avoit obtenu des variétés à pétales panachés, dont une, appelée par lui la *belle Laure*, étoit d'une grande élégance.

Le *rosier des chiens*, ou *rosier des haies*, ou *rosier sauvage*, l'*églantier des jardiniers*, croît dans les bois, les friches, &c. Il s'élève ordinairement à dix ou douze pieds; mais j'en ai vu de fort âgés, crûs dans les bois, qui en avoient près de trente. Ses fruits, connus sous le nom de *gratte culs*, parce que les petits poils qui entourent leurs graines causent des démangeaisons lorsqu'ils sortent du canal intestinal, se mangent dans leur maturité & s'emploient à faire des conserves, des sirops, &c.: séchés & réduits en poudre, ils entrent dans les petits gâteaux appelés *patissons* dans la vallée de Barcelonnette. On tire parti en médecine, comme astringentes, des excroissances filamenteuses, qu'un diplolèpe fait naître sur ses rameaux, excroissances qui s'appellent *bedéguar*, *pomme mousseuse*, *éponge d'églantier*. Son utilité pour composer des haies est contestée par moi, parce que ses tiges meurent successivement & sont remplacées par des gourmands dépourvus de rameaux pendant au moins deux ans; mais je regarde comme très-convenable de le faire servir à fortifier les vieilles haies. Aujourd'hui il est de mode autour de Paris & autres grandes villes, de greffer sur lui toutes les espèces de *rosiers*, ainsi que leurs variétés, ce qui les rend l'objet d'un commerce de quelqu'importance.

La multiplication du *rosier* des chiens s'effectue par le semis de ses graines, par marcottes & par accrus. Ce dernier moyen est le plus usité; en conséquence on parcourt, pendant l'hiver, les bois, les buissons & les haies, pour arracher ceux de ses accrus qui ont au plus deux ans, terme moyen, bien assuré que le même pied en fournira encore, & même plus, ou de plus beaux, à raison des blessures faites aux racines & du remuement de la terre.

Les variétés cultivées du *rosier* des chiens sont nombreuses, mais rarement prises en considération. Je ne citerai, en conséquence, ici que la semi-double & la double.

Les *rosiers tomenteux*, *intermédiaire* & *des collines*, sont des espèces très-voisines de celle dont il vient d'être question, & auxquelles tout ce que j'en ai dit convient.

Le *rosier trifolié* ne perd pas ses feuilles pendant l'hiver, & fleurit très-rarement dans le climat de Paris. Redouté en a donné une très-belle figure.

Le *rosier du Bengale*, ou *rosier à feuilles variables*, ou *rosier toujours fleurissant*, ou *rosier de la Chine*, n'est introduit dans nos cultures que depuis un petit nombre d'années. C'est une acquisition de première importance pour elles, attendu que ses feuilles se conservent vertes & qu'il fleurit successivement pendant presque toute l'année. On le multiplie avec plus de facilité qu'aucun autre, par tous les moyens indiqués plus haut, & principalement par boutures. Le greffer sur un haut églantier & le palissader contre un mur, est un des moyens les plus intéressans d'en jouir. Le planter dans les gazons & le tenir constamment à un ou deux pieds de haut, en est un autre peu inférieur. En général, il plaît de quelque manière qu'il soit disposé. Quoiqu'aujourd'hui très-multiplié, il ne l'est pas encore assez au gré de mes desirs; ce qu'on peut attribuer à ce qu'il n'a pas d'odeur. En le tenant dans un appartement ou dans une orangerie, on peut avoir des fleurs pendant les plus fortes gelées.

Les variétés trouvées dans le semis des graines de ce *rosier* sont nombreuses. Je ne citerai que celles qui sont les plus recherchées dans le commerce.

Le *bengale* à fleurs semi-doubles de toutes nuances.

Le *bengale* à fleurs doubles de toutes nuances.

—— à longues feuilles.

—— multiflore.

—— à petites fleurs. *Pompon.*

—— à fleurs blanches.

—— à tige sans épines.

—— à fleurs à odeur de thé.

—— de Chine, depuis le rouge de sang jusqu'au blanc.

Cette dernière est regardée comme espèce par quelques botanistes, parce qu'elle est toujours très-grêle & uniflore; mais je ne puis reconnoître la validité de ces caractères.

Comme elle a constamment une fleur épanouie & quelques boutons prêts à s'ouvrir, c'est elle qu'il convient le mieux de placer sur les cheminées, les consoles, &c., dans les appartemens.

Le *rosier bractéolé* ou *rosier de Macartney*. Il diffère beaucoup des autres par son feuillage. On n'est pas encore parvenu à l'obtenir semi-double ou double par le semis de ses graines. Peut-être sera-t-il un jour très-recherché des amateurs, mais aujourd'hui il n'est pas encore sorti des écoles de botanique & des grandes collections.

J'ai déjà parlé longuement de la culture des *rosiers* dans l'énumération qu'on vient de lire, mais j'ai encore à mettre quelques considérations générales sous les yeux du lecteur.

Jadis on tailloit tous les *rosiers* en boules, en pyramides, &c., avec le croissant, & on n'en obtenoit que peu de fleurs; aujourd'hui, si on gêne leur développement en coupant leurs vieilles tiges rez-terre pendant l'hiver, leurs branches sur deux ou trois yeux, après la floraison, c'est pour leur en faire pousser de nouvelles & obtenir de plus nombreuses & de plus belles fleurs.

Ainsi que je l'ai déjà observé, palissader les *rosiers* contre les murs, en en formant des guirlandes d'un arbre à l'autre, en en garnissant les berceaux, &c., donne des jouissances plus étendues lorsqu'on choisit convenablement les espèces & les variétés; cependant on aime toujours à en revenir à la forme de buisson, qui est naturelle.

Attendre, pour tailler les *rosiers*, qu'ils soient entrés en séve, est une précaution à laquelle invite Dumont-Courset, attendu que dans le cas contraire il se forme toujours un chicot de bois mort.

La plus dangereuse des maladies qui attaquent les *rosiers*, est la ROUILLE. *Voyez* ce mot.

Ils sont fréquemment affectés de l'espèce de brûlure produite par les rayons du soleil sur les gouttes de rosée qui les couvrent. *Voyez* BRULURE.

Quelques espèces ou variétés de *rosiers* ne peuvent amener leurs fleurs à épanouissement complet, ainsi que je l'ai annoncé plus haut. Le manque de nourriture, de chaleur, l'excès d'humidité, sont ordinairement les causes de cet effet. Parmi les insectes assez nombreux qui vivent aux depens des *rosiers*, il convient de citer, 1°. le diplolépe, qui fait naître les bedéguars cités plus haut, lesquels, absorbant la séve destinée aux branches, font périr ou au moins empêchent les fleurs de s'épanouir (*voyez* DIPLOLÈPE); 2°. les THENTHRÈDES, dont les larves devorent les feuilles, ce qui empêche également les *rosiers* de fleurir (*voyez* ce mot); 3°. la larve d'une teigne que je n'ai point vue, mais qui, en mangeant la moelle des bourgeons, produit les mêmes résultats.

Les semences des *rosiers* restent le plus souvent deux ans en terre avant de lever: ainsi, il faut savoir attendre, lorsqu'on veut faire usage de ce moyen de reproduction; aussi ne l'emploie-t-on que pour avoir des variétés nouvelles, c'est-à-dire, seulement dans les grandes pépinières & chez les amateurs riches. *Voyez* GRAINE.

Comme je l'ai déjà observé plusieurs fois, les rejetons sont le moyen le plus expéditif & le plus économique de se procurer des *rosiers* de chien pour la greffe, le déchirement des vieux pieds, pour en multiplier les autres espèces, excepté le *rosier* de Bengale, qui, parmi elles, vient le plus facilement de boutures. Il en est, comme le *rosier* muscade, le *rosier* cent feuilles, mousseux, &c., qui ne peuvent être reproduits avec succès qu'au moyen des marcottes. L'emploi des racines pour cet objet est peu pratiqué; cependant il est un des plus assurés & des plus expéditifs, surtout lorsqu'on a une couche à châssis à sa disposition. *Voyez* REJETON, DÉCHIREMENT, ÉCLATS, BOUTURE, MARCOTTE, RACINE.

Rarement nos pères greffoient les *rosiers*. Aujourd'hui c'est, du moins dans les pépinières des environs de Paris, le mode le plus usité de multiplication. Il est des amateurs qui n'en ont pas un seul franc de pied dans leur jardin. Cependant, ainsi que je l'ai déjà annoncé, les *rosiers* greffés ne subsistent pas long-temps, & il est des espèces & des variétés qui produisent beaucoup plus d'effet lorsqu'on les abandonne à leur disposition naturelle. Je n'entreprendrai pas de m'élever contre la mode, que je reconnois procurer quelques avantages, mais je voudrois qu'elle fût moins exclusive.

Les greffes en écusson à œil poussant & à œil dormant, sont presque les seules pratiquées sur le *rosier*. Tantôt on les exécute sur les pousses de l'année précédente, tantôt sur la tige même, quel qu'âgée qu'elle soit. Ordinairement on en place plusieurs à peu de distance, ou en opposition, pour qu'elles forment, par leur réunion, une tête régulière, mais se refuser à les prendre sur des espèces, ou des variétés différentes, une d'elles s'emportant toujours plus que l'autre, & toutes deux, ainsi que l'ensemble, souffrant de leur lutte.

Ordinairement les greffes de *rosiers* sont à trois ou quatre pieds de hauteur, mais j'en ai vu qui produisoient plus d'effet lorsqu'elles l'étoient seulement à un ou deux, & Dupont, & autres, ont fait voir qu'il étoit possible de tirer avantage de celles qui l'étoient à plus de vingt pieds.

La forme globuleuse est celle qui se donne le plus généralement aux *rosiers* greffés. Considérée isolément, elle est presque toujours avantageuse; mais lorsqu'elle est trop répétée, elle amène la monotonie. Celle en table, qu'on lui substitue quelquefois, n'en est pas assez distincte pour détruire le résultat de cette observation.

Lorsqu'on desire conserver un peu plus long-temps les *rosiers* greffés, il faut continuellement les surveiller, c'est-à-dire, supprimer les rejets qui sortent des tiges & des racines, lesquels ne tardent pas à faire périr la greffe, la nature voulant qu'ils le substituent sans cesse aux tiges, comme je l'ai remarqué plus haut. (*Voyez* GOURMAND.) Il faut, aussi les assujettir chaque année, après leur floraison, à une taille plus ou moins alongée, pour qu'il n'y ait pas une disproportion choquante entre la grosseur de leur tête & celle de leur tige, & pour qu'ils donnent l'année suivante & plus de fleurs (elles naissent exclusivement sur les bourgeons), & des fleurs

fleurs plus grosses (elles le sont d'autant plus qu'elles sont plus près des racines).

Cette dernière considération appelle également la taille, & la taille courte, pour les *rosiers* francs de pied. Il y a peu d'années qu'on y assujettit ces derniers : ainsi on peut, par la comparaison des jardins bien conduits, avec ceux dirigés par de vieux jardiniers, juger combien il est avantageux de leur laisser peu de hauteur, & de supprimer toutes les tiges de plus de trois ans d'âge. Ceux en pots réclament cette taille plus impérieusement que les autres, à raison du peu de nourriture qu'ils ont à leur disposition.

Pouvoir offrir des roses aux belles à toutes les époques de l'année, est un avantage que les amateurs ont dû desirer de tout temps. Aujourd'hui il leur est facile de se satisfaire, de nouvelles variétés qui fleurissent à des époques différentes, ou plusieurs fois dans l'été, même perpétuellement, ayant été introduites dans nos cultures, & les serres, les baches, les châssis, leur fournissant, pour quelques espèces, les moyens de forcer la nature.

La position des *rosi rs* dans les jardins, & de petits procédés de culture, viennent encore au secours de ces amateurs : ceux qui sont au midi fleurissent plus tôt que ceux qui sont au nord, & ceux qu'on a empêché de fleurir au printemps, par la soustraction de leurs boutons & de leurs feuilles, fleurissent en automne.

Si le bois des *rosiers* étoit plus gros & avoit moins de moelle, il seroit possible de le substituer au buis, parce qu'il est aussi pesant & aussi susceptible de poli. Leurs feuilles, leurs bourgeons, & l'excroissance appelée *bediguard*, sont en usage en médecine, comme je l'ai déjà annoncé. On tient dans les pharmacies une eau distillée, une huile, un onguent, un miel, une conserve, un vinaigre, fait au moyen de leurs fleurs, dont il est permis de douter des vertus. Les confiseurs, les liquoristes & parfumeurs tirent un parti plus réel des mêmes fleurs, en fixant leur odeur & leur saveur dans des pastilles, dans des crêmes, dans des glaces, dans de l'eau-de-vie, dans des essences, dans des huiles, dans des graisses, &c. On compose des sachets odorans avec leurs pétales, on en met dans les armoires pour parfumer les habits & le linge. En les roulant, en plus ou moins grande quantité, entre les doigts, on en compose des colliers, des pendans d'oreilles, des bracelets estimés des belles.

J'ai déjà parlé de la pommade de rose qu'on obtient, aux environs de Paris & à Grasse, des fleurs de la rose de Damas & de l'essence de rose, la plus chère de toutes les odeurs, qui se tire par distillation, *ad descensum*, des fleurs de la rose muscade, sur la côte d'Afrique. Donal-Mouro nous apprend que, dans l'Inde, il suffit de mettre les pétales des roses (il ne dit pas de laquelle) dans un vase plein d'eau, exposé au soleil, pour que l'huile surnage & puisse s'enlever avec du coton. Ce qui peut tenir de cette essence à la pointe d'une épingle, suffit pour embaumer un appartement tout un jour.

Le rossolio rouge & blanc se compose en mettant de la bonne eau-de-vie sur des pétales de rose pendant quelques heures, en distillant & en sucrant ensuite cette eau-de-vie. J'en ai bu, faite à Paris, d'aussi bonne que celle qu'on tire à si grand frais d'Italie.

ROSSE. Synonyme de GARDON. Poisson du genre CYPRIN.

ROUABLE. Ce nom se donne, dans quelques lieux, à une lame de fer recourbée & fixée à un long manche, avec laquelle on tire la braise du four, lorsqu'on juge qu'il est assez chaud.

On supplée au *rouable* par des perches d'un bois vert ou mouillé, mais elles remplissent bien plus imparfaitement ce but, & demandent à être renouvelées souvent.

ROUAUNE. Instrument de fer à trois pointes, dont une recourbée, avec lequel on marque les tonneaux, en faisant sur un de leurs fonds, des lignes, des cercles disposés d'un grand nombre de manières.

ROUCOUYER. *Voyez* ROCOUYER.

ROUGEOT, ROUGEAU. Couleur rouge ou jaune, que prennent toujours les feuilles de la vigne lorsqu'elles cessent de végéter. C'est quelquefois une maladie produite par la sécheresse, par des insectes, &c.

ROUGET. Nom généralement donné au pollen rouge ou jaune des étamines des fleurs, déposé par les ABEILLES dans les ALVÉOLES de leurs GATEAUX de cire, lorsqu'elles en ont plus ramassé que leurs LARVES ne peuvent en consommer, & qui s'y durcit au point qu'elles ne peuvent plus l'employer.

Le *rouget* augmentant tous les ans, il diminue le nombre des alvéoles où les abeilles peuvent élever leurs larves, ou mettre leur miel, &, ainsi, il arrive un moment où la ruche périt par la réduction de sa population.

Lorsqu'il y a beaucoup de *rouget* dans une ruche, elle se vend bien moins, tant parce qu'il prend la place du miel, que parce qu'il porte une saveur âcre & une couleur désagréable dans ce miel. On l'empêche assez facilement de se mêler avec celui qui est tiré par simple écoulement, mais non avec celui pour lequel on est forcé d'employer l'expression.

C'est par de bons principes d'éducation des abeilles, c'est-à-dire, en ne laissant jamais les ruches ou portions de ruches plus de deux ans, sans en faire la récolte, qu'on peut éviter les mauvais effets du *rouget*.

Il se trouve plus de *rouget* dans les ruches des

pays où croît la bruyère, parce que cette plante fleuriffant lorfque la ponte de la mère abeille diminue, le pollen récolté par les ouvrières n'a pu être employé. *Voyez* ABEILLE.

ROUGIÈRE. Terre argileufe & ferrugineufe des montagnes de l'Aveyron, qu'il eft difficile de cultiver, & quand elle eft très-fèche, & quand elle eft très-imbibée d'eau. *Voyez* ARGILE.

ROULEAU COUPANT. *Rouleau* armé d'un, trois, quatre, cinq, fix & même plus, de difques de fer tranchans, avec lequel on coupe la furface du fol en bandes égales, ou pour pouvoir lever les gazons avec plus de facilité, ou pour pouvoir labourer le fol plus rapidement & avec moins de fatigue pour les attelages.

M. du Perroy a propofé d'employer ce *rouleau*, 1°. pour découper les prairies en hiver, & augmenter par cela feul les produits de leurs récoltes; 2°. pour couper l'extrémité des racines des arbres, &, par-là, augmenter la vigueur de leur végétation.

J'ai inféré fur ce *rouleau*, dans le neuvième volume de la feconde férie des *Annales d'Agriculture*, un rapport dans lequel j'obferve, qu'en le traînant, il couperoit mieux les racines qu'en le roulant, & c'eft ce qu'a fait avec le plus grand fuccès M. Trochu, dans le défrichement des LANDES. *Voyez* ce mot.

RUBIACÉES. Famille de plantes qui a pour type la GARANCE, mais qui renferme un très-grand nombre d'autres genres qui femblent avoir peu de rapports avec elle. Ces genres font, outre celui précité, SHÉRADE, GAILLET, CRUCIANELLE, CROISETTE, ANTOSPERME, HOUSTONE, DIODE, GALOPINE, KNOXIE, SPERMACOCE, RICHARDIE, PHYLIS, HEDIOTE, OLDENLANDE, CARPHALE, COCCOCIPSILE, GOMOZE, NACIBE, TONTANE, PÉTESIE, FERNEL, CATESBÉ, GRATGAL, MACROCNÈME, DENTELLE, TOCOYENNE, BERTHIÈRE, MUSSÆNDE, QUINQUINA, RONDELETIE, BELLONE, VIRECTE, POSOQUÉRIE, OXYANTHE, GENIPAYER, GARDONE, PORTLANDE, COUTARÉE, DUROYA, HILLIA, CHOMEL, IXORE, PAVETTE, COUSSARI, MALANI, CIOCOQUE, CHIMARRHIS, CANTHION, RONABE, COPROSME, SIMIRE, RUTIDÉE, BACONIE, PSYCHOTRE, CAFEYER, PEDÈRE, LAUGERIE, ERYTHALE, MYONIME, PYROSTRE, AZIER, MATHIOL, CUVIÈRE, VANGUÉRIE, GUETTARDE, HAMEL, PATIME, SABICE, AMAIOUA, MITCHELL, MORINDE, CANÉPHORE, PATABÉ, EVÉ, TAPOGOME, NAUCLÉE, CEPHALANTHÉ, SERISSE, PAGAMÉE, FARAMIER & HYDROPHYLACE.

RUBLE. Un des noms de la CUSCUTE.

RUCHEUR. Ouvrier qui met en MEULE, de la groffeur & de la forme d'une RUCHE, lorfqu'on a lieu de craindre la pluie, le FOIN qui vient d'être fauché. *Voyez* ces mots.

RUTACÉES. Famille de plantes dont la RUE eft le type, & qui en outre renferme ceux appelés FRAXINELLE, HERSE, FAGONE, GAYAC, FABAGELLE, PEGANE, DIOSMA, MÉLIANTHE, ARUBE & EMPLEVRE.

S

SABON. La CHARRUE de la Crimée s'appelle ainfi. Ce n'eft qu'une branche d'arbre fourchue, dont une des parties eft coupée en bifeau près du point de réunion, & l'autre eft confervée dans toute fa longueur, pour pouvoir y atteler des chevaux ou des bœufs. Mongès en a figuré une telle comme d'ufage dans la Grèce aux temps les plus reculés.

SABOTIER. Celui qui fabrique les SABOTS.

SABOTS. Morceaux de bois taillés & creufés de manière à pouvoir recevoir les pieds des cultivateurs & à les garantir du froid & de l'humidité de la terre, ainfi que des pierres, des épines, &c.

Le bon marché des *fabots* les fait, dans les campagnes, préférer aux fouliers, mais il n'eft pas prouvé, pour moi, qu'ils foient auffi économiques qu'on le prétend, furtout dans les pays de montagnes, où leur ufage eft le plus général, à raifon de leur prompte ufure & de leur fréquente caffure. Les fouliers à groffe femelle ferrée, encore plus les claques, ou fouliers à femelles de bois, me paroiffent préférables, en ce qu'ils déforment & bleffent moins les pieds, durent infiniment plus, & ne retardent pas autant la marche & le travail.

La fabrication des *fabots* s'exécute par des ouvriers fpéciaux, qui jadis, lorfque les futaies étoient plus communes, s'établiffoient à demeure au milieu d'elles, dans des huttes groffièrement bâties, & par-là évitoient les frais de tranfport, en grume, des bois qu'ils emploient. Aujourd'hui, prefque tous demeurent dans les villages voifins des taillis, & y travaillent le bois des vieux baliveaux, qu'ils font transporter chez eux en tronçons. Aussi les *sabots* sont-ils trois fois plus chers qu'ils ne l'étoient il y a cinquante ans.

Je renvoie au *Dictionnaire des Arts mécaniques* pour la description de la fabrication des *sabots*, fabrication qui ne laisse pas que d'être compliquée.

Les meilleurs *sabots* de France sont faits avec le noyer; après viennent ceux de poirier, de pommier, de cerisier, mais ils sont rares. Les plus répandus sont ceux faits avec le hêtre, ils sont lourds & cassans, ou avec l'aune & le bouleau, ils sont légers, mais absorbent l'eau & la gardent long-temps.

La forme des *sabots* varie considérablement; ceux qui sont terminés en pointe recourbée, & dont l'ouverture est très-découverte, passent pour les plus élégans. On diminue, par le moyen d'une bride en cuir ou d'un morceau de peau de mouton, garni de sa laine, la crainte des blessures auxquelles ils exposent.

SALISBURY. *Salisburia*. Arbre fruitier du Japon, cultivé depuis cinquante ans dans nos jardins, & qui s'y fait remarquer par la forme singulière & la belle couleur de ses feuilles. On le connoît aussi sous les noms de *ginkgo*, qui est japonais, & d'*arbre de 40 écus*, qui est le prix auquel ont été vendus les premiers pieds venus à Paris.

Les gelées du climat de Paris nuisent quelquefois en automne aux pousses de *salisbury*, mais il brave celles de l'hiver, & sa pousse est trop tardive pour qu'il craigne celles du printemps.

La hauteur à laquelle parvient le *salisbury* dans nos jardins, n'est que quinze à vingt pieds; mais d'après Koempfer & Thunberg, qui l'ont observé dans son pays natal, il y arrive souvent au double.

Il a été long-temps sans donner des fleurs, mais aujourd'hui il en offre assez souvent de mâles, ce qui laisse dans l'espérance qu'il produira un jour des fruits, objet de sa culture au Japon, où on les mange comme les châtaignes en France, & où on les estime beaucoup.

La multiplication du *salisbury* ne peut s'exécuter que par bouture, par marcotte & par racine; c'est presqu'uniquement le premier de ces moyens qui est employé.

En Caroline, pays très-chaud, j'ai fait des boutures avec des branches de la grosseur du pouce, & elles ont poussé de plus d'un pied dans la première année.

Dans le climat de Paris, je les fais faire dans des pots, sur couche à châssis, avec des extrémités de branches de la grosseur d'une plume, & elles n'ont poussé que de deux ou trois lignes dans le même temps.

Il faut donc les rentrer pendant deux ou trois ans dans l'orangerie pendant l'hiver, après quoi on les place en pleine terre, à deux pieds de distance, pour ne les mettre en place qu'à six ans, époque où ils sont ordinairement parvenus à six ou huit pieds de hauteur. Un terrain léger & frais, une exposition abritée au nord ou au couchant, sont ce que demande le *salisbury*. On le taille en crochet, & on lui donne un tuteur pendant encore quelques années, ensuite on l'élague successivement & on l'abandonne à lui-même.

Cette longue attente empêche que cet arbre ne soit aussi commun qu'il mérite de l'être. Il seroit impossible à un pépiniériste de le vendre à six ans ce qu'il lui a coûté; aussi est-ce à sa seconde ou troisième année qu'ils s'en débarrassent au profit des collections, dont les propriétaires achèvent son éducation.

Lorsqu'on veut faire des marcottes de *salisbury*, il faut, ou employer des pousses de l'année précédente, ou faire une ligature à la branche qui est couchée en terre. *Voyez* MARCOTTE.

SALPÊTRAGE. On appelle ainsi la formation du salpêtre sur les roches calcaires, sur les murs exposés à l'humidité, dans les NITRIÈRES ARTIFICIELLES, &c. *Voyez* ce dernier mot.

S'il est des cas où on doit desirer qu'il se forme du nitre, il en est d'autres où on doit le craindre.

Ainsi, le *salpêtrage* des murs des écuries, des caves, des chambres d'habitation, nuit à la durée des bâtimens, & dans la dernière circonstance, à la santé des hommes, ainsi qu'à la conservation des meubles, des denrées, &c., par l'humidité qu'il perpétue.

Il semble d'abord que la peinture à la colle & à l'huile, après lavage préalable à l'eau bouillante, a arrêté le *salpêtrage* des appartemens, mais il ne tarde pas à repousser, & il faut recommencer tous les ans. Je conseille de préférer à cette peinture, pour les appartemens de luxe, un MASTIC d'une ligne d'épaisseur (*voyez* ce mot), & pour les celliers, les écuries & autres lieux analogues, une couche de BITUME de même épaisseur. *Voyez* ce mot.

Laver à deux ou trois reprises les murs avec une eau légèrement chargée d'acide sulfurique, est un moyen d'empêcher le *salpêtrage* de reparoître, indiqué par la Société d'agriculture de la Marne, moyen que la théorie ne repousse pas, & que je conseille d'essayer.

SANGSUE. Les petits FOSSÉS creusés dans les champs ou dans les prairies, portent ce nom dans quelques lieux. Ils ne diffèrent des MAÎTRES & des RIGOLES que par des dimensions plus petites. *Voyez* ces trois mots & ceux DESSÈCHEMENT, ÉGOUT DES TERRES.

SAPIN. *Abies*. Genre de plantes de la monœcie monadelphie & de la famille des conifères, dans lequel se rangent quatorze espèces, dont deux sont très-multipliées sur quelques-unes de nos hautes montagnes, & dont plusieurs des autres se cultivent dans nos jardins.

Observations.

Linnæus avoit réuni ce genre à celui des PINS & à celui des MÉLÈZES. Ici, ces derniers font le sujet d'articles séparés, auxquels je renvoie le lecteur, ainsi qu'au mot ARAUCAIRE.

On subdivise les *sapins* en trois séries: ceux qui ont les feuilles planes & distiques, les véritables *sapins*; ceux qui ont les feuilles tétragones & éparses, les *épiceas*; ceux qui ont les feuilles planes & alternes, les *hemelocks*.

Espèces.

Première série.

1. Le SAPIN commun, ou simplement *sapin*.
Pinus picea. Linn. ♄ Indigène.

2. Le SAPIN baumier, ou *baumier de Gilead*.
Pinus balsamea. Linn. ♄ De l'Amérique septentrionale.

3. Le SAPIN à feuilles d'if.
Abies taxifolia. Lamb. ♄ De l'Amérique septentrionale.

4. Le SAPIN de Fraser.
Pinus Fraseri. Pursh. ♄ De l'Amérique septentrionale.

5. Le SAPIN nain.
Abies nana. Bosc. ♄ De l'Amérique septentrionale.

6. Le SAPIN à feuilles lancéolées.
Abies lanceolata. Lamb. ♄ Des Indes.

7. Le SAPIN Dammar.
Pinus Dammara. Lamb. ♄ Des Indes.

Deuxième série.

8. Le SAPIN pesse, ou *épicea*.
Pinus abies. Linn. ♄ Indigène.

9. Le SAPIN blanc.
Pinus alba. Ait. ♄ De l'Amérique septentrionale.

10. Le SAPIN noir.
Pinus nigra. Ait. ♄ De l'Amérique septentrionale.

11. Le SAPIN rouge.
Pinus rubra. Lamb. ♄ De l'Amérique septentrionale.

12. Le SAPIN luisant.
Abies lucida. Bosc. ♄ De l'île de Terre-Neuve.

13. Le SAPIN hérissé.
Pinus columbaria. Desf. ♄ De l'Amérique septentrionale.

Troisième série.

14. Le SAPIN du Canada.
Pinus canadensis. Linn. ♄ De l'Amérique septentrionale.

Culture.

Le *sapin* commun, ou *sapin blanc*, ou *sapin argenté*, ou *sapin de Normandie*, ou *sapin à feuilles d'if*, est l'arbre vert le plus multiplié sur les montagnes de la France. Il couvre presqu'exclusivement les Vosges, le Jura, les Alpes, & les parties les plus élevées du centre de la France. Souvent on le confond avec le PIN SYLVESTRE, le SAPIN PESSE, qui croissent dans les mêmes lieux, mais moins fréquemment. Sa hauteur est quelquefois au-dessus de cent pieds, & son diamètre au-dessus de trois. C'est un arbre imposant par la majesté de son port & la disposition de ses branches verticillées, & diminuant graduellement de longueur. Plus qu'aucun autre arbre vert, le bouton terminal de sa flèche est garanti par son organisation & pousse tard, de sorte qu'il ne craint pas les plus fortes gelées; aussi n'est-ce que par accident qu'il peut cesser de croître en hauteur.

Malherbes appeloit le *sapin* un arbre intolérant, & en effet il ne souffre aucun autre arbre auprès de lui, & à peine voit-on quelques buissons & quelques plantes vivaces sous son ombrage. Sa végétation est lente pendant ses premières années, mais ensuite elle prend de l'activité pour se ralentir encore après quinze ans. Une terre légère & un air humide sont indispensables à sa prospérité: voilà pourquoi il s'est relégué sur les hautes montagnes où les brouillards sont permanens; voilà pourquoi il se voit si rarement dans nos jardins paysagers, qu'il orne beaucoup, mais cependant moins que l'épicea.

Les montagnes schisteuses, les pentes exposées au nord, sont les lieux où se plaisent principalement les *sapins*, & où leurs forêts se conservent encore avec le plus d'avantages.

Les racines des *sapins* savent pénétrer dans les fentes des rochers & aller chercher leur nourriture au loin. Voilà pourquoi on en voit de si beaux pieds dans des lieux où il n'y a presque point de terre. Ajoutez que leurs abondans débris améliorent chaque année le sol, & que les pluies n'entraînent pas l'humus produit par ces débris, parce qu'elles sont divisées d'abord par les feuilles sans nombre, & ensuite par les pieds très-rapprochés de ces arbres.

Comme tous les arbres verts, les souches des *sapins* coupés ne repoussent plus; en sorte que tous proviennent de semences, & lorsque leur flèche est cassée par accident, ils ne poussent plus en hauteur, deux circonstances importantes qu'on ne doit pas perdre de vue dans la pratique.

Jadis les forêts de *sapins* étoient plus étendues qu'elles le sont en ce moment. La loi des ASSOLEMENS (*voyez* ce mot), les coupes exagérées, le pâturage des bestiaux, concourent à les rétrécir partout, ainsi que je l'ai observé, & nulle part, à ma connoissance, on ne s'occupe des moyens de retarder leur disparition totale, soit par des réglemens de police rurale, soit par des semis. Ces derniers réussissent assez facilement dans les clairières, où le jeune plant trouve l'humidité & la protection nécessaire à son développement; mais ils sont très-difficiles à faire arriver à bien sur les pentes, dont les vieux arbres ont totalement disparu, même sur les bords des forêts existantes, parce que le jeune plant y est exposé à l'ardeur du soleil & au piétinement des bestiaux. Ce n'est qu'au moyen de plantations antérieures de ronces ou autres arbustes, de topinambours & autres grandes plantes vivaces & de larges fossés, qu'on pourroit y parvenir: aussi partout leur ai-je vu substituer le pin, qui redoute moins la sécheresse, & j'ai applaudi à cette substitution, quoique le bois de ce dernier soit inférieur en qualité au sien; car combien de parties des montagnes précitées, qui ont six à sept mois d'hiver, seront inhabitables lorsqu'elles n'auront plus de bois! & elles se trouveront bientôt dans cette triste circonstance.

Lorsque les forêts de *sapins* se trouvent composées d'arbres d'égale grandeur, elles sont bien plus exposées aux efforts des vents, toujours si violens aux élévations où elles se trouvent; aussi en voit-on souvent de déracinées par eux dans les lieux où leur exploitation n'est pas possible, les vieux arbres fléchissant moins que les jeunes, & ayant des RACINES en partie altérées. *Voyez* ce mot.

Une cause qui concourt encore à la destruction des forêts de *sapins*, c'est le droit qu'ont tous les habitans des communes auxquelles elles appartiennent, de casser, pour leur usage, les branches latérales des arbres qui les composent; car comme il est naturel de commencer cette opération par les arbres de bordure, & que le *sapin* ne veut pas être ébranché, la plupart de ces derniers meurent avant d'être arrivés à l'âge convenable.

J'ai vu dans les Alpes de vieux pieds de *sapins* isolés, reste de la forêt qui couvroit le sol où ils se trouvent, lesquels sont conservés précieusement, pour servir d'abri aux bestiaux & à leurs gardiens, lesquels étoient chargés de cônes dont les graines se dispersoient chaque année sans utilité, par la cause ci-dessus. On les appelle *abris tempête*.

J'ai vu dans les Vosges & dans le Jura le bord des forêts de *sapins* n'offrir plus que des arbres isolés, dépourvus de branches inférieures, en porter également sans utilité pour la reproduction. On appelle les terrains où ils se trouvent, *prés-bois*, & en effet ils sont tous des pâturages établis aux dépens des bois, pâturages que les habitans aiment à étendre. Au contraire, les graines des vieux pieds conservés au milieu de la forêt sont dispersées chaque année par les vents dans toute l'étendue de cette forêt, germent sous un abri protecteur, reproduisent plus d'arbres qu'on n'en enlève. J'ai toujours été frappé de la vigueur des jeunes pieds de différens âges qui se touchoient presque, & qui cependant étoient recouverts de plus par les branches des gros pieds voisins. Ce phénomène est presqu'exclusivement propre au *sapin*, du moins je ne l'ai pas remarqué être aussi prononcé dans les forêts de pins & d'épiceas. Il a cependant des bornes, & une quantité de jeunes arbres doit périr faute de trouver moyen d'étendre leurs racines & de jouir du bienfait de la lumière & de l'air.

Cette manière de végéter du *sapin* indique le mode d'exploitation qu'on doit suivre, & qu'on suit en effet à son égard, mode qu'on appelle *en jardinant*.

Ainsi donc, tous les ans, à la fin de l'été, on parcourt les forêts de *sapins*, pour abattre tous les arbres qui sont arrivés à la grosseur convenable. La chute de ces arbres en casse beaucoup d'autres plus petits; on est obligé d'en couper encore beaucoup pour traîner, jusque dans un chemin, ceux qu'on a abattus; mais tous ces désastres se réparent bientôt, & leurs traces disparoissent en deux ou trois ans au plus.

Il est parlé fort au long de ce mode de couper les bois en jardinant, à l'article EXPLOITATION, & j'y renvoie le lecteur.

Un autre mode, que j'ai vu employer sur les montagnes de l'Auvergne, c'est de couper la totalité des *sapins* dans des bandes de peu de largeur, de dix à douze toises, par exemple, dirigées du levant au couchant, bandes dans lesquelles les *sapins* levoient très-épais, même trop épais, soit par suite de la dissémination antérieure de leurs graines, soit par suite de celles postérieurement fournies par les arbres des bandes voisines. Je n'ai pas suivi assez long-temps ce mode d'exploitation, que M. Hartig indique comme aussi pratiqué en Allemagne, pour avoir pu prendre une opinion positive sur ses avantages & ses inconvéniens.

On fait une immense consommation du bois du *sapin* pour brûler. Son emploi dans la marine, la charpente, la menuiserie, est extrêmement étendu. Il réunit la solidité à la légéreté. Sa tranche présente des zônes alternativement blanches & tendres, & des zônes fauves & dures; ces dernières plus petites. Varenne de Fenille a trouvé qu'il pesoit environ 32 livres par pied cube, & que sa retraite étoit de $\frac{3}{16}$. Sa couleur passe au rouge, par l'effet de sa vétusté.

Outre son bois pour les services ci-dessus, & autres de moindre importance, le *sapin* offre encore ses feuilles pour la nourriture des moutons, son écorce pour tanner les cuirs, & sa térébenthine.

La térébenthine du *sapin*, qu'il ne faut pas confondre avec celle du MELÈZE & du TÉRÉBINTHE, porte dans le commerce le nom de *térébenthine de Strasbourg*. Elle se trouve dans des vessies quelquefois d'un pouce de diamètre, tantôt presque rondes, tantôt ovales, qui se forment pendant les deux sèves, principalement pendant la première, sous l'épiderme de l'écorce des jeunes arbres. Pour l'obtenir, un homme monte sur les arbres, & avec une corne de bœuf percée à son petit bout, ou avec un cornet de fer-blanc disposé de même, il crève les vessies & reçoit la liqueur qu'elles contiennent, dans une bouteille attachée à sa ceinture.

Lorsque l'écorce du tronc des *sapins* a acquis environ trois lignes d'épaisseur, elle cesse d'offrir des vessies, & il faudroit les aller chercher à leur sommet & sur leurs branches, ce qui devient plus difficile & plus dangereux. Il ne paroît pas que l'extraction de la térébenthine nuise à l'arbre, quoiqu'il soit probable que cette résine, qui ne s'épanche pas naturellement, serve à son accroissement. Malus a même prouvé, par des expériences rigoureuses, que le bois des arbres épuisés par cette opération est aussi dur, aussi fort & plus léger que celui de ceux qui n'y ont pas été assujettis.

La térébenthine apportée à la maison est passée à travers un grossier canevas & est livrée au commerce. Elle jaunit & s'épaissit avec le temps ; alors, on la mêle avec de l'eau & on la distille pour en obtenir l'*essence de térébenthine*, d'un si fréquent emploi dans la médecine & dans plusieurs arts, surtout dans ceux des peintres & des vernisseurs. Cette huile essentielle est un des plus puissans des diurétiques & des détersifs. Lorsqu'on l'unit à de l'acide muriatique suroxigéné, il se précipite du camphre, fort difficile à distinguer de celui de l'Inde.

Le résidu de la distillation de la térébenthine est une résine compacte, qui, sous le nom de *colophone* ou *colophane*, s'emploie par les joueurs de violon, pour, en en frottant leur archet, les mettre en état de tirer des sons plus forts de leur instrument.

Il se montre quelquefois naturellement une résine analogue sur le tronc des *sapins*, mais il est rare qu'on la récolte. C'est l'épicea qui fournit celle qu'on connoît sous le nom de *poix de Bourgogne*.

On peut multiplier le *sapin* par MARCOTTES, par BOUTURES & par GREFFES, mais ces moyens sont d'un résultat incertain & ne donnent jamais de beaux arbres : ce n'est donc que faute de graines qu'on les emploie. *Voyez* les mots ci-dessus.

J'ai déjà dit que pour que le *sapin* se multiplie naturellement, il lui falloit de l'ombre & de l'humidité. Lorsqu'on veut le cultiver en grand, on doit donc d'abord disposer le lieu en conséquence, s'il ne l'est pas déjà, ensuite gratter la terre avec une pioche à large fer, puis répandre la semence immédiatement après la fonte des neiges. Cette semence n'a pas besoin d'être enterrée, les pluies la recouvrant suffisamment ; mais il faut veiller pour en éloigner les oiseaux & les mulots, qui en sont très-friands, par des épouvantails ou des appâts empoisonnés.

Une manière de cultiver le *sapin*, qui est peu connue hors de la ci-devant Normandie, c'est d'en répandre les graines dans les haies & fort clair. Le plant, protégé par les arbustes qui forment cette haie, s'élève promptement & forme des arbres d'un superbe aspect & d'un grand produit.

On devroit procéder de même dans toutes les parties de la France où l'humidité du climat le permet, & même dans les jardins paysagers & les grands bois pourvus de clairières.

Pour avoir de la graine de *sapin*, il faut cueillir, à la fin de l'automne, leurs cônes ou à la main, ou en coupant les branches qui les portent avec un long croissant, & les conserver dans un grenier jusqu'à l'époque des semailles. Si on tardoit jusqu'au printemps, on risqueroit d'avoir moins de graines & même point du tout, les gelées & les temps secs les faisant tomber. Les écailles de ces cônes s'ouvrent par leur dessiccation dans le grenier, &, en les secouant, la plus grande partie tombe. Le reste s'obtient en exposant les cônes au soleil, ou en les mettant dans une étuve, dans un four dont on a ôté le pain depuis deux heures, & en les y laissant jusqu'au lendemain. Ces graines se conservent bonnes pendant deux à trois ans.

Le semis du *sapin*, dans les pépinières, s'effectue lorsqu'il n'y a plus de gelées à craindre, dans des plates-bandes exposées au nord, convenablement labourées & recouvertes de quelques pouces de terre de bruyère. On superpose de la mousse, ou de la menue paille, ou des feuilles sèches, sur cette graine, & on l'arrose lorsque l'air est sec. Le plant qui résulte de ce semis n'atteint guère qu'un pouce de hauteur pendant sa première année, mais il ne se repique pas moins dès le printemps de la seconde, dans une autre place, à la même exposition, à quatre ou cinq pouces de distance en tous sens. Là, il reste deux ans & se bine deux ou trois fois par an, après quoi on le transporte en pleine terre, autant que possible dans une terre fraîche & abritée, pour y rester encore deux ans & y recevoir les mêmes soins. A cette époque, il a ordinairement deux pieds de haut & est dans le cas d'être planté à demeure, avec assurance de reprise, car plus on attend, & moins on doit avoir de sécurité à cet égard.

Quelques pépiniéristes repiquent leurs *sapins* à la seconde année dans des pots qu'ils enterrent, & les vendent dans ces pots, qui conservent une partie de leurs racines intactes lors de leur levée. Ce procédé a l'inconvénient de fournir de moins beaux arbres & d'augmenter la dépense.

D'autres repiquent à leur troisième année leurs *sapins* dans des paniers appelés MANNEQUINS à Paris (*voyez* ce mot), & les livrent, deux ans après, à leurs pratiques, dans ces mêmes mannequins qui ne sont pas encore entièrement pourris.

Ainsi que les autres arbres verts, le *sapin* demande à être transplanté lorsqu'il commence à entrer en végétation, car il est extrêmement sensible au hâle, & se dessèche facilement si une séve abondante ne contre-balance l'effet de ce HALE. *Voyez* son article.

Plus que bien d'autres, le *sapin* souffre de la mutilation de ses racines; on doit donc être très-réservé lors de sa levée & de sa plantation. Il en est de même de la suppression de ses branches; ce n'est qu'à la dernière extrémité qu'il faut se permettre d'y toucher. D'ailleurs, leur élagage diminue immanquablement sa beauté & retarde son accroissement en grosseur.

La place des *sapins* dans les jardins paysagers, est, ou isolé, ou groupé au milieu des massifs, principalement aux angles saillans qu'ils forment. En former des avenues n'est pas facile, parce qu'il y en a toujours quelques pieds qui meurent. J'ai déjà parlé de son placement dans les haies.

La COURTILIÈRE & la larve du HANNETON sont les seuls insectes qui nuisent aux *sapins* dans les pépinières.

Le *sapin* baumier diffère extrêmement peu du précédent, mais s'en distingue cependant, principalement parce que ses rameaux sont beaucoup plus garnis de feuilles, & parce que toutes les parties offrent de moindres dimensions. Sa hauteur est au plus de quarante pieds. Il fournit une résine fluide analogue à celle du *sapin*, mais d'une odeur plus agréable, qui se recueille de même, & qui se met dans le commerce sous le nom de *baume de Gilead*, quoiqu'elle s'éloigne beaucoup de ce baume par son odeur. (*Voyez* BAUMIER.) Son bois est également analogue à celui du *sapin*, & s'il est moins estimé en Amérique, c'est qu'il en est d'autres qui rivalisent de bonté avec lui, & qui sont plus communs.

Il y a déjà long-temps que nous possédons cet arbre dans nos jardins, où il donne des graines en abondance, mais où je ne l'ai jamais vu s'élever à la hauteur indiquée plus haut. Généralement il meurt vers sa dixième ou douzième année, après avoir donné des cônes en surabondance pendant deux ou trois ans.

La multiplication & la culture du *sapin* baumier ne diffèrent pas de celles du *sapin* commun. Il se place de la même manière dans les jardins paysagers, qu'il orne peut-être plus, parce que ses rameaux sont plus nombreux & qu'il s'élève moins.

Les *sapins* à feuilles d'if & de Fraser ne sont pas, à ma connoissance, cultivés dans nos jardins.

Il y a eu chez M. Lemonnier & chez M. de Lafortelle, à Versailles, pendant un assez grand nombre d'années, en pot, plusieurs pieds du *sapin* nain. Le dernier que j'y ai vu avoit près de vingt ans, & sa hauteur ne surpassoit pas quinze pouces.

Les *sapins* à feuilles lancéolées & Dammar se cultivent dans quelques-unes de nos serres, & s'y multiplient, ou par boutures, ou par la greffe. Ce sont, dit-on, de fort beaux arbres dans leur pays natal, & je n'ai pas de la peine à le croire; mais jamais ils ne pourront jouir de tous leurs avantages dans le climat de Paris, & ce n'est que lorsqu'il y aura des pieds porte-graines dans les parties chaudes de l'Europe, qu'on pourra les y multiplier avec succès.

Le SAPIN PESSE, ou *épicea*, ou *sapin de Norwège*, ou *faux sapin*, croît abondamment dans le nord de l'Europe, & se trouve sur quelques-unes des montagnes les plus élevées des Alpes & des Vosges. Il diffère beaucoup du *sapin* commun par ses feuilles tétragones courtes & éparses, par ses branches courbées, par ses rameaux & ses cônes pendans. Son élévation moyenne est de soixante pieds. C'est lui qui fournit la *poix ordinaire*, ou *poix grasse*, ou *poix de Bourgogne*, si employée dans la médecine & dans les arts. Son écorce est plus propre que celle du *sapin* pour le tannage des cuirs. Un peu plus de blancheur & un peu moins de ténacité, sont tout ce qui différencie son bois de celui de ce dernier. Du reste, il s'utilise absolument pour les mêmes objets.

Il a été remarqué que la neige se conservoit moins long-temps dans les bois d'épicea qu'ailleurs, ce qu'on peut expliquer par l'observation, que cette neige est en grande partie arrêtée sur les rameaux de cet arbre, & qu'elle y trouve, à raison de la résine, une température plus douce. Au reste, cette propriété leur est commune avec tous les arbres résineux. *Voyez* PIN.

L'aménagement des bois d'épicea se dirige d'après les mêmes principes que celui des bois de *sapin*. Il en est de même de sa multiplication en grand. Je ne répéterai donc pas ce que j'ai dit à l'égard de ce dernier. D'ailleurs, j'ai vu beaucoup de forêts de *sapins*, & je ne me rappelle pas en avoir vu d'épiceas, de sorte que je n'ai aucune observation personnelle qui leur soit propre.

Il a été remarqué que le bois des épiceas des hautes montagnes est plus résistant que celui des plaines, ce qui est très-important à considérer pour la charpente, & ce qui est en concordance avec la théorie.

Ce n'est pas dans des vessies superficielles que se trouve la résine de l'épicea, mais elle sort de l'aubier, à travers des fentes naturelles de l'écorce. Il en fournit pendant toute sa vie. Pour en avoir davantage, on lui fait, du côté du midi, des entailles qu'on rafraîchit tous les quinze jours, aux époques des séves du printemps & de l'automne. Lorsqu'on veut ménager l'arbre, on n'opère qu'à cette dernière époque, & on cesse lorsqu'il est arrivé à un certain âge.

Cette résine, détachée de l'arbre, est apportée à

la maison, fondue dans l'eau bouillante, passée à travers une toile de canevas, & déposée dans des barils. Elle est alors jaune & molle. On la transforme en poix noire en la fondant à feu nu avec du noir de fumée.

La marine & les arts font un grand usage de la poix. La France n'en fournit pas la dixième partie de celle qui lui est nécessaire. En la distillant, on en obtient une espèce d'essence de térébenthine de médiocre qualité, appelée *eau de rase* dans le commerce.

La culture des épiceas dans les pépinières, & leur plantation dans les jardins paysagers, sont plus faciles, ainsi que je l'ai expérimenté pendant plusieurs années, que celles du *sapin*, en ce qu'ils craignent moins la sécheresse, mais ne diffèrent pas de celle que j'ai indiquée plus haut. J'observerai seulement qu'arrivés à un certain âge, dix ans, par exemple, ils produisent dans ces jardins, à raison de la forme pyramidale de leur tige, de la disposition courbée de leurs branches, & pendante de leurs rameaux chargés de cônes, de la couleur foncée de leurs feuilles, un effet plus pittoresque que les *sapins* & les pins, & qu'on peut, par conséquent, les y multiplier davantage sans craindre la monotonie. Rien de plus imposant, au milieu des gazons, qu'un vieil épicea, auquel aucune branche n'a été coupée. *Voyez* PIN & JARDIN PAYSAGER.

La multiplication de l'épicea par marcotte, par bouture & par greffe, est plus facile à exécuter que celle du *sapin*; cependant, par les mêmes motifs, on la pratique peu souvent.

Les *sapins* blanc, noir & rouge, plus connus sous le nom de *sapinette*, se cultivent depuis longtemps dans les jardins paysagers, qu'ils ornent par leur port & la couleur de leurs feuilles. Ils sont si peu différens entr'eux, & leur culture est si semblable à celle de l'épicea, qu'il n'est pas nécessaire de leur consacrer des articles particuliers. Tous s'élèvent un peu moins que ce dernier, mais n'ont ni les branches arquées, ni les rameaux recourbés; tous ont les cônes beaucoup plus petits que les siens.

On multiplie beaucoup les sapinettes aux environs de Paris, car elles fournissent immensément de graines chaque année; cependant on ne le fait pas encore assez, à raison des agrémens dont elles sont pourvues.

Le pin hérissé est nouvellement introduit dans nos cultures. On le tient encore dans l'orangerie, quoiqu'il doive passer, vu la latitude de son pays natal, l'hiver en pleine terre dans le climat de Paris. Le manque de graine fait qu'on ne peut le multiplier que par marcottes, boutures & greffes faites avec des branches latérales, qui ne prennent point, ou rarement, une flèche, & qui, par conséquent, fournissent des pieds d'une triste apparence. Il s'annonce comme étant un arbre très-élevé & très-élégant, propre à contraster avec tous ceux que nous possédons dans nos jardins. Je fais donc des vœux pour qu'il en arrive assez de graines pour les semer en pleine terre, & en obtenir des arbres qui, un jour, en donneront à leur tour.

Le *sapin* du Canada, appelé *hemlock spruce* dans les Etats-Unis de l'Amérique, se distingue, par la disposition de ses branches & de ses feuilles, de tous les arbres résineux que je connois. Il s'élève, dans son pays natal, jusqu'à quatre-vingts pieds de haut; mais ici, le plus vieux pied que je connoisse (il est dans le jardin paysager de Trianon), n'en a que douze à quinze, quoiqu'il ait plus de quarante ans d'âge. Pendant sa jeunesse il est très-élégant, mais il se dégarnit de feuilles & de branches à mesure qu'il vieillit. Au rapport de Michaux, son bois est de peu de valeur, mais son écorce est des plus estimées pour la tannerie. Un autre avantage qu'il possède, c'est de fournir, par la décoction de ses jeunes pousses, une liqueur qui fermente aisément, & donne, même sans y ajouter de matière sucrée, qui l'améliore cependant, une boisson analogue à la bière, boisson qui porte son nom, & dont on fait une grande consommation dans le nord de l'Amérique septentrionale.

Au reste, aujourd'hui on fait de la bière, dans ce pays, avec les jeunes pousses des sapinettes, & même des pins proprement dits, bière dont j'ai bu plusieurs fois, que sa saveur résineuse m'a empêché de trouver bonne, mais à laquelle on dit qu'il est facile de s'accoutumer.

J'ai donné quelques détails sur la fabrication de ces BIÈRES à ce dernier article : j'y renvoie le lecteur.

J'ai reçu immensément de graines de cet arbre, envoyées par Michaux, pendant que j'étois à la tête des pépinières de Versailles, & j'en ai dispersé les produits dans toute la France. Plusieurs pieds, entr'autres celui du Petit-Trianon précité, en donnent annuellement; ainsi son existence en France est assurée.

Cet arbre se place en avant des massifs, principalement à leurs angles saillans, dans les jardins paysagers, toujours isolément, & il s'y fait remarquer par son élégance ou sa grâce. Il ne demande aucune culture. La serpette ne doit jamais le toucher.

Je multipliois l'*hemelock spruce* en semant ses graines un peu épais, parce qu'il y en a toujours beaucoup de mauvaises, dans une plate-bande de terre de bruyère, à l'exposition du nord. L'année suivante je repiquois le plant en partie dans un autre lieu, également bien préparé, à six pouces de distance l'un de l'autre, en partie dans des petits pots que je plaçois à l'ombre. Au bout de deux ans, je les mettois encore dans une autre place & dans d'autres pots plus grands. A cinq à six, les uns étoient dans le cas d'être mis en place, les autres d'être envoyés aux pépinières départementales. Pendant ce temps ils reçoivent les binages ordinaires. J'ai cru remarquer

quer qu'ils ne prospéroient que dans les terres légères & humides.

SAPIN. Le PIN MARITIME se nomme ainsi aux environs du Mans, & le PIN D'ECOSSE en Champagne.

SAPINE. Nom d'une petite cuve en bois de SAPIN, qui sert, dans le Jura, pour transporter la vendange au pressoir.

SAPONACÉE. Famille de plantes ayant pour type le genre SAVONIER (*voyez* ce mot), & contenant en outre ceux CARDIOSPERME, PAULLINIE, KŒLREUTERIE, APORÉTIQUE, ORNITROPHE, LITCHI, MÉLICOQUE, ACLADODE, TALISIER, MOLINÉE, COSSIGNIER, MATAYBE, ENOUROUS, CUPANI & PEKÉE.

SARPER. C'est MOISSONNER avec une petite faux que l'ouvrier tient d'une main, tandis que de l'autre il présente une baguette sous le froment abattu. Cette manière d'opérer est beaucoup plus expéditive & moins égrenante que la FAUCILLE. *Voyez* ces mots.

Le FAUCHON est encore plus parfait. *Voyez* ce mot.

SAS. Grand panier peu profond, à fond large & à claire-voie, qui sert pour passer le sable & la terre pour en ôter les grosses pierres. *Voyez* CRIBLE.

SAUCISSE. Mélange de viande de cochon & de graisse du même animal, haché & fortement assaisonné, qu'on met dans un boyau pour qu'il se conserve long-temps.

Les saucissons ne diffèrent des *saucisses* que parce qu'ils sont plus gros. Cependant il en est dans lesquels il entre d'autre chair que celle du cochon, & qu'on mange le plus souvent crus.

SAULDE. Nom des PLACES A CHARBON dans les FORÊTS.

SAULE. *Salix*. Genre de plantes de la diœcie diandrie & de la famille des amentacées, qui réunit plus de cent espèces, en général fort mal déterminées, qui toutes peuvent être utilisées en agriculture sous divers rapports.

Observations.

On appelle OSIER les saules dont les pousses de l'année précédente sont assez flexibles pour être employées à faire des paniers, des claies, des liens de toutes sortes.

Espèces.

1. Le SAULE à cinq étamines.
Salix pentandra. Linn. ♄ Indigène.

2. Le SAULE à longues feuilles.
Salix viminalis. Linn. ♄ Indigène.

3. Le SAULE amandier.
Salix amygdalina. Linn. ♄ Indigène.

4. Le SAULE osier jaune.
Salix vitellina. Linn. ♄ Indigène.

5. Le SAULE rouge.
Salix rubra. Linn. ♄ Indigène.

6. Le SAULE hélice.
Salix helix. Linn. ♄ Indigène.

7. Le SAULE pourpre.
Salix purpurea. Linn. ♄ Indigène.

8. Le SAULE ondulé.
Salix undulata. Willd. ♄ Indigène.

9. Le SAULE triandre.
Salix triandra. Linn. ♄ Indigène.

10. Le SAULE blanc.
Salix alba. Linn. ♄ Indigène.

11. Le SAULE fragile.
Salix fragilis. Linn. ♄ Indigène.

12. Le SAULE de Babylone, ou *saule pleureur*.
Salix babylonica. Linn. ♄ De l'Asie intermédiaire.

13. Le SAULE hasté.
Salix hastata. Linn. ♄ Des Alpes.

14. Le SAULE de Russel.
Salix Russeliana. Willd. ♄ D'Angleterre.

15. Le SAULE de Silésie.
Salix silesiana. Willd. ♄ D'Allemagne.

16. Le SAULE myrsinite.
Salix myrsinites. Linn. ♄ Des Alpes.

17. Le SAULE arbuste.
Salix arbuscula. Linn. ♄ De la Sibérie.

18. Le SAULE herbacé.
Salix herbacea. Linn. ♄ Des Alpes.

19. Le SAULE émoussé.
Salix retusa. Linn. ♄ Des Alpes.

20. Le SAULE réticulé.
Salix reticulata. Linn. ♄ Des Alpes.

21. Le SAULE myrtille.
Salix myrtilloides. Linn. ♄ Des Alpes.

22. Le SAULE glauque.
Salix glauca. Linn. ♄ Des Alpes.

23. Le SAULE à feuilles de laurier.
Salix laurina. Willd. ♄ D'Angleterre.

24. Le SAULE ammaniane.
Salix ammaniana. Willd. ♄ D'Allemagne.

25. Le SAULE à feuilles de prunier.
Salix prunifolia. Smith. ♄ D'Angleterre.

26. Le SAULE à feuilles de pommier.
Salix malifolia. Smith. ♄ D'Angleterre.

27. Le SAULE à feuilles de nerprun.
Salix rhamnifolia. Pallas. ♄ De Sibérie.

28. Le SAULE de deux couleurs.
Salix discolor. Willd. ♄ De l'Amérique septentrionale.

29. Le SAULE pétiolaire.
Salix petiolaris. Smith. ♄ D'Angleterre.

30. Le SAULE de Lambert.
Salix Lambertiana. Smith. ♄ D'Angleterre.

31. Le SAULE de Wulfen.
Salix Wulfeniana. Willd. ♄ D'Allemagne.
32. Le SAULE laineux.
Salix lanata. Linn. ♄ Indigène.
33. Le SAULE de Laponie.
Salix laponica. Linn. ♄ Des Alpes.
34. Le SAULE des sables.
Salix arenaria. Linn. ♄ Indigène.
35. Le SAULE des Pyrénées.
Salix pyrenaica. Gouan. ♄ Des Pyrénées.
36. Le SAULE des dunes.
Salix incubacea. Linn. ♄ Indigène.
37. Le SAULE argenté.
Salix argentea. Willd. ♄ D'Allemagne.
38. Le SAULE velouté.
Salix holosericea. Willd. ♄ D'Allemagne.
39. Le SAULE lancéolé.
Salix lanceolata. Sering. ♄ Indigène.
40. Le SAULE soyeux.
Salix sericea. Willd. ♄ Indigène.
41. Le SAULE de Suisse.
Salix helvetica. Villars. ♄ Des Alpes.
42. Le SAULE comprimé.
Salix depressa. Hoff. ♄ Du nord de l'Europe.
43. Le SAULE brun.
Salix fusca. Linn. ♄ Des Alpes.
44. Le SAULE bleuâtre.
Salix cæsia. Villars. ♄ Des Alpes.
45. Le SAULE à feuilles de romarin.
Salix rosmarinifolia. Linn. ♄ Indigène.
46. Le SAULE marceau.
Salix caprea. Linn. ♄ Indigène.
47. Le SAULE acuminé.
Salix acuminata. Hoff. ♄ Indigène.
48. Le SAULE auriculé.
Salix aurita. Linn. ♄ Indigène.
49. Le SAULE cendré.
Salix aquatica. Willd. ♄ Indigène.
50. Le SAULE à feuilles sphacellées.
Salix sphacellata. Willd. ♄ Indigène.
51. Le SAULE à feuilles de phylica.
Salix phylicifolia. Linn. ♄ Des Alpes.
52. Le SAULE à feuilles d'olivier.
Salix oleæfolia. Vill. ♄ Des Alpes.
53. Le SAULE ériocéphale.
Salix eriocephala. Mich. ♄ De l'Amérique septentrionale.
54. Le SAULE en cœur.
Salix cordata. Mich. ♄ De l'Amérique septentrionale.
55. Le SAULE blanchâtre.
Salix incana. Mich. ♄ De l'Amérique septentrionale.
56. Le SAULE à long bec.
Salix rostrata. Mich. ♄ De l'Amérique septentrionale.
57. Le SAULE de la Caroline.
Salix caroliniana, Mich. ♄ De la Caroline.
58. Le SAULE de Hoppe.
Salix Hoppeana. Willd. ♄ De l'Allemagne.
59. Le SAULE de Humboldt.
Salix Humboldtiana. Willd. ♄ Du Pérou.
60. Le SAULE à quatre semences.
Salix tetrasperma. Russel. ♄ Des Indes.
61. Le SAULE recourbé.
Salix recurvata. Pursh. ♄ De l'Amérique septentrionale.
62. Le SAULE à feuilles de galé.
Salix myricoides. Willd. ♄ De l'Amérique septentrionale.
63. Le SAULE luisant.
Salix lucida. Willd. ♄ De l'Amérique septentrionale.
64. Le SAULE à feuilles alongées.
Salix elongata. Willd. ♄ De l'Amérique septentrionale.
65. Le SAULE dentelé.
Salix subserrata. Willd. ♄ D'Egypte.
66. Le SAULE à rameaux diffus.
Salix divaricata. Pallas. ♄ De Russie.
67. Le SAULE à feuilles planes.
Salix planifolia. Pursh. ♄ De l'Amérique septentrionale.
68. Le SAULE à longs pédicelles.
Salix pedicellaris. Pursh. ♄ De l'Amérique septentrionale.
69. Le SAULE de Kitaibel.
Salix Kitaibeliana. Willd. ♄ D'Allemagne.
70. Le SAULE à feuilles blanchâtres.
Salix canescens. Willd. ♄ De.....
71. Le SAULE à feuilles de sauge.
Salix salvifolia. Willd. ♄ De Portugal.
72. Le SAULE appendiculé.
Salix appendiculata. Willd. ♄ Du nord de l'Europe.
73. Le SAULE de Forbiane.
Salix Forbiana. Smith. ♄ D'Angleterre.
74. Le SAULE de Crow.
Salix Croweana. Smith. ♄ D'Angleterre.
75. Le SAULE radicant.
Salix radicans. Smith. ♄ D'Angleterre.
76. Le SAULE de Starke.
Salix Starkeana. Willd. ♄ D'Allemagne.
77. Le SAULE de Weigel.
Salix Weigeliana. Willd. ♄ D'Allemagne.
78. Le SAULE de Waldstein.
Salix Waldsteiniana. Willd. ♄ D'Allemagne.
79. Le SAULE élégant.
Salix formosa. Willd. ♄ Des Alpes.
80. Le SAULE à feuilles carénées.
Salix carinata. Willd. ♄ D'Angleterre.
81. Le SAULE éclatant.
Salix coruscans. Willd. ♄ D'Allemagne.
82. Le SAULE à feuilles d'arbousier.
Salix arbutifolia. Willd. ♄ Des Alpes.
83. Le SAULE à feuilles de vinetier.
Salix berberifolia. Pallas. ♄ De Sibérie.
84. Le SAULE bicolore.
Salix bicolor. Willd. ♄ Des Alpes.

85. Le SAULE de Jacquin.
Salix Jacquiniana. Willd. ♄ D'Allemagne.
86. Le SAULE couché.
Salix prostrata. Smith. ♄ D'Angleterre.
87. Le SAULE spatulé.
Salix spathulata. Willd. ♄ D'Allemagne.
88. Le SAULE à feuilles de fustet.
Salix cotinifolia. Smith. ♄ D'Angleterre.
89. Le SAULE mou.
Salix mollissima. Willd. ♄ D'Allemagne.
90. Le SAULE stipulaire.
Salix stipularis. Smith. ♄ D'Angleterre.
91. Le SAULE de l'Arriége.
Salix aurigerana. Lapeyr. ♄ Des Pyrénées.
92. Le SAULE candide.
Salix candida. Willd. ♄ De.....
93. Le SAULE de Magellan.
Salix magellanica. Poiret. ♄ Du détroit de Magellan.
94. Le SAULE violet.
Salix acutifolia. Willd. ♄ De Sibérie.
95. Le SAULE couvert.
Salix vestita. Pursh. ♄ De l'Amérique septentrionale.
96. Le SAULE à feuilles minces.
Salix tenuifolia. Smith. ♄ D'Angleterre.
97. Le SAULE à feuilles de troëne.
Salix ligustrina. Mich. ♄ De l'Amérique septentrionale.
98. Le SAULE à feuilles de raisin d'ours.
Salix uva ursi. Pursh. ♄ De l'Amérique septentrionale.
99. Le SAULE en cœur.
Salix cordifolia. Pursh. ♄ De l'Amérique septentrionale.
100. Le SAULE en ovale renversé.
Salix obovata. Pursh. ♄ De l'Amérique septentrionale.
101. Le SAULE rembruni.
Salix fuscata. Pursh. ♄ De l'Amérique septentrionale.
102. Le SAULE à feuilles d'apalanche.
Salix prinoides. Pursh. ♄ De l'Amérique septentrionale.
103. Le SAULE à feuilles rétrécies.
Salix angustata. Pursh. ♄ De l'Amérique septentrionale.
104. Le SAULE triste.
Salix houstoniana. Pursh. ♄ De l'Amérique septentrionale.
105. Le SAULE douteux.
Salix ambigua. Pursh. ♄ De l'Amérique septentrionale.
106. Le SAULE d'Egypte.
Salix ægyptiaca. Linn. ♄ De Barbarie.
107. Le SAULE pédicellé.
Salix pedicellata. Desf. ♄ De Barbarie.
108. Le SAULE des rivages.
Salix riparia. Willd. ♄ Des Alpes.

Culture.

Plusieurs botanistes ont entrepris des monographies de *saules* & ne sont pas parvenus à les rédiger à la satisfaction des autres. Plusieurs cultivateurs ont tenté d'en faire des collections complètes & n'ont pu réussir. Je suis du nombre de ces derniers, en ayant commencé une dans les dernières années de mon inspection des pépinières de Versailles. Voici les numéros des espèces que je possédois déjà : 1, 2, 3, 4, 5, 6, 7, 8, 9, 10, 11, 13, 14, 15, 16, 17, 18, 19, 20, 21, 22, 23, 24, 25, 26, 28, 30, 31, 32, 33, 34, 35, 36, 37, 40, 41, 42, 43, 45, 46, 47, 48, 49, 50, 51, 52, 57, 58, 70, 73, 74, 76, 78, 82, 84, 86, 87, 89, 94, 104 & 108.

La culture de ces espèces de *saule* est extrêmement facile, puisque toutes se multiplient presqu'exclusivement par boutures, & ne demandent que de légers labours, encore seulement dans leur jeunesse. Ils peuvent subsister dans tous les terrains qui ne sont pas très-arides, & à toutes les expositions qui ne sont pas trop brûlantes ; cependant, pour prospérer, la plupart doivent être plantés dans un sol humide, & ceux des Alpes exigent l'ombre.

Je vais passer en revue les espèces dont la culture est importante sous quelques rapports, & ensuite je donnerai le tableau de l'utilité dont elles sont dans l'économie de la nature.

Le *saule à cinq étamines* est un fort bel arbre, qu'on ne fait pas entrer assez souvent dans les jardins paysagers, soit en buisson, soit en têtard. Il se cultive comme osier dans quelques parties de la France, mais ses pousses sont trop grosses pour être employées à la petite vannerie sans être fendues. Il offre une grande quantité de variétés, dont l'une, propre aux hautes montagnes, a les feuilles ovales & odorantes pendant la chaleur. Celles à feuilles lancéolées sont les plus communes. Toutes se reconnoissent aux grosses glandes du pétiole de leurs feuilles.

Le *saule à longues feuilles*, ou l'*osier blanc*, qui surpasse quelquefois quinze pieds, à raison de la longueur de ses pousses de l'année précédente, se cultive fréquemment sur les bords des rivières & autres lieux où le terrain très-bon & très-profond ne peut être employé à autre chose. Le revenu qu'on en retire est quelquefois plus élevé que celui d'aucune autre culture. C'est avec ces pousses qu'on fabrique la grosse vannerie, qu'on fait des claies, des treillages, des liens, &c. On ne connoît pas assez, dans une partie de la France, tous les avantages qu'on en retire dans l'autre. Sa plantation a lieu, pendant tout le cours de l'hiver, en lignes écartées de quatre pieds, au moyen de grosses boutures d'un pied de long, enfoncées obliquement en terre, aux trois quarts de leur longueur. Un labour d'hiver & un binage d'été sont avantageux à cette plantation, au moins pendant les deux premières années. Il faut toujours couper les pousses de cet osier après le mois de janvier & avant le mois d'avril, si on veut qu'elles jouissent de toute la flexibilité qui leur est propre, flexibilité inférieure à celle de plusieurs autres. Ainsi, ceux qui attendent qu'elles soient en séve pour les dépouiller de leur écorce, font mal. Il vaut mieux faire cette opération après leur dessiccation, en les mettant tremper dans l'eau pendant deux ou trois jours.

La forme alongée des feuilles de ce *saule*, & le soyeux brillant de leur face inférieure, le rendent très-propre à orner les jardins paysagers, où il se voit souvent en touffe, mais fort rarement en arbre.

La chenille de la pyrale chlorane ronge l'extrémité des bourgeons de ce *saule*, en se cachant sous leurs feuilles, qu'elle lie ensemble, & par-là les empêche de s'alonger. J'ai vu des années où elle étoit si abondante, que peu de bourgeons arrivoient à leur grandeur. Il est donc très-important de la détruire, & on le peut facilement, en l'écrasant entre les doigts.

Je doute que le *saule* amandier soit une espèce distincte, car j'ai vu sous ce nom, tantôt des variétés du *saule* pentandre, tantôt des variétés du *saule* triandre.

Le *saule osier jaune*, ou simplement l'*osier jaune*, a les pousses de l'année précédente plus flexibles que celles d'aucune autre espèce indigène; aussi le cultive-t-on le plus pour la vannerie fine, pour les liens des espaliers, des vignes, &c. Il profite assez dans les mauvaises terres, pour qu'on puisse le planter avec succès autour des vignes en coteaux. Sa plantation & sa culture ne diffèrent pas de celle de l'espèce précédente, si ce n'est qu'il peut être isolé avec moins d'inconvénient, parce qu'on tire un aussi bon parti des rameaux qu'il pousse sur ses bourgeons, que des bourgeons mêmes, pour les deux derniers services précités.

Placer ce *saule* en tige dans les jardins paysagers, sans lui couper la tête, produit un très-bon effet; cependant on l'y voit très-rarement.

Une maladie dont je n'ai pu reconnoître la cause, affecte ce *saule*, & force souvent à en arracher des plantations entières: ce sont des taches noires, comme des brûlures, qui se développent sur l'écorce, qui empêchent les bourgeons de s'élever & rendent leur bois cassant.

Plusieurs insectes de la famille des chrysomèles, entr'autres l'altise vitelline, rongent ses feuilles au printemps & s'opposent quelquefois à son développement complet.

Le *saule rouge* est moins fréquemment cultivé aux environs de Paris que le précédent, parce que ses pousses de l'année sont plus cassantes que les siennes. Dans l'est de la France il est préféré; on l'y voit peu en touffe, à raison du parcours des bestiaux qui y existe dans toute sa rigueur, & qui ne permettroit pas d'en retirer la récolte. C'est en tige, souvent à dix ou douze têtes successives qu'on le tient, ce qui produit un singulier effet, lequel m'a porté à desirer qu'il fût ainsi tenu dans les jardins paysagers, où il se feroit certainement plus remarquer que bien d'autres arbres qui s'y plantent communément.

Tout ce que j'ai dit du précédent lui est du reste applicable.

Le *saule hélice* couvre les bords des torrens de tous les pays de montagnes, & principalement dans les Alpes. C'est l'arbuste qui rend le plus de services aux cultivateurs des vallées, parce qu'il garantit leurs cultures de la dévastation, & qu'il leur fournit tous les trois ou quatre ans un chauffage abondant. Il prospère dans les sables les plus incohérens, pourvu qu'il s'y trouve de l'humidité, &, par le moyen de ses racines, en fait un tout capable de résister aux plus fortes eaux, dont d'ailleurs ses tiges flexibles, à la base desquelles d'autres sables s'accumulent, ralentissent le cours. Sa multiplication s'effectue naturellement par ses graines, toujours très-abondantes, & artificiellement par ses boutures. Pour accélérer cette multiplication, tantôt on divise à la hache un vieux pied en plusieurs touffes, qu'on plante séparément; tantôt on couche une branche, garnie de beaucoup de rameaux, horizontalement en terre, de manière que l'extrémité de ces derniers se montre au jour, & l'année suivante on a autant de rameaux. La voie des boutures est aussi fréquemment employée.

Le rapprochement & la flexibilité des tiges étant, comme je l'ai observé plus haut, une des qualités de ce *saule*, on doit le couper le plus bas possible, ainsi que je l'ai également observé, tous les trois à quatre ans au moins. On fait de mauvais paniers avec ses pousses de l'année précédente. Il se place dans les jardins paysagers, où la couleur verte foncée de ses feuilles le fait remarquer.

Le *saule pourpre* a infiniment de rapports avec le précédent, & a été confondu avec lui par tous les botanistes qui ne l'ont vu que dans des herbiers. Mais les cultivateurs qui, comme moi, l'ont possédé vivant, ne peuvent se refuser à l'en distinguer, en comparant toutes leurs parties & leur manière différente de végéter, les pousses de l'autre s'élevant droites, & celles de celui-ci se recourbant pour ramper. Il doit être encore plus précieux, à raison de cette disposition naturelle, pour garantir les propriétés des ravages des torrens; mais je ne l'ai jamais rencontré dans les montagnes où j'ai voyagé, & où j'ai observé tant de *saules* hélices.

Le *saule ondulé* est extrêmement abondant sur les rives de la Moselle, où j'ai eu occasion de m'assurer qu'il remplissoit, mais à un moindre degré, les indications des précédens & du suivant. Je n'ai rien à en dire de plus.

Il est des lieux où la Seine, aux environs de

Paris, est complétement bordée de *saules triandres*. Je l'ai vu également abondant dans beaucoup d'autres parties de la France, principalement dans les montagnes. Il remplit encore les indications précédentes, quoique ses jeunes pousses, moins flexibles, l'y rendent un peu moins propre. Je ne puis trop en recommander la plantation dans les marais, où il se plaît mieux que les espèces précitées, parce qu'il favorise extrêmement l'élévation du sol, & que cette élévation doit être le but constant des propriétaires.

La couleur foncée des feuilles de ce *saule*, & l'épaisseur des buissons qu'il forme, permettent de l'employer à la décoration des jardins paysagers, où il se voit du reste assez fréquemment. On le multiplie de boutures avec la plus grande facilité.

Le *saule blanc* est proprement le *saule* des cultivateurs. C'est lui qui se plante dans toute la France, sur le bord des ruisseaux & des rivières, dans les lieux humides, & qui se dispose en têtards élevés de six à huit pieds, pour que les bestiaux n'en mangent point les touffes, dans le but d'avoir, tous les cinq à six ans, des perches propres à un assez grand nombre d'usages.

Rarement on laisse monter le *saule* blanc en liberté; cependant la couleur de ses feuilles & l'élégance de son port lui font produire de bons effets dans les jardins paysagers, lorsqu'il n'y en a que quelques pieds, & qu'il est bien placé pour contraster avec les autres arbres.

Le bois du *saule* blanc a le grain uni & homogène. Il se travaille assez bien, même au tour. Sa couleur est le blanc-rougeâtre mêlé d'un peu de jaune. Sa pesanteur est, sec, 27 liv. 6 onc. 7 gros par pied cube; son retrait, un peu plus du sixième de son volume. On en fait principalement des planches appelées *voliges*. Ses branches servent à chauffer le four, à faire bouillir la marmite, cuire la chaux, le plâtre. La dépouille de ses têtards s'emploie en perches pour les clôtures, en échalas pour les vignes, perches & échalas qui durent peu, mais qui se reproduisent avec encore plus de rapidité qu'ils se détruisent.

Les feuilles du *saule* blanc sont du goût de tous les bestiaux; cependant il est rare qu'on les leur donne.

L'écorce du *saule* a été proposée pour être substituée au quinquina dans les fièvres, & beaucoup d'expériences ont prouvé qu'elles étoient en effet souvent spécifiques dans ce cas.

Une fabrique de chapeaux en lanières de *saule* blanc, a été établie à Caen, & j'ai dû être très-satisfait des produits qu'elle a mis dans le commerce.

Généralement on multiplie le *saule* blanc, en France, au moyen de tiges de trois ans & de six à huit pieds de long, tiges coupées sur un têtard, connues sous le nom de *plançons*, & qu'on place, à la fin de l'hiver, dans un trou fait au moyen d'un pieu de bois ou de fer, ou mieux avec une tarière, ou mieux avec une pioche. Il faut que ce trou ait au moins un pied de profondeur.

Les plançons les plus droits & les plus dégarnis de branches doivent être préférés. Les aiguiser par le gros bout assure leur reprise, parce que cela les fortifie contre les efforts des vents. Six pieds sont la plus foible distance à laquelle on doive les placer. Au mois d'août suivant, on supprimera tous les bourgeons qui auront poussé le long de la tige, pour que la séve d'automne puisse être toute employée à fortifier ceux du sommet.

Cependant, comme ces plançons ont une écorce épaisse, les bourgeons adventifs ont souvent de la peine à les percer, surtout lorsque terre n'est pas humide ou le printemps pluvieux; aussi se dessèchent-ils très-fréquemment. Je crois, en conséquence, que chaque propriétaire devroit avoir, dans un lieu frais & clos, une petite pépinière où il planteroit des boutures de branches d'un an, à deux pieds de distance, boutures auxquelles il donneroit deux binages par an, qu'il tailleroit en crochet la seconde année, élagueroit & planteroit à demeure la troisième, en laissant quelques brindilles à leur sommet. *Voyez* PLANTATION, PLANÇON & BOUTURE.

La tonte des *saules* disposés en têtards ne doit commencer qu'à leur septième ou huitième année, pour que leurs racines aient le temps de se fortifier, mais ensuite elle peut avoir lieu tous les trois ans dans les bons terrains, & tous les quatre ans dans les mauvais, & cela pendant un siècle, quoiqu'ils deviennent ordinairement creux avant cinquante ans; car la destruction presqu'entière de leur tronc, ne les empêche pas de continuer de pousser avec vigueur, de sorte que si le revenu qu'ils donnent est petit, il se reproduit souvent & pendant long-temps.

La tonte des têtards s'exécute pendant tout l'hiver. Ses produits ne doivent pas être laissés à l'air, parce que les pluies y prolongent la végétation & affoiblissent la qualité du bois. Il faut donc les porter, après avoir fagoté tout ce qui doit l'être, dans un grenier ou sous un hangard.

La théorie & la pratique proclament l'utilité de supprimer une grande partie des bourgeons qui repoussent sur les têtards avant la fin de la première séve, parce que ceux qui resteront, profiteront, comme je l'ai dit plus haut, de toute la séve fournie par les racines. J'ai sur cela des observations qui constatent qu'on peut souvent, par suite de cette opération, tondre à deux ans les *saules* qui ne le sont ordinairement qu'à trois.

Planter des *saules* blancs en quinconce dans les places sujettes à inondation, est un moyen assuré d'utiliser le terrain & de l'élever avec le temps.

Le *saule fragile* ressemble beaucoup au précédent, & il est généralement pris pour lui, quoiqu'il ait les feuilles plus grandes & moins blanches. Ce n'est pas parce que ses rameaux sont cassans qu'on l'appelle ainsi, mais parce que ceux de l'année précédente se décollent, pendant l'hiver, au plus petit effort, par le poids d'un oiseau, par exemple, tombent & prennent racines lorsque les circonstances leur sont favorables. Tout ce que j'ai dit du *saule* blanc lui est applicable.

J'ai cultivé sous le nom de *saule décipient*, une espèce fort différente de celle-ci, avec laquelle elle a été cependant confondue. Elle a l'écorce blanchâtre, les boutons presque noirs en hiver. Elle a les bourgeons de l'année précédente très-flexibles, & elle mérite d'être cultivée comme Osier. Je la soupçonne indigène, mais je ne l'ai jamais trouvée dans mes herborisations.

Le *saule de Babylone* nous a été apporté de l'Orient dans les premières années du dernier siècle. Il est en ce moment généralement cultivé dans les jardins d'agrément, autour des eaux, sous le nom de *saule pleureur*, à raison de la réclinaison naturelle de ses branches, qui lui donnent un aspect tout particulier & fort remarquable. Nous ne possédons que des pieds femelles. Un sol humide lui est le plus convenable, mais il s'accommode assez bien de tous ceux qui ne sont pas très-arides.

Quelque précieux que soit cet arbre pour les jardins paysagers, il ne faut pas trop l'y multiplier, car il y amène la monotonie. Il ne produit de bons effets qu'isolé ou groupé en petit nombre sur le bord des eaux, où ses branches se réfléchissent. Un banc autour de son tronc, où on peut se réfugier & méditer pendant la chaleur, est souvent un accompagnement très-avantageux. La serpette doit rarement le toucher; mais, dans sa jeunesse, il est souvent utile de diriger ses branches au moyen de supports, de manière à ce qu'elles s'étendent au loin & régulièrement, pour former un cabinet de verdure. Il arrive fréquemment que les dernières gelées du printemps frappent ses bourgeons naissans, mais il ne faut pas s'en inquiéter, ses pertes se rétablissant promptement, & même, le plus souvent, les branches mortes tombant toutes seules par l'effort de la végétation.

En général, les *saules* de Babylone produisent plus d'effet de l'âge de six à vingt ans, que plus jeunes ou plus vieux.

La multiplication de ce *saule* s'exécute par marcottes ou par boutures à la fin de l'hiver. Les premières s'enracinent toujours dans l'année; les secondes manquent souvent, lorsqu'on les fait avec des pousses de l'année précédente, parce que ces pousses se dessèchent avant d'avoir fourni des racines, mais elles réussissent fort bien effectuées avec des rameaux de la grosseur du pouce, couchés dans des fosses de six pouces de profondeur, de manière que toutes leurs sommités sortent de terre.

Pendant l'hiver suivant, tant les marcottes que les boutures sont relevées, plantées en lignes, à deux pieds de distance, taillées en crochet & assujetties à un tuteur. On peut généralement les mettre en place à leur troisième année.

Tout ce que j'ai dit des qualités du bois & des feuilles du *saule* blanc s'applique à celui-ci.

Tous les *saules* suivans, jusqu'au quarante-sixième, s'élèvent peu & ne se cultivent que dans les écoles de botanique & dans les grandes collections. Ils se multiplient comme il a été dit plus haut. Leur utilité pour la nourriture des bestiaux au sommet des Alpes & aux approches des pôles est incontestable, mais elle devient nulle dans nos climats, à raison des grandes espèces qui s'y trouvent. Cependant ceux à feuilles de laurier, à feuilles de pommier, à feuilles de prunier, semblent offrir des avantages sous ce rapport.

Le *saule marceau* est excessivement commun dans les bois & fleurit dès que les gelées ont cessé. Il offre plusieurs variétés, qui ont été regardées comme des espèces par les botanistes. Celle qui croît dans les terrains secs, & dont les boutons sont très-rapprochés & très-gros pendant l'hiver, me paroît principalement dans le cas d'être placée parmi les espèces.

Ce *saule* fait, sous le nom de *vorle*, la richesse de la Champagne stérile, & peut faire celle de toutes les autres parties de la France qui manquent de bois & de pâturages. Aucun arbre ne pousse plus vigoureusement, ne s'accommode mieux de toutes les natures de terrain, depuis les plus fangeuses jusqu'aux plus arides. Ses variations en grandeur, en forme & couleur des feuilles, sont sans fin. Ses chatons fournissent aux abeilles une récolte précoce & abondante d'un excellent miel, auquel le pain d'epice de Reims doit sa supériorité. Son écorce sert au tannage des cuirs; elle est, au rapport de quelques médecins, supérieure à celle du *saule* blanc pour guérir de la fièvre. Ses pousses de l'année précédente s'utilisent pour faire de la grosse vannerie. Ses perches de cinq à six ans sont très-convenables pour faire des cercles, des échalas, & c'est principalement pour ces deux articles que sa culture est très-avantageuse dans les pays de vignoble, & doit y être encouragée par tous les amis de notre prospérité agricole. Son bois prend assez bien le poli, offre une couleur de chair agréable, pèse, sec, 41 livres 6 onces 6 gros par pied cube, & se retrait d'un douzième par la dessiccation. Le feu qu'il donne est peu ardent & peu durable. C'est pour chauffer le four, cuire la chaux, la brique, &c., qu'il se recherche le plus. Son charbon est très-léger & fort propre à servir à la fabrication de la poudre à canon.

Mais quelque profitable que soit le *saule* marceau par son bois, c'est pour ses feuilles que je voudrois le voir cultiver, car il fournit plus de nourriture aux animaux domestiques qu'aucun des fourrages ordinaires; & tous les bestiaux, même les chevaux, l'aiment avec passion. Je ne sache cependant que les deux rives du Rhône, vers son embouchure, où on l'utilise généralement sous ce rapport, quoique beaucoup de cultivateurs des montagnes de la ci-devant Bourgogne, de la ci-devant Champagne, de la ci-devant Lorraine en donnent à leurs vaches, à leurs moutons, & surtout à leurs chèvres, soit pendant l'été, soit pendant l'hiver.

Il est deux manières de cultiver le *saule* marceau pour fourrage, savoir, en le coupant rez-terre, & en le tenant en tetard élevé de cinq à six pieds. Dans ces deux modes, tantôt on coupe ses repousses par moitié, tous les ans, en août; tantôt on les coupe tous les deux ans en totalité; tantôt on les coupe successivement, à mesure des besoins. (*Voyez* TÉTARD & RAMÉE.) Je ne puis dire laquelle de ces manières conserve les pieds plus long-temps en meilleur état; mais la multiplication du *saule* marceau est si facile & si rapide, qu'on doit avoir peu d'inquiétudes à cet égard.

Cette multiplication a lieu par le semis de ses graines, par BOUTURES; par MARCOTTES & par RACINES. *Voyez* ces mots.

Les graines se sèment d'elles-mêmes, & leurs abondans produits peuvent être levés dans les bois avec fort peu de dépense pour être placés en lieu convenable.

Les boutures ne réussissent qu'autant qu'on les exécute dans un terrain frais, avec des ramées, ainsi qu'il a été dit à l'article du *saule* de Babylone.

Les marcottes ne manquent jamais de s'enraciner dans le courant de la première année, & peuvent être par conséquent levées dès l'hiver suivant, qu'elles aient été faites, soit avec les pousses d'un an, d'une souche, soit avec l'extrémité des branches de tout âge.

Les racines sont, à mon avis, le moyen le plus rapide & le plus économique de faire des plantations en grand, puisque l'on peut fouiller, sans leur être nuisible, autour des vieux pieds, tous les deux ou trois ans, & y trouver des milliers de tronçons de huit à dix pouces de long, qui tous fourniront un nouveau pied, après avoir été enterrés obliquement aux deux tiers de leur longueur.

Si on veut faire une plantation de *saules* marceaux en quinconce, on les espacera de six pieds en tous sens. Si on veut constituer des haies, la moitié de cette distance suffira. Si on veut les faire servir à favoriser par leur ombre le semis ou la plantation des bois d'autre essence dans les terrains arides, on en fera des lignes, dirigées du levant au couchant, d'autant moins espacées, que le sol sera plus mauvais. *Voyez* TOPINAMBOUR.

Dans les pays boisés, il est rarement nécessaire de faire des plantations de *saules* marceaux pour la nourriture des bestiaux, puisqu'on peut presque sans inconvéniens pour eux & avec avantage pour les taillis, couper ceux qui y croissent spontanément. Il est cependant bon de dire que leurs feuilles ayant été ombragées, sont moins nourrissantes.

Le *saule acuminé* paroît bien distinct du précédent, quoiqu'il ait été considéré comme une de ses variétés. Tout ce que je viens de dire lui est applicable; cependant ses feuilles étant moins larges, il fournit moins de nourriture aux troupeaux. Il m'a paru qu'il prospéroit plus dans les terrains argileux, que dans les sablonneux. On le cultive beaucoup aux environs de Paris, comme osier, sous le nom de *vache brune*, quoique ses bourgeons de l'année précédente soient cassans, parce qu'il en fournit beaucoup & de longs, lesquels se vendent bien dans cette ville pour la grosse vannerie. Il descend beaucoup de ces pousses par la Seine, de sorte que j'ai lieu de croire qu'il fournit la moitié de l'osier qui y est employé.

La culture du *saule* acuminé ne diffère pas de celle des *saules* à longues feuilles, jaune, rouge & autres qui fournissent de l'osier.

Le *saule auriculé* fait quelquefois le fond des bois en terrain tourbeux, remplit souvent les mares de ceux en terrain argileux: cinq à six pieds d'eau sur ses racines pendant la moitié de l'année, ne lui nuisent aucunement. Je ne l'ai jamais vu qu'en buissons, mais ces buissons s'élèvent jusqu'à vingt pieds. Il varie infiniment par ses feuilles; cependant il se reconnoît toujours à ses tiges divariquées, irrégulières, aplaties, unies, blanchâtres. C'est un des arbres qui contribuent le plus à élever le sol où il se trouve, ses racines étant nombreuses & superficielles. On peut employer ses feuilles comme celles du *saule* marceau, à la nourriture des bestiaux; mais comme elles sont beaucoup plus petites, il n'y a pas d'avantages à le cultiver sous ce rapport. Ses bourgeons de l'année précédente peuvent s'utiliser dans la vannerie grossière. Sa plantation sur le bord des eaux, dans les jardins paysagers, doit être recommandée, car l'irrégularité de ses touffes & la couleur grisâtre qu'elles offrent, le font contraster avec les autres arbres. Son bois ne sert qu'au chauffage; il m'a paru donner plus de chaleur que celui du *saule* marceau. Malgré ces avantages, ce *saule* doit être arraché partout où on peut lui substituer l'AUNE ou le FRÊNE, deux arbres d'une plus grande valeur. *Voyez* ces mots.

Les *saules cendré* & *sphacellé* se rapprochent infiniment de celui-ci & croissent dans des lieux semblables, c'est-à-dire, dans les petits marais des plaines. Rarement ils parviennent à dix ou douze pieds de haut. On les coupe à quatre ou cinq ans pour les donner aux bestiaux ou chauffer le four. Il n'y a aucun intérêt à les cultiver.

Parmi le reste des *saules* que j'ai indiqués comme cultivés dans nos jardins, je ne citerai: 1°. que le *violet*, n°. 94, qui m'a été envoyé comme devant tenir lieu de nos osiers, & par sa flexibilité & par l'élévation à laquelle il parvient, quoiqu'il n'ait pas rempli mes espérances; 2°. celui *des rivages*, qui a mal-à-propos été confondu par quelques botanistes avec celui *à feuilles de romarin*, parce qu'il est très-propre à servir à l'ornement des jardins paysagers. On l'a découvert dans les Pyrénées, & je l'ai retrouvé dans le Jura.

Je finis par répéter qu'il n'y a pas un *saule*, même ceux qui n'ont que quelques pouces de haut, comme l'*herbacé*, l'*émoussé*, le *réticulé*, qui ne puisse être utile à l'agriculteur. Ils méritent donc tous l'attention spéciale des amis de notre prospérité agricole.

SAUMUT. Race de MOUTON qui se voit aux environs de Saint-Flour, & que sa sobriété & la facilité de son engrais rend recommandable.

SAUVAGEON. Les pépinières étoient fort peu communes avant Olivier de Serres, & il est beaucoup de départemens où, même en ce moment, il ne s'en trouve pas une seule. Nos pères n'avoient donc pour ressource, lorsqu'ils vouloient multiplier leurs arbres fruitiers, faire des plantations de parcs, &c., que de lever dans les bois de jeunes poiriers, de jeunes pommiers, de jeunes cerisiers sauvages, pour les transporter dans leurs vergers, dans leurs parcs, & ces jeunes arbres portèrent le nom de *sauvageons*.

Aujourd'hui, que le goût des plantations est général, il seroit de toute impossibilité de trouver dans les bois la quantité de *sauvageons* nécessaire pour la multiplication des arbres fruitiers; & ce seroit les dévaster, que d'en tirer le nombre immense d'arbres forestiers dont les propriétaires riches ont annuellement besoin. Les pépinières y suppléent & avec avantage, car le plant qui en provient étant de même âge, à peu près de même grosseur, ayant de bonnes racines, &c., est beaucoup plus sûr à la reprise, & forme plus certainement & plus promptement de beaux arbres. *Voyez* PEPINIÈRES.

On n'emploie donc plus guère de véritables *sauvageons* autour des grandes villes; mais on a conservé ce nom, dans beaucoup de pépinières, aux arbres forestiers qu'on y élève pour la greffe, & même quelquefois aux arbres provenant du semis des poires, des pommes, des cerises cultivées. Le plus souvent, cependant, ces derniers se nomment FRANCS. *Voyez* ce mot.

SAXIFRAGÉE. Famille de plantes qui, outre le genre de son nom, renferme ceux appelés TIARELLE, MITELLE, HEUCHÈRE, HYDRANGÉE, HORTENSE, TANROUGE & AMONE.

SCALA. Nom de la COULURE DES CÉRÉALES dans les départemens du Midi.

SCARIFICATEUR. Nom nouvellement donné à un assemblage de lames de fer montées comme les dents d'une herse, & qui s'emploie pour faciliter le labourage des friches des prairies, pour faire des binages légers, détruire les mauvaises herbes, &c. *Voyez* HERSE & PEIGNE MACHAUT.

Toute exploitation rurale devroit avoir un ou deux *scarificateurs*, attendu qu'ils économisent le temps dans un grand nombre de cas, & que le temps est tout en agriculture.

On a aussi appelé *scarificateur* la HOUE A CHEVAL. *Voyez* ce mot.

SCARIFICATION. Fente longitudinale opérée dans l'ECORCE des arbres pour accélérer le grossissement du TRONC. *Voyez* ces mots & l'article CERISIER.

SCARIOLE. Synonyme d'ESCAROLE.

SCEOLDE. On appelle ainsi les MAÎTRES SILLONS destinés à l'EGOUT DES CHAMPS aux environs de Verdun.

SCHAPZIGUER. Espèce de FROMAGE des environs de Glaris, en Suisse, dans lequel on introduit des plantes aromatiques coupées menues. Ce fromage est très-âcre. On le recherche moins aujourd'hui qu'autrefois.

SCIER LE BLÉ. *Voy.* FAUCILLE & MOISSON.

SCIEURS DE LONG. Ouvriers, presque tous originaires des montagnes de l'Auvergne, qui se répandent dans les forêts, pour fabriquer des planches avec les arbres qui ont été abattus, & rendre les produits de ces forêts plus transportables.

Il n'y a pas encore un demi demi-siècle que les *scieurs de long* étoient indispensables. Aujourd'hui, les progrès de l'industrie, l'augmentation de l'aisance générale, font qu'on les supplée avec avantage, & sous le rapport de l'économie du temps & de l'argent, & sous celui de la perfection du travail, par des machines que l'eau ou une pompe à feu fait agir, c'est-à-dire, par des moulins à scie, moulins dont il existe plusieurs sortes décrites dans le *Dictionnaire des Arts mécaniques*. J'y renvoie le lecteur.

SCIURE DE BOIS. Généralement on laisse perdre la *sciure de bois*, ou au plus l'utilise-t-on pour le feu.

Cependant elle est un bon ENGRAIS; mêlée avec le mortier, elle rend la bâtisse plus solide.

Lorsqu'on met des œufs, des fruits, dans de la *sciure de bois*, leur conservation se prolonge considérablement.

Elle est un des bons moyens à employer pour emballer les plantes, pour stratifier les graines qu'on est dans le cas d'envoyer dans les colonies intertropicales, & de ces colonies en Europe.

SCOLYTE. *Scolytus*. Genre d'insectes dont toutes les espèces vivent aux dépens de l'aubier des arbres.

Deux d'entr'elles sont principalement dans le cas

cas d'être l'objet des sollicitudes des cultivateurs : celle qui vit sous l'écorce de l'orme & accélère beaucoup la mort de cet arbre.

L'autre, qui ronge les petites branches des chênes & les fait tomber au milieu de l'été.

Tuer les insectes parfaits quand ils se montrent, est le seul moyen de s'opposer à leurs ravages ; mais ce moyen est de si peu d'effet, qu'il faut le regarder comme nul.

SÉCATEUR. Instrument nouvellement mis dans le commerce pour suppléer la SERPETTE. *Voyez* ce mot.

Deux branches tournant sur un axe placé aux deux tiers de leur longueur, le composent. Une d'elles est terminée par une lame saillante, & l'autre par une lame recourbée. Un foible ressort, placé entre les branches de l'autre côté de l'axe, tient ouvertes ces deux lames, & on les fait agir en fermant la main appuyée sur ces branches.

La lame saillante coupe d'abord en glissant, & l'autre en arrêtant, ce qui rend l'opération un peu moins *écrasante* que si elle s'exécutoit avec des ciseaux.

Je n'approuve l'usage des *sécateurs* que pour la taille des rosiers, des groseillers & autres arbustes épineux, dont les branches sont molles & qu'on n'est pas pressé de tailler. Jamais il ne sera usuel entre les mains des jardiniers, puisqu'il opère plus mal & plus lentement que la serpette, & qu'il coûte plus cher ; mais il est très-recherché par les belles, & j'applaudis à leur goût, car, sous la direction de mon compatriote Reignier le mécanicien, il est devenu un meuble fort élégant.

SELLE. On donne généralement ce nom à un assemblage de petites planches de hêtre, disposées les unes à côté des autres, entourées de bourre & recouvertes de cuir, qui se met sur le dos du cheval & sert de siége à celui qui doit le monter.

Presque tous les cultivateurs ont besoin d'avoir des *selles*, mais jamais ils ne doivent entreprendre d'en construire, parce qu'ils ne les feroient ni bien ni économiquement. Je renverrai donc, pour leur construction, à l'article SELLIER du *Dictionnaire des Arts mécaniques*.

Quinze sortes de *selles* se fabriquent à Paris, & j'en ai vu de différentes partout où j'ai voyagé.

Chaque cheval ayant un dos formé différemment des autres, il faudroit autant de *selles* qu'on possède de chevaux, pour ne point les blesser & pour assurer la sécurité du cavalier ; mais la dépense s'oppose généralement à ce perfectionnement.

La durée d'une *selle* convenablement construite est fort longue, lorsqu'on prend, quand on ne s'en sert pas, les précautions nécessaires pour la garantir des causes de destruction.

SELLETTE. Petite selle destinée à supporter le dossier des voitures à brancards. *Voyez* l'article SELLIER du *Dictionnaire des Arts mécaniques*.

SERINGA ou SYRINGA. *Philadelphus*. Genre de plantes de l'icosandrie monogynie & de la famille des myrthoïdes, dans lequel se placent quatre espèces, dont trois se voient dans nos jardins, & l'une d'elles y est très-multipliée.

Espèces.

1. Le SERINGA en bouquets.
Philadelphus coronarius. Linn. ♄ Du midi de la France.

2. Le SERINGA nain.
Philadelphus nanus. Mill. ♄ De.....

3. Le SERINGA inodore.
Philadelphus inodorus. Mich. ♄ De l'Amérique septentrionale.

4. Le SERINGA de Lewis.
Philadelphus Lewisii. Pursh. ♄ De l'Amérique septentrionale.

Culture.

La première espèce s'élève à huit à dix pieds & forme ordinairement un buisson, mais il est possible de le mettre sur un brin & de le faire devenir un petit arbre. Elle n'est sensible qu'aux plus fortes gelées, qui alors même ne font périr que l'extrémité de ses rameaux. C'est pour ses fleurs blanches, assez grandes & d'une odeur suave, qu'on la multiplie, car elle n'est pas élégante. Tout terrain, pourvu qu'il ne soit pas aride à l'excès ou trop marécageux, ainsi que l'exposition, lui sont indifférens. Elle se prête à toute espèce de taille. Rarement on emploie le semis de ses graines pour la multiplier, attendu que ce moyen retarde la jouissance, & que les autres satisfont aux besoins bien au-delà de la demande ; ainsi, c'est par déchirement des vieux pieds ou par marcottes qu'on se la procure, &, excepté aux environs des grandes villes, on ne la cultive jamais en pépinière, parce qu'on la met directement en place. Sa transplantation manque rarement de succès.

Toutes les sortes de jardins s'approprient le *seringa*. On le plante, dans ceux appelés *français*, au milieu des plates-bandes, contre les murs, dans tous les lieux qui demandent à être garnis. Dans les plates-bandes, on l'empêche de s'élever & de s'étendre par des tailles & des émondages réguliers. Dans les autres endroits, on le laisse plus ou moins monter. Il se met, dans ceux appelés *paysagers*, le long des massifs, des allées, des murs, & s'abandonne à lui-même, parce qu'il perd, par la taille, qui diminue le nombre de ses fleurs, son principal agrément. Cependant, comme ses fleurs & ses feuilles sont plus grandes sur les jeunes pieds, il est de principe qu'on doit le receper tous les cinq à six ans, lorsqu'il n'est pas destiné à cacher un mur, une fosse à ordures, &c.

Je connois deux variétés de *seringa*, toutes deux assez rares; l'une à fleurs doubles, l'autre à fleurs roses en dehors. On les multiplie comme l'espèce.

Il est des personnes à qui l'odeur des fleurs du *seringa* fait mal à la tête; ainsi, il est mieux d'en planter beaucoup de petits pieds que d'en former de grosses touffes, car il m'a paru qu'affoiblie par la distance, elle plaisoit à tout le monde.

Je ne crois pas qu'on soit parvenu à fixer cette odeur dans les graisses, ni à l'extraire par le moyen de l'alkool.

La seconde espèce n'est à mes yeux qu'une dégénération de la première, quoiqu'elle offre des caractères suffisans pour constituer une espèce. Elle s'élève au plus à deux pieds de haut & forme des touffes fort denses, qui ne fleurissent presque jamais. On ne la voit, en conséquence, que dans les écoles de botanique & dans les grandes collections.

Le *seringa inodore* ressemble beaucoup au commun, cependant il s'en distingue bien par ses tiges plus élancées, par ses fleurs plus grandes, plus blanches & inodores. Il orne bien mieux que lui les jardins paysagers, où on commence à le voir assez fréquemment. Sa multiplication s'effectue comme il vient d'être dit; cependant la voie des marcottes lui est plus fréquemment appliquée.

Je ne connois pas la quatrième espèce.

SILO. Synonyme de FOSSE A GRAIN.

SISPET. Une FÉTUQUE, dont les feuilles sont piquantes, porte ce nom dans les Pyrénées.

SMILACÉES. Famille de plantes qui renferme les genres SALSEPAREILLE (*smilax*), TAMINIER, RAJANE, FRAGON & IGNAME. *Voyez* ces mots.

SOBOLE. Les petites bulbes, ou plantes en miniature, qui se développent en place des fleurs au sommet des tiges, se nomment ainsi.

Il est des plantes qui donnent presque tous les ans des *soboles*, d'autres qui n'en donnent jamais.

Un temps froid & pluvieux au printemps est favorable à leur développement.

Les *soboles* mis en terre poussent & deviennent des plantes semblables à leur mère, en moins de temps que celles qui sont le résultat d'un semis de graines.

SORBIER. *Sorbus*. Genre de plantes de l'icosandrie trigynie & de la famille des rosacées, qui renferme cinq espèces, toutes portant des fleurs d'un aspect assez agréable pour être cultivées dans les jardins paysagers, & des fruits plus ou moins bons; mais toujours susceptibles d'être mangés.

Observation.

Ce genre ne se distingue pas suffisamment des ALIZIERS, & se rapproche infiniment des NÉFLIERS & des POIRIERS.

Espèces.

1. Le SORBIER domestique ou *cultivé*.
Sorbus domestica. Linn. ♄ Du midi de la France.

2. Le SORBIER hybride ou *de Laponie*.
Sorbus hybrida. Linn. ♄ Du nord de l'Europe.

3. Le SORBIER des oiseaux ou *Cochène*.
Sorbus aucuparia. Linn. ♄ Indigène.

4. Le SORBIER d'Amérique.
Sorbus americana. Willd. ♄ De l'Amérique septentrionale.

5. Le SORBIER arbrisseau.
Sorbus arbuscula. Bosc. ♄ De Hongrie.

Culture.

Nos pères faisoient grand cas du *sorbier* domestique, à raison de ses fruits de la grosseur du pouce, tantôt de la forme d'une pomme, tantôt de la forme d'une poire, qu'ils mangeoient après les avoir fait blossir sur la paille, & qu'ils faisoient entrer dans la composition de leur boisson; mais la considération que ces fruits sont petits, peu agréables au goût, que l'arbre qui les porte croît avec une excessive lenteur, & ne donne des produits que dans un âge fort avancé, nous a déterminés à en abandonner la culture; aussi ne le voit-on plus, au moins aux environs de Paris, que dans les jardins paysagers & dans les écoles de botanique.

Cinquante pieds sont, dans le Midi, le terme moyen de la hauteur du *sorbier* domestique; & après deux siècles de croissance, le diamètre de son tronc est d'un pied. Son bois est d'une couleur brune-rougeâtre, d'un grain fin, d'une homogénéité & d'une dureté extrême. Il pèse vert 72 livres 1 once sept gros, & sec, 63 livres 11 onces 5 gros par pied cube, d'après Varenne de Fenille. Les menuisiers, les ébénistes, les tourneurs, les machinistes le recherchent. C'est lui qui fournit les vis de pressoirs, les fuseaux & alluchons des moulins, &c., les plus durables. On doit ne le travailler qu'après plusieurs années de coupe, car il prend, par le desséchement, une retraite de plus d'un douzième de son volume.

Toutes les parties du *sorbier* domestique sont astringentes & s'emploient quelquefois en médecine.

Les *sorbes* ou *cormes*, ainsi s'appellent les fruits de ce *sorbier*, sont excessivement acerbes avant leur maturité. Elles deviennent très-fades après cette époque. On est donc déterminé, comme je l'ai annoncé plus haut, à les cueillir lorsqu'elles en approchent, pour les faire blossir sur la paille. Elles nourrissent peu & causent souvent des coliques; aussi ne sont-elles recherchées que par les enfans des plus pauvres cultivateurs. Écrasées & mises dans un tonneau avec de l'eau, elles donnent une boisson fermentée peu différente du poiré, mais bien plus âcre & plus enivrante. *Voyez* CIDRE & POIRE.

Comme, le plus souvent, on n'a pas assez de ces fruits pour emplir un tonneau, on leur mêle des pommes, des poires sauvages, des prunelles, des nèfles concassées, & on met de l'eau à mesure qu'on tire de la BOISSON ou PIQUETTE. *Voy.* ces mots.

Il m'a paru que la sorbe pomme étoit meilleure que la sorbe poire; mais il est des lieux où cette dernière est plus estimée.

Le *sorbier* domestique s'accommode de toute espèce de terre, mais il pousse plus rapidement dans celle qui est profonde & substantielle. On le multiplie par graines, par marcottes & par sa greffe sur le pommier, le poirier & l'épine.

La multiplication du *sorbier* par graines est excessivement lente & extrêmement sujette à mécompte; aussi ne l'emploie-t-on pas dans les pépinières. C'est dans les haies, les buissons, au milieu des pierres qu'on le sème lorsqu'on veut en avoir francs de pied, parce que les plants qui en résultent poussent & arrivent à l'âge où ils commencent à donner des fruits, sans qu'on se soit aperçu qu'on les a attendus vingt à trente ans & qu'il en a péri les deux tiers.

Toutes les fois qu'on transplante un *sorbier*, on risque éminemment de le perdre, & il faut, dans les pépinières, le transplanter au moins trois fois. Ce n'est qu'après dix ans de soins qu'il a acquis six pieds de haut & un pouce de diamètre, & qu'il peut être regardé comme propre à être planté à demeure.

Greffé sur les arbres précités, il pousse au contraire, dans les pépinières, de manière à pouvoir être vendu à sa troisième ou quatrième année, mais alors il s'élève moins, subsiste peu, & n'est pas, par conséquent, dans le cas de pouvoir être cultivé pour son bois; aussi, dans ce cas, n'est-il employé qu'à l'ornement des jardins paysagers.

C'est la greffe en fente qu'on préfère pour multiplier le *sorbier* domestique. Elle ne présente rien de particulier. Les pieds qui en résultent sont taillés en crochet & conduits comme tous les autres des PÉPINIÈRES. *Voyez* ce mot.

La place du *sorbier* domestique dans les jardins paysagers est le milieu des gazons ou les saillies des massifs. On ne lui donne aucune culture. La serpette doit rarement le toucher, soit qu'il forme une tête, soit qu'il soit disposé en pyramide. Il est beau par ses feuilles seulement, & ses fleurs ou ses fruits augmentent l'intérêt que fait naître sa vue.

Le *sorbier* hybride est un fort grand & fort bel arbre qui orne beaucoup les jardins paysagers à toutes les époques de l'été. Il s'élève à quarante pieds & prend naturellement l'aspect de l'ALIZIER BLANC. La qualité de son bois est peu connue. On le multiplie comme le précédent, mais cependant plus par semis, parce que son plant pousse plus vîte. Greffé sur l'aubépine, il prend l'aspect d'un têtard, c'est-à-dire, que ses rameaux sont très-nombreux & très-grêles, affectent une forme ovale, ce qui est dû à ce que les racines de l'aubépine ne pouvant lui fournir assez de sève relativement à l'élévation qui lui est propre, il s'en dédommage en poussant beaucoup de branches & de feuilles. Dans cet état il est extrêmement agréable, soit lorsqu'il est couvert de fleurs, soit lorsqu'il est chargé de fruits, même seulement par ses feuilles. J'en ai considérablement distribué ainsi greffés pendant que j'étois à la tête des pépinières de Versailles, où on en voit, Bosquet des tulipiers, une fort belle allée. Le *sorbier* hybride produit de bons effets en allée, en salle de verdure, & isolé. On le place dans les jardins paysagers, au milieu des gazons ou sur le bord des massifs.

Le *sorbier des oiseaux* est l'arbre par excellence des jardins paysagers, parce qu'il s'élève moins que les précédens, & se charge encore plus de fleurs & de fruits. Les observations faites plus haut, relativement aux difficultés de multiplication, ne s'appliquent pas à lui. On le reproduit dans les pépinières par le semis de ses graines & par sa greffe sur le poirier & sur l'épine, &c., de la même manière que le *sorbier* domestique. Son bois ressemble beaucoup à celui de ce dernier, mais il est moins bon. Sec, il pèse 42 liv. 2 onc. 2 gros par pied cube.

On place le *sorbier* des oiseaux en allée, en quinconce, dans les jardins français, en groupe ou isolément dans les jardins paysagers. Il y plaît pendant tout l'été & tout l'automne, par son feuillage, par ses fleurs, & surtout par ses fruits rouges & d'une longue durée; lorsqu'on empêche les grives & les merles, qui en sont très-friands, de les manger. Ces fruits, quoique petits, sont recherchés, soit frais, soit secs & cuits, par les enfans dans le nord de l'Europe. On en fait une boisson sans doute analogue à celle fournie par le *sorbier* domestique, qu'il doit être plus facile de fabriquer en grand, parce que ses pieds sont souvent très-abondans dans les bois, & sont toujours très-chargés.

Toute nature de terre, pourvu qu'elle ne soit pas, ou très-aride, ou très-aquatique, convient au *sorbier* des oiseaux. Il pousse plus vîte & est plus beau dans ceux qui sont frais & fertiles.

Le *sorbier d'Amérique* diffère fort peu du précédent. Sa hauteur surpasse rarement huit à dix pieds. Ses corymbes de fleurs sont plus grands. Je l'ai considérablement multiplié pendant que j'étois à la tête des pépinières de Versailles, uniquement, afin que, le répandant dans toute la France, il s'y conserve dans quelques jardins, car rien n'invite à le multiplier à côté du précédent. Il demande les mêmes soins, & se multiplie de la même manière.

Le *sorbier arbuscule* se voit dans les écoles de botanique & dans quelques collections. Ce que je viens de dire du précédent lui est applicable.

SPARTION. *Spartium.* Genre de plantes établi

aux dépens des GENÊTS, mais qui n'a pas été adopté par tous les botanistes. J'ai indiqué à ce dernier mot toutes les espèces qu'il contient, & j'y renvoie le lecteur.

SPIRÉE. *Spirea*. Genre de plantes de l'icosandrie pentandrie & de la famille des rosacées, dans lequel se réunissent trente-cinq espèces, dont près de la moitié se cultivent en pleine terre dans nos jardins, qu'elles ornent plus ou moins.

Espèces.

Spirées à tige ligneuse.

1. La SPIRÉE à feuilles lisses.
Spirea levigata. Linn. ♄ De Sibérie.

2. La SPIRÉE à feuilles de saule.
Spirea salicifolia. Linn. ♄ Des Alpes.

3. La SPIRÉE à feuilles bleuâtres.
Spirea cærulescens. Poiret. ♄ Des Indes.

4. La SPIRÉE de Magellan.
Spirea magellanica. Poiret. ♄ Du détroit de Magellan.

5. La SPIRÉE tomenteuse.
Spirea tomentosa. Linn. ♄ De l'Amérique septentrionale.

6. La SPIRÉE calleuse.
Spirea callosa. Thunb. ♄ Du Japon.

7. La SPIRÉE argentée.
Spirea argentea. Linn. ♄ De la Nouvelle-Grenade.

8. La SPIRÉE à feuilles d'orme.
Spirea ulmifolia. Linn. ♄ De Sibérie.

9. La SPIRÉE à feuilles aiguës.
Spirea acutifolia. Willd. ♄ De. . . . .

10. La SPIRÉE à feuilles de millepertuis.
Spirea hypericifolia. Linn. ♄ De l'Amérique septentrionale.

11. La SPIRÉE crénelée.
Spirea crenata. Linn. ♄ De Sibérie.

12. La SPIRÉE à feuilles de chamædrys.
Spirea chamædryfolia. Linn. ♄ De Sibérie.

13. La SPIREE à feuilles de thalictron.
Spirea thalictroïdes. Pallas. ♄ De Sibérie.

14. La SPIRÉE à feuilles ovales.
Spirea obovata. Willd. ♄ De Hongrie.

15. La SPIRÉE feuillée.
Spirea foliosa. Poiret. ♄ De. . . . .

16. La SPIRÉE à feuilles oblongues.
Spirea oblongifolia. Willd. ♄ De Hongrie.

17. La SPIRÉE de Canton.
Spirea cantonensis. Lour. ♄ De Chine.

18. La SPIRÉE des Alpes.
Spirea alpina. Pallas. ♄ De Sibérie.

19. La SPIRÉE lancéolée.
Spirea lanceolata. Poiret. ♄ De l'Ile-de-France.

20. La SPIRÉE à trois lobes.
Spirea triloba. Linn. ♄ De Sibérie.

21. La SPIRÉE à feuilles d'obier.
Spirea opulifolia. Linn. ♄ De l'Amérique septentrionale.

22. La SPIRÉE en tête.
Spirea capitata. Pursh. ♄ De l'Amérique septentrionale.

23. La SPIRÉE discolore.
Spirea discolor. Pursh. ♄ De l'Amérique septentrionale.

24. La SPIRÉE en corymbe.
Spirea corymbosa. Smaltz. ♄ De l'Amérique septentrionale.

25. La SPIRÉE à stipules.
Spirea stipulata. Willd. ♄ De l'Amérique septentrionale.

26. La SPIRÉE à feuilles de sorbier.
Spirea sorbifolia. Linn. ♄ De Sibérie.

Spirées à tige herbacée.

27. La SPIRÉE barbe-de-chèvre.
Spirea aruncus. Linn. ♃ Des Alpes.

28. La SPIRÉE filipendule.
Spirea filipendula. Linn. ♃ Indigène.

29. La SPIRÉE pubescente.
Spirea pubescens. Decand. ♃ Du midi de la France.

30. La SPIRÉE reine des prés.
Spirea ulmaria. Linn. ♃ Indigène.

31. La SPIRÉE du Kamtzchatka.
Spirea kamtzchatka. Pallas. ♃ De Sibérie.

32. La SPIRÉE palmée.
Spirea palmata. Thunb. ♃ Du Japon.

33. La SPIRÉE digitée.
Spirea digitata. Willd. ♃ De Sibérie.

34. La SPIRÉE lobée.
Spirea lobata. Linn. ♃ De l'Amérique septentrionale.

35. La SPIRÉE trifoliée.
Spirea trifoliata. Linn. ♃ De l'Amérique septentrionale.

Culture.

Les espèces des n°s. 1, 2, 5, 8, 10, 11, 12, 16, 21, 26, 27, 28, 30, 34, 35, sont celles que nous cultivons.

Ces espèces ayant des feuilles de forme différente, & fleurissant à des époques diverses, peuvent se trouver ensemble, & s'y trouvent en effet, dans les jardins paysagers, sans se nuire réciproquement. C'est aux derniers rangs des massifs, au milieu des gazons, que se placent les petites. La vingt-unième seule peut entrer dans la composition du second & même du troisième rang de ces massifs, à raison de la hauteur à laquelle elle parvient; mais elle produit cependant de bons effets quand elle est isolée.

Presque toutes les *spirées* demandent à être changées de place tous les six à huit ans, & à être recépées au moins une fois dans cet intervalle.

La multiplication des *spirées* s'effectue par le semis de leurs graines, par leurs marcottes, par leurs accrus, par le déchirement des vieux pieds.

Le semis des graines des *spirées* a lieu au printemps, dans une terre légère bien préparée. Le plant lève la même année, se repique la suivante, à un pied de distance, & peut se mettre en place à la quatrième.

Les marcottes s'entreprennent en hiver, se lèvent & se mettent presque toujours en place l'hiver suivant. La première espèce est la seule qui résiste à ce genre de multiplication, parce que ses tiges sont grosses & cassantes; cependant quelques-uns de ses rameaux s'y prêtent souvent.

Toutes sont susceptibles d'accrus, qui, à deux ans, sont susceptibles d'être mis en place.

La première & la vingt-unième sont les seules qui ne se reproduisent pas facilement à ce dernier moyen, qui est le plus généralement employé pour toutes les autres, hors les grandes pépinières, parce que la demande en est peu étendue dans le commerce.

Les espèces originaires de Sibérie poussent toutes de très-bonne heure & sont susceptibles des atteintes de la gelée, mais les résultats en sont peu dangereux, excepté pour la première, à laquelle elles donnent un triste aspect, & qu'elles empêchent de donner de bonnes graines.

Celle-ci veut l'exposition du nord & la terre de bruyère.

L'élégance de la *spirée* à feuilles de sorbier, la rend remarquable aux plus indifférens. Plus que les autres, elle a besoin d'être nettoyée, chaque hiver, de ses tiges & parties de tiges mortes. Elle trace avec une incroyable rapidité, lorsqu'elle se trouve dans un terrain sablonneux & fertile.

Les *spirées* herbacées se multiplient par graines & par déchirement des vieux pieds.

La première, la *spirée* barbe-de-chèvre, demande un terrain léger, frais & ombragé. L'effet qu'elle produit, lorsqu'elle est placée à l'entrée d'une grotte & qu'elle laisse pendre ses beaux panicules de fleurs, est très-pittoresque.

Quelque communes que soient dans nos bois en terrain sec la *spirée* filipendre, & dans nos prairies humides la *spirée* ulmaire, on aime à les voir figurer dans nos jardins, où elles varient à fleurs roses & à fleurs doubles.

Les tubercules des racines de ces deux espèces contiennent une grande quantité d'amidon analogue à celui de la pomme de terre; ainsi elles peuvent être, dans quelques lieux, une ressource dans les temps de disette. Ces tubercules sont fort du goût des cochons.

La dernière est quelquefois un fléau pour les propriétaires de prairies basses, en ce qu'elle n'est point mangée par les bestiaux, & qu'elle tient beaucoup de place. On doit donc l'arracher à la pioche pour l'introduire dans les composts ou la jeter sur le fumier, ou mieux labourer la prairie, & y cultiver pendant quelques années des céréales & des plantes sarclées.

Les fleurs de cette *spirée* ont une saveur analogue au vin de Frontignan, & s'emploient en médecine comme astringentes & détersives.

Les *spirées* lobée & trifoliée sont très-élégantes; mais elles sont rares, parce qu'elles donnent rarement des graines & des rejetons.

STAPHYLIER. *Staphylea.* Genre de plantes de la pentandrie trigynie & de la famille des rhamnoïdes, qui réunit quatre arbrisseaux, dont deux se cultivent en pleine terre dans le climat de Paris.

Espèces.

1. Le STAPHYLIER à feuilles ailées.
Staphylea pinnata. Linn. ♄ Des Alpes.

2. Le STAPHYLIER à feuilles ternées.
Staphylea trifoliata. Linn. ♄ De l'Amérique septentrionale.

3. Le STAPHYLIER de la Jamaïque.
Staphylea occidentalis. Swartz. ♄ De la Jamaïque.

4. Le STAPHYLIER hétérophylle.
Staphylea heterophylla. Ruiz & Pav. ♄ Du Pérou.

Culture.

La première espèce, vulgairement appelée *nez coupé*, *faux-pistachier*, est la plus multipliée dans nos jardins, où elle s'élève quelquefois à vingt ou trente pieds, mais où elle reste le plus souvent en buisson. Son aspect, sous l'une ou l'autre de ces dispositions, est fort peu distingué, même lorsque ses gousses vésiculeuses sont arrivées à toute leur grosseur; mais elle fait variété, & par cela seul, le but de sa plantation est rempli.

Le troisième rang des massifs, le long des murs, les vides à remplir, sont les lieux où se place le *staphylier* dans les jardins paysagers. Il ne faut pas trop l'y multiplier. Couper ses tiges rez-terre, tous les cinq à six ans, pour les renouveler, est une opération à conseiller. Du reste, il ne demande aucune culture.

La reproduction du *staphylier* s'exécute par le semis de ses graines & par ses rejetons. Ce dernier moyen satisfait seul, ordinairement, aux besoins du commerce, tant sa demande est restreinte. On les lève en hiver, & on les met de suite en place, s'ils sont assez forts, ou, dans le cas contraire, on les dépose pendant un ou deux ans en pépinière.

Les graines se sèment aussitôt qu'elles sont cueillies, étant très-sujettes à rancir, dans une terre bien labourée. L'année suivante, le plant le plus fort est repiqué en lignes espacées d'un pied, & y reste jusqu'à ce qu'on le mette en place.

On fait des colliers avec ces graines, qui sont très-dures, grises & luisantes. Leur amande a un peu de goût de la pistache, mais elle est très-âcre.

Le miel fourni par les fleurs du *staphylier* est

nauséabonde, comme toutes les parties de l'arbre.

Le *staphylier* à trois feuilles est inférieur en grandeur & en beauté à celui dont il vient d'être question. Il ne se cultive que dans les écoles de botanique, dans les grandes collections & dans les jardins paysagers les mieux montés. Tout ce que je viens de dire lui est complétement applicable.

STROPHANTE. *Strophantus*. Genre de plantes établi aux dépens des LAUROSES. *Voyez* ce mot.

Les deux seules espèces qu'il contient, le LAUROSE CAUDATE & le LAUROSE GRIMPANT, ne se cultivent pas en Europe.

SUBDIVISION DES TERRES. Quelque desirable qu'il fût que tous les Français fussent propriétaires, il est impossible, dans l'état actuel de l'ordre social, que cela soit, parce que, d'un côté, les uns perdent leur fortune par des causes sans nombre, & que de l'autre, il y a des moyens bien plus rapides que l'agriculture pour en amasser une.

Par la loi qui nous régit, les enfans partageant également la succession de leur père & de leur mère, & chacun de ces enfans, principalement dans les campagnes, voulant que le partage ait lieu sur chaque pièce de terre appartenant à la succession, il en résulte que la division des propriétés devient extrême, au grand détriment de l'agriculture.

Je suis loin de desirer l'abrogation de la partie du Code civil qui a rapport aux successions, parce qu'elle est fondée sur la justice & qu'elle a des avantages réels pour la société; mais je voudrois qu'on bornât, par une loi, la *subdivision* des propriétés foncières, de manière qu'il ne pût plus y avoir, comme il y en a tant, des champs d'un mètre de large sur deux de long; qu'un huitième d'hectare fût la mesure la plus foible qui pusse se trouver dans les campagnes, à cent mètres des dernières maisons des villages.

Outre les inconvéniens généraux de la *subdivision* indéfinie des propriétés, relativement à l'ordre politique, tels que la diminution des électeurs & des éligibles, relativement à la diminution des moyens d'approvisionner les villes, les armées, les flottes, il en est de spéciaux, dont voici quelques-uns.

1°. Une perte de terrain: devant y avoir une ligne de démarcation visible entre les propriétés voisines.

2°. Une perte de temps: celui qui possède deux petites pièces de terrain dans la même commune, fort éloignées l'une de l'autre, après avoir passé deux heures sur l'une, emploie autant de temps pour aller travailler sur l'autre.

3°. Une perte de récolte: ces petites pièces étant traversées par les voisins, par les bestiaux, sont plus ou moins foulées par eux.

4°. L'impossibilité de les clore de murs ou de haies, de les labourer économiquement à la charrue, d'en transporter les produits dans des chars, &c.

5°. L'impossibilité d'y établir un cours régulier de culture, approprié à la nature du sol & aux besoins du commerce, & d'y établir certaines cultures qui ne peuvent être fructueuses qu'autant qu'on les fait en grand, telles que celles du PAVOT, de la GARANCE, de la CARDÈRE, &c.

6°. La pratique des irrigations, à raison de la dépense d'un côté & de l'opposition des voisins de l'autre, ne peut que rarement être appliquée à ces terrains.

7°. Les petits propriétaires manquant presque toujours d'argent, n'achètent que des chevaux & des bœufs foibles, les nourrissent mal, & en tirent, par conséquent, fort peu de profit.

8°. Cette même cause les empêche de faire apprendre à lire à leurs enfans; aussi est-ce dans les pays de petite culture qu'on trouve le plus d'ignorance & de paresse ou de libertinage.

9°. Les petits propriétaires sont plus souvent dans le cas de ne pouvoir supporter les pertes de bestiaux ou autres; en conséquence, ils sont forcés d'emprunter, & comme ils ont trop peu d'hypothèque à offrir, ils acceptent un intérêt usuraire, & leur propriété devient, sous peu d'années, celle du prêteur.

Moyse avoit su reconnoître les inconvéniens de la *subdivision des terres* à l'infini, puisqu'il avoit ordonné, par sa loi, que tous les cent ans elles seroient remises en commun & partagées de nouveau.

Je puis citer, comme en ayant vu les résultats, deux communes en France, où, par la volonté de la majorité des habitans, cette bonne opération a été exécutée, dans ces derniers temps, à la satisfaction de tous. L'une est celle de Rouvres, près de Dijon. M. François de Neufchâteau en a décrit les résultats, tome IX des *Mémoires de la Société centrale d'agriculture*. L'autre est celle de Roville, près Nancy, habitée par M. Berthier, auquel la science agricole doit de si utiles perfectionnemens.

Il existe en Danemarck des lois coercitives, qui obligent les propriétaires à échanger les petites pièces de terre attenant à une grande, contre d'autres situées dans la même commune, après estimation des deux.

Pourquoi le Gouvernement ne favoriseroit-il pas en France les échanges dans le même cas, en renonçant, en leur faveur, au droit de mutation? La diminution de revenu qui en résulteroit pour lui seroit peut-être de cent mille francs par an, & l'augmentation de celui des particuliers seroit peut-être de dix millions.

Je ne voudrois pas, malgré ces réflexions, être regardé comme l'ennemi de la petite culture; j'en reconnois tous les avantages politiques, moraux, financiers, mais c'est de l'excès dont je me plains.

SUMAC. *Rhus.* Genre de plantes de la pentandrie digynie & de la famille des térébinthacées, dans lequel plus de cinquante espèces d'arbres ou d'arbustes se trouvent réunies. Plusieurs d'entr'elles donnent leurs feuilles à la médecine & aux arts, & presque toutes laissent fluer un suc corrosif, souvent fort dangereux.

Espèces.

Sumacs à feuilles ailées.

1. Le SUMAC des corroyeurs.
Rhus coriaria. Linn. ♄ Du midi de la France.

2. Le SUMAC nain.
Rhus pumilum. Mich. ♄ De l'Amérique septentrionale.

3. Le SUMAC de Virginie.
Rhus typhinum. Linn. ♄ De l'Amérique septentrionale.

4. Le SUMAC à feuilles glabres.
Rhus glabrum. Linn. ♄ De l'Amérique septentrionale.

5. Le SUMAC élégant.
Rhus elegans. Ait. ♄ De l'Amérique septentrionale.

6. Le SUMAC à fleurs vertes.
Rhus canadense. Miller. ♄ De l'Amérique septentrionale.

7. Le SUMAC strié.
Rhus striatum. Ruiz & Pav. ♄ Du Pérou.

8. Le SUMAC vernis.
Rhus vernix. Linn. ♄ De l'Amérique septentrionale.

9. Le SUMAC copal.
Rhus copalinum. Linn. ♄ De l'Amérique septentrionale.

10. Le SUMAC bâtard.
Rhus succedanum. Linn. ♄ De la Chine.

11. Le SUMAC pauciflore.
Rhus pauciflora. Linn. ♄ Du Cap de Bonne-Espérance.

12. Le SUMAC de Java.
Rhus javanicum. Linn. ♄ De Java.

13. Le SUMAC à demi ailé.
Rhus semialatum. Mur. ♄ De la Chine.

14. Le SUMAC à sept folioles.
Rhus trijugum. Poiret. ♄ Du Brésil.

15. Le SUMAC à feuilles rayées.
Rhus lineatum. Orteg. ♄ De l'île de Cuba.

16. Le SUMAC ailé.
Rhus alatum. Thunb. ♄ Du Cap de Bonne-Espérance.

17. Le SUMAC métopi.
Rhus metopium. Linn. ♄ De la Jamaïque.

18. Le SUMAC digité.
Rhus digitatum. Linn. ♄ Du Cap de Bonne-Espérance.

19. Le SUMAC à cinq feuilles, *thezara des Arabes.*
Rhus pentaphyllum. Desf. ♄ De Barbarie.

20. Le SUMAC obscur.
Rhus obscurum. Marsh. ♄ Du Caucase.

21. Le SUMAC de Commerson.
Rhus Commersonii. Poiret. ♄ Du Brésil.

Sumacs à feuilles ternées.

22. Le SUMAC vénéneux.
Rhus toxicodendron. Linn. ♄ De l'Amérique septentrionale.

23. Le SUMAC rampant.
Rhus reptans. Bosc. ♄ De l'Amérique septentrionale.

24. Le SUMAC vrillé.
Rhus cirrhiflorum. Linn. ♄ Du Cap de Bonne-Espérance.

25. Le SUMAC à feuilles tridentées.
Rhus tridentatum. Linn. ♄ Du Cap de Bonne-Espérance.

26. Le SUMAC tomenteux.
Rhus tomentosum. Linn. ♄ Du Cap de Bonne-Espérance.

27. Le SUMAC velu.
Rhus villosum. Linn. ♄ Du Cap de Bonne-Espérance.

28. Le SUMAC sinué.
Rhus sinuatum. Thunb. ♄ Du Cap de Bonne-Espérance.

29. Le SUMAC incisé.
Rhus incisum. Linn. ♄ Du Cap de Bonne-Espérance.

30. Le SUMAC pubescent.
Rhus pubescens. Thunb. ♄ Du Cap de Bonne-Espérance.

31. Le SUMAC aromatique.
Rhus aromaticum. Ait. ♄ De l'Amérique septentrionale.

32. Le SUMAC odorant.
Rhus suaveolens. Ait. ♄ De l'Amérique septentrionale.

33. Le SUMAC luisant.
Rhus lucidum. Linn. ♄ du Cap de Bonne-Espérance.

34. Le SUMAC à feuilles d'aubépine.
Rhus oxyacanthoïdes. Dum. Cours. ♄ du Cap de Bonne-Espérance.

35. Le SUMAC à feuilles d'alizier.
Rhus cratægiforme. Cav. ♄ Du Cap de Bonne-Espérance.

36. Le SUMAC cunéiforme.
Rhus cuneifolium. Linn. ♄ Du Cap de Bonne-Espérance.

37. Le SUMAC denté.
Rhus dentatum. Thunb. ♄ Du Cap de Bonne-Espérance.

38. Le SUMAC glauque.
Rhus glaucum. Persoon. ♄ Du Cap de Bonne-Espérance.

39. Le SUMAC lisse.
Rhus levigatum. Linn. ♄ Du Cap de Bonne-Espérance.

40. Le SUMAC à feuilles de faule.
Rhus viminale. Ait. ♄ Du Cap de Bonne-Efpérance.

41. Le SUMAC à feuilles étroites.
Rhus angustifolium. Linn. ♄ Du Cap de Bonne-Efpérance.

42. Le SUMAC à feuilles de romarin.
Rhus rofmarifolium. Vahl. ♄ Du Cap de Bonne-Efpérance.

43. Le SUMAC ondulé.
Rhus undulatum. Jacq. ♄ Du Cap de Bonne-Efpérance.

44. Le SUMAC à feuilles nerveufes.
Rhus nervofum. Desf. ♄ Du Cap de Bonne-Efpérance.

45. Le SUMAC lobé.
Rhus lobatum. Poiret. ♄ De l'île de Ténériffe.

46. Le SUMAC à rameaux pendans.
Rhus pendulinum. Willd. ♄ Du Cap de Bonne-Efpérance.

47. Le SUMAC dioïque.
Rhus dioicum. Willd. ♄ Du royaume de Maroc.

48. Le SUMAC blanchâtre.
Rhus albidum. Schousb. ♄ De Maroc.

Sumacs à feuilles fimples.

49. Le SUMAC à feuilles variables.
Rhus heterophyllum. Desf. ♄ De....

50. Le SUMAC fustet.
Rhus cotinus. Linn. ♄ Du midi de la France.

51. Le SUMAC polygame.
Rhus atrum. Forst. ♄ De la Nouvelle-Calédonie.

Culture.

La différence des pays où croiffent naturellement les *fumacs*, permet de divifer leur culture en trois modes, favoir : en culture en pleine terre, en culture en orangerie, en culture en ferre chaude.

Les efpèces de cette lifte qui fe cultivent en pleine terre, en ce moment, dans les jardins des environs de Paris, font celles des n°s. 1, 3, 4, 5, 6, 8, 9, 21, 31, 32 & 49. Les fept premières & la dernière fe plantent fréquemment dans nos jardins payfagers, qu'elles ornent par la forme de leur tête, par la beauté de leurs feuilles, de leurs épis de fleurs ou de fruits. Les vingt-unième, trente-unième & trente-deuxième ne fe cultivent que dans quelques écoles de botanique.

Les rameaux garnis de feuilles du *fumac* des corroyeurs font d'un grand emploi, dans le midi de l'Europe, pour tanner le cuir, furtout celui des maroquins. On dit qu'il fe cultive dans quelques cantons, c'eft-à-dire, qu'on le plante dans les terrains les plus arides, qui font ceux où il jouit le plus éminemment de fa propriété aftringente, & qu'on en coupe les tiges au commencement de l'automne, pour les faire fécher & les employer. Il feroit à defirer que cette culture s'étendît, pour éviter la fortie des fommes qui s'envoient toutes les années fur la côte de Barbarie, car ce que nous pouvons nous procurer dans les départemens qui bordent la Méditerranée, ne fuffit pas à nos befoins.

Les fruits du *fumac* des corroyeurs font acides & fervent à la médecine & à l'affaifonnement des mets. On les met infufer dans le vinaigre de table, pour augmenter fa force. On fait auffi ufage en médecine de fes feuilles comme aftringentes & antifeptiques.

Cet arbufte n'eft pas commun dans les jardins des environs de Paris, quoiqu'il foit propre à les orner & qu'il ne craigne pas les gelées ordinaires, parce qu'il en arrive de loin en loin qui le font périr, & que les efpèces fuivantes font plus belles & plus ruftiques.

Les *fumacs* de Virginie, à feuilles glabres, élégant & à fleurs vertes, diffèrent fort peu les uns des autres. Le premier & le troifième font les plus beaux, à raifon de leurs épis de fruits d'un rouge-cramoifi éclatant; mais tous font remarquables par la difpofition de leurs branches, la forme de leur tête & la couleur rouge que prennent leurs feuilles en automne. Il convient de les avoir tous quatre dans les jardins payfagers, mais de ne pas trop les y multiplier. C'eft ifolés, au milieu des gazons, ou à quelque diftance des maffifs, ou aux angles faillans de ces derniers, qu'ils produifent le plus d'effet. Une terre légère & profonde leur eft très-favorable, cependant ils s'accommodent des moins bonnes. Ils aiment le foleil, cependant végètent fort bien à l'ombre. Leur faire fentir le tranchant de la ferpette, eft plus fouvent nuifible qu'avantageux; cependant il eft des cas où il devient indifpenfable de les régler par la taille de quelques-unes de leurs branches.

Lorfque ces *fumacs* font placés dans un terrain léger & humide, ils pouffent naturellement tant de rejetons, qu'il n'eft point néceffaire de s'occuper d'autres moyens de multiplication que ceux qu'ils offrent, quoiqu'ils foient fufceptibles de la plupart des autres, furtout de celui des racines. Ces rejetons, qui s'élèvent quelquefois de trois à quatre pieds dans le cours de la première année, peuvent être mis directement en place, ou repiqués en pépinière, pour s'y fortifier pendant une ou deux années.

Les *fumacs* vernis & copal font beaucoup plus petits que les précédens. Ils fe cultivent dans les écoles de botanique & dans les grandes collections. Ce que j'ai obfervé plus haut, à l'exception du *fumac* des corroyeurs, leur eft applicable. On en obtient par incifion, dans leur pays natal, une réfine qui eft mife dans le commerce fous le nom de *gomme copale d'Amérique*, & qui s'emploie par les vernifſeurs.

Le *fumac* vénéneux, ou *arbre à la gale*, *arbre poifon*, eft moins connu fous ce nom que fous celui qu'il porte en latin. Lorsqu'on casse ses rameaux au printemps, il en découle une liqueur blanche, & qui, à l'air, devient noire. Il est très-redouté, parce qu'il suffit de le toucher, ou de se reposer sous son ombre, pour qu'il naisse des pustules sur la peau de certaines personnes. Je n'éprouve point cet effet. Les chevaux aiment ses feuilles avec passion. Je me suis beaucoup occupé de son étude pendant mon séjour en Caroline, & le résultat de mes observations se trouve consigné dans le premier volume des *Actes de la Société de Médecine de Bruxelles*. L'extrait de ses feuilles a souvent guéri la paralysie.

Le *sumac radicant* n'est qu'une variété de celui-ci; mais il n'en est pas de même du *sumac traçant*, qui certainement constitue une espèce.

Ce *sumac* qui, dans son pays natal, grimpe au sommet des plus grands arbres, ne forme, en France, qu'un petit buisson qui se multiplie avec la plus grande facilité de marcottes, qui se font souvent toutes seules. Il n'y a pas à craindre de le toucher pendant l'automne & pendant l'hiver, sa liqueur délétère disparoissant à l'époque de la maturité de ses fruits.

Les *sumacs* aromatique & odorant forment de petits buissons qui n'ont de remarquable que l'agréable odeur résineuse qu'ils répandent dans la chaleur ou quand on froisse leurs feuilles. J'en ai beaucoup vu dans les terrains sablonneux & exposés au soleil de la Caroline. Ce n'est guère que dans les écoles de botanique & dans les grandes collections qu'ils se cultivent en Europe. On les multiplie comme le précédent.

Le *sumac* fustet, communément appelé *bois jaune* dans le midi de la France, est un arbrisseau de huit à dix pieds de haut, dont on emploie à la teinture & au tannage des cuirs, les rameaux garnis de feuilles. Son bois, veiné de jaune, de blanc & de vert, est recherché par les tourneurs, les ébénistes, les luthiers, quoiqu'il soit rare d'en trouver d'un fort échantillon. Ses feuilles sont regardées comme un poison pour les hommes & les animaux.

Je ne sache pas que cet arbrisseau se cultive nulle part en grand dans le midi de la France, où on se contente de profiter de ceux qui croissent spontanément sur les montagnes; mais il est fort recherché dans les jardins paysagers des environs de Paris, à raison de la beauté de ses touffes, de la singularité des ses houpes de graines, la plupart avortées. Les gelées de l'hiver le frappent quelquefois, mais il n'y paroît pas l'année suivante. On le place dans ces jardins aux lieux secs & exposés au soleil, au milieu des gazons, ou à quelque distance des massifs. Quelqu'agréable qu'il soit, il ne faut pas trop l'y multiplier. Sa culture se réduit à supprimer les branches mortes & à le recéper tous les huit à dix ans.

Les marcottes & les racines sont les moyens de reproduction les plus usités pour cet arbre, qui porte rarement de bonnes graines dans le climat de Paris. Les premières s'enracinent, & les secondes poussent dans le courant de la première année. On peut les mettre en place deux ans après. Si on vouloit employer la voie des graines, il faudroit les tirer du Midi, les semer dans une terre légère, à une exposition chaude, en recouvrir le plant pendant l'hiver avec de la fougère, le repiquer à sa seconde année, & le mettre en place la quatrième.

Les espèces des n°s. 13, 19, 27, 33, 34, 36, 37, 38, 39, 40, 41, 43, 44 & 45, exigent l'orangerie pendant l'hiver, & ne se cultivent, par conséquent, que dans les écoles de botanique & dans les grandes collections. Peu d'entr'elles sont remarquables; les soins qu'elles exigent, sont ceux propres à toutes les cultures en pot. Leur multiplication s'opère presqu'exclusivement par le déchirement des vieux pieds, par marcottes & par boutures, leurs graines arrivant rarement à bien. On leur donne une bonne terre à demi consistante, & on les arrose au besoin.

Les espèces des n°s. 12 & 13 sont de serre chaude. Leur culture & leur multiplication sont les mêmes que celles des précédentes.

SUPPURATION. Décomposition du TISSU CELLULAIRE DES MUSCLES, qui suit son INFLAMMATION, & qui en prépare le rétablissement. *Voyez* ces mots, & ceux PUS, ABCÈS & ULCÈRE.

Lorsque le pus est sans odeur, on dit qu'il est louable. Lorsqu'il est noirâtre & fétide, il annonce la GANGRÈNE. *Voyez* ce mot.

Il se forme sous le pus, des tubercules charnus, qui s'augmentant en largeur & en hauteur, remplissent la plaie de chair nouvelle.

On favorise la formation de ces tubercules par des LINIMENS & des EMPLATRES.

SUREAU. *Sambucus*. Genre de plantes de la pentandrie digynie & de la famille des caprifoliacées, qui ne contient que six espèces, mais dont deux sont excessivement communes dans nos campagnes, & une autre se cultive en grande abondance dans nos jardins paysagers.

Espèces.

1. Le SUREAU commun.
Sambucus nigra. Linn. ♄ Indigène.

2. Le SUREAU du Canada.
Sambucus canadensis. Linn. ♄ De l'Amérique septentrionale.

3. Le SUREAU à grappes.
Sambucus racemosa. ♄ Des Alpes.

4. Le SUREAU pubescent.
Sambucus pubescens. Mich. ♄ De l'Amérique septentrionale.

5. Le SUREAU du Japon.
Sambucus japonica. Thunb. ♄ Du Japon.

6. Le SUREAU hièble.
Sambucus ebulus. Linn. ♄ Indigène.

Culture.

Le *sureau* croît presque partout, s'élève à 15 ou 20 pieds, & acquiert jusqu'à un pied de diamètre. Sa moelle est plus abondante que dans aucun autre arbre d'Europe, & diminue de diamètre par l'effet de la contraction du bois qui l'entoure, souvent au point de disparoître avec l'âge. Toutes ses parties servent à la médecine; savoir : son écorce & ses feuilles en fomentation pour guérir la goutte, en décoction pour purger; ses fleurs en infusion, comme résolutives & sudorifiques; ses baies également très-purgatives, transformées en rob, dans les dyssenteries.

On met ses fleurs dans le vinaigre pour leur communiquer son odeur, c'est le *vinaigre surat*; dans le moût, pour donner au vin une saveur de muscat. On en entoure, dans le même but, des pommes renfermées. Ses fruits, écrasés & fermentés, forment une liqueur qui, sous le nom de *vin de Fismes*, sert à colorer les vins, qui, distillée, fournit une eau-de-vie susceptible de beaucoup d'emplois dans les arts. On dit que, dans le pays des Grisons, on fait enlever la propriété purgative de ces fruits, & en fabriquer des confitures & des conserves d'un excellent goût.

La décoction des feuilles du *sureau*, seringuée sur les feuilles des arbres infectés de pucerons, de cochenilles, de kermès, de punaises, de fourmis, de chenilles, &c., fait disparoître ces insectes, lorsque l'opération est bien faite, ou renouvelée. J'en ai eu plusieurs fois l'expérience personnelle.

Les jeunes pousses du *sureau* étant remplies de moelle, on l'extrait pour quelques petits usages, & il reste un tube creux, avec lequel les enfans font des canonnières & des sarbacanes. Plus tard, c'est-à-dire, à trois ou quatre ans, ces mêmes pousses s'utilisent comme échalas ou comme tuteurs, & durent assez long-temps.

Le bois des très-vieux pieds ressemble beaucoup à celui du buis, par sa couleur & sa contexture. On l'emploie, à son défaut, pour le tour, mais il est sujet à se tourmenter, & ne doit être employé qu'après plusieurs années de dessiccation. Les gros échantillons sont rares & chers.

On trouve dans nos jardins plusieurs variétés de *sureaux*, dont une a les fruits blancs, une les feuilles panachées, une les feuilles laciniées : cette dernière est le *sureau* à feuilles de persil.

La multiplication du *sureau* s'exécute par le semis de ses graines & par boutures. On met les premières en terre aussitôt qu'elles sont cueillies, & lorsque le sol est bon & l'année favorable, elles donnent du plant de 3 à 4 pieds de haut, à la fin de l'année suivante, plant qu'on peut dès-lors mettre en place. On enterre les secondes, qu'il convient de faire avec une branche de l'année, coupée avec un talon de l'année précédente, à un pied de profondeur, pendant l'hiver. Des jets de 4 à 5 pieds sortent quelquefois de ces boutures, pendant la saison suivante. Quelques pieds de *sureaux* sont aussi le produit de rejetons & de racines.

L'emploi le plus utile du *sureau*, est la formation de haies, qui croissent rapidement, qui sont très-serrées, qui subsistent pendant un siècle, que les bestiaux respectent, qui peuvent être établies dans tous les terrains qui ne sont pas arides ou marécageux à l'excès. On les établit ou de plant enraciné, placé à un pied l'un de l'autre, sur deux rangs, ou au moyen des boutures. Trois ans après on les récèpe rez-terre; au bout de pareil espace de temps, on les rapproche à un pied, & enfin, encore trois ans après, à deux pieds, après quoi on ne fait plus que les tondre en hiver. Il résulte de ce mode de conduite, trois étages de têtards, dont les branches sont si rapprochées, que souvent une poule ne peut pas passer entre. Quelquefois il est bon, au bout de 20 ou 30 ans, de les recéper de nouveau rez-terre, & recommencer comme il vient d'être dit. Un pied mort ne peut pas être remplacé; ainsi il faut lui substituer un pied d'orme ou d'érable champêtre, &c. *Voyez* HAIE.

L'inconvénient de la mauvaise odeur des feuilles du *sureau*, est compensé par leur belle forme & leur forte coloration; aussi, à raison de ces circonstances & de la douce odeur de ses fleurs, cet arbuste est employé fréquemment à la décoration des jardins paysagers. On l'y place tantôt en buisson, tantôt en tige de médiocre hauteur, au bord des massifs, contre les murs, dans tous les lieux qu'on veut garnir très-promptement. Quelques pieds isolés, au milieu des gazons, font un très-bon effet lorsqu'ils sont en fleurs. On peut les tourmenter à volonté, avec la serpette, mais jamais avec le croissant, parce que c'est de leur irrégularité qu'ils tirent leur principal mérite. Les soins qu'ils exigent sont de les débarrasser de leur bois mort & de leurs gourmands.

La variété à feuilles de persil est plus recherchée que l'espèce, & contraste à côté d'elle.

Le *sureau* du Canada diffère à peine du précédent, & se confond généralement avec lui au premier coup d'œil. On ne le voit, en conséquence, que dans les écoles de botanique & dans les collections des amateurs.

Le *sureau* à grappes ressemble encore par ses feuilles, ainsi que par sa manière de végéter & de se reproduire, au *sureau* commun, mais il en diffère beaucoup par la disposition de ses fleurs en grappes pendantes, & par la couleur de ses fruits, d'un rouge éclatant. Il s'élève un peu moins, & ne vit peut-être pas aussi long-temps. Les effets qu'il produit dans les jardins paysagers, pendant l'automne, principalement quand il est disposé en arbre, l'y font planter en grande quantité, & de préférence au *sureau* commun. Tout ce que j'ai dit de ce dernier, lui est applicable; cependant il doit être peu souvent assujetti à la taille, parce que plus ses rameaux sont vieux, & plus ils fournissent de grappes de fruits, & que c'est du nombre de ces grappes qu'il tire sa plus grande beauté.

Le *sureau* hièble croît dans les terrains gras & frais, sur le bord des rivières, dans les champs cultivés, dans les vignes basses, &c. Il est toujours l'indice d'un bon fonds, & peut, par sa seule présence, guider un acquéreur sur la valeur de sa mise à l'enchère. Son abondance nuit très-souvent au produit des récoltes, & ce n'est que par des labours multipliés & la culture de plantes qui exigent un binage d'été, qu'on peut le détruire à la longue, car les défoncemens ne font que diviser ses racines, & le plus petit morceau laissé en terre, suffit pour le reproduire.

Quelques pieds d'hièbles ne sont pas déplacés dans les jardins paysagers, en terrain humide, car ses corymbes de fleurs blanches & de fruits noirs se font voir avec plaisir.

Il est de l'intérêt des cultivateurs de pofiter des pieds d'hièble, qui croissent autour de sa demeure, lorsqu'ils sont en quantité suffisante, pour augmenter la masse de leur fumier, ou pour en fabriquer de la potasse. Les couper rez-terre, avec une pioche à large fer, & les charger sur une petite charrette, sont des opérations qui demandent trop peu de temps, pour qu'on doive se refuser à les faire, d'autant plus qu'on peut choisir l'époque, pendant au moins deux mois.

SYRINGA. *Voyez* SERINGA.

T

TACHE. Grappe de raisin qui se dessèche sur pied dans le vignoble d'Arbois.

TACHE DE MARS. ULCÈRE qui se développe sur les OIGNONS des TULIPES à la fin de l'hiver, & qu'on guérit en le cernant sur le vif, avec la pointe d'un couteau & en l'enlevant.

TACTONIE. *Tactonia.* Genre de plantes établi aux dépens des GRENADILLES. *Voyez* ce mot.

TAGUILE. Nom de la NAVETTE en Bretagne.

TAILLE. Les BOURGEONS d'un cep réservés pour la taille de l'année suivante, s'appellent ainsi dans la ci-devant Bourgogne.

On dit, en Lorraine, que la terre *taille*, lorsqu'elle est fortement imbibée d'eau & qu'elle se lève en grandes mottes lors des LABOURS. *Voy.* ce mot.

TAILLE A TIRER. C'est, dans quelques vignobles, la taille à laquelle on assujettit les vignes destinées à être arrachées l'hiver suivant. Elle consiste à laisser beaucoup de sarmens que l'on courbe, & à tailler longs les autres. *Voy.* ARCEAU, COURBURE DES BRANCHES, VIGNE.

TAILLE-GAZON. Large PIOCHE avec laquelle se font les RIGOLES D'IRRIGATION dans les PRÉS de la Haute-Vienne.

TAILLIS. Ce mot est pris adjectivement quand il est joint avec le substantif *bois*. Ainsi, on appelle *bois taillis*, un bois que l'on taille, que l'on coupe de temps en temps.

Hors de ce cas, il est substantif, & l'on dit: *un taillis, un jeune taillis, couper un taillis.*

Définition du mot taillis.

L'étymologie de ce mot paroît venir du latin *talea*, qui signifie une branche d'arbre coupée. Mais les Latins n'employoient pas le mot *talea* pour désigner un *taillis*; ils se servoient des mots *cædua silva*, bois que l'on coupe, que l'on taille souvent.

On entend par *taillis*, les bois de la classe des arbres non résineux qui se coupent à différens âges, c'est-à-dire, depuis cinq à six ans jusqu'à trente ans. Nous disons de la classe des arbres non résineux, parce que les arbres résineux ne repoussent point, & qu'il faut qu'un bois puisse repousser de souches & de racines, après avoir été coupé, pour être considéré comme *taillis*. *Silva cædua est quæ in hoc habetur, ut cædatur; vel quæ succisa, rursùs ex stirpibus, aut radicibus renascitur* (Dig.).

Nous avons déjà donné, dans l'article AMÉNAGEMENT, troisième partie, chap. 1er., la définition du mot *taillis*, sous le rapport de l'économie forestière, & nous avons renvoyé à l'article dont nous nous occupons en ce moment, pour la définition de ce mot sous le rapport de la législation.

Il paroît qu'on a toujours été assez généralement dans l'usage de considérer comme *taillis*, en ce qui concerne la propriété, l'usufruit & les délits, tous les bois de la classe de ceux que nous avons indiqués, qui sont au-dessous de trente ans. En effet, Chailland, dans son *Dictionnaire des eaux & forêts*, dit que les *taillis* sont des bois réglés en coupes ordinaires, de dix, quinze, vingt ou vingt-cinq ans, suivant les Coutumes & les Ordonnances. Jousse, dans son Commentaire de l'ordonnance de 1669, observe que l'on peut considérer dans les bois différens âges; savoir: 1°. ceux qui se coupent tous les huit ou dix ans, & qu'on appelle *bois taillis*; 2°. ceux qui sont au-dessus de cet âge jusqu'à trente ans, & qui sont appelés *haut-taillis*; 3°. ceux qui sont depuis quarante jusqu'à soixante ans, qu'on nomme *haut-revenu*, ou *demi-futaie*; 4°. ceux qui sont au-dessus de cent ans, qu'on appelle *haute futaie*. Guyot, dans le *Répertoire de jurisprudence*, dit que les *bois taillis* sont ceux qui sont sujets aux coupes ordinaires, lesquelles se font dans les temps fixés par les Coutumes; savoir : dans celles-ci, après une révolution de dix ans; dans celles-là, de quinze en quinze ans, & dans d'autres de vingt en vingt ans. Il ajoute que les bois de futaie sont ceux qui ont trente ans, & qu'on laisse ordinairement croître jusqu'à ce qu'ils viennent sur le retour, & que dans le droit commun, les bois sont *futaie* à vingt-sept ans; mais qu'en Normandie, ils ne le sont qu'à quarante ans.

On voit que les Coutumes varioient beaucoup sur l'âge auquel un bois devoit cesser d'être considéré comme *taillis*, pour passer dans la classe des futaies; mais que la règle la plus générale étoit celle qui a été adoptée par les lois des 20 juillet 1790 & 23 novembre 1798, qui ont déclaré que tous les bois au-dessous de trente ans, seroient considérés comme *taillis*. Ces lois n'ont pas eu pour objet, il est vrai, les *taillis* dans leurs rapports avec la propriété, l'usage, l'usufruit & les délits; elles n'ont eu en vue que de fixer une base pour l'assiette des impositions, c'est-à-dire, pour l'évaluation des bois. Mais la règle qu'elles ont posée, peut servir de guide dans les cas où les usages locaux, les Coutumes & le Code civil gardent le silence sur l'âge auquel un bois cesse d'être *taillis*.

Dans le langage ordinaire, on appelle *jeune taillis* le bois qui se coupe à dix ans & au-dessous; *moyen taillis*, ou simplement *taillis*, celui que l'on coupe depuis dix jusqu'à vingt-cinq ans; *haut taillis*, *haute-taille*, *perchis* ou *gaulis*, celui qui s'exploite depuis vingt-cinq jusqu'à trente ans, & même quarante dans les pays où l'usage est de conserver la dénomination de *taillis* aux bois de cet âge. Les bois prennent ensuite la dénomination de *haut-revenu*, ou *demi-futaie*, de *futaie*, de *haute futaie* & de *vieille futaie*, suivant qu'ils avancent en âge.

Ici nous devons faire observer que l'âge d'un bois n'est pas toujours ce qu'on doit considérer pour déterminer si c'est un *taillis* ou un futaie.

Les bois sont diversement aménagés, & c'est principalement l'aménagement, ou, à défaut d'aménagement, l'usage où l'on est de couper un bois à tel ou tel âge, qui détermine sa classification dans les *taillis* ou dans les futaies, quel que soit l'âge actuel de ce bois. Par exemple, la forêt de Villers-Cotterets est aménagée en futaie de cent cinquante ans; on y fait des coupes chaque année, de sorte qu'il y a des bois qui ont depuis un an jusqu'à cent cinquante ans. On ne peut pas dire que tout canton de cette forêt où le bois n'a pas trente ans, soit un taillis; c'est un recru de futaie, une futaie par destination. Il en est de même des forêts d'arbres résineux, qui sont toujours considérées comme futaie, quel que soit l'âge d'une forêt ou d'une partie de forêt de cette espèce. Nous dirons plus, un bois nouvellement planté sera, dès l'instant de sa plantation, considéré comme futaie ou comme *taillis*, suivant sa destination. Si ce jeune bois fait partie d'une forêt aménagée en futaie, il sera réputé futaie, tandis que ce sera un *taillis* s'il fait partie d'un bois qui se coupe avant trente ans, ou si, d'après l'intention du propriétaire, ce bois est destiné à former un *taillis*.

On a demandé si un délit de pâturage dans une jeune plantation d'arbres forestiers qui n'a pas encore été coupée, & qui est destinée à former un bois, devoit être puni de la même peine que si le bois eût été coupé; ou, en d'autres termes, si une plantation pouvoit être considérée comme *taillis* avant qu'elle ait été coupée, taillée; & l'on disoit, pour soutenir la négative, qu'une plantation devoit avoir été coupée au moins une fois, pour pouvoir prendre la dénomination de *taillis*, puisque c'étoit la coupe, la taille d'un bois, qui le faisoit réputer *taillis*. Ce que nous venons de dire sur les *taillis* & les futaies par destination, répond à ces objections, & nous pensons que les plantations dont parle l'article 24 du titre II de la loi du 6 octobre 1791, sur la police rurale, ne doivent s'entendre que des pépinières & autres plantations qui ne sont point destinées à former des bois proprement dits, & que l'on doit restreindre les peines prononcées par cet article, aux délits commis dans les plantations qui n'ont point pour objet de former des bois. Ce qui nous confirme dans cette opinion, c'est que le Code pénal, art. 475, n°. 10, ne distingue point la plantation d'avec le *taillis*, quoique, dans cet article, il s'occupe des délits commis sur les terrains nouvellement chargés de productions. Toutefois, nous reconnoissons qu'il est nécessaire d'appliquer une peine plus forte à celui qui introduit ses bestiaux dans une jeune plantation, quoique faisant partie d'un bois, qu'à celui qui commet le même délit dans un bois qui aura déjà subi des coupes, parce que, dans le premier cas, le dommage est bien plus considérable. Cette distinction devra faire l'objet d'une disposition particulière dans le nouveau Code forestier.

Des taillis dans leurs rapports avec la propriété, l'usage & l'usufruit.

Relativement à la jouissance des *taillis*, voici ce que régloient les Coutumes, avant que la France fût régie par un Code civil uniforme.

I. Les coupes de bois *taillis* étoient comptées au nombre des fruits naturels; ainsi elles appartenoient à l'usufruitier, & le mari, pendant la communauté, en pouvoit disposer sans être tenu à récompense; *quod verò ad silvas cæduas quas vocant germinales, pertinet, quæ sunt eæ quæ succisæ rursùs ex stirpitibus aut radicibus renascuntur, eas in fructu esse certum est.* Voyez Pontanus sur la Coutûme, tit. 2, art. 5; Ferrière sur la Coutume de Paris, tit. 3, art. 92; Renusson en son *Traité du droit de Garde*, pag. 91; Denisart en sa Collection, au mot *Fruits.* Voyez aussi les Coutumes de Nivernois, chap. 24, art. 9. Anjou, tit. 15, art. 311. Maine, tit. 16, art. 324. Vitri, tit. 5, art. 93. Sedan, tit. 10, art. 215. Cambray, tit. 4, art. 6 & 114. Saint-Pol, tit. 7, art. 46. Meaux, chap. 22, art. 174. Amiens, tit. 6, art. 118. Chaumont, tit. 13, art. 164.

II. Les revenus des bois *taillis*, coupés après la mort de l'un des conjoints, se partageoient entre le survivant & les héritiers du défunt, par proportion du temps que la communauté avoit duré. *Voyez* le Brun, en son *Traité de la communauté*, liv. 1, chap. 5, nomb. 12; le Vest, art. 101; Charondas, en ses *Réponses*, liv. 4, rep. 28, & les Coutumes de Laon, tit. 10, art. 106; Châlons, tit. 14, art. 114.

De même les revenus des bois *taillis* dépendant d'un bénéfice, qui n'avoient été en âge d'être coupés qu'après la mort du titulaire, devoient être partagés entre ses héritiers & le successeur, au *prorata* du temps que le défunt avoit joui du bénéfice. *Voyez* Ferrière, au mot *Bois taillis*, & Denisart, au mot *Fruits.*

III. Le bois *taillis* coupé ou prêt à être coupé étoit meuble; le créancier pouvoit le faire saisir & vendre sans qu'il fût besoin de le décréter. *Voyez* Ferrière, au mot *Bois taillis*, & les Coutumes de Paris, tit. 3, art. 92; Calais, tit. 1, art. 5; Melun, tit. 19, art. 282; Normandie, chap. 19, art. 505; Laon, tit. 10, art. 105; Châlons, tit. 14, art. 3; Sedan, tit. 2, art. 14, 15 & 16.

IV. La plupart des Coutumes donnoient au seigneur qui avoit choisi la jouissance de la terre pendant l'année, pour son droit de rachat, une portion dans le revenu des bois *taillis. Voyez* les Coutumes d'Orléans, de Sens, de Mante, de Reims, de Troyes, de Paris, de Remorantin, de Melun, de Montargis, de Chaumont, &c. &c., qui sont rapportées dans le *Dictionnaire des forêts* de Chailland, au mot *Taillis.*

Cependant quelques Coutumes refusoient absolument au seigneur toute part dans les bois: telle étoit entr'autres celle de Poitou, tit. 1er., art. 158: « bois ne courent aucunement en rachat, & les » peut exploiter le successeur du vassal durant le » rachat; & supposé que les bois fussent en vente » ou en coupe, ou en partie coupés ou vendus » par avant que le rachat advienne, ne courent » en rachat. »

V. Les bois *taillis* qui tomboient en coupe ordinaire pendant le temps de la saisie féodale, appartenoient entièrement au seigneur saisissant; autrement, c'est-à-dire, s'ils n'étoient pas en coupe, le seigneur n'y pouvoit rien prétendre. C'étoit le sentiment de Duplessis, de Chopin & de Brodeau, & l'esprit de plusieurs Coutumes. *Voyez* le Dictionnaire de Chailland.

VI. Le nouvel acquéreur, qui pendant le terme accordé pour l'action en retrait, avoit abattu des bois *taillis* qui n'étoient pas en âge d'être coupés, étoit tenu d'en restituer la valeur au retrayant. *Voy.* les Coutumes de Melun, du Bourbonnois, de Sens, de Mante & de Clermont, dans le même ouvrage.

Le Code civil a définitivement réglé les droits de l'usufruitier sur les coupes ordinaires des bois *taillis. Voyez* les art. 521, 590, 591, 592 & 593.

L'article 1400 du même Code porte que les coupes de bois tombent dans la communauté pour tout ce qui est considéré comme usufruit, d'après les règles expliquées au livre II dudit Code; que si les coupes de bois qui, en suivant les règles, pouvoient être faites durant la communauté, & ne l'ont point été, il en sera dû récompense à l'époux non propriétaire du fonds ou à ses héritiers.

Des arrêts de la Cour de cassation des 25 février 1812, 8 septembre & 5 octobre 1813, 20 juillet 1818 & 21 juin 1820, ont décidé qu'un bois de haute-futaie ou un *taillis* est considéré comme meuble, du moment qu'il est vendu pour être coupé. *Voyez* ces arrêts dans le *Recueil des réglemens forestiers*, & leur analyse dans le *Dictionnaire général & raisonné des eaux & forêts*, aux mots *Bois des particuliers*, chap. 3.

Le Code civil, art. 521, porte bien que les coupes ne deviennent meubles qu'au fur & à mesure que les arbres sont coupés; mais cet article n'est applicable qu'au cas où il s'agit de régler les intérêts du propriétaire ou de l'usufruitier; & toutes les fois que des bois sont vendus ou destinés à être vendus séparément du sol, on ne doit plus les regarder que comme des objets mobiliers, encore qu'ils ne soient point actuellement détachés de la terre (*arrêt déjà cité, du 21 juin 1820*).

Le propriétaire d'un bois, quoique grevé d'hypothèque, peut en vendre la coupe, lorsqu'elle est arrivée à sa maturité, ou à l'époque fixée pour l'exploitation. C'est ce qu'a décidé la Cour de cassation, par un arrêt du 26 janvier 1809, rapporté dans le *Répertoire de jurisprudence*, au mot *Taillis.*

Des taillis considérés sous le rapport de l'économie forestière.

Sur environ 6,300,000 hectares de bois qui existent en France, & qui se réduisent à 5,670,000 hectares, si on en distrait les clairières & les chemins, il y a tout au plus 576,000 hectares de futaies; il reste donc à peu près 5,094,000 hectares de *taillis*. Mais dans le fait, la proportion des *taillis* avec les futaies est encore plus considérable, car nous considérons comme futaies, les quarts de réserve établis dans les bois communaux, & tout le monde fait que les réserves qui, d'après les réglemens, devroient en effet former des futaies, sont aujourd'hui, pour la plupart, réduites à l'état de *taillis*; de sorte que l'on peut dire que la France ne possède presque plus de futaies, suite déplorable des mauvais systêmes d'exploitation, & de l'inexorable cupidité qui a fait tomber nos antiques futaies, pour les remplacer par des *taillis* dont les coupes donnent des jouissances plus rapprochées.

Nous avons démontré dans l'article AMÉNAGEMENT, que si l'exploitation des bois en *taillis* pouvoit convenir aux propriétaires particuliers, il n'en étoit pas de même à l'égard de l'Etat, qui devoit envisager, non les plus hauts produits en argent, que donnent les *taillis*, mais les produits en matières, qui sont beaucoup plus considérables & de meilleure qualité dans les futaies que dans les *taillis*.

Cas où l'on aménage les bois en taillis.

Les cas où l'on aménage les bois en *taillis* sont les suivans : 1°. quand les essences ou espèces de bois qui les composent, ne sont point susceptibles de former de grands arbres, ou qu'elles parviennent promptement à tout leur accroissement; telles que le marceau, le tremble, le bouleau, le coudrier; 2°. quand le terrain est maigre, ou n'a que peu de profondeur & d'épaisseur de bonne terre; 3°. quand on manque de bois dans une contrée, & qu'on n'a d'autre moyen, en attendant qu'il soit fait des plantations, que de réduire les futaies en *taillis*, changement qui soulage pour le moment, mais qui, s'il n'est pris de mesures pour la suite, tend à amener une plus grande disette; 4°. quand le propriétaire vise plus aux produits en argent qu'aux produits en matières; ce qui est le cas le plus ordinaire pour les particuliers; 5°. quand on a besoin, dans le pays, de jeunes bois pour faire des cercles, des échalas, des perches, du charbon. *Voyez* à l'article AMENAGEMENT, les explications que nous avons données sur ces différentes circonstances, ainsi que sur les produits comparatifs des *taillis* & des futaies.

De l'exploitation des taillis.

Les *taillis* possédés par l'Etat, les communes & les établissemens publics, s'exploitent depuis l'âge de dix-huit jusqu'à trente ans; mais la plupart à vingt-cinq ans. Ceux que possèdent les particuliers se coupent depuis neuf jusqu'à dix-huit ou même vingt ans; l'âge le plus favorable est ordinairement dix-huit ans. Les particuliers ne pouvoient autrefois les couper avant dix ans; mais la loi du 29 septembre 1791 leur a rendu la libre jouissance de leurs bois; il leur est seulement défendu de les défricher.

Pour savoir à quel âge il convient d'exploiter un *taillis* & quel est le mode d'exploitation le plus avantageux d'après l'état du bois, il faut examiner les circonstances que nous venons d'exposer, & surtout la qualité du terrain & les essences dominantes. Nous avons donné à cet égard de grands développemens sous le mot EXPLOITATION, auquel nous renvoyons.

De l'estimation des coupes dans les bois taillis.

Nous nous bornerons à exposer ici les principales considérations qui doivent déterminer la valeur estimative d'une coupe. La première chose dont on s'assure est l'étendue de la coupe; on examine ensuite les essences dont elle est peuplée, la grosseur des brins, la consistance plus ou moins serrée du bois, les usages auxquels ils sont propres, c'est-à dire, si on peut en faire de belles perches, des cerceaux, des ridelles, &c., & si le bois peut donner du tan pour la préparation des cuirs.

Toutes ces choses évaluées en quantité & en argent, d'après le prix du pays, on a une estimation assez juste des bois qu'on veut vendre, en déduisant néanmoins les frais d'exploitation, qui forme un objet considérable.

Pour ce dernier objet, on examine, 1°. si les chemins sont difficiles; 2°. s'il y a loin de la coupe au lieu où il faut livrer le bois; 3°. combien il en coûte de voiture, soit pour le bois de corde, soit pour les autres bois; 4°. les frais pour l'abattage, la façon de la corde, l'équarrissage ou tous autres ouvrages; 5°. ce qu'on donne au garde-vente; les voyages qu'il faut faire à la forêt; 6°. la facilité du débit des marchandises; car si c'est dans un pays où les bois sont rares, les fagots, les bourrées, les ramilles, les copeaux, les souches & autres menus bois peuvent rembourser une partie des faux frais. On estime aussi les travaux mis à la charge de l'adjudicataire, & enfin le bénéfice qu'il doit faire, & qu'on évalue ordinairement au dixième de la valeur des bois. Nous renvoyons au *Traité de l'exploitation des bois par Duhamel*, & à l'article *Estimation* du Dictionnaire général des eaux & forêts, pour les détails de l'estimation des bois & les calculs qu'elle exige. (BAUDRILLART.)

TAMARIX. *Tamarix.* Genre de plantes de la pentandrie trigynie & de la famille des portulacées, dans lequel se rangent sept espèces, dont deux croissent naturellement dans le midi de la France & s'y utilisent. On les cultive dans les jardins paysagers du Nord, malgré qu'elles y craignent les gelées.

Espèces.

1. Le TAMARIX de France ou de *Narbonne*.
Tamarix gallica. Linn. ♄ Du midi de l'Europe.

2. Le TAMARIX d'Allemagne.
Tamarix germanica. ♄ Linn. Du midi de l'Europe.

3. Le TAMARIX à quatre étamines.
Tamarix tetranda. Marsh. ♄ De la Tauride.

4. Le TAMARIX d'Afrique.

Tamarix africana. Poiret. ♄ De la côte de Barbarie.

5. Le TAMARIX articulé, vulg. *atlé*.

Tamarix articulata. Vahl. ♄ d'Egypte.

6. Le TAMARIX de Sibérie.

Tamarix songarica. Pallas. ♄ De Sibérie.

7. Le TAMARIX herbacé.

Tamarix herbacea. Pallas. ♄ Des bords de la mer Caspienne.

Culture.

Le *tamarix* de France est très-abondant dans les vallées inférieures des Alpes françaises, sur le bord des torrens, dont il diminue les dévastations, tant à raison de ses rameaux longs & flexibles, qu'à raison de ses racines traînantes & très-garnies de chevelu. J'ai lieu de croire qu'il devroit être planté le long de ceux où il ne se trouve pas naturellement, préférablement aux SAULES, qui y sont cependant si utiles. (*Voyez* leur article.) Il croît aussi sur le bord de la mer avec le *tamarix* d'Allemagne, & y joue un autre rôle non moins important, c'est-à-dire, que tous deux décomposent, ainsi que les soudes, les salicors, l'arroche maritime, l'athanase maritime, le sel marin des terres que recouvrent quelquefois les eaux de la mer, s'approprient la soude, qui est une des parties constituantes de ce dernier, & la donnent au commerce par leur combustion. On doit à M. Julia un très-bon Mémoire sur cette propriété, connue de tout temps dans les environs de Narbonne. Ainsi donc, lorsqu'on voudra cultiver en céréales, ou autres articles, les marais salés, les plages qu'une tempête aura momentanément couvertes d'eau de mer, on y plantera des *tamarix*, on en coupera les tiges tous les deux ans, on les brûlera pour en retirer la soude, & au bout de dix ans on les arrachera, avec la certitude que toute autre culture pourra leur être substituée. Que de terrains voisins de la mer qui, aujourd'hui sont perdus pour l'homme, pourroient devenir des sources nouvelles de richesses !

Il est assez fréquent, dans quelques lieux, de composer des haies avec les *tamarix*. J'en ai vu de telles aux environs de Bayonne. Elles sont d'une facile & rapide croissance, & d'une bonne défense contre les animaux, qui ne touchent pas à leurs feuilles, & d'un bon produit par leur coupe.

Je n'ai jamais vu de gros *tamarix* dans les lieux où ils croissent naturellement, parce qu'il est de l'intérêt de leurs possesseurs de les couper souvent pour le chauffage; mais il y en avoit un dans les jardins de Trianon dont le tronc étoit de la grosseur de la jambe, & la hauteur de plus de trente pieds, qui, par sa vigueur, sembloit n'être planté que depuis peu. Il n'a pas été fait d'expérience sur la nature de leur bois; il m'a paru qu'il étoit fort dur & qu'il donnoit beaucoup de chaleur par la combustion.

La foiblesse des rameaux des *tamarix*, la petitesse & la couleur blanchâtre de leurs feuilles, la disposition de leurs épis de fleurs, les rendent d'un effet agréable, surtout en buisson, dans les jardins paysagers; aussi les y place-t-on très-souvent, soit isolés au milieu des gazons, soit au second ou troisième rang des massifs. La première y fait mieux que la seconde, & y est plus commune, quoiqu'elle soit plus sensible aux gelées du climat de Paris; mais comme ces gelées n'affectent jamais les racines, il suffit de couper les vieilles tiges pour que la touffe soit rétablie, même avec avantage, dès le milieu de l'été suivant.

Toutes les terres, pourvu qu'elles ne soient pas trop sèches, conviennent aux *tamarix*. On les multiplie avec la plus grande facilité de boutures ou de marcottes faites dans un lieu frais & ombragé, au premier printemps, avec des rameaux de l'année précédente. Ces boutures ou ces marcottes se repiquent l'année suivante, à un pied de distance, dans une autre partie de la pépinière, & sont dans le cas d'être mises en place un an après.

La seule culture que demandent ces arbustes, sont un binage d'hiver, le retranchement des tiges mortes ou poussant trop irrégulièrement, & leur récépage tous les cinq à six ans.

Toutes leurs parties s'emploient en médecine comme astringentes, à la teinture & au tannage des cuirs. Dans l'Orient on fait des tuyaux de pipe avec leurs rameaux, & de petits vases avec leur tronc.

TAMPO. Nom des RÉSERVOIRS pour l'IRRIGATION dans les Cévennes.

TANGUE. Mélange de détritus de COQUILLES marines, de POISSONS morts, de sable, de VASE, qui se ramasse à l'embouchure des rivières de la Manche, & qui s'emploie comme ENGRAIS.

Il seroit à desirer que les cultivateurs eussent partout, & en abondance, de la *tangue*, car elle porte dans les champs les principes de la plus grande fertilité.

TANISE. Synonyme de ROUGET. *Voyez* ABEILLE.

TAPIOCA. On donne ce nom, au Brésil, à la FÉCULE du MANIOC, dont on fait fort peu de cas dans ce pays, mais qu'on vend fort cher en Europe, quoiqu'elle diffère extrêmement peu de celle de la POMME DE TERRE. *Voyez* ces mots.

TAQUET. Dans le vignoble d'Orléans, ce nom se donne à la base du SARMENT laissée par la TAILLE, à ce qu'on appelle ailleurs BROCHE. *Voyez* ces mots & VIGNE.

TARTARIGE. La MÉLAMPYRE DES CHAMPS porte ce nom dans le centre de la France.

TAVAILLON. Les ESSENTES d'EPICÉA se nomment ainsi dans le Jura.

TAVALÉ. Synonyme de TACONÉ.

TEAUME. Synonyme de FAUCILLON, dans la Beauce.

TÉMOIN. Synonyme de BORNE dans quelques lieux; dans d'autres, c'est du charbon, des pierres, mis sous une borne.

TENDELIN. Une HOTTE faite en bois de SAPIN, porte ce nom dans l'est de la France. Il seroit à desirer qu'on en fît usage dans tous nos départemens, vu sa commodité & sa légèreté.

TENDON. Synonyme de BUGRANE DES CHAMPS.

TERRADE. La BOUE des rues s'appelle ainsi dans le Midi.

TERRAGE. L'opération de reporter au sommet des vignes la terre que les labours & les pluies ont entraînée dans leur partie inférieure, se nomme ainsi dans quelques cantons.

C'est toujours une grande dépense que de terrer ses vignes, & il est par conséquent de l'intérêt du propriétaire d'en retarder la nécessité par des labours en remontant, par des plantations de HAIES transversales fort basses, ou des MURS en pierres sèches. *Voyez* ces mots & ceux TERRASSE & VIGNE.

TERRAILLER. Les habitans des hautes Alpes donnent ce nom à l'opération de répandre de la terre sur leurs PRÉS pendant l'hiver. *Voyez* ce mot & BUTTER.

TERRAIN ARGILEUX. Terrain dans la composition duquel l'ARGILE domine. *Voyez* ce mot.

Il se trouve des *terrains argileux* dans les montagnes primitives, dans les montagnes secondaires, dans les montagnes tertiaires; mais ils offrent des nuances, dans chacune de ces montagnes, que les cultivateurs doivent prendre en considération. *Voyez* MONTAGNE & MARNE.

TERRAIN CALCAIRE. Terrain où le CALCAIRE domine. *Voyez* ce mot.

Toutes les sortes de montagnes offrent des *terrains calcaires*, mais les primitives fort peu. C'est donc dans celles appelées *secondaires* & *tertiaires*, que les cultivateurs sont appelés à opérer sur eux, & ces *terrains* sont les plus étendus. *Voyez* MONTAGNE, CRAIE, CHAUX.

TERRAINS PRIMITIFS. *Terrains* composés de GRANIT, DE GNEISS, de SCHISTE, de CALCAIRE ANCIEN, de GRÈS ANCIEN, de PORPHYRE, de JASPE. *Voyez* tous ces mots.

Ces *terrains*, formés par la précipitation des matières terreuses dissoutes dans l'eau plus que bouillante, qui a entouré pendant des milliers de siècles le noyau de feu qui se trouve encore au centre du globe, sont rarement disposés en bancs parallèles à l'horizon. Ils supportent tous les autres. La culture y est rarement avantageuse. *Voyez* MONTAGNE & VOLCAN.

TERRAINS SECONDAIRES ou TERRAINS DE TRANSITION. Ce sont les *terrains* qui se sont déposés sur les roches primitives, lorsque l'eau dans laquelle se sont formées ces dernières a été suffisamment refroidie pour que quelques animaux, tels que ceux des polypiers, des bélemnites, des ammonites, des gryphites, tous n'existant plus, même analogiquement dans les mers actuelles, y pussent vivre. Ces *terrains*, souvent en couches horizontales séparées par des couches argileuses, constituent des chaînes d'une grande largeur autour de toutes les hautes montagnes primitives. Presque toute la surface de la ci-devant Lorraine, aux Vosges près, presque toute celle de la ci-devant Bourgogne, au Charolois près, presque toute la Franche-Comté, presque toute la Champagne, en sont composées. La CRAIE en fait partie. *Voyez* ce mot & ceux MARBRE, LAVE CALCAIRE.

La plupart des *terrains secondaires* sont d'une fertilité moyenne. Les sources y sont rares, mais fort abondantes en eau.

TERRAINS TERTIAIRES, OU A COUCHES. Après que la mer se fut retirée de dessus les montagnes secondaires, elle se peupla d'une bien plus grande quantité de polypiers, de coquilles, de poissons en partie analogues à ceux qui se trouvent encore vivans dans les mers actuelles des pays chauds, & qui, par la succession de leurs générations, ont constitué presqu'exclusivement des couches de pierre coquillière horizontale, & rarement homogènes, entremêlées de bancs d'ARGILE ou de SABLE. *Voy.* ces mots & celui PIERRE A BATIR.

Comme les *terrains tertiaires* sont les plus éloignés des centres des chaînes, les eaux pluviales ont entraîné dans leurs plaines les détritus des végétaux des montagnes primitives & des montagnes secondaires; aussi sont-ce ceux qui sont les plus fertiles.

TERRE AIGRE. La terre tourbeuse s'appelle quelquefois ainsi. *Voyez* TOURBE.

TERRE ARBUE, ou AUBU. On donne ce nom à la TERRE-FRANCHE aux environs de Clamecy, aux environs de Salins, &c.

TERRE BATARDE. Ce nom s'applique aux terres d'ALLUVION, très-fertiles dans le département du Tarn.

TERRE INFUMABLE, ou dans laquelle le fumier ne se décompose pas.

J'ai été dans le cas d'observer deux sortes de *terre* qui se trouvent dans ce cas.

L'une

L'une est une tourbe incomplète provenant du défrichement d'un terrain ULIGINEUX. *Voyez* ce mot.

L'autre est une argile sablonneuse & ferrugineuse, ne contenant, d'après une analyse rigoureuse, aucune portion d'humus.

Un mélange de chaux & un mélange de terreau bien consommé, peuvent rendre à ces deux sortes de *terres* la faculté de décomposer le FUMIER. *Voyez* ce mot.

TERRE MOLAGÉE. On appelle ainsi, aux environs de Châlons-sur-Marne, les terres qui, après avoir été trop piétinées par les bestiaux, ne produisent que de foibles récoltes de seigle.

TERRE MOLLE. Synonyme de TERRE GACHEUSE.

TERRE RÉCHAUFFÉE. *Terre* dont les rayons du soleil du printemps ont ranimé la force végétative.

Les *terres* noires sont les premières réchauffées. Après viennent les *terres* sablonneuses. Les plus tardives, sont les argileuses humides.

Au levant, les *terres* se réchauffent plutôt qu'au couchant, & au couchant plutôt qu'au nord. Le midi est l'exposition la plus favorable pour les primeurs.

TERRE REPRISE. *Terre* labourée une seconde fois, par suite de pluies ou de sécheresse.

TERRONELLE. Expression que j'ai proposée pour indiquer une pratique de jardinage fort avantageuse, selon moi, & qui consiste à faire des fosses soit longitudinales, soit circulaires, de trois pieds de profondeur, à mettre au fond un pied de bonne terre, & à y semer les graines de melons, de pois de primeur, de salade, &c., fosses qu'on recouvriroit de planches pendant les nuits froides, & qu'on découvriroit à l'aspect du soleil.

Ainsi une *terronelle* n'est qu'un châssis économique. *Voyez* ce mot & celui BACHE.

Lorsque le sol est argileux, la paroi d'une *terronelle* n'a pas besoin d'être soutenue : quelques douves de vieux tonneaux, coupées dans leur milieu, suffisent pour s'opposer à son éboulement, lorsqu'il est sablonneux.

Tout l'hiver la végétation se conserve, en faisant même quelques progrès, dans les plantes placées sous les *terronelles*, parce que ces plantes profitent de la chaleur qui émane de la terre, & qui n'est pas, autour d'elles, aussi promptement balayée par les vents que si elles étoient à l'air libre.

On peut facilement, au moyen de deux bâtons inclinés, rendre l'assemblage des planches destinées à recouvrir la *terronelle*, un moyen d'abri contre les vents du nord.

Ce genre de culture, quoique peu pratiqué, n'est pas inconnu dans les jardins. J'en ai vu bien des exemples. J'en ai moi-même donné à Versailles, une certaine année où je manquois de châssis. Il est pratiqué en grand pour la vigne, aux environs de Chartres, sur les montagnes de Léon en Espagne, où je l'ai observé.

Les soins que demandent les *terronelles*, sont moindres que ceux des châssis, mais du reste, de même sorte.

THUYA. *Thuya*. Genre de plantes de la monœcie monadelphie & de la famille des conifères, dans lequel se placent neuf espèces, dont trois se cultivent très-fréquemment en pleine terre dans nos jardins, & trois ou quatre autres, dans quelques-unes de nos orangeries.

Espèces.

1. Le THUYA d'Amérique, vulg. l'*arbre de vie*, *cèdre blanc*.
Thuya occidentalis. Linn. ♄ De l'Amérique septentrionale.

2. Le THUYA de la Chine.
Thuya orientalis. Linn. ♄ De la Chine.

3. Le THUYA à feuilles de cyprès.
Thuya cupressioides. Linn. ♄ Du cap de Bonne-Espérance.

4. Le THUYA articulé.
Thuya articulata. Desf. ♄ De Barbarie.

5. Le THUYA austral.
Thuya australis. Bosc. ♄ De la Nouvelle-Hollande.

6. Le THUYA à écailles inégales.
Thuya inæqualis. Desf. ♄ De.....

7. Le THUYA rayé.
Thuya lineata. Poiret. ♄ De.....

8. Le THUYA en doloir.
Thuya dolabrata. Thunb. ♄ du Japon.

9. Le THUYA quadrangulaire.
Thuya quadrangularis. Poiret. ♄ De Madagascar.

Culture.

Le *thuya* de Canada s'élève dans son pays natal à une hauteur (30 ou 40 pieds) & à une grosseur auxquelles on ne le laisse pas parvenir en Europe, parce qu'à mesure qu'il vieillit, il perd de ses agrémens, & qu'on ne l'a encore cultivé que dans nos jardins, quoiqu'il y ait été introduit sous le règne de François Ier. Il est fâcheux que personne n'ait encore cherché à en faire des plantations en grand, car il se multiplie très-facilement, grossit très-rapidement ; son bois est incorruptible, & par conséquent très-propre à tous les services qui le placent à l'air ou en terre, dans des lieux humides. *Voyez* CÈDRE & GENEVRIER.

Ce qui donne tant d'agrément à cet arbre dans sa jeunesse, c'est que ses rameaux ont la forme d'un eventail, & que, quoiqu'écartés du tronc, leur ensemble fait la pyramide, disposition rare & élégante. De plus, ils sont d'un beau vert foncé & exhalent, dans la chaleur, ainsi que toutes ses autres parties, une odeur résineuse suave. Ses fruits sont de petits cônes formés d'écailles écartées, comme dans les sapins.

Les hivers les plus rigoureux, tels que ceux de 1789, 1815, 1820, n'ont fait aucun tort au *thuya* du Canada. Il se transplante à un âge avancé, avec presqu'autant de certitude qu'au sortir de la pépinière. Il souffre la taille la plus rigoureuse, sans inconvénient pour sa vie. J'ai vu des palissades, des haies, des berceaux, qui en étoient composés, & qui remplissoient leur objet aussi bien que possible. Ses effets dans les jardins paysagers sont très-remarquables, soit qu'on le place en petits groupes au milieu des gazons, soit qu'il soit au troisième rang des massifs; mais, ainsi que je l'ai déjà observé, sa beauté diminue avec l'âge. Je repousse, dans ces jardins, toute contrainte pour cet arbre, que la serpette doit rarement diriger. Dans les jardins dits *français*, au contraire, on en fait des palissades, des tonnelles, tondues ou taillées annuellement, & qui se font remarquer par leur beau vert & leur égalité d'épaisseur. *Voyez* PALISSADE & ABRI.

La multiplication du *thuya* du Canada a lieu aujourd'hui dans les pépinières, exclusivement par le semis de ses graines; mais, dans les jardins particuliers, on emploie encore quelquefois, quoique donnant des arbres moins beaux & moins vigoureux, la voie des marcottes au printemps, & celle des boutures toute l'année; ces dernières faites dans un lieu frais & abrité du soleil.

Une terre légère, humide & ombragée, est celle qui convient le mieux au semis des graines du *thuya* du Canada. C'est au printemps, lorsque les gelées ne sont plus à craindre, qu'on les répand à la volée. Il faut peu les recouvrir, mais les arroser fréquemment si les pluies manquent.

L'année suivante on repique le plant autre part, à la distance de six pouces, & deux ans après on recommence la même opération, en écartant les pieds de trente pouces. Il faut quatre & cinq ans pour que le *thuya* soit devenu susceptible d'être planté à demeure. Pendant cet intervalle, on lui donne un labour d'hiver & au moins un binage d'été. La serpette ne doit le toucher que dans des cas rares, les branches inférieures périssant naturellement à mesure que les supérieures augmentent en longueur & en nombre.

Le *thuya* de la Chine ressemble beaucoup au précédent, mais ses branches en éventail sont plus garnies de rameaux. Ses fruits sont des cônes fermés, assez gros & analogues à ceux des CYPRÈS & des PINS. (*Voyez* ces mots.) Il est encore plus agréable à la vue que le précédent; aussi est-ce lui qu'on préfère pour mettre sur les consoles & les cheminées des appartemens pendant l'hiver, objet pour lequel on en fait une assez grande consommation à Paris, ses pieds mourant toujours dans l'année, par défaut d'air, d'arrosemens, &c. Il n'a point l'odeur agréable du précédent & craint beaucoup les gelées du climat de Paris, ce qui fait qu'il est plus rare d'en voir de vieux dans les jardins paysagers, quoiqu'on y en plante beaucoup.

C'est encore par le semis de ses graines, qui sont très-abondantes, les pieds de trois à quatre ans en donnant déjà, qu'on multiplie le plus généralement cette espèce, ses marcottes & ses boutures étant plus difficiles à la reprise que celles de la précédente. On les sème, & on conduit le plant qui en provient, positivement comme il a été dit plus haut, excepté que, étant très-sensible à la gelée, il faut le couvrir de feuilles sèches ou de fougère, lorsqu'il y a lieu de la craindre.

Michaux avoit rapporté, des bords de la mer Caspienne, des graines d'une variété de cette espèce, qui paroissoit plus robuste & qu'on a cultivée pendant long-temps dans les pépinières des environs de Paris. Je ne sais plus où il s'en trouve en ce moment.

C'est la résine du *thuya* articulé qui se trouve dans le commerce sous le nom de *sandarac*, & qui sert généralement aux écrivains pour empêcher le papier qu'ils ont gratté d'absorber l'encre: ce qu'elle doit à sa grande blancheur, car toutes les autres résines sèches produisent le même effet. C'est à Desfontaines qu'on en doit l'introduction dans nos jardins. Il y exige l'orangerie pendant l'hiver. On le multiplie de boutures faites au printemps, dans des pots remplis de terre de bruyère, qu'on place dans une bache ou sur une couche à châssis. On le multiplie aussi au moyen de sa greffe par approche sur le *thuya* de la Chine. Je lui ai vu donner quelques cônes, dans les orangeries soumises à ma surveillance, mais les graines qui s'y trouvoient n'ont rien valu.

Le *thuya* austral, qui m'est levé de graines venues de la Nouvelle-Hollande, & les *thuyas* à écailles inégales & rayé, se multiplient comme l'espèce précédente & sont encore rares.

THYM. *Thymus*. Genre de plantes de la didynamie gymnospermie & de la famille des labiées, renfermant cinquante-deux espèces, dont plus de la moitié se cultivent en pleine terre dans nos écoles de botanique.

Observation.

Le *thym de Virginie* constitue aujourd'hui le genre BRACHYSTÈME, mais je le considérerai comme n'en ayant pas été séparé.

Espèces.

1. Le THYM serpolet.
Thymus serpyllum. Linn. ♄ Indigène.

2. Le THYM lanugineux.
Thymus lanuginosum. Willd. ♄ Indigène.

3. Le THYM lisse.
Thymus lævigatus. Vahl. ♄ D'Arabie.

4. Le THYM des montagnes.

Thymus montanus. Vahl. ♄ Des Alpes.

5. Le THYM commun.

Thymus vulgaris. Linn. ♄ Du midi de l'Europe.

6. Le THYM zygis.

Thymus zygis. Linn. ♄ Du midi de l'Europe.

7. Le THYM de Marschall.

Thymus Marschallianus. Willd. ♄ De Tauride.

8. Le THYM inodore.

Thymus inodorus. Desf. ♄ Des côtes de Barbarie.

9. Le THYM de Numidie.

Thymus numidicus. Poiret. ♄ Des côtes de Barbarie.

10. Le THYM d'Espagne.

Thymus hispanicus. Poiret. ♄ D'Espagne.

11. Le THYM lancéolé.

Thymus lanceolatus. Desf. ♄ Des côtes de Barbarie.

12. Le THYM des champs, vulg. *petit basilic sauvage.*

Thymus acinos. Linn. ♄ Indigène.

13. Le THYM des Alpes.

Thymus alpinus. Linn. ♄ Des Alpes.

14. Le THYM hétérophylle.

Thymus heterophyllus. Poiret. ♄ Des Alpes.

15. Le THYM de Padoue.

Thymus patavinus. Jacq. ♄ Du midi de l'Europe.

16. Le THYM poivré.

Thymus piperella. Linn. ♄ Du midi de l'Europe.

17. Le THYM mastichine.

Thymus mastichine. Linn. ♄ Du midi de l'Europe.

18. Le THYM à tiges filiformes.

Thymus filiformis. Ait. ♄ Des îles Baléares.

19 Le THYM de Teneriffe.

Thymus Teneriffæ. Poiret. ♄ De l'île de Téneriffe.

20. Le THYM hérissé.

Thymus hirsutissimus. Poiret. ♄ Du Levant.

21. Le THYM à grosse tête.

Thymus cephalotus. Linn. ♄ Du midi de l'Espagne.

22. Le THYM strié.

Thymus striatus. Willd. ♄ Du midi de l'Italie.

23. Le THYM velu.

Thymus villosus. Linn. ♄ Du midi de l'Espagne.

24. Le THYM faux-origan.

Thymus tragoriganus. Linn. ♄ De l'île de Crète.

25. Le THYM de Caroline.

Thymus carolinianus. Mich. ♄ De l'Amérique septentrionale.

26. Le THYM aciculaire.

Thymus acicularis. Wald. ♄ De Croatie.

27. Le THYM de Croatie.

Thymus croaticus. Perf. ♄ De Croatie.

28. Le THYM de Richard.

Thymus Richardii. Perf. ♄ Des Antilles.

29. Le THYM de Corse.

Thymus corsicus. Perf. ♄ De Corse.

30. Le THYM à petites fleurs.

Thymus micranthus. Brot. ♄ De Portugal.

31. Le THYM à fleurs nombreuses.

Thymus multiflorus. Perf. ♄ De.....

32. Le THYM coloré.

Thymus purpurascens. Perf. ♄ D'Espagne.

33. Le THYM à feuilles rondes.

Thymus rotundifolius. Perf. ♄ D'Espagne.

34. Le THYM herbe-baronne.

Thymus herbabaronna. Loysf. ♄ De Corse.

35. Le THYM nummulaire.

Thymus nummularius. Marsch. ♄ Du Caucase.

36. Le THYM à odeur forte.

Thymus graveolens. Marsch. ♄ De Tauride.

37. Le THYM moscatelle.

Thymus moscatella. Poil. ♃ De.....

38. Le THYM blanchâtre.

Thymus albicans. Poiret. ♄ Du Portugal.

39. Le THYM à petites têtes.

Thymus capitellatus. Poiret. ♄ Du Portugal.

40. Le THYM à grandes fleurs.

Thymus grandiflorus. Ait. ♂ De la Caroline.

41. Le THYM lancéolé.

Thymus lanceolatus. Willd. ♃ De l'Amérique septentrionale.

42. Le THYM à feuilles de marjolaine.

Thymus marjoranæfolius. Poiret. ♄ De.....

43. Le THYM poilu.

Thymus hirsutus. Willd. ♄ D'Espagne.

44. Le THYM à feuilles d'eruca.

Thymus erucæfolius. Willd. ♄ D'Espagne.

45. Le THYM à odeur de térébinthe.

Thymus terebenthinaceus. Willd. ♄ De l'île de Téneriffe.

46. Le THYM à feuilles luisantes.

Thymus lucidus. Willd. ♄ De.....

47. Le THYM fruticuleux.

Thymus fruticulosus. Berto. ♄ D'Italie.

48. Le THYM à odeur agréable.

Thymus suaveolens. Smith. ♄ De Grèce.

49. Le THYM à tiges grêles.

Thymus exiguus. Smith. ♄ De Grèce.

50. Le THYM à odeur forte.

Thymus graveolens. Smith. ♄ De Grèce.

51. Le THYM blanchâtre.

Thymus incanus. Smith. ♄ De Grèce.

52. Le THYM de Virginie.

Brachistemum virginianum. Mich. ♄ De l'Amérique septentrionale.

Culture.

La petitesse des espèces de ce genre s'oppose à ce qu'on les cultive dans nos jardins paysagers, que leur verdure permanente & leur bonne odeur embelliroient beaucoup. C'est donc uniquement dans les écoles de botanique & dans les grandes collections qu'il faut les aller étudier, à l'exception de la première, qui croît dans tous les terrains secs & exposés au midi, & de la cinquième, qui se cultive dans nos potagers, pour les sommités fleuries, lesquelles entrent dans les assaisonnemens de plusieurs mets.

Le *thym* serpolet forme, par ses tiges grêles & rampantes, par ses feuilles & ses fleurs petites & odorantes, de charmans gazons, sur lesquels on aime se reposer; mais il est l'indice du plus mauvais sol, & les cultivateurs ne le voient jamais avec plaisir sur leurs fonds. Les moutons, les lapins & les lièvres en mangent quelquefois les jeunes pousses, mais jamais, d'après mes observations, ils ne s'en nourrissent habituellement. Ainsi, ce n'est pas à lui que ceux de ces animaux qui vivent sur les montagnes qui en sont couvertes doivent la supériorité reconnue de leur chair, mais aux graminées & autres plantes qui croissent à côté de lui, ainsi qu'au bon air. Les abeilles font d'abondantes récoltes d'un excellent miel sur ses fleurs.

Comme, dès que le serpolet se montre dans un lieu où il n'y en avoit pas, il s'en empare pendant quelques années, c'est-à-dire, jusqu'à ce qu'il ait épuisé le sol de ses principes fertilisans, il seroit bon de le détruire par une culture de seigle ou de sarrasin, au moins de deux ans.

Le même motif doit le faire redouter dans les gazons des jardins paysagers, dont il fait disparoître d'ailleurs la verdure, qui en fait le principal mérite.

Pusieurs fois je l'ai vu semer en bordures dans ces mêmes jardins & s'y faire remarquer, mais ces bordures sont difficiles à régler & ne subsistent pas long-temps.

On cultive plusieurs variétés de *serpolet*, dont celle à fleurs pourpres, celle à fleurs blanches & celle à feuilles panachées sont les plus recherchées.

Le *thym* commun se cultive aussi en bordures, qui s'élèvent de huit à dix pouces & qui ne tracent pas. Il offre également des variétés à feuilles panachées, mais qu'on recherche peu, à raison de ce qu'elles sont moins odorantes & plus sensibles au froid.

On multiplie ces deux espèces de *thym* par le semis de leurs graines, par marcottes, par boutures & par déchirement des vieux pieds. Ce dernier moyen est le plus usité & ne manque jamais.

Le *thym* des champs est quelquefois excessivement commun dans les champs en jachère. Les bestiaux n'y touchent pas, de sorte qu'il n'est utile qu'aux abeilles.

Toutes les autres espèces se multiplient de même. On en doit tenir quelques pieds en pot, pour les rentrer dans l'orangerie aux approches des gelées, car toutes les craignent plus ou moins.

Toutes craignent également l'humidité & l'ombre; ainsi, il faut leur ménager les arrosemens, même pendant l'été, & ne les semer que dans les lieux frappés du soleil.

TILIACÉES. Famille de plantes qui a été établie sur le genre tilleul, & qui, en outre, contient ceux qui ont été nommés VALTHERIE, HERMANNE, MAHERNE, ANTICHORE, CORETTE, HELIOCARPE, LAPPULIER, SPARMANNE, QUAPALIER, SLOANE, APEIBA, CALABURE, HIMBOT, RAMONTCHI, STUARTIE, GREUVIER, LAET, ROUCOYER & BANARE.

Cette famille, selon quelques botanistes, doit être subdivisée.

TILLEUL. *Tilia*. Genre de plantes de la polyandrie monogynie & de la famille des tiliacées, dans lequel se réunissent sept espèces, dont trois se trouvent dans nos bois & toutes se cultivent dans nos jardins. Il est figuré planche 467 des *Illustrations des Genres* de Lamarck.

Espèces.

1. Le TILLEUL des bois, vulg. *tillau*.
Tilia mycrophylla. Vent. ♄ Indigène.

2. Le TILLEUL de Hollande.
Tilia platyphyllos. Vent. ♄ Indigène.

3. Le TILLEUL de Corinthe.
Tilia coralina. Ait. ♄ Indigène.

4. Le tilleul argenté.
Tilia rotundifolia. Vent. ♄ De Hongrie.

5. Le TILLEUL d'Amérique.
Tilia glabra. Vent. ♄ De l'Amérique septentrionale.

6. Le TILLEUL pubescent.
Tilia pubescens. Vent. ♄ De l'Amérique septentrionale.

7. Le TILLEUL de la Louisiane.
Tilia mississipensis. Bosc. ♄ De la Nouvelle-Orléans.

Culture.

Les espèces de ce genre qui sont continuellement sous nos yeux, puisque nous les cultivons toutes, semblent devoir être bien connues, & cependant leur synonymie est extrêmement embrouillée. Ventenat, qui en a fait la monographie dans ces derniers temps, faute de les avoir étudiées dans les pépinières, est loin de l'avoir éclaircie, & la vicieuse nomenclature qu'il a adoptée ne peut qu'embarrasser encore plus les commençans. Toutes celles ci-dessus désignées ont été cultivées sous ma surveillance dans les pépinières de Versailles, où j'ai vu leurs fruits. Les seconde & troisième, si communes dans nos jardins, & confondues entr'elles & avec la première, n'avoient pas été observées dans nos forêts. Je les ai rapportées toutes deux de celles de la Haute-Marne, des Vosges, du Jura, &c., où elles sont très-communes & très-bien distinguées par les bûcherons. J'ai également trouvé, en Caroline, les trois espèces propres à l'Amérique, & qui sont certainement distinctes.

Le *tilleul* des bois n'est pas la plus belle des espèces, parce que ses feuilles sont plus petites que celles des autres, mais la couleur glauque de leur surface inférieure lui donne l'avantage lorsqu'il fait du vent. Il est très-commun dans certains bois à sol sablonneux & frais. C'est avec son écorce qu'on fabrique ces *cordes à puits*, qui sont d'un si grand emploi dans les campagnes à raison de leur bas prix. On fait aussi des liens pour les gerbes de blé avec cette même écorce, qui peuvent servir pendant plusieurs années. Rien ne s'oppose à ce qu'on utilise encore cette écorce pour faire du papier d'emballage.

Cette espèce vit plusieurs siècles & parvient, avec le temps, à une grosseur énorme. On en voit qui ont été plantés, par suite d'une ordonnance de Henri IV, à la porte des églises, dont le tronc a quarante à cinquante pieds de tour, & dont la vaste tête suffit pour abriter une population entière. Son bois, blanc & tendre, est bon pour la sculpture, passable pour le tour, pour la saboterie, mais ne vaut rien pour la menuiserie, parce qu'il se mâche sous le rabot & qu'il est sujet à se voiler. Le feu qu'il donne n'est ni durable ni chaud. Les vers ou larves des vrillettes & des lyctes le recherchent peu. Il pèse sec 48 livres 2 onces 1 gros par pied cube, & se retrait d'un peu moins du quart. Son charbon n'est propre qu'à entrer dans la composition de la poudre à canon.

D'après cela, il n'est nulle part avantageux de laisser les *tilleuls* devenir grands dans les bois, ceux isolés dans les jardins, les promenades, &c., suffisant aux besoins des arts; mais il est des lieux où on tire un grand parti des taillis qui en sont composés, en les coupant, au moment où ils entrent en séve, à douze ou quinze ans, plus tôt ou plus tard, selon que le terrain est ou non fertile, pour les écorcer & faire avec cette écorce les cordes dont j'ai parlé plus haut, & qui sont l'objet d'un commerce de quelqu'importance. Les perches de ces taillis ont alors quinze à vingt pieds de hauteur, & peuvent, après leur écorcement, être employées entières pour garnir les houblonnières, pour enclore les prairies, &, refendues, pour faire des échalas, &c. L'écorce, conservée dans toute sa longueur, est d'abord mise en bottes, pour qu'elle se sèche & que son épiderme s'en sépare. Lorsqu'on veut la filer, on la met tremper pendant vingt-quatre heures dans l'eau. Jadis on fabriquoit aussi des nattes, des chaussures, &c., avec cette même écorce, mais les progrès du luxe y ont fait renoncer.

Dans quelques lieux, on donne les feuilles du *tilleul* des bois aux bestiaux, quoique le refus qu'en font quelques-uns semble annoncer qu'elles leur conviennent peu. Linnæus observe que le lait des vaches qui en sont nourries a un goût désagréable.

Les abeilles trouvent une abondante récolte de miel, que j'ai reconnu être de mauvaise qualité, sur les fleurs des *tilleuls* des bois. On fait fréquemment usage de ces fleurs en infusion, dans les maladies nerveuses, & pour ranimer les forces vitales; aussi sont-elles l'objet d'un petit commerce autour des grandes villes. Ses fruits contiennent une amande fort huileuse, dont on ne peut tirer parti, par la difficulté & la dépense de son extraction. Missa les avoit indiquées pour suppléer au cacao dans la fabrication du chocolat.

La sève de ce *tilleul*, retirée par incision, est dans le cas de fournir, par sa fermentation, une liqueur vineuse agréable.

Les *tilleuls* de Hollande & de Corinthe sont presque toujours confondus, quoique toutes leurs parties, comparées, soient réellement différentes, surtout les pousses de l'année précédente, qui, dans le premier sont vertes, & dans le second sont rouges, surtout leurs fruits, qui sont anguleux dans le premier & sans angles dans le second. Ce sont ceux qu'on cultive le plus fréquemment dans les jardins. Ils s'élèvent moins que celui des bois, mais leur tête est plus vaste, leurs feuilles plus grandes & d'un vert plus ami de l'œil. On en fait des avenues, des allées; des palissades, des boules, qu'on peut tailler sans inconvénient à toutes les époques de l'année. Leur principal inconvénient, c'est de perdre leurs feuilles de bonne heure, dans les terrains secs & chauds, qui leur sont moins favorables que les terrains humides & ombragés.

Il est assez fréquent que les *tilleuls*, plantés dans les allées sablées des jardins, s'ulcèrent à leur pied & dans une partie de la hauteur de leur tronc, du côté du sud-ouest. J'ai reconnu que c'est par suite de coups de soleil, reverbérés par le sable, à la suite des pluies, que cet effet a lieu. Une planche, un arbuste grimpant, s'opposeroient avec moins d'inconvéniens à cet effet que la paille employée en corde ou en petites bottes, dont on fait souvent usage.

Nos pères plantoient bien plus de *tilleuls* que nous dans leurs jardins; en conséquence, ceux dont il est ici question ont perdu une partie de leur importance; cependant, ils sont encore, après l'orme, l'article le plus étendu des produits des pépinières d'arbres d'agrément, beaucoup de personnes n'ayant pas encore repoussé les jardins français de leurs propriétés.

La distance à laquelle il convient de planter les *tilleuls* destinés à faire des avenues ou des allées, dépend de la nature du sol & du but qu'on se propose. Ainsi, ils seront plus rapprochés dans les mauvais terrains, & lorsqu'on se proposera de les assujettir à une taille rigoureuse. Dans ce dernier cas, on a une latitude excessive, par exemple, de dix-huit pieds à cinquante. J'ai vu, en effet, de ces arbres taillés en boule, qui, à cinquante ans, n'offroient pas un diamètre de plus de six pieds, & d'autres, abandonnés à eux-mêmes, présenter trente pieds de longueur de branches de chaque côté. *Voyez* FEUILLES & TAILLE.

La manière la moins contraire à la raison de diriger la tête des *tilleuls* plantés en allées, c'est de les tailler, au croissant, en dedans & en dehors de l'allée, en coupant leur tête à une hauteur convenue & proportionnée à la nature du sol, & de laisser leurs branches croître librement dans leurs intervalles. On appelle cette disposition *palissade sur tige*, pour la distinguer de celle où les branches partent du collet des racines. *Voyez* ce mot & celui CHARMILLE.

Fréquemment on force les branches de la tête des *tilleuls*, par une taille annuelle, à se porter exclusivement sur l'intérieur de l'allée, & par suite à former un berceau; mais ce berceau ne tarde pas à n'offrir que des branches mortes, d'un effet désagréable à la vue, ce à quoi on cherche à remédier par un RAPPROCHEMENT tous les trois à quatre ans. (*Voy.* ce mot.) Mais il en résulte une multitude de petits têtards au-dessus les uns des autres, d'un aspect extrêmement désagréable pour les promeneurs. Je propose, en conséquence, de renoncer aux berceaux de *tilleuls*, toujours malsains par l'excès de leur humidité, & de les remplacer par des allées de têtards, dont les plus fortes branches seront coupées tous les ans. Il en résultera qu'il y aura en même temps de l'ombre & de la sécheresse, & nul aspect désagréable. Plusieurs propriétaires, auxquels j'ai conseillé cette pratique, s'en sont si bien trouvés, qu'ils la citent pour exemple à leurs voisins.

Les jardins paysagers emploient en petite quantité ces deux *tilleuls*, soit en tiges, soit en buissons, au milieu des gazons, aux troisième ou quatrième rangs des massifs. Là, on doit les laisser se développer librement, car, à mon avis, ils sont plus beaux dans l'état de nature que gênés par la serpette où le croissant.

Le *tilleul* argenté est une nouvelle acquisition pour nos jardins. Olivier en a vu de grandes plantations aux environs de Constantinople, où il croît naturellement.

Quoique très-remarquable quand on le regarde de près, il ne produit pas de loin des effets aussi brillans qu'on le peut croire, ce qui tient sans doute à ce que sa tête étant touffue, elle *masse* trop, pour me servir de l'expression technique. D'ailleurs, il donne peu de fleurs en comparaison des autres.

Le *tilleul* d'Amérique est une des plus belles espèces, par la raison contraire, ses feuilles étant très-larges & rares, ses branches fort élancées, & ses fleurs, en apparence doubles, très-nombreuses. On le voit dans nos jardins depuis le commencement du dernier siècle, mais il n'y est pas aussi multiplié que les avantages dont il est pourvu semblent le faire desirer.

Le *tilleul* pubescent ne diffère pas assez, au premier coup d'œil, du *tilleul* de Hollande, pour mériter d'être cultivé de préférence; aussi ne se voit-il que dans les écoles de botanique & dans les collections des amateurs.

J'ai conservé avec soin les mères de cette espèce, que j'avois trouvée dans les pépinières confiées à ma surveillance; mais je ne saurois dire où se trouvent les nombreux produits qu'elles m'avoient donnés, parce qu'ils ont été livrés mêlés.

Le *tilleul* de la Louisiane est à ce dernier positivement ce que le *tilleul* de Corinthe est au *tilleul* de Hollande. Je l'ai autant multiplié qu'il m'a été possible, mais je ne pourrois pas dire dans quel jardin on en pourroit trouver un pied. C'est fâcheux, car il est très-beau.

La multiplication des *tilleuls* s'effectue dans les pépinières par graines, par rejetons, par marcottes, par boutures & par greffe.

Excepté le *tilleul* argenté, tous donnent immensément de graines, mais il est rare que le dixième de celles des deux qu'on cultive le plus, c'est-à-dire, de ceux de Hollande & de Corinthe, soit fertile, & le plant que doivent donner ces dernières se fait quelquefois attendre deux ans; c'est pourquoi le moyen des semis, qui donne les meilleurs arbres, n'est nulle part usité, & j'ai été moi-même obligé d'y renoncer après l'avoir essayé pendant plusieurs années très en grand, car il me falloit, dans les pépinières de Versailles, deux ou trois mille pieds de ces arbres, tous les ans, pour satisfaire aux besoins.

Les graines de *tilleul* doivent être mises en terre dès qu'elles sont cueillies, c'est-à-dire, avant l'hiver, soit dans la planche du semis, où elles sont exposées à être mangées par les mulots, soit dans une fosse de deux pieds de profondeur, si on veut qu'elles lèvent au printemps suivant. J'en ai vu ne germer qu'à la cinquième année du semis. Le plant se relève deux ans après, pour être planté à deux pieds en tout sens, être récépé, mis sur un brin, taillé en crochet, arrêté à six pieds; enfin, pour subir toutes les opérations des pépinières propres à accélérer sa croissance & lui donner une belle tige. *Voyez* GRAINE, SEMIS, GERMOIR.

Les rejetons sont fréquens sur le collet des racines des *tilleuls*: les enlever tous les hivers est même un soin que j'ai oublié de rappeler, mais ils sont rares sur les racines mêmes, & on ne peut compter sur eux pour une multiplication de quelqu'étendue. Les boutures réussissent difficilement lorsqu'on les fait en pleine terre. On est rarement dans le cas de faire usage des greffes, toutes les espèces connues étant dans nos pépinières. Reste donc l'emploi des marcottes pour opérer en grand, & c'est celui auquel on se tient.

Faire des marcottes avec les branches d'arbres qui s'élèvent à soixante pieds de haut, & qui prennent plusieurs pieds de diamètre, n'est pas chose facile sans une grande dépense d'échaffaudages, de cornets, &c. Il a donc fallu les tenir très-bas par une coupe annuelle ou bisannuelle, en faire, enfin, ce qu'on appelle des MÈRES. *Voyez* ce mot & celui MARCOTTE.

Toutes les pépinières ont donc des mères de chacune des espèces de *tilleuls* plantées dans leur partie la plus fraîche & la plus fertile. Leur nombre est proportionné à leur étendue. Il y en avoit une centaine de mon temps dans celles de Versailles, dont les deux tiers appartenoient aux espèces les plus employées dans les jardins, celles des n°s. 2 & 3. Chaque hiver on enlevoit les marcottes enracinées & on couchoit les pousses de l'année précédente. *Voyez* PÉPINIÈRE.

Les marcottes des *tilleuls* sont plantées en lignes à deux pieds de distance, récépées pendant l'hiver suivant, mises sur un brin six mois après, puis taillées en crochet & arrêtées à six pieds de hauteur, à leur troisième année. On peut les lever pour les mettre en place dès la quatrième, mais généralement on veut que les pieds soient arrivés à la grosseur du bras, & en conséquence on les laisse cinq, six, sept & même huit ans dans la pépinière ; leur transplantation pouvant s'effectuer à un âge fort avancé, à cinquante ans, par exemple.

Pour que la transplantation des jeunes *tilleuls* réussisse mieux, il ne faut pas leur couper la tête entière, comme on le fait si généralement, mais seulement couper les grosses branches à quelque distance du tronc & laisser les petites, les boutons qui se trouvent sur ces dernières attirant la séve & assurant bien plutôt la reprise de l'arbre. J'ai vu des *tilleuls* pour lesquels on n'avoit pas pris cette précaution, rester deux ans sans pousser, par la difficulté que les boutons adventifs de leur tronc trouvoient à percer l'écorce épaisse & desséchée de ce tronc.

On ne peut faire trop tôt les trous dans lesquels on se propose de planter les *tilleuls*, par l'utilité qu'il y a que la terre s'approprie les principes de l'air. *Voyez* PLANTATION, AVENUE, ALLÉE.

TILLIACÉES. *Voyez* TILIACÉES.

TITHYMALOÏDES. *Voyez* EUPHORBIACÉES.

TOLLE. Synonyme de SARMENT dans le Jura. *Voyez* VIGNE.

TRAITS DES CHEVAUX. Lanières de cuir, ou cordes, ou chaînes attachées d'un côté au COLLIER des chevaux, & de l'autre à une des parties de l'avant-train d'une CHARRETTE, d'un CHAR, d'un TOMBEREAU, &c., & qui servent à faire suivre à ces derniers le cheval ou les chevaux qui marchent devant. *Voyez* VOITURE & ATTELAGE.

TRAMOIS. Mélange de vesce, de gesse, de pois gris, de seigle, de froment, d'avoine, de féves de marais, &c., semés pour fourrages. *Voyez* PRAIRIE TEMPORAIRE.

TRAVAIL. L'homme se distingue de la brute principalement par le *travail* ; sans lui, les sociétés agricoles ne peuvent subsister. La richesse & la force des nations sont d'autant plus grandes, que ces nations sont plus actives. Il éloigne des habitudes vicieuses & du crime.

Un *travail* forcé à tout âge, & surtout dans l'enfance, nuit certainement aux facultés physiques & morales de l'homme, & encore plus de la femme ; mais un *travail* modéré assure, en tous pays, la santé & le bonheur.

Les gouvernemens qui, influencés par les prêtres, multiplient les jours de fêtes au-delà du besoin du repos, nuisent donc autant à la fortune publique qu'à l'aisance particulière.

Les pères, riches ou pauvres, qui n'inspirent pas le goût du *travail* à leurs enfans, agissent donc en même temps contre les intérêts de ces derniers & contre ceux de la société en général.

Malheureusement, ceux qui ont le plus besoin de travailler & de faire travailler leurs enfans pour vivre, sont ceux qui mettent le moins d'importance à la perte du temps. Combien de fois j'ai gémi de voir le cultivateur pauvre passer la journée au cabaret, sa femme bavarder dans la rue, les bras croisés, avec ses voisines, ses enfans jouer sur la place, ou dormir au soleil !

L'expérience prouve que l'instruction excite le goût des jouissances & rend plus faciles les moyens de se les procurer par le *travail*. C'est donc de l'instruction qu'il faut donner aux habitans pauvres des villes & des campagnes. J'ai cru, au commencement de la révolution, que des institutions fortes alloient améliorer l'éducation du peuple, & mon attente a été trompée. J'ai cru, lorsque l'instruction mutuelle a été introduite en France, qu'elle alloit enfin régénérer les basses classes de la société ; mais des obstacles que je n'oserois caractériser, tant leurs motifs sont coupables à mes yeux, ont été apportés à la multiplication des écoles.

Dans les pays de grande culture, le *travail* de la terre s'exécute par des ouvriers à gage, & est surveillé par le propriétaire ou le fermier, l'un & l'autre plus ou moins instruits.

Dans les pays de petite culture, ce sont le plus souvent les propriétaires qui font ce *travail*, & il est rare qu'ils sachent même lire ; aussi ne mettent-ils aucune intelligence dans ce qu'ils font ; aussi ne savent-ils calculer ni l'emploi de leur temps, ni les résultats de leur *travail*. Presque partout ils sont plus pauvres à la fin de l'année qu'au commencement. Avoir du pain & être couvert, semble être leur seule ambition. L'avenir est nul pour reux. On les entend souvent dire : nos enfans feront comme nous.

L'influence des institutions & des mœurs sur le *travail* de l'agriculture se fait souvent remarquer dans les campagnes. Le territoire de tel village est bien cultivé ; & ceux de tous les villages voisins le sont mal. En Suisse, les cantons protestans sont riches, & les cantons catholiques sont pauvres. A quoi l'Angleterre & l'Amérique septentrionale doivent-elles leur fortune actuelle ? Au *travail*.

TRIPLARIS. *Triplaris*. Genre de plantes établi par Corréa de Serra, pour placer un arbuste qui avoit été confondu avec le *limonellier trifolié*. Poiteau l'a figuré dans son bel ouvrage qui traite des orangers. Il faut le distinguer du *triplaris* de Lamarck.

TRIPOUX. Terrains communaux des Vosges, qui sont divisés tous les huit à dix ans, & donnés aux habitans pour les cultiver pendant le même espace de temps. Ce mode de jouissance devroit être proscrit par la loi, comme nuisant au perfectionnement de la culture.

TROCHET. Assemblage irrégulier de fruits partant d'un même point de l'arbre.

TROÈNE. *Ligustrum*. Genre de plantes de la diandrie monogynie & de la famille des jasminées, qui n'est composé que de cinq espèces, toutes aujourd'hui cultivées dans nos jardins.

Espèces.

1. Le TROÈNE vulgaire.
Ligustrum vulgare. Linn. ♄ Indigène.
2. Le TROÈNE d'Italie.
Ligustrum italicum. Miller. ♄ D'Italie.
3. Le TROÈNE du Japon.
Ligustrum japonicum. Thunb. ♄ Du Japon.
4. Le TROÈNE de la Chine.
Ligustrum chinense. Lour. ♄ De la Chine.
5. Le TROÈNE à feuilles luisantes.
Ligustrum lucidum. Ait. ♄ De la Chine.

Culture.

Le *troène* vulgaire est excessivement abondant dans nos bois, dans nos buissons, dans nos haies. Sa hauteur surpasse rarement dix à douze pieds, & sa grosseur deux à trois pouces de diamètre. Ses fleurs, légèrement odorantes, blanches & disposées en grappes droites à l'extrémité des rameaux, le rendent fort agréable au commencement de l'été, époque de sa floraison. Ses feuilles, qui se conservent bien avant dans l'hiver, & ses jeunes pousses, sont fort du goût des vaches & des moutons ; aussi le plante-t-on fréquemment dans les jardins paysagers ; en compose-t-on des palissades dans ceux dits français. Ses rameaux servent à faire des liens, des corbeilles ; son bois s'emploie à de petits ouvrages de tour & à brûler. Frais, il exhale, lorsqu'on le travaille, ainsi que les feuilles & l'écorce, une odeur désagréable, qui disparoît par la dessiccation. On retire de ses baies une couleur rouge propre à augmenter sans danger celle du vin.

Les pays qui manquent de bois peuvent trouver dans le *troène* un moyen, d'abord de suppléer à leur disette, ensuite d'en favoriser les semis. En effet, il s'accommode de tous les terrains & de toutes les expositions ; il se multiplie avec la plus grande facilité par graines, par marcottes, par racines, par boutures. Qui empêche les cultivateurs de ces pays d'en faire venir de la graine & de la semer, pendant l'hiver, sur un coup de charrue ? Qui les empêche d'en faire venir des pieds, & de les planter à cinq ou six toises les uns des autres pour en marcotter les pousses dès l'année suivante ? Par ces moyens, on aura un fourré qu'on pourra couper, pour en obtenir des fagots tous les quatre à cinq ans, & dans lequel on sèmera des glands, des faînes, des noyaux de merises, des graines de pin, de sapin, &c., graines qui leveront à l'abri de son ombre, & qui finiront par garnir le terrain des espèces d'arbres qui les ont fournies.

Les haies où le *troène* est abandonné à lui-même sont d'une foible défense ; mais lorsqu'on greffe, par approche, les rameaux d'un pied, avec ceux d'un autre, on en obtient qui sont impénétrables aux animaux, & aux hommes qui ne sont pas armés d'une serpe. Il est extrêmement propre à fermer les trouées de celles d'épines, parce qu'il croît fort bien entre les racines de ces épines.

Dans les jardins paysagers, dans lesquels il se place quelquefois en trop grande abondance, le *troène* doit être abandonné à lui-même ; car le tailler en boule, en palissade, &c., ne sert qu'à nuire à sa beauté, puisque ces dispositions l'empêchent de fleurir. Il en occupe toutes les parties avec avantage.

Les variétés de *troène à fruits blancs*, *à feuilles ternées*, *à feuilles panachées de jaune & de blanc*, sont, à mon avis, de peu d'agrément.

On greffe avec succès les diverses variétés de lilas, surtout le lilas varin, sur le *troène*.

Le *troène* d'Italie a toutes ses parties deux fois plus grandes que celles dont il vient d'être question ; mais du reste, tout ce que j'ai dit lui est applicable.

On peut en dire autant des trois autres espèces, encore rares dans nos collections, & qu'on y conserve & multiplie en serre tempérée. Il n'est pas de doute, pour moi, que bientôt elles seront plantées dans nos jardins paysagers, sans abris contre la gelée.

TUILE. Plaques d'argile peu épaisses, fortement cuites, de diverses formes, qui servent à recouvrir les maisons & empêcher la pluie d'y pénétrer. *Voyez* CONSTRUCTIONS RURALES.

Les objets qui entrent en concurrence avec les *tuiles*,

tuiles, pour recouvrir les maisons des cultivateurs, sont les LAVES CALCAIRES, les ESSENTES, le CHAUME, &, dans le voisinage des carrières d'ARDOISE, la pierre de ce nom.

Les formes les plus communes des *tuiles* sont la parallélogrammique & plate, d'environ dix pouces de long sur six de large, appelées *tuiles plates*, & la courbée dans la longueur, appelées *tuiles creuses*.

La qualité de l'argile influe beaucoup sur celle des *tuiles*; il faut donc savoir de quelle fabrique proviennent celles dont on veut faire usage. Il est des argiles qui contiennent beaucoup de petites pierres calcaires, lesquelles se transforment en chaux par la cuisson, & font déliter les *tuiles* un ou deux ans après qu'elles sont employées. On prévient ce grave inconvénient en les trempant dans l'eau froide, au sortir du four, c'est-à-dire, avant qu'elles soient refroidies.

Plus les *tuiles* sont fortement cuites, & plus elles durent long-temps. On reconnoît leur bonté au son clair qu'elles rendent lorsqu'on les frappe avec un morceau de fer.

Lorsqu'on lie les *tuiles*, placées sur le toit, les unes avec les autres, au moyen de la chaux ou du plâtre, on leur assure une durée plus que double.

Le CIMENT se fait en pilant les débris des vieilles *tuiles*.

Pour économiser les frais de réparations, un cultivateur prudent a toujours des *tuiles* en réserve, pour remplacer, à mesure du besoin, celles qui se détachent.

Les *tuiles*, soit plates, soit creuses, servent encore à faire des conduites d'eau fort économiques.

TULIPIER. *Liriodendron*. Grand arbre de l'Amérique septentrionale, du plus superbe feuillage, dont les fleurs se font remarquer, non par leur couleur & leur odeur, mais par leur belle forme & leur abondance.

Culture.

Les premières graines de *tulipier* qui aient été semées en France, furent apportées en 1732 par l'amiral de la Galissonière, & un des trois pieds qu'elles ont fournis, existe encore, à Versailles, dans un jardin près de la grille du Dragon, qui a appartenu à M. de Cubières. Les voyages de Michaux dans l'Amérique septentrionale nous en ont valu des tonneaux qui, ainsi que celles produites par les arbres qui ont été plantés les premiers, dans les jardins de la même ville, semées dans ses pépinières, ont permis d'en distribuer des milliers de plants, de sorte qu'il est peu de jardins de quelqu'importance en France, où il ne s'en trouve pas quelques pieds.

La forme & la couleur des feuilles du *tulipier*, la grande étendue de l'ombre qu'elles donnent, le rendent très-propre à orner les jardins. La disposition & la grandeur de ses fleurs augmenteroient beaucoup sa beauté, si ces dernières étoient plus colorées, c'est-à-dire, contrastoient davantage avec les feuilles.

Les plus fortes gelées du climat de Paris ne nuisent point au *tulipier* adulte, mais son plant a besoin d'en être garanti par des COUVERTURES. *Voyez* ce mot.

Un sol argileux, profond & frais, est celui où prospère le mieux le *tulipier*. Il pousse foiblement & ne vit pas long-temps dans ceux qui sont sablonneux & secs. C'est principalement sur le bord des rivières qu'il se plaît, ainsi que j'ai eu occasion de l'observer dans son pays natal, où il parvient à 18 pieds de tour; Catesby dit même de 30, mais aujourd'hui on n'en trouve plus guère de cette grosseur, du moins en Caroline. Son bois est blanc, veiné de fauve. On en fait peu de cas, parce qu'il est trop tendre & pourrit facilement. Il pèse, vert, environ 34 livres par pied cube. Son écorce, & surtout celle de ses racines, est odorante, & entre dans la composition des liqueurs de la Martinique. J'en ai fait fabriquer, à Versailles, qui pouvoient être mises au nombre des meilleures qu'il fût possible de boire.

La multiplication du *tulipier* ne peut s'effectuer que par graines, qu'on sème ordinairement au printemps, dans une planche recouverte de terre de bruyère, à l'exposition du nord; mais j'ai acquis la preuve, par une expérience de quinze années, qu'il falloit la placer au midi, la recouvrir d'une claie, & abriter le plant de l'ardeur du soleil. Cette graine lève en moindre partie la même année, & en majeure partie la suivante, quelquefois même la troisième. Elle demande à être arrosée fréquemmment pendant les chaleurs.

Le plant peut être relevé dès l'hiver qui suit son semis, mais il vaut mieux, lorsqu'il n'est pas trop épais, le laisser deux ans dans sa planche. Il se repique d'abord à un pied de distance, dans une autre partie de la pépinière, puis, deux ans après, on le relève de nouveau pour le placer autre part à deux pieds. Par ce double repiquage, on augmente la vigueur de sa végétation & on assure sa reprise lors de sa transplantation définitive, à 6, 7 & 8 ans, laquelle ne réussit pas toujours lorsqu'elle s'exécute sur un pied de six ans, à la suite d'un seul repiquage. *Voy.* REPIQUAGE & TRANSPLANTATION.

Il est plus nuisible qu'utile de faire sentir le tranchant de la serpette aux branches des *tulipiers*, pendant leur séjour dans la pépinière. A peine peut-on se permettre de pincer l'extrémité des bourgeons qui rivalisent avec la flèche, ou qui s'alongent trop au-delà des autres. Ce n'est que pendant l'été qui précède leur enlèvement, qu'on doit les élaguer, mais modérément, car leurs plaies se recouvrent très-difficilement. Un pied qui a perdu sa flèche en fait fort rarement une autre, & n'est plus bon qu'à mettre au feu, puisqu'il ne pourra plus s'élever.

Les dispositions en avenue, en allée, en salle de verdure, groupé, isolé, conviennent toutes au tulipier, lorsque le terrain est frais & profond. La distance qu'il faut lui donner dans les trois premiers cas, est de 20 à 30 pieds. A mon avis, c'est isolé qu'il produit les meilleurs effets. Sa transplantation s'effectue pendant tout l'hiver, dans de vastes trous faits six mois à l'avance, & on arrose fortement pendant le printemps suivant. On pourra, l'année suivante, supprimer une ou deux de ses branches inférieures, & ainsi successivement chaque année, jusqu'à ce que sa tige soit arrivée à la hauteur voulue.

Les fleurs du *tulipier* s'épanouissent au milieu de l'été, & ses cônes de fruits mûrissent à la fin de l'automne. Il est assez fréquent que les pluies de cette saison nuisent à leur maturité, & qu'elles soient par suite frappées par les gelées. Cette dernière circonstance doit être prévue par leur récolte avant leur maturité, laquelle se perfectionnera, jusqu'à un certain point, dans le grenier. Il est rare en général, en France, qu'un cône qui contient cent graines, en présente dix à douze de bonnes; ainsi il faut semer plus épais celles récoltées soi-même, que celles venant d'Amérique.

Il y a une variété de *tulipier* dont les fleurs sont toutes jaunes; elle se trouve dans plusieurs jardins, aux environs de Paris.

Dans les climats plus froids que celui de Paris, il est prudent de tenir le plant de *tulipier* en pot, pendant trois ou quatre ans, pour pouvoir le rentrer dans l'orangerie pendant l'hiver.

TULIPIFÈRES. Famille de plantes qui a pour type le genre TULIPIER, & qui réunit en outre les genres DRYANDRE, DRYMIS, BADIANE & MAGNOLIER. *Voyez* ces mots.

TUYAU DE CHALEUR. Conduite en brique, en tôle, en fonte, qui fait passer la chaleur d'un FOURNEAU, autour d'une SERRE, d'une BACHE, d'une ORANGERIE. *Voyez* ces mots.

La FUMÉE étant mortelle pour les plantes, les tuyaux de chaleur doivent être disposés de manière à n'en pas laisser échapper. *Voyez* ce mot.

TYPHUS. Maladie putride, très-contagieuse, qui, de loin en loin, fait périr des milliers de bestiaux, surtout de bêtes à cornes, & contre laquelle il n'a pas encore été trouvé de remèdes efficaces. Il n'y a que trois ou quatre jours entre son invasion & la mort.

C'est en isolant les bestiaux, autant que possible dans des bois, qu'on peut espérer de les empêcher d'être atteints par cette affreuse maladie. *Voyez* CONTAGION.

U

URATE. Nom donné à la combinaison chimique de l'URÉE avec une base, & qu'on a mal-à-propos appliqué, dans ces derniers temps, à un mélange de l'urine avec le plâtre, ou mieux avec la marne qui se trouve entre les lits du plâtre, aux environs de Paris, pour l'usage de l'agriculture.

L'urine agit comme engrais, comme stimulant, comme arrosement; aussi produit-elle de merveilleux effets lorsqu'on l'emploie avec modération sur les plantes en état de végétation (*voyez* son article), mais elle s'évapore & se décompose facilement. L'unir avec de la terre, assure la continuation de ses propriétés. MM. Donat ont donc bien mérité de l'agriculture en imaginant d'en faire commerce dans cet état; mais ne la vendent-ils pas trop chère pour espérer continuer longtemps les fournitures qu'ils en font en ce moment? C'est ce que l'avenir nous apprendra.

URÉE. Un des composans de l'URINE. *Voyez* ce mot dans le *Dictionnaire de Chimie*.

URTICÉES. Famille de plantes à laquelle le genre ORTIE sert de type.

Les autres genres qui y entrent sont: FIGUIER, TAMBOUL, DORSTÈNE, HÉDICAIRE, PÉREBIER, COULEQUIN, JAQUIER, MURIER, BROUSSONNETIE, FORSKAL, PARIETAIRE, PTÉRANTHE, HOUBLON, CHANVRE, ELASTOSTÈME, BOHEMÈRE, PROCRIS, THÉLIGONE, POIVRE, GUNNÈRE, LACISTÈME, GNET, THOA, BAGASSIER, COUSSAPIER & POUROUMIER.

Decandolle a proposé de faire deux nouvelles familles aux dépens de celle-ci, dont l'une auroit pour type le genre JAQUIER, & l'autre le genre POIVRE.

USAGE. Expression que la routine emploie souvent pour excuser le vice de ses procédés.

Plusieurs millions sont annuellement perdus pour l'agriculture, par le fait de l'*usage*, & plusieurs autres eussent été en outre gagnés, si l'*usage* ne s'y étoit opposé.

Mais, dira-t-on, quels moyens peuvent empêcher ces tristes résultats? Une bonne instruction, répondrai-je. *Voyez* ROUTINE & PRÉJUGÉ.

UVETTE. *Ephedra*. Genre de plantes de la monœcie hexandrie & de la famille des conifères, renfermant six espèces, dont une croît naturellement dans le midi de la France, &, ainsi que deux autres, se cultivent en pleine terre dans le climat de Paris. Il est figuré planche 803 des *Illustrations des Genres* de Lamarck.

Espèces.

1. L'UVETTE élevée.
Ephedra altissima. Desf. ♄ Des côtes de Barbarie.

2. L'UVETTE double épi.
Ephedra distachya. Linn. ♄ Du midi de la France.

3. L'UVETTE à un épi.
Ephedra monostachia. Linn. ♄ De Sibérie.

4. L'UVETTE fragile.
Ephedra fragilis. Desf. ♄ Des côtes de Barbarie.

5. L'UVETTE d'Amérique.
Ephedra americana. Humb. ♄ Du Pérou.

6. L'UVETTE sans feuilles.
Ephedra aphylla. Forsk. ♄ D'Arabie.

Culture.

Les fruits de ces arbustes, surtout du n°. 3, sont acides & agréables au goût; en conséquence, on les mange, on les utilise dans la médecine.

Les trois premières espèces se cultivent dans nos écoles de botanique & dans les jardins de quelques amateurs. Elles forment des touffes toujours vertes qui ne sont pas sans agrément, mais qui le cèdent à celles de beaucoup d'autres espèces d'arbustes. Toutes trois craignent les fortes gelées du climat de Paris, mais la troisième, moins que les autres. En conséquence, il est bon d'en tenir quelques pieds de chacune en orangerie, pour pouvoir réparer les accidens. Les autres se placent dans un lieu abrité des vents du nord, & se recouvrent de feuilles sèches ou de fougère pendant le fort de l'hiver. Il est rare, au reste, que leurs racines périssent par le seul effet des gelées, & un récépage remet les pieds, au bout de deux ans, au même état qu'auparavant.

On multiplie les *uvettes* par leurs rejetons, qui sont toujours plus nombreux que l'exigent les besoins du commerce, & par marcottes qui, faites au printemps, avec des pousses de l'année précédente, s'enracinent pendant le courant de l'été suivant. Les uns & les autres se relèvent au printemps & se mettent en place.

Si on vouloit placer ces espèces dans un jardin paysager, il faudroit préférer le bord des allées, faire monter les rameaux de la première sur un arbre, & disposer en boule ceux de la seconde.

V

VACANS. On appelle ainsi, dans quelques parties de la France, les terrains qu'on réserve dans chaque exploitation, pour le pâturage des BŒUFS & autres bestiaux. *Voyez* ces mots.

VACHE ARTIFICIELLE. Peau de génisse qu'on fait passer en mégisserie, en conservant sa tête, ses pattes & sa queue, dans laquelle se place un chasseur armé de son fusil, pour aller à la chasse des outardes, des canards, des oies, des vanneaux, &c., oiseaux qui n'ont pas peur des bestiaux. *Voyez* HUTTE AMBULANTE.

VALAT. Fossés creusés pour empêcher les EAUX PLUVIALES de RAVINER les PENTES des MONTAGNES. *Voyez* ces mots.

VARPIÉ. On donne ce nom, dans le département du Jura, à la lame de fer qui se met au-dessus de l'oreille de la charrue, pour fixer cette oreille & rendre le tirage plus facile. *Voyez* CHARRUE.

VASPALS. Ce sont, dans le midi de la France, les épis qui tombent des gerbes avant leur mise en meule. *Voyez* MOISSON.

VÉGÉTATION. On nomme ainsi l'action par laquelle une PLANTE GERME, VIT & amène à MATURITÉ les GRAINES qui doivent la REPRODUIRE. *Voyez* ces mots.

L'AIR & l'EAU sont indispensables à la *végétation*, parce que les plantes ne peuvent vivre sans eux. La TERRE, de quelqu'importance qu'elle soit pour la plupart, n'est que secondaire en principe absolu. Tous concourent, plus ou moins, selon les espèces, les circonstances atmosphériques, &c., à leur NUTRITION. *Voyez* ces mots.

Mais pour que la *végétation* s'opère, il faut que les plantes soient vivantes, & elles cessent de l'être dès que la circulation de la séve s'interrompt un seul moment en elles, comme dans les animaux la mort est immanquable dès que le sang est écoulé, ou que le cœur ou le poumon ont cessé leur action.

Cependant les plantes ont un avantage sur les animaux, c'est que leur séve ne peut pas s'épancher rapidement, & que les trachées, qui remplacent le poumon, sont si nombreuses, que l'action que chacune exerce est insensible. Un arbre coupé conserve sa vie jusqu'à ce que l'évaporation de sa séve, au moyen de la chaleur atmosphérique ou de la chaleur artificielle, soit plus ou moins effectuée, comme le prouvent les BOUTURES. *Voyez* ce mot.

Il est cependant des cas où la mort d'un arbre est instantanée, c'est lorsqu'il manque d'eau, ou lorsque, s'il est originaire des pays chauds, il est frappé d'une forte gelée. J'ai vu fréquemment des pommiers, des ormes, &c., couverts de feuilles très-vertes à dix heures du matin, être frappés de mort à deux heures, dans un jour chaud, sans qu'il fût possible de leur rendre la vie par des ARROSEMENS, des ENGRAIS, &c. *Voyez* COUP DE SOLEIL. Qui n'a pas observé des plantes gelées?

J'ai plusieurs fois examiné, à la loupe, le bois des arbres ainsi frappés d'un coup de soleil, ainsi atteints par une forte gelée, & je n'ai pas vu de différence dans son organisation, comparée à celle d'l'arbre de même espèce qui ne s'étoit pas trouvé dans un de ces cas. Leur séve sembloit n'être pas diminuée.

On ne peut donc adopter l'opinion que la vie & la mort des végétaux est en rapport avec la vie & la mort des animaux.

L'anatomie du bois nous prouve qu'il est entièrement composé d'une immense quantité de petites utricules, le plus souvent irrégulièrement hexagones, qui communiquent les unes aux autres, & qui forment, par leur assemblage, une grande quantité de tubes, tant longitudinaux que transversaux, qu'on appelle les VAISSEAUX DES PLANTES, tubes dont les uns donnent passage à la SÈVE, les autres aux SUCS PROPRES, les autres à l'AIR. Ces derniers s'appellent TRACHÉES. *Voyez* ce mot.

On appelle SÈVE un fluide peu coloré qui part de l'extrémité du chevelu des racines, & s'élève jusqu'au sommet des plus grands arbres. C'est véritablement le suc nutritif des plantes. Quelques physiologistes prétendent qu'elle entre dans les PORES des racines (dont on nie cependant l'existence) en état liquide; d'autres, qu'elle y entre en état gazeux. Son analyse chimique constate qu'elle ne contient ordinairement que de l'acétate de potasse, de l'acétate de chaux, des carbonates ayant les mêmes bases, de l'ammoniaque, du mucilage & du sucre, &, dans certains arbres, du tannin & de l'acide gallique.

La séve paroît monter par le centre de l'arbre, dans le voisinage de la MOELLE, & redescendre après avoir décomposé l'air dans les FEUILLES, & s'y être transformée en CAMBIUM, entre l'AUBIER & l'ECORCE, où une partie se dépose sur l'aubier pour former une nouvelle couche circulaire, une contre l'écorce pour constituer le LIBER, & le reste s'accumule dans les RACINES ou dans la TIGE pour remonter au printemps suivant. *Voyez* ces mots.

Cette accumulation de la séve dans les racines & dans la tige n'est point dans le cas d'être prouvée par des observations directes; mais quand on considère que les arbres qui ont porté trop de fruits, dont les feuilles ont été gelées au printemps, mangées par les chenilles en été, qui ont mal végété par l'effet de trop longues sécheresses, portent peu ou point de fruits, malgré tous les soins de la culture, on ne peut se refuser à reconnoître qu'elle est réelle. *Voyez* RECOLTES ALTERNES, FEUILLES, GELÉES, CHENILLE, SÉCHERESSE, FRUIT.

Cependant Knight & autres ont conclu de quelques expériences, que c'étoit dans l'aubier que se déposoit, pendant l'hiver, la surabondance de la séve de l'été. Je ne disputerai pas sur cet objet, quoiqu'il me paroisse que l'opinion ci-dessus est appuyée par un plus grand nombre d'expériences.

On a lieu de croire que c'est parce que le retour de la séve aux racines n'a pas lieu dans les plantes annuelles & bisannuelles, qu'elles périssent dès qu'elles ont amené leurs fruits à maturité. Il est de ces plantes, comme le RONDIER LONTAR, qui vivent près d'un siècle avant de fructifier, & par conséquent de périr.

Les véritables plantes proviennent d'une GRAINE, & se développent par la GERMINATION.

On doit ranger dans une classe à part, intermédiaire entre les végétaux & les animaux, celles des plantes qui, comme les ALGUES & les CHAMPIGNONS, se reproduisent par simple développement de substances, c'est-à-dire, par BOURGEONS SÉMINIFORMES. *Voyez* ces mots.

Chaque graine est composée de plusieurs organes, dont les principaux sont la PLANTULE & la PLUMULE, lesquels, aidés de l'EAU, de la CHALEUR, de l'AIR & de la LUMIÈRE, deviennent, le premier la racine, & le second la tige. *Voyez* ces mots.

Les expériences entreprises par Knight & autres, pour reconnoître la cause qui fait que la radicule va toujours chercher la terre, & la plumule toujours chercher l'air, n'ont pas donné de résultats complétement satisfaisans; mais elles nous ont appris que, dans le mouvement de rotation, le premier de ces deux organes tendoit toujours au centre, &, par conséquent, le second à la circonférence.

On peut couper une partie de la plantule & une partie de la plumule san que la jeune plante périsse, mais sa mort est la suite de la section du plan qui unit ces deux parties, plan qu'on appelle, en conséquence, le POINT VITAL.

L'OXYGÈNE, partie intégrante de l'air, que sa surabondance active toujours, ainsi que Humboldt l'a prouvé par des expériences positives, joue un rôle actif dans les premiers momens de la germination. Elle n'a pas lieu, en conséquence, dans le vide, & dans les gaz AZOTE & ACIDE carbonique. Plus tard, cette surabondance de l'oxygène devient nuisible.

Peu d'HUMIDITÉ & trop d'humidité sont également nuisibles à la germination. *Voyez* ce mot.

Une chaleur d'environ dix degrés est la plus convenable dans ce cas. Beaucoup moindre, il n'y n'y a pas de germination des grosses graines. Plus grande, la plumule s'élève davantage, grossit moins, & est exposée à périr par foiblesse. *Voy.* FONDRE.

Le défaut de lumière favorise la germination; mais dès que la plumule a acquis quelques lignes de hauteur, elle devient indispensable à sa conservation. *Voyez* ÉTIOLEMENT.

C'est parce qu'il n'y a ni assez d'air, ni assez d'humidité, ni assez de chaleur, ni assez de lumière à un pied, à quelques pouces même de la surface de la terre, que, dans nos climats, les graines trop profondément enfouies se conservent en terre, sans germer, pendant un nombre inconnu d'années, & germent dès que les labours ou des éboulemens naturels les ramènent à la surface.

Plus les graines sont fines, & moins elles doivent être enterrées. Il en est même, comme celles du BOULEAU, qui ne souffrent pas de l'être d'une ligne, & qu'il faut en conséquence recouvrir de MOUSSE ou de FEUILLES SÈCHES, pour empêcher l'effet du HALE sur elles. *Voyez* ces mots.

La plupart des graines, outre le GERME qui devient plantule & plumule, offrent deux organes bien plus volumineux, appelés le PÉRISPERME & le ou les COTYLEDONS. Tous deux concourent à nourrir la plante dans les premiers jours de son existence, d'abord le premier, ensuite le second: ce dernier est seul visible. Lorsqu'on coupe une partie du ou des cotylédons, la plante languit toute sa vie. Quand on les supprime entièrement, elle meurt. Ces cotylédons subsistent plus ou moins long-temps, selon les espèces, & sont accompagnés ou suivis de feuilles d'une forme souvent différente de celles qu'aura la plante plus tard, & qu'on appelle FEUILLES SÉMINALES.

La matière sucrée se développe toujours dans les organes des graines, au moment de la germination, par la transformation de la fécule qui en compose la plus grande partie, & il se développe, d'un côté, de l'acide carbonique, principal aliment des plantes (*voyez* SUCRE, FECULE & CARBONE), & il se forme, de l'autre, au moyen de l'HUILE & du MUCILAGE qui en constituent l'autre partie, une espèce d'ÉMULSION très-propre à la nutrition de la plantule & de la plumule qui l'absorbent. Peu après que la plante a poussé de véritables feuilles, les restes des cotylédons & des feuilles séminales ne servent plus à rien & tombent.

Toutes les plantes, depuis les plus grands arbres jusqu'à la plus petite mousse, sont soumises aux mêmes lois, relativement à leur *végétation*; mais il n'en est pas une des soixante mille aujourd'hui connues, où ces lois ne soient plus ou moins modifiées, quand on la compare à une autre ou à plusieurs autres. Il devient donc impossible d'entrer ici dans le détail de tous les phénomènes que présentent ces lois. Je dois me borner à en exposer les principes généraux, en reprenant l'examen de l'influence que l'AIR & ses composans, que la CHALEUR, que l'EAU & ses composans, que la LUMIÈRE & ses composans exercent dans l'acte de la *végétation*.

L'air contient toujours de l'azote & de l'oxygène, & presque toujours du gaz hydrogène & du gaz acide carbonique, comme je l'ai déjà annoncé. Le premier & le troisième sont mortels pour les plantes. Sans l'action du second, elles ne peuvent vivre. Le quatrième, avec une très-petite quantité de terre, de fer & de sels, est leur véritable aliment. En effet, leur analyse par la combustion n'y fait voir en principes constituans fixes, que de la CENDRE. *Voyez* ce mot & celui CHARBON.

Il est cependant des plantes qui, au moyen de la resine qu'elles forment, absorbent & décomposent l'air méphitique des marais, où l'hydrogène prédomine presque toujours. Les GALES sont principalement dans ce cas. *Voy.* leur article.

D'après les expériences d'Ingenhouz, Priestley, Sennebier, Saussure, &c., l'acide carbonique de l'air est absorbé pendant la nuit par les pores de la face inférieure des feuilles des plantes. Le dernier de ces physiologistes a donné des tables de la quantité qu'un grand nombre de plantes, mises en expérience, ont absorbée pendant un mois, & il l'a trouvée huit fois plus grande que le volume des feuilles. Cet acide carbonique se décompose, à l'aide de la lumière, dans les utricules du parenchyme des feuilles, donne son carbone à la séve qui s'y trouve, & qui, comme je l'ai annoncé plus haut, doit revenir aux racines, après avoir fourni de l'aliment à toutes les parties de la plante, & principalement aux fruits, & encore plus aux graines contenues dans ces fruits. L'oxygène de cet acide carbonique est alors exhalé des feuilles par leur face supérieure.

Aussi les feuilles sont-elles indispensables, je ne puis trop le répéter, à la formation & à la maturité des fruits, ainsi qu'à l'augmentation en hauteur & en grosseur des plantes; & toutes les fois qu'elles sont enlevées ou altérées, la plante souffre & en pousse d'autres plus petites; & toutes les fois qu'on enlève ces dernières, la plante périt.

Malgré ce que j'ai dit plus haut de l'influence de l'acide carbonique sur la *végétation*, les plantes ne vivent pas mieux sous une cloche remplie de gaz acide carbonique que sous une cloche remplie de gaz azote ou de gaz hydrogène.

La chaleur est indispensable à la germination & à la *végétation*, mais à des degrés extrêmement variables. Il est des graines qui ne peuvent se développer qu'à celle de vingt ou trente degrés;

il en est d'autres pour lesquelles un degré ou deux suffisent. Les plantes se comportent de même, puisqu'il y en a qui ne peuvent vivre que sous l'équateur, & qu'il en est qui prospèrent au-delà du cercle polaire & au sommet des montagnes qui se couvrent de neige pendant huit à dix mois de l'année. Au reste, il paroît qu'elle n'agit qu'en favorisant, qu'en activant les autres agens. Au reste, l'homme peut, jusqu'à un certain point, l'augmenter ou la diminuer par des moyens artificiels. *Voyez* ABRI, OMBRE, COUCHE, BACHE, CHASSIS, SERRE.

Il y a tout lieu de croire que la chaleur du jour qui dilate toutes les parties des végétaux, & le froid de la nuit qui les contracte, jouent un grand rôle dans la circulation de la séve. On a beaucoup écrit sur cet objet, mais, faute d'expériences rigoureuses & suivies, il est encore indécis.

Les chimistes sont en discordance sur la question de savoir si l'eau agit chimiquement dans l'acte de la *végétation*, c'est-à-dire, si les organes des plantes la décomposent pour s'approprier ou son HYDROGÈNE ou son OXYGÈNE (*voyez* ces mots); mais il est certain que sous ses rapports physiques elle y joue un grand rôle. Nulle *végétation* sans eau; cependant il est des plantes à qui une petite quantité suffit, & d'autres qui demandent à être constamment noyées pour germer & croître. (*Voyez* ARROSEMENT, IRRIGATION, HUMIDITÉ.) La quantité d'eau que demandent les plantes est très-fréquemment en concordance avec le degré de chaleur qui les entoure & avec l'époque de leur *végétation*, ce qu'il est très-important de considérer dans la pratique de la culture. Ainsi, il faut leur en donner davantage dans la chaleur & dans leur jeunesse: trop, comme pas assez, fait fréquemment couler les fleurs & tomber les fruits.

Mais ce n'est pas seulement l'eau qui est dans la terre ou celle qui tombe sur leurs feuilles, qui au moins favorise la nutrition des plantes, si elle n'y concourt pas, c'est encore celle qui est dissoute dans l'air & celle qui y est suspendue. En effet, dans le premier état, elle entre dans leurs pores avec l'air dont elle est devenue partie constituante, & y reste en grande partie, comme le prouve la vigueur qu'elles offrent pendant la nuit, après un beau jour; & dans le second état, elles portent autour d'elles une humidité, tantôt favorable, tantôt nuisible à leur *végétation*, suivant les circonstances. *Voyez* VAPEUR, BROUILLARD, NUAGE.

On peut supposer avec quelque raison que c'est l'eau accumulée pendant l'hiver dans la terre & dans les tissus des plantes, qui, vaporisée par la chaleur, rend la séve plus fluide & la fait monter aux branches & aux boutons.

Comme la chaleur, la lumière ne sert pas directement à la nutrition des plantes, mais elle est plus ou moins indispensable aux effets des organes qui élaborent la séve. D'abord, pendant l'obscurité, il n'y a pas dégagement d'oxygène par la surface supérieure des feuilles, ni floraison, ni fécondation, ni formation de sucs propres, par conséquent diminution de saveur & de solidité, ni coloration des feuilles & des fleurs, ensuite la plante s'élève beaucoup & rapidement. Cet état n'est jamais durable, la plante entière pourrissant immanquablement. *Voyez* ÉTIOLEMENT.

Lorsque le lieu n'est pas entièrement privé de lumière, l'extrémité des plantes se dirige rapidement vers l'ouverture par où elle passe.

La privation de la lumière est un moyen dont l'art fait fréquemment usage pour adoucir la trop grande saveur des feuilles de certaines plantes alimentaires, comme de la LAITUE, de l'ESCAROLE, de la CHICORÉE, des CARDONS, du CELERI, &c.

Généralement on regarde la terre, ou mieux l'humus qui s'y trouve presque partout, comme servant principalement à la nutrition des plantes, & cela avec d'autant plus de fondement apparent, qu'elles prospèrent moins bien dans les mauvaises, c'est-à-dire, dans celles qui contiennent le moins d'humus, que dans les bonnes, qui en renferment beaucoup. Cependant quelques plantes vivent naturellement de la séve des autres (les plantes PARASITES, *voyez* ce mot); d'autres n'ont besoin que de trouver un point d'appui sur les rochers ou l'écorce des arbres, & tirent tous leurs principes nutritifs de l'air & de l'eau en vapeur (plusieurs ORCHIDÉES, LILIACÉES, &c.); d'autres vivent sur la surface des eaux sans jamais pousser leurs racines jusqu'au fond, telles que le CODOPAIL, le MARSILE, l'AZORELLE, la LENTICULE, &c.

De plus, il résulte de beaucoup d'expériences, que des plantes, même d'une certaine grandeur, peuvent vivre dans l'eau distillée, dans du sable lavé, dans du verre pilé, dans des oxides métalliques, &c., peuvent même quelquefois y fleurir & y amener des graines à maturité; mais les plantes ainsi élevées ne sont jamais vigoureuses, & le carbone qu'elles donnent à l'analyse est peu abondant.

C'est donc dans la terre, comme je l'ai déjà annoncé, que la plupart des plantes puisent, au moyen des suçoirs de l'extrémité de leurs racines, la nourriture solide ou liquide qui leur est nécessaire. Mais quelle est cette nourriture? encore de l'eau, encore du carbone. En effet, il est prouvé que l'ARGILE, que le CALCAIRE, que la SILICE, les trois terres les plus communes, ne servent, d'un côté, que de supports aux plantes par l'intermédiaire de leurs racines, & de l'autre, que de moyen de dissémination à l'eau & à l'HUMUS, ce dernier presqu'entièrement composé de carbone. *Voyez* son article & ceux des terres ci-dessus indiquées.

Mais jamais l'humus n'est en totalité propre à servir d'aliment aux racines des plantes, il faut qu'il soit rendu susceptible d'être dissous dans l'eau, pour pouvoir remplir cet objet; or, naturellement, il ne s'en met chaque année qu'une très-petite portion dans cet état, & cette portion est employée à la *végétation* pendant l'été. S'il en étoit autrement, la terre fût perpétuellement restée infertile, puisque les eaux pluviales eussent entraîné son humus dans les couches inférieures de la terre où elles pénètrent, & où on n'en a jamais découvert un atome.

Lorsque les anciennes alluvions ont formé des dépôts d'humus dans les vallées, la portion de ces dépôts qui n'est pas dans le cas de recevoir, à raison de sa position au-dessous de la ligne des labours, l'action des gaz atmosphériques, est tout aussi infertile, lorsqu'on la ramène à la surface, que la terre qui n'en contient pas du tout; & pour qu'elle reprenne la faculté de nourrir les plantes, il faut qu'elle reste un ou deux ans exposée à cette surface, & remuée à diverses reprises, surtout pendant l'hiver. *Voyez* TERRE.

Par suite, un des objets des LABOURS est d'exposer à l'air le plus grand nombre de molécules de l'humus contenu dans la terre, pour que les gaz atmosphériques puissent s'y fixer & y porter la fertilité, soit directement, au moyen du gaz acide carbonique, soit indirectement, en rendant l'humus soluble.

Cependant il est des moyens artificiels d'accélérer la dissolution de l'humus. Le plus puissant de tous est la POTASSE ou la SOUDE caustique; les plus employés en agriculture sont la CHAUX & la MARNE. *Voyez* ces mots.

C'est principalement parce que la CRAIE dissout l'humus, à mesure qu'il se forme, & que les eaux pluviales l'entraînent dans les vallées, que les plaines de la Champagne sont si infertiles.

Lorsque les produits de la *végétation* se décomposent dans le lieu où elle s'est effectuée, ils fournissent à la terre, en supposant que les eaux pluviales ne les entraînent pas au loin, plus d'humus que les plantes en ont consommé; mais lorsque l'homme enlève ces produits pour son usage, la terre, si elle n'est pas très-riche en humus, s'appauvrit chaque année, & le sol a besoin, pour continuer à donner de bonnes récoltes, qu'il lui rende ce qu'elle a perdu au moyen des ENGRAIS. *Voyez* ce mot.

L'influence des récoltes sur l'épuisement du sol varie sans fin, & parce qu'il n'est pas deux localités où la terre contienne la même quantité d'humus accumulé, & parce que chaque plante en consomme plus ou moins, selon sa nature, & parce que la série des circonstances atmosphériques change toutes les années. Cette variation est encore plus marquée, quand on compare l'effet produit par une plante qui n'a pas porté de graines, avec celui d'une plante qui en a porté beaucoup. Il y a infertilité, après la culture de celle-ci, dans tous les mauvais terrains, & il faut y porter beaucoup d'engrais ou y semer une autre plante, à laquelle on ne laisse pas porter de graines, pour pouvoir en obtenir une nouvelle récolte: tel est le principe des ASSOLEMENS. *Voyez* ce mot.

Les plantes qui ont peu de feuilles ou des feuilles naturellement sèches, dont les graines contiennent ou beaucoup de fécule ou beaucoup d'huile, sont celles qui épuisent le plus le sol. Ainsi, pour les CEREALES, voici l'ordre de leur faculté épuisante, le FROMENT, l'ORGE, le SEIGLE, l'AVOINE. Pour les plantes à GRAINES HUILEUSES, le CHANVRE, le LIN, le COLSA, le PAVOT, la NAVETTE, la CAMELINE. *Voyez* tous ces mots.

Il est d'autres plantes, comme la POMME DE TERRE pour la première série, & le SOUCHET ESCULENT pour la seconde, où les résultats de l'absorption s'accumulent dans les racines.

Les engrais animaux sont bien plus puissans que les engrais végétaux, & parce que leur partie soluble est plus abondante, & parce qu'ils sont mêlés avec l'ammoniaque & autres stimulans. On doit en ménager l'emploi, parce que leur excès assure la mort de toutes les plantes, non-seulement qui en sont touchées, mais encore de celles qui en sont trop voisines. Il est probable que c'est l'azote, si surabondant dans les chairs, qui produit ce phénomène; aussi, lorsqu'après une année, il s'est entièrement évaporé, le terrain où avoit été déposé cet engrais devient fertile à l'excès. *Voyez* CHAROGNE & BOUZE DE VACHE.

Parmi les engrais végétaux se place au premier rang le FUMIER; mais il ne doit sa supériorité qu'aux matières animales contenues dans les déjections des hommes & des bestiaux, réunies à la LITIÈRE, la PAILLE contenant bien moins de carbone que l'HERBE. *Voyez* ces mots.

Les excrémens des animaux carnivores & des animaux granivores sont bien plus actifs que ceux des animaux herbivores. Voilà pourquoi la COURTE-GRAISSE, la POUDRETTE, l'URINE, l'URATE, sont les meilleurs engrais; voilà pourquoi la POULINE, & encore mieux la COLOMBINE, sont si recherchées des cultivateurs; voilà pourquoi un cheval nourri avec de l'avoine, un cochon nourri avec de l'orge, fournissent un fumier supérieur à celui de ceux de ces animaux qui sont nourris d'herbe. *Voyez* les mots précités.

La manière d'employer les fumiers varie. Les uns les portent sur les champs qui doivent être labourés, aussitôt qu'ils sortent de dessous les animaux qui les ont produits (on les appelle *fumiers longs*), & par-là ils perdent peu de leur partie animale, qui agit de suite, & la décomposition lente de leur partie végétale produit son effet l'année suivante. Les autres attendent qu'ils se soient décomposés en masse, qu'ils aient formé du TERREAU pour les utiliser (on les appelle *fumiers décomposés*, *fumiers noirs*), ce qui leur donne une grande supériorité dans le moment de leur emploi, mais qui restreint la durée de leur action. C'est donc sur des cultures en état actuel de *végétation* qu'il convient de les appliquer, & c'est ce qu'on ne fait pas assez.

C'est parce que les cultivateurs de la Belgique opèrent de la première de ces manières, que le fermier entrant paie toujours, à dire d'experts, au fermier sortant, l'engrais qu'a laissé dans la terre le fumier que ce dernier y a répandu l'année précédente. Quel bon usage à imiter en France !

Il est une série d'opérations ou de substances qui, en facilitant l'action des élémens sur le sol, l'action de la *végétation* dans les plantes, la décomposition des engrais, &c., augmentent singulièrement les produits des récoltes : on les appelle des AMENDEMENS. *Voyez* ce mot.

Les principaux amendemens sont les LABOURS, les ARROSEMENS, les MÉLANGES DES TERRES de consistance opposée, la CHAUX, la MARNE, le PLATRE. *Voyez* ces mots.

Quelque petite que soit la quantité de principes que la terre fournit aux plantes, sa nature agit aussi sur la végétation. Théod. de Saussure a prouvé, par des expériences positives, que deux pieds de la même plante, cultivés en même temps dans un sol siliceux & dans un sol calcaire, offroient dans leurs cendres une proportion plus considérable de la base du sol où chacune avoit été placée.

Il est des plantes qui absorbent tel ou tel principe terreux plus abondamment que tel autre, dans quelques lieux qu'elles croissent. Par exemple, les graminées, & surtout le bambou, se surchargent de silice. Les charagnes semblent n'être qu'une cristallisation calcaire.

Pour qu'un terrain soit regardé comme complétement propre à la culture, outre une forte proportion d'humus, il faut qu'il ne soit ni trop compacte, parce que la chaleur solaire, les eaux pluviales & les racines y pénétreroient trop difficilement, ni trop léger, parce que l'eau le traverseroit trop rapidement, ou s'évaporeroit trop promptement, & parce que les racines ne pourroient pas se défendre de l'action des grands vents.

Les terrains argileux sont les plus difficiles à améliorer, parce qu'on n'y parvient que par des labours sans nombre, ou des mélanges de sable très-coûteux.

On peut assez facilement rendre productifs des sols sablonneux, lorsqu'ils sont en position de recevoir les bienfaits des IRRIGATIONS. *Voyez* ce mot.

L'expérience prouve que chaque espèce de terre convient mieux à certaines cultures qu'à certaines autres; ainsi l'étude du cultivateur doit se porter vers la connoissance des faits qui peuvent le diriger avec certitude dans ses choix à cet égard.

Il est des terres qui ne souffrent aucune *végétation*, telle que la MAGNESIE. *Voyez* ce mot.

Cet article trouvera des supplémens sans nombre dans la plupart de ceux qui composent ce Dictionnaire.

VENDANGE. Nom de l'opération de couper les RAISINS, lorsqu'ils sont arrivés à MATURITÉ plus ou moins complète, pour en faire du VIN. *Voyez* ces mots & celui VIGNE.

Je dis plus ou moins complète, quoiqu'il soit certain qu'on ne peut faire du bon vin qu'avec des raisins très-mûrs, parce qu'il est telle variété qui ne contient pas assez de suc pour fournir la quantité d'alcool nécessaire à la conservation du vin ; qu'il est tel pays où on préfère les vins âpres, qui grattent la gorge par excès de tartre.

Dans la plus grande partie des vignobles de France, le jour de la *vendange* est fixé, sur le rapport de quelques propriétaires & vignerons, par une décision municipale, qu'on appelle *ban de vendange ;* & le lendemain ou surlendemain de ce jour, l'autorité publique ne défend plus contre les voleurs la récolte des vignes qui n'ont pas été vendangées. Quelqu'antique que soit cet usage, je ne puis l'approuver, car il est un attentat au droit de la propriété, & nuit considérablement à la richesse publique, en ce qu'il s'oppose à ce que le vin soit aussi bon & aussi de garde qu'il est possible qu'il soit.

D'abord, généralement le besoin d'argent & la crainte des dernières grêles, des pluies permanentes, des froids précoces, portent les propriétaires & les vignerons désignés pour proposer le jour de la *vendange*, à en anticiper plutôt qu'à en retarder l'époque. Ensuite, lorsque les vignes, comme cela a presque toujours lieu, contiennent plusieurs variétés de raisin, il est quelques-unes de ces variétés dont la maturité est plus tardive que celle des autres, & ces dernières affoiblissent la qualité du vin des premières. Mon opinion, fondée sur la théorie & la pratique, est que chaque variété doit être vendangée séparément, à plusieurs jours de distance pour quelques-unes, & au plus haut point de maturité possible, sans cependant outrepasser ce point, après lequel le suc se décompose, les grains pourrissent & tombent.

Aux environs de Paris, pour citer un exemple, il y a près de deux mois entre la maturité de la Madelaine, la variété la plus hâtive qui s'y cultive, & le plant de lune, variété qui n'y mûrit pas toujours.

En général il sera, je crois, prouvé à l'article VIGNE, qu'il est plus avantageux de ne cultiver qu'une ou deux variétés dans une vigne, qu'une douzaine, encore moins qu'une vingtaine de variétés; mais il est peu de vignobles où cela soit rigoureusement pratiqué, quoique les vignerons reconnoissent la bonne & la mauvaise qualité de chacune des variétés qu'ils cultivent, parce que tous tirent plutôt à la quantité qu'à la qualité.

Dans les bons vignobles de la Champagne & de la Bourgogne, quelques propriétaires zélés font faire leur *vendange* à trois reprises; malgré que la même variété, le pineau, domine dans leurs vignes, parce qu'il est plus tôt mûr à mi-côte qu'au bas & au sommet.

Il en est de même de ceux des vignes de Malaga qui font leur *vendange* en juin, en août & en octobre. Le vin de la première coupe a la consistance du miel; celui de la seconde est sec & fort; celui de la troisième est le seul qui se mette dans le commerce.

On procède à la *vendange* le plus tard possible dans les vignobles de Langon, de Bergerac & autres du Midi, & encore, tous les deux ou trois jours, pendant un mois, parce qu'on ne coupe que les raisins dont la sphacellation de la peau indique la parfaite maturité.

Dans ceux de Queries, près Bordeaux, pour faire arriver tous les cépages en maturité au même moment, on plante dans les parties sèches les variétés les plus tardives, & dans les parties humides les variétés les plus hâtives.

Mais pourquoi planter tant de variétés différentes en époques de maturité dans la même vigne? parce que, dit-on, si une variété devient improductive par l'effet de la gelée, de la coulure, &c., l'autre en dédommage. Mais pourquoi ne pas planter, cela supposé vrai, des vignes seulement avec une de ces variétés, ce qui reviendroit au même?

La maturité des fruits s'accélérant après qu'ils ont été séparés de l'arbre qui les a produits, écraser les raisins & les mettre dans la cuve que quelques jours après la *vendange*, améliore toujours la qualité du vin, comme l'a prouvé M. Sampaillo, Portugais, par des expériences rigoureuses, & comme il est peu de vignerons qui l'ignorent. C'est d'après ce principe que se fabrique en quelques contrées le *vin de paille*, si en rapport avec le vin de Tokai, le vin de Malaga, le vin de Madère, &c. *Voyez* VIN.

Dans certains vignobles on fait la *vendange* pendant la rosée ou pendant la pluie, parce qu'alors l'eau qui s'attache aux grappes augmente la quantité du vin; mais cette misérable spéculation a toujours des effets nuisibles, non-seulement sur la force, mais encore sur la qualité du vin, la fermentation étant, dans ces cas, plus lente & plus inégale. *Voyez* FERMENTATION.

Cependant, dans la ci-devant Champagne, où on fait du vin blanc avec des raisins rouges, il faut cueillir ces raisins avant la chaleur, pour que le vin ne se colore pas; là, on ne *vendange* que de huit à dix heures du matin; là aussi on passe à plusieurs reprises dans la même vigne, pour ne mettre dans le pressoir que les raisins les plus mûrs.

La révolution, qui a détruit tant d'abus, n'a anéanti que momentanément les bans de *vendange*; au contraire, ils sont aujourd'hui établis, sans loi spéciale, là où ils n'existoient pas autrefois, par la seule volonté des maires.

Je me trouve déterminé à citer un fait qui prouve leurs inconvéniens.

En 1822, l'année a été très-sèche & très-chaude; aussi les raisins, dans le nord, comme dans le midi de la France, ont-ils mûri, en apparence, près d'un mois avant l'époque ordinaire, & étoient-ils excellens à manger. On s'attendoit partout à avoir du vin de pre[illegible]e qualité; mais la sécheresse, & par suite le défaut de liquidité du jus, n'avoient pas permis au mucoso sucré de ces raisins de se transformer en sucre, & au moment de la *vendange*, les pineaux étoient dans l'état où restent chaque année les chasselas. Il en est résulté que le vin des vignes qui ont été, par suite du ban de *vendange*, récoltées les premières, c'est-à-dire, du plus grand nombre, s'est trouvé sans force, s'est altéré avant l'hiver, & qu'il a fallu le charger d'eau-de-vie pour le conserver, tandis que celui des vignes récoltées quinze jours plus tard, & après la pluie, a été de qualité supérieure & s'est vendu moitié en sus du premier.

Les environs de Paris sont peut-être l'endroit où la *vendange*, eu égard au climat, se fait le plus tôt; aussi le vin y est-il âpre & acide au plus haut degré, & s'y conserve-t-il à peine une année sur l'autre. Cependant, tel qu'il est, il se boit dans les nombreux cabarets des environs de cette ville, où celui des bons vignobles seroit peu estimé comme trop foible; mais c'est une circonstance particulière qui ne devroit pas servir de règle, la bonté & la durée étant généralement les bases de la valeur commerciale des vins.

Il est une opération, appelée l'ÉGRAPPAGE, qui s'exécute dans beaucoup de vignobles, tantôt dans la vigne même, tantôt lorsque la *vendange* est arrivée à la maison. J'en ai donné sa théorie à l'article VIN, & indiqué ses divers modes à l'article ÉGRAPPOIR.

On se sert de paniers pour mettre les raisins, à mesure que les vendangeurs les coupent; & quand ils sont pleins, on les verse, ou dans des hottes de bois, ou dans des baquets portés sur une civière, pour pouvoir les transporter dans des vaisseaux appelés BANES, ou BAINES, ou BENNES, fixés sur une charrette qui les attend hors de la vigne.

Les raisins rouges & blancs sont très-fréquemment mêlés, à la vigne même, dans la benne, & apportés de suite dans la cuve; mais là où on veut faire du bon vin, on les sépare pour apporter les premiers dans la cuve & les seconds sur le pressoir, l'usage général étant de ne faire cuver le vin blanc qu'après que le jus du raisin a été séparé de la grappe. Alors on le met presque toujours dans des tonneaux, où la fermentation s'opère, & d'où les matières étrangères se déversent par la bonde avec une petite portion du moût. *Voyez* CUVE & FERMENTATION.

On procède de même, lorsqu'on veut faire du vin blanc avec des raisins rouges.

Il n'est pas douteux, pour moi, qu'il y auroit moins de mauvais vin rouge dans le commerce, si on opéroit de même pour le faire; mais le préjugé qu'il faut que le vin soit très-foncé, oblige de le laisser long-temps dans la cuve, afin que la matière colorante, contenue dans la peau, puisse être dissoute par la fermentation.

Sans ce préjugé, on pourroit partout, comme cela a lieu dans le département de l'Aude, conduire de *petits pressoirs* à roues dans les vignes, & y effectuer la séparation du jus de la grappe, lequel jus est mis de suite dans les tonneaux, où il doit fermenter, & les résidus (la GÊNE, *voyez* ce mot) laissés pour engrais au pied des ceps. Il résulte une grande économie de temps, & par conséquent d'argent, de cette pratique. *Voyez* PRESSOIR.

Je dois dire ici que le vin, blanc ou rouge, mis à fermenter, en grande masse, dans des foudres, est toujours meilleur que lorsqu'il l'est dans des petites CUVES ouvertes. *Voyez* ce mot.

Lorsque le vin est retiré des cuves ou des tonneaux, les opérations de la *vendange* sont terminées. *Voy.* VENDANGEOIR, CELLIER & CAVE.

VENDANGEOIR. Bâtiment destiné à la fabrication du VIN. *Voyez* ce mot.

Les petits propriétaires de vignes n'ont point de *vendangeoir*. Ils louent l'usage d'une cuve & d'un pressoir, & conduisent chez eux, de suite, le MOUT qu'ils ont obtenu de leurs raisins. *Voyez* ce mot.

Il est assez rare que les *vendangeoirs* soient disposés de la manière la plus convenable, parce qu'ils ont été bâtis à une époque où on combinoit moins bien qu'aujourd'hui la distribution des bâtimens ruraux.

On estime généralement qu'un *vendangeoir* est complet, lorsqu'on y trouve, 1°. un logement pour le propriétaire, ou son économe, ou son vigneron; 2°. une pièce au rez-de-chaussée, pour placer le pressoir & contenir le nombre de cuves nécessaire à la vendange, nombre qui doit toujours être au-dessus des besoins les plus élevés; quelquefois on met le pressoir dans une pièce attenante; 3°. une autre pièce destinée à recevoir les tonneaux, après qu'ils ont été remplis de vin, jusqu'à ce que la fermentation tumultueuse de ce vin soit terminée, & qu'il ait été soutiré une fois; 4°. des caves placées sous les pièces précédentes & sous la maison d'habitation, & assez grandes pour contenir au moins deux récoltes successives; 5°. des hangars propres à mettre à l'abri de la pluie & des voleurs les objets nécessaires à l'exploitation, tels que tonneaux neufs & vieux, cercles, échalas, bennes, charrettes, &c.

Les pièces où se trouvent les cuves, le pressoir & les tonneaux, doivent avoir environ dix à douze pieds de hauteur, une grande porte charretière donnant au dehors, &, au plus, une petite fenêtre à l'opposé, mais toutes doivent se communiquer par l'intérieur. *Voyez* PRESSOIR & VINEE.

Deperthuis, dans son *Traité des Constructions rurales*, a donné le plan d'un *vendangeoir* projeté suivant les bons principes.

VERDAGE. Les récoltes enterrées pour engrais se nomment ainsi dans quelques lieux.

VIEILLE ÉCORCE. Nom des plus anciens arbres des TAILLIS, c'est-à-dire, ceux qui ont atteint quatre-vingts ans. *Voyez* ce mot & ceux BALIVEAUX, FUTAIE, BOIS, EXPLOITATION.

VIEILLESSE. Epoque où les animaux & les végétaux commencent à perdre de leur action vitale. Sa fin est la MORT.

Les bestiaux arrivés à la *vieillesse* ne rendant plus les mêmes services & étant plus difficiles à engraisser, ne doivent pas être gardés jusqu'à cette époque.

Il est également utile de couper les arbres avant la *vieillesse*, parce qu'alors leur cœur est sujet à s'altérer, & qu'ils ne peuvent plus, en conséquence, servir aux constructions civiles & maritimes, aux menuisiers, &c.

Le goût des Chinois les porte à donner à de petits arbres l'apparence de la vieillesse, & pour cela ils les plantent dans de petits pots remplis de mauvaise terre, & retranchent de plus sans cesse leurs racines, leurs branches, leurs feuilles. Ces petits arbres sont extrêmément chers dans le pays. Voyez *Annales d'Agriculture*, nouvelle série, tome XVIII.

Il sera très-facile & très-rapide de faire, en deux ou trois ans, avec des POMMIERS de deux ans, des arbres qui se vendroient dix mille francs en Chine, au moyen du PUCERON LANIGÈRE. *Voyez* ces deux mots.

VIETTE. Portion du SARMENT qui reste après la TAILLE. *Voyez* ces mots & celui VIGNE.

VIGNE. *Vitis*. Genre de plantes de la pentandrie monogynie & de la famille de son nom, dans lequel se placent vingt-une espèces, la plupart cultivées dans les jardins de l'Europe, & dont l'une, celle qui donne le V[illegible] est l'objet d'une immense culture dans le m[illegible] & l'ouest de l'Europe, & dans plusieurs [illegible] l'Asie, de l'Afrique & de l'Amérique. La [illegible] principalement en tire un grand moyen de richesse.

Observations.

Ce genre a de grands rapports avec les ACHITS & les LIERRES. Celui AMPELOPSIS, qui avoit été établi à ses dépens, ne paroît pas devoir être adopté.

Espèces.

1. La VIGNE commune.
Vitis vinifera. Linn. ♄ De la Perse.

2. La VIGNE cotonneuse.
Vitis labrusca. Linn. ♄ De l'Amérique septentrionale.

3. La VIGNE sinueuse.
Vitis sinuosa. Bosc. ♄ De l'Amérique septentrionale.

4. La VIGNE des Indes.
Vitis indica. Linn. ♄ Des Indes.

5. La VIGNE flexueuse.
Vitis flexuosa. Thunb. ♄ Du Japon.

6. La VIGNE de renard.
Vitis vulpina. Linn. ♄ De l'Amérique septentrionale.

7. La VIGNE d'été.
Vitis æstivalis. Mich. ♄ De l'Amérique septentrionale.

8. La VIGNE à feuilles arrondies.
Vitis rotundifolia. Mich. ♄ De l'Amérique septentrionale.

9. La VIGNE des rivages.
Vitis riparia. Mich. ♄ de l'Amérique septentrionale.

10. La VIGNE à feuilles en cœur.
Vitis cordifolia. Mich. ♄ De l'Amérique septentrionale.

11. La VIGNE à feuilles de persil.
Vitis arborea. Linn. ♄ De l'Amérique septentrionale.

12. La VIGNE orientale.
Vitis orientalis. Bosc. ♄ De Perse.

13. La VIGNE vierge.
Vitis hederacea. Linn. ♄ De l'Amérique septentrionale.

14. La VIGNE à sept feuilles.
Vitis heptaphylla. Linn. ♄ Des Indes.

15. La VIGNE à feuilles ailées.
Vitis pinnata. Vahl. ♄ De.....

16. La VIGNE à cinq folioles.
Vitis pentaphilla. Thunb. ♄ Du Japon.

17. La VIGNE du Japon.
Vitis japonica. Thunb. ♄ Du Japon.

18. La VIGNE à trois feuilles.
Vitis trifolia. Linn. ♄ Des Indes.

19. La VIGNE heterophylle.
Vitis heterophylla. Thunb. ♄ Du Japon.

20. La VIGNE du Cap.
Vitis capensis. Thunb. ♄ Du Cap de Bonne-Espérance.

21. La VIGNE à mains.
Vitis cirrhosa. Thunb. ♄ Du Cap de Bonne-Espérance.

Culture.

La *vigne* commune a dû être, parmi les plantes, une des premières qui ait été remarquée par les hommes encore errans dans les forêts, puisqu'elle est naturelle au plateau de la haute Asie, pays dont ils paroissent être descendus pour peupler le monde, & que son excellent fruit s'est d'abord présenté pour appaiser en même temps & leur faim & leur soif. Sans doute, ce n'est que bien des siècles après le moment qu'ils en ont goûté la première fois, qu'ils ont commencé à en faire du vin; car, pour cette opération, il faut une demeure, il faut des vases, & cela suppose une réunion en famille, un commencement de civilisation.

Je dois supposer que d'abord les hommes se bornèrent à cueillir le raisin dans les forêts, où la *vigne* croissoit naturellement, & à en exprimer le jus avec les mains & le boire de suite. Puis ils s'aperçurent que fermenté, il jouissoit d'une saveur plus relevée, & acquéroit, de plus, la propriété & d'exciter leurs facultés intellectuelles & d'augmenter leur vigueur musculaire. D'où la passion que la plupart des peuples prirent pour le vin, d'où la transplantation de la *vigne* dans les contrées qu'ils peuplèrent en s'éloignant du lieu de leur origine.

Mais bientôt on s'aperçut qu'elle craignoit également & la trop grande chaleur & le trop grand froid, d'où les bornes fixées à peu près à sa culture, entre les trentième & cinquantième degrés de latitude.

Il est probable que de Perse, la *vigne* descendit d'abord dans l'Asie mineure, pays de montagnes, où elle se plaît encore beaucoup, car elle prospère rarement dans les plaines battues de tous les vents; que de-là elle passa en Grèce, dans tout le reste de l'Europe méridionale & sur la côte septentrionale d'Afrique. Mais nous n'avons sur ces objets aucuns renseignemens historiques; seulement on peut induire de quelques considérations, que ce sont les Phocéens qui l'ont apportée en France, lorsqu'ils vinrent y fonder Marseille.

Aujourd'hui, la *vigne* est une des bases principales sur lesquelles s'appuie la prospérité agricole de la France. Je dois donc lui consacrer un article de quelqu'étendue, & l'étude particulière que je fais de sa culture, depuis plusieurs années, me met en position d'en parler avec une certaine assurance.

Quelqu'avantageusement que soit placée la France pour la culture de la *vigne*, quelqu'étendus que soient les avantages qu'elle lui procure, cependant cette culture est une de celles de la perfection de laquelle on s'est le moins occupé. Il n'a été publié, dans le cours du siècle dernier, que deux à trois ouvrages qui l'aient pour objet, encore seulement applicables à des localités, & jusqu'à ces derniers temps, le Gouvernement n'a pas cherché à stimuler l'étude de ce qui se pratique, pour arriver à la connoissance de ce qui doit se pratiquer. C'est à M. Chaptal, pendant qu'il étoit ministre de l'intérieur, qu'on doit la plantation, à la pépinière du Luxembourg, de la première collection de toutes les variétés de *vignes* cultivées en France, dans le but d'en établir la synonymie & d'en pouvoir apprécier les avantages ou les désavantages, sous les rapports de la qualité du vin, de son abondance, de sa durée, sous ceux de la moindre action de la GELÉE, de la PLUIE, de la SÉCHERESSE, &c. &c. (*voyez* ces mots & celui COULURE), pour ensuite en aller faire l'application dans les vignobles de toute la France.

Ayant été placé depuis à la tête de cet établissement, j'ai mis tout le zèle dont j'étois capable, à remplir le but de sa formation; mais après cinq à six années d'études opiniâtres, j'ai été obligé de m'arrêter, par l'impossibilité de reconnoître & de redresser, comme je l'avois d'abord cru, les erreurs sans nombre de la collection, de sorte qu'après avoir étudié presque toutes celles qui ont fructifié, après avoir décrit, avec des incertitudes continuelles sur leur nomenclature, cinq cent cinquante variétés & en avoir fait figurer cent, j'ai dû desirer aller suivre leur étude dans les vignobles mêmes, ce que j'ai déjà exécuté pour les départemens du nord & de l'est, ce que je vais continuer, d'abord pour ceux du centre & du midi, ensuite pour ceux du sud-ouest & de l'ouest.

La collection du Luxembourg renferme plus de deux mille variétés de raisins, les doubles emplois sous des noms différens pouvant être regardés comme compensés par les doubles emplois sous le même nom. Je n'ai pas encore visité un vignoble sans y trouver plusieurs variétés qui ne s'y trouvent pas, parce que MM. les préfets, qui ont été chargés d'ordonner les envois, se sont adressés à un seul propriétaire, & que chaque arrondissement, même chaque canton, en contiennent qui ne se voient pas dans les autres.

Pour faciliter mon travail, j'ai composé un tableau synoptique des variétés dont les caractères ont été tirés, relativement au fruit : 1°. de sa couleur; 2°. de sa forme ronde ou ovale; 3°. de sa grosseur, qui est de plus ou de moins de quinze millimètres de diamètre; 4°. de sa saveur, qui est sucrée, douce, âcre. Relativement aux feuilles, qui sont : 1°. hérissées, ou cotonneuses, ou glabres en dessous; 2°. très-divisées ou peu divisées; 3°. planes ou bullées; 4°. d'un vert foncé ou d'un vert clair; dont l'altération en rouge, en jaune & en noir, ont lieu sous certaines lois; dont les pétioles sont ou tout rouges, ou tout verts, ou striés de rouge. Ces caractères, combinés les uns avec les autres, me donnent moyen d'établir cent cinquante-six divisions, dans lesquelles se placent, d'une manière un peu incertaine, à la vérité, toutes les variétés possibles de raisin, & où je puis trouver, souvent en peu de momens, celle de ces variétés qui est sous ma main.

Les caractères secondaires qui entrent dans mes descriptions, sont: 1°. les bourgeons, c'est-à-dire, les pousses de l'année au moment de la maturité du fruit, époque où ils se sont plus ou moins colorés, plus ou moins tachés, où leurs nœuds sont plus ou moins écartés, où leur diamètre est plus ou moins considérable; 2°. les grappes qui sont cylindriques ou coniques, simples ou accompagnées de grapillons, roides ou pendantes, dont les grains sont serrés ou écartés, sont plus ou moins sujets à couler, se conservent plus ou moins long-temps sans se pourrir, &c. L'époque de la maturité des grains est encore une considération importante, y ayant, dans le même lieu, une différence de plus d'un mois, de variété à variété.

J'ai publié le plan du travail ci-dessus, dans les *Annales d'Agriculture*, tom. XXXII.

Ce grand nombre de variétés, qui existent dans les vignobles de France, n'est que la plus petite partie de celles qui existent dans l'Univers; tous les pays de vignobles se comportant de même à cet égard, à raison de ce que, ainsi que je l'ai déjà fait voir aux mots RACE & VARIÉTÉ, l'époque où la culture de la *vigne* a commencé, se perd dans la nuit des temps. Chaque semis qu'on en fait donne des variétés nombreuses nouvelles, & ce, d'après les principes reconnus par Van-Mons, de Bruxelles, & d'autant plus qu'on semera des pepins de variétés plus nouvellement acquises & plus perfectionnées. Ce chimiste a ainsi obtenu une variété de raisin que je n'ai point vue, mais qu'il annonce être de la grosseur d'une forte prune de reine-claude, mûrir dans la première quinzaine d'août, produire beaucoup, & offrir un suc très-consistant & très-doux.

Le raisonnement & l'expérience se réunissent pour faire croire que chaque variété, qu'on appelle PLANT, ou CÉPAGE, ou COMPLANT, doit donner, lorsqu'elle est cultivée avec d'autres dans le même climat, à la même exposition, dans le même terrain, par les mêmes procédés, un vin particulier; cependant la différence des vins est presque généralement attribuée, par les propriétaires des bons vignobles, par les consommateurs des villes, à celle des terrains & des expositions.

Sans doute cette opinion est fondée sur ce que certaines *vignes* plantées en semblables variétés, séparées des autres par un simple sentier, donnent du vin deux ou trois fois supérieur. Je m'occupe en ce moment de rechercher la cause ou les causes de ce fait, & je crois être sur la voie, mais il me faut encore bien des observations avant de pouvoir prononcer.

Un résultat sur lequel on s'accorde aujourd'hui bien plus qu'autrefois, quoique l'auteur des Géoponiques en reconnoisse l'exactitude, c'est que, pour avoir du bon vin, il faut que le raisin soit arrivé au plus haut degré de sa maturité; or, chaque variété y arrive à une époque différente. Ainsi, cultiver ensemble beaucoup de variétés, sous prétexte que l'une donnera une bonne récolte si l'autre manque par la gelée, la coulure, &c., est une pratique très-vicieuse, quelque générale qu'elle soit encore. Aussi, les bonnes *vignes* de la Champagne & de la Bourgogne sont-elles exclusivement plantées en pineau, une des variétés les moins productives, mais la plus sucrée, la plus susceptible de mûrir au point convenable. On procède de même dans quelques vignobles du Midi.

Je dis au point convenable, parce qu'il est de fait que les fruits qui mûrissent les premiers & ceux qui mûrissent les derniers, dans les climats froids, sont moins sucrés que les autres. Dans celui de Paris, il faut donc rejeter, pour la fabrication du vin, les variétés de raisins qui, comme la magdelaine, mûrissent au commencement d'août, & celles qui, comme le plant de lune, ne peuvent être récoltées qu'à la fin d'octobre.

L'influence de la variété sur la qualité du vin, quoique niée, comme je l'ai dit plus haut, par les propriétaires des bons vignobles & par les consommateurs, étoit reconnue par Caton chez les Romains, par Columelle chez les Arabes, par Olivier de Serres chez les Modernes; tous les vignerons des vignobles que j'ai visités en sont pénétrés; aussi, partout, ces derniers préfèrent les variétés constamment abondantes, aux bonnes variétés, & plantent partout le gamet, qu'un ancien duc de Bourgogne appeloit *infâme*, que la ville de Metz faisoit jadis arracher des *vignes* de sa banlieue, par cela seul, à l'excellent pineau, déjà cité.

Après la variété, le climat & l'exposition, mais seulement sous le rapport de la force du vin, sont les premiers à considérer. En effet, c'est la complète maturité qui fait développer le suc dans le raisin, & cette complète maturité s'effectue mieux dans les pays chauds, dans les expositions méridionales; de sorte que le vin des *vignes* de ces expositions contient plus d'alcool, est plus chaud, plus agissant sur ceux qui en boivent, & se conserve mieux que celui de celles qui ne jouissent pas de ces avantages. Cependant il y a des bons vins à toutes les expositions, comme le prouvent ceux de la côte de Reims, ceux d'Epernay, dans la Marne, & ceux des Arcures dans le Jura, de Saumur dans Maine & Loire, tous provenant, dans des climats froids, de *vignes* exposées au nord.

Une très-grande quantité d'excellens vignobles sont à l'exposition du levant dans toutes les latitudes de la France où la *vigne* peut croître. Il suffit de citer celui de la Côte-d'Or, qui fournit les vins de Bourgogne.

Il en est également de très-estimables à l'exposition de l'ouest, tels que ceux de l'Etoile, de Salins, de Poligny, d'Arbois, &c. &c., dans le Jura.

En général, je puis certifier que je n'ai pas visité un seul vignoble de quelqu'étendue, où je n'aie vu, à toutes les expositions, des *vignes* donnant de bons vins, quand on les comparoit à d'autres provenant d'expositions opposées.

Les coteaux les plus rapides sont ceux qui reçoivent le plus directement, dans les pays du Nord, les rayons du soleil; là, ils sont donc à préférer pour la culture de la *vigne*, malgré que les pluies en fassent descendre très-rapidement la terre, ce qui oblige de la remonter de temps en temps, & occasionne par conséquent une grande augmentation dans ses frais de culture. J'ai visité des vignobles, tels que ceux de Bar-sur-Ornain, de Cerdon & d'autres lieux, dont l'inclinaison n'étoit que de 60 à 70 degrés à l'horizon, & où je ne pouvois grimper qu'obliquement en me retenant aux ceps.

Des abris dans les pays froids, de quelque nature qu'ils soient, favorisent la culture de la *vigne*.

J'ai vu, sur les montagnes de l'île de Léon, cultiver avec succès la *vigne* dans des espèces d'entonnoirs évasés, creusés de cinq à six pieds de profondeur. On la cultive, dans les environs de Chartres, dans des fosses analogues.

Lorsque l'entre-deux des collines tournées au levant ou au midi est planté en *vignes*, ces *vignes* étant abritées du vent du nord, de l'est & de l'ouest, poussent de meilleure heure & amènent plus tôt leurs fruits à maturité.

Plus les vallées sont profondes, & plus la culture de la *vigne* peut se prolonger du côté du nord, comme le prouvent celles de la Moselle & du Rhin.

Il est généralement reconnu que la partie moyenne des coteaux donne le meilleur vin, & cela, parce que les *vignes* plantées dans le haut sont refroidies par les vents, & que celles plantées dans le bas le sont par les eaux qui descendent & s'accumulent autour de leurs racines.

Dans les environs de Paris, une plantation serrée favorise, au dire de M. de Jumilhac, la maturité des raisins, parce qu'elle rend l'air stagnant autour d'eux. C'est tout le contraire plus au midi.

Les terres légères & sèches, ainsi que les terres noires, absorbent plus facilement les rayons du soleil que les autres, & sont par conséquent plus propres à la culture de la *vigne*.

On vend plus cher, sur les bords du Rhin, les *vignes* plantées en terrain VOLCANIQUE, uniquement pour cette dernière cause. *Voyez* ce mot.

Ces rayons de soleil accumulent dans la terre, pendant le jour, leur chaleur, laquelle remonte dans l'air lorsque les nuits commencent à devenir longues & froides. C'est cette chaleur qui fait mûrir les raisins les plus bas placés sur les ceps, plus tôt ou plus complétement que les plus élevés. *Voyez* CHALEUR.

Mais la terre a une chaleur propre émanant du foyer central (*voyez* TERRE & VOLCAN), qui concourt aussi à la végétation. Cette chaleur semble s'affoiblir par la série des siècles & rendre aujourd'hui, par son amoindrissement, des climats du nord de la France, des montagnes élevées, qui, d'après les monumens historiques, ne se refusoient pas autrefois à la culture des *vignes*, impropres à recevoir cette culture. J'en ai personnellement plusieurs exemples à citer, & les historiens de la Normandie, de la Bretagne, &c., en offrent beaucoup.

Actuellement, je dois examiner l'influence de la terre sur la qualité du vin, influence toujours citée & jamais prouvée, comme je l'ai déjà annoncé.

Je parle ici, en partie d'après mes propres observations, & en partie d'après des rapports en lesquels je dois avoir la plus grande confiance.

Les vignobles de la Bourgogne, que j'ai si souvent visités, ceux de la Moselle, du Barrois, du Haut-Rhin, de la Haute-Saône, de la Haute-Marne, & en partie ceux du Jura & du Doubs, sont tous dans une terre argilo-calcaire primitive, très-peu variée dans les proportions de ses principes constituans. Je dis une partie de ceux du Jura & du Doubs, parce que leur base est souvent schisteuse & leur sommet quelquefois gypseux. Combien de sortes de vins sortent cependant de ces vignobles!

Il est deux sortes d'argile pour les agriculteurs: l'une qui est presque constamment sèche, parce que l'eau des pluies ne la délaie pas; telle est celle de la plupart des vignobles précités: l'autre absorbe l'eau facilement & la garde avec ténacité. Celle-ci n'est point propre à la culture de la *vigne*, laquelle donne toujours du meilleur vin dans les terres sèches. *Voyez* ARGILE & GLAISE.

C'est sur la craie que croissent les *vignes* qui fournissent les excellens vins de la côte de Reims, d'Ay, d'Epernay; du moins la couche d'argile qui recouvre cette craie est-elle quelquefois si mince, qu'on met cette dernière à nu par un seul coup de pioche. Pourquoi les vins de ces trois excellens vignobles, d'ailleurs très-rapprochés, sont-ils si différens?

Les *vignes* qui fournissent les vins d'Anjou croissent dans les schistes, & ils sont excellens. Il en est de même d'une partie de celles des bords du Rhin.

Côte-Rôtie, l'Hermitage, la Romanèche, Chenard, Baujeu, sont des villages bâtis sur le granit, & leurs vignobles sont au premier rang des bons. Je n'ai cependant encore bu que des mauvais vins dans les vignobles, se trouvant dans la même nature de terre, que j'ai visités dans les Vosges, aux environs d'Autun, dans le Limousin & dans les Cevennes.

Les déjections volcaniques donnent des vins, tantôt d'excellente qualité, comme une partie de ceux du Rhin, comme ceux du Vésuve, de l'Etna, du Vivarais, &c., tantôt au-dessous du médiocre, comme ceux d'Auvergne.

Les raisins mûrissent plus tôt & mieux dans les terres noires, comme je l'ai observé plus haut.

Quelquefois la terre des *vignes* est si chargée d'oxide de fer, qu'elle est rouge ou jaune, ce qui ne l'empêche pas de donner des vins de qualités fort variables.

L'abondance des pierres plates ou des cailloux roulés, ou du sablon, ou du sable, dans les *vignes*, est selon les pays, au dire des habitans, ou un indice de bon vin, ou un indice de mauvais vin. Le vrai est que cette abondance n'influe sur les *vignes* qu'indirectement, c'est-à dire, dans les deux premiers cas, en empêchant l'humidité de la terre de s'évaporer trop promptement, & dans les deux seconds, en favorisant l'infiltration & l'évaporation des eaux pluviales. Rozier avoit fait paver ses *vignes* de Béziers & s'en étoit bien trouvé. Les plus beaux ceps de l'excellent chasselas de Fontainebleau sont ceux qui sont placés dans des cours pavées ou ferrées de cette ville & de ses environs.

Cependant, malgré ces exemples & malgré qu'on arrose les *vignes* dans quelques parties de l'Orient, de l'Italie, de l'Espagne, l'expérience de tous les siècles prouve que le vin est d'autant meilleur, que le sol où elles sont plantees est plus sec. L'excès de l'humidité ne fît-il qu'augmenter la production des raisins, il nuiroit à la qualité, comme je l'ai déjà observé à l'occasion de la partie la plus basse des *vignes*.

Il est extrêmement commun que la couche supérieure de la terre des *vignes* a très-peu de profondeur & repose sur une argile ou une roche imperméables à l'eau; alors ces *vignes*, si elles ne sont pas très en pente, sont exposées à avoir le pied dans l'eau, alors leurs bourgeons s'alongent beaucoup, donnent peu de grappes & avortent presque toujours. Leurs fruits sont sans saveur; leur vin est foible & de peu de garde.

Je crois que c'est à cette circonstance qu'on doit la mauvaise qualité du vin de quelques pays de plaines de la Brie, de la Sologne, du Gâtinois, par exemple: pays que je connois.

Je lui attribue aussi, en la combinant avec la chaleur du climat, le fait suivant:

Michaux avoit planté à peu de distance de Charleston, dans un terrain analogue à celui de la Sologne, quelques ceps de *vigne* apportés de France. Pendant six mois de l'année ces ceps me fournissoient, sur la même grappe, des boutons, des fleurs, dont la plus grande partie avortoit, & des grains à tous les degrés de grosseur & de maturité.

Quand on achète une *vigne*, on doit donc en faire sonder le terrain, pour reconnoître la nature des couches inférieures, au moins à quatre pieds de profondeur.

Des observations précédentes, il me semble qu'on doit conclure que l'influence de la terre sur la qualité du vin, si elle existe, ne peut être que très-foible, & que le dicton populaire, que le *grain de terre* donne la qualité au vin, est fondé sur de fausses bases.

Cependant, je ne puis nier que du FUMIER FRAIS, que des VARECS (*voyez* ces mots), mis dans une *vigne*, donnent un mauvais goût au vin fait des raisins qu'elle fournit la même année : ce qui est un argument favorable à cette opinion. Je me contente de citer ce fait, car je ne puis l'expliquer.

Je crois avoir acquis la conviction que ce qu'on appelle *goût de terroir*, dans certains vins, tient aux variétés qu'on a mêlées dans la vendange, car considérablement de celles de la pépinière du Luxembourg me l'ont montré; quoiqu'elles fussent immédiatement à côté de variétés qui n'en indiquoient aucune trace. Celle de ces variétés qui offre ce goût au plus haut degré, est le *salmandis* de la Gironde, si remarquable d'un autre côté par le *chiffonnement* extraordinaire de ses feuilles.

Les goûts de pierre à fusil, de framboise, &c., tiennent à la même cause.

Après la variété, la circonstance qui influe le plus puissamment, dans chaque *vigne*, sur la qualité du vin qu'elle donne, sont : 1°. la vieillesse des ceps; 2°. la petite quantité de grappes qu'ils nourrissent.

Les plus anciennes *vignes* donnent dans tous les vignobles le meilleur vin : témoins le clos de Vougeot, sur la côte entre Dijon & Nuits; le clos de Migraine, au nord-est d'Auxerre; les closots auprès d'Epernay, toutes plantées des premières dans les cantons où elles se trouvent, & qui ont au moins cinq cents ans d'âge.

C'est de cette considération, sans doute, qu'a été déduit le mode de culture le plus usité en Champagne & en Bourgogne, laquelle consiste à ne jamais arracher les *vignes*, mais à les coucher en terre tous les deux, trois, quatre, cinq & six ans, comme je le dirai plus bas. *Voyez* PROVIN.

La partie sucrée du jus du raisin est, dans chaque variété, d'autant plus abondante qu'il y a sur chaque cep moins de grappes, ou des grappes plus petites, ou des grappes à moins gros grains, parce que la séve n'en peut fournir qu'une certaine quantité & qu'elle se concentre davantage dans ce cas; or, c'est la partie sucrée qui fait le bon vin, ou au moins le vin généreux; l'expérience l'a prouvé en tous temps & en tous lieux. Il en est de même dans les variétés comparées les unes avec les autres dans le même climat. Je connois dans le Midi de grosses races qui donnent de bon vin. Le pulsare du Jura, qui croît dans l'argile humide, a des grains très-gros & fait la base des excellens vins rouges de Salins, d'Arbois, de Lons-le-Saulnier.

Les jeunes *vignes* sont plus productives que les vieilles; leur vin est plus mauvais. Les engrais, les façons, les arrosemens naturels ou artificiels augmentent ou font grossir les grappes ou les grains, & diminuent la qualité du vin. Il est même à Epernay deux sous-variétés de pineau, qui produisent alternativement beaucoup, & dont le vin de l'un est constamment meilleur que celui de l'autre, l'année où il est le moins abondant.

Une variété du département de l'Ardèche, appelée *chicheau*, très-hâtive, ne sent que l'eau lorsqu'elle est plantée au nord ou que l'année est froide, & devient très-sucrée au midi & dans les années chaudes, au rapport de M. Bernard.

Des faits qui m'ont été communiqués constatent que lorsqu'une variété de nature vigoureuse se trouve plantée à côté d'une variété de nature foible, la première absorboit la nourriture de la seconde, occasionnoit souvent sa coulure, mais lui faisoit produire de meilleur vin.

J'ai vu sur la côte de Reims une *vigne*, de tout temps placée au second rang, dont la culture est négligée depuis plusieurs années, & qui ne donne en conséquence que la moitié du produit qu'elle donnoit autrefois; mais ce produit se vend aujourd'hui aux prix des *vignes* du premier rang.

Il m'a été dit dans plusieurs vignobles de Champagne & de Bourgogne, que ce fait étoit reconnu depuis long-temps, mais que, sous ce rapport, le desir de la quantité, quoique donnant lieu à une plus forte dépense, l'emportoit presque partout.

Un point de vue très-important, sur lequel aucun écrivain, à ma connoissance, n'a pas encore porté son attention, est la durée des vins. Il en est qui doivent être bus avant la fin de l'hiver qui suit leur récolte, si on ne veut pas les voir tourner, si on ne veut pas les voir devenir sans saveur. Il en est qui durent un ou deux ans. Ceux, si supérieurs, de la ci-devant Bourgogne, doivent être bus à quatre ou cinq ans. Il est évident que s'ils se conservoient plus long-temps, ils seroient de meilleure vente. D'ailleurs, la perte qui a lieu chaque année dans les caves est énorme, & donne lieu à un déficit général dans les produits de la *vigne*, qu'on n'évalueroit probablement pas trop en l'estimant vingt millions. J'ai la conviction que cette altération est due aux variétés à raisins peu sucrés, aux terrains trop humides, aux années ou trop pluvieuses ou trop sèches, terrains & années où il y a moins de suc dans les raisins, &, par conséquent, moins d'alcool dans le vin.

En disant que les années trop sèches donnent du vin de moins de garde, il semble que je sois en contradiction avec ce que j'ai dit plus haut des avantages de la culture de la *vigne* dans les terrains arides, mais c'est qu'il faut de l'eau à la séve pour convertir le mucoso-sucré en sucre au moment de la maturité, & que le mucoso-sucré, comme le prouve le chasselas, ne fait jamais du vin généreux

& de garde. L'année 1822, si favorable d'abord, & qu'on croyoit devoir être fortunée pour les propriétaires de *vignes*, ayant été trop chaude & trop sèche à la fin d'août & au commencement de septembre, n'a donné à ceux qui, séduits par l'excès de maturité du raisin, excellent à manger, ont vendangé trop tôt, c'est-à-dire, avant la pluie (le plus grand nombre s'est mis dans ce cas) que des vins sans force & sans durée, dans lesquels il a fallu bientôt mettre de l'eau-de-vie pour ne les pas perdre entièrement; tandis que ceux qui ont attendu à vendanger après la pluie, en ont obtenu de très-bons, qui se conserveront long-temps. Ces circonstances se sont montrées dans les vignobles du nord, du centre & du midi.

Je dois cependant remarquer que, dans les vins du Nord, l'acide tartareux & le principe astringent de la grappe compensent jusqu'à un certain point le manque d'alcool, & concourent à les faire durer plus long-temps.

L'influence de la culture sur la qualité du vin ne peut être niée. Je viens d'en citer un exemple. Les variétés qui mûrissent fort bien en Sicile, restent en verjus dans nos jardins (le raisin cornichon); celles qui donnent du vin passable lorsqu'on les fait monter sur des arbres en Italie, sur ces perches en Dauphiné, qu'on tient à trois ou quatre pieds de haut dans le bas Languedoc, en donneroient, aux environs de Paris, de plus détestable que celui qui s'y récolte; mais dans tous ces pays, les *vignes* tenues les plus basses, taillées avec le plus de sévérité, sont celles qui donnent le meilleur.

Une terre abondamment pourvue de principes nutritifs, peut nourrir des ceps plus élevés, des ceps plus rapprochés. Les *vignes* qui y sont plantées doivent donc recevoir une culture différente de celle d'une terre aride, où les ceps sont très-bas & très-écartés.

Les coteaux très-inclinés, comme je le ferai voir plus bas, ne peuvent pas être labourés comme les plaines.

Toutes les variétés demandent une culture qui soit appropriée à leur nature.

Que penser, d'après cela, de ces écrivains qui ont voulu assujettir les *vignes* de tous les climats, de tous les sols, de toutes les variétés, à la culture usitée dans leurs pays?

Mais il faut passer à la description de la *vigne*, description indispensable pour me faire entendre par la suite.

Un pied de *vigne* s'appelle un CEP, un PLANT.

Les RACINES de la *vigne* sont tantôt pivotantes, tantôt traçantes, suivant la terre où elles se trouvent. On en a, dit-on, vu qui pénétroient à soixante pieds. Toujours elles sont fortement garnies de chevelu.

Les TIGES de la *vigne* sont trop foibles pour se soutenir par elles-mêmes; aussi, ou rampent-elles, ou s'appuient-elles sur les arbres voisins, d'abord au moyen des VRILLES ou MAINS qui sortent de l'extrémité de leurs BOURGEONS, ensuite par leur propre poids.

Le bois de la *vigne* n'a pas d'aubier. Son écorce, lorsqu'elle est vieille, est brune, s'élève en lanières & se renouvelle chaque année. Celle des BOURGEONS, à l'époque de la maturité des fruits, est ou fauve foncé, ou fauve clair, ou rougeâtre, ou tachée de brun. Ces bourgeons s'appellent SARMENT après la vendange. Ils offrent des nodosités plus ou moins distantes, desquelles sortent, dans le bas, les grappes, toujours opposées à une feuille, & dans le haut, des vrilles, également toujours opposées à une feuille. *Voyez* les mots précités.

Les sarmens ont plus ou moins de moelle, qui diminue l'année suivante par la contraction de l'aubier. Ceux qui en ont le moins, & dont les nœuds sont les plus rapprochés, passent pour donner le meilleur vin. Les pineaux ont en effet ces caractères.

Les feuilles de la *vigne* sont cordiformes, plus ou moins lobées, ou au moins dentées; tantôt elles sont planes, tantôt elles sont tourmentées & bullées; tantôt leur surface inferieure est luisante, tantôt elle est garnie de poils ou de filamens blancs. L'automne, elles se colorent diversement en rouge ou en jaune.

Les vrilles de la *vigne* se divisent ordinairement en deux parties, dont l'une est plus courte que l'autre. Elles sont évidemment des grappes avortées, car on peut très-facilement leur faire porter du fruit, en supprimant les véritables grappes avant la floraison, & arrêtant, en en cassant l'extrémité du bourgeon qui les porte, ce qui fait refluer la SÈVE en eux. *Voyez* ce mot & PINCEMENT.

Les grappes sortent toujours du bourgeon (pousse de l'année), & dans le bas de cette pousse. Elles sont plus ou moins nombreuses selon les variétés, l'âge du cep, le terrain, les circonstances atmosphériques, &c. Quatre est le terme moyen le plus commun.

Non-seulement il faut un bourgeon pour avoir du raisin, mais encore un bourgeon qui sorte d'un sarment, résultat, comme je viens de le dire, de la pousse de l'année précédente. Tous ceux qui sortent du vieux bois sont stériles. On doit faire une grande attention à ce fait dans la culture de la *vigne*.

Les boutons gros & obtus indiquent un bourgeon porte-grappes, & les aigus un bourgeon stérile.

Les grappes sont dites simples, lorsque tous les pédicules sortent de leur axe. Quand ceux de ces pédicules qui sont à la base, s'alongent & en portent d'autres (les *grapillons*, les *épaulons*), on les appelle composées. Il est de ces grappes qui pèsent sept à huit livres.

Les fleurs de la *vigne* offrent un calice à cinq dents,

dents, cinq pétales caducs, un ovaire surmonté d'un style simple & obtus.

Son fruit est une baie ou ronde ou ovale, ou rouge ou blanche, ou grise de beaucoup de nuances, qui doit renfermer cinq semences ou PEPINS, mais qui n'en contient le plus souvent que trois, les autres avortant. Il en est même qui n'en contiennent pas du tout (les *passerilles*). Ces pepins sont noyés dans un suc tantôt pulpeux, tantôt visqueux, tantôt aqueux, qui, avant sa fermentation, constitue le MOUT, & après le VIN (*voyez* ces mots). Une peau plus ou moins coriace, dans les interstices de laquelle se trouve une résine, rouge dans les raisins de cette couleur, & jaunâtre dans les autres, ainsi qu'une huile essentielle âcre, entoure le tout. *Voyez* BAIE.

Les bourgeons, les feuilles, les grappes de la *vigne* contiennent un ACIDE très-développé, & qu'on reconnoît en les mâchant. Cet acide, introduit dans le vin, diminue sa bonté, mais concourt à sa conservation; aussi n'égrappe-t-on jamais dans les vignobles du Nord. *Voyez* EGRAPPAGE.

Il n'a pas encore été possible de fixer la durée de la vie de la *vigne*, parce que cette durée s'étend au-delà de plusieurs générations, à plus de mille ans peut-être. Strabon cite des pieds que deux hommes pouvoient à peine embrasser. En 1793, il est mort à Besançon un pied qui avoit près de deux mètres de tour. J'ai déjà cité des vignobles qui ont plus de cinq cents ans de plantation.

Les Anciens regardoient le bois de la *vigne* comme indestructible, & le préféroient, en conséquence, pour faire les statues des dieux, pour confectionner les portes des temples. Ils lui attribuoient aussi des propriétés surnaturelles. Actuellement on ne l'emploie plus guère qu'à brûler.

Dans les pays chauds, la *vigne* ne demande presqu'aucun soin & donne constamment des produits abondans. Il n'en est pas de même dans les pays froids; ce n'est qu'à force d'artifices qu'on en obtient de médiocres, encore sont-ils subordonnés à un grand nombre de circonstances indépendantes de la volonté de l'homme.

De cette seule observation on peut conclure, comme je l'ai déjà remarqué, que chaque climat doit adopter un mode particulier de culture, & c'est ce qui a lieu.

En Italie, on plante les *vignes* au pied des arbres, ordinairement les érables, & on les laisse monter comme elles veulent. Ce sont des VIGNES ARBUSTIVES, des HAUTINS ou HUTINS. Celles que j'ai vues, depuis Turin jusqu'à Venise, étoient chargées de grappes, mais ces grappes étoient petites, peu garnies de grains, & ces grains étoient sans saveur : aussi quel vin boit-on sur cette route! Celui de Brie, si redouté aux environs de Paris, lui étoit peut être préférable. Si on vouloit cultiver de même les *vignes* du Nord, leur vin seroit encore plus mauvais, parce que la maturité des raisins seroit toujours incomplète, & quelquefois même ne pourroit s'effectuer, faute de chaleur. Je crois qu'en tous lieux elle doit être repoussée, quoique ce soit celle indiquée par la nature, pour toute autre chose que dans le but d'avoir du fourage pour les bestiaux; encore, dans ce cas, suis-je d'avis qu'il vaut mieux faire courir les ceps sur des haies peu élevées, que grimper sur des arbres. *Voyez* HAIE & RAMÉE.

La culture de la *vigne* en berceaux, qui a lieu dans quelques localités de la France méridionale, même autour de Weissembourg, sa partie la plus septentrionale, doit être rangée dans une catégorie encore plus dans le cas d'être repoussée que celle des *vignes* arbustives, si j'en juge par ce qu'on voit généralement dans nos jardins, où les grappes des chasselas, ainsi tenus, sont sans beauté & sans saveur.

J'adjoins à ce mode, celui que j'ai remarqué dans quelques parties des départemens du Doubs & du Jura, où on étend les bourgeons dans l'intervalle des lignes des ceps.

Cependant les raisins, dans les pays très-chauds, seroient grillés par la réverbération de la terre, s'ils étoient tenus aussi bas que dans les pays froids.

Mais il est des modifications à la culture des *vignes* arbustives, qui sont connues & usitées dans les pays chauds avec moins d'inconvéniens, & qu'on pratique dans plusieurs parties de la France, principalement au pied des Alpes & au pied des Pyrénées.

La première consiste à planter à 12 à 15 pieds de distance en tout sens, des arbres étêtés à la moitié de cette mesure, des érables, des mérisiers & des ormes de préférence; de faire monter la *vigne* sur les fourches de leur tête & d'en diriger les rameaux, en guirlandes, d'un arbre à l'autre, ce qui permet à ces guirlandes, qu'on ne laisse pas trop se garnir de branches, de jouir des bénéfices de la lumière & de la chaleur solaire, & par conséquent ce qui favorise la maturité des raisins.

Quand on veut parfaitement bien opérer, on plante les ceps dans le milieu de l'intervalle des arbres, & deux ou trois ans après on les couche pour les faire sortir de terre à leur pied.

Moins les arbres sont élevés, & meilleurs sont les raisins, parce qu'alors ils profitent des émanations chaudes de la terre, émanations dont j'ai déjà parlé.

De vieilles souches, ou des pieds fourchus sont substitués aux arbres vivans dans beaucoup de lieux; &, quoique très-coûteux, je les crois préférables, parce qu'ils ne nuisent à la *vigne* sous aucun rapport.

Si ce mode de culture, dont l'aspect est très-agréable, étoit suivi avec soin & intelligence, il donneroit des produits d'assez bonne qualité & en abondance; mais partout je l'ai vu abandonné à l'ignorance & à la paresse, &, par conséquent, ses résultats sont de très-peu supérieurs à ceux des vignes tenues sur les arbres.

L'intervalle des lignes est laissé en pré ou semé en céréales, ce qui paie la rente de la terre, la façon & l'impôt, & laisse ainsi, en bénéfice, la récolte entière du vin.

La culture de ces *vignes* consiste à émonder plutôt qu'à tailler les sarmens, à les rattacher aux arbres lorsqu'ils s'en sont séparés, & à donner deux ou trois labours par an autour de chaque pied.

La seconde manière de disposer les *vignes* hautes, c'est de les attacher, sans en écarter les sarmens, à des perches de dix à douze pieds de haut, perches qu'on ne change que lorsque leur partie inférieure est pourrie. J'ai cru voir, dans ce cas, que les bourgeons, retombant des ceps, couvroient les grappes & nuisoient à leur maturité.

Il est des lieux, comme aux environs de Colmar, où les *vignes*, quoiqu'aussi élevées, sont cependant attachées dans leurs parties hautes; mais, là, les ceps sont si rapprochés, que le soleil pénètre peu dans leurs intervalles, ce qui amène un résultat analogue.

On a adopté, dans un grand nombre de nos départemens du Midi, la méthode de tenir les ceps en souches hautes de deux, de trois, de quatre pieds, & de disposer les sarmens en têtards, qui, lorsqu'ils sont suffisamment écartés & lorsqu'ils ne sont pas trop surchargés de bourgeons, donnent abondance de raisins, qui peuvent jouir de l'influence du soleil & fournir du bon vin. Outre cet avantage, il y a dans cette méthode économie d'échalas dont on se passe, diminution dans la dépense des labours qui se font à la charrue.

Les départemens des Bouches du-Rhône, du Gard, de l'Hérault, de l'Aude, offrent beaucoup de *vignes* ainsi disposées. Elles y sont connues sous le nom de *vignes courantes*. J'ai dû applaudir à leurs avantages, surtout dans la plaine de Nîmes, où les souches n'ont que deux pieds de haut.

Plusieurs des vignobles des environs de Marseille, de Cahors, d'Alby, d'Agen, &c., une partie de ceux des départemens du Rhône, de l'Ain, de l'Yser, du Doubs, du Jura, de l'Aube, du Lyonnois, de Maine & Loire, de l'Orne, &c. &c., offrent des treilles élevées de quatre à cinq pieds, dans les premiers écartés de dix, quinze, vingt pieds, dans les seconds seulement de deux à trois, avec de nombreuses modifications pour chacun. Partout j'ai bu de bons vins provenant de ces *vignes*, mais je suppose qu'ils eussent été encore meilleurs, si ces treilles avoient été plus basses, c'est-à-dire, semblables à celles du Médoc, des environs de Vesoul, des environs de Vassy, &c. &c.

Je reviendrai plus tard sur le mode de culture de ces trois derniers vignobles, dont je suis déterminé, par la théorie & l'observation, à conseiller l'adoption partout, & principalement dans les pays froids.

Dans la ci-devant Bourgogne, dans la ci-devant Champagne, dans les environs de Paris, & je puis dire dans tout le nord de la France, à quelques exceptions près, on plante la *vigne* en rangées écartées de deux, de trois ou de quatre pieds au plus, & chaque cep est accompagné, pendant tout l'été, d'un échalas, auquel on attache ses bourgeons. Tantôt, & c'est le mieux, les souches sont conservées les plus basses possible, tantôt on les laisse monter sur un, deux & trois brins ou bras jusqu'à deux pieds. Les raisins des premières mûrissent mieux, par la raison déjà citée, des émanations de la chaleur terrestre.

Dans quelques pays froids, & sur quelques côtes méridionales, on laisse ramper les *vignes* sur la surface de la terre, tant pour qu'elles profitent mieux des émanations de la chaleur terrestre, que pour qu'elles donnent moins de prise aux vents refroidissans; mais il faut, pour cela, que le sol soit sablonneux & en pente. On en voit de telles aux environs de Caen, à Argens, aux environs du Puy, département de la Haute-Loire. On en voit de telles aux environs de la Rochelle, dans l'île de Tine, dans la Crimée, &c. &c. Dans quelques autres on les tient même plus basses que la surface du sol. Je citerai celles des environs de la ville de Sauve, dans le royaume de Léon, que j'ai visitées. Elles sont plantées, un cep dans chacun, au fond d'un entonnoir de deux pieds de profondeur & de six pieds de diamètre, contre les parois duquel rampent les sarmens, soutenus sur de petites fourches. Je citerai les environs de Chartres, où elles se plantent dans des fosses encore plus profondes.

Par contre on entoure, aux Açores, chaque pied de *vigne* d'un petit mur, sur lequel on dirige les bourgeons, de sorte que la terre reste fraîche, tandis que les raisins reçoivent l'influence directe & réfléchie de la chaleur solaire.

C'est sans doute encore dans le même but qu'aux environs de Cabocea, dans la Nouvelle-Castille, on plante les ceps au sommet de monticules de deux ou trois pieds d'élévation, & écartés d'autant, ceps dont on rabat les bourgeons sur la pente, en les tenant à un pied de terre. J'approuverois beaucoup cette culture, si elle n'étoit pas si coûteuse.

Les *vignes* basses doivent se diviser, 1°. en *vignes* qui, comme les *vignes* hautes, ne se provignent pas, & qu'on arrache après trente, quarante, cinquante, même cent ans de productions; 2°. en *vignes* qui se provignent tous les deux ans, ou tous les trois, ou tous les quatre, ou tous les dix ans, &c. On appelle les premières *grosses vignes* dans quelques vignobles, parce qu'elles sont ordinairement composées des variétés auxquelles on demande l'abondance plutôt que la qualité du vin, & qu'on provigne celles en plants fins, desquelles on attend plus de qualité de vin que d'abondance, ces dernières étant affoiblies par l'opération du MARCOTTAGE, comme il a été dit à son article.

Les *vignes* plantées sur des coteaux très en pente peuvent être laissées plus hautes que celles en plaine, lorsqu'on les incline dans le sens de la montée, parce qu'elles profitent plus long-temps des émanations calorifères de la terre; il est cependant des vignobles, & je citerai seulement celui de Tonnerre, où on les incline dans le sens de la descente. Est-ce que les *vignes* en espaliers n'amènent pas plus tôt leurs raisins à maturité qu'aucune des autres? *Voy.* ESPALIERS, MUR & ABRI.

L'emploi des échalas, si général dans tous les vignobles des pays froids, & dont les jeunes *vignes* se passent difficilement dans les pays chauds, est d'une telle dépense, qu'il devient pressant de chercher les moyens, ou de s'en passer, ou d'en diminuer la quantité, ou d'en augmenter la durée. La culture en treille basse en restreint prodigieusement la consommation, de sorte, qu'en goudronnant leur extrémité, comme l'a proposé M. Léorier, leur acquisition seroit peu à charge aux propriétaires.

Actuellement je passe aux divers modes de plantation de la *vigne*.

Toute plantation de *vigne* devroit être précédée d'un défoncement du sol, à au moins deux pieds de profondeur; mais le besoin d'épargner le temps ou l'argent, fait qu'on s'en dispense trop souvent, au grand détriment des récoltes futures & de la durée des ceps; car la prospérité d'un arbre qui doit vivre un ou plusieurs siècles tient à la facilité que trouvent ses racines à aller puiser au loin les sucs nécessaires à son existence. Cette nécessité du défoncement est fondée sur ce que la *vigne* est souvent plantée dans des lieux qui ont une fort petite épaisseur de terre végétale, sur des pentes où cette terre est exposée à être promptement entraînée par les eaux pluviales; elle se fait principalement sentir quand c'est sur une roche fendillée que repose cette terre. On appelle quelquefois, dans ce dernier cas, MINER, l'opération de DEFONCER. *Voyez* ces deux mots.

Il est des vignobles où les vignerons sont tenus, par leur engagement, à défoncer ou miner chaque hiver une certaine étendue de terrain, pour la planter ou replanter l'hiver suivant, ce qui fait que le renouvellement se fait sans qu'on paroisse l'avoir payé.

Une fumure abondante, ou, à défaut, un enfouissement de plantes herbacées ou de plantes ligneuses, effectué dans la jauge au moment même du défoncement, assure la vigueur du plant de la *vigne*, & on sait que c'est de cette vigueur seulement qu'on peut conclure un bon succès.

L'opération du défoncement se fait toujours dans l'hiver, parce qu'alors les vignerons sont inoccupés & que la main d'œuvre est à meilleur marché. Elle a lieu un an avant la plantation, pour donner le temps à la terre du fond, ramenée à la surface, de se saturer des gaz atmosphériques & de devenir propre à nourrir des plantes. *Voyez* TERRE & VEGETATION.

Pour diminuer la dépense, on se contente souvent de défoncer le terrain dans des lignes d'un, deux & trois pieds de large, mais c'est un mauvais calcul; dans un grand nombre de cas, les racines de la *vigne* arrivant bientôt à la partie non défoncée, elle languit & donne de foibles récoltes à l'époque où elle devroit en donner de très-avantageuses.

Dans beaucoup de pays, le défoncement de la *vigne* donne lieu à l'extraction d'une grande quantité de grosses pierres, qu'il seroit trop coûteux de transporter au loin, & qu'on dépose sur les bords en tas ronds ou alongés. C'est ce qu'on appelle MERGER. *Voyez* ce mot.

La disposition de ces pierres en rangs perpendiculaires à la pente du terrain, est dans le cas d'être recommandée, car il en résulte des espèces de terrasses qui arrêtent les terres & épargnent, par conséquent, leur remonte.

Cependant quelquefois, ainsi que je l'ai déjà observé plus haut, les pierres laissées dans la *vigne* sont favorables aux produits, en conservant de l'humidité à la terre.

Il est plusieurs précieux vignobles où les clôtures en murs sont très-multipliées. Je dois les approuver, car elles n'ont contr'elles que la dépense de leur construction. Mais presque partout celles en haies sont proscrites, sous le prétexte que leur ombre & leurs racines nuisent à la *vigne*, qu'elles sont le repaire des oiseaux & des insectes, qu'elles favorisent les voleurs, &c. *Voyez* HAIE.

Je ne dissimule pas une partie de ces inconvéniens, mais je soutiens qu'une haie, tenue à deux ou trois pieds de haut du côté du levant, du midi & du couchant, & laissée fort élevée du côté du nord, est plus utile que nuisible. Le clos de Migraine donne-t-il de mauvais vin? Je vais plus loin, & je conseille d'en planter dans toutes les *vignes* fort en pente, de loin en loin, perpendiculairement à cette pente, en les tenant encore plus basses pour retenir les terres. Si nos pères avoient procédé ainsi, combien de coteaux, aujourd'hui dénudés, donneroient encore du vin! *Voyez* ABRI & TERRASSE.

Actuellement il s'agit de déterminer la variété qui doit être employée dans la plantation, & ce n'est pas une chose facile, vu leur grand nombre & leurs différences en qualité, comme je l'ai déjà annoncé & comme on le verra encore mieux par la suite. Je ne dirai pas: tirez votre plant du Midi, tirez votre plant du Nord, car il n'est rien moins prouvé que cela soit avantageux, malgré les assertions de quelques écrivains; mais bien: choisissez dans votre vignoble ou dans les vignobles voisins les variétés connues pour donner, autant que possible, en même temps, & du bon vin & beaucoup de vin, pour le moins craindre la gelée, la coulure, &c. Il n'est point de ces vignobles, ainsi que la plantation de la pépinière du Luxembourg & mes voyages me le prouvent, qui n'en contiennent de distinguées, & les vignerons savent généralement les connoître.

Cependant il pourra être utile que les propriétaires riches fassent quelquefois la dépense d'en faire venir de loin, malgré l'incertitude du succès, car il en peut résulter un grand avantage pour le pays, &, à cet égard, je leur donnerai plus bas des indications nombreuses.

Les inconvéniens du mélange d'un grand nombre de variétés dans la même *vigne* ont déjà été signalés; ainsi je suppose qu'on n'en mettra qu'une, ou au plus deux ou trois.

Actuellement, lequel à préférer, des plants enracinés, ou des boutures ou des crocettes, pour faire la plantation?

Le plant enraciné provient, ou de marcottes faites à cet effet dans ses propres vignes ou achetées, ou de boutures mises en terre l'année précédente & relevées, comme les marcottes, au moment de l'emploi. Il coûte cher, demande de grandes précautions dans sa transplantation pour réussir, & ne peut être employé dans les lieux éloignés des vignobles.

Il est deux sortes de boutures: celles faites avec un sarment de la dernière pousse, coupé sur cette pousse; celles faites avec un sarment de la dernière pousse, auquel on a conservé un talon du bois de la pousse antérieure. *Voyez* CROCETTE.

Les opinions des vignerons varient sans fin sur la préférence à donner à l'une ou à l'autre. Je puis assurer que ce choix est indifférent pour le succès.

Les boutures & les crocettes, sur les ceps marqués avant la vendange, se coupent au moment de la taille & se conservent le gros bout dans la terre ou dans l'eau. Plus elles sont grosses, & mieux elles réussissent. Il est des *vignes* foibles qui ne peuvent en fournir, telles que celles de la côte de Reims, côte où on tire de Verzy-sur-Aine celles nécessaires aux repeuplemens.

La reprise des boutures & des crocettes est assurée, lorsqu'on les enfonce à plus d'un pied en terre & qu'on les courbe un peu par leur gros bout; cependant il est des terrains tellement secs, que des arrosemens ou des moyens propres à empêcher l'évaporation de l'humidité sont nécessaires. Je citerai le vignoble de Joigny, où, comme je m'en suis assuré, il est utile au succès des plantations de mettre sur la courbure des boutures ou crocettes une poignée de terre argileuse.

Lorsqu'on a peu de boutures & qu'on veut augmenter le nombre des pieds à en obtenir, on couche ces boutures à trois pouces de profondeur, dans une terre humide & ombragée, & il sort un pied de chacun de ses nœuds. L'hiver de l'année suivante, on lève ces boutures, on sépare les pieds & on les replante où ils doivent définitivement rester.

La nature du sol, l'état de la saison, la convenance du vigneron, déterminent exactement le moment de la plantation des *vignes*, attendu qu'on peut l'effectuer depuis la vendange jusqu'à la pousse des feuilles, c'est-à-dire, pendant tout l'hiver. On gagne généralement à les faire plus tôt dans les terrains secs, & plus tard dans ceux qui sont humides.

Lorsqu'on veut faire des boutures de *vignes* pendant l'été, dans l'intervalle des deux séves, époque où elles réussissent fort bien, il faut couper leurs feuilles, les ombrer & les arroser; mais ce n'est que dans les jardins qu'on en fait alors.

Il m'est impossible de fixer la distance à laquelle il convient de planter les ceps de *vigne*, attendu que cela dépend du climat, du sol, de la variété, &c. En général, il y a toujours à gagner, surtout dans les pays chauds, pour la qualité & l'abondance, à les éloigner plutôt qu'à les rapprocher. Chaque pays a, à cet égard, des usages dont j'ai déjà parlé, & que je rappellerai plus en détail.

On lit dans les Géoponiques que les Anciens espaçoient les ceps de deux pieds & demi, défonçoient le terrain d'un pied & plantoient un *jugerum* (28,800 pieds carrés), par le travail d'un homme pendant trois jours.

Le terrain étant disposé pour la plantation de la *vigne*, il s'agit de déterminer la manière dont on l'exécutera.

La plus mauvaise de ces manières est de faire des trous dans la terre avec un PLANTOIR (*voyez* ce mot), & de mettre un ou deux plants dans ces trous.

Faire les trous avec une tarière, comme cela se pratique dans quelques lieux, est préférable, puisque la terre n'est pas tassée dans l'opération; mais aussi elle n'est pas ameublie, & sa facile perméabilité aux racines est une condition de succès.

Une autre, c'est de faire, à la pioche, des trous de trois pouces de large & de six pouces de longueur & de profondeur, d'y mettre également un ou deux plants.

Une troisième, c'est de faire des fosses de trois pieds carrés, sur un pied de profondeur, & de mettre un plant à chaque angle.

Une quatrième, c'est de mettre à trois pieds de distance les plants de chaque côté de fosses de trois pieds de large sur deux de profondeur, fosses qu'on ne remplit de terre d'abord qu'à moitié, & dans l'intervalle desquelles on forme des dos d'âne pour cultiver des lentilles, des haricots, du froment, de l'avoine, &c.

Cette dernière manière, qui est celle usitée dans une grande partie des vignobles du nord de la France, est fort dans le cas d'être préférée, & je la recommande partout; cependant elle a l'inconvénient de favoriser les effets de la gelée, par l'humidité où elle place les jeunes plants, au moment où ils entrent en végétation, du côté qui n'est pas exposé au soleil levant.

Quoique la direction des fosses dans le sens de la pente occasionne une plus prompte descente des terres, on la préfère généralement, à raison de la facilité des travaux. On est rarement le maître de cette direction dans les pays de petite culture, le partage des *vignes* se faisant toujours dans celle précitée, & les propriétés y ayant généralement fort peu de largeur.

On ne touche point aux *vignes* la première année de leur plantation. On se contente de donner un binage aux fosses, & de planter ou semer quelque chose sur les ados de leurs intervalles.

Au printemps de l'année suivante, si le plant se montre vigoureux, on coupe toutes ses pousses, hors la plus forte & la plus droite, qui est destinée à devenir la souche, & on donne un labour. Si, au contraire, le plant est foible, on se contente du labour, & un an après, on coupe tous les plants rez terre, afin de lui faire pousser de nouveaux bourgeons, dont les plus foibles sont supprimés entre les deux séves. Le bourgeon restant se fortifie pendant l'automne, au point qu'il devient souvent plus fort que ceux qui n'ont pas été récépés. Il est, l'hiver suivant, taillé sur un ou deux yeux, ses pousses sont pourvues d'un échalas, & on le traite comme un cep plus âgé, c'est-à-dire, qu'on l'ébourgeonne & qu'on lui donne les labours & les binages usités.

Ce n'est qu'à quatre ou cinq ans après sa plantation, que la *vigne* commence à donner du raisin. Elle est généralement en pleine production à sept ans, elle donne du bon vin à quinze, &, comme je l'ai déjà dit plus haut, elle peut subsister plusieurs siècles lorsque le terrain est de bonne nature & qu'elle n'est pas tourmentée par la serpette. *Voyez* TAILLE, FEUILLE & RACINE.

Mais la *vigne*, pour donner du bon vin, demande à être plantée dans des terrains de très-mauvaise qualité, & on la taille rigoureusement tous les ans; aussi, toutes les fois qu'on ne la provigne pas pour renouveler ses racines, elle ne subsiste pas au-delà de 80 ans; & dans les vignobles où on spécule uniquement sur l'abondance de ses produits, où la qualité n'est comptée pour rien, on l'arrache dès que sa fertilité commence à diminuer, c'est-à-dire, entre vingt & quarante ans. Il y a tant de diversités d'usages à cet égard, que je ne puis les détailler ici.

Les labours sont indispensables à la *vigne*. Ils varient dans chaque vignoble, en nombre, en époques, en modes. Généralement elle reçoit un labour plus ou moins complet avant l'hiver, soit à la HOUE, soit à la PIOCHE, soit à la BÊCHE, soit à la CHARRUE. (*Voyez* ces mots.) Tantôt on le fait profond, tantôt on le fait léger, tantôt on se contente de ramener entre les rangées la terre qui entoure les pieds, & on l'y dispose en buttes ou en dos d'âne. *Voyez* LABOUR.

Dans ce cas les eaux pluviales se portent autour des ceps, & cela est avantageux dans les terres légères & les expositions chaudes. Dans les terrains argileux & les pays humides, il faut opérer les labours en sens inverse.

Les *vignes* ont une grande disposition à pousser des racines à fleur de terre, & prenant plus de force, font périr celles qui sont plus enfoncées en terre & nuisent aux labours. Il faut les détruire en faisant ces labours, quelqu'utiles qu'elles soient à la bonne végétation de ces *vignes* & à l'abondance de leurs produits. Cependant il convient de les ménager un peu dans les terrains humides, comme le conseilloient les Anciens, parce que celles qui sont profondément enterrées sont exposées à périr.

Des centaines de houes ou de pioches que j'ai vues usitées dans les vignobles que j'ai visités, je ne parlerai que des trois auxquelles toutes les autres peuvent se rapporter; savoir : celle qui est à fer carré, & qui convient aux terres compactes & dépourvues de pierres; celle qui est à fer triangulaire, laquelle s'applique aux mêmes terres lorsqu'elles sont de plus très-caillouteuses; celle à deux ou trois dents plates, dont on se sert avec plus d'avantage dans les terres graveleuses & sablonneuses. *Voy.* HOUE & PIOCHE.

J'ai vu labourer des *vignes* avec une petite bêche à fer arrondi, bêche qu'on introduisoit dans la terre obliquement, par le seul effort de la main, & il m'a paru que son action étoit plus rapide & moins fatigante que celle de la houe & de la pioche.

Il n'est point indifférent de labourer dans un sens plutôt que dans un autre; lorsque les *vignes* sont en pente, il faut toujours, quoique cela soit plus fatigant pour le vigneron, tendre à remonter la terre. Le labour diagonal est donc fort à recommander.

Faire les labours alternativement dans un sens & dans un autre, l'est encore.

L'économie des labours à la charrue doit engager tous les propriétaires des *vignes* qui ne sont pas sur des coteaux très-rapides, à les planter de manière qu'à l'exemple de ceux du Médoc & autres cantons, ils puissent les employer. Les vignerons y gagneront une vie moins fatigante & une vieillesse moins malheureuse, car il arrive très-fréquemment qu'ils se voûtent dès cinquante ans, de manière à ne pouvoir plus travailler, même plus se servir dans les besoins de la vie. *Voyez* CHARRUE.

Les binages de la *vigne* se font, le premier, au printemps, après la taille; le second à la fin de cette saison, après la floraison; le troisième en été, lorsque le raisin commence à se colorer. Lorsqu'on en donne un quatrième, on rapproche les autres d'une semaine.

Les binages d'été doivent être très-légers dans

les terrains secs & exposés aux rayons brûlans du soleil. J'ai vu des *vignes* entières perdre leurs feuilles, & par conséquent ne point donner de récolte, par suite d'une inconsidération à cet égard.

C'est pendant le labour d'hiver qu'on creuse les fossés ou les trous destinés à recevoir la terre qui est entraînée par les pluies, & qu'on doit de loin en loin reporter au sommet des *vignes*, ces trous diminuant la distance à parcourir, & par conséquent la dépense de son transport, qui se fait le plus souvent pendant la même saison, à dos d'homme, à raison de la rapidité des pentes, qui ne permet pas l'emploi des animaux.

Dans beaucoup de vignobles, c'est encore alors qu'on provigne, & dans les *vignes* où cette opération est régulièrement effectuée tous les deux, trois, quatre & cinq ans, & dans celles où on ne l'exécute que lorsqu'il est nécessaire de regarnir une place rendue vide par la mort d'un ou plusieurs ceps.

On ne devroit appeler PROVINS que les ceps complétement couchés en terre; mais on donne aussi assez généralement ce nom aux sarmens d'un cep destiné à faire des MARCOTTES, soit pour regarnir, comme je viens de le dire, soit pour transporter ailleurs les jeunes pieds qui en résultent. *Voyez* ces mots.

Les avantages du provignage sont d'augmenter le nombre des racines de la *vigne*, de mettre les nouvelles dans une terre neuve, & d'abaisser sa souche.

Les provins destinés à perpétuer les jeunes *vignes*, en leur laissant constamment l'apparence de la jeunesse, sont le plus souvent dirigés dans le même sens, & en montant. Ceux dont l'objet est seulement un regarni, se font en tous sens, mais alors on les sépare souvent de leur MÈRE. *Voyez* ce mot.

Il est cependant des lieux, surtout lorsque la pente est très-rapide, où on les dirige transversalement pour arrêter la terre, soit d'un seul côté, soit alternativement à droite & à gauche.

Dans ce dernier cas il est très avantageux, comme l'a prouvé Cabanis, de faire les marcottes à la fin de juin, avec les bourgeons latéraux, pour cela réservés lors de l'ébourgeonnement.

Je crois, par analogie, qu'il seroit mieux de regarnir les *vignes* avec des boutures ou avec du plant enraciné, cultivé autre part, qu'avec des provins; mais l'usage général est opposé à mon opinion.

Il est assez rare qu'on fasse provigner une vieille *vigne* en entier, parce que cette opération est très coûteuse, & que ses résultats sont inférieurs, relativement aux produits, à une transplantation après arrachis & repos pendant quelques années.

Il est des vignobles où on ne plante que la moitié, même le quart des ceps nécessaires pour garnir le terrain, & où on le couvre ensuite en entier par des provins faits avec leurs sarmens.

Mettre une poignée de fumier sur la courbure des provins, est un moyen assuré de les faire s'enraciner plus promptement & de les faire pousser plus vigoureusement; aussi cela se pratique-t-il fréquemment.

Assez souvent les provins périssent par suite de la position forcée où on les met, surtout si le terrain est sec & le printemps sans pluie, encore, surtout, si les sarmens ne sont pas bien AOUTÉS. *Voyez* ce mot.

Les fosses dans lesquelles on place les provins, doivent être d'autant plus profondes que le terrain est plus sec & plus exposé au soleil. Presque toujours on ne les remplit pas de terre, pour que celle qui est entraînée par les eaux pluviales s'y dépose à mesure du besoin des nouveaux ceps.

Ces nouveaux ceps ne demandent pas de culture particulière.

La fin de ces opérations, c'est-à-dire, lorsque la *vigne* commence à entrer en sève, est le moment de greffer la *vigne*.

Les Anciens ont pratiqué la greffe; quelques Modernes l'ont beaucoup préconisée. Le vrai est qu'elle n'est utile que lorsqu'on veut changer promptement les variétés cultivées dans un vignoble, ou les rendre uniformes, car la *vigne* vient si facilement de boutures & de marcottes, qu'il n'y a pas à gagner pour le temps. L'opinion que la greffe, en diminuant l'activité de la sève, améliore la qualité du vin, quoique fondée en théorie, est de nulle valeur dans la pratique, puisque, dès la seconde année, le bourrelet est oblitéré.

N'ayant point d'écorce permanente, la *vigne* ne peut pas se greffer en écusson; mais en la greffant en fente, on est assuré de réussir, à quelqu'endroit de la tige qu'on place la greffe, parce qu'il n'est pas nécessaire de faire attention à la concordance des libers, qui n'existent pas non plus. Cependant le défaut d'humidité fait quelquefois manquer ces greffes; en conséquence, on doit les effectuer, autant que possible, en terre, ou les entourer d'une grosse poupée souvent arrosée.

Une bonne précaution à prendre, c'est de couper, quinze jours d'avance, les greffes, de les conserver en terre, & de ne les employer que lorsque la sève est dans toute sa force. *Voyez* GREFFE.

Le sol des *vignes* s'épuise comme celui des champs où on cultive des céréales, des plantes à graines huileuses, &c.; & quoique cet épuisement, ainsi que je l'ai déjà observé, en diminuant la qualité, augmente la quantité du vin, il arrive un moment où on ne peut se refuser d'abord à favoriser la solubilité de l'humus, qui résiste aux influences atmosphériques, ensuite à lui en fournir du nouveau, en plus ou moins grande quantité. *Voyez* ASSOLEMENT, AMENDEMENT & ENGRAIS.

Les amendemens qui s'emploient le plus fréquemment pour ranimer la vigueur des *vignes* épuisées, sont la CHAUX, la MARNE, la CRAIE, les recoupes CALCAIRES, les CENDRES, tant de bois que les PYRITEUSES, les LIGNITES, l'AMPELITE, l'ARGILE, le SABLE, le PLATRE, ce dernier répandu au printemps sur les feuilles.

J'ai traité avec les développemens convenables la manière d'agir de tous ces amandemens, aux articles qui les concernent, & j'y renvoie le lecteur.

Déjà, dans les temps les plus reculés, on avoit remarqué que les engrais, surtout les engrais animaux, altéroient la qualité des produits de la *vigne*; aussi tous les écrivains, généralement amateurs du bon vin, ont ils tous tonné contre l'usage de les fumer qui existe dans tant de lieux; mais les vignerons qui, tout en profitant de la célébrité de leur vignoble, trouvent plus d'avantages dans la quantité que dans la qualité, les laissent dire & fument leurs *vignes* quelquefois à outrance.

Quel moyen d'empêcher ce résultat des calculs de l'intérêt personnel, lorsque les mauvais vins se vendent partout? Je n'en connois pas d'autre que l'INSTRUCTION mise à la portée des plus pauvres. *Voyez* ce mot.

Il est bon de rappeler ici que l'engrais nuit à la qualité du vin, seulement en en augmentant la quantité, ce qu'il lui nuit aussi, & d'une manière plus prononcée, en lui transmettant sa saveur & son odeur.

Certains engrais animaux sont cependant excellens pour les *vignes*, mais ils sont rares. Ce sont les POILS, les ONGLES, les CORNES, qu'on enterre au pied des ceps, qui se décomposent lentement, & par conséquent durent plusieurs années, & qui ne donnent, dit-on, aucun goût au vin.

J'ai déjà dit qu'on fumoit les *vignes* au moment de leur plantation; alors il y a des avantages réels & aucun inconvénient, relativement à la qualité du vin.

On les fume pendant toute la durée de leur existence, soit avec du fumier long, soit avec du fumier consommé, soit avec des végétaux verts, soit avec de la terre neuve, &c., & ce, de diverses manières.

Pour diminuer les inconvéniens du fumier, il doit paroître bon d'en répandre plutôt souvent que beaucoup à la fois.

Généralement c'est l'hiver qu'on choisit pour fumer les *vignes*, car alors les vignerons en ont le temps, & il y a un peu moins d'inconvéniens.

Le fumier long agit peu d'abord, mais son action se prolonge deux à trois ans.

Le fumier consommé produit de suite son effet, parce qu'il est à l'état d'humus, en partie soluble.

Tous deux portent, selon qu'ils surabondent en matières fécales, plus ou moins de leur mauvais goût dans le vin.

On juge assez bien, à son odeur, si un fumier qu'on se dispose à employer produira ce résultat.

Les EXCRÉMENS humains jouissent au premier degré de cette nuisible faculté. Après eux, ce sont les BOUES de Paris & autres grandes villes. *Voyez* ces mots.

Le fumier s'enterre tantôt en masse, au pied des ceps, tantôt en ligne, au milieu de leurs intervalles. Cette dernière disposition, quoique diminuant & retardant son effet, est à préférer, parce qu'elle l'empêche de nuire d'une manière aussi marquée.

Il n'y a pas deux vignobles où on procède de même dans le mode de fumer la *vigne*, mais tous ces modes rentrent dans le même, en définitif.

La terre amenée par les pluies, du sommet des *vignes* en pente, à leur pied, & reportée, l'hiver, de leur pied à leur sommet, est en même temps un excellent engrais & un excellent amendement. Il en est de même des terres des champs, des prairies, des pâturages, des CURURES des rivières, des étangs, des fossés, des BOUES de routes. *Voyez* ces mots.

Mais les opérations de l'extraction & du transport de ces objets sont d'une grande dépense; aussi ne les emploie-t-on pas autant qu'il seroit à desirer. Voici deux moyens économiques de les suppléer, toujours à la portée des vignerons les moins aisés, parce qu'ils n'exigent que du travail.

Le premier, c'est de faire, dans un trou, au sommet de la *vigne*, un compost avec les terres entraînées par les eaux, & arrêtées par des barrages sur les bords des chemins, ou même prises dans la *vigne*, avec les plantes inutiles, ligneuses ou herbacées, qui croissent dans les environs, qui proviennent de l'élagage des arbres, de la tonte des haies, avec de la marne, des recoupes calcaires, s'il y en a dans les environs. *Voyez* COMPOST.

Les terres provenant de ces composts seront bonnes à être mises au pied des ceps deux ou trois ans après.

Aujourd'hui on voit de pareils composts dans toutes les *vignes* de la côte de Reims, dans celles d'Ay, d'Epernay, &c. *Voyez* MAGASIN.

Le second, c'est de semer, immédiatement après la vendange, sur un simple ratissage, des plantes annuelles d'une contexture aqueuse & d'une végétation rapide, telles que le SARRAZIN, la NAVETTE, la VESCE, la FEVE DE MARAIS, le LUPIN, si préconisé par Columelle pour cet objet, & d'enterrer ces plantes par un labour d'hiver, à cet effet un peu retardé. *Voyez* RÉCOLTES ENTERRÉES.

Dans les environs de la Rochelle, de Saint-Jean-d'Angely, de Rochefort, on fume les *vignes* avec les VARECS ou GOIMONS, qui produisent beaucoup d'effet, mais qui portent leur mauvaise odeur dans le vin, & même dans l'eau-de-vie qu'on retire de ce vin. *Voyez* ces mots.

La TANGUE, qui se trouve à l'embouchure des

rivières des mêmes pays, n'a pas les mêmes inconvéniens. *Voyez* son article.

Un terrain dont on vient d'arracher la *vigne*, ne doit en être regarni qu'après un intervalle de quelques années, pendant lesquelles on y cultive des céréales, ou des prairies artificielles. C'est alors qu'il est bon de fumer abondamment ce terrain, parce qu'il n'y a pas d'autre inconvénient que la dépense.

Je crois que tout convie à préférer les prairies artificielles aux céréales; en conséquence, je réclame pour elles la préférence.

Le sainfoin est, de toutes les plantes cultivées pour fourrage, le plus convenable pour remplacer une vieille *vigne*; aussi est-ce lui qu'on préfère dans la Champagne, la Bourgogne, la Franche-Comté, la Lorraine; enfin, partout où le sol est calcaire. *Voyez* son article.

J'ai déjà observé que, presque partout, les *vignes* arbustives &, dans beaucoup de lieux, les *vignes* en hautins n'étoient point taillées; qu'on se contentoit de les débarrasser de leurs sarmens superflus, & de régulariser la direction de ceux qu'on conservoit. Ce sont donc les *vignes* basses qui le sont le plus généralement.

On effectue, dans le midi de la France, la taille de la *vigne*, depuis la vendange jusqu'à la rentrée en séve; mais dans le nord, on risque en la faisant avant la fin des fortes gelées, parce que ces dernières pourroient affecter la partie restante des sarmens taillés, & priver la *vigne* de récolte pendant deux ou trois ans. *Voyez* GELÉE.

La taille très-tardive donne lieu à une déperdition de séve qui affoiblit la *vigne*, & par-là même d'un côté retarde la végétation, de l'autre augmente la production du FRUIT. *Voyez* ce mot & celui FEUILLE.

On lit dans les Géoponiques, que la taille d'automne est avantageuse à la pousse des racines & des bourgeons, & que celle du printemps l'est au fruit; ce qui est en concordance avec ce que je viens de dire.

Le fait suivant est bon à être cité à cette occasion. En 1816, les *vignes* furent gelées en automne. Celles d'entr'elles qui furent taillées, ne donnèrent pas de récolte, parce qu'elles s'affoiblirent trop. Celles qui ne le furent pas, en fournirent une passable.

Le but de la taille de la *vigne*, comme de celle de tous les arbres, est de régler la production du fruit; de manière qu'il y en ait toutes les années à peu près la même quantité, si les circonstances atmosphériques ne viennent pas à la traverse. Cependant elle offre un caractère particulier, qui est que les raisins sortent des bourgeons; aussi le principal objet qui doit guider en la faisant, c'est de faire naître de gros bourgeons, les seuls qui en portent, en proportion de la grosseur du pied & de la plus ou moins bonne nature de la terre où la *vigne* se trouve plantée.

La taille de la *vigne*, d'après ces faits, doit donc consister, & consiste en effet, à supprimer rez de la souche, ou des rameaux de la souche, tous les sarmens, excepté les plus gros.

Le nombre des yeux qu'on laisse aux sarmens réservés, varie, ainsi que celui des sarmens eux-mêmes, selon la force ou la foiblesse du cep, la bonté ou l'aridité du terrain; & en conséquence, on taille plus longs les pieds vigoureux, soit par leur nature, soit par toute autre cause, & plus courts ceux qui sont foibles. Deux, trois ou quatre yeux sont le nombre qu'on laisse le plus souvent. *Voyez* ŒIL.

On donne un grand nombre de noms à la partie du sarment laissée sur la souche. Les plus connus sont COURSON & BROCHETTE.

Quand les ceps sont très-vigoureux & qu'on veut se procurer une abondante récolte, ce qui, comme je l'ai déjà observé, suppose affoiblissement de qualité; on ne coupe que l'extrémité d'un ou deux des plus gros sarmens réservés, on les courbe plus ou moins & on les attache quelque part; cela s'appelle TAILLER A VIN. Ces sarmens se nomment alors des ARCS, des PLOYANS, des SAUTELLES, des QUEUES D'ANNEAU, des MERRAINS, &c. *Voy.* ces mots & COURBURE DES BRANCHES.

Les variétés foibles, soit par leur nature, soit par la mauvaise qualité du sol où elles sont plantées, ne supportent pas toujours des arcs; aussi est-il des *vignes*, où on en abuse, qu'on est forcé de replanter tous les quinze à vingt ans, c'est-à-dire, à l'époque où elles doivent être dans la force de leur rapport.

Les arcs sont tantôt complets & s'attachent à l'échalas du cep dont ils proviennent, tantôt n'ont qu'une foible courbure & se fixent à l'échalas d'un cep voisin ou à un échalas spécial, tantôt s'enterrent par leur extrémité. Toujours ils sont supprimés à la taille de l'année suivante.

Lorsqu'on laisse un ou deux montans à un cep pourvu d'un arc, ce cep s'affoiblit moins, parce que la séve de ses montans nourrit ses racines, mais aussi il donne moins de raisins.

J'ai vu fréquemment des arcs complets ne pas donner une seule grappe, leurs bourgeons ne pouvant plus tirer assez de nourriture de la terre.

La culture en treille basse prévient les inconvéniens des arcs, parce qu'elle n'en exige pas, les sarmens étant étendus longitudinalement.

Comme, ainsi que je l'ai déjà fait remarquer plusieurs fois, il est utile que, dans les *vignes* basses, les grappes soient le plus près possible de la terre, sans cependant y toucher, on doit constamment tendre à les empêcher de s'élever, &, par conséquent, supprimer, avec la certitude de n'avoir pas de récolte l'année de l'opération, les sarmens sortant du haut & une partie de la souche, pour tailler ceux qui sont au-dessous. Il est même bon, quelquefois de couper la souche rez-terre pour

pour en former une nouvelle avec un des bourgeons qui est sorti ou qui sortira de la racine. *Voyez* RAJEUNISSEMENT.

On risque, en taillant sur un œil, que cet œil périsse, ce qui prive de la récolte de l'année & quelquefois de la suivante.

Couper les sarmens à bec de flûte, est mieux que de les couper perpendiculairement à leur axe.

Le SECATEUR n'est pas un aussi bon instrument pour tailler que la SERPETTE. *Voyez* ces mots.

Déjà, au rapport de Columelle, les Anciens avoient remarqué que lorsqu'on faisoit une incision annulaire aux branches de l'olivier, au moment où il entroit en séve, on obtenoit une récolte & plus assurée & plus abondante. Cette opération, appliquée à la *vigne* par les Modernes, a toujours offert les mêmes résultats, mais on s'est bientôt assuré qu'elle affoiblissoit les ceps, les empêchoit de donner une récolte l'année suivante, & même deux années de suite; que le vin des raisins, provenant de ces ceps, étoit sans force & sans durée. Aujourd'hui on ne l'exécute plus sur les *vignes* à vin, & même fort rarement sur les treilles. *Voyez* INCISION ANNULAIRE.

J'ai annoncé au commencement de cet article que les sarmens de la *vigne* avoient besoin d'être soutenus pour ne pas ramper sur la terre. Ils le sont par sa culture sur des arbres, sur des perches, contre des murs, des palissades, &c. Elle doit l'être aussi lorsque chaque cep est isolé & tenu bas; en conséquence, on fixe en terre, dans presque tous les vignobles du nord de la France, un ECHALAS à côté de chacun d'eux. *Voyez* ce mot.

L'époque du placement des échalas varie. Il est des lieux où il s'effectue à la suite de l'opération de la taille. Il en est d'autres où on attend que les bourgeons aient acquis la moitié de leur hauteur, pour qu'on puisse supprimer, sans inconvénient pour les ceps, ceux qui sont inutiles au produit; plus tard on les met en terre, moins ils pourrissent promptement; en conséquence, je préfère la dernière pratique.

Il est nécessaire de beaucoup enfoncer les échalas, pour que le vent ne les renverse pas, & faire en sorte qu'en les enfonçant, leur pointe ne blesse pas les racines.

La suppression des bourgeons inutiles s'appelle EBOURGEONNEMENT, EPAMPREMENT. J'en ai donné la théorie à cet article. La pratique consiste à éclater, avant la floraison, tous les bourgeons qui ont poussé sur le vieux bois, & même ceux qui sortent du bouton inférieur de la partie du sarment laissée à la taille, lesquels, ainsi que je l'ai déjà observé, n'ont jamais de grappes.

Il est cependant des cas où on laisse un ou deux des bourgeons les plus inférieurs; c'est lorsqu'on veut diminuer, l'année suivante, la hauteur de la souche.

Il est bon de laisser plus de bourgeons &, par conséquent, de feuilles aux *vignes* en terrain sec & exposé au soleil.

Cette opération faite, on attache les autres bourgeons à l'échalas, soit avec de la PAILLE, soit avec de l'OSIER. *Voyez* ces mots & ACCOLAGE.

La dépense des échalas étant une pesante charge pour les propriétaires de *vignes*, ils ont cherché à la diminuer en n'en employant qu'un pour deux ou trois ceps, ou à l'éviter, en attachant les bourgeons du même cep les uns avec les autres, ou ceux de différens ceps ensemble; mais la diminution, & de la quantité & de la qualité de la récolte, les a fait bientôt renoncer à cette fausse économie, car les échalas permettent de mettre un bien plus grand nombre de ceps dans le même espace de terrain, & ils favorisent l'action des rayons solaires sur les grappes.

La culture de la *vigne* en treilles basses épargnant les échalas, doit être préférée sous ce rapport, comme sous d'autres non moins importans, dans tout le nord de la France.

A l'époque du second binage, il faut mettre de nouveaux liens aux bourgeons conservés de la *vigne*, qui, pendant l'intervalle, se sont élevés jusqu'au haut de l'échalas, & même au-dessus, & en pincer, ou rogner, ou arrêter l'extrémité. Cette nouvelle opération a pour but de faire refluer la séve dans les grappes & de faire grossir les grains. *Voyez* PINCEMENT.

Comme la séve tend toujours à monter, la suite du pincement est la sortie de nouveaux bourgeons dans l'aisselle des feuilles supérieures; il faut les supprimer à mesure qu'ils se montrent, ce qui nécessite de parcourir deux ou trois fois la *vigne*, avant le commencement de la maturité du raisin.

Dans les *vignes* des environs de Metz & des environs de Lyon, on n'arrête pas les bourgeons qui portent des grappes. Les raisons qui m'ont été données pour expliquer cette pratique m'ont paru peu fondées.

La floraison de la *vigne* influe trop sur la récolte, pour qu'on l'interrompe par des travaux de culture. En conséquence, on ne doit pas s'occuper d'elle huit jours avant & huit jours après son commencement: heureux si, pendant sa durée, le temps est doux & le soleil brillant, car le froid, la pluie & leurs diminutifs, occasionnent la COULURE. *Voyez* ce mot.

Les *vignes* qui sont dans un sol trop fertile, ou qui sont trop arrosées, coulent souvent, quoique le temps soit très-favorable à la floraison, parce que la force de la séve se porte à la prolongation des bourgeons. *Voyez* FEUILLES.

Il en est de même, par une cause directement contraire, de la trop petite quantité de séve dans les terrains secs, dans les années sans pluie.

Dans le vignoble d'Arbois, on pince l'extrémité des grappes pour empêcher la coulure & pour augmenter la grosseur des grains. C'est le seul où cette opération se fasse, du moins à ma connoissance.

La suppression des vrilles, qui a lieu dans quelques vignobles, n'est d'aucune utilité, à mon avis.

Il n'en est pas de même de celle des feuilles, qui a de grands inconvéniens & peu d'avantages. *Voyez* FEUILLE, EFFEUILLEMENT & EFFANAGE.

Lorsque l'effeuillement n'a lieu qu'après la récolte, il nuit peu aux *vignes* du Midi, parce qu'alors la végétation a parcouru toutes ses phases; aussi l'y pratique-t-on généralement, même aux environs de Lyon; mais, dans le Nord, où la gelée les frappe souvent avant l'aoûtemnt complet de leurs bourgeons, il ne doit jamais être conseillé qu'autant qu'il ne seroit que partiel & modéré.

Mettre les vaches, les moutons, les chèvres dans les *vignes*, ainsi qu'on le fait quelquefois, n'est jamais louable.

Cependant la feuille de la *vigne* étant une excellente & économique nourriture pour les bestiaux, il est à desirer qu'on leur en donne généralement; mais c'est en la cultivant exprès pour cet objet. Je voudrois donc, ou qu'on imite M. de Pere, qui plante des *vignes* autour des arbres isolés de ses propriétés dans la Haute-Garonne, uniquement dans cette intention, ou qu'on pratique en grand ce que j'ai exécuté une fois en petit, c'est-à-dire, qu'on plante des *vignes* dans les haies pour en étendre longitudinalement les sarmens. Dans ces deux cas, comme on ne spécule pas sur le fruit, les inconvéniens de cueillir les feuilles ne s'aperçoivent pas, quelle que soit l'époque de l'opération.

Dans quelques vignobles, aux environs de Lyon, par exemple, on conserve les feuilles de la *vigne* dans des tonneaux pleins d'eau, pour la nourriture des vaches, des moutons, des chèvres pendant l'hiver.

Les arbres sont proscrits, & avec raison, de tous les bons vignobles, parce qu'en y projettant leur ombre, & empêchant l'évaporation de l'humidité surabondante du sol, ils retardent la maturité des raisins, & que leurs racines nuisent à celles de la *vigne*. Cependant quelques pieds de pêchers qui vivent peu d'années, qui se dégarnissent rapidement de leurs rameaux inférieurs, sont supportés dans ceux de Bourgogne. Combien cependant en voit-on d'autres dans ceux des environs de Paris! mais quel vin ils donnent!

Les légumes qui se cultivent dans beaucoup de *vignes* au compte des vignerons, sont tantôt utiles, tantôt nuisibles, selon leur espèce, leur abondance, leur grandeur, leur mode de culture, &c.

Ainsi, les lentilles ne font jamais de mal. Les haricots nains, rarement; les courges, presque toujours. En général, il ne faut permettre d'en mettre que dans les places dégarnies de ceps, & dans les *vignes* en terrain sec & à une exposition chaude, parce qu'ils entretiennent la terre dans un état de fraîcheur favorable. Il est des lieux & des années où les vignerons sont si mal payés, qu'ils ne pourroient vivre sans les légumes, même sans le froment & l'orge qu'ils récoltent.

Naturellement il croît dans les *vignes* dont le sol est de bonne nature, & dans celles où il est humide, une grande quantité de plantes annuelles & quelques vivaces, qui nuisent beaucoup plus aux récoltes que les légumes, en ce qu'elles entourent le pied des ceps & les privent de la lumière solaire. Voici les noms des plus communes de ces plantes.

Plantes annuelles.

La mercuriale.
L'arroche étalée.
La myosote des champs.
Le mouron des oiseaux.
La fumeterre, deux espèces.
La crapaudine.
Les euphorbes, deux espèces.
Le laitron.
Les morgelines, deux espèces.
La morelle noire.
Le souci des vignes.
La valériane mâche.
L'héliotrope d'Europe.
La roquette des champs.
Le pavot coquelicot.
La moutarde-des champs.
Les thlaspis, deux espèces.
La spergule des champs.
L'ortie grièche.
Les anserines, deux espèces.
La lycopside des champs.
Le seneçon vulgaire.
La ciguë petite.
Les lamiers, deux espèces.
Les véroniques, deux espèces.
L'orge des murs.
Le paturin annuel.
La renouée trainasse.

Plantes vivaces.

Le panic digité.
Le froment rampant.
Les laitues, deux espèces.
L'orpin âcre.
Le liseron des champs.
La scabieuse des champs.
L'aristoloche clématite.
Le chardon des champs.
La ronce à fruits bleus.
Le tussilage pas-d'âne.
La bugrane épineuse.
L'ail des vignes.
Le raifort sauvage.
Les renoncules, deux espèces.
Le pissenlit.
La verveine officinale.
Les géranions, deux espèces.
L'alkékenge coqueret.

L'opinion que la fleur du SOUCI, la MERCURIALE, la RONCE, la VERVEINE, l'ARISTOLOCHE, donnent un mauvais goût au vin, n'est pas fondée, à mon avis. *Voyez* ces mots.

Mais pendant que le vigneron se livre aux travaux pénibles dont je viens de présenter la série, le ciel le menace sans cesse de dommages plus ou moins graves dont je dois faire l'esquisse.

La fonte des NEIGES, les PLUIES D'ORAGE, & même les longues pluies, dégarnissent de terre les *vignes* en pente, à toutes les époques de l'année, & obligent leurs propriétaires à de grandes dépenses de réparations. *Voyez* ces mots.

Celles sur les bords des TORRENS, des RIVIÈRES, sont dans le même cas lors des grandes CRUES D'EAU, & de plus elles ont lieu de redouter les apports de GRAVIER & de SABLE. *Voyez* ces mots.

Les longues pluies d'hiver s'opposent à ce que les labours se fassent en temps convenable. Au printemps, elles activent la végétation au point de faire couler les grappes, & plus tard les fleurs. En automne, elles empêchent les grains de devenir sucrés & déterminent leur pourriture.

Généralement une saison trop pluvieuse, ou trop fréquente en brouillards, nuit à la qualité des produits de la vendange.

Une sécheresse trop prolongée nuit également à ces produits, d'abord en empêchant les raisins de grossir, ensuite en faisant colorer & tomber les feuilles avant la maturité, en rendant la peau épaisse & la pulpe moins sucrée. *Voyez* FEUILLE, FRUIT, VENDANGE, SUCRE, MUCOSO-SUCRÉ.

Dans les vignobles soignés, on ne met dans la cuve, ou sous les pressoirs, ni les raisins ainsi altérés, ni ceux qui sont piqués de vers, ni ceux qui, ayant poussé plus tard, ne sont pas encore mûrs. On en compose un vin inférieur, qui se vend, ou est consommé par les ouvriers.

En hiver, les fortes gelées font quelquefois périr les sarmens sur lesquels la taille doit être établie plus tard, & donne lieu à une pousse de bourgeons dépourvus de raisins.

Il est des pays, comme les montagnes du Jura, du Piémont, les bords du Rhin, les plaines des environs d'Astracan, où les *vignes* se couvrent de terre pendant l'hiver pour les garantir des gelées.

Les gelées anticipées de l'automne désorganisent les feuilles, les bourgeons, les raisins, empêchent toute récolte, non-seulement l'année où elles ont lieu, mais encore la suivante. Les raisins mûrs n'en sont pas affectés, mais ils perdent leur principe sucré & ne donnent que du mauvais vin de peu de garde.

Les sarmens en partie gelés, doivent être taillés sur un seul œil, & plus tard.

Au premier printemps, les dernières gelées détruisent les bourgeons naissans, & ceux qui les remplacent sont dans le cas des précédens. Il est cependant des variétés, parmi lesquelles je cite le gamet & le liverdun, dont les bourgeons secondaires offrent quelquefois des grappes, ce qui les met dans le cas d'être préférés dans les plantations. *Voyez* GELÉE.

Cette perte de récolte par les dernières gelées est le fléau le plus commun & le plus redoutable qu'éprouvent les propriétaires de *vignes*. Il se fait sentir dans le midi de la France comme dans le nord, mais plus fréquemment dans ce dernier climat. La Champagne, la Lorraine, les environs de Paris, l'Orléanois, &c. &c., ont rarement, aujourd'hui, par son fait, trois bonnes années consécutives. Un temps humide & l'apparition du soleil aggravent les effets de ces gelées. Les *vignes* situées dans les bas des coteaux, dans les fonds des vallées, celles qui sont voisines des bois, des étangs, des rivières, sont plus fréquemment & plus fortement atteintes. Il est des variétés qui résistent beaucoup mieux que d'autres, soit par leur nature, soit parce qu'elles poussent plus tard. L'action des vents s'oppose aux résultats de la gelée, comme on le voit sur les coteaux & dans les plaines. M. Moëtte, d'Epernay, a trouvé, par l'expérience, que des rameaux de PIN sylvestre, mis devant chaque cep, empêchoient l'action des gelées. On sait depuis des siècles, qu'arroser les ceps gelés avec de l'eau de puits, ou de fontaine, opère le DÉGEL des bourgeons sans danger, quand le ciel est couvert de nuages, ou quand on intercepte les rayons du soleil levant, par des feux de FUMÉE. *Voyez* ces mots.

Les *vignes* les plus nouvellement labourées sont celles qui ressentent le plus l'effet des gelées du printemps, ce qui est produit par l'humidité qui s'en évapore.

Le fléau le plus redouté de la *vigne*, quoique certainement causant moins de mal que la gelée, est la grêle, parce qu'elle anéantit le produit des récoltes, sans espoir, en un moment, & lorsqu'on est près d'en jouir.

Il est des lieux où la grêle exerce très-souvent ses ravages, d'autres où on n'a jamais eu à s'en plaindre. J'en connois où, sur cinq années, elle tombe deux fois au moins. *Voyez* GRÊLE.

Deux sortes de BRULURES se remarquent sur les *vignes*, Voyez ce mot.

La première s'appelle ROUGEAU, parce que les feuilles deviennent rouges ou jaunes, & tombent avant le temps, ce qui cause le desséchement des grains. J'ai parlé plus haut de cette sorte de brûlure, comme causée par la sécheresse.

La seconde se nomme QUILLE, & n'offre que quelques taches rouges ou jaunes sur les feuilles. Elle est produite par l'eau des pluies & des rosées. Elle se montre aussi sur les raisins, qui alors sont appelés BRIMÉS ou TACONÉS. *Voyez* ces mots.

Les *vignes* plantées épais, plantées dans les bons terrains, plantées dans la direction du levant au couchant, ombragées par des arbres, sont moins dans le cas d'être affectées de brûlure que les autres.

Lorsque les boutons de la *vigne* se forment plus

tard qu'à l'ordinaire, on dit qu'ils sont ÉCHAMPELÉS. *Voyez* ce mot.

On appelle GERÇURE, le durcissement contre nature d'un bourgeon, durcissement qui empêche le fruit de mûrir. Je n'ai pas encore observé cette maladie, ce qui prouve qu'elle est fort rare.

Presque toutes les maladies propres aux arbres, se remarquent sur la *vigne* : ainsi elle est sujette à la PLÉTHORE, à la NIELLE ou GEULE, à la GOUPILLURE, au MIELAT, à la GALLE, à la STÉRILITÉ organique, &c.

Une espèce de CUSCUTE fait beaucoup de tort à la *vigne* dans le midi de la France; mais il est facile de l'empêcher de se propager, par une active surveillance.

J'ai lieu de croire que les ceps ANNELÉS, c'est-à-dire, à la base desquels se forme une EXOSTOSE, sont dans la même catégorie que les POMMIERS, qui en offrent de semblables; mais je n'ai pu m'en assurer. *Voyez* ces mots & PUCERON LANIGÈRE.

On empêche de périr les ceps qui sont annelés, en enlevant l'exostose, au moyen de la serpette.

L'ÉRINÉE DE LA VIGNE est quelquefois si abondante qu'elle ne permet pas au raisin d'arriver à maturité, ou au moins lui ôte toute sa saveur. Ce sont des taches rousses, irrégulières, plus ou moins grandes, placées sur la face inférieure des feuilles. J'ai inutilement fait des tentatives pour l'empêcher de se reproduire. *Voyez* ce mot, ainsi que ceux ROUILLE & CHAMPIGNONS PARASITES.

L'ISAIRE, autre champignon de la même famille, se fixe sur les racines & fait périr en deux ans les ceps les plus vigoureux. *Voyez* son article & celui BLANC DES RACINES.

Des erreurs de culture, des intempéries, des maladies, ne sont pas les seules choses qui nuisent à la quantité & à la qualité des produits de la *vigne*. Les propriétaires ont encore à redouter des insectes, des vers, des oiseaux, des quadrupèdes & les voleurs.

Parmi les insectes, je citerai au premier rang la PYRALE DE LA VIGNE, la TEIGNE DE LA GRAPPE, la TEIGNE ou peut-être l'ALUCITE DU GRAIN, les ATTELABES VERT & CRAMOISI, l'EUMOLPE DE LA VIGNE, le CHARANÇON GRIS, le SPHINX DE LA VIGNE, le HANNETON & sa LARVE. *Voyez* tous ces mots, où se trouve l'indication des moyens propres à mettre obstacle aux ravages de ces insectes.

Les HÉLICES & les LIMACES causent aussi quelquefois des dommages aux *vignes*. *Voyez* leurs articles.

Un assez grand nombre d'oiseaux mangent les raisins à l'époque de leur maturité. Ils appartiennent aux genres GRIVE, ETOURNEAU, LORIOT, FRINGILLE, FAUVETTE. (*Voyez* ces mots & ceux VINETTE & BECFIGUE.) Ce sont principalement les propriétaires de *vignes* voisins des bois, & ceux qui font vendanger fort tard, qui ont beaucoup à se plaindre de leurs ravages.

Les BLAIREAUX, les RENARDS & les SANGLIERS peuvent également causer de grandes pertes à ces propriétaires; mais aujourd'hui qu'on peut les tuer sans obstacles de la part de la loi, ils sont moins à redouter que jadis.

Enfin, après avoir échappé à toutes les atteintes ci-dessus énumérées, la *vigne* amène son fruit à maturité, & récompense son propriétaire de ses travaux ou de ses dépenses. J'ai parlé plus haut, & à l'article VENDANGE, de la récolte des raisins, & je parlerai également à son article, de la fabrication du vin. Je pourrois donc m'arrêter ici; mais je dois encore, selon ma promesse, décrire le mode de culture que je crois préférable à tous les autres, au moins dans le nord de la France, & donner un aperçu du mode particulier de la culture adoptée dans tous les départemens, à commencer par les plus septentrionaux.

Je ne fais que copier un mémoire de M. Cherrier, de Vassy, département de la Haute-Marne, mémoire qui a été approuvé par les Sociétés d'agriculture de Valence & de Metz, à l'application des principes duquel j'ai applaudi dans les vignobles du Médoc & des environs de Vesoul. Ce mode de culture s'appelle en LIGNOLOT dans quelques lieux.

« On plante ces *vignes* avec des provins (plant enraciné), avec des marcottes (autre plant enraciné), avec des crocettes (sarment coupé sur du bois de l'année précédente), avec des boutures (sarment de l'année).

» Tous ces plants, bien disposés, réussissent ordinairement; les premiers poussent avec plus de vigueur, & fructifient plus tôt que les seconds; ceux-ci prennent racine plus *froidement* que les simples boutures.

» Les bons économes ont attention de n'employer que les plants dont le bois est bien franc & bien mûr, sur un alongement de trois pieds au moins.

» Ils pratiquent dans l'alignement du terrain, de bas en haut, des fossés de quinze à dix-huit pouces de largeur, sur autant de profondeur, à la distance de quatre pieds les uns des autres, dans lesquels ils placent leur plant.

» Ces plants sont fichés de la longueur de deux ou trois pouces dans la terre ferme de la partie basse des fossés.

» On rejette dans ces fossés une partie de la terre la plus meuble qui en a été tirée; ensuite on couche sur cette terre les plants de toute la largeur de la fosse, si la longueur du sarment le permet, ou au moins de sept à huit pouces. On relève le sarment sans le forcer dans l'alignement qu'on s'est proposé, en lui faisant faire le coude contre le revers de la fosse, qu'on remplit du reste de la terre; puis on taille le sarment à deux ou trois yeux au-dessus de terre, & on le garantit des accidens par un bout de vieux échalas.

» On diffère la taille de ce plant jusqu'en mars,

crainte des gelées. Cette taille consiste à laisser un ou deux des meilleurs bourgeons, que l'on raccourcit jusqu'à un œil ou deux près de la tige dont ils sont sortis.

» Après la taille, on laboure le terrain à la bêche, & on fiche de bons échalas auprès de chaque cep.

» Au printemps, on donne un binage à la plantation; plus tard, on supprime les bourgeons les plus foibles; plus tard encore, on supprime également les bourgeons poussés dans les aisselles des feuilles; on attache les bourgeons conservés à l'échalas & on donne un nouveau binage.

» La seconde année, chaque bouton réservé donne un nouveau bourgeon; on en conserve deux des plus forts, qu'on attache d'un premier lien peu serré aux échalas, dès qu'ils peuvent y atteindre, & on supprime les autres. Plus tard, on met de nouveaux liens & on enlève les entre-feuilles.

» A la troisième année, après la seconde taille, on donne aux plants de *vigne* les mêmes soins que ceux observés pour les précédentes.

» Tous ces procédés concourent à favoriser l'accroissement du plant. Leur effet est d'élever assez les sarmens pour pouvoir les provigner à la quatrième année, & les espacer en forme d'échiquier, à deux pieds de distance les uns des autres.

» Mais les mauvais praticiens, cherchant l'abondance dans l'économie du terrain, espacent les ceps de dix, douze ou quinze pouces les uns des autres, ce qui les prive de l'influence de l'air, de la lumiere, nuit à la maturité des raisins & du bois, & par conséquent aux productions suivantes & à la qualité des vins.

» Le provignage qui, en automne ou au printemps, commence les travaux de la quatrième année après sa plantation, est à peu près la même opération que celle de la plantation; elle s'exécute en creusant, près de chaque plant, une fosse de dix, douze ou quatorze pouces de profondeur, dans laquelle on couche le cep en entier, sans trop serrer ni tordre la tige, &, en prolongeant cette fosse, on dirige les sarmens jusqu'aux places qu'ils doivent remplir, dans l'alignement & dans la disposition qu'on s'est prescrits, pour y être à demeure. On raccourcit ensuite les sarmens à deux ou trois boutons de la superficie de la terre, en observant que la taille soit un peu inclinée du côté opposé au bouton, & que le bois excède d'environ un pouce le bouton supérieur.

» Les soins qu'exigent les provins sont les mêmes que ceux employés à la seconde & à la troisième année après la plantation.

» De chaque bouton des provins il sort un bourgeon qui souvent porte des raisins. De ces bourgeons on conserve les deux plus forts & on les attache à l'échalas. On supprime les autres s'ils sont infructueux; mais s'ils portent deux grappes, on les conserve en les raccourcissant sur la feuille au-dessus du fruit. Les premiers étant arrivés à la hauteur des échalas, on les arrête en les cassant par le bout; c'est ce qu'on appelle *ébrancher* ou *rogner la vigne*. On supprime en même temps les autres entre-feuilles & les tenons ou vrilles; c'est ce qu'on appelle *nettoyer* ou *éplucher*. Il est assez ordinaire qu'il repousse de nouveaux bourgeons à l'extrémité de ceux qui ont été arrêtés; ceux-ci, ainsi que les entre-feuilles conservées sur les autres, s'alongent, & s'ils deviennent trop forts, on les raccourcit encore.

» Les bourgeons, ou sarmens ménagés sur chaque provin, sont au nombre de deux, trois ou quatre au plus. On n'en conserve que les deux meilleurs, & ce sont ordinairement ceux qui ont été alongés; on supprime les autres, ainsi que l'extrémité du vieux bois de la tige qui excède le sarment supérieur.

» On alonge la taille de celui-ci jusqu'à huit, dix ou douze yeux, suivant la force, & l'on taille l'autre à un, deux, ou au plus trois yeux près la tige: le premier est appelé *ployant* ou *montant*; le second *brochette*, ou *courseau*.

» Après la taille, & avant le mouvement de la seve, on fait prendre au ployant ou au montant, la forme d'un demi-cercle, & on l'assujettit, par l'extrémité supérieure, à l'échalas du cep voisin, en lui donnant, autant que possible, la direction du midi au nord; on appelle cette opération *plier la vigne*, & l'espèce de demi-cercle qu'elle forme dans cet état, *ployant*. Cette disposition, dont l'objet est de rendre le montant plus fructueux & de rapprocher de la terre les fruits de la *vigne*, a été jugée propre à en favoriser la maturité par l'action des reflets de chaleur; la méthode en est généralement suivie, au moins à l'égard des espèces de plants dont le bois est très-vigoureux. *Voyez* COURBURE DES BRANCHES.

» Avant la taille des provins & la pliure ou le pliage, se fait le premier labour foncier. Une des attentions bien recommandables en ce moment, c'est de couper ou supprimer toutes les racines qui ont poussé au pied de chaque cep, à sept ou huit pouces de la superficie de la terre, de manière que toutes les racines conservées se trouvent exactement enterrées à cette profondeur; si on néglige cette pratique, les racines supérieures prennent une surabondance de vigueur & font bientôt périr celles du fond.

» En cet état, la *vigne* est dans sa plus grande force; les opérations qui suivent la première taille des provins ont pour objet principal d'entretenir & de prolonger le même état de force, en ménageant d'année en année, sur chaque plant, des sarmens alongés qui la renouvellent, & ramènent après la taille les mêmes opérations.

» La première opération qui suit est l'ébourgeonnement, c'est-à-dire, le retranchement des jets nuisibles ou inutiles. C'est ce qu'on appelle *chaoutrer*, *châtrer la vigne*.

» On commence l'ébourgeonnement lorsque les raisins se font apercevoir.

» Les bourgeons produits par les boutons les plus bas & les plus rapprochés de la tige, sont réservés, au nombre de deux ou trois au plus, pour être élevés comme on l'a vu à l'égard des provins.

» Ceux-ci, que les vignerons appellent *montans* ou *merrains*, sont destinés à renouveler la plante, & ménagés pour asseoir la taille de l'année suivante.

» A l'égard des autres bourgeons, on supprime avec le pouce tous ceux qui n'ont pas de fruits; ceux qui en ont sont arrêtés & raccourcis jusqu'auprès des boutons ou de la feuille qui se trouve immédiatement au-dessus des raisins.

» Plus tard on supprime tous les nouveaux jets poussés de la terre ou sur la tige, ainsi que ceux nés aux aisselles des feuilles des merrains, appelés par cette raison *entre-feuilles*; on supprime aussi avec les ongles les tenons ou vrilles, distribuées sur la longueur de ces merrains; on attache ensuite ceux-ci par un premier lien à l'échalas. On nomme cette dernière opération *relever la vigne*. Si, à ce moment, quelques-uns des merrains atteignent le haut de l'échalas; ou s'ils le dépassent, ils sont arrêtés ou raccourcis à cette hauteur près de l'une des entre-feuilles qu'on laisse à l'extrémité supérieure.

» La suppression des faux bourgeons, des entre-feuilles & des vrilles, est ce qu'on appelle *éplucher la vigne*. Après cette opération, on donne, avant que les raisins soient en fleurs, un premier binage ou labour léger, pour détruire les herbes & ameublir le terrain.

» Plus tard, on épluche de nouveau la *vigne* pour la débarrasser des pousses inutiles qu'elle a faites, & la tenir constamment à la hauteur de l'échalas.

» La seconde taille après le provignement s'exécute en réduisant la plante aux deux merrains élevés & ménagés pour la renouveler; on supprime tout le reste & on taille ces merrains comme l'année précédente, la supérieure à huit, dix ou douze yeux; l'inférieure à deux ou trois. Après quoi, même disposition en demi-cercles, même labour foncier, même ménagement des merrains; même ébourgeonnement, mêmes binages, mêmes rognures, &c.

» Ces opérations se répètent chaque année sur la même plante, jusqu'à ce qu'épuisée ou trop affoiblie, elle ne puisse plus fournir à la même production des merrains; ce qui communément arrive à la cinquième ou sixième année, & souvent dès la troisième ou la quatrième : alors on les provigne de nouveau, suivant les procédés décrits pour les renouveler. »

J'ai annoncé au commencement de cet article, qu'après avoir étudié les variétés de raisins soumises à la même culture, dans un même sol, dans un même climat, dans la pépinière du Luxembourg, je devois, selon les intentions du Gouvernement, aller dans tous les vignobles de France, y faire l'application de mes observations & véritablement établir la synonymie, que les erreurs de la plantation ne me permettoient pas d'y suivre, comme je l'avois espéré d'abord.

Les départemens que j'ai déjà visités par ordre du ministre de l'intérieur, sont : en 1820, ceux de l'Aisne, de la Marne, de la Meuse, de la Moselle, de la Meurthe; en 1821, ceux de Seine & Marne, de l'Aube, de la Haute-Marne, des Vosges, du Haut-Rhin, du Bas-Rhin, de la Haute-Saône, du Jura; en 1822, celui de l'Yonne, ayant été arrêté à Dijon par la precocité de la vendange. Je dois, cette année, aller dans les départemens de la Côte-d'Or, de Saône & Loire, du Rhône, du Puy-de-Dôme, &c.

J'ai réuni immensément de faits inconnus dans les livres, parce que ce sont les vignerons mêmes qui me les indiquent; mais la rapidité que le peu de temps que dure la vendange me force de mettre dans ma marche, ainsi que les mécomptes, suite des variations de l'atmosphère, gênent beaucoup mon travail. Malgré cela, j'ai lieu de me flatter, qu'en définitif je présenterai à la science agricole & aux propriétaires de *vignes* un résultat important & digne de mon pays.

Ce qui suit n'est que l'extrait d'un extrait; ainsi il ne peut donner qu'une idée très-imparfaite de ce que j'ai observé & noté.

Vignobles situés entre les 50e. & 49e. degrés de latitude.

Département de la Moselle.

Ce département, le plus reculé vers le nord de ceux où se cultivent des *vignes* dans la France actuelle, contient, selon M. Jullien, environ 4500 hectares (1).

Le vignoble le plus réputé & le plus considérable, est celui de Scy. C'est celui que j'ai le mieux étudié. On y cultive principalement :

Le *menu noir*, fort peu différent du *pineau franc*, & donnant le meilleur vin.

Le *gros noir*, ou *caulard*, donne aussi un excellent vin, mais produit peu.

Le *pineau rouge*. Même observation.

L'*auxois*, ou *auxerrois*. C'est le *pineau gris* de Bourgogne, si voisin du *Tokai*. Son vin est très-délicat, mais de peu de garde.

Le *vert noir*, l'*aubin rouge*, la *heime rouge* & *blanche*, le *marengo noir* & le *noir de Lorraine*, ou

(1) M. Jullien est auteur d'une *Topographie générale des vignobles* fort propre à donner des idées précises sur la production & la consommation du vin en France. C'est d'après lui que j'indiquerai toujours la quantité des *vignes* cultivées dans chaque département, ses indications étant officielles.

gros-bec, produisent beaucoup & donnent du bon vin.

Le *vert-blanc*, le *rouge-blanc*, le *liverdun noir* (diffèrent de celui des autres parties de la Lorraine), le *petit blanc*, le *grand blanc*, le *foireux blanc*, sont très-fertiles, mais le vin qu'ils donnent est inférieur à celui des variétés citées plus haut.

J'ai décrit toutes ces variétés, & indiqué à la suite de leur description les remarques auxquelles elles ont donné lieu de la part des vignerons & des propriétaires.

Le vin que donnent ces variétés est très-estimé sous le nom de *vin de Moselle*. Il se rapproche, lorsqu'il a dix ou douze ans, des vins du Rhin du double de cet âge.

L'exposition générale du vignoble de Sey est le sud-est; mais il y a des *vignes* à toutes les autres.

Le sol de ce vignoble est une marne surchargée de fragmens de pierre calcaire primitive, c'est-à-dire, dans lequel on trouve des cornes d'ammon, des bélemnites, &c. On le laboure facilement; il reçoit du fumier tous les dix à douze ans.

Quoiqu'une loi ancienne, trois fois renouvelée, ait proscrit les mauvais plants de ce vignoble, ils y dominent, parce qu'ils produisent davantage.

Avant de planter, on défonce le terrain.

La plantation s'effectue dans des trous carrés d'un pied de long & d'un demi-pied de profondeur, alignés dans le sens de la pente, trous dans chacun desquels on place, ou deux plants enracinés, ou deux crocettes, ou deux boutures aux angles inférieurs pour les aligner sur les angles supérieurs, & les recouvrir de terre.

Il est des *vignes* plantées en *panier*, c'est-à-dire, aux ceps desquels on donne la forme d'un vase; alors on espace ces ceps du double.

Le plant, dûment labouré & taillé, commence à donner du fruit à sa quatrième année; alors on le provigne pour garnir la totalité du terrain, & toujours en montant, excepté lorsqu'il s'agit de remplacer un cep mort.

Cette opération du provignage se répète tous les huit ans.

On taille en février, à deux yeux, tous les sarmens bien placés, hors celui qui avoit été disposé (Le Marien), dès l'année précédente, pour fournir la récolte suivante.

A la suite du premier labour, on place les échalas & on y attache le marien, après l'avoir taillé à sept ou huit yeux & courbé en demi-cercle.

C'est à cette sorte *courbure* qu'on doit l'abondante production, mais aussi le peu de durée de ces *vignes*. *Voyez* ce mot & Arqure, Sautelle.

Le sol reçoit deux ou trois binages à la houe, le dernier lorsque le raisin commence à tourner.

Le bourgeon le plus bas & le plus vigoureux est réservé pour le marien de l'année suivante, & attaché à l'échalas à la suite du premier binage. Après, c'est-à-dire, vers le milieu de juillet, on supprime tous ceux qui ne portent pas de fruits, ce qu'on appelle l'*épamprer*.

Persuadés que l'abondance des feuilles empêche les froids d'agir sur les grappes, & ce vignoble étant exposé aux vents glaciaux des Ardennes & des Vosges, les propriétaires des *vignes* de Sey ne font point rogner ou châtrer leurs *vignes*, ce qui diminue la qualité & la quantité de leurs produits en vin. *Voyez* Abri.

La vendange a lieu en octobre. On cueille d'abord les raisins rouges. La fermentation a lieu à l'air libre, excepté chez M. Jaunez, qui couvre ses cuves avec avantage pour la qualité du vin. C'est le pressoir à bascule qui est employé, mais le même M. Jaunez fait usage de celui à coffre.

Département des Ardennes.

On ne trouve qu'environ 1800 hectares de *vignes* dans ce département.

Les variétés qu'on y cultive sont le *mauzat*, le *plant gris*, le *plant doré*, le *bourguignon rouge*, le *chanet*, le *chardonnet* & le *chasselas blanc*, toutes variétés aussi cultivées dans le département suivant.

Je n'ai point vu les *vignes* de ce département.

Département de la Marne.

C'est dans ce département que se recueillent les vins de Champagne. Qui ne les connoît pas?

Mais comment se fait-il que les *vignes* les plus septentrionales donnent un des vins les plus estimés de France, surtout par l'étranger? Je dirai avec assurance, parce que le pineau fait la base de ces *vignes*, & qu'on ne les arrache jamais. L'excellente culture qu'on leur donne, les soins qu'on apporte à la fabrication du vin, & l'usage de ne faire le vin blanc qu'avec des raisins rouges, y contribuent sans doute aussi pour beaucoup.

Environ 20,600 hectares sont cultivés en *vignes* dans ce département.

Les trois principaux vignobles sont celui de la côte de Reims, au nord; celui d'Ay, au midi; celui d'Epernay, au nord & au levant: tous trois sont marneux, reposent sur la craie, & ont à leur sommet d'abondans dépôts de Lignites. *Voyez* ce mot.

Je vais les passer successivement en revue.

Les meilleurs crûs de la côte de Reims, en rouge, sont en première ligne Verzy, Versenay, Mailly, Saint-Basle & Vouzy; en seconde ligne, Rilly, Taisy, Ludes & Chigny.

Les blancs de Sillery sont les plus estimés.

Les nouvelles *vignes* se plantent sur un défoncement de deux pieds, dans lequel on met le plus de fumier possible.

Les souches de cette côte étant fort peu vigoureuses, on est obligé de tirer du plant de Velly ou de Vic, vignobles sur l'Aisne.

Les deux seules variétés qui constituent le vignoble de la côte de Reims, sont le *rouge doré*, extrêmement peu différent du pineau de Bourgogne, s'il l'est, & le *blanc doré*, qu'on doit regarder comme le même que le pineau blanc de Bourgogne.

Si on y voit des pieds de meunier, de chasselas dur & de gouais blanc, variétés peu propres à donner du bon vin, c'est en très-petit nombre.

Les plantations s'effectuent dans des fosses d'un pied carré, disposées en ligne dans la pente du terrain.

Les ceps morts se remplacent par des provins pris sur leurs voisins.

Lorsque les plants sont arrivés à six ou huit ans, on les couche tous les ans, en montant, jusqu'à ce qu'on soit arrivé à l'extrémité de la *vigne*, où on les abandonne. Il se plante de loin en loin quelques ceps dans le bas, pour occuper la place de ceux couchés. Il est très-rare qu'on arrache une vieille *vigne* en entier.

On taille toujours sur deux yeux, de sorte que les raisins sont constamment très-près de terre; & comme la mauvaise nature du sol ne permet que peu aux feuilles de grandir & aux sarmens de s'alonger, ils sont constamment soumis à l'action des rayons du soleil, & mûrissent convenablement. (*Voyez* CHALEUR & MATURITÉ.) Le seul reproche qu'on puisse faire à ces *vignes*, c'est que leurs raisins sont très-petits & ne dédommagent pas toujours, même dans les années favorables, malgré le haut prix du vin qu'ils donnent, des frais de leur culture.

Un labour d'hiver, & trois ou quatre binages d'été, sont nécessaires à ces *vignes*. Avant de faire le labour, on répand sur le sol la terre des composts, appelés le *magazin*, établi à la proximité de toutes les propriétés, composts dans la composition desquels entrent toujours les LIGNITES du sommet de la montagne ou leurs CENDRES. *Voyez* ces mots & COMPOSTS.

On procède à l'ébourgeonnement avant la floraison. Il est extrêmement rigoureux. Il en est de même de la rognure, ou suppression de l'extrémité des bourgeons, ce qui concourt à affoiblir les racines.

Une *vigne* de Rilly, d'une assez grande étendue, dont la culture est négligée depuis nombre d'années, donne en ce moment du meilleur vin, mais beaucoup moins, que lorsqu'elle étoit très-soignée; ce qui explique peut-être la différence qui est reconnue dans le pays entre celui des différens vignobles, différence dont je n'ai pu reconnoître la cause, quelqu'attention que j'y ai apportée.

Le territoire de Sillery est presque en plaine & un peu tourné au levant.

Celui de Saint-Thierry a la même exposition, mais est plus sablonneux.

Partout la vendange n'a lieu que lorsqu'il y a excès de maturité dans les raisins: tantôt les raisins rouges sont destinés à faire du vin rouge, tantôt du vin blanc, comme à Sillery; on les mélange avec les blancs pour faire du vin de cette dernière couleur.

On opère avec le plus grand soin dans la pressée, le cuvage, &c.

Quelque bien cultivé que soit le vignoble de Reims, celui d'Ay, situé au revers méridional de la même montagne, l'est encore mieux. C'est un charme que de s'y promener.

La composition du sol est la même, à très-peu de différence près; mais il y a, dans certaines parties, encore moins de profondeur, c'est-à-dire, qu'il y a à peine six pouces au-dessus de la craie.

Variétés qui donnent le meilleur vin.

Le *petit plant doré*; c'est le vrai *pineau* de Bourgogne.

Le *gros plant doré noir*; c'est le franc pineau. Il fait, ici comme à Reims, le fond des *vignes*.

Le *gros plant gris*, fort rapproché du précédent.

Le *petit blanc*, le *chasselas blanc*, le *muscat blanc*, le *muscat noir*, le *gros plant vert*.

Variétés qui donnent un vin de médiocre qualité.

Le *petit plant vert*, le *verdillas*, le *languedoc*, l'*enfumé noir*.

Variétés qui donnent le plus mauvais vin.

Les *gouais blanc & noir*, le *gouais de Mardeuil*, le *gros gouais blanc*, le *marmot*, le *plant doux*, le *meunier*, le *teinturier*.

La culture de ce vignoble différant peu de celle du précédent, je n'en parlerai pas.

Les vins d'Epernay passent pour inférieurs à ceux de Reims & d'Ay; mais pour qui, comme moi, a bu de celui des Closetz, la plus vieille *vigne* de ce vignoble, qui appartient à M. Moëtte, & qui est exposée au levant, soutiendra qu'il y en a d'égaux, si ce n'est de supérieurs.

J'ai observé dix variétés dans les *vignes* d'Epernay.

Le *demi-plant noir*; c'est le pineau de Bourgogne, le petit *plant doré* d'Ay; le *rouge doré* de la côte de Reims. Il fournit peu, donne le meilleur vin blanc.

Le *pineau noir vrai*; c'est le franc pineau, le gros plant doré noir d'Ay. Il est le plus multiplié de tous, & donne plus de vin que le précédent.

Le *petit plant doré*; il passe pour différent du premier, mais je n'ai pu l'en distinguer. Il fournit peu de grappes, mais son vin est souvent supérieur en qualité à celui des deux précédens.

Le *perlusôt* donne encore du bon vin.

Le *couleux*

Le *couleux noir* & le *meunier* sont rares, & devroient être arrachés.

Le *gamet blanc* ou *épinette* ne paroît pas différer du *pineau blanc*. Son vin est bon & généreux; mais comme il est moins délicat que celui fait avec les raisins rouges, on le conserve pour le presser séparément.

Le *marmot blanc* & le *meslier* donnent des vins de cabaret.

Le *pineau gris* est rare.

Ce que j'ai dit à l'occasion de la culture du vignoble d'Ay, s'applique encore à celui-ci.

Des autres vignobles de ce département, je n'ai visité que celui de Vitry. Il est exposé au levant & au midi. Le vin rouge, produit par le *gouais noir* ou *bourguignon*, est extrêmement dur, mais de longue garde, & très foncé en couleur. Quant au vin blanc, il est fourni par le *pineau blanc*; aussi l'ai-je trouvé excellent.

La culture, dans ce vignoble, est fort différente de celle des précédens. Les ceps sont élevés de trois à quatre pieds, divisés en deux montans, & extrêmement rapprochés. On ne les marcotte que lorsqu'il s'agit de regarnir une place vide. La taille a lieu à deux yeux. Lorsqu'un bourgeon sort du vieux bois, on le réserve pour la taille de l'année suivante, afin de pouvoir supprimer toute la partie du montant qui lui est supérieure. La longueur des échalas est proportionnée à celle des ceps. On donne trois labours.

Département de l'Aisne.

Il n'y a de *vignes* que dans les parties orientales & méridionales de ce département. On en estime l'étendue à 9000 hectares. Je n'ai visité que celles de l'arrondissement de Laon, mais ce sont celles qui fournissent le meilleur vin, parmi lesquelles se distinguent les cuvées de Saint-Vincent, de Cuissy & de Craone.

Le midi est l'exposition générale de ces *vignes*; cependant il en est à toutes les autres, principalement au levant.

Le sol est une marne d'un pied de profondeur, reposant sur une pierre calcaire très-fendillée, appelée *cran*, laquelle repose elle-même sur la craie. On le mine ou défonce toutes les fois qu'on veut planter une nouvelle *vigne*.

Cette plantation se fait dans des fosses dirigées selon la pente.

On laboure avec la bèche & on bine avec la houe trois ou quatre fois par an.

Rarement on fume, mais on remonte la terre & on apporte du gazon sur les *vignes* dont le sol est épuisé.

Il se voit des arbres fruitiers & d'abondans légumes dans ces *vignes*.

Généralement les *vignes* durent quatre-vingts ans, après quoi on les arrache; on en cultive le sol pendant huit à dix ans en céréales & en sainfoin, puis on les rétablit.

Il y a des *vignes* grosses & des *vignes* basses.

Dans les premières, composées de variétés produisant beaucoup de vin, mais du vin grossier, les ceps sont élevés de deux à trois pieds, se taillent court, & portent des arcs. On les plante principalement dans les vallées & dans les plaines.

Dans les *vignes* basses, composées des variétés reconnues pour donner le meilleur vin, mais en petite quantité, on provigne tous les ans, en montant, comme en Champagne.

Ce provignement s'exécute en même temps que le labour d'hiver. Immédiatement après que la sève est entrée en mouvement, on taille & on forme les arcs, qui sont souvent complets, ce qui fait que leurs yeux s'éteignent & que le but de l'opération est manqué. *Voyez* COURBURE & ŒIL.

Il est quelques vignobles, tels que celui de Mansion, où on greffe, & c'est à la même époque.

C'est encore alors que se placent les échalas, qui sont le plus souvent de saule & ne durent pas.

Le premier binage se donne en juin, & est précédé de l'ébourgeonnement & du rognement de la sommité des bourgeons conservés.

Le dernier a lieu lorsque les raisins rouges commencent à se colorer.

Généralement on vendange, dans le Laonois, avant la maturité complète du raisin, crainte des gelées & de la pourriture. Les récoltes manquent très-souvent par suite des gelées du printemps & de l'automne; par l'abondance des pluies, par défaut de chaleur, &c. Les vins fins sont agréables, mais foibles; les communs ne sont susceptibles de se garder qu'un an ou deux au plus.

Voici les variétés de raisins que j'ai étudiés & décrits dans ces vignobles.

Le *bon noir* ou *maître noir*. C'est le *pineau franc*. Son vin est le meilleur & le plus durable des rouges. Il domine à Cuissy, à mon avis, le premier des vignobles de ce département.

Le *bon blanc* a les mêmes qualités. C'est le *pineau blanc*.

Le *romeré blanc* se rapproche beaucoup du précédent, cependant son vin est très-inférieur.

Le *vert blanc* mûrit tard, & en conséquence son vin est ordinairement médiocre; mais quand l'automne est chaud, ce vin diffère peu de celui du bon blanc.

L'*esplein vert* est rouge. Il demande un sol fertile, & produit beaucoup. Comme le précédent, son vin n'est bon que dans les années chaudes.

Le *fromenté blanc*. Ce plant ne se cultive qu'à Arrancy; le vin qu'il donne est médiocre. On le mêle avec le vert-blanc.

Le *gamet noir*, qui s'appelle ici *grosse nature*, le *meunier*, le *gouais blanc* & le *pendillard noir* donnent les mauvais vins, mais chargent beaucoup.

Département de l'Oise.

Quelques *vignes* existent dans l'est de ce département, principalement autour de Senlis. Ce sont les variétés & la culture des environs de Paris, qui y sont en faveur. Je renvoie, en conséquence, à l'article de ces derniers.

Département de l'Eure.

Les vallées où coulent la rivière de ce nom & la Seine, permettent de cultiver quelques *vignes* aux environs d'Evreux & des Andelys. Il ne s'y voit que deux variétés, le *meunier*, sous le nom de *sauvignon*, & le *morillon*, sous le nom de *raisin blanc*. Les vins qu'elles fournissent sont au-dessous du médiocre. On conduit ces *vignes* comme celles des environs de Paris.

Vignobles situés entre le 49e. & le 48e. degré de latitude.

Département du Bas-Rhin.

Je n'ai point visité ce département, qui contient environ 14,390 hectares de *vignes*, mais je sais qu'on les y cultive en partie comme dans le Haut-Rhin, dont il va être question, en partie comme dans le département du Doubs, c'est-à-dire, en berceaux plats, de trois pieds & demi de haut & de large.

Ce sont les vins blancs qui y sont préférés.

Le Rhingau, qui se divise en haut & bas, offre de remarquable que le vin du premier est le meilleur dans les années chaudes, & le vin du second dans les années froides.

L'autre côté du Rhin donne les vins dits *du Rhin*, si estimés de beaucoup de personnes, mais dont je ne puis boire sans indigestion. Il n'entre pas dans mon plan d'en parler. Les *vignes* qui les fournissent se couchent en terre pour les préserver de la gelée pendant l'hiver & retarder leur végétation au printemps.

Département du Haut-Rhin.

Environ 15,000 hectares de *vignes* sont cultivés dans ce département.

Les variétés que j'y ai observées & décrites, sont :

Le *tokai*, raisin fort rapproché du pineau gris, mais moins serré. C'est le même qui donne, après avoir été gardé quelque temps sur la paille, le célèbre vin de ce nom en Hongrie. Il est le plus estimé de ceux des *vignes* du département. J'ai bu du vin qui en étoit uniquement fait, & je l'ai trouvé excellent.

Le *schlizer-edel* ou *rothglusmer* est également gris. Il est peu productif, mais donne du vin peu différent de celui du précédent.

Le *grauglasiner* est gris. On le cultive peu. Son vin n'est point caractérisé.

Le *gentil blanc* ou *weiss-edel* fournit du bon vin.

Le *raisin de Bourgogne*. C'est le *pineau franc*.

Le *reischlinger* ou *kinperlé* est blanc. Son vin ne vaut rien, mais il produit beaucoup, & ce dès la seconde année de sa plantation.

Il en est de même du *gemcinès* & du *hintsch*, qui sont rouges.

Le *chasselas croquant*. C'est le *Bar-sur-Aube*.

Les coteaux sur lesquels ces variétés sont plantées sont en général exposées au levant, mais il y a des vallées où ils le sont au midi & au nord. Leur sol est une marne rougeâtre toujours humide, mélangée de fragmens de quartz, de granit, de grès rouge, laquelle a beaucoup de profondeur.

La plantation a lieu après un fort labour en lignes montantes, en espaçant les ceps d'un mètre.

Les souches s'élèvent jusqu'à quatre pieds & se divisent en trois ou quatre rameaux, dont on taille le sarment sur deux yeux. On rabat de loin en loin les plus vieux de ces rameaux, lorsque la sortie d'un bourgeon inférieur le permet.

Les binages s'exécutent avec une pioche à large fer; en mars, au moment de la taille; en mai, après la floraison; en août, avant la maturité.

Six pieds de long & trois pouces de diamètre sont les dimensions des échalas, qui sont en chêne, ou en châtaignier, ou en sapin, & qui durent vingt-cinq à trente ans.

Dans la plaine, c'est-à-dire, aux environs de Colmar, les *vignes* sont tenues élevées du double, de sorte que les raisins ne sont jamais frappés du soleil, ce qui doit retarder leur maturité & empêcher leur partie sucrée de se développer. Aussi leur vin est-il de beaucoup inférieur à celui des coteaux. On donne pour motif que le sol étant constamment très-humide, elles ne produiroient rien sans cette disposition; mais il me semble qu'on opéreroit mieux si on favorisoit l'évaporation de l'humidité surabondante, en tenant fort bas les ceps & en les écartant davantage.

Département de la Meurthe.

On compte 13,500 hectares de *vignes* dans ce département, la plupart exposées au midi; les autres au levant & au couchant. Il y en a peu au nord. Leur sol est une marne ferrugineuse, mêlée de cailloux apportés des Vosges, & de fragmens de la roche calcaire primitive sur laquelle il repose.

Les ceps des vignobles des environs de Toul, des environs de Nancy, des environs de Pont-à-Mousson, les seuls que j'aie visités, sont tenus sur deux branches & leurs sarmens taillés sur deux ou trois yeux. Rarement on pratique des arcs ou sautelles.

Au moyen d'une houe à trois dents recourbées, on donne quatre labours par an aux *vignes* de ce département, dont celui d'hiver est très-profond.

Leur ébourgeonnement n'a lieu qu'une fois, de sorte que le sommet des bourgeons est très-garni de feuilles, qu'on croit, comme à Metz, utiles pour garantir le raisin de la gelée & avancer sa maturité.

Tous les cinq à six ans on provigne les ceps dans la direction montante, de sorte qu'ils n'ont jamais plus de trois pieds d'élévation.

Voici la note des variétés décrites par moi dans ces vignobles.

Le *petit noir* fait le fond des *vignes*, & donne le meilleur vin après le pineau gris. C'est le *pineau de Bourgogne*.

Le *pineau noir* donne également du bon vin. Il ne diffère pas du *franc pineau*.

Le *liverdun* diffère peu du précédent & est plus multiplié. Il donne de très bon vin. Ses sous-yeux, lorsque ses premiers bourgeons sont gelés, en poussent de nouveaux, susceptibles de produire des grappes.

Le *verdunois rouge* m'a paru être le *gamet*. Il repousse aussi des bourgeons fructifères. Son vin est inférieur & de peu de durée.

Le *verdunois blanc*, rare & peu productif. Bon vin.

L'*aubin blanc*. Même observation.

Le *jacmart* ou *renard*. Rare.

Le *got* ou *gouais*. Produit beaucoup de vin de couleur jaune, sans force & sans durée. Il diffère du gouais de l'Aube, qui, au contraire, produit un vin dur, qui ne devient bon qu'après quinze ou vingt ans.

Le *gouais blanc*. Vin également mauvais.

Le *pineau gris* ou *ascrot* donne le plus excellent des vins, mais il est peu multiplié. Il est remarquable qu'on en fasse peu de cas dans beaucoup d'autres départemens.

La *petite blonde blanche*. Son vin est bon, mais on préfère la mêler avec les raisins rouges.

L'*éricé blanc* donne le plus mauvais vin.

Le *fil d'argent*. C'est le *Bar-sur-Aube*.

Le *faquan*. Autre variété de chasselas, rare dans les *vignes*.

DÉPARTEMENT DES VOSGES.

Il s'y trouve environ 3600 hectares de *vignes*, toutes à l'exposition du midi ou du levant. J'ai visité les vignobles de Neufchâteau, d'Epinal & de Saint-Diez. Leur sol est une argile remplie de fragmens de pierre, laquelle repose sur la roche calcaire primitive dans le premier, & sur des schistes ou des grès rouges dans les autres. Le vin qu'ils donnent est léger, agréable, & se conserve dix à douze ans. Le meilleur que j'ai vu provenoit de la côte de Donremy, patrie de la pucelle d'Orléans. Je ne parlerai pas de leur culture, qui est absolument la même que celle de ceux de la Moselle. Le *pineau de Bourgogne* y domine; ensuite vient le *liverdun* ou *éricé rouge*. Le premier moins productif; le second un peu inférieur en qualité. Le *gamet* ou *grosse race* fournit beaucoup, mais son vin est plat & de peu de garde. Le *pineau blanc*, le *pineau gris* & le *fugan* sont fort rares.

DÉPARTEMENT DE LA MEUSE.

On attribue 12,000 hectares de *vignes* à ce département. J'ai visité celles des arrondissemens de Bar-le-Duc, de Verdun & de Commercy.

La plupart des *vignes* des environs de Bar-le-Duc sont plantées sur des côtes extrêmement rapides (jusqu'à 70 degrés d'inclinaison), dont le sol est une argile rougeâtre surchargée de fragmens de la roche calcaire primitive sur laquelle il repose.

Le *pineau noir* ou *franc pineau* est celui qui donne le meilleur vin & celui qui fait le fond des *vignes*. Il y a aussi quelques *pineaux blancs*, beaucoup de *vert-plants* ou *gros-plants* & de bourguignons, qui ne donnent que des vins communs.

Le *pineau gris* ou *assumé* est rare. On ne connoît pas la qualité de son vin.

Pendant le labour d'hiver, on enlève le chevelu superficiel des *vignes* fortes, & on fait les provins dans toutes. Ces provins, au contraire des autres vignobles, se dirigent perpendiculairement à la direction de la pente pour arrêter les terres, & se font en zig-zag, c'est-à-dire, que le cep de gauche se couche à droite, & celui de droite, à gauche.

On creuse en outre, à la même époque, dans ce vignoble, au milieu & au bas des coteaux, de grandes fosses transversales destinées à recevoir les terres qu'on remonte au sommet pendant l'automne.

La taille a lieu en février, sur un seul sarment, & on en réserve un autre, lorsque le cep est assez fort, pour en faire un arc ou un plyon. Cette taille ne laisse que deux, ou au plus trois yeux à la broche.

Les arcs ou plyons se font lorsque la sève commence à monter. Ils sont complets; aussi leurs yeux s'éteignent ils souvent.

L'échalassement a lieu ensuite à travers l'arc.

Aussitôt que les bourgeons sont assez avancés pour laisser voir les grappes, on procède à la suppression de tous ceux qui n'en ont point, excepté lorsqu'il n'y en a sur aucun, auquel cas on réserve les deux plus beaux, soit pour asseoir la taille & fournir l'arc de l'année suivante, soit pour effectuer le provignement. Puis on attache à l'échalas ceux qui sont conservés, & de suite on donne un binage. Couper l'extrémité des bourgeons & enlever les entre-feuilles, sont deux opérations qui se font ordinairement vers la mi-juin. On les renouvelle un mois après, & on lie de nouveau les bourgeons qui ont besoin de l'être.

Un second binage se donne alors. On attend, pour le troisième, que les raisins commencent à noircir.

L'ancien journal de Bar-sur-Ornain, composé de 34 ares 34 centiares, doit contenir 1200 ceps, & recevoir tous les ans 12 à 1500 fosses de provignage.

Le vin des *vignes* de Bar-sur-Ornain est léger & chaud, mais il a un goût de terroir qui n'est pas agréable à ceux qui n'y sont pas accoutumés. J'ai inutilement cherché quelle pouvoit être sa cause dans le terrain, qui ne diffère pas de celui des vignobles voisins, ainsi que dans les variétés, qui sont les mêmes que celles de ces vignobles.

Beaucoup de *vignes*, exposées la plupart au midi, se voient dans les environs de Verdun. Elles sont plantées dans une argile remplie de petites pierres calcaires, les unes dures, provenant de la roche du sommet de la montagne, les autres tendres, provenant de l'espèce de craie qui lui sert de noyau.

Dans ces vignobles, il se fait des vins rouges & des vins blancs, tantôt avec des raisins rouges, tantôt avec des raisins blancs. Tous sont agréables & recherchés. Les seconds sont plus délicats, & les troisièmes plus spiritueux. Sa culture est absolument la même que celle du vignoble de Bar-sur-Ornain.

J'y ai vu une *vigne* perdre ses feuilles du jour au lendemain, par suite d'un labour inconsidéré pendant la chaleur.

C'est le seul vignoble où j'ai été dans le cas de m'assurer que l'Isaire & le Puceron lanigère, ou autre voisin, causoient du dommage aux *vignes*. *Voyez* ces mots.

Les variétés que j'ai étudiées & décrites dans ce vignoble, sont :

Le *pineau blanc* ou *blanc de Champagne*; produit d'excellent vin, mais il est peu commun.

L'*auxois* ou *pineau gris*. Il y a des *vignes* qui en sont exclusivement plantées. Son vin est, comme partout, au premier rang pour la qualité, & se garde sept à huit ans. S'il n'est pas plus généralement cultivé, c'est probablement parce que ses grappes sont petites & peu nombreuses.

Le *liverdun noir*. Il m'a paru que c'étoit le *bourguignon* des autres vignobles. Il produit beaucoup, mais son vin est dur. Il ne souffre pas l'arqure.

La *cougnette noire*; c'est le *pulsare* du Jura. Il est rare, & c'est fâcheux, parce que le sol lui convient, qu'il donne abondamment, & que son vin est bon.

Les *gouais noir* & *blanc*, la *signolette noire* & *blanche*, la *varenne noire*, le *gouais violet*, le *meunier*, appelé *blanche feuille*, le *teinturier* ou *teinte-vin*, sont rares, & donnent des vins de mauvaise qualité.

Le vignoble de Commercy est peu étendu, comparativement aux deux précédens. Il est placé sur des coteaux exposés au midi & au levant, dont le sol est une argile rougeâtre, surchargée de petites pierres provenant de la roche calcaire primitive, qui forment la base de tous ceux du pays. On y cultive principalement le *bourguignon*, qui, ici comme à Verdun, donne un vin dur, fort coloré, qui se garde long-temps.

Les autres raisins que j'y ai vus, mais en petite quantité, sont les *pineaux de Bourgogne noir* & *blanc*.

Il en est de même du *hameye*, qui ne m'a pas paru différer du *gamet*.

La culture de ces vignobles ne s'écarte pas sensiblement, d'après mes observations, de celle des derniers cités.

Département de la Haute-Marne.

Les vins de ce département sont peu connus à Paris, mais il en est de très-bons, qui tiennent en même temps de ceux de Bourgogne & de ceux de Champagne.

Le vignoble de Saint-Dizier, auquel il faut joindre celui d'Ancerville, & probablement celui de Vassy, &c., sont en plaine, dans un attérissement de la Marne. Les ceps y sont tenus élevés de trois pieds, & se cultivent, se taillent, &c., comme il a été dit à l'occasion des *vignes* grosses du département de l'Aisne.

Les variétés qui s'y cultivent, sont : le *bourguignon*, le *facan* ou *focan*, peu distinct du *pineau blanc*, donnant du bon vin, mais en petite quantité; le *gamet noir*, le *gouais blanc*; toutes déjà citées. On les mêle toujours pour former trois sortes de vins, selon que l'une ou l'autre domine. Ce sont le *clairet*, l'*ordinaire* & le *gros*. Je les ai tous goûtés; le premier seul est passable, mais possède un goût de terroir dont je n'ai pu reconnoître la cause.

Le vignoble de Joinville est d'une grande étendue, & se lie avec ceux de Ribaucourt, Bourmont, Chaumont, Château-Villain, que je connois tous.

On cultive dans ces vignobles, en proportions diverses,

Le *pineau de Bourgogne*, qui donne le meilleur vin, mais en petite quantité.

Le *gros pineau blanc*, qui m'a paru être le *facan* de Saint-Dizier.

Le *gros gamet*, qui est le *bourguignon* du même vignoble.

Le *petit gamet*, qui est le véritable *gamet* de Bourgogne.

Le *gentil blanc*; qui donne un fort bon vin, & qui est moins sensible à la gelée que les précédens.

Le *pineau gris*, les *gouais noir* & *blanc*, dont j'ai parlé, & que j'ai caractérisés plus haut.

Le *dammery*, que je n'ai pu voir.

Les raisins de toutes ces variétés se mêlent ordinairement pour en faire un seul vin ; mais les propriétaires riches, qui font vendanger leurs pineaux à part, en obtiennent que j'ai plusieurs fois confondus avec des vins de Bourgogne.

La culture de ces *vignes* est la même que celle de Bar, excepté qu'on laisse le cep s'élever un peu plus.

Mais c'est au midi de Langres, dans l'arrondissement de Montsaugeon, que se cultivent les meilleures *vignes* de ce département. Le vin qu'elles fournissent est un peu plus foible que celui de la côte de Bourgogne, mais quelquefois plus délicat, quand il est bu à point.

Les communes d'Aubigny, de Prothoy, de Montsaugeon, de Vaux, de Rivière-les-Fosses, de Heuilly-Coton, sont, selon le rang que l'opinion leur donne, celles qui fournissent le meilleur. J'ai séjourné dans toutes.

Ces *vignes* sont généralement exposées au levant, mais il en est beaucoup qui le sont au midi, & quelques-unes au nord.

La plus réputée, la *princesse*, commune d'Aubigny, est au midi. Long-temps j'ai été abreuvé par elle.

On ne compte que six variétés dans ces *vignes*, dont voici les noms, dans l'ordre de leur qualité : en rouge, le *pineau de Bourgogne*, le *malin*, le *gamet* ; en blanc, le *pineau*, le *melon blanc* & le *parisien*, que je crois être le même que le *morillon* ou *feuille ronde*.

Quant à la culture, elle ne diffère en aucun point de celle des *vignes* de la Côte-d'Or ; j'y renvoie en conséquence le lecteur.

Département de l'Aube.

Les *vignes* de ce département y occupent 21,000 hectares. Celles des coteaux exposés au midi, & cultivées en pineaux tenus bas, donnent des vins de bonne qualité ; mais celles en plaine, de gouais, de gamet, &c., tenues hautes, en fournissent qui sont extrêmement durs, & qui ne peuvent se boire qu'après plusieurs années.

Le sol des coteaux est une marne argileuse qui, dans les vignobles de Bar-sur-Aube, de Mussy-Lévêque, des Ryceis, &c., repose sur la pierre calcaire primitive, & dans les environs de Troyes, de Méry, &c., repose sur la craie.

Le sol des plaines est une argile semblable, mais plus fertile, mêlée de cailloux calcaires roulés, provenant des coteaux ci-dessus.

Le vignoble de Bar-sur-Aube est exposé en plus grande partie au midi ; cependant il y a des pièces au levant & au couchant. On plante les ceps en lignes dirigées en montant, mais cette disposition ne se conserve que quelques années, parce qu'on est dans l'usage de provigner les souches en rond, soit qu'il s'agisse de regarnir les places vides, soit qu'on veuille rajeunir tous les ceps, qu'on tient toujours fort bas & assez écartés les uns des autres.

Les labours sont rarement au-dessus du nombre de trois, & se font avec une pioche à fer triangulaire très-long & étroit.

Les opérations de l'ébourgeonnement, de la rognure & de l'émondage sont très-rigoureuses ; aussi ces *vignes* sont-elles toujours foibles & donnent-elles des récoltes peu abondantes.

Les variétés cultivées dans ce vignoble, sont :

Le *pineau rouge de Bourgogne*, peu productif, mais donnant le meilleur vin.

Le *franc pineau*, ou *gamery rouge*, donne des grappes plus grosses & plus nombreuses. Son vin est très-bon. On le cultive beaucoup.

Le *français*, ou *bachet rouge*, passe pour donner du vin médiocre, excepté à Colombey-la-Fosse, où je ne suis pas allé, de sorte que je ne sais pas positivement si c'est la même variété qui s'y trouve.

Le *gamet noir*. C'est le plant de prédilection, parce qu'il fournit beaucoup & coule rarement ; mais son vin n'est ni bon ni de garde.

Le *gouais noir* ; même observation. Cependant son vin se garde mieux qu'aucun autre de ce département, & devient bon après 15 à 20 ans de cave.

L'*arbone*, ou *arbane blanc*. C'est celui qui fournit le plus de vin & le meilleur. Il ne se vendange qu'après la gelée.

Le *pineau blanc* est très-rare.

Le *gamet blanc* & le *purion* donnent du mauvais vin.

Le *fromenté violet*. C'est le *pineau gris*. Son vin est très-délicat, mais on en fait rarement à part.

Les vignobles de Mussy-Lévêque, de Bar-sur-Seine, sont au nord ou au levant. Leur culture est la même que celle des Ryceis, qui est de l'autre côté de la même montagne.

C'est dans ces vignobles que j'ai vu transporter dans les *vignes* des pressoirs roulans de six pieds carrés, pour y faire le vin blanc avec plus d'économie, & pouvoir enterrer de suite la gêne au pied des ceps. Je n'ai pu qu'applaudir à cette pratique. *Voyez* Pressoir.

Les coteaux qui bordent la Laigne au levant & au couchant constituent le vignoble des Ryceis ; dont le vin est très-digne d'estime ; mais il y a autant de *vignes* au midi qu'à ces deux expositions. La plus estimée est au sud-est.

Le sol de ces coteaux est une argile rougeâtre, surchargée de fragmens de la pierre calcaire primitive fendillée, qui en fait le noyau.

C'est en lignes écartées de trois pieds que se plantent les *vignes*. Elles ne sont jamais arrachées, mais renouvelées par le provignement tous les six à sept ans. Ce provignement s'exécute dans des fosses creusées jusqu'au rocher, & fort larges ; l'intervalle de deux fosses s'appelle un *à-dos*. Les *vignes* qui s'y trouvent sont exposées à couler. On repousse l'emploi du fumier, mais on lève les gazons du sommet pour la terre des fosses. Celles de ces *vignes* qui sont les moins bien soignées fournissent de foibles récoltes, mais leur vin est le meilleur. On y a observé que le vin de pineau s'y conserve aujourd'hui moins long-temps qu'autrefois, ce qu'on attribue à une culture trop parfaite.

Cette culture ne diffère pas de celle des *vignes* de la côte de Reims & de la Côte-d'or; ainsi je n'en parlerai pas.

Les variétés les plus généralement cultivées, c'est-à-dire, qui font la base des vignobles, sont : le *pineau noir*, ou *plant fin*; le *pineau blanc*, qui se place de préférence sur les côtes les moins garnies de terre; le *gamet*, qui est réclamé par les terres fortes & humides des bas; & le *troyen*, dont le vin est meilleur, après celui des pineaux, mais qui souvent laisse tomber ses grappes aux approches de sa maturité.

Les autres variétés qui se voient dans ce vignoble, sont; les *lombards rouge & blanc*, le *chasselas* de Bar-sur-Aube, le *servinien*, le *meslier doux*, sous le nom d'*Ausch*; le *pineau gris*, sous le nom de *bureau*; le *servinien rouge-cendré*, sous les noms de *Cérigny*, de *Chévigny*, de *fromenté*; variétés déjà connues. J'y ai décrit, comme ne l'ayant pas encore cité, outre le *troyen*, le *pineau d'Ailly* ou *d'Orléans*, que je crois être le même que l'*auvernat* de ce dernier vignoble; le *dameri*, ou *dameret*, l'*albane*, ou *raisin à longue queue*, sous-variété de chasselas, le *chardonnet* & le *purion*, ou *gouais blanc*.

La disposition des *vignes* change dans la vallée de la Seine, principalement autour de Troyes. C'est en treilles, hautes de quatre à cinq pieds, qu'on les tient, comme dans quelques parties du département de l'Yonne. Leur culture est la même que celle de ces dernières; ainsi je puis me dispenser de la décrire. Les plants préférés sont les *gamets*, les *gouais* & autres grosses races, qui donnent un vin dur, très-coloré; celui du dernier de garde, celui du premier devant être bu dans l'année. Là, quelques vignerons font leurs marcottes de remplacement dans des MANNEQUINS. *Voyez* ce mot.

DÉPARTEMENT DE SEINE ET OISE, ET ENVIRONS DE PARIS.

Les vignobles de ces départemens ne sont pas célèbres; le vin de ceux de Brie, principalement, est accusé de faire *danser les chèvres*; mais ils fournissent abondamment, & leurs vins trouvent toujours un débit assuré dans les nombreux cabarets qui entourent la capitale. Il s'y trouve environ 24,000 hectares de *vignes*.

La quantité est ce qu'on leur demande exclusivement; aussi les plante-t-on dans des terrains propres aux céréales & autres cultures; aussi les fume-t-on à outrance, même aux environs de Paris, avec les boues de cette ville, qui donnent à leur vin une odeur & une saveur repoussante.

Généralement la plantation de la *vigne* a lieu dans des fossés de deux pieds de largeur, sur un pied & demi de profondeur, séparées par un à-dos de deux pieds & demi de large. Il y a deux rangs de ceps dans chaque fosse, qui ne se comble qu'à la troisième année de la plantation.

Ce sont des crossettes, conservées dans l'eau jusqu'au printemps, qu'on emploie presqu'exclusivement aux plantations. On les place à l'angle du fond, opposé au bord où on veut qu'elles sortent, à un pied & demi de distance dans les bons fonds, & à deux dans les mauvais. Ils s'enterrent de six à huit pouces, & laissent voir quatre ou six yeux.

Le labour d'hiver de ces *vignes* en petites monticules isolées, est très-bien entendu, ainsi que je l'ai observé plus haut & à l'article LABOUR.

Février & mars sont l'époque de la taille. Elle se fait sur un seul sarment, les autres étant supprimés, & sur deux yeux, dans les sols maigres ou peu fumés, & sur les ceps foibles, & sur deux ou trois sarmens, & sur trois, & même quatre yeux, dans les circonstances contraires.

Rarement on fait des arcs ou sautelles aux *vignes* en plaine des environs de Paris, parce que les ceps en sont trop rapprochés; mais ils sont fréquemment pratiqués sur celles en coteau, non complets, comme il en a été cité des exemples plus haut, mais seulement en étendant le sarment réservé parallèlement au sol, & l'attachant à un échalas voisin, ou le fixant dans la terre par son extrémité. Les *vignes* de Sèvres, Saint-Cloud & autres, exposées à l'est ou au midi, offrent des sautelles ainsi fixées. On les supprime constamment à la taille suivante.

On ne fait des provins dans les *vignes* de ce département, que pour garnir les places vides; aussi, après quarante ou cinquante ans, les souches ne poussent-elles plus de bourgeons vigoureux, & ces derniers de grappes nombreuses & grosses; en conséquence on les arrache, pour cultiver en place des céréales, des légumes, &c.

Le peu de durée des *vignes* du département de Seine & Marne suffiroit pour les empêcher de donner du bon vin, quand même leur engrais trop abondant, le mauvais choix des plants, le rapprochement des ceps, ne produiroient pas ce résultat.

L'effilage des échalas, leur placement, l'ébourgeonnement, l'accolage, le rognage, l'épamprement, & trois ou quatre binages, sont les façons qu'on donne à ces *vignes* dans le courant de l'été.

Les variétés qui se voient le plus fréquemment dans les *vignes* des environs de Paris, sont : en noir, le *meunier*, le *gamet*, le *maurelot* ou *languedoc*, le *morillon*, le *plant de roi* ou *bourguignon*, le *pineau franc*, le *noireau* ou *négrier*, le *saumoireau*; en blanc, le *meslier*, le *bourguignon* ou *feuille ronde*, le *morillon*, le *gouais*, le *plant de lune*, la *rochelle*; en gris, le *muscadet* ou *pineau gris*.

Il est des *vignes* uniquement plantées en meunier, d'autres en gamet, d'autres en meslier, mais en général ces variétés sont mêlées.

Le meunier donne un vin plat & de peu de garde, mais il coule rarement & mûrit de bonne heure. Son fruit, vendu sur les marchés de Paris, peu après la *magdelaine*, laquelle se cultive en treille, donne des produits très-avantageux.

Le vin de meslier est le plus chaud, mais il conserve un goût acide qui n'est pas agréable.

Le pire de ces raisins, mais le plus productif, est la *rochelle*, dégénérescence du *saint-pierre*, dont il sera question plus bas.

Les chasselas & les muscats se montrent quelquefois dans les *vignes*, mais c'est en treilles qu'ils se cultivent le plus ordinairement.

Département de l'Eure.

Il existe environ 6000 hectares de *vignes* dans ce département. Les variétés qu'on y cultive le plus généralement, sont: l'*auvernat noir*, qui donne le meilleur vin rouge; le *meunier*, cité plus haut comme produisant un mauvais vin; le *meslier*, qui fournit le meilleur vin blanc; l'*auvernat blanc* & le *blanc de Beaune*, dont le vin est peu estimé.

Aux environs de Chartres, on plante la *vigne* dans des fosses de trois à quatre pieds de profondeur, pour la mettre à l'abri des vents froids.

Département de la Sarthe.

On compte 10,350 hectares de *vignes* dans ce département, mais elles fournissent des vins fort peu estimés, excepté celles du clos des Jasniers, entièrement planté de pineaux rouge & blanc; ce qui confirme le fait que ce sont ces deux pineaux & le gris qu'il faut choisir dans la dernière zône où il est possible de la cultiver, quand on veut y récolter du bon vin.

Il n'est pas nécessaire de parler des *vignes* des *départemens du Calvados*, *de l'Orne*, *de la Mayenne & de la Manche*, attendu qu'elles sont extrêmement peu nombreuses & de nulle importance sous le rapport de la culture.

Vignobles situés entre le 48e. & le 47e. degré de latitude.

Département du Doubs.

L'étendue des *vignes* de ce département n'est que de 8000 hectares, fort dispersées. J'ai visité celles des environs de Besançon & celles des environs d'Ornans.

L'exposition des vignobles des environs de Besançon varie continuellement, parce qu'ils sont plantés autour des caps formés par les montagnes calcaires primitives reposant sur le schiste, des deux côtés de la vallée formée par le Doubs. Les meilleurs vins proviennent de ceux au midi; cependant celui de Beurre, village qui est au nord, passe pour un des premiers. Celui du fond des vallées est le plus mauvais.

La culture en terrasse est très en faveur dans ces vignobles, la plupart extrêmement en pente, & j'ai dû lui applaudir, car elle diminue les frais de la remonte des terres, rend leurs labours plus faciles, & favorise l'abondance des récoltes sans l'exagérer. J'engage les ennemis de ce mode à aller l'étudier, persuadé qu'ils en deviendront ses partisans.

La plantation des *vignes* s'exécute en faisant des fosses dirigées dans le sens de la pente, de deux pieds de large & d'un pied de profondeur.

Le labour, le provignement & la taille ont lieu pendant l'hiver. Généralement cette dernière façon s'exécute, pour les *vignes* rouges, sur deux yeux, & sur les *vignes* blanches, sur trois yeux. Le pulsare seul l'est sur cinq à six.

On greffe quelques *vignes* en mars.

Trois & même quelquefois quatre binages leur sont donnés pendant l'été, avec une houe fourchue.

Quatre manières de disposer les ceps existent dans ce vignoble, & ce, quelquefois dans le même canton.

Ou on tient les ceps bas & on les provigne dans le sens de la montée, tous les deux ou trois ans, & on attache leurs bourgeons à un court échalas; c'est la pratique de la Bourgogne.

Ou on les tient également bas & en rangées régulières, & on palissade leurs bourgeons à des perches transversales attachées à des pieux, à deux pieds de la surface du sol. On en agit à peu près ainsi dans le Médoc & aux environs de Vesoul.

Ou on les laisse monter davantage, & on les attache à trois ou quatre pieds de haut, à des traverses fixées sur l'angle d'échalas qui se croisent.

Ou, les conservant également hauts, on donne à chacun un échalas, qui reçoit, à son sommet, des traverses allant d'une rangée à l'autre dans tous les sens, de sorte que la *vigne* représente, en dessus, un gril à carreaux égaux, qu'on appelle *liquoulot*.

Je n'ai pu comprendre les motifs des deux dernières pratiques, qui ont pour résultat que les raisins sont rarement frappés par les rayons du soleil, & constamment entourés d'humidité.

Les variétés que j'ai vues dans ce vignoble, sont:

Le *noirien* ou *pineau franc*; il compose la presque totalité des *vignes* de Beurre, & c'est à lui qu'est due la supériorité du vin qui s'y récolte.

Le *gamet noir*. Il fournit le plus, mais son vin est grossier.

Le *gamet blanc*; c'est le *melon* de la Côte-d'Or. Ses productions sont encore plus abondantes & plus grossières.

Le *bugin*, le *treijau*, le *gauche*, le *luisant blanc*, le *grappenaux*, le *pulsare*, existent aussi dans ce vignoble. L'importance de ce dernier n'y est pas assez appréciée.

C'est sur une colline très en pente, exposée au sud-est, au sud & au sud-ouest, que se trouve le vignoble d'Orbans. Son sol est une argile rouge, très surchargée de fragmens de la pierre calcaire primitive qui lui sert de base. Ses nombreuses terrasses retardent sa dénudation, & permettent de remonter, à peu de frais, la terre que, malgré elles, les eaux pluviales ont entraînée.

Toujours on les plante en lignes, dans le sens de la pente, mais on les provigne irrégulièrement tous les six à huit ans pour le *gamet*, & tous les trente ou quarante ans pour le *pulsare*, les deux seules variétés qu'on y cultive.

On donne un labour d'hiver & trois binages d'été aux *vignes* de ce vignoble, avec une petite houe à fer arrondi.

Les ceps ont deux ou trois pieds de hauteur, & se rabattent au premier point toutes les fois qu'un bourgeon sorti du vieux bois le permet.

On ne fait que du vin rouge.

Département de la Haute-Saône.

Ce département renferme 12,000 hectares de *vignes*. Ses principaux vignobles sont ceux de Vesoul, de Gy, de Pesmes, de Gray & de Champlitte. Je les ai tous visités.

Les meilleures *vignes* de celui de Vesoul sont à Navenne, au couchant. Les plus mauvaises sont à la Motte, au midi. Toutes ont pour sol une argile rougeâtre, mêlée des détritus de la pierre calcaire sur laquelle elle repose; au-dessous est le schiste.

L'espacement des ceps est de trois pieds en tous sens, & leur alignement régulier, mais variable.

On ne plante que la moitié du nombre des lignes, l'autre se garnissant trois ans après, par le moyen du marcottage. Dans l'intervalle on cultive des céréales ou des légumes.

Le provignement, hors ce cas, n'a lieu que pour regarnir des places vides, ou lorsque les ceps ont atteint vingt-cinq ans : dans cette dernière circonstance, la *vigne* est provignée en entier dans un seul hiver.

Les ceps sont tenus très-bas, & leurs bourgeons sont palissadés à des perches de saule fixées à six pouces du sol, & parallèlement à lui, au moyen de piquets de chêne d'un pied de haut.

Cette pratique est celle que je crois la plus avantageuse, dans le Nord surtout, comme je l'ai déjà annoncé plus haut, & à la qualité & à la quantité du vin; celle qui permet le plus d'économie dans la culture. De temps immémorial elle est usitée dans le Médoc.

Les engrais sont refusés à ces *vignes* lorsqu'elles sont en bon fonds, mais on leur donne du fumier tous les douze à quinze ans dans les mauvais. Les propriétaires d'un vignoble peu éloigné, à Courtchaton, font enterrer en fleurs, pour le même objet, du sarrasin, des féves de marais, semés après la vendange.

Voilà deux excellens exemples qu'on n'imite pas assez.

Un labour d'hiver & trois binages sont donnés à ces *vignes*, & rien n'empêche de donner le labour avec l'araire ou charrue sans roues.

Le *gamet*, le *pineau franc* & le *pineau blanc* sont, dans l'ordre de leur multiplicité, les seules variétés qui se voient dans ce vignoble.

La vendange est mise à fermenter dans des foudres de trente pièces de deux cents litres de capacité chacune. Encore un excellent exemple à suivre, lorsqu'on veut du bon vin & beaucoup de vin, la perte, par ce procédé, étant beaucoup moindre.

La côte où est le vignoble de Gy se présente directement au couchant. Il y a quelques *vignes* au levant, au midi, en plaine. Le vin qu'il donne a joui d'une assez grande réputation, qu'il a perdue depuis qu'on y a substitué le gamet au pineau.

Les variétés qu'on y cultive le plus généralement & que j'y ai observées, sont:

Le *pineau franc* (noir). Il constitue le quart du vignoble, & est tantôt planté seul, tantôt mélangé avec les suivans. Le vin qu'il fournit est le meilleur.

Le *pineau blanc*. Il ne se vendange pas séparément.

Le *noirieu* ou *pineau de Bourgogne*. Il est devenu rare, ce qui a diminué la qualité des récoltes.

Le *gamet noir*. C'est lui qui fait aujourd'hui le fond du vignoble. Il offre deux sous-variétés moins estimées, dont l'une a les grains moins foncés en couleur, & l'autre coule souvent.

Le *melon* ou *gamet blanc*. Des *vignes* en sont entièrement plantées.

Le *luisant blanc*. Même observation.

Le *ferney*, le *pulsare*, les *rufey noir* & *blanc*, les *breſays noir* & *blanc*, le *maillé*, le *liotnau*, le *lendouleau* ou *plant d'Arbois*, *le meslier jaune* & le *plant d'Espagne*, sont fort rares.

Une argile jaunâtre, fort chargée de fragmens de la pierre calcaire primitive qui constitue la montagne où il se trouve, forme le sol du vignoble de Gy. Il est fort compacte & fort sujet à retenir les eaux pluviales. C'est au moyen d'une houe à fer arrondi qu'on le travaille.

Les plantations se font dans ce vignoble sur des lignes écartées de trois pieds, au moyen de fosses ou de sillons, avec des crocettes. Le plant commence à produire à quatre ans & est dans toute sa vigueur à six. On ne provigne que lorsqu'il y a des places à regarnir. La *vigne* dure tant qu'on la cultive bien.

On donne un labour & deux binages, Sombrage, Retersage & Rétérissage. Après le premier, on taille sur deux ou trois yeux, & on fait des Courgées,

Courgées, qui diffèrent des Arcs ou Sautelles, en ce qu'elles sont simplement étendues d'un échalas à l'autre. Ces échalas sont très-petits. Avant le second on ébourgeonne, & avant le troisième on rogne.

On vendange généralement trop tôt, parce que les propriétaires partagent les produits avec les vignerons, & que ces derniers sont toujours pressés de vendre.

Le *vignoble de Pesmes* est sur une côte argilo-calcaire, exposée en majeure partie au midi, le long de l'Ognon. Il se cultive comme celui de Gy, excepté qu'on y fait plus de courgées, surtout en blanc, & qu'il s'y laisse beaucoup de ceps sans échalas. Son vin commun, c'est-à-dire, fait avec le mélange des variétés, est médiocre; mais, lorsqu'on le compose seulement en *pineau franc* & en *pineau blanc*, il est très-bon.

Outre ces deux variétés, on y cultive le *gamet*, qui fait le fond des *vignes*, le *ferney* de Gy, qui s'y nomme *durfey*, le *luisant noir*, la *feuille ronde* ou *morillon*.

Le *vignoble de Gray* est peu considérable & est en majeure partie au midi; mais les cantons appelés la *Maison de bois* & *de Rey*, qui fournissent le meilleur vin, sont au levant. Il prouve toute l'importance du choix de la variété, car le canton de la Maison de bois, planté en pineau de Bourgogne, donne de l'excellent vin; celui de Rey, planté en pineau franc, en donne du bon, & le reste du vignoble, où le gamet domine, en donne du fort médiocre.

Le sol & la culture de ces vignobles diffèrent peu de ceux de Gy.

Le *vignoble de Champlitte* couvre les coteaux en demi-cercle, au centre desquels est bâtie la ville. Son sol & sa culture ne diffèrent pas non plus du sol & de la culture de Gy, mais on ne fume pas, & on égrappe les raisins rouges pour faire du vin rouge, & non les raisins rouges & blancs lorsqu'on en veut faire du vin blanc. Ces vins étoient jadis très-estimés. Ils sont encore supérieurs à ceux de Gy, mais ils perdent annuellement, parce qu'on plante les nouvelles *vignes* uniquement en gamet, pour en obtenir de plus abondantes récoltes.

Le département de la Côte-d'Or renferme 24,000 hectares de *vignes*, parmi lesquelles se trouvent celles qui fournissent les vins de Bourgogne, si réputés & réellement si excellens lorsqu'ils sont bus à point. Toutes celles en côte sont plantées dans une argile remplie de fragmens du calcaire primitif qui en fait la base. Celles en plaine sont dans un gravier de même nature.

Les vignobles les plus célèbres de la côte sont Vosne, Chambertin, la Romanée, Montrachet, Vougeot, Pomard, Volnay, Nuits, Beaune, Fissin, Marcs-d'or, Abosse, Savigny, Chassagne, Santenay, Saint-Aubin, Mergeot, Blegny, Mulseau, &c.

La bonté des vins de Bourgogne, comme je l'ai déjà observé plusieurs fois, est principalement due au pineau de Bourgogne & au franc pineau, ainsi qu'à la vieillesse des ceps; mais il est des *vignes* qui ne sont séparées que par un mur, une haie, un sentier, qui donnent du vin d'un prix fort supérieur au prix commun, ce qu'on attribue partout au *grain de la terre*, & ce que je me propose de vérifier avec toute l'attention dont je suis capable, cette année même (1823): cette cause cependant me paroît peu probable.

On se plaint généralement que la qualité des vins de Bourgogne s'affoiblit, &, quelqu'attachement que je garde pour ce département, où j'ai passé les plus belles années de ma jeunesse, je suis obligé de reconnoître que cette plainte est fondée.

Voici une partie des causes qui ont conduit à ce résultat.

Autrefois il y avoit beaucoup de propriétaires riches, principalement parmi les moines, qui ne payoient presque pas d'impôts & qui ne s'inquiétoient pas du prix auquel revenoit le vin qu'ils buvoient. Aujourd'hui, les petits propriétaires, qui sont toujours desireux d'avoir beaucoup de vin, ne regardent qu'à l'argent qu'ils reçoivent, s'inquiètent peu de la réputation future de leur vignoble, multiplient le gamet, fument souvent, & arrachent les *vignes* ultraséculaires, lesquelles concourent si puissamment à améliorer le vin de pineau, comme je l'ai déjà annoncé plusieurs fois.

D'un autre côté, les marchands vendent partout, sous le nom de *vin de Bourgogne*, des mélanges qui n'ont ni bouquet ni bon goût, qui ne se gardent pas, & qui doivent déconsidérer le véritable auprès de ceux qui ne le connoissent pas. Il est extrêmement rare que moi, qui les connois, puisse boire avec plaisir les vins qu'on m'offre sous leur nom même dans les bonnes maisons de Paris.

La malheureuse habitude prise depuis quelques années, de mêler de la cassonade dans le moût, pour rendre ces vins plus tôt potables, concourt aussi à détruire la réputation des vins rouges de Bourgogne, ne fût-ce qu'en les privant du bouquet qui les caractérise & qui leur donne tant d'agrément. *Voyez* Vin.

Le vin de Fissin, vignoble appartenant à M. de Montmort, est aujourd'hui celui qui est le plus estimé des connoisseurs du pays, parce qu'il est de pur pineau, & que son propriétaire ne le vend jamais à des commissionnaires; mais il coûte douze francs la bouteille, ce qui est hors de la portée de bien des fortunes.

Celui du clos de Vougeot a perdu de sa réputation, parce que le précédent propriétaire l'a fait regarnir de jeunes ceps dans sa partie supérieure, où il n'y en avoit que de six cents ans d'âge.

Je n'ai jamais vu faire, sur la Côte, du vin blanc avec des raisins rouges. Il n'y a pas de doute cependant, à mon avis, qu'il seroit supérieur à celui de la côte de Reims, avec raison si estimé.

Le pineau blanc fournit les excellens vins de cette couleur dans les vignobles de Montrachet, de Mulseau, &c. Le plus souvent on le mêle avec les autres pour faire du vin rouge.

Outre les trois pineaux & l'*infâme gamet*, pour me servir de l'expression d'un duc de Bourgogne, on trouve dans les vignobles de la Côte les variétés suivantes : en rouge, le *melon noir*, le *plant malin*, le *cecan*, le *mauzac*; en blanc, le *melon blanc*, la *clairette*, l'*aligotte*, le *ciotat*, le *Narbonne* ou *chasselas*, le *gamet blanc*; en gris, le *pineau gris*, qui n'y est pas aussi estimé qu'il mérite de l'être. Je ne crois pas qu'il y ait des *vignes* entièrement plantées de ce dernier.

Aucun ouvrage n'a été publié sur la culture des *vignes* de la Côte, tandis que beaucoup d'autres moins précieuses ont obtenu des historiens.

Quoique j'aie souvent parcouru les vignobles de Bourgogne dans ma jeunesse, je ne les ai pas étudiés sous le rapport de leur culture; en conséquence, je dirai seulement que la base de cette culture est la même que celle des *vignes* de Champagne, c'est-à-dire, qu'on couche les ceps tous les ans, en montant, de sorte que les souches parcourent sous terre des longueurs considérables. On m'a dit au clos de Vougeot, où j'ai assisté deux fois à la vendange, que les ceps qui sortoient de terre au haut de la côte, avoient été plantés du temps de saint Bernard, sur le bord de la route; or, il y a un quart de lieue de distance, & saint Bernard est mort en 1153. Aussi, cette partie du clos, avant la révolution, donnoit-elle peu de raisins & de petits raisins; aussi étoit-elle vendangée à part, & son vin étoit-il sans prix, les moines de Cîteaux le conservant pour leur boisson & pour en faire des cadeaux aux rois, aux ministres & à leurs amis.

Il faudroit un volume pour décrire tous les vignobles de la Côte-d'Or donnant du bon vin, parce que dans tous il y a des pineaux.

Le *département de l'Yonne* possède 35,000 hectares de *vignes*, qui donnent d'excellens vins, généralement plus foibles que ceux de la Côte-d'Or, mais ayant, dans les années chaudes, presqu'autant de bouquet que ces derniers.

Encore dans ce département, c'est au pineau de Bourgogne, au pineau franc & au pineau blanc, que sont dus les meilleurs vins, tels que ceux de Tonnerre, d'Auxerre, de Joigny, de Chablis, de Coulange, de Franci, d'Avalon, de Vermenton, &c.

J'ai étudié une partie de ces vignobles; ainsi je puis en parler en connoissance de cause.

Le *vignoble de Tonnerre* est placé sur des coteaux exposés au midi & au nord, dont le noyau est la belle pierre calcaire primitive, qui porte le nom de cette ville. La terre de ces coteaux est une argile mêlée de fragmens de cette pierre. Les plus réputées de ses *vignes* sont, dans l'ordre de leur valeur, celles des Olivottes & de Vaumorillon au sud-est, celles de Grisey à l'est.

Les pineaux rouge & blanc, ainsi que le *lombard*, sont les variétés qui dominent dans ces *vignes*. On a commencé à y introduire le *gamet* dans les bas; & il est à craindre, à raison de la plus grande certitude & de la plus grande abondance de ses produits, qu'il gagne bientôt la prééminence dans les côtes. On y voit aussi, mais peu fréquemment, le *mamier*, le *nerien*, le *romilly* ou *morillon blanc*, le *troyen*, le *servinien*, le *pineau à feuilles d'érable*, tous plants de peu de qualité, & le *pineau gris*.

La plantation a lieu en lignes appelées *ordons*, dans le sens de la montée, dans des trous de cinq à six pouces de profondeur & d'autant de large, écartés de trois pieds, où se placent trois boutures, dont une est relevée si toutes prennent racine. Il faut 10 à 12,000 ceps par hectare pour que le terrain soit suffisamment garni.

On donne un labour d'hiver & deux ou trois binages d'été.

On terre les *vignes* le plus souvent possible, soit avec des gazons pris sur le sommet des coteaux, soit avec la terre qui en a été entraînée, & qui s'est arrêtée dans des fosses appelées *marteaux*.

Autrefois tous les ceps étoient marcottés à la fois tous les vingt-cinq à trente ans, dans le sens de la montée, mais aujourd'hui on préfère arracher à quarante, cinquante, soixante, quatre-vingts ans, ce qui doit aussi affoiblir la qualité du vin des récoltes futures.

Le marcottage, pour regarnir les places vides, a lieu immédiatement après la vendange, dans des fosses quadrangulaires d'un pied de profondeur, & de manière que les lignes des ceps restent régulières : on fume toujours en faisant cette opération.

Il est des cas où on fait des provins en mai dans les terres légères.

On appelle *provigner en sautelle*, lorsqu'on fait une simple marcotte, qu'on sépare du cep l'année suivante.

Lorsqu'il pousse des bourgeons du collet de la racine, on les réserve sous les noms de *nouaux*, de *noub*, de *scioles*, pour former des marcottes & renouveler les ceps.

Les vieux ceps ont ordinairement quatre à cinq pieds de haut, divisés en deux & quelquefois trois branches; la moitié de cette longueur, appelée *courrée* ou *corée*, est couchée sur la terre, & le reste relevé & attaché à un échalas, tantôt droit, tantôt incliné perpendiculairement à la pente.

On taille au-dessus du second ou troisième œil. Lorsqu'il pousse un bourgeon sur le vieux bois d'une branche, on le réserve toujours à l'ébourgeonnement, & on rabat la branche immédiatement au-dessus lors de la taille.

L'ébourgeonnement s'appelle *détalage* ou *dessomachage*, & la rognure du sommet des bourgeons, l'*émouchement*.

Le *vignoble d'Auxerre* est placé sur les coteaux qui bordent l'Yonne, à l'est & à l'ouest. Quelques *vignes* sont aussi au midi & au nord. C'est aux environs de la ville seulement que la culture de Tonnerre & de Joigny est remplacée par celle en treilles basses.

Le fameux clos de Migraine, qui a, dit-on, plus de quatre cents ans de plantation, & qui donne le meilleur vin du canton, est exposé au sud-est & disposé de cette dernière manière.

Une argile marneuse brune, remplie de pierres calcaires primitives, forme le sol de ces vignobles.

Ces *vignes* s'arrachent rarement, mais elles ne se renouvellent pas, comme celles de Bourgogne & de Champagne, par des provignemens annuels ou bisannuels. Quand elles sont arrivées à trente ou quarante ans, on les provigne en totalité, comme on le faisoit jadis à Tonnerre, en les conservant en lignes régulières.

Les variétés les plus estimées dans ce vignoble sont les *pineaux noir*, *blanc* & *gris*. On y voit aussi le *pineau de Collonge*, le *gamet*, le *plant vert*, le *tressau*, le *romain*, le *plant d'Orléans* ou *teinturier*.

Le pineau noir demande l'exposition la plus favorable, telle que celle de Migraine, qui en est entièrement planté, & une terre fertile à mi-côté. Il dure & produit peu dans les terres légères.

Dans ces dernières on plante des chevelus au commencement de l'hiver; dans les premières, des *crocettes* à la fin de cette saison.

Les fosses sont creusées en lignes, qu'on appelle des *perchées*. Elles sont d'un pied carré & éloignées de deux à trois pieds.

A la quatrième année on commence à provigner; à la sixième, époque où elle est arrivée en plein rapport, on la met en perches & on la fume.

Les souches ont quatre pieds de haut au moins, & leur pied rampe sur la terre.

Pour entretenir une *vigne* en bon état, il faut fumer les provins toutes les fois qu'on en fait, ou les charger de nouvelle terre apportée du dehors.

Les jeunes *vignes* se taillent les premières; aux forts ceps on conserve trois ou quatre branches appelées *coursons*; aux foibles, deux & même une seule.

Quelquefois les bourgeons qui sortent des coursons sont conservés pour asseoir sur eux la taille de l'année suivante, & diminuer leur hauteur.

Il est même des cas où on coupe la souche par le pied pour renouveler ces coursons.

Les échalas & les perches se placent après la taille & le labour d'hiver; les premiers à six pieds de distance; les secondes à un pied & demi au-dessus du sol. On attache, avec de l'osier, les perches aux échalas, & les coursons aux perches.

Momasser est le synonyme d'*ébourgeonner*. Cette opération s'exécute avant la floraison.

Après, on donne un binage & on attache les bourgeons réservés aux échalas & aux perches; ce qui s'appelle ACCOLER. *Voyez* ce mot.

On rogne ensuite, c'est-à-dire, qu'on casse l'extrémité des bourgeons.

Le second binage se donne au milieu d'août.

Le vignoble de Joigny jouit d'une réputation très-ancienne & très-méritée. Il est en grande partie exposé au midi, mais il y a des *vignes* à toutes les expositions, même dans les meilleurs cantons, celles de Saint-Jean, qui donnent le vin le plus spiritueux, & celles de l'Eleré, qui donnent le vin le plus délicat, étant tournées vers le levant.

La terre de ce vignoble est une argile marneuse, fauve, de deux pieds de profondeur, terme moyen, parsemée de cailloux siliceux de différentes grosseurs, reposant sur la craie, comme à la montagne de Reims, &c.

Au-dessus des *vignes* est une forêt qui végète dans une argile très-tenace, appelée *lateux*, remplie de silex arrondis, & dont l'épaisseur est au moins de soixante pieds.

Il résulte de cette disposition, que les *vignes* les plus élevées sont plus argileuses, & les plus basses plus marneuses. On appelle ces dernières *à terres blanches*. Elles donnent également du bon vin par places très-circonscrites, que je n'ai pu distinguer à la vue. On attribue cependant, ici comme ailleurs, la qualité du vin au grain de terre.

Les *vignes* se plantent en lignes parallèles écartées de deux pieds & demi, dans des trous faits à la pioche, dans le sens de la montée, au moyen de plants enracinés ou de croûtes, dont on recouvre le gros bout de lateux, sans doute pour conserver la fraîcheur autour de lui.

C'est le seul vignoble que je connoisse, où ce procédé soit pratiqué.

J'ai examiné deux *vignes* voisines de quatre à cinq ans, dont l'une avoit été plantée sans lateux, car son extraction & son transport sont coûteux, & elle étoit beaucoup plus foible que l'autre.

Les places où le plant a manqué se regarnissent avec du plant enraciné ou des provins. C'est le seul cas où cette dernière opération se fasse dans ce vignoble.

Un arpent de *vigne*, depuis sa plantation jusqu'à ce qu'elle soit en rapport valable, a coûté 1500 francs de frais.

On donne un labour d'hiver & trois binages d'été à ces *vignes*, au moyen d'une pioche double très-courte, à fers recourbés, l'un terminé en pointe, & l'autre coupé net.

La taille s'exécute à la fin de l'hiver, sur un,

deux, trois & même quatre coursons sortant de la même souche, selon la force de cette souche.

La pratique des arcs ou des sautelles n'y est pas en usage.

Tous les trois ou quatre ans on fume ces *vignes*, & on remonte les terres du bas dans le haut.

Les échalas sont de chêne non refendu, & seulement de trois pieds & demi de haut. On y accole les bourgeons avec de la paille.

Il ne m'a pas paru que les opérations de l'ébourgeonnement & du rognement présentent quelque particularité remarquable.

Tous les raisins blancs & rouges se mélangent dans la cuve; cependant on calcule l'influence que doit avoir telle variété sur le vin, & on la plante en conséquence plus ou moins abondamment.

Quelques propriétaires font leur vin dans des cuves de pierre enduites d'huile.

Les *vignes* ne durent en pleine valeur que trente à quarante ans, après quoi on les arrache, & on fait dans leur place, pendant une dizaine d'années, trois récoltes de céréales & une de sainfoin, qu'on préfère beaucoup à la luzerne & au trèfle.

Autrefois les pineaux noir & blanc dominoient dans toutes les *vignes*. Il n'en est plus de même aujourd'hui, parce qu'on tire à la quantité.

Après ces deux variétés, les meilleures sont: l'*épicier noir* & *blanc*, le *bourru blanc*, le *sainquin blanc*, le *pineau commun* (noir), le *meslier*, le *pineau gris*. Les moins bonnes sont: le *plant de roi*, le *beaunois* ou le *gamet blanc*, le *droyen*, la *houche pourrissante*, le *verreau d'Aillent*.

Le *gamet* & le *meunier* sont heureusement fort rares.

J'ai décrit toutes ces variétés.

Le *vignoble* si réputé *de Chablis* couvre deux coteaux dirigés, l'un au midi & l'autre au nord, mais autour desquels on trouve toutes les expositions; sa terre est une argile sèche, mêlée de fragmens de pierres. Quelquefois elle n'a pas six pouces d'épaisseur, mais les racines pénètrent dans les fissures de la roche, analogue à celle de Tonnerre.

Les meilleurs cantons sont ceux de la Grenouillère, des Clous & du Mont du milieu, tous exposés au midi.

Une seule variété est cultivée dans le vignoble de Chablis, c'est le *pineau blanc*, qui y est appelé *beaunois*, qu'il ne faut pas confondre avec la variété du même nom existant à Joigny. C'est à ce choix que sont dues la bonté & l'égalité qui caractérisent le vin qu'il produit. Il est bien à desirer que cette excellente pratique soit partout suivie, car elle seule peut sauver les vignobles de France du discrédit qui les menace.

Cependant les vignerons de Chablis cèdent au torrent général; ils plantent des gamets noirs dans les parties basses de leur *vigne*, pour leur usage seulement.

La culture des *vignes* de Chablis ne diffère pas de celle des *vignes* de Joigny; seulement les ceps sont laissés un peu plus longs, & les labours s'exécutent avec une pioche recourbée, à pointe très-aiguë & à long manche.

On attribue la belle couleur jaune des vins de Chablis, à l'argile dans laquelle ils sont plantés; mais pourquoi les vins blancs de Tonnerre, qui proviennent de *vignes* plantées dans la même sorte d'argile, n'ont-ils pas cette couleur? Je crois que c'est à la grande maturité des raisins qu'elle est due, car alors la peau du pineau blanc la prend.

Les *vignobles de Coulange & de Franci* ne me sont pas encore connus.

Le *vignoble d'Avalon* n'est point auprès de la ville, laquelle est bâtie sur un rocher de granit, mais à quelque distance à l'ouest, sur des coteaux de calcaire primitif reposant sur le schiste.

La terre de ce vignoble est une argile tenace, remplie de coquilles pélasgiennes.

Je renvoie à l'article du vignoble d'Auxerre pour la culture de celui-ci, qui ne m'a pas paru en différer essentiellement.

On y fait beaucoup de fosses transversales ou des terrasses en pierres sèches pour retenir les terres. Les murs d'enceinte y sont très-fréquens.

Toujours, lorsqu'il pousse un bourgeon au collet des racines, on le réserve pour remplacer la souche.

Le pineau prédomine beaucoup dans ces *vignes*; aussi leur vin est-il de bonne qualité, & on l'achète, à Paris, avec plus de confiance qu'aucun des autres de la basse Bourgogne.

Le *vignoble de Vermanton* est peu étendu, mais il se lie avec le précédent & avec celui d'Auxerre, dans une longueur de huit à dix lieues. Sa culture est la même; cependant il a de plus l'avantage d'être encore plus généralement entouré, par grandes pièces, de murs ou de haies vives, ce que je voudrois voir établi partout.

Le *département de la Nièvre* offre 10,000 hectares de *vignes*, dont le vin est très-peu estimé, excepté le vin blanc de Pouilly, qui est fort recherché à Paris pour boire à déjeuner. Quoique je sois passé par cette ville, je ne puis rien dire sur son vignoble.

Il se cultive 33,000 hectares de *vignes* dans le *département du Loiret*, dont les vins sont en plus grande partie de peu de qualité, mais se vendent bien à Paris, à raison de leur couleur foncée & de leur bon marché, pour les mélanger avec ceux du Midi.

D'Orléans à Blois, les *vignes* sont sur une côte calcaire exposée au midi, & c'est elle qui fournit les meilleurs vins, tels que, en rouge, ceux de Guignes, de Saint-Jean de Bray, de Beaugency, de Meun, de Sandillon, &c.; tels qu'en blancs, ceux de Marigny, de Rabutin, &c.

Dans les parties des arrondissemens de Montargis, de Pithiviers & de Gien, que je connois, les *vignes* sont presqu'en plaine, dans des argiles tenaces, quelquefois recouvertes de sable & très-aquatiques pendant l'hiver. Ce sont elles qui fournissent le plus mauvais vin.

L'*auvernat*, sorte de pineau, est la variété la plus cultivée & la plus estimée dans le vignoble d'Orléans proprement dit. Le *gouais* & le *saumoireau* sont ceux qui donnent le plus mauvais vin.

On plante la *vigne* en lignes séparées de deux pieds d'un côté & de trois de l'autre. L'intervalle le plus étroit se nomme *pouée*, & le plus grand, *orne*. Ce dernier est creux & l'autre en dos d'âne. Ce mode se pratique aussi aux environs de Paris.

Abondamment fumer est un des principes de la culture des *vignes* aux environs d'Orléans, & ce n'est que par manque de fumier qu'on ne le fait pas tous les ans.

Quelquefois on donne six labours par an à ces *vignes*; cependant on se réduit le plus souvent à quatre.

La taille varie, selon les variétés, de deux à quatre yeux. On fait des arcs, appelés *queues d'anneaux*, & des courgées.

Les échalas, qu'on nomme CHARNIERS, se mettent en terre après la taille, non-seulement au pied de chaque cep, mais encore à l'extrémité des courgées, ce qui augmente leur dépense.

L'ébourgeonnement s'exécute très-rigoureusement. Il en est de même de la rognure du sommet des bourgeons & de la suppression des entre-feuilles; aussi les *vignes* ne durent-elles pas plus de trente à quarante ans.

On en compte environ 12,000 hectares dans le département du *Cher*; 27,000 dans celui de *Loir & Cher*; 36,000 dans celui d'*Indre & Loire*; 12,600 dans celui de l'*Indre*, & 31,000 dans celui de la *Loire-Inférieure*. Cette immense quantité de *vignes* donne peu de vins dignes d'être exportés; aussi, ce qui n'est pas consommé dans leur intérieur, se distille-t-il pour être converti en eau-de-vie.

J'ai traversé quelques-uns de ces départemens, mais je n'en ai pas étudié les vignobles.

Le *département du Jura* cultive 16,000 hectares de *vignes*, dont les vins sont généralement bons & quelques-uns excellens. Parmi ces derniers, je citerai ceux de Salins, des Arçures, de Château-Châlons, d'Arbois, de Poligny, de l'Etoile, de Lons-le-Saulnier.

Les montagnes qui entourent *Lons-le-Saulnier* sont composées par un schiste, qui recouvrent d'abord un banc de pierre calcaire primitive & ensuite une argile mêlée des fragmens de ces deux roches. La plupart de leurs pentes sont tournées au couchant, mais il y a des *vignes* à toutes les expositions, même en plaine. Presque toutes sont constamment humides dans leur partie inférieure, par les suintemens du schiste.

Voici, dans l'ordre de leur qualité, la série des *vignes* qui s'y cultivent.

Rouges.

Le *pineau franc*. Il est peu commun. On l'appelle aussi *morillon* & *savagnin*.

Le *raisin perlé*, ou *poulsare*, ou *pulsare*, ou *pandouleau*, ou *noirien*. Il est le plus précieux, en ce qu'il a les grains gros comme le doigt, qu'il charge beaucoup & se plaît de préférence dans les argiles humides. On lui donne sans crainte deux ou trois courgées ou arcs. C'est, fait remarquable, sur les sarmens du second ordre qu'il se taille, si on veut avoir beaucoup de fruits, parce que les bourgeons des plus gros poussent trop vigoureusement.

L'introduction de cette variété dans les vignobles où elle n'est pas connue, en changeroit avec avantage la nature, puisqu'elle réunit l'abondance à la qualité.

Le *gros* & le *petit baclan*, ou *dureau*, ou *duret*. Il donne abondamment & son vin devient bon en vieillissant.

Le *tresseau*, *troussé*, *grand picot*, *plant modot*. Il fournit beaucoup, mais son vin est dur.

Le *meunier* ou *l'enfariné*, & le *gros* & le *petit gamet*, le *teinturier*, le *grand rosaire*, qui a un très-mauvais goût.

Blancs.

Le *savagnien* donne un vin très-spiritueux & charge beaucoup.

Le *guache* ou *foirard blanc*. Peu différent du *gouais*. Même observation.

Le *sauvignon* ou *savagnin jaune*. Fournit beaucoup. Son vin est potable dès la première année.

La *feuille ronde* ou *sauvignon blanc*, ou *feuille ronde*.

Le *melon*.

Gris.

Le *fromenteau gris*. C'est le *pineau gris*.

Le *lombardier* ou *pulsare gris*. Son vin est abondant, mais médiocre.

Il y a de plus le *muscat noir*, extrêmement hâtif, le *muscat blanc*, le *chasselas blanc*, le *mourlan blanc* ou *Bar-sur-Aube*, le *pulsare blanc d'Espagne*. Ce dernier est le *ciotat*.

Les *vignes* des environs de Lons-le-Saulnier se plantent en fosses, en augelots, ou dans des trous faits avec un pieu. Cette dernière manière est la plus mauvaise.

Les crocettes prises sur de vieilles souches sont placées à trois ou quatre pieds les unes des autres.

On provigne les vieilles *vignes* dans le même temps qu'on plante les nouvelles.

Toute matière animale ou végétale convient pour améliorer le sol des *vignes*, mais les gazons plus que toute autre chose. La marne schisteuse s'emploie aussi avec avantage.

La taille varie selon les variétés, selon les terrains, selon l'âge, selon les circonstances antécédentes.

Un labour & deux binages sont donnés aux *vignes*, en opérant obliquement pour retarder la descente des terres. Une houe fourchue est employée à cet objet.

On échalasse avec du sapin refendu à la scie, & on lie avec de la paille.

L'ébourgeonnement ne se fait qu'après que la fleur est passée.

Lorsque les grains sont arrivés à moitié de leur grosseur, on arrête la pousse des bourgeons en cassant leur extrémité, ce qu'on appelle *rogner*.

Un peu avant la vendange, on relève les sarmens & on les attache à l'échalas, pour que les raisins, qui souvent n'ont jamais vu le soleil, profitent un peu de la chaleur de ses rayons.

Dans quelques vignobles à sol plat, on enterre les ceps pour les empêcher de geler.

En faisant de nombreux égouts dans les *vignes*, au moment du labour d'hiver, on a moins à craindre les dernières gelées du printemps.

Le *vignoble de Salins* repose souvent sur le plâtre primitif dans le haut, sur le calcaire primitif dans le milieu, & sur le schiste dans le bas. Son sol est une argile mêlée des fragmens de ces trois sortes de pierres.

La plantation de ces *vignes* a lieu en lignes écartées de trois pieds, avec des boutures ou des crocettes. Elles sont en rapport à trois ans. Leur taille a lieu sur deux yeux, mais on forme beaucoup de courgées ou arcs complets aux ceps les plus vigoureux.

Les échalas sont de sapin refendu à la scie.

Un labour d'hiver est donné à ces *vignes* avec une houe carrée, à fer assez large, & deux binages avec des *bigots* ou houes fourchues, de forme différente pour chacun.

C'est en couchant un cep entier qu'on regarnit les places vides.

En général, il m'a paru que ces *vignes* étoient tenues trop hautes, qu'on leur donnoit trop de branches, & que, par conséquent, le raisin n'y étoit pas assez exposé au soleil. Ce n'est qu'aux approches de la vendange qu'on les ébourgeonne, & cela, uniquement pour faciliter cette opération.

N'ayant pas, au reste, trouvé de différence remarquable entre la culture de ces *vignes* & celles du vignoble de Lons-le-Saulnier, dont il vient d'être question plus bas, j'y renvoie le lecteur.

Les variétés de ce dernier vignoble, que j'ai observées dans celui-ci, sont : le *pulsare noir*, très-abondant ; le *gamet noir*, le *sauvignon noir*, le *pineau* ou *noirien*, le *tresseau*, le *melon*, le *guache blanc*, le *petit baclan*, le *Bar-sur-Aube*.

Les variétés qui lui sont propres, sont : l'*argan*, ou *arbois*, ou *margillin rouge*, le *taquet rouge*, le *pineau de Salins* ou *mézy rouge*, fort différent des autres pineaux ; l'*enfariné* ou *gris*, qui a les grains couverts d'une poudre grise. C'est encore la seule variété qui m'ait offert cette circonstance.

Ces trois variétés donnent du vin sans qualité.

L'égrappement est en usage dans ce vignoble.

On fait fermenter le moût, tantôt dans des cuves, tantôt dans des foudres.

Le vignoble des Arçures, qui touche à celui-ci, & qui fournit le vin le plus estimé du département, est presqu'au nord. Ses variétés & sa culture diffèrent extrêmement peu de celles qui viennent d'être indiquées.

Le territoire *du vignoble de l'Etoile* est le même que celui de Lons-le-Saulnier, mais moins humide & plus infertile. On y creuse beaucoup de fosses pour retenir les terres entraînées par les eaux. Il ne s'y fait pas de courgées. Son exposition est en partie au midi & en partie à l'ouest.

Ce sont les raisins blancs qui y dominent, & c'est le vin blanc qui y est le plus réputé.

La principale des variétés qui s'y cultivent, est le *pineau blanc*, sous le nom de *savinien* ; les autres sont : le *savoignien blanc*, ou *bourguignon*, ou *moulan*, le *savoignien noir*, le *pineau gris*, le *moulan noir*. J'ai déjà indiqué toutes ces variétés, excepté la dernière, qui donne un vin généreux, très-riche en eau-de-vie, mais il n'est pas très-multiplié.

Le vignoble voisin, si estimé, de *Château-Châlons*, au pied duquel je suis passé, est exposé au midi ; c'est le *savignien blanc* qui domine. La culture qu'on lui donne est la même que celle dont je viens de parler.

C'est en plaine que se trouve la majeure partie du *vignoble de Poligny*. Celle qui est sur les coteaux regarde le midi & le nord. Il ne diffère pas sensiblement par son sol & par le mode de sa culture, de ceux que je viens de faire connoître. On y provigne cependant plus souvent.

Les terrains frais où le pulsare prospéroit seul, sont aujourd'hui fatigués d'en porter, de sorte qu'on l'arrache sans le remplacer. *Voyez* ASSOLEMENT.

On fait peu de vin blanc dans ce vignoble.

Voici l'opinion que m'ont transmise les vignerons sur la qualité du vin des variétés qu'ils cultivent, qui sont à peu près les mêmes que celles des vignobles précités.

Le *pulsare noir* donne le vin le plus délicat. Il devient encore meilleur lorsqu'il est mêlé avec celui du *gros* & du *petit baclan*, ainsi qu'avec celui du *maturé blanc*. Cependant il s'aigrit facilement.

Le *margillin* ; mauvais vin plat qui ne se garde pas.

Le *maldoux* ; vin qui se garde plus long-temps, mais est plus dur & aussi mauvais.

L'*enfariné*, ou *gris* ; vin médiocre, mais qui gagne par l'âge.

Le *ſavanien blanc*; bon vin qui ſe mêle avec le rouge.

Le *vallet noir*, ou *trouſſeau*, ou *trouſſet*. Il eſt un des plus multipliés ; ſon vin eſt délicat.

Le *guache noir*; rare.

Le *pulſare blanc*; rare.

Le *ſavagnien blanc*, ou *maturé*, ou *feuille ronde*; très-commun. Bon vin. Sert principalement à améliorer les vins rouges.

Le *petit* & le *gros baclan*. Le vin du premier eſt bon; celui du ſecond médiocre.

Il eſt trois variétés propres à ce vignoble; ce ſont :

Le *gros* & *petit plant de Provence*; ſon raiſin mûrit de bonne heure & donne du bon vin. Il eſt acquis depuis peu, & donne beaucoup d'eſpérance pour la quantité & la qualité.

Le *gros moiſi noir*; même obſervation. Cependant il coule & ſubſiſte peu dans les terrains frais.

On laiſſe quelquefois un an le marc dans les foudres où il a fermenté.

Le *vignoble d'Arbois* ſe rapproche infiniment du précédent, par le terrain, l'expoſition & les variétés qui s'y cultivent, mais il a moins de *vignes* en plaine, & beaucoup ſont en terraſſe.

Le meilleur vin blanc provient des *vignes* du midi, & le meilleur vin rouge des *vignes* du nord.

Comme plus favorables au pulſare, les terrains argileux ſe vendent plus cher que les autres.

Les plantations s'exécutent dans des foſſes parallèles, & à deux pieds de diſtance.

Une marne ſchiſteuſe eſt très en faveur pour améliorer le ſol des *vignes*.

On ne provigne que lorſqu'il eſt néceſſaire de regarnir une place vide.

Supprimer le quart & même le tiers de la grappe, en pinçant ſon extrémité avec l'ongle, avant la floraiſon, eſt une opération propre à ce vignoble, & qui peut ſans doute être imitée avec avantage dans beaucoup d'autres, puiſqu'elle empêche la coulure & fait groſſir les grains réſervés.

L'égrappage a lieu dans ce vignoble.

Le moût du pulſare fermente dans des tonneaux, & celui des autres variétés dans des cuves.

Les vignerons m'ont tranſmis, ainſi qu'il ſuit, leur opinion ſur la valeur relative des variétés.

Le *pulſare rouge* domine d'un tiers; demande une terre forte & humide; eſt ſujet à couler. Son vin eſt léger & de garde.

Le *ſauvagnet blanc* domine d'un quart; demande la même terre; coule rarement. Son vin eſt excellent & ſe garde tant qu'on veut.

Le *trouſſeau noir*; toute terre lui eſt indifférente. Son vin eſt très-fort.

Le *noirien* ou *pineau noir* donne un vin fin, mais peu abondant & de peu de garde. Il n'y en a qu'un vingtième dans les *vignes*.

Le *melon* blanc donne un vin léger, de peu de garde, mais recherché.

Le *baclan* donne un vin violent, aſſez bon, qui ſe mêle avec les vins rouges.

L'*enfariné* exige une terre forte; il compoſe un huitième du vignoble. Son vin eſt dur, mais devient bon en vieilliſſant.

Le *valet noir*; c'eſt le *taquet de Salins*; il eſt peu abondant. Son vin eſt dur & ſe mélange.

Le *gamet*; il y en a peu. Son vin eſt plat.

Le *maldoux*; on en voit peu. Son vin eſt ſans force & ſe décolore rapidement.

Le *margillin petit*. C'eſt le *pineau de Bourgogne*.

Le *margillin gros*. C'eſt l'*argan de Salins*.

Les *guaches noir* & *blanc*, le *pulſare blanc*.

Ces cinq dernières variétés ſont peu communes.

Les *vignes* des environs de Dôle ſont dans une terre argileuſe, repoſant ſur le calcaire primitif. Leur expoſition générale eſt le levant; cependant quelques-unes regardent le midi & le couchant.

Les plants qui s'y cultivent le plus abondamment, ſont : le *gamet noir* & le *melon*, ce dernier ſous le nom de *gamet blanc*. On y trouve quelques pieds de *pourriet*, de *pineau blanc*, de *pulſare*, de *pineau gris*, de *valet taché* ou *teinturier*.

Les foſſes à provins ſont très-multipliées.

Ce n'eſt qu'aux provins qu'on place des échalas très-courts, à raiſon de leur haut prix.

L'ébourgeonnement eſt très-modéré.

Du reſte, on opère comme à Salins, à Lons-le-Saulnier, &c.

On égrappe dans un baquet, au pied de la *vigne*, au moyen d'un triangle garni de broches.

Le vin eſt commun, mais point déſagréable.

Deux binages ſe donnent en été, & point en hiver. La taille s'effectue ſur deux à trois yeux. On ne fume point.

Les courgées n'ont lieu que ſur les pieds les plus vigoureux, & ils ſont rares en raiſon de la foibleſſe des ceps, cauſée par la mauvaiſe nature du ſol.

Les *vignobles du département de l'Ain* ſont multipliés, mais peu étendus. Leur enſemble eſt de 18,000 hectares.

Les variétés envoyées par ce département à la pépinière du Luxembourg, ſont : le *chetuan*, le *perpignan*, le *peloſard*, le *perſune*, la *berlette*; le *foirat*, le *néret*, le *verdet*, le *meſlier rouge*, le *gamet blanc*, le *gros plant rouge*, le *mornan blanc*, le *pecou rouge*, le *gouais blanc*, la *materolle*, le *taquin*.

Dans la plaine entre Mâcon & Bourg, on cultive, dans des enclos de haies, beaucoup de *vignes* en treilles hautes, en lignes dirigées du midi au nord, & eſpacées de vingt-quatre à trente pieds. L'intervalle eſt ſemé en céréales & autres objets. Le ſol eſt une argile humide, mélangée de cailloux roulés. On le laboure à la charrue, ou mieux à l'araire. Le vin de ces *vignes* est fort mauvais.

Près de Cerdon, il est des *vignes* basses plantées dans une argile mélangée des debris de la roche calcaire primitive, dite *du Jura*, qui constitue les montagnes. Le *malzaige* y est la variété dominante.

Les *vignes* des environs de Gex sont plantées de deux manières.

Les unes offrent des hautins disposés en lignes écartées de trente à quarante pieds, portés sur des érables champêtres, qu'on tient à trois ou quatre pieds de haut, & qu'on taille tous les ans. Toujours une guirlande, prise des deux ceps voisins, les lie dans la direction du midi au nord.

C'est sur ces guirlandes que se fait la plus forte partie de la récolte. On laboure à la charrue & nettoie à la pioche le pied des ceps.

Les autres sont des souches de trois à quatre pieds de haut, plantées également en lignes écartées, mais échalassées & cultivées comme aux environs d'Auxerre. Elles donnent autant de vin, & de meilleur vin que les autres, & nuisent moins aux cultures voisines.

Dans le Revermont, le *pulsare* est très en faveur sous le nom de *raisin mettié*.

Dans le canton de Virieux, le *mondoule*, ou *meximieux noir*, & la *roussette blanche*, sont préférés pour les *vignes* basses, & le *montmélian* & le *mortagne*, pour les *vignes* hautes. On y voit aussi quelques pieds de *gamet* & de *savinien*.

Plusieurs *vignes* de ce canton sont dirigées de manière à former du côté du midi, au moyen de perches transversales, un demi-berceau de six à huit pieds de haut, de sorte que leurs raisins ne voient point le soleil. Je n'ai pu deviner la cause de cette singulière & même ridicule disposition, très-désagréable à la vue.

Dans le canton de Seissel, immédiatement sur le bord du Rhône, il y a un petit vignoble que son profond encaissement assimile, pour la chaleur, aux pays les plus chauds, & qui donne, en conséquence, de bons vins. Le sol où il est planté est une argile seche, rougeâtre, surchargée de fragmens de calcaire du Jura, sur laquelle elle repose, & des cailloux roulés transportés par le Rhône. Sa culture se rapproche encore de ceux du midi, c'est-à-dire, que les ceps sont des têtards de plus d'un siècle, élevés d'un à deux pieds, & qu'on n'y emploie d'échalas que pour les provins. La plupart des *vignes* sont exposées au levant, mais il y en a aussi qui le sont au midi & au nord.

Les ceps sont plantés en lignes dans le sens de la pente, & espacés de trois à quatre pieds. On ne les arrache jamais, & on ne fait de provins que lorsqu'il s'agit de garnir une place vide; aussi sont-ils de la grosseur du bras & couverts de mousse. Ils reçoivent un labour & deux ou trois binages par an. Leur taille s'exécute à deux yeux au plus sur les deux, trois, quatre, cinq branches qui les terminent. On ébourgeonne en juin, mais on ne rogne pas, les bourgeons conservés retombant vers la terre & poussant foiblement.

Ce mode de culture est fort économique, & j'en provoque d'autant plus l'emploi, partout où il est possible de l'appliquer, que le vin qui en résulte doit toujours être bon, relativement aux qualités particulières des variétés, puisqu'il entre fort peu de raisins de jeunes ceps dans sa composition.

Les variétés cultivées dans ce vignoble, sont:

Le *savonet noir*. C'est le plus multiplié, celui qui donne le meilleur vin & résiste le plus à la gelée.

Le *savonien noir* donne également du très-bon vin & craint peu les gelées. Plus rare.

Le *pied-de-poule noir* fait du vin fort bon & très-coloré.

Le *gouais blanc*. Son vin est abondant, mais dur dans sa nouveauté. Il devient bon avec l'âge.

Le *rebi noir*. L'abondance de sa récolte le fait planter, mais son vin est peu estimé.

Deux variétés de *chasselas*, dont l'une est appelée *drumont* & le *muscat blanc*, se trouvent encore dans ce vignoble.

Le canton de Belley cultive beaucoup de *vignes*, tant hautes que basses, dans un terrain calcaire primitif.

Tantôt on défonce (mine) le terrain avant la plantation, tantôt on se contente de faire des fosses en lignes de dix-huit à vingt pouces de profondeur, à deux pieds & demi de distance.

Les plants enracinés & les crocettes s'emploient également. Ceux destinés à devenir des hautins, sont dirigés transversalement à la pente du terrain, & selon cette pente, ceux qu'on veut tenir en *vigne* basse.

Une ouvrée de *vigne* reçoit 1200 plants, & reçoit chaque année huit à dix fosses pour le provignage.

Le provignage s'exécute depuis la vendange jusqu'en mai. Celui d'automne est préféré. On met des cendres ou du fumier au fond des fosses.

Un provin s'appelle un *preux*.

La taille se fait à la fin de l'hiver, sur deux sarmens nommés *porteurs*, les autres étant coupés rez de la souche.

Quelquefois on coupe d'abord les sarmens à cinq ou six pouces, puis plus tard on supprime ceux qu'on n'est pas dans le cas de conserver. Cette inutile & coûteuse opération s'appelle *salgotter*.

Fosserer, c'est donner le labour d'hiver avec une houe triangulaire appelée MAILLE. Le SILLON est une petite pelle de fer recourbée en haut, avec laquelle on donne les binages dans les *vignes* basses, & la *bigne* une houe fourchue, avec laquelle on les donne dans les *vignes* hautes.

On attache les bourgeons aux échalas avec de la paille.

Eborgeonner

Ebourgeonner se nomme MONDER.

En général, ces *vignes* sont souvent sans produit, par suite des gelées & du mauvais choix de leurs variétés, qui sont tardives.

Tantôt on égrappe, tantôt on n'égrappe pas.

Le *département de Saône & Loire* cultive 32,000 hectares de *vignes*, dont la plus grande partie sont exposées à l'est, mais il en est beaucoup qui le sont au midi, & quelques-unes au nord. Le sol où elles sont plantées est argileux & repose sur un calcaire primitif.

On appelle *côte châlonnaise* & *côte mâconnaise* les montagnes les plus voisines de Châlons & de Mâcon. La première donne les excellens vins de Mercurey, de Givry, de Saint-Martin, de Monbroge, &c.; la seconde, ceux non moins estimés du Moulin-à-Vent, de Pouilly, de la Romanèche, de Soultré, &c.

Les coteaux des environs de Chaussin, de l'autre côté de la Saône, sont couverts de *vignes* qui fournissent un vin fort agréable. Leur sol est le même que celui ci-dessus, mais leur exposition est à l'ouest ou au midi.

Les vignobles des environs d'Autun, de Charolles, de Tournus, de Louhans, sont dans des terrains granitiques ou schisteux, & le vin qu'ils donnent est au-dessous du médiocre.

Toutes ces *vignes* se plantent & se cultivent comme celles de la Côte-d'Or. On provigne les ceps tous les deux ou trois ans en remontant. On taille sur deux ou trois yeux, suivant la vigueur du cep.

Les labours, les binages, l'ébourgeonnement, le rognement, s'exécutent de même.

Il existe environ 12,000 hectares de *vignes* dans le *département de l'Allier*, & un peu plus dans celui de l'*Indre*, toutes donnant des vins grossiers qui se consomment dans le pays.

Le *département de la Vienne* en contient près de 80,000, dont les vins se distillent en grande partie, & le reste se consomme également dans le pays.

Le meilleur vignoble de ce département est celui de Vaux, près Châtellerault, que mon ami Creuzé la Touche, qui y étoit propriétaire, a considérablement amélioré.

Le sol de ce vignoble est une marne blanche primitive, qui repose sur un grès très-dur. Son exposition générale est au levant; mais il y a des *vignes* au midi.

Les variétés qui s'y cultivent, sont:

Le *blanc-nantais*, ou *chenin*. C'est la plus multipliée, celle qui donne le meilleur vin. Elle est très-vigoureuse.

Le *verdin blanc*. Très-peu différent du chasselas, mais produisant peu.

Le *gouais blanc*; même observation.

Le *foireau blanc*. Donne peu, mais son vin est délicat.

Les *fiés jaune & vert*. Leur vin est très-bon, mais extrêmement peu abondant.

La *folle blanche*. Donne un vin capiteux, qui ne se garde que quelques mois, & dont on fait généralement de l'eau-de-vie. Elle fournit beaucoup & de grosses grappes.

Le *pineau blanc*. Son vin est bon, mais il produit peu.

Le *groseiller blanc*; même observation.

Le *fromenteau blanc*. Très-productif, mais rare.

La *vicarne*. Donne abondamment, mais son vin est plat.

Le *cauli*, ou *jacobin*, ou *cos noir*. Est très-productif, & son vin est excellent. Il est en conséquence très-multiplié dans les *vignes*.

La *vigneronne*. Son produit est considérable, & la qualité de son vin estimable.

Le *gros* & le *petit breton* se placent dans la catégorie du précédent.

Le *bordelais noir* produit beaucoup, & son vin est estimé; cependant il se mêle toujours avec les autres.

Le *lacet* ou *noir luaçon* est peu cultivé; son vin est cependant assez bon.

Le *salais* ou *épicier noir*. Bonne variété très-cultivée.

Le *noir doucin*. Vin agréable. Peu multiplié.

Le *balzac noir*. Son vin est abondant & généreux; aussi en cultive-t-on de grandes quantités.

La *vicarne noire*. Très-gros raisin. Mauvais vin.

Le *noir d'Orléans* ou *teinturier*.

Le *meunier*.

Il y a 18,000 hectares de cultivés en *vignes* dans le *département des Deux-Sèvres*, & 16,000 dans le *département de la Vendée*. Les vins qu'ils fournissent sont au plus de troisième qualité & se gardent rarement plus d'un an. Tout ce qui ne se consomme pas dans le pays est converti en eau-de-vie.

Le *département de l'Isere* cultive environ 20,000 hectares de *vignes*, qui la plupart donnent d'excellens vins. Les plus réputés d'entr'eux proviennent de celles de Seyssuel & de Revantin, & se vendent sous le nom de ceux de *Côte-Rôtie*.

Trois modes de culture de la *vigne* ont lieu dans ce département; celui des hautins, celui des treilles élevées & celui des ceps bas.

Pour former les *vignes* selon le premier mode, dit Decandolle, on plante d'avance des érables en quinconce, & on fait pousser à leur sommet, en leur coupant la tête, cinq grosses branches, appelées *maîtres*, qui ont chacune en dehors deux autres branches appelées *valets*. C'est sur ces dix valets & ces cinq maîtres que les sarmens sont disposés.

Comme je n'ai point étudié ces vignobles, je ne puis en parler plus au long.

Le *département du Rhône* se divise, relativement à ses vins, en trois parties distinctes: celles du *Beaujolais*, qui ne diffèrent pas, par leur culture & par la qualité de leurs vins, de celles du *Mâconnais*; celles des environs de Lyon, qui fournissent d'assez bons vins, & celles au midi de cette ville, où se trouvent les fameux crûs de Condrieux, de Côte-Rôtie, de Sainte-Foy, &c.

C'est dans le Beaujolois, principalement autour du Mont-d'Or, que l'usage de conserver les feuilles de la *vigne*, dans des tonneaux remplis d'eau, pour la nourriture des chèvres & des cochons pendant l'hiver, est en faveur, & il devroit être introduit partout où la vigueur des ceps permet la soustraction de leurs feuilles & de leurs bourgeons non aoûtés, immédiatement après la vendange. Je préfère beaucoup ce mode à celui existant dans le même pays, de mettre, à cette époque, les boeufs, les vaches, les chèvres & les moutons dans les *vignes*, & de les y abandonner jusqu'à ce qu'ils n'y trouvent plus rien à manger.

Pourquoi les vignerons du Beaujolois, &, en général, ceux de tous les vignobles où la remonte des terres est rendue indispensable par la rapidité de la pente des coteaux où ils se trouvent, n'emploient-ils pas leurs chèvres pour effectuer cette remonte, au lieu de la faire à dos, d'une manière si pénible pour eux, pour leurs femmes & leurs enfans? Il est tant de pays de l'Orient où on emploie ces animaux aux transports, qu'il n'est pas douteux qu'ils s'y accoutumeroient bientôt ici. Quelques fromages de moins pendant l'hiver, seroient le seul inconvénient que ces vignerons y trouveroient.

Dans les faubourgs de Lyon, les *vignes* sont tenues en treilles hautes, dont on ne rogne pas les bourgeons, de sorte qu'il en est qui ont dix à douze pieds d'élévation, ce qui ne doit pas disposer les raisins, faute de soleil & par excès d'humidité, à donner du bon vin.

Deux variétés seulement constituent le vignoble de Côte-Rôtie: la *serine noire* & le *vionnier blanc*.

Tous les pieds dégénérés sont marqués avant la vendange, arrachés pendant l'hiver ou greffés au printemps.

Chaque cep a un échalas, qui reste en terre jusqu'à ce qu'il tombe de vétusté.

On taille immédiatement après la vendange les *vignes* en terrain sec, & les autres, dans les premiers jours de mars. Un labour suit.

L'ébourgeonnement a lieu en mai, puis on lie à l'échalas les bourgeons conservés.

Plus la vendange se retarde, & meilleur est le vin. On égrappe généralement.

Les soins du cuvage, du pressurage & de l'entonnage sont suivis avec beaucoup de persévérance.

Les *vignes* du *département de la Loire* couvrent 13,000 hectares; celles du *département de la Haute-Loire*, 4000 hectares; celles du *département du Puy-de-Dôme*, 22,000 hectares. Je ne les ai pas assez étudiées, quoique j'aie voyagé dans ces trois départemens, pour pouvoir en parler. Au reste, les vins qu'elles fournissent, à quelques-uns près, sont au-dessous du médiocre.

Il y a 19,000 hectares de *vignes* dans le *département de la Lozère*.

On doit un fort bon Mémoire sur le vignoble de Brivezac, un des meilleurs, à M. Planchard de la Grèze.

Le sol est un gneiss souvent mêlé de roches de granit, qu'il faut détruire au moyen du pic & même de la poudre, lorsqu'on veut faire de nouvelles plantations; mais d'ailleurs il est léger & propre à la *vigne*. On l'améliore rarement avec du fumier, mais bien par des transports de terreau.

« La plantation a lieu en fosses plus ou moins profondes, selon la nature de la terre, & espacées de deux à trois pieds, au moyen de crocettes prises sur des ceps vigoureux.

» Planter avec des marcottes enracinées, est très-coûteux; aussi emploie-t-on rarement ce moyen.

» Les variétés se mélangent, quoiqu'il fût beaucoup plus raisonnable, à raison de la différence de leur culture, de placer chaque variété à part.

» Les plants qu'on préfère dans l'ordre de leur bonté, combiné avec celui de leur abondante production, sont: en rouge, le *margat* ou *pied noir*, le *fromentel*, le *bordelais*, le *maister* ou *gasteterre*, le *bru*, le *mancez*, l'*agrier gros*, le *vermeil*, ou *morot*, ou *lestrelong*, le *picard*, le *pied-de-poule* & le *périgord*: les trois derniers donnent de mauvais vin; & en blanc, la *petite blanque-donzelle*, ou *blanquier Rousseau*, ou *oeil-de-perdrix*, la *grosse blanque-donzelle*, le *bécudel*, le *fumat blanc*, le *mancez blanc*, le *bouillant*. »

De ces variétés, il n'y a que le mancez qui se trouve en rang dans les *vignes* du département de la Corrèze envoyées à la pépinière du Luxembourg, mais j'en connois deux ou trois autres provenant des départemens voisins.

« Le jeune plant se taille court les trois premières années, pour lui faire pousser de plus vigoureux bourgeons, & favoriser d'autant l'alongement de ses racines; à la seconde, on commence à donner des échalas aux pieds les plus vigoureux; tous en ont à la quatrième. A cette quatrième année, on provigne pour regarnir les places vides, en ayant attention de conserver la régularité de la plantation.

» La taille de la *vigne* faite varie selon le terrain, selon la variété, selon l'âge du cep, même selon l'année précédente; aussi ne peut-on pas donner de règles générales pour la faire, c'est à l'expérience seule qu'il appartient de la diriger convenablement; mais personne n'ignore qu'elle doit être courte dans les mauvains terrains, sur les variétés foibles, sur les très-vieux ceps, sur ceux qui ont beaucoup produit, qui ont souffert de la gelée, &c., c'est-à-dire, qu'il faut favoriser la production du bois de préférence à celle des fruits, toutes les fois qu'on craint que cette production n'énerve le plant.

» La hauteur des ceps est dans les bas, où la

terre est plus substantielle, de trois à quatre pieds, & de moitié dans les hauts.

» Ce sont les parties intermédiaires des *vignes* en pente qui donnent le meilleur vin.

» La taille d'automne semble préférable; cependant, la crainte des gelées fait qu'on n'opère généralement qu'en mars. Ne faisant qu'une seule vendange, il faut de plus avancer la taille des ceps tardifs, tels que le mancez & l'agrier, & retarder celle des espèces précoces, telles que le bordelais, le fromentel, le margat & la plupart des variétés blanches.

» L'usage est de ne donner que deux binages aux *vignes*, l'un en avril ou en mai, l'autre en juin; car on a remarqué que lorsqu'on en donnoit un troisième, on faisoit sécher le raisin, la saison étant chaude, ou on retarde sa maturité, la saison étant froide. Je ne compte pas comme binage la remonte des terres qui a lieu pendant l'hiver.

» C'est avec un pic de dix à quatorze pouces de long, souvent pourvu d'une tête en marteau, qu'on défonce le terrain. On bine avec une houe fourchue, à branches aplaties à leur extrémité. La houe pleine ne s'emploie que pour nettoyer les sentiers ou razes. La bèche sert pour faire les fosses à provins.

» Les *vignes* qui doivent être échalassées le sont immédiatement après le premier binage.

» Aussitôt que la fleur est passée, on procède à l'épamprement ou ébourgeonnement, en commençant par les *vignes* maigres, auxquelles on ne laisse que les bourgeons pourvus de grappes ou nécessaires aux tailles futures. Plus tard, on épointe, c'est-à-dire, qu'on pince l'extrémité des bourgeons, pour favoriser l'accroissement du fruit; cependant il est rare qu'on épointe le mancez. Les produits, tant de l'ébourgeonnement que du pincement, se donnent aux bestiaux.

» C'est alors qu'on attache les bourgeons aux échalas.

» La récolte se fait le plus souvent en masse, & se met toujours entière dans une seule cuve; quelquefois cependant on sépare les raisins blancs pour en faire du vin de cette couleur. On n'égrappe point, quoique l'exemple du voisinage prouve l'avantage de cette pratique. L'époque du décuvage est généralement fort retardée lorsqu'on fait du vin marchand, au grand détriment de sa bonté, parce que le commerce le veut très-coloré, & que cette qualité exclut la vinosité; mais il n'en est pas de même quand on se propose de le distiller, car alors on ne le laisse que quarante-huit heures dans la cuve.

» Les vins de Brivezac sont très-bons dans les années favorables & quand ils sont bien faits. Ceux d'Allesac & de Saillant sont encore plus estimés. »

Il se fabrique beaucoup d'eau-de-vie dans ce département.

Autrefois il se cultivoit plus de *vignes* qu'aujourd'hui dans le *département de la Haute-Vienne*, son climat s'étant refroidi, comme celui de toutes les hautes montagnes. Il n'en existe plus que 3000 hectares, dont la plus grande partie est sur les coteaux de la Vienne, à peu de distance de Limoges. Les vins qu'elles donnent sont au-dessous du médiocre.

Il n'en est pas de même dans le *département de la Dordogne*, où il s'en voit 62,000 hectares, & dans celui *de la Charente*, où on en trouve 66,500; mais toutes ces *vignes* ne fournissent que des vins peu distingués, qui se consomment dans le pays, ou sont convertis en eau-de-vie. Je n'ai pas de renseignemens sur leur culture.

Je me contenterai aussi de citer celles du *département de la Charente-Inférieure*, qui comprend 90,000 hectares; car leur vin ne vaut pas mieux que celui des départemens précédens, si je n'avois pas à faire remarquer: 1°. que leurs sarmens sont laissés ramper sur la terre, à cause de la violence des vents de mer; 2°. qu'on les fume avec des VARECS (*voyez* ce mot), ce qui donne à leurs raisins, & par suite à leurs vins, un goût extrêmement désagréable; 3°. qu'on tire à la plus grande quantité, ce qui fait qu'elles ne durent qu'environ vingt ans.

Je n'ai point visité ces *vignes*.

Vignobles compris entre le 45e. & le 44e. degré de latitude.

Le *département des Hautes-Alpes*, qui n'offre qu'à peu près 7000 hectares de *vignes*, & celui des *Basses-Alpes*, qui en contient 5400, fournissent quelques vins dignes d'estime, mais peu connus au loin. Je suis hors d'état d'en parler avec quelques détails.

Les vignobles du *département de la Drôme* sont recommandables, non par leur étendue, qui n'est que de 18,000 hectares, mais par l'excellence des vins de l'Hermitage, de Valencce, de Die, &c.; cependant je n'en parlerai pas, leur culture m'étant inconnue.

Environ 21,000 hectares de *vignes* existent dans le *département de Vaucluse*, mais la quantité de vins qu'elles donnent est peu considérable, attendu qu'elles sont toutes plantées en rangées écartées de trente, quarante, cinquante pieds.

Plusieurs de ces vins sont très-distingués, entr'autres ceux de *Coteau brûlé*, de *Châteauneuf*, de la *Nerthe*, de *Saint-Patrice*, de *Sorgues* & de *Beaune*.

Je n'ai point étudié les *vignes* de ce département.

Les vins du *département de l'Ardèche*, excepté ceux de *Cornas*, de *Saint-Péret*, de *Falsurate* & quelques autres, sont peu estimés.

Ceux du *département de l'Aveyron*, ceux du *département du Lot*, ceux du *département de Tarn & Garonne*, enfin ceux du *département de Lot & Garonne*, le sont encore moins.

Je ne connois pas les vignobles de ces départemens; ainsi je ne puis en parler avec connoissance de cause.

Le *département de la Gironde*, qui fournit les vins si connus de Bordeaux, renferme plus de 100,000 hectares de *vignes*.

Celles des environs de Bordeaux sont divisées en cinq cantons.

Les côtes, situées entre les rivières, *entre deux mers*, comme on dit vulgairement, dont le sol est marneux, & où les variétés rouges & blanches sont mélangées. Ce sont des *vignes basses* ou *vignes pleines* qu'on y voit.

Les Graves, où le sol est graveleux, & où on ne cultive que des variétés à raisins rouges. C'est la culture en treille haute qui y est préférée.

Le Médoc, où le sol est également graveleux, & où les variétés à raisins rouges sont encore préférées. C'est la culture en treille basse qui seule y est connue.

Les Palus, produits par l'alluvion des rivières, dont le sol est une argile surchargée de sable, & où on cultive également des variétés rouges & blanches. Ce sont des *vignes* hautes & en *joalles*, qui s'y trouvent.

Dans ces quatre cantons, les vignerons sont dans la persuasion qu'il est utile de cultiver beauboup de variétés pour avoir du bon vin; seulement ils plantent celles dont la maturité est précoce en terrain froid, & celles dont la maturité est tardive en terrain sec. Je ne suis pas de leur avis, dans le premier cas, mais bien dans le second.

Les boutures simples, appelées *artes* & *flèches*, sont préférées dans le vignoble *des côtes* ou *d'entre deux mers*, aux crocettes & aux chevelus, & on les fiche en terre à trois ou quatre pieds de distance, au moyen d'un plantoir. On en met en même temps un certain nombre en pépinière pour remplacer, l'année suivante, celles des premières qui ont manqué.

Le plant provenant de ces dernières s'appelle *barbeau*.

Il ne faut pas économiser les labours aux *vignes* nouvellement plantées, parce qu'ils les font prospérer. On les taille à un ou deux yeux.

Une *vigne* faite qui offre des places vides, est regarnie, ou avec des boutures, ou avec du plant enraciné, ou en couchant les ceps entiers (provins), ou un de leurs sarmens (marcotte), & on la fume abondamment. Lorsqu'elle ne produit plus suffisamment, on l'arrache.

Débarder la vigne, c'est couper ses racines superficielles. Cette opération se fait tous les cinq ans, & est toujours accompagnée d'un apport de terre ou de fumier à son pied.

Les marchands de vin se plaignent de l'exagération avec laquelle on fume aujourd'hui les *vignes* aux environs de Bordeaux.

On MARNE aussi de loin en loin.

Ne tailler la *vigne* que lorsque la séve entre en mouvement, la préserve souvent des dernières gelées du printemps, en retardant, par la perte de sa séve, le développement de ses bourgeons; mais quelquefois aussi on empêche les raisins d'arriver à complète maturité, car par-là on affoiblit les ceps.

Lorsqu'on ne laisse que deux ou trois yeux au sarment taillé, on l'appelle *cote*; quand on en conserve davantage, c'est un *tiran*. Dans le dernier cas, lorsqu'on courbe un sarment dans un seul sens, c'est un *arte*, & en plusieurs, une *tirette*.

Chaque fois qu'il sort un bourgeon de la souche, on le conserve pour rabaisser la souche immédiatement au-dessus.

On aime mieux faire un trou en terre pour placer une grappe trop basse, que d'élever les souches, parce qu'il est de fait que plus elle est près de terre, & mieux elle mûrit, & meilleur est le vin qu'elle donne.

Il y a beaucoup de *vignes* qui rampent.

C'est la *folle blanche* qui domine dans ce vignoble, mais on y voit aussi le *semilion*, la *muscadelle*, le *prunela* & le *blanc-verdet*.

Le vignoble de Saint-Emilion, qui donne des vins rapprochés de ceux de Bourgogne, se cultive comme celui d'entre deux mers, ainsi que j'ai pu m'en assurer en allant de l'un à l'autre.

Les plaines hautes des côtes sont plantées en joalles de deux rangs, avec des intervalles de six pieds. Les ceps sont écartés de trois à quatre pieds, & on ne les laisse pas monter de plus de deux.

On taille ces ceps sur un ou ou deux yeux, & on leur donne un ou deux artes, selon leur force.

Ces *vignes* se labourent profondément & se binent deux ou trois fois.

Du reste, leur culture ne diffère pas de celle des côtes de l'entre deux mers dont je viens de parler.

Les *vignes* basses des côtes, remarquables par leur grand produit, se voient sur le bord de la rivière, près Saint-Macaire. Elles sont en joalles, dans deux ou trois rangs, après lesquels se laisse un intervalle qui se cultive en céréales & en légumes.

Les ceps sont plantés à la barre, espacés de trois à quatre pieds, élevés d'autant, & soutenus par de forts échalas du double de hauteur.

A la taille on leur laisse plusieurs côtes, plusieurs artes, & aux vigoureux des *tirettes* de neuf à quinze pieds de long, & qui vont s'attacher à des échalas plantés dans les espaces vides.

Le reste de la culture ne diffère pas de celle des côtes.

A la vendange, les raisins se portent dans la cuve, & lorsque la fermentation a cessé, on tire le vin pour fouler les marcs, puis on remet le vin qui fermente de nouveau. Ces vins sont plats, ce qui n'est pas difficile à croire, mais leur quantité est de vingt-huit barriques par arpent métrique,

& la culture des *vignes* qui les fournissent ne coûte que cent cinquante francs.

Le *vignoble du Médoc* est généralement placé sur des pentes douces peu fertiles. Il offre, à un ou deux pieds de profondeur, une pierre ferrugineuse appelée *alios*, qui gêne beaucoup dans les plantations.

Les ceps sont plantés à la *barre* (c'est-à-dire, comme les précédens, avec un plantoir), espacés de deux ou trois pieds, & rigoureusement alignés. Ils sont tenus très-bas (dix à douze pouces) sur deux bras inclinés dans le sens des lignes, auxquels on laisse de deux à huit yeux, dont les bourgeons conservés sont attachés à des perches appelées *lattes*, fixées à des pieux appelé *carassons*. Ainsi, chaque rang forme un contr'espalier aussi long que la pièce.

Les labours, au nombre de quatre, se font avec l'araire attelée de deux bœufs. Dans le premier, on déchausse les ceps, & la terre restée en arrière est enlevée à la houe. Au mois d'avril on reporte la terre sur leurs racines; deux autres se font de même, mais auparavant on a ébourgeonné (*épampré*) avec mesure, & attaché les bourgeons conservés contre la latte, sans cela les bœufs ne pourroient pas passer. On ramasse le chiendent, qui est toujours abondant.

Le *cabernet* est la variété la plus cultivée dans le Médoc, celle qui donne la supériorité à ses vins. On y voit aussi le *carmenot*, le *petit verdot*, le *manim*, le *malbec*, la *carménègre*, l'*embalouzat*, la *parde* ou *œil de perdrix* & la *pile avenile*. Cette dernière est la plus mauvaise.

On égrappe plus ou moins dans ce vignoble, selon le degré de maturité.

Le produit de ces *vignes* est d'environ six barriques par arpent métrique. Leur culture & la fabrication du vin s'élèvent à 400 francs, également par arpent métrique. Les pampres sont coupées au tiers de leur longueur, après la vendange, pour être donnés aux bestiaux, soit verts, soit secs.

Les vins de Lafitte, de Château-Margaux, sont les vins les plus estimés de ceux du Médoc.

Dans le *vignoble des Graves*, les ceps sont placés irrégulièrement, & à trois ou quatre pieds les uns des autres, sur des billons de quatre à cinq mètres de large. Ils ne s'élèvent qu'à deux pieds, & sont pourvus de deux, trois, quatre bras, auxquels on ne laisse qu'un cot lorsqu'ils sont foibles, mais qu'on charge d'artes lorsqu'ils sont vigoureux.

On laboure, bine & ébourgeonne comme dans l'entre deux mers.

Les variétés de raisins qui s'y remarquent, sont: la *grande* & la *petite viudure*, la *viudure sauvignone*, l'*estrangey* & l'*enrageat noir*.

Les vins du Haut-Brion sont les plus estimés de ceux des Graves.

Le produit moyen de ces *vignes* est de douze barriques, & leurs frais de culture de deux cent cinquante francs, le tout par hectare.

L'humidité étant le plus grand ennemi des *vignes* des Palus, celles qui sont exposées presque au nord sont les plus recherchées, parce que c'est le vent de ce côté qui est le plus desséchant.

Avant de planter une *vigne*, on laboure le sol & on le divise par des rigoles écartées de cinq pieds, plus ou moins profondes, pour favoriser l'écoulement des eaux.

On plante dans de petites fosses avec du plant enraciné.

Les ceps y sont disposés en quinconce & espacés de six pieds. Leur végétation est prodigieuse.

On les tient à la hauteur de trois pieds, & on leur laisse trois bras, dont les deux latéraux sont inclinés, & leur taille se fait sur deux sarmens, auxquels on conserve sept à huit yeux.

Les bourgeons sont attachés à de forts échalas.

On donne trois binages peu profonds.

L'ébourgeonnement se fait au moyen d'un croissant, c'est-à-dire, qu'on tond les bourgeons comme une charmille.

Les vins des Palus ont beaucoup de corps & de couleur. Ils s'améliorent sur mer. Les principales des variétés qui les fournissent, sont: en rouge, le *verdot*, le *belouzet* & le *mancein*; en blanc, le *blanc auba*, le *semillon*, le *sauvignon*, la *blanquette*, le *chalosse*, la *malvoisie*, la *cosse-musquette* ou *muscadelle*.

On presse les marcs pour en faire de la piquette.

Le produit moyen de ces *vignes* est de dix-huit à vingt barriques par arpent métrique, & leur culture coûte deux cent cinquante francs, même mesure.

Queries est le seul canton des Palus qui produise du vin recherché.

Les vignobles de *Santerne*, de *Barzac*, de *Preignac* & de *Langon*, qui produisent de si excellens vins blancs, sont sur la rive gauche de la Garonne, à quelques lieues au-dessus de Bordeaux. Je n'ai point de renseignemens sur leur culture, mais mon malheureux ami Gensonné, qui y possédoit quelques *vignes*, m'a rapporté qu'on ne les vendangeoit que lorsque le raisin étoit arrivé au dernier degré de maturité, qu'on prenoit les soins les plus minutieux pour la fabrication du vin, & qu'il étoit rare que sa vente payât ses frais.

Les vins communs de Bordeaux, qu'on offre sur toutes les tables du Monde où il y a des Européens, sont composés avec ceux des Graves, des Palus, des côtes, mélangés avec ceux, plus chauds, de Bergerac, de Clairac, d'Auch, &c. Que d'argent ils amènent en France!

On distille aussi beaucoup de ces vins, dont on vend les produits sous le nom *d'eau-de-vie de Cognac*.

Il se trouve près de 19,000 hectares de *vignes* dans le *département des Landes*, qui, à quelques cantons près, produisent du vin médiocre. C'est en hautins qu'on les cultive le plus ordinairement. L'infériorité de ces vins, au reste, est compensée par leur abondance. On en distille la plus grande partie.

Vignes entre le 44ᵉ. & le 43ᵉ. degré de latitude.

Environ 40,000 hectares sont plantés en *vignes* dans le *départemant du Var*, qui, dans quelques cantons, fournissent des vins de première qualité, tels que ceux de la *Gaude*, de *Saint-Laurent*, de *Cagne*, de la *Malgue*, &c.

Celui de *Vaucluse* en cultive 45,000 hectares, qui donnent, dans quelques lieux, des vins nullement inférieurs aux précédens. Je citerai principalement ceux de *Coteau-Brûlé*, de *Châteauneuf du Pape*, de la *Nerthe*, de *Saint-Patrice*, de *Beaumes*, &c.

Je n'ai point de données positives sur la culture des vignobles de ces deux départemens, mais je sais qu'elle diffère fort peu de celle de celui qui suit.

Près de 25,600 hectares de *vignes* existent dans le *département des Bouches-du-Rhône*, le premier où il y en a eu de cultivées en France, s'il est vrai que ce soit les Phocéens qui les ont apportées lorsqu'ils sont venus fonder Marseille.

Les vins communs de ce département sont peu agréables, mais il n'en est pas de même de ceux fabriqués avec les raisins muscats rouges & blancs. On cite, avec raison, ceux de *Callis*, de la *Ciotat*, de *Roquevaire*, de *Barbantane*, de *Saint-Laurent*, d'*Aubagne*, &c.

Les principales variétés qui se cultivent dans ce département, sont :

Le *manosquin*, l'*uni noir*, l'*olivette noire*.

Ces trois variétés sont d'une précoce végétation, craignent beaucoup les gelées & se plantent au sommet des coteaux.

Le *plant d'Arles*, le *brun fourcal*, le *petit brun*.

Celles-ci sont moins précoces & se plantent à mi-côte.

Le *catalan*, le *mourvèbre*, le *boutillan*, l'*uni rouge*.

Ces dernières sont très-tardives & se plantent dans la plaine.

Le meilleur vin est fourni par l'*uni noir*, le *brun fourcal* & le *mourvèbre*

Il y a encore l'*uni blanc*, qui fait le bon vin de Callis, l'*aubier*, à qui est dû celui non inférieur de Riez, & les muscats rouge & blanc.

La pépinière du Luxembourg possède de plus les variétés suivantes, qui lui ont été envoyées de ce département : l'*olivette blanche*, la *panse commune*, la *panse musquée*, le *plant de demoiselle*, le *plant salé*, le *plant de Languedoc*, le *plant pascal*, la *clairette*, l'*espargin*, le *barbaroux*, le *figanière*, le *damagne* & le *monastère*.

Tous ces plants, si divers, ont cela de commun, qu'ils poussent des bourgeons & des raisins extrêmement gros & fort nombreux.

L'alignement de la *vigne* doit être du levant au couchant. C'est au moyen de crossettes qu'on la multiplie. On les espace d'autant plus que le terrain est plus mauvais, & on les enterre à huit pouces.

Une année après la plantation, on déchausse le plant & on le recèpe à trois ou quatre pouces au-dessous de la surface du sol. Cette opération se répète pendant cinq à six ans au moins, au grand détriment des produits qui pourroient commencer moitié plus tôt ; mais on la regarde comme nécessaire pour donner de la force au plant, ce dont je ne conviens pas, puisque ce sont les feuilles qui fournissent de l'aliment aux racines. On ne peut desirer des ceps plus vigoureux que ceux des variétés précédentes plantées dens la pépinière du Luxembourg, & ils n'ont pas été une seule fois recépés.

Les ceps sont mis successivement sur trois coursons ou branches, & y restent autant que possible pendant toute leur vie, mais elle augmente en nombre de sarmens à mesure qu'elle vieillit.

Lorsqu'on veut regarnir une place vide, on incline un des coursons & on marcotte un de ses sarmens.

Le terrain de la Provence, aride par nature, & épuisé par une culture de *vignes* de vingt siècles, pourroit difficilement nourrir des ceps très-rapprochés. On écarte donc les lignes de 4, 6, 8, 10 pieds & plus, & on cultive l'intervalle, appelé OUILLIÈRE (*joalle* du Bordelais), en céréales, en prairie artificielle, &c. La base des ceps est labourée trois fois par an, & on leur donne des engrais aussi souvent qu'on peut s'en procurer.

Les *vignes* faites sont pourvues, de distance en distance, de gros & longs échalas, auxquels sont fixées des perches parallèles au sol, & sur lesquelles les bourgeons sont accolés. Les hautins deviennent de plus en plus rares.

Je manque de renseignemens pour compléter ce qu'il y a à dire sur les vignobles de Provence, dont je n'ai fait que traverser une partie pendant l'hiver.

Je dois à M. Vincent Saint-Laurent, mon collégue à la Société d'agriculture, ce que je vais dire sur les vignobles du *département du Gard*, vignobles qui couvrent 100,000 hectares & qui se divisent en trois classes ; ceux de la *Vannage*, ceux de *Saint-Gilles*, & ceux de la *côte du Rhône*.

La Vannage comprend des collines calcaires peu fertiles, & une plaine caillouteuse qui l'est quelquefois beaucoup. Elle offre toutes les expositions, & toutes sont bonnes. Le vin des *vignes* qu'on y cultive est presqu'entièrement destiné à l'alambic.

RAISINS NOIRS.

Alicante.

Espar. Très-hâtif ; vin très-coloré, un peu acerbe, de bonne qualité.

Ulliade. Très-hâtif ; vin noir, très-doux, liquoreux, de bonne qualité.

Piquepoule. Hâtif, productif, casuel; vin de bonne qualité.

Ugne. Hâtif, productif, sujet à la pourriture; bon vin.

Calitor. Hâtif, très-productif, casuel.

Moulan. Hâtif, sujet à la pourriture; vin mat.

Spiran ou *aspirant*. Peu hâtif, productif; vin de qualité médiocre.

Terret. Peu hâtif, médiocrement productif; vin très-coloré.

RAISINS ROUGES.

Muscat rouge. Hâtif; vin peu parfumé.

Spiran ou *aspirant rouge*. Peu hâtif, extrêmement délicat.

Piquepoule-bourret. Tardif; vin médiocre.

Terré-bourret. Tardif; vin plat.

Clairette. Tardif, productif; bon vin.

Maroquin-bourret. Tardif, *idem*.

Raisin de pauvre. Tardif; bon à manger, peu employé à faire du vin.

RAISINS BLANCS.

Magdeleine. Très-hâtif, bon à manger.

Ugne. Très-hâtif, productif; bon vin.

Muscat hâtif. Vin excellent.

Malvoisie ou *marnésie*. Hâtif; très-bon à manger.

Muscat grec ou *d'Espagne*. Hâtif; le meilleur pour faire du vin sec.

Jubi. Hâtif, productif; bon vin.

Doual. Hâtif; vin médiocre, douceâtre.

Calitor. Hâtif, assez productif, détestable au goût, sujet à la pourriture; vin médiocre.

Colombeau. Peu hâtif, productif; vin de bonne qualité; la végétation la plus vigoureuse.

Gatel. Peu hâtif; bon à manger; très-bon vin, employé pour le raisin sec, dit *passerios*.

Servan. Peu hâtif, bon à manger; propre à être conservé.

Clairette. Tardif, bon à manger, se conserve long-temps; très-bon vin.

Muscat de Madame. Tardif, bon à manger, se conserve.

Saoule-bouvier. Tardif, bon à manger, sujet à la pourriture, productif; vin médiocre.

La plantation des *vignes* a lieu ou dans des fosses d'un mètre carré, ou dans des tranchées de toute la longueur de la *vigne*, les unes & les autres de 50 centimètres de profondeur. Cette dernière manière, quoique plus coûteuse, est préférable. La distance entre les ceps est d'environ 155 centimètres.

Au bout de trois ans, la *vigne* commence à donner des produits qui paient la dépense de son entretien annuel. Elle est en plein rapport à dix ans, se maintient jusqu'à trente, & dure jusqu'à quatre-vingt, lorsqu'elle est bien conduite.

Les labours d'hiver se donnent avec une bèche appelée *luchei*, qui expédie fort vîte.

On donne deux binages aux jeunes *vignes*, & un seul aux vieilles.

Lorsqu'on peut se procurer du crottin de brebis, on en place une poignée à la base de chaque cep, la terre à cet effet un peu creusée, & on le recouvre avec la bèche.

La taille sur deux yeux est la seule pratiquée dans les *vignes* en plein rapport; quand elles deviennent vieilles, & qu'on est dans l'intention de les arracher, on l'alonge pour en augmenter le produit.

On ne fait point usage d'échalas & on n'ébourgeonne pas.

Trois à quatre pieds est la hauteur commune de la plupart des ceps arrivés à leur état stationnaire. On rabat la partie supérieure des bras qui poussent des bourgeons sur leur vieux bois, ou on incline forcément ces bras & les sarmens pour les empêcher de s'élever davantage.

L'économie est le principe de la culture de la *vigne* dans le Vannage, parce que le vin étant entièrement destiné à faire de l'eau-de-vie, on ne cherche que la quantité. Il est cependant probable que les raisins qui n'ont jamais joui de l'influence des rayons du soleil, parce que les bourgeons se réclinant tous vers la terre, les en prive, en donnent moins que s'ils y étoient exposés.

On a reconnu que le vin provenant du raisin des jeunes *vignes* donnoit moins d'eau-de-vie, & il se vend en conséquence. Ce fait est en concordance avec l'observation, que ce même vin est moins bon à boire que celui provenant des vieilles *vignes*.

L'égrappage n'est pas usité dans ce vignoble.

Toutes les cuves sont en pierres & enfoncées dans la terre. On foule avec un fouloir. Le vin se vend dans la cuve, ce qui fait qu'il y reste souvent long-temps.

Quelques propriétaires ont des foudres; mais elles coûtent trop cher pour que chacun puisse s'en procurer.

Les tonneaux sont faits en bois de chêne ou en bois de mûrier.

Un hectare de *vignes* donne, de dix à trente ans, dix muids de vin, quelquefois plus. Il est rare que ce vin résiste aux chaleurs de l'été. On en obtient, par la distillation, de chaque muid, 340 livres d'eau-de-vie.

Le *vignoble de Saint-Gilles* est en plaine, dans des atterrissemens du Rhône, plus ou moins surchargés de cailloux roulés. Les cantons où il y a davantage de ces cailloux fournissent le meilleur vin. Les variétés qui s'y voient, sont: l'*espar*, le *granache*, le *terret*, le *moureon*, la *rallade*, la *clairette*, le *pecardau* & le *gallet*. Les trois dernières sont blanches & plus vineuses que les autres. Toutes se mélangent dans la cuve.

La plantation s'exécute après un profond labour à la charrue, au moyen d'un pieu de fer qui fait un trou de douze à quinze pouces de profondeur, dans lequel se place une bouture. Cependant, quelques vignerons font cette opération dans des fosses de trois pieds de long, un de large & un de profondeur. On appelle cette manière, bien préférable, mais très-coûteuse, *planter à pied de bœuf.*

Dans les deux méthodes, les ceps sont rigoureusement en quinconce & écartés de quatre à cinq pieds; l'observation ayant conduit à reconnoître que quand ils sont trop rapprochés, ils vivent moins long-temps.

On remplace les ceps morts par le marcottage d'un sarment du cep le plus voisin, ou par le provignement d'un cep entier, lorsque la *vigne* n'est pas trop âgée.

Généralement une pelletée de fumier est placée sur le provin.

Toujours on doit préférer arracher un cep mal portant, à chercher à le rétablir, parce qu'on réussit rarement à le mettre en bon état de végétation.

Les labours ont lieu à l'araire ou à la bêche; ces derniers sont les meilleurs, mais les premiers sont plus économiques.

Les labours à l'araire se croisent, ce qui oblige de dégarnir le pied des ceps avec la pioche, en formant un creux.

La taille se pratique tout l'hiver. Celle exécutée avant, donne lieu à plus de raisin & à du meilleur vin, mais elle fait craindre les gelées du printemps.

Pour fixer le nombre de bras ou coursons qu'il convient de laisser sur chaque cep, on se guide sur la vigueur du cep & la fertilité du terrain : il est de quatre à six. Les sarmens qui les surmontent sont taillés à six yeux. Les deux supérieurs donnent naissance à des bourgeons à fruit, & c'est sur l'inférieur que la taille s'établit l'année suivante, remarquable pratique dont je n'avois pas encore eu connoissance.

Les *vignes* sont en rapport à dix ans pour la quantité, & à vingt pour la qualité; observation bonne à noter pour appuyer celle rapportée plus haut. Elles durent un siècle lorsqu'elles sont bien conduites. Les plus productives sont les plus tôt dans le cas d'être replantées.

On donne un binage du 10 au 15 mai, avec une araire plus petite que celle qui a fait le labour d'hiver, laquelle n'est attelée que d'une mule.

Rarement les *vignes* de ce canton sont fumées; mais quand on peut se procurer des herbes de marais, on les enterre par le premier binage.

L'égrappage qui avoit lieu dans ce vignoble, a été abandonné parce qu'il diminue la couleur, & par cela même la valeur des vins qu'il produit, attendu qu'ils servent à couper les vins foibles du Nord.

Les troupeaux sont mis dans les *vignes* immédiatement après la vendange.

Les vins les plus connus de la *côte du Rhône*, sont ceux de *Roquemaure*, de *Tavel*, de *Chuslelan*, de *Saint-Geniez*, de *Saint-Laurent*, de *Lirac*, de *Montfaucon*. Les *vignes* qui les donnent sont plantées sur des coteaux caillouteux exposés au levant. Elles produisent peu. Les variétés qui s'y cultivent, sont: en rouge, le *terret*, le *pétaraous*, le *moutardier*, le *maroquin* & le *grenache :* cette dernière est celle qui donne le meilleur vin. Le *terret verdaou* doit être arraché des *vignes* où il s'est conservé. En blanc, la *clairette*, le *picardan*, le *bourboulez*, ou *monnain blanc*, le *qualitor*, enfin le *cherès*, dont le fruit est aussi excellent à manger que le vin est agréable à boire.

La plantation de ces variétés s'exécute comme dans le vignoble précédent, excepté qu'on écarte les ceps du double. On enlève aussi les boutons de la partie des boutures qui doit être enterrée, sous le prétexte que cela fait fortifier les plants. Je n'ai point de motifs pour admettre ou rejeter cette pratique.

Les *vignes* de la côte du Rhône ne sont point échalassées, & sont cependant très-exposées aux vents. Il est donc nécessaire de les tenir basses & de réduire le nombre de leurs bourgeons; c'est pourquoi on supprime la plus grande partie de leurs sarmens, & on recourbe ceux qu'on laisse, ce que les vignerons appellent *enseller un plantier*. Du reste, on n'ébourgeonne & ne rogne pas plus que dans les vignobles précédens. La taille se fait à un ou deux yeux, suivant la force du cep & le terrain où il se trouve.

La suite des travaux de leur culture ne diffère pas de ceux cités plus haut.

Quelquefois on effeuille quinze jours avant la vendange, qui ne se fait jamais qu'à la parfaite maturité du raisin.

Le vin de ces *vignes* se garde jusqu'à douze ans.

Il y a 73,000 hectares de *vignes* dans le *département de l'Hérault*, les unes sur des coteaux, les autres dans la plaine. Leurs produits servent en grande partie à faire de l'eau-de-vie. Quelques-uns d'eux sont excellens, tels que, en rouge, les vins de Saint-Georges, de Vérargue, de Saint-Christol; en blanc, ceux de Marseillan & de Pommerol; en muscat, ceux de Frontignan & de Lunel.

J'ai traversé ces vignobles, & il m'a paru qu'ils étoient cultivés comme ceux des environs de Nîmes. Je ne connois aucun écrit qui les ait pour objet.

Le *département du Tarn* cultive environ 30,000 hectares de *vignes*, tant sur les coteaux que dans la plaine; les unes basses, les autres élevées, plantées à la broche, cultivées à la charrue ou à la houe; échalassées, lorsqu'elles le sont, à des baguettes de houx, qui durent très-long-temps : elles subsistent pendant un siècle.

La quantité est ce qu'on demande à ces *vignes*, comme dans tant d'autres endroits; cependant elles fournissent quelques vins, tels que ceux de Cussac, de Caisagnel, de Sabin, d'Ineri, de Saint-

Saint-Amarans, de Cahusagnel, de Gaillac, &c., mais qui sortent rarement du pays.

Environ 33,000 hectares de *vignes* sont plantés dans le département de l'Aude, dont les produits sont transformés, pour la majeure partie, en eau-de-vie. Les seuls crûs remarquables sont, en rouge, ceux des environs de Narbonne, & en blanc, ceux des environs de Limoux : ces derniers proviennent d'une variété appelée *clairette*, dont le grain est alongé & pulpeux, & qui charge extrêmement, mais qui a besoin d'une grande chaleur pour mûrir.

La culture de ces *vignes* est la même que celle des *vignes* du département du Gard, mais ce sont des bœufs qu'on emploie pour les labourer.

Le *département de l'Arriège*, placé si favorablement, sembleroit devoir produire de bons vins dans les 16,000 hectares de *vignes* qu'il possède; cependant il n'en est rien, à raison de ce qu'on n'y cultive que de mauvaises variétés, & qu'on y tient les ceps en hautins, ce qui empêche le raisin de mûrir. Les seuls environs de Pamiers, où ils se tiennent en treilles basses, donnent du vin de qualité.

Je n'ai aucun renseignement sur les *vignes* du *département de la Haute-Garonne*, quoiqu'il contienne 55,000 hectares de terres qui en sont plantés : ce sont celles des environs de Toulouse qui donnent le meilleur vin.

Le *département du Gers* possède 72,000 hectares de *vignes*, dont les produits se convertissent presqu'en entier en eau-de-vie. Les meilleurs vins rouges proviennent des environs de Mirande : il s'en fait peu de blancs.

Les terrains secs & graveleux, qui ne peuvent servir à la culture du froment, sont préférés, dans ce département comme partout ailleurs, pour la culture de la *vigne*, lorsqu'ils sont au midi ou à l'est. On les entoure d'une haie ou d'un fossé, & on les divise en carreaux de trois ares chacun, par des chemins susceptibles de laisser passer les voitures, chemins dont la terre est enlevée & portée sur les carreaux.

Tantôt on préfère les *vignes* basses, tantôt les *vignes* hautes.

Les premières se plantent, après labour, en rangées espacées de deux mètres, tantôt dans des fosses carrées, tantôt dans des trous formés par une fiche ou une tarière, chaque cep séparé d'un mètre de ses voisins. On est dans l'opinion que les ceps mis dans les fosses croissent plus rapidement, & ceux mis dans les trous durent plus long-temps, ce qui est difficile à croire pour le dernier cas.

Les *vignes* hautes se divisent en espaliers & en hautins.

Les ceps destinés à devenir des espaliers, se plantent en lignes écartées de deux mètres & plus, dans des fosses éloignées d'un mètre. Chaque cep a son échalas. On fait usage, & des chevelus, & des crocettes, & des boutures. Les premiers poussent plus vîte, mais languissent ensuite. Les dernières sont le plus en usage.

On plante avant l'hiver les terrains les plus secs.

Le nombre des variétés est considérable. On les mêle ensemble dans la même *vigne*, pour que, dit-on, la qualité ou l'abondance des unes compense ce qui manque aux autres; mais il en résulte qu'on vendange quand les raisins des unes sont trop mûrs & ceux des autres pas assez. Les variétés blanches sont toujours pour un quart ou un cinquième dans ce mélange.

La taille s'exécute au commencement ou à la fin de l'hiver. On la retarde le plus possible dans les *vignes* basses, humides & sujettes aux brouillards, ainsi que pour les variétés qui ont beaucoup de moelle. Elle se fonde sur le plus ou moins de vigueur des ceps. On laisse ordinairement les deux, trois & quatre brins qui sont le mieux dans la direction des rangées, & à chaque brin deux ou trois yeux.

On tient les ceps à un demi-mètre de hauteur, & on leur donne deux têtes.

Le premier labour se fait à la charrue, & de manière à ramener la terre au milieu des lignes; le second à bras, pour déchausser les ceps; le troisième, contraire au premier, à la charrue, pour recouvrir le pied des ceps. C'est avant ce dernier qu'on fume ou terre la *vigne*.

L'enlèvement des racines superficielles, l'ébourgeonnement, la rognure, l'effeuillement, sont des opérations qui se pratiquent rarement dans le département du Gers.

Les ceps manquans sont remplacés, ou par d'autres à cet effet conservés en pépinière, ou par le marcottage d'un sarment fourni par un cep voisin, sarment qui est séparé de sa mère au bout de deux ans.

Il est des vignerons qui coupent les ceps des vieilles *vignes* entre deux terres pour les rajeunir.

La greffe de la *vigne* se pratique quelquefois dans ce département, ou en fente, ou en broche, c'est-à-dire, en perçant le cep avec une vrille, & en y introduisant un morceau de sarment dans le trou. *Voyez* GREFFE.

Les hautins se plantent dans des fosses éloignées de deux mètres & demi, fosses où les ceps sont accouplés de manière qu'un échalas serve pour deux. Tantôt ces échalas sont de grosses perches de bois mort, tantôt un cormier, un pommier sauvage, un érable. Leurs souches s'élèvent à un mètre & demi sur quatre bras ou coursons, dont on taille les sarmens, les uns à huit ou dix yeux, les autres à deux yeux seulement. C'est sur les sarmens que produisent ces derniers, que s'établit la taille de l'année suivante. On accole les bras avec de l'osier, & les bourgeons avec de la paille, à mesure que cela devient nécessaire.

Le *département des Hautes-Pyrénées* possède

11,000 hectares de *vignes*, presque toutes en treilles élevées & en hautins. Les meilleurs vins se trouvent dans les environs de Madiran pour les rouges, & les environs de Tarbes pour les blancs.

C'est de ces *vignes* que provient le *caillabas*, le meilleur & le plus précoce des raisins cultivés à la pépinière du Luxembourg. Il est rouge & légèrement musqué.

La culture de ces *vignes* ne paroît pas différer de celle du département du Gers.

Le *département des Basses-Pyrénées* possède 16,000 hectares de *vignes*. Celles des environs de Jurançon donnent les excellens vins rouges & blancs de ce nom. Celles d'Anglet, sur les bords de la mer, en fournissent aussi de fort agréables. Leur culture ne diffère pas assez de celle des départemens dont je viens de parler, pour qu'il soit utile de la développer.

Vignobles compris entre les 43e. & 42e. degrés de latitude.

Un seul département est compris dans cette zône, celui des *Pyrénées-Orientales*, qui produit les vins de France les plus chargés d'alcool. Les meilleurs de ceux qu'il produit, sont : en rouge, ceux de *Colioure*, de *Bugnols*, de *Grenache*, &c.; en blanc, ceux de *Rivesaltes*, de *Cosperon*, de *Salce*, de *Maccabée*, &c. Leur durée est presqu'indéfinie, mais ils ne commencent à être potables qu'à cinq à six ans.

Beaucoup d'eau-de-vie est fabriquée dans ce département, attendu qu'il ne faut que quatre pièces de vin pour en avoir une de cette liqueur.

La culture de ces *vignes* est encore la même que celle usitée dans le département du Gard & autres voisins, c'est-à-dire, que les ceps sont disposés en souches de deux à trois pieds de haut, dont les bourgeons pendent en forme de parasol, & que les labours s'y font à la charrue, pratique excellente & économique, qu'on devroit préférer, dans les pays chauds, aux treilles & surtout aux hautins.

J'aurois voulu ne mettre ce tableau de la culture des *vignes* en France, sous les yeux du lecteurs, que lorsque j'en aurai terminé son étude dans tous les vignobles; mais il me faudra encore dix ans de travaux avant d'avoir complété la tournée que j'ai commencée; du moins il donnera une idée de ma manière d'opérer, & fera voir combien il peut devenir utile à la prospérité de notre commerce, que la culture des *vignes* soit fondée sur de meilleurs principes que ceux qui dominent aujourdhui, soit sous le rapport de la qualité des vins, soit sous celui de l'économie de la culture des *vignes*.

Actuellement il ne me reste plus qu'à parler de la culture de la *vigne* dans les jardins, & à dire un mot des espèces propres à l'Amérique.

La culture des *vignes* dans les jardins est souvent la même que dans les vignobles, c'est-à-dire, qu'on voit des hautins, des treilles hautes & basses, & des *vignes* basses à tous les degrés, & qu'elles se plantent, se taillent, se labourent, s'ébourgeonnent comme il a été dit plus haut. Je vais donc me borner à parler des *vignes* en berceau régulier & de celles palissadées contre les murs.

Nos pères vouloient plutôt de l'ombre que l'agrément du coup d'œil dans leurs jardins. En conséquence, ils y faisoient fréquemment construire des berceaux pleins, & ceux en *vignes* n'étoient jamais oubliés dans les climats où elles prospèrent. On en voit encore aujourd'hui en treillage en fer qui ont un siècle & plus, mais c'est en lattes de chêne & de châtaignier qu'on les établit le plus souvent au moment actuel. Ces berceaux sont humides, & les grappes qui pendent dans leur intérieur sont petites & sans saveur. La dépense de leur entretien est considérable. Je leur préfère beaucoup les berceaux interrompus, qui consistent à planter des ceps à six pieds de distance, des deux côtés d'une allée, à les faire monter sur de gros échalas de huit pieds de hauteur, surmontés d'un cercle ou d'une traverse, qui joint ceux d'un côté avec ceux d'un autre, & de faire monter les sarmens sur les échalas, de manière que deux d'entr'eux fassent une & même deux guirlandes sur chacun de leurs côtés, & que le troisième monte sur le cercle ou sur la traverse. La promenade sous ces berceaux est bien plus saine & bien plus agréable, & les produits en raisins bien plus abondans & bien plus savoureux.

La culture de ces treilles se réduit à les tailler en hiver sur deux yeux, à attacher leurs sarmens conservés au treillage. Rarement on les rogne, car cette opération les prive de leur élégance, & l'élégance est importante à conserver aux arbres des jardins.

Le midi & le levant sont les expositions où on place des *vignes* contre des murs dans le climat de Paris. Les verjus s'accommodent cependant du nord & de l'ouest. On doit les planter à quelque distance du mur; le mieux est sous l'allée qui le longe ordinairement pour les faire arriver au mur en en couchant les ceps, afin qu'elles aient un plus bel empatement de racines, qu'elles profitent mieux des pluies, & que la sève fasse un plus long chemin avant d'arriver aux grappes.

Aux environs de Fontainebleau, ces *vignes* parcourent ainsi sous terre vingt-cinq à trente pieds.

Il y a deux manières principales de disposer les *vignes* contre les murs, soit que ces MURS soient en PLATRE & qu'on les PALISSADE à la LOQUE, soit qu'ils soient en pierres & garnis d'un treillage, aux barreaux duquel on les attache avec de l'OSIER. *Voyez* tous ces mots.

La première manière est d'en couvrir la totalité du mur; en conséquence, on taille sur un ou deux yeux, de manière à pouvoir diriger le palissage des bourgeons conservés sur les places vides.

La seconde, c'est de faire courir, après avoir laissé le cep monter perpendiculairement jusqu'au sommet du mur, parallèlement au sol, un, deux, trois cordons, qui se taillent sur les sarmens supérieurs, également à deux yeux.

Par cette dernière pratique on a des raisins plus nombreux, plus sucrés, d'une maturité plus hâtive, mais moins gros. *Voyez* COURBURE DES BRANCHES.

Lorsque les cordons sont arrivés à l'extrémité du mur, on les rabat & les remplace par un sarment, ou mieux on retarde leur arrivée à cette extrémité en les rabattant de loin en loin, c'est-à-dire, chaque troisième, cinquième, sixième année.

L'expérience a prouvé que lorsqu'on faisoit passer un cordon de *vigne* au-dessus d'un espalier, surtout de pêchers, l'humidité qu'il déversoit sur cet espalier favorisoit les gelées, la coulure, & par conséquent nuisoit à ses produits; aussi, quelqu'agréable que soit cette disposition, ne la souffre-t-on plus dans les jardins bien tenus.

L'ébourgeonnement est très-sévère sur ces sortes de *vignes*, parce qu'on veut avoir principalement de belles grappes, & que quand il y a assez de feuilles sur les bourgeons fructifères, ceux stériles absorbent inutilement la séve qui doit les nourrir. On les rogne également & fort court. Les effeuiller un peu fortement, ce que ne savent pas la plupart des jardiniers, est toujours nuisible à la saveur du fruit. A peine doit-on se permettre, à l'époque de la maturité, de supprimer une ou deux de celles qui couvrent les grappes, afin que le soleil les colore.

Nulle part les *vignes* palissadées ne viennent mieux que dans les cours pavées, où elles ne reçoivent par conséquent point de labours, mais où leurs racines sont constamment dans un degré d'humidité convenable. Je rappellerai de nouveau, à cette occasion, que Rozier avoit fait paver ses *vignes* aux environs de Béziers.

Comme les raisins se conservent beaucoup mieux à l'air & attachés au cep, on les renferme dans des sacs de crin, ou, à défaut, de papier, & on ne les coupe qu'à mesure du besoin.

Il a été remarqué, aux environs de Paris, que les chasselas cultivés dans un terrain argileux, & ceux des très-vieilles *vignes* se conservoient mieux que les autres. *Voy.* FRUITIER & POURRITURE.

Toutes les variétés de raisins peuvent être palissadées contre les murs; mais, aux environs de Paris, les chasselas sont préférés à tous les autres, & avec raison, parce qu'ils y mûrissent bien, & que le mucoso-sucré dominant dans leur jus, ils sont plus amis de l'estomac que celles où le sucre est complétement développé.

Voici la liste des variétés qui, après le chasselas de Fontainebleau & le chasselas commun, sont les plus cultivées dans nos jardins, & celles que j'ai remarquées dans la pépinière du Luxembourg, comme propres à leur être adjointes.

Il y a plusieurs variétés de chasselas; celui appelé *gros blanc* dans le département de la Moselle, qui est peint dans les tableaux de Van-Huysum, a la peau très-mince & mûrit le premier; mais sa saveur est peu agréable, & il ne se conserve pas long-temps.

Le *chasselas violet*. On le dit bon dans quelques lieux. Je ne l'ai pas trouvé tel autour de Paris.

Le *damas blanc*, le *Saint-Pierre de l'Allier*, deux très-beaux & très-bons raisins, doivent être rangés parmi les chasselas.

Il en est de même du *ciotat* & du *Bar-sur-Aube*.

Il y a aussi plusieurs variétés de muscat.

Le *muscat blanc*, ou *chasselas musqué*, qu'on cultive le plus dans les jardins de Paris, est le plus mauvais de tous, en ce qu'il mûrit rarement, se fend toujours & a fort peu de saveur.

Le *muscat noir* du Jura & le *muscat noir* du Pô, qui mûrissent un mois avant celui-ci; le *muscat rouge* de Hongrie, qui est deux fois plus gros, & les *muscats blancs* de Frontignan & autres, me paroissent préférables.

J'ai déjà parlé du *caillabas*.

Il est utile que je recommande encore le *muscat d'Alexandrie* & la *panse musquée*, quoiqu'ils mûrissent tard. La *malvoisie blanche* du Pô & la *muscadelle* du Lot sont très-peu musquées.

Les *vignes* à raisins hâtifs, outre le *caillabas*, sont la *madelaine de Paris*, les *morillons*, gros & petit, du Doubs & du Jura, à bois taché de brun.

Je dois dire un mot des VERJUS, qui sont de gros raisins du Midi, qui mûrissent difficilement dans les jardins de Paris, & dont le suc s'emploie à l'assaisonnement des mets, se transforme en CONFITURES & en CONSERVES. *Voyez* ces mots.

Outre la fabrication du vin, les raisins sont employés à la nourriture de l'homme, soit frais, soit secs, soit transformés en RÉSINÉ. On en tire du SIROP & du SUCRE. *Voyez* ces mots, & ceux RAISIN, ALCOOL, EAU-DE-VIE, ETHER, LIE, TARTRE, ACIDE & ALCALI.

Les forêts de l'Amérique septentrionale nourrissent neuf espèces de *vignes*, dont les fleurs sont dioïques; ce sont celles des n°s. 2, 3, 6, 7, 8, 9, 10, 11, 13, qui toutes se voient dans nos écoles de botanique, mais dont l'utilité est nulle, excepté l'avant-dernière, qu'on fait monter sur les arbres des jardins paysagers, & la dernière, la VIGNE-VIERGE, qui, par sa propriété radicante, s'emploie à garnir les murs exposés au nord.

On les multiplie par marcottes avec la plus grande facilité.

La *vigne d'Orient* a été apportée de Perse par Olivier.

VIGNE APPIENNE. Les Anciens donnoient ce nom au MUSCAT. *Voyez* VIGNE.

VIGNE DE LABOUR. C'est celle qui, dans le midi de la France, est plantée en rangées écartées, dont les intervalles se cultivent à la charrue & se sèment en céréales ou autres objets. Il faut la distinguer de la *vigne* plantée en rangées rapprochées qu'on bine avec l'araire, comme dans le Médoc. *Voyez* VIGNE.

VIGNE DE MADÈRE. *Vigne* qui donne le célèbre vin de Madère. Elle est figurée pl. 8, vol. 2, des *Transactions de la Société horticulturale de Londres*. Le *blanc de la grosse*, du Gard, est celle qui lui ressemble le plus.

VIGNE DE TOKAI. Cette *vigne* est constituée par une variété qui se rapproche infiniment du pineau gris. Il m'a paru que ses grains étoient seulement plus écartés & avoient la peau plus fine. M. Daru l'a envoyée à la pépinière du Luxembourg. On la cultive dans le Haut-Rhin. J'ai lieu de croire que le vin qu'elle fournit en Hongrie, est un VIN DE PAILLE. *Voyez* ce mot.

VIN. Résultat de la FERMENTATION du MOUT du RAISIN. *Voyez* ces mots & celui VIGNE.

Une grande partie des fruits en baie & des fruits en pomme, lorsqu'on les écrase dans l'eau, sont également susceptibles de fermenter & de fournir du *vin*. *Voyez* GROSEILLER, FRAMBOISIER, CERISIER, PRUNIER, POMMIER, POIRIER, PÊCHER.

Les grains dont on a développé le principe sucré par la germination, & dont on l'a extrait par la décoction, peuvent aussi donner moyen d'obtenir du *vin* par la fermentation : témoin la BIÈRE. *Voyez* ce mot.

Il est beaucoup de liqueurs fournies par les végétaux, qui deviennent des *vins*, soit spontanément, soit lorsqu'on leur fournit un ferment : tels sont la sève du régime des PALMIERS, de l'ERABLE à sucre, du PITTE, le SUC de la CANNE, &c. &c.

On sait aujourd'hui transformer les FÉCULES en sucre, & par suite en *vin*.

Mais ici, je ne dois pas considérer le *vin* sous ses rapports de composition, puisqu'il en est longuement traité dans le *Dictionnaire de Chimie*; je me bornerai à parler du raisin mis à fermenter.

Nous n'avons aucune notion sur l'époque où l'homme commença à fabriquer du *vin*, mais les plus anciens historiens le citent comme étant déjà depuis long-temps en usage lorsqu'ils écrivoient. Il est probable que d'abord le raisin fut mangé comme fruit, son jus bu comme rafraîchissant, comme satisfaisant au besoin de la soif, & qu'on ne tarda pas à reconnoître que ce jus, oublié dans un vase, prenoit un goût plus piquant, excitoit, dans ceux qui en buvoient, une hilarité d'esprit, une force de corps plus grandes : de-là le goût de toutes les nations pour le *vin*; de-là la culture de la vigne partout où elle ne croissoit pas naturellement.

Sans doute les premiers *vins* ne valurent pas ceux qui sont produits par les coteaux de la Champagne, de la Bourgogne, du Bordelais. Leur durée principalement ne put être longue, ne fût-ce que parce qu'on manquoit de tonneaux, qui ont dû être inventés fort tard. Nous voyons, en effet, par le rapport des plus anciens écrivains, & par les peintures égyptiennes, qu'on s'est contenté d'abord de presser les raisins entre les mains pour en retirer le jus, puis de mettre ce jus dans de petits vases de terre, de le couvrir d'huile, & d'enterrer à moitié ces vases dans une pièce basse de la maison.

Ce sont probablement les inconvéniens de ce peu de durée qui déterminèrent les peuples anciens à réduire leur moût en EXTRAIT, c'est-à-dire, à le convertir, par l'évaporation, en RAISINÉ, dont on faisoit du *vin* à mesure du besoin, en le délayant dans l'eau. *Voyez* ces deux mots.

On a trouvé du *vin* & du raisiné dans les ruines d'Herculanum & de Pompeïa ; cependant, à l'époque où ces villes furent enterrées sous les cendres du Vésuve, les Romains mettoient déjà le *vin* dans des tonneaux de bois, d'où ils le transvasoient dans de grandes bouteilles de terre appelées *cade* & *amphore*, qu'ils déposoient tantôt dans la terre, tantôt dans les greniers, & même à toute l'ardeur du soleil.

Aujourd'hui, en France, tout le *vin* est conservé en grande masse dans des TONNEAUX, & n'est mis dans des BOUTEILLES que peu avant l'époque où il commence à devenir bon à boire. *Voyez* ces deux mots.

Mais avant de parler de ces objets, il faut décrire la fabrication du *vin*.

Le grain du raisin est constitué par une peau recouvrant une liqueur plus ou moins épaisse, dans laquelle sont noyés un, deux, trois, quatre ou cinq semences appelées PEPINS.

C'est cette liqueur, séparée de son enveloppe & des pepins, & alors appelée MOUT, qui devient *vin* après avoir fermenté.

Excepté dans quelques variétés de raisins, dont la plus commune est le TEINTURIER, cette liqueur est blanche, & donne constamment du *vin* de cette couleur lorsqu'elle est isolée de la peau, qui contient une matière colorante, rouge ou jaune ; aussi fait-on des *vins* blancs, en Champagne, dans les environs de Bordeaux, &c., avec des raisins rouges.

Outre la matière colorante, la peau du raisin contient encore une huile essentielle très-âcre, qui porte une partie de son odeur & de sa saveur dans le *vin*, & concourt, sans doute, à cette différence qu'on remarque entre les *vins* rouges & les *vins* blancs, comme je le dirai plus bas.

Les pepins sont composés par une écorce épaisse, contenant aussi une huile essentielle âcre, différente de celle de la peau, laquelle recouvre une amande abondante en huile douce & agréable.

Sans doute les pepins n'influent pas ordinairement beaucoup sur la qualité du *vin*, à raison de l'épaisseur & de la dureté de leur écorce; cependant il s'en écrase toujours quelques-uns dans les opérations, &, dans la fermentation, il doit y avoir, à raison de la chaleur qu'elle développe, une réaction plus ou moins active du moût sur leur écorce.

C'est probablement parce que la peau & les pepins ne fermentent pas avec le moût dans la fabrication des *vins* blancs, que ces *vins* sont plus généralement bons que les *vins* rouges.

Ce que je viens de dire annonce qu'il y a deux manières de faire les *vins* en grand; & en effet, ou on fait cuver les grains des raisins avec leur peau & leurs pepins, lorsqu'on veut avoir des *vins* rouges, ou on les en sépare lorsqu'on est dans l'intention d'avoir du *vin* blanc.

Mais les grains de raisins sont attachés à une grappe, dont la composition est la même que celle des feuilles & des bourgeons de la vigne, & que l'économie oblige souvent de mettre également dans la cuve, quoiqu'elle y porte des élémens de verdeur & d'astringence, c'est-à-dire, de l'Acide malique & du Tanin, élémens qui gâtent toujours le *vin*, mais qui, dans les climats froids, concourent à sa conservation. Ainsi donc, dans les vignobles des pays chauds, on est toujours disposé à égrapper, & on s'y refuse constamment dans le climat de Paris. *Voyez* Egrappage.

L'instrument inventé par M. de Liguières, que j'ai décrit à l'article Egrappoir, & que j'ai fait graver volume 69 des *Annales d'Agriculture*, remplit cet objet avec perfection & rapidité, sauf à remettre les grappes dans le moût, si on habite un pays où l'égrappage soit nuisible à la conservation du *vin*.

Une grande quantité de grains de raisins échappé toujours au foulage. La liqueur qu'ils contiennent ne peut fermenter, mais la chaleur qu'ils éprouvent exagère leur maturité; aussi le *vin* qui en résulte est-il de beaucoup meilleur que celui de la cuvée.

J'ai développé, à l'article Vendange (*voyez* ce mot), les avantages qui résultent de la maturité complète du raisin, relativement à la bonne qualité & à la longue durée du *vin*. Je suppose donc que le raisin qui est apporté de la vigne à la maison, est dans l'état le plus convenable à une bonne fermentation.

J'ai développé, sous les mêmes rapports, à l'article Vigne, les inconvéniens du mélange d'un grand nombre de variétés. Je suppose donc que le vignoble a été cultivé selon les bons principes.

Les raisins rouges, mêlés ou non avec des raisins blancs, égrappés ou non, si on veut en obtenir du *vin* rouge, sont mis, à leur arrivée au vendangeoir, dans une cuve ou dans un foudre, & foulés ou écrasés de suite, soit en les trépignant avec les pieds, soit en les comprimant contre le fond avec une petite planche attachée à un long manche, appelée Fouloir. *Voyez* ce mot.

Ici, d'abord, il y a à objecter que tous les grains ne sont point écrasés par ces opérations, parce qu'ils échappent en partie à l'action des pieds ou du fouloir, par suite de leur forme ronde & de leur glutinosité. Il faut donc y revenir à plusieurs fois, mais il y a de grands inconvéniens à interrompre la Fermentation. (*Voyez* ce mot.) Ecraser les grains avant de les mettre dans la cuve, est une bonne opération qu'on pratique dans quelques vignobles, ou au moyen d'un léger rouleau, ou simplement de la main, qu'on passe sur une table où le raisin est étendu. Il faut éviter que les grappes & les pepins s'écrasent en le faisant, car ils portent un mauvais goût dans le *vin*.

Le moût mis dans la cuve avec ou sans les grappes, fermente plus ou moins promptement, plus ou moins activement, selon que le raisin contient en même temps plus de matière sucrée & plus de mucoso-sucré ou de mucilage, selon qu'il fait plus chaud, selon que le raisin a été cueilli par un temps plus sec, &c. &c.

Plus la fermentation est tumultueuse & active dans ses premiers temps, & moins elle dure, & meilleur est le *vin*. Voilà pourquoi il convient de l'activer en mettant du moût chaud dans la cuve, lorsque la température de l'air est basse: voilà pourquoi, mettre du sirop de raisin, de la cassonnade, sont de bons moyens pour suppléer aux circonstances défavorables. *Voyez* Fermentation dans le *Dictionnaire de Chimie*.

Toujours il se dégage du gaz acide carbonique dans la fermentation du *vin*, lequel peut asphyxier les ouvriers manipulans, & contre l'action duquel ils doivent par conséquent prendre des précautions. Ce gaz, fort variable dans sa quantité & dans la durée de son émission, se dissipe en partie dans l'air, se combine en partie dans le *vin*. On a reconnu depuis bien des siècles, puisque Columelle l'indique, qu'il étoit avantageux de l'empêcher de se perdre, en couvrant la cuve avec un couvercle incomplet, ou mieux, ainsi qu'on le verra au mot Cuve, avec un couvercle exactement fermé, mais au centre duquel une cheminée de quelques pieds de haut se trouve placée, parce que la présence de l'air atmosphérique est nécessaire à toute bonne fermentation.

La fermeture des cuves empêche de plus, d'un côté, la déperdition d'une portion de l'alcool qui se forme, & dont il ne peut trop rester dans le *vin*, & met, de l'autre, obstacle à l'acescence du moût, acescence à laquelle il tend d'autant plus qu'il contient moins d'alcool. *Voyez* Vinaigre.

La considération, à mon avis, essentielle de laisser une très-petite communication entre le moût en fermentation & l'atmosphère, doit engager, partout, de substituer les foudres aux cuves, qui ne servent généralement qu'au moment de la vendange, tandis que les premiers, après avoir été employés au cuvage, reçoivent *le vin* fait & le conservent beaucoup mieux que les tonneaux, dont le peu d'épaisseur, favorisant l'action de la chaleur sur le *vin*, donne lieu à son altération & à son évaporation. *Voyez* FOUDRE & TONNEAU.

Ce n'est pas seulement la théorie, toute favorable qu'elle soit, qui me fait conseiller l'emploi des foudres de préférence à celle des cuves, mais aussi la pratique, tous les vignobles de l'Est & une partie de ceux du Midi en faisant usage avec le plus grand succès depuis plus d'un siècle, & ayant été personnellement à portée d'en apprécier les grands avantages.

Les opinions varient beaucoup parmi les œnologues, sur l'époque où il convient de s utirer le *vin* de la cuve ou du foudre. Il a été publié nombre d'écrits qui chacun indiquent des moyens différens pour la fixer. On a inventé des instrumens de plusieurs sortes, dont le plus connu est nommé GLEUCONOMÈTRE, pour, en concurrence avec le THERMOMÈTRE & le BAROMÈTRE, guider en ce cas. *Voyez* ces mots.

La théorie de la FERMENTATION ayant été établie à son article, dans le *Dictionnaire de Chimie*, je n'ai à parler ici que de la pratique de la vinification; or, deux considérations principales, toutes autres circonstances égales, doivent engager à laisser plus ou moins long-temps le *vin* dans la cuve : l'une, lorsqu'on veut avoir du *vin* très-coloré; l'autre, lorsqu'on veut avoir du *vin* très-capiteux.

La forte coloration, à laquelle on met malheureusement tant d'importance dans une grande partie de la France, exige une longue fermentation, pour que l'alcool qui se forme ait le temps de dissoudre la résine rouge de la peau du raisin. Il faut l'interrompre si on veut avoir un *vin* généreux.

Une fermentation prolongée ne produit cependant pas toujours, au moins dans le Nord, la coloration du *vin*, parce que le peu d'alcool qui se forme ne suffit pas pour dissoudre la partie résineuse rouge, ou que cet alcool s'évapore. J'ai attribué à cette dernière cause la décoloration d'une cuvée, faite sous mes yeux, aux environs de Paris, dans une mauvaise année, avec peu de raisins mis dans une large cuve.

Plus la fermentation se prolonge & plus le *vin* est foible en alcool, & moins il se garde dans la zône intermédiaire de la France. Dans le Midi, il en reste toujours assez, & dans le Nord, il est suppléé par le tartre & par le principe acerbe de la grappe.

Le gaz acide carbonique qui se dégage des cuves, comme je l'ai déjà observé, est mortel pour les hommes & les animaux; ainsi il ne faut descendre dans une cuve contenant du moût en fermentation qu'avec une chandelle à la main, laquelle, tenue basse, indique, en s'éteignant, le point où il est dangereux de porter la tête.

Les pièces même où se passe la fermentation ne sont point sans danger, & il faut n'y entrer le matin qu'avec précaution.

Les peaux des raisins & leurs grappes, lorsque la fermentation est arrivée à un certain point, montent à la surface du moût & le recouvrent entièrement. Dans cette situation on les appelle *le chapeau*. Quelques œnologues veulent qu'on n'y touche pas, & c'est ce qui a le plus généralement lieu. D'autres prétendent qu'il faut le tenir au fond de la cuve, parce que sa surface étant exposée à l'air, tend à s'acidifier & à porter, par conséquent, un principe d'altération dans le *vin*. Je suis de cet avis. D'autres enfin le brisent pour en mêler les parcelles avec le moût. Ces derniers, s'ils s'y prennent tard, opèrent le plus mal.

On n'a pas besoin de s'occuper de cet objet dans les cuves fermées, & encore moins dans les foudres. Il résulte des observations de M. Aubergier, consignées tom. XIV des *Annales de Chimie & de Physique*, qu'il existe dans la peau du raisin une huile essentielle très-âcre, peu volatile, déjà citée, qui altère la qualité des eaux-de-vie de marc, & qui doit nuire à la bonté des *vins* trop long-temps laissés en fermentation. C'est peut-être à la privation de cette huile essentielle que les *vins* blancs doivent la supériorité qu'ils ont souvent sur les *vins* rouges.

Généralement on tire le *vin* rouge de la cuve, lorsque le chapeau est descendu au point où étoit la vendange foulée, & on ne doit pas raisonnablement desirer un plus haut degré de précision, puisque le *vin* doit compléter sa fermentation dans les tonneaux.

Le *vin* ainsi obtenu par le simple soutirage, s'appelle la *mère-goutte*. Il est constamment meilleur que celui qui provient de la pressée des débris des grappes qui restent dans la cuve. On doit donc le mettre à part, & cela a presque toujours lieu dans les bons vignobles, chez les propriétaires aisés, pour leur propre consommation; cependant, comme le second *vin* se vend moins, on les mêle ordinairement dans les mauvais, pour n'en avoir qu'un de qualité moyenne, comme e le dirai plus bas.

Aussitôt que le *vin* de la mère-goutte est écoulé, on porte sur le pressoir ce qui reste dans la cuve, & on en extrait tout ce qu'il contient de liqueur, par une, deux & même trois pressées successives, toujours diminuant d'abondance & de bonté, & les résultats de ces pressées se mêlent.

Les grains de raisin qui n'avoient pas été écrasés par le foulage, & dont la peau s'est beaucoup affoiblie pendant la fermentation, sont écrasés sous le pressoir & donnent, comme je l'ai dit plus haut, un *vin* supérieur à celui de la mère-goutte, lequel améliore celui de la première pressée, de manière à l'élever presqu'à l'égalité de cette mère-goutte, lorsque ces grains sont très-nombreux.

Quelquefois on verse de l'eau sur le marc à la seconde pressée, & on en obtient du *vin* foible & de peu de garde, pour la boisson d'hiver des domestiques; on l'appelle *petit vin*.

Ce n'est qu'après avoir coupé avec une bèche ou une pioche le marc résultant d'une pressée, qu'on effectue la suivante; or, ces opérations favorisent l'extravasation de la partie acerbe de la grappe & des pepins, ce qui ne concourt pas peu à détériorer le *vin*. Je voudrois, en conséquence, qu'on se contentât de diviser le marc avec des crochets de fer, ou mieux, qu'on ne mêlât pas la seconde pressée avec la première.

Le *vin*, à sa sortie de la cuve & du pressoir, est mis dans des tonneaux, ou mieux, dans des foudres, où sa fermentation recommence, comme je le dirai plus bas.

Il est des écrivains qui ont recommandé d'attendre que le *vin* soit devenu clair, par la précipitation de sa lie, pour le mettre dans les tonneaux ou dans les foudres; mais cette pratique a le double inconvénient de diminuer l'intensité de la fermentation secondaire, la lie contenant la plus grande partie des élémens de cette fermentation, & de donner lieu à une grande perte de *vin* si les tonneaux sont neufs, la lie bouchant les pores du bois.

Il se fait, comme je l'ai déjà dit, deux sortes de *vins* blancs.

L'une de ces sortes a pour base des raisins rouges ou blancs, portés de la vigne directement sur le pressoir, pressés avec modération, & dont le moût est entonné de suite. C'est ainsi que sont faits les *vins* blancs de Champagne.

L'autre sorte, dans laquelle il n'entre que des raisins blancs, ne diffère de la fabrication des *vins* rouges, que parce qu'on ne laisse pas aussi long-temps le moût dans la cuve. On reconnoît les résultats de cette dernière à leur couleur jaune.

En Champagne, les raisins rouges destinés à faire du *vin* blanc ne se cueillent que depuis huit heures du matin jusqu'à midi, parce que plus tôt ils seroient trop chargés de rosée, & que plus tard ils seroient trop dilatés par la chaleur, & par suite plus disposés à s'écraser dans le transport. On en enlève tous les grains non mûrs & altérés; on les place avec précaution sur le pressoir, au préalable nettoyé avec la plus grande exactitude, & on les presse avec peu de force, mais avec rapidité. La seconde pressée entre dans les *vins* rouges de seconde qualité. Malgré toutes ces précautions, il arrive souvent que le moût sort rosé de dessous le pressoir, ce qui diminue la valeur du *vin*, & détermine souvent de le mêler aves les *vins* rouges.

Tous ces *vins* blancs, au sortir du pressoir, se mettent dans des tonneaux placés dans des celliers, où ils fermentent, avec grande perte, soit par la bonde qui reste constamment ouverte, & par où se déverse le *vin* poussé par le gaz acide carbonique qui se forme, soit à travers les pores des douves, s'ils sont neufs; car on ne peut employer pour eux des tonneaux vieux où il y a eu du vin rouge, qui les colorent toujours.

Dans les tonneaux, comme dans la cuve, la fermentation varie en durée & en intensité, selon la nature du raisin, selon l'année, selon la température de l'atmosphère, selon la capacité du tonneau, &c. &c. On les remplit à mesure qu'ils se mettent en vidange, & lorsque la fermentation tumultueuse a cessé, on met sur le trou de la bonde une tuile qui la ferme en partie.

On appelle *ouiller* l'opération de remuer le moût dans le tonneau pour en mélanger les diverses parties. On l'exécute d'abord tous les jours, ensuite tous les deux, quatre, huit jours, selon que l'exigent les progrès de la fermentation.

C'est dans les premiers jours après l'entonnage qu'on doit introduire dans le moût le SUCRE, la fleur de SUREAU, la poudre d'IRIS de Florence, les décoctions de baies de SUREAU, d'AIRELLE myrtile & autres objets destinés ou à donner de la force au *vin*, ou à lui fournir un arôme agréable, ou à augmenter sa coloration. *Voyez* ces mots.

Je dois observer que le sucre mis en proportion convenable dans le *vin* blanc l'améliore incontestablement; mais que s'il produit d'abord le même effet dans le *vin* rouge destiné à laisser vieillir, il change les caractères qui lui sont propres, c'est-à-dire, lui fait perdre son bouquet, augmente sa coloration & diminue sa durée. J'ai été victime d'une opération de ce genre faite sur une pièce de *vin* de Nuits, que j'ai été obligé de boire à l'ordinaire, tant elle s'étoit détériorée.

Le moût bouilli jusqu'à réduction de moitié, ainsi que le sirop de raisin, sont beaucoup préférables au sucre de canne pour améliorer les *vins* foibles, parce qu'ils contiennent de la matière extractive, sans laquelle il ne peut y avoir de fermentation.

Les Anciens mettoient du plâtre dans les tonneaux pour adoucir leur *vin*; mais on sait aujourd'hui que ce n'est qu'à raison de la matière calcaire que contient le plâtre, qu'il agit dans ce cas; en conséquence, les modernes préfèrent la craie (ou toute autre pierre calcaire réduite en poudre), qui, se combinant avec l'acide malique & tartareux, & se précipitant dans la lie, diminue son goût de verdeur.

Maupin faisoit usage de l'alcali minéral ou végétal, & rendoit en un instant potables les *vins* les plus durs; mais ces *vins* devenoient purgatifs & se conservoient peu.

Quelques peuples aiment l'odeur & la saveur de résine dans le *vin*, & la lui donnent en mettant des copeaux de sapin ou de pin dans les tonneaux. Je ne crois pas qu'il soit bon de les imiter.

Martial rapporte que les Romains ont pendant long-temps aimé les *vins* imprégnés de fumée. Je n'ai jamais bu d'un tel *vin*, mais j'ai peine à croire qu'il puisse être bon.

C'est ici le lieu de parler des *vins* de paille,

qu'il faut bien diſtinguer des *vins* paillés ; les premiers devant leur nom à ce qu'on dépoſe ſur la paille les raiſins avec leſquels on les fait, & les ſeconds à leur couleur, analogue à celle de la paille.

Ainſi que je l'ai déjà annoncé pluſieurs fois, le meilleur *vin* eſt celui qui eſt fait avec des raiſins cueillis à leur complet état de maturité ; mais l'expérience prouve que la maturité ſe perfectionne encore, & même mieux, après que les fruits ſont détachés des arbres.

Ne mettre les raiſins dans la cuve qu'un mois, deux mois, trois mois après qu'ils ont été cueillis, c'eſt-à-dire, leur donner le temps de compléter la tranſmutation de leur mucoſo-ſucré en ſucre, & de perdre la ſurabondance de leur eau de végétation, eſt donc un moyen certain d'obtenir des *vins* très-chargés d'alcool, & par conſéquent très-bons. On les met donc ſur la paille immédiatement après la vendange, on les ſurveille pour enlever les grains pourris, & empêcher par-là l'altération des autres. Quelquefois on attend juſqu'après l'hiver pour les mettre dans la cuve, mais le plus ſouvent, à raiſon de la perte qui réſulte d'une trop longue attente, on opère un mois après la récolte. Du reſte, on procède comme à l'ordinaire, excepté qu'il faut, au moyen de poêles, de couvertures, &c., élever la température dans le lieu où eſt la cuve.

J'ai bu de ces *vins* paillés dans diverſes parties de la France, & j'ai été porté à faire des vœux pour que leur fabrication s'étende, car ils étoient comparables aux bons *vins* de liqueur des contrées chaudes. Je citerai celui fabriqué par M. Jacques Beyſſer, à Ribauviller (Haut-Rhin), avec le pineau gris, & celui fait dans le Trévifan avec le picoli, leſquels m'ont paru fort peu différer en bonté du fameux Tokai de Hongrie.

Je ſuppoſe cependant que jamais, à raiſon de la dépenſe & des embarras de la fabrication, ils puiſſent être mis très en grand dans le commerce. Ils reſteront un objet d'amuſement pour les propriétaires aiſés & amis de la bouteille.

Dans quelques vignobles, on ſe contente de tordre la grappe ſur le cep & de vendanger quinze jours plus tard ; mais quoique le principe ſoit le même, le réſultat de ce dernier mode eſt fort inférieur en bonté, ſi j'en juge par ce que j'ai été à portée de voir. Il faut laiſſer ce mode aux pays en même temps ſecs & chauds.

On ne peut comparer ces excellens *vins* à ceux qu'on appelle *vins cuits*, parce que leur ſaveur eſt fort différente ; mais je ne dois pas, malgré cela, me diſpenſer de parler de ces derniers.

Les *vins* cuits ſe font en faiſant bouillir du moût, immédiatement après le preſſurage, dans de grandes chaudières, juſqu'à ce qu'il ſoit réduit du quart, du tiers, même de moitié, & de le faire fermenter enſuite.

Par ce ſimple expoſé, il eſt facile de voir qu'il y a dans le moût rapproché autant de ſucre que dans le moût délayé, & que le *vin* cuit doit être bien plus chargé d'alcool & de principe muqueux végéto-animal que celui du même moût qui n'a pas été mis ſur le feu ; par conſéquent qu'il doit être très-épais & très-fort, reſſembler aux *vins* de liqueur des pays les plus chauds où la vigne peut croître.

J'ai bu du *vin* cuit en France, & il n'étoit pas agréable. On dit qu'il eſt excellent dans les îles de l'Archipel, en Grèce, dans l'Aſie mineure, &c. ; mais peut-on bien appeler *vin*, ce qui y porte généralement ce nom ? Je ne le crois pas, puiſque, d'après les rapports des voyageurs, on n'y fait pas fermenter le moût rapproché, qu'au contraire on y met de l'eau-de-vie. Ce prétendu *vin* cuit eſt donc un RAISINÉ alcooliſé, un véritable RATAFIA, une véritable LIQUEUR de table. *Voyez* ces mots.

J'ai parlé plus haut des *vins* de liqueur obtenus dans les pays chauds du moût des raiſins très-ſucrés, par les procédés ordinaires de la vinification ; je dois dire auſſi un mot de ceux qui ſe fabriquent de toutes pièces dans les grandes villes, en ſurchargeant de bons *vins* rouges ou blancs de ſucre, de miel, de mélaſſe, d'eau-de-vie, & en y mêlant des fleurs de vigne, de ſureau, d'orvale, de la racine d'iris de Florence, &c. Ces *vins* ſont quelquefois excellens. *Voyez* HYDROMEL.

L'hippocras, qui eſt du *vin* dans lequel on a fait infuſer à froid ou à chaud des plantes aromatiques & diſſoudre beaucoup de ſucre, peut être mis dans la catégorie des *vins* de liqueur & des *vins* cuits.

Dire l'époque préciſe où il faut faire le premier tranſvaſement du *vin*, eſt impoſſible ; cependant cette époque arrive généralement dans le cours des trois premiers mois après la vendange. C'eſt au propriétaire, ou à ſon repréſentant, de le juger, à l'examen du *vin* qui ne doit plus alors bouillir, c'eſt-à-dire, dégager du gaz acide carbonique, qui doit avoir acquis un commencement de tranſparence & une odeur légèrement alcoolique. Alors on le tranſvaſe dans d'autres tonneaux, où, ne portant que la lie qu'il tenoit en ſuſpenſion, il ne fermente plus ſenſiblement.

Il eſt des cas où on ne veut pas que la fermentation ſe complète, & alors on a deux moyens pour l'arrêter : le premier, en interceptant toute communication avec l'air, c'eſt-à-dire, en mettant le moût dans des bouteilles ou dans des tonneaux, & les bouchant ; mais, dans ce cas, on a le danger de voir ſauter le bouchon, ou éclater les bouteilles, crever les tonneaux : le ſecond, en faiſant brûler du ſoufre dans des tonneaux à moitié pleins, & en en faiſant entrer la vapeur dans le moût, à l'aide de l'agitation de ces tonneaux. *Voyez* GAZ SULFUREUX dans le *Dictionnaire de Chimie*.

Cette dernière opération s'appelle SOUFRER, MUTER. *Voyez* MUTAGE.

Dans

Dans quelques lieux on soufre à l'excès un tonneau ou un baril de *vin*, & il sert à soufrer les autres.

Lorsqu'on veut, au contraire, ranimer la fermentation dans un moût où elle s'est naturellement suspendue, on y met de la lie & du sucre, on remue le tout à diverses reprises, & on place le tonneau dans une température moyenne.

Après que les *vins* ont été tirés de dessus leur lie, on les descend à la cave, parce qu'ils y trouvent une température égale & basse, où la fermentation ne peut plus faire de progrès, & où surtout il est moins à craindre qu'ils se transforment en VINAIGRE. *Voyez* ce mot.

Quelques mois après son entrée dans la cave, c'est-à-dire, en février ou en mars, le *vin* est encore soutiré, & ainsi de suite, à des époques qui peuvent varier, & varient en effet, sans cesse, mais n'ont jamais lieu pendant les chaleurs de l'été.

Il faut procéder avec assez de soin, en soutirant les *vins*, pour que la lie ne soit pas remuée, car c'est sa complète séparation qui est l'objet du soutirage. Pour cela, on emploie communément un siphon allant de la surface de la lie, dans le tonneau vide. Quelques propriétaires font usage d'un tuyau de cuir, dont un des bouts est fixé à une canelle placée au-dessus de la lie, & l'autre entre dans le tonneau vide par le trou de la bonde. Lorsque le *vin* cesse de monter dans le tuyau, on le force à le faire au moyen d'un vigoureux soufflet, dont le bout se place dans le trou de la bonde du tonneau plein.

Tenir les tonneaux toujours rigoureusement pleins, est une précaution de première importance si on ne veut pas que les *vins*, surtout s'ils sont foibles, passent à la fermentation acide; ainsi, il faut continuer à remplacer, par du nouveau de la même qualité, celui qui s'est perdu par les infiltrations à travers les douves ou par l'évaporation. On calcule, en Bourgogne, sur une bouteille par mois, l'un portant l'autre, pour chaque tonneau de deux cent quarante bouteilles.

L'usage des foudres diminue singulièrement l'importance de cette perte, & le *vin* s'y fait mieux; ainsi, je le répète, il seroit à desirer qu'il existât partout.

Une grande partie des *vins* ne se consomme pas dans le lieu de leur production; il en est qui sont transportés au loin, soit par terre, sur des voitures très-cahotantes, soit par les rivières, où il est moins agité, soit par mer, où il éprouve encore plus de cahotemens que par terre, & de plus se trouve fréquemment dans des températures élevées.

Il faut éviter de faire voyager les *vins* par terre & par mer pendant les grands froids, attendu qu'ils seroient exposés à geler, &, pendant les grandes chaleurs, attendu qu'ils risqueroient de tourner.

Les *vins* gèlent d'autant plus facilement qu'ils contiennent moins d'alcool. Rarement ils sont en entier convertis en glace. Lorsqu'on soutire avant le dégel, la portion restante est vieillie & améliorée. Lorsqu'on soutire après le dégel, le *vin* est trouble & décoloré, mais se rétablit par le repos dans un tonneau soufré, où deux ou trois bouteilles d'eau-de-vie ont été au préalable introduites.

Les *vins* du Midi, fortement pourvus d'alcool, sont presque les seuls qui puissent supporter les voyages par mer. Ils s'y améliorent même au point qu'autrefois, dans les bonnes tables de Paris, on n'y servoit que du Bordeaux qui étoit allé à Saint-Domingue ou à la Martinique.

L'analyse du *vin* a été faite plusieurs fois; on en trouvera le résultat dans le *Dictionnaire de Chimie*. Je me contenterai donc ici de dire qu'il contient de l'eau, de l'alcool, de la résine colorante, de l'huile essentielle odorante, des acides malique & tartareux, du mucus végéto-animal, de l'extractif, de l'alcali végétal. Il s'y forme plusieurs sels neutres.

Tous ces principes constituans varient en proportion dans chaque sorte de *vin*, même dans celui de la même vigne, à chaque récolte; c'est ce qui rend si difficile la conduite de la fermentation dans les cuves & dans les tonneaux, ce qui fait qu'il est presqu'impossible de trouver deux *vins* parfaitement semblables.

Les analyses du MOUT, de la LIE & du VINAIGRE, ont été également faites, & complètent ce qu'il convient de savoir à l'égard du *vin*.

L'eau-de-vie, mêlée avec un acide & distillée, donne de l'ETHER, lequel se transforme spontanément en vinaigre; mêlée avec un ferment, elle se transforme aussi en VINAIGRE. *Voyez* ces mots.

J'ai indiqué aux mots CELLIER & CAVE, les qualités qu'on devoit, à tout prix, donner à ces constructions pour que le *vin* s'y conserve le mieux possible, ainsi que les dispositions qu'il falloit y faire surérogatoirement pour y placer convenablement les tonneaux & y exercer une surveillance facile. Ainsi j'y renvoie le lecteur.

Tous les *vins* peuvent être bus, quoique ce ne soit pas sans danger pour quelques-uns, dès qu'ils ont séjourné quelque temps dans un tonneau, qu'ils y ont déposé la majeure partie de leur lie; mais ce n'est qu'après le premier soutirage qu'on les met généralement en consommation, & par conséquent en vente.

On procède de deux manières à la consommation du *vin* dans les ménages des cultivateurs : ou on le tire dans des bouteilles à mesure du besoin, & alors le tonneau reste plus ou moins long temps en vidange; ou on tire en une seule fois tout le *vin* qu'il contient, & on le conserve en BOUTEILLE. *Voyez* ce mot.

Ce ne sont que les *vins* les plus communs, & dans les maisons où la consommation est très-considérable, les cabarets, par exemple, qu'on tire de la première manière, car elle favorise leur prompte altération par l'action de l'air qu'on est obligé de laisser entrer dans les tonneaux pour que le *vin* puisse en sortir par la canelle.

Tous les *vins*, même faits, sont dans le cas d'éprouver un léger renouvellement de fermentation au commencement du printemps & à la fin de l'été. Il ne faut pas les mettre en bouteille à ces époques. On doit, en tous temps & en tous lieux, préférer un temps frais pour cette opération.

On trouve dans l'ouvrage de M. Jullien, intitulé *le Manuel du Sommelier*, des détails très-étendus sur les diverses manières de soutirer les *vins*, principalement au moyen de sa canelle aérifère, qui empêche l'air d'entrer dans le tonneau. J'y renvoie le lecteur.

Après que le *vin* est en bouteille, & fermé avec de bons BOUCHONS neufs, on augmente les difficultés de sa communication avec l'air, en trempant le bouchon & l'extrémité du goulot dans de la RÉSINE fondue, mêlée de CIRE, ce qu'on appelle GOUDRONNER. *Voyez* ces mots.

Avant de tirer les *vins* fins en bouteille, il convient de les coller quelques jours auparavant, à l'effet de faire précipiter les restes de la lie & du mucilage qui s'y sont conservés. *Voyez* COLLE.

Pour effectuer cette opération, on emploie, ou de la colle de poisson dissoute dans l'eau, ou du blanc d'œuf battu dans le *vin*, en proportion variable, selon les natures de *vin* & la capacité des tonneaux; on sale ce mélange, on le verse par la bonde, après avoir ôté du tonneau une ou deux bouteilles de *vin*; on ouille fortement pendant quelques minutes, & on ferme la bonde. Cette colle ou ce blanc d'œuf s'étend dans le *vin*, & y forme un réseau qui se précipite lentement & en raine toute la lie qui y est encore en suspension. Au bout de quelques jours, le *vin* est clair & fin, & on peut le mettre en bouteille avec assurance qu'il s'y conservera aussi long-temps que sa nature le comporte.

A défaut de colle de poisson ou de blanc d'œuf, on fait usage de COLLE-FORTE, de SANG de bœuf, de GOMME arabique. *Voyez* ces mots.

M. Jullien, marchand de vin à Paris, rue Saint-Sauveur, débite une composition qui est accompagnée d'une instruction, au moyen de laquelle la personne la moins expérimentée peut coller les *vins* blancs & rouges sans aucun embarras.

Malgré ces opérations, tous les *vins* en bouteille déposent plus ou moins, & on est obligé de les transvaser au moment de les boire, dans les maisons où le luxe de la table est perfectionné. Les *vins* de Champagne les plus incolores laissent précipiter du tartre en forme d'écailles argentines, qui inquiètent souvent les consommateurs, & les *vins* du Roussillon, du tartre de la couleur rouge la plus foncée, encore plus désagréable à la vue.

Nos pères buvoient le *vin* de leurs vignobles tel que la nature le leur donnoit, & ils le vendoient directement aux consommateurs. Depuis un siècle il s'est établi des intermédiaires, d'abord appelés *commissionnaires*, & ensuite *marchands de vin en gros*, qui absorbent le plus clair des bénéfices des propriétaires de vignes, si souvent gênés, & qui ne permettent plus aux consommateurs de boire du bon *vin*, parce qu'ils mélangent les bons avec les mauvais, pour en faire un *vin* moyen, plus à la portée des petites fortunes, qu'ils vendent sous les noms de ceux qui jouissent d'une réputation méritée. Notre commerce dans l'étranger est, comme celui de l'intérieur, basé sur ces mélanges, qui ne se conservent jamais autant que les *vins* francs, & trompe ainsi les espérances des acquéreurs; aussi ai-je vu des plaintes fort amères, venant d'Allemagne, sur le peu de bonne foi de nos marchands. Cela est poussé au point qu'on fait aujourd'hui du *vin* qui doit être bu tel jour, sans quoi il n'est plus bon qu'à jeter.

Chaque pays fait ses mélanges d'après les mêmes bases, mais avec des *vins* différens. Ainsi, à Bordeaux, on mélange les *vins* foibles des Palus avec les *vins* forts de Cahors; à Paris, les *vins* foibles des environs avec les *vins* forts de Saumur, les *vins* forts de Provence & de Languedoc. Chaque marchand a une recette générale, dont il fait un secret, mais qu'il modifie selon les années & les prix. Faire un recueil de ces prétendus secrets seroit coupable à mes yeux; ainsi je ne l'entreprendrai pas.

Les *vins* blancs sont généralement plus difficiles à mélanger que les *vins* rouges; aussi dans les auberges, aussi dans les bonnes tables de Paris, sont-ce ceux que je préfère.

Les *vins* sophistiqués sont ceux dans lesquels on a mis, dans la vue d'améliorer leur goût ou de le dissimuler, des substances qui sont étrangères à sa composition, & dont quelques-unes sont très-dangereuses à la santé.

Par exemple, une dissolution de LITHARGE ou de POTASSE, rend doux les *vins* BISAIGRES, c'est-à dire, qui passent à l'acide; or, la première est un poison, & la seconde forme avec l'acide un sel purgatif.

Par exemple, on colore les *vins* au moyen de baies de sureau, d'hièble, avec le tournesol, le bois de Brésil, pour tromper l'acheteur, ce qui est blâmable.

Par exemple, on les coupe avec du cidre, & encore plus souvent avec du poiré.

Il est des *vins* qui peuvent se conserver des siècles; ce sont ceux qui sont très-chargés d'alcool, comme ceux du Roussillon & ceux qui n'en contiennent que quelques atomes, comme ceux du Rhin. Tous les autres s'altèrent plus ou moins promptement. Il en est dans les environs de Paris, en Champagne, en Lorraine, &c., qui doivent être bus dans l'hiver qui suit leur récolte. Les *vins* de pineau, qui sont les meilleurs du Nord, ne durent que quatre à six ans lorsqu'ils proviennent d'une mauvaise année, & six à dix dans les circonstances les plus favorables. Le manque de soins avant de les mettre en bouteille, la mauvaise nature de la cave dans laquelle ces bouteilles ont été déposées, une série d'étés chauds, &c., diminuent leur durée.

Ainsi, s'il est vrai que le *vin* le plus vieux est le meilleur, ce n'est que par comparaison avec celui du même vignoble, ou mieux, de la même variété de raisin, dans des années de circonstances atmosphériques à peu près semblables. J'ai bu du *vin* de Roussillon, du *vin* du Rhin d'un siècle, & je ne crois pas avoir bu du bon *vin* de Bourgogne de plus de douze ans. Je parlerai plus bas des altérations des *vins*, par suite de leur vétusté, & des moyens de les dissimuler momentanément.

On dit que les *vins* sont mûrs lorsqu'ils sont arrivés au plus haut point de leur bonté; alors il faut les boire, car ils s'altèrent plus ou moins promptement quand ils ont dépassé ce point, à moins qu'on veuille les rajeunir, en les mêlant avec des *vins* qui n'ont pas encore terminé leur fermentation insensible.

Il est des moyens de faire vieillir les *vins* en quelques heures, en quelques semaines, en quelques mois. Ainsi, en mettant en vidange, le soir, une bouteille de *vin* de Bourgogne, une bouteille de *vin* de Bordeaux, le *vin* qui y reste aura gagné deux ans le lendemain matin, tandis qu'une bouteille de *vin* d'Orléans, après pareille opération, deviendra trouble, même ne sera plus potable. On produit le même effet en plaçant des bouteilles de ces mêmes *vins* auprès d'un poêle ou sur une fenêtre, au soleil, ce que savent bien les traiteurs du Palais-Royal à Paris. On arrive encore au même résultat en enfouissant les bouteilles dans un fumier en fermentation.

Dans le nord de l'Espagne, où la nature des chemins ne permet pas les transports du *vin* en tonneau, on le met dans des outres, & le mouvement qu'il y éprouve l'avance tant, qu'il faut le boire de suite, sans quoi il s'altère. On dit qu'il n'en est pas de même dans le midi de ce royaume, ce que je n'ai pas de peine à croire, les *vins* d'Andalousie & autres étant très chargés d'alcool & pouvant se conserver des siècles.

Actuellement je puis passer à la nomenclature des *vins* en général, telle qu'elle est adoptée dans le commerce.

Ils se divisent d'abord en deux classes, par la *consistance* & la *couleur*, au dire de M. Jullien, *Topographie des vignobles*, ouvrage dont je ne puis trop recommander la lecture aux amis du bon *vin*.

La consistance présente trois genres, les *vins secs*, les *vins de liqueur* & les *vins moelleux*.

Les *vins* secs se caractérisent par un goût piquant, dépourvu de moelleux & de velouté. Tels sont ceux du Rhin.

Les *vins* de liqueur se reconnoissent à leur apparence sirupeuse, ainsi qu'à leur extrême douceur. Et en effet, ils proviennent des vignes des pays chauds, dont le raisin surabonde en sucre, & dont la fermentation n'a pu se compléter, faute d'une quantité d'eau & d'une quantité de partie muqueuse suffisante: les muscats de Lunel & de Frontignan, les *vins* de Constance, le lacryma christi, &c. &c.

Les *vins* moelleux tiennent le milieu entre les précédens. On les récolte dans les pays ni trop chauds ni trop froids. Nos *vins* de Champagne, de Bourgogne, de Bordeaux, & en général la majeure partie des *vins* de France, se rangent dans ce genre.

Les *vins*, relativement à la couleur, sont ou rouges ou blancs.

Parmi les *vins* rouges, il y en a de très-colorés & de peu foncés; ces derniers sont appelés *rosés*.

Parmi les *vins* blancs, il y en a de limpides comme de l'eau, de paillés ou gris & d'ambrés, même de jaunes & de verts.

Les *vins* moelleux se subdivisent en *vins fins* & en *vins communs*.

Les *vins* fins ont tantôt de la séve (du spiritueux), tantôt du bouquet (de l'arôme), tantôt ils réunissent, comme ceux de Bourgogne, ces deux qualités.

Parmi les *vins* communs, il en est qui paroissent avoir du *corps* & de la *délicatesse* lorsqu'ils sont bus *à point*.

On appelle *vins d'ordinaires* ceux qui sont au premier rang des communs. Ils diffèrent principalement des *vins* fins, en ce qu'ils manquent de *séve* & de *bouquet*. Il en est de trois qualités, dont la première, qui a du *nerf* & du *mordant*, s'offre souvent comme *vins* fins, même chez des personnes riches. La plupart ne supportent pas l'eau. Tous s'améliorent en vieillissant.

Un *vin acerbe* est celui qui provient de raisins qui ne sont pas complétement mûrs. On les appelle aussi des *vins âpres*, quoique cette dernière qualité soit quelquefois fournie par des raisins très-mûrs, appartenant à des variétés spéciales.

Les *vins verts* diffèrent des précédens en ce qu'ils sont acides.

L'appellation de *vin bourru* se donne à celui qui sort de la cuve ou du foudre où il a fermenté. Elle est presque synonyme de *vin dur*.

Un *vin franc* est celui qui n'a pas d'autre goût que celui qu'il doit avoir, qui n'est point mélangé, qui a de la *vinosité*, de la *séve*, qui est *corsé*, est chargé d'alcool & produit un plus grand effet sur l'esprit & sur le corps.

On dit qu'un *vin* a pris le *goût de fût*, lorsque le tonneau dans lequel on l'a mis a altéré sa saveur. J'en parlerai plus bas.

D'après l'opinion, que le goût particulier qu'on trouve au *vin* de quelques vignobles, provient de la terre de ces vignobles, on l'a appelé *goût de terroir*. Comme je connois à la pépinière du Luxembourg dix à douze variétés de raisins qui ont ce goût, quoiqu'elles soient cultivées à côté d'autres qui ne l'ont pas, je suis fondé à croire que cette dénomination est erronée. Au reste, je n'ai pas encore pu me former une idée bien juste de la cause de ce goût, que quelques *vins*, ceux de Bourgogne, par exemple, perdent à leur seconde année, & que d'autres conservent jusqu'à leur fin.

Les *vins plats* sont ceux qui ne contiennent presque pas d'alcool. Ils n'offrent aucun agrément & s'altèrent avec la plus grande facilité. Fréquemment ils sont pourvus d'une couleur très-foncée.

Quand un *vin* s'altère de manière à perdre la plus grande partie de ses caractères, on dit qu'il *tourne*. Ainsi, il tourne *à l'aigre* (*bisaigre*), *à l'amertume*, *à la graisse*, *à la pourriture*.

Je vais parler de ces altérations avec quelques détails.

Dès que la fermentation vineuse est terminée, la fermentation acide commence, comme le prouve la surface extérieure du chapeau de la cuve ouverte, qui a presque toujours l'odeur & la saveur du vinaigre; c'est pourquoi, & parce que cette dernière ne peut se faire qu'au contact de l'air atmosphérique, j'ai tant insisté sur celle faite dans des cuves couvertes, dans des foudres, dans des tonneaux, sur la nécessité de tenir les futailles, ainsi que les bouteilles, pleines & bien bouchées.

Les *vins* foibles sont beaucoup plus sujets à l'acidification que ceux qui sont très-chargés d'alcool, mais ils y arrivent plus tard.

C'est principalement pendant l'été & pendant les transports que les *vins* tournent, parce que la chaleur est encore une condition indispensable à l'acidification.

Il arrive fréquemment que la couche supérieure d'un tonneau en vidange est seule acide, & qu'avec des précautions on peut tirer le bon *vin* qui est dessous; mais cette opération a rarement lieu, parce que ses suites ne sont pas toujours heureuses.

On peut prévenir & arrêter la fermentation acéteuse, mais on ne peut la faire rétrograder; c'est pourquoi, dès qu'un tonneau ou une bouteille de *vin* la montre, le mieux est de la favoriser, pour avoir au moins du bon vinaigre.

Des soutiremens répétés après collage, sont les moyens les plus assurés pour empêcher la fermentation acide de se développer, parce qu'elle est favorisée par la présence du principe extractif dissous dans le *vin*. Ils sont également certains en y joignant le MUTAGE pour l'arrêter lorsqu'on s'aperçoit qu'elle commence. *Voyez* ce mot.

On fait disparoître momentanément le goût bisaigre des *vins*, 1°. avec de la potasse qui neutralise l'acide; 2°. avec des *vins* nouveaux qu'on y mêle. On le masque avec des noix grillées.

Dans tous ces cas, il faut boire ces *vins* peu de jours après l'opération, car la fermentation recommence avec plus de force. Ils ont d'ailleurs perdu de leur couleur & de leur saveur.

Tous les *vins* foibles sont sujets à l'amertume lorsqu'ils deviennent vieux; les meilleurs de Bourgogne plus que les autres. Souvent, lorsqu'ils sont arrivés à cet état, il suffit de les abandonner à eux-mêmes pendant quelque temps, pour qu'ils reprennent leur bonté primitive, au bouquet près, qu'ils perdent toujours. Le plus sûr, c'est de les mettre dans un autre tonneau avec de la jeune lie, & de leur faire subir un nouveau mouvement de fermentation, qui ne les rend pas au même point de bonté, mais qui, au moins, les fait devenir potables.

Il sera bon de muter légèrement le tonneau où on remettra ce *vin*, éclairci par le collage.

On dit que l'eau-de-vie améliore ou assure la durée des *vins* dont on a fait ainsi disparoître l'amertume.

La graisse se reconnoît à l'épaississement du *vin*, qui alors file comme de l'huile lorsqu'on le transvase. Elle se développe plus fréquemment dans les *vins* blancs que dans les *vins* rouges, surtout à l'époque où ils terminent leur fermentation sensible. Comme dans le cas précédent, cette altération se rétablit souvent d'elle-même au bout de quelque temps. Elle peut être arrêtée, dans un tonneau de *vin* qui en montre les premiers symptômes, par le collage, l'ouillage, le soutirage, & par une bouteille d'eau-de-vie. On la fait disparoître, en introduisant dans le tonneau quelques bouteilles de jeune lie, qui y fait renaître la fermentation. M. Herpin s'est assuré, par beaucoup d'expériences, qu'il suffisoit d'introduire dans le tonneau, dont l'intérieur communique avec l'air par un petit trou, du *vin* bouillant, dans lequel on aura fait dissoudre deux onces de crême de tartre, & d'ouiller, pour faire disparoître la graisse; après quoi, à la suite d'un repos de quelques heures, on colle & soutire le *vin*.

Les *vins* qui manquent d'alcool, & où le principe muqueux végéto-animal domine, c'est-à-dire, les plus mauvais, sont sujets à devenir fétides. On ne peut les rétablir lorsque leur dégradation est arrivée à un certain point, mais on peut retarder cette dégradation & par le moyen du mutage & par leur mélange avec du bon *vin* ou de la lie de bons *vins*, ou leur fournissant de l'eau-de-de-vie.

Les *fleurs de vin* sont une autre altération, opérée à la faveur de l'action de l'air, du même principe muqueux végéto-animal. Elles semblent se rapprocher des MOISISSURES & des CONFERVES. Elles nuisent peu à la qualité du *vin*; mais elles annoncent un commencement d'altération, sur laquelle il est convenable de veiller.

On appelle *goût d'évent* la saveur particulière que prennent les *vins* qui sont en communication avec l'air, & dont l'alcool s'évapore. Il disparoît, lorsqu'il est foible, par la transvasion du *vin* dans un tonneau qui a été muté, ou dans lequel on a mis de la lie de jeune *vin*, c'est-à-dire, par les procédés indiqués plus haut.

J'ai fait connoître à l'article TONNEAU les moyens de les empêcher de communiquer au *vin* qu'ils reçoivent, les saveurs qu'on appelle *goût de fût*, *goût de moisi*, *goût d'œufs gâtés*.

J'en ai agi de même à l'article des BOUCHONS, qui trop souvent donnent une saveur désagréable aux meilleurs *vins*.

C'est ici que je devrois parler de ces *vins* composés de toutes pièces qui se fabriquent publiquement à Londres, & clandestinement à Paris, avec des raisins secs, des fruits desséchés, de la mélasse ou du miel, de l'eau-de-vie; mais ils sont rarement sains, francs de goût & de longue durée, &, ainsi, ils doivent être repoussés de toutes les bonnes tables.

Sans doute j'aurois pu entrer dans de plus grands développemens sur l'important objet qui vient de m'occuper; mais je suis forcé de me restreindre, & je m'arrête.

VINÉE. Dans quelques lieux, ce nom se donne à la pièce du VENDANGEOIR dans laquelle les CUVES sont placées; dans d'autres, c'est le CELLIER, où les tonneaux remplis du vin qui sort du pressoir sont déposés. *Voyez* ces mots.

Quelle que soit la *vinée*, elle doit être fort basse & avoir peu de jour. La porte extérieure doit être assez grande pour qu'une voiture puisse y entrer, soit pour y apporter la VENDANGE, soit pour en enlever le VIN. *Voyez* ces mots.

VINETIER. EPINE-VINETTE. *Berberis*. Genre de plantes de l'hexandrie monogynie & de la famille de son nom, qui rassemble vingt-une espèces, dont cinq sont cultivées en pleine terre dans nos jardins, & dont l'une est fort commune dans plusieurs des parties montueuses de la France. Il est figuré planche 253 des *Illustrations des Genres* de Lamarck.

Espèces.

1. Le VINETIER commun, vulg. *épine-vinette*.
Berberis vulgaris. Linn. ♄ Indigène.

2. Le VINETIER de Chine.
Berberis chinensis. Poiret. ♄ De Chine.

3. Le VINETIER de Crète.
Berberis cretica. Linn. ♄ De l'île de Crète.

4. Le VINETIER de Sibérie.
Berberis sibirica. Pallas. ♄ De Sibérie.

5. Le VINETIER à feuilles de fragon.
Berberis ruscifolia. Lam. ♄ De Buenos-Ayres.

6. Le VINETIER à feuilles de buis.
Berberis buxifolia. Lam. ♄ Du détroit de Magellan.

7. Le VINETIER à feuilles d'yeuse.
Berberis ilicifolia. Linn. ♄ Du détroit de Magellan.

8. Le VINETIER à fruits en bouteille.
Berberis lagenaria. Poiret. ♄ Du détroit de Magellan.

9. Le VINETIER jaune.
Berberis lutea. Ruiz & Pav. ♄ Du Pérou.

10. Le VINETIER effilé.
Berberis virgata. Ruiz & Pav. ♄ Du Pérou.

11. Le VINETIER flexueux.
Berberis flexuosa. Ruiz & Pav. ♄ Du Pérou.

12. Le VINETIER tomenteux.
Berberis tomentosa. Ruiz & Pav. ♄ Du Pérou.

13. Le VINETIER à larges feuilles.
Berberis latifolia. Ruiz & Pav. ♄ Du Pérou.

14. Le VINETIER monosperme.
Berberis monosperma. Ruiz. & Pav. ♄ Du Pérou.

15. Le VINETIER à feuilles de camarine.
Berberis empetrifolia. Ruiz. & Pav. ♄ Du Pérou.

16. Le VINETIER à petites feuilles.
Berberis microphylla. Forst. ♄ Du détroit de Magellan.

17. Le VINETIER à feuilles variables.
Berberis heterophylla. Juss. ♄ Du détroit de Magellan.

18. Le VINETIER sans épines.
Berberis inermis. Pers. ♄ Du détroit de Magellan.

19. Le VINETIER à pétales échancrés.
Berberis emarginata. Willd. ♄ De Siberie.

20. Le VINETIER à feuilles de houx.
Berberis aquifolium. Pursh. ♄ De l'Amérique septentrionale.

21. Le VINETIER nerveux.
Berberis nervosa. Pursh. ♄ De l'Amérique septentrionale.

Culture.

On trouve le *vinetier* sauvage dans tous les départemens montueux de la France, au milieu des haies, autour des rochers, rarement dans les grands bois. La forme de buisson est celle qu'il a généralement, mais j'en ai vu quelques-uns qui s'élevoient sur une tige unique, de la grosseur du bras, jusqu'à douze à quinze pieds. Il lui faut une terre légère & sèche, ainsi qu'une exposition chaude. Je l'ai trouvé extrêmement abondant sur les montagnes de la ci-devant Bourgogne, où il donne un revenu, par la coupe de son bois, tous les trois ou quatre ans, & par la récolte de ses fruits, avec lesquels on fait des confitures extrêmement délicates.

Les bestiaux aiment beaucoup les feuilles & les jeunes pousses du *vinetier*, qui sont acides, & qu'on m'a dit être mangées, dans quelques lieux, en guise d'oseille. Son bois, de couleur jaune, étoit autrefois employé dans la teinture, & l'est encore par les tourneurs, lorsqu'ils peuvent s'en procurer des échantillons d'une force convenable.

Dans quelques cantons on cultive l'épine-vinette pour son fruit, & alors on trouve de l'avantage de la faire monter en arbre, en la mettant sur un brin & en supprimant les rejetons qui tendent toujours à pousser de ses racines, parce qu'elle donne alors plus de fruits, & que ces fruits jouissent davantage de l'influence du soleil. Là, on doit préférer une variété *à fruits sans pepins*, depuis des siècles connue à Chanceau, près Dijon, & aujourd'hui facile à se procurer dans les grandes pépinières des environs de Paris. Il y a encore des variétés *à fruits violets*, *à fruits blancs* & *à fruits moins acides*. Cette dernière est dans le cas d'être choisie pour les climats froids, où les fruits du type restent, non pas seulement trop acides, mais même trop acerbes, par défaut de complète maturité.

C'est cette dernière circonstance qui empêche de faire le commerce de confitures d'épine-vinette dans le Nord, car il faut à Paris, par exemple, mettre dans ces confitures, pour les rendre mangeables, le tiers plus de sucre qu'on en met à Dijon.

Il est facile de conclure de cette observation, qu'il est avantageux de cueillir le plus tard possible les fruits de l'épine-vinette, & de les laisser étendus sur des planches, dans un lieu abrité, pendant quelques jours après leur récolte, pour donner à la partie acide le moyen de s'adoucir, & à la partie sucrée le moyen de s'augmenter; cependant, il ne faut pas attendre les gelées, qui font perdre toute saveur à ces fruits.

Les fruits de l'épine-vinette se confisent, soit encore attachés à leur grappe, sans leur ôter ou en leur ôtant les pepins, & c'est dans ce cas que la variété sans pepins est principalement desirable, soit après les avoir égrappés, écrasés & passés dans un canevas. *Voyez* CONFITURES.

On en fabrique aussi des sirops, des robs, excellens au goût & très-utiles dans les maladies inflammatoires, même des liqueurs alcooliques de table.

Les jardins paysagers réclament, malgré l'odeur spermatique de leurs fleurs, quelques pieds d'épine-vinette, soit en tige, soit en buisson. On les place au second rang des massifs ou au milieu des gazons. Ils se font remarquer par leur beau feuillage & leurs nombreuses grappes de fleurs jaunes, auxquelles succèdent des fruits rouges d'une disposition élégante.

Une fois en place, l'épine-vinette ne demande plus que les soins généraux de propreté; mais si on veut la conserver sur un brin, il faut chaque été enlever avec la pioche les rejetons qui sont sortis de ses racines, & qui finiroient par faire périr la tige.

Quoique l'épine-vinette, à raison des épines dont ses rameaux sont armés & de l'épaisseur de ses touffes, paroisse très-propre à former des haies, on en voit rarement qui en soient uniquement composées, parce qu'elles sont mangées par les bestiaux & sont de nulle défense contre les voleurs; mais elle est très-fréquemment employée à boucher les trouées, ou à renforcer le pied de celles composées d'aubépine, de prunellier, de charmille, d'érable, &c.

Tous les moyens de multiplication s'appliquent à l'épine-vinette.

Ses graines, semées aussitôt leur récolte, donnent du plant qui, l'hiver suivant, peut être repiqué autre part, & mis en place à sa troisième année.

Ses rejetons sont toujours nombreux à l'excès, même gênent considérablement dans sa culture, comme je l'ai déjà observé. Partout ils suffisent aux besoins du commerce.

Le déchirement des vieux pieds, lorsque les touffes sont jeunes, donne de semblables résultats.

Ses marcottes prennent racines dans l'année. Il en est de même de ses boutures.

Dans beaucoup de pays, on est dans l'opinion que les fleurs de l'épine-vinette font naître la ROUILLE & même la CARIE sur le FROMENT, le SEIGLE & autres céréales exposées à leurs émanations. En conséquence, les cultivateurs ne souffrent pas un pied de cet arbuste dans leur voisinage, & les tribunaux, dociles à leurs réclamations, condamnent à les arracher, même dans les jardins & autres lieux fermés, les propriétaires qui en veulent avoir.

J'ai vu, pendant plusieurs années consécutives, faire de très-belles récoltes dans les champs des environs de Dijon, qui étoient entourés de haies où l'épine-vinette dominoit. J'ai cherché, par des observations répétées & suivies, à expliquer la possibilité de ce fait, sans pouvoir y parvenir. Il m'étoit donc permis de croire, avec un grand nombre d'autres naturalistes, que l'opinion ci-dessus étoit erronée. *Voyez* ROUILLE.

Mais mon collègue Yvart, ayant lu à l'Académie des sciences un Mémoire que j'ai fait imprimer tom. LXV des *Annales d'Agriculture*, dans lequel il soutient, appuyé d'expériences faites dans l'enclos de l'Ecole vétérinaire d'Alfort, que cette opinion est bien fondée, & ayant été nommé commissaire avec MM. Sageret & Vilmorin, par la Société royale & centrale d'agriculture, pour constater les résultats qu'il avoit annoncés, nous nous sommes assurés qu'en effet, les seigles, les fromens, les avoines qui entouroient des buissons d'épine-vinette, étoient infestés de rouille, lorsque le reste du champ n'en offroit pas, & ce, d'autant plus qu'ils en étoient plus près. Comme les parties placées au nord de ces buissons étoient moins affectées de rouille que le reste, nous avons dû écarter l'idée des influences de l'ombre & de l'humidité, influences auxquelles on attribue généralement la rouille.

Il faudroit, je le répète, que je puſſe expliquer le fait par la théorie, pour que je ſois convaincu; mais voilà le fait conſtaté, peut-être pour la centième fois, & je m'en tiens là pour le moment.

Les trois eſpèces qui ſuivent celle-ci dans le tableau, ſe voient dans nos écoles de botanique & dans nos grandes collections; elles en diffèrent fort peu au premier aſpect, & ſe cultivent poſitivement de même.

VIORNE. *Viburnum.* Genre de plantes de la pentandrie trigynie & de la famille des chèvre-feuilles, dans lequel ſe placent vingt-ſept eſpèces, dont la moitié ſe cultivent dans nos écoles de botanique, & dont deux croiſſent naturellement dans nos bois. Il eſt figuré pl. 221 des *Illuſtrations des Genres de* Lamarck.

Eſpèces.

1. La VIORNE laurier-thym.
Viburnum tinus. Linn. ♄ Du midi de la France.

2. La VIORNE faux-thym.
Viburnum tinoïdes. Linn. ♄ De l'Amérique méridionale.

3. La VIORNE à feuilles roides.
Viburnum rigidum. Vent. ♄ De Madère.

4. La VIORNE velue.
Viburnum villoſum. Swartz. ♄ De la Jamaïque.

5. La VIORNE grimpante.
Viburnum ſcandens. Linn. ♄ Du Japon.

6. La VIORNE commune.
Viburnum lantana. Linn. ♄ Indigène.

7. La VIORNE du Canada.
Viburnum canadenſe. Mich. ♄ De l'Amérique ſeptentrionale.

8. La VIORNE à feuilles rongées.
Viburnum eroſum. Thunb. ♄ Du Japon.

9. La VIORNE à feuilles de poirier.
Viburnum pyrifolium. Poiret. ♄ De l'Amérique ſeptentrionale.

10. La VIORNE à feuilles de prunier.
Viburnum prunifolium. Linn. ♄ De l'Amérique ſeptentrionale.

11. La VIORNE luiſante.
Viburnum lentago. Linn. ♄ De l'Amérique ſeptentrionale.

12. La VIORNE à feuilles de caſſiné.
Viburnum caſſinoïdes. Mich. ♄ De l'Amérique ſeptentrionale.

13. La VIORNE en ovale renverſé.
Viburnum obovatum. Poiret. ♄ De l'Amérique ſeptentrionale.

14. La VIORNE à feuilles d'érable.
Viburnum acerifolium. Linn. ♄ De l'Amérique ſeptentrionale.

15. La VIORNE dentée.
Viburnum dentatum. Linn. ♄ De l'Amérique ſeptentrionale.

16. La VIORNE nue.
Viburnum nudum. Linn. ♄ De l'Amérique ſeptentrionale.

17. La VIORNE hériſſée.
Viburnum hirtum. Thunb. ♄ Du Japon.

18. La VIORNE tomenteuſe.
Viburnum tomentoſum. Thunb. ♄ Du Japon.

19. La VIORNE à feuilles molles.
Viburnum molle. Mich. ♄ De l'Amérique ſeptentrionale.

20. La VIORNE à larges panicules.
Viburnum dilatatum. Thunb. ♄ Du Japon.

21. La VIORNE à pointe roide.
Viburnum cuſpidatum. Thunb. ♄ Du Japon.

22. La VIORNE obier.
Viburnum opulus. Linn. ♄ Indigène.

23. La VIORNE pimina.
Viburnum edule. Mich. ♄ De l'Amérique ſeptentrionale.

24. La VIORNE à grandes feuilles.
Viburnum macrophyllum. Thunb. ♄ Du Japon.

25. La VIORNE écailleuſe.
Viburnum ſquammatum. Willd. ♄ De l'Amérique ſeptentrionale.

26. La VIORNE pileuſe.
Viburnum piloſum. Schaltz. ♄ De l'Amérique ſeptentrionale.

27. La VIORNE de Daourie.
Viburnum dauricum. Pallas. ♄ De Sibérie.

Culture.

La *viorne* laurier-thym ſe cultive fréquemment dans les jardins, à raiſon de la beauté & de la permanence de ſon feuillage, de l'agrément & de l'époque de l'épanouiſſement de ſes fleurs blanches & odorantes, époque qui eſt la fin de l'hiver. Elle craint les fortes gelées du climat de Paris; mais comme ces gelées ne font jamais périr ſes racines, elles n'empêchent pas de la mettre en pleine terre, ſurtout au nord & dans un mauvais ſol, parce qu'elle y eſt moins délicate, ſauf à la récéper lorſqu'elle en a été frappée.

Dans le midi de la France, on forme des tonnelles, des paliſſades avec cet arbriſſeau, qui s'y élève de huit à dix pieds, tonnelles & paliſſades d'un très-bel aſpect, & très-propres à garantir des effets d'un ſoleil brûlant.

Dans le climat de Paris on le place iſolément aux environs des habitations, ſoit diſpoſé en buiſſon, ſoit formant un petit arbre globuleux, ou on le tient en caiſſe, pour pouvoir le placer dans les appartemens & jouir de ſa verdure & de ſes fleurs pendant l'hiver. Le tailler avec les ciſeaux n'eſt propre qu'à l'empêcher de fleurir, ſes corymbes naiſſant à l'extrémité des rameaux; auſſi doit-on ſe borner à employer la ſerpette pour le régulariſer lorſque cela eſt néceſſaire.

Tous les modes connus de multiplication s'appliquent au laurier-thym. Ainsi ses graines, semées dans des pots, sur couche & sous châssis, donnent du plant qui fleurit à trois ou quatre ans. Ainsi ses boutures, placées dans la même situation, s'enracinent, en quelques semaines, assez pour être regardées comme reprises. Ainsi ses racines, coupées à la même époque, & encore placées de même, donnent de nouveaux pieds quelques mois après. Ainsi ses branches, couchées au printemps, donnent des marcottes qui peuvent être relevées dans le courant de l'hiver suivant. Ainsi, enfin, il pousse naturellement ou par blessures faites à ses racines, des rejetons qui, séparés, fournissent aussi des pieds. C'est ordinairement à ce dernier mode de multiplication qu'on se tient, comme étant le plus aisé, & comme fournissant plus de jeunes pieds que n'en exigent les besoins du commerce.

La multiplication du laurier-thym, en pot, pour orner les appartemens, est un objet de grand bénéfice pour les pépiniéristes des faubourgs de Paris, en ce que, comme il fleurit à une époque où il y a encore peu de verdure, on ne craint pas de le payer cher.

La croissance du laurier-thym est assez rapide dans sa jeunesse, mais elle se ralentit bientôt ; aussi un pied de quinze à vingt ans d'âge n'est-il pas d'une grosseur remarquable.

Les principales variétés du laurier-thym sont : celle *à fleurs roses*, celle *à feuilles veinées*, celle *à petites feuilles*, celle *à feuilles très-velues* & celle *à feuilles panachées de jaune ou de blanc*. Les deux dernières sont beaucoup plus délicates que leur type, & ne supportent pas en pleine terre les gelées du climat de Paris.

Les baies du laurier-thym sont purgatives, mais je ne sache pas qu'on les utilise sous ce rapport.

La *viorne* à feuilles roides se voit dans toutes les orangeries & s'y fait remarquer par la largeur de ses corymbes de fleurs, mais la longueur de ses rameaux ne permet pas d'en tirer parti pour l'agrément de nos jardins. Elle se multiplie le plus souvent par boutures sous châssis, boutures qui manquent rarement.

La *viorne* commune est fort multipliée dans les bois humides, & les embellit lorsqu'elle est en fleurs & lorsqu'elle est en fruits, ces fruits étant d'abord d'un rouge vif. On l'appelle vulgairement *mancienne*, ou *coudre mancienne*. Ses bourgeons de l'année précédente sont recherchés, dans les taillis, à raison de ce qu'ils sont très-flexibles, très-droits, passablement longs, pour en faire des liens, des paniers, des corbeilles, &c. (*Voyez* OSIER.) Ses feuilles, du goût de tous les bestiaux, sont desséchées, pour leur provision d'hiver, dans quelques lieux. Ses fruits mûrs, astringens & rafraîchissans, sont du goût des enfans & des oiseaux. L'écorce de ses racines contient de la GLU, qu'on en extrait par les mêmes procédés que pour celle du HOUX & du GUI. *Voyez* ces mots.

Cet arbuste, qui s'élève au plus à dix pieds, orne beaucoup dans les jardins paysagers, & doit y être introduit avec modération cependant, soit au second rang des massifs, soit à quelque distance de ces massifs, ou isolé au milieu des gazons. On le multiplie avec la plus grande facilité de graines, de marcottes, de boutures & de rejetons. Il offre une variété à feuilles panachées qui m'a paru moins agréable que son type.

La *viorne* du Canada diffère à peine de la précédente, mais cependant s'en distingue fort aisément sur le vivant. On la cultive dans les écoles de botanique & dans les jardins de quelques amateurs.

Les *viornes* des nos. 9, 10, 11, 12, 13, 14, 15 & 16, se voient aussi dans nos écoles de botanique & dans nos jardins paysagers, qu'elles ornent également, mais, à mon avis, moins que la commune. On les multiplie de la même manière. Parmi elles, la quatorzième & la quinzième se font le plus remarquer.

La *viorne* obier, ou simplement l'*obier*, croît très-abondamment dans les bois humides, où elle s'élève à dix ou douze pieds. Ses longs rameaux, terminés par des corymbes de fleurs blanches légèrement odorantes, dont les extérieures sont grandes & stériles, & auxquelles succèdent des baies d'un rouge vif, ainsi que ses feuilles élégamment découpées, la rendent propre à l'ornement des jardins paysagers. Tous les bestiaux, surtout les chevaux & les cochons, aiment ses feuilles avec passion ; aussi seroit-il probablement avantageux de la planter pour eux dans certains marais impropres à toute autre production. J'en ai vu former de fort bonnes HAIES. *Voyez* ce mot.

Le bois de la *viorne* obier ne sert qu'à brûler & à faire du charbon pour la poudre à canon.

Comme les autres espèces de *viornes*, celle ci se multiplie par toutes les voies possibles. Elle pousse fréquemment des rejetons qui suffisent, & au-delà, pour les besoins du commerce. Ses fruits se mangent par les enfans & sont du goût de tous les oiseaux.

Mais ce n'est point l'espèce qu'on cultive le plus dans les jardins, c'est une variété, ou mieux une monstruosité, à fleurs toutes stériles & disposées en boule, connue sous le nom de *boule de neige*, *rose de Gueldre*. Rien n'est plus éclatant que cette variété qui, lorsqu'elle défleurit, couvre la terre de ses fleurs ; mais, à mon avis, elle est moins élégante que son type. Elle se place avec avantage dans les jardins en buisson, contre les murs, au second ou troisième rang des massifs, & en tiges dans les angles de ces massifs, sur le bord des eaux, &c. Comme ce sont principalement ses rameaux, courbés sous le poids de ses fleurs, qui lui donnent de la grâce, il ne faut pas la tailler, mais seulement supprimer les branches irrégulières.

Ses

Ses boules de fleurs sont plus grosses dans un bon terrain & sur des pieds nouvellement recépés. Elles sont plus nombreuses dans un terrain sec & sur les vieilles tiges.

La multiplication de cette monstruosité a lieu par rejetons toujours nombreux, par marcottes & par boutures.

La *viorne* esculente se confond très-aisément avec la précédente au premier coup d'œil, mais elle s'élève moins, a les feuilles moins laciniées & les fruits plus gros. On mange habituellement ces derniers dans le Canada, sous le nom de *pimina*. Je les ai trouvés aussi peu agréables que ceux de l'obier.

Pour que cette espèce ne se perde pas en Europe, je l'ai beaucoup multipliée pendant que j'étois à la tête des pépinières de Versailles; de sorte qu'elle doit se trouver dans beaucoup de jardins & d'écoles de botanique des départemens.

W

WRITHIE. *Writhia.* Genre de plantes établi pour placer le LAUROSE DES TEINTURIERS. Il a été question à ce dernier mot de la seule espèce qu'il contienne.

Z

ZANTHORIZE. *Zanthoriza.* Arbuste de l'Amérique septentrionale, où il croît dans les sables les plus arides, & où il s'élève à peine à deux pieds de haut, que nous cultivons depuis quelques années dans nos jardins. Il appartient à la pentandrie monogynie & à la famille des renonculacées.

Les gelées de Paris ne nuisent aucunement au *zanthorize*. Il ne prospère que dans la terre de bruyère. Sa multiplication a lieu par le semis de ses graines, dont il donne abondamment, par déchirement des vieux pieds, par racines & par boutures. On se contente généralement du second de ces moyens, qui suffit, & bien au-delà, aux besoins du commerce.

La place du *zanthorize*, dans les jardins paysagers, est le premier rang des massifs, la base des fabriques, les corbeilles de terre de bruyère. Il est élégant par ses feuilles & par sa disposition, mais fournit peu à l'ornement.

J'ai cultivé le *zanthorize* en Amérique avant de le cultiver en France. Là, la couleur jaune, l'odeur & la saveur de ses racines m'avoient fait penser qu'elles pourroient être utilement employées à la teinture de petit teint, & comme sudorifiques dans la médecine; mais je n'ai trouvé ni teinturier, ni médecin qui ait voulu vérifier mes idées, & j'en ai été pour les frais de transport du gros sac que j'avois destiné à ces utiles essais.

FIN.

TABLE DES NOMS LATINS

Des Plantes mentionnées dans le volume du Dictionnaire des Arbres et Arbustes, *réduite à ceux de ces noms qui sont très-différens des français.*

FIN DE LA TABLE.

www.ingramcontent.com/pod-product-compliance
Lightning Source LLC
Chambersburg PA
CBHW052008230326
41598CB00078B/2135